# Gesamtverzeichnis des deutschsprachigen Schrifttums (GV) 1700 – 1910

Bearbeitet unter der Leitung von
Hilmar Schmuck und Willi Gorzny
Bibliographische und redaktionelle Beratung:
Hans Popst und Rainer Schöller

28

Dei - Diem

K · G · Saur München · New York · London · Paris 1981

*Redaktion:*

Monika Eichler, Ursula Geier, Robert Mittelstaedt, Sabine Nebinger,
Hildegard Roßberg, Hermann Schrott, Brigitte Semmler,
Eva von Troschke, Helga Werner, Gabriele Winter

CIP-Kurztitelaufnahme der Deutschen Bibliothek

**Gesamtverzeichnis des deutschsprachigen Schrifttums** :
(GV). – München, New York, London, Paris : Saur.
Bd. 1 – 6 bearb. unter d. Leitung von Peter Geils
u. Willi Gorzny.
ISBN 3-598-30000-X

1700 – 1910 / bearb. unter d. Leitung von Hilmar
Schmuck u. Willi Gorzny. Bibliograph. u. red.
Beratung: Hans Popst u. Rainer Schöller

NE: Schmuck, Hilmar [Bearb.]

28. Dei – Dien. – 1981.


Techn. Realisierung und Druck: Norbert Gärtner, Mainz-Kastel
Binden: Karl Schaumann, Darmstadt
Printed in the Federal Republic of Germany
ISBN 3-598-30000-X (Gesamtwerk)

**Dejace**, L: Ersatz und Verfälschungen von Heilmitteln. Frankfurt a. M. 1908

*Dejaure*. Lodoiska; Opera en 3 A. 8. Braunschw. 806. Pluchart. 6 ɰ

**Deibel, A.**, Predigt zum Gedächtniß Friedrich Wilhelms III. Königs von Preußen. gr. 8. Berlin 840. Hayn. 1/6 ₰

Deibel, Franz

**Deibel**, Frz., s.a. **Goethe im Gespräch.**

Goethe im Gespräch. Hrsg. von Franz **Deibel** u. Friedrich Gundelfinger. Leipzig: Inselverl. 1906. (XIV, 365 S.) 8° [F.] [06. 14964

**Deibel**, Frz., s.: **Jahresberichte** f. neuere deutsche Literaturgeschichte.

— Dorothea Schlegel als Schriftstellerin im Zusammenhang m. der romantischen Schule, s.a. **Palaestra.** XL.

**Deibel**, Franz, aus Mannheim: Dorothea **Schlegel** als Schriftstellerin im Zusammenhang mit der romantischen Schule. *Berlin: Mayer & Müller 1904.* (61 S.) 8°
Greifswald, Phil. Diss. v. 9. Juli 1904

Dorothea Schlegel als Schriftstellerin im Zusammenhang mit der romantischen Schule. Von Dr. Franz **Deibel**. Berlin: Mayer & Müller 1905. (188 S.) 8°
= **Palaestra**. 40. [05. 1588 4

Deibel, Franz (Hrsg.), s. Schlegel, Friedrich: Fragmente und Ideen.

**Deibel**, Friedr. (Oskar Heinr.) (geb. Berlin 21. 2. 1859) Ueber die traumatische Vagusparalyse beim Menschen Berlin (1881) (60 S.) 8°
Berlin, Med. Diss. v. 8. Okt. 1881

**Deibel**, Ludw., „die Gartenlaube". Eine Kritik. gr. 16. (XVI, 372 S.) München 879. L. Finsterlin. n. 4. —

**Deibel**, L.[udwig], prakt. Arzt aus Mannheim: **Kann Phthise als Indication zur Einleitung der Früh- resp. Fehlgeburt gelten?** *Heidelberg 1899: J. Hörning.* (59 S.) 8°
Heidelberg, Med. Diss. v. [28. Febr.] 1898

**Deibel**, Wilhelm, a. Hanau a. Main: Zur Kenntnis der Hydrazinverbindungen. Heidelberg 1905: K. Rössler. (40 S.) 8°
Heidelberg, Naturw.-math. Fak., Ref. Curtius, Diss. v. 20. Apr. 1905
[Geb. 17. Jan 77 Hanau a. M., Wohnort: Hanau; Staatsangeh.: Preußen; Vorbildung. Oberrealsch Hanau Reife O. 98; Studium. München T.H. 8, Heidelberg 6 S.; Rig. 1. März 05.]

**Deibert**, Johannes [app. Arzt aus Eich (Rheinhessen.)]: **Aus** d. Grossh. Univ.-Frauenklinik zu Giessen. Ein Beitrag zur Symphyseotomie-Frage ... Worms, Druck d. Wormser General-Anz., 1896; 31 S. 8.
Giessen, Med. Fak., Inaug.-Diss. v. 1890

Dejě, Lev [russ. Transkription]
s Deutsch, Leo. [09. 8765

**Deichen,** Fritz, Erhebungen über die Verhältnisse der Bediensteten und Arbeiter im Strassenverkehrsgewerbe Berlins. Schriften d. Ver. f. Soc.-Pol., Bd. 99. gr. 8°. Leipzig 1902.

**Deichen**, Fritz: **Die Strassenbahnen Deutschlands als Objekte der Gemeindewirthschaft.** *Berlin [1898]: G. Schade.* (54 S.) 8°
Greifswald, Phil. Diss. v. 1898

Deichen, Fritz: Die Winzergenossenschaften und die deutsche Gesetzgebung über Wein unter eingehender Schilderung der Verhältnisse von Preußischen Winzervereinen. In: Jahrbuch für Gesetzgebung, Verwaltung und Volkswirtschaft im Deutschen Reich. N. F. Leipzig 1900, S. 173-229. -- 5*

Fidele Kinner. Lunige junge un olle Schnurren von Oewerall. In Rimel-Kostüme kleedt von Paul **Deichen**. Eberswalde: C. Jancke 1904. (66 S.) 8° [F.] [05. 14583

**Deichen**, Paul, fidele Kinner. Lunige junge un olle Schnurren v. Oewerall. In Rimels-Kostüme kleedt. (68 S.) 8. Eberswalde 904. (H. Langewiesche.) n. — 80

**Deichen**, Paul, der Vereinsredner. Eine Sammlg. v. Reden, Ansprachen u. Toasten f. alle Gelegenheiten d. Vereinslebens. 1—5. Bd. 8. Leipzig, G. Richter. à Bd. 1. —
1. Kriegervereine. (55 S.) (908.) — 2. Gesangvereine. (57 S.) (908.) — 3. Turnvereine. (57 S.) (908.) — IV. Feuerwehrvereine. (67 S.) (908.) — 5. Radfahrvereine. (45 S.) (909.)

**Deichert**. Platos Beweise für die Unsterblichkeit der Seele. Pr. 1874. 48 S. 4°.

Deichert, *Eduard Carl* Mythologisch-Ästhetisches zum Nibelungenliede. 8 (12 S.).
In: Festschrift z. Erinnerung an d. 50j. Jubil. Rg. *Nordhausen* 1885.
Nicht im Tauschverkehr.
**Progr.**

Deichert, G. Chr., Epistel-Predigten über die von Dr. C. J. Nitzsch proponirten und von der Rheinischen Provinzialsynode genehmigten, vielfach als Predigttexte benutzten biblischen Vorlesungen. Ein vollständ. Jahrg. 2 Bde. gr. 8. (VIII und 692 S.) Stuttgart 863, Liesching und Comp. *

Deichert, G. Chr., **Evangelien-Predigten über die von Dr. C. J. Nitzsch proponirten und von der rhein. Provinzialsynode genehmigten, vielfach als Predigttexte benutzten bibl. Vorlesungen.** 1. und 2. Bd. gr. 8. (XVI und 764 S.) Gießen 857. 58, Ricker. [1. Bd. * 1 Thlr. 6 Ngr., 2. Bd. * 1 Thlr. 14 Ngr.] *

—— der Stern aus Jakob. Ein vollständ. Jahrg. Predigten über die von Dr. C. J. Nitzsch proponirten alttestamentlichen Vorlesungen. 2 Bde. gr. 8. (VIII und 876 S., IV und 390 S.) Stuttgart 867, Liesching und Comp. à Bd. * 1 Thlr. 6 Ngr. *

**Deichert**, G. Ch., vier Zeitpredigten nebst einem Anfruf zur Erweiterung der Kinderrettungsanstalt zu Kloster Arnsburg in d. Wetterau. gr. 8. (52 S.) Frankfurt a. M. 851, Brönner. n. 7 ngl

**Deichert**, H., die Einführung der Schutzpockenimpfung im Hannoverschen. (S. 353—381.) 8. Hannover 909. E. Geibel. 1. —
Sonderabdruck aus „Hannov. Geschichtsbl."

— **Die akademische Freiheit in Helmstedt während d. 16. u. 17. Jahrh.** (21 S.) 8. Ebd. 910. — 60

— Geschichte d. Medizinalwesens im Gebiet d. ehemaligen Königr. Hannover, s.: Quellen u. Darstellungen z. Gesch. Niedersachs.

— Wissenschaftliche u. volkstümliche Heilkunst im 16. Jahrh. Eine kulturhistor. Studie. (55 S.) 8. Hannover 909. E. Geibel. 1. —
Sonderabdruck aus „Hannov. Geschichtsblätter".

Freibeuter und fahrende Leute im 16. Jahrhundert. Ein kulturgeschichtl. Bild aus Niedersachsen von Dr. med. H[ans] **Deichert**. Hannover 1908: Th. Schäfer. (36 S.) 8°
Aus: Hannoversche Geschichtsblätter [08. 15325 7

**Deichert**, Hans, a. Merseburg: Der Lehrer und der Geistliche im Elisabethanischen Drama. Halle a. S. 1906: H. John. (81 S.) 8°
Halle, Phil. Fak., Ref. Wagner, Diss. v. 10. Febr. 1905
[Geb. 11. Juni 84 Nordhausen; Wohnort: Merseburg; Staatsangeb.: Preußen; Vorbildung: Domgymn. Merseburg Reife O. 03; Studium: Freiburg i. B. 1, Halle 7 S.; Rig. 15. Dez. 05.]

**Deichert**, Heinrich [cand. med. aus Marburg]: Ein Fall von **Darminvaginationen** im Gefolge von malignen Lymphomen mit geheiltem Riss an dem Intussusceptum der ältesten Invagination ... Göttingen, Druck d. Dieterich'schen Univ.-Buchdr., 1895; 45 S. 8.
Göttingen, Med. Fak., Inaug.-Diss. v. [23. Jan.] 1895

**Deichert**, Heinr., e. Fall v. Darminvaginationen i. Gefolge v. malignen Lymphomen m. geheiltem Riss a. d. Intussusceptum d. ältesten Invagination. Diss. gr. 8. (45 S) Göttingen 895. (Vandenhoeck & Ruprecht.) n. 1. 20

Die akademische Freiheit in Helmstedt während des 16. und 17. Jahrhunderts von Dr. med. H[einrich] **Deichert.** Hannover: Geibel 1910. 21 S. 8° [Umschlagt.] [10. 10963 7

Geschichte des Medizinalwesens im Gebiet des ehemaligen Königreichs Hannover. Ein Beitrag z. vaterländ. Kulturgeschichte von Dr. H[einrich] **Deichert**, pr. Arzt. Hannover & Leipzig: Hahn 1908. (x, 336 S.) 8° [ʒ.] = Quellen u. Darstellungen z. Geschichte Niedersachsens. Bd. 26. [c8. 10174 3

Wissenschaftliche und volkstümliche Heilkunst im 16. Jahrhundert. Eine kulturhist. Studie von Dr. H[einrich] **Deichert.** Hannover: Geibel 1909. 55 S. 8°
Aus: Hannoversche Geschichtsblätter [Jg. 12, H. 2.] [09. 16185 7

**Deichler,** üb. Pathogenese u. Therapie d. Keuchhustens, s.: Sonder-Abdrücke der Deutschen Medizinal-Zeitung.

**Deichler, C., Beitrag zur Histologie des Lungengewebes.** gr. 8. (IV und 31 S. mit 1 Kpfrt. in 4.) Göttingen 861, Rente. *

**Deichler,** Christian, aus Reichshofen (Elsass): **Beiträge zur Kenntnis und zur Darstellung der Wismutsuperoxyde.** *(Leipzig 1899: Metzger & Wittig.)* (44 S.) 8°
Berlin, Phil. Diss. v. 11. März 1899

**Deichmann, die Gnade und Wahrheit Jesu Christi in sechs Predigten dargestellt. gr. 8. (43 S.) Hermannsburg 860. Leipzig und Dresden, Naumann. (Celle, Schulze'sche Buchh.)** *

**Deichmann,** Bad Kissingen, s.: Grieben's Reiseführer.

Deichmann (Bearb.), s. Kissingen, Bad, und Umgebung.

Deichmann, A. H., Neue Tafeln zur Erleichterung der Praxis des Segelns im grössten Kreise, mit einer Abhandlung über Anwendung der Theorie des grössten Kugelkreises auf das Segeln und einem Anhang, mathematische Beweise enthaltend. Begleitet mit einer Scale grösster Kreise auf einem Seekarten-Netze zur Bestimmung des durch zwei gegebene Orte gehenden grössten Kreises ohne Anwendung von Rechnungen, und zur Nachweisung der Punkte des grössten Kreises, in welchen die sphärischen Kurse sich durch Viertel des Strichs ausdrücken lassen. Als Mannskript gedruckt.
Hannover 1856.

**Deichmann, C.,** Ergebnisse einer im J. 1900 vom Deutschen Tabakarbeiterverband veranstalteten Enquête, 8°. Bremen, Verl. d. Deutschen Tabakarbeiterverbandes, 1902.

**Deichmann, Ernst, s.: Material, urkundliches, aus den Brandenburger Schöppenstuhlsakten.**

**Deichmann, Fritz, a. Celle b. Hannover: Aus der gynaekol. Klinik zu Freiburg i. Br. Zur Aetiologie des caput obstipum musculare. Borna-Leipzig 1908: R. Noske. (28 S.) 8°**
Freiburg i. B., Med. Fak., Ref. Krönig, Diss. v. 1908
[Geb. 6. Juni 81 Celle; Wohnort: Freiburg i. B.; Staatsangeh.: Preußen; Vorbildung: Gymn. Celle Reife O. 02; Studium: München 6, Freiburg i. B. 4 S.; Coll. 28. Juni 07; Approb. 5. Juni 07.]

**Deichmann, Karl, a. Crimmitschau: Der Gebrauch der einfachen Präpositionen im Altitalienischen. Leipzig 1905: H. John, Halle a. S. (171 S.) 8°**
Leipzig, Phil. Fak., Ref. Birch-Hirschfeld u. Brugmann, Diss. v. 1. Aug. 1905
[Geb. 28. Aug. 81 Crimmitschau; Wohnort: Crimmitschau; Staatsangeh.: Sachsen; Vorbildung: Realsch. Crimmitschau Reife O. 98; Realgymn. Zwickau Reife O. 01; Studium: Leipzig 8 S.; Rig. 19. Mai 05.]

**Deichmann,** *Friedrich* Carl [aus Halle a. S.]: **Das Problem des Raumes in der griechischen Philosophie bis Aristoteles ... Halle a. S., Druck v. G. Bernhardt, 1893; 2 Bl., 103 S., 1 Bl. 8.**
Leipzig, Phil. Fak., Inaug.-Diss. v. [14. Juli] 1893

**Deichmann, Carl,** das Problem des Raumes in der griechischen Philosophie bis Aristoteles. gr. 8. (103 S.) Leipzig 893. G. Fock. n. 2. 50

Deichmann, [Karl]: **Prolog zur Einweihungsfeier des neuen Schulgebäudes.** S. 10—11. 4.
**Progr.**

**Deichmann,** Carolus Otto: De structura penitiore tumorum polypiformium. Halis (1850): Hendel. 27 S. 8°
Halle-Wittenberg, Med. Diss. v. 28. Sept. 1850
Geb. Halle a. d. S. 9. 12. 1825. V.
Hall. gekr. med. Preisschrift v. 1850.

**Deichmann, L.**

Der Kreis Cassel und Grenzgebiete. Kupferdr. nach e. Relief. Modellirt ... v. **L. Deichmann.** Längenmaassst.: 1:150000. *Cassel: L. Deichmann [1897].* 1 Bl. quer-4. (ʒ) [97. 3530

**— Confirmationshandlung am 24. April 1827 in d. St. Nicolai-Kirche in Lüneburg gehalten. gr. 8. Lüneb. 827, Herold u. W.**

**Deichmann, L., Confirmationsrede, am 20. April 1880 in d. St. Nicolaikirche zu Lüneburg geh. gr. 8. (1 B.) Lüneburg 830, Herold u. Wahlstab.**

**Deichmann, (L.,) christl. Monatschrift** 2c., s. **Monatschrift.**

**Deichmann, L., Rund-Panorama vom Herkules auf Wilhelmshöhe bei Cassel. Photogr.-Imitation. schmal-gr. Fol. Cassel 887, Deichmann.** In Leinw.-Carton **

Das mittlere Werrathal. Eschwege, Treffurt, Heldrastein. Lichtdr. nach e. Relief. Modell. v. **L. Deichmann.** [Massst.] 1:100000. *Cassel: L. Deichmann [1897].* 1 Bl. 8. (ʒ) [97. 3531

**Deichmann,** Ludwig **[Apotheker aus Leer]: Über Alcaloide des Rhizoms von Hydrastis Canadensis ... Leer, D. H. Zopfs & Sohn, 1892; 39 S. 8.**
Rostock, Phil. Fak., Inaug.-Diss. v. [28. Nov.] 1891

**Deichmann, Ludw.** Uber Alcaloide d. Rhizoms v. Hydrastis canadensis. **Diss.** gr. 8. (39 S.) Leer 892, (Meyer). 1 —

**Deichmann, Ludwig** [aus Unna in Westfalen]: Erregung secundärer Empfindungen im Gebiete der Sinnesorgane. . . . Greifswald, Druck v. Julius Abel, 1889; 34 S. 8°
Greifswald, Med Fak., Inaug.-Diss. v. 15. März 1889

Deichmann, Minna Lange-, s. Lange-Deichmann.

**Deichmann, Paul:** Der Kapitalanteil des offenen Handelsgesellschafters. Heidelberg: Groos 1909. VIII, 125 S. 8°
Heidelberg, Jur. Diss. v. 30. März 1909, Ref. Schröder
[Geb. 19. Sept. 82 Cöln; Wohnort: Cöln; Staatsangeh.: Preußen; Vorbildung: Friedrich-Wilhelms-Gymn. Cöln Reife O. 01; Studium: Bonn 4, Berlin 1, Bonn 2 S.; Rig. 20. Jan. 09.] [U 09. 1770

**Deichmann, Wilhelm,** pr. Arzt: Über einen Fall von primärer, papillärer Tuberkulose an der Portio vaginalis uteri. Borna-Leipzig 1919: Noske. 26 S. 8°
Leipzig, Med. Diss. v. 23. Juli 1910, Ref. Zweifel
[Geb. 2. Nov. 75 Grollenwieden; Wohnort: Obernkirchen; Staatsangeh.: Preußen; Vorbildung: Gymn. Rinteln Reife O. 95; Studium: Marburg 5, Leipzig 2, Marburg 2, Leipzig 4 S.; Coll. 2. Aug. 10; Approb. 19. April 02.] [U 10. 2957

**Deichmüller. Uber Moor u. Moorbäder. gr. 8. (7 S.) Glatz 892. (Lpz., Verlag d. Reichs-Medicinal-Anzeigers, Konegen.)** — 30
**Aus: Verhandlgn. d. 20. schles. Bädertages zu Breslau, besonders abgedruckt.**

**Deichmüller, Aug., das Vorkommen der Diacetsäure-Spaltungsprodukte im pathologischen und physiologischen Organismus. Inaugural-Dissertation. gr 8. (20 S.) Göttingen 881, (Vandenhoeck und Ruprecht's Verlag.)**

Deichmüller, Friedrich

**Deichmüller, F.,** d. astronomische Bewegungslehre u. Weltanschauung d. Kardinals Nikolaus v. Cusa. gr. 8. (15 S.) Bonn (901). (Röhrscheid & Ebbecke.) n. — 50
Sonderabdruck aus: „Sitzungsber. d. niederrhein. Gesellsch. f. Natur- u. Heilkde. zu Bonn".

Deichmüller, F., **Bonner Durchmusterung des nördlichen Himmels, s.: Argelander, F.**

Die astronomischen Instrumente von Peking. Von Dr. F[riedrich] **Deichmüller,** Prof., Bonn. Mit 3 Taf. *Bonn 1902: C. Georgi.* (10 S.) 8° [Umschlagt.]
Aus: Sitzungsberichte d. Niederrhein. Ges. f. Natur- u. Heilkunde zu Bonn. 1902. [03. 9286 11

**Deichmüller, F.**, die astronomischen Instrumente v. Peking. gr. 8. (10 S. m. 3 Taf.) Bonn 902. (Röhrscheid & Ebbecke.) n. 1. —
Sonderabdruck aus: „Sitzungsber. d. niederrhein. Gesellsch. f. Natur- u. Heilkde. zu Bonn"

**Deichmüller, Frdr.**, Catalog v. 18457 Sternen zwischen 30° u. 50° 10' nördl. Declination 1855 f. d. Aequinoctium 1875, s.: Catalog d. astronom. Gesellschaft.

Deichmüller, Johannes Victor

Deichmüller (J. V.). Branchiosaurus petrolei Gaudry sp. aus dem unteren Dyas von Autun. Oberhof und Niederhässlich. Kassel 1884. 4.

Deichmüller, Johs. Vict. Vorgeschichtliche Funde bei Nerchau-Trebsen in Sachsen, s.a. Mittheilungen aus dem königl. mineralogisch-geologischen u. praehistorischen Museum in Dresden.

Deichmüller (J. V.), Vorgeschichtliche Funde bei Nerchau-Trebsen in Sachsen. (Mittheilungen aus dem Königl. Mineralogisch-Geologischen und Praehistorischen Museum in Dresden. Heft 10.) Cassel 1892. 4. Mit 5 Tafeln.

**Deichmüller, Johs. Vict.**, d. Gräberfeld a. d. Knochenberge b. Niederrödern, Sachsen, s.a. Mitteilungen aus d. kgl. mineralogisch-geolog u. prähist. Museum zu Dresden.

Das Graeberfeld auf dem Knochenberge bei Niederroedern, Sachsen. Von Dr. Johannes Victor Deichmueller, Directorialassist. M. 7 Taf. Abb. *Cassel: Th. Fischer 1897.* (1 Bl., 16 S., 7 Taf.) 1 Bd 4.
= Mittheilungen aus d. Kgl. mineralog.-geolog. u. praehistor. Museum in Dresden. H. 12. [97. 2175

Deichmüller, Johs. Vict., fossile Insecten aus dem Diatomeenschiefer von Kutschlin bei Bilin, Böhmen. gr. 4. (39 S. mit 1 lithogr. Taf.) Halle 881. (Leipzig, Engelmann.) *
Aus: Nova Acta der k. Leop.-Carol. deutschen Akademie der Naturforscher, besonders abgedruckt.

Deichmüller, J. V., die Insekten aus dem lithographischen Schiefer im Dresdener Museum, s.a. Mittheilungen aus dem königl. mineralogisch-geologischen und praehistorischen Museum in Dresden.

Die Insecten aus dem lithographischen Schiefer im Dresdener Museum. Von Dr. Joh. Victor **Deichmüller**. Mit 5 Taf. Cassel: Th. Fischer 1886. (X, 84 S.) 4°
= Mittheilungen aus d. Kgl. mineral.-geol. u. prähist. Museum in Dresden. H. 7. [ot. 8051

—— Nachträge zur Dyas III, s. Mittheilungen aus dem königl. mineralogisch-geologischen Museum zu Dresden.

**Deich-Ordnung** für das Gebiet der freien Hansestadt Bremen. (Bremen. 1850.) 4°.

Deich-Ordnung Ihrer königl. Maj. von Großbritannien und churfürstl. Durchl. zu Braunschweig-Lüneburg 2c., für das Herzogth. Bremen, wie dieselbe in verschied. Stücken geändert und verbessert worden. Publiciret Stade, den 29. Julii 1743. gr. 8. (96 S.) Stade 852, Pockwitz. **

Deich- und Sielordnung für das Fürstenth. Lüneburg und die vormals Lauenburgischen Landestheile vom 15. April 1862 und Bekanntmachung des Königl. Ministeriums des Innern, die Ausführung der Deich- und Sielordnung für das Fürstenth. Lüneburg und die vormals Lauenburg. Landestheile betr., vom 7. Juli 1862. Nebst einem Anh., andere einschlagende gesetzl. Vorschriften enth. gr. 8. (100 S.) Hannover 862, Meyer. *

Deich- und Siel-Ordnung für Ostfriesland vom 12. Juni 1853. gr. 8. (32 S.) Aurich 853, [Bock.] *

**Deich- und Siel-Ordnung** für Ostfriesland vom 12. Juni 1853. Aurich 853. Prätorius u. Seyde. (Bock.) gr. 8. (32 S.) 5 ngr

Deich- und Sielordnung für Ostfriesland vom 12. Juni 1853 nebst den durch das Gesetz vom 5. Jan. 1864 erlassenen Aenderungen. gr. 8. (84 S.) Aurich 864, Spielmeyer.

**Deich- Ufer- und Graben-Ordnung** für das Ober- und Nieder-Netzbruch. [Dat.:] Berlin, den 14. Dec. 1779. Berlin (1779). fol.

**Deich- Ufer- Graben- und Schau-Ordnung** für das Warthe-Bruch. [Dat.:] Berlin den 27. März 1802. [Nebst] Verbesserung. [Dat.:] Berlin d. 19. Jan. 1811. Landsberg a. d. W. [um 1811]. fol.
[Angeb.]

**Deichsel**, Gerhard: Beiträge zur Kenntnis des Knochenfischauges mit besonderer Berücksichtigung der Frage nach der Accommodation. Breslau 1908: H. Fleischmann. (61 S.) 8°
Breslau, Phil. Fak., Ref. Kükenthal, Diss. v. 22. Jan. 1908
[Geb. 13. Sept. 82 Oppeln; Wohnort: Bobrek O.-S.; Staatsangeh.: Preußen; Vorbildung: Oberrealsch. Gleiwitz Reife O. 03; Studium: Breslau 8 S.; Rig. 13. Dez. 07.]

**Deichsel**, Carl, aus Oppeln: Aus d. hygien. Institut d. Universität Greifswald. Über die Anwendung gefärbter Nährböden zum Nachweise des Typhusbacillus. *Greifswald 1899: J. Abel.* (38 S.) 8°
Greifswald, Med. Diss v. 1. Apr. 1899

**Deichstetter**, Heinrich, approb. Arzt aus München: Über einen Fall von primärem Schweissdrüsencarcinom. *München 1902: C. Wolf & Sohn.* (33 S.) 8°
München, Med. Diss v. 1902

**Deichstetter**, Josef [Assistenzarzt im k. b. 1. Feldart.-Reg. „Prinz-reg. Luitpold"]: Ueber Parotitis nach Ovariotomie . . . München, Buchdr. J. B. Grassl, *1891:* 35 S. 8°
München, Med. Fak., Inaug.-Diss. v. 1891

Deicke, ein Blick in die Vorzeit und die Bodenverhältnisse von Mülheim a. d. Ruhr. Vortrag, gehalten im Mülheimer Gewerbe-Verein am 26. Jan. 1881. gr. 8. (24 S.) Mülheim 881, (Bädeker.) **

Deicke. Einige Probleme aus der Wärmetheorie. 19 S.
Mülheim a. R., Progr. 1855

**Deicke, das Testament.** Handbuch zur Testamentserrichtg. f. jedermann. Allgemein verständl. Darstellg. der Testamentslehre nach dem bürgerl. Gesetzbuche m. Beispielen u. Mustern zu Testamenten u. Eingaben. 8. (100 S.) Mülheim a/R. (902). J. Bagel. 1. —

**Deicke**, Amtsr. Dr., D. Vormund n. d. Bürgerl. Gesetzbuche. Allg. verständl. Darstellg. d. vormundschaftl. Amtes m. Beisp. u. Mustern z. Gesuchen, Eingaben etc. »Rechtshandbücher f. jedermann.« (68 S.) Mühlheim a. R. 1901. J. Bagel.

**Deicke**, Bernhard [aus Bremen]: Über Alicyclische Alkine Köln, Druck v. M. DuMont-Schauberg, 1892; 49 S. 8.
München, Phil. Fak., Inaug.-Diss v. 1892

Deicke, C. F. W., die Elementarstufen des Zeichnens in Verbindung mit den Elementen der geometrischen Formenlehre. Zum allgemeinen Schulgebrauch bearb. 2 Hefte. (Die gerade Linie in ihren Verbindungen 2c. 108 Uebungen. — Die Bogenlinie in ihren Verbindungen 2c. 93 Uebungen. qu. 4. (36 Stnt.) Nordhausen 856, Büchting. à Heft 7½ Ngr.

Deicke, C. F. W., die Elementarstufen des Zeichnens in Verbindung mit den Elementen der geometr. Formenlehre. Zum allgem. Schulgebrauch bearb. 1. Heft: Die gerade Linie in ihren Verbindungen und Zusammenstellungen. 108 Uebungen. 2. Aufl. qu. 4. (19 Stnt.) Nordhausen 867, Büchting.

—— über die Verbindung der Elementarstufen des Zeichnens mit den Elementen der geometrischen Formenlehre beim Schulunterricht. Mit Bezug auf seine beiden Zeichnenhefte für Schüler. gr. 8. (21 S.) Nordhausen 856(57), Büchting.

Deicke, Fr., s.: Tagebuch der königl. sächsischen Hoftheater.

**Deicke, Gustav:** Johann Jakob Dusch. Strassburg i. E. 1910: Müh. 90 S. 8°
Straßburg, Phil. Diss. v. 13. Nov. 1909, Ref. Martin
[Geb. 25. Dez. 87 Hamburg; Wohnort: Hamburg; Staatsangeh.: Hamburg; Vorbildung: Realgymn. d. Johanneums Hamburg Reife O. 06; Studium: Straßburg 2, Kiel 1, Straßburg 4 S.] [U 10. 4075

**Deicke**, H. Bestimmung des Absorptionscoëfficienten des Ammoniaks für Wasser. Mühlheim a. d. Ruhr. 4. 15 S. 1865
Schul-/Univ.-Schrift

**Deicke, H.**, Sammlung von Aufgaben aus der Chemie. Zum Gebrauche für Real- und Gewerbeschulen, polytechnische Lehranstalten und chemische Laboratorien. Iserlohn 861. Bädeker. gr. 8. (VIII, 116 S.) n. 16 ngr.

Deicke, Herm. Beiträge zur geognostischen und paläontologischen Beschaffenheit der unteren Ruhrgegend. Erster Beitrag: Die Tourtia in der Umgegend von Mülheim a. d. R. 30 S. Zweiter Beitrag: Die Brachiopoden der Tourtia von Mülheim a. d. R. 28 S. u. Taf. Progr. *Mülheim a. d. R.* 1876. 1878.

Deicke, Hermannus: • De calore radiante. 55 S. 4° (2°)
Halle-Wittenberg, Phil. Diss. v. 16. März 1849
Geb. [Halberstadt 9. 5. 1826]
Ersch. in gekürzter deutscher Umarbeitung u. d. T.: Einige Probleme aus der Wärmetheorie. Mülheim a. Ruhr 1855: Nieten. 19 S. 8° (4°) Höh. Bürgerschule, Progr.

**Deicke, J.**, Bericht üb. den Kontrollverein Petkus, s.: Berichte üb. Landwirtschaft. 10. Heft.

Deicke, J[ohann] C[arl]. Andeutungen über die Untersuchung der Quartürgebilde in der Schweiz mit besonderer Beziehung auf die Kantone St. Gallen und Appenzell. [A.] 8. [Stuttgart 1868.]

Deicke. J. C. Ueber Eisbildung und Entstelung der Schrunden.

**Deicke, J. C.**, die nutzbaren Mineralien der Kantone St. Gallen und Appenzell. gr. 8. (25 S.) St. Gallen 863, Scheitlin und Zollikofer.
Aus: Verhandlungen der St. Gallischen naturwissenschaftlichen Gesellschaft 1861,62, besonders abgedruckt.

Deicke. J. C. Nachträge über die Quartärgebilde zwischen den Alpen und dem Jura. 1860?

Deicke, J. C., geologische Skizze über die Kantone Appenzell, St. Gallen und Thurgau. Oeffentlicher Vortrag. 16. (81 S.) St. Gallen 859, Scheitlin und Zollikofer. *

—— über die Sündfluth. Oeffentlicher Vortrag. gr. 8 (16 S.) St. Gallen 861, Scheitlin und Zollikofer.

Deicke, J. C., Ueber die Verheerungen orkanartiger Föhnstürme mit besonderer Beziehung auf die Umgehungen von Appenzell und St. Gallen. Vierteljahrsschrift VIII. Zürich 1863.

Deicke. J. C. Ueber die Vorkommen der mineralogischen Kohle in den Kantonen St. Gallen und Appenzell.

**Deicke, Karl**, s.a. **Kortum**, des Jobsiadendichters Carl Arnold, Lebensgeschichte.

**Deicke, K.**, der Jobsiadendichter Carl Arnold Kortum. Sein Leben u. seine Schriften. 8. (VI, 111 S.) Mülheim a/R. 893. H. Baedeker. n. 2. --

– s.: Stückskes, neue Mölnsche.

Das Testament. Handbuch z. Testamentserrichtung f. jedermann. Allgemein verständl. Darstellung d. Testamentslehre nach d. BGB. mit Beispielen u. Mustern zu Testamenten u. Eingaben von Amtsrichter Dr. [Karl] **Deicke**. Mülheim a. d. Ruhr: J. Bagel [1902]. (100 S.) 8° [F.] [04. 0430]

— der Vormund nach d. bürgerl. Gesetzbuche, s.a. Rechtshandbücher f. jedermann. Nr. 4.

Der Vormund nach dein Bürgerlichen Gesetzbuche. Allgem. verständl. Darstellung d. vormundschaftl. Amtes mit Beispielen u. Mustern zu Gesuchen ... von Amtsrichter Dr. [Karl] **Deicke**. *Mülheim a. d. Ruhr: J. Bagel [1901].* (68 S.) 8° [J.]
= Rechtshandbücher f. jedermann. 4. [01. 10301 5

**Deicke, Ludovicus**, Gottingensis: **De scholiis in Apollonium Rhodium quaestiones selectae.** *Gottingae 1901: Dieterich.* (76 S.) 8°
Göttingen, Phil. Diss. v. [19. Sept.] 1901

**Deicke, Ludov.**. de scholiis in Apollonium Rhodium quaestiones selectae. Diss. gr. 8. (74 S.) Göttingen 901. (Vandenhoeck & Ruprecht.) n. 1. 80

Deicke. Wilhelm [aus Braunschweig]: Ueber einige Derivate der β Metaxylolsulfonsäure und das flüssige Dibrommetaxylol .... Rostock, Univ.-Buchdr. v Adler's Erben, 1887; 20 S. 8°.
Rostock, Phil. Fak., Inaug.-Diss. v. 23. Jul. 1887.

Deicke, Wilhelm, ueber einige Derivade der β Metaxylolsulfonsäure und das flüssige Dibrommetaxylol. Diss. Rostock 1887, G. B. Leopolds Univ.-Buchh. 8°. 20 S.

Deidesheimer, Amy, Eine Reiseerzählung für die Jugend. Englisch u. Deutsch. 8°. (36 u. 49 S.) Wien, Wenedikt 1886

**Deidesheimer**, Gustav, prakt. Arzt aus Neustadt a. d. Haardt: Über **Resultate** der Behandlung der chronischen Ischias durch blutige Dehnung des Nervus ischiadicus. *Strassburg i. E. 1899: C. & J. Goeller.* (30 S.) 8°
Strassburg, Med. Diss. v. 1899

**Deidier.** Vollkommener französischer Ingenieur. A. d. Franz. 4. Leipzig 1762. — 4. Wien 1762.

**Deidier**, voll. franz. Ingenieur m. K. 4. Wien, Krauß. 762.

**Deidier.** Le parfait ingénieur français, on la fortification offensive et défensive. 4. Paris 1742. — 4. ib. 1747. — 4. Leipzig 1772. 4. Vienne 1772.

Dejean, Anweis. z. Destilliren. 8. Altenb. (Acad. Buchh. in Jena.) 754.

Dejean, ..., Anweis. zum Destilliren. 8. Altenb. 754. (Hennings in Neisse). 12 gr.

Dejean, Ferdinand: Commentaria in institutiones pathologiae medicinalis autore Hier(onymo) David(e) Gaubio, collecta, digesta... (In linguam Latinam transtulit Christian Gottfried Gruner.) Tom.1 - 3, gbd., Tab.

Viennae: { Bd 1 - 2: Graeffer 1792
Bd 3: Blumauer 1794 }

JB 1.156

Dejean, Ferdinand: Commentaria in institutiones pathologiae medicinalis autore Hier(onymo) David(e) Gaub collecta, digesta. Tom.1-2, 3/2, gbd., Tab.

Tom.1-2: Viennae: Graeffer 1792
Tom.3/2: Viennae: Blumauer 1794

JB 6.529

— Dass., ins Deutsche übersetzt u. mit Anmerkk. von Chr. Gottfr. Gruner. 1r — 3r Bd. 1e u. 2e Abthl. gr. 8. Berl. 794 — 97. Voß. 4 rthl 8 gr

**Dejean**, Ferdinand: Erläuterungen über Gaub's Anfangsgründe der medicinischen Krankheitslehre. Aus d. Lat. übers., verb., mit Anm. u. Zusätzen vers. von Christian Gottfried Gruner. Thl 1—3. Berlin 1794—97.
1. 1794. 2. 1795. 3, Bd 1. 2. 1796—97.

Dejeux, N., Untersuch. u. Bemerkk. über d. verschied. Arten der Milch ꝛc., s. A. Parmentier.

Deigendesch, Ant., Bemerkungen zur biblischen Geschichte von Albert Werfer. 2. verb. Aufl. 8. (VII, 84, 28 S.) München 888, (Korff.) geb. *

Deigendesch, Johann

**Deigendesch**, Pferde- und Roß-Arzneibuch, s.a. Kreuzerbücher ꝛc.

Deigendesch, Jh., Pferd- oder Roßarzneibuch. 20e Aufl. 12. Tübing. 810. v. Cotta. 8 gr Dass., 8. Leipz., (W. Rauck). 4 gr Dass., 12. Basel, Thurneisen. 3 gr

— — dass. 8. Leipz. Sommer.

**Deigendesch, J.**, Nachrichter's Pferde- und Roß-Arzneibuch, s.a. Kreuzerbücher.

**Deigendesch J.**: Nachrichters nützliches u. aufrichtiges Pferd- od. Ross-Arzneybuch ... nebst e. Anh. v. Rindvieh-Arzneyen ... Neue u. verb. Aufl. Tübing. 1790. 259 S.
[»Nachrichter« = Scharfrichter; 1. Udg. 1744?]

**Deigendesch, J.,** Nachrichters nützliches und aufrichtiges Pferde- u. Ross-Arzneibuch, in welchem die innerlichen Krankheiten und äusserlichen Zustände der Rosse auf das Deutlichste erklärt werden, samt Beifügung der dazu gehörigen approbierten Rezepte. Nebst einem Anhang von Rindvieh-Arzneien. Alles mit Fleiss zusammengetragen. Neue und verbesserte Auflage. 32. (217 S.) Stuttgart 58. Scheible. M. —.60

Deigendesch, Johannes. Artznei-Büchlein. Germantown, 1791.

**Deigendesch,** J(osef): Bericht über den 1. Lehrgang für deutsche Obstbaubeamte in Dresden am 10. u. 11. September 1906 mit anschliessender Studienreise nach Böhmen. Sigmaringen 1907: M. Liehner. (S. 3—13.) 8° [F.]
Sigmaringen, Hohenzollernsche Ackerbau- u. landwirtschaftl. Winter-S P 1907**

**Deigendesch, Josef:** Das Brot. Kulturgeschichtl. Studie. Sigmaringen 1909: Liehner. S. 3—12. 8°
Sigmaringen, Hohenzollernsche Ackerbau- u. LWS P 1909** [S 09. 69

**Deigendesch, K.,** d. Bauer a. Millionär. Romant. Schauspiel m. Ges. in 5 Aufzgn. v. Ferd. Raimund. Musik f. Männerchor u. Solo m. Pianofortebegleitg. v. D. Op. 68. (Text) 12. (32 S.) Regensburg 896. A. Coppenrath's Verl. n. — 40

d. Errettung d. Moses. E. dramat. Spiel f. d. weibl. Jugend. Von Henriette Reusch. In Musik gesetzt v. D. Op. 58. Text. 8. (38 S.) Ebd. 897. n. — 30

**Deigendesch, K.,** der ewig unzufriedene Weber. Zauberposse in 5 Aufzügen, n. e. nordböhm. Sage bearb. von Eduard Brunner. Musik f. Männerstimmen u. Pianoforte v. D. (Op. 75.) (Textbuch.) 8. (24 S.) Regensburg (902). A. Coppenrath's Verl. n. — 50

— der Wettstreit der Getränke. Faschingsscherz von J. Priem. Dramatisches Singspiel f. Solo u. gemischten Chor. Musik v. D. (Textbuch.) 8. (16 S.) Ebd. (900). n. — 30

**Deigendesch, Karl,** der Verschwender, s.: Raimund, Ferd.

DEIGLMAYR, Friedrich (München): De apoplexia.- Monachii 1831. 46 S. 19.1.1829 - Urk (Titel: De tussi convulsiva.); F 59
Diss. Ingolst.-Landsh.-Mchn.

**Deiglmayr,** Ivo, aus München: Über **Kondensations-Produkte** aus mehrwertigen Phenolen mit substituierten 1,3-Diketonen. Darstellung von Abkömmlingen des 1,4-Benzo-Pyranols. *Würzburg 1903: C. J. Becker.* (94 S.) 8°
Tubingen, Naturw. Diss. v. 1903

**Deike,** Vormund, s. Rechtshandbücher.

**Deike,** Paul, wilde Rosen. Ausgewählte Gedichte. (93 S.) 8. Hamburg (904). Stuttgart, W. Digel. 1. —

**Deike, Wilh.,** Schillers Ansichten üb. die tragische Kunst, verglichen m. denen d. Aristoteles. Diss. gr. 4. (34 S.) Helmstedt 891. (Rudolstadt, Dabis.) n. 1. 60

[F.] **Deike,** *Wilhelm* [Dr.]: Schillers Ansichten über die tragische Kunst verglichen mit denen des Aristoteles. (-- Inaug.-Diss. Jena 1891.) Helmstedt, Druck v. J. C. Schmidt, 1891; S. 1 34; 4°
Helmstedt, herz. G, OP 1891 (686)

[F.] **Deike,** Wilhelm [Dr.]: Die ästhetischen Lehren Trendelenburgs. Helmstedt, Druck v. J. C. Schmidt, 1897; 33 S. 4.
Helmstedt, herz. G '(Vereinigtes Helmstedt-Schöningensches G.)', OP 1897 (723)

Deiker, Johannes

**Deiker, Johs.,** Jagd-Bilder nach Orig.-Gemälden. Photographirt von J. Schaefer. gr. Fol. (12 Blatt.) Frankfurt a. M. 867, Keller. In Carton *

—— dass. — 4. (12 Blatt.) Ebendas. 868. In Mappe *

— — Nach Orig.-Gemälden. Photolithogr. von J. Schäfer. Ebend. 870. qu. Fol. (24 Bll.) à Blatt n. 25 ngr.; Ausg. in 4. à n. 10 ngr.

Aus Johannes **Deiker's** Studienmappen. Ausgew. Blätter f. Jäger, Jagd- u. Kunstfreunde. *Berlin: Gebr. Schultzer [1902].* (3 Bl., 37 Taf.) 2° [04. 851

**Deiker, Carl,** Epheuranken. Lieder u. Bilder. gr. 8. (VII, 126 S. m. Abbildgn.) Neudamm (902). J. Neumann. n. 4. —; geb. in Leinw. n. 5. —

Deiker, Karl Friedrich

**Deiker,** C. F., Waidmanns Frend' in Wald u. auf der Haid'. Aquarelle. Mit Schildergn. aus dem Thierleben v. Adf. u. Karl Müller. qu. Fol. (24 Chromolith. m. 23 Bl. Text) Darmstadt 1876, Köhler. geb. m. Goldschn. n. 60. —

**Deiker, C. F.,** Waidmanns Freud' im Wald u. auf der Haid'. Aquarelle. Mit Schilderungen aus dem Thierleben v. Adf. u. Karl Müller. qu. Fol. (24 Chromolith. mit 23 Bl. Text.) Darmstadt 877. Köhler. geb. m. Goldschn. n 60. —

**Deiker, Carl, Frdr.,** Waidmannsheil, s.a. Galerie, die, im Hause.

**Deiker, C. F., Weidmann's Heil.** Album für Jäger und Jagdliebhaber. qu. gr. 4. (12 Photogr.) Cassel 865, Fischer. In Mappe *
Ausg. in qu. Fol. *

—— dass. — 1. Serie. 6 Lfgn. qu. Fol. (12 Photolithogr.) Ebendas. 866. à Lfg. * 25 Ngr. *

—— dass. — 2. Serie. qu. Fol. (12 Photogr.) Ebendas. 866. In Mappe *

—— dass. — 2. Serie. 6 Lfgn. qu. Fol. (12 Photolithogr.) Ebendas. 867. à Lfg. * 25 Ngr. *

—— dass. — (In 12 Lfgn.) 1. Lfg. hoch 4. (2 Photolithogr.) Ebendas. 867.

**Deiker, C. F.,** Waidmanns Heil. Album für Jäger und Jagdliebhaber. Nach Orig.-Gemälden. Photolithogr. von J. Schäfer. 4. (24 Bl.) Cassel 870, Fischer. In Leinwandmappe *

—— dass. — Prachtausg. 2 Serien. (à 12 Bl.) Ebendas. 872. à Bl. *M. 1.; à Serie in Mappe *M. 12.; complet *

Waidmannsheil! 6 Gemälde von Carl Friedr. **Deiker.** Text von Carl Deiker. (Elberfeld: Schöpp & Vorsteher 1908.) 8 Bl., 6 Taf. 2°
(Die Galerie im Hause.) [09. 11422 5

**Deiker, C. F., Waidmanns-Lust.** Festgeschenke für Freunde der Jagd. 20 Orig.-Zeichnungen. Durch Lichtdr. vervielfältigt von Römmler und Jonas in Dresden. gr. Fol. Köln 882, Heyn. In Leinw.-Mappe

**Deiker,** C. F., **Waidmanns-Lust.** Festgeschenk für Freunde der Jagd. 20 Orig.-Zeichnungen durch Lichtdr. vervielfältigt durch Römmler und Jonas in Dresden. 2. Aufl. gr. Fol. Köln 885, Heyn. In Leinw.-Mappe

**Deiker,** C. F., Waidmanns-Lust. Festgeschenk f. Freunde der Jagd. 20 Orig.-Zeichngn., durch Lichtdr. vervielfältigt durch Römmler & Jonas in Dresden. 2. Aufl. gr. Fol. Rohrenbach b/Köln 885. A. v. Busse. In Leinw.-Mappe. 45. —

**Deiker,** C. F., Waidmannslust. 20 Orig.-Zeichngn., durch Lichtdr. vervielfältigt v. Römmler & Jonas in Dresden. 2. Aufl. Mit 1 Blatt Text. Imp.-Fol. Leipzig 890. E. Twietmeyer. In Mappe. n. 30. —

**Deil, Eug.,** neuestes Adressenbuch der hervorragendsten Firmen des Weinhandels von Ungarn und Österreich, auf Grund amtl. Daten verfasst. 12. (V, 114 S.) Kaschau 888, Maurer. *

Deil, Joh. Geschichte des Prag-Neustädter Gymnasiums 30 S. 8.
**Progr.** Neust. G. *Prag* 1878.

**Deil,** Jos.: Die deutschen Stammesherzogtümer in ihrem Verhältnis zum Königtum. 7 S. 4° – Prag. N., Progr. 1872.

**Deile,** Ghold., die Frauen der höfischen Gesellschaft nach dem Wigalois d. Wirnt v. Gravenberg. gr. 8. (60 S.) Jüterbog 892. (Leipzig, G. Fock.) n. 1. 20

**Deile**, Ghold, Freimaurerlieder als Quellen zu Schillers Lied „An die Freude", s.a. Bibliothek litterarischer u. culturhistorischer Seltenheiten. Nr. 6.

Freimaurerlieder als Quellen zu Schillers Lied „An die Freude". Wortgetreue Neudr. bisher noch unbekannter Quellen mit einer Einl. „Ueber das Verhältniss der Freimaurer zu Schiller". Ein Beitrag zur Erklärung des Liedes „An die Freude" von Gotthold **Deile.** Leipzig: Weigel 1907. 125 S. 8⁰ (Bibliothek litterar. u. culturhistor. Seltenheiten. 6.)
cf. FZ. 61 (1907) S. 166-167 (R. Hase); L. 30 (1907) S. 134—135 (P. Fischer).

— Goethe als Freimaurer, s.a. Stunden m. Goethe.

Goethe als Freimaurer. Von Gotthold Deile. Berlin: E. S. Mittler & Sohn 1908. (XI, 337 S.) 8° [F.]
— **Stunden** mit Goethe. Sonderh. [4.] (08. 13563)

Die Erfurter Loge unter [Karl] Dalberg und [Joh. Jak.] Dominikus und ihre Beziehungen zur Erfurter Akademie. Vortrag, gehalten in der ordentlichen Sitzung der Königlichen Akademie gemeinnütziger Wissenschaften zu Erfurt am 20. Mai 1908 von Gotthold **Deile.** Erfurt: Villaret 1908. 30 S. 8⁰ [Umschlagtit.]
Aus: Jahrbücher d. Kgl. Akademie gemeinnütziger Wissenschaften zu Erfurt. NF. 34 (1908) S. 69—98.
cf. MCG. 18 (1909) S. 100—102 (L. Keller). 3.

**Deile,** Gotthold: Klingers und Grillparzers **Medea** mit einander und mit den antiken Vorbildern des Euripides und Seneca verglichen. *Erfurt 1901: F. Bartholomäus.* (31 S.) 8° [F.]
Erfurt, k. RG, P 1901 (276)

Deile, Ghold., kurzer Ueberblick üb. die Geschichte der deutschen Literatur. Für den Schulgebrauch bearb. (III, 36 S.) 8. Ballenstedt 906. [P. Baumann.] Dessau, C. Dünnhaupt. Kart. — 60

— Kurzer Uberblick üb. die Geschichte der deutschen Literatur. Für den Schulgebrauch bearb. (Neue [Titel-] Ausg.) (III, 36 S.) 8. Dessau [906] (907). C. Dünnhaupt. Kart. — 60

— Wiederholungsfragen aus der deutschen Literatur m. angefügten Antworten. Ein Hilfsmittel f. Unterricht u. Studium. 3 Tle 8. Ebd. 905. n. 3. 80; kart. n. 4. 60
1. Die deutsche Literaturgeschichte bis zur Reformationszeit. (VIII, 72 S.) n. 1. — ; kart. n. 1. 20
2. Die deutsche Literaturgeschichte seit der Reformationszeit. (VI, 167 S.) n. 2. —; kart. n. 2. 40
3. Poetik. (IV, 59 S.) n. -80; kart. n. 1. —

— Wiederholungsfragen aus der deutschen Literatur m. angefügten Antworten. Ein Hilfsmittel f. Unterricht u. Studium. 3. Aufl. 3 Tle. gr. 8. Ebd. 3.80; geb. 4. 60
1. Die deutsche Literaturgeschichte bis zur Reformationszeit. (VIII, 71 S.) 910. 1.—; geb. 1. 20
2. Die deutsche Literaturgeschichte seit der Reformationszeit. (VI, 150 S.) 910. 2.—; geb. 2. 40
3. Poetik. (IV, 56 S.) 910. — 80; geb. 1. —

Wieland als Freimaurer. Von Gotthold **Deile.** Erfurt: Villaret 1900. 119 S. 8⁰ [Umschlagtit.]
[Vortit.:] Wieland als Freimaurer, sein Verhalten gegen die „Akademische Loge Sincera Concordia" in Erfurt und sein Verhältnis zur Freimaurerloge „Amalia" in Weimar. Von Gotthold **Deile.**
Aus: Jahrbücher d. kgl. Akademie gemeinnütziger Wissensch. zu Erfurt. (NF.) H. 36.
Anh.: Wielands Logenreden.

*Wieland, Christof Martin:* Wieland als Freimaurer. Von Gotthold **Deile.** Erfurt: Villaret 1910. 119 S. 8⁰.
[Vortit.:] Wieland als Freimaurer, sein Verhalten gegen die „Akademische Loge Sincera Concordia" in Erfurt und sein Verhältnis zur Freimaurerloge „Amalia" in Weimar. Von Gotthold Deile.
W. 19283 ist dementsprechend zu berichtigen. 9.

**Deiler**, John Hanno

Die ersten Deutschen am unteren Mississippi und die Creolen deutscher Abstammung. Vortrag, geh. 1904 vor d. 'Germanist. Congreß' in d. Congreßhalle d. St. Louiser Weltaustellung. Von J[ohn] Hanno **Deiler**, Prof. New Orleans, La.: Selbstverl. 1904. (31 S.) 8° [F.] (05. 13579)

-- Katholische Dttum, Das, v StL in seinen 20 Gmden dargestellt. StL, 1896.

--Die europäische Einwandg nach d VS. New Orleans, 1897.

--Zur Gesch d Dten am unteren Miss, und der dten Einwandg über N Orl, I: Das Redemptionssystem in La. N Orl, 1899; 2d ed, 1901.

Zur Geschichte der Deutschen am unteren Mississippi. Das Redemptionssystem im Staate Louisiana. Von J[ohn] Hanno **Deiler**, Prof. (2. Aufl.) New Orleans, La.: Selbstverl. 1901. (30 S.) 8° [F.] (02. 13,40)

**Deiler, J. Hanno:** Geschichte der Deutschen Gesellschaft von New Orleans. Mit einer Einleitung: Die europäische Einwanderung nach den Vereinigten Staaten von 1820—1896, New Orleans. *Festschrift zum Goldenen Jubiläum der Gesellschaft. New Orleans, La.: Im Selbstverlage 1897. 136 S.*

--Gesch d Dten Gesellschaft von N Orl. N Orl, 1897; repr. 1907.

Zur Geschichte der deutschen Kirchengemeinden im Staate Louisiana. Ein Beitrag z. Geschichte d. Deutschen am unteren Mississippi. Mit e. Census d. New Orleanser deutschen Schulen u. d. fremdgeborenen Bevölkerung von 1850 bis 1890. Von J[ohn] Hanno **Deiler**. New Orleans, La: Selbstverl. 1894. 108 S 8° (05. 11311)

Geschichte der New Orleanser Deutschen Presse. Nebst anderen Denkwürdigkeiten der New Orleanser Deutschen. Von J[ohn] Hanno **Deiler**, Prof. New Orleans, La.: Selbstverl. 1901. (40 S.) 8° [F.]
Aus: New Orleanser Deutsche Zeitung. (05. 13,02)

Eine vergessene deutsche Colonie. Eine Stimme z. Vertheidigung d. Grafen de Leon, alias Proli, alias Bernhard Müller. Von J[ohn] Hanno **Deiler**, Prof. New Orleans, La., 1900. (12 S.) 8° [Umschlagt. F.]
Aus: New Orleanser Deutsche Zeitung. 1900, 18. Nov., 25. Nov. u. 2 Dez. (03. 13,81)

--Louisiana, ein Heim f dte Einsiedler. New Orleans, 1895.

--Das Redemptionssystem im Staate La. 2d ed. N Orl, 1901.

**Doilmann,** Josef, approb. Arzt aus Altenberge ⟨Westf.⟩: Über den Zusammenhang von Sarkom und Trauma. *Halle a. S. 1903: C. A. Kaemmerer & Co.* (39 S.) 8°
Halle, Med. Diss. v. 23. Nov. 1903

**Deilmann,** Guilelmus: De pneumothorace. Halis (1866): Lipke. 31 S. 8°
Halle-Wittenberg, Med. Diss., nachgeliefert von dem am 10. Juli 1866 auf Thesen promovierten Verf.
Geb. Nottuln (Westf.) 26. 2. 1840. V.

**Deilmann,** Guilelmus: Theses, loco dissertationis de pneumothorace mox edendae. Halis (1866): Orphanotropheum. 2 Bl. 8°
Halle-Wittenberg, Med. Thesen v. 10. Juli 1866

Deiman, J. R., v. d. gut. Wirkung. d. Electricität in verschied. Krankh. a. d. Holl. 2 Bde. gr. 8. Kopenh. Proft. 793. (à 1 Rthlr.)

Deiman, J. R., v. der guten Wirkung d. Elektricität in verschied. Krankheiten; aus d. Holländ., mit Anmerkk. u. Zusätzen v. K. G. Kühn. 2 Bde. gr. 8. Kopenh. 793. Brummer. 2 ₰ Neue Aufl. 2 Thle. gr. 8. Ebd. 817. Bonnier. 2 ₰

**Deimel** Eduard: Uber die Bewertung der Posten kaufmännischer Bilanzen. 23. Prag Hand Ak. 02.
Progr.

**Deimel,** Ed., d. Diskontmarkt, s.: Sammlung handelswissenschaftl. Abhandlgn.

**Deimel,** E. Die Eskomptierung von Buchforderungen. (Aus dem 49. Jahresbericht über die Prager Handelsakademie. Prag 1905.)

Deimel, Frid. (geb. Krefeld 4. 6. 1831): De ossium structura et forma, quae rachitide efficiuntur. Berolini (1857). (32 S.) 8°
Berlin, Med. Diss. v. 27. Aug. 1857

Deimel, H. (Hrsg.), s. Anzeiger, Österreichisch-ungarischer f.d. ges. Textilindustrie.

**Deimel** Dr. Theodor: Christliche Apologie deutscher Classiker. 48. Stockerau 01.
Progr.

**Deimel, Thdr.,** kirchengeschichtliche Apologie. Sammlung kirchengeschichtl. Kritiken, Texte u. Quellen auf apologet. Grundlage. (XIX, 395 S.) gr. 8. Freiburg i/B. 910. Herder. 4.40; geb. in Leinw. 5.—

— Die größten Dichter u. das positive Christentum, s.: Volksaufklärung Nr. 128.

Deimel Theodor: Herbart und Romang. Ein Vergleich ihrer Freiheitslehre.
H. 1895 PN 912 Diss. Wien, Univ. 68

**Deimel,** Thdr, d. Herberge Mariä. Adventnovene z. Verehrg. d. Herberge such. Mutter Gottes. 32. (74 S. m. Titelbild.) Wien 896. H. Kirsch. Geb. in Leinw. n. — 60

**Deimel, Dr. Theodor,** Illustriertes Lehr- und Lesebuch für den Unterricht in der katholischen Liturgik an österreichischen Mittelschulen und höhe en Lehranstalten. Wien 1905. A. Pichlers Witwe & Sohn. Geb. K 1.60.

**Deimel, Dr. Theodor,** Illustriertes Lehr- und Lesebuch für den Unterricht in der katholischen Liturgik an österreichischen Mittelschulen und höheren Lehranstalten. 2., unveränderte Auflage. Wien 1907. A. Pichlers Witwe & Sohn. Geb. K 1.60.

**Deimel, Dr. Theodor,** Illustriertes Lehr- und Lesebuch für den Unterricht in der katholischen Liturgik an österreichischen Mittelschulen und anderen höheren Lehranstalten. 3., unveränderte, sonach gemäß Min.-Erl. vom 10. Oktober 1907, Z. 40235. allgemein zulässige Auflage. Wien 1908. A. Pichlers Witwe & Sohn. Geb. K 1.60.

**Deimel, Dr. Theodor,** Illustriertes Lehr- und Lesebuch für den Unterricht in der katholischen Liturgik an österreichischen Mittelschulen und anderen höheren Lehranstalten. 4., im wesentlichen unveränderte, sonach gemäß Min.-Erl. vom 31. August 1908, Z. 37141, allgemein zulässige Auflage. Wien 1908. A. Pichlers Witwe & Sohn. Geb. K 1.60. (Min.-Erl. vom 12. September 1910, Z. 38550.)

**Deimel,** Thdr., Illustriertes liturgisches Lehr- u. Lesebuch für den Unterricht in der kathol. Liturgik an österreichischen Mittelschulen u. anderen höh. Lehranstalten. Unter Mitwirkg. des Vereins kathol. Religionslehrer an den Mittelschulen Österreichs verf. auf Grund des vom hochw. österreich. Gesamtepiskopat hrsg. neuen Lehrplanes f. den kathol. Religionsunterricht an den österreich. Gymnasien. Mit 51 Abbildgn. (V, 110 S.) gr. 8. Wien 906. A. Pichler's Wwe. & Sohn. Geb. n. 1.60

**Deimel,** Th., Illustriertes liturgisches Lehr- und Lesebuch für den Unterricht in der katholischen Liturgik an österr. Mittelschulen und anderen höheren Lehranstalten. 2. Aufl. Gr.-8°. (110 S.) Wien: Pichler 1908. geb. K 1.60

**Deimel,** Th., Illustriertes liturgisches Lehr- und Lesebuch für den Unterricht in der katholischen Liturgik an österreichischen Mittelschulen und anderen höheren Lehranstalten. 3. Aufl. Gr.-8°. (110 S.) Wien: Pichler 1909. geb. K 1.60

— **Illustriertes liturg. Lehr- u. Lesebuch f. den Unterricht in der kathol. Liturgik an österr. Mittelschulen u. anderen höh. Lehranstalten.** Unter Mitwirkg. des Vereines kathol. Religionslehrer an den Mittelschulen Österreichs verf. auf Grund des vom hochw. österreich. Gesamtepiskopat hrsg. neuen Lehrplanes f. den kathol. Religionsunterricht an den österreich. Gymnasien. 4. Aufl. Unveränd. Abdr. der 1. Aufl. (V, 110 S. m. 51 Abbild.) gr. 8. Wien 910. A. Pichler's Wwe. & Sohn. Geb. 1.60

— Patristisches Lesebuch. Zum Gebrauche an Mittelschulen u. höh. Lehranstalten zusammengestellt. (XVIII, 579 S.) gr. 8. Kempten 909. J. Kösel. 4.50; geb. 5.50

— d. Prophezeiung a d. Krippe. Weihnachtssp. i. Wort u. Lied. 12. (24 S.) Ebd. 898. n. — 60

**Deimel, Dr. Theodor,** Altes Testament. Biblisches Lehr- und Lesebuch der Geschichte der göttlichen Offenbarung des Alten Bundes für österreichische Mittelschulen und verwandte Lehranstalten. Mit 38 Bildern und 2 Karten. Wien 1906. Pichlers Witwe und Sohn. Geb. K 1.90.

**Deimel,** Th., Altes Testament. Biblisches Lehr- und Lesebuch der Geschichte der göttlichen Offenbarung des Alten Bundes für österr. Mittelschulen und andere verwandte Lehranstalten. 2. Aufl. Gr.-8°. (ill. 140 S. mit 1 Karte) geb. K 1.90
Wien: Pichler 1908.

— Altes Testament. Biblisches Lehr- u. Lesebuch der Geschichte der göttl. Offenbarg. des Alten Bundes f. österreich. Mittelschulen u. andere verw. Lehranstalten. Unter Mitwirkg. des Vereines kathol. Religionslehrer an den Mittelschulen Österreichs verf. 3. Aufl. Unveränd. Abdr. der 1. Aufl. (V, 140 S. m. 38 Abbild. u. 1 Karte.) gr. 8. Wien 910. A. Pichler's Wwe. & Sohn. Geb. 1.90

**Deimel,** Thdr., neues Testament. Bibl. Lehr- u. Lesebuch d. Geschichte d. göttl. Offenbarg. d. Neuen Bundes f. österreich. Mittelschulen u. andere verwandte Lehranstalten. Unter Mitwirkg. des Vereines kathol. Religionslehrer an den Mittelschulen Österreichs verf. (X, 200 S. m. 23 Abbild. u. 2 Karten.) gr. 8. Wien 908. A. Pichler's Wwe & Sohn. Geb. 2.40

**Deimel, Thdr.,** leichtaufführbares Weihnachts-Spiel. Darstellend die gnadenreiche Geburt Jesu Christi. Verf. u. zusammengestellt zur Aufführg. durch Schulkinder. 8. (15 S.) Wien 891. H. Kirsch. n. — 40

— leichtaufführbares Weihnachtsspiel. Darstellend: die gnadenreiche Geburt Jesu Christi. Verf. u. zusammengestellt zur Aufführung durch Schulkinder. 2. Aufl. (16 S.) kl. 8. Wien 906. H. Kirsch. n. — 40

**Deimel, Dr. Theodor,** Katholische Zeremonienlehre für allgemeine Volks- und Bürgerschulen. Unter Mitwirkung österreichischer Bürgerschulkatecheten. Mit 6 Abbildungen und 4 Bildtafeln mit 29 Figuren. Wien 1907. A. Pichlers Witwe & Sohn. Geb. K —.60. Der Gebrauch dieses Buches an Schulen gleicher Kategorie mit deutscher Unterrichtssprache in anderen Diözesen wird gestattet, wenn dasselbe von den betreffenden Ordinariaten für zulässig erklärt worden ist.

— Katholische Zeremonienlehre f. allgemeine Volks- u. f. Bürgerschulen. Unter Mitwirkg. österreich. Bürgerschulkatecheten verf. Mit 6 Abbildgn. u. 4 Bildtaf. m. 29 Fig. 2. Aufl. Im wesentlichen unveränd. Abdr. der 1. Aufl. (46 S.) 8. Ebd. (910.) Geb. — 60

— Zeugnisse deutscher Klassiker f. das Christentum. (XI, 162 S.) kl. 8. Freiburg i/B. 904. Herder. n. 1.30; geb. in Leinw. n. 2.—

Deimel, Thdr., Citaten-Apologie od. christliche Wahrheiten im Lichte der Intelligenz. Christliches Vademekum f. die gebildete Welt. 12. (X, 140 S.) Freiburg i/B. 902. Herder. n. 1.20; geb. in Leinw. n. 1.80

— Zitaten-Apologie od. christliche Wahrheiten im Lichte der menschlichen Intelligenz. Christl. Vademekum f. die gebild. Welt. 2., verb. u. verm. Aufl. (XIV, 312 S.) kl. 8. Ebd. 904. n. 2.—; geb. in Leinw. n. 2.80

Deimel, W., Auszüge a. d. Entscheidgn. d. kgl. preuß. Ober-Verwaltungs-Gerichts in Staatssteuersachen. A. Einkommensteuer. B. Gewerbesteuer. 2. Hft. gr. 8. (51 S.) Hamm 895. Selbstverl. n. — 80

Deimel, W., s.: Beamten-Kalender, allgem.

Deimel, W., die Berufung gegen die Veranlagung zur Einkommensteuer unter Berücksicht. der Rechtsgrundsätze des kgl. Ob.-Verwalt.-Gerichts. Eine Anleitg. zur Berechng. des steuerpflicht. Einkommens. gr. 8. (54 S.) Hagen 893. H. Risel & Co. n. — 50

Entscheidungen des Königlich Preußischen Ober-Verwaltungs-Gerichts in Staatseinkommensteuersachen, in 120 Auszügen (2: Auszüge aus d. Entsch. d. ... Ober-Verw.-Ger. in Staatssteuersachen. A. Einkommensteuer. B. Gewerbesteuer.) von W[ilhelm] **Deimel**, Reg.-Supernum. H.[1.]2. (Hamm i. W.): Selbstverl. 18[94–]95. 2 Bde 8° [F.] [07. 6102

[F.] Alphabetisches Sachregister zum Einkommensteuer- und Ergänzungssteuergesetz sowie zu den dazu ergangenen Ausführgs-Anweisgn, Mittheilgn aus d. Verwaltg d. direkten Steuern u. Entscheidgn d. Kgl. Ober-Verwaltgs-Gerichts. Von W. **Deimel**, Regiergs-Supernum., Hamm i. W. *(Hamm): Selbstv.; (Dr. v. R. Baehr) 1895.* (121 S.) 1 Bd 8. [96. 1374

— alphabetisches Sachregister zum Einkommensteuer- u. Ergänzungssteuergesetz, sowie zu den dazu ergangenen Ausführungs-Anweisgn., Mittheilgn. aus der Verwaltg. der direkten Steuern u. Entscheidgn. des königl. Ober-Verwaltungs-Gerichts. 2. Aufl. gr. 8. (127 S.) Hamm 900. E. Griebsch. Kart. n. 2.—

[F.] Tabelle zur Erleichterung der Schätzung des Betrages, mit welchem ein Anspruch aus einer Lebensversicherung dem steuerbaren Vermögen hinzuzurechnen ist ... Von W. **Deimel**, Regiergs-Supernum., Hamm i. W. *(Hamm): Selbstv.; (Dr. v. R. Baehr [1895]).* 2 Bl. 4. [96. 1375

— Taschen-Kalender f. Regierungs-Steuerbeamte.

— s. Taschen-Kalender f. Steuerbeamte.

Deimler, Just., wie die Statthalterei Gottes auf Erden entstand! Eine Beleuchtg. der Herrschsucht u. Selbstüberhebg. der röm. Bischöfe an der Hand der Geschichte. (16 S.) 8. Leipzig-Dölitz (908). Leipzig, Teichmann & Co. — 20

Deimler, Conrad Martin. Vergleichende Untersuchungen über die Pylorusdrüsenzone des Magens und die Duodenaldrüsenzone des Darmkanals der Haussäugetiere. Diss. Phil. [II.] Univ. Zürich von K' M' D'.... Mit 8 Tafeln. *Kopftitel:* Aus dem Physiologischen Institut der Tierärztlichen Hochschule zu Dresden ⟨Geh. Med.-Rat Prof. Dr. med. et phil. [Wilhelm] Ellenberger⟩. 160 S. 8. Zürich (Buchdr. Arthur Schönfeld, Dresden) 1904.

**Deimler, Theodor,** appr. Arzt: Versuche über den respiratorischen Stoffwechsel im Hochgebirge. Erlangen 1910: Junge. S. 125—207. 8° ¶ (R. F. Fuchs: Physiol. Studien im Hochgebirge. Mitteil. 2. Aus: Sitzungsberichte d. physik.-med. Sozietät in Erlangen. Bd 41. 1909.)

Erlangen, Med. Diss. v. 19. März 1910, Ref. Rosenthal

[Geb. 28. Nov. 82 Bombay; Wohnort: Nürnberg; Staatsangeh.: Bayern; Vorbildung: Altes Gymn. Nürnberg Reife M. 02; Studium: Erlangen 8, München 1, Kiel 1 S.; Coll. 5. Jan. 10; Approb. 16. Juli 09.] [U 10. 792

**Deimler, Wilhelm**: Stabilitätsuntersuchungen über symmetrische Gleitflieger. Göttingen 1910: Oldenbourg, München. 68 S. 8°

Göttingen, Phil. Diss. v. 26. Febr. 1910, Ref. Prandtl

[Geb. 28. Juli 84 Bombay; Wohnort: Nürnberg; Staatsangeh.: Bayern; Vorbildung: Altes Gymn. Nürnberg Reife Juli 02; Studium: München Techn. Hochsch. 2, Univ. 6, Göttingen 4 S.; Rig. 11 Nov 08] [U 10. 1403

Deimling, s.: Deutschland, das überseeische.

Deimling, Die Geschütze der alten Griechen. S.-A. 1864. 7 S. m. 2 Taf. 4°.

Deimling, Berthold von

Südwestafrika. Land u. Leute. Unsere Kämpfe. Wert d. Kolonie. Vortrag, geh. in e. Anzahl deutscher Städte von Oberst [Berthold] v. **Deimling**. Hierzu 1 Übersichtsskizze d. Schutzgeb. Berlin: R. Eisenschmidt [1906]. (56 S.) 8° [F.] [07. 1037

Deimling, Ernst Ludwig

Deimling, E. L., s.a. Beschreib. des Orgelbaues.

D[eimling], E[rnst] L[udwig]. Beschreibung des Orgelbaues. Offenbach 1792.

Deimlings Beschr. d. Orgelbaues u. d. Verfahrungsart d. Unters. rc. 2e Aufl. gr. 8. Offenb. Brede. 805.

Deimling, Beschreib. d. Orgelbaues. gr. 8. Offenbach, jetzt Hinrichs in Leipzig.

Deimling, Er. Ldw., Johanne Gray. Trspl. 8. Augsb. 789. Klett. 14 gr

Deimling, Herm. Text-Gestalt u. Text-Kritik der Chester Plays. Diss. gr. 8. (32 S.) Berl. 890, (Mayer u. Müller). * 1 20

**Deimling, K.**, Chronologische Studien zur griechischen Geschichte zwischen der Dori
Wanderung und den Perserkriegen. Pr. 1862. 86 S.

*Dr. Karl Deimling.* Demosthenes und der Untergang der hellenischen Freiheit. 67 S. Mannheim, P 1865

Deimling, Karl Wilh., die Leleger. Eine ethnograph. Abhandlung. gr. 8. (XI und 244 S.) Leipzig 862, Teubner. *

Deimling, L. E., Beschreibung des Orgelbaues. 2te Aufl. gr. 8. Heidelb., Oswald. 819.

Deimling, L. F., Predigt bei dem Abendgottesdienst am Jahresschlusse 1838. gr. 8. Karlsruhe 839 Braun. 1/10 rtl

Deimling, Moritz

Deimling, die Kolonie Kiautschou in den ersten beiden Jahren ihrer Entwickelung, s.a. Verhandlungen der deutschen Kolonial-Gesellschaft. 1900/01. Hft. 2.

Die Kolonie Kiautschou in den ersten beiden Jahren ihrer Entwickelung. Vortrag von [Moritz] **Deimling**, Kapitänlt. *(Berlin: D. Reimer 1900.)* (S. 44—66.) 8°
= Abteilung Berlin-Charlottenburg d. Deutschen Kolonial-Gesellschaft. **Verhandlungen**. 1899/1900, H. 2. [01. 4406

Deimling, O., die Segnungen der menschlichen Gesellschaft. Populäre Betrachtungen aus dem Gebiete des sittl. Lebens. Ein Büchlein für das Volk und die Jugend. 8. (XII, 80 S.) Straßburg [Lahr] 873, Schauenburg. *

Deimling, Otto, die Autodidakten oder die Gewohnheit und die Sinnesanschauungen, ein philosoph. Gespräch aus dem Gebiete der empir. Psychologie. gr. 8. (32 S.) Mannheim 860, Löffler. *

—— Beiträge zur äusseren und inneren Methodik des Unterrichts. gr. 8. (64 S.) Mannheim 860, (Löffler.) *

Deimling, Otto, über den Ideengehalt der Schiller'schen Balladendichtung. Festvortrag gehalten in Mannheim bei der von der Schillerstiftung veranstalteten Schillerfeier am 10. Novbr. 1860. 8. (48 S.) Mannheim 861, Löffler. Thlr. *

*Otto Deimling.* Eine Schulrede. 8 S. Schwetzingen, P 1848

**Deimling,** Otto, der philosophische Unterricht auf der Mittelschule; ein pädagog. Votum. [Beilage zum Programme des Grossh. Lyceums zu Mannheim für das Schuljahr 1850/51.] 8. (IV u. 42 S.) Mannheim 851. (Löffler.) n. 8 ngr

**Deimling, Paul,** Rechtsanw.: Die schriftliche Erteilung der Bürgschaftserklärung nach dem Bürgerlichen Gesetzbuch. Karlsruhe i. B. 1909: Thiergarten. 71 S. 8°

Heidelberg, Jur. Diss. v. 27. Juni 1909, Ref. Heinsheimer

[Geb. 8. Nov. 73 Karlsruhe i. B.; Wohnort: Durlach; Staatsangeh.: Baden; Vorbildung: Gymn. Karlsruhe Reife M. 92; Studium: Tübingen 3, Leipzig 3, Freiburg i. B. 1, Heidelberg 2 S.; Rig. 12. Juni 09.] [U 09. 1771

Dein! Liebeskunde aus Dichtermunde. 8. (72 S. mit 1 Holzschntaf.) Hannover 875, [Cohen und Risch.] Cohen's Verlag. cart. *

**DEIN** Gesicht ist ja so roth — Guitarre. 15 Zeilen Knittelverse. Wien, Druck v. Karl Winternitz. O. J. Flugblatt. Verboten vom L.-G. Wien, 23. Februar 1864. § 516.

Dein Glaube hat dir geholfen! Der wahre Glaube, das wahre Christentum, die Quelle d. Lebens u. d. Gesundheit. Mit e. Einl.: Ueber d. Gottesbegriff u. d. Erschaffung u. Bestimmung des Menschen. Den Kranken d. Eigenwahns z. Heilung u. Hilfe gewidmet. Von Einem vom Weltwahn wieder Genesenen. Bitterfeld & Leipzig: F. E. Baumann 1904. (51 S.) 8° [F.] [05. 714

Dein Kind lebet. Ein Büchlein über das Kindersterben. 2. Aufl. 8. (76 S.) Bremen 874, Noltenius.

[F.] Dein Kind lebet! Trostworte beim Sterben unserer Kinder. Hrsg. v. Evang. Trostbunde. *(Berlin: Christl. Zeitschriftenver. 1896.)* (79 S.) 8. = Tröstet mein Volk. [No 3.] [97. 6167

Dein Reich komme! Eine Sammlung von 300 Liedern für Bibel-, Missions- u. andere christl. Vereine. 8. Berlin 837. Missionsverein. (Wohlgemuth.) n. 1/3 ₰

Dein Reich komme. Eine Sammlung kirchl. Zeugnisse der evangel. Missionsgesellschaft in Basel gewidmet in ihrem Jubeljahre 1865 von den Predigern Basels. gr. 8. (VII und 335 S.) Basel 865, (Bahnmaier's Verlag.) **

—— sind wir, o König! und mit Dir halten wir es. Friede, Friede sei mit Dir! Friede sei mit Deinen Helfern! Denn Dein Gott hilft Dir! Predigt zu Königs Geburtstag aus dem Obervoigtland. gr. 8. (15 S.) Bischofswerda 867. Dresden, am Ende. **

**Dein,** Arth., [Arth. Maria Frhr. v. Luttwiz], Baron Leinau. Zeitgemälde in 3 Acten. 16. (128 S.) Homburg 878. Schick. n. 2. 50

Dein, Arth., aus vergangenen Tagen. Gedichte. gr. 8. (119 S.) Homburg 878, Schick's Buchh. *.

† Dein, Arth. [Arth. Maria Frhr. v. Luttwitz], aus vergangenen Tagen. Gedichte. 2. verm. Aufl. 8. (190 S.) Eichstätt 880, [Krüll'sche Buchh.] Stillkrauth. *

— va banque. Drama in 7 Bildern. 16. (118 S.) Homburg 878. Schick. n. 2. 50

**Deinach.** Luft, Lage . . . Tübingen 1789. V: *Zahn, Joh. Georg.* (call)

Deinachs, Luft, Lage rc. 8. Tübingen, Cotta. 789.

**Deindörfer, Johs. D.,** Denkschrift zur 50jährigen Jubelfeier der evang.-luth. Synode v. Jowa u. andern Staaten. Auf Synodalbeschluß verf. (32 S.) gr. 8. Chicago 904. Wartburg Publishing House. n. — 60

— s.a. Geschichte, kurzgefaßte, der evangel.-luth. Synode v. Jowa.

**Deindörfer, Johs.,** Geschichte d. evang.-luth. Synode von Jowa u. and. Staaten. Abgef. i. Auftr. d. Synodal-Ausschusses. gr. 8. (X, 385 S. in 59 Bildertaf.) Chicago, Jll. (56 Fifth Ave.) 897. Wartburg Publishing House. Geb. in Leinw. 7. —

Deindörfer, Johannes. Gesch d Ev Luth Synode v Ia u and Staaten. Chi 1897. In Eng: Ev Luth Synod of Ia and Oth States. Chi, 1902.

— Passionsbetrachtungen zum Gebrauch in den christlichen Häusern während der Passionszeit. Zusammengestellt aus: Die Leidensgeschichte, nach den vier Evangelien in Bibelstunden f. die Gemeinde ausgelegt v. W. F. Besser. (IV, 206 S. m. Titelbild.) 12. Chicago Jll. (899). Wartburg Publishing House. Geb. in Leinw. n. 3. —

Deinert, Bernhard

Die Kunst des Schiessens mit der Schrotflinte. Winke u. Erfahrungen f. Jäger nebst system. Lehrgang f. Anfänger u. e. Reglement f. Thontaubenschiessen. Von Bernhard Deinert. Mit 35 Textabb. *Berlin: P. Parey 1900.* (XII, 92 S.) 8° [F.] = Weidmannsbücher. [14.] [00. 9645

Die Kunst des Schießens mit der Schrotflinte. Winke u. Erfahrungen aus Theorie u. Praxis f. Jäger z. Verbesserung ihrer Schießresultate, nebst systemat. Lehrgang f. d. Schießen. Von Bernhard Deinert, Hauptm. 2., gänzl. neubearb. u. verm. Aufl. Mit 50 Textabb. Berlin: P. Parey 1905. (XII, 163 S.) 8° [F.] [05. 2108

Die Kunst des Schießens mit der Schrotflinte. Winke u. Erfahrungen ... nebst systemat. Lehrgang ... Von B[ernhard] Deinert, Major. 3., neubearb. u. verm. Aufl. Mit 52 Textabb. Berlin: P. Parey 1908. (XII, 210 S.) 8° [F.] [08. 3043

Deinert, Felix: Landesvermessung in Chile. (S.-A.) Zeitschrift für Vermessungswesen. Bd. 30. 1901. Heft 11.) (Stuttgart 1901.) 15 S. 8°.

**Deinert,** Fel., Landesvermessung in Chile. (40 S. m. Fig.) 8. Stuttgart 909. K. Wittwer. 1. 50
Sonderabdruck aus „Ztschr. f. Vermessgewesen".

Deinert, Johann Schmidt [approb. Arzt aus St. Peter in Schleswig]: Ein Fall von Hernia diaphragmatica traumatica.... Würzburg, Paul Scheiner's Buchdr., 1887; 28 S. 8°
Würzburg. Med. Fak., Inaug.-Diss. v. 1887

Deinert, Johann Schmidt, ein Fall von Hernia diaphragmatica traumatica. Diss. Würzburg 1887, Stahelsche Univ.-Buchh. 8°. 28 S.

Deines, die Thätigkeit der Belagerungs-Artillerie vor Paris im Kriege 1870/71, s.a. Einzelschriften, kriegsgeschichtliche.

Deines. Die Thätigkeit der Belagerungs-Artillerie vor Paris im Kriege 1870/71. Berlin 1884. 8°.

**Deines,** Premierlieutenant im Rhein. Fussartill.-Reg. Nr. 8. etc. Die Thätigkeit der Belagerungsartillerie vor Paris im Kriege 1870/71. 2. durchgesehene Aufl. Mit 1 Plan von Paris mit Umgebung. (Aus:) „Kriegsgeschichtliche Einzelschriften etc." 4. Heft. Berlin 1895.

Deines, Adf. v., das Königs-Husaren-Regiment [1. rheinisches] Nr. 7 von der Formation des Stammregiments bis zur Gegenwart. Mit dem (chromolithogr.) Reiterbild Sr. Maj. des Königs und 5 (lithogr. und chromolithogr.) Karten (in qu. gr. 4. und qu. gr. Fol.). gr. 8. (VIII, 387 S.) Berlin 876, Mittler und Sohn. *

**Deines, Adf. v.,** das Husaren-Regiment König Wilhelm I. (1. rheinisches) Nr. 7 von der Formation des Stammregiments bis zur Gegenwart. 2. Aufl., ergänzt u. fortgeführt durch Leop. Frhr. v. Türcke. Mit dem Reiterbild Sr. Maj. Kaiser Wilhelms I., 4 Uniformbildern, den Portraits der Chefs u. Kommandeure u. 5 Karten. (XII, 404 u. 119 S.) gr. 8. Berlin 904. E. S. Mittler & Sohn. n. 16. —; geb. n.n. 18. —

Deines, K.: Die Verkehrsschrift des Gabelsbergerschen Systems, s. Schaible.

**Deines, Carl,** neue Schreibschule. Die deutsche u. latein. Schrift auf physiolog. Grundlage, zum Gebrauch an Volks- u. Mittelschulen, höh. Lehranstalten, Handels- u. Gewerbeschulen, sowie zum Selbstunterricht. Mit 49 lith. Schrifttaf. (III, 100 S.) Lex. 8. Heilbronn 907. E. Salzer. Kart. 3. —

Deines, Wilh., Kindersang und Herzensklang. Eine Sammlung von 26 ein- und zweistimm. Liedern, für Kinder im Alter von 5 bis 10 Jahren komponiert und für ganz leichte Klavierbegleitung eingerichtet. qu. gr. 8. (32 S.) [Bernburg 887.] Eisenach, Bacmeister. cart. *

Deinhard & Co, gegründe: 1794. Coblenz an Rhein und Mosel. Wie entsteht der deutsche Sekt? Dargest. auf der Industrie- und Gewerbe-Ausstellung Düsseldorf 1902. Köln: Kölner Verl. Anst. 1902. 32 S., mit Abb. -- 121*

Deinhard: Karte der Haupt-Weinlagen an Rhein, Mosel, Nahe, Ahr und in der Bairischen Pfalz. 1:180 000. Leipzig: Bornsdorff [1884]. -- 16*

**Deinhardt** u. Comp., Karte der Haupt-Weinlagen an Rhein, Mosel, Nahe, Ahr und in der Bayerischen Pfalz. 1:450 000. Coblenz 1884. gr. qu.-Fol. Chromolith. (80 Pf.) In deutscher u. englischer Ausgabe.

Deinhard, J. H., s. Deinhardt, Johann Heinrich

**Deinhard,** Ludw., s.: Beiträge z. okkulten Wissensch.

**Deinhard, Ludw.,** d. Geheimlehre. Nach H. P. Blavatsky's „Secret doctrine". [Aus: „Sphinx".] 12. (95 S.) Braunschweig 895. C. A. Schwetschke & Sohn. n. 1. —

**Deinhard, Ludw.,** die Geheimlehre. Nach H. P. Blavatskys „Secret doctrine". 2. durchgeseh. Aufl. (VII, 75 S.) 8. Leipzig 909. M. Altmann. 1. —

— s.: Interview, e., üb. Theosophie ꝛc.

— Das Mysterium des Menschen im Lichte der psychischen Forschung. Eine Einführg. in den Okkultismus. Mit e. Beitrag v. Hübbe-Schleiden üb. das Problem der Wiederverkörperg. (X, 336 S.) 8. Berlin (910). Reichl & Co. 5.—; geb. 6. 50

Das Mysterium des Menschen im Lichte der psychischen Forschung. Eine Einführung in d. Okkultismus von Ludwig **Deinhard**. Mit e. Beitrag von Dr. [Wilhelm] Hübbe-Schleiden über d. Problem d. Wiederverkörperung. Berlin: Reichl (1910). 336 S. 8° [10 9249

— zur okkulten Psychologie der Gegenwart. Essays. 8. (94 S.) Berlin 902. C. A. Schwetschke & Sohn. n. 2. —

– Zur okkulten Psychologie. Jetzt: Leipzig: M. Altmann.

Deinhard, Ludw. Psychometrie. [Erschließung der inneren Sinne d. Menschen.] Mit e. Bildnis u. mehreren auf psychometr. Wege erhaltenen Zeichngn. gr. 8. (27 S.) Braunschw. 891, Schwetschke u. Sohn. * — 50
Aus: Sphinx. besonders abgedruckt.

– Psychometrie 1891. Jetzt: Leipzig: M. Altmann.

— d. Seele, s.: **Anderson, J. A.**

— Telepathie. Dramat. Studie in 1 Aufz. 8. (24 S.) Leipzig 898. W. Friedrich. n. 1. —

Deinhardstein, Johann Ludwig

– das Bild der Danae, s. A. v. Kotzebue, Almanach. J. 1821.

—— Erzherzog Maximilians Brautzug. Dramat. Gedicht in 5 Abthln. (Nach d. Teuerdanck.) gr. 12. (5¼ B.) Wien 832, Gerold.

— die verschleierte Dame, s. A. v. Kotzebue, Almanach. J. 1823.

Deinhardstein, J. L. Fd., dramat. Dichtungen. (Enth.: das Sonnett; Spiel in 1 Aufz. u. in freien Versen. — Mädchenlist; Lstspl. in 1 Aufz. u. in Alexandrinern. — Der Wittwer; Posse in 1 Aufz. u. in freien Versen. — Der Rosenstock; Spiel in 1 Aufz. u. in freien Versen. — Boccaccio; dramat. Gedicht in 2 Aufz.) 12. Wien 816. Wallishausser. 1 ℛ

Deinhardstein, Jo. Ldw. Fd., Dichtungen f. Kunstredner. 8. Wien 815. Geistinger. 1 ℛ 16 gℓ (Gerold). Hbg. Pr. 20 gℓ

— Ehestandsqualen. Lstspl. in 1 A. in Alexandrinern. 12. Wien ... Wallishausser. 8 gℓ

Deinhardstein, (Joh. Ludw. Ferd.), Erzählungen u. Novellen. 12. (11⅔ B.) Pesth 846, Heckenast. (Leipzig, G. Wigand.) *

— Florette, s. A. v. Kotzebue, Almanach. Jahrg. 1820.

Deinhardstein, J. L., Garrick in Bristol, s.a. National-Bibliothek, deutsch-österreichische.

Deinhardstein, Joh. Ludw. Ferd., Garrick in Bristol. Lustspiel in 4 Aufz. u. in Versen. gr. 8. (9¼ B.) Wien 834, Wallishausser.

Deinhardstein, Ldw. Frz., Gedichte. gr. 8. Berlin 844, Duncker u. Humblot. n. 1½ ℛ — In Sarsenet geb. 1¾ ℛ

(—) Jahrbücher d. Literatur, s. Jahrbücher.

— das diamantene Kreutz, s. A. v. Kotzebue, Almanach. J. 1824.

—— Künstlerdramen. 2 Thle. gr. 8. (34¼ B.) Leipzig 845, Brockhaus.

—— Pigault Lebrun. Lustsp. in 5 Act. gr. 8. (9½ B.) Leipzig 845, Brockhaus.

Modestus. Lustspiel in 4 Akten von Joh. Ludwig Franz **Deinhardstein**. *Hamm: Breer & Thiemann [1900].* (73 S.) 8° [F.] [01. 4154 6

Deinhardstein, Joh. Ludw. Frz., Modestus. Lustspiel in 4 Akten. 12. (73 S.) Hamm 901. Breer & Thiemann. n. — 50

Deinhardstein, L. F. Hans Sachs, s.a. National-Bibliothek, deutsch-österreichische.

Deinhardstein, Joh. Ludw., Hans Sachs, s.a. Universal-Bibliothek.

—— Hans Sachs. Dramat. Gedicht in 4 Act. gr. 12. (6½ B.) Wien 829, Armbruster.

— s. Shakespeare's Viola.

—— Skizzen einer Reise von Wien über Prag, Teplitz, Dresden, Berlin, Leipzig, Weimar, Frankfurt a. M., Darmstadt, Heidelberg, Mannheim, Karlsruhe, Stuttgardt, München, Salzburg, Linz, u. von dort nach Wien zurück, in Briefen an e. Freund. gr. 12. (8 B.) Wien 831, Gerold.

Deinhardstein, L. F., zwei Tage aus dem Leben e. Fürsten, s.: National-Bibliothek, deutsch-österreichische.

— Theater. 1r Thl. (Enth.: der Gast; Drama in 2 Akt. — Florette; Drama in 1 Akte. — Die verschleierte Dame; Lstspl. in 1 Akt. — Das Bild d. Danae; Lstspl. in 2 Akt. gr. 8. Wien 827. Armbruster. 1 ℛ 20 gℓ

— Theater. 2r Thl. Inhalt: Hans Sachs, dramat. Gedicht. (2e Aufl.) — Das Diamantne Kreuz, Lstspl. — Der Wittwer, Lstspl. — Ehestandsqualen, Lstspl. gr. 12. Wien 833. Armbruster. 1⅔ ℛ (NB. Die Stücke sind auch einzeln zu haben.) 1r Bd. 1⅚ ℛ

—— classisches Theater des Auslandes, s.a. Theater.

Deinhardstein Klassisches Theater des Auslandes von — —. Leipzig, 1856. Druck von J. B. Hirschfeld. Pesth, Wien und Leipzig. Verlag von K. A. Hartleben. (256 S. 8.)
Inhalt: Der Herzog von Mailand, Trauerspiel von Massinger. — Tartuffe, Lustspiel von Moliere.

Deinhardstein. Klassisches Theater des Auslandes von — —. 2ter Bd. Leipzig. Dr. v. Hirschfeld. Pest, Wien und Leipzig. 1857. Verlag von C. A. Hartleben. (263 S. 8.)

Deinhardstein, (Ludw. Frz.), († d. 12. Jan. 1853), gesammelte dramat. Werke. 5 Bde. 8. 1. Liebe u. Liebelei. Der Egoist. (VIII u. 245 S.) 2. Brautstand u. Ehestand. Das diamantene Kreuz. Modestus. (320 S.) 3. Verwandlungen der Liebe. Zwei Tage aus dem Leben eines Fürsten. (298 S.) 4. Erzherzog Maximilians Brautzug. Stradella. Irrthum u. Liebe. (360 S.) 5. Fürst u. Dichter. Die rothe Schleife. Florette. Der Wittwer. Der Gast. (508 S.) Leipzig 848—51, Weber. (1—4. Bd. à n. 1½ ℛ 5. Bd. n. 2 ℛ) n. 8 ℛ

Deinhardstein, J. L., gesammelte dramatische Werke. Leipzig, Weber. 8.
6. Bd.: Hans Sachs. Die verschleierte Dame. Die Gönnerschaften. Das Bild der Danae. 853. (VIII, 395 S.) n. 1 ℛ 20 ngℓ
7. Bd.: Boccaccio. Mädchenlist. Pigault-Lebrun. Garrick in Bristol. 857. (3 Bl., 390 S.) n. 2 ℛ

Deinhardstein, Johann Ludwig Ferdinand, s. Deinhardstein, Johann Ludwig

Deinhardstein, Johann Ludwig Franz, s. Deinhardstein, Johann Ludwig

Deinhardstein, Ludwig Ferdinand, s. Deinhardstein, Johann Ludwig

Deinhardt & Comp., s. Deinhard.

Deinhardt, Ueber den Unterschied des Classischen u des Romantischen. S.-A. O. J. 23 S.

**Deinhardt, A(lex):** Über schwefelhaltige Derivate der Ketosäuren. *Greifswald 1901: J. Abel.* (35 S.) 8°
Greifswald, Phil. Diss. v. 4. Juli 1901

Deinhardt, G. (Mitarb.), s. Uhlmann, Wilhelm: Ausschneide-Schule für Kinder.

Deinhardt, H. M., Die Organisation der Auswanderung. 8°. Gera, Illgen's Erben, 1851.

—— die Schutzzölle und das Ausfuhrprämien-System. 8. (40 S.) Jena 849, Luden.

Deinhardt, Hans, a. Nürnberg: Die Voraussetzungen der Widerklage und ihrer Erhebung nach deutschem Civilprozessrecht. Heidelberg 1906: Hörning & Berkenbusch. (VI, 03 S.) 8°

Erlangen, Jur. Fak., Ref. Oertmann, Diss. v. 5. Nov. 1906
[Geb. 13 Dez. 83 Nürnberg; Wohnort: Nürnberg; Staatsangeh.: Bayern; Vorbildung: Altes Gymn. Nürnberg; Studium: München 1, Erlangen 2, Heidelberg 3, Erlangen 2 S.; Rig. 12. Juli 06.]

Deinhardt, Heinr., Beiträge zur Würdigung und zum Verständnisse Schillers. 1. Bd. Stuttgart 861. Cotta. 8. (XXIX, 362 S.) 1 ℛ 12 ngr.

Deinhardt, Heinr., Fibel u. Schreibheft als 1. Sprach- u. Lesebuch. gr. 8. (82 S.) Wien 875. Lechner's Verl. n. — 50

—— und Georgens, die Heilpädagogik, s. Georgens.

Deinhardt, H., Ueber Lehrerbildung und Lehrerbildungsanstalten. gr. 8. Wien, Pichler's Witwe & Sohn. 1869 1 fl

—— über Lehrerbildung und Lehrerbildungs-Anstalten. 2. Aufl. gr. 8. (IV, 174 S.) Wien 871, Pichler's Wwe. und Sohn.

—— Lesebuch für Volks- und Bürgerschulen, s. Binstorfer, M.

Deinhardt, Heinr., das Rechnen in der Elementarclasse. gr. 8. (IV, 93 S.) Wien 882, Klinkhardt. *

— Schreibschrift-Heft zur Fibel. gr. 8. (57 lith. S.) Wien 876. Lechner's Verl. n. — 60

—— Schreibschrift-Heft zur Fibel. gr. 8. (57 lithogr. S.) Wien 878, Lechner's Verlag. *

Deinhardt, Heinrich, das erste Sprach- und Lesebuch der Volksschule, unter Mitwirkung der evangelischen Lehrerconferenz in Wien verfaßt und hrsg. 8. (207 S.) Wien 864, Typographisch-literarisch-artistische Anstalt. *

—— und Chrn. Gläsel, das Stäbchenlegen und die Erbsenarbeiten im Volksschulunterrichte. Als eine Grundlage des Zeichnens, des Rechnens und der geometr. Formenlehre. gr. 8. (IV und 31 S. mit 40 Stnt.) Wien 866, Gerold's Sohn. *

—— Studien und Kritiken, s. Studien und Kritiken, socialpädagogische.

—— Wittich, s. Volks- und Jugend-Bibliothek, österreichische.

Deinhardt, Joh. Heinr., der Begriff der Bildung mit besond. Rücksicht auf die höhere Schulbildung der Gegenwart. gr. 8. (III und 31 S.) Bromberg 855, Mittlersche Buchh.

Deinhardt, J. H. Der Begriff der Religion. 31 S.
Bromberg, Progr. 1859

Deinhardt, J.H.: Der Begriff der Religion. 31 S. – Progr. Bromberg 1859.

Deinhardt, J. H. Der Begriff der Seele mit Rücksicht auf Aristoteles. 36 S.
Progr. Wittenberg 1840

Deinhardt, Joh. Heinr., der Begriff d. Seele mit Rücksicht auf Aristoteles. Ein Versuch. gr. 4. (4¾ B.) Hamburg 840, Fr. Perthes.

Deinhardt, J. H. Beiträge zur Dispositionslehre. 42 S.
Bromberg, Progr. 1858

Deinhardt, Joh. Heinr., Beiträge zur Dispositionslehre. Für den Gebrauch an höheren Lehranstalten. 2. Aufl. gr. 8. (III, 61 S.) Berlin 878. Gaertner. n. 1. —

Deinhardt, Joh. Heinr., Beiträge zur Dispositionslehre. Für den Gebrauch an höheren Lehranstalten. 2. Aufl. gr. 8. (III, 61 S.) Bromberg 878, Mittler'sche Buchh. *

Deinhardt, Joh. Heinr., Beiträge zur Dispositionslehre. Für den Gebrauch an höheren Lehranstalten. 3. Aufl. 8. (64 S.) Berlin 881, Gaertner's Verlag. *

Deinhardt, Joh. Heinr. Beiträge zur Dispositionslehre. Für den Gebrauch an höheren Lehranstalten. 4. durchgesch. Aufl. gr. 8. (63 S.) Berl. 890, Gaertner. * 1 —

Deinhardt, Joh. Heinr., Beiträge zur Dispositionslehre. Für den Gebrauch an höheren Lehranstalten. 5. Aufl. (63 S.) 8. Berlin 905. Weidmann. n. 1.—

Deinhardt, Joh. Heinr., Beiträge zur religiösen Erkenntniß. gr. 8. (9½ B.) Hamburg u. Gotha 844, Fr. u. Andr. Perthes.*

Deinhardt, (Joh. Heinr.), Die Entwickelung des Menschen zur Willensfreiheit. Bromberg 1867. (4°) 8°.
Bromberg, Kgl. Gymnas. P. 1867.

Deinhard, J. H. Über den Gegensatz des Pantheismus und des Deismus in der vorchristlichen Religion. 26 S.
Bromberg, Progr. 1845

Deinhardt: Gemütsleben und Gemütsbildung. 26 S.– Bromberg, Progr. 1861.

Deinhardt, Jh. Hnr., der Gymnasialunterricht nach den wissenschaftl. Anforderungen der jetzigen Zeit. gr. 8. Hamburg 837. Fr. Perthes. 1½ ℛ

Deinhardt, J. H. Von den Idealen mit besonderer Rücksicht auf die bildende Kunst und die Poesie. 48 S.
Bromberg, Progr. 1853

Deinhardt: Ueber den Inhalt und den Zusammenhang von Platos Symposion. 35 S.–Bromberg, Progr. 1865

Deinhardt, J. H. Die Construction trigonometrischer Formeln mit einer unbekannten Größe, als eine allgemeine Methode, die Aufgaben der Elementargeometrie zu lösen. 42 S. . . . . . .
Progr. Wittenberg 1834

Deinhardt, Joh. Heinr., Leben und Character des Wandsbecker Boten Matthias Claudius als Beilage zu seinen Werken. 8. (58 S.) Gotha 864, F. A. Perthes.

— Leben u. Character des Wandsbecker Boten Matthias Claudius als Beilage zu seinen Werken. Gotha 864. F. A. Perthes. 8. (58 S.) 9 ngr.

Deinhardt, J. H. Ueber die Methode der geometrischen Analysis. 19 S. . .
Progr. Wittenberg 1830

Deinhardt's, Joh. Heinr., kleine Schriften. Ausgewählt und hrsg. von Herm. Schmidt. gr. 8. (XI, 542 S.) Leipzig 869, Teubner. *

Deinhardt: Ueber die Vernunftsgründe für die Unsterblichkeit der Seele. 23 S.– Bromberg, Progr. 1863.

Deinhardt, K., s.: Wörterbuch, illustriertes technisches.

Deinhardt, K., und A. Schlomann, Illustriertes technisches Wörterbuch. In sechs Sprachen: Deutsch. Englisch, Französisch, Russisch, Italienisch, Spanisch. Bd 1—3. München 1906—1908.
Bd 1. Stülpnagel, P., Die Maschinenelemente und die gebräuchlichsten Werkzeuge. 1906. 403 S. mit 823 Abb.
Bd 2. Kinzbrunner, K., Die Elektrotechnik. 1908. 2112 S. mit ca. 4000 Abb.
Bd 3. Wagner, W., Dampfkessel, Dampfmaschinen, Dampfturbinen. 1908. 1333 S. mit ca. 3500 Abb.

Deinhardt-Schlomann, illustrierte technische Wörterbücher in 6 Sprachen. 5. Eisenbahnbau und Eisenbahnbetrieb. (870 S) — 6. Eisenbahnmaschinenwesen. (796 S) München 1909

Deinhardt-Schlomann, illustrierte technische Wörterbücher in 6 Sprachen. 7. Hebemaschinen und Transportvorrichtungen. (651 S) München 1910

**Deinhardt, Rich.**, praktische Justiz! (Einfaches Schreibwerk. 2. Tl. zu Erfahrgn. u. Anreggn. zur Kunst der Rechtspflege.) (S. 67—159.) gr. 8. Jena 910. H. Pohle. 1.20
1 Tl. s. u. d. T.: Erfahrungen u. Anregungen zur Kunst der Rechtspflege.

**Deininger.** Beitr. z. d. Schußfrakturen d. Hüftgelenks (1870/71). (S.-A.) 1876.

Deininger, Rede in der Plenar-Versammlung des Vereins für freiwillige Armenpflege zu Bayreuth gehalten am 27. Jan. 1851. gr. 8. (12 S.) Bayreuth (Bamberg) 851, Buchner'sche Buchh. *

— der treue Schöpfer dieser Zeit. 1. Petr. 4, 17—19. Predigt am letzten Abend des J. 1849 zu Bayreuth gehalten. gr. 8. (15 S.) Bayreuth 850, Buchner'sche Buchh. *

— von dem Segen der Gemeinschaft mit Christo in unsren Häusern. Predigt am 2. Sonnt. nach Epiphan. den 19. Jan. 1851 zu Bayreuth gehalten. gr. 8. (14 S.) Bayreuth. (Bamberg) 851, Buchner'sche Buchh. *

**Deininger, Adf.**, Heimatbilder des Leipziger Kalenders. I. Serie. Nr. 1—16. (16 Bl.) Lex. 8. Leipzig (908). [G. Merseburger.] Fr. Richter. 2.—; einz. Bl. — 15

Deininger, Aug. Die pneumatische Mälzerei m. Berücksicht. der bis jetzt bestehenden Apparate u. Verfahren, insbesondere der pneumatischen Trommelmälzerei u. aktenmässige Darstellung e. dem Verf. aufgezwungenen Patentprozesses. Lex.-8. (III, 112 S. m. 2 Taf.) Berl. 892, (Steinitz, Verlag). * 5 —

Deininger, Aug., die Rektifikation von Rohspiritus ohne Vor- und Nachlauf indirekt und direkt aus der Maische. 2. vollständig veränd. Aufl. mit Berücksicht. der bis in die neueste Zeit bekannten Verfahren, der allgemeinen Lage der Spiritus-Industrie und der Steuerverhältnisse. Deutsche Reichs-Patente Nr. 30, 843 und 35, 510. gr. 8. (165 S. mit 1 Taf.) Berlin 886, H. Steinitz. *

**Deininger, A.**: Die Rektifikation von Rohspiritus ohne Vor- und Nachlauf indirekt und direkt aus der Maische. 2. Aufl. Berlin. 1887.

Deininger, C. Frz.

**Deininger, C. F.**, Malereien in Delfter Art. 6 (farb.) Studienblätter. Fol. Leipzig (896). Wezel & Naumann. n. 6.—

**Deininger, C. Frz.**, Sammlung v. Porzellan-Malereien aus dem 18. Jahrh. zum Zwecke d. Unterrichts 2c. qu. gr. 8. (32 Farbendr.) Leipzig 892. E. Baldamus, Sep.-Cto. Mit Goldschn. in Mappe. n. 15.—

— 6 (farb.) Studienblätter in Röthelmanier. Fol. Ebd. (896). n. 6.—

Deininger, Eugen Car. Frid. (geb. Liegnitz 29. 8. 1837). De echinococcis. Berolini (1862). (31 S.) 8°
Berlin, Med. Diss. v. 20. März 1862

**Deininger, Fritz**, a. Ditterswind: Über den Austritt negativer Jonen aus einigen glühenden Metallen und aus glühendem Calciumoxyd. Erlangen 1907: Junge & Sohn. (33 S.) 8°
Erlangen, Phil. Fak., Ref. Wiedemann, Diss. v. 14. Nov. 1907
[Geb. 5. Juli 82 Ditterswind; Wohnort: Ammerndorf; Staatsangeh.: Bayern; Vorbildung: Gymn. Ansbach Reife Juli 01; Studium: München 2, Erlangen 8 S.; Rig. 31. Okt. 07.]

**Deininger, Georg**, appr. Arzt in Bruck b. München: Ein Fall von Primaeren [!] Endotheliom des Peritoneums. *München 1900: M. Ernst.* (51 S.) 8°
München, Med. Diss. v. 1900

**Deininger, H.**: Die pneumatische Mälzerei mit Berücksichtigung der bis jetzt bestehenden Apparate und Verfahren, insbesondere die pneumatische Trommelmälzerei etc. Berlin. 1892.

Deininger, H. W. A: Die Herstellung von Feinsprit direkt aus der Maische. Berlin 1881

**Deininger, Hans** [aus Hambühl '(Bayern)']: Ein Fall von Tetanus traumaticus ... Erlangen, k. b. Hofbuchdr. v. A. Vollrath, 1894; 27 S. 8.
Erlangen, Med. Fak., Inaug.-Diss. v. [22.] Juli 1893

Deininger, J., unsere Kunstpflege, s. Gegen den Strom.

Deininger, J., Muster-Zeichnungen zu Schlosser-Arbeiten, vom 15—19. Jahrh.; als Vorlagen f. techn. Schulen. Unter Leitung d. Archit. C. Heideloff hrsg. 1. u. 2. Hft. gr. Fol. (à 10 Kpfrt.) Nürnberg 828, Riegel u. Wiessner. à 20 Gr.

Deininger, Joh. W.

Deininger J W, das Bauernhaus in Tirol und Vorarlberg. (150 T mit Text) Imp. Wien 1893-97

Das Bauernhaus in Tirol und Vorarlberg. Im Auftr. d. K. K. Minist. f. Cultus u. Unterr., nach Originalaufnahmen hrsg. von Joh. W. **Deininger**, Innsbruck. Wien: S. Czeiger [um 1902]. (6 S., 150 Taf.) gr.-2° (ol. 17499

**Deininger, Joh. W.**, s.: Interieurs u. Mobiliar aus Schloss Tratzberg.

**Deininger, Joh. W.**, s.: Kunstschätze aus Tirol.

**Deininger, Joh. W.**: Tiroler Volkskunst. Bäuerl. Architektur, Wohnräume, Getäfel, Mobilien, Geräte und Erinnerungszeichen. — Innsbruck: Schammler 1910. 60 Taf. mit erl. Text.

DEININGER, Carl (München): Ueber die conservative Behandlung der Schusswunden des Kniegelenkes.- München: Weiss 1867. 39 S.
14.6.1866 - Urk (Titel: De conservativa sanandi vulnera genu sclopetaria ratione.); F 71
Diss. Ingolst.-Landsh.-Mchn.

**Deininger, Carl** [app. Arzt aus Neuherberg]: Ein Beitrag zur Exstirpation von Beckenknochengeschwülsten ... Würzburg, P. Scheiner's Buchdr., 1893; 31 S., 2 Taf. 8.
Würzburg, Med. Fak., Inaug.-Diss. v. 1893

Deininger, C(ar.) F(rid.) H(enr.) (geb. Liegnitz 22. 11. 1808): De Atropa Belladonna. Berolini (1833). (41 S.) 8°
Berlin, Med. Diss. v. 31. Mai 1833

Deininger, S., s. Muster-Zeichnungen z. Schlosser-Arbeiten.

Deinl, Frz., heiliges Jahr, s. Jahr.

Huldigung Seiner Excellenz dem Hochwürdigsten Herrn Herrn Erzbischofe Michael von Deinlein in tiefster Ehrfurcht dargebracht zur Feier von Hochdessen Inthronisation am 10. November 1858 von den Schülern der k. Studien-Anstalt zu Bamberg. — 1858. Ebend. — S. III—IV 8 Stanzen. Gr. Fol.
Progr. Bamberg

**Deinlein, Wilhelm**, Assist. f. theoret. Maschinenlehre an d. Techn. Hochsch. München: Beiträge zur Dampfturbinentheorie. 1909. VIII, 106 S. 8° ¶ Auch bei Oldenbourg in München u. d. T.: Zur Dampfturbinentheorie. Verfahren zur Berechnung vielstufiger Dampfturbinen.
München, Dr.-Ing.-Diss. v. 21. 12. 1908

Deinlin, Georg Friedrich (Praes.), s. Dannreuther, Friedrich Wilhelm: De testamento irati valido.

Deinlin, Georg Friedrich

— — Oratio de insignibus beneficiis felicitatibus commodisque in eas civitates et opida in quibus musae sedem constituunt largiter redundantibus. Altdorf 1749. Neudr. (Meyer) 1773. 16 Seiten. (4.—) 6280

— — Servitus in servitute. Altdorf (M. D. Meyer) 20. VI. 1719. 32 S. (5.—) 6279
Gew.: Gust. Gg. Tezel v. Kirchensittenbach, Joh. Chph. v. Imhof, Leonh. Grundherr v. Altenthan, Hieron. Wilh. Ebner v. Eschenbach.

**Deinlin, Georg Friedrich** (Altdorf), De speciali juris feudalis altero obligationem ex quasi contractu feudali sive debita feudi innuente. Präs. Heinrich Hildebrand. Altdorf (J. W. Kohles) 1715. 8 S. (3.50) 6278

Deinzer, Johann

**Deinzer, J.**, s. a. Löhe's, Wilh., Leben.

**Deinzer, J.**, Wilh. Löhe's Leben und Wirken auf dem Gebiete der innern Mission und Diakonie. Vortrag, am 3. Adventsonntag 1887 in der Versammlung des Lokalvereins für innere Mission in der St. Moritzkapelle in Nürnberg gehalten. gr. 8. (11 S.) Nürnberg 888, Raw'sche Buchh. *

— die Mission im Lichte d. hohenpriesterlichen Gebetes Jesu. Predigt üb. Joh. 17, 18—21, geh. am Missionsfeste zu Nürnberg in der Kirche zu St. Lorenzen den 18. Juni 1889. gr. 8. (11 S.) Ebd. 889. n. — 20

**Deinser, Jul.** (sustentirter Centralstaatskassa-Funktionär), Soll in Bayern's Geschichte ein schwarzes Blatt bleibend eingelegt werden u. sollen auch ferner noch Millionen unbenützt liegen bleiben, jährlich Hunderttausende verloren gehen? Vorfrage zu einer Eingabe an den nächsten Budget-Landtag. den sämmtl. hohen Mitgliedern d. Kgl. Staatsrathes u. der beiden Kammern des Landtages .... vorgelegt. München, im Septbr. 1883. Gr. 8°. 71 S. Cart.

**Deinzer, Jul.**, Tabellen zur schnellen u. sichern Raten-Berechnung v. Zinsen, Kapitalien, Grundrenten, Besoldungen, Pensionen, Pfründe-Einkommen rc. in Geld u. Naturalien aus Jahres- u. Monats-Beträgen auf alle Monate u. Tage d. Jahres u. alle Tage der verschiedenen Monate, anwendbar in der decad. u. allen anderen Rechnungs-Arten u. somit in allen Münzwährgn., Gemäße- u. Gewichts-Eintheilgn., desgleichen auch f. alle Beträge-Größen. Mit exemplificirter Gebrauchs-Anweisg. 4. (24 S.) Hildburghausen 875. (Eichstätt, Krüll.) n. 1. 20

—— Umrechnung der süddeutschen Gulden, Kreuzer und $^1/_4$ Kreuzer in die deutsche Reichswährung. Fol. (2 S.) (Ebendas.) 875. *

**Deinzer, Conrad** (Nürnberg), De obligatione stricta ministrorum ecclesiae ad ordinationum eccles. observantiam occas. ordin. eccl. Nor. Diss. jur. Altdorf (J. G. Meyer) 5. IV. 1742. 68 S., teilw. deutsch. (5.—) 6282

**Deinzer, M.**, u. J. **Deinzer**, Kurzgef. Einleitg. in d. hl. Schriften Alten u. Neuen Testamentes, s.: Weber, F. W.

**Dejonc, Joseph**, a. Hayingen i. Lothr.: Vergleichende Bestimmungen des Keimgehalts des Wassers. Straßburg i. E. 1904: C. Müh & Cie. (30 S.) 8°
Straßburg, Med. Fak., Ref. Forster, Diss. v. 25. Jan. 1905
[Geb. 31. März 79 Hayingen, Lothr.; Wohnort: Hayingen; Staatsangeh.: Elsaß-Lothringen; Vorbildung: Gymn. Diedenhofen i. Lothr. Reife M. 99; Studium: Straßburg 10 S.; Coll. 8. Dez. 04; Approb. 28. Sept. 04.]

**De Jongh, A.**, Pindarica, s. Pindarica.

**Deipenbrock, Clem. Adf.**, s.: Erzählungen u. Märchen, ausgewählte, f. Kinder.

**Deipenwisch, Clem.**, der Held v. Mansurah, s.: Theater, kleines.

**Deiphobe** im Zirkel Deutschlands Schönen. 8. Lpz. Köhler.

Deiphobe im Zirkel der Schönen Deutschlands, 8. Pilsen, 797. Morgensäuler. 4 sgl.

**Deiphobe, J. L. G.**, s.a. Briefe an Eltern.

Briefe an Eltern von **Deiphobe**. J. L. G. Berlin: L. Simion Nf. 1906. (168 S.) 8° [F.] [06. 8800

Deipser, *Bernhard* Über die Bildung und Bedeutung der lateinischen Adiectiva auf *fer* und *ger*. 4 (30 S.). Rg. *Bromberg* 1886 (154). **Progr.**

Deipser, Bernh., de P. Papinio Statio Vergilii et Ovidii imitatore, s. Dissertationes philologicae Argentoratenses.

Deipser, [Bernhard]: Wie unser Spielplatz entstand.
S. 21--25 der Schuln. 4.
**Progr.** Kgl. Gymn. verb. mit Realprogymn. *Neuwied* 1905 (548).
In fast gleicher Fassung im diesjährigen Jahrbuch für Volks- u. Jugendspiele.

**Deis, M.** [aus Karlsruhe]: Ueber Mastitis parenchymatosa. . . .
Heidelberg, Univ.-Buchdr. v. J. Hörning, 1889; 39 S. u. 7 Taf. 8°
Heidelberg, Med. Fak., Inaug.-Diss. v. [4. März] 1889

**Deis, U.**, Seine Mutter. Novelle. 8. (107 S.) Schwerin 897. F. Bahn. n. 1. 20; geb. n. 1. 60

**Deisböck, Joseph**
Willing, Hogart (d. i. Joseph *Deisböck*, k. Kassen-Controleur in München, geb. d. 6. Jan. 1786 zu Burghausen), *Baierische Volks-Sagen*, romantisch erzählt. 2 Bdchn. (in 1 vol.). Mit 1 TKpf. Nürnberg u. Leipzig, Verlag von C. H. Zeh, 1826. 8°. Eleg. grün. Hsrsb.
I: 4 Bl., 156 S.
II: 2 Bl., 166 S.

**Deisch, Aug.**, Notizen üb. den Sanitaets-Dienst in den beiden Militär-Krankenhäusern [Kriegs- u. Friedens-Spital] in Landau während d. deutsch-französ. Krieges im J. 1870/71. gr. 8. (31 S.) Würzburg 872. Stahel. — 80

**Deisch, Jh. Andr.**, († 17..) kurze u. gegründete Abhandl., daß weder die Wendung noch die engl. Zange in allen Geburtsfällen für Mutter u. Kind sicher zu gebrauchen rc. 8. Augsb. 754. 2e Aufl. 8. Ebd. 766. (Mayr in Salzb.) 8 gr.

**Deisch, Johann Andreas** (Augsburg), Paradoxa medica. Diss. med. Präs. Christian Gottfried Gruner. Jena (Fiedler) 9. VI. 1792. 24 S. (4.80) 6283
Gew.: J. B. Ch. A. V. J. v. Rechlingen u. Haltenberg, J. B. M. L. v. Carl z. Muehlbach, J. U. Holzapfel v. Herxheim u. Koetz, P. v. Stetten, Ph. G. F. v. Rauner z. Muhringen, W. I. Langenmantel z. Westheim u. Ottmarshausen, Ph. G. F. v. Rauner z. Muhringen, W. J. Sulzer, J. Th. Amman, P. v. Stetten, G. Ch. Herwart, J. C. Mayr, J. F. Frh. v. Troeltsch.

— s. Verdier, Begriff rc.

Deisch, Johann Andreas (Übers.):

s.: Verdier, (César): Kurtze und deutliche anatomische Beschreibung des menschlichen Leibes. (Abrégé de l'anatomie du corps humain. 2.éd. Dt.) 2.Aufl. Augspurg: 1756

JB 601

**Deisch, Matthias**, in Danzig 1760—1789, Danziger Ausrufer. In getreuer Facs.-Reproduction. Fol. (40 Taf.) Danzig 887, Th. Bertling. *
In Leinw.-Mappe **

**Deisel, Aug.**, Kreishandbuch f. den Reg.-Bez. Mittelfranken. (II, 282 S.) 8. Ansbach 906. (F. Seybold.) Geb. in Leinw. n. 4. —

**Deisenberg, W.**, Theismus und Pantheismus. Eine geschichtsphilosoph. Untersuchung. gr. 8. (267 S.) Wien 880, [Faesy und Frick.] Frick. *

**Deisenhammer, Carl**, meine Reise um die Welt. gr. 8. (VIII, 791 S.) Wien 882, (Gerold's Sohn.) *

DEISENHOFER, Ludwig: Einige Fälle von Beckenverletzungen.- München: Kastner & Callwey 1887. 36 S.
29.7.1887 - Chr 1887/88,18; U 12.6374
**Diss. Ingolst.-Landsh.-Mchn.**

**Deisinger, Jos.**, neuer Dalmatien-Führer. Mit besond. Berücksicht. v. Istrien, e. Anh.: Die neuen Touristenländer Bosnien u. Herzogevina, sowie 1 (farb.) Übersichtskarte der Adria-Länder, Eisenbahn- u. Schiffahrtsplätzen etc. (57 S. m. Abbild.) 8. Wien (910). (Wallishauser.) 1.50

**Deisinger, Jos.**, Naturlehre f. Bürgerschulen, s.: Kraus, Konr.

**Deiss, Franz.** Die Appendizitis im Basler Kinderspital. Ein Beitrag zur Appendizitisfrage beim Kinde. Diss. Med. Basel. 83 S. 8. Basel, Friedrich Reinhardt, 1908.

**Deisz, Prokop**, die Beichtregeln vor dem österreichischen Abgeordnetenhause, nach der Moraltheologie des hl. Alphonsus Maria de Liguori u. anderer römischer „Moralisten", nebst aktenmäß. Statistik üb. Unzuchtsverbrechen rc. röm. Geistlicher im J. 1900. 2. [Umschlag-]Aufl. 8. (VII, 36 S.) Leipzig (901). C. Minde. n. — 50

Deiss, Prokop, Die Beichtregeln vor dem österreichischen Abgeordnetenhause nach der Moraltheologie des hl. *Alphonsus Maria de Liguori* und anderer römischer „Moralisten", nebst Epilog an Herrn Prälaten Dr. Keller und actenmässiger Statistik über Unzuchtsverbrechen etc. römischer Geistlicher im Jahre 1900. 3. stark vermehrte Auflage. Leipzig, Minde.
Verboten v. Kr.-G. Eger, 14. IX. 1901. §§ 302, 303, 305.

**Deiss, W.,** Erklärung in Sachen des Lübeckischen Vereines zur Beförderung der evangelischen Mission unter den Heiden. Lübeck 858. v. Rohden. gr. 8. (21 S.) n. 3 ngl

Deiß, Wilh., Fest-Predigt zur Feier des 200jähr. Jubiläums der evangelisch-reformirten Gemeinde zu Celle, am 23. Mai 1886 gehalten. 1.—3. Aufl. gr. 8. (16 S.) Celle 886, Schulze'sche Buchh. *

Deiß, Wilh., Geschichte der evangelisch-reformirten Gemeinde in Lübeck. Zur Feier des 200jähr. Jubiläums der Gemeinde am 26. Aug. 1866 hrsg. gr. 8. (XV und 288 S.) Lübeck 866, Grautoff. *

**Deiss, Wilh.,** Trauerrede, geh. am Sarge d. Hrn. Pastor Wilhelm Deiss in der evangelisch-reformirten Kirche zu Lübeck am 18. Apr. 1894, nebst Nachruf v. Reimann. gr. 8. (10 S.) Lübeck 894. (Lübcke & Hartmann.) n. — 40

Deißböck, (J.,) neuer allgem. Gartenfreund, oder vollst. Unterr. z. Anbau d. Küchen-, Blumen- u. Obstgartens. gr. 8. München 827, Lindauer.

**Deißböck, J.,** neuer allgem. Gartenfreund, oder kurzer, leicht faßlicher, doch vollständ. Unterricht zum Anbau des Küchen-, Blumen- u. Obstgartens; dann der vorzügl. u. üblichen Zimmergewächse 2c. N. Ausg. Mit 3 Tabellen. gr. 8. München 835. J. Lindauers Buchh. (Sauer.) 2/3 rtl

— drei Uebersichts- u. Erinnerungs-Tabellen über d. vortheilh. Anzucht d. vorzügl. Küchengewächse. Roy.-Fol. Münch. 827, Lindauer.

**Deissenberger, Alb. Jos.** (Würzburg), De concursu creditorum theoremata ordinat. concursus Wirceburgensem de 20. VII. 1747. Diss. jur. Präs. Jos. Maria Schneidt. Würzburg (Frz. Ernst Nitribitt) 5. IX. 1797. 174 S., meist dtsch. (4.80) 6284

Deissinger Josef: Gottlieb Leons Leben und Werke. H. 1908 PN 2406 DissWien, Univ. 244

**Deissler,** Carl [app. Arzt aus Königsbach]: Zusammenstellung einer Anzahl Herniotomien aus dem Münchner städtischen Krankenhause l. d. I. Ein statist. Beitr. ... München, Buchdr. v. M. Ernst, 1891; 39 S. 8.
München, Med. Fak., Inaug.-Diss. v. [26. Nov.] 1891

Deissler, R. (Hrsg.), s. Patent- und Marken-Zeitung.

**Deißler,** Wilhelm, appr. Arzt aus Freiburg i. B.: **Aetiologie und Therapie des Caput obstipum congenitum et spasticum.** *Leipzig 1902: B. Georgi.* (39 S.) 8°
Leipzig, Med. Diss. v. (23. Okt.) 1902

Deissmann, Adolf

**Deissmann, G. Adf., Bibelstudien. Beiträge, zum. a. d. Papyri u. Inschriften, z. Geschichte d. Sprache, d. Schrifttums u. d. Religion d. hellenist. Judentums u. d. Urchristentums. gr. 8. (XII, 297 S. m. 1 Lichtdruck-Taf.) Marburg 895. N. G. Elwert's Verl. n. 8. —**

Neue Bibelstudien. Sprachgeschichtl. Beiträge, zumeist aus d. Papyri u. Inschriften, z. Erkl. d. Neuen Test. v. Lic. theol. G. Adolf Deissmann, Pfarrer ... z. Herborn. M. 1 Abb. im Text. *Marburg: N. G. Elwert 1897.* (VIII, 109 S., 1 Bl.) 1 Bd 8. [97. 5503

— s.: Briefe e. Herborner Classicus.

— d. sprachl. Erforschg. d. griech. Bibel, s.a. Vorträge d. theol. Konferenz zu Gießen.

[F.] Die sprachliche Erforschung der griechischen Bibel, ihr gegenwärt. Stand u. ihre Aufgaben. Von D. G. Adolf Deissmann, Prof. ... an d. Univ. Heidelberg. *Giessen: J. Ricker 1898.* (33 S.) 1 Bd 8.
= Vorträge d. theol. Konferenz zu Giessen. Folge XII. [98. 4997

**Deissmann, Adf., Evangelium u. Urchristentum,** s.: **Beiträge zur Weiterentwicklung der christlichen Religion.**

Deissmann, Gustav Adolf [Repetent an d. Sem. Philippinum]: Die Formel „in Christo Jesu". II. Tl ... [Erschien vollst. 1892 bei Elwert in Marburg.] Marburg, Univ.-Buchdr. '(R. Friedrich)', 1892; 1 Bl., 69—136 S. 8.
Marburg, Theol. Fak., Hab.-Schr. u. zugl. Lic.-Diss. v. 20. Okt. 1892

ADOLF DEISSMANN, Geschichte des Benedictinerklosters Walsdorf nebst einem Anhang über die Geschichte des Freifleckens Walsdorf nach urkundlichen Quellen. Herausgegeben von dem Verein für Nassauische Alterthumskunde und Geschichtsforschung. (Mit Tafeln.) Wiesbaden. 1863. In Comm. bei W. Roth. 8°.

**Deissmann, Adf., die Hellenisierung des semitischen Monotheismus. (V, 17 S.) Lex.-8. Leipzig 903. B. G. Teubner. n. — 60**
Sonderabdruck aus: „Neue Jahrbb. f. d. klass. Altertum, Gesch. u. deut. Lit."

**— Johann Kepler u. die Bibel. Ein Beitrag zur Geschichte der Schriftautorität. gr. 8. (34 S.) Ebd. 894. n. — 60**

**Deissmann, Adf., Licht vom Osten. Das Neue Testament u. die neuentdeckten Texte der hellenistisch-röm. Welt. 2. u. 3., verb. u. verm. Aufl. (XV, 376 S. m. 68 Abbild.) Lex. 8. Tübingen 909. J. C. B. Mohr. 12.60; geb. 15.—**
1. Aufl. (X, 364 S. m. 59 Abb.) 908.

Ein Original-Dokument aus der Diocletianischen Christenverfolgung. Papyrus 713 d. British Mus., hrsg. u. erkl. von D. Adolf Deissmann, Prof., Heidelberg. Mit 1 Taf. *Tübingen & Leipzig: J. C. B. Mohr 1902.* (VII, 36 S.) 8° [02. 3115

— s.: **Septuaginta-Papyri, die, u. andere altchristliche Texte aus der Heidelberger Papyrus-Sammlung.**

— Theologie u. Kirche, s.a. Hefte zur Christl. Welt. 47.

Theologie und Kirche. Von D. Adolf Deissmann, Prof., Heidelberg. *Tübingen & Leipzig: J. C. B. Mohr 1901.* (22 S.) 8° [F.]
= Hefte z. 'Christlichen Welt'. No 47. [00. 13169

**Deissmann,** *Franz* Gustav [aus Langenscheid]: Untersuchungen über die Zusammensetzung der Kolostrum-Milch und Ermittelung der Stoffveränderungen beim Übergange zur normalen Milch, ausgeführt bei mehreren, verschied. Rassen angehörigen Kühen u. Schafen ... Halle a. S., Hofbuchdr. v. C. A. Kaemmerer & C., 1897; 98 S., 1 Bl. 8.
Heidelberg, Naturw.-math. Fak., Inaug.-Diss. v. [17. März] 1897

**— Das Urchristentum u. die unteren Schichten. 2. (Sonder-)Ausg. (42 S.) 8. Göttingen 908. Vandenhoeck & Ruprecht. 1. —**

Die Urgeschichte des Christentums im Lichte der Sprachforschung von D. Adolf Deissmann, Prof., Berlin. Tübingen: Mohr 1910. 48 S. 8° [10. 3205

— die Waldenser der Grafschaft Schaumburg und Gründung des Dorfes Charlottenberg. Ein Beitrag zur Geschichte der Esterau, nach den Akten des Archivs zu Schaumburg. Wiesbaden 864. Kreidel. 8. (XI, 80 S. u. 1 Tab. in Fol.) n. 10 ngr

— die Waldenser der Grafschaft Schaumburg und Gründung des Dorfes Charlottenberg. Ein Beitrag zur Geschichte der Esterau, nach den Akten des Archivs zu Schaumburg. 8. (XI und 80 S. mit 1 Tab. in qu. gr. Fol.) Wiesbaden 867, Kreidel's Verlag. *

Deissmann, Franz Gustav

**Deißmann,** F. G., Geflügelzucht u. Obstbau, s.a. Aus Theorie u. Praxis der Geflügelzucht. I, 4.

Geflügelzucht und Obstbau. Eine Aufforderung z. weiteren Ausdehnung d. Geflügelzucht u. d. Obstbaues ... Mit mehr. Abb. Von Dr. F[ranz]G[ustav]**Deißmann.** Berlin: Pfenningstorff (1907). 44 S. 8°
(Aus Theorie u. Praxis d. Geflügelzucht. Jg. 1, H. 4.) [09. 16641

**Deißmann,** F. G., d. Stallmist u. s. zweckmäß. Behandlg., s.: Sammlung gemeinnütz. Vorträge.

**Deissmann F. G.:** Untersuchungen üb. die Zusammensetzung d. Kolostrum-Milch u. Ermittelung d. Stoffveränderungen beim Uebergange z. normalen Milch, ausgeführt bei mehreren, verschiedenen Rassen angehörigen Kühen u. Schafen. Diss. (Heidelberg). Halle 1897. 98 S.

**Deissmann,** Gustav Adolf, s. Deissmann, Adolf

**Deissmann, K.** (Hrsg.), s. a. Lehr- und Lesebuch für ländliche Fortbildungsschulen.

**Deißmann,** K., H. Jung, Fr. Kolb, W. Scheid, R. Wobig, Lehr- u. Lesebuch f. ländl. Fortbildungsschulen. gr. 8. (XVI, 282 S.) Wiesbaden 898. Ch. Limbarth's Verl. Geb. n. 1. 60

**Deißmann,** K., H. Jung, Fr. Kolb, W. Scheid, R. Wobig, Lehr- u. Lesebuch f. ländl. Fortbildungsschulen. 2. Aufl. gr. 8. (XII, 324 S.) Berlin 900. P. Parey. Geb. in Leinw. n. 2. —

**Deißmann,** K., H. Jung, Fr. Kolb, W. Scheid, R. Wobig, Lehr- u. Lesebuch f. ländliche Fortbildungsschulen. 3., neubearb. Aufl. (Landwirtschaftliche Unterrichtsbücher.) (XI, 316 S. m. Abbildgn.) gr. 8. Berlin 903. P. Parey. Geb. in Leinw. n. 2. —

**Deist,** der, s.a. Bernier.

**Deist,** der, widerl. durch sich s., a. d. Fr. Berglers. 2 Thle. 8. Wien, Camesina. 779. Schrbv.

Bericht über eine Reise nach Britisch- u. Niederländisch-Indien. Von Hans **Deistel.** (Berlin: Tropenpflanzer 1908.) IV S., S. 63–131. 8°
(Der Tropenpflanzer. Beihefte. Bd 9, Nr 2.) [09. 1040 1

**Deister** [Schlagwort]

**Deister,** s.: Hannover. Wanderkarte. — Wesergebiet.

**Deisterey, Die Offenbarte,** oder unparteyische Untersuchung . . . Braunschweig u. Hildesh. 1756. V: *Skelton, Phil.* (Hauptkat. d. Univ.-Bibl. Tübingen. G. S. 260.) (Baumgarten, Nachrichten v. merkw. Büchern. Halle 1752—57. 8, 470.)

**Deisterey, Die offenbahrte,** oder Unpartheyische Untersuchung der Angriffe und Einwendungen gegen das Christenthum . . . Aus dem Engl. übers. Braunschweig & Hildesheim 1756. Ü: *Mittelstedt, Matthäus Theodor Christoph.* (Ky) (ML)

**Deisterey,** d. offenbarte, od. Unters. der Angriffe rc. gegen das Christenth. a. d. Engl. 2 Thle. gr. 8. Brschw. Schröder. 756.

**Deistergebirge** [Schlagwort]

**Deistergebirge.** Karte vom Deistergebirge m. dem angrenzenden Süntel. 1 : 80,000. 8. Ausg. Farbendr. qu. gr. 4. Mit den Sommerfahrplänen 1890. 12. (3 S.) Hannover 890. Klindworth. In Carton. n. — 50

**Deistergebirge.** Karte vom Deistergebirge m. dem angrenzenden Süntel. 1 : 80,000. 12. Ausg. Mit den Sommer-Fahrplänen 1894. (2 Bl. in 8.) 33,5 × 28,5 cm. Farbendr. Hannover, Klindworth. In Karton. — 50

**Deister- und Weser-Zeitung** [Weserzeitung]. – Hameln. – 4.VII.1848 – 8.IV.1945. – 21.X.1949 ff.

**Deisting,** (Carl) Friedr. (Wilh.) (geb. Mölln in Schlesw.-Holstein 7. 12. 1855): Die Laryngofissur in ihrem Einflusse auf die Stimmbildung. Berlin (1881). (31 S.) 8°
Berlin, Med. Diss. v. 8. Aug. 1881

**Deisting,** Carl. Kornvaluta u. Kornbanken. Ein Versuch, die Lösg. der socialen Frage auf agrar. Boden zu finden. 8. (14 S.) Graz 889, Cieslar. * — 70

—— Die Valuta-Regulirung in Ursache u. Wirkung, geschildert f. das Volk, seine Freunde u. Vertreter zwecks Abwehr der Uebergriffe d. mobilen Capitals. 8. (52 S.) Graz 892, Styria. * — 50

**Deisting,** Karl Friedrich Wilhelm, s. Deisting, Friedrich

**Deistung,** O., Sammlung großherzoglich Sachsen-Weimar-Eisenachischer Gesetze, s. Sammlung.

**Deite,** C., die Darstellung der Seifen, Parfümerien und Cosmetica, s.a. Handbuch der chemischen Technologie.

**Deite** C, Darstellung der Seifen, Parfümerien und Kosmetika. (Handbuch der chemischen Technologie von Bolley VI, 2) Braunschweig 1867

**Deite,** C., Handbuch der Parfümerie- u. Toiletteseifen-Fabrikation. Unter Mitwirkg. v. L. Borchert, F. Eichbaum, E. Kugler, H. Töffner u. a. Fachmännern hrsg. gr. 8. (XI, 364 S. m. Holzschn.) Berlin 891. J. Springer. n. 8. —; geb. n. 9. 20

**Deite, C.** (Hrsg.), s. a. Handbuch der Seifenfabrikation.

**Deite,** C., Handbuch der Seifenfabrikation. Unter Mitwirkung von L. Borchert, F. Eichbaum, E. Noack, Th. Weicholdt und anderen Fachmännern hrsg. gr. 8. (VIII, 535 S. mit zahlreichen in den Text gedr. Holzschn.) Berlin 887, Springer. * geb. *

**Deite,** C., Handbuch d. Seifenfabrikation. Unt. Mitwirkg. v. L. Borchert, F. Eichbaum, H. Liebe, E. Noack, Th. Weicholdt u. and. Fachmännern hrsg. 1. Bd. Hausseifen u. Textilseifen. 2. Aufl. 10 Lfgn. gr. 8. (XI, 543 S. m. Holzschn.) Berlin 896. J. Springer. à n. 1. —

**Deite,** C., Handbuch der Seifenfabrikation. 2 Bde. gr. 8. Berlin, J. Springer. n. 18. —; geb. in Leinw. n. 20. 40
1. Hausseifen u. Textilseifen. Unter Mitwirkg. v. F. Eichbaum, E. Noack, C. Stiebel, G. Weber u. anderen Fachmännern hrsg. 3. Aufl. (XII, 633 S. m. 108 Abbildgn.) 906. n. 10. —; geb. n. 11. 20
2. Toiletteseifen, medizin. Seifen, Seifenpulver u. andere Spezialitäten. Unter Mitwirkg. v. F. Eichbaum, M. Hirsch, B. Kühn, E. Noack, G. Weber u. anderen Fachmännern hrsg. 2. Aufl. (VIII, 398 S.) 903. n. 8. —; geb. n. 9. 20

– dass., 3. Aufl. Bd. 1. 2., s. Handbuch der Parfümerie und Toilettenseifen-Fabrikation.

**Deite,** C., die Industrie der Fette, s.a. Otto Birnbaum, Lehrbuch der rationellen Praxis der landwirthschaftlichen Gewerbe.

**Deite C.:** Die Industrie d. Fette, enthaltend die Gewinnung u. Reinigung d. Fette sowie d. Darstellung d. Seifen, d. Talg- u. Wachslichte, d. Wagenfette u. anderer Schmiermaterialien u. d. Kunstbutter. Braunschw. 1878. 356 S. Fig. 4 Tvl.
( = Lehrbuch d. rationellen Praxis d. landw. Gewerbe. Th. 10). 644.

— s.: Seifenfabrikant, der.

**Deite**, Hermann, [a.] Berlin: Die katholisch-soziale Bewegung in Deutschland, nach ihrer Literatur geschildert. (Altenburg 1908: Pierer.) (30 S.) 8° [F.]
Berlin, Phil. Fak., Ref. Wagner, Diss. v. 16. Mai 1908
[Geb. 21. Febr. 83 Berlin; Wohnort: Berlin; Staatsangeh.: Preußen: Vorbildung: Luisenstädt. Gymn. Berlin Reife O. 01; Studium: Heidelberg 1, Tübingen 4. Berlin 6 S.; Rig. 5. März 08.]

Deite, Hermann: Finanzwissenschaft, s. Wagner, Adolph.

**Deite**, Herm., Lehr- u. Handbuch der politischen Ökonomie, s.: Wagner, Adph.

Deite, Carolus [geb. Halberstadt 20. 12. 1838]: Qua vi sit temperatura in luminis polarisati planitie liquoribus rotata. Vratislaviae (1864). (34 S.) 8°
Breslau, Phil. Diss. v. 11. Aug. 1864

**Deitenhofen**, Adolf von (Hrsg.), s.a. Fürsten, Fremde, in Habsburgs Heer ...

**Deitenhofen**, **Adf. v., fremde Fürsten in Habsburgs Heer 1848—1898. Mit 19 Portr. gr. 8. (X, 662 S.) Wien 898. (O. Möbius.) n.n. 13.25; geb. i. Leinw. n.n. 15.—; ermäss Pr. n. 8.—; geb. n. 12.—**

Fremde Fürsten in Habsburgs Heer 1848—1898. Hrsg. von Adolf von Deitenhofen, k. u. k. Garde-Oberlt. Mit 19 Portr. *Wien: Seidel.* 1898. (X, 658 S.) 4°(8°)

**Dejtér**, s.: Borbás v. Dejtér.

**Deiter.** De Epaminonda, Xenophonteo et Diodoreo. (25) 4. Emden 1874.

**Deiter**, Georg, Referendar in Emden: Der Verpflichtungsvertrag (pactum de contrahendo) im Bürgerlichen Gesetzbuche. *Göttingen 1902: Dieterich.* (VIII, 98 S.) 8°
Marburg, Jur. Diss. v. 1902

Deiter, Heinrich

— Bericht üb. d. Litterat. zu Ciceros philos. Schriften a. d. Jahr. 1891—1898. S.-A. 1898. 20 S. —.80

**Deiter, H., Schillers Don Karlos, erläutert, s. Erläuterungen zu den Meisterwerken der deutschen Litteratur.**

**Deiter, H.**, De Ciceronis codice Leidensi no. CXVIII denuo collato. Pr. 1882. 14 S. 4°. 1.20

— De Ciceronis codicibus Vossianis 84 et 86 denuo excussis. Pr. 1885. 48 S. 1.25
— — II. Pr. 1886. 28 S. 1.25

**Deiter**, H[einrich], Prof. Dr.: Niederdeutsche Gelegenheits-Gedichte auf die ostfriesische Fürstenfamilie aus dem 17. und 18. Jahrhundert. Hrsg. *Aurich 1899: H. W. H. Tapper & Sohn.* (48 S.) 8° [F.]
Aurich, k. G, OP 1899 (316)

**Deiter, H., Präparation zu Cicero's Rede de imperio Cn. Pompei, s.: Krause, A.**

**Deiter, H., Präparation zu Ciceros Reden gegen Katilina, s.: Krause, A.**

— Studien zu den griech. Musikern. Ueber das Verhältniss d. Martianus Cappella zu Aristides Quintilianus. 4. (28 S.) Posen 881. Jolowicz. n. 1.—

**— Uebungen zum Uebersetzen, s.a. Sammlung v. deutschen Uebungsstücken zum Uebersetzen ins Lateinische.**

**Deiter, H., Übungsstücke zum Übersetzen ins Griechische im Anschluss an die Lektüre v. Xenophons Anabasis I—V f. Obertertia u. Untersekunda. gr. 8. (III, 39 S.) Leipzig 901. G. Freytag. n. —60**

Übungsstücke zum Übersetzen ins Lateinische im Anschluß an Livius I u. II. Von Dr. H[einrich] **Deiter**, Prof. in Hannover. *Essen: G. D. Baedeker 1902.* (32 S.) 8° [F.] [03. 48

Übungsstücke zum Übersetzen ins Lateinische im Anschluß an Livius XXI. Von Dr. H[einrich] **Deiter**, Prof. in Hannover. *Essen: G. D. Baedeker 1902.* (24 S.) 8° [F.] [03. 49

**Deiter**, *Heinrich* [Oberl. Dr.]: Vergleichung des Amsterdamer Codex Nr. 80 zu Cicero de finibus bonorum et malorum und Academica posteriora. Aurich, Druck v. H. W. H. Tapper & Sohn, *1892*; 3—21 S. 4.
Aurich, k. G, OP 1892 (297)

**— wie studiert man klassische Philologie, s.: Freund, Wilh.**

**Deiter**, J(osef): Beitrag zur Kenntnis der Rosinduline und Isorosindone. *Erlangen 1898: E. Th. Jacob.* (30 S.) 8°
Erlangen, Phil. Diss. v. 27. Jan. 1898

**Deitermann**, Clemens [(Dr. med.) aus Suderwich (Prov. Westf.)]: Über die Heilung der Perforationsperitonitis nach Laparatomie ... Recklinghausen, Druck v. J. Bauer, 1896; 39 S. 8.
Würzburg, Med. Fak., Inaug.-Diss. v. 1896

(Deiters, H., u. Edm. Vogt) Bericht über die Einführung des Direktors. 18 S. (Rede des Prov.-Schulr. Vogt. S. 3—7, des Dir. Deiters. S. 7—18.) **Progr.** G. *Bonn* 1884.

**Deiters, Heinrich** [aus Münster i/Westfalen]: Beiträge zur Aetiologie der Magenerweiterung. . . . Greifswald, Druck v. Julius Abel, 1889; 31 S. 8°
Greifswald, Med. Fak., Inaug.-Diss. v. 19. Jul. 1889

**Deiters**, Heinrich. Die Belagerung von Kaiserswerth durch den Kurfürsten Friedrich III. von Brandenburg im Jahre 1689. Getreue Abschrift aus dem Tagebuche des Freiherrn Franz Anton von Landsberg, derzeitigen fürstlich Münsterischen Obristen und Regimentscommandeurs, späteren Generallieutnant en chef und Gouverneurs der Stadt und Citadelle Münster. Nebst einem Anhange: „Das Schloss Kaiserswerth vor der Zerstörung durch den Brand 1689", einer Abbildung, Grundriss und Karte der Umgebung. S. Düsseldorf 1900.

**Deiters, Heinr.** Officieller Bericht über die 4. Allg. Deutsche Kunstausstellung 1880, herausgegeben von der Deutschen Kunstgenossenschaft. Düsseldorf. 8°.

**Deiters, H.**, Bilder aus dem Sachsenlande. 13 landschaftl. Compositionen (in Lichtdr.) zu Friedr. Wilh. Weber's „Dreizehnlinden". Fol. (16 Bl. Text.) Düsseldorf 889. Deiters. geb. m. Goldschn. 22.50

Geschichte der Allgemeinen Deutschen Kunstgenossenschaft. Von ihrer Entstehung im J. 1856 bis auf d. Gegenwart. Nach d. offiziellen Berichten, eigenen Erinnerungen u. Erlebnissen aufgez. von Heinrich **Deiters**. Düsseldorf (um 1903): Bagel. 51 S. 8° [10. 14034

**Deiters, Heinr., Künstler, Kunstschreiber u. d. gesund. Menschenverstand. gr. 8. (20 S.) München 899. J. Seiling. n.n. —25**
Sonderabdruck aus: „Deutsche Revue."

Künstler-Jury und Unlauterer Wettbewerb. Eine hist. Studie von Heinrich **Deiters**. *Münster 1902: Aschendorff.* (15 S.) 8° [03. 11875

**— Künstler-Jury u. unlauterer Wettbewerb. Eine histor. Studie. gr. 8. (15 S.) Münster 902. (Düsseldorf, W. Deiters.) n.n. —25**

**— s.: Landsberg, Frhr. Frz. Ant. v., die Belagerung v. Kaiserswerth.**

**Deiters, Heinrich.** Restauration und Vandalismus. Düsseldorf 1883. 8°.

Reimer Thede. Ein Altonaer Schulmann. Von Heinrich Deiters. — Altona: Emker 1931. 20 S. 8°

**Deiters, Herm.**, Ludwig van Beethoven, } s.a. Sammlung musikalischer Vorträge.

Deiters, Hermann. Ludwig van Beethoven.
= Sammlung musikalischer Vorträge (Waldersee). Ser. IV, 41/42.

**Deiters, H.**, Johannes Brahms, s.a. Sammlung musikal. Vorträge.

Deiters, Hermann. Johannes Brahms. Leipzig 1880. (1898.)
(Aus: Sammlung musikalischer Vorträge (Waldersee). Ser. II, 23/31, Ser. VI, 63.)

**Deiters,** Herm., Johannes Brahms. Traduit de l'allemand par Mme. H. Fr. 8. (100 S.) Leipzig 884. Breitkopf & Härtel. n. 2. —

Johannes Brahms v. Hermann Deiters. 2. Aufl. Leipzig. 1898. 8⁰

**Deiters,** Hermannus (geb. am 27 Juni 1833 in Bonn): De Hesiodia scuti Herculis descriptione ... Bonnae, form. C. Georgii 1858. 2 Bl., 63 S. 8. ¶ In Komm. bei Cohen & Sohn in Bonn.
Bonn, Phil. Fak., Diss. v. 29 Juli 1858

**Deiters,** Herm., de Hesiodia scuti Herculis descriptione. Commentatio philolog. Bonnae 858. (Henry u. Cohen.) gr. 8. (1 Bl., 64 S.) n. 12 ngr

Deiters, Herm., de Aristidis Quintiliani doctrinae harmonicae fontibus. Part. I. gr. 4. (22 S.) Bonn 870, (Cohen und Sohn.) *

Deiters, H.: De Aristidis Quintiliani doctrinae harmonicae fontibus. P.I. 22 S. – Düren, Progr. 1870.

**Deiters,** Hermannus (geb. am 27 Juni 1833 in Bonn): De mancipationis indole et ambitu ... Bonnae, form. C. Georgii 1854. 2 Bl., 60 S., 1 Bl. 8. ¶ Erschien zugleich selbständig bei Matz in Bonn.
Bonn, Jur. Fak., Diss. v. 14 Aug. 1854

Deiters, Herm., de mancipationis indole et ambitu. Smaj. (III und 60 S.) Bonnae 854, Matz. *

**Deiters, Herm., Ludwig van Beethovens Leben, s.: Thayer, Alex. Wheelock.**

**Deiters, Herm., W. A. Mozart, s.: Jahn, Otto.**

**Deiters,** Herm., de Hesiodi theogoniae prooemio. Bonn 863. (Cohen & Sohn.) 4. (25 S.) n. 10 ngr.

Deiters, *Hermann* (Geh. Reg.- u. Provinzialschulr.) *Rede bei der Einführung des Direktor Dr. Leopold Contzen.* 4 (S. 39—43).
**Progr.** Kgl. G. *Bonn* 1895 (437).

—— Studien zu den griechischen Musikern. Über das Verhältniss des Martianus Cappella zu Aristides Quintilianus. 4. (28 S.) Posen 881, Jolowicz. *

—— über die Verehrung der Musen bei den Griechen. 4. (III, 37 S.) Bonn 868, (Weber.) *

**Deiters,** Josephus (geb. im Dez. 1813 in Münster Westf.): De luxationibus inveteratis quaedam, additis casibus raris ... Bonnae, typ. F. Baadeni 1840. 4 Bl., 40 S. 8.
Bonn, Med. Fak., Diss. v. 31 Aug. 1840

**Deiters,** K. Fr., 1. Wider die Armuth. Anschauungen und Reflexionen. gr. 8⁰. Schwerin, Hildebrand, 1863. (Abdr. aus d. 3. Bd. d. Handbuches d. mecklenburg. Wirthschaftsführung.)

— Grosse und kleine Güter. Eine landwirthschaftl. Betrachtung. gr. 8⁰. Schwerin, Hildebrand, 1863. (Abdr. aus d. 3. Bd. d. Handbuches d. mecklenburg. Wirthschaftsführung.)

Deiters, K. F., Handbuch d. im Großh. Mecklenburg-Schwerin geltenden Kirchen-Gesetze, s.a. Handbuch.

**Deiters,** K. Fr., Handbuch der mecklenburgischen Wirthschaftsführung. 3. Bd. Der höchste Ertrag. Landwirthschaftlich u. in practischen Abhandlungen erörtert. Schwerin 863. Hildebrand. gr. 8. (XVI, 320 S.) n. 2 ₰
Hieraus einzeln:
Capital und Grundbesitz. Beiträge zur landwirthschaftlichen Erwerbslehre. (IV, 72 S.) n. 15 ngr.
Cultur und Trockenstallfütterung in practischer Darlegung. (IV, 128 S.) n. 25 ngr.
Große und kleine Güter. Eine landwirthschaftliche Betrachtung. (IV, 56 S.) n. 12½ ngr.
Wider die Armuth. Anschauungen und Reflexionen. (IV, 64 S.) n. 15 ngr.
1. u. 2. Bd. s. in Bd. XIII. unter Handbuch rc.

—— Capital und Grundbesitz. Beiträge zur landwirthschaftl. Erwerbslehre. gr. 8. (IV und 72 S.) Schwerin 863, Hildebrand. *

—— der Kartoffelbau mit C. L. Gülichs Verfahren. Natur- und culturgeschichtl. Mittheilungen. gr. 8. (39 S.) Wismar 869, Hinstorff's Verlag.

— Die Creditnoth der Landgüter. 2. verm. Ausg. von Auswanderung, Arbeitslohn u. Bodenwerth. 8⁰. Frankfurt a. M., Boselli, 1868.

Deiters, K. F., die Creditnoth der Landgüter. 2. verm. Ausg. von „Auswanderung, Arbeitslohn und Bodenwerth". 8. (XVI, 87 S.) Frankfurt a. M. 868, Rommel. *

—— Cultur und Trockenstallfutterung in practischer Darlegung. gr. 8. (IV und 128 S.) Schwerin 865, Hildebrand. *

**Deiters,** Maximilianus (geb. am 14 Mai 1837 in Bonn): De connexu inter trachyten et basalten. Disquisitiones chemico-mineralogicae in nonnullis Septimontii saxis crystallinis institutae ... Bonnae, ex typogr. P. Neusser 1861. 2 Bl., 40 S. 8. ¶ In deutscher Bearb. mit 2 Taf. in d. Ztschr. d. D. geol. Ges. XIII 1861 S. 99 ff.: Die Trachytdolerite d. Siebengebirges.
Bonn, Phil. Fak., Diss. v. 27 Juli 1861

**Doiters,** *Rudolph Wilhelm* Otto [aus Düren]: Ueber die Ernährung mit Albumose-Pepton. '(Aus d. med. Klinik d. Herrn Geheimr. Gerhardt.)' ... Berlin, gedr. bei L. Schumacher, 1892; 36 S., 2 Bl. 8.
Berlin, Med. Fak., Inaug.-Diss. v. 5. März 1892

**Deiters,** Otto (geb. am 15 Nov. 1834 in Bonn): De incremento musculorum observationes anatomico-physiologicae ... Bonnae, form. C. Georgii 1856. 2 Bl., 56 S., 1 Bl. 8.
Bonn, Med. Fak., Diss. v. 18 Aug. 1856

Deiters, Otto, Untersuchungen über Gehirn und Rückenmark der Menschen und der Säugethiere. Nach dem Tode des Verf. hrsg. und bevorwortet von Max Schultze. Lex.-8. (XIX und 318 S. mit 6 Stnt. in Imp.-8.) Braunschweig 865, Vieweg und Sohn. *

**Deiters, Otto, Untersuchungen über die Lamina spiralis membranacea. Ein Beitrag zur Kenntniss des inneren Gehörorgans. Lex.-8. (IV und 114 S. mit 8 Stnt.) Bonn, 860, [Cohen und Sohn.]** *

Deiters, Otto Rudolf Wilhelm

**Deiters, 2. u. 3. Bericht üb. die Fortschritte des Irrenwesens. Nach den Anstalts-Jahresberichten erstattet. (34 u. 45 S.) hoch 4. Halle 903. 905. C. Marhold. à n. 1.50**

**Deiters,** der Stand des Irrenwesens innerhalb des deutschen Sprachgebiets im J. 1900—1901. Aus den Anstalts-Jahresberichten kritisch zusammengestellt. hoch 4. (32 S.) Halle 902. C. Marhold. n. 1.50

**Deiters,** Paulus, Rhenanus: De Cretensium titulis publicis quaestiones epigraphicae. *Jenae 1904: H. Pohle.* (58 S.) 8°
Bonn, Phil. Diss. v. 18. Mai 1904

**Deiters**, Petrus Franciscus ⟨geb. am 12 Febr. 1804 in Münster Westf.⟩: De civili cognatione et familiari nexu ex iure Romano et Germanico . . . Bonnae, typ. Thormannianis (1825). 3 Bl., 106 S., 1 Bl. 8. ¶ Erschien 1826 selbständig bei Habicht in Bonn.
Bonn, Jur. Fak., Diss. v. 29 Juli 1825

Memoriam sacram ... Friderici Guilelmi III universitatis litt. Fridericiae Guilelmiae Rhenanae conditoris natali eius d. III m. Aug. ... ab hac universitate ... celebrandam ... indicit D. Petrus Franciscus **Deiters**, ord. iurecons. h. t. decanus. — Praemissa est de dote rustica ad l. 6. D. de iure dotium '(23, 3.)' disputatio. Bonnae, litt. C. Georgii 1847. 15 S. 4.

Solemnia natalitia ... Friderici Guilelmi IV d. XV m. Oct. ab universitate litt. Fridericia Guilelmia Rhenana ... celebranda ... indicit D. Petrus Franciscus **Deiters**, ord. iurecons. h. t. decanus. — Praemissa est de filio in feudum succedente ad II F 45 disputatio. Bonnae, litt. C. Georgii 1842. 28 S. 4.
Enth. zugleich in einem später ausgegebenen Anhang (= S. 25—28; [*Kopft.*] Iudicia quinque ordinum ... de certaminis litt. eventu ... 1842 enuntiata ...) d. **Ergebnisse d. Preisbewerbung** d. J. 1841—42

**Deiters**, P. Frz., die eheliche Gütergemeinschaft, nach dem Münsterischen Provinzialrechte, d. Preuß. Landrechte, u. ihr. Verhältnisse zu einander. gr. 8. (29½ B.) Bonn 831, Marcus.

**Deiters, Pet. Franz,** De dispositionibus hereditariis, simultaneis pacticiisque, quaestiones tres. Bonn (C. Georgi) 11. VIII. 1837. 18 S. (4.50) 6285

**Deiters**, W., kathol. Kirchen- u. Hausbuch od. Unterr., Gebet u. Betrachtung für die verschied. Lebensverhältnisse. gr. 12. (33⅙ B. u. 1 Titlkpfr.) Münster 846, Deiters. -

**Deiters**, W., katholisches Kirchen- und Hausbuch, oder Unterricht, Gebet und Betrachtung für die verschied. Lebensverhältnisse. Allen heilsbegier. Christen gewidmet. 2. Aufl. gr. 12. (XII und 693 S.) 848. und 3., verm. und verb. Aufl. 8. (IV und 700 S. mit 1 Stahlst.) Münster 851, Deiters. -
feine Ausg. mit 4 Stahl.

**Deiters**, W., katholisches Kirchen- und Hausbuch, oder Unterricht, Gebet und Betrachtung für die verschiedenen Lebensverhältnisse. Allen heilsbegierigen Christen gewidmet. 4., verm. und verb. Aufl. 8. (697 S. mit 1 Stahlst.) Münster 855, Deiters. -
fein Pap.

**Deiters**, W., katholisches Kirchen- und Hausbuch, oder Unterricht, Gebet und Betrachtung für die verschiedenen Lebensverhältnisse. Allen heilsbegierigen Christen gewidmet. 5. verm. u. verb. Aufl. Münster 860. Aschendorff. 8. (672 S. u. 1 Stahlst.) 22½ ngr.;
feine Ausg. m. 6 Stahlst. 1 Thlr. 7½ ngr.

**Deiters**, W., katholisches Kirchen- u. Hausbuch, oder Unterricht, Gebet u. Betrachtung für die verschiedenen Lebensverhältnisse. Allen heilsbegierigen Christen gewidmet. 16. verb. Aufl. Münster 866. Aschendorff. gr. 8. (592 S. u. 1 Stahlst.) n. 15 ngr.

**Deitigsmann, Ottmar,** Rechtsprakt.: Eigentumsübergang von Gesamthandsgrundstücken ohne Auflassung. Karlsruhe i. B.: Braun 1910. 51 S. 8° ¶ (Ersch. auch als Buch ebd.)
Heidelberg, Jur. Diss. v. 26. April 1910, Ref. Heinsheimer
[Geb. 6. Febr. 86 Pforzheim; Wohnort: Pforzheim; Staatsangeh.: Baden; Vorbildung: Gymn. Pforzheim Reife M. 05; Studium: Freiburg i. B. 1, Heidelberg 2, Berlin 2, Freiburg i. B. 2 S.; Rig. 3. Dez. 09.] [U 10. 1851

**Deitl**, Fr., s. a. Unter Habsburgs Kriegsbanner.

**Deitl**, Freih., Vice-Consul. Unter Habsburgs Kriegsbanner. Feldzugserlebnisse aus der Feder von Mitkämpfern und Augenzeugen, gesammelt und herausgegeben von ..... Bd. I—VI. (6 Bde.) 8. Dresden, Wien, Leipzig 1898—1900.

**Deitmar,** Josef, appr. Arzt a. Neuenkirchen, Bez. Münster: Die Symptomatologie der Halsrippen des Menschen. Erlangen 1907: Junge & Sohn. (57 S.) 8°
Erlangen, Med. Fak., Ref. Graser, Diss. v. 24. Sept. 1907
[Geb. 19. Juli 72 Neuenkirchen; Wohnort: Neuenkirchen; Staatsangeh.: Preußen; Vorbildung: Gymn. Rheine Reife O. 94; Studium: München 2, Berlin 2, Erlangen 15 S.; Coll. 1. Aug. 04; Approb. 9. Okt. 03.]

**Deitmer,** Franz, approb. Arzt aus Münster i. W.: Aus d. pathol. Institute in Kiel. Über einen Fall von fötaler Peritonitis. *Kiel 1902: H. Fiencke.* (12 S.) 8°
Kiel, Med. Diss. v. [17. Juni] 1902

**Dejtruba,** Der Blitzableiter und seine Wirkungen. Prag, Selbstverlag des Verfassers. 1883.

**Deixlberger**, Al., († d. 20. Sept. 1777.) hinlängl. Bericht von dem Ursprung u. Wachsthum der Wallfahrt zu Mariaplain, sammt e. Auszug der daselbst erfolgten Wunder u. Gutthaten. 8. Salzb. 768.

— s. Lehrschule fernhafter Tugenden.

**Dekabristen, die.** Erzählt v. e. Wachmeister. (In russ. Sprache.) 8. (47 S.) Berlin 903. H. Steinitz. n. 1. —

[Russ.] **Dekabristy** v razskazě pomoščnika kvartal'nago. *Berlin: G. Štejnic 1903.* (47 S.) 8°
[Auf d. Umschl.:] Die Dekabristen [in d. Erzählung e. Gehilfen eines Bezirksaufsehers.]
(Izvěstnějšaja russkaja biblioteka. Č. 37.) [03. 10618

Deutsche Seewarte. Internationaler **Dekadenbericht.** (Beilage zum Wetterbericht.) Jg. 1, No. 1. [Hamburg: Friederichsen] 1900. 2° [lith.] [10. 2708 10

**Dekadenbericht,** internationaler. Beilage zum Wetterbericht. Hrsg. v. der deutschen Seewarte. Jahrg. 1906. 36 Nrn. (à ca. 4 S. m. eingedr. Karten.) gr. 4. Hamburg (L. Friederichsen & Co.). n.n. 6. —

**Dekadenbericht,** internationaler. Beilage zum Wetterbericht. Hrsg. v. d. deutschen Seewarte. Kaiserl. Marine. Jahrg. 1907—1910 à 36 Nrn. (à ca. 4 S. m. eingedr. Karten.) 38×25,5 cm. Hamburg, (L. Friederichsen & Co.). à Jhrg. nn 6. —

**Dekadenblatt:** Oberrheinisches Dekadenblatt
⑤ 3. 8. 1800—? ⑥ 8° ⑦ alle 5 Tage ⑧ Basel: Samuel Flick ⑮ Eine Ankündigung, in gleichem Format und Druck wie das zukünftige Blatt, ist in den «Wöchentlichen Nachrichten aus dem Bericht-Haus zu Basel» der Nummer vom 19. 6. 1800 (p. 324/5) beigeheftet. Demnach handelt es sich um ein Anzeigen- und Amtsblatt für Mühlhausen, das aber auch Zeitungsberichte aus dem In- und Ausland, historische und biographische Artikel, «gemeinnützige Abhandlungen», Gedichte und Erzählungen enthalten soll. Ob erschienen?

**Chemnitz, Königl. Sächs. Meteorolog. Institut,** Dekaden-Monatsberichte für das Jahr 1898. Fol.

**Dekaden-Monatsberichte** (vorläufige Mittheilung) des königl. sächsischen meteorologischen Institutes. Hrsg. v. Paul Schreiber. 1902. V. Jahrg. (98 S.) schmal Fol. Chemnitz 903. (M. Bülz.) n. 2. —

— dasselbe. 1905. VIII. Jahrg. Hierzu: Jahressummen des Niederschlages, Normalwerte, Abweichgn. v. den Normalwerten, grösste Tagesmengen — Zahl der Tage m. Niederschlag überhaupt u. m. Tagesmengen verschiedener Stärke in den J. 1903—1905 v. allen Stationen. Hrsg. v. Paul Schreiber. (118 S.) 4. Dresden 906. (Chemnitz, C. Brunner.) n. 2. —
Vergl.: Decaden-Monatsberichte.

**Dekaden-Monatsberichte** (vorläufige Mitteilung) der königl. sächs. Landes-Wetterwarte. 1906—1909. 9—12. Jahrg. Hierzu: Jahressummen des Niederschlages, Normalwerte, Abweichungen v. den Normalwerten, grösste Tagesmengen — Zahl der Tage m. Niederschlag überhaupt u. m. Tagesmengen verschied. Stärke in d. J. 1906—1909 v. allen Stationen. Hrsg. v. Paul Schreiber. (111, 107, 111 u. 106 S.) 32,5×21 cm. Dresd. 906—910. Chemnitz, C. Brunner. à Jhrg. 2. —

Dekalog, oder die zehn heil. Gebote, mit Denkversen u. Sprüchen aus den Büchern des alten Bundes. Zunächst für jüdische Volksschulen herausg. gr. 12. Bacha 840. Schmitt u. Müller. 2½ fl

Dekalogue, der tugendhafte Jüngling, eine lehrr. Erzählung zunächst f. Jünglinge, dann f. jeden Erbauung suchenden Christen. Bearb. v. e. Jugendfreunde. 12. (8½ B.) Landshut 833, [Manz.]

Dekameron, das neue. Mit Illustrationen. (Aus „Caviar" abgedr. Erzählungen.) 8°. (126 S.) Budapest, Grimm. fl. 1.50. 1887

Dekamerone v. Berlin, s.a. Berlin's Ende.

Dekamerone von Berlin. Bd 1. 3. Aufl. Berlin & Leipzig: H. Seemann [1908]. 8° [09. 605

Dekamerone vom Burgtheater. 1.—3. Aufl. 8. (VIII, 312 S. mit 25 Holzschn.-Portr.) Wien 880, Hartleben's Verlag. geb. *

—— das, der Verkannten. 12. (163 S. mit Portr. und Illustr. in Zinkogr.) Berlin 881, Freund und Jeckel. *

Deken, Agnes v. d, s.: Knabe im Rosenhain.

— s.: Silberherzchen, das.

Deken, Friedrich von der, k. hannoversch. GFZM. Herzog Georg von Braunschweig und Lüneburg. Beiträge zur Geschichte des dreissigjährigen Krieges, nach Original-Quellen des königlichen Archivs zu Hannover. (4 Bde.) 8. Hannover 1833—1834.

Dekenus, I., Observationes Poeticae. 8. Ofen, Typ. Buchh. 807.

Dekert, Dr. Jos., Pfarrer, ? Rassen-Antisemitismus, auch ein Situationsbild. 8. (44 S.) In Comm. Wien: Kirsch 1895 —.20

Dekert, Dr. Jos., Wunder und Wunderthäter. 3 Conferenzen. 8. (36 S.) Wien: Kirsch 1895 —.15

DEKIASI, Valentinus: De canone Veteris Foederis. — (1841) 49 S. 4° (Handschr.) Diss. 105
Diss. Wien, Univ.

Dekker, Eduard Douwes

Dekker, Ed. Douwes, s.a. Multatuli.

Die Abenteuer des kleinen Walther. Humorist. Roman von Multatuli ⟨Eduard Douwes Dekker⟩ ... aus d. Holländ. übers. von Karl Mischke. Mit e. Einl. d. Übers. u. d. Bilde d. Verf. *Halle a. S.: O. Hendel (1901).* (XII, 257 S.) 8° [F.]
(Bibliothek d. Gesamtlitteratur d. In- u. Auslandes. No 1489–92.) [01. 23619

Multatuli [d. i. Ed. Douwes Dekker]. Die Abenteuer des kleinen Walther. Übertr. aus d. Holländ. von Wilhelm Spohr. Mit Vor- u. Nachwort d. Übers. Titelzeichn. von Fidus. Bd 1. 2. *Minden i. W.: J. C. C. Bruns 1901.* 2 Bde 8° [02. 3053

Multatuli [d. i. Eduard Douwes Dekker]. Die Abenteuer des kleinen Walther (De Geschiedenis van Woutertje Pieterse). Uebertragen aus d. Holl. von Wilhelm Spohr. Mit Vor- u. Nachwort d. Uebers. Titelzeichnung von Fidus. 2. Aufl. Billige Ausg. Bd 1. 2. *Minden: J. C. C. Bruns [1903].* 2 Bde 8° [F.] [04. 4[illegible]

Multatuli (d. i. Eduard Douwes Dekker). Auswahl aus seinen Werken in Übers. aus d. Holländ., eingeleitet durch e. Charakteristik seines Lebens, seiner Persönlichkeit und seines Schaffens. Von Wilhelm Spohr. Mit Bildnissen u. hs. Beilage. Titelzeichnung von Fidus. *Minden i. W.: J. C. C. Bruns 1899.* (VI, 383 S.) 8° [[illegible]

Multatuli [d. i. Eduard Douwes Dekker]. Auswahl aus seinen Werken in Übersetzung aus d. Holländ., eingeleitet durch e. Charakteristik seines Lebens, s. Persönlichkeit u. s. Schaffens von Wilhelm Spohr. Mit Bildn. u. hs. Beil. 2. Aufl. *Minden i. W.: J. C. C. Bruns 1902.* (VIII, 383 S.) 8° [03. 2625

Die Braut. Schauspiel in 5 Akten von Multatuli ⟨Eduard Douwes Dekker⟩. Für d. 'Bibl. d. Gesamt-Litt.' aus d. Holländ. übers. von Karl Mischke. Mit e. Einl. u. d. Bilde d. Dichters. *Halle a. d. S.: O. Hendel (1902).* (84 S.) 8° [F.]
(Bibliothek d. Gesamtlitteratur d. In- u. Auslandes. No 1517.) [02 5[illegible]

[Dekker, Eduard Douwes; Pseud.:] Multatuli: Frauenbrevier. Hrsg. v. Wilhelm Spohr. —[Frankfurt a. M.:] Rütten & Loening 1905. XV, 316 S. 8°

MULTATULI (d. i. der Holländer *Eduard Douwes Decker*), Frauenbrevier. Hrsg. von Wilh. Spohr. Mit Buchschmuck von Fidus. (1908?) (Br. Mk. 4—, eleg. Lwdbd. 5—, Luxus-Einbd. 6,50.) Zahm.

Multatuli [d. i. Ed. Douwes Dekker]. Fürstenschule. Schauspiel in 5 Aufz. übertr. aus d. Holländ. von Wilhelm Spohr. Mit e. Nachw. d. Uebers. Titelzeichn. von Fidus. *Minden i. W.: J. C. C. Bruns 1900.* (134 S.) 8° [01. 2364

Fürstenschule. Schauspiel in 5 Akten von Multatuli ⟨Eduard Douwes Dekker⟩ ... aus d. Holländ. übers. von Karl Mischke. Mit e. Vorbemerkung u. d. Bilde d. Dichters. *Halle a. S.: O. Hendel (1904).* (87 S.) 8° [F.]
(Bibliothek d. Gesamtlitteratur d. In- u. Auslandes. No 1525.) [04 12034

Multatuli [d. i. Eduard Douwes Dekker]. Fürstenschule [De Vorstenschool]. Schauspiel in 5 Aufz. Uebertr. aus d. Holl. von Wilhelm Spohr. Mit e. Nachwort d. Uebers. Titelzeichn. von Fidus. 2. Aufl. Volks-Ausg. *Minden: J. C. C. Bruns 1903.* (111 S.) 8° [F.] [04. 7202

Carl Hagemann. Worte Multatulis [d. i. Eduard Douwes Dekker]. Minden i. W.: J. C. C. Bruns (1906). (XI, 225 S.) 8°
= Breviere ausländischer Denker u. Dichter. Bd 4. [07. 5313

Max Havelaar oder die Kaffee-Versteigerungen d. Niederländ. Handels-Gesellschaft. Von Multatuli ⟨Eduard Douwes Dekker⟩. Aus d. Holländ. übers. von Dr. Karl Mischke. Mit e. Einl. d. Übers. u. d. Bilde d. Verf. *Halle a. d. S.: O. Hendel (1900).* (295 S.) 8° [F.]
= Bibliothok d. Gesamtlitteratur d. In- u. Auslandes. No 1396–99. [00. 9885

Multatuli [d. i. Ed. Douwes Dekker]. Max Havelaar. Übertr. aus d. Holländ. von Wilhelm Spohr. Titelzeichn. von Fidus. *Minden i. W.: J. C. C. Bruns 1900.* (VIII, 355 S.) 8° [00 35[illegible]

Multatuli [d. i. Ed. Douwes Dekker]. Max Havelaar. Übertr. aus d. Holländ. von Wilhelm Spohr. Titelzeichn. von Fidus. 2. Aufl. *Minden i. W.: J. C. C. Bruns 1901.* (VIII, 355 S.) 8° [02 3054

Multatuli [d. i. Eduard Douwes Dekker] Ideen [Ideeën], übertragen aus d. Holländischen von Wilhelm Spohr. *Berlin: E. Fleischel & Co. 1903.* (XIV, 278 S.) 8° [03. 15601

Ideen und Skizzen von Multatuli ⟨Eduard Douwes Dekker⟩. Für d. Bibliothek d. Gesamt-Lit. ausgewählt u. aus d. Holl. übers. von Karl Mischke. Mit e. Einl. u. d. Bilde d. Verf. *Halle a. d. S.: O. Hendel [1904].* (VIII, 170 S.) 8° [F.]
(Bibliothek d. Gesamtlitteratur d. In- u. Auslandes. No 1778–1780.) [[illegible]

Multatuli [d. i. Ed. Douwes Dekker]. Liebesbriefe. Übertr. aus d. Holländ. von Wilhelm Spohr. Titelzeichn. von Fidus. *Minden i. W.: J. C. C. Bruns 1900.* (VII, 191 S.) 8° [00. 3508

Multatuli [d. i. Eduard Douwes Dekker]. Liebesbriefe (Minnebrieven), übertr. aus d. Holländ. von Wilhelm Spohr. 2. Aufl. *Minden i. W.: J. C. C. Bruns 1902.* (191 S.) 8° [03. 2626

Multatuli [d. i. Ed. Douwes Dekker] Millionen-Studien. Übertr. aus d. Holländ. von Wilhelm Spohr. *Minden: J. C. C. Bruns 1900.* (X, 378 S.) 8° [01. 3310

Millionen-Studien [Millioenen-studien]. Von Multatuli ⟨Eduard Douwes Dekker⟩. Für d. 'Bibl. d. Gesamt-Litt.' aus d. Holländ. übertr. von Karl Mischke. Mit d. Bilde d. Dichters u. e. Einl., sowie 3 Abb. *Halle a. d. S.: O. Hendel (1902).* (274 S.) 8° [F.]
(Bibliothek d. Gesamtlitteratur d. In- u. Auslandes. No 1590–93.) [03. 556

Multatuli [d. i. Eduard Douwes Dekker]. Millionen-Studien. Übertr. aus d. Holländ. von Wilhelm Spohr. Titelzeichn. von Fidus. 2. Aufl. *Minden i. W.: J. C. C. Bruns 1903.* (X, 378 S.) 8° [04. 4831 B

Minnebriefe [Minnebrieven]. Von Multatuli ⟨Eduard Douwes Dekker⟩. Für d. 'Bibliothek d. Gesamt-Literatur' aus d. Holl. übers. von R. Ruben. Mit e. Einl. von Karl Mischke u. d. Bilde d. Dichters. *Halle a. S.: O. Hendel (1903).* (166 S.) 8° [F.]
(Bibliothek d. Gesamtlitteratur d. In- u. Auslandes. No 1653–1655, [1.]) [03. 10243

Multatuli-Briefe ([Eduard] Douwes **Dekker:** Brieven) hrsg. von Wilhelm Spohr. Mit 5 Bild., Titelzeichn. von Fidus. Bd 1. 2. Frankfurt a. M.: Rütten & Loening 1906. 2 Bde 8° [06. 64

Walther in der Lehre. Humorist. Roman von Multatuli ⟨Eduard Douwes **Dekker**⟩, ... aus d. Holländ. übers. von Karl Mischke. ⟨Forts. von 'Die Abenteuer d. kleinen Walther'.⟩ Mit d. Bilde d. Verf. u. e. Vorbemerkung. *Halle a. S.: O. Hendel (1901).* (288 S.) 8° [F.]
(Bibliothek d. Gesamtlitteratur d. In- u. Auslandes. No 1508–11.) [01. 12625

Zeige mir den Platz, wo du gesäet hast. Von Multatuli ⟨Eduard Douwes **Dekker**⟩. Für d. 'Bibliothek d. Gesamt-Literatur' aus d. Holl. übers. von R. Ruben. *Halle a. S.: O. Hendel (1903).* (S. 169–196.) 8° [F.]
(Bibliothek d. Gesamtlitteratur d. In- u. Auslandes. No 1055, [2.]) [03. 10244

**Dekker, Hermann** *Georg Johann* [app. Arzt aus Emden]: **Ueber Castration bei rudimentären Genitalien** ... Emden, **Druck v. A. Gerhard,** *1895;* 45 S., 1 Bl. 8.
Leipzig, Med. Fak., Inaug.-Diss. v. 7. Okt. 1895

**Dekker, Herm., Lebensrätsel. Der Mensch biologisch dargestellt. 2 Tle. (209 S. m. 35 Abbildgn. u. 231 S. m. 24 Abbildgn.) kl. 8. Stuttgart 906. E. H. Moritz.**
**à n. 2.—; in 1 Leinw.-Bd. n. 5.—**

**Dekker,** Herm., Lebensrätsel. Der Mensch, biologisch dargestellt. 2 Tle. 6—7. Tausd. (209 S. m. 35 Abbildgn. u. 231 S. m. 24 Abbildgn.) kl. 8. Stuttgart 910. E. H. Moritz. à 2.—; in 1 Leinw.-Bd. 5.—

**— Naturgeschichte des Kindes. 1.—10. Aufl. (Je 103 S. m. Abbildgn.) 8. Stuttgart (908—10). Franckh. 1.—; geb. 1. 80**

**Dekker, Herm.,** d. Schutz- u. Kampfmittel d. Organismus geg. d. Infektionskrankheiten, s.a. Sammlung gemeinverständl. wissenschaftl. Vorträge.

[F.] Die Schutz- und Kampfmittel des Organismus gegen die Infektionskrankheiten. Von Dr. med. Hermann **Dekker** in Leipzig-Gohlis. *Hamburg: Verlagsanst. & Dr. A.-G. 1898.* (34 S.) 8.
= Sammlung gemeinverständl. wiss. Vorträge. N. F. Ser. 13. H. 303. [98. 10943

**— Auf Vorposten im Lebenskampf. Biologie der Sinnesorgane. I. Fühlen u. Hören. 1.—3. Aufl. (92 S. m. 33 Abb. u. 2 Taf.) 8. Ebd. (910). 1.—; geb. 1. 80**

Dekker, J. P. C., d. Bild Gottes in d. Menschen, wie solches aus d. Vernunft u. Schrift erkannt wird. 8. 756. (Hann., Hahn). 2 gr.

Dekker, Johan. Ueber einige Bestandteile des Cacao und ihre Bestimmung. Diss. Phil. Bern. [Mit 1 Figur.] X + 83 S. 8. Amsterdam, J. H. de Bussy, (1902).

**DEKKER,** Joh. Pet. Chr., Schriftmäßige u. vernünftige Gedanken von dem Ehestande der Geistlichen u. desselben Ursprung unter den Protestanten. Helmstädt 1751. 8°. Selten!
Cat. Cammerer II. Erlang. 1796. 8°. p. 788.

**Dekker,** P., arithmetisches u. algebraisches Unterrichtsbuch, s.: Niemöller, A.

**Dekker,** Thom., the pleasant comedie of Old Fortunatus, s.a. Beiträge, Münchener, zur romanischen u. englischen Philologie. 21.

The pleasant comedie of Old Fortunatus by Thomas **Dekker.** Hrsg. nach d. Drucke von 1600 von Dr. Hans Scherer. *Erlangen & Leipzig: A. Deichert 1901.* (X, 151 S.) 8°
= Beiträge, Münchener, z. roman. u. engl. Philologie. H. 21. [01. 1994

**Dekker,** Thomas, the pleasant comedie of patient Grissil, s.: Chettle, Henry.

**Dekker,** Thomas, the shoemakers holiday. A comedy. Revised and edited with introduction and notes by Karl Warnke and Ludw. Proescholdt. gr. 8. (XIV, 89 S.) Halle 886, Niemeyer. *

**Dekker.** Thom., Satiro-Mastix or the untrussing of the humorous poet, s.a. Materialien zur Kunde des älteren englischen Dramas. XX.

Satiro-Mastix or the untrussing of the humorous poet. By Thomas **Dekker.** Hrsg. nach d. Drucken von 1602 von Dr. Hans Scherer. Louvain: A. Uystpruyst; Leipzig: O. Harrassowitz 1907. (XVI, 130 S.) 4° (8°)
= **Materialien** z. Kunde d. älteren Engl. Dramas. Bd. 20. [08. 3979 9

**Deklamation zur Trauerloge. o. O. u. J. 2 Bl. 8°. [Umschlagtit.]**
„Wenn dem sterblichen Menschen der Tod das Auge versiegelt" ... 21.

**Deklamationen,** die besten, u. komische Vorträge f. frohe Menschenkreise. Nebst Anleitg., wie man deklamiren u. vortragen muß, um zu gefallen u. zu unterhalten. 10. Aufl. gr. 8. (VIII, 171 S.) Leipzig 889. C. A. Koch. 1. 50

**Deklamationen und Gesänge zu des Königs Geburtstage.** Zur Feier dieses Tages für die Volksschule angeordnet von einem Lehrer. (Von F. C. Honcamp.) Lippstadt 858. Lange. (Staats.) 8. (31 S.) 3¾ ngr
Vgl.: Declamationen. **Vgl.: Fölmer, Terzett und Chor.**

**Deklamationen** an der Weihnachtskrippe, s.: Dramen u. Deklamationen f. katholische Jungfrauen-Vereine. 4. Hft.

**Deklamationen,** zwei, v. K. N. 8. (8 S.) Grüningen 898. J. Wirz. n. —20

**Deklamationsbuch,** das goldene, s.a. Fest- u. Gelegenheits-Gedichte. 12. Bdchn.

**Das goldene Deklamationsbuch.** [12. Bd. der Fest- und Gelegenheitsgedichte.] 8°. (110 S.) Linz a. D.: Verlagsbuchh. 1905

**Deklamationsbuch** f. Männer-, Burschen- u. Jünglings-Vereine, s.a. Fest- u. Gelegenheits-Gedichte.

(F) **Deklamationsbuch** für Männer-, Burschen- und Jünglingsvereine. 1. Teil. [19. Bd. der Fest- und Gelegenheitsgedichte.] 8°. (111 S.) Linz a. D.: Verlagsbuchh. 1908 K 1.20

**Deklamations-Büchlein,** lustiges, s.a. Bibliothek, kleine.

[F.] Lustiges Deklamations-Büchlein. Hrsg. v. e. Vereinspräses ... *Hamm i. W.: Breer & Thiemann [1898].* (2 Bl., 155, IV S.) 1 Bd 8.
= Bibliothek, Kleine. No 33. 34. [99. 1871

**Deklamations-Halle,** s.a. Declamations-Halle.

**Deklamations-Halle.** Orig.-Zwiegespräche v. C. A. Paul, Edm. Braune u. A. 22. u. 23. Heft. (Je 24 S.) kl. 8. Berlin (904). Kühling & Güttner. à n. —60
Erschien früher u. d. T.: Kühling's, A., Declamations-Halle.

**Deklamations-Quodlibet.** Komische Vorträge in Poesie und Prosa. Hrsg. von A. Hopf. 1—3., verm. Aufl. 16. (VI und 216 S.) Berlin 858—61, Lassar's Buchh.

Deklamator, s.a. Declamator.

**Deklamator,** der. Eine Sammlung komischer und ernster Vorträge zur Unterhaltung für Jung und Alt. 1—3. Heft. (à 48 S.) Berlin 860. Trowitzsch & Sohn. 12. Jedes Heft 2 ngr.

Der Deklamator. | Eine Auswahl | von | heitern und ernsten Gedichten und Aufsätzen | zu Vorträgen | in | geselligen Kreisen. | Stereotyp-Ausgabe. | Reutlingen. | Druck und Verlag von Enßlin u. Laiblin. (= *Reutlinger Volksbücher, 61.*). o. J., 95 S., 123 × 90.
LBS d. D. oct K 3239.
Die zweite Auflage (ebenda 3238) ist gedruckt von Egmont Fehleisen in Reutlingen. – Vgl. hier Nr. 634: *Der lustige Deklamator.*

Deklamator, der. Eine Auswahl von heitern und ernsten Gedichten und Aufsätzen zu Vorträgen in gesell. Kreisen. 2.—5. Aufl. 32. (160 S.) Reutlingen 868—74, Enßlin und Laiblin. 2.—4. Aufl. à 5. Aufl.
Vgl.: Declamator.

Deklamator, der. Eine Auswahl von heitern und ernsten Gedichten und Aufsätzen zu Vorträgen in gesell. Kreisen. Neue Aufl. 16. (96 S.) Reutlingen 876, Enßlin und Laiblin's Verlagsh.

Deklamator, der. Eine Auswahl v. heitern u. ernsten Gedichten u. Aufsätzen zu Vorträgen in gesell. Kreisen. 8. (96 S. m. Abbildgn.) Neu-Weißensee (902). E. Bartels. 1.—

Deklamator, der. Eine Auswahl v. heitern u. ernsten Gedichten u. Aufsätzen zu Vorträgen in gesell. Kreisen. (31 S.) kl. 8. Neuweißensee (905). E. Bartels. — 75

Deklamator, der. Eine Auswahl der schönsten humorist. Vorträge. 16. (24 S.) Berlin 891. Gebr. Radetzki. — 10

— der. Ernste u. heitere Deklamationen f. Damen u. Herren. 8. (76 S.) Hainichen 893. G. E. Hoffmann. — 25

Deklamator, der. E. Auswahl d. erprobtesten u. gedieg. Vorträge in Poesie u. Prosa. 8. (48 S.) Berlin 896. A. Weichert. — 25

Der ernste und heitere Deklamator. Eine Auswahl von ernsten u. heiteren Gedichten u. Aufsätzen zu Vorträgen in geselligen Kreisen. *Neu-Weißensee bei Berlin: E. Bartels [1902].* (95 S.) 8° [F.]
[Umschlagt.:] Ernstes & Heiteres ...

Deklamator, der geschickte, eine Auswahl der besten Deklamationsstücke aus den neuern und neuesten Dichtern: Heine, Herwegh, Rückert u. A. von M. L. Schreiber. 2. Aufl. 16. (62 S.) Cöln 855, Lengfeld. Thlr. *

— der humoristische, *s.a.* Fest- u. Gelegenheits-Gedichte.

Der humoristische Deklamator. [10. Bd. der Fest- und Gelegenheits-Gedichte.] 8°. (110 S.) K 1.20
Linz-Urfahr: Verl. d. kath. Pressevereins 1903.

*(U.-Titel:)* Illustrierter Deklamator. | Eine Sammlung | der schönsten Vorträge | für | heitere Kreise. | (Fig.: *Leierkastenmann*, 60 × 30) | Reutlingen. | Druck und Verlag von Enßlin und Laiblin. (= *Neue Volksbücher*, x).
o. J. (1883), 16 S., 164 × 110, 6 Fig. im Text.
LBS d. D. oct K 3243.

Deklamator, der kleine. Sammlung humorist. Vorträge, Soloscenen und Couplets. 7. veränd. Aufl. 8. (80 S. mit eingedr. Illustr.) Chemnitz 881, Hager.

— u. Komiker. Auserwählte Sammlg. humorist. Vorträge, Soloscenen u. Couplets. 1.—4. Bd. 12. (à 176 S. m. Illustr.) Ebd. 875. 877. 880 u. 883. à n. 1. —

— und Komiker. Auserwählte Sammlung humorist. Vorträge, Soloscenen und Couplets. Mit vielen (eingedr. Holzschn.-) Orig.-Illustr. 6. veränd. Aufl. (174 S.) 1880; 7. veränd. Aufl. 8. (176 S.) Ebendas. 881.
— dass. — Ausg. B. 12. (176 S. mit vielen eingedr. Holzschn.-Orig.-Illustr.) Ebendas. 881.

— u. Komiker. Auserw. Sammlg. humorist. Vorträge, Soloscenen u. Couplets. M. Noten u. viel. Orig.-Ill. 8. Bd. 12. (176 S.) Chemnitz 895. E. A. Hager. 1. —

— — dasselbe m. Musikbegleitung. 5. Bd. 12. (176 S. m. Illustr.) Ebd. 886. n. 1. —

— — dasselbe. 6. Bd. Auch u. d. T.: Der Komiker aus dem Orpheum. Mit Noten f. 1 u. mehrere Singstimmen. 12. (176 S. m. Illustr.) Ebd. 889 n. 1. —

— — dasselbe m. Musikbegleitung. 7. Bd. 12. (176 S. m. Illustr.) Ebd. 891. n. 1. —

Deklamator, der lustige, od. gebieg. Auswahl d. heitersten u. fröhlichsten deutschen Gedichte. Ein Hülfsb. zur Aufheiterung gesell. Kreise u. angenehmes Weihnachts- u. Neujahrsgeschenk f. gute Kinder. 8. (8 B.) Nordhausen 836, Müller.

Deklamator, der lustige. Neue Auswahl komischer Dichtungen zum Vortragen in fröhlichen Kreisen. Bern 858. Heuberger. 8. (IV, 96 S.) 9 ngr

Deklamator, der lustige. Auswahl kom. Dichtgn. zum Vortragen in fröhl. Kreisen. 6. Bdchn. 8. (IV, 124 S.) Bern 884. Heuberger. — 90

Deklamator, der lustige. Auswahl kom. Dichtungen zum Vortragen in fröhl. Kreisen. 6. Bdchn. 8. (IV, 124 S.) Bern 885, Heuberger.

— der lustige. Eine Sammlung komischer Vorträge in Versen und Prosa. Mit Original-Beiträgen von C. A. Görner. I. 2. Aufl. — II. III. Altona 863. Verlagsbureau. 16. (96; 96; 96 S.) Jedes Heft 7½ ngr

— der lustige. Eine Sammlung komischer Vorträge in Versen u. Prosa. Mit Orig.-Beiträgen von C. A. Görner. 4—6. Bdchn. Altona 865, 67. Verlagsbureau. 16. (à 92 S.) Jedes Bdchn. 7½ ngr

— 1. Bdchn. 3. Aufl. Ebend. 867. 16. (95 S.) 7½ ngr

— der lustige. Eine Sammlung der schönsten Vorträge in Poesie und Prosa. Neue Aufl. 16. (96 S.) Ebendas. 876.

— der lustige. Eine reichhalt. Auswahl der schönsten humorist. deklamator. Vorträge. Hrsg. v. Fritz Didelbum. 12. (47 S.) Berlin 891. Gebr. Radetzki. — 25

— der lustige. Heitere Deklamationen v. erprobter Wirkg. 16. (48 S.) Styrum 891. A. Spaarmann. — 20

— der lustige, *s.a.* Fest- u. Gelegenheits-Gedichte.

(F) Der lustige Deklamator. [11. Bd der Fest- und Gelegenheitsgedichte.] 8°. (109 S.) Linz-Urfahr: Verlag des katholischen Pressevereins. 1904

Deklamator, der lustige in frohen Gesellschaften. Eine Sammlung heiterer u. komischer Vorträge, Tischreden, Toasten rc. in Versen u. Prosa. 8. (142 S.) geh. 40 kr. Wien: Fritz 1882

— der lustige, in frohen Gesellschaften. Eine Sammlg. heiterer u. kom. Vorträge, Tischreden, Toaste u. s. w. in Versen u. Prosa. Neue Folge. 12. (136 S.) Wien 894. (Leipzig, Literar. Anstalt A. Schulze.) n. — 80
Die 1. Folge ist z. Z. vergriffen.

— der lustige, im fröhl. Zirkel. Enth. 53 scherzhafte Gedichte zum Declamiren. 3., verm. u. verb. Aufl. 12. (5 B.) Nordhausen 838, Fürst.

—— der neue, eine Samml. auserwählter Gedichte d. vorzüglichsten Dichter. Für d. Jugend zusammengest. v. C. u. E. W. M. 6 Abbild. 16. (12 B.) Neuhaldensleben 838, Eyraud.

— der, aus Sachsen od.: der Komiker in der Tinte. Interessante, pikante u. amüsante Couplets, Soloscenen, Gedichte u. s. w. 12. (76 S. m. Illustr.) Chemnitz 891. C. A. Hager. n. — 50

—— der schwäbische. Eine Auswahl von Gedichten und Aufsätzen in schwäb. Mundart. 16. (32 S.) Ebendas. 876.

**Deklamator** (Der sozialdemokratische). Sammlung von ernsten und heiteren Gedichten. 8⁰. Hottingen-Zürich, Volksbuchhdlg., 1887.

—— der, für christliche Vereine. Eine Sammlung ernster und heiterer Gedichte, geeignet zum Vortrag bei festl. Gelegenheiten. Hrsg. vom Vorstande des östl. Jünglingsbundes. 16. (VI, 170 S.) Berlin 887, Buchh. der Berliner Stadtmission. *
—— dass. — 2. Bdchn. 16. (VIII, 188 S.) Ebendas. 887. *

**Deklamator, der,** f. christl. Vereine. 1. Bdchn. 2. Aufl. 12. (VI, 172 S.) Berl. 890, Buchh. d. Berl. Stadtmission. * 1 —; geb. * 1 60
2. Bdchn. Ebd. 1887. * 1 —; geb. * 1 60.

Der **Deklamator** für Vereins- und Familienfeste. Eine Sammlung ernster u. heiterer Gedichte. 3. Aufl. Bdch. 1. Berlin: Berliner Stadtmission (1903). 8° [F.]
[1. Aufl. u. d. T.: Der Deklamator f. christl. Vereine.] 07. 11348

— der, f. Vereins- u. Familienfeste. Eine Sammlg. ernster u. heiterer Gedichte. 1. Bdchn. 8. Aufl. (VIII, 176 S.) gr. 16. Berlin (903). Vaterländ. Verlags- u. Kunstanstalt. Geb. in Leinw. n. 1. 50

**Deklamatorium** für Ernst und Scherz. 1.—6. Heft. 8. Bern, Jenni. *

Inhalt:

Bdchn. 1. Der astronomische Schuster. Soloscene mit Gesang, nach Nestroy's Lumpaci-Vagabundus bearb. von Rob. Jäger und G. Schätzler. (12 S.) 885. *40 Pf.
" 2. Von Plumperwitz! Soloscene mit Gesang nach bekannten Melodien von Gebh. Schätzler. (10 S.) 885. * 40 Pf.
" 3. Die Gschicht von Wilhälm Täll [wie se ne Bärner Schulmeister sine Buebe erzellt het] und Geßler's Tod [Basler Dialekt]. (12 S. mit 2 Bildern.) 887. 30 Pf.
" 4. Der lustige Schneidergesell. Soloscene mit Gesang. Ein gebildeter Hausknecht. Kom. Scene, arrangirt von R. Jäger. (14 S.) 887. * 40 Pf.
" 5. Ein rauhes Herz. — Das Strandgut. — Der Krämer. (16 S.) 887. * 40 Pf.
" 6. Der Pechvogel! Kom. Soloscene für 1 Herrn von Gebh. Schätzler-Perasini. (8 S.) 888. * 35 Pf.

**Deklamatorium** f. Erwachsene f. die Festtage in der Familie, s.: Haus-Bibliothek, praktische, des schweiz. Familien-Wochenblattes.

**Deklamatorium**, komisches. Eine Auswahl der besten und wirkungsvollsten humorist. Vorträge in Poesie und Prosa für Herren und Damen. 8. (93 S.) Köln 882, Püttmann. *

**Deklamatorium**, Leipziger. Sammlung ausgewählter, effektreicher Vorträge. Hrsg. von Heinr. Pfeil. 2 Bde. 3. verm. Aufl. gr. 16. (à II, 84 S.) Leipzig 872, Pfeil. à Bd.

Inhalt:

Bd. 1. Ernste Deklamationen.
2. Heitere Deklamationen.

**Deklamatorium**, Leipziger. Hrsg. von H. Pfeil. 2 Bde. Leipzig 872. Dresden, Radelli. à Bd. 50 Pf.

—— neues. Sammlung ernster und heiterer, meist zum ersten Mal gedruckt erschein. Vorträge mit Angabe, für welches Geschlecht und Alter jeder derselben sich am füglichsten eignet. 16. (VIII, 240 S.) Leipzig 869, Matthes.

**Deklamatorium**, neues Wiener. Solo-Scherze, Couplets, Deklamationen. 2 Thle. 8. Wien, Rosner. [1. Thl. (IV, 139 S.) 875. *M 2.; 2. Thl. (VII, 95 S. mit Carl Treumann's phototyp. Portr.) 878. *M 1,60.]

**Deklamatorium**, Schweizerisches. 13 Lfgn. 8. Steckborn, G. Ott. à Lfg. —. 45
mit Beigabe der Portr. der Generale Herzog und Dufour 1873? à —. 60

Schweizerisches **Deklamatorium**, Sammlg. v. Deklamationen z. Vortr., 2. verb. Aufl., Grenchen 1890, 240 u. 24 S., 8⁰.

**Deklamatorium, schweizerisches.** Sammlung der neuesten u. beliebtesten, ernsten u. humorist. Deklamationen zum Vortragen in gesell. Kreisen. 4., verb. Aufl. 8. (240 S.) Grenchen (Ct. Solothurn) 897. A. Niederhäuser. 1. 25

Schweizerisches **Deklamatorium.** Sammlung d. neuesten u. beliebtesten, ernsten u. humorist. Deklamationen z. Vortragen in geselligen Kreisen. 6., verb. Aufl. Grenchen: A. Niederhäuser 1903. (262 S.) 8° [F.] 08. 9438

— Wiener. (Ein lustig's Buch.) Soloscherze, Couplets, Deklamationen. 2., durchgeseh. Aufl. (IV, 147 S.) 8. Wien (909). Th. Daberkow. 1.80; kart. 2. 40

**Deklamir,** s.a. Declamir.

**Deklamir-Buch**, neues, f. d. Jugend. (1. Thl. od.) 1. u. 2. Abschn., f. Kinder v. 5—10 Jahren. 1. u. 2. Aufl. (à 12 B.) 8. Eisenberg 831, 34, Schöne. à Aufl.

**Deklamir-Buch**, neues, f. d. Jugend. 2. Thl. (od.) 3. Abschn., f. Kinder v. 10—14 Jahren. — A. u. d. T.: Neue Samml. v. Gedichten zur Uebung im Deklam. f. d. mittl. u. höh. Klassen d. gelehrten Schulen. 8. (13 B.) Eisenberg 832, Schöne. Thlr.

**Deklamir-Buch**, neues, f. d. Jugend. 2 Thle. 3. Aufl. 8. Eisenberg 841, Schöne.
Thl. 1. od. 1. u. 2. Abschn., für Kinder v. 5—10 Jahren. (12 B.) 8 Gr.
" 2. od. 3. " für Kinder v. 10—14 Jahren. (13 B.) 12 Gr.

**Deklamir-Buch**, neues, f. die Jugend. 2. Thl. 3. Abschn. f. Kinder v. 10 bis 14 Jahren. 4. (Titel-)Aufl. 8. (X u. 189 S.) Eisenberg (841) 851, Schöne. 12 ngr (1 u. 2: 22 ngr)

**Deklaration** der alten Mutter-Loge zu den drei Welt-Kugeln in Berlin an alle mit ihr verbundene Hoch- und Ehrw. Frey-Maurer-Logen, in- und ausserhalb Deutschland. [Dat.:] Berlin den 11. Nov. 1783. 1 Bl. 2⁰ [Kopftit.]
Abgedr. in: Schröder, F. L.: Materialien z. Gesch. d. Frmrey seit d. Wiederherst. d. gr. L. in London. 4 (o. J.) S. 267—271. cf. Ebendas. S. 16, 272—274.
Selbständigkeitserklärung der Loge. Kl. 2927 erwähnt auch ein Schreiben vom 16. Aug. 193.

**Deklaration** des Publikandi vom sechsten July 1799, wegen der vorläufigen Einrichtung der von Seiner Königlichen Majestät unter dem Nahmen einer Königlichen Bau-Akademie zu Berlin gestifteten allgemeinen Bau-Unterrichts-Anstalt. Berlin 1803. (Dat. 12. Febr.)

**Deklaration u. Reklamation** in Einkommensteuersachen. Ein Leitfaden zur Anfertigg. richt. Deklarationen u. wirksamer Reklamationen. Mit e. Hülfstafel zur Berechng. des Steuerbetrages f. Einkommen bis zu 100000 Mark. Zusammengestellt u. m. Beispielen versehen v. e. Vorsitzenden der Einschätzungskommission. 4.—6. Aufl. Berichtigt nach dem Einkommensteuer-Gesetze vom 24. VII. 1900. 8. (à 52 S.) Dresden (901). C. Heinrich. n. — 50
1.—3. Aufl. (à 48 S.) Ebd. 899. 900. n. — 50.

**Deklaration u. Reklamation** in Einkommensteuer- u. Ergänzungssteuersachen. Ein Leitfaden zur Anfertigg. richt. Deklarationen u. wirksamer Reklamationen. Mit 3 Hilfstafeln zur Berechng. der Steuerbeträge. Zusammengestellt u. m. Beispielen versehen v. e. Vorsitzenden der Einschätzungskommission. 8. Aufl. Berichtigt nach dem neuesten Stande der Steuergesetzgebg. (65 S.) 8. Dresden (905). C. Heinrich. n. — 50
7. Aufl. (66 S.) 903. n. — 50.

**Deklarationen** zum Gesetz wegen der Kriegsleistungen und deren Vergütung vom 11. Mai 1851 und zur Instruktion zur Ausführung dieses Gesetzes. gr. 8. (11 S.) Berlin 867, v. Decker'sche geheime Ober-Hofbuchdruckerei.

**Deklination,** magnetische, (Missweisnng) f. 1913,0. 56×38,5 cm. Farbdr. Hamburg 910. L. Friederichsen & Co. 1.50
Sonderabdruck aus „Segelhdb. f. d. Atlant. Ozean, 3. Afl."

Deklinationsbeobachtungen

— Meteorologische Station, Meteorologische und magnetische Deklinations-Beobachtungen zu Klagenfurt und Uebersichten der Witterung von Kärnten (der Meteorol. Jahre) 1876—88. [Klagenfurt.]

Dekor, der. Zierungen fürs Kunstgewerbe. Ser. I (48 T) i. Mappe fol Wien 1905

Dekoration, s. a. Decoration

Dekoration innerer Räume. 25 Taf. in Farbendr. Fol. (1 Bl. Text.) Berlin 883, Ernst und Korn. In Mappe *
Aus: Architektonisches Skizzenbuch, besonders abgedruckt.

**Dekorationen** f. Innen- u. Aussen-Architektur. 34 farb. Taf. f. Dekorationsmaler u. Architekten. Entworfen unter Leitg. v. Rud. Rochga. Hrsg. v. Hugo Matthäs. 37×27 cm. Stuttgart (907). J. F. Steinkopf. In Leinw.-Mappe 9. —

**Dekorationen** auf den beyden Königl. Theatern in Berlin unter der General-Intendantur des Grafen v. Brühl. 1s Heft. Imp. Folio. Berlin, Wittig 820.

**Dekorationsmaler, der.** Wöchentlich erscheinende Fachzeitschrift für Maler und verwandte Gewerbe. Textbeilage zur „Mappe". Hrsgbr. und Redact.: Friedr. Nauert. [I.] Jahrg. 1888. 52 Nrn. (à Nr. 2 Bog.) Fol. München, Callwey. *

Dekorationsmaler, der. Gratisbeilage zur „Mappe". Hrsgbr. u. Redact.: Friedr. Nauert. Juli 1889—Juni 1893. à Jahrg. 52 Nrn. (à Nr. 2 Bog.) Fol. Münch., Callwey. à Jahrg. * 6 —

**Dekorationsmaler,** der. Illustrierte Fachzeitschrift f. dekorative Malerei. 1. Jahrg. Septbr. 1905—Aug. 1906. 12 Hfte. (48 S. m. 40 farb. Taf.) 4. München, S. Kleinbardt. 16. —

**Dekorationsmaler,** der. Allgemeine Rundschau f. das gesamte Maler-Gewerbe. 2.—6. Jahrg. Oktbr. 1906 — Septbr. 1911. à 12 Text- u. 12 Taf.-Hefte. (à ca. 8 S. m. 4 farb. Taf.) 32×25 cm. München. E. S. Kleinbardt. à Jhrg. 16.—; ohne Taf. 12. —

— der praktische. Neue farb. Entwürfe im modernen Stil. II. Serie. 28 Taf. Orig.-Entwürfe. 51×38,5 cm. Wien 906. F. Wolfrum & Co. In Mappe n. 36. —
Serie I, s.: Sedina, Adf.

— der praktische. Neue farb. Entwürfe im modernen Stil. II. Serie. 26 Taf. Orig.-Entwürfe. 2. verb. Aufl. 51×38,5 cm. Wien (907). F. Wolfrum & Co. In Mappe 36. —

— dasselbe. II. Serie. Nachtrag zur 1. Aufl. 8 Taf. Orig.-Entw. 51×38,5 cm. Ebd. (907). In Mappe 12. 50

**Dekorations-Motive,** s.a. Maler-Zeitung.

Dekorationsmotive, einfache. Zusammengestellt nach alten Vorbildern. Gezeichnet von Schülern der Kais. Kgl. Fachschule fur Holzindustrie in Villach. fol Villach 1887

Dekorationsmotive für Maler, Stukkateure, Ornamentisten etc. Mit Beiträgen von O Jummel, A Ortwein u A. 1. Serie. (36 T) 4° Leipzig 1874

**Dekorations-Motive der Malerzeitung Leipzig,** s.a. **Maler-Zeitung.**

**Dekorations-Motive der Maler-Zeitung. V. Serie.** [I. Sem. 1892.] Fol. (13 z. Thl. farb. Taf. m. 5 Bog. Details.) Leipzig 892. Jüstel & Göttel. In Mappe. n. 6. —

**Dekowski,** Casimir *Georg Felix* [aus d. Prov. Westpreussen]: Über Aortenaneurysmen ... Greifswald, Druck v. J. Abel, 1894; 35 S. 8.
Greifswald. Med. Fak., Inaug.-Diss. v. 5. März 1894

**Dekowski,** St(anislaus), prakt. Arzt aus Danzig: **Beitrag zur Kenntnis des sogenannten Frühjahrskatarrhs der Conjunctiva, besonders der atypischen Formen.** *Rostock 1901: Adler's Erben.* (42 S.) 8°
Rostock, Med. Diss. v. [25. Aug.] 1901

Dekret s.a. Decret.

**Dekret üb. Besoldung vollziehender und gerichtl. Beamten. v. 23. Winterm. 1874. 4 Stn. 8.**

Dekret üb. die Besoldung, Verpflegung u. Bekleidung der Militärdienstpflichtigen. 8 Stn. 8.

**Dekret,** üb. den Buchhandel u. Buchdruckerei, aus d. Franz. 4. Hamb. Perthes u. Besser. 811.

Dekret betr. die Erneuerung der Konzession der Jurabahnen. 3 Stn. 8.

1. Dekret betreffend den Ausbau und die Subventionirung der Eisenbahn Bern-Luzern. 2. Subventionirung der Eisenbahn durch das Broyethal.

Dekret über die Feststellung des Repräsentationsverhältnisses der kantonalen Wahlkreise. (Entwurf.) 3 Stn. 4.

— üb. d. Feudalwesen. gr. 8. Ebend. 812.

**Kaiserl. Französisches Dekret vom 3. November 1809.**
*Die Organisation von Wohlthätigkeits-Anstalten im Großherzogthum Berg betreffend.*

Kaiserl. Franz. Dekret. vom 11. Dezbr. 1811, die Verwaltung der, den öffentlichen Anstalten im Großherzogthum Berg gehörigen Güter betreffend. **1811**

— **kaiserliches,** v. 18. Juni 1811. Eine Verordnung f. d. Justiz-Verwaltung in peinlichen, Besserungs-Polizei- u. einfachen Polizeisachen, nebst dem allgemeinen Kostentarif enthaltend. Aus d. Bulletin des Lois übers. v. A. H. v. Post. gr. 8. Bremen, Heyse. 812.

— **kaiserliches,** vom 9. Decbr. 1811 betreff. die Aufhebung d. Lehnwesens, die Abkäuflichkeit d. Meyerrechts, u. mehrerer dahin einschlagenden Gegenstände. Aus d. Bulletin des Lois übers. von A. H. v. Post. 8. Ebend. 812.

**Dekret,** das, üb. die öftere u. tägliche Kommunion u. die Stimme der kathol. Bischöfe. Mit e. Einleitg. v. Bernh. Marx, S. J. (79 S.) gr. 8. Saarlouis 909. F. Stein Nachf. — 70

**Dekret** der hl. Konzilskongregation üb. die erforderlichen Bedingungen f. den Empfang der häufig. u. tägl. Kommunion v. 20. XII. 1905. (12 S.) 16. Rom (906). Salzburg, St. Petrus Claver-Sodalität. p — 10

— der hl. Konzilskongregation üb. den häufigen u. täglichen Empfang der hl. Kommunion v. 20. XII. 1905. Mit e. kurzgefaßten Erläuterg. des Dekretes v. Pet. Plum, C. SS. R. (23 S.) 12,8×8 cm. Saarlouis 909. F. Stein Nachf. p — 06

*Dekret*, churpfälz., betreff. die *Sonntags-feier*. Mannheim 1770. Fol. Cart. Einblattdruck.
Es heisst in diesem Originalerlass: „Dem Juden-Volk ist nicht nur der Enthalt von dem Betrieb allen Handels und Wandels auf diese Täge eingeschärft; sondern auch keinem das Herumstreichen auf offenen Strassen vor Ende des Nachmittags-Gottesdienstes erlaubt" etc.

Dekret über die Organisation der kantonalen Irrenanstalten Waldau, Münsingen und Bellelay. Entwurf des Regierungsrates (des Kantons Bern) vom 19. Mai 1900. ([Und:] Abänderungsanträge [vom] 23. Februar 1901.) 9 S. 4.

Dekret des Kaisers Don Pedro, durch welches in dem Brasilianischen Staate die Brandmarkung der Verbrecher abgeschafft worden ist. *Rio de Janeiro.* 1826

Das vatikanische Dekret über das unfehlbare Lehramt des römischen Papstes. Von einem Pfarrer des Dekanates Mayen. Mayen, Taxer, 1870. 4°, 10 S.
Bekämpft in populärer Form in Weise eines öffentlichen Prozeßverfahrens die Opponenten.

Dekrete (2 diverse) der Fürsten etc. des Schwäbischen Kreises *wider die Ausfuhr* von Mahl-Früchten, Schmaltz, Butter-Rincken u. Käss. Ulm 1709. Einblattdr. Fol. Cart.
Selten! Es kommen u. a. „frevelhafte Frucht-, Korn- u. Pferd-Juden", u. sog. „Stecken-Reuter" vor.

Dela, Max, Reisende Musikerinnen. Tagebuchblätter. 8. (VIII, 141 S.) Wien: Hartleben 1893

Delaage, H., die unsichtbare Welt oder die Geheimnisse des Magnetismus entschleiert durch den Somnambulismus. Mit einer Einleitung von Lacordaire. Nach der 4. Aufl. des französ. Originals verdeutscht von Heinr. Gauß. Weimar 860. Voigt. 8. (VIII, 147 S.) 15 ngr.

Delabacz, Gottfried Johann. Allgemeines historisches Künstler-Lexikon für Böhmen und zum Theil auch für Mähren und Schlesien Prag 1815. 4°.

Delabar, Gangolf

Delabar, G., Anleitung zum Linearzeichnen, mit besond. Berücksichtigung des gewerbl. und techn. Zeichnens, als Lehrmittel für Lehrer und Schüler an den verschied. gewerbl. und techn. Lehranstalten, sowie zum Selbststudium. (In 3 Thln.) 1. Thl. und 2. Thl. 1. und 2. Abthl. qu. gr. 8. Freiburg im Br. 866,67, Herder'sche Verlagsh. cart.
Inhalt:
Thl. 1. Das geometrische Linearzeichnen. (59 S. mit 111 Fig. auf 16 lithogr. Zeichnungstaf.) cart. 18 Ngr.
" 2. Abthl. 1. Die Elemente der darstellenden Geometrie. (76 S. mit 86 Fig. auf 16 lithogr. Zeichnungstaf.) cart. 18 Ngr.
" 2. " 2. Die weitere Ausführung der rechtwinkligen Projektionsart. (112 S. mit 125 Fig. auf 28 lithogr. Zeichnungstaf.) cart. 28 Ngr.

Delabar, G., Anleitung zum Linearzeichnen, mit besond. Berücksicht. des gewerbl. und techn. Zeichnens, als Lehrmittel für Lehrer und Schüler an den verschiedenen gewerbl. und techn. Lehranstalten, sowie zum Selbststudium. 3 Thle. in 12 Heften. 1.—4., 6. und 10. Heft. qu. gr. 8. Freiburg i. Br., Herder'sche Verlagsh. geb. *
Inhalt:
Heft 1. Thl. 1. Das geometrische Linearzeichnen. 2. verm. und verb. Aufl. (76 S. mit 143 Fig. auf 20 lithogr. Zeichnungstaf.) 873. geb. *M 2,40.
" 2. " 2. Das projektive Zeichnen oder die darstellende Geometrie. 1. Abthl.: Die Elemente der darstellenden Geometrie. (76 S. mit 86 Fig. auf 16 lithogr. Zeichnungstaf.) 867. geb. *M 1,80.
" 3. " 2. —— dass. — 2. Abthl.: Die weitere Ausführung der rechtwinkligen Projektionsart. (112 S. mit 125 Fig. auf 28 lithogr. Zeichnungstaf.) 867. geb. *M 2,80.
Heft 4. Thl. 2. Das projektive Zeichnen oder die darstellende Geometrie. 3. Abthl.: Die Polar- und Parallelperspektive. (177 S. mit 225 Fig. auf 32 lithogr. Zeichnungstaf. und 25 dem Text beigedr. Holzschn.) 870. geb. *M 4.
" 6. " 3. Das gewerbliche und technische Zeichnen. 1. Abthl.: Die Säulenordnungen und das Wichtigste über Bauentwürfe und Bauausführung. (98 S. mit 79 Fig. auf 28 lithogr. Taf. und 5 Holzschn.) 871. geb. *M 2,80.
" 10. " 3. —— dass. — 5. Abthl.: Die wichtigsten Maschinenelemente. (228 S. mit 290 Fig. auf 28 Stnt.) 872. *M 5,40.

Delabar, G., Anleitung zum Linearzeichnen, mit besond. Berücksicht. des gewerbl. und techn. Zeichnens, als Lehrmittel für Lehrer und Schüler an den verschiedenen gewerbl. und techn. Lehranstalten, sowie zum Selbststudium. 1.—3., 5. und 7. Heft. qu. gr. 8. Freiburg i. Br., Herder'sche Verlagsh. *
Inhalt:
Heft 1. Thl. 1. Das geometrische Linearzeichnen. Mit 143 Fig. auf 20 lithogr. Zeichnungstaf. 3. durchgeseh. Aufl. (76 S.) 877. cart. *M 2,40.
" 2. " 2. Das projektive Zeichnen oder die darstellende Geometrie. 1. Abthl.: Die Elemente der darstellenden Geometrie. 2. verm. und verb. Aufl. (90 S. mit 100 Fig. auf 20 lithogr. Zeichnungstaf.) 877. cart. *M 2,20.
" 3. " 2. —— dass. — 2. Abthl.: Die weitere Ausführung der rechtwinkligen Projektionsart, nebst einem Anhang über die projektiv. Verwandtschaften der neueren Geometrie und insbesondere über die centrische Collineation und Affinität. 2. verm. und verb. Aufl. (222 S. mit 183 Fig. auf 40 lithogr. Zeichnungstaf.) 879. cart. *M 5.
" 5. " 2. —— dass. — 4. Abthl.: Die Lehre von der Beleuchtung und Schattirung, mit einem Anhang: Das Wichtigste aus der Farbenlehre. (VI, 132 S. mit 130 Fig. auf 34 lithogr. Farbentaf. und 2 eingedr. Holzschn.) 876. cart. *M 8.
" 7. " 3. Das gewerbliche und technische Zeichnen. 2. Abthl.: Die wichtigsten einfachen und zusammengesetzten Steinkonstruktionen. (108 S. mit 28 zum Theil farb. Stnt.) 879. cart. *M 4,80.
4., 6. und 10. Heft. Ebendas. 1871,72. *M 12,20.
8. und 9. Heft sind noch nicht erschienen.

Delabar, G., Anleitung zum Linear-Zeichnen, mit besond. Berücksicht. des gewerbl. und techn. Zeichnens, als Lehrmittel für Lehrer und Schüler an den verschiedenen gewerbl. und techn. Lehranstalten, sowie zum Selbststudium. (In 3 Thln.) 3. Thl.: Das gewerbl. und techn. Zeichnen. 3. und 4. Abthl. qu. gr. 8. Freiburg i. Br., Herder'sche Verlagsh. cart. *
Inhalt:
Abthl. 3. Die wichtigsten Holzkonstruktionen mit den Zimmerer-, Schreiner- und Glaserarbeiten. [Des ganzen Werkes 8. Heft.] Mit 270 Fig. auf 44 lithogr. Zeichnungstaf., nebst 25 Fig. auf 6 dem Text beigedr. Blättern. (V, 88 S.) 881. cart. *M 5,40.
" 4. Die wichtigsten Eisenkonstruktionen mit den Schmiede- und Schlosserarbeiten. [Des ganzen Werkes 9. Heft.] Mit 300 Fig. auf 48 lithogr. (zum Theil farb.) Zeichnungstaf., nebst 14 Fig. (Holzschn.) im Texte. (V, 156 S.) 883. cart. *M 6.
Die Farbenlehre. Mit 25 Fig. auf 2 lithogr. Farbentaf., und 2 Holzschn. (27 S. Text) 888. *M 2.40.
" 6. Die Säulenordnungen und das Wichtigste über Bauentwürfe ꝛc. Neuer revid. Abdr. von Text und Taf. (VI, 88 S. mit 79 Fig. auf 28 lithogr. Taf. und 5 Holzschn.) 888. *M 2.80.
2., 3. und 7.—10. Heft. Ebendas. 1872—83. *M 28.80.

Delabar, G., Anleitung zum Linearzeichnen, m. besond. Berücksicht. d. gewerbl. u. techn. Zeichnens, als Lehrmittel f. Lehrer u. Schüler an den verschiedenen gewerbl. u. techn. Lehranstalten, sowie zum Selbststudium. [In 10 Hftn.] 1.—6., 10. Hft. qu gr. 8. Freiburg i/Br., Herder. cart. n. 29. —
1. Das geometrische Zeichnen. Mit 143 Fig. auf 20 lith. Zeichnungstaf. 4., durchgeseh. Aufl. (VII, 61 S.) 888. n. 2.
2. Die Elemente der darstellenden Geometrie. 3., durchgeseh. Aufl. (VII, 79 S. m. 20 lith. Taf.) 889. n. 2. 20
3. Die weitere Ausführung der rechtwinkligen Projektionsart, nebst e. Anh. üb. die projektiv. Verwandtschaften der neueren Geometrie u. insbesondere üb. die centr. Collineation u. Affinität. Mit 183 Fig. auf 40 lith. Zeichnungstaf. 2., verm. Aufl. Neuer. revid. Abdr. der Tafeln. (222 S.) 890. n. 5. —
4. Die Polar u. Parallelperspektive. Mit 225 Fig. auf 32 lith. Zeichnungstaf. u. 25 Holzschn. Neuer, rev. Abdr. v. Text u. Tafeln. (VI, 167 S.) 888. n. 4. —
5. Die Lehre von der Beleuchtung u. Schattirung. Mit 130 Fig. auf 31 lith. Taf. u. 2 Holzschn. Neuer, rev. Abdr. der Tafeln. (132 S.) 888. n. 8. —
Hieraus einzeln:
Die Farbenlehre. Mit 25 Fig. auf 2 lith. Farbentaf. u. 2 Holzschn. (27 S.) 888. n. 2. 40
6. Die Säulenordnungen u. das Wichtigste üb. Bauentwürfe ꝛc. Mit 79 Fig. auf 28 lith. Taf. u. 5 Holzschn. Neuer, rev. Abdr. v. Text u. Tafeln. (VI, 88 S.) 888. n. 2. 80
10. Die wichtigsten Maschinenelemente. Neuer, rev. Abdr. (VII, 208 S. m. 28 Taf.) 889. n. 5. —

Delabar, G., Anleitung zum Linearzeichnen, m. besond. Berücksicht. des gewerblichen u. technischen Zeichnens, als Lehrmittel f. Lehrer u. Schüler an den verschiedenen gewerbl. u. techn. Lehranstalten, sowie z. Selbststudium. 1., 2., 4.—6. Hft qu. 8. Freiburg i/B., Herder Kart. n. 19. —
1. Das geometrische Linearzeichnen. Mit 143 Fig. auf 20 lith. Zeichnungstaf. 6., durchgesehene Aufl. (VII, 62 S.) 894. n. 2. —
2. Die Elemente der darstellenden Geometrie. 8., durchgeseh. Aufl. Neuer, rev. Abdr. der Tafeln. (VII, 79 S. m. 100 Fig. auf 20 lith. Taf.) 894. n. 2. 20
4. [illegible] Parallelperspektive. Mit 225 Fig. auf 32 lith. [illegible] 2. Aufl. (167 S.) 893. n. 4. —
5. [illegible] v. der Beleucht. u. Schattirg. Mit e. Anh.: Das [illegible] Farbenlehre. Mit 130 Fig. auf 31 lith. [illegible] Neuer rev. Abdr. v. Text u. Tafeln. (VI, [illegible] n. 8. —
6. [illegible] u. das Wichtigste üb. Bauentwürfe ꝛc. [illegible] auf 28 lith. Taf. u. 5 Holzschn.

Delabar, G., Anleitg. z. Linearzeichnen, m. bes. Berücksicht. d. gewerbl. u. techn. Zeichnens, als Lehrmittel f. Lehrer u. Schüler a. d. verschied. gewerbl. u. techn. Lehranst., sow. z. Selbststud. 8. Hft. qu. 8. Freiburg i./B. 896. Herder. Kart n. 6. —
D. wichtigsten Holzkonstruktionen m. d. Zimmerer-, Schreiner- u. Glaserarbeiten. M. 270 Fig. auf 44 lith. Zeichnungstaf. u. 24 Fig. auf 6 d. Text beigedr. Blättern. Neuer, rev. Abdr. d. Tafeln. (V. 88 S.)

Delabar, G., Anleitung zum Linearzeichnen, m. besond. Berücksicht. des gewerbl. u. techn. Zeichnens, als Lehrmittel f. Lehrer u. Schüler an den verschiedenen gewerbl. u. techn. Lehranstalten, sowie zum Selbststudium. 6. u. 7. Hft. qu. gr. 8. Freiburg i/B., Herder. Kart. n. 7.80
6. Die Säulenordnungen u. das Wichtigste üb. Bauentwürfe u. Bauausführung. Mit 79 Fig. auf 28 lith. Taf. u. 5 Holzschn. 3. verb. Aufl. (VII, 88 S.) 900. n. 3. —
7. Die wichtigsten Steinkonstruktionen, als Lehrmittel f. Lehrer u. Schüler an Real-, Industrie-, Gewerbe-. Bau-, Handwerker- u. Fortbildungsschulen u. anderen gewerbl. u. techn. Lehranstalten, sowie zum Selbststudium. Neue rev. Ausg. 12 Fig.-Holzschn. 220 Fig. auf 28 lith. Zeichnungstaf. (108 S.) 899. n. 4. 80

Delabar, G., Anleitung zum Linearzeichnen, m. besond. Berücksicht. des gewerbl. u. techn. Zeichnens, als Lehrmittel f. Lehrer u. Schüler an den verschiedenen gewerbl. u. techn. Lehranstalten, sowie zum Selbststudium. 1. 2. 4. 5. u. 9. Hft. qu. 16. Freiburg i/B, Herder. Geb. in Leinw. u. kart. n. 23. 90
1. Das geometrische Linearzeichnen als Lehrmittel f. Lehrer u. Schüler an Real-, höh. Bürger-, Industrie-, Gewerbe-, Bau-, Handwerker- u. Fortbildungsschulen u. anderen gewerbl. u. techn. Lehranstalten sowie zum Selbststudium. Mit 143 Fig. auf 20 lith. Zeichnungstaf. 6., verb. Aufl. (VII, 63 S.) qu. 8. 904. Geb. n. 2.20
2. Die Elemente der darstellenden Geometrie als Lehrmittel f. Lehrer u. Schüler an Real-, höh. Bürger-, Industrie-, Gewerbe-, Bau-, Handwerker- u. Fortbildungsschulen u. anderen gewerbl. u. techn. Lehranstalten sowie zum Selbststudium. Mit 100 Fig. auf 20 lith. Taf. 4., verb. Aufl. (VIII, 80 S.) qu. gr. 8. 903. Kart. n. 2.40
4. Die Polar- u. Parallelperspektive als Lehrmittel f. Lehrer u. Schüler an Oberrealschulen, Industrie- u. Gewerbeschulen u. andern mittleren u. höh. gewerbl. u. techn. Lehranstalten sowie zum Selbststudium. Mit 225 Fig. auf 32 lithogr. Zeichnungstaf. u. 25 Holzschn. 3., verb. Aufl. (VII, 161 S.) qu. 16. 905. Geb. n. 4.80
5. Die Lehre v. der Beleuchtung u. Schattierung als Lehrmittel f. Lehrer u. Schüler an Oberrealschulen, Industrie- u. Gewerbeschulen u. andern mittleren u. höh. gewerbl. u. techn. Lehranstalten sowie zum Selbststudium. Mit e. Anh.: Das Wichtigste aus der Farbenlehre. Mit 130 Fig. auf 34 lith. Taf. u. 2 Holzschn. 2. Aufl. Neuer rev. Abdr. der Taf. (VI, 125 S.) qu. 16. 905. Geb. n. 8.—
9. Die wichtigsten Eisenkonstruktionen m. den Schmiede- u. Schlosserarbeiten als Lehrmittel f. Lehrer u. Schüler an Real-, höheren Bürger-, Industrie-, Gewerbe-, Bau-, Handwerker- u. Fortbildungsschulen u. andern gewerbl. u. techn. Lehranstalten sowie zum Selbststudium. Mit 300 Fig. auf 48 lith. Zeichnungstaf., nebst 14 Fig. im Text. Neuer, durchgeseh. Abdr. der Tafeln. (V, 156 S.) qu. gr. 8. 903. Kart n. 6.50

—— allgemeiner Bericht über die Pariser Weltausstellung von 1867. Mit Berücksichtigung der schweizer. und insbesondere der St. Gall. Betheiligung. gr. 8. (VI, 303 S. mit 1 Plan vom Marsfeld in Paris in Holzschn.) St. Gallen 869, Huber und Comp. *

Delabar, G., Bericht über die Weltindustrieausstellung zu London im J. 1851, erstattet im Auftrage der Industriekommission in der Hauptversammlung der St. gallisch-appenzell. gemeinnützigen Gesellschaft zu Wattwil, den 23. Oktbr. 1851. 8. (III und 182 S.) St. Gallen 852, Huber und Comp.

Delabar. G. Beschreibung des Zeppinger'schen Wasserrades. 1867.

Delabar, G., Die Dampfmaschinen u. ihre Concurrenten auf der internat. Londoner Ind.-Ausst. 1862. 8°. (Aus Dingler's Journal Bd. 171 abgedruckt.)

Delabar, G., Darstellung der Fortbildungsschule f. Lehrlinge in St. Gallen, während ihres 14jähr. Bestehens seit 1860—1874. gr. 8. (49 S. m. 2 Tab. in qu. Fol.) St. Gallen 874. Scheitlin & Zollikofer. 1. 20

Delabar. G. Darstellung der Industrieschule in St. Gallen. St. Gallen 1844.

Delabar. G. Neueste Fortschritte der Dampf-, Gas- und Heissluftmaschinen. 1869.

Delabar. G. Ueber die Gasmaschinen. 1868

Delabar. G. Die Laubereau-Schwartzkopfsche Heissluftmaschine. 1864.

Delabar G, Linearzeichnen. Heft 3: Die weitere Ausführung der rechtwinkligen Projektionsart. 2. Auflage. qu 8° Freiburg i. B. 1879

Delabar G, Linearzeichnen. Heft 4: Die Polar- u Parallel-Perspektive. Freiburg 1388

—— Maschinenwesen und Transportmittel, s. Wiener Weltausstellung.

Delabar. G. Mittheilungen über Dampf-, Gas- u. Heissluftmaschinen. 1867.

Delabar G, Mitteilungen über die neuesten Fortschritte bezüglich der Dampf-, Gas- und Heissluftmaschinen. Augsburg 1869

Delabar, G., der Foucault'sche Pendelversuch als direkter Beweis von der Achsendrehung der Erde. Eine Abhandlung, die in der allgemeinen Versammlung der schweiz. naturforsch. Gesellschaft zu St. Gallen am 24. Juli 1854 vorgetragen wurde. Mit 4 (lith.) Taf. (in Fol.). St. Gallen 854. Scheitlin u. Zollikofer. 8. (48 S.) n. 20 ngr.

—— der Foucault'sche Pendelversuch als direkter Beweis von der Achsendrehung der Erde. gr. 8. (48 S. mit 4 Stnt. in qu. Fol.) St. Gallen 855, Scheitlin und Zollikofer. *

Delabar, G., Die Polar- und Parallel-Perspective, als Lehrmittel für Lehrer und Schüler an Oberrealschulen, Industrie- und Gewerbeschulen rc. Mit 225 Figuren auf 32 lithographirten Zeichnungs-Tafeln und 25 Holzschnitten. Neuer revidirter Abdruck von Text und Tafeln. 4. Heft. Anleitung zum Linearzeichnen, mit besonderer Berücksichtigung des gewerblichen und technischen Zeichnens. Qu. 8. (167 S.) Cart. 2.40
Wien: Herder 1890.

*Delabar, G.*, Die verschiedenen geometrischen Projektionsarten im allgemeinen und die axonometrischen und parallel-perspektivischen im besondern. St. Gallen 1860. **Progr.**

Delabar. : Industrie-Schule St. Gallen.
s. Institute, polytechnische.

Delabar. G[angolf]. Skizze über die Leistungen des verstorbenen Herrn Professor [Peter] Scheitlin im Gewerbverein zu St. Gallen. Vorgetragen ... den 19. September 1848. 8. St. Gallen 1849.

Delabar G, das gewerbliche Unterrichtswesen in Württemberg und die letzte Landes-Zeichenausstellung. St. Gallen 1881

Delabar. G. Der Wasserdruck-Motor von Ramsbottom & Cie. 1866?

— das Wichtigste aus der Farbenlehre, als Lehrmittel f. Lehrer u. Schüler an Oberrealschulen, Industrie- u. Gewerbeschulen rc., sowie zum Selbststudium. Mit 25 Fig. auf 2 lith. Farbentaf. u. 2 (eingedr.) Holzschn. [Aus d. Verf. „Anleitung zum Linearzeichnen" 5. Hft.] qu. gr. 8. (27 S.) Freiburg i. B. 875. Herder. n. 2. 40

—— das Wichtigste aus der Farbenlehre, als Lehrmittel für Lehrer und Schüler an Oberrealschulen, Industrie- und Gewerbeschulen rc. sowie zum Selbststudium. [Aus des Verf. „Anleitung zum Linearzeichnen" 5. Heft.] qu. gr. 8. (27 S. mit 25 Fig. auf 2 lithogr. Farbentaf. und 2 eingedr. Holzschn.) Ebendas. 876. cart. *

Delabar, Herm. Jos., Ausflüge in die Marianische Alpenwelt. (292 S. m. Abbildgn. u. farb. Titelbild.) 8. Linz 909. Preßverein. 2.20; geb. 2.70

Das heilige Haus zu Loreto und die deutsche Kapelle. Von Herm. Jos. Delabar. (Vorr.: Fr. Franz Vogel.) *Münster i. W.: Alphonsus-Buchh.* *(1901).* (126 S.) 8° [F.] [01. 11847

Delabarre, Adolphe [Francois Antoine] (Paris)
Guide du practicien dans l'administration des vapeurs d'éther pour obtenir l'insensibilité pendant les opérations chirurgicales.
Paris 1847. 36 S.
Dr. med. Giessen 21.7.1847. vorh. Bibl.Nat.Paris.

Delabarre, C. F., Traite de la partie mecanique de l'art du chirurgien-dentiste. Avec 41 planches. 2 Vol. in 8. Paris. 820.

**Delabarre,** Edmund Burke [aus Massachusetts]: Über Bewegungsempfindungen ... Freiburg i. B., Buchdr. H. Epstein, 1891; VI, 111 S., 5 Tab., 1 Taf. 8.
Freiburg i. B., Phil. Fak., Inaug.-Diss. v. 1891

Delabarre, Edm. Burke. Über Bewegungsempfindungen. Diss. gr. 8. (VI, 111 S. m. 5 Tab. u. 1 Taf.) Freib. i. Br. 891. (Lpz., Fock.) * 3 —

**Delabarre d. j., (M.) A.,** über die Guttapercha und ihre Verwendung zu künstlichen Zähnen an Stelle der Metallplatten und Knochenunterlagen. Für Zahnärzte und gebildete Laien deutsch bearb. von C. W. L. Schmedicke. gr. 8. (II und 33 S.) Berlin 852. [Leipzig,] Förstner'sche Buchh.

—— über die Zufälle beim Zahnen junger Kinder und die Mittel, sie zu heben. Für Zahnärzte, Aerzte und gebildete Laien deutsch bearb. von C. W. L. Schmedicke. gr. 8. (XII und 80 S. mit 1 Stnt.) Berlin 852. [Leipzig,] Förstner'sche Buchh.

de la Barre Duparcq, s. La Barre Duparcq.

De la Beche, siehe: Beche.

Delabere-Blaine, s.a. Blaine.

**Delabere-Blain,** Handbuch über d. Krankheiten d. Hunde, z. Gebr. f. Aerzte, Jäger u. Hundeliebhaber überhaupt. A. d. Engl. v. B. Delaquette. A. d. Franz. v. Pet. Eckert. M. 2 lith. Taf. gr. 12. (17 B.) Freiburg 834, Herder.

**Delaborde, Henri, Delaroche-Album, s. Delaroche-Album.**

Delachaux, Louis

Delachaux, L., der klimatische Luftkurort Interlaken im Berner Oberland. Seine hygien. Vorzüge und seine Annehmlichkeiten. 8. (44 S. mit 1 lithogr. und color. Karte.) Interlaken 885. (Bern, Jenni.) *

Delachaux, L[ouis]. The climatic position of Interlaken in the Bernese Oberland, its sanitary advantages and enjoyments. ([Translated] from the French [by] Dr Clarke.) [With 1 map.] 8. Interlaken 1881.

Delachaux, L[ouis]. Station climatérique Interlaken, Oberland Bernois. Ses avantages hygiéniques et ses agréments. [Avec 1 carte.] 8. Interlaken 1880.

Delaclos, C., les liaisons dangéreuses, s. Bibliothèque classique intéressante.

**Delacour et Moreau, la femme qui trompe son mari, s. Répertoire du théâtre français.**

Delacour, Prinz Methusalem, s. Theater, neues Wiener.

**Delacour, la moglie compromessa, s. Emporeo drammatico.**

**Delacour** u. L. **Thiboust,** Paris bei Nacht, s.: Repertoir, neuestes, d. deutschen Theaters. 1852, Nr. 1.

**Delacour, Strafe muß sein, s.: Labiche.**

Delacour, vier Uhr Morgens, s. Universal-Bibliothek.

– und L. Thiboust:

—— —— ein edles Weib, s. Bühnen-Repertoir.

—— und Labiche, wen liebt Moritz?, s. Both's, L. W., Bühnen-Repertoir des Auslandes.

Delacour, A. u. A. Hennequin. Die Rosa-Dominos, s. Universal-Bibliothek Nr. 2658.

Delacour, Alfred-Charlemagne: Ein Ehemann vor der Tür, s. Offenbach, Jacques.

**Delacroix,** s.a. **Lacroix.**

**Delacroix,** Handbuch f. d. an Hämorrhoiden Leidenden, od. Betrachtn. u. prakt. Beobachtn. üb. d. Natur, d. Ursachen, d. Zeichen u. d. Behandl. aller Zufälle, denen sie ausgesetzt sind 2c. N. d. 8. verm. Origausg. a. d. Franz. bearb. 1. u. 2. Aufl. 8. (à 8¾ B.) Kassel 838, 39, Fischer. Thlr.

—— dass. — N. d. 8., verm. Origausg. a. d. Franz. bearb. (Neue Ausg.) 8. (8¾ B.) Quedlinburg 841, Ernst'sche Buchh.

**Delacroix,** Handbuch für die an Hämorrhoiden Leidenden zur richtigen Behandlung u. möglichen Heilung aller Hämorrhoidal-Zufälle 2c. Nach der 8. Orig.-Ausg. aus dem Französ. bearb. (Neue Ausg.) Quedlinburg (852). Ernst. 8. (3 Bl., 114 S.) 10 ngl

— d'un Vétéran des armées autrichiennes (par A. H. Traunpaur). III Vols. 8. Wien 784.

**Delacroix',** E., Biographie, s.: Rosenberg, A.

Delacroix, Eugène [Pseud.], s.a. Audouin, Maxime [wirkl. Name]

**Delacroix, Eug., Mein Tagebuch,** s.a. **Bibliothek ausgewählter Kunstschriftsteller, 2. Bd.**

Eugène **Delacroix.** Mein Tagebuch [Journal]. (Deutsche Bearb. von Erich Hancke.) *Berlin: B. Cassirer 1903.* (264 S.) 8°
= Bibliothek ausgewählter Kunstschriftsteller. Bd 2. [03. 13893

Eugène **Delacroix.** Mein Tagebuch [Journal]. (Deutsche Bearb. von Erich Hancke.) 2. Aufl. Berlin: B. Cassirer 1909. VIII, 287 S. 8° [10. 7410

**Delacroix, J. F.,** über d. Erkennung d. Temperaments, od. getreue Schilderung d. sanguin., nervösen, galligen u. schleimigen Zustandes, als d. Urstoffe aller Krankheiten. N. d. 13. Aufl. a. d. Franz. bearb. u. mit Anmerkn. begl. v. e. Arzte. Eine Schrift f. Nichtärzte. gr. 12. (9½ B.) Leipzig 830, Köhler.

Delacroix, Jacques Vincent, s. Lacroix.

**Delacroix, W., geistig arbeiten m. Erfolg! Eine Anleitg. zu hygien. u. fruchtbring. geist. Arbeit sowie neue Vorteile u. Kunstgriffe zu ihrer Erleichterg.** (III, 108 S.) 8. Leipzig (910). Modern-medizin. Verl. 2. ——

Delafaye, George

s.: La Faye, Georges de

**Delafaye,** geb. **Brehier, Julie,** die kleinen Bearner, 4 Thle., s.a. **Bearner.**

Julie **Delafaye,** geb. **Brehier:** die kleinen Bearner, od. moral. Vorless. f. d. Jugend; a. d. Franz. *Stuttg.*, Cotta. B. 827-28. 4 Thle. 8° 1 ß 4 gl

**Delafaye-Brehier, Julie,** die Kinder d. Vorsehung, od. Schicksale u. Abentheuer dreier jungen Waisen. Ein Kinder-Roman. N. d. Franz. v. Ferd. Frhrn. v. Biedenfeld. M. 6 Bild. 12. (22 B.) Weimar 837, Voigt.

**Delafaye-Brehier, Julie, die jungen Mädchen, od. die Welt u. die Einsamkeit. Aus d. Franz. übersetzt durch Aline Birkdorn. 1r u. 2r Bd. à 3 Hfte. 8. Ulm 835, 36. Nübling. (Leipzig, Steinacker.)** 1⅓ ß

— d. kleine Reisende nach Griechenland oder Briefe des jungen Evarist u. seiner Familie. Aus d. Franz. v. H. G. Zehner. 3 Thle. mit 3 ill. Kupf. 16. Hanau 827, Edler.

Delafond, (Henri Mamert) O(nésius): Das Blut, physiologisch und pathologisch betrachtet, mit besonderer Rücksicht auf den Aderlaß in den Krankheiten der Hausthiere. (Traité sur la maladie de sang des bêtes... Dt.) Nach dem Französischen von C.J.Fuchs bearb.und mit Zusätzen versehen. 88 S., gbd.

Karlsruhe: Braun 1844

JB 5.929

Delafond, O., das Blut, physiologisch betrachtet, s.a. Fuchs.

—— die Blutkrankheit d. Schafe u. die derselben ähnlichen Krankheiten, als: die Karbunkelkrankheit, die Vergiftungskrankheiten von scharfen u. giftigen Pflanzen, u. die enzootische Blutkrankheit in der Sologne, vergleichend beschrieben. Aus d. Franz. bearb. v. E. H. Hertwig. gr. 8. (9½ B.) Berlin 844, A. Hirschwald, Berl. —

Delafond, O., Handbuch der Veterinär-Sanitätspolizei, zum Gebrauch für Medicinal-, Sanitäts- u. Polizeibeamte, Aerzte u. Thierärzte. Aus d. Franz. übersetzt von Wilh. Dittweiler. Nebst e. Anhange über die im Großherzogthum Baden bestehl. veterinärsanitätspolizeil. Verordnungen. Mit 1 B. Tabellen. gr. 8. Karlsruhe 839. Groos. 2 fl

Delafons, (J. P.,) Beschreib. e. neu erfundenen Instruments zum Ausziehen d. Zähne, so wie e. Methode, künstl. Zähne zu befestigen. Aus d. Engl. v. F. A. Wiese. Mit 3 Kupft. gr. 8. Leipzig 827, Baumgärtner.

—— der franz. Robinson, od. d. kleine Schiffbrüchige. A. d. Franz. 2 Thle. (A. d. „neuen Kinder-Bibliothek" abgedr.) 16. (16 B. u. 2 Kpfr.) Darmstadt 828, Leske. 10 Gr., mit ill. Kpfrn.

Delage, Y., s. Aubert, H., physiologische Studien über die Orientirung.

Delagrise, J. H. C., Propyläen zu den vier Büchern Elegieen des A. Tibullus. 8. (VIII, 101 S.) Helmstedt 872, (Beyer.) *

Delaharpe s. La Harpe de.

Delahaye, Ant., Darstellung derjenigen Ursachen, die bisher in der Stadt Trier und deren nahen Umgebung der Entwickelung einer schwunghaften Gewerbethätigkeit hindernd im Wege standen, etc. als Beantwortung der von dem Gewerberathe deßhalb gestellten Fragen. gr. 12. (24 S.) Trier 856, Gall's Vrlgsh.

Delahaye, A., neuester Führer durch das alte u. neue Trier u. dessen Umgebung. 16. (58 S.) Trier 874. Troschel. n. — 75; m. lith. Plan n. 1. —

—— Guide du touriste à Trèves. Description de cette ville et de ses monuments antiques et modernes, precedée d'un précis de l'histoire de cette ancienne métropole depuis les temps les plus reculés jusqu'à nos jours. 12. (IV und 75 S.) Trier 856(57,) Gall's Vrlgsh. *

Delahaye, A., Guide du touriste à Trèves. Description de cette ville et de ses monuments antiques et modernes, précédée d'un précis de l'histoire de cette ancienne Métropole depuis les temps les plus reculés jusqu'à nos jours. 8. Édit. 12. (IV und 76 S.) Trier 859, Gall's Verlag. *

Delahaye, A., La Moselle pittoresque. Vade-mecum dédié aux touristes. Avec une carte du cours de la Moselle (lithogr. in Fol.) 16. (V und 112 S.) Trier 863, Troschel. cart. * mit 12 Stahlst. geb. *

—— Promenade dans Trèves de l'antiquité, dans Trèves moderne et les alentours de la ville. Nouveau guide dédié aux touristes. gr. 16. (62 S.) Trier 873, Troschel. cart. *

Delaheye, J. v., gegenwärt. Zustand d. Gesetzgebung üb. d. militär. Conscription im Königreich Westphalen. 2 Bde. 8. Marb. Krieger. 812,

Delahon, C. J. (Resp.): De hecticorum deliriis malo omine oriundis, s. Buechner, Andr. El. (Praes.)

Delaloye, Léonce. Beitrag zur Gastroenterostomie. Diss. Med. Bern. [Sep.-Abdr. aus: Deutsche Zeitschrift für Chirurgie. Band 83, Heft 5/6.] *Kopftitel:* Aus der chirurgischen Abteilung des Kantons-Krankenhauses St. Gallen, Chef-Arzt Dr. G[ottlieb] Feurer. 26 S. 8. Leipzig, August Pries, 1906.

Delamarche, A., Elemente der unterseeischen Telegraphie. Nach dem Französ. frei bearb. und nach eigener Erfahrung mit Anmerkungen versehen von C. Viechelmann. Mit einem Anhang: Die Kabellegungen im Mittelmeere. gr. 8. (VIII und 108 S. mit 1 Stnt. in qu. Fol. und 8 in den Text gedr. Holzschn.) Berlin 859, Springer's Verlag. *

Delamarre, Iul., s.: Inscriptiones graecae.

Delamarre, Casim., ein Volk von 15 Millionen Seelen, welches von der Geschichte vergessen worden ist. Eine Petition an den französ. Senat. Aus dem Französ. in's Deutsche übers. mit einem Anh. und Bemerkungen von Charlier v. Steinbach. 8. (32 S.) Berlin 869, Behr's Buchh. *

Delambre, über die Arithmetik d. Griechen. A. d. Franz. übers. mit einigen Verbesserungen u. e. Tabelle versehen von J. J. J. Hoffmann. 4. Mainz, Kupferberg. 817.

Delambre, Practischer Beitrag zu topographischen Vermessungen. Nürnberg 1810. 8.

Delamétherie, J. A., Analyse des travaux sur les sciences naturelles pendant les années 1795, 96 et 97 etc. 4. Paris (Levrault, Strasb.) 798.

Delametherie, J. C. Theorie der Erde. Aus dem Franz. übersetzt v. Ch. G. Eschenbach. Nebst einem Anhang von D. J. R. Forster. 3 Vol. Leipzig. 1797 und 1798. 8.

Delamorre v. Morre, de la.

Delamotte, A., dialogues français-allemands à l'usage des deux nations. — Französisch-deutsche Gespräche und Redensarten zum Gebrauch für beide Nationen. gr. 16. (160 S.) Aachen 848. [Leipzig,] Wengler.

Deland, Margar., Alt-Chester Geschichten. Mit Erlaubnis der Verfasserin aus dem Engl. übers. v. Luise Öhler. (381 S. m. 8 Vollbildern.) 8. Stuttgart 910. D. Gundert. Geb. in Leinw. 4. 50

Deland, Margaret, Sidney, s.: Library, the English. s.: Dealand, Margarete.

—— John Ward, preacher, s. Collection of British authors.

Delandes und Dauranlin, das gelobte Land, s. Roth's, F. W., Bühnen-Repertoir.

Delaney, John W., cand. med.: Aneurysma aortae ascendens. München 1904: Kastner & Callwey. (24 S.) 8°
München, Med. Fak., Ref. v. Bauer, Diss. v. 15. Dez. 1904
[Geb. 8. Mai 76 Holyoke (Mass.); Wohnort: Holyoke; Staatsangeh.: Ver. Staaten; Vorbildung: Gymn. Holyoke Reife Juni 97; Studium: New York 4, Leipzig 2, München 5 S.; Rig. 30. Nov. 04.]

Delanghe, M., die 4 Jahreszeiten f. die französische Konversationsstunde, s.: Durand, L.

Delanghe, M., Konversationsunterricht i. Französ., s.: Durand, L.

— deutsche Sprachlehre, } s.: Koch, F.
— französ. Sprachlehre, }

— Übungen f. die franz. Konversationsstunde, s.: Durand, L.

— Une vue de Paris. Leçon de conversation française d'après le tableau de Hölzel. (Konversationsunterr. i. Französ. v. L. Durand u. M. Delanghe, 4. Bd.) gr. 8. (VI, 64 S. m. 2 [1 farb.] Bild.) Giessen 897. E. Roth. n. — 80; geb. n.n. 1. —

Delanghe, M., une vue de Paris, Fortsetzg., s.: Konversationsunterricht im Französischen.

Delannoy, Burford, 19,000 Pfund Sterling, s.: Sammlung in- u. ausländ. Sensations-, Criminal- u. Detectiv-Romane.

Delanoue, Cordellier, Joseph Haydn, s. v. Reichstadt, des Herzogs, einzige Liebe.

Delany, Patrick. Geschichtliche Darstellung des Lebens und der Regierung Davids, des Königs von Israel. A. d. Engl. von Chr. E. von Windheim. 3 Bd. 8. Hannover 1748–49.

§ * DELANY, D. Patrick, Gedancken von der Vielweiberey. Aus d. Engl. übers. v. M. C. E. K. Danzig, zu finden bey Joh. Heinr. Rüdiger, 1742. 8°. (In Berlin 2 Expl.: Da 9290, Da 9291 mit 6 Beibdn.) (Auch in Amsterdam, Bibl. Gerritsen.) (10 Kr.: Halm & Goldmann, 1907.)

Tit. (roth u. schwarz gedr.), 2 Bll. Vorr. d. Uebersetzers, 5 Bll. Vorr. d. Verf. u. 120 SS.

Das englische Original erschien unter dem Pseud. Phileleutherus Dubliniensis, zuerst 1737 m. d. Tit.: „Reflections upon Polygamy, and the encouragement given to it that practice in the Scriptures of Old Testament", vermehrt 1739. (Nach dieser, ebenfalls in der Bibl. Gerritsen befindl. 2. Ausg. ist die vorstehende Uebers. verfertigt.)

— Reden üb. wicht. Pflichten etc. a. d. Engl. 8. Lpz. Fritsch. 747.

Delany, D. Patrik, hist. Unters. d. Leb. u. Regier. Davids. a. d. Engl. v. C. E. v. Windheim. 5 Thle. 8. Hannov. Helwing. 748. 49.

— Unters. d. Offenb. etc. 2 Thle. 8. Lemgo, Meyer. 738. (1r 20 gr. 2r 12 gr.)

Delaporte, Reisen e. Franzos. od. Beschr. d. vornehmsten Reiche der Welt. a. d. Fr. 36 Thle. 8. Leipz. Breitkopf. 768—92.

Delaporte, A., Nachfolge des heiligen Vincenz von Paul. Seine Grundsätze und seine Beispiele. Mit Genehmigung des Verf. aus dem Französ. übers. von Jos. Schröteler. Cöln 861. Bachem. 12. (XVI, 320 S.) 18 ngr.

Delaporte, V.

— Hektor v. Loc'h Maria, s.: Schul- u. Vereinsbühne.

Delaporte, V., S. J., durch die Jahrhunderte. Geschichten u. Gestalten. Aus den Erzählgn. u. Legenden ausgewählt u. der fromm-frei-fröhl. Jugend gewidmet v. Bern. Arens, S. J. 8. (VIII, 208 S.) Stuttgart 902. [J. Roth.] München, Allg. Verlags-Gesellschaft. n. 2. —; geb. n. 2. 50

(B) Delaporte, V., durch d. Jahrhunderte. 902. (KBL 31.) Jetzt: Mergentheim, C. Ohlinger.

Delaporte, V., Nächstenliebe des Knaben Vincenz v. Paul, s.: Jox, A.

Delaquette, V., s. Delabare-Blaine, Handbuch üb. d. Krankheiten d. Hunde.

**Delaquis**, Ernst, aus Alexandrien (Ägypten): Zur **Lehre vom untauglichen Versuch**. *Berlin 1904: G. Reimer*. (XXI, 63 S.) 8° ¶ (Erschien vollst. 1904 u. d. T.: 'Der untaugliche Versuch. Ein Beitrag zur Reform d. Strafgesetzgebung' als: Abhandl. d. kriminalist. Sem. an d. Univ. Berlin, N. F. Bd 3.) Berlin, Jur. Diss. v. 9. Juni 1904

Materialien zur Lehre von der Rehabilitation. Im Auftr. d. Internat. Kriminalist. Vereinigung gesammelt u. hrsg. von Dr. jur. Ernst **Delaquis**, Berlin, u. Dr. jur. Janko Polec, Laibach. Berlin: J. Guttentag 1905. (XLVIII, 498 S.) 8°
(Congrès de Hambourg. Travaux préparatoires. Vorarbeiten.)
= **Mitteilungen** d. Internationalen kriminalist. Vereinigung. Bd 12, Beil. 3. [05. 10825 4

Materialien zur Lehre von der Rehabilitation. Im Auftr. d. Internat. Kriminalist. Vereinigung gesammelt u. hrsg. von Dr. jur. Ernst **Delaquis** in Berlin. Berlin: J. Guttentag 1906. (79 S.) 8°
[Nebent.:] La réhabilitation des condamnés et des faillis. Législations. Littérature. Matériaux publ. par E. Delaquis. [07. 6947

Delaquis, Ernst (Hrsg.), s. Mitteilungen der inter. krimin. Vereinigung. Bd. 12.

Die Rehabilitation im Strafrecht. Von Dr. jur. Ernst **Delaquis**, Berlin. Berlin: J. Guttentag 1907. (VIII, 279 S.) 8° [08. 63

Die Rehabilitation Verurteilter. Von Dr. jur. Ernst **Delaquis**. Berlin: J. Guttentag 1906. (74 S.) 8° [06. 10548

— Strafgesetzbuch f. das Deutsche Reich, s.: Rüdorff, Hans.

— der untaugliche Versuch, *s.a.* Abhandlungen des kriminalistischen Seminars an der Universität Berlin, III.

Der untaugliche Versuch. Ein Beitrag z. Reform d. Strafgesetzgebung. Von Ernst **Delaquis**. *Berlin: J. Guttentag 1904*. (XXXI, 344 S.) 8°
= **Abhandlungen** d. kriminalistischen Seminars an d. Univ. Berlin. N. F. Bd 3. [04. 2073 3

— Der Wahrheitsbeweis bei Beleidigungen, s.a. Festgabe der Berliner juristischen Fakultät f. Otto Gierke.

**Delaquis**, Ernst: Der Wahrheitsbeweis bei Beleidigungen. Breslau 1910.

— s.: Zeitschrift f. die gesamte Strafrechtswissenschaft.

Delaroche, F.

[Analyse des fonctions du système nerveux. Deutsch:] Zergliederung der Verrichtungen des Nervensystems als Einleitung zu einer praktischen Untersuchung d. Nervenkrankheiten von de la Roche [F. Delaroche]. Übers. von J[ohann] F[riedrich] A[lexander] Merzdorff. ([Vorr.:] Joh[ann] Christian Reil.) Bd 1. 2. Halle: Curt 1794 - 95. 1 Bd 8°

**Delaroche-Album** mit einer Lebensskizze des Meisters und Notizen über seine Bilder von Henri Delaborde. Berlin (861.) Schauer. gr. 4. (23 S. mit 10 Photographien.) 7 ℛ; geb. 10 ℛ

Delaroche's Biographie, s.: Rosenberg, A.

Delarosa . . . . *s.a.* . . . . Geo. C. L. Schöpfer

Delarosa, L., Ritter Alfred v. Schwarzfels u. Kunigunde v. Sturzbach, od.: Der Sieg d. Schändlichen. Histor.-romant. Gemälde a. d. Zeiten d. heil. u. furchtbaren Vehme. 2 Bde. 8. (26 B.) Nordhausen 831, Fürst.

**DELAROSA** (d. i. *Geo. Carl Ludw. Schöpfer*), Bellarosa das schöne Mädchen aus der Strasse von Toledo. Eine Räubergeschichte aus der neuern Zeit. Nordhausen, Fürst, 1830. 8°. 104 u. 180 SS.

—— das Blumensträußchen. (3 Erzähln.) 8. (12 B.) Nordhausen 829, Fürst.

Delarosa, L., (Psdn.), das Blumensträußchen. (3 Erzählg.) 8. Nordhaus. 830. Fürst. 22 gr

† Delarosa, L., (Geo. C. L. Schöpfer,) Eugen v. Waldenhorst, der lebendig Begrabene, od.: Bruderhaß u. Weibertreue. Romant. Räubergesch. a. d. Anfange dies. Jahrh. 8. (16½ B.) Nordhausen 841, Fürst.

—— Ferro Ferrini, od.: Der Brudermord. Räuber-Gemälde. 2 Bde. 8. (24 B.) Nordhausen 837, Fürst.

—— Fiorentina, die Sängerin aus d. Ruinen v. Portici, od. d. räthselh. Braut. 8. (13 B.) Nordhausen 830, Fürst.

Delarosa, L., das Gelübde, oder: Franconi de Lavanti, der durch Leiden zur Freude eingegangene große Räuberhauptmann. 2 Bde. 8. Nordhausen 837. Fürst. 2 ℛ

Delarosa, L A

Das Hüfthorn des Eremiten oder die sieben verborgenen Mordkeller. Eine schauervolle Sage aus den Zeiten des Faustrechts. Bd 1.2.
Leipzig: Lit. Museum 1850. 8°

—— die Räuberbraut, od.: Felipo, der große Gebirgskönig u. edle Räuberhauptmann. Eine wahre Gesch. 2 Thle. 8. (24 B.) Nordhausen 835, Fürst.

— — Der Schlangenstein oder die Macht des Geisterreichs. Ritter- und Geistergeschichte. Weimar, o. J. 8°. (1 Mk. Beck, Nördl., 1892.)

—— die Zwillinge. Romant. Ritter- u. Räubergemälde. 8. (12 B.) Nordhausen 835, Fürst.
Vgl. Dellarosa.

Delarosa, L. A., s. Delarosa, L.

Delarue, (F.,) die Lustseuche, od. allgem. faßl. Anweis., wie man sich v. d. schrecklichen Folgen dieser Krankheit bewahren, und in d. meisten Fällen sicher, schnell u. gründl. heilen kann. Nach d. 2ten franz. Aufl. übers. 8. Leipz. 824, Hartknoch.

Delarue, F., die Lustseuche, od. allgem. faßl. Anweis., wie man sich vor d. schreckl. Folgen dies. Krankheit bewahren u. in d. meisten Fällen sicher, schnell u. gründl. heilen kann. N. d. 2. Aufl. a. d. Franz. übers. 2. Ausg. 8. (6 B.) Leipzig 828, Hartknoch.

Delarue, W., die Nebenbuhlerinnen, s. Novellen-Sammlung.

Delarvatio tincturae philosophor. oder Erklär. d. lapidis benedicti. 8. Chemnitz. (Sommer in Leipz.) 769.

Delasiauve, die Epilepsie. Eine Darstellung ihres Verlaufs und ihrer Behandlung, so wie ihrer Beziehungen zur gerichtlichen Medicin. Nach dem Französ. frei bearb. von Fr. Wilh. Theile. gr. 8. (XII und 380 S.) Weimar 854(55,) Voigt.

Delaspée, Johs. Blätter d. lebendigen Rosenkranzes f. Schulkinder. 16. (II, 30 S. m. eingedr. Bildern.) Paderb. 889, Bonifacius-Druckerei. — 25

— die Pflicht der kirchlichen Trauung. Beherzigung f. Brautleute. 12. (27 S.) Frankfurt a/M. 890. Foesser Nachf. n. — 20

**Delassements** d'un Veteran des armées autrichiennes. Vienne 1784. V: *Traunpaur Chevalier d'Ophanie, Alphons Heinrich.* (Ky) (MGT)

Délassemens de l'homme sensible, ou anecdotes diverses, p. d'Arnaud. 9 Tom. en 17 parties. gr. 8. Vien. Schrämbl. (Sammer) 787—88.

*les Délassemens* poëtiques. 8. Strassb. 788. Acad. B. 1 ₰

Delassus, die modernen Theorien üb. die Verbrechensursachen, s.a. Wissenschaft u. Religion. 19.

Delassus, Die modernen Theorien üb. die Verbrechensursachen. (63 S.) kl. 8. Strassburg, F. H. Le Roux & Co. 1907 —. 50.

**Delâtre,** Chants d'un Voyageur. gr. in-8. Lausanne 840. (Genève, Kessmann.) $^1/_2$ ₰

**Delatre,** Louis, chants de l'exil. 12. Paris 843; Leipzig, Brockhaus et Avenarius. n. $1^1/_6$ ₰

— Panthéon des grands écrivains des temps mod., s. Pescantini, F.

Delattre, A. J. Les Chaldéens jusqu'à la formation de l'empire de Nabuchodonosor, précédé de considération sur un récent livre de M. Hugo Winckler. Nouvelle édit. gr. 8. (XII, 25 S.) Louvain 889. (Lpz., Hinrichs' Sort.) ** 2 —
Vgl.: Winckler, Hugo, Plagiat?

— Les inscriptions de Tell El-Amarna. gr. 8. (24 S.) Bruxelles 889. (Lpz., Hinrichs' Sort.) ** 1 50

— la trouvaille de Tell El-Amarna. [Aus: „Revue des questions scientifiques".] gr. 8. (43 S.) Ebd. 889. n.n. 1. 50

**Delau,** (jun..) prakt. Beobachtung über die Durchbohrung des Trommelfelles z. Wiederherstellung d. Gehörs bei schwerhör. u. taubstummen Personen, nebst Bemerk. üb. Entwicklung des Stimm- u. Sprachorgans nach d. Franz. u. mit Vorr. u. Anmerkk. v. G. Wendt. 8. Sulzb. 824. v. Seidel.

**Delaulnaye,** Gesch. d. Religionen u. Gottesverehr. aller alt. Völker d. W. 1e Liefer. m. K. gr. 4. Erl. Walther. 793.
Schw. Pp.

Delaunay, M. Ch. Cours élémentaire de mécanique. Paris, 1857.
dgl. Deutsch bearbeitet von Krebs. Wiesbaden, 1868.

Delaunay, M. Ch., Lehrbuch der analytischen Mechanik. Nach der 4. Aufl. des Originals deutsch bearb. von G. Krebs. gr. 8. (III, 432 S. mit 130 Abbild. in eingedr. Holzschn.) Wiesbaden 868, Kreidel's Verlag. *

**Delaunay,** N., die Tschebyschefschen Arbeiten in der Theorie d. Gelenkmechanismen, s.: Wassilief, A., P. L. Tschebyschef.

**Delauney,** Aug., französische Aufsatzlehre. (40 S.) 8. Leipzig 909. B. Rechel. —90

— Manuel de lectures courantes, s.: Boewe, Heinr.

Delauney, Franc.: Geschichte

§ — — einer Laus, oder der Kundschafter von einer neuen Gattung in Frankreich und England, darin eine Beschreibung der merkwürdigsten Personen dieser Reiche und der Schlüssel zu den Haupt-Begebenheiten von 1779 enthalten ist. (Aus d. Französ. des *Franç. Delauney.*) O. O. 1782. 8⁰. (In München: Var. 555, 5.) (15 Mk. Max Perl, Berlin, c. 1902; 5 Mk. Adolf Weigel, 1906; 85 (so!) Mk. C. G. Boerner, Lpz., 1907; 15 Mk., unbeschn. im Umschl. d. Zeit, Emil Hirsch, München, 1909.)
165 S. (incl. Titel mit Bordüre, 3 Bll. Zuschr. der „französischen Laus" an seine Allerchristlichste Majestät, 2 Bll. Vorr. derselben). Sehr rares histor.-politisches Curiosum mit erotischen Stellen.

*Delaval, s.a. Hussey.*

Delaval, Edward Hussey

Delaval, Recherches expérimentales sur la cause des changements de couleur dans les corps opaques naturellement colorés. (Nouveaux mém. de l'Acad. roy. des Sc. et Belles Lettres de Berlin, Cfr.) Berlin.

**Delaval,** E. H., Vers. üb. d. dauerhaft. Farben undurchsicht. Körper. gr. 8. Berl. Nicolai. 781.

[The Cause of the permanent colours of opaque bodies. Deutsch:] Versuche und Bemerkungen über die Ursache der dauerhaften Farben undurchsichtiger Körper, von Edward Hussey Delaval. Aus dem Engl. übers. nebst e. Vorr. von Lorenz Crell. Berlin & Stettin: Nicolai 1788. XXVIII, 132 S. 8°

*Delaveau,* Dmitri et Nadiejda. II Vols. 12. Braunschw. 815. Pluchart. 20 ₰

**Delaveaux** v. **Veaux,** de la.

Delavelaye

—, die Eisenbahnen Frankreichs. Statistisch-geschichtliche Darstellung ihrer Entstehung etc. Berlin. 1846. 8.

Delavigne, Casimir, s. a. Lavigne.

Delavigne, s.a. Müller.

Delavigne, Casimir, Choix d'oeuvres dramatiques, s. Bibliothèque français. Tome VI.

**Delavigne,** Casimir, der Diplomat. Lustsp., s. Scribe.

— et E. **Scribe,** le diplomate, s.a. Lecture et conversation, 1. série. 1. livr.

Delavigne, Casimir, le diplomate, s.a. Scribe, E.

Delavigne, Cas., le Diplomate, s.a. Théâtre.

**Delavigne,** Casim., le diplomate, com.-vaudeville, en 2 actes gr. in-8. Berlin 838. Schlesinger. $^1/_4$ ₰

— L'école des vieillards, s.a.
Bibliothèque, nouv. dramatique. Vol. I.

**Delavigne,** Casimir, l'école des vieillards. s.a.
Répertoire du Théâtre franç. No. 37.

— l'école des vieillards, s.a. Théâtre franç. en Vers, par Schütz. I. Série. No. 1.

— l'école des vieillards, s.a. Théâtre franç. 4. Série. No. 5.

— l'école des vieillards. Comédie en 5 actes et en vers. Mit Spracherläuterungen, Noten u. e. Wörterbuche. Zum Schul- u. Privatgebr. gr. 8. Berlin 835. Schlesinger. $^5/_{12}$ ₰

— l'école des vieillards, erklärt v. R. Holzapfel. 8. (104 S.) Berlin 878. Weidmann. 1. —

Delavigne, C., les enfants d'Édouard, s.a. Théâtre français publié par C. Schütz.

— les enfans d'Edouard, Tragédie en 3 actes et en vers, gr. in-8. Berlin 833. Schlesinger. $^1/_2$ ₰

— dass. s. auch Théâtre français moderne. Série III.

— dass. mit Wörterbuch z. Schulgebrauch. gr. 8. Ebd. 836. $^1/_2$ ₰

— les enfans d'Edouard, Tragédie en 3 actes et en vers, gr. in-12. (6 B.) Stouttgart 833, [Scheible.]

— les enfants d'Edouard. Tragédie en III actes et en vers. Précédée d'une introduction historique et accompagnée de notes explicatives, par Herm. Alex. Mueller. 12. (Mit 1 Tab.) Jéna 844, Hochhausen. $^3/_8$ ₰

— les enfants d'Edouard. Hrsg. u. erläutert v. R. Holzapfel. gr. 8. (122 S.) Berlin 877. Weidmann. 1. 20

Les enfants d'Édouard, tragédie en 3 actes. Par Casimir **Delavigne.** Mit Anm. z. Schulgebr. hrsg. von Prof. Albert Benecke. [Nebst] Anh. Bielefeld & Leipzig: Velhagen & Klasing 1899. 2 Bde 8°
= **Sammlung,** Velhagen & Klasings, französ. u. engl. Schulausgaben. Théâtre franç. Ausg. B. Lfg 51. ⟨Doppelausg.⟩ [o6. 13337 6

—— Marino Faliero, s. Répertoire du Théâtre franç.

— **Marino Faliero, s. Théâtre français. Sér. I. Livr. 4.**

— Marino Falieri, s. Théâtre français. 2. Série. No. 65.

— une famille au temps de **Luther,** Tragédie en un acte. gr. 8. Berlin 836. Schlesinger. $^1/_4$ ₰ — s. auch **Répertoire** du Théâtre français à Berlin. No. 162. — desgl. **Théâtre** francais moderne. I Série. No. 4.

— la fille du Cid. Tragédie en 3 actes. gr. in-8. Berl. 840 Schlesinger. n. $^1/_4$ ₰ — s. auch **Répertoire** du Théâtre franç. No. 228.

— Don Juan d'Autriche, ou la vocation, comédie en 5 actes en prose. gr. in 8. Berlin 836. Schlesinger. $^1/_2$ ₰ — s. auch **Répertoire** etc. No. 153.

—— le même, s. Théâtre franç. mod. IV. Série, 1. Livr.

— le même. gr. in-12. Stuttg. 834. Bureau des Nouveautés. (Scheible.) $^1/_2$ ₰ — s. auch **Répertoire** du Théâtre français. No. 115.

—— Don Juan d'Autriche. Comédie en 5 actes. 2. Édit. gr. 8. (104 S.) Berlin 848. Schlesinger'sche Buchh.

—— **Don Juan v. Oesterreich,** od.: Der Beruf. Histor. Gemälde in 5 Act., n. d. Franz. v. Geo. Nicol. Bärmann. gr. 8. (7 B.) Hamburg 836, Magazin f. Buchhandel. (?)

—— die Kinder Eduards. [Les enfants d'Edouard.] Trauerspiel in 3 Aufzügen. Wortgetreu aus dem Französ. in deutsche Prosa übers. nach H. R. Mecklenburg's Grundsätzen von Herm. Dill. 1. Heft. 32. (64 S.) Berlin 879, H. R. Mecklenburg. *

Delavigne, Casimir, die Kinder Eduard's [Les enfants d'Édouard.] Trauerspiel in 3 Aufzügen. Wortgetreu aus dem Französ. in deutsche Prosa übers. nach H. R. Mecklenburg's Grundsätzen von Herrm. Dill. 2. und 3. (Schluß-)Heft. 32. (S. 65—178.) Berlin 884, H. R. Mecklenburg. à Heft * 25 Pf. *
1. Heft. Ebendas. 1879. * 25 Pf.

—— **Messenische Lieder.** Metrisch übers. v. C. G. Hölder. breit kl. 8. (20¼ B.) Stuttgart 832, Schweizerbart.

Delavigne, C., Louis XI., s. Collection d'auteurs français.

— Louis XI, s. a. Répertoire du Théâtre franc. No. 93.

—— Louis XI., s. a. Schulbibliothek, französische und englische.

— Louis XI., s. a. Théâtre Français, publié par Schütz. IX. série. Livr. 3.

—— Louis XI, Tragédie en 5 actes et en vers. 8. (15 B.) Stouttgart 832, [Brodhag.]

— Louis XI. Tragédie en 5 actes et en vers. 8. Stuttg. 832. Rédaction de la Collection etc. 18 Kr

— le même. Berlin 832. Schlesinger. $^1/_2$ ₰ s. auch **Th.** franc.

—— Louis XI. Tragéd. en 5 act. et en vers. 2. édit. augmentée d'un vocabulaire franç.-allem., cont. les mots le moins usités, par S. Fränkel. 16. (14 B.) Berlin 839, Heymann. 9 Gr., ohne Vocabulaire

— Louis XI. Tragédie en V actes et en vers. Précédée d'une introduction histor. et accompagnée de notes explicatives, par Herm. Alex. Mueller. 12. Jéna 844, Hochhausen. $^1/_6$ ₰

—— Louis XI., tragédie en 5 actes et en vers. (2. Edit.) gr. 8. (92 S.) Berlin 848, Schlesinger'sche Buchh.
Vgl.: Théâtre français.

— Louis XI. Für die oberen Klassen höherer Lehranstalten m. Erläuterungen hrsg. v. Karl Graeser. gr. 8. (IX, 133 S.) Berlin 877. Weidmann. 1. 20

Louis XI, tragédie en 5 actes. Par Casimir **Delavigne.** Zum Schulgebr. hrsg. von Prof. Albert Benecke. [Nebst] Anh. Bielefeld & Leipzig: Velhagen & Klasing 1905. 2 Bde 8°
= **Sammlung,** Velhagen & Klasings, französ. u. engl. Schulausgaben. Théâtre franç. Ausg. B. Lfg 25. ⟨Doppelausg.⟩ [o6. 11941 6

Delavigne, C., Ludwig XI., s. a. Universal-Bibliothek.

— Ludwig der XI. Trspl. in 5 Aufz.; aus d. Französ. v. P. H. Külb. 8. Mainz 833. (832.) Kupferberg. 18 Kr

— Ludwig XI. Trauerspiel in 5 Aufzügen. Wortgetreu aus dem Franz. ins Deutsche übers. nach H. R. Mecklenburg's Grundsätzen v. R. L. 1. u. 2. 32. (112 S.) Berlin 878. 82. H. R. Mecklenburg. à n. — 25

**Delavigne,** Germain, Maurer u. s.: Scribe, Aug. E. Schlosser,

—— **Messéniennes** et Poésies diverses. Nouv. Edit. 8. (14¼ B.) Stouttgart 834. Scheible.

— morte de Jeanne d'Arc, hrsg. v. Heinr. Saure, s.: Auteurs français modernes. VI.

– Der Paria

— s. auch Mich. Beer.

— der Paria, s. A. Lewald.

— der Paria, Trauerspiel in 5 Aufz., aus d. Französ. v. J. F. v. Mosel. 8. Leipz. 823, Brockhaus.

— die Paria's. Trauersp. in 5 Aufz. Nach d. Französ. von Freihr. v. Biedenfeld. 8. Berl. 824, Trautwein.

Delavigne, (C.,) der Paria, Tragödie in 5 Akten. Frei für deutsche Bühnen bearbeitet v. A. Lewald. gr. 8. Nürnb. 825, Lechner.

— s. a. le Parnasse français etc

—— Poésies, s. a. Chefs-d'oeuvre.

—— Poésies. Messeniennes et Chants populaires. 8. (7¼ B.) Berlin 842, Schlesinger'sche Buchh.

— dass. mit dem Golddruck-Umschlag: Le Parnasse moderne, cart. 842. $^1/_2$ ₰

—— la popularité, Coméd. en 5 act., en vers. (Edit. orig.) gr. in-12. (8 B.) Leipzig 839, Brockhaus et Avenarius. *

— Robert d. Teufel, s.: Meyerbeer, Giacomo.

—— Robert der Teufel, s. Mode's Opern-Text-Bibliothek.

—— Robert der Teufel. Oper., s. Scribe.

—— die Schule der Alten, s. a. Universal-Bibliothek Nr. 1236.

— die Schule d. Alten, Lustsp. in 5 Akten. Aus d. Franz. metrisch übers. v. J. F. v. Mosel. gr. 12. Wien 824, (Wallishauser.)

—— Schule für alte Männer. Lustspiel in fünf Aufzügen. Aus dem Französ. übers. 8. (II und 126 S.) Leipzig 853, Brockhaus.

—— **Une semaine de Paris.** Nouv. Messenienne. (Franz. u. Deutsch.) gr. in-8. (1½ B.) Francfort s. M. 830, Sauerländer.

—— la Somnambule, s. Théâtre.

— König Eduards Söhne, Trspl. in 3 Aufz. Für die deutsche Bühne bearbeit. von G. Ritter v. Frank. gr. 8. Leipzig 835. Brockhaus. $^5/_6$ ₰

—— der Staatsmann, s. Scribe, E.

— d. Stumme v. Portici. s.: Auber, D. F. E.

—— Ludwigs XI. letzte Tage. Drama, übers. von v. Biedenfeld, s. Blüthen, dramat., deutsch. Dichter, 2. Bdchn.

— Théâtres Messéniennes et Poésies diverses. II Vols. 16. Stuttg. 828. Hoffmann. 1 ℛ 6 𝒢

—— Théâtre, Messeniennes et Poésies diverses. II Vol. 16. (49½ B.) Stouttgart 828, [Scheible.] lırbgs. Pr. Vgl. Répertoire du théâtre franç. à Berlin.

— Les vêpres Siciliennes, s. a. Bibliothèque, Nouv. dramatique. Vol. 1.

— les vêpres siciliennes, s.a. Répertoire du théâtre Français à Berlin, Nr. 365.

— les vêpres Siciliennes. Tragédie en V Act. gr. 8. Berl. 820. Schlesinger. 12 𝒢

— die Sicilianische Vesper. Tragödie in 5 Acten, metrisch übers. v. Aug. Schrader. 8. Hamburg 845, Schuberth und Comp. ½ ℛ

—— Eine Pariser Woche. Neueste Messenienne, übers. v. Wilh. Wagner. (Deutsch u. Franz.) gr. 8. (1½ B.) Frankfurt a. M. 830, Sauerländer.

**Delavigne, Edmond, d. Dragoner, s.: Bossu, Ch.**

Delavigne, G. F., Commentatio de gratiola officinali Linn. 8. Erlang. Palm. 800.

— Flore germanique, ou hist. des plantes indig. de l'Allem. av. les noms lat. franç. allem. et angl. Cah. I–IV. chac. à 16 pl. col. 8. ibid. 801—2. Pap. V.

Delaware County Independent: 1892?
Weekly. Published in English and German. Edited & published by George Webb.
Thurlow, PA

Delaware Magazine: vol. 1–4, no. 11, Oct. 1908–Nov. 1912.
Monthly supplement to Farm Presse. Title varies: New Amerik Magazine, Oct. 1908–Jan. 1912. Place of publication varies: New Castle, Del.
Wilmington, DE

Delaware Pionier: 1869–1899?
Weekly. Democratic, 1870–76; Independent, 1877–99. Circulation: 1870, 1000 (est.); 1880, 800; 1890, 1025; 1899, 2100. Edited & published by Jacob F. Hähnlen; by Herman Rau, 1872–76; by Franz Scheu, 1877–80.
Wilmington, DE

Delaware Staats-Zeitung: 1889–1890?
Daily, morning except Sunday. Circulation: 1890, 700. Edited by Walter Jaeger, & published by Henry Kleinstuber.
Wilmington, DE

**Delaway, ..., Reise in die Levante. 8. Gießen 804. (Leipzig, Fr. Fleischer.) 1½ ℛ**

**Delbanco**, Ernst [aus Hamburg]: Beiträge zur Symptomatologie und Diagnostik der Geschwulste des Pons Varolii. . . . Berlin, Buchdr. v. G. Schade, *1891*; 51 S. 8°
Berlin, Med. Fak., Inaug.-Diss. v. 25. März 1891

Die niederländische Holzschnitt-Passion **Delbecq-Schreiber**. Von Dr. Wilhelm Molsdorf, Bibliothekar (2: ... hrsg. von Gustav Gugenbauer). T. [1.] 2. Strassburg: Heitz 1908–12. 2°(4°)
[1.] Mit 20 handkol. Taf. u. 9 Abb. 2. 18 Bl. d. K. K. Studienbibliothek in Linz a. D., handkol.) Die vollst. Folge u. ihre deutschen Kopien. (Einzelblattdrucke d. 15. Jahrhunderts. [10, 1. 2.]) A 12. 6075

**Del Bondio, Gruner u. Kustermann**, Bericht zu dem Projekt einer Wasserversorgung der Haupt- u. Residenzstadt München aus den Quellen des Mangfallthales. Mit 7 Plän. München 1880. 4°. Halbsars. (30 S.)

Delborough, der Familie, Leiden, aus dem Engl., herausgegeben von Moritz, 1r Theil, 8. Berlin, 793. Oehmigke. 13 ggl.
Auch unter dem Titel:
Moritz Kabinet der neuesten englischen Romane, 2ter Theil.

**Delbos et Koechlin-Schlumberger**, Description géologique et minéralogique du département du Haut-Rhin. T. 1 et 2 (nebst 1 Blatt Karte und 1 Blatt Profilen in Futteral). Mulhouse 1866–67. 8.

Delbrel, E., u. A., Treppenbau in Holz. Ansichten, Grundrisse und Details von Treppen für Privatbauten, Hôtels, Geschäftsräume, öffentl. Gebäude etc. 30 lithogr. Taf. Fol. Berlin 888, Claesen und Comp. *

**Delbrel, E. u. A., der Treppenbau in Holz.** Ansichten, Grundrisse u. Details v. Treppen f. Privatbauten, Hôtels, Geschäftsräume, öffentl. Gebäude etc. gr. Fol. (30 Taf. m. 16 S. Text.) Berlin 891. Hessling & Spielmeyer. In Mappe. n. 13. —

Delbrouck, Conrad

Delbrouck, C., die Pflanzen-Stacheln, s. Abhandlungen, botanische.

**Delbrouck**, Conrad (geb. am 23 März 1851 in Bonn): Ueber Stacheln und Dornen ... Bonn, Druck v. C. Georgi 1873. 43 S., 1 Bl. 8. ¶ Erschien 1875 in neuer Bearb. bei Marcus in Bonn *u. d. T.*: Die Pflanzenstacheln = Botan. Abhandl. aus d. Geb. d. Morphol. u. Physiol. hrsg. v. Hanstein II 4.
Bonn, Phil. Fak., Diss. v. 14 Aug. 1873

Delbrück. Bericht über Rauchverbrennungs-Vorrichtungen. Stettin. 1896.

**Delbrück**, Bericht üb. d. Verhandlgn. üb. d. Gesetzentw. betr. Abänderg. d. Gewerbeordng. Berlin 890.

**Delbrück.** Ueber die Entwickelung der deutschen Cementindustrie und über die Methoden der Untersuchung des Cements. Stettin 1885.

**Delbrück**, Deutschlands Getreide-Verkehr mit dem Auslande. Berlin 1879. 8.
Iɴt: Mitteil. d. Ver. z. Förd. d. Handelsfreiheit. Nr. 4.

Delbrück, (Hrsg.), s. Staatsarchiv, Das.

Delbrück, Adb., Bemerkungen zu dem Entwurf eines Gesetzes betr. Commanditgesellschaften auf Actien und Actiengesellschaften, s.a. Zeitfragen, volkswirthschaftliche.

Delbrück A, Bemerkungen zum Entwurf eines Gesetzes, betr. die Kommanditgesellschaften auf Aktien und Aktiengesellsch. (Zeitfr. volksw. 39) Berlin 1883

Hygiene des Alkoholismus von Dr. med. A[nton] **Delbrück**, Dir. d. Irrenanst. in Bremen. Mit 10 Kurventaf. *Jena: G. Fischer 1901*. (85 S.) 8°
= **Handbuch** der **Hygiene**. Suppl.Bd 1, [1.] [01. 18441]

— **dasselbe**, s.a. **Handbuch der Hygiene. I. Suppl.-Bd.**

**Delbrück**, Lehrb. d. gerichtl. Psychopathologie. Leipzig 897.

**Delbrück**, Dr. Anton, Assistenzarzt an der Irrenheilanstalt Burghölzli: Die pathologische Lüge und die psychisch abnormen Schwindler. Eine Untersuchung über den allmählichen Übergang eines normalen psychologischen Vorgangs in ein pathologisches Symptom. Stuttg. F. Enke 1891. 2 Bl., 131 S. 8°.
Zürich, Med. Fac., Habilitationsschrift.

**Delbrück, Ant.,** Gerichtl. Psychopathologie. E. kurzes Lehrbuch f. Studier., Ärzte u. Juristen. gr. 8. (VIII, 224 S.) Leipzig 897. J. A. Barth. n. 6. 60; geb. in Leinw. n. 6. 60

**Delbrück, Ant., üb. Hamlets Wahnsinn,** s.a. **Sammlung gemeinverständlicher wissenschaftlicher Vorträge.**

Delbrück A, über Hamlet's Wahnsinn. (Sammlung gemeinverständlicher wissenschaftlicher Vorträge Neue Folge 172) Hamburg 1893

Delbrück, Berthold

**Delbrück, B., Ablativ localis instrumentalis im Altindischen, Lateinischen, Griechischen und Deutschen. Ein Beitrag zur vergleich. Syntax der indogerman. Sprachen. gr. 8. (IV und 80 S.) Berlin 867, Dümmler's Verlag.** *

**Delbrück**, B., Einige Bemerkungen über ι und υ im Griechischen. S.-A. O. J. 10 S.

**Delbrück, B., Vedische Chrestomathie mit Anmerkungen und Glossar. gr. 8. (VIII, 128 S.) Halle 874, Buchh. des Waisenhauses.** *

**Delbrück, B., Einleitung in das Sprachstudium,** s.a. **Bibliothek indogermanischer Grammatiken.**

Delbrück, B., Einleitung in das Sprachstudium. Ein Beitrag zur Geschichte und Methodik der vergleichenden Sprachforschung. [= Bibliothek indogermanischer Grammatiken. Band IV.] Leipzig 1880.

Einleitung in das Sprachstudium. Ein Beitrag z. Gesch. u. Methodik d. vergleich. Sprachforschung von B[erthold] Delbrück. 3. verb. Aufl. Leipzig: Breitkopf & Härtel 1893. (VIII, 144 S.) 8°
= Bibliothek indogermanischer Grammatiken. Bd 4.

Delbrück, Berth., Einleitung in das Studium der indogerman. Sprachen, s.a. Bibliothek indogerman. Grammatiken. 4. Bd.

Einleitung in das Studium der indogermanischen Sprachen. Ein Beitrag z. Geschichte u. Methodik d. vergleich. Sprachforschung von B[erthold] Delbrück. 4., völlig umgearb. Aufl. Leipzig: Breitkopf & Härtel 1904. (XV, 175 S.) 8°
= Bibliothek indogermanischer Grammatiken. Bd 4.

Einleitung in das Studium der indogermanischen Sprachen. Ein Beitrag z. Geschichte u. Methodik d. vergleich. Sprachforschung von B[erthold] Delbrück. 5. Aufl. Leipzig: Breitkopf & Härtel 1908. (XVI, 173 S.) 8°
= Bibliothek Indogermanischer Grammatiken. Bd 4.

— u. E. Windisch, syntaktische Forschungen. I. u. II. gr. 8. Ebend. 871. 75. n. 7. 50
I. Der Gebrauch d. Conjunctivs u. Optativs im Sanskrit u. Griechischen v. B. Delbrück. (XII, 267 S.) n. 4. 50
II. Altindische Tempuslehre v. B. Delbrück. (136 S.) n. 3. —

— u. E. Windisch, syntaktische Forschungen. III. u. IV. gr. 8. Halle 878. 79. Buchh. d. Waisenh. n. 6. 40 (I—IV.: n. 13. 90)
3. Die altindische Wortfolge aus dem Catapathabrahmana. Dargestellt v. B. Delbrück. (VIII, 80 S.) n. 2. 80
4. Die Grundlagen der griechischen Syntax erörtert v. B. Delbrück. (VIII, 155 S.) n. 3. 60

—— syntaktische Forschungen. 5. Bd.: Altindische Syntax. gr. 8. (XXI, 634 S.) Halle 888, Buchh. des Waisenhauses. *
1.—4. Bd. Ebendas. 1871—79. *ℳ 13.90.

Delbrück, Berth., Grundfragen der Sprachforschung. Mit Rücksicht auf W. Wundts Sprachpsychologie erörtert. gr. 8. (VII, 180 S.) Strassburg 901. K. J. Trübner. n. 4. —

— Grundriss der vergleich. Grammatik der indogerman. Sprachen, s.: Brugmann, Karl.

Delbrück, Bertholdus: De infinitivo Graeco. Halis Saxonum (1863): Ploetz. 36 S. 8°
Halle-Wittenberg, Phil. Diss. v. 3. Febr. 1863
Geb. [Putbus (Rügen) 26. 7. 1842]
Verf. erlebte die Diplomerneuerung 1913 als Dr. jur. h. c., ordentlicher Professor des Sanskrit und der vergleichenden Sprachwissenschaft in Jena, vgl. Anh. Nr. 650.

— introduction to the study of language, s.a. Bibliothek indogermanischer Grammatiken.

—— Introduction to the Study of Language. A critical survey of the history and methods of comparative philology of the Indo-European languages. Authorized translation, with a preface by the author. gr. 8. (XIV, 142 S.) Leipzig 882, Breitkopf und Härtel. *

Delbrück, Berth., die dingliche Klage des deutschen Rechts. Geschichtl. und für den heutigen Gebrauch dargestellt. gr. 8. (XII und 340 S.) Leipzig 857, Breitkopf und Härtel.

Delbrück, Berthold, Conjecturen zur Maitrâyaṇî-Saṃhitâ, s. Festgruss an Otto von Böhtlingk.

Delbrück, Berthold, die dingliche Lage des deutschen Rechts. Geschichtlich und für den heutigen Gebrauch dargestellt. Leipzig 857. Breitkopf u. Härtel. gr. 8. (XII, 340 S.) 1 ℳ 20 ngr

Delbrück, Berthold, die Reform des Civil-Prozesses durch Oeffentlichkeit, Anwaltszwang und Schwurgericht. gr. 8. (26 S.) Berlin 849, Dümmler's Vrlgsb. *

— Zu den germanischen Relativsätzen, s.: Abhandlungen der königl. sächsischen Gesellschaft der Wissenschaften. Philol.-histor. Klasse 27. XIX.

—— die neueste Sprachforschung. Betrachtungen über Georg Curtius' Schrift zur Kritik der neuesten Sprachforschung. gr. 8. (49 S.) Leipzig 885, Breitkopf und Härtel. *

Delbrück, B., das Sprachstudium auf den Universitäten. Praktische Rathschläge für Studirende der Philologie. gr. 8. (24 S.) Jena 875, [Dufft.] Fischer. *

— Synkretismus. Ein Beitrag zur german. Kasuslehre. (VII, 276 S.) gr. 8. Strassburg 907. K. J. Trübner. 7. —

— Germanische Syntax I zu den negativen Sätzen, s.a. Abhandlungen der königl. sächs. Gesellschaft der Wissenschaften. Philol.-histor. Kl. 28. IV.

Germanische Syntax von B[erthold] Delbrück. 1. Leipzig: Teubner 1910. 63 S. 4°(8°)
(Abhandlungen d. K. Sächs. Gesellschaft d. Wiss. Philol.-hist. Kl. Bd 28, Nr 4.)

— vergleichende Syntax der indogermanischen Sprachen s.a. Brugmann, K., Grundriss der vergleich. Grammatik der indogerman. Sprachen.

Vergleichende Syntax der indogermanischen Sprachen von B(erthold) Delbrück. Th. 1-3. Strassburg: K. J. Trübner 1893—1900. 3 Bde 8°
1. 1893. 2. 1897. 3. 1900.
= Brugman, Karl: Grundriss d. vergl. Gramm. d. indogerm. Sprachen. Bd 3-5.

— die Uebernahme fremder Schulden nach gemeinem und preußischem Rechte. Berlin 853. Dümmler's Buchhdlg. gr. 8. (VI, 135 S.) n. 22½ ngr

Delbrück, Bertholdus: De usu dativi in carminibus Rigvedae. Halis Saxonum 1867: Orphanotropheum. 28 S. 8°
Halle-Wittenberg, Phil. Hab.-Schr. v. 12. Aug. 1867

—— das altindische Verbum aus den Hymnen des Rigveda seinem Bau nach dargestellt. gr. 8. (VIII, 248 S.) Halle 874, Buchh. des Waisenhauses. *

Delbrück, Berth. Die indogermanischen Verwandtschaftsnamen. Ein Beitrag zur vergleich. Alterthumskunde. Lex.-8. (228 S.) Lpz. 889, Hirzel. * 8 —
Aus: Abhandlungen d. k. sächs. Gesellsch. d. Wiss., besonders abgedruckt.

— d. indogerman. Verwandtschaftsnamen. Ein Beitrag z. vergleich. Alterthumskunde. Lex.-8. (228 S.) Leipzig 889. [S. Hirzel.] B. G. Teubner. n. 8. —; ermäss. Preis n. 4. —

— der preußische Volksschulgesetzentwurf Rede, geh. im nationalliberalen Reichsverein zu Jena am 3. Febr. 1892. gr. 8. (14 S.) Jena 892. G. Fischer. — 15

Delbrück, Ernst, Bericht über die Cholera-Epidemie des J. 1855 in der Strafanstalt zu Halle, in Halle, und im Saalkreise mit besond. Berücksichtigung der Verbreitungsart in dieser und in den früheren Epidemien. Hrsg. vom Verein der Aerzte im Regierungs-Bezirk Merseburg. gr. 8. (IV und 63 S. mit 3 Stnt. in Fol.) Halle 856, Pfeffer. *

Delbrück, Ernst, Bericht über die Cholera-Epidemie des J. 1866 in Halle, in der Straf-Anstalt zu Halle u. im Saalkreise. Halle 867. Pfeffer. gr. 8. (63 S.) n. 15 ngr

Delbrück, Ernst (Hrsg.), s. Geschichtskalender, Europäischer.

Delbrueck, Ern(estus) Frid(ericus) Alex(ander): Nonnulla de nymphomaniae causis et sedibus e genitalibus mulieris nymphomania defunctae deducta. Halae (1837): Karl Grunert. 35 S., 1 Taf. 8°
Halle-Wittenberg, Med. Diss. v. 31. Okt. 1837
Geb. Magdeburg 1. 4. 1814. V.
Verf. erlebte die Diplomerneuerung 1887 als Geheimer Sanitätsrat und Kreisphysikus des Saalkreises in Halle a. d. S., vgl. Anh. Nr. 374.

Delbrück, F. Fd., s. Delbrück, Friedrich Ferdinand

Delbrück, Ferd., frohe Aussichten, unt. welchen d. Rheinische Friedrich-Wilhelms-Universität ihr 34. Halbjahr beginnt. Eine akadem. Rede. gr. 8. (1¼ B.) Bonn 835, Weber.

Delbrück, (Ferd.) Christenthum; Betrachtungen u. Untersuchungen. 1s u. 2s Buch. gr. 8. Bonn 822, Marcus.

— dess. 2r Theil. A. u. d. T.: Ph. Melanchthon, der Glaubenslehrer. Eine Streitschrift. Nebst Sendschreiben d. Hrn. D. Augusti an d. Verf. gr. 8. Ebend. 826.

— dess. 3r Thl. A. u. d. T.: Erörterungen einiger Hauptstücke in Fr. Schleiermachers christl. Glaubenslehre. Nebst e. Anh. gr. 8. Ebend. 827.

Der Eintritt der Rheinischen Friedrich-Wilhelm's-Universität zu Bonn in ihr zweytes Vierteljahrhundert. Eine Rede zur akad. Feyer desselben am 18 Oct. 1843 gehalten im Auftrage des Rectors und Senats von Dr. Ferdinand **Delbrück** ... Bonn, gedr. bey C. Georgi 1843. 20 S. 4. ¶ Erschien zugleich bei Marcus in Bonn.

Delbrück, Ferd., Ergebnisse, s.a. Nicolovius, Alfr.

—— Ergebnisse akadem. Forschungen. 1. Samml. gr. 8. (22⅞ B.) Bonn 843, Marcus. *

**Delbrück**, Ferd., Ergebnisse akadem. Forschungen. 2. Sammlung. Hrsg. u. m. einem Lebensumrisse des Verf. begleitet v. Alfr. Nicolovius. Mit 1 (lith.) Bildnisse. gr. 8. (XVIII u. 436 S.) Bonn 848. Marcus. n. 1⅚ Rthlr. (1. 2: n. 3⅓ Rthlr.)

**Delbrück, F.** Erläuterungen der Kgl. Verordnung über den Landsturm. Königsberg 1813. 8°. (Verm. Jähns.)

— Erläuterungen der königl. Verordnung üb. d. Landsturm. 8. (Leipzig 813. W. A. Künzel.) ⅛ Rthlr.

**Delbrück, Ferd.** Erläuterungen der Königl. Verordnungen über den Landsturm. 8. Königsberg 1814.

**Delbrück, Ferd., ein Gastmahl, Reden u. Gespräche über die Dichtkunst. gr. 12. Berl. Realschulbuchh.** 809.

—— zum Gedächtniss Carl Diet. Hüllmann's. gr. 8. (1 B.) Berlin 816, Veit u. Comp. *
Aus: Zeitschrift f. Geschichte Bd. VI. besond. abgedruckt.

— Gedächtniß-Predigt a. d. Paul Sarpi. 4. Berlin, Diederici. 808.

— lyrische Gedichte. 1r Bd. 8. Berl. Sander. 800.

— Gelehrsamkeit u. Weisheit. Zwei Reden. Gehalten in Bonn im Jahre 1833, die eine am 4. Mai z. Eröffnung akadem. Vorträge philosoph. Inhalts, die andere am 31. Aug. zum Schlusse derselben. gr. 8. Bonn 833. Weber. ½ Rthlr.

Delbrück, Ferd., Gelehrsamkeit u. Weisheit. Zwey Reden. Gehalten in Bonn im J. 1833, die eine am 4. Mai zur Eröffn. akad. Vorträge philos. Inhalts, die and. am 31. Aug. zum Schlusse ders. gr. 8. (3 B.) Bonn 834, Weber. Thlr.

— üb. d. Humanität. 8. Magdeb. Heinrichshofen. 796.

Fd. **Delbrück** über die Humanität. *Magdeb.*, Keil. 796. 8° 12 gGr.

— Lehrsätze, Rathschläge u. Fragen über Erziehung u. Unterweisung der Jugend. 8. Bonn 823. Marcus.

— Magdeburg, eine Rede zur Beehrung seiner Vaterstadt verfaßt. Bonn 823, Marcus.

— über die Mittel, den staatsverderblichen Richtungen d. Zeit bei d. Schul-Jugend entgegen zu wirken. Eine Rede. gr. 8. Bonn 825, Marcus.

— eine Rede: niemals verzweifeln, erfordert und giebt Seelenstärke. Berlin, Diederici. 808.

Delbrück, Ferd., Reden. Nach d. Zeitfolge gesamm., 2 Bde., enth. a. d. Jahren 1807—30 elf bisher schon gebr. u. zwey noch ungedruckte Reden, überarb. u. mit Anmerkn. vers. gr. 8. (25 B.) Bonn 831, Marcus.

FERDINAND DELBRÜCK, Reden veranlasst durch die Ereignisse der Zeit. Vorgelesen in der königlichen deutschen Gesellschaft zu Königsberg in Preussen. Königsberg 1813. Friedrich Nicolovius. 8°.

– dasselbe, s. a. Delbrück, Friedrich Ferdinand

— Reden, veranlaßt durch die Ereignisse der Zeit. 8. (Leipzig 818. W. A. Künzel.) ½ Rthlr.

– dasselbe, s. a. Delbrück, Friedrich Ferdinand

— der verewigte Schleiermacher. Ein Beitrag zu gerechter Würdigung desselben, seinen Verehrern geziemend dargeboten. gr. 8. Bonn 837. (Marcus.) n. ⅔ Rthlr.

— d. Schöne, e. Unters. 8. Berl. Sander. 800.

—— Vertheidigung Platon's geg. e. Angriff auf seine Bürgertugend. Eine nicht gehaltene akadem. Rede; dem Hrn. Geh. Staatsr. Niebuhr zugeeignet. gr. 8. (5 B.) Bonn 828, Marcus.

—— das Volkslied: Was ist des Deutschen Vaterland? Würdigung desselben. Nebst Zuschrift an E. M. Arndt u. Erwiederung von ihm. gr. 8. (1¾ B.) Bonn 846, Marcus. *

—— Xenophon. Zur Rettung seiner durch B. G. Niebuhr gefährdeten Ehre. gr. 8. (16 B.) Bonn 829, Marcurs.

—— der akadem. Zweykampf. Eine Rede. gr. 8. (2 B.) Bonn 836, Weber. *

**Delbrück, Fr., Ansichten d. Gemüthswelt. 8. Magdeb. Heinrichshofen. 811.**

Delbrück, Friedrich, s. a. Delbrück, Friedrich Ferdinand

— **Beispiele e. analytischen Methode beim grammat. Unterr. im Griechischen. gr. 8. Magdeb. 796. Heinrichshofen. 2 Rthlr.**

Delbrück, Friedrich: Denkwürdigkeiten. T. 1. 1904
s. **Jugend-** u. Erziehungs-Geschichte, Zur, d. Königs Friedrich Wilhelm IV. u. d. Kaisers u. Königs Wilhelm I.
= Texte u. Forschungen z. Geschichte d. Erziehung u. d. Unterr. in d. Ländern deutscher Zunge. 8.
= Mitteilungen d. Gesellschaft f. deutsche Erziehungs- u. Schulgeschichte. Beihefte. 3. [04. 10586

**Delbrück, Frdr., die Jugend des Königs Friedrich Wilhelm IV. v. Preussen u. des Kaisers u. Königs Wilhelm I., mitgeteilt v. Geo. Schuster,** s.a. **Monumenta** Germaniae paedagogica.

Die Jugend des Königs Friedrich Wilhelm IV. von Preußen und des Kaisers und Königs Wilhelm I. Tagebuchblätter ihres Erziehers Friedrich **Delbrück** ⟨1800–1809⟩. Mitgeteilt von Dr. Georg Schuster, Archivrat. T. 1–3. Berlin: A. Hofmann & Co. 1907. 3 Bde 8°
1. ⟨1800–1806.⟩ 2. ⟨1806–1808.⟩ 3. ⟨1808–1809.⟩
= **Monumenta** Germaniae Paedagogica. Bd. 36. 37. 40. [08. 854

**Delbrück, Frdr., zur Jugend- u. Erziehungs-Geschichte des Königs Friedrich Wilhelm IV. v. Preussen u. des Kaisers u. Königs Wilhelm I. Denkwürdigkeiten ihres Erziehers D. Hrsg. v. Geo. Schuster. 1. Tl. Vom 3. VIII. 1800 bis 9. XII. 1801. (LIV, 114 S.) Lex.-8. Berlin 904. A. Hofmann & Co.** n. 3. —
Sonderabdruck aus: „Mitteilgn. d. Gesellsch. f. deut. Erziehgs.- u. Schulgesch.“

— **dasselbe,** s.a. **Mitteilungen der Gesellschaft f. deutsche Erziehungs- u. Schulgeschichte. 3. Beiheft.**

— **über die Verehrung gegen Eltern. 2 Reden. gr. 8. Magdeb. 799. Heinrichshofen. 4 Rthlr.**

— **deutsche sinnverwandte Wörter, verglichen in Hinsicht auf Sprache, Seelenlehre u. Moral. 1e Samml. 8. Magdeb. 796. Heinrichshofen. 12 Rthlr.**

Delbrück, Friedrich Ferdinand

Q. F. F. F. Q. S. Seni in pavcis venerabili collegae commvni pietate vt colendo ita cvlto Ioanni Friderico Ferdinando **Delbrveck** ... philosophiae Doctori artivmqve liberalivm Magistro qvinqvagenario ... congratvlamvr philosophorvm ordinis in alma hac vniversitate Fridericia Gvilelmia Rhenana ... professores pvblici ordinarii ... Egimvs Bonnae d. XXII m. Ivl. a. 1847. [Bonnae, typ. C. Georgii 1847.] 1 Bl. 2.

— f. Archiv, Königsberger, für Philologie.

Delbrück, Fr. Fd., Christenthum; Betrachtt. u. Untersuchungen. 1s u. 2s Buch. gr. 8. Bonn 822. Marcus. 1 ℛ 2r Thl. Auch u. d. T.: Ph. Melanchthon, der Glaubenslehrer. Eine Streitschrift. Nebst Sendschreiben d. Hrn. Dr. Augusti an d. Verf. gr. 8. Ebd. 826. 1 ℛ 3r Thl. Auch u. d. T.: Erörterungen e. Hauptstücke in Fr. Schleiermachers christl. Glaubenslehre. Nebst e. Anh. gr. 8. Ebd. 827. 1 ℛ

— Erläuterungen d. Verordnung üb. d. Landsturm. 8. Königsb. Nicolovius. 814.

— Erläuterungen d. Verordnung über d. Landsturm. 8. Königsb. 814. (Michelsen in Leipz.) 4 g. bei L. Schumann. 3 g.

— ein Gastmahl, Reden u. Gespräche über die Dichtkunst. gr. 12. Berl. 809. Reimer. 1 ℛ 4 g.

— Gedächtniß-Pred. auf Paul Sarpi. 4. Berl. 808. (Mittler) 6 g.

— lyrische Gedichte; mit erklär. Anmerkk. u. e. Untersuch. üb. das Schöne u. e. Abhandl. über d. Grundsätze d. Erklär. u. d. Vortrags lyr. Gedichte. 1r Bd. Oden v. Klopstock. 8. Berl. 800. Sander. 22 g. (1820 mit d. n. T.: Klopstocks auserles. Oden, mit Anmerkk. 8. Ebd. 20 g.)

— über die Humanität. 8. Magdeb. 796. Heinrichshofen. 6 g.

Delbrück, F. Fd. (Hrsg.), s. Jahrbuch der preussischen Rhein- Universität.

— über das Jubelfest der Reformation. Zur Feier der dritten Wiederkehr desselben. gr. 8. Berl. 817. Nicolai. 8 g.

— Lehrsätze, Rathschläge u. Fragen über Erziehung u. Unterweisung der Jugend. 8. Bonn 823. Marcus. 12 g.

— Magdeburg, e. Rede zur Verehrung sr. Vaterstadt verfaßt. 8. Bonn 823. Marcus. 12 g.

— über die Mittel, den staatsverderblichen Richtungen d. Zeit bei d. Schul-Jugend entgegen zu wirken. Eine Rede. gr. 8. Bonn 825. Marcus. 3 g.

Delbrück, F., über die Mühseligkeiten eines der Wissenschaft geweiheten Lebens. Eine Rede, gehalten auf Veranlassung einer Schulfeyerlichkeit im königlichen Gymnasium zu Düsseldorf den 22. Julius 1818. 8. Düsseldorf, Schreiner. 818. Rthlr. -

FRIEDRICH DELBRÜCK, Niemals verzweifeln erfodert und giebt Seelenstärke. Eine Rede gehalten am 14. October 1808 in einer ausserordentlichen Sitzung der Königlichen Deutschen Gesellschaft in Königsberg. ib. — 8º.

— niemals Verzweifeln erfordert u. giebt Seelenstärke. Eine Rede gehalten am 14. Oct. 1808. 8. Berl. 1e u. 2e A. 808. (Mittler). 6 g.

Index praelectionum ... in universitate Fridericia Wilhelmia Rhenana per m. aest. a. 1839 ... habendarum. [Inest Ioannis Friderici Ferdinandi **Delbrückii** de partibus, quas Aristophanes agat in Platonis Symposio prooemium. Accedit conquestio de morte Augusti Ferdinandi Nackii.] Bonnae, litt. C. Georgii (1839). XII, 10 S., 4 Bl. 4.

F. Fd. **Delbrück**: Platon, e. Rede, geh. b. Eröffnung sr. Vorträge üb. Platon's Lehre v. d. göttl. u. menschl. Dingen. *Bonn*, Marcus. 819. 8º 4 g.

— Predigten mit Hinsicht auf den kirchl. Zeitgeist u. die Geschichte des Vaterlandes. gr. 8. Berl. 816. Nicolai. 16 g.

— Reden. Nach der Zeitfolge gesammelt. 2 Bde., aus d. Jahren 1807—30, elf schon gedruckte u. zwei ungedr. Reden, überarbeitet u. mit Anmerkk. versehen. gr. 8. Bonn 831. Marcus. 1 ℛ 12 g.

— Reden, veranlaßt durch die Ereignisse der Zeit. Königsb. 814. (Michelsen in Leipz.) 8 g. bei L. Schumann das. 6 g.

— Schmerz u. Freude am Sarge d. Königin. gr. 8. Berl. 816. Mittler. 3 g.

— das Schöne, e. Untersuchung. (Ein besond. Abdr. aus d. lyr. Gedichten.) 8. Berl. 800. Sander. 11 g.

Oratio quam natalitiis ... Friderici Guilelmi III celebrandis auctoritate universitatis litt. Borussicae Rhenanae d. III Aug. 1820 habuit Ioannes Fridericus Ferdinandus **Delbrück** ... ord. phil. h. a. decanus [De Platonis sententia illa, tum demum civitates beatas fore, cum aut philosophi regnarent aut reges philospharentur]. Bonnae, litt. Kupferbergianis (1820). 15 S. 4. ¶ In deutscher Übers. in des Verf. Reden II 1831 S. 37 ff. u. d. T.: Marcus Aurelius Antoninus, Philosoph und römischer Kaiser, oder Verhältniss der Weltweisheit zur Staatsweisheit.

Oratio quam solemnium natalitiorum ... Friderici Wilhelmi III ab academia Fridericia Wilhelmia Rhenana celebrandorum causa d. III Aug. a. 1839 habuit I[oannes] F[ridericus] Ferdinandus **Delbrück** ... ad impugnandam Montesquievii sententiam de principio, unde regnorum integritas et salus petendae sint. Bonnae, typ. C. Georgii 1839. 16 S. 4.

F. Fd. **Delbrück**: Sokrates, Betrachtungen u. Untersuchungen. *Cöln*, Bachmann. 816. 12º 10 g.

— Sokrates, Betrachtungen und Untersuchungen. 8. Köln, Bachem. 819.

— über die Verbindung des wissenschaftlichen Geistes mit dem Geiste der Frömmigkeit bey Unterweisung der Jugend. Eine Rede, gehalten auf Veranlassung einer Schulfeyerlichkeit im königlichen Gymnasium zu Düsseldorf den 30. December 1817. 8. Düsseldorf, Schreiner. 818. -

— über die Verbindung des wissenschaftl. Geistes mit dem Geiste d. Frömmigkeit bei Unterweisung der Jugend. Eine Rede. 8. Düsseld. 818. Schreiner. 5 g.

— Vertheidigung Platon's gegen einen Angriff auf seine Bürgertugend. Eine nicht gehaltene acad. Rede; d. Hrn. Staatsr. Niebuhr zugeeignet. gr. 8. Bonn 828. Marcus. 8 g.

— Homeri religionis quae ad bene beateque vivendum heroicis temporibus fuerit vis. 8 maj. Magdeb. 797. Heinrichshofen. 6 g.

— Xenophon, zur Rettung seiner durch B. G. Niebuhr gefährdeten Ehre. gr. 8. Bonn 829. Marcus. 1 ℛ 4 g.

**Delbrück, Friedrich Heinrich** (Magdeburg), De matrimonio ad benedictionem sacerdotis incompetentis contracto. Diss. jur. Präs. Johann Tobias Carrach. Halle (J. Fr. Grunert) 23. IV. 1759. 46 Seiten. (5.50) 6288
Widm. v.: Präs., F. Koepken (Magdeburg), M. F. Stockstrom (Ostfriesland), L. D. G. Madelung (Quedlinburg).

Delbrück, H. Ch., Kirchenhist. v. Anf. der Welt rc. bis 1730. 8. Lemgo, Meyer. 735.

Delbrück, Hans, historische und politische Aufsätze. 1. Abthl. 2 Hefte und 2. und 3. Abthl. gr. 8. Berlin 886, Walther und Apolant. *ℳ 6.—; geb. *

Inhalt:
Abthl. 1. 1. Heft: Die historische Methode des Ultramontanismus. 1.—5. Tausend. (S. 1—32.) * 50 Pf. — 2. Heft: Canossa. Die Gothik und der Katholicismus. (S. 33—61.) * 50 Pf.
" 2. Anglicanismus und Presbyterianismus. — Whigs und Tories. — Die Monarchie in England. — Der preußische Landrath. — Der Hausmeier. — Stein, Hardenberg und die socialpolitischen Ideen der Gegenwart. (141 S.) *ℳ 2.50.
" 3. General v. Clausewitz. — Ueber den Unterschied der Strategie Friedrichs und Napoleons. — Prinz Friedrich Karl. — Der preußische Offizierstand. — Ueber die Bedeutung der Erfindungen in der Geschichte. (148 S.) *ℳ 2.50.

Delbrück, Hans: Historische und politische Aufsätze. Berlin: Walther & Apolant 1887.
Die historische Methode des Ultramontanismus. 1884. Canossa. 1883. Die Gothik und der Katholicismus. 1880. Anglikanismus und Presbyterianismus. 1876. Whigs und Tories. 1876. Die Monarchie in England. 1878. Der preussische Landrath. 1884. Der Hausmeier. 1861. Stein. Hardenberg und die socialpolit. Ideen der Gegenwart. 1887. General v. Clausewitz. 1878. Ueber die Verschiedenheit der Strategie Friedrichs und Napoleons. 1887. Prinz Friedrich Karl. 1885. Der preussische Offizierstand. 1883. Ueber die Bedeutung der Erfindungen in der Geschichte. 1885.

**Delbrück, Hans, historische u. politische Aufsätze. 2. Aufl. (352 S.) gr. 8. Berlin 907. G. Stilke. 6. —**

**Delbrück, H.** Einiges zum Feldzuge 1815. (Berlin 1877.) 8°. (Aus: Zeitschr. f. preuß. Gesch.)

— s.: Erbschaftsabgabe, die, u. die Reichsfinanzreform.

**Delbrück, Hans, Erinnerungen, Aufsätze u. Reden. gr. 8. (V, 625 S.) Berlin 902. G. Stilke. n. 3. —**

Erinnerungen, Aufsätze und Reden. Von Hans **Delbrück**. 2. Aufl
*Berlin: G. Stilke 1902.* (625 S.) 8° [F.] [04. 6811 11

**Delbrück, Hans, Erinnerungen, Aufsätze u. Reden. 3. Aufl. (5, 625 S.) gr. 8. Berlin 905. G. Stilke. n. 5. —; geb. n. 6. —**

—— persönliche Erinnerungen an den Kaiser Friedrich und sein Haus. 8. (39 S.) Berlin 888, G. Reimer. *
Aus: Preußische Jahrbücher, besonders abgedruckt.

**Delbrück, Hans, Evangelisch-Sozial, s.: Harnack, Adf.**

—— über den Feldzugsplan Friedrichs des Großen im J. 1757, s.a. Beiheft zum Militär-Wochenblatt.

**Delbrück, H.** Über den Feldzugsplan Friedrichs d. Gr. im Jahre 1757. Berl n 1887. 8°. (Bh. z. M. W. B.)

**Delbrück,** Hans, Prof. der Geschichte an der Universität Berlin. Friedrich der Grosse als Feldherr. Abdruck aus dem LXIV. Bde. der Preussischen Jahrbücher. 8. Berlin 1889.

Delbrück, Hans. Friedrich, Napoleon, Moltke. Aeltere u. neuere Strategie. Im Anschluß an die Bernhardische Schrift: „Delbrück, Friedrich der Große u. Clausewitz". gr. 8. (55 S.) Berl. 892, Walther. * 1 50

— **Geschichte der Kriegskunst im Rahmen der politischen Geschichte. (In 3 Thln.) 1. Thl. u. 2. Thl., 2 Hälften. gr. 8. Ebd. n. 19. —**
I. Das Alterthum. (XV, 533 S.) 900. n. 10. —
II. 1. Römer u. Germanen. (III, 231 S.) 901. n. 4. 50
2. Völkerwanderung. Uebergang ins Mittelalter. (III u. S. 233—490.) 902. n. 4. 50

— **Geschichte der Kriegskunst im Rahmen der politischen Geschichte. III. Tl. Das Mittelalter. (Umschlag: 2. Aufl.) (VIII, 700 S.) gr. 8. Ebd. 907. n. 13. —; geb. in Halbfrz. n. 15. —**
I. u. II. Tl. Ebd. 900—902. n. 19. —.

— **Geschichte der Kriegskunst im Rahmen der politischen Geschichte. 1. Tl. Das Altertum. 2., neu durchgearb. u. vervollständ. Aufl. (XX, 608 S.) gr. 8. Berlin 908. G. Stilke. 12.—; geb. in Halbfrz. 14. —**

Geschichte der Kriegskunst im Rahmen der politischen Geschichte v. Hans **Delbrück.** T. 1—4. Berlin. 1908—20. 8°
1: Das Altertum. 2. Aufl. 1908.
2: Die Germanen. 2. Aufl. 1909.
3: Das Mittelalter. 1907.
4: Neuzeit. 1920.

— **europäischer Geschichtskalender, s.: Schultheß.**

[F.] **Delbrück,** Hans (geb. am 11 Nov. 1848 in Bergen auf Rügen): Ueber die Glaubwürdigkeit Lamberts von Hersfeld ... Bonn, Druck v. C. Georgi 1873. 2 Bl., 78 S., 1 Bl. 8. ¶ Erschien zugleich selbständig bei Weber in Bonn.
Bonn, Phil. Fak., Diss. v. 11 Jan. 1873

**Delbrück, H., üb. die Glaubwürdigkeit Lamperts v. Hersfeld. gr. 8. (78 S.) Bonn 873. Weber's Verl. n. 1. 50**

— **Schmoller, Wagner, Ueber d. Stumm'sche Herrenhaus-Rede geg. d. Kathedersozialisten. Schreiben a. d. Professor Hinschius, Vertreter d. Universität Berlin im Herrenhause. gr. 8. (32 S.) Berlin 897. G. Stilke. n. — 50**

— **s.: Jahrbücher, preußische.**

Das Leben des Feldmarschalls Grafen Neithardt von **Gneisenau** v. Georg Heinrich Pertz und Hans Delbrück. Bd. 1—5. Berlin. 1864—80. 8°.

**Delbrück, Hans, das Leben des Feldmarschalls Grafen Neithardt v. Gneisenau. 2 Bde. Mit Gneisenau's (Stahlst.-) Bildniß und 1 (lithogr.) Plan von Colberg. gr. 8. (X, 378; IV, 359 S.) Berlin 882, G. Reimer.** *

—— dass. — s.a. **Pertz, G. H.**

— **das Leben des Feldmarschalls Grafen Neidhardt v. Gneisenau. 2 Bde. 2., nach den Ergebnissen der neueren Forschgn. umgearb Aufl. gr. 8. (XIV, 212 u. IV, 371 S. m. eingedr. Kartenskizzen, Bildnis u. 1 Plan.) Berlin 894. H. Walther. n. 10 —; geb. in Leinw. n. 11. —; in Halbfrz. n. 12. —**

Delbrück, H: Das Leben des Feldmarschalls Grafen Neidhardt von Gneisenau. 2. Aufl. Bd 1. 2. Leipzig 1894

— **Das Leben des Feldmarschalls Grafen Neidhardt v. Gneisenau. 3. durchgeseh. u. verb. Aufl. Mit Gneisenaus Bildnis u. e. Plan v. Kolberg. 2 Bde. (XX, 410 u. IV, 367 S.) gr. 8. Berlin, G. Stilke. 908. 10.—; in 1 Bd. geb. 11. —**

**Delbrück, H.** Die Manipularlegion und die Schlacht bei Cannae. (Berlin 1886.) 8°. (Aus: Hermes. Zeitschr. f. class. Philologie. 21.)

**Delbrück, H.** Die römische Manipulartaktik. (Berlin 1883.) 8°. (Aus: Histor. Zeitschr.)

— **s.: Militär-Vorlage.**

—— die Perserkriege und die Burgunderkriege. Zwei combinierte kriegsgeschichtl. Studien nebst einem Anhang über die röm. Manipular-Taktik. gr. 8. (VIII, 314 S.) Berlin 887, Walther und Apolant. *M 6.—.; geb. *

**Delbrück, H., s.: Pertz, G. H., das Leben d. Feldmarschalls Grafen Neithardt v. Gneisenau.**

— **die Polenfrage. 1.—4. Taus. gr. 8. (48 S.) Berlin 894. H. Walther. n. — 80**

— **Über Reichstagsauflösung u. Kolonialpolitik, s.: Schmoller, Gust.**

— **Die Schlacht im Teutoburger Walde. Rede, geh. bei der 1900-Jahrfeier am Hermannsdenkmal auf der Grotenburg bei Detmold am 15. VIII. 1909. (18 S.) 8. Detmold (910). (Hinrichs). — 30**

— s.: Schultheß' europäischer Geschichtskalender.

— d. Sozialdemokratie in d. großen französ. Revolution, s.a. Arbeiterbibliothek, Göttinger.

[F.] Die **Sozialdemokratie** in der grossen französischen Revolution. Von (Prof.) **Dr. Hans Delbrück.** *Göttingen: Vandenhoeck & Ruprecht 1896.* (145—156 S.) 8.
= **Arbeiterbibliothek,** Göttinger. Bd 1. H. 10. [96. 3154

—— Die Strategie d. Perikles, erläutert durch die Strategie Friedrichs d. Großen. Mit e. Anh. üb. Thucydides u. Kleon. gr. 8. (VII, 228 S.) Berl. 890, G. Reimer. * 3 —

—— Das Tagebuch Kaiser Friedrich's. Gustav Freytag üb. Kaiser Friedrich. Zwei Aufsätze aus den Preuß. Jahrbüchern. 8. (27 S.) Ebd. 889. * — 50
Vgl.: Bernhardi, Friedr. v. — Jahrbücher, preußische. — Schultheß, europäischer Geschichtskalender.

**Delbrück**, Tagebuch Kaiser Friedrich's. Gustav Freytag über Kaiser Friedrich. Berlin 890.

**Delbrück**. Ueber den Unterschied der Strategie Friedrichs und Napoleons. Aus Delbrück: „Historische und politische Aufsätze" III. Abth. – Berlin 1886.

— der Ursprung d. Krieges v. 1870. Die Militär-Vorlage. 2 Aufsätze. [Aus: „Preuß. Jahrbb."] gr. 8. (29 S.) Ebd. 893. — 30

Delbrück, Hans. Der kriegerische Ursprung der schweizerischen Eidgenossenschaft. [Mit 2 Kartenskizzen.] (Sonderabdruck aus den Preussischen Jahrbüchern, hrg. von Hans Delbrück. Band 126, Heft 2.) IV S. + S. 289—316. 8. (Berlin, Georg Stilke, 1906.)

Delbrück, Hans (Hrsg.), s. Wilhelm: Landlose Polen.

Delbrück, H. (Hrsg.), s. Wochenschrift, Politische.

(Delbrück, Hugo): * Untersuchungen über einige Verbindungen des Cyans mit Schwefelwasserstoff, über das Paracyan und über die Bildung des Cyans, ausgeführt im Laboratorium des Professor Dr. Marchand. 28 S. 4° (2°)
Halle-Wittenberg, Phil. Diss. v. 3. Apr. 1847
Geb. [Magdeburg 11. 4. 1825]
Vom Verf. ersch.: Ueber das Cyan und Paracyan. In: Journal f. prakt. Chemie. Bd 41. Leipzig 1847 S. 161—180. — Verf. erlebte die Diplomerneuerung 1897 als Geheimer Kommerzienrat in Stettin, vgl. Anh. Nr. 609.

**Delbrück, Joach., der junge Herr. Dramatische Szenen. (V, 101 S.) 8. München 911. Hans Sachs-Verlag. 2. —**

Ihrem väterlichen Freunde dem hochwuerdigen Herrn Geheimen Rathe u. Superintendenten Dr. **Joh. Fried. Gottl. Delbrück** am Tage seiner Beerdigung als Nachruf treuer Liebe von den Candidaten des Predigtamtes: A. Kiessling, W. Nessler, G. Schellbach, W. Schlag, T. Traeber, G. Zetzsche. Zeitz (Webel) 1830. 4 S. (4.—) 6289

*Delbrück*, Jh. Fr. Gtl., Diss. inaug. Aristotelis Ethicorum Nicomacheorum adumbratio, accommodate ad nostrae philosophiae rationem facta. 8 mai. Halle 790. 5 gl.

Delbrück, J. F. Gtlieb, Deutsche sinnverwandte Wörter in Hinsicht auf Sprache, Seelenlehre und Moral. Leipzig (Magdeburg) 1796. 8.

Virum D. **Johann Friedr. Theoph. Delbrück** (Zeitz) suum sibi porro futurum gratul. eccles. ministri, scholarum magistri et eccles. ministrii candidati, quorum nomina subscripta sunt. — Ill. simul Lutheri dictum: Oratio, meditatio, tentantio faciunt theologum. Naumburg (C. A. Klaffenbach) 1828. 14 S. (4.50) 6290

Obitum viri D. **Jo. Fried. Theophil. Delbrück** (Zeitz) ephori gymnasii gravissimi lugent gymn. praecept. Zeitz (Webel) 4. VII. 1830. 4 Blatt. (4.20) 6291
Namen d. Lehrer: Theoph. Kiessling, Max Friedr. Christ. Schmidt, Ernst Friedr. Junge, Joh. Christ. Daehne, Chr. Gottlob Rebs, Gottfr. Kahnt, Ernst Friedr. Hornikel, G. Fr. Wilh. Fehmer, E. Th. Echtermeyer, Fr. Gust. Kiessling.

Delbrück, Johannes Friedrich Ferdinand, s. Delbrück, Friedrich Ferdinand

**Delbrück,** Konrad, a. Berlin: Diazoessigester und m-Xylol. Ein Beitrag z. Chemie d. Kohlenstoffsiebenringe. (Berlin 1907: A. W. Schade.) (56 S.) 8°
Berlin, Phil. Fak., Ref. Gabriel, Diss. v. 23. Nov. 1907
[Geb. 9. Okt 84 Berlin: Wohnort: Berlin: Staatsangeh.: Preußen: Vorbildung: Joachimsth Gymn Berlin Reife O. 03: Studium: Heidelberg 2. München 3. Berlin 4 S.: Rig. 14. Nov 07.]

**Delbrück, Kurt,** Bibel u. moderne Naturwissenschaft. Christliche Glaubens-Gewißheit gegenüber Haeckel's Welträtseln u. dem Monisten-Bund. 1. Gibt es e. Gott? 2. Hat Gott die Welt geschaffen? 3. Stammt der Mensch vom Affen ab? 4. Hat der Mensch Seele u. Unsterblichkeit? 4 Vorträge. (77 S.) gr. 8. Berlin 908. Vossische Buchh. 1. —

— Das moderne Christus-Bild u. die geschichtliche Wahrheit. 5 Vorträge, geh. in der Apostel Paulus-Kirche zu Schöneberg-Berlin. (59 S.) gr. 8. Berlin 909. Vossische Buchh. 1.—; geb. 1. 50

Delbrück, Kurt, Festsp. z. Gedächtniß Kaiser Wilhelm d. Großen. 6 Scenen m. leb. Bild. u. verbind. Text. 8. (28 S.) Hannover 897. (Wolff & Hohorst Nachf.) n.n. — 25

**Delbrück, Kurt,** im hl. Feuer. Volksschauspiel aus der Zeit der ersten Christen-Verfolgg. Ein Aufzug. gr. 8. (24 S.) Hannover 902. Wolff & Hohorst Nachf. — 30

**Delbrück, Kurt,** aus der Franzosenzeit. Vaterländisches Volksschauspiel in 1 Aufzug. gr. 8. (31 S.) Hannover 894. (Wolff & Hohorst Nachf.) n. — 30

**Delbrück, Kurt,** hat Jesus Christus gelebt? Ein Vortrag. 1—4. Aufl. (Je 34 S.) 8. Berlin 910. Vossische Buchh. — 30

**Delbrück, Kurt,** ist das Christusbild in Hilligenlei richtig? War Christus nicht Gottes Sohn? Vortrag, geh. am 16. III. in Schöneberg-Berlin, am 18. III. in Hannover. Ein Wort zur Klärg. (30 S.) gr. 8. Berlin 906. Vossische Buchh. n. — 60

Delbrück, Kurt, Käthchen. Eine Herzensgeschichte. 1. und 2. Aufl. 8. (131 S.) [Bremen 887.] Leipzig, Rauert und Rocco. * ℳ 3.—.; geb. *

Delbrück, Kurt, Käthchen. Eine Herzensgeschichte. 2. Aufl. 8. (131 S.) Bremen 887. Rocco. n. 3. –; geb. n. 4. —

— Käthchen. Eine Herzensgeschichte. 2. Aufl. 8. (131 S.) Leipzig 893. [Strübig.] Kirchrode. G. Nebel. geb. n. 2. 25

— Käthchen. Eine Herzensgeschichte. Der 2. Aufl. veränd. (Titel-)Ausg. 8. (131 S.) Leipzig 893. G. Strübig. Geb. in Leinw. m. Goldschn. n. 2. 25

— Käthchen. Eine Herzensgeschichte. 3. [Titel-]Aufl. (131 S.) 8. Halle [893] (907) R. Mühlmann's Verl. 1.50; geb. 2. 50

Lebensströme. Roman aus d. modernen Leben. Von Kurt Delbrück. 3. (auf d. Umschl.: 2.) Aufl. Halle a. S.: Mühlmann 1910. 462 S. 8° [10. 3159 S

— s.: Lydia.

— Paulus unser Vorbild. D. großen Apostels Lebensgeschichte. 8. (V, 200 S.) Leipzig 897. G. Strübig. n. 1. 60; geb. n. 2. 40

— Paulus unser Vorbild. Lebensgeschichte. 8. (V, 200 S.) Ebd. 897. n. 1. 60; geb. n. 2. 40

— Paulus unser Vorbild. Des großen Apostels Lebensgeschichte. 2. [Titel-]Aufl. (V, 200 S.) 8. Ebd. [897] (908). 1.60; geb. 2.80

— um hohen Preis. Schauspiel in 5 Aufzügen. gr. 8. (74 S.) Hannover 900. Wolff & Hohorst Nachf. n. — 60

— d. Salzburger. Volksschausp. in 5 Akten. gr. 8. (70 S.) Hannover 894. (Wolff & Hohorst Nachf.) n. — 50

— die Salzburger. Volksschauspiel in 6 Bildern. 2. Aufl. gr. 8. (70 S.) Ebd. 902. n. — 60

Die Salzburger. Evang. Volksschauspiel in 6 Bild. von Kurt Delbrück. 3. Aufl. Hannover: Wolff & Hohorst 1910. 72 S. 8° A 11.7707

— aus Studenten-Tagen. Ein Roman aus dem Gesellschaftsleben der Gegenwart. 8. (323 S.) Leipzig 893. G. Strübig. Geb. in Leinw. n. 2. 40

— Ueber Todten-Gefilde. E. Erzählg. a. d. Zeit d. Rückzuges d. Franzosen durch Rußland im J. 1812. 8. (168 S. m. Titelbild.) Leipzig (896). [G. Strübig.] Charlottenburg, Schreiter. Kart. n. 1. 20

— Das Unglück in Messina u. die göttliche Vorsehung. Ein Vortrag, geh. vor üb. 2000 Zuhörern. (16 S.) gr. 8. Berlin 909. Vossische Buchh. — 50

—— Wege des Herrn. Ein Roman aus dem Gesellschaftsleben der Gegenwart. 8. (323 S.) Leipzig 888, Rauert und Rocco. *M 5.—.; geb. *

— Weihnachtsfestspiel. 6 Scenen m. leb. Bild. u. verbind. Text. 2. Tausend gr. 8. (31 S.) Hannover 897. (Wolff & Hohorst.) n. — 30

— die neue Zeit. (Einführg. der Reformation in Hannover.) Volksschauspiel in 4 Aufzügen. gr. 8. (43 S.) Ebd. 901. — 30

Delbrück, L. Reichs- und Staats-Anleihen. (Aus den Preußischen Jahrbüchern, Bd. 116, Heft III, Juni 1904.)

Delbrück, M. F. R. v., Lebenserinnerungen: 1817–1867. Mit einem Nachtrag aus dem Jahre 1870. 1. Aufl. 2 Bde. Leipzig, 1905. 779 S.

Delbrück, Max, Anleitung zum Brennereibetrieb s. a. Maercker, Max.

— u. G. Foth, Anleitung zum Brennereibetrieb. Praktischer Leitfaden. Zugleich 4. Aufl. v. Max Maerckers Anleitg. zum Brennereibetrieb. (XII, 268 S. m. 73 Abbildgn.) 8. Berlin 909. P. Parey. Geb. in Leinw. 6. —

Beiträge zur Geschichte des Biers und der Brauerei. Gesammelte Vorträge von Prof. Dr. Max Delbrück, Geh. Reg.R.. u. Prof. Dr. Emil Struve. *Berlin: P. Parey 1903.* (80 S.) 8° [F.] [03. 14460

Delbrück, Max, s.: Brauerei-Lexikon.

Delbruck, M: Amerikanische Brauereiverhältnisse. Berlin 1894

Delbrück, M., Gärungsgewerbe u. Stärkefabrikation i. ihrer Entwicklg. u. Beziehg. z. Landwirtschaft. Festrede, geh. z. Vorfeier d. Geburtstages d. Kaisers a. 26. Jan. 1897. [Aus: „Deutsche landw. Presse".] gr. 8. (16 S.) Berlin 897. P. Parey. n. — 50

— Handbuch der Spiritusfabrikation, s.: Maercker, Max.

Delbrück, Max (Hrsg.), s. a. Hefe, Gärung und Fäulnis.

— u. A. Schrohe, Hefe, Gärung u. Fäulnis. Eine Sammlg. der grundleg. Arbeiten v. Schwann, Cagniard-Latour u. Kützing, sowie v. Aufsätzen zur Geschichte der Theorie der Gärg. u. der Technologie der Gärungsgewerbe. (V, 232 S. m. 14 Abbildgn. u. 6 Bildnissen.) gr. 8. Ebd. 904. n. 6. —

Delbruck, M: Natürliche Hefenreinzucht. Berlin 1895

Delbrück, Max, die königl. landwirtschaftliche Hochschule in der Zukunft. Festrede, geh. zur Feier des Geburtstages Sr. Maj. des Kaisers am 26. I. 1900. Im Anh.: Die deutsche Landwirtschaft an der Jahrhundertswende. gr. 8. (34 S.) Berlin 900. P. Parey. n. 1. —

— s.: Jahrbuch der Versuchs- u. Lehranstalt f. Brauerei in Berlin.

Das Institut für Gährungsgewerbe und Stärkefabrikation in Berlin. (Vf.: M[ax] Delbrück.) 2. Aufl. *Berlin: P. Parey 1898.* (32 S.) 1 Bd 8. [98. 5999

Das Institut für Gährungsgewerbe und Stärkefabrikation in Berlin. (Verf.: M[ax] Delbrück.) 3. Aufl. *Berlin: Selbstverl. d. Inst. f. Gährungsgewerbe 1900.* (46 S.) 4° [00. 6326

Die Lage des Brennerei-Gewerbes. Die Verwendung d. Spiritus zu techn. Zwecken; die Denaturirungspflicht. Vortrag geh. 1901 von Prof. Dr. M[ax] Delbrück. 8. Taus. *Berlin: P. Parey 1901.* (15 S.) 8° [F.] [01. 5191

Delbrück, Max (Bearb.), s. Maercker, Max: Anleitung zum Brennereibetrieb.

Delbrück, Max (Hrsg.), s. Maercker, Max: Handbuch der Spiritusfabrikation.

— u. F. Schönfeld, System der natürlichen Hefereinzucht. Gesammelte Vorträge u. Arbeiten. (VIII, 148 S.) gr. 8. Berlin 903. P. Parey. Geb. in Leinw. n. 5. —

— s.: Wochenschrift f. Brauerei.

Delbrück, M. (Hrsg.), s. Zeitschrift, Neue, für deutsche Spiritusfabrikanten.

— s.: Zeitschrift f. Spiritusindustrie.

Delbrueck, Rich., hellenistische Bauten in Latium. Hrsg. m. Beihilfe des Eduard Gerhardstipendiums der königl. preuss. Akademie der Wissenschaften. I. Baubeschreibungen. (V, 92 S. m. 88 Abbildgn. u. 20 Taf.) 32×25 cm. Strassburg 907. K. J. Trübner. 32. —

Hellenistische Bauten in Latium. Von Richard Delbrueck. Mit Taf. u. Textabb. 1. 2. Straßburg: Trübner 1907–12. 4°
1. Baubeschreibungen. 2. Baubeschreibungen. Geschichtl. Erl. A 12.9360

Delbrück, Richard: Beiträge zur Kenntnis der Linienperspektive in der griechischen Kunst. *Bonn 1899: C. Georgi.* (43 S.) 8° ¶[Vgl. die vorhergehende Nummer.]
Bonn, Phil. Diss. v. 28. Jan. 1899

Delbrück, Richard: Beiträge zur Kenntnis der Linienperspective in der griechischen Kunst. *Bonn 1899: C. Georgi.* (2 Bl.) 8° ¶[Nur Titelblatt, Vita u. Thesen. Vgl. die folgende Nummer.]
Bonn, Phil. Diss. v. 28. Jan. 1899
(Nicht für den Austausch)

Das Capitolium von Signia. Der Apollotempel auf dem Marsfelde in Rom. Von Richard Delbrück. Hrsg. vom Kais. Deutschen Archaeol. Inst. (Röm. Abt.) *Rom: Loescher & Co. 1903.* (37, 19 S.) 4° [04. 258

Delbrück, R. (Red.), s. Handels-Archiv.

Die drei Tempel am Forum holitorium in Rom von Richard Delbrück. Hrsg. vom kais. Deutschen Archaeol. Inst. (Roem. Abt.). *Rom 1903: (Forzani & C.)* (80 S.) 4° [03. 8219

Delbrück, Rud., der Artikel 40 der Reichs-Verfassung. gr. 8. (95 S.) Berlin 881, Simion. *

Die (R[udolf v.]) Delbrücksche Denkschrift von 1848 über die Regelung der Verhältnisse der deutschen Wasserstraßen in der Reichsgesetzgebung, insbes. über die Erhebung von Abgaben auf den deutschen Wasserstraßen. Im Auftr. d. Handelskammer Dresden hrsg. von Dr. A. Karst. Dresden 1907: C. Heinrich. (18 S.) 4° [F.] [07. 7311

Delbrück, Rud. v., Lebenserinnerungen. 1817—1867. Mit e. Nachtrag aus dem J. 1870. 1. u. 2. Aufl. 2 Bde. (XIV, 349 u. XII, 430 S.) gr. 8. Leipzig 905. Duncker & Humblot. n. 15. 60; geb. n. 18. —

Delbrück, Werner [aus Züllchow]: Ueber einige Derivate der p-Toluyl-o-Benzoësäure und Benzophenon-o-p-dicarbonsäure ... Greifswald, Druck v. J. Abel, 1895; 26 S. 8.
Greifswald, Phil. Fak., Inaug.-Diss. v. 16 März 1895

Delbrück-Festschrift. Gesammelte Aufsätze, Professor Hans Delbrück zu seinem 60. Geburtstage (11. XI. 1908) dargebracht v. Freunden u. Schülern. (388 S.) Lex. 8. Berlin 908. G. Stilke. 8. —

Ein Abenteuer auf Schloss Ludlow [Un' avventura al Castello di Ludlow]. Drama in 2 Acten von Emilia M.ª Del Bufalo della Valle. *Rom 1892: Forzani & Co.* (16 S.) 4° [94. 2205

**Delcampe:** Die edle Reitkunst oder schöne und leichte Anleitung ein guter Reiter zu werden; ... Vermehret mit dem andern Theil, in welchem die allerkräfftigsten Artzney-Mittel für die Kranckheiten der Pferde zu finden. Durch die Hn. Samuel F o u q u e t und Hn. de B e a u r e p a i r e. Aus d. Frantzös. übers. Franckfurth o. J. 414 [vielm. 434] S.

Del Campo, G.

[F. u. Ant.] Il perfetto Italiano. Der perfekte Italiener. E. Anleitg ohne Lehrer Italienisch richtig lesen, schreiben u. sprechen zu lernen ... M. beigefügter vollst. Aussprache-Bezeichng v. Dr. G. **del Campo**, Dolmetscher u. Lehrer d. ital. Spr. 11. - 12. Taus. *Schweidnitz & Leipzig: C. Lerch 1897.* (182 S.) 1 Bd 8.
= **Sammlung,** O. Cray's, v. Sprachführern. No 5. [97. 7155

**Delcasso,** L., Entretiens sur la morale, s. Maitre Pierre. No. 29.

Die Augenheilkunde in der Römerzeit von Dr. Rodolfo **del Castillo** y Quartiellers in Madrid. Autor. Übers. aus d. Span. von Dr. Max Neuburger, Prof. Mit 20 Textfig. Leipzig & Wien: F. Deuticke 1907. (VII, 137 S.) 8° [07. 78iia

**Delchef,** J. Manuel, de sciences commerciales. 2 Vol. 8. (Aachen 834, 35. Roschütz et Comp.) 2 ℛ

**Delcker,** W., der wohlunterrichtete Spargelgärtner. 8. (2½ B.) Quedlinburg 842, Basse.

Del Croix, David Johannes: * De Explicatione analytica logarithmorum per series. 6 Bl. 2°
Halle-Wittenberg, Phil. Diss. v. 12. Jan. 1820
Geb. [Berlin 30. 12. 1785]
Verf. hatte nicht an einer Universität studiert.

**Delcroix,** Desiré, Geld oder Liebe. Sitten-Roman. Aus dem Flamänd. übers. von Friedr. Sturm. gr. 8. (99 S.) Trier 855, Lintz'sche Buchh.

Delcroz, François-Joseph s. Observations astronomiques pour déterminer la latitude de Berne. (Zürich 1850.)

Observaciones sobre el derecho mercantil de la república de Cuba. Bemerkungen über d. Handelsrecht d. Republik Cuba. Mitgeteilt von Prof. Dr. **Del Cueto,** übers. von Dr. G[eorg] A[lfons] v. Rüdiger. Berlin: v. Decker [1909]. 8, 8 S. 4°(8°)
(Die Handelsgesetze d. Erdballs. Ausg. D. Bd 2, [9.]) [10. 17821

**Deldevez,** E. M. E., l'art du chef d'orchestre. gr. 8. (IX, 236 S.) Paris 878. Didot & Co. n. 6. 40

**Deldevez,** E. M. E., curiosités musicales. Notes, analyses interprétation de certaines particularités contenues dans les oeuvres des grands maîtres. gr. 8. (IX, 272 S.) Paris 873. Didot & Co. n. 6. 75

**Del Duero,** Marquis, der Fortschritt der Tactik. Einleitende Betrachtungen über ein Einheits-Reglement für die drei Waffen. Nach der französ. Uebersetzung des span. Orig. gr. 8. (95 S.) Cassel 865, Freyschmidt. *

Dèle, Ed.

**Dèle,** E., über das Rind v. Nordamerika u. seine Einführung nach Grossbritannien u. Belgien, s.a. Vorträge f. Thierärzte.

**Dèle, Ed.,** Über d. Rind von Nordamerika u. seine Einführung nach Grossbritannien u. Belgien. S.-A. (39 S.) Jena 81. Dege & Hänel. (Wiesb., Dürselen.) (Vorträge f. Thierärzte Ser. 3 H. 12). 327. M. 1.50

**Deleau,** jun., prakt. Beobacht. über die Durchbohrung d. Trommelfelles z. Wiederherstellung d. Gehörs bei schwerhör. u. taubstummen Personen, nebst Bemerkk. üb. Entwickelung d. Stimm- u. Sprachorgans, nach d. Französ. u. mit Vorr. u. Anmerkk. v. G. Wendt. 8. Sulzb. 823. v. Seidel. 16 𝒢

**Delectatio** victrix. Deprecatio ad S. Augustinum ... S. l. 1765. V: *Simon, Jordan.* (ML)

**Delectus** veterum carminum Arabicorum. Carmina selegit et edidit Th. Noeldeke glossarium confecit A. Mueller. [= Porta linguarum orientalium. Pars XIII.] Berolini 1890.

Delectus dissertationum medicarum Argentoratensium. Coll. et ed. Philipp[us] Ludov[icus] Wittwer. Vol.1-4. Norimbergae: Baverus (2-3: Locnner; 4: Lochner & Grattenauer) 1777-81. 2 Bde 8°

Vol.1: 1777.
Vol.2: 1778.
Vol.3: 1779.
Vol.4: 1781.

***Delectus*** **dissertat. medicarum Jenensium, colleg. et praef. est Chr. Gf. Gruner. Tom. I, c. fig. 4 maj. Altenb. 779. (Hennings in Neisse). 1 ℛ 12 𝒢 Tom. II et III. c. fig. 4 maj. Heidelb. 783—85. Pfähler. à 1 ℛ 6 𝒢 2 ℛ 12 𝒢**

**Delectus dissertat.** medicarum Ienensium, colleg. et praef. est C. G. Gruner. T. I. c. fig. gr. 4. Ienae, Acad. Buchhandl. 779.

— — idem liber. T. II. c. fig. 4. Heidelb. Pfähler. 784.

***Delectum*** epigrammatum Graecorum ed. Fr. Jacobs. 8 maj. Gotha 826. Hennings. 2 ℛ Postp. 2 ℛ 12 𝒢 Velinp. 3 ℛ 8 𝒢 (bild. auch d. Bibl. gr. viror. Vol. XX.)

**Delectus** florum ex iuribus nobilitatis Germanicae. Gissae 1743. V: *Senckenberg, Heinr. Christian von.* (ML)

**Delectus** legum quae in Muhlenbruchii doctrina pandectar. laudantur. Lex.-8. (59 B.) Bruxellis 838. (Lipsiae, Michelsen.) *

Delectus opusculorum ex patribus latinis editus ad usum scholarum philosophiae ubi discipulis praecepta eloquentiae sacrae et theologiae generalis institutiones traduntur. 8maj. (X und 230 S.) Mechliniae 848. (Moguntiae, Kirchheim et Schott.) *

Delectus opusculorum spectantium

Delectus opusculorum ad omnem rem medicam spectantium...a celeberrimis Italiae medicis. Ed.Johann Jakob Roemer. Vol.1, 38 S., 472 S., gbd., Abb.

Turici et Lipsiae: Ziegler 1791

JB 2.303

—— poesis Graecor. elegiacae, iambicae, melicae. Ed. F. G. Schneidewin. III Scct. 8maj. Gottingae 838, Vandenhoeck et Ruprecht.
E. s. t.:
Sect. I. Delectus poetar. elegiacor. Graecorum. (11 B.) 838. 16 Gr.
II., III. Delectus poetarum iambicor. et melicor. Graecor. (20 B.) 839. 20 Gr.

Delectus poetarum Anthologiae Graecae cum adnotatione critica Augusti Meinekii. Accedunt coniectanea critica de Anthologiae Graecae locis controversis. — Berolini: Enslin 1842. VIII,251 S.
1:Vi 7290. **12:**A. gr. C. 57q. **300:**69 O 61. **2. 3. 4. 6. 7. 9. 10. 11.**
5.2892

**Delectus** precationum piarum pro devotione privata juvent. litterar. studiosae. Coll. et edit. L. Fr. Marx. 18. Francof. 821. Andreae.

— **scriptorum** rerum Neapolitar. qui populorum ac civitatum res antiq. aliasque vario tempore gestas memoriae prodiderunt, cum fig. fol. Neapol. 735.

Delectus sententiarum et historiarum ad usum tironum accommodatus, s.a. Michaelis, C. F.

— sententiarum et historiarum ad ovum tironum accommodatus. Eine Auswahl v. Sinnsprüchen, Erzähll. u. andern Stücken aus Röm. Classikern. Nach d. Engl. herausg. von Chr. Fr. Michaelis III. Mit e. Vorrede v. Bröder. 8. Leipz. 819, Baumgärtner. 12 K

Deledda, Grazia, d. Alte vom Berge, s.: Volksbücher, Wiesbadener.

Asche. Roman von Grazia Deledda. Berecht. Übertr. von E. Berling. Berlin: S. Fischer 1907. (349 S.) 8° [F.] [07. 11330

— Der Efeu. Sardinischer Dorfroman. (268 S.) 8. Berlin 907. Gebr. Paetel. 4.—; geb. in Leinw. 5. —

— Gerechtigkeit. Roman. Autoris. Uebersetzg. aus dem Ital. 3. Taus. (246 S.) 8. Wien 908. Berlin, Singer & Co. 3. —

— Bis an die Grenze. Roman. (Autoris. Übersetzg. v. E. Müller-Röder.) (1—3. Aufl.) (381 S.) 8. München 910. Süddeutsche Monatshefte. 3.50; geb. in Leinw. 4. 50

— von der toten Insel, s.: Deva-Roman-Sammlung.

— Elias Portolu, s.: Engelhorn's allgemeine Roman-Bibliothek.

— Versuchungen u. andere Novellen, s.: Reclam's Novellen-Bibliothek.

— Versuchungen u. andere Novellen, s.: Universal-Bibliothek.

Delegations-Beschlüsse, Allerhöchst sanctionierte, (1897 u. 1900). 4. Wien 1897 u. 1900.

DIE ERSTE DELEGIRTEN-PLENAR-VERSAMMLUNG DES CENTRALVERBANDES DES DEUTSCHER INDUSTRIELLER zur Beförderung und Wahrung nationaler Arbeit. Bremen, den 29. und 30. September 1876. (Berlin 1876.) (Ohne bes. Titelbl.) 4°.

Delegirtentag, allgem., d. nationalliberalen Partei. 1896. (1., 2. u. 3. Tag.) gr. 8. (84, 62 u. 63 S.) Berlin 896. Puttkammer & Mühlbrecht. n. — 60

— dasselbe 1898. 8. (78 S.) Ebd. 898. — 30

— allgemeiner, der nationalliberalen Partei vom 10. bis 13. X. 1902 in Eisenach. (Protokoll auf Grund stenograph. Aufzeichngn.) 3 Tle. (in 2 Bdn.) (269 S.) gr. 8. Berlin 902. [W. Baensch.] E. Nagel. n. 2. 50

— allgemeiner, der nationalliberalen Partei am 19., 20. u. 21. V. 1905 in Dresden. 2 Hefte. 8. Berlin [Verlag der „Deutschen Stimmen".] A. Duncker. n. 1. 60

1. Verhandlungen vom 20. V. (Eröffnung u. Begrüßungsreden. — Organisation.) (150 S.) 905. n. — 60
2. Verhandlungen vom 21. V. (Abg. Bassermann üb. die polit. Lage. — Debatte. — Resolutionen.) (121 S.) 905. n. 1. —

Außerordentlicher Delegiertentag des Wahlvereins der Liberalen zu Berlin am 3. u. 4. Juli 1906. Berlin-Schöneberg: Hilfe (1906). 53 S. 8° [10. 2173

Delegiertentag, erster, des Wahlvereins der Liberalen zu Berlin am 17. u. 18. II. 1906. (53 S.) 8. Berlin-Schöneberg (906). Verlag der „Hilfe". n. — 50

Delegiertentag der Nationalliberalen Partei in Preussen am 26. u. 27. Sept. 1903 in Hannover. Berlin o. J. 8°.
(Fortges. u. d. Tit.)
Vertretertag, Preussischer, der Nationalliberalen Partei am 25. u. 26. April 1908 in Magdeburg. Protokoll auf Grund stenogr. Aufzeichn. Berlin o. J. 8°.

— der nationalliberalen Partei in Preußen am 26. u. 27. IX. 1903 in Hannover. (IV, 96 S.) 8. Ebd. (903). n. — 50

Delegiertentag des Wahlvereins der Liberalen. 1.–5. Berlin-Schöneberg: Hilfe (1906)–10. 8°

1. Zu Berlin am 17. u. 18. Febr. 1906. (1906.) 2. Zu Berlin am 6. u. 7. April 1907. (1907.) 3. Zu Frankfurt a. M. am 21. u. 22. Apr. 1908. (1908.) [4.] Außerordentlicher Delegiertentag ... zu Berlin am 3. u. 4. Juli 1909. (1909.) 5. ⟨Letzter.⟩ Zu Berlin am 5. März 1910. 1910. [11. 1416

Delegiertenversammlung deutscher Vereine für Industrie, Handel und Gewerbe, zwecks Stellungnahme zu d. neuen Reichssteuer-Vorlage. Sonntag, d. 14. Jan. 1906. Berlin 1906: Klokow. 50 S. 8° [10. 5248

Delegirten-Versammlung der Vorstände der deutschen Arbeiter-Colonieen in Hannover am 16. October 1883. (Breslau. 1883.) 8°

Die hagiographischen Legenden (Les légendes hagiographiques) von Hippolyte Delehaye S. J. Übers. von E[rnst] A. Stückelberg. Kempten & München: J. Kösel 1907. (VII, 233 S.) 8° [07. 12867

Delenda Austria! Die Auflösung Oestreichs als eine Nothwendigkeit unserer Zeit. 8. (72 S.) Herisau 849, [Schläpfer und Meisel.]

Delere, Heinrich, a. Essen a. d. Ruhr: Über die Wärmeentwicklung bei cyklischer Magnetisierung von Eisenkernen. Münster i. Westf. 1905: Westfäl. Vereinsdruckerei. (51 S.) 8°
Münster, Phil. Fak., Ref. Heydweiller, Diss. v. 20. Juni 1905
[Geb. 16. Apr. 82 Essen a. d. Ruhr; Wohnort: Essen; Staatsangeh.: Preußen; Vorbildung: Gymn. Recklinghausen Reife O. 01; Studium: Aachen T.H. 1, Münster 6 S.; Rig. 6. Mai 05.]

Delere, *Victor* [Apotheker aus Dinslaken]: Beiträge zur Kenntnis des Proterobas ... Erlangen, k. b. Hofbuchdr. v. A. Vollrath, 1895; 24 S., 1 Bl. 8.
Erlangen, Phil. Fak., Inaug.-Diss. v. 13. Febr. 1895

Delesalle's, (A.,) Hundertstündiger Todeskampf, oder Begebenheiten desselben, als er den 25. Ventose Jahr VII. v. d. Arabern in Syrien zum Gefangenen gemacht wurde, beschrieben von P. Villers. Neue Aufl. 8. Halle 821, Renicke u. C. Rthlr.

Delesalle's, (A.,) Hundertstündiger Todeskampf rc., französisch. Ebend.

Deleschamps, Pet., vollständiges Handbuch der Gravirkunst. Deutsch bearb. u. mit Zusätzen verseh. v. Christ. Hnr. Schmidt. Mit 8 Taf. Abbildd. 8. Quedlinburg 838. Basse. 1 1/3 ß

Delesse. Ueber den Serpentin der Vogesen. Uebersetzt von C. Rammelsberg. (Aus d. Zeitschr. d. deutsch. geol. Ges.) Berlin. 1850. 8.

Delesse, A., Untersuchungen über den rothen Porphyr der Alten u. über den rothen egyptischen Syenit. In's Deutsche übertr. v. G. Leonhard. Mit 1 color. Taf. in Stahlst. gr. 8. (32 S.) Stuttgart 852. J. B. Müller. 1/4 ß

Delesse, A., Untersuchungen über den rothen Porphyr der Alten und über den rothen egyptischen Syenit. In's Deutsche übertr. von G. Leonhard. gr. 8. (32 S. mit 1 ill. Stahlst.) Stuttgart 852. [Leipzig, Winter'sche Vrlgsh.]

de DeLessert, (Benj.,) Icones selectae plantarum quas in Systemate universali, ex herbariis parisiensibus praesertim ex Lessertiano descripsit De Candolle. 2 Voll. 4. Strasb. 824, Treuttel et W.

Delessert, Emile, le prince Gortchakoff ambassadeur russe à Vienne; souvenirs intimes. (1853—1854.) gr. 8. (21 S.) Paris 856. (Leipzig, Gerhard.)

Delessert, Eug., souvenirs d'un voyage à Sydney (Nouv. Hollande), fait pendant l'année 1845. gr. 12. (248 S.) Paris 847, Franck. n. 1 ß

Delestraz, Joh. Franz. (Morsee [Morges], Schweiz), Systhematis physici, disput. 43 quae est de gravitatis effectibus in projectis. Präs. J. P. v. Crosa. Lausanne 1719. Bern (Typ. ill. Reip. Bern.) 18 Seiten. (4.20) 6292

Delestre, le jeune homme a marier, s. Répertoire du Théâtre français. No. 103.

*Deleurye*,s.a.*de Leurye.*

Deleurye, (François Ange): Abhandlung über die Geburten. Nebst der Behandlung der Krankheiten der Schwangern, Kindbetterinnen und kleinen Kinder. (Traité des accouchemens... Dt.) Übers., und mit Anmerkungen erläutert von Johann Gottfried Flemming. 404 S., gbd.

Breslau: Korn 1778

JB 3.888

Deleutre, Ch., Geschichte der Kunst insbesond. der Malerei in den drei großen Cultur-Epochen der Menschheit: bei den Alten, im Mittelalter, in der Neuzeit. Frei bearb. und mit Zusätzen verm. von G. Fester. 1. Aufl. 1862. * 1 Thlr. 18 Ngr. und 2. (Titel-)Aufl. 8. (VII und 408 S.) Leipzig 863, Abel.

Deleuwa, M., ad majorem Dei gloriam. Eine Erzählung aus der Gegenwart. 2 Bde. 8. (IV, 172; 169 S.) Zürich 875, Verlags-Magazin. *

Deleuze, üb. das Leben u. die Werke Gärtners u. Hedwigs. a. d. franz. Annal. d. Museums der Naturgesch. übers. s. Stuttg. Metzler. 805.

Deleuse, Eudoxe, entretiens sur l'étude des sciences etc. II Vol. 8. Paris, Schöll.
Pap. vél.

Deleuze, J. P. F., praktischer Unterricht über den thierischen Magnetismus. Aus dem Französ. von F. X. Schumacher. 8. (VIII und 420 S.) Stuttgart 853, Hallberger'sche Vrlgsb. Thlr. *

Deleuse, J. P. L., les Amours des plantes, poëme en 4 chants. 12. Strasbourg, König. 801.

Delévièleuse, Marcel Robert: Vier Fälle von primärem Vaginalcarcinom. *Strassburg i. E. 1897: Ch. Mäh & C.* (70 S.) 8° Strassburg, Med. Diss. v. 1897

Deley-Termoz, J. H., Cours de correspondance commerciale, suivi de modèles des actes et transactions du commerce de terre et de mer, tels que contrat d'assurance, charte-partie, connaissement, lettres de change et billets. 1. édit. et nouv. éd. (à 26 B.) 8. Lubeck 829, 34, v. Rohden. à Thlr.

Deley-Termoz, J. H., Modèles de la jeunesse, ou choix de nouvelles historiques, propres à former le coeur et l'esprit. 8. (10¼ B.) Lubeck 829, v. Rohden.

DELFABRO, Hektor: Kanaan im Lichte der Amarna-Briefe. — (1908) 289 Bl. 4° (Handschr.) Diss. 750
Diss. Wien, Univ.

Delfau, François & Jean Mabillon. Basis firma aedificii Gerseniani . . . posita: adjectis animadversionibus . . . Ratisbonae 1762. V: (Animadv.): *März, Angelus.* (BrMm)

Delff, Christian Julius August

Der griechische Aorist in seinem Verhältniss zu den übrigen Zeitformen des Verbs v. [Christian Julius August] Delff. Itzehoe. 1851. 4°. Meldorf. Gymn.-Progr.

Delff, Ch. J. Aug., lateinische Blumenlese aus der griechischen Sagenwelt, fast ganz dem Ovid entnommen. Ein Lesebuch für Anfänger, mit einer kurzen metrischen Einleitung und einem Wörterbuch versehen. gr. 8. (55 S.) Meldorf 853. (Altona, Schlüter.) *

—— die Götter- und Heroenwelt der Alten, eine Auswahl aus Ovid und Virgil, mit erklärenden Anmerkungen und einem mytholog. und grammat. Register versehen. gr. 8. (IX und 218 S.) Kiel 855, Schröder und Comp. *

Delff, Heinrich Karl Hugo

Delff, H. K. Hugo, Cäcilie, oder von der Wahrheit des Uebersinnlichen. Ein Gespräch nebst e. Nachwort. Husum 867. Delff. gr. 8. (139 S.) 22½ ngr.

Delff, Heinr. Karl Hugo, Dante Alighieri und die göttliche Komödie. Eine Studie zur Geschichte der Philosophie und zur Philosophie der Geschichte. 8. (VIII, 160 S.) Leipzig 870, Teubner. *

—— dass. — 2. Folge. Die Idee der göttlichen Komödie. Eine Studie. gr. 8. (XII, 168 S.) Ebendas. 871. *

Delff, H. K. Hugo. Das vierte Evangelium, ein authent. Bericht über Jesus v. Nazareth, wiederhergestellt, übers. u. erklärt. gr. 8. (XVI, 94 S.) Husum 890, Delff. * 2 —

Supplement dazu:

—— Neue Beiträge zur Kritik u. Erklärung des 4. Evangeliums. gr. 8. (37 S.) Ebd. 890. * 1 20

—— Die Geschichte des Rabbi Jesus v. Nazareth. Kritisch begründet, dargest. u. erkl. gr. 8. (XIX, 429 S.) Lpz. 889, W. Friedrich. * 8 —

— Grundlehren der philosophischen Wissenschaft. Husum 869. Delff. gr. 8. (247 S.) n. 1 ₰ 18 ngr.

Delff, H. K. Hugo, Grundzüge der Entwicklungsgeschichte der Religion. Neue (Titel-)Ausg. gr. 8. (X, 358 S.) Leipzig (883)886, O. Schulze. *

Delff, H. K. Hugo, Grundzüge der Entwicklungsgeschichte der Religion. Neue Ausg. gr. 8. (X, 358 S.) Leipzig 887. O. Schulze n. 4. —

— Johann Georg Hamann. Lichtstrahlen aus seinen Schriften und Briefen. Mit Erläutergn. u. e. biograph. Einleitg. 8. (VI, 201 S.) Leipzig 873. Brockhaus. n. 3. —; geb. n. 4. —

— die Hauptprobleme der Philosophie u. Religion. gr. 8. (IV, 310 S.) Leipzig 886. Friedrich. n. 6. —

Delff, K. Hugo, die Idee der göttlichen Komödie. Eine Studie. [„Dante Alighieri u. die göttliche Komödie." 2. Folge.] gr. 8. (XII, 168 S.) Leipzig 871. Teubner. n. 2. 40

—— Ideen zu einer philosophischen Wissenschaft des Geistes und der Natur. gr. 8. (III und 361 S.) Husum 865, Delff. *

Delff, Heinr. Karl Hugo, Cultur und Religion. Die Entwickelung des humanen Bewußtseins historisch und philosophisch betrachtet. gr. 8. (VII, 600 S.) Gotha 875, F. A. Perthes. *

Delff, Heinr. Karl Hugo, Philosophie d. Gemüths. Begründung u. Umriß der Weltanschaug. d. sittlich-religiösen Idealismus. gr. 8. (VII, 309 S.) Husum 893. C. F. Delff. n. 6. —

Delff, Heinr. Karl Hugo, Prometheus. Dionysos. Sokrates. Christos. Beiträge zur Religionsgeschichte. gr. 8. (XI, 207 S.) Gotha 877. F. A. Perthes. n. 4. —

—— über den Weg, zum Wissen und zur Gewißheit zu gelangen. Eine Confession. gr. 8. (IV, 147 S.) [Leipzig 882, Grunow.] Husum, Delff. *

Delff, Heinr. Karl Hugo, Welt und Weltzeiten. Eine Philosophie des Lebendigen und der That. 2 Bde. gr. 8. (XVII, 378; III, 302 S.) Leipzig 872, Brockhaus. *

Delff, K. Hugo, s. Delff, Heinrich Karl Hugo

Delffs, Friedrich Wilhelm Herm., s. Delffs, Wilh.

Delffs, Otto, Deutschlands Aufgaben als Groß- u. Weltmacht. gr. 8. (54 S.) Dresden 901. E. Pierson. n. 1. —

**Delffs, Wilh.**, die anorgan. Chemie in ihren Grundzügen dargestellt. gr. 8. ($12\frac{1}{2}$ B.) Kiel 839, Universit.-Buchh.

— Die organische Chemie in ihren Grundzügen dargestellt. Kiel. 1840. (U. B.).

**Delffs, Wilh.**, die reine Chemie in ihren Grundzügen dargestellt. I. Thl. Anorgan. Chemie. 2., verm. u. verb. Aufl. gr. 8. (17 B.) Kiel 845, Universitäts-Buchh.

—— dass. 2. Thl.: Organische Chemie. 2., umgearb. Aufl. gr. 8. (25 B.) Ebds. 845.

**Delffs, Wilh.**, die reine Chemie in ihren Grundzügen dargestellt. I. Thl.: Anorganische Chemie. 3., verm. und verb. Aufl. gr. 8. (XX und 288 S.) Erlangen 854, Enke's Vrlgsh. *

—— dass. — 2. Thl. 3., umgearb. Aufl. A. u. d. T.: Lehrbuch der organischen Chemie. 3., umgearb. Aufl. gr. 8. (XVIII und 512 S.) Ebds. 855. *

DELFFS, [FRIEDR.] WILH. [HERM.], Darstellung der chemischen Processe der Pharmacopoea Slesvico-Holsatica in stöchiometrischen Formeln. Schleswig. 1837. P.

—— stöchiometrischer Commentar zur Pharmacopoea badensis. Lex.-8. (2 B.) Heidelberg 842, C. F. Winter.

— de conditione columnae Voltaicae electrostatica. Dissertatio physico-mathematica. 8maj. Kiel 840. Universitäts-Buchh. n. 1/6 ₰

[Delfils, Cas .] Description Topographique et Statistique de l'Evêché de Bâle. ([Avec préface de] M F .) 8. St. Gall 1814.

**Delfini, Eustachio.** Auszug aus den Nachrichten von der Expedition der französischen Flotte in Ostindien in den Jahren 1781, 1782 und 1783 . . . [Weimar 1791.] H: *Jagemann, Christian Joseph.* (MGT)

Delfossé, Paul

Angeführt oder Drei unnütze Freier. Posse in 1 Aufz. von Paul Delfossé. *Bonn: A. Heidelmann [1900].* (15 S.) 8° [F. u. Ant.]
= Theaterbibliothek, A. Heidelmann's. H. 22. [01. 1012

**Delfossé, Paul**, die Auswanderer, s.a. Heidelmann's, A., Theaterbibliothek.

Die Auswanderer. Schwank in plattdeutscher Mundart in 3 Aufz. von Paul Delfossé. *Bonn: A. Heidelmann [1900].* (10 S.) 8° [F.]
= Theaterbibliothek, A. Heidelmann's. H. 15. [01. 1005

— Dicke Bohnen od. ein verhängnisvolles Mittagsmahl, s.a. Heidelmann's, A., Theaterbibliothek.

Dicke Bohnen oder das verhängnisvolle Mittagsmahl. Orig.-Schwank in 1 Akt von Paul Delfossé. *Bonn: A. Heidelmann [1902].* (10 S.) 8° [F. u. Ant].
= Theaterbibliothek, A. Heidelmann's. H. 68. [04. 11759

Allerlei Gereimtes. Hoch und Platt v. Otto **Delfs.** Eutin. 1910. 8°

— In des Waldes tiefsten Gründen od. Das tapfere Schneiderlein in der Räuberhöhle, s.a. Heidelmann's, A., Theaterbibliothek.

— dasselbe s.a. Theater-Bibliothek.

In des Waldes tiefsten Gründen oder Das tapfere Schneiderlein in d. Räuberhöhle. Lustspiel in 2 Akten u. e. Nachspiel von Paul Delfossé. *Bonn: A. Heidelmann [1900].* (19 S.) 8° [F.]
= Theaterbibliothek, A. Heidelmann's. H. 14. [01. 1004

**Delfossé, Paul**, s.a. Heidelmann's, A., Theaterbibliothek.

— Bursche Johann od. Dummheit üb. Dummheit, s.a. Heidelmann's A., Theaterbibliothek.

Bursche Johann oder Dummheit über Dummheit. Militär. Schwank in 1 Aufz. von Paul Delfossé. 2. Aufl. *Bonn: A. Heidelmann [1903].* (16 S.) 8° [F.]
= Theaterbibliothek, A. Heidelmann's. H. 73. [04. 11764

— Das liederliche Kleeblatt od.: Es hätte auch anders kommen können, s.a. Theater-Bibliothek.

Das liederliche Kleeblatt oder Es hätte auch anders kommen können! Schwank in 1 Aufz. von Paul Delfossé. *Bonn: A. Heidelmann [1900].* (14 S.) 8° [F.]
= Theaterbibliothek, A. Heidelmann's. H. 13. [01. 1003

Münchhausen Nr. 2 oder ein hereingelegter Prahlhans. Studenten-Posse von Paul Delfossé. *Bonn: A. Heidelmann [1903].* (12 S.) 8° [F. u. Ant.]
= Theaterbibliothek, A. Heidelmann's. H. 78. [04. 11769

Ein Vagabundenstreich. Posse mit Gesang in 1 Aufz. von Paul Delfossé. *Bonn: A. Heidelmann [1900].* (10 S.) 8° [F.]
= Theaterbibliothek, A. Heidelmann's. H. 23. [01. 1013

Wenn man in Geldnöten ist, so muß man sich zu helfen wissen. Orig.-Schwank in 1 Aufz. von Paul Delfossé. *Bonn: A. Heidelmann [1903].* (19 S.) 8° [F.]
— Theaterbibliothek, A. Heidelmann's. H. 75. [04. 11766

— Wie der Bauer Peter Ochsendorf beinah Bürgermeister war od. Die Dummen werden nicht alle, s.a. Heidelmann's, A., Theaterbibliothek.

Wie der Bauer Peter Ochsendorf beinah Bürgermeister war oder Die Dummen werden nicht alle. Schwank in 1 Aufz. von Paul Delfossé. *Bonn: A. Heidelmann [1903].* (11 S.) 8° [F. u. Ant.]
= Theaterbibliothek, A. Heidelmann's. H. 72. [04. 11763

— Wie Fridolin den Herrn spielte, s.a. Heidelmann's, A., Theaterbibliothek.

Wie Fridolin den Herrn spielte. Lustsp. in 2 Aufz. von Paul Delfossé. *Bonn: A. Heidelmann [1901].* (32 S.) 8° [F. u. Ant.]
= Theaterbibliothek, A. Heidelmann's. H. 38. [01. 7491 5

**Delfs, Otto**, Hauptpunkte der deutschen Grammatik. 8. (IV, 69 S.) Hamburg 892. O. Meißner's Verl. Geb. n. 1. —

**Delfs, Otto**, Mitteilungen e. Kriegsfreiwilligen von 1870 bis 71, f. die deutsche Jugend. (40 S.) 8. Hildesheim 904. H. Olms. n. — 80

Ⓢ **Delfs, Otto**, Mitteilungen e. Kriegsfreiwilligen. 904. (ᵃBV. 33.) Jetzt: Hannover, W. Otto. Erm. Pr. — 50

**Delgado, Ant.**, catalogue des monnaies et des médailles antiques du moyen âge et des temps modernes, en or, en argent et en bronze, composant le cabinet numismatique de feu Mr. Gustave Daniel de Lorichs etc. Madrid 857. (Stockholm, Samson u. Wallin.) gr. 8. (VII, 346 S. u. 1 lith. Taf.) n. 1 ₰ 10 ngr

Delgendesch, J.

—— Rossarznei-Büchlein, in welchem die meisten innerlichen Krankheiten und äusserlichen Zustände der Rosse, sowie die dazu gehörigen nötigsten Arzneimittel beschrieben werden. Tübingen 752.

**Delges, M.**, Übungsbuch f. den Unterricht in der deutschen Rechtschreibung, s.: Hopstein, Pet.

**Delhaes, Alexander**, Regierungsass.: Der Einfluß der Gesetze vom 1. April 1905 (GS. S. 179) und vom 17. November 1907 (GS. S. 323) auf die Bestimmungen des Enteignungsgesetzes vom 11. Juni 1874 (GS. S. 221). Borna-Leipzig 1909: Noske. VI, 55 S. 8°
Leipzig, Jur. Diss. v. 18. Juli 1909
Geb. 1. Febr. 81 Berlin; Wohnort: Flatow i. Wpr.; Staatsangeh.: Preußen; Vorbildung: Joachimsth. Gymn. Berlin Reife O. 99; Studium: Freiburg i. B. 3, Leipzig 1, Berlin 1, Bonn 1, Straßburg 3 S.; Rig. 29. Juli 05.] [U 09. 2188

**Delhaes, Geo.**, üb. die Behandlung der konstitutionellen Syphilis an den Thermen v. Teplitz. gr 8. (15 S.) Berlin 883. Grosser. n. — 50

Delhaes, Georg, Teplitz-Schönau, s. Grieben's Reise-Bibliothek.

Delhaes, Geo., der Badeort Teplitz-Schönau in Böhmen. Ein Führer und Rathgeber für Curgäste und Touristen. 2. Aufl. Mit 1 (lithogr.) Stadtplan und 1 (lithogr.) topogr. Karte der Umgegend. 8. (76 S.) Prag 880, Dominicus. *

Delhaes, Geo., der Badeort Teplitz-Schönau in Böhmen. Ein Führer und Rathgeber für Curgäste und Touristen. 3. Aufl., revid. und ergänzt von Baumeister. 12. (112 S. mit 1 Stadtplan und 1 topograph. Karte der Umgebung.) Prag 886, Dominicus. *

— Teplitz-Schönau [Bohemia], a guide for strangers to its thermal waters and environs. Teplitz 866. Junk. 16. (34 S. u. 2 lith. Karten in Fol.) n. 10 *ngr.*

—— die Thermen und Moorbäder von Teplitz-Schönau in ihren physiologischen und therapeutischen Wirkungen. Eine balneologische Studie. gr. 8. Berlin 869, Hirschwald. *

Delhaes, Geo., die Thermen und Moorbäder zu Teplitz-Schönau [Böhmen] in ihren physiologischen und therapeutischen Wirkungen. Eine balneolog. Studie, auf Grund einer 15jähr. Erfahrung. 3. Aufl. 8. (84 S.) Prag 878, (Dominicus.) *

—— Teplitz-Schönauer Wegweiser für Curgäste und Touristen. gr. 16. (60 S. mit 2 lithogr. und color. Karten in qu. gr. 4. und qu. Fol.) Prag 874, Dominicus. *

—— Teplitz-Schönauer Wegweiser für Curgäste und Touristen. 2. (Titel-)Ausg. Mit 2 (chromolithogr.) Karten. gr. 16. (60 S.) Ebendas. (874)78. *

Delhaes, Geo., wie erhalten wir uns. Gesundheit. 6 Vorträge. 8. (IV, 92 S.) Prag 880. Teplitz-Schönau, A. Becker. n. 1.50; erm. Pr. n. — 50

—— Wie erhalten wir unsere Gesundheit? Sechs Vorträge gehalten im Teplitzer Gewerbeverein. 8. (IV, 92 S. mit 3 eingedr. Holzschn.-Abbild.) Prag 880, Dominicus. *

—— die Wirkungen der Thermalquellen und Moorbäder zu Teplitz-Schönau und das beim Gebrauche derselben zu beobachtende Verhalten für Curgäste dargestellt. 1. Ausg. 1871, und 2. Ausg. 8. (VII, 56 S.) Teplitz 875, Pörzler. *

**Delhaes, Wilhelm**: Beiträge zur Morphologie und Phylogenie von Haliotis Linné. Berlin 1909: (Hopfer, Burg). 55 S. 8°
¶(Mit Taf. in: Zeitschrift f. induktive Abstammungs- u. Vererbungslehre. Bd 2, H. 5.)
Bonn, Phil. Diss. v. 22. Dez. 1909, Ref. Steinmann
[Geb. 31. Okt. 83 Berlin; Wohnort: Kolmar i. E.; Staatsangeh.: Preußen; Vorbildung: Gymn. Schwedt Reife M. 03; Studium: Freiburg i. B. 2, Göttingen 3, Bonn 5 S.; Rig. 3. März 09.] [U 10. 356

**Delhaes**, Wilhelm (geb. Lippstadt in Westf. 1. 2. 1843): Leberabscesse bei Schädelverletzungen. Berlin (1868). (35 S.) 8°
Berlin, Med. Diss. v. 28. März 1868

Delhez, Const., Spiritisches Alphabet zur Erlernung glücklich zu werden. Erklärt und erläutert durch viele, von hohen Geistern gegebene Mittheilungen. 8. (212 S.) Wien, Braumüller's Sort. Cto. 1864

Delhez, Const., spiritistisches Alphabet zur Erlernung glücklich zu werden. Erklärt u. erläutert durch viele, von hohen Geistern gegebene Mittheilungen. Wien 864. (Lechner.) 16. (212 S.) n. 20 *ngr.*

Delhez, Const., Gymnastik der Sinne für die erste Erziehung des Kindes. gr. 8. (24 S.) Wien 876, (Lechner's Verlag.) *

Delhez, Const. — Résumé du système analytique de la conjugaison française par — —. Q.-4. (4 Blätt.) Vienne. Imprimerie de J. P. Sollinger veuve. 1854

Delhinor, F., Ferdinand Cortez, s. Sandtner, J. E., die Entdeckung von Amerika.

De l'Homme de Courbière, s. Courbière.

**Delhondre, Lucien**, Huluwali, das Fest d. Finsternis, s.: Collection Tiefenbach.

**Delhondre, Lucien, Huluwali**, d. Fest d. Finsternis, u. Anderes. 8. (234 S.) Leipzig 898. A. Dieckmann. n. 2. —; geb. 3. —

**Delhorbe**, Ch., de Senecae tragici substantivis. gr. 8. (133 S.) Bernae 896. (Leipzig, G. Fock.) n. 2. —

**Delhougne**, Franz (geb. am 28 Juni 1857 in Weert Prov. Limburg Holl.): Ueber Anwendung und Wirkung des Naphtalin [!] beim Wundverbande und bei Hautkrankheiten ... Bonn, Univ.-Buchdr. v. C. Georgi 1883. 39 S. 8.
Bonn, Med. Fak., Diss. v. 21 Juli 1883

Deli, Jakob Bácsy, s.a. National-Bibliothek, allgem.

(F) Jakob Bácsy. Ein ungarisch-bosnischer Roman von Deli. Aus dem Ungarischen übersetzt und eingeleitet von Ludwig Hevesi. [Allgemeine National-Bibliothek. Nr. 241—243.] Wien. [1900.] Daberkow. 8°. 132 S. K —.60

Delia, Die Römerin, d. i. alle Gedichte des Tibullus und zum Theil des Horatius in einem curiosen Roman vorgestellet. [Frankfurt 1707.] V: *Meier, Joachim.* (Arch. f. Litt. I, 101—104.)

Delia, d. Durchlauchtigsten Römerin, Gesch., od. Gedichte Tibullus u. Horatius. 2 Thle. 8. Freyb. 707.

Della, Max, reisende Musikerinnen. Tagebuchblätter. 8. (VIII. 143 S.) Wien 893. A. Hartleben. n. 2. —

Delibáb Luftspiegelung. Pesth, 1855. (Nr. 1 – 29.)

Deliberanda, welche in Verfolg des neuerlich an das Reich ergangenen, und unter dem 28. Februar dictirten Commissions-Decrets, nach älteren Anordnungen nöthig scheinen: nebst dem R. H. R. Concluso vom 1. April 1757 und dem Memoire des Grafen von Cobenzl. d. d. Brüssel, den 22. März 1757. 4. 6 S.

**DELIBERIRBÜCHLEIN**, oder Berathschlagung von Erwählung eines Standes für das weibliche Geschlecht. Ingolstadt 1759. 12°.
Cat. J. N. Fritz. München 1770. p. 111.

Deliberirbüchlein, od. geistl. Such verloren! 8. München, Strobl. 784.

Delibes, Leo, s.a. Coppelia. (Erklärender Text.)

Delibes, Leo. Coppelia oder das Mädchen mit den Glasaugen. Ballet in 2 Abthlgn. v. Ch. Nuitter u. A. Saint-Léon. Musik v. L. D. Textbuch. 12. (12 S.) Wien 892, Künast. * — 40

—— s. König, der, hat's gesagt. (Textbuch.)

—— Sylvia, die Nymphe d. Diana. Mytholog. Ballet in 3 Bild. v. J. Barbier u. Mérante. Musik v. L. D. Textb. 12. (11 S.) Ebd. 892. * — 40

**Delić**, Steph. R., Beiträge zur Landes- u. Volkskunde. [Aus.: „Wissenschaftl. Mittheilgn. aus Bosnien u. d. Hercegovina" 1. Bd.] Lex.-8. (25 S. m. 1 Abbildg.) Wien 893. (C. Gerold's Sohn.) n. 1. —

— Daphne Blagayana Freier, s.: Sennik, J.

**Delić**, Steph. R., wie unser Volk denkt. [Aus: „Wissenschaftl. Mittheilgn. aus Bosnien u. d. Herzegovina", 3. Bd.] Lex.-8. (9 S.) Wien 895. (C. Gerold's Sohn.) n. — 40

**DELICADO**, Franc., Die hübsche Andalusierin. Zum ersten Mal und vollständig aus dem Spanischen ins Deutsche übertragen von D. Alfr. Semerau. Mit 8 (famosen) Bildbeilagen v. Frz. von Bayros. (Choisy le Conin ps.). O. O. u. J. (München 1907). 4°. 4 Bll. u. 252 S. (Büttenpapier. Einband ächt Prgt. Mk. 30—.) (40 Mk. Dieterich, Göttingen, 1907; 60 Mk., Luxus-Ausgabe, Walter & Schnabel, Potsdam, 1907.)
In dem berühmten Werke des spanischen Priesters wird mit ausserordentlicher Schärfe das römische Leben und Treiben in den ersten Jahrzehnten des 16. Säculums geschildert.
Eine literarische Seltenheit, da von der 1528 erschienenen Originalausgabe nur ein Exemplar bekannt ist. — Nicht im Handel, wurde in einmaliger Auflage von nur 600 in der Presse numerierten und mit des Herausgebers Namen gezeichn. Exemplaren hergestellt. Eine neue Auflage wird nie veranstaltet.

**Delicatessen-Zeitung.** Central-Organ f. die gesammte Conserven- u. Delicatessen-Branche. Handels-Revue f. Nahrungs- u. Genussmittel. Hrsg. v. J. Sandmann. 1. Jahrg. 1884. 36 Nrn. (B.) gr. 4. Berlin, Sandmann. n. 4. —

— dasselbe. 2. Jahrg. 1885. 52 Nrn. (B.) gr. 4. Ebend. n. 4. —

**Delicateß-**, das, und Italiener-Waaren-Geschäft in seinem ganzen Umfange. Für Kaufleute, Handlungsgehülfen und Lehrlinge. gr. 8. Halle 834, Goldiß'sche B. 1/2 ₰

**Delicateß- u. Colonialwaren-Zeitung**, schweizerische. Centralorgan f. die Delicatessen-, Colonialwaren-, Droguen- u. Farbwarenbranche, m. Beilage „Der Detaillist". 8. Jahrg. 1906. 24 Nrn. (à ca. 16 S.) 4. Zürich, Meyer & Hendeß. n. 2. —

**Délices**, les. de Spa et de ses environs. Illustrée de douze vues, dessinées d'après nature par Th. Fourmois. Gravées à l'école royale de Bruxelles, sous la direction du Prof. Brown. gr. in-12. Bruxelles 839. (Muquardt.) n. 2/3 ₰

**Deliciae**, oder Schatz theologischer Begebenheiten. Thorn 1719. V: *Wegner*. (Myl)

Deliciae Apophthegmaticae, Scherz u. Ernst ic. 8. Dresden. 724.

**Deliciae** Urbis Bernae: Merkwürdigkeiten der Hochlöbl. Stadt Bern ... Zürich 1732. V: *Gruner, Joh. Rud.* (ML)

Deliciae Cobresianae, J. Pr. Cobres Büchersammlung zur Naturgeschichte. Augsburg 1781. 1782. 8.

— Cobresianae. II Vol. 8. Augsb. Vindel. (Levrault, Strasburg.) 782.

— epistolicae s. epistolar. eleg. fasc. 8. Lips. 731.

— eruditor. Miscellanae, ex eor. oper. excerptae. II Tmi 8. Frft. Horti. 762.

— graecae, ex antiq. auctor. coll. 4. Magdeb. 732.

— homileticae. 10 Stck. 8. Eisen. Wittekind. 745-47.

**DELICIÆ** Juridicæ. 5 Præsente. Leipzig 1703—4. 8°.
Præsent 2—5, zus. 20 Bogen stark, waren in der Bibl. Ludovici (bibliop.) nominalis curiosa. Vitemb. 1705. (Continuatio.)

**Deliciae** juris Silesiaci sive commentationes et dissertationes clarissimorum virorum Silesiae jura illustrantes. Francofurti et Lipsiae 1736.

Deliciae juris Silesiaci s. Commentationes et dissertationes clarissimorum virorum Silesiae jura illustrantes. *Suidn*. 736. 4.

— medico-chirurgicae. s. d. Holl. mit K. 8. Danz. 736.

— naturae selectae, od. auserl. Naturalien ic. 2 Thle. mit deutschen od. franz. Text. u. illum. K. Fol. Nürnb. Knorr. 778. (1r 24 Thlr., 2r 32 Thlr.)

**Deliciae** Orientales, das ist Ergötzlich- und Merkwürdigkeiten des Morgenlandes ... Nürnberg 1712. V: *Dapper, Olfert*. (BrMm)

* **DELICIÆ** Poeticae, Oder Poëtische Ergötzlichkeiten, für alle Menschen, Bestehend in allerhand ungezwungenen, wohl fliessenden, netten, galanten, schertz- u. ernsthafften, curieusen, deutschen Gedichten, Welche hin und wieder von Sinn-reichen Köpffen derer besten Poëten unserer Zeiten verfertiget worden. Vor jetzo aus dem Staube der Vergessenheit sorgfältig wieder zusammen gelesen, und denen Liebhabern der reinen Poësie, zur Zeit-kürtzenden Lust, sonderlich aber der studirenden Jugend zum besten mitgetheilet. Erste (u. Andere) Parthie. Aus der Poëtischen Kammer-Druckerey (Bautzen, Dav. Richter) 1728. 8°. (In Berlin: Yf 2251.) Rarl
Viel Erotisches. 7 Bll. Vorst., 112 u., 470 S. (incl. Titel). S. 1—98 überschrieben: „Poetischer Einfall". — 2 Thle. O. O. 1727. 8°. waren in Rüdiger's cat. univ. p. 163.

Deliciae Prussicae, s. Prätorius, Matth.

**Deliciae** Sacrae. Carmen elegiacum. Graecii 1726. V: *Calles, Sigmund*. (Jes)

**Deliciae** topogeographicae Norimbergenses oder Geographische Beschreibung der Reichs-Stadt Nürnberg ... 1733. V: *Glück, Joh. Paul* & *Joh. Phil. Andreae*. H: *Falckenstein, Johann Heinrich v.* später *Stieber, Gtfr.* (EB) (ML) (BB) »2. Aufl. Frankfurt und Leipzig 1775. H: *Stieber, Gottfried*« (Ky)

— topogeographia Norimbergens., oder geograph. Erdbeschreib. der Reichsstadt Nürnberg ic. (v. J. v. Falkenstein). Fol. Nürnb. 733. 2e verm. Aufl. (v. Gfr. Stieber). Fol. Frkf. u. Leipz. 775. Endter. 2 ₰ 8 ℊℊ

— topo-geogr. Norimbergens. od. Beschreib. von Nürnberg. Fol. Nürnb. Endter. 775.

**Delitz**, Iwan (Marie v. Pistohlkors), durch's Fenster gesehen. Novellen u. Skizzen. (VII, 298 S.) 8. Dresden 905. E. Pierson. n. 3. —; geb. n. 4. —

**Delicz**, Iwan (Marie v. Pistohlkors), Lebensglaube. Roman in 2 Tln. (241 S.) 8. Dresden 906. E. Pierson. 3.—; geb. n 4. —

— Sarmatenliebe. Russische Novellen. (III, 116 S.) 8. Ebd. 903. n. 2. —

**Delicz, Iwan (Marie v. Pistohlkors)**, totes Wasser. Ein Roman a. Habsbg. Landen. (172 S. m. Bildn.) 8. Laibach 907. (I. v. Kleinmayr & F. Bamberg). 3.—; geb. 4. —

**Deliebeerlerbüchlein, Auserlesenes**, oder geistliches Suchverlohrn. Noch unverdorbenen Mädchen und Jünglingen ans Herz gelegt. [München] 1784. V: *Buchner, Ant. von*. (BGE³, II/24) (Baer 737/1143)

**Deligeorges,** E[paminondas L.], a. Athen: Die Kapitulationen der Türkei. Heidelberg 1907: K. Rössler. (XII, 131 S.) 8°
Heidelberg, Jur. Fak., Ref. Jellinek, Diss. v. 27. Juli 1907
[Geb. 11. Sept. 83 Paris; Wohnort: Athen; Staatsangeh.: Griechenland; Vorbildung: Gymn. Athen Reife Juli 00; Studium: Leipzig 4, München 1, Berlin 1, Heidelberg 2 S.; Rig. 5. Dez. 06.]

Deligny, 1870. Armée de Metz. gr. 8. (VII, 83 S.) Münster 871. Theissing. n. 1. 20

Deligny, général. 1870. Armée de Metz. Deuxième édition. 8. Munster 1871.

Deligny, E., une fille terrible, s.: Répertoire du théâtre Français à Berlin. Nr. 374.

DELIKATESSEN. Gedichte und Rezitationen. O. O. u. J. (um 1900). 8°.
Verb. d. Ldg. I Berlin 38 J. 1118/12.

Delikateß- u. Italiener-Waaren-Geschäft, das, in seinem ganzen Umfange. Für Kaufleute, Handlungsgehülfen u. Lehrlinge, u. überhaupt f. Jeden, der sich damit vertraut machen will. Nebst Angabe d. vorzügl. Städte u. Firmen d. Handln., von wo man dergl. Waaren am vortheilhaft. beziehen kann. Hrsg. v. e. prakt. Kaufmanne rc. zu Berlin. gr. 8. (4¼ B.) Berlin 834, Krause.

Delikateß- u. Kolonialwaren-Zeitung, schweizerische. Zentralorgan f. die Delikatessen-, Kolonialwaren-, Droguen- u. Farbwarenbranche, m. Beilage „Der Detaillist". 9.—12. Jahrg. 1907—1910. à 24 Nrn. (à ca. 12 u. 4 S.) 32,5×24,5 cm. Zürich, A. Richter. à Jahrg. 2.—

Delile, Karl, ein Handbuch für Knaben, nach d. Französ. bearb. Vom Verf. v. Mädchenwerth u. Mädchenglück (J. Sulzer). 8. Winterthur 794. Steiner. 1 ʀß

Delille, s.a. *Geschichte.*

Delille, s.a. *de Lille.*

Delille's, Anmerkk. zu Virgils Aeneis. Frkf. 806. 8. 1 rthl. 4 gr.

Delille, Jac., Anmerk. zu Virg. Aeneis, übers. von Engel. gr. 8. Frankf. Andreä. 807.

Delille, J. de, la Conversation, poeme. 8. Brunsv. Pluchart. 813.
pap. fin.
pap. Velin

Delille, J. de, le Depart d'Eden, suivi d'une épitre a deux enfans Voyageurs. gr. 8. Brunsw., Pluchart. 818.
— — le même livre. 18. Paris. (Levrault in Strasb.) 817.

— l'Enéide. II Vol. 8. Basel. Schweighäuser. 805.

— die Gärten; Lehrgedicht v. Voigt, s.a. Voigt.

Delille, Jac., d. Gärten. Ein Lehrgedicht in 4 Gesängen. Aus d. Französ. v. Chr. Friedr. Traug. Voigt. Mit Kpf. 8. Jena, 1796. (Leipzig, Fleischer.) 1. 15

— les Géorgiques. 8. Basel, Schweighäuser. 797.

— Geschichte von Frankreich, a. d. Franz. von Hißmann. 2 Bde. 8. Leipzig, Sommer.

Delille, Jac., Geschichte der Römer. Aus dem Französ. von Hißmann. Mit Charten. Leipz. u. Münst. 794. 5 Bde. 8. 8 rthl. 8 gr.

— Geschichte der Seleuciden, Griechen und Egypter. a. d. Franz. von Hißmann. 5 Bde. m. Chart. 8. Ebend.

— l'homme des champs, ou les Géorgiques français. av. fig. 8. ibid.
avec fig. gr. 12.
avec fig. in 8.
beau P. av. fig. gr. 8.

* — l'Homme des champs, ou les Georgiques françaises, av. fig. 12. Berl. Rücker. 800.

— — le même, nouv. Edition. 12. Brunsv. Pluchart. 812.

Delille J.: Les jardins. Poeme. Hambourg 1783. 184 S. (S. 134-84: Notes).

— les Jardins, poëme. 8. Bâle, Schweighäuser 797.

— le même. 8. Leipz. Ind. C. 797.

— les Jardins, ou l'art d'embellir les paysages. 12. Leipz. Rabenhorst. 801.

— les Jardins, poëme. 4. Strasb. Levrault. 810.

Delille, Jac., l'Imagination, poëme en 8 Chants. 2 Vol. 12. Leipz. Fleischer jun. 806. Rthlr.

— der Landmann, Gedicht v. K. L. M. Müller. 8. Leipzig, Dietsch.
Velinpap.

— Malheur et Pitié, poëme. gr. 8. Braunschw. Vieweg 804.
Velinpap.

— — le même p. Meynier. 8. Coburg, Sinner. 804.

— — le même, édition d'apr. celle de Londres. 8. Braunschw. Pluchart.
pap. commun
— ordin.
— fin
— Velin
in-4. — Holl.
— Velin

— Malheur et Pitié, poëme edition conforme a celle de Londres. nouv. Edition. gr. 8. là même. 812.
Schreibp.
Holl. Pap.
Velinp.
en 4. Holl. Pap.
Druckp.

— variantes de le même, de morceaux. 12. là même. 812.

Delille, J., die drei Naturreiche. Ein Lehrgedicht üb. Physik, Chemie u. Naturgesch. in acht Gesängen, mit Erklärn., die theils von d. Dichters Freunden d. Orig., theils v. Zenneck d. metr. Uebersetz. nach d. neuesten Zustand d. Wissenschaften beigefügt sind. 2 Thle. M. 8 Stndr. 16. (30½ B.) Reutlingen 837. Enßlin u. Laiblin.

— Oeuvres, par Meynier. I—V Vol. 8. Cob. Sinner. 803—804. (I—III. 2 Thlr. 16 gr., IV—V. 1 Thlr. 16 gr.)

— le Paradis perdu. III Vol. 8. Leipz. Fleischer jun. 805.

— — le même, trad. par Jacques. II Vol. 12. Braunschw. Pluchart.

— le Paradis perdu, par Milton. 8. Basel, Schweighäuser. 807.

— la Pitié. 12. Leipsig, Grieshammer.

— — le même. 12. Wien, Sammer. 803.
Postpap.

— les trois Règnes de la nature, Poëme. 4. Strasb. Levrault. 810.

— Unglück und Mitleid, ein Gedicht aus dem Franz. übers. von Feder. gr. 12. Nürnb. Stein. 813.

— neue Welt- und Menschengeschichte. a. d. Franz. von Hißmann. 17 Bde. mit K. Leipz. Sommer. 79¹.

**Delin,** Carl, üb. zwei ebene Punktsysteme, die algebraisch auf einander bezogen sind. Diss. gr. 8. (85 S. m. 1 Tab.) Lund 893. Hj. Möller's Univ.-Buchh. n. 1.60

**Delineatio** A. B. in usum lectionum priuatarum. Lips. 1721. V: *Hoffmann, Chn Gottfr.* (Pütter, Litt. d. Teutsch. Staatsr. Gött. 1773—91. II, 485.)

**Delineatio, Actenmässige,** der disseitigen Jurium Ecclesiasticorum et Politicorum ... O. O. [ca. 1765]. V: *Hausfritz, Georg Lorenz.* (will)

**Delineatio** constitutionis de notariis in comitiis Coloniensibus anno 1512 a Maximiliano I. imperatore sancitae praemissa lectionibus in illam publicis. Francofurti ad V. 1729. V: *Hoffmann, Christian Gottfried.* (KGBerlin I, 1899)

Delineatio historiae Germaniae, tam sacrae quam profanae, in tabulis exhibita etc. Fol. Vienna 1756.

Delineatio, Hydrographica Germaniae ... Augusta, M. Seutter, o. J. Fol. Kupf. u. kolor. . . . . . . . . . . . . . . . . . . . . . . . . . . . [illegible]

**Delineatio, Juris Cameralis,** brevis. Francofurti 1714. V: *Ludolf, Georg Melchior.* (Bibliotheca Rinckiana. Lipsiae 1747.)

Delineatio justitiae div. 8. Lips. Eurich. 714.

**Delineatio, Libertatis et aequalitatis civilis in Atheniensium republica,** ex Aristophane. Gottingae 1793. V: *Heyne, Chn Gottlob.* (MGT)

I.D.H. Nova pathologiae Delineatio. Rostochii 1755: Ex officina Röseniana. 426 S. 8°

**Delineatio** B. D. Rennebaumii ... gymnasii Curiens. Conrectoris quondam meritissimi ... Hof 1801. V: *Helfrecht (Helfrich), Joh. Theod. Benj.* (Fiker)

Delineatio aureae sterilitatis Herciniensis. Nürnberg, 1723.

**Delineatio** successionis inter virum et uxorem, jure civili Romano ... Hildburghusae 1777. V: *Schwabe, Heinrich Elias Gottlob.* (MGT)

Delineatio der Vestung Temeswar, welche von der Keiserl. Armee unter des Printz Eugeni von Savoyen hohen Commando attaquirt, und den 1. Sept. 1716. das Trenche dafür geöffnet worden. Flugblatt, anon. Kupfer. O. O., Dr. u. J. (1716). Fol. (37:28 cm). 20.—
Umgebungsplan der Festung mit den Belagerungsheeren, unten eine kleine Gesamtansicht.

**Delineatio, Theologiae pastoralis et polemicae,** Sabellis proposita. Vindob. 1778. V: *Rautenstrauch, Franz Stephan von.* (Ky) (ML)

**Delineatio atque descriptio, Vera,** globi imperialis ... Francof. et Lips. 1730. V: *Ebner von Eschenbach, Hier. Wilh.* (Huch)

Accurate geographische Delineation der Grafschafft Mansfelt sowohl Chur Sächsisch. als Brandenb. Hoheit. Amsterdam. 1 Bl. c. K. v.

Delineation von der Action, welche zwischen denen Schweden und Saxen, nebst denen Pohlen, vorgegangen bey Warschau den 21/31. July 1705. C. Albrecht sculp. 1 Bl. aus vorst. W. 17ter Thl.

Delineation des Treffens so zwischen den Schwedischen und Kayserlichen bey Wiesloch vorgangen. 1 Bl. Photolithographie.

Delinquent, der, von Hirschberg. Volks- und Kinder-Märchen, wiedererzählt von Onkel Wilhelm. 32. (20 S.) Frankfurt a. M. 864, Küchler.

Delion, Aug. Wlh., († ...) kurze auf vieljähr. Erfahrung begründete Anweis. zur Korbbienenzucht. 8. Halle 811, Waisenhaus-Buchh. 6 gl.

Deliquente, honrado, s. Verbrecher, der edle.

Delisle, s. a. Romé u. allgem. Welt- u. Menschengeschichte.

Delisle, du Rome, Vers. ein. Crystallographie. a. d. Franz. mit K. 4. Greifsw, Röse. 777.

Delisle, de Romé, Vers. e. Cristallographie ꝛc. A. d. Franz. von C. F. Weigel. 4. Jetzt Enobloch in Leipzig.

Delisle, Alfred [aus Karlsruhe]: Einwirkung von Propionaldehyd auf bernsteinsaures Natrium bei Gegenwart von Essigsäure-Anhydrid. Ein Beitrag zur Perkin'schen Reaction .... Strassburg, Univ.-Buchdr. v. J. H. Ed. Heitz (Heitz & Mündel), 1885; 42 S. 8°.
Strassburg, Math.-Naturw. Fak., Inaug.-Diss. v. 1885.

Delisle, Alfred, Einwirkung von Propionaldehyd auf bernsteinsaures Natrium bei Gegenwart von Essigsäure-Anhydrid. Ein Beitrag zur Perkin'schen Reaction. Diss. Strassburg i. Els. 1885, Trübners Buchh. u. Antiqu. (E d'Oleire). 8°. 42 S.

**Delisle, Alfred, Dr.:** Ueber die Umwandlung ungesättigter, zweibasischer Säuren in ihre Stereoisomeren. 1892. 31 S. 8°
¶ Aus: J. Liebig's Annalen d. Chemie. Bd 269. Karlsruhe Te. H., Hab.-Schr. v. 31. 10. 1892

**Delisle, Karl.** Ein Handbuch für junge Knaben ... Winterthur 1794. V: *Sulzer, Joh. Rudolph.* (Cat. d. Stadtbibl. Zürich. Zürich 1864-97.)

Delisle, W., Einleitung zur Erdbeschreib. 12. Hamburg, König. 749.

**Delisles de Sales,** Wanderungen eines Kosmopoliten, oder über Staatsverfassung, politische Freiheit und Despotismus. Ein platonischer Traum. 8°. Kosmopolis 1795.

**Delitas,** Frdr., Bella gemma. Drama in 4 Aufzügen. (94 S.) kl. 8. Leipzig 907. Verlag f. Literatur, Kunst u. Musik. 2.—; geb. n 3.—

**Delitsch,** J., s.: Behütet eure Kindlein vor englischer Krankheit.

— **Über individuelle Hemmungen der Aufmerksamkeit im Schulalter,** s.a. Beiträge zur Kinderforschung u. Heilerziehung.

Über individuelle Hemmungen der Aufmerksamkeit im Schulalter. Vortrag, geh. auf d. Kongr. f. Kinderforschung u. Jugendfürsorge 1906 zu Berlin von J. **Delitsch,** Hilfsschuldir. Langensalza: H. Beyer & Söhne 1907. (21 S.) 8°
= **Beiträge** z. Kinderforschung u. Heilerziehung. H. 37. [07. 13327

— **Ursachen der Verwahrlosung Jugendlicher,** s.a. Beiträge zur Kinderforschung u. Heilerziehung.

Ursachen der Verwahrlosung Jugendlicher. Gewidmet der 1. Hauptversammlung d. Verbandes Sächs. Kinderschutz- u. Jugendfürsorgevereine 1910 von J. **Delitsch.** Langensalza: Beyer 1910. 35 S. 8°
(Beiträge z. Kinderforschung u. Heilerziehung. H. 75.) [11. 3658

**Delitsch,** Otto: Afrika, s. Gumprecht, T. E.

**Delitsch, O., Beiträge zur Methodik des geographischen Unterrichts,** s.a. Vorträge und Abhandlungen, pädagogische.

**Delitsch, Otto,** Beiträge zur Methodik des geographischen Unterrichts, namentlich des Kartenlesens und Kartenzeichnens in Schulen. 2. verb. und verm. Aufl. gr. 8. (IV, 72 S.) Leipzig 878, Klinkhardt. *

**Delitsch,** Otto Dr., Oberlehrer der Realschule zu Leipzig. Kartographische Darstellung der Bevölkerungs-Dichtigkeit von Westdeutschland, auf Grund hypsometrischer und geognostischer Verhältnisse. Abgedruckt aus dem 5. „Jahresbericht des Vereines von Freunden der Erdkunde zu Leipzig". (Mit 1 lithogr. und 3 Farbendruck-Taf.) 8. Leipzig 1866.

—— kartographische Darstellung der Bevölkerungs-Dichtigkeit von Westdeutschland, auf Grund hypsometr. und geognost. Verhältnisse. gr. 8. (90 S. mit 4 chromolithogr. Karten in qu. Fol.) Leipzig 867, Hinrichs' Verlag. *
Aus: Jahresbericht des Vereins von Freunden der Erdkunde zu Leipzig, besonders abgedruckt.

**Delitsch's,** Otto, Elementaratlas der allgemeinen Geographie in 6 (lithochrom.) Bl. (in qu. gr. 4.) Unter Mitwirkung von Carl Vogel entw. und gez. — Atlas élémentaire de géographie générale en 6 cartes. — Elementary atlas of general geography in 6 maps. Europa. Asia. Africa. Nordamerica. Südamerica. Australia. gr. 8. Leipzig 855, Hinrichs'sche Buchh. *

**Delitsch, Otto,** s. Familien-Bibel, illustrirte.

**Delitsch,** O.: Zur Geschichte der sächsischen Landkarten. (Programm der städtischen Realschule zu Leipzig. 1858.) Leipzig 1858. 26 S. 8°.

**Delitsch,** Otto, Mitteleuropa. Orographisch-hypsometrisch u. hydrographisch dargestellt. Erläuterung zu Vogel und Delitsch Höhenschichten-Wandkarte von Mitteleuropa auf Wachstuch. Leipzig 862. Hinrichs. Lex.-8. (55 S. u. 1 Karte in Kpfrst. in 4.) 7½ ngr.

— **Nachträge u. Ergänzungen zu Afrika,** s. Stein, C. G. D., u. F. Hörschelmann, Handbuch der Geographie.

**Delitsch,** Otto, Deutschlands Oberflächenform. Versuch einer übersichtlichen Darstellung auf orographischer und geologischer Grundlage zur leichteren Orientirung im deutschen Vaterlande. Breslau 1880.

**Delitsch, Otto,** Deutschlands Oberflächenform. Versuch einer übersichtl. Darstellung auf orograph. und geolog. Grundlage zu leichterer Orientirung im deutschen Vaterlande. gr. 8. (VII, 88 S. mit 3 [2 lithogr. und 1 eingedr.] Karten.) Breslau 880, F. Hirt.

**Delitsch,** Otto, Schul-Wandkarte des Königr. Sachsen. 1 : 142,000. 1. Abdr. * ℳ 14., und 2. Abdr. 6 Bl. Mit Höhenschichten. Fol. Leipzig 875, Hinrichs' Verlag. *
aufgez. mit Stäben **

—— s. Stein's, C. G. D., Geographie für Schule und Haus.

**Delitsch, Otto, Uebersichtskarte des Kriegsschauplatzes am Rhein.** Fol. Leipzig 870, Cnobloch.

**Delitsch,** Otto: Wandkarte der Hemisphären, s. Vogel, Karl

**Delitsch,** Otto: Wandkarte von Mitteleuropa auf Wachstuch, s. Vogel, Karl

**Delitsch, Otto,** Westindien u. die Südpolar-Länder geographisch u. statistisch bearb. [Aus „Stein's Handbuch der Geographie u. Statistik."] Lex.-8. (VIII, 310 S.) Leipzig 871. Hinrichs' Verl. 3. 60

—— dass. — s. Stein's, C. G. D., und F. Hörschmann, Handbuch der Geographie und Statistik.

—— **17 Zeittafeln zur Staatengeschichte,** s. Wagner, K. Th.

Katalog der ausgewählten Gemälde-Sammlung des Herrn Baumeisters Edouard **Delitt,** Brüssel etc. Hervorragende Gemälde, vorwiegend von bedeut. Meistern der vläm. u. holländ. Schulen d. 17. u. 18. Jh. Versteig. zu Köln 5. Febr. 1900 bei J. M. Heberle (H. Lempertz' Söhne). *Köln 1900: M. Dumont Schauberg.* (17 S.) 4° [... 1612 6

**Delitzin,** Sergèj

**Delitzin,** S., zur Frage d. Situs viscerum b. allgem. Hydrops, s.a. Bibliotheca medica.

Aus d. anatom. Inst. d. Militär-Medicin. Akad. in St. Petersburg. Zur Frage des Situs viscerum bei allgemeinem Hydrops. E. topograph.-anatom. Untersuchg v. Dr. med. S[ergèj] **Delitzin,** ... Privatdoc. an d. Kais. Militär-Medicin. Akad. Deutsch v. R. Weinberg in Dorpat. Hierzu 1 Taf. *Cassel: Th. G. Fisher & C. 1896.* (2 Bl., 12 S., 1 Bl., 1 Taf.) 1 Bd 4.
= **Bibliotheca medica.** Abth. C. H. 7. [96. 4199

**Delitzin, S. N., die Wanderniere,** s.: Wolkow, M. M.

**Delitzsch** [Schlagwort]

**Delitzsch, Kreis,** s.a. Merseburg.

**Delitzsch,** Kreis. Karte des Kreises Delitzsch. 4 Bl. à 32,5×47,5 cm. Farbdr. Delitzsch, G. Krause. 2.—

**Delitzsch.** Meyer, Karl, Kreis Delitzsch. Karte zur Heimatskunde. 1 : 100,000. 31,5×51,5 cm. Farbdr. Nordhausen, F. Eberhardt. n. — 25

**Delitzsch** [Verfasser]

**Delitzsch, Elisab., Franz Delitzsch als Freund Israels,** s.: Schriften, kleine, zur Judenmission. 5.

**Delitzsch,** Franz

**Delitzsch,** (Frz.), die bayerische Abendmahlsgemeinschaftsfrage. Ein Anfang eingehenderer Erörterung. gr. 8. (IV und 48 S.) Erlangen 852, Bläsing.

— s. Ahron ben Elia's, System d. Religionsphilosophie. —

**Delitzsch,** Frz., die akademische Amtstracht und ihre Farben. Rede beim Antritt des Prorektorats der Königl. Bayer. Friedrich-Alexander-Universität Erlangen am 4. Novbr. 1859 gehalten. Erlangen 859. Bläsing. 4. (12 S.) 3 ngr.

—, meine Antworten an die Rabbiner. Oder: Fünf Briefe über den Talmudismus u. das Blut-Ritual der Juden. Prag (J. Zeman & Co.) 1883. 8°. 106 S. Cart.*)

—— Anweisung zu heilsamem Lesen der heil. Schrift. Sieben Regeln, gepredigt am 7. Sonnt. n. Trin. 1852. (Jahrestag der erlanger Bibelgesellschaft.) gr. 8. (16 S.) Erlangen 852, Deichert. *

Delitzsch, Frz., die Bibel u. der Wein, s.a. Schriften d. Institutum judaicum in Leipzig.

Delitzsch, Franz: Die Bibel und der Wein. Leipzig: Dörffling & Franke 1885. 18 S. (Schriften des Institutum Judaicum in Leipzig. Nr 7.) -- 17.121*

— Paulus des Apostels Brief an die Römer aus dem griechischen Urtext auf Grund d. Sinai-Codex in das Hebräische übersetzt u. aus dem Talmud u. Midrasch erläutert. Leipzig 870. Dörffling & Franke. gr. 8. (123 S.) n. 20 ngr.

—— u. v. Hofmann. Theologische Briefe. Hrsg., bevorwortet u. m. Registern versehen v. Wilh. Volck. gr. 8. (XIV, 233 S.) Lpz. 891, Hinrichs' Verlag. * 5 60; geb. * 6 60

— u. v. Hofmann, theologische Briefe. Hrsg., bevorwortet u. m. Registern versehen v. Wilh. Volck. 2. (Titel-) Ausg. gr. 8. (XIV, 233 S.) Leipzig 893. J. C. Hinrichs' Verl. Geb. in Leinw. n. 3. —

—— s. Briefwechsel.

—— s. Bücher, die, des Neuen Bundes übers. aus dem Griech. in's Hebräische.

Delitzsch, Franz, vier Bücher von der Kirche. Seitenstück zu Löhe's drei Büchern von der Kirche. gr. 8. (192 S.) Dresden 847, Naumann. *

— s. Catalogus librorum mss. etc.

Delitzsch, Frz., Christentum und jüdische Presse. Selbsterlebtes. gr. 8. (68 S.) Erlangen 882, Deichert. *

Delitzsch, Franc., Codices hebraicos ac syriacos etc. describ., s. Catalogus libror. msptor.

Delitzsch, Frz., Codices orientalium linguarum, s. Catalogus libror. manuscriptorum.

—— Documente der national-jüdischen christgläubigen Bewegung in Süd-Russland, s. Schriften des Institutum judaicum in Leipzig.

— s.: Evangelium, das hl., St. Matthäi.

—— der Flügel d. Engels. Eine Stimme aus d. Wüste im vierten Jubel-Fest-Jahre d. Buchdruckerkunst. (Mit Titvign.) gr. 8. (6¼ B.) Dresden 840, Naumann.

Delitzsch, Frz., der Flügel des Engels. Eine Stimme aus der Wüste im 4. Jubelfestjahre der Buchdruckerkunst. Neuer Abdruck zur 500jähr. Gutenberg-Feier. Mit e. Vorwort v. O. H. Th. Willkomm. gr. 8. (VIII, 73 S.) Zwickau 900. J. Herrmann. n. 1. —

—— Ernste Fragen an die Gebildeten jüdischer Religion, s.a. Schriften d. Institutum Judaicum in Leipzig.

Ernste Fragen an die Gebildeten jüdischer Religion. Von Franz Delitzsch. London: Bookstore Centralhall, Philpotstreet, E. 1896. 68 S. 8° [Ill. 8349]

—— handschriftliche Funde. 1. Heft: Die Erasmischen Entstellungen des Textes der Apokalypse, nachgewiesen aus dem verloren geglaubten Codex Reuchlins. gr. 8. (V und 64 S. mit 1 Stnt.) Leipzig 861, Dörffling und Franke.

Delitzsch, Frz., handschriftliche Funde. 2. Heft: Neue Studien über den Codex Reuchlins und neue textgeschichtl. Aufschlüsse über die Apokalypse aus den Bibliotheken in München, Wien und Rom. Nebst einer Abhandlung von S. P. Tregelles. gr. 8. (VIII und 63 S. mit 1 Stnt.) Leipzig 862, Dörffling und Franke. *
1. Heft. Ebendas. 1861. * 1 Thlr.

Delitzsch, Frz., das grosse Gebet der drei schweizerischen Urcantone. Aus einer alten Pergamenthandschrift in seiner Urgestalt hrsg. gr. 8. (31 S.) Leipzig 864, Dörffling und Franke.

—— das Gebet und die Heidenmission. Predigt über Luc. 6, 12—13 gehalten am Missionsfest in Nürnberg den 21. Juni 1853. gr. 8. (17 S.) Nürnberg 853, Raw'sche Buchh.

—— die Genesis ausgelegt. 1. Aufl. (VIII und 414 S.) 1852. * 2 Thlr. 4 Ngr. und 2., umgearb. und erweiterte Ausg. gr. 8. (XXIV und 246 S.) Leipzig 853, Dörffling und Franke. *

—— zur Geschichte d. jüdischen Poësie, vom Abschluss d. heil. Schriften Alten Bundes bis auf d. neueste Zeit. gr. 8. (15½ B.) Leipzig 836, K. Tauchnitz.

—— der tiefe Graben zwischen alter und moderner Theologie. Ein Bekenntnis. Vorgetragen in der Pastoralkonferenz der vereinigten Konferenzen des Erzgebirges in Hohenstein bei Glauchau am 11. Juli 1888. gr. 8. (17 S.) Leipzig 888, Buchh. des Institutum Judaicum. *

— der tiefe Graben zwischen alter u. moderner Theologie. Ein Bekenntniß. 1. u. 2. Aufl. gr. 8. (18 S.) Leipzig 888. 890. Akadem. Buchhandlg. (W. Faber). n. — 50

— und Carl Paul Caspari, exegetisches Handbuch zu den Propheten des alten Bundes. — Der Prophet Obadja. Ausgelegt von C. P. Caspari. gr. 8. Leipzig 842, Beyer. ¾ ℛ — (2. Hft.) Der Prophet Habakuk. Ausgelegt v. Frz. Delitzsch. gr. 8. Ebend. 843, Karl Tauchnitz. 1⅓ ℛ

—— u. Carl Paul Caspari, exegetisches Handbuch zu d. Propheten d. alten Bundes. — Der Prophet Obadja. Ausgelegt v. C. P. Caspari. gr. 8. (9¾ B.) Leipzig 842. [Orthaus.] -

—— —— dass. (2. Hft.) Der Prophet Habakuk. Ausgelegt v. Frz. Delitzsch. gr. 8. (15¼ B.) Leipzig 843, Karl Tauchnitz.

—— Handwerkerleben zur Zeit Jesu. Ein Beitrag zur neutestamentl. Zeitgeschichte. gr. 8. (82 S.) Erlangen 868, Deichert.

—— jüdisches Handwerkerleben zur Zeit Jesu. Fünf Vorträge im Leipziger Jünglingsverein gehalten im Winter 1867—1868. [Schriften für Israel Nr. 5.] 2. revid. Aufl. gr. 8. (83 S.) Ebendas. 875. *

— jüdisches Handwerkerleben zur Zeit Jesu. Nach den ältesten Quellen geschildert. 3., rev. Aufl. gr. 8. (83 S.) Erlangen 879. Deichert. n. 1. —

— assyrisches Handwörterbuch. 1. Tl. א bis ר. gr. 8. (S. 1—230.) Leipzig 894. J. C. Hinrichs' Verl. n. 14. —

— vom Hause Gottes oder der Kirche. Katechismus in drei Hauptstücken. gr. 8. (VIII u. 103 S.) Dresden 849, Naumann. ½ ℛ

Delitzsch, Franz, das Hohelied untersucht und ausgelegt. gr. 8. (VII und 239 S.) Leipzig 851, Dörffling und Franke. Thlr. *

—— Iesurum, sive prolegomena in Concordantias Vet. Testam. a Jul. Fuerstio editas, lib. III. — E. s. t.: שפת ישורון Isagoge in grammat. et lexicograph. linguae hebraicae. Contra G. Gesenium et Ewaldum. 8maj. (17¼ B.) Grimmae 838, Gebhardt. *

—— Jesus und Hillel. Mit Rücksicht auf Renan und Geiger verglichen. 1. Aufl. 1866. und 2., revid. Aufl. gr. 8. (42 S.) Erlangen 867, Deichert. *

—— Jesus und Hillel. Mit Rücksicht auf Renan und Geiger verglichen. 3. revid. Aufl. gr. 8. (40 S.) Ebendas. 879. *

Delitzsch, Frz., Jesus u. Hillel, (ins Hebräische) übers. v. Jechiel Lichtenstein. 8. (47 S) Leipzig 894. Ev.-luther. Centralverein f. Mission unt. Israel — 50

—— Iris, s.a. [XVIII. Bd. 1. Abthl. S. 318] Baudissin, Wolf.

—— Iris. Farbenstudien und Blumenstücke. gr. 8. (176 S.) Leipzig 888, Dörffling und Franke. *
geb. *

—— für und wider Kahnis. Kritik der Dogmatik von Kahnis mit Bezug auf dessen Vertheidigungsschrift. gr. 8. (IV und 32 S.) Leipzig 863, Dörffling und Franke. *

—, der Katechismus des XIX. Jahrhunderts f. Juden u. Protestanten, den auch Katholiken lesen dürfen. Mainz, Frz. Kirchheim, 1877. 8⁰. Hsrsb. VIII—272 S. Enth. in 4 Abschn.: Gott u. Mensch nach d. blossen Vernunft. — Die Offenbarung Gottes an d. Menschen. — Jesus Christus d. Heiland d. Welt. — Die Kirche Jesu Christi.

— — De calamitatibus temporum: seu contra peccatorum monstra aureum poema familiariter ac succincte declaratum. (Hrsg.: Jodocus Badius Ascensius.) —[Paris]: Parvus & Confluentinus (1502). CLII gez. Bl. 8°
2. 12:4° P. lat. 863/1. 15. 16. 19. 25. 30. 61. 75.
300:36 E 31.
11.200

—— —— biblischer Commentar über die poetischen Bücher des Alten Testaments, s.a. Keil, C. F., und F. Delitzsch, biblischer Commentar über das Alte Testament.

Delitzsch, Franz, Biblischer Commentar über die poetischen Bücher des Alten Testaments. Band II. III. Mit Beiträgen von Fleischer und Wetzstein. [= Carl Friedrich Keil und Franz Delitzsch, Biblischer Commentar über das Alte Testament. IV, 2. 3.] 2 voll. Leipzig 1864. 1873.

—— biblischer Commentar über das alte Testament, s. Keil, C. F.

**Delitzsch**, Frz., Commentar zum Briefe an die Hebräer. Mit archäolog. u. dogmat. Excursen über das Opfer u. die Versöhnung. Leipzig 857. Dörffling u. Franke. gr. 8. (XLIII, 770 S.)
n. 4 ₰ 10 ngr

—— Commentar über die Genesis. 3., durchaus umgearb. Ausg. gr. 8. (VIII und 648 S.) Leipzig 860, Dörffling und Franke. *

—— Commentar über die Genesis. Mit Beiträgen von Fleischer und Wetzstein. 4. gänzlich umgearb. Aufl. gr. 8. (603 S.) Leipzig 872, Dörffling und Franke. *

—— neuer Commentar über die Genesis. gr. 8. (V, 554 S.) Leipzig 887, Dörffling und Franke. *

—— Commentar über den Psalter. 1. Thl. Uebersetzung und Auslegung von Ps. 1—89. gr. 8. (XX und 675 S.) Leipzig 859, Dörffling und Franke. *

—— dass. — 2. Thl. Uebersetzung und Auslegung von Ps. 90—150. Nebst der Einleitung in den Psalter und vielen Beigaben masoreth. und accentuolog. Inhalts. gr. 8. (530 S.) Ebendas. 860. *

—— durch Krankheit zur Genesung. Eine jerusalem. Geschichte der Herodier-Zeit. gr. 16. (203 S.) Leipzig 873, J. Naumann. *
geb. mit Goldschn. *

—— s. Liber chronicorum.

—— s. Liber psalmorum hebraicus atque latinus.

**Delitzsch**, Frz., Ein Lied von d. Einen, das noth ist, gesungen all seinen deutschen Brüdern, insonderheit seiner lieben Burschenschaft. gr. 8. (2 B.) Leipzig 831, Gerig.

— s. Luther, Dr. M., Regulae de theol.

—— die revidierte Lutherbibel. Appell an die luther. Kirche. gr. 8. (28 S.) Leipzig 884, Dörffling und Franke. *

—— Lutherthum u. Lügenthum. Ein offenes Bekenntniß beim Reformationsjubiläum d. Stadt Leipzig. gr. 12. (4½ B.) Grimma 839, Gebhardt. *

—— der Messias als Versöhner, s.a. Schriften des Institutum Judaicum in Leipzig.

—— der Messias als Versöhner. Ein begründetes Zeugniß an die Gebildeten im jüdischen Volke. 8. (24 S.) Paris und Straßburg 867, Berger-Levrault und Sohn.

—— מצעי אוהב Eine Missionsrede, mit Bezugnahme auf d. Judenverfolgn. zu Damaskus u. Rhodus gehalten. gr. 8. (1 B.) Dresden 841, Naumann.

— Missionsvorträge, s.: Schriften d. Institutum iudaicum in Leipzig.

— s. Mosis Vitae Luzatti, Patavini Drama etc.

——s.a. Philemon oder von der christlichen Freundschaft.

—— Philemon od. d. Buch von d. Freundschaft in Christo. Den zerstreuten Bekennern d. Herrn zur Belebung u. Regelung ihrer Gemeinschaft gewid. 8. (18¾ B.) Leipzig 841, Gebhardt u. Reisland.

—— Physiologie und Musik in ihrer Bedeutung für Grammatik, besonders die hebräische. gr. 8. (48 S. mit eingedr. physikal. Abbild. in Holzschn. und 1 musikal. Beilage.) Leipzig 868, Dörffling und Franke. *

—— jüdisch-arabische Poesien aus vormuhammedischer Zeit. Ein Specimen aus Fleischers Schule. Als Beitrag zur Feier seines Jubilaeums. gr. 8. (40 S.) Leipzig 874, Dörffling und Franke. *

—, die Polemik des Rabbinismus. Eine wissenschaftliche Antwort ohne Polemik für die Rabbiner u. ihre Genossen. Paderborn 1883. 8⁰. Cart. 108 S. u. 1 Bl. Druckf.

— selbsterlebte römische Propaganda. Mit e. Portr. u. facsim. Titel. gr. 8. (24 S.) Leipzig 894. Verlag der Academ. Buchh. (W. Faber.) n. — 50

—— und Adf. v. Scheurl, die Sache des Prof. Dr. Baumgarten in Rostock theologisch und juristisch beleuchtet. 1. und 2. Abdr. gr. 8. (92 S.) Erlangen 858, Bläsing. *
Aus: Zeitschrift für Protestantismus und Kirche, besonders abgedruckt.

—— das Sacrament d. wahren Leibes u. Blutes Jesu Christi. Beicht- u. Communion-Gebete. 8. (10 B. u. 1 Stahlst.) Dresden 844, Naumann.

—— das Sacrament des wahren Leibes und Blutes Jesu Christi. Beicht- und Communionbuch. 2., erweit. Ausg. 8. (X und 232 S. mit 1 Stahlst.) Dresden 853, Naumann. *

—— das Sacrament des wahren Leibes und Blutes Jesu Christi. Beicht- und Communionbuch. 3., bereich. Ausg. 8. (X und 254 S. mit 1 Stahlst.) Leipzig und Dresden 859, Naumann. *

—— das Sacrament des wahren Leibes und Blutes Jesu Christi. Beicht- und Communionbuch. 4., bereicherte Aufl. 8. (XV und 288 S. mit 1 Stahlst.) Leipzig 864, Naumann. *

—— das Sacrament des wahren Leibes und Blutes Jesu Christi. Beicht- und Communionbuch. 5. neu überarb. Aufl. 8. (XVI, 288 S. mit 1 Stahlst.) Leipzig 871, J. Naumann. (*ℳ 1,80.) *
geb. *ℳ 3.; geb. mit Goldschn. *
Mit eingelegter Photogr. *

—— das Sakrament des wahren Leibes und Blutes Jesu Christi. Beicht- und Communionbuch. 6. überarb. Aufl. 8. (XVI, 292 S. mit 1 Stahlst.) Leipzig 876, J. Naumann. geb. *
Reliefbd. mit Goldschn. *
Medaillonbd. mit eingelegter Photogr. *

—— das Sakrament des wahren Leibes und Blutes JEsu Christi. Beicht- und Kommunionbuch. 7. verb. Aufl. 8. (XVI, 281 S.) Leipzig 886, J. Naumann.
geb. mit Goldschn. *ℳ 3.—.; *ℳ 4.—. und *

—— Schachmatt, den Blutlügnern Rohling und Justus entboten. gr. 8. (43 S.) Erlangen 883, Deichert. *

—— Schatzkästlein geistlicher Sinngedichte u. Reimsprüche auf alle Tage d. Jahres, z. Erweck., Ueb. u. Förderung des mit Christo in Gott verborgenen Lebens. — A. u. d. Ttl.: Gedenkbuch z. Einzeichnung denkwürdiger Lebensereignisse f. gläubige Christen. 16. (26½ B.) Dresden 842, Naumann. 18¾ Ngr.;
— Schreib.-Minp.-

—— Sehet welch ein Mensch! Ein Geschichtsgemälde. gr. 8. (13 S.) Leipzig 869, Hinrichs' Verlag. **

—— dass. — Ein Christusbild. gr. 16. (VII, 35 S.) Leipzig 872, J. Naumann. *

geb. mit Goldschn. *

– Sind die Juden wirklich das auserwählte Volk, s. Schriften d. Institutum Judaicum zu Leipzig.

– und Carl Paul Caspari:

— — biblisch-theologische und apologetisch-kritische Studien, 1. Bd. A. u. d. T.: Die biblisch-prophetische Theologie, ihre Fortbildung durch Chr. A. Crusius u. ihre neueste Entwickelung seit der Christologie Hengstenbergs. Historisch-kritisch dargestellt von Frz. Delitzsch. gr. 8. Leipzig 845, Gebauersche Buchh. 1 ₰ 24 ngl

—— und Carl Paul Caspari, biblisch-theolog. und apologetisch-krit. Studien. 2. Bd. A. u. d. T.: Beiträge zur Einleitung in das Buch Jesaia und zur Geschichte der jesaianischen Zeit von Carl Paul Caspari. gr. 8. (VI und 356 S.) Berlin 848, Gebauersche Buchh.

—— fortgesetzte Studien zur Entstehungsgeschichte der complutensischen Polyglotte. gr. 4. (60 S.) Leipzig 886, Dörffling und Franke. *

Zur Feier des Reformationsfestes und zum Rectorwechsel ladet der Rector der Universität D. Ferdinand Zirkel durch den designirten Decan der theolog. Facultät D. Franz Delitzsch ein. Fortgesetzte Studien zur Entstehungsgeschichte der Complutensischen Polyglotte. Leipzig, Druck v. Alexander Edelmann, Univ.-Buchdr., 1886; 2 Bl. 60 S. 4°.

—— symbolae ad Psalmos illustrandos isagogicae. Disseritur I. de Psalmorum indole partim jehovica partim elohimica; II. de Psalmorum ordine ejusque causis ac legibus. 8maj. (5 B.) Lipsiae 846, Car. Tauchnitz.

Delitzsch, Frz., System der christlichen Apologetik. gr. 8. (VIII, 520 S.) Leipzig 869, Dörffling und Franke. *

—— System der biblischen Psychologie gr. 8. (VIII und 440 S.) Leipzig 855, Dörffling und Franke. *

—— System der biblischen Psychologie. 2., durchaus umgearb. und erweiterte Aufl. gr. 8. (XVI und 500 S.) Leipzig 861, Dörffling und Franke. *

—— ein Tag in Capernaum. 1. Aufl. 1871. *ℳ 1,80., und 2. bereicherte Aufl. gr. 16. (VIII, 164 S. mit 1 chromolithogr. Karte.) Leipzig 873, J. Naumann. *

geb. mit Goldschn. *

—— ein Tag in Kapernaum. 3. neubearb. Aufl. 8. (VIII, 152 S.) Leipzig 886, J. Naumann. *ℳ 2.25.; geb. *

—— Rohling's Talmudjude, beleuchtet. 1.—4. Abdr. 8. (64 S.) Ebendas. 881.

Delitzsch, Frz., Rohling's Talmudjude, beleuchtet. 5. und 6. revid. und erweit. Ausg. 8. (87 S.) Leipzig 881, Dörffling und Franke.

—— dass. — 7., durch Beleuchtung der Gegenschrift Rohling's erweit. Ausg. 8. (120 S.) Ebendas. 881.

— the hebrew New Testament of the British and Foreign Bible Society. A contribution to hebrew philology. gr. 8. (37 S.) Leipzig 883. Dörffling & Franke. n. 1. 20

— neueste Traumgesichte d. antisemitischen Propheten. Sendschreiben an Prof. Zöckler in Greifswald. gr. 8. (32 S.) Erlangen 883. Deichert. n. — 50

— eine Uebersetzungsarbeit v. 52 Jahren, s.: Schriften d. Institutum iudaicum in Leipzig.

—— neue Untersuchungen über Entstehung und Anlage der kanonischen Evangelien. 1. Thl.: Das Matthäus-Evangelium. gr. 8. (112 S.) Leipzig 853, Dörffling und Franke. *

—— Complutensische Varianten zum alttestamentlichen Texte. Ein Beitrag zur bibl. Textkritik. gr. 4. (44 S.) Leipzig 878, Dörffling und Franke. *

—— das Vater Unser, s. Vater Unser, das.

Delitzsch, Frz., de Habacuci Prophetae vita atque aetate, commentatio historico-isagogica, cum diatriba de Pseudodorothei et Pseudepiphanii vitis prophetarum. Edit. auct. et. emend. 8maj. Lipsiae 842, Beyer. n. 2/3 ₰

Delitzsch, Franz, De Habacuci prophetae vita atque aetate. Diss. hist.-isagogica. Lpz. (Fr. Nies) 16. II. 1842. 100 S. (5.—) 6293

Delitzsch, Franc., de Habacuci Prophetae vita atque aetate, commentatio histor.-isagogica, cum diatriba de Pseudodorothei et Pseudepiphanii vitis prophetarum. Edit. auct. et emend. 8maj. (7 B.) Lipsiae 842. [Orthaus.] *

—— Was D. Aug. Rohling beschworen hat und beschwören will. Zweite Streitschrift in Sachen des Antisemitismus. 1. und 2. Abdr. 8. (39 S.) Leipzig 883, Dörffling und Franke. *

Messianische Weissagungen in geschichtlicher Folge. Von Franz Delitzsch, weil. Prof. in Leipzig. M. 1 Portr. d. sel. Vfs. 2. Aufl. *Berlin: Deutsche evangel. Buch- u. Traktat-Ges. 1899.* (VIII, 184 S.) 1 Bd 8. [09. 2760

—— Messianische Weissagungen in geschichtl. Folge. gr. 8. (VII, 160 S.) Lpz. 890, Akadem. Buchh. (W. Faber). * 3 60; geb. * 4 50
Vgl.: Blumenthal, Adf. Offener Brief. — Kaufmann, Dav.

Delitzsch, Frz., Welche Anforderungen stellt die Gegenwart an die Missions-Arbeit unter den Juden? Vortrag, gehalten zu Berlin, am 28. April 1870 in der Conferenz der in Deutschland an der Verbreitung des Christenthum unter den Juden arbeitenden Gesellschaften. gr. 8. (14 S.) Erlangen 870, (Deichert.) *

Fr. Delitzsch: Wer sind d. Mystiker? e. gründl. Belehrung üb. das, was Mysticism. ist u. nicht ist; gegen die Sprachverwirr. uns. Zeit. *Lpz.*, Beyer. 842. gr8° 10gl

—— wer sind die Mystiker? Eine gründl. Belehrung üb. das was Mysticismus ist u. nicht ist. Gegen die Sprachverwirrung unserer Zeit. gr. 8. (5 B.) Leipzig 842. [Orthaus.]

—— Wissenschaft, Kunst, Judenthum. Schilderungen u. Kritiken. gr. 12. (13 3/4 B.) Grimma 838, Gebhardt. *

Delitzsch, Frdr., Asurbanipal u. die assyrische Kultur seiner Zeit, s.a. Orient, der alte. XI, 1.

Asurbanipal und die assyrische Kultur seiner Zeit. Von Friedrich Delitzsch. Mit 17 Abb. Leipzig: Hinrichs 1909. 44 S. 8°
(Der alte Orient. Jg. 11, H. 1.) [09. 13012

Babel und Bibel von Friedrich Delitzsch. Mit Abb. Vortrag [1]–3. Leipzig: J. C. Hinrichs (2. 3: Stuttgart: Deutsche Verl.-Anst.) 1902–05. 3 Bde 8°
[1.] 1902. 2. 1.–10. Taus. 1903. 3. ⟨Schluß-⟩Vortrag. 1.–6. Taus. 1905. [05. 4987 2

Babel und Bibel von Friedrich Delitzsch. Mit Abb. Vortrag [1]–3 [nebst] Anm. [zu 1]. Leipzig: J. C. Hinrichs (2. 3: Stuttgart: Deutsche Verl.-Anst.) 1902–05. 4 Bde 8°
[1.] 7. Taus. [Nebst] Anm. 1902–03.
2. 26. bis 30. Taus. Mit e. Vorw. 'Zur Klärung'. 1903.
3. ⟨Schluß-⟩Vortrag. 1–6. Taus. 1905. [05. 3293 9

Babel und Bibel von Friedrich Delitzsch. Mit Abb. Vortrag [1]–3. Leipzig: J. C. Hinrichs (2. 3: Stuttgart: Deutsche Verlagsanst.) 1903–05. 3 Bde 8°
[1.] 4. durchges. Aufl. 1903. 2. 36.–40. Taus. Mit 3 Taf. 1903.
3. ⟨Schluß-⟩ Vortrag. 1–6. Taus. 1905. [05. 2241 3

Delitzsch, Frdr., Babel u. Bibel. Ein Vortrag. 41.—50. Taus. 8. durchgeseh. Ausg. (à 78 S. m. 51 Abbildgn.) gr. 8. Leipzig 903. J. C. Hinrichs' Verl. n. 2.—: kart. n. 2.50; geb. n. 3.—

Babel und Bibel von Friedrich Delitzsch. Mit Abb. Vortrag [1]-3. Leipzig: J. C. Hinrichs (2. 3: Stuttgart: Deutsche Verl.-Anst.) 1903-05. 3 Bde 8° [1.] 17. bis 20. Taus. durch Anm. erw. 1903. 2. 26. bis 30. Taus. Mit e. Vorw. 'Zur Klärung'. 1903. 3. (Schluß-)Vortrag. 1.-6. Taus. 1905. [c5. 2240

— dasselbe. 56.—60. Taus. 5., neu durchgearb. Ausg. (82 S. m. 53 Abbildgn.) 8. Ebd. 905. n. 2.—; kart. n. 2.50; geb. n. 3.—

— Babylon, s.a. Sendschriften der deutschen Orient-Gesellschaft. Nr. 1.

Babylon von Friedrich Delitzsch. Mit 1 Pl. d. Ruinenfeldes. Leipzig: J. C. Hinrichs 1899. (20 S.) 8° [Fr. u. Ant.]
= Sendschriften d. Deutschen Orient-Gesellschaft. No 1. [07. 15155 2

Babylon von Friedrich Delitzsch. 2. Abdr. verm. durch e. Nachwort. Mit 3 Pl. *Leipzig: J. C. Hinrichs 1901.* (25 S.) 8° [Ant. u. Fr.]
= [Sendschriften d. Deutschen Orient-Gesellschaft. 1.] [01. 2899

Delitzsch, Frdr., s.: Beiträge zur Assyriologie u. vergleichenden semitischen Sprachwissenschaft.

— Beiträge zur Entzifferung u. Erklärung der kappadokischen Keilschrifttafeln. [Aus: „Abhandlgn. d. k. sächs. Gesellsch. d. Wiss."] Lex.-8. (66 S.) Leipzig 893. S. Hirzel. n. 3.—

— Beiträge z. Entzifferg. u. Erklärg. d. kappadokisch. Keilschrifttafeln. Lex.-8. (66 S.) Leipzig 893. [Hirzel.] B. G. Teubner. n. 3.—; ermäss. Preis n. 1.50

— s.: Bibliothek, assyriologische.

Delitzsch, Friedr. v., Junker Hans v. Breitenbach, histor.-romant. Gemälde a. d. Zeiten d. Bauernkriegs. N. e. alten Chronik bearb. 8. (8½ B.) Halle 832, Ruff.

— die babylonische Chronik, s.a. Abhandlungen der königl. sächs. Gesellschaft der Wissenschaften. Philolog.-histor. Klasse.

Die babylonische Chronik nebst e. Anh. über d. synchronistische Geschichte P. Von Friedrich Delitzsch. Leipzig: B. G. Teubner 1906. (46 S.) 4°(8°)
= Abhandlungen d. K. Sächs. Gesellschaft d. Wiss. Philol.-hist. Kl. Bd 25, No 1. [06. 13884 4

Delitzsch, Friedr., commentatio de nomine Tiglathpilesaris, s. Liber chronicorum.

[Fr. u. Ant.] ... Die Entstehung des ältesten Schriftsystems oder der Ursprung der Keilschriftzeichen dargelegt v. Friedrich Delitzsch ... *Leipzig: J. C. Hinrichs 1897.* (4 Bl., 239 S.) 1 Bd 4.(8.) [Text autogr.] [96. 9378

[Fr. u. Ant.] Die Entstehung des ältesten Schriftsystems oder d. Ursprung d. Keilschriftzeichen. E. Nachwort v. Friedrich Delitzsch. *Leipzig: J. C. Hinrichs 1898.* (1 Bl., 47 S.) 1 Bd 4. [Text lith.] [98. 5758

Delitzsch, Friedr. Geschichte Babylon. u. Assyr., s. Reiche d. alten W.

—— Das preußische Gesetz betr. das Spiel in außerpreuß. Lotterien vom 29. Juli 1885 u. die civilrechtl. Wirkungen desselben erläut. gr. 8. (III, 35 S.) Ebd. 889. * —80

— Assyrian grammar s.: Porta linguarum orientalium.

—— assyrische Grammatik, s.a. Porta linguarum orientalium.

—— Assyrische Grammatik mit Paradigmen Ubungsstücken Glossar und Litteratur. [= Porta linguarum orientalium. Pars X.] Berlin 1889.

Assyrische Grammatik mit Übungsstücken und kurzer Literatur-Übersicht von Friedrich Delitzsch. 2., durchges. Aufl. Berlin: Reuther & Reichard 1906. (x, 373, 50* S.) 8°
= Porta linguarum orientalium. P. 10. [06. 11850

— Handel u. Wandel in Altbabylonien. 1—5. Taus. (60 S. m. 30 Abbildgn.) gr. 8. Stuttgart 910. Deutsche Verlagsanstalt. 2.—; geb. n 2.50

Assyrisches Handwörterbuch v. Dr. Friedrich Delitzsch, o. Prof. ... zu Breslau. (In 4 Tln.) *Leipzig: J. C. Hinrichs 18(94—)96.* (xx, 730 S.) 1 Bd 8. [96. 4374

— assyrisches Handwörterbuch. 2.—4.(Schluss-)Tl.: ‛I—n. gr. 8. (XX u. S. 225—730.) Ebd. 895. 896. n. 32.50 (kplt.: Subskr.-Pr. n. 46.50; geb. in Halbldr. n. 49.—; Ladenpr. vom 1. Jan. 1897 ab: n. 50.—; geb. n. 52.50)

Babylonische und assyrische Herrscherlisten von Friedrich Delitzsch mit Anh. von Friedrich Sarre. [Berlin 1905.] (4 S.) 4° [Kopft.] [07. 15412 2

— das Buch Hiob. Neu übers. u. kurz erklärt. gr. 8. (122 S.) Leipzig 902. J. C. Hinrichs' Verl. n. 2.50; geb. n. 3.50

— dasselbe. Ausg. m. sprachl. Kommentar. gr. 8. (170 S.) Ebd. 902. n. 6.—; geb. n. 7.—

Im Lande des einstigen Paradieses. Ein Vortrag von Friedrich Delitzsch. Mit 52 Bild., Karten u. Pl. Stuttgart: Deutsche Verl.-Anst. 1903. (58 S.) 8°
= Sendschreiben d. Deutschen Orient-Gesellschaft. No. 3. [07. 15186 2

Im Lande des einstigen Paradieses. Ein Vortrag von Friedrich Delitzsch. Mit 52 Bild., Karten u. Pl. 1.—10. Taus. *Stuttgart: Deutsche Verl.-Anst. 1903.* (58 S.) 8° [03. 7431

Im Lande des einstigen Paradieses. Ein Vortrag von Friedrich Delitzsch. Mit 52 Bild., Karten u. Pl. 11. bis 15. Taus. *Stuttgart: Deutsche Verl.-Anst. 1903.* (58 S.) 8° [03. 7431 9

Delitzsch, Friedr., the Hebrew Language viewed in the Light of Assyrian Research. gr. 8. (XII, 73 S.) London 883, Williams and Norgate. geb. *

Delitzsch, Friedr., assyrische Lesestücke. Nach den Originalen theils revidirt, theils zum ersten Male hrsg. und durch Schrifttafeln eingeleitet. hoch 4. (VIII, 64 autogr. S.) Leipzig 876, Hinrichs'sche Buchh. cart. *
—— dass. — 2. neu bearb. und um das Doppelte verm. Aufl. Fol. (VIII, 105 autogr. S.) Ebendas. 878. *

—— assyrische Lesestücke, nach den Originalen theils revidirt, theils zum ersten Male hrsg., nebst Paradigmen, Schrifttafel, Textanalyse und kleinem Wörterbuch zum Selbstunterricht wie zum akadem. Gebrauch. 3. durchaus neu bearb. Aufl. Fol. (XVI, 148 S., wovon 136 autogr.) Leipzig 885, Hinrichs'sche Buchh. cart. **

— assyrische Lesestücke. 4. durchaus neu bearb. Aufl. gr. 4. (1. Hälfte 104 autogr. S.) Ebd. 899. n. 15.—

Assyrische Lesestücke mit grammat. Tabellen und vollst. Glossar. Einführung in d. assyr. u. babylon. Keilschriftlitt. bis hinauf zu Hammurabi für akad. Gebr. u. Selbstunterr. von Friedrich Delitzsch. 4. durchaus neu bearb. Aufl. (In 2 Hälften.) *Leipzig: J. C. Hinrichs 1900.* (XII, 193 S.) 4°
= Bibliothek, Assyriologische. 16. [00 ...

— dasselbe, s.a. Bibliothek, assyriologische.

— Mehr Licht. Die bedeutsamsten Ergebnisse der babylonisch-assyr. Grabgn. f. Geschichte, Kultur u. Religion. Ein Vortrag. (64 S. m. 50 Abbildgn.) 8. Leipzig 907. J. C. Hinrichs' Verl. 2.—; kart. n 2.50

—— s. Lotz, Wilh., die Inschriften Tiglathpileser's I.

[Ant. u. F.] Ex oriente lux! E. Wort z. Förderg d. Deutschen Orient-Ges. v. Dr. Friedrich Delitzsch, o. Prof. ... zu Breslau. *Leipzig: J. C. Hinrichs 1898.* (16 S.) 1 Bd 4. [98. 5993

— Die Palasttore Salmanassars II v. Balawat, s.: Billerbeck Adf.

—— Prolegomena eines neuen hebräisch-aramäischen Wörterbuchs zum Alten Testament. gr. 8. (IX, 217 S.) Ebendas. 886. *

—— s. Smith's, George, chaldäische Genesis.

—— die Sprache der Kossäer. Linguistisch-histor. Funde und Fragen. gr. 8. (VI, 75 S.) Leipzig 884, Hinrichs'sche Buchh. geb. *

Delitzsch, Fr(iedr.), aus dem Stammhause der Großherzogin. Urkundliche mecklenburg. Geschichten. br. 8. (VIII und 120 S.) Rostock 850, Stiller'sche Hofbuchh. * —

— Salmanassars Stierkoloss- u. Throninschrift, s.: Beiträge zur Assyriologie u. semitischen Sprachwissenschaft. VI, 1.

**Delitzsch, Friedr., assyrische Studien. 1. Heft: Assyrische Thiernamen mit vielen Excursen und einem assyrisch-akkadischen Glossar. gr. 8. (VII, 189 S.) Leipzig 874, Hinrichs' Verlag. ***

—— Studien über indo-germanisch-semitische Wurzelverwandtschaft. gr. 8. (119 S.) Leipzig 873, Hinrichs' Verlag. *

—— Studien über indogermanisch-semitische Wurzelverwandtschaft. Neue Lichtdr.-Ausg. gr. 8. (119 S.) Ebendas. 884. *

—— Das preußische Vereins- u. Versammlungsrecht unter besond. Berücksicht. d. Gesetzes v. 11. März 1850, dargestellt u. erläut. gr. 8. (VI, 62 S.) Ebd. 891. * 1 —

Zweiter Vortrag über Babel und Bibel von Friedrich Delitzsch. Mit 20 Abb. 1. bis 10. Taus. *Stuttgart: Deutsche Verl.-Anst. 1903.* (48 S.) 8° [03. 3063 4

Zweiter Vortrag über Babel und Bibel von Friedrich Delitzsch. Mit 20 Abb. 11. bis 15. Taus. *Stuttgart: Deutsche Verl.-Anst. 1903.* (48 S.) 8° [03. 3266

Zweiter Vortrag über Babel und Bibel von Friedrich Delitzsch. 26. bis 30. Taus. Mit 20 Abb. u. e. Vorw. 'zur Klärung'. *Stuttgart: Deutsche Verl.-Anst. 1903.* (V, 48 S.) 8° [03. 3970

Zweiter Vortrag über Babel und Bibel von Friedrich Delitzsch. Mit 17 Abb. u. 3 Taf. 36.–40. Taus. *Stuttgart: Deutsche Verlagsanst. 1903.* (50 S.) 8° [03. 13657 8

**— Zur Weiterbildung der Religion. 2 Vorträge. 1—5. u. 6—10. Taus. (Je 71 S.) 8. Stuttgart 908. Deutsche Verlags-Anstalt. 1.50; geb. 2.50**

Das babylonische Weltschöpfungsepos. Von Friedrich Delitzsch. *Leipzig: S. Hirzel 1896.* (1 Bl., 160 S.) 4.(8.)
= Abhandlungen d. kgl. Sächs. Gesellschaft d. Wissenschaften. Philol.-histor. Cl. Bd 17. No II. [96. 991

—— Wo lag das Paradies? Eine biblisch-assyriolog. Studie. Mit zahlreichen Beiträgen zur bibl. Länder- und Völkerkunde und 1 (chromolithogr.) Karte Babyloniens. gr. 8. (XI, 346 S.) Ebendas. 881. *

— assyrisches Wörterbuch zur gesamten bisher veröffentlichten Keilschriftlitteratur unter Berücksichtg. zahlreicher unveröffentlichter Texte. 1.—3. Lfg. gr. 4. Leipzig, Hinrichs' Verl. Subscr.-Pr. n. 91. 50
1. (S. 1–168.) 887. Subscr.-Pr. n. 31. 50
2. (S. 169–328.) 888. Subscr.-Pr. n. 30. —
3. (S. 329–488.) 890. Subscr.-Pr. n. 30. —

**Delitzsch, Johs., die Gotteslehre des Thomas von Aquino kritisch dargestellt. gr. 8. (III, 116 S.) Leipzig 870, Dörffling und Franke.**

—— de inspiratione scripturae sacrae quid statuerint patres apostolici et apologetae secundi saeculi. Commentatio dogmatico-historica. gr. 8. (101 S.) Leipzig 872, Lorentz. *

—— das Lehrsystem der römischen Kirche dargestellt und beleuchtet. 1. Thl.: Das Grunddogma des Romanismus oder die Lehre von der Kirche. gr. 8. (VI, 413 S.) Gotha 875, Besser. *

Delitzsch, Joh., s. Oehler's, G. F., Lehrbuch der Symbolik.

Delius [Praes.], s. Eckner, C. Chr.: De paralysi utriusque brachii post febrem scarlatinam orta.

Delius, Steuerrath, s. Kirchen-Ordnung für die evangel. Gemeinden der Provinz Westphalen.

Delius. Die Zwangsvollstreckung aus schiedsmännischen Vergleichen nach preuß. Recht. § 32 der Schiedsmannsordg. v. 29. März 1879. (G. S. S. 321.) 8. (38 S.) Berl. 889, Siemenroth u. Worms. * — 75

Delius, A., die Grundbegriffe der neuen Verwaltungs-Organisation in der Prov. Westfalen, zur Orientirung f. Praktiker u. Laien an der Hand des Gesetzestextes zusammengestellt. 16. (VIII, 103 S.) Iserlohn 887. Leipzig, Jul. Baedeker's Verl. cart. n. 1. —

**Delius, A., Schicksale u. Anlag. u. Actenausz. 8. Brem. Mutor. 797.**

Delius, Adf., die Bewirthschaftung des geringen Sandbodens. gr. 8. (IV, 218 S.) Halle 872, Buchh. des Waisenhauses. *

—— die Cultur der Wiesen und Grasweiden. Im Anh.: Mittheilungen über die Cultur der Flecht- und Bandweiden. gr. 8. (VIII, 212 S. mit in den Text eingedr. Holzschn. und 1 lithogr. Taf. in qu. Fol.) Halle 874, Buchh. des Waisenhauses. *

—— die Reinerträge der Wirthschaftssysteme. gr. 8. (VIII, 251 S.) Glogau 871, Flemming.

Delius A.: Studie üb. die landwirtschaftliche Benutzung d. geringen Sandbodens. Promotionsschr. (Jena). Halle 1872. 45 S. P.

— die Teichwirthschaft s.a. Bibliothek, landwirthschaftliche.

DELIUS, Adolf: Die Teichwirthschaft. - Berlin 1875. 96 S., 5 Taf., 6 Tab. - (Bibliothek d. Landwirthes Bd. 18)

Delius, C., Berlin zur Zeit König Wilhelm I. Neuester Plan von Berlin und Charlottenburg nebst Angabe des Bebauungsplanes des jetzigen Weichbildes und Bezeichnung der sämmtl. königl., städt. und öffentl. Gebäude, sowie Plan von Berlin zur Zeit König Friedrich I. Mit alphabet. Nachweis der königl. und städt. Gebäude, der Wohlthätigkeits-Anstalten, Schulen, Kirchen, Strassen etc. Nach den besten Quellen entworfen und gezeichnet. 1 : 13,000. Fol. (8 S. Text in gr. 8.) Berlin 868—70. Thiele.

—— dass. — u. d. T.: Berlin zur Zeit Kaiser Wilhelm I. Ebendas. 872. * 75 Pf.; color. *

—— dass. — u. d. T.: Berlin unter Kaiser Wilhelm I. Neu revid. Abdr. Fol. Ebendas. 873. * M. 1.; color. *

—— neuester Plan von Berlin. Mit alphabet. Nachweis der königl. und städt. Gebäude, der Wohlthätigkeits-Anstalten, Schulen, Strassen etc. Nach den neuesten Aufnahmen entworfen. Fol. Mit Text. (8 S. in 8.) Ebendas. 872. * color. *

—— 48 Quadrat-Meilen um Berlin. Neueste Karte der Umgegend von Berlin nach den besten Quellen entworfen. Fol. Ebendas. 869–73. * 25 Pf.; color. * Pracht-Ausg.

Delius, Chr. Heinr.

**Delius**, Archiv. Beiträge z. Geschichte deutscher Gebiete u. ihrer Beherrscher. 1r Bd. Bruchstücke aus d. Geschichte des Amts Elbingerode enthaltend. gr. 8. Wernigerode. (Quedlinb. Ernst.) 812.

Delius, Chr. H., Beitr. z. Geschichte deutscher Gebiete u. ihrer Beherrscher. 1r u. 2r Thl. 1r Bd. gr. 8. Wernigerode 813—18. (Quedlinb., Ernst). 1 ₰ 20 gr

— über die Grenzen u. Eintheilung d. Erzbisth. Bremen; e. Beitrag zur kirchl. Geographie v. Deutschland. 8. o. O. 808.

— über den vermeinten Götzen Krodo zu Harzburg. 8. Halberst. 827. Vogler in Potsd. 18 gr Schrbp. 1 ₰

**Delius, [Chr. Heinr.]: Nachrichten zur Geschichte der Landstände in der Grafschaft Wernigerode. Quedlinburg 1817.**

— die Hildesheim. Stiftsfehde d. Jahres 1519. gr. 8. Leipz. 803. Dyck. 1 ₰ 8 gr

Delius, Chr. H., Untersuch. über d. Gesch. der Harzburg u. d. vermeinten Götzen Krodo. Mit 3 lithogr. Taf. 8. Halberst. 827. Vogler in Potsd. 1 ₰ 18 gr Schrbp. 2 ₰ 12 gr

Delius, Christoph Traugott

**Delius, Christoph Traugott.** Abhandlung von dem Ursprunge der Gebürge ... Leipzig 1770. H: *Schreber, Dan. Gtfr.* (BrMm)

— Abhandl. vom Ursprung d. Gebirge u. Erzadern etc. 8. Leipz. 770. (Compt. f. Litt.) 8 gr

— Abhandl. v. Ursprung der Gebirge u. Erzadern. 8. Leipzig. (Compt. f. Litt.) 772.

Delius, Cph. Traug., († d. 21. Jan. 1779.) Anleit. zur Bergbaukunst nach ihrer Theorie u. Ausübung, mit 24 Kpft. gr. 4. Wien 773. (Trattner). 6 ₰

Delius, Chr. Traugott: „Anleitung zu der Bergbaukunst nach ihrer Theorie und Ausübung; nebst einer Abhandlung von den Grundsätzen der Bergwerks-Kameralwissenschaften", 2 Bände, Wien 1806. — Vorh.: Preuß. Oberbergamt Dortmund — E. f. 11.

**Delius, Cph. Traug. Traité sur la science de l'exploitation des mines par théorie et pratique avec un discours sur les principes des finances, trad. en français par ... Schreiber. 2 vol. gr. 4°. Wien und Paris, König, 1778.**

Delius, E., Erinnerungen aus dem Feld- und Lazarethleben. Hrsg. von E. Diestelkamp. 8. (32 S.) Gütersloh 867. Barmen, (Buchh. der evangelischen Gesellschaft.) *

**Delius, Ed.**, einige Worte üb. d. Hoch-Land v. Süd-Carolina, an Auswanderer nach Amerika gerichtet. gr. 8. (1½ B.) Bremen 841, Schünemann.

**Delius, Edward, statistical Almanack for the year 1844, published by C. Hunckel in Bremen. Mit 11 Lith. Portr. 16. Leipz. et Paris 843. (Brockhaus et Avenar.) n. 1½ ₰**

**Delius**, Friedrich Wilhelm [app. Arzt aus Hamburg Einj.-Freiw. Arzt im 3. k. b. Feld-Art.-Reg.]: Sympathische Ophthalmie oder Ophthalmia migratoria? nebst einem Mikroorganismen-Befund im zweiten Auge. . . . München, Druck v. Müller & Renkewitz, *1891;* 43 S. 8°

München, Med. Fak., Inaug.-Diss. v. 1891

Delius, H., Boto, Graf v. Stolberg, s. Stolberg, Boto Graf v

**Delius, H.**, Karte von Jutland u. der Insel Fünen. Fol. Lith. u. color. Berlin 848, Nicolai. n. ⅙ ₰

— Karte von dem Königreich Polen u. Galizien, dem Grossherzogthum Posen u. dem westl. Russland. Fol. Lith. u. color. n. ⅙ ₰

**Delius, H.**, Neueste Post- und Eisenbahn-Reise-Karte von Deutschland. Nach den neuesten Mitteln bearb. Berlin. Hempel, 1855. Imp.-Fol. Lith. u. kolor.

**Delius, H., Schul-Atlas für d. erst. Unterricht. qu. kl. 4. (27 lith. u. ill. Bl.) Berlin 841, Reimer.** *

Delius, H., Taschen-Atlas über alle Theile der Erde für Volks-Schulen. In 24 lith. und ill. Karten. qu. 16. Berlin 851, Grebe. *

**Delius, H. F.**, resp. J. A. **Libermeister**, Catalepsis, effectus rarissimi, historia, causa, curatio. Erl. 4°. 1749

**Delius, H. F.**, Gedanken von der anziehenden u. electrischen Kraft. Wernigerode. 8°.

1744

**Delius, H. C., de nodis veris in funic. umbilic. 4. Götting.** Brose. 805.

**Delius, H. Fr.**, De catalepsi diatribe medica. Ed. alt. 36 pp. Erl. 4°.

1754

**Delius, H. Fr.**, De consensu pectoris c. intimo ventre. Hal. 4°. 1742

**Delius, H. Fr.**, Abgenöthigte Erläuterung der Göttingischen Beurtheilung einiger Aufsätze in d. fränk. Samml., die Lehre v. d. Reizbarkeit u. Empfindlichkeit betreffend. Erl. 1759. 8°.

1759

Delius, Hans

**Delius**, die Auslieferung flüchtiger Verbrecher aus fremden Ländern nach dem Königr. Preußen. Zum prakt. Gebrauch bearb. gr. 8. (VI, 122 S.) Berlin 890. C. Heymann's Verl. n. 2.40

**Delius, Hans, das Auslieferungsrecht. Unter besond. Berücksicht. der Stellg. des Ausgelieferten vor dem erkenn. Gericht, f. die Praxis der deutschen Justizbehörden bearb. gr. 8. (VIII, 106 S.) Hannover 899. Helwing. n. 2.80**

**Delius, H.**, die Beamtenhaftpflichtgesetze des Reiches u. der Bundesstaaten, s.a. Guttentag's Sammlung deutscher Reichsgesetze.

Die Beamtenhaftpflichtgesetze des Reiches und der Bundesstaaten. Zsgest. u. erl. von Kammerger.R. Dr. H[ans] Delius. 2. verm. u. verb. Aufl. [Nebst] Nachtr. Berlin: Guttentag 1909–10. 8° (Guttentag'sche Sammlung Deutscher Reichsgesetze. Nr 94.) A 12. 1180

**Delius, H.**, die sitzungspolizeilichen Befugnisse der Behörden, insbesondere der Gerichte u. Verwaltungsgerichte im Deutschen Reich u. Königr. Preußen unter Berücksicht. der Oeffentlichkeit ihrer Verhandlungen. gr. 8. (VI, 99 S.) Berlin 893. C. Heymanns Verl. n. 2.—

— das preußische Gesetz betr. das Spiel in außerpreußischen Lotterien vom 29. Juli 1885 u. die civilrechtlichen Wirkungen desselben erläutert. gr. 8. (III, 35 S.) Ebd. 889. n. —80

**Delius, H.**, s. Groschuff, E. u D., preuss. Strafgesetze.

— die Haftpflicht der Beamten. Nach Reichsrecht u. dem Recht der deutschen Bundesstaaten unter Berücksicht. der Haftpflicht des Staates (Gemeindeverbandes u. s. w.) dargestellt. 8. (VIII, 139 S.) Berlin 901. [J. J. Heine.] J. Guttentag. Kart. n. 2.—

Delius, Hans, Handbuch des Rechtshilfeverfahrens im Deutschen Reiche sowie im u. gegenüber dem Auslande in bürgerlichen Rechtsstreitigkeiten, in Konkurssachen, in Angelegenheiten der freiwilligen Gerichtsbarkeit u. in Verwaltungssachen. Auf der Grundlage des v. Ferd. Böhm verf. „Handbuchs des Rechtshilfeverfahrens in bürgerl. Rechtsstreitigkeiten u. Konkurssachen" als 2. wesentlich verm. u. vollständig umgearb. Aufl. desselben hrsg. (XI, 453 S.) 8. Erlangen 905. [Palm & Enke.] Nürnberg, U. E. Sebald. n. 8. 60

Delius, Hans. Handbuch des Rechtshilfeverfahrens im Deutschen Reiche sowie im und gegenüber dem Auslande in bürgerlichen Rechtsstreitigkeiten, in Konkurssachen, in Angelegenheiten der freiwilligen Gerichtsbarkeit und in Verwaltungssachen. Auf der Grundlage des von † Ferdinand Böhm ... verfassten « Handbuchs des Rechtsh'...» hrg. 3. neubearb. Aufl. XII + 453 S. 8. Erlangen, Palm & Enke, 1906. [M. 8. 60]
*Darin S 98/108. 133. 163f. 189. 215f. 223f. 228. 236/40. 258. 262. 266/8. 270. 308f. 335. 337. 341f. 348/51. 357. 364. 372. 379. 400. 420/8. 434f. etc.* die Schweiz *betr.*

— Preußisches Jagdrecht, s.: Dalcke. A.

— die gerichtliche Praxis in Strafsachen, s.a. Hilfsbücher f. die gerichtliche Praxis. III.

Delius. [Hans]: Die gerichtliche Praxis in Strafsachen. Darstellung der gesammten Thätigkeit der Staats- bezw. Amtsanwaltschaft und der Gerichte in Strafsachen mit Entwürfen für Verfügungen, Beschlüsse, Urtheile etc. Berlin 1900.

— Die Rechtsprechung des Reichs- u. Kammergerichts auf den Gebieten des öffentlichen Rechts, s.a. Kamptz, B. v.

Kamptz, B[ernhard] v.. u. H[ans] *Delius*: Die Rechtsprechung des Reichs- und Kammergerichts auf den Gebieten des öffentlichen Rechts unt. Berücks. d. Entscheid. d. Oberlandesgerichte u. d. Obertribunals. Bd 1. 2 [nebst] Erg. Bd. Berlin 1906—1911. 8°

— die Rechtsverhältnisse der geschlossenen Gesellschaften u. Vereine nach preußischem Recht unter besond. Berücksicht. der Befugnisse der Polizeibehörden. 8. (VI, 85 S.) Berlin 902. [J. J. Heine.] J. Guttentag. Geb. in Leinw. n. 1. 60

Delius, das Reichsgesetz üb. d. Presse v. 7. Mai 1874 u. d. übrigen auf d. Preßwesen bezügl. Bestimmgn. d. Reichs- u. Landesgesetze (Strafgesetzbuch, Gewerbeordng., Gerichtsverfassungsgesetz, Urheberrechtsgesetze, Postgesetz u. f. w.). Z. prakt. Gebrauch f. Beamte, Redakteure, Verleger u. f. w. zusammengest. u. erläut. gr. 8. (VII, 217 S.) Hannover 895. Helwing. n. 4. 50

— das Strafgesetzbuch f. das Deutsche Reich, s.: Oppenhoff, Frdr.

— die preußischen Strafgesetze, s.: Groschuff, A.

Delius, [Hans]: Die Unterschiede des deutschen und des italienischen Strafrechts mit Rücks. auf den deutsch-italienischen Auslieferungsvertrag vom 31. Oct. 1871. (RGBl. S. 446 ff.) Freiburg i. B. [1891].

— Deutsches Vereinsrecht u. Versammlungsrecht in privat- u. öffentlich rechtlicher Beziehung unter besond. Berücksicht. des preußischen Rechts, s.: Taschen-Gesetzsammlung.

Deutsches Vereinsrecht und Versammlungsrecht in privat- und öffentlich-rechtlicher Beziehung unter besond. Berücks. d. preuß. Rechts. Dargest. u. erl. von Dr. [Hans] Delius, Kammerger.R. 4., verb. u. wesentl. verm. Aufl. Berlin: Heymann 1908. XIV, 604 S. 8°
(Taschen-Gesetzsammlung. 28.) [09. 5120]

— Das preußische Vereins- u. Versammlungsrecht, s.a. Taschen-Gesetzsammlung. 23. Bd.

— das preußische Vereins- u. Versammlungsrecht unter besond. Berücksicht. d. Gesetzes v. 11. März 1850, dargestellt u. erläutert. gr. 8. (VI, 62 S.) Berlin 891. C. Heymanns Verl. n. 1. —

Delius, preuss. Vereins- u. Versammlungsrecht. Ges. v. 11./3. 50. Berlin 896.

Das Preußische Vereins- und Versammlungsrecht, unter besond. Berücks. d. Gesetzes v. 11. März 1850, d. Befugnisse d. Polizeibehörden u. d. privatrechtl. Vorschriften d. Reichsgesetze. Dargest. u. erl. von Dr. [Hans] Delius, Landger.R. 3. verb. u. wesentl. verm. Aufl. Berlin: C. Heymann 1905. (XII, 275 S.) 8° [F.]
= Taschen-Gesetzsammlung. 23. [05. 15214]

— Die Zivilprozeßordnung nebst Einführungsgesetz in der vom 1. IV. 1910 an geltenden Fassung, s.a. Sammlung deutscher Gesetze.

Delius, H[ans]: Die Zivilprozeßordnung nebst Einführungsgesetz in der vom 1. April 1910 an geltenden Fassung. Erl. Mannheim u. Leipzig 1910. 8°

Delius, H[einrich], Referendar: Ueber die Haftung für den Einsturz von Gebäuden und anderen Werken. Bürgerliches Gesetzbuch § 836–838. *Göttingen 1900: Dieterich.* (35 S.) 8°
Göttingen, Jur. Diss. v. [9. März] 1900

Delius, H., über die Haftung f. den Einsturz v. Gebäuden u. anderen Werken. Bürgerl. Gesetzbuch § 836 bis 838. Diss. gr. 8. (35 S.) Göttingen 900. (Vandenhoeck & Ruprecht.) n. — 80

Delius, Heinrich Friedrich

Delius, Heinrich Friedrich. Abhandlung von Blähungen ... A. d. Lat. Erlangen 1761. Ü: *Gerz, Johann.* MGT)

— Abhandl. von Blähungen u. Dünsten, als einer verborgenen Ursache vieler schweren Krankheiten. Aus d. Latein. übers. v. J. A. P. Gesner. 8. Nürnb. 762. Monath u. K. 3 gr.

Delius, H. Fr., Abhdl. v. Blähungen u. Dünsten. A. d. Lat. 3. Aufl. Nürnb. 8°. (Hypochondrie.)
1766

— Abhandl. von den Mitteln zur Fröhlichkeit, nach den Gründen d. Arzneigelahrtheit. 8. Nürnb. 764. Stein. 4 gr.

Delius, Heinrich Friedrich (Hrsg.):

s.a. Adversaria argumenti physico medici. Fasc. 1-6, Erlangae 1778-1790

JB 1.808

v. *Delius*, Hnr. Fr., († d. 22. Oct. 1791.) Adversaria argumenti physico-medici. VI. Fasc. 4. Erlang. 777—90. (Heyder). 3 th. 12 gr.

[Teils.] Henrici Friderici Delii [von Delius] Amoenitates medicae circa casus medico practicos haud vulgares. Decades 5. Praemittuntur Ad historiam electricitatis antiquam meditatio. De intestino ileo et coeco huiusque processus vermiformis defectu observatio anatomica. Spectrum insons. De carunculae lacrymalis absentia pro vitae brevis recens natorum indicio habita meditatio. De foramine ventriculi calloso praeternaturali observatio anatomica.
Decas 1-5. Lipsiae: Schwan 1747. 397 S. 1 Bd 8°
Decas 1.2: 1745.
Decas 3.4: 1746.
Decas 5: 1747.

— amoenitates med. V Decad. 8. Quedlinburg. Ernst. 745-47.

Delius, Henr. Fr., Animadversiones in doctrinam de irritabilitate, tono, sensatione et motu corporis humani. 31 pp. Erl. 4°.
Rec. in *Fabr*, Vol. II, append. p. 51—72. *Haller*, Bibl. anat. II, 105.
1752

— s. Art, Menschen von d. Wuth zu heilen rc.

Beyträge [Beiträge] zu mikroskopischen Beobachtungen und Anstalten. ([Verf.:] H[einrich] F[riedrich von] Delius.) Frankfurt & Leipzig 1759. 16 S. 8°

— einige Beobachtt. u. Untersuchungen, welche das Geschäft d. Erzeugung u. d. Geburtshülfe betreffen. Aus einigen latein. Abhandll., mit Kpf. 8. Nürnb. 767. Monath u. K. 4 gl

— — von Bldhungen rc. 8. Nürnb. Monath. 767.

— von preuß. Blau u. d. Blutlauge. 8. Erlang. Palm. 778.

Delius, Heinrich Friedrich: Diss. med. de Corruptelis artem med. hodie depravantibus, s. Cilano, Georg Chrn. Mat. von (Präs.)

— curae posteriores nonnullae circa acidum spathi. 4. Erlang. 783. (Heyder). 2 gl

Delius, Heinrich Friedrich: Curae posteriores nonnullae circa acidum Spathi.
16 S., bgd.
Erlangae: (Walther) 1783
(Adversaria argumenti physico-medici, Fasc. 4,13 )

JB 1,808

— Entwurf einer Erläuterung d. deutschen Gesetze, besonders der Reichsabschiede aus der Arzneigelahrheit u. Naturlehre. 4. Erlang. 753. Müller. 4 gl

— etwas zur Revision der Weinprobe auf Blei, nebst e. Anh., die frische Aschenlauge betreff. 8. Erlang. 779. (Heyder). 6 gl

Delius, [Heinrich Friedrich von]: Etwas zur Revision der Wein Probe auf Bley. Nebst einem Anhange die frische Aschen Lauge betreffend. Erlangen: Walther 1779. 136 S. -- 5*.12.17.21*
Bibliotheca oenologica: Delius, H.C. -- Weber: Delius, H.C.

Henricus Fridericus [von] Delius: De uteri Fabrica controversa. [Resp.:] Johannes Christianus Schoenfeld. Erlangae (1769:) Walther. 20 S. 8°
Erlangen, Med. Diss. v. Sept. 1769

— s. F. W. v. Gleichen, Gesch. d. Blattlaus.

— Leben u. Charakter des seel. Hofr. Schierschmid. 779.

— primae lineae semiologiae pathologicae s. Herm. Boerhaave instit. semioticas etc. 8. Erlang. 776. Palm. 6 gl

Von den Mitteln zur Frölichkeit nach den Gründen der Arzneygelahrtheit. Nach e. lat. Abhandlung des [Heinrich Friedrich von] Delius. übers. u. verm. Nürnberg: Schwarzkopf 1764. 134 S. 8°

— Nachricht von dem Gesundbrunnen bei Sichersreuth ohnweit Wunsiedel rc. gr. 8. Bayreuth 774. Lübecks Erb. (Grau). 2 gl

— Nachricht von d. Nutzen u. Gebrauch der Salzasche zum Dünger d. Aecker u. Wiesen rc. Hildburgh. 767. 2e A. Frkf. u. Lpz. 773.

— vorläufige Nachr. v. dem Sale aperitivo Fridericiano, oder eröffneten Friedrichsfalze. 8. Hildburgh. 767. 2e Aufl. 768. 3e Aufl. 773. Hanisch. 2 gl

— Nachr. von d. Wildbade bei Burgbernheim. 8. Bayreuth 775. Lübeck. (Grau). 2 gl

— de cholelithis observ. et experim. c. fig. 4. maj. Erlang. Breuning. 782.

— de choletithis observationes et experimenta, nec non de iconibus patholog. chemicis, cum tab. aenea ad nat. picta. 4 maj. Erlang. 782. (Heyder). 1 ß

De cholelithis Observationes et experimenta nec non de iconibus pathologico semeioticis consilium. Sistit Henricus Fridericus [von] Delius. Erlangae: Walther 1782. 54 S. 4°

Observationum [Observationes] medico chirurgicarum pentas. [Resp.:] Josephus Villesavoye. Erlangae (1756:) Camerarius. XXVII S. 8°
Erlangen, Med. Diss. v. Aug. 1756

Henricus Fridericus [von] Delius: Observationes de ovis muliebribus foecundis et sterilibus. [Resp.:] Gustavus Guilielmus Henrici. Erlangae (1763:) Camerarius. XXXVIII S. 8°
Erlangen, Med. Diss. v. 14. Apr. 1763

Henr. Frid. de Delius oratio de meritis Francorum in rem medicam et physicam. Erlang. 1754. 4.

Delius, Henr. Fr., resp. Jo. Chr. Schoenfeld, Oratio de vultu sereno morientium. Erl. 4°. 1769

— principia diaetetica s. Herm. Boerhavii institut hygieines digessit. 8. Erlang. 777. 2e Aufl. 781. Palm. 4 gl

— vom aussetzenden Pulse, einigen andern Pulsarten u. Angelegenheiten des Herzens. 8. Erlang. 784. Palm. 6 gl

Rudera terrae mutationum particularium testes possibiles pro diluvii universalis testibus non habenda occasione inversionis Limae et Collao in America meridionali. Diatriben physicam ... Andreae Eliae Büchnero ... dedicavit Henricus Fridericus [von] Delius. Lipsiae et Wolfenbüttelae: Meisner 1747. XX S. 8°

— s. Sammll., Fränkische.

Delius, H. F., Synopsis introductionis in medic. univers. etc. 8. maj. Erlang. Breuning. 779. Rthlr.

— Synopsis introductiones in medicinam universam medicinam spectantia. 8 maj. Erlang. 779. (Heyder). 2 gl

**Delius, Heinrich Friedrich** (Bayreuth, Erlangen), Theoria et foecundus in medicina usus principii: sensationem sequitur motus sensationi proportionatus. Acad. curatore Adam Anton v. Meyern. Erlangen, Juni 1749. 28 S. (5.—) 6294

—, Theoria et fecundus in medicina usus principii: sensationem sequitur motus sensationi proportionatus. 28 pp. Erl. 4°.
*Haller*, Bibl. anat. II, 405.
1752

— Untersuchung u. Bestimmung d. Bestandtheile, Wirkungen u. d. Nutzens d. Gesundbrunnens bei Hofgeismar. Eine Preisschrift. 8. Cassel 773.

— Untersuchungen u. Nachrichten von den Gesundbrunnen u. Bädern zu Kissingen u. Boklei. 8. Erl. 770. (Wesché in Frkf.) 8 gl

— Unters. u. Nachricht. von d. Gesundbrunnen in Kissing. u. Boklet. 8. Bamberg, Göbhard. 772.

Delius, Henr. Fr., resp. Ph. Jul. Rudolph, Diss. de cranii ustione in epilepsia. Erl. 4°. *Baldinger*, Ausg. I, 44. Comm. Lps. XVII, T. I, p. 158. *Weiz*, N. Ausg. 1774, I, 117—28. 1768

Delius, Hermann [aus Versmold]: Aus d. patholog. Institut zu Bonn. Über die Regeneration der Lymphdrusen .... Bonn, Buchdr. Jos. Bach Wwe., 1888; 2 Bl. + 33 + 1 S. 8°
Bonn, Med. Fak., Inaug.-Diss. v. 11. Aug. 1888

Die gerichtliche Praxis in Strafsachen. Darstellung d. gesammten Thätigk. d. Staats- bezw. Amtsanwaltschaft u. d. Gerichte in Strafsachen. Bearb. von Dr. [Johannes] Delius, Landrichter in Cottbus. *Berlin: O. Häring 1900.* (XXI, 462 S.) 8° [F.]
= Hilfsbücher f. d. gerichtliche Praxis. 3. [01. 10560

Delius, Johs., Vademecum aus Luthers Schriften, s.: Krüger, Gust.

**Delius**, Johannes Friedrich: Darstellung und Prüfung der Hauptgedanken von Friedrich Heinrich Jacobi. Halle a. S. 1878: Plötz. 39 S. 8°
Halle-Wittenberg, Phil. Diss. v. [2. April] 1878
Geb. Schernikau (Kr. Stendal) 12. 6. 1847. V.
Das Diplom ist fälschlich vom 2. März datiert.

*Delius*, Lor. Alb., fontes et rivuli omnium N. Test. vocum. 12. Hannov. 785. Helwing. 5 gl

**Delius**, Lor. Alb., omn. N. Test. vocum fontes et rivuli. 12. Hannov. Helwing. 785.

**Delius**, M., das Amt des Notars nach preußischem Recht. Ein Handbuch für Notare in denjenigen Provinzen, in welchen die allgemeine Gerichtsordnung Gesetzeskraft hat. gr. 8. (III und 134 S.) Lissa [Breslau] 864, Günther's Verlag.

**Delius**, M., Anleitung für den Prozeßbetrieb durch die Parteien im Prozeßverfahren nach der deutschen Civilprozeß-Ordnung. 1. und 2. Aufl. . gr. 16. (160 S.) Berlin 879, Hempel. *

— die Gebühren-Ordnung für Rechtsanwälte vom 7. Juli 1879 mit Erläuterungen aus den Materialien d. Gesetzes. 16. (40 S.) Leipzig 879. O. Wigand. geb. — 60

—— das Grundeigenthum und die Rechte der Grundgläubiger nach dem Allgemeinen Landrecht und den Gesetzen vom 5. Mai 1872. 8. (148 S.) Berlin 872, Hempel. *

— die Justizgesetze f. das Deutsche Reich. Textausgaben m. Erläutergn. aus den Materialien der Gesetze. 7. Aufl. In der Fassg. des Gesetzes vom 17. V. 1898 u. in der neuen Nummernfolge des Reichsgesetzblattes 1898 Nr. 25 S. 410ff., m. Hervorhebg. der Neuergn. u. Abändergn., Mitteilg. der alten Paragraphen u. vergleich. Gegenüberstellg. der geänderten alten u. neuen Paragraphen. Von M. Scherer. 8. (VI, 80; XLVIII, 402; 186 u. XVIII, 113 S.) Ebd. 899. Geb. in Leinw. n. 3. 60

**Delius**, M., die Justizgesetze f. das Deutsche Reich. Textausgaben m. Erläutergn. aus den Materialien der Gesetze. 8. Aufl. In der Fassung des Gesetzes vom 17. V. 1898 u. in der neuen Nummernfolge des Reichsgesetzblattes 1898, Nr. 25, S. 410 ff., einschließlich der zwei Entlastungsnovellen vom 5. VI. 1905 (RGBl. S. 533), m. Hervorhebg. der Neuergn. u. Abändergn., Mitteilg. der alten Paragraphen u. vergl. Gegenüberstellg. der geänderten alten u. neuen Paragraphen. Von M. Scherer. (Gerichtsverfassungsgesetz. Civilprozeßordnung. Strafprozeßordnung. Konkursordnung.) (80; XLVIII, 402; 186 u. XVIII, 113 S.) 8. Leipzig 906. O. Wigand. Geb. in Leinw. n. 4. —

—— die gerichtlichen Klagen und ihre Abwehr nach preußischem Recht. Zum Gebrauch in der Praxis dargestellt. gr. 8. (VIII, 320 S.) Ebendas. 875. *

— die Konkursordnung f. das Deutsche Reich m. Erläuterungen aus den Materialen des Gesetzes. 6. Aufl. In der Fassung des Gesetzes vom 17. V. 1898 u. der amtl. Bekanntmachg. des Reichskanzlers, nebst d. beiden Einführungsgesetzen u. dem Anfechtungsgesetze, m. Hervorhebg. der Neuergn. u. Abändergn., Mitteilg. der alten Paragraphen u. vergleich. Gegenüberstellg. der geändert. alten u. neuen Paragraphen. Von M. Scherer. [Aus: „D., Justizgesetze".] 8. (XVIII, 113 S.) Ebd. 899. Geb. in Leinw. — 75

**Delius**, M.: Das Konkurs-Verfahren u. die Befugnisse, Rechte u. Pflichten der im Konkurse Betheiligten nach der Konkursordnung für das Deutsche Reich. Berlin 1879.

—— das Konkurs-Verfahren und die Befugnisse, Rechte und Pflichten der im Konkurse Betheiligten nach der Konkursordnung für das Deutsche Reich. gr. 16. (VI, 71 S.) Berlin 879, Hempel. *

—— der Prozeßgang und die Neuerungen nach der Civilprozeßordnung für das deutsche Reich. 1.—4. Aufl. gr. 8. (XIII, 195 S.) Ebendas. 878,79. *

— die deutschen Proceßordnungen. Mit Erläuterungen u. Beispielen zum prakt. Gebrauch. gr. 8. (389 S.) Leipzig 877. O. Wigand. 4. 50

—— die deutschen Proceßordnungen. Mit Erläuterungen und Beispielen zum prakt. Gebrauch. gr. 8. (389 S.) Leipzig 879, O. Wigand.

**Delius**, M., die deutschen Prozeßordnungen. Mit Erläuterungen und Beispielen zum prakt. Gebrauch. 2. Aufl. gr. 8. (389 S.) Leipzig 880, O. Wigand. geb. *

— die Proceßordnungen u. die Gerichtsverfassung f. das Deutsche Reich. Mit Erläuterungen aus den Materialien der Gesetze. 8. Ebend. 877. In 1 Bd. geb. 3. —; einzeln geb. 3. 90

1. Das Gerichtsverfassungs-Gesetz vom 27. Jan. 1877. (82 S.) Einzelpr. — 60
2. Die Civilproceßordnung vom 30. Januar 1877. (326 S.) Einzelpr. 1. 50
3. Die Strafprozeßordnung vom 1. Februar 1877. (180 S.) Einzelpr. 1. 20
4. Die Konkursordnung vom 10. Februar 1877. (88 S.) Einzelpr. — 60

— dasselbe. Mit einem Anh.: Hamburger Gesetzsammlung. 8. (IV, 769 S.) Hamburg 879. Restler & Melle. geb. n. 4. 50

**Delius**, M., das Prozeß-Verfahren, nach den Verordnungen vom 1. Juni 1833 u. 21. Juli 1846 unter Berücksichtigung der Anweisungen u. Erläuterungen der Justiz-Ministerial-Instruction vom 24. Juli 1833, u. aller seitdem ergang., abändernden u. ergänz. gesetzl. Bestimmungen. Mit Bezug auf die neue Organisation der Gerichtsbehörden für Justizbeamte u. Geschäftsmänner zusammengestellt. gr. 8. (IV u. 44 S.) Breslau 849. Hirt. n. 1/3 ℛ

—— die Rechtsanwalts-Ordnung für das Deutsche Reich vom 1. Juli 1878 mit Erläuterungen aus den Materialien des Gesetzes. 8. (40 S.) Leipzig 879, O. Wigand. geb.

—— Rechtsbuch zum Unterricht in den Schulen im Gebiete des preußischen Landrechts und zum Selbstunterricht. gr. 8. (X, 189 S.) Berlin 881, Hempel. *

**Delius**, M.: Die Strafprozeßordnung für das Deutsche Reich vom 1. Febr. 1877 mit Erl. aus den Materialien des Gesetzes. 4. Aufl. Leipzig 1884.

**Delius**, M., die Strafprozeßordnung f. das Deutsche Reich m. Erläuterungen aus den Materialen d. Gesetzes. 3. Aufl. Mit Einfügg. des Gesetzes betr. Ändergn. des Gerichtsverfassungsgesetzes u. der Strafprozeßordng. vom 17. V. 1898. (Die Ändergn. sind in den Gesetzestext eingefügt u. durch d. Druck hervorgehoben.) Von M. Scherer. [Aus: „D., Justizgesetze".] 8. (186 S.) Leipzig 899. O. Wigand. Geb. in Leinw. 1. 50

—— das Strafprozeßverfahren und die Neuerungen nach der Strafprozeßordnung für das deutsche Reich. gr. 8. (VI, 96 S.) Berlin 879, Hempel. *

—— der neue Subhastations-Prozeß. Ein Hülfsbuch und Rathgeber für alle bei einer nothwendigen Subhastation Betheiligten. gr. 8. (48 S.) Berlin 871, Hempel. *

—— das Verfahren in Prozessen über Rechtsstreitigkeiten nach preußischem Recht dargestellt für die Parteien. br. 8. (XI und 390 S.) Berlin 864, Heinicke. *

**Delius**, M.: Das Verfahren in Prozessen über Rechtsstreitigkeiten nach preußischem Recht dargest. für die Parteien. 2. Aufl. Berlin 1867.

**Delius**, M., Uebersicht des preußischen Kirchenrechts in einer systematischen Darstellung nach dem allgemeinen Landrecht und den späteren Gesetzen. Ein Handbuch für Geistliche und Kirchenbeamte. gr. 8. (IV und 76 S.) Breslau 856, Aderholz.

—— Uebersicht des preußischen Vormundschafts-Rechts in einer systematischen Darstellung nach dem allgemeinen Landrecht und den späteren Gesetzen. Ein Handbuch für Vormünder. gr. 8. (IV und 68 S.) Breslau 856, Aderholz.

— das Verfahren in Prozessen über Rechtsstreitigkeiten nach preußischem Recht dargestellt für die Parteien. Berlin 864. Heinicke. 8. (XI, 390 S.) n. 1 $\mathscr{R}$ 15 ngr.

—— das Verfahren in Subhastationssachen. Eine Zusammenstellung sämmtlicher nach Thl. I. Tit. 52. der allgemeinen Gerichtsordnung, der Verordnung vom 4. März 1834 und den späteren Gesetzen geltenden Vorschriften. gr. 8. (III und 49 S.) Berlin 856, G. Reimer.

—— die gesetzlichen Vorschriften für die Gewerbetreibenden in Preußen. Uebersichtlich für Jedermann dargestellt. 16. (56 S.) Berlin 872, Hempel.

Delius, M., die Civil-Ehe und die Standesbeamten. Eine Volksschrift. 8. (40 S.) Leipzig 874, O. Wigand.

—— aus der deutschen Civil-Prozeßordnung zum Gebrauch in der Praxis für Richter, Gerichtsschreiber und Gerichtsvollzieher. 1. und 2. Aufl. 8. (128 S.) Ebendas. 879. *

Delius, M., die Civilprozeßordnung f. das Deutsche Reich m. Erläutergn. aus den Materialien des Gesetzes. 7. Aufl. In der Fassg. des Gesetzes vom 17. V. 1898 u. in der neuen Nummernfolge des Reichsgesetzblattes 1898 Nr. 25 S. 410 ff., m. Hervorhebg. der Neuergn. u. Abändergn., Mitteilg. der alten Paragraphen u. vergleich. Gegenüberstellung der geänderten alten u. neuen Paragraphen. Von M. Scherer. [Aus: „D., Justizgesetze".] 8. (XLVIII, 402 S.) Leipzig 899. O. Wigand. Geb. in Leinw. 1. 80

DELIUS, N., Mythologische Bänkelsängerlieder. Bremen 1853. 8°. (40 Pfg. G. Priewe, 1895.)

Delius, Nic., Abhandlungen zu Shakespere. gr. 8. (XXVI, 448 S.) Elberfeld 878, Friderichs. *

Delius, N., Abhandlungen zu Shakspere. Neue Folge. gr. 8. (XVI, 302 S.) [Elberfeld 888. Friderichs.] Berlin, Wiegandt & Schotte. n. 6. — (I. u. II.: n. 13. —)

— dasselbe. Billige (Titel-)Ausg. [I. u. Neue Folge.] 2 Thle. in 1 Bd. gr. 8. (XXVI, 448 u. XVI, 302 S.) Ebd. 889. n. 5. —

Ad avdiendam orationem de falsariis Shaksperanis ad mvnvs prof. ord. in ordine phil. vniversitatis Fridericiae Gvilelmiae Rhenanae ... capessendvm d. XV m. Febr. ... habendam ... invitat Nicolavs **Delivs** ... — Inest commentatio [lingua patria conscripta] de dialecto Sarda saec. XIII. Bonnae, form. C. Georgi 1868. 1 Bl., 24 S. 4. ¶ Erschien zugleich selbständig bei Marcus in Bonn *u. d. T.*: D. Sardinische Dialekt d. 13 Jahrh.

Delius, Nicol., der sardinische Dialekt des 13. Jahrh. gr. 4. (24 S.) Bonn 868, Marcus. *

Delius, Nicol., J. Payne Collier's alte handschriftliche Emendationen zum Shakspere gewürdigt. gr. 8. (100 S.) Bonn 853, König. (Leipzig, Kittler.) Thlr. *

—— Gedichte. 16. (XII und 166 S.) Bremen 853, Heyse's Verlag. *

—— ungedruckte provenzalische Lieder, s. Lieder.

Delius, Nicol., der Mythus von William Shakspere. Eine Kritik der Shakspere'schen Biographie. gr. 8. (40 S.) Bonn 851, König. *.

**Delius**, Nicolaus ⟨geb. am 19 Sept. 1813 in Bremen⟩: Radices pracriticae ... [Pars prior.] Bonnae, impr. C. Georgi typ. reg. ind. 1838. 1 Bl., 24 S. 8. ¶ Erschien vollständig 1839 bei König in Bonn.
Bonn, Phil. Fak., Diss. v. 15 Sept. 1838

— s. Shakespeare's Macbeth.

Delius, N(icol.), die Tieck'sche Shakspearekritik beleuchtet. Ein Suppl. zu „Shakspeare's dramat. Werken. Uebers. v. A. W. v. Schlegel, ergänzt u. erläutert v. Ludw. Tieck." 8. ($12\frac{1}{2}$ B.) Bonn 846, König. *

—— Shakspere-Lexikon. Ein Handbuch zum Studium der Shaksperischen Schauspiele. Lex.-8. (XXIX und 488 S.) Bonn 852, König.

— über das englische Theaterwesen zu Shakspere's Zeit. Ein Vortrag gehalten in Bonn am 21. Jan. und in Köln am 17. März 1853. Lex.-8. (19 S.) Bremen 853, Heyse's Verlag. *

Delius, O., Handbuch der Bauanschläge von Hochbauten, s. Cremer, R.

Über den Bau und die Einrichtung von Gebäuden für die höheren Lehranstalten in Preußen von O[skar] **Delius**, Geh. Baurat. Mit 14 Abb. *Berlin: Weidmann 1903.* (16 S.) 4°(8°)
Aus: Monatsschrift f. höhere Schulen. Jg. 2, H. 5. [03. 7187

**Delius**, Paul, approb. Arzt aus Merseburg: Aus d. pathol. Institute zu Kiel. Ein Fall von Morbus Basedowii. *Kiel 1901: H. Fiencke.* (15 S.) 8°
Kiel, Med. Diss. v. [2. Mai] 1901

Delius, Rud. v., aus dem Bildersaal der Seele. Gedichte. (36 S.) 8. Leipzig 905. Modernes Verlagsbureau. n. 1. —

— s.: Flaum, Franz.

Delius, Rud. v., Gondoly. Ein Drama in 5 Aufzügen. 8. (V, 85 S.) Braunschweig 901. R. Sattler. n. 2. —; geb. n. 3. —

Delius, Rud. v., Jesus. Sein Kampf, seine Persönlichkeit u. seine Legende. (182 S.) 8. München (909). A. Langen. 2.50; geb. 3. 50

— Rienzi. Ein Trauerspiel in 8 Aufzügen. (55 S.) 8. Braunschweig 903. Leipzig. R. Sattler. n. 1. —

— Robespierre. Eine Revolutionsgroteske in 8 Akten. (95 S.) 8. München 906. A. Langen. n. 1. —; geb. n. 2. —

— Seelenliebe. Eine Tragikomödie in 3 Akten. gr. 8. (V, 61 S.) Ebd. 902. n. 1. 20

**Delius**, Rudolf, appr. Arzt a. Versmold: Aus dem pathologisch-anatomischen Institut, resp. der Universitäts-Kinderklinik ⟨Dr. v. Haunersches Spital⟩. Beitrag zur Kasuistik der Tuberkulose im Kindesalter. München 1905: C. Wolf. (15 S.) 8°
München, Med. Fak., Ref. v. Bollinger, Diss. v. 12. Juli 1905
[Geb. 12. Juni 75 Versmold, Kr. Halle i. Westf.; Wohnort: Versmold; Staatsangeh.: Preußen; Vorbildung: Gymn. Bielefeld Reife O. 96; Studium: Tübingen 5, Kiel 2, München 5 S.; Coll. 12. Juli 05; Approb. 13. Juli 02.]

**Delius**, Rudolf: Über einen Fall von primärer, eigentlicher Sehnervengeschwulst. *Tübingen: F. Pietzcker 1898.* (20 S. mit Tab.) 8°
Tübingen, Med. Diss. v. 1898

Delius, Thdr., Marlowe's Faustus und seine Quelle. Ein Beitrag zur Kritik des Dramas. Inaugural-Dissertation. gr. 8. (31 S.) Bielefeld 881. (Göttingen, Vandenhoeck und Ruprecht's Verlag.)

(Alexius) Kiesslings Topograpische Karte der Umgegend von Berlin, umfassend 19 grössere u. kleinere Städte sowie sämmtl. Dörfer, Vorwerke etc. auf ca 85 □Meilen um Berlin. Entw. u. gez. von Th. **Delius** in Berlin. (Mit prakt. Entfernungsmesser u. Namensverz.) Maasst. 1 : 150,000. (In Farbendruck.) 28. Aufl. *Berlin: A. Kiessling 1901.* (1 Kartenbl. 41 × 56 cm.) 8°
[Umschlagt.:] Kiesslings Radfahrerkarte d. Umgegend von Berlin auf ca 85 □Meilen. [01. 4487

Delius, Thdr., topographische Karte der Umgegend von Berlin, umfassend 19 grössere und kleinere Städte, wie: Potsdam, Freienwalde, Buckow, Fürstenwalde etc., sowie sämmtl. Dörfer, Vorwerke, Mühlen etc. auf ca. 8,5 □M. um Berlin. 1 : 150,000. 1.—7. Aufl. Fol. Berlin 874,75, Kiessling. *

**Delius**, Thdr., grosser Plan von Berlin, Charlottenburg und Westend, nebst den nächstgelegenen Ortschaften Schöneberg, Wilmersdorf, Treptow etc., mit Angabe der Weichbildgrenze, des Bebauungsplans und der Häuser-Numerirung, sowie des vollständ. Omnibus- und Pferde-Eisenbahn-Netzes nach amtl. Mittheilungen. 2. Aufl. Fol. Nebst einem Verzeichniss sämmtl. Strassen, Plätze und Brücken, der öffentl. Gebäude, Behörden und Anstalten, der Stadtpost-Aemter, Telegraphen-Stationen und Polizei-Revier-Bureaux, sowie der Sehenswürdigkeiten Berlins. gr. 8. (16 S.) Berlin 875, Kiessling. *

—— neuester Plan von Berlin und Umgegend. Mit alphabet. Nachweis der königl. und städt. Gebäude, der Wohlthätigkeits-Anstalten, Schulen, Strassen, Plätze, Brücken etc. Nach den neuesten Aufnahmen entworfen. Neuer revid. Abdr. Fol. Berlin 873, Thiele. * 25 Pf.; color. *

(Alexius) Kiesslings Neueste Reisekarte vom Deutschen Reiche. 1:2100.000. Entw. u. gest. von Th. **Delius**. Mit Angabe sämmtl. Eisenbahnen. 5farbig. 10. Aufl. *Berlin: A. Kiessling [1900].* (1 Kartenbl. 49×61 cm.) 8° [Umschlagt.] [01. 4488

—— Special-Karte vom Grunewald und dessen Umgebung. 1:42,500. Fol. Ebendas. 875. *

**Delius, Th., Special-Karte vom Grunewald und dessen Umgebung. 1:42,500. 1. und 2. Aufl.** Chromolithogr. Fol. **Berlin 875,77, Kiessling.**

**Delius**, Thdr., Special-Plan vom Berliner zoologischen Garten. Prakt. und zuverläss. Führer durch die Sehenswürdigkeiten und Anlagen des Gartens, mit Angabe der zweckmässigsten Besichtigungstour. 1:3000. qu. gr. 4. Ebendas. 875. *

**Delius, Th., Touristen-Karte von Potsdam und Umgegend mit besond. Bezeichnung der Haupt- und Nebentouren. Im Mai 1875 revid. von H. Th. Wagener. 1:22,000. 2. Aufl. Fol. Berlin 875, Kiessling.** *

**Delius**, Theod. Ferd. (geb. Minden a. W. 9. 11. 1817): De pleuritide partiali. Berolini (1843). (28 S.) 8°
Berlin, Med. Diss. v. 18. Okt. 1843

**Delius, Walt.**, Hauberge u. Haubergsgenossenschaften des Siegerlandes, s.a. **Untersuchungen zur deutschen Staats- u. Rechtsgeschichte. 101. Hft.**

Hauberge und Haubergsgenossenschaften des Siegerlandes. Eine rechtsgeschichtl. u. dogmat. Untersuchung von Dr. Walter **Delius**. Breslau: Marcus 1910. VI, 124 S. 8°
[Ein T. erschien als Inaug.-Diss. Bonn 1909.]
(Untersuchungen z. Deutschen Staats- u. Rechtsgeschichte. H. 101.) [10. 2509

**Delius, Walter**, Regierungsrefer.: Zur Rechtsgeschichte und Dogmatik der Hauberge und Haubergsgenossenschaften des Siegerlandes. Breslau: **Marcus** 1909. VI, 43 S. 8°
¶ (Ersch. vollst. in: Untersuchungen z. deutschen Staats- u. Rechtsgeschichte.)
Bonn, Jur. Diss. v. 29. Juli 1909, Ref. Schreuer
[Geb. 1. Mai 84 Siegen i. W.; Wohnort: Eschersheim; Staatsangeh.: Preußen; Vorbildung: Realgymn. Siegen Reife O. 03; Studium: Tübingen 1, Münster 3 S.; Rig. 1. Mai 09.] [U 09. 318

**Delius, Walt.**: Hauberge und Haubergsgenossenschaften des Siegerlandes. E. rechtsgeschichtl. u. dogm. Untersuchung. Breslau 1910.

**Delius**, Wilhelm *Karl Eduard* [aus Swinemünde]: Ein Beitrag zur Lehre von den Typhusrecidiven ... Berlin, Buchdr. v. G. Schade, *1892*; 29 S., 1 Bl. 8.
Berlin, Med. Fak., Inaug.-Diss. v. 13. Apr. 1892

Die Rentengutsbildungen in der Provinz Schleswig-Holstein. Ein Beitrag z. inneren Kolonisation Preussens. Im Auftr. d. Kgl. Generalkomm. bearb. von Geh. Reg.R. [Wilhelm] **Delius**. (Hannover 1910: Schäfer.) 29 S. 8° [11. 3262 8

**Delizie** del cristiano. Orazioni per persone secolari ben educate. 24. (240 S. mit 2 Lithogr. und eingedr. Holzschn.) Einsideln 852, frat. Benziger.

**Delizie del cristiano. Orazioni per persone secolari ben educate. 24. (240 S. mit eingedr. Holzschn., 2 Stahlst. und lithogr. Titel.) Einsiedeln 858, Gebr. Benziger.**

**Delizie del Cristiano, ossia esercizj di pietà. Ricavati dai migliori autori. Ediz. corretta ed accresciuta. 32. (318 S. mit eingedr. Holzschn. und 2 Stnt.) Einsiedeln 864, Gebr. Benziger.**

**Delkeskamp**, Friedrich Wilhelm

— **Mosel-Panorama, oder maler. Relief der Umgebungen der Mosel u. deren Nebenthäler von Coblenz bis Wasserbillig jenseits Trier, in 5 Blättern nach der Natur gezeichnet. — Relief pittoresque des Environs de la Moselle depuis Coblence jusqu'à Trèves. Kupferstich. Fol. (Frankf. a. M.; Cöln, Eisen; auch v. Zabern.) n. 3 ℳ**

**Delkeskamp, Fr. W., Panorama d. Main's u. seiner nächsten Umgebungen v. Frankfurt a. M. bis Mainz. Gest. v. C. A. Helmsauer. Orig.-Ausg. 38½″ hoch u. 9⅓″ breit. — Nebst unentbehrl. Anh.: Der Führer auf d. Wasserfahrt v. Frankfurt a. M. bis Mainz. (Deutsch od. Franz.) Lex.-8. (1 B.) Frankfurt a. M. 829, [Fr. Wilmans Vrlsh.]**
1 Thlr. 8 Gr., ill.

**Delkeskamp**, Friedr. Wilh., Panorama des Mains u. seiner nächsten Umgebungen von Lichtenfels bis Mainz. In Stein grav. v. J. Lehnhardt. Nebst Notizen f. Mainreisende (1 Bl. 29″ lang u. 11½″ br. u. 2¼ B. Text.) Mainz 843, v. Zabern. *

—— Anhang hierzu, s. **Menk-Dittmarsch.**

**Delkeskamp, Friedr. Wilh., neues Panorama d. Rheins u. seiner nächst. Umgebn. von Mainz bis Cöln.** Aufs neue nach d. Natur gez. u. mit d. interessant. architekton. u. geschichtl. Denkmälern als Randbilder geziert. Orig.-Ausg. Stahlst. 1 Bl. von 108 Z. Höhe u. 9½ Z. Breite. Nebst Notizen f. Rhein-Reisende. Schmal gr. 4. (4 B.) Frankfurt a. M. 837. (Cöln, Eisen.) *

—— neues Panorama d. Rheins u. seiner nächsten Umgebungen von Speyer bis Mainz. Nach d. Natur gezeichn. u. mit d. interessant. architecton. u. geschichtl. Denkmälern als Randbilder geziert. (1 Bl. in Stahlst. 52″ lang u. 9¾″ br.) Nebst Notizen f. Rhein-Reisende. 1¾ B. in Lex.-8. Frankfurt a. M. 842; Mainz, v. Zabern. *

— Panorama des Oberrheins, von Mainz bis Worms. Mit engl., französ. u. deutschem Text. qu. Fol. Köln 841. (Eisen.) geb. n. 3 ℳ

—s.a. **Panorama d. Rheins.**

**Delkeskamp**, J. W. Panorama des Rheins von Mainz bis Cöln. Nach der Natur aufgenommen, gezeichnet und gestochen. Der Begleiter auf der Reise von Mainz bis Köln. Ein nöthiger Anhang zum Panorama des Rheins und seiner nächsten Umgebungen. (1 Band mit dem Panorama und 1 Band Text in 1 Schuber.) (Donation Liechtenstein.)
8. Frankfurt a/Main **1825.**

—— Panorama d. Rheins u. seiner nächsten Umgebungen v. Mainz bis Coeln. Gest. v. C. A. Helmsauer. (Neue 2.) Orig.-Ausg. (mit beigedr. Ansichten v. Coeln u. v. Mainz.) 105″ hoch u. 9½″ breit. — Nebst C. A. Fischer's Führer auf d. Rheinreise. (Deutsch od. Franz.) Lex.-8. (2½ B.) Frankfurt a. M. 829, [Fr. Wilmans Vrlsh.]

—— dass. 3. Ausg. Nach d. Natur aufgenommen. In Stahl gest. v. Frommel. — Panorama du Rhin de Mayence jusqu'à Cologne. (4 Ellen 11″ lang u. 12½″ hoch.) Nebst d. Text: Der Begleiter auf d. Rheinreise. — Guide pour le voyage du Rhin. (4½ B. in 4.) Frankfurt a. M. 832, Fr. Wilmans Vrlsh.
2 Thlr. 8 Gr., ill.

**Delkeskamp**, Frdr. Wilh., malerischer Plan von Frankfurt am Main u. seiner nächsten Umgebung. Nach der Natur aufgenommen u. auf geometr. Basis in Vogelschau gezeichn. In Stahl gest. von Frdr. Herchenhein, Phil. Dauch u. dem Herausgeber. Frankfurt a. M. 861. Delkeskamp. gr. Fol. (7 Bll.) n. 10 ℳ 10 ₰; auf Leinw. n. 12 ℳ 27½ ₰

— Malerischer Reise-Atlas des Rheins von Basel bis zum Meere nebst Supplement-Blatt: Theile von Holland und Belgien, und die Dampfschiff-Verbindungen mit England enthaltend. Ein Wegweiser für Dampfschiff-, Post-, Eisenbahn- u. andere Reisende. Nach der Natur gezeichnet, mit (150) Randbildern, (18) Stadtplänen u. kurzer Erklärung. (Mit Text in qu. 4.) Frankfurt a/M. 844. (Köln, Eisen.) geb. n. 2 2/3 ℳ

— dass. Mit französ. Text. qu. 4. Ebend. geb. n. 2 2/3 ℳ

Delkeskamp, Frdr. Wilh., Malerischer Reise-Atlas des Rheins von Basel bis zum Meere nebst Suppl.-Blatt; Theile von Holland u. Belgien u. die Dampfschiff-Verbindungen mit England enthaltend. Ein Wegweiser für Dampfschiff-, Post-, Eisenbahn- u. a. Reisende. Nach der Natur gezeichnet mit (154) Randbildern, (18) Städteplänen und kurzer Erklärung. Frankfurt a. M. 1847. qu.-4. . . . . . (Br. Mus.)

**Delkeskamp**, Frdr. Wilh., malerisches Relief der Schweizer u. angranzenden Alpen. 1. Abthlg.: St. Gotthard, Berner Oberland u. Rhone-Thal. Nach der Natur gezeichn. u. herausg. 2 Bl. in Kpfrst. (3′ 5″ lang u. 1′ breit u. 2′ lang u. 7″ breit.) Frankfurt a. M. 851, Delkeskamp. In qu. 4. Carton. n. 2 2/3 ℳ

— dass. 2. Abthlg.: Der Vierwaldstätter See u. grösster Theil der Ur-Kantone, Uri, Schwiz, Unterwalden, Luzern u. Zug. Nach der Natur aufgenommen u. gez. 1 Bl. in Kpfrst. qu. gr. Fol. Ebd. 851. n. 1 ℳ

**Delkeskamp**, F. W. Malerisches Relief des klassischen Bodens der Schweiz. Frankfurt a. M. 1830. 1 Bd. mit 9 Karten K. (Zwei Exemplare, davon eins colorirt).

—— malerisches Relief d. klass. Bodens d. Schweiz. — Relief pittoresque du sol classique de la Suisse. — N. d. Natur (in d. Vogelperspective) gez. u. radirt. In Aquatinta ausgeführt v. Fr. Hegi. In 9 Sect. od. Bl., Höhe d. Ganzen 2′ 7″, Länge 4′, Franz. Maass. — Mit Uebersichtsbl. u. erklär. Text in Deutscher u. Franz. Sprache. gr. Fol. Frankfurt a. M. 830, [Fr. Wilmans Vrlsh.] 15 Thlr., ill.

Delkeskamp F W, malerisches Relief des Vierwaldstättersees. Frankfurt a. M. (1860)

**Delkeskamp's**, F. W., kleines Rhein-Panorama von Mainz bis Cöln. Kpfrst. 3′ 2″ lang und 7″ breit. Mit: Notizen. 8. (20 S.) Frankfurt a. M. 853, Delkeskamp's Selbstverlag. * -

**Delkeskamp**, Friedr. Wilh., kleines Rhein-Panorama von Mainz bis Köln. 2. Orig.-Ausg. Kpfrst. Imp.-Fol. Mit Text. (20 S. in 8.) Frankfurt a. M. 861, Delkeskamp. In 8.-Carton. *
ill. *

**Delkeskamp**, Gustav [aus Hannover]: Über das primäre Carcinom der Leber m. bes. Berücks. d. Histogenese d. Carcinoms im Allgem. ... Freiburg i. B., F. Wagner'sche Buchdr., 1896; 61 S. 8.
Freiburg i. B., Med. Fak., Inaug.-Diss. v. 1896

Delkeskamp, J. W., s. Delkeskamp, Friedrich Wilhelm

**Delkeskamp**, Clem., der Sankt Johannistag. Ein rhein. Märchen. gr. 8. (88 S.) Heidelberg 902. vorm Weiss'sche Univ.-Buchh. n. 1. 50; geb. in Leinw. n. 2. 50

**Delkeskamp**, P. C., Beiträge z. Vermehrung d. Kultur u. Industrie d. deutschen Länder. Oder: welche Pflanzen Deutschlands ersetzen uns die Kolonialwaaren? 3 Abhandl. gr. 8. Halle, Hendel. 811—12. (à 6 gr.)
Die 3te Abhandl. auch unt. d. Titel:
Ueber d. neueste Verbess. d. Dampfkochens aller vegetabil. u. animal. Körper 2c. Nebst einer Anwendung des Dampfkessels auf Runkelrüben-Syrup 2c.

**Delkeskamp**, Pt. Fr., Beitrr. zur Vermehrung d. Kultur u. Industrie d. deutschen Länder. Oder: welche Pflanzen Deutschlands ersetzen uns d. Kolonialwaaren? 3 Abhandll. gr. 8. Halle 811—12. Hendel. (à 6 gr) 18 gr Die 3e Abhandl. auch u. d. T.: Ueber d. neueste Verbess. des Dampfkochens aller vegetabil. u. animal. Körper 2c. Nebst e. Anwend. des Dampfkessels auf Runkelrüben-Syrup, mit 1 Kpf.)

**Delkeskamp**, Peter Frdr., Beiträge zur Vermehrung der Cultur Westphalens und anderer deutscher Länder; oder welche Pflanzen Deutschlands ersetzen uns die Colonialwaaren; in 3 Abhandlungen. Kassel (Halle) 1811—12. 8.

**Delkeskamp**, Pt. Fr., chemische Untersuchung d. Kochsalz-Mutter-Laugen, aus d. Hessischen Salinen. 8. Frankf. u. Lpz. 795. Cramer in Kassel. 4 gr

**Delkeskamp**, Rudolf, a. Frankfurt a. M., Assistent am mineralog.-geolog. Institut: Die Bedeutung der Konzentrationsprozesse für die Lagerstättenlehre und die Lithogenesis. Berlin: J. Springer 1904. (S. 289—316.) 4° ¶ [Aus Zeitschrift f. prakt. Geologie, Jahrg. 12.]
Gießen, Phil. Fak., Ref. Brauns, Diss. v. 1. Okt. 1904
[Geb. 4. Mai 80 Frankfurt-Bockenheim; Wohnort: Gießen; Staatsangeh.: Preußen; Vorbildung: Oberrealschule Frankfurt a. M. Reife M. 99; Studium: Darmstadt T.H. 3, Gießen 5 S.; Rig. 9. Juli 04.]

DELKIEWICZ, Josephus: De vita ac operibus s. Hippolyti episcopi ac martyris portuensis. — (1855) 67 S. 8° (Handschr.) Diss. 195
Diss. Wien, Univ.

**Dell, J., Architektonisches auf den Reliefs der Matres aus Carnuntum, s.: Meringer, Rud., üb. Spuren römischer Dachconstructionen in Carnuntum.**

Dell, J., Das Heidenthor. S.-A. 1893. 20 S.

**Dell**, Rud., über das Bauen auf dem Lande. Buchschmuck u. Zeichngn. v. Alfr. Schulze. Hrsg. vom Verein f. niedersächs. Volkstum. (32 S. m. Abbildgn. u. 5 Taf.) 8. Bremen (910). C. Schünemann. 1. —

Dell, Wilhelm. Prüfung der Geister, sowohl in den Lehrplan als in den Schülern. Phila, n. d.

**Dell, Wilhelm. Säk'sches Ständchen. Mei Rhein, s.:** Boesien, säk'sche.

**Della** Maria. Musikalische Novelette von △. In: Neue Wiener Musikzeitung 1852, Nr. 1—3. S. A. V: *Lyser, Joh. Peter.* (Friedr. Hirth: J. P. Lyser. München u. Leipzig 1911. S. 5550)

**Della** necessità d'aumentare le paglie degli impiegati senza aggravare le finanze dello stato. Vienna 1859. V: *Fornara, Giulio C.* (EB)

**Della** possidenza e delle critiche sue circostance. Vienna 1859. V: *Fornara, Giulio C.* (EB)

DELLA BONA, Johannes Jacobus: De inspiratione librorum s. s. — (1841) 102 S. 8° (Handschr.) Diss. 127
Diss. Wien, Univ.

**Della Cella**, Reise v. Tripolis 2c., s. n. Bibliothek d. Reisebeschreibb. 29r Bd.

— s. auch Cella.

Dellacella, Francesco: Was ist eine italienische Geige wert? Freiburg i. Br.: Prokasky 1909. 25 S. 8°

**Dellacella**, Francesco, was ist e. (alte) italienische Geige wert? (25 S.) 8. Freiburg i/B. 909. G. Ragoczy. 1. 50

**Della Croce, Giovanna Maria**, und ihre Zeit. Regensburg 1846. V: *Weber, Beda.* (Th)

**Dell'Adami**, Géza, zur Seepolitik Österreichs im Interesse seiner Volkswirtschaft. (65 S.) gr. 8. Wien 909. Manz. 1. —

**Dell Adami**, Géza, die Seetaktik, ihre Diagramme und deren Verwerthung in Theorie und Praxis. gr. 8. (70 S. mit 3 Stnt.) Triest 883, Dase. *

Streitkräfte. Die k. und k. auf und vor Kreta 1897/1898. Im Auftrage des k. und k. Reichs-Kriegs-Ministeriums auf Grund der officiellen Acten verfasst. Mit 1 Karte und 29 Illustrationen. (Zusammengestellt von Linienschiffs-Capitän Géza Doll' Adami.) 8. Wien 1901.

Della Foreſt, A., der Geiſtliche, ſ. Franzoſen, die, der neueſten Zeit.

**Della Marka, Ulrika,** Dialogen aus den Zeiten der Inquisition. Ein Gegenstück zu Lauretta Pisana. Hamburg 1803. V: *Albrecht, Joh. Frdr. Ernst.* (LS)

dell'Amavero, Francone, s.a. Amavero, Francone dell'

Dellaporta, J. B., characteriſtiſche Parallelköpfe, worin die Aehnlichkeit von Menſchen mit gewiſſen Thieren dargeſtellt wird. Mit Erläuter. herausg. von Chr. Benſon, mit 44 Abbild. Neue Aufl. 8. Leipz. Joachim. 812.

— ſ. Porta u. de Laporte.

dell' Aqua, Essai sur la supériorité intellectuelle de la femme. Brl. 8°. 1797

Della Robbia, die Künstlerfamilie, Biographie u. Charakteristik derselben, s.: Bode, W.

Della Rocca, 1807—1870. Lebenserinnerungen zur Geſchichte der Einigungskämpfe Italiens. Mit Genehmigg. des Verf. überſ. u. bearb. von L. v. Bodenhauſen. Mit 1 Titelbilde u. 2 Ueberſichtskarten. gr. 8. (XII, 264 S.) Berlin 899. E. S. Mittler & Sohn. n. 6.—; geb. in Leinw. n.n. 7.50

Dellarosa, Ludwig [Pseud.]
s. Gleich, Josef Alois [Wirkl. Name]

Dellaroſa, Ldw., (Joſ. Al. Gleich), Dittmar v. Aarenſtein, od. d. Rächer in d. Todtenhalle. 2 Thle. 8. Wien 804. K. Haas. 1 ₰ 12 ℊ

† Dellaroſa, Ludw., (Joſ. Aloys Gleich,) Adolf d. Kühne, Raugraf v. Daſſel. Eine Rittergeſch. voll Schreckensſcenen aus d. Zeiten d. Fauſtrechtes. Neu bearb. 2 Thle. M. 2 Ttlkpfr. 8. (21 B.) Wien 841, Singer u. Goering.

—— Mathilde v. Arnſtein, die Löwenbändigerinn in Paläſtina, od.: das Todtengericht am Kreuzberge. Hiſtor.-romant. Sage. Mit Ttlkpfr. 8. (12½ B.) Wien 837, Haas'ſche Buchh.

Dellaroſa, Ldw., (Joſ. Al. Gleich) Arnulf Schreckenwald genannt der Eiſenfreſſer, oder: Die Blutrache auf Burg Aggſtein an der Donau. Schauerliche Geiſter- u. Rittergeſchichte aus Oeſterreichs Vorzeit. Mit Titelkpfr. 8. Wien 840. Singer u. Göring. ⅚ ₰

— Ruthard Arrevalo u. das Mädchen v. Libanon. 2 Thle. 8. Krems 802. Leipz., Schmidt. 1 ₰ 8 ℊ

† Dellaroſa, Ludw., (Joſ. Aloys Gleich,) Aſtolfo, der Guerilla-Hauptmann, od.: das unterird. Blutgericht in Barcellona. Schreckensſcenen aus d. ſpan. Kriege. (Seitenſtück zum Gentilles.) Mit Ttlkpfr. 8. (10¾ B.) Wien 841, Haas'ſche Buchh. Thlr.

— Aſtrubal der Löwenkopf, oder: die Rieſenſchlacht bei Wiener-Neuſtadt. Hiſtor.-romant. Erzählung, aus den Zeiten Friedrich des Streitbaren, Herzogs von Oeſterreich. (Mit Titelbild.) gr. 12. Wien 841, v. Hirſchfeld. (Leipzig, Einhorn.) ⅞ ₰

— Azzo von Kuenring, oder: das Gericht der Todtenritter auf dem Niederberge. Wunder- und Schauergeſchichte aus den Zeiten des Markgrafen von Oeſterreich Ernſt d. Tapfern. Mit 1 Stahlſtich. 8. Wien 842, Bauer u. Dirnböck. ⅚ ₰

— Odomar v. Bärenſtamm, od. das unterirdiſche Gefängniß. Gemälde. 2 Thle. 8. Krems 805. (Leipz., Schmidt). (Wien, K. Haas). 1 ₰ 12 ℊ

—— die Belagerung Wien's durch die Türken, od. Graf Rüdiger v. Starhemberg's Heldenmuth u. Tapferkeit. Eine hiſtor.-romant. Erzähl. 2 Thle. M. 2 Ttlkpfr. 8. (29½ B.) Wien 838, Haas'ſche Buchh.

—— das Blutgericht im Thurme Dallborka am Hradſchin zu Prag. Hiſtor.-romant. Beitr. zur ält. Geſch. Böhmens. (Mit Ttlkpfr.) 8. (14½ B.) Wien 841, Bauer u. Dirnböck.

— Bodo u. ſeine Brüder, od. das Schloß der Geheimniſſe. 2 Thle. 8. Krems 801. Leipz. 803. (Schmidt). 1 ₰ 8 ℊ

—— Dagobert v. Greifenſtein, od. das Todtengericht um Mitternacht in d. unterird. Schauerklüften d. Burgfeſte Theben in Ungarn. Hiſtor.-romant. Erzähl. aus d. 13. Jahrh. Mit Ttlkpfr. 8. (10½ B.) Wien 840, Haas'ſche Buchh.

— Belido Dolfos u. ſeine Freunde, od. das Wiederſehen am Grabe. 2 Thle. 8. Krems 804. (Wien, Haas). 1 ₰ 12 ℊ

—— Drahomira mit dem Schlangenringe, od.: Die nächtlichen Wanderer in den Schreckensgefängniſſen von Karlſtein bei Prag. Eine Schauergeſchichte aus Böhmens grauer Vorzeit. Orig.-Ausg. 8. (11½ B. u. 1 Ttlkpfr.) Wien 842. [Dirnböck.]

— Dunkan der Höllendrache, oder: die geſpenſtige Felſenmutter auf Gutenſtein. Volksmährchen aus Böhmens älteſter Vorzeit. Original-Ausg. (Mit Titelkupfer.) 8. Ebend. 842. ⅔ ₰

—— Odomar v. Dürrenſtein u. Bertha v. Scharfeneck, od.: Die Raubritter an d. Donau. Hiſtor.-romant. Erzähl. a. d. Zeiten Richard's Löwenherz. Mit Ttlkpfr. 8. (11½ B.) Wien 841, Haas'ſche Buchh.

— ſ. Elſe, die Wandlerin.

— der Gottesgerichtskampf um Mitternacht, oder: der wandelnde Geiſt in der Burgveſte Greifenſtein. Eine Geiſter- u. Rittergeſchichte aus den Zeiten Kaiſer Rudolph von Habsburg. Mit 1 Titelkpfr. 8. Wien 841, Singer u. G. ⅚ ₰

—— die Höllenbraut, od. d. geſpenſt. Rächer im Rieſengebirge. Hiſtor.-romant. Sage aus d. Zeiten d. 30jähr. Krieges. (Mit Ttlkpfr.) 8. (14 B.) Wien 841, Bauer u. Dirnböck.

— Hunerich, Beherſcher der Vandalen, u. ſeine Freunde. 2 Thle. 8. Wien 806. Wallishauſer. 1 ₰

—— Hwora der Träumer, od. d. Schauernächte im Schloſſe Krakow. Hiſtor.-romant. Beitr. z. Geſchichte Böhmens. (Mit Ttlkpfr.) 8. (15 B.) Wien 841, Bauer u. Dirnböck.

—— Wippo v. Königſtein, od. d. Todtenhöhle am Fichtelberge. Geiſtergeſch. a. d. Zeiten Kaiſer Rudolfs v. Habsburg. Neue Orig.-Aufl. (Mit Ttlkpfr. u. Ttlvign.) 8. (13⅛ B.) Wien 841, Bauer u. Dirnböck.
Vgl. Delaroſa.

— die wilde Kunigunde, oder die Genoſſen des ſchwarzen Bundes. Schauerliches Rittergemälde aus den Zeiten des Fauſtrechts. Mit Titelkupfer. 8. Wien 842, Haas. ¾ ₰

—— Mahomed d. Eroberer, od.: Die Todtenbrücke in Konſtantinopel. Liebes- u. Greuelſcenen aus d. blutbefleckten Zeit d. Zerſtör. d. griech. Reiches. (Mit Ttlkpfr.) 8. (9½ B.) Wien 841, Haas'ſche Buchh.

— Marno, der Schreckenvolle, u. das Mädchen in der Löwenhöhle; e. hiſtor.-romant. Gemälde aus d. Geſch. Spaniens. 2 Thle. 8. Krems 803. (Wien, K. Haas). 1 ₰ 12 ℊ

—— Marno d. Schreckenvolle, u. das Mädchen in d. Löwenhöhle. Ein hiſtor.-romant. Gemählde a. d. Geſch. Spaniens. 2 Thle. (Neue Ausg.) M. 1 Ttlkpfr. 8. (19 B.) Wien 835, Haas'ſche Buchh.

— Mathilde von Rapperſchwyl, oder: das Rachegeſpenſt. Eine Geiſtergeſchichte aus den Zeiten Otto des Großen. 8. (Mit 1 Kpfr.) Wien 843, Dirnböck. ⅝ ₰

—— die Nymphe v. Teplitz, od. d. Geiſterglocke im Räuberthurme zu Rieſenberg. Volksſagen aus Böhmens Vorzeit. (Mit Ttlkpfr.) 8. (13¾ B.) Wien 841, Bauer u. Dirnböck.

—— Mirandolo Pisani, od.: Die Blutbrüder des Feuerbundes auf Cypern. Schauerszenen aus d. Schreckenszeit Sultan Selim II. Histor.-romant. bearb. als Seitenstück des Romanes: „der Admiral." 8. (14 B. u. Ttlkpfr.) Wien 842, Haassche Bh.—

—— Radomar der Leopard, Bundeshaupt der Flammenritter, od.: Der Todtentanz im Wienerwalde. Schreckensszene aus Oesterreichs Vorzeit. Orig.-Ausg. 8. (11¾ B. u. Ttlkpfr.) Wien 842. [Dirnböck.]

—— das Räubermädchen v. Baden u. d. Teufelsmühle am Wienerberge. Schauerl. Schreckensscenen aus Oesterreich's Vorzeit. 2 Abthln. 8. (14 B. u. Ttlkpfr.) Wien 840, Haas'sche Bh.

—— die Schloßruinen im Walde, od.: Graf Rinaldo's fürchterliche Gestalt. Eine Rittergeschichte. 8. (14⅛ B. u. Ttlkpfr.) Wien 842, Singer u. Goering.

—— Arnulf Schreckenwald gen. d. Eisenfresser, od.: Die Blutrache auf Burg Aggstein an d. Donau. Schauerl. Geister- u. Rittergesch. aus Oesterreichs Vorzeit. Mit Ttlkpfr. 8. (10 B.) Wien 840, Singer u. Goering.

Guido v. Sendenstein, oder Die Tempelritter in Mödling. Eine Rittergeschichte aus der österreichischen Vorzeit von Ludw. **Dellarosa.** Mit 1 Titelkpfr. Wien: Haas 1839. 202 S. 8° 3.

(——) die beiden Spencer, od.: die Wunder der Todtengruft. Nach einer wahren engl. Geschichte d. 14. Jahrh. frei bearb. 8. (12⅛ B. u. 1 Kpfr.) Wien 843. [Dirnböck.]

— Ludmilla von Sternberg der Geisterliebling, oder: die lebenden Bäume zu Stromka bei Prag. Historisch-romantische Erzählung aus den früheren Zeiten Böhmens. (Mit 1 Stahlst.) 8. Wien 842, Bauer u. Dirnböck. ⅚ ß

—— Peter Szapary, d. Held im Sklavenjoche, od.: die Rache im unterird. Gefängnisse zu Ofen. Histor.-romant. Erzähl. aus d. früh. Gesch. Ungarns. Mit Ttlkpfr. 8. (11 B.) Wien 841, Haas'sche Buchh.

(——) Otfried von Tannenberg, od.: Der Fluch der Verführung. Eine Sage a. d. Zeiten Friedrichs von Hohenstauffen. 8. (12⅞ B. u. 1 Kpfr.) Wien 843. [Dirnböck.]

†**Dellarosa, Ludw.** (Jos. Aloys Gleich), der Teufelsmüller, od.: Der Sturz der Ritter d. Höllenbundes. Eine Rittergeschichte a. d. Vorzeit Oesterreichs. 2 Thle. in 1 Bde. gr. 12. (8½ B. u. Ttlkpfr.) Wien 842, Stöckholzer v. Hirschfeld. Thlr.

— Eugen von Waldenhorst, der lebendig Begrabene, oder: Bruderhaß und Weibertreue. Romantische Räubergeschichte aus dem Anfange dieses Jahrhunderts. 8. Nordhausen 841, Fürst. 1⅙ ß

(——) der Wassermann. Ein Volksmährchen a. d. 12. Jahrh. 8. (11⅝ B. u. 1 Kpfr.) Wien 843. [Dirnböck.]

—— Reinhard von Wolfsklau, od.: Die blutigen Wege der grauen Gestalten auf Johannisstein. Schauer- u. Schreckensscenen aus Oesterreichs Vorzeit. 8. (17 B. u. Ttlkpfr.) Wien 842, Haassche Buchh. —

**della Sala ed Abarca, Franc. Ventaro.** Spanisches Kriegsreglement. Deutsch von Otto v. Gruben zum Stein. 8. Berlin 1736.

**Della Scala**, Giulio Bordone (Übers.):

s.: Aristoteles: De animalibus historiae libri X. (Griech.u.lat.) Textum recensuit..., commentarium adiecit Jo(hann) Gottlob Schneider. Tom.1 - 4. Lipsiae: 1811

JB 81

Josef Franz v. Sales Huter, Stadtbaumeister in Innsbruck, e. vergessener Patriot aus d. Franzosenzeiten. Von P. Ferdinand v. Scala [**della Scala**]. O.S. Fr.Cap. *Innsbruck: Wagner 1903.* (VIII, 155 S.) 8° [F.] 03. 3696

**Della Torre**, s.: Torre, della.

**Della Torre, Adalbert**, der Wahrheit ihr Recht! Gegenschrift auf die anonyme Brochure: „Hinaus mit den Schulbrüdern!" 8. (78 S.) Wien 862, Della Torre. *.

**Della Torre, Giovanni Maria.** Geschichte und Naturbegebenheiten des Vesuvs ... aus dem Italien. Altenburg 1783. Ü: *Lentin, Lebr. Fr. Benj.* (BrMm) (Ky)

**Della Torre, K. W. v.** und **Sarnthein, L. Graf v.**, Die Moose (Bryophyta) von Tirol, Vorarlberg und Liechtenstein [Flora der gefürsteten Grafschaft Tirol, des Landes Vorarlberg und des Fürstentums Liechtenstein. 5. Bd.] Gr.-8°. (LIV, 671 S.) Innsbruck: Wagner 1904 K 22.—

**Della Tore, Robert**, Würdigung des Herrn Dr. Vollmer Ansicht „über den Ursprung der religiösen Erkenntnis im Menschen", dargestellt in der Einleitung zum Wörterbuche der Mythologie aller Nationen. (Einladungsschrift zur feierlichen Preisverteilung am kgl. kath. Gymnasium zu St. Stephan.) — Augsburg, Lauter, 1842—43, 4°, 17 u. 29 S., 2 Programme.

**Dellenbusch, E.**, Mercantil-Memoiren aus der Türkei. Mit besond. Bezieh. f. Deutschland. gr. 8. (6½ B.) Düsseldorf 841, Schreiner. Thlr.

— s. Organ für Handel und Gewerbe.

**Delle Grazie**, Marie Eugenie

Narren der Liebe. Lustspiel in 4 Akten von M[arie] E[ugenie] **delle Grazie.** 2. Aufl. Leipzig: Breitkopf & Härtel 1905. (157 S.) 8° [F.] 04. 11128

Der Schatten. Drama in 3 Akten u. e. Vorspiel von M[arie] E[ugenie] **delle Grazie.** 2. Aufl. *Leipzig: Breitkopf & Härtel 1902.* (146 S.) 8° [F.] 03. 3972

Sämtliche Werke von M[arie] E[ugenie] **delle Grazie.** Bd 1 9. Leipzig: Breitkopf & Härtel 1903-04. 8°

1. 2. Robespierre. 2., viell. verb. Aufl. T. 1. 2. 1903. 3. Vom Wege. 1903. 4. Hermann. 3., viell. verb. Aufl. 1904. 5. Liebe. Sammlung 1 2 1904. 6. Italische Vignetten. 2., verm. Aufl. 1904. 7. Bühnenwerke 1. Schlagende Wetter. 3., verb. Aufl. 1904. 8. Bühnenwerke 2. Zu spät. 3. Aufl. 1904. 9. Theiß u. Donau. 2. Aufl. Dichter u. Dichtkunst. 1904. A 12 51841 1

Schlagende Wetter. Drama in 4 Akten von M[arie] E[ugenie] **delle Grazie.** 2. Aufl. *Leipzig: Breitkopf & Härtel 1900.* (139 S.) 8° [F.] 03. 3971

**Delle Grazie, M. E.** Die Zigeunerin. Eine Erzählung aus dem ungar. Haidelande. kl. 8. (127 S.) Wien, Karl Konegen. 70 kr. 1884.

**Deller, Ant.**, Liederkranz. 200 Liedertexte f. Jugendvereine. (XVI, 142 S.) 16. Augsburg 903. Literar. Institut v. Dr. M. Huttler. In Wachstuch kart. n. — 40

**Dellevie, Henr.** (geb. Hamburg 8. 9. '1834): De partu praematuro arte efficiendo. Berolini (1858). (36 S.) 8°
Berlin, Med. Diss. v. 29. März 1858

**Dellevie, Hugo** [app. Zahnarzt aus Hamburg]: Ueber die Bedeutung der Antisepsis im Munde ... Berlin, Buchdr. v. G. Schade, *1891*; 74 S., 1 Bl. 8.
Berlin, Med. Fak., Inaug.-Diss. v. 19. Dez. 1891

**Dellien, Friedrich** [aus Lübeck]: Ueber die systematische Bedeutung der anatomischen Charaktere der Caesalpinieen ... München, Druck v. V. Höfling, 1892; VIII, 101 S., 1 Taf. 8.
Erlangen, Phil. Fak., Inaug.-Diss. v. 1892

**Dellier, Ottilie**, die Kinderstube. Ein Geburtstags- und Christgeschenk für Kinder von 4 bis 10 Jahren (hrsg.) im Vereine mit mehreren Jugendfreunden. Lex.-8. (IV und 68 S. mit 8 ill. Stnt.) Dresden 856, Meinhold und Söhne.

**Dellin, F.**, der prakt. Gärtner im Haus- u. Schulgarten m. besond. Berücksicht. Ostpreußens. Eine Anleitg. zum prakt. Betriebe des Gartenbaues f. Seminaristen, Lehrer u. Gartenfreunde m. 6 Plänen u. 8 Abbildgn. 8. (92 S.) Ragnit 899. Tilsit, M. Bergens. n. 1.—

[F.] Der praktische Gärtner im Haus- und Schulgarten m. bes. Berücks. Ostpreussens. Eine Anleitg z. prakt. Betriebe d. Gartenbaues f. Seminaristen, Lehrer u. Gartenfreunde m. 6 Pl. u. 8 Abb. ... v. F. **Dollin**, Seminarl. *Ragnit: Selbstv.; Gedr. b. O. v. Mauderode, Tilsit 1899.* (90 S., 1 Bl., 8 Pl.) 1 Bd 8. 99. 1259

Dellin, F., Leitfaden für den Unterricht in der Geschichte der Entwicklung des Turnwesens an Seminarien und Turnlehrer-Bildungsanstalten, Lyck 1880, 136 S., 8°.

Das Lied von der Seminar-Glocke. Erinnerungen e. alten Schulmeisters aus schöner, schwerer Zeit von C. Urian [d. i. Seminarlehrer F. Dellin]. [Bd 1.] *Tilsit: M. Bergens in Komm. 1900.* 8° [F. u. Ant.] [oo. 4416 10

Dellin, F., zehn Turn-Reigen für Schulen, Seminare und Turnvereine. gr. 8. (24 S. mit 11 autogr. Taf.) Königsberg 881, (Gräfe und Unzer.) **

—— dass. — 2. Aufl. gr. 8. (24 S. mit 15 lithogr. Taf.) Tilsit 884, Schubert und Seidel. *

Dellin, F., 12 Turn-Reigen f. Schulen, Seminare u. Turnvereine. 3., verm. Aufl. m. 22 lith. Taf. gr. 8. (28 S.) Tilsit 894. M. Bergens. n. — 60

Delling. Geschichte des 5. Infanterie-Regiments „Prinz Friedrich August" Nr. 104. 1867—1889. Lex.-8. (104 S. m. 4 Karten.) Chemnitz 890, Focke. * 3 —; geb. * 3 50

Delling, Geschichte des kgl. sächs. 5. Infanterie-Regimentes „Kronprinz" Nr. 104. 1701—1909. Von 1867—1889 bearb. v. D. Unter Benutzg. der „Geschichte des königl. sächs. 6. Infanterie-Regimentes Nr. 105" v. Larraß neubearb. u. bis zum J. 1909 fortgeführt v. Kell. (VIII, 350 S. m. 4 farb. Plänen.) Lex. 8. Chemnitz 910. Focke. 5. —

Delling, Geo. v., alphabet. Repertorium üb. d. Verhandln. d. Stände d. Königr. Bayern, im J. $18\frac{11}{18}$. gr. 8. (33½ B.) München 830, Finsterlin.

—— dass. über d. Verhandln. etc., im J. 1831. gr. 8. (47 B.) München 833, (Finsterlin.)

Delling, Geo. v., alphabet. Repertorium üb. d. Verhandln. d. beiden Kammern d. Ständeversamml. d. Königr. Bayern im J. 1834. gr. 8. (29 B.) München 835, (Finsterlin.) *

— dass. im Jahre 1834. gr. 8. Ebd. 836. n. 2¼ ℳ

—— dass. — üb. die Verhandln. d. beiden Kammern etc. im J. 1837. gr. 8. (50¼ B.) München 839, (Finsterlin.) *

Delling, J. v., Beyträge zu einem bair. Idiotikon. 2 Thle. gr. 8. München, Lentner. 820.

Delling, v. Hüb, J. Nep., Beitrr. zu einem bair. Idiotikon. 2 Thle. gr. 8. München 820. Lentner. 1 ℳ 8 ℛ

Dellinger, Alois, Sünden meiner Muse oder Launiges und Ernstes. gr. 16. (104 S. mit 1 Musikbeilage.) München 877, Kellerer.

Dellinghausen, E., Pompeji u. seine Ausgrabungen, s.: Petersen, Hans.

Dellinghausen, N., s. Dellingshausen.

Dellingshausen, Baron N., Beiträge zur mechanischen Wärmetheorie. gr. 8. (IV, 119 S.) Heidelberg 874, C. Winter's Universitäts-Buchh. *

Dellinghausen, N., die rationellen Formeln der Chemie auf Grundlage der mechanischen Wärmetheorie entwickelt. 2 Thle. gr. 8. Heidelberg, C. Winter's Universitäts-Buchh. à Thl. * ℳ 4,80. *

Inhalt:

Thl. 1. Unorganische Verbindungen. (163 S.) 876.
» 2. Organische Verbindungen. (156 S.) 877.

Dellingshausen, Baron N., Grundzüge d. kinetischen Naturlehre. gr. 8. (VIII, 520 S.) Heidelberg 898. C. Winter. n. 10. —

—— Grundzüge der Vibrationstheorie der Natur. gr. 8. (IX, 405 S.) Reval 872, Kluge's Verlag. *

Dellingshausen, Baron N. v., das Räthsel der Gravitation. gr. 8. (VIII, 230 S.) Heidelberg 880, C. Winter's Universitäts-Buchh. *

—— die Schwere oder das Wirksamwerden der potentiellen Energie. gr. 8. (76 S.) Stuttgart 884, Schweizerbart'sche Verlagsh. *

Aus: Kosmos, besonders abgedruckt.

Dellingshausen, N., Versuch einer speculativen Physik. 8. (212 S.) Leipzig 851, O. Wigand. *

Dellion, P. Apollinaire. Dictionnaire historique & statistique (* *Vol. 1:* h', st'; * *Vol. 2—7:* h' et st') des paroisses catholiques du canton de Fribourg. Par [Jean-Joseph-Valentin =] le P. A' D', Ord. Cap. .... (*Vol. 11 et 12:* Continué par l'abbé François Porchel....) 12 volumes. 8. Fribourg ... 1884—1902. [par vol. fr. 3. —]

*Vol. 1—6:* Fribourg, Impr. du Chroniqueur Suisse (* *Vol. 6, Umschlag:* F', Impr. Fragnière frères); *Vol. 7:* F', Impr. catholique suisse; *Vol. 8—12:* F', Impr. et Libr. de l'Œuvre de Saint-Paul.

(Volume 1er: A.) 355 p. 1884. — Volume 2e (B). 312 p. 1884. — Volume 3e (Ca—Ch). 271 p. 1885. — Volume 4e (Co—D). p. 273—558. 1885. — Volume 5e (E—Fo). 303 p. 1886. — Volume 6e (Fr — Gro). p. 305—592. 1888. — Volume 7e (Gru — L). 303 p. 1891 (* *Umschlag:* 1893). — Volume 8e (M). IV p. + p. 303—561. 1896. — Volume 9e (N—P). 306 p. 1897 (* *Umschlag:* 1898). — Volume 10e (R). p. 307—538. 1899. — Volume 11e (S—U). 267 + *Errata* 1 p. 1901. — Volume 12e (V — W). 284 p. 1902 (* *Umschlag:* 1903).

(Table des matières *von* Vol. 2, 3/4, 5/6, 7/8, 9/10, 11/12 *in* Vol. 2, 4, 6, 8, 10, 12. — *Vol. 1 hat keine* Table des m'.)

*Vol. 7 ff. erschienen auch bogenweise als* Supplément *der* Revue de la Suisse catholique *(Vol. 7 — wovon ein Bogen dem Ex. beiliegt — mit von der Bandausg. abweichender Paginierung).*

Dellios, J., zur Kritik des Geschichtschreibers Theopompos. Inaugural-Dissertation. gr. 8. (44 S.) Jena 880. (Leipzig, Simmel und Comp.) *

Dellit, Otto, über lateinische Elemente im Mittelenglischen, s.a. Studien, Marburger, zur englischen Philologie. 11. Hft.

Dellit, Otto, a. Kleinschmalkalden: Über lateinische Elemente im Mittelenglischen. Beiträge zur Geschichte des englischen Wortschatzes. Marburg 1905: R. Friedrich. (VIII, 101 S.) 8°
Marburg, Phil. Fak., Ref. Viëtor, Diss. v. 23. Dez. 1905

[Geb. 26. Mai 86 Kleinschmalkalden; Wohnort: Kleinschmalkalden; Staatsangeh.: Sachsen-Coburg-Gotha; Vorbildung: Oberrealsch. Halle a. S. Reife O. 02; Studium: Halle 1, Berlin 1, Marburg 5 S.; Rig. 6. Juni 05.]

Ueber lateinische Elemente im Mittelenglischen. Beiträge z. Gesch. d. engl. Wortschatzes. Von Otto Dellit, Dr. phil. Marburg: N. G. Elwert 1906. (VIII, 101 S.) 8°
— Studien, Marburger, z. engl. Philologie. H. 11. [o6. 5740

Dellith, Geo., s.a. Sänger-Chor, der kleine.

Dellith, George, d. kleine Sänger-Chor. Sammlung dreistimmiger Gesänge f. Schule u. Haus. 1. Hft. 3. Aufl. 16. (2½ B.) Kassel 846, Luckhardt'sche Buchh. 3 Ngr. pr. Dutzend.

Dellmann: Über die Gesetzmässigkeit u. die Theorie des Elektricitäts-Verlustes. 28 S. – Kreuznach, Progr. 1864.

Dellmann: Allgemeine Grössenbestimmung der homoedrischen Formen des regelmäss. Krystallsystems. 10 S. u. Fgt. – Kreuznach, Progr. 1854.

Dellmann, F. Über ein neues Elektrometer. 24 S.
Kreuznach, Prog. 1842

Dellmann, F., die Harmonie der Einzeltöne, s.a. Vorträge, populär-naturwissenschaftliche.

Dellmann, F.: Die Harmonie der Einzeltöne oder das Ohm'sche musikalisch-akustische Gesetz. Kreuznach. 30 p. 1867.
Schul-/Univ.-Schrift

Dellmann, F., das atlantische Kabel, s.a. Vorträge, popular-wissenschaftliche.

Dellmann, F., Das atlantische Kabel. gr. 8°. *15 S.* Kreuznach. Voigtländer. 1868. M. —50
(Populär-wissensch. Vorträge. H. 3.)

Dellmann: Das Klima der mittelrheinischen Ebene in besonderer Beziehung auf Weincultur. Neustadt a. d. Haardt: Kranzbühler 1861. 11 S. Aus: Jahresberichte der Pollichia. 18/19. -- 12"

Dellmann, F., Dr., Das Klima der mittelrheinischen Ebene und die Spannung der offnen Säule. (Besonderer Abdruck aus dem 20. und 21. Jahresberichte der Pollichia.) Neustadt a. d. H. 1863.

– Über Luftelectricität, s.a. Vorträge, Populärnaturwissenschaftliche.

— Ueber Luftelektricität, Nebel und Höhenrauch. Nach Untersuchungen des Verfassers. gr. 8°. *20 S.* Kreuznach, Voigtländer. 1870. M. —.50
(Populär-naturwissensch. Vorträge. H. 6.)

— Die Meteoriten, s. a. Vorträge, Naturwissenschaftliche.

**Dellmann,** F.: Die Meteoriten. Kreuznach. 26 p. 1867.
Schul-/Univ.-Schrift

**Dellmann,** F., Die Stürme. (Sep.-Abdr. aus der „Natur", Jahrg. 1855).

**Dellmann,** F., Elektrische Untersuchungen. (Sep.-Abdr. aus der Zeitschr. für Mathematik und Physik, Jahrg. 1861, Heft IV.) [Dresden 1861.] (9474)

**Dellmann,** F., Ueber den Zusammenhang der Witterungs-Erscheinungen. 1861. 2 Expl. (9172, 9473, S. 5505, S. 5541, S. 5574)

Dellmann, Friedr., Briefe der nach Amerika ausgewand. Familie Steines. Für d. Verwandten, Freunde u. Bekannten d. Ausgewanderten; für alle Diejen., welche sich f. Auswanderungen interessiren; besond. aber f. Diejen., welche selbst nach d. Vereinigten Staaten Nordamerika's auszuwandern gedenken. — Briefe aus Bremen, Baltimore u. St. Louis, nebst Anh. 8. (9 B.) Wesel 835, Beckersche Buchh.

—— der kleine Physiker f. Schule u. Haus. 1. Bdchn. Die wägbaren Stoffe. gr. 12. (12½ B.) Meurs 840, Rheinische Schul-Buchh. *

Dellmann, Joh. Friedr. Georg. Allgemeine Größenbestimmung der homoedrischen Formen des regelmäßigen Krystallsystems. 10 S. u. Figt.
Kreuznach, Progr. 1854

**Dell'Osa,** Ardoin. Ubbid.

dell' **Osa,** A. U., et J. **Simon,** Das große weltbetrügende Nichts od. die heutige Hexerey u. Zauberkunst in zweyen Büchern. Frkf. 8°.
**1761**

doll **Osa,** Ardoin. Ubbid., Die Richtigkeit der Hexerey u. Zauberkunst. 2. Aufl. Frkf. u. Lpz. 8°.
**1766**

**Dellschaft,** F(riedrich) H(ermann), aus London: Ueber das **Hydrazid und Azid der Palmitinsäure.** *Heidelberg 1900: J. Hörning.* (39 S.) 8°
Heidelberg, Naturw.-math. Diss. v. 1900

**Dellwig,** Hermann [aus Klausthal i. H.]: Die Influenzaotitis m. bes. Berücks. der zweiten an d. kgl. Univ.-Ohrenklinik zu Halle beobachten[!] Epidemie ... Halle a. S., Buchdr. v. K. Pritschow, 1893; 27 S., 1 Bl. 8.
Halle, Med. Fak., Inaug.-Diss. v. 15. Aug. 1893

Dellwyn, der Gräfin, Geschichte von Fieldings Schwester, aus dem engl. übersetzt, 8. Frankf. 771. Keßler. 15 sgl.

**Delman,** Gustav [Pseud.], s. a; Mandel, Gustav

Delman, Gust. Ehrlos. Eine krit. (sociale) Studie. 8. (68 S.) Berl. 892, [Fried u. Comp.] Wiener. * 1 50

**Delman,** Gust. (Gust. Mandel), d. Verbrecher. E. psycholog. Problem. Neue (Titel-)Ausg. (v. D., d. Wissenschaft u. d. Strafrecht). gr. 8. (III, 205 S.) Wien (892). 896. M. Breitenstein. n. 1. 80

Der Verbrecher. Ein psychol. Problem. Von Gustav **Delman** [d. i. Gustav Mandel]. Neue Ausg. *Leipzig & Wien: M. Breitenstein 1896.* (205 S.) 8° [F.]
[1. Ausg. u. d. T.: Die Wissenschaft u. d. Strafrecht.] [04. 14c8

—— Die Wissenschaft u. das Strafrecht. gr. 8. (III, 205 S.) Lpz. 892, Minde. * 4 —

— dasselbe. Neue bill. (Titel-)Ausg. gr. 8. (III, 205 S.) Leipzig 894. (E. Rust.) n. 3. —

**Delmar,** Axel, die Ahrenshooper, s.a. Universal-Bibliothek.

**Delmar, Axel (Axel v. Demandowski), die Beichte, s.: Hummel, Ferd.**

— Hagar. Dramatische Legende. gr. 8. (40 S.) Minden (901.) J. C. C. Bruns. n. — 75

**Demandowski,** Axel von: Haschisch, s. Chelius, Oskar von

— s.a. Hohenzollern. Festspiel.

Hohenzollern. Festspiel z. Zweijahrhundert-Feier d. Königr. Preussen (Verf.: Axel **Delmar** [d. i. Axel v. Demandowski].) *(Berlin: R. v. Decker [1901.])* (142 S.) 4°(8°) [F.] [02. 298

**Delmar,** Axel, **Mara,** s.: Hummel, Ford.

— s.: Jahrhundert, das deutsche.

— **Novellen. 8. (VII, 160 S.) Berlin 898. Freund & Jeckel.** n. 4. —

— See, s.a. Universal-Bibliothek.

Als Ms. vervielfältigt. Sec. Drama in 2 Akten von Axel **Delmar** [d. i. Axel v. Demandowski]. Berlin: A. Entsch 1894. (42 S.) 8° [F.] [07. 9311 8

**Delmar, Eva, Frühlingsschnee. Roman. 8. (208 S.) Danzig 890. Hinstorff. Geb.** n. 4. —

Delmar, Eva, stille Geschichten. 8. (152 S.) Leipzig 886, Unflad. *

**Delmar,** Eva, im Schnellzug. 16. (28 S.) Danzig 889. Hinstorff's Verl. n. — 60

— Sonne u. Schatten. Novellen. 8. (228 S.) Leipzig 887. [Unflad.] Berlin, Neufeld & Henius. n. 3. —

Delmar, Gaston, erloschene Geschlechter. Historische Erzählung. gr. 8. (100 S.) Znaim 883, Fournier und Haberler. *

**Delmar.** Theodor. aus Budapest: Das Phosphoritlager von Steinbach und allgemeine Gesichtspunkte über Phosphorite. S. A. aus: Vierteljahrsschrift der Naturforsch. Ges. in Zür. [Bd 35. S. 182—210]. Zür. Zürcher u. Furrer Dr. 1890. 33 S. 8°.
Zürich, Phil. Diss. [v. 14. Juli 1890].

**Delmart,** Alfr.

**Delmart, A.,** die Echtfärberei der losen Wolle in ihrem ganzen Umfange. Ein vorzügl. u. in seiner Art einzig dasteh., prakt. Hilfs-, Lehr- u. Musterbuch f. Färbereitechniker, Tuch- u. Wollwaaren-Fabrikanten, sowie solche, die es werden wollen. Mit üb. 500 in Walkseife gefilzten Wollmustern. (In 20 Lfgn.) 1.—18. Lfg. gr. 8. (S. 1—720.) Reichenberg i/Böhm. 887—890. Administration d. Werkes: „Die Wollen-Echtfärberei".
à Lfg. n.n. 3. —

**Delmart,** Alfr., die Echtfärberei der losen Wolle in ihrem ganzen Umfange. Mit 850 in Walkseife gefilzten Wollmustern. 19. u. 20. Doppel-(Schluss-) Hft. gr. 8. Reichenberg i/Böhm. 891. Administration d. „Wollen-Echtfärberei". n. 9. — (kplt.: n. 63. —)
19. (S. 721—768.) n. 3. —. — 20. (VII u. S. 769—826.) n. 6. —.

— die Stück- u. Kammgarnfärberei in ihrem ganzen Umfange. 1. u. 2. Lfg. gr. 8. (S. 1—80 m. gefärbten Mustern.) Ebd. 892. 893. à n. 3. —

**Delmart,** Alfr. (Wilh. Ziernfuss), die Stück- u. Kammgarn-Färberei in ihrem ganzen Umfange. E. vorzügl. u. in s. Art einz. dasteh. prakt. Hilfs-, Lehr- u. Musterbuch f. Färberei-Techniker, Tuch- u. Wollwaren-Fabrikanten, sow. solche, d. es werden wollen. M. 800 Stück- u. 400 Kammgarnmustern. 3. Lfg. gr. 8. (S. 85—128.) Reichenberg 898. Administration der „Wollen-Echtfärberei". n. 3. —

**Delmart,** Alfr. (Wilh. Ziernfuss), die Stück- u. Kammgarn-Färberei in ihrem ganzen Umfange. Ein vorzügl. u. in seiner Art einzig dasteh., prakt. Hilfs-, Lehr- u. Musterbuch f. Färberei-Techniker, Tuch- u. Wollwaren-Fabrikanten, sowie solche, d. es werden wollen. Mit 800 Stück- u. 400 Kammgarnmustern. 4.—9. Lfg. gr. 8. (S. 129—396 m. Fig.) Reichenberg (899—902.) (Leipzig, R. Friese.) à n. 3.—

**Delmart,** Alfr. (Wilh. Ziernfuss), die Stück- u. Kammgarn-Färberei in ihrem ganzen Umfange. Ein vorzügl. u. in seiner Art einzig dasteh., prakt. Hilfs-, Lehr- u. Musterbuch f. Färberei-Techniker, Tuch- u. Wollwaren-Fabrikanten, sowie solche, die es werden wollen. Mit 800 Stück- u. 400 Kammgarnmustern. 10.—13. Lfg. (S. 397—586.) Lex.-8. Reichenberg (903. 904). (Leipzig, R. Friese Sep.-Cto.) à n. 3. —

**Delmarvia Review:** 1880—1943?

Independent weekly, 1880—1924?; monthly, 1925?—1943. Published in English and German. Sub-title: A Publication in the Interest of all German Americans. Title varies. DELMARVIA LEADER, 1880—Apr. 19, 1924; DELMARVIA MONTHLY REVIEW, 1924—31; DELMARVIA REVIEW, 1932—43. Circulation: 1940, 2800. Edited by Max E. Goetz, & published by Delmarvia & Publishing Co., 1931?—39; edited & published by W. Bodenstedt.
Wilmington, DE

**Delmas,** G., Hilfsbilder zum praktischen Unterricht d. modernen Sprachen. Deutsch. Von E. Rochelle. 2 Hfte. qu. gr. 4. Bordeaux (903). (Leipzig, F. Wagner). n. 4. —; einzelne Taf. n. — 25; Ausgaben f. Englisch, Französisch, Italienisch, Russisch u. Spanisch zu gleichen Preisen.

1 (6 Taf. m. Text auf der Rückseite.) n. 1. 60
2. (10 Taf. m. Text auf der Rückseite.) n. 2. 40

Delmenhorst [Schlagwort]

**Delmenhorst,** s.a. **Preussen. Messtischblätter.**

**Delmenhorst.** Plan von Delmenhorst. 80×100 cm. Lith. Delmenhorst (909). (B. Danelsberg. 2,50; auf Leinw. 5. —

Delmenhorst [Verfasser]

**v. Delmenhorst, Graf Günther; Scenen aus d. jetzigen Kriege. 2 Bde. 8. Hamb. 810. (Herold jun.) 1 ₰ 12 gr**

Delmenhorst, Günther Graf von, Scenen a. d. jetzigen Kriege. 2 Bde. 8. Hamb. Vollmer, 810.

Delmer, Frederic Sefton

**Delmer,** F. Sefton, englische Debattierübungen. (Outlinis of debates for oral composition.) Ein Hilfsmittel f. engl. Konversationskurse. (VIII, 85 S.) 8. Berlin 909. Weidmann. Kart. 1. 20

— English literature from Beowulf to Bernard Shaw. (IV, 226 S.) 8. Ebd. 910. Geb. in Leinw. 2. 60

Delmond, A. M., Kosmetik für das schöne Geschlecht. Enth.: bewährte Vorschriften und Mittel, alle Fehler und Mängel der Haut zu entfernen und die Schönheit und Reinheit des Teints zu erhöhen und zu erhalten. 16. (88 S.) Quedlinburg 847, Basse.

**Demanet,** Neue Geschichte des französischen Afrika, mit neuen Charten sowol, als geographischen, astronomischen und andern Beobachtungen über die Gebräuche, Sitten, Religion und den Handel dieser Gegenden. (Aus dem Französischen übersetzt.) Band I, II. Leipzig 1778.

Delmond, M. A., der Zahnarzt. Enth. instruct. Belehrn. f. alle Diejen., welche sich mit Heilung d. Zahnkrankheiten, sowie mit d. Ausziehen d. Zähne beschäftigen. N. d. Franz. bearb. gr. 8. (1½ B.) Quedlinburg 836, Basse.

Delmonte, A. F., der ächte kleine Portugiese, oder die Kunst die portugies. Sprache in acht Tagen ohne Lehrer richtig lesen, sprechen und schreiben zu lernen. Mit beigefügter Aussprache. 16. (123 S.) Hamburg 850, Berendsohn.

Delmotte, Hnr., (Anonym.) biograph. Notiz üb. Roland de Lattre, bekannt unter dem Namen: Orland de Lassus. Aus dem Franz. übersetzt u. mit Anmerkk. herausg. von S. W. Dehn. Mit 2 Abbildd. gr. 8. Berlin 837. Crantz. 1 ₰

**Delna,** Wilh., geliebt — gelebt. Roman. (131 S.) 8. Wien 907. J. Eisenstein & Co. 2. —

**Delna, Wilh., Freie Liebe? Roman. (208 S.) 8. Wien 906. J. Eisenstein & Co.** n. 2. 50

**Dólnické Listy.** Journal. Wien, 2. Febr. 1881—Jänner 1884.

[Russ.] Spornoe dèlo. Iz chronik odnogo prichoda. *Berlin: G. Štejnic (1903).* (29 S.) 8°
[Auf d. Umschl.:] Ein streitiger Punkt...
(Sobranie lučšich russkich proizvedenij. Č. 66.)

***Deloche,*** N., Géographie astronomique, ou exposition raisonnée des principales notions d'astronomie pour servir d'introduction à l'etude de la géographie, avec fig. gr. 8. Braunschw. 819. Pluchart. 20 gr

Deloche, (P.) französ. Sprachlehre f. Deutsche. gr. 8. Wien Wallishauser.

Una sacra rappresentazione in Logudorese (Giovanni **Delogu**-Ibba: Tragedia in su Isclavamentu de su sacrosantu corpus de Nostru Sennore Iesu Christu [Index Libri Vitae cui titulus est Iesus Nazarenus Rex Iudeorum, Ausz.]) ristamp. ed ill. per cura del Prof. Mario Sterzi, Pisa. Dresden: Gesellsch. f. rom. Lit. 1906. (XVIII, 90 S.) 8°
= **Gesellschaft** f. romanische Literatur. Bd 11.

***Delolme,*** s.a. ***de Lolme.***

**Delolme, Constitution of England.** gr. 8. **Basel. Turneysen.**

De Lolme, die Verfassung von England ec. s. Lolme.

De Lolme, Franc., neues Handbuch der deutschen und französischen Umgangssprache. — **Nouveau manuel de la conversation française et allemande.** — Nebst einer kurzgefaßten Sprachlehre. Zum Gebrauche für Reisende, und Studirende in beiden Sprachen. 2. (Titel-)Aufl. 16. (272 S.) Wien (853)68, Gerold's Sohn.

**De Lolme, Franç., nouveau manuel de la conversation française et allemande. Enrichi d'une grammaire abrégée. A l'usage des voyageurs et des étudiants des deux langues. A. s. l. t.:** Neues Handbuch der deutschen und französischen Umgangs-Sprache. Nebst einer kurzgefaßten Sprachlehre. 16. (272 S.) Wien 852. Tendler und Comp.

**De Lolme,** François, nouveau manuel de la conversation française et allemande. Enrichi d'une grammaire abrégée. A l'usage des voyageurs et des étudiants des deux langues. A. u. d. T.: Neues Handbuch der deutschen und französischen Umgangs-Sprache. Nebst einer kurzgefaßten Sprachlehre. Zum Gebrauch für Reisende und Studirende in beiden Sprachen. Vienne 853. Tendler et Co. 16. (2 Bl., 272 S.) 12 ngr

**BOILEAU,** Abbé (älterer Bruder des Dichters). — Beyträge zur Geschichte des menschlichen Aberglaubens; als Paraphrase u. Kommentar zur Geschichte der Flagellanten des Abt Boileau, Doktor der Sorbonne, Kanonikus der Kathedralkirche zu unsrer lieben Frauen etc., von Einem, der nicht Doktor der Sorbonne ist *(J. L. Delolme).* Nach d. 2 ten Engl. Ausgabe übers. Leipzig, im Schwickertschen Verlage, 1785. 8⁰. (12 Mk. 50 Pfg., unbeschn., wie neues Expl., Adolf Weigel, 1904; 18 Mk. Max Harrwitz, 1904; 20 Kr. Halm & Goldmann, 1907.)

Gehört zu den Seltenheiten der älteren Flagellanten-Litteratur und bietet inhaltlich viele curiose Facta u. interessante psychologische Fingerzeige. Enth. auch Schilderungen über die Gräuelthaten in Klöstern. 356 S. (incl. Tit. u. 8 Bll. Vorber.).

Das englische Buch, eine bedeutend erweiterte Umarbeitung des Boileau mit schätzbarem Commentar, erschien titulo: The history of the flagellants or the advantages of discipline. Being a paraphrase and commentary. On the historia flagellantium of the Abbé Boileau. By somebody who is not Doctor of the Sorbonne. (J. L. Delolme.) London, Hingeston (1777). 4⁰. 340 S. (24 Mk., Orig.-Hfrzb., Max Harrwitz, 1904). — Rep. ibid., Robinson, 1783. Large-8⁰. With vign. and 2 engravings. (50 Mk., old calf, J. Halle, c. 1905.) Cf. Dühren, England II, 345—346.

— — Dasselbe. Anastatischer Neudruck. Leipzig (1903). 8°. 380 S. (Mk. 4—.) (3 Mk. Taussig, 1904; 6 Mk. Adolf Weigel, 1908.)

Das Boileau'sche Original, welches Veranlassung zu obigem umfassenden Werke gab, erschien titulo: Historia Flagellantium, de recto et perverso flagrorum usu apud Christianos. Parisiis, apud J. Anisson, Typographiae Regiae praefectum, MDCC (1700). 12°. Schon im nächsten Jahre erhielt man eine französ. Uebers.: Histoire des Flagellans, où l'on fait voir le bon et le mauvais usage des Flagellations parmi les Chrétiens, par des preuves tirées de l'Ecriture Sainte, des Pères de l'Eglise, des Papes, des Conciles, et des auteurs profanes. Traduite du Latin de Mr. l'Abbé Boileau, Docteur de Sorbonne. (Vignette.) A Amsterdam, chez François van der Plaatz, marchand libraire dans le Capersteeg. MDCCI. (1701.) 8°. 8 ff. prélim., 319 pp., 11 pp. non chiffr. pour la table. (In Carlsruhe: Dl 97; auch in Rostock, Landesbibl.) (24 Mk. Max Harrwitz, c. 1900.) Rep. ibid. 1732. 8°. (In Carlsruhe: Dl 98.) — Thiers, J. B., Critique de l'histoire des flagellans et justification de l'usage des disciplines volontaires. Paris 1703. 8°. Rare! (12 Mk. 50 Pfg. Fr. Klüber's Nachf., München, 1909.)

**Deloney, Thom., the gentle craft,** s.a. **Palaestra.**

The Gentle Craft by Thomas Deloney. Ed. with notes and introd. by Alexis F. Lange. *Berlin: Mayer & Müller 1903.* (XLIV, 128 S.) 8°
— Palaestra. 18. [03. 9et 10

**Deloney, Thom., Jack of Newbury, s.: Sievers, Rich., Thomas Doloney.**

**Delonne, J., Abhandl. vom Wasserbruch u. d. Hell. ꝛc. a. d. Franz. 8. Schweinf. (Wittekind, Eisenach.) 786.**

— — dasselbe. 8. Leipzig, Hinrichs. 799.

**Delonnes, Imb., Abhandl. vom Wasserbruch u. dessen Heilung. Aus d. Französ. v. K. H. Spohr. 8. Schweinf. 780. (Bärecke in Eisenach). 1 ℳ Dass., N. Aufl. 8. Lpz. 799. Hinrichs. 1 ℳ**

Delord, Taxile, Geschichte des zweiten Kaiserreiches. Deutsche rechtmäß. Ausg. nach der 5. französ. Orig.-Aufl. übersetzt. 1. Bd.: 1848—1856, und 2. Bd.: 1848—1859. gr. 8. (XI, 483; VII, 500 S.) Berlin 870, Berggold. à Bd. **M.* 7,50. *

**Delord, Taxile, das Weib ohne Namen, s. Franzosen, die, der neuesten Zeit.**

**De l'Orme. Histor. romant. Gemälde a. d. 17. Jahrh. A. d. Engl. d. Verf. v. Kardinal Richelieu, Darnley ꝛc. 3 Bde. 8. (77¼ B.) Leipzig 832, Kollmann.**

Dolorme, Ernst, prakt. Arzt in Grossrudestedt b. Erfurt: (Aus d. med. Klinik in Jena.) Ueber primäres Lungencarcinom. *Jena 1901: Frommann.* (23 S.) 8°
Jena, Med. Diss. v. (22. Dez.) 1901

**Delorme, Marie, Lénette, hrsg. v. F. Lotsch, s.: Schulbibliothek, französische u. englische, C. 40.**

**DELORME,** Marion, Allerlei Fetische. Novellen. Mit künstlerischem Umschlagbild von Raphael Kirchner. Paris. Leipziger Verlag, G. m. b. H. (190*). (Mk. 3—.) Wurde 1912 confiscirt.

**DELORME,** Marion, Allerlei Fetische. Leipzig, o. J. (1908). (Mk. 3—.) 8°. 182 S. (3 Mk. O. Rauthe, 1909.)
Systematische Behandlung des erotischen Fetischismus in Novellenform. Ueber: Füsse, Kämme, Handschuhe, Zöpfe, Mieder, Haare etc.

— — Historische Liebschaften. Selbsterkenntnisse und sittengeschichtliche Darstellungen aus altfranzösischer Zeit. Deutsche reich illustrierte Ausgabe von Geni vom Mühlhof. Berlin, Verlagsgesellsch. (G. m. b. H.), 1809. (20 Lfrgn. à 30 Pfennige.)
Orig.: Confessions de Marion Delorme par Eugène de Mirecourt, précédées d'un coup d'oeil sur le règne de Louis XIII par Méry. 2 vols. Paris 1858. (Ca. 1000 pp.) Lex.-8°. (10 Mk., etwas wasserfl., O. Rauthe, 1909.)

**Delormo, Ph., méthode sur la Charpente invent. et réduite à sa pl. simple Démonstr. p. Detournelle en 2 Pl. Fol. Weimar. Ind. Comt.**

Holl. Pap.
in chines. Tusche

Delorme, S., Caesar und seine Zeitgenossen. Eine Betrachtung der röm. Sitten gegen das Ende der Republik, deutsch bearb. von Edm. Döhler. 8. (VI, 350 S. mit 1 Stahlst.) Leipzig 874, Teubner.

geb.

Delormes, Ph., Kunst mit Holz zu wölben, mit 2 Kpf. 4. Leipz. 803. Baumgärtner. 16 ℳ

**Delormois, Kunst Zitz zu machen. 3. Frankfurt, Varrentrapp. 772.**

**DELORQUE,** Alfr., Das Leben und Lieben der Grisettenwelt. Pariser Skizzen. Mit 12 Bildern in Farbendruck. Sondershausen, Verlag von G. Neuse, 1860. 12°. (7 Mk. Kühl, Berlin, c. 1882; jetzt theurer!)

— — — — Das Leben und Lieben der Lorettenwelt. Pariser Skizzen. Mit 12 Bildern in Farbendruck. Ebd. 1861. 12°. (4 Rthl.) (In Wien, Stadtbibl.: Secr. A 61.) (7 Mk. der Vorige; jetzt theurer!)
Verboten vom L.-G. Wien, 7. Mai 1863. § 516.

— — Dasselbe. Ebd. 1862. 12°.

**Delosea,** Fritz [aus Frankfurt a. M.]: Ueber Laryngospasmus. . . . Freiburg i. B., Buchdr. H. Epstein, 1891; 32 S., 1 Bl. 8°
Freiburg i. B., Med. Fak., Inaug.-Diss. v. 1891

DI LUCA Ignaz. Das gelehrte Österreich. Von –. 1. Bd.: Ghelen, Wien 1776. 2. Bd.: Trattner, Wien 1778.

**Delosea,** Rob. (geb. Frankfurt a. M.): De pneumothorace. Bendini (1851). (32 S.) 8°
Berlin, Med. Diss. v. 25. Juni 1851

[Kopft.:] Die Anáhuacschen Handschriften. Denkschr. v. Franz del Paso y Troncoso dem Congr. d. Amerikanisten, der ... 1895 in d. Stadt Mexico tagte, überr. ... Neu bearb. v. Vf. Uebs. a. d. Span. Originaltext. *[Roma: Danesi 1896.]* (23 S.) 1 Bd quer-8. [99. 518

Delpech, J(acques Matthieu): Atlas zu den anatomisch-chirurgischen Bemerkungen über die Hauptdeformitäten bei'm Menschengeschlecht. (De l'Orthomorphie par rapport à l'espèce humaine... Atlas. Dt.) Hälfte 1, Taf.1 - 27, gbd.

Weimar: Landes-Industrie-Comptoir 1830

JB 3.681

**Delpech, clinische Chirurgie, s. chirurg. Handbibliothek IXr Bd.**

**Delpech, J., Hospitalbrand ꝛc. s. Brugmann.**

Delpech, J(acques Matthieu): Über den Hospitalbrand. Aus dem Holländischen und Französischen übers.und mit Anmerkungen und einem Anhange, diese Krankheit und die Errichtung von Zelten und Baracken bei überfüllten und angesteckten Lazarethen betreffend, begleitet von D(ietrich) G(eorg) Kieser. Jena: 1816

s.: Brugmans, S(ebald) J(ustinus)

JB 3.599

Delpech, J(acques Matthieu): Über die Complication der Wunden und Geschwüre, welche unter dem Namen Hospitalfäulniß bekannt ist. (Mémoire sur la complication des plaies et des ulcères, connue sous le nom de pourriture d'hôpital. Dt.) Übers.und mit Anmerkungen begleitet von D(ietrich) G(eorg) Kieser. 124 S.(S.85 - 208), gbd.

Jena: Mauke 1816
(Brugmans, S(ebald) J(ustinus): Über den Hospitalbrand von S.J.Brugmans und J.(M.) Delpech. 2)

JB 3.599/2

**Delpech, J., die Orthomorphie ꝛc.,** s.a. **Hand-Bibliothek, chirurg., 12. Bd. 2. Abthl.**

Del Pero, Bortolo. Bilder u. Sagen. kl. 8. (104 S.) Innsbruck 889, Wagner. * 1 40

Delphin, der, 1838 u. 1839. Ein Almanach, hrsg. v. Theod. Mundt. 1. u. 2. Jahrg. Nebst Bildn. v. Geo. Sandt in Stahlst. 16. Altona, Hammerich. [838. (21 B. u. 1 Stahlst.), 39. (21¾ B. u. Geo. Sandt, Stahlst.)] à *

Delphin, der, 1839. Ein Almanach. f. Thdr. Mundt.

Delphin, Hieronymus, Eunuchi conjugium. Die Capaunen=Heyrath. / Hoc est scripta & judicia varia de conjugio inter eunuchum & virginem juvenculam anno 1666 contracto, t. t. a quibusdam supremis theologorum collegiis petita, postea hinc inde collecta. Halle (Melch. Oelschlägel) 1685. 190 S., meist deutsch. (8.50) 6295
— — Dasselbe. Halle 1697. 159 S. (8.—) 6296
— — Dasselbe. Jena (Ww. Erich/Frz. Bortoletti) 1730. 152 S. (7.—) 6297

**Delphina,** oder das verliebte Gespenst; aus dem Franz. Leipzig 1800. Ü: *Behr, Chn Andreas.* (MGT)

Delphine, od. das verliebte Gespenst; aus d. Französ. v. Gentilin. 2 Thle. 8. Leipz. 800, 801. Kummer. 20 gr

— par Madame de Stael-Holstein. 4 Vol. gr. 12. Genève. (Schmidt à Leipz., a. Himburg à Berl.) 803.

— a. d. Franz. d. Frau von Stael-Holstein. 5 Thle. 8. Berlin, Himburg. (Barth in Leipz.) 804.

Delphine, roman. par Mde. de Staël-Holstein. 6 Vol. Nouv. Edition. 8. Paris, G. Fleischer. 817.

— le même. Nouv. édition, revue et corrigée, terminée par un nouveau dénouement et précédée de réflexions sur le but moral de l'ouvrage. 3 Vol. 8. Strasbourg, Treuttel et Würtz. 820.

— le même ouvrage. 3 Vol. 12. chez les mêmes.

§ **DELPHINUS,** Hieron. (ps.). — Eunuchi conjugium, die Capaunen-Heyrath, h. e. scripta et judicia varia de conjugio inter eunuchum et virginem juvenculam anno 1666 con. tracto .... collecta ab *Hieronymo Delphino.* Halae 1685. 4°. (Auch in Breslau, Stadtbibl.) (12 Mk. S. Rosenthal, 1906.)
4 Bll., 190 S. — Heirath des mailänder Kastraten Bartholom. de Sorlisi (Kammerherr, Oberküchenmeister, Amtshptm. zu Dippoldiswalda, nobilitirt) auf „Spezialbefehl" des Kurfürsten Johann Georg II., mit der Jungfer Stieff, einer Lutheranerin in Dresden). Vgl. Meinardus, Ludw., Rückblicke auf d. Anfänge d. deutschen Oper in Hamburg. Ebd. 1878. Gr. 8°. S. 12.
— — Dasselbe. Ebd. 1718. 4°.
K. F. v. Klöden's Bibl. Berl. 1859. no. 1514.
— — Dasselbe. Jenae 1727. 4°.
§ — — Dasselbe. Ebd. 1730. 4°. 152 S. (2 Mk. O. Richter, Lpz., c. 1880.)
— — Dasselbe. Ebd. 1732. 4°.
Weller, Lex. Pseud. p. 141, wo auch die 3 folgenden Drucke.
— — Dasselbe. Ebd. 1737. 4°. 4 Bl. (incl. roth u. schwarz gedr. Titel) u. 152 S. (5 Mk. Osw. Weigel 1908.)
— — Dasselbe. Ebd. 1752. 4°.
— — Dasselbe. Ebd. 1753. 4°.

Delphinus, Hieron., Eunuchi conjugium, die Capaunenheirath. 4. Frankf. 753.

Del Piaz, Giorgio s. Dal Piaz, Giorgio.

Del Pino, Manuel: Handbuch der spanischen Umgangs-Sprache, s. Ramshorn, Moritz.

Delpit, Alb., Alle Beide, s.: Collection Hartleben. 7. Jahrg. 21. u. 22. Bd.

Delpit, A., das Fräulein v. Bressier. Roman. Autoris. Bearbeitg. von M. v. Weißenthurn. 8. (340 S.) Breslau 887. [Schottländer.] Schlesische Verlagsanstalt. n. 4. 60; geb. n. 6. 50

Delpit, Alb., le fils de Coralie. 8. (300 S.) Altenburg 879, Pierer. *

Delpit, Alb., die schöne Frau, s.: Collection Hartleben.

– Katherine Levallier, s. Collection Hartleben

—— ein Mutterherz, s. Engelhorn's allgemeine Romanbibliothek.

– Die Witwe Sorbier, s. a. Collection Hartleben.

Delpit, Alb., die Wittwe Sorbier, s.a. Kürschner's, Jos., Bücherschatz.

Die Witwe Sorbier (La petite marquise). Roman von Albert Delpit. Autor. Übers. von Max[imiliane] v. Weißenthurn. Mit Ill. von W. Roegge. Berlin, Eisenach, Leipzig: H. Hillger [1905]. (108 S.) 8° [F.] = Bücherschatz, Kürschners. No 444. [05. 10789

— Theresine, s.: Collection Hartleben.

Delpit, Alb. Martial's Vater. Roman. Uebertragg. v. Ludw. Wechsler. 8. (364 S.) [Bresl. 892, Freund.] Lpz., Paul. 3 50; geb. 4 50

— dasselbe, s.: Bücherschatz, neuer.

—— Wie's im Leben geht, s. Engelhorn's allgemeine Roman-Bibliothek.

Delprat, G. H. M., die Brüderschaft d. gemeinsamen Lebens. Ein Beitr. z. Gesch. d. Kirche, Litteratur u. Pädagogik d. 14., 15. u. 16. Jahrh. Deutsch bearb. u. mit Zusätzen u. ein. Anh. vers. v. Gtli. Mohnike. — A. t. Gabe zur 4. Jubelfeier d. Typographie. gr. 8. (13 B.) Leipzig 840, Gnobloch.

*Delprat*, G. H. M., Dissertation sur l'art typographique, contenant un apperçu hist. de ses propres durant le 15. et 16. siècle etc. gr. 8. Utrecht 820. (Lpz., Fr. Fleischer). 1 ⅛

Delpy, Egbert, Köln, s.a. Stätten der Kultur. 11. Bd.

Köln von Egbert Delpy. Buchschmuck von Loyse Amiet. Leipzig: Klinkhardt & Biermann [1908]. (184 S.) 8° [F.] = Stätten d. Kultur. Bd 11. [08. 16346

Delpy, Egbert, Köln a. Rh.: Die Legende von der heiligen Ursula in der Kölner Malerschule. *Köln (1901): Kölner Verl.-Anst. u. Druckerei.* (182 S.) 8°
Heidelberg, Phil. Diss. v. 1901

Delpy, Gustav: Festschrift zum fünfzigjährigen Jubiläum von Hoffmann's Stärkefabriken, Aktiengesellschaft, Salzuflen, am 29. September 1900. [Mit Abb.] (Salzuflen: Selbstverl. 1900.) 74 S. quer-8°

Delpy, G., Festspiel, s. Kaiserjubellieder.

[F.] An der Neige des Jahrhunderts. Festspiel z. 25j. Bestehen d. Stadttheaters zu Köln am 1. Sept. 1897. Von Gustav Delpy. Musik v. W. Mühldorfer. *Köln: Dr. d. Kölner Verl.-Anst. u. Dr. 1897.* (23 S.) 1 Bd 8. [97. 8580

Delpy, Gust., das Odinsthal bei Cöln. Naturpark f. eine Villen-Kolonie. Führer durch das Thal u. seine Umgebg. Anh.: 10 Villen-Entwürfe v. Jos. u. Edwin Crones. gr. 8. (61 S. m. Abbildgn. u. 2 Karten.) Ebd. 902. 1.20

Delpy, Gust. Die Reise des Kölner Männer-Gesang-Vereins nach Italien. gr. 8. (VIII, 172 S. m. Bildnissen.) Köln 889, Kölner Verlags-Anstalt u. Druckerei. * 1 50; cart. * 2 —

Delpy, Hedwig. Beiträge zur Kenntnis pharmazeutisch verwendeter Labiaten. Promotionsarbeit Polyt. Zürich. [Mit 3 Tafeln.] (Separat-Abdruck aus der Zeitschrift des Allgem. österr. Apotheker-Vereines [Jahrg. 48, 1910, Nr. 21—39].) 103 S. 8. Zürich — Druck von Bruno Bartelt, Wien —, 1909.

Delrieu, André. Le Rhin: Légendes, moeurs, traditions, coutumes. Histoire du fleuve depuis sa source jusqu'à son embouchure. Avec 36 Dessins [planches], représentant Costumes, Vues de villes. [et couverture illustrée]. Gravés sur Bois par [Victor] Chévin. 8. Bruxelles, Livourne, Leipzig 1850.

(del Rio, Antonio, und Paul Felix Cabrera): Beschreibung einer alten Stadt, die in Guatimala (Neuspanien), unfern Palenque entdeckt worden ist. Nach der englischen Uebersetzung der spanischen Originalhandschrift des Capitän Don Antonio del Rio und Dr. Paul Felix Cabrera's Teatro critico Americano, oder Lösung des grossen historischen Problems der Bevölkerung Amerika's, nebst einem raisonnirenden Verzeichnisse und 14 erläuternden Tafeln, die Palenqueschen, die Deppeschen und anderen, auf der hiesigen Königl. Kunstkammer vorhandenen amerikanischen Alterthümern darstellend. Von J. H. von Minutoli. Mit Kupfern. Bd. 1. 2. Berlin 1832. 2 Bde. XXIV, 123, 88 S.; 13 Tf. 8⁰ u. qu. Fol.

**Delrio,** Mart., Disquisitionum magicarum libri sex, quibus continetur accurata curiosarum artium et vanarum superstitionum confutatio, utilis theologis, juris consultis, medicis, philologis. Colon. 1720. 4°.

**Del Rosso, Giuseppe.** Untersuchungen über die ägyptische Baukunst; aus dem Italienischen. Frankfurt 1801. Ü: *Valentini, Ernst.* (MGT)

**Dels,** Carl, Beschreibung des Sächsischen Prinzenraubes. Zur Erinnerung bei dem 4. Jahrhundertstage dieser Begebenheit, den 7. Juli 1855, für alle Freunde vaterländischer Geschichte niedergeschrieben. Altenburg 855. Schnuphase in Comm. 8. (16 S.) nn. 2 ngr

**Delsa, L.,** Beiträge zur Steuer-Reform, s.a. Zeit- und Streit-Fragen, deutsche.

Delsa L. Beiträge zur Steuerreform. (Zeit- und Streitfragen 145) Berlin 1881

**Delsance,** Pet., Anleit. zur gerichtl. Wundarzneikunst. 8. Frkf. a. M. 765. (Schäfer). 9 gr

Petri Delsance Kurze Anweisung zur gerichtlichen Wundarzney, worinnen über die Tödtlichkeit derer Wunden bey denen Gerichten aus den Grundlehren d. Arzneygelehrten zu untersuchen u. auszumachen sind nach der Einrichtung unseres menschlichen Cörpers kürzlich abgehandelt. Frankfurt & Leipzig: Eßlinger 1765. 368 S. 8°

Die Meisterbilder von Andrea **Del Sarto.** Eine Auswahl von 60 Reprod. nach Orig.-Aufnahmen. Leipzig: Weicher 1908. 66 S. 8°
(Weichers Kunstbücher. Nr 16.) [10. 17639

**Delsberg** [Schlagwort]

**Delsberg.** Rollier, Louis, Carte tectonique des environs de Delémont (Delsberg). Report des feuilles 92—96 de l'atlas topographique de la Suisse. 1 : 25,000. [Aus: „Beitr. z. Geologie d. Schweiz".] 51,5×71,5 cm. Farbdr. Bern 903. (A. Francke.) n. 4.80

**Delsenbach, Johann Adam.** Wahre Abbildung der sämtlichen Reichskleinodien, welche in ... Nürnberg aufbewahret werden. In ihrer wirklichen Grösse auf Kosten und unter der Aufsicht ... Hieronymus Wilhelm Ebners von Eschenbach, nach den Originalen abgezeichnet und in Kupfer gestochen von Johann Adam Delsenbach. Nebst den Reichsheiligthümern, nach Friedrich Iuvenells Abzeichnungen ... Nebst einer Beschreibung. Nürnberg, in der Adam Gottlieb Schneiderischen Kunst- und Buchhandlung 1790.
Tit.; 11 Taf. in kol. Kupferst. gr 2°.
*Die Platten zu dem Werk sind bereits um 1740 auf Veranlassung des Triumvir und Reichskleinodien-Verwahrers H. W. Ebner von Eschenbach in Nürnberg von Joh. Adam Delsenbach († 1765) gestochen. Gleichzeitig erschien von Chr. Gottlieb von Murr eine Beschreibung der sämtlichen Reichskleinodien und Heiligtümer. Es ist die auf dem Titel angekündigte Beschreibung. Vgl. die beiden folgenden Nummern.*

Kurtzer Begriff der Anatomie worinnen hauptsächlich die nöthigen Stücke der Osteologie und Myologie in 19 Kupfer Tabellen enthalten welche zugleich die Gebeine des menschlichen Körpers...vorstellen... in Kupfer gebracht u. nebst e. Vorr. Christoph Jacob Treu hrsg. von Johann Adam Delsenbach. Nürnberg: Verf. 1733: Bieling. 6 Bl., XIX Taf. 2°

Praktisches Kochbuch für sparsame Hausfrauen. Verf. von **Minna Delson**-Dorn. *Berlin: Tessaro-Verl. [1902].* (30 S.) 8° [F.]
— Volksbücher. 33. [03. 15320

**Delss,** A., Grundsätze zur Aufnahme u. Erhaltung von Grund-Katastern. gr. 8. Wesel 840. Klönne. 1 ₰

**Delta, M.,** Almosen ohne Geld, s. Bibliothek für christliche Leser.

**Delta, Marie, Almosen ohne Geld,** s.: **Braun's Novellen- u. Roman-Sammlung. 1. Bd.**

Delter, Heinrich

Der furchtbare 30jährige | Räuberhauptmann | Heinrich Delter, | aus Moorefield in Virginien in **Amerika,** welcher seine 5 Frauen grausam ermordete, nachher als | Hauptmann **einer verwegenen Räuberschaar** von 80 | Mann die größten **Räubereien und Mordthaten be-** | ging, und Anfangs März dieses Jahres nach wahrer | Bekehrung lebendig verbrannt wurde, sowie die Hin- | richtung seiner furchtbaren Räuberbande. | Sein Bekenntniß enthüllt die furchtbarsten Mordthaten, die | je verübt wurden, und zeigt, mit welcher Kaltblütigkeit ein | Mensch unter dem Einfluß verschiedener Leidenschaften seine | Hände in Menschenblut zu tauchen vermag. | Gott sei gnädig seiner armen Seele! | *(Text).*
Kol.: Druck von Büttner & Winter in Oldenburg.
o. J., 4 Bl. n. n., 170 × 105.

**Delton,** s. **Curé, le.**

***Deltophilus,*** Periergus, (**Karl Emerich Alex Revitzky, Graf v. Revissnye**). **Bibliotheca graeca et latina,** complect. auctores fere omnes Graeciae et Latii veteris, quorum opera et fragmenta aetatem tulerunt, exceptis tantum asceticis et theologicis patrum nuncupatorum scriptis etc. 8. Berl. 784. Unger. Auch u. d. T.: Catalogue de mes livres etc. Edit. alt. 794. 1 ₰ 8 gr

**Deltzer, J. F.,** Kritik und Abfertigung der Schrift: „Der religiöse Unterrichtsstoff für ein-, zwei-, drei-, vier-, fünf- und sechsklassige Volksschulen in Stadt und Land, ausgewählt und vertheilt von Dr. Saalborn, in Gemeinschaft mit C. Meier, Pastor und F. Müller, Landschullehrer, vom prakt. Standpunkte und lediglich mit Rücksicht auf die einklass. Volksschule. Eine Denkschrift. 8. (64 S.) Elbing 865, Neumann-Hartmann'sche Verlagsh.

**Deltzer, J. F.,** die Selbständigkeit der deutschen Volksschule. Eine Denkschrift für alle, die es angeht. gr. 8. (107 S.) Dortmund 887, Meyer. *

**Deltuf, Paul, Adrienne.** 12. (318 S.) **Leipzig 861, A. Dürr.** *

**Deltuf, Paul, Mademoiselle Fruchet.** 12. (360 S.) **Leipzig** 860, **A. Dürr.** **Thlr.** *

**De Luc.** in Windsor an Zimmermann in Hannover. A. d. Franz. Wien u. Weimar 1793. V: *Hoffmann, Leop. Alois.* (Fideicommissbibliothek Wien 2/715.) (BIBLPORT)

**Deluc,** s.a. **Luc, de.**

**Deluc,** Jean-André

Deluc, J. A. Bacon tel qu'il est. Berlin 1800.

Deluc, J. A. Briefe über die Geschichte der Erde. Leipzig 1781—1782. 2 Bde.

Deluc, J. A. Physisch moralische Briefe über die Berge, die Geschichte der Erde und des Menschen. Aus dem franz. durch H. M. Marcuard. Leipzig 1778.

**Deluc,** Johann Andreas, Physikalische und moralische Briefe über die Geschichte der Erde und des Menschen. (Aus dem Französischen übersetzt.) I., II Bd. Leipzig 1781, 1782.

**Deluc,** J. A., Neue Ideen über die Meteorologie. Aus dem Franz. übersetzt. 1. Theil. Mit Kupfern. Berlin und Stettin 1787.

Deluc, J[ean-] A[ndré] /. J. A. De Lüc Reisen nach den Eisgebürgen von Faucigny in Savoyen. Aus dem Französischen übersetzt [und mit biographischer Einleitung versehen von **Hinrich Matthias Marcard.** Mit 3 Vignetten in Kupferstich]. 8. **Leipzig** 1777.

**Deluc,** J. A., Untersuchungen über die Atmosphäre und die zu Abmessung ihrer Veränderungen dienlichen Werkzeuge. Aus dem Französischen übersetzt [von Joh. Sam. Traugott Gehler]. 2 Bände. [Mit Tafeln und einem Sachregister]. Leipzig 1776, 78.

**Delug, Karl,** Seifenblasen. Gedichte. (134 S.) 8. Innsbruck 909. Wagner. 3. —

**Deluil-Martiny**, Maria, Briefe der Dienerin Gottes Mutter Maria v. Jesus M. D. M., Stifterin der Gesellschaft „Töchter des Herzens Jesu". Übersetzung aus dem Franz. (255 S.) 8. Regensburg 910. F. Pustet. 1.60; geb. in Leinw. n 2. 50

**Delume-Thomas**, Marcel, leçons de français pour adultes. Adaptées à la méthode Alge, basée sur les tableaux de Hölzel. Méthode refondue. (127 S.) 8. St. Gallen 907. Fehr. — Leipzig, F. Brandstetter. Geb. 2. 60

**De l'Unité**, ou Aperçus philosophiques sur l'identité des principes de la science mathématique, de la grammaire générale et de la religion chretienne; par un ancien Elève de l'Ecole Politechnique. II Tomes. gr. in-8. Paris 836. (Leipsic, Brockhaus et Avenarius.) n. $4^1/_2$ ₰

**Delunsch**, Viktor, approb. Arzt aus Emlingen (Elsass): Ueber spontane Zerreissungen der Nabelschnur und ihrer Gefässe bei der Geburt. *Strassburg i. E. 1899: C. & J. Goeller.* (37 S.) 8°
Strassburg, Med. Diss. v. 1899

(D[e l u z], E[lie].) Gesellschaft für Sonntagsfeier. Ursprung, Entwicklung und thatsächliche Erfolge auf dem europäischen Continent hauptsächlich seit 1889. Zusammengestellt bei Anlass des Dreifachen Jubiläums (Genfer Verein: 40-jähriger Bestand, Schweizer. Gesellschaft..., Internationaler Bund..., in Genf begangen durch eine Allgemeine Konferenz am 22. und 23. September 1901. (Nach der 2. Aufl. übersetzt.) 168. 8. Genf, Zentralsekretariat (Typ. Forrer Diessenhofen). 1901.

**Delvaillé-Boissière**, Clara Coudray. A. d. Franz. v. H. Glover. 8. (16 B.) Leer 829. [Potsdam, Vogler.]

Delvau, A., Großvaters alte Flammen, s.a. Bibliothek französischer Humoristen und Realisten.

**Delvau**, Alfr., Großvaters alte Flammen. Humoresken. 2. Aufl. gr. 8. (III, 204 S.) Leipzig 894. Greßner & Schramm. 1. 50

DELVAUX, Franz (Weiswampach): Ueber die Hernia processus vaginalis encystica.- München: Kastner & Lossen 1901. 56 S.
20.12.1901 - Chr 1901/02,261 Jv 1901/02,268
Diss. Ingolst.-Landsh.-Mchn.

**Del Vaux**, H., Dictionnaire géographique et statistique de la province de Liège. gr. in-8. (Aachen 835. Koschütz et Comp.) $1^1/_4$ ₰

Delvaux de Fenffe, A., üb. die z. Fahren der Bergleute in den Schächten angewendeten Maschinen od. die sogenannten Fahrkünste. Bearb. v. Carl Hartmann. gr. 8. ($2^1/_2$ B. u. 4 Stnt.) Quedlinburg 846, Basse.

**Delvaux** de Fenffe, A., de la situation de l'industrie du fer en Prusse (Haute-Silésie), ou mémoire sur les usines à fer de ce pays et sur la crise actuelle, suivi de quelques détails sur l'union douanière allemande, et sur la production et l'importation du fer et de la fonte dans les états, qui la composent. (Avec une carte de la Silésie prussienne.) gr. in-8. (Mit 2 Tab.) Liége 844. Bonn, Marcus. n. $1^1/_3$ ₰

Del Vecchio, B. Die Belagerung Roms. Genf 1849.

**Del Vecchio, F.**, piccolo vocabolario italiano conforme il metodo usato dal P. Dr. Carlo Ploetz. — Kleines Vocabelbuch zur Erlernung der italien. Sprache. 16. (64 S.) Berlin 870, Herbig. * . cart. * .

Del Vecchio, F. Kleines Vokabelbuch zur Erlernung der italienischen Sprache, nach der Methode v. Karl Ploetz zusammengestellt. 2. verb. Aufl. 12. (64 S.) Berl. 890, Herbig. * — 40; cart. * — 50

**Delventhal**, Karl, approb. Arzt aus Geestemünde (Prov. Hann.): Aus d. städt. Krankenhause zu Kiel. Ein Fall von weit verbreiteter Verkalkung der mittleren und kleineren Arterien der Haut und der Extremitäten. *Kiel 1902: K. Jansen.* (20 S.) 8°
Kiel, Med. Diss. v. [10. Dez.] 1902

**del Villar**, Benigno Ramirez [aus Arequipa (Peru)]: Über die Verruga peruana ... Berlin, Buchdr. v. G. Schade, *1895;* 34 S., 1 Bl. 8.
Berlin, Med. Fak., Inaug.-Diss. v. 6. Aug. 1895

**Delvos**, Baldvinvs (geb. am 7 März 1842 in Bedburdyk Rgbz. Düsseldorf): Qvam vim acida organica et anorganica in calorem corporis deprimendvm habeant experimentis nonnvllis in cvnicvlis institvtis exploratvr ... Bonnae, typ. expr. P. Nevsser 1866. 2 Bl., 22 S. 8.
Bonn, Med. Fak., Diss. v. [15 Juni] 1866

**Delvos**, Baldvinvs (geb. am 7 März 1842 in Bedburdyk Rgbz. Düsseldorf): Theses defendendae ... Bonnae, typ. expr. P. Nevsser 1866. 2 Bl. 8.
Bonn, Med. Fak., Thes. v. 15 Juni 1866

**Delvos**, Chrn. Hub. Thaddäus, Geschichte d. Pfarreien d. Dekanates Siegburg, s.a. Geschichte d. Pfarreien d. Erzdiöcese Köln.

[F.] Geschichte der Pfarreien des Dekanates Siegburg. Von Christian Hubert Thaddäus **Delvos**, Pfarrer in Altenrath ... *Köln: J. P. Bachem 1896.* (XVI, 448 S.) 1 Bd 8.
= Geschichte d. Pfarreien d. Erzdiöcese Köln. [Bd] 39. [97-7736

**Dely**, A. (Frau Adele Pollak), die sexuelle Erziehung der Kinder. (16 S.) 8. Dux (908). Frau Adele Pollak (Leipzig, Leipz. Buchdruckerei.) — 20

**Dem** Andenken an weil. Oberbergrath Albert gewidmet. gr. 8. (15 S.) Hannover 847, Helwing. $^1/_8$ ₰

**Dem Andenken Christian Friedrich Wurm's**, Professors der Geschichte am akademischen Gymnasium in Hamburg. Hamburg 859. Perthes-Besser & Mauke. gr. 8. (VI, 41 S.) n. 6 ngr.

**Dem Humor eine Gasse.** I. Reihe. 8. (86 S.)
Wien: Daberkow 1891 —.60

**Dem Humor eine Gasse.** Nr. 5. Inh.: Allerlei Flammen. Im Lichte unserer Zeit, geschildert von einem gebildeten Laternanzünder. Zweite Auflage. 8. (8 S.) —.10
— — Nr. 6. Inh.: Untreue und Vergeltung. Potpourri aus: Schiller, Göthe, Uhland, Bürger, Gaibel u. A. 8. (7 S.) —.10
Wien: Winkler 1891

**Dem Humor eine Gasse.** II. Reihe. Nr. 1—2. (Der ganzen Folge Nr. 7—8.) Inhalt: Meine populäre Naturgeschichte. Sehr frei nach v. Miris. I. Dosis. Im Anhang: Das Naschen vor dem Essen. 8. (15 S.) Wien: Daberkow 1891 —.30

**DEM** Humor eine Gasse. Allerhand Schelmereien; ein großer Nachteil; die Geschichte vom Schneutzen; allerlei Flammen, im Lichte unserer Zeit geschildert von einem gebildeten Laternenanzünder. Daberkows Verlag und Verlag Hermann Winkler (1892—95.)
In Oesterreich verboten.

**Dem König geräth's!** [Aus der Neuen Preuß. Zeitung.] Berlin 866. Heinicke. 8. (23 S.) n. $2^1/_2$ ngr.

**Dem** lieben deutschen Michel. Fürstenaussprüche. Zeitgem. Betrachtgn. üb. gewisse Vorkommnisse i. Reiche. E. Stimme a. Süddeutschland. 1. u. 2. Aufl. 8. (32 S.) Stuttgart 895. R. Lutz. n. — 30

—— Volke! Demokratische Anschauungen eines Ungläubigen. 12. (130 S.) Altona 850, Lehmkuhl. *
Aus: Volks-Taschenbuch von Lüders für 1850, besonders abgedruckt.

—— deutschen Volke! Robert Blum. Eine treue Darstellung seines Lebens, Wirkens und Todes. Nebst den von Rauch, Flathe, Zille und Joseph bei der Todtenfeier in Leipzig gehalt. Trauerreden. (Mit den am 6. Decbr. angelangten Abschiedsworten vom 9. Nov. früh 5 Uhr an seine Familie.) 8. (30 S. und Blum's Bildn.) Leipzig 849, Thenau.

— deutschen Volke! Zwanglose Hefte. Hrsg: Herm. Krieger. 1. Jahrg. 1. Hft. gr. 8. Berlin 895. H. Brieger. n. — 75
Moderne Eginharde v. Herm. Krieger. (61 S.)

DEM Weib, was weinest du? entgegengesetztes Weib, was ficht dich an? O. O. u. J. (17. Jahrh.) 4⁰. 4 Bll. Sehr rar! (2 fl. 12 xr. Scheible, vor 1870.)
Ein wüstes latein. Gedicht gegen das weibliche Geschlecht m. d. Ueberschrift: „Der Hunds-Tags-Schwarm ist mir ankommen, und hat mir mein Gehirn genommen."

*Demachy*, s.a. *de Machy*.

**Demachy, Kunst d. Essigfabricant. mit Anm. v. Struve u. Hahnemann.** gr. 8. Leipz. F. C. W. Vogel. 787.

Demachy, Jacques François

Laborant (Der) im Grossen. Aus dem französischen von Hahnemann. Leipzig, 1801. 2 vols.

— **und Dubuissons Liqueurfabricant.** a. d. Franz. 2 Bde. gr. 8. Ebend. 785.

Demades

Demadis qui fertur fragmenta ὑπὲρ τῆς δωδεκαετίας, s. Dinarchi orationes.

**Demadis fragmenta**, s. Oratores Attici.

**DEMAGOG**, Der alte, oder Abentheuer u. Schicksale eines Weltbürgers. Vom Verf. der Chronique Scandaleuse des päpstlichen Hofes. Leipzig 1843. 12⁰. (3 Mk. Lehmann & Lutz, Frankf. a. M., 1884.)
Inhalt: Des Lebens Anfang. — Schulzeit. — Universitätsleben. — Meine Verzweiflung. — Der Frühling. — Gefängniß und Flucht. — Meine Kriegesthaten 1806. — Die Retirade. — Die Friedensgarnison. — Die geheime Gesellschaft. — Mein Unglück als Demagog. — Reiseabentheuer. — Mein Aufenthalt in der Schweiz. — Abermalige Gefangenschaft. — Ende der Gefangenschaft und Auswanderung nach Amerika.

**Demagog, der alte, oder Abentheuer u. Schicksale eines Weltbürgers.** Vom Verfasser der Chronique scandal. des päbstl. Hofes. 12. Leipzig 843, Peter. (Köszling.) $1^1/_6$ *n*ß

**Demagogenthum** (Wider das) in Nürnberg. Ein Beitrag zur Zeitgeschichte. Ende Juni 1878. 16. Aufl. 8⁰. Nürnberg, H. Ballhorn.

**Demagogie**, Aristokratismus, Jesuitismus u. die neuesten Revolutionen. Ein Abschiedswort an d. J. 1830, nebst Bemerkn. üb. d. Demagogische im Preuß. Agendenstreite, so wie in d. Machinationen d. sogen. Evangelischen. 8. ($3^1/_2$ B.) Neustadt a. d. O. 831, Wagner.

**Domakis**, Herakles [aus Chora bei Constantinopel]: Einhundertzwanzig Ovariotomien aus der Göttinger Universitäts-Frauenklinik ... Göttingen, Druck d. Dieterich'schen Univ.-Buchdr., 1895; 41 S. 8.
Göttingen, Med. Fak., Inaug.-Diss. v. [13. Juli] 1895

Demande d'initiative populaire concernant la revision de l'article 72 de la constitution fédérale (élection du Conseil national). Message du Conseil fédéral. (Du 28 novembre 1902.) 26 p. 8. [Berne, C.-J. Wyss,] 1902.

**Demandowski**, Axel v., s.: Delmar, Axel.

**Demanet**, neue Gesch. des franz. Afrika. a. d. Franz. m. K. 2 Bd. 8. Leipzig, Weygand. 778.

Demanet, Ch., der Betrieb der Steinkohlenbergwerke. Übers. und mit einzelnen Anmerkungen versehen von C. Leybold. gr. 8. (XXVII, 625 S. mit 475 Holzst.) Braunschweig 885, Vieweg und Sohn. *

**Demanet, Ch.**, der Betrieb der Steinkohlenbergwerke. 2. verm. Aufl. Nach der Neubearbeitung des Orig.-Werkes v. A. Dufrane-Demanet u. unter Zugrundelegg. der von C Leybold bearb. ersten autoris. deutschen Ausg. hrsg. v. W. Kohlmann u. H. Grahn. (XXVII, 825 S. m. 627 Abbildgn.) gr. 8. Braunschweig 905. F. Vieweg & Sohn. n. 16.—; geb. in Leinw. n. 17.50

Demange, Emile, das Greisenalter. Klinische Vorlesungen. Autoris. deutsche Ausg. von Frz. Spitzer. gr. 8. (IV, 101 S. mit 6 lithogr. Taf.) Wien 887, Deuticke. *

**Demangeon, J. B.**, Geschichte meiner Vertreibung aus Leipzig. 8. 794. Hat jetzt Hammerich in Altona und der Preis

**Demangeon, J. B.**, Theorie der Zeugung der Pflanzen, der niedern u. höhern Thiere u. besonders des Menschen. Ein prakt. Lehrbuch für Aerzte, Thierärzte, Naturforscher u. gebildete Leser aller Stände, die sich über diesen Gegenstand belehren wollen. Nach dem neuesten Standpuncte d. Wissenschaft u. Erfahrung bearbeitet u. mit Zusätzen deutsch herausg. von Ed. Martiny. 8. Weimar 836. Voigt. $1^1/_3$ *n*ß

**Demangeon's, J. B.**, Theorie der Zeugung der Pflanzen, der niedern und höhern Thiere und besonders des Menschen. Deutsch herausg. von Ed. Martiny. 2. Ausg. 8. Weimar 841. Voigt. $1^1/_3$ *n*ß

**Demann**, Laurette, eine Geschichte des 18ten Jahrhunderts, 8. Danzig, 795. Brückners. 1 Rtl. 5 sgl.

Demant, Jules. Über Phenyl-Naphtyl-Methanderivate. Diss. Phil. Basel. 63 S. 8. Basel, Emil Birkhäuser, 1903.

**Damarees**, s.a. Marees.

**Demarés** Dixon, s. Vieilen.

de Marle, T. H. A., Ursprung und Entwickelung der sogenannten Indo-europäischen und semitischen Sprachen in Begriff und Laut. Lösung dieses grossen, mit Unrecht für unlösbar gehaltenen Problems als Grundlage zu einem neuen System der Sprachwissenschaft. 1. Bd. 2 Abthlgn. gr. 8. Hamm, de Marle's Selbstverlag. [Leipzig, Hartmann.] *
Inhalt:
Abthl. 1. Ursprung und Entwickelung der Lautverschiebungen im Germanischen, Armenischen und Ossetischen. Eine gründl. Darlegung ihrer innern Berechtigung resp. Nothwendigkeit, aller in ihnen zur Geltung gekommenen Principien und der Hauptursachen, welche ihre Ausnahmen bedingt haben etc. (S. 1—74.) 863. * 16 Ngr.
» 2. Ursprung der primitiven Sprache. Systematische Entwickelung der Lautformen und ihre Bedeutungen. (VIII und S. 75—506.) 867. * 2 Thlr. 15 Ngr.

**Demarquay, J. N.**, Versuch einer medicinischen Pneumatologie. Physiologische, klinische u. therapeutische Untersuchungen über die Gase. Deutsch bearb. von Osc. Reyher. Leipzig 867. C. F. Winter. gr. 8. (VII 295 S. m. Holzschn. im Text.) n. 1 *n*ß 20 *ngr*

***Demarteau*, s. J. Führich, Pater noster.**

Demarteau, Gilles, photolithographische Reproductionen aus dessen Kupferstichwerke, s.a. Boucher, François.

**Demarteau**, Gilles, Boucher, Huet, Bouchardon u. a. Photo-lith. Reproduction der interessantesten Stiche aus dem Kupferstichwerke v. G. D. Ein Motivenwerk f. Decorations-, Porzellan- u. Ledermaler etc. 25 Blatt. 5 Lfgn. Fol. (à 5 Photolith.) Berlin 886. Claesen & Co. In Mappe. à n. 5.—

**Demarteau**, Amédée, industrielles Album. Erinnerung für d. Aussteller u. den Besucher der allgem. österreich. Gewerbs-Producten-Ausstellung i. J. 1845 rc. gr. 8. ($11^1/_4$ B. u. 4 Stnt.) Wien, Braumüller u. Seidel. *

—— malerisch.-techn. Atlas d. k. k. Staatseisenbahn-Strecke von Mürzzuschlag bis Gratz in Steiermark etc. qu. gr. Lex. 8. (3 Kart., 2 Pläne, 4 Tab. u. 3 B. deutsch. u. franz. Text.) Wien 845, Müller. *

— der wohlerfahrene **Baurathgeber**, oder genaue Angabe der Preise aller Bauarbeiten und Materialien, welche sowohl bei Neubauten als Reparaturen am gewöhnlichsten vorkommen. Nebst einem vollständ. Unterricht in der Anfertigung der Bauanschläge rc. gr. 8. Wien 841, Singer u. G. $1^1/_2$ *n*ß

— beschreibende Darstellung der k. k. österr. Staatseisenbahn von Olmütz, s. Förster, L.

—— die Eisenbahn von Olmütz bis Prag, s. Förster.

Demarteau, Amédée, verzinktes Eisenblech und dessen mannigfache Verwendung im täglichen Leben und in der Bautechnik. Ein Bericht über die Leistungen der Blech- und Bleiwaaren-Fabrik in Gumpoldskirchen, der Herren J. und G. Winiwarter, erstattet bei Gelegenheit der allgemeinen Industrie-Ausstellung in London 1862. qu. gr. 4. (VIII und 47 S. mit eingedr. Holzschn.) Wien 862, Lechner's Universitäts-Buchh. *

Demarteau, Am., Gedankenlese über die Wichtigkeit des Fairlie'schen Locomotiv-Systems und der schmalspurigen Schienenstrassen für Oesterreich-Ungarn. gr. 8. (44 S.) Wien 872, Lehmann und Wentzel. *

— huit jours à Vienne. Nouveau conducteur de l'étranger dans cette capitale et ses environs. Contenant la Description des Palais, Monuments, Edifices, Musées, etc. etc. précédé d'un précis sur l'histoire de Vienne. Traduit d'après la seconde édition de l'Allemand. Avec un registre par ordre alphabétique et par ordre des matières un plan de la ville. 16. (Mit 1 Tab.) Vienne 846, Braumüller et S. geb. 1½ ℔

—— Galvanized Iron and its application to building and other purposes. A Description of Messrs J. et G. Winiwarter's manufactory in Gumpoldskirchen (Austria) and an account of the different works, performed there, composed on the occasion of the international exhibition in London 1862. qu. 4. (VIII und 411 S. mit eingedr. Holzschn.) Wien 862, Lechner's Universitäts-Buchh. *

Demarteau, A. Notizen über die Eisenbahn von Murzzuschlag bis Gratz. Wien. Deutsch und französisch.

Demarteau, Amédée, und Emile, das neue Verkohlungsverfahren mittelst d. Gichtflamme, sowohl in theoret., als in prakt. Hinsicht betrachtet. Nach den Berichten der franz. Ingenieurs des mines, mit Bezug auf die im k. k. Aerarial-Eisenwerke Neuberg in Steiermark abgeführten Versuche bearbeitet. Mit 5 Uebersichts-Tabellen. gr. 8. Wien 840. (Singer u. Göring.) ½ ℔

Demarteau, Amédée (Red.), s. Zeitschrift des österreichischen Ingenieur-Vereins.

Demartcau, D., der Kinderkreuzzug, s.: Theater, kleines.

De Martrin d'Esplas, Franc. Regis, La Trappe. Eine Mönchs-Congregation des Benedictiner-Cistercienser-Ordens. Aus dem Französ. von F. J. Schröteler. 8. (39 S.) Paderborn 865, Schöningh.

Dematra, . Essai d'une monographie des rosiers indigènes du Canton de Fribourg. 8. Fribourg en Suisse 1818.

Demattio, Fortunato, fonologia italiana. Pagine dettate giusta i risultati delle piu recenti investigazioni linguistiche, sopratutto germaniche come introduzione e chiave allo studio della grammatica storica ed alle ricerche etimologiche. gr. 8. (64 S.) Innsbruck 875. Wagner. n. 1. 20

Demattio, Fortunato, formazione delle parole per derivazione e per composizione nella lingua tedesca, pagine dettate ad uso degli Italiani. gr. 8. (45 S.) Innsbruck 885. Wagner. n. — 80

Demattio, Fortunato, grammatica della lingua italiana ad uso delle scuole reali, commerciali e magistrali. Parte 1 e 2. gr. 8. Innsbruck 879. Wagner. à n. 1. 20

1. Regole fonetiche ed ortografiche, teorica delle flessioni, formazione delle parole. (116 S.)
2. Sintassi. 2. ed. (tit.) inalterata. (120 S.) (1872.)

—— grammatica della lingua italiana ad uso delle scuole reali, commerciali e magistrali. Parte 2: Sintassi. 3a ediz. diligentemente riveduta dall' autore e migliorata. gr. 8. (VI, 139 S.) Ebendas. 885. *
Parte 1. Ebendas. 1879. *ℳ 1.20.

Demattio, Fortunato, grammatica della lingua italiana ad uso delle scuole reali, commerciali, magistrali e delle prime classi ginnasiali. Parte 1 u. 2. 3. ed. gr. 8. Innsbruck, Wagner. à n. 1. 20
1. Regole fonetiche ed ortografiche, teorica delle flessioni, formazione delle parole. (IV, 122 S.) 891.
2. Sintassi. Ristampa inalterata. (IV, 151 S.) 894.

Demattio, Fortunato, Grammatica della lingua italiana ad uso delle scuole reali, commerciali, magistrali e delle prime classi ginnasiali. Parte 1. Regole fonetiche ed ortografico, teorica delle flessioni, formazione delle parole. 4. ed. gr. 8. (IV, 122 S.) Innsbruck 897. Wagner. n. 1. 20

Demattio, Fortunato, Grammatica della lingua provenzale con un discorso preliminare sulla storia della lingua e della poesia dei trovatori, un saggio di componimenti lirici provenzali, con note per la traduzione in italiano e col rispettivo vocabolario provenzale-italiano. gr. 8. (IV, 152 S.) Ebendas. 880. *

Demattio, Fortunato, Grammatica storica della lingua italiana ad uso dei ginnasi e dei candidati allo insegnamento. Parte 3: Sintassi della lingua italiana con riguardo alle principali attinenze della sintassi latina e greca. 2a ediz. diligentemente riveduta dall' autore e migliorata. gr. 8. (IX, 173 S.) Innsbruck 882, Wagner'sche Universitäts-Buchh. *
Parte 1 (Fonologia) e parte 2 (Morfologia). Ebendas. 1875,76. *ℳ 2,80.

Demattio, Fortunato, Grammatica storica della lingua italiana ad uso dei ginnasî e dei candidati allo insegnamento. Parte III. Sintassi della lingua italiana con riguardo alle principali attinenze della sintassi latina e greca. 3. ed. gr. 8. (VIII, 184 S.) Innsbruck 898. Wagner. n. 1. 60; geb. n. 2. —

Demattio, Fortunato, de lettere in Italia prima di Dante. Con un' appendice sui varii accidenti subiti dalle diverse forme del verbo italiano. gr. 8. (VII, 228 S.) Innsbruck 871, Wagner'sche Universitäts-Buchh. *

—— Letture graduali italiane scelte ad uso della gioventù studiosa. 4 parti gr. 8. Ebendas. 884. [Parte 1. (VIII, 146 S.) *ℳ 1.; parte 2. (VIII, 199 S.) *ℳ 1,20.; parte 3. (VIII, 254 S.) *ℳ 1,50.; parte 4. (VIII, 263 S.) *ℳ 1,50.] *

—— Letture italiane scelte. Parte 1. gr. 8. (IV, 160 S.) Ebendas. 881. *
Fortsetzung erscheint nicht.

—— Libro di lettura ad uso della Ia—IVa classe di tutte le scuole secondarie austro-italiane. gr. 8. Ebendas. [Classe I. (VIII, 146 S.) 882. *ℳ 1.; classe II. (VIII, 199 S.) 882. *ℳ 1,20.; classe III. (VIII, 254 S.) 883. *ℳ 1,50.; classe IV. (VIII, 263 S.) 883. *ℳ 1,50.] *

— morfologia italiana con ispeciale riguardo al suo sviluppo storico dalla lingua primitiva latina. gr. 8. (124 S.) Ebend. 876. n. 1. 60

—— Origine, formazione ed elementi della lingua italiana. Studi. gr. 8. (VI, 114 S.) Innsbruck 869, Wagner'sche Universitäts-Buchh. *

—— Origine, formazione ed elementi della lingua italiana. 2a ediz. con molte correzioni ed aggiunte. gr. 8. (VII, 92 S.) Ebendas. 878. *

—— raccolta di poesie e prose provenzali con note e vocabolarie per la traduzione in italiano. Appendice alla sua grammatica provenzale. gr. 8. (IV, 125 S.) Ebendas. 886. *

—— saggio sulla storia della letteratura tedesca. Klopstock, Wieland, il parnaso di Gottinga, Lessing, Herder. Pagine dettate ad uso degli Italiani sulla XVa ediz. della storia della letteratura nazionale tedesca di Erm. Kluge. gr. 8. (III, 53 S.) Innsbruck 886, Wagner'sche Universitäts-Buchh. *

—— Sintassi della lingua italiana con riguardo alle principali attinenze della sintassi latina e greca composta ad uso dei ginnasii e dei candidati allo insegnamento nelle scuole secondarie. gr. 8. (VIII, 144 S.) Innsbruck 872, Wagner'sche Universitäts-Buchh. *

Demattio, Dr. Fortunato. Sintassi della lingua italiana con riguardo alle principali attinenze della sintassi latina e greca. 3. Auflage. Innsbruck 1898. Wagner. Geh. .80, geb. 1.

— Sintassi della lingua italiana ad uso delle scuole reali, civiche e magistrali. gr. 8. (IV, 120 S.) Innsbruck 872, Wager'sche Universitäts-Buchh. *

Demattis: De orat. Demosth. adv. Timotheum. Innsbr. 1863. Schul-/Univ.-Schrift

**Dembek**, Ed.: Der Kosten- und Stempel-Ansatz in Sachen der freiwilligen Gerichtsbarkeit im Geltungsbereich des Gesetzes vom 10. Mai 1851. Zusammenstellung der bestehenden Gesetze, Verordnungen . . . mit Erl. versehen. 2. Aufl. Danzig 1888.
— 3. Aufl. 1892.

**Dembek**, Ed., d. Kosten- u. Stempel-Ansatz in Sachen d. freiwill. (nicht streit.) Gerichtsbarkeit n. d. Gesetzen v. 1895. Zusammenstellg. d. besteh. Gesetze, Verordngn., Entscheidgn, Aussprüche ꝛc., m. Erläutergn. versehen u. f. Gerichte u. Notare bearb. 4., umgearb. Aufl. 4. (VI, 208 u. 26 S.) Danzig 896. (Berlin, Puttkammer & Mühlbrecht.) n.n. 11. —; geb. n.n. 13. —

Der Kosten- und Stempel-Ansatz in Sachen der freiwilligen (nicht streitigen) Gerichtsbarkeit nach den Gesetzen von 1895. Zusammenstellung d. besteh. Gesetze, Verordnungen ... mit Erl. versehen u. f. Gerichte u. Notare bearb. von Ed. **Dembek**, Kanzleir. in Zoppot. 4. umgearb. Aufl. *Danzig: Selbstverl. 1896.* (VI, 208, 26 S.) 4° [F.] [... 1033

**Dembek-Marienhof**, Jul., sollen wir weiter Hopfen bauen? Unter welchen Verhältnissen und auf welche Weise ist die Rentabilität des Hopfenbaues auch bei ungünstiger Conjunctur zu sichern, nebst Kosten-Anschlag und Rentabilitäts-Berechnung einer Hopfen-Anlage von 5 preuß. Morgen. Vortrag im landwirthschaftl. Verein A. zu Neumark in Westpr. am 8. Dezbr. 1885. gr. 8. (31 S.) Danzig 886, Kafemann. *

**Dember**, Harry, a. Leimbach in d. Grafsch. Mansfeld: Über den lichtelektrischen Effekt und das Kathodengefälle an einer Alkali-Elektrode in Argon, Helium und Wasserstoff. (Dresden 1906: B. G. Teubner.) (31 S.) 8°
Berlin, Phil. Fak., Ref. Drude, Diss. v. 17. März 1906
[Geb. 11. Juli 82 Leimbach; Wohnort: Dresden; Staatsangeh.: Preußen; Vorbildung: Luisenstädt. Oberrealsch. Berlin Reife O. 03; Studium: Charlottenburg T.H. 3, Göttingen 1, Berlin 4 S.; Rig. 22. Febr. 06.]

**Dember, Harry, Dr.:** Erzeugung positiver Strahlen durch ultraviolettes Licht. Leipzig: J. A. Barth 1909. 31 S. 8°
¶ Aus: Annalen d. Physik. Folge 4, Bd 30.
Dresden Te. H., Hab.-Schr. v. W.-S. 1909/10

**Dembicki**, Gefechtsformationen u. der Angriff d. Infanterie. gr. 8. (24 S.) Wien 900. L. W. Seidel & Sohn. n. — 80

— die Infanterie in der Vertheidigung. (Fortsetzung v. „Gefechtsformationen u. d. Angriff d. Infanterie“.) gr. 8. (27 S.) Ebd. 900. n. — 80

**Dembiński**, Bronislaus von *(geb. Klein-Komorza bei Tuchel in Westpr. 14. 8. 1858)*: Die Beschickung des Tridentinums durch Polen und die Frage vom Nationalconcil. Th. 1. Breslau (1883). (70 S.) 8° *[Im Buchhandel 1883 bei Aderholz in Breslau; polnische Forts. in: Rozprawy i sprawozdania z posiedzeń wydz. hist.-filos. akad. umiejęt. Kraków. T. 27. 1890 unt. d. T.: „Rzym i Europa przed rozpoczęciem trzeciego okresu soboru Trydenckiego“.]*
Breslau, Phil. Diss. v. 16. März 1883

**Dembinski**, Heinr., mein Feldzug nach u. in Litthauen u. mein Rückzug v. Kurszany nach Warschau. N. d. mündl. Dictaten d. Generals hrsg. v. R. O. Spazier. M. 1 Charte (lith. u. ill., in Fol.) 8. (13½ B.) Leipzig 832, Dyk.

**Dembinski**, Mathias, cantionale locupletissimum nec non processionale ecclesiasticum contin. ea omnia cantica, quibus ecclesia cathol. per annum praecipue in provincia Polonica uti solet; ex veteribus ejusmodi operibus per Poloniam usitatis fideliter desumpta. (1—8. Lfg.) Tom I. Pars I. et II. Processionale. Funebrale. Smaj. (317, 178 und VI S.) Posnaniae 847, (libr. Schirmer.) (à Lfg. * 10 Ngr.) *

**Dembinski**, Theodor von [approb. Arzt]: Ueber das Vorkommen und die Bedeutung von Gallertknötchen an den Atrioventricular klappen von Neugeborenen .... München, J. G. Weiss' Buchdr. (G. Schöninger), 1885; 23 S. 8°
München. Med. Fak., Inaug.-Diss. v. 1885.

Dembinsky, Heinrich, s. Dembinski

Dembitz, Heinrich

Gräuelthaten | einer | schrecklichen Mutter, | verübt an ihren drei Kindern. | Wahre Begebenheit der Jetztzeit | geschehen in Wien. | Herausgegeben und im Selbstverlag | von Heinrich Dembitz in Anclam.
Kol.: Druck von Hermann Müller in Berlin.
o. J., 4 Bl. n. n., 179 × 117.
LBO Bänkelsängerlit. II, 68.
Ein anderer Druck mit identischem Inhalt und gleichem Titel trägt den Vermerk: Herausgegeben und im Selbstverlag von Wilhelm Kochler in Berlin. (ebenda II, 69).

**Dembitz, Sigismund Zabulon** (Pressburg/Ungarn), De angina pectoris. Pars prima. Königsberg (Hartung) 31. III. 1826. 32 S. mit Biogr. (M.: Th. Rosenthal.) (4.50) 6299
Oppon.: R. Kosch (Lissa/Posen), A. Hildebrand (Wehlau/Pr.). — Gew.: Carl Friedr. Burdach, Carl Ernst v. Baer.

**Dembitzer**, Salamon, Lebensklangen. Jargon-Gedichte. (63 S.) 8. Cassel (908). Buchdruckerei Gutenberg. 1. —

Lebens-Klangen. Jargon-Gedichte von Salamon Dembitzer. Cassel: Eckert & Jesnitzer (1909). 64 S. 8° [09. 4468 ...

Salamon **Dembitzer**: Verloirene Welten. Hausiererlieder. Vun mein Leben. Jargongedichte. Berlin: Ledermann 1910. 32 S. 8° [11. 939

**Dembitzki**, Ant. Leo., im Dienste der Nächstenliebe. Gesammelte Aufsätze aus den „Mittheilgn. auf d. Gebiete des Feuerlöschwesens“. Hrsg. v. A. L. Dembitzki u. Karl Staudt. 8. (175 S.) Weipert 899. (Eger, J. Kobrtsch & Gschihay.) n.n. 2. 50

— Kind hüte dich vor Feuer u. Licht! Eine freundl. aber ernste Warng. Hrsg. vom Feuerwehr-Landes-Central-Verbande f. Böhmen. 12. (32 S.) Ebd. 897. — 15

**Dembo**, Fanny. Ueber carcinomatöse Degeneration u. maligne Metastasen der Ovarialcysten. Diss. gr. 8. (21 S.) Bern 892, (Körber). * — 45

**Dembo**, J. A., anatom.-physiolog. Grundlagen d. verschied. Methoden d. Viehschlachtens. Vorträge, geh. i. d. Petersburger medizin. Gesellschaft a. 1. u. 15. Dezbr. 1893. (Stenograph. Bericht.) gr. 8. (46 S.) Leipzig 894. Slav. Buchh. n. 1. 20

**Dembo, J. A.**, Anat.-physiol. Grundlagen der verschiedenen Methoden des Viehschlachtens. Vortrag. (46 S.) Leipzig 95. Slav. Buchhdlg. M. 1.20

— d. Schächten i. Vergleich m. and. Schlachtmethoden. V. Standpunkte d. Humanität u. Hygiene beleuchtet. gr. 8. (VIII, 116 S. m. 2 Taf.) Ebd. 891. n. 3. 50

— Das Schächten im Vergleich mit anderen Schlachtmethoden. Mit 2 Taf. (VIII., 116 S.) Ebd. 95. M. 3.50

**Dembour**, A., die Metall-Ektypographie. Beschreibung eines neuen Verfahrens erhaben auf Kupfer zu ätzen. Aus d. Franz. v. H. Meyer. Mit 8 Vign. schmal gr. 4. Braunschweig 835. Meyer. ½ ₰

**Dembowska**, Sabina. Ueber die prophylactische Wendung beim engen Becken. Diss. Med. Univ. Zürich. *Kopftitel:* Aus der Universitäts-Frauenklinik in Zürich. 88 S. 8. Zürich, J. J. Meier, 1907.

Dembowski, Friedrich Dietett-
S Dietett Dembowski. [... 10

Dembowski, H., Die Apologie T's. Diss. 1878. 96 S.

**Dembowski,** *Heinrich* [Dir.]: Zur Geschichte des Königl. Waisenhauses zu Königsberg i. Pr. XI. (Forts. d. P-Beil. 1879. 81—89.) Königsberg i. Pr., Ostpr. Zeitungs- u. Verl.-Druckerei, 1890; S. 3—86; 4°
Königsberg in Pr., PG d. K. Waisenhauses, P 1890 (11) **

**Dembowski, Hermann**: Aus d. Univ.-Hautklinik zu Königsberg i. P. Dir.: Scholtz. Über die desinfizierenden Bestandteile der Seifen mit besonderer Berücksichtigung der Wirkung einiger Riechstoffe. Königsberg i. P. 1908: Gruel. 43 S. 8°
Königsberg, Med. Diss. v. 17. Sept. 1909, Ref. Pfeiffer
[Geb. 23. Febr. 84 Pillau; Wohnort: Königsberg i. P.; Staatsangeh.: Preußen; Vorbildung: Kneiphöf. Gymn. Königsberg Reife O. 03; Studium: Königsberg 10 S.; Coll. 28. Sept. 09; Approb. 1. Juni 09.] [U 10. 2565

**Dembowski,** Herm., die Quellen der christlichen Apologetik des 2. Jahrh. 1. Teil. Die Apologie Tatian's. gr. 8. (96 S.) Leipzig 878. Böhme. n. 1. 80

[Ant. u. J.] **Dembowski,** Johannes [Dr.]: Günther und Goethe. Ethische Studien z. lyr. Dichtg. Lyck, Druck v. A. Glanert, 1894; 34 S. 4.
Lyck, k. G, P 1894 (12)

**Dembowski,** Johannes [Dr. Oberl.]: Mitteilungen über Goethe und seinen Freundeskreis aus bisher unveröffentlichten Aufzeichnungen des Gräflich Egloffstein'schen Familien-Archivs zu Arklitten. Lyck, Druck v. A. Glanert (vorm. R. Siebert), 1889; 34 S. 4°
Lyck, k. G, OP 1889 (13)

**Dembowski, Johs. Mitteilungen über Goethe u. seinen Freundeskreis aus bisher unveröffentlichten Aufzeichngn. d. gräfl. Egloffstein'schen Familien-Archivs zu Arklitten. 4. (34 S.) Lyck 889, (Wiebe).** * 1 50

**Dembowski,** Iohannes ⟨geb. am 2 Jan. 1855 in Königsberg Pr.⟩: Qvaestiones Aristotelicae dvae I De κοινοῦ αἰσθητηρίου natura et notione II De natura et notione τοῦ θυμοῦ, quatenus est pars ὀρέξεως ... Bonnae, typ. C. Georgi 1881. 2 Bl. 8. ¶ Nur Titelbl. u. Thesen.
Bonn, Phil. Fak., Thes. v. 10 Jan. 1881

**Dembowski,** Iohannes ⟨geb. am 2 Jan. 1855 in Königsberg Pr.⟩: Qvaestiones Aristotelicae dvae I De κοινοῦ αἰσθητηρίου natura et notione II De natura et notione τοῦ θυμοῦ, quatenus est pars ὀρέξεως ... Regimonti Pr., typ. Dalkowskianis 1881. 3 Bl., 111 S., 1 Bl. 8.
Bonn, Phil. Fak., Diss. v. 10 Jan. 1881

Dembowski, Johannes Studien über Lessings Stellung zur Philosophie. Erster Teil. 4 (32 S.).
**Progr.** Wilhelms-G. *Königsberg i. Pr.* 1888 (8).

**Dembowski, Thadeus v., über die Abhängigkeit der Oedeme von Hydrämie und hydrämischer Plethora. Inaugural-Dissertation. gr. 8. (67 S.) Dorpat 885, (Schnakenburg.)**

**Dembritzka,** Mara v., moderne Zigeunerlieder. (52 S.) kl. 8. Leipzig 906. Verlag f. Literatur, Kunst u Musik. 1.50; geb. n 2. 50

Dembscher, Franz

Betrachtungen über die Grubenprofile, und die Art selbe zu verfertigen, von *Franz Dembscher,* königl. Markscheider zu Schemnitz in Ungarn. 1775.

Dembscher, Franz, k. k. Kriegsministerial- und Militär-Gränz-Agent etc. Militärisches Handbuch. 8. Wien 1849.

– dasselbe, s. a. Dembsher.

Dembschick, Carl, s. Brandner's Rechnungs-Beispiele.

Unbestimmte Gleichungen ersten und zweiten Grades. — Von Karl Dembschick, G. P. — 1876. Straubing, ibid. — S. 3—42°.
Progr. Straubing, K. Gymn.

Dembsher, Emil

**Dembsher,** s. in Bd XXV: Anleitung zur praktischen Einübung des Felddienstes für die Cavallerie.

Dembsher, Emil (Red.), s. Armeeblatt.

**Dembsher, Emil, Hat die Cavallerie aufgehört eine Waffe zu sein? Ein Versuch, aus der Beobachtungsreihe in den militär. Essay's von R. V. einen richtigen Schluss zu ziehen. gr. 8. (15 S.) Wien 881, (Seidel und Sohn.)** *

**—— der Training der Rennpferde. [Aus dem Engl. nach Stonehenge, Rural sports.] Fingerzeige, wie nach diesen Grundsätzen Dienstpferde in Condition zu setzen und darin zu erhalten sind. gr. 8. (30 S.) (Ebendas.) 880.** *
Vorstehende zwei Schriften sind aus: Streffleur's oesterreichische militärische Zeitschrift, besonders abgedruckt.

Dembsher, F. Militärisches Handbuch. Wien 1849. 144 S.

– dasselbe, s. a. Dembscher.

**Dembski, Max [aus Soldau]: Montaigne und Voiture ein Beitrag zur Geschichte der Entwickelung der franz. Syntax des XVI. und XVII. s. ... Greifswald, Druck v. Julius Abel, 1888; 2 Bl. + 80 S. 8°**
**Greifswald, Phil. Fak., Inaug.-Diss. v. 15. März 1888**

Dembski, Max, Montaigne und Voiture, ein Beitrag zur Geschichte der Entwickelung der französ. Syntax des XVI. und XVII. s. Inaugural-Dissertation. gr. 8. (78 S.) Königsberg 888, (Gräfe und Unzer.) **

**Demčinskij,** N. A., u. B. N. Demčinskij

Die Vervielfachung und Sicherstellung der Ernteerträge [Obezpečennost' urožaja]. Theorie u. Praxis d. Ackerbeetkultur. Umgearb. nach d. 6. russ. Aufl. von N. A. u. B. N. Demtschinsky [**Demčinskij**]. Mit 10 Textabb. u. 12 Taf. Berlin: Parey 1909. 116 S. 8° [09. 16002

**Demea** und Alciphron. Eine Apologie fürs Frauenzimmer in zwey Gesprächen. Wien 1785. V: *Mayer, Ferdinand Engelbert Gregor.* (WBL)

**Demeaux,** B., Daheim. 3. Aufl. 12. (16 S.) Oberstein a. d. Nahe 888, Klein. *

**Demeaux,** Louis, Der deutschen Landwirthschaft Nothlage und die Mittel zu ihrer Abhülfe. Aus landwirthschaftl., nationalökonom. und handelspolit. Gesichtspunkten behandelt. gr. 8°. Osterwieck a. H., Zickfeldt, 1890.

**Demel,** C., s.: Denkschrift des technischen Clubs in Salzburg etc.

— muß das Linzerthor fallen? Eine Studie. hoch 4. (10 S.) Salzburg 893. (H. Kerber.) n. — 30

Demel, Dr. H. — Jahresbericht über das Gymnasium der k. k. Theresianischen Akademie während des Schuljahres 1854—1855. Veröffentlicht von — —. Wien, 1855. Druck von Anton Schweiger. (38 S. 4.)
Inhalt: Einleitende Bemerkungen zur Rede des Demosthenes: περὶ παραπρεσβείας. Von Dr. J. Zhishman. — Schulnachrichten.

**Demel. H. J. — Jahresbericht über das Gymnasium der k. k. Theresianischen Akademie während des Schuljahres 1855 56. Veröffentlicht von — —. Wien, 1856. Druck von Ant. Schweiger. (40 S. 4.)**

*Demel J.*: Das Nutzwasser. 20. Olmütz R. 87.
Progr.

Demel, J. Th., Gedichte. gr. 8. (11 B.) Wien 829, Sollinger.

**Demel, Jaroslav,** Geschichte des Fiskalamtes in den böhm. Ländern, s.a. Forschungen zur inneren Geschichte Österreichs. 5.

Geschichte des Fiskalamtes in den böhmischen Ländern. Auf Grund archival. Quellen bearb. von Jaroslav Demel. T. 1. Innsbruck: Wagner 1909. 8°
(Forschungen z. inneren Geschichte Österreichs. Bd 1, H. 5.) [09. 580

*Demel Joh.*: Über „Pflanzennährung". 36. Olmütz R. 79.
Progr.

Demel, Wladimir

Chemische Analysen schlesischer Mineralien. Von Prof. W[ladimir] **Demel**. Troppau: A. Drechsler 1903. (20 S.) 8° [07. 4433 2

Chemische Analysen schlesischer Minerale. Von W[ladimir] **Demel**, Prof. in Troppau. 2. verm. Aufl. Troppau: A. Drechsler 1904. (43 S.) 8° [06. 10550 2

**Demel** Wl.: Die Bestimmung der im Wasser gelösten Gase. Mit bes. Berücksichtigung der Gewässer der Landeshauptstadt Troppau. (46). Troppau R. 91.
Progr.

**Demel** W.: Über Roussins Binitrosulfuret des Eisens S. 78. II. 691 . . . . . . . . vgr.
Separatabdruck

Demel, W., fünfzehn Brunnenwässer der Stadt Troppau. Chemisch-analyt. Untersuchungen. gr. 8. (20 S.) Troppau 881, (Buchholz und Diebel.) *

— Über den Dopplerit von Aussee. S. 86. II. 572 . . . . . . . . . . . . . . vgr.
Separatabdruck

Demel, W., zur Kenntniss der Arsenate des Zinks und Kadmiums. [Aus dem Laboratorium für allgemeine Chemie an der k. k. techn. Hochschule.] Lex.-8. (6 S.) Wien 879, (Gerold's Sohn.) *

—— zur Kenntniss der Phosphate des Zinks. [Aus dem Laboratorium für allgemeine Chemie an der k. k. techn. Hochschule.] Lex.-8. (5 S. mit 2 eingedr. Holzschn.) (Ebendas.) 879. *
Vorstehende zwei Schriften sind aus: Sitzungsberichte der k. Akademie der Wissenschaften, besonders abgedruckt.

**Demel-Seebach, Hans,** s.: Seebach, Hans.

Demélen, Emil, Dozsa, der Bauernkönig, s. Spamer's, O., neue Volksbücher.

DEMELER, Johann Nepomuk (Dietershofen): Ueber den vordern Centralkapselstaar.- München: Weiss 1858. 25 S.
27.7.1857 - Urk (Titel: De cataracta capsulae centrali anteriore.); F 69
Diss. Ingolst.-Landsh.-Mchn.

**Demelor,** Karl *Joseph* [aus Wolfratshausen]: Ueber αα' Diphenylpyridin, αα' Diphenylpiperidin und zwei isomere Diphenacylbromide .. Erlangen, Druck d. Univ.-Buchdr v. E. Th. Jacob, 1897; 34 S., 1 Bl. 8.
Erlangen, Phil. Fak., Inaug.-Diss. v. 10. Dez. 1897

Demelio, Christoph Friedrich

Das Christenthum als einen gesegneten Orden einer wahren fruchtbringenden Gesellschaft, zu bescheidener Prüfung der zeitherigen neuen Orden und Gesellschaften, über 2. Petr. 1. Vers 5—8 in einer gewöhnlichen Circular-Predigt in der Jenaischen Stadt-Kirche vorgestellt, und benebst einer unpartheyischen Nachricht von der berühmten Gesellschaft der Freymäurer aus den neuesten Documenten aufgesucht und zum Druck übergeben von Christoph Friedr. **Demelio.** Jena: Cuno 1765. 36 S. 4°

Kl. 357. Selten. S. 16—36 enth. eine Verteidigung der wahren Frmrei unter Betrachtung des Ediktes des Danziger Rates gegen die Frmr u. einiger dadurch veröffentl. Schriften.

**Demelitsch,** Fed. v., Actenstücke zur Geschichte der Coalition v. J. 1814, s.: Fontes rerum austriacarum. 49 II.

**Demelitsch,** Feodor von. Actenstücke zur Geschichte der Coalition vom Jahre 1814. (Aus:) „Fontes rerum austriacarum." II. Abth. 49. Bd. 2. Hälfte. 8. Wien 1899.

[F.] Metternich und seine auswärtige Politik. Von Fedor v. **Demelitsch.** Bd 1. *Stuttgart: J. G. Cotta 1898.* 8. [98. 10353

Demelius, A., die Zuckerwaren-, Schokoladen- und Lebkuchenfabrikation, s. Schauplatz, neuer, der Künste und Handwerke.

**Demelius,** A., die Zuckerwaren-, Schokoladen- u. Lebkuchenfabrikation der Neuzeit. Enth. 250 der besten neuesten Rezepte u. Verfahren, wie solche jetzt in den größten Fabriken d. In- u. Auslandes angewandt werden. Mit 49 Abbildgn. auf 2 (lith.) Foliotaf. Nebst e. Anh. v. Bezugsquellen. gr. 8. (XII, 78 S.) Weimar 884. B. F. Voigt. 2. —

Demelius, A., d. Zuckerwaren-, Schokoladen- u. Lebkuchenfabrikation der Neuzeit. Enth. 270 d. besten neuesten Rezepte u. Verfahren, wie solche jetzt in d. größten Fabriken d. In- u. Auslandes angewandt werden. M. 54 Abb. auf 3 Foliotaf. Nebst e. Anh. v. Bezugsquellen. 2., verm. u. verb. Aufl. gr. 8. (VIII, 90 S.) Weimar 898. Leipzig, B. F. Voigt. 2. —

Demelius, Eduard, auf hoher Warte! Das Leben im Diesseits u. Jenseits. In kurzen Grundzügen dargestellt. 8. (24 S.) Bitterfeld (901). F. E. Baumann. — 40

Auf hoher Warte! Das Leben im Diesseits u. Jenseits. In kurzen Grundzügen dargest. von Eduard **Demelius.** *Bitterfeld & Leipzig: F. E. Baumann (1902).* (24 S.) 8° [F.] [02. 2234 3

— Grundriß d. Sachenrechts, s.: Grundriß d. österr. Rechts.

Grundriss des Sachenrechts. Von Dr. E[rnst] **Demelius,** Prof. in Innsbruck. *Leipzig: Duncker & Humblot 1900.* (73 S.) 8° [F.]
= **Grundriss** d. Oesterreich. Rechts in syst. Bearb. Bd 1, Abt. 3. [00. 11584 2

**Demelius,** Ernst, zur Lehre v. der Rechtskraft des Civil-Urtheils nach geltendem österreichischem Rechte u. dem Entwurfe vom J. 1881. gr. 8. (VII, 104 S.) Wien 892. W. Braumüller. n. 2. 40

[F.] Das Pfandrecht an beweglichen Sachen nach österreichischem bürgerlichen Recht. M. bes. Berücks. d. bürgerl. Gesetzbuches f. d. deutsche Reich. Von Dr. Ernst **Demelius,** ... Privatd. an d. Univ. Wien. Abth. 1. *Wien & Leipzig: W. Braumüller 1897.* 8. [97. 2176

**Demelius,** E., Sachenrecht, siehe Grundriss d. österr. Rechts.

— kritische Studien zu den Gesetzentwürfen aus dem J. 1893 betr. die Reform des civilgerichtlichen Verfahrens in Oesterreich. 1. Hft. gr. 8. (III, 63 S.) Ebd. 894. n. 1. 40

— kritische Studien z. d. Gesetzentwürfen a. d. J. 1893 betr. d. Reform d civilgerichtl. Verfahrens in Oesterreich. 2. Hft. gr. 8. (V, 82 S.) Ebd. 895. n. 1. 80; (1 u. 2.: n. 3. 20)

Demelius, Ernst, d. neue Civilproceß. Jurisdictionsnorm u. Civilproceßordng. sammt Einführungsgesetzen. Sammt e. Anh., enth. d. übr. einschläg. Gesetze u. Verordngn. F. d. prakt. Gebrauch erläut. (In 10 Hftn.) 1.—8. Hft. gr. 8. (384 S.) Wien 898. M. Breitenstein. à n. — 75

Demelius, Ernst, der neue Civilproceß. Jurisdictionsnorm u. Civilproceßordng. sammt Einführungsgesetzen. Für den praktisch. Gebrauch erläutert. 9.—16. (Schluß-)Hft. gr. 8. (VII, S. 385—745 u. XVIII S.) Wien 899—902. M. Breitenstein. à — 75

Demelius, G., Schiedseid u. Beweiseid im römischen Civilprozesse. Beitrag zur Erörterung der Eidesfrage. gr. 8. (VI, 152 S.) Leipzig 887. B. Tauchnitz. 6. —

Demelius, Gust., die Confessio im römischen Civil-Prozess und das gerichtliche Geständniss der neuesten Processgesetzgebung. Juristische Untersuchung. gr. 8. (IV, 408 S.) Graz 880, Leuschner und Lubensky. *

Demelius, Gust., die Exhibitionspflicht in ihrer Bedeutung für das classische und heutige Recht. Juristische Untersuchung. gr. 8. (IV, 282 S.) Graz 872, Leuschner und Lubensky. *

Demelius, Gust., legum quae ad jus civile spectant fragmenta in usum praelectionum collegit, disposuit, annotatione instruxit. gr. 8. (III und 60 S.) Weimar 857, Böhlau. *

—— die Rechtsfiktion in ihrer geschichtlichen und dogmatischen Bedeutung. Eine jurist. Untersuchung. gr. 8. (VII und 96 S.) Weimar 858, Böhlau. *

Demelius, Gust., Schiedseid und Beweiseid im römischen Civilprozesse. Beitrag zur Erörterung der Eidesfrage. gr. 8. (VI, 152 S.) Leipzig 887, B. Tauchnitz.

Demelius, Gust.: Untersuchungen aus dem römischen Civilrechte. Bd 1. [einz.]
Weimar 1856.

[Inhalt:]
1. Geschichte der Klagverjährung.
2. Das Dogma von der actio nata.

Demelius, Gust., Untersuchungen aus dem römischen Civilrechte. 1. Bd. gr. 8. (VII und 208 S.) Weimar 856, Böhlau. *

Demelius, Johannes, aus Sangerhausen: Zur Lehre von der Aufhebung der Rechtsverhältnisse. *Sangerhausen 1902: L. Arendt.* (83 S.) 8°
Erlangen, Jur. Diss. v. 29 Apr. 1902

Demengeon, J. B., Abhandl. üb. die franz. Aussprache. 8. Leipzig, F. C. W. Vogel. 791.

— Auszug der französ. Sprachlehre, zum Gebr. d. Deutschen. 8. Kiel 795.

— Geschichte meiner Vertreibung aus Leipzig, (von ... Hennings, ohne Zuthun d. Verf.) 8. (Altona) 794. Hammerich. 12 gl. bei Perthes u. B. in Hamb. 8 gl. vergl. Geschichte meiner Vertreibung 2c.

— Lehrbuch der franz. Sprache. 8. Kiel. (Perthes in Hamburg) 796.

Demengeot, C., moderne Monogramme in zwei Buchstaben. 4. (38 Taf. in Photogravure.) Berlin 884, Claesen und Comp. *

Dementi des Accusations du Doct. Fleury contre la Nation allemande. Stuttgart 1872

Demer, Mathias: Die Regensburger Urkunden des VIII. und IX. Jahrhunderts und die St. Emmeraner Glossen. Straßburg: Trübner 1909. 69 S. 8° ¶(Ersch. vollst. als: Untersuchungen z. dtsch. Sprachgesch. H. 3.)
Straßburg, Phil. Diss. v. 30. Juli 1908, Ref. Henning
[Geb. 18. April 83 Stetten u./Holstein; Wohnort: Straßburg; Staatsangeh.: Preußen; Vorbildung: Gymn. Donaueschingen Reife M. 04; Studium: Tübingen 4, Straßburg 5 S.; Rig. 30. Juli 08.] [U 10. 4076

Demeradt, P. R., fasciculus differentiarum juris communis et Franconici, vulgo dess Land-Rechtens Hertzogthums Franckens, in IV partes distributus. Wirceb., Ph. W. Fuckert, bibliop. aulico-acad., 1733. Fol. Beiband.
2 Bll., 38 S., 2 Bll. Index (à 2 Col.).

Demerghel, Eman. van., Étude des verbes facilitée, s. Étude.

Demertin [Schlagwort]

Demertin, s.: Geologische Karten (Preussen).

Demeste, Briefe üb. die Chemie 2c. a. d. Franz. gr. 8. Petersb. (Böhme in Leipz.) 784.

Demeste, D. Briefe über die Chemie, Probirkunst . . . Aus dem Franz. Petersburg u. Leipzig 1784. Ü: *Hermann, Benedict Franz Joh.* (Ky) (MGT)

Demeste, D., Briefe über die Chemie, Probirkunst, Krystallographie 2c. 1r Thl. Aus d. Französ. (v. B. F. J. Hermann). gr. 8. Petersb. 784. (Cnobloch in Leipz.) 1 Rthlr 6 gl.

Demeter. Sommertaschenb. z. gesell. Vergnügen f. alle Stände a. d. J. . . . . . Hg.: C. A. Beinhöfer u. Weißenburg.
1830.
Rinteln. Goed. VIII, 126, 333.

Demeter, Verbessergn. im Spülversatzverfahren, s.: Sammlung berg- u. hüttenmännischer Abhandlungen.

Demeter, Adolf: Der Hochofenbetrieb in Amberg. 1905. 26 S. 8°
München, Dr.-Ing.-Diss. v. 10. 1. 1905

Verbesserungen im Spülversatzverfahren nach d. Stande d. derzeitigen deutschen Patentliteratur. Von Bergass. Dr. Ing. [Adolf] Demeter, Berlin. Kattowitz: Böhm 1910. 18 S. 8°
Aus: Berg- u. Hüttenmännische Rundschau.
(Sammlung berg- u. hüttenmännischer Abhandlungen. H. 60.) [10. 13208

Demeter, Ign., Beicht- u. Communion-Unterricht. 8. Lautlingen 806. 2e Aufl. Freiburg 810. Herder. 4 gl.

— Grundsätze für d. Bildung der Schullehrer. 8. Rast. 811. 2e Aufl. 815. 3e verb. Aufl. 12. Straßb. 821. Levrault. 20 gl.

Demeter's, Ign., Grundsätze der Erziehung u. des Unterrichts, s.: Sammlung der bedeutendsten pädagogischen Schriften aus alter u. neuer Zeit.

Demeter, Ign., Grundzüge zur Organisation deutscher kathol. Schulen, mit besond. Bezieh. auf d. Großhrzgth. Baden. Hrsg. auf Veranlass. d. Gr. Bad. Ministeriums. Mit pädagog.-krit. Bemerkn. begl. v. M. A. Nies. gr. 8. (9½ B. u. 1 B. Tabellen.) Heidelberg 852, Winter.

— vollständ. Handbuch zur Bildung angeh. Schullehrer. 1r Thl. (4e Aufl. seiner Grundsätze). 8. Mainz 821. 2e A. 830. Auch u. d. T.: Grundsätze z. Erziehung u. d. Unterrichts 2c. 5e Aufl. Kupferberg. 1 Rthlr 2r Thl. A. u. d. T.: Materialien f. Schullehrer u. Schulen. 8. Ebd. 821. 1 Rthlr 4 gl. 3r Thl. Auch u. d. T.: Worterklärungen. Ein Hülfsbuch zunächst f. Schullehrer, dann für Alle, welche religiös-moral. Unterricht zu ertheilen haben. 8. Ebd. 8. Ebd. 823. 1 Rthlr 4 gl.

Demeter, Ign., vollständ. Handbuch zur Bildung angehender Schullehrer. 2r Thl. A. u. d. T.: Materialien für Schullehrer u. Schulen. 2e abgekürzte u. dadurch verb. Ausg. 8. Mainz 834. Kupferberg. 1 Rthlr — 1r Thl. 5e Aufl. 830. 1 Rthlr — 3r Thl. 823. 1 1/6 Rthlr

—— vollständ. Handbuch z. Bildung angeh. Schullehrer. 1. Thl. — A. u. d. T.: Grundsätze d. Erziehung u. d. Unterrichts f. Schullehrer. 5., verm. u. verb. Ausg. Mit d. Bildn. d. Verf. 8. (25¼ B.) Mainz 830, Kupferberg.

—— dass. 2. Thl. — A. u. d. T.: Materialien für Schullehrer u. Schulen. 2., abgekürzte u. dadurch verb. Ausg. 8. (27½ B.) Ebds. 834.
3. Thl. Worterklärungen. Ebendas. 1828. 1 Thlr. 4 Gr.

— Hexen- u. Gespenster-Geschichten, Lesebuch f. Kinder. 8. Ebend. 810.

— Hexen- u. Gespenster-Geschichten, Lesebuch f. Kinder. 8. Freiburg 810. (anonym). Neue Aufl. 815. Herder. 4 ℊℓ

— Hülfsbuch bei Schullehrern u. Erziehern bei den Denkübungen d. Jugend nach Zerrener. 8. Freiburg 810. Herder. 1 ₰ 6 ℊℓ

— erstes Lesebüchlein f. d. Schule zu Lautlinnen. 8. Lautl. 810.

— Predigt bei dem Priesterjubiläum des Pfarrers J. Pecher. Gehalten am 19. Juni 1825. 8. Rotweil 825. Herder. 3 ℊℓ

Demeter, (J.) Schreiblehre mit 5 Wand- (in gr. Fol.) u. (12) Hand-Vorschriften (in kl. 4.) 8. Freyb. 822, Herder. (Die Schreiblehre apart 4 gr. — Die 12 Handvorschriften 4 gr. — Die 5 Wandvorschriften 1 Rthlr.)

— Sommer-Taschenbuch zum geselligen Vergnügen f. alle Stände, auf d. J. 1830. Herausg. von C. A. Weinhöfer u. Weißenburg sen., mit 1 Steindr. u. Tit.-Vign. 8. Rinteln 830. Osterwald. 1 ₰ 12 ℊℓ

— Worterklärungen als 3e Beilage zu dem Buche: vollständ. Handbuch zur Bildung angehender Schullehrer. 8. Mainz 823, Kupferberg.

— Zeitschrift zur Bildung kathol. Schullehrer, à Jahrg. 4 Hefte. Frburg 809. Herder. 2 ₰ 4 ℊℓ

Demetophilus: „Schnelle Mittel gegen die schweren Folgen des niedrigen Getreidepreises im Sommer 1821", Mannheim 1821 (Schwan).

Demetrakopulos, Andronikos K.

Demetracopulus, Adron. C., Bibliotheca ecclesiastica s. Bibliotheca.

—— s. Chychae, Nathan., de primatu papae.

— Δοκίμιον περὶ τοῦ βίου καὶ τῶν συγγραμμάτων Μητροφάνους τοῦ Κριτοπούλου πατριάρχου Ἀλεξανδρείας — De vita et scriptis Metrophanis Critopuli. Cum imagine Critopuli (in Holzschn.). Leipzig 870. List & Francke. gr. 8. (2 Bll., 62 S.) n. 20 ngr

—— Graecia orthodoxa sive de Graecis qui contra Latinos scripserunt et de eorum scriptis. (In neugriech. Sprache.) gr. 8. (XI, 204 S.) Leipzig 872, List und Francke. *

Δημητρακοπούλου, Ἀνδρ. Κ., ἱστορία τοῦ σχίσματος τῆς λατινικῆς ἐκκλησίας ἀπὸ τῆς ὀρθοδόξου ἑλληνικῆς. gr. 8. (VI und 174 S.) Leipzig 867, List und Francke. *

Demetracopulus, Andronicus C., de vita et scriptis Metrophanis Critopuli. Cum imagine Critopuli (in Holzschn.). (In griech. Sprache.) gr. 8. (III, 62 S.) Leipzig 870, List und Francke. *

—— Zusätze und Verbesserungen zu Satha's neugriechischer Literaturgeschichte. (In neugriech. Sprache.) gr. 8. (IV, 119 S.) Leipzig 871, (List und Francke.) *

**Démètresco, Martin,** Étude sur les rapports politiques de Philippe-Auguste avec Richard Coeur-de-Lion (1189—1199). Lpz. (F. A. Brockhaus) 1897. 61 S. (4.80) 6300

*Δημητρέσκος, Δραγομῖρος* [*Διδάκτωρ τῆς Θεολογίας καὶ τακτικὸς αὐτῆς καθηγητὴς ἐν τῷ ἐν Ἰασίῳ Θεολογ. Φροντιστηρίῳ „Βενιαμίν"*]: *Κλήμεντος Ἀλεξανδρέως ὁ προτρεπτικὸς πρὸς Ἕλληνας λόγος* . . . *Βουκουρέστιον, τυπο-λιθογρ. Ἐ. Βιεγανι*, 1890; 86 S., 1 Bl. 8°
.91. Leipzig, Phil. Fak., Inaug.-Diss. v. 15. Jan., 1891 •

Demetriades, Kalliopios, die christliche Regierung und Orthodoxie Kaiser Constantin des Grossen. Eine histor. Studie. gr. 8. (IV, 47 S.) München 878, Th. Ackermann. *

**Demetriades,** Constantinus [aus Thasos]: Die Erfolge der Therapie gegen den Tetanus in der letzten Zeit. Strassburg, Universitäts-Buchdruckerei von Johann Heinrich Eduard Heitz, 1878. 8. 58 S.

Die beiden Demetrier. Scenen aus der russischen Geschichte. 8. Danzig 1801.

Demetrier, die falschen, u. d. Aufstand d. Streligen. Zwei Revolutions-Scenen aus der russischen Geschichte. Dazu eine Uebersicht der russ. Geschichte bis 1700 als Einleitung, u. eine Darstell. d. Lehren u. Gebräuche d. griech.-russ. Kirche als Anhang. 8. Torgau 826, Wideburg. (Leipz., Cnobloch.)

**Demetrio, Il,** opera . . . Salisburgi 1760. V: *Metastasio, Pietro di.* (Hr)

Demetrius. Trauersp. von Metastasio. 8. Leipz. 749.

Demetrius; Schspl. 8. Salzb. 756. Mayr. 3 ℊℓ

**Demetrius,** ein Schauspiel nach der Poesie des Metastasio aufs neue bearbeitet . . . Wittenberg 1791. V: *Brumigk, Johann Friedrich.* (EE) (GGr)

— Schausp. von Metastasio. 8. Wittenb. Kühne. 791.

— Trauersp. 8. Jena, Akadem. Buchhdl. 793.

— ein Trspl. 8. Altenb. 794. (Hennings in Neiße). 12 ℊℓ

Demetrius; Trauerspiel von Fr. v. Schiller; nach dem hinterlassenen Entwurf des Dichters bearbeitet von Franz v. Maltitz. gr. 12. Carlsruhe, Marx. 817.

Demetrius der Erste, Czar v. Moskau. Histor. Gemälde aus d. Poln. v. Orion Julius. Angehängt: Die glückl. Zufälle, v. A. C. Lindenhan. 8. Hamb. 824. Herold. 20 ℊℓ

Demetrius, de dotibus eximiis hum. naturae ante peccat 8. Frib. Wagner. 779.

Demetrius Cydonius

— Opusculum de contemnenda morte. Gr. et lat. Rec. emend. et expl. Kuinoel. Lips. 786. 8. 10 gr. (Ist auch ein Theil der Sammlung *Auctores Graeci minores.*)

**Demetrii Cydonii de contemnenda morte oratio.** Ex codicibus ed. Henr. Deckelmann. 8. (XII, 47 S.) Leipzig 901. B. G. Teubner. n. 1.—; geb. n. 1.40

Demetrius Phalereus

Demetrii Ph., liber de elocutione c. aliis rhetoribus. Gr. et lat. cum var. lectt. ed. J. F. Fischer. * Lips. 773. 8. 16 gr. Ib. 784. 8. 20 gr. (Ebenfalls auch unter dem Titel: *Rhetores selecti.*)

*Demetrius* Phalereus, de elocutione, aliis rhetoribus, gr. et lat. ed. J. F. Fischer. 8. Lpz. 773. Schwickert. 16 ℊℓ

— de elocutione liber, graece et latine curavit I. G. Schneider. 8. Altenburg. (Acad. Buchhdl. in Jena.) 779.

— de elocutione liber, graece et latine, cur. J. G. Schneider. 8. Altenb. 779. (Hennings in Neisse). 14 ℊℓ

Demetrii Rhetor. de elocutione liber. Ed. Franc. Goeller. 8maj. (16 B.) Lipsiae 837. Cnobloch.

**Demetrii Phalerei** qui dicitur de elocutione libellus. Praefatus, recensuit adnotavitque Ludov. Radermacher. gr. 8. (XVI, 132 S.) Ebd. 901. n. 5.—

Demetrii (Phalerei) et Libanii qui feruntur Τυποι επιστολικοι (Formae epistolicae) et Επιστολιμαιοι χαρακτηρες (Characteres epistolares). Ed. Valentinus Weichert. Lipsiae: Teubner 1910. LXXIII, 69 S. 8° (Bibliotheca scriptorum Graec. et Rom. Teubneriana.) [11. 177

Demetrius Scepsius

**Demetrii Scepsii quae supersunt ed. R. Gaede. Diss. 1880. 68 S.**

Demetrius Zenus

**Demetrii Zeni Paraphrasis Batrachomyomachiae vulgari graecorum sermone scripta, quam coll. superioribus edd. recens., interpret. latina instrux. et commentariis illustr. Fr. Guil. Aug. Mullachius. 8maj. Berol. 837. Fincke. n. 1 1/2 Rthl.**

Demetrii Zeni Paraphrasis Batrachomyomachiae vulgari graecor. sermone scripta, quam et collatis superioribus edit. recens., interpretat. lat. instr. et commentar. illustr. Fr. Guil. Aug. Mullachius. 8maj. (17 3/4 B.) Berolini 837, [Röse.] *

Demetrius, Aletheius

s.: La Mettrie, Julien Offray de

Demetrius, Polychronius

Demetrii, Polychron., Commentatio, qua Galeni libros de ossibus contra Vesalium defendit. Lips. 777. 4.

— — De febre ΛΟΙΜΙΚΗΙ graecis epidemica. Präs. Ernst Gottlob Bose. Lpz. (Sommer) 25. IX. 1778. 34 S. (4.80) 6304
Widm. v.: Joh. Manikati Saphrani.

**Demetrius, Polychronius** (Trax), Viro Pet. Johann Daniel Lutheritz (Lommatzsch) de summis in med. honor. Lips. 24. I. gratul. societ. disp. sub praesidio Ernst Gottlob Bose. — Galenus adversus Vesalium defenditur. Lpz. (Sommer) 1777. 12 S. (3.—) 6301

— — Viro Immanuel Gottlob Gerdessen summos in arte medendi honores gratul. collegii examinatorii sub ausp. viri Ernst Gottlob Bose. — Praem. disquis. quantum aër in juvanda sanguinis circulatione valeat. Lpz. (Sommer) 23. I. 1778. 16 S. (4.—) 6302

— — De medicis cinnabaris viribus disp. simulque viro Christian Traugott Gerischer de summe in medendi arte honorib. gratul. collegii exam. sub ausp. viri Carl Christian Kraus. Lpz. (Saalbach) 24. VII. 1778. 8 S. mit Namen d. Gratul. (3.20) 6303

Demetz, Fr., über das Vorkommen von Phenol im menschlichen Harn und die quantitative Bestimmung desselben nach innerlicher Darreichung von Benzol. Diss. Erlangen 1886, Th. Blaesing. 8°. 15 S.

Demetz, Fr. [approb. Arzt aus St. Ingbert (Pfalz)]: Ueber das Vorkommen von Phenol im menschlichen Harn und die quantitative Bestimmung desselben nach innerlicher Darreichung von Benzol .... St. Ingbert, Druck v. F. X. Demetz (1886); 15 S. 8°.
Erlangen, Med. Fak., Inaug.-Diss. v. 31. März 1886.

Demeunier, üb. Sitten u. Gebr. der Völker, herausg. von Hißmann. 2 Thle. gr. 8. Nürnb. Felsecker. 783. 84.

Demeure. De la d' de Calvin s. (H[eyer], Th[éophile]).

Demeures amies en Alsace. Ouvrage illustre par Charles Spindler. gr. 8. (112 S.) Strassburg 895. F. H. Le Roux & Co. n. 4. —

Demian, J. Andr.

— kurzer Abriß der Geograhie des preußischen Staats, besonders zum Gebrauch f. Schulen. 8. Berl. 818. Schlesinger. 16 gr. Hbg. Pr. 12 gr.

(Demian.) Anleitung zum Selbststudium der militärischen Dienstwissenschaft. Für Officiere der k. k. österreichischen Armee. I. Bd. Waffenlehre. II. Bd. Die Gefechts- und Manövrirkunst im Felde. 1. Th., welcher die Vorkenntnisse und die allgemeine Gefechtslehre enthält. 2. Th. Terrain und Gefechtslehre. III. Bd. Manövrirkunst im Felde. (4 Bde.) 8. Wien 1807—1809.

Demian, J. A., Anleit. z. Selbststudium d. militair. Dienstwissenschaft, m. K. 3 Bde. gr. 8. Wien, Catharine Gräffer. (Gräff in Leipz.) 809. 10. (1r 6 Thlr. 4 gr., 2r auch unt. d. Tit.: Terrain- u. Gefechtslehre, 2 Thlr. 4 gr., 3r unt. d. Tit.: Manövrirungskunst, 1 Thlr. 8 gr.)

— Anleitung zum Selbst-Studium d. militär. Dienstwissenschaft. 1r Thl. Waffenlehre. Neue Aufl. m. K. gr. 8. Wien, Gräffer. (Leipz. Gräff.) 812.

— — 3. verm. Aufl. unt. d. T.: Handbuch der Waffenlehre. Von A. Rittig von Flammenstern. 1823.

— statist.-polit. Ansichten u. Bemerkk. auf e. Reise durch einen Theil d. neuen Preuß. Provinzen, am Nieder- u. Mittelrhein. gr. 8. Köln (815). Rommerskirchen. 1 Rthl. 8 gr.

Demian, J. A., Briefe aus Paris. Geschrieben in den Monaten July, Aug., Sept. und Oct. 1815. gr. 8. Frankfurt a. M., Wilmanns. 816.

Demian, J. Andr., Der deutsche Bund in seiner Gesammtkraft dargestellt. Leipzig 1818. 8. . . . . . . . . . . . . . . . . . . . . . . . . . (D.)

— der deutsche Bund, in seiner Gesammtkraft dargestellt. gr. 8. Leipz. 819. Kollmann. 1 Rthl. Schrbp. 1 Rthl. 8 gr.

— geogr.-statist. Darstell. d. deutschen Rheinlande, nach d. Bestande vom 1. Aug. 1820. gr. 8. Coblenz 820. Holscher. 2 Rthl. 16 gr.

— Darstellung der Oesterreichischen Monarchie, nach den neuest. statist. Beziehungen, 1r Bd. Specialstatistik v. Böhmen, Mähren u. den österreich. Schlesien enth. gr. 8. Wien, Camesina. 804.

— — desselb. 2r Bd. enth. Ostgalizien u. Siebenbürgen. gr. 8. Ebend. 804.

— — desselb. 3r Bd. 1ste Abthl. enth. das Königreich Ungarn. gr. 8. Ebend. 805.

— — desselb. 4r Thl. 1ste Abthl. auch unt. d. Tit.: Statist. Beschreib. der Militärgrenze 1r Bd. enth. die Militärgrenze von Kroatien. gr. 8. Wien, Kaulfuß.

— Darstellung d. östreichischen Monarchie, nach den neuesten statist. Beziehungen. IVr Bd. 2te Abtheil.
Auch unt. dem Titel:
Statistische Beschreib. d. Militärgränze. IIr Bd. gr. 8. Wien, Kaulfuß. 812.

— Darstell. d. Oesterr. Monarchie, nach den neuesten statist. Beziehungen. 1r Bd. Specialstatistik v. Böhmen, Mähren u. d. österr. Schlesien. 804. 2 Rthl. 8 gr. 2r Bd. Ostgalizien u. Siebenbürgen. 804. 1 Rthl. 12 gr. 3r Bd. 1e u. 2e Abtheil. Das Königr. Ungarn. 805. 5 Rthl. 8 gr. gr. 8. Wien, (Heubner). 9 Rthl. 4 gr. 4r Bd. 1e u. 2e Abtheil., statist. Beschreib. der Militairgrenze. 1r, 2r Bd., die Militairgrenze v. Kroatien. gr. 8. Wien 807. Schaumberg. 5 Rthl. Hbg. Pr. 2 Rthl.

— statist. Darstell. d. Preuß. Monarchie. Größtentheils nach eigener Ansicht u. aus zuverlässigen Quellen. gr. 8. Berl. 817. Stuhr. 2 Rthl. 18 gr. Wohlf. Ausg. Ebd. 826. 1 Rthl.

Demian, J. A., statistische Darstell. der Illyrischen Provinzen. 1r Thl. die illyr. Militärprovinz. gr. 8. Tübing. Cotta. 810. Rthlr.

— Gemälde von Coblenz, Neuwied, Rhensa u. Braubach mit ihren Umgebungen. 8. Cöln 802, Schmidt.

— s. Gemälde d. Oesterr. Monarchie.

Demian, J. A., Geographie u. Statistik des Großherzogth. Baden, nach den neuesten Bestimmungen bis zum 1. März 1820. Nebst 1 Karte. gr. 8. Heidelb. 820. Groos. 1 Rthl. 4 gr.

— Handbuch der neuesten Geographie des Preuß. Staats nach authent. Quellen u. eigener Anschauung. gr. 8. Berl. 818. Schlesinger. 2 Rthl. Hbg. Pr. 1 Rthl. Nachtrag zu Obigem, herausg. v. F. A. Gottholdt. Ebd. 820. 6 gr.

— Handbuch der Geographie u. Statistik des Herzogth. Nassau. gr. 8. Wiesbaden 823, Ritter.

— neuestes Handbuch für Reisende auf dem Rhein und in den umliegenden Gegenden. Mit 1 Karte. 8. Frankfurt a. M. Demmert. 820.

— vollständ. Handbuch f. Reisende auf dem Rheine u. in d. umlieg. Gegenden. Mit 1 Karte. 8. Frankf. a. M. 820. Demmert. 1 rß 8 g

— Lilien aus d. besten lyrischen Dichtern Deutschlands, zur Bildung. Wien, Wallishauser. 799.

– Manövrirkunst im Felde, s. a. Demian: Anleitung zum Selbststudium ... 3. Thl.

— Manövrirkunst im Felde. gr. 8. Wien. Gräffer. 810.

Demian, J. A., Reise durch die neuen Preuß. Staaten am Nieder- und Mittelrhein. gr. 8. Cölln, Rommerskirchen. Rthlr. Velinp.

— u. Chr. Gf. Dn. Stein, der Preuß. Staat nach seinem gegenwärtigen Länder- u. Völkerbestande. gr. 8. Berl. 818. Reimer. 1 rß 16 g

— Statistik des Oesterreichischen Kaiserthums. gr. 8. Leipz. 820. Schwickert. 1 rß

— Statistik d. Rheinbundstaaten. 2 Bde. (1r Bd. enthält d. Königreiche. 2 rß 2r Bd. enthält d. Großherzogthümer, Herzogthümer u. Fürstenthümer. 2 rß 8 g) gr. 8. Frkf. 812. Varrentrapp; auch Stenz in Mainz. 4 rß 8 g

– Terrain- und Gefechtslehre, s. a. Demian: Anleitung zum Selbststudium.

Demian. Terrain- u. Gefechtslehre. Mit Abb. Wien 1809. 384 S.

— Terrain- u. Gefechtslehre. mit K. gr. 8. Wien, Gräffer. 810.

— histor. diplom. Uebersicht d. Länder- und Volksbestandes d. Preuß. Monarchie v. d. J. 1740 bis 1817. 8. Berlin, Hayn. 817.

— tabellar. Uebersicht d. Europ. Staaten überhaupt u. des Großh. Hessen insbesondere. 8. Hanau 825. (Heyer in Darmst.) 6 g

**Demian, J. A.** Versuch über die Staatskräfte der Oesterr. Monarchie. gr. 8°. Wien, Schaumburg; Leipzig, Liebeskind, 1797.

Demjanenko, Catharina. Das Verhalten des Darmepithels bei verschiedenen funktionellen Zuständen. Diss. Med. Univ. Zürich... von K' D'.... Mit Tafel I—III. 37 S. 8. München, R. Oldenbourg, 1910.

Demiani, Christian Gottlob

— — (Bautzen), Adversaria de febre lenta nervosa rheumatismo et hydrope. Präs. Ernst Gottlob Bose. Lpz. (Langenheim) 27. VI. 1777. 39 Seiten. (4.80) 6307
Gew.: Grf. Marcolini.

— **Christian Gottlob** (Muskau/Laus.), De cura assatoria. Von der Braten=Chur. Diss. med. Präs. Michael Alberti. Halle (J. Chn. Hendel) Sept. 1748. 32 S. (5.—) 6306

**Demiani**, Hans, François Briot, Caspar Enderlein u. d. Edelzinn. gr. 4. (VIII, 118 S. m. 6 Abb. u. 50 Lichtdr.-Taf.) Leipzig 897. K. W. Hiersemann. Geb. in Leinw. n. 75.—

Demiani

— **Johann Gottlob Wilhelm** (Dresden), De equitationis usu medico. Präs. Christian Gotthold Eschenbach. Lpz. (C. Tauchnitz) 4. VI. 1802. 54 Seiten. (4.80) 6308
Gew.: Joh. Gottlob Demiani (Vater).

**Demiani, Carl Christian** (Bautzen), Observationes juris Romani et Saxonici. Präs. Georg Stephan Wiesand. Spec. XI. Wittbg. (A. Ch. Charisius) 13. X. 1780. 24 S., tlws. dtsch. (4.—) 6305

**Demidoff, Anatol v., die Krim**, s. a. **Neigebaur.**

Demidoff, Anatol v., die Krim. Ein Auszug aus der Reise nach dem südl. Rußland und der Krim, in 2 Bdn., deutsch hrsg. von J. F. Neigebaur. gr. 8. (III und 95 S. mit 16 Illustr. in eingedr. Holzschn. nach Raffet.) Breslau 854(55,) Kern.
mit lithogr. Karte in gr. Fol.

—— Neu-Rußland (Bessarabien, Cherson, Taurien und Ekaterinoslaw). Ein Auszug aus der Reise nach dem südl. Rußland und der Krim, in 2 Bdn., deutsch hrsg. von J. F. Neigebaur. gr. 8. (119 S. mit 10 Illustr. in eingedr. Holzschn. nach Raffet.) Breslau 855, Kern.
mit lithogr. Karte in Imp.-Fol. –

—— Reise nach dem südlichen Rußland und der Krim, durch Ungarn, die Walachei und die Moldau, im J. 1837. Mit Illustr. nach Originalzeichnungen von Raffet. Nach der 2. Aufl. deutsch hrsg. von J. F. Neigebaur. 2 Thle. Lex.-8. (XVI und 382 S. mit 1 Stahlst., 23 Holzschnt., eingedr. Holzschn. und 1 Musikbeilage.) Breslau 854, Kern. *
mit 2 Karten in gr. Fol. *

Demidoff, N. P., Commentaire du dernier chapitre du système philosoph. de l'art de M. Lamennais. gr. in-8. (2¾ B.) Strasbourg 845, Levrault'sche Buchh. –

**Demidoff, N. P.**, Conseiller d'état actuel etc., Commentaire du dernier chapitre du système philosoph. de l'art de M. Lamennais. gr. in-8. Strasbourg 845, Vve Levrault. ⅜ rß

—— Etudes politiques. Nouv. édit. gr. in-8. (15½ B. u. 1 Tab.) Strasbourg 845, Levrault'sche Buchh.

—— des Slaves et des Russes. Réimprimé sur la première édication de Moscou. gr. in-8. (2¼ B.) Strasbourg 845, Levrault'sche Buchh.

*Demidow*, Paul Greg., († d. 1. Juli 1821.) Catalogue systématique des livres de la bibliothèque de Paul de Demidow etc. Arrangé suivant son système bibliographique. Disposé et mis en ordre par lui-même. Publié avec une préface par Gtth. Fischer. Auch mit d. Umschlagstitel: Muséum-Demidow. III Vols. gr. in 4. à Moscou 806—11 (Leipz., Fr. Fleischer). 10 rß

Demjén, Joh., allgemeines Adressen- und Orts-Buch von Ungarn und Nebenländern. Mit besond. Berücksicht. der neuesten wirthschaftl., Handels- und Communications-Verhältnisse zusammengestellt. Enth. 150,000 Adressen und 23,000 Orte. Mit der Liste der Ungarn interessir. ausländ. Firmen und mit Einschluß aller handelsgerichtlich protokollirten Firmen, sowie der Handels- und Gewerbekammern in Ungarn. 1. Heft: Abauj-Tornaer Comitat. Lex.-8. (46 S. mit ungar. und deutschem Text.) Budapest 876, Grimm. *
Mit lithogr. Karte in Imp.-Fol. *

Nicht weiter erschienen.

Demi-lune
v. Hilāl.

**DEMI-MONDE**, Die Berliner, die offene, versteckte und geheime. Berlin, o. J. (188*). 8°. (In Dresden, Bibl. d. Gehe-Stiftg.) (75 Pfg. Paul Neubner, Cöln, c. 1890.)

**DEMIMONDE**, Wiener, das Wiener Grisettenthum und die Sittenpolizei. Wien. Verlag v. E. K. Fischer, Druck v. K. Burkert.
Verboten v. L.-G. Wien, 16. Jänner 1888. § 516.

Deming, P. Süd u. Nord, s. Cable, G. W.

**DEMIS**, A. v. Die Tugendhaften. Sittliches u. Pikantes aus der Gesellschaft. München 1891. 8°.

**Demisch, Johann Gotthelff** (Pretsch), Legatum liberationis solutione spontanea non extingui. Präs. Christoph Ludw. Crell. Wittbg. (Scheffler) Aug. 1742. 38 S. (5.—) 6309

**Demisch**, Paul. med. pract. (aus Zittau, Sachsen): Ueber Temperatursteigerungen bei der Heilung subcutaner Fracturen. Mit 8 Curventafeln. Zür. Zürcher u. Furrer Dr. 1885. 63 S., 8 Tab. 8°.
Zürich. Med. Diss. [v. 1. Dec. 1885].

**Demitsas, M.**, *Περὶ τῆς ἀληθοῦς πατρίδος τοῦ ἐξόχου καλλιτέχνου Παιωνίου.* Gel. 1881. 24 S.

**Demitsch, Wassily, literärische Studie über die wichtigsten russischen Volksheilmittel aus dem Pflanzenreiche. Inaugural-Dissertation. gr. 8. (91 S.) Dorpat 888, (Karow.) ***

**Demiurgos.** Ein Mysterium. Erster Theil. Leipzig 1852. V: *Jordan, Wilhelm.* (BrvV)

Demiurgos. Ein Mysterium. 1. Thl. gr. 8. (334 S.) Leipzig 852, Brockhaus. *

**DEMI-VIERGES** und Rute. Aus dem Tagebuch eines Klosterfräuleins. Von A. B.... Wien u. Budapest, Carl Müller (um 1910). 8°.
Verb. d. Ldg. Hamburg C. IV. 1146/10.

DEMKO, Georgius: De statu ecclesiae catholicae in regno Angliae inde ab Elisabethae tempore usque ad hodiernam diem ab anno 1558 usque ad 1882. — (1882) 134 S. 8° (Handschr.) Diss. 439
**Diss.** Wien, Univ.

DEMKOVITS, Augustinus: De vita sancti Pauli Apostoli. — (1902) 70 Bl. 4° (Handschr.) Diss. 711
**Diss.** Wien, Univ.

**Deml** Ferdinand: Betrachtung der Mittel zur Erreichung klarer und gewandter Ausdrucksweise in der deutschen Sprache. 33. Prag Altst. 96.
**Progr.**

**Deml**, Ferd.: Katalog der Lehrerbibliothek. 28 S. Prag, d. LnBA, P 1904

**Deml**, G. (Red.), s. Fremden-Blatt.

**Deml, Jos., im Feindeslande. Eine in französ. und russ. Sprache übertragene Zusammenstellung von Fragen und Befehlen zur Erleichterung des dienstl. Verkehrs von Offizieren und Militärbeamten mit den Bewohnern occupirter feindl. Gebiete. 3. unveränd. Aufl. qu. 8. (XVI, 256 S.) Neu-Ulm 888, Selbstverlag des Verfassers. ****

Deml, Jos. Lese- u. Uebungsbuch der französischen u. russischen Sprache. Zum prakt. Gebrauche der Offiziere d. deutschen Heeres. 4. Aufl. Unter Mitwirkg. v. A. Godart u. S. Mandelkern. qu. 12. (XVI, 276 S.) Lpz. 890, Baldamus. geb. * 3 —

Lese- und Uebungsbuch der französischen und russischen Sprache. Zum prakt. Gebr. f. Offiziere d. deutschen Heeres verf. von Josef **Deml.** 5. Aufl. Unter Mitw. ... d. Hrn A. Godart, Metz, u. S[olomon] Mandelkern, Leipzig. Leipzig: E. Baldamus 1892. (XVI, 138 S.) quer-8° [F.]
[05, 10626 B

DEMLER, Friedrich Wilhelm (Nürnberg): De ictero.- Monachii: Wolf 1837. 16 S.
19.8.1835 - Urk; F 62
Diss. Ingolst.-Landsh.-Mchn.

**Demling,** Anny, Oriol Heinrichs Frau, s. a. Fischer's Bibliothek zeitgenössischer Romane. II, 1.

Oriol Heinrichs Frau. Roman von Anny **Demling.** Berlin: S. Fischer (1909). 158 S. 8°
(Fischers Bibliothek zeitgenöss. Romane. Jg. 2, Bd 2.) [10, 4008 B

**Demling,** Johann: De poetarum Latinorum ἐκ τοῦ ἀδυνάτου comparationibus. *Würzburg 1898: Bonitas-Bauer.* (51 S.) 8°
Würzburg, k. neues G, P 1898*

**Demlow**, Joan. (geb. Tribsees in Pomm. 12. 2. 1831): De pneumothorace.
Berolini (1856). (28 S.) 8°
Berlin, Med. Diss. v. 28. Juni 1856

**Demm,** Gregor, ist die Atlantis in Platons Kritias eine poetische Fiktion? Progr. (43 S.) gr. 8. Straubing (905). (H. Appel.) n. 2. —

**Demm**, Gregor: Ist die Atlantis in Platons Kritias eine poetische Fiktion? Straubing 1905: Cl. Attenkofer. (43 S.) 8°
Straubing, k. human. G P 1905*

Viro **Hermann Gottfried Demme** rei sacrae per terram Altenburgicam consiliario . . altiss. honoris in re theolog. gradum ab academia Jenensi ad festum reform. Lutheriae seculare tertium simulque propositis nonnullis Jesu Christi a verbi divini ministro imitandi exemplis totus in ephoria Altenburgensi ordo sacer gratul. Altenbg. 1817. 32 S. mit Namen d. Pfarrer. (4.—) 6311

**Demme, Otte, Jansen, Clausen u. Elfeld,** Briefsammlg. f. den Unterricht in der deutsch. Handelskorrespondenz. gr. 8. (VIII, 168 S.) Leipzig 900. G. A. Gloeckner. n. 2. —; geb. in Leinw. n.n. 2. 40

**Demme, Otte, Jansen, Clausen u. Elfeld,** Briefsammlung für den Unterricht in der deutschen Handelskorrespondenz. 2. Aufl. (VIII, 164 S.) 8. Leipzig 904. G. A. Gloeckner. n. 2. —; geb. n. 2 40

**Mörlin's Gedächtnissfeier.** [Hrsg. von **Demme.**] Altenburg 1807: Hofbuchdr. IV, 5—62 S. 8°
Kl. 1428. Auf S. 53 wird Mörlins Zugehörigkeit zum Frmrbunde erwähnt. 157.

Demme. Zwei seltene Geschwülste der Mundhöhle. gr. 8. (2 S.) Berl. 892, Coblentz. * 1 —
Aus: Monatsschrift f. Ohrenheilkunde, besonders abgedruckt.

**Demme's** Sammlung volkswirtschaftlicher Schriften. Nr. 2—4. 8. Leipzig, E. Demme. 3. 70
Baumann, Fritz, Ursachen des Geldmangels (u. die große Zahl der Arbeitslosen.) (64 S.) 909. (Nr. 2) 1. 20
Hintz, Aug., wie kann man aus der Bienenzucht die denkbar höchsten Erträge erzielen? Unentbehrlicher Ratgeber f. jeden Imker. Bearb. auf Grund e. vieljähr. Imkerpraxis. (61 S.) 909. (Nr. 4) 1. 50
Kaemmerer, Th., der „bevorstehende" Weltkrieg als Vorläufer des Weltfriedens, zugleich ein Kampf ums Deutschtum. (47 S.) 909. (Nr. 3) 1. —
Nr. 1 erschien u. d. T.: Labor, Christian, das Land ohne Armut. Ebd. 901. 1. —

Demme. On Latham's View of the Demonstrative Pronoun. Berlin, Handelssch., 1875. 18 S. 4. **Progr.**

Demme, der Civilversorgungsschein. Bestimmungen und Erläuterungen über Civilversorgungsschein, Anstellungsentschädigung und Pensionszulage für Nichtbenutzung des Civilversorgungsscheins, zusammengestellt unter Benutzung der Acten des königl. preuß. Kriegs-Ministeriums, Departement für das Invaliden-Wesen. gr. 8. (XVI, 40 S.) Berlin 884, R. Kühn. *

**Demme,** Andr. Valent., der prakt. Maschinenbauer. Ein Handbuch für Maschinenbauer, Mechaniker, Kunstdrechsler u. Fabrikbesitzer. Nach den besten Werken über diesen Gegenstand bearbeitet. Mit 1 Atlas Abbildd. (XXXI lithogr. Bl.) 8. Quedlinburg 834. Basse. 2 5/6 ₰ — 2e—5e Lfrg. Jede mit 1 Atlas (von 48, 36 u. 16 Taf.) Abbildd. 8. Ebd. 839—41. 9 2/3 ₰ (1—5. 12 1/3 ₰)

**Demme,** Andr. Valent., der praktische Maschinenbauer. 6.—23. Liefg. Mit mehreren 100 Taf. Abbild. 8. Quedlinburg 841—46, Basse. 6. Liefg. 3 1/3 ₰ 7. Liefg. 2 5/6 ₰ 8. Lfg. 1 5/6 ₰ 9. Lfg. 2 5/6 ₰ 10. Lfg. 2 5/12 ₰ 11. Lfg. 2 5/6 ₰ 12. Lfg. 1 2/3 ₰ 13. Lfg. 2 ₰ 14. Lfg. 2 5/6 ₰ 15. Lfg. 2 ₰ 16. Lfg. 2 1/2 ₰ 17. 18. Lfg. à 2 2/3 ₰ 19. Lfg. 2 1/2 ₰ 20. Lfg. 2 2/3 ₰ 21. Lfg. 2 1/2 ₰ 22. 23. Lfg. à 2 1/3 ₰ — 1.—23. Liefg. 57 ₰

**Demme**, Andr. Valent., der prakt. Maschinenbauer. 24. Lfg. A. u. d. T.: Handbuch der Dampfmaschinen-Baukunst. (Enth.: Eine vollständ. technische Untersuchung über die Materialien, die Zusammensetzung, Ausführung u. Veranschlagung aller Arten u. aller bekannten Systeme, der kleinsten u. der größten Dampfmaschinen. Von E. M. Bataille u. E. E. Jullien. 1. Thl. Mit 16 (lith.) Taf. (in qu. Fol.) 8. (VIII u. 200 S.) Quedlinburg 848, Basse. 1½ ℛ

— ders. 25. u. 26. Lfg. A. u. d. T.: Handbuch der gesammten Spinnerei u. Weberei. Die Verarbeitung der Baumwolle, des Leinens, der Wolle, der Seide, des Kaoutschuks ꝛc. Von Mich. Alcan. Deutsche Bearbeitung. 2 Thle. Mit 39 (lith.) Taf. Abbildgn. (in qu. Fol.) 8. (VIII u. 924 S.) Ebd. 847. (à 2½ ℛ) 5 ℛ

— ders. 27. u. 28. Lfg. A. u. d. T.: Handbuch der Dampfmaschinen-Baukunst. Enth.: Eine vollständ. technische Untersuchung ꝛc. 2. u. 3. Thl. Mit Taf. 17—48. Abbildgn. (Lith. in Fol.) gr. 8. (XVI u. 560 S.) Ebd. 850. (à 1½ ℛ) 3 ℛ (1—28: 66½ ℛ)

**Demme**, C. R., Predigten. Zum Druck geordnet von J. W. Mann. 1. Lfg. gr. 8. (1. Bd. Stimmen aus dem Gotteshause. S. 1—40.) Philadelphia 864, Schäfer und Koradi.

**Demme**, F., s.: Zeitfragen, pädagogische.

**Demme, Fr.: Über Schulhygiene. Vortr.** Berkholz, Aug.: Schulung Minderwertiger. Vortr. Als Ms. gedr. Riga '09. S. 82—107. (Ebd. 14.)

**Demme**, Franc. (geb. Deuna auf d. Eichsfeld 21. 10. 1816): De morbo haemorrhoidali. Berolini (1841). (29 S.) 8°
Berlin, Med. Diss. v. 23. Juli 1841

**Demme**, G., Geschichte der Infanterie-Regimenter der königl. preußischen Armee von der Gründung bis zur Gegenwart in populärer gedrängter Darstellung. XI. Armee-Corps. 16. (50 S.) Berlin 887, v. Decker's Verlag. *

**Demme**, Dr. H. Allgemeine Chirurgie der Kriegswunden. Nach Erfahrungen in den norditalienischen Hospitälern von 1859. Abt. 1. 2. Würzburg 1861.

**Demme**, H., über ungleiche Größe beider Hirnhälften. Pathologisch-anatom. Inauguralschrift. gr. 8. (8¾ B.) Würzburg 831, Stahel.

Demme, H. G., s. Demme, Herm. Cph. Gf.

**Demme**, Herm., Beiträge zur pathologischen Anatomie des Tetanus u. einiger anderen Krankheiten des Nervensystems. Mit 1 Taf. Abbildgn. (in Kpfrst.) Leipzig 859. C. F. Winter. gr. 8. (VII, 111 S.) n. 15 *ngr.*

—— Beobachtungen über Carcinosis miliaris acuta. gr. 8. (49 S.) Bern 858, (Blom.) *
Aus: Schweizerische Monatsschrift für prakt. Medicin, 3. Jahrg., besonders abgedruckt.

**Demme**, Hermann, über Entstehung und Verhütung von Rückgratsverkrümmungen in den Berner Mädchenschulen, Gutachten d. med. Fakultät d. Berner Hochschule a. d. Erziehungsdepartement d. Republik Bern, Bern 1844, 16 S., 8°.

**Demme**, Herrm., über endemischen Kretinismus. Rede. 8. (Mit 1 Steintafel.) Bern 840, Fischer. n. ¼ ℛ

—— militär-chirurgische Studien in den italienischen Lazarethen von 1859. 1. Abthl.: A. u. d. T.: Allgemeine Chirurgie der Kriegswunden. Nach Erfahrungen in den norditalien. Hospitälern von 1859. Lex.-8. (XVI und 191 S.) Würzburg 861, Stahel'sche Buchh. *

—— dass. — 2. Abthl.: A. u. d. T.: Specielle Chirurgie der Schusswunden. Lex.-8. (X und 286 S.) Ebendas. 861. *

Demme, Herm., militär-chirurgische Studien. 2., durchaus umgearb. und stark verm. Aufl. 2 Abthlgn. Lex.-8. Würzburg 863,64, Stahel'sche Buchh. *

Inhalt:

Abthl. 1. Allgemeine Chirurgie der Schusswunden. Nach eigenen Erfahrungen in den norditalien. Lazarethen von 1859 und mit Benutzung der bisher. Leistungen bearb. (XVI und 277 S.) * 1 Thlr. 10 Ngr.

„ 2. Specielle Chirurgie der Schusswunden. (XII und 479 S.) * 2 Thlr. 20 Ngr.

—— über die Veränderungen der Gewebe durch Brand. Ein Beitrag zur patholog. Histologie. Nebst 24 (theilweise ill.) Orig.-Abbild. gr. 8. (XIV und 102 S. mit 2 Stahlst.-Taf.) Frankfurt a. M. 857. [Berlin, M. Hirsch.]
Ermässigter Preis

— über die Veränderungen der Gewebe durch Brand. (Inhalt einer von der medizinischen Fakultät der Universitat Bern im Juni 1856 gekrönten Preisschrift und Resultate späterer Untersuchungen des Verf.) Ein Beitrag zur pathologischen Histologie. Nebst 24 (theilw. color.) Original-Abbildgn. auf 2 Taf. in Stahlst. Frankfurt a. M. 857. Meidinger. gr. 8. (XIV, 102 S.) 2 ℛ

Demme, Herm. Cph. Gf.

**Demme**, H. G., Abendstunden, im Familienkreise gebildeter u. gut. Menschen, herausg. von K. Stille: 2 Thle. 8. Gotha, Becker. (à 1 Thlr.)

— s. Beitrr. zur Belehrung u. Erbauung.

— s. Beitrr. zur Gottesverehrung.

**Demme**, Herm. Cph. Gf., († d. 26. Dec. 1822.) Einführungsrede zu Cosma u. Erndtepredigt zu Altenburg. 8. Gotha 817. Becker. 3 ℊ

— drei Friedens-Predigten, s. J. F. C. Löffler.

— Gebete u. zum Gebete vorbereitende Betrachtt. für Christen. 2 Thle. 8. Gotha 818—23. Becker. 2 ℛ 8 ℊ gute Ausg. gr. 8. Druckp. 2 ℛ 16 ℊ Velinp. 4 ℛ

— s. K. F. Hempel, Bauernfreund.

**Demme, Herm. Cph. Gf.**, s.a. **Jahre, sechs.**

**JAHRE**, Sechs, aus Çarl Burgfeld's Leben. Freundschaft, Liebe und Orden von dem Verfasser des Pächter Martins (*Herm. Chp. Gottfr. Demme*, geb. 1760, † 1822). Mit hübsch. TKpfr. nach Schnorr v. Karolsfeld. Leipzig, bey J. G. Göschen, 1793. 8°. 286 S. (Im British Museum.) (4 Mk., unbeschn., Adolf Weigel, 1907.)
Zahme Ordensgeschichte.

— Jubeltag d. 50jähr. Amtsfeier des Schullehrer Grabe in Vollstädt, mit Demmes Jubelpredigt. 8. Gotha 800. Becker. 6 ℊ

— neue christl. Lieder. 8. Ebend. 799.

— — dieselb. mit vortreffl. alten Melodien deutsch. Tonsetzer, für d. Pianoforte u. d. Orgel ausgesetzt. 4 Ebend. 807.

— s. Martin, Pächter.

— Predigten u. Reden, größtentheils bei besondern Veranlassungen gehalten. gr. 8. Neustadt 823, Wagner.

— Predigten üb. die Sonn- u. Festtagsevangelien z. Beförd. häusl. Andacht. 8. Ebend. 808.

— Predigten über d. Sonn- u. Festtags-Evangelien zur Beförd. häusl. Andacht. 8. Gotha 818. Becker. 1 ℛ 8 ℊ gr. 8. 2 ℛ

— Rathspredigt am Sonntag Estomihi. 8. Altenb. 820. Hahn. 4 ℊ

— Rede an d. Landwehrmänner d. Fürstenth. Altenburg. 12. Altenb. 814. Becker in Gotha. 1 ℊ

— neun Reden z. Todtenfeier in Altenburg gehalten. gr. 8. Gotha 817. 2e Aufl. 818. Becker. 12 ℊ

— Franz Adolph Sachse, d. Blinde, der nun zum Anschaun d. Lichts gelangt ist. 8. Ebd. 819. 8 ℊ

— s. K. Stille.

**Demme, Hermann Gottfried** (Superintendent), Praemissa de nimio novi antiquique amore et studio prolusione synodum hoc anno solito more habendam. [Mühlhausen] (Müller) 1799. 18 S. mit Namen d. Pfarrer. (4.80) 6310

Demme, J. D. H., s. Wochenschrift, juristische für die Preuß. Staaten.

Demme, Ignatius *[geb. Deuna im Eichsfelde 13.2.1801]*: Theses theologicae ... pro licentia theologica rite capessenda. Wratislaviae (1830). (2 Bl.) 4°
Breslau, Kath.-theol. Liz.-Thesen v. 4. Sept. 1830

Demme, Joh. F. Ign., Erklärung des Briefes an Philemon. Breslau, Aderholz, 1844. gr. 8°. $2^{5}/_{8}$ Bg., 75 Pf.

Demme, Joann. Franc. Ign.: Fueritne Jacobus frater Domini apostolus quaeritur. Vratislaviae (1839). (33 S.) 8°
Breslau, Kath.-theol. Fak., Antr.-Progr. als ord. Prof. v. 15. Juni 1839

Demme, J(ohannes): Studien über Hans Rosenblüt. Münster i. W. 1906: R. Noske, Borna-Leipzig. (129 S.) 8°
Münster, Phil. Fak., Ref. Jostes, Diss. v. 13. Okt. 1906
[Geb. 1. Dez. 55 Münster i. W.; Wohnort: Hamburg; Staatsangeh.: Hamburg; Vorbildung: Paulin. Gymn. Münster Reife O. 77; Studium: Münster 6 S.; Rig. 14. Juli 06.]

Demme, Carl Die Hypothesis in Platos Menon. 4 (22 S.).
Progr. Annensch. *Dresden-Altstadt* 1888 (522).

Demme, Curt. Die humanitären und gemeinnützigen Bestrebungen und Anstalten im Kanton Bern. Bearb. von K' D'.... (Vorwort [und] Summarische Uebersicht des behandelten Stoffes und Einteilung desselben.) XII S. 8. Bern, Neukomm & Zimmermann, 1904.

Demme, Curt. Die humanitären und gemeinnützigen Bestrebungen und Anstalten im Kanton Bern. Bearb. von K' D'.... [Mit 2 Tabellen und 1 Karte.] XII + 192 S. 8. Bern, Neukomm & Zimmermann, 1904. [fr. 3. —, geb. 3. 50]

Demme, Curt. Die humanitären und gemeinnützigen Bestrebungen und Anstalten im Kanton Bern. Bearb. von K' D'.... 2. Aufl. [Mit 2 Tabellen und 1 Karte.] XVI + 192 S. 8. Bern, Neukomm & Zimmermann, 1905. [geb. fr. 3. 50]

Demme, Kurt, die Gesundheitspflege d. Kehlkopfes, s.a. Eckstein's mediz. Hausbibliothek.

Die Gesundheitspflege des Kehlkopfes. Von Dr. Kurt Demme in Berlin. 1.–5. Taus. *Berlin: R. Eckstein Nachf. [1898].* (67 S.) 8°
= Hausbibliothek, Eckstein's Medizinische. Bd 2. [oo. 11632

Demme, Kurt, Die Hausindustrien im Berner Oberland mit Vorschlägen zur Hebung derselben und zur Einführung neuer Hausindustrien. Verfasst im Auftrage der Direction des Innern des Kantons Bern. 8°. Bern 1895.

Demme, Curt. Holzschnitz-Industrie. Von K' D'.... Sonderabdruck [aus:] Handwörterbuch der Schweizerischen Volkswirtschaft, Sozialpolitik und Verwaltung.... Band 2. 8 S. 8. Bern, Verlag Encyklopädie, 1905.

Demme, Curt. Die obligatorische Mobiliarversicherung, von K' D', Grossrat, Bern. Sep.-Abdruck aus der Schweiz. Zeitschrift für Gemeinnützigkeit [Jahrg. 44, 1906, Heft 6/7]. II + 14 S. 8. Zürich-Selnau, Gebr. Leemann & Co., 1906.

Demme, Curt s. Motion des Herrn Grossrat [Curt] D' betreffend Revision des Armenpolizeigesetzes.... Bern 1902.

Demme, Curt. Uebersicht über die Feuerversicherung der Gebäude, sowie des Mobiliars in der Schweiz und im Auslande. Von K' D'.... Separatabdruck aus den «Schweiz. Blätter für Wirtschafts- u. Sozialpolitik». Heft 1 u. 2, Jahrg. 15, 1907.... II + 27 S. 8. Bern, Scheitlin, Spring & Cie., 1907.

Demme, Curt [aus Berlin]: Versuche über die Erreichbarkeit der Halswirbel, von der Mundhöhle aus. . . . Berlin, Buchdr. v. G. Schade, *1891.* 31 S. 8°
Berlin, Med. Fak., Inaug.-Diss. v. 21. Jan. 1891

Demme, Louis. Nachrichten u. Urkunden zur Chronik von Hersfeld. 1. Bd.: Bis zu Beginn des 30jähr. Krieges. Mit 22 Beilagen. gr. 8. (IV, 394 S.) Hersfeld 891, Hoehl. * 4 50

Demme, Louis, Nachrichten u. Urkunden zur Chronik v. Hersfeld. Gesammelt u. verzeichnet v. L. D. 1. u. 2. Bd. gr. 8. Hersfeld, H. Schmidt. à n. 4. 50
1. Betrifft die Zeit bis zu Beginn des 30jähr. Krieges. Mit 22 Beilagen. 8. (IV, 394 S.) 891.
2. Betrifft die Zeit von Beginn des 30jähr. bis zu Beginn des 7jähr. Krieges. Mit 82 Beilagen. (360 S.) 893.

Demme, Louis, Nachrichten u. Urkunden zur Chronik v. Hersfeld. 3. Bd. Betrifft die Zeit von Beginn des 7jähr. Krieges bis einige Jahre nach der westfäl. Zeit. Mit 77 Beilagn. gr. 8. (III, 380 S.) Hersfeld 901. Hoehl. n. 4.50

Nachrichten und Urkunden zur Chronik von Hersfeld. Gesamm. u. verz. von Louis Demme, Stadtsekr. zu Hersfeld. Mit Beilagen. Bd 1–3. *Hersfeld: H. Schmidt (3: A. Webert) 1891–1900.* 3 Bde 8°
1. Bis zu Beginn d. 30j. Krieges. 1891. 2. Bis zu Beginn d. 7j. Krieges. 1893. 3. Bis einige Jahre nach d. westfäl. Zeit. 1900. [oo. 3578

Demme, R., die Anaesthetika, s. Handbuch der Kinderkrankheiten.

— 16. medizinischer Bericht über die Thätigkeit des Jennerschen Kinderspitales in Bern im Laufe d. Jahres 1877. 8. (56 S. m. 1 Tab.) Bern 878. Dalp. n. — 80

— dasselbe. 17. medizinischer Bericht im Laufe des Jahres 1879. gr. 8. (70 S. m. 1 Lichtdr.) Ebend. 880. n. 1. 20

— dasselbe. 18. medizinischer Bericht im Laufe des Jahres 1880. gr. 8. (104 S. m. 1 Tab.) Ebend. 881. n. 2. —

— dasselbe. 19. medizinischer Bericht im Laufe des Jahres 1881. gr. 8. (109 S. m. 1 Tab.) Ebend. 882. n. 2. —

Demme, 20 22. medicinischer Bericht üb. die Thätigkeit d. Jenner'schen Kinderspitales in Bern im Laufe d. J. 1882, 1883 u. 1884. gr. 8. (91, 93 u. 72 S. m. 1 Tab.) Bern 883—85. Schmid, Francke & Co. à n. 2. —

Demme, R., 23.—26. medicinischer Bericht über die Thätigkeit d. Jenner'schen Kinderspitales in Bern im Laufe d. J. 1885, 1886, 1887, 1888. gr. 8. (72, 69, 81, 73 S. m. je 1 Tab.) Bern 886—889. (Schmid, Francke & Co.) à n. 2. —

—— s. Bericht, 26.—28. medicinischer, üb. die Thätigkeit des Jenner'schen Kinderspitals in Bern.
A. u. d. T.: Demme, R. Klin. Mittheilgn. aus d. Gebiete d. Kinderheilkunde.

Demme, R. Ueber den Einfluss des Alkohols auf den Organismus des Kindes. Rede. gr. 8. (88 S.) Stuttg. 891, Enke. * 2 40

Demme, R., zur Kenntniss der schweren Erytheme und der acuten multiplen Hautgangrän. Erythema nodosum mit Purpura, von acuter multipler Hautgangrän gefolgt. gr. 8. (26 S. mit 3 Taf. in Farbendr.) Berlin 888, Fischer's medicin. Buchh. *
Aus: Fortschritte der Medicin, besonders abgedruckt.

— klinische Mittheilungen aus dem Gebiete der Kinderheilkunde. 27. medicin. Bericht üb. die Thätigkeit d. Jennerschen Kinderspitales in Bern im Laufe d. J. 1889. gr. 8. (69 S. m. 1 Taf. u. 1 Tab.) Bern 890 (Schmid, Francke & Co.) n 2. —

— dasselbe. 28. Bericht 1890. gr. 8. (88 S. m. 1 Taf. u 1 Tab.) Ebd. 891. n 2. —

Demme, R., Nutzen und Schaden der Schutzpocken-Impfung. Populär-wissenschaftl. Darstellung des gegenwärt. Standpunktes der Impffrage. Oeffentlicher Vortrag, gehalten im Cyklus der akadem. Vorträge der Universität Bern, den 14. Decbr. 1875. gr. 8. (70 S. mit 1 Stnt.) Bern 876, Dalp'sche Buchh. *

Demme, R., siehe: *Schwab.*

—— s. Vergiftung durch die Speiselorchel in Folge von Ptomainbildung.

Demme, Rud., das arterielle Gefässsystem von Acipenser ruthenus. Ein Beitrag zur vergleichenden Anatomie der Ganoiden. (Inaugural-Dissertation.) gr. 4. (V und 81 S. mit 4 Blatt Erläuterungen und 4 chromolithogr. Abbild.) Wien 860, (Braumüller's Sortiment.) *

Demme, Wilh. Ueber einen neuen Eiweiss liefernden Bestandtheil d. Protoplasma. Diss. gr. 8. (38 S.) Dorpat 890, (Karow). * 1 —

Demme, Wilhelm Ludwig [wirkl. Name], s. a. Emmé, Marquis Rouge Guillaume Ludovic d' [Pseud.]

—— und Karl Sam. Ernst Klunge, Annalen d. deutsch. u. ausl. Crim.-Rechtspflege, s. Annalen.

Demme, Wilh. Ludw., Auszug zum Kampf gegen die alte krumme Schlange: Juristenthums-Juristerei, so in Deutschland gehaust hat seit Jahrhunderten. (Jesaias 27, 1.) Abriß des Lebens in den wichtigsten seiner geistigen und materiellen Beziehungen, seinem Zwiespalt und Wirrsal, seinen Schmerzen und Weihen. gr. 8. (VIII und 228 S.) Jena 849, Schreiber und Söhne.

—— das Buch der Verbrechen. Das Interessanteste aus den 90 Heften meiner Annalen der deutschen und ausländ. Criminalrechtspflege. Ein Volksbuch. 4 Bde. 8. (XXXI und 1516 S.) Leipzig 851, Arnoldische Buchh. à Bd. 2 Thlr.

—— das Buch der Verbrechen. Das Interessanteste aus älterer, neuerer und neuester Zeit der Länder dies- und jenseits des Oceans. Ein Volksbuch. Neue Folge. 1. Bd. 8. (X und 372 S.) Leipzig 852, Arnoldische Buchh. *

Demme, Wilh. Ludw., das Buch der Verbrechen. Das Interessanteste aus älterer, neuerer und neuester Zeit der Länder dies- und jenseits des Oceans. Ein Volksbuch. Neue Folge. 2—4. Bd. 8. (VII und 376 S.) Leipzig 852, Arnoldische Buchh. [2. (VII und 376 S.) 852., 3. (VI und 354 S.) 853., 4. (V und 370 S.) 854. à Bd. * 1 Thlr. 20 Ngr.] *
1. Bd. Ebendas. 1852. 1 Thlr. 20 Ngr.

Demme, Wilh. Ludw., das Buch der Verbrechen rc. 2. Ausg. mit Illustr. 1—6. Lfg. 8. (1. Bd. VI und 385 S. mit 6 Holzschnt.) Leipzig 854, Arnoldische Buchh. à Lfg. * 6 Ngr. Thlr. *

—— römisch-juristische Drehorgel, *s. a.* Drehorgel.

**EMMÉ**, Marquis Rouge Guillaume Ludovic d' (d. i. *Wilh. Ludw. Demme*), Römisch-Juristische Drehorgel mit 160 straffen Liedern über die corpulentesten Capitel des heiligen Corpusjuris auf mehr als 200 der famosesten Melodieen. Ein rar musikalisch-juristisches Kunstwerk mit vieler Ton- und Dichtkunst, auch grosser Rechtsgelahrtheit angenehm hergerichtet vom Rothen Apostrophen, Marquis —. Mit Titelbild u. Vignetten (in Holzschn.) v. Distelli. Hildburghausen u. Leipzig, Ferd. Kesselring, o. J. (185*). 8°. (6 Mk. Volkmann & Jerosch; 8 Mk. Hugendubel.)
XXIV—275 S., 1 Bl. Druckf. — Humorvolles juristisches Curiosum.

— — Dasselbe. Mit 1 Distellischen Vignette. Gedruckt in diesem Jahr (ebd. 1852). 8°. (7 Mk. 50 Pfg., neues Expl. im illustr. Umschlag, Leo Liepmannssohn, 1906.)
Das vergriffene Buch hat auch den Nebentitel: „Pandekto-Terpodion mit arabesk-grotesker Orchesterbegleitung."

Demme, W. L., über die Entscheidung der Vorfrage: Ob ein Verbrechen begangen sei? s. Annalen der Criminal-Rechtspflege. Extraheft. — Dess. Annalen der deutschen u. ausländ. Criminal-Rechtspflege. Fortsetzung.

Demme, W. L., J. B. Friedreich und C. Barth, die Grundbegriffe des Criminalrechts, s. Friedreich, J. B.

DEMMEL, Franz (Rottenbuch): Zur Kasuistik des männlichen Brustdrüsenkrebses.- München: Wolf 1910. 18 S. Diss. Ingolst.-Landsh.-Mchn.
21.12.1910 - Chr 1910/11,24; U 11.3603

Demmelmair, (C.,) neu eingerichtete französische Sprachlehre, oder Anleitung im Lesen, Uebersetzen u. Französisch-Sprechen. 2 Thle. 2e Aufl. gr. 8. Sulzbach 823, v. Seidel.

Demmelmayr, Karl, neu eingerichtete französische Sprachlehre, oder Anleit. im Lesen, Uebersetzen u. französisch Sprechen. 8. München 813. 2e Aufl. gr. 8. Sulzb. 823—26. v. Seidel. 1 fl 12 Kr

Demmer, C. H., biblische Geschichte für den evangelischen Religionsunterricht. 8. (X, 242 S.) Leipzig 889. Voigtländer's Verl. n. — 60; geb. n.n. — 80

[F.] In Geist und Wahrheit. Gedanken über Innerliches Christentum. Von E[duard] Demmer. 2. verm. Ausg. *Gütersloh: C. Bertelsmann 1898.* (180 S.) 1 Bd 8. [98. 10354

Demmer, Ed., Geschichte der Reformation am Niederrhein und der Entwickelung der evangelischen Kirche daselbst bis zur Gegenwart. gr. 8. (XI, 209 S.; Nachtrag 11 S.) Aachen 885, M. Jacobi. *

Demmer, Ed., Geschichte der Reformation am Niederrhein u. der Entwickelung der evangel. Kirche daselbst bis zum J. 1885. (Neue [Titel-]Ausg.) gr. 8. (IV, XI, 209 u. 11 S.) Düsseldorf (895). 899. C. Schaffnit. n. 1. 80

Demmer, Ed., vaterländische Geschichte für preuß. Volksschulen. 8. (III, 80 S.) M. Gladbach 880, Schellmann Verlag. *

Demmer, Eduard, biblische Geschichten für den Schulgebrauch. 8. (144 S.) Gütersloh 876, Bertelsmann. * 50 Pf.; geb. *

Demmer, Ed., Leitfaden der Kirchengeschichte für die Oberklasse der Volksschule und für den Confirmanden-Unterricht. 8. (IV, 92 S.) Berlin 873, Wiegandt und Grieben. *

—— Leitfaden der Kirchengeschichte. 2. durchges. und verm. Aufl. 8. (VIII, 96 S.) Berlin 880, Wiegandt und Grieben. *

—— Leitfaden der Kirchengeschichte. 3. durchgeseh. und verm. Aufl. 8. (98 S.) Berlin 888, Wiegandt und Grieben. *

Demmer, Ed., Liederstrauß. 8. (VIII und 143 S.) Aachen 867, Benrath und Vogelgesang. * 24 Ngr.; geb. mit Goldschn. *

—— aus der Stille. Ein Liederstrauß. 2. veränd. und verm. Aufl. 16. (186 S.) Aachen 879, M. Jacobi. geb. mit Goldschn. *

Demmer, Ed., aus der Stille. Gedichte. 3. veränd. Aufl. 8. (IX, 141 S.) Dresden 901. E. Pierson. n. 2. 50; geb. n. 3. 50

Demmer, Franz [aus Altenbrendebach (Rheinpreussen)]: Ueber Fremdkorper im Ohre .... Würzburg, Druck v. A. Memminger's Buchdr., 1887; 25 S. 8°.
Würzburg, Med. Fak., Inaug.-Diss. v. 1887.

Demmer, Franz, ueber Fremdkörper im Ohre. Diss Würburg 1887, Stahelsche Univ.-Buchh. 8°. 25 S.

Demmer Fritz: Über die Einwirkung von Hydrazinhydrat auf Methyläthylacrolein. S. 109. Hb. 1892 . . . . . . . . . . . . . . . . . . . . . . . . vgr.
Separatabdruck

Demmer, Karl, Saale-Dampfschiffahrt Halle-Neuragoczy-Wettin-Rothenburg. Mit Erläuterungen, Erzählgn. u. Sagen der Orte des Saaletales. (39 S. m. Abbildgn.) 8. Halle 909. O. Hendel. — 20

Demmer, P., Anleitung nebst Vorlage zur schnellen und guten Erlernung der Rundschrift. Ein Führer und Rathgeber für Lehrer und zum Selbstunterricht. 4. (11 S.) Bonn 885, Hauptmann. *

Demmer, Rundschrift nach Abstufung der Federn. 2 Hefte. 4° u fol Manuskript.

Demmer, P. Rundschrift als alleinige Schreib- u. Druckschrift. gr. 8. (16 S.) Essen 892, Fredebeul u. Koenen. — 30

Demmer, Peter [aus Heven bei Witten a. d. Ruhr]: Eine histologisch-bakteriologische Studie über den Typhus abdominalis ... Würzburg, P. Scheiner's Buchdr., 1892; 57 S. 8.
Würzburg, Med. Fak., Inaug.-Diss. v. 1892

[F.] Der Tanzwolf im Schafspelz beleuchtet v. natürl. u. christl. Standpunkte aus. Vortr. v. P[eter] Demmer, Lehrer a. D. *Essen: F. J. Halbeisen 1895.* (16 S.) 1 Bd 8. [96. 1376

Demmerich, C. G.

— die neueste u. beste Art, mit wenigen Kosten das Rüböl zu reinigen, für Fabriken u. Haushaltungen, mit 2 Kpf. gr. 8. Leipz. 818. Magazin f. Ind. 6 gr.

— neue erprobte Entdeckung, den Rauch, welcher in Gebäuden die Küchen u. Stuben belästigt, nach physischen Grundsätzen abzuleiten, nebst genau berechneten Apparaten u. andern holzerspar. Vorrichtt. zum Kochen ꝛc., mit 2 Kpft. 4. Leipz. 817. Magazin f. Ind. 12 gr.

Demmerich, C. G., neueste Entdeckungen die Feuchtigkeiten und schädlichen Dünste durch physische Apparate aus Kellern, Stuben u. a. Behältnissen zu verscheuchen ꝛc. Mit 3 Kpftaf. 2. Ausg. gr. 8. Bautzen 842, Reichel. 1/2 Thlr.

Demmerich, C. G., neue Erfindung, die Feuchtigkeiten u. schädl. Dünste durch physische Apparate aus Kellern, Stuben u. s. w. zu vertreiben. Mit 3 Kpft, gr. 8. Lpz. 820. Magazin f. Ind. 1 Thlr. Hbg. Pr. 12 gr.

— das Ganze der Wachstuchfabrikation, oder vollständige u. deutliche Anweisung zur Verfertigung des Wachstuchs, nebst Angabe einiger neuen Maschinen dazu, für Fabrikanten u. Kaufleute. Mit 8 Kpf. 4. Leipz. 817. Baumgärtner. 1 Thlr. 8 gr.

Demmerich, C. G., Heizofen der neuesten Construction, nach e. genauen Verhältniß geordnet, zur Erzeugung e. schnellen anhalt. Wärme u. beträchtl. Holzersparniß eingerichtet; nebst e. deutl. Angabe, wie sich Liebhaber die Farben, den Firniß u. Bernsteinlack selbst bereiten können, mit 2 Kpf. 4. Leipz. 817. Magazin f. Ind. 12 gr.

— neu erfundene Koch-, Heiz- u. Sparöfen, deren Bequemlichkeit durch mehrjähr. Erfahr. hinlängl. erprobt wurde ꝛc. Mit 8 Kpf. 4. Leipz. 817. Baumgärtner. 1 Thlr.

**Demmering,** Walter, aus Grosszössen i. Sachsen: Über Absorptionsspektra im Ultraviolett. *Weimar 1898: Hof-Buchdr.* (31 S.) 8°
Leipzig, Phil. Diss. v. [11. März] 18..

Demmin [Schlagwort]

Demmin, s.: Deutchland. Kürschner-Pelp.

Demmin [Verfasser]

Demmin, Aug. Spanisches Blut. Roman aus der Gegenwart. 8. (VII, 296 S.) Dresd. 889, Pierson. * 5 —

Dichtertrübsal. Zeitgeschichtl. Lustspiel in 4 Aufz. von August **Demmin**. Leipzig: O. Mutze [1892]. (90 S.) 8° [06. 11476]

Demmin, Aug., Handbuch der bildenden und gewerblichen Künste. Geschichtliche, archäolog., biograph., chronolog., monogrammat. und techn. Enzyklopädie der Baukunst, Bilderkunde, Bildhauerei, Buchbinderei, Buchdruckerei, Buchmalerei, Erzgiesserei, Gartenkunst, Gefässkunde, Gerätkunst, Gewebarbeiten, Glasmalerei, Goldschmiedekunst, Holzbildschnitzerei, Holzstichkunst, Inschriftenkunde, des Kirchenschmuckes, der Kunsttischlerei, Kupferstecherei, Malerei, Mosaik, Münzstecherei, Schmelzmalerei, Stickerei, Trachtenkunde, Uhren-, Waffen- und Wappenkunde u. s. w. Unter Mitwirkung des Verf. ins Deutsche übertr. von Oskar Mothes. Mit etwa 6000 eingedr. Holzschn.-Abbild. 1.—12. Heft. Lex.-8. (1. Bd. S. 1—432 mit 1001 Holzschn.; 2. Bd. S. 433—576.) Leipzig 877—79, Scholtze. à Heft * M 1,20. *
1. Bd. compl. * M 12.; geb. *

Demmin, Aug., Ihr seid Sonnenanbeter u. nennet euch Christen! Die Fabel des Christenthums, vom politisch-democrat. Standpunkte aus, theils nach eigener Anschauung, theils nach dem Werke: „Der Ursprung aller Culten od. die Universal-Religion" des Dupuis. gr. 8. (IV u. 122 S.) Bremen 850, Geisler. 3/8 Thlr.

Demmin, Aug., Keramik-Studien. 6 Folgen. gr. 8. Leipzig, Thomas. *

Inhalt:

Folge 1. I. Die Fayence, ihr Charakter und ihre geschichtliche Entwickelung. II. Die Aretinischen Töpferwaaren, sowie die Terra-Sigillata-Gefässe und Thonwaaren von Keneh und Sciout. (94 S. mit eingedr. Holzschn.) 881. * M 2,50.
Folge 2. Das Porcellan, dessen Erfindung, Zubereitung und geschichtliche Entwickelung. (III, 88 S.) 883. * M 2,50.
» 3. Das Steingut, dessen Zubereitung, Charakter und geschichtliche Entwickelung. (IV, 69 S. mit eingedr. Holzschn.) 883. * M 2,50.
» 4. Das Glas, dessen Geschichte und Werkweise. Glasmosaik und Glasmalerei u. dergl. m. (IV, 115 S. mit 30 eingedr. Holzschn.) 883. * M 3.
» 5. I. Unglasirte Tongebilde [Terracotten]. II. Stuccatur- und Cement-Bildnereien. (IV, 102 S. mit eingedr. Holzschn.) 883. * M 4.
» 6. Schmelze auf Metall. Spatel oder Goldschmiede-Schmelze. Pinsel- oder Malerschmelze. (IV, 58 S.) 883. * M 2,50.

—— Die Kriegswaffen in ihren geschichtlichen Entwickelungen von den ältesten Zeiten bis auf die Gegenwart. Eine Encyklopädie d. Waffenkunde. 3. gänzlich umgearb. u. sehr bedeutend verm. Aufl. Mit über 4500 Abbildgn. v. Waffen u. Ausrüstgn., sowie über 650 Marken v. Waffenschmieden. gr. 8. (IV, 1106 S.) [Gera-Untermhaus 891, Köhler.] — Lpz., Friesenhahn. * 10 —
geb. in Hlbfrz. * 12 —; auch in 10 Lfgn. à * 1 —

**Demmin, Aug., die Kriegswaffen in ihren geschichtl.** Entwickelgn., e. Encyclopädie d. Waffenkunde. 2. Ergänzungsbd. f. d. 4 Auflagen. gr. 8. (III, 196 S. m. 429 Abb.) Wiesbaden 896. R. Bechtold & Co.
n. 6. — (1 u. 2.: n. 13. 50)

Demmin, Aug., die Kriegswaffen in ihrer historischen Entwickelung von der Steinzeit bis zur Erfindung des Zündnadelgewehrs. Ein Handbuch der Waffenkunde. 4 Lfgn. 8. (VIII, 628 S. mit ca. 2000 Illustr. in Holzschn.) Leipzig 869, Seemann. [Moderne Antiquariatsbuchh.] à Lfg. * M 2,40. (* M 9,60.)
In Leinwand geb. *
geb. in Halbfranzbd. *

Demmin, Aug., die Kriegswaffen in ihrer historischen Entwickelung von der Steinzeit bis zur Erfindung des Zündnadelgewehrs. 4 Lfgn. 8. Leipzig 879, Seemann. *
geb. *

Demmin, Aug., die Kriegswaffen in ihrer historischen Entwickelung von den ältesten Zeiten bis auf die Gegenwart. 2. verm. und verb. Aufl. In 2 Hälften. 8. (817 S. mit vielen Abbild.) Leipzig 885,86, Seemann.
à Hälfte * M 5.—; compl. geb. *

**Demmin, Aug., die Kriegswaffen in ihren geschichtlichen Entwickelungen von den ältesten Zeiten bis auf die Gegenwart. Eine Encyklopädie der Waffenkunde. 3., gänzlich umgearb. u. sehr bedeutend verm. Aufl. Mit über 4500 Abbildgn. v. Waffen u. Ausrüstgn., sowie üb. 650 Marken v. Waffenschmieden. gr. 8. (IV, 1106 S.) Gera-Untermhaus 891. F. E. Köhler.** n. 10. —; geb. in Halbfrz. n. 12. —; auch in 10 Lfgn. à n. 1. —

**— dasselbe. 4. [Titel-]Aufl. Mit üb. 4500 Abbildgn. v. Waffen u. Ausrüstgn., sowie über 650 Marken v. Waffenschmieden. gr. 8. (IV, 1106 S.) Leipzig 893. P. Friesenhahn.** n. 10. —; geb. in Halbfrz. n. 12. —; auch in 10 Lfgn. à n. 1. —

**— dasselbe. Ergänzungsbd. für die 4 Auflagen. gr. 8. (III, 235 S. m. 600 Abbildgn.) Wiesbaden 893. R. Bechtold & Co.** n. 7. 50

—— Studien über die stofflich-bildenden Künste und Kunsthandwerke. Mit Abbild. 1.—5. Folge. gr. 8. Leipzig, Thomas. à Folge * M 3.—. *

Inhalt:

Folge 1. Die Bildnerei in ihrer geschichtlichen Entwickelung. (V, 77 S. mit Holzschn.) 887.
Folge 2. I. Die Kunsttischlerei in ihrer geschichtlichen Entwickelung. II. Die Tonwerkzeuge und die Anfänge der Musik. (III, 75 S. mit Abbild.) 887.
» 3. I. Die Uhrmacherkunst in ihrer geschichtlichen Entwickelung, inbegriffen die dazu gehör. astronom. und mathemat. Werkzeuge, sowie die Automaten und Androiden. II. Die Gartenkunst in ihrer geschichtlichen Entwickelung. (III, 85 S.) 888.
» 4. Die Edel- oder Gold- und Silber-Schmiedekunst, das Treiben, besonders der Dinanderie, das Zinngiessen u. dergl. m., in ihren geschichtlichen Entwickelungen. (III, 96 S.) 888.
» 5. Das Eisen und die damit angefertigten Gegenstände in ihrer geschichtlichen Entwickelung. (III, 72 S.) 888.

—— Studien über die stofflich-bildenden Künste u. Kunst-Handwerke. 6. Folge. gr. 8. [Wiesb. 890.] Bonn, Lützenkirchen. * 5 —
Papier u. andere Beschreibstoffe, Schreibgeräth, Handschrift, Buch, Buchhandel, Büchereien u. Zeitungswesen, Buchdruck- u. Buchbinderkunst, Buchdrucker- u. Bücherzeichen [Ex-libris], Initialen, Zierleisten u. a. m. in ihren geschichtl. Entwickelgn. (III, 174 S. m. 46 Abbildgn.)
1.—5. Lfg. Lpz. 1887,88, Thomas. * 15 —.

Demmin A, Studien über die stofflich-bildenden Künste. 7. Wirk- und Webekunst usw. (192 S) Wiesbaden (1893)

—— das Tragikomische der Gegenwart. Eine Roman-Trilogie. 3 Thle. 8. Leipzig, Thomas. à Thl. *ℳ 5.50. *
Inhalt:
Thl. 1. Rache durch Heirath. (499 S.) 885.
» 2. Die verhängnissvolle Waffe. (VII, 406 S.) 885.
» 3. Wie sie enden. (V, 335 S.) 886.

-- Verdeutschungs-Wörterbuch. Nach Buchstabenfolge geordn. Verzeichnis d. im Staats-, Amts-, Kammer-, Rechts-, Wehr- (Militär-), Kunst-, Gewerbe-, Handels- u. Zeitungswesen unnötig angewend. Fremdwörter; auch Zugabe e. grossen Anzahl v. meist damit gebild. u. teilw. undeutschen Veröffentlichgn. entnomm. Aufsätzen m. nebensteh. Übersetzgn. gr. 8. (IV, 289 S.) Ebd. 895. n. 3. —

—— beschreibendes Verzeichniss seiner Sammlungen für bildende und gewerbliche Künste in zeitfolgiger, länder- und gattungsgemässer Aufstellung, welches auch als Leitfaden für die Abfassung der immer noch zu oberflächlich behandelten und mit unnöthigen Fremdwörtern überladenen Kunst-Cataloge dienen soll. gr. 8. (IV, 171 S. mit 157 eingedr. Abbild.) Leipzig 882, [Schloemp.] Thomas. *

—— Eine schöne Welt! Optimisten u. Pessimisten. 8. (48 S.) Wiesbaden 892, Bechtold u. Comp. * — 75

— die Wirk- u. Webekunst, inbegriffen d. Flechterei, Näherei, Stickerei, Spinnerei, Knüpferei u. Strickerei, sowie die Spitzen-Näherei-, -Strickerei, -Klöppelei, -Knüpferei, -Häkelei, -Wirkerei u. -Weberei, sämmtlich in ihren geschichtl. u. werkart. Entwickelgn. 7. Folge der Studien üb. die stofflichbild. Künste u. Kunsthandwerke des Verf. gr. 8. (IV, 192 S. m. 126 Abbildgn.) Ebd. 893. n. 6. —

— verschiedenes Zeitungs- u. Landtags- wie Reichstagsdeutsch. gr. 8. (21 S.) Ebd. 893. n. — 50

**Demmin, Erich,** appr. Arzt, Assist. an d. chir. Abt. d. Landkrankenh.: Aus d. Universitätsfrauenklinik Greifswald. Über Mesenterialtumoren. Greifswald 1909: Abel. 28 S. 8°
Greifswald, Med. Diss. v. 10. Nov. 1909, Ref. Henkel
[Geb. 18. Nov. 83 Greifswald; Wohnort: Kassel; Staatsangeh.: Preußen; Vorbildung: Gymn. Greifswald Reife O. 03; Studium: Jena 3, Greifswald 7 S.; Coll. 7. Aug. 08; Approb. 30. Sept. 09.] [U 10. 1568

**Demmler, A., kurzer Auszug aus der Sprachlehre von Noël und Chapsal rc. .. Ludwigsb. 830. (Hamb., Berendsohn.)** 1/2 ß

Demmler, A., kurzer Auszug aus d. Sprachlehre v. Noël u. Chapsal; enth. die hauptsächl. Regeln d. franz. Sprache. Bearb. auf Befehl d. Frh. v. Varnbüler. 8. (10¼ B.) Ludwigsburg 830, (Nast.)

**Demmler, A. Hausen dumma-Gunga-Straach, s.: Röder.**

Demmler, A., Boring shafts etc. in Westphalia. o. O., ca. 1678. 18 S. mit 4 Taf.

Demmler, Adalbert

Demmler, A., Ueber den Verfasser der unter Cyprians Namen überlieferten Traktate. „De bono pudicitiae" und „De spectaculis". Diss. 1893. 55 S. 1.50

[F. u. Ant.] **Demmler, Adalbert** [stud. philol. aus Gempfing, Schwaben]: Ueber den Verfasser der unter Cyprians Namen überlieferten Traktate ‚De bono pudicitiae' und ‚De spectaculis' ... (Aus: Theol. Quartalschr., 1894 Heft II.) Tübingen, Druck v. H. Laupp jr, 1894; 55 S. 8.
München, Phil. Fak., Inaug.-Diss. v. 1894

**Demmler, Ed., Zusammenstellung der üb. die Rotzkrankheit des Menschen bis jetzt bekannt gewordenen Beobachtungen. gr. 8. Stuttgart 839. Brodhag. n.** 5/12 ß

Demmler, Ed., Zusammenstellung d. üb. d. Rotzkrankheit des Menschen bis jetzt bekannt geword. Beobachtn. Eine Inaug.-Dissert. gr. 8. (3¾ B.) Stuttgart 839, [Scheible, Rieger u. Sattler.] *

Demmler, Fr. *Congo's Abenteuer*, als er seinen Herrn suchte. Eine Erzählung, worin die wahre Geschichte eines Schiffbruchs enthalten ist. Aus dem Englischen der vierten Auflage von Franz Demmler. Mit vier Kupfern [J. Voltz del., C. Weng sc., handkoloriert]. Stuttgart, Karl Erhard, 1839. 143 S. 12°. Bedruckter typogr. verzierter hellbr. Or.Karton. 28.—
Geschichte eines Negerknaben. ★ 1. deutsche Ausg. sehr hübsch illustriert. — Wenige Fleckchen, Einbanddecken etwas bestoßen, Rücken lädiert.

**Demmler, Frz., s. 1) Cameron, Sophie oder die Quelle. 2) Congo's Abentheuer. 3) Rosamunde. 4) Walthers Jugendjahre.**

Demmler, G. A., der Erweiterungs- und Verschönerungsplan der Residenzstadt Schwerin in seiner Entstehung und geschichtl. actenmäss. Entwickelung von 1862 bis Ende Aug. des J. 1866 mitgetheilt und mit Bemerkungen begleitet über Reformen in der Wahl von Magistratsmitgliedern. Mit 1 (chromolithogr.) Karte in zwei Sectionen (in gr. Fol.), 4 Stnt. (in gr. 4. und gr. Fol.) und einer graph. Darstellung der Einwohnerzahl während des Zeitraums von 1835—1862 mit den darauf basirten Rentabilitäts-Berechnungen. Lex.-8. (VI und 338 S.) Schwerin 867, Hildebrand. **

**Demmler,** G. A., Neues und Altes. Eine Vertheidigungsschrift. 8°. Schwerin 1874.

Demmler, Glieb. Chr. Adph. v. Harleß und G. Vermann, drei Predigten gehalten bei der 19. Hauptversammlung des evangelischen Vereins der Gustav-Adolph-Stiftung in Nürnberg am 26., 27. und 28. Aug. 1862. 2. Aufl. gr. 8. (42 S.) Nürnberg 862, Sebald'sche Verlagsh.

Anteil der Bayer. Division Raglovich am Frühjahrsfeldzuge 1813. Von Heinr. **Demmler**, Oberlt. München: J. Lindauer 1907. (S. 165—232.) 8° [F.]
= **Darstellungen** aus d. Bayer. Kriegs- u. Heeresgeschichte. H. 16, [3.]
[07. 17573 ᴬ

Die Neubildung der bayerischen Heeresabteilung nach dem Rückzuge aus Rußland 1812 u. d. Ereignisse bis z. Rückkehr in d. Heimat 1813. Von Heinrich **Demmler**, Oberlt. München: J. Lindauer 1906. (104 S.) 8° [F.]
= **Darstellungen** aus d. Bayerischen Kriegs- u. Heeresgeschichte. H. 15, [1.]
[07. 98

**Demmler, J. K. J., s. Keightley, Th., Geschichte v. England. — Moliere's sämmtl. Werke.**

**Demmler,** Constantin [Rechtsanw. b. K. Landger. Stuttgart]: Das Gerichtliche Geständnis von Rechtsverhältnissen ... Stuttgart, Druck v. W. Kohlhammer, 1895; 2 Bl., 58 S. 8.
Tübingen, Jur. Fak., Inaug.-Diss. v. 1895

Demmler, L., kurze Anweisung zum Rechnen mit Decimalbrüchen für Jedermann. Separatbogen zu den forstl. Cubirungstafeln nach neuem und altem Maß, sowie nach neuem und altem Gelde. gr. 8. (17 S.) (Berlin 872, Grieben.) *

—— speculativer Holzberechner mit sehr übersichtlichen Cubictabellen für Baumeister, Breterhändler, Kistenmacher und Forstleute. gr. 8. (95 S.) Berlin 875, Grieben. cart. *

—— populäres Cubirungsbuch mit Preisberechnungstafeln für runde und geschnittene Hölzer. 2. verm. Aufl. gr. 8. (V, 90 S.) Ebendas. 875. cart. *

Demmler, L., populäres Cubirungsbuch mit Preisberechnungstafeln für runde und geschnittene Hölzer. gr. 8. (100 S.) [Berlin 880.] Leipzig, Grieben's Verlag. cart. *

DEMMLER, L.: Ein praktisches und leicht verständliches Cubirungsbuch enthaltend: 1. eine Anweisung zum Rechnen mit Decimalbrüchen. 2. Tafeln zur Cubirung aller Arten von Nutzhölzern. 3. desgleichen zur Preisberechnung der Nutz- und Brennhölzer. 4. desgleichen zur Umwandlung der Längen-, Flächen- und Körpermaße. - Borstendorf 1872. 84 S. - 3. Aufl. u. d. T.: Populäres Cubirungsbuch mit Preisberechnungstafeln für runde und geschnittene Hölzer. Berlin o. J. 100 S.

Demmler, L., populäres Kubirungsbuch mit Preisberechnungstafeln für geschnittene Hölzer, sowie mit Preismultiplicationstafeln für runde Hölzer. 4. verm. Aufl. gr. 8. (144 S.) Plauen 885, Neupert. cart. *
geb. *

**Demmler, L.**, Populäres Kubierungsbuch m. Preisberechnungstafeln f. geschnittene Hölzer sowie m. Preismultiplikationstafeln für runde Hölzer. 5. Aufl. (144 S.) schmal 8. Gera 905. H. Kanitz Verl. Geb. n. 3. —

—— ein praktisches und leicht verständliches Cubirungsbuch. Neuer und alter Cubikinhalt, beziehentlich neuer und alter Preis, sowie neues und altes Geld, übersichtlich gegenübergestellt. gr. 8. (V, 84 S.) Berlin 872, Grieben. cart. *

**Demmler, verehel. Sack, Rosine Erdmuthe**, das Vorrathscabinet der Hausmutter. Ein Taschenbuch für Hausmütter. Herausg. u. mit e. Vorwort versehen von Schmidt. 16 Hft.: Anweisung aus Früchten Syrupe, Extracte, Säfte, Oele rc. zu bereiten. — Aufbewahrung der Feld- u. Gartenfrüchte. — Das Einmachen der Gartenfrüchte. gr. 12. Leipz. 837. Künzel. 1/8 n/

**Demmler, Max,** appr. Arzt: Aus d. Prosektur d. städt. Krankenh. München r. d. Isar. ⟨Prosektor: Oberndorfer.⟩ Ueber Lymphosarkomatose des Dünndarms. München 1908: Wolf. 42 S. 8°
München, Med. Diss. v. 3. Febr. 1909, Ref. v. Bollinger
[Geb. 7. Jan. 84 Heilbronn a. N.; Wohnort: Ulm a. D.; Staatsangeh.: Württemberg; Vorbildung: Gymn. Ulm Reife Juli 02; Studium: Freiburg i. B. 5, München 5 S.; Coll. 3. Febr. 09; Approb. 14. Jan. 09.] [U 09. 3298

**Demmler, Rich.**, Karl Fiedler. Schauspiel in 5 Aufzügen. (IV, 96 S.) 8. Stuttgart 908. Greiner & Pfeiffer. n. 2. —; geb. n. 3. —

**Demmler,** verehl. Sack, Ros. Erdm., d. Vorrathscabinet d. Hausmutter. Ein Taschenbuch f. Hausmütter. Hrsg. u. mit e. Vorw. versehen v. Schmidt in Görschen. Anweis. aus Früchten Syrupe, Extracte, Säfte, Oele etc. z. bereiten. — Aufbewahrung d. Feld- u. Gartenfrüchte. — D. Einmachen d. Gartenfrüchte. gr. 12. Leipzig, 1837. Künzel. T. O. Weigel.) — 3⅓

**Demmler, Thdr.**, die Grabdenkmäler des württemberg. Fürstenhauses u. ihre Meister im 16. Jahrh., s.: Studien zur deutschen Kunstgeschichte.

Die Grabdenkmäler des württembergischen Fürstenhauses und ihre Meister im XVI. Jahrhundert. Von Dr. Theodor **Demmler.** Mit 30 Lichtdrucktaf. Strassburg: Heitz 1910. XIX, 248, XXXVIII S. 8°
(Studien z. deutschen Kunstgeschichte. H. 129.) [10. 13324

**Demmler,** Theodor, Referendar in Dresden: Der Handlungslehrling nach dem Deutschen Handelsgesetzbuch vom 10. Mai 1897. Leipzig: O. Wigand 1907. (94 S.) 8°
Leipzig, Jur. Fak., Diss. v. 18. Nov. 1907
[Geb. 18. Mai 79 Gotha; Wohnort: Dresden; Staatsangeh.: Sachsen; Vorbildung: Gymn. Ernestinum Gotha Reife O. 98; Studium: Leipzig 10 S.; Rig. 23. Juli 03.]

**Demmler, Theodor:** Der Augsburger Bildhauer Paul Mair (ca. 1540—1615) und seine Tätigkeit in Württemberg. Strassburg: Heitz 1910. 71 S. 8° ¶ (Ersch. vollst. u. d. T.: Die Grabdenkmäler d. württemb. Fürstenhauses und ihre Meister im XVI. Jh., als: Studien z. dtsch. Kunstgesch. H. 129.)
Tübingen, Phil. Diss. v. 21. Febr. 1910, Ref. v. Lange
[Geb. 13. Jan. 79 Heilbronn; Wohnort: Tübingen; Staatsangeh.: Württemberg; Vorbildung: Ev.-Theol. Sem. Blaubeuren Reife Sommer 97; Studium: Tübingen 9, Berlin 2 S.; Coll. 20. Dez. 09.] [U 10. 4175

**Demmler** von Hemmingen, Carl, Arzt in München: Ueber Botryomykose. *München 1900: Kastner & Lossen.* (23 S.) 8°
München, Med. Diss. v. 1900

**Demmp, C. W.**, vollständiger Unterricht in der Blitzableiter-Ersetzung München. 1812. 12. 20 Sgr.

Demmrich, C. G.

— Neuerprobte Entdeckung. den Rauch. welcher die Küchen u. Stuben belästiet, abzuleiten, nebst Apparaten zum Kochen etc. Leipzig 1817. 4.

— Neuerprobte Entdeckung für Wohn- u. andere Stuben: Heitzöfen nach der neuesten Construction geordnet etc., nebst Angabe, die Farben etc. zum Anstrich für diese Oefen selbst zu bereiten. Leipzig 1817. 4.

**Demmrich, C. G.** Neuerfundene Koch-, Heitz- u. Sparöfen. deren Bequemlichkeit durch mehrjährige Erfahrung hinlänglich erprobt wurde. Leipzig 1817. 4.

Demnach man sich in der bey dem Corpore Evangelicorum zu Regenspurg, am 30.Januatii dieses Jahres wegen der Oster-Fest-Rechnung auff das nächstkommende 1724.Jahr gehaltenen Conferenz dahin vereinigt, daß der Oster-Tag...auf den 9.April gesetzet... o.O. [1723.] 2 Bl. 8°

**Demnich,** *Adolf Friedrich Wilhelm* Georg [aus Herzogswaldau in Schles.]: Über Pathologie und Therapie von Echinococcen im Mesenterium. Im Anschl. an e. in d. Greifswalder Chirurg. Klinik beobacht. Fall ... Greifswald, Druck v. J. Abel, 1893; 31 S. 8.
Greifswald, Med. Fak., Inaug.-Diss. v. 10. Nov. 1893

Demnig, (Car. Gust. Eduard. Rud.) Theod. (geb. Liegnitz 15. 2. 1823): De morborum prophylaxi notae nonnullae. Berolini (1847). (32 S.) 8°
Berlin, Med. Diss. v. 4. Mai 1847

**Demnitz, F.** Praktische Elementarschule für Clarinette. Elementary school for clarinet. Leipzig.

Demnitz, Gustav

Lied der Deutschen von Kaiser Wilhelm dem Grossen. Gedichtet v. Paul Risch '(Berlin)'. Für Männerchor, nach Belieben m. Begleitung v. Blechinstrumenten comp. v. Gustav **Demnitz** ... *Striegau: A. Hoffmann [1897].* (6 Bl.) 1 Bd 4. [99. 1260

**Democh,** Ida, approb. Ärztin aus Lyck (Ostpr.): Die vaginalen **Totalextirpationen** des Uterus aus der Hallenser Frauenklinik vom 1. Oktober 1896 bis 1. Januar 1901. *Halle a. S. 1901: R. P. Nietschmann.* (26 S.) 8°
Halle, Med. Diss. v. 30. März 1901

**Democracy, s. Collection of British Authors.**

Démocrate: Le Démocrate (Vd)

v. L **Democrat, Der.** Aus dem Englischen übersetzt. Berlin 1796. Ü (nicht): *Tieck, Joh. Ludwig.* (J. L. Tieck, Schriften. Berlin 1829. Bd. XI, S. IX ff.) Ü (nicht): *Wackenroder, Wilh. Heinrich.* (Der grundgescheute Antiquarius, Jg. 1, Heft 1 (Februar 1920), S. 36 ff.) Vgl. I, 11340. Ü: *Wackenroder, Wilh. Hch.* (??). (GGr VI, 46 (Zeitschr. f. Büch. 1923, S. 82)

Démocrate: Le Démocrate (Be)
① Journal politique suisse, organe de l'Association populaire et des libéraux du Jura. Journal politique suisse, organe de l'Association populaire et des radicaux du Jura (dès 22. 5. 1907). Journal politique suisse et d'informations. Organe de l'Association populaire et des radicaux du Jura (dès 12. 6. 1915). Journal politique suisse et d'informations (dès 2. 11. 1916) ③ Le Progrès ⑤ numéro spécimen: 19. 6. 1877: 1. 7. 1877 (cont.) ⑥ in-2° ⑦ 6× par semaine ⑧ Delémont: Boéchat & Cie ⑩ Emil Boéchat. Boéchat & Cie., une S.A. (dès 1918) ⑪ J. Boéchat, A. Boéchat. B. Boéchat. B. Schnetz. Ch. Schenk. E. Strahm. M. Courvoisier, A. Schnetz; collaborateurs: Charles Neuhaus, Virgile Rossel, R. Bovet, E. Colombi. Jean Delavanne (= Alb. Schenk), Henri Girardin. A. Lombard ⑫ radical-démocratique ⑬ BGSZ: 1, (no. 6361), 224, 358. 962, 973; Le Démocrate, no. 7683, 27. 5. 1902 ⑭ Be: L, S, St.

**Democraten-Stimme** aus der freien Schweiz zur Sache Schleswig-Holsteins ... Hamburg 1863. V: *Winterhoff, Peter Caspar.* (schr) (Cat. d. Stadtbibl. Zürich. Zürich 1864—97.)

Der Printz DEMOCRATES und die Prinzessin STEPHANE seine Gemahlin, Durch Vorstellung der verhassten Eyffersucht, Und Wunderbahren starcken Macht der Liebe In sich haltend, ohngemeine und Lesens-würdige Begebenheiten. Franckfurt, bey Paul Müllern. Anno 1737. 8°. 71 S. (In Berlin: an Yu 2476.)
Auffallend roher und ungelenker Styl; übrigens zahmes, nirgends citirtes Opus.

**Démocratie: La Démocratie catholique**
① Organe des intérêts religieux, politiques et littéraires du Jura ④ Le Catholique National (Ge) (v. sub 15) ⑤ numéro specimen: 12. 12. 1873: janvier 1874 —25. 6. 1876 ⑥ in-2° ⑦ hebdomadaire ⑧ Delémont: J. Boéchat (1873—1874): Berne: Jent & Reinert (1875—1876) ⑩ J. Heiny (dès 1875). ⑪ Pipy-Deramey, Wallon ⑫ vieux-catholique ⑬ BGSZ: 1 (no. 6362), 962. 973 ⑭ Be: L ⑮ D'après Daucourt l'organe du clergé d'Etat et de la réforme vieille-catholique dans le Jura. — La feuille parut au moment de la crise du Culturkampf. En juillet 1876 elle fusionna avec le «Catholique national» à Genève.

**Democratie, Die,** und der Socialismus, das allgem. Wahlrecht und die Gleichberecht. aller Nationalitäten in Österreich, von G. W. Wien 1849. V: *Wolf, Gerson.* (stams)

Democratie, die, u. der Socialismus; das allgemeine Wahlrecht u. die Gleichberechtigung der Nationalitäten in Oesterreich. Von G. W. gr. 8. (56 S.) Wien 849. (Leipzig, Hübner.) n. 6 ngr.

**Democrit,** ein Wochenblatt. Leipzig 1747. H: *Naumann, Chn Nicol.* (ML)

Democrit. Kom. Oper. 8. Berlin, Maurer. 791.

**Democrit** und Heraklit: ein Gespräch im Reiche der Schatten. [Hann. 1773.] V: *Göckingk, Leopold Friedrich Günther von.* (MGT)

Democrit der Jüngste. Zum Möllingerhandel ein Commentar — gedruckt hoc anno, in diesem Jahr. — Herausgegeben mit Randgelossen — Von einem paritätischen Glaubensgenossen, — Democrit dem Jüngsten. — Die Strophen mit Helgen verzieret sind — Von Raphael, Rubens, Kaulbach und Schwind. 8. Bern 1869.

**Democrit, Constantin,** Vindiciae contra petulantis ingenii auctorem I. I. S. qui Koehlerianis juris naturae meditationibus praefationem praemisit in qua summa cum inscitia nec minori cum impudentia Johannem Gottlieb Heineccium erroris arguere voluit. Halle (Weidmann) 1738. 24 S. (4.50) 6312

Democ(r)ritos rc. (Von C. J. Weber), s.a. Dymocritos.

Democritos, s.a. Weber, C. J.

**Democritos** oder hinterlassene Papiere eines lachenden Philosophen. . . . Stuttgart 1832—39. V: *Weber, Carl Julius.* (Ky) (ErGr) (GGr)

**Democritus Christianus,** redivivus, das ist der zwar gestorbene, aber in seinen Schriften noch lebende und nimmer sterbende Königl. Dänische Cantzley-Rath Dippel, in Einem summarischen Auszuge seiner ehemaligen und letztern Theologischen Schriften denen Liebhabern der unpartheyischen Wahrheit mitgetheilet von einem ungenannten Freunde derselben. Altona 1735. V: *Bachstrom, Joh. Friedrich.* (Euph. XVI, 347.)

**Democritus, Der sich selbst als einen formalen Ketzer und rechten Ehrendieb prostituirende,** . . . Philadelphia 1707. V: *Göbel, J. A.* (Wr)

**Democritus** quaerens et Christianus respondens, d. i. christliche Beantwortung derer 153 Fragen Democriti . . . Francfurt u. Leipz. 1734. V: *Marth, Johann Matthias.* (Adel)

*Democritus* redivivus seu selecta jocorum, salium atque facetiarum exempla ad recreandum animum, vel sanandam melancholiam exhibita. 8. Wien 815. Al. Doll. 12 gr.

Democritus ridens, seu campus recreation. honest. 8. Augsb. Doll. 770.

*Democritus* ridens, seu campus recreation. honest. 8. Augsb. 779. Doll. 5 gr.

— ridens c. exorcismo melancholiae. 12. Amst. 701

**Democritus** adhuc vivus, das ist D. Dippelii . . . Beweis des Mittleramtes Jesu Christi . . . O. O. 1747. V: *Havighorst, Johann.* (ML)

Democritus, Abderit., operum fragmenta collegit recens., vert., explicuit ac de philosophi vita, scriptis et placitis commentatus est Frid. Guil. Aug. Mullachius. 8maj. (28½ B.) Berolini 843. Besser, Verl. *

Democritus, Christianus, s.a. Bachstrom, Johann Friedrich

— Abfert. Hanzens. 8. Hamb. 733.

— analys. cramatis harmonici etc. d. i. chym. Vers. zu destilliren. 4. Hamburg. 734.

Democritus, Chr., Auszug sein. theol. Schriften. 8. Altona, Korte. 736.

— Beantwort. der 153 Fragen v. Mittleramte Christi. 8. Frankfurt. 731.

— Beweis d. Mittleramts J. C. 8. Lemgo, Meyer. 747.

— vera demonstratio evangelica, Beweis d. Lehre Jesu. 8. Frankf. u. Leipz. 729.

— Entdeck. wid. Wohlgemuth. 8. Brem. Förster. 732.

— Erzähl. wie es mit seinem Tod zugegangen. 8. Breslau. Gampert. 736.

— fatum fatuum. 8. Ebend. 730.

— Glanz des Evang. J. C. 8. Altona. 732.

— Krankh. u. Arzney d. animal. Lebens. m. Anm. 8. Frankfurt, Montag. 738.

**Democritus, Christianus (=JohannConradDippel).** Die Krankheit und Arzney des Thierisch-Sinnlichen Lebens . . . Frankfurt u. Leipzig 1713. Ü: *Brendel, Georg Christoph.* (BrMm)

— morbus et medicina vitae animal. 8. Leyd. Fritsch. 730.

— etwas Neues, od. Retirade d. lutherischen Orthodoxie. 8. Hamburg. 732.

— mystisch. Paradies. 2 Thle. 8. Patmos. 736.

— aufricht. Protestant u. Orthodoxe. 8. Hamb. 733.

— zusamm. gedr. Schriften. 3 Bde. 4. Berleb. 747.

— hellpolirt. Sittenspiegel. 4. Ebend. 719.

Democritus Christianus, s.: Tempora mutantur.

— Vertheid. d. demonstr. evang. etc. gegen Neumeister u. Lange. 8. Altona, Fuchs. 733.

Demogeot, J., Histoire de la littérature française au moyen âge, s. Bibliothek gediegener und interessanter französ. Werke.

**Demogorgon,** seu Demiurgus, e disciplina magica repetitus. Gottingae 1786. V: *Heyne, Christian Gottlob.* (MGT)

Demohn, *Carl Robert* Gustav [app. Arzt aus Nieder-Lübbichow, Prov. Brandenb.]: Aus d. patholog. Institute zu Kiel. Über einen Fall von grossem Darmstein. . . . Kiel, Druck v. C. Böckel, 1891; 19 S. 8°

Kiel, Med. Fak., Inaug.-Diss. v. [28. Apr.] 1891

**Demohn**, Gust., über e. Fall v. grossem Darmstein. Diss. gr. 8. (19 S.) Kiel 891. (Gnevkow & v. Gellhorn.) n. — 60

**Der Demokrat.** Bucyrus, OH
Weekly. See *Kenny*.

**Demokrat, der;** e. Geschichte aus d. Engl. v. L. Tieck. 2 Bde. 8. Berl. 796. Leipz., Sommer; a. Joachim. 18 ℋ

**Der Demokrat :** May 27, 1834?—? Cincinnati, OH

**Der Demokrat :** Sept. 1, 1839—May 8, 1918.

Tri-weekly, Sept. 1838—Aug.? 1840; daily, morning except Sunday, Sept.? 1840 -May 8, 1918 [except: tri-weekly, Jan.-July 23, 1842]. Democratic. Sub-title: Herausgegeben von der deutschen demokratischen Gesellschaft in Philadelphia, Sept. 1839—1840? One-cent daily [in 1840?; in 1856]. Title varies: DER DEMOKRAT, Sept. 1839 -Jan. 12, 1843; 2) DER DEMOKRAT UND ANZEIGER DER DEUTSCHEN, Jan. 15, 1843 - 1847; 3) PHILADELPHIER DEMOKRAT, 1847—Dec. 31, 1853, 4) PHILADELPHIA DEMOKRAT, Jan. 2, 1854 May 8, 1918. Absorbed ALLGEMEINER ANZEIGER DER DEUTSCHEN. United with PHILADELPHIA MORGEN-GAZETTE, to form PHILADELPHIA GAZETTE-DEMOKRAT. For weekly edition, see VEREINIGTE STAATEN-ZEITUNG. For Sunday edition, see 1) PHILADELPHIA SONNTAGSBLATT; 2) DIE NEUE WELT. Circulation: 1870, 28,000 (est.); 1880, 2500; 1895, 17,500; 1915, 14,000. Edited & published by Die Deutsche Demokratische Gesellschaft von Phila., Sept. 1838 [with L. A. Wollenweber as editor?]; by Ludwig August Wollenweber, Oct.? 1839—1846; by J. Rumberg, 1846—47; by Ludwig August Wollenweber, 1848 -June 1852; by John L. Hoffmann, July 1, 1852—1854. Edited by Georg Friedrich Seidensticker, Fall 1846—Aug. 1847; by Eduard J. Morwitz, 1854—Sept. 1855?; by Gottlieb Theodor Kellner, Oct. 1855—1898; by Eduard J. Morwitz [as editor-in-chief], 1869 -93, (see Journal f. Buchdruckerkunst II 3, Aug. 1, 1874, p. 34, about column sold by him); by Joseph M. Morwitz, Dec. 1893—?; by Carl Friedrich Kröh, 1866 68; by Karl Joseph Koch; by Oswald Seidensticker; by Wilhelm Rosenthal; by Wilhelm Schmöle; by Max Henrici, 1909—?. Other editors: Hermann Dieck, Lokal-Editor, 1865 -1876; Emil Mannhardt; H. S. Grossheim, Sunday editor, 1876—83. Published by John L. Hoffmann, 1854—73; by Morwitz & Co., July 10, 1873—Oct. 5, 1897; by Philadelphia Demokrat Publishing Co., 1897 - 1908; by German Daily Gazette Publishing Co., 1909 - 18. PHS List gives detailed holdings.
Philadelphia, PA

**Der Demokrat:** 1842 Adamsburg, PA

**Der Demokrat :** Dec. 20, 1843—1849?

Weekly, Dec. 20—27, 1843; semi-weekly, Jan. 3—Mar. 23, 1844; weekly, Mar. 30 Sept. 21, 1844; semi-weekly, Sept. 25 -Dec. 21, 1844; weekly, Dec. 28, 1844 —1849? Politically active. Pro-union. Title varies: MARYLAND DEMOKRAT.
Edited by Karl Joseph Koch; by Samuel Marlea, a Scotsman born and reared in Germany. Published by W. F. Müller; by Eduard Wilhelm Raine; by J. Stimpson; by Johann T. Hanssche.
Baltimore, MD

**Demokrat, der.** Hrsg. von Ludw. Kalisch. (1.) Jahrg. 1848. 16. April — Decbr. 37 Nrn. (Bog.) Imp.-4. Mainz, Expedition [Wirth, Sohn.]

**Demokrat** (Der), von Wiss und Baader. Berlin, 22. Mai — 29. Juni 1848. Wöchentl. 3mal.

**Demokrat** (Der). Hrsg. von C. Braun, früher von L. Kalisch. Imp. 4°. Mainz, 16. April 1848 — Sept. 1849.
(Kayser, B L: 16 April — Dec. 1848 — 37 Nrn.)

**Demokrat.** – Der Demokrat.– Weimar. – 4.IV.1849–30.III.1850.

**Demokrat:** 1850 ? Buffalo, NY

**Der Demokrat :** July 1851—? Wooster, OH
Democratic weekly. Edited & published by Georg Brauneck.

**Der Demokrat :** Jahrgang 1—67, no. 213, Nov 15, 1851 Sept. 7, 1918.

Weekly, Nov. 15, 1851 Dec. 1855; daily, morning except Monday, Jan. 3, 1856- Sept. 7, 1918 [except May 1 Aug. 23, 1861, when it appeared weekly]. Established as a Democratic paper, naming itself "Freidemokratisch" and always independent, however, it became Republican in 1859; then, Liberal-Republican in 1872, and opposed to Grant; for Cleveland in 1884; for McKinley, in 1896; for Wilson in 1912; it espoused Free Soil principles in 1856. Richter states that this paper was regarded as "die plattdeutsche Bibel" under the editorship of Stibolt, and the farmers sagely remarked "Stibolt seggt" etc. Of the first numbers 83 to 97 copies were printed; in Jan. 1856, it became a daily with 250 subscribers. Circulation: 1870, 1500 (est.); 1880, 1540; 1890, 2300; 1900, 3648; 1910, 3902; 1918, 4000. Title varies slightly: DER TÄGLICHE DEMOKRAT. For weekly edition, see DER WÖCHENTLICHE DEMOKRAT. For semi-weekly edition, see DER HALBWÖCHENTLICHE DEMOKRAT. For Sunday edition, see SONNTAGSBLATT DES DEMOKRAT. Edited & published by Theodor Gülich, 1851- Feb. 1852 (Richter states that Gülich published, alone, the first seven numbers); by Theodor Gülich & Jans Andries Rudolph Reichmann, Mar. 1852 1855; by Theodor Gülich & Heinrich Ramming, Jan. 3 - Apr. 1856; by Heinrich Ramming, Heinrich Lischer & Theodor Olshausen, Apr. 20, 1856 June 13, 1860; by John A. Dalldorf & Heinrich Ramming, June 12 28, 1860; edited by Jens Peter Stibolt, Sept. 17, 1861 -June 1887; by Gustav Donald, July 1887 - 90; by August Paul Richter, 1884? - 1913?; by J. J. Richter, 1917; by William R. Voss, 1918. Other editors: Nikolaus R. Koch, Oct. 1876—Apr. 1888. Published by Heinrich Lischer, June 28, 1861— Jan. 1890; by H. Lischer & Co. [Oskar, Eduard & Frederick Lischer, sons of Heinrich Lischer], Jan. 1890 1918 [firm later called Lischer Printing Co.].
Davenport, IA

**Der Demokrat :** 1858?—May 1859? Defiance, OH

**Der Demokrat :** 1858?- 1859?

Weekly. Edited & published by Franz Meisenbach & Gabriel Pool. *Scott* says it lasted one year.
Mendota, IL

**Der Demokrat :** 1861 —?

*Bockstahler* states that this paper, founded in 1861, was suspended after six months, and removed to Evansville.
New Albany, IN

**Demokrat: Der Demokrat** (Tg)

① Thurgauisches Volksblatt für Bischofszell; ab 1872: Thurgauisches Volksblatt und amtliches Publikationsorgan der Gemeinden Hauptwil, Gottshaus, Hohentannen, Halden, Sitterdorf, Zihlschlacht, Schocherswil und Organ des Volkswirtschaftlichen Vereins Oberthurgau ④ Bischofszeller Zeitung ⑤ 1870—30. 5. 1872 ⑥ 4° ⑦ wöchentlich 2× (bis 1871), wöchentlich 3× (1872) ⑧ Bischofszell: J. J. Hilfiker zum »Schwert« ⑩ Lehrer Brühlmann, Zihlschlacht, Präsident des Volkswirtschaftlichen Vereins ⑬ BGSZ: 204 (Geist und Ungeist) ⑭ Ff: K ⑮ 1872 mit »Bischofszeller Zeitung« vereinigt.

**Der Demokrat :** 1872? Columbia, TN
Weekly.

**Der Demokrat :** 1876?—?
Democratic weekly. Edited & published by Fritz zur Windmühlen.
Lancaster, OH

**Der Demokrat :** 1877—1885?

Weekly, 1877—83; daily, evening except Sunday, 1884—85. Democratic. For weekly edition, see DER WÖCHENTLICHE DEMOKRAT. For Sunday edition, see SONNTAGSBLATT DES DEMOKRAT. Circulation: 1880, 1500; 1885, 3000. Edited & published by W. Kuhl, 1877—78; by Demokrat Printing Co., 1879—81; edited by Hermann Lieb, & published by Demokrat Printing Co., 1882—85.
Chicago, IL

**Der Demokrat :** 1878?—1895?

Roman Catholic weekly. Circulation: 1895, 3500. Edited & published by L. Lederer. *1893—95.*
Rochester, NY

**Demokrat: Der Demokrat** (Lu I)

① Organ der Demokraten der Innerschweiz (1878—1879) ③ Die Freiheit (Lu II) ④ Anzeiger (Lu II) ⑤ 14. 12. 1877 (Probe-Nummer)—30. 12. 1882 ⑥ 2° (1878—1881), 4° (1882) ⑦ wöchentlich 2× (1878), Wochenblatt (ab 1879) ⑧ Willisau: Conrad Brack (1878, Nr. 1—19), Conrad Kneubühler (1878, ab Nr. 20) ⑨ Illustriertes Sonntagsblatt ⑩ Conrad Brack, dann Conrad Kneubühler ⑪ zuerst Lehrer J. Bühlmann, Luzern, dann Conrad Kneubühler ⑫ freisinnig ⑬ BGSZ: 290, 707, 1028, 1032; Willisauer Volksblatt 1951, Nr. 94, Beilage ⑭ Lu: Z.

**Der Demokrat :** 1883? Cedar Bluffs, IA
Weekly. Edited by J. Dietrich.

**Sonntagsblatt des Demokrat :** 1884 1885? Chicago, IL
Sunday edition of DER DEMOKRAT. Circulation: 1885, 3000.

**Demokrat: Der Demokrat** (Fr)

① Organ des freiburgischen Seebezirks ⑤ 1884—31. 12. 1903 ⑥ 2° ⑦ wöchentlich 2×, Wochenblatt (1892) ⑧ Freiburg: Buchdruckerei Reichengasse ⑫ konservativ; Oppositionsblatt zum Murtenbieter ⑬ BGSZ: 227 ⑭ Fr: C.

**Der Demokrat :** 1885? Fort Atkinson, WI
Democratic weekly.

**Demokrat: Der Demokrat** (Ge)

① Organ der liberalen Schweizer deutscher Zunge in Genf ⑤ 11. 11. 1886 (1 Nummer) ⑥ 2° ⑧ Genf: B. Soullier ⑫ liberal ⑭ Ge: P.

**Demokrat, der.** Correspondenz der demokratischen Partei. Hrsg. vom Parteiausschuß. 1. Jahrg. Juli 1887 — Septbr. 1888. 11 Nrn. (Bog.) 4. Leipzig, (Uhlig.) *
—— dass. — 2. Jahrg. Oktbr. 1888 — Septbr. 1889. 12 Nrn. (Bog.) 4. (Ebendas.) *

**Demokrat, der.** Correspondenzbl. d. demokrat. Partei. 3.—5. Jahrg. 1890—1892. à 12 Nrn. (Bog.) 4. Lpz., (Uhlig). à Jahrg. * 2 —

**Demokrat: Der Demokrat** (Lu II)

① Organ des Arbeiterbundes Luzern (29. 4. 1893 — 30. 9. 1893). Organ des Kantonalverbandes der Grütli- und Arbeitervereine (7. 10. 1893—30. 12. 1893). Organ des Kantonalverbandes der Grütli- und Arbeitervereine und des demokratischen Vereins der Stadt Luzern (6. 1. 1894—7. 4. 1894) ④ Centralschweizerischer Demokrat ⑤ 29. 4. 1893—7. 4. 1894 ⑥ 2° ⑦ Wochenblatt ⑧ Luzern: L. Kuisel (29. 4. 1893—7. 4. 1894), J. L. Bucher (7. 4. 1894) ⑩ L. Kuisel ⑪ Frz. Josef End, Josef Albisser, der spätere Versicherungsrichter ⑫ Arbeiterblatt ⑬ BGSZ: 226, 1028, 1032; Freie Innerschweiz 1948, Nr. 141 ⑭ Lu: Z ⑮ Am 7. 4. 1894 erschienen zwei Nummern, die eine noch bei Kuisel, die andere, im Auftrage des Kantonalverbandes bei J. L. Bucher.

**Der Demokrat :** 1897? 1918?

Semi weekly, 1897?—1903; weekly, 1904 - 18. Democratic. Published in English & German. Title varies, HUDSON COUNTY POST UND DEMOKRAT, 1911 18. Edited & published by William Laas Printing & Publishing Co., 1897 1918.
Hoboken, NJ

Der **Demokrat.** Wochenschrift f. freiheitl. Politik, Kunst u. Wissenschaft. Jg. 1. Gr.-Lichterfelde 1909: Blättermann & Tominski. gr.2° [II. 8717

**Demokrat: Der Demokrat aus Baselland**

③ Der Arbeiter (BL) (Fusion 2. 3. 1869) ④ Sissacher-Zeitung (Fusion 7. 6. 1871) ⑤ 2. 1. 1866—3. 6. 1871 (3 Probenummern im Dezember 1865) ⑥ 2° ⑦ wöchentlich 3× ⑧ Lausen: Christoph Rolle († 25. 8. 1870), Fr. Köchlin (November 1870—7. 6. 1871) ⑨ Unterhaltungsblatt zum Demokraten aus Baselland (seit 1867, 8°, Wochenblatt) ⑩ Christoph Rolle († 25. 8. 1870), Fr Köchlin (November ? 1870—7. 6. 1871) ⑪ Caspar Alois Bruhin (2. 1. 1866—29. 8. 1867), Christoph Rolle (31. 8. 1867—25. 8. 1870), Fr. Köchlin (November ? 1870—7. 6. 1871) ⑫ Organ der Revisionspartei Rolles (der »Revi) ⑭ Bs: U (1866—4. 11. 1869), Be. L ⑮ Die Zeitung enthält als Fortsetzung des Blattes »Der Arbeiter« eine regelmässige Rubrik »Soziales«. — In BGSZ: 12, p. 38, unter dem Titel »Der Demokrat« aufgeführt.

**Demokrat, der bekehrte, 8. Weißenf. 795. Severin. 6 gl.**

**Demokrat für freisinnige Bestrebungen in Kirche und Staat**
v. Demokrat für Kirche und Staat.

**Der Deutsche Demokrat** : Jan. 3, 1856 –?
Democratic weekly.
Edited & published by Cyrus O. Bachman & Co., Jan. 3, 1856–Feb. 1861; by Truman H. Purdy & Cyrus O. Bachman, Mar. 7, 1861—Mar. 16, 1865; by Truman H. Purdy, Mar. 1865–1867; by J. E. Eichholtz, 1867—July 1868; by J. E. Eichholtz & Alvin Day, July 1868–?
Sunbury, PA

**Deutscher Demokrat** : 1849? Lancaster, PA

**Deutscher Demokrat** : Aug.–Nov. 1856.
"The History of California Newspapers" (1858) states: A daily German campaign paper, called the DEUTSCHER DEMOKRAT, was published during August, by Wagner & Gelbrecht.
San Francisco, CA

**Deutscher Demokrat** : 1856—1857.
Weekly. Edited by Dr. Wenzel? Louis Didier: July—Oct. 1856, later by A. Ruoff and J. Winter.
Belleville, IL

**Deutscher Demokrat** (German Democrat): 1865?—?
Cleveland, OH

**Der Freie Demokrat** : Sept. 1848–Nov.? 1850.
Weekly "Free Soil" organ. Continued as DER BUFFALO DEMOKRAT. Edited & published by Karl Esslinger, 1848–49; by Jacob Knapp & Carl de Haas, 1849.
Buffalo, NY

**Der Halbwöchentliche Demokrat** : 1878?—1918.
Semi-weekly edition of DER DEMOKRAT. Circulation: 1880, 360; 1890, 2400; 1900, 4608; 1910, 4232; 1915, 4100.
Davenport, IA

**Halbwöchentlicher Demokrat** : June 18, 1861—1919.?
Semi-weekly edition of DER SANDUSKY DEMOKRAT. Slight variations in title.
Sandusky, OH

**Der Demokrat und Pennsylvanische Intelligencer**: 1838 Carlisle, PA
Weekly.

**Demokrat für Kirche und Staat**
① Anzeige-, Wochen- und Unterhaltungsblatt des gesamten Oberlandes und der Landschaften am Rhein, der Linth und am Wallensee (Mitte 1861). Oberländer Anzeiger (2. 7. 1862). Obligatorisches Publikationsmittel der Gemeinden Ragaz und Pfäfers [Vättis, Valens, Vasön] (30. 11. 1877). St. Gallisch-Graubündnerischer Grenzbote. Obligatorisches Publikationsmittel der politischen und der Ortsgemeinde Bad Ragaz sowie des Taminatales (Pfäfers, Vättis, Valens-Vasön). Publikationsmittel der Herrschaft (31. 12. 1952) ② Demokrat für freisinnige Bestrebungen in Kirche und Staat (Sommer 1860—Dezember 1860). Der Liberal-Demokrat (Januar 1861—Februar 1861). Demokrat für Kirche und Staat (März 1861—1862). Oberländer Anzeiger für die Bezirke Sargans, Werdenberg und die benachbarten Landschaften (1862—1881). Oberländer Anzeiger (seit 1882) ⑤ Mitte Juni 1860 (Probenummer) (cont.) ⑥ 4°, dann 2° (seit 1881) ⑦ Wochenblatt, wöchentlich 2× (ab 2. 7. 1862), wöchentlich 3× (1864) ⑧ Rapperswil (SG) (?) (Sommer 1860); Rorschach: (?) (Sommer 1860—März 1861); Ragaz: A. Gehrig (April 1861—?), K. Dormann (? 1861—1862), W. Lehmann (1863—31. 12. 1886 ?), O. Lehmann (1. 1. 1887 ?—31. 12. 1906), A. Hagmann (4. 1. 1907—17. 9. 1909), S. Jordy (20. 9. 1909—August 1916), Buchdruckerei Ragaz AG (seit August 1916) ⑨ Illustriertes Sonntagsblatt ⑩ K. Dormann, W. Lehmann, O. Lehmann, A. Hagmann, S. Jordy, Buchdruckerei Ragaz AG ⑪ K. Dormann, W. Lehmann, O. Lehmann, F. Lendi ⑫ liberal-demokratisch, dann demokratisch ⑬ BGSZ: 344. 1045—1047 ⑭ Be: L (1915—1918); Zh: Z (1867—1869); Ragaz: Buchdruckerei Ragaz AG (unvollständig) ⑮ Am 1. 7. 1912 verschmolzen der «Oberländer Anzeiger» und die «Sarganserländische Volkszeitung». Diese ist seither ein Kopfblatt des «Oberländer Anzeigers..

**Der Nationale Demokrat** : May 6, 1847–
Democratic weekly. Sub-title: Ein Blatt für Politik, Geschichte, Literatur und Gesellschaftliche Interessen. Edited and published by A. Gross. See PHILADELPHIA DEMOKRAT, June 21, 1848.
Washington, DC

**New Yorker Demokrat.** New York, NY
(Sonntagsblatt.)
BM: Jahrgang 12, no. 7, Mar. 14, 1858.
GeAIZ: 6. VI. 1863.

**Der Nordwestliche Demokrat** : 1849–1854.
Democratic weekly. Edited by Anton Eickhoff, & published by V. Hauff.
Dubuque, IA

Nordwestliche Demokrat: 1850 ? Dubuque, IA

**Der Pennsylvanische Demokrat** : 1820?
Weekly. Edited & published by James A. Patterson, John D. Weiss, & Jacob Weygandt, Jr.
Easton, PA

**Der Pittsburger Demokrat** : 1854?
Weekly edition of DER TÄGLICHE DEMOKRAT, during existence of daily; otherwise, Democratic weekly. Merged with WÖCHENTLICHE PITTSBURGER REPUBLIKANER. Edited by L. Klenk. Subscription held by Harmony Society, 1860–67.
Pittsburgh, PA

**Der Readinger Demokrat und Anti-Freymaurer Herold** : Oct. 4, 1826–Feb. 1835?
Weekly. Strongly anti-Masonic organ. Title varies: 1) DER READING GEGEN FREY-MAURER DEMOKRAT. 2) DER DEMOKRAT. Merged with BERKS CAUNTY ADLER. Edited & published by Jeremiah Schneider & Samuel Myers, 1826–30; by Daniel Rhoads, 1831–July 1833; by Samuel Myers, July 1833–Feb. 1835. Editor: Carl F. Egelmann.
Reading, PA

**Schuylkill Demokrat** : 1851?—1864.
Democratic weekly. Follows DER LEUCHTTHURM. Absorbed DIE STIMME DES VOLKES (Orwigsburg, Pa.). Merged with JEFFERSON DEMOKRAT. Edited & published by Georg Philipp Lippe.
Pottsville, PA

**Der Tägliche Demokrat** : 1860?—1863? Harrisburg, PA
Daily. Title varies: LANCASTER UND HARRISBURG DEMOKRAT.
Edited & published by Rudoph Kuhn & Haas; by Johann Georg Ripper.

**Der Tägliche Demokrat** : 1863?—? Pittsburgh, PA
Daily. For weekly edition, see DER PITTSBURGER DEMOKRAT.

**Täglicher Demokrat** : Aug. 18, 1860—1915?
Daily, morning except Sunday, 1860?—82; evening except Sunday, 1883—1915. Democratic, 1870—79; Independent Democratic, 1880—1915. For weekly edition, see WÖCHENTLICHER PEORIA DEMOKRAT. Absorbed TÄGLICHE PEORIA DEUTSCHE ZEITUNG. Circulation: 1870, 800; 1880, 1000; 1890, 3000; 1900, 2000; 1909, 1500. Edited & published by Alois Zotz, 1860—64; by Bernhard Cremer, & Christian Pohlmann, 1864; by Bernhard Cremer, Oct. 24, 1864—1873; edited by Bernhard Cremer, & published by Bernhard Cremer & Bros., 1874—1915.
Peoria, IL

**Der Unabhängige Demokrat** : Band 1—12, Jan. 19, 1843–Dec. 19, 1860.
Democratic weekly. Title varies [with other slight variations]:
1) DER UNABHÄNGIGE DEMOKRAT, Jan. 19, 1843–Dec. 1847; 2) DER UNABHÄNGIGE DEMOKRAT UND NORTHAMPTON UND MONROE CAUNTIES ANZEIGER, Jan. 1848–Nov. 1850; 3) DER UNABHÄNGIGE DEMOKRAT UND NORTHAMPTON UND MONROE ALLGEMEINER NEUIGKEITS-BOTE, Dec. 5, 1850–Feb. 1854; 4) DER UNABHÄNGIGE DEMOKRAT, Mar. 9, 1854–Dec. 19, 1860. Suspended: July–Dec. 1846; revived by S. Siegfried, Jan. 14, 1847. United with DER NORTHAMPTON CORRESPONDENT. Also as Ganze Nummer 1–?.
Easton, PA

**Der Wahre Demokrat** : Jan. 1838?—1843?
Democratic weekly. Follows DER WAHRE AMERIKANER. Edited & published by Jacob Myers
Lancaster, PA

**Der Wahre Demokrat** : 1841? Easton, PA
Weekly. Absorbed by ALT NORTHAMPTON. Edited & published by Jacob Hänchen.

**Wahrer Demokrat** : 1858 –? Reading, PA
Weekly.

**Wahrer Demokrat** : Apr. 1864 –?
Democratic weekly. Sub-title: Gewidmet der Unterhaltung, Belehrung und der Vertheidigung demokratischer Grundsätze. Edited & published by John H. Sowers. See UNPARTHEYISCHE BERICHTER.
Lebanon, PA

**Der Westliche Demokrat** : 1838? – 1839? Greensburg, PA
Weekly. Edited & published by Jonathan Rau.

**Wisconsin's Demokrat** : Oct. 28, 1853–1866?
Weekly. Established as a Free-Soil organ; Independent for a time; then Democratic. Suspended Aug. 1864–1865, but revived by Wallich in 1866; how long it continued we do not know. Sub-title: Ein unabhängiges Organ der Fortschritts-Partei. Title varies: DEMOKRAT UND UNION, Apr. 1856–Aug. 1863.
Edited by Karl Röser, Oct. 28, 1853–Dec. 1855?; by Adolph Wallich, 1856?–1866. Published by Smith & Röser, Oct. 28, 1853?–Nov. 2, 1854; by Röser & Co., Nov. 9, 1854–Dec. 1855?; by Adolph Wallich, 1856?–1866. One leaf only: issues in 1854.
Manitowoc, WI

**Der Wöchentliche Demokrat** : Jan. 1855–Sept. 7, 1918.
Weekly edition of DER DEMOKRAT. Slight variations in title. Circulation: 1870, 3500; 1880, 4450; 1890, 7240; 1900, 13,464; 1910, 12,256.
Davenport, IA

**Der Wöchentliche Demokrat** : 1884?–1885? Chicago, IL
Weekly edition of DER DEMOKRAT. Circulation: 1885, 7000.

**Wöchentlicher Nashviller Demokrat** : 1869? 1871. Nashville, TN
Weekly edition of NASHVILLER DEMOKRAT. Circulation: 1870, 1000 (est.).

**Demokrat: Centralschweizerischer Demokrat**
① erster Untertitel: Organ des Kantonalverbandes der Grütli- und Arbeitervereine und des demokratischen Vereins der Stadt Luzern; letzter Untertitel: Sozialdemokratisches Tagblatt für die Innerschweiz ③ Der Demokrat (Lu II) ④ Zentralschweizerisches Arbeiterblatt ⑤ 7. 4. 1894—31. 12. 1920 ⑥ 2° ⑦ Wochenblatt (1894—1896), wöchentlich 2× (1897—22. 3. 1912), Tageszeitung (23. 3. 1912 — 31. 12. 1920) ⑧ Luzern: J. L. Bucher (7. 4. 1894 — 21. 4. 1894), J. Burkhardt (28. 4. 1894—26. 9. 1896), Imbach & Weber (3. 10. 1896—2. 2. 1898), J. B. Imbach (5. 2. 1898—28. 6. 1899), Genossenschaftsdruckerei (1. 7. 1899—21. 3. 1912); Olten: Trösch (23. 3. 1912—17. 1. 1920): Luzern: Unionsdruckerei (20. 1. 1920—31. 12. 1920) ⑩ zuerst die Drucker, dann ab 1. 7. 1899 die Demokratische und Arbeiter-Partei Luzern (usw.) ⑪ Frz. Jos. End, Maler, Luzern; Josef Albisser, später Bundesversicherungsrichter, Luzern; Arbeitersekretär Th. Koch, Robert Möller, Buchdrucker, Ernst Nobs, später Stadtpräsident von Zürich und Bundesrat ⑫ Arbeiterblatt ⑬ BGSZ: 52, 226, 771, 1028, 1032: Freie Innerschweiz 1948, Nr. 141 ⑭ Lu: Z ⑮ Die erste Nummer vom 7. 4. 1894 erschien noch unter dem Titel «Der Demokrat» (v. Der Demokrat Lu II), weil aber Kuisel gleichzeitig auch eine Nummer unter dem gleichen Titel herausgab, wurde mit Nr. 2 der Titel «Centralschweiz. Demokrat» gewählt. Die Untertitel wechselten sehr stark. — Mit der Schaffung des Oltener Konzerns (Vereinigung der Arbeiterblätter von Solothurn, Aargau und Luzern) ging der Druck an die Firma Trösch in Olten über und der «Centralschweiz. Demokrat» wurde Kopfblatt der «Neuen Freien Zeitung». Die Lokalbeilage aber wurde immer in Luzern gedruckt. Mit dem 20. 1. 1920 ging der Druck der Gesamtzeitung wieder nach Luzern über.

**Demokrat-Anzeiger** : 1894–1896?
Democratic weekly published in English and German. Edited & published by A. L. Schiermeyer.
Fairbury, NE

Die Demokraten Berlins an ihre Brüder die Soldaten. Druck von Marquardt u. Steinthal. 1 Bl. Fol.
Flugblatt. Berlin, 16. Sept. 1848.

Die Demokraten Berlins an das Volk über die Interpellation des Abgeordneten Pax. Druck von W. Fähndrich. 1 Bl. Fol.
Flugblatt. Berlin, 24. Sept. 1848.

**Demokraten und Conservative.** gr. 8. (52 S.) Potsdam 862, Döring. *

—— und **Nationalität.** Antwort auf die „Demokraten-Stimme aus der freien Schweiz." gr. 8. (26 S.) Hamburg 864, (J. P. F. E. Richter.) *

Demokraten-Fest in Mainz, am 24. Februar 1849. Jahresfeier der französischen Revolution vom 24. Februar 1848. (Nach stenographischer Aufzeichnung.) Zum Besten der deutschen Flüchtlinge. Frankfurt a. M., C. Adelmann 1849. 24 S. 8.

**Demokraten-Jahr, das,** von Erfurt. Geschichtlicher Umriß in scherzhaften Reimen. gr. 16. (104 S.) Erfurt 850, (Otto.) *

**Demokratie, die.** 1. Heft. 8. (IX und 130 S.) Berlin 849, Hempel. *

Die Demokratie. Von F. Guizot. Für das deutsche Volk in das rechte Licht gesetzt und widerlegt von einem Demokraten. Breslau, J. Kohn 1849. 16 S. 8.

—— die. Für das **Volk** bearb. von einem wahrhaften Volksfreunde. br. 8. (20 S.) Colberg 849, Post.

—— die, und Graf **Arnim-Boytzenburg.** gr. 8. (16 S.) Stettin 849. (Berlin, Springer.)

**Demokratie od. Bureaukratie?** Preßfreiheit od. Censur? Zwei Zeitfragen beantwortet v. ein. Staatsdiener. gr. 8. ($2\frac{1}{2}$ B.) Nordhausen 846, Förstemann. Thlr.

Die deutsche Demokratie und Schleswig-Holstein. (Aus Sachsen.) 16 S. 8⁰.

—— **keine,** s.a. Keine Demokratie!

Keine Demokratie! Ein Gespräch zur Belehrung des gemeinen Mannes über einige Zeitfragen der Oeffentlichkeit übergeben von einem Freunde der Wahrheit. Grimma, J. M. Gebhardt, 1850. 40 S. 8⁰.

Moderne Demokratie. Acht Vorträge, gehalten in der Demokratischen Vereinigung der Stadt Zürich in den Wintern 1902/3 und 1903/4 von Prof. Dr. E[mil] Zürcher, Prof. Dr. H[einrich] Herkner, Schulsekretär H(ans) Nägeli, Prof. Dr. Max Huber, Stadtrat B[enjamin] Fritschi, Regierungsrat J[acob] Lutz, Oberrichter Dr. H(ans) Sträuli [und] Dr. O[scar] Wettstein. VIII + 200 S. 8. [Zürich,] Verlag der «Züricher Post», [1904]. [fr. 1.—]

**Demokratie u. Monarchie,** s.a. **Dio Cassius.**

**Demokratie** und Monarchie. Eine freie Uebersetzung aus dem Griechischen des Dio Cassius. Nebst einem Fragment über die Regierungsform im Uranos. Gedruckt in der Hauptstadt des Uranos 1797.

**Demokratie und Nationalität.** Antwort auf die „Demokraten-Stimme aus der freien Schweiz." Hamburg 864. J. P. F. E. Richter in Comm. gr. 8. (26 S.) n. 4 ngr.

**Demokratie:** Für die schweizerische Demokratie — Gegen den totalitären Kommunismus
v. **Association** Suisse des Amis de l'E.I.A. — Für die schweizerische Demokratie — Gegen den totalitären Kommunismus.

**Demokratie,** schweizerische, od. internationaler Sozialismus. Ein Beitrag zur Orientirg. in der sozialen Frage. gr. 8. (39 S.) Frauenfeld 892. J. Huber's Verl. n. — 80

**Demokratie** und das Sittengesetz. 100 Aphorismen. 8⁰. Würzburg 1850.

— die, und der **Socialismus;** das allgemeine Wahlrecht und die Gleichberechtigung der Nationalitäten in Oesterreich. Von G. W. gr. 8. (56 S.) Wien 849. (Leipzig, Hübner.) *

Die wahre Demokratie, was sie will und was sie nicht will. Ein Wort der Verständigung und Belehrung. Stendal, F. Wegener 1849. 48 S. 8.

**Demokratisch.** Eine amerikan. Novelle. In's Deutsche übertr. von Th. M. Hagen. 1.—4. Aufl. 8. (259 S.) Frankfurt a. M. 883, Koenitzer. *

**Demokratisch.** Eine amerikan. Novelle. Ins Deutsche übertr. von Th. M. Hagen. 5. Aufl. 8. (259 S.) Frankfurt a. M. 885, Koenitzer's Verlag.

**DEMOKRIT,** ein Wochenblatt (hrsg. von Christian Nicolaus Naumann). Leipzig 1747.
Anon.-Lex. I. p. 391 (nach Meusel). — Selten!

**Demokrit;** eine komische Oper in 3 Aufz. Vom Verf. d. großen Toilette. 8. Berl. 791. Maurers B 5 gl.

**Demokrit,** od. freymüthig. Gespr. üb. Moral, Religion rc. 1r Bd. 8. Leipzig, Breitkopf. 803.

**DEMOKRIT,** Der neue, oder der lachende Philosoph. (Büste Demokrit's als Medaillon-Vignette, oben: Si Sapis, Ride!) Leipzig und Pressburg, in der Benediktischen Buchhandlung. 1784. 8⁰. XIV, 1 Bl. Inh., 112 S.
Nirgends citirtes amüsantes, stellenweise etwas freies Werkchen, enthaltend in 5 Abschn.: Von dem Lachenswürdigen in dem menschlichen Alter, in den Ständen, in den Sitten, in den Leidenschaften, in den Vorurtheilen. — Die ergötzliche Vorrede beachtenswerth.

Demokrit

Die Reformbestrebungen in der deutschen Freimaurerei. Von **Demokrit.** Hamburg: Broschinsky in Komm. o. J. 18 S. 8⁰. [Umschlagtit.] (Bausteine. Schriftenreihe des Freimaurerbundes zur aufgeh. Sonne. 9.) 21.

**Demokritos** oder hinterlassene Papiere eines lachenden Philosophen.
s.a. Weber, Karl Julius [Verf.]

**Demokritos** od. hinterlassene Papiere eines lachenden Philosophen. Von dem Verf. der „Briefe eines in Deutschland reisenden Deutschen." (Carl Jul. Weber.) Neue durchgeseh. u. erläut. Aufl. 12 Bde. 8. ($314\frac{1}{2}$ B.) Stuttgart 843, 44, Scheible, Rieger u. Sattler. *

**Demokritos** oder hinterlassene Papiere eines lachenden Philosophen. Von dem Verfasser der „Briefe eines in Deutschland reisenden Deutschen" (Carl Jul. Weber). 4. Aufl. 1853—54. und 5., erläuterte Orig.-Aufl. 12 Bde. gr. 16. (1729 S.) Stuttgart 854, Rieger'sche Vrlgsh.

**Demokritos** oder hinterlassene Papiere eines lachenden Philosophen. Von dem Verf. der „Briefe eines in Deutschland reisenden Deutschen" (Carl Jul. Weber.) 6., sorgfältig erläuterte Orig.-Ausg. 40 Lfgn. oder 12 Bde. gr. 16. Stuttgart 858. 59, Rieger'sche Verlagsh. [Bd. 1—4. (1623 S.) 5—8. (1588 S.) 9—12. (1570 S. mit Portr. in Stahlst.) à Lfg. 4 Ngr.]

—— dass. — 7., sorgfältig erläut. Orig.-Ausg. (In 40 Lfgn.) 1—10. Lfg. gr. 16. Ebendas. 861,62. [1. Bd. (442 S.) 2. Bd. (390 S.) 3. Bd. (S. 1—360.) à Lfg. 4 Ngr.]

**Demokritos** oder hinterlassene Papiere eines lachenden Philosophen. Von dem Verf. der „Briefe eines in Deutschland reisenden Deutschen" (Carl Jul. Weber). 7., sorgfältig erläut. Orig.-Ausg. 11.—40. (Schluß-)Lfg. gr. 16. (3. Bd. S. 361—392, 4. und 5. Bd. 800 S., 6. Bd. 436 S., 7. und 8. Bd. 751 S., 9. Bd. 388 S., 10. Bd. 878 S., 11. Bd. 406 S., 12. Bd. 399 S. mit Portr. in Stahlst.) Stuttgart 862,63, Rieger'sche Verlagsh. Subscr.-Pr. à Lfg. 4 Ngr. Ladenpr. für das complete Werk
1.—10. Lfg. Ebendas. 1861,62. 1 Thlr. 10 Ngr.

—— dass. — 8., sorgfältig erläut. Orig.-Ster.-Ausg. 35 Lfgn. gr. 16. (1. Bd. 332 S. mit Portr. in Stahlst., 2. und 3. Bd. à 284 S., 4. Bd. 291 S., 5. Bd. 296 S., 6. Bd. 315 S., 7. Bd. 272 S., 8.—10. Bd. à 287 S., 11. Bd. 304 S., 12. Bd. 295 S.) Ebendas. 868. à Lfg. 3 Ngr.

**Demokritos** od. hinterlassene Papiere e. lachenden Philosophen. Von dem Verf. der „Briefe e. in Deutschland reis. Deutschen" (Carl Jul. Weber). 9. sorgfältig erläut. Orig.-Ster.-Ausg. 12 Bde. (332, 284, 284, 291, 296, 315, 272, 287, 287, 286, 304 u. 295 S.) 8. Leipzig 902. Verlag v. Hempel's Klassiker-Ausg. n. 9. —; in 4 Leinw.-Bdn. n. 12. —

**Demokritos** od. hinterlassene Papiere e. lachenden Philosophen. Von dem Verf. der „Briefe e. in Deutschland reis. Deutschen"(Carl Jul. Weber). 10., sorgfältig erläut. Orig.-Ster.-Ausg. (Neue [Titel-]Ausg.) 12 Bde. (332, 284, 284, 291, 296, 315, 272, 287, 287, 286, 304 u. 295 S.) 8. Leipzig [902] (908). O. Spamer. 9.—; in 4 Leinw.-Bdn. 12. —

**DEMOKRITOS**, Heraklitos, Die Welt im Argen. Mit der Geissel verfolgt. 1805.
Weller, Lex. Ps. p. 142. — Sehr pikant u. rar!

**Demolder, Eugène,** Constantin Meunier, s.: Ueber Kunst der Neuzeit. 8. Hft.

**Demole, Baptiste.** Traité de magnétisme pour la famille. In-12°, 137 p. Genève et Bâle, H. Georg. 1879 2 25

**Demole**, Eugène, [von Genf]: Bases oxygénées distillables dérivées du glycol et des amines aromatiques. Genève Ramboz et Schuchardt Impr. 1874. 47 S. 8°.
Zürich, Phil. Diss. II. S. [v. 15. Mai 1874].

**Demole, Eug., Dr.** Histoire monétaire de Genève de 1535 à 1792. Accomp. de 9 planches avec 85 figures. Gr. in-4°, 373 p. Genève et Bâle, H. Georg. 20 —
— Tableau des monnaies genevoises frappées de 1535 à 1792. In-16°, 35 p. Genève et Bâle, H. Georg. 2 —
*** Tiré à 100 exemplaires. 1887.

**Demole, E.** Histoire monétaire de Genève de 1792 à 1848. Avec 6 planches (47 fig.). Gr. in-4°. 136 p. Genève, Bâle, Lyon, H. Georg. 15 —
1892.

**Demole, E.** Observations sur le type des monnaies congolaises. In-8°. 4 p. Genève, Bâle, Lyon, H. Georg. 1890. — 60
*** Extrait du „Bulletin de la Soc. suisse de numismatique. 1890. 2d fasc."

Demole, J. Le congres phylloxérique international de Lausanne. Berne 1877.

**Demole, J.**, les granits de la steppe, siehe: Bulletin de la société Impér. des naturalistes de Moscou. Tome XXIV. 2. partie.

**Demole-Ador**, le Phylloxera dans le canton de Genève d'août 1875 à juillet 1876, s. Fatio, V.

**Demolet**, Uebungsaufgaben, s.: Matt, W.

**Demolet**, s.: Übungs-Aufgaben zum mündlichen u. schriftlichen Rechnen.

**Demolierung, Die,** des Hirtenhauses, oder die Rebellen in Deutschland. Posse. Berlin [Baireuth] 1789. V: *Meyer, Carl Joh. Albr.* (Ky) (Wr)

**Demolirung**, die, des Hirtenhauses; oder die Rebellion in Deutschland. Posse. 8. Berlin. (Grau in Hof). 789.

**Demolirung**, die, des Hirtenhauses, od. die Rebellen in Deutschland. Posse von (K. J. A. Meyer). 8. Hof 789. Grau. 4 gr

**Demolirung**, die, des Hirtenhauses, oder d. Rebellion in Deutschland. 8. Hof 790. Grau. 5 gr

*F. K. Demoll.* Die Formenlehre der lateinischen Sprache. 22 S. Kenzingen, P 1879

**Demoll, Reinhard,** Dr. phil., Assist. am Zool. Inst. d. Univ. Gießen: Aus d. Zool. Inst. d. Univ. Freiburg i. B. Über die Augen und die Augenstielreflexe von Squilla mantis. Naumburg a. S. 1908: Lippert. 42 S. 8° ¶ (Aus: Zoologische Jahrbücher. Bd 27. Abt. f. Systematik.)
Gießen, Phil. Hab.-Schr. v. 1908 [U 09. 1255

**Demoll, Reinhard**: Die Mundteile der solitären Apiden. Leipzig: W. Engelmann 1908. 51 S. 8° ¶ (Aus: Zeitschr. f. wiss. Zool. Bd 91, H. 1.)
Freiburg i. B., Phil. Diss. v. 1908, Ref. Weismann
[Geb. 3. Dez. 82 Konstanz; Wohnort: Konstanz; Staatsangeh.: Baden; Vorbildung: Gymn. Konstanz Reife Juli 01; Studium: Straßburg 2, München 1, Freiburg i. B. 10 S.; Rig. 25 Juli 08.] [U 09. 995

**Demona**, des, M., s. Des Demona.

*Demonceaux*, esprit de Mdme de Genlis, s. *Genlis*.

Demonferrand, J. F.

**Demonferrand**, Handbuch der dynamischen Electricität. Bearbeitet von Fechner. Leipzig 1724. 8.

**Demonferrand, J. F.**, Handbuch d. dynamischen Elektricität. Aus d. Französ. v. M. G. Th. Fechner. Mit 5 Kpft. gr. 8. Lpz. 824. Baumgärtner. 1 Rthl 12 gr Hbd. Pr. 1 Rthl

**Demonferrand**, (J. F.,) Handbuch d. dynamischen Elektricität. Aus d. Franz. von M. G. Th. Fechner. Mit 5 Kpfrt. gr. 8 Leipzig 824, Ind.-Compt.

[Russ.] Saratovskaja demonstracija pered sudom. *Berlin: G. Stejnic (1903).* (75 S.) 8°
[Auf d. Umschl.:] Die Saratower Demonstration vor Gericht.
(Sobranie lučšich russkich proizvedenij. Č. 57.)

Clara demonstracion de las operaciones de las dos Coronas y respuesta á los cargos de los Imperiales (8.) 4. Colonia 1702.

Analytica **Demonstratio** cujusdam Germani, ex litera, et mente concordatorum Germaniae praeposituras, quae sunt in Germania majores post pontificales in cathedralibus, et principales in collegiatis ecclesiis dignitates, non esse sedi apostolicae reservatas. Coloniae 1764.

**Demonstratio, Brevis ac succincta,** civitatibus minoribus jus status vel activitatis in conventibus terrarum Prussiae (occidentalis) generalibus competere. Gedani 1768. V: *Krockesius.* (KGBerlin I, 1876)

**Demonstratio** Ducatum et Judicium provinciale Franconiae a multis jam seculis pertinere ad Episcopatum Wirceburgensem. Erfordiae 1758. V: *Drümmel, Johann Heinrich.* (Fahnenberg, Litt. d. K. Reichs-Kammergerichts. Wezlar 1792. S. 235.) (Pütter, Litt. d. Teutsch. Staatsr. Gött. 1773—91. III, 495.)

**Demonstratio** de existentia et usu Monadum, quae prima corporum sunt elementa. [Lipsiae 1733.] V: *Harenberg, Johann Christoph.* (ML)

**Demonstratio** existentiae Dei nova. Hamburg 1740. V: *Gadendam, Johann Wilhelm.* (Schr)

**Demonstratio** geometrica noviter inventa transmutationis metallorum. Ulmae 1751. V: *Creiling, Joh. Conr.* (BrMm)

Demonstratio methodum plurimum Reverendi Domini Joannis Josephi Gassner, Parochi in Kloesterle, qua vario morborum genere effectis mederi solet, principiis evangelicis, sensui et praxi primae Ecclesiae omnino esse conformem, ex Germanico Idiomate in latinum translata. Aug. Vind. 775. 8.

Demonstratio quod statibus Curlandiae jus liberae, quam vocant, electionis compet. 4. Dresd. 742.

**Demonstratio, Solida,** qua facultatem eligendi ducis ad ordines Curlandiae et Semigalliae optimo jure devolutam . . . monumentis ostenditur . . . S. l. 1736. V: *Korff, Joh. Albr. Freih. v.* (R-N)

Ultima et finalis **Demonstratio** juris sacrae regiae majestatis Borussiae sal Halense per Elbingam et lacum Drausen, in usum et commodum sibi subditorum libere transvehendi. o. O. 1725.

**Demonstration,** dass die von Lübeck gegen das Iudiciatum camerale . . . interponirte Reuision . . . nicht statt habe . . . O. O. 1741. V: *Meiern, Joh. Gtfr. v.* (Holz)

**Demonstration** betr. das Fabrikgesetz den 13. Mai 1877 in Zürich. 2 Stn. 4. Zürich, Druck der Schweizer. Vereinsbuchdruckerei. —. 10

**Demonstration** geometrique de la Duplication du Cube. Corollaire second. Dresde 1790. V: *Casanova de Seingalt, Gia. Giac. Geron.* (MGT)

Kurtze documentirte Demonstration, daß der uhralte Reichs- und Königs-Forst zur Drey-Eichen samt der unzertrennlich damit verknüpften Wildbanns-Obrigkeit, sich auch über die Franckfurter Waldunge und Felder unwidersprechlich erstrecke, und solches von der Stadt Franckfurt von Seculis biß hieher selbst offt und vielfältig er- und bekandt worden seye. Cum Documentis 1-41. - Offenbach 1738

Kurtze, doch klare und Reichs-Grund-Gesetz-mäsige **Demonstration** der zweyen Sätze, dass 1) das remedium revisionis vel supplicationis in denen Religions-Beschwerden-Sachen durchaus keinen Platz greife, dann 2) dass solche Revision so wenig einen effectum suspensivum würcken könne, ad causam Hohenlohe ca. Hohenlohe. o. O. (vor 17. Juni) 1749. [8 in 4.]

Die durch das Transparent „Op ewig ungedeelt“ am 25. August 1861 von den Rendsburger Bürgern Menthen, Haase und Köster begangne Politische **Demonstration** in ihrer Vertheidigung und gerichtlichen Beurtheilung. Rendsburg. 1862. 8⁰.

**Demonstration,** die Saratower, vor Gericht. (In russ. Sprache.) (76 S.) 8. Berlin (903). H. Steinitz. n. 1. 50

**Demonstrationen des Grafen v. Chambord gegen Deutschland und Italien. Von einem Diplomaten.** gr. 8. (45 S.) Leipzig 874, Schmidt und Günther.

Geburtshülfliche Demonstrationen. Eine auserlesene Sammlung der nöthigsten Abbildungen für die Geburtshülfe, erläutert zum Unterricht und zur Erinnerung. Heft 1-11, gbd.

Weimar: Landes-Industrie-Comptoir 1824 - 1832

JB 6.310

**Demonstrationes** Chronologico-Historico-Juridico-Canonicae . . . Coloniae 1734. V: *Callenberg, Caspar.* (SO)

Démonstrations. Les d' belliqueuses de la France contre **la** Suisse en 1838, causées par un jupon, un espion et l'aristocratie bernoise. Dédié aux Suisses qui étaient prêts à défendre leur patrie et leur liberté. 8. Berne 1844.

**Démonstrations** belligueuses, les, de la France contre la Suisse en 1838, causées par un jupon, un espion et l'aristocratie Bernoise. Dédié aux Suisses qui étaient prêts à défendre leur patrie et leur liberté. 12. Berne 845, Jenni fils. 1/3 ℔

Demonstrations-Apparat für Funken-Telegraphie. System 'Telefunken'. Ges. f. drahtlose Telegr. m. b. H. Berlin. [Berlin 1905.] (8 S.) 4° .05. 6384

**Demonstrirkabinett,** s. J. F. Memmert.

**Demontzey, Prosper.** De la correction des torrents et du reboisement de montagnes. gr. 8. (19 S.) Wien 890, (Frick). * 1 20

Demontzey, P., Studien über die Arbeiten der Wiederbewaldung und Berasung der Gebirge. Im Auftrage des k. k. Ackerbau-Ministeriums und mit ausdrückl. Genehmigung des Verf. übers. von Arth. v. Seckendorff. Mit 1 Atlas (36 Stnt. in Fol.) und 54 Abbild. im Texte. gr. 8. (VIII, 381 S.) Wien 880, (Gerold's Sohn.) *

**Demontzey, Prosp.,** welche Erfahrungen liegen üb. Wildbach- u. Lawinen-Verbauungen vor? Wäre es nicht gerechtfertigt, die Action der Wildbach-Verbauung zu e. internationalen zu gestalten, u. wie ließe sich dies realisiren? [Aus: „Centralbl. für das ges. Forstwesen“.] (Internationaler land- u. forstwirthschaftl. Congreß zu Wien 1890, Hft. 30.) gr. 8. (8 S.) Wien 890. (W. Frick.) n. 1. 20; französ. Ausg. (Hft. 141) (10 S.) n. 1. 20

**Demoor, Jean,** die anormalen Kinder u. ihre erziehl. Behandlung in Haus u. Schule, s.a. Bibliothek, internationale, f. Pädagogik. III.

Die anormalen Kinder und ihre erziehliche Behandlung in Haus und Schule. Von Dr. med. Jean **Demoor,** Prof. in Brüssel. (Vorr.: Christian Ufer.) *Altenburg: O. Bonde 1901.* (IX, 292 S.) 8°
= Bibliothek, Internat., f. Pädagogik u. deren Hilfswiss. Bd 3. [01. 11543

**Demophilos,** (Psdn.) s.a. Friedrich II. Gedanken.

**Demophilos,** Friedrichs des Grossen Gedanken über den Staat, Kirche, Fürsten und Volk. Aus seinen Schriften gezogen und zusammengestellt. (Motto: Zu schauen, wie vor uns ein weiser Mann gedacht. Göthe.) Halberstadt (Leipzig) 1833. 12. 132 S.
— Dasselbe. Andere Auflage. Leipzig 1835. 8.

**Demophilus** an Eukrates, über die Grenzen d. Staatsgewalt. gr. 8. Leipz., Andrä. 6 gr

**Demophilus** aus Eukrates über die Gränzen der Staatsgewalt . . . Germanien 1799. V: *Broxtermann, Theobald Wilhelm.* (ML)

*Demophili* et **Democratis sententiae, cum vers. lat. ex schol. Holstenii. Acced. Secundi philosophi sententiae, c. Cod. Guelferb. contulit, cur. J. A. Schier. 8. Lpz. 754. . . . 4 gr**

— Pythagoreische Vergleichungen oder Lebensarznei. Griech. u. Deutsch f. Schüler, herausg. v. J. Mich. Fleischner. 12. Nürnb. 827. Schrag. 8 gr

**Demophilus,** s.a. Umsturzbestrebungen u. Volkserziehung.

[F.] Umsturzbestrebungen und Volkserziehung. Ein Mahnwort v. **Demophilus.** *Berlin: H. Walther 1898.* (24 S.) 1 Bd 8. [98. 10944

**Demophoon;** eine Oper in 3 Aufzügen, nach dem Franz. [des Desoiaux]. Wien 1808. V: *Castelli, Ign. Friedr.* (Ky)

**Demophoon;** e. Oper in 3 Aufz., nach d. Französ. (des Desoiaux) (v. J. F. Castelli). 8. Wien 808. Wallishausser. 6 gr

**Demophron**
① Journal d'instruction nationale ou des douze états différents de la liberté, des mœurs et de la civilisation en Helvétie et dans le canton de Vaud, en particulier pendant les vingt siècles de notre histoire par l'auteur de Theophron ⑤ 1831 ⑥ in-8° ⑦ mensuel ⑧ Yverdon: L. Fivaz fils ⑭ La: C.

Demopulos, s. Dimopulos

Demore, Leben der hl. Klara von Assisi, s.a. Heiligen, die, der Kirche. 1. Bd.

Demore, Leben der heil. Clara v. Assisi, ersten Abtissin des Klosters St. Damian (1194—1253). Nach der 8. Aufl. des französ. Orig. übers. von Pet. Lechner. gr. 8. (310 S. mit 1 Stahlst.) Regensburg 857, Manz.

Demorest's illustrirtes Port-Folio der neuesten Moden. 1881. Frühjahr u. Sommer. Fol. (56 S. m. eingedr. Holzschn.) Paris. (Leipzig, Brodhaus' Sort.) n. — 60; m. Modenbild n. 1. —

Demos, s. Collection of British Authors.

Demosthenes, als Staatsmann u. Redner. xr Thl. gr. 8. Halle, Dief. 815.

Demosthenes als Staatsmann und Redner, s. A. G. Becker.

Demosthenes, s. Kreuser, Antonius.
Walther, Carolus.

Demosthenes

Demosthenis contiones quae circumferuntur, cum Libanii vita Dem. et argumentis graece et latine. Recensuit cum apparatu critico copiosissimo prolegomenis grammaticis et notitia codd. ed. I. Th. Voemelius. II Fasciculi. 8maj. (Fasc. I. XII und S. 1—624.) Halis 856, libr. orphanotrophei. *

— contiones quae circumferuntur, cum Libanii vita Dem. et argumentis graece et latine. Recens. cum apparatu critico copiosissimo prolegomenis grammaticis et notitia codd. ed. I. Th. Voemelius. Halis Sax. 857. Buchhandlung d. Waisenhauses. gr. 8. (XXVIII, 908 S.) n. 5 ℛ 25 ngℛ

Demosthenes: Demosthenes, s.a. Bibliothek der Übersetzungen.

Demosthenes ex recensione Guil. Dindorfi. IX. voll. gr. 8. (I: XVIII u. 478 S. II: S. 487—846. III: S. 847—1136. IV: S. 1165—1546.) Vol. V. Annotationes interpretum. Ad I—XIX. (LXXIV u. 592 S.) Annotationes interpretum ad XX—XXVI. (S. 593—1011.) Annotationes interpretum ad. XXVII—LXII. Epist. (S. 1015—1505.) VIII. Scholia Graeca ex codicibus aucta et emendata. (VIII: XLVIII u. 454 S. IX: S. 455—854.) Oxonii 846—51, (Parker. — Leipzig, T. O. Weigel.) (I—IV: n. n. 16 ℛ V—VII: n. n. 12 ℛ VIII. IX. n. n. 5 ℛ) n. n. 33 ℛ

Harangue de Demosthene sur les immunités. Gött. 756. 8. 10 gr.

Δημοσθένους λόγοι. Demosthenis Orationes ad optimorum librorum fidem editae (ab Ludovico Dindorfio). Vol. I. Lipsiae. s. a. 12°.

Demosthenis (Δημοσθένους) Ὀλυνθιακοί graeca recognov. et adnotationibus in us. juvenum liberalibus studiis operantium instrux. Kar. Henr. Frotscher, Kar. Herm. Funkhaenel. 8maj. (4 B.) Lipsiae 834, Serig.

Demosthenes, opera, graece ex ed. Reiske. II Vol. 8. maj. Lips. Sommer. 770.

**Demosthenes.** Opera. Ad optimorum librorum fidem accurate edita. Lipsiae 1812—13. H: *Schäfer, Gottfried Hnr.* (Hoff)

Demosthenis opera. Ad optimorum librorum fidem accurate edita. V Tomi. 12. Lips. Tauchnitz. 812 et 813. (à 12 gr.)
charta angl.

Demosthenis Opera. V Vol. editio stereotyp. Lips., Tauchnitz. 813.
Fein Pap.

— Opera. In margine notatae sunt pagg. edit. Reiske, cur. G. H. Schäfer. V Tom. 8. Leipz. 822. Weigel. 3 ℛ 3 gℛ Hbg. Pr. 1 ℛ 6 gℛ

Demosthenis quae supersunt Opera, latine vertit H. Wolfius. Edit. correct. cur. God. H. Schaefer. 4 Voll. 8 maj. Londini 822—23. Black.

— id. lib. Apparatus ad Demosten. V. Vol. gr. 8. Ibid. 823.

quae supersunt opera, latine vertit H. Wolfius. Edit. correct. cur. God. H. Schäfer. IV Voll. 8 maj. London 822—26. Black. 9 ℛ 18 gℛ Fein Pap. 16 ℛ Apparatus criticus et exegeticus etc., ed. G. H. Schäfer. V Voll. 824—27. 14 ℛ 12 gℛ

—— (Opera.) Ex recensione Guilielmi Dindorfii. IV Vol. 8maj. (91 ½ B.) Oxonii 846. (Leipzig, T. O. Weigel.) **
Pag. 479—486 fehlen.

—— Oratio in Androtionem. Ed. C. H. Funkhaenel. 12 maj. (7½ B.) Lipsiae 832, Weidmann.

—— Oratio in Aristocratem. Graeca emendatiora edidit, apparatu critico, collatione codicis Parisini sigmatice denuo instituta, prolegomenis, commentario perpet. atque indicib. instrux. Ernest. Guil. Weber. 8maj. (43½ B.) Jenae 845, libr. Croeker.

—— idem liber. In us. scholar. 8maj. (4½ B.) Ibid. 845.

—— id. — de Chersoneso et Philippica III. Graeca recogn. et in us. scholar. ed. C. H. Frotscher. Apposita est lectio Reiskiana. 8. (3¼ B.) Lipsiae 830, Lehnhold.

**Demosthenes.** De Corona oratio. Graece et Latine ... edidit ... Joh. Friedl. Stübellius. Lipsiae 1733. Ü: *Wolf, Hier.* (Hoff)

— — eand. ed. Stübellus. 8. Lips. Weidmann. 733.

— oratio de corona ex recens. I. Taylor angli c. ejusd. et Wolff, Merklandi, Palmari, I. I. Reiskii suisque animadvers. ed. Th. Chr. Harles. 8. Altenb. (Acad. Buchhandl. in Jena,) 769.

— Oratio de corona, cum variorum et suis animadvers. ed G. Chr. Harles. 8. Lpz. 769. 20 gℛ Edit. II. auct. 8 maj. ibid. 814. Weidmann. 1 ℛ 16 gℛ Schrbp. 2 ℛ 6 gℛ Velinp. 3 ℛ 8 gℛ

— oratio pro corona, edit. C. F. Wunderlich. 8. Gött. Dieterich. 810.

— oratio de corona, quam denuo recognovit etc. Jo. Taylori, Hier. Wolfii, Jer. Marklandi, J. Palmerii, J. J. Reiskii suisque animadversionibus auctius edidit Gottl. Chr. Harles. 8maj. Lips. Weidmann. 814.
Schreibp.
Velinp.

— Oratio de corona, ed. K. Wunderlich. 8. Götting. 810. Dieterich. 16 gℛ Ed. II. in us. praelect. (c. L. Dissen). 8. ibid. 820. Ed. III. 8 maj. ibid. 825. 16 gℛ

— de Corona oratio. In us. scholar. edid. J. Bekkerus. Appos. est lectio Reiskiana. 8 maj. Berl. 825. Reimer. 8 gℛ

**Demosthenes.** Oratio pro Corona. In usum praelectionum ... Ed. II. ... Gotting. 1820. Ed. III. 1826. H: *Dissen, C.* (Hoff)

Demosthenis Oratio de Corona ex recens. Imm. Bekkeri passim mutata. Explic. Lud. Dissenius. 8maj. Gottingae 837. libr. Dieterich. n. 2⅓ ℛ

—— Oratio pro corona. In us. praelection. rec. Ern. Car. Frid. Wunderlich. Edit. IV. 8maj. (11¾ B.) Gottingae 838, libr. Dieterich.

—— Oratio de Corona, ad optimos libros accurate edita. Nova editio stereotypa. 16. (6¾ B.) Lipsiae 842, Car. Tauchnitz.

— de corona oratio in usum scholarum ed. Just. Herm. Lipsius. gr. 8. (121 S.) Leipzig 876. Teubner. n. 1. 60

—— de corona oratio, in usum scholarum iterum ed. Just. Herm. Lipsius. gr. 8. (VI, 121 S.) Leipzig 887, Teubner. *

— *Oratio adv. Leptinem.* Graece c. vers. gallic. et notis criticis ed. Le Cointe. Götting. et Leid. 756. 8. 10gr.

— — Acc. *Aristidis* oratio. Graece c. Ulpiani scholiis et suo commentario ed. F. A. Wolf. Hal. 789. 8. 1rthlr. 8gr.

— oratio advers. Leptinem, ed. de Wolfio. 8. maj. Halae, Hemmerde. 789.

— Oratio advers. Leptinem, c. scholiis veter. et commentar. perpet. a F. A. Wolf. 8 maj. Halle 789. Schwetschke u. S. 1 ℛ 12 ℊ

— oratio advers. Leptinem c. Birg. Thorlacius. 4. maj. Hafniae, Schubothe. 803.

Schreibp.

—— id. — adversus Leptinem, c. scholiis veteribus et commentar. perpet. Acced. Aelii Aristidis declamationes duae ejusd. caussae. Edit. Wolfianam repeti cur. et auxit Jo. Henr. Bremius. 8 maj. (36¼ B.) Turici 831, Ziegler et fil.

Demosthenis oratio adversus Leptinem cum argumentis graece et latine. Recensuit, cum apparatu critico copiosissimo edidit J. Th. Voemelius. gr. 8. (VIII und 200 S.) Leipzig 866, Teubner. *

— Oratio in Midiam et not. instrux. G. L. Spalding. 8 maj. Berl. 794. Mylius. 8 ℊ

**Demosthenes.** Oratio in Midiam ... Cura Ph. Buttmann.... Berl. 1823. V (Annott.): *Spalding, G. L.* (Hoff) »Ed. III. H: *Buttmann, Aug.*« (Ky)

— Oratio in Midiam, c. annot. crit. et exeget. cur. Ph. Buttmann. 8 maj. Berl. 823. Mylius. 16 ℊ

—— id. — in Midiam. In us. scholar. cur. Guil. Arm. Blume. 8 maj. (4½ B.) Sundiae 828, Löffler.

—— id. — in Midiam, graeca recensuit, schol. vet. annotat. crit. et commentarios adjec. M. H. E. Meier. Part. I. 8 maj. (19 B.) Halae 831, Schwetschke et fil.

—— id. — in Midiam, c. annotat. crit. et exeget. Cur. Ph. Buttmann. Edit. II., aucta atque iterum recognita (ab Aug. Buttmanno.) 8 maj. (12¾ B.) Berolini 833, Mylius.

— Oratio in Midiam, cum annotatione critica et exegetica. Cur. Phil. Buttmannus. Edit. III. 8 maj. Berolini 841, Mylius. ⅔ ℛ

— oratio in Midiam cum annotatione critica et exegetica: Curavit Phil. Buttmannus. Edit. IV. 862. — Editio V. Berlin 864. Mylius. gr. 8. (XXVI, 194 S.) n. 1 ℛ

—— oratio in Midiam cum annotatione critica et exegetica. Curavit Phil. Buttmannius. Editio IV. 1862., et editio V. gr. 8. (XXVI und 194 S.) Berlin 864, [Schweigger'sche Hofbuchh.] *

— *de Pace* oratio. Graece. Rec. et notis criticis instr. C. D. Beck. Lips. 799. 8. 1 rthlr. 16gr.

—— id. — de pace. Graeca recogn. et in scholar. ed. C. H. Frotscher. Apposita est lectio Reiskiana. 8. (1¼ B.) Lipsiae 831, Berger.

— Philippica I. Olynthiacae III et de Pace, selectis aliorum suisque notis instruxit Carol. Aug. Rüdiger. 8 maj. Lpz. 818. Weidmanns. 1 ℛ Schrbp. 1 ℛ 4 ℊ Velinp. 1 ℛ 12 ℊ Edit. II. emend. 8 maj. ibid. 829. 1 ℛ

**Demosthenes.** Philippica ... Lipsiae 1829 — 33. Editio III. Lipsiae 1848. H: *Ruediger, Carl August.* (ABJP)

—— Philippica II. Secundum codd. mss. recognita. Prolegomenis et annotat. perp. illustr. Io. Theod. Voemel. 12 maj. (7 B.) Francofurti a. M. 832, Schmerber. 21 Gr., Vlnp.

—— Philippica I., Olynthiacae tres et de Pace. Graeca recogn. et in us. scholar. edid. Guil. Aug. Klinkmueller. 8 maj. (4¼ B.) Soraviae 832, Julien. — 8

— Orat. de symmoriis, var. lect. duor. codd. Leydens. et annotat. perpet. instructa. 8 maj. Leyden 821. Herdingh. 1 ℛ 12 ℊ

Demosthenis oratio de Symmoriis §§ 14—30 ins latein. übers. v. J. T. Voemel Pr. 1852. 14 S. 4°

—— Orationes ed. H. Sauppius, s. Bibliotheca graeca.

—— Orationes. Recognov. I. G. Baiterus et H. Sauppius, s. Oratores Attici.

— *Orationes.* Graece ed. J. J. Reiskius. Lips. 770. 75. 6 Vol. 8. 15 rthlr. Sie machen die ersten Bände seiner Sammlung der Redner aus Vol. I. II. Text. III. H. Wolfii et Taylori annotationes. IV. P. I. II. Wolfii, Taylori et Reiskii annotatt V. Reiskii annotatt. VI. Index Graecitatis, Historicus et Geogr.

— *Orationes.* Graece cura Schäferi. Lips. 813. 5 Tom. 12. 3 rthl. 18 gr.

— Orationes. Edit. Guil. Dindorfius. 3 Tomi. 12 maj. Lips. 825, Teubner. 2 Rthlr. 20 gr. Engl. Pap.

Demosthenis Orationis, in us. praelect. recens: E. C. Fr. Wunderlich. Editio III. emend. 8 maj. Goettingae 826, Dieterich. Rthlr.

**Demosthenis** orationes ad optimos libros accurate emendatae. Nova edit. stereot. 5 Vol. 16. Leipzig 844, K. Tauchnitz. 1¼ ℛ fein P. 1⅞ ℛ. (Jeder Theil ist auch einzeln zu haben.)

— orationes ex recensione Guil. Dindorfii. Vol. I. Pars I. et II. [Orationes I—XVII. et XVIII—XIX.] Editio II. correctior. 8. (386 S.) Lipsiae 850, Teubner. (à 6 ngr) 12 ngr — Vol. II. Pars I. et II. [Orationes XX—XXIII. et XXIV—XL.] Editio II. correctior. 8. (492 S.) Ebd. 851. (à 6 ngr) 12 ngr — Vol. III. Pars I. et II. Orationes XLI—LV. et LVI—LXI. Prooemia. Epistolae. Editio II correctior. S. (S. 221—445.) Ebd. 851. 1: 6 ngr 2: ¼ ℛ (cplt. 1¼ ℛ)

—— orationes. Edidit Imman. Bekker. 3 Vol. à 2 Partes. Editio ster. 16. Lipsiae, B. Tauchnitz. [1. (LI und 380 S.) 2. (X und 486 S.) 3. (IX und 458 S.) 851—55.]

—— id. — Vol. 1—3. à 2 Partes. 8. Ibid. [1. (XLII und 306 S.), 2. (VIII und 388 S.), 3. (VIII und 367 S.) 854,55.] Vlnp. in gr. 8. 3

—— orationes ex recensione Guil. Dindorfii. III Vol. Editio III. correctior. 8. Lipsiae 855, Teubner. Prachtausgabe

Inhalt:

Vol. 1. Orationes I—XIX. (CXII und 386 S.)
» 2. Orationes XX—XL. (492 S.)
» 3. Orationes XLI—LXI. Prooemia, epistolae, index historicus. (445 S.)

Demosthenis Orationes ad optimos libros accurate emendatae. Nova editio ster. C. Tauchnitiana. Nova impressio. 5 vol. 16. Leipzig 868, Holtze. à Vol. (75 Pf.) 90 Pf.

Inhalt:

Vol. 1. Olynthiacae III. Philippica I. De pace. Philippica II. De Haloneso. De Chersoneso. Philippica III. IV. Adversus Philippi epistolam. De contributione. De Symmoriis. De Rhodiorum libertate. De Megalopolitis. De foedere Alexandri. De Corona. (III, 316 S.)
» 2. De falsa legatione. Adversus Leptinem. Contra Midiam. Adversus Androtionem. (III, 264 S.)
» 3. Adversus Aristocratem. Adversus Timocratem. Adversus Aristogitonem II. Adversus Aphobum II. Adversus Onetorem II. In Zenothemim. In Apaturium. (III, 262 S.)
» 4. In Phormionem. In Lacritum. Pro Phormione. In Pantaenetum. In Nausimachum. In Boeotum de nomine. In Boeotum de dote. In Spudiam. In Phaenippum. In Macartatum. In Leocharem. In Stephanum II. In Euergum. In Olympiodorum. In Timotheum. (III, 283 S.)
» 5. In Polyclem. Pro corona Trierarchis. In Callippum. In Nicostratum. In Cononem. In Calliclem. In Dionysodorum. In Eubulidem. In Theocrinem. In Neaeram. Oratio funebris. Amatoria. Prooemia. Epistolae. (III, 271 S.)

Demosthenis orationes ex recens. Guil. Dindorfi. Ed. IV. correctior curante Frid. Blass. Edit major et minor. Vol. I et II. 8. Leipzig, Teubner. Edit. major à Vol. ℳ 2.40. Edit. minor à Vol. ℳ 1.50.

Inhalt:

Vol. I. Orationes I—XIX. [Edit. major. (CLXXVI, 444 S.); Edit. minor. (III, 444 S.) 885.]

» II. Orationes XX—XL. [Edit. major. (CL, 508 S.); Edit. minor. (508 S.) 888.]

—— dass. — Edit. minor. Vol. I et II. (Jeder Band in 2 Halbbdn. — partes.) 8. Ebendas. à Halbbd.

Inhalt:

Vol. I. Pars 1: Orationes I—XVII. (S. 49—242.) 885. — Pars 2: Orationes XVIII—XIX. (S. 243—444.) 885.

» II. Pars 1: Orationes XX—XXVIII. (S. 1—214.) 888. — Pars 2: Orationes XXIX—XL. (S. 215 508.) 888.

— orationes ex recensione G. Dindorfii. Vol. II. III. Editio major. 8. Leipzig, Teubner. à n. 2.40

II. Orationes XX—XL. Ed. IV. correctior curante F. Blass. (CL, 508 S.) 888.

III. Orationes XLI—LXI. Prooemia, epistulae, index historicus. Ed. IV. correctior curante F. Blass. (LXXXVIII, 466 S.) 889.

— dasselbe. Vol. II. III. (à 2 prts.) Editio minor. 8. Ebd. 888. à vol. 1.50; à prs. —75

II. 1. Orationes XX—XXIII. (215 S.) — 2. Orationes XXIV—XL. (S. 215—508.)

III. 1. Orationes XLI—LV. (233 S.) — 2. Orationes LVI—LXI. Prooemia, epistulae, index historicus. (S. 233—466.)

**Demosthenes, orationes, recognovit brevique adnotatione critica instruxit S. H. Butcher. Tom. I. (XXIII, 400 S.) 8. Oxford (903). Clarendon Press. n.n. 4.—**

— **orationes, recognovit brevique adnotatione critica instruxit S. H. Butcher. Tomi II pars 1. (XII u. S. 451—808.) 8. Oxford (907). Clarendon Press. 8.—**

—— **orationes contra Aeschinem de corona et de falsa legatione cum argumentis graece et latine. Recensuit cum apparatu critico copiosissimo edidit J. Th. Voemelius. gr. 8. (XXVIII und 742 S.) Leipzig 862, Teubner. ***

— et Aeli. Aristides, orationes advers. Leptinem ed. Wolf. 8. maj. Halae, Hemmerde. 790.

—— **orationes pro Megalopolitis et pro Rhodiorum libertate illustravit Carol. Aug. Ruediger. Accedit varietas lectionis e cod. Dresd. et utraque Ald. enotata. gr. 8. (VIII und 72 S.) Leipzig 864, Dürr'sche Buchh.**

—— **Orationes Olynthiacae Philippicae et de pace. Nova edit. ster. C. Tauchnitiana. Nova impressio. 16. (128 S.) Leipzig 868, Holtze. (40 Pf.)**

— Orationes de pace, recens. adnot. crit. ed. Chr. Dn. Beck. 8. Leipz. 799. Kühn. 1 ℛ 16 𝔤𝔤

— — Philippicae, in usum scholarum recognovit I. Bekker. Subjecta est lectio Reiskiana. 8maj. Berl., Reimer. 816.

— Philippicae. In usum scholar. iterum edid. I. Bekkerus. Apposita est Lectio Reiskiana. 8 maj. Berol. 825. Reimer.

—— Philippicae orationes V et Libani vita Demosth. ejusdemque argumenta ex recens. J. Bekkeri c. tribus codd. mss. collata. Edid., prolegomenis et annotat. perpetua illustr. Jo. Theod. Voemel. 8. (42¼ B., incl. 1 Tab.) Francofurti ad M. 829, [Schmerber.] 2 Thlr. 12 Gr., Vlnp.

**Demosthenis Philippicae, edid. Car. Aug. Ruediger. Pars I. — E. s. t.: Demosth. Philippica I., Olynthiacae tres et de Pace. Text. ad J. Bekkeri edit. recogn., sel. alior. suasque notas subjecit, commentar. histor. scripsit, variet. lect. et aliquot cod. enotatam et indices adjecit. Edit. II. emend. 8 maj. (16 B.) Lipsiae 829, Weidmann. Thlr.**

—— id. — Pars II. — E. s. t.: Demosth. Philippica II. de Chersoneso et Philippica III. Text. ad. J. Bekkeri edit. recogn., selectas alior. suasque notas subjecit, commentar. histor. scripsit, variet. lectionis ex aliquot codicibus enotatam, tabulam chronolog. et indices adjec. Ruediger. Acced. dissertat. de canone Philippicar. Demosthenis iterum edita. 8 maj. (15½ B.) Lipsiae 833, Weidmann.

— Philippicae orationes V, etc. Vol. II. Philippica II. Secundum Codd. Mss. Prolegomenis et annot. perpetua illustr. a Jo. Theod. Voemelio. 12maj. Frankf. 832. Schmerber. $^7/_8$ ℛ Velinp. 1 ℛ — Vol. III. Et. s. tit.: Περὶ Ἁλοννήσου. Hegesippi oratio de Halonneso. 8. ibid. 833. $^7/_8$ ℛ Velp. $1^1/_3$ ℛ

—— **Philippicae. In us. scholar. tert. ed. Imm. Bekkerus. Apposita est lectio Reiskiana. Edit. stereot. 12maj. (4 B.) Berolini 835, Reimer.**

—— Orationes Philippicae novem. In us. scholar. edidit Frid. Franke. 8maj. (18½ B.) Lipsiae 842. [Brandstetter.]

— Orationes Philippicae novem. In usum scholarum edidit Frid. Franke. 8maj. Lipsiae 842, Einhorn. 1 ℛ

—— **Orationes Philippicae, ad optimos libros accurate emendatae. Nova edit. stereot. 16. (8⅛ B.) Lipsiae 842, Car. Tauchnitz.**

—— Philippicae. Edid. Carl Aug. Rüdiger. Pars 1. Et. s. t.: Demosthenis Olynthiacae tres, Philippica prima et de pace. Textum ad codicem Σ et novissimas editt. recognov., harum discrepantiam et selectas aliorum suasque notas subjecit, duo excursus et tabulam chronolog. addidit Car. Aug. Rüdiger. Edit. 3., denuo apparata. 8maj. (VIII und 287 S.) Lipsiae 848, libr. Weidmann.

—— **orationes philippicae novem. In usum scholarum denuo ed. Frider. Franke. 8maj. (VIII und 296 S.) Lipsiae 850, Brandstetter.**

— orationes Philippicae novem. In usum scholarum tertium ed. Fried. Franke. P. I. Orationes sex priores continens. gr. 8. (IV, 172 S.) Leipzig 871. Brandstetter. 2.—

Demosthenes: Orationes de re publica.

— — — Graece. Ad codd. recogn. Imm. Bekker. Acc. scholia inedita. Halae 815. 8.

— — — Gr. Ad. codd. rec. Imm. Bekker. Berol. 816. 8. 12gr.

— orationes sel. graece. 8. Gotha, Ettinger. 778.

—— **Orationes selectae, ab J. H. Bremi, s. a. Bibliotheca Graeca etc. Scriptor. orat. ped. Vol XV.**

— Orationes selectae, commentarii in us. scholar. instructae ab J. H. Breme. 8 maj. Gotha 828. Hennings. 1 ℛ 4 𝔤𝔤 Postp. 1 ℛ 12 𝔤𝔤 Velinp. 1 ℛ 18 𝔤𝔤 (bild. auch d. Bibl. gr. viror. Vol. XV.)

**Demosthenis oratt. select. VII. ex recens. J. Bekkeri passim mutata. Prolegomenis, scholiis dispersis, lect. var. selecta, aliorum suisque not. instrux. indd. locupletiss. addidit Franc. Jos. Reuter. Pars I. et II. Cont. Philipp. I—III. Olynth. I—III. orat. de pace. 8maj. Augsb. 833. M. Rieger. (Himmer.) $1^7/_8$ ℛ**

— **oratt. select. commentariis in usum scholarum instructae ab Jh. Hnr. Bremi. (Orat. de corona.) 8maj. Gotha 834. Hennings. $^5/_6$ ℛ Postp. $1^1/_4$ ℛ Velinp. $1^1/_2$ ℛ (A. u. d. T.: Bibliotheca Graeca etc. Vol. XV. Sect. II.)**

— dasselbe. In usum scholarum ed. C. Wotke. 8. (XIV, 77 S. m. 1 chemigr. Portr. u. 1 Karte.) Prag 887. Tempsky. — Leipzig, Freytag. n. —60; geb. n.n. —80

—— **Orationes selectae. In usum scholarum ed. Frz. Slameczka. Accedunt ex orationibus XVIII. et XIX. excerpta. Adiuncta est tabula. 12. (XXI, 129 S.) Wien 890. Gerold's Sohn. cart. * —80**

—— **Orazioni scelte. Pubblicati ad uso delle scuole ital. da Gius. Defant. Con una carta ed un ritratto di Demosthene. 8. (XXIV, 93 S.) Wien u. Prag 889. Tempsky. — Lpz., Freytag. * —80**

Demosthenes: Philippica, s. Demosthenes: Oratio Philippica.

Demosthenes: Philippicae, s. Demosthenes: Orationes Philippicae.

—— Präparationen, s. Freund's Schüler-Bibliothek.

— Rede über den Chersones, s.: Bibliothek, kleine.

— Rede gegen die Chersonesfrage u. Rede gegen Leptines. s.: Universal-Bibliothek.

— *Rede gegen das Gesetz des* Leptines. Uebersetzt mit Einleitung und erklärenden Anmerkungen. Ansb. 819. 8.

**Demosthenes.** Rede gegen das Gesetz des Leptines ... Ansbach 1819. Ü: *Bomhard, Martin Chn Friedr.* (Gi) (MGT)

— Rede gegen d. Gesetz d. Leptines, übers. mit Einleit. u. Anmerkk. (v. M. C. F. Bomhard). 8. Ansb. 822. Gassert. 6 gl

— Rede vom Kranze, s.a. Bibliothek, kleine.

— Rede vom Kranze, hrsg. v. Ant. Stiß, s.a. Sammlung griech. u. röm. Klassiker.

**Demosthenes'** Rede vom Kranze. Herausgegeben von Anton Stitz. Mit 2 Abbildungen und einer Karte von Griechenland und Klein-Asien. Gr.-8. (XII, 115 S.) —.60, geb. —.85
Prag: Tempsky 1898.

Demosthenes' Rede für die Krone, s.a. Universal-Bibliothek.

— Rede für die Krone, u. Lysias Trauer-Lobrede, übersetzt v. Geo. Fr. Seiler. 8. Coburg 768. (Riemann). 8 gl

—— Rede für die Krone. Mit Einleit. u. Anmerkn. v. Friedr. Jacobs. gr. 8. (13 B.) Leipzig 833, Dyk.
Aus Demosthenes' Staatsreden (Leipzig: Dyk 1833) besonders abgedruckt.

— Rede f. die Megalopoliten. Griechisch u. deutsch m. ausführl. krit. u. exeget. Kommentar v. W. Fox. gr. 8. (XII, 205 S.) Freiburg i/Br. 890. Herder. n. 4. 50

— dasselbe. Für den Schulgebrauch bearb. v. W. Fox. A. u. B. 12. Ebd. 890. n. — 50
A. Text. (10 S.) n. — 10. — B. Kommentar. (48 S.) n. — 40

— II. u. III. olynthische Rede. Rede üb. den Frieden, s.: Bibliothek, kleine.

[Johann] Reuchlins Verdeutschung der ersten olynthischen Rede des Domosthonos. (1495. Hrsg. von Franz Poland. *Bolin: E. Felber 1899.* (LVI, 35 S.) 8°
= Bibliothek älterer deutscher Uebersetzungen. n. 199 9511 10

— erste Philipp. Rede, nebst Erläuterungen v. Aug. Scheffel. 8. Grätz 777.

—— erste philipp. Rede. Im Auszug übers. (v. B. G. Niebuhr.) Neuer Abdruck, mit e. Vorw. gr. 8. (1¼ B.) Hamburg 831, Fr. Perthes.

— 3. Rede gegen Philipp, s.: Bibliothek, kleine.

— *erste Rede gegen den* Philipp. Aus dem Griechischen. Hamb. 806. 8. 4 gr.
— — Aus dem Griechischen m. Anm. Magdeb. 809. 8. 3 gr.

— erste Rede gegen Philippos v. Macedonien, mit Anmerkk. 8. Magdeb. 810. (Creutz). 3 gl

**Demosthenes.** Erste Rede gegen den Philippus im Auszuge übersetzt. Hamburg 1805. Ü: *Niebuhr, Barthold Georg.* (Hoff)

— erste Rede gegen den Philippus. gr. 8. Hamb. Perthes. 806.

— — dieselbe m. Anmerk. 8. Magdeb. Creutz. 809.

—— Reden, Präparation, s. Freund's Schüler-Bibliothek.

—— dass. — s. Prosaiker, griechische, in neuen Uebersetzungen.

Demosthenes Reden, deutsch von Westermann, s. Sammlung griech. u. röm. Classiker, — Volksbibliothek, deutsche, der griech. u. röm. Classiker.

— u. Aeschines Reden, deutsch m. Anm. v. Reiske. 5 Thle. gr. 8. Lemgo, Meyer. 764—68. (1r u. 4r à 1 Thlr., 2r u. 3r à 1 Thlr. 8 gr., 5r 1 Thlr. 4 gr.)

Demosthenes und Aeschines Reden. Übers. m. Anm. von Reiske. Lemgo 764–68. 5 Thle. 8. 5 rthl. 20 gr. Ebend. 772. 5 B. 8. 5 rthlr. 20 gr.

— Reden, a. d. Griech. m. Anm. v. F. Jakobs. 8. Leipzig, Dyk. 805.

—— des, Reden. Uebersetzt von Carl Beck. 1. und 2. Bdchn. 8. Halle 876, Buchh. des Waisenhauses. à Bdchn. *M. 2,40. *
Inhalt:
Bdchn. 1. Zwölf Staats-Reden. (VIII, 240 S.)
„ 2. Drei Gerichts-Reden. (222 S.)

Demosthenes' Reden f. d. Schulgebr. ausgew. u. bearb. v. Christian Harder. Tl I. II. *Münster i. W.: Aschendorff 1897.* 2 Bde 8.
I. Text. Nebst Abschnitten aus d. Reden anderer Attiker. (XXXI, 159 S.)
II. Kommentar. (51 S.)
(Aschendorffs Sammlung lat. u. griech. Klassiker.) [98. 8614

— **Reden, f. den Schulgebrauch ausgewählt u. bearb. v. Christian Harden. II. Tl.: Kommentar. 2. verb. u. verm. Aufl. (60 S.) 8. Münster 909. Aschendorff. — 70**

— u. Aeschines auserles. Reden; übers. u. erläutert von A. G. Becker. 1r Thl. gr. 8. Halle 797. Hendel. 14 gl

—— ausgewählte Reden, übers. von R. Rauchenstein, s. Classiker des Alterthums.

Demosthenes, ausgewählte Reden zum Schulgebrauch hrsg. von Albert Doberenz. 1—3. Heft. 8. Halle, Buchhandlung des Waisenhauses. à Heft 7½ Ngr. Thlr. —
Auch unter den Titeln:
Heft 1. Die 3 Olynthischen Reden des Demosthenes. (XII und 67 S.) 848.
„ 2. Die erste und zweite Philippische Rede des Demosthenes. (VIII und 72 S.) 849.
„ 3. Die Rede über die Angelegenheiten im Chersones und die dritte Philippische Rede. (X und 86 S.) 851.

— dasselbe. Uebers. v. Westermann, s.a. Bibliothek, Langenscheidt'sche.

—— dass. — verdeutscht von A. Westermann, s.a. Sammlung, neueste, ausgewählter griechischer und römischer Classiker.

— ausgewählte Reden. Erklärt v. Ant. Westermann. 1—3. Bdchn. (Sammlung Griech. u. Latein. Schriftsteller mit Deutschen Anmerkgn.) 1. Bdchn.: [I—III. Olynthische Reden. IV. Erste Rede gegen Philippos. V. Rede vom Frieden. VI. Zweite Rede gegen Philippos. VIII. Rede über die Angelegenheiten im Chersonesos. IX. Dritte Rede gegen Philippos.] (XXX u. 169 S.) 851. 2. Bdchn.: [XVIII. Rede vom Kranze. XX. Rede gegen Leptines.] (218 S.) 850. 3. Bdchn.: [XXIII. Rede gegen Aristokrates. LIV. Rede gegen Konon. LVII. Rede gegen Eubulides.] 852. (161 S.) Leipzig 850—52, Weidmann. (1: 12 ngr 2: ½ rthl 3: ⅓ rthl) 1 rthl 7 ngr

—— dass. — 1. Bdchn. Olynthische Reden. Erste Rede gegen Philippos. Rede vom Frieden. Zweite Rede gegen Philippos. Rede über die Angelegenheiten im Chersonesos. Dritte Rede gegen Philippos. 2. Aufl. gr. 8. (203 S.) Ebds. 853.

— ausgewählte Reden. Erklaert von Ant. Westermann. 1. Bdchn. 2. Aufl. 855. (203 S.) — 3. Aufl. Berlin 856. Weidmann. 8. (200 S.) 12 ngr

— — 2. Bdchn. 2. Aufl. Ebend. 855. 8. (299 S.) 15 ngr

—— dass. — 2. Bdchn.: Rede vom Kranze. Rede gegen Leptines. 2. Aufl. gr. 8. (229 S.) Ebds. 855.

**Demosthenes'** ausgewählte Reden. Erklärt von Ant. Westermann. 1. Bdchn. 4. Aufl. Berlin 860. Weidmann. 8. (XXXII, 189 S.) 14 ngr.

— — 2. Bdchn. 2. Aufl. Ebend. 860. 8. (240 S.) 15 ngr.

—— ausgewählte Reden. Erklärt von Ant. Westermann. 1. Bdchn. 4. Aufl. und 2. Bdchn. 3. Aufl. gr. 8. (XXXII und 189 S.; 240 S.) Berlin 860, Weidmann'sche Buchh. [1. Bdchn. 14 Ngr.; 2. Bdchn. 15 Ngr.]

Demosthenes' ausgewählte Reden erklärt von C. Rehdantz. 1. Thl.: Zwölf philippische Reden für den Schulgebrauch erklärt. gr. 8. (VIII und 389 S.) Leipzig 860, Teubner. Thlr. -

Ausgabe in Heften:
Heft 1. Einleitung und olynthische Reden. (VI und 116 S.) 7½ Ngr.
» 2. I—III. Philippische Rede. Ueber den Frieden. Ueber Halonnes. Ueber die Angelegenheiten im Chersonnes. (162 S.) 9 Ngr.
» 3. IV. Philippische Rede. Gegen Philipp's Brief. Der Brief Philipp's. Kritische Anmerkungen. Indices. (111 S.) 7½ Ngr.

— ausgewaehlte Reden. Erklärt von Ant. Westermann. 1—3. Bdchn. Berlin 865—68. Weidmann. 8 1 ℛ︀ 11 ngr

1. Bdchn.: Philippische Reden. 5. Aufl. (230 S.) 14 ngr.
2. Bdchn.: Rede vom Kranze. Rede gegen Leptines. 4. Aufl (262 S.) 15 ngr.
3. Bdchn.: Reden gegen Aristokrates, Konon, Eubulides. 2. Aufl (175 S.) 12 ngr.

— ausgewählte Reden erklärt von C. Rehdantz. Leipzig, Teubner. 8.

1. Thl.: Die neun philippischen Reden. Für den Schulgebrauch erklärt. 1. Heft: I—III. Olynthische Reden. IV. Erste Rede gegen Philippos. 865. — 3. verb. Aufl. 870. (VI, 141 S.) 9 ngr.
2. Heft: V. Rede über den Frieden. VI. Zweite Rede gegen Philippos. VIII. Rede über die Angelegenheiten im Cherronos. IX. Dritte Rede gegen Philippos. Indices. 2. Aufl. 866. (177 S.) 12 ngr.

—— ausgewählte Reden erklärt von C. Rehdantz. 1. Thl.: Die neun philippischen Reden. Für den Schulgebrauch erklärt. 1. und 2. Heft. gr. 8. Leipzig, Teubner.

Inhalt:
Heft 1. I—III. Olynthische Reden. IV. Erste Rede gegen Philippos. 3. verb. Aufl. (VI, 141 S.) 1870. 90 Pf., und 4. verb. Aufl. (IV, 158 S.) 874. ℳ 1,50.
» 2. V. Rede über den Frieden. VI. Zweite Rede gegen Philippos. VII. Hegesippos Rede über Halonnes. VIII. Rede über die Angelegenheiten im Cherrones. IX. Dritte Rede gegen Philippos. Indices. 3. Aufl. (296 S.) 874. ℳ 3,30. (1. Abthl. Text und Commentar. ℳ 1,50.; 2. Abthl. Indices. ℳ 1,80.)

— dasselbe. Erklärt v. Ant. Westermann. 1. Bdchn. 6. Aufl. gr. 8. (230 S.) Berlin 871. Weidmann. 1. 50

— dasselbe. 1. Bdchn. 7. Aufl. v. Emil Müller. gr. 8. (IV, 438 S.) Ebend. 875. 3. —

— dasselbe. 2. Bdchen. [XVIII.] Rede vom Kranze. [XX.] Rede gegen Leptines. 5. Aufl. gr. 8. (259 S.) Ebend. 874. 1. 80

—— ausgewählte Reden erklärt von C. Rehdantz. 1. Thl.: Die neun philippischen Reden. Für den Schulgebrauch erklärt. 2 Hefte. gr. 8. Leipzig, Teubner.

Inhalt:
Heft 1. I—III. Olynthische Reden. IV. Erste Rede gegen Philippos. 5. verb. Aufl. (VI, 173 S.) 877. ℳ 1,20.
» 2. V. Rede über den Frieden. VI. Zweite Rede gegen Philippos. VII. Hegesippos Rede über Halonnes. VIII. Rede über die Angelegenheiten im Cherrones. IX. Dritte Rede gegen Philippos. Indices. 4. Aufl. (296 S.) 879. ℳ 3,30. (1. Abthl. Text und Commentar. ℳ 1,50.; 2. Abthl. Indices. ℳ 1,80.)

— ausgewählte Reden, erklärt von C. Rehdantz. 1. Thl. A. u. d. T.: Neun Philippische Reden. 1. Hft. I—III: Olynthische Reden. IV: 1. Rede gegen Philippos. 6. verb. Aufl. gr. 8. (VIII, 174 S.) Leipzig 881. Teubner. 1. 20

— dasselbe. Deutsch v. A. Westermann. (In 12 Lfgn.) 1. u. 2. Lfg. 8. Stuttgart 882. Werther. à n. — 35
1. 6. Aufl. (48 S.) — 2. 5. Aufl. (S. 49—88.)

—— dass. — Deutsch von A. Westermann. 12 Lfgn. 6. Aufl. 8. (175 S.) [Stuttgart 882, Werther.] Berlin, Langenscheidt'sche Verlagsb. à Lfg. * 35 Pf. *

—— dass. — Erklärt von Ant. Westermann. 1. Bdchn.: [I—III.] Olynthische Reden. [IV.] Erste Rede gegen Philippos. [V.] Rede vom Frieden. [VI.] Zweite Rede gegen Philippos. [VIII.] Rede über die Angelegenheiten im Chersonesos. [IX.] Dritte Rede gegen Philippos. 8. verb. Aufl., besorgt von Emil Rosenberg. gr. 8. (244 S.) Berlin 883, Weidmann'sche Buchh.
2. und 3. Bdchn. Ebendas. 1865,74. ℳ 3,30.

— dasselbe. Erklärt v. Ant. Westermann. 1. u. 2. Bdchn. 8. Berlin, Weidmann. 5. 20

1. [I—III.] Olynthische Reden. [IV.] 1. Rede gegen Philippos. [V.] Rede vom Frieden. [VI] 2. Rede gegen Pilippos. [VIII.] Rede üb. die Angelegenheiten im Chersonesos. [IX.] 3. Rede gegen Philippos. 8. verb. Aufl., besorgt v. Emil Rosenberg. (244 S.) 883. 1. 80
2. Reden vom Kranze u. gegen Leptines. 6. verm. Aufl. Besorgt v. Emil Rosenberg. (272 S.) 885. 3. 40

—— dass. — Für den Schulgebrauch erklärt von J. Sörgel. 1. und 2. Bdchn. gr. 8. Gotha, F. A. Perthes. * 8 —

Inhalt:
Bdchn. 1. Die drei olynthischen Reden und die erste Rede gegen Philippos enthaltend. Ausg. A., Text und Kommentar in 1 Bd. (S. 1—96.) — Ausg. B., Text und Kommentar jedes für sich, in 2 Heften. (IV, S. 1—29; S. 1—65) 883. à Ausg. ℳ 1,20.
» 2. Rede über den Frieden. Zweite Rede gegen Philipp. Rede über die Angelegenheiten im Chersones. Dritte Rede gegen Philipp. Ausg. A., mit untergesetzten Anmerkungen. (S. 97—232.) — Ausg. B., mit besond. Anmerkungen-Heft. (S. 3?—66; 67—164.) 884. à Ausg. ℳ 1,80.

— ausgewählte Reden, erklärt v. C. Rehdantz. 1. Tl.: Die 9 philipp. Reden. 1. Hft. I—III: Olynthische Reden. IV: Erste Rede gegen Philippos. 7. verb. Aufl., besorgt v. F. Blass. gr. 8. (VIII, 178 S.) Leipzig 884. Teubner. 1. 20

Demosthenes, Ausgewählte Reden. Erklärt von L. Sörgel. 8. I Bändchen. Die drei olympischen Reden und die erste Rede gegen Philippos enthaltend. (Schulausgaben griech. u. lat. Classiker A, 14.) (IV u. 95 S.) Wien, Carl Graeser. 72 kr. II. Bändchen. (Schulausgabe. 21. Bd.) (S. 97—232.) 1884.

— dasselbe. Verdeutscht v. A. Westermann. 1. u. 2. Lfg. 8. Berlin, Langenscheidt. à n. — 35
1. 7. Aufl. (48 S.) 886. — 2. 6. Aufl. (S. 49—88.) 889.

—— dass. — Für den Schulgebrauch erklärt von J. Sörgel. 1. Bdchn.: Die 3 olynth. Reden und die 1. Rede gegen Philippos enth. 2. Aufl. Ausg. a. Kommentar unterm Text. gr. 8. (VI, 93 S.) Gotha 886, F. A. Perthes.

—— dass. — Ausg. b. Text und Kommentar getrennt in 2 Heften. gr. 8. (VI, 29; 64 S.) Ebendas. 886.
2. Bdchn. Ebendas. 1884. ℳ 1.80.

—— ausgewählte Reden. Für den Schulgebrauch erklärt von C. Rehdantz. 1. Tl.: Die neun Philippischen Reden. 2. Heft. 2 Abtlgn. Neue Aufl., besorgt von Friedr. Blass. gr. 8. Leipzig 886, Teubner.

Inhalt:
Abtl. 1. V: Rede über den Frieden. VI: 2. Rede gegen Philippos. VII: Hegesippos' Rede über Halonn. VIII: Rede über die Angelegenheiten im Cherrones. IX: 3. Rede gegen Philippos. 5. verb. Aufl. (III, 147 S.) ℳ 1.50. — Abtl 2. Indices. 4. verb. Aufl. (148 S.) ℳ 1.80.
1. Heft. Ebendas. 1884. ℳ 1.20.

— dasselbe. Für den Schulgebrauch hrsg. v. K. Wotke. Mit 1 Karte u. e. Titelbild. 2., verm. Aufl. 8. (XXV, 93 S.) Leipzig 889. Freytag. n. — 80; geb. n. 1. —

**Demosthenes,** Ausgewählte Reden. Für den Schulgebrauch hrsg. von Dr. Karl Wotke. Mit einer Karte und einem Titelbilde. 2. verm. Aufl. 8. XXIII, 92 S.) —.48, gb. —.60
Prag: Tempsky 1889.

—— dass. — Erklärt v. Ant. Westermann, besorgt v. Emil Rosenberg. 1. u. 3. Bdchn. 8. Berl., Weidmann. 4 5

1. [I—III.] Olynthische Reden. — [IV.] 1. Rede gegen Philippos. — [V.] Rede vom Frieden. — [VI.] 2. Rede gegen Philippos. — [VIII.] Rede über die Angelegenheiten im Chersonesos. — [IX.] 3. Rede gegen Philippos. 9. verb. Aufl. (256 S.) 890. 2 25.
3. [XXIII.] Rede gegen Aristokrates. — [LIV.] Rede gegen Konon. — [LVII.] Rede gegen Eubulides. 3. verb. Aufl. (197 S.) 890. 1 80.
2. Bdchn. Ebd. 1885. 2 40.

—— Ausgewählte Reden, erklärt v. C. Rehdantz u. F. Blass. 2. Tl.: Die Rede vom Kranze. Für den Schulgebrauch v. Friedr. Blass. gr. 8. (XIV, 208 S.) Lpz. 890, Teubner. 2 10
1. Tl. Ebd. 1884—86. * 4 50.

— dasselbe. Erklärt v. Ant. Westermann. 1. Bdchn. 8. Berlin 891. Weidmann. 2. 25
[I—III.] Olynthische Reden. — [IV.] 1. Rede gegen Philippos. — [V.] Rede vom Frieden. — [VI.] 2. Rede gegen Philippos. — [VIII.] Rede üb. die Angelegenheiten im Chersonesos. — [IX.] 3. Rede gegen Philippos. 9., verb. Aufl., besorgt v. Emil Rosenberg. (256 S.)

— dasselbe. Für den Schulgebrauch hrsg. v. Karl Wotke. 3., verm. Aufl. gr. 8. (XXIX, 126 S. m. 1 Karte u. 1 Titelbild.) Leipzig 892. G. Freytag. n. 1. —; geb. n. 1.25

— dasselbe. Für d. Schulgebrauch erklärt v. J. Sörgel. I. Bdchn., die 3 olynth. Reden u. die 1. Rede gegen Philippus enth. 4., umgearb. Aufl., besorgt v. A. Deuerling. Ausg. A. Kommentar unter dem Text. gr. 8. (X, 98 S.) Gotha 893. F. A. Perthes. 1. 20; Ausg. B. Text u. Kommentar getrennt in 2 Hftn. (X. 29 u. 69 S.) 1. 20

Demosthenes, ausgewählte Reden, erklärt v. C. Rehdantz. 1. Tl. 1. Hft. gr. 8. Leipzig 893. B. G. Teubner. 1. 20
Neun philippische Reden, für den Schulgebrauch erklärt. 1. Hft.: I—III: Olynthische Reden. IV: Erste Rede gegen Philippos. 8., verb. Aufl., besorgt v. F. Blass. (VIII, 188 S.)

Demosthenes. Ausgewählte Reden. Für den Schulgebrauch herausgegeben von Dr. Karl Wotke. Mit einer Karte und einem Titelbilde. 3 vermehrte Auflage. 8. (XXIX, 126 S.) -.55, geb. —.70
Prag: Tempsky 1893.

— dasselbe. Verdeutscht v. Ant. Westermann. 5. u. 8. Lfg. 8. Berlin, Langenscheidt. n. — 35
5. Aischines gegen Ktesiphon vom Kranze u. Demosthenes' Rede für Ktesiphon vom Kranze. 4. Aufl. Rev. v. H. Uhle. (S. 65—112.)
8. Rede gegen Leptines § 165 bis Schluß u. Rede gegen Meidias. 3. Aufl. (3 Bdchn. S. 49—115.) 894.

— dasselbe. II. Bdchn. Ausg. A. Kommentar unt. Text gr. 8. Ebd. 895. 1. 80; Ausg. B. Text u. Kommentar getrennt in 2 Hftn. 1. 80
Rede üb. d. Frieden. 2. Rede geg. Philippos. Rede üb. d. Angelegenheiten i. Chersones. 3. Rede geg. Philippos. 3., umgearb. Aufl., besorgt v. A. Deuerling. (VIII, 137 bezw. VIII, 35 u. 101 S.) 1. 80

— dasselbe. Verdeutscht v. Ant. Westermann. 1. u. 2. Lfg. 8. Aufl. 8. Berlin 897. Langenscheidt. à n. — 35
1. Einleitung. 1—3. Olynth. Rede; Rede geg. Philipp u. Rede v. Frieden § 1—17. (1. Bd. S. 1—48.)
2. Rede v. Frieden § 18—Schluß; 2. Rede geg. Philipp; Rede üb. d. Angelegenheiten am Chersones; 3. Rede geg. Philipp. (1. Bd. S. 49—88.)

— ausgew. Reden. F. d. Schulgebrauch erklärt v. J. Sörgel. 1. Bdchn. Ausg. A.: Kommentar unt. Text. gr. 8. Gotha 897. F. A. Perthes. 1. 20
D. 3. olynth. u. d. 1. Rede geg. Philippos. 5., verb. Aufl. besorgt v. A. Deuerling. (X. 102 S.)

— dasselbe. F. d. Schulgebr. hrsg. v. Ed. Bottek. 8. (XLIII, 117 S. m. 1 Karte.) Wien 897. A. Hölder. n. — 95; geb. in Leinw. n.n. 1. 25

Demosthenes, des, ausgewählte Reden. Für den Schulgebrauch erklärt v. J. Sörgel. I. Bdchn., die 3 olynth. Reden u. die 1. Rede gegen Philippos enth. 6. verb. Aufl., besorgt v. A. Deuerling. Ausg. A. Kommentar unterm Text. gr. 8. (XII, 104 S.) Gotha 899. F. A. Perthes. 1. 20; Ausg. B, Text u. Kommentar getrennt in 2 Hftn. (XII, 29 u. 74 S.) 1. 20

— dasselbe. II. Bdchn. Rede üb. den Frieden. Zweite Rede gegen Philippos. Rede üb. die Angelegenheiten im Chersones. Dritte Rede gegen Philippos. 4. umgearb. Aufl., besorgt v. A. Deuerling. Ausg. B. Text u. Kommentar getrennt. 2 Hfte. gr. 8. (IV, 35 u. 103 S.) Ebd. 902. 1. 80

— dasselbe. Verdeutscht v. Ant. Westermann. Lfg. 1, 4, 9, 10 u. 12. 8. Berlin, Langenscheidt. à n. — 35
1. 9. Aufl. (1. Bd. S. 1—48.) 900.
4. 4. Aufl. Rev. v. H. Uhle. (S. 17—64.) 902.
9. 10. 12. 2. Aufl. Rev. v. H. Uhle. (4. Bd. S. 1—96 u. 145—175.) 899.

— dasselbe. Erklärt v. Ant. Westermann. 1. Bdchn. 8. Berlin, Weidmann. n. 2. 20
IV, 1. Rede gegen Philippos. I—III, Olynthische Reden. V, Rede vom Frieden. VI, 2. Rede gegen Philippos. VIII, Rede üb. die Angelegenheiten im Chersonesos. IX, 3. Rede gegen Philippos. 10. verb. Aufl. Besorgt v. Emil Rosenberg. (268 S.) 902.

Ausgewählte Reden des Demosthenes. Erkl. von Anton Westermann. 10. verb. Aufl. Bdch. 1. Besorgt von Emil Rosenberg. *Berlin: Weidmann 1902.* 8°
(Sammlung griech. u. lat. Schriftsteller mit deutschen Anm.) [illegible]

— dasselbe, f. den Schulgebrauch hrsg. v. Karl Wotke. 5. verb. Aufl. (XXVI, 122 S. mit 3 Abbildgn. u. 1 Karte.) 8. Leipzig 902. G. Freytag. Geb. n. 1. 40

Demosthenes, ausgewählte Reden. Verdeutscht v. Ant. Westermann. 2., 3. u. 6.—12 Lfg. 8. Berlin-Schöneberg, Langenscheidt's Verl. à n. — 35
II. 8. Aufl. (1. Bd. S. 49—88.) (903). — III. 5. Aufl. (2. Bd. X u. S. 1—16.) (906.) — VI. 5. Aufl. (2. Bd. S. 113—158.) (906). — VII. 4. Aufl. (3. Bd. S. 1—48.) (904.) — VIII—XII. 3. Aufl. (3. Bd. S. 49—115 u. 4. Bd. S. 1—175.) (904.)

— dasselbe. Erklärt von Ant. Westermann. 2. Bdchn.: (XVIII.) Rede vom Kranze. (XX.) Rede gegen Leptines. 7. Aufl. Bearb. von Emil Rosenberg. (288 S.) gr. 8. Berlin 903. Weidmann. n. 2. 60

— dasselbe. Für d. Schulgebrauch erklärt v. J. Sörgel. I. Bdchn., die 3 olynth. Reden u. die 1. Rede gegen Philippos enth. 7., bericht. Aufl. der umgearb. Ausg. v. A. Deuerling. Ausg. A. Kommentar unterm Text. (X, 104 S.) 8. Gotha 903. F. A. Perthes. n. 1. 20; Ausg. B. Text u. Kommentar getrennt in 2 Heften. (X, 29 u. 76 S.) n. 1. 20

- Ausgewählte Reden. Für den Schulgebrauch erklärt v. J. Sörgel. I. Bdchn., die 3 olynth. Reden u. die 1. Rede gegen Philippos enth., umgearb. v. A. Deuerling. (Ausg. A.) 8., verb. Aufl. (113 S.) 8. Gotha 907. F. A. Perthes. 1.20; kart. 1.50; Ausg. B, Text u. Kommentar getrennt in 2 Abtlgn. (VIII, 30 u. 81 S.) 1.20; kart. u. geh. 1. 50

— dasselbe. Verdeutscht v. Ant. Westermann. 1. Lfg. 10. Aufl. (1. Bd. S. 1—48.) kl. 8. Berlin-Schöneberg (908). Langenscheidt's Verl. — 35

— dasselbe. Nach Text u. Kommentar getrennte Ausg. (B) f. den Schulgebrauch v. J. Sörgel. II. Bdchen. Rede üb. den Frieden. 2. Rede gegen Philippos. Rede üb. die Angelegenheiten im Chersones. 3. Rede gegen Philippos. 5., umgearb. Aufl., besorgt v. G. Hüttner. 2 Tle. (IV, 38 u. 116 S.) 8. Gotha 909. F. A. Perthes. 1. 80

Demosthenes' ausgewählte Reden. Für den Schulgebrauch erklärt v. C. Rehdantz u. F. Blass. 1. u. 2. Tl. 8. Leipzig 909. B. G. Teubner. 3.80; geb. 4. 70
1. Die 9 philipp. Reden. 1. Heft. I—III: Olynthische Reden. IV: 1. Rede gegen Philippos. 9., verb. Aufl., besorgt v. K. Fuhr. (VIII, 176 S.) 909. 1.40; geb. 1. 80
2. Die Rede vom Kranze, erklärt v. F. Blass. 2. Aufl., besorgt v. K. Fuhr. (X, 212 S.) 910. 2.40; geb. 2. 90

— ausgewählte politische Reden, geh. i. d. athen. Volksversammlg. i. d. J. 351—341 v. Chr. Hrsg. v. Heinr. Reich. Text. gr. 8. (VIII, 147 S. m. Bildn. u. 1 farb. Karte.) Leipzig 896. B. G. Teubner. Geb. n. 1. 20

— ausgewählte politische Reden. Hrsg. v. Heinr. Reich. Kommentar. gr. 8. (IV, 148 S.) Leipzig 902. B. G. Teubner. Geb. n. 1. 40

— dasselbe. Hilfsheft. gr. 8. (IV, 112 S. m. 5 Abbildgn.) Ebd. 899. Geb. n. 1. —

Demosthenes. Ausgewählte politische Reden. Hrsg. von Dr. Heinrich Reich, Prof., München. (3.) Kommentar. *Leipzig & Berlin: B. G. Teubner 1902.* 8°
(B. G. Teubner's Schülerausgaben griech. u. lat. Schriftsteller.) [02 4434 11

— ausgewählte politische Reden, geh. in der athen. Volksversammlg. in den J. 351—341 v. Chr. Hrsg. v. Heinr. Reich. Text. 2. durchges. Aufl. (III, 144 S. m. Bildnis u. 1 farb. Karte.) 8. Leipzig 906. B. G. Teubner. Geb. n. 1.20

Demosthenes ausgewählte politische Reden geh. in d. athenischen Volksversammlung in d. Jahren 351—341 v. Chr. Hrsg. von Dr. Heinrich Reich. 2. durchges. Aufl. Text. Leipzig & Berlin: B. G. Teubner 1906. 8°
(B. G. Teubner's Schülerausgaben griech. u. lat. Schriftsteller.) [06. 10799

— *und* Aeschines *Reden über die Krone.* Uebers. von F. von Raumer. Berl. 811. 8.

— Olynthische Reden, s.a. Kultur, antike. 28. Bd.

— Dass., s.a. Universal-Bibliothek. Nr. 1080.

Demosthenes. Die Olynthischen u. Philippischen Reden nebst d. Rede üb. d. Frieden. Z. Gebr. f. Schüler hrsg. v. Prof. Dr. Hans Windel, Dir. ... zu Herford. Text. Kommentar. *Bielefeld & Leipzig: Velhagen & Klasing 1896.* 2 Bde 8.
Text. (XXVIII, 104 S.) Komm. (2 Bl., 46 S.)
(Sammlung latein. u. griech. Schulausgaben.) [96. 4600

— die Olynthischen u. Philippischen Reden nebst der Rede üb. den Frieden. Zum Gebrauch f. Schüler hrsg. v. Hans Windel. Text. (Neudr.) (XXVIII, 104 S.) 8. Bielefeld 905. Velhagen & Klasing. Geb. n. 1.30

Demosthenes, acht Reden gegen Philipp. Ausg. f. Schüler. Von G. Bräuning. 2 Abthlgn. gr. 8. Hannover 891. Norddeutsche Verlagsanstalt. n. 1.80
1. Text. (95 S.) n. 1.—. — 2. Kommentar. (64 S.) n. —80.

— acht Reden gegen Philipp. Ausg. f. Schüler. II. Abteilg.: Kommentar. Von G. Bräuning. 2. Aufl. (64 S.) 8. Hannover 904. Norddeutsche Verlagsanstalt O. Goedel. Geb. n. —80

— acht Reden gegen Philipp. Ausg. f. Schüler. 1. Abtlg.: Text. Von G. Bräuning. 2. Aufl. (95 S.) 8. Hannover 908. Norddeutsche Verlagsanstalt O. Goedel. Geb. 1.—

— olynthische Reden u. Rede über den Frieden, — Philippi'sche Reden, } s. a. Universal-Bibliothek.

— Philippische Reden. uebersetzt, erläut. u. mit e. Abhandl. begleitet v. Dr. A. G. Becker. 2 Theile. N. Aufl. gr. 8. Halle 824 u. 26, Hendel.

Demosthenes' 9 Philippische Reden, für den Schulgebrauch erklärt von C. Rehdantz. 2. Hft. 1. Abth. [V: Rede über den Frieden. VI: 2. Rede gegen Philippos. VII: Hegesippos Rede über Halonnes. VIII: Rede über die Angelegenheiten im Chersones. IX: 3. Rede gegen Philippos.] 4. Aufl. gr. 8. (162 S.) Leipzig 879. Teubner. 1.50

— neun philippische Reden. Für den Schulgebrauch erklärt v. C. Rehdantz. 2. Hft. 2 Abthlgn. Neue Aufl., besorgt v. Frdr. Blass. gr. 8. Leipzig 886. Teubner. 3.30
1. V: Rede üb. den Frieden. VI: 2. Rede gegen Philippos. VII: Hegesippos' Rede üb. Halonn. VIII: Rede üb. die Angelegenheiten im Chersones. IX: 3. Rede gegen Philippos. 5. verb. Aufl. (III, 147 S.) 1.50
2. Indices. 4. verb. Aufl. (148 S.) 1.80

— neun Phillippische Reden. Textausg. f. d. Schulgebrauch v. Th. Thalheim. gr. 8. (XIV, 144 S.) Leipzig 896. B. G. Teubner. Kart. n. 1.—

— neun Philippische Reden. Für den Schulgebrauch erklärt v. C. Rehdantz. II. Heft. 1. Abtlg. V: Rede über den Frieden. VI: Zweite Rede gegen Philippos. VII: Hegesippos Rede üb. Halonnes. VIII: Rede üb. die Angelegenheiten im Chersones. IX: Dritte Rede gegen Philippos. 6. verb. Aufl., besorgt v. Frdr. Blass. (IV, 154 S.) gr. 8. Leipzig 905. B. G. Teubner. n. 1.50; geb. n. 2.—

— zehn Reden. Für den Schulgebrauch nebst den nöthigen Einleitungen herausg. von Frz. Pauly. (Philippische Reden u. die Rede von Kranze.) Wien 857. Gerold. 8. (LXVII, 236 S.) 15 ngr

—— zehn Reden. Nebst den nöthigen Einleitungen zum Schulgebrauche hrsg. von Frz. Pauly. 3 Bdchn. 2. Aufl. 8. Wien 864, Gerold's Sohn. *

Inhalt:
Bdchn. 1. Allgemeine Einleitung. — I—III. Olynthische Rede. (XL und 34 S.) 6 Ngr.
» 2. I. Rede gegen Philippos. — Rede vom Frieden. — II. Rede gegen Philippos. — Rede über Halonnesos. — Rede über die Angelegenheiten in Chersonesos. — III. Rede gegen Philippos. (XII und 90 S.) * 7 Ngr.
» 3. Die Rede vom Kranze. (VIII und 112 S.) * 7 Ngr.

—— zehn Reden. Nebst den nöthigen Einleitungen zum Schulgebrauche hrsg. von Frz. Pauly. 3 Bdchn. 8. Wien, Gerold's Sohn. *

Inhalt:
Bdchn. 1. Allgemeine Einleitung. — Olynthische Reden. 3. und 4. Aufl. (XL, 34 S.) 871,73. 60 Pf.
» 2. I. Rede gegen Philippos. Rede vom Frieden. — II. Rede gegen Philippos. — Rede über Halonnesos. — Rede über die Angelegenheiten im Chersoneses. — III. Rede gegen Philippos. 3. und 4. Aufl. (XII, 90 S.) 873,75. 70 Pf.
» 3. Die Rede vom Kranze. 3. Aufl. (VI, 112 S.) 871. 70 Pf.

*Demosthenis* scripta, commentariis H. Wolfii, Jo. Taylori, J. Marklandi aliorumque et Reiskii ipsius animadvers. indicibusq. instructa. II Voll. 8 maj. Leipz. 770—75. (List in Berl.) 5 ℛ

Δημοσθένους τὰ σωζόμενα. Demosthenis opera recensuit graece et latine, cum fragmentis nunc primum collectis et indicibus auctis ed. Joh. Theod. Voemelius. II Part. Lex.-8. Parisiis, Didot fratres. [I. (31¼ B.) 843. * 4 Thlr., II. (21¼ B.) 45. 1 Thlr. 20 Ngr.] *

— *Staatsreden.*

—— s.a. Bibliothek, Langenscheidt'sche, sämmtl. griech. u. röm. Klassiker. — Freund's, W., Schüler-Bibliothek.

Demosthenes Staatsreden, übersetzt u. mit Anmerkk. versehen von Fr. Jakobs. 8. Leipz. 805. Dyck. 2 ℛ 8 gr

—— Staatsreden nebst d. Rede f. d. Krone. Uebers. u. mit Einleitn. u. erläut. Anmerkn. begl. v. Friedr. Jacobs. 2., verm. u. umgearb. Aufl. gr. 8. (43¼ B.) Leipzig 833, Dyk.

Demosthenes' Staatsreden nebst der *Rede für die Krone.* Uebers. u. mit Einleitungen u. erläut. Anmerk. begleitet von *Frdr. Jacobs.* Abdr. d. 2. umgearb. Aufl. Leipzig, Dyk. o. J. (Vorr. dat. Gotha 1832.) 12°. Eleg. Hfrzb. 490 S. (incl. 26 S. für Titel u. Vorrede).

Demosthenes' ausgewählte Staatsreden. Für den Schulgebrauch erklärt v. Ferd. Rösiger. 1. Bdchn.: Die hellen. Reden: Über die Symmorien. Für die Freiheit d. Rhodier. Für d. Megalopoliten. [XIV—XVI.] 8. (VIII, 103 S.) Paderb. 892, F. Schöningh. * 1 —

— Werke, übers. von Döberlein, s. Prosaiker, griechische.

— Werke, übers. von Hnr. Aug. Pabst. Vollst. in 19 Bdchn. 16. Stuttgart, Metzler. Subscr.-Pr. à 1/6 ℛ

— Werke. Uebersetzt v. H. A. Pabst. 16—56 Bdchn. 16. Stuttgart 839. Metzler. (à 1/6 ℛ) 5/6 ℛ

Demosthenes. Werke, übersetzt von Heinrich August Pabst. 3 Bde. Stuttgart 1842. 8°.

—— Werke. Griech. u. Deutsch, mit krit. u. erklär. Anmerkungen. 1. Thl. — A. u. d. Ttl.: Demosthenes olyntische Reden. gr. 12. (3½ B.) Leipzig 842, Engelmann. *

— Werke. Griechisch und deutsch mit krit. und erklär. Anmerkungen. 2. Thl.: Erste Rede gegen Philippos, Rede über den Frieden, zweite Rede gegen Philippos. gr. 12. (108 S.) Leipzig 851, W. Engelmann. *
1. Thl. Ebendas. 1842. * 10 Ngr.

**Demosthenes' Werke.** Griechisch und deutsch mit kritischen und erklärenden Anmerkungen. Leipzig 856—58. Engelmann. gr. 12.
1. Thl.: Die olynthischen Reden. 2. vielfach verb. Aufl. 856. (84 S.) n. 10 ngr
2. Thl.: Erste Rede gegen Philippos, Rede über den Frieden, zweite Rede gegen Philippos. 2. vielfach verb. Aufl. 858. (106 S.) n. 10 ngr
3. Thl.: Dritte Philippische Rede und Rede über die Chersonesische Frage. 856. (150 S.) n. 10 ngr
4. Thl.: Die halonnesische, vierte philippische und gegen Philipps Manifest gerichtete Rede nebst diesem Manifeste. 856. (150 S.) n. 10 ngr
5. Thl.: Die Rede vom Kranze. 857. (XX, 215 S.) 18 ngr
6. Thl.: Rede über die persische Frage (genannt: über die Symmorien), für die Befreiung der Rhodier, für die Megalopoliten. 857. (107 S.) n. 10 ngr

Demosthenes' Werke. Griechisch und Deutsch mit kritischen und erklärenden Anmerkungen. Leipzig 859—61. Engelmann. 12.
1. Thl.: Olynthische Reden. 3. verb. Aufl. 861. (VII, 70 S.) n. 10 ngr
7. Thl.: Rede über Gesandtschaftsverrath. 859. (216 S.) 18 ngr
8. Thl.: Rede gegen Leptines. 860. (162 S.) 18 ngr
9. Thl.: Rede gegen Meidias. 860. (207 S.) 18 ngr
10. Thl.: Reden gegen Androtion und Timokrates. 861. (223 S.) 18 ngr

Demosthenes' Werke. Griechisch und deutsch mit krit. und erklär. Anmerkungen. 3. Thl.: Die dritte Philippische Rede und Rede über die Chersonesische Frage. 2. verb. Aufl. 8. (136 S.) Leipzig 876, Engelmann. *
1., 2. und 4.—10. Thl. Ebendas. 1857—65. * M. 13.

**Demosthenes' Werke.** Verdeutscht v. Ant. Westermann. 5. Lfg. 5. Aufl. (S. 65—112.) kl. 8. Berlin-Schöneberg (907). Langenscheidt's Verl. — 35

Demougé, Georg Ludw., Breisach, Breisgau. Dissertatio physiologica inauguralis de adulti hominis corde in genere. Basel, Med. Diss. v. 9. Febr. 1745

**Demoulin,** Mme Gustave, Français illustres, hrsg. v. F. Schürmeyer, s.: Prosateurs français.

Demoulin, Jos., deux anges tombés. 16. (212 S.) Leipzig 858, A. Dürr.

— Claire Stévart. (Suivi de „Les aventures de Cocoli.") 2 Vols. 16. (469 S.) Leipzig 857, A. Dürr.

**Demoulin,** Maurice, la navigation transatlantique et les navires à vapeur, s.: Schulbibliothek französ. u. engl. Prosaschriften aus der neueren Zeit.

**Demoustier.** s. a. **Moustier.**

**Demoustier, A. T.,** Manuel Lexique philologique, didactique et polytechnique, ou Dictionnaire portatif des sciences et des arts: Selon l'Academie Française. (Aide-mémoire des personnes instruites.) gr. in-8. Paris 844. Carlsruhe, Bielefeld. n. 1 5/6 Thlr

**Dempf, A.,** der Burgamoischt'r v. Lamplhausa', s.: Dilettantenbühne, kathol.

— bayerische Einquartierung, s.: Dilettantenbühne, kath.

**Dempf,** A., militärische Visitation, s.: Theaterstücke, heitere.

Dempflin, C. L., Einrichtung, Gang und Form des öffentlichen mündlichen Strafverfahrens mit Anklageschaft und Geschworenengericht zur Belehrung des größeren Publikums dargestellt. gr. 8. (II und 94 S.) Ulm 849, (Stettin'sche Buchh.)

**Dempp, A. V.,** Handbuch der Dampfmaschinen-Baukunst. Von den französischen Ingenieuren E. M. Bataille et C. E. Jullien. 1ster Theil. Quedlinburg. 1847. 1 1/2 Thlr.

Dempp, Karl Wilh., Anfangsgründe d. techn. Naturlehre. Zunächst f. Schüler an Baugewerks-Schulen u. f. Bauleute überh. M. 4 Stnt. gr. 8. (20 B.) München 835, Fleischmann.

Dempp, Carl Wilh., Anfangsgründe der technischen Naturlehre. Zunächst für Schüler an Baugewerks-Schulen und für Bauleute überhaupt. 2., billige Schulausg. gr. 8. (VIII und 311 S. mit 4 Stnt. in qu. Fol.) München 853, Fleischmann.

Dempp, Karl Wilh., die bürgerliche Baukunst mit steter Beziehung auf d. Gesammte d. Bauführung, nach d. kgl. bayer. Bauordnung dargest. in Grundplänen u. Gebäudeansichten von Neubauten in d. kgl. Haupt- u. Residenzstadt München, nach Entwürfen v. Frz. Xav. Eichheim ꝛc. Mit Berücksichtig. der den neuesten Erfahrungen entsprechenden Heizungen u. Blitzableiter. gr. 4. (20 B. u. 28 Taf.) München 844, Lindauer'sche Bh.

— gemeinverständlicher Baurathgeber in allen baulichen u. baurechtlichen Vorfällen. Ein Hand- u. Hilfsb. f. Hausbesitzer u. Bauunternehmer in Städten u. Märkten, mit besond. Berücksichtig. Bayerns. gr. 8. (15 1/2 B. u. 3 Fig.-Taf.) München 843, Lindauer'sche Buchh.

**Dempp,** Carl Wilh., gemein-verständl. Baurathgeber in allen baulichen u. baurechtl. Vorfällen. Ein Hand- u. Hilfsbuch f. Hausbesitzer u. Bauunternehmer in Städten u. Märkten mit besond. Berücksicht. Bayerns. Mit 3 (lith.) Figurentaf. (in qu. Fol.) Neue, wohlf. (Titel-)Ausg. gr. 8. (XIV u. 232 S.) München 848, Lindauer. 1/2 Thlr

— detaillirte bautechnische Beschreibung bayerischer Bierbrauereigebäude mit Sudwerken von 14 u. 8 Schäffeln Malz, nebst vorausgeschickter übersichtl. Darstell. d. technischn. Baubetriebs. gr. 8. (7 B. u. 7 Plantaf.) München 843, Lindauer'sche Bh.

— technische Bibliothek f. Hafner, Ofenbauer u. m. Feuerungsanlagen Beschäftigte überhaupt. Eine sowohl das Innere der Construktion nach den neuesten u. erprobten Erfahrgn., als auch das Aeußere derselben nach den verschied. Baustylen darstellende Sammlung von Zimmer- u. Kochöfen, Sparkochherden ꝛc. Mit steter Rücksichtsnahme auf vermehrte Wärme-Ausstrahlung u. möglichster Ersparniß an Heizmaterial. 1—9. Lfg. Imp. 4. (18 S. u. 34 lith. Taf. in Imp. 4. u. Imp.-Fol.) München 850, Roller. (à 6 3/4 ngr) 1 7/8 Thlr

— technische Bibliothek für Maurer. Eine Plansammlung von ausgeführten bürgerl. und ländl. Wohngebäuden, mit vorzügl. Rücksicht auf ihre gewerbl. und agrikole Einrichtung, von Pfarr- und Schulgebäuden, Hospitälern ꝛc. 1—21. Lfg. Imp.-4. (16 S. und 77 Stnt. in Imp.-4. und Imp.-Fol.) München 850—52, Roller. à Lfg. 6 3/4 Ngr.

— technische Bibliothek f. Steinmetzen, Bildhauer u. Stukatorer. Eine alle Theile der Steinmetzkunst sowie auch die verschied. Baustyle umfassende, vorzüglich aber die in München ausgeführten Steinmetzbauwerke hervorstellende Sammlg. v. Gesimsen, Fenster- u. Thüreinfassgn., Thoren ꝛc. 1—12. Lfg. Imp. 4. (8 S. u. 46 lith. Taf.) Ebd. 850. (à 6 3/4 ngr) 2 1/2 Thlr

— technische Bibliothek für Zimmerleute. Eine Plansammlung von ausgeführten Dachstühlen, Häng- und Sprengwerken, Treppen ꝛc. 1—12. Lfg. Imp.-4. (16 S. und 34 Stnt. in Imp.-4. und Imp.-Fol.) München 850, Roller. à Lfg. 6 3/4 Ngr.

— die erste Dampfbierbrauerei in München. Mit e. gedrängten Zusammenstell. d. Wichtigsten über stehende Dampfmaschinen u. einer Zugabe, die bautechn. Beschreibung d. bayer. Sommer- od. Lagerbierkellergebäude enthaltend. gr. 8. (8 B. u. 6 Plantaf.) München 843, Lindauer'sche Buchh.

Dempp, Karl Wlh., übersichtliche Darstellung der gesammten Baukunde. Mit e. angehängten kurzgefaßten Grundrisse der technischen Chemie, als Vorbereitung z. Baumaterialienlehre. Zunächst für Schüler an Baugewerks-Schulen u. für Bauwerkleute überhaupt. Mit 4 Steintaf. gr. 8. München 835. Fleischmann. $1^1/_3$ ℛ

— übersichtliche Darstellung der gesammten Baukunde. Mit einem angehängten kurzgefaßten Grundrisse der technischen Chemie, als Vorbereitung zur Baumaterialienlehre. Zunächst für Schüler an Baugewerks-Schulen und für Bauwerkleute überhaupt. Mit 4 Steintaf. (in qu. Fol.) 2., billige Schulausg. Ebend. 853. gr. 8. (VI, 314 S.) 1 ℛ

—— Handbuch d. theoret. u. prakt. Geometrie. Zunächst f. Bau- u. Werkmeister rc. u. f. Bauwerkleute e. jed. Baufaches überh. M. 9 Figtaf. gr. 8. (18 B.) München 840, Lindauer'sche Buchh.

Dempp, Karl Wlh., Lehre von den Baumaterialien, mit Rücksicht auf ihr Vorkommen in der Natur. Ein Handbuch für angehend Architekten, Ingenieure, Maurer-, Steinmetz- und Zimmermeister, so wie auch für Kameralbeamte. Mit 2 Figurentaf. gr. 8. München 842, Lindauer'sche Buchh. $1^2/_3$ ℛ

Dempp, Karl Wilh., Muster-Sammlung für Hafner, Ofenbauer u. mit Feuerungsanlagen Beschäftigte überhaupt. 1 Hfte. Roy.-4. (48 Stnt. u. ... B. Text.) München 841—46. [Roller.] à 20 Ngr.

— Mustersammlung für Maurer. Eine Plansammlung von ausgeführten bürgerlichen u. ländlichen Wohngebäuden, mit vorzüglicher Rücksicht auf ihre gewerbliche u. agrikole Einrichtung, dann Pfarr- u. Schulgebäuden, Hospitälern, Kapellen, Kirchen, Brau- u. Brennereien rc. 6 Hefte, jedes mit 12 Taf. u. Text. gr. 4. Ebend. 844—46. (à $^2/_3$ ℛ) 4 ℛ

— dass. 1. Bd. $2^2/_3$ ℛ

— Mustersammlung für Steinmetzen, Bildhauer und Stuckatorer. Eine alle Theile der Steinmetzkunst, so wie auch die verschiedenen Baustyle umfassende Sammlung von Gesimsen, Fenster- u. Thüreinfassungen, Treppen, Monumenten, namentlich Grabdenkmalen, Taufsteinen, Altären, Brunnen, Gewölben mit dazu gehörigem Steinschnitt, Giebeln, Säulen, Bogenstellungen rc. 4 Hfte. à 12 Taf. u. Text. 2. Aufl. gr. 4. Ebend. 844. (à $^2/_3$ ℛ) $2^2/_3$ ℛ

— dass. in 1 Bd. $2^2/_3$ ℛ

— Mustersammlung für Zimmerleute. Eine Plansammlung v. ausgeführten Dachstühlen, Häng- u. Sprengwerken, Treppen, Tanzplätzen im Freien, Hütten zu Volksfesten u. für Kunstreiter, Sommerhäusern, Holzbahnen, Rostbauten, Brücken, Schlagwerken, Sägemühlen rc. 4 Hfte. à 12 Taf. u. Text. gr. 4. Ebend. 844, 45. (à $^2/_3$ ℛ) $2^2/_3$ ℛ

— Muster-Sammlung f. Zimmerleute. 1—4. Hft. gr. 4. (48 Stnt. u. 4 B. Text.) München 45, 46, Roller. à

— vollständ. Rechnenbuch. Mit e. Anweisung zur Ausarbeitung wichtiger Kostenanschläge. Zunächst für Schüler an Baugewerks-Schulen u. für Bauleute überhaupt. gr. 8. München 835. Fleischmann. $1^1/_3$ ℛ

— vollständiges Rechenbuch. Mit einer Anweisung zur Ausarbeitung richtiger Kostenanschläge. Zunächst für Schüler an Baugewerks-Schulen u. für Bauleute überhaupt. 2. zum Theil veränd. Aufl. gr. 8. München 841, Fleischmann. $1^1/_3$ ℛ

—— vollständiges Rechenbuch mit Einschluß der Flächen- und Körperberechnung und einer Zugabe über Anfertigung der Kostenanschläge. Zunächst für Schüler an Baugewerkschulen und Baugewerkleute überhaupt rc. 3., zum Theil veränd. und mit Holzschn. verm. Aufl. gr. 8. (VI und 312 S.) München 847, Fleischmann.

Dempp, Carl Wilh., vollständiges Rechenbuch mit Einschluß der Flächen- und Körperberechnung und einer Zugabe über Anfertigung der Kostenanschläge. Zunächst für Schüler an Baugewerksschulen und Baugewerksleute überhaupt rc. 3., zum Theil veränd. und mit (eingedr.) Holzschn. verm. Aufl. Billige Schulausg. gr. 8. (VI und 313 S.) München 853, Fleischmann.

— Taschenbuch für angehende Maurer-, Steinmetz- und Zimmermeister. Mit 2 Figurentaf. gr. 12. München 841, Lindauer'sche Buchh. (Sauer.) $1^1/_6$ ℛ

—— Taschenbuch für angehende Maurer-, Steinmetz-, Zimmer-, Werk-, Wegmeister und Paliere, enthaltend die im Bauwesen vorkommenden Maße und Gewichte, Flächen- und Körperberechnungen; die Gesetze der Mechanik und der Baumaschinen; die Festigkeit der Materialien; das Vermessen und Nivelliren; Begriff und Bestandtheile eines Bauprojectes, Preisverzeichnisse rc. Von Carl Reuter und Heinr. Grebenau. 2. Aufl. gr. 12. (XXIV und 532 S. mit eingedr. Holzschn. und 2 Stnt. in qu. Fol.) München 852, Lindauer'sche Buchh.

Dempp's, Carl Wilh., Taschenbuch für angehende Maurer-, Steinmetz-, Zimmermeister, Mühlärzte rc. (In 2 Thln.) 1. Thl. enthaltend: die Arithmetik; die Lehre vom Maaß und Gewicht; Geometrie, Flächen- und Körperberechnung rc., mit besond. Berücksicht. der auf das Meisterexamen sich vorbereitenden Bauhandwerker. Gänzlich umgearb. von Heinr. Grebenau. 3. Aufl. 12. (XVIII und 532 S. mit zahlreichen in den Text gedr. Holzschn. und 1 lithogr. Figurentaf. in qu. gr. 4.) München 860, Lindauer'sche Buchh. *

Dempp's, Carl Wilh., Taschenbuch für angehende Maurer-, Steinmetz-, Zimmermeister, Mühlärzte rc. 3. Aufl. Gänzlich neubearb. von Heinr. Grebenau. 2. Thl. A. u. d. T.: Anleitung zur Herstellung verlässiger Kostenanschläge mit 385 Preisentwickelungen für das Landbauwesen, von Heinr. Grebenau. 8. (XVI und 548 S. mit in den Text gedr. Holzschn. und 1 lithogr. Fig.-Taf. in qu. gr. 4.) München 862, Lindauer'sche Buchh. *
1. Thl. Ebendas. 1860. * 1 Thlr. 6 Ngr.

—— vollständiger Unterricht in d. Technik der Blitzableitersetzung nach 66 Modellen, nebst einem vorbereit. Auszuge d. Elektrizitätslehre u. geschichtl. Notizen üb. d. Erfind. u. Einführung der Blitzableiter, f. Architekten, Ingenieure, Bau- u. Werkmeister rc. gr. 12. (5 B. u. 3 Fig.-Taf.) München 842, Franz.

Dempwolff, die russischen Ostseehäfen Libau, Riga, Reval, St. Petersburg und Kronstadt, s. Herzbruch.

Dempwolff, A. I., de origine, progressu et hodierno statu pharmaciae. 8. maj. Götting. Brose. 807.

*Dempwolff*, A. J., de origine, progressu et hodierno statu pharmaciae. 8 maj. Gött. 807. (Vandenhöck u. R.) 6 gr

— — id. lib. Götting. Dankwert. 808.

Aug. Frid. Dempwolff diss. philosophico-pharmaceutica de origine, progressu et hodierno statu pharmaciae eiusque emendandae ratione. Gotting. 1808. 8. (Cfr. *Andr. Jo. Retzius fragmentum historiae pharmaceutices veterum* in Act. Havn. vol. I.)

Dempwolff, Carl Aug.

Dempwolff, C. A., die Bayern in Frankreich 1870—1871. Illustrirtes Gedenkbuch f. das bayerische Volk u. Heer. 15 Lfgn. Lex.-8. (247 u. VIII, 250 S. m. Holzschntaf.) Darmstadt 871—73. liter.-artist. Anstalt. à — 40

—— mittelitalienische Fahrten. 1. Bd.: Bologna. Florenz. Reise-Erinnerungen. 8. (205 S.) München 873. Beck. *

—— oberitalienische Fahrten. 8. (III, 251 S.) Wien 860, Hartleben's Verlag.

Dempwolff, Carl Aug., auf Helgoland, s.: Enßlin's Roman- u. Novellenschatz. 60. Bd.

—— vor und hinter den Coulissen. Skizzen und Erinnerungen. 6 Bde. 8. (III, 88; III, 96; III, 91; III, 96; III, 95; III, 92 S.) Wien 868—70, Hartleben's Verlag. à Bd. ℳ 1.

—— Novellen. 1. und 2. Sammlung. à 3 Bde. 8. (255; 284; 229; 279; 239; 244 S.) Hannover 871,73, Rümpler. à Sammlung ℳ 10,50.

Dempwolff, C. A., aus meiner Wander-mappe, f. Bergson's Eisenbahnbücher.

— aus dem lustigen Wien, s. a. Bergson's Eisenbahnbücher.

DEMPWOLF, E. A., Aus dem lustigen Wien. Leipzig 1865.
Gmähle's Leihbibl., München, no. 25615.

Dempwolff, E. A., s. Dempwolff, Carl Aug.

**Dempwolff,** Fritz, aus Hannover: Über die Konstitution des Bz-Oxylepidons. *Hannover 1902: Vereinsbuchdruckerei.* (38 S.) 8°
Tübingen, Naturw. Diss. v. 1902

**Dempwolff,** G., Konstantinopel, s. Weber's illustrirte Reisebibliothek.

**Dempwolff,** Carl, aus Aurich: Über die Wanderung der Ionen im Methylalkohol als Lösungsmittel. *Rostock 1903: Adlers Erben.* (52 S.) 8°
Rostock, Phil. Diss. v. [28. Okt.] 1903

**Dempwolff, Otto** (Pillau/Memel), Ueber einen Fall von Mediastinalsarcom. Diss. med.-chir. Bln. (G. Schade [O. Francke]) 12. III. 1892. 32 S. mit Biogr. (4.—) 6313
Oppon.: Dahmer, Weltz, Werner.

Dems (Hrsg.), s. Anzeiger für Bibliographie u. Bibliothekswissenschaft. Jg. 1856.

Dems (Hrsg.), s. Anzeiger für Bibliothekswissenschaft. Jg. 1848/49.

DEMSAR, Josef: Der moderne Spiritismus beleuchtet vom Standpunkt der christlichen Grundsätze. — (1906) 81 S. 4° (Handschr.) Diss. 817
Diss. Wien, Univ.

Demscher, I. A., Genuina iurisprudentiae roman. fundam. 2 pts. 4. Wien, Gerold. 745.

DEMSCHICK, Joseph (Tiefenbach): Ueber den thierischen Magnetismus.- München 1816. 40 S.
2.9.1816 - Pe 352; F 57
Diss. Ingolst.-Landsh.-Mchn.

**Demschick,** J., üb. d. thierischen Magnetismus. 8. Münch. 817. Lentner. 3 gr.

**Demski, Augustin,** Papst Nikolaus III., s.a. Studien, kirchengeschichtliche. VI. 1. 2.

**Papst Nikolaus III.** Eine Monographie von Augustin **Demski.** *Münster i. W.: H. Schöningh 1903.* (XII, 364 S.) 8°
— **Studien,** Kirchengeschichtliche. Bd 6, H. 1. 2. 7484 4

**Demski,** Augustin: Rudolf I. von Habsburg und die römische Kaiserkrone während des Pontifikates Nikolaus' III. Das sogenannte Vierstaatenprojekt. Münster i. W. 1906: Westf. Vereinsdr. (62 S.) 8° ¶ (Aus: Kirchengeschichtliche Studien. Bd 6. 1903 S. 153—212.)
Breslau, Kath.-theol. Fak., Ref. Sdralek, Diss. v. 10. Jan. 1906
[Geb. 19 Juli 77 Stein, Kr. Rybnik; Wohnort: Schurgast, Oberschlesien; Staatsangeh. Preußen: Vorbildung: Gymn. Kattowitz Reife O. 98; Studium: Breslau 7 S; Rig. 9. Dez. 05.]

**Demtschinsky,** N. A., u. B. N. **Demtschinsky,** die Vervielfachung u. Sicherstellung der Ernteerträge. Theorie u. Praxis der Ackerbeetkultur. Umgearb. nach der 6. russ. Aufl. (116 S. m. 10 Abbildgn. u. 12 Taf.) gr. 8. Berlin 909. B. Parey. 2.50; m. farb. Taf. 4.50

**Demus,** Joh. Albr., der württembergische Gesetzes-Index. Ein alphabet. nach dem Demus-Holzinger'schen System geordnetes Sachregister über die Gesetze und andere Bekanntmachungen. Ein neu bearb. Werk. Lex.-8. (IV und 136 S.) Stuttgart 867, Koch. *

Demus JA, Grundzuge des Rechnungsrechts. Mit Sachregister. Stuttgart 1859

—— Handbuch der direkten Steuer-Gesetzgebung Württembergs, mit kurzer Steuerrecht. Einleitung, Vorschlägen für das definitive Grund-Cataster und Normalien des Königl. Steuer-Collegiums. 2. Ausg. gr. 8. (VI und 162 S.) Stuttgart 863, Koch. *

—— alphabetisch-systematisch geordnetes Sachregister über die Gesetze, Verordnungen, Verfügungen u. s. w. im württemberg. Regierungsblatt von 1806 bis 1863, in dessen Ergänzungsband von 1838 und 1852 sowie im Staats-Anzeiger bis 1863 und der allgemeinen Kriegsdienst-Ordnung, mit besonderer Rücksicht auf die Dienst-Vorschriften der Verkehrs-Anstalten, sowie der Kirchenstellen rc. nach neuerem System bearb. 1. Aufl. 1863. und 2., unveränd. Aufl. Lex.-8. (III und 127 S.) Stuttgart 864, Koch.

**Demuth** u. Geduld, die, od.: Gottes Segen folget ihnen! Lehrreiche u. anmuthige Erzählungen f. d. Jugend. Aus d. Jugendfreunde. gr. 12. (6 B. u. Ttlbld.) Wien 844, Grund.

**Demuth und Stolz** oder die erste heilige Kommunion. Erzählung nach der Verfasserin von „Eintracht und Gottvertrauen". Aachen 860. Cremer. 12. (209 S.) 15 ngr.

Cantate zum Johannis-Fest 1841 von Carl Straus. In Musik gesetzt vom Br. **Demuth.** Hamburg [1841]: Appel. 4 Bl. 8⁰ [Umschlagtit.]
Ohne Noten: „Erhebt den Herrn, des Weltenbaus Begründer!" 193.

Demuth, über Nahrwert der Nahrungsmittel. Frankenthal 1889

Demuth. Ueber Nährwerth der Nahrungsmittel. gr. 8. (52 S.) Frankenthal 890. (Lpz., Gracklauer.) ** 2 —
Aus: Festschrift zur Feier d. 50jähr. Bestehens d. Vereins pfälz. Aerzte, besonders abgedruckt.

**Demuth,** C., vollständigstes verdeutschendes und erklärendes Fremdwörter-Buch der deutschen Schrift- u. Umgangssprache m. Bezeichnung der richtigen Aussprache, Betonung rc. der Wörter, so wie erklärendes Wörterbuch aller in der deutschen Sprache gebräuchl. Wörter der Aesthetik, Musik, Technik rc. Hrsg. von H. F. Pardatscher. 1—8. Lfg. (S. 1—768.) Brünn 850 - 53, Winiker. (à n. 1/3 ngr) n. 2 2/3 ngr

**Demuth, C.,** vollständigstes verdeutschendes und erklärendes Fremdwörter-Buch der deutschen Schrift- u. Umgangssprache mit Bezeichnung der richtigen Aussprache, Betonung rc. Herausg. von H. F. Pardatscher. 9. (letzte) Liefg. Brünn (853.) Winiker. 4. (S. 769—878.) n. 10 ngr

Demuth, D. G.

Cantate. Gedichtet vom Br C[arl] Straus. In Musik gesetzt vom Br D. G. **Demuth.** o. O. u. J. 4 Bl. 8⁰ [Kopftit.]
Ohne Noten: „Erhebt den Herrn, des Weltenbau's Begründer, . . ."
Rekt. Kneisner, Hamburg.

**Demuth, Eduard** [diplomierter Chemiker von Reichenberg (Böhmen)]: Über Ortho-Amidobenzaldoxime. Reichenberg 1899. 84 S. 2 Bl. 8⁰.
Zürich. Phil. Diss. II. S. 1899/1900.

Demuth, Edwin

**Demuth,** E., die wechselseitigen Verfügungen v. Todeswegen nach alamann.-zürcher. Recht in ihrer geschichtl. Entwicklung bis zur Gegenwart, s.a. Untersuchungen z. deutsch. Staats- u. Rechtsgeschichte. 65.

**Demuth, Edwin** [von Zürich]: Die wechselseitigen Verfügungen von Todeswegen nach zürcherischem Recht sowie de lege ferenda für das schweizerische Erbrecht. Zürich 1900. 140 S. 8⁰.
Zürich. Jur. Diss. 1900/1901.

Demuth, E[dwin]. Die wechselseitigen Verfügungen von Todeswegen nach alamannisch-zürcherischem Recht in ihrer geschichtlichen Entwicklung bis zur Gegenwart nach den Quellen dargestellt von Dr. jur. E. Demuth. X + 140 S. 8. Breslau, M. & H. Marcus, 1901. [M. 4. 80]
Untersuchungen zur Deutschen Staats- und Rechtsgeschichte hrg. von Dr. Otto Gierke.... Heft 65....

**Demuth,** Ehrenfr. Trgtt., († d. 5. Febr. 1799.) der große Nutzen d. Naturlehre in d. geistl. Beredsamkeit. 8. Leipz. 778.

Demuth, Friedrich Heinrich Wilhelm

— — De confirmatione fideicommissorum familiae feudalium. Comment. jur. Saxonici. Lpz. (C. Tauchnitz) 13. XI. 1804. 68 S., z. Tl. deutsch. (4.80) 6315
Gew.: Carl Wilh. v. Carlowitz.

**Demuth, Friedr. Heinr. Wilh.** (Bautzen), De literis patentibus contra debitorem cambialem e carcere profugum haud injuste evulgandis. Dissert. jur. Präs. Chn. Dan. Erhard. Lpz. (C. Tauchnitz) 24. III. 1801. 28 S., z. Tl. dtsch. (4.80) 6314
Gew.: Otto Ferd. Grf. v.. Loeben.

**Demuth,** Fritz: F. Th. v. **Bernhardi.** Ein Beitrag zur Geschichte d. Nationalökonomie im 19. Jahrhundert. *Jena 1900: (Lippert & Co., Naumburg a. S.).* (68 S.) 8°
Jena, Phil. Diss. v. (28. Nov.) 1899

**Demuth, Fritz,** F. Th. v. Bernhardi. Ein Beitrag zur Geschichte der Nationalökonomie des 19. Jahrh. gr. 8. (III, 68 S.) Jena 900. G. Fischer. n. 1. 80

**Demuth,** Fritz, die Störungen in der deutschen Papierindustrie während der J. 1900 ff., s.: Schriften des Vereins f. Socialpolitik.

Demuth, Herm. (geb. Frankfurt a. O. 30. 3. 1849): Ueber die Therapie des Ileus im Anschluss an 6 besondere Fälle. Berlin (1874). (31 S.) 8°
Berlin, Med. Diss. v. 20. Febr. 1874

Demuth, Karl

**Festfeier der Einweihung des neuerbauten Logenhauses und des 25-jährigen Jubiläums Sr. Hoheit des Herzogs Ernst II. von Sachsen-Coburg u. Gotha als hammerführender Mstr. v. St. der St. Joh. □ Ernst zum Compass im Or. Gotha am 3. Sept. 1882. [Von Karl Demuth.] Leipzig [1882]: Vollrath. 55 S. 8⁰**
Abgedr. in: FZ. 36 (1882) S. 345--348, 353—356, 362—366, 369—371, 377--380, 385—387.
Tt. 2010.

**Geschichte der St. Johannis-Freimaurerloge Ernst zum Compass im Or. zu Gotha von 1806—1881 nebst der speziellen Beschreibung der Feier des 75jährigen Jubiläums derselben am 30. Jan. 1881. Im Auftr. d. Loge verf. vom Br. C[arl] Demuth. Gotha 1882. 110, XXIII, 48 S. 8⁰**
Recens: FZ. 36 (1882) S. 242—243 (Hess).
Nebst Verzeichn. der ersten Beamten von 1806—1882. 23.

**Demuth,** Karl Jos., Geschichte der Landtafel im Markgrafthume Mähren. Mit 3 Tab. u. 1 (lith. u. in Farben gedr.) Kunstbeilage (in Fol.). (Abdr. aus: „Die Landtafel des Markgrafenth. Mähren.") Brünn 857. Nitsch u. Grosse. 4. (VIII, 347 S.) n. 3 ℛ 18 ngr

**Demuth,** Ludwig [aus Mannheim]: Fünfzig babylonische Rechts- und Verwaltungsurkunden aus der Zeit des Königs Cyrus '(538 -529 v. Chr.)' ... (Erscheint vollst. in: Beitr. z. Assyriol. u. sem. Sprachwiss. hrsg. v. F. Delitzsch u. P. Haupt, Bd III Heft 3.) Leipzig, Druck v. A. Pries, 1896; 28 S., 2 Bl. 8.
Breslau, Phil. Fak., Inaug.-Diss. v. 20. Juli 1896

Demuth, Robert [aus Braunschweig]: Beiträge zur Kenntniss des Thiophens .... Goettingen, Druck v. Louis Hofer, 1886; 35 + 1 S. 8°.
Göttingen, Phil. Fak., Inaug.-Diss. v. 20. Jul. 1886.

Demuth, Rob., Beiträge zur Kenntniss des Thiophens. Inaugural-Dissertation. gr. 8. (35 S.) Göttingen 886, (Vandenhoeck und Ruprecht.)

**Demuth,** Theob., u. Adf. Just, Dampfkessel, Dampfmaschinen, Triebwerk u. elektrische Beleuchtung. Erweit. Sonderabdruck aus dem: Taschenbuch der Baumwollspinnerei u. deren Betrieb für techn. Leiter v. Fabriksbetrieben. 2., verb. u. erweit. Aufl. (III, 90 S. m. Abb.) gr. 8. Reichenberg 903. (P. Sollors Nachf.) n. 1. 50

**Demuth, Theob.,** Grundriss der mechanischen Technologie der Metalle. (XII, 176 S. m. 293 Abbild.) gr. 8. Wien 909. F. Deuticke. Geb. 3. —

**Demuth, Theobald,** Die Spindelbänke für Baumwollspinnerei in ihren neuesten Constructionen. Reichenberg 1896. Commissions-Verlag von Frz. Jannasch. (Min.-Erl. v. 9. Jan. 1897, Z. 31092 ex 1896.) Brosch. 1.30, geb. 1 70

— u. Adf. Just, Taschenb. üb. einf. Theorie u. Praxis d. Baumwollspinnerei u. deren Betrieb f. Directoren, Spinn- u. Krempelmeister, sow. z. Schulgebr. an mechanisch-techn. Lehranst. 8. (VII, 323 S. m. 168 Abb.) Reichenberg 896. J. Fritsche. Geb. in Leinw. n. 5. —

— — Taschenbuch über einfache Theorie u. Praxis der Baumwollspinnerei u. deren Betrieb für Direktoren, Spinn- u. Krempelmeister, sowie zum Schulgebrauche an mechanisch-techn. Lehranstalten. 2., verb. u. erweit. Aufl. (VII, 400 S. mit 183 Abbildgn.) 8. Ebd. 903.
Geb. in Leinw. n. 7. —

DEMUTH, Theobald: Mechanische Technologie der Metalle und des Holzes. Ein Lehr- und Hilfsbuch für Studierende sowie zum Selbstunterricht. - Wien 1907. XIX, 361 S., 488 Abb., 9 Taf. - 2. verb. Aufl. ebd. 1917. VIII, 373 S., 598 Abb., 9 Taf.

**Demuth,** Wilhelm: Über unendliche Potenzreihen, deren Koeffizienten nach arithmetischen Reihen höherer Ordnung fortschreiten. Blankenburg a. H. 1906: O. Kircher. (S. 3—20.) 4°
Blankenburg a. H., herz. G OP 1906 (857)

**Demütigen, dem, giebt Gott Gnade.** Das Leben Joseph's in Bildern u. Geschichten nach Worten der hl. Schrift. gr. 8. (16 S. m. z. Tl. farb. Abbildgn.) Konstanz (899). C. Hirsch. — 60

Den Armen. Rheinisches Dichter-Album. Hrsg. von C. D. Sternau. Mit Beiträgen von E. M. Arndt, Ayna, N. Becker, M. Benedix rc. gr. 16. (VI und 207 S.) Köln 848, J. G. Schmitz. *

—— Böhmen von einem Böhmen. 8. (7 S.) Brünn 848, Wimmer.

—— Frauen. Gedichte von der Verfasserin der Ernsten Stunden. 16. (VIII und 182 S. mit lithochrom. Titel.) Breslau 849, Max und Comp.

**Den Frauen.** Gedichte von der Verfasserin der Ernsten Stunden. (Von Caroline Baronin v. Danckelmann.) 2., verm. Aufl. Breslau 854. Max u. Co. 16. (224 S. u. 1 lith. Titel.) 1 ℛ 10 ngr

**Den Kindern Mariens.** Unterweisungen, die ihnen als Lebensregeln in der Welt dienen sollen. Aus dem Französ. übers. Regensburg 856. Pustet. 16. (168 S. u. 1 Holzschn.) 6 ngr

Den lieben Kleinen. Ein Bilderb. in 16 (col.) Blättern. 4. Düsseldorf 835, Arnz u. Comp.

**Den Kriegern ein Denkmal!** Gedichte. Stettin 853. (Saunier.) 8. (2 Bl., 69 S.) n. 10 ngr

—— Manen Robert Blums gewidmet von E. W. L. (Gedicht.) Lex.-8. (4 S.) Leipzig 849, Naumburg.

**Den Manen Friedrich August des Zweiten,** des Unvergeßlichen, Königs v. Sachsen. Leipzig (854.) Naumburg. (1 Bl. in Fol.) n. 2½ ngr

Den Mitgliedern der ständischen Ausschuß-Versammlung. Im Oktober 1842. gr. 8. (1½ B.) Königsberg, Gräfe u. Unzer.

Den ehrwürdigen und höchstverdienten Bruder F[riedrich] H[einr.] A[dolf] Schlichtegroll... ernennt die Loge Archimedes zu den drei Reissbretern in Altenburg... zu ihrem Ehrenmitgliede... 14. 8. 5806. 1 Bl. 2°.

Den, Daniel Sorur Pharim, s.: Brüder, meine, die Neger in Afrika.

Denaiffe, C. Voir: *Stebler, F.-G.*

**Denare, Die Aachener und Kölner,** der Hohenstaufischen Zeit. [Berlin 1867.] V: *Dannenberg, Hermann.* (StBKöln II, 17)

**Denarowski,** Karl: Bericht über die Tätigkeit des Bukowinaer k. k. Landes-Sanitätsrates während der neunjährigen Funktionsdauer 1871 bis 1880. Czernowitz: Verl. d. k. k. bukowiner Landesregierung 1881.

**Denarowski,** Karl: Kommentar zur Sanitätskarte der Bukowina. Wien: Verl. d. k. k. Bukowiner Landesregierung 1880.

Denarowski, Carl, die Mineralquellen in Dorna-Watra und Pojana-Negri in der Bukowina. 8. (V, 88 S.) Wien 868, Braumüller. *

Denatrée, Kasimir Renatus [Pseud.], s. a. Bahrdt, Carl Friedrich

**Denaré, Kas. Renat., (K. Fr. Bahrdt),** Leben u. Thaten des weiland Pastor Rindvigius. Ein nachgelass. Werk. 2 Thle. 8. Ochsenhausen (Libau) 791. (Leipz., Rein). 1 ₰ 12 gr

**Dencker** C. Ueber die Bewegung eines materiellen Punktes, der von einem festen Centrum O aus durch 2 proportional seiner Masse wirkende Kräfte angegriffen wird, deren eine anziehend und proportional der Entfernung, die andere abstossend und umgekehrt proportional der 3. Potenz der Entfernung wirkt. 1881. 8. Diss. Marburg

**Dencker,** *Dieterich* [pr. Arzt. Wilstedt in Hannover]: Beitrag zur Lehre vom hysterischen Erbrechen unt. bes. Berücks. d. Einflusses chirurg. Operationen auf dasselbe ... Göttingen, Druck d. Dieterich'schen Univ.-Buchdr., 1892; 16 S. 8.
Göttingen, Med. Fak., Inaug.-Diss. v. [21. Juli] 1891

**Dencker, Beitrag zur Lehre vom hysterischen Erbrechen unter besond. Berücksicht. des Einflusses chirurgischer Operationen auf dasselbe.** Diss. gr. 8. (16 S.) Göttingen 892. (Vandenhoeck & Ruprecht.) n. — 50

**Dencker,** Hans, Beiträge zur Behandlung der tuberkulösen Handgelenkentzündung aus der königl. chirurgischen Universitätsklinik in Göttingen in der Zeit vom 1. XII. 1895 bis 1. XII. 1903. Diss. (54 S.) gr. 8. Göttingen 903. (Vandenhoeck & Ruprecht.) n. 1. 20

**Dencker,** Hermann, aus Harpstedt: Über die Quellen von Nathaniel Lee's Alexander the Great. *Halle a. S. 1903: C. A. Kaemmerer & Co.* (74 S.) 8°
Halle, Phil. Diss. v. 1903

DENCKER, MARC. HENR.;
— Reginnen in peste curanda oder das Verhalten eines an der Pest laborirenden bey seiner Cur, denen Einwohnern in Nord-Ditmarschen wegen besorgender Contagion in Zeiten sorgfältig vorgeschrieben. Hamburg. 1711. 4. P.

**Dencker,** Rob., das Kind u. d. geschlechtl. Entwickelg. gr. 8. (36 S.) Leipzig 898. M. Spohr. n. 1. —

**Dencker,** Willy, Adolf v. Nassau. Trauersp. in 5 Aufzügen. 8. (68 S.) Berlin (896). M. Böhm. 3. —

**Dencker,** Willy, die Brautnacht der Königin. Dramatische Dichtg. in 1 Aufzug. 8. (50 S.) München (901). F. C. Mickl. n. 1. —

**Dencker,** Willy, das Buch der Prologe. Eine reichhalt. Sammlg. v. ernsten u. humorist. Festprologen f. Verlobg., Polterabend, grüne, silberne u. goldene Hochzeit, Taufe, Konfirmation (Firmg.), Jubiläum, Weihnachtsbescherg. etc. f. Kaisergeburtstags-, Ernte-, Richte-, Hauseinweihungs- u. Ballfeste, f. aktive Heeresverbände sowie f. Fahnenweihfeste u. Denkmalsenthüllgn. (IV, 83 S.) 8. Leipzig (909). Ernst. 1. —

— Mensch u. Gott. Von Mysterien des Lebens. 8. (IV, 32 S.) Ebd. 901. n. 1. —

— Vagantenlieder. 8. (IV, 68 S.) Ebd. 901. n. 1. —

Denckma(h)l. – s. Denkmal. –

Denckmann, August

Der geologische Bau des Kellerwaldes. Kurze Erl. z. Geolog. Uebersichtskarte d. Kellerwaldes 1:100,000. Von Dr. phil. A[ugust] Denckmann, Kgl. Landesgeol. Mit 3 Kartentaf. *Berlin: S. Schropp 1901.* (88 S.) 4°(8°)
= Abhandlungen d. K. Preuss. geol. Landesanstalt. N.F. H. 34. (01.11.49

**Denckmann, A.,** über das Nebengestein der Ramsbecker Erzlagerstätten. (S. 243—253.) Lex. 8. Berlin (N., Invalidenstr. 44) 908. Vertriebsstelle der kgl. geolog. Landesanstalt. nn — 30
Sonderabdr. aus „Jahrb. d. kgl. preuss. geol. Landesanst."

Denckmann, A., über die geognostischen Verhältnisse der Umgegend von Dörnten nördlich von Goslar, mit besond. Berücksicht. der Fauna des oberen Lias, s. a. Abhandlungen zur geologischen Specialkarte von Preussen und den Thüringischen Staaten.

**Denckmann,** August [aus Salzgitter]: Ueber die geognostischen Verhältnisse der Umgegend von Dörnten nördlich Goslar, mit einem Anhang über den Bau des Kieles dorsocavater Falciferen.... (Sonderabdr. aus Abh. z. geol. Specialkarte v. Preussen u. d. Thüring. Staaten. Bd. VIII. Heft 2.) Berlin, A. W. Schade's Buchdr. (L. Schade), 1887; 2 Bl. + 45 S. + 1 Bl. 8°.
Göttingen, Phil. Fak., Inaug.-Diss. v. 11. März 1886.

Denckmann, August, über die geognostischen Verhältnisse der Umgegend von Dörnten nördlich Goslar, mit einem Anhang über den Bau des Kieles dorsocavater Falciferen. Diss. Göttingen 1887, Dieterichsche Univ.-Buchh. 8°. 45 S.
Sonder-Abdruck aus: Abhandlungen zur geologischen Specialkarte von Preussen und den Thüringischen Staaten. VIII. Band 2. Heft. Berlin 1888, Simon Schropp'sche Hof-Landkartenhdlg.

**Denckmann,** Friedrich [aus Minden]: Zur Kenntnis der Rosinduline ... Erlangen, kgl. bayer. Hofbuchdr. v. A. Vollrath, 1895; 24 S., 1 Bl. 8.
Erlangen, Phil. Fak., Inaug.-Diss. v. 25. Juli 1894

**Dencks,** Emil, aus Foerderstedt: Zur Kenntnis der γ-Diketone. *Erlangen 1902: F. Junge.* (33 S.) 8°
Erlangen, Phil. Diss. v. 4. Juni 1902

**Dencks,** Gustav, prakt. Arzt: Zur **Statistik** der Jodoformintoxication in ihren Allgemeinerscheinungen. *Königsberg i. Pr. 1903: O. Kümmel.* (116 S.) 8°
Königsberg, Med. Diss. v. 26. Mai 1903

**Dencks,** Walter [prakt. Arzt]: Zur operativen Behandlung angeborener Gaumenspalten.... Königsberg, Hartungsche Buchdr. (1887); 48 S. + 1 Bl. 8°.
Königsberg, Med. Fak., Inaug.-Diss. v. 10. Jan. 1887.

Dencks, Walter, zur operativen Behandlung angeborener Gaumenspalten. Inaugural-Dissertation. 8. (48 S.) Königsberg i. Pr. 887, (Koch's Antiq.) **

Denckschrift. – s. Denkschrift.

**Dendersone, J.,** Marino Marinelli de Bastaard of de Bloednacht van Venetie. 2. Uitgave. 4 Thl. gr. 8. Zürich, Danker. 1877 12. 50

Dendrono (d. i. Johann Georg Puschner)
Dendrono (ps.), Natürliche Abschilderung des ACADEMISCHEN LEBENS in gegenwärtigen Vierzehn schönen Figuren ans Licht gestellet von —. Nürnberg bey Johann Jacob Wolrab. O. J. (um 1725). Quer-Fol. (Bibl. Lipperheide, no. 2022, wo der Umschlag-Titel fehlt.)
Rar! — Umschlagtit., 14 bez. Taf. in Kpfst. mit Unterschrift von je 8 Versen. Figurenreiche, interessante Stiche mit folgenden Darstellungen: Der angehende, andächtige, fleissige, fechtende, tanzende, reitende, zum Doctorat gelangende, faule, sauffende, Courtesirende, üppige, rauffende, in aller Still abziehende, und desperate Student. (S. d. Abb. bei Lipperheide, S. 141.)

Dendrosthenes, Lukianos [Pseud.], s. a. Baumstark, Reinhold

Dendrosthenes, L., s. Fegfeuer-Gespräche.

**Dendrosthenes, Lukianos (Reinhold Baumstark),** Fegfeuer-Gespräche. Ein Büchlein, darinnen auch zwischen den Zeilen zu lesen. Freiburg, Herder, 1873, 8°, VIII, 96 S., 5. unveränd. Aufl., 75 Pf. (1. Aufl. 1872.)

—— Fegfeuer-Gespräche. Neue Folge. Ebendas., 1876, 8°, XII, 160 S., 2. Aufl., 1,60 Mk.
Über diese beiden geistvollen u. originellen Schriften mit ihren Vorzügen u. Schwächen vgl. Hülskamp, Litt. Handw. 1872, S. 490—1, u. 1876, S. 193—4.

**Denecke:** Machiavelli's Fürst u. Friedr. II. Widerlegung. Gollnow. 1864.
Schul-/Univ.-Schrift

**Denecke:** Geschichte der Königlich-Preußischen Artillerie-Prüfungskommission. Berlin 1909

**Denecke, A. F.,** eine brillante Verlegenheit, s. Bloch's Dilettanten-Bühne.
— ein beleidigter Nachtwächter, s. Gerichts-Scenen, komische. (Vgl. Deneke, A. F.)

**Denecke,** Arthur *Gotthold Theodor* [Oberl. Dr.]: Beiträge zur Entwicklungsgeschichte des gesellschaftlichen Anstandsgefühls in Deutschland. Dresden, Lehmannsche Buchdr., 1891; S. III XXXIII; 4°
Dresden, G z. heiligen Kreuz, OP 1891 (529)

Denecke, Arth. Beiträge zur Entwicklungsgeschichte d. gesellschaftlichen Anstandsgefühls in Deutschland. gr. 4. (XXXIII S.) Dresd. 891. (Lpz., Fock.) * 1 20

**Denecke, A.,** Tonkunst, Bühnenwesen u. Tanz, s. a. Verdeutschungsbücher des allgem. deutschen Sprachvereins. IX.

**Denecke, A.** Verdeutschungsbücher des allgemeinen deutschen Sprachvereins. IX: Tonkunst, Bühnenwesen und Tanz. Berlin 1899.

**Denecke,** C. L.

Vollständiges Lehrgebäude der ganzen Optik, oder der Sehespiegel und Strahlbrechkunst, darinn die Gründe derselben theoretisch und practisch vorgetragen, die Verfertigung der Maschinen und Instrumente, die Zubereitung aller Arten von Spiegeln und optischen Gläsern deutlich gelehret, auch der Gebrauch derselben bey den Experimenten gezeigt wird von C. L. D. G. B. T. C. *(Denecke)* mit 90 Kupfert. Altona, verlegts David Iversen. 9 Bl. Titel etc. 772 S. 4. (4 thr. 12 gr.) 1756

**Denecke, C. L.,** Lehrgebäude der Optik, od. der Sehespiegel u. Strahlbrechkunst. m. 90 K. 4. Altona, Iversen. 757.

Denecke, C., die Revier-Eintheilung d. berliner Polizei-Verwaltungs-Bezirks. 12. (1⅙ B.) Berlin 835, Krause.

Denecke, F., eine Spiel-Parthie, s. Both's Bühnen-Repertoir des Auslandes.

Denecke, Ferdinand (Werl)
Analyse der Brunnensoole, der Soolmutterlauge, und des Pfannensteins von der Saline zu Werl in Westphalen.
[In: Liebigs Annalen Bd 65, 1848, S. 100 - 110.]
Dr. phil. Giessen 22.2.1851.

**Denecke,** *Friedrich* [Cand. med. aus Seesen]: Beitrag zur Kenntniss der verkalkten Epitheliome ... M. e. Taf. (Aus: Arb. aus d. pathol. Inst. in Göttingen, 1893.) Berlin, gedr. bei L. Schumacher, 1893; 25 S., 1 Taf. 8.
Göttingen, Med. Fak., Inaug.-Diss. v. [2. März] 1893

**Denecke,** Georg Friedrich, s. Deneke, Georg Friedrich

**Denecke, Hans,** Friedgart. Handlg. in 3 Aufzügen. 8. (134 S.) Braunschweig 898. B. Goeritz. n. 2. —; geb. n. 3. —

**Denecke,** Hans, Liebeswahn, s.: Moeller, John.

— Pans Tod. Operndichtg. in 3 Aufzgn. 8. (86 S.) Ebd. 897. n. — 80

**Denecke,** *Heinrich* [app. Arzt aus Braunschweig]: Ueber das Verhalten der Kalk- und Phosphorsäure-Ausscheidung im Harn Osteomalacischer vor und nach der Castration ... Würzburg, Buchdr. d. „Neuen Bayer. Landeszeitg", 1896; 30 S., 1 Bl. 8.
Würzburg, Med. Fak., Inaug.-Diss. v. 1896

D[enecke, Johannes]: Prolog zur Aufführung des Agamemnon von Aischylos am 18. Dezember 1907. S. 23—24. 4.
**Progr.** Herz. Gymn. Martino-Katharineum *Braunschweig* 1908 (900).

**Denecke, Lie, u. Walth. Brügmann,** Eisenbahnlyrik. Lieder u. Balladen aus dem Reiche der Schienen. Gesammelt v. D. u. B. (116 S.) 16. Leipzig 905. G. Wigand. n. 1. —

**Denecke,** R. [cand. med. aus Rautenberg (Prov. Hannover)]: Ein Fall von Leberabscess. . . . Göttingen, Druck d. Dieterichschen Univ.-Buchdr. W. Fr. Kaestner, 1890; 22 S. 8°
Göttingen, Med. Fak., Inaug.-Diss. v. 15. März 1890

Denecke, R. Ein Fall von Leberabscess. Diss. gr. 8. (22 S.) Gött. 890, (Vandenhoeck u. Ruprecht). * — 60

**Denecke, W.,** De vi atque usu dativi localis et temporalis in Homeri carminibus. Diss. 1885. 29 S. 4°. 1.20

**Denecken,** Arnold Gerhard, s. Deneken, Arnold Gerhard

*Denecker,* N. J., elementa botanica. 8 maj. Mainz 79. Ed. II. 808.

**Denek. Alex., s. a: Rêve, A. de.**

**— die Jagd nach Menschenfleisch, s.: Volksbücher, Münchener.**

Denek, A., Kawai, der Piraten-Chef, s.: Volksbücher, Münchener.

**— die Möbel-Polonaise, s.: Gesellschafts- u. Haustheater.**

— Njama, die Häuptlingstochter, } s.: Volks- u. Jugend-Erzählungen.
— das Piratenschloß, }

— die Rache der blutigen Faust, s.: Volksbücher, Münchener.

— drei Sonntage in einer Woche, s.: Gesellschafts- u. Haustheater.

— Zimmermanns-Sprüche beim Aufrichten v. Gebäuden. 12. (48 S.) Styrum 894. A. Spaarmann. — 25

**Denekamp,** Emile Eduard [aus Amsterdam]: Die Amsterdamer Diamantindustrie ... Heidelberg, Univ.-Buchdr. v. J. Hörning, 1895; 112 S., 1 Bl. 8.
Heidelberg, Phil. Fak., Inaug.-Diss. v. [18. Sept.] 1895

**Deneke,** die Neubauten des allgemeinen Krankenhauses St. Georg, Hamburg. Im Verein m. Wiesinger, Simmonds, Albers-Schönberg, Adam, Schlagintweit, unter techn. Mitwirkg. v. F. Ruppel hrsg. Mit Titelbild u. 148 Abbildgn. im Text. (VIII, 163 S.) Lex.-8. Jena 906. G. Fischer. n. 8. —; geb. n. 9. —

Deneke, A. F., ein beleidigter Nachtwächter, s. Gerichts-Scenen, komische. (Vgl. Denecke, A.F.)

Deneke, Ferdinand, Dr., Ein neuer akustischer Interferenz-Versuch. (Sep.-Abdr. aus den Schriften der Naturf. Gesellsch. in Danzig. Neue Folge.)

Deneke, Ferd., die große Orgel in Oliva, ihr Bau und Verfall, sowie ihre Restauration durch den Orgelbaumeister Hrn. F. W. Kaltschmidt. 8. (44 S.) Danzig 866, Homann. *

Deneke, Frid. Guil. Rich. (geb. Magdeburg 6. 2. 1838): De laryngis ulceribus tuberculosis. Berolini (1861). (31 S.) 8°
Berlin, Med. Diss. v. 9. März 1861

Deneke, Georg Friedrich (Celle), De dote receptitia. Diss. jur. Götting. (J. Gg. Rosenbusch) 7. IX. 1792. 40 S. (4.80) 6318
Gew.: Joh. Gottl. Deneke.

— Diss. inaug. de dote receptitia. 8. Götting. 794.

Deneke, G. F., üb. die Verschollenen, od. üb. d. Abwesenheit, nach d. Code-Napoleon, vorzüglich f. Westphalen. gr. 8. Hann. Gebr. Hahn. 810.

Deneke, Hans, das menschliche Erkennen. Eine Abhandlg. erkenntniswissenschaftl. u. physiolog. Inhaltes (III, 126 S.) gr. 8. Leipzig 906. J. Zeitler. n. 2. 5(

Deneke, Johannes, s.a. Deneken, Johannes

Deneke, Johannes, appr. Arzt aus Adelebsen: Eine Modifikation der Wertheim'schen Totalexstirpation des carcinomatösen Uterus. *Leipzig 1902: B. Georgi.* (56 S.) 8°
Leipzig, Med. Diss. v. (15. Dez.) 1902

— Johann Gottlieb (Celle), De senatus consultis supremorum judiciorum Imp. Rom. Germ. Diss. jur. Decan Franz Carl Conradi. Präs. Joh. Wolfg. Kipping. Helmstedt (P. D. Schnorr) 8. VII. 1740. 68 S., tlws. dtsch. (5.—) 6319

Deneke, Karl

Deneke, C., u. W. Thorn, Ergebnisse e. Stillstatistik im Reg.-Bez. Magdeburg, s.: Ergebnisse der Säuglingsfürsorge. 4. Hft.

Deneke, C[arl] D[itmar], Referendar in Colmar (Elsaß): Das Ausscheiden des Genossen. Borna-Leipzig 1907: R. Noske. (VIII, 72 S.) 8°
Leipzig, Jur. Fak., Diss. v. 28. Sept. 1907
[Geb. 4. Sept. 79 Kedingen (Lothringen); Wohnort: Colmar; Staatsangeh.: Preußen; Vorbildung: Gymn. Metz Reife Juli 99; Studium: Jena 3, Freiburg i. B. 1, Berlin 2, Straßburg 3 S.; Rig. 30. Nov. 06.]

Deneke, Clara, Geschichten v. der roten Erde. (VIII, 265 S. 8. Düsseldorf (904). A. Schneider. n. 3. —; geb. n. 3. 5(

Die ersten Ausgaben des Götz von Berlichingen. Von Otto Deneke. [o. O.] 1908. (8 S.) 8° [Umschlagt.]
= Beiträge, Göttinger, zur Goethe-Bibliographie. 3. [o8. 1552.

Deneke, Otto: Göttinger Beiträge zur Goethe-Bibliographie ... 1 – 5. (Göttingen 1900 – 09: Hofer (5: Leipzig: Drugulin.) 8°
1. Nicolai auf Werthers Grabe. (1906). 2. Die erste Sammlung von Goethes Schriften (1907.) 3. Die ersten Ausgaben d. Götz von Berlichingen. (1908). 4. Goethes Schriften bei Göschen 1787 – 1790. (1909.) 5. Die Einzeldrucke Goethe'scher Werke bei Göschen 1787 – 1790. (1909.)

Deneke, Otto: Die Einzeldrucke Goethe'scher Werke bei Göschen 1787 – 1790. (Leipzig 1909: Drugulin.) 20 S. 8° [Umschlagt.]
Erw. aus: Zeitschrift f. Bücherfreunde. 1909, Aug.-Sept.-H.
(Deneke: Göttinger Beiträge z. Goethebibliographie. 5.)

Deneke, Otto, Referendar in Göttingen: Der Erneuerungsschein Talon. *Jena: G. Fischer 1901.* (64 S.) 8° [J.]
Göttingen, Jur. Diss. v. [15. Mai] 1901

Goethe und Göttingen. Zum 6. Dez. 1906 in Druck gegeben von Otto Deneke. (Göttingen [1906]: W. F. Kaestner.) (13 S.) 8° [o7. 2446 7

Deneke, Otto: Katalog der Bibliothek Dr. Otto Deneke in Göttingen. Die deutsche Literatur im 18. u. 19. Jh. ... Versteigerung 1909 durch J. Baer & Co., Frankfurt a. M. (Ansbach 1909: Brügel.) X, 222 S. 8°

Lessing der Büchersammler. Von Otto Deneke in Göttingen. (Göttingen) 1907: (L. Hofer). (13 S.) 8° [Umschlagt. J.] [o8. 3861

Nicolai auf Werthers Grabe. Den Teilnehmern d. 8. Bibliophilentages zu Frankfurt a. M. 1906 überreicht von Otto Deneke. (Göttingen 1906: L. Hofer.) (9 S.) 8° [Umschlagt.]
= Deneke: Göttinger Beiträge z. Goethe-Bibliographie. 1. [o8. 3858

Die erste Sammlung von Goethes Schriften. Von Otto Deneke. (Göttingen) 1907: (L. Hofer). (4 S.) 8° [Umschlagt.]
= Deneke: Göttinger Beiträge z. Goethe-Bibliographie. 2. [o8. 3859

Deneke, Otto: Goethes Schriften bei Göschen 1787 – 1790. 28. Aug. 1909. (Göttingen 1909: Hofer.) 26 S. 8° [Umschlagt.]
(Göttinger Beiträge z. Goethebibliographie. 4.)

Deneke, Theodor

Deneke, Th., die gesundheitliche Bedeutung d. Leibesübungen f. den Großstädter, s.: Vorträge f. Turnvereine. 1. Heft.

Deneke, Theodor, über die Bestimmung der Luftfeuchtigkeit zu hygienischen Zwecken. Diss. Göttingen 1885. Leipzig, Veit & Comp. 8°. 31 S.

Deneke, Th., d. neue allgemeine Krankenhaus zu Hamburg-Eppendorf. Unt. Mitwirkg. v. H. Curschmann bearb. 2., verm. Aufl., m. Beiträgen v. H. Schmillinsky. [Aus: „Deutsche Vierteljahrsschr. f. öffentl. Gesundheitspflege".] gr. 8. (VIII, 92 S. m. 25 Abb. u. 1 Plan.) Braunschweig 895. F. Vieweg & Sohn. n. 2. 40

Deneke, Th., Mittheilungen üb. das neue allgemeine Krankenhaus zu Hamburg-Eppendorf. Unter Mitwirkg. v. H. Curschmann bearb. Mit e. Situationsplan u. 21 in den Text gedr. Fig. nach Zeichngn. d. Verf. [Erweiterter Sonder-Abdr. aus: „Deutsche Vierteljahrsschrift f. öffentl. Gesundheitspflege".] gr. 8. (VI, 79 S.) Braunschweig 889. Vieweg & Sohn. n. 2. 40

— Die Überleitungsstörungen zwischen Vorhof u. Kammer d. Herzens, s.: Mitteilungen aus den hamburg. Staatskrankenanstalten. VII. 9.

Deneken, Arnold Gerhard: Bemerkungen über die Brunnen-Oerter Rehburg und Driburg. Hannover: Helwing 1798. IV, 50 S. 8°

— Bemerkungen üb. die Brunnenörter Rehburg u. Driburg. 8. Hannov. Helwing. 802.

*Deneken.* Beschreibung des ehemaligen Zwingers in Bremen. 4. *Bremen.* 1 8 2 8

Deneken, A. G., Bruchstücke aus der Geschichte der Stadt Bremen. 8. Gött. Vandenhök. 796.

Deneeken, A. G. Bruchstücke aus der Geschichte der Reichsstadt Bremen. 8. Göttingen 1797. 0,85.

Deneken, Arn. Gerh., die bremischen Bürgermeister Daniel v. Büren, d. ält. u. Dan. v. Büren, d. jüng. Eine geschichtl. Darstell. a. d. 15. u. 16. Jahrh. gr. 8. (6½ B.) Bremen 830, Heyse.

— über den Charakter des Hrn. Nik. Kulenkamp in Bremen. Eine Vorlesung. 12. Bremen 815.

Deneken, A. G., über einige wichtige Gegenstände des bremischen Stadtrechts. 8. 798. Ist jezt Verlag von Heyse in Bremen.

Deneken, Arn. Gerh., Geschichte d. Rathhauses in Bremen. M. 1 Abbild. gr. 8. (1½ B.) Bremen 831, Heyse.

— Commentare über etliche interessante Kupferstiche. gr. 8. Bremen 796. Müller. 8 gl

— Reise v. Bremen nach Holstein. 8. Bremen 797. Müller. 6 gr (Heyse). Hbg. Pr. 2 gr

— die Rolands-Säule bei Bremen. Mit 1 Abbild. 8. Bremen 803. 2e Aufl. 828. Heyse. 9 gr Hbg. Pr. 1 gr

—— Rückblick auf d. ehemal. Zwinger am Osterthore in Bremen. Nebst 1 Abbild. v. Polzin. gr. 4. (1½ B. u. 2 Stnt.) Bremen 829, Heyse.

—— biograph. Skizzen v. merkwürd. Männern aus d. früh. Geschichte Bremen's. gr. 8. (5½ B.) Bremen 837, Heyse.

Deneken, Arnold Gerhard (Bremen), De successione ex pupillari substitutione. Diss. jur. Göttingen (Joh. Christian Dieterich) 3. IX. 1781. 42 Seiten. (4.80) 6320

— über die unter dem Namen des Schosses ꝛc. übliche Vermögenssteuer. 8. Bremen 798. (Heyse). 1 gr

— Vorlesungen über einige wichtige Gegenstände des Bremischen Staatsrechts. 8. Bremen 798. Müller. (Heyse). 8 gr Hbg. Pr. 3 gr

— was ist von dem Zusammenflusse d. Fremden in Bremen zu besorgen u. zu hoffen? e. Vorlesung. 8. Bremen 797. Müller. 4 gr

Deneken, Friedrich

— l'écho de Paris, s.: Fliessbach, Ferd.

Japanische Motive für Flächenverzierung. Ein Formenschatz f. d. Kunstgewerbe. Mit erl. Text hrsg. von Dr. Friedrich Deneken, Assist. am Mus. f. Kunst u. Gewerbe in Hamburg. (In 10 Lfgen.) *Berlin: J. Becker 1896.* (12 S., 100 Taf.) 2° [Umschlagt.] [illegible]

Deneken, Frdr., Japanische Motive f. Flächenverziorg. E. Formonschatz f. d. Kunstgewerbe. M. erläut. Text hrsg. 10 Lfgn. Fol. (à 10 Lichtdr.-Taf.) Berlin 896. 897. J. Becker. à 5.—

Ⓑ **Deneken, Frd., japan. Motive. 896. 897.** Jetzt: **Berlin, M. Spielmeyer.** **Erh. Pr. 56. —**

**Marcus Schwins Pesel im Museum Dithmarsischer Alterthümer in Meldorf.** Ein Beitrag z. Geschichte d. Renaissance in Schleswig-Holstein von Dr. Friedrich **Deneken**, Assistent. Mit 12 Abb. zumeist nach Zeichn. von Henriette Hahn. Kiel: Lipsius & Tischer in Komm. 1896. (53 S.) 4° (8°)
Aus: Bericht d. Museums Dithmarsischer Alterthümer in Meldorf. 1. [illegible]

**Deneken,** Frid. (Matthias) [illegible] Haderslebeu 15. 3. 1857: De Theoxeniis. Berolini 1881. (50 S.) 8°
Berlin, Phil. Diss. v. 21. Dez. 1881

Deneken, Friedr., de Theoxeniis. Dissertatio inauguralis philologica. Addita est tab. (photolithogr.) gr. 8. (56 S.) Berlin 881, Weber. *

Deneken, Johannes

Deneken, Dorfrecht, s. Dorfrecht.

(Deneken, Joh.:) Neu-vermehrtes Dorf- und Land-recht, Das ist: Vollkommener Unterricht Von Denen Dörffern, derer Land-Leute Stande, . . . insonderheit denen Herren-Diensten. Rev., verb. u. zum 4. mahl aufgelegt. (Vorr: C. L. Bilderbeck.) Buch[1.]2. Franckfurt u. (Buch 2: Zelle u.) Leipzig (1707).

— 5. Aufl. (Buch) (1) – 3. Franckfurt u. Leipzig 1737 – 39.

(Deneke, Joh.): Neu vermehrt. Dorf- u. Landrecht, d. i. vollkommener Unterricht v. d. Dörffern etc. *Leipz.* (708.) 4e A. 716. 5e A. *Frkf.* u. *Lpz.* 739. 4. — Dess. zweites Buch. *Zelle* u. *Lpz.* 723. 4.

[Deneken, Joh.:] „Tractatus iuridicus von denen Dorff- und Landes-Rechten, wie auch insonderheit denen Herrn-Diensten und der Hut und Weyde. Von berühmten Jctis abgefasset und anitzo in teutscher Sprache ans Licht gestellet", Leipzig und Zell 1704.
— Vorh.: Oberlandesgericht Celle —

Denemy, Gottfr., rosenrote u. dämmergraue Geschichten. Märchennovellen. (124 S.) 8. Dresden 909. E. Pierson. 2.50; geb. n 3.50

Denemy, Gfr., Legenden u. Lieder. gr. 8. (43 S.) Dresden 901. E. Pierson. n. 1.50; geb. n. 2.50

Dener, Johannes, s. Denner, Johannes

Dénervaud, Anschauungsunterricht im Französ., s.: Wilke, Edm

Dénervaud, C. F., s.: Taschentuch der Handelskorrespondenz in deutscher u. französischer Sprache.

Dénervaud, Firmin, englische Chrestomathie für Realschulen und höhere Lehranstalten. gr. 8. (XIV und 330 S.) Leipzig 860, Arnoldische Buchh.

Dénervaud, Firmin, englische Chrestomathie für Realschulen und höhere Lehranstalten. 2. Aufl. 1862. * 20 Ngr. und 3. Aufl. gr. 8. (XIV und 330 S.) Leipzig 866, Arnoldische Buchh.

Dénervaud, F., Observations sur l'enseignement de la langue française dans les écoles réales de premier ordre. gr. 8. (49 S.) Leipzig 874, (Hinrichs' Verlag.) *
Bericht über die Realschule zu Leipzig (Nr. 11.) 1874.

Dénes, Frz., Reisehandbuch durch Zipsen etc., s.: Posewitz, Thdr.

Dénes, Jos. Diner–, s. Diner-Dénes.

Denesle, ..., die allgemeinen Vorurtheile; aus d. Französ. 8. Leipz. 762. (Brockhaus). 10 gr

Denesle, die allgem. Vorurtheile. a. d. Franz. 8. Leipz. Gleditsch. 762.

Denfer, J., die Dampfkessel mit Rücksicht auf ihre industrielle Verwendung. Beschreibung der wichtigsten Kesselsysteme, Angaben über Fabrikschornsteine und Beschreibung vorzügl. Constructionen derselben, Untersuchungen und prakt. Angaben über die Verbrennung im Allgemeinen, sowie über die Rauchverbrennung im Besonderen und über die Verdampfung, Erläuterung verschiedener Arten von Kesselfeuerungen und Notizen über Dampf- und Speiseleitungen. Autoris. deutsche Ausg. von Thdr. d'Ester. Mit 81 (lithogr. und) color. Taf. mit Zeichnungen und eingeschriebenen Maassen. Fol. (VIII, 42 S.) Berlin 879, Springer. geb. *

Denffer, Aug. v., mein Feld. Erzählende Gedichte. 16. (IV, 92 S.) Riga 878, (Kymmel.) * *

Denffer, Aug. v., Gedichte. 2. veränd. Aufl. 16. (107 S.) Mitau 869, (Besthorn.) *

—— mein Kranz und meine Burg. Neue Gedichte aus Riga. 8. (V, 88 S.) Riga 870, Brutzer und Comp.

Denffer, J. von

Sammlung sämmtlicher gesetzlichen Bestimmungen und obrigkeitlichen Vorschriften über die allgemeine Wehrpflicht nebst den Ergänzungen und Erläuterungen zu denselben bis zum 1. September 1879 und einem alphabetischen Register. Zusammengestellt vom Colleg.-Assessor J. v. Denffer, durchgesehen vom Staatsrath M. v. Kelczewsky und approbirt von der kurl. Gouv.-Wehrpflichts-Commission. kl. 8. Mitau 1879.

Denffer, Johann Heinrich [*called* Jansen].

— Alchymistenlogik: oder Vernunftlehre d. Scheidekünstler, um die unverständigen Alchymisten zurechte zu weisen. 1r Thl. 8. Königsb. 762.

Denffer, gen. Jansen, Jh. Hnr., († d. 13. Dec. 1770.) Betrachtt. über den Kometen. Mit 1 Kpf. 8. Mitau 770. (W. Nauck in Leipz.) 4 gr

Denffer, J. H., Betracht. üb. den Cometen. 8. Mietau. (Sommer, Leipz.) 770.

— vernunft- u. erfahrungsmäß. Discours, darinnen die wahren Ursachen d. Fruchtbarkeit u. Unfruchtbarkeit der Erden abgehandelt sind ꝛc., mit (6) Kpft. 4. Mitau (740). 2e Aufl., mit Anmerkk. u. Register v. Dn. Gf. Schreber. Mit 7 Kpft. 8. Halle 755. Hahn in Hannov. 10 gr

**Denffer J. H., gen. Jansen:** Vernunft- u. erfahrungsmässiger Discours, darin überhaupt die wahren Ursachen d. Fruchtbarkeit, wie auch die Schein-Ursachen d. Unfruchtbarkeit d. Erden abgehandelt sind ... Herausg. v. D. G. Schreber. Halle 1755. 121 S. 7 Tvl.

— **Discurs**, dar. die wahren Ursachen der Fruchtbarkeit und Unfruchtbarkeit abgehandelt sind. m. K. 8. Halle, Trampe. (Hahn in Hannover). 755.

Deng dschôu fu [Schlagwort]

**Deng dschóu fu,** s.: Tschili.

Dengel, ..., s. Jude, der

**Dengel, Medizinischer Wegweiser f. Berlin, s.: Liman, R.**

Dengel, (Carl Julius) Alfr (geb Potsdam 8 1 1852) Zwei Fälle von Myelitis Berlin (1876) (32 S) 8°
Berlin, Med. Diss. v 13 Okt. 1876

Dengel, C. J.

**Dengel,** zur Geschichte des französischen Schauspiels. Progr. der Löbenichtschen Höheren Bürgerschule Königsberg in Pr. 1847, Graefe & Unzer.

**Dengel, C. S.,** précis de l'histoire de la litterature franç., arrangé à l'usage des écoles et augmenté de nombreux morceaux choisis. gr. in-8. (9 B.) Königsberg 846, Theile.

**Dengel, C. J.,** Précis de l'histoire de la littérature française, arrangé à l'usage des écoles et augmenté de nombreux morceaux choisis. 2. Édition, revue et augmentée. gr. 8. (VI und 158 S.) Königsberg 851, Theile.

**Dengel, C. J.,** Précis de l'histoire de la littérature française, arrangé à l'usage des écoles, avec de nombreux morceaux choisis. 3e édit. revue, corrigée et augmentée par L. Th. Herbst. gr. 8. (VIII, 164 S.) Königsberg 868, Beyer. *

**Dengel, C. J.,** précis de l'histoire de la littérature française, arrangé à l'usage des écoles, avec de nombreux morceaux choisis. 3. édit. revue, corrigée et augmentée par L. Th. Herbst. Königsberg 868. Theile. gr. 8. (VIII, 164 S.) n. 15 *ngr.*

**Dengel, C. J.,** Précis de l'histoire de la littérature française, arrangé à l'usage des écoles avec de nombreux morceaux choisis. Revue par L. Th. Herbst. 4e édit. nouvellement revue et corrigée. gr. 8. (VI, 162 S.) Königsberg 877, Beyer's Verlag. *

**Dengel, C. J.,** précis de l'histoire de la littérature française, arrangé à l'usage des écoles avec de nombreux morceaux choisis, revue par L. Th. Herbst. 5e édit., nouvellement revue et corrigée. gr. 8. (VI, 170 S.) Königsberg 887, Beyer. geb. *

Dengel, Ignaz Philipp

**Dengel, J. Ph.,** ein Bericht des Nuntius Josef Garampi üb. Böhmen im J. 1776. gr. 8. (12 S.) Prag 902. (F. Řivnáč.) n. — 20
Sonderabdruck aus: „Sitzungsber. d. böhm. Gesellsch. d. Wiss."

**Dengel, Ign. Philipp,** Nuntius Josef Garampi in preussisch Schlesien u. in Sachsen im J. 1776. Bericht üb. seine Reise v. Warschau üb. Breslau nach Dresden (48 S.) gr. 8. Rom 903. Loescher & Co. n. n. 1.60
Sonderabdruck aus: „Quellen u. Forschgn. aus ital. Archiven u. Bibliotheken".

Die politische und kirchliche Tätigkeit des Monsignor Josef Garampi in Deutschland 1761 1763. Geheime Sendung z. geplanten Friedenskongreß in Augsburg u. Visitation d. Reichsstiftes Salem. Von Ignaz Philipp **Dengel.** Rom: Loescher & Co. 1905. (X, 196 S) 8° [05. 3371

**Dengel, K. J.,** Naturgeschichte d. Thierreichs, nebst Abriß d. Anthropologie; f. höh. Bürgerschulen bearb. 8. (15 B.) Königsberg 834, Bon.

**Dengel, K. J.,** Naturgeschichte d. Thierreichs, nebst Abriß d. Anthropologie, f. höh. Bürgerschulen bearb. gr. 12. (8 B.) Königsberg 835, Bon.

**Dengel, Karl Gust.,** s. Staatsverfassung Spaniens.

**Dengel, Philipp, Max Dvořák u. Herm. Egger, der Palazzo di Venezia in Rom. Mit 35 Taf. in Lichtdr., darunter 3 in Farben nach Aquarellen v. Othmar Brioschi, 84 Text-Illustr. in Heliograv. u. Strichätzg. (VIII, 177 S.) 44×34 cm. Wien 909. F. Malota.**
Geb. in Ldr 200. —

**Dengg, Hans,** appr. Arzt: Beitrag zur Angina scarlatinosa. Würzburg 1909: Seubert. 38 S. 8°
Würzburg, Med. Diss. v. 25. Mai 1909, Ref. v. Leube
[Geb 18 Mai 79 Triefenried; Wohnort: Würzburg; Staatsangeh.: Bayern; Vorbildung: Gymn Münnerstadt Reife Juli 00; Studium: Würzburg 10 S.; Coll 12 Mai 09, Approb 16 Aug. 05.] [U 09. 4106

**Dengg,** Otto, der teilbare Breitwabenstock u. seine prakt. Behandlung im Kreislaufe d. Bienenjahres, s.: Bibliothek, die, des Bienenwirtes.

**Dengg, Patriz, s. 1) Handbuch f. Liebh. d. Natur. 2) Magazin, Grätzer.**

**Dengg, Rud., prakt. Rechenaufgaben, wie sie d. Leben bietet u. wie sie das Leben braucht. Aus dem Volke gesammelt, nach Schwierigkeitsstufen u. Sachgruppen geordnet. Ausg. f. Schüler. (30 S.) 8. Laibach 908. (J. v. Kleinmayr & F. Bamberg.)** nn — 20

— dasselbe. 230 Rechenaufgaben. Ausg. f. Lehrer. (Mit e. Vorworte v. Rud. E. Peerz.) (VII, 100 S.) 8. Ebd. 908. nn 1. —

**v. Denglácz, A. Edler, s. Wittmann.**

**Dengler, A., Regensburg, s.: Schratz, W.**

**Dengler, Adf.,** soll ich auswandern? Nach gutem Rathe Anderer und eigener Erfahrung beantwortet. 8. (30 S.) Zürich 849, (Orell, Füßli und Comp.)

Dengler, Alb. Geschichte Ungarns mit besonderer Berücksichtigung der siebenbürgischen Verhältnisse. I Teil: Von den ältesten Zeiten bis zur planmäfsigen Kolonisierung des Landes mit Deutschen unter Geisa II. 44 S. **Progr.** *Bistritz* 1885

Dengler, Alfred

Die Horizontalverbreitung der Kiefer (Pinus silvestris L.). Auf Grund amtl. Erhebungsmaterials sowie ergänzender statist. u. forstgeschichtl. Studien bearb. von Dr. Alfred **Dengler,** Forstass. Mit 1 Kt u mehr Tab. Neudamm: Neumann 1904. VI, 132 S 8°
(Dengler Untersuchungen über d natürl u. künstl Verbreitungsgebiete einiger forstl. u. pflanzengeograph wichtigen Holzarten in Nord- u. Mittel-Deutschland 1)
(Mitteilungen aus d forstl Versuchswesen Preussens) A 12 0253

**Dengler, A.,** Übersicht üb. die Pflanzenverbreitung im Harz, s.: Schubert, Johs., das Klima des Harzgebirges.

DENGLER, Alfred: Untersuchungen über die Frage des natürlichen und künstlichen Verbreitungsgebietes der Kiefer (Pinus silvestris L.) in Nord- und Mittel-Deutschland. Bearbeitet auf Grund des amtlichen Erhebungsmaterials der forstlichen Versuchsanstalt zu Eberswalde und ergänzender statistischer und forstgeschichtlicher Studien. - Neudamm: Neumann 1904. 122 S.- Vollständig erschienen u.d.Titel: Untersuchungen über die natürlichen und künstlichen Verbreitungsgebiete einiger forstlicher und pflanzengeographischer wichtiger Holzarten in Nord- und Mitteldeutschland. 1: Die Horizontalverbreitung der Kiefer (Pinus silvestris L.).
25.5.1903 - Chr 1902/03,21; Jv 1903/04,315
Diss. Ingolst.-Landsh.-Mchn.

DENGLER, Alfred: Untersuchungen über die natürlichen und künstlichen Verbreitungsgebiete einiger forstlich und pflanzengeographisch wichtigen Holzarten in Nord- und Mitteldeutschland. - Neudamm 1904 u. 1912. 3 Tl. -Tl. 1: Die Horizontalverbreitung der Kiefer (Pinus silvestris L.) 1904. VI, 132 S. - Diss. Univ. München 1903 u. d. T.: Untersuchungen über die Frage des natürlichen und künstlichen Verbreitungsgebietes der Kiefer (Pinus silvestris L ) in Nord- und Mitteldeutschland. Bearb. auf Grund des amtlichen Erhebungsmaterials der forstlichen Versuchsanstalt zu Eberswalde und ergänzender statistischer und forstgeschichtlicher Studien. - Tl. 2: Die Horizontalverbreitung der Fichte (Picea excelsa LK.) - Tl. 3: Die Horizontalverbreitung der Weißtanne (Abies pectinata DC). Tl. 2 u. 3 in 1 Bd. 1912. 131 S.

**Dengler,** Aloys, Anleitung zur Ertheilung des theoretischen und praktischen Richt-Unterrichts an Unteroffiziere und Kanoniere der Feld-Artillerie. Nach den neuesten Bestimmungen und den besten einschläg. Schriften zusammengestellt und bearb. 16. (VIII, 128 S.) Augsburg 877, Rieger'sche Buchh. cart. *

**Dengler,** A. Artillerie-Lehre für den Unterricht in der kgl. bayer. Oberfeuerwerker-Schule. T 1 3 (Lith) München 1882 4°

- Artillerielehre für den Unterricht in der k. b. Oberfeuerwerkerschule. Vom Schreiben (Lith) München 1884. 213 S 4°

**Dengler, A.** Geschichtliche Entwicklung der Artillerie-Schießkunst in Deutschland. (Berlin 1879—81.) 8°. (Aus: Archiv f. d. Art.- u. Ing.-Offiziere.) (Verm. Jähns.)

Dengler, Alois, mit viel Humor. Vier Lustspiele und Schwänke für Jugend und Familienkreise, Bildungs- und Erziehungsanstalten, Schulbibliotheken rc. [Die Statue von Dingsda. Der Elefant um 3000 Mark. Unheimlich. Das verzauberte Zimmer im Gasthof zum Falken.] 8. (158 S.) [Regensburg 880.] Straubing, Volks- und Jugendschriften-Verlag. cart.

**Dengler, Alois, die Statue v. Dingsda. — Der Elefant um 3000 Mark. Ein Lustspiel u. e. Schwank f. gesell. Vereine, Jugend- u. Familienkreise. (84 S.) kl. 8. München (905). Volks- u. Jugendschriften-Verlag. n. 1. —**

**— alte u. neue Straßennamen in Ingolstadt m. Andeutung ihrer geschichtlichen Entwicklung u. e. Versuch zu ihrer Erklärung als Beitrag zur Heimatkunde. (147 S. m. 2 Plänen.) gr. 8. Ingolstadt 904. A. Ganghofer. Kart. n. 1. 80**

**— unheimlich. — Das verzauberte Zimmer im Gasthaus zum Falken. Ein Lustspiel u. e. Schwank f. gesell. Vereine. Jugend- u. Familienkreise. (69 S.) kl. 8. Ebd. (905). n. 1. —**

Dengler, Anton

—— zwei Episteln an d. Verf. d. Schrift: Die Stellung d. röm. Stuhls gegenüber d. Geiste d. 19. Jahrh., od. Betrachtn. üb. seine neuesten Hirtenbriefe. gr. 8. (2 B.) Landshut 833, Thomann.

—— kann auch d. Philosoph d. christl. Dogma: „De peccato originali," annehmbar finden. Beantwortet. gr. 8. (5¼ B.) Landshut 830, Thomann.

Dengler, Ant., was sagt zu d. christl. Dogma: „De Christo vero Deo ac Homine" der Philosoph? Beantwortet. 8. (3 B.) Landshut 831, Thomann.

**Dengler, B., Beiträge zu den Unterredungen m. der konfirmierten Jugend. (31 S.) gr. 8. Diesdorf bei Gäbersdorf 903. (Buchdruckerei der Schreiberhau-Diesdorfer Rettungsanstalten). n. — 50**

Geschichte einer Dorfkirche. Der Kirchengemeinde Rausse, Kreis Neumarkt in Schlesien, zu ihrem 500jähr. Jubiläum dargereicht von ihrem derzeitigen Geistlichen B. **Dengler**, Pastor. Mit 4 Abb. Im Selbstverl. d. Verf. Diesdorf 1903: Schreiberhau-Diesdorfer Rettungsanst. (VIII, 190 S.) 8° [F.] [05. 5009 2

DENGLER, Franz (Landau/Pf.): Knochentumor (Osteom) des rechten Schläfenbeins mit Druck-Erscheinungen auf die Gehirnbasis.- München: Kastner & Lossen 1899. 23 S.
13.5.1896 - Chr 1895/96,10; Jr 1898/99,212 (Prom.-Datum: 1899)
**Diss. Ingolst.-Landsh.-Mchn.**

Dengler, Georg

**Dengler, G.**, d. Alpenkönig u. d. Menschenfeind,
— d. Bauer als Millionär,
— Berliner Blech,
— d. Diamant d. Geisterkönigs,
— d. verhexte Fremdenzimmer i. Gasth. z. gold. Gans,
— d. Gesellschaftsdame u. Kammerjungfer,
— d. Gratulation z. Namenstag,
— sie hört nicht,
— Kasperl ist überall,
— d. liederl. Kleeblatt,
— drei Lebenswege,
— wenn er nicht närrisch ist, so wird er's,
— Sauere Nierndln,
— d. Organe d. Gehirnes,
— d. Sekretär u. Bediente,
— ein paar Stunden d. Wahrheit,
— d. Verschwender,
— d. Wildschütz od. d. Bader auf d. Gemsenjagd,

s.: Theater, kleines.

Die Gesellschaftsdame und Kammerjungfer. Lustsp. mit Gesang in 3 Akten von G[eorg] **Dengler**. 2. Aufl. *Paderborn: B. Kleine 1898.* (52 S.) 8° [F.]
= **Theater, Kleines.** 252. [00. 2524

Die Gratulation zum Namenstag. Kom. Scene in 1 Akt. Nach J. B. Moser umgearb. von G[eorg] **Dengler**. 2. Aufl. *Paderborn: B. Kleine 1896.* (20 S.) 8° [Umschlagt. F.]
= **Theater, Kleines.** 258. [00. 2530

**Dengler, Geo., s.: Kirchenschmuck.**

Das liederliche Kleeblatt. Umarbeitung d. Nestroy'schen 'Lumpazivagabundus' mit Auslassung d. weibl. Rollen. Posse in 5 Aufz. mit Gesang von Georg **Dengler**. 3. Aufl. *Paderborn: B. Kleine 1898.* (46 S.) 8° [F.]
= **Theater, Kleines.** 251. [00. 2523

—— drei Lebenswege. Ein Charakterbild in 5 Aufzügen. 8. (58 S.) (Ebendas.) 887. *

—— die Organe des Gehirnes. Lustspiel in 2 Akten. 8. (32 S.) (Ebendas.) 888. *

—— ein paar Stunden die Wahrheit. Schauspiel in 1 Akte. 8. (27 S.) Regensburg 888. (Ebendas.) *

— Phokas. Religiöses Drama m. Musik in 3 Akten. [Aus: „Münch. Jugendfreund".] 8. (23 S.) Nebst der Partitur der Singstimmen m. Pfte. gr. 4. (14 S.) München 885. (Paderborn, Esser.) n. 2. —

Dengler, Georg: Der Sekretär und Bediente. Lustsp. m. Gesang in 3 Aufz.
Paderborn: B. Kleine 1896. (55 S.) 8°
[Umschlagt.] = Theater, Kleines. 253.

Dengler, G., sie hört nicht. Schwank in 1 Akte. 8. (15 S.) Regensburg 887. (Paderborn, Esser.) *

**Dengler, Geo., Technik der kirchlichen Stickerei. (16 S. m. Abbildgn.) gr. 8. Regensburg (904). J. Habbel. n. — 80**

**— Vorlagen f. kirchl. Stickereien. 10 Hefte. (94 Taf.) 79×60 cm. Nebst Text. 7, 4, 8, 4, 12, 8, 8, 4, 3 u. 4 S.) Lex.-8. Ebd. (904.) à n. 4. —**
Sonderabdruck aus: „Kirchenschmuck".

Wenn er nicht närrisch ist, so wird er's. Spass in 1 Akt von G[eorg] **Dengler**. 2. Aufl. *Paderborn: B. Kleine 1896.* (36 S.) 8° [Umschlagt. F.]
= **Theater, Kleines.** 257. [00. 2529

—— der Wildschütz oder der Bader auf der Gemsenjagd. Lustspiel in 3 Aufzügen. Nach einem oberbayer. Charakterbilde Fr. Kaiser's bearb. 8. (39 S.) (Ebendas.) 883. *

Der Wildschütz oder der Bader auf der Gemsenjagd. Lustsp. in 3 Aufz. Nach e. oberbayer. Charakterbilde Fr. Kaiser's, bearb. von Georg **Dengler**. 2. Aufl. *Paderborn: B. Kleine 1898.* (35 S.) 8° [F.]
= **Theater, Kleines.** 254. [00. 2526

—— ein Wucherer als Vater. Lustspiel in 1 Akte. 8. (30 S.) (Ebendas.) 888. *

**Dengler,** Leopold [Diplom. Chemiker aus Karlsruhe (Baden)]: Beitrag zur Condensation der Ketone ... Karlsruhe, Buchdr. J. J. Reiff, 1894; 62 S. 8.
Rostock, Phil. Fak., Inaug.-Diss. v. [20. Juli] 1894

DENGLER, Leopold: Bericht des Bezirksförsters L. Dengler in Carlsruhe über eine im Auftrag des Großherzoglichen Finanzministeriums in der Zeit vom 1. 8. bis 14. 9. 1860 vorgenommene forstliche Reise durch das östliche Deutschland. - Carlsruhe 1860. 45 S

**Dengler, Leopold:** Ueber einige neue Erdöle aus Java. 1893. 51 S. 8°
Karlsruhe, Dipl.-Diss. v. 20. 10. 1893

DENGLER: Forstbenutzung. - Karlsruhe 1854/1855. 333 S.

Dengler, Leopold (Hrsg.), s. Monatsschrift f. d. Forst- u. Jagdwesen. 1858 – 1865.

Dengler, Leop., Weg-, Brücken- und Wasserbaukunde für Land- und Forstwirthe, Guts- oder Gewerbebesitzer, Gemeindebeamte u. s. w. 1. Aufl. 1863. und 2. (Titel-)Ausg. Lex.-8. (XV und 351 S. mit 16 Stint. und 1 lithogr. Karte in Fol.) Stuttgart 868, Schweizerbart's Verlag. *

Dengler, Otto. Beiträge zur Oxoniumtheorie der Pyronine und verwandter Farbstoffe. Diss. Phil. Basel. 56 S. 8. Zürich, Gebr. Leemann & Co., 1910.

Dengler, Paul

Dengler, P., der dritte schlesische Bädertag und seine Verhandlungen am 9. Decbr. 1874 nebst dem Generalberichte über die schles. Bäder für die Saison 1874. gr. 8. (VI, 85 S. mit 4 in den Text gedr. Holzschn.) Reinerz 875. (Glatz, Platz.) *

DER 14. SCHLESISCHE BÄDERTAG UND SEINE VERHANDLUNGEN nebst dem statistischen Verwaltungsberichte, dem medizinischen und meteorologischen Berichte für die Saison 1885. Bearbeitet und herausgegeben von ... P. DENGLER. Reinerz 1886. Verlag des schlesischen Bädertages. — Umschlagtitel: DER 14. SCHLESISCHE BÄDERTAG. ib. 1886. — 8°.

— les bains de Reinerz, s.: l'Europe illustrée.

— the baths of Reinerz, s.: Europe, illustrated.

Dengler, Paul, Bürgermeister, Premier-Lieut. im 3. Garde-Grenad.-Landw.-Reg. Bericht über die Enthüllung und Weihe des Denkmals, welches nach einer huldvoll gewährten Zeichnung Ihrer kaiserlich königlichen Hoheit der Frau Kronprinzessin von Preussen den auf dem Militär-Friedhofe in Reinerz ruhenden 142 Preussen und 132 Oesterreichern errichtet worden ist. Reinerz, den 3. September 1876. Text mit 1 Beilage in 8., eine photographische Abbildung des Denkmals in 4. (Text und Bild in 1 Mappe.) Glatz (1876).

Dengler, Paul, Gedenkschrift zur Feier des 100jährigen Jubelfestes der Kur-Anstalt Reinerz und ihrer kalten Trink-Quelle. gr. 8. (VII, 94 S. mit 1 Abbild. des Bades Reinerz auf 1 Holzschntaf.) Reinerz 869. (Glatz, Platz.) *

Geschichte des Bades Reinerz von Paul Dengler, Bürgermeister. Reinerz: R. Pohl 1903. (313 S.) 8° [F.] [o6. 7192 2

Dengler Paul: Johann Barclays „Icon animorum" und sein Verhältnis zu Michel de la Montaignes „Essais".
H. 1910 PN 2835 Diss. Wien, Univ.

Dengler, P., Bad Reinerz, s.a. Wanderbilder, europäische.

Dengler P[aul]. Bad Reinerz. Mit 13 Illustrationen von J[ohann] Weber, nebst (*Umschlag:* und) 1 Karte. (Europäische Wanderbilder. № 24.) 8. Zürich, (Paris. London [1882]).

P. DENGLER, Ueber den Schutz der öffentlichen Heilquellen. Gesammelte Vorträge und Verhandlungen des VIII. und IX. schlesischen Bädertages. Reinerz. 1881. Verlag des schlesischen Bädertages. 8°.

DIE VERHANDLUNGEN DES SCHLESISCHEN BÄDERTAGES in der II. Sitzung am 4. December 1873 zu Breslau. Bearbeitet und herausgegeben von PAUL DENGLER. Reinerz 1874. Comm.-Verlag der Platz'schen Buchhandlung in Glatz. 8°.

Denham, Abhandl. vom Fieber der Wöchnerinnen. a. d. Engl. 8. Altenb. (Acad. Buchh. in Jena). 777.

Denham, ..., Abhandl. vom Fieber d. Wöchnerinnen; aus d. Engl. 8. Altenb. 777. (Hennings in Neisse). 5 gr

— Clapperton u. Oudney, Beschreib. d. Reisen u. Entdeckungen ꝛc. in Afrika, s. Bibl. d. Reisebeschreibb. 43r Bd.

Denham, Entdeckungsreise in d. nördlichen u. d. mittlern Afrika, s. Clapperton.

Denham, Henry George: Zur Kenntnis der Katalyse in heterogenen Systemen. Die Zersetzung der Titansalze an Platin. Heidelberg 1909: Rössler & Herbert. 78 S. 8°
Heidelberg, Naturw.-math. Diss. v. 12. Jan. 1910, Ref. Curtius
[Geb. 14. Juli 80 Christchurch, Neuseeland; Wohnort: Christchurch; Staatsangeh.: Großbritannien; Vorbildung: Hochsch. Christchurch bis 00; Studium: Univ. Neuseeland 12, Liverpool 4 S.; Rig. 12. Nov. 09.] [U 10. 2188

Denhard, . Johann Heinrich Pestalozzi. [Mit Porträt-Tafel. A.] 8. (Stuttgart 1845.)

Denhard, B., Geschichte der Entwicklung des Christenthums in den hessischen Ländern bis zu deren Theilung 1567, mit besond. Berücksichtigung der hess. Kirchen-Verfassung. gr. 8. (XIX und 388 S.) Frankfurt a. M. 847, Literarische Anstalt. 1

Denhard, B. Geschichte der Stadt u. Grafschaft Hanau unter französ. Herrschaft v. 1. Nov. 1806 bis 6. Nov. 1813. 8. Berlin 1867.

Denhard, B., die Gebrüder Jakob und Wilhelm Grimm, ihr Leben und Wirken. Ein Vortrag. gr. 8. (47 S.) Hanau 860, König's Verlag. *

Denhard, B.: Der deutsche Sprachunterricht. – üb. Kindervergnügungen. Hanau 1863
Schul-/Univ.-Schrift

Denhard, B., die Versündigungen der Franzosen an dem deutschen Reiche bis zum Ende des siebenjährigen Krieges. Drei Vorträge gehalten im Verein für hess. Geschichte und Landeskunde. gr. 8. (60 S.) Leipzig und Berlin 871, Luckhardt'sche Verlagsh. *

Denhard, B. Fr., de Sophoclis Oedipo Coloneo. Dissertat. inaug. 8 maj. (3 B.) Marburgi 830, (Garthe.)

— vergl. Dennhardt.

Denhardt, C. L., Taschenbuch f. Gartenfreunde u. Blumenliebhaber. Mit 1 ill. Kpf. Leipzig, 1808. (Nauck.) 1. 3¾

Denhardt, C. L., Taschenbuch für Gartenfreunde und Blumenliebhaber. 16. Leipz. Sommer. 808.

Denhardt, Clem., Anleitung zu geographischen Arbeiten bei Forschungsreisen, s.a. Beobachtungen, wissenschaftliche, auf Reisen.

Denhardt, Clemens: Anleitung zu geographischen Arbeiten bei Forschungsreisen. in: Mitteilungen des Vereins für Erdkunde zu Leipzig. 1882. S. 65—154. Leipzig 1883. 90 S. 8°.

Denhardt, Clemens, Mittheilungen über ein Unternehmen zur Förderung der Erschliessung von Ost-Aequatorial-Afrika. Stuttgart 1877.

Denhardt, C. Originalkarte des äquatorialen Ost-Afrika zwischen Mombasa und Nijansa. 1:2000000. Gotha 1881. 1 Bl. c. L. Sch.

Denhardt, Rud. Das Stottern. Eine Psychose. gr. 8. (VIII, 298 S.) Lpz. 890, Keil's Nachf. * 6 —

— Wahrheit u. Verleumdung in der Stotterheilkunde. gr. 8. (85 S.) Berlin 893. H. Steinitz' Verl. n. — 60

Denhardt, Rud., was ist Stottern u. wie soll es behandelt werden? In gemeinverständl. Darstellg. beantwortet. 8. (56 S.) Leipzig 892. E. Keil's Nachf. n. — 80

—— Ein offenes Wort in Sachen „Emil Denhardt sen. gegen Alb. Gutzmann, Taubstummenlehrer, u. Dr. med. Hermann Gutzmann in Berlin". 8. (19 S.) Eisenach 892, Kahle. ** — 30

*Denhofer*, V. J., Succincta notitia virtutum et usus medici aquae soteriae Budae. 8. Budae 804. (Kilian in Pesth). 12 gr Vgl. Denhoffer, V.J.

Denhöfer, W., das illustrirte Seilerbuch. Anleitung zur Herstellung der gewöhnl. Seilerwaaren, sowie aller Arten von Tauen und Seilen aus Hanf und Eisendraht ꝛc. Ein vollständ. Hand- und Hülfsbuch für Seiler, Taufabrikanten, Schiffer ꝛc. Nebst einem Anh.: Die Fabrikation der verschied. Pechsorten, als: Bierbrauerpech, Schuhmacherpech, Flaschenpech ꝛc. gr. 8. (VIII und 172 S. mit 112 in den Text gedr. Illustr. in Holzschn.) Leipzig 864, Spamer. *

Denhöfer W. das illustrierte Seilerbuch mit Anhang über die Fabrikation der verschiedenen Pechsorten. 1. und 2. Auflage. Leipzig 1865. 69

**Denhöfer, W.**, das illustrirte Seilerbuch. Anleitung zur Herstellung der gewöhnlichen Seilerwaaren, sowie aller Arten von Tauen u. Seilen aus Hanf u. Eisendraht ꝛc. Vollständiges Hand- u. Hülfsbuch für Seiler, Taufabrikanten, Schiffer ꝛc. Nebst e. Anh.: Die Fabrikation der verschiedenen Pechsorten, als: Bierbrauerpech, Schuhmacherpech, Flaschenpech ꝛc. 2. wohlf. Ausg. Mit 112 in den Text gedr. Illustr. (Holzschn.) Leipzig 869. Spamer. gr. 8. (VIII, 172 S.) n. 20 ngr.

**Denhöfer, W.**, das illustrirte Seilerbuch. 2. Ausg. gr. 8. Leipzig 869. Halle, Knapp. *

**DENHOFFER, Gh.**: Jus in nuce h. e. Summa jurisprudentiae s. compend. Instt. Imperiale quadripartitum. *Ratisbon.* 716. 12.

**Denhoffer, V. I.**, Succincta notitia virtutum et usus medici aquae soteriae Budae. 8. Budae, (Kilian. Pest.) 804.
Vgl. Denhofer, V.J.

[DENICKE, C. L.], Vollständiges Lehrgebäude der ganzen Optik, oder der Sehe-, Spiegel- und Strahlbrech-Kunst, darinn die Gründe derselben theoretisch und practisch vorgetragen, die Verfertigung der Maschinen und Instrumente, die Zubereitung aller Arten von Spiegeln und optischen Gläsern deutlich gelehret wird von C. L. D. Mit 90 Kupfertafeln. Altona. 1757. 4. (U. B.).

**Denicke, Gustav**: Über die Oxydation der Harnsäure bei Gegenwart von Ammoniak. 1906. 34 S. 8° ¶ Auch in: J. Liebig's Annalen d. Chemie. Bd 349.
Hannover, Dr.-Ing.-Diss. v. 8. 6. 1906

Denicke, H[arry]: Ein Abschiedswort an die Abiturienten unserer Realschule. S. 1—2. 4.
Städt. Kaiser Friedrich-Realgymn. (i. E.) u. Realschule *Rixdorf*
**Progr.** 1906 (126).

—: Ansprache bei Entlassung unserer ersten Abiturienten. S. 4—5. 4.
Städt. Kaiser Friedrich-Realgymn. (i. E.) u. Realschule *Rixdorf*
**Progr.** 1908 (135).

**Denicke, (H[arry])**: Zwei Ansprachen. Rixdorf 1908: Mier & Glasemann. S. 3—5. 4°
Rixdorf, st. Kaiser Friedrich-RG i. E. u. R P 1908 (135) [S 08. 63

Denicke, Harry: Antrittsrede. S. 3—6. 4.
**Progr.** Städt. Ober-Realschule II i. E. *Charlottenburg* 1910 (172).

**Denicke**, Harry, Dir. Dr.: [Bericht über die Begründung und Einweihung der höheren Lehranstalt in Rixdorf.] *Rixdorf (1900): Mier & Glasemann.* (S. 15—22.) 4°
Rixdorf, st. R u. PG, P 1900 (137)

—: [Bericht über die Vorfeier des Schillerfestes am 6. April 1905.] S. 34—38. 4.
**Progr.** Städt. Kaiser Friedrich-Realgymn. (i. E.) u. Realschule
*Rixdorf* 1905 (122).

Denicke, Harry: Die Einweihungsfeier am 8. Oktober 1902. S. 29—37. 4.
Städt. Kaiser Friedrich-Realgymn. (i. E.) und Realschule *Rixdorf*
**Progr.** 1903 (150).

—: Entlassungsansprache an die Abiturienten unserer Realschule. S. 3—4. 4.
Städt. Kaiser Friedrich-Realgymn. (i. E.) und Realschule *Rixdorf*
**Progr.** 1907 (126).

Der Freibrief des Stralsunder Friedens v. J. 1370 v. Harry **Denicke.** Halle a./S. 1880. 8°

**Denicke, Harry**, von der deutschen Hansa, s. a. Sammlung gemeinverständlicher wissenschaftlicher Vorträge.

Denicke H, von der deutschen Hansa. (Slg wiss. Vortr. 456) Berlin 1885

**Denicke**, Harry, die Hansestädte, Dänemark u. Norwegen von 1369 bis 1376. gr. 8. (VII, 269 S. m. 1 Tab.) Halle 880. Niemeyer. n. 7. —

**Denicke, Harry**, die mittelalterlichen Lehrgedichte Winsbeke u. Winsbekin in kulturgeschichtl. Beleuchtung. Progr. gr. 8. (47 S.) Rixdorf 900. (Bickhardt). n. 1. —

**Denicke**, Harry, Dr., Dir.: Die mittelalterlichen Lehrgedichte Winsbeke und Winsbekin in kulturgeschichtlicher Beleuchtung. *Rixdorf (1900): Mier & Glasemann.* (47 S.) 8° [F.]
Rixdorf, st. R u. PG, OP 1900 (137)

Denicke, H[arry]: Nachruf auf Herrn Oberbürgermeister Boddin. (Gehalten in der ersten Schulandacht nach den großen Ferien.) S. 3. 4. Städt. Kaiser Friedrich-Realgymn. (i. E.) u. Realschule
**Progr.** *Rixdorf* 1908 (135).

—: Unser neues Vorschulgebäude. S. 5—8. 4.
**Progr.** Städt. Kaiser Friedrich-Realgymn. (i. E.) u. Realschule
*Rixdorf* 1908 (135).

**Deniefle, Frz.**, s. ... Centlivre.

Denier, Anton. Die Nikodemiten von Arth, oder der Hummelhandel. [SA.] 8. [Einsiedeln... 1881.]

Denier, Anton s. Urkunden aus Uri.

Denifle, Heinrich Suso

—— Taulers Bekehrung, s. Quellen und Forschungen zur Sprach- und Culturgeschichte der germanischen Völker.

**Denifle, Heinrich, [und] Weiss, Albert Maria.** Ergänzungen zu Denifle's Luther und Luthertum. 2 Bände. 8. Mainz, Kirchheim & Co., 1905—1906.

Band 1 *u. d. T.:* Quellenbelege. Die abendländischen Schriftausleger bis Luther über Justitia Dei ⟨Rom. 1, 17⟩ und Justificatio von H' D' O P. Beitrag zur Geschichte der Exegese, der Literatur und des Dogmas im Mittelalter. ([Mit] Register .... Zusammengestellt von P. Reginald M Schultes O. P. ....) XX + 380 + XXIV S. 1905. (M 5. 50, geb. 8. —)
Band 2 *u. d. T.:* Lutherpsychologie als Schlüssel zur Lutherlegende. Denifles Untersuchungen kritisch nachgeprüft von A' M' Weiss O. P. XVI + 220 S. 1906. [M. 3. —, geb. 4. 50]

**Denifle, Heinr. Suso**, Die kath. Kirche u. das Ziel der Menschheit. Graz. Moser, 1872, gr. 8°, IV, 202 S., 1,60 Mk.
6 Vorträge, geh. im Dom zu Graz, enthaltend alle Elemente einer Apologetik der Kirche.

**Denifle, Heinr., O. P.**, die katholische Kirche u. das Ziel der Menschheit. Vorträge. 2. Aufl., hrsg. v. Regin. M. Schultes, O. P. (XI, 186 S.) 8. Graz 906. U. Moser. n. 1. 40

—— das geistliche Leben. Eine Blumenlese aus den deutschen Mystikern des 14. Jahrh. 8. (XXIV, 496 S.) Graz 873, Moser.

**Denifle, Fr. Heinr. Seuse**, das geistliche Leben. Eine Blumenlese aus den deutschen Mystikern des 14. Jahrh. 2. umgearb. Aufl. 8. (XVI, 504 S. mit 1 Stahlst.) Graz 879, Moser.

**Denifle, Heinr. Seuse**, O. Praed., d. geistliche Leben. Blumenlese a. d. deutschen Mystikern u. Gottesfreunden d. 14. Jahrh. 4. Aufl. 12. (XII, 651 S.) Graz 895. U. Moser. n. 3. —; geb. in Leinw. n. 4. —

— das geistliche Leben. Blumenlese aus den deutschen Mystikern u. Gottesfreunden des 14. Jahrh. 5. Aufl. (XIV, 693 S.) kl. 8. Ebd. 904. n. 3. —; geb. in Leinw. n. 4. —

**Denifle, Heinr. Seuse**, O. Praed., das geistliche Leben. Blumenlese aus den deutschen Mystikern u. Gottesfreunden des 14. Jahrh. 6. Aufl., bearb. v. Reginald M. Schultes, O. P. (XVIII, 656 S.) kl. 8. Graz 908. U. Moser. 3. —; geb. 4. —

— Luther in rationalistischer u. christlicher Beleuchtung. Prinzipielle Auseinandersetzung m. A. Harnack u. R. Seeberg. (91 S.) gr. 8. Mainz 904. Kirchheim & Co. n. 1. 20

— Luther u. Lutherthum, in der ersten Entwicklg. quellenmäßig dargestellt. 1. Bd. (XXXI, 860 S. m. 2 Bildn.) gr. 8. Ebd. 904. n. 10.—

— dasselbe. 2., durchgearb. Aufl. Ergänzt u. hrsg. v. Alb. Maria Weiß, O. P. I. Bd. (1. 2. u. Schluß-Abtlg. u. 2. Ergänzungsbd. gr. 8. Ebd. n. 21.—
1. I. (XL, 422 S.) 904. n. 5.—
1. II. Quellenbelege. Die abendländ. Schriftausleger bis Luther über Justitia Dei (Rom. 1, 17) u. Justificatio. Beitrag zur Geschichte der Exegese, der Literatur u. des Dogmas im Mittelalter. (XX, 380 S.) 905. n. 5. 50; geb. n. 8.—
1. (Schluß-Abteilung.) (XI. u. S. 423—903 u. XXIV S. mit 9 Bildnistaf.) 906. n. 6. 50; geb. in Halbfrz. n. 9.—
2. Ergänzungsbd. Lutherpsychologie als Schlüssel zur Lutherlegende. Denifles Untersuchgn. kritisch nachgeprüft. Von Alb. Maria Weiß, O. P. 2. durchgearb. u. verm. Aufl. (XV, 310 S.) 906. n. 4.—; geb. n. 5. 60
1. Aufl. (XVI. 220 S.) n. 3.—; geb. n. 4. 50.

— u. Alb. Maria Weiß, O. P., Luther u. das Luthertum in der ersten Entwickelung. Quellenmäßig dargestellt. II. Bd. Bearb. v. Alb. Maria Weiß, O. P. (XVI, 514 S.) gr. 8. Mainz 909. Kirchheim & Co. 7.—; geb. in Halbfrz. 9. 50
(I u II m. 1. u. 2. Ergänzungsbd.: 28.—; geb. 39.50)

Quellenbelege. Die abendländischen Schriftausleger bis Luther über Justitia Dei ⟨Röm. 1, 17⟩ und Justificatio von Heinrich **Denifle** O. P. Beitrag z. Geschichte d. Exegese, d. Literatur u. d. Dogmas im Mittelalter. Mainz: Kirchheim & Co. 1905. (XX, 380 S.) 8° [F. u. Ant.]
= **Denifle**: Luther u. Luthertum [2. Aufl.] Ergänzungen. Bd 1. [o6. 7376

**Denifle**, Heinr., die päpstlichen Registerbände d. 13. Jhs. u. das Inventar derselben vom J. 1339. gr. 8. (III, 105 S.) Berlin 886. Weidmann. n. 2. 40

Die abendländischen Schriftausleger bis Luther über Justitia Dei ⟨Röm. 1, 17⟩ und Justificatio von P. Heinrich **Denifle** O. P. Beitrag z. Geschichte d. Exegese, d. Literatur u. d. Dogmas im Mittelalter. Mainz: F. Kirchheim 1905. (XX, 380 S.) 8° [F. u. Ant.]
(Quellenbelege zu Denifle's Luther u. Lutheitum. 2. Aufl. Bd 1, Abt. 2.)
= **Denifle**: Luther u. Luthertum. 2. Aufl. Bd 1. ⟨Abt. 2.⟩ [05. 11114

(F) **Skizzen** aus P. Denifles: Luther und Luthertum. [Sammlung zeitgemäßer Broschüren. Nr. 36.] 8°. (68 S.) K —.30
Graz: Styria 1904

**Denifle, Heinr.** Die Statuten der Juristen-Universität Padua vom J. 1331. Zum 1. Male hrsg. gr. 8. (S. 309—562.) Freib. i. Br. 892, Herder. * 12 —
Aus: Archiv f. Literatur- u. Kirchengesch. d. Mittelalt., besonders abgedruckt.

— die Universitäten d. Mittelalters bis 1400. 1. Bd. A. u. d. T.: Die Entstehg. der Universitäten d. Mittelalters bis 1400. gr. 8. (XLV, 814 S.) Ebend. 885. n. 24.—

**Denig,** Karl, Direktor Dr.: Aus den Lebenserinnerungen des Königlich Hannoverschen Generalschuldirektors Friedrich Kohlrausch ⟨1780—1867⟩. Ein Beitrag zur Geschichte des rheinhessischen Schulwesens. Bingen a. Rh. 1907: E. Steinhäuser. (18 S.) 4°
Bingen a. Rh., großh. R u. RG OP 1907 (804)

**Denig,** Carl, Dr.: Mitteilungen aus dem griechischen Miscellancodex 2773 der Grossherzoglichen Hofbibliothek zu Darmstadt. Beiträge zur Kritik d. Plato, Marc Aurel, Pseudo-Proclus, Jo. Glycys, Themistius, Pseudo-Dioscorides, Hephaestion; ein Brief eines christl. Autors u. eine Tafel mit Zeichnungen von Windrosen u. a. *Mainz 1899: H. Prickarts.* (25 S.) 4°
Mainz, grossh. G, P 1899 (677)

Denig, Carl Quaestiones Hephaestioneae. Adiecit codicis Darmstadiensis n. 2773 collationem cum scholiis praestantioris classis (A) ineditis C. D. 4 (S. 3—39). **Progr.** G. *Bensheim* 1886 (575).

**Denig,** Rudolf [cand. med. aus Bamberg]: Ein Fall von Resection der vena subclavia bei Exstirpation eines Sarcoms (Recidiv) in der fossa supraclavicularis. . . . Würzburg, A. Boegler'sche Buchdr., 1890; 21 S. 8°
Würzburg, Med. Fak., Inaug.-Diss. v. 1890

**Denike, K.** Pro Memoria betr. die Förderung der Geldmittel der österr. Monarchie und Hebung des Credits im Auslande. 4°. Gr.-Kanizsa 1860.

Denina, Carlo

**Denina,** (Abbé), Apologie de Frédéric II., roi de Prusse sur la préférence qu'il parut accorder à la littérature Françoise. Lue à l'assemblée publique de l'Académie de Berlin le 25 Janv. Dessau 1787. 8.

**Denina, Carlo.** Bibliopoeie oder Anweisung für Schriftsteller; aus dem Ital. Berlin u. Stralsund 1783. Ü: *Ulrich, Johann August Heinrich.* (ErschDL) (MGT) »Berlin 1781« (Ky)

**Denina,** Karl Jh. Maria, († d. 5. Dec. 1813.) **Bibliopöie, oder Anweis. für Schriftsteller; aus d. Italien. (v. J. A. H. Ulrich).** gr. 8. Berl. 784. Lange. 1 ℔

— **Brandenburg. Briefe; aus d. Italien., mit Anmerkk. von Aug. Rode.** 2 Hefte. 8. Berl. 787 u. 88. Mylius. 18 gr

Denina, Carlo, La clef des langues, ou observations sur l'origine et la formation des principales langues, qu'on parle et qu'on écrit en Europe. Berl. 805. 3 Vol. 8. 3 rthlr. 18 gr.

*Denina*, Karl, Jh. Maria, Discorso sopra le vicende della letteratura. 12. Torino 760. N. Aufl, 763. N. A. II Voll. gr. 8. Berl. 784. Köchly. 2 ℔ 4 gr

— **Discorso sopra le vicende della letteratura.** II Vol. gr. 8. Berl. Lagarde. 784.

— discours sur les progrès de la littérature du Nord de l'Allemagne. gr. 8. Berl. 788. Rottmann. 4 gr

— Discours sur les vicissitudes de la literature. Trad. de l'Italien. Basle 1785-90. 2 Tom. 8. 2 rthl. 20 gr.

— **Discours sur les vicissitudes de la littérature.** trad. de l'Italien. II Vol. gr. 8. Berl. Rottmann. 786—790.

Denina, Carlo, s. Essai sur la vie de Frédéric II.

**Denina,** C. Essai sur la vie et le règne de Frédéric II. 8. Turin 1788. — 8. Berlin 1788.

— **Essai sur la Vie et le Règne de Frédér. II.** gr. 8. ibid. 789.
Velinp.

**Denina,** Abt Karl, k. preuss. Legationsrath, Mitglied der Akademien der Wissenschaften zu Berlin, Rom etc. Geschichte Piemonts und der übrigen Staaten des Königs von Sardinien. Nebst einer geographisch-statistischen Beschreibung dieser Länder nach ihrem Umfange vom J. 1792, und einer Uebersicht der neuesten Staatsveränderungen von Italien. Aus dem Italienischen, von Friedrich Strass. (3 Bde.) 8. Berlin 1800—1804.

— **Geschichte Piemonts u. der übrigen Sardin. Staaten. Aus d. Italien. v. Fr. Straff.** 3 Thle. gr. 8. Berl. 800—804. (Köchly). 5 ℔ 6 gr

— Geschichte Piemonts und der übrigen Sardin. Staaten. a. d. Ital. von Fr. Straff. 3 Thle. gr. 8. Berl. Lagarde. 800—804. (1r 2 Thlr. 18 gr. 2r u. 3r à 1 Thlr. 6 gr.).

**Denina, C., Geschichte Piemonts u. d. übrigen Staaten des Königs von Sardinien. Aus d. Italien. v. Fr. Straß.** 3 Thle. gr. 8. Berlin 800—804. (Leipzig, Fr. Fleischer.) 5½ ℔

**Denina,** C. Geschichte der Staatsveränderungen von Italien. Dtsch. v. J. A. Volkmann. 3 Bde. 8. Leipzig 1791—93. 10,75.

Denina, Carlo, s. Guide littéraire.

— **Guide littéraire,** gr. 8. Berl. Rottmann.

— lettere Brandenburghesi che servono di continuazione alle vicende della letteratura, quaderno primo e preliminare, che comprende il Viaggio Germanico. gr. 8 Berl. 786.

— lettres critiques, pour servir de supplément au discours sur la question: que doit-on à l'Espagne? gr. 8. Berl. 786. Rottmann. 18 gl.

— la Prusse littéraire sous Frédéric II. III Vols. gr. 8. Berl. 790 u. 91. Rottmann. 6 rß 18 gl. Velinp. 10 rß

— La Prusse Littéraire sous Frédéric II., pour servir de Continuation à l'Essai sur la vie et le règne de ce roi. 1792.

— Reponse à la question: que doit-on à l'Espagne? gr. 8. Berl. 786. Rottmann. 6 gl.

Denina, Carlo, delle Rivoluzioni d'Italia libri XXV congiunte c. correzioni inedite dell' Autore Vol, 1–3. 8. gr. Milano. (Vienna, Volke). 820.

— — l'istesso libro. 5 Vol. 8. gr. Venezia. 817. (ibid.)

— über die Schicksale d. Literatur. Aus d. Italien. v. F. G. Serben. 2 Thle. 8. Leipz. 785 — 87. Weygang. 2 rß

— la Sibilla Teutonica. 8. Berl. 786.

— Staats- u. Gelehrtengeschichte Griechenlands. a. d. Ital. von Dau. 2 Thle. gr. 8. Flensb. (Christiani, Schlesw.). 785—85. (1r 1 Thlr. 12 gr. 2r 1 Thlr.).

— Staats- u. Gelehrtengeschichte Griechenlands. Aus d. Italien., mit Anmerkk. v. Chrstr. Ulr. Dau. 2 Thle. gr. 8. Flensb. 783—85. (Hammerich in Altona). 2 rß 12 gl.

— Staatsveränderungen von Italien. Aus d. Italien. von J. A. Volckmann. 3 Thle. gr. 8. Lpz. 771—73. Schwickert. 3 rß 16 gl.

**Denina, Carlo.** Staatsveränderungen Italiens; aus dem Ital. Leipz. 1772-73. Ü: *Volckmann, Johann Jacob.* (MGT)

— de studio theologiae et norma fidei. II Voll. 8. Taurini. 758.

**Deninger, A.,** die Araber in Spanien. 5 Bilder. (128 S.) 8. Dresden 903. E. Pierson. n. 1. 50

— Bilder aus der Geschichte Spaniens von der Bildung des Staates bis zur Eroberung Granadas. (302 S.) 8. Mainz (905). (H. Quasthoff). n. 5. —

— Baltur Kraka. Lustspiel in 4 Aufzügen. (III, 96 S.) 8. Dresden 905. E. Pierson. n. 1. 50

**Deninger,** Parteien u. Vereine im Zeitalter des Perikles. Ein Scherz in dramat. Form. (III, 29 S.) 8. Dresden (907). E. Pierson. 1. —

**Deninger, Alb.,** Normannen. Gedicht. 8. (III, 222 S.) Wiesbaden 898. H. Baemeister. n. 2. 50

Deninger, C. F., Leder- und Kautschuk-Industrie, s. a. Bericht, amtlicher, über die Wiener Weltausstellung im J. 1873.

Deninger CF, Leder- und Kautschuk-Industrie. Braunschweig 1874

**Deninger,** Karl: Beitrag zur Kenntnis der Molluskenfauna der Tertiärbildungen von Reit im Winkel und Reichenhall. *München 1902: C. Wolf & Sohn.* (26 S.) 4°(8°) ¶(Aus: Geognost. Jahreshefte, 14, 1901.) München, Phil. Diss. v. 1902

**Deninger, Karl:** Die mesozoischen Formationen auf Sardinien. Stuttgart: E. Schweizerbart 1907. (30 S., 3 Taf.) 8° ¶(S.-Abdruck aus dem Neuen Jahrbuch für Mineralogie Beil.-Bd 23.) Freiburg i. B., Phil. Fak., Hab.-Schr. v. 1907

**Deninger, K.,** Reisetage auf Sardinien. (39 S. m. 6 Abbildgn.) gr. 8. Cassel 908. Berlin, Th. G. Fisher & Co. n. 1. —

**Denio,** Elisabeth Harriet: Nicolas Poussins Leben und Werke. *Leipzig: K. W. Hiersemann 1898.* (VIII, 118 S.) 8° ¶(Erschien erweitert 1898 im gleichen Verlage.) Heidelberg, Phil. Diss. v. [1. Okt.] 1898

Nicolas Poussin. Von Dr. **Elisabeth Harriet Denio.** M. 9 Lichtdrucktaf. *Leipzig: K. W. Hiersemann 1898.* (VIII, 148 S., 9 Taf.) 1 Bd 8. [98. 9747

**Denis, Michael,** s. Hofmann-Wellenhof.

**Denis,** neuntägige Andacht zur Ehre der unbefleckten Empfängniß der allerseligsten Jungfrau Maria. 16. (VIII und 87 S.) Schaffhausen 860, Hurter'sche Buchh.

**Denis, Antonius,** der Monat der Himmelskönigin oder das Salve Regina in Betrachtungen für den Marienmonat. Aus dem Französ. ins Deutsche übers. durch Heinr. Gengler aus derselben Gesellschaft. 8. (XII, 382 S.) Aachen 884, A. Jacobi und Comp. *

—— Uebung der heil. Kommunion nach dem Wunsche unseres Herrn und Heilandes Jesus Christus. Im Auftrage des Verf. aus dem Französ. übertr. von einem Mitgliede derselben Gesellschaft. 16. (130 S.) Amberg 881, Habbel. *

**Denis, A.,** S. J., Übung der hl. Kommunion nach dem Wunsche uns. Herrn u. Heilandes Jesus Christus. Im Auftrage des Verf. aus dem Franz. übertr. v. e. Mitgl. derselben Gesellschaft. 2. Aufl. (116 S.) kl. 8. Regensburg (910). J. Habbel. Geb. in Leinw. 1. —

**Denis, D. J. J.,** von dem wahren Adel. 4. Wien, Schalbacher. 786.

Denis, Ferdinand

**Denis, (Frd.,)** Gemälde von Guyana ꝛc., s. Miniaturgemälde 37r Bd.

Denis, Ferdinand: Guyana. Ein Gemälde der Entdeckung und Colonisirung, des jetzigen natürlichen und politischen Zustandes, und der verschiedenen Bewohner dieses Theiles von Süd-Amerika. Aus dem Französischen. Zweyte Ausgabe. Mit 8 Kupfern. Leipzig 1829. 236 S. 8°.

**Denis, Ferd.,** histor. Schilderungen interessanter Reiseabenteuer, Volksgebräuche u. Naturschönheiten in allen Ländern. Nach Mittheiln. d. berühmt. Reisenden ält. u. neuer Zeit. A. d. Franz. M. 4 Stahlst. gr. 12. (11¼ B.) Stuttgart 834, Scheible.

**Denis, Fr.,** histor.-krit. Uebersicht d. span. Literatur, s. Jarry de Mancy.

Denis, H. Check- und Clearing-Verkehr beim österreichischen Postsparkassenamt und Gesetzes-Vorschlag für Belgien. Bruxelles 1897.

**Denis, Jules,** Vernünft. Ernährung. 2 farb. Taf. m. eingedr. Text (auf 1 Bl.). Übers. v. Fritz Kalle. Hrsg. v. deutschen Verein geg. d. Missbrauch geist. Getränke. Fol. Genf 897. Hildesheim, Mässigkeits-Verlag. n. — 20

— Temperenz-Handbuch f. Primar- u. Sekundarlehrer. Gekrönte Preisarbeit. Autor. deutsche Übersetzg. v. Harald Marthaler. gr. 8. (VIII, 160 S. m. Abb., 2 farb. Taf. u. 1 Tab.) Bern 895. Barmen, Elim, Buchh. d. Blauen Kreuzes. 1. 50

**Denis, Leo,** der Fortschritt u. die gegenwärtige Lage des Spiritismus. Eröffnungsrede zum Spiritisten-Kongreß bei Gelegenheit der Lütticher Weltausstellg. am 11. VI. 1905. Nach stenograph. Aufnahme. (20 S.) 8. Leipzig 905. O. Mutze. n. — 20
Sonderabdruck aus: „Zeitschrift für Spiritismus."

**Denis, Leon,** nach dem Tode, s.: Hausbibliothek, geheimwissenschaftliche. I.

— der Weg zum Heil. 5. u. letzter Tl. des Werkes: Nach dem Tode. Die Rätsel des Lebens, des Todes u. der ewigen Existenzenkette, wissenschaftlich u. vernunftgemäss gelöst. Aus dem Franz. v. Rud. Gruenwald. 8. (77 S.) München 902. F. C. Mickl. n. 1. —
Sonderabdruck aus: „Geheimwiss. Hausbibl."

— dasselbe, s.: Hausbibliothek, geheimwissenschaftl.

Andenken an die heiligen Excercitien. Beherzigungen von P. Michael Denis S. J. u. Ein Vermächtnis d. Grafen Friedrich Leopold zu Stolberg. *Aachen: R. Barth 1901.* (141 S.) 8° [01. 1000 5

— einige Bardengesänge u. geistl. Lieder. 8. Wien 774.

Denis, Mich., Beherzigungen, s.: Standeswahl-Büchlein f. christliche Jungfrauen u. Witwen.

— Beschäftigungen mit Gott. Aus d. Latein. gr. 8. Wien, Kaulfuß. (Schaumburg). 1 ℛ Hdg. Pr. 20 ℊ

— bibliotheca typograph. Vindobon. ab an. 1482 ad 1560. 4. mai. Vienn. Wappler. 782.

— poet. Bilder d. meisten kriegerischen Vorgänge in Europa, seit d. J. 1756. 2 Thle. 8. Augsb. 768.

— Wiens Buchdruckergeschichte von 1482—1560. gr. 4. Wien. Wappler. 782.

— Wiens Buchdruckergeschichte v. 1482—1560. gr. 4. Wien 782. (Beck). 3 ℛ Schrbp. 3 ℛ 12 ℊ Nachtr. dazu, gr. 4. Wien 793. Tendler. 12 ℊ

— Carmina quaed. (oder 6r Thl. d. Ossian- Sineds. Lieder). gr. 4. Wien 794. Alberti. (Mayer u. C.) 1 ℛ

— Codices Mscpti theol. Bibliothecae Palat. Vindobonen. latinae aliarumque Occidentis linguarum. II Voll. a III Ptes. Fol. Wien 794—802. Tendler. 25 ℛ 16 ℊ

Denis, (J.) Mich., Denkmale d. christl. Glaubens- u. Sittenlehre, s. Denkmale.

— Denkmal der christl. Glaubens- u. Sittenlehre auf alle Jahrh. 5 Bde zu 2 Abth. gr. 8. Wien, Kaulfuß. 795.

— Deutschlands neuere Dichter, eine lat. Ode u. die Uebers. des Freyh. v. Retzer. 8. Leipz. Dyk. 778.

Denis, Mich., kais. königl. Hofrath und erster Custos der Hofbibliothek. Einleitung in die Bücherkunde. (3 Bde.) 4. Wien 1775—1778.

— Einleit. in die Bücherkunde. 2 Bde. 1r Bd. Bibliographie 777. 1 ℛ 8 ℊ 2r Bd. Litterairgeschichte 778. 2 ℛ gr. 4. Wien. N. Aufl. 795 u. 96. Tendler. 3 ℛ 8 ℊ

—— Einleitung in die Bücherkunde. Erster Teil: Bibliographie. Zweiter Teil: Litterargeschichte. Wien, Tendler, 1795—96, gr. 4°, 2. verbess. u. verm. Aufl.

1. Aufl. 1777—78. Nachgedruckt mit Zusätzen und vielen Druckfehlern Bingen, 1782, 8°. Verfasser berücksichtigt in beiden Werken vorwaltend die Theologie, aber nicht ausschließlich. Über das letztgenannte Werk siehe Schwarz, Anleitung z. Kenntnis derjenigen Bücher, welche den Kandidaten d. Theol. in der kath. Kirche wesentlich notwendig u. nützlich sind. Coburg, 1804, Bd. I S. 5—6. Über Denis' bibliograph. Arbeiten überhaupt vgl. Wurzbach, Biograph. Lexikon des Kaisertums Österreich. Wien, 1858, 3. Teil S. 240 ff.

— Clypei Heroum Elegidion, Carolo Austrio victori. 4 Vienn. Kaulfuss. 799.

DENIS, MICHAEL: Elegie zum Lobe der Jesuiten. Aus dem Lateinischen übersetzt im Jahre 1812 von Johann Sober. Gran 1823: Josef Beimel. (7 S.) - 8°

Denis, Michael, Extractio ex psalmis Davidicis pro indigentia temporis. Wien, Rötzel, 1799, 8°.

— an Se. Maj. Franz II., Wiederhersteller des adelichen Theresianums. 4. Wien 797. Kaulfuß. 2 ℊ

(DENIS Johann Michael). Freudebezeugung der k. k. vereinigten theresianisch-savojischen Ritterakademie, als sie mit einem Besuche der kaiserl. russischen Hoheiten begnadet wurde (von -). Zweyte Aufl. Wappler, Wien 1781. 4 Bl.

**Denis, (Johann Nepomuk Cosmas) Michael.** Auserlesene Gedichte. Passau 1824. H: *Eisenschmid, Leonhard Martin.* (Ky)

Denis (J.) Mch. (Cosm.) , auserles. Gedichte. (Herausg. v. L. M. Eisenschmid.) 16. Passau 824. Pustet. 16 ℊ

Denis, M., auserlesene Gedichte. Herausg. v. L. M. Eisenschmied. .. Regensb. 824. (Augsburg, Kollmann.) 2/3 ℛ

Denis, (Johann) Michael, Grundriß der Bibliographie oder Bücherkunde. Wien, 1774, 8.

— Grundriß d. Literargeschichte. 8. Wien 776.

Denis, (Joh. Nep. Cosmas) Michael, s. Jugendfrüchte d. k. k. Theresianums.

— Jugendfrüchte des k. k. Theresianum. 3 Sammlung. 8. Wien. Camesina. 772.

Schreibr.

— Jugendgeschichte, von ihm selbst beschrieben, aus d. Latein. 8. Winterthur 803. Steiner. 12 ℊ

Denis, (Joh. Nep. Cosmas) Michael, s. Juvenal: Satyren.

Denis, (Joh. Nep. Cosmas) Michael, s. Laudon's Tod.

— Lesefrüchte. 2 Bde. gr. 8. Wien, Kaulfuß. 797.

— Lesefrüchte. 2 Bde. gr. 8. Wien 797. (Schaumburg). 1 ℛ 16 ℊ Hdg. Pr. 1 ℛ

— Lieder Sineds des Barden. gr. 8. Wien. Trattner. 772.

— die Merkwürdigkeiten der k. k. Garellischen Bibliothek am Theresiano. gr. 4. Wien 780. Beck. 3 ℛ

— die Merkwürdigk. der K. K. Garellischen Bibliothek am Theresiano. gr. 4. Wien, Gerold. 780.

— Merkwürdigk. der Garellischen Bibliothek. gr. 4. Wien, Wappler. 780.

— literar. Nachlaß herausg. von Jos. v. Retzer. 2 Bde. 4. Wien. Pichler. (a. Sammer). 802.

Mellny.

Denis, (Joh. Nep. Cosmas) Michael, s. Ossian: Gedichte.

— Samml. kürzerer Gedichte aus d. neuen Dichtern Deutschlands. 1r Thl. 8. Wien 762. N. Aufl. 8. Augsb. 766. 2r, 3r Thl. 772—76. — 6 Thle. 8. Augsb. 778—90. Wolff. 2 ℛ 16 ℊ

— poet. Sendschreiben an Klopstock. 4. Augsb. 764.

Denis, (Joh. Nep. Cosmas) Michael, s. Sined.

— s.: Standeswahl-Büchlein f. christl. Jungfrauen.

— Suffragium pro Joanne de Spira, primo Venet. typographo. 8 maj. Wien 794. Tendler. 8 ℊ

Denis, Mich., Annalium typograph. v. A. Mich. Mittaire supplementum adornavit. II pts. 4. maj. Vienn. Camesina. 789.

*Denis*, Mich., († d. 29. Sept. 1800.) Annalium typographicorum V. Cl. Mich. Maittaire supplement. II Pts. 4 maj. Wien 789. (Heubner). 6 ℛ

**Denis.** Auf den Tod Marien Theresien. Klgft., Kleinmayer, 1781. 16 S.

Denis, Mch., der Tod Oskars, des Sohnes Karuths; aus d. Latein. v. F. E. v. Schönfeld. 8. Prag 772.

**Denis, J. N. C. M.** Der Tod Oskars, des Sohns Caruth, aus dem Lateinischen in teutsche Hexameter übersetzt ... [Leipzig 1784.] Ü: *Trost, Carl Friedrich.* (MGT)

—— Unterredungen mit Gott, s. Unterredungen.

Denis (Joh. Nep. Cosmas) Michael: Schematisches Verzeichnis der Schmetterlinge der Wiener Gegend. Wien 1776.

— P. Virgilius Maro, Mantuae patriae carissimae. 4. Wien 799. Kaulfuss. 1 ℛ

Denis, (Joh. Nep. Cosmas) Michael, s. Zurückerinnerungen.

— Zurückerinnerungen. gr. 8. Wien. Alberti. 794.

Denis, Theod. Ferdin. Plan der als Modell ausgeführten Festung. Entworfen, gezeichnet und im Modell ausgeführet. (1 Plan in Folio.) (Lithographiert.) (Donation Liechtenstein.)
Fol. Nürnberg 1822.

Denise, s. Collection of British authors.

Denise. Roman. Von der Verf. v. „Mademoiselle Mori" — „der Ausbruch d. Sturms" ꝛc. Aus dem Engl. Von Elise Mirus. 2 Bde. 8. (III, 269 u. III, 288 S.) Leipzig 871. Schlicke. 7. 50

Denison, George T., Geschichte der Cavallerie seit den frühesten Zeiten, mit Betrachtungen über ihre Zukunft. Aus dem Engl. übertr. und mit Anmerkungen versehen von Brix. gr. 8. (XXXV, 1010 S.) Berlin 879, Mittler und Sohn. *

Denison jun., Geo. T., die Cavalerie nach dem Geiste der jetzigen Kriegführung, ihre Organisation, Bewaffnung und Verwendung im Kriege. Mit einem Anh., Briefe von den Reitergeneralen Fitzhugh Lee, Steph. D. Lee und T. L. Rosser von der Armee der Conföder. enth. Mit Ermächtigung des Verf. aus dem Engl. übers. von E. v. Xylander. gr. 8. (XV, 308 S. mit 2 lithogr. Taf. in Farbendr. und 2 lithogr. Plänen in 4.) München 870, Lindauer'sche Buchh. *

Denison, John L. Die illustrierte neue Welt ... Tr: G. Dietz. NY, 1860.

Denison, Mary A., so 'ne Frau wie meine Frau. Eine Ehestands-Humoreske. Deutsch v. E. Berg. gr. 8. (176 S.) Berlin 890. Lüstenöder. n. 1. 50

Denison, M. A., so'n Mann wie mein Mann, s. Universal-Bibliothek Nr. 2141. 2142.

— so ein Mann, wie mein Mann. Eine Ehestands-Humoreske. Deutsch v. E. Berg. 8. (195 S.) Ebd. 890. n. 1. 50; geb. n. 2. —

Denison, Robert Beckett, B. Sc. aus Shipley, Engl.: Aus d. Chemischen Institut d. Universität Breslau. Beiträge zur direkten Messung von Überführungszahlen. Mit 3 Fig. im Text. *Leipzig: W. Engelmann 1903.* (31 S.) 8° ¶(Aus: Zeitschr. f. physikal. Chemie, Bd 44, H. 5.)
Breslau, Phil. Diss. v. 28. Juli 1903

Denison, R. B., Untersuchungen üb. die Bildungsverhältnisse der ozeanischen Salzablagerungen, s.: Hoff, J. H. van't.

Denison, Walter: Ueber die operative Behandlung der männlichen Epispadie und Hypospadie nach Rosenberger's Methode ... (Aus: Beitr. z. klin. Chir., Bd xv Heft III.) Tübingen, H. Laupp, 1896; 1 Bl., 15 S. 8.
Strassburg, Med. Fak., Inaug.-Diss. v. 1896

The Denison Review: May 3, 1867—Oct. 2, 1889.
Republican weekly. German edition of THE DENISON REVIEW. Circulation: 1884, 600. Edited & published by J. Frederick Meyers, 1867?—Apr. 1882?; by Frank Paul, 1883—84; by J. Frederick Meyers & Charles Meyers, Apr. 4, 1884—Oct, 1889.
Denison, IA

Denison Zeitung: 1879—1913?
Weekly. Republican, 1885—89; Independent 1890—1913. Circulation: 1890, 800; 1900, 1660; 1910, 1865. Edited & published by Meyers & Meyers, 1885—89; by J. F. Harthun, 1890—1913.
Denison, IA

Denissenko, vorläufige Bemerkungen zur Lehre über den Bau der Netzhaut,
— Untersuchungen über den Bau der innern Körnerschicht und der Molecularschicht der Netzhaut,
} s. Mittheilungen aus dem embryologischen Institute der k. k. Universität zu Wien.

Denizot, A., über die axonometrischen Verkürzungsverhältnisse. (6 S. m. 2 Fig.) gr. 8. Wien 908. (A. Hölder.) — 35
Sonderabdr. a.: „Sitzungsber. d. k. Akad. d. Wiss."

Denizot, Alfred [aus Górczyn '(Posen)']: Ueber das elektrische Leitungsvermögen des Glases ... Posen, Druckerei d. „Dziennik Poznański", 1897; 24 S., 2 Bl. 8.
Berlin, Phil. Fak., Inaug.-Diss. v. 7. Aug. 1897

Denk an den Tod! Niederschrift des Bruders No. — — — der Stammrolle der Johannis-Loge Dankward zum rauhen Stein im Orient Braunschweig. [Braunschweig] 1906. 20 S. 8°. [Umschlagtit.]

Formular-Buch für letztwillige Verfügungen.

Denk an mich, ein Neujahrsgeschenk ... auf d. J. 1827. Hsg. von C. Strahlheim. Stuttgart. V: *Friedrich.* (Ky)

Denk an mich, ein Neujahrsgeschenk für den gesunden Menschenverstand, auf d. J. 1827. Herausgeg. v. C. Strahlheim. Mit 4 Kpfrn. 16. Stuttgart, Sonnewald.

Denk an mich. Stammbuch-Aufsätze und goldene Sprüche der Liebe und Freundschaft gewidmet. Eine Sammlung der schönsten Stellen aus den Schriften der vorzügl. Dichter von Henriette Schönwerk. 3. Aufl. 12. (182 S.) Cassel 856(57), [Freyschmidt.]

Denk, Hans, einer der ersten und gelehrtesten Wiedertäufer; ein bio- und bibliographischer Versuch. [Zürich 1791.] V: *Waldau, Georg Ernst.* (MGT)

Denk' nach! Blätter zur Förderung des sittlich-religiösen Lebens. Hrsg. von P. Schultzky. (I.) Jahrg. 1887. 12 Nrn. (à Nr. ¼ Bog.) gr. 8. Insterburg. (Königsberg, Braun und Weber.) *

Denk' nach! Blätter z. Förderg. d. sittlich-religiös. Lebens. Hrsg. v. P. Schultzky. Jahrg. 1887—1889. à 12 Nrn. (¼ B.) gr. 8. Insterburg, (Hopf's Nachf.) à Jahrg. n. 1.20

Denk, A. [pr. Arzt]: Zwei Fälle von Epilepsie in Folge von Gehirn-Tumoren. ... Würzburg, Buchdr. d. „N. Bayer. Landeszeitung", 1888; 28 S. 8°
Strassburg, Med. Fak., Inaug.-Diss. v. 1888

Denk, Aloys. Kirchenpolitische Betrachtungen im Anschluß an Bischof Dr. Haffner's Hirtenbrief „Ueber die Lage d. Heiligen Vaters". Nebst e. geschichtl. Skizze: Vatikan u. Quirinal, ein unversöhnl. Gegensatz. gr. 8. (60 S.) Mainz 889, (Diemer's Verlag). * — 60

Denk, Aloys, Joseph v. Görres und seine Bedeutung für den Altkatholizismus. Im Auftrage des Vereins zur Unterstützung der kathol. Reformbewegung in Mainz hrsg. Mit Görres' wohlgetroffenem Bilde (in Stahlst.). gr. 8. (122 S.) Mainz 876, Kunze Nachf.

—— s. Greby, Fr. M., Geschichte der deutschen Literatur.

Die Harmonie der Töne und ihre Bedeutung im Bereiche der K[öniglichen] K[unst]. Vorgetragen in der Loge „Die Freunde zur Eintracht" in Mainz am 22. Dec. 1888 von A[loys] Denk. Berlin [1888]: Büxenstein. 13 S. 8° [Umschlagtit.]
Aus: Bbl. 3 (1889) S. 91—101.

Maurerisch-patriotische Stimmungsbilder. Gezeichnet für die Loge „Die Freunde zur Eintracht“ in Mainz am 20. Mai 1887 von A[loys] **Denk.** [Leipzig 1887: Findel.] 15 S. 8° [Kopftit.]
Aus: Bh. 30 (1887) S. 241—245.
Mahnt zur mrischen Arbeit u. zur Pflege der idealen u. zugleich nationalen Güter.

Das Testament Johannis'. Vorgetragen zum Johannisfest in der Loge „Die Freunde der Eintracht“ in Mainz am 29. Sept. 1889. Von A[loys] **Denk.** Leipzig [1889]: Vollrath. 22 S. 8° [Umschlagtit.]
Aus: FZ. 44 (1890) S. 186—191.
Üb. Menschenliebe.

Denk, Aloys Die Vaterlandsidee in der Erziehung. Rede gehalten bei der Schlußfeier 1874/75 am Sedantage. S. 20—24. Rg. *Mainz* 1876. Progr.

Ueber Wahrheit und Wahrhaftigkeit. Eine Johannis-Festzeichnung, vorgetragen in der Loge „Die Freunde zur Eintracht“ in Mainz von A[loys] **Denk.** [Berlin 1891: Büxenstein.] 14 S. 8° [Kopftit.]
Aus: Bbl. 5 (1891) S. 114—127.

**Wohlthun** als Zweck und Ziel des **Freimaurerbundes.** Zur Hestermann-Feier und aus Anlass einer Doppel-Aufnahme vorgetragen von A[loys] **Denk** in der Festloge der „Freunde zur Eintracht“ in Mainz am 29. Febr. 1888. Mainz [1888]: Prickarts. 16 S. 8° [Umschlagtit.]

Denk, Anton Ferdinand. [1.] Über einige Derivate des 5-Acetamino-1.2-Naphtochinons; [2.] Uber eine neue Akridinsynthese. Diss. Math.-Naturw. Freiburg in der Schweiz. 54 S. 8. Freiburg ⟨Schweiz⟩, St.-Paulus-Druckerei, 1903.

**Denk,** Bruno, a. Görwihl ⟨Kr. Waldshut i. Baden⟩: Über das Zirkoniumjodid sowie über die Zirkonhalogenammoniakverbindungen. [Berlin] (1905: G. Schade.) (34 S.) 8°
Berlin, Phil. Fak., Ref. Fischer, Nernst, Diss. v. 8. Juli 1905
[Geb. 28. Dez. 80 Görwihl (Kreis Waldshut in Baden); Heimatsort: Stuttgart; Staatsangeh.: Baden; Vorbildung: Eberhard-Ludwigs-Gymn. Stuttgart Reife Juli 99; Studium: Tübingen 3, Stuttgart T.H. 1, München 1, Berlin 6 S.; Rig. 3. Juli 05.

Das württembergische Finanzarchiv. Von E[ugen] **Denk,** Finanzrat. 1. Stuttgart: W. Kohlhammer 1907. 8° [F.
= **Archivinventare,** Württembergische. H. 1. 07. 13239

Denk, Hans

Denk's Kreuzstich-Monogramme. 12 Hefte. qu. 8. (à Heft 4 Taf.) Wien 885, Schroll und Comp. *
Einzeln à Taf. *

**Denk,** Hans, Wiener Stickerei-Album. qu. 8. (16 Bl.) Wien 894. A. Schroll & Co n. 1. 80

— Stickmuster-Vorlagen f. Schule u. Haus. 1. u. 2. Hft. Fol. (à 6 farb. Taf.) Ebd. 893. 894. à n 2. —

**Denk,** Hans, Stickmuster-Vorlagen f. Schule u. Haus. 3. Hft. Fol. (6 farb. Taf.) Wien 896. A. Schroll & Co. n. 2. —

**Denk, J., Otto III., genannt der Aeltere, Pfalzgraf und nachher Herz. in Bayern. 8. Regensb. 820. (Augsb., Kollmann.)** 1/2 rß
Vgl. Denk, L.

**Denk, Johannes,** Referendar: Die Befugnis des Konkurs- und Zwangsverwalters zur Fortführung des Gewerbebetriebes an Stelle des Schuldners. Königsberg i. P. 1910: Königsberger allg. Zeitung. 60 S. 8°
Würzburg, Jur. Diss. v. 17. Febr. 1910, Ref. Mendelssohn-Bartholdy
[Geb. 28. Jan. 86 Königsberg i. P.; Wohnort: Königsberg; Staatsangeh.: Preußen; Vorbildung: Oberrealsch. Königsberg Reife O. 05; Studium: Königsberg 6 S.; Rig. 15. Dez. 09.] [U 10. 4288

**Denk,** J. Ueber Sprachbildung und Sprachvergleichung, nebst einem vergleichenden Vademecum der stammverwandten Wörter auf dem Gebiete des Griechischen, Lateinischen, Gothischen, Alt- und Neuhochdeutschen. Eichstätt, St. A., 1868. 80 S. Progr.

**Denk,** Johann, Über Sprachbildung und Sprachvergleichung nebst einem vorgleichenden Vademecum der stammverwandten Wörter auf dem Gebiete des Griechischen, Lateinischen, Gothischen, Alt- und Neuhochdeutschen. Eichstätt 1888. 8.
Progr. kgl. Studienanst. Eichstätt.

DENK, Joseph (Oberschneiding): De amygdalina.- Monachii: Wolf 1836. 16 S.
13.12.1834 - Urk; F 61
Diss.Ingolst.-Landsh.-Mchn.

**Denk, Jos., Generalregister, s.: Quartalschrift, theologisch-praktische.**

Wilde Reben. Gedichte von Julie **Denk.** München: G. Franz 1893. (86 S.) 8° [F.] 07. 8676

**Denk, Julie, wilde Reben. Gedichte. 12. (86 S.) München 893. H. Lukaschik. n. 1. —: geb. in Leinw. n. 1. 50**

Denk, Julius

**— Beiträge zur Geschichte des Berg- u. Hammerwesens in der churfürstlichen Oberpfalz. (60 S.) gr. 8. Stadtamhof (902). (Regensburg, J. Habbel.) n. — 50**

**Denk,** Julius [aus Ansbach]: Ueber den gonorrhoischen Gelenkrheumatismus ... Ansbach, Druck v. C. Brügel & Sohn, 1891; 2 Bl., 24 S. 8.
Erlangen, Med. Fak., Inaug.-Diss. v. 2. Febr. 1891

Zwei ehemalige Lehr- und Erziehungsanstalten Ambergs. — Von Dr. Julius Denk, G.-L. — 1904, Amberg, H. Böes. —

1. Die städtische Lateinschule zu St. Martin in Amberg. — P. 5—27.
2. Das kurfürstliche calvinische Pädagogium zu Amberg. — P. 31—55.

Progr. Amberg, K. Gymn.

**Denk, Jul., zwei ehemalige Lehr- u. Erziehungsanstalten Ambergs. Progr. (55 S.) 8. Amberg 904. (Regensburg, J. Habbel.) n. 1. 20**

**— der Amberger Lokalchronist Johann Kaspar v. Wiltmaister, nach Archivalien geschildert. (26 S.) gr. 8. Regensburg 901. (J. Habbel.) n. — 50**
2 Sonderabdrucke aus: „Verhandlgn. d. hist. Vereins v. Oberpfalz u. Regensburg“.

**Denk, L., Otto III. genannt der ältere, Graf zu Schreyern und Wittelsbach ꝛc. Ein baier. Nationalschspl. in 5 Akt. 8. Passau 821. Pustet. 12 K** Vgl. Denk, J.

Denk, Louis

**Denk,** L., Eisenbahn- nnd Dampfschifffahrtsbuch für das Kaiserth. Oesterreich. Enthaltend: Die Eisenbahn- und Dampfschifffahrtsverbindungen in Oesterreich, Abgangszeiten, Fahrtdauer, Entfernungen, Fahrpreise. Nach zuverlässigen Quellen bearb. gr. 16. (III und 68 S. mit 16 lith. Fahrkarten.) Wien 850, Tendler und Comp. *

—— Eisenbahn-, Dampfschifffahrts- und Telegraphenbuch der oesterreich. Monarchie. Enthält sämmtl. Haupt- und Nebenverbindungen der einzelnen Eisenbahnen und Dampfschifffahrten und die Benützung des Telegraphen, in genauer und vollständ. Total-Uebersicht nebst Meilenzahl, Fahrpreis etc. und einem Anh. der Weg nach Hamburg, London und Paris nach den neuesten Einrichtungen und Bestimmungen. Ein unentbehrl. Führer. gr. 16. (VIII und 76 S. mit 1 lith. Karte von Oesterreich in gr. 4.) Wien 851, Dirnböck. *

**Denk, Ludw., Handel und Verkehr in Oesterreich in socialer, politischer und nationalöconomischer Bedeutung. 2. Aufl. gr. 8. (175 S.) Wien 862, (F. Klemm.)** *

**Denk,** L. Die Pfennigsteuer und ihre Folgen. 8°. Wien 1874.

**Denk, Louis,** *Verkehrsbeamter der k. k. priv. österr. Staats-Eisenb.-Ges. u. Ingenieur.* Vademecum per Eisenbahn, Post, Dampfschiff und Telegraf, in, aus u. nach Oesterreich u. allen Hauptstädten Europas, nebst den berühmtesten Cur- u. Badeorten, oder: Der Verkehr wie er ist. Ein Reisehandbuch für Jedermann. Nach Originalquellen bearbeitet. *Wien* 1858. Im Selbstverl. des Verfassers bei *L. Grund. Graz.* 1. Jahrg. April 1858. VI, 234 S. kl. 8°. mit einer Tabelle. 1 Heft 40 kr. Abonnem. für 7—8 Hefte 3 fl.

**Denk, Louis.** Vademecum per Eisenbahn, Post, Dampfschiff und Telegraf in, aus und nach Oesterreich und alle Hauptstädte Europa's nebst den berühmtesten Cur- und Badeorten, oder: Der Verkehr wie er ist. Mit einer Eisenbahnkarte von Europa. Ein Reise-Handbuch für Jedermann. Nach ämtlichen Quellen bearbeitet. *Wien* 1858. Im Selbstverlage des Verfassers bei *Leopold Grund.* XVIII, 208 S. 2. Jahrgang. Nr. 2.

**Denk,** M., Zum wie und warum. 2 Theile. London 1887, Juli, Aug.

**Denk,** Otto (Hrsg.), s. Aar, Der.

DENK, Otto (Stuttgart): Beiträge zu den mykotischen Erkrankungen des Auges.- München: Ernst 1884. 20 S.
5.6.1884 - Urk (Titel: De morbis oculi minimis animatis corporibus effectis.); Chr 1883/84,14
Diss.Ingolst.-Landsh.-Mchn.

Denk, Otto, Blumen aus dem Gottesgarten. Religiöse Dichtungen. Gepflückt und zu einem Strauße gebunden. 16. (103 S.) Deggendorf 872, Krüll'sche Buchh. cart.

**— Alter deutscher Humor. Sammlg. der besten Schwänke v. 13—17. Jahrh. Hrsg. u. erläutert. Mit 184 Nachbild. alter Holzschnitte. (XX, 864 S.) gr. 8. Regensburg (910). F. Habbel. 3.20; geb. in Leinw. 4.—; in Perg. 10.—**

**Denk,** Rob., die Bindungslehre f. Gewebe. Handbuch f. Webeschulen, sowie f. Meister, Gesellen u. Lehrlinge. Nebst e. Atlas v. Muster- u. anderen Zeichngn. gr. 8. (IV, 223 S. m. 40 Taf.) Altona 883—85. Send. n. 7. 35

— dasselbe. Suppl.: Die metrische Blatt- u. Fadendichte f. Gewebe. Eine Anregg. behufs Einführg. derselben in der deutschen Weberei. Gleichzeitig zum prakt. Gebrauch, m. 4 Dichtentabellen. gr. 8. (16 S.) Ebend. 886. n. — 75

—— metrische Dichtentabellen für Tuch- und Buckskin-Fabrikate mit erläuterndem Text [als Fortsetzung zu Vorstehendem]. gr. 8. (20 S. und 80 Taf.) Ebendas. 885. *

**Denk,** Rob., die Fabrication der Flocken- u. Perlstoffe. Nach eigenen Erfahrungen zusammengestellt. Handbuch für Wollwaarenfabrikanten etc. Mit zahlreichen Musterzeichnungen (eingedr. Holzschn.). gr. 8. (47 S.) Chemnitz 880. Expedition der Allgem. Zeitschrift f. Textil-Industrie (P. Žalud). n. 4. —

**Denk,** Viktor Martin Otto, s. a. Schaching, Otto von (Pseud.)

Denk, O., u. J. Weiß, unser Bayerland. Vaterländische Geschichte, volkstümlich dargestellt. Mit 16 Tafelbildern u. 461 Textabbildgn. (VIII, 559 S. m. Abbildgn. u. 11 [3 farb.] Taf.) Lex.-8. München 905. 906. Allgemeine Verlags-Gesellschaft. n. 10. 20; geb. in Leinw. n. 13. 20
Erschien auch in 17 Lfgn. à n. — 60.

— Einführung in die Geschichte der altcatalanischen Litteratur von deren Anfängen bis zum 18. Jahrh. Mit vielen Proben, bibliographisch-litterarisch-krit. Noten u. e. Glossar. gr. 8. (XXI, 510 S.) München 893. Münch. Handelsdruckerei u. Verlagsanstalt, M. Poessl. n.n. 9. —

Ⓢ **Denk,** V. M. Otto, Einführung in die Geschichte der altcatalan. Literatur. 893. Jetzt: Dresden, P. Alicke. Erm. Pr. 6. —

Denk, V. M. Otto. Geschichte des gallo-fränkischen Unterrichts- u. Bildungswesens. Von den ältesten Zeiten bis auf Karl d. Gr. Mit Berücksicht. d. litterar. Verhältnisse. gr. 8. (VIII, 276 S.) Mainz 892, Kirchheim. * 4 50

**Denk,** Viktor Martin Otto: Aus Deutschlands Kaiserzeit. Geschichtl. Erzählungen v. d. Zeit Karls d. Gr. bis auf unsere Tage. Von Otto v. Schaching (d. i. V. M. Otto Denk) Bd. 1. Osnabrück: B. Wehberg 1898. 8°

Vom Karwendel und Wendelstein. 3 Hochlandgeschichten. Der Klammgeist. D'Marei v. Brandstätterhof. Die letzte Kugel. Von Otto v. Schaching [d. i. V. M. Otto **Denk**]. München: M. Poeßl [1892]. (272 S.) 8° [F.] [06. 6757

Denk, V. M. Otto, die Verwelschung der deutschen Sprache. Ein mahnendes Wort an das deutsche Volk und die deutsche Schule. 8. (42 S.) Gütersloh 885, Bertelsmann. *

**Denk,** Viktor Martin Otto: Widukind, der Sachsenheld. Geschichtl. Erzählung aus d. 8. Jh. (Verf.: Otto v. Schaching (d. i. V. M. Otto Denk)) Osnabrück: B. Wehberg 1898. (440 S.) 8°
= Denk: Aus Deutschlands Kaiserzeit. Bd 1.

**Denk, Walth.,** sein Selbstmord. Das trag. Ende e. Mittelschülers. Aus hinterlass. Briefen zusammengest. u. hrsg. v. seinem Freunde D. 8. (V, 111 S.) Dresden 903. E. Pierson. n. 2. —; geb. n. 3. —

**Denkblatt,**

— ein, über die deutschen Auswanderer. (Aus d. Wochenbl. Cäcilia abgedr.) gr. 8. Tüb. 817. Laupp. 2 gl

— für die Landstände in Würtemberg, Baiern, Baden u. s. w. Ideen eines protestantischen Gelehrten über das Kirchengut. 8. Gmünd 821. Ritter. 2 gl

**Denkblatt, Mein,** an Salomo Gessner. Offenbach 1788. V: *Tobler, Johann.* (MGT)

**Denkblatt** d. österr.-ungar. Pilgerhauses „z. hl. Familie" in Jerusalem. Hrsg. v. Curatorium d. Pilgerhauses. gr. 8. (31 S. m. 1 Abb.) Wien 896. (St. Norbertus.) n. — 60

**Denkblatt** der Reformation der Stadt Stuttgart . . . Stuttg. 1835. V: *Grüneisen, Carl.* (Heyd)

Denkblatt der Reformation der Stadt Stuttgart. Zur Jubelfeier d. 2. Febr. 1835. 8. Stuttg. 835. Brodhag. 1/8 ℛ

Denkblatt d. Reformation d. Stadt Stuttgart. Zur Jubelfeier d. 2. Febr. 1835. 8. Stuttgart, [Scheible, Rieger u. Sattler.]

Denkblatt für Tugendfreunde. 12. Kempten, Dannheimer. 792.

Denkblatt, unentbehrl., f. Aerzte u. Wehemütter, so wie f. alle Frauen; od. Schwangerschaftskalender. 1. u. 2. Aufl. (à 1/2 B.) 16. Heidelberg 829, 30, A. Oßwald. à

Denkblatt, unentbehrliches, f. Aerzte u. Wehemütter, so wie f. alle Frauen, od. Schwangerschaftskalender. 2. Ausg. 16. (1/2 B.) Mannheim 812, Bensheimer.

Denkblätter vom Besuch Kaiser Wilhelms II. in der Hauptstadt Norwegens im Juli 1890. Mit 12 Illustr. in der zinkograph. Anstalt v. F. B. Jensens ausgeführt. Lex.-8. (19 S.) Christiania 890. (O. Norli.) — 75

**Denkblätter** über Joh. Gottfr. Franz. Halberstadt 1798. V: *Schmidt, Eberhard Carl Klamer.* (MGT)

**Denkblätter** für Freunde; Neujahrsgabe für 1850. O. O. 1849. V: *Wessenberg, Ignaz Heinrich von.* (Cat. d. Stadtbibl. Zürich. Zürich 1864—97.)

Denkblätter an die Installations-Feier des Hrn. Frz. Jos. v. Salmen, Königsrichter v. Hermannstadt, Graf der sächs. Nation 2c., zusammengest. u. geschrieben von einem Sachsen. gr. 8. (93 S.) Kronstadt 848. (Nemeth.) n. 8 ngℛ

Denkblätter der Liebe u. Freundschaft. Blumenlese aus den besten Schriftstellern u. Dichtern (namentl. neuester Zeit). Zusammengest. v. Friedrich. 8. Leipz. 837. Fischer u. Fuchs. 3/4 ℛ

Denkblätter d. Liebe u. Freundschaft. Blumenlese aus d. besten Schriftstellern u. Dichtern (namentl. neuester Zeit). Zusammengest. v. Friedrich. 8. (17 B.) Leipzig 837, [Serig'sche Buchh.]

**Denkblätter, Nürnbergsche,** oder Stimmen der Gegenwart und Vergangenheit über Nürnberg ... Nürnberg 1840. H: *Campe, Fr.* (BMarsch 713)

— Nürnbergische, oder Stimmen der Gegenwart u. Vergangenheit über Nürnberg. Mit 2 Stahlst. u. 1 Holzschn.-Vign. 12. Nürnberg 840. Fr. Campe. 2/3 ℛ

DENKBLÄTTER der Widerherstellung und Einweihungsfeier der vormaligen Pauliner-Kirche in Wandorf gefeyert den 19 August 1827 Oedenburg 1827. Gedr bey Kath v Kultschar. - 8°

**Denkbuch** über die Anwesenheit Ihrer K. K. Majestäten Franz des Ersten und Caroline Auguste in Böhmen im Jahre 1833. Prag 1836. V: *Glaser, Rudolph.* (Kat. der Lipperheide'schen Kostümbibl. Berlin 1896 ff.)

Denkbuch des oesterreichischen Berg- und Hüttenwesens. Aus Anlass der Wiener Weltausstellung hrsg. vom k. k. Ackerbauministerium, unter Redaction von Anton Schauenstein. gr. 8. (XII, 370 S.) Wien 873, Gerold's Sohn. *

**Denkbuch** der Erbhuldigung in Tyrol 1838. Innsbruck 1839. V: *Weber, Beda.* (Ky)

Denkbuch d. Erbhuldigung in Tirol 1838. Vom Verf. d. Handb. f. Reisende in Tirol. gr. Lex.-8. (13 1/2 B. mit Einfass. u. viel. Vign.) Innsbruck 839, Wagner'sche Buchh. *

**Denkbuch** der Geschichte Hamburgs auf jeden Tag des Jahres. Hamburg 1829. V: *Röding, Carl Nicolaus.* (Schr)

Denkbuch d. Geschichte Hamburgs, auf jeden Tag d. Jahres. 8. Hamb. 829. Hoffmann u. Campe. 1 ℛ Velinp. 1 ℛ 8 gℛ

— für fleißige Knaben u. Mädchen, der Wiener Jugend geweiht. 8. Wien 805. Gerold. 12 gℛ Hbg. Pr. 9 gℛ

—— malerisch-romant., des österr. Kaiserstaates; s. Panorama.

Denkbuch, maler.-romant., d. österr. Kaiserstaates. Mit Stahlst. v. den vorzügl. engl. u. deutsch. Künstlern nach eigens aufgenommenen Origin.-Zeichnn. 1e—10e Lfrg. Jede mit 3 Ansicht. Lex.-8. Pesth u. Leipzig 838. Hartlebens Verlag. (à n. 5/12 ℛ) 4 1/6 ℛ — 11e—32e Lfrg. A. u. d. T.: Panorama der österr. Monarchie, od. malerisch-romantisches Denkbuch ihrer schönsten u. merkwürdigsten Gegenden, der Gletscher, Hochgebirge, Alpenseen u. Wasserfälle, bedeutender Städte mit ihren Kathedralen, Palästen u. alterthüml. Bauwerken, berühmter Badeörter, Schlösser, Burgen u. Ruinen, so wie der interessantesten Donauansichten. Mit Stahlst. Lex.-8. Ebd. 838—40. (Frohberger.) (à n. 5/12 ℛ) 9 1/6 ℛ

**Denkbuch** der Pfarre und Kirche zum heil. Laurenz im Schottenfelde. Wien 1839. V: *Kraus, H.* (EngG)

Denkbuch der 350jährigen Säkularfeier in der Stadtpfarre zu Hall 1851. gr. 8. (XXVIII und 187 S.) Innsbruck 852, (Wagner'sche Buchh.) *

Denkbuch für Waisen. Für die Zöglinge des k. k. Waisenhauses in ihren Nebenstunden. 8. (122 S 2 Bl.) Wien. Gedruckt bei A. Pichlers sel. Witwe 1843. Vlg.d.Schulbücher-Verschl.-Administr.

Denkbüchlein, bibl., f. einsame Gefangene. 1. Bdchn. gr. 8. (13 B.) Leipzig 841, Fr. Fleischer.

Denkbüchlein, 5jähriges, 1901—1905. gr. 8. (368 S.) Berlin (901). L. Latte. Geb. in Leinw. n. 1.50

**Denke,** Paul, aus Crefeld: Sporenentwicklung bei Selaginella. *Halle a. S. 1902: Gebauer-Schwetschke.* (3 Bl.) 8° ¶ [Nur Titelblatt, Vita u. Thesen — Vgl. die folgende Nummer.]
Bonn, Phil. Diss. v. 12. [vielm. 13.] März 1902
(Nicht für den Austausch)

**Denke,** Paul, aus Crefeld: Sporenentwicklung bei Selaginella. *Jena: G. Fischer 1902.* (18 S.) 8° ¶ [Vgl. die vorhergehende Nummer.]
Bonn, Phil. Diss. v. 12. [vielm. 13.] März 1902

DENKEL, Jacob (Burgheim): Die religiöse Seite in der Medizin.- München: Hübschmann 1844. 22 S. 5.1.1843 - Urk (Titel: De religione in medicina.); F 65 (Prom.-Datum: 1842)
Diss. Ingolst.-Landsh.-Mchn.

Das Kieler **Denkelbok,** hrsg. von Franz Gundlach. Kiel 1908: A. F. Jensen. (XIX, 238 S.) 8° [F.]
=**Mitteilungen** d. Gesellschaft f. Kieler Stadtgeschichte. H. 24. [08. 10165 9

[F. u. Ant.] **Denken und Handeln.** Den deutschen Männern u. Frauen gewidm. v. Fr. Fr. 1. Zehntausend ... *Berlin: (Mauck's Buchdr.) 1897.* (2 Bl., 67 S.) 1 Bd 8. [97 8521

**Denken** und Handeln. Den deutschen Männern und Frauen gewidmet ... Berlin 1898. V: *Fridolin, Frau (= Koch, Auguste).* (Berl)

Denken u. Handeln. Den deutschen Männern u. Frauen gewidmet v. Fr. Fr. 2. Zehntaus. 8. (VI, 72 S.) Berlin 898. (O. Nahmmacher.) n. — 50

Denken, das neue, oder die für unsere Zeit nothwendige Reform der hergebrachten Denkweise. Von einem Vereine für das neue Denken. gr. 8. (47 S.) Berlin 863, Beck. *

Denken u. Tun! 100 Sprüche deutscher Dichter u. Denker. (Eine Auslese d. Sprüche dreier Jahrgänge d. Kalenders „Kunst u. Leben" [1909—1911].) (107 S.) 16. Berlin (910). F. Heyder. Geb. 1.20

Denker

— der, eine sittliche Wochenschrift, (v. K. G. Dietmann). 3 Thle. 8. Lauban 754 u. 55. Schill. 1 ₰ 4 gr

— der, eine sittliche Wochenschrift. 3 Thle. 8. Lauban, Schill. 757.

— der, eine Wochenschrift; aus d. Span. d. Jos. Clav. v. Faxardo, übers. (v. J. J. C. Bode). 1r Bd. 8. Bremen 781. ... 18 gr

— der, eine Wochenschrift. a. d. Span. des Clavigo. 1r Thl. 8. Bremen. (Rabenhorst. Leipz.). 781.

**Denker, Der.** Ein Werk fürs praktische Leben. Wien 1783. V: *Wenzel.* (wrztg 1783, Nr. 74 Anhg.) (Provinc.-Nachr. 1783, Nr. 1251) (Verzeichn. d. Bücher, welche die Camesinaische Buchhandlung an sich gebracht. O. O. 1802. S. 9) (BiblPort)

Denker, der, ein Wort für praft. Leben. 8. Wien, Camesina. 783.

Denker, der, ein Wort fürs prakt. Leben. 8. Wien 783. (Heubner). 5 gr

**Denker,** der. Zeitschrift f. Übermenschen. Chef-Red.: Hugo Johs. Dewald. 1. Jahrg. Mai 1897 b. April 1898. 52 Nrn. (Bog. m. z. Tl. farb. Abb.) hoch 4. Pressburg (G. Heckenast's Nachf.) n. 12.—
Kann auch vierteljährlich bezogen werden.

**Denker,** der. Von A. M. O. (41 S.) gr. 8. Lorch 910. Renatus-Verlag. 1.25

Denker, deutsche, u. ihre Geistesschöpfungen, hrsg. v. Adf. Hinrichsen. 1.—5. Hft. 12. [Berlin.] Danzig, Hinstorff's Verl. à n. —60; f. 1 Serie v. 12 Hftn. 6.50
1. (Vorwort d. Herausgebers.) Rudolf v. Gneist v. K. Walcker. (52 S. m. Lichtdr.-Bild.) 888.
2. J. J. Frohschammer. Eine Autobiographie. (98 S. m. Lichtdr.-Bild.) 888.
4. Christ. Ernst Luthardt v. Fr. Jul. Winter. (63 S.) 889.
5. Joh. Jos. Ign. v. Döllinger v. E. Melzer. (75 S.) 889.

Denker, deutsche, u. ihre Geistesschöpfungen. Hrsg. v. Adf. Hinrichsen. 6. u. 7. Hft. 12. Danzig 890. C. Hinstorff. à n. —60
6. Paul v. Lilienfeld. Von Otto Henne am Rhyn, m. Begleitwort d. Hrsg. (57 S.)
7. Adolf Bastian. Von Th. Achelis. (52 S.)

— dasselbe. 8.—12. Hft. Hrsg. v. Osk. Wilda. 12. Ebd. à n. —60
8. Otto Henne am Rhyn. Eine Autobiographie. (49 S. m. 1 Bildnis.) 890.
9—12. Jul. Köstlin. Eine Autobiographie. (264 S. m. Portr.)

— der Deutsche, in Paris. 5 Hefte. 8. Gotha 785—94. 1 ₰ 16 gr

**Denker, Alfr., zur Anatomie des Gehörorgans der Monotremata, s.: Denkschriften der medicin. naturwiss. Gesellschaft zu Jena. IV. 4.**

(Prof. Dr. Alfred) **Denker,** Zur Anatomie der kongenitalen Taubstummheit (Untersuchung zweier Taubstummenschläfenbeine). Mit 15 Abb. auf Taf. 1–3. Wiesbaden: J. F. Bergmann 1907. (13 S.) 2°(4°)
= **Anatomie,** Die, d. Taubstummheit. Lfg 4, 1. [08. 13.11

**Denker,** Alfred [app. Arzt aus Rendsburg]: Ein Beitrag zur Lehre von der Resorptionsthätigkeit der Magenschleimhaut. . . . Kiel, Druck v. Schmidt & Klaunig, 1890; 18 S. + 1 Bl. 8°
Kiel, Med. Fak., Inaug.-Diss. v. 12. Febr. 1890

**Denker, Alfr.** Ein Beitrag zur Lehre von der Resorptionsthätigkeit der Magenschleimhaut. Diss. gr. 8. (18 S.) Kiel 890, (Gnevkow u. v. Gellhorn. — Lipsius u. Tischer). ** 1 —

(Prof. Dr. Alfred) **Denker,** Weitere Beiträge zur Anatomie der Taubstummheit (Untersuchung von acht Taubstummenschläfenbeinen). Mit 19 Abb. auf Taf. 1–5. Wiesbaden: J. F. Bergmann 1908. (28 S.) 2°(4°)
= **Anatomie,** Die, d. Taubstummheit. Lfg 5. [08. 1396

— **Einteilung der Taubstummheit u. Zusammenstellung der verwertbaren Taubstummenrohrbefunde, s.: Anatomie die, der Taubstummheit. 7. Lfg.**

— Das Gehörorgan u. die Sprechwerkzeuge der Papageien. Eine vergleichend-anatom.-physiolog. Studie Mit Unterstützg. d. k. bayer. Akad. d. Wissenschaften (VII, 49 S. m. Abbildgn., 10 Taf. u. 10 Bl. Erklärgn. 40,5×30 cm. Wiesbaden 907. J. F. Bergmann. In Mappe 25.40

Die Otosklerose. Von Dr. Alfred **Denker,** Prof. in Erlangen. Mit 11 Abb. u. 8 Diagrammen. *Wiesbaden: J. F. Bergmann 1904.* (135 S.) 8°
= **Ohrenheilkunde,** Die, d. Gegenwart u. ihre Grenzgebiete. 4. [04. 8316

— **die Taubstummen der westfälischen Prov.-Taubstummenanstalt zu Soest. gr. 8. (S. 79—134 m. 1 Taf.)** Wiesbaden 900. J. F. Bergmann. n. 1.80
**Sonderabdruck aus: „Zeitschr. f. Ohrenheilkunde".**

— **vergleichend-anatomische Untersuchungen üb. das Gehörorgan der Säugethiere. Nach Corrosionspräparaten u. Knochenschnitten. Mit Unterstützg. der königl. Akademie der Wissenschaften zu Berlin. gr. Fol.** (VII, 115 S. m. 17 Taf. u. 17 Bl. Erklärgn.) Leipzig 899. Veit & Co. Kart. n. 26.—

— **s.: Verhandlungen der deutschen otolog. Gesellschaft.**

Denker, Glieb., letzte Revision des Kirchenglaubens. s. Sintenis.

**Denker, Gottlieb.** Letzte Revision des Kirchenglaubens ... Zerbst 1799. V: *Sintenis, Carl Hnr.* (StAt)

Denker, Gf., (Chrstn. Fr. Sintenis.) letzte Revision d. Kirchenglaubens. Zerbst 799 — 805. (Kummer). 1 ₰

**Denker,** Hans, approb. Arzt aus Göttingen: **Beiträge zur Behandlung der tuberkulösen Handgelenksentzündung aus der Königl. chirurgischen Universitätsklinik in Göttingen in der Zeit vom 1. XII. 1895 bis 1. XII. 1903.** *Göttingen 1903: Dieterich.* (54 S.) 8°
Göttingen, Med. Diss. v. [18. Dez.] 1903

**Denker,** Heinrich [Dr.]: Ein Beitrag zur litterarischen Würdigung Friedrichs von Logau. Hildesheim, Druck v. Gebr. Gerstenberg (1889); 1 Bl., 96 S. 8°
Hildesheim, k. Andreas-RG, OP 1889 (312)

**Denker,** Heinrich [aus Clausthal]: Ein Beitrag zur litterarischen Würdigung Friedrichs von Logau. . . . Hildesheim, *Druck v. Gebr. Gerstenberg.* 1889; 1 Bl. 1 96 S. 8°
Göttingen, Phil. Fak., Inaug.-Diss. v. 5. März 1889

Denker, Heinr. Ein Beitrag zur litterar. Würdigung Friedrichs v. Logau. Diss. gr. 8. (96 S.) Hildesh. 889. (Lpz., Fock.) * 2 —

Denker, [Heinrich]: Die Gestaltung des in der Tertia begonnenen lateinischen Unterrichts in den oberen Klassen des Kgl. Realgymnasiums zu Osnabrück. Erfahrungen und Wünsche. 29 S. 8.
Kgl. Realgymn. u. verb. lateinlose Realschule *Osnabrück* 1903
**Progr.**

Denker, *Heinrich*: Die Gestaltung des lateinischen Unterrichts in der Tertia des Königlichen Realgymnasiums zu Osnabrück nach Einführung der Reform. 8 (33 S.).
Kgl. Rg. u. verb. lateinlose Rsch. *Osnabrück* 1899
**Progr.**

Denker, Wilhelm

— Erfahrr. f. Stadt- u. Landwirthe. gr. 8. Ebd. 796. Ebd. 18 gr

Denker, Wilh., ökonom. Hausrecepte. 8. Lpz. 804. Mittler. 8 gr

**Denker, Wilhelm,** c. Gewerbeinsp. i. Gummersbach: Die bergmännischen Sprengarbeiten im Lichte der Unfallstatistik. 1904. 28 S., 2 Tab. 4° ¶ Auch in: Glückauf. Jg. 40.
Aachen, Dr.-Ing.-Diss. v. 1. 2. 1904

Unfallverhütung bei Sprengarbeiten in Steinbrüchen mit besond. Berücks. d. wichtigsten Spreng- u. Zündmittel u. der in Frage kommenden gesetzl. Bestimmungen. Von Dr. Ing. Wilhelm **Denker.** Berlin: C. Heymann 1907. (XI, 141 S.) 8° [F.] [08. 3812

**Denker, Wilh.,** die elektrische Zündung in Steinbrüchen. (44 S. m. 17 Abbildgn.) Lex.-8. Berlin 903. Polytechn. Buchh. A. Seydel. n. 1. 25
Sonderabdruck aus: „Gewerblich.-techn. Rathgeber".

**Denkerecht, Gli.,** (Ant. Kelkel.) Sieg d. Vernunft über d. Aberglauben; e. Ostergeschenk. 8. Gibraltar. (Wien) 784, im Verlage d. Aufklärungsanstalt.

**Denkers,** des jungen, Wlh., Hauskalender. s. J. K. Schlez.

**Denkersprüche.** [St. Petersb.] 1808. H: *Adelung, Friedr. von.* (MGT)

**Denkert,** L[udwig]: Der Einfluss des Volksliedes auf den evangelischen Choralgesang zur Zeit der Reformation. *Kiel 1898: L. Handorff.* (3—12 S.) 4°
Kiel, st. HM, P 1898**

**Denkert,** L(udwig): Die Musik in ihrer Bedeutung im Seelenleben der Menschen. Kiel 1907: L. Handorff. (S. 3—14.) 4°
Kiel, st. HM P 1907 [147]

**Denket** der Armen in Stunden der Freude! [Hamburg] o. J. 2 Bl. 8° [Kopftit.]
Armenlied ohne Noten: „Lasst es stürmen, lasst es brausen . . ."

**Denkfreiheit, Die politische,** vom 17. März 1848. Berlin 1848. V: *Arnim, Alex. Hnr. Freih. v.* (Hauptkat. d. Univ.-Bibl. Tübingen. F. Nachtr. 11.)

**Denk-, Rede- und Pressfreiheit.** Wien 1847. V: *Hügel, Clemens.* (Zeitschr. f. Büch. 1923, S. 82)

**Denk-, Rede-, Schrift- u. Preßfreiheit,** über. gr. 8. (22 S.) Wien 847, Rohrmann. 1/8 ꝛß

**Denkhaus,** Karl, Gerichtsreferendar in Mülheim (Ruhr): Eine geschichtliche und dogmatische Erörterung des § 2065 BGB. Borna-Leipzig 1907: R. Noske. (VIII, 90 S.) 8°
Rostock, Jur. Fak., Ref. Matthiaß, Diss. v. 25. März 1907
[Geb. 1. Mai 80 Mülheim a. d. Ruhr; Wohnort: Mülheim; Staatsangeh.: Preußen; Vorbildung: Gymn. Mülheim Reife O. 01; Studium: Heidelberg 2, München 1, Berlin 1, Bonn 2 S.; Rig. 10. Jan. 07.]

**Denk-ich-bei-mir-Selbst,** eine ernsthaft-scherzhafte, tragisch-komische Geschichte, geschrieben von — Denk ich bei mir selbst: — Wem? aus d. Engl. nach der 10n Londoner Ausg. von 1826. Mit Kpf. 8. Berl. 827. Voß. 2 ꝛß

**Denkinger,** Henri, die französ.-reform. Colonie zu Friedrichsdorf, s.: Geschichtsblätter d. deutschen Hugenotten-Vereins.

**Denkinger,** H., die „Réfugiés d'Orange" in der Schweiz 1703 1704, s. Geschichtsblätter des deutschen Hugenotten-Vereins. XIII, 7.

(**Denkinger,** H[enri].) Die «Réfugiés d'Orange» in der Schweiz 1703—1704. (Eine Sammlung Akten aus den Staatsarchiven von Genf. Zusammengestellt durch H. D'....) II + 78 S. 8. Magdeburg, Heinrichshofen, 1908. [M. 1. 50]
Geschichtsblätter des Deutschen Hugenotten-Vereins. Band 13, Heft 7.

**Denkinger,** J. N., das städtische Hospital zum hl. Geist in Schwäb. Gmünd. s.: Wörner, A.

**Denkmal der Achtung und Liebe,** errichtet dem D. Joh. Nepomuk Bestlin, weiland Prof. d. Theologie ꝛc. Von e. seiner vertraut. Freunde. Hrsg. v. Lor. Lang. 8. (41½ B.) Tübingen 832, Fues. Thlr.

— dem Andenken A. Wilhelms, Prinzen v. Preußen. gr. 8. Berl., Reimer. 6 gGr

**Denkmal** dem Andenken der vollendeten Frau Anna Jacobina Forster gewidmet . . . Nürnberg 1802. V: *Panzer, Georg Wolfgang Franz.* (BB) (Will)

**Denkmal** dem Andenken . . . Frauen Christine Regine Zuckerbecker geb. Boomgaerd . . . Riga 1766. V: *Herder, Johann Gottfried von.* (GGr)

Ein DENKMAHL wahren Antheils an der Feier jener großen Handlung, die . . . Franz Graf von Nádasd . . . Entrichtung seines ersten heil. Meßopfers am 8. März des 1807. Jahres begangen hat. Komorn (1807). Gedr. bey Witwe Klara Weinmüller. 2 f. - 4°

**Denkmal, das, in Arkadien.** Ein ländl. Schausp. für die Jugend, von Weiße. 8. Leipz. Crusius. 782.

Auch ein **Denkmal** für Ulrich von Hutten. Paderborn, Bonif.-Druckerei, 1886, kl. 8°. (Bonif.-Brosch. Jahrg. 17, Heft 10 u. 11.)

**Denkmahl vom Baue des Reichs Jesu zu M. in P.** 8. Königsb. Hartung. 762.

**Denkmal** vom Baue des Reichs Jesu zu M. in P. 8. Königsb. 762. Unzer. 4 gGr

— biblisches, auf Deutschlands Befreiung, mit Kpf. 4. Augsb. 814. Doll. 1 ꝛß 12 gGr

— **biographisches.** s. Riesbeck

— biograph., Risbecks, Verf. d. Briefe e. reisenden Franzosen ꝛc., (v. Jh. Pezzl). 8. Kempten (Wien) 786. (Graffé in Weißenf.) 5 gGr

**Denkmal, Biographisches,** dem seel. Pfarrer Schölen zu Essingen errichtet . . . O. O. 1790. V: *Pahl, Johann Gottfried.* (MGT) (NN)

**Denkmal, Biographisches,** dem Fr. Mich. Vierthaler errichtet. Salzburg 1830. V: *Hochmuth, Johann Jacob.* (Hr)

—— **biographisches,** dem Franz Michael Vierthaler errichtet v. e. seiner Verehrer. 12. (1 B.) Salzburg 830, Mayr.

**Denkmal** der verewigten Reichsgräfin Elis. Chr. Tugendreich von Bressler. [Görlitz 1799.] V: *Janke, Johann Christian.* (OL)

Das **Denkmal** für Leopold v. Buch. Wien, 1858.

**Denkmal,** berühmten deutschen Buchhändlern in einer Sammlung von Bildnissen errichtet von Otto Aug. Schulz. 1. und 2. Heft. Lex.-8. (à Heft 3 lith. Bl.) Leipzig, O. A. Schulz. à Heft **
Ausg. auf chin. P. in hoch 4. à Heft **
Heft 1. Philipp Erasmus Reich. Paul Gotth. Kummer. Carl Chr. Horvath. (auf 1 Bl.) Friedrich Perthes. Geo. Andr. Reimer. 850.
2. J. F. Frhr. v. Cotta. F. A. Brockhaus. Th. Ch. Fr. Enslin. 852.
Einzeln à Bl. 7½ Ngr. Chines. Pap. 15 Ngr.

**Denkmal** berühmten deutschen Buchhändlern in einer Sammlung von Bildnissen errichtet von Otto Aug. Schulz. 3. Heft.: G. J. Göschen, H. B. Sauerländer, Dr. J. Ch. Mohr. Lex.-8. (3 lithogr. Bl.) Leipzig 855, O. A. Schulz. **
Ausg. auf chines. Pap. in Fol. **
Einzelne Bl.
Chines. Pap.

1. und 2. Heft. Ebendas. 1850, 52. à Heft ** 15 Ngr., Ausg. auf chines. Pap. ** 1 Thlr.

**Denkmal** berühmten deutschen Buchhändlern in einer Sammlung von Bildnissen errichtet von Otto Aug. Schulz. 4. Heft: Carl Gerold. Friedr. Nicolai. Adf. Rost. Lex.-8. (8 lithogr. Bl.) Leipzig 859, O. A. Schulz. **
Ausg. auf chines. Pap. in Fol. **

1—3. Heft. Ebendas. 1850—55. à Heft ** 15 Ngr. Ausg. auf chines. Pap. ** 1 Thlr.

**Denkmal** rühmlich erfüllter Bürgerpflichten in der Geschichte der Bürger und Bewohner Wiens von den ältesten Zeiten bis 1805. Wien 1806. V: *Rossi, Joseph.* (WBL) V: *Groppenberger Edl. v. Bergenstamm, Alois.* (Feil)

— rühml. erfüllter Bürgerpflichten in der Geschichte d. Einwohner Wiens. 2 Thle. 8. 806. (Wimmer in Wien). 1 ₰ 16 ℳ

**Denkmal** des Kagliostro. Ein nicht unwichtiger Beytrag zur Geschichte dieses berůhmten Mannes von Augen- und Ohrenzeugen. Aus d. Latein. nach einer getreuen Uebers. von **Heinr. Fåsi.** Bregrenz 1791: Brentano. 76 S. 1 Bild. 8⁰

**Denkmal, Christianens.** Ein Stück Familienchronik aus dem 1. Drittheil unseres Jahrhunderts. Als Ms. gedruokt. [1894.] V: *Gundert, Hermann.* (Berlzu 1920, S. 171)

**Denkmal**, christliches, zum 300jähr. Gedächtniß des Lebensendes Dr. Martin Luthers, am 18. Febr. 1846. (Enthalt.: 1) Luthers Tod u. Begräbniß, beschrieben von Augenzeugen. 2) Gedächtnißreden von Jonas, Celius, Bugenhagen u. Melanchthon. 3) Personalien oder Lebensumstände Dr. Luthers von Melanchthon. 8. Gütersloh 846, Bertelsmann. 1/6 ₰

**Denkmal** der Dankbarkeit dem ehemaligen Reichsstifte Roggenburg und seinen Vorstehern . . . errichtet. Augsburg [1822]. V: *Weiler, Ludolph.* (Bücher-Samml. d. hist. Ver. v. u. f. Oberbayern. Münch. 1867.)

**Denkmal** des Edelmuths der Bürger Wiens bey der Überschwemmung im May 1784 . . . Wien. V: *Hoffmann, Leopold Alois.* (MGT)

**Denkmal** einer Edeln [A. Barb. Schultheß]. [Zürich 1817.] V: *Gessner, Gg.* (Cat. d. Stadtbibl. Zürich. Zürich 1864—97.)

**Denkmal** der Ehre Karl Theodors und der Liebe seiner Unterthanen . . . Mannheim 1775. V: *Klein, Anton von.* (Jes)

**Denkmal** der Ehrfurcht und Liebe, dem weiland Frh. Dietr. Ernst Georg Spiegel v. Pickelsheim in einer feyerlichen Trauerloge errichtet, von den Brůdern Maurern in Bayreuth den 13. Juli 1789. Bayreuth [1789]: Hagen. 4 Bl. 4⁰ [Umschlagtit.]
Üb. Spiegel s. Allgem. Deutsche Biographie Bd 35 1893 S. 159 (Pröhle).

**Denkmal** der Einweihung der neuen Kapelle zu Dieckhof. Rostock [1768]. V: *Kessler, Johann Christian.* (ML)

**Denkmal, Das,** der Erinnerung. Salzb. 1808. H: *Wallner, Sev.* (Hr)

—— der Erinnerung an d. Hrn. Friedr. Ferd. Alex. Reichs-Burg-Grafen u. Grafen zu Dohna-Schlobitten, weiland Kgl. Staatsminister ꝛc. 8. (3 B.) Königsberg 831, Unzer.

—— der Erinnerung an die am 8. Nov. 1809 vollzog. Einweihung d. Kirche zu Okriftel; enth.: F. Gieße's Predigt, nebst den dabei gehalt. Reden u. Gebeten. Herausg. von J. W. Spier. Wiesbaden 810.

—— zur Erinnerung an die am 1. u. 2. Advent-Sonntage 1833 Statt gehabte Feier d. Einweih. d. zum 2. Male erneuerten Heil. Geist-Kirche in Magdeburg, besteh. aus d. drei Weihe-Fest-Pred. v. J. H. B. Dräseke, W. F. Sintenis, F. A. Klusemann, u. e. Fortsetz. d. die genannte Kirche betreff. geschichtl. Notizen v. 31. Oct. 1817 bis 8. Dec. 1833 v. Phil. Lincke. gr. 8. (6½ B.) Magdeburg 833, (Heinrichshofen.)

**Denkmal** der Erinnerung an den General-Lieutenant v. Rohr. 8. Breslau 1851.

**Denkmal** der Erinnerung an den General-Lieutnant v. Sohr I. Allen seinen Verehrern und besonders den ehemal. Freiwilligen des brandenburgischen Husaren-Regiments gewidmet von dem Verfasser, nebst dessen Kavallerie-Glaubensbekenntnis. Mit Abb.
Berlin 1847. 23 S. 4⁰

**Denkmal** der Erinnerung an den General-Lieutenant von Sohr . . . Berlin 1848. V: *Schwanenfeld, von.* (Ky)

—— der Erinnerung an den General-Lieut. v. Sohr I. Allen seinen Verehrern und besond. den ehemal. Freiwilligen des brandenb. Husaren-Regiments in treuer Cameradschaft gewidm. von dem Verf., nebst dessen Kavallerie-Glaubensbekenntniß und einigen Worten der Liebe an die Jugend der Armee. (Mit dem Umschlagstitel: General-Lieutenant v. Sohr I. Erinnerungen und Gedanken eines alten Husaren-Offiziers.) gr. 4. (22 S. mit 1 Stnt.) Berlin 848, (Mittler und Sohn.) **
Mit v. Sohr's Portr. lith. in gr. Fol. **

— erneuertes hundertjähriges, des Religionsfriedens. 8. Magdeb. 755. Seidel. 5 ℳ

— erneuertes, des Grafen Moritz v. Sachsen, (v. A. Ch. K. Cuno). 8. Leipz. (777.) (Brockhaus). 4 ℳ

— erneuertes, des Gr. Moritz von Sachsen. 8. Leipz. Gleditsch. 777.

**Denkmal, Erneuertes,** des Generalfeldmarschalls Hrn. Moritz Graf von Sachsen. Leipzig 1778. V: *Cuno, Adam Christoph Carl.* (ML) (MGT) ›1777‹ (Ky)

An das Publikum. Ueber das den 13. Aug. 1821 auf dem vormahligen Marien Magdalenen Kloster-Kirchen Platze, nunmehrigen Adolfs-Platze errichtete **Denkmahl** (Adolfs IV.). Hamburg o. J. Fol.
6 lithogr. Blätter.

Denkmal auf den 10. Febr. 1824, als den frohen Tag d. Jubelfeier d. 25jähr. Regierung d. Königs Max. Joseph I. v. Baiern. Mit d. Bildn. d. Königs. 4. Hamb. 828. Meeder u. Müller. 1 ß

**Denkmal** der Feyerlichkeiten, welche bey ... Vermählung ... der Dänischen Erbprinzessin Sophia Friderika ... in Rostock angestellet worden. Rostock 1774. V: *Schmid, Johann Philipp.* (ML)

**Denkmal** dem verewigten Joh. Mich. Fels ... St. Gallen 1833. V: *Scheitlin.* (winer)

Denkmal, Das, in Ferlach. –, s. Germonik, Ludwig

**Denkmal** der Freilassung des Bauern-Standes in Dänemark. [Riga 1817.] V: *Huhn, Otto von.* (R-N)

**Denkmaal** [!] der Freundschaft; dem am 2ten Jenner 1758 zu Leipzig erfolgten frühen Absterben des Herrn Peter Carpser gewidmet von einigen über seinen Tod gerührten Freunden. Hamburg 1758: Grund. XXVIII, 80 S. 4°

Kl. 1302. Sammlung von Reden u. Gedichten auf den Tod Carpsers. Mit dem Bildn. des Verstorbenen, von Bernigeroth gestochen.

Denkmahl der Freundschaft und Liebe, ein Neujahrsgeschenk in's Strickkörbchen. ([Hrsg.:] C[arl] A[ugust Gottlieb] Seidel.)
Weißenfels: Friedr. Severin 1797. 2 Bl., VI, 296 S., 1 Titelkupf. 12°
[Nebent.:] Kleine Taschenbibliothek zum Neujahrgeschenk.

— der Freundschaft u. Liebe, (v. C. A. Seidel). (Auch u. d. Titel: Taschenbibliothek zu Neujahrsgeschenken.) 12, Weißenf. 797. Nerr. 8 gl. Dass. 8. Nürnb. 802. Schmiedmey. (Enobloch in Leipz.) 8 gl.

Denkmal der Freundschaft dem Hochwohledlen ... Herrn George Christoff Pisanski. ... bey Seiner ehelichen Verlobung mit der Hochedelgebornen ... Jungfrauen Johanna Agnes Liedertinn, von der Königlichen deutschen Gesellschaft mit aufrichtiger Ergebenheit gewidmet. Den dritten des Wintermonaths 1756. ib. — 4°.

Denkmal, das, des Großherzogs Friedrich Franz II. v. Mecklenburg-Schwerin. Zur Erinnerg. an den 24. Aug. 1893. (Von F. S[chlie].) gr. 8. (22 S. m. 7 Taf.) Schwerin 893. (Stiller.) Kart. n. 1. 50

Denkmal König Friedrichs des Grossen, enthüllt am 31. Mai 1851. 1 Bog. Oliphant-Oktav. 31 Abbildungen nebst Beschreibung. Beschreibung hierzu, einzeln in Taschenformat. — Dasselbe: Prachtausgabe, kl. Oliphant-4. 2½ Bog Text nebst 31 Abbildungen und Rauchs Porträt. Berlin, R. Decker.

—— König Friedrichs des Großen. Enthüllt am 31. Mai 1851. 16. (22 S.) Berlin 851, Decker'sche geheime Ober-Hofbuchdr.

—— dass. — gr. 4. (16 S. mit Holzschn.) Ebds. 851. **

—— dass. — (Pracht-Ausg.) Fol. (18 S. mit 8 Holzschn. und 1 Kpfrt.) Ebds. 851. **

— König Friedrich Wilhelm III. in Königsberg enthüllt am 3. Aug. 1851. Mit 5 Zeichnungen v. F. Bils u. einer historisch-artist. Beschreibung v. Schubert. gr. 4. (12 S. m. 4 lith. Taf.) Königsberg 851, Voigt. n. 1/3 ß

**Denkmal, Fürtreffliches,** der göttlichen Regierung, bewiesen an der uhralten höchst-berühmten Antiquität des Klosters S. Michaelis in Lüneburg, der in dem hohen Alter daselbst gestandenen Güldenen Taffel, und anderer Kostbarkeiten, Wie der gerechte Gott Dero Räuber gantz wunderbarlich entdecket. Braunschweig und Hamburg 1700. Cell und Leipzig 1718. V: *Hosmann, Siegmund.* (KGBerlin I, 1009)

**Denkmal** dem Gedächtnisse der verstorb. Fr. Mar. Sab. v. Endter ... gewidmet ... O. O. 1791. V: *Staudner, Johann Leopold.* (ML)

**Denkmal** für die im Jahre 1805 in der Scharnitz, Leutasch und bei Seefeld Gefallenen. Innsbruck [1890]. V: *Heim, Engelbert.* (Margr)

— berühmter Gelehrten. 18 Heft. m. K. gr. 8. Schwerin, Buchenröder. 779.

**Denkmal** des herzogl. Würtembergischen Präsidenten der Regierung, Eberhard von Gemmingen. Stuttgart 1793. V: *Huber, Johann Ludwig.* (Ky) (Heyd) (MGT)

— des Wirtemberg. Präsidenten Eberh. v. Gemmingen; (v. J. L. Huber). gr. 4. Stuttg. 794. Erhard. 4 gl.

—— wunderbarer Gnadenführungen. Aus dem Leben eines Gefangenen. (Von Fr. Aug. Link.) 8. (158 S.) Elberfeld 854, (Hassel.) *

— für Gönner, Freunde u. Freundinnen (als Stammb.). Leipz. Richter.

— auf das Grab d. M. A. Linderin, welche 1803 gestorben ist; ein Buch fürs Volk. 3e Aufl. gr. 12. Münch. 814. Lentner. 4 gl.

— auf das Grab d. M. A. Linderin, welche 1803 gestorben ist; ein Buch fürs Volk. 2te Aufl. gr. 12. München, Lentner. 815.

— auf das Grab der Maria Anna Lindnerin, welche 33 Jahr u. 7 Mon. alt zu Jaxtzell gestorben ist, d. 4. Juni 1833. 3e Aufl. gr. 8. München 834. Lentner. 1/12 ß

**Denkmal** der Kammer-Räthin Regina Dorothea Gromann geb. Cramer. Baireuth [1763]. V: *Lang, Lorenz Johann Jacob.* (Fiker) (Adel)

Denkmal der engl. Großmuth; e. wahre Geschichte. 8. Wien 789. Wucherer. 8 gl.

Denkmahl der Göttlichen Güte so während des jetzigen Krieges über die Stadt Berlin bisher gewaltet hat. Im November 1757. 8. (24 Seiten.)

**Denkmal, Das,** Hartmanns von Habsburg in Rheinau. [Zürich] 1901. V: *Stückelberg, Ernst A.* (Zuwachsverz. d. Bibliotheken in Zürich 1898 ff.)

**Denkmal** Friedrichs von Harpprecht ... Stuttg. 1813. H: *Uhland, Ludwig.* (Heyd)

**Denkmal** eines nun verewigten Jünglings Erdm. Glib Hartmanns. Leipz. 1779. V: *Bernhardi, Johann Gottlob.* (OL)

**Denkmal, Heiliges,** der Göttlichen Heimsuchungen . . . Breslau 1736. V: *Burg, Johann Friedrich.* (Kat. d. Druckschr. üb. Breslau. Breslau 1903. S. 12.)

— dem großen Helden unserer Zeit, oder Zusammenstellung aller durch d. Hinscheiden Sr. Durchl. d. Hrn. Karl Philipp, Fürsten zu Schwarzenberg, k. k. österreich. Feldmarschalls ɪc., sowohl in Prag, Leipzig ɪc. veranstalt. Trauerfeierlichkeiten, als d. bei dieser Gelegenheit erschien. Trauergedichte, nebst e. kurzen biograph. Andeutung. Mit 5 Kpf. 4. Prag 820. Donat, Hartmann. 20 gl

**Denkmal** dem grossen Helden unserer Zeit . . . Sr. Durchl. des Herrn Karl Philipp Fürsten zu Schwarzenberg . . . Prag 1821. V: *Rainold, K. E.* (MGT) (Ky)

— für Schwedens Heldenkönige bei Göritz ohnweit Wittenberg. Entworfen u. lithogr. v. F. A. Berger. 1/2 Roy.-Fol. Leipzig 840. Schreck. 1/2 ß

**Denkmal** auf Hn Felix Herder. Zürich 18?? V: *Herder, Felix jun.* (Cat. d. Stadtbibl. Zürich. Zürich 1864—97.)

Denkmal, das, Hermanns VIII. und seiner Gemahlin Elisabeth. 8. (7 S. mit 2 Holzschn.) Hildburghausen 887, Gadow und Sohn.

**Denkmal, Historisch-theologisches,** der in St. Georg neu erbauten Heil. Dreieinigkeits-Kirche . . . Hamb. 1750. V: *Hoeck, Heinr. & Chn Heinr. Müller.* (BrMm)

— hist. theol., der in St. Georg erb. h. Dreyeinigkeits-Kirche. m. 8 Prosp. 4. Hamb. König. 750.

Denkmal der reinsten Hochachtung am Grabe ihres angebeteten Lehrers Carl Chph. Hofacker. Tübingen: Schramm [1793].

**Denkmal** der Hochschätzung und Liebe für den . . . Schullehrer Meinhard Neddersen zu Hage . . . Halle 1773. V: *Smissen, Jacob Gysbert van der.* (MGT)

— der Sr. Maj. dem Könige Friedrich Wilhelm IV. von den Ständen Preußens u. Posens am 10. Sept. 1840 zu Königsberg dargebrachten Huldigung. Entw. u. lith. von F. Bils. gr. Fol. Königsberg 841, Thelle. n. 1/2 ß — Chines. Pap. n. 2/3 ß

— dem Jahr 1813 gesetzt ɪc., s. Machiavelli.

„Denkmal, dem Jahre 1813 gesetzt. Eine historisch-philosophische Betrachtung der Begebenheiten unserer Zeit . . . .", Germanien 1814. — Vorh.: Preuß. Staatsbibliothek Berlin.

— — der verhängnißvollen Jahre 1813—15. s. Rango, L. von.

Denkmal der dritten Jubelfeier der Concordienformel im J. des Heils 1877. Enth. Beschreibungen dieser Feier, auf dieselbe bezügl. Predigten, Auszüge aus solchen, Predigtdispositionen und Lieder. Hrsg. im Namen der evangelisch-luther. Synodalconferenz von Nordamerika. gr. 8. (XI, 400 S. mit 1 Holzschntaf.) St. Louis, Mo. 877. (Dresden, H. J. Naumann.) *

— des evangel. Jubelfestes, welches 1759 zu Landshut begangen worden. 4. Bresl. Korn. 760.

— zum, eines edlen Jünglings, durch F. S. 8. Ebend 779.

Denkmal, K. k. österreichisches, auf dem Königshügel bei Schleswig. Oeversee. Kameradendenkmal II. Nach der Natur photographirt von F. Brandt in Flensburg. (2 Bl.) (1876.)

**Denkmal, Karl und Wilhelminens,** an Hrn. Hofrath und Frau Hofräthin Fritze. Halberst. 1766. V: *Neuendorf, Carl Gottlieb.* (MGT) (ML)

— d. verewigten Königin Katharina Pauline v. Würtemberg. gr. 8. (Stuttg. 820. Sattler). 8 gl

**Denkmal, Kindliches,** seinem verstorbenen Vater. Kopenh. 1755. V: *Spengler, Lor.* (Bruun, Bibl. Danica. III, 1473.) (Collin, Anonymer. Kiobenh. 1869.)

— kleines, f. den Hofrath Dr. Bode zu Wernigerode, den Wohlthäter seiner Vaterstadt. 4. Wernigerode 826. (Halberst., Vogler in Potsd.) 4 gl

**Denkmal** der verwittweten Königin. [Halberstadt 1797.] V: *Fischer, Gottlob Nathanael.* (ML)

Das Königliche **Denckmahl**, Welches Nach geschehener Vermählung . . . des Königlichen und Chur-Sächsischen Cron-Printzens Herrn Friedrich Augusti, Mit . . . Fr. Maria Josepha, Ertz-Hertzogin von Oesterreich, Bey Dero . . . Ankunfft In . . . Dreßden, Vom ersten biß letzten Sept. 1719. gestifftet worden. Franckfurt und Leipzig 1719.
Tit., 2 Bl., 134 S., 1 Bl.; 1 Taf. in kol. Kupferst. (S. 77 u. 78 fehlt.) 8°
*Stecher: Böcklin.*

**Denkmal, D. David Samuel Kulasen's wolverdientes,** im Namen der Oberlausitz. gel. Gesellschaft aufgerichtet. Görlitz 1744. V: *Gude, Gottlob Friedrich.* (Ky) (ML)

**Denkmal** eines berlinischen Künstlers und braven Mannes von seinem Sohne. Berlin 1798. V: *Unger, J. F.* (cb)

Denkmahl derer Churfürsten zu Sachsen, als evangelischer Helden, bestehend in Churfürst Moritzens und Augusts Leben. 8. Stolpen 1769.

Ländliches Denkmal dem Grafen Johann Hartwig Ernst von **Bernstorff** von seinen Bauren errichtet . . . Kopenhagen. 1784. 8°

— ländliches, dem Grafen H. E. von Bernstorf errichtet. gr. 8. Kopenh. 784. Pelt. 8 gl

— aus dem Leben Luthers, 7 Blätter in gr. Fol. Nebst kurzem Abriß aus D. Martin Luthers Lebensgeschichte zur Erläuter. der Denkmale aus dessen Leben zur Erinnerung d. diesjähr. Feier d. 3ten Jubiläums d. Reformation. gr. 8. Berl. 817. Maurers B. 4 ß

**Denkmal** am Lebenswege, gedruckt als Handschrift. O. O. 1782. V: *Matthisson, Friedrich.* (MGT)

— des Herzogs Leopold von Braunschweig. gr. 4. Frankf. Acad. Buchh. 787.

— des Herzogs Leopold v. Braunschweig, (v. Er. F. Klein). gr. 4. Frankf. a. d. O. 787. (Sander in Berl.) 12 gl

**Denkmal** der Liebe. Beschreibung des Volksfestes bei Ankunft des Erbprinzen und der Erbprinzessin zu Braunschweig. 1790. V: *Campe, Joachim Heinrich.* (Bresl 31, S. 212)

Denkmal der Liebe. Ein vollst. Kommunionbuch f. kathol. Christen. Bearb. nach d. bewährtesten ascet. Schriftstellern. 18. (412 S., 1 Stahlst. u. lith. Titel.) Aachen 847, Cremer. 2/3 ℳ

**Denkmal** der Liebe und Achtung Joseph Edlen v. Wattmann ehrfurchtsvoll geweiht. Wien [1831]. V: *Schön, Michael.* (EB)

**Denkmal** dankbarer, unvergänglicher, brüderlicher Liebe den Manen des Br. Ferd. Schiller dargebracht von der St. Joh. Loge Friedrich z. g[oldnen] Zepter im Or. zu Breslau. Mit dem wohlgetroffenen Bildn. des Vollendeten. Breslau 1839: Barth. 39 S. 1 Taf. 8⁰
Nekrolog von Oelsner (der Breslauer Ztg entnommen), Bericht üb. die Trauerloge, Festrede von W. Förster.

Denkmal der Liebe f. den vollendeten C. A. Dann, Stadtpfarrer bei St. Leonhardt in Stuttgart. gr. 8. Stuttgart 837. Steinkopf. n. 1/6 ℳ

—— der Liebe u. Freundschaft. Eine Samml. d. vorzüglichsten Stellen einiger beliebt. Schriftsteller, als Stammbuchsaufsätze. 32. (64 Seit.) Wesel 838, Klönne. *

**Denkmaal** [!] der Liebe bey dem Grabe des E[hrw.] B[r] A. M **. Im Julius 1762. Hamburg [1762]: Grund. 2 Bl. 4⁰ [Umschlagtit.]
Gedicht: „Vertreibe, Hoffnung, doch von jenem Hügel ...“

**Denkmal** der Liebe bei dem frühen Grabe Ch. A. Pemsel's ... den 6. Jan. 1798. O. O. V: *Witschel, Johann Heinrich Wilhelm.* (will)

**Denkmal** der Liebe, geweiht dem verewigten Probst Dr. G. A. L. Hanstein ... Berlin 1821. V: *Dieterici, W. & Fr. Phil. Wilmsen.* (MGT) (Ky)

— der Liebe, geweihet d. verewigten Probst G. A. L. Hanstein. gr. 8. Berlin 821, Mittler.

**Denkmal** der Liebe bey dem plötzlichen Hinscheid der Jungfrau Anna Schinz. Zürich 1770. V: *Lavater, Johann Kaspar.* (schstr S. 96)

— d. Liebe, weiland C. W. Richters, General-Superint. in Braunschweig. gr. 8. Braunschw. 791. Schulbuchh. 4 gr.

— weyl. J. W. Richter, Gen. Sup. in Braunschweig. gr. 8. Braunschw. Schulbuchh. 791.

**Denkmal** der Liebe und Verehrung, enthaltend alle bey Gelegenheit der Wahl des ... Fürsten v. Schwarzenberg ... zum erzbischöfl. Sitze ... erschienenen ... Artikel. Salzb. 1835. V: *Schumann v. Mannsegg, Ignaz.* (HI)

**Denkmal** der Liebe und Verehrung bey dem Grabe unsers verewigten würdigen Lehrers, des Hrn Johann Matthias Schröckh, der Geschichte ordentl. Professors. Wittenberg 1808. V: *Mass, Johann.* (GGr VII/291 Nr. 54/6) (BiblPort)

**Denkmal** der Liebe eines guten Volks zu seinem guten Fürsten, oder die Beschreibung des allgemeinen Volksfestes, welches die Ankunft des Hrn. Erbprinzen und der Frau Erbprinzessin von Braunschweig veranlasste. Braunschw. 1790. V: *Campe, Joachim Heinrich.* (Ky) (StAt) (MGT)

— der Liebe eines guten Volks zu seinem guten Fürsten. gr. 8. Braunschw. Schulbuchh. 790.

Denckmahl der Liebe, welche die Stadt Halberstadt an 235 aus dem Saltzburgischen, um des Glaubens willen verjagten Lutheranern durch willige Aufnahme u. gute Verpflegung bewiesen. Halberstadt 1732.

Denkmal, Literarisches, Zürich 1779., s. Denkmale, Literarische.

**Denkmal** der Allerdurchlauchtigsten ... Frauen Louise Caroline Henriette, Grossherzogin von Hessen und bei Rhein ... Darmstadt 1829. V: *Schmidt, Johann Ernst Christian.* (HS)

— — Dr. M. Luthers. s. a. Pfaff, M. C.

DR. MARTIN LUTHERS DENKMAL oder Entwürfe, Ideen und Vorschläge zu demselben mit vielen Kupfertafeln herausgegeben zum Besten des Denkmals von der Königl. Preuss. vaterländisch-literarischen Gesellschaft der Grafschaft Mansfeld. Eisleben 1805. Comm. bey O. G. Verdion. 4⁰.

**Denkmal** Herzogs Maximilian Julius Leopold von Braunschweig ... Berlin 1787. V: *Klein, Ernst (Erasmus) Ferdinand.* (MGT) (OL)

**Denkmal** Herzogs Maximilian Julius Leopold von Braunschweig. Nebst Nachricht von der zu seinem Andenken für die Garnisonschule zu Frankfurt an der Oder von einer Gesellschaft veranstalteten Stiftung. Berlin 1787: Decker. XII, 38 S. 4⁰
Kl. 1364.

**Denkmal** Maximilians Julius Leopold's Herzogs zu Braunschweig und Lüneburg errichtet in dem Garten der Freymaurer-Loge zu Braunschweig von dessen Durchlauchtigstem Oheim des Herrn Herzogs Ferdinand Herzogs zu Braunschweig und Lüneburg Hochfürstl. Durchlaucht. Göttingen: Dieterich. 1789. 20 S. 4⁰
Kl. 1365. Beschreibung des Denkmals.

— das, auf dem Monarchenhügel bei Leipzig. Aus Nr. 193 der Weserzeitung. gr. 8. (15 S.) Bremen 848, Schünemann. 2 ngr.

—— das, Just. Mösers in Osnabrück. M. 1 Abbild. d. Denkmals. gr. 8. (4½ B.) Osnabrück 836, Rackhorst.

— den berühmten musikal. Künstlern Mozart, Beethoven, Hummel, Kalkbrenner, Field, Weber, Ries, Moscheles, Czerny geweiht von Frhrn G. A. v. Maltitz u. A. gr. 8. Leipzig u. Hamb. 835. Schuberth u. Niemeyer. ½ ₰ Pracht-Ausg. mit 9 Portr. 1¼ ₰

— orthosophisches, dem Napoleon Bonaparte nach Aussprüchen der Wissenschaft u. der Gerechtigkeit, u. z. Heile d. Menschheit, gesetzt von Pantaleon M. Ch. Mensch, dem Orthosophen. 8. Manns 825. Stenz.

**Denkmal** unserm entschlafnen Freund Georg Ortner ... [Nürnberg] 1803. V: *Witschel, Johann Heinrich Wilhelm.* (will)

— der Periode vom Monat Julius 1800 bis April 1801 der Einwohner von Amberg, gr. 8. Sulzbach, Seidel. 801.

— pflichtmäßiges, in 6 geistl. Reden zum Nutzen u. Trost betrübter Unterthanen, (v. C. F. W. Scholz). 8. Sagan 786.

**Denkmal, Ploucquets.** Tübingen 1790. V: *Huber, Joh. Ludw.* (MGT)

—— das preußische, in Carlsruhe, s. Soldaten-Freund.

**Denkmal** der Reformation Luthers beim 3. Jubelfeste am 31. October 1817 aufgestellt. Leipzig [1817]. V: *Pfaff, C.* (stadt biblBerlin XII, S. 91)

**Denkmal** der Reformation Luthers, beym dritten Jubelfest am 31. Okt. 1817 aufgestellt. O. O. 1817. V: *Lenke, Friedrich Rudolph.* (BrMm) (MGT)

— — der Reformation Luthers beym dritten Jubelfeste am 31. October 1817 aufgestellt. 3te Auflage. Mit 7 Kupfern, allegorischem Titel und Umschlag. gr. 8. Leipzig, Baumgärtner, 817.

Velin

— d. Reformation Luthers beim 3ten Jubelfeste am 31. Oct. 1817 aufgestellt. 3e Aufl., mit 7 Kpf., allegor. Titel u. Umschlag, herausg. v. F. R. Lenke. gr. 8. Lpz. 818. Baumgärtner. 1 ₰ 12 gr Velinp. 2 ₰ 8 gr

— auf d. 50jähr. Regierung d. Kurfürsten v. Pfalzbaiern. Mit Kpf. 4. Münch. 795. Lentner. 2 ₰ 8 gr

*Denkmal auf die 50jähr. Regierung u. Vermahlung* .... Carl Theodors .... Aus den bei jener Veranlassung herausgek. .... Schriften errichtet. Nebst d. Bildnissen des höchsten Jubelpaares (Carl Theodor u. Elisabetha Augusta: nach *P. Batoni* u. *Edlinger* von *F. John* gest.) u. der auf diese merkwurdige Epoche geprägten Denkmunzen. 2 Thle. (in 1 Bde.). München, bei Joh. Bapt. Strobel, 1795. 4°. Hldrb Die ersten Bll. am untern Rande fleckig.

10 Bll. Vorst., 418 S., 2 Taf (7 Medaillen-Abb.). — Das selten gewordene Buch enth 20 u. 43 Nrn., u. a.: Die Verbruderung, ein Schausp in 1 Aufz von Iffland. — Die Wandernden Ein allegor. Lustsp. (in 2 Aufz.) von Jos Marius Babo. — Die dankbaren Unterthanen, e landl Scene in 1 Aufz von Elsperger.

**Denkmal** des Diakonus Hrn. Benj. Traug. Reichel's in Bernstadt. Görlitz 1799. V: *Otto, Gottlieb Friedrich.* (MGT) (OL)

**Denkmal**, weiland F. W. Richters, s. Denkmal der Liebe, weiland ...

*Denkmal der freudigsten Ruckkehr* des durchlauchtigsten Churfursten Karl Theodors. Errichtet von den Studirenden des churfurstl. Schulhauses in Munchen. Mit TKpf. von *M. Mettenleitter*. Munchen, bei Jos. Lentner. 1789. 8°. Orig.-Ppb.

Gedichte u. kleine prosaische Aufsätze. Voran Kirchmayer, Albr. (Canonicus u Lehrer d. Rhetorik, Rede bei der feierlichsten Rukkehr (!) .... Karl Theodors etc., geles auf dem grossen Studentensaale etc. 4 Bll. u. 280 S.

**Denkmal** bey der glücklichen Rückkunft Sr. Kaiserlichen Hoheit ... Mitau [1782]. V: *Berens, Joh. Christoph.* (R-N)

**Denkmal** am Sarge Johann Heinrich Heitz ... Strasb. 1801. V: *Blessig, Johann Lorenz.* (MGT)

— des Hrn. J. J. G. Schellers, von J. F. J. Heuser, mit Schellers Portr. 8. Bresl. Barth. 803.

Schwartzburgisches Denkmahl einer Christ-Gräflichen Lammes Freundin nehmlich der Gräfin u. Frauen .. Aemilien Julianen / Gräfin zu Schwartzburg und Hohnstein ... von dero den 3. Decembr. 1706 ... erfolgten Ableben an biss den letzten Tag dieses Jahrs gehaltene Gedächtnis-Predigten / Leich-Reden und Trauer-Music ... in der Stadt-Kirchen zu Rudolstadt. Daselbst druckts Heinrich Urban.
*Tit., 362 S., 5 Bl., 4 Taf. in Kupferst. 2°*
*Die Taf hez Joh V Freund del., C G Hereus inv*

— edler weibl. Seelen. 1s Heft. 8. Frankf. Jäger. 801.

— großer u. verdienstvoller Staatsmänner. 8. Cob. Ahl.

— großer u. verdienstvoller Staatsmänner, mit e. Anhang: das Bild eines angehenden Richters. 8. Coburg 798. (Riemann). 16 gr

—— der Bayer. Stände-Versamml., s. a. Schreyer, K. J.

Denkmal der bayer Staende-Versammlung im J. 1831. Heft 1—4. Hrsg. von *Heinr. Holzschuher*. (Heft 1 in Verbindung mit *Karl Jul. Schreyer* u. *Chrn. Rosenkrantz*.) Mit 23 (statt 25) Portr. (in Steindr. u. Kpf., gez. u. gest. von *Carl Aug. Helmsauer*, geb. 1789 zu Heidelberg, 1812 k. b. Lieutenant, seit 1831 beständig in Munchen, † um 1844), 1 allegor. Titelbild u. 1 Grundriss d. Sitzungssaales. Munchen 1831. Im Selbstverlag d Herausg., u. durch alle kgl. Postbehörden zu beziehen. Gedr. m. Possenbacher'schen Schriften. 16°. In den illustr. Orig.-Umschlagen. Cart.

I. Portr König Ludwig's XVI—88 S. Mit d. Portr der Staatsminister Geo. Frdr Frhr. v. Zentner, Ludw Graf v. Armannsperg, Ed von Schenk u Geo. v Weinrich

II Allegor Steindr., X S., 1 Grundriss, 131 S Mit d Portr der Kammer Präsid Seb Wenz Frhr. v Schrenk, Joh Adam Seuffert, u der Sekretäre Dr. Chrn. Culmann u Frdr Chp Carl Schunk.

III. 2 Bll, 158 S Mit d. Portr. der Abgg Joh Wilh v Anns Ant Mätzler, Joh Carl Vetterlein, Carl Heinr. Ferd Frdr Frhr. v Closen, Dr. Leonh. v Dresch, Gh. Carl Aug Lusch u. Joh. Schickendanz.

IV. 60 S Mit d Portr d Abgg. Jos Ritter v Missinan Frz Xav Lechner, Tob. v. Wachter, Frz. Carl Chp. Phil. Frhr. v. Kunsberg u Phil Frz. Kremer. (2 u 5 fehlen.)

Noch mehr erschienen Projektirt waren im Ganzen 20 (!) Hefte Vgl die Nachricht auf dem letzten Bl von Heft 4

— d. baier. Ständeversamml. im J. 1831. Von K. J. Schreyer, H. Holzschuher u. Chr. Rosenkranz. 1s—3s Heft. (Mit (16) Bildnissen, 1 Titelbild u. 1 Grundr. d. Sitzungssaales d. 2ten Kammer von C. A. Helmsauer. 16. Münch. 831. (Franz). à 6 gr

—— in Stereotypen, d. Manen Gutenberg's geweiht v. Binz. v. Pallhausen im J. 1805 u. zur viert. Säcularfeier d. Buchdruckerkunst mit lith. Federzeichnn. zu Johannis 1836 hrsg. v. Progel. — A. mit d. verziert. Umschl.-Ttl.: Zur Säcularfeier d. Typographie 1836. gr. 4. (1 B. u. 9 lith, u. mit Gold- u. Farbendr. geziert. Bl.) (München 836, Franz.)

**Denkmal** den tapfern Streitern und den in den Kämpfen für Ehre und Recht bewährten Helden des Vaterlandes ... Dresden 1846. V: *Meltzer, C.* (Pr)

**Denkmal** Albrecht Thaer's zu Berlin, s. Annalen der Landwirthschaft.

**Denkmal, Theatralisches,** einem hohen und gnädigen Adel ... in Kaschau gewidmet ... O. O. 1791. V: *Niszl, Jos.* (Pk)

**Denkmal** (beim Tode der Mutter). Königsberg 1756. V: *Hamann, Johann Georg.* (schstr S. 2)

— d. Todesfeier, welche d. verewigten Königin v. Würtemberg von d. Hochschülern gehalten wurde. gr. 8. Tübing. 819. Laupp. 4 gr

THRÄNENVOLLES DENKMAL der Hochachtung und Liebe der Asche ihres verehrungswürdigen Philaletes errichtet von den sämtlichen Mitgliedern des deutschen Pegnesischen Blumenordens zu Nürnberg durch ihren Irenäus II. Am Tage der traurigen Beerdigung den 7ten Februar 1787. Nürnberg, gedruckt mit Bielingischen Schriften. fol.

— d. Treue u. Tapferkeit d. Bürger Wiens. 8. Wien. Rehm. 3 gr

**Denkmal, Unvergessliches,** dem Hrn. Joh. Leonh. Röder ... O. O. 1754. V: *Röder, Johann Paul.* (MI.)

**Denkmal, Des Vaters.** Zürich 1879. V: *Schwerzenbach, Bertha v.* (Cat. d. Stadtbibl. Zürich. Zürich 1864–97.)

**Vaters Denkmal, des.** Für einen wohlthätigen Zweck als Manuscript gedruckt, von B. v. Sch. In-8°, 54 S. Zürich, S. Höhr. 1879 — 50

Denkmal der Vaterlandsliebe und Fürstentreue, s.a. Lauber, Joseph

**Denkmal** der Vaterlandsliebe und Fürstentreue. Wien 1797. V: *Lauber, Jos.* (Karajan)

— der im J. 1821 vollendeten Verbesserung des Nürnberg. Volksschulwesens. 4. Nürnb. 822, Riegel u. W.

**Denkmal** der seltenen Verdienste um gantz Deutschland, welche ... Herr Johann Christoph Gottsched ... besitzet. O. O. 1746. V: *Lange, Samuel Gotthold & Joh. Georg Sulzer.* (Waniek. Gottsched. Leipzig 1897 S. 521) (Zs. f. vgl. Litt.-Gesch. N. F. V, 96).

**Denkmal** inniger Verehrung dem Herrn Professor A. G. Meissner gewidmet ... 1804. Prag. V: *Lutzinger, Anton Isidor.* (GGr)

**Denkmal** gesetzt der Vermählung Sr. Königl. Hoheit des Kronprinzen Georg von Hannover mit Ihrer Durchlaucht der Prinzessin Marie von Altenburg, Herzogin zu Sachsen. Hannover 1843. V: *Harseim.* (Priv.-Bibl. König v. Hannover. Hann. 1858.)

**Denkmal** gesetzt der Vermählung Seiner Königlichen Hoheit des Kronprinzen Georg von Hannover ... mit ... der Prinzessin Marie von Altenburg ... Hannover, Druck und Verlag der Schlüter'schen Hofbuchdruckerei 1843.
Tit., 1 Bl., 164 S.; 6 Taf. in Lithogr. 8°.

**Denkmal** der Wasserfluth, welche im Febr. 1825 die Westküste Jütlands und der Herzogthümer Schleswig und Holstein betroffen hat. Tondern 1825. H u. V (Vorrede): *Falck, Niels Nicolaus.* (LS)

— d. Wasserfluth, welche im Februar 1825 d. Westküste Jütlands u. d. Herzogth. Schleswig u. Holstein betroffen hat. 8. Tondern 825. (Altona, Aue). 10 gGr

— der Wasserfluth, welche im Febr. 825 d. Westküste Jüdlands u. d. Herzogth. Schleswig u. Holstein betroffen hat. 8. Tondern 825. (Altona, Busch.)

**Denkmal** für Ferd. Weckherlin ... O. O. 1818. V: *Bahnmaier, Johann Friedrich.* (Heyd)

**Denkmal,** welches dankbare Schüler dem frühen Grabe ihres ... Lehrers, Herrn Rector Engmanns ... errichteten ... Lauban [1800]. V: *Seibt, J. G. & andere.* (BrMm)

— auf J. Rudolph Wettstein. 8. Basel 769. Schweighäuser. 3 gGr.

**Denkmal, Wilhelms.** Ein Schärfchen der Dankbarkeit ... Basel 1794. V: *Veith, Joh. Wilh.* (Cat d. Stadtbibl. Zürich. Zürich 1864—97.)

— eines gemeinsamen Wirkens für Gottes Reich auf Erden; 12 Predigten über Vormittags- u. Nachmittagstexte in d. J. 1819—21 in d. Universitätskirche zu Leipzig gehalten, u. herausgeg. von den am 3ten Reformations-Jubelfeste angestellten Nachmittagspredigern. 8. Leipzig 822, Reclam.

**Denkmal, Wohlverdientes,** Johann Rudolf Wettstein, dem Älteren, ehemaligem Burgermeister des Freystandes Basel gestiftet. O. O. 1790. V: *Huber.* (ADB 42, 247)

**Denkmal,** Herrn D. Zellweger aus Trogen errichtet. Zürich 1765. V: *Hirzel, Hans Casp.* (JL)

**Denkmal, Zwotes,** der Hochachtung deutscher Patrioten dem Vertheidiger Gibraltars aus vielen Städten Teutschlands aufgerichtet. [Hamburg 1783. V: *Buchenröder, Joh. Nicolaus Carl.* (Rothschild)

Denkmale

— älteste katechetische, d. evangel. Kirche, od. die kleinen Katechismen von Brenz, Althammer, Lachmann u. Luther aus den J. 1527—1529. Mit geschichtl. Vorbemerkungen v. Jul. Hartmann. 8. ($10\frac{1}{2}$ B.) Stuttgart 844, J. F. Steinkopf. Thlr. –

**Denkmale Altdeutscher Baukunst** in Lübeck; aufgenomm., lith. u. hrsg. v. H. Schlösser u. A. Tischbein. 3 Hfte. Roy.-Fol. Lübeck 830, (v. Rohden.)

**Denkmale** altdeutscher Baukunst in Lübeck; aufgenommen, lithogr. u. herausg. v. H. Schlosser u. A. Tischbein. 3 Hefte. Roy.-Fol. Lübeck 831. (v. Rohden). 7 Thlr 10 gGr

**Denkmale** deutscher Baukunst des Mittelalters am Oberrhein. Freiburg 1825. V: *Schreiber, Hrch.* (BaBb)

**Denkmale,** deutscher Baukunst des Mittelalters am Oberrhein. 1. Lief.: Die Kirchen in Konstanz. 2. Lief.: Das Münster in Freiburg. Freiburg 1825/26. 2 Texte 8°. 2 Atlas Fol.

**Denkmale deutscher Baukunst am Oberrhein.** Freiburg. 1826–1827. Fol. $8\frac{3}{4}$ Thl.
1s Heft. Die Kirchen zu Konstanz. $2\frac{1}{2}$ Thl.
2s Heft. Der Münster in Freiburg. $3\frac{1}{12}$ Thl.
3s Heft. Der Münster zu Strafsburg. $3\frac{1}{12}$ Thl.

**Denkmale** deutscher Baukunst d. Mittelalters am Ober-Rhein, mit erklärendem Text. 1s—3s Heft. gr. Fol. Freyburg 827, Herder. 1s 2 Rthlr. 12 gr. 2s 3s à 3 Rthlr. 2 gr.

**Denkmale der Baukunst** des Mittelalters in Sachsen. 1e Abthl., das Königreich, das Großherzogthum u. die Herzogth. Sachsen Ernestin. Linie, die Herzogth. u. Fürstenth. Anhalt, Schwarzburg u. Reuß umfassend. Bearbeitet u. herausg. von L. Puttrich, unter besond. Mitwirkung v. G. W. Geyser d. Jüngern. Mit e. Einleitung v. C. L. Stieglitz. 1e u. 2e Lfrg. A. u. d. T.: Die Schloßkirche zu Wechselburg, dem ehemal. Kloster Zschillen. Mit 13 Abbildd. Fol. Leipzig 835, 36. (Hinrichs.) In Umschlag n. 8 Thlr Chines. Pap. n. 12 Thlr — 3e Lfrg. A. u. d. T.: Die goldene Pforte der Domkirche zu Freiberg. Mit 9 Steintaf. u. Titelvign. Fol. Ebd. 838, 36. n. $2\frac{1}{2}$ Thlr

**Denkmale** der Baukunst des Mittelalters in Sachsen. Bearb. u. herausgeg. von Ldw. Puttrich, unter besond. Mitwirkung von G. W. Geyser d. Jüng. 1. Abthl. (1. Bd. in 9 Liefg.) 4.—7. Liefg. A. u. d. T.: Denkmale ꝛc. in den Herzogl. Anhalt'schen Landen. Mit 38 Abbild. Fol. Leipzig 841. (Friedlein u. Hirsch.) Subscr.-Pr. baar 12 ℛ — Chines. Pap. 18 ℛ

— dies. 8. u. 9. Liefg. A. u. d. T.: Die Kirchen u. sonstige Alterthümer der schwarzburg. Länder. Mit 16 Abbild. Fol. Ebend. 842. Subscr.-Pr. baar 6 ℛ — Chines. Pap. 9 ℛ

— dies. 10.—14. Liefg. (oder 1.—5. Liefg. des 2. Bandes.) Mit 45 Taf. Fol. Ebend. 844—46. baar 15 ℛ — Chines. Pap. 25 1/2 ℛ

**Denkmale** der Baukunst des Mittelalters in Sachsen. 1. Abthlg.: Das Königreich, das Grossherzogth. u. die Herzogth. Sachsen Ernestinischer Linie, die Herzogthümer u. Fürstenth. Anhalt, Schwarzburg u. Reuss umfassend. Bearb. u. hrsg. v. L. Puttrich, unter besond. Mitwirkung v. G. W. Geyser d. Jüngern. Mit einer Einleitung v. C. L. Stieglitz. 15. u. 16. Lfg. (oder II. Bd. 6. u. 7. Lfg.) Fol. (24 S. Text, 19 lith. Taf. u. 1 Titelvign.) Leipzig 846. (Friedlein & Hirsch.) baar 6 ℛ Chines. Pap. baar 9 ℛ

— dies. 17. u. 18. Lfg. (oder 8. u. 9. Lfg. des II. Bds.) Fol. 17. Mittelalterliche Bauwerke in den Herzogthümern Sachsen-Coburg-Gotha. (14 S. m. 1 Kpfrst. u. 9 lith. Taf.) 18. Mittelalterliche Bauwerke in den Herzogthümern Sachsen-Meiningen-Hildburghausen. (16 S. m. 1 Kpfrst. u. 9 lith. Taf.) Ebd. 849. baar n. n. 6 ℛ Chines. Pap. n. n. 9 ℛ

— dies. 19. u. 20. Lfg. (od. 10. u. 11. (Schluss-)Lfg. des 2. Bds.) Fol. Mittelalterliche Bauwerke in den Fürstenthümern Reuss. Nebst einigen alterthüml. Gebäuden in Dresden, Leipzig, Altenzelle, Zwickau, Bautzen, Oybin etc. (46 S. m. 3 Kpfrst. u. 19 lith. Taf.) Ebd. 850. baar n. n. 6 ℛ Chines. Pap. baar n. n. 9 ℛ

— ders. 2e Abthl. Auch unt. dem Tit.: Denkmale der Baukunst des Mittelalters in der Königl. Preuß. Provinz Sachsen. 1e u. 2e Lfrg. (Merseburg.) (9 lithograph. Abbildd. u. Titelvign.) Fol. Ebd. 836. Velinp. n. 4 1/3 ℛ Chnes. Pap. n. 6 2/3 ℛ — 3e u. 4e Lfrg. A. u. d. T.: Die Kirchen zu Kloster Memleben, Schraplau u. Trebin. (8 Steintaf. u. 2 Vign.) Fol. Ebd. 837. baar 3 1/4 ℛ Chinesisches Papier 4 5/6 ℛ — 5e u. 6e Lfrg. Schul-Pforta, seine Kirche u. sonstigen Alterthümer. Mit 9 Steintaf. u. 1 Vign. Fol. Ebd. 838. baar 3 1/4 ℛ Chinesisches Pap. 4 5/6 ℛ — 7e u. 8e Lfrg. A. u. d. T.: Die Stadtkirche u. die Schloßkapelle zu Freiburg an der Unstrut. Mit histor. u. artist. Erläuterung v. C. P. Lepsius. Mit 9 Kpfr.- u. Steintaf. u. Titelvign. Ebd. 839. baar 3 1/4 ℛ Chines. Pap. n. 4 5/6 ℛ

— dies. 2. Abthl. (In 2 Bdn.) Die k. preuß. Provinz Sachsen enthalt. 9.—14 Liefg. A. u. d. T.: Der Dom zu Naumburg, beschrieben u. archäolog. erläutert von C. P. Lepsius. Mit Zusätzen vom Herausgeber. Mit 29 Abbild. Fol. Ebend. 841—43. Subscr.-Pr. baar 9 ℛ — Chines. Pap. 13 1/2 ℛ

— dies. 15.—30. Liefg. (oder 1.—16. des 2. Bandes.) Mit 68 Taf. Fol. Ebend. 844—47. baar 24 ℛ — Chines. Pap. 39 ℛ

— dies. 2. Abthlg., die K. preuss. Provinz Sachsen. Bearb. u. hrsg. v. L. Puttrich, unter besonderer Mitwirkung v. G. W. Geyser d. Jungern. 31—40. Lfg. (od. 17—26. Lfg. d. 2. Bds.) Fol. 31. u. 32. Mittelalterliche Bauwerke in den gräfl. Stolberg'schen Besitzungen am Harz. (19 S., 10 lith. Taf. u. 1 Stahlst.) 33. u. 34. Bauwerke des Mittelalters in der k. preuss. Lausitz. (16 S., 10 lith. Taf. u. 1 Stahlst.) 35—38. Mittelalterliche Bauwerke zu Mühlhausen, Nordhausen, Heiligenstadt u. in einigen anderen Orten Thüringens u. des Eichsfeldes. (32 S., 19 lith. Taf. u. 1 Kpfrst.) 39. u. 40. Mittelalterliche Bauwerke zu Wittenberg, Mühlberg, Zeitz etc. (II u. 34 S., 3 Kpfrst. u. 6 lith. Taf.) Ebd. 848—51. 31—34: baar n. n. 6 ℛ Chines. Pap. n. n. 9 ℛ 35—38: baar n. n. 6 ℛ Chines. Pap. n. n. 9 ℛ 39. u. 40: baar n. n. 3 ℛ Chines. Pap. n. n. 4 1/2 ℛ

— dies. Schluss-Text. Systematische Darstellung der Entwickelung der Baukunst in den obersächs. Ländern vom X. bis XV. Jahrh. Bearb. u. hrsg. in Vereinigung m. C. A. Zestermann. Mit 13 (lith. Taf.) Abbildgn. u. 4 Vignetten (in Holzschn.) Fol. (IV u. 80 S.) Ebd. 852. baar n. n. 6 ℛ (cplt baar n. n. 125 1/3 ℛ Chines. Pap. baar n. n. 191 ℛ)

**Denkmale** romanischer Baukunst am Rhein, s. Geier, F. u. R. Görz.

**Denkmale** der Baukunst in Verbindung m. Werken d. Bildhauerkunst . . ., s. Denkmäler . . .

**Denkmale, Biographische,** bayerischer Reiterführer. Berlin 1893. V: *Buxbaum, Emil.* (Berl)

**Denkmale** und Erinnerungen des Hauses Wittelsbach im Bayerischen Nationalmuseum. Hrsg. von d. Kgl. Dir. d. Bayer. Nationalmuseums. München: Nationalmuseum 1909. VII, 268 S. 4°(8°)
(Kataloge d. Bayerischen Nationalmuseums. Bd 11.) fol. 18425

— ethnographische, s. Schäfer, H.

—— ethnographische, vom Königr. Spanien. 1—5. Lfg. Catalonien in 30 Kpfrt. Roy.-Fol. gest. v. H. W. Eberhard u. Text v. Heinr. Schaefer. gr. 4. (15 1/4 B.) Darmstadt 828, (Heyer; Leske.)

**Denkmale** der Freundschaft und Liebe, eine auserlesene Samml. von Stammbuchsaufs. 8. Nürnberg, Schmidmer. 802.

**Denkmale,** die frühesten und seltensten, des Holz- und Metallschnittes aus dem 14. und 15. Jahrhundert, in Lichtdr. als Facs. reproducirt mit Text, nach den Orig. der Königl. Hof-Bibliothek und des Königl. Kupferstichcabinets in München. gr. Fol. (110 Taf. mit 10 S. Text.) Nürnberg 886, Soldan. *

**Denkmale** der Geschichte und Kunst der freien Hansestadt Bremen. Hrsg. von der Abtheilung des Künstlervereins für Brem. Geschichte und Alterthümer. (In 6 Lfgn.) 1. Lfg. Imp.-4. (1. Abthl. XIV und 41 S. mit 9 Stnt., wovon 6 in Buntdr., und 2 Beilagen.) Bremen 862, Müller. *

—— dass. — 2. Lfg. Imp.-4. (1. Abthl. XVII und 70 S. mit 12 Stnt., wovon 5 in Buntdr. Schluss.) Ebendas. 864. *

**Denkmale** der Geschichte und Kunst der freien Hansestadt Bremen. Hrsg. von der Abthl. des Künstler-Vereins für Brem. Geschichte und Alterthümer. 2. Abthl.: Episoden aus der Natur- und Kunstgeschichte Bremens von J. G. Kohl. Imp.-4. (X, 163 S. mit 18 Stnt., wovon 6 in Ton- und 7 in Buntdr.) Bremen 870, Müller's Verlag. (Subscr.-Pr. *ℳ 30.) *
1. Abthl. in 2 Lfgn. Ebendas. 1862,64. *ℳ 30.

**Denkmale** der Geschichte und Kunst der freien Hansestadt Bremen. Hrsg. von der histor. Gesellschaft des Künstlervereins. 3. (Schluss-)Abthl.: Die bremischen Kirchen. 1. und 2. Thl. Imp.-4. Bremen, Müller's Verlagsh. *
Inhalt:
Thl. 1. Fitger, A., der Dom zu Bremen. (X, 53 S. mit 1 Farbendr. 1 Stahlst. und 6 photolithogr. Taf.) 876. *ℳ 20.
» 2. Bippen, W. v., die Pfarr- und Ordenskirchen. (61 S. mit 4 Farbendr.- und 7 photolithogr. Taf.) 877. *ℳ 24.
1. und 2. Abthl. Ebendas. 1862—70. *ℳ 66.

**Denkmale** des Geschmacks der Sitten und Gebräuche der alten Schweizer . . . Zürich 1792. V: *Maurer, Hans Rudolph.* (Mn)

—— der christl. Glaubens- u. Sittenlehre aus allen Jahrhunderten. Gewählt u. übers. v. J. Mich. Denis. 2. Ausg. Hrsg. v. J. P. Silbert. 3 Bde. 8. ... Wien 830, Haas.

**Denkmale, Historische,** des christlichen Fanatismus. Leipzig 1845—47. V: *Corvin-Wiersbitzki, Otto von.* (Antiqu. Katalog 351. Gustav Fock in Leipzig. S. 15 sub 422.)

Denkmale, katechetische, der evangelisch-lutherischen Kirche. Hrsg. von Friedr. Wilh. Bodemann. 8. (XXXVI und 387 S.) Harburg 861, Dankwerts'sche Buchh. *

Inhalt:

1. Tetelbach, M. Joh., das goldene Kleinod, Dr. M. Luther's Katechismus, in Fragestücke gefasset. (VI und 84 S.) Einzeln * 6 Ngr.
2. Glassius, Sal., kurzer Begriff der christl. Lehre aus dem Catechismo Lutheri gezogen, und in gewisse Stücke ordentlich zerleget. (VI und 27 S.) Einzeln * 3 Ngr.
3. Der kleine Katechismus Dr. M. Lutheri durch kurze und einfältige Fragen und Antworten zum allgemeinen Gebrauch in den mecklenburg. Kirchen für die Jugend und Einfältigen schriftmäßig erkläret. (VI und 84 S.) Einzeln * 6 Ngr.
4. Nürnbergisches Kinderlehrbüchlein, darin der kleine Katechismus D. M. Luther's der zarten Jugend zum Besten in 52 Lectionen weiter erklärt und vorgetragen wird. (VI und 88 S.) Einzeln * 6 Ngr.
5. Gesenii, Just., Katechismusfragen über den kleinen Katechismus D. M. Lutheri. (VI und 54 S.) Einzeln * 3 Ngr.
6. Walther's Katechismus. (VI und 60 S.) Einzeln * 4 Ngr.

**Die Denkmale des politischen Bezirkes Krems.** Mit einem Beiheft: Die Sammlungen des Schlosses Grafenegg. [Österr. Kunsttopographie. Bd. I.] Fol. (ill. XXIV, 608 S. mit 29 Tafeln und 1 Karte) † Wien: A.Schroll 1907 K 35. -

DENKMALE DER KUNST & GESCHICHTE DES HEIMATHLANDES. Herausgegeben von dem Alterthums-Vereine für das Grossherzogthum Baden, durch dessen Director A. v. BAYER. Carlsruhe 1850—1857. gr. fol.
1850: Römische Baureste vor dem Kloster zum h: Grabe in Baden-Baden. (4 Tafeln und 1 Seite Text.) A. u. d. T.: Bilder-Tafeln zum 5. Hefte der Schriften des Alterthums-Vereines für das Grossherzogthum Baden. 1850. Vier Blätter, umfassend die römischen Baureste auf dem Platze vor dem Kloster z. h. Grabe in Baden-Baden. (Karlsruhe.) Chr. Fr. Müller.
1851: Die Burg Steinsberg im Kraichgau gen: der Weiler. (5 Tafeln mit 1 Titelvignette u. 1 Seite Text.)
1852: Die Chorstühle der Hospitalkirche zu Baden-Baden, ehemals der dortigen Stiftskirche angehörig. (4 Tafeln u. 2 Seiten Text.)
1853: Römer-Werke auf dem oberen Markte zu Baden. (3 Tafeln u. 2 Seiten Text.)
1854 u. 1855: I. Das Grabmal der heiligen Nodpurga in der Kirche zu Hochhausen am Neckar. (2 Tafeln u. 2 Seiten Text.) II. Ein Röm. Feldzeichen. (1 Tafel u. 2 Seiten Text.)
1856 & 1857: Die Kirchen auf Reichenau in 2 Abtheilungen. (6 Tafeln mit 3 Seiten Text.)

DENKMALE DER KUNST UND GESCHICHTE BADENS. Fortsetzung der Veröffentlichungen des Alterthums-Vereins. Ausgegeben durch den Grossh. Conservator der Kunstdenkmale & Alterthümer.
(1.) Carlsruhe 1865. A. u. d. T.: K. B. STARK, Zwei Mithraeen der Grossherzoglichen Alterthümersammlung in Karlsruhe (Separatabdruck aus dem Festprogramm der 24. Versammlung deutscher Philologen.) (Mit 2 Tafeln.) Heidelberg 1865. Buchdr. von G. Mohr. 4°.
DENKMALE DER KUNST UND GESCHICHTE BADENS. Ausgegeben durch den Grossh. Conservator der Kunstdenkmale und Alterthümer A. v. BAYER.
2. Freie Gabe an die Theilnehmer der Versammlung deutscher Alterthums- und Geschichts-Vereine zu Freiburg i. B. vom 24. bis 28. September 1867 von Seite der Grossh. Staatsregierung. 1867. ib. 1867. A. u. d. T.: WILHELM BRAMBACH, Baden unter römischer Herrschaft. (Mit 1 Tafel.) Freiburg i. Br. 1867. J. Dieruffellner. 4°.
3. (K. B. STARK, Ladenburg am Neckar und seine römischen Funde. — Aus dem 44. Bande der Jahrbücher für Alterthumsfreunde im Rheinlande.) (Mit 4 Tafeln.) Carlsruhe 1868. 4°.

Denkmale, d. kunst- u. kulturgeschichtl., d. Germanischen Nationalmuseums in Nürnberg. Sammlg. v. Orig.-Abb. a. d. verschied. Gebieten d. Kultur. 6 Abthlgn. gr. Fol. (90 photogr. Taf. m. Text am Fusse.) Nürnberg 896. J. A. Stein.
In 4 Mappen n. 160. —

Denkmale am Lebenswege, aus d. Papieren e. Wanderers zum Thale. 8. Karlsr. 800. (Braun). 1 ℛ

**DENKMALE** am Lebenswege. Aus den Papieren eines Wanderers zum Thale. Carlsruh, Macklot, 1808. 8°. (1 Rthl.)

**Denkmale, Literarische,**
von verschiedenen Verfassern. [Zürich] 1779.
V: *Bodmer, Johann Jacob & andere.* (ML) (Ky) (GGr) (vetter)

— literarische, von verschied. Verfassern. (Alles v. J. J. Bodmer.) gr. 8. Zürich 779. Orell. 8 gl

—— des Mittelalters. St. Gallen's altteutsche Sprachschätze. Gesammelt u. hrsg. v. Heinr. Hattemer. I Bd. 5 Lfgn. gr. Lex.-8. (28 B., 4 Stnt. u. Ttl. in Gold- u. Farbendr.) St. Gallen 842—44, Scheitlin u. Zollikofer. à L. * 1 Thlr. *

—— dass. II. Bd. 6 Lfgn. gr. Lex.-8. (34 B.) Ebds. 844—46. à L. * 1 Thlr. *

**Denkmahle** des Mittelalters. St. Gallen's altteutsche Sprachschätze. Gesammelt u. hrsg. v. Heinr. Hattemer. III. Bd. 6 Lfgn. Lex. 8. (619 S. m. 5 lith. Taf. in 8. u. 4.) St. Gallen 847—49, Scheitlin & Zollikofer. (1—5. Lfg.: à n. 1 ℛ 6. Lfg.: n. 1 ℛ 14 ngr) n. 6 ℛ 14 ngr (1—III: n. 17 ℛ 14 ngr)

Denkmale. St. Gallische D' aus der Karolingischen Zeit. Hrg. von Dr Ernst Dümmler. (Mittheil. Ant. Ges. Zürich. Band 12, Heft 6.) 4. Zürich 1859.

Denkmale glücklicher Stunden, v. Fr. Rochlitz. 2 Thle. gr. 8. Züllichau, Darnmann. 810—11. (1r 2 Thlr. 2r 2 Thlr. 8 gr.)

Denkmäler. –

— Im Verein herausgeg. v. J. F. Krüger, s. a. Lebensbeschreib. ber. u. merkw. Personen ꝛc.

Denkmäler. Im Verein mit mehrern Gelehrten herausgegeben von J. F. Kruger. in Bds 1ste bis 3te Liefer. gr. 8. Quedlinburg, Basse. 819 u. 820. à Rthlr. 1

— die, e. Zeitschrift f. Literatur. Kunst u. Leben. 1r Bd., 6 Hfte. 8. Augsb. 820. Bäumer. 1 ℛ 16 gl

**Denkmäler.** – Die achämenidischen und sasanidischen Denkmäler u. Inschriften von Persepolis, Istakhr, Pasagradae, Shahpur. Zum ersten Male photographisch aufgenommen von F. Stolze im Anschlusse an die epigraph.-archäologische Expedition in Persien von F. C. Andreas. Hrsg. Auf Veranlassung des 5. internationalen Orientalisten-Congresses zu Berlin. Mit einer Besprechung der Inschriften von Th. Nöldeke. Berlin 1882. 2 Bde. Fol.

Denkmäler aus Aegypten und Aethiopien in photographischen Darstellungen ausgewählt aus dem auf Befehl Sr. Majest. des Königs Friedrich Wilhelm IV. von R. Lepsius herausgeg. gleichnam. Denkmälerwerke. Mit kurzen Erläuterungen von R. Lepsius. 2. Serie. 12 Bl. (Photograph.) Fol. Berlin 874, Nicolai's Verlag. *
1. Serie noch nicht erschienen.

[F.] Aeltere **Denkmäler** der Baukunst und des Kunstgewerbes in Halle a. S. Hrsg. v. d. Kunstgewerbever. f. Halle u. d. Regiergsbez. Merseburg. Lichtdr. v. Gebr. Plettner, Halle a. S. H. 1. *Halle a. S.: Dr. v. O. Hendel 1895.* 4. [56. 3531

— ältere, d. Baukunst u. d. Kunstgewerbes in Halle a/S. Hrsg. v. d. Kunstgewerbeverein f. Halle u. d. Reg.-Bez. Merseburg. 1.—3. Hft. gr. 4. Halle (M. Niemeyer). à n. 4. —
1. (4 S. m. 15 Lichtdr.-Taf.) 895.
2. (3 S. m. 15 Lichtdr.-Taf.) 896.
3. (4 S. m. 15 Lichtdr.-Taf.) 897.

Denkmäler des klassischen Altertums zur Erläuterung des Lebens der Griechen und Römer in Religion, Kunst und Sitte. Lexikalisch bearbeitet von B. Arnold, H. Blümner ... und dem Herausgeber A. Baumeister ... München und Leipzig, R. Oldenbourg 1885 .. 1888.
3 Bde. 4°.
I (A—I) 1885: VIII + 768 S. m. 796 Abb.; 16 Taf.
II (Kadmos-Perikles) 1887: Vortit., Tit., S. 769—1288 m. 544 Abb.; 27 Taf.
III (Perseus-Zwölfgötter) 1888: VII S., S. 1289—2184 m. 883 Abb.; 53 Taf. u. 4 Karten.

DENKMÄLER DER ELSÄSSISCHEN ALTERTUMS-SAMMLUNG ZU STRASSBURG I. ELS. Christliche Zeit. Herausgegeben im Auftrage der Gesellschaft für Erhaltung der geschichtlichen Denkmäler im Elsass von JOHANNES FICKER. (Mit 52 Tafeln.) Strassburg i. Els. 1907. Commissionsverlag von Ludolf Beust. fol.

— älteste noch existirende, d. Freimaurerei in Deutschland. Mit 3 lithogr. Bl. gr. Fol. Leipz. 824. Ind.-Compt. (Baumgärtner). 1 ℛ 12 gl Hbg. Pr. 18 gl

**Denkmäler,** älteste, der deutschen Sprache, erhalten in Ulfilas goth. Bibelübersetzung, m. e. grammat. Formenzeiger v. Ign. Gaugengigl. Bevorwortet v. Mich. Fertig. (Abgedr. aus: Ulfilas, hrsg. v. Gaugengigl.) gr. 8. (198 u. XII S.) Passau 848, Pustet. 1 ℛ

Denkmäler, älteste, der deutschen Sprache erhalten in Ulfilas gothischer Bibelübersetzung von Ign. Gaugengigl. 2. Ausg. A. u. d. T.: Ulfilas von Ign. Gaugengigl. 2 Thle. 2. Ausg. Lex.-8. Passau 849, (Elsässer und Waldbauer.) Thlr. *
Thl. 1. Sprachlehre und Wörterbuch. (32 und CLIII S.)
„ 2. Die Urschrift und das Schlußwort. (XII und 203 S. mit 1 Stnt. in Fol.)
Vgl.: Ulfilas.

**Denkmäler** dem unsterblichen Andenken Marien Theresiens gewidmet. (Wien 1785. V: *Müller, Frz. Reinhold.* (Annalen der Litteratur und Künste. Wien 1803. Intell.-Blatt Nr. 19, Juli) (BiblPort)

— dem unsterblichen Andenken Marien Theresien gewidmet. 2 Thle. gr. Fol. Wien, Tendler. 785.

— dem unsterbl. Andenken Marien Theresien gewidmet. 2 Thle. gr. Fol. Wien 785. Trattner. 4 ℛ

— antike, hrsg. vom kaiserl. deutschen archäologischen Institut. 1. Bd. 1.—4. Hft. gr. Fol. Berlin, G. Reimer. In Mappe. à Hft. n. 40. —
1. Hft. [1886.] (S. 1—5 m. 12 Taf.) 887.
2. Hft. [1887.] (S. 7—11 m. eingedr. Fig. u. 12 Taf.) 888.
3. Hft. [1888.] (S. 13—23 m. eingedr. Fig. u. 12 Taf.) 889.
4. Hft. [1889.] (S. 25—38 m. eingedr. Fig. u. 13 Taf.) 890.

**Denkmäler, antike,** hrsg. vom kaiserl. deutschen archäolog. Institut. 1. Bd. 5. (Schluss-)Hft. [1890.] gr. Fol. (III u. S. 39—52 m. eingedr. Fig. u. 13 Taf.) Berlin 891. G. Reimer. In Mappe. n. 40. — (1. Bd.: n. 200. —)

— dasselbe. 2. Bd. 1. Hft. (1891—92.) gr. Fol. (12 Taf. m. 8 S. illustr. Text.) Ebd. 893. In Mappe. n. 40. —

**Denkmäler, antike.** Hrsg. v. kaiserl. deutschen archäolog. Institut. 2. Bd. 2. u. 3. Hft. gr. Fol. Berlin, G. Reimer. In Mappe à n. 40. —
2. (1893—1894.) (12 Taf. m. 8 S. ill. Text.) 895.
3. (1895—1898.) (12 Taf. m. 17 S. ill. Text.) 898.

**Denkmäler, antike.** Hrsg. vom kaiserl. deutschen archäolog. Institut. 2. Bd. 4. Hft. (1899—1901.) gr. Fol. (18 Taf. m. 10 S. illustr. Text.) Berlin 901. G. Reimer. In Mappe n. 40. —

**Denkmäler** der Architektur auf 57 Tafeln mit erklärendem Text. Als integrirender Theil des Werkes: Denkmäler der Kunst zur Uebersicht ihres Entwickelungsganges von den ersten künstlerischen Versuchen bis zu den Standpunkten der Gegenwart. Herausg. von v. Voit, E. Guhl, J. Caspar, W. Lübke und C. v. Lützow. Stuttgart 860. Ebner & Seubert. qu. Fol. (VI, 52 S., 53 Kpfr.- u. 4 lith. Taf.) n. 14 $\mathcal{M}$ 12 ngr.

— der Baukunst. Zusammengestellt, autographisch gezeichnet u. hrsg. v. Studirenden der königl. Bau-Akademie zu Berlin. 1—4. Lfg. Antike Baukunst. gr. Fol. (à 12 Steintaf.) Berlin 871. 72. Beelitz. à n. 2. 50

—— der Baukunst. Zusammengestellt, autogr. gezeichnet und hrsg. von Studirenden der königl. Bau-Akademie zu Berlin. 1.—7. Lfg. gr. Fol. (à Lfg. 12 Stnt.) Berlin 872,73, (Beelitz.) à Lfg. *$\mathcal{M}$ 2,50. *
Inhalt:
Lfg. 1—4. Antike Baukunst.
" 5. 6. Altchristliche Baukunst.
" 7. Romanische Baukunst.

Denkmäler der Baukunst. Zusammengestellt, autogr., gezeichnet und mit Unterstützung Sr. Exc. des Ministers für Handel, Gewerbe und öffentl. Arbeiten hrsg. von Studirenden der königl. Bau-Akademie zu Berlin. 8.—10. Lfg. gr. Fol. (à 12 Stnt.) Berlin 875—78, (Beelitz.) à Lfg. *$\mathcal{M}$ 3. *
1.—7. Lfg. Ebendas. 1872,73. *$\mathcal{M}$ 17,50.

—— der Baukunst. Zusammengestellt, authographisch gezeichnet und hrsg. von Studirenden der königl. Bau-Akademie zu Berlin. 11.—15. Lfg.: Gothische Baukunst. gr. Fol. (à Lfg. 12 Bl.) Berlin, Wasmuth. [11. und 12. Lfg. 879,81. à *$\mathcal{M}$ 4.; 13.—15. Lfg. 881—84. à *$\mathcal{M}$ 4,50.] *
1.—10. Lfg. Ebendas. 1872—78. *$\mathcal{M}$ 40.

—— der Baukunst. Zusammengestellt, autogr. gezeichnet und hrsg. von Studirenden der königl. techn. Hochschule. 16.—19. Lfg. gr. Fol. (à Lfg. 12 Bl.) Berlin 885—88, (Wasmuth.) à Lfg. *$\mathcal{M}$ 4.50. *
1.—15. Lfg. Ebendas. 1872—84. *$\mathcal{M}$ 61.50. — 1.—3. Lfg. enthält: Antike Baukunst; 4.—9. Lfg.: Altchristliche und romanische Baukunst; 10.—16. Lfg.: Gothische Baukunst; 17. u. fg. Lfgn.: Baukunst der Renaissance. — 1.—12. Lfg. à *$\mathcal{M}$ 4.—; 13. u. fg. Lfgn. à *$\mathcal{M}$ 4.50.

— dasselbe. 20. Lfg. (Renaissance in Frankreich.) gr. Fol. (12 Bl.) Ebd. 890. n. 4. 50 (1—20.: n. 74. —)

— der Baukunst. Zusammengestellt, gezeichnet u. hrsg. v. Studirondon dor kgl. techn. Hochschule Abthlg. I. zu Borlin. 21.—24. Lfg. gr. Fol. Berlin, W. Ernst & Sohn. à n. 5. — (Lfg. 1—24: à n. 5. —)
21. 22. Renaissance in Frankreich. II. III. (à 12 photolith. Bl.) 891. 892.
23. Renaissance in Belgien u. Holland. (13 photolith. Bl.) 892.
24. Renaissance in England. (11 photolith. Bl.) 894.

— d. Baukunst. Zusammengest., gezeichn. u. hrsg. v. Zeichen-Ausschusse d. Studierenden (früher Autographieen-Commission) d. kgl. techn. Hochschule zu Berlin, Abth. I. (Architektur.) 25.—27. Lfg. gr. Fol. Berlin (W. Ernst & Sohn.) n. 16. 50 (1—26: n. 136. 50)
25. Renaissance in Dänemark u. Schweden. (12 photolith. Bl. m. 1 Bl. Text.) 895. n. 5. —
26. Baudenkmäler d. Renaissance in Deutschl. (16 photolith. Taf. m. 2 Bl. Text.) 896. n. 6. 50
27. Deutsche Renaissance. (12 photolith. Taf.) 897. n. 5. —

**Denkmäler** d. Baukunst. Zusammengest., gezeichn. u. hrsg. v. Zeichen-Ausschusse d. Studierenden (früher Autographieen-Commission) d. kgl. techn. Hochschule zu Berlin. I—V. Tl. gr. Fol. Berlin 897. (W. Ernst & Sohn.) In Mappe n. 138. —
I. Antike Baukunst. (36 Taf.) n. 16. —
II. Altchristl. u. roman. Baukunst. Nachtrag: Roman. Profanbauten. (88 Taf. m. 2 S. Text.) n. 38.
III. Gothische Baukunst in Frankreich u. Deutschland (England, Italien u. Spanien). (84 Taf.) n. 36. —
IV. Baukunst d. Renaissance in Italien, Spanien u. Frankreich. (72 Taf.) n. 32. —
V. Baukunst d. Renaissance in Belgien, Holland, England, Dänemark u. Schweden. (36 Taf. m. 2 S. Text.) n. 16. —

**Denkmäler** der Baukunst. Zsgest., gez. u. hrsg. vom Zeichen-Ausschuss d. Studierenden ⟨früher Autographieen-Komm.⟩ d. Königl. Techn. Hochschule zu Berlin ⟨Abt. f. Architektur⟩. 4., verm. u. verb. Aufl. Lfg 1. *Berlin: Selbstverl. d. Zeichen-Ausschusses; W. Ernst & Sohn [in Komm.] 1900.* gr. 2° [ol. 33]

— der Baukunst. Zusammengestellt, gezeichnet u. hrsg. vom Zeichen-Ausschusse der Studierenden (früher Autographieen-Commission) der königl. techn. Hochschule zu Berlin (Abth. f. Architektur). 28. Lfg. Deutsche Renaissance. gr. Fol. (12 photolith. Taf.) Berlin 900. (W. Ernst & Sohn.) n. 8. —

— der Baukunst. Zusammengestellt, gezeichnet u. hrsg. vom Zeichen-Ausschusse der Studierenden der königl. techn. Hochschule zu Berlin (Abteilung für Architektur.) 29. u. 30. Lfg. Deutsche Renaissance. (24 photolith. Taf. m. 1 Bl. Text.) gr. Fol. Berlin 903. 904. (W. Ernst & Sohn.) à n. 5. —

— dasselbe. 31. Lfg. Deutscher Barock. (12 photolith. Taf.) gr. Fol. Ebd. (905). n. 5. —

— der Baukunst. Zusammengestellt, gezeichnet u. hrsg. v. Zeichen-Ausschuss der Studierenden d. kgl. techn. Hochschule zu Berlin (Abteilg. f. Architektur. 15. u. 32. Lfg. Berlin (W. Ernst & Sohn). à Lfg. 5. —
15. Gothische Baukunst. 2. Aufl. (12 Taf.) 53×36,5 cm. (909
32. Deutscher Barock. (12 photolith. Taf.) 54×37 cm. (908

— — d. deutschen Baukunst. s. a. Moller, G.

**Denkmäler** der Deutschen Baukunst, dargestellt von dem Hessischen Vereine für die Aufnahme Mittelalterlicher Kunstwerke zu Darmstadt. Erster Band. Darmstadt 1856. Fol.

— der Baukunst im Elsass (vom Mittelalter bis zum 18. Jahrh.). Hrsg. v. S. Hausmann u. Ernst Polaczek. 100 Lichtdr.-Taf. — Monuments d'architecture de l'Alsace. 20 Lfgn. (à 5 Taf.) Fol. Strassburg (903—905). W. Heinrich. à n. 3. —; in Leinw.-Mappe n. 4. —

— dasselbe. (Textbd.) In geschichtl. Zusammenhange dargestellt v. Ernst Polaczek. (VIII, 123 S. m. Abbildgn. u. 6 Lichtdr.-Taf.) 4. Ebd. 906. n. 7. —; geb n. 8.50

—— der Baukunst in Orig.-Aufnahmen. 1. Heft: Gerona. Von Schulcz Ferencz. Fol. (III, 80 S. mit 3 Lithogr., wovon 1 in Tondr., und 34 eingedr. Holzschn.) Leipzig 869, Seemann. *

— d. Baukunst in Verbindung mit Werken d. Bildhauerkunst u. Malerei d. Orients, d. Aegypter, Griechen, Römer u. d. Mittelalters, herausg. von H. W. Eberhard. 1s Werk; d. Alterthümer v. Athen, beschrieben von Stuart u. Revett. Aus d. Engl. übersetzt, nach d. London. Ausg. v. J. 1762 u. 87. u. bereichert mit einigen eigenen u. allen Zusätzen d. neuen Ausg. v. J. 1825. 1r Bd. von K. Wagner; 2r Bd. v. Fr. Osann u. Nachtrag v. C. O. Müller. gr. 8. 7 ß 8 Gr. Die Abbildd. in 28 Lieferr. auf 336 Tafeln. Roy.-Fol. 35 ß Velinp. 46 ß 16 Gr. 2s Werk: Alterthümer von Attika 2c., herausg. v. d. Gesellsch. d. Dilettanten in London. Aus d. Engl, v. K. Wagner. gr. 8. Ebd. 12 Gr. Die Abbildd. in 7 Lieferr. auf 78 Taf. in Roy.-Fol. 8 ß 18 Gr. Velinp. 11 ß 16 Gr. 3s Werk: Alterthümer v. Jonien, herausg. von derselb. Gesellsch. u. aus d. Engl., mit Anmerkk. v. K. Wagner. gr. 8. Ebd. 1 ß 8 Gr. Die Abbildd. in 9 Lieferr. auf 110 Taf. 11 ß 6 Gr. Velinp. 15 ß 4s Werk: Alterthümer v. Athen u. mehrern andern Theilen Griechenlands. Als Supplement zu oben bemerkt. Stuart. u. Revettschen Werke, Aus d. Engl. von K. Wagner. gr. 8. 832. 2 ß Die Abbildd. in 5 Lieferr. Roy.-Fol. 6 ß 6 Gr. Velinp. 8 ß 8 Gr. Darmst. 826—32. Leske.

Denkmä(h)ler der Baukunst in Verbindung m. Werken d. Bildhauerkunst u. Malerei d. Orients etc., 3. Werk, od. d. Ganz. 39—44. Lfg. Alterthümer von Ionien, herausgeg. v. d. Gesellsch. d. Dilettanti zu London. 4—9. Hft. (Nochmals) hrsg. v. H. W. Eberhard. Roy.-Fol. (70 Taf., 4 Karten u. 1 B. Text.) Darmstadt 828, 29, Leske. à 1 Thlr. 6 Gr., Vlnp. à

—— dass. 4. Werk, od. d. Ganz. 45—49. Lfg. Alterthümer von Athen u. mehr. andern Theilen Griechenlands. Als Supplem. d. Stuart-Revett'schen Werkes. 5 Hfte. Roy.-Fol. (36 Kpfrt.) Ebds. 829—31. à 1 Thlr. 6 Gr., Vlnp. à

1. Werk. (Hauptwerk d. Denkm.) 1—28. Lfg. J. Stuart u. N. Revett, d. Alterthümer v. Athen. 28 Hfte. — 2. W. od. 29—35. Lfg. Alterth. v. Attika. 7 Hfte. — 3. W. od. 36—38. Lfg. Alterth. v. Ionien, 1—3. Hft. Ebendas. 1824—27. à 1 Thlr. 6 Gr., Vlnp. à 1 Thlr. 16 Gr,

— byzantinische. Hrsg. v. Jos. Strzygowski. III. gr. 4. Wien. (Gerold & Co.) n. 13. —

Ursprung u. Sieg der altbyzantinischen Kunst. Beiträge. Von Ernst Diez u. Jos. Quitt. Mit e. Einleitg. v. Jos. Strzygowski. 4 Taf. u. 13 Abbildgn. im Text. Mit Unterstützung des k. k. Ministeriums für Kultus u. Unterricht (XXVIII, 126 S.) 903.

I u. II u. d. T.: Strzygowski, Jos., byzant. Denkmäler Ebd. 891. 893. n. 33. —

—— die, im Chor der Schlosskirche zu Pforzheim. Gez. u. gest. von Gust. Adolph Müller in Carlsruhe. Roy.-Fol. (1 Kpfrt. m. 2 B. Text.) Carlsruhe 834, Creuzbauer.

Die demotischen Denkmaeler 30601—31166. 1. Leipzig 1904: W. Drugulin. 2°(4°)
= Catalogue général des antiquités égypt. du Musée du Caire. [15.] [03.1456]

**Denkmäler** und Denkwürdigkeiten der Doberaner Kirche. [Rostock 1885.] V: *Klein, J. F. von.* (Bachmann, Mecklenburg. Güstrow 1889. S. 402.)

— — deutsche, s. a. Batt.

Denkmäler, Teutsche, herausg. von Batt, v. Babo, Mone u. a. Lief. 1. Die Bilder zum Sächsischen Land- und Lehnrecht. Mit 35 Taff. in 4. Heidelberg 1820. 8.

— deutsche, herausg. u. erklärt v. Batt, Babo, Eitenbenz, Mone u. K. J. Weber. 1e Lief. Bilder zum sächs. Land- u. Lehnrecht. Mit 24 Steindr. u. 1 Farbentafel. gr. Fol. Heidelb. 820. Winter. 4 ß

—— verdienstvoller Deutschen d. 18. u. 19. Jahrh. 1—5. Bdchn. Jedes m. 6 lith. Portraits. gr. 12. Leipzig 823, 29, Fest. [1—3. (à 5 B.), 4. (6½ B.), 5. (5 B.)] à 8 Gr., Velinp. à

**Denkmäler** und Ehrensäulen, den Franzosen gesetzt bey ihrem Rückzug über den Rhein im December 1799 . . . O. O. 1800. V: *Sauerbronn, Johann Philipp.* (MGT)

—— Erfurter, s. a. Geschichtsquellen der Prov. Sachsen.

ERFURTER DENKMÄLER herausgegeben von dem Thüringisch-Sächsischen Alterthumsvereine zu Halle. I. Chronicon Sampetrinum ed. BRUNO STÜBEL. Annales Reinhardsbrunnenses ed. OTTOKAR LORENZ. II. Nicolai de Bibera Carmen satiricum ed. THEOBALD FISCHER. Halle 1870. Buchhandlung des Waisenhauses. A. u. d. T.: GESCHICHTSQUELLEN DER PROVINZ SACHSEN UND ANGRENZENDER GEBIETE herausgegeben von den Geschichtlichen Vereinen der Provinz. Bd. 1. ib. 1870. — 8°.

— Forschungen u. Berichte als Fortsetzung der archäolog. Zeitung. Hrsg. v. Ed. Gerhard. 1—16. Lfg. (oder Jahrg. 1849—1852.) gr. 4. (à ca. 24 B. m. Kpfrtaf.) Berlin, G. Reimer. (à Jahrg. n. 4 ß) n. 16 ß

Denkmäler, Forschungen und Berichte als Fortsetzung der Archäologischen Zeitung herausg. von Ed. Gerhard. 17—40. Liefg. (11—16. Jahrg., 1853—58 der Archäolog. Zeitung.) à 12 Nrn. (à 1 Bgn. u. 12 Nrn. Archäolog. Anzeiger à 1 Bgn.) Mit lith. u. Kupfer-Taf. Berlin, G. Reimer. gr. 4. Jeder Jahrg. n. 4 ß

Denkmäler, Forschungen und Berichte als Fortsetzung der archaeologischen Zeitung herausg. von Ed. Gerhard. 41—64. Liefg. (17—22. Jahrg., 1859—64, d. archäolog. Zeitung.) Mit Kpfr.- u. Steintaf. Berlin, G. Reimer. gr. 4. Jeder Jahrg. n. 4 ß

Denkmäler, Forschungen u. Berichte als Fortsetzung der archäologischen Zeitung hersg. von Ed. Gerhard. 65—76. Liefg. (Jahrg. 1865—1867.) (à Liefg. 6 Bgn.) Mit Kpfr.- u. Steintaff. Berlin, G. Reimer. gr. 4. Jede Liefg. n. 4 ß

— die v. Sr. Maj. dem Kaiser Wilhelm II. gestifteten, in der Sieges-Allee zu Berlin. Abbildgn. m. geschichtl. Text. 3. verm. Aufl. gr. 8. (37 S.) Berlin (900). Schultze & Velhagen. — 50

Denkmäler der Gottseligkeit od. die Macht der Religion im Tode. 2 Thle. 8. Züllichau, Frommann. 765—72. (1r 14 gr. 2r 12 gr.).

Denkmäler des Hauses Habsburg in der Schweiz. 1. Hft. Die Veste Habsburg im Aargau. Untersucht und beschrieben von G. H. Krieg v. Hochfelden, badischer General-Major a. D. („Mitth. der antiquar. Gesellsch. in Zürich.“ Bd. 11, Hft. 5.) 3. Hft. Das Kloster Königsfelden. Geschichtlich dargestellt von Th. v. Liebenau, kunstgeschichtlich von Wilhelm Lübke. Herausgegeben von der antiquar. Gesellschaft in Zürich. Die Glasgemälde im Chor der Kirche zu Königsfelden. Beigeb.: Nachtrag von Th. v. Liebenau. (43 Taf.) (2 Hfte.) kl. 4. Zürich 1857—1871.

Denkmäler des Hauses Habsburg in der Schweiz. Das Kloster Königsfelden. Geschichtlich dargestellt von Th. v. Liebenau, kunstgeschichtlich von Wilh. Lübke. 1.—4. Lfg. gr. 4. (50 S. mit 19 Stnt., wovon 9 in Buntdr.) Zürich 867. Stuttgart, (Ebner und Seubert.) à Lfg. * 1 Thlr. 20 Ngr. *

—— des Hauses Habsburg in der Schweiz. Das Kloster Königsfelden. Geschichtlich dargestellt von Th. v. Liebenau, kunstgeschichtlich von Wilh. Lübke. 5.—7. Lfg. qu. 4. (8 S. Text.) Zürich 871, (Höhr.) [5. Lfg. (8 lithogr. und chromolithogr. Taf.) ** ℳ 5,40.; Lfg. 6. (5 lithogr. und chromolithogr. Taf.) ** ℳ 5,40.; Lfg. 7. (9 Stnt.) ** ℳ 4,50.] **

1.—4. Lfg. (Ebendas.) 1867. ** ℳ 21,60.

Denkmaeler, histor., od. Ansichten d. vorzueglichsten Staedte od. Naturschoenheiten d. Hauptstrassen durch Europa, als Handb. f. Reisende. — Belgien u. Nassau, od. d. Reisende am Continent. Die Reise v. Antwerpen ueber Bruessel nach Namur, Luettich, Aix-la-Chapelle nach Coeln, die Baeder v. Nassau u. ueber d. Taunus Gebirge nach Frankfurt a. M. 17 Nrn. Lex.-8. (61 Stahlst., 2 Pläne u. 7¼ B. Text.) London 836—41, [Black.] à * ⅓ Thlr. Thlr. *

Die historischen Denkmäler des Kreises Insterburg. (Ohne bes. Titelblatt. Insterburg. Druck von C. Wilhelmi.) 8°.

**Denkmäler, die historischen, Ungarns** i. d. Millenniums-Landesausstellg. Red. v. Béla Czobor. Hrsg. m. Unterstützg. d. kgl. ung. Handelsministers. 1.—4. Hft. Imp.-4. (S. 1—80 m. z. Tl. farb. Abb. u. 16 Taf.) Wien 898. Gerlach & Schenk. à n. 3. 50

— die historischen, Ungarns in der Millenniums-Landesausstellung. Red. v. Béla Czobor. Hrsg. m. Unterstützg. des kön. ung. Handelsministers. 5.—10. Hft. Imp.-4. (S. 81—200 m. z. Tl. farb. Abbildgn. u. 24 Taf.) Wien 899. 900. M. Gerlach & Co. à Hft. n. 3. 50

— die historischen, Ungarns auf der Millenniums-Ausstellung 1896. Red. von Emerich v. Szalay. 11—25. Hft. (S. 201—471 m. z. Tl. farb. Abbildgn. u. 50 Taf.) 36×29 cm. Wien (902. 03). Gerlach & Wiedling.
Subskr.-Pr. à 3.50 (vollständig erh. Pr. 150,—; in 2 Leinw.-Bdn. 170.—)

Kartographische **Denkmäler** zur Entdeckungsgeschichte von Amerika, Asien, Australien und Afrika. Aus d. Besitz d. Königl. öffentl. Bibliothek zu Dresden. Mit Unterstützung d. Generaldir. d. kgl. Sammlungen f. Kunst u. Wiss. u. d. König Johann-Stiftung hrsg. von Viktor Hantzsch u. Ludwig Schmidt. *Leipzig: K. W. Hiersemann 1903.* (3 Bl. 17 Taf.) gr. 2° [03. 886

— kirchenrechtliche u. kulturgeschichtliche, Altrusslands, nebst Geschichte des russischen Kirchenrechts, übers. u. erklärt v. Leop. Karl Goetz, s.: Abhandlungen, kirchenrechtliche.

Kleinere angelsächsische **Denkmäler**. Hrsg. von Günther Leonhardi. 1. Hamburg: H. Grand 1905. 8°
= Bibliothek d. angelsächs. Prosa. Bd 6. [05. 5018

**Denkmäler und Proben, Die kleineren poetischen althochdeutschen,** aus Otfried. 2. Druck. Königsberg i. Pr. [1904]. H: *Schade, Oscar.* (Berl)

**Denkmäler, die kleineren poetischen althochdeutschen, u. Proben aus Otfrid.** 2. Druck. (81 S.) gr. 8. Königsberg (904). Gräfe & Unzer, Buchh. n. — 60

— u. **Kriegergräber** auf den Schlachtfeldern um Metz. 1 : 50,000. 14. Aufl. 45×62 cm. Farbendr. Leipzig 894. G. Lang. n. 1. —

**Denkmäler** der deutschen Kulturgeschichte. 1. Abtlg. Briefe. 1. Bd. gr. 8. Berlin, R. Gaertner.
Deutsche Privatbriefe d. Mittelalters. M. Unterstützg d. k. preuß. Akademie d. Wissenschaften hrsg. v. Geo. Steinhausen. 1. Bd. Fürsten u. Magnaten, Edle u. Ritter. (XIII, 454 S.) 1899.

**Denkmäler der deutsch. Kulturgeschichte.** Hrsg. v. Geo. Steinhausen. I. Abteilg. Briefe. 2. Bd. gr. 8. Berlin, Weidmann. 8. —
2. Privatbriefe, deutsche, des Mittelalters. Mit Unterstützg. d. k. preuß. Akad. d. Wissenschaften hrsg. v. Geo. Steinhausen. 2. Bd. Geistliche — Bürger I. (XXIII, 215 S.) 907.
8.— (1 u. 2: 23. —)

— der deutschen **Kulturgeschichte**. Hrsg. v. Geo. Steinhausen. II. Abtlg. Ordnungen. 1. Bd. gr. 8. Berlin 905. Weidmann. n. 10. —
Hofordnungen, deutsche, des 16. u. 17. Jahrh. Mit Unterstützg. der k. preuß. Akademie der Wissenschaften hrsg. v. Arth. Kern. 1. Bd. Brandenburg, Preußen, Pommern, Mecklenburg. (XVII, 315 S.)
I. 1. jetzt Ebd. 899. n. 15. —

— dasselbe. II. Abtlg. Ordnungen. 2. Bd. gr. 8. Ebd. 9. —
2. Hofordnungen, deutsche, II. Deutsche Hofordnungen des 16. u. 17. Jahrh. Hrsg. v. Arth. Kern. 2. Bd. Braunschweig, Anhalt, Sachsen, Hessen, Hanau, Baden, Württemberg, Pfalz, Bayern, Brandenburg-Ansbach. (XVI, 243 S.) 907.
9.— (1 u. 2: 19. —)

Guhl, Ernst und Caspar, Joseph. Denkmäler der Kunst zur Uebersicht ihres Entwickelungsganges von den ersten künstlerischen Versuchen bis zu den Standpunkten der Gegenwart. 4 Bde. 5. Bd.: Ergänzungsband zur ersten und zweiten Auflage, bearbeitet von Wilh. Lübke und Carl von Lützow. Stuttgart 1851—1879. 4°.

**Denkmäler der Kunst.** Zur Uebersicht des Entwicklungsganges der bildenden Künste von den frühesten Werken bis auf die neuere Zeit. Volksausg. auf Grund der 2. Ausg. des größeren Werks bearb. von Wilh. Lübke. 6 Lfgn. qu. Fol. (56 Kpfrt. und IV und 56 S. Text.) Stuttgart 863,64, Ebner und Seubert. In Mappe à Lfg. * 1 Thlr. 6 Ngr. *

—— dass. — zugleich Bilder-Atlas zu Lübke, Grundriß der Kunstgeschichte. Volksausg. Supplement: Die Kunst der Neuzeit. 2 Lfgn. qu. Fol. (III und 26 S. Text und 23 Taf. in Stahlst.) Ebendas. 868. In Mappe à Lfg. * 1 Thlr. 18 Ngr. *

— der **Kunst**, zugleich Bilder-Atlas zu Lübke, Grundriß der Kunstgeschichte. Volksausgabe. Supplement: Die Kunst der Neuzeit. 23 Tafeln in Stahlst. (mit 26 S. Text). Ebend. 869. qu. Fol. n. 3 *ℛ* 6 *ngr.*

**Denkmäler der Kunst.** Zur Uebersicht des Entwickelungsganges der bildenden Künste von den frühesten Werken bis auf die neueste Zeit. Volks-Ausg. 2. verb. und verm. Aufl. Bearb. von Wilh. Lübke und Carl v. Lützow. 10 Lfgn. qu. Fol. (90 Stahlst.) Mit Text. gr. 8. (IV, 285 S.) Stuttgart 881, [Ebner und Seubert.] Neff. à Lfg. *ℳ* 3.; in Carton

**Denkmäler der alten Kunst, nach der Auswahl u. Anordnung v. C. O. Müller,** gezeichnet u. radirt v. Karl Oesterley. 1r Bd. 1s—5s Hft. Jedes Hft. mit 15 Tafeln u. 2r Bd. 1s u. 2s Hft Jedes mit 15 Kpfrtaf. qu. Fol. Göttingen 833—39. Dieterich. (I. 1s—5s H. 4 1/6 *ℛ* II. 1. 2. à 5/6 *ℛ*) 5 5/6 *ℛ* Einzeln à Hft. 5/6 *ℛ*

— der alten **Kunst**, nach der Auswahl u. Anordnung von C. O. Müller gez. u. rad. von K. Oesterley. Fortgesetzt von F. Wieseler. 2. Bd. 3. Hft. gr. qu. 4. (Mit 15 Tafeln.) Göttingen 846, Dieterich. n. 1 *ℛ*

—— der alten Kunst, nach der Auswahl und Anordnung von C. O. Müller gez. und rad. von C. Oesterley. Fortges. von F. Wieseler. 2. Bd. 4. und 5. Heft. qu. Fol. (110 S. und 30 Kpfrt.) Göttingen 853—56, Dieterichsche Buchh. à Heft * 1 Thlr. 10 Ngr. *
1. Bd. und 2. Bd. 1—3. Heft. Ebendas. 1834—46. * 6 Thlr. 25 Ngr.

—— dass. — 2. Bearbeitung durch Friedr. Wieseler. 1. Bd. qu. Fol. (VI und 106 S. mit 75 Kpfrt.) Ebds. 854. *

—— der alten Kunst. Nach der Auswahl und Anordnung von C. O. Müller. Zweite Bearbeitung durch Friedr. Wieseler. 2. Bd. 1. Heft. qu. Fol. (76 S. mit 15 Kpfrt.) Göttingen 860, Dieterich'sche Buchh. *
1. Bd. Ebendas. 1854. * 5 Thlr.

—— der alten Kunst, nach der Auswahl und Anordnung von C. O. Müller. 2. Bd. 1. Heft. 3. Bearbeitung durch Friedr. Wieseler. qu. Fol. (15 Stahlst. mit 230 S. Text in gr. 8.) Göttingen 877, Dieterich'sche Verlagsh. *
1. Bd. Ebendas. 1854. * *ℳ* 15.

—— der alten Kunst. Nach der Auswahl und Anordnung von C. O. Müller. 2. Bd. 2. Heft. 3. Bearbeitung durch Friedr. Wieseler. qu. Fol. (S. 117—261 mit 15 Stahlst.) Göttingen 881, Dieterich'sche Verlagsh. *
1. Bd. und 2. Bd. 1. Heft. Ebendas. 1854,77. * *ℳ* 23.

**Denkmäler der Kunst und des Alterthums in der Kirche zum heil. Kreuz zu Innsbruck.** Innsbruck 1812. V: *Primisser, Gottfried.* (EB)

— d. Kunst u. d. Alterthums in d. Kirche zum heil. Kreuz zu Insbruck. 8. Insbruck 812. Wagner. 1 *ℛ*

— d. **Kunst**, Architektur, Skulptur u. Malerei. Z Übersicht ihres Entwickelungsganges v. d. ersten künstler. Versuchen b. z. d. Standpunkten d. Gegenwart. Bearb. v. W. Lübke u. C. v. Lützow. 8. Aufl. Klassiker-Ausg. 36 Lfgn. qu. Fol. (188 lith. Taf. u. 6 Farbdr., nebst VIII S. Text u. Textbd. gr. 8. [450 S.]) Stuttgart 897/98. P. Neff Verl. à Lfg. n. 1. —

— dasselbe. Pracht-Ausg. 36 Lfgn. gr. Fol. (196 Taf. in Stahlst. u. Photolith. u. 7 Farbdr., nebst VIII S. Text u. Textbd. gr. 8 [450 S.]) Ebd. 897. à Lfg. n. 2. —

Denkmäler bildender Kunst in Lübeck, gezeichnet u. herausgeg. von C. J. Milde, u. begleitet mit erläut. Texte von Er. Deecke. 1. Hft. Imp.-4. Lübeck 843. (Hamburg, Meißner.) baar 2 ß

**Denkmäler** der Kunst zur Uebersicht ihres Entwickelungsganges von den ersten künstler. Versuchen bis zu den Standpunkten der Gegenwart. Begonnen v. Aug. Voit, fortges. v. Ernst Guhl, u. J. Caspar. [Atlas zum Handbuch der Kunstgeschichte v. F. Kugler.] 2—13. Lfg. I. Abschnitt. — Die Kunst auf ihren früheren Entwickelungsstufen. Taf. IX — XI. u. II. Abschnitt. — Denkmäler der classischen Kunst. 22 Taf. III. Abschnitt. — 30 Kpfr.- u. 1 lithochrom. Taf. IV. Abschnitt. — Taf. 1 — 24. (auf 27 Bl.) qu. Fol. (158 S. Text.) Stuttgart 847—52, Ebner & Seubert. 2—8, u. 10—13. Lfg. à n. 1 ß 22 ngr 9. Lfg. n. 2 ß 18 ngr (1—13. Lfg. oder Bd. I—III, 4: n. 23 ß 12 ngr) (1. Lfg. siehe: Voit, A., Denkmaler)

**Denkmäler** der Kunst zur Uebersicht ihres Entwickelungsganges von den ersten künstlerischen Versuchen bis zu den Standpunkten der Gegenwart. Herausg. von Ernst Guhl und Jos. Caspar. 14 — 16. Liefg. Stuttgart 853. Ebner u. Seubert. qu. Fol. (3. Bd.: 4 Bl., S. 41—108 u. 22 Kpfrtaf.)
14. u. 15.: à n. 1 ß 22 ngr; 16.: n. 2 ß 18 ngr

— — Herausg. von W. Lübke und Jos. Caspar. 17 — 22. (letzte) Liefg. Ebend. 856. qu. Fol. (4 Bd.: VIII, 57 S., 2 lith. u. 37 Kpfrtaf.) Jede Liefg. n. 1 ß 22 ngr;
compl. geb. n. 29 ß 14 ngr

—— dass. — Nachtrag zur ersten Ausg. qu. Fol. (2 Stahlst., 1 Chromolithogr. und 2 S. Text mit in Stahl gest. Titel.) Ebendas. 858. *

— — Neue Ausg. bearb. von W. Lübke. (2 Bde. in 32 Liefgn.) Ebend. 857, 58. qu. Fol. (538 S. Text in gr. 8. u. 100 Taf.) Jede Liefg. n. 1 ß 6 ngr; complet geb. n. 42 ß 12 ngr

— der Kunst zur Uebersicht ihres Entwicklungsganges von den ersten Versuchen bis zu den Standpunkten der Gegenwart. 3. verb. u. m. ca. 36 Taf. verm. Aufl. Bearb. v. W. Lübke u. C. v. Lützow. 1—24. Lfg. Qu.-Fol. [Taf. 1—119 in Stahlst. 7 Chromolith.] Nebst Text. Lex.-8. (S. 1—288.) Stuttgart 874—76. Ebner & Seubert. à n. 4. —

— der Kunst zur Uebersicht ihres Entwicklungsganges von den ersten Versuchen bis zu den Standpunkten der Gegenwart. 3., verb. u. m. ca. 36 Taf. verm. Aufl. Bearb. von W. Lübke u. C. v. Lützow. 25—39. (Schluss-)Lfg. qu. Fol. (75 Stahlst.) Nebst Text. Lex.-8. (VI u. S. 289—482.) Stuttgart 877—79. Ebner & Seubert. à n. 4. — (cplt.: in Carton: n. 80. —; geb. n. 100. —)

— dasselbe. Ergänzungsband zur 1. u. 2. Aufl. Bearb. von Wilh. Lübke u. Carl v. Lützow. 34 Taf. in Stahlst. u. 3 Farbtaf. qu. Fol. Nebst Text. Lex.-8. (IV, 484 S.) Ebend. 879. In Mappe. n. 32. —

— dasselbe. 4. Aufl. Klassiker-Ausg. (In 30 Lfgn.) [186 (von Stahl auf Stein übergedr.) Taf. u. 7 Taf. in Farbendr.] 1. Lfg. qu. Fol. (7 Taf. u. 1 Chromolith., nebst VII S. Text.) Stuttgart 882. Neff. n. 1. —

— der Kunst zur Uebersicht ihres Entwicklungsganges von den ersten Versuchen bis zu den Standpunkten der Gegenwart. Bearb. v. W. Lübke u. v. Lützow. 4. Aufl. Klassiker-Ausg. [186 (v. Stahl auf Stein übergedr.) Taf. u. 7 Taf. in Farbendr.] 2—30. (Schluss-) Lfg. qu. Fol. (173 Taf. u. 5 Chromolith.) Stuttgart 883. 84. Neff. à n. 1. —

— dasselbe. 5. Aufl. Atlas in Fol. Nebst Textbd. gr. 8. (453 S.) Ebend. 884. geb. Atlas in Halbfrz., Text in Leinw. n. 40. —

— der Kunst zur Übersicht ihres Entwickelungsganges von den ersten künstlerischen Versuchen bis zu den Standpunkten der Gegenwart. Bearb. v. Wilh. Lübke u. Carl v. Lützow. 6. Aufl. 203 Taf. u. erklär. Textbd. Klassiker-Ausg. (In 36 Lfgn.) 1. - 10. Lfg. qu. Fol. (61 Taf. in Stein- u. 3 Taf. in Farbendr.) Stuttgart 890. Neff. à n. 1. —

— der Kunst zur Übersicht ihres Entwickelungsganges v. den ersten künstlerischen Versuchen bis zu den Standpunkten der Gegenwart. Bearb. v. Wilh. Lübke u. Carl v. Lützow. 6. Aufl. 203 Taf. u. erklär. Textbd. Klassiker-Ausg. 11.—36. Lfg. qu. Fol. (136 Taf. in Stein- u. 4 Taf. in Farbendr. m. 8 S. Text u. Textbd. gr. 8. IV, 450 S.) Stuttgart 891. P. Neff. à n. 1. — (kplt. geb. Taf. in Halbfrz., Text in Leinw.: n. 46. —)

**Denkmäler** der Kunst zur Übersicht ihres Entwickelungsganges von den ersten künstlerischen Versuchen bis zu den Standpunkten der Gegenwart. Bearb. von Wilh. Lübke u. Carl v. Lützow. 6. Aufl. Stahlstich-Ausg. (In 36 Lfg.) 1.—10. Lfg. qu. Fol. (61 Taf. in Stahlst. u. 3 Taf. in Farbendr.) Stuttgart 890. Neff. à n. 2. —

— dasselbe. 6. Aufl. Stahlstich-Ausg. 11.—36. Lfg. qu. Fol. (136 Taf. in Stahlst. u. 4 Taf. in Farbendr. m. 8 S. Text u. Textbd. gr. 8. IV, 450 S.) Ebd. 891. à n. 2. — (kplt. geb. Tafeln in 1 Bde. u. Text: n. 86. —; Atlas in 2 Bdn. u. Text n.n. 92. —)

— dasselbe. 7. Aufl. Klassiker-Ausg. 36 Lfgn. qu. Fol. (197 lith. u. 7 farb. Taf. m. VIII S. Text u. Text-Bd. gr. 8. IV, 450 S.) Ebd. 893. 894. à n. 1. — (kplt. geb. m. Medaillon in Relief: n. 46. —)

— dasselbe. 7. Aufl. Stahlst.-Ausg. 36 Lfgn. qu. Fol. 197 Stahlst.- u. 7 farb. Taf. m. VIII S. Text u. Text-Bd. gr. 8. IV, 450 S.) Ebd. 893. 894. à n. 2. — (kplt. geb.: n. 86. —; Atlas in 2 Bdn. n.n. 92. —)

Denkmäler, kunstgewerbliche, in Polen. (36 T) fol [VS] Krakau

Denkmäler v. Lichtenstein, od. die Trauung um Mitternacht in Tyrol; e. Geistergesch. 2 Thle. 8. Prag, Barth. 800.

— von Lichtenstein, od. die Trauung um Mitternacht. 2 Thle. 8. Prag 800. (Krappe in Leipz.) 1 ß

— für Liebe u. Freundschaft, als Aufsätze in Stammbücher. 12. Frankf. a. M. 820. Jäger. 6 kr

— der älteren deutschen Litteratur, s. a. Böttcher, G., u. K. Kinzel.

— der älteren deutschen Litteratur, f. den litteraturgeschichtlichen Unterricht an höheren Lehranstalten im Sinne der amtl. Bestimmgn. vom 31. März 1882 hrsg. v. Ghold. Bötticher u. Karl Kinzel. I, 1—3., II, 1 u. 2., III, 1., 3 II u. 4., IV, 1. 2. 8. Halle a/S., Buchh. d. Waisenhauses. n. 10. 10

I, 1. Die deutsche Heldensage. 1. Hildebrandslied u. Waltharilied, nebst den „Zaubersprüchen" u. „Muspilli" als Beigaben, übers u. erläutert v. Ghold. Bötticher. 2., vervollständ. Aufl. (VIII, IX, 63 S.) 891. n. — 60; 3., verb. Aufl. (IX, 65 S.) 894. n. —, 60; kart. n. — 75

I, 2. — dasselbe. 2. Heldensage. Kudrun, übertr. u. erläutert v. H. Löschhorn. (126 S.) 891. n. — 90

I, 3. Das Nibelungenlied, im Auszuge nach dem Urtext m. den entsprechenden Abschnitten der Wölsungensage erläutert u. m. den nötigen Hilfsmitteln versehen v. G. Bötticher u. K. Kinzel. (VIII, 170 S.) n. 1. 20; 2., verb. Aufl. (X, 178 S.) 894 n. 1. 20; kart. n. 1. 35

II, 1. Die höfische Dichtung d. Mittelalters. 1. Walther v. der Vogelweide u. d. Minnesangs Frühling, ausgewählt übers. u. erläut. v. Karl Kinzel. 2. u. 3., verb. Aufl. (VIII, 115 S.) 891. 893. n. — 90

II, 2. — dasselbe. 2. Der arme Heinrich, nebst dem Inhalte d. „Erek" u. „Iwein" von Hartmann v. Aue u. Meier Helmbrecht v. Wernher dem Gärtner, übers. u. erläutert v. Ghold. Bötticher. (VI, 124 S.) 891. n. — 90

III, 1. Die Reformationszeit. 1. Hans Sachs, ausgewählt u. erläutert v. Karl Kinzel. 2., verm. Aufl. (VII, 120 S.) 893. n. — 90

III, 3 II. Martin Luther. Ausgewählt, bearb. u. erläutert v. Rich. Neubauer. 2. Tl. 2. Vermischte Schriften weltlicher Inhalts, Fabeln, Dichtgn. ꝛc. (VII, 252 S.) 891. n. 1. 80

III, 4. Kunst- u. Volkslied in der Reformationszeit, ausgewählt u. erläutert v. Karl Kinzel. (VIII, 140 S.) 891. n. 1. —

IV, 1. Das 17. u. 18. Jahrh. 1. Die Litteratur d. 17. Jahrh. Ausgewählt u. erläutert v. Ghold. Bötticher. (X, 130 S.) 892. n. 1. —

IV, 2. — dasselbe. 2. Die Litteratur d. 18. Jahrh. vor Klopstock. Ausgewählt u. erläutert v. Ghold. Bötticher. (VIII, 122 S.) 893. n. — 90

— d. älteren deutschen Litteratur, f. d. litteraturgeschichtl. Unterr. an höh. Lehranst. im Sinne d. amtl. Bestimmgn. hrsg. v. Ghold. Bötticher u. Karl Kinzel. I, 1—3, II, 1 u. III, 2. 8. Halle, Buchh. des Waisenhauses. n. 5. 40; kart. n. 6. 15

I, 1. Die deutsche Heldensage. 1. Hildebrandlied u. Waltharilied, nebst d. „Zaubersprüchen" u. „Muspilli" als Beigaben, übers. u. erläut. v. Ghold. Bötticher. 4. Aufl. (IX, 65 S.) 896. n. — 60; kart. n. — 75

I, 2. Dasselbe. 2. Kudrun, übertr. u. erläut. v. H. Löschhorn. 2., durchgeseh. Aufl. (126 S.) 896. n. — 90; kart. n.n. 1. 05

I, 3. Dasselbe. 3. Nibelungenlied, das, i. Auszuge n. d. Urtext m. d. entsprech. Abschnitten d. Wölsungensage, erläut. u. m. d. nötigen Hilfsmitteln vers. v. G. Bötticher u. K. Kinzel. 3. Aufl. (X. 178 S.) 897. n. 1. 20; kart. n. 1. 35

II, 1. D. höfische Dichtg. d. Mittelalters. 1. Walther v. d. Vogelweide u. d. Minnesangs Frühling, ausgew., übers. u. erläut. v. Karl Kinzel. 5. Aufl. (VIII, 115 S.) 897. n. — 90; kart n. 1. 05

III, 2. Luther, Mart., ausgew., bearb. u. erläut. v. Rich. Neubauer. 1. Schriften z. Reformationsgeschichte u. verw. Inhaltes. M. 1 Holzschn. n. Luc. Cranach. 2., verb. u. verm. Aufl. (XI, 227 S.) 897. n. 1. 80; kart. n. 1. 95

— der älteren deutschen Litteratur, f. den litteraturgeschichtl. Unterricht an höh. Lehranstalten im Sinne der amtl. Bestimmgn. hrsg. v. Ghold. Bötticher u. Karl Kinzel. I, 1—3; II, 1—3; III, 1—3; IV, 1 u. 3. 8. Halle, Buchh. des Waisenhauses. n. 12. 70

I. 1. Die deutsche Heldensage. 1. Hildebrandlied u. Waltharilied, nebst den „Zaubersprüchen" u. „Muspilli" als Beigaben, übers. u. erläutert v. Ghold. Bötticher. 5. verb. Aufl. (IX, 67 S.) 899. n. — 60

2. Dasselbe. 2. Kudrun, übertr. u. erläutert v. H. Löschhorn. 3., durchgeseh. Aufl. (126 S.) 901. n. — 90

3. Nibelungenlied, das, im Auszuge nach dem Urtext m. den entsprechenden Abschnitten der Wölsungensage, erläutert u. m. den nöt. Hilfsmitteln versehen v. G. Bötticher u. K. Kinzel. 4. Aufl. (X, 179 S.) 899. 1. 20

II. 1. Die höfische Dichtung des Mittelalters. 1. Walther v. der Vogelweide u. Des Minnesangs Frühling, ausgewählt, übersetzt u. erläutert v. Karl Kinzel. 7. Aufl. (VIII, 120 S.) 900. n. — 90; kart. n.n. 1. 05

2. Dasselbe. 2. Der arme Heinrich, nebst dem Inhalte des „Erek" u. „Iwein" v. Hartmann v. Aue u. Meier Helmbrecht von Wernher dem Gärtner, übers. u. erläutert v. Ghold. Bötticher. 2., durchgeseh. Aufl. (VII, 126 S.) 899. n. — 90; kart. n. 1. 05

3. Dasselbe. 3. Messiaden, die ältesten deutschen. Heliand nebst e. Anhang üb. Otfrieds Evangelienbuch, ausgewählt, übers. u. erläutert v. Johs. Seiler. (VII, 83 S.) 900. n. — 80

III. 1. Die Reformationszeit. 1. Sachs, Hans, ausgewählt u. erläutert v. Karl Kinzel. 4. verb. Aufl. Mit e. Bildnis des Hans Sachs. (VIII, 120 S.) 902. n. 1. —; kart. n. 1. 15

2. Dasselbe. 2. Luther, Martin, ausgewählt, bearb. u. erläutert v. Rich. Neubauer. 1. Schriften zur Reformationsgeschichte u. verwandten Inhalts. Mit 1 Holzschn. nach Luk. Cranach. 3. vielf. verb. u. verm. Aufl. (XI, 272 S.) 903. n. 2. 40; kart. n. 2. 60

3. Dasselbe. 3. Luther, Mart. 2. Tl. Vermischte Schriften weltl. Inhalts, Fabeln u. Sprüche, Dichtgn., Briefe u. Tischreden, ausgewählt, bearb. u. erläutert v. Rich. Neubauer. 2. vielfach verb. Aufl. (XIV, 282 S.) 900. n. 2. —; kart. n.n. 2. 15

IV. 1. Das 17. u. 18. Jahrh. 1. Die Literatur des 17. Jahrh. Ausgewählt u. erläutert. Von Ghold. Bötticher. 2. verb. Aufl. (X, 130 S.) 902. n. 1. —; kart. n. 1. 15

3. Dasselbe. 3. Klopstock's Messias u. Oden, ausgewählt u. erläutert v. Karl Kinzel. (VII, 136 S.) 901. n. 1. —

— der älteren deutschen Literatur, f. den literaturgeschichtl. Unterricht an höheren Lehranstalten im Sinne der amtl. Bestimmgn. hrsg. v. Ghold. Bötticher u. Karl Kinzel. I. 1 u. 3; II. 1 u. 2 u. III. 1. 8. Halle, Buchh. des Waisenhauses. n. 4. 60

I. 1. Heldensage, die deutsche. 1. Hildebrandlied u. Waltharilied, nebst den „Zaubersprüchen" u. „Muspilli" als Beigaben, übers. u. erläutert v. Ghold. Bötticher. Mit 1 Abbildg. 9. verb. Aufl. (XI. 69 S.) 905. n. — 60

I. 3. Nibelungenlied, das, im Auszuge nach dem Urtext m. den entsprechenden Abschnitten der Wölsungensage, erläutert u. m. den nötigen Hilfsmitteln versehen v. G. Bötticher u. K. Kinzel. 6.—8. Aufl. (VIII, 179 S.) 903—905. n. 1. 20; kart. n. 1. 35

II. 1. Dichtung, die höfische, des Mittelalters. 1. Walther v. der Vogelweide u. des Minnesangs Frühling, ausgewählt, übers. u. erläutert v. Karl Kinzel. 11.—13. Aufl. (VIII, 120 S.) 904—906. n. — 90; kart. n. 1. 05

2. Dasselbe. 2. Der arme Heinrich, nebst dem Inhalte des „Erek" u. „Iwein" v. Hartmann v. Aue u. Meier Helmbrecht von Wernher dem Gärtner, übers. u. erläutert v. Ghold. Bötticher. 3., durchgeseh. Aufl. (VII, 126 S.) 903. n. — 90; kart. n. 1. 05

III. 1. Reformationszeit, die. 1. Sachs, Hans, ausgewählt u. erläutert v. Karl Kinzel. 5. verb. Aufl. Mit e. Bildnis des Hans Sachs. (VIII. 120 S.) 905. n. 1. —

— der älteren deutschen Literatur, f. den literaturgeschichtl. Unterricht an höh. Lehranstalten im Sinne d. amtl. Bestimmgn. hrsg. v. Ghold. Bötticher u. Karl Kinzel. I, 1.3; II, 1.3; III, 1—3 u. IV, 1—3. 8. Halle, Buchh. des Waisenhauses. 14. 60

I, 1. Heldensage, die deutsche. 1. Hildebrandlied u. Waltharilied nebst den „Zaubersprüchen" u. „Muspilli" als Beigaben übers. u. erläutert v Ghold. Bötticher. Mit e. Abb. 11. Aufl. (21. u. 22. Taus.) (XI, 69 S.) 908. — 80

3. Nibelungenlied, das, im Auszuge nach dem Urtext m. den entsprechenden Abschnitten der Wölsungensage, erläutert u. m. den nöt. Hilfsmitteln verseh. v. G. Bötticher u. K. Kinzel. 9. Aufl. (VIII, 179 S.) 908. 1. 40

II, 1. Dichtung, die höfische, des Mittelalters. 1. Walther v. der Vogelweide u. d. Minnesangs Frühling, ausgewählt, übers. u. erläut. v. Karl Kinzel. 14. Aufl. (VIII, 123 S.) 907. 1. 10

3. Messiaden, die ältesten deutschen. Heliand, nebst Proben aus der altsächs. Genesisdichtg. u. aus Otfrieds Evangelienbuch, ausgewählt, übers. u. erläutert v. Johs. Seiler. 2., durchgeseh. u. erweit. Aufl. (VII, 87 S.) 907. 1. —

III, 1. Reformationszeit, die. 1. Hans Sachs, ausgewählt u. erläutert v. Karl Kinzel. 6. verb. Aufl. Mit e. Bildnis des Hans Sachs. (VIII, 120 S.) 907. 1. 20

2. Luther, Martin. Eine Auswahl aus seinen Schriften in in alter Sprachform, m. Einleitg. u. Erläutergn. nebst e. grammat. Anh. v. Rich. Neubauer. 1. Tl. Schriften zur Reformationsgeschichte u. verwandten Inhalts, m. e. Anh. zur Bibelübersetzg., ausgewählt, bearb. u. erläutert. 4., vielfach verb. Aufl. Mit e. Holzschn. nach Luk. Cranach. (XV, 292 S.) 908. 2. 80

3. Luther, Mart., ausgewählt, bearb. u. erläutert v. Rich. Neubauer. 2. Tl. Vermischte Schriften weltl. Inhalts, Fabeln u. Sprüche, Dichtgn., Briefe u. Tischreden. 3. verb. Aufl. (XIV, 283 S.) 907. 2. 80

IV, 1. Jahrhundert, das 17. u. 18. 1. Die Literatur des 17. Jahrh. Ausgewählt u. erläutert v. Ghold. Bötticher. 3. verb. u. vervollständ. Aufl. (X, 144 S.) 907. 1. 20

2. Dasselbe. 2. Die Literatur des 18. Jahrh. vor Klopstock. Ausgewählt u. erläutert v. Ghold Bötticher. 3. Aufl. (5. u. 6. Taus.) (VIII, 136 S.) 908. 1. 10

3. Klopstock's Messias u. Oden, ausgewählt u. erläutert v. Karl Kinzel. 3. Aufl. (VII, 142 S.) 908. 1. 20

**Denkmäler** der älteren deutschen Litteratur, Anh., s. a. Bötticher, Ghold., u. Karl Kinzel, Geschichte der deutschen Litteratur.

— dasselbe. Anh. 8. Ebd. Geb. 1. 80

Geschichte der deutschen Literatur m. e. Abriß der Geschichte der deutsch. Sprache u. Metrik. Von G. Bötticher u. K. Kinzel. 12—15. verb. Aufl. (23—30. Taus.) (XII, 202 S.) 907.

— d. älteren deutschen Litteratur, hrsg. v. Paul Piper. 1. Bd. D. altsächs. Bibeldichtg. (Heliand u. Genesis.) 1. Tl. Text, hrsg. v. Paul Piper. 8. (CVI, 487 S.) Stuttgart 897. J. G. Cotta Nachf. n. 10. —

— der provenzal. Litteratur, s.: Bibliothek des litterar. Vereins in Stuttgart. 39.

— provenzalischer Literatur u. Sprache, zum ersten Male hrsg. v. Herm. Suchier. 1. Bd. Mit e. Untersuchg. v. Paul Rhode: Ueber die Quellen der roman. Weltchronik. gr. 8. (XVI, 648 S.) Halle 883. Niemeyer. n. 20. —

—— der Malerei auf 63 (Kpfr.-)Taf. mit erklärendem Text. Als integrirender Theil des Werkes: Denkmäler der Kunst zur Uebersicht ihres Entwickelungsganges von den ersten künstler. Versuchen bis zu den Standpunkten der Gegenwart. Hrsg. von v. Voit, E. Guhl, J. Caspar, W. Lübke und C. v. Lützow. qu. Fol. (VI und 55 S. Text.) Stuttgart 860, Ebner und Seubert. *

Denkmäler der Malerei des Altertums. Hrsg. v. Paul Herrmann. (In 8 Serien zu je 20 Lfgn.) I. Serie. 1. Lfg. (10 [1 farb.] Taf.) gr. Fol. Mit Text. (S. 1—12 m. 1 Abbildg.) gr. 4. München 906. Verlagsanstalt F. Bruckmann. n. 20. —

— der Malerei d. Altertums. Hrsg. v. Paul Herrmann. I. Serie. 2—9. Lfg. (à 10 Taf.) 51×40 cm. Mit Text. (S. 13—117 m. Abbildgn.) 37,5×28 cm. Münch. 907—10. F. Bruckmann. à Lfg. 20. —

Denkmäler der süddeutschen Malerei des frühen Mittelalters. T. 1. *(Leipzig: K. W. Hiersemann 1901.)* 4° [01. 3824

— mittelalterlicher Meteorologie, s.: Neudrucke v. Schriften u. Karten über Meteorologie u. Erdmagnetismus. Nr. 15.

Denkmäler, die, um Metz. Album. qu. 16. (12 Photogr.-Imitationen.) Metz 892. G. Scriba. n. — 10

— des Mittelalters, s. Hagen.

— aus dem Mittelalter. m. K. 8. Leipz. Müller.

Denkmäler aus d. Mittelalter, od. Berthold v. Waldenburg 2c. 8. Leipz., Hinrichs. 1 ß

— aus dem Mittelalter, od. Berthold von Waldburg 2c. m. K. 8. Leipz. Hinrichs. 810.

— deutscher Musik aus Böhmen. I. gr. 8. Prag, Dürer-Verlag. n. 3. —
Mülich v. Prag, Lieder (um 1300). Im Auftrage des Dürerbundes in Österreich hrsg. v. Mich. Batka. (Umschlagzeichnung v. Heinr. Jakesch.) (48 S.) 905.

DENKMÄLER AUS NASSAU. Herausgegeben von dem Verein für Nassauische Alterthumskunde und Geschichtsforschung.
Heft I. Inhalt: 1) Die kirchlichen Alterthümer von Wiesbaden. Von K. ROSSEL. 2) Die Heiliggrab-Kapelle zu Weilburg a. d. Lahn. Von R. GÖRZ. 3) Das Graue Haus zu Winkel im Rheingau. Von R. GÖRZ.
Mit VI Tafeln. Wiesbaden, 1852. fol.
Heft II—III. Die Abtei Eberbach im Rheingau. Im Auftrag des Vereins für Nassauische Alterthumskunde und Geschichtsforschung herausgegeben von KARL ROSSEL.
Lief. 1. Das Refectorium (bisher sogenannte alte Kirche). Text S. 1—15. Tafel I—VII. ib. 1857.
Lief. 2. Die Kirche. Mit VI lithogr. Tafeln und 11 Figuren in Holzschnitt und Ueberdruck. ib. 1862.
Heft IV. Die Abteikirche zu Marienstatt bei Hachenburg. Im Auftrag des Vereins für Nassauische Alterthumskunde und Geschichtsforschung herausgegeben von R. GOERZ. Mit XI Tafeln. Wiesbaden. 1867. Christian Limbarth.

Denkmäler aus Nassau. Hrsg. von dem Verein für nassauische Alterthumskunde und Geschichtsforschung. 1. Heft. Imp.-4. (40 S. mit 6 Stnt.) Wiesbaden 852, (Roth.) *

—— niederdeutsche. Hrsg. vom Verein für niederdeutsche Sprachforschung. 1. und 2. Bd. gr. 8. Bremen, Kühtmann und Comp. *

Inhalt:

Bd. 1. Koppmann, Karl, das Seebuch. Mit einer naut. Einleitung von Arth. Breusing. Mit Glossar von Chrph. Walther. (LIII, 130 S.) 876. *ℳ 4.
» 2. Seelmann, W., Gerhard von Minden. (XLVIII, 206 S.) 878. *ℳ 6.

—— niederdeutsche. Hrsg. vom Verein für niederdeutsche Sprachforschung. 3. Bd. 1. Heft: Waetzoldt, Steph., Flos unde Blankflos. (Als Anhang: De vorlorene Sone [Robert der Teufel] und De Segheler.) 1. Heft. Text. gr. 8. (V, 57 S.) [Bremen 881, H. Fischer.] Norden, Soltau's Verlag. *

—— dass. — 4. Bd.: Seelmann, W., Valentin und Namelos. Die niederdeutsche Dichtung. Die hochdeutsche Prosa. Die Bruchstücke der mittelniederländischen Dichtung. Nebst Einleitung, Bibliographie und Analyse des Romans Valentin und Orson. gr. 8. (LX, 138 S.) Norden 884, Soltau's Verlag.
1. u. 2. Bd. [Bremen 1876,78, H. Fischer.] Norden, Soltau's Verlag. *ℳ 10.

— niederdeutsche. Hrsg. v. Verein f. niederdeutsche Sprachforschg. V. Bd. gr. 8. Norden 893. D. Soltau. n. 3. — (I—III, 1, IV u. V: n. 19. 60)
Redentiner Osterspiel. Nebst Einleitg. u. Anmerkgn. v. Carl Schröder. (V, 110 S.)

— niederdeutsche. Hrsg. v. Verein für niederdeutsche Sprachforschg. VI. Bd. gr. 8. Norden, D. Soltau. n. 7.20
Kleinere altsächsische sprachdenkmäler, mit anmerkgn. u. glossar hrsg. Von Elis. Wadstein. (XV, 250 S.) 899.

**Denkmäler, Öffentliche,** der Stadt. Breslau 1903. V: *Meister, Ferdinand.* (Kat. d. Druckschr. üb. Breslau. Breslau 1903. S. 87.)

— poetische, von Nicolaischülern zu Leipzig bei ihr. Abgange v. d. Schule auf d. Universität, z. Erinnerung an ihre Liebe u. an die Reife ihrer geist. Bildung in dieser Zeit, in d. Bibliothek niedergelegt u. hrsg. mit e. Vorw. v. K. Fr. A. Nobbe. gr. 8. (2½ B. u. 1 Tab. in Fol.) Leipzig 831, (Reclam.)

— der christl. Religion, s. Gutensohn.

— der Renaissance-Sculptur Toscanas. In histor. Anordng. unter Leitg. v. Wilh. Bode hrsg. v. Frdr. Bruckmann. 1.—24. Lfg. Imp.-Fol. (à 5 Taf. in Phototyp.) München 892—894. Verlagsanstalt f. Kunst u. Wissenschaft. à n.n. 20. —

— d. Renaissance-Skulptur Toscanas. In histor. Anordng. unt. Leitg. v. Wilh. Bode hrsg. v. Frdr. Bruckmann. 25.—60. Lfg. Imp.-Fol. (à 5 Taf. in Phototyp.) München 895 - 898. Verlagsanstalt F. Bruckmann. à n.n. 20. —

— der Renaissance-Skulptur Toscanas. In histor. Anordng. Unter Leitg. v. Wilh. Bode hrsg. v. Frdr. Bruckmann. 61.—91. Lfg. Imp.-Fol. (à 5 Taf. in Phototyp.) München 899—902. Verlagsanst. F. Bruckmann. à Lfg. n.n. 20. —

— der Renaissance-Sculptur Toscanas. In histor. Anordng. Unter Leitg. v. Wilh. Bode hrsg. v. Frdr. Bruckmann. 92.—112. Lfg. (107 Taf. in Phototyp. u. 11 Titelblätter.) Imp.-Fol. Nebst Text. Mit Register v. Frida Schottmüller. (S. 105—233.) Fol. München 903—905. Verlagsanstalt F. Bruckmann. à Lfg. n.n. 20.—
(Vollständig in 11 Mappen, Text geb. n. 2282. —)

**Denkmäler** des alten Roms ... Aus dem Französischen von K. H. Brucker. Augsburg 1767. V: *Barbault, Jean.* (Ky)

— d. alten Roms, od. Samml. in Rom vorhandener Alterthümer, nebst Erklärung derselben (v.., Barbault). Aus d. Französ. v. K. H. Brucker. Mit 60 Kpf. gr. Fol. Augsb. 767. N. A. 803 u. 18. v. Jenisch u. St. 9 ß Zu d. Ausg. v. 1767 d. neuen Kpf. Ebd. 16 gl

— Sachsens. s. Sachsens Denkmäler.

**Denkmäler** Sachsens oder kurze Geschichte der Sächsischen Nation ... Leipzig 1809. V: *Wohlfart, Joh. Gg.* (Ky) (MGT)

**Denkmäler, Die,** der St. Elisabeth-Kirche zu Breslau . . . Breslau 1860. V: *Luchs, Hermann.* (Kat. d. Druckschr. üb. Breslau. Breslau 1903. S. 251.) (Ky) (Nent)

— die, der St. Elisabeth-Kirche zu Breslau. (Von H. Luchs.) Mit 1 lith. Grundriß der Kirche. Breslau 860. Hirt. 8. (VIII, 240 S.) n. 10 ngr

—— die, auf dem Schlachtfelde von Leipzig. Hrsg. von C. Peters. 16. (12 Stahlst.) Leipzig 868, (Hauptmann.) *

— schlesische, des deutschen schrifttums im mittelalter, hrsg. von Paul Pietsch. I. gr. 8. Breslau 882. Koebner. n. 6. 40
Trebnitzer psalmen, hrsg. von Paul Pietsch. (CXX, 136 S.)

— des Schreckens 2c. in Begeb. aus der franz. Revolution. 3 Thle., m. K. 8. Prag, Geerl. 796.

K. k. Hof-Bibliothek in Wien. Monumenta palaeographica Vindobonensia. Denkmäler der Schreibkunst aus der Handschriftensammlung d. Habsburg-Lothringischen Erzhauses. Unter Leitung d. Direktors d. K. k. Hofbibliothek Josef Ritter v. Karabacek hrsg. von Rudolf Beer. Lfg 1. Leipzig: Hiersemann 1910. 2°(4°) [10. 7653

— der Schreibkunst des Mittelalters, s. Monumenta palaeographica.

— die, in der Sieges-Allee zu Berlin. Hrsg. v. der Reichsdruckerei. 2 Tle. gr. Fol. (36 Bl.) Berlin (901). (Amsler & Ruthardt.) n. 10. —

—— der Skulptur auf 86 (Kpfr.-)Taf. mit erklärendem Text. Als integrirender Theil des Werkes: Denkmäler der Kunst zur Uebersicht ihres Entwickelungsganges von den ersten künstler. Versuchen bis zu den Standpunkten der Gegenwart. Hrsg. von v. Voit, E. Guhl, J. Caspar, W. Lübke und C. v. Lützow. qu. Fol. (IV und 89 S. Text) Stuttgart 860, Ebner und Seubert. *

— griechischer u. römischer Sculptur in historischer Anordnung, unter Leitung v. H. Brunn hrsg. v. F. Bruckmann. 1.—9. Lfg. Fol. (à 5 Lichtdr.-Taf.) München 888. 889. Verlagsanstalt f. Kunst u. Wissenschaft. à n.n. 20. —

— griechischer u. römischer Sculptur in historischer Anordnung, unter Leitg. v. Heinr. Brunn hrsg. v. Frdr. Bruckmann. 10.—81. Lfg. Imp.-Fol. (à 5 Taf. in Phototyp.) Ebd. 889—894. à n.n. 20. —

— griech. u. röm. Skulptur. In histor. Anordng. Unt. Leitg. v. Heinr. Brunn hrsg. v. Frdr. Bruckmann. Nach Brunn's Tode fortges. v. Paul Arndt. 82.—97. Lfg. Imp.-Fol. (à 5 Taf. in Phototyp.) Nebst Register bearb. v. Paul Arndt. gr. 8. (XIV, 73 S.) Ebd. 895—898. à n.n. 20. —; Register allein n. 2. —

— griechischer u. römischer Skulptur. In histor. Anordng. Unter Leitg. v. Heinr. Brunn hrsg. v. Frdr. Bruckmann. Nach Brunn's Tode fortgeführt v. Paul Arndt. 98.—110. Lfg. Imp.-Fol. (à 5 Taf. in Phototyp. u. ca. 8 S. illustr. Text.) München 899—901. Verlagsanstalt F. Bruckmann. à Lfg. n.n. 20. —

— griechischer u. römischer Sculptur. In histor. Anordng. Unter Leitg. v. Heinr. Brunn hrsg. v. Frdr. Bruckmann. Nach Brunn's Tode fortgeführt u. m. erläut. Texten versehen v. Paul Arndt. Unveränderliche Phototyp. nach Orig.-Aufnahmen. 111.—120. (Schluss-) Lfg. (50 Taf. m. 14, 14, 13, 17, 10, 38, 19 u. X, 26 S. illustr. Text. gr. Fol.) Imp.-Fol. München 903—906. Verlagsanstalt F. Bruckmann. à Lfg. n.n. 20. —

— griechischer u. römischer Sculptur. In histor. Anordng. Unter Leitg. v. Heinr. Brunn hrsg. v. Frdr. Bruckmann. Nach Brunn's Tode fortgeführt u. m. erläut. Texten versehen v. Paul Arndt. Unveränderliche Phototyp. nach Orig.-Aufnahmen. 121—126. Lfg. (je 5 Taf.) 64,5×48 cm. Mit Text. (33, 17, 3, 8, 14 u. 15 S. m. Abb.) 46,5×30 cm. Münch. 908—10. F. Bruckmann. à Lfg. nn 20. —

— dasselbe. Ausw. f. d. Schulgebr. a. d. v. Heinr. Brunn u. Frdr. Bruckmann hrsg. Sammlg. Im Auftr. d. k. bayer. Staatsministoriums d. Innern f. Kirchen- u. Schulangelegenheiten veranst. u. m. erläut. Text vers. v. A. Furtwängler u. H. L. Urlichs. 5 Lfgn. gr. Fol. (à 10 Lichtdr.-Taf. m. 10 Bl. Erklärgn. in gr. 4.) Ebd. 896—898. In Mappe à n. 20. —

**Denkmäler, Skythische,** in Palästina. Kiel u. Hamb. 1777. V: *Cramer, Carl Friedrich.* (GGr)

— alter Sprache u. Kunst, s. Dorow.

—— deutscher Sprache u. Literatur aus Handschriften des 8. bis 16. Jahrh. zum ersten Male hrsg. v. F. H. Maßmann. 1. Bd. gr. 8. ... München 827, [Jaquet.]

—— niederdeutscher Sprache und Literatur nach alten Drucken und Handschriften hrsg. von Albert Hoefer. 1. Bdchn. A. u. d. T.: Claws Bur. Ein niederdeutsches Fastnachtsspiel hrsg. von Albert Hoefer. 8. (XX und 116 S.) Greifswald 850, Koch's Vrlgsh.

—— dass. — 2. Bdchn. A. u. d. T.: Burkhard Waldis Parabel vom verlornen Sohn. Ein niederdeutsches Fastnachtspiel hrsg. von Albert Hoefer 8. (XL und 242 S.) Ebds. 851.

— der preußischen Staatsverwaltung im 18. Jahrh., s.: Acta borussica.

Denkmäler der Tonkunst in Bayern, veröffentl. durch d. Gesellschaft z. Herausgabe von Denkmälern der Tonkunst in Bayern unter Leitung von Adolf Sandberger. Jg. 1. Leipzig: Breitkopf & Härtel 1900. 2° (4°)
= Denkmäler deutscher Tonkunst. Folge 2, Jg. 1.

Denkmaeler deutscher Tonkunst. Hrsg. durch eine von der Kgl. Preuss. Regierung berufene Commission. Bd. 1. Leipzig: Breitkopf & Härtel 1892. 2°

Denkmäler der Tonkunst in Österreich. Gedenkblatt d. Mitgliedern u. Teilnehmern d. Haydnzentenarfeier, des 3. Kongressesd 'Internat. Musikgesellschaft' u. d. 'Internat. Korpuskonferenz' gewidmet von d. Leitenden Denkmälerkommission. Wien: Gesellsch. z. Hrsg. v. Denkmälern d. Tonkunst in Österreich 1909. 29 S. 4° [10. 1551 9

— u. Bauwerke, vaterländische. a.) In Berlin. Nr. 1 bis 6. Wandtafeln. Tondr. à 80×58 cm. Leipzig 892. Leipziger Schulbildorverlag v. F. E. Wachsmuth. à n. 1. 40; Leinw.-Rand m. Oesen n.n.n. — 20
1. Denkmal Friedrichs d. Grossen unter den Linden.
2. Denkmal Friedrich Wilhelm III. im Lustgarten.
3. Denkmäler Friedrich Wilhelm III. u. der Königin Luise im Thiergarten.
4. Denkmal d. Grossen Kurfürsten, Kurfürstenbrücke.
5. Die Siegessäule.
6. Das Brandenburger Thor.

**Denkmäler, Vaterländische,** in Bild und Wort für Zeitgenossen und Nachkommen. Hamb. 1828. H: *Böckel, Ernst Gfr. Adolph.* (?) (schr VI, 249)

— vor- u. frühgeschichtliche, aus Österreich-Ungarn. Im Auftrage des hohen k. k. Ministeriums f. Cultus u. Unterricht hrsg. v. der k. k. Central-Commission f. Kunst- u. histor. Denkmale. Entworfen u. erläutert v. M. Much. Aquarelle v. Ludw. Hans Fischer. Wandtafel. 62,5×84 cm. Farbendr. Mit Text gr. 4. (4 S.) Wien 894. E. Hölzel. n. 2. —; m. Leinw.-Rand u. Oesen n. 2. 50; auf Leinw. m. Holzleisten n. 3. 60

— aus d. Vorzeit Liv- u. Esthlands, herausg. (v. A. Löwis u. J. G. D. Schweder). 1s, 2s Heft. Mit Kpf. 4. Riga u. Dorpat 821. Meinshausen.

**Denkmäler-Archiv, Das.** Ein Rückblick zum 20jährigen Bestehen der Kgl. Messbild-Anstalt in Berlin. O. O. [1905]. V: *Meydenbauer, Albr.* (Berl)

**Denkmalpflege,** die. Hrsg. v. der Schriftleitg. des Centralblattes der Bauverwaltg. Schriftleiter: Otto Sarrazin u. Frdr. Schultze. 1.—4. Jahrg. 1899—1902. à 16 Nrn. gr. 4. (II, 132; II, 128; II, 128 u. II, 132 S. m. Abb.) Berlin, W. Ernst & Sohn. à Jahrg. n. 8.—; m. dem Centralblatt der Bauverwaltg. à Jahrg. n. 18.—

**Denkmalpflege,** die. Hrsg. v. der Schriftleitg. des Zentralblattes der Bauverwaltg. Schriftleiter: Otto Sarrazin u. Frdr. Schultze. 5.—7. Jahrg. 1903—1905. à 12—17 Nrn. (à Jhrg. 132 S. m. Abbildgn.) gr. 4. Berlin, W. Ernst & Sohn. à Jhrg. n. 8.—; m. dem Zentralblatt der Bauverwaltg. n. 18.—

— dasselbe. 8. Jahrg. 1906. 16 Bog. m. Abbildgn. gr. 4. Ebd. n. 8.—, m. dem Zentralblatt der Bauverwaltg. n. 18.—

**Denkmalpflege,** die. Hrsg. v. der Schriftltg. d. Zentralbl. der Bauverwaltg. Schriftleiter: Otto Sarrazin u. Frdr. Schultze. 9—12. Jahrg. 1907—1910 à 16 Bog. (à Jhrg. VIII, 132 S. m. Abbildgn.) 34,5×25,5 cm. Berlin, W. Ernst & Sohn. à Jhrg. 8.—; m. dem Zentralblatt der Bauverwaltg. 21.—

**Denkmalpflege.** Auszug aus den stenograph. Berichten des Tages f. Denkmalpflege in Dresden 1900, Freiburg i/B. 1901, Düsseldorf 1902, Erfurt 1903, Mainz 1904, Bamberg 1905, Braunschweig 1906, Mannheim 1907, Lübeck 1908 u. Trier 1909. Im Auftrage d. geschäftsführ. Ausschusses hrsg. von A. Oechelhaeuser. 1. Bd. Vorbildungs- u. Stilfragen, Gesetzgebg., staatl. u. kommunale Denkmalspflege. (IX, 498 S. m. Abbildgn. u. 4 [2 farb.] Taf.) Lex. 8. Leipzig 910. E. A. Seemann. 9.—; geb. 11.

— in Braunschweig. Berichte üb. die Tätigkeit d. Ausschusses f. Denkmalpflege im Herzogt. Braunschweig 1903—1907. Nr. 1—3. Lex. 8. Wolfenbütt., J. Zwißler. 2. 50
1. (S. 73—106 m. Abbildgn.) (908). 1. . — 2. (S. 35—54 m. Abbildgn.) 908. — 75. — 3. (S. 55—74 m. Abb.) 908. — 75
Sonderabdrucke aus: „Braunschw. Magazin".

**Denkmalpflege** und Erforschung vaterländischer Kunst. [Bern 1899.] V: *Rahn, Joh. Rud.* (Zuwachsverz. d. Bibliotheken in Zürich 1898 ff.)

Preußen. Finanz-Ministerium. Denkmalpflege und Heimatschutz. 1.–1899–?
Titel variiert gering.

— die, in Hessen 1818—1905 u. zwar: Gesetz, den Denkmalschutz betr. vom 16. VII. 1902 nebst den zugehör. Ausführungs-Vorschriften. Amtliche Handausg. m. Motiven, Erläutergn. u. e. Sachregister. (Bearb. im Auftrag großherzogl. Ministeriums des Innern v. Wagner.) (91 S.) 8. Darmstadt 905. G. Jonghaus. n. 1. 30

Denkmalpflege. – Aus der Denkmalpflege im Regierungsbezirk Cassel. 1904 – 1908.
(Marburg 1909: Friedrich.) 18 S. 4⁰

— die, in der Prov. Westpreussen in den J. 1906—1909. Bericht an die Prov.-Kommission zur Verwaltg. der westpreuss. Prov.-Museen zu Danzig, erstattet v Bernh. Schmid. (19, 20, 22 u. 26 S. m. Abbildgn. u. 5, 3, 4 u. 4 Taf.) 31×22,5 cm. Danzig 907—10. A. W. Kafemann. à 1.—

**Denkmalweihe,** die, der deutschen Burschenschaft (21. bis 23. V. 1902.) Ein Wegweiser u. Erinnerungsbl. f. die Festteilnehmer, hrsg. vom Burschenschaftsdenkmalverein. 8. (68 S. m. 1 Karte.) Eisenach (902). Thüring. Verlags-Anstalt. n. — 50; erm. Pr. n. — 20

**Denkmann,** H., Katechismus für alle freien Religionsgemeinden sowie für Jeden, der sich aus den Banden des alten Synagogen- u. Kirchenthums frei machen will. 16. (61 S.) Leipzig 850, Kollmann. 4 ngr

**Denkmar.** Ein Jugend-Roman. 8. (III und 210 S.) Bremen (861)62, Müller.

**Denkmünze** auf den im Jahre 1804 vollendeten Bau eines neuen Logenhauses in Altenburg. [Altenburg 1804.] 1 Bl. 8⁰ [Kopftit.]
Begleitschreiben bei Erscheinen der Münze, Beschreibung derselben.

**Denkmünze** zum Centenarium Schopenhauers. Memorandum in Gestalt e. kurzgefassten Vermittlungsvorschlag's, vom Beantrager e. Colossalbüste Schopenhauers. Zugleich e. Appell an die Presse. 8. (16 S.) Klausenburg 886. (Demjen.) n.n. 1.—

(**Denkmünze** zur Erinnerung an die 11. Versammlung der deutschen Land- und Forstwirthe in Kiel.)
Federzeichnung in Tusche v. C. Fischer. 1 Bl. Quer-8⁰.

**Denkmünze, Militärische.** Belohnungs-Geschichte der kk. obligaten Mannschaft (1792—94) . . . Wien 1795. V: *Gräffer, August.* (KA)

**Denkmünzen** zur Geschichte S. M. des Königs von Preußen Friedrich Wilhelm III. . . . Berlin 1834. V: *Bolzenthal, Hnr.* (Koner) (Mitth. A. Rosenbaum.)

**Denkmünzen** zur Gesch. Sr. Maj. d. Königs v. Preussen Friedr. Wilhelm III. in Abbildn. mit Erläut. u. Urkunden. Fol. (27 Kpfrt. u. 11½ B.) Berlin 834, (Stuhr.)

**Denkmünzen** zu dem Werke: Die Regierung Friedrich Augusts, König v. Sachsen, v. K. H. L. Pölitz. Nebst e. kurzen Beschreib. derselben. gr. 4. Leipz. 830. Hinrichs. 1 ₰ 12 gr. Das Werk selbst. s. Pölitz.

**Denknisse** eines Deutschen rc., s. † Schöppach, K.

**Deutschtümliche und turnerische Denknisse.** Hrsg. v. Tv. „Friesen" in Hernals. 3. Aufl. Wien 1903. 172 S.
— — 4. Aufl. 1904. 215 S.

**Denkpfennig,** der, od. der Wachtmeister. Lustsp. 8. Wien. (Liebeskind in Leipzig). 795.

**Denkrechnen.** Sammlung v. leichteren algebraischen Aufgaben in stufenmäß. Ordng. zum Gebrauch in den oberen Klassen der Volksschulen, sowie in Fortbildungsschulen, Töchterinstituten u. Präparandenschulen. Ausg. A. Aufgaben ohne Lösgn. 8. (IV, 52 S.) München 884. Exped. d. k. Zentral-Schulbücher-Verlages. cart. n.n. — 50; Ausg. B. Aufgaben m. Lösungen. (IV, 108 S.) n.n. — 80

**Denk- und Dankrede** nach Aufsteckung des neu vergoldeten Thurmknopfes zu St. Georgen. Bayr. 1794. V: *Lang, Lorenz Johann Jacob.* (Fiker)

**Denkrede** auf weil. Herrn Kanon. Johannes Gessner in Zürich. Zürich 1790. V: *Hirzel, Hans Casp.* (JL)

**Denkrede** auf Gustav den Dritten, abgelesen in der Versammlung der Freimaurer zu Greifswald am 7ten May 1792 vom Br. W. J. L. S. Greifswald 1792. V: *Schubert, Wilhelm Julius Ludwig.* (Kl 1399b) (wolfstieg I, 809)

Denkreden auf Justus von Liebig, von Pettenkofer, Bischoff, Erlenmeyer und Vogel. München, 1874. 4 parts, 4to.

**Denkreime**, christliche, für Kinder. 2., verm. Aufl. 8. (32 S.) München 852, (Finsterlin.)

Denkreime zum kleinen Diözesan-Katechismus. 16. (45 S.) München 875, Stahl. *
—— dass. — zum mittleren Diözesan-Katechismus. 16. (48 S.) Ebendas. 875. *

**Denkreime**, 93, für Schulkinder. Gesammelt v. einem kathol. Geistlichen. 16. Regensburg 846, Manz. 1/24 ℛ

—— zum Religions-Unterrichte in den untern Klassen der deutschen Schule von einem kathol. Geistlichen. 8. (16 S.) Kaufbeuern 851. (Leipzig, Hübner.) *

**Denks, Hermann** a. Lima in Peru: Ueber das in der Thephrosia toxicaria enthaltene Gift. Heidelberg 1904: Rössler. (17 S.) 8°
Heidelberg, Med. Fak., Ref. Gottlieb, Diss. v. 8. Dez. 1904
[Geb. 9. Juni 77 Lima; Wohnort: Hamburg; Staatsangeh.: Preußen; Vorbildung: Gymn. Parchim Reife O. 97; Studium: Kiel 2, Heidelberg 9 S.; Coll. 3. März 04; Approb. 2. Aug. 02.]

Denksäule, die, im Invaliden-Park zu Berlin, s. Soldaten-Freund, der.

**Denkschreff** zom ähnze kölschen Ovend, am Dingsdag d'r zwette Maaz, ovends punk halver nüng, em große Bürgergesellschaffssaal am Appellhofsplatz. Veranstalt von Balduin Trimborn.
Köln[1908]96 S. 8°

**Denkschrift.** (Als Mscr. gedruckt). 4°. Berlin 1840.
Betrifft die Verluste, welche Preussen aus der Consumtionssteuer von den im Inlande zur Verzehrung kommenden fremden Weinen erleidet, sowie Vorschläge zu deren Beseitigung.

**Denkschrift.** (Die National-Versammlung klagt das Ministerium Brandenburg beim Staatsanwalt Sethe des Hochverraths an.) Druckerei für die National-Versammlung. 2 Bl. 4. Flugblatt. Berlin, 13. Nov. 1848.

Denkschrift hrsg. von der damit beauftragen Commission. . . . . [**Haller** centenary.] Bern, 1877. 4°.

**Denkschrift.** Die amtliche Bedeutung der Doctorwürde in der theologischen Facultät zu Marburg betreffend. Marburg 1877. V: *Heppe, Heinrich.* (Erman & Horn, Bibliogr. d. dtsch. Universitäten. 2. Leipz. u. Berl. 1904.)

**Denkschrift.** Herausgegeben vom Turnverein Bregenz anlässlich der 60jährigen Gründungsfeier . . . Bregenz 1910. V: *Schneider, Wilhelm.* (Margr)

**Denkschrift, Die,** der Abgeordneten aus dem italienischen Theile der Provinz Tirol. Vom historischen, staatsrechtlichen und ökonomischen Standpunkte beleuchtet. Innsbruck 1874. V: *Jäger, Albert.* (Margr)

**Denkschrift** über die zweckmäßige Ablösung der Reallasten u. über die Aufnahme der kleinen Grundbesitzer in die bestehenden Pfandbriefs-Institute, v. dem permanenten Ausschusse des Vereins zum Schutze des Eigenthums u. zur Förderung des Wohlstandes aller Volksklassen. gr. 8. (38 S.) Berlin 849, Schneider & Co. n. 1/6 ℛ

**DENKSCHRIFT BETREFFEND DEN ABSCHLUSS EINES HANDELS- UND ZOLL-VERTRAGES** zwischen den Staaten des Deutschen Zollvereins und Russland. Den Hohen Deutschen Regierungen eingereicht vom bleibenden Ausschusse des Deutschen Handelstages. (Mit Tabellen.) Berlin, Februar 1864. Druck von G. Bernstein in Berlin. 4°.

**Denkschrift** über den hochwasserfreien Abschluß der Nogat 1907. Danzig 1908: A. Schroth. (30 S.) 4° [F.] [08. 6718 10

**Denkschrift** der Königl. Akademie gemeinnütziger Wissenschaften in Erfurt. Herausg. am Säculartage ihrer Gründung den 19. Juli 1854. Erfurt 854. Villaret. gr. 8. (2 Bl., CXXVIII, 112 S.) n. 24 ngr

**Denkschrift** und Aktenstücke über deutsche Bergwerksinteressen in Marokko. Berlin 1909: Reichsdr. 66 S. 4°(2°) [10. 3139

— u. **Aktenstücke**, üb. dtsch. Bergwerksinteressen in Marokko. (66 S.) 31×22 cm. Ebd. (910). — 80

**Denkschrift** der Aktiengesellschaft zu Stolberg und in Westfalen, betreffend deren Gesuch um Freigebung des Schutzbezirks des sogenannten Schwelmer Gesundbrunnens. Barmen, 1872. 44 S. mit 2 Taf.

**Denkschrift** der im Großherzogth. Hessen domizilirten Aktien-Gesellschaften betr. die Heranziehung der Aktien-Gesellschaften im Großherzogth. Hessen zur Einkommensteuer. gr. 4. (15 S.) Mainz 876. Diemer. n. — 50

**Denkschrift** über die Action des General-Comites für die Gründung der Export-Akademie in Wien (1896—98). Wien 1900. V: *Zapf, Johann.* (EB)

Denkschrift über die Alters- und Sterblichkeitsverhältnisse der Lehrer an den höheren Unterrichtsanstalten. Dem preußischen Abgeordnetenhause vom Minister der geistlichen, Unterrichts- und Medizinalangelegenheiten den 19. Februar 1900 überreicht. Berlin 1900.

**Denkschrift** über die Alters- u. Invalidenversicherung der Arbeiter, nebst neuen Grundzügen für eine reichsgesetzliche Regelung. (Aus: Bericht der Handels- und Gewerbekammer zu Bielefeld für das Jahr 1887.) 8°. Bielefeld, Druck v. Eilers, 1888.

**Denkschrift** der Ältesten der Kaufmannschaft zu Berlin zum Entwurf eines Gesetzes über den Versicherungsvertrag. Berliner Jahrbuch für Handel u. Industrie. Berlin 1904.

**Denkschrift** der Aeltesten der Kaufmannschaft von Berlin betreffend die Neugestaltung der deutschen Handelspolitik. *(Berlin 1901: R. Boll.)* (43 S.) 4°
— Bericht über Handel u. Industrie von Berlin. 1900. Nachtr. [01. 8644

„Denkschrift der Aeltesten der Kaufmannschaft zu Magdeburg zur Elbzollfrage und Protokoll der Konferenz vom 24. Oktober 1860", Magdeburg 1860. — Vorh.: Büch. der Handelskammer Magdeburg.

— amtliche, üb. die Choleraepidemie 1892. Fol. (III, 129 S. m. 2 graph. Taf. u. 1 farb. Karte.) Berlin 892. J. Springer. n.n. 2. 50

Amtliche **Denkschrift** über die wirtschaftliche Lage und die Pensions-Versicherung der Privatangestellten. Düsseldorf: Deutscher Werkmeister-Verband 1907. (72 S.) 8° [Umschlagt. F.]
— **Schriften** d. Deutschen Werkmeister-Verbandes. H. 3. [07. 8563

**Denkschrift** betr. die Anerkennung der schleswig-holsteinischen Anleihen als Theil der preußischen Staats-Schuld. Kiel. 1867. 8°

**Denkschrift** über die Anforderungen der Juden, staatsbürgerliche Rechte u. deren Gleichstellung mit den Christen betreffend. 3 Bogen. München, Lentner, 1828, gr. 8°, 80 Pf.

**Denkschrift** betreffend die Schleswig-Holsteinische Angelegenheit ... Freiburg 1851. V: *Schleiden, Rudolph.* (A)

**Denkschrift** über die Angelegenheit der Verfassung der evangelischen Landeskirche A. B. in Siebenbürgen ... Hermannstadt 1861. V: *Rannicher, Jac.* (Bibl. d. ev. Landeskirche in Siebenb. Hermannstadt 1889.)

**Denkschrift** über die Anlage einer Eisenbahn zwischen Bremen, Oldenburg und Brake mit Rücksicht auf deren Rentabilität. Bremen 862. Strack. gr. 8. (28 S.) 6 ngr.

**Denkschrift** üb. die Anlage e. Eisenbahn zwischen Düsseldorf u. Elberfeld. Mit Beifüg. d. veränd. Entwurfs d. Statuts u. a. Actenstücke, so wie d. Gutachtens d. Civil-Ingenieurs Rob. Stephenson in London u. mit 1 Situations-Karte, hrsg. v. Verwaltungsrathe d. Düsseldorf-Elberfelder Eisenbahn-Gesellschaft. gr. 4. (6 B.) Düsseldorf 837, (Schreiner.) *

Denkschrift über die in Konsequenz der Vereinbarung vom 25. Mai 1881, betreffend den Zollanschluß Hamburgs, für die Stadt Altona erforderlichen Anlagen und Einrichtungen. (Altona. 1881.) Fol. [Kopft.]

**Denkschrift** über die Anlegung einer Fehncolonie im Bokeler Moore. 1849. Oldenburg 1850. V: *Krell, Carl & A. Freih. von Berg.* (Ky)

— über die Anlegung einer Fehncolonie im bokeler Moore. 1849. (Von Krell und v. Berg.) gr. 8. (106 S. mit 1 lith. Karte in gr. Fol.) Oldenburg 850, Schulze'sche Buchh. *

— betreffend den Anschluss der Eifelbahn an den Rhein und an die Deutz-Giessener Bahn bei Bonn. gr. 4. (17 S. mit 1 lithogr. und ill. Karte in Imp.-Fol.) Bonn 862, Henry.

**Denkschrift**, die Ansprüche des Prinzen Friedrich Wilhelm von Hessen auf die Succession in dem Herzogtum Lauenburg betr. Heidelberg 1864. V: *Zoepfl, Heinrich.* (HHBD IX, 160)

**Denkschrift**, den Antrag des achten Provinzial-Landtages der Provinz Preussen, die Vermehrung der Wehrhaftigkeit des Volkes betr. ... Berlin und Posen 1848. V: *Müffling, Frdr. Ferd. Carl Freih. von.* (BrMm)

— den Antrag des 8. Provinzial-Landtages der Provinz Preußen, die Vermehrung der Wehrhaftigkeit des Volkes betreff. Von C. v. W. gr. 8. (VIII und 39 S.) Berlin 848, Mittler und Sohn.

**Denkschrift** über d. Anwesenheit d. franz. Kaisers Napoleon im Pfarrhause zu Kronach 1806, s. Bauer, Franz August

— eines hochgestellten geistl. Apostaten an die Cabinette von Wien u. Rom betreff. die Errichtung eines geheimen militärischen Ordens. gr. 16. (58 S.) Zürich 850, Kiesling. 1/3 ℛ

**Denkschrift** über den durch Erlaß vom 14. Mai 1891 zur Eichung zugelassenen Apparat zur Qualitätsbestimmung des Getreides (Getreideprober). Hrsg. von der Kaiserl. Normal-Eichungs-Kommission. Berlin 1891

**Denkschrift** über die von der Landes-Commission für die Regulirung der Gewässer in Tirol aus Anlass der Ueberschwemmung vom Jahre 1882 auf Grund des Reichsgesetzes vom 13. März 1883, R. G.-Bl. Nr. 31 ausgeführten bautechnischen Arbeiten. Mit 26 lithogr. Tafeln. Kl.-4. (16 S.) 3.—
Wien: Spielhagen & Schurich 1893

Deutscher Verein für den Schutz des gewerblichen Eigentums. — VORSCHLÄGE zur Reform des gewerblichen Rechtsschutzes. Einrichtung einer Sondergerichtsbarkeit in Patentsachen. Patentrecht. Warenzeichenrecht. Bekämpfung des unlauteren Wettbewerbes. DENKSCHRIFT über die bisherigen Arbeiten des Deutschen Vereins für den Schutz des gewerblichen Eigentums, 1891—1903. 2. Auflage. Berlin 1904. Carl Heymanns Verlag. 4°.

**Denkschrift** des Arbeitgeberverbandes für das Buchdruckgewerbe an die hohen Staatsregierungen ... u. alle vaterlandsliebenden Staatsbürger. Berlin: Bureau d. Arbeitgeberverbandes f. d. Buchdr.-Gewerbe 1907. 28 S. 8°
(Schriften d. Arbeitgeberverbandes f. d. Buchdruckergewerbe. Nr 2.)

— des Arbeitgeberverbandes f. das Buchdruckgewerbe an die hoh. Staatsregierungen, die Mitglieder der Parlamente, die Kommunalverwaltungen u. alle vaterlandsliebenden Staatsbürger. (28 S.) Lex. 8. Berl. 907. (F. Zillessen.) 1.—

**Denkschrift** über die Arbeitslosenversicherung. 4°. Karlsruhe, G. Braunsche Hofdr., 1909.

— den Artikel VII des Entwurfs der Grundrechte des deutschen Volkes betreffend. gr. 8. (33 S.) Hannover 848, Hahn'sche Hofbuchh.

**Denkschr.** d. Ärztekammer d. Prov. Schlesien als Begründ. e. Antrags betr. d. Verhütg d. Verbreitg v. Volksseuchen. Breslau 1889.

**Denkschrift** über die wirthschaftl. Associationen und socialen Coalitionen. 8° Berlin, Nelte, Böltje u. Co., s. a. (1866).

**Denkschrift** über die wirthschaftlichen Associationen und socialen Coalitionen. Berlin 1867. V: *Wagener, Frdr. Wilh. Herm.* (CBH) V: *Dühring, Carl Eugen.* (Stam)

**DENKSCHRIFT ÜBER DIE AUFGABEN DER GESELLSCHAFT FÜR RHEINISCHE GESCHICHTSKUNDE.** Köln, 1881. Druck von M. Du Mont-Schauberg. 8°.

— über die Aufgaben der Gesellschaft für rheinische Geschichtskunde. gr. 8. (51 S.) Köln 881. (Leipzig, Veit und Comp.)

**Denkschrift** über die Aufgaben und Leistungen des ärarischen Montanwesens. fol. Wien 1861.

**Denkschrift** über die Aufgabe und Ziele, die sich das Kaiserliche Gesundheitsamt gestellt hat und über die Wege, auf denen es dieselben zu erreichen hofft. Berlin 1878. V: *Struck, J. H.* (EB)

— über die Aufgaben und Ziele, die sich das kaiserl. Gesundheitsamt gestellt hat, und über die Wege, auf denen es dieselben zu erreichen hofft. gr. 8. (23 S.) Berlin 878, C. Heymann's Verlag. *

Denkschrift über Aufgaben, Ziele und Methoden der „Statistik des Alkoholismus“, der Reichsregierung überreicht im Mai 1897. Hildesheim 1897.

**Denkschrift,** betreffend die Aufhebung der Mahl- u. Schlachtsteuer, die Beschränkung d. Klassensteuer und die Erhebung einer Einkommensteuer. gr. 8°. Berlin, März 1847.

— betreff. Aufheb. d. § 175 R.-Str.-G.-B. Bethätigg. d. Conträrsexual-Empfindung. D. Petition zwecks Aufhebg. d. § 175 ist überreicht d. deutschen Reichstage. gr. 8. (24 S.) Berlin 898. H. Steinitz. n. 1.—

Denkschrift für Aufhebung des den katholischen Geistlichen vorgeschriebenen Coelibates, mit 3 Actenstücken. — Freiburg i. Br. 1828. 8°. 152 S. — Beleuchtung der Denkschrift, von *P. i. a.* Mit 1 Actenstück. Heidelberg 1828. 8°. 94 S. (50 Pfg. A. Bielefeld, 1891.)

Denkschrift für d. Aufhebung des den kathol. Geistl. vorgeschriebenen Cölibats. Mit Actenstücken. *Freiburg*, Herder. 828. 8. (12 Gr.)

Denkschrift für d. Aufhebung des d. kathol. Geistlichen vorgeschrieb. Cölibates. M. 3 Actenstücken. gr. 8. (9½ B.) Freiburg 828, Wagner. Thlr.

— über die Auflehnung des rheinischen Episcopats gegen die Staatsgewalt. Von einem Katholiken. Leipzig 853. G. Mayer. gr. 8. (16 S.) 2 ngr.

**Denkschrift** über den 27. und 28. August 1834 für den Canton Wallis. Herausgegeben von einem Mitgliede der Central-Kommission der Wohlthätigkeit im Canton Wallis. Sitten 1836. V: *Bechtold, Joseph Anton.* (BSCHWL V, 10 f., S. 2029)

Denkschrift, betreffend den Ausbau des Glückstädter Hafens als Handelshafen. Glückstadt. 1877. 4°

—— über den Ausbau der Wasserstrassen in Oesterreich und über den Bau eines Donau-Oder-Canales. Hrsg. vom Club der Land- und Forstwirthe in Wien mit 19 beigesetzten Zeichnungen und 1 (photolithogr.) Karte. gr. 8. (59 S.) Wien 884, (Frick.) *

**Denkschrift** über die Ausbildung der Baubeamten für den Verwaltungsdienst . . . Berlin 1877. V: *Krieg, J.* (Kat. d. Bibl. d. Techn. Hochsch. Berlin 1900.)

Denkschrift über die Ausbildung der Baubeamten für d. Verwaltungsdienst. Hrsg. vom Verband deut. Archit. -u. Ing. -Vereine. Berlin 1878

**Denkschrift** über Ausbildung der Bauhandwerker . . . Berlin [1877]. V: *Funk, A. & A. Kerler.* (Kat. d. Bibl. d. Techn. Hochsch. Berlin 1900.)

Denkschrift über die Ausbildung der Bauhandwerker. Hrsg. vom Verb. deutscher Archit. -u. Ing. -Vereine. Berlin 1878.

Denkschrift über die Ausbildung der Bautechniker. Hrsg, vom Verb. deutscher Architekten u. Ingenieur-Vereine. Berlin 1878

— über die Ausbildnng der Tiefbautechniker. (Als Ergänzg. der Denkschrift des Landesgewerbeamts üb. die Notwendigkeit einiger Ändergn. im Betriebe d. Baugewerkschulen, Min. Bl. der Handels- u. Gewerbeverwaltg., 1906, S. 322.) (31 S.) Lex. 8. Berl. 907. C. Heymann. 1.—

**Denkschrift** über die Ausdehnung des Fortbildungsschulzwangs auf Mädchen. Marburg [1905]. V: *Westerkamp, A.* (Berl)

—— betr. die Ausführung der von der Versammlung der Delegirten aller zum norddeutschen Bundesgebiete gehör. landwirthschaftlichen Central- und Hauptvereine in Berlin am 12., 13., 15. und 16. Febr. 1870 gefaßten Beschlüsse. gr. 8. (19 S.) Berlin 870, Wiegandt, Hempel und Parey. **

DENKSCHRIFT, betreffend die Ausführung der vom Central-Verbande Deutscher Industrieller beantragten Enquête. (Berlin 1877. Buchdruckerei der „Deutschen Union".) 4°.

**Denkschrift,** betr. die Ausführung des Flottengründungsplans von 1873. Berlin 1883. 130 S. 4°

—— über die Ausführung des Flotten-Gründungsplanes vom J. 1873. Dem Deutschen Reichstage vorgelegt in der vierten Session der fünften Legislaturperiode. Fol. (114 S.) Ebendas. 884. *

—— dass. — [Abgeschlossen zum 1. Juli 1883.] Fol. (130 S.) Berlin 884, (Mittler und Sohn.) *

— über die Ausführung des Gesetzes vom 26. IV. 1886, betr. die Beförderung deutscher Ansiedelungen in d. Provv. Westpreußen u. Posen, f. d. J. 1906. Nebst Anlagen. (Drucksachen des preuß. Hauses der Abgeordneten Nr. 56.) (22 u. 537 S.) 30,5×22 cm. Berlin (907). (W. Moeser.) nnn 7.50

**Denkschrift** über die Ausführung des Gesetzes vom 21. Mai 1861 betr. die Aufhebung der Grundsteuerbefreiungen zu gew. Entschädigungen. 4°. Berlin 1868.

**Denkschrift** über die Ausführung des Gesetzes vom 21. V. 1861 betr. die anderweitige Regelung der Grundsteuer. 4°. Berlin 1865.

Biologische Reichsanstalt für Land- und Forstwirtschaft, Berlin-Dahlem. **Denkschrift** über die Ausführung des Gesetzes, Maßregeln gegen die Reblauskrankheit betreffend...,
s. Denkschrift, betreffend die Bekämpfung der Reblauskrankheit.

Denkschrift über die Ausführung des Reichstagsgebäudes. Dem Deutschen Reichstage vorgelegt in der 2. Session der 7. Legislaturperiode. Fol. (10 S.) Berlin 887, C. Heymanns Verlag. *

— die würdige Ausgestaltung der Kohleninsel u. die Jubiläumsausstellung des bayer. Kunstgewerbevereins. hoch 4. (31 S. m. Abbildgn.) München 900. R. Oldenbourg. 1.—

—— betreffend die bessere Ausnützung des Wassers und die Verhütung von Wasserschäden. Im Auftrage des Verbands deutscher Architekten- und Ingenieur-Vereine verf. von W. Frauenholz, H. Garbe, O. Intze, P. Schmick, E. Wolff. hoch 4. (24 S.) München 883, (Th. Ackermann.) *

**Denkschrift** über die Ausschmückung und Ausstattung des wiederhergestellten Rathhauses zu Dortmund. Dortmund 1899. V: *Kullrich, Frdr.* (Berl)

— üb. die Ausschmückung u. Ausstattung des wiederhergestellten Rathhauses zu Dortmund. Mit 27 Abbildgn. Anh.: Verzeichniß derjenigen Gegenstände, deren Stiftg. f. die Ausschmückg. u. innere Einrichtg. des wiederhergestellten Rathhauses erwünscht ist. gr. 4. (20 S.) Dortmund 899. (Ruhfußsche Kunst- u. Buchh.) n. 6.75

Denkschrift des bleibenden Ausschusses des Deutschen Handelstages über die Nothwendigkeit der Vermehrung, bezw. Verbindung der Handelsverkehrs-Strassen Deutschlands durch Anlage schiffbarer Canäle. (Mit 1 Karte der schottischen Eisenwerke.) (Berlin 1862.) 8. . . . . . . . . . . . . . . . . . . . . . .

Denkschrift des weiteren Ausschusses des Stuttgarter Gewerbevereins, betreffend den Gesetzentwurf über die Niederlassung und den Aufenthalt in den Gemeinden. Stuttgart 1853

Bund der Landwirte. Berlin. — DENKSCHRIFT für die Ausschußsitzung des Bundes der Landwirte in Berlin am 3. Dezember 1907. Zur gegenwärtigen Lage der deutschen Volkswirtschaft. (Berlin, Deutsche Tageszeitung.) (Ohne bes. Titelblatt.) 8°.

—— üb. die innere Ausstattung d. Hamburger Rathhauses. Einem hohen Senat im März 1889 überreicht v. E. Bivié, G. A. Richter, L. Schlick u. A. gr. 8. (29 S.) Hamb. 891, Meißner's Verlag. * — 60

**Denkschrift** über die Ausstellung deutscher Ingenieurwerke auf der Weltausstellung in Paris 1900. (Berlin 1900: A. W. Schade.) (2 Bl.) 4° [F.] (o5. 10697)

—— über den Bau und die Einweihung der neuen Schulhäuser in Ravensburg im Novbr. 1882. 4. (20 S. mit 1 lithogr. Abbild. und 5 autogr. Taf.) Ravensburg 883, (Dorn'sche Buchh.) *

**Denkschrift** betreffend den Bau einer Eisenbahn von Frankfurt a. O. nach Halle ... Stettin 1863. V: *Stein.* (Kat. d. stat. Bureaus. Dresden 1890.)

**Denkschrift** betr. den B a u einer Gürtelbahn im Landkreise Köln. Hrsg. von der Handelskammer zu Köln. Köln, 1910. 41 S. mit 1 Karte.

**Denkschrift** über den Bau einer Müllverbrennungsanstalt zur Unschädlichmachung der Hausabfälle und des Klärbeckenschlammes in Frankfurt a. M. Bearb. vom Städtischen Tiefbauamt. Frankfurt a. M. 1908

**Denkschrift** über den projektierten Bau des Leopoldst. Gymnasiums. S. 1 - 21 . 8°.– Wien ROG, Leop., Progr. 1870.

**Denkschrift** über die Baudenkmäler im deutschen Reich ... [Berlin 1877.] V: *Redtenbacher, Rudolph.* (Kat. d. Bibl. d. Techn. Hochsch. Berlin 1900.)

**Denkschrift** über die Baudenkmäler im deutschen Reiche, ihre Inventarisirung, Aufnahme, Erhaltung u. Restauration. herausgegeben vom Verbande deutscher Archit.- u. Ing.-Vereine. Berlin 1878. brosch. in 1 Heft. 8°.

Denkschrift über die Bedürfnisse der bayr. Landes-Universitäten im Laufe der IX. Finanzperiode (1868/69). (München, F. Straub.) 4°. Cart. 36 S. — Von vielseitigem Interesse.

„Denkschrift (des Handelsvorstandes zu Leipzig) zu Beförderung des Wunsches nach einem gemeinsamen deutschen Wechselrecht", als Manuskript gedruckt, Leipzig 1845. — Vorh.: Com. Bibl. Hamburg, Büch. der Industrie- und Handelskammer Leipzig und der Handelskammer Magdeburg.

**Denkschrift,** betreffend Befreiung, Stundung und Erlass von Vorlesungs-Honoraren auf den deutschen Universitäten. [Berlin 1889.] V: *Sachse.* (Erman & Horn, Bibliogr. d. dtsch. Universitäten. 1. Leipz. u. Berl. 1904.)

**Denkschrift** über die letzten Begebenheiten in der Bernerischen Munizipalstadt Aarau. Basel 1798. V: *Fisch, J. G.* (AarK)

**Denkschrift** zur Begründung des von der badischen Regierung in der Bundesversammlung gestellten Antrags betreffend die kurhessische Verfassungs-Angelegenheit. Karlsruhe 1862. V: *Mohl, Rob.* (Hauptkat. d. Univ.-Bibl. Tübingen. F. S. 287.)

—— zur Begründung des von der Großherzoglich Badischen Regierung in der hohen Bundesversammlung gestellten Antrages betreffend die Kurhessische Verfassungs-Angelegenheit. gr. 4. (III und 37 S.) Karlsruhe 862, Braun'sche Hofbuchh. *

**Denkschrift** über die Begründung und Ausgestaltung des Instituts und Museums für Meereskunde zu Berlin. Georgenstrasse 34—36. (Als Manuskript gedruckt.) Mit einem Anhang: Bericht über die Sammlungen und Ausstellungen in den Vereinigten Staaten von Amerika, welche für die Ausgestaltung des Instituts und Museums für Meereskunde zu Berlin von Bedeutung sind. (Vf. E. von Halle.) Berlin 1901. 20: 15 S. 4°.

Preuß. Landesver. f. Frauenstimmrecht. **Denkschrift** zur Begründung der Eingabe an den preußischen Städtetag, die §§ 5 und 13 der Städteordnung von 1853 betreffend. Im Auftr. d. Preuß. Landesvereins f. Frauenstimmrecht Minna Cauer, Vorsitzende. — (Berlin [1909]: A. W. Schneider.) 15 S. 8° [Schriften d. Preuss. Landesvereins f. Frauenstimmrecht. 1.]

Denkschrift enthaltend die Begründung der in das Schwarzburg-Sonderhausen'sche Budget für 1852-1855 für die Hauptnutzung der Forsten eingetragene Einnahme von 169.786 Thaler und die Widerlegung der hierauf bezüglichen Darstellung in dem Berichte der Finanzdeputation. - Sondershausen 1852. 40 S.

**Denkschrift** zur Begründung des von dem Großherzoglich Badischen Oberrate der Israeliten herausgegebenen Gebetbuchentwurfs. Karlsruhe: Oberrat [1907]. (96, 43 S.) 8° [F.] (o7. 13780)

**Denkschrift** zur Begründung der Hohen-Venn-Bahn von Stolberg nach Luxemburg. Aachen [1874.] V: *Hartmann, A.* (Kat. d. Bibl. d. dtsch. Reichstages. Berl. 1882.)

—— für Begründung e. Creditvereins d. Rittergutsbesitzer im Königr. Sachsen. Mit d. Entwurf d. Statuten u. verschied. Beiln. (Von Hartm. Schellwitz.) 8. (7 B. incl. 2 Tab.) Leipzig 831, Hirschfeld.

**Denkschrift** betreffend Begründung und Organisation einer technischen Reichsbehörde. [Berlin 1901.] V: *Bendt, Franz.* (Berl)

Denkschrift zur Begründung des Unternehmens einer ... zwischen Bonn, Coblenz und Bingen anzulegenden Eisenbahn. Köln 1850. 4°.

**Denkschrift** als Beitrag zu den Tax-Grundsätzen der Schlesischen Landschaft. Breslau 1839. V: *Stosch, G. Graf.* (Nent)

**Denkschrift** gegen die obligatorische Beitragsleistung der Versicherungs-Unternehmung mit Bestreitung der Kosten des communalen Feuerlöschwesens in Wien. Wien 1881. V: *Perin Ritt. v. Gradenstein, Franz.* (EB)

**Denkschrift** über die Bekämpfung der Granulose (Körnerkrankheit, Trachom) in Preußen. Bearb. in d. Mediz.-Abt. d. Kgl. Preuß. Minist. d. geistl.... Angeleg. Jena: G. Fischer 1906. (76 S.) 8°
= **Jahrbuch,** Klinisches. Erg. Bd 4.

Biologische Reichsanstalt für Land- und Forstwirtschaft, Berlin-Dahlem. **Denkschrift**, betreffend die B e k ä m p f u n g der Reblauskrankheit. 1–36. –1877–1915. 1–5.–1877–82 u. d. T.: D e n k s c h r i f t über die Ausführung des Gesetzes, Maßregeln gegen die Reblauskrankheit betreffend...

**Denkschrift** betreffend die Belastung der Rheinschiffahrt. gr. 8°. Lithogr. s. l. s. a.

—— über die neuen Belastungen, welche seit dem Gesetze vom 5. Septbr. 1848 die Geistlichen und Schullehrer im Königr. Hannover bedrohen. gr. 8. (35 S.) Göttingen 850, Vandenhoeck und Ruprecht.

— auf Frank von Bellermann. gr. 8. Erf. Beyne. 802.

„Denkschrift über die Benutzbarkeit künstlicher Zahlungsmittel zur Erleichterung des Geldverkehrs und zur Verbesserung des Staatseinkommens", Berlin 1828. — Vorh.: Preuß. Staatsbibliothek Berlin.

**Denkschrift** der Preußischen Bergbauvereine zum Gesetzentwurf, betr. die Abänderung einzelner Bestimmungen des Allgemeinen Berggesetzes vom 24. Juni 1865/1892. (Berlin 1905: H. S. Hermann.) (22 S.) 4°(2°) [Kopft.] [illegible] 9

**Denkschrift** der Bergbauvereine des Preußischen Staates über den Entwurf eines Gesetzes betreffend die Abänderung einzelner Bestimmungen des Allgemeinen Berggesetzes vom 24. Juni 1865. Essen, 1892. 8 S.

**Denkschrift** betr. die Bergwerksabgaben auf der rechten Rheinseite sowie die Kohlenausfuhr nach Holland. 4°. Crefeld 1845.

**Denkschrift** des Märkisch-Westfälischen Bergwerks-Vereins über die Erdbewegungen in der sogenannten Lehmkuhle zu Iserlohn. Mit Nachtrag. Iserlohn, 1872. 53 S.

Denkschrift des Kts. Bern über die Angelegenheit der Juragewässerkorrektion und der schwimmenden Eisenbahn. 1856.

**Denkschrift, Eine Berner,** über die Unruhen in der Waadt von 1790—91... [Bern 1898.] V: *Frisching, Albr. v.* (Zuwachsverz. d. Bibl. in Zürich 1898 ff.)

**Denkschrift** über das Bernsteinregal in Ostpreußen und den Antrag der dem Geheimen Kommerzienrat Becker, Inhaber der Firma Stantien & Becker zu Königsberg i. Pr, gehörigen der Bernstein-Gewinnung und -Verwertung gewidmeten Liegenschaften und Anlagen durch den Staat. Berlin, 1899. 98 S. mit 2 Taf.

— über die Beschäftigung der Gefangenen in den zum Vollzuge gerichtlich erkannter Freiheitsstrafen bestimmten Anstalten. (Drucksachen des Reichstages. 12. Legislaturperiode. I. Session. 1907. Nr. 89.) (222 S.) 31×22,5 cm. Berlin 907. (C. Heymann.) 3. —

— über die wegen Aufhebung u. Ablösung guts- u. grundsherrl. Rechte bei der ersten Berathung d. Grundrechte des deutschen Volkes gefaßten Beschlüsse [§§. 27 u. 28.] u. üb. die dagegen zu erhebenden Bedenken u. Reklamationen. gr. 4. (19 S.) München 818, Franz in Comm. n. n. 1/6 ℛ

**DENKSCHRIFT** über die vom 2. Deutschen Handelstage zu München gefassten Beschlüsse. Den Hohen Deutschen Regierungen überreicht vom bleibenden Ausschuss. Berlin, 1862. Druck von Ernst Kühn. 4°.

**Denkschrift** zu den Beschlüssen des am 14.—16. XI. in Gera abgehaltenen Congresses eingeschriebener, sowie auf Grund der Landesversicherungs-Vorschriften errichteten Hülfskassen, betreffend Abänderung der Kranken- und Unfallversicherung, sowie der Hülfskassen-Gesetze. 8°. Hamburg 1887.

Denkschrift gegen gesetzliche Beschränkung des Zinsfusses. 4° Berlin

Museums-Verein zu Aachen. **Denkschrift** aus Anlaß des 25jährigen Bestandes des Suermondt-Museums im Auftr. d. Vorstandes hrsg. von Dr. Anton Kisa, Museumsdir. Mit 8 Vollbild. u. 14 Textill. *Aachen: Aachener Verl.- u. Dr.-Ges. 1903.* (92 S.) 4° [illegible] 6

**Denkschrift** aus Anlaß des fünfundzwanzigjährigen Bestehens der Bergisch-Märkischen Bank in Elberfeld. (1871—1896.) [Mit 3 Tab.] (Düsseldorf) 1896: (Bagel). 17 S. 4°

**Denkschrift** zum 25jährigen Bestehen der Ostpreussischen landschaftlichen Darlehnskasse... [Königsberg 1894.] V: *Bon, L.* (Berl)

Denkschrift zum 25jähr. Bestehen des Turnerbundes Döbeln, 8.—9. 9. 1888, Döbeln 1888, 31 S., 8°.

— z. 25jähr. Bestehen d. Technikum Einbeck. 1871—1896. (Von H. Lolling.) gr. 8. (12 S.) Einbeck 896. H. Ehlers. n. — 60

Denkschrift aus Anlass des 25jähr. Bestehens der Handelskammer für den Kreis Mülheim am Rhein. — Mülheim am Rhein 1896: Künstler. IV, 52 S. 8° **38.**

Denkschrift zum 25jährigen Bestehen des Graphischen Klub Stuttgart. 1881-1906. (64 S) 4° Stuttgart 1906

**Denkschrift zum 25jähr. Bestehen des Landschaftlichen Kreditverbandes für die Provinz Schleswig-Holstein (Kiel).** — Kiel 1907: Vollbehr & Riepen. 28 S. 4° **38 A.**

Denkschrift anlässlich des 25jähr. Bestehens der Bayrischen Landes-Hagelversicherungsanstalt (München). Hrsg. von der Kgl. Versicherungskammer. — München 1908: Oldenbourg. 29 S., 3 Taf. 8° **1. 38 A.**

*Sächsischer Militär-Lebensversicherungs-Verein.* Denkschrift, veröffentlicht aus Anlaß des 25jährigen Bestehens, 1875—1900. Dresden 1901.

**Denkschrift** aus Anlass des 50 jährigen Bestehens der Städtischen Sparkasse Frankfurt a. M. hrsg. v. städt. Sparkassen-Amt. (Frankfurt a. M. 1910: Voigt & Gleiber.) 43 S. 4°

**Denkschrift** zum 50-jährigen Bestehen des Friedrichskoog i. D. Unter freundlicher Mitwirkung des Domänenrats L. Müllenhof in Marne hrgg. vom Festausschuß. (Mit 4 Anlagen: Karten.) Marne. 1905. 8°

**Denkschrift zum 50jähr. Bestehen des Landsberger Kreditvereins, e. G. m. b. H., zu Landsberg a. W. am 29. Nov. 1910. (1860 bis 1910.) — (Landsberg a. W. 1910: Dermietzel & Schmidt.)** 36 S. 8° **38 A.**

1850–1906. **Denkschrift** zum fünfzigjährigen Bestehen der Kreis-Sparkasse zu Büren. ([Büren] 1906.) (24 S.) 4° [F.] [illegible] 6

**Denkschrift** zum fünfzigjährigen Bestehen der Danziger Privat-Aktien-Bank. 1857–17. Juni 1907. (Danzig [1908]: Schwital & Rohrbeck.) (59 S.) 4° [F.] [illegible] 10

Denkschrift zum 50jähr Bestehen der Landwirtschaftlichen Versuchsstation der Landwirtschaftskammer für den Regierungsbezirk Cassel zu Marburg. Hrsg. v. E[mil] Haselhoff. — Marburg 1907 Koch. 92 S. 4° **1.**

*Die bayrischen öffentlichen Landesanstalten für Brand-, Hagel- und Viehversicherung.* Denkschrift, herausgegeben anläßlich des 100jährigen Bestehens der Brandversicherungs-Anstalt von der Kgl. Versicherungskammer, 1799—1899. München 1900.

Denkschrift aus Anlass des 100jähr. Bestehens der Maschinen- und Lokomotivfabrik Henschel & Sohn, Cassel, und der Vollendung der Lokomotive Fabrik-Nr. 10 000. — Cassel 1910 (:Meisenbach & Riffarth in Berlin-Schöneberg). 147 S. 2° **1. 38 A.**

Denkschrift zum 40jährigen Bestehen des Spar- und Konsumvereins Stuttgart 1864-1904. (80 S) 4° Stuttgart 1905

Mädchen- u. Frauen-Gruppen f. soziale Hilfsarbeit in Berlin. **Denkschrift** anläßlich des 10jährigen Bestehens 1893–1903. *(Berlin): Selbstverl. (1903).* (40 S.) 8° [illegible]

**Denkschrift** anläßlich des zwanzigjährigen Bestehens der Freien Photographischen Vereinigung zu Berlin. Hrsg. von Franz Goerke. Halle a. S. 1910

**Denkschrift** über die Besteuerung der österr. Eisenbahnen. Von den Verwaltungen der österr. Eisenbahnen. fol. Wien im December 1874.

**Denkschrift** betreffend die Besteuerung des Runkelrübenzuckers im Zollverein. Als Mscr. gedr. 4°. Berlin 1840.

Denkschrift über diejenigen Bestimmungen der Königlich Preussischen Gesetze, betreffend das Postwesen und die Stempelsteuer von politischen und Anzeigeblättern, welche den literarischen und buchhändlerischen Verkehr bedrohen, berathen und abgefasst von dem dazu statutenmässig erwählten Ausschusse. Nebst 2 Beilagen: A) Denkschrift über die Organisation des deutschen Buchhandels ꝛc. vom Jahre 1845. B) Gesetz wegen Erhebung einer Stempelsteuer von politischen und Anzeige-Blättern. Leipzig 1852. Druck der Teubner'schen Officin. 4°.

— betreffend die Bestimmungen der Verfassungs-Urkunde vom 5. Decbr. 1848 üb. d. Verhältniß zwischen Kirche, Staat u. Schule. Den legislativen Gewalten in Berlin eingesandt von e. Vereine evangel. Geistlichen Schlesiens. gr. 4. (21 S.) (Breslau 848, Hirt.) n. 6 ngl.

—— betreffend die Bestimmungen der Verfassungs-Urkunde vom 5. Decbr. 1848 über das Verhältniß zwischen Kirche, Staat und Schule. Den legislativen Gewalten in Berlin eingesandt von einem Vereine evangel. Geistlichen Schlesiens. gr. 4. (24 S.) (Breslau 850, Hirt's Verl.) *

Denkschrift betr. die Bestimmungen der Verfassungs-Urkunde vom 5 Dez. 1848 Art. 11—23 über das Verhältniß zwischen Kirche, Staat u. Schule, eingesandt von Mitgliedern des breslauer kathol. Centralvereins, Breslau 1849. 20 S. 4.

**Denkschrift** über die Bestrebungen und Erfolge der Magdeburger Feuerversicherungs-Gesellschaft auf dem Gebiete des Feuerschutzes. Magdeburg 1883. Anl.: Zusammenstellung der mit dem Theater-Betriebe verbundenen Gefahrsmomente. Magdeburg 1877.

**Denkschrift** betreffend die Betheiligung Deutschlands an der internationalen Bibliographie der Naturwissenschaften nach dem Plane der Royal Society. O. O. 1899. V: *Milkau, Fritz.* (Berlzu 1920, S. 149)

Denkschrift, betreffend den öffentlichen u. Privat-Betrieb der *Feuerversicherungsbank für Deutschland zu Gotha.* Als Mspt. gedruckt. Gotha 1884. Gr. 8°. 73 S. Cart.

Denkschrift bei Gelegenheit der Betriebseröffnung des Kreiswasserwerkes Bergheim. — Düsseldorf (1905): Bagel. 15 S., 8 Taf. 4° 1.

**Denkschrift** zur Beurtheilung der Veränderungen, welche in den Verhältnissen Hannovers durch die Vereinigung mit Preussen hervorgebracht werden. Jena 1866. V: *Stüve, Carl.* (Löwe, Bibliogr. der Hann. u. Braunschw. Gesch. Hann. 1908. S. 203.)

Denkschrift zur Beurtheilung der Veränderungen, welche in den Verhältnissen Hannovers durch die Vereinigung mit Preußen hervorgebracht werden. Nach Maßgabe des Preuß. Staatshaushalts-Etats für 1866 und des Hannoverschen Budgets von 1866—67. gr. 8. (32 S.) Jena 866, Fr. Frommann.

Denkschrift, betr. die Bewegung im Berliner Baugewerbe. ([Hrsg. von d.] Verband d. Baugeschäfte von Berlin u. d. Vororten. E. V.). Tl [1.] 2. (Berlin 1907. 1908.) 8°.

**Denkschrift** über die jüngsten Bewegungen an der Technischen Hochschule zu Graz. ⟨Herbst 1893.⟩ o. O. (1893). 32 S. 8° [Kopft.] [10. 13147

*Denkschrift* betr. die Beziehungen der Deutschen Lebensversicherungs-Anstalten zu den bei ihnen versicherten geisteskranken Selbstmördern. Dem Reichstage vorgelegt vom Verein Deutscher Irrenärzte. Berlin 1873.

Denkschrift über die Beziehungen zwischen der Schweiz und dem neutralisirten Savoyen. 1859. [Mit 1 Karte.] 4. (Bern 1859.)

**Denkschrift** über die Bildung einer deutschen Kriegsflotte. Frankf. a. M. 1848. V: *Adalbert, Prinz von Preussen.* (BrMm)

Denkschrift über die Bildung einer Deutschen Kriegsflotte. Vom Marine-Ausschuss der Bundesversammlung als Mspt. veröffentlicht. Frankfurt a. M., gedr. in der Bundesdruckerei. (Benj. Krebs.) 1848. 8°. 35 S. Cart.

Denkschrift in Sachen der Stadt Bingen ... gegen die Gemeinde Weiler ... betreffend die Liquidation der Entschädigung aus Waldnutzungs-Gerechtsamen im Binger Stadtwalde. - Koblenz 1840. 153 S.

—— der bayerischen Bischöfe und Bisthums-Vorstände vom Juni 1816, enth. die Schilderung der kirchl. Zustände Bayerns vor dem Concordat und die Bitte um Abhilfe derselben, nebst einigen hierauf bezüglichen Briefen hoher Prälaten. Zum Erstenmale der Oeffentlichkeit durch den Druck übergeben. Ein histor. Seitenstück zur neuesten Denkschrift der bayer. Bischöfe vom 20. Oktbr. 1850. gr. 4. (16 S.) Burghausen 851, Lutzenberger. *

—— der katholischen Bischöfe in Preußen über die Verfassungs-Urkunde für den preuß. Staat vom 5. Decbr. 1848. gr. 8. (24 S.) Berlin 849, Schneider und Comp. *

Denkschrift der katholischen Bischöfe in Preußen über die Verfassungs-Urkunde für den preußischen Staat vom 5. Dezember 1848. Köln, J. P. Bachem 1849. 43 S. 8.

DENKSCHRIFT der katholischen Bischöfe Ungarns »Über den Bürgerkrieg und seine Auswirkung«. (An den Kaiser. Pest 28. X. 1848). In: Der kath. Christ. Jg. 1. 1848. Beil. zu Nr. 28 v. 12. XI. 1848, S. 2.

Denkschrift. Denk- und Bittschrift, über die Streitigkeiten, in welche das Löbliche Hochgericht Oberengadin seit 1786. widerrechtlich verwickelt worden, und über derselben höchstbedenkliche Folgen. Auf schätzbarsten Befehl der L.L. Obern Grauen, und zehn Gerichten Bünde. (Chur, den 24. Aprill. 1790.) 8. Chur 1790.

**Denkschrift** üb. d. Bleierkrankungen, s. Bericht d. Verb. d. Genoss.-Krankenk.

**Denkschrift** auf Bode ... Weimar 1796. V: *Böttiger, Carl August.* (cb) (Ky) (Kl) (MGT) (OL)

Denkschrift auf Bode in Weimar, (v. K. A. Böttiger). Mit 1 Kpf. 4. Weimar 796. Industr.-Compt. 12 gl.

**Denkschrift,** den Brand zu Schwarzenberg am 2. Mai 1824 ... betr. Schneeberg 1825. V: *Garten, Ch. A.* (MGT)

— über die Brandversuche im Wiener Modelltheater (Eisenbetonbau), durchgeführt vom österr. Ingenieur- u. Architekten-Vereine im J. 1905. (48 S. m. 2 Abbildgn. u. 1 Taf.) Lex.-8. Wien 906. (Berlin, W. Ernst & Sohn.) n. 8.—

**Denkschrift** über Herweghs Brief. Dec. 1842. V: *Gerlach, Ludwig von* (?). (Treitschke, Dtsche Gesch. 5, 206.) (Zeitschr. f. Büch. 1923, S. 82)

**Denkschrift** gegen den Büchernachdruck. Den am Wiener Congresse versammelten Gesandten von einer Deputation Leipziger Buchhändler überreicht; mit Berichtigungen der darin aufgestellten irrigen Ansichten von einem Österreicher. O. O. u. J. V (Berichtigungen): *Span, Martin.* (Franz Gräffer, Kleine Wiener Memoiren. München 1918. I, 490)

**Denkschrift** über den Büchernachdruck ... Leipzig 1814. V: *Kotzebue, August Fr. Fd von.* (cb) V: *Kummer, Ph. Ghelf, C. F. En. Richter* & *F. Ch. W. Vogel.* (schz)

— üb. den Bücher-Nachdruck, bei dem Congreß zu Wien überreicht. gr. 4. Leipz. Kummer. 814.

**Denkschrift** gegen Büchernachdruck ... [Wien] 1815. V: *Kotzebue, August Fr. Fd von.* (cb)

Denkschrift für den deutschen Buchhandel. Vom Vorstand des Vereines der deutschen Sortiments-Buchhändler. Im November 1863. Prag.

DENKSCHRIFT an den Deutschen Bühnen-Verein. (Rückblick auf die letzten fünfzehn Jahre.) München, 1886. Kgl. Hof- und Universitäts-Buchdruckerei von Dr. C. Wolf & Sohn. 8°.

DENKSCHRIFT des Bundes der Industriellen betreffend den Abänderungs-Entwurf des Invaliditäts- und Altersversicherungsgesetzes vom 22. Juni 1889. Berlin, im November 1896. (Petition an den Reichstag.) (o. O. o. Dr., ohne bes. Titelbl.) fol.

DENKSCHRIFT des Bundes der Industriellen betreffend den Entwurf eines Handelsgesetzbuchs. (Petition an den Reichstag eingesandt.) Berlin, im Dezember 1896. (o. O. o. Dr. ohne bes. Titelbl.) fol.

DENKSCHRIFT des Bundes der Industriellen betreffend die Organisation des Handwerks. Berlin, im Dezember 1896. (Petition an den Bundesrat.) (o. O. o. Dr., ohne bes. Titelbl.) fol.

— an die hohe Bundesregierung betreff. die Einigung u. Zentralisation der schweizer. Posten. Von einem im Dienste des Vaterlandes ergrauten Postmann. gr. 8. (34 S.) Zürich 848, Orell, Füßli & Co. 1/6 ₰

Denkschrift betr. die Bundessubvention für die schweizerische Hagelversicherungsgesellschaft in Zürich. Zürich 1883.

Denkschrift an die hohe Deutsche Bundesversammlung. Statt hs. Vorlage gedr. (nebst) Nachtrag. Berlin 1840. Frankfurt a. M. 1843.

**Denkschrift** an die hohe teutsche Bundesversammlung für den Reichsgrafen Mathias von Hallberg betreffend den Genuß ... einer jährlichen Rente von fl. 6880. Frankfurt a. M. 1834. V: *Claus, Joh. Gg.* (Tübz 3, 63)

— für die hohe deutsche Bundesversammlung das germanische Museum zu Nürnberg betreffend, 1853. Nürnberg. Literar.-artist. Anstalt d. German. Museums. gr. 4. (24 S.) n. 6 ngr

—— für die hohe deutsche Bundesversammlung das germanische Museum zu Nürnberg betreffend. gr. 4. (24 S.) Nürnberg 853. (Leipzig, Fr. Fleischer.) *

—— der Bürger von Hanau an ihren Landtags-Deputirten. Eingereicht im Nov. 1830. 8. (1 B.) Hanau 832, Edler.

Denkschrift den Bürgergarden Würtembergs und beziehungsweise d. bürgerl. Jäger-Bataillon in Ulm, gewidmet von e. Jäger. 8. Ulm 839. Nübling. 1 1/2 ℊ

Denkschrift der Bürgergemeinde der Stadt Biel an die Bundesversammlung. Biel 1844.

Denkschrift (gegen Bürgerkrieg und für die constitutionelle Regierung). An unsere Mitbürger! Die Krisis, — Der Magistrat. Deckersche Geh. Ober-Hofbuchdruckerei. 2 Bl. 8.

zu den Flugblättern aus der deutschen Nationalversammlung.) Frankfurt a. M. Druck von C. Krebs. 1 Bl. Fol.

Flugblatt. Berlin, 21. Nov. 1848.

**Denkschrift** für den Grafen von Cagliostro. Graf Cagliostro verlangt nichts, als Ruhe und Sicherheit. Die Gastfreyheit versichert sie ihm. Auszug eines vom Grafen von Varennes, Ministers der auswärtigen Geschäfte an Herrn von Gereerd, Prätor von Strasburg, geschriebenen Briefes. 1786. 110 S. 8°. Sehr selten.

Denkschrift über die Choleraepidemie 1892. Dem Reichstage vorgelegt in der 2. Session der 8. Legislaturperiode. Mit 3 lith. Taf. Berlin 1892. Fol. . . . . .

— üb. die Choleraepidemie 1892. Dem Reichstage vorgelegt in der 2. Session der 8. Legislaturperiode. Fol. (III, 74 S. m. 3 lith. Taf.) Berlin 893. C. Heymanns Verl. n. 2.—

Denkschrift des Königl. preuss. Oberforstmeisters Dr. Danckelmann vom 5. März 1885, betr. die Erhöhung der Nutzholzzölle. - o. O. 1885. 23 S.

Denkschrift, betr. die Deich- und Entwässerungs-Verhältnisse des . . . . Gieselau-Thales, sowie die Mittel zu einer Verbesserung dieser Verhältnisse. Schleswig. 1871. 4°

Denkschrift des Turnkreises Deutsch-Österreich über die Ursachen seines Austrittes aus dem Verbande der Deutschen Turnerschaft, Wien 1905, 24 S., 8°.

**Denkschrift** der fünfzigjährigen Dienstjubelfeier des F. C. A. von Trützschler, Herzogl. Gothaischer Geheimer Raths-Präsident. Altenburg 1822. V: *Pierer, Joh. Fr. & H. A. Pierer.* (Ky)

— der funfzigjähr. Dienstjubelfeier d. F. C. A. v. Trützschler, Herzogl. Gothaischer Geheim. Raths-Präsident. gr. 8. Altenb. 822, Literatur-Compt. 16 gr. Velinpap.

**Denkschrift** an die hohen Diöcesanstände des Bisthums Basel, betreffend den zwischen dem Stande Aargau und der bischöflichen Kurie wegen der Verkündung gemischter Ehen . . . enstandenen Konflikt. [Aargau 1858.] V: *Keller, Augustin.* (Bibliogr. d. Schweiz. Landeskunde. Bern 1892 ff. V, 10 e.) (ZuWZür 8) (AarK)

**Denkschrift** der k. k. Direktion für Staats-Eisenbahnbauten über den Fortschritt der Projektirungs- und Bauarbeiten der Arlberg-Bahn. Wien 1881—90. V: *Lott, Julius.* (Margr)

—— der k. k. Direktion für Staats-Eisenbahnbauten über den Fortschritt der Projektirungs- und Bauarbeiten der Arlberg-Bahn. Imp.-4. (35 S. mit 2 Stnt.) Wien 881, Hof- und Staatsdruckerei. *

—— der k. k. Direktion für Staats-Eisenbahnbauten über den Fortschritt der Projektirungs- und Bauarbeiten der Arlberg-Bahn im J. 1881. Fol. (57 S. mit 15 lithogr. und photolithogr. Taf.) Wien 882, Hof- und Staatsdruckerei. *

Denkschrift des Direktoriums der schweiz. Centralbahn betreff. die Bahnhoffrage von Solothurn. Basel 1855.

**Denkschrift** über den Donau-Moldau-Elbe-Canal bei Wahl der Canaltrace Linz a. d. Donau—Rosenberg a. d. Moldau. 4. (7 S.) Linz: Mareis 1897 —.25

**Denkschrift,** die bei der Vermählung einer Prinzessin im Grossherzogthum Hessen herkömmlichen hausgesetzlichen Dotalgelder betreffend. Darmstadt 1866. V: *Lindelof, Frdr. Freih. von.* (Access.-Kat. d. Hofbibl. Darmstadt 1874.)

**Denkschrift** über die Durchführbarkeit eines Petroleummonopols in Deutschland. Berlin 1910. V: *Spies, Gg.* (Berlzu 1917, I, 150)

**Denkschrift,** der Ehre Marien Theresiens . . . A. d. Lat. Wien 1780. Ü: *Regelsperger, Christoph.* (Jes)

Denkschrift. Zweite ehrerbietige, an die Hohe Bundesversammlung durch die Besteuerten des Kantons Freiburg gerichtete D'. 8. *o. O. u. J.* [1848/49.]

Denkschrift betreffend die Eigenart der wirtschaftlichen Lage der Stadt Altona infolge der unmittelbaren Nachbarschaft Hamburgs. Altona (1910): Köbner. 31 S. 4° A 12.4236

**Denkschrift** über das geistige Eigenthum. Nach Beschluss des deutschen Schriftstellertages vom 20. August 1865 veröffentlicht. Leipzig 1866. V: *Kühns*, *Friedrich Julius*. (ADB) *Wuttke*, *Hnr*. (cb)

**Denkschrift** über die Einbeziehung der Wr. Vororte in den Verzehrungssteuer-Rayon. (Industr. Club.) 8. (11 S.) geb. 20 kr. nur baar. Wien: Konegen 1881

**Denkschrift** über den Einfluss der Zolleinigungsverträge auf die preussischen Staatseinnahmen. Als Mscr. gedr. 4⁰. s. l. s. a.

**Denkschrift,** betreffend die Einfuhr des ausländischen Eisens. Frankfurt a. M. 1849. V: *Glaser*, *Johann Carl* & *H. Böcking*. (BMarsch 149)

**Denkschrift** betreffend die Einführung der Arbeitslosenversicherung. Hrsg. v. Zentralverband der Handlungsgehilfen und -Gehilfinnen Deutschlands. Fol. Berlin, 12. I. 1909.

Denkschrift über die beabsichtigte Einführung europäisch-moderner Institutionen und Reformen unter den Juden in Palästina. Gerichtet von dem k. k. Hof-Wechsler Ignaz Deutsch an den k. k. österreichischen Konsul zu Jerusalem. Wien, 1806. Druck von Josefine Keck. (14 S. 8.)

— üb. die Einführung des elektrischen Betriebes auf den bayerischen Staatseisenbahnen. (29 S. m. 10 Taf.) 31,5×24 cm. München (908). (J. Lindauer.) nn 6. —

**Denkschrift** gegen die Einführung von Bordellen und Bordellstraßen in Stuttgart (hrsg. v. Stuttgarter Zweigverein d. internat. abolitionist. Föderation). [Stuttgart 1905:] W. Drück in Cannstatt. (13 S.) 8° [F] [05. 15814

Denkschrift, betreffend die Einführung der Feuerbestattung auf dem Friedhof der Stadtgemeinde Berlin, verfaßt von der Magistratskommission für das Bestattungswesen in Berlin. 1892.

**Denkschrift** betreffend die Einführung der Goldwährung in Deutschland ... [Hamburg] 1856. V: *Soetbeer*, *Georg Adolph*. (WFM)

—— betreffend die Einführung der Goldwährung in Deutschland, mit besonderer Rücksicht auf die hamburger Bankvaluta. Ausgearb. im Auftrage der Commerz-Deputation in Hamburg. Fol. (38 S.) Hamburg 856, (Nolte und Köhler.) **

— über Einführung einer Maaß-Einheit in Deutschland. Von e. deutschen Ingenieur. Bruchsal 864. (Heidelberg, Weiß.) gr. 8. (24 S.) n. 4 ngr.

—— über Einführung einer Presbyterial- und Synodal-Verfassung in der evangelischen Kirche des Großherzogthums Hessen. 8. (30 S.) Darmstadt 862, Will. *
Aus: Evangelische Blätter, besonders abgedruckt.

Denkschrift betreffend die Einführung eines einheitlichen Stenographiesystems an den württembergischen höheren Lehranstalten. (16 S) 4° (Stuttgart 1905)

**Denkschrift** betreffend die Einführung der altländischen direkten Steuern in den durch die Gesetze vom 20. September und 24. Dezember 1866 mit der preussischen Monarchie vereinigten Landestheilen. Berlin. 1867. 8⁰

**Denkschrift** über die versuchsweise Einführung des Handfertigkeitsunterrichtes in einige Schulen und Lehrerseminare. Lex.-8⁰. Leipzig, Selbstverl. d. Deutsch. Vereins für Knabenhandarbeit, 1897.

Denkschrift über Eingeborenen-Politik und Hereroaufstand in Deutsch-Südwestafrika. Berlin: E. S. Mittler & Sohn 1904. (94 S.) 4° [F.] = Kolonialblatt, Deutsches. 1904, Beil. [05. 1672

**Denkschrift** über die Eingemeindung von Berliner Vororten. [Berlin] 1894. V: *Büsing*, *F. W.* (Kat. d. Bibl. d. Techn. Hochsch. Berlin 1900.)

Zentralstelle für Vorbereitung von Handelsverträgen. Denkschrift betreffend Einheits- und Doppeltarif. (36 S) Berlin 1900

**Denkschrift** über die Einkommen- und Dienstverhältnisse der in den Gemeindeverwaltungen beschäftigten Techniker. Hrsg. vom Deutschen Techniker-Verband. Auf Grund amtl. Angaben a. 145 Verwalt. von Gemeinden üb. 20 000 Einwohner u. ergänzt durch 35 von den Bezirksverwalt. . . . beantw. Fragebogen. Berlin 1906. 4⁰.

(Bürgermeisterei Heerdt.) **Denkschrift** zur Einleitung der Verhandlungen über die Anträge der Stadtverwaltungen zu Düsseldorf und Neuß auf Eingemeindung von Heerdt nach Düsseldorf oder Neuß. (Düsseldorf 1908: Düsseldorfer Verl.-Anst.) (39 S.) 8° [08. 4928

**Denkschrift** betreffend die Einrichtung einer staubfreien Müllabfuhr und Herstellung einer Müllverbrennungsanlage. [Nebst] Nachtrag. Breslau (1907–09): Graß, Barth & Co. 4° [Umschlagt.] [11. 3146

Denkschrift über die Einrichtung von Prüfungsanstalten u. Versuchsstationen von Baumaterialien sowie über die Einführung einer staatlich anerkannten Classification der letzteren. Hrsg. vom Verb. deutscher Archit.-u. Ing.-Vereine. Berlin 1878.

**Denkschrift** über die zur Vertretung der landwirtschaftlichen Interessen bestehenden Einrichtungen in Bayern. München 1894.

**Denkschrift** zur Einweihung des neuen Asyls für schwach- und blödsinnige Kinder zu Alstersdorf. V: *Sengelmann*, *Hnr. Matthias*. (Schr)

Denkschr. z. Einweihg d. Genesungshaus. „Bergmannstrost" z. Halle a. S. Ebda 1894. 4.

**Denkschrift** zu der Einweihung der Eilftausend-Jungfrauen-Kirche. [Breslau 1823.] V: *Tscheggey*, *Sam. Glob*. (Nent)

(Allgemeiner Knappschafts-Verein, Bochum.) **Denkschrift** zur Einweihung des Knappschafts-Verwaltungsgebäudes am 18. Juni 1910. Hrsg. von d. Verwaltung. (Dortmund 1910: Crüwell.) 122 S. 4°(8°) [10. 17303

**Denkschrift** zur Einweihung des neuen Reichspostgebäudes zu Goslar am 28. Mai 1894. Braunschweig 1894. V: *Gräfe* & *Hölscher*. (Löwe, Bibliogr. der Hann. u. Braunschw. Gesch. Hann. 1908. S. 274.)

— zur Einweihung des neuen Reichs-Post- u. Telegraphengebäudes an der Königsstrasse in Strassburg (Els.) am 12. XI. 1899. Bearb. bei der kaiserl. Ober-Postdirektion in Strassburg (Els.). (Umschlag: Post u. Telegraphie in Strassburg. Das neue Reichspostgebäude.) Lex.-8. (VI, 90 S. m. 19 Taf.) Strassburg 899. L. Beust. n. 5. —

**Denkschrift** zu der am Tage Elisabeth 19. Nov. 1823 vollzogenen Einweihung der Eilftausend-Jungfrauen-Kirche in Breslau ... Breslau 1825. V: *Geisheim, Karl.* (Monatsschr. v. u. f. Schlesien 1829, S. 606) (Zeitschr. f. Büch. 1923, S. 82)

Denkschrift zu der am Tage Elisabet 1823 vollzogenen Einweihung der Eilftausend-Jungfrauen-Kirche in Breslau. Mit 1 Abbild. der Kirche in Steindr. 8. Bresl. 825, Graß, Barth u. C.

DENKSCHRIFT über die Einwirkung des bürgerlichen Gesetzbuches auf die Engagementsverträge des Deutschen Bühnenvereins. Dem Deutschen Bühnenvereine überreicht von seinem Syndikus, Wirklichem Admiralitätsrathe Dr. FELISCH. Als Manuscript gedruckt. Jeder Nachdruck, auch der theilweise oder auszugsweise, ist untersagt. Berlin 1901. Druck und Verlag von Otto Elsner. 8°.

— für d. Einzug d. Kronprinzessin v. Preußen Elisabeth in Breslau, am 2. Sept. 1824. Mit 1 Steindr. 8. Bresl. 825. Graß, Barth u. C. 4 ⁹⁄

Denkschrift über die von Pasing über Landsberg nach Buchloe zu erbauende Eisenbahn. 4° München 1863

Denkschrift der französisch-schweizerischen Eisenbahn gegen den Stand Waadt. Juli 1856.

Denkschrift betreffend die Eisenbahn Fürstenwalde-Cottbus-Bautzen. 1855.

Denkschrift (über die) Luxemburg—Trier—Mannheimer Eisenbahn. (Trier 1850.) 4°.

Denkschrift zur erzgebirgischen und Chemnitz-Riesaer Eisenbahn-Angelegenheit. Freiberg 1850.

Denkschrift der Berlin-Anhaltischen Eisenbahngesellschaft gegen die Anlage einer directen Eisenbahn Potsdam-Magdeburg. Berlin 1844.

—— des Gießener Eisenbahn-Comité's über die Lenne-Lahn-Bahn. gr. 4. (30 S.) Gießen 866, (Ferber'sche Universitäts-Buchh.)

**Denkschrift** des kärntnerischen Eisenbahncomités über die durch das Kronland Kärnten zu führende Eisenbahn. Klgft., v. Kleinmayr, 1850. 15 S.

—— über das Eisenbahn-Project zur Verbindung der preuß. Lausitz mit dem Königr. Sachsen resp. die Herstellung einer direkten Bahnverbindung zwischen Berlin und Dresden. Officiell. Im Auftrage des Comité's. gr. 8. (9 S. mit 1 Stnt. in Fol.) Berlin 869, H. C. Schneider. *

Denckschrift über die Gratz-Köflacher Eisenbahn- und Bergbau-Unternehmung. Gratz, 1856. Druck von A. Leykam's Erben. (28 S. 4. Mit einem Stations-Plan und Längenprofil der vermöge der allerhöchsten Privilegiums-Urkunde vom 26. August 1855 zu erbauenden Lokomotiv-Eisenbahn von Gratz nach Köflach in Steiermark.)

Eisenbahndirektion. **Denkschrift** über das Oldenburgische E i s e n b a h n w e s e n . Aus Anlaß der 25-jährigen Dauer des Betriebes ... 1867–92. 1.–1892.

**Denkschrift** über die Eisenindustrie Oberungarns. An das hohe ung. Abgeordnetenhaus . . . [Kaschau 1861.] V: *Andrássy, Emanuel Graf* & *Emerich Fest.* (EB)

Denkschrift der Luxemburger Eisenindustriellen an Staatsminister Eyschen [über die Ausführung der projektierten Saar- und Mosel-Kanalisation]. Luxemburg, 1904. 35 S.

**Denkschrift** der am 6. September 1858 in Wien versammelten Eisen-Industriellen. *Wien* 1858. *J. B. Wallishausser.* 43 S. 5 Bl. 8°.

Denkschrift zur Eisenzollfrage v. d. Kaufmannschaft zu Stettin. Berlin 1876

Denkschrift, eine Elbinger. Zur Charakteristik des gegenwärtigen Preußischen Ministeriums u. seiner Organe. Zürich 858. Meyer u. Zeller. 8. (2 Bl., 62 S.) n. 12 ngr

**Denkschrift** in Betreff des Elbverkehrs und der Elbzölle. (Als M.S. gedruckt.) fol. Magdeburg 1847.

**Denkschrift** zur Elbzollfrage. (Vorlage für die Conferenz am 24. Oct. 1860.) 4°. Magdeburg.

— zur Enthüllung des Kaiserin Elisabeth-Denkmales in Wien. (55 S. m. 8 Taf.) Lex. 8. Wien 907. (R. Lechner's Sort.) 2.—

**Denkschrift** zur Enthüllungsfeier des Epitaphiums, welches die Königliche Polytechnische Schule in Stuttgart ihren im deutsch-französischen Kriege 1870-71 gefallenen Zöglingen in der Aula des Schulgebäudes errichtet hat. Begangen am 2. Dez. 1873. Stuttgart: Spemann 1874. 19 S., 1 Taf. 4°

DENKSCHRIFT ZUR ENTHÜLLUNGS-FEIER DES COPERNICUS DENKMALS ZU THORN. Herausgegeben vom Copernicus Verein. Lithographieen: 1) Das Denkmal. 2) Ein Facsimile der Handschrift. Thorn, 1853. Gedruckt in der Rathsbuchdruckerei. 8°.

**Denkschrift** über eine verhängnisvolle Entscheidung des Reichsgerichts zu Leipzig betreffend die . . . Prozesssache der Crossen'er Fischerinnung wider den Besitzer von Gipsthal . . . Züllichau 1893. V: *Gips, Paul.* (Berl)

— über e. verhängnißvolle E n t s c h e i d u n g d. Reichsgerichts zu Leipzig betr. die im weiten Umkreise bekannt gewordene Prozeßsache der Crossen'er Fischerinnung wider den Besitzer v. Gipsthal (Gips). Hrsg. v. demselben. gr. 8. (16 S.) Züllichau 893. (H. Liebich.) — 50

**Denkschrift** über das E n t s t e h e n und die Entwickelung des Verbandes der Eisenbahntechniker der preußisch-hessischen Staatsbahnen. (E. V.) Hrsg. von d. Verbandsvorst. im Jan. 1909. (Köln 1909): Kölner Verl.-Anst. u. Dr. 30 S. 8°

**Denkschrift** über die Entstehung der Einheit im deutschen Postwesen durch Trennung des Briefpostwesens vom Fahrpostwesen und die innigere Verbindung des letzteren mit den Eisenbahnunternehmungen. Allen Regierungen etc. etc. in Deutschland gewidmet. Berlin 1845.

**Denkschrift** über [die] Entstehung und erste Einrichtung der von der zu Rath und That verbundenen Gesellschaft zu Dresden gegründeten Freyschule. Dresden 1823. V: *Wagner, Adam Carl Gg.* (Ky) (MGT)

**Denkschrift** über Entstehung und Entwicklung der Aktiengesellschaft für Feinmechanik vormals Jetter & Scheerer, Tuttlingen. 1867–1904. (Stuttgart 1904: Staehle & Friedel.) (30 S.) 4° [F. u. Ant.] 05. 5759 10

—— über die Entstehung und Entwickelung des evangel. Vereinshauses zu B r e s l a u , den Wohlthätern desselben bei der feierl. Grundsteinlegung des neuen Anstaltsgebäudes überreicht und mit den dazu gehör. Beilagen in den Grundstein gelegt am Sonntage Cantate 28. April 1872, 4 Uhr Nachmittags, von dem Vorstande des evangel. Vereinshauses. 2. Aufl. gr. 8. (11 S. mit eingedr. Holzschn.) Leipzig 872, (Bredt.) *

**Denkschrift** über die Entstehung der Ortsgemeinde Florisdorf im Jahre 1787. Florisdorf 1787. V: *Nagl, J.* (Baer 531/1391) (Biblport)

**Denkschrift** betr. die finanzielle Entwickelung der Invaliditäts- u. Altersversicherungsanstalten u. der zugelassenen besonderen Kasseneinrichtungen. Fol. Berlin, C. Heymanns Verl., 1897.

**Denkschrift** über die Entwicklung der Fortbildungsschulen u. der gewerblichen Fachschulen in Preussen, soweit dieselben zum Ressort des Ministeriums für Handel u. Gewerbe gehören, während der Jahre 1883—1890 [und] 1891—1895 [von K. Lüders u. O. Simon. Berlin: Heymann 1891, 1896]. (2°.) 4°.

**Denkschrift** über die Entwickelung der gewerblichen Fortbildungsschulen und der gewerblichen Fachschulen in Preussen, soweit sie z. Ressort d. Minist. f. Handel u. Gewerbe gehören, jedoch mit Ausschluss d. Navigationssch. u. d. Unterrichtsanst. f. d. Bergfach, während d. Jahre 1891 bis 1895 ... den Mitgl. d. ständ. Kommiss. f. d. techn. Unterrichtswesen vorgelegt im Jan. 1896. *(Berlin 1896: Reichsdr.)* (131 S.) 4° [... 1678

—— betr. die geschichtl. Entwickelung d. Revision d. Lehrpläne u. Prüfungsordnungen f. höhere Schulen, sowie Gesichtspunkte f. die vorgenommenen Aendergn. gr. 8. (11 S.) Berl. 892, Besser. * — 20

**Denkschrift** über die Entwicklung des Oesterreichischen Handelsschulwesens während der fünfzigjährigen Regierung seiner Majestät des Kaisers Franz Joseph I. Herausgegeben auf Grund von Originalberichten der Schuldirektionen vom Vereine der Lehrkräfte an österreichischen Handelslehranstalten unter seinem Obmanne Professor Anton Kleibel. Wien. 1899. Hölder. Lex.-8°. VIII, 560 S. fl. 12.—

Denkschrift betreffend die Entwicklung von Kiautschou. Abgeschlossen Ende Oktober 1898. (Berlin 1898.) 43 S., 3 Krt. 4°.

— betr. die Entwicklung v. Kiautschou. Mit Genehmigg. des kaiserl. Reichs-Marine-Amts u. unter Benutzg. des amtl. Schriftsatzes. Fol. (41 S. m. 3 farb. Karten.) Berlin 899. R. v. Decker. n. 2. —; kart. n. 3. —

— betr. die Entwickelung des Kiautschou-Gebietes in der Zeit von Oktbr. 1898 bis Oktbr. 1899. Ausgearb. im Reichs-Marine-Amt. hoch 4. (41 S. m. 3 Karten u. 4 Taf.) Berlin 899. D. Reimer. n. 8. —

— dasselbe vom Oktbr. 1899 bis Oktbr. 1900. hoch 4. (53 S. m. 3 farb. Karten u. 5 Taf.) Ebd. 901. n. 5. —

Denkschrift betreffend die Entwickelung des Kiautschou-Gebiets in der Zeit vom Oktober 1900 bis Oktober 1901. Berlin 1901. 11 S., 12 Tf., 3 Krt. 4°.

— dasselbe vom Oktbr. 1900 bis Oktbr. 1901. hoch 4. (52 S. m. 3 farb. Karten u. 12 Taf.) Ebd. 902. n. 5. —

— betr. die Entwickelung des Kiautschou-Gebiets in der Zeit vom Oktbr. 1901 bis Oktbr. 1905. hoch 4. Berlin (D. Reimer). à n. 3. —
1901—1902. (40 S. m. 2 Karten u. 9 Taf.) 903.
1902—1903. (68 S. m. 12 Taf. u. 1 Karte.) 904.
1903—1904. (69 S. m. 10 Taf. u. 2 Karten) 905.
1904—1905. (69 S. m. 11 Taf.) 906.

**Denkschrift** betr. d. Entwickel. des Kiautschou-Gebiets in der Zeit v. Oktbr. 1905 bis Oktbr. 1909. 31×22 cm. Berlin, (D. Reimer.) 11. 50
1905—1906. (65 S. m. 10 Taf. u. 1 Karte.) 907. 3. —
1906—1907. (79 S. m. 4 Taf.) 908. 3. —
1907—1908. (85 S. m. 5 Taf., 1 farb. Karte u. 1 farb. Plan.) 909. 3. —
1908—1909. (70 S. m. 8 Taf.) 910. 2. 50

**Denkschrift** über die Entwicklung der nebenbahnähnlichen Kleinbahnen in Preußen. Berlin. 1905. 4°.

—— betr. die Entwickelung der kaiserl. Marine und die sich daraus ergeb. materiellen und finanziellen Forderungen. gr. 4. (96 S.) Berlin 873, (Kortkampf.) *

**Denkschrift über die Entwickelung der Schutzgebiete** in Afrika und der Südsee im Jahre 1906/07. (Reichstag, 12. Leg per. I. Sess. 1907/08, Drucksache No. 622.)
Teil A. Allgemeines.
» B. Deutsch-Ostafrika.
» C. Kamerun.
» D. Togo.
» E. Deutsch-Südwestafrika.
» F I. Deutsch-Neu-Guinea (Altes Schutzgebiet: Bismarck-Archipel und Kaiser-Wilhelmsland).
» F II. Deutsch-Neu-Guinea, Inselgebiet (Ost-Karolinen, West-Karolinen mit Palau und Marianen und Marschall-Inseln).
» G. Samoa.
Anhang. Missionsberichte.

— üb. die Entwickelung der Schutzgebiete in Afrika u. der Südsee im J. 1908/09. Tl. A—G. m. Anh. 31×22 cm. Berlin (910.) C. Heymann. 14. —
A. Allgemeines. (77 S.) 1.—. — B. Deutsch-Ostafrika. (229 S. u. Bl. 230—242 m. Abbildgn.) 3.30. — C. Kamerun. (134 S. u. Bl. 135—140 m. Abbildgn. u. 1 farb. Karte.) 2.20. — D. Togo. (147 S. u. Bl. 148—158 m. Abbildgn.) 2.20. — E. Deutsch-Südwestafrika. (120 S. u. Bl. 121—133 m. Abbildgn.) 1.60. — F1. Deutsch-Neu-Guinea. (Altes Schutzgebiet: Bismarck-Archipel, Salomons-Inseln u. Kaiser-Wilhelmsland.) (50 S. u. Bl. 51 u. 52 m. Abbildgn.) — 80. — F2. Deutsch-Neu-Guinea, Inselgebiet. (Ost-Karolinen, West-Karolinen m. Palau u. Marianen, Marschall-Inseln.) (49 S. u. Bl. 50—53 m. Abbildgn.) — 80. — G. Samoa. (34 S. u. Bl. 35 u. 36 m. Abbildgn.) — 60. — Anh.: Missionsberichte. (96 S.) 1.20.

— dasselbe: Reichstag. 12. Legislatur-Periode. II. Session 1909/1910. Zu Nr. 179. 4 Tle. (77; 229 S., Bl. 230—242 m. Abbildgn.; 134 S., Bl. 135—140 m. Abbildgn. u. 1 farb. Karte; 147 S., Bl. 148—158 m. Abbildgn.; 119 S., Bl. 121—133 m. Abbildgn.; 50 S., Bl. 51 u. 52 m. Abbildgn.; 49 S., Bl. 50—53 m. Abbildgn.; 34 S., Bl. 35 u. 36 m. Abbildgn. u. 96 S.) 31×22 cm. Berlin 910. E. S. Mittler & Sohn. 6. —

**Denkschrift** über die Entwicklung des »Zinstragenden Sparhafens« 1850/90. Zürich 1890. V: *Wiesendanger, Ulrich & Heinrich Häderli.* (Cat. d. Stadtbibl. Zürich. Zürich 1864—97.)

Denkschrift über die Entwicklung der Großherzoglich Hessischen Staatsforstwirtschaft seit 1900. Anlage Nr. Ia zum Hauptvoranschlag des Großherzogtums Hessen für 1900. - Darmstadt 1910. 14 S.

**Denkschrift** über die Entwicklung des Verkehrs auf dem Dortmund-Ems-Kanal und im Emder Hafen. (Nebst 20 Anlagen.) *Münster i. W. 1904: J. Bredt.* (40 S.) 4° [F.] [04. 11538 6

**Denkschrift** über die Entwickelung der Volksbibliotheken in Breslau. O. O. [ca. 1896.] V: *Wetekamp, Wilhelm.* (Kat. d. Druckschr. üb. Breslau. Breslau 1903. S. 339.)

**Denkschrift** betreffend die weitere Entwickelung der kaiserlichen Marine. Dem Deutschen Reichstage vorgelegt in der vierten Session der fünften Legislaturperiode. Fol. (41 S.) Berlin 884, C. Heymann's Verlag. *
—— dass. — Fol. (39 S.) Berlin 884, (Mittler und Sohn.) *

**Denkschrift** betreffend den Allgemeinen Entwurf zur Verbesserung der Vorfluth an der unteren Oder. Berlin 1900: J. Sittenfeld. (33 S.) 4° [F.] [06. 65 9

—— zu dem Entwurfe eines neuen Eisenbahnnetzes der österreichischen Monarchie. Verfasst im Auftrage des k. k. Ministeriums für Handel und Volkswirthschaft. Lex.-8. (IV und 31 S. mit 1 chromolithogr. Karte in Imp.-Fol.) Wien 864, (Manz'sche Buchh.) * *

Verband der Deutschen Juden. — DENKSCHRIFT zum Entwurf eines Gesetzes betreffend die Unterhaltung der öffentlichen Volksschulen. Berlin 1906. Druck von H. S. Hermann. fol.

[F.] **Denkschrift** zum Entwurf eines Bürgerlichen Gezetzbuchs für das Deutsche Reich ... (In 4 Heften.) *[Berlin: Reichsdr. 1895.]* [Drucksachen d. Bundesrathes. Beilage zu No 103, 1895.] (IV, 288 S.) 1 Bd 4. [97. 1061

[F.] **Denkschrift** zum Entwurf eines Bürgerlichen Gesetzbuchs nebst 3 Anlagen. *Berlin: J. Guttentag 1896.* (XIII, 396 S.) 1 Bd 8. [96. 1833

[F.] **Denkschrift** zum Entwurf eines Bürgerlichen Gesetzbuchs nebst drei Anlagen. Dem Reichstage vorgelegt in d. 4. Sess. d. 9. Legislaturperiode. *Berlin: O. Liebmann 1896.* (XI, 603 S.) 1 Bd 8. [96. 3347

[F.] **Denkschrift** zum Entwurf eines Bürgerlichen Gesetzbuchs nebst drei Anlagen. Dem Reichstage vorgelegt in d. 4. Sess. d. 9. Legislaturper. *Berlin: F. Vahlen 1896.* (XI, 603 S.) 1 Bd 8.
= Beiträge z. Erläuterung d. Deutschen Rechts. 1896. Bes. Beil. [No 2.] [96. 992

— dasselbe. gr. 8. (XI, 603 S.) Leipzig 896. C. E. M. Pfeffer. n. 3. 20

— dasselbe. D. Reichstage vorgelegt in d. 4. Session d. 9. Legislaturperiode. 6., unveränd. Aufl. gr. 8. (XI, 603 S.) Berlin 898. C. Heymann's Verl. n. 3. —; geb. n. 3. 60

Denkschrift zum Entwurf eines Bürgerlichen Gesetzbuchs nebst drei Anlagen, ergänzt durch Hinweise auf d. Beschlüsse d. Reichstages sowie auf d. Paragraphen d. BGB. u. seiner Nebengesetze von H. Jäntsch, Amtsrichter. Berlin: J. Guttentag 1899. (XVI, 416 S.) 8°

**Denkschrift** über den Entwurf einer allgemeinen deutschen Gewerbe-Ordnung des Handwerker- und Gewerbe-Congresses. Verfasst von dem allgemeinen Arbeiter-Congress zu Frankfurt a. M. im Aug. u. Sept. 1848. gr. 8°. Darmstadt, Pabst, 1848.

**Denkschrift** über den Entwurf eines Reichsgesetzes, betreffend die Freiheit der Religionsübung. ⟨Hrsg. im Auftr. d. Deutschen Ev. Kirchenausschusses.⟩ Berlin (1904): F. Heinicke. (31 S.) 4° [F.] 08. 6719 9

— über den Entwurf e. Reichsgesetzes, betr. die Freiheit der Religionsübung m. Anlage. (Hrsg. im Auftrage des deutschen evangel. Kirchenausschusses.) (S. 65—112.) gr. 8. Stuttgart 905. C. Grüninger. n. — 30
Sonderabdruck aus: „Allg. Kirchenbl. f. d. ev. Deutschland".

— zu dem von den Königl. Regierungen von Preußen, Sachsen u. Hannover vorgelegten Entwurf der Verfassung des deutschen Reichs d. d. Berlin, 11. Juni 1849. gr. 4. (21 S.) Berlin 849, Decker. 3 ngl

Denkschrift zu dem von den Königlichen Regierungen von Preußen, Sachsen und Hannover vorgelegten Entwurfe der Verfassung des deutschen Reiches. D. d. Berlin 11. Juni 1849. Leipzig, B. G. Teubner, 1849. 30 S. 8°.

Deutscher Verein für Internationales Seerecht. Denkschrift zu den Entwürfen des Comité Maritime International. Hamburg 1903.

— zu den den beiden Häusern d. Landtages der Monarchie vorgelegten Entwürfen der Steuerreformgesetze. Nebst Anlagen. (Drucksachen d. Abgeordnetenhauses. 17. Legislaturperiode. V. Session 1892/93.) Fol. (48 u. 79 S.) Berlin 892. (W. Moeser.) n. 4. —

—— des Episcopates der oberrheinischen Kirchenprovinz in Bezug auf die königl. würtemberg., großherzogl. bad., großherzogl. hess. und herzogl. nassauische allerhöchste Entschließung vom 5. März 1853 in Betreff der Denkschrift des Episcopates vom März 1851. 1. und 2. Aufl. gr. 8. (122 S.) Freiburg im Br. 853, Herder'sche Vrlgsh. *

— über die Erbaunng e. neuen Handels- u. Industriehafens im Osten der Stadt Frankfurt a. M. Bearb. vom städt. Tiefbauamt. (Der Osthafen in Frankfurt a. M.) (118 S. m. Abbildgn. u. 10 Taf.) Lex. 8. Frankfurt a. M. (907). (Reitz & Koehler.) Geb. in Leinw. 6. —

**Denkschrift** über die Erbauung eines neuen Handels- und Industriehafens im Osten der Stadt Frankfurt a. M. Bearb. v. städt. Tiefbauamt. Frankfurt a. M. 1907: Schirmer & Mahlau. (118 S., 9 Taf.) 4°
[Umschlagt.:] Der Osthafen in Frankfurt a. M. 07. 11257

Denkschrift über Erbauung einer Turnhalle in der Stadtgemeinde Schrobenhausen, Schrobenhausen 1908, 16 S., 8°.

Denkschrift üb. d. Erbauung e. Turnhalle in Warnsdorf, Warnsdorf 1874, 4 S., 2 Tab., 2 Bl., 2°.

Denkschrift üb. die Ereignisse im Großherz. Posen seit dem 20. März 1848. Aus d. Akten des K. Preuß. Ministeriums d. Innern. gr. 8. (66 S.) Berlin 848, Wiegandt (u. Grieben.) n. 1/3 rf

Denkschrift an die Ereignisse im Lande Uri vor hundert Jahren. [Mit 1 Vignette. 1 Ansichts-Tafel. 1 Plan und 1 Karte.] (Histor. Njbl. Uri 1899.) kl.-4. (Altdorf 1899.)
(Inhalt: 3 *einzeln paginierte Beiträge, nebst* Mitglieder-Verzeichnis der Gesellschaft für Geschichte und Alterthümer von Uri.)
[Nr. 1 *u.* 2.] *s.* Hoppeler, Rob(ert). — [Nr. 3.] *s.* Segesser, [Heinrich Victor] von. — [Nr. 4.] *s.* Muheim, G(ustav). — [Nr. 5.] *s.* Fornara, M[aria] Clara Isabella.

**Denkschrift** über die bei den Massregeln zur Bekämpfung der Rinderpest gemachten Erfahrungen. o. O. (1872.) 34 S. 4°

—— betreffend die bisherigen Erfolge der im Laufe des J. 1880 eingetretenen Erweiterung und Konsolidation des Staatseisenbahnbesitzes. Fol. (110 S.) Berlin 880, C. Heymann's Verlag. *

DENKSCHRIFT ÜBER DIE ERFORDERNISS EINES PRESSGESETZES MIT SCHWURGERICHT. (Unterzeichnet: Leipzig, im März 1848. Der Schriftstellerverein. In dessen Namen und Auftrag der Vorstand. KARL HALTAUS. GUSTAV KÜHNE. HEINRICH WUTTKE. Leipzig. Druck von F. A. Brockhaus.) 4°.

**Denkschrift** über das Ergebnis der zur Prüfung der Frage nach der Einführung eines Dreimarkstücks angestellten Ermittelungen. Vom 9. Mai 1906. (Reichstag, 11. Leg.-Per. II. Sess. 1905/1906, Drucksache Nr. 398.)

— über die Ergebnisse der allgemeinen industriellen Export-Enquête. Von dem Enquête-Comité erstattet dem österreich.-ungar. Export-Vereine in Wien. gr. 8. (66 S.) Wien 874. (Gerold's Sohn.) n. 1. 30

Institut für Meereskunde. Berlin, Oktober 1900. **Denkschrift** über die Ergebnisse einer Studienreise nach Frankreich, England und Holland für die Ausgestaltung des Instituts für Meereskunde zu Berlin. Berlin 1900: Sittenfeld. 63 S. 4°

Denkschrift über die Erhaltung der Moldauwehren Aus Anlaß der Entlastung der emphyteutischen Mühlen in Prag. Prag. 1855. Druck der C. Vetterl'schen Buchdruckerei. (54, IV, V, IV, V, VI, XII S. und 3 Tab. 8.)

— die Erhöhung der Eisenbahn-Güter-Tarife betr. Auf Veranlassung d. Herrn Reichskanzler's verf. im Reichs-Eisenbahn-Amt. gr. 4. (86 S.) Berlin 874. C. Heymann's Verl. n. 3. 60

**Denkschrift** zur Erinnerung an das 50jährige Bestehen der Arenbergschen Actien-Gesellschaft für Bergbau und Hüttenbetrieb zu Essen (Ruhr). Zechen Prosper I—VI bei Borbeck u. Bottrop. 1856—1906. Mit 3 Heliograv., 17 Lichtdr., 1 Steindr., 12 Pl. u. 38 Textabb. Düsseldorf 1906: Bagel. 87 S. 4°

Denkschrift zur Erinnerung an das 50jährige Bestehen der Maschinenbau-Anstalt Humboldt in Kalk bei Köln a. Rh. 1856—1906. Köln 1906. 116 S. 4°
[Umschlagt.:] Humboldt-Kalk. 1856—1906. 50 Jahre deutscher Arbeit.

**Denkschrift** zur Erinnerung an das 50jährige Bestehen der Maschinenbau-Anstalt Humboldt in Kalk bei Köln a. Rhein. 1856—1906. [Mit Abb. u. 1 Kt.] Köln 1906: DuMont Schauberg. 116 S. 4°

— zur Erinnerung an das 50jährige Bestehen d. herzogl. Realgymnasium, vormals Realschule u. Progymnasium zu Saalfeld. gr. 4. (V, 75 S.) Saalfeld 887. Niese. n. 3. —

**Denkschrift** zur Erinnerung an die Eröffnung des Neubaues des Bayerischen Gewerbemuseums in Nürnberg am 19. Juni 1897. (Nürnberg 1897)

—— zur Erinnerung an die Gedächtnißfeier d. 150jähr. Bestehens d. evangelisch-reformirten Gotteshauses zu Mitau am 11. Novbr. 1890. gr. 8. (56 S.) Mitau 891, Felsko. * 1 50

Georg der Fromme, Landgraf zu Hessen, der Stifter des Hessen-Darmstädtischen Regentenhauses. DENKSCHRIFT zur Erinnerung an den vor dreihundert Jahren, am 7. Februar 1596, verstorbenen Fürsten, veröffentlicht von dem Historischen Verein für das Großherzogtum Hessen. Mit dem Porträt des Landgrafen, den Abbildungen des Paradebettes, des Leichenbegängnisses und des Denkmals in der Stadtkirche zu Darmstadt sowie einer Stammtafel. Darmstadt 1896. Verlag von Arnold Bergstraesser. 8°.

Denkschrift zur Erinnerung an die Jubelfeier der fünfzigjährigen Amtsführung... Hrn. Alt-Antistes Dr. Georg Gessner. Zürich 1841 s.a. [Wolf, Johann Caspar].

— zur Erinnerung an die Jubelfeier der 50jähr. Amtsführung Sr. Hochw. Hrn. Alt-Antistes Geo. Geßner, Pfarrer am Großmünster in Zürich. Am 21. Oct. 1841. 8. Zürich 841, Orell, Füßli u. Comp. 1/4 rf

— zur Erinnerung an die 200jährige Jubelfeier der reformirten Gemeinde zu Frankenberg in Kurhessen am 14. Sonntag nach Trinit., den 21. Septbr. 1862. gr. 8. (84 S.) Marburg 862, Elwert'sche Universitäts-Buchh.

**Denkschrift** zur Erinnerung an die erste Säcularfeier der Dreifaltigkeitskirche in Altona am 8. September 1843. Altona 1843. V: *Schaar, Johann Georg Christoph.* (A)

— zur Erinnerung an die Verdienste des in Dresden am 30. Juni 1817 verstorb. k. s. Bergraths Werner und an die Fortschritte bei der Bergakademie zu Freiberg nebst einer übersichtl. Nebeneinanderstellung der Mineralsysteme Werners und seiner Nachfolger bei dieser Akademie. Auch einige Beiträge im Bezug auf mittelbare Folge der Wernerschen Wirksamkeit. Unter Beihilfe einiger Freunde der Mineralogie hrsg. von T. L. Hasse. gr. 4. (XII und 175 S. mit W's. Bildn. und Abbild. zweier Denkmäler in Stndr.) Leipzig 848, Arnoldische Buchh. *

Denkschrift zur Erinnerung an die 150jährige Zusammengehörigkeit des Rasselsteiner Eisenwerks (bei Neuwied) mit der Familie Remy. 1760—1910. — (Köln 1910: Weber.) 80 S., 2 Tab. 4° 38 A.

Denkschrift für die schleunige Erlassung eines Entschädigungsgesetzes für die durch Gesetz vom 31. Oktober 1848 betroffenen Jagdeigenthümer. Düsseldorf 1851. 20 S. 8.

**Denkschrift, Erläuternde,** über die vom Erzherzog Joseph von Oestreich . . . angestellte Nullitäts Querel. Halberst. [1819]. V: *Harscher von Almendingen, Ldw.* (Ky) (MGT) (Wa)

— erläut., über d. v. Erzherzog Joseph v. Oesterr. ꝛc. gegen den regier. Herzog v. Anhalt-Bernburg angestellte Nullitäts-Querel; (Gültigkeit d. Schenkung d. Schloßes u. Vorwerks Zeitz ꝛc. betreffend), (v. L. H. v. Almendingen,) 8. Halberst. 819. Helm. 3 ℛ

Denkschrift, Erläuternde, zu der Vorschrift über die Volkszählung. kl. Fol. Wien 1857.

Denkschrift zur Erläuterung des Friedens-Tractats vom 2. Juli 1850. o. O. (1850.) 4°.

Denkschrift über die Ermittelung der wirtschaftlichen Ergebnisse des staatlichen Bergwerks-, Hütten- und Salinenbetriebs in Preussen. (Berlin 1909). 2°

**Denkschrift.** Die Erneuerung des Handelsvertrags zwischen dem Zollverein und Belgien betreffend. Berlin 1850. V: *Böcking, H.* (EB)

— zur Eröffnung der Bahn Ebingen-Onstmettingen, 13. VII. 1901. Gewidm. dem Präsidenten d. kgl. Generaldirektion der Staats-Eisenbahnen Herrn Staatsrat v. Balz v. der Amtskorporation Balingen. qu. gr. 8. (19 S. m. Abb. u. 1 Bildnis.) Ebingen (901). (U. Neffsen.) n. — 40

— über d. feierl. Eröffnung d. königl. evangel. Gymnasium zu Ratibor am 2. Juni 1819, nebst d. dabei gehalt. Reden des v. Wachler u. Linge, herausg. v. E. Linge. 8. (Ratibor 821. Juhr.) 8 gl

[Denkschrift zur Eröffnung von Museum und Saalbau der Stadt Solothurn. [Mit zahlreichen Abbildungen im Text und 9 + 1 Tafeln.] II + IV + 252 S. 4. Solothurn, Buch- und Kunstdruckerei Union, 1902. [fr. 4. —]

— zur Eröffnung v. Museum u. Saalbau der Stadt Solothurn. gr. 4. (III, 252 S. m. Abbildgn. u. 9 Taf.) Solothurn 902. (A. Lüthy.) n. 4. —

**Denkschrift** zur Eröffnung des Reichs-Postgebäudes an den Dominikanern in Cöln . . . Cöln [1893]. V: *Wagener, Carl.* (Berl)

— zur Eröffnung d. Reichs-Postgebäudes an den Dominikanern in Cöln (Rhein). Novbr. 1893. gr. 8. (VI, 102; 8, 4, 7, 5, 2, 7 u. 4 S. m. Abbildgn., 1 Fksm.-Taf., Lichtdr.-Titel u. 3 Grundrissen.) Köln, (J. G. Schmitz). n. 3. —

— zur Eröffnung des neuen Reichs-Post- u. Telegraphengebäudes in Karlsruhe (Baden) am 18. X. 1900. Lex.-8. (V, 49 S. m. 5 Plänen u. 14 Lichtdr.-Taf.) Karlsruhe 900. Ch. F. Müller. Geb. in Leinw. n. 4. —

Denkschrift zur Eröffnung der Tonhalle in St. Gallen. (Dezember 1909.) [Mit Illustrationen und 12 Tafeln.] 76 S. 8. St. Gallen, Verlag der Tonhalle-Gesellschaft (**Umschlag:* Buchdr. Zollikofer & Cie.), Dezember 1909. [fr. 1. 50]

**Denkschrift** zur Eröffnung der Bahn Vaihingen-Sersheim Vaihingen-Enz-Enzvaihingen. Samstag, 15. Okt. 1904. [Vaihingen a. E. 1904. V: *Marquard, Alfr.* (Kat. der ständ. Bibl. Stuttg. 1907 S. 671.)

**Denkschrift** herausgegeben aus Anlass der Eröffnung des Verbandsheims und der Aufstellung der an demselben angebrachten Schulze-Delitzsch-Büste. [Wien 1910.] V: *Wrabetz, Carl.* (EB)

— zur Eröffnung der Ziederthalbahn Landeshut-Albendorf im Herbst 1899. (Von Herm. Rinkel.) Neue Ausg. m. Fahrplan der Ziederthalbahn Landeshut-Albendorf. Sommer 1901. qu. gr. 8. (3 u. 22 S. m. Abb.) Landeshut (901). (Warmbrunn, M. Leipolt.) Geb. in Halbleinw. n. — 50

Denkschrift zur Errichtung d. Kreis-Irrenanstalt Ansbach, hrsg. v. Kreise Mittelfranken. (Die Irrenanst. des Kreises Mittelfranken.) (XV, 529 S. m. Abb. u. Taf.) Lex. 8. Ansbach 904. (F. Seybold.) 12.—; geb. 13. 50

— üb. die Errichtung einer deutschen Flotte. Dem Marine-Congresse zu Hamb. vorgelegt vom Kieler Ausschusse. gr. 8. (39 S.) Kiel 848. (Naeck.) n. 3 1/2 ngl

— üb. d. Errichtg. e. obligator. kaufmännischen Fortbildungsschule z. Cassel v. e. prakt. Schulmann. gr. 8. (32 S.) Cassel 895. E. Hühn. n.n. — 50

Denkschrift zur geplanten Errichtung einer Reformschule in Degerloch bei Stuttgart. Verfasst im Auftrag des vorläufigen Ausschusses. (Mit Abbild.) Mergentheim: Thumm 1905.

Denkschrift betreffend die Errichtung einer Gewerbehalle in Aachen ⟨im Auftr. d. Oberbürgermeisters bearb. durch d. städt. statist. Amt⟩. Aachen 1908: La Ruelle. (27 S.) 4° [F.] (08. 148;6 5

**Denkschrift** betreffend die Errichtung von Gewerbekammern, sowie die Organisation und Zuständigkeit derselben. 8°. Dresden 1882.

**Denkschrift** über die Errichtung einer Handels-Academie in Graz. Graz [1862]. V: *Mitterbacher, Franz.* (JoanStyrA)

**Denkschrift** über Errichtung einer Handelshochschule in Köln. O. O. [1900.] V: *Gothein, Eberh.* (Berl)

**Denkschrift** betreffend die E r r i c h t u n g einer zweiten Handwerkerschule. Berlin. 1890. 8°

**Denkschrift** betr. die E r r i c h t u n g einer Heilanstalt f. lungenkranke Versicherte d. Norddeutschen Knappschafts-Pensionskasse zu Halle a. S. Halle a. S.: Buchdr. d. Waisenh. 1895. (13 S., 1 Kt.) 4°

—— betr. die Errichtung e. Kaiser-Wilhelm-Denkmals an der Porta Westfalica. gr. 8. (12 S.) Minden 889, (Köhler). — 25

**Denkschrift** über die E r r i c h t u n g einer dt. Kolonialgesellschaft z. Zwecke d. Erwerbs d. Pflanzungen im Bismarck-Archipel. (Hrsg. v. d.) Bismarck-Archipel-Gesellschaft. Als Manuskript gedruckt. Berlin: (Sittenfeld) 1909. 52 S. 4° (8°).

Denkschrift über die Errichtung einer staatlich geleiteten Mobiliar-Brandversicherungsanstalt, zugleich Bericht und Antrag des Abg. Dr. Jäger-Dillingen als Berichterstatter an den (XIII.) Ausschuß zur Beratung der Anträge der Verbesserung der wirtschaftlichen Verhältnisse im Königreich Bayern. München 1908.

DENKSCHRIFT betreffend die Errichtung einer gewerblich-technischen Reichsbehörde. (Leipzig. Druck von J. J. Weber.) (Ohne bes. Titelbl.) 8°.

Denkschrift über die Errichtung einer allgemeinen Rindviehversicherung in der Rheinprovinz, erstattet gemäß Beschlusses des 39. Rheinischen Provinziallandtages vom 3. V. 1895.

**Denkschrift** über die E r s c h w e r u n g e n beim Bau von Arbeiter-Kolonien für den Kalibergbau. Hrsg. vom Verein der Deutschen Kaliinteressenten. Magdeburg, 1910. 16 S.

**Denkschrift** über die Erstellung von Kleinwohnungen. Dem Stadtrate zu Ludwigshafen a. Rh. unterbreitet vom Vorstande der Baugenossenschaft. 8°. Ludwigshafen a. Rh. 1899.

Denkschrift f. die Erstrebung der Einheit im deutschen Postwesen durch die Trennung d. Brief-Postwesens vom Fahr-Postwesen u. die innigere Verbindung des letzteren mit den Eisenbahn-Unternehmungen. gr. 8. (2¼ B.) Berlin 845. [Danz.]

— für die Erstrebung der Einheit im deutschen Postwesen durch die Trennung des Brief-Postwesens vom Fahr-Postwesen und die innigere Verbindung des letzteren mit den Eisenbahn-Unternehmungen. gr. 8. Berlin 845, v. Puttkammer. 1/4 ß

—— in Betreff der im J. 1861 im städtischen Waisenhause zu Elberfeld geschehenen Erweckung, an die königl. Regierung zu Düsseldorf unter den 23. April 1861 eingereicht von Barner, Haffencamp, Köllner, Krafft, Künzel, Lichtenstein, Rinck. Nebst einigen anderen auf diese Angelegenheit bezügl. Aktenstücken. gr. 8. (29 S.) Elberfeld 861, (Bädeker'sche Buchh.) *

**Denkschrift** über Lord Elgins Erwerbungen in Griechenland. N. d. 2. engl. Ausg. bearb. Leipzig und Altenburg 1817. V: *Hamilton, William.* (JStBbH)

— über Lord Elgins Erwerbungen in Griechenland. Nach d. 2ten engl. Ausgabe bearbeitet. Mit e. Vorrede v. K. A. Böttiger u. Bemerkk. d. weimar. Kunstfreunde. Mit 1 Kpf. gr. 8. Leipz. 817. Brockhaus. 18 gl.

—— des Erzbischofs von Freiburg. Die Reform des Schulwesens betr. gr. 8. (82 S.) Freiburg im Br. 863, Herder'sche Verlagsh.

—— der Erzbischöfe und Bischöfe Bayerns anläßlich des neuen Gesetz-Entwurfes über das Volksschulwesen in Bayern. gr. 8. (29 S.) Regensburg 867, Pustet.

— der Erzbischöfe u. Bischöfe Bayerns anläßlich d. neuen Gesetz-Entwurfes über das Volksschulwesen in Bayern. Regensburg 868. Pustet. gr. 8. (29 S.) 4 ngr

**Denkschrift** der vom 1. – 20. Octob. 1850 zu Freysing versammelten E r z b i s c h ö f e u. Bischöfe Bayerns. München, J. G. Weiss, Universitätsbuchdr., 1850. 4°. 38 S.

—— der vom 1—20. Oktober 1850 zu Freysing versammelten Erzbischöfe und Bischöfe Bayerns. gr. 4. (12 S.) München 851, Rieger'sche Buchh. *

—— der am Grabe des hl. Bonifazius versammelten Erzbischöfe und Bischöfe über die gegenwärtige Lage der katholischen Kirche im deutschen Reiche. gr. 8. (32 S.) Paderborn 872, Schöningh. *

— der in Würzburg versammelten Erzbischöfe u. Bischöfe Deutschlands. gr. 4. (8 S.) Stuttgart 848, Metzler in Comm. 2 ngl

—— der in Würzburg versammelten Erzbischöfe und Bischöfe Deutschlands. gr. 4. (8 S.) Mainz 849, Wirth, Sohn.

**Denkschrift** an den Grafen zu E u l e n b u r g von deutschgesinnten Einwohnern der Stadt Flensburg. Ueberreicht am 19. Sept. 1849. Flensburg. 1849. 8°

Denkschrift u. Evangelium. Schlaglichter auf die schulpolitische Lage in Württemberg. Für Freunde d. Schule u. Kirche. gr. 8. (15 S.) Heilbronn 887. [Gebr. Henninger.] Ulm, Kerler. n. — 25

**Denkschrift, Zweite,** über die Expedition in der Krim und die Kriegsführung im Orient . . . A. d. Franz. Genf 1855. V: *Tavernier.* (Pr)

—— zweite, über die Expedition in der Krim und die Kriegführung im Orient, gerichtet an die Regierung Sr. Maj. des Kaisers Napoleon III. von einem Generalstabsoffizier. Aus dem Französ. gr. 8. (47 S.) Genf 855, Lauffer und Comp.

**Denkschrift** des österr.-ungar. Exportvereines über die vom Prinzen Liechtenstein und Genossen eingebrachten Anträge zur Abänderung des Gewerbegesetzes vom 15. März 1883. gr. 8°. Wien, Gerold, 1893.

**Denkschrift** des österreichisch-ungarischen Exportvereines zur Feier seines 25jährigen Bestandes. Wien 1897. V: *Schwarz, Adolph.* (EB)

[Kopft.][J.] Kais. Gesundheitsamt. **Denkschrift** über das F ä r b e n der Wurst sowie des Hack- u. Schabefleisches. Ausgearb. im Kais. Gesundheitsamt. *(Berlin: Dr. v. B. Paul 1898).* (26 S.) 1 Bd 4. [98. 11220

— über das Färben der Wurst, sowie des Hack- u. Schabefleisches. Ausgearb. im kais. Gesundheitsamt. hoch 4. (26 S.) Berlin 898. (J. Springer.) n. — 40

**Denkschrift** in Sachen des Johann Maria Farina in Paris Klägers, wider Johann Jakob Farina in Düsseldorf Beklagten, zur Begründung des von Ersterem gegen das Urtheil des Appelhofes zu Düsseldorf eingelegten Cassations-Gesuches. Köln 1817. V: *Sandt, A. von.* (KGBerlin I, 800)

**Denkschrift** zur Feier des 25jährigen Bestandes des Asyls für schwach- und blödsinnige Kinder zu Alsterdorf. — Norden 1888: Soltau. 31 S. 8°
(Briefe u. Bilder aus Alsterdorf. Jg. 12, Nr. 4. 1888.)

— zur Feier des 60jährigen Bestandes des Rumburger Deutschen Männergesangvereines „Cäcilia" Rumburg. 1850—1910. (74 S. m. 1 Bildnistaf.) 8. Rumburg 910. (H. Pfeifer.) nn — 85

**Denkschrift** zur Feier des zehnjährigen Bestandes der Volksbank in Bern, 1. Juli 1879, herausgeg. vom Verwaltungsrath. In-8°, 55 S. Bern, Stämpfli.

*Feuerassekuranzverein a. G. in Altona.* Denkschrift zur Feier seines 75jährigen Bestehens. Altona 1905.

— zur Feier des 75jährigen Bestehens der württembergischen Privat-Feuerversicherung auf Gegenseitigkeit in Stuttgart (1828—1903). (VI, 79 S. m. Abbildgn.) gr. 4. Stuttgart 903. W. Kohlhammer. n. 1.50

Denkschrift zur Feier des 25jährigen Bestehens von Ritter's Gewerbevorschule 1879-1904. (40 S) Stuttgart 1904

DENKSCHRIFT ZUR FEIER IHRES 25JÄHRIGEN BESTEHENS herausgegeben von der Philomathie in Neisse. (Mit Tabellen.) Neisse. 1863. Joseph Graveur. 8°.

WÜRTTEMBERGISCHER ALTERTUMS-VEREIN 1843—1893. DENKSCHRIFT zur Feier des fünfzigjährigen Bestehens des Vereins. Stuttgart. Herbst 1893. Stuttgart. 1893. Druck von W. Kohlhammer. 4°.

**Denkschrift** zur Feier ihres fünfzigjährigen Bestehens hsg. von der Schlesischen Gesellschaft für vaterländische Kultur. Bresl. 1853. V: *Goeppert*, *Hnr. Rob.*, *Aug. Kahlert* & *Gust. Adolph Stenzel.* (Ky)

—— zur Feier ihres funfzigjährigen Bestehens hrsg. von der schlesischen Gesellschaft für vaterländische Kultur: gr. 4. (V und 283 S. mit 9 Stnt.) Breslau 853, Max und Comp. *

Denkschrift zur Feier d. 50jähr. Bestehens der Gandenberger'schen Maschinenfabrik Georg Goebel <Inh. Jean Goebel> in Darmstadt. (1856—1906.) — (Darmstadt 1906: Hohmann.) 10 Bl. 4°

**Denkschrift** zur Feier des hundertjährigen Bestehens des Armenstifts des Vereins der jungen Kaufmannschaft zu Königsberg i. Pr. 6. Juli 1906. Königsberg i. Pr. 1906. V: *Herholz*, *Arthur.* (Berl)

Denkschrift zur Feier des hundertjährigen Bestehens des Armenstifts . . . , s.a. Herholz, Arthur

**Denkschrift** zur Feier des hundertjährigen Bestehens des Armenstifts des Vereins der jungen Kaufmannschaft zu Königsberg i. Pr. 6. Juli 1906. Königsberg i. Pr.: Hartung 1906. (73 S.) 8° [F.]
[Umschlagt.:] 100 Jahre Armenstift d. Vereins d. jungen Kaufmannschaft, Königsberg i. Pr. 08. 11715

Denkschrift zur Feier des 100jähr. Bestehens der Ostpreußischen Landschaft (Königsberg). — Königsberg 1888. 64 S. 4°

— zur Feier des 100jähr. Bestehens d. landwirtschaftlichen Vereins in Bayern. Unter der Mitarbeit d. folg. Mitglieder d. bayer. Landwirtschaftsrats: Attinger, Frhr. v. Cetto-Reichertshausen, v. Haag u. a. hrsg. v. bayer. Landwirtschaftsrat. Mit 2 (farb.) Kunstblättern, zahlr. Abbildgn., 1 (farb.) Karte u. verschied. statist. Taf. versehen. (VIII, 292 S.) gr. 8. München 910. (J. Lindauer.) nn 4.50; geb. in Leinw. nn 5. —

**Denkschrift** zur Feier des 100jährigen Bestehens des Landwirtschaftlichen Vereins in Bayern. Unter d. Mitarb. d. folgenden Mitglieder d. Bayer. Landwirtschaftsrats: Reg.R. Dr. (Johann) Attinger ... hrsg. v. Bayer. Landwirtschaftsrat. Mit 2 Kunstbl., zahlr. Abb., 1 Kt. u. verschiedenen statist. Taf. vers. München 1910: Manz. VIII, 292 S. 8° 10. 16271

Denkschrift zur Feier des funfzigjährigen Doctorats des Staatsraths Franz Hermann Hegewisch. Begleitet von einigen Erinnerungsworten an den schwarzen Tod in den Herzogthümern Schleswig und Holstein vor nunmehr fünfhundert Jahren v. Christian Heinrich Carl Mahr.
Hamburg. 1855. 8°

**Denkschrift** zur Feier der Einweihung des neuen Gebäudes der Königl. Polytechnischen Schule begangen im ersten Jahre der Regierung Seiner Majestät des Königs Karl von Württemberg am 30. September und 1. Oktober 1864 mit einem Beitrag zur Kenntniss der vaterländischen Kirchenbauten von C[hristian] F[riedrich] Leins. (Enth. auch den Jahresbericht für das Schulj. 1863/64.) 46 S., 7 Taf. 4°

**Denkschrift** zur Feier der Enthüllung des Strassburger Denkmals in Basel, hrsg. vom Regierungsrat des Kantons Basel-Stadt. Gr. in-8°. X, 114 S. Basel (Georg & Co.). 1895 5 —
*** *R. Wackernagel.* Die Unterstützung der Stadt Strassburg im Kriegsj 1870.

— z. Feier d. Enthüllg. d. Strassburger Denkmals in Basel, hrsg. v. Regierungsrat d. Kantons Basel-Stadt. gr. 8. Basel 895. (B. Schwabe.) n. 4. —
D. Unterstützg. d. Stadt Strassburg i. Kriegsj. 1870 v. Rud. Wackernagel. (X, 114 S.)

— über die Feier des Erinnerungs-Festes der ehemal. freiwilligen Krieger aus dem heil. Kampfe von 1813, 1814 u. 1815. gr. 8. Nordhausen 836. (Förstemann.) 1/6 ₰

Denkschrift zur Feier der Eröffnung der Eisenbahn und Lokalgewerbe-Ausstellung in Ebingen von Göbel. Ebingen 1878

Denkschrift zur Feier des 25. Jahrestages der Betriebseröffnung des Werkes von Haniel & Lueg, Düsseldorf-Grafenberg, 12. Febr. 1874. — Düsseldorf (1899): Bagel. 65 S. 4° 33 A. 83.

1823 — 1. Sept. — 1900. **Denkschrift** zur Feier des fünfundsiebzigjährigen Jubiläums der Firma Sieler & Vogel in Leipzig. [Mit Abb.] (Leipzig 1900: Weber.) 82 S. 4°

**Denkschrift** zur Feier des 25jährigen Jubiläum des „Flensburger Arbeiter-Bauverein" E. G. m. b. H. 1878. 22. Juni 1903. (Flensburg. 1903.) Fol.

— der Feier des 25jähr. Jubiläums des Schleizer Landschullehrer-Seminars am 2. Mai 1845, enthaltend die Vorträge, die bei dieser Festfeier gehalten worden sind. kl. 8. Schleiz 845, Bockelmann. 6 ngl

**Denkschrift** zur Feier des 25jährigen Jubiläums der Sparkasse Meran 1. Mai 1870—1. Mai 1895. Meran 1895. V: *Husterer, Johann Georg.* (Margr)

**Denkschrift** zur Feier des fünfzigjährigen Jubiläums des fürstbischöflichen Knabenkonvikts zu Breslau. O. O. 1902. V: *Lux*, *Carl.* (Kat. d. Druckschr. üb. Breslau. Breslau 1903. S. 326.)

—— zur Feier d. 50jähr. Jubiläums d. Anhalt-Dessau. Pastoral-Gesellschaft am 12. Juli 1837. gr. 8. (2½ B. u. Dr. Joh. Kasp. Häfeli's Bildn.) Dessau 837, Fritsche u. Sohn. *

**Denkschrift** zur Feier des fünfzigjährigen Jubiläums des Doctors der Medicin Christoph Heinrich Pfaff . . . Kiel 1843. V: *Hegewisch*, *Franz Herm.* (Schles)

**Denkschrift** zur öffentlichen Feyer des ... Jubiläums der Gnadenkirche ... von Teschen. Brünn 1809. V: *Klette von Klettendorf, Erdmann von.* (MGT)

**[Denkschrift.]** Zur Feier des fünfzigjährigen Stiftungsfestes der g. u. v. Loge zum goldnen Apfel i. O. Dresden. (Als Ms. f. Bbr. unsrer Loge.) [Dresden] 1827: Gårtner. 43 S. 8° [Umschlagtit.]
Enth. die Gesänge, Reden u. Toaste bei dieser Feier.

Denkschrift zur Feier des 40jährigen Stiftungsfestes des Gewerbevereins zu Zwickau. Zwickau 1886

**Denkschrift** zur Feier der 75jährigen Thätigkeit der Vaterländischen Feuer-Versicherungs-Actien-Gesellschaft in Elberfeld. 1823—1898. [Mit Abb.] Elberfeld 1898: Lucas. XII, 202 S. 8°

Denkschrift zur Feier der Vollendung der Lokomotive № 2000, gebaut durch die Schweizerische Lokomotiv- und Maschinenfabrik Winterthur. Juni 1909. [Illustriert.] 44 S. quer-4. (Winterthur, Buchdr. W'.)

— auf die bei dem 1100jähr. Jubiläum der Begründung des Bisthums Würzburg stattgefundenen Feierlichkeiten, nebst den während desselben in der Cathedralkirche gehaltenen Predigten. gr. 8. (Mit 1 Stahlst.) Würzburg 843, Etlinger'sche Verlagsh. 3/8 Thlr

Denkschrift Feldärzte Armee

Denkschrift in Sachen der Feldärzte der kaiserlich-königlichen österreichischen Armee a das Ministerium des Krieges. Die Reform der feldärztlichen Branche im österreichischen Kaiserstaate vom 11. März 1848, ihre Unzulänglichkeit und Entwurf einer zeitgemäßen Verbesserung. Aufhebung der k.k. medizinisch-chirurgischen Josephs-Akademie. 56 S., gbd.

Wien: Tendler 1848

**Denkschrift** zum dreifachen Feuerwehrfeste in Innsbruck in den Tagen des 13., 14 und 15. August 1882. Innsbruck 1882. V: *Waldner, Franz.* (MARGT)

**Denkschrift** über die Finanzen von Elsass-Lothringen bis zum Landes-Haushalts-Etat für 1876. 8°. Strasburg 1875.

**Denkschrift** des Grossherz. Finanzministeriums über die dermalige Lage des badischen Staatshaushaltes und deren Verbesserung. 4°. Carlsruhe 1885.

**Denkschrift** üb. d. Findelwesen. (19 S.) Prag 1861. Credner. —.80

**Denkschrift** über das Findelwesen. Hrsg. vom Vereine praktischer Aerzte in Prag. gr. 8°. Freiburg i. B., Herder, 1863.

— über das Findelwesen. Hrsg. vom Vereine prakt. Aerzte in Prag. gr. 8. (19 S.) Prag 863, (Credner.) *

**Denkschrift** zur Sache der Erben Florentin in actis benennt, wider Herrn Hubert Jehennet, substituirten Regierungs-Prokurator beim Kreisgericht zu Aachen, als anmasslichen Benefiziar-Erben der schulzischen Hinterlassenschaft. Coblenz 1814. V: *Denys.* (KGBerlin I, 802)

**Denkschrift** des Oberpräsidenten Herrn Flotwell über die Verwaltung des Groß-Herzogthum Posen vom December 1830 bis zum Beginn des Jahres 1841 nebst dem demselben seitens mehrerer Einwohner des Groß-Herzogthum Posen ertheilten Antwortschreiben. Straßburg (1841). 58 S. 8.

— über die nachtheil. Folgen d. hoh. Bayr. Eingangzolltarifs u. d. Bayr. Zollordn. v. J. 1828. Der hoh. Ständeversamml., Kammer d. Abgeord. eingereicht von 155 Kaufleuten u. Fabrikbesitzern d. Stadt Nürnberg. 1831. Monat Mai. gr. 4. (5¼ B.) Nürnberg, (Riegel u. Wießner.)

— über die Folgen, welche sich aus der für das Königr. Preußen erfolgten für das deutsche Reich in Aussicht genommenen Civilstandsgesetzgebung für die evangelisch-luther. Kirche ergeben. Vom Ausschusse der allgem. luther. Conferenz. 4. (46 S.) Leipzig 874, J. Naumann. *

**Denkschrift** zur Förderung der Leibesübungen unter der schulentlassenen Jugend, Dortmund 1907, 32 S., 8°.

Denkschrift zur Förderung des Schwimmens, m. Abb., hrsg. v. Bielefelder Amateur-Schwimm-Club, Bielefeld 1908, 28 S., 8°.

**Denkschrift** betreffend das gewerbliche Fortbildungsschulwesen in Königsberg. 4°. Königsberg, Gräfe u. Unzer, 1888.

— die Fortsetzung der Kinzigthalbahn betreffend Wolfach 1886

**Denkschrift** über den Frachtenverkehr in Deutschland. [Berlin 1868.] V: *Dietrich, G. & H. Maron.* (EB)

**Denkschrift** über die Frage der Einigung Deutschlands. Der deutschen National-Versammlung in Frankfurt gewidmet. [1848.] V: *Ostrow, Moriz Ritter von.* (Wen S. 119)

**Denkschrift** über die Frage: Findet im Fall der Trennung einer kinderlosen Ehe unter nicht eximirten Einwohnern der Stadt Alt-Stettin durch den Tod des einen Ehegatten, die Intestat-Erbfolge nach den Vorschriften des ALR. statt? Stettin 1835.

— c., zur Frage der Gehaltsaufbesserung des kathol. Klerus, v. Justus Expertus. 1. u. 2. Aufl. gr. 8. (à 11 S.) Würzburg 900. A. Göbel. n. — 25

**Denkschrift** in Betreff der Frage: Ist eine von den Hohen Deutschen Regierungen ausgehende Anerkennung: daß die Reichsgräflich Bentinck'sche Familie zum hohen Adel in Deutschland gehöre, keinem Bedenken unterworfen? Nebst 2 Nachträgen. (Von Dieck u. Eckenberg.) (A. Competenz-Frage. B. Adels-Frage in 2 Abthl.) 4 Hfte. gr. 4. Frankfurt a/M. u. Leipzig 843, B. Tauchnitz jun. 3/4 Thlr

— über die Frage der Jugendschriften in Hamburg, ausgearb. von der Jugendschriften-Kommission der hamburg. Gesellschaft zur Beförderg. der Künste u. nützl. Gewerbe (Patriot. Gesellschaft). gr. 8. (17 S.) Hamburg 899. L. Gräfe. n. — 20

Denkschrift über die Frage der Mobiliar-Feuerversicherung in Bayern. Dem Landtage vorgelegt vom Ministerium des Innern. München 1910.

— über die neuenburger Frage. 1856. gr. 8. (141 S.) (Bern 857, Blom.) *

**Denkschrift** z. Frage d. Neuregelung d. Dienst-, Gehalts- u. Pensionsverhältnisse der Staatsbeamten u. Staatsbediensteten. (336 S.) Lex. 8. München (908). (J. Lindauer.) 2. 80

**Denkschrift** betreffend die Frage eines Reichsscheckgesetzes. Von den Ältesten der Kaufmannschaft von Berlin. (Anlage zur »Korrespondenz«, Nr. 8, 1906.)

**Denkschrift** zu der Frage wegen Reorganisation der städtischen Feuer-Versicherungsanstalt. Breslau 1855. V: *Hübner, Carl.* (Kat. d. Druckschr. üb. Breslau. Breslau 1903. S. 109.)

**Denkschrift** zur Frage der Sonntagsruhe im Handelsgewerbe. 8⁰. Frankfurt a. M., 1899.

— zur Frage der Steuer auf Karten m. Bildern. Dem Hohen Reichstag, im besonderen den Mitgliedern der Steuerkommission, den Fachkreisen, Handelskammern u. der Presse gewidmet durch „Die Postkarte". (68 S.) gr. 8. Leipzig-Stötteritz 906. G. Jährig. n. — 20

Denkschrift, betr. die Frage der Überbürdung der Jugend an unsern höheren Schulen. Berlin ... 4. . . . . . . . . . . . . . . . . . . . . . . . . . .

Denkschrift z. Frage üb. d. Wasserversorg. d. Stadt Frankfurt a. M. 4° Frankfurt a. M. 1865 .

**Denkschrift** über die Frage: Welche weiteren gesetzgeberischen Maassnahmen erheischt der fortschreitende Niedergang der deutschen Landwirtschaft? (Bericht einer Kommission der Pommerischen ökonomischen Gesellschaft in der Generalversammlung zu Stolp am 26. Oct. 1885.) 8⁰. Berlin 1885.

Denkschrift des Kantons Freiburg in Erwiederung auf das Gesuch der Westbahngesellschaft um Gewährung einer Zwangs-Konzession. Freiburg 1855.

Denkschrift des Kts. Freiburg in Betreff der Eisenbahnlinie Peterlingen-Murten-Laupen. Freiburg 1855. 4.

Denkschrift des Kts. Freiburg betreffend das Zwangskonzessionsbegehren einer Eisenbahn durch das Broyethal. Freiburg 1870. Auch franz.

—— zur Freiligrath-Feier in Leipzig, am 6. Juli 1867. gr. 8. (16 S. mit dem Portr. Freiligrath's in Holzschn.) Leipzig 867, O. Wolgt.

—— Kurfürst Friedrich III. von Brandenburg an Kaiser Leopold I. über die Nothwendigkeit der Wiedererwerbung Straßburgs. 1696. Sr. Maj. Kaiser Wilhelm I. bei Allerhöchstdessen ersten Besuch im J. 1877 ehrfurchtsvollst überreicht von der Gemeindeverwaltung der Stadt Straßburg. (Feine Ausg.) Imp.-4. (12 S. auf holländ. Pap.) Straßburg 877, Schultz und Comp. *
Gewöhnl. Ausg. 4. * *

**Denkschrift** auf den König Friedrich II. von Preussen; aus d. Lat. Wien 1788. V: *Birkenstock, Joh. Melch. v.* (Ky)

— auf den König Friedrich II. o. Preußen; aus d. Latein. (des J. M. Birkenstock). gr. 4. Wien 788. (Heubner). 8 K (vergl. v. Birkenstock.)

— auf König Friedrich II. von Preußen. a. d. Lat. gr. 4. Wien, Kurzböck. 788.

— Sr. königl. Hoheit des Kurfürsten Friedrich Wilhelm I. von Hessen, betr. die Auflösung des deutschen Bundes u. die Usurpation des Kurfürstenthums durch die Krone Preußen im J. 1866. Prag 868. Satow. gr. 4. (63 S.) n. 10 *ngr.*
Auch in französ. Sprache zu gleichem Preise.

Denkschrift für den Frh. Theod. v. Fürstenberg, wohnhaft zu Neheim im Herzogthum Westfalen, Appellant, gegen die Frh. Ign. Friedr. v. Gruben . . . Peter Jos v. Gruben . . . und übrige Geschwister v. Gruben, Appellaten (Köln) 1819.

Denkschrift über den Gang der Währungsfrage seit dem J. 1867. Verf. im k. k. Finanz-Ministerium. Fol. (18 S.) Wien 892, (Hof- u. Staatsdruckerei). * 1 —

—— zum 81. Geburtstage Sr. Maj. des Kaisers und Königs Wilhelm, Allerhöchsten Kriegsherrn der deutschen Armee und Marine. 71 Dienstjahre Sr. Maj. gr. 8. (IV, 40 S. mit 1 photogr. Portr.) Berlin 878, Militaria. *

Denkschrift zum 87jährigen Geburtstage des Kaisers und Königs Wilhelm. Sieben und siebenzig Dienstjahre Seiner Majestät. Mit einem photographischen Portrait des Kaisers und Königs.
Berlin 1884. 8⁰

—— zum Geburtstage Sr. Maj. des Kaisers und Königs Wilhelm. 10.—18. Aufl. Mit 1 photogr. Portr. Sr. Maj. des Kaisers und Königs. gr. 8. (59 S.) Berlin 880—83, Militaria. *

—— zum 82jährigen Geburtstage Sr. Maj. des Kaisers und Königs Wilhelm, Allerhöchsten Kriegsherrn der deutschen Armee und Marine. 72 Dienstjahre Sr. Maj. 1.—9. Aufl. gr. 8. (53 S. mit 1 photogr. Portr.) Ebendas. 879. *

— evangelisch protestantischer Geistlicher im Großherzogth. Baden, enthltd. die Aktenstücke u. zustimmenden Erklärungen zum Protest gegen die Stellung des Kirchenraths Dr. Schenkel als Director des evangelischen Prediger-Seminars in Heidelberg. Stuttg. 866. Belser's Verlagshdlg. in Comm. gr. 8. (VI, 254 S. u. Beilage 7 S.) 15 *ngr.*

**Denkschrift** der siebenbürgischen Geistlichkeit A. C. in betreff ihres rechtlich begründeten Anspruchs auf Entschädigung für ihren Zehnten. Pest 1848. V: *Binder, Georg Paul.* (Trausch)

[**Denkschrift** betr. die anlässlich der Kriegswirren in Sachsen von der Gr. Landesloge von Sachsen am 29. Okt. 1812 veranlasste Geldsammlung. Dresden 1816.] 20 S. 8⁰

— üb. die evangelisch lutherische Gemeinde in Mülhausen [Ober-Elsaß]. Ihre Entstehg., ihre Kämpfe, ihre Nöten. Die Unionsgefahr in Elsaß-Lothringen. gr. 8. (24 S.) Straßburg 888. (Bomhoff.) n. — 30

**Denkschrift** des dritten Gemeindebezirkes an den Wiener Gemeinderath über Schulangelegenheiten. [Wien] 1862. V: *Mayer, Matthäus.* (EB)

Denkschrift an den Gemeinderat der Reichshaupt- und Residenzstadt Wien v. Turnr. d. Wiener T. V. als Hs. gedr., Wien 1861, 15 S., 8⁰.

—— der k. k. General-Direktion der österr. Staatsbahnen üb. den Fortschritt der Projektirungs- u. Bauarbeiten der Arlberg-Bahn. Schluss. Fol. (VII, 91 S. m. 30 Taf.) Wien 890, Hof- u. Staatsdruckerei. * 10 —
1. Thl. Ebd. 1882. * 3 —.

—— an die General-Synode vom J. 1891 üb. die derzeit. rechtl. Lage der evang. Diaspora in Baden. gr. 4. (III, 25 S.) Karlsr. 891, Evang. Schriftenverein. ** — 50

—— des bischöfl. General-Vicariat-Amts von Culm über die Vornahme kirchlicher Handlungen von einem Geistlichen einer anderen christl. Religions-Gesellschaft ohne Dimissoriale des betr. Pfarrers, und über den Pfarrzwang evangel. Geistlichen gegen Katholiken, veranlaßt durch das Circularschreiben des königl. Consistoriums der Provinz Preußen an sämmtliche Superintendenten rc. vom 29. Juni 1852. Mit Aktenstücken. gr. 8. (16 S.) Danzig 852, Weber.

—— üb. die v. 1887—1889 abgehaltene General-Visitation der Hermannsburger Mission in Süd-Afrika. gr. 8. (V, 224 S.) Hermannsburg 890, Missionshandlg. * 1 50

**Denkschrift** der Loge Georg zur gekrönten Säule im Or. Clausthal-Zellerfeld, betreffend den Uebertritt zur Grossen Mutterloge des Eklekt. Bundes in Frankfurt a. Main. Als Ms. gedr. [Clausthal 1896: Hiehold & S.] 19 S. 8° [Umschlagtit.]
Abgedr. in: BstF. 5 (1896) S. 96—109.

Denkschrift der landwirtschafts- & Gewerbebank Gerabronn eingetr. Genossenschaft mit beschr. Haftpflicht. 1869 – 1909. Gerabronn 1909.

**Denkschrift** für das teutsche Gerichtsverfahren . . . Freiburg 1823. V: *Kettenacker, Johann von.* (Ky) (MGT)

— für d. deutsche Gerichtsverfahren, mit besond. Rücksichten auf d. Großherzogth. Baden gegen d. volksständ. Gerichtsöffentlichkeit u. d. Geschwornengerichte, (v. Kettenacker). gr. 8. Frburg 823. Herder. 14 ℛ

Denkschrift herausgegeben anläßlich des fünfundzwanzigjährigen Geschäftsjubiläums der Firma Franz Werwick, Dessau. 1885—1910. [Mit Abb.] (Dessau 1910: Dünnhaupt.) 40 S. quer-8°

*Kgl. Bayrische Versicherungskammer.* Denkschrift über die Geschichte ihrer Anstalten. München 1906.

**Denkschrift** zur Geschichte der Moratoriumslinie Thalw.-Zug. Pfäffikon [1890.] V: *Rosenberger, Albert.* (Cat. d. Stadtbibl. Zürich. Zürich 1864—97)

**Denkschrift** der Historischen und Antiquarischen Gesellschaft zu Basel zur Erinnerung an den Bund der Eidgenossen vom 1. Aug. 1291. Mit Tafeln u. Holzschn. Lex. in-8°. VI, 176 S. Basel, Schweighauserische Buchdr. 1891 8 —
Inhalt: Glareani descriptio Helvetiae, hrsg. von *C. Chr. Bernoulli.* Basel's Eintritt in den Schweizerbund, von *A. Burckhardt-Finsler.* Die Exemtion der Schweiz nach dem westfälischen Friedenskongresse und die zweite eidg. Abordnung 1649—1651, von *F. Fäh.* Alexandre de Humboldt et Philippe Albert Stapfer, par *R. Luginbühl.*

**Denkschrift** der historischen u. antiquarischen Gesellschaft zu Basel. Zur Erinnerg. an den Bund der Eidgenossen vom 1. Aug. 1291. Lex.-8. (VIII, 176 S. m. Abbildgn.) Basel 891. (B. Schwabe.) n.n. 6. 40

— d. histor.-theolog. Gesellschaft zu Leipzig, s. Abhandll., histor.-theologische.

DENKSCHRIFT DER HISTORISCH-THEOLOGISCHEN GESELLSCHAFT ZU LEIPZIG. Zur Feier des dritten Jubelfestes der Reformation herausgegeben von CHRISTIAN FRIEDRICH ILLGEN. Leipzig, 1817. Bei Friedr. Christ. Wilh. Vogel. 8°.

— der historisch-theologischen Gesellschaft zu Leipzig. Zur Feyer des 3ten Jubelfestes der Reformation. Herausgegeben von Fr. Illgen. gr. 8. Leipzig, W. Vogel. 819.

Denkschrift der med. chirurg. Gesellschaft des Kts. Zürich.
Zürich 1860. 4°

Denkschrift der Gesellschaft für Natur- und Heilkunde in Dresden. gr. 4. (85 S. mit 7 Stnt, wovon 2 chromolithogr.) Dresden 868, (am Ende's Buchh.) [Kaufmann.] *

Denkschrift der Gesellschaft für Natur- und Heilkunde in Dresden zur Feier ihres fünfzigjährigen Bestehens zugleich als Festgabe für die Mitglieder der 42. Versammlung deutscher Naturforscher und Ärzte am 19. September 1868. Dresden. Druck von B. G. Teubner. 4°.

— der St. Gallisch-Appenzellischen gemeinnützigen Gesellschaft an die hohe Bundesversammlung in Bern, die schweizerische Münzreform betreffend. 8. (24 S.) St. Gallen 849, Huber & Co. 3 ngl

DENKSCHRIFT DER THEOLOGISCHEN GESELLSCHAFT ZU STRASSBURG. 1828-1839. Strassburg. 1840. In Comm. bei Treuttel und Würtz. 8°.

**Denkschrift** auf Salomon Gesner; aus d. Italienischen. Görlitz 1794. V: *Bertola, Georg.* (Ky)

— auf Sal. Geßner; aus d. Italien. des (Abt Bertola). 8. Görlitz 794. Anton in Halle. 8 ℛ

Denkschrift betreffend die durch mangelnde Sitzgelegenheit bewirkten Gesundheitsschädigungen. Dem Bundesrathe überreicht von d. 'Ortskrankenkasse f. d. Gewerbebetrieb d. Kaufleute, Handelsleute u. Apotheker zu Berlin'. *[Berlin 1900.]* (2 Bl.) 4° [Kopft. F.] [oo. 9364

— über die an dem Papste u. der katholischen Kirche durch die Occupation Rom's vollbrachte Gewaltthat. Verfaßt im Auftrage der Katholiken-Versammlg. in Fulda vom 12. Oktbr. 1870. gr. 8. (56 S.) Mainz 871. Kirchheim. — 60

**Denkschrift** des böhmischen Gewerbevereins über den Anschluss Österreichs an den teutschen Zollverein. Prag 1848. V: *Richter, Franz.* (WFM)

— des böhmischen Gewerbvereins über den Anschluß Oesterreichs an den teutschen Zollverein. gr. 8. (III und 46 S.) Prag 848, (Calve'sche Brlgsh.) *

— des niederösterreichischen Gewerbevereines an das Abgeordnetenhaus über den Gesetzentwurf betreffend die Unfallversicherung der Arbeiter. Beschlossen in der Plenar-Versammlung vom 22. April 1884. gr. 8. (43 S.) Wien 884, Seidel und Sohn.

Denkschrift des Schweizerischen Gewerbevereins zur Feier seines 25jährigen Bestehens 1879—1904. Im Auftrage des Zentralvorstandes bearb. vom Sekretariat. [Mit illustriertem Umschlag und 3 Tafeln.] 175 S. 8. Bern, Büchler & Co., 1904.
(Sekretär des Vereins: Werner Krebs.)

Denkschrift über die Gewerbeverhältnisse Hannovers beim Eintritt in den preußischen Staat. gr. 8. (III und 75 S.) Hannover 867, Helwing'sche Hofbuchh.

Denkschrift von Gewerken usw. an den Minister der Öffentlichen Arbeiten betreffs der Bergpolizeiverordnungen für den Oberbergamtsbezirk Dortmund vom 6. und 12. Oktober 1887. Berlin, 1888. 15 S.

Den hohen deutschen Staatsregierungen gewidmete **Denkschrift** des „Berliner Vereins für höhere Töchterschulen" über Stellung und Organisation der höheren Töchterschulen. — Berlin (1873): Krüger. 16 S. 8°

— aus M. W. Godwin f. W. Godwin.

**Denkschrift** für den Kaufmann Herrn P. Gompertz in Köln, Appellant, gegen den Kaufmann B. F. v. Rappard in Aachen, Appellat. Köln a. Rh. 1827. V: *Kramer & Rittmann.* (KGBerlin I, 807)

Denkschrift des Akademischen Turnvereins „Gothia" zu Halle a. S., 8 S., 8°.

Denkschrift über den Berlin-Stettiner Grossschiffahrtsweg in östlicher Linienführung mit Anschluss an Alt-Friedland zur Warthemündung bei Küstrin mit 4 Karten und 3 Blättern. Berlin 1898.

**Denkschrift** der Rheinischen Grubengewerkschaft: Eisenstein, Braunkohle, am Rhein, an der Sieg, Lahn, Wiedbach. Mit Karten. 4⁰. Bonn 1872.

— üb. Grundsätze des Städtebaues. Hrsg. vom Verband deutscher Architekten- u. Ingenieur-Vereine. (55 S.) gr. 8. Berlin 906. (Deutsche Bauzeitg.) n. 1. —

**Denkschrift** für den Grundstein zu dem Rathause der königlichen Freistadt Werschetz. Werschetz 1859. H: *Stojacskovics, Alexander.* (EB)

**Denkschrift,** niedergelegt in den Grundstein des neuen Tempels der Loge zur Bescheidenheit a. M. von Zürich. Auf Sommer-Johannisfest 1852. Zürich [1852]: Orell, Füssli & Co. 15, 8 S. 8⁰
Gesch. der Loge in ihren bedeutendsten Momenten. Im Anh.: 8 Lieder ohne Noten. Ohne diese Lieder abgedr. in: FZ. 6 (1852) S. 305—309.

**Denkschrift** betreffend die Grundsteuer-Ausgleichung mit besonderer Beziehung auf die Provinz Schlesien. 8⁰. Münsterberg 1849.

**Denkschrift** zur Gründung einer 'Gesellschaft für fränkische Geschichte'. (Würzburg 1905: H. Stürtz.) (12 S.) 4⁰ [Kopft. F.] [05. 9470

Denkschrift über Gründung einer landwirtschaftlichen Hochschule in Wien. 8⁰. Wien 1869.

**Denkschrift** betreffend die Gründung einer Kunst-Academie und eines Kunst-Museums in Breslau. Breslau [1866.] V: *Wolzogen, Alfred Freih. v.* (Kat. d. Druckschr. üb. Breslau. Breslau 1903. S. 343.)

—— zur Gründung einer freien akademischen Universität. Zugleich als Einladung zu einem am 27., 28. und 29. Aug. d. J. zu Frankfurt a. M., im Gasthof zum Landsberg, stattfindenden wissenschaftl. Congreß. gr. 8. (4 S.) Frankfurt a. M. 848, Meidinger.

Denkschrift über die Gründung einer Zentralgenossenschaft für die Handwerker der Rheinprovinz. 8⁰. Cöln 1907.

Denkschrift zur 25 jähr. Gründungsfeier d. österr. Ingen.- u Arch.-Ver. Wien 1873

Denkschrift, hrsg. v. T. V. Bregenz anläßl. d. 40jähr. Gründungsf. d. 1. „Bregenzer Turngemeinde", bzw. d. 20jähr. Gründungsf. d. bestehenden „T. V. Bregenz", 1889, 87 S., Gr.-8°.

**Denkschrift** zur zehnjährigen Gründungsfeier 0875—0885 der ger.·. u. vollk.·. □ Socrates im Or.·. Pressburg. Pressburg: Selbstverl. d. Loge [1885]. 15 S. 4⁰
Gesch. der Loge.

— über die neue Grundwasserversorgung der Stadt Worms. (V, 140 S. m. Abbildgn., 14 Taf. u. 3 Tab.) 4. Worms 905. (H. Kräuter) n.n. 8. —

**Denkschrift** über die Grundzüge eines neuen Betriebsplanes der Topographischen und Kartographischen Arbeiten des Generalstabes. (Mit 5 Karten.) (Berlin. 1867.) Fol.

Denkschrift der nordwestlichen Gruppe der vereinigten deutschen Eisen- und Stahlindustriellen über die Regelung der Eisenzölle. Düsseldorf 1876

**Denkschrift** und Gutachten über den Karthäuser Hof in Coblenz. (Marburg 1905: H. Bauer.) (6 Bl.) 2⁰ [F.] [07. 6103 4

Denkschrift des Turnvereins Haiba, 1868—1888, Haiba 1888, 8 S., 8°.

Denkschrift der Handelskammer zu Bielefeld über die Alters- und Invaliditätsversorgung der Arbeiter. gr. 8⁰. Bielefeld 1888.

**Denkschrift** der Handels- und Gewerbe-Kammer ins Innsbruck an Se. Excellenz den Herrn Handelsminister betreffend den tirolischen Getreideaufschlag. Innsbruck 1873. V: *Payr, Karl.* (margr)

**Denkschrift** der Handel- und Gewerbe-Kammer in Innsbruck, betreffend die Herstellung einer Lokomotiv-Eisenbahn von Innsbruck nach Bludenz. Innsbruck 1873. V: *Payr, Karl.* (margr)

**Denkschrift** der Kärntner Handels- u. Gewerbe-Kammer an das hohe k. k. Finanz-Ministerium über die Lage der Eisen-Industrie u. der Eisenbahn-Bauten von Kärnten. Klgft., v. Kleinmayr, 1860. Folio. 8 S.

Denkschrift der Handels- und Gewerbekammer in Prag in Betreff der staatlichen Regelung des Cartellwesens. 8⁰. Prag 1896.

**Denkschrift** der Handelskammer zu Halberstadt zum Arbeiterschutzgesetz an den deutschen Reichstag. 8⁰. Halberstadt 1890.

Denkschrift der Handelskammer zu Hamburg, betr. die beantragte Kündigung des Handelsvertrages mit Argentinien und die Einführung eines Zolles auf Quebrachoholz. Vom 30. Januar 1895. - o. O. 1895. 8 S.

[F.] Denkschrift der Kieler Handelskammer zur Erinnerung ihres 25jährigen Bestehens nebst Uebersicht üb. d. Entwicklg v. Handel u. Industrie ihres Bez. währ. d. Zeitraums v. 1871—1895. *Kiel: Dr. d. 'Nord-Ostsee-Ztg' (1895).* (XI, 91 S.) 1 Bd 8. [96. 1377

**Denkschrift** der Kieler Handelskammer zur Erinnerung ihres 25jährigen Bestehens nebst Uebersicht über die Entwicklung von Handel und Industrie ihres Bezirks während des Zeitraumes von 1871—1895. Kiel (1896): Nord-Ostsee-Zeitung. XI,91 S. 8°

Denkschrift der Handelskammer zu Köln, betr. den Mosle'schen Unterscheidungszoll.

— der königl. Handelskammer zu Köln über die Beförderung der Schiffahrt des Zoll-Vereins. gr. 4. Köln 846, Du Mont-Schauberg. 1/8 ß

**Denkschrift** der Kronstädter Handels- und Gewerbe-Kammer über die Führung einer Eisenbahn von Kronstadt in die Wallachei bis an die Donau. Kronstadt 1855. V: *Voss, Franz A.* (Pk) (KU)

**Denkschrift** der Handelskammer für den Kreis Mannheim das Tabakmonopol betreffend. Vom 27. März 1882. 4⁰.

**Denkschrift** der Handelskammer für das Herzogtum Oldenburg betreffend die Schädigung der oldenburgischen Landwirtschaft durch Erhöhung der Zölle auf Getreide, insbes. Gerste. gr. Fol. Oldenburg, Stalling, 1901.

Denkschrift der Handelskammer zu Osnabrück betr. die Notwendigkeit einer Reform der allgemeinen Feuerversicherungs-Policebedingungen. Osnabrück 1884.

**Denkschrift** der rheinischen Handelskammer betreffend den Gesetzentwurf über Abänderung der Gewerbeordnung. 4°. Köln 1890.

Denkschrift der vereinigten österreichischen Handels- und Gewerbekammern betreffend die Revision der Gefahrenklasseneinteilung der unfallversicherungspflichtigen Betriebe. (85 S) 4° Wien 1904

„Denkschrift des kaiserlich-österreichischen Handels-Ministers über Zollverfassung und Handelspolitik der zollvereinten Staaten von Oesterreich und Deutschland", Wien 1850. — Vorh.: Büch. der Industrie- und Handelskammer Leipzig.

„Die Denkschrift des österreichischen Handelsministers über die österreichisch-deutsche Zoll- und Handelseinigung, beleuchtet mit Rücksicht auf die Neugestaltung des deutschen Bundes", Wien 1850. — Vorh.: Com. Bibl. Hamburg.

**Denkschrift** an das k. k. Handelsministerium über den bevorstehenden Ausgleich mit Ungarn und die österreichische Industriepolitik. Wien 1895. V: *Auspitzer, Emil.* (EB)

**Denkschrift** über die künftige Handelspolitik und Zollverfassung Deutschlands. Siegen 1848—49. V: *Börner, Heinrich & Heinrich Klein.* (WFM)

—— über die künftige Handelspolitik und Zollverfassung Deutschlands. 1. Abthl. gr. 8. (41 S.) Siegen 848, (Kogler'sche Buchh.)

—— dass. — 2. und 3. Abthl. In Bezug auf die Eisen-Industrie Deutschlands insbesondere der Eisen- und Stahlproduktion des Bergamtsbezirks Siegen und namentlich der drei Kreise Siegen, Olpe und Altenkirchen. gr. 8. (IV und 94 S. mit 3 Tab. in gr. Fol.) Ebds. 849.

Denkschrift des deutschen Handelstages üb. Anlage schiffbar. Kanäle. Berlin 1862

— der zwischen den Staaten des deutschen Zollvereins u. dem Königr. d. Niederlande v. 31. Jan. 1839 abgeschloss. Handelsvertrag, insbesondere dessen nachtheil. Einwirkung auf die Zuckerfabrikation in den Staaten des deutschen Zoll-Vereins betreff. 8. Darmstadt 840. Jonghaus. 1/8 ß

**Denkschrift** des deutschen Handwerkerbundes . . . Bückeburg 1864. V: *Campe, von.* (stam)

Denkschrift des Stettiner Handwerker-Innungs-Vereins gegen den von den Abgeordneten Duncker u. Genossen eingereichten Entwurf eines Gesetzes, betr. die Ergänzung u. Abänderung der allgemeinen Gewerbe-Ordnung.
Stettin 1860.

DENKSCHRIFT DES HANSA-BUNDES. Die öffentlich-rechtlichen Belastungen von Gewerbe, Handel und Industrie. Herausgegeben vom Hansa-Bund. Vertrieb für den Buchhandel: Berlin und Leipzig, Hermann Hillger's Verlag. 4°.

**Denkschrift** eines nun verewigten Jünglings E. G. Hartmanns. Leipzig 1779. V: *Bernhardi, Joh. Gottlob.* (MGT)

Denkschrift die Herrschaft Hatzfeld an der Eder betreffend. Mit Wappen u. Stammtfl. O. O. (Marburg) 1866. fol.

Denkschrift betr. die Haupt-Ein- und Verkaufsgenossenschaft für Getreide und landwirtschaftliche Bedarfsartikel für Westfalen zu Dortmund. Dortmund 1903.

**Denkschrift** über die Herausgabe einer Bibliographie der Freimaurerei. 4 S. 8° Aus: L. 28 (1905) S. 36—37.
Abgedr. in: Bayr. Bbl. 5 (1904—1905) S. 298 bis 302; Bbl. 19 (1905) S. 207—210.
cf. FZ. 59 (1905) S. 108—109 (A. Tittel), 129—131 (A. Wolfstieg), 153 (A. Tittel); S. 13 (1906) S. 11—13 (J. G. Findel).

**Denkschrift** über die Herausgabe von Urkundenbüchern der geistlichen Stiftungen des Niederrheins. [Düsseldorf 1899.] V: *Redlich, Otto Reinhard & Frdr. Küch.* (Berl)

(**Denkschrift** des Königlichen Heroldsamtes an den Herrn Justizminister, betr. die unbefugte Annahme eines Adelsprädikats v. 21. 12. 1907.) Als Ms. gedr. Nr A. 4090. (Berlin: Reichsdruckerei 1907.)

Denkschrift der unterzeichneten Herrschaftsherren im gegenwärtigen Canton Bern. Bern 1822 *s.* (Bay, [Ludwig]).

— über die Herstellung einer direkten Eisenbahn zwischen Reutlingen und Sigmaringen. Sigmaringen 1872

—— betreffend die Herstellung von Eisenbahnen im württembergischen Schwarzwaldkreis. hoch 4. (16 S.) Stuttgart 863, Schweizerbart's Verlag.

**Denkschrift** betreffend die Herstellung der Schwarzwald-Eisenbahn direkt von Stuttgart über Böblingen und Herrenberg, eventuell Nagold, bis auf die Höhe von Horb. 1863. V: *Maehrlen, Joh.* (Heyd)

Denkschrift u. (2) Hirtenbriefe der in Würzburg versammelten Erzbischöfe u. Bischöfe Deutschlands (de dato: Wurzb. d. 11. Novbr. 1848). 3 Bog. Fol.

**Denkschrift** über die Höhe der finanziellen Belastung, welche den . . . einzurichtenden Krankenkassen voraussichtlich erwachsen wird. Bern 1893. 2. Aufl. 1895. V: *Moser, Chn.* (Berl) (Zuwachsverz. d. Bibliotheken in Zürich 1898 ff.)

**Denkschrift** zur Hundertjahrfeier der Stadt Mülheim an der Ruhr 1905. (Mülheim-Ruhr 1908: J. Bagel.) (375 S.) 4° [08. 18239 5

**Denkschrift** und 17 Jahresberichte des Evangelischen Kirchenbau-Vereins für Berlin. 1887. 1890. 1906. E[rnst] Frh. v. Mirbach. Bd 1–3. Berlin 18(94)–07: J. Sittenfeld. 3 Bde 8° [G.]

Bd 1. [Darin enth. mit Sondert.:] Denkschrift d. Ev. Kirchenbau-Vereins f. Berlin zu s. 15jähr. Bestehen. 1890. 2. Mai ... von E[rnst] Frh. v. Mirbach. 1905.

Versammlung z. Berathung über d. Abhülfe d. kirchl. Noth in d. Friedens-Gemeinde zu Potsdam d. 18. Juni 1894. 1906.

Der Kirchbau in d. Brandenburger Vorstadt u. d. Steuerkraft d. Friedens-Gemeinde (in Potsdam). (1894.)

Zur Einweihung d. Kaiser Wilhelm-Gedächtnißkirche am 25jähr. Sedantage. 1. Sept. 1895. (1895.)

Bd 2. [Darin enth. mit Sondert.:] Kaiser Wilhelm-Gedächtniß-Kirche. 1897.

Ansprache d. Oberhofmeisters [Ernst] Frh. v. Mirbach bei d. Jahresversammlung d. Frauenhülfe d. Ev.-kirchl. Hülfsver. am 12. Juni 1902 ... zu Berlin. 1906.

Bd 3. [Darin enth. mit Sondert.:] Die Kaiser Wilhelm-Gedächtniß-Kirche. Zum Tage d. Silbernen Hochzeit d. Kaiserpaares d. 27. Febr. 1906. (1906.)

Die Kaiserin Auguste Victoria-Stiftung auf d. Oelberge bei Jerusalem. 27. Jan. 1907. (1907.)

Kaiserin Auguste Victoria-Stiftung auf d. Oelberge bei Jerusalem. Sonderabdr. aus d. 11. Jahresbericht d. Auguste Victoria-Pfingsthaus-Stiftung zu Potsdam f. d. J. 1906. (1906.) [08. 6720

— des Imker-Vereins f. den Bez. Freiburg i/B. bezüglich Honigschutzes, m. Bitte an die Imkervereine. (47 S.) gr. 8. Freiburg i/B. (906). (P. Waetzel.) n. — 40

Königl. Techn. Hochschule zu Aachen. Denkschrift. verf. aus Anlass der Industrie- und Gewerbe-Ausstellung für Rheinland, Westfalen u. benachbarte Bezirke, verbunden mit e. deutsch-nationalen Kunstausstellung Düsseldorf 1902. *Aachen (1902): Aachener Verl. u. Dr.-Ges.* (88 S.) 4°. [u. a. 654] 10

—— der Industriekommission der St. gallisch-appenzellischen gemeinnütz. Gesellschaft über die schweizer. Industrie-, Handels- und Zollverhältnisse im Allgemeinen, und die Beantwortung der Fragen: die Beibehaltung des Freihandelssystems, oder die Einführung eines schweizer. Schutzzollsystems, und die Verlegung der innern Zölle auf die Grenzen betreff., im Besondern. An die für die Ausarbeitung des Entwurfs eines schweizer. Zollgesetzes niedergesetzte Experten-Zollkommission zu Bern. 8. (VIII und 59 S.) St. Gallen 849, Huber und Comp.

Denkschrift üb. d. schweiz. Industrie-, Handels- u Zollverhältnisse. St. Gallen 1849

Denkschrift über die deutsche Ingenieur-Ausstellung auf der Weltausstellung in Chicago 1893. (Berlin 1892.) . . . . . . . . . . . . . . . . . . . .

Denkschrift des österreichischen Ingenieur- und Architekten-Vereins über die von ihm beantragten Verbesserungen. Wien 1875.

Aachener und Münchener Feuer-Versicherungs-Gesellschaft. Denkschrift zur Jubelfeier des 75jähr. Bestehens der Gesellschaft. 1825—1900. (Aachen 1900: Georgi.) 80 S. 4°

Denkschrift zur Jubelfeier des 25jähr. Bestehens der Augsburger Feuerwehr. Augsburg im August 1874. gr. 16. (262 S. mit lithogr. Plänen und color. Karte in gr. 4.) Augsburg 874, Rieger'sche Buchh.

**Denkschrift** zur Jubelfeier des fünfzigjährigen Bestehens und Wirkens der ger. und vollk. Hanselmann-Loge No. 208, freier und angenommener Maurer im Or. Cincinnati, O. festlich begangen am 21. und 22. Okt. 1901. Cincinnati 1901: Senger. 101 S. 1 Bild. 8°
cf. L. 25 (1902) S. 32 (R. Fischer).

Denkschrift auf die Jubelfeier der Erinnerung an den hundertjährigen Bestand der Kirche in Ennenda. Glarus 1874 s. (Marti, Johannes).

— in Veranlassung der 75jährigen Jubelfeier zu Eckernförde am 20. X. 1903 des schleswig-holstein. landwirtschaftlichen Vereins am Kanal. Gegründet zu Gettorf am 20. X. 1828. (VII, 126 S. m. 5 Bildnissen u. 3 Fksms.) gr. 8. Kiel 903. (Universitäts-Buchh.) n.n. 2. 40

— zur 25jährigen Jubelfeier d. Prediger-Seminars der deutschen evangelischen Synode d. Westens, gefeiert in den Gemeinden der Synode am 4. Juli 1875. gr. 8. (48 S. m. 1 Holzschntaf.) St. Louis Mo. 875. (Philadelphia, Schäfer & Koradi.) n. 1. —

Evangelical Luth Synod of Iowa and Other States. Denkschrift zur 25 jhr Jubelfeier ... 1. Juli 1879. Defiance, O. 1879.

— zur 50jährigen Jubelfeier der evangelischen Diakonissen-Anstalt in Stuttgart 1854—1904. (112 S. m. Abbildgn.) gr. 8. Stuttgart 904. (J. F. Steinkopf.) n. — 80

Denkschrift zur 50jähr. Jubelfeier d. Gewerbe-Vereins Aalen. 1854-1904. (104 S) Aalen 1904

**Denkschrift** zu der fünfzigjährigen Jubelfeier des Catharinenstiftes in Stuttgart: 17. Aug. 1868. Stuttgart [1868]. V: *Wolff, Carl.* (Kat. d. ständ. Bibl. Stuttg. 1907. S. 537.)

—— zu der funfzigjährigen Jubelfeier des Catharinenstiftes in Stuttgart. 17. August 1868. br. 8. (191 S. mit 3 Photogr., 2 Holzschntaf. in Tondr. und 1 Photolithogr. in 4.) Stuttgart 868, (Schweizerbart'sche Verlagsh.) *

Denkschrift zur 50jähr. Jubelfeier des Zwickauer Steinkohlenbauvereln(s) zu Zwickau am 11. Okt. 1891. — (Zwickau 1891: Günther.) 32 S. 8° 38 A.

**Denkschrift** der funfzigjährigen Jubelfeier Sr. Excellenz des Herrn Geheimrathspräsidenten etc. F. C. A. Trützschler am 23. Oct. 1821. Mit einer Abb. d. Denkmünze. Altenburg: Literatur-Comptoir. 1822. 240 S. 8°
*[AZ. 1823 S. 248.]*

— zur goldenen Jubelfeier des Bestehens der Gesellschaft der Freunde des vaterländischen Schul- und Erziehungs-Wesens in Hamburg am 3. Nov. 1855. (Hamburg, Nolte u. Köhler.) gr. 8. (45, 59, 44, 12 S.) n. 24 ngr

—— zur goldenen Jubelfeier des Bestehens der Gesellschaft der Freunde des vaterländ. Schul- und Erziehungs-Wesens in Hamburg am 3. Novbr. 1855. gr. 8. (II und 160 S.) Hamburg 856, Nolte und Köhler. *

**Denkschrift zur hundertjährigen Jubelfeier des Schulthessischen Familienfonds. Zürich 1859. V: *Schulthess, J.* (ADB 32, 697)**

**[Denkschrift.]** Zur hundertjährigen Jubel- und Stiftungs-Feier der g. u. v. eklektischen Bundes-Loge Libanon zu den drei Cedern im Or. Erlangen. Ueberreicht am 25. Okt. 5857. Erlangen [1857]: Junge. 8 S. 4° [Umschlagtit.]
Enth. Mitgl. verzeichn., 1 Kantate u. 5 Lieder ohne Noten.

**Denkschrift** zur hundertjährigen Jubelfeier der Wiedererrichtung der Congregation der Junggesellen in Innsbruck. Innsbruck 1891. V: *Mayr, Joseph.* (Margr)

*Allgemeiner Deutscher Versicherungs-Verein in Stuttgart.* Denkschrift zur Jubelfeier. Stuttgart 1900.

**Denkschrift** zum 50jährigen Jubelfest des katholischen Gesellen-Vereins Innsbruck. Innsbruck 1902. V: *Schmuck, Heinrich von* (Margr)

**Denkschrift** zum Jubiläum des fünfundzwanzigjährigen Bestehens der Handelskammer zu Hanau. Hanau 1896. V: *Steller, K. G.* (Hdschr. Mitth. von Friedrich Müller, München.)

Denkschrift zum Jubiläum des fünfundzwanzigjährigen Bestehens der Handeskammer zu Hanau ... Hanau: Dr. v. J. G. Kittsteiner 1896. (XV, 132 S., 1 Tab.) 4°

Denkschrift zum 75jähr. Jubiläum der Städtischen Sparkasse zu Brandenburg a. H. — Brandenburg 1904: Wieslke. 21 S. 8°

*Kölnische Glas-Versicherungs-Aktien-Gesellschaft.* Denkschrift zum 25jährigen Jubiläum. Cöln 1905.

Denkschrift zum fünfundzwanzigjährigen Jubiläum der Preußischen Hypotheken-Versicherungs-Actien-Gesellschaft zu Berlin am 21. Juni 1887. o. O. u. J. [um 1887]. 21 S. 8°

**Denkschrift** zum fünfundzwanzigjährigen Jubiläum des Konsumvereins und Produktionsgenossenschaft »Utilitas« ... Naumburg [1905]. V: *Kämpfe, Herm.* (Berl)

Denkschrift z. 50jähr. Jubiläum d. Gewerbevereins d. St. Fürth. (62 S) 4° Fürth 1893

**Denkschrift** zum 50jährigen Jubiläum der Heidelberger Guestphalia. [Heidelberg] 1868. V: *Vincke, Gisbert Frhr. von* [?] (Erman & Horn, Bibliogr. d. dtsch. Universitäten. 2. Leipz. u. Berl. 1904.)

**Denkschrift** zum 50jährigen Jubiläum der Kreissparkasse des Kreises Fischhausen 1857/1907. Fischhausen 1907: C. Wilutzki. (21 S.) 8° [F.] [07. 16685 10

**Denkschrift** zum 50jährigen Jubiläum des Feld-Schützenvereines Neumünster 1855—1905. Zürich 1905. V: *Trüeb, Paul.* (Zuwachsverz. d. Bibl. in Zürich 1898 ff.)

**Denkschrift** zum 50jährigen Jubiläum der Sparkasse der Stadt Halle a.S. (Hrsg.: [Adolf] Zwingmann.) Halle a. S.: Gebauer-Schwetschke 1907. (51 S.) 4°(8°) [F.] [07. 8176 8

**Denkschrift** zum 50jährigen Jubiläum des Männerchor Thun, gefeiert 28. und 29. September 1879. Thun 1879. V: *Liechti, Chr.* (BSCHWL V, 6d, S. 49)

— zum 50jährigen Jubiläum der lutherischen Vereine am 5. IX. 1899. gr. 8. (100 S.) Breslau 900. (C. Dülfer's Verl.) n. —80

**Denkschrift** zum 200jährigen Jubiläum der Buchdrucker Kranzbühler in Worms. [Worms 1900.] V: *Weckerling, August.* (Berl)

Denkschrift zum 200jährigen Jubiläum der Obergrafschaft Lingen vom 25. März 1902. *Ibbenbüren: Vereinsdr. 1902.* (54 S.) 8° [F.] [03. 3639 8

— über die Judenfrage in dem Gesetz betr. den Austritt aus der Kirche. 4. (14 S.) Berlin 874. (Frankfurt a/M., Erras.) n. — 60

**Denkschrift** auf den Herrn D. Kadelbach in Leipz. [Görlitz 1797.] V: *Bernhardi, Joh. Gottlob.* (OL)

[Denkschrift.] Burschen heraus! E. Denkschrift z. Kampf um d. akademische Freiheit. Hrsg. von d. Studentenschaft d. Kgl. Techn. Hochschule Hannover (m. Ausnahme d. konfess. Korporationen). Berlin 1905. 8°.

**Denkschrift** über den grossen Norddeutschen Kanal zwischen Brunsbüttler Kog an der Elbe und dem Kieler Hafen . . . Kiel 1865. V: *Karsten, Gustav.* (A)

— über den grossen norddeutschen Kanal zwischen Brunsbüttler Koog an der Elbe und dem Kieler Hafen. Hrsg. von dem Kieler Committee für den Kanalbau. gr. 4. (IV und 112 S. mit 9 lithogr. Blatt Karten und Plänen, wovon 1 in Buntdr., in Fol. und Imp.-Fol.) Kiel 865, Schwers'sche Buchh. *

**Denkschrift** über die Kanalisierung des Neckars von Mannheim bis Heilbronn. (Aufgestellt im Kgl. Württemb. Minist. d. Innern im Dez. 1910.) Stuttgart: Kohlhammer 1910. 11 S. 4° [11. 5597

— des erzbischöflichen Capitels=Vicariats von Freiburg, den Gesetzentwurf über die Rechtsverhältnisse u. die Verwaltung der Stiftungen betr. Freiburg i. Br. 870. Herder. gr. 4. (68 S.) n. 15 ngr.

— des Erzbischöflichen Capitels=Vicariats v. Freiburg. Die Gesetzentwürfe a) üb. die Aenderg. einiger Bestimmungen d. Gesetzes vom 9. Octbr. 1860, die rechtl. Stellg. der Kirche, b) die Rechtsverhältnisse der Altkatholiken betr. 2. Aufl. 4. (42 S.) Freiburg i/Br. 874. Herder. n. 1. 20

**Denkschrift** der Nähmaschinenfabrik Karlsruhe vorm. Hald & Neu in Karlsruhe, Baden, zu ihrem Doppeljubiläum im Jahre 1907 anläßl. d. 25jähr. Bestehens der Firma als A.-G. <1882> u. der Fertigstellung der millionsten Nähmaschine seit Begründung der Firma i. J. 1860. — (Berlin: Eckstein 1907.) 45 S. 4° 38 A.

Denkschrift über das Kartellwesen.

- I. Teil. Einleitung und Übersicht über die in Deutschland bestehenden Kartelle unter Beifügung der Statuten nebst einem Anlageband (Statuten und Verträge usw.) (Reichstag, 11. Leg.-Periode, II. Session 1905/06, Drucksache Nr. 4.)
- II. Teil. Vorschriften des inländischen Zivil- und Strafrechts unter Berücksichtigung der Rechtsprechung des Reichsgerichts. (Reichstag, 11. Leg.-Periode, II. Session 1905/06, Drucksache Nr. 351.)
- III. Teil. Die Kartelle der Kohlenindustrie. (Reichstag, 12. Leg.-Periode, I. Session 1907, Drucksache Nr. 255.)
- IV. Teil. Ausländisches Kartellrecht. (Reichstag, 12. Leg.-Periode, I. Session 1907/09, Drucksache Nr. 1019.)

— über das Kartellwesen. Bearb. im Reichsamt des Innern. (191, 109, 249, 20, 68, 85, 22, 8, 22, 39, 26, 127, 11, 92, 10 u. 12 S) 4. Berlin 906. C. Heymann. — F. Siemenroth. n. 13. —

— dasselbe. 2. Tl. (141 S.) 4. Ebd. 906. n. 2. 50

— über das Kartellwesen. Bearb. im Reichsamt des Innern. 3. Tl. Die Kartelle der Kohlenindustrie. (420 S. m. 1 Tab.) 33×23,5 cm. Berlin 907. C. Heymann. — F. Siemenroth. 8.—

— dasselbe. 4. Tl. Ausländisches Kartellrecht. (223 S.) 32,5×23,5 cm. Berlin 908. C. Heymann. 4.—

— dasselbe. (223 S.) 32,5×23,5 cm. Berlin 908. F. Siemenroth. 4. 50

**Denkschrift** der Kaufmannschaft von Danzig dem von Einer hohen deutschen National-Versammlung eingesetzten Ausschusse für Arbeiter-, Gewerbs- und Handels-Angelegenheiten, . . . überreicht. Danzig 1848. V: *Behrend, Theod.* (Wochenschrift f. polit. Oekonomie. Hamburg 1850. 1, S. 104.)

**Denkschrift** des Deutschen Evangelischen Kirchenausschusses über die kirchliche Versorgung der Diaspora im Auslande. Berlin (1904): B. Paul. (24 S.) 8° [F.] [08. 6721 9

**Denkschrift** über die Kirchensache in Guggenthal . . . Salzburg 1883. V: *Schoepf, Jos. Ant.* (Hr)

Denkschrift des Kirchenvorstandes in Glauchau aus Veranlassung des Uebertritts des Grafen Carl, Grafen u. Herren v. Schönburg, zur römisch=katholischen Kirche, die nunmehrige Stellung der evangel.=luther. Kirchengemeinde Glauchau zu dem Grafen Carl betr. Glauchau 869. Ackermann in Comm. 8. (26 S.) n. 3 ngr.

**Denkschrift** zur Klagesache des General-Direktors Dr. Claessen gegen die Direktion der Cölnischen Lebensversicherungs-Gesellschaft Concordia. Cöln [1866]. V: *Herbertz, M. A.* (STBKÖLN II, 199)

Denkschrift des Deutschen Klassenlehrervereins betreffend die Schulaufsicht und Schulleitung sowie die Besoldung der Volksschullehrer. Cöln: Verlagsgenossensch. Dtsch. Klassenlehrer 1907. (27 S.) 8°

**Denkschrift, Kleine,** betreffend die Verbesserung des sanitätspolizeilichen Unterrichts an der Königlichen Friedrich-Wilhelms-Universität zu Berlin. Arnsberg [1864.] V: *Pappenheim*, *Ludwig*. (Erman & Horn, Bibliogr. d. dtsch. Universitäten. 2. Leipz. u. Berl. 1904.)

Denkschrift der Aargauischen Klöster, s. Aufhebung, die

—— des industriellen Clubs über die Einbeziehung der Wiener Vororte in den Verzehrungssteuer-Rayon. [Ueberreicht den Ministern des Innern, der Finanzen und des Handels.] gr. 8. (11 S.) Wien 881, Konegen. *

— des technischen Clubs in Salzburg zur Feier seines 25jährigen Bestehens. Red. v. C. Demel. gr. 8. (63 S. m. 2 Plänen.) Salzburg 893. (H. Kerber.) n.n. 5. —

**Denkschrift** über den erziehlichen Knabenhandarbeits-Unterricht. Den Deutschen Landes-Unterrichtsverwaltungen überreicht v. Vorstand d. Deutschen Ver. f. Knabenhandarbeit. (Leipzig [1892]: Frankenstein & Wagner.) (40 S.) 4° [F.] [05. 10618 10

—— üb. den erziehlichen Knabenhandarbeits-Unterricht. Den deutschen Landes-Unterrichtsverwaltgn. überreicht vom Vorstand d. Deutschen Vereins f. Knabenhandarbeit A. Lammers, v. Schenckendorff, Grunow, Goetze, Noeggerath. Nebst: Die soziale Frage u. die Erziehg. zur Arbeit in Jugend u. Volk. Vortrag v. E. v. Schenckendorff. Fol. (39, 8 S.) Lpz. 892, (Hinrichs' Verlag). ** 1 —

**Denkschrift** auf den verstorbenen Bürgermeister, Herrn Joh. Daniel Koch ... Hamb. 1832. V: *Prätzel*, *Carl Gottlieb*. (schr)

**Denkschrift** über das Frankenholzer Kohlenbergwerk. Kehl 1867. 4°

Denkschrift über das Dr. Herrmann Meyersche Kolonisationsunternehmen in Südbrasilien. — (Bln 1905: Reichsdruckerei.) 15 S 4°

—— des Comité's des Vereines für die österreichische Eisen-Industrie an Se. Excellenz den k. k. Reichsrath und Leiter des h. k. k. Finanzministeriums Edlen von Plener. gr. 8. (18 S.) Wien 860, Wallishausser'sche Buchh.

Denkschrift des Comités des zollvereinsländischen Vereins der Tabaksfabrikanten und Händler. gr. 8°. Berlin 1867.

**Denkschrift** des Comités für Wiederherstellung der Universität in Salzburg. Salzburg 1870. V: *Schöpf*, *Joseph Anton*. (Erman & Horn, Bibliogr. d. dtsch. Universitäten. 2. Leipz. u. Berl. 1904.)

—— der Commission des Architekten-Vereins über die Verbesserung der Wasser-Verhältnisse Berlins. 1. und 2. Aufl. 4. (12 S. mit 3 Stnt. in qu. Fol. und qu. gr. Fol.) Berlin 875, Ernst und Korn. *

— der in der Versammlung vom 10. Decbr. 1877 in Cassel erwählten Commission deutscher Weininteressenten, betreffend den Gesetzentwurf über den Verkehr mit Nahrungs- u. Genußmitteln. gr. 4. (31 S.) Magdeburg 878. Faber in Comm. 1. 80

— der Kommission f. luftelektrische Forschungen nebst Berichten üb. die Tätigkeit der luftelektrischen Stationen. (S. 257—379.) gr. 8. München 903. (G. Franz' Verl.) n. 1. 20
Sonderabdruck aus: „Sitzungsber. d. bayer. Akad. d. Wiss."

„Denkschrift einer Commission des Vereins Deutscher Eisenbahn-Verwaltungen zum Titel V des Entwurfs eines Allgemeinen Deutschen Handelsgesetzbuches", Leipzig 1859. — Vorh.: Büch. der Handelskammer Magdeburg.

**Denkschrift** über die Competenz der badischen Kammer in Betreff der Vollziehbarkeit der Convention. gr. 8. (24 S.) Mainz 860, Kirchheim.

— der allgem. ev.-luth. Konferenz üb. die Versorgung der luth. Diaspora. 1. u. 2. Aufl. (à 28 S.) 8. Dresden 905. Allgemeine ev.-luth. Konferenz. n. — 25

Denkschrift über die I. u. II. Konferenz v. Religionslehrerinnen. gr. 8. Braunschweig 906. H. Wollermann. n. 2. —
I. zu Göttingen am 13. u. 14. VI. 1905. (48 S.) n. — 80
II. zu Stettin am 5., 6. u. 7. VI. 1906. (112 S.) n. 1. 20

**Denkschrift** über die III. Konferenz von Religionslehrerinnen zu Hildesheim vom 20. bis 22. Mai 1907. Bielefeld: Anst. Bethel 1907. (80 S.) 8° [F.] [08. 4929

**Denkschrift** über die IV. Konferenz von Religionslehrerinnen zu Cassel vom 8. bis 10. Juni 1908. Leipzig: Dörffling & Franke 1908. (86 S.) 8° [F.] [08. 17300

Denkschrift des Congresses in Gera über Abänderung des Kranken-, Unfall- und Hülfskassengesetzes. gr. 8°. Hamburg 1887.

**Denkschrift**, die Konsolidation der sämtlichen Mansfeld'schen Kupferschiefer-Gewerkschaften betreffend. Leipzig, 1850. 34 S.

Denkschrift der Stadtgemeinde Konstanz. Die am 17. April 1848 stattgehabte Entsetzung der Mitglieder der Grossherzoglichen Seekreis-Regierung, und Einsetzung des Regierungs-Directors Peter zum „Statthalter" betreffend.
(Frankfurt am Main. 1848.) 8°.

Denkschrift der Concessionäre der französisch-schweizerischen Eisenbahn an den schweiz. Bundesrath. Bern 1856.

**Denkschrift** bezüglich des Kopaldenkmals in Znaim. Wien 1855. V: *Elsinger*, *Matthias*. (EB)

Denkschrift bezüglich des Kopal-Denkmals in Znaim und der damit verbundenen Invaliden-Stiftung. Wien. 1855. Druck von Karl Gerold und Sohn (24 S. u 1 Abbild. 8.)

—— der heidelberger Corps-Studenten. Gerichtet an die Gesammtheit der Professoren und das Plenum des Senats, über die vom engeren Senat verfügte Auflösung der Corps und die veranlassenden Vorgänge. gr. 8. (15 S.) Heidelberg 856, (Bangel und Schmitt.) *

— üb. die unentbehrlichen Kriegsarbeiten. gr. 8. Halle, Schimmelpfennig. 804.

— über d. kaiserl. russ. Kriegsmacht. s. E. v. Skork.

—— über die Kaiserl. Russ. Kriegsmacht, in besond. Beziehung auf d. Krieg geg. d. Türken. Sr. Maj. d. Kaiser Nicolaus eingereicht, mit erläut. Noten u. e. Anh. üb. d. Russ. Militair-Colonien u. d. poln. Armee hrsg. v. E. v. Skork. 8. (6 B.) Leipzig 828, Klein.

Denkschrift betreffend die Kriegs-Marine in Preußen, deren Entstehen, Organisation, Leistungen, Bestand und Verhältniß zur deutschen Marine. Als Manuscript gedruckt. Berlin 1849. 23 S. 8.

—— eine, über das eidgenössische Kriegswesen. Den hohen Bundesbehörden zur Berücksichtigung eingereicht, von einem Offizier des eidgenöss. Generalstabes (L. Christ.) 8. (16 S.) Chur 849, Hitz.

**Denkschrift** über den Kriminalprozess gegen Generaleinzüger Alois Bossard von Zug. 1. Thl. Zug, Zürcher. 1871 —.50

**Denkschrift** der Kurs- und Währungskommission der Republik Mexico. 1. Mai 1905 bis 30. Juni 1909. Remscheid 1910.

**Denkschrift** über die Lage des Armenwesens der Stadt Kolmar. gr. 8°. Kolmar, Buchdr. Waldmeyer u. Schöffel, 1898.

**Denkschrift** über Lage und Aussichten d. Dt. Ev. Schule im Maerz 1906. Rom. 14 S. Rom, Dt. Ev. Schule, Bericht 1905—06, Beil.

**Denkschrift** über die Lage Brixens in Bezug auf die Wassergefahr und deren Abwehr. Brixen 1882. V: *Stern, Joachim & Hans Desaler.* (MARGR)

**Denkschrift** über die gegenwärtige Lage der Handel- und Gewerbetreibenden im deutschen Mittelstande und Vorschläge zur Verbesserung dieser Verhältnisse. 8°. Einbeck, Druck v. J. Schrötter, 1896.

**Denkschrift** über die gegenwärtige Lage der Berliner Privatschule. Hrsg. von dem Verein von Vorstehern und Vorsteherinnen Berliner Privatschulen. gr. 8. (44 S.) Berlin 888, Oehmigke's Verlag. * -

—— eine, über die Lage der Katholiken in den Niederlanden seit ihrer Emancipation im J. 1798 bis auf unsere Tage. Von einem niederländ. Wahlmanne. (Aus dem Franz.) 8. (VII und 78 S.) Köln 850, Bachem. *

Denkschrift über die Lage der deutschen Leder- und Lederwaaren-Industrie in Bezug auf die künftige Zollgesetzgebung. Frankfurt a. M. 1879.

DENKSCHRIFT ÜBER DIE LAGE DES MEDICINALWESENS, insbesondere der Bezirksärzte, im ehemaligen Herzogthum Nassau in Folge der Verfügungen vom 6. Mai, 2. und 18. Juli und 17. September 1867. Als Manuscript gedruckt. Weilburg. 1867. Druck von L. E. Lanz. 4°.

**Denkschrift** über die unglückliche trostlose Lage der Zehend-Inhaber am linken Rheinufer. (Köln 1817).

— über die wirtschaftliche Lage und die Pensionsversicherung der Privatangestellten, bearbeitet vom Reichsamt des Innern. Berlin 1907.

Denkschrift von Landammann und Gemeinem Rath des Kantons Glarus an… den Herrn Landammann der Schweiz, und an die sämmtlichen Hohen Regierungen löblicher Kantone der Eidgenossenschaft. (Geben Glarus den 8ten May 1805.) 4. *o. O.*

— des Landesausschusses des Königr. Böhmen üb. die Förderung des Eisenbahnwesens niederer Ordnung, hrsg. aus Anlaß der Vollendg. des 1000. Kilometers der vom Lande garantierten Lokalbahnen. (227 S. m. Abb. u. 1 Karte.) 30,5×23,5 cm. Prag 906. F. Řivnáč. 6. —

**Denkschrift** des Grossherzoglichen Landesgewerbe-Amts in Baden über die Ausgestaltung des Genossenschaftswesens. (Karlsruhe) 1905.

Denkschrift des Landesgewerbeamts üb. die Notwendigkeit einiger Änderungen im Betriebe der Baugewerkschulen, nebst der Verhandlg. der baugewerbl. Fachabteilg. des ständ. Beirats f. das gewerbl. Unterrichtswesen in Berlin am 18. VI. 1906. (32 S.) Lex.-8. Berlin 906. C. Heymann. n. 1. —

— 1., d. Altenburger Landeslehrervereins. Bericht üb. d. Hauptversammlg. z. Kahla v. 4.—6. X. 1897. Laut Beschluss d. Versammlg. hrsg. v. Chr. Ufer. 4. (76 S.) Altenburg 897. O. Bonde. n. 1. 50

— zweite, des Altenburger Landeslehrervereins. II. Verhandlungen der Hauptversammlg. zu Gössnitz am 3. u. 4. X. 1899. Hrsg. v. Chr. Ufer. gr. 8. (67 S.) Weimar 899. R. Wagner Sohn. n. 1. —
Sonderabdruck aus: „Lehrerzeitg. für Thüringen u. Mittel-Deutschland".

Denkschrift der Landgeistlichkeit des ehemaligen Kantons Basel in Bezug auf das in Anspruch genommene Kammergut und derselben Vertreibung. ‹Hiezu als Beilage die Aktenmässige Darstellung der Verhandlungen über das Kammergut etc.› 8. Basel 1834.
Beilage *s.* Darstellung. Aktenmässige D' der Verhandlungen….

— üb. die im südwestafrikanischen Schutzgebiete tätigen Land- u. Minen-Gesellschaften. (Beilage zum deutschen Kolonialblatt 1905, Nr. 6.) (83 S.) 4. Berlin (905). (E. S. Mittler & Sohn.) n. 1. —

**Denkschrift** über die im südwestafrikanischen Schutzgebiete tätigen Land- und Minen-Gesellschaften. (Berlin 1905: J. Sittenfeld.) (83 S.) 4°(2°) [F.]
= **Kolonialblatt**, Deutsches. Jg. 16, No 6. Beil. .05. 13741

**Denkschrift** des kärntnerischen Landtages über die Kronprinz Rudolfsbahn. Klgft., v. Kleinmayr, 1866. Quart. 23 S.

**Denkschrift** des Deutschen Landwirtschaftsrats über die Fleischversorgung der deutschen Bevölkerung. 1905. o. O. 1905. (152 S.) 4° [F.]
07. 13027 2

**Denkschrift** über die Laufbahn der Werksbeamten (Steiger) sowie der Kassen- und Rechnungsbeamten (Schichtmeister) der staatlichen Bergverwaltung und Abwehr der Angriffe der Steiger auf die Schichtmeister. Hrsg. vom Verbande der Kassen- und Rechnungsbeamten der staatlichen Berg-, Hütten- und Salinen-Verwaltung. Halle a. S., 1907. 60 S.

**Denkschrift** zur Lehrerbesoldungsvorlage Materialsammlung im Auftr. d. Breslauer Lehrervereins bearb. u. dem hohen Hause d. Abgeordn. überreicht durch d. Vereinigung f. Schulpolitik (Abt. d. Breslauer Lehrerver.) Brelau: Vereinigung f. Schulpolitik 1908. 10 S. 4°

— nebst Lehrplan-Entwurf f. den Religionsunterricht in den hamburgischen Volksschulen. Hrsg. v. d. Hamburger Lehrer-Union. (24 S.) 8. Hamburg 907. (G. Schloeßmann.) — 40

**Denkschrift** über das Salzwerk Leopoldshall für den vierten Sonderlandtag des Herzogthums Anhalt-Bernburg. Bernburg 1863. V: *Schaetzell, Max von.* (HHBD Anhaltina I, 35.)

—— über das Salzwerk Leopoldshall für den 4. Sonderlandtag des Herzogth. Anhalt-Bernburg. gr. 8. (119 S.) Bernburg 863, (Schmelzer.) *

**Denkschrift** über die katholische Literaturbewegung. [Wien 1910.] V: *Eichert, Franz.* (EB)

Denkschrift über die Lob-Gerechtigkeiten; auf Befehl des Waadtländischen Kleinen Rathes zum Druck befördert. 8. Vivis 1805.

**Denkschrift** über die Lohn- u. Arbeitsbedingungen der Maurer im Bereich des mitteldeutschen Arbeitgeberverbandes für das Baugewerbe. (Zentralverband der Maurer Deutschlands.) 8°. Hamburg, Bömelburg, 1908.

**Denkschrift** für die evangelische Kirchgemeinde Ludwigsdorf. Nebst Fortsetzung … Hirschberg 1892. V: *Horter, Joh. Glieb.* V (Forts): *Bertram, C.* (Nent)

— der 1. internationalen Luftschiffahrts-Ausstellung (ILA) zu Frankfurt a/M. 1909. Offizieller Bericht, hrsg. v. Bernh. Lepsius u. Rich. Wachsmuth. Bd. I. Lex. 8. Berlin, J. Springer. 6. —; geb. in Leinw. 8. —
1. Vorträge, wissenschaftliche, geh. auf der 1. internationalen Luftschiffahrts-Ausstellung (ILA) zu Frankfurt a/M. 1909. Hrsg. v. Rich. Wachsmuth. (VII, 293 S. m. 128 Fig. im Text und auf 8 Taf.) 910.

*Denkschrift* üb. die Lungenseuche unter dem Rindvieh in den Niederlanden. U. St. [1886]. 16 S. 1 gr. Tvl. P.

**Denkschrift** betreffend die preussische Machtstellung. O. O. 1859. V: *Bluhm, J.* (Scheffer, Die Preuss. Publizistik im Jahre 1859. Leipzig 1902. S. 10.)

—— betreffend die preußische Machtstellung im deutschen Nordwesten. Lex.-8. (28 S.) Berlin 859, Springer's Verlag. *

Denkschrift des Magistrats zu Elbing betreff den der preußischen Nationalversammlung vorgelegten Entwurf der preußischen Staatsverfassung. Elbing 1848. 15 S. 4.

— des Magistrats u. der Gemeindebevollmächtigten der Stadtgemeinde Kissingen, den Verkauf d. Bades Kissingen betr. 4. (22 S.) Würzburg 873. Stuber in Comm. n. — 60

**Denkschrift** des Magistrats und der Vorsteher der Kaufmannschaft zu Magdeburg, die Elbschifffahrt betreffend ... Magdeburg 1845. V: *Scheller.* (CBII)

**Denkschrift** des Tabakvereins Mannheim. Dem deutschen Reichstage überreicht. 4°. Mannheim 1894.

— des Oberamtsbezirks Marbach, betr. den Bau einer Murrthalbahn. 4° Marbach 1864

[F.] **Denkschrift** betreffend die Margarine-Frage. Hrsg. unt. Mitw. namh. Fachmänner v. land- u. milchwirtsch. Vereiniggn Deutschlands ... *Prenzlau: A. Mieck 1895.* (52 S., 1 Bl.) 1 Bd 8. [96. 3533

Deutscher Handelstag. **Denkschrift** betr. einheitliches Mass und Messungssystem für den Verkehr mit Leder. (Berlin: Handelstag 1909.) 48 S. 4° (Kopft.)

[F.] **Denkschrift** über die zur Förderung der Landwirthschaft in den letzten Jahren ergriffenen Massnahmen. *Berlin: Buchdr. 'Die Post' 1896.* (73 S., 2 Bl.) 1 Bd 4. [97. 765

**Denkschrift** über die geeignetsten Massnahmen zur Erzielung guter Strassen-Pflasterungen. O. O. 1887. V: *Scholtz, Alfred von.* (Kat. d. Druckschr. üb. Breslau. Breslau 1903. S. 121.)

**Denkschrift** über die gegen die Cholera in Preußen 1892 getroffenen Maßnahmen. (Berlin 1892: Reichsdr.) (106 S.) 4°(2°) [F.] [08. 14245

**Denkschrift** über die zur Abwehr der Rinderpest in den östlichen Grenzprovinzen zu ergreifenden Massregeln. Berlin 1879. 28 S. 4°

— nebst erläuterndem (statistischem u. anderem) Material zu den neuen Handelsverträgen m. Italien, Belgien, Rußland, Rumänien, der Schweiz, Serbien u. Österreich-Ungarn, sowie zu dem neuen Viehseuchenübereinkommen m. Österreich-Ungarn. (VII, 32, 19, 19, 97, 57, 31, 2, 82, 48, 4, 12, 4, 3, 385, 69, 47, 55, 25, 101, 21, 207 u. 3 S. m. 2 farb. Taf.) 4. Berlin (905). R. v. Decker. Geb. n.n. 13.50

**Denkschrift** zur Leipziger Maurer-Bewegung im Jahre 1887. 8°. Thonberg-Leipzig, Ernst Fahr, 1887.

—— über die Medicinal-Ordnung vom 25. Juni 1861, verfasst von einer in der Sitzung des Vereins hess. Aerzte vom 10. März 1862 gewählten Commission unter Mitwirkung mehrerer Juristen und gebilligt durch die Versammlung von Aerzten aus dem Grossherzogthum Hessen, den 18. Juli 1862 zu Frankfurt a. M. gr. 4. (V und 24 S.) Darmstadt 863, Zernin. *

**Denkschrift** betreffend die Mehrkosten für den Umbau des Königlichen Schauspielhauses zu Berlin. Berlin 1906. 4°.

**Denkschrift** über die Melioration des unteren linksseitigen Warthebruches. Projekt v. 31. Mai 1897. Charlottenburg 1899: A. Gertz. (45 S.) 4° [F.] [06. 66 9

**Denkschrift** ü. d. Ströme Memel, Weichsel, Oder, Elbe, Weser u. Rhein. Bearb. im Auftr. des H. Ministers d. öff. Arbeiten. Berlin 1888. 8. . . . . . . . .

**Denkschrift, Eine militaerische.** 1. Ueber die Kampfweise der Franzosen, 2. Nachwort zu dem Aufsatze über die Kampfweise der Franzosen ... Frankf. a. M. 1860. V: *Friedrich Carl Prinz v. Preussen.* (Pr) (Ky) (Kat. d. Bibl. d. Preuss. gr. Generalstabes. Berlin 1878.) (KA) (Scheffer, die Preuss. Publizistik im Jahre 1859. Danzig 1902. S. 163.)

— eine militärische. Von P. F. C. (Prinz Friedrich Carl von Preußen). 1. u. 2. Aufl. Frankfurt a. M. 860. Auffarth in Comm. gr. 8. (50 S.) n. 6 ngr.

— — von französischer Seite kritisch beleuchtet [im Spectateur militaire]; für die Kameraden aller deutschen Armeen verdeutscht und mit Anmerkungen versehen von dem Verf. der Schrift: „Die französische Armee auf dem Exercirplatze und im Felde." Berlin 862. Mittler & Sohn. gr. 8. (VIII, 65 S.) 9 ngr.

**Denkschrift** über die Mineralwasser-Fabrikation. An den Herrn Reichskanzler eingereicht am 6. Januar 1884 von dem Vereine deutscher Mineralwasser-Fabrikanten. ... ... 8.

**Denkschrift** für die Mitglieder der preußischen Nationalversammlung, die Staatslotterie betreffend. Berlin 1848. 4 S. 4.

**Denkschrift** über die zur Beförderung der Sonntagsheiligung in dem evangelischen Deutschland anzuwendenden Mittel. Hamburg 1854. V: *Kröcher, von.* (Priv.-Bibl. König v. Hannover. Hann. 1863.)

**Denkschrift** der Mittelstands-Vereinigung im Königreich Sachsen. Leipzig: J. Mäser [1906]. (71 S.) 8° [Umschlagt. F.] [07. 1390

— der Mittelstands-Vereinigung im Kgr. Sachsen. (71 S.) gr. 8. Leipzig (907). J. Mäser. 1. —

**Denkschrift** der Mittelstands-Vereinigung. 2. Aufl. (72 S) Leipzig-Reudnitz 1907

—— betr. die Möglichkeit einiger Verbesserungen der in Elsass-Lothringen bestehenden Gesetzgebung hinsichtl. der Unterhaltung der Wasserläufe, der Deichungen und der Ent- und Bewässerungs-Anlagen. 4. (70 S.) Strassburg 873, Schultz und Comp. *

— betr. deutsche Münzeinigung. Den deutschen Regierungen überreicht vom bleibenden Ausschuss des deutschen Handelstages. [Berichterstatter: Ad Soetbeer.] Berlin 869. Liebheit & Thiesen. 4. (84 S.) n. 1 ℛ

**Denkschrift** betreffend deutsche Münzeinigung ... [Hamburg 1869.] V: *Soetbeer, Georg Adolph.* (Kat. d. Bibl. d. dtsch. Reichstages. Berl. 1882.) (Ky)

**Denkschrift**, betreffend deutsche Münzeinigung und den Übergang zur Goldwährung vom Ausschuss d. deutsch. Handelstages. (Berichterstatt. A Soetbeer) 4° Berlin 1869

— der Museumsgesellschaft in Zürich. Zur Feier des 24. Junius 1840. Aus der Buchdruckerei von Zürcher u. Furrer. (Mit 2 lithograph. u. vielen Facsimiles.) Imp.-4. (Zürich 840. Orell, Füßli u. Comp.) n. 1 1/3 ℛ

**Denkschrift** von Napoleon Buonaparte. Wiesbaden 1814. 2. Aufl. Wiesbaden 1816. V: *Weitzel, Johannes Ignaz.* (Hessische Biographien, hgbn. von Herman Haupt. Darmstadt. II/4 [1926], S. 307)

Denkschrift v. Napoleon Bonaparte, nebst einer Vorerinnerung d. Uebersetzers. 8. Wiesbaden, Schellenberg. 814.

**Denkschrift** von Napoleon Bonaparte und dessen Ansicht der gegenwärtigen Weltlage ... Wiesbaden 1814. H: *Weitzel, Johannes Ignaz.* (Ky) (GGr) (Kn)

— von Napoleon Bonaparte und dessen Ansicht d. gegenwärtigen Weltlage rc. 2te Aufl. gr. 8. Wiesbaden, Schellenberg. 816.

**Denkschrift** an die ungarische Nation ... Pressb. 1822. V: *Kanka, Dan.* (Pk)

Denkschrift betreffend die Neueinschätzung der nicht bebauten Liegenschaften gemäss Gesetzes vom 6. April 1892 in Elsass-Lothringen. Finanz-Archiv, 19. Jahrg. 1, 1902.

Denkschrift der Bergbau-Gesellschaft Neu-Essen zum fünfzigjährigen Jubiläum: 1855—1905. Altenessen, 1905. 40 S. mit Abb., 6 Tab. u. 12 Taf.

**Denkschrift, Neueste,** der württembergischen Regierung an den Römischen Stuhl. Veröffentlicht und beleuchtet nebst einigen wichtigen Aktenstücken. Schaffhausen 1841. V: *Longner, Ignaz v.* (ADB) (Kat. der ständ. Bibl. Stuttg. 1907. S. 89.)

—— neueste, der würt. Staatsregierung an den römischen Stuhl. Veröffentlicht u. beleuchtet, nebst einigen wichtigen Aktenstücken. gr. 8. (13½ B.) Schaffhausen 844, Hurter'sche Bh.*

**Denkschrift** über die Neuordnung der Besoldungsverhältnisse der VolksschullehrerinnenBerlins. Den städt. Behörden überreicht von d. Vorstande d. Vereins Berliner Volksschullehrerinnen. — Berlin 1897: Killisch. 8 S. 8°

Mitteleuropäischer Wirtschaftsverein in Deutschland. — DENKSCHRIFT über die Neuordnung der Handelsbeziehungen zwischen dem Deutschen Reich und Canada. Breslau 1906. Druck von Graß, Barth & Comp. (W. Friedrich). fol.

[F.] Denkschrift betr. die Neuregelung der Besoldung der Altonaer Lehrer. D. Mitgliedern d. städt. Behörden überreicht v. Pädagogischen Ver. Oktober 1897. *Altona: H. W. Köbner & C. (1897).* (14 S.) 1 Bd 8. [98. 1010

Mitteleuropäischer Wirtschaftsverein in Deutschland. — DENKSCHRIFT, betreffend die Neuregelung der handelspolitischen Beziehungen zwischen Deutschland und Argentinien. Breslau 1906. Druck von Wilh. Gottl. Korn. fol.

Mitteleuropäischer Wirtschaftsverein in Deutschland. — DENKSCHRIFT, betreffend die Neuregelung der handelspolitischen Beziehungen Deutschlands zu den Vereinigten Staaten von Amerika. Berlin 1905. Druck von Georg Reimer. fol.

Denkschrift des Kts. Nidwalden über die Einverleibung Engelbergs mit dem Kanton Obwalden. 1816.

—— über den St. Margarethen-Travemünder Nord-Ostsee-Canal. Veröffentlicht von der Lübecker Nord-Ostsee-Canal-Commission. 4. (59 S. mit 8 lithogr. und ill. Karten in gr. Fol.) Lübeck 866, Dittmer'sche Buchh. *

Denkschrift der Norogoro-Glimmer-Werke, vorm. A. Prüsse G. m. b. H. — (Berlin 1910: Pormetter.) 14 S. 4° 1. 38 A.

— des österreichischen Notarenvereines üb. die Vereinigung d. Notariates m. der Advocatie. gr. 8. (24 S.) Wien 883. (Hölder.) n. — 40

Denkschrift über Notwendigkeit und Aufgabe der obligatorischen Fortbildungsschule. (Uetersen. 1908.) Fol.

**Denkschrift** betreffend die Nothwendigkeit eines Durchlasses für die Schifffahrt in der zwischen Köln und Deutz zu erbauenden Brücke. [Mannheim 1855.] V: *Mohl, Rob. v.* (Tübz 3, 59) (Hof- u. Landesbibl. Carlsruhe. Zuwachsverz.)

Denkschrift über die Nothwendigkeit der Einstellung des Betriebes der kais. Tabacksmanufactur zu Strassburg durch den Staat. 4°. Strassburg i. E. 1875.

—— über die Nothwendigkeit einer Eisenbahn-Verbindung zwischen Fünfkirchen und Kanissa-Kottori. gr. 8. (55 S. mit 1 lithogr. Karte in qu. Fol.) Wien 862, (Gerold's Sohn.) *

Denkschrift über die Notwendigkeit, Zweckmäßigkeit und praktische Ausführbarkeit einer Unfallversicherungs-Aktiengesellschaft für Deutschland. Breslau 1869.

**Denkschrift** über den Hilf'schen und Vautherin'schen Oberbau. [Elberfeld 1878.] V: *Ziegler.* (Zuwachsverz. d. Bibliotheken in Zürich 1898 ff.)

—— des evangelischen Ober-Kirchenrathes, betreffend die gegenwärtige Lage der evangel. Landeskirche Preußens. gr. 4. (24 S.) Berlin 867, v. Decker'sche geheime Ober-Hofbuchdruckerei.

—— die, des evangelischen Oberkirchenraths betreffend die gegenwärtige Lage der evangel. Landeskirche Preussens beleuchtet von einem luther. Theologen. gr. 8. (36 S.) Erlangen 867, Besold. *

—— des Evangelischen Ober-Kirchenraths betr. die Sonntagsfrage. 1. und 2. (Titel-)Ausg. 8. Abdr. gr. 8. (16 S.) Berlin 877—79, Kortkampf.
Aus: Kirchliches Gesetz- und Verordnungsblatt, besonders abgedruckt.

— des evangel. Oberkirchenraths betr. die Vermehrung der Dotation d. evangel. Kirche, siehe: Aktenstücke aus d. Verwaltung d. evangel. Oberkirchenraths. 4. Hft.

— des bischöflichen Ordinariats von Ermland über die gesetzmäßige Stellung der Kirche zur Volksschule in Preußen u. speziell in der Diözese Ermland. gr. 8. (43 S.) Braunsberg 877. Huye. n. — 40

Denkschrift über die Organisation des deutschen Buchhandels und die denselben bedrohenden Gefahren auf den Beschluss der Hauptversammlung des Börsenvereins der deutschen Buchhändler vom 20. April 1845 berathen und abgefasst von dem dazu statutenmässig erwählten Ausschusse. Als Manuscript für die Mitglieder des Börsenvereins. Jena, gedruckt bei Fr. Frommann. 4°.

Denkschrift, betreffend die Organisation der Eichungs-Behörden. (o. O. Um 1909)

—— über die neue Organisation der Ober-Medicinal-Direction, verfasst von einem am 19. Mai durch Sitzungsbeschluss des Vereins hessischer Aerzte niedergesetzten Commission und einstimmig angenommen durch Sitzungsbeschluss vom 24. Mai 1860. 8. (21 S.) Darmstadt 860, Zernin. *

—— zur Orientirung über die Zustände, Hoffnungen und Bedürfnisse der reformirten Kirche im Königr. Hannover dem hohen königl. Ministerio der geistl. Angelegenheiten von dem Comitee der Conferenz reformirter Geistlicher aus diesem Königr. unterthänigst überreicht. gr. 8. (83 S.) Lingen 857, Jüngst. *

—— über das Papiergeldwesen der österreichisch-ungar. Monarchie. Verf. im k. k. Finanz-Ministerium. Fol. (52 S.) Wien 892, (Hof- u. Staatsdruckerei). * 1 —

Denkschrift über den § 13 des zweiten, die Reichsgewalt betreffenden Abschnitts des Verfassungsentwurfs. Frankfurt a. M., C. Krebs-Schmitt, 1848. 18 S. 8°.

**Denkschrift** über die Parität an der Universität Bonn ... Freiburg 1862. V: *Floss, Heinrich Joseph.* (Erman & Horn, Bibliogr. d. dtsch. Universitäten. 2. Leipz. u. Berl. 1904.)

— über die Parität an der Universität Bonn mit einem Hinblick auf Breslau und die übrigen preuß. Hochschulen. Ein Beitrag zur Geschichte deutscher Universitäten im 19. Jahrh. Nebst Beilagen. gr. 8. (V und 219 S.) Freiburg im Br. 862, Herder'sche Verlagsh.

— der positiven Partei der zweiten ordentlichen Synode des Konsistorialbezirks Wiesbaden. gr. 8. (24 S.) Herborn 883, (Buchh. des Nassauischen Colportagevereins.)

— Midhat Pashas an Fürst Bismarck. Nach französ. Text veröffentlicht von Baron C. Dirckinck-Holmfeld. Jan. 1877. gr. 8. (8 S.) Hamburg 877, (Hoffmann und Campe.) *

— für deutsche Patrioten. gr. 8. (33 S.) Bremen 847. (Hampe.) n. 6 ngr

— betr. die Pensions- u. Hinterbliebenenversicherung der Privatangestellten. Bearb. im Reichsamt des Innern. (131 S.) 32×23,5 cm. Berlin 908. C. Heymann. p 2.—

Denkschrift und Petition betr. die Aufhebung des Preußischen Landrechts von 1721 im Kreise Bütow. (Dat.:) Bütow, den 8. Nov. 1856. Stolp (1856). fol.

— zu der an das hohe Kirchenregiment eingereichten, sowie an die demnächst zusammentretende hohe Ständeversammlung abzulassende Petition um zeitgemäße Regulirung d. Einkommens der sächs. Geistlichkeit. gr. 8. (18 S.) Zittau 873. (Dresden, Naumann.) n. — 30

**Denkschrift** zu der von den Elementarlehrern der Stadt Hannover an den Magistrat gerichteten Petition vom 18. Juni 1872 um Gehaltserhöhung. Hannover 1872. V: *Schlette. Heinr.* (JStBbH)

**Denkschrift** über den Pfandeinlösungs-Prozess der Joseph Borbelyschen Erben Julia Domonkos und Maria Kormos, gegen die Freiin Barbara v. Seeberg ... Ofen 1855. V: *Seeberg, Barb. Freiin von geb. Bártzai.* (KU)

— über die Pflege der Kunst an den öffentlichen Bauwerken. gr. 4. (21 S.) München 877, (Literarisch-artist. Anstalt.) *

Denkschrift über die Pflege u. Kunst an den öffentlichen Bauwerken. München, Knorr & Hirth, 1877. Gr. 4°. Velinp. Cart.
21 S. Mit Hlzsch.-Frontisp. Schöne Ausstattung: Roth u. schwarz gedr. m. Zierleisten, Initialen u. roth. Linien-Einfassg.

Schleswig-Holstein. Kunstverein. **Denkschrift** betreffend die Pflege der bildenden Kunst in Schleswig-Holstein u. d. Errichtung d. Kunstmuseums in Kiel. Kiel 1903: Schmidt & Klaunig. (20 S.) 8° [Fj.]
= Bericht d. Schlesw.-Holst. Kunstver. zu Kiel. 1902. Beil. [ts. 14584 8

**Denkschrift** an Pius VI. itzregierenden Pabst. Aus dem Französischen übersetzt von Rittersheim. O. O. 1782. V: *Rautenstrauch, Johann.* (Hch. Wolfg. Behrisch, Die Wiener Autoren 1784, S. 188) (BiblPort)

**Denkschrift** zu den Plänen für die Erweiterung und Verschönerung Wiens. Mit Bezug auf die Entschliessung allerh. Sr. k. k. apost. Majest. Franz Joseph I., vom 20. December 1857. *Wien* 1858. Druck der *Mechitharisten-Buchdr.* 144 S. 8°.

**Denkschrift** über die Hannoversche Politik. Wien 1866. V: *Platen, Graf.* (Löwe, Bibliogr. der Hannov. u. Braunschw. Geschichte. Hannover 1908. S. 107.)

**Denkschrift, Die politische,** vom 17. März 1848 über die französische Februar-Revolution und ihre Folgen für Deutschland ... Berlin 1848. V: *Arnim, Heinrich Alexander von.* (BMarsch 135) (wen S. 24)

**Denkschrift** über die Polizei-Verwaltung der Stadt Dortmund für die Jahre 1900 bis 1910. Dortmund 1910: (Boden & Firchow). 64 S. 4° [10. 5850

**Denkschrift** der Prälaten und Ritterschaft des Herzogthums Holstein enthaltend die Darstellung ihrer ... bestehenden landständischen Verfassung ... Frankf. a. M. 1822. V: *Dahlmann, Friedr. Chph.* (schles)

**Denkschrift** der Prälaten und Ritterschaft des Herzogthums Holstein ... Stuttg. 1840. V: *Dahlmann, Friedrich Christoph.* (ABJP) (EngJ) (Ky)

— der Prälaten und Ritterschaft des Herzogthums Holstein enthalt. die Darstellung ihrer in anerkannter Wirksamkeit bestehenden landständ. Verfassung, insbesond. ihrer Steuergerechtsame (v. Dahlmann). gr. 8. Stuttg. 840. Krabbe. 2/3 ß

— des evangel. Prediger-Seminariums zu Friedberg für das Jahr 1842. Herausgeg. von Phil. Peter Crößmann. gr. 8. Giessen 842. (Heyer's Verl.) n. 2/3 ß

— des evangelischen Prediger-Seminariums zu Friedberg für das Jahr 1845 und 1846. Hrsg. von Phil. Pet. Crößmann. gr. 8. (VI und 182 S.) Friedberg 848, Bindernagel. *

— dass. — für die J. 1847 und 1848. Hrsg. von Ferd. Friedr. Fertsch. gr. 8. (VII und 176 S.) Friedberg 851, (Bindernagel.) *

— des evangelischen Prediger-Seminariums zu Friedberg für die Jahre 1851 und 1852. Herausg. von Fr. Chr. W. K. Sell. Mit einer Abhandlung: Die Stellung der Predigt im evangelischen Cultus, ein Beitrag zur Homiletik, von Sell. Friedberg 854. Bindernagel in Comm. gr. 8. (VI, 113 S.) n. 18 ngr

— — Mit einer Abhandlung: Ueber die Gottbildlichkeit des Menschen (imago divina) vom Herausgbr. Ebend. 856. gr. 8. (IV, 224 S.) n. 25 ngr

— des evangelischen Prediger-Seminars zu Friedberg f. die J. 1869 bis 1885, hrsg. v. J. Gust. Diegel. Mit e. Abhandl.: Zur Entwicklg. u. Benenng. der analyt. sowie der synthet. Predigtform in der luther. Kirche Deutschlands, v. dem Hrsg. gr. 8. (VI, 255 S.) Friedberg 886. (Bindernagel.) n.n. 3.20

— d. evangelischen Prediger-Seminars zu Friedberg f. das J. 1886 u. bis Frühjahr 1887, als Einladung zu der am 26. u. 27. Juli 1887 stattfindenden Gedächtnis-Feier d. 50jährigen Bestehens dieser am 21. Mai 1837 gegründeten Anstalt, hrsg. v. J. G. Diegel. Mit e. Abhandlg.: Gemeinde-Rechtfertigung od. Individual-Rechtfertigung? Eine biblisch-theolog. Untersuchg. v. W. Weiffenbach. gr. 8. (VII, 311 S.) Friedberg 887. (Bindernagel.) n.n. 4.—

— d. evang. Prediger-Seminars z. Friedberg f. d. J. 1887 (Frühjahr) b. Ende 1897, hrsg. v. Wilh. Weiffenbach. M. e. Abhandlg. „Über d. rechte Mannigfaltigkeit d. Predigten" v. Diegel. gr. 8. (V, 451 S.) Friedberg 898. (C. Bindernagel.) n.n. 6.—

— des evangelischen Prediger-Seminars zu Friedberg f. die J. 1897 (16. X.) bis Ostern 1901, hrsg. v. Wilh. Weiffenbach. Mit e. Abhandlg. über: Die Frage der Wiederkunft Jesu v. W. Weiffenbach. gr. 8. (VII, 184 S.) Friedberg 901. (C. Bindernagel.) n.n. 2.40

**Denkschrift** zum fünfzigjährigen Priesterthum des hochw. Herrn Franz Speckbacher ... derzeit Pfarrer in Miemingen, von einem ehemaligen Pfarrkinde. Halypolis 1887. V: *Schöpf, Joseph Anton.* (margr)

**Denkschrift** der vereinigten Privatpostanstalten den Gesetzentwurf über die Erweiterung des Postregals betreffend. fol. Dresden, Druck der Dresdener Verkehrsanstalt Hansa, 1899.

— über das deutsche Privatschulwesen. Hrsg. v. dem Vorstand d. allgem. deutschen Privatschullehrervereins. gr. 8. (36 S.) Leipzig 889. Fock. n. — 60

**Denkschrift** über das deutsche Privatschulwesen. Hrsg. vom Vorstand des Allg D Privatschulvereins. 2 Aufl Leipzig 1904.

— d. aus d. Verbande d. Universität Freiburg in d. Schweiz ausscheid. reichsdeutschen Professoren. 1. u. 2. Aufl. gr. 8. (à IV, 66 S.) München 898. Academ. Verlag München. n. — 90

**Denkschrift** zu dem Projecte für die Bewässerung des Marchfeldes. Wien 1871. V: *Altvater, Otto v.* (EB)

Denkschrift über das Projekt eines Donau-Save-Schiffahrt Canales zwischen Vukovár und Samač in Slavonien und der Militargrenze. Mit 1 beiliegenden Uebersichtskarte. 8. Wien 1869.

Denkschrift über das Projekt einer Kolonie von Familienwohnungen des Prager Volkswohnungsvereins. (47 S 6 T) Prag 1910

**Denkschrift** über das Projekt eines Neubaues des Bayerischen Gewerbemuseums zu Nürnberg. Nürnberg 1891

Denkschrift über das Projekt eines Neubaus der Königlichen Kunstgewerbeschule zu Nürnberg. (20 S 12 T) 4° Nürnberg (1890)

**Denkschrift** betreffend das Projekt einer Vollspur- und Kanal-Anschlußbahn Munster-Lüdinghausen-Herne-Bochum mit Zweigbahn Henrichenburg-Kastrop-Langendreer. Münster, [1901.] 31 S. mit 2 Taf.

Denkschrift und Protestation gegen den Erlaß der provisorischen Central-Gewalt für Deutschland vom 8. Nov. 1849, bei der hohen Bundes-Central-Commission eingereicht von Seiten des Reichsgrafen Gust. Ad. Bentinck. (Statt hs. Vorl. gedr.)
Frankfurt a. M. 1850.

**Denkschrift**, Erste und zweite, betreffend die Qualitäts-Bestimmung des Getreides und ihre Behandlung innerhalb des neuen Maaß- und Gewichts-Systems. Hrsg. von der Normal-Eichungs-Kommission. Berlin 1871—1872

Denkschrift über die Rang- u. Besoldungsverhältnisse der Leiter u. Lehrer an den preuß. Seminaren u. Präparandenanstalten, hrsg. vom Landesverein preuß. Lehrerbildner. gr. 8. (32 S.) Gotha 902. (E. F. Thienemann.) n. — 30

**Denkschrift** über die sauren Räucherungen. A. d. Span. übers. von ... Wilh. Heinr. Ludw. Borges. [Berlin 1805.] V: *Arejula, Juan Manuel de.* (EB)

Technische Hochschule Darmstadt. **Denkschrift** über die Raumnoth und die durch dieselbe gegenwärtig herbeigeführten Verhältnisse. (Unterz.: Darmstadt, Ende Juli 1890. Der Lehrerrath der Technischen Hochschule.) 2 Bl. 4°

Denkschrift über das Recht der Salzgewinnung im Fürstentum Reuß j. L. Straßburg, 1878. 35 S.

**Denkschrift** über das dem Durchlauchtigsten Sachsen-Ernestinischen Hause zustehende Recht auf Succession ... Weimar 1864. V: *Hermann, Rob.* (schz)

—— über das dem durchlauchtigsten Sachsen-Ernestinischen Hause zustehende Recht auf Succession im Herzogth. Lauenburg. Lex.-8. (82 S.) Weimar 865, (Böhlau.) *

**Denkschrift** zur Rechtfertigung des Verlangens, dass in Bezug auf den Staat São Paulo das von der Heydt'sche Reskript aufgehoben werde, welches im Königreich Preussen die subventionierte Auswanderung und die Anwerbung von Kolonisten für Brasilien verbietet. São Paulo: Laemmert & Co. 1905. (20 S.) 8° [Umschlagt.] [46. 8999

Denkschrift in der Rechtssache des Handlungshauses Simon G. Sina in Wien, nunmehr Grunelius und Comp. in Frankfurt a. M., gegen das Handlungshaus W. H. Ladenburg und Söhne in Mannheim, Forderung betr. Nebst Beilagen. gr. 12. (83 S.) Mannheim 852, Bensheimer. Thlr. *

„Denkschrift, den Rechtsstreit mit der königlichen Regierung zu Köln über die Fahrgerechtsame zwischen Köln und Deutz betreffend. Nebst Anlagen und einem Nachtrage", Köln 1825. fol. — Vorh.: Com. Bibl. Hamburg.

—— nebst den dazu gehörigen Referaten für die erste General-Versammlung der social-conservativen Vereinigung zu Berlin am 18. und 19. Mai 1881. Hrsg. von dem Bureau des provisor. Vorstandes. gr. 8. (VI, 159 S.) Berlin 881, M. Schulze. *

Denkschrift über die Reform des Gerichtswesens im Herzogtum Holstein o. O. u. J. [nach 1866]. 8°

— zur Reform des Patentgesetzes. Zur Sachverständigen-Sitzg. am 7. XII. 1909 in Berlin. (Hrsg. vom Verein deutscher Maschinenbau-Anstalten Düsseldorf.) (14 S.) 8. Berlin 909. J. Springer — 60

**Denkschrift** zur Reform des Pensions-Systems für Staatsbeamte. Wien 1864. V: *Wettstein, Carl Ritter von.* (WFM)

**Denkschrift** über die Reform der Personen- und Gepäcktarife der deutschen Eisenbahnen. Vom preuß. Minister d. öff. Arb. dem Landeseisenbahnrat unterbreitet. Berlin: C. Heymann [1905]. (8 S.) 4° [Kopft. F.] [06. 6. 11

**Denkschrift** über die Reform der direkten Steuern in Baden. (Karlsruhe, Januar 1896) 1897. V: *Buchenberger, Adolph Aug.* (Kat. d. ständ. Bibl. Stuttgart 1907. S. 367.) (Ky)

— (I.) über d. Reform d. direkten Steuern in Baden. gr. 4. (73 S.) Karlsruhe (896). (G. Braun'sche Hofbuchdr. u. Verl.) n. 2.70

— dasselbe. (II.) Nebst Beilagenheft. (Von A. Buchenberger.) gr. 4. (30 u. 57 S.) Ebd. 897. n. 3.60

**Denkschrift** üb. d. Reform d. Volksschullehrerbildung in Württemberg v. Lehrern d Seminars u. d. Präparandenanst. in Esslingen. gr. 8. (53 S.) Stuttgart 895. W. Kohlhammer. n. — 75

— über d. Reform d. Vorbildung d. preuss. techn. Lehrerinnen. Gera 1901. Th. Hofmann.

**Denkschrift** über die Reform des Zollverfahrens, dem Ausschusse des deutschen Handelstages als Vorlage eingebracht von dem Vorsteheramt der Kaufmannschaft zu Königsberg. 8°. Königsberg 1868.

— betr. Reform der Zucker-Besteuerung. Vorgelegt von der Handelskammer in Hamburg im März 1868. Hamburg 868. (Mauke.) gr. 4. (54 S.) n. 15 ngr.

Mitteleuropäischer Wirtschaftsverein in Deutschland. — DENKSCHRIFT, betreffend die Regelung der handelspolitischen Beziehungen zwischen Deutschland und Portugal. Breslau 1907. Druck von Leopold Freund. fol.

**Denkschrift** über die Regelung der Landfrage im Konzessionsgebiete der Gesellschaft Süd-Kamerun. (Berlin 1905: E. S. Mittler & Sohn.) (6 S.) 4° [Kopft. F.]
= **Kolonialblatt**, Deutsches. Jg. 16, No 24. Beil. fol. [illegible]

**Denkschrift** der grossherz. hessischen Regierung die Ermässigung der Rheinzölle betreffend. 4°. Darmstadt 1859.

**Denkschrift** in Sachen der Königlichen Regierung zu Köln vertreten durch ihren Präsidenten Otto von Bermuth daselbst Appellantin per Nacken gegen Rittergutsbesitzer W. Grafen von Hoensbroech zu Schloss Haag unter Capellen Apellaten per Schilling. Köln 1881. V: *Schilling, B.* (StBKöln II, 112)

Denkschrift der provisorischen Regierung von Schleswig-Holstein an Lord Palmerston. (Anhang: Denkschrift über die verfassungsmässigen Rechte der Herzogthümer Schleswig und Holstein von Bunsen. Berlin. 1848. 8°

— über Regulirung und Schiffbarmachung der Flüsse im Königr. Böhmen. Hrsg. vom Verein zur Ermunterung des Gewerbsgeistes in Böhmen. gr. 8. (92 S.) Prag 883, (Rziwnatz.) **

Denkschrift betr. die Regulirung der Weichsel, der Oder, der Elbe, der Weser und des Rheins. Berlin, im Oktober 1879 gr. 8.

**Denkschrift** an den österreich. Reichsrath und an den ungar. Landtag. gr. 8. (16 S) Wien, Hügel in Comm. 1861 30 kr.

**Denkschrift** für den hohen Reichstag und das preußische Abgeordnetenhaus betr. den wegen Ermordung s. Ehefrau Marie, geb. Härtel durch Urteil des Kgl. Schwurgerichts zu Elberfeld, v. 2. Febr. 1884, z. Tode verurteilten ehemaligen Gastwirt, Barbier u. Samenhändler Albert Ziethen zu Elberfeld, jetzt in d. Kgl. Strafanstalt zu Werden a. d. Ruhr. *Berlin: (A. Weichert 1896).* (30 S.) 8° [F.] [illegible]

**Denkschrift, Die,** der wälschtirolischen Reichstagsabgeordneten. Gerechtfertigt und beleuchtet von den Verfassern derselben. Innsbruck 1870. V: *Leonardi, Cölestin & Napoleon Baron Prato.* (EB)

Denkschrift über Reinigung u. Entwässerung der Städte..., s. Baumeister, Reinhard

Denkschrift betreffend die von Seiten des Standes Bern stattfindende Reklamation derjenigen sogenannten ausländischen Schuldschriften, welche die Gemeindskammer der Stadt Bern im Jahre 1803 der schweizerischen Liquidations-Commission in Freiburg auszuliefern verweigert hat. (Bern, den 20. April 1838.) fol. [Bern.]

**Denkschrift** betreffend die Reorganisation der Armen- und Wohlthätigkeits-Verwaltung der Stadt Frankfurt a. M. [Frankfurt a. M. 1881.] V: *Miquel, J.* (StBFrankf I, 59)

**Denkschrift, Zweite,** betreffend die Reorganisation der technischen Lehranstalt am steierm. landschaftl. Joanneum. [Graz 1863.] V: *Winckler, Ant.* (JoanStyrA)

Denkschrift, die Reorganisation der bayr. Staatsforstverwaltung betreffend. - München 1883. 27 S.

— üb. die Reorganisation u. Theilung des Großherzogth. Posen u. Einverleibung desselben in d. deutschen Bund. Von V. J. gr. 8. (26 S.) Berlin 848. (Stargardt.) n. 1 ngr.

— die Revision des Mäklerwesens in Bremen betreffend. gr. 8. (24 S.) Bremen 862, Gesenius.

Denkschrift in Bezug auf die von Einer Hohen deutschen Bundes-Versammlung für das Jahr 1842 verheissene Revision der bundesgesetzlichen Bestimmungen über die litterarischen Rechtsverhältnisse in Deutschland gemäss des Beschlusses der Hauptversammlung des Börsenvereins der deutschen Buchhändler am 9. Mai 1841 berathen und abgefasst von dem dazu statutenmässig ernannten ausserordentlichen Ausschusse. Als Manuscript für die Mitglieder des Börsenvereins. Jena, gedruckt bei Fr. Frommann. 4°.

**Denkschrift** zu den rechtshängigen beiden Revisions- und Kassations-Sachen für die Stief-Geschwister Frau J. v. Bianco ... zu Köln und Fräulein Fr. v. Büsker ... zu Bonn, als Intestat-Erben ihres ... Oheims P. J. von Braumann, Appellanten gegen die städtische Armen-Verwaltungs-Kommission zu Aachen ... [Köln 1834.] V: *Bianco, Franz Joseph von.* (StBKöln II, 111)

**Denkschrift** des Bayerischen Richtervereins über die Gehaltsverhältnisse der Richter in Bayern. Nürnberg 1907: U. E. Sebald. (24 S.) 4° fol. 1539

Denkschrift Sachsens und Badens zur Bundesratsdrucksache Nr 27, betr. Einführ. von Schiffahrtsabgaben. 2°.
Aus Karlsruher Ztg 1909. Nr 337, Beil. 1.

**Denkschrift** zur vierten Säcularfeier der Prinzenerrettung in Elbersdorf 1855. Chemnitz [1855.] V: *Schellenberg, F.* (Kat. d. stat. Bureaus. Dresden 1890.)

Denkschrift des Kts. St. Gallen an die Bundesversammlung betreff. die Rheinkorrektion. Febr. 1861.

Denkschrift der deutschen Schaumweinfabrikanten, betreffend die handelspolitische Behandlung der deutschen Schaumweine. Wiesbaden: Schellenberg 1878. 146 S. -- [Zit. nach Bibliotheca oenologica, Nachtr. 4]

Denkschrift der Deutschen Schaumwein-Fabrikanten betreffend: Die handelspolitische Behandlung der deutschen Schaumweine. Wiesbaden: Schellenberg o. J. [um 1880]. 12 S. --

— üb. die neueste polnische Schilderhebung im Großherzogth. Posen, von deren Beginn bis zum Augenblicke, wo dieselbe in Folge der von Willisenschen Convention zur unzweideutigen Insurrection ausartet. Aus amtl. u. andern zuverlässigen Quellen dargest. v. W. K. gr. 4. (VIII u. 42 S.) Bromberg 848, Levit. n. 1/3 ng

Denkschrift für das Festspiel „Schlacht am Stoss", aufgeführt zu Altstätten im Juni (Umschlag: am 17. J') 1895. ([Mit Illustrationen und] Beilage zur D': Detail-Programm zum F' „Sch' am St'"...; [nebst] Uebersichts-Kartchen von Altstätten.) 8. Altstätten 1895.

Denkschrift der Aktien-Gesellschaft Schleppschiffahrt auf dem Neckar in Heilbronn zur Feier des 25jähr. Bestehens. — o. O. (1902). 14 S. 8° 38 A.

— für J. G. Schlosser in Eutin. 8. Halle, Renger. 797.

— über die Schöffengerichte. Ausgearbeitet im Königl. Preuß. Justiz-Ministerium. gr. 8. (48 S.) Berlin 873. v. Decker. n. 1. —

Denkschrift über die Kramerische Schuldsache. (Bern am 4ten. Brachmonats 1823.) 4. Bern 1823.

—— des ersten evangelischen Schulkongresses zu Frankfurt a. M. vom 2. bis 4. Oktbr. 1882. Hrsg. von dem Bureau des Kongresses. 1. und 2. Aufl. gr. 8. (XVI, 133 S.) Frankfurt a. M. 882,83, Schriften-Niederlage des evangel. Vereins. *

—— des zweiten evangelischen Schulkongresses zu Kassel vom 24. bis 27. September 1883. Hrsg. von dem Bureau des Kongresses. gr. 8. (VIII, 216 S.) Ebendas. 884. *

—— des 3. evangelischen Schulkongresses zu Stuttgart vom 30. Septbr. bis 2. Oktbr. 1884. Hrsg. von dem Bureau des Kongresses. gr. 8. (IV, 192 S.) [Frankfurt a. M. 885, Schriften-Niederlage des Evangel. Vereins.] Leipzig, Wilh. Weber. [*ℳ 2.—] *

— d. 4. Evangelischen Schulkongresses zu Hannover vom 5. bis 7. Oktbr. 1886. Hrsg. v. dem Bureau des Kongresses. gr. 8. (IV, 156 S.) [Frankfurt a/M. 887. Drescher.] Leipzig, Th. Rother. n. 1. 80 (1—4 zusammen: n. 3.—)

—— des 4. Evangelischen Schulkongresses zu Hannover vom 5. bis 7. Oktbr. 1886. Hrsg. von dem Bureau des Kongresses. gr 8. (IV, 156 S.) [Frankfurt a. M. 887, Drescher.] Leipzig, Wilh. Weber. *
Denkschrift des 1. und 2. Evangel. Schulkongresses 1882 und 1883. Ebendas. à [*ℳ 2.—.] *ℳ 1.—. — Alle 4 Denkschriften zusammen [*ℳ 7.80.] *ℳ 3.—.

— des 5. Evangelischen Schulkongresses zu Barmen vom 26. bis 29. Septbr. 1888. Hrsg. v. dem Bureau d. Kongresses. gr. 8. (IV, 215 S.) Berlin 889. Buchhandlg. d. Deutsch. Lehrer-Zeitung (Fr. Zillessen). n. 2. 40

— d. VI. deutschen evangel. Schulkongresses zu Erfurt vom 30. Septbr. bis 2. Oktbr. 1890. Hrsg. v. dem Bureau d. Kongresses. gr. 8. (V, 244 S.) Berlin 891. Buchhandlg. d. deutschen Lehrer-Zeitung. n. 3. —

— d. VII. deutschen evangel. Schulkongresses zu Bielefeld vom 30. Septbr. bis 3. Oktbr. 1891. gr. 8. (VII, 175 S.) Nebst Festschrift. (45 S.) Ebd. 892. n. 2. 40

— d. VIII. deutschen evangel. Schulkongresses zu Dresden vom 27.—30. Septbr. 1893. gr. 8. (IV, 204 S.) Ebd. 893. n. 3. —

[F.] Denkschrift des IX. Deutschen Evangelischen Schulkongresses zu Potsdam vom 1. bis 4. Okt. 1895. Hrsg. v. Büreau d. Kongresses. *Berlin: Buchh. d. Deutschen Lehrer-Zeitg 1895.* (230 S.) 1 Bd 8. [96. 1834

— d. X. deutschen evang. Schulkongresses u. d. XX. Generalversammlg. d. evang. Lehrerbundes zu Hamburg v. 28. IX. b. 1. X. 1897. Hrsg. v. Bureau des Kongresses. gr. 8. (170 S.) Ebd. 897. n. 3. —

— des XI. deutschen evangelischen Schulkongresses zu Barmen vom 4. bis 7. X. 1899. Hrsg. v. Bureau d. Kongresses. gr. 8. (240 S.) Berlin 899. F. Zillessen. n. 2.50

— des XII. deutschen evangelischen Schulkongresses zu Berlin vom 28. bis 31. V. 1901. Hrsg. vom Bureau des Kongresses. gr. 8. (238 S.) Ebd. 901. n. 2. —

— des XIII. u. XIV. deutschen evangelischen Schulkongresses. Hrsg. vom Bureau des Kongresses. 8. Berlin, F. Zillessen. à n. 3. —
XIII. zu Stuttgart vom 2.—6. VI. 1903. (222 S.) 903.
XIV. zu Wernigerode a. Harz vom 13.—16. VI. 1905. (220 S.) 905.

— betr. den staatlichen Schutz der Denkmäler im Herzogth. Braunschweig. gr. 8. (16 S.) Wolfenbüttel 894 J. Zwißler. n. — 50

—— über die deutschen Schutzgebiete. (Reichstagsdrucksache.) hoch 4. (12 S.) Berlin 885, C. Heymanns Verlag. *

— über die deutschen Schutzgebiete. (Reichstagsdrucksache.) hoch 4. (12 S.) Berlin 886. C. Heymann's Verl. n. — 50

**Denkschrift** für Herrn M. Seeligmann . . . und Madame A. Feist, geb. Friedberg .. in ihrem eigenen Namen und als Vormünderin ihrer minderjährigen Kinder ... Beklagten, gegen Herrn C. W. Arnoldi, J. Bones und 72 Konsorten von Winningen, Kläger. Koblenz [1814]. V: *Grebel, Matthias Joseph.* (STBKÖLN II, 108)

—— des colberger Seglerhauses, betr. die Schiffbarmachung der Persante und Küddow. (Als Mscr. gedr.) gr. 4. (12 S.) Colberg 854, Post. *

—— des königl. preuß. evangelisch-theolog. Seminars zu Herborn f. die J. 1873—1890. gr. 8. Herborn 890, Buchh. d. Nassauischen Kolportagevereins.
1. Zimmer, Friedr. Abriß e. Einleitung in das neue Testament. — 2. Maurer, H. Eine Entlassungsansprache am Semesterschluß. — 3. Das evangelisch theolog. Seminar zu Herborn. I. Zimmer. Die Aufgabe des Seminars. — II. Maurer. Nachrichten vom Seminar f. die J. 1873—1889. — III. Zimmer. Bericht üb. das Sommersemester 1890. (85 S.)

— d. königl. preußischen evangelisch-theologischen Seminars zu Herborn f. d. J. 1890—1891. Von Frdr. Zimmer. gr. 8. Herborn 891. Buchh. d. Nassauischen Colportagevereins. n. 1. 50
1. Theologischer Kommentar zu den Thessalonicherbriefen. — 2. Nachrichten üb. das Seminar. (128 S.)

— d. kgl. preuß. evangelisch-theolog. Seminars z. Herborn f. d. J. 1893—1897. gr. 8. Herborn 898. Buchh. d. Nassauischen Colportagevereins. n. 1. —
1. Briefe e. Herborner Classicus a. d. J. 1605 u. 1606, hrsg. v. A. Deißmann. — 2. Zimmer, Fr., Nachrichten üb. d. Seminar f. d. Zeit v. Herbst 1893 b. Herbst 1897. (96 S.)
Die Denkschrift f. d. J. 1891—1893 ist vergriffen.

Denkschrift des Königlich Preußischen evangelisch-theologischen Seminars zu Herborn. [1.] Für d. J. 1898–1904. Herborn: Buchh. d. Nassauischen Colportagevereins 1904. 8° [F.] [05. 7149

— des evangel.-theolog. Seminariums zu Herborn, s. L. Hüffel, auch A. L. Chr. Heydenreich.

— des homilet. u. katechet. Seminariums der Universität zu Jena, unter Auktorität der theolog. Fakultät herausg. von J. C. E. Schwarz. N. Folge. Nr. 1. 1835. gr. 8. Jena 836. Frommann. 1/3 ₰

**Denkschrift** des academischen Senates der k. Julius-Maximilian-Universität zu Würzburg betreffend die Erbauung eines neuen Kollegienhauses. Würzburg 1889. V: *Risch, Carl von.* (Erman & Horn, Bibliogr. d. dtsch. Universitäten. 2. Leipz. u. Berl. 1904.)

**Denkschrift** des Akademischen Senates der Universität Wien. Überreicht d. K. K. Regierung u. d. beiden Häusern d. Reichsrates. Wien 1903: (A. Holzhausen). (42 S.) 4°(8°) [08. 1131

Denkschrift über die Sieg-Ruhr-Eisenbahn. Entworfen von dem Spezial-Komitee zu Siegen. Siegen, 1852. 49 S. mit Anl.

**Denkschrift** die Sodabesteuerung betreffend. Nebst Anlage, die Verhandlungen darüber enthaltend. (Vorlage an die Sachverständigen-Commission des Zollvereins.) fol. Berlin 1845.

—— eines österreichischen Soldaten. Gewidmet den Volksvertretern im Reichsrathe zu Wien. gr. 8. (43 S. mit 2 Tab. in 4. und Fol.) Leipzig 861, O. Wigand. *

**Denkschrift** der kärntnerischen Sparkasse aus Anlaß ihres fünfzigjährigen Bestandes 12. Februar 1885. (Klgft., Leon, 1885.) Quart. 144 S.

—— der kärntnerischen Sparkasse aus Anlass ihres 50jähr. Bestandes 12. Febr. 1885. gr. 4. (144 S. mit 5 Tab.) Klagenfurt 886, (Raunecker's Buchh.) geb. *

**Denkschrift** über das Sprengelrecht. [Bayreuth 1873.] V: *Glitza, Friedrich.* (Tt)

**Denkschrift** über die Preussischen Staats-Archive nebst vergleichenden Notizen über das Archivwesen einiger fremden Staaten . . . Berlin 1855. V: *Lancizolle, Carl Wilh. von.* (schz)

**Denkschrift** über die Staats-Schulden-Angelegenheit vom linken Rhein-Ufer. Paris 1819. V: *Körtgen.* (KGBerlin I, 1890)

**Denkschrift** betr. d. Staatssubvention d. deut. überseeischen Dampferlinien. (Drucksachen d. Reichstags 1884.)

Denkschrift über den Stand der Betriebssicherheit, die Betriebseinrichtungen und den Betriebsdienst auf den Staatseisenbahnen.
Berlin: W. Moeser. (1898). (2 Bl., 88 S.) 4⁰. 2⁰

**Denkschrift über den gegenwärtigen Stand der Moorkultur und der Moorbesiedelung in Preussen. - o. O. 1899. 38 S.**

**Denkschrift über den Stand der Gewerbeförderung im Königr. Preußen. (48 S.) gr. 8. Berlin 903. C. Heymann. n. 1. —**

**[Denkschrift.]** Minist. d. geistl., Unterr.- u. Medizinalangelegenheiten. Denkschrift über den Stand des für die Neu und Umbauten des Charite-Krankenhauses zu Berlin, die Neuanlage des Botanischen Gartens in Dahlem pp. durch das Gesetz vom 26. Juni 1897. (Ges.-Samml. S. 202) eröffneten Kredites von 16 Mill. Mark. (Berlin 1903.) 4⁰. *[Kopftit.]*

Denkschrift an die hohe preußische Stände-Versammlung in Betreff der schleswig-holsteinischen Angelegenheit. gr. 8. (22 S.) Berlin 817, Haude und Spener'sche Buchh.

—— üb. den derzeitigen Standpunkt u. die Verhältnisse der Pharmacie in Deutschland überhaupt, insbes. in d. Staaten, in welcher sich der norddeutsche Apothekerverein verbreitet; entworfen v. d. Directorium dieses Vereins. (Ergänzungsheft zum Maihefte d. Archivs d. Pharmacie pro 1845.) gr. 8. (5 B.) Hannover 845, Hahn'sche Hofbuchh. *

**[Denkschrift]** Deutscher Aerztevereinsbund (E. V.) Denkschrift betr. die Stellung der Aerzte zum Entwurfe einer Reichsversicherungsordnung. (Leipzig 1909.) 4⁰ *[Kopftit.]*

**Denkschrift** üb. die Stellung der höheren städtischen Baubeamten. Bearb. u. hrsg. v. Verbande deutscher Architekten- u. Ingenieur-Vereine. gr. 8. (26 S.) Berlin 901. (Deutsche Bauzeitg.) n. — 60
Sonderabdruck aus: „Deutsche Bauzeitg."

**Denkschrift** über die Stellung der Juden in Oesterreich. Wien 1859. V: *Jaques, Hnr.* (WFM)

—— über die Stellung der Juden in Oesterreich. 2. Aufl. Lex.-8. (45 S.) Wien 859. Gerold's Sohn. *

—— betr. die Stellung und die darauf bezüglichen Wünsche der festangestellten und nicht festangestellten Lehrer und Lehrerinnen an den Volksschulen in Hamburg. gr. 8. (32 S.) Hamburg 876, O. Meißner.

**Denkschrift** über die directen Steuern im vormaligen Königreich Hannover. Mit Anlagen. Als Mscr. gedruckt. 4⁰. Berlin, Januar 1867.

**Denkschrift** über die directen Steuern im vormaligen Kurfürstenthum Hessen. Mit Anlagen. Als Mscr. gedruckt. 4⁰. Berlin, Januar 1867.

**Denkschrift** über die directen Steuern im vormaligen Herzogthum Nassau. Mit Anlagen. Als Mscr. gedruckt. 4⁰. Berlin, Januar 1867.

**Denkschrift** zur Steuerreform im Grossherzogtum Hessen 1897. [Darmstadt 1897.] V: *Krug, v.* (WFM)

Denkschrift zur 50jährigen Stiftungsfeier der Antiquarischen Gesellschaft in Zürich. gr. 4. (III, 122 S. mit 2 Stnt. in Lichtdr.) Zürich 882, (Orell, Füssli und Comp.) *
Aus: Mittheilungen der antiquarischen Gesellschaft in Zürich, besonders abgedruckt.

**Denkschrift** zum 25jährigen Stiftungsfest der Freimaurer-Loge Friedrich Wilhelm zur Wahrheit und Treue im Or. Rathenow am 9. Okt. 1887. Rathenow 1887: Babenzien. 22 S. 8⁰ 416.

Denkschrift zum 25jährigen Stiftungsfeste des Turn-Vereins in Asch, 12. u. 13. 7. 1874, Asch, 12 S., 16⁰.

— zum 50jährigen Stiftungsfest des Architekten- u. Ingenieur-Vereins zu Hamburg am 18. IV. 1909. (VII, 128 S. m. 55 Abbildgn. u. 2 Taf.) Lex. 8. Hamburg 909. Boysen & Maasch. Geb. in Leinw. 4. —

Der literarisch-gesellige Verein zu Oldenburg i. Gr. 1890—1909. DENKSCHRIFT zum siebzigjährigen Stiftungsfeste (1000 Sitzung.) Zusammengestellt von KARL ALBRECHT. Oldenburg i. Gr. 1909. Druck von Ad. Littmann. 8⁰.

Denkschrift zum 20. Stiftungsfest des Männerturnvereins München, a. V., München 1899, 45 S., 1 Tab., 8⁰.

**Denkschrift**, betr. die Stillegung verschiedener Steinkohlenzechen des Ruhr-Reviers. Berlin (1904): Reichsdr. (40, VII, 48 S.) 2⁰ [F.] 105 6159

**Denkschrift, Die,** und das allgemeine Stimmrecht. Hamb. 1849. V: *Knauth, Johann Carl.* (schr)

Denkschrift über die Strassen-Prämien auf den neuen Handelsstrassen des Kantons Graubünden zwischen Chur, Cleven u. Bellenz. Chur 1841 4

**Denkschrift** an den Minister für Cultus und Unterricht Carl Edlen von Stremayr . . . zur Erläuterung der Majestätsadresse um Bewilligung eines constituirenden Kirchencongresses . . . Wien 1870. H: *Hormuzaki, Georg Ritter von.* (EB)

— der deutschnationalen Studentenschaft Prags. gr. 8. (8 S.) Reichenberg 893. R. Gerzabek & Co. n. — 50

**Denkschrift** über die Studienreise des Vereins Berliner Kaufleute und Industrieller nach dem nahen Orient im Frühjahr 1908. Hrsg. von d. Vorstand d. Vereins. (Red.: Dr. August Koppel.) Berlin Verl. f. Fachlit. in Komm. 1908. XI, 208 S. 2⁰(4⁰) A 12 5446

**Denkschrift d. heil. Stuhles od. urkundl. Darlegung d. Thatsachen, welche d. Wegführung des Erzbischofs v. Cöln, Freih. v. Droste, vorhergegangen und gefolgt sind. Rom, am 4. März 1838. Aus d. Druckerei d. Staatssecretariats.** *Augsb.*, **Kollmann. 838. gr. 8. (12 Gr.)**

**Denkschrift**, betreffend die deutsche Südpolar-Expedition. (Berlin 1899: Reichsdr.) (15 S.) 4⁰(2⁰) [F.] 107 13 · 8

—— südslawische, s. Zur orientalischen Frage.

**Denkschrift** über die Tabaksteuerfrage. gr. 8⁰. Berlin 1867.

**Denkschrift** über die Tarifbewegung im deutschen Baugewerbe im J. 1910. Hrsg. von den vier beteiligten baugewerblichen Zentralverbänden. Lex.-8°. Hamburg, Selbstverlag, 1910.

**Denkschrift**, betreffend die Thätigkeit der Kaiserlichen Normal-Eichungs-Kommission von 1869 bis zum Frühjahr 1882. Berlin 1882
Vom Frühjahr 1882 bis zum Frühjahr 1900. Berlin 1900

**Denkschrift** über die Thätigkeit der Physikalisch-Technischen Reichsanstalt in den Jahren 1891 und 1892 . . . Berlin 1893. V: *Helmholtz, Herm. v.* (Berl)

— über die Thätigkeit der physikalisch-technischen Reichsanstalt in den J. 1891 u. 1892. Dem Reichstage vorgelegt in der 2. Session der 8. Legislaturperiode. Fol. (32 S.) Berlin 893. C. Heymanns Verl. n. 1.20

— für die Teilnehmer des nationalliberalen Parteitages zu Goslar Oktbr. 1906. Ueberreicht v. der National-Zeitg. (Harms, Paul, die nationalliberale Partei. Ein Gedenkblatt zu ihrer geschichtl. Entwicklg. Mit Bildnissen nationalliberaler Politiker.) (VIII, 54 S. m. 30 Taf. u. 1 Fksm.) Lex.-8. Berlin (906). Expedition der „National-Zeitg." n. 4.—

Denkschrift in Betreff der Theilung Galliziens. 8. (37 S.) Lemberg 865, (Wild.) *

—— betr. die Theilung des Fürstenthum-camminer Kreises (von A. v. Gaudecker). gr. 8. (15 S.) Colberg 851, Post.

**Denkschrift** der Gemeinde Tempelhof uber den Kauf des Tempelhofer Feldes. [Tempelhof: Gemeinde 1910.] 15 S. 4° [10 11 20

Topographisch-militärische Denkschrift. Aus dem Französischen übersetzt von E. v. Greipel, k. k. Hauptm. im Inft.-Reg. Stain. Mit Plänen. (1. Abth. Versuch über die Recognoscierungen. 2. Abth. Von den Geodätischen Operationen nebst Bemerkungen des Uebersetzers über militärische Aufnahme eines Landes.) (2 Bde.) 8. Wien 1808.

— topograph.-militär.; aus d. Französ. v. C. v. Greipel. 1e u. 2e Abtheil. Mit 8 Plänen u. 12 Taf. gr. 8. Wien 808. Schaumburg. 3 fl. 8 gl.

Denk-Schrift, hrsg. zu der Turnhallenweihe des Dtsch. T. V. Freiheit-Marschendorf 8. 8. 1897, Trautenau 1897, 54 S., 8°.

Denkschrift des Allgem. T. V. in Czernowitz zur Eröffnung der Vereins-Turnhalle, Czernowitz 1886, 23 S., 8°.

Denkschrift d. Grazer T. V. a. d. hohen steiermärk. Landtag, überreicht a. 4. 2. 1863.

Denkschrift der Turnvereine der Deutschen Turnerschaft des Kreises VIIIa (Westfalen u. Lippe), Witten a. d. Ruhr 1901, 12 S., 8°.

Stadt Köln. Denkschrift betr. die Übernahme des Kölner Straßenbahnunternehmens durch die Stadt. — Köln 1900: Kölner Verl.-Anst. u. Dr. 10 S., 6 Anl. 4° **38.**

Denkschrift. Der Hohen Tagsatzung Loblicher Eidsgenossenschaft zu überreichende D' des Kantons Unterwalden, nid dem Wald, gegen den Kanton Unterwalden, ob dem Wald, über dessen Anmassung Mit-Landesherr uber das Kloster Engelberg zu seyn. (Stanz, den 23ten März 1812.) 4. *o. O.*

**Denkschrift** betreffend Überschienung der schweiz. Alpenpässe, dem Bundesrathe eingereicht durch die Regierungen der Kantone Glarus, Appenzell, St. Gallen, Graubünden, Waadt, Wallis, Genf.
St. Gallen 1863.

—— üb. das Uebungs-Lager bei Augsburg v. 26. August bis 6. Septbr. 1816, od. Beschreib. d. Lagers u. d. kgl. bayer. Truppen nach ihren Uniformen, Unterscheidungs-Zeichen, nebst Tagesbefehlen, u. ein. Rückblick auf diese Tagesbegebenheiten. Nebst Lager-Plan u. Abbild. d. Lager-Truppen (u. 1 Hfte.: Bayerische Volks u. Krieger Lieder v. A. Adam, Fr. Berg u. Andern. [1½ B.] als Zugabe.) 16. (1½ B.) Augsburg 816, Schlosser's Buchh.

—— über den Uferschutz am Rhein und die neuesten Bestrebungen für eine durchgreifende Stromregulirung von Ragaz bis zur Mündung des Rheins in den Bodensee. (Von J. M. Hungerbühler.) gr. 8. (VII und 196 S. mit 2 lithogr. Karten in Fol. statist. und andern Beilagen.) St. Gallen 854, Huber und Comp. *

— üb. den Umbau der alten Mainbrücke nebst dem Umbau des eisernen Steges u. der Eindeichung d. Altstadt. (88 S. m. Abbildgn. u. 13 Taf.) Lex. 8. Frankfurt a/M. 909. (Reitz & Koehler.) Geb. nn 6.—

**Denkschrift**, betr. den Umfang u. die Wirkung der Ausfertigung v. Einfuhrscheinen f. ausgeführtes Getreide. Drucksache des Reichstags. 12. Legislatur-Periode. 2. Session 1909/10. Nr. 370. (69 S.) Berlin, C. Heymann. —. 90.
1910

**Denkschrift** eines Ungenannten aus dem Jahre 1573: Modus pro retinenda Germania . . . [Paderb. 1891.] V: *Canisius, Peter.* (Jes)

— der Universitäts-Studierenden Rumäniens üb. die Lage der Rumänen in Ungarn u. Siebenbürgen. gr. 4. (56 S. m. 1 Karte.) Bukarest 891. (Socecü & Co.) n. 2.—

Denkschrift betreffend den forstlichen Unterricht in Bayern. - München 1877. 166 S.

Denkschrift üb. die Untersuchung der Arbeiter- u. Betriebs-Verhältnisse in den Steinkohlen-Bezirken. Bearb. im Auftrage der Minister der öffentl. Arbeiten u. d. Innern. Fol. (114 S.) Berl. 890, (Puttkammer u. Mühlbrecht). * 1 50

**Denkschrift** zu Gunsten Königlich-Preussischer Unterthanen vom linken Rhein-Ufer, welche in den Jahren 1792—97 . . . Lieferungen und andere Prästationen an die französischen Armeen gegen Baarschaft unternommen haben. Paris 1819. V: *Körtgen.* (KGBerlin I, 1890)

Denkschrift des Kantons Unterwalden Nid dem Wald an alle Hohen eidgenössischen Stände über die Einverleibung Engelbergs mit dem Kanton Unterwalden Ob dem Wald. (Gegeben in Stanz, den 4. März 1816.) 8. *o. O.* 1816.

**Denkschrift** über die Ursachen des Aufstandes in Deutsch-Ostafrika 1905. (Berlin 1906.) 4°. (Aus: Anlagen zu den Stenogr. Berichten des Reichstages, 11. Legislatur-Periode, 2. Session 1905/06. Nr 194.)

**Denkschrift** über den Ursprung und den Adelsstand der Familie Ditfurth. Wien [1881.] V: *Ditfurth, Ferdinand v.* (EB)

**Denkschrift** des Verbandes Deutscher Cognacbrennereien über den Anschluß des Deutschen Reichs an die Madrider Uebereinkunft, betreffend die Unterdrückung der falschen Herkunftsbezeichnungen auf Waren. Schirgiswalde (1904)

Denkschrift des Verbandes Deutscher Feuerversicherungsgesellschaften auf Gegenseitigkeit zu dem Entwurfe eines Reichsgesetzes über die privaten Versicherungs-Unternehmungen. *(Greifswald [1899]: J. Abel)* (45 S.) 4°(2°) [F] [00. 351 9

— 7.—10., des Verbandes deutsch. Handlungsgehilfen zu Leipzig. ll. 8. Leipzig, Verband deutscher Handlungsgehilfen. n. — 55

7. Reden, drei. — Hiller, Geo., die Zukunft der Handlungsgehilfen. — Marquardt, Fel., Handelsinspektoren. — Müller, Geo., die kommunale Sozialpolitik u. die Handlungsgehilfen. (39 S.) (901.) n. — 20
8. Vorschläge zu e. Ortsstatut f. Kaufmannsgerichte. (15 S.) (901.) n. — 10
9. An die Jungmannschaft des deutschen Kaufmannsstandes. Ein Wort an die kaufmänn. Lehrlinge u. solche, die es werden wollen. (16 S.) (904.) Unentgeltlich.
10. Bestechungsgelder im Handel. Im Auftrage des Vorstandes bearb. Von Geo. Hiller. (32 S.) 905. n. — 25

Fortsetzung s.: Schrift.

**Denkschrift** über eine zeitgemässe **Verbesserung** der städtischen Armenpflege in **Trautenau**. 8⁰. Trautenau 1890.

**Denkschrift** über das Verbot der gewerblichen Nachtarbeit der Frauen. 1905. 43 S. in: Zwei Denkschriften z. Vorbereitung einer internationalen Arbeiterschutzkonferenz. (Schriften d. internat. Vereinigung f. gesetzl. Arbeiterschutz. 4.)

Denkschrift betreffs des Verbotes der Verwendung giftiger Farben in der Spielwaaren-Industrie. Nürnberg 1883. 8 . . . . . . . . . . . . . . . . .

**Denkschrift** über die Verdrängung der böhmischen Braunkohle und schlesischen Steinkohle aus dem Osten Böhmens und aus Mähren. [Wien, 1879]. 20 S.

**Den deutschen Schulen ein deutscher Bezirksschulrath! Denkschrift des deutschen Vereines für städtische Angelegenheiten in Prag.** Mit einem Anhange: Die unverfälschte Wahrheit über die Verhältnisse an den öffentlichen Prager deutschen Volks- und Bürgerschulen. 8. (27 S.) —.10
Prag: Dominicus 1896

**Denkschrift** des Vereins deutscher Eisenbahn-Verwaltungen zu dem Berner Entwurfe eines internationalen Vertrages über den Eisenbahn-Fracht-Verkehr, beschlossen in der zu Salzburg am 28. u. 29. Juli 1879 abgehaltenen General-Versammlung. gr. 4. (28 u. französische Uebersetzung XXIII S.) Berlin 880. (Puttkammer & Mühlbrecht.) n. — 80

**Denkschrift** des V e r e i n s deutscher Eisenhüttenleute zum 50jährigen Jubiläum, 1860 bis 1910, am 4. Dezember 1910.
Düsseldorf, 1910. 60 S.

DENKSCHRIFT DES VEREINS FÜR HANDELSFREIHEIT IN HAMBURG an den ersten deutschen Handelstag in Heidelberg, betreffend die zukünftige Organisation des Zollvereins. (Ohne bes. Titelblatt.) 4⁰.

— des Vereins für Handelsfreiheit in Hamburg an den 2. deutschen Handelstag in München, betreffend die Reform des Zollvereins. Hamburg 1862

**Denkschrift** des Vereins für die bergbaulichen Interessen im Oberbergamtsbezirk Dortmund über den Entwurf eines Gesetzes betreffend die Aufsuchung und Gewinnung von Kali- und Magnesiasalzen. Essen. 1894. 12 S.

**Denkschrift** des Vereins für die bergbaulichen Interessen im Oberbergamtsbezirk Dortmund in Essen-Ruhr betreffend Erstellung billigerer Tarife für Materialien zum Spülverfahren. Essen, 1904. 20 S. mit 5 Taf.

**Denkschrift** des Vereins für die bergbaulichen Interessen im Oberbergamtsbezirk Dortmund über die Novelle zum Ansiedelungs-Gesetz vom 25. August 1876. Essen-Ruhr, 1902. 8 S.

**Denkschrift** des Vereins für die bergbaulichen Interessen im Oberbergamtsbezirk Dortmund zu Essen betr Wagen großer Tragkraft Essen, 1903 18 S. mit 2 Taf.

Denkschrift des kaufmännischen Vereins Geislingen-Steig. 1884-1909. (38 S) (Geislingen 1909)

**Denkschrift** des Kaufmännischen Vereins **Mannheim**, die Ausbildung der **Handlungsgehilfen betreffend**. 4⁰. Mannheim 1890.

**Denkschrift** des Vereins kath. deutscher Lehrerinnen zur Neuordnung des höheren Mädchenschulwesens in Preussen. Auf Grund d. Beratungen d. Abt. f. höh. Mädchenbildung ... — Danzig 1909: (Raczkiewicz). 31 S. 8⁰

**Denkschrift** des liberalen Vereines in Salzburg über den Entwurf eines Eisenbahn-Gesetzes. Salzburg 1869. V: *Härdtl, August Freih. von.* (Hr)

**Denkschrift** des Vereines „Dt. Mittelschule in Mähren" mit dem Sitze in Brünn an das k. k. Ministerium für Kultus und Unterricht. — Brünn: Winiker 1904. 31 S.

—— **des naturwissenschaftlichen Vereins von Karlsruhe zum Schutze gegen Verderbniß des Bodens, der Brunnen und Wohnungen.** gr. 8. (17 S.) Karlsruhe 866, (Bielefeld's Hofbuchh.) *

DENKSCHRIFT DES VEREINS FÜR DIE DEUTSCHE NORDPOLARFAHRT, betreffend die von ihm im Jahre 1876 zu veranstaltende wissenschaftliche Forschungsreise nach West-Sibirien. Bremen 1876. Druck von Diercksen & Wichlein. 8⁰.

**Denkschrift** des Offenbacher Vereins für Naturkunde, zur Säkularfeier der Senkenberg'schen Stiftung. Offenbach 1863 4.

**Denkschrift** des polytechnischen Vereins in Carlsruhe betr. die Einführung eines allgem. Diplom-Examens auf allen deutschen technischen Hochschulen. Carlsruhe 1874. 8⁰. brosch.

**Denkschrift** des Vereins zur Wahrung der wirthschaftlichen Interessen von Handel und Gewerbe betreffend den Entwurf eines Einkommensteuer-Gesetzes; dem Abgeordneten-Hause vorgelegt. 4⁰. Berlin, 8. Jänner 1891.

Denkschrift des Vereins zur Wahrung der Rheinschifffahrts-Interessen. Die Schifffahrtsverhältnisse auf dem Rhein betr. (1877.)

**Denkschrift** betreffend Vereinheitlichung des Textes der Handelsverträge. Dem IV. Internationalen Kongress d. Handelskammern u. Wirtschaftl. Vereine zu London unterbreitet v. Handelsvertragsverein, Berlin. Berlin 1910: Liebheit & Thiesen. 15 S. 8⁰ (11 977 2

**Denkschrift** betr. die V e r e i n i g u n g der Städte Altona und Ottensen und der Ortschaften Bahrenfeld, Othmarschen und Oevelgönne zu einer Gesammt-Gemeinde. (Ottensen. 1882.) Fol.

**Denkschrift** die Vereinigung der Herzogthümer Coburg und Gotha betreffend. Gotha 1857. V: *Seebach, Richard Kamillo von.* (KGBerlin II, 2136) (BMarsch 228)

Denkschrift über das Verfahren des Röm. Hofs bei der Ernennung des General-Vikars (Ignaz Heinrich) Frhrn. v(on) Wessenberg zum Nachfolger im Bisthum Konstanz und zu dessen Verweser, und die dabei von ... dem Grossherzog von Baden genommenen Massregeln Mit Beilagen. 8. Carlsruhe 1818.

— **über d. Verfahren d. röm. Hofes bei d. Ernennung des Generalvikars Frhr. v. Wessenberg, zum Nachfolger im Bisthum Constanz** rc. Fol. Karlsr. 818. Müller. 1 ℛℊ 16 ℊℊ Dass. in 8. Ebd. 1 ℛℊ Dass. gr. 8. auch Andreä in Frankf. a. M. 818. 1 ℛℊ

Denkschrift betreffend die Holsteinische V e r f a s s u n g s - A n g e l e g e n h e i t. März 1857. o. O. u. J. 4⁰

**Denkschrift** über **Vergebung der Bauarbeiten und Bauakkorde** ... Berlin 1877. V: *Hackländer.* (Kat. d. Bibl. d. Techn. Hochsch. Berlin 1900)

D e n k s c h r i f t über die Vergebung der Bauarbeiten und Bauakkorde. Hrsg. vom Verb. deutscher Archit.-u. Ing.-Vereine. Berlin 1878.

„Denkschrift, betreffend die Vergünstigung des directen Verkehrs zwischen den Staaten des Zollvereins und den aussereuropäischen Ländern (Differenzialzölle betreffend)", Berlin 1845. — Vorh.: Preuß. Staatsbibl. Berlin.

DENKSCHRIFT ÜBER DAS VERHÄLTNISS ZWISCHEN ZAHNÄRZTEN UND ZAHNKÜNSTLERN in Deutschland. Herausgegeben von dem Verein deutscher Zahnkünstler. Berlin 1880. Druck von R. Gensch. 8°.

**Denkschrift** über die bürgerlichen Verhältnisse der hamb. Israeliten ... O. O. 1831. V: *Riesser, Gabriel.* (schr)

— betr. die Verhältnisse im deutsch-südwestafrikanischen Diamantengebiet. Vom 6. I. 1910. (75 S.) 31×22,5 cm. Berlin (910). (C. Heymann.) 1.—

—— über die Verhältnisse Elbings, zugleich in Beziehung auf die Verbindung Elbings mit der Thorn-Insterburger Bahn. gr. 8. (19 S. mit 1 lithogr. Karte in 4.) Elbing 868, Neumann-Hartmann. *

—— betr. die Verhältnisse der Lehrer an den unvollständigen höheren Lehranstalten. gr. 8. (47 S. mit 3 lithogr. Tab.) Kassel 886, (Kessler.) *

— üb. die Verhältnisse des Herzogth. Limburg. gr. 8. (52 S.) Frankfurt a. M. 848, Brönner. 8 ngr

**Denkschrift,** betreffend die räumlichen Verhältnisse der Großherzoglichen technischen Hochschule zu Darmstadt. (Unterz.: Darmstadt, im Juli 1888. Im Auftrage des Lehrerrathes die Commission.) 18 S. 4° [Autogr.]

**Denkschrift,** betreffend die räumlichen Verhältnisse der Grossherzoglichen Technischen Hochschule zu Darmstadt nach Errichtung eines Neubaues für das elektrotechnische und physikalische Institut. (Unterz.: Darmstadt, den 21. Mai 1889. Die Raumnothcommission.) 7 S. 4° [Autogr.]

**Denkschrift** über die Verhältnisse der zwei italienischen Kreise Trient und Roveredo ... Wien 1849. V: *Clementi, Carlo.* (margr)

—— über die Verhandlungen wegen Abschlusses eines neuen Handels- und Zollvertrages mit Oesterreich-Ungarn. Imp.-4. (19 S.) Berlin 878, C. Heymann's Verlag. *

**Denkschrift** über die Verhandlungen der Grossloge zur Sonne bezüglich der Ritualfrage. Bayreuth [1872.] V: *Feustel, Friedrich.* (Tt)

**Denkschrift** betreffend die Verhandlungen des Deutschen Reichstages über die Kohlenfrage am 3., 6. u. 7. Dez. 1900. Bearb. v. Verein f. d. bergbaul. Interessen im Oberbergamtsbez. Dortmund. Essen-R., Jan. 1901. *Essen 1901: Thaden & Schmemann.* (25 S.) 4° . [ol. 6750 4

[Umschlagt.:] [F.] Neu Guinea Compagnie. 1896. **Denkschrift** betreffend die Verhandlungen des Reichstages über den mit dem Reiche wegen Uebernahme der Landeshoheit geschlossenen Vertrag. *(Berlin: W. Moeser Hofbuchdr. 1896.)* (45 S.) 1 Bd 4. 193 12371

**Denkschrift** über den Verkehr mit Honig. Ausgearb. im Kais. Gesundheitsamt. *(Berlin: [J. Springer in Komm. 1902]: B. Paul.)* (36 S.) 4° [Kopft. F.] [ol. 8612

— üb. den Verkehr m. Honig. Ausgearb. im kaiserl. Gesundheitsamt. (36 S.) Fol. Berlin (903). (J. Springer.) n.n. —50

„Denkschrift betreffend den Verkehr mit dem neu eröffneten Weltmarkt in China, Japan und Siam, mit Bezug auf Preussen und resp. den deutschen Zollverein. Als Manusc. gedruckt", Berlin o. J. — Vorh.: Büch. der Industrie- und Handelskammer Leipzig.

—— betreffend die Verkehrsverhältnisse des Hafenortes Colberg mit seinem Hinterlande, ehrfurchtsvoll überreicht von der Kaufmannschaft zu Colberg. (Als Mscr. gedr.) 4. (15 S.) Colberg 853, Post. *

Denkschrift über den Verlauf des Aufstandes in Deutsch-Südwestafrika. Ausgearb. v. d. preuß. Groß. Generalstabe. Mit 1 Krt. Berlin 1905. 11 S. 4°

**Denkschrift** über den geschichtlichen Verlauf, welchen die Vorschriften über das . . . darzulegende Maass an formaler Bildung . . . seit 1808 genommen haben . . . Berlin 1861. V: *Peucker, v.* (KA)

**Denkschrift** über den Verlauf des Hochwassers und Eisganges im Winter 1900/07. [Nebst] 1 zeichn. Darstellung d. Wasserstände d. Elbe u. ihrer Hauptnebenflüsse ... Magdeburg 1907. E. Baensch jun. 1 Bd 4°(2°). 2 Kartenbl. je 100×70 cm. 105. 1560 3

[Denkschrift] Elbstrombauverwaltung. Denkschrift über den Verlauf des Hochwassers und Eisganges auf der Elbe im Winter 1908/09. Magdeburg 1909. 4°

**Denkschrift** betr. die Verlegung des Königl. Ober-Präsidiums der Provinz Schleswig-Holstein vom Magistrat in Schleswig. Schleswig. 1904. 4°.

—— über die Verminderung der Hochwasser-Verheerungen im Flussgebiet der Steinlach durch Anlage von Sammelweihern. Bearb. von dem k. Ministerium des Innern, Abtheilung für Strassen- und Wasserbau. gr. 4. (VIII, 47 S. mit 9 lithogr. und chromolithogr. Bl. Zeichnungen und 4 eingedr. Holzschn.) Stuttgart 883, Kohlhammer.

Denkschrift über die Königlichen Verordnungen vom 30. Mai 1849. betr:
1. d. Ausführ. d. Wahl d. Abgeordneten zur Zweiten Kammer,
2. d. Termin z. Wahl für d. zweite Kammer u. d. Einberuf. beider Kammern.
(Berlin 1849.) 4°.
(Drucksachen d. 2. Kammer. Nr 40.)

Denkschrift des Deutschen Versicherten-Verbandes zum Entwurf eines Gesetzes über den Versicherungsvertrag. Leipzig 1898.

Denkschrift betreffend die Allgemeinen Versicherungsbedingungen der Deutschen Privat-Feuer-Versicherungsgesellschaften (Aus d. J. 1900/01). Vorschläge z. Abänderung d. Allgem. Versicherungsbedingungen d. Verbandes deutscher Privat-Feuer-Versicherungsgesellsch. *Berlin: J. Siemenroth 1902.* (62 S.) 8°
= Mitteilungen d. Deutschen Haftpflicht- u. Versicherungs-Schutzverbandes. No 11

Denkschrift über den Vertrag zwischen Preußen und Hannover, die Vereinigung des Steuervereins mit dem Zollvereine betreffend. Berlin, October 1851. 39 S. 4.

**Denkschrift** betreffend die innere Verwaltung bei der schweizerischen Hagel-Versicherungs-Gesellschaft. O. O. 1901. V: *Schramm, Carl.* (Zuwachsverz. d. Bibl. in Zürich 1898 ff., 8.)

—— des Verwaltungsrathes des „Anker," Gesellschaft für Lebens- und Rentenversicherungen in Wien, zur Beleuchtung der gegen den „Anker" gerichteten Broschüren und Journal-Artikel. 8. (57 S.) Wien 862, (Lechner's Universitäts-Buchh.) *

Denkschrift des Verwaltungsrates der k. k. priv. Lemberg Czernowitz Jassy Eisenbahn Gesellschaft über den Erlaß des hohen k. k. Handelsministeriums vom 7. Oktober 1872 betreffend die Sequestration der Linien Lemberg-Czernowitz-Suczawa. Wien. Verl. des Verwaltungsrates 1873

Denkschrift über die Verwertung der Wasserkräfte bei etwaiger Kanalisierung der Mosel und Saar. Bearb. im Ministerium der öffentlichen Arbeiten. Berlin, 1905. 32 S. mit 4 Taf.

Denkschrift über das Viehversicherungswesen in Elsaß-Lothringen. Straßburg 1903.

—— des deutschen Volkslehrerstandes, seine Bildungs-, Stellungs- u. Besoldungs-Verhältnisse betreff. gr. 8. (61 S.) Darmstadt 847. (Kichler.) 1/4 ngr

—— des hessischen Volkslehrerstandes, seine Bildungs-, Stellungs- und Besoldungs-Verhältnisse betreff. gr. 8. (61 S.) Darmstadt 818, (Küchler.)

Denkschrift der Volksschullehrer des rheinisch-westf. Industriebezirks in Angelegenheit ihrer Gehalts-Verhältnisse. Hrsg. von d. Gehalts-Kommission. Hamm i. W.: Breer & Thiemann in Komm. [1906]. (20 S.) 8° [Umschlagt. F.] [06. 2334 B

— der Volksschullehrer d. Münsterlandes in der Lehrerbesoldungsfrage. Hrsg. im Auftrage der Lehrerversammlg. in Coesfeld vom 2. Aug. 1891. 8. (14 S.) Bielefeld 891, Helmich. ** — 50

—— die, des bayerischen Volksschullehrer-Vereins und deren Gegner. Ein abgedrungenes Wort zur Abwehr der gegen die Reform-Bestrebungen der bayer. Lehrer erhobenen Anschuldigungen und Verdächtigungen. Hrsg. von dem Ausschusse des bayer. Volksschullehrervereins. gr. 8. (89 S.) Freising 865, Datterer.

Denkschrift des württembergischen Volksschullehrervereins, die Reform des vaterländischen Volksschulwesens betreffend. Stuttgart 1862

—— des Württembergischen Volksschullehrervereins, Reform des vaterländischen Volksschulwesens betreffend. gr. 8. (IV und 72 S.) Stuttgart 863, Aue. *

—— über das badische Volksschulwesen zur Vorlage an die Mitglieder der hohen badischen Ständekammern verfaßt im Auftrage der am 16. Octbr. 1861 in Engen versammelten Conferenz kathol. Geistlichen. gr. 8. (91 S.) Freiburg im Br. 861, Herder'sche Verlagsbuchh. *

— in Sachen des Volksschulwesens, entworfen im Auftrage der Lehrerversammlung zu St. Goar am 18. u. 19. Mai 1818. gr. 8. (25 S.) Meurs 848. (Rheinische Schulbuchh.) n. 4 ngl

—— in Sachen des Volksschulwesens, entworfen im Auftrage der Lehrerversammlung zu St. Goar am 18. und 19. Mai 1818. gr. 8. (25 S.) Meurs 848. Wesel, Bagel. *

Denkschrift anläßlich der Vollendung des 50. Betriebsjahres der k. k. priv. Außig-Teplitzer Eisenbahn-Gesellschaft. Teplitz-Schönau. 1908. 55 S. mit 11 Taf.

Denkschrift zu den Vorgängen vor der Repräsentantenwahl am 15. Februar 1905. Festgest. in d. Sitzung d. Presbyteriums am 3. März; überreicht auf Beschluß von demselben Tage. Bonn: C. Georgi 1905. (15 S.) 8° [Umschlagt. F.] [05. 6869 B

**Denkschrift** über Vorgänge der Steuerbehörden gegen die Cement-Fabrik in Straża ... Czernowitz 1888. V: *Morbitzer, F.* (EB)

**Denkschrift** über die Vorgänge in der katholischen Studentenschaft Breslaus betreffend die Frage der Bischofsfeierlichkeiten ... Breslau 1862. V: *Niedenzu, Franz.* (Erman & Horn, Bibliogr. d. dtsch. Universitäten. 2. Leipz. u. Berl. 1904) (Kat. d. Druckschr. üb. Breslau. S. 290)

Verein für die Geschichte Berlins — DENKSCHRIFT betreffend die Vorgänge im Verein für die Geschichte Berlins und Vorschläge zur Reorganisation des Vereins ... Dem Verein von Mitgliedern des Vorstandes im Auftrage überreicht durch ERNST FRIEDEL. Berlin am 16. November 1891. (Statt handschriftlicher Mittheilung.) (Berlin. Druck der Norddeutschen Buchdruckerei.) 8°.

Denkschrift der Hohen [Schweizerischen] Bundesversammlung vorgelegt durch die Regierung des Kantons Freiburg. Zur Entgegnung auf die Petition der Freiburger Besteuerten und den Antrag des Bandesrathes. ([Vom] 29. März 1850.) 8. Freiburg 1850.

Denkschrift den zum deutschen Zoll- und Handelsvereine verbundeten hohen Regierungen bei Beginn der berliner Generalzollkonferenz von 1853 vorgelegt vom Vorstand des volkswirthschaftlichen Vereins für den deutschen Zollverband. Berlin Juli 1853 35 S. 4.

—— über das Vorkommen der Rinderpest in Deutschland während der J. 1872—1877 und über die bei den Maßregeln zur Abwehr und zur Unterdrückung der Seuche gemachten Erfahrungen. Ausgearb. von dem veterinärärztl. Mitgliede des kaiserl. Gesundheits-Amts. gr. 8. (63 S. mit Tab.) Berlin 878, C. Heymann's Verlag.

—— in Betreff der biblischen Vorlesungen nebst Entwurf eines Lectionars zur Vorlage an die Hannoversche Landes-Synode verf. im Auftrage des königl. preuß. Landes-Consistoriums in Hannover.* gr. 8. (III, 97 S.) Hannover 869, Helwing'sche Hofbuchh. *

—— der Vororte Wiens über die Folgen einer eventuellen Hinausrückung der Verzehrungssteuer-Linie. Lex.-8. (65 S. mit Tab.) Wien 884, (Manz'sche Hofverlagsh.) **

DENKSCHRIFT ÜBER DIE SANITÄTSPOLIZEILICHEN VORSCHRIFTEN des die allgemeine Bauordnung betreffenden Gesetzentwurfs vom 10. Januar 1879. (Ohne bes. Titelblatt. Darmstadt 1879. Druck von H. Brill.) 8°

Denkschrift des Vorstandes des Vereins für das Notariat in Rheinpreußen an das Haus der Abgeordneten vom 27. 12. 1877. Abänderungs-Vorschläge ... zu dem Entwurfe eines Gesetzes betr. die Formen der öffentlichen Beurkundung in Sachen der freiwilligen Gerichtsbarkeit. Cöln 1877, 78.

„Denkschrift des Vorsteheramts der Kaufmannschaft zu Königsberg, betreffend das Schutzzollsystem des Zollvereins, den Differenzialzoll und die Belebung der vaterländischen Rhederei" (als Ms. gedruckt), Königsberg 1847. — Vorh.: Com. Bibl. Hamburg.

Denkschrift betr. das Wach- und Schliess-Gewerbe in Deutschland. (Frankfurt a. M. 1907.) 4°.

Denkschrift zur Wahrung der schweiz. Interessen der Landwirthschaft bei Abschluss eines Handelsvertrags mit den deutschen Zollvereinsstaaten. Schaffhausen 1866. 4°

—— über den staatlichen Wasserbau u. die Schiffahrt im Königr. Böhmen. Aus Anlass der allgemeinen Landesausstellg. in Prag 1891 zur Jubiläums-Feier der ersten Gewerbe-Ausstellg. im J. 1791 in Prag. Lex.-8. (67 S.) Prag 891, (Řivnáč). * 2 —

**Denkschrift** betreffend die im Preussischen Staate vorhandenen Wasserstrassen ... Berlin 1877. V: *Wiebe, A.* (Kat. d. Bibl. d. Techn. Hochsch. Berlin 1900.)

**Denkschrift** über die Wasserversorgung von Darmstadt 1871. Darmstadt 1871. V: *Becker, Fch. Chn.* (Hessische Biographien. Hgbn. von Herman Haupt. Darmstadt II/4 [1926], S. 383)

—— über die Wasserversorgung von Darmstadt. gr. 8. (VIII, 152 S. mit 1 chromolithogr. Uebersichtskarte in qu. gr. Fol.) Darmstadt 871, Jonghaus'sche Hofbuchh. *

— über die Wasserversorgung der Stadt Wien. H. 1. 2. Wien 1861 1862

**Denkschrift** über die hiesigen städtischen Wasserwerke und die notwendige Erweiterung derselben durch Anlage eines Reserve-Wasserhebewerkes. O. O. 1858. V: *Roux, Julius von.* (Kat. d. Druckschr. üb. Breslau. Breslau 1903. S. 123.)

—— weitere, der kurfürstlich hessischen Regierung betreffend die kurhessische Verfassungs-Angelegenheit. 4. (30 S.) Cassel 862, Trömner und Dietrich.

— welche d. adeligen Güterbesitzer u. Vasallen d. Königr. Baiern Sr. Maj. dem Könige u. d. Landständ. Versammlung um Herstellung d. Rechtszustandes übergeben dürften. gr. 8. Nürnb. 819. Riegel u. W. 4 gl

—— über Wesen und Nutzen der Hypotheken-Versicherung und über die Räthlichkeit der Begründung einer Hypotheken- und Rückversicherungs-Anstalt im Königr. Sachsen. (Von Ernst Engel.) 2. Aufl. gr. 4. (VI und 25 S.) Dresden 858, Kuntze. *

— üb. d. aus Anlass d. Ueberschwemmg. i. J. 1882 auf Grund d. Reichsgesetzes v. 13. März 1883, R.-G.-Bl. Nr. 31 i. d. J. 1883—1893 ausgef. Wildbach-Verbauungen in Tirol. 4. (75 S. m. 20 lith. Taf.) Wien 895. Spielhagen & Schurich. n. 6. —

**Denkschrift, Eine,** des Feldmarschalls Max Freiherrn von Wimpffen aus dem Jahre 1809. Wien 1904. V: *Veltzé, Alois.* (KA)

Centralverband d. Deutschen Bank- u. Bankiergewerbes. ⟨E. V.⟩ **Denkschrift** betreffend die Wirkungen des Börsengesetzes vom 22. Juni 1896 und der durch das Reichsstempelgesetz vom 14. Juni 1900 eingeführten Börsensteuererhöhung. *(Berlin 1903.)* (90 S.) 4° [Kopft.] 14.1550 7

**Denkschrift** zur ersten Wohnungsenquete der Ortskrankenkassen in Breslau. Im Auftrage des Verbandes der Orts-, Betriebs-(Fabriks-)Krankenkassen zu Breslau bearb. von A. Bergmann. 4⁰. Breslau, Verlag d. Verbandes der Orts-Krankenkassen, 1906.

**Denkschrift** auf den Herrn Staatsminister von Wöllner, vorgelesen in der Berliner Akademie der Wissenschaften. Berlin 1802. V: *Teller, Wilh. Abrah.* (JL)

**Denkschrift,** worin dargetan wird, daß die Propination in der Bukowina ein Mißbrauch und die unentgeltliche Aufhebung desselben vom Standpunkte des Rechtes und der Billigkeit dringend geboten ist. Czernowitz 1870.

**Denkschrift** für den Gross- und Buchhändler Georg Philipp Wucherer gegen das Klaglibell: Wie lange noch etc. etc. Wien 1786. V: *Ziller.* (Briefe über den gegenw. Zustand der Literatur 1788. S. 164) (BiblPort)

Denkschrift für den Groß- u. Buchhändler Georg Philipp Wucherer, gegen das Klaglibell Wie lange noch? u. s. w. Wien, gedr. im Bischofgarten bei Weimar, 1786. 8⁰. (In Leipzig, Buchhändler-Börsenvereinsbibl.; auch in Wien, Stadtbibl.)

**Denkschrift der Wundärzte** 1. Kl. d. Preuß. Staates. Breslau 1856.

—— über die Wünsche und Anträge der Volksschullehrer Schlesiens betreff. die Reorganisation des Volksschulwesens. Den hohen National-Versammlungen zu Frankfurt und Berlin ehrerbietigst überreicht von 2250 schles. Volksschullehrern. gr. 8. (61 S.) Breslau 848, (Scholz.) *

—— zur Würdigung der stenograph. Aufnahme der Kammerverhandlungen. Hrsg. von dem Gabelsberger'schen Stenographen-Verein zu Berlin. gr. 4. (15 S.) Berlin 849, Amelang'sche Sortimentsb. *

**Denkschrift, Eine,** Zach's aus dem Jahre 1798. Wien 1903. V: *Criste, Oscar.* (KA)

„Denkschrift über den Werth von Differenzialzöllen für die handelspolitische und materielle Stellung des Zollvereins. Einem königlichen Finanz-Ministerium überreicht von den Kaufmanns-Aeltesten und dem Comité der breslauer Kaufmannschaft im Oktober 1847", (Breslau). — Vorh.: Preuß. Staatsbibl. Berlin und Com. Bibl. Hamburg.

**Denkschrift** über Censur und Pressfreiheit in Deutschland gemäss dem Beschlusse der Hauptversammlung des Börsenvereins der deutschen Buchhändler am 11. Mai 1841 berathen und abgefasst von dem dazu statutenmässig erwählten ausserordentlichen Ausschusse. Als Manuscript für die Mitglieder des Börsenvereins. Jena, gedruckt bei Fr. Frommann. 4⁰.

**Denkschrift des Centralverbandes des Deutschen Bank- und Bankiergewerbes,** betreffend die Wirkungen des Börsengesetzes vom 22. Juni 1896 und der durch das Reichsstempelgesetz vom 14. Juni 1900 eingeführten Börsensteuererhöhung. Berlin, im Dezember 1903.

**Denkschrift** des Central-Verbandes deutscher Industrieller etc., betreffend die Kranken- und Unfallversicherung der Arbeiter. 4⁰. Berlin 1882.

**Denkschrift** des Zentralvorstandes des Gewerkvereins christlicher Bergarbeiter Deutschlands betreffend Reform des Preußischen Berggesetzes. Altenessen, 1901. 35 S.

**Denkschrift** über die Zerstörung der Wälder in den Hochalpen. Zürich 1842. V: *Lardy.* (Cat. d. Stadtbibl. Zürich. Zürich 1864–97.) (TübZ I, II.)

Denkschrift über die Zerstörung der Wälder in den Hochalpen, die Folgen davon für diese selbst und die angrenzenden Landestheile und die Mittel, diesen Schaden abzuwenden. - Zürich 1842. 85 S.

—— über Zollwesen u. Zoll- u. Handels-Vereine in Deutschland; dann üb. d. Klagen u. Wünsche mehr. Handelsstände in Bayern u. Baden. — Allen deutschen Völkern u. ihren Regierungen, u. ganz besond. d. deutschen Volksvertretern z. Beherzigung gewid. Lex.-8. (4¼ B.) Stuttgart 831, Cotta.

**Denkschrift** zur Zuckersteuer-Frage mit Rücksicht auf die Melasse-Besteuerung. 4⁰. Osterwieck 1883.

**Denkschrift** über die Zukunft des Museums schlesischer Altertümer ... Breslau 1895. V: *Seger, Hans.* (Kat. d. Druckschr. üb. Breslau. Breslau 1903. S. 341.)

**Denkschrift** den 'Zusammenschluss der deutschen evangelischen Landeskirchen' betr. *Leipzig: C. F. Fleischer; Elberfeld: Baedeker 1901.* (23 S.) 8° [F.] 101. 9697

— die Zusammensetzung der Ständeversammlung betr. gr. 4. (56 S.) Karlsruhe (899). (G. Braun'sche Hofbuchdr.) n. 1. —

**Denkschrift,** die Zusammensetzung d. Ständeversammlung betr. Karlsruhe 900.

—— betreffend die Zusammenstellung von Materialen zu einem allergnädigst zu erlassenden vollständigen Gesetze für die Volksschulen Bayerns. Einem hohen Staatsministerium des Innern für Kirchen- und Schulangelegenheiten zu geneigtester Würdigung unterbreitet von dem Ausschusse des bayer. Volksschullehrervereins. gr. 8. (VIII und 107 S.) Ansbach 864, (Junge). *

— für Deutschlands jetzigen Zustand. Aus d. Französ. gr. 8. Hamb. 819. Perthes u. B. 4 gGr. (vergl. v. Stourdza.)

**Denkschrift** über Deutschlands jetzigen Zustand. Aus d. Französ. Stuttgart u. Tübingen 1819. V: *Stourdza, Alex. von.* (Allg. Repert. d. Literat. 1819. Bd. I, S. 161—62.)

Denkschrift üb. den gegenwärtigen Zustand Deutschlands. s. a. Stourdza, A. v.

**Denkschrift** über den gegenwärtigen Zustand Deutschlands ... Frankfurt a. M. 1819. V: *Stourdza, Alex. de.* (wa) »1818« (AarF)

— über den gegenwärtigen Zustand des reichskammergerichtlichen Archivs in seiner auf allerh. königl. Anordnung erfolgten Wiederherstellung. gr. 4. (12 S.) Berlin 860. (Stettin, Saunier.) **

— über die bestehenden Zustände der evangelischen Kirche in Betreff des Bekenntnisses, der Union und der Verfassung, mit Rücksicht auf die so eben vom preuß. evangel. Ober-Kirchenrath bekannt gemachten Actenstücke, und mit Bezug auf die nach Berlin zu berufende allgem. Landes-Synode. gr. 8. (24 S.) Münster 857, (Deiters.) *

**Denkschrift** über Österreichs innere Zustände. S. A. aus der Allgem. Zeitung Nr. 256, 258, 259 u. 260 vom 15., 17., 18. u. 19. September 1901. München 1901. V: *Peez, Alexander von.* (EB)

— üb. das gerichtliche Zwangsvergleichsverfahren ausserhalb des Konkurses. Dem Reichstage vorgelegt am 1. XII. 1906. (43 u. 129 S.) Berlin, C. Heymann. 1907 4. —

**Denkschriften** der Kaiserlichen Akademie der Wissenschaften. Mathematisch-naturwissenschaftliche Classe. I. Bd. Ueber einen neuen allotropischen Zustand des Phosphors, v. A. Schrötter. — Beiträge zur vergleich. Angiologie, v. J. Hyrtl. Mit 3 lith., theils color. Taf. — Zur vergleich. Anatomie der Trommelhöhle, v. J. Hyrtl. Mit 1 lith. Taf. — Ueber den geraden, centralen Stoss zweier fester Körper, v. Adam Burg. — Ueber den Character der Insekten-Fauna von Südpersien, v. Vincenz Kollar u. Ludwig Redtenbacher. — Ueber die Berechnung periodischer Natur-Erscheinungen, v. Marian Koller. — Ueber die Aufnahme v. Farbestoffen bei Pflanzen, v. F. Unger. Mit 1 lith. u. color. Taf. — Beiträge zur Lehre von der Bodenstetigkeit gewisser Pflanzen, v. F. Unger u. F. Hruschauer. — Rückblick auf die verschied. Entwicklungsnormen beblätterter Stämme, v. F. Unger. Mit 1 lith. Taf. — Pflanzen-Missbildungen, beobachtet v. F. Unger. Mit 3 lith. Taf. — Begründung eines eigenthümlichen Rechnungsmechanismus zur Bestimmung der reellen Wurzeln der Gleichungen mit numerischen Coëfficienten, v. F. Moth. — Versuch einer auf rein mechanische Principien sich stützenden Erklärung der galvano-elektrischen u. magnetischen Polaritätserscheinungen, v. Christian Doppler. Mit 2 lith. Taf. — Arctocalyx. Eine neue Gesneraceen-Gattung aus der Abtheilung der Eugesnereen, aufgestellt v. Eduard Fenzl. — Ueber den Dutenkalk, v. W. Haidinger. — Ueber eine neue Varietät von Amethyst, v. Wilh. Haidinger. Mit 1 lith. Taf. — Beiträge zur Kenntniss der fossilen Fische Oesterreichs, v. Joh. Jac. Heckel. Mit 15 lithogr. u. lithochrom. Taf., wovon 2 in qu. Imp. Fol. — Zur Anatomie des Kropfes, v. Rokitansky. Mit 1 lith. Taf. — Nova quaedam genera et species plantarum vascularium auct. Eduardo Fenzl. C. tab. II lith. — Ueber den Einfluss der Alpen auf die Aeusserungen der magnet. Erdkraft, v. Carl Kreil. Mit 4 lith. Charten in Plano. — Die Pflanzenreste im Salzstocke von Wieliczka, v. F. Unger. Mit 1 lithochrom. Taf. — Ueber die Cyste, v Rokitansky. Mit 5 lith. Taf. — Naturgeschichte d. Zerr-Eichen-Saummücke, (Lasioptera Cerris), eines schädlichen Forstinsectes, v. Vincenz Kollar. Mit 1 lith. Taf. — Beiträge zur Insecten-Fauna von Neu-Granada u. Venezuela, v. Vincenz Kollar. Mit 4 lithochrom. Taf. — Neue Foraminiferen aus den Schichten des österreich. Tertiärbeckens, beschrieben v. August Em. Reuss. Mit 6 lith. Taf. — Beiträge zur Morphologie der Urogenital-Organe der Fische, v. Joseph Hyrtl. Mit 2 lith. Taf. — Ueber den Haarwechsel bei Thieren u. Menschen. Mikroskopische Beobachtungen v. Carl Langer. Mit 2 lith. Taf. — Neue Formen v. Infusorien, v. Ludwig K. Schmarda. Mit 2 lithochrom. Taf. — Beiträge zur Lehre von den Hämatozoen, v. C. Wedl. Mit 1 lith. Taf. Fol. (XVIII, 414 u. 25 S. m. eingedr. Holzschn. u. 58 lith. u. lithochrom. Taf.) Wien 850. (Braumüller.) n. 20 ℛ

**Denkschriften** der Kaiserlichen Akademie der Wissenschaften. Mathematisch-naturwissenschaftliche Classe. II. Bd. 3 Lfgn. 1. Lfg. Die Huanulager an der peruanischen Küste, von J. J. v. Tschudi. Mit 7 lith. u. color. Charten. — Ueber den Bau u. die physiologische Bedeutung der Peyerischen Drüsen, v. Ernst Brücke. Mit 1 lith. Taf. — Das uropoëtische System der Knochenfische, v. (Jos.) Hyrtl. Mit 9 lith. Taf. — 2. Lfg. Ueber die farbenzerstreuende Kraft der Atmosphäre, v. S. Stampfer. — Ueber die vom Herrn Bergrath W. Fuchs in den Venetianer Alpen gesammelten Fossilien, v. Franz v. Hauer. Mit 4 lith. Taf. — Ueber die Siedepuncte mehrerer alkoholhältiger Flüssigkeiten u. die darauf gegründeten Verfahren, den Alkoholgehalt derselben zu chem.-technischen Zwecken zu bestimmen, v. J. J. Pohl. Mit 10 Tabellen, wovon 2 in Imp. Fol. u. 1 lith. Taf. — 3. Lfg. Die fossile Flora von Sotzka, v. Franz Unger. Mit 45 lithochrom. Taf. — Ueber den täglichen Gang der vorzüglichsten meteorologischen Elemente, aus den ständl. Beobachtungen der Prager Sternwarte abgeleitet, v. C. Jelinek. Mit 6 lith. Taf. in Fol. u. Imp. Fol. Fol. (VIII, 197 u. 142 S. m. 65 lithogr. u. lithochrom. Taf. u. 9 Tabellen in Fol. u. Imp. Fol.) Ebd. 850. 51. (1. Lfg. n. 5 ℛ 2. Lfg. n. 3 ℛ 3. Lfg. n. 13⅓ ℛ) n. 21⅓ ℛ

— dies. III. Bd. 3 Lfgn. 1. Lfg. Einfluss des Mondes auf die magnetische Declination, v. Carl Kreil. — Die Cerr-Eichen-Blattwespe, Tenthredo (Emphytus) Cerris, ein forstschädl. Insect, v. Vincenz Kollar. Mit 1 lith. u. color. Taf. — Ueber die ewigen Gesetze der Natur, die Einfachheit, die Einheit u. das allmählige Uebergehen, besonders in der Mineralogie, Geologie u. Paläontologie, mit Berücksichtigung des jetzigen Standes dieser Wissenschaften, v. Ami Boué. — Untersuchungen über subjective Farben, v. Ernst Brücke. — Uebersicht der Krystallgestalten des rhomboedrischen Kalk-Haloides, v. Fr. X. M. Zippe. Mit 6 lith. Taf. — Die Pflanzenwelt der Jetztzeit in ihrer historischen Bedeutung, v. Franz Unger. — Theoretisch-praktische Abhandlung über die Verfertigung u. den Gebrauch der Alkoholometer, v. Simon Stampfer. Mit 2 lith. Taf. — 2. Lfg. Beiträge zur Anatomie des zweibuckligen Kameeles (Camelus bractrianus), v. Franz Müller u. C. Wedl. Mit 5 lith. theils color. Taf. — Neue Beiträge zur Kenntniss der Kreideversteinerungen von Ost-Galizien, v. Rudolf Kner. Mit 3 lith. Taf. — Beiträge zur vergleichenden Anatomie u. Physiologie des Gefäss-Systemes, v. Ernst Brücke. Mit 8 lith. Taf. — Sugli stomachi degli uccelli. Studi anatomico-morfologici d. Raffaelo Molin. Mit 4 lith. Taf. — Ueber den Bau u. die Entwicklung der Milchdrüse bei beiden Geschlechtern, v. Carl Langer. Mit 3 lith. Taf. — Beobachtungen v. Sonnenflecken u. Bestimmung der Rotations-Elemente der Sonne, v. J. G. Böhm. Mit 4 lith. Taf. — Beobachtungen über die Gesetze des Ganges der Pulsfrequenz u. Körperwärme in den normalen Zuständen, so wie unter dem Einflusse bestimmter Ursachen, v. Rud. (Poithner Freih. v.) Lichtenfels u. Rud. Fröhlich. Mit 3 lith. Taf. — Auflösung transcendenter Gleichungen, v. Sim. Spitzer. Fol. (VIII, 369 u. 162 S. m. 39 lith. Taf.) Ebd. 851. 52. (1. Lfg. n. 6 ℛ 2. Lfg. n. 4½ ℛ 3. Lfg. n. 4⅔ ℛ) n. 15⅙ ℛ

Denkschriften der kaiserlichen Akademie der Wissenschaften. Mathematisch-naturwissenschaftliche Klasse. IV. Band. Erste Lieferung. Fol. (118 S. und 45 Tafeln) K. K. Staatsdruckerei 1852. Ausgegeben am 15. September 1853. (Die 2. Lieferung ist lange vorher ausgegeben)

— dies. IV. 2. Lieferung. Aquivalentbestimmung des Phosphors v. A. Schrötter. — Die Fasergewebe des Leines, des Hanfes, der Nessel u. Baumwolle, anatomisch, chemisch u. technisch untersucht, nebst Beobachtungen über die Entwickelung der Bastzellen, v. Siegfr. Reissek. Mit 14 lithochr. Taf. — Untersuchungen über den Farbenwechsel des afrikan. Chamäleons, v. Ernst Brücke. Mit 1 lithochr. Taf. — Ueb. die Resultante eines Systemes mehrerer algebraischer Gleichungen, ein Beitrag zur Theorie der Elimination, von Schläfli. — Die Algodon-Bay in Bolivien, v. Freih. v. Bibra. Mit 3 lithochr. Taf. — Zur Naturgesch. der Adria, v. Ludwig K. Schmarda. Mit 4 lithochrom. Taf. — Nachtrag zur thermo-aräometrischen Bierprobe, v. J. J. Pohl. Fol. (S. 119—210 u. 152 S. m. 22 lithochrom. Taf.) Wien 852. (Braumüller.) n. 10 ℛ

Denkschriften der k. Akademie der Wissenschaften. Mathematisch-naturwissenschaftliche Klasse. Fünfter Band, I. Lfg. mit XXII. Taf. (100 S.) 4. Wien, ausgegeben 28. Mai 1853. Staatsdruckerei. (Gerold)

Denkschriften der k. Akademie der Wissenschaften. Mathematisch-naturwissenschaftliche Klasse, 5. Band, zweite Abtheilung. Abhandlungen von Nichtmitgliedern mit 13 Tafeln. (178 S.) 4. in Kommission bei Braumüller. Ausgegeben am 15. Juli 1853.

Denkschriften der kaiserlichen Akademie der Wissenschaften. Mathematisch-naturwissenschaftliche Klasse. 6 und 7. Band. 6. Band. (1 Blatt, 152 S. und 29 Tafeln und 124 S. und 11 Tafeln.) 7. Band. (1 Blatt. 294 S. und 45 Tafeln und 66 S. und 11 Tafeln.) 4. Wien. Aus der k. k. Hof- und Staatsdruckerei. 1854.

Denkschriften der kaiserlichen Akademie der Wissenschaften. Mathematisch-naturwissenschaftliche Klasse. VIII. Band. (214 S. und 27 Taf. 26 S. und 4 Taf.) 4. Wien, 1854. Aus der k. k. Hof- und Staatsdruckerei. 1480.)

Denkschriften der kaiserlichen Akademie der Wissenschaften. Mathematisch-naturwissenschaftliche Klasse. IX. Band. Mit 28 Tafeln. Wien. 1855. Aus der k. k. Hof- und Staatsdruckerei. In Kommission bei W. Braumüller. (Erste Abtheilung. Abhandlungen von den Mitgliedern der Akademie. (1:6 S. und 18 Taf.) Zweite Abtheilung. Abhandlungen der Nicht-Mitglieder der Akademie. (120 S. und 10 Taf. 4.)

Denkschriften der kaiserl. Akademie der Wissenschaften. Mathematisch-naturwissenschaftliche Klasse. X. Band. Mit 26 Tafeln. Wien, 1855. Aus der k. k. Hof- und Staatsdruckerei. In Kommission bei Wilh. Braumüller. (Erste Abtheilung: Abhandlungen von den Mitgliedern der Akademie der Wissenschaften. 88 S. und 14 Tafeln. Zweite Abtheilung: Abhandlungen der Nichtmitglieder der Akademie. 178 S. und 12 Tafeln. 4.)

Denkschriften der kaiserl. Akademie der Wissenschaften. Mathematisch-naturwissenschaftliche Klasse. 11. Band. Mit 61 Tafeln. Wien, 1856. Aus der k. k. Hof- und Staatsdruckerei Bei W. Braumüller. (Erste Abtheilung. Abhandlungen von Mitgliedern der Akademie. 290 S. und 59 Tafeln. Zweite Abtheilung. Abhandlungen von Nichtmitgliedern der Akademie. 60 S. Mit 2 Tafeln. 4.)

Denkschriften der kaiserl. Akademie der Wissenschaften. Mathematisch-naturwissenschaftliche Klasse. 12. Band. Mit 26 Tafeln. Wien, 1856. Aus der k. k. Hof- und Staatsdruckerei. In Kommission bei Wilh. Braumüller. (12 S. Erste Abtheilung: Abhandlungen von Mitgliedern der Akademie. Mit 12 Tafeln. 60 S. Zweite Abtheilung: Abhandlungen von Nichtmitgliedern der Akademie. Mit 14 Tafeln. 212 S. 4.

Denkschriften der kaiserl. Akademie der Wissenschaften. Mathematisch-naturwissenschaftliche Klasse. 13. Bd. Wien, 1857. K. k. Hof- u. Staatsdruckerei. (216 S. 28 Tafeln gr. 4.)

**Denkschriften** der kais. Akademie der Wissenschaften. Mathemat.-naturwiss. Classe. *Wien* 1858. *K. k. Hof- u. Staatsdr.* XIV. Bd. 80, 258 S., 5 Bl. u. 24 Taf. 4°.

INHALT. **I. Abth.** Abhandlungen von Mitgliedern: *Unger:* Ueber fossile Pflanzen des Süsswasser-Kalkes und Quarzes (mit 3 Taf.). *Derselb.* Beiträge zur näheren Kenntniss des Leithakalkesetc. (mit 2 Taf. u. 1 Ansicht). — *Hyrtl:* Ueber den Amphibienkreislauf von Amphipnous und Monopterus (mit 1 Taf.) — *Ettingshausen:* Ueber die Nervation d. Bombaceen (mit 11 Taf. Naturselbstdruck). — *Diesing:* Vierzehn Arten von Odellideen (mit 3 Taf.). — Abhandlungen von Nicht-Mitgliedern: *Heger:* Ueber die Auflösung eines Systems von mehreren unbestimmten Gleichungen. — *Perger:* Studien über die deutschen Namen der in Deutschland heimischen Pflanzen. — *Schmidt:* Deliciae herpetologicae musei zoologici Cracoviensis (mit 3 Taf.).

**Denkschriften** der kaiserl. Akademie der Wissenschaften. Mathem.-naturwissenschaftliche Classe. *Wisn* 1858, k. k. Hof- und Staatsdr. XV. Bd. 272, 46 S. 1 Bl. Mit LI. Taf. Naturselbstdruck und X lithogr. Taf. 4°.

INHALT: **I. Abtheilung.** Abhandlungen von Mitgliedern der Akademie: *Hyrtl.* Das materielle Gefasssystem der Rochen. (Mit V. Tafeln.) (S. 1.) — *Kreil.* Resultate aus fünfmonatlichen Beobachtungen in Chartum und aus dreimonatlichen Beobachtungen in Ulibary und Gondokoró (S. 37). — *Brücke.* Untersuchungen uber den Bau der Muskelfasern mit Hilfe des polarisirten Lichtes. (Mit II Tafeln.) (S. 69.) — *Fritsch.* Untersuchungen uber das Gesetz des Einflusses der Lufttemperatur auf die Zeiten bestimmter Entwicklungsphasen der Pflanzen mit Berucksichtigung der Insolation und Feuchtigkeit. (S. 85.). — *Ettingshausen.* Die Blattskelette der Apetalen, eine Vorarbeit zur Interpretation der fossilen Pflanzenreste. (Mit LI. Tafeln im Naturselbstdrucke.) (S. 181.) — **II. Abth.** Abhandlungen von Nichtmitgliedern: *Kornitzer.* Anatomisch-physiologische Bemerkungen zur Theorie des Herzschlages. (S. 1.) — *Schmidt.* Die rhabdocoelen Strudelwurmer aus den Umgebungen von Krakau. (S. 20.)

**Denkschriften** der Kaiserl. Akademie der Wissenschaften. Wien 859—64. (Gerold.) Imp.-4.

Mathematisch-naturwissenschaftliche Classe.

XVI. Bd. 859. (3 Bl., 386 S. u. 14 lith. Taf.) n. 8 ℛ 20 ngr.
XVII. — 859. (3 Bl., 296 S. u. 46 lith. Taf.) n. 10 ℛ
XVIII. — 860. (8 Bl., 258 S., 46 lith. Taf. u. 9 Tab.) n. 10 ℛ
XIX. — 861. (3 Bl., 406 S. u. 58 lith. Taf.) n. 16 ℛ 20 ngr.
XX. — 862. (6 Bl., 407 S., 14 lith. Taf. u. 8 lith. Karten.) n. 10 ℛ
XXI. — 863. (6 Bl., 361 S. u. 14 lith. Taf.) n. 9 ℛ
XXII. — 864. (6 Bl., 245 S., 28 lith. Taf. u. 24 Kpfrtaf. m. 24 Bl. Erklärung.) n. 13 ℛ 10 ngr.
XXIII. — 864. (5 Bl., 362 S., 33 lith. u. 18 Kpfrtaf.) n. 15 ℛ

**Denkschriften** der kaiserlichen Akademie der Wissenschaften. Mathematisch-naturwissenschaftliche Classe. 21—30. Bd. Wien 865—70. Gerold's Sohn in Comm. gr. 8. n. 103 ℛ 10 ngr.

21. Bd. (XIV, 432 S. u. 35 Taff.) n. 14 ℛ — 25. Bd. (XII, 412 S., 69 lith. Taff. u. 1 Tab.) n. 17 ℛ 20 ngr. — 26. Bd. (402 S., 47 lith. Taff. u. 1 lith. Karte.) n. 16 ℛ 20 ngr. — 27. Bd. (XIII, 397 S., 30 lith. Taff. u. 1 lith. Karte.) n. 12 ℛ 10 ngr. — 28. Bd. (109 S. u. 54 lith. Taff.) n. 14 ℛ 20 ngr. — 29. Bd. (XII, 371 S. u. 65 lith. Taff.) n. 16 ℛ 20 ngr. — 30. Bd. (VIII, 319 S., 37 lith. Taff. u. 2 Tabb.) n. 11 ℛ 10 ngr.

—— Register zu Bd. I—XXV der mathematisch-naturwissenschaftlichen Classe. Wien 867. Gerold' Sohn in Comm. gr. 4. (28 S.) n. 12 ngr.

**Denkschriften** der kaiserl. Akademie der Wissenschaften. Mathematisch-naturwissenschaftl. Classe. 31—34. u. 36. Bd. gr. 4. Wien 872—76. Gerold's Sohn in Comm. n. 171. —
31. (XIII, 318 S. m. Tab. in qu. Fol., eingedr. Holzschn. u. 46 lith. u. chromolith. Taf. in gr. 4. u. qu. Fol.) n. 40. —. — 32. (IX, 340 S. m. 38 Taf. wovon 23 lith. u. chromolith. u. 15 in Naturselbstdr.) n. 34. —. — 33. (270 S. m. 34 Steintaf. u. 1 lith. u. 1 chromolith. Karte in qu. 4.) n. 30. —. — 34. (311 S. m. 20 lith. u. chromolith. Taf. in Imp.-4. u. qu. Fol.) n. 27. —. — 36. Mit 34 (lith. u. chromolith.) Taf. (in Imp.-4. u. qu. gr. Fol.) (44 u. 426 S.) n. 40. —
Der 35. Bd. erscheint später.

**Denkschriften** der kaiserlichen Akademie der Wissenschaften. Mathematisch-naturwissenschaftliche Classe. 35. 37—44. Bd. Imp.-4. Wien 877 - 82. Gerold's Sohn in Comm. n. 389. —
35. Resultate der österreichisch-ungarischen arctischen Expedition 1872—1874. Mit 16 (lith.) Taf. u. 1 Karte. (VIII, 398 S.) n. 30. —
37. Mit 76 (lith. u. chromolith.) Taf. (275 u. 126 S.) n. 55. —
38. Mit 72 (lith., chromolith. u. phototyp.) Taf. u. 2 (chromolith.) Karten. (166 u. 221 S.) n. 52. —
39. (III, 209 u. 202 S. m. 4 eingedr. Holzschn., 41 lith. u. chromolith. Taf., 1 chromolith. Karte u. 2 lith. Plänen.) n. 42. —
40. (VIII, 440 S. m. eingedr. Holzschn., 13 lith. u. chromolith. Taf. u. 6 chromolith. Karten.) n. 86. —
41. Mit 46 (lith.) Taf. (412 S.) n. 40. —
42. Mit 50 (lith.) Taf., 3 (lith.) Karten, 1 (lith.) Skizze u. 28 (eingedr.) Holzschn. (III, 255 u. 190 S.) n. 48. —
43. Mit 40 Taf. u. 9 (eingedr.) Holzschn. (III, 310 u. 110 S.) n. 46. —
44. Mit 32 (lith. u. Lichtdr.-)Taf., 2 (chromolith.) Karten u. 47 (eingedr.) Holzschn. (III, 110 u. 339 S.) n. 40. —

**Denkschriften** der kaiserlichen Akademie der Wissenschaften. Mathematisch-naturwissenschaftliche Classe. Register zu den Bänden XXVI—XL. Imp.-4. (26 S.) Wien 880. Gerold's Sohn in Comm. n. 1. 20

**Denkschriften** der kaiserl. Akademie der Wissenschaften. Mathematisch-naturwissenschaftl. Classe. 45—50. Bd. Imp.-4. Wien, (Gerold's Sohn). n. 253. —
45. (III, 18 u. 385 S. m. 5 eingedr. Holzschn. u. 51 Taf.) 882. n. 44. —
46. (III, 418 S. m. 47 Steintaf. u. 5 Tab.) 883. n. 44. —
47. (310 u. 73 S. m. 18 eingedr. Holzschn., 21 Taf., 1 Karte u. 8 lith. Tab.) 883. n. 32. —
48. (V, 40 u. 391 S. m. 3 eingedr. Holzschn. u. 44 Taf.) 884. n. 45. —
49. (V, 212 u. 297 S. Mit 24 Taf.) 885. n. 38. —
50. (III, 243 u. 356 S. m. 52 Holzschn., 1 Tab., 19 Taf. u. 3 Karten.) 885. n. 50. —

**Denkschriften** der kaiserl. Akademie der Wissenschaften. Mathematisch-naturwissenschaftl. Classe. 51.—56. Bd. Imp.-4. Wien, (Tempsky). n. 24. 50
51. (III, 105 u. 576 S. m. 1 Holzschn., 19 Taf., 1 Karte und 4 Tab.) 886. n. 46. —
52. (XXXVI, 376 S. m. 160 Taf.) 887. n. 85. —
53. (III, 296 u. 212 S. m. 19 Holzschn., 24 Taf. u. 1 Karte.) 887. n. 49. 40
54. (V, 384 u. 120 S. m. 11 Holzschn. u. 26 Taf.) 888. n. 36. 80
55. (III, 121 u. 364 S. m. 82 Holzschn., 1 Karte u. 48 Taf.) 889. n. 54. 80
56. (III, 180 u. 322 S. m. 12. Textfig., 1 Karte u. 48 Taf.) 889. n. 52. 50

**Denkschriften** der k. Akademie der Wissenschaften. Mathematisch-naturwissenschaftliche Classe. 57. Bd. Mit 1 Karte, 64 Tafeln und 107 Textfiguren. 4. (771 S.) Geb. 44.—
Wien: Tempsky 1890

**Denkschriften** der k. Akademie der Wissenschaften Mathem.-naturwissenschaftl. Classe. LVIII. Bd. Mit 40 Tafeln, 1 Karte und 18 Textfiguren. 4. (884 S.) Geb. 35.—
Wien: Tempsky 1891

**Denkschriften** der k. Akademie der Wissenschaften. Mathematisch-naturwissenschaftliche Classe. 59. Band. 4. Mit 12 Karten, 70 Tafeln und 41 Textfiguren. (566, IV und 120 S.) Geb. Wien: Tempsky 1892 34.—

— — Mathematisch-naturwissenschaftliche Classe. 60. Band. Mit 15 Karten, 34 Tafeln und 30 Textfiguren. 4. (634 S.) Geb. 30.—
Wien: Tempsky 1893

**Denkschriften** der kaiserl. Akademie d. Wissenschaften. Mathematisch-naturwissenschaftl. Classe. Register III zu den Bdn. 41—60. Imp.-4. (40 S.) Wien 894. (F. Tempsky.) n. 2. 10

**Denkschriften** der kaiserlichen Akademie der Wissenschaften. Mathemat.-naturwissensch. Classe. LXI. Band. Mit 9 Karten, 67 Tafeln und 25 Textfiguren. 4. (624, 116, XXXX S.) Gebunden Wien: Tempsky 1894 35.50

**Denkschriften** der kaiserlichen Akademie der Wissenschaften. Mathematisch-naturwissenschaftliche Classe. LXII. Band. Mit einer Karte, 62 Tafeln und 42 Textfiguren. 4. (664, 18 u. 176 S.) Geb. In Comm. 38.—
Wien: Gerold's Sohn 1895

**Denkschriften** der k. Akademie der Wissenschaften. Mathematisch-naturwissenschaftliche Classe. 63. Band. Mit einer Karte, 74 Tafeln und 15 Textfiguren. 4. (726 und 117 S.) Geb. In Comm. 39.—
Wien: Gerold's Sohn 1896

**Denkschriften** der k. Akademie der Wissenschaften. Mathematisch-naturwissenschaftliche Classe. LXIV. Band. Mit 4 Karten, 51 Tafeln und 75 Textfiguren. 4. (791 S.) Geb. Ebda. 1897 35.—

**Denkschriften** der kaiserlichen Akademie der Wissenschaften in Wien. Mathematisch-naturwissenschaftliche Classe. LXV. Bd. Wien. 1898. [In Comm. Gerold's Sohn.] 4°. VI, 628 S. Mit 23 Karten, 30 Tafeln. cart. fl. 28.50

— dasselbe. 66. Bd. gr. 4. (III, XIV, 580 S. m. 19 Lichtdr.- u. 37 Kurvenfaf.) Ebd. 898. Geb. n. 69. 20

**Denkschriften** der kaiserl. Akademie der Wissenschaften. Mathematisch-naturwissenschaftl. Classe. 67.—70. Bd. gr. 4. Wien (C. Gerold's Sohn.) Geb. n. 352. —
67. (III, 848 S. m. 8 Karten, 28 Taf. u. 24 Textfig.) 899. n. 68. —
68. (III, 874 S. m. 1 Karte, 41 Fig. u. 50 Taf.) 899. n. 86. —
69. (V, 504 S. m. 19 Fig., 8 Karten, 34 Taf. u. 1 Bl. Erklärgn.) 901. n. 51. —
70. (III, 773 S. m. 81 Fig., 83 Taf. u. 41 Bl. Erklärgn.) 901. n. 90. —

**Denkschriften** der kaiserl. Akademie der Wissenschaften. Mathemat.-naturwissenschaftl. Klasse. 71. Bd. 1. Halbbd., 79. Bd. 1. Halbbd. 80., 81. u. 84. Bd. 30,5×24 cm. Wien (A. Hölder.) Kart. 255. —
71, I. (V, 490 S. m. 45 Fig., 38 Taf. u. 20 Bl. Erklärgn.) 907. Kart. 59. —
79, I. (VI, 311 S. m. 12 Abbildgn., 26 Taf., 1 Karte u. 26 Bl. Erklärgn.) 908. Kart. 26. —
80. (III, 495 u. 97 S. m. 67 Fig., 38 Taf., 4 Karten u. 38 Bl. Erklärgn.) 907. Kart. 57. —
81. (III, 567 S. m. 90 Fig., 8 Taf., 2 Karten u. 8 Bl. Erklärgn.) 908. Kart. 46. —
84. (III, 772 u. 54 S. m. 95 Fig., 1 Karte, 31 Taf., 2 Tab. u. 28 Bl. Erklärgn.) 909. Kart. 73. —

**Denkschriften** der kaiserl. Akademie der Wissenschaften. Mathematisch-naturwissenschaftl. Classe. 72., 74, 77. u. 78. Bd. gr. 4. Wien (A. Hölder). Geb. u. kart. n. 229. —
72. (III, 711 S. m. 71 Fig., 41 Taf., 1 Karte u. 22 Bl. Erklärgn.) 902. Geb. n. 68. —
74. (III, 323 S. m. 50 Fig., 29 Taf., 8 Karten u. 21 Bl. Erklärgn.) 904. Geb. n. 52. —
77. (III, 709 S. m. 37 Fig., 23 Taf., 2 Karten u. 21 Bl. Erklärgn.) 905. Kart. n. 51. —
78. (III, 684 S. m. 61 Fig., 1 Kartenskizze. 20 Taf. u. 18 Bl. Erklärgn.) 906. Kart. n. 58. —

Denkschriften der kaiserlichen Akademie der Wissenschaften. Mathematisch-naturwissenschaftliche Classe. LXXIII. Bd. Jubelband zur Feier des fünfzigjährigen Bestandes der k. k. Centralanstalt für Meteorologie u. Erdmagnetismus. Vom k. k. Ministerium für Cultus und Unterricht subventionirte Veröffentlichung. Mit 6 Karten, 2 Tafeln und 12 Textfiguren. Wien. 1901. [In Comm. Gerold's Sohn.] 4°. XXX, 463 S. Cart. K 33 —

**Denkschriften** d. kais. Akademie d. Wissenschaften. Philosophisch-historische Classe. I. Bd. Abhandl. üb. die Siegel d. Araber, Perser u. Türken, v. Freih. Hammer-Purgstall. Mit 1 lith. Taf. — Notiz üb. das Geschichtswerk Tso-tschuen, v. Aug. Pfizmayer. — Ueb. das Raumverhältniss der Buchstaben v. Alois Auer. — Historische Abhandlung (Propst Gerhoch I. v. Reichersberg), v. Jodok Stülz. — Lehre von der Conjugation im Altslovenischen, v. Franz Miklosich. — Ueb. des Tit. Calpurnius „Delos". Ein philologisch-numismat. Excurs, v. Joh. Gabriel Seidl. — Zur Kritik der österreich. Geschichte, v. Jos Chmel. — Reise-Bemerkungen, grösstentheils archäolog. Inhalts, von Vindobona üb. Tergeste nach Salona im J. 1846, v. Jos. Arneth. Mit 3 Kupfer- u. 1 lith. Taf. — Ueb. einen halb budhistischen, halb moslimischen Talisman, v. Hammer-Purgstall. Mit 1 lithochrom. Taf. — Zwölf Inedita (Griech. Münzen), v. Freih. Prokesch v. Osten. — Antiche lapidi Tergestine nuovamente illustrate dal caval. Giovanni Labus. — A magyar történeti költészet Zrínyi lött, elöterjeszti Toldy Ferenc. — Die historische Dichtung der Ungern vor Zrínyi, v. Franz Toldy. — Grundzüge u. Beiträge zu einem sprachvergleichenden rabbinisch-philosophischen Wörterbuche, von J. Goldenthal. — Die römischen Denkmaler Salzburgs u. seines weitern Gebietes. I. Abtheilung. Die Schriftmale, v..... v. Hefner. Mit 6 lith. Taf. — Beiträge zur neueren Geschichte aus unbenützten Handschriften, gesammelt v. Matthias Koch. — Fol. (XIV, 453 u. 189 S. m. 12 lith., lithochrom. u. Kupfertaf.) Ebd. 850. n. $13\frac{1}{3}$ ß

— dies. II. Bd. 2 Abthlgn. 1. Abth.: Uebersicht der Literaturgeschichte der Araber, v. Freih. Hammer-Purgstall. — Zur Geschichte des Concils v. Lyon 1245, v. Th. G. v. Karajan. — Das Kabul-Becken u. die Gebirge zwischen dem Hindu Kosch u. der Sutlej, v. Freih. Karl v. Hügel. Mit 3 lith. Charten in Fol. u. Imp. Fol. — Ueb. eine Sammlung spanischer Romanzen in fliegenden Blättern auf der Universitäts-Bibliothek zu Prag. Nebst einem Anhang üb. die beiden für die ältesten geltenden Ausgaben des Cancionero de Romances, v. Ferd. Wolf. — De' scavi di Salona nel 1848. Memoria d. Francesco Carrara. Mit 6 lithochrom. Taf. — Zur Kritik der österreich. Geschichte. Beiträge zur Beleuchtung der kirchlichen Zustände Oesterreichs im 15. Jahrhunderte, v. Jos. Chmel. — Virgil's Fortleben im Mittelalter. Ein Beitrag zur Geschichte der classischen Literatur in jenem Zeitraume, v. Georg Zappert. Fol. (VIII, 408 u. 70 S. m. 3 lith. Charten in Fol. u. Imp. Fol. u. 6 lithochrom. Taf.) Ebd. 851. (1. Abthl. n. $7\frac{1}{3}$ ß 2. Abthl. n. $2\frac{2}{3}$ ß) n. 10 ß

— dies. III. Bd. Ueb. die Namen der Araber, v. Freih. Hammer-Purgstall. — Das Kabul-Becken u. die Gebirge zwischen dem Hindu-Kosch u. der Sutlej, v. Freih. Karl v. Hügel. 2. Abthl. — Ueb. die älteren Sammlungen spanischer Dramen, v. Freih. v. Münch-Bellinghausen. — Das Li-sao u. die neun Gesänge. Zwei chinesische Dichtungen aus dem dritten Jahrhundert vor der christl. Zeitrechnung, von Aug. Pfizmaier. — Geisterlehre der Moslimen, v. Freih. Hammer-Purgstall. Mit 1 lithochrom. Taf. — Ovilaba u. die damit in nächster Verbindung stehenden römischen Alterthümer, v. Joseph Gaisberger. Mit 3 lith. u. lithochr. Taf. — Beiträge zur Geographie des nördl. Syriens. (Nach Ibn Schihne's: Dorr-el-Montacheb fi Tärich Haleb), v. Alfred v. Kremer. — Bruchstück einer Staats- u. Rechtsgeschichte der deutsch-österreich. Länder v. Aug. Chabert. Fol. (VI, 228 u. 150 S. m. 2 lithogr. u. 2 lithochrom. Taf.) Ebd. 852. n. 7 ß

Philosophisch-historische Classe.
IV. Bd. 853. (3 Bl., 287, 66 S. u. 4 lith. Taf.) n. 6 ß 20 ngr
V. - 854. (3 Bl., 295, 51 S. u. 8. lith. Taf.) n. 7 ß
VI. - 855. (3 Bl., 246, 37 S. u. 7 lith. Taf.) n. 6 ß
VII. - 856. (3 Bl., 232, 40 S. u. 13 lith. Taf.) n. 6 ß 20 ngr
VIII. - 857. (3 Bl., 288 S., 2 Tab. u. 1 lith. Taf.) n. 5 ß 4 ngr
IX. Bd. 859. (3 Bl., 334 S. u. 14 lith. Taf.) n. 9 ß
X. - 860. (3 Bl., 331 S. u. 4 lith. Taf.) n. 6 ß 20 ngr
XI. - 861. (3 Bl., 245 S. u. 4 lith. Karten.) n. 6 ß 20 ngr
XII. - 862. (6 Bl., 368 S.) n. 6 ß 8 ngr
XIII. - 864. (7 Bl., 287 S., 14 lith. Taf., 3 Kpfrtaf. u. 1 Photogr.) n. 8 ß 6 ngr

— — Philosophisch-historische Classe. 14—18. Bd. Ebend. 865—70. gr. 4. n. 30 ß 10 ngr
14. Bd. (XII, 294 S.) n. 5 ß — 15. Bd. (362 S.) n. 6 ß — 16. Bd. (XII, 414 S., 1 lith. Karte u. 2 Tabb.) n. 8 ß — 17. Bd. (3 Bll., 59 S., 5 lith. Taff. u. 1 lith. Karte.) n. 5 ß — 18. Bd. (367 S. u. 2 Tabb.) n. 6 ß 10 ngr

**Denkschriften** der kaiserlichen Akademie der Wissenschaften. Register zu Bd. I—XIV. der philosophisch-historischen Classe. Ebend. 866. gr. 4. (IV, 8 S.) n. 6 ngr

— dasselbe. Philosophisch-histor. Classe. 19—25. Bd. Imp.-4. Ebend. 871—76. n. 152. 60
19. (V, 374 S. m. 10 Steintaf., wovon 2 in Buntdr., in Imp.-4. Fol. u. qu. Fol.) n. 27. 00. — 20. (V, 323 S.) n. 16. —. — 21. (III, 352 S.) n. 18. —. — 22. (324 S.) n. 20. —. — 23. (436 S.) n. 30. —. — 24. (384 S. m. 6 Kpfrtaf.) n. 23. —. — 25. (372 S.) n. 18. —

— dasselbe. Philosophisch-histor. Classe. 26. Bd. Imp.-4. (438 S.) Ebend. 877. n. 20. —

— dasselbe. 27. Bd. Mit Kpfrdr.-Taf. Imp.-4. (404 S.) Ebend. 878. n. 24. —

— dasselbe. 28. Bd. Mit 31 (lith. u. phototyp.) Taf. u. 12 (Holzschn.-)Fig. im Texte. Imp.-4. (375 u. 110 S.) Ebend. 878. n. 40. —

— dasselbe. 29. Bd. Mit einer Fig. im Texte. Imp.-4. (341 u. 117 S.) Ebend. 879. n. 22. —

— dasselbe. 30. Bd. Imp.-4. (485 S.) Ebend. 880. n. 24. —

— dasselbe. 31. Bd. Imp.-4. (III, 450 S.) Ebend. 881. n. 22. —

— dasselbe. 32. Bd. Imp.-4. (III, 377 S.) Ebend. 882. n. 19. —

— dasselbe. Philosophisch-histor. Classe. 33—35. Bd. Imp.-4. Ebend. n. 83. —
33. Mit 12 (lith. u. Lichtdr.-)Taf. (III, 202 S.) 883. n. 28. —
34. Mit 14 Taf. (386 S.) 884. n. 25. —
35. Mit 5 Taf. u. 1 Abbildg. im Text. (III, 498 S.) 885. n. 30. —

— dasselbe. Register zu den Bdn. XV—XXXV. II. Imp.-4. (IV, 8 S.) Ebend. 886. n. — 60

— dasselbe. Philosophisch-histor. Classe. 36.—38. Bd. Imp.-4. Ebd. n. 97.80
36. (III, 228 S. m. 12 Taf., 1 Kartenskizze u. 1 Plane.) 888. n. 37. —
37. (III, 258 u. 256 S. m. 12 Taf.) 889. n. 35. —
38. (III, 191; 62, 50, 134 u. 56 S. m. 2 Taf.) 890. n. 25. 80

— dasselbe. Philosophisch-histor. Classe. 39.—43. Bd. Imp.-4. Ebd. n. 124. 50
39. (III, 221, 98, 60, 54 u. 80 S. m. 37 Textabbildgn.) 891. n. 29. —
40. (III, 114, 90, 196 u. 107 S.) 892. n. 26. —
41. (III, 80, 158, 70, 103 u. 64 S. m. 103 Abbildgn., 11 Taf. u. 1 Karte.) 892. n. 30. —
42. (III, 104, 96, 82, 86 u. 11 S.) 893. n. 19. 50
43. (III, 136, 80, 82 u. 72 S. m. 6 Taf.) 894. n. 20. —

— dasselbe. Philosophisch-histor. Classe. 44. u. 45. Bd. Imp.-4. Ebd. n. 46. —
44. (III, 58, 50, 56, 44, 45 u. 168 S. m. 7 Taf. u. 1 farb. Karte.) 896. n. 27. —
45. (III, 56, 114 u. 157 S. m. 3 Taf.) 897. n. 19. —

— dasselbe. Philosophisch-histor. Classe. 46.—48. Bd. gr. 4. Ebd. n. 60. 70
46. (III, 47, 43, 28, 26, 88, 30 u. 60 S. m. 6 Taf.) 900. n. 21. 40
47. (III, 88, 24, 96 u. 171 S.) 902. n. 21. —
48. (III, 94, 62, 104 u. 44 S. m. 14 Abb. u. 1 Taf.) 902. n. 18. 30

— dasselbe. Philosophisch-histor. Klasse. 49.—52. Bd. gr. 4. Ebd. n. 149. —
49. (III, 60, 78 u. II, 250 S.) 904. n. 23. —
50. Mit 14 Taf., 132 Textfig., 4 Detailplänen im Texte, 2 Hauptplänen u. Glossen-Abbildgn. im Texte. (III, 182, 44, 89 u. 123 S.) 904. n. 31. —
51. Mit 16 Taf. u. 36 Abbildgn. im Texte. (III, 240, 204 u. 233 S.) 906. n. 47. —
52. Mit 67 Taf. u. 92 Abbildgn. im Texte. (III, 95, LXXXVII, 139 u. 41 S.) 906. n. 48. —

— dasselbe. Register zu den Bänden 36—50. (23 S.) 4. Ebd. 904. n. 1. 50

— dasselbe. Philosophisch-histor. Klasse. 53. Bd. I—III. 31,5×25 cm. Ebd. 25. 60
I. Erzählung, die, der Sibylle. Ein Apokryph. nach d. karschun., arab. u. äthiop. Handschriften zu London, Oxford, Paris u. Rom veröffentlicht v. J. Schleifer. (80 S.) 908. 2. 60
II. Bericht üb. e. Reise in Lydien u. der südlichen Aiolis, ausgeführt 1906 im Auftrage der kaiserl. Akademie der Wissenschaften (Widmung Sr. Durchl. des regier. Fürsten Johann v. u. zu Liechtenstein.) Von Jos. Keil u. Ant. v. Premerstein. Mit e. Beitrag v. Paul Kretschmer. (II, 112 S. m. Abb. u. 1 Karte.) 908. 13. —
III. Grundlinien e. Vergleichung der Religionen u. Mythologien der austronesischen Völker. Von W. Schmidt, S. V. D. (VIII, 142 S. m. 1 Taf.) 910. 10. —

— dasselbe. 54. Bd. I u. III. 31,5×25 cm. Ebd. 12. 30
I. Die Stundenwachen in den Osirismysterien, nach d. Inschriften v. Dendera, Edfu u. Philae dargestellt. Von Herm. Junker. (VI, 124 S. m. 2 Taf.) 910. 9. 40
III. Die griechischen Lehnwörter der sahidischen u. boheirischen Psalmenversion. Von Karl Wessely. (37 S.) 910. 2. 90
II. ist noch nicht erschienen.

Denkschriften der königl. bayer. Akademie der Wissenschaften, s. a. Abhandlungen der königl. bayer. Akademie der Wissenschaften.

Denkschriften d. königl. Academie d. Wissenschaften zu München f. d. J. 1808—24. 9 Bde, mit Kpf. gr. 4. Münch. 809. (Franz). 30 ℔

Denkschriften der königl. Akademie der Wissenschaften zu München. m. K. gr. 4. München, Fleischmann. 809.

Denkschriften d. königl. Akademie d. Wissenschaften zu München für die Jahre 1811 u. 12. gr. 4. München, Lindauer. 815.

Denkschriften d. Königl. Akademie d. Wissensch. zu München f. die Jahre 1813 — 817. Mit Kupf. gr. 4. München, Lindauer. 816 — 820.

Denkschriften d. kön. Akademie d. Wissenschaften zu München, f. d. Jahre 1823 u. 24. gr. 4. Sulzbach 825, v. Seidel. 6 Rthlr. Schreibpap.

Denkschriften d. kgl. Akademie d. Wissenschaften zu München. X. Bd. Mit Kpfrn. gr. 4. ... München 833, (Franz.; Lindauer.)
1—IX. Bd. Ebendas. 1808—24. 30 Thlr. — Die darin enthaltenen Abhandlungen sind ebenfalls einzeln verkäuflich.

Denkschriften d. k. bayer. Akademie d. Wissenschaften. 10—18. Bd. gr. 4. München 832—41, (Franz.) *
A. u. d. Ttln.:
Bd. 10., 13., 16. Abhandlungen d. mathemat.-physikal. Classe d. k. b. Akad. d. Wissensch. 1—3. Bd. 1. u. 2. Abthl. [1. 832. * 5 Thlr. 8 Gr., 2. M. Stnt. 837. * 5 Thlr. 8 Gr., 3. 1., 2. M. schw. u. col. Stnt. 841. * 6 Thlr.] * 16 Thlr. 16 Gr.
11., 14., 17. Abhandlungen d. histor. Classe d. k. b. Akad. d. Wissensch. 1. Bd. (2 Abthl.) 2. Bd. (3 Abthl.) u. 3. Bd. (1. Abthl.) [1. 1. M. 4 lith. Bildn. u. 2. 833. à * 2 Thlr. 16 Gr., 2. 837. * 6 Thlr., 3. 1. 841. * 6 Thlr.] * 17 Thlr. 8 Gr.
12., 15., 18. Abhandlungen d. philosoph.-philolog. Classe d. k. b. Akad. d. Wissensch. 1. Bd., 2. Bd.) (3 Abthl.) u. 3. Bd. (1. u. 2. Abthl.) [1. M. Abbild. 835. * 5 Thlr. 8 Gr., 2. M. Stahl- u. Steint. 838. * 6 Thlr., 3. 1. u. 2. M. Plänen. 841. * 6 Thlr.] * 17 Thlr. 8 Gr.
1—9. Bd., erschien nur unter d. Ttl.: Denkschriften etc. Ebendas. 1809—25. à * 3 Thlr. 8 Gr.

Denkschriften d. k. bayer. Akademie d. Wissenschaften. 16—22. Bd.
Bd. 17., 20. Abhandlungen d. histor. Classe etc. 3. Bd. 2. u. 3. Abthl. u. 4. Bd. (3 Abthlgn.) [3. Bd. 2. u. 3. 843. 4. B. 844—46. à Abthl. * 2 Thlr.] * 10 Thlr.
18., 21. Abhandlungen d. philosoph.-philolog. Classe etc. 3. Bd. 3. Abthl. u. 4. Bd. (3 Abthlgn.) M. 17 Taf. Abbildgn. [3. Bd. 3. u. 4. Bd. 1. Abth. 843. 4. Bd. 2. u. 3. 46, 47. à * 2 Thlr.] * 8 Thlr.
Die früher ebendas. erschienenen Abtheilungen kosten * 81 Thlr. 10 Ngr.

Denkschriften d. kgl. bayer. Akademie d. Wissenschaften. 16—22. Bd. gr. 4. München 843—47. (Franz.) *
A. u. d. Ttln.:
Bd. 16., 19., 22. Abhandlungen d. mathemat.-physical. Classe d. k. b. Akad. d. Wissensch. 3. Bd. 3. Abthl., 4. Bd. (3 Abthlgn.) u. 5. Bd. 1. Abthl. Mit 27 Stnt. [3. B. 3. 843. 4. B. 1. 44. 2. 45. 3. 46. 5. B. 1. 47. à Abthl. * 2 Thlr.] * 10 Thlr.

Denkschriften der kgl. bayer. Akademie der Wissenschaften. 22—27. Bd. gr. 4. München 847—851, (Franz.) *
Auch unter den Titeln:
Bd. 22., 25. Abhandlungen der mathemat.-physical. Classe etc. 5. Bd. 2. und 3. Abthl. und 6. Bd. 1. und 2. Abthl. [5. 2. und 3. (V S., S. 253—887., 21 Stnt. in 4. und Fol. und 5 S.) 848,50., 6. 1. 2. (X und 538 S. mit 10 Stnt. in gr. 4. und qu. Fol.) 851. à Abthl. * 2 Thlr.] * 8 Thlr.
23., 26. Abhandlungen der histor. Classe etc. 5. Bd. (3 Abthlgn.) und 6. Bd. 1. und 2. Abthl. [5. (XVII und 706 S. mit 4 Stnt. in qu. Fol.) 848—49. 6. 1. 2. (X und S. 1—470.) 850—51. à Abthl. * 2 Thlr.] * 10 Thlr.
24., 27. Abhandlungen der philosoph.-philolog. Classe etc. 5. und 6. Bd. (à 3 Abthlgn.) [5. (XV und 757 S. mit 3 Stnt. in 4. und qu. Fol.) 847—49., 6. (VIII und 813 S. mit 5 Stnt.) 850—51. à Abthl. * 2 Thlr.] * 12 Thlr.

Denkschriften der königl. bayer. Akademie der Wissenschaften. 25—30. und 32. Bd. gr. 4. München, (Franz.) *
Auch unter den Titeln:
Bd. 25., 28. Abhandlungen der mathematisch-physicalischen Classe der königl. bayer. Akademie der Wissenschaften. 6. Bd. 3. Abthl. und 7. Bd. (3 Abthlgn.) [6. Bd. 3. (X und S. 539—710. mit 4 Stnt. in gr. 4. und qu. Fol., wovon 2 in Tondr.) 852., 7. Bd. (XIX und 733 S. mit 20 Stnt. in gr. 4. und qu. Fol.) 853—55. à Abthl. * 2 Thlr.] * 8 Thlr.
26., 29. Abhandlungen der historischen Classe der königl. bayer. Akademie der Wissenschaften. 6. Bd. 3. Abthl. und 7. Bd. (3 Abthlgn.) [6. Bd. 3. (III und S. 471—688. mit 1 Stnt. in Fol.) 852., 7. Bd. (XIX und 819 S.) 853—55. à Abthl. * 2 Thlr.] * 8 Thlr.
32. —— dass. — 8. Bd. 1. Abthl. (V und 285 S.) 856. * 2 Thlr.
27., 30. Abhandlungen der philosophisch-philologischen Classe der königl. bayer. Akademie der Wissenschaften. 6. Bd. 3. Abthl. und 7. Bd. (3 Abthlgn.) [6. Bd. 3. (IX und S. 515—687.) 852., 7. Bd. (XVII und 795 S. mit 4 Stnt.) 853—55. à Abthl. * 2 Thlr.] * 8 Thlr.

—— der königl. bayer. Akademie der Wissenschaften. 31—34. und 36. Bd. 1. Abthl. gr. 4. München, (Franz.) *
Auch unter den Titeln:
Bd. 31. Abhandlungen der mathematisch-physikalischen Classe der königl. bayer. Akademie der Wissenschaften. 8. Bd. 3 Abthlgn. [1. Abthl. (V und S. 1—294 mit 9 Stnt. in gr. 4. und qu. gr. Fol.) 857. * 2 Thlr. 20 Ngr., 2. (V und S. 295—625 mit 10 Stnt. in gr. 4., Fol., qu. Fol. und gr. Fol.) 858. * 2 Thlr. 20 Ngr., 3. (IX und S. 626—821 mit 5 Stnt. in gr. 4. und qu. Fol.) 860. * 2 Thlr.] * 7 Thlr. 10 Ngr.
» 34. —— dass. — 9. Bd. 1. Abthl. gr. 4. (III und 228 S. mit 7 Stnt. in gr. 4. und qu. Fol.) 861. * 2 Thlr. 20 Ngr.
» 32. Abhandlungen der historischen Classe der königl. bayer. Akademie der Wissenschaften. 8. Bd. 2. und 3. Abthl. [2. Abthl. (V und S. 286—655.) 857. * 2 Thlr., 3. (IX und S. 656—825.) 860. * 2 Thlr.] * 4 Thlr.
» 33., 36. Abhandlungen der philosophisch-philologischen Classe der königl. bayer. Akademie der Wissenschaften. 8. Bd. 3 Abthlgn. und 9. Bd. 1. und 2. Abthl. [8. Bd. 1. Abthl. (V und 228 S. mit 2 Stnt.) 857. * 2 Thlr., 2. (V und S. 229—500 mit 14 Stnt. in gr. 4., gr. Fol. und qu. Imp.-Fol.) 857. * 2 Thl. 20 Ngr., 3. (VII und S. 501—746 mit 4 Stnt.) 858. * 2 Thlr., 9. Bd. 1. Abthl. (V und 276 S. mit 9 Stnt.) 860. * 2 Thlr. 20 Ngr., 2. (S. 277—546.) 861. * 2 Thlr. 20 Ngr.] * 12 Thlr.

Denkschriften der Nordamerikan. Akademie d. homöopath. Heilkunst. 1. Lfg. — A. u. d. T.: Wirkungen d. Schlangengiftes, zum ärztl. Gebr. vergleich. zusammengest. durch Constantin Hering. Mit e. Einleit. üb. d. Studium d. homöop. Arzneimittellehre. gr. Lex.-8. (8 B.) Allentaun an d. Lecha 838, Ebner. (Leipzig, Kummer.) Thlr. *

**Denkschriften** des statistischen Amtes der Stadt Düsseldorf. Lex.-8. Düsseldorf, L. Voss & Co. (1909)
1. Heft. I. Die städtische Arbeitslosenbeschäftigung in Düsseldorf 1908/09. II. Zur Frage der Arbeitslosenversicherg. (17 S. m. 1 Taf.) 1. —.

Denkschriften über die Ausführung des Gesetzes, Maßregeln gegen die Reblaus betreffend, vom 6. März 1875. Berlin. 1878/79—1899.

Denkschriften des Börsenvereins der deutschen Buchhändler, der Universität Jena zu ihrer dritten Jubelfeier ehrerbietigst überreicht. (Enthält nur Ansprache und Verzeichnisse der

Denkschriften des Börsenvereins der deutschen Buchhändler. 1834—1857.) (Leipzig 1858. Druck von F. A. Brockhaus.) fol.

**Denkschriften** und Briefe zur Charakteristik der Welt und Litteratur. Berlin 1834—41. H: *Dorow*, *Wilhelm*. (EB)

— und Briefe zur Charakteristik der Welt und Litteratur. Bd. I—III. u. Bd. IV. Mit vollständ. Register üb. Bd. I—III. gr. 8. Berlin 838—40. Alex. Duncker. (à $1\frac{3}{4}$ ℛ) 7 ℛ

— u. Briefe zur Charakteristik der Welt u. Litteratur. 5. oder Neue Folge (1. Bd.) gr. 8. Berlin 841, Alex. Duncker. (à) $1\frac{3}{4}$ ℛ — 1.—4. Bd. à $1\frac{3}{4}$ ℛ

—— drei, über die orientalische Frage von Papst Leo X, König Franz I von Frankreich und Kaiser Maximilian I aus dem J. 1517. Nach dem beigefügten Originaltext zum ersten Male übers. und erläutert von Joh. Wilh. Zinkeisen. gr. 8. (135 S.) Gotha 854, F. A. Perthes. *

Denkschriften, drei, über Gegenstände des preussischen Medicinalwesens. gr. 8. (IV und 87 S.) Halle 853, Anton. Thlr.

—— drei österreichische, über die Donauschiffahrts-Akte vom 7. Nov. 1857. gr. 8. (89 S.) Leipzig 858, O. Wigand.

— betr. 1. d. Entwickelg. des Schutzgebietes Togo (Berichtsj. 1893/94) u. 2. die Verwendg. des Afrikafonds. [Beilage z. Deutschen Kolonialblatt. Jahrg. 1895.] hoch 4. (11 u. 12 S.) — 50
Bln.: Mittler 1895

Denkschriften über das Forstwesen im Königreiche Polen. Erstattet 1. von dem Frhr. Wilhelm von Berg, 2. von dem Frhr. Edmund von Berg. - o. O. 1864, 1865. 146 S.

Denkschriften d. allgem. schweizer. Gesellschaft f. d. gesammten Naturwissenschaften. (Mit Vorwort v. P. Usteri.) 1. Bd. 1e Abtheil., mit 6 ill. u. 3 schwarz. Steintaf. gr. 4. Zürich 829. Orell. 4 ℛ

— der allgem. schweizer. Gesellschaft für die Naturwissenschaften. 1r Bd. 2e Abtheil. Mit 5 Steintaf. gr. 4. Zürich 833. Orell. $4\frac{1}{3}$ ℛ (Die 1e Abthl. 4 ℛ)
Forts. unt. d. T.: Denkschriften, Neue, ..)

**DENKSCHRIFTEN DER KÖNIGLICH-BAIERISCHEN, später: BAYERISCHEN BOTANISCHEN GESELLSCHAFT IN, später: ZU REGENSBURG.**

**(Bd. I. Abth. 1.) Mit IV Kupfertafeln. Regensburg, 1815. In Comm.** der **Montag- und Weissischen Buchhandlung. 4°.**

**(Bd. I. Abth. 2.) Mit VI Kupfertafeln. ib. 1818. —**

**Bd. II. Mit Kupfern. ib. 1822. Gedruckt bei Christoph Ernst Brenck's Wittwe.**

**Bd. III. Mit V Kupfertafeln und VI Steinabdrücken. ib. 1841. Gedruckt bei Julius Heinrich Demmler (vormals Brenck). A. u. d. T.: DENKSCHRIFT ZUR FEIER DES FÜNFZIGJÄHRIGEN BESTANDES DER K. B. BOTANISCHEN GESELLSCHAFT ZU REGENSBURG. Ausgegeben ... den 28. November 1841. ib. —**

**Bd. IV. (Abth. 1 und 2.) Mit IX Steintafeln. ib. 1861. —**

**DENKSCHRIFTEN DER K. BAYER. BOTANISCHEN GESELLSCHAFT ZU REGENSBURG.**

**Bd. V. Heft 1. (Mit 1 Tafel.) ib. 1864. Verlag der Gesellschaft. In Comm. bei G. J. Manz.**

DENKSCHRIFTEN DER KOENIGLICH-BAYERISCHEN BOTANISCHEN GESELLSCHAFT ZU REGENSBURG.

Bd. VI. (Mit 1 Tafel.) Regensburg 1890. Gedruckt bei J. & K. Mayr in Stadtamhof. — A. u. d. T.: DENKSCHRIFT zur Feier des hundertjaehrigen Bestandes der K. B. Botanischen Gesellschaft zu Regensburg. (Mit 1 Tafel.) ib. 1890. — 4°.

DENKSCHRIFTEN DER KGL. BOTANISCHEN GESELLSCHAFT IN REGENSBURG.

Bd. VII. Neue Folge. Bd. I. ib. 1898. Verlag der Gesellschaft. 8°.

Bd. VII. Neue Folge. Bd. I. 1. Beilage. Die seit Prantls „Exkursionsflora für das Königreich Bayern“ (1. Auflage. Stuttgart 1884) erschienene Literatur über Bayerns Phanerogamen- und Gefasskryptogamenflora. Zusammengestellt von HERMANN POEVERLEIN. ib. 1899. —

Bd. VII. Neue Folge. Bd. I. 2. Beilage. Flora exsiccata Bavarica. Fasciculus I. Nr. 1—75. Unter Mitwirkung des Botanischen Vereins Deggendorf, der Botanischen Vereinigung Würzburg, sowie der Herren FRANZ XAVER GIERSTER, CARL OTTO HARZ, PHILIPP HONIG, GEORG HOOCK, ERNST KAUFMANN, GOTTLIEB LINDNER, ANTON MAYER, HERMANN POEVERLEIN, OTTO PRECHTELSBAUER, PAUL FRIEDRICH REINSCH, CHRISTOPH SCHERZER, AUGUST SCHWARZ, JOSEPH SCHWERTSCHLAGER, KARL SEMLER, LUDWIG SEYWALD, AUGUST VILL, HERMANN VOGT, FRANZ VOLLMANN herausgegeben von der Königlichen botanischen Gesellschaft in Regensburg. ib. 1898. Verlag der Gesellschaft.

Bd. VIII. Neue Folge. Bd. II . ib. 1903. —

Bd. VIII. Neue Folge. Bd. II. 1. Beilage. Flora exsiccata Bavarica. — Verzeichnis der Mitarbeiter und des Inhalts der Faszikel I—VI. Nr. 1—500. ib. 1902. —

Bd. VIII. Neue Folge. Bd. II. 2. Beilage. Fasciculus II. Nr. 76—150. Unter Mitwirkung des Botanischen Vereins Deggendorf, der Botanischen Vereinigung Würzburg, sowie der Herren EUGEN ERDNER, AUGUST FÜRNROHR, OTTO FÜRNROHR, FRANZ XAVER GIERSTER, PHILIPP HONIG, GEORG HOOCK, ERNST KAUFMANN, JOSEPH KRAENZLE, JOHANN BAPTIST LUTZ, ANTON MAYER, FRANZ PETZI, HERMANN POEVERLEIN, JULIUS POEVERLEIN, OTTO PRECHTELSBAUER, CHRISTOPH SCHERZER, AUGUST SCHWARZ, JOSEPH SCHWERTSCHLAGER, KARL SEMLER, AUGUST VILL, FRANZ VOLLMANN herausgegeben von der Königlichen botanischen Gesellschaft in Regensburg. ib. 1904. —

Bd. VIII. Neue Folge. Bd. II. 3. Beilage. Flora exsiccata Bavarica. Fasciculus III Nr. 151—250. Unter Mitwirkung des Botanischen Vereins Deggendorf, der Botanischen Vereinigung Wurzburg, sowie der Herren EUGEN ERDNER GEORG FISCHER, AUGUST FÜRNROHR, HEINRICH FÜRNROHR, OTTO FÜRNROHR, FRANZ XAVER GIERSTER, WILHELM GUGLER, CARL OTTO HARZ, PHILIPP HONIG, GEORG HOOCK, ERNST KAUFMANN JOSEPH KRAENZLE, GOTTLIEB LINDNER, ANTON MAYER, GEORG MAYER, FRANZ PETZI, HERMANN POEVERLEIN, OTTO PRECHTELSBAUER, PAUL FRIEDRICH REINSCH, CHRISTOPH SCHERZER, AUGUST FRIEDRICH SCHWARZ, JOSEPH SCHWERTSCHLAGER, KARL SEMLER, HERMANN STADLER, AUGUST VILL, FRANZ VOLLMANN, ALOIS ZICK herausgegeben von der Königlichen botanischen Gesellschaft in Regensburg ib. 1903. —

Bd. VIII. Neue Folge. Bd. II. 4. Beilage. Flora exsiccata Bavarica. Bryophyta Verzeichnis der Mitarbeiter des Inhaltes der Lieferungen 1—12. Nr. 1—300. ib. 1903. —

Bd. IX. Neue Folge. Bd. III. (Mit 1 Tafel und 1 Karte.) ib. 1905. —

Bd. IX. Neue Folge. Bd. III. Beilage. Flora exsiccata Bavarica. Fasciculus IV. Nr. 251—325. Unter Mitwirkung des Botanischen Vereins Deggendorf, der Botanischen Vereinigung Würzburg, sowie der Herren GOTTFRIED EIGNER EUGEN ERDNER, GEORG FISCHER, FRANZ XAVER GIERSTER, WILHELM GUGLER, PHILIPP HONIG, GEORG HOOCK, ERNST KAUFMANN, GOTTLIEB LINDNER, ANTON MAYER, GEORG MAYER, FRANZ PETZI, HERMANN POEVERLEIN, PAUL FRIEDRICH REINSCH, GEORG RIEDNER, CHRISTOPH SCHERZER, ISIDOR SCHMIDT, AUGUST FRIEDRICH SCHWARZ, JOSEPH SCHWERTSCHLAGER, KARL SEMLER, LUDWIG SEYWALD, HERMANN STADLER, FRANZ VOLLMANN, ALOIS ZICK herausgegeben von der Königlichen botanischen Gesellschaft zu Regensburg. ib. 1905. —

DENKSCHRIFTEN DER KGL. BAYR. BOTANISCHEN GESELLSCHAFT IN REGENSBURG.

Bd. IX. Neue Folge. Bd. IV. ib. 1908. —

DENKSCHRIFTEN DER KGL. BOTANISCHEN GESELLSCHAFT IN REGENSBURG.

Bd. X. Neue Folge. Bd. IV. 1. Beilage. Flora exsiccata Bavarica. Verzeichnis der Mitarbeiter und des Inhalts der Faszikel I—XII. Nr. 1—1000. ib. —

DENKSCHRIFTEN DER KGL. BAYR. BOTANISCHEN GESELLSCHAFT IN REGENSBURG.

Bd. XI. Neue Folge Bd. V. ib. 1911. —

Bd. XI. Neue Folge Bd. V. 1. Beilage. Flora exsiccata Bavarica: Bryophyta ib. 1911. —

Bd. XII. Neue Folge Bd. VI. ib. 1913. —

DENKSCHRIFTEN DER MEDICINISCH-NATURWISSENSCHAFTLICHEN GESELLSCHAFT ZU JENA.

Bd. 1. Jena 1879. Gustav Fischer. A. u. d. T.: ERNST HAECKEL. Das System der Medusen. Monographie der Medusen. Theil 1. Mit einem Atlas von 40 Tafeln. ib. 1879. — fol. (672 S.)

Bd. 2. Mit 21 lithographirten Tafeln. ib. 1880. — Darin mit bes. Titelblatt:

OSCAR HERTWIG und RICHARD HERTWIG, Der Organismus der Medusen und seine Stellung zur Keimblättertheorie. Mit 3 lithographirten Tafeln. ib. 1878. —

C. FROMMANN, Untersuchungen über die Gewebsveranderungen bei der multiplen Sklerose des Gehirns und Rückenmarks. Mit 2 Tafeln Abbildungen. ib. 1878. —

RICHARD HERTWIG, Der Organismus der Radiolarien. Mit 10 lithographirten Tafeln. ib. 1879. —

E. E. SCHMID, Die quarzfreien Porphyre des centralen Thüringer Waldgebirges und ihre Begleiter. Mit 6 lithographirten Tafeln. ib. 1880. —

— der medicinisch-naturwissenschaftlichen Gesellschaft zu Jena. 3. Bd. 1. Abth. Imp.-4. Jena 890. Fischer. n.n. 35. — (I—III, 1.: n.n. 155. - )
Vergleichend-anatomische und entwickelungsgeschichtliche Untersuchungen an Walthieren v. W. Kükenthal. [Zum Theil gemeinsam mit Th. Ziehen.] (X, 220 S. mit 13 lith. Taf.)

— dasselbe. 3. Bd. 2. Abth. Imp.-4. Ebd. 893. n.n. 40. —
Vergleichende anatomische u. entwickelungsgeschichtliche Untersuchungen an Walthieren v. Willy Kükenthal. 2. Thl. (VIII u. S. 221—450 m. 115 Abbildgn. u. 12 lith. Taf.) n.n. 40. — (1 u. 2.: n.n. 75. —)

— dasselbe. 4. Bd. 1. Thl. 1. Lfg. Imp.-4. Ebd. 893. n. 20. —
Zoologische Forschungen in Australien u. dem malayischen Archipel. Mit Unterstützg. d Hrn. Paul v. Ritter ausgeführt in den J. 1891—1893 v. Rich. Semon. 1. Bd. Ceratodus. 1. Lfg. I. Ernst Haeckel, systematische Einleitg.: Zur Phylogenie der austral. Fauna. II. R. Semon, Reisebericht u. Plan d. Werkes. III. R. Semon, Verbreitg., Lebensverhältnisse u. Fortpflanzg. d. Ceratodus Forsteri. IV. R. Semon, die äussere Entwickelg. v. Ceratodus Forsteri. (XXIV, 50 S. m. 2 Abbildgn., 8 lith. Taf. u. 8 Bl. Erklärgn.)

— d. medicinisch-naturwissenschaftlichen Gesellschaft zu Jena. 4. Bd. 1. Thl. 2. Lfg. Imp.-4. Jena, G. Fischer. n. 18. — (IV, 1, I u. II.: n. 38. —)
Zoolog. Forschungsreisen i. Australien u. d. malayischen Archipel. M. Unterstützg. v. Paul v. Ritter ausgef. in d. J. 1891—1898. Von Rich. Semon. 1. Bd. Ceratodus. 2. Lfg. Spencer, Baldwin: D. Bau d. Lungen v. Ceratodus u. Protopterus. — Semon, Rich.: D. Entwickelg. d. paarigen Flossen v. Ceratodus forsteri. (S. 51-111 m. 7 Abb., 9 lith. Taf. u. 9 Bl. Erklärgn.) 898.

— der medicinisch-naturwissenschaftlichen Gesellschaft zu Jena. IV. Bd. I. Thl. 3. u. 4. Lfg. Imp.-4. Jena, G. Fischer. n. 100. —
3. Zoologische Forschungsreisen in Australien u. dem malayischen Archipel. Von Rich. Semon. Mit Unterstützg. von Paul v. Ritter ausgeführt in den J. 1891—1893. I. Bd. Cerabotus. 3. Lfg. (18. Lfg.) Die Zahnentwickelung des Ceratodus forsteri. Von Rich. Semon. — Die Muskeln u. Nerven der Ceratodusflosse. Von Herm. Braus. — Die Furchung u. Entwickelung der Keimblätter bei Ceratodus forsteri. Von Rich. Semon. Mit 17 lith. Taf. u. u. 39 Fig. im Text. (220 S. m. 17 Bl. Erläutergn.) 901. n. 50. —

— der medicinisch-naturwissenschaftlichen Gesellschaft zu Jena. IV. Bd. 4. u. 5. Lfg. gr. 4. Jena, G. Fischer. n.n. 55 —
4. Zoologische Forschungsreisen in Australien u. dem malayischen Archipel. Mit Unterstützg. des Hrn. Paul v. Ritter ausgeführt in den J. 1891—1893. Von Rich. Semon. (23. Lfg.) I. Bd. Ceratodus. 4. Lfg. Der feinere Bau der Leber v. Ceratodus forsteri, zugleich e. Beitrag zur vergleich. Histologie der Fischleber. Von Hans Bluntschli. — Die Entwickelung des Darmkanales, v. Lunge, Leber, Milz u. Pankreas bei Ceratodus Forsteri. Von L. Neumayer. — Beiträge zur Morphologie des Skeletes der Dipnoer, nebst Bemerkgn. üb. Pleuracanthiden, Holocephalen u. Squaliden. Von Karl Fürbringer. Mit 7 (4 farb.) lith. Taf. u. 96 Abbildgn. im Text. (S. 333—510 m. 5 Bl. Erklärgn.) 904. n.n. 30. —
5. Dasselbe. (24. Lfg.) I. Bd. Ceratodus. 5. Lfg. Das Centralnervensystem v. Ceratodus forsteri. Von Rob. Bing u. Rud. Burckhardt. — Ueber die Entwickelung der Mesenterien, der Leberligamente u. der Leberform bei den Lungenfischen. Von Ivar Broman. — Die Entwickelung der Kopfhöhlen u. des Kopfmesoderms bei Ceratodus forsteri. Von E. H. Gregory. Mit 2 lith. Taf. u. 112 Abbildgn. im Text. (S. 511—660 m. 2 Bl. Erklärgn.) 905. n.n. 25. —

IV, 6. Dasselbe. (31. Lfg.) I. Bd. Ceratodus. 6. Lfg. Greil, Alfr., Entwickelungsgeschichte des Kopfes u. d. Blutgefässsystems v. Ceratodus forsteri. 1. Thl. Gesammtentwickelung bis z. Beginn der Blutzirkulation. Mit 22 Taf. u. 264 theilweise bunter Fig. im Text. Text u. Atlas. (XII u. S. 661—935 m. 12 Bl. u. 4 S. Erklärgn.) 908. nn 120. —

— dasselbe. 5. Bd 5 Lfgn. gr. 4. Jena, G Fischer. n. 97. —
1. Zoolog. Forschungsreisen i. Australien u. d. malayischen Archipel. M. Unterstützg. v. Paul v. Ritter ausgef. in d. J. 1891—1893 v. Rich. Semon. (5. Lfg.) 2. Bd: Monotremen u. Marsupialier 1. Lfg. Rich Semon, Beobachtgn. üb. d. Lebensweise u. Fortpflanzg. d. Monotremen, nebst Notizen üb. ihre Körpertemperatur. Rich. Semon, die Embryonalhüllen d. Monotremen u. Marsupialier. Rich. Semon, z Entwickelungsgeschichte d. Monotremen. M. 11 lith. Taf. u. 20 Abb. im Text. (71 S. m. 11 Bl. Erklärgn.) 894. n. 2 .
2. Dasselbe. (5. Lfg.) 2. Bd.: Monotremen u. Marsupialier. 2. Lfg. Geo. Ruge, d. Hautmusculatur d Monotremen u ihre Beziehgn. z. dem Marsupial- u. Mammarapparate. Herm. Klaatsch, Studien z. Geschichte der Mammarorgane. 1. Thl.: D. Taschen- u. Beutelbildgn. am Drüsenfeld d. Monotremen. Mit 4 lith. Taf. u. 40 Abb. im Text (S. 75—188 m. 4 Bl. Erklärgn.) 895. n. 16. -
3. Dasselbe. (6. Lfg.) 2. Bd.: Monotremen u. Marsupialier 3. Lfg.: F. Hochstetter, Beiträge z Anatomie u Entwickelungsgeschichte d. Blutgefässsystems d. Monotremen. Alb. Narath, d. Entwickelg. d. Lunge v. Echidna aculeata. Alb. Oppel, üb. d. Magen d. Monotremen, einig. Marsupialier u v. Manis javanica. (S. 189—300 m. 6 Abb., 11 lith. Taf. u. 11 Bl. Erklärgn) 896. n 25
4. Dasselbe. (7. Lfg.) 2. Bd.: Monotremen u. Marsupialier. 4. Lfg. Herm. Braus, Untersuchgn. z. vergleich. Histologie d. Leber d. Wirbelthiere. (S. 301—368 m. 11 Abb., 6 lith. Taf. u. 6 Bl. Erklärgn) 896. n. 16. —
5. Dasselbe. 2. Bd.: Monotremen u. Marsupialier. 5. Lfg. C. Emery, Beiträge z. Entwickelungsgeschichte u. Morphologie d. Hand- u. Fussskeletts d. Marsupialier. Alb. Oppel, über d. Darm d. Monotremen, einig. Marsupialier u. v. Manis javanica. M. 7 lith. Taf. u. 13 Abb. im Text. (V u. S. 369—433.) 897. n. 20. —

— dasselbe. 6 Bd. 1. Lfg. Imp.-4. Ebd. 897. n. 16. —
Zoolog. Forschungsreisen in Australien u. d. malayischen Archipel. M. Unterstützg. v. Paul v. Ritter ausgef. i. den J. 1891—1893. Von Rich. Semon. 3. Bd. Monotremen u. Marsupialier. II. 1. Lfg. Th. Ziehen, das Centralnervensystem d. Monotremen u. Marsupialier. 1. Thl. Makroskop. Anatomie. M. 96 Abb. im Text. (187 S.)

**Denkschriften** der medicinisch-naturwissenschaftlichen Gesellschaft zu Jena. VI. Bd. Imp.-4. Jena, G. Fischer. n. 45. —
2. Zoologische Forschungsreisen in Australien u. dem malayischen Archipel. Von Rich. Semon. Mit Unterstützg. v. Paul v. Ritter ausgeführt in den J. 1891—1893. (13. Lfg.) 3. Bd. Monotremen u. Marsupialier. II. 2. Lfg. Studien üb. das Integument der Säugethiere. II. Das Integument d. Monotremen. Von Fritz Römer. — Zur Entwickelungsgeschichte des Zahnsystems der Marsupialier. Von Thdr. Dependorf. Mit 11 lith. Taf. u. 17 Abbildgn. im Text. (S. 189—402.) 898. n. 27. —
3. Dasselbe. (16. Lfg.) 3. Lfg. Schilddrüse, Thymus u. sonstige Schlundspaltenderivate bei Echidna u. ihre Beziehungen zu den gleichen Organen bei anderen Wirbelthieren. Von F. Maurer. — Ueber Entwickelungsvorgänge an der Nasenhöhle u. am Mundhöhlendache v. Echidna nebst Beiträgen zur Morphologie des peripheren Geruchsorgans u. des Gaumens der Wirbelthiere. Von Otto Seydel. Mit 5 lith. Taf. u. 35 Abbildgn. im Text. (S. 403—532.) 899. n. 18. —
4. Dasselbe. 3. Bd. Monotremen u. Marsupialier. II. 4. Lfg. (20 Lfg.) Beiträge zur vergleichenden Anatomie d. Kehlkopfes u. seiner Umgebung m. besond. Berücksicht. der Monotremen. Von Ernst Göppert. — Zur Anatomie d. Gehörorgans der Monotremata. Von Alfr. Denker. — Hand- u. Fussskelett v. Echidna hystrix. Von C. Emery. — Das Centralnervensystem der Monotremen u. Marsupialier. Ein Beitrag z. vergleich. makroskop. u. mikroskop. Anatomie u. zur vergleich. Entwickelungsgeschichte des Wirbelthiergehirns. Von Th. Ziehen. — Der Schädelbau der Monotremen. Von J. F. van Bemmelen. Mit 16 lith. Taf. u. 88 Fig. im Text. (S. 533—798 m. 16 Bl. Erklärgn.) 901. n. 50. —

— dasselbe. VI. Bd. 2. Tl. gr. 4. Ebd. n.n. 102. —

1. Zoologische Forschungsreisen in Australien u. dem malayischen Archipel. Mit Unterstützg. des Hrn. Paul v. Ritter ausgeführt in den J. 1891—1893. Von Rich. Semon. (22. Lfg.) III. Bd. Monotremen u. Marsupialier. II. 2 Tl. 1. Lfg. Entwickelung u. Bau des inneren Gehörorganes v. Echidna aculeata. Ein Beitrag zur Morphologie des Wirbelthierohres. Von G. Alexander. — Die männlichen Geschlechtsorgane der Monotremen u. einiger Marsupialen. Von Rud. Disselhorst. — Zur Entwickelungsgeschichte des Urogenitalapparates v. Echidna aculeata var. typica. Von Frz. Keibel. — Zur Entwickelg. der Leber des Pankreas u. der Milz bei Echidna aculeata var. typica. Von Frz. Keibel. Mit 36 lith. Taf. u. 162 Abbildgn im Text (228 S. m. 36 Bl. Erklärgn.) 904. n.n. 80. —

2. Dasselbe. (25. Lfg.) III. Bd.: Monotremen u. Marsupialier. II. 2. Tl. 2. Lfg. Das Centralnervensystem der Monotremen u. Marsupialier. III. Tl. Zur Entwickelungsgeschichte des Centralnervensystems v. Echidna hystrix. Von Th. Ziehen. Mit 12 lith. Taf. u. 12 Abbildgn. im Text. (S. 229—296.) 905. n.n. 22. —

3. Dasselbe. (27. Lfg.) III. Bd.: Monotremen u. Marsupialier. II. 2. Tl. 3. Lfg. Schulman, Hj., vergleich. Untersuchungen üb. die Trigeminus-Musculatur der Monotremen, sowie die dabei in Betracht kommenden Nerven u. Knochen. — Voit, Max, Bau u. Entwickelg. der Cowperschen Drüsen bei Echidna. — Benda, C., die Spermiogenese der Monotremen. — Benda, C., die Spermiogenese d. Marsupialier. — Pinkus, Fel., über die Haarscheiben der Monotremen. Mit 18 lith. Taf. u. 29 Abbildgn. im Text. (S. 297—480 m. 11 Bl. Erklärgn.) 906. nn 55.

4. Dasselbe. (28. Lfg.) III. Bd.: Monotremen u. Marsupialier. II. 4. Lfg. Gaupp, E., über Entwickelung u. Bau der beiden ersten Wirbel u. der Kopfgelenke v. Echidna aculeata, nebst allgemeinen Bemerkgn. üb. die Kopfgelenke der Amnioten. — Gaupp, E., zur Entwickelungsgeschichte u. vergleich. Morphologie des Schädels v. Echidna aculeata var. typica. (S. 481—788 m. 79 Fig., 9 Taf. u. 9 Bl. Erklärgn.) 908. nn 40. —

5. Dasselbe. (32. Lfg.) III. Bd. Monotremen u. Marsupialier. II. 2. Thl. Ziehen, Th., das Centralnervensystem der Monotremen u. Marsupialier. Ein Beitrag z. vergleich. makroskop. u. mikroskop. Anatomie u. zur vergleich. Entwickelungsgeschichte des Wirbeltiergehirns. II. Tl.: Mikroskopische Anatomie. 2. Abschn. Der Faserverlauf im Gehirn v. Echidna u. Ornithorhynchus nebst vergleich. Angaben über den Faserverlauf des Gehirns v. Perameles u. Macropus. Mit 48 Fig. im Text. (V u. S. 789—921.) 908. nn 24. —

— dasselbe. 7. Bd. 1. Lfg. Imp.-4. Ebd. 897. n. 16. —

Zoolog. Forschungsreisen in Australien u. d. malayischen Archipel. M. Unterstützg. v. Paul v. Ritter ausgef. i. d. J. 1891—1893. Von Rich. Semon. (10. Lfg.) 4. Bd. Morphologie verschied. Wirbelthiere. 1. Lfg. W. Kükenthal, vergleich.-anatom. u. entwickelungsgeschichtliche Untersuchgn. an Sirenen. (75 S. m. 47 Abb., 5 Taf. u. 5 Bl. Erklärgn.)

— dasselbe. VII. Bd. 2. u. 3. Lfg. Imp.-4. Ebd. n. 32. —

2. Zoologische Forschungsreisen in Australien u. dem malayischen Archipel. Von Rich. Semon. Mit Unterstützg. v. Paul v. Ritter ausgeführt in den J. 1891—1893. (15. Lfg.) 4. Bd. Morphologie verschiedener Wirbelthiere. 2. Lfg. Ueber die Stellung der Milchdrüsen zu den übrigen Hautdrüsen. Von H. Eggeling. 1. Mittheilg.: Die ausgebildeten Mammardrüsen der Monotremen u. die Milchdrüsen der Edentaten, nebst Beobachtgn. üb. die Speicheldrüsen d. letzteren. — Ueber die Zunge d. Monotremen, einig. Marsupialier u. v. Manis javanica. Von Alb. Oppel. Mit 6 lith. Taf. (S. 77—172 u. 12 S. Erklärgn.) 899. n. 16. —

3. Dasselbe. (19. Lfg.) 4. Bd. Morphologie verschiedener Wirbelthiere. 3. Lfg. Ueber die Stellung der Milchdrüsen zu den übrigen Hautdrüsen. Von H. Eggeling. 2. Mittheilg.: Die Entwickelg. der Mammardrüsen, Entwickelg. u. Bau der übr. Hautdrüsen der Monotremen. — Beitrag zur Diaphragmafrage. Von Wolff v. Gössnitz. Mit 3 lith. Taf. u. 3 Fig. im Text. (S. 173—262 m. 4 Bl. Erklärgn.) 901. n. 16. —

Denkschriften der medicinisch-naturwissenschaftlichen Gesellschaft zu Jena. VII. Bd. 4. Lfg. gr. 4. Jena, G. Fischer. n.n. 15. —

Zoologische Forschungsreisen in Australien u. dem malayischen Archipel. Mit Unterstützg. des Hrn. Paul v. Ritter ausgeführt in den J. 1891—1893. Von Rich. Semon. (26. Lfg.) IV. Bd.: Morphologie verschiedener Wirbeltiere. 4. Lfg. Ueber den feineren Bau des Athmungsapparates der Monotremen, einiger Marsupialier u. v. Manis javanica. Von Alb. Oppel. — Ueber die Stellung der Milchdrüsen zu den übrigen Hautdrüsen. III. (letzte) Mittheilg.: Die Milchdrüsen u. Hautdrüsen der Marsupialier. Von H. Eggeling. (S. 263—332 m. 1 Abbildg., 4 Taf. u. 4 Bl. Erklärgn.) 905. n.n. 15. —

VII, 5. Dasselbe. (29. Lfg.) — IV. Morphologie verschiedener Wirbelthiere. 5. Lfg. Eggeling, H., über d. Stellg. der Milchdrüsen zu den übrigen Hautdrüsen. Nachtrag zur II. Mittheilg.: Neue Beobachtgn. üb. die Mammardrüsenentwickelg. bei Echidna. — Bender, Otto, die Schleimhautnerven des Facialis, Glossopharyngeus u. Vagus. Studien zur Morphologie des Mittelohres u. d. benachbarten Kopfregion d. Wirbelthiere. — Bresslau, Ernst, die Entwickelung des Mammarapparates der Monotremen, Marsupialier u. einiger Placentalier. Ein Beitrag zur Phylogenie d. Säugethiere. I. Entwickelg. u. Ursprung d. Mammarapparates v. Echidna. (S. 333—518 m. 86 Fig., 12 Taf. u. 11 Bl. Erklärgn.) 907. nn 50. —

VII, 6 Zoolog. Forschgsreis. in Australien u. d. malayischen Archipel. Mit Unterstützg. d. Hrn. Paul v. Ritter ausgeführt in den J. 1891—1893. Von Rich. Semon. (30. Lfg.) — IV. Morphologie verschied. Wirbeltiere. 6. Lfg. — Lubosch, Wilh., das Kiefergelenk d. Edentaten u. Marsupialier. Nebst Mitteilgn. üb. die Kaumuskulatur dieser Tiere. — Freund, Ludw., Beiträge zur Entwickelungsgeschichte des Schädels v. Halicore dugong Erxl. Mit 5 Taf. u. 62 Fig. im Text. (S. 521—628 m. 5 Bl. Erklärgn.) 908. nn 18. —

— dasselbe. 8. Bd. 1. Hft. Imp.-4. Ebd. 894. n. 20. — (I—IV, 1 I u. VIII, 1.: n.n. 295. —)

Zoologische Forschungsreisen in Australien u. dem malayischen Archipel. Mit Unterstützg. d. Hrn. Paul v. Ritter ausgeführt in den J. 1891—1893 v. Rich. Semon. 5. Bd.: System u. Thiergeographie. 1. Lfg.: A. Ortmann, Crustaceen. E. v. Martens, Mollusken. W. Michaelis, Lumbriciden. C. Ph. Sluiter, Holothurien. O. Boettger, Lurche (Batrachia). O. Boettger, Schlangen. J. Th. Oudermans, Eidechsen u. Schildkröten. A. Reichenow, Liste der Vögel. F. Römer, Monotremata u. Marsupialia. Mit 5 lith. Taf. u. 6 Abbildgn. im Text. (160 S. m. 5 Bl. Erklärgn.)

Denkschriften der medicinisch-naturwissenschaftlichen Gesellschaft zu Jena 8. Bd. 2.—4. Lfg. Imp.-4. Jena, G. Fischer. n. 76. —

2. Zoolog. Forschungsreisen in Australien u. d. malayischen Archipel. Mit Unterstützg von Paul v. Ritter ausgef. in d. J. 1891—1893. Von Rich. Semon. (4. Lfg.) 5. Bd.: Systematik, Thiergeographie, Anatomie wirbelloser Thiere. 2. Lfg.: C. P. Sluiter, Tunicaten. B. Haller, Beiträge z. Kenntniss d. Morphologie v. Nautilus pompilius. Arnold Pagenstecher, Lepidoptera Heterocera. Max Fürbringer, Lepidoptera Rhopalocera. Max Weber, Fische v. Ambon, Java, Thursda, Island, d. Burnett-Fluss u. v. d. Südküste v. Neu-Guinea. (S. 161—276 m. 5 Abb. u. Atlas v. 8 lith. Taf.) 895. n. 20. —

3. Dasselbe. (8. Lfg.) 5. Bd: Systematik, Thiergeographie, Anatomie wirbelloser Thiere. 3. Lfg. L. Döderlein, Bericht üb. d. v. Semon b. Amboina u. Thursday Island ges. Ophiuroidea. L. Döderlein, Bericht über d. von Semon bei Amboina u. Thursday Island ges. Asteroidea. C. Ph. Sluiter, Nachtrag z. d. Tunicaten. Marianne Plehn, Polycladen v. Ambon. W. Fischer, Gephyreen. E. Simon, Liste d. Arachniden d. Semon'schen Sammlg. in Australien u. dem malayischen Archipel. J. C. H. de Meijere, d. Dipteren d. Semon'schen Sammlg. (S. 277—356 m. 4 Abb., 10 lith. Taf. u. 10 Bl. Erklärgn.) 896. n. 20. —

4. Dasselbe. 5. Bd.: Systematik, Thiergeographie, Anatomie wirbelloser Thiere. 4. Lfg. F. Zschokke, d. Cestoden d. Marsupialia u. Monotremata. L. L. Breitfuss, Amphoriscus semoni, ein neuer heterocöler Kalkschwamm. Casim. R. Kwietniewski, Actiniaria v. Ambon u. Thursday Island. Eug. Burchardt, Alcyonaceen v. Thursday Island (Torres-Strasse) u. v. Amboina. L. S. Schultze, Rhizostomen v. Ambon. L. Döderlein, Bericht üb. d. v. Semon b. Amboina u. Thursday Island ges. Crinoidea. L. Döderlein, üb. einige epizoisch lebende Ophiuroidea. L. Döderlein, über „Krystallkörper" bei Seesternen u. üb. d. Wachsthumserscheingn. u. Verwandtschaftsbeziehgn. v. Goniodiscus sebae. Carl Graf Attems, Myriopoden. M. 18 lith. Taf. u. 4 Abb. im Text. (S. 357—516 u. 18 Bl. Erklärgn.) 898. n. 36. —

— dasselbe. VIII. Bd. 5. Lfg. Imp.-4. Ebd. n. 22.40

Zoologische Forschungsreisen in Australien u. dem malayischen Archipel. Von Rich. Semon. Mit Unterstützg. v. Paul v. Ritter ausgeführt in den J. 1891—1893. (17. Lfg.) 5. Bd.: Systematik, Thiergeographie, Anatomie wirbelloser Thiere. 5. Lfg. Süddwasser-Schwämme. Von W. Weltner. — Die Hornschwämme v. Thursday Island u. Amboina. Von Ernst Schulz. — Kieselschwämme v. Amboina. Von Osw. Kieschnick. — Hydroiden v. Amboina u. Thursday Island. Von W. Weltner. — Neue Nemertinen aus Amboina. Von Joh. Staub. — Systematische Aufzählg. der Coleopteren. Von K. M. Heller. — Hemiptera. Von G. Horváth. Mit 10 lith. Taf. (S. 517—642 m. 10 Bl. Erklärgn.) 900.

— dasselbe. VIII. Bd. 6. Lfg. gr. 4. Ebd. n. 30. — Zoologische Forschungsreisen in Australien u. dem malayischen Archipel. Mit Unterstützg. des Hrn. Paul v. Ritter ausgeführt in den J. 1891—1893. Von Rich. Semon. (21. Lfg.) 5. Bd.: Systematik, Tiergeographie, Anatomie wirbelloser Tiere. 6. Lfg. Gorgonacea v. Amboina u. Thursday Island. Von Ernst Hentschel. — Alcyonaceen v. Thursday Island (Torres-Strasse) u. v. Amboina. II. Von Eug. Burchardt. — Bericht üb. die v. Hrn. Professor Semon bei Amboina u. Thursday Island gesammelten Echinoidea. Von L. Döderlein. — Liste der von Hrn. Prof. Semon bei Amboina u. Thursday Island gesammelten Bryozoen. Von Max Meissner. — Proneomenia amboinensis n. sp. Von Johs. Thiele. — Verzeichnis der v. Professor R. Semon bei Amboina u. Thursday Island gesammelten Polychäten. Von Ant. Collin. — Orthopteren aus Australien u. dem malayischen Archipel, gesammelt v. Professor Dr. Richard Semon. Von Herm. Aug. Krauss. — Die Chiropteren, Insectivoren u. Muriden der Semon'schen Forschungsreise. Von Paul Matschie. (VI u. S. 643—778 m. 16 lith. Taf. u. 16 Bl. Erklärgn.) 903. n. 30.—

— dasselbe. IX. Bd. 1. Lfg. Imp.-4. Ebd. Kart. n. 80. — Arbeiten, neurologische. Hrsg. v. Osk. Vogt. 1. Serie: Beiträge zur Hirnfaserlehre. 1. Bd. Zur Erforschg. der Hirnfaserg. — II. Die Markreifg. des Kindergehirns während der ersten 4 Lebens-Monate u. ihre methodolog. Bedeutg. Mit e. Atlas v. 175 Lichtdr.-Taf. u. 25 Fig. im Text. 1. Lfg. Zur Erforschg. der Hirnfaserg. Von Cécile Vogt u. Osk. Vogt. Mit 60 Lichtdr.-Taf. u. 25 Fig. im Text. 2 Tle. (Text u. Atlas.) (145 S.) 902.

— dasselbe. IX. Bd. 2. Lfg. gr. 4. Ebd. n.n. 10. — Arbeiten, neurobiologische. Hrsg. v. Osk. Vogt. 1. Serie: Beiträge zur Hirnfaserlehre. I. Bd. I. Zur Erforschung der Hirnfaserg. — II. Die Markreifg. des Kindergehirns während der ersten 4 Lebensmonate u. ihre methodolog. Bedeutg. Mit e. Atlas v. 175 Lichtdr.-Taf. u. 25 Fig. im Text. 2. Lfg. Die Markreifung des Kindergehirns während der ersten 4 Lebensmonate u. ihre methodologische Bedeutg. Von Cécile Vogt u. Osk. Vogt. 1. Mitteilg. (S. 147—264.) 904. n.n. 10.— Atlas hierzu s. XII. Bd.

— dasselbe. X. Bd. 1. u. 2. Lfg. gr. 4. Ebd. n.n. 40. —
1. Arbeiten, neurobiologische. Hrsg. v. Osk Vogt. 2. Serie: Weitere Beiträge zur Hirnanatomie. 1. Bd. 1. Lfg. Zur Kenntnis des Zentralnervensystems v. Torpedo. 1. Mitteilg. Von Max Borchert. Mit 10 Lichtdr.-Taf. (59 S.) 903. n. 16.—
2. Dasselbe. 2. Serie: Weitere Beiträge zur Hirnanatomie. I. Bd. 2. Lfg. Untersuchungen üb. die Leitungsbahnen des Truncus Cerebri u. ihren Zusammenhang m. denen der Medulla spinalis u. des Cortex Cerebri. Von M. Lewandowsky. Mit 13 Lichtdr.-Taf. (90 S.) 904. n.n. 24.—

— dasselbe. XI. Bd. gr. 4. Ebd. Kart. n.n. 80. — Festschrift zum 70. Geburtstage v. Ernst Haeckel, hrsg. v. seinen Schülern u. Freunden. Mit 16 Taf. u. 109 Abbildgn. im Text. (VII, 604 S. m. 16 Bl. Erklärgn.) 904.
Hieraus einzeln:
Biedermann, W., die Schillerfarben bei Insekten u. Vögeln. (S. 215—300 m. 16 Abbildgn.) n. 8.—
Braus, Herm., Tatsächliches aus der Entwickelung des Extremitätenskelettes bei den niedersten Formen. Zugleich e. Beitrag zur Entwickelungsgeschichte des Skelettes der Pinnae u. der Visceralbögen. (S. 377—436 m. 18 Abbildgn., 2 Taf. u. 2 Bl. Erklärgn.) n. 10.—
Eggeling, H., zur Morphologie des Manubrium sterni. (S. 59—114 m. 43 Abbildgn., 1 Taf. u. 1 Bl. Erklärgn.) n. 6.—
Göppert, E., der Kehlkopf v. Protopterus annectens (Owen). Anatomische Untersuchung. (S. 115—132 m. 5 Abbildgn., 1 Taf. u. 1 Bl. Erklärgn.) n. 4.—
Hertwig, Osc., über e. Methode, Froscheier am Beginn ihrer Entwickelung im Raume so zu orientieren, dass sich die Richtung ihrer Teilebenen u. ihr Kopf- u. Schwanzende bestimmen lässt. (S. 17—30 mit 1 Abbildg., 1 Taf. u. 1 Bl. Erklärgn.) n. 4.—
Hertwig, Rich., über physiologische Degeneration bei Actinosphaerium Eichhorni. Nebst Bemerkgn. zur Aetiologie der Geschwülste. (S. 301—354 m. 4 Taf. u. 4 Bl. Erklärgn.) n. 10.—
Kükenthal, W., üb. einige Korallentiere d. Roten Meeres. (S. 31—58 m. Abbildgn., 2 Taf. u. 2 Bl. Erklärgn.) n. 6.—
Lang, Arnold, über Vorversuche zu Untersuchungen üb. die Varietätenbildung v. Helix hortensis Müller u. Helix nemoralis L. (S. 437—506.) n. 6.—
Maurer, F., das Integument e. Embryo v. Ursus Arctos. Ein Beitrag zur Frage der Haare u. Hautdrüsen bei Säugetieren. (S. 507—538 m. 4 Abbildgn., 1 Taf. u. 1 Bl. Erklärgn.) n. 5.—
Stahl, Ernst, die Schutzmittel der Flechten gegen Tierfrass. (S. 355—376.) n. 2.50
Strasburger, Eduard, Anlage des Embryosackes u. Prothalliumbildung bei der Eibe nebst anschliessenden Erörterungen. (S. 1—16 m. 2 Taf. u. 2 Bl. Erklärgn.) n. 4.—

Verworn, Max, die Lokalisation der Atmung in der Zelle. (S. 561—589.) n. 2.—
Walther, Johs., die Fauna der Solnhofener Plattenkalke. Bionomisch betrachtet. (S. 133—214 m. 21 Abbildgn., 1 Taf. u. 1 Bl. Erklärgn.) n. 7.—
Ziegler, Heinr. Ernst, die ersten Entwickelungsvorgänge des Echinodermeneies, insbesondere die Vorgänge am Zellkörper. (S. 539—560 m. 4 Abbildgn., 1 Taf. u. 1 Bl. Erklärgn.) n. 4.—

**Denkschriften der medicinisch-naturwissenschaftlichen Gesellschaft zu Jena. XII. Bd. gr. 4. Jena, G. Fischer. Kart. n.n. 120. —** Arbeiten, neurobiologische. Hrsg. v. Osk. Vogt. 1. Serie: Beiträge zur Hirnfaserlehre. 2. Bd. Die Markreifung des Kindergehirns während der ersten 4 Lebensmonate u. ihre methodolog. Bedeutg. Von Cécile Vogt u. Osk. Vogt. 1. Fortsetzg. Atlas. 1. Tl. (124 Lichtdr.-Taf.) 904.
Text hierzu s. IX. Bd.

XIII, 1. Zoolog. u. anthropolog. Ergebnisse e. Forschungsreise im westlichen u. zentralen Südafrika, ausgeführt in den J. 1903—1905 m. Unterstützg. der kgl. preuss. Akademie der Wissenschaften zu Berlin. Von Leonh. Schultze. 1. Bd.: Systematik u. Tiergeographie. 1. Lfg. Mit 10 Taf. u. 40 Abb. im Text. (VIII, 201 S. m. 10 Bl. Erklärgn. u. 1 farb. Karte.) 908. nn 35. —

XIII, 2. Dasselbe. 2. Lfg. Mit 16 Taf., 42 Abbildgn. u. 4 Karten im Text (VIII u. S. 203—504 m. 13 Bl. Erklärgn.) 908. nn 50. —

XIV, 1. Dasselbe. II. Bd.: Systematik u. Tiergeographie. 1. Lfg. Attems, C. Graf, Myriopoden. — Budde-Lund, G., Krustacea (1. Mitteilg.): Land-Isopoden. — André, Ernest, Insecta (3. Serie): Mutillidae. — Enderlein, Günther, Anopluren (Siphunculaten) u. Mallophagen. (81 S. m. 13 Fig., 8 Taf. u. 8 Bl. Erklärgn.) 909. nn 20. —

XIV, 2. Dasselbe. 2. Lfg. Friese, H., die Bienen Afrikas nach dem Stande uns. heutigen Kenntnisse. (V u. S. 83—475 m. 1 Fig., 19 eingedr. Karten, 2 farb. Taf. u. 2 Bl. Erklärgn.) 909. nn 38. —

XV, 1. Dasselbe. III. Bd.: Anatomische Untersuchgn. am Menschen u. höh. Tieren. 1. Lfg. Mit 24 Taf. (372 S.) 909. 40.

XV, 2. Dasselbe. 2. Lfg. Mit 5 Taf. u. 61 Textfig. (V u. S. 373—510 m. 5 Bl. Erklärgn.) 909. nn 25. —

XVI, 1. Dasselbe. IV. Bd. Systematik u. Tiergeographie. 1. Lfg. Forel, A., Formicidae. — Schmiedeknecht, O., Liste der Ichneumonidea u. Braconidea. — Mocsary, S., Chrysididae. — Karny, H., Orthoptera (s. str.). — Grünberg, K., Lepidoptera. — Trybom, Filip, Physapoda. — Simon, E., Arachnoidea: Aranae (II). — Hodgson, T. V., Pantopoda. — Broch, Hjalmar, Anthozoa (Nachtr.): Pennatulid. — Britten, M., Echinodermata. a) Holothurioidea. — Döderlein, L., Asteroidea, Ophiuroidea, Echinoidea. — Hoyle, Wm. C., Mollusca: a) Cephalopoda. — Thiele, Joh., Polyplacophora, Gastropoda marina, Bivalvia. (270 S. m. 22 Fig., 8 Taf. u. 7 Bl. Erklärgn.) 910. nn 35. —

XVI, 2. Dasselbe. 2. Lfg. Pappenheim, P., Vertebrata, A) Pisces aquae dulcis. — Werner, Frz., Reptilia et Amphibia. (S. 271—370 m. 15 Fig. u. 6 Taf.) 910. nn 20. —

XVI, 3. Dasselbe. 3. Lfg. Janicki, C., die Cestoden aus Procavia. — Dönitz, W., die Zecken Südafrikas. — Hungerbühler, Max, Studien an Gyrocotyle u. Cestoden. (S. 371—522 m. 9 Taf. u. 9 Bl. Erklärgn.) 910. nn 30. —

Kiew, Naturforschende Gesellschaft, Denkschriften. Band IX—XI. Kijef 1888—90.

Kiew, Naturforschende Gesellschaft. Denkschriften. Band 12—15. Kijef 1892—98.

—— der russischen geographischen Gesellschaft zu St. Petersburg. 1. Bd. (Den 1. und 2. Bd. der russ. Ausg. ders. enth.) gr. 8. (VI und 652 S. mit 4 lith. Karten in 4. und Fol.) Weimar 849, Landes-Industrie-Comptoir.

— d. schwäbischen Gesellschaft. 1r Bd. gr. 8. Tübing. 804. v. Cotta. 3 ℛ︎

DENKSCHRIFTEN DER VATERLÄNDISCHEN GESELLSCHAFT DER AERZTE UND NATURFORSCHER SCHWABENS.
Bd. 1. Mit 3 (sic! pro 5) Kupfern. Tübingen 1805. J. G. Cotta'sche Buchhandlung. 8°

**Denkschriften** der Gesellschaft f. Wissenschaft u. Kunst in Giessen. 1. Bd. 1. Hft. gr. 8. (IV u. 172 S.) Giessen 847, Ricker. n. 5/6 ℛ︎

**Denschriften** über die geheimen Gesellschaften im mittäglichen Italien und insbesondere über die Carbonari. Stuttgart und Tübingen 1822. V: *Bartholdy, Jacob L. Salomo.* (Meyer, Conv.-Lex. 6. Aufl. III, 757.)

— d., üb. d. geheimen Gesellschaften im mittägl. Italien, u. insbesondere der Carbonari. Mit 12 Steindr. u. 1 Holzschn. gr. 8. Stuttgart 822. v. Cotta.

— dass., eine andere Uebersetzung, s. Denkwürdigkeiten.

Denkschriften, die, des österreich. Handelsministers über die österreichisch-deutsche Zoll- und Handelseinigung, beleuchtet mit Rücksicht auf die Neugestaltung des deutschen Bundes. 8. (IX und 322 S.) Wien 850, Gerold, Verlag. Thlr.

—— die, des k. k. österreich. Handels-Ministeriums vom 30. Decbr. 1849 und 30. Mai 1850 und die Depesche des k. k. österreich. Ministers des Aeußern vom 21. Juli 1850 in Betreff der österreichisch-deutschen Zoll- und Handelseinigung. gr. 8. (IV und 60 S.) Leipzig 850, [Costenoble.] *

DENKSCHRIFTEN DER NATURWISSENSCHAFTLICHEN GESELLSCHAFT ISIS ZU DRESDEN. Festgabe zur Feier ihres fünfundzwanzigjährigen Bestehens redigirt von A. DRECHSLER. Dresden 1860. Rudolf Kuntze. 8o.

— des germanischen Nationalmuseums 1. Bd. 1. Abth. A. u. d. T.: Das germanische Nationalmuseum. Organismus u. Sammlungen. 1. Abth.: Organismus und literarische Sammlungen. Mit Holzschn. (im Text). Nürnberg 856. Literar.-artist. Anstalt d. german. Museums. Lex.-8. (XIV, 484 S. u. 2 lith. Taf.) n. 2 ℛ 20 ℊ

—— des germanischen Nationalmuseums. 1. Bd. 1. Abthl. A. u. d. T.: Das germanische Nationalmuseum. Organismus und Sammlungen. 1. Abthl.: Organismus und literar. Sammlungen. Mit (eingedr.) Holzschn. gr. Lex.-8. (XIV und 484 S. mit 2 Stnt. in Lex.-8. und qu. Fol.) Nürnberg 856. (Leipzig, Fr. Fleischer.) *

—— dass. — 1. Bd. 2. Abthl. A. u. d. T.: Das germanische Nationalmuseum. Organismus und Sammlungen. 2. Abthl.: Kunst- und Alterthums-Sammlungen. gr. Lex.-8. (XV und 381 S.) Nürnberg, 856. (Ebds.) *

— neue, der allgem. schweizer. Gesellschaft für d. gesammten Naturwissenschaften. A. u. d. T.: Nouveaux Memoires de la société helvétique des sciences naturelles. gr. 4. Solothurn 737—40. Jent u. Gaßman. 1r Bd. mit 10 Taf. 3½ ℛ 2r Bd. mit 9 Taf. 3½ ℛ 3r Bd. mit 27 Taf. 7 ℛ (1—3. 14 ℛ)
Vgl. **Fauna** helvetica.
Vorh.unt.d.T.: Denkschriften d.allgem. Schweizer.Ges.f.d.ges.Naturwiss.

— neue, der Allg. Schweizerischen Gesellschaft für die gesammten Naturwissenschaften. — Nouveau Mémoires de la Société Helvétique des sciences naturelles. Bd. IV. mit XXII Taf. Bd. V. mit XIX Taf. Bd. VI. mit XX Taf. Bd. VII. mit XXI. Taf. gr. 4. Neuchatel 840—45. (Solothurn, Jent u. Gaßmann.) IV. n. 7 ℛ V. n. 7 ℛ VI. n. 7 ℛ VII. n. 4⅔ ℛ

— neue, der allgem. Schweizerischen Gesellschaft für die gesammten Naturwissenschaften. — Nouveaux mémoires de la société Helvétique des sciences naturelles. — Bd. VIII u. IX. Mit 17 u. 13 (lith.) Taf. gr. 4. (392 u. 396 S.) Neuenburg 847. (Solothurn, Jent & Gassmann.) à n. 6 ℛ

—— neue, der allgemeinen schweizerischen Gesellschaft für die gesammten Naturwissenschaften. — Nouveaux mémoires de la société helvétique des sciences naturelles. Bd. 21. gr. 4. (III und 500 S. mit 11 Stnt., wovon 2 in Tondr., 1 in Buntdr. und 4 ill., in gr. 4. und gr. Fol. und 3 Tab. in gr. Fol.) Zürich 865. Basel, Georg. **

—— dass. — Bd. 22. gr. 4. (III und 589 S. mit 20 Stnt., wovon 2 in Bunt-, 4 in Tondr. und 1 ill., in gr. 4. und Fol. und eingedr. Holzschn.) Ebendas. 868. **

—— neue, der allgemeinen schweizerischen Gesellschaft für die gesammten Naturwissenschaften. — Nouveaux mémoires de la société helvétique des sciences naturelles. 23.—26. Bd. gr. 4. Basel, (Georg.) [23. Bd. (III, 666 S. mit 26 lithogr. Taf., wovon 2 in Bunt- und 11 in Tondr. in gr. 4., Fol. und Imp.-Fol.) 869.; 24. Bd. (VI, 337 S. mit 11 lithogr. Taf. in gr. 4. und gr. Fol.) 871.; 25. Bd. (IV, 185 S. mit 23 lithogr. Taf. in qu. 4. und gr. Fol.) 873.; 26. Bd. (XIX, 452 S. mit 2 lithogr. Taf.) 874.] à Bd. ** ℳ 12,80. **

**Denkschriften**, neue, der allgemeinen schweizer. Gesellschaft für die gesammten Naturwissenschaften. — Nouveaux mémoires de la Société helvétique des sciences naturelles. — Band XXIV oder dritte Dekade. Bd. 4. 217—372, 16, 16, 9, 142 Stn. mit 11 Tafeln. 4. Basel & Genf, H. Georg. 1871 16. —

Inhalt: Stierlen u. v. Gautard, die Käferfauna der Schweiz. II. Theil. — Heer, Beiträge zur Kreideflora. — Bernoulli, Uebersicht der bis jetzt bekannten Arten von Theobrama. — Schneider, Dysopes Cestonii in Basel. — Pfeffer, bryogeographische Studien aus den rhätischen Alpen.
— Preis von Bd. I—XXIV (1837—71) Fr. 314. —

—— neue, der allgemeinen schweizer. Gesellschaft für die gesammten Naturwissenschaften. — Nouveaux mémoires de la société helvétique des sciences naturelles. 27. Bd. oder 3. Dekade. 7. Bd. 2 Abthlgn. gr. 4. Zürich. (Basel, Georg.) [1. Abthl. (4, VIII, 117, 11 S. mit 3 lithogr. Taf.) 876; 2. Abthl. (VI, 321 S. mit 6 lithogr. Taf.) 877.] à Abthl. ** ℳ 6,40. **
1.—27. Bd. Ebendas. 1837—77. ** ℳ 288.

—— neue, der allgemeinen schweizerischen Gesellschaft für die gesammten Naturwissenschaften. — Nouveaux mémoires de la Société helvétique des sciences naturelles. 28. Bd. 3 Abthlgn. gr. 8. Zürich. (Basel, Georg.) [1. Abthl. (80 S. mit 11 Stnt.) 881. ** ℳ 6,80.; 2. Abthl. (132 S. mit 3 Stnt.) 882. ** ℳ 6,40.; 3. Abthl. (137 S. mit 2 Stnt.) 883. ** ℳ 6,80.] **

—— dass. — 29. Bd. 1. Abthl. gr. 4. (178 S. mit Tab. und 9 lithogr., zum Theil farb. Taf.) (Ebendas.) 884. **

Denkschriften, neue, der allgemeinen schweizerischen Gesellschaft für die gesammten Naturwissenschaften. — Nouveaux mémoires de la société helvétique des sciences naturelles. 29. Bd. 2. (Schluss-)Abthl. gr. 4. (VIII, 234, 63 S.) Zürich 885. (Basel, Georg.) **

**Denkschriften**, neue, der allgemeinen schweizer. Gesellschaft für die gesammten Naturwissenschaften. Nouveaux mémoires de la Société helvétique des sciences naturelles. Bd. XXX. 1. Abtheilung. In-4⁰, 230 S., 4 Taf., 50 S., 5 Taf. Commissionsverlag von H. Georg in Basel, Genf und Lyon. 1888 12 50

**Denkschriften**, Neue, der Allg. schweizer. Gesellschaft für die gesammten Naturwissenschaften. — Nouveaux mémoires de la Société helvétique des sciences naturelles. Band XXX, Abth. 2. In-4⁰. IV, 256 S. Basel, Genf, Lyon, Comm.-Verlag von H. Georg. 1890 12 50

Inhalt: *Franzoni, A.* Le piante fanerogame della Svizzera insubrica, enumerate secondo il metodo decandolliano. Opera postuma ordinata e annotata dal Dre *A. Lenticchia,* con note ed aggiunte di *L. Favrat.*

**Neue Denkschriften** der Allgem. schweizer. Gesellschaft für die gesammten Naturwissenschaften. — Nouveaux mémoires de la Société helvétique des sciences naturelles. Band XXXI. In-4°. XLIV, 448 S. Basel, Genf, Lyon, Comm.-Verlag von H. Georg, 1890. 25 —
Inhalt: Faune des coléoptères du Valais et des régions limitrophes, par *E. Favre*, avec introduction par *E. Bugnion*.

— dasselbe. 32. Bd. 1. Abth. gr. 4. (III, 103 u. 48 S. m. 10 Taf. u. mehreren Holzschn.) Ebd. 890. n.n. 10. —
Der 31. Bd. erscheint später.
Inhalt: Untersuchungen zur vergleich. Entwicklungsgesch. u. Systematik der Phalloideen, von *Ed. Fischer*. Mit 6 theilw. color. Taf. u. mehr. Holzschn. Ueber die verticillirten Siphoneen, besonders Neomeris und Bornetella, von *C. Cramer*. Mit 4 Taf.

— dasselbe. 32. Bd. 2. (Schluss-)Abth. gr. 4. (V, VII, 82 u. Tab. 78 S. m. 2 Taf.) Ebd. 891. n.n. 10. —
(32. Bd. kplt.: n.n. 20. —)

— dasselbe. 33. Bd. 1. Abth. gr. 4. (44, 62 u. III, 51 S. m. 6 Holzschn. u. 9 Taf.) Ebd. 893. n.n. 10. —

**Denkschriften,** Neue, der Allgem. Schweizer. Gesellschaft f. d. gesammten Naturwissenschaften. Bd. XXXIII. Abth. II. In-4°. (Basel u. Genf, Georg & Co.). 1398 12 50
*** *Baltzer, A.* Studien am Unter-Grindelwaldgletscher über Glacialerosion, Längen- und Dickenveränderung in den Jahren 1892 bis 1897. 20 S. mit 10 Lichtdrucktafeln.

**Denkschriften,** neue, der Allgem. Schweiz. Gesellschaft für die gesammten Naturwissenschaften. — Nouveaux mémoires de la Société helvétique des sciences naturelles. Band XXXIV. LVI, 472 S. In-4°. Basel, Genf, Lyon, Georg & Co. 1895 25 —
*** Inhalt: Catalogue de la flore valaisanne, par *H. Jaccard.*

— dasselbe. 35. Bd. 4. Dekade. 5. Bd. gr 4. Ebd. 896. n.n. 20. —
D. Schweizersbild, e. Niederlassg. aus palaeolithischer u. neolithischer Zeit. Von Jak. Nüesch. (III, V, 341 S. m. 8 Fig., 25 Taf. u. 1 Karte.)

— neue, der allgemeinen schweizerischen Gesellschaft f. die gesammten Naturwissenschaften. Nouveaux mémoires de la société helvétique des sciences naturelles. 35. Bd. gr. 4. Zürich. (Basel, Georg & Co.) n.n. 20.—
Das Schweizersbild, e. Niederlassung aus palaeolithischer u. neolithischer Zeit. Von Jak. Nüesch. Mit Beiträgen v. C. A. Bächtold, J. Früh, Vict. Fatio u. a. Mit 1 Karte, 30 Taf. u. 35 Fig. im Text. 2., verb. u. verm. Aufl. (VII, 368 S.) 902.

**Denkschriften,** neue, der allgem. schweizer. Gesellschaft für die gesamten Naturwissenschaften. — Nouveaux mémoires de la société helvétique des sciences naturelles. XXXVI. Bd. 1. Abtlg. 4°. 86 u. 159. S. m. 9 Tafeln u. Holzsch. i. Text. (Basel. Genf. Lyon. Georg & Co.). 1899 12 50
Inhalt: *Standfuss, M.* Experimentelle zoologische Studien mit Lepidopteren. 86 S. m. 5 Taf. — *Christ, H.* Monographie des Genus Elaphoglossum. 159 S. m. 4 Taf. u. Holzschn. i. Text.

**Denkschriften,** Neue, der Allg. schweiz. Gesellschaft f. die gesammten Naturwissenschaften. — Nouveaux Mémoires de la Société helvétique des sciences naturelles. — Band XXXVI. Abthlg. 2. In 4°. IV, 84 und 76 S. mit 12 Taf. (Basel-Genf-Lyon, Georg & Co.) 1900 12 50
*** *Fischer, Ed.* Dr. Untersuchungen z. vergleichenden Entwickelungsgeschichte und Systematik der Phalloideen. III. Serie mit 1 Anhang: Verwandtschaftsverhältnisse der Gastromyceten. IV, 84 S. m. 6 Tafeln u. 4 Textabbildgn. — *Hugi, E.* Dr. Die Klippenregion v. Giswyl. 76 S. m. 6 Taf.

**Denkschriften,** Neue, der allgemeinen schweizerischen Gesellschaft für die gesammten Naturwissenschaften. — Nouveaux Mémoires de la Société helvétique des sciences naturelles. Bd. XXXVII. In-4°. VI, 400 S. m. 8 Tafeln u. 4 Karten. Basel und Genf, Georg & Co. 1900 25 —
*** *Zschokke, F. Dr.* Die Tierwelt d. Hochgebirgsseen.

Denkschriften. Neue Denkschriften der allgemeinen schweizerischen Gesellschaft für die gesammten Naturwissenschaften. — Nouveaux Mémoires de la Société helvétique des sciences naturelles. Band (— Volume) 38. — *A. u. d. T.:* Neue Denkschriften — naturelles. IV. Dekade. Band 8. (Mit 18 Tafeln.) VI + IV + 239 + 99 + 52 S. 4. Zürich, auf Kosten der Gesellschaft und mit Subvention des Bundes, Druck von Zürcher & Furrer; Basel, Genève und Lyon, Comm. H. Georg — Georg & Co., 1901. [fr. 25.—]
*Inhalt:* [Teil 1:] Schläfli, L(udwig). Theorie der vielfachen Kontinuität... IV + 239 S. Zürich, Zürcher & Furrer, (1901). — *Auch sep.,*
[Teil 2] s. Wild, H[einrich].

neue, der allgemeinen schweizerischen Gesellschaft f. die gesammten Naturwissenschaften. — Nouveaux mémoires de la société helvétique des sciences naturelles. 39. Bd. 2 Hälften. (V, 126 S. m. 14 Fig. u. 6 Taf. u. IV, III, 128 S. m. 6 Abbildgn. u. 34 Taf.) gr. 4. Zürich 903. 904. (Basel, Georg & Co.) nn. 22. —

Denkschriften. Neue D' der allgemeinen schweizerischen Gesellschaft für die gesammten Naturwissenschaften = Nouveaux Mémoires de la Société helvétique des sciences naturelles. Band 40. — *A. u. d. T.:* Neue Denkschriften.... IV. Dekade. Band 10. [Mit Illustrationen und 14 Tafeln, teilweise mit Tafel-Erklärungen.] (4 Abh[andlungen].) VI + II + 728 S. 4. Zürich, auf Kosten der Gesellschaft und mit Subvention des Bundes, Druck von Zürcher & Furrer; Basel, Genève und Lyon, Comm. Georg & Co., (1905—), 1906.
*Die 4 Abhandlungen a. u. besondern Titeln:* (Abh. 1.) 1905 [fr 2.50] s. Studer, Th[eophil]; — (Abh. 2.) 1905. [fr. 6.50] s. Gerber, Eduard]; — (Abh 3.) 1906. (fr. 9.—) s Schönemann, A[dolf]; — (Abh 4) 1906 (fr. 35. —) s Zahn, Carl Hermann.

**Denkschriften,** neue, d. schweiz. naturforschenden Gesellschaft (vormals allgemeine schweizerische Gesellschaft f. die gesamten Naturwissenschaften). — Nouveaux mémoires de la société helvétique des sciences naturelles. 41.—45. Bd. Lex. 8. Zürich. (Basel, Georg & Co.) nn 100. —
41. (III, 525 S. m. Abb. u. 3 Taf.) 907. nn 28
42. (III, IV, 242 S. m. Abb., 6 Taf u. 6 Bl. Erklärgn.) 908. nn 12.
43. (VI, 214 S. m. 14 Abbildgn., 32 Taf. u. 32 Bl. Erklärgn.) 907. nn 20. —
44. 2 Tle. (XL, 455 S. m. 51 Abbildgn., 9 Taf., 21 Karten u. 10 Bl. Erklärgn.) 909. nn 24. —
45. (III, VIII, 292 S. m. 89 Abbildgn., 4 Taf., 1 Karte u. 87 eingedr. Tab.) 910. nn 16. —

Denkschriften. Neue D' der Schweizerischen Naturforschenden Gesellschaft ⟨vormals allgemeine Schweizerische Ges' für die gesamten Naturwissenschaften⟩ = Nouveaux Mémoires de la Société helvétique des sciences naturelles. Band 41. [Mit Illustrationen und 3 Tafeln.] (2 [Teile].) IV + VI + 525 S 4. Zürich, auf Kosten der Gesellschaft und mit Subvention des Bundes, Druck von Zürcher & Furrer; Basel, Genève und Lyon, Comm. Georg & Co., 1907. [fr. 35 —]
*Die 2 Teile a. u. besondern Titeln:* ([Teil] 1.) 1906 s. Thellung, A[lbert]; — ([Teil] 2.) 1907 s. Frey, Oscar.

**Denkschriften.** Neue D' der Schweizerischen Naturforschenden Gesellschaft ⟨vormals allgemeine Schweizerische Ges' für die gesamten Naturwissenschaften⟩ = Nouveaux Mémoires de la Société helvétique des sciences naturelles. Band 42—44. 4. Zürich, auf Kosten der Gesellschaft und mit Subvention des Bundes, Druck von Zürcher & Furrer; Basel, Genf (*Bd. 43:* Genève) und Lyon, Comm. Georg & Co., 1907—1909.

Band 42. [Mit Figuren und 6 Tafeln, nebst Tafel-Erklärungen.] (2 Abh[andlungen].) IV + IV + 212 S. (1907—)1908. [fr. 15. —] — *Die 2 Abhandlungen a. u. besondern Titeln:* (Abh. 1.) 1907. (fr. [7. — *nicht*] 10. —) s. Bach, Hugo: — (Abh. 2.) [fr. 11. —] s. Carl, Joh(ann).
Band 43. (Mit 32 Tafeln [nebst Tafel-Erklärungen] und 14 Textillustrationen.) II + VI + 215 S. 1907. [fr. 25 —] — *A. u. bes. Titel s.* Heierli, J[acob].
Band 44 = Vol. 44. (Mit einer Arvenkarte der Schweiz, einer Waldkarte von Davos, 19 Spezialkarten in Lithographie, 9 Tafeln in Lichtdruck [nebst Tafel-Erklärungen] und 51 Textbildern. 2 Teile.) II + XL + 455 S. u. IV [+ *Tafel-Erklärungen* 20] S. + 28 Tafeln [+ 2 Karten. 1909. [fr. 30. —] — *A. u. bes. Titel s.* Rikli, M[artin].

— neue, d. physikalisch-medizin. Societät zu Erlangen. 1r Bd. m. 6 Kupfert. gr. 4. Nürnb. Schrag. 812.
s. auch Abhandlungen d. physik.-medizin. Societät. 2r Bd.

Denkschriften über den internationalen Rechtsschutz gegen Nachdruck zwischen Deutschland, Frankreich und England auf den Beschluss der Hauptversammlung des Börsenvereins der deutschen Buchhändler vom 14. Mai 1854 berathen und abgefasst von dem dazu statutenmässig erwählten Ausschusse. Als Manuscript für die Mitglieder des Börsenvereins. Leipzig, Druck von Breitkopf und Härtel. 4°.

— betr. I. d. ostafrikanische Schutzgebiet, II. Kamerun, III. d. südwestafrikan. Schutzgebiet, IV. d. Schutzgebiet d. Marshall-Inseln. Beilage z. Deutschen Kolonialblatt. Jahrg. 1894. hoch 4. (261 S.) Berlin (894). (E. S. Mittler & Sohn.) n. 3. —

— d. Verbandes deutscher Architekten- u. Ingenieur-Vereine. 1. Hft. Lex.-8. Berlin 893. E. Toeche. n. — 60
Die Rauchbelästigung in den grossen Städten. (18 S.)

— des Verbandes deutscher Architekten- u. Ingenieur-Vereine. 2. Hft. gr. 8. Berlin 897. (E. Toeche.) n. 4. —; geb. in Leinw. n.n. 5. —
(1. u. 2.: n. 4. 60)
Die Umlegg. städt. Grundstücke u. die Zonenenteigng. Von R. Baumeister, J. Classen u. J. Stübben. (XII, 152 S. m. 46 Abb. u. 4 Taf.)

— des Verbandes deutscher Architekten- u. Ingenieur-Vereine. 3. Hft. gr. 8. Berlin, Deutsche Bauzeitung. n. 3. —
Normalien f. Hausentwässerungs-Leitungen u. deren Ausführungen, aufgest. vom Verbande deutsch. Architekten u. Ingenieur-Vereine unt. Zuziehg. des deutschen Vereins v. Gas- u. Wasserfachmännern, des ostdeutsch-sächs. Hüttenvereins, der Halberger Hütte u. des deutschen Vereins f. Fabrikation v. Ziegeln, Thonwaaren, Kalk u. Cement, nach den Beschlüssen d. 28. Abgeordneten-Versammlg. des Verbandes in Braunschweig, am 26. VIII. 1899. (26 u. 2 S. m. 13 Taf.) 900.
Hft. 1 u. 2 jetzt Ebd. 893. 897. n. 4. 60.

DENKSCHRIFTEN DES DEUTSCHEN VEREINS FÜR HEILWISSENSCHAFT. Bd. 1—3. (Mit Tafeln.) Berlin 1845—1847. Gedruckt auf Kosten des Vereins für dessen Mitglieder. 4°.

— des naturwissenschaftlichen Vereins für das Fürstenthum Lüneburg in Lüneburg. 1. Bd. A. u. d. T.: Versuch einer Monographie des Bozarites. Eine fassliche angewandte Darstellung des jetzigen Standes der Krystallologie und ihrer neuesten Richtung. Ein Beitrag zur Geschichte dieser Wissenschaft und zur Kenntniss der Steinsalz-Lagerstätten und ihrer Bildung. Von G. H. O. Volger. Mit erläuternden Holzschn. (im Text). Hannover 855. Rümpler. gr. 8. (XII, 244 S.) n. 1 ₰ 20 ngl.

**Denkschriften, Zwei,** mitgeteilt Sr. Excellenz dem k. k. geh. Rate und gewesenen k. siebenbürgischen Hofkanzler Samuel Baron Josika im Jan. 1859. O. O. [1859]. V: *Schwarzenberg*, *Friedrich Fürst von.* (Bibl. d. ev. Landeskirche in Siebenb. Hermannst. 1889.)

— zwei, des deutschen National-Comités in Posen. gr. 8. (32 S.) Berlin 848, Mittler und Sohn. *

Zwei **Denkschriften** zur Vorbereitung einer Internationalen Arbeiterschutzkonferenz. Hrsg. v. Bureau d. internat. Verein. f. gesetzl. Arbeiterschutz. Jena: G. Fischer 1905. (49 S.) 8°
= **Schriften** d. Internat. Vereinigung f. gesetzl. Arbeiterschutz. No 4. [07.9382

— zwei, aus der Zeit Friedrich Wilhelms III. Hrsg. v. Bruno Gebhardt. Progr. (16 S.) gr. 4. Berlin 903. Weidmann. n. 1. —

2 Denkschriften über das Zweischachtsystem beim Kalisalzbergbau. [Hrsg. vom] Verein für die gemeinschaftlichen Interessen des Hannoverschen Kalibergbaus, e. V. Hannover, 1906. 28 S.

**Denkschriftenband** zur Begründung des Entwurfs e. Gesetzes betr. Änderungen im Finanzwesen. (Zusammengestellt im Reichsschatzamt.) 4 Tle. (III, V, 857; VI, 442; III, 132 u. V, 287, XXXII u. 34 S. m. 13 farb. Taf. u. 6 S. Erläutergn.) 32,5×24 cm. Berlin 908. J. Guttentag. nn 9. —

Denkschüler, der kleine deutsch-polnische, s. Lese- und Denkschüler.

Denk-Seule des weiland Herrn Friderichs, Erben zu Norwegen, Herzogs zu Schleswig, Holstein (Glücksburg) etc. etc., welche diesem zu früh verewigten Landes-Vater am Tage der zu Glücksburg geschehenen Beysetzung 1767, d. 9. Jenner von Höchstderoselben sämtlichen getreuen Unterthanen errichtet worden. Flensburg. (1767) Fol.

**Densprüche.** [St. Petersburg] 1808. V: *Adelung*, *Friedrich von.* (GGr) (Ky) (R-N)

— Eine lexiconartig geordnete, vorzügl. f. Stammbuchaufsätze brauchbare Samml. aus den besten Werken. 12. Passau 828. Ambrosi. 6 gr.

Denksprüche. Eine lexikonartig geord., vorzügl. f. Stammbuchaufsätze brauchb. Samml. a. d. best. Werken. 12. (4 B.) Passau 829, Ambrosi.

Denksprüche. Eine Lebensphilosophie in Lesefrucht-Mosaik. 12. (66 S.) Hadersleben 860, Griem. 7⅓ Ngr.; cart. *

Denksprüche. Für Feuerwehren gesammelt u. zu Gunsten des Metz-Denkmals in Heidelberg hrsg. 16. (40 S.) München 878. Franz. n.n. — 40

— ausgewählte, f. Confirmanden. 1. Samml. qu. 8. ... Altdorf 831. Nürnberg, Raw.

**Denksprüche, Biblische,** mit Anwendungen in Versen ... Nürnberg 1793. V: *Silberrad*, *Maria Clara von.* (GGr)

— biblische, in Versen, auf alle Tage. 8. Nürnb. 793. N. A. 825. Raw. 6 gr.

**Denksprüche, Biblische,** für Kinder ... Kreuznach 1828. V: *Kehr*, *Ldw. Chn.* (Ky)

— bibl., f. Kinder. Mit beigefügten Lieder-Versen. 12. (2 B.) Kreuznach 828, Kehr.

Denksprüche, biblische, 2c. für jede christliche Religions-Parthey 2c. 8. Basel, Flick. 801.

— biblische, für jede christl. Religionsparthei. 8. Basel 801. Neukirch. 8 gr.

— christl., für Kinder u. Erwachsene, nach d. Ordnung des neuen Katechismus für Volksschulen Bayerns. 3e unveränd. Aufl. 8. Augsburg 833. M. Riegers B. (Himmer.) 1/12 ₰

— christliche, für Kinder an den deutschen Schulen Bayerns wohl auch für Erwachsene und brauchbar zu jedem Katechismus. 4. Aufl. 8. (47 S.) Augsburg 847, Rieger'sche Buchh.

— deutsch u. französisch, wovon man e. täglich oder am Abend vor d. Communion für sich, oder für jemand andern lesen kann. 32. Landsh. 792. Storno. 1 gr.

Denk= u. Sittensprüche, 300, f. sämtl. Klassen d. kathol. Volksschule. 3 Hfte. in 1 Bd. (Unter=, Mittel= u. Ober=klasse à 100 Nrn.) 2., umgearb. u. verm. Aufl. 8. (15, 17 u. 20 S.) Regensburg 897. A. Coppenrath's Verl. n. — 30

Denk= und Sittensprüche, 365, f. d. liebe Jugend, auf alle Tage d. Jahrs. 2., verm. Aufl. 12. (1⅓ B. u. Titvign.) Zweibrücken 838, Ritter.

Denksprüche, 30 christliche, für Reisende. qu. 32. Breslau 852, [Dülfer's Buchh.]

Denk= und Sittensprüche, 550 — in zwei Abtheilungen, sowohl für die Jugend als auch für Erwachsene. In verschiedenen Druck= und Schrift=arten. S. H. 8. (74 S.) Wien. Mechitaristen Buch=druckerei 1853.

Denk= und Sittensprüche, 550 — in 2 Abtheilungen sowohl für die Jugend als auch für Erwachsene. In verschiedenen Druck= und Schriftarten. S. H. 3. Auflage. Wien, 1855. Mechitharisten=Buchdru=ckerei. (84 S. 8.)

—— 50, für Confirmanden, ausgewählt u. hrsg. v. e. evang. Geistlichen. 2. Aufl. 12. Blaubeuren 843, Mangold'sche Buchh. –

— 50, aus d. heil. Schrift, A. u. N. Testaments, mit passenden Lie=derversen. qu. 8. Werthheim, Deubold. 8 gl

— 50, aus der heil. Schrift alten u. neuen Testaments, nebst passenden Liederversen, zum Gebrauch bei Confirmationen. 2. Aufl. (Mit Einfassung.) qu. kl. 8. Heilbronn 842, Clas=sische Buchh. ¼ ß

—— 50, aus d. heil. Schrift alt. u. neu. Testaments, nebst passenden Liederversen, z. Gebr. bei Confirmationen. 2. Aufl. qu. 8. Heilbronn 842, [Landherr.]

Denksprüche, geistliche, aus den Schriften der heil. Theresia und des heil. Johann vom Kreuz zu tägl. Beherzigung gesammelt von Angelus a. S. Joseph. Neu übers. und mit einem Sach=register für Prediger und Beichtväter versehen von Jos. Alverà. gr. 16. (IV und 204 S. mit 1 Stnt.) Innsbruck 867, Ver=einsbuchh.

Denksprüche, geistliche, der hl. seraphischen Jungfrau The=resia v. Jesu, geb. 28. März 1515, gest. 4. Oktbr. 1582. gr. 16. (8 S. m. Bild.) Donauwörth 889. Auer. n. — 2

—— des katholischen Glaubens. Zur Benutzung für die Katechese und zur Erbauung für Jung und Alt. gr. 16. (IV und 88 S.) Düsseldorf 851, Kampmann. *

Denksprüche, 100, v. J. H. v. H.=A. (J. H. v. Hefner=Alteneck.) 16. (99 S.) München (901). Gesellschaft f. christl. Kunst. n. — 50; geb. in Skytogen od. Leinw. — 80; in Dermatoid n. 1. —

Denksprüche, 100, zu M. Luther's kleinem Katechismus. Für Konfirmanden. 12. (8 S.) Nürnberg 894. G. Löhe. n.n. — 5

Denksprüche, hundert, für Confirmanden in auserlesenen Bibelsprüchen. (Mit Einfassung.) 32. Stuttgart 841, J. F. Steinkopf. ¼ ß — Neue Folge. No. 1—6. Fol. Ebend. 844. ⅜ ß

—— Jesus, des Sohnes Sirach, die, ein Lehr= u. Lesebuch f. Leser aus allen Ständen, besond. f. Schulen. Aufs neue übers. u. mit erklär. Anmerkn. begl. v. Fr. E. Zange. Neue Ausg. 8. (10 B.) Arnstadt 827, Mirus.
Hat auch d. Umschlagtit.: Taschenbuch moral. Lebensweisheit rc.

— des heil. Johannes v. Kreutz, oder Geist u. Inhalt sr. sämmtl. Schriften. Aus letzt. besond. abgedr. gr. 8. Sulzb. 790. v. Sei=del. 1 gl

—— zum Katechismus d. christkathol. Religion, als Gedächt=niß=Uebungen f. d. Schul=Unterr. im Bisthume Regensburg. gr. 12. (1½ B.) Paßau 841. (Straubing, Schorner'sche Buchh.)

—— zum Katechismus d. christ=kathol. Religion, als Gedächt=niß=Uebungen f. d. Schul=Unterr. im Bisth. Regensburg. 1. Aufl. (1⅓ B.) 841. 1¼ Ngr. u. 2., verm. Aufl. 8. (3½ B.) Strau=bing 845, Schorner.

Denksprüche zum Katechismus der christkatholischen Re=ligion, als Gedächtniß=Uebungen für den Schul=Unterricht im Bisthume Regensburg. 3. Aufl. 8. (56 S.) Straubing 851, Schorner.

Denk= u. Kernsprüche rc., s. Eduard, Jul.

— für Kinder in der Stadt u. auf dem Lande. 18. Wien, Gerold.

Denksprüche f. Confirmanden. 1ste u. 2te Liefer. in gebund. Rede. Fol. Stuttg. Steinkopf. 813.

—— (neueste) f. Confirmanden, (je 16 auf ein. Bog. No. I—X. Bibelspr., Denkspr. in Prosa mit Hinweis. auf Bibel=stellen, Denkspr. in Prosa, Denkspr. in Versen.) Auf weißem u. gefärbt. Papier. ... Stuttgart (832), Steinkopf. à Bog.

—— dies. Neue Folge a—f. (Casual=Denksprüche in Bibelstellen u. Versen.) 32. (96 Bl. auf 6 B. in Fol.) Stuttgart 834, Steinkopf. Schrbp. 9 Gr., auf farb. Pap.

— für Confirmanden, zum gesegneten Andenken für ihre ganze Le=benszeit. 8. Reutling. 812. Literat.=Compt. 4 gl

Denksprüche für Confirmanden in auserlesenen Bibelstellen. Neue Folge. No. 1—6. Fol. (6 B.) Stuttgart 844, J. F. Steinkopf.

— für Confirmanden bei Gelegenheit des Confirmationsacts. Nr. 1—24. (Neue Denksprüche. 1—12.) Fol. Stuttg. 816. Stein=kopf. (à Bog. 1½ gl)

Denksprüche f. Confirmirte. 16. (6 B.) Aarau u. Thun 841, Christen. * 4 Gr., Bnd. *

—— für das weibliche Leben. Gesammelte Perlen, zur Veredlung für Geist, Gemüth und Herz, von Julie Burow (Frau Pfannen=schmidt.) 1—8. Aufl. 16. (VII und 295 S. mit 1 Stahlst.) Berlin 860, Schotte und Comp. geb.

— [96] in auserlesenen Liederversen m. Bibelstellen f. Confir=manden. qu. 32. Stuttgart 851, J. F. Steinkopf. 12 ngl

**Denksprüche, Poetische,** auf alle Sonntage des Jahres. Gotha 1761. V: *Münter, Balthasar.* (JL)

**Denksprüche, Salomo's;** herausgegeben von Joh. Christian Schönheider; a. d. Dän. übers. Flensburg u. Leipzig 1784. Ü: *Wolff, Johann.* (Ky) (MGT)

Denksprüche, die Salomo'nischen, s. Salomo.

— aus d. heil. Schrift. 12. Münch. 815. Giel. 1 gl

Denksprüche aus Pestalozzis Schriften. (Hrsg. v. O. Hunziker.) 16. (IV, 98 S.) Zürich 897. Hofer & Co. 1. —

Denksprüche für Schüler der Elementarclasse. Altona. 1833. P.

Denk= u. Sittensprüche. Für die unteren Klassen kathol. Volks=schulen gesammelt. 12. (24 S.) Regensb. 892, Habbel. * — 10

Denk= u. Sittensprüche f. Kinder zum Auswendiglernen. 8. (2 B.) Hildburghausen 830, Kesselring.

Denk= und Sittensprüche einiger berühmter Römer u. a. übersetzt und in deutsche Reime gebracht, vornämlich zum Nutzen der Jugend. 8. Düsseldorf, Schreiner. 820.

—— für Stammbücher. Eine Auswahl poet. und prosaischer Sentenzen aus den Werken der deutschen Classiker. 16. (80 S.) Brandenburg 849, Müller.

—— für Stammbücher. Eine Auswahl poet. und pros. Sentenzen aus den Werken der deutschen Classiker. 16. (80 S.) Brandenburg 852, Müller.

— des Publius Syrus, s. J. P. Schwarz.

— (366) auf jeden Tag d. Jahres, für Kinder in d. Stadt u. auf d. Lande. 18. Wien 3e Aufl. Gerold. 2 gl.

— (96) alten und neuen Testaments in auserlesenen Bibelstellen für Confirmanden. qu. 16. Stuttgart 849, J. F. Steinkopf.

— der Vorzeit, travestirt von G. G. Stiller. 1r Heft. gr. 8. Bunzlau. (Gehr, Br.) 800.

**Densprüche** über die Witterung oder meteorologische Aphorismen unserer Vorfahren ... Münster 1848. V: *Bönninghausen, Clem. Maria Fr. von.* (Ky)

—— über die Witterung oder meteorolog. Aphorismen unserer Vorfahren, aus ihren Schriften gesammelt und mit einem Anh. über das Barometer und das chem. Wetterglas hrsg. von C. v. B....n. gr. 8. (XVI und 93 S.) Münster 848, Regensberg.

**Denkstätten** deutscher Vorzeit im n. ö. Waldviertel. Von F. X. Kg. Wien 1891. V: *Kiessling, Franz Xaver.* (EB)

Denkstätten deutscher Vorzeit im nied.-österr. Waldviertel. Volksgeschichtl. Betrachtgn. Von F. X. Kg. gr. 8. (38 S.) Wien 891, (Kubasta u. Voigt). * — 80

**Denkstein, Der,** in der Grundmauer des neuen Universitäts-Gebäudes zu Göttingen. Göttingen 1835. V: *Bergmann.* (Erman & Horn, Bibliogr. d. dtsch. Universitäten. 2. Leipz. u. Berl. 1904.)

Denkstein f. den hannövr. Minister des Staats, Cabinets u. d. auswärtigen Angelegenheiten Freih. Georg Victor Friedr. Diedrich v. Schele. (Von Gust. Zimmermann.) gr. 4. (1¾ B.) Hannover 841. (Helwingsche Hofbuchh.)

1840. Der Denkstein bei Spahlitz, ein Beitrag zur Chronik der Stadt Oels i. Schl. o. O. (1899) 4 Bl. 4°

Denkstein der Vermählung Sr. königl. Hoheit des Herzogs Ernst August von Cumberland und zu Braunschweig und Lüneburg mit Ihrer königl. Hoheit der Prinzeß Thyra von Dänemark am 21. Decbr. 1878. Nebst Traurede, gehalten von H. Martensen. gr. 8. (75 S.) Hannover 879. (Celle, Schulze'sche Buchh.) -

Denksteine zum 50jähr. Doctor-Jubiläum d. Hrn. Staatsraths Hufeland, s. Abhandlungen, auserles. medic., d. Auslandes.

Denksteine, classische, s. Heinrich, A.

Denktafel der [illegible] Jahres 1848 in chronologischer Folge. Berlin, Veit u. Comp. 1849 [illegible]

Denktafeln edler, großherziger, menschenfreundlicher und herzlicher Handlungen von Israeliten begangen. gr. 8. (VIII und 120 S.) Wien 852, (Gerold's Sohn.) *

Denkwitz, C. F., Betracht. über d. zergliederte Menschenmaschine. 8. 798.

**Denkwürdige, Einiges,** aus der Väter Zeit ... Riga 1810. V: *Wilpert, Jac. Frdr. von.* H: *Sonntag, Carl Glob.* (R-N)

Denkwürdigkeiten eines jungen Adjutanten Napoleon Bonaparte's. Niedergeschr. v. dess. Kammerdiener. Frei n. d. Franz. bearb. Hrsg. v. L. Kruse. 2 Bde. 8. (31 B.) Hamburg 829, Herold.

**Denkwürdigkeiten, Der Nürnbergischen Universitaet Altdorf,** von Siegeln, Münzen etc. in 17 Kupfertafeln mit Erläuterungen. Nürnberg 1765. V: *Will, Gg. Andreas.* (Ky 6/246) (BiblPort)

**Denkwürdigkeiten, Alte und neue,** der preussischen Armee. Berlin 1786. V: *König, Anton Balthasar.* (Ky)

Denkwürdigkeiten, alte u. neue, der preuß. Armee. 8. Berl. Hesse. (Müller). 786.

**Denkwürdigkeiten, Alte und neue,** der Königl. Preussischen Armee. Berlin 1787. V: *Hoffmann.* (Kat. d. Bibl. d. K. Preuss. gr. Generalstabes. Berlin 1878.)

—— und Alterthümer Böhmens s. Alterthümer und Denkwürdigkeiten.

Denkwürdigkeiten der königl preussischen Armee. Kurze Geschichte dieses Heeres von seiner Entstehung bis 1806. Materialien z. Gesch. der Feldzüge 1806 u. 1807. Personal-Veränderungen bei den Regimentern vom 10. August 1806 bis 31 Dezember 1810. 8. Leipzig 1811. 3,50.

— d. königl. preuß. Armee, enthält, kurze Geschichte dieses Heeres bis zum J. 1806. Geschichte d. Feldzüge ꝛc. 8. Leipz. Bruder u. Hoffmann. 811.

Denkwürdigkeiten der königlich-preussischen Armee. 8. Leipzig 1812.

**Denkwürdigkeiten** eines Arztes. Deutsch von A. Diezmann. Leipzig 1846. V: *Dumas, Alexandre.* (wolfstieg II, 893)

Denkwürdigkeiten d. Freih. Achatz Ferdinand von der Asseburg, Erbherrn auf Falkenstein u. Meißdorf ꝛc., russ.-kaiserl. wirkl. Geheimen Raths u. bevollmächt. Ministers am Reichstage zu Regensburg ꝛc. Aus den in dess. Nachlaß gefund. handschriftl. Papieren bearb. von einem ehemals in diplomatischen Anstellungen verwendeten Staatsmanne. (Fr. Albr. v. d. Schulenburg-Klosterrode.) Mit ein. Vorw. v. K. A. Varnhagen v. Ense. gr. 8. (29½ B.) Berlin 812, Nicolaische Buchh.

**Denkwürdigkeiten, Auserlesene,** Von der Sowohl Uralten, als Kunstreichen Sankt Stephans Dom-Kirchen ... Wien 1722. V: *Tillmez.* (Feil)

—— des Hindustan. Kaisers Baber, s. Baber.

— Baiersche, Tyrolsche, 1s u. 2s Stück. 8. Münch. Lindauer. 806.

**Denkwürdigkeiten, Bayrisch-Tyrolische.** München 1807. V: *Aretin, Jos. Chph Ant. Maria Freiherr von.* (Ky) (Kn) (MGT)

— der drey Russisch. Belagerungen von Colberg. 758—60. 8. Berl. Realschulbuchh. 761.

— der drei russ. Belagerungen von Colberg 1758—60. 8. Berl. 761. Reimer. 12 gl.

Denkwürdigkeiten der drei Belagerungen Colbergs durch die Russen in den Jahren 1758, 1760 und 1761. Frankfurt und Leipzig 1763. 8.

— Maximilians v. Bethune, s. Sully.

Denkwürdigkeiten Maximilians v. Bethune, Herzogs von Sully, Minister Heinrichs IV. a. d. Franz. 7 Thle. 8. Zürich, Orell. 783—786. Rthlr.

Denkwürdigkeiten Böhmens, s. Alterthümer und Denkwürdigkeiten.

Denkwürdigkeiten Lucian Bonaparte's, Prinzen v. Canino. Von ihm selbst geschrieben. N. d. pariser Origausg. a. d. Franz. übers. 1. Thl. gr. 12. (17½ B.) Darmstadt 836, Leske.

— Ludw. Bonaparte's, s. Bonaparte.

— Brandenburgs. s. Kosmann.

— Breisgaus, eine Monatsschrift. 9 Hefte. m. K. 8. Freyb. Wagner. 782.

**Denkwürdigkeiten,** Briefe und Urkunden, das Leben und den Tod Sr. königl. Hoheit Karl Ferdinand von Artois . . . betreffend . . . Nach der 2ten französ. Ausgabe übersetzt. Mainz 1821. Ü: *Räss, Andreas.* (MGT)

— — Briefe und Urkunden, das Leben und den Tod des Herzogs von Berry betr., von Chateaubriand. s. Chateaubriand.

**Denkwürdigkeiten** der Stadt Bunzlau . . . Bunzlau 1815—18. V: *Bucquoi, Erdmann Frdr.* (Nent)

—— über d. Bürgerkrieg in Nordspanien. A. d. Tagebuch ein. Augenzeugen. 8. (20½ B.) Stuttgart 836, [Scheible, Rieger u. Sattler.]

—— der Marie Cappelle Witwe Lafarge, v. ihr selbst geschrieben. 2 Thle. gr. 12. (29⅞ B.) Leipzig 841, Brockhaus u. Avenarius. *

**Denkwürdigkeiten** zur Charakteristik der preussischen Armee unter dem Großen König Friedrich II. Glogau 1826. V: *Lossow.* (KA)

— zur Charakteristik der preußischen Armee unter dem großen König Friedrich II. Aus dem Nachlasse eines alten preuß. Offiziers. gr. 8. Glogau 826, Heymann.

**Denkwürdigkeiten** der Königin Christine von Schweden. Deutsch von Joh. Frdr. Reiffstein. Leipz. 1753—61. V: *Archenholtz, Johann.* (Pr)

— d. Steph. Louise von Bourbon Conti. s. Conti.

— des franz. Gen. Cústine. a. d. Franz. 2 Thle. 8. Berl. Voß. 795.

Denkwürdigkeiten aus dem letzten Decennium des achtzehnten Jahrhunderts. Hrg. durch Friedrich Hurter. 8. Schaffhausen 1840.

—— Deutsche, aus alten Papieren. Hrsg. v. C. Fr. v. Rumohr. 4 Thle. 8. (52 B.) Berlin 832, Duncker u. Humblot.

—— des Hauptmanns Bernal Diaz del Castillo, od. wahrhafte Gesch. d. Entdeckung u. Eroberung v. Neu-Spanien, von ein. d. Entdecker u. Eroberer selbst geschrieben, a. d. Span. ins Deutsche übers., u. mit d. Leben d. Verf., mit Anmerkn. u. a. Zugaben vers. v. Ph. J. v. Rehfues. 4 Bde. gr. 8 (82½ B.,) Bonn 838, Marcus. *

—— des Hauptmanns Bernal Diaz del Castillo, od. wahrhafte Geschichte der Entdeck. u. Eroberung von Neu-Spanien, v. ein. der Entdecker u. Eroberer selbst geschrieben, aus d. Span. übers. u. m. dem Leben d. Verf., mit Anmerkgn. u. andern Zugaben vers. v. Ph. J. v. Rehfues. 2., verm. Ausg. 4 Bde. gr. 8. (82⅞ B.) Bonn 843, 41, Marcus. *

—— des kleinen Pferdes Dick, wie wenn sie von ihm selbst geschrieben wären. N. d. Engl. M. 8 col. Abbildn. 16. (8 B.) Berlin 841, Hasselberg.

**Denkwürdigkeiten** der Domkirche in Berlin . . . Berlin 1788. V: *Conrad, Carl Ludwig.* (MGT)

**Denkwürdigkeiten** der Domkirche in Freysing bei Gelegenheit ihrer 11 hundertjährigen Jubelfeyer 1824. Freising 1824. V: *Gandershofer, Maurus.* (Bücher-Samml. d. hist. Ver. v. u. f. Oberbayern. Münch. 1867.)

Denkwürdigkeiten der Domkirche in Freysing, bei Gelegenheit ihrer XI hundertjähr. Jubelfeyer 1824. Freysing, G. Th. Müller, 1824. 8⁰. 95 S. Ppb.

Denkwürdigkeiten eines Berliner Droschkenkutschers nebst einem unmaßgeblichen Droschken-Reglement von Glieb. Strobel. 16. (59 S.) Berlin 878, Rosenthal. *

**Denkwürdigkeiten** eines Schwedischen Edelmanns. Aus dem Französ. . . . von G. W. Bartoldy. Berlin 1788. V: *Hordt (Hordh), Joh. Ldw. Graf v. d.* (Haupt-kat. d. U.-B. Tübingen. K. Nachtr. 24.)

— u. Erinnerungen e. Arbeiters (Carl Fischer), hrsg. v. Paul Göhre, s. Leben u. Wissen.

**Denkwürdigkeiten** u. Erinnerungen eines Arbeiters. Hrsg. u. mit einem Geleitwort versehen von Paul Göhre. gr. 8⁰. Leipzig, E. Diederichs, 1903. (Leben u. Wissen, Bd. 2.)

Denkwürdigkeiten einer deutschen Erzieherin in Belgien, England, Spanien, Portugal, Polen und Deutschland. Hrsg. von ***. Berlin 861. Janke. 8 (VIII, 357 S.)
1 ₰ 15 ngr.

Denkwürdigkeiten, eucharistische. Wunderbare Erscheinungen der heil. Eucharistie, nebst anderen außerordentl. Begebenheiten, aus allen Jahrhunderten gesammelt und zur religiösen Erbauung, insbesondere für Katechesen und Predigten in chronologisch geordneter Auswahl dargestellt. Von dem Verf. der „Eucharistia". 16. (XV, 272 S.) Regensburg 881, Manz.

— d. Hrn. v. Falckenskiold. s. Falkenskiold.

**Denkwürdigkeiten** des Feldzuges mit Schweden 1788. A. d. Franz. Schleswig 1790. V: *Carl, Prinz von Hessen.* (Pr)

Denkwürdigkeiten des Feldzugs in Schweden vom Pr. Carl von Hessen. 8. Schleswig, Christiani. 790. Rthlr.

— d. Feldzugs gegen Schweden im J. 1789, vom Prinzen Karl v. Hessen. 8. Schlesw. 790. (Hammerich in Altona). 8 gl.

— Ferdinands, Herzogs zu Braunschweig. 8. Gotha, Mevius. 761.

Denkwürdigkeiten des Grafen v. Forbin. 2 Thl. gr. 8. Dresden, Gerlach. 785.

**Denkwürdigkeiten** einer Frau von Stande über Ludwig XVIII, seinen Hof und seine Regierung. Aus dem Französischen von K. Schall. Breslau 1829—1830. V: *Lamothe-Langon, Etienne Leon baron de, Dames-Hinard, Armand Malitourne, Charles Maxime de Villemarest.* (BGE IV³, 283)

—— einer Frau v. Stande üb. Ludwig XVIII., seinen Hof u. seine Regierung. A. d. Franz. übers. v. Karl Schall. 4 Bde. 8. (110 B.) Breslau 829—31, Max u. Komp. 6 Thlr., hrbgs. Pr. Thlr.

**Denkwürdigkeiten** für die XXII Freistaaten der Schweizerischen Eidgenossenschaft. Zürich u. Aarau 1823—33. H: *Balthasar, Jos. Ant.* (Cat. d. Stadtbibl. Zürich. Zürich 1864—97.)

— Friedrich des Großen, Königs v. Preußen. (Von Jh. Chr. Adelung.) 9 Bde. 8. o. O. (Gotha) 757—66. Mevius. 8 ß 18 K

[A.] **Denkwürdigkeiten** des Königl. Friedrich-Wilhelms-Gymnasiums. *Berlin, gedr. in d. K. Hofbuchdr. v. E. S. Mittler & Sohn, 1890;* S. 2—8; fol.
Berlin, k. Friedrich-Wilhelms-G u. k. VS, Festzeitung 1890 • •

**Denkwürdigkeiten** eines Geächteten. [Hamburg 1795.] V: *Louvet de Couvray, Jean Baptiste.* Ü: *Huber, Ludwig Ferdinand.* (MGT)

Denkwürdigkeiten, geheime von Lucian Bonaparte. Ne Aufl. 2 Bde. gr. 8. Erfurt und Gotha, Hennings. 819.

**Denkwürdigkeiten** aus der Geschichte des Teutschen Adels. Merseburg 1820. V: *Möller, Chn Friedrich.* (KV) (MGT)

— aus d. Geschichte d. deutschen Adels, (v. Chr. Fr. Möller). 12. Merseb. 820. Kobitsch. (Leipz., Rein). 1 ß

**Denkwürdigkeiten** der Brandenburgischen Geschichte vom Weltweisen zu Sanssouci. Berlin 1753. V: *Friedrich II., König von Preussen.* Ü: (Th. 3): *L'Estocq, Carl Ludwig von.* (MGT)

— d. Brandenburg. Geschichte vom Weltweisen zu Sanssouci. 8. Berl. 783. Sander. 1 ß 6 K

— der Brandenb. Geschichte vom Weltweisen zu Sanssouci. 8. Berl. Wever. 783.

Denkwürdigkeiten der Geschichte Ihro Kais. Maj. Elisabetha Petrowna, Selbstherrscherin aller Reussen. Mit Portrait. Frankfurt 1762. 8°. (3 Mk. Max Weg, Lpz., 1897.)

Denkwürdigkeiten d. Geschichte d. Feldzugs von 1796, enth. d. Operationen des Sambre- u. Maasheeres v. d. Obergeneral Jordan befehligt; aus d. Französ. übers. v. Bachoven v. Echt. gr. 8. Coblenz 823. Hergt. 3 ß

Denkwürdigkeiten aus Frankens u. Thüringens Geschichte u. Statistik. Hrsg. v. G. Brückner. 1. Hft. 12. (IV u. 490 S m. 1 lith. Taf. u. 1 lith. Karte in Fol.) Hildburghausen 852. (Meiningen, Brückner & Renner.) n. 1 1/12 ß

— zur Geschichte Frankreichs, s. Napoleon.

Denkwuerdigkeiten für die Geschichte Frankreichs im Jahre 1815. Aus d. Franz. v. C. F. A. Müller. Mit 1 Pl. München 1820. 127 S.
(s. a. Mémoires pour servir à l'histoire de France en 1815.)

— für d. Geschichte Frankreichs im J. 1815. Aus d. Französ. von K. Fr. Aug. Müller. Mit 1 Plane. gr. 8. Münch. 820. Fleischmann. 1 ß 12 K (A. u. d. T.: zweite von Helena gekommene Handschrift.)

**Denkwürdigkeiten** zur Geschichte des Jacobinismus vom Abbé Baruel. . . . Hannover 1800—3. [Th. 4 Münster.] Ü: *Riese, J. Jacob, J. Andre De Luc* & *** (Kl)

—— aus d. Felde d. Geschichte u. d. Gebiete d. Kunst u. Natur. Jahrg. 1839. 52 Hfte. (à 3 Bog.) gr. 8. Leipzig, Volckmar. *

Denkwürdigkeiten aus d. Geschichte d. Menschheit. Herausgeg. von K. W. 8. Lüneburg, Herold u. Wahlstab. 813.

**Denkwürdigkeiten** aus der Geschichte der Menschheit. Lüneburg 1813-15. V (Th. 1): *Venturini, Carl Heinrich Georg.* (Th. 2. 3): *Capelle, Ernst Friedrich Conrad.* (Ky) MGT)

— aus d. neuesten Geschichte Frankreichs u. ihres ersten Kaisers Napoleon. 8. Leipz. 806. Hinrichs. 1 ß 12 K

—— zur neuesten schleswig-holsteinischen Geschichte. Von dem Verf. der Schrift: „Generallieutenant v. Willisen und seine Zeit. (In 4 Büchern.) 1—3. Buch. 8. Stuttgart 851, Metzler'sche Buchh. *

Buch 1. Die provisor. Regierung und der Krieg des J. 1848. (VIII und 182 S.) * 24 Ngr.
" 2. Der Waffenstillstand und die gemeinsame Regierung. (S. 183—302.) * 16 Ngr.
" 3. Die Statthalterschaft und der Krieg im J. 1849. (S. 303—545.) * 1 Thlr.

—— zur neuesten schleswig-holsteinischen Geschichte. Von dem Verf. der Schrift: „Generallieutenant v. Willisen und seine Zeit" (Th. Lüders). 4. Buch. (Schluß:) Die Herzogthümer im J. 1850. 8. (III und 248 S.) Stuttgart 853, Metzler'sche Buchh. *

1—3. Buch. Ebendas. 1851. * 2 Thlr. 10 Ngr.

**Denkwürdigkeiten** zur neusten Schleswigholsteinischen Geschichte. Stuttg. 1851—53. V: *Lüders, Theodor Hermann Johann.* (Pr) (Ky) (UBTüb F, S. 319) (coll) (EB) (Kat. d. Bibl. des dtsch. Reichstages. Berlin 1882.)

**Denkwürdigkeiten** aus der Geschichte Sächsischer Prediger. Altenburg 1820. V: *Möller, Christian Friedrich.* (Ky) (MGT)

— — aus der Geschichte sächsischer Prediger. (v. Möller). gr. 8. Altenburg, Hahn. 820.

— aus d. Geschichte sächsischer Prediger, (v. Chr. Fr. Möller). gr. 8. Altenb. 820. (Fr. Weber in Ronneb.) 18 K

— aus d. Fach d. Geschichte d. Reisen u. d. Charakteristik verschied. Länder u. Völker. 8. Liegnitz 796. Siegert. Mit n. Tit. 823. Leipz., Hinrichs. 20 K

—— zur Geschichte d. neueren Zeit seit d. franz. Revolution. Nach d. Quellen u. Original-Memoiren bearb. u. hrsg. v. Bruno Bauer u. Edgar Bauer. 12 Hfte. 8. Charlottenburg, Bauer. * 5 A. u. d. Ttln.:

Religion u. Kirche von Frankreich bis zur Auflösung der constituirenden Versammlung. Von E. Jungnitz. (11¼ B.) 843. * 15 Ngr.
Frankreich v. Juli bis z. Octob. 1789, od. die ersten Kämpfe des constitutionellen Princips mit d. Königthum u. m. der Volkspartei. Von Edgar Bauer. 2 Lfgn. [1. (5¼ B.) 843. * 7½ Ngr., 2. (9½ B.) 44. * 17½ Ngr.] * 25 Ngr.
Bailly u. die ersten Tage d. französ. Revolution. Von Edg. Bauer. (9¼ B.) 843. * 20 Ngr.
Bouillé u. die Flucht Ludwig XVI. V. Bruno Bauer. (5 B.) 843. * 10 Ngr.
Der 20. Juni u. der 10. August 1792 od. der letzte Kampf des Königthums in Frankreich mit d. Volkspartei. Von Bruno Bauer. (8¼ B.) 843. * 15 Ngr.
Die Septembertage 1792 u. die ersten Kämpfe der Partheien der Republik in Frankreich. Von Bruno Bauer. 2 Abthlgn. (10 B.) 844. * 17½ Ngr.
Religion u. Kirche in Frankreich seit der Auflösung der constituirenden Versamml. bis z. Sturz Robespierre's. Von E. Jungnitz. 2 Abthlgn. [1. (6½ B.) * 12½ Ngr., 2. (8½ B.) 844. * 17½ Ngr.] * 1 Thlr.
Die constituirende Versamml. vom October 1789 bis z. Flucht Ludwigs XVI. Von Edgar Bauer. 1. Abthl. (14 B.) 844. * 25 Ngr.
Der Proceß Ludwigs XVI. u. der 21. Januar 1793. Von Bruno Bauer. (7½ B.) 844. * 15 Ngr.

Denkwürdigkeiten und Geheime Geschichten des Petersburger Hofes von Peter I. bis Nicolaus I. Leipzig, Druck und Verlag von Philipp Reclam jun. 1845. 8°. VI u. 362 S. (3 Mk. Frdr. Klüber, 1905; 4 Mk. 50 Pfg. E. Frensdorff, c. 1906.)

—— geschichtliche, für die Jugend, s. Körner, J.

Denkwürdigkeiten Znaims, Geschichtliche —. Dritte Abtheilung. Znaims Klöster, Kirchen, Bildungs- und Humanitäts-Anstalten, Institute und Denkmäler betreffend. (Ergänzung der 1. Abtheilung. S. 105—135 und Fortsetzung der 2ten Abtheilung.) 1. Heft. (S. 1—84.) 8. Znaim. Druck von Martin Hofmann. 1854.

**Denkwürdigkeiten, Die geschichtlichen,** von Strassengel. [Gratz 1858.] V: *Crophius, Ludwig.* (Hauptkat. d. Univ.-Bibl. Tübingen F. Nachtr. 12.)

**Denkwürdigkeiten** der militairischen Gesellschaft zu Berlin. Berlin 1802—4. Red: *Aderkas, Frdr. Wilhelm von.* (Ky) »1802—5« (BrMm)

DENKWÜRDIGKEITEN DER MILITÄRISCHEN GESELLSCHAFT IN BERLIN Bd. 1—5. Stück 1. (Mit Tafeln und Tabellen.) Berlin 1802—05 Auf Kosten der Gesellschaft. Gedr. bei den Gebrüdern Wegener. 8°.

Denkwürdigkeiten der geheimen Gesellschaften in Unter-Italien, insbesondere der *Carbonari.* Aus dem Original übers. von *Heinr. Döring.* Mit 12 Steindr.-Taf. (incl. Portr. Königs *Ferdinand I.* v. Neapel) und 1 Hlzsch. Weimar, bei d. Gebr. Hoffmann. 1822. Gr. 8°. Hlwdb. Schönes, wie neues Expl.
X—226 S. — Eine andere Uebersetzung erschien m. d. Titel „Denkschriften über die gebeimen Gesellschaften im mittägl. Italien u. insbes. der Carbonari." Mit 12 Kpfrn. [illegible] Stuttgart Cotta. 1823. [illegible] Kloss no. [illegible] — Englische Uebersetzung [illegible] London 1821.

— dass., eine andere Uebersetzung, s. Denkschriften.

—— und Geständnisse d. Scharfrichters zu London. Nach dess. Dictaten niedergeschr. von d. Wundarzte d. Newgate zu London. Deutsch v. Ferd. Frhrn. v. Biedenfeld. Mit d. Portr. d. Scharfrichters John Ketch. 8. (24 B.) Weimar 810, Voigt.

**Denkwürdigkeiten** der Pfalzgräfin Anna von Gonzaga. Aus dem Franz. . . . Halle 1787. V: *Meilhan, Gabriel Senac de.* Ü: *Schmidt, Christoph von, gen. Phiseldeck.* (Milchs)

— der Pfalzgräfin Anna von Gonzaga. a. d. Franz. 8. Halle, Gebauer. 787.

— d. Gr. v. Görz, s. J. E. v. Görtz.

— — aus dem Gebiete der Gräber. s. a. Haker, J. B. N. Thanatologie.

**Denkwürdigkeiten** aus dem Gebiete der Gräber. Leipzig 1795—99. V: *Hacker, Joachim Bernhard Nicolaus.* (Ky)

—— aus Griechenland in d. J. 1827 u. 1828, besond. in militär. Bezieh.; a. d. Papieren d. ehemal. Majors u. Commandanten d. Palamedesburg bey Nauplia (Napoli di Romania) Fridrich Müller's aus Alfdorf; nebst 1., von v. Schilchen entworf. Karte d. Umgegend Athen's (in kl. Fol. u. ill.) Hrsg. v. P. O. Bröndsted. gr. 8. (6¼ B.) Paris 833. (Leipzig, Kummer.)

DENKWÜRDIGKEITEN des Herrn von H. (Harmloses Machwerk, nicht identisch mit d. sotad. Opus.) 2 Thle. Berlin, E. Bartels, Wilhelmstr. 124. (c. 1880). 8°. 127 u. 128 SS. (Ldpr. 3 Mk.) (1½ Mk. Kühl.)

DENKWÜRDIGKEITEN des Herrn von H. Einzig vollständige Ausgabe. Chicago. Gedruckt auf Kosten guter Freunde. O. J. (vor 1890). Kl. 8°. 189 S.
Schundausgabe. 3 unpag. Seiten Ankündigung von Eroticis von 0.30 bis 10.— M.

DENKWÜRDIGKEITEN des Herrn von H. [rot]. Privatdruck. Leipzig 1908. 8°. 300 S. Or.-Hlbldr. Vier Bücher in 1 Bd. 500 in der Maschine numer. Expl.
Erstklassige Ausstattung, aber Drahtheftung.

DENKWÜRDIGKEITEN des Herrn von H... Galant-pikante Enthüllungen aus dem Tagebuch eines aristokratischen Lebemannes, von ihm selbst erzählt. Einzig vollständ. Ausgabe. Paris, Wien, Moderner freier Verlag, 1910. 8°. 343 S.
[Umschlag: Aus dem Tagebuch eines Satyrs.]

DENKWÜRDIGKEITEN des Herrn von H., eines deutschen Edelmannes. Rom. 8°. 318 S.

Das zweiterwähnte Exemplar bei Hayn hat tatsächlich 318 (nicht 320) Seiten.
S. a. unter Schilling, Gustav.

**Denkwürdigkeiten** des Herrn von H. eines deutschen Edelmanns. Rom [1787]. V: *Schilling, Gustav.* (BGE)

—— des Don Juan van Halen, Chef d. Generalstabs bei e. von d. Divisionen d. Armee Mina's in d. J. 1822 u. 1823. 2 Thle. A. d. Franz. v. F. Fr. Oechsle. 8. (13 B.) Stuttgart 828, [Löflund.]
Thl. 1. Die Erzählung seiner Gefangenschaft in d. Kerkern d. span. Inquisit. in d. J. 1817 u. 18, sein. Entweichung ꝛc. (13 B.) 20 Gr.
„ 2. Die Erzählung seines Feldzuges im Kaukasus unt. Yermolow 1819 u. 20, u. seiner Rückkehr nach Spanien. (16 B.) 1 Thlr.

**Denkwürdigkeiten, Hamburgische,** ein topographisch-politisch-historisches Handbuch . . . Hamburg 1794. V: *Bärmann, Georg Nicolaus.* (Ky) (MGT)

— Hamburgische; e. typograph.-polit.-histor. Handbuch für Einheimische u. Fremde, (v. G. N. Bärmann). 8. Hamb. 794. Gundermann. 1 ℛ 4 ℊ Anh. dazu. 8. Ebd. 16 ℊ

Denkwürdigkeiten des Hauptmanns v. Köpenick. Der „Räuber-Hauptmann" in der internationalen Karikatur u. Satire. (94 S. m. Abbildgn.) 8. Berlin (906). Verlag der „Lustigen Blätter". n. 1.—

Denkwürdigkeiten der Hauptmomente aus d. Leben der Herzogin v. Berry, seit ihrer Vermählung bis nach ihrer Verhaftung zu Nantes. Nach d. Franz. d. L. G. Magnant u. A. Mit ihrem Portrait u. der Abbildung ihres Zufluchtsortes. gr. 8. Ilmenau (u. Weimar) 833. Voigt. ⅔ ℛ

— eines deutschen Hausknechts, wie er solche im Jahr des Heils 1848 selbst in Flachsensingen niederschrieb. 8. (114 S.) Tübingen 848, Laupp. 2 ℛ

Denkwürdigkeiten eines deutschen Hausknechts, wie er solche im Jahre des Heils 1848 selbst in Flachsensingen niederschrieb. 8. (414 S.) Tübingen 850, Laupp'sche Buchh.

**Denkwürdigkeiten** eines deutschen Hausknechts, wie er solche im Jahr des Heils 1848 selbst in Flachsensingen niederschrieb. Freiburg i. Br. u. Tübingen 1850. V: *Köstlin, Christian Reinhold.* (Russell IV, 461)

Denkwuerdigkeiten Herzog Rovigo

Denkwürdigkeiten des Herzogs von Rovigo, ehemaligen Polizeiministers des Kaisers Napoleon. Bdchn 1-12. 1828-29

s. Ehrentempel, Napoleons.

— hessische, herausgeg. von Justi u. Hartmann. 4 Thle. 8. Marburg, Krieger. 799—806. (1r—3r 3 Thlr. 8 gr. 4r in 2 Abtheil. 3 Thlr. 16 gr.).

—— historische, bearb. v. K. Geib, s. Geib.

Denkwürdigkeiten, Historische, u. Actenstücke aus d. Leben u. über d. Proceß d. Königin Karoline von England. 1. H.: Denkwürdigkeiten des Baron Pergami. Mit seinem Bildniß. gr. 8°. Leipzig: Brockhaus 1820.

Denkwürdigkeiten rc. 2s—4s Heft. Gesch. d. Processes d. Königin. 1e—3e Abtheil. gr. 8. Ebd. 821. à 18 gl 2 rh 6 gl

— Dass. französ. gr. 8. Ebd. 1s Heft. 16 gl 2s—4s à 18 gl 2 rh 22 gl

**Denkwürdigkeiten, Historische,** die Königl. Preussische Armee betreffend ... Berlin 1786. V: *König, Anton Balthasar.* (MGT)

— historische, von der franz. Gemeinde zu Berlin. 8. Berl. Maurer. 773.

—— histor., über Pius VII., s. Pacca.

—— histor. u. polit., d. kgl. preuß. Staatsministers Joh. E. Grafen v. Görtz, a. dess. hinterlassenen Papieren entworfen. 2 Thle. gr. 8. Stuttgart, Cotta. [1. (... B.) 827. 1 Thlr. 16 Gr., 2. (16¼ B.) 828. 1 Thlr. 8 Gr.]

Denkwürdigkeiten, Historische, der republikan. Schweiz. 8°. Leipzig: Schiegg. 1797.

Denkwürdigkeiten. Historische D' der Republikanischen Schweiz, von den Zeiten ihrer Gründung. bis zum Jahr 1797. 8. Helvetien 1800.

— histor., eine angenehme u. lehrreiche Unterhaltung f. d. Jugend. Mit 8 fein ill. Kpf. 8. Frankf. a. d. O. u. Berl., Trowitzsch u. S. 20 gl

—— über d. Hof Louis Napoleons u. üb. Holland. A. d. Franz. 2 Hfte. gr. 12. (13⅓ B.) Darmstadt 828, Leske.

Denkwürdigkeiten von dem portugiesischen Hofe. A. d. Engl. 8. Göttingen 1768

**Denkwürdigkeiten, Hohenschwangaus,** und Vorzüge der ältern und neuern Zeit ... Füssen 1837. V: *Boxler, L.* (HThPP)

—— eines kleinen Hundes. Nebst Muff's Tagebuch, v. ihm selbst geschrieben. M. 9 col. Abbildn. 16. (10 B.) Berlin 811, Hasselberg.

—— des meklenburg-strelitzischen Husaren-Regiments in den Jahren des Befreiungskampfes 1813 bis 1815, nach dem Tagebuche eines alten Husaren und authentischen Quellen niedergeschrieben. gr. 8. (XI und 336 S. mit lithogr. Abbildung der Standarte.) Neubrandenburg 854, Brünslow.

— — zur Jesuiten-Geschichte. 8. Ausg., Doll. 820.

—zur Jesuiten-Geschichte. 2e unveränd. Ausg. 8. Augsburg 833. (Landshut, Krüll.) ⅓ rh

—— zur Jesuiten-Geschichte. 2., unveränd. Ausg. 8. (9 B.) Augsburg 833. (Landshut, Manz.)

**Denkwürdigkeiten** von Innsbruck und seiner Umgebung. Innsbruck 1813. V: *Primisser, Gottfried.* (EB)

**Denkwürdigkeiten** von Innsbruck und seinen Umgebungen. Innsbruck 1813. 2. Aufl. 1816. V: *Primisser, Gottfried.* (Sodann: *Andreas Aloys* von Di Pauli.) (Margr 431) (BiblPort)

— des Fortunat v. Juvalta, siehe: Archiv für die Geschichte der Republik Graubünden, 1. Hft.

—— des Herzogs Carl von Braunschweig. Mit authentischen Aktenstücken. 2 Bde. gr. 8. (76⅛ B. u. 1 Tab.) Cassel 844, Hotop.

Denkwürdigkeiten d. Prinzeß Caroline v. Wallis, s. Asbe.

— d. Königin von Hetrurien, Tochter Karls IV. Königs v. Spanien, von ihr selbst verfaßt, aus dem Franz. v. A. v. P. 8. Breslau, Max u. Comp. 814.

**Denkwürdigkeiten** eines Conspiranten 1820-49. Weimar 1856. V: *Ruffini, Giovanni Domenico.* (BrMm) (Mitth. M. Grolig.)

Denkwürdigkeiten eines Conspiranten (Lorenzo Benoni). Mit merkwürdigen Aufschlüssen über die geheimen Bündnisse der Carbonari, des jungen Italiens, über Mazzini, Cesare, Giovanni und Camillo Rufini, Prinz Urbino rc. Nach dem Französ. von Ferd. v. Biedenfeld. 2 Bde. gr. 12. (XII und 523 S.) Weimar 856, Voigt.

Denkwürdigkeiten eines Conspiranten (des Grafen Rufini). Mit merkwürdigen Aufschlüssen über die geheimen Bündnisse der Carbonari, des jungen Italiens, über Mazzini, Cesare, Giovanni u. Camillo Rufini, Prinz Urbino, Graf Alberto, rc. Nach dem Franz. von Ferd. v. Biedenfeld. 2 Bde. Weimar 856. Voigt. 12. (VIII, 277; IV, 246 S.) 1 rh 15 ngr

**Denkwürdigkeiten** des Bisthums Konstanz ... [Freiburg i. Br. 1844—46.] V: *Wessenberg, Ignaz Heinrich von.* (Heyd)

—— aus d. alexandrin. Kriege. — Anh. zu Caj. Jul. Cäsar's Werken, übers. v. C. Schaumann, s. Uebersetzungsbibliothek d. griech. u. lat. Klass., IV. Abthl.

— des französischen Kriegs 1793 u. 94. 4 Bde. in 12 Heften. 8. Wien, Schönfeld. (à 18 gr.).

Denkwürdigkeiten des französischen Krieges. 1793 u. 1794. 4 Bd. 8. Wien 1795. 9,00.

— kriegsgeschichtl., des Ordens-Haupthauses u. d. Stadt Marienburg in Westpreußen, (v. Ldw. v. Auer). gr. 8. Danzig 824. Lohde. 12 gl

Denkwürdigkeiten für die Kriegskunst und Kriegsgeschichte. Herausgegeben von einigen Officiers des k. preuss. Generalstabs. (2 Bde.) 8. Berlin 1817—1820.

— — für die Kriegskunst und Kriegsgeschichte. Herausgegeben von einigen Offizieren des Preuß. Generalstabs. 1s bis 6s Heft. gr. 8. Berlin, Dümmer. 817, 18. 19. 20. (1s bis 3s Heft à Rthlr. 1 6 Gr. 4s Heft Rthlr. 1 12 Gr. 5s Rthlr. 1 12 Gr. 6s Rthlr. 1 8 Gr.)

— des Kapitain Landolph. Die Geschichte seiner Reisen während 36 Jahren enthaltend. Nach d. Franz. bearb. von Therese Huber. 8. Leipzig 825, Brockhaus.

Denkwürdigkeiten aus dem 18. Landtage. gr. 8. (29 S.) Oldenburg 876. Bültmann & Gerriets in Comm. n. — 40

Denkwürdigkeiten aus dem Leben des T. A. d'Aubigné, Stallmeisters von Heinrich dem Vierten, von ihm selbst an seine Kinder geschrieben, aus dem Franz. 8. Tübingen, 780. Herrbrandt. 20 sgl. Auch unter dem neuern Titel: Lebensbeschreibung des T. A. d'Aubigné.

Denkwürdigkeiten aus dem Leben d. Fürsten Bismarck. Darstellg. d. gesamten polit. Wirksamkeit d. Fürsten Bismarck als Abgeordneter, Gesandter u. Minister. Von ***. 3 Abtlgn. gr. 8. Lpz. 889,90, Renger. * 14 —; geb. ** 20; auch in 14 Lfgn. à * 1 —
1. Die vorministerielle Zeit. (XII, S. 1—300.) * 4 —. — 2. Bismarck als Minister u. Bundeskanzler. (S. 301—794.) * 6 —. — 3. Bismarck als Reichskanzler. (VI. S. 795—1109.) * 4 —.

Denkwürdigkeiten aus dem Leben des Fürsten Bismarck. Darstellung der gesamten polit. Wirksamkeit d. Fürsten Bismarck als Abgeordneter, Gesandter u. Minister. Von ***. 14 Lfgn. gr. 8. (VI, 1109 S.) Leipzig 890. Renger. à n. 1. —

**Denkwürdigkeiten** aus dem Leben des Fürsten Bismarck. Darstellung der gesammten politischen Wirksamkeit des Fürsten Bismarck als Abgeordneter, Minister und Reichskanzler. Leipzig 1890. V: *Kobolsky, Hermann.* (Singer, A., Bismarck in d. Literatur. Würzburg 1909. S. 128.)

Denkwürdigkeiten aus dem Leben d. Fürsten Bismarck. Darstellung der gesamten polit. Wirksamkeit d. Fürsten Bismarck als Abgeordneter, Gesandter, Minister u. Reichskanzler. Von ***. Neue Ausg. 14 Lfgn. gr. 8. (VI, 1109 S.) Leipzig 892. Renger. à 1. —

Denkwürdigkeiten aus dem Leben des K. K. Hofrathes Heinr. Gottfr. v. Bretschneider, 1739—1810. Mit Benutzung sehr selten gewordener Quellen zum erstenmale vollständig herausg. v. K. F. Singer. Wien 1892. 8°. (Mk. 6,50.) (7 Mk. Franz Teubner, c. 1898; 4 Mk. Max Jaeckel, c. 1906.)
Bretschneider war Soldat, Gubernialrath, Bibliothekar in Ofen u. in Lemberg, Rathgeber und Vertrauter Kaiser Josef's II., Reiseabenteurer, Dichter, Romanschreiber, Recensent, Satiriker, Freimaurer und Kochkünstler, ein Peregrinus Proteus in hundert Farben. Die Schilderungen des Soldatenlebens und der wechselvollen Erlebnisse Bretschneiders, seiner vielfachen Abenteuer auf seinen Reisen in Deutschland, Holland, England, Frankreich, Oesterreich und Ungarn, bieten Interessantes in Hülle und Fülle. — Das Werk wurde kurz nach seinem Erscheinen in Oesterreich wegen einiger Schilderungen beanstandet und confiscirt.

**Denkwürdigkeiten** aus dem Leben des Frhr. S. v. Bruckenthal. Hermannstadt 1848. V: *Schäfer* (?). (wolfstieg I, 727)

— aus dem Leben G. Cannings, s. Styles.

— aus dem Leben Sir Humphry Davy's, hrsg. v. sein. Bruder John Davy. Deutsch bearb. v. Carl Neubert. Eingeleit. v. Rud. Wagner. 4 Bde. Mit d. Bildn. Davy's. 8. (87 B.) Leipzig 840, Voß.

Denkwürdigkeiten aus dem Leben ausgezeichneter Teutschen des achtzehnten Jahrhunderts. Schnepfenthal 1802. 796 S.

— aus dem Leben ausgezeichneter Deutschen aus dem 18n Jahrh. gr. 8. Schnepfenthal, Erzieh. Anst. 802. Velinp.

Denkwürdigkeiten aus dem Leben Ernsts II., Herzogs zu Sachsen-Gotha und Altenburg. 8. Gotha, s. a. (18..)

**Denkwürdigkeiten** aus dem Leben Ferdinands VII. Königs von Spanien. Deutsch von Frz Ritter. Stuttg. 1824. V: *Quin, Mich. Jos.* (Pr)

— aus d. Leben des preuß. Generals de la Motte Fouqué, s. La motte Fouqué.

**Denkwürdigkeiten** aus dem Leben des Generals Freiherrn de la Motte Fouqué ... Berlin 1788. V: *Büttner, Gottfried August.* (Nent)

— aus dem Leben des Pr. Gen. de la Motte Fouquet etc. 2 Thle. 8. Berl. Lagarde. 788.

— — dasselbe französisch. II Theile. 8. Ebend. 788. Postp. Velinp.

— aus dem Leben der preuß. Prinzessin Friederike Sophie Wilhelmine, (Schwester Friedrichs des Großen), Markgräfin von Baireuth, vom J. 1709—33, von ihr selbst in franz. Sprache geschrieben. gr. 8. Tüb. Cotta. 810.

Denkwürdigkeiten aus dem Leben der königlich preussischen Prinzessin Friederike Sophie Wilhelmine etc., vom Jahre 1709—1733. (2 Bde) 8. Tübingen 1811.

— aus dem Leben Leopold von Gerlach's, Generals der Infanterie u. General-Adjutanten König Friedrich Wilhelms IV. Nach seinen Aufzeichngn. hrsg. v. seiner Tochter. 2. Bde. gr. 8. (III, 848; 788 S. m. Portr.) Berl. 891,92, Hertz.
à Bd. * 11 —; * 22 —; geb. in Hlbfrz. à Bd. * 13 50; * 27 —

**Denkwürdigkeiten** aus dem Leben eines Geschäftsmannes, Dichters und Humoristen. Leipzig 1828. V: *Schwarz, Joh. Ludwig.* (GGr)

— aus dem Leben des Generals der Infanterie v. Hüser, größtentheils nach dessen hinterlassenen Papieren zusammengestellt u. hrsg. v. M. O. Mit einem Vorwort v. Maurenbrecher. gr. 8. (XVI, 318 S.) Berlin 877. G. Reimer. n. 5. —

Denkwürdigkeiten aus dem Leben Leopold I. röm. Kaisers. 8. Tübing. Heerbrand. 812. Rthlr.

— aus dem Leben d. Dienerinn Gottes Maria Josepha, Herzoginn v. St. Elias, geb. Gräfin v. Brandis. N. d. Ital. v. A. Passy. Mit d. Bildn. d. Herzoginn. 8. (6½ B.) Wien 830, Mechitaristen-Congreg.-Buchh.

— aus d. Leben d. Erzherzogin Marie Antoinette v. Oestreich, Königin v. Frankreich. 4 Bde. 8. (71½ B.) Leipzig 836, [Schreck.]

— aus d. Leben der Erzherzogin Marie Antoinette von Oesterreich, Königin v. Frankreich. 4 Bde. 8. Leipzig 836,37, Literar. Museum. 4 ₰

Denkwürdigkeiten aus dem öffentl. Leben d. Exkaisers von Mexico: Augustin de Iturbide, von ihm selbst geschrieben. Nach d. engl. Ausg. übers. gr. 8: Leipzig 1824, Brockhaus.

— — aus dem öffentlichen Leben Fouché's, Herzogs von Otranto. Aus dem Franz. gr. 8. Erfurt und Gotha, Hennings. 819.

**Denkwürdigkeiten** aus dem öffentlichen und Privatleben der verewigten Charlotte Auguste, Prinzessin von Wales ... Aus dem Engl. Hamb. 1818. V: *Wesselhöft, Elisabeth.* (Schl) (MGT)

Denkwürdigkeiten aus dem öffentlichen und Privatleben der verewigten Charlotte Auguste, Prinzessin von Wales und Coburg. Aus dem Englischen, nebst Bildniß. gr. 8. Hamburg, Hoffmann und Campe. 818. Rthlr.

— aus d. Leben des französ. Generals Rapp. Von ihm selbst geschrieben. Verdeutscht u. mit Anmerkk. begleitet v. Fr. Dörne. 8. Danzig 824, Lohde.

—— aus d. Leben weiser Regenten, s. Spiller v. Mitterberg.

— aus Robespierres Leben. 1r Thl. 8. Stuttg. Steinkopf. (Gräff, Leipz.). 795.

— aus Robespierres öffentl. u. Privat-Leben. 1r Thl., mit bess. Portr. 8. Stuttg. 795. Steinkopf. 20 gl.

—— aus dem Leben d. General-Feldmarschalls Kriegsministers Grafen v. Roon. Sammlung v. Briefen, Schriftstücken u. Erinnergn. 1.–8. Aufl. 2 Bde. gr. 8. (XVI, 502; XII, 764 S. m. 2 Bildnissen in Photograv. u. 1 Faksm.) Bresl. 892, Trewendt. * 20 —
geb. in Leinw. * 22 —; in Hlbfrz. * 25 —

Denkwürdigkeiten aus dem Leben Kaiser Rudolphs von Habsburg. (Die Vorzeit 5.) 16°.
Ulm 1830.

—— aus dem Leben des verstorbenen Oberpolizeidieners Schulze, Dannebrogs-Mann, namentl. während seiner Dienstzeit in der holländ. Armee, als Theilnehmer am griech. Freiheitskampfe, und als Begleiter der Naturforscher Hemprich und Ehrenberg auf ihren Reisen in Nord-Afrika. Verfaßt von ihm selber. gr. 8. (140 S.) Kiel 858, (Akademische Buchh.) Thlr. *

—— aus dem Leben von J. L. Schwarz, s. Schwarz.

**Denkwürdigkeiten** aus dem Leben Kurds von Schwerin, des Feldmarschalls. Stettin 1828. V: *Giesebrecht, H. Ldw. Theod.* (Ky) (Pr)

Denkwürdigkeiten a. d. Leben Kurds v. Schwerin (des Feldmarschalls. — Von L. Giesebrecht.) gr. 8. (3½ B.) Stettin 828, Morin. Thlr.

Denkwürdigkeiten aus Walter Scott's Leben, s. Scott.

—— aus dem Leben von Amalie Sieveking, s.a. Lebensbilder aus der Geschichte der inneren Mission.

**Denkwürdigkeiten** aus dem Leben von Amalie Sieveking, in deren Auftrage . . . verfasst. Hamburg 1860. V: *Poel, Emma.* (Schr VII, 175) (ADB 34, 220)

Denkwürdigkeiten aus dem Leben von Amalie Sieveking in deren Auftrage von einer Freundin derselben verfaßt. Mit einem Vorwort von Wichern. gr. 8. (XIII und 392 S. mit lithogr. Portr.) Hamburg 860, Agentur des Rauhen Hauses. *
geb. *

**Denkwürdigkeiten** aus dem Leben des Freiherrn Friedrich von der Trenck, des unglücklichen Gefangenen von Glatz und Magdeburg. Ein Beitrag zur Geschichte der Höfe Friedrichs des Grossen, Maria Theresias und Elisabeths von Russland. Neue Ausgabe in drei Theilen. Celle 1865. V: *Alvensleben, Ludwig von.* (G. Gugitz & M. von Portheim: Friedrich Freiherr von der Trenck. Wien 1912. S. 193)

—— aus dem Leben des Frhrn. Friedr. v. der Trenck, des unglücklichen Gefangenen von Glatz und Magdeburg. Ein Beitrag zur Geschichte der Höfe Friedrichs des Großen, Maria Theresias und Elisabeths von Rußland. 3 Thle. Neue (Titel-) Ausg. 8. (693 S.) Celle (860)65, Schulze'sche Buchh.

**Denkwürdigkeiten** oder Lebensgeschichte Eines Schwedischen Edelmannes von Ihm selbst im Jahr 1784 geschrieben. Aus dem Frantz. übersetzt von G. W. Bartholdy. Berlin 1788. V: *Hordt (Hordh), Joh. Ldw. Graf v. d.* (RHMB VI, 246)

— u. Lebensgeschichte eines schwed. Edelmanns, (v. Hordt). a. d. Franz. von Bertoldy. gr. 8. Frankfurt, Acad. Buchh (Lagarde, Berlin). 788.

Denkwürdigkeiten zur Lebensgeschichte des D. Raphael Riego. Von einem spanischen Offizier. A. d. Engl. von C. B. Sp. Stuttgart 1824.

Denkwürdigkeiten der Lebens- und Staatsgeschichte Peters III. 8. Danzig 1762.

— der Lebensgeschichte M. A. Wellarot's. gr. 8. Coburg, Sinner. 802.

— der Gräfin zu Schleswig-Holstein, Leonora Christiana, vermählten Gräfin Ulfeldt aus ihrer Gefangenschaft im blauen Thurm d. Königsschlosses zu Copenhagen 1663—1685. Nach der daen. Original-Handschrift im Besitze d. Herrn Joh. Grafen Waldstein. Hrsg. v. Johs. Ziegler. Lex.-8. (XLVI, 316 S. m. 2 lith. Portr. in Tondr., 2 Chromolith. u. 2 Holzschntaf. in Lex.-8. u. qu. 4.) Wien 871. Gerold's Sohn. n. 8. —

— der Gräfin zu Schleswig-Holstein Leonora Christina, vermählten Gräfin Ulfeldt aus ihrer Gefangenschaft im blauen Thurm des Königschlosses zu Copenhagen 1663—1685. Nach der dän. Orig.-Handschrift im Besitze Sr. Exc. des Hrn. Johan Grafen Waldstein hrsg. v. Johs. Ziegler. 2. (Titel-)Aufl. Lex.-8. (XLVI, 315 S. m. 1 eingedr. Holzschn., 3 Steintaf. u. 1 Chromolith.) Wien (1871) 879. Gerold's Sohn in Comm.
n. 6. —

— literarische, s. Leipz. Gel. Zeitung.

**Denkwürdigkeiten, Literarische.** Leipzig 1792—95. V: *Beck, Chn Dn.* (Ky)

**Denkwürdigkeiten** eines Livländers. Hsgbn. von Fr. v. Smitt. Leipzig 1858. V: *Löwenstern, Waldemar Freih. von.* (KA) (Klüpfel) (Ky) (Kat. d. Bibl. d. dtsch. Reichstages. Berlin 1882.)

— von Sir Hudson Lowe, Gouverneur v. St. Helena, über Napoleons Gefangenschaft u. Tod, (v. Graf v. Montholon). Aus d. Französ. 2 Bde. gr. 12. Stuttg. 830. Hoffmann. 3 ß

—— von Sir Hudson Lowe, Gouverneur v. St. Helena, über Napoleons Gefangenschaft u. Tod. 2 Bde. (Vom Grafen v. Montholon?) (A. d. Franz.) gr. 12. (20⅓ B.) Stuttgart 830, [Weise.]

—— des Grafen v. M...., e. getreue Schilderung seines Lebens u. seiner Schicksale zu d. Zeiten d. nordamerikan. Befreiungskrieges, d. franz. Revolution bis z. Restauration. A. d. Franz. v. Levasseur. gr. 12. (11 B.) Dessau 829, Fritsche u. Sohn.

Denkwürdigkeiten d. Markgräfin v. Anspach. 2 Bde. Aus e. engl. Handschrift übersetzt. Mit 2 Steindr. gr. 8. Stuttgart 826, v. Cotta.

Denkwuerdigkeiten Markise Pompadour

Denkwürdigkeiten der Markise von Pompadour. 1830
s.a. Marin, Scipion [Verf.]

**Denkwürdigkeiten** der Markise von Pompadour, enthaltend die Ursachen der Kriege und der Friedensschlüsse, die Gesandtschaften und Unterhandlungen an den verschiedenen Höfen Europas, die heimlichen Umtriebe und Ränke der Minister, den Charakter der Generale und Staatsminister, sowie den Grund ihrer Erhebung und ihres Sturzes und überhaupt alles dasjenige, was sich von der Zeit der Erhebung der Markise von Pompadour zur ersten Maitresse des Königs an bis zu ihrem Tode oder von dem Jahre 1745 bis 1764 unter der Regierung Ludwigs XV. Merkwürdiges ereignet hat. Braunschweig 1830. V: *Marin, Scipion.* (Querard III, 206) Ü: *Menadier, Fr. A.* (BGE VI[8], 247)

—— der Markise v. Pompadour. A. d. Franz. v. F. A. Menadier. 2 Thle. gr. 8. (21½ B.) Braunschweig 830, G. C. E. Meyer.

— medicin., aus der Vergangenheit u. Gegenwart; für prakt. Aerzte in monatl. Lieferungen herausg. von Alb. Sachs. 1834. Juli — Dec. oder 1r Bd. 6 Stücke. 8. Berlin 834. Hirschwald. 1¾ ℛ︎

**Denk- und Merkwürdigkeiten** für grosse Leute. Wien 1783. V: *Riedel, Fch. Justus.* (WBL 26/90) (BiblPort)

Denk- und Merkwürdigkeiten unglücklicher Menschen, die durch ihre Naturgaben, hohe Würde, Gelehrtheit, Verbrechen, Unschuld, ihr Schicksal und Lebensende sich besonders auszeichneten. 8. Elberfeld, Mannes. (Leipzig, Engelmann in Comm.) 817. Rthlr.

— militärische, s. Journal, militärisches.

— militairische, aus den Feldzügen von 1792—94. 6 Bde. 8. Hannov. Helwing. 787—806. (à 1 Thlr. 4 gr.).

Militär. Denkwürdigkeiten aus den Feldzügen des französ. Revolutionskrieges 1792—95. 6 Bd. 8. Hannover 1797—1806. 21,00.

— militairische, unsrer Zeit. 1r — 6r Bd., ist das neue milit. Journal. 15s — 26s Stück.

**Denkwürdigkeiten, Militärische,** unserer Zeiten, insbes. des französischen Revolutionskrieges v. 1792. Hannover 1797—1805. V: *Scharnhorst, Georg von.* (Pr) V: *Scharnhorst, Georg von & F. von der Decken.* (Ky)

Denkwürdigkeiten, neue Dresd., s. Bürgerzeitung.

— neue, der Geschichte von Europa. 2 Thle. 8. Gotha, Mevius. 764—65.

— niederlausitzische, (als Fortsetzung der denkwürdigsten Neuigkeiten für die Jugend). 12 Hefte. 4. Sorau. (Beygang, Leipz.). 796.

—— aus der Oberpfalz. — Ensdorf. Kastel. Sulzbach. Trausnitz im Thale. Mit e. Anh.: Scheyern. Otto VI. od. d. Große von Wittelsbach. Sieg Kaiser Ludwig des Bayern bei Ampfing. Burg Trausnitz zu Landshut. gr. 8. (6 B. m. Holzschn.) Sulzbach 813, v. Seidel'sche Buchh.

**Denkwürdigkeiten** eines württembergischen Offiziers aus dem Feldzuge i. J. 1812. Veröffentlicht durch Freiherrn von Rotenhahn. 2. Aufl. München 1892. 3. Aufl. 1900. V: *Fleischmann, Chn. Wilh. Aug.* (Kat. der ständ. Bibl. Stuttg. 1907. S. 519.) (Heyd)

Denkwürdigkeiten e. württembergischen Offiziers aus dem Feldzuge im J. 1812. Veröffentlicht durch Frhrn. v. Rotenhan. 3. Aufl. gr. 8. (32 S.) München 900. (H. Lukaschik.) n. 1. 50

DENKWÜRDIGKEITEN aus den hinterlassenen Papieren eines Arztes. (Priapisches Machwerk.) 2. Ausgabe. 2 Bde. Wien 1893. 8°.

DENKWÜRDIGKEITEN aus den hinterlassenen Papieren eines Arztes. Erster Teil. VI. revidierte und vervollständigte Ausgabe. Wien 1903, Ew. Lielienthal's Volksbuchhandlung. 8°. 44 S., 1 S. Inserat.
[Umschlag: Amüsante Reise-Erlebnisse. Aus den usw. Gedruckt zu Leipzig 1910.]
Verb. d. Ldg. Düsseldorf 2 J. 530/10.

— — Dasselbe. 2 Bde. 6. Aufl. Ebd. 1903. 448 S. (15 Mk. F. Waldau, Fürstenwalde, 1907; 12 Mk. H. Hugendubel, München, 1904.)

Denkwürdigkeiten aus den Papieren eines ... Staatsbeamten über die ... Ursachen, welche d. Pol. d. Cabinette ... 1792 – 1815 bestimmten, s. a. Beauchamp, Alphonse de

—— aus d. Papieren e. vornehmen Staatsbeamten üb. d. geheimen Ursachen, welche d. Politik d. Cabinette im Revolutionskriege v. 1792 bis 1815 bestimmten. A. d. Franz. mit Anmerkn. v. F. A. Rüder. 1. u. 2. Thl. gr. 8. (33 B.) Leipzig 828, [Lehnhold.] 2 Thlr., fein Pap.

—— des Joh. Chrysost. Passek, aus d. Regierungsjahren d. Könige Johann Kasimir, Michael Korybut u. Johann IV. v. Polen v. J. 1656 bis 1688. Poln. hrsg. v. Grafen Eduard Raczyński, deutsch v. Gust. Ad. Stenzel. 8. (28⅜ B.) Breslau 838, Max u. Komp.

— d. Baron Pergami, s. oben Denkwürdigkeiten, histor., aus d. Leben d. Königin Karoline v. England. 16 Heft.

— von Peru u. Chili. 8. Münster 806. 2e A. 817. Aschendorf. (Leipz., Müller). 12 ℊ︎

—— politische, aus (Conr. Engelbert) Oelsner's Schriften. Hrsg. von G. Oelsners Monmerqué. gr. 8. (XVIII und 305 S.) Bremen 848, Schlodtmann. *

— Pommersche, 1r Bd. 1r — 4r Heft. 8. Greifswalde. (Rostock, Stiller). 803.

—— eines Priesters. Aus d. Feuilleton des National übers. v. Gottl. Fink. 4 Bde. 8. Leipzig, Jurany. [1. u. 2. Bd. (28 B.) 846. 1 Thlr. 15 Ngr., 3. (16¼ B.) 4. (12½ B.) 47. 1 Thlr. 15 Ngr.]

— aus d. Reformations-Geschichte d. Residenz-Stadt Dresden. 2e Aufl. gr. 8. Meißen 827. Goedsche. 1 ℛ︎ 4 ℊ︎

— — der würtemberg. und schwäb. Reformationsgeschichte, von J. C. Schmid und J. C. Pfister. 2 Hefte. gr. 8. Tübingen, Laupp. 817.

— der Regierung Heinrichs IV. Königs in Frankreich. a. d. Franz. 8. Dresd. Hilscher. 783.

**Denkwürdigkeiten** der Regierung Catharina der zweyten. Riga 1780. H: *Schlözer, Aug. Ludw. von.* (EB)

— d. Regierung Katharina II., (als Fortsetz. d. neu veränd. Rußland). 1r Thl. gr. 8. Riga 780. Hartknoch in Leipz. 1 ℛ︎ 12 ℊ︎ Velinp. 2 ℛ︎ 16 ℊ︎

—— zur Regierungs- und Lebensgeschichte Kaiser Nikolaus I. gr. 8. (VII und 576 S.) Berlin 855, Gebr. Scherk's Verlag. *

— zur Regierungs- und Lebensgeschichte Kaiser Nikolaus I. Berlin 856. Gebr. Scherk. 8. (VII, 576 S.) n. 1 Thlr 15 Ngr

— d. Cardinal v. Retz, verflochten mit den wichtigsten Begebenheiten d. Jahre Ludwigs XIV. 3 Thle. gr. 8. Jena 800. Mauke. 3 Thlr

— d. französ. Revolution. 2 Hefte, mit Kpf. gr. 4. Leipz. 791. Voß. 5 Thlr 16 gr

—— aus d. span. Revolution. Gesammelt u. hrsg. v. J. B. von Pfeilschifter. gr. 8. (24 B.) Aschaffenburg 836, Pergay.

**Denkwürdigkeiten** des ehemaligen Nachtwächters Robert zu Zwäzen, derzeitigen Satrapen im Lande Caramania ... Schneeberg 1794. V: *Örtel, Friedrich von.* (Ky) (EE) (MGT)

— des Nachtwächters Robert zu Zwätzen, derzeitigen Satrapen im Lande Caramania, (von Fr. v. Oertel.) 2 Thle. (h. a. d. Titel: Wellners u. einiger seiner Getreuen Leben.) 8. Dresden, Arnold. 796. (à 18 gr.)

Denkwürdigkeiten der Marquise de la Rochejaquelin. s. Roche, la.

— Rückerinnerungen u. Anekdoten aus dem Leben des Grafen von Segur, s. Segur.

**DENKWÜRDIGKEITEN** über Russland. Russische Geschichten im 18. u. 19. Jahrh. Hrsg. v. Pipitz u. Fink. 2 Bde. Berlin, o. J. (c. 1860?). 8°. (4 Mk. 50 Pfg. Franz Teubner, Düsseldorf, 1898.)

Katharina II. — Von den Günstlingen: Sergius Soltykow, Stanislaus Poniatowski, Gregor Orlow, Wassiltschikow, Potemkin, Zavadovsky, Zoritsch, Korsakow, Lanskoï, Yermolow, Mamonow, Zubow. — Thronbesteigung Pauls. — Die Laeuse. die Frauen u. Peter der Grosse etc.

—— für Sachsen. (Eine neue Wochenschr., u. Begleiterin d. Dresdner Anzeigers.) Hrsg. v. F. G. Aster. 1. u. 2. Jahrg. 1830, 31. gr. 4. Dresden, (Arnold.) à

— für Sachsen, herausg. von F. G. Aster. 1r u. 2r Jahrg. 830, 31. Dresd. u. Leipz., Arnold. à 2 Thlr Hierzu 12 Beil. kl. Fol. 12 gr

— des Scharfrichters unter d. Schreckensregierung. Ein Beitr. zur Geschichte d. französ. Revolution v. Gregoire. Mit 1 Vign. 8. Leipz. 830. Hartmann. 1 Thlr 6 gr

— des Grafen Semonville; aus d. Französ. v. Ph. v. Arnim. 8. Leipz., Baumgärtner. 20 gr

**Denkwürdigkeiten** des Grafen Semonville; a. d. Franz. von Ph. v. Arnim. Leipz. 1803. V: *Dellos.* (Allgem. Lit. Ztg. Nr. 120, Sp. 294 f.) (Mitth. A. Rosenbaum.)

Denkwürdigkeiten von Sina, aus d. Geschichte dieses Reichs; aus d. Französ., mit 1 Karte. 8. Leipz. 783. Weygand. 18 gr

**Denkwürdigkeiten, Sokratische,** für die lange Weile des Publicums, zusammengetragen von einem Liebhaber der langen Weile ... Amsterdam [Königsberg] 1759. V: *Hamann, Johann Georg.* (Ky) (R-N) (Wr) (ML) (Hamanns Werke hsg. v. Roth, Bd. 2, 1.)

— socratische, für d. lange Weile des Publikums, von e. Liebhaber d. Langeweile (J. G. Hamann). 8. Amsterd. (Königsb.) 759. Hartung. 3 gr

— socratische, für die lange Weile. 8. Amst. Hartung. 760.

— aus d. Staatsverfassung Venedigs, s. a. Jh. Cph. Maier II., Beschreib. v. Venedig. 4r Thl.

**Denkwürdigkeiten** aus der Staatsverfassung der Republik Venedig. Im Auszug aus dem Franz. übers. u. mit Anm. begleitet von Joh. Ch. Maier. Leipz. 1796. V: *Curti, Leop.* (Verlags-Katalog von Joh. Ambr. Barth. Leipz. 1880. S. 39.)

—— d. Lady Esther Stanhope. Erzählt v. ihr selbst in Unterredungen mit ihrem Arzte; Anekdoten u. Meinungen üb. die bemerkenswerthesten Personen ihrer Zeit. Nach d. 2. Ausg. f. deutsche Leser bearb. u. übers. v. Birch. 8. (21 B.) Stuttgart 846, Hallbergersche Vrlsh.

Vgl.: Aula d. schönen Literatur.

**Denkwürdigkeiten** der Stiftskirche zu St. Peter in Westmünster ... Lübeck 1763. V: *Langer, Carl Heinrich.* (EngG) (Ky) (MGT)

— d. Stiftskirche zu St. Peter in Westmünster; nebst e. hieher gehör. Nachrr. von d. Leben engl. Dichter, (v. K. H. Langer). 8. Lübeck 763. u. 764 mit d. neuen Titelbl.: K. H. Langer, histor.-krit. Nachrr. v. d. Leben u. Schriften e. merkwürd. engl. Dichter etc. 8. Lübeck.

— des Fleckens Stolberg u. d. benachbarten Gegend in vorzügl. Hinsicht auf seine Messingfabriken, geschrieben 1816. Aachen 821. (Mayer). 12 gr

— aus d. Tagebuch d. Generals Grafen v. Rapp, Anhang zu Las Casas Denkwürdigkeiten von Helena. Aus d. Französ. 15 u. 26 Heft. gr. 8. Gotha 824. Hennings. 1 Thlr 8 gr

— u. Tagesgeschichte d. Mark Brandenburg, (v. J. W. A. Kosmann u. Th. Heinsius). 8 Jahrgg., mit Kpf. 8. Berl. 796—803. Belitz. à J. 4 Thlr 8 gr 34 Thlr 16 gr (Nov. 1802 u. Nov. u. Dec. 1803 sind nicht erschienen).

**DENKWÜRDIGKEITEN** und Tagesgeschichte der Mark Brandenburg, hrsg. von J. W. A. Kosmann u. Th. Heinsius. Jahrg. 1798. (12 Stücke.) Mit 1 Portrait. Berlin bei Belitz und Braun. 8°. 1448 S. (18 Mk., schönes saub. Expl., in 2 Bde. gebd., ohne das Portr., Max Harrwitz, Berlin, 1907.)

**DENKWÜRDIGKEITEN** und Tagesgeschichte der Mark Brandenburg und der Herzogtümer Magdeburg und Pommern (hrsg. von den Vorigen). Jahrg. 1799. (12 Stücke.) Ebd. 8°. 1442 S. (18 Mk., Expl. in 2 Bde. gebd., Max Harrwitz, Berlin, 1907.)

— u. Tages-Geschichte der Preuß. Staaten. Jahrg. 1801 bis 1803. 8. Berl. Belitz.

— edle Thaten u. Characterzüge aus Hamburgs Schreckenstagen, während u. nach dem Brandunglücke vom 5. bis 8. Mai 1842. Als Nachtrag zu der Brochüre (Reichenbach), Hamburgs verhängnißvolle Maitage. 1. Heft. gr. 8. Hamburg 842. (Leipzig, Fort.) n. 1/6 Thlr

— des Gen.-Finanz-Controlleurs Abbé Terray. 2 Bde. Aus d. Französ. (v. J. D. Kluge). 8. Berl. 781. Pauli. 16 gr (vergl. Terray).

Thorner Denkwürdigkeiten von 1345 1547. Hrsg. von Prof. Albert Voigt. *Thorn: E. Lambeck in Komm. 1904.* (XXIII, 253 S.) 8°
= Mitteilungen d. Coppernicus-Vereins f. Wissenschaft u. Kunst zu Thorn. H. 13. [04 5316]

— Thornische, od. Beschreib. von Thoren. 4. Berl. 726.

**Denkwürdigkeiten, Thornische.** Berlin 1726. V: *Jablonsky, Johann Theodor.* (Myl)

Denkwürdigkeiten der Gräfin Valois de la Motte, enthaltend die Geschichte des diamantenen Halsbandes, den Briefwechsel zwischen der Königin von Frankreich u. dem Kardinal Rohan, von ihr selbst geschrieben. Aus dem Englischen übersetzt. O. O. 1789. IV, 344 S. u. 44 S.
Sehr selten.

**Denkwürdigkeiten** von dem alten Város und dem gegenwärtigen Broos. Für den am 7. Juni 1852 daselbst versammelten Verein für siebenbürg. Landeskunde … Hermannstadt 1852. V: *Leonhard, Dan. Jos.* (Pk) (KU) (Bibl. d. ev. Landeskirche in Siebenb.)

— des Marschalls Grafen v. Veterani, worin d. Feldzüge gegen d. Türken ꝛc. beschrieben sind. gr. 8. Wien 770. Jahn. 6 ℊ Dieselb. gr. 8. (Glogau 771. Günther). 10 ℊ

— — dieselben. gr. 8. Wien. (Gräther, Glogau). 771.

**DENKWÜRDIGKEITEN** eines Vielgereisten, oder: Abenteuer (priapische) im Gebiete der Venus. 2 Thle. O. O. u. J. (ca. 1896). 12.° (8 Mk., eine böhmische Firma, 1901.)
79 + 77 S. Lat. Lett. Bereits selten! — Offenbar nach Casanova bearbeitet.

— d. Madame Bilfranc; aus d. Französ. v. J. D. Kluge. 8. Berl. 780.

— der großen Völker- u. Befreiungs-Schlacht bei Leipzig, welche im deutschen Freiheits-Kriege wider Napoleon u. die Franzosen vom 13.—19. Octbr. 1813 sieghaft gehalten wurde. Durch Nachrichtserforschung bei den anjetzt noch lebenden Augenzeugen der Schlacht in Erkundigung gebracht u. herausgeg. von Moritz Janz. 1.—10. Liefg. gr. 8. Leipzig 845, 46, Jh. Fr. Glück. à 1/6 ꝛß

— u. Vorsätze von Adam Graeme v. Moßgray, siehe: Bibliothek, Europäische, 766—768. Bd.

**Denkwürdigkeiten** des Domherrn Grafen von W. Vom Beginn der ersten französischen Revolution bis zur neuesten Zeit. Leipzig 1864. 2. Aufl. 1866. V: *Weigebaur, Graf.* (Kat. d. Bibl. d. dtsch. Reichstages. Berl. 1882.) *Neigebaur, Joh. Ferd.* (Rass)

—— des Domherrn Grafen v. W. Vom Beginn der ersten französ. Revolution bis zur neuesten Zeit. 1. Aufl. 1864. und 2. (Titel-)Aufl. gr. 8. (VIII und 374 S.) Leipzig 866, Bergson-Sonenberg. [Mülheim a. d. R., v. Kamp.]

**DENKWÜRDIGKEITEN** aus der wirklichen Welt. Ein Pendant zur Kenntniß menschlicher Karaktere u. Schicksale. 3 Bde. Cöthen, 1795—97, bei Joh. Aug. Aue. 8°. Cplt. rar! ($1^1/_3$ Rthl.)
Sammlung kleiner Romane und Novellen, zum Theil freien Inhalts, die auch als Einzeldrucke erschienen.

—— aus der Weltgeschichte. Ein Lesebuch für das Volk und seine Jugend. gr. 16. (208 S.) Cincinnati 854(60). (Philadelphia, Schäfer und Koradi.) geb. *

**Denkwürdigkeiten** aus der alten und neuen Weltgeschichte und aus der Staats- und Völkerkunde. Berlin 1798. V: *Halle, Johann Sam.* (Ky)

— aus d. alten u. neuen Weltgeschichte u. aus d. Staats- u. Völkerkunde. Mit 14 Kpf. gr. 8. Berl. 798. Maurers B. 1 ꝛß 12 ℊ

**Denkwürdigkeiten** von Wien. Aus dem Franz. … Th. 1—3 [Nördlingen] 1776—77. V: *Wekhrlin, Wilhelm Ludwig.* (Ky) (MS) (ML) (GGr) (BB) (Böhm, L., Wekhrlin. München 1893 S. 43).

— von Wien. (Von Wlh. Ldw. Weckherlin.) 8. o. O. 783. (Nördl. Beck). 10 ℊ

**Denkwürdigkeiten** Wiens während des Krieges 1805. Wien 1808. V: *Gaheis, Franz Anton de Paula.* (Auct. Schwarz, Mai 1920, Nr. 57) (Gilhofer 103/255) (Auct. Weisshappel Nr. 1432) (F. A. Gaheis, Wanderungen, Bd. 8, S. 257) (BiblPort)

**Denkwürdigkeiten** des Grafen Wilhelm zu Schaumburg-Lippe. Hann. 1783. V: *Schmalz, Theod. Anton Heinr.* (Ky) (Pr) (Dn) (MGT)

— des Grafen Wilhelm zu Schaumburg-Lippe, (v. Th. Schmalz). 8. Hannov. 783. Helwing. 16 ℊ

**Denkwürdigkeiten** der Miss Henriette Wilson, Englands Ninon. Nach dem Englischen. Stuttgart 1825. V: *Little, Thomas.* Ü: *Friedrich, Conrad.* (BGE VIII$^2$, 542/3)

— der Miß Henriette Wilson, Englands Ninon. Nach d. Engl. 3 Bde. gr. 12. Stuttg. 825. (Brodhag). 2 ꝛß 15 ℊ

Denkwürdigkeiten der Miß Henriette Wilson, Englands Ninon. Nach dem Englischen. Bd. 1—3. Stuttgart, Friedrich Franck, 1825. [Übersetzer ist Joh. Conrad Friederich.]

—— der berühmten Winter v. 1740 u. 1709. Nebst meteorolog. Bemerkn. u. Regeln, nach welchen besond. aus d. Witterung d. Winters auf die wahrscheinl. Witterung d. folgenden Jahreszeiten zu schließen ist. Hrsg. v. C. G. v. H(üttner.) 8. (5 B.) Leipzig 830, Barth.

— aus d. ältern u. neuern Zeit. 1r Bd., enth. 1) Darstell. d. Revolution in Spanien im J. 1820. Aus d. Französ. 2) Biographie Ali Paschas v. Janina. Nach d. Französ. des Hrn. Pouqueville, ehemal. französ. General-Consuls in Janina. 8. Jena 820. Bran. 1 ꝛß 12 ℊ

Denkwürdigkeiten aus der ältern und neuern Zeit. 1. Bd.: Darstellung der Revolution in Spanien im Jahre 1820. Aus dem Französischen. 8. Jena 1821.

— d. Zeitgenossen I. A. u. d. T.: General Carrascosa, histor.-polit. u. militär. Denkwürdigkeiten üb. d. Revolution d. Königr. Neapel 1820 u. 21. u. über d. Ursachen, welche solche herbeigeführt haben; mit größtentheils noch ungedruckten Belegen, 3 Kpf. u. 1 Karte. Aus d. Französ. gr. 8. Stuttg. 824. 1 ꝛß 18 ℊ II. Auch unt. d. T.: Denkwürdigkeiten des Obersten Voutier, über d. gegenwärt. Krieg d. Griechen. Aus d. Französ. Mit Vorwort v. Dr. Schott u. 6 Steindr. gr. 8. Ebd. 824. 1 ꝛß 12 ℊ III. A. u. d. T.: Denkwürdigkeiten zur Lebensgesch. d. Don Raphael Riego. Von e. span. Offizier. Aus d. Engl. v. C. B. Sp. Mit Portr. 18 ℊ IV. A. u. d. T.: M. J. Quin, Denkwürdigkeiten aus d. Leben Ferdinand VII., Kön. v. Spanien. Aus d. Engl. v. Fr. Ritter. Mit 1 Bildn. 824. 1 ꝛß 12 ℊ 8. Stuttg., Brodhag. 5 ꝛß 12 ℊ

— der Zeitgenossen I. — A. u. d. T.: General Carrascosa, histor. polit. u. militair. Denkwürdigkeiten üb. d. Revolution des Königr. Neapel 1820 u. 21, u. üb. d. Ursachen, welche solche herbeigeführt haben; mit größtentheils noch ungedruckten Belegen u. 1 Karte. Aus d. Franz. gr. 8. Stuttg. 824, Franckh.

— des Zust. der Monarchie Spanien. 8. Frankf. u. Leipz. Krieginger. 767.

Denkwürdigste, das, aus d. frühern Geschichte Jesu, s. Dann, Chrstn. Adam.

Denkwürdigste, das, aus d. frühern Geschichte Jesu, (v. Chr. A. Dann). 8. Stuttg. 811. 2e A. 830. Steinkopf. 8 gr. Mit 4 Kpf. 12 gr.

**Denkzeddel** für Kritikgakkler und besonders für den Autor der freymuthigen Kritik über die in dem Modesaale der kk. Akademie bildender Künste aufgestellten Gemälde. Wien 1786. V: *Ratakowsky, Frz. Bened.* (Provinc. Nachr. 1786, 4/176) (BIBLPORT)

Denkzettel, ein Dutzend, z. Andenken an d. erste heil. Kommunion f. Katholiken. Lithogr. u. mit Verziern. u. Einfass. gr. 4. Nördlingen 810, Beck'sche Buchh. Thlr

Ein kleiner Denkzettel für Herrn Wrangel. Zu haben bei L. Lassar. 1 Bl. 8. Flugblatt. Berlin, 1848/49.

**Denkzettel, Sabbathischer,** vor die Pfarrer auf dem Lande. Görlitz 1719. V: *Fleuter, Joh. Basilius.* (OL)

Denkzettel aus Gottes Wort und heiliger Sänger Lied. Mit Randzeichnungen von J. v. B. 3 Lfgn. gr. 8. (à 4 Chromolithogr.) Berlin 865,66, Schlawitz. à Lfg. * 1 Thlr. *

—— dass. — Neue Folge. Mit Randzeichnungen von Gustav König. In Farbendr. nach einem in Aquarell ausgeführten Orig. 3 Lfgn. hoch 4. (à 4 Chromolithogr.) Ebendas. 867,68. à Lfg. * 3 Thlr. *

Denmann, Laurette, s. Laurette, e. Scene aus d. sterbenden Klosterwelt.

Denmann, Laurette, (hat a. d. Titel: Laurette, e. Scene aus d. sterbenden Klosterwelt). 8. Danz. Brückner. 795.

Denmann, Thomas

Denmann, T., Anfangsgründe d. ausübenden Geburtshülfe. a. d. Engl. 1r Thl. gr. 8. Zürich, Ziegler. 791.

Denmann, Thom., Anleit. zur prakt. Geburtshülfe; mit Anmerkk. u. Zusätzen, aus d. Engl. übers. v. J. J. Römer. 1r Thl. gr. 8. Zürich 791. Ziegler. 1 rthl 4 gr.

Denmark delineated. or sketches of the present state of that country illustr. with portraits, views and other engravings. Part. I. gr. 8. Edinb. 822. (Altona, Hammerich.)

**DENN** jede Schuld rächt sich auf Erden! (187*.) 12°. Zahm. (1/3 Rthlr. Fischhaber u. A.)

Denn ihr seid theuer erkauft, darum so preiset Gott. Vier Kränze mit Lichtkreuz. Chromolithogr. 16. Leipzig 883, (Baldamus.) *

Denn solchen wird es zuletzt wohlergehen, s.: Vergißmeinnicht-Erzählungen.

**Denné,** Paul, aus Mainz: **Veränderungen** der Myome während der Gravidität und Einfluss derselben auf die Geburt. *Würzburg 1899: N. Seubert.* (25 S.) 8°
Würzburg, Med. Diss. v. 1899

**Dennebaum, Johann Baptist,** appr. Arzt: Aus d. Greifswalder chir. Klinik u. Poliklinik. Ein Fall von großem spindelförmigen Varix der vena cephalica dextra. Greifswald (1909): Adler. 43 S. 8°
Greifswald, Med. Diss. v. 17. Aug. 1909, Ref. Ritter, Payr
[Geb. 13. Dez. 79 Heiligenroth; Wohnort: Heiligenroth; Staatsangeh.: Preußen; Vorbildung: Gymn. Montabaur Reife O. 00; Studium: Theol. Münster 2, Freiburg i. B. 2, Med. Erlangen 2, Gießen 2, Greifswald 5 S.; Coll. 23. Febr. 09; Approb. 29. Aug. 06.] [U 10. 1569

Dennef, A., in frohem Kreise! Eine Sammlg. neuester Deklamationen und Couplets. Neue Ster.-Ausg. 16. (96 S.) Reutlingen 889. Enßlin & Laiblin. — 25; feine Ausg. — 60

— humoristische Vorträge f. heitere Kreise. Neue Ster.-Ausg. 16. (64 S.) Ebd. 889. — 15; feine Ausg. — 50

**Dennefeld,** J., übernatürliche u. natürliche Bildung des Menschen. Eine Kanzelrede auf das Evangelium d. 3. S. nach Pfingsten. Bamberg 870. Reindl. gr. 8. (15 S.) 2 ngr.

Dennefeld, Jac., Freiheit, Gesetz, Ordnung, oder die Versuchungsgeschichte der Menschheit. Eine zeitgemäße homilet. Betrachtung über das Evangelium des 1. Fastensonntags. gr. 8. (44 S.) Bamberg 848, Züberlein. *

**Dennefeld, Ludw.,** der alttestamentl. Kanon der antiochen. Schule, s. a. Studien, biblische. XIV, 4.

**Dennefeld, Ludwig**: Der alttestamentliche Kanon der Antiochenischen Schule ⟨Gekr. Preisschr.⟩ Freiburg i. B.: Herder 1909. IV, 93 S. 8° ¶ (Ersch. auch als: Bibl. Studien. Bd 14, H. 4.)
Straßburg, Kath.-theol. Diss. v. 1908, Ref. Faulhaber
[Geb. 11. Jan. 83 Zellweiler; Wohnort: Berlin-Wilmersdorf; Staatsangeh.: Elsaß-Lothringen; Vorbildung: Gymn. Reife 01; Studium: Straßburg 10 S.; Rig. 25. 26. Mai 08.] [U 09. 3787

**Dennemark,** Ferdinand, aus Cassel, Unterarzt im Inf.-Reg. Prinz Friedr. d. Niederl. ⟨2. Westf.⟩ No 15: Über **Dermoide,** insbesondere der Ovarien. *Berlin 1901: Schmitz & Bukofzer.* (43 S.) 8°
Berlin, Med. Diss. v. 29. Nov. 1901

**Denner,** Ernst: Die primäre Krebserkrankung der Niere. *Würzburg 1897: A. Boegler.* (27 S.) 8°
Würzburg, Med. Diss. v. 1897

**Denner, Friedrich** (Halle), De convenientia et disconvenientia juris Saxonici et juris Magdeburgici in processu executivo. Diss. jur. Rector Phil. Wilh. Grf. v. Boineburg. Präs. Ernst Tenzell. Erfurt (J. H. Grosch) 14. XII. 1713. 44 S., z. Tl. dtsch. (5.—) 6321

Denner, Jak., christl. erbaul. Betrachtt. über d. Sonn- u. Festtags-Evangelien. 4. Speyer 792. Kolp. (Manh., Schwan u. G.) 2 rthl

Denner's, Jac., christliche und erbauliche Betrachtungen über die Sonn- und Festtags-Evangelien des ganzen Jahres, nebst einem Anhang verschied. Predigten über besond. Texte, sowohl aus dem Alten als Neuen Testamente und einer Vermehrung von 3 Predigten über das heil. Unser Vater. Neue amerikan. Aufl., unter der Besorgung von S. B. Muselman. 4. (1252 S. mit 1 Stn.- und 1 Holzschnt.) Philadelphia 860, (Schäfer und Koradi.) geb. *

— Einfältige und christliche Betrachtungen über die jährlichen und heiligen Evangelia in öffentl. Versammlung in Altona vorgetragen. Von einem christlichen Zuhörer aus dem Holländischen ins Hochteutsche versetzt. Durch einen andern Freund zum Druck befördert. U. St. 1730. 4.

Denner, Jakob: L e i c h e n r e d e , welche nach der Beerdigung der Frauen Catharina Dennern, geb. Wieben, den 5. Jenner 1744 in Altona gehalten worden, von Ihrem hinterlassenen . . . Ehemanne Jacob Denner. o. O. u. J. 8°

[DENNER, JAC.], Eine christliche und allen Menschen höchst nöthige und erbauliche Predigt über den Text Apost. Gesch. 10. 34—35 gehalten in öffentl. Versammlung 1721 von einem Liebhaber der allgemeinen christlichen Wahrheit. U. St. o. A. [1721]. 4.

Denner, Imman. Friedr., die Oberfläche der Schweiz. Ein Beitr. z. gründl. Behandl. der topischen u. physikal. Geographie. gr. 8. (11¾ B.) Biel 815. (Bern, Huber u. Comp.) *

Denner's, Joh's., Leben, s. a. Lebensbilder aus der Geschichte der inneren Mission.

Dener, Johannes. Das Leben des württembergischen Pfarrers J' D'—s von ihm selbst beschrieben. Hrg. von Dr. Heinrich Merz. 8. Hamburg 1860.
Lebensbilder aus der Geschichte der inneren Mission. [Band] 13.

Denner, Leonhard Andreas

SOLDAT, Der verirrte, oder: Des Glück's Probirstein. Ein deutsches Drama des XVII. Jahrhunderts (von *Leonh. Andr. Denner*). .... Herausgegeben von P. v. Radics. (Mit einer Einleitung. Wolf Engelbert Graf von Auersperg .... der Theatermäcen, u. einem *Anhange* ....) Agram 1865. 8°. (In Berlin: Yp 851.)

**Denner, Max**, die Ehescheidung im Neuen Testamente. Die Auslegg. der neutestamentl. Schrifttexte üb. die Ehescheidg. bei den Vätern, historisch-kritisch dargestellt. (IV, 162 S.) 8. Paderborn 910. F. Schöningh. 2.—

**Denner, Rich.**, Bedeutung u. Ziele deutscher Weltpolitik. gr. 8. (VII, 60 S.) Minden 898. J. C. C. Bruns. n. 1.—

**Denner, Rich.**, Recht u. Liebe. Roman. 2 Bde. (318 u. 358 S.) 8. Dresden 910. E. Pierson. 6.—; geb. n 8.—

**Dennerlein, J. G. Wenzel.** Geschichte des Würzburger Theaters. Würzburg 1853.

**Dennert, A.**, des Wasserentchens zweite Heimath, s.: Meinhold's illustrirte Groschen-Bibliothek.

Die Wahrheit der biblischen Wunder. Von A. **Dennert**. T. 1. 2. Berlin: Seume 1909–10. 8°
1. 1909(–10). 2. 1910. [11. 18110

Dennert, Eberhard

**Dennert, E.**, Arbeitsteilung in Natur- u. Menschenleben, s. a. Zeitfragen des christl. Volkslebens. 199.

Arbeitsteilung in Natur- und Menschenleben von Dr. phil. E[berhard] **Dennert.** *Stuttgart: Ch. Belser 1901.* (47 S.) 8° [F.]
= **Zeitfragen** d. christlichen Volkslebens. Bd 26, H. 7. [01. 12668

**Dennert, E.**, d. Aufgaben d. christl. Litteratur, s.: Zeitfragen d. christl. Volkslebens.

**Dennert, E.**, die Bakterien, s. Zeitfragen des christlichen Volkslebens.

**Dennert, E.**, Bibel u. Naturwissenschaft. Gedanken u. Bekenntnisse e. Naturforschers. 4., vom Verf. neu durchgeseh. Aufl. (IX, 321 S.) 8. Stuttgart 906. M. Kielmann. n. 4.—; geb. n. 6.—
1. Aufl. (VIII, 318 S.) 904. n. 5.—; geb. n. 6.—.

**Dennert, E.**, botanischer Bilderatlas, s.: Hoffmann, Carl.

(E. DENNERT,) Offener Brief an Herrn Professor Dr. LADENBURG in Breslau. (Berlin 1903.) Vaterländische Verlags- und Kunstanstalt.) (Ohne besond. Titelblatt.) 4°

Darwinistisches Christentum. Eine krit. Untersuchung von Fr. Naumanns 'Briefen über Religion' von Dr. phil. E[berhard] **Dennert.** Stuttgart: M. Kielmann 1904. (41 S.) 8° [F.]
= **Christentum** u. Zeitgeist. Ser. 1. H. 2. [05. 16245 11

— Christus u. die Naturwissenschaft. 1—3. Taus. (71 S.) 8. Stuttgart (904). M. Kielmann. n. 1.—

Christus und die Naturwissenschaft. Von Dr. phil. E[berhard] **Dennert.** 1.–3. Taus. Stuttgart: M. Kielmann [1907]. (71 S.) 8° [F.] [07. 7318

**Dennert, E.**, der Darwinismus u. sein Einfluß auf die heutige Volksbewegung. Mit e. Anh. üb. „Dodel-Ports Kampfesweise". gr. 8. (64 S.) Berlin 894. Buchh. der Deutschen Lehrer-Zeitung. n. —50

— Der Darwinismus u. sein Einfluß auf die heutige Volksbewegg., s. a. Christentum u. Zeitgeist. II, 1.

**Dennert, E[berhard]**, Der Darwinismus und sein Einfluss auf die heutige Volksbewegung. 2. Aufl. Stuttgart 1907. 8°. *[1. Aufl. 1894.]*
(Christentum u. Zeitgeist. Ser. II. H. 1.)

**Dennert, Eberh.** Die geschichtl. Entwickelung der Descendenztheorie. s. Zeitfragen d. christl. Volkslebens.

Die Entwicklung, ihr Wesen u. ihre Erforschung. Von E[berhard] **Dennert.** Mit 2 Taf. Godesberg: Naturwiss. Verl. 1910. 72 S. 8°
(Naturwissenschaftl. Zeitfragen. H. 7.) [10. 3160 5

— Die Entwicklung, s. a. Zeitfragen, naturwissenschaftl. 7. Heft.

— „Es werde!" Ein Bild der Schöpfg. 9—10. Taus. Neu bearb. (78 S.) 8. Hamburg 904. Agentur des Rauhen Hauses. n. 1.—

— „Es werde!" Ein Bild der Schöpfg. 11.—13. Taus. Neu bearb. (88 S.) 8. Hamburg (906). Agentur d. Rauhen Hauses. 1.—

— s.: Ewigkeitsfragen im Lichte großer Denker.

— Fechner als Naturphilosoph u. Christ. Ein Beitrag zur Kritik des Pantheismus. gr. 8. (72 S.) Gütersloh 902. C. Bertelsmann. n. 1.—

Mathematisches Formelbuch. Zsgest. von Dr. E[berhard] **Dennert.** *Godesberg: J. Schugt [1901].* (36 S.) 8° [01. 6751 5

— Biologische Fragen u. Aufgaben f. den Unterricht in der Botanik. (IV, 67 S.) 8. Leipzig (905). E. Nägele. —60

Das Geheimnis des Lebens. Von Prof. Dr. E. DENNERT. Mit 53 Figuren. 4.—5. Tausend. Halle a. d. S. Richard Mühlmann Verlagsbuchhandlung (Max Grosse). kl. 8°.

— Das Geheimnis d. Lebens. 1—3. u. 4. u. 5. Taus. (Je 64 S. m. 58 Fig. auf 10 Taf.) 8. Hamburg (907). Agentur d. Rauhen Hauses 1.—

— Ein missachtetes Geschlecht (Die Spinnen), s. a. Lichtbildervorträge.

Ein mißachtetes Geschlecht (Die Spinnen). Von Prof. Dr. [Eberhard] **Dennert.** (Unter Benutzung e. vom Verf. früher veröffentlichten Arbeit.) Godesberg: Naturwiss. Verl. [1909]. 24 S. 8° [Umschlagt.]
(Lichtbildervorträge. Nr 3.) [10. 5247

— s.: Glauben u. Wissen.

— Godesberg, e. Perle des Rheins, den Fremden e. Führer, den Freunden e. Andenken. 8. (VII, 77 S. m. 11 Ansichten u. 1 Karte.) Godesberg 897. G. Schlosser Kart. n. 1.—

— Godesberg, e. Perle d. Rheins, d. Fremden e. Führer, den Freunden e. Andenken. 2. Aufl. 8. (X, 106 S. m. Abb. u. 1 farb. Karte.) Godesberg 900. J. Schugt. n. 1.—

Hilfsbuch für botanische Exkursionen. E. Verz. d. wichtigsten deutschen Pflanzen von Dr. phil. E[berhard] **Dennert.** *Godesberg: G. Schlosser 1897.* (41 S.) 1 Bd 8. [97. 4145

Hilfsbuch für botanische Exkursionen. Ein Verzeichnis d. wichtigsten deutschen Pflanzen von Dr. E[berhard] **Dennert.** *Godesberg: J. Schugt 1902.* (41 S.) 8° [02. 9944 5

— aus den Höhen u. Tiefen d. Natur. Skizzen u. Studien aus dem Naturleben. 8. (V, 258 S.) Halle 902. C. E. Müller. n. 3.—; geb. n. 4.—

— Ist Gott tot? Gott — Welt — Mensch. Drei Kernfragen d. Weltanschaug., naturwissenschaftl. beleuchtet. (142 S.) 8. Stuttgart 908. [M. Kielmann.] Halle, R. Mühlmann's Verl. 2.—; geb. 3.—

— Katechismus d. Botanik. (2. Aufl. d. Ernst Hallier'schen Katechismus), s.: Weber's illustr. Katechismen.

— s.: Klassiker d. religiösen Weltanschauung.

Dennert, Eberhard (Hrsg.), s. Konversations-Lexikon, Dennert's.

Vom Leben und Weben der Natur. Plaudereien von Dr. phil. E[berhard] **Dennert.** Mit zahlr. Abb. Berlin: U. Meyer [1905]. (160 S.) 8° [F.] [06. 1885 11

— Lernbuch der Erdkunde. Ein Leitfaden f. die häusl. Wiederholg. nach neuen method. Grundsätzen. gr. 8. (VII, 248 S.) Gotha 902. J. Perthes. Geb. in Leinw. n. 2. 40

— Lernbuch der Erdkunde. Ein Leitfaden f. die häusl. Wiederholg. nach neuen method. Grundsätzen. 2. durchgesch. Aufl. (VII, 250 S.) 8. Gotha 904. J. Perthes. Geb. in Leinw. n. 2. 40

— Moses oder Darwin? Entgegnung auf Dodel-Ports gleichnam. Schrift. [Aus: „Deutsche Lehrer-Zeitg."] gr. 8. (II, 16 S.) Berlin 890. Buchhandlung der deutschen Lehrer-Zeitg. n. — 30

Dennert, E[berhard]. Moses oder Darwin? Entgegnung auf Dr. [Arnold] Dodel-Ports gleichnamige Schrift. 2. verbesserte Aufl. 50 S. 8. Stuttgart, Max Kielmann, 1907. [M. 1. —]

Christentum und Zeitgeist. Hefte zu «Glauben und Wissen». Serie II. Heft 4. ⟨Heft 14.⟩

— Naturgesetz, Zufall, Vorsehung! 1—8. Taus. (74 S.) 8. Hamburg (906). Agentur des Rauhen Hauses. n. 1. —

Dennert, Eberh. Natur-Idyllen. 12. (XIV, 129 S.) Lpz. 891, [Böhme Nachf.] Ungleich. 1 50; geb. 2 20

— Die Naturwissenschaft u. d. Kampf um d. Weltanschauung, s. a. Schriften d. Keplerbundes. 1. Heft.

Die Naturwissenschaft und der Kampf um die Weltanschauung. Ein Wort z. Begründung d. Keplerbundes von Dr. phil. E[berhard] Dennert. Frankfurt a. M.: Geschäftsstelle d. Keplerbundes 1908. (32 S.) 8° [Umschlagt. F.] [08. 12104 7

Die Naturwissenschaft und der Kampf um die Weltanschauung. Ein Wort z. Begründung d. Keplerbundes von E[berhard] Dennert, Prof. (4. Aufl.) Godesberg: Naturw. Verl. 1909. 32 S. 8°

(Schriften d. Keplerbundes. H. 1.) [09. 11419 6

— biologische Notizen. Ein Hilfsbuch f. botan. Selbstbeobachtgn. auf Spaziergängen u. Exkursionen. (178 S.) kl. 8. Leipzig (906). K. G. Th. Scheffer. Geb. in Leinw. n. 1. 80

— Biologische Notizen f. botanische Beobachtungen auf Spaziergängen. 3—5. Taus. (2. Aufl.) (186 S.) kl. 8. Godesberg 909. Naturwiss. Verl. Geb. in Leinw. nn 1.80

Dennert, E., Parabeln nach der Natur. Dem Engl. nacherzählt. 12. (154 S.) Wolfenbüttel 888, Zwißler. * geb. *

— d. Pflanze, ihr Bau u. ihr Leben, s. a. Sammlung Göschen.

**Dennert E.:** Die Pflanze, ihr Bau u. ihr Leben. Stuttg. 1895. 144 S. Fig. (Sammlung Göschen 44).

Dennert E, die Pflanze, ihr Bau und ihr Leben. 2. Auflage. (146 S) 16° (Sammlung Göschen 44) Leipzig 1897

Die Pflanze, ihr Bau und ihr Leben. Von Dr. E[berhard] **Dennert**. Mit 141 Abb. 3. verb. u. verm. Aufl. Leipzig: Göschen 1905. 152 S. 8°

(Sammlung Göschen. 44.) [11. 14299 11

— vergleichende Pflanzenmorphologie. Mit üb. 600 Einzelbildern in 506 Fig. 8. (VIII, 254 S.) Leipzig 894. J. J. Weber. Geb. in Leinw. n. 5. —

**Dennert, E.**, d. chem. Praktikum. E. kurzer Leitfaden f. Schule u. Selbstunterricht. 8. (45 S.) Godesberg 897. G. Schlosser. Kart. u. durchsch. n. 1. —

— das chemische Praktikum. Ein kurzer Leitfaden f. Schule u. Selbstunterricht. 3. verb. u. verm. Aufl. (64 S.) 8. Hamburg 906. L. Voss. Kart. u. durchsch. n. 1. —

— Das chemische Praktikum. Ein kurzer Leitfaden f. Schule u. Selbstunterricht. 4. verb. Aufl. (64 S.) 8. Hamburg 910. L. Voss. Geb. in Halbl. u. durchsch. 1.20

[F.] Die Religion der Naturforscher. Wider e. Lüge d. materialist. Sozialismus v. Dr. E[berhard] **Dennert**. *Breslau: Ev.-soz. Zentralaussch. 1896.* (48 S.) 1 Bd 8. [97. 583

[F.] Die Religion der Naturforscher. Wider e. Lüge d. materialistischen Sozialismus v. Dr. E. **Dennert** ... (3. Aufl.) *Breslau: Verl. d. evang.-soz. Zentralaussch. f. d. Prov. Schlesien 1896.* (48 S.) 1 Bd 8. [98. 2324

— d. Religion d. Naturforscher. Wider e. Lüge d. materialist. Sozialismus. 3. Aufl. 8. (48 S.) Breslau (Rosenthalerstr. 3 b) 897. Verlag d. evang.-soz. Zentralausschusses f. d. Prov. Schlesien. — 20

Die Religion der Naturforscher. Wider eine Lüge d. materialistischen Sozialismus von Dr. E[berhard] **Dennert.** (4. Aufl.) Breslau: Evang.-sozialer Zentralausschuss f. d. Provinz Schlesien 1897. 48 S. 8° [10. 16804

Die Religion der Naturforscher. Auch e. Antwort auf Haeckels 'Welträtsel' von Dr. phil. E[berhard] **Dennert**. 5. verm. u. verb. Aufl. *Berlin: Berl. Stadtmiss. 1901.* (64 S.) 8° [F.]
= Hefte d. freien kirchlich-sozialen Konferenz. H. 14. [02. 9355

**Dennert**, Eberhard: Die Religion der Naturforscher. Auch e. Antwort auf Haeckels 'Welträtsel'. 7. verm. u. verb. Aufl. Berlin: Vaterländ. Verl.- u. Kunstanst. 1908. 76 S. 8°

(Hefte d. Freien kirchlich-sozialen Konferenz. H. 14.)

— vom Sterbelager d. Darwinismus. Ein Bericht. 1.—3. Taus. gr. 8. (83 S.) Stuttgart 903. M. Kielmann. n. 1. 50

Vom Sterbelager des Darwinismus. Ein Bericht von Dr. phil. E[berhard] **Dennert.** 4.–6. Taus. Stuttgart: M. Kielmann 1905. (120 S.) 8° [F.] [08. 7654

— s.: Volks-Universal-Lexikon.

— die Wahrheit üb. Ernst Haeckel u. seine „Welträtsel". Nach dem Urteil seiner Fachgenossen beleuchtet. 1.—3. Taus. 8. (à VII, 143 S.) Halle 901. 903. C. E. Müller. n. 1. 50

— die Wahrheit üb. Ernst Haeckel u. seine „Welträtsel". Nach dem Urteil seiner Fachgenossen beleuchtet. 4. Taus. Volksausg. (IX, 143 S.) 8. Halle 903. C. E. Müller. n. — 75

**Dennert, E.**, die Wahrheit üb. Ernst Haeckel u. seine „Welträtsel". Nach dem Urteil seiner Fachgenossen beleuchtet. 5—8. Taus. Mit e. Anh.: Offener Brief an Professor Dr. Ladenburg in Breslau. Volksausg. (à IX, 148 S.) 8. Halle 904. 905. C. E. Müller. n. — 75

— dasselbe. 9—11. Taus. Mit e. Anh.: Offener Brief an Hrn. Professor Dr. Ladenburg in Breslau u. e. 2. Anh.: Über Haeckel's Wahrheitsliebe in Sachen der Entstehg. des neutestamentl. Kanons. Volksausg. (à IX, 156 S.) 8. Ebd. 905. 906 n. — 75

Die Wahrheit über Ernst Haeckel und seine 'Welträtsel'. Nach d. Urteil s. Fachgenossen beleuchtet von Dr. phil. E[berhard] **Dennert.** Mit e. Anh.: Offener Brief an Herrn Prof. Dr. Ladenburg in Breslau u. e. 2ten Anh.: Über Haeckel's Wahrheitsliebe in Sachen d. Entstehung d. neutestamentl. Kanons. 13. Taus. Volksausg. Halle: C. E. Müller 1908. (VIII, 156 S.) 8° [08. 3049 3

**Dennert**, Eberhard: Die Wahrheit über Ernst Haeckel und seine 'Welträtsel'. Nach d. Urteil s. Fachgenossen beleuchtet. 18. bis 20. Taus. Wörtl. Abdr. d. 15. – 17. Taus. . . . Volksausg. Halle a. S.: Mühlmann 1909. VIII, 180 S. 8°

— Die Wahrheit üb. Ernst Haeckel u. seine „Welträtsel". Nach dem Urteil seiner Fachgenossen beleuchtet. 18—20. Taus. Im Anh. u. a. neu: Die Affäre Brass-Haeckel. Volksausg. (VIII, 180 bezw. IX, 180 S.) 8. Halle 909. R. Mühlmann's Verl. — 75

— s.: Welt, unsere.

Haeckels Weltanschauung. Naturwiss.-krit. beleuchtet von E[berhard] **Dennert.** Halle a. S.: Mühlmann (1906). 111 S. 8° A 12.6, 153

— Haeckels Weltanschauung naturwissenschaftlich-kritisch beleuchtet. 1—3. Taus. (VI, 111 S.) gr. 8. Stuttgart 906. M. Kielmann. n. 1. 50

Die Weltanschauung des modernen Naturforschers von Dr. phil. E[berhard] **Dennert.** Stuttgart: M. Kielmann 1907. (344 S.) 8° [F.] [06. 10713

— Das Weltbild im Wandel der Zeit. 1—4. Taus. (76 S.) 8. Hamburg 909. Agentur d. Rauhen Hauses. 1. —

Weltbild und Weltanschauung. Zur Verständigung über d. Verhältnis d. freien Naturforschung z. Glauben von Dr. phil. E[berhard] **Dennert.** 1–4. Taus. Hamburg: G. Schloessmann 1908. (84 S.) 8°
— **Schriften** d. Keplerbundes. H. 2. 108. 6087

Weltbild und Weltanschauung. Zur Verständigung über d. Verhältnis d. freien Naturforschung z. Glauben von [Eberhard] **Dennert.** ⟨Neu durchges. Aufl.⟩ Godesberg: Naturwiss. Verl. 1909. 84 S. 8°
(Schriften d. Keplerbundes. H. 2.) 10. 3102 5

Dennert, Eberhard (Hrsg.), s. Zeitfragen, Naturwissenschaftliche.

— **Die Zelle ein Wunderwerk, s.a. Naturstudien f. jedermann. 2. Hft.**

Dennert, Eberhard: Die Zelle ein Wunderwerk. Mit 20 Originalzeichn. Godesberg: Naturwiss. Verl. 1909. 31 S. 8°
(Naturstudien f. jedermann. H. 2.)

**Dennert, Louis,** Predigten aus seinem Nachlasse gesammelt. gr. 8. (209 S.) Stargard 871, (Dannenberg und Dühr.) **

**Dennert, M.,** Rechenbuch f. gewerbl. Unterrichtsanst., s.: Schmidt, H.

Dennert, M., s.: **Zeitschrift f. das gesamte Fortbildungsschulwesen in Preussen.**

**Dennert, Otto,** Referendar: Ist die Anfechtung der Ausschlagung von angetragenen Erwerben nach dem Reichsanfechtungsgesetz möglich? Greifswald 1908: Adler. 66 S. 8°
Greifswald, Jur. Diss. v. 16. Jan. 1909, Ref. Stampe
[Geb. 9. Febr. 86 Wollin i. P.; Wohnort: Stettin; Staatsangeh.: Preußen; Vorbildung: Stadt-Gymn. Stettin Reife O. 05; Studium: Freiburg i. B. 1, Berlin 2, Göttingen 1, Greifswald 2 S.; Rig. 24. Nov. 08.] U 09. 1449

Dennery, Adolphe Philippe, s. a. Ennery.

Dennery, Adolphe Philippe

Dennery, Ach, Oscar! oder das Landhaus des Präfecten, s. Scribe, Eug.

— u. **Marc. Fournier,** Bajazzo od. Hanswurst u. seine Familie, s.: Bühnen-Repertoir, Nr. 146. — Theater des In- u. Auslandes, 1. Bd. 3. Hft.

—— und Marc-Fournier, Bajazzo und Familie, s. Universal-Bibliothek Nr. 2089.

D'Ennery (Ad. Phil.), Don Cäsar von Bazan, s. Dumanoir.

—— **et Dumanoir, Don César de Bazan,** s. Répertoire du théâtre franç.

—— L. Gallet und Ed. Blau, der Cid (nach G. de Castro und Corneille). Oper in 4 Acten und 10 Bildern. Musik von J. Massenet. Für die deutsche Bühne übertr. von Max Kalbeck. kl. 8. (46 S.) Berlin 887, Ad. Fürstner. **

Dennery und Gust. Lemoine, ein Geständniss, } s. Bühnen-Repertoir.

**Dennery, A., Il giuocolatore, s. Emporeo drammatico.**

**Dennery,** la grace de Dieu, s. **Théâtre français,** 2. **Série.** No. 63. —

Dennery, Adolphe Philippe, u. Gust. Lemoine
—— Herzmutterchen, siehe: Bühnen-Repertoir, No. 123.

**Dennery und Mallian,** Marianne, ein Weib aus dem Volke, s. Universal-Bibliothek.

— — Marie-Anne, ein Weib aus d. Volke, Drama, s. Bühnen-Repertoir, Bd. XIV.

— u. **Mallian,** Marianne. Ein Weib aus dem Volke. Gemälde aus d. Volksleben in 5 Acten. Deutsch v. C. Drärler-Manfred. 8. Darmstadt 846, Kern. n. 12 ngl

— — **ein Weib aus d. Volke! Drama in 5 Acten. Frei nach d. Französ. bearb. v. Jos. Mendelssohn. 16. Hamburg 846, Berendsohn. n. 1/3 ₰**

Dennery, Marie-Jeanne, s. Répertoire du Théâtre franç.

Dennery, Adolphe Philippe: Marie-Jeanne, s. Théâtre français, 2. Ser. Nr. 67.

—— **et Clairville, les memoires de deux jeunes mariées,** s. Répertoire du Théâtre franç.

— et Gust. **Lemoine,** la mère de famille, s.: Répertoire du théâtre Français à Berlin. No. 347.

**Dennery u. Lemoine,** Muttersegen od. die Gnade Gottes, s.: Mehrakter. Nr. 9.

Dennery et Clément, Noémie, s. Répertoire du théâtre français. — Théâtre franç. par Schütz.

**Dennery u. Cormon,** die beiden Waisen, eingerichtet v. Demetr. Schrutz, s.: Mehrakter. Nr. 12.

d'Ennery, A., die Kinder des Kapitän Grant, s. Verne, J.

—— und J. Verne, die Reise um die Erde in 80 Tagen, s. Universal-Bibliothek Nr. 2208.

**Dennett, Ed.,** gestorben u. auferweckt. Aus dem Engl. übers. 12. (20 S.) Bohwinkel 893. (Elberfeld, J. Faßbender.) n. — 10

**Denneville, J. A.,** Reden über Pabst u. Ohrenbeichte. 8. Würzburg, Stahel. 787.

**Dennewitz, s.a. Bülow v. Dennewitz.**

**Dennewitz, Friedr., Moring, der Hundsfattler.** Räuberroman, ganz neu bearb. 2 Bde. Leipzig 858. Colditz in Comm. 8. (IV, 201; IX, 172 S.) 1 ₰

**Dennewitz, Jo. August Christian** (Jüterbog), De adpellatione ad eundem judicem. Disp. jur. Präs. Aug. v. Leyser (Nudersdorff). Wittbg. (E. G. Eichsfeld) März 1746. 12 S., meist dtsch. (4.50)
6323

Dennewitz, Otto: Sieben Novellen. Magdeburg: Wuttke (1909). 77 S. 8° (Text stenogr.)

**Dennhardt, Arthur,** Referendar: Über die Regierungsverwesung im sächsischen Staatsrecht. Borna-Leipzig 1910: Noske. IX, 37 S. 8°
Leipzig, Jur. Diss. v. 18. Juli 1910
[Geb. 17. Nov. 81 Auerbach i. V.; Wohnort: Dresden; Staatsangeh.: Sachsen; Vorbildung: Gymn. Zwickau Reife O. 01; Studium: Leipzig 2, Marburg 1, Leipzig 5 S.; Rig. 14. Febr. 06.] U 10. 2083

Dennhardt, G. Neronis defensionis a Reinholdio nuper tentatae partes quaedam in censuram vocantur. 25 S. .

Progr. Erfurt e. 1841

Dennhardt, Gottfried Wilhelm

Dennhardt, G. W., siehe: Auswahl aus den Psalmen.

**Dennhardt, G. W.,** Preußens Freude, — Trauer u. Trost im J. 1839—1840. Drei Reden, bei dem Festactus des Erfurter Musik-Vereins am 3. Aug. 1839, — am 8. Juli — u. am 15. Oct. 1840 gehalt. gr. 8. Erfurt 840, Hilsenberg. n. 1/6 ₰

Dennhardt, Godofredus Guilielmus: De incrementis quae theologia ceperit ex philosophiae disciplinis.

Halle-Wittenberg, Phil. Diss. v. 2. April 1833

Geb. [Halle a. d. S. 12. 7. 1792]

s. Magazin von Casual-, besond. kleinern geistl. Amtsreden.

**Dennhardt, ..., s. Meinen Confirmanden.**

(**Dennhardt, G. W.,**) meinen Confirmanden zu gesegnetem Andenken. 8. (3¼ B.) Magdeburg 836, (Heinrichshofen.)

Dennhardt, G. W., Osterpredigt u. Abschiedsworte an die Heilige-Geist-Gemeine in Magdeburg. gr. 8. (1¼ B.) Magdeburg 831, Heinrichshofen.

—— Predigt zur 200jähr. Gedächtnißfeier d. 10. May u. zur Wiedereröffnung d. Gottesdienstes im Schiffe d. Kirche im Dome zu Magdeburg. gr. 8. Magdeburg 833, Heinrichshofen.

Dennhardt: Rede am Tage der Enthüllung des Friedrich-Denkmals in Berlin am 31. Mai 1851, in der Aula des Gymnasiums gehalten. 7 S. – Erfurt, Progr. 1852.

—— zwei Reden am Jubelfeste d. Uebergabe d. Augsburg. Confession, die erstere vor d. Gemeine, die andere vor e. Theile d. Schuljugend d. Stadt gehalten. gr. 8. (2 B.) Magdeburg 830, Heinrichshofen.

Dennhardt, Heinrich. Ueber die Entwickelung der Nasenhöhle und deren Nebenhöhlen bei einigen Haussäugetieren. Diss. Phil. [II.] Univ. Zürich. [Mit 42 Figuren.] II + 51 S. 8. Zürich [ohne Druck-Angabe] 1903.

Dennhardt, Rudolf, aus Berlin: Über Beziehungen zwischen Fluidität und electrolytischer Leitfähigkeit von Salzlösungen sowie über die Leitfähigkeit von Ölsäure und deren Alkalisalzen in Wasser bez. Alkoholen bei verschiedenen Temperaturen. *Leipzig: J. A. Barth 1898.* (40 S.) 8°
Erlangen, Phil. Diss. v. (23. Nov.) 1898

Dennhardt, Walther, bacc. jur.: Das Schrankfachgeschäft. Leipzig 1909: Sturm & Koppe. VIII, 82 S. 8°
Leipzig, Jur. Diss. v. 10. Okt. 1909
[Geb. 27. Juli 85 Leipzig; Wohnort: Leipzig; Staatsangeh.: Sachsen; Vorbildung: Thomassch. Leipzig Reife O. 04; Studium: Leipzig 8 S.; Rig. 10. Febr. 09.] [U 10. 2684

Dennhardt, Wilh., die Einziehung der Geldaußenstände. Eine Anweisung, wie man seine Forderungen selbst einklagen und unsichere Außenstände retten kann, nebst dem Wissensnöthigsten aus dem Rechtswesen und Erklärung der im Rechts- und Handelsfach üblichen Ausdrücke, sowie Verhaltungsmaßregeln beim Creditgeben und gegen böswillige Schuldner, verschiedene Verträge zur Sicherung der Creditsumme, Klagen und andere Eingaben an die Behörden in Schuldangelegenheiten rc. gr. 8. (376 S.) Leipzig 881, Dennhardt's Litteratur-Halle. geb. *

Dennhardt W, der Ratgeber für Gewerbetreibende. Ein Führer durch alle Verhältnisse des Familien- und Geschäftslebens. 2. Auflage. Leipzig 1870

—— der Rathgeber für Gewerbtreibende. Ein getreuer Führer durch alle Verhältnisse des Familien- und Geschäftslebens insbesondere für den Handwerkerstand und Geschäftsmann als die nützlichste Mitgabe auf seinen Lebensweg. 4. verb. und vielfach verm. Aufl. gr. 8. (XVI, 704 S.) Ebendas. 884. geb. *
1.—3. Aufl. erschienen 1863—74 im Verlag von Sturm und Koppe, Leipzig.

Dennig, Knochenbildungen in der Trachealschleimhaut, s. Beiträge zur pathologischen Anatomie und Physiologie.

Dennig, Adf., die Diagnose der Herzklappenfehler in schematischer Uebersicht. (12 S. m. 3 farb. Taf. in gr. 4) gr 8. Tübingen 903. F. Pietzcker. n. 2.80

Dennig, Adolf [Dr., I. Assistenzarzt a. d. Poliklinik in Tübingen]: Über septische Erkrankungen m. bes. Berücks. d. kryptogenet. Septicopyämie. M. 3 farb. Taf. u. 11 Curven. Leipzig, F. C. W. Vogel, 1891; 2 Bl., 213 S., 3 Taf. 8.
Tübingen, Med. Fak., Hab.-Schr. v. 1891

Dennig, Adf., Hygiene d. Stoffwechsels u. die Stoffwechselkrankheiten (Fettsucht, Gicht, Zuckerkrankheit rc.), s.: Bibliothek, illustrierte, der Gesundheitspflege.

Dennig, Adolf, spectranalytische Messungen der Sauerstoffzehrung der Gewebe in gesunden und kranken Zuständen. Diss. Tübingen 1886. 8°. 18 S.
Sonder-Abdruck aus: Zeitschrift für Biologie von W. Kühne und C. Voit. München 1886, R. Oldenbourg.

Dennig, Adf., üb. d. Tuberkulose im Kindesalter. gr. 8. (VII, 266 S. m. 20 Kurven.) Leipzig 896. F. C. W. Vogel. n. 6. —

Dennig, Eugen, aus Pforzheim: Der Hausierhandel in Baden insbesondere in Bezug auf die Hausindustrie. *Karlsruhe 1899: G. Braun.* (80 S.) 8°
Strassburg, Rechts- u. staatswiss. Diss. v. 1899

Denning, Arthur Du Pré, aus Rugeley, Staffordsh., Engl.: Ueber die Viskosität und die magnetische Doppelbrechung des colloidalen Eisenoxydhydrates. *Heidelberg 1904: J. Hörning.* (38 S.) 8°
Heidelberg, Naturw.-math. Diss. v. 1904

Denninghoff, Bernh., Deutschlands Kriegsflotte. Album m. 36 photograph. Ansichten, erläutert v. D. 1.—3. Aufl. qu. gr. 8. (à 29 Taf. m. 16 S. Text.) Wilhelmshaven (899—901). Gebr. Ladewigs. 2.50; geb. in Leinw. n. 4.—

Dennis, Geo., die Städte und Begräbnißplätze Etruriens. Deutsch von N. N. W. Meißner. Mit 106 Abbild., 3 Landschaften, 9 Plänen, 18 Inschriften und 1 Karte. (2 Abthlgn.) gr. 8. (LXXX und 744 S. mit 20 Stnt. in gr. 8. und qu. gr. 4.) Leipzig 851—52, Dyk'sche Buchh. Thlr. 8

Dennler, Andreas

DENNLER, A., Die ganze Natur, Himmel und Hölle in einer Nuss, d. i. Versuch einer physischen Grundlage einer gut republikanischen Moral. Ein Buch für Menschen und Vieh. Helvetien (Studer in Stäfa). 1799.
Weller, fing. Dr. — Sehr selten!

Dennler, Aug. F., Bitter-Album von A. F. D. in Interlaken. Denkschrift, zur Feier des 25jähr. Bestandes des Geschäftes gewidmet allen Bitter-Freunden. gr. 8. (84 S. mit Illustr.) Interlaken und Zürich 886. (Bern, Jenni.) *

DENNLER, GG. *Onkel Knolle.* Ein Kinderbuch mit lustigen Reimen. Zeichnungen v. Karl Pommerhanz jun. 5. Aufl. Augsburg, Mühlberger [c. 1900]. 8°. Orhlwd. — Im Wilhelm Busch-Stil, m. 48 farb. Illustr. Selten! 12.—

Dennler, Geo., Onkel Knolle. Ein Bilderbuch m. lust. Reimen. Zeichnungen v. Karl Pommerhanz jun. (80 S.) gr. 8. Donauwörth (910). E. Mager. Geb. 2.—

Dennler, J. Das Bienenwachs u. seine Verwertung. 3. Aufl. 8. (16 S. m. Illustr.) Oranienburg 889, Freyhoff. * — 40

(B) Dennler, J., d. Bienenwachs. 889.
Jetzt: Leipzig, Leipziger Bienenzeitung.

[F.] Ein Hexenprozess im Elsass v. J. 1616. E. Beitr. z. Kulturgesch. d. Elsasses. Nach d. Rotbuch v. Enzheim v. J. Dennler ... *Zabern: A. Fuchs 1896.* (2 Bl., 28 S.) 1 Bd 8.
= Bausteine z. Elsass-Lothringischen Geschichts- u. Landeskunde. H. II. [96. 5133

Dennler, J., der Honig als Nahrg. u. Medizin. 22., neubearb. Aufl. 8. (14 S.) Oranienburg 898. E. Freyhoff. n. — 20

—— Der Honig als Nahrung u. Medizin. 12.—15. Aufl. 8. (14 S.) Ebd. 889,90. * — 20
Jetzt: Lpz.: Leipz. Bienenztg.

—— Die Wachsmotten. Beschreibung u. Lebensweise, Schaden, den sie in den Bienenstöcken verursachen, u. Mittel, die m. Erfolg gegen sie anzuwenden sind. gr. 8. (24 S. m. Abbildgn.) Braunschw. 890, Schwetschke u. Sohn. * — 40

Dennler, J., die Wachsmotten. Beschreibung u. Lebensweise. 8. (24 S. m. Abb.) Braunschweig 890. Leipzig, R. C. Schmidt & Co. n. — 40

— Die Wachsmotten. Beschreibung u. Lebensweise, Schaden, den sie in den Bienenstöcken verursachen, u. Mittel, die m. Erfolg gegen sie anzuwenden sind. 2. Aufl. (22 S. m. Abbildgn.) 8. Leipzig 909. C. F. W. Fest. — 50

Dennler, Wilh., das Dorftestament. Mit e. erbrechtl. Abriß sowie m. Beispielen (Entwürfen) der hauptsächlich vorkomm. diesbezügl. Testamentserrichtgn. (VI, 103 S.) kl. 8. Erlangen 904. [Palm & Enke.] Nürnberg, U. E. Sebald. Kart. n. 1.50

Dennler, Wilh., die Gebührengesetznovelle v. 20 VIII. 1906 m. Abdr. d. Begründ. d. Gesetzentw. u. d Vollzugsbekanntmachung v. 8. I. 1907. Für d. prakt Gebrauch zusammengestellt. (93 S.) 8. München 907 J. Schweitzer Verl. Kart. 1.60

— dasselbe, v. 29. IV. 1910 m. Abdr. d. Begr. d. Gesetzentwurfs. Für d. prakt. Gebrauch zusammengestellt (VIII, 87 S.) kl. 8. Nürnberg 910. U. E. Sebald. Geb. 1.50

Dennler, Wilh., die reformirten Gemeinden in Erlangen Rechtliche Stellg. derselben. gr. 8. (56 S.) Erlangen 893. Th. Blaesing. Dissert. n. — 60

**Dennler**, W., Der Gemeindewaisenrat in Bayern, m. den wichtigsten diesbezüglichen Gesetzesbestimmungen u. Ministerialbekanntmachungen, insonderheit auch dem Zwangserziehungsgesetz u. dem Kinderschutzgesetz, samt den hierzu ergangenen Ausführungsvorschriften. Ein Leitfaden f. die bayer. Waisenräte. (VII, 185 S.) kl. 8. Erlangen, Palm & Enke. 1906

— Gesetz üb. Einführung e. Besitzveränderungsabgabe f. Gemeinden vom 15. VI. 1898. Handausg. m. Erl. (V, 63 S.) 8. München 908. J. Schweitzer Verl. Kart. 1.50

— Kommentar z. bayer. Notariatsgef., f.: Kalsenberg, Heinr.

**Dennler**, W., s. Zeitschrift f. d. Notariat.

Dennstädt, August Wilhelm

**Dennstädt**, Aug. Wilh., d. Botaniker, e. Handb. z. Pflanzenkenntniss, f. Gartenliebhaber etc. u. überhaupt f. Jeden, d. sich ohne grosse Kosten einige Kenntnisse dieser Wissenschaft erwerben will. 1. Bd mit Climatenkarten u. Farbentab. 8. Naumburg, 1804. Rössler.

DENNSTAEDT (A. W.). Der Botaniker. Ein Handbuch zur Pflanzenkenntniss. . . . Naumb. 1805. 8°.

**Dennstedt**, A. W., Weimars Flora. 1e Abtheil. 8. Jena, Akad. Buchh. 800.

— Weimars Flora. 1e Abtheil. Pflanzen mit deutl. Geschlechtern. 8. Jena 800. (Hennings in Neisse). 18 gr.

— s.: Hortus Belvedereanus.

DENNSTEDT (A. W.). Hortus belvedereanus . . . Weimar, 1820–1. 8°.

***Dennstedt***, **Aug. Wlh., nomenclator botanicus seu enumeratio alph. omnium vegetabilium. Pars I et II. 8. Eisenb. 810. Schöne. 2 Rthlr 8 gr.**

**Dennstedt**, A. G., Nomenclator botanicus seu Enumeratio alph. omnium hujusque vegetabilium. Pars I et II, 8. Eisenb. Schöne. 811.

— Schlüssel zum Hortus Indicus Malabaricus, oder dreifaches Register zu diesem Werke. gr. 4. Weimar 818. Ind.-Compt. 12 gr. Holl. P. 18 gr.

**Dennstädt**, D. A. D. S., das Gewächsreich, oder characterisirende Beschreibung aller zur Zeit bekannten Gewächse, als Commentar zu den Bertuchschen Tafeln der allgem. Naturgeschichte. 2 Hauptabtheil. Pflanzen und Luftgefäße. 1r Heft. m. K. gr. 8. Weimar, Ind. Compt.

Dennstädt, H. Ch. von

— Abbildung des vierten Thierreichs Daniels. 4. Ebend. 710.

**Dennstädt**, H. Ch. v., Fall Babels und Aufrichtung des Reichs Christi. 4. Magdeburg. 706.

**Dennstedt**, Arno, aus Magdala, S.-Weimar, Tierarzt in Leipzig: Aus d. Anat. Institute d. Kgl. Tierärztl. Hochschule in Dresden. (Prof. Dr. Baum.) Die Sinus durae matris der Haussäugetiere. Mit 3 Taf. u. 3 Textabb. *Wiesbaden: J. F. Bergmann 1903.* (100 S.) 8° (Erscheint in: Anat. Hefte, Bd 25.)
Gießen, Veterinär-med. Diss. v. 1903

Dennstedt, August Wilhelm, s. Dennstädt, August Wilhelm

Dennstedt, Hermann

Dennstedt, die preussischen Gesetze üb. Benützung d. Dampfkraft. Berlin 1856

**Dennstedt**, Herm., Herrschaft und Gesinde in ihren rechtlichen Beziehungen zu einander, zu Polizei- und Gerichts-Behörden nach der allgemeinen Gesinde-Ordnung der preuß. Monarchie, und mit Berücksichtigung der Verhältnisse der Haus-Offizianten und Schiffsleute bearb. 8. (64 S.) Berlin 856, Remak. *

**Dennstedt**, Herm., Herrschaft und Gesinde in ihren rechtlichen Beziehungen zu einander, zu Polizei- und Gerichtsbehörden nach der allgemeinen Gesinde-Ordnung der preuß. Monarchie, und mit Berücksicht. der Verhältnisse der Haus-Offizianten und Schiffsleute bearb. 3., verm. und umgearb. Aufl. 8. (68 S.) Berlin 860, Remak. *

**Dennstedt**, Herm., Herrschaft und Gesinde in ihren rechtlichen Beziehungen zu einander, zu Polizei- und Gerichts-Behörden nach der allgem. Gesinde-Ordnung der preuß. Monarchie und mit Berücksichtigung der Verhältnisse der Haus-Offizianten und Schiffsleute. 4.—6., verm. und verb. Aufl. br. 8. (63 S.) Berlin 862—68, Remak. *

**Dennstedt**, Herm., Herrschaft und Gesinde in ihren rechtlichen Beziehungen zu einander, zu Polizei- und Gerichtsbehörden nach der allgemeinen Gesinde-Ordnung der Preuß. Monarchie und mit Berücksicht. der Verhältnisse der Haus-Offizianten und Schiffsleute bearb. 7. Aufl. 1872, und 8. verm. und verb. Aufl. gr. 8. (64 S.) Berlin 874, Remak. *

**Dennstedt**, Herm., Herrschaft und Gesinde in ihren rechtlichen Beziehungen zu einander, zu Polizei- und Gerichts-Behörden nach der allgemeinen Gesinde-Ordnung der preuß. Monarchie und mit Berücksicht. der Verhältnisse der Haus-Offizianten ländl. Arbeiter und Schiffsleute bearb. 9. verm. und verb. Aufl. 8. (64 S.) Berlin 876, Remak. *

**Dennstedt**, H., Herrschaft u. Gesinde i. ihr. rechtl. Beziehungen zu einander, z. Polizei- u. Gerichts-Behörden n. d. allgem. Gesinde-Ordnung d. preuss. Monarchie u. m. Berücksichtigung d. Verhältn. d. Haus-Officianten, ländl. Arbeiter u. Schiffsleute bearb. (64 S.) Berlin 1877. Remak.

**Dennstedt**, Herm., und Willibald v. Wolffsburg, preußisches Polizei-Lexikon. Eine alphabetisch geordnete Zusammenstellung aller in das Gebiet der polizeilichen Thätigkeit einschlagenden Gesetze, Verordnungen, Instructionen &c. Ein prakt. Hülfsbuch für Polizeibeamte und zur allgemeinen Belehrung für Jedermann. Nach amtlichen Quellen bearb. 1—3. Bd. gr. 8. Berlin 855, Möser. [1. (795 S.) 2. und 3. (1587 S.)] Thlr. *

—— dass. — 4—6. Bd. gr. 8. Ebds. 856. [4. (798 S.) 5. (796 S.) 6. (791 S.) à Bd. * 1 Thlr. 20 Ngr. *
Der Ladenpreis des vollständ. Werkes in 6 Bdn. ist jetzt 12 Thlr.

—— preußisches Polizei-Lexikon. Eine alphabet. geordnete Zusammenstellung aller in das Gebiet der polizeil. Thätigkeit einschlagenden Gesetze &c. 7. Bd. (1. Suppl.-Bd.) gr. 8. (IV und 795 S.) Berlin 858, Moeser. *
1—6. Bd. Ebendas. 1855,56. * 12 Thlr.

—— preußisches Polizei-Lexikon. Eine alphabet. geordnete Zusammenstellung aller in das Gebiet der polizeil. Thätigkeit einschlagenden Gesetze, Verordnungen, Instruktionen &c. Ein prakt. Hülfsbuch für Polizei- und alle Verwaltungs-Beamte und zur allgemeinen Belehrung für Jedermann. Nach amtl. Quellen bearb. 8.—10. Bd. (2.—4. Suppl.-Bd.) gr. 8. (IV und 2108 S.) Berlin 862, Moeser. à Bd. * 2 Thlr. *
1.—7. Bd. Ebendas. 1856—58. * 14 Thlr.

—— Thierschutz. Pferd. Peitsche. Vortrag, gehalten in der Versammlung des Berliner Thierschutz-Vereins am 27. April 1866. gr. 8. (24 S.) Berlin 866, Lobeck. *

—— die während des Kriegszustandes gesetzmäßige Unterstützung für die bedürftigen Familien der zum Dienst einberufenen Reserve- und Landwehr-Mannschaften und Militair-Familien. Systematische Darstellung aller hierauf bezügl. gesetzl. Bestimmungen; zum Gebrauch für Civil- und Militair-Behörden, welchen die Unterstützung dieser Familien obliegt, sowie für die Mitglieder der zu bildenden Unterstützungs-Kommissionen und zu allseitiger Belehrung hrsg. gr. 8. (24 S.) Berlin 859, Lindow. *

**Dennstedt**, H. Die gesetzlichen Vorschriften über Pensionirung, Civil-Anstellung . . . der preuß. Militair-Personen. Berlin 1858. 8°.

**Dennstedt**, J. A., Anweisung, wie d. Landwirth Zucker-, Runkel- u. and. Rüben auf d. vortheilhafteste Weise erbauen kann. 8. (11¼ B.) Sangerhausen 836, [Rohland.] *

**Dennstedt**, J. A. Psalter und Kreuz. Ein Erbauungsbuch für Christen. 1r Th. gr. 8. Leipzig, Hartmann. 820.

**Dennstedt**, J. A., Psalter u. Kreuz. Ein Erbauungsbuch für Christen. 1r Thl. gr. 8. Leipz. 820. (Lehnhold). 20 gr.

— Psalter u. Kreuz. Ein Erbauungsbuch. 2e wohlfeile Ausg. gr. 8. Leipzig 839. Lehnhold. 5/12 Rthlr

Dennstedt, J. A., Vorschlag zu einer neuen Landwirthschaft, mit zwei-, drei-, vier- u. mehrfachen Ertrage. l. 8. Erfurt 836. (Weimar, Gräbner u. Comp.) 1/2 ℛ︀

—— Vorschläge zu e. neuen Landwirthschaft, mit zwei-, drei-, vier- u. mehrfachem Ertrage. l. 8. (9 1/2 B.) Erfurt 836. (Weimar, Gräbner u. Comp. ?) •

Dennstedt, Max

— Anleitung zur Elementaranalyse u. Bestimmung d. Molekulargewichtes, s.: Simonis, H.

**Dennstedt, M., Anleitung zur vereinfachten Elementaranalyse f. wissenschaftliche u. technische Zwecke.** 2. Aufl. (99 S. m. Fig.) 8. Hamburg 906. O. Meissner's Verl. n. 2. 40
1. Aufl. (44 S. m. Abbildgn.) 903. n. 1. 20.

**Dennstedt, M.**, Anleitung zur vereinfachten Elementaranalyse f. wissenschaftl. u. techn. Zwecke. 3. Aufl. (139 S. m. Abbildgn.) 8. Hamburg 910. O. Meissner's Verl. 3.—

Dennstedt, M.
Chemisches Staats-Laboratorium in Hamburg. Bericht für 1895. Hamburg, 1896.

— Die Chemie in d. Rechtspflege. Leitfaden f. Juristen, Polizei- u. Kriminalbeamte usw. (X, 422 S. m. 151 Abb. u. 27 Taf.) gr. 8. Leipzig 910. Akadem. Verlagsgesellschaft. 18.—; geb. 20.—

Dennstedt, Max [illegible] Derivate des Paraleucanilins. Darstellung, Krystallform und Eigenschaften des [illegible] Berlin [illegible]
[illegible] Phil. Diss. [illegible]

Einiges über die Anwendung der Photographie zur Entdeckung von Urkundenfälschungen von M[ax] **Dennstedt** u. M[artin] Schöpff. Mittheilung aus d. Chem. Staats-Laborat. in Hamburg. Mit 5 Taf. Hamburg: L. Gräfe & Sillem in Comm. 1898. (23 S.) 8°
Aus: Jahrbuch d. Hamburger Wissenschaftl. Anstalten. 15. [07. 43]

**Dennstedt, M.**, die Entwickelung der organischen Elementaranalyse, s. a. Sammlung chem. u. chemisch-techn. Vorträge. IV. 1/3.

**Dennstedt, M.: Die Entwickelung der organischen Elementaranalyse. Stuttgart 1899**

— die Feuergefahr im Hause. Allgemeinverst. dargestellt. 8. (VII, 160 S.) Hamburg 902. L. Voß. Geb. n. 2.50

— **Lehrbuch der gerichtlichen Chemie, s.: Baumert, Geo.**

**Dennstedt, M., u. C. Ahrens, üb. das Hamburger Leuchtgas.** Mittheilung aus dem chem. Staats-Laboratorium. [Aus: „Jahrb. d. hamburg. wissenschaftl. Anstalten".] Lex.-8. (33 S.) Hamburg 894. (L. Gräfe & Sillem.) n. —80

Der Nachweis von Schriftfälschungen, Blut, Sperma usw. unter besond. Berücks. d. Photographie mit e. Anh. über Brandstiftungen f. Chemiker ... Polizeiorgane usw. von Prof. Dr. M[ax] Dennstedt u. Dr. F[elix] Voigtländer. Mit 98 Abb. Braunschweig: F. Vieweg & Sohn 1906. (X, 248 S.) 8°
= Baumert, Georg: Lehrbuch d. gerichtl. Chemie. 2. Aufl. Bd 2. [06. 16,1]

**Dennstedt, M., u. C. Ahrens, wie ist das Verhältnis d. schwefligen z. Schwefelsäure i. d. Verbrennungsproducten d. Leuchtgases.** [Aus: „Jahrb. d. Hamburg. wissenschaftl. Anstalten".] Lex.-8. (11 S. m. 1 Taf.) Hamburg 895. (L. Gräfe & Sillem.) n. —80

De Noel, M. J.

—— la Cathédrale de Cologne. **Description archéologico-historique de cette église métropolitaine. Traduite de l'allemand p. N. B. Sautelet.** (M. 2 Ansichten u. 1 Plane.) gr. in-12. Le même. 835.

De Noel, M. J., der Dom zu Köln. Histor.-archäolog. Beschreibung dess. M. 2 lith. Seitenansichten d. Doms. gr. 12. (5 1/2 B.) Köln 834, DuMont-Schauberg.

De Noel, M. J., der Dom zu Köln. Histor.-archäolog. Beschreib. 2., verm. Aufl. M. 3 Ansichten u. 1 Plane. gr. 12. Cöln 837, Du Mont-Schauberg.

— dass. Englisch u. d. T.: **Description an historical, of the cathedral of Cologne. From Dr. Santelets translation of M. J. De Noel, by Marian Bayley.** Mit 3 Ansichten u. 1 Plane. gr. 12. Ebd. 838. 7/12 ℛ︀

**Denon**, der Aeltere und P. **Segur.** Geschichte des Feldzuges der französischen Donau- und Bündtner-Armee in den Jahren 1799 bis 1801. Mit einer Karte. 8. Leipzig 1806.

**Denon der ältere u. P. Segur, Feldzug der Donau- u. Bündner-Armeen in den J.** 1799. 1800. 1801. m. Charte. gr. 8. Leipz. Hinrichs. 806.

Denon, Vivant

— s. F. A. L. Matthäi, Samml. merkw. Reisen f. d. Jugend. 2r Thl.

**Denon**, Viv., Reise nach Aegypten, für d. Jugend bearbeitet von F. A. L. Mathäi. 2e wohlf. Ausg., mit 1 Kpf. 8. Hannov. 824. Hahn. 12 gGr.

**Denon, Dom Vivant Baron.** Reisen durch Ober- und Unterägypten während Bonapartes Feldzügen. Aus dem Franz. Hamb. u. Mainz 1803. Ü (Bd. 1): *Witte, Carl Heinr. Gtfr.* (Ky) (MGT)

— Reisen durch Ober- u. Unter-Aegypten, während Bonapartes Feldzügen. 2 Bde. Aus d. Französ. (1r v. K. Witte). 8. Mainz 803. (Herold in Hamb.) 2 ℛ︀

**Denon, Reisen durch Ober- und Unter-Aegypten, während Bonapartes Feldzug.** 2 Bde. 8. Mainz, Vollmer. 803.

— — dasselbe übersetzt von Tiedemann. gr. 8. Berlin, Voß. 803. (a. Magazin der Reisen 25r Bd.).

— Reisen durch Ober- und Unter-Aegypten. Mainz 803. 2 Bde. 8. 2 rthl. Hamb. 804. 2 Thle. 8.
— — — Übersetzt von Tiedemann. M. K. Berlin 803. 8. 2 rthl. 16 gr.

(Denon, Vivant, Gesandtschaftsrath zu Neapel) Ueber die Ruinen Herkulanums und Pompeji. Nebst einer kurzen Beschreibung von den Schauspielen der alten Römer und Griechen. (Aus d. Französ. übers. von Joh. Heinr. Keerl.) Mit 8 Kupfern (gest. von Küffner, Geyser etc.). Gotha, bey Carl Wilhelm Ettinger, 1791. 8°.
Tit., 2 Bll. Zuschr. (an den Brandenb.-Anspach-Bayreuth. Minister Frhrn. v. Wechmar), 196 S., 1 Bl. Druckf. — S. 67—76: Phallen oder Priapen, welche zu Herkulanum gefunden worden sind. (Näheres findet man im 4. Theile der Herkul. Sammlg., S. 363 ff.)

Denonvilliers, C., Handbuch d. pract. Chirurgie, s. Berard, A.

**Denores, Ias., Instit. in Ciceron. philos. de vita et morib. ed. I. Meier. 8. Lips. F. C. W. Vogel. 721.**

**Denoth**, Aloys, 28 Berufs- u. Gewerbs-Typen. Spitz-Verdachgs.-Figuren am neuen Rathhause z. Hamburg. gr. 4. (28 photogr. Taf.) Hamburg 895. C. Kloss. In Leinw.-Mappe n. 30. —

— Holzschnitzwerke. 30 Lichtdr.-Taf. u. Bildn. d. Künstlers m. einleit. Text v. Just. Brinckmann. gr. Fol. Hamburg 894. C. Griese. In Mappe n. n. 25. —
Der Text von Brinckmann ist noch nicht erschienen.

*Dens*, **Pet., Manuale theologicum, continens definitiones et divisiones theologiae universae. Edit. nova, auct. et emendat. 12maj. Mechling. 816. (Mainz, Müller).** 18 gGr.

— Theologia ad us. Seminariorum et sacrae theol. alumnorum. VII. Tomi. 8e Ausg. Mit 1 Bildn. u. 2 Steintaf. gr. 8. Mechliniae 819. (Mainz, Müller.)

**Dens, Petr., Theologia ad us. seminarior. et sacr. theolog. alumnor. Edit. nova emend. VII Ti. 12maj. (145 5/8 B. u. d. Verf. Bildn.) Mechliniae 838. (Lipsiae, Michelsen.)** •

**Densch,** Alfred, aus Königsberg: 1. Ueber den Fluorenoxalester. 2. Ueber Einwirkung von Ameisenester auf Fluoren. *Königsberg i. Pr. 1902: R. Leupold.* (37 S.) 8°
Würzburg, Phil. Diss. v. 1902

Densdorff, Oscar, neuestes allgem. faßl. Handbuch d. deutschen Conditorei. Ein genau erklär., theoret.-prakt. Rathgeber f. alle Conditoreien u. größ. Haushaltn. 2 Thle. 8. (19 B. u. 2 Stnt.) Leipzig 841, Meißner.
Vgl. Denstorff, O.

Densmore, Emmet, kurze Darstellung d. Systems der stärkemehllosen Kost, m. e. Entgegng. v. A. F. Hills, Präsident der Londoner vegetar. Gesellschaft, u. Densmore's Antwort darauf. Mit Erlaubnis d. Verf. ins Deutsche übertr. v. H. B. Fischer. gr. 8. (46 S.) Leipzig 893. M. Spohr. n. — 80

— die natürliche Nahrung d. Menschen. Eine kurze Darstellg. der Hauptargumente gegen den Gebrauch v. Brot, Cerealien, Hülsenfrüchten u. allen sonst. stärkemehlhalt. Nahrungsmitteln. Mit Erlaubnis d. Verf. ins Deutsche übertr. v. H. B. Fischer. gr. 8. (138 S.) Ebd. 891. n. 2. 40

— die Nahrung d. Paradieses. Mit Erlaubnis d. Verf. ins Deutsche übertr. v. H. B. Fischer. gr. 8. (25 S.) Ebd. 893. n. — 50

— Obst als Nahrung. Mit Erlaubnis d. Verf. ins Deutsche übertr. v. H. B. Fischer. gr. 8. (23 S.) Ebd. 893. n. — 50

— Schrotbrot u. Entzündung. Mit Erlaubnis d. Verf. ins Deutsche übertr. v. H. B. Fischer. gr. 8. (16 S.) Ebd. 893. n. — 40

— wie die Natur heilt. Inbegriff e. neuen Systems der Hygieine u. der Lehre v. der natürl. Nahrg. d. Menschen. Eine Zusammenstellg. der Hauptgründe gegen den Gebrauch v. Brot, Cerealien, Hülsenfrüchten, Kartoffeln u. allen sonst. stärkemehlhalt. Nahrungsmitteln. Mit Erlaubnis d. Verf. ins Deutsche übertr. v. H. B. Fischer. gr. 8. (533 S. m. 2 Bildnissen.) Ebd. 893. n. 8. —

— wie die Natur heilt. Enth. e. neues System der Hygieine, ferner die natürl. Nahrg. d. Menschen. Eine Zusammenstellg. der Hauptgründe gegen den Gebrauch v. Brot, Cerealien, Hülsenfrüchten, Kartoffeln u. allen anderen stärkemehlhalt. Nahrungsmitteln. Mit Erlaubnis d. Verf. ins Deutsche übertr. v. H. B. Fischer. gr. 8. (83 S.) Ebd. 893. n. 1. 50

Denso, Johann Daniel

Denso, J. Dan., monatliche Beyträge zur Naturkunde. 12 Thle. 8. Berl. Realschulbuchh. 752—66.

Denso, Jh. Dn. I., († d. 4. Jan. 1795.) monatl. Beitrr. zur Naturkunde. 12 Thle. 8. Berl. 752—66. Reimer. 1 ₰ Neue monatl. Beitrr. zur Naturkunde. 8. Schwerin 770.

Denso J. D.: Oekonomische Beiträge z. Verbesserung d. Landwirthschaft in Niedersachsen. H. (1)-2 (2 Vol.). Lübeck [2] u. Leipz. 1793-97. (318) S.

Denso, Jh. Dn. II., ökonom. Beitrr. zur Verbesserung d. Landwirthschaft in Niedersachsen. 2 Stcke. 8. Lübeck 793 u. 97. Niemann. 16 gl. Neue ökonom. Beitrr. 1s Stck. 8. Berl. 800. Belitz. 7 gl.

Neue ökonomische Beiträge z. Verbesserung d. Landwirthschaft. Berl. 1800. 110 S.

— u. ökon. Beytr. ꝛc. 8. Berl. Belitz. 808.

Denso, J. D.: „Physicalische Bibliothec", Wismar 1754 ff.

— physikal. Bibljothek. 1r Bd. 8 Stück, u. 2n Bds. 1s u. 2s Stück. 8. Rostock, Bödner. 754—60.

— physikal. Bibliothek. 1r Bd., 8 Stcke u. 2r Bd. 1s, 2s Stck. 8. Rostock 754—62. (Stiller). 20 gl.

— physikal. Briefe. 1r Bd., 12 Stcke. 4. Stettin 751. Horvath in Potsd. 1 ₰ 12 gl.

Denso, J. D.: „Physicalische Briefe", Stettin 1752 ff.

Ob Unterthanen ihren König lieben können? — Einladungsschrift zu der ehrerbietigsten Feier des höchsterfreulichen zweiundvierzigsten Geburtsfestes des Preussischen Monarchen, Friedrich des Zweiten, welche am 24sten Tage des Jenners 1753 Nachmittags um 2 Uhr, vier Hofnungsvolle Söhne des königlichen akademischen Gymnasii, in Demut begehen wollen: ausgefertiget, von Joan Daniel Denso königl. Professor der Beredsamkeit und Dichtkunst, und der königl. Geselschaften zu Greifswald, Königsberg und Leipzig Mitgliede. Stettin. Gedruckt bey Johann Friedrich Spiegeln, Königl. Regierungs- und Gymnasii Buchdrucker. fol.

Denso, Johann Daniel, s. Caj. Cäc. Sec. Plinius: Naturgeschichte.

— zwölf phys. Sendschreiben an Coster. 4. Stettin, Bödner. 750.

Denso, Johann Daniel, s. J. G. Wallerius: Mineralogie. Hydrologie.

— plinianisches Wörterbuch. 4. Greifsw. 766. Röse. (Cnobloch in Leipz.) 12 gl.

**Denso,** Paul, aus Dresden: **Bestimmung der magnetischen Permeabilität am ganzen Object statt an Proben.** *Dresden & Niedersedlitz [1898]: Typogr. Anst. d. Actien-Ges. Elektricitätswerke.* (43 S.) 8°
Rostock, Phil. Diss. v. [10. Dez.] 1898

**Densow, Fritz:** Aus d. chir. Universitätsklinik zu Königsberg i. P. Über Sehnenverknöcherungen nach Trauma. Königsberg i. P. 1910: Kümmel. 38 S. 8°
Königsberg, Med. Diss. v. 29. Juni 1910, Ref. Lexer
[Geb. 25. Juli 84 Mannheim; Wohnort: Königsberg i. P.; Staatsangeh.: Preußen; Vorbildung: Gymn. Jena Reife O. 04; Studium: Jena 2, Königsberg 8 S.; Coll. 20. Mai 10; Approb. 22. Mai 10.] [U 10. 2500

Denstorff, Oskar, a. Lichte (Schwarzburg-Rudolstadt): Über die Anlagerung von Halogenen und Perhalogenwasserstoffsäure an Sauerstoffverbindungen. Leipzig 1906: J. Klinkhardt. 150 S. 8°
Leipzig, Phil. Fak., Ref. Hantzsch, Beckmann, Diss. v. 16. Juli 1906
[Geb. 29. Jan. 81 Lichte; Wohnort: Quedlinburg; Staatsangeh.: Preußen; Vorbildung: Gymn. Quedlinburg Reife O. 01; Studium: Freiburg i. B. 1, Leipzig 9 S.; Rig. 3 Mai 06.]

Denstorff, Oscar, neuestes, allgem. faßl. Handbuch d. deutschen Conditorei. In 2 Thln. Mit 19 Conditorei- u. Musterzeichngn. auf 2 Platten. 2. Ausg. 8. (18⅞ B.) Magdeburg 841, Baensch.*
Vgl. Densdorff, O.

Dent, Clinton Thomas

Dent, C. T., Hochtouren. Ein Handbuch f. Bergsteiger. Unter Mitwirkg. v. C. Arnold, H. Heß u. Th. v. Smoluchowski deutsch hrsg. v. Walther Schultze. Mit 1 Photograv. u. 136 Illustr. v. H. G. Willink u. A. gr. 8. (XI, 532 S.) Leipzig 893. Duncker & Humblot. Geb. in Leinw. n. 10. 80; auch in 7 Lfgn. à n 1. 40

**Dent,** Frankland: Ueber Urethane und Derivate derselben. *München 1898: V. Hofling.* (55 S.) 8°
München, Phil. Diss. v. 1898

Dental-Kalender für Deutschland. 1888. 1. Jahrg. 2 Thle. gr. 16. (404; 148 S.) Breslau, Schottländer. geb. *
Durchsch. **

**Dental-Kalender** für Deutschland, Oesterreich-Ungarn und die Schweiz. 1889. 2. Jahrg. 2 Theile. In-16°, 300 u. 225 S. Breslau, S. Schottländer.
gebd. u. geh. 4 70
durchschossen 6 —

Dental-Kalender f. Deutschland, Oesterreich-Ungarn u. die Schweiz. 1890 u. 1891. 3. u. 4. Jahrg. à Jahrg. 2 Thle. 12. (26 S., Schreibkal., 280 S.; Schreibkal., 61, 313 S. m. Abbildgn.) Bresl., Schles. Verlagsanstalt. geb. u. geh. à Jahrg. 3 50

—— dass. — 1892. 5. u. 6. Jahrg. à Jahrg. 2 Thle. Hrsg. von Erich Richter. 12. (à Jahrg. 16, u. ca. 292 S.) Berl. (Lpz., G. Thieme.) geb. à Jahrg. 5 —

**Dental-Kalender** f. Deutschland, Österreich-Ungarn u. die Schweiz. 1893. VI. Jahrg. 2 Thle. gr. 16. (Schreibkalender, 16 u. 296 S.) Leipzig, G. Thieme. Geb. in Leinw. n. 5. —

— dasselbe, Fortsetzg. s.: Adressbuch der im Deutschen Reiche etc. approbirten Zahnärzte.

**Dentarius**, Ed., allerlei Sachen zum Lesen u. Lachen. 1. Sammlg. (48 S.) 8. Eisenach (908). (Hofbuchdruckerei Eisenach, H. Kahle.) 1, —

**Dent de Lys**, s.: Schweiz. Atlas.

**Dente**, un — all' Epoca di Luigi XV. Monologo in un atto d·i signori Labiche e Lefranc. Lib·ramente tradotto-dall' artista Luigi Bellotti-Bon. Aus J. B. Wallishaussers k. k. Hoftheater Druckerei. (8 S. 8.) (Italienisch und deutsch zugleich.) 1856

**Denteler**, J., d. Bienenzucht, s.: Ehrenfels, J. M. v.

**Dentelles**, les, anciennes du musée des arts décoratifs. (Palais du Louvre, Pavillon de Marsan, Paris.) (28 Lichtdr.-Taf.) Fol. Plauen (906). Ch, Stoll. In Halbleinw.-Mappe n. 28. —

Dentelles de Belgique à l'Exposition de Liège 1905. (32 T) fol Plauen (1905)

— de la collection du musée historique des tissus de Lyon. (26 Taf.) Fol. Ebd. (905). In Mappe n. 28. —

— guipures du musée Galliera, Paris. Broderies ajourées. (36 Lichtdr.-Taf. m. 2 S. Text.) Fol. Ebd. (904). In Mappe n. 32. —

— véritables. Points de France. Points de Venise. (26 Lichtdr.-Taf. m. III S. Text.) gr. Fol. Ebd. (906). In Halbleinw.-Mappe n 28. —

**Denters**, Wilh., ökonomische Haus-Recepte. 8. Leipzig Mittler. 805.

**Denthoven**, Ludw., Christoph Columbus. Eine biograph. Skizze nach den neuesten Quellen. gr. 8. (120 S.) Würzburg 878. Woerl. 1. 50

Die Auferstehung Jesu Christi nach den Berichten des Neuen Testamentes. Von Dr. E[berhard] **Dentler**. 2. Aufl. Münster i. W.: Aschendorff 1908. (64 S.) 8° [F.]
= **Zeitfragen**, Biblische. Folge 1. H. 6. 108. 16170 2

**Dentler**, Eberhard: Die Grundprincipien der Philosophie des Anaxagoras. *Fulda 1897: Fuldaer Actiendr.* (36 S.) 8° ¶ (Erscheint vollständig im Buchhandel.)
München, Phil. Diss. v. 1897

DENTLER, Max (Wangen i.A.): Casuistischer Beitrag zur Lehre von der intestinalen Aktinomykose.– München: Wolf 1902. 27 S.
4.7.1902 – Chr 1902/03,22; Jv 1902/03,302
Diss. Ingolst.-Landsh.-Mchn.

**Dentler jun.**, Pt. F. E., Leonardo Mattaro, Prinz v. Sicilien. Ein Drama in 5 Abth. 2e Aufl. 8. Danz. 827. (Ewert). 8 g/r

**Dentler**, Wilhelm, approb. Arzt aus München: Ueber congenitale Tumoren der Schilddrüse nebst einem neuen Fall. (Cysto-Adeno-Chandro-Sarkom.) *München 1902: C. Wolf & Sohn.* (29 S.) 8°
München, Med. Diss. v. 1902

**Denton**, W., Serbien und die Serben. Nach anderen Quellen und eigenen Erfahrungen frei bearb. von v. Cölln. 8. (XVI und 312 S. mit 1 lithogr. Titelbild und 1 lithogr. Karte in 4.) Berlin 865, Wiegandt und Grieben. *

**Denton**, W. M. A., die Christen in der Türkei. gr. 8. (114 S.) Pest 864, Pfeifer. *

**Deutschmann**, geschichtlich. Lebensbild d. franz. u. deutschen Volks, durch Dichtung. 8. Cassel u. Marb. Krieger. 814.

**Dentu contra Dreyfous**. Ein interessanter Preßprozeß vor dem Zuchtpolizei-Gericht zu Paris in Sachen der Uebersetzung des Buches von Mor. Busch: Graf Bismarck und seine Leute. [Autorisirte Uebertragung aus der Pariser Gerichtszeitung „Le Droit".] gr. 8. (23 S.) Leipzig 879, Friedrich. *

**Dentz van Schaick**, Th. G., in Sachen Hollands, s. Hiltermann, Th. J. B.

**Dentzer**, Bernhard: Zur Beurteilung der Politik Wibalds von Stablo und Korvei. [T. 1.] *Breslau 1900: H. Fleischmann.* (49 S.) 8° ¶

Breslau, Phil. Diss. v. 14. Aug. 1900

v. Denuber (Red.), s. Bienen-Züchter, Der elsasslothringische.

**Denunciatio** solennis inaugurationis novi academici collegialis templi in . . . academia Julia . . . Helmstadii [1704]. V: *Hardt, Hermann von der.* (Erman & Horn, Bibliogr. d. dtsch. Universtäten. 2. Leipz. u. Berl. 1904.)

**Denunciant**, der. Erzählung aus der Gegenwart für das kathol. Volk. [Mit besond. Berücksicht. der Schulfrage.] Von M. Renitentus. 8. (80 S.) Mainz 876, Kirchheim.

**Denunciation und Anzeige, An die Erbgesessene Bürgerschaft in Hamburg unmassgeblich gethane**, wegen unrichtiger Distribuirung der publiquen Stadtgelder . . . [Hamb.] 1706. V: *Kummerfeld, Heinrich.* (schr)

**Denunziation** einer neuen, Monarchien-stürmenden Freimaurerei in Frankreich; zur Warnung der Fürsten und Völker. Mit Anmerk. und Zusätzen des Hrsg. Regensburg u. Wetzlar [Augsburg: Bollmann] 1794. 46 S. 8°
Aus: Berlinische Monatsschr. 21 (1793) S. 570 bis 593.
Abgedr. in: Frmr-Bibliothek. 7 (1794) S. 52 bis 71.
Kl. 3156, Tt. 1503. Selten. Betr. die von N. de Bonneville seit 1791 hrsg. Monatsschr.: „La Chronique du mois, ou Les cahiers patriotiques" u. insbes. seine darin befindl. Abhandl. üb. die Weltbürger-Frmrei oder Orden der Francs-Cosmopolites. Vgl. auch die Zeitschr. „La Bouche de fer" (Nr 512).

**Denunciation**, die, der Schrift: „Die Unfähigkeit des Hrn. Prof. Seyffarth in Leipzig, wissenschaftl. Werke üb. d. Alterthum zu lesen, zu verstehen u. zu würdigen, erwiesen an seiner Recension meiner Schrift: Untersuchungen üb. d. Religion d. Phönizier in Gersdorf's Repertorium Bd. XXIX. 3. v. F. C. Movers zu Breslau." Eine aktenmässige Darstellung. gr. 8. (4 B.) Breslau 843, Hirt's Verl. *

**Denunciations- oder Untersuchungs-Proceß**, d. praktisch erläuterte, oder wie man sich in Klag- u. Untersuchungs-Sachen rc. zu vertheidigen hat. 8. Leipz. 798. (W. Nauck). 8 g/r

**Denunciations- oder Untersuchungs-Prozeß**, der pract. erläuterte, 8. Leipz. Sommer. 798.

**Denunziations-Sistem**, das, des sächs. Liberalismus und das kritisch-nihilistische Sistem H. Jellinek's. 8. (27 S.) Leipzig 847, Weller. (Von H. Jellinek) *

Deny, Ed., die rationelle Heizung und Lüftung. Preisgekrönte Schrift. Deutsche Ausg. mit einem Anhang über die Vervollkommnung der Heiz- und Lüftungs-Anlagen von E. Haesecke. gr. 8. (VII, 114 S. mit 41 Holzschn.) Berlin 885, Ernst und Korn. *

(Denys): Denkschrift zur Sache der Erben Florentin in actis benennt, wider Hr. Hubert Jehennet, substituirten Regierungs-Prokurator beim Kreisgericht zu Aachen, als anmaßlichen Benefiziar-Erben der Schulzischen Hinterlassenschaft. Coblenz 1814.

Denys, A., der heil. Athanasius, s. Leben, das, der Heiligen.

Denys, Ferd., u. Cäsar Famin, Geschichte u. Beschreib. v. Brasilien u. Guyana. A. d. Franz. M. 100 Kpfr. u. 2 Karten. gr. 8. ($28\frac{1}{2}$ B.) Stuttgart 839, Schweizerbart's Vrlsh.
Aus der: Welt-Gemälde-Gallerie, abgedruckt.

**Denys,** Gerh., anatomische Untersuchungen an Polyides rotundus Gmel u. Furcellaria fastigiata Lam. (31 S. m. 7. Abb.) Lex. 8. Hamburg 910. L. Gräfe & Sillem. 1.20
Sonderabdruck aus „Jahrb. d. hambg. wiss. Anst.“

**Denys, Gerhard:** Anatomische Untersuchungen an Polyides rotundus Gmel. und Furcellaria fastigiata Lam. Hamburg 1910: Lütcke & Wulff. 31 S. 8°
Kiel, Phil. Diss. v. 19. Mai 1910, Ref. Reinke
[Geb. 5. Mai 87 Hamburg; Wohnort: Hamburg; Staatsangeh.: Hamburg; Vorbildung: Oberrealsch. vor d. Holstentor Hamburg Reife O. 06; Studium: Gießen 1, Berlin 3, Kiel 3 S.; Rig. 27. Nov. 09.] [U 10. 2495

Denz, [Balthasar]. Mitteilungen über Kurerfolge bei Adipositas. (Referat, gehalten an der 5. Jahresversammlung der Schweiz. Balneolog. Gesellschaft am 2. Oktober 1904 in Lugano.) Separatabdruck aus Heft 1 der «Annalen der Schweiz. Balneologischen Gesellschaft». 3 S. 8. (Aarau, Typ. Sauerländer, [1905].)

**Denz,** Ferd., die Holzverkohlung u. d. Köhlereibetrieb. (VIII, 295 S. m. Abbildgn.) Lex. 8. Wien 910. M. Perles. 10.—; geb. n 12.—

Denz, J., s. Uebungsaufgaben für's Rechnen.

**Denz, Jakob:** Die Schiffahrtspolitik der Kurpfalz im 17. und 18. Jahrhundert. Ludwigshafen a. Rh.: Waldkirch 1909. 63 S. 8°
Heidelberg, Phil. Diss. v. 3. Aug. 1909, Ref. Gothein
[Geb. 10. Sept. 85 Ludwigshafen a. Rh.; Wohnort: Ludwigshafen; Staatsangeh.: Bayern; Vorbildung: Oberrealsch. Mannheim Reife M. 05; Studium: Berlin 1, Freiburg i. B. 1, Heidelberg 1, Jena 2, Heidelberg 2 S.; Rig. 13. Febr. 09.]

Denzel, Bernhard Gottlieb

Denzel, B. G., Einleitung in d. Erziehungs- und Unterrichtslehre. 1r Thl. 2te Aufl. gr. 8. Stuttgart, Metzler. 817.

— — 2r Thl. auch unter dem Titel: Einleitung in die Elementarschulkunde und Schulpraxis. Ebendas. 819.

Denzel, (B. G.) Einleitung in die Erziehungs- u. Unterrichtslehre f. d. Volksschullehrer. 1r Thl. 3e Aufl. 825. 1 Rthlr. 2r Thl. 2e Aufl. 826. 1 Rthlr. 6 gr. 3r Thl. — A. u. d. T.: Einleit. in die Elementar-Schulkunde u. Schulpraxis. gr. 8. Stuttg. 822, Metzler. 20 gr. Alle 3 Thle

Denzel, Bernh. Gtli., Einleitung in d. Erziehungs- u. Unterrichts-Lehre f. Volksschullehrer. 3. Thl. 1—3. Abthl. gr. 8. Stuttgart, Metzler. [1. Abthl. 3., verb. Aufl. ($14\frac{1}{2}$ B.) 828. 20 Gr., 2. 1. Aufl. ($18\frac{1}{2}$ B. u. 2 Stnt. in gr. 4.) 829., 2. Aufl. ($18\frac{3}{4}$ B. u. 2 Stnt. in kl. Fol.) 833. à 1 Thlr., 3. ($21\frac{1}{2}$ B., 3 Tab. u. 2 Stnt. in gr. 4.) 832. 1 Thlr. 8 Gr.]
1. u. 2. Thl. 3. Aufl. Ebendas. 1825. 2 Thlr. 6 Gr.

Denzel, Bernh. Gtli., Einleitung in d. Erziehungs- u. Unterrichts-Lehre f. Volksschullehrer. 3. Thl. 4. (letzte) Abthl. 1. Aufl. 835., u. 2. Aufl. gr. 8. (à $28\frac{1}{4}$ B. u. $1\frac{3}{4}$ B. Tab.) Stuttgart 839, Metzler'sche Buchh. à
1—3. Thl. 1—3. Abthl. Ebendas. 1825—32. 5 Thlr. 10 Gr.

Denzel, B. G., Einleitung in d. elementar. Schulkunde u. Schulpraxis, f. Lehrer in deutschen Elementarschulen. 1r Thl. gr. 8. Stuttg. Metzler. 814.

— s. Elementar-Lesebuch, prakt.

Denzel's Entwurf des Anschauungsunterrichts in katechetischer Gedankenfolge praktisch ausgeführt, s. a. Wrage, C.

Denzel's, Bernh. Gtl., Entwurf des Anschauungsunterrichts in katechetischer Gedankenfolge; praktisch ausgeführt von C. Wrage. Mit e. Vorwort von Denzel. 1r u. 2r Cursus. gr. 8. Altona 837. Hammerich. 2 ℛ — 2e Aufl. 1r Cursus gr. 8. Ebd. 838. 3e Aufl. 840. $\frac{1}{2}$ ℛ — 2r Cursus. 2e verb. Aufl. gr. 8. Ebd. 839. $1\frac{1}{2}$ ℛ

Denzel's, Bernh. Gtl., Entwurf des Anschauungsunterrichts in katechet. Gedankenfolge; practisch ausgeführt von C. Wrage. 1. Cursus. 4. Aufl. gr. 8. Altona 843, Hammerich. $\frac{1}{2}$ ℛ — 5. Aufl. gr. 8. Ebend. 845. $\frac{1}{2}$ ℛ

—— dass. 2. Curs. 3., verb. Aufl. gr. 8. ($24\frac{1}{2}$ B.) Ebds. 844.

Denzel's Entwurf d. Anschauungsunterrichts in katechet. Gedankenfolge; practisch ausgeführt von C. Wrage. Mit e. Vorwort v. Denzel. 6. Aufl. 1. Curs. gr. 8. (VIII u. 214 S.) Altona 848, Hammerich. $\frac{1}{2}$ ℛ — 2. Cursus. 4. verb. Aufl. gr. 8. (XII u. 377 S.) Ebd. 850. $1\frac{1}{2}$ ℛ

Denzel's Entwurf des Anschauungsunterrichts in katechetischer Gedankenfolge; praktisch ausgeführt von C. Wrage. Mit einem Vorwort von Denzel. 7., verb. Aufl. 1. Cursus. gr. 8. (X und 214 S.) Altona 853, Hammerich.

Denzel's Entwurf des Anschauungsunterrichtes in katechetischer Gedankenfolge. Praktisch ausgeführt von C. Wrage. Mit einem Vorwort von Denzel. 1. Cursus. 9. verb. Aufl. gr. 8. (XII, 212 S.) Altona 875, Hammerich.
—— dass. — 2. Cursus. 5. verb. Aufl. gr. 8. (VI, 353 S.) Ebendas. 872.

—— Erfahrungen u. Ansichten üb. d. Berufsbildung d. Volksschullehrer, mit besond. Bezieh. auf d. evangel. Seminar in Eßlingen, z. Behufe d. Erörterung u. Vollziehung d. neuen württemberg. Schulgesetzes. gr. 8. ($4\frac{1}{8}$ B.) Stuttgart 836, Metzler'sche Buchh. *

—— Lehrgang d. Unterrichts in d. deutschen Sprache f. Volksschulen. Ein Auszg. aus d. Verf. „Einleit. in d. Erziehungs- u. Unterrichtslehre f. Volksschullehrer.“ 8. (11 B.) Stuttgart 836, Metzler'sche Buchh.

—— Lehrgang d. Zahlunterrichts in seinem ersten Elemente; pract. ausgeführt, mit Hinzufügung ein. Anweis. für's Zifferrechnen (Tafelrechnen); od. Darstell. ein. bildenden u. gründl. Rechenunterrichts, v. H. Schlüter. 1. Curs. gr. 12. (7 B.) Altona 839, Aue.

-- Rede bei d. feierl. Gottesdienst am Schulfeste zu Eßlingen. 4e A. 8. Stuttg. 824. Steinkopf. 4 kr.

— die Religion als höchster Zweck d. Jugendbildung. 8. Stuttg. 810, Steinkopf. 2 kr.

— kurze Sätze für den ersten zusammenhängenden Religionsunterricht in Schulen. 3e A. 8. Stuttg. 812. Steinkopf. 2 kr.

Denzel, Bernhard Gottlieb, s. Sprüche, Biblische.

— bibl. Sprüche zu Begründung d. ersten Religionsunterrichts. 1r u. 2r Cursus. 8. Stuttg. Steinkopf. 814.

— — biblische Sprüche und Sittenlehren ꝛc. in 3 Abtheil. 3te Aufl. 8. Ebendas.

— bibl. Sprüche u. Sittenlehren ꝛc. 4e Aufl. 8. Stuttgart 824. Steinkopf.

—— biblische Sprüche u. Sittenlehren zu Begründung d. Religionsunterr. u. z. Auswendiglernen in Schulen. In 3 Abthln. 5., verb. Aufl. 8. ... Stuttgart 833, Steinkopf.

—— bibl. Sprüche u. Sittenlehren zu Begründung d. Religions-Unterrichts u. zum Auswendiglernen in Schulen. 3 Abthln. 6. verb. Aufl. 8. (6 B.) Stuttgart 838, J. F. Steinkopf.

—— Tabellen d. alt- u. neutestamentl. Geschichte, nebst d. Anfangsgründen d. christl. Kirchengesch., f. Schüler in Präparandenschulen, Realschulen, niedern latein. Schulen, städt. Volksschulen u. gehobenen Dorfschulen; in 8 Blätt. gr. 4. ausgearb Lex.-8. (1 B. Vorbericht.) Eßlingen 839, Dannheimer'sche Buchh. Thlr.

— die Volksschule. Ein method. Lehrcursus. Mit 2 Kpft. gr. 8. Stuttg. 817. (Metzler). 1 fl 4 gl.

—— Worte d. Glaubens u. d. Hoffnung. Einige Kanzelvorträge, nebst Anh. gr. 8. (7 B.) Stuttgart 835, Metzler'sche Bh.

Denzel, Chr. G., kleine deutsche Sprachlehre f. Schulen. 8. (7 B.) Stuttgart 830, Steinkopf.

Denzel, Chstph., nützliches Hülfsbüchlein für alle Stände zum schnellen u. sichern Auffinden, was eine gekaufte oder verkaufte Sache an Geld ausmacht. Nebst Tabellen üb. Interesse-, Heu-, Holz-, Wein-, Würtemberg. u. Baier. Frucht-Rechnung, so wie üb. in- u. ausland. Münzen, Maaße u. Gewichte. 8. Reutlingen 839. Kurtz. (Leipzig, Herbig.) n. 1/6 rth

Denzel, Conrad Theophil (Backnang) Celeb. atque intricata lex frater a fratre. Präs. Christoph David Gerlach. Tübing. (Jos. Sigmund) März 1738. 56 Seiten. (5.50) 6324

Denzel, Ernst, approb. Arzt aus Stuttgart: Über tuberkulöse Erkrankung der weiblichen Harnblase. *Tübingen: F. Pietzcker 1900.* (21 S.) 8°
Tübingen, Med. Diss. v. 1900

Denzel, Johann Fr.: Post-Charte des Königreichs Württemberg. Stuttgart 1827 und 1833.
Je 1 Bl. c. L.

Denzel, J. F., Post-Reise-Routen durch Europa, aus dem Standpunkt der Königl. Württembergischen Residenz-Stadt Stuttgard. 2. verm. u. verb. Aufl. Stuttgard 1823. 8.

Denzel, Jh. Fr., Post- u. Reiserouten durch Europa, aus d. Standpunkt v. Stuttgart. 8. Stuttg... 2e Aufl. 823. Löflund. 16 gl.

Denzel, Julius. Ueber Chlorbromsubstitutionsprodukte des Aethanes und des Aethylenes. Tübingen, 1878.

Denzer, Franz Jacob (Olpe)
Thesen aus der gesammten Heilkunde, welche den 30.12. zur Erlangung der Doctorwürde in der Medicin und Chirurgie öffentlich vertheidigen wird: Franz Jacob Denzer, aus Olpe.
Giesen: Schröder 1811. 4 Bl.
Dr. med. et chir. 30.12.1811.

Denzer, Hans, die Bedeutung d. Unterrichts im Formen f. die Bildung der Anschauung, s.a. Beiträge z. Kinderforschung u. Heilerziehung. 56. Hft.

Die Bedeutung des Unterrichts im Formen für die Bildung der Anschauung. Von Hans Denzer. Langensalza: Beyer 1909. 25 S. 8°
(Beiträge z. Kinderforschung u. Heilerziehung. H. 56.) [11. 6657]

— Schaffen u. Lernen. Theorie u. Praxis des Werkunterrichts der Unter- u. Mittelstufe. Mit e. Geleitwort v. A. Pabst u. e. Abhandlg. v. Ferd. Lindemann nebst 59 Abb. u. Taf. im Text. (VIII, 166 S.) Lex. 8. Leipzig 909. E. Wunderlich. 4.—; geb. 4.80

Denzer, L. F., siehe: Gewerbeblatt, technisch-chemisches.

DENZIN, A.: Zur Kenntnis und Würdigung des Massenfachwerkes. - Darmstadt o.J. 15 S.

Denzin, C. L. D. W., die Bau-Polizei des preußischen Staates mit besonderer Berücksichtigung der für die Städte der Provinz Schlesien erlaß. baupolizeil. Verordnungen. Ein Handbuch für Behörden, Baubeamte, Bauhandwerker rc. Nebst einem Anh., enth. Bau- und Entreprise-Contracte und eine Zusammenstellung der für Breslau bei Neubauten übl. Einheitspreise von einem prakt. Baumeister. 8. (X und 242 S.) Breslau 865, Korn.

—— die preußischen Bau-Polizeigesetze für das platte Land. Mit besonderer Berücksichtigung der für die Provinz Schlesien erlaß. baupolizeil. Verordnungen. Ein Handbuch für Behörden, Polizeiverwalter, Baubeamte rc. 8. (XII und 352 S.) Breslau 865, Korn.

—— Gesinde-Ordnung für sämmtliche Provinzen der preußischen Monarchie mit Ausschluß für Neu-Vorpommern, des Fürstenth. Rügen und der Rheinprovinz, vom 8. Novbr. 1810, nebst einem Anh. Rathgeber für Polizei-Verwalter, Herrschaften und Gesinde. 3., verb. und verm. Aufl. gr. 8. (190 S.) Breslau 867, Korn.

Denzin, C. L. D. W., neuestes Handbuch über die gegenseitigen Rechte und Pflichten des Miethers und Vermiethers sowie des Pächters u. Verpächters. Nebst Erläuterungen, dem Prozeß-Verfahren in Miethssachen und Formularen zu Mieths- und Pachtverträgen. Breslau 861. Kern. gr. 8. (IV, 69 S.) 7½ ngr.

Denzin, C. L. D. W., neuestes Handbuch über die gegenseitigen Rechte und Pflichten des Miethers und Vermiethers sowie des Pächters und Verpächters. Nebst Erläuterungen, dem Prozeß-Verfahren in Miethssachen und Formularen zu Mieths- und Pachtverträgen. 2. verm. und verb. Aufl. gr. 8. (IV, 84 S.) Breslau 870, Kern's Verlag.

Denzin, R., die Beziehungen der Volksschule zur sozialen Frage. s.a. An der Tagesordnung.

Denzin, R., Die Beziehungen d. Volksschule zur sozialen Frage. (16 S.) Ebd. 1893. Lesser.

Denzinger, Aug., die Accessio possessionis nach dem röm. u. canonischen Rechte. Eine gekr. Preisschr. gr. 8. (10 B.) Würzburg 842. (Voigt u. Mocker.) *

DENZINGER, Hans (Staltach): Ein Fall von Adenocarcinom der Niere, ausgehend von einem Grawitz'schen Tumor.- München: Wolf 1902. 25 S. Diss. Ingolst.-Landsh.-Mchn.
4.7.1902 - Chr 1902/03,221 Jv 1902/03,302

Denzinger, Heinr., vier Bücher von der religiösen Erkenntniss. 2 Bde. Lex.-8. (XXVII und 1207 S.) Würzburg 856, Stahel'sche Buchh. *

Denzinger, Heinrich, Vier Bücher von der religiösen Erkenntniß. Würzburg, Stahel, 1856—7, gr. 8°, 2 Bde, XV, 612 u. XII, 595 S., 13 Mt.

Denzinger, Heinr., über die Aechtheit des bisherigen Textes der Ignatianischen Briefe. gr. 8. (108 und V S.) Würzburg 849, (Fahrmbacher und Stahel.) *

—— Enchiridion symbolorum et definitionum, quae de rebus fidei et morum a conciliis oecumenicis et summis pontificibus emanarunt. In auditorum usum edidit, aucta et emendata. Edit. I. (VIII und 432 S.) Edit. II. (X und 504 S.) 1854. et Edit. III. 8. (X und 508 S.) Wirceburgi 856, libr. Stahel. *

Denzinger, Henr., Enchiridion symbolorum et definitionum, quae de rebus fidei et morum a conciliis oecumenicis et summis pontificibus emanarunt. In auditorum usum. Editio IV. aucta et emendata. 8. (X und 548 S.) Würzburg 865, Stahel'sche Buchh. *

Denzinger, Henr., Enchiridion symbolorum et definitionum, quae de rebus fidei et morum a conciliis oecumenicis et summis pontificibus emanarunt. Edit. 5. 8. (VIII, 414 S.) Würzburg 874, Stahel'sche Buchh. *

Denzinger, Henr., enchiridion symbolorum et definitionum, quae de rebus fidei et morum a conciliis oecumenicis et summis pontificibus emanarunt. In auditorum usum edidit. Edit. VI., aucta et emendata ab Ign. Stahl. 8. (XVI, 445 S.) Würzburg 888, Stahel'sche Buchh. *

Denzinger, Henr., enchiridion symbolorum et definitionum, quae de rebus fidei et morum a conciliis oecumenicis et summis pontificibus emanarunt. In auditorum usum edidit D. Ed. VII. aucta et emendata ab Ign. Stahl. 8. (XVIII, 485 S.) Würzburg 894. Stahel. n. 4. —; geb. in Halbfrz. n. 5. —

Enchiridion symbolorum et definitionum, quae de rebus fidei et morum a conciliis oecumenicis et summis pontificibus emanarunt. In auditorum usum ed. Henricus Denzinger, prof. Ed. 7. auct. et emend. ab Ignatio Stahl. Wirceburgi: Stahel 1895. (XVIII, 485 S.) 8° [07. 6577 4]

Denzinger, Henr., Enchiridion symbolorum et definitionum, quae de rebus fidei et morum a conciliis oecumenicis et summis pontificibus emanarunt. In auditorum usum edidit D. Ed. IX, aucta et emendata ab Ign. Stahl. 8. (XVI, 486 S.) Würzburg 900. Stahel's Verl. n. 4. —; geb. in Leinw. n.n. 5. —

**Denzinger,** Henr., Enchiridion symbolorum et definitionum, quae de rebus fidei et morum a conciliis oecumenicis et summis pontificibus emanarunt. In auditorum usum ed. D. Ed. IX, aucta et emendata ab Ign. Stahl. (Neue [Titel-]Ausg.) (XVI, 486 S.) 8. Freiburg i/B. [900] (905). Herder. n. 4.—; geb. in Leinw. n. 5.—

**Denzinger,** Henr., Enchiridion symbolorum, definitionum et declarationum de rebus fidei et morum. Ed. X, emendata et aucta, quam paravit Clem. Bannwart, S. J. (XXVII, 628 S.) 8. Freiburg i/B. 908. Herder. 5.—; geb. in Leinw. 6.—

**Denzinger, Heinr.,** Kepha. Über die päpstliche Unfehlbarkeit. Für gebildete Katholiken. Würzburg, Wörl, 1870, 12°, 27 S., 1. u. 2. Aufl., 30 Pf.

Recenss. Ökum. Konzil. Stimmen 2c. Heft 10, S. 81. Litt. Handw. 1870, S. 111.

—— Kepha. Ueber die päbstliche Unfehlbarkeit. Für gebildete Katholiken. 3. unveränd. Aufl. 8. (27 S.) Würzburg 870, Woerl.

Denzinger, Heinr. J. D., Kritik der Vorlesungen des Hrn. Prof. Heinr. W. J. Thiersch über Katholicismus und Protestantismus. I. Abthl. Die Principienfragen. gr. 8. (184 S.) Würzburg 847, [Fahrmbacher und Stahel.] *

—— dass. — II. Abthl. Specieller Theil. 1. und 2. Heft. Von der Rechtfertigung. — Von den Sakramenten und dem Meßopfer. gr. 8. (144 und 173 S.) Ebds. 848. *

**Denzinger, Heinr. J. D.,** Kritik der Vorlesungen des Hrn Prof. H. W. J. Thiersch über Katholicismus u. Protestantismus. Würzburg, Stahel in Komm., gr. 8°.

Abteil. 1: Die Principienfragen. 1847, 184 S., 2 Mk. Abteil. 2: Specieller Teil, Heft 1 u. 2: Von der Rechtfertigung. Von den Sakramenten u. dem Meßopfer. 1848, 144 u. 178 S., 8,60 Mk.

—— die Lehre von der unbefleckten Empfängniß der seligsten Jungfrau Maria. Dargestellt für gebildete Katholiken. Mit einem Liederkranz zu Ehren der unbefleckten Empfängniß. 8. (77 S.) Würzburg 855, Stahel'sche Buchh. *

—— dass. — Mit der päpstl. Bulle und einem Liederkranz zu Ehren der unbefleckten Empfängniß. 2. Aufl. 8. (103 S.) Würzburg 855, Stahel'sche Buchh. *

**Denzinger,** Henr., ritus Orientalium, Coptorum, Syrorum et Armenorum, in administrandis sacramentis. Ex Assemanis, Renaudotio, Trombellio aliisque fontibus authenticis collectos, prolegomenis notisque criticis et exegeticis instructos, concurrentibus nonnullis theologis ac linguarum orientalium peritis edid. 2 Tomi. Würzburg 863, 64. Stahel. Lex.-8. (XIV, 500 S.; VI, 554 S.) n. 5 ℛ 6 ngr.

**Denzinger,** Ign., 18. Jahresbericht des histor. Vereins v. Unterfranken f. d. J. 1847/48, s.: Archiv des histor. Vereins. 10. Bd. 1. Hft.

Denzinger, J., Prima Lineamenta Logices in usum auditorum suorum. gr. 8. Leodii (Leipzig, Gleditsch in Comm.) 818.

Denzinger, Ign., die Logik als Wissenschaft d. Denkkunst dargest. gr. 8. (20 B.) Bamberg 836, Lachmüller'sche Buchh.

Denzinger, Ign., Würdigung einiger neueren Versuche, die Geschichte in Perioden abzutheilen. 1. Lfg. Würdigung d. Abtheilung d. St. Simonisten. gr. 8. (5¼ B.) Würzburg 832, (Stahel.)

**Denzinger,** Molly, Kindergarten. 12 Erzählgn. f. d. Jugend. Mit 6 Farbdr.-Bildern v. Wilh. Hoffmann. (III, 137 S.) gr. 8. Stuttgart (910). Loewe. Geb. in Leinw. 3.—

Denzinger, Molly. *Aus Tantes Plauderstübchen.* Allerliebste Erzählungen für die Jugend. Mit sechs Farbdruckbildern [von W. Hoffmann]. Stuttgart. Loewes [ca. 1890]. 2 Bl. 59 S. 4°. Farbig illustr. Orhlwd. 10.—

**Denzinger,** Molly, aus Tantes Plauderstübchen. Allerliebste Erzählgn. f. die Jugend. 2 Abtlgn. gr. 4. (60 u. 59 S. m. je 3 Farbdr.) Stuttgart (901). Loewe. Geb. à 1.80 in 1 Bd. geb. 3.—

**Denzler,** Albert: Dynamomaschine der Zürcher Telephon-Gesellschaft. 1888. 4°

**Denzler,** Albert, von Zürich: Untersuchungen über die inconstanten galvanischen Elemente. Zür. Zürcher u. Furrer Dr. 1881. 3 Bl., 52 S. 8°. Zürich, Phil. Diss. [v. 29. Juli 1881].

**Denzler,** Bernh., Versicherungs-Menschen. 8. (III, 109 S. m. Abb.) Leipzig 898. F. Pfau. n. 1.—

**Denzler,** Berthold. Die Bakterienflora des gesunden Genitalkanals des Rindes in ihrer Bedeutung für das Zustandekommen des Puerperalfiebers. Diss. Vet.-Med. Univ. Zürich. *Kopftitel:* Aus der geburtshilflichen Klinik der K. Tierärztlichen Hochschule zu Stuttgart. ⟨Vorstand: Professor Dr. Zwick.⟩ II + 51 S. 8. Stuttgart, Union Deutsche Verlagsgesellschaft, 1904.

**Denzler,** C. (Hrsg.), s. Zeitschrift, Schweizerische, f. Gemeinnützigkeit.

(Denzler, [Conrad, und] Grob, [Johann Emanuel].) Reden bei der Beerdigung des sel. Herrn U[lrich] Wiesendanger, Erziehungsrath... den 10. April 1893. Dem Andenken des lieben Verstorbenen gewidmet von seinem Freunde H[einrich] C[ramer]-W[yss]. 8. Zürich [1893].

**Denzler,** H.: Die Ablenkung des Senkloths durch die Gebirge.

**Denzler,** H.: Über die klimatischen Verhältnisse auf hohen Berggipfeln. 1860.

Denzler, H[ans] H[einrich]. Die untere Schneegränze während des Jahres, vom Bodensee bis zur Säntisspitze, ([in den Jahren] 1821–1851). [SA.] 4. [Zürich 1855.]

**Denzler,** Heinrich, med. pract. von Zürich: Beiträge zur Lehre von der Chorea. Affoltern a. A. J. Weiss Dr. 1895. 63 S. 8°. Zürich, Med. Diss. [v. 23. Oct. 1895].

**Denzler,** I. I., Clavis linguae lat. 8. mai. Bas. König. 716.

**Denzler, J. K.** Predigt über Sprüche Salomonis 14, 34: „Die Sünde ist der Menschen Verderben", gehalten am 19. Juni 1881 nach Entdeckung des auf dem Zürichberg verübten Verbrechens. In-8°, 13 S. Zürich, Druck von Orell Füssli & Cie. 1881

**Denzler,** Johann Kaspar

Denzler, Joh. Casp., homilet. Casual-Text-Lexicon. Vorzügl. f. evangel. Prediger in d. Schweiz. 8. (21½ B.) Zürich 832, Schultheß.

**Denzler,** J. Ksp., Leitfaden zum christl. Religions-Unterricht für Confirmanden. Nach d. Grundsätzen d. evangel.-reformirten Kirche. 8. Winterthur 825. Steiner. 8 ℊ

[Denzler, Johann Caspar.] (Das Siechenhaus zu St. Jakob an der Sihl und ähnliche Anstalten. [Mit 1 Tafel.]) Njbl. Hülfsges. Zürich 1833. 4. [Zürich.]

[Denzler, Johann Rudolf.] Bilder zur Charakteristik des alten Zürich: Fünfzehntes Jahrhundert. Mit einer Abbildung des alten Rathhauses vom Jahr 1400. (Berchtoldsgabe auf das Jahr... 1867. Gewidmet Zürichs Bewohnern zu Stadt und Land.) 4. Zürich 1867.

**Denzler, J. R.** (Pfarrer in Fluntern). Festgrüsse an die christliche Gemeinde. Eine Blumenlese aus der relig. Literatur der Gegenwart nach den Zeiten des Kirchenjahrs geordnet. In-8°, VI u. 390 S. Zürich, S. Höhr. 1880 4 50

Denzler, Joh[ann] Rudolf. Fluntern, Die Gemeinde am Zürichberg. Ein geschichtlicher und statistischer Versuch. Als Neujahrsgabe Seiner Gemeinde gewidmet von Joh. R' D'. 8. Horgen 1858.

(Denzler, J[ohann] R[udolf].) Das hundertjährige Jubiläum der Kapelle in Fluntern, Sonntags den 23. August 1863: Festpredigt nebst einer Abbildung der Kapelle [Tafel] und geschichtlichen Notizen. Als Andenken für die Gemeinde. 8. Zürich 1863.

**Denzler**, J. R., Pfarrer, Worte an Gräbern. 37 Grabreden. 8. (Fluntern) Zürich, beim Verf. fr. 4. —, in Leinw. gbdn. fr. 4. 50, mit Goldschnitt fr. 5. — 1871

Denzler, J. R., Worte an Gräbern. gr. 8. (V, 324 S.) Zürich 871, (Kompfe.) *M. 3.; geb. mit Goldschn. *

**Denzler, J. R.,** Worte an Gräbern. 2. durchgeseh. und verm. Aufl. 8. (V, 350 S.) Brugg 876, Fisch, Wild und Comp. geb. *

**Denzler, L.,** theoretische Abhandlung üb. d. Flugbahn der Geschosse. Nebst ein. Anh., enthaltend verschied. dem Artillerieoffizier unentbehrliche mathem. Notizen. Mit 25 geom. Figuren. 16. (5 B. u. 2 Stnt.) Zürich 845, Orell, Füssli u. Comp. Thlr. * -

Denzler, **Oskar**. Die Stellung der Filiale im internen und internationalen Privatrechte. 8. Zürich, Schulthess & Co., 1902.
*Ex. 1:* ([Mit] Sachregister.) 398 S. [fr. 6. —]
*Ex. 2:* Diss. Rechtsw. Univ. Zürich. 395 S.

Denzler, Rud. Heinr., Methodismus und Landeskirche nach ihren Beziehungen zu einander. Synodalproposition, vorgetragen der zürcher. Synode den 4. Novbr. 1873. 8. (52 S.) Zürich 874, Depôt der Evangel. Gesellschaft. *

Denzler, W. Auflösung der Gleichungen des 2., 3. und 4. Grades mit complexen Coefficienten. 1859.

Denzler. W. Die Auflösung der höhern numerischen Gleichungen. 1861.

Denzler, W. Beitrag zur Analysis der complexen Zahlen. Zurich 1855.

Denzler, W. Reduction der Complanation oder Quadratur auf die Kubirung. Zurich 1853.

Denzler, W. Welchen speciellen Wert von $(1 + a + bi)^{k + ki}$ gibt die Binomialreihe. Etc. 1855.

**Denzner, H., Generalregister, s.: Wirth, O.**

Deo pro, Caesaro et Imperio, Gesetz: u. Vernunftschluß über die Anm. des Erbpr. von Hessen-Cassel. Rückgang zur christl. Religion. Fol. Frankf. 756.

Deo gratias! Kleines Vesperbüchlein, enthaltend die Vespern vom hh. Herzen Jesu, vom hh. Sakramente, von der unbefleckten Empfängnis Mariä und von allen Heiligen, sowie die Komplet, nebst einem Melodieenanhang. Aus dem röm. Vesperbuche zusammengestellt von einem Priester der Diözese Paderborn. 16. (126 S.) Paderborn 887, Junfermann'sche Buchh. *

***Deo* gratias, liebevolles, oder geistl. Dankpfennig, welcher durch folgende Tagzeiten d. schmerzl. leidenden Jesu, seiner schimpfl. Gefangenschaft abzustatten suchet. 8. ... (Leipz., Central-Compt.) 1¼ K**

**Deo, Soli,** gloria. Spruch und Lied im Schmucke deutscher Kunst. Gütersloh 1879. V: *Buddenbrock*, *Julie von*. (Russell IV, 973)

**Deodata, Maria,** Sankt Cäcilia, s.: Theater f. d. weibl. Jugend.

— Die weiße Rose, s.: Theater f. d. weibl. Jugend.

Deodati, G. L., Lettere d'una Peruviana; Tradotte dal Francese in Italiano, di cui si sono accentate tutte le voci per facilitar agli stanieri il modo d'imparare la prosodia di questa lingua. II. Tom. Edz. nuova. 12. Lips. (Zwickau, Gebr. Schumann.) 804.

Déon, Horsin. Von der Erhaltung und Restauration der Gemälde. Elemente der Kunst des Restaurateurs; historische Angaben des mechanischen Theils der Malerkunst von der Renaissancezeit bis zu uns; Aufstellung aller Schulen; Untersuchungen und Nachrichten über einige grosse Meister. Uebersetzt und mit vielen Zusätzen versehen von A. W. Hertel. Weimar 1853. 8°.

Déon, H., von der Erhaltung und Restauration der Gemälde, s. a. Schauplatz, neuer, der Künste rc. 203. Bd.

**Deonna, W.,** Les statues de terre cuite dans l'antiquité. Sicile, Granp-Grèce, Etrurie et Rome. Diss. 1907. 250 S. m. 23 Fig. 3.—

La Construction des Hôpitaux. Étude crit par les docteurs Antoine **Depage**, Prof., P[aul] Vandervelde, Prof., Victor Cheval, Chef du service. Fasc. 1. Bruxelles, Leipzig: Misch & Thron 1907. 8° [07. 8108

Depagny u. Dupin, Dominique, oder der Besessene. Lustspiel, s. Lebrun, C., Vor- u. Nachspiele rc., 1. Bd.

**Deparis, Hier., homilet. Reden auf alle Festtage d. Herrn, Mariä, d. Heiligen Gottes u. a. Gegenstände. 3 Bde. 8. Augsb. 790. M. Rieger. 3 ß**

Departement. Das politische D' der schweizerischen Eidgenossenschaft an den schweizerischen Bundesrath ([betreffend] Militärkapitulationen). Bern, den 20. Februar 1849. 8.
Beilage zu Nr. 2 des schweizerischen Bundesblattes [Jahrg. 1848-49. Band 1 Bern 1849].

Departemente, über die, des linken Rheinufers. Andernach, Lassaulx u. H. Rthlr.

— — dasselbe. französisch. Ebend.

**Departements-Blatt.** – Hanauer Departements-Blatt. – 3.I.1811 - 8.XII.1813.
Vorh. u.d. T.: Hanauer Privilegirte Wochen-Nachricht.
Fortges. u.d. T.: Hanauer Privilegirte Wochennachricht.

Schleswig-Holsteinisches **Departements-Blatt** für gerichtliche Bureau- und Kassen-Beamte. Hrgg. v. Beamten des Königl. Appellationsgerichts und des Königl. Kreisgerichts in Kiel. Jg. 1 (Einziger). 1872. Kiel. 1872. 4°.

**Departements-Kalender** von Aachen, auf das Gemein-Jahr 1822. (Aachen).

**Depaubourg, L.,** manuel des difficultés de la conversation franç., servant à faire éviter les fautes les plus communes de prononciation et d'élocution. 32. (198 S.) Weimar 844, Bureau d'Industrie.

**Depaubourg,** Osc. (geb. Berlin [26. 5. 1849]): Thesen. Berlin (1870). (2 Bl.) 8°
Berlin, Med. Thes. v. 29. Juli 1870

**Depdolla,** Ph(ilipp), a. Stresow, Kr. Greifenhagen i. P.: Beiträge zur Kenntnis der Spermatogenese beim Regenwurm. Marburg 1906: (Breitkopf & Härtel, Leipzig.) (61 S.) 8°
¶ (Erscheint mit Tafel in: Zeitschrift f. wissenschaftliche Zoologie Bd 81, H. 4.)
Marburg, Phil. Fak., Ref. Korschelt, Diss. v. 12. Mai 1906
[Geb. 16 Okt. 80 Groß-Machnow, Kr. Teltow; Wohnort: Stresow; Staatsangeh.: Preußen; Vorbildung: Gymn. Frankfurt a. O. Reife M. 00; Studium: Berlin 3, Marburg 7 S.; Rig. 10. Mai 05.]

Beiträge zur Kenntnis der Spermatogenese beim Regenwurm. ⟨Lumbricus terrestris L., Müll.⟩ Von Ph[ilipp] **Depdolla**. ⟨Aus d. Zool. Inst. zu Marburg.⟩ Mit Taf. 29 u. 1 Fig. (Leipzig: W. Engelmann 1906.) (S. 632–690.) 8°
Aus: Zeitschrift f. wiss. Zoologie. Bd 81, H. 4. [06. 9397 4

**Depdolla, Philipp,** Naturwissenschaften f. höhere Mädchenschulen, s.: Sprockhoff, A.

Depe, A., ABC-Buch für die Vorschulen der Gymnasien. 2. Aufl. gr. 8. (31 S.) Göttingen 862, Rente. *

**Depeches** et lettres interceptées par des parties detachées de l'armée combinée du Nord de l'Allemagne. Hannover 1814. V: *Schlegel*, *Aug. Wilh. von*. (Ky)

***Depeches* et lettres interceptées par des partis detachés de l'armee combinée du Nord de l'Allemagne (par A. W. de Schlegel). 1 Part. gr.8. Hannov. 814. Hahn. 1 ß 8 K**

**Depenbrock**, J.C.: De χειροθεσία. – Viteb. 1716.

**Dependorf,** Theodor [app. Zahnarzt]: Aus d. Zoolog. Laboratorium d. Univ. Jena. Zur Entwickelungsgeschichte des Zahnsystems der Säugetier-Gattung Galeopithecus Pall. ... Jena, G. Fischer, 1896; 48 S. 8.
Jena, Phil. Fak., Inaug.-Diss. v. [21. Dez.] 1895

**Dependorf, Thdr.**, z. Entwickelungsgeschichte d. Zahnsystems der Marsupialier, s. Denkschriften der medic.-naturwissensch. Gesellschaft zu Jena. VI. 2.

— u. W. **Pfaff**, das zahnärztl. Institut d. Universität Leipzig. (56 S. m. 22 Abb., 6. eingedr. Grundrissen u. 1 Bildnis.) gr. 8. Leipzig (Grimmaische Str. 32) (910). C. A. Lorenz. 1.50

**Dependorf**, Theodor, Dr., in Jena: **Mitteilungen zur Anatomie und Klinik des Zahnfleisches und der Wangenschleimhaut nach mikroskopischen Untersuchungen an verschiedenen menschlichen Altersstadien.** Mit 2 Doppeltaf. *Wien: Verl. d. Verf. 1903.* (142 S.) 8° ¶ Aus: Österr.-ungar. Vierteljahrsschrift f. Zahnheilkunde, 1903.
Jena, Med. Hab.-Schr. v. 1903

**Akute infektiöse Osteomyelitis des Oberkiefers v. T[heodor] Dependorf, Jena. Leipzig: Breitkopf & Härtel 1907. (16 S.) 4°**
**— Sammlung** klinischer Vorträge. N. F. No 442. [07. 8640

**Akute infektiöse Osteomyelitis des Unterkiefers. Von Th[eodor] Dependorf, Jena. Leipzig: Breitkopf & Härtel 1906. (28 S.) 8°**
**— Sammlung** Klinischer Vorträge. N. F. No 440. [07. 335

**Depène, Hans**, aus Berlin, Referendar am kgl. Amtsger. zu Rixdorf: **Casus** und vis major in Verbindung mit der Frage: **'Welche Verhältnisse treten beim Frachtgeschäft ein, wenn die Ware durch Zufall untergeht?'** *Berlin 1899: Ihring & Fahrenholtz.* (62 S.) 8°
Erlangen, Jur. Diss. v. 15. März 1899

**Depène**, Hans, s.: Jahrbuch d. Kaufmannsgerichts Berlin.

**Depène**, Richard, Volontärassist. an d. kgl. Universitäts-Augenklinik: Experimentelle **Untersuchungen** über den Einfluss seitlicher Blendung auf die centrale Sehschärfe. *Stuttgart (1900): Hoffmann.* (32 S.) 8°
Breslau, Med. Diss. v. 2. Juli 1900

**Depène**, [Robert], Prof. Dr.: Über die Flächen gewisser einem Dreieck eingeschriebener Dreiecke. Breslau 1906: Grass, Barth u. Co. (13 S.) 4°
Breslau, st. Johannes-G OP 1906 (222)

Depène, Robert *(geb. Kostenblut in Schles. 31.12.1843)*: Ueber einschaalige Hyperboloide, welche bei der Zusammenstellung eines Tetraeders mit einer Oberfläche zweiter Ordnung auftreten. Breslau 1871. (48 S.) 8° *[Im Buchhandel 1871 bei Maruschke & Berendt in Breslau.]*
Breslau, Phil. Diss. v. 2. Okt. 1871

**Depène**, Rob., üb. einschaalige Hyperboloide, welche bei der Zusammenstellg. e. Tetraeders m. e. Oberfläche 2. Ordng. auftreten. Inaugural-Dissertation. gr. 8. (50 S.) Breslau 871. (Maruschke & Berendt.) n. 1. 20

**Depène**, *Robert* [Dr.]: Ueber die einem Dreieck ein- und umgeschriebenen Kegelschnitte. Breslau, Druck v. Grass, Barth & C., 1893; 3—14 S. 4.
Breslau, st. Johannes-G, OP 1893 (177)

**Depéret**, Charles, üb. d. Fauna v. miocänen Wirbelthieren a. d. 1. Mediterranstufe v. Eggenburg. [Aus: „Sitzungsber. d. k. Akad. d. Wiss."] Lex.-8. (22 S. m. 2 Taf.) Wien 895. (C. Gerold's Sohn.) n. — 90

**Depéret, Ch.** La Faune des mammifères miocènes de la Grive-Saint-Alban (Isère) et de quelques autres localités du bassin du Rhône. Docum. nouv. et revision générale. In-4°. 95 p. et 4 pl. Lyon, Genève, Bâle, H. Georg. 1892 5 —
*** Extr. des Archives du muséum d'histoire naturelle de Lyon.

**Depéret**, Charles, die Umbildung d. Tierwelt. Eine Einführg. in die Entwicklungsgesch. auf palaeontolog. Grundlage. Ins Deutsche übertr. v. Rich. N. Wegner. (VI, 331 S.) 8. Stuttgart 900. E. Schweizerbart. 2.80; geb. 3.80

**Deperl**, Karl, s. Leiden, das, des Herrn in Gefängen.

[Deperthes, Hubert Simon]: Geschichte der Schiffbrüche und Ueberwinterungen in Grönland, Nova Zembla und Spitzbergen. Nach dem Französischen. Prag 1798. 422 S. 8°.

**Depesche**, die geheimnißvolle. Nach d. engl. Drama von Bulwer bearb. v. G. Lotz. 8. Hamburg 841, Herold. 1 ngr

**Depesche: Die Depesche vom Sonntag**
⑤ 7. 3. 1909 (Probenummer); 18. 4. 1909—7. 11. 1909 ⑥ 4° ⑦ Wochenblatt ⑧ Zürich: Conzett & Cie. (7. 3. 1909, 18. 4. 1909—4. 7. 1909; Umschlag: G. v. Ostheim: 18. 4. 1909—4. 7. 1909), Aktien-Buchdruckerei Zürich (11. 7. 1909 —7. 11. 1909) ⑩ Richard Frei & Cie ⑪ Richard Frei, Aug. Reiff (bis 27. 6. 1909) ⑭ Zh: Z.

Telegraphische Depesche aus Paris. Den 16. Mai — Ministerium des Innern. Deckersche Geh. Ober-Hofbuchdruckerei. 1 Bl. Fol.
Flugblatt. Berlin, 18. Mai 1848.

Depeschen, amtliche, vom Kriegs-Schauplatz. Veröffentlicht durch das königl. Polizei-Präsidium in Berlin. 16. (103 S.) Berlin 871, v. Decker'sche Geh. Ober-Hofbuchdr. *
— dass. — gr. 16. (66 S.) Erfurt 871, (Körner'sche Buchh.) *

[F.] 191 Amtliche **Depeschen** vom Kriegs-Schauplatz in Frankreich. 1870—1871. 2. Aufl. *Berlin: R. v. Decker 1895.* (74 S.) 1 Bd 8. [96. 6100

**Depeschen**, 191, v. Schauplatz d. deutsch-französischen Krieges 1870/71. N. d. Veröffentlichgn. d. kgl. Polizei-Präsidiums zu Berlin. 16. (IV, 207 S.) Berlin 895. L. Abel. n. — 50

**Depeschen, illustrirte.** Nr. 1—20. Leipzig 854—58. Weber. gr. Fol. Jede Nummer (à 1 Bgn. mit Holzschn. im Text) $2^1/_2$ ngr; 17—20.: à $1^1/_2$ ngr; 23.: 5 ngr
Inhalt: Nr. 1. Die Pontus-Expedition. — Nr. 2. Sebastopol. — Nr. 3. Die Krim. — Nr. 4. An der Alma. — Nr. 5. Am Kaukasus. — Nr. 6. Aus Balaklava. — Nr. 7. Inkermann. — Nr. 8. Vor Sebastopol. 1. u. 2. Aufl. — Nr. 9. Odessa. — Nr. 10. Nikolaus I. — Nr. 11. Die Pontusländer. — Nr. 12. Die Wiener Conferenz. — Nr. 13. Sweaborg. — Nr. 14. Am Malakoff. 1. u. 2. Aufl. — Nr. 15. Die Karabelnaja. — Nr. 16. Kars. — Nr. 17. Die Friedens-Conferenz. — Nr. 18. 19. Die Kaiserkrönung. — Nr. 20. Neuenburg. — Nr. 21. Indien. — Nr. 22. Delhi. — Nr. 23. Die Pulver-Explosion in Mainz. — Nr. 24. Lacknau. — Nr. 25. Canton. — Nr. 26. Die Austria.

Depeschen, illustrirte, Nr. 21—26. gr. Fol. Leipzig 858. 59, Weber. [Nr. 21. 22. 24—26 à ** $2^1/_2$ Ngr., Nr. 23. ** 5 Ngr.] ** -
Inhalt:
Nr. 21. Indien. (4 S. mit eingedr. Holzschn.)
" 22. Delhi. (4 S. mit eingedr. Holzschn.)
" 23. Die Pulver-Explosion in Mainz. (8 S. mit eingedr. Holzschn.)
" 24. Lacknau. (4 S. mit eingedr. Holzschn.)
" 25. Canton. (4 S. mit eingedr. Holzschn.)
" 26. Die Austria. (4 S. mit eingedr. Holzschn.)
Nr. 1—20. Ebendas. 1854—58. 1 Thlr. 16 Ngr.

Depeschen. – Neueste Depeschen. – München. – 15. IV.1868 – 19.IX.1868.
Fortges. u. d. T.: Süddeutscher Telegraph.

— officielle deutsche, v. Schauplatz d. deutsch-französ. Krieges 1870/71. N. d. Veröffentlichgn. d. kgl. Polizei-Präsidiums zu Berlin. gr. 8. (63 S.) Leipzig 895. J. Milde. n. — 50

— officielle, aus dem deutsch-französischen Kriege 1870—1871. 191 Blätter. Genauer Abdruck der an den Straßenecken Leipzigs veröffentlichten Plakate. Imp.-4. Leipzig 871, Neusche. In Carton *

— sämmtliche amtliche, und Proklamationen vom deutsch-französischen Kriege 1870 und 71. Nr. 1—191. gr. 8. (60 S.) Löwenberg 871, (Köhler.)

— sämmtliche officielle, des deutsch-französischen Kriegs von 1870/71. Erinnerungsblätter für das deutsche Volk und seine Kriegshelden. Nebst einer Auswahl der beliebtesten Kriegslieder. 32. (112 S.) Jena 871, Brau'sche Verlagsb.

— sämmtliche officielle, d. deutsch-französischen Krieges von 1870/71. Erinnerungsblätter f. das deutsche Volk u. seine Kriegshelden. Nebst e. Auswahl der beliebtesten Kriegslieder. 32. (112 S.) Jena 871. Mauke. — 25

— sämmtl. offiz., v. Schauplatz d. deutsch-französ. Krieges 1870/71. N. d. Veröffentlichgn. d. kgl. Polizei-Präsidiums z. Berlin. 16. (163 S.) Weinheim 895. F. Ackermann's Verl. n. — 50

**Depeschen**, venetianische, vom Kaiserhofe [Dispacci di Germania]. Hrsg. v. der histor. Commission d. kaiserl. Akademie der Wissenschaften. 1. Bd. gr. 8. (XXVII, 692 u. Reg. S. 693—769.) Wien 889. (Tempsky.) n. 11. —; Reg. apart (77 S.) n. 2. 40

**Depeschen**, venetianische, vom Kaiserhofe (Dispacci di Germania), hrsg. v. der histor. Commission der kaiserl. Akademie der Wissenschaften. 2. Bd. Bearb. v. Gust. Turba. Lex.-8. (LI, 664 S. u. Register S. 665—789.) Wien 892. (F. Tempsky.) n. 12. — (I u. II.: n. 23. — Register allein (125 S.) n. 1. 80 (I u. II.: n. 4. 20)

— venetianische, v. Kaiserhofe (Dispacci di Germania). Hrsg. v. d. histor. Commission der kaiserl. Akademie d. Wissenschaften. 3. (Schluss-) Bd. Bearb. v. Gust. Turba. Lex.-8. (XXXVII, 778 S.) Wien 895. (C. Gerold's Sohn.) n. 11. — (kplt.: n. 34.—); Register allein (S. 601—778.) n. 2. 40 (kplt.: n. 6. 60)

Venetianische Depeschen vom Kaiserhofe. (Dispacci di Germania.) Herausgegeben von der historischen Commission der kaiserlichen Akademie der Wissenschaften. II. Abtheilung. I. Bd 1657, April — 1661, Juli. Bearbeitet von Dr. Alfred Francis Pribram. Wien. 1901. In Comm. Gerold's Sohn. Gr.-8°. XXIII, 729 S. K 11.—

**Depeschen**, venetianische, v. Kaiserhofe (Dispacci di Germania). Register. gr. 8. (S. 667—729.) Wien 901. (C. Gerold's Sohn.) n. 1. 50

**Depeschenagentur:** Schweizerische Depeschenagentur — Agence Télégraphique Suisse — Agenzia Telegrafica Svizzera (ag)
⑤ 1. 1. 1895 (cont.) ⑥ zum größten Teil 2° ⑦ ununterbrochen, fortgesetzt über Fernschreiber, Spedition auf jeden Postzug ⑧ Bern ⑩ Schweizerische Depeschenagentur, Bern ⑬ BGSZ: 88—92 ⑭ Be: Schweiz. Depeschenagentur (Belegexemplare werden während 10 Jahren aufbewahrt) ⑮ Die Schweiz. Depeschenagentur bedient gegenwärtig 170 Zeitungen mit ihrem Dienst, davon 45 über Simultan-Fernschreiber-Netze. — Der Pressedienst in italienischer Sprache wurde 1907 aufgenommen, doch bestand schon seit 1895 ein Filialdienst im Tessin.

**Depeschen-Ausgabe:** Tägliche Depeschen-Ausgabe der Limmat v. Die **Limmat**.

Depeschen-Schlüssel speciell für den Getreidehandel. 16. (135 S.) St. Petersburg 886, (Ricker.) geb. *

Depeschen-Tarif-Buch, s. Neumann, J.

Was telegraphiere oder schreibe ich zu festlichen Gelegenheiten? 600 Depeschen u. Postkarten in Prosa u. Reimen. In Druck gegeben säuberlich von Fridolin Depescherich. *Aachen: C. H. Georgi [1900].* (39 S.) 8° [F.]
= Hilf dir selbst! No 24. [oo. 8972

*Λεφνερ, Μιχαηλ, γυμνάςματα πρὸς μεταφράσιν ἐκ τῆς Ἑλληνικης εἰς τὴν Γερμανικῆν.* 8. (204 S.) *Ἀθηνῆσι* 873. (München, Th. Ackermann.) 3. 75

**Dephner, M.**, *Περὶ τῆς σημασίας τῆς σπουδῆς τῆς σανσκριτικῆς διὰ τὴν ἑλληνικὴν φιλολογίαν.* Rede von W. Christ in's Griechische übers. Gel. 1878. 32 S.

Dépierre, Jos., die Appretur der Baumwollgewebe. Anleitung, die weissen, gefärbten und bedruckten Baumwollgewebe zu appretiren. Unter Mitwirkung von Emile Fourneaux. Deutsch nach der französ. Ausg. Preisgekrönt durch die „Société industrielle de Mulhouse" und die „Société d'encouragement pour l'industrie nationale de Paris". gr. 8. (IV, 460 S. mit 165 Holzschn., 7 Taf. und 116 Stoffmustern.) Wien 888, Gerold's Sohn. geb. *

**Dépierre**, Jos., die Appretur der Baumwollgewebe. Anleitung die weissen, gefärbten u. bedruckten Baumwollgewebe zu appretieren. 2. verm. u. verb. Aufl. nach der 3. französ. Ausg. Preisgekrönt durch die „Société industrielle de Mulhouse" u. die „Société d'encouragement pour l'industrie nationale de Paris". Mit 281 Abbildgn., 12 Taf., 112 Stoffmustern u. 16 Papiermustern. (IV, 418 S.) gr. 8. Wien 905. C. Gerold's Sohn. Geb. in Halbfrz. n. 40. —

—— traité élémentaire des apprêts des tissus de coton, blancs, teints et imprimés. Contenant 165 figures sur bois, 7 planches, 106 échantillons de tissus apprêtés et 10 échantillons sur papier. gr. 8. (VI, 485 S.) Prag 887, (Dominicus.) geb. *

Dépierre, Jos., die Wasch-Maschinen. Monographie sämmtl. Wasch-Maschinen, die beim Bleichen und Färben von Garnen, Spindeln, Ketten, Geweben und bei der Fabrikation gedruckter Kattune Verwendung finden. Unter Mitwirkung von Conr. Bötsch. Deutsch nach der 3. französ. Ausg. gr. 8. (V, 118 S. mit 10 Holzschn., 7 grossen lithogr. Taf., wovon 1 in 2 Farben.) Wien 884, (Gerold's Sohn.)

**Dépierre**, J., und J. Clouet. Über die Wirkung des elektrischen Lichtes bei den auf Baumwolle gedruckten Farben. Wien 1884.

Depinyi, Adalbert: Alexander von Württemberg. Ein Beitrag zur schwäbischen Vormärzlyrik. (Umschlagtitel: ... Württemberg.) S. 3—24. 8.
**Progr.** K. k. deutsches Staatsgymn. *Budweis* 1908.

**Depinyi Adalbert: Ludwig Bauer, ein Dichterbild aus Schwaben.**
1906 PN 2048 **Diss.** Wien, Univ.

Depisch, s. a. Deppisch.

Depisch, J. Bapt., vier deutsche Choralvespern 2c. 8. Bamb. Göbhard. 794.

— einige Gelegenheitsreden. 8. Ebend. 795.

— kurze Homilien zur Erklärung der Evangelien. 3 Bde. gr. 8. Ebend. 809.

— kurze Homilien zur Erklärung des Wortverstandes der gewöhnlichen Sonn- und Festtagsepisteln. 3 Bde. 8. Ebend. (1r Bd. 1 Thlr. 12 gr. 2r Bd. 1 Thlr. 8 gr. 3r Bd. 1 Thlr. 12 gr.). 798.

— Lebensgesch. von N. A. Förtsch. gr. 8. Ebend. 801.

— über Pflichten der Geistlichen. s. Pflichten.

— Samml. vollst. Predigtentwürfe auf alle Sonn- und Festtage des Jahrs. 2 Bde. 8. Bamberg, Göbhard. 793.

Depisch, P. J., Vortheile und Nachtheile von den Uebersetzungen der Alten. gr. 8. Würzb. Rienner. 800.

Dépit, le, et le Voyage, suivi de lettres Vénitiennes, avec fig. 8. Paris. (Sommer à Leipz.)

— le, et le Voyage, poëme etc. av. Fig. gr. 8. Münster, Coppenrath. 771

Dépit, le, et le Voyage, poëme etc. av. Grav. gr. 8. Paris. (Walther, Dresd.). 771.

**Deplaces, Placidus, bittet u. ihr werdet empfangen. Vollständiges Gebet- u. Andachtsbuch f. kathol. Christen. (288 S. m. Titelbild.) 16. Einsiedeln (903). Eberle, Kälin & Co. Geb. in Leinw. n.n. — 68; m. Goldschn. n.n. — 92; in Ldr. m. Goldschn. n.n. 1. 20; in Chagrin m. Goldschn. n.n. 1. 44**

Depligey's Färbebuch. Leipz. Grießhammer.

Depon's, Nachr. von der Gen. Hauptmannsch. Caracas 2c. s. Bibliothek der Reisen 34r Bd.

— Reise in den östlichen Theil von Terra-Firme in Süd-Amerika in d. J. 1801—4. Aus d. Französ. v. Chr. Weyland, mit 1 Karte. gr. 8. Berl. 807. Voß. 1 Rthlr. 10 gr (vergl. Magazin v. merkwürd. Reisebeschreibb. 29r Bd.)

Depont, Abbé, d. betrachtete Rosenkranz. Oder Erwägungen u. Gebete üb. d. 15 Geheimnisse d. h. Rosenkranzes. Ein belehr. u. erbauendes Handb. f. alle kath. Christen. Nach dem Franz. bearb. v. Mich. Sintzel. 12. (15⅔ B. u. 1 Stahlst.) Straubing 846, Schorner.

DIPONTE, Josef (Bauerwitz/Schles.): Ueber die Sehnennaht.- München: Wolf 1880. 34 S.
15.5.1880 - Urk (Titel: De sutura tendinum.); Chr 1879/80,15
Diss. Ingolst.-Landsh.-Mchn.

**Deportation, Seckelmeister H. C. H's,** nach Basel im Jahr 1799. [Zürich 1900.] V: *Hirzel, Hans Casp.* H: *Escher, Herm.* Zuwachsverz. d. Bibliotheken in Zürich 1898 ff.)

**Deportationsreise,** Flucht und Schiffbruch J. J. Aymés; nebst Beschreibung vom Leben und Tode der nach Cayenne Deportirten. Fürth 1802. V: *Brückner, Johann Jacob.* (MGT)

Deportationsreise, Flucht u. Schiffbruch Joh. Aymes rc. gr. 8. Leipz. Hinrichs. 802.

Deposital-Buch d. Justiz-Kommissarius üb. Einnahme u. Ausgabe fremder Gelder. Zusammenstell. d. vom Justiz-Ministerium erlass. Verfügungen die von d. Justiz-Kommissarien zu führ. Deposital-Bücher betreff. Fol. (27½ B.) Berlin 811, (Heymann.) * 1 Thlr. 4 Gr., doppelt *

Deposital-Ordnung, allgemeine, für die Gerichte der sämmtl. königl. preuß. Lande. Vervollständigt durch die Verordnungen vom 18. Juli 1849. Mit Zusätzen und Erläuterungen, auch Formularen zu Deposital-Mandaten rc., für die nicht gewöhnlich vorkommenden Fälle. Von M. F. Essellen. 3. Aufl. Lex.-8. (VI und 305 S.) Arnsberg 851, Ritter. * 1

Deposital-Ordnung, allgem., f. d. Ober- u. Untergerichten in sämmtl. Preuß. Landen. gr. 8. (Leipzig, Knobloch.)

Deposital-Ordnung, allgem., f. d. Ober- u. Unter-Gerichte d. sämmtl. kgl. preuß. Staaten, mit d. zur Zeit noch anwendbaren, vor u. seit d. Gesetzes-Kraft d. allg. Deposital-Ordn. bis zum Jahre 1834 incl. erschien., hinter jed. concernir. Paragraphen — nach d. Zeitfolge geord., — wörtl. abgedr., denselb. ergänz., abändernden od. erläut. Gesetzen, Verordnn. u. Rescripten. Nebst e. systemat. zusammengest. Uebersicht d. Marginalien u. e. vollständ. Register. Hrsg. v. C. Paul. gr. 8. (16 B. incl. 1 Tab.) Quedlinburg 835, Basse.

— die allgemeine, für die Königl. Preuß. Staaten mit den erläuternden, ergänzenden oder abändernden hinter jedem Paragraphen in chronolog. Ordnung u. größtentheils wörtlich abgedruckten neuern Gesetzen, Verordnungen u. Rescripten. Nebst 25 Formularen, eine durchgeführte Deposital-Rechnung darstellend u. Deposital-Gebühren- u. Zinsen-Berechnungen, herausg. v. G. Thieck. Mit e. alphabet. Sachregister. gr. 8. Leipzig 840. Tauchnitz jun. 1½ ß

allgem. Deposital-Ord. für die Untergerichte des Königr. Baiern. *Nürnberg*, Riegel u. Wiessner. 817. gr. 8. (6 Gr.)

Deposital-Ordnung für sämmtl. preuß. Gerichte. gr. 8. Berl. 783. (Rottmann; a. Knobloch in Leipz.) 16 ℊ

Deposital-Ordnung für sämmtl. preuss. Ober- u. Untergerichte. *Berlin*, Decker. 783. (Hermann u. Langbein in *Lpz.*) gr. 8. (12 Gr.)

Depositär, der,. Lustsp. a. d. Franz. des Hrn. v. Voltaire. 8. Frankf. Hechtel. 774.

Depositenordnung, gräfl. Lippische. 4., Lemgo, Meyer. 790.

Depositenwesen in Bayern diesseits des Rheins, s. Tax-, Stempel- und Depositenwesen.

**Depositio** cornvti typographici ... Leipzig 1743. V: *Gessner, Christian Friedrich.* (Eb) (Blades, Depositio Cornuti. London 1885 S. 81.)

Depositionen. Rechtliche D' Oder Außsage Von Hanß Jacob Zellweger...; Danne Ulrich Zellweger... abgelegt vor dem Lobl. Landvogthey-Ambt zu Rheinegg den 22. vnd 24. Junij 1711. Wie auch eine Außsage Carl Grisone... sub dato 8. Meyen 1706. 4. *o.O.u.J.*

**Depositionen, Zwey neue,** nebst einer kurzgefassten Prologie und Nachrede der Buchdruckerkunst zu Ehren ... [Nürnb.] 1771. V: *Heberlein, Mich.* (Cb)

[ʒ.] Depotgesetz. Gesetz, betr. d. Pflichten d. Kaufleute bei Aufbewahrg fremder Werthpapiere v. 5. Juli 1896. Textausg. m. Einl., Anm. u. Sachreg. v. Dr. Max Apt, Gerichtsassess. ... 2. Aufl. *Berlin: R. v. Decker* 1896. (44 S., 1 Bl.) 1 Bd 8. [96. 5?4

Deppe, August

Deppe, Aug., des Dio Cassius Bericht über die Varusschlacht verglichen mit den übrigen Geschichtsquellen. gr. 8. (IV, 55 S.) Detmold 880, Meyer'sche Hofbuchh. *

Deppe, Aug., Kriegszüge des Tiberius in Deutschland 4 und 5 nach Chr. gr. 8. (42 S. mit 1 Karte des Lagers bei Oerlinghausen von Thdr. Deppe.) Bielefeld 886, Helmich. *
Karte allein **

Deppe, Aug., die Laute der deutschen Sprache. Anleitung zur richtigen Aussprache des Hochdeutschen. Naturgeschichtliche und sprachwissenschaftliche Untersuchungen. 1. Thl.: Die beiden Grundlaute der Sprache. Untersuchungen vermittelst des Kehlkopfspiegels. gr. 8. (50 S.) Heidelberg 872. (Leipzig, Siegismund und Volkening.)

Deppe, A. Der römische Rache Krieg in Deutschland während der J. 14—16 n. Chr. u. die Völkerschlacht auf dem Idistavisusfelde. (VIII. 114) 8. Heidelberg 1880. 2,00.

—— der römische Rachekrieg in Deutschland während der J. 14—16 n. Chr. und die Völkerschlacht auf dem Idistavisusfelde, nach Cornelius Tacitus und den übrigen Geschichtsquellen dargestellt. 8. (VIII, 114 S.) Heidelberg 881, Weiß' Verlag.

Deppe, A., De re metrica poetarum Latinorum. Diss. 1866. 63 S. u. 1 Taf.

Deppe, A., die Teutoburg. gr. 8. (VIII, 72 S.) Heidelberg 884. Carl Burow. n. 2. —

—— die Teutoburg. gr. 8. (VIII, 72 S.) Heidelberg 884, (Weiß'sche Universitäts-Buchh.) *

Deppe, Aug., wo haben wir das Sommerlager des Varus aus dem J. 9 unserer Zeitrechnung und das Feld der Hermansschlacht im Teutoburger Walde zu suchen? Nach den Geschichtsquellen beantwortet. gr. 8. (7 S.) Heidelberg 879, (Weiß.) *

Deppe, Bernhard

Deppe, Bern. Die Fest-Evangelien. Ausführliche Erklärg. u. Auslegg., aus den Schriften der hh. Väter u. geschätzter Homileten der Vor- u. Neuzeit zusammengestellt u. bearb. gr. 8. (X, 524 S.) Münster i. W. 890, Theissing. 6 —

Deppe, Bern., Simplicius Langohr od. dessen Rasierllebg. an seinem Namenstage, s.: Dilettantenbühne, katholische.

Deppe, Bernhard: Eucharist. Liebesblumen, s. Kremer, Jos.

— Predigten u. Unterweisungen auf alle Sonn- u. Festtage des Kirchenjahres. Aus Alban Stolz, Mart. v. Cochem, Aegidius Jais u. anderen populären Schriftstellern gesammelt u. bearb. 8. (VI, 904 S.) Paderborn 894. Junfermann. n. 6. 50

Deppe, Bernard, die Sonntags-Evangelien. Ausführl. Erklärung und Auslegung aus den Schriften der hh. Väter und geschätzter Homileten der Vor- und Neuzeit. 1. und 2. Lfg. 8. (S. 1—160.) Münster 888, Theissing'sche Buchh.
à Lfg. 75 Pf.

—— Die Sonntags-Evangelien. 3.—8. Lfg. gr. 8. (S. 161—591.) Ebd. 889. 4 50
1. u. 2. Lfg. Ebd. 1888. 1 50.

Deppe, Bernhard: Kleines eucharist. Vergißmeinnicht, s. Kremer, Jos.

**Deppe, F., et E. Favre,** Manuel classique de conversation française et allemande, s. Favre, E.

Historisches Festspiel umfassend die Zeit von der Gründung des Fleckens Wyk auf Föhr bis zur Jetztzeit v. Fritz Deppe. (Wyk auf Föhr. 1906.) 8°

Deppe, Fritz: Historisches Festspiel umfassend die Zeit von der Gründung des Flecken Wyk auf Föhr bis zur Jetztzeit. Szen. Darstellung in Verbindung mit lebenden Bildern von Fritz Deppe. Musik-Arrangement von Dir. E. Engelhard. Jubiläumslied. komp. von W. Grotkop ... Wyk auf Föhr (1908): Krüger. 16 Bl. 8°

**Deppe,** Hermann, Arzt aus Lehnke: Über **Meningitis** bei Typhus abdominalis. *Göttingen 1903: F. Haensch.* (27 S.) 8°
Göttingen, Med. Diss. v. [30. Jan.] 1904

**Deppe,** Jod. Jos., De spirituum existentia, quidditate, differentia et usu in corpore humano. Erf. 4°.
1734

**Deppe,** Ludwig, approb. Arzt aus Magdeburg: **Über multiple tuberkulöse Darmstenosen.** *Tübingen: F. Pietzcker 1899.* (14 S.) 8°
Tübingen, Med. Diss. v. 1899

Deppe, Ludw. Zwei Jahre Kapellmeister an der königl. Oper in Berlin. 8. (45, CVII S.) Bielefeld 890, Selle. * 2 —

**Deppe,** Oskar: Schillers „Xenien" und „Tabulae votivae" im Musenalmanach für 1797. Beiträge zum Verständnis der bedeutsamsten Teile Schillerscher Epigrammendichtung. Duderstadt 1907: F. Wagner. (57 S.) 8°
Duderstadt, k. G P 1907 (371)

**Deppe,** S. (Red.), s. Vereinsblatt der deutschen Ziegelei-Arbeiter.

Deppen, E von [Pseud.]
s. Strass, Karl Friedrich Heinrich [Wirkl. Name]

**Deppen,** Otto von (Pseud.), s.a. Strass, Carl Friedrich Heinrich

**v. Deppen,** Otto, das verkehrte Berlin, e. Buß-, Straf- u. Controverspredigt. 3e Aufl. 8. Berl. 827. Burchardt. 4 gr

— Berlin, das vertheidigte. Eine Apologie. 8. Berl. 827. Stuhr. 4 gr

v. Deppen, (O.,) Demagogie d. Jesuiten, durch d. Urtheile ausgezeichneter Personen u. d. eignen Schriften u. Handlungen d. Ordensglieder bewiesen; ein politisch-histor. Versuch, allen Fürsten u. Völkern, ganz vorzüglich d. deutschen Bunde gewidmet. gr 8. Altenburg 826. (Leipzig, Hartmann.)

— Demagogie d. Jesuiten. durch d. Urtheile ausgezeichneter Personen u. d. eignen Schriften u. Handlungen d. Ordensglieder bewiesen; e. polit.-histor. Versuch, allen Fürsten u. Völkern, ganz vorzügl. dem deutschen Bunde gewidmet. gr. 8. Altenb. 826. (Leipz., Lehnhold). 1 thlr

v. Deppen, (O.,) die Eroberung von Saragossa, oder: Ines u. Etienne. Ein histor. Gemälde aus den Zeiten des span. Erbfolge-Krieges. 8. Leipz. 827, Voß.

**v. Deppen,** Otto, die Eroberung von Saragossa, oder: Ines u. Etienne. Ein histor. Gemälde aus d. Zeiten des span. Erbfolge-Krieges. 8. Leipz. 828. Leo. 1 thlr 12 gr

Deppen, Otto v., Erzählungen. 1. Bdchn. gr. 12. (9 B.) Leipzig 830, Schumann.

**v. Deppen,** Otto, (Fr. Straß) Erzählungen. gr. 12. Leipz. 838. Künzel. 1/4 thlr

— u. H. v. R., von u. für Griechenland; herausg. v. L. v. Z.....g. gr. 8. Berl. 822. Petri. 6 gr

— Minne-, Wein- u. Kriegslieder, ein Freundschafts-Kranz. 8. Berlin 826. Petri.

—— Novellen. 1. Bdchn. 8. (17½ B.) Danzig 832, Gerhard.

**DEPPEN,** Otbert und Folgen eines Sonntag'schen Concerts. („Otbert" nicht von Strass.) Leipzig, Lauffer, 1826. 8°. 15 Bog. (l. c.)

—— Preußen-Lieder. gr. 8. (3¼ B.) Danzig 832, Gerhard.

— Schach-Politik, oder Grundzüge zu d. Kunst, seinen Gegner im Schach bald zu besiegen. Nebst einem Anhange über d. Literatur, d. Geschichte u. Grundgesetze des Schachspiels. Mit 1 Kpfr. 8. Leipzig 826, Lauffer.

**DEPPEN,** Berliner Schnurren (zunächst als Mspt. für Freunde). Berlin, Logier, 1827. 8°. 2 Bog. (l. c.)

— die Täuschung. Drei Tage in der Residenz. Die Kindesmörderin. 3 Erzählungen. 8. Leipz. 827. Lauffer. 1 thlr

—— Winter-Lieder, e. Weihnachts-, Sylvester- u. Neujahrs-Gabe f. fröhl. Gesellschaftskreise, in 12 bisher ungedr. Liedern nach d. beliebtest. Melodieen. 8. (2 B.) Berlin 828, Burchhardt.

— Winterlieder, eine Weihnachts-, Sylvester- u. Neujahrs-Gabe für fröhliche Gesellschaftskreise, in 12 bisher ungedruckten Liedern nach den beliebtesten Melodien. 8. Berl. 828. Krause. 4 gr

**Depperich,** Carl, Oberveterinär im Dragonerreg. „König" zu Stuttgart: Aus dem pathologischen Institut der Königl. Tierärztlichen Hochschule in Stuttgart. Vorstand: Prof. F. Lüpke. Beiträge zur Kenntnis der „neuen Hühnerseuche" (Hühnerpest Ostertag). Berlin: L. Marcus (1907). (56 S.) 8° ¶ (Aus: Fortschritte der Veterinär-Hygiene Jahrg. 4.)
Gießen, Veterinär-Med. Koll., Ref. Olt, Diss. v. 22. März 1907
[Geb. 16. Febr. 77 Blaubeuren; Wohnort: Stuttgart; Staatsangeh.: Württemberg; Vorbildung: Gymn. Ellwangen; Studium: Tierärztl. Hochsch. Stuttgart; Rig. 20. Dez. 06.]

Depping, C. B., s. Depping, Georg Bernhard

**Depping, Franz Adam** (Münster/W.), De fungo medullari testiculorum. Diss. chir.-med. Bln. (Reimer) 23. XII. 1825. 38 S. mit Biogr. (M.: W. Kellerhoff.) (4.50) 6327
Oppon.: H. Bosse, F. Henkenius, G. Lichtenauer. — Gew.: Joh. Nep. Rust, Gg. Bernh. Depping (Bruder).

Depping, Georg Bernhard

Depping, Beschreibung von d. Türkey u. Griechenland rc., s. Miniaturgemälde 38r — 43r Bd.

Depping, Geo. Bernh., Erinnerungen aus d. Leben e. Deutschen in Paris. gr. 12. (22 B.) Leipzig 832, Brockhaus.

— Gemälde von Großbritannien u. Ireland. Aus d. Französ. 5 Bde, mit 36 Kpf. 12. Leipz. u. Pesth, Hartleben. 2 thlr 12 gr

**Depping,** Geo. Bernh., Geschichte d. Krieges d. Münsterer u. Cölner, im Bündnisse m. Frankreich, geg. Holland in d. J. 1672, 1673 u. 1674. Nach authent. Berichten u. gleichzeit. Druckschriften. gr. 8. (22 B.) Münster 840, Theissing'sche Buchh. •

— Griechenland u. d. Griechen. 3 Thle, mit Kpf. 12. Pesth 823. Hartleben. 2 thlr 6 gr

—— die Heerfahrten d. Normannen bis zu ihrer festen Niederlassung in Frankreich. N. d. Verf. gekr. Preisschr. v. F. Ismar. 2 Thle. gr. 8. (30½ B.) Hamburg 829, Hoffmann u. Campe.

**Depping,** Histoire des expéditions maritimes des Normands et de leur établissement en France au 10e siècle. Ouvrage couronné par l'Académie des inscriptions et belles lettres. Für die oberen Classen höherer Lehranstalten mit Erläuterungen hrsg. von R. Foss. gr. 8. (85 S.) Berlin 877, Weidmann'sche Buchh.

**Depping, Georg Bernh.,** Die Juden im Mittelalter. Ein von der Akademie der Inschriften und schönen Wissenschaften zu Paris durch Ehrenerwähnung ausgezeichneter Versuch über ihre bürgerlichen, litterärischen und Handelsverhältnisse. Aus d. Französ. Stuttgart, Schweizerbart, 1834, gr. 8°, 26½ Bogen, 4,50 Mk.

**DEPPING,** Geo. (Cph.) Bernh. (1784—1853), Menodor und Laura. Eine Novelle aus der Zeit der Belagerung von Damascus. Paris (Wesel) 1806. 8°. (In Leipzig, Univers.-Bibl.: Litt. Germ. 330.)
Goedeke VI, 407, 20, 1.

**Depping,** Geo. Bernh., Romancero castellano, s. Romancero.

— Samml. d. besten alten spanischen histor. Ritter- u. Maurischen Romanzen, mit einer Einleit. u. mit Anmerk. 12. Leipz. 817. Brockhaus. 2 thlr 12 gr

—— die Völker Europa's. Ein Charakter- u. Sittengemählde f. d. Jugend. A. d. Franz. M. 6 ill. Stntr. gr. 12. (12 B.) Reutlingen 834, Mäcken jun.

—— die Völker d. fremden Welttheile. Ein Charakter- u. Sittengemählde f. d. Jugend. A. d. Franz. M. 6 ill. Stnt. gr. 12. (8 B.) Reutlingen 836, Mäcken jun.

—— die Winterabende, e. unterhalt. u. belehr. Buch f. d. Jugend. A. d. Franz. übers. v. P. Schellens. gr. 18. (6¾ B. u. 1 ill. Stndr.) Crefeld 831, Schüller.

Depping, Guillaume, die Körperkraft u. Geschicklichkeit des Menschen. Historische Darstellung der Leibesübungen bei den alten u. neueren Völkern. Aus dem Franz. v. Rob. Springer. 2. Aufl. Mit 69 (eingedr. Holzschn.-) Illustr. 7 Lfgn. gr. 8. (VIII, 396 S.) Minden 881. 82. Bruns. à n. — 60

Depping, Guillaume, Wunder der Körperkraft und Geschicklichkeit des Menschen. Historische Darstellung der Leibesübungen bei den alten und neueren Völkern. Aus dem Französ. von Rob. Springer. Mit 69 Illustr. (in Holzschn.). 6 Lfgn. gr. 8. (VIII, 412 S. mit eingedr. Holzschn. und 3 Holzschntaf.) Berlin 869,70, Sacco Nachf. à Lfg. * 75 Pf. *

Deppisch, s. a. Depisch.

Deppisch, Andr., De divina Jesu Christi auctoritate in s. Joannis evangelio asserta et propugnata. Würzburg, 1840, 4°. Inauguraldissertation.
Recens. (Würzburger) Religionsfreund 1840, Nro 61.

Deppisch, August [aus Arnstein]: Über die Complication von Schwangerschaft und Geburt mit Gebärmutterkrebs .... Würzburg, Becker's Univ.-Buchdr., 1887; 26 S. + 1 Bl. u. 1 Taf. 8°
Würzburg, Med. Fak., Inaug.-Diss v. 1887

Deppisch, August, über die Complication von Schwangerschaft und Geburt mit Gebärmutterkrebs. Diss. Würzburg 1887, Stahelsche Univ.-Buchh. 8°. 26 S. mit 1 Taf.

Deppisch, Aug., neufränkische Lieder u. Weisen. (XII, 887 S.) 8. Leipzig (904). Woerl's Reisebücherverl. n. 8. —

Deppisch, Johann Baptist

Deppisch, Jh. Bapt., († d. 6. Juni 1800.) vier deutsche Choralvespern über d. bekanntesten Vollkommenheiten Gottes. 8. Bamb. 794. (Wesché in Frankf.) 6 K

— kurze Gelegenheitsreden auf besond. Verlangen gehalten. 8. Bamb. 795. (Wesché in Frankf.) 4 K

— kurze Homilien zur Erklärung d. Wortverstandes d. gewöhnl. Sonn- u. Festtagsepisteln. 3 Bde. 8. Bamb. 798. (Wesché in Frankf.) 4 fl 8 K

— kurze Homilien zur Erklärung d. Wortverstandes d. Sonn- u. Festtags-Evangelien. 1r Bd. 786. 2r Bd. 2e A. 789. gr. 8. Bamb. 3e A. 790. 4e A. 3 Bde. 8. Ebd. 809. (Wesché in Frkf.) 1 fl 16 K

Deppisch, Jh. Bapt., Lebensgeschichte, s. N. A. Förtsch.

Deppisch, Johann Baptist, s. Predigten e. Dorfpfarrers

— Samml. vollständ. Predigtentwürfe auf alle Sonn- u. Festtage d. Jahres. 2 Bde. 8. Bamb. 793. (Wesché in Frankf.) 1 fl 20 K

Deppisch, Johann Baptist, s. Wilm: Katechet. Unterr.

Deppisch, Johann Peter Josef

Deppisch, Jh. Pt. Jos., Vortheile u. Nachtheile von den Uebersetzungen d. Alten. gr. 8. Würzb. 800. Rienner. 9 K

Deppisch, Karl, Denkwürdigkeiten. 1. u. 2. Sammlung. 12. (IV, 59 u. VII, 70 S.) Würzburg 880. 81. Bucher. à n. — 50

Deppisch, Karl, Denkwürdigkeiten. 3. Sammlg. 12. (VII, 93 S.) Würzburg 885, Bucher. *
1. und 2. Sammlg. Ebendas. 1880,81. à * 50 Pf.

Deppisch, Karl. Denkwürdigkeiten, zumeist in Form v. Reiseschilderungen. 4. Sammlg. 12. (VII, 218 S.) Würzb. 891, Bucher. * — 60
1.—3. Sammlg. Ebd. 1880—85. * 1 50.

Deppisch, Karl, das Gebet. Ein Versuch zur Ehrenrettung desselben vor der gebildeten Welt. gr. 16. (47 S.) Speyer 875, Kleeberger'sche Buchh. *

Deppisch, Karl, die St. Cyriacus-Kapelle zu Lindenberg in der Pfalz. 2. Aufl. 8. (III, 52 S.) Speyer 898. Jäger. n. — 60

Depra, Franz Sales von

Depra, F. S. v., Andachten f. d. fromme Kind. m. Holzschn. 24. Grätz, Ferstl. (Veith, Augsb.). 797.

v. Depra, Frz. Sales, († d. 14. Mai 1806.) kurze Andachten für d. fromme Kind. 12. Augsb. 786. 24e A. 826. 26e A. 832. Doll. 3 K

Depra, F. S., kurze Andachten für das fromme Kind rc. 12. Augsb., Doll. 817.
— Dasselbe in 18. 817.

Depra, (Franz Sal.,) kurze Andachten für das fromme Kind, sammt Unterrichten u. Lehren zur Bildung frommer u. wohlgesitteter Kinder. 24e Aufl. 12. Augsb. 826, Doll. (Landshut, Krüll.)

Depra, Frz. Sales, kurze Andachten f. d. fromme Kind, sammt höchst nothwend. Unterrichten u. Lehren z. Bildung frommer u wohlgesitt. Kinder. 25. u. 26. Aufl. (à 8 B. u. Titlkpfr.) 12. Augsburg 830, 32. (Landshut, Manz.) à

Depra, Frz. Sales, kurze Andachten f. d. fromme Kind, sammt höchst nothwend. Unterrichten u. Lehren zur Bildung frommer u. wohlgesitt. Kinder. 28. Aufl. (Mit Titlkpfr.) 12. (8 B.) Augsburg 837. (Regensburg, Manz.)

Depra, Frz. Sales, kurze Andachten für das fromme Kind, sammt Unterweisungen und Lehren zur Bildung frommer und wohlgesitteter Kinder. 32. u. 33. verm. u. verb. Aufl. Mit 1 Stahlst. Augsburg 853, 57. Doll. 12. (192 S.) 4 ngl

— Denksprüche, alte u. neue, für Jedermann. 8. Augsb. 793. Merz.

— fruchtbringender Himmelsthau, d. i. vollständ. Gebetbuch rc. 8. Ottobeuren 775. N. A. Augsb. 805. 7e Aufl. 8. Ebd. 823. Doll. 16 K

— — fruchtbringendes Himmelsthau, d. i. vollst. Gebetbuch f. kathol. Christen rc. 6te Aufl. 8. Ebendas. 817.

— fruchtbringender Himmelsthau. Ein vollständ. Gebetbuch für kathol. Christen. 8e Aufl. 8. Ottobeuern 838. (Augsburg, M. Rieger.) ⅔ fl

— frommes Kind. 12. Bregenz, Brentano. (Augsb. Doll). 811.

— das kleine fromme Kind. 12. Kaufbeuren 798. 13e Aufl. 12. Augsb. 804. Wolff. 3 K

— marianische Lob- u. Sittenpredigten auf d. Festtage Mariä in 3 Jahrgängen. 8. Kempten 784. N. A. Ebd. 787.

— Predigten auf d. vornehmsten Festtage unsers göttl. Erlösers u. seiner Heiligen, f. d. Landvolk. 8. Augsb. 793. Merz.

— Predigten auf die vornehmsten Festtage unsres göttl. Erlösers u. seiner lieben Heiligen. gr. 8. Augsb. 795. M. Rieger. ⅔ fl jetzt ⅜ fl

— Predigten auf alle Sonntage des ganzen Jahres. 2 Bde. 8. Ottobeuren 802, 3.

— höchst nothwendige Unterrichte u. Lehren zur Bildung frommer Kinder. 18. Augsb., Kranzfelder. ½ K

Jo. Frid. Depré diss. de balsamo Evangelico Samaritano. Erford. 1723. (1733.) 4.

Deprecatio, Solemnis, ad confectorem Calendarii Monachiensem ... Monach. 1784. V: *Fischer, Joh. Nep.* (Jes)

De Préo, die Yulofi, od. Erlebnisse ein. französ. Priesters u. Soldaten unter den Negern in Afrika. Eine Missionsgesch. f. d. Jugend. Aus d. Franz. 8. (15 B. u. 1 Stahlst.) Augsburg 846, Kollmann'sche Buchh.

**Depuis,** Eduard: Über den Gebrauch d. verschiedenen Modi u. Tempora in d. französ. Sprache.
Progr. Realschule Wieden 1857.

La **Deputation** Grécque arrivée dans l'année 1832 à Munic pour offrir à S. M. Othon de Bavière la couronne de la Grèce
9 Bl. in Aquarell. 8°.
*Enthält ausser den namentlich bezeichneten Bildnissen noch ein Reiterspiel und einige Volkstypen*

Die Deputation der National-Versammlung in Sanssouci am 2. November 1848. Druck von J. F. Starcke. 1 Bl. 4.
Flugblatt. Berlin, 2. Nov. 1848.

**Deputationsabschied, pfalzneuburgischer,** 4. München, Fleischmann. 799.

*Pfalzneuburgischer Deputations-Abschied* über die Neuburgischen Landes- u. Regierungsverhältnisse, d. d. München, d. 5. Oktober 1799. München, bey Joh. Bapt. Strobel. 1799. 4°. Cart.
22 Bll., unpag. (incl. 1 Bl. Nachschrift). Mit 1 gefalt. Tabelle.

„Deputations-Bericht über die Revision der Wechselordnung", (Bremen um 1842). — Vorh.: Bücherei der Ind.- u. Handelskammer Leipzig.

**Deputationsgutachten** über die Reform-Anträge der sächs. Bundeslogen mit Beziehung auf das Referat des Br [Friedr. Ludw.] Meissner. [Dat.:] Dresden 1849. 7 S. 2° [Kopftit.]
cf. Mitt. S. v. 19. Nov. 1850 Beil.

**Deputationsrecess, Der,** mit historischen, geographischen und statistischen Erläuterungen . . . Hamb. 1803. V: *Gaspari, Adam Christian.* (Schr)

**Депутаты и редакціонныя коммиссіи по крестьянскому дѣлу.** (Die Deputirten und die Redactions-Commission für die Bauernbefreiung.) 8. (III und 62 S.) Leipzig 860, Wagner. *

Député. Un d' radical de plus en Grand Conseil, ou Dialogue entre les citoyens Chang. Petit, l'Ingénieur et Liliput, au sujet de l'élection à faire par le cercle de Moutier le 15 décembre 1850, en remplacement de Mr. Abram Boivin, député sortant. 8. Berne 1850.

**Deputirten,** die deutsch-katholischen, in Halle. Ein Gedenkblatt an die Feier v. 27. März 1845, den zum leipziger Concil entsandten deutsch-kathol. Deputirten zu Ehren in Halle veranstaltet. Nebst d. hallischen Adresse an sämmtl. freie kathol. Gemeinden u. Katholiken Deutschlands. gr. 8. (1 B.) Halle 845, Schwetschke u. Sohn. *
Aus: Hallischer Courier, besond. abgedruckt.

Deputirten. Die D' der fünf demokratischen Kantone Uri, Schwytz. Unterwalden, Glarus und Appenzell In- und Ausserroden an den die helvetischen Truppen en Chef commandirenden Herrn General Andermatt. (Schwytz, den 18ten Sept. 1802.) 8. *o. O.* 1802.

**Deputirten-Kammer, Bayerns,** vom Jahre 1831. München 1831. V: *Kurz, Heinrich.* (ABJP)

**Dequed, Georg Werner von** (Altmark), Observ. pract. jur. publ. de jure statuum imperii circa suos consiliarios. Präs. Joh. Jacob Moser. Frankfurt/O. (Sig. Gabr. Alex) 16. XII. 1738. 38 Seiten. (5.—) 6328

Dequede, v., Kindergeschichten. 8. (IV, 159 S.) Gotha 887, F. A. Perthes. geb. *

**Dequede,** v., Kindergeschichten. 8. (159 S.) Gotha 888. F. A. Perthes. geb. n. 2. —

**Dequede,** Frl. Else v., s. a. Osten, Herb. v.

'Es waren zwei Königskinder —' Roman v. Herbert v. Osten [d. i. Else v. **Dequede**] . . . *Charlottenburg: A. Michow 1897.* (122 S.) 1 Bd 8.
= **Michow-Bücher.** Bd IV. [98. 2726

[F.] Feierstunden. Erzählgn f. Mädch. u. Knaben v. Herbert v. Osten [d. i. Else v. **Dequede**]. M. 6 . . . Farbendruckb. nach Aquar. v. M. Hohneck. (*Wesel: W. Däms [1896?].*) (120 S., 5 Taf.) 1 Bd 8. [96. 6413

**Dequede,** Frl. Else v., für die Freiheit. Eine Erzählg. aus der Geschichte der Buren in 2 Tln. Mit 8 Orig.-Illustr. (195 S.) Lex.-8. Elberfeld (902). S. Lucas. Geb. 8. —

Militärfromm. Roman von Herbert v. Osten [d. i. Else v. **Dequede**]. *Berlin: Globus Verl. [1903].* (103 S.) 8° [F.] [04. 1111

**Dequede,** E. v., im Schlachtenfeuer. 4 Erzählgn. f. die Jugend. Mit 8 bunten Orig.-Zeichngn. v. E. Leuenberger. gr. 4. (II, 186 S.) Elberfeld (899). S. Lucas. Geb. n. 3. —

[F.] Aus Schloss und Hütte. Erzählgn f. d. Jug. v. Herbert v. Osten [d. i. Else v. **Dequede**]. M. 4 . . . Farbendruckb. nach Aquar. v. M. Hohneck u. 1 Titelb. v. W. Schäfer. (*Wesel: W. Däms [1896].*) (128 S., 4 Taf.) 1 Bd 8. [96. 6546

Unter der Sonne Süd-Afrikas. Eine Erzählung aus d. Gesch. d. Buren in 2 Büchern von E[lse] v. **Dequede**. Mit 8 Ill. von E. Leuenberger. *Elberfeld: S. Lucas [1901].* (223 S.) 4°(8°) [F.] [01. 7007

Vernichtet – nicht besiegt. Eine Erzählung aus d. Gesch. d. Buren von E[lse] v. **Dequede**. Mit 8 Vollbild. *Elberfeld: S. Lucas [1902].* (200 S.) 4°(8°) [F.] [03. 907

**Dequede,** Magda v., nach Hause. (108 S. m. Titelbild.) 8. Leipzig (906). M. Költz. Kart. n. 1. 25; geb. in Leinw. n. 2. —

**Der Aeltestendienst ist und bleibt eine göttliche Einsetzung** für die Gemeine. (Von H. Grafe.) Elberfeld (Cöln) 859. Hassel in Comm. 8. (28 S.) n. 2½ ngr.

**Der am Kreuz ist meine Liebe** rc. 4 Farrenkreuze. Chromolith. 16. Leipzig 883. (Baldamus.) n. 80

**Der Bauer ist ein Ehrenmann!** Den Schleswig-Holstein.-Lauenburg. Landleuten zugeeignet von einem gebornen Dithmarscher. (Mit e. Anhange.) 8. Hamb. u. Itzehoe 834. Schuberth u. Niemeyer. 7/12 rthl.

**Der Vorries Trachten und Dräu'n,** der deutschen Sache Gedeih'n. Oldenburg 860. Schulze. gr. 8. (15 S.) n. 4 ngr.

**Der das Auge gemacht hat, sollte der nicht sehen?,** s.: Geschichten u. Bilder fürs deutsche Volk.

**Der Feierabend nahet heran.** Ein Gebetbuch für bejahrte Christen, die ihre Tage Gott weihen wollen. Von einem katholischen Geistlichen auf dem Lande. 857. — 2. Aufl. Passau (858). Exped. der Frauendorfer Blätter. 16. (400 S. u. 1 Holzschn.) 7½ ngr.

— geweihten oder canonischen Stunden Alter, Geist und Wesen. Eine kirchenhistor., theolog. Abhandlung über das röm. Breviere. 2e größtentheils umgearb. Aufl. gr. 8. Landshut 835. Thomann. 1⅓ rthl.

**Der Herr ist mein Hirte.** Ein Zeugniß für Gottes Wort und Sakrament. (Von Carl Hunzinger.) Darmstadt 860. Würtz. 16. (40 S.) nn. 2½ ngr.

**Der Herr ist nahe, oder d. letzte Posaune.** Uebersetz. d. Schrift: The Lord is at hand, or the last trump. Lond. 828. gr. 8. Zerbst 829. (Kummer). 3 gr.

**Der Jugend Fleiß ist des Alters Ehre.** Eine ausgewählte Sammlung von Erzählungen, Gedichten, Fabeln rc. Wien 856. Grund. 8. (120 S. m. Holzschn. im Text.) 6 ngr

**Der 25. Juni 1530, oder kurze gedrängte Schilderung d. Männer, welche bei d. Uebergabe d. Augsburg. Confession gegenwärtig waren, wie d. vorzügl. Vorfälle, unter denen sie erfolgte, nebst e. Geschichtskalender aus Luthers Leben, u. Beschreib. d. Jubelfeier in Dresden im J. 1730, für Leser jegl. Standes, (v. C. R. Jaspis). 8. Dresd. u. Leipz. 830. Arnold.** 3 ⁄K

**Der hohen Kaiserbraut.** Ein Festgruss aus Tirol. Innsbruck 851. Wagner. br. 8. (20 S.) n. 5 ngr

— — (Ausg. in gr. 4.) Ebend. 854. (7 Bl.) n. 18 ngr

Der schwatzt ohne Ende. Posse in 1 Akt, in Vers. n. le parleur éternel bearbeitet, m. K. Leipz. Bruder u. Hoffmann. 807.

Der Wahrheit noch eine Gasse, dem Frieden eine Bahn. Mai 1849. 8. (88 S.) Hamburg 849, Hoffmann und Campe.

**Derach Hachajim.** Gebetbuch. gr. 8. (49⅛ B.) Krotoschin 844, Monasch u. Sohn.

**Deranco, P.,** Spanisch-Deutsches, Portugiesisch-Deutsches u. Deutsch-Span.-Portug. Taschen-Wörterbuch. Für Kaufleute rc. besond. bestimmt. 16. (24 B.) Hamburg 829, Erie.

[Mandäisch] Hazen **Derāšā** de-Jahja we-halēn derašē de-malkē de... Mark Lidzbarski. (T. 1.) (Gießen: A. Töpelmann) 1322 (1905). 4°(8°) [Umschlagt.:] Das Johannesbuch der Mandäer von Mark Lidzbarski. [05. 6519

**Derbaremdiker-Zarchi, L[iber]:** Prognose der Ovarialtumoren. Freiburg i. B. 1910: Parkkoin. 41 S. 8°
Freiburg i. B., Med. Diss. v. 1910, Ref. Krönig
[Geb. 29. Juni 85 Polonnoje; Wohnort: Freiburg i. B.; Staatsangeh.: Rußland; Vorbildung: Mädchengymn. Kiew Reife O. 04; Studium: Bern 5, Freiburg i. B. 5 S.; Rig. 16. Dez. 10.] [U 11. 1062

**Dorbo,** Max [Arzt]: Aus d. anatom. Institut zu Königsberg i. Pr. No. 5. Über das Vorkommen von Pflasterepithel in Cylinderepithel-tragenden Schleimhäuten ... Königsberg i. Pr., Druck v. M. Liedtke, 1892; 2 Bl., 31 S., 2 Bl., 1 Taf. 8.
Königsberg, Med. Fak., Inaug.-Diss. v. 29. Febr. 1892

**Derbe, Max.** Ueber das Vorkommen v. Pflasterepithel in Cylinderepithel tragenden Schleimhäuten. Diss. gr. 8. (31 S. m. 1 Taf.) Königsb. i. Pr. 892, (Koch). * — 80

**Derbend-Nâmeh,** or the history of Derbend; translated from a select turkish version and published with the texts and with notes, illustrative of the history, geography, antiquities etc. occurring throughout the work, by Mirza A. Kazem-Beg. Imp.-4. (XXXVII und 245 S.) St. Petersburg 851, Leipzig, Voss. **

**Derbes u. Herbes.** Glossen eines Freimüthigen z. Kunststreit in Bremen Anno 1902. 8. (41 S.) Bremen 902. (M. Nößler.) n. 1. —

## Derbholzgehalte geschichteter Hölzer. Wien 1876. V: *Pössl, Wilh.* (EB)

Derbholzgehalte geschichteter Hölzer nebst Schlüssel zur Reducirung der Raum- und Festmeter nach in den hochfürstl. Johann v. und zu Liechtensteinschen Forsten ermittelten Reductionszahlen. Erhoben und berechnet durch die fürstl. Wäldermappirung in M.-Aussee. gr. 8. (56 S.) Wien 876, Hölzel. *

## Derbi, oder Treue und Freundschaft; ein Trauerspiel in 5 Aufzügen. Salzburg 1774. V: *Crentzin, Ant. Adolph. v.* (MGT)

Derbi; oder Treue u. Freundschaft. Trauersp. 8. Salzburg, Mayr. 776.

**Derblich,** Leo, die Grundlagen d. österr. Assecuranzrechtes. [Aus: „Oesterr. Revue."] 8. (28 S.) Prag 895. H. Dominicus. n. — 70

*Derblich, Leo.* Die Grundlagen des österreichischen Assekuranzrechtes. Prag 1896.

— d. Grundsätze d. Gebührenpflicht d. Versicherungs-Gesellschaften in Oesterreich. [Aus: „Gerichtshalle."] gr. 8. (16 S.) Wien 895. M. Perles. n. — 60

— d. Lebensversicherungs-Vertrag nach österr. Rechte. [Aus: „Oesterr. Versicherungs-Zeitg."] gr. 8. (22 S.) Prag 895. Höfer & Klouček. n. — 80

**Derblich, Leo, österreichisches Postrecht.** Eine Sammlg. der auf das Postwesen bezughab. österr. Gesetze, Verordngn. unter Anschluß v. Entscheidgn. des k. k. Verwaltungs-Gerichtshofes u. k. k. obersten Gerichtshofes. 8. (VII, 191 S.) Prag (I, Postgasse 38) 901. Finanz-Proc.-Sekr. Dr. L. Derblich. n. 2. 75

**Derblich, Leo, die Rechte u. Pflichten der Lebens-Versicherungs-Gesellschaften nach österreichischem Recht. (20 S.) 4. Wien 903. L. Weiss. n. — 70**

**— das österreichische Versicherungsrecht. (XI, 167 S.) gr. 8. Berlin 903. J. Guttentag. n. 4. —**

**Derblich,** L., s.: Vorschriften üb. das Assecuranzwesen.

**Derblich,** W., balneologische Bilder aus Böhmen. I—III. 8. Prag 880. Kytka. n. 2. 80
1. Toplitz-Schönau u. Carlsbad. (53 S.) n. — 80. — 2. Franzensbad. (77 S.) n. 1. —. — 3. Marienbad. (73 S.) n. 1. —

Derblich, W., die Feld-Sanität. Zwei Vorträge, gehalten im militär-wissenschaftl. Vereine in Lemberg. gr. 8. (42 S.) Teschen 876, Prochaska. *

**Derblich,** W., Katechismus der Gesundheitslehre f. ältere Personen. 12. (75 S.) Wien 893. M. Perles. n. 1. 80

—— die simulirten Krankheiten der Wehrpflichtigen. gr. 8. (III, 183 S.) Wien 878, Urban und Schwarzenberg. *

—— die simulirten Krankheiten der Wehrpflichtigen. Neue (Titel-)Ausg. gr. 8. (III, 186 S.) Wien 880, Urban und Schwarzenberg. *

Derblich, W., Land und Leute der Moldau und Walachei, s. a. Salon-Bibliothek.

Derblich, W., Land und Leute der Moldau und Walachei. Prag 859. Kober & Markgraf. (Hamburg, J. P. F. E. Richter.) 8. (IV, 315 S.) n. 1 ⁄ 10 ngr.

— der Militärarzt im Felde. Mit gleichmäss. Berücksicht. der deutschen u. österreich. Vorschriften. 16. (XII, 192 S.) Wien 888. Urban & Schwarzenberg. geb. n. 3. —

**Derblich,** W., e. Menschenalter Militärarzt. Erinnerungen e. k. k. Militärarztes. 1. u. 2. Thl. 8. (V, 169; V, 181 S.) Hannover 889. 890. Helwing's Verl. à n. 2. —

**Derblich,** W., e. Menschenalter Militärarzt. Erinnergn. e. k. u. k. Militärarztes. 2 Tle. Neue (Titel-)Ausg. 8. (V, 169 u. V, 181 S.) Leipzig (889. 890). 895. Buchschwerdt & Co. In 1 Leinwbd. n. 4. —

— die Militär-Gesundheitspflege, deren Werth u. Bedeutung. gr. 8. (IV, 71 S.) Wien 876. Gerold's Sohn. n. 1. 60

Derblich, W., über d. Werth u. d. Bedeutung d. Himmelskunde u. deren Einfluss auf d. menschl. Gesellschaft. gr. 8. (2¼ B.) Breslau 846, Kern.

**Derblich**, Wolfius *(geb. Brody in Galiz. [18. 9.] 1823)*: De plica Polonica (p. 1.). Vratislaviae (1848). (31 S.) 8°
Breslau, Med. Diss. v. 25. Sept. 1848

**Derboeck**, C. V. (C. v. der Boeck) s. a.: **Boeck**, C. v. der.

**Derboeck**, C. V.

—— **Nordenskjöld's** und seiner Reisegefährten Erlebnisse im ewigen Eise. Orig.-Erzählung für die Jugend. Mit (5) Farbendr.-Illustr. nach Orig.-Zeichnungen von Gust. Annemüller. Nebst 1 lithogr. Karte. (III, 216 S.) 1881; 2. und 3. Aufl. gr. 8. (216 S.) Ebendas. 882,83. cart.

— **Nordenskjöld's** u. seiner Reisegefährten Erlebnisse im ewigen Eise. Orig.-Erzählg. f. die Jugend. Mit Farbendr.-Illustr. nach Orig.-Zeichngn. v. Gust. Annemüller. 5. Aufl. gr. 8. (III, 216 S. m. 1 Karte.) Ebd. 893. Kart. 4. 50

— die **Nordpol-Fahrer**. Nordenskjöld's u. seiner Gefährten Erlebnisse im ewigen Eise. Orig.-Erzählg. f. die Jugend. Mit Farbendr.-Illustr. nach Orig.-Zeichngn. v. Gust. Annemüller. 6. Aufl. gr. 8. (III, 216 S. m 1 Karte.) Ebd. 893. Kart. 4. 50

— **Luise**, Königin v. Preußen. Ein Vorbild weiblicher Tugenden. Histor. Erzählung für die Jugend. Mit (5) Farbendr.-Illustr. nach Orig.-Zeichnungen v. Gust. Annemüller. gr. 8. (III, 218 S.) Ebend. 881. cart. 4. 50

—— **Luise**, Königin von Preußen. Ein Vorbild weibl. Tugenden. Histor. Erzählung für die Jugend. Mit (5) Farbendr.-Illustr. nach Orig.-Zeichnungen von Gust. Annemüller. (III, 218 S.) 1881; 2.—4. Aufl. gr. 8. (218 S.) Ebendas. 882,83. cart.

— **Luise**, Königin v. Preußen. Ein Vorbild weibl. Tugenden. Historische Erzählg. f. die Jugend. Mit (5) Farbendr.-Illustr. nach Orig.-Zeichngn. v. Gust. Annemüller. 2. Aufl. gr. 8. (218 S.) Ebend. 883. geb. 4. 50

— **Luise**, Königin v. Preußen. Ein Vorbild weibl. Tugenden. Historische Erzählg. f. die Jugend. Mit Farbendr.-Illustr. nach Orig.-Zeichngn. v. M. Koch. 6. Aufl. gr. 8. (222 S.) Ebd. 893. Geb. 4. 50

— die **Pflegetochter** der Königin. Historische Erzählg. f. die Jugend. Mit (5) Farbendr.-Illustr. nach Orig.-Zeichngn. v. Gust. Annemüller. 8. (218 S.) Ebend. 883. geb. 2. 50

**Derboeck**, C. V., Prinz **Heinrich's** Reise um die Welt. Orig.-Erzählg. f. die Jugend. Mit (5) Farbendr.-Illustr. nach Orig.-Zeichngn. v. W. Schäfer. 8. (III, 220 S.) Berlin 885. Drewitz. geb. n. 2. —

**Derboeck**, C. V., **Robinson** im Diamantenlande. Orig.-Erzählung für die Jugend. Mit Farbendr.-Illustr., gezeichnet u. lith. v. W. Schäfer. gr. 8. (220 S.) Berlin 882. Drewitz. geb. 4. 50

— **Spledder** u. Spöhn. I. u. II. 12. Ebend. 879. 80. à 3. —; geb. à n. 4. —
1. Ut de Hansbunkentid. Snaksche Vertellung. (VII, 218 S.)
2. Ut de Mänthentid. Snaksche Vertellung. (VIII, 312 S.)

**Derboeck**, C. V., des Prinzen **Heinrich** v. Preußen Weltumseglung. Orig.-Erzählung für die Jugend. Mit (5) Farbendr.-Illustr. nach Orig.-Zeichnungen v. W. Schäfer. 3. Aufl. gr. 8. (III, 220 S.) Berlin 882. Drewitz. geb. 4.50

— des Prinzen **Heinrich** v. Preußen Weltumseglung. Orig. Erzählg. f. die Jugend. Mit (5) Farbendr.-Illustr. nach Orig.-Zeichngn. v. W. Schäfer. 3. Aufl. gr. 8. (222 S.) Ebend. 883. geb. 4. 50

— des Prinzen **Heinrich** v. Preußen Weltumseglung. Orig.-Erzählg. f. die Jugend. Mit Farbendr.-Illustr. nach Orig.-Zeichngn. v. W. Schäfer u. W. Hoffmann. 8. Aufl. gr. 8. (III, 220 S.) Berlin 893. Leipzig, O. Drewitz Nachf. Geb. 4. 50

**Derby**, Rich. H., zur Anatomie von Prurigo. Lex.-8. (7 S. mit 1 lithogr. Taf. in qu. gr. 4.) Wien 869, Gerold's Sohn. *
Aus: Sitzungsberichte der k. Akademie der Wissenschaften, besonders abgedruckt.

**Dercks**, Emil

— Paul **Hielscher** u. Fritz **Lubrich**, **Choralbuch** f. das schlesische Prov.-Gesangbuch. Im Auftrage d. kgl. Konsistoriums d. Prov. Schlesien. (IV, 168 S.) 28,5×31 cm. Breslau 910. W. G. Korn. 6.—; geb. n 7. 50

Einzelstimme aus dem Choralbuch für das Schlesische Provinzial-Gesangbuch. Im Auftr. d. Kgl. Konsistoriums bearb. von d. Kgl. Musikdir. E[mil] **Dercks**, P[aul] Hielscher, F[ritz] Lubrich. Alt. Tenor. Baß. Breslau: Korn 1910. 8° [Umschlagt.]
[Oberstimme s. Melodienbuch z. Schles. Prov. Gesangbuch.] [11. 10727

**Dercks**, Emil, Paul **Hielscher** u. Fritz **Lubrich**, **Einzelstimmen** aus dem Choralbuch f. d. schles. Prov.-Gesangbuch. Im Auftrage d. königl. Konsistoriums bearb. Alt. (80 S.) 8. Breslau 910. W. G. Korn. Geb. p — 70

Kurze Gesanglehre ... verf. von E[mil] **Dercks**, Musikdir. in Breslau. *Breslau: M. Woywod 1902.* (39 S.) 8° [F.]
Aus: Dercks: Liederbuch f. mittl. u. höh. Mädchenschulen u. Lehrerinnenseminare. [03. 3974

— **Liederbuch** für mittlere u. höh. Mädchenschulen u. Lehrerinnenseminare m. e. Gesanglehre. Bearb. u. hrsg. 1. u. 2. Tl. (Nach den ministeriellen Bestimmgn. vom 31. V. 1894.) gr. 8. Ebd. Kart. n. 1. 40
1. Unterstufe. (IV, 101 S.) 902. n. — 60
2. Mittelstufe. (IV, 144 S.) 902. n. — 80

— dasselbe. 3. Tl. Oberstufe A. gr. 8. (IV, 178 S.) Ebd. 901. Kart. n. 1. —

— dasselbe. 3. Tl. Oberstufe B, Ergänzungsheft. gr. 8. (IV, 144 S.) Ebd. 901. Kart. n. 1. —

**Dercks**, E., Liederbuch f. mittlere u. höhere Mädchenschulen u. Lehrerinnenseminare m. e. Gesanglehre. 2. u. 3. Tl. 8. Breslau 906. M. Woywod. Kart. n. 1. 80
2. Mittelstufe. 2., verb. Aufl. (6—9. Taus.) (IV, 144 S.) — 80
3. Oberstufe A. 2., verb. Aufl. (6—9. Taus.) (IV, 176 S.) 1. —

**Dercks**, Emil, Liederbuch f. mittlere u. höhere Knaben- u. Mädchenschulen sowie f. Seminare u. Lyzeen, m. kurzer Gesanglehre, Musikdiktat, allgem. Musiklehre, Harmonielehre u. Formenlehre. Bearb. u. hrsg. 3 Tle. 3., verm. u. verb. Aufl. (10—13. Taus.) 8. Breslau 909. M. Woywod. Kart. 2. 70
1. (103 S.) — 60. — 2. (172 S.) — 90. — 3. (219 S.) 1. 20

Geistliche Volkslieder. Sonderdr. mit Text aus d. Choralbuch f. das Schles. Prov.-Gesangbuch. Im Auftr. d. Kgl. Konsistoriums d. Prov. Schlesien bearb. von Emil **Dercks**, Paul Hielscher, Fritz Lubrich. Breslau: Korn 1910. 39 S. quer-4° [Umschlagt.]
[10. 14554 ?

Dercseny von Derczen, Johann: Ueber Tokay's Weinbau, dessen Fexung und Gährung. Wien: Blumauer 1796. X, 111 S. --
--- Dass. Leipzig 1800. -- [Zit. nach Gatterer]
BJ: Dercsényi v. Dercsen, P. -- Bibliotheca oeconomica: Dercsényi, Joh. Wien 1800. -- Bibliotheca oenologica: Dercsény v. Dercsen. -- Dochnahl: Dercsényi, v. Dercsen, Paul. -- Gatterer: Dercsényi von Derczen, Paul. -- Heinsius: Derczen, v. -- Kayser: Derczény v. Terczen, Jh. -- Simon: Bibliotheca vinaria: Dercsenyi von Dercsen, Paul. -- Thienemann: Derczen, Joh. Derksenny. -- Weber: Drezzen; Dercsene von Dercsen, J. -- Lt. Angaben der UB Tübingen: Dercsényi, János.

—— über Tokey's Weinbau. gr. 8. Leipz. Comt. für Lit. 800.

**Dercsényi**, Joh. v., Bericht an d. k. k. Landwirthschafts-Gesellschaft in Wien, üb. e. im J. 183⅞ durch Italien, Frankreich, Spanien, England, Belgien u. Deutschland unternommene Reise. gr. 8. (1½ B. u. 1 Stnt.) Wien 834. (Leipzig, G. Wigand.)

v. Derecsényi, Joh. Frhr., Grundzüge meines Sistemes der Erziehung. 8. (568 S.) Wien 851, Kaulfuß Wwe., Prandel & Co. n. 2 ₰

Derecsényi, Joh. v., Studien üb. ein humanes Mittel gegen d. Kommunismus, od. üb. das Humanitäts-System d. Volkswirthschaft, des Volksunterrichts u. des polit. Volkslebens. 8. (8 B.) Pesth 846, Hartleben's Verl.-Exped.

**Dercum,** Theodor: Statistisches über Tuberkulose aus der Erlanger medizinischen Poliklinik. Wiesbaden 1906: W. Zimmet. (39 S.) 8°
Erlangen, Med. Fak., Ref. Penzoldt, Diss. v. 16. Juli 1906
[Geb. 6. Sept. 72 Landau, Pfalz; Wohnort: Wiesbaden; Staatsangeh.: Bayern; Vorbildung: Gymn. Landau Reife 92; Studium: Würzburg 4, Straßburg 2, Tübingen 3, Erlangen 9 S.; Rig. 31. Okt. 05; Approb. 9. Okt. 03.]

Derecho, El, mercantil, s. Aquirre, Carlos [Bearb.]

Derège, s.a. Rège, de

Derège, K. Fr., s. Entwurf eines Katechismus rc.

Derège, biblischer Katechismus f. evangel. Christen. 3., verm. Aufl. 8. (4 B.) Potsdam 833, Riegel.

**Dérékoff,** Nicolaus, cand. med. aus Plevna (Bulgarien): Auf [!] d. syphilit. Klinik d. Herrn Geheimrat Prof. Dr. v. Leube in Würzburg. Ein Beitrag zur Kenntniss der circumscripten Muskelgummata. *Würzburg 1901: P. Scheiner.* (33 S.) 8°
Halle, Med. Diss. v. 1901

Derelli, U., s.a. Ideler, Lucie.

Derelli, U. [Ps. Lucie Ideler], s. Für Schule u. Haus. — Hausbibliothek, deutsche. — Perlen.

Derelli, U., aus der Heimath. Drei Erzählungen. 8. (125 S.) Hagen 884, Risel und Comp.

Derelli, U., aus der Heimath. Drei Erzählgn. 8. (125 S.) Hagen 885. Riesel & Co. n. 1. 80

Derelli, U., im Walde, s.: Für Schule u. Haus.

**Derenbach,** Rudolf [aus Mühlheim '(Ruhr)']: Beiträge zur Kenntnis des Wolframs und seiner Legierungen mit Eisen ... Würzburg, Druck d. Stahel'schen k. Hofbuchdr., 1892; 47 S. 8.
Würzburg, Phil. Fak., Inaug.-Diss. v. 1892

**Derenberg,** Julius [app. Arzt aus Hamburg]: Zur Kenntnis der Atrophie des Hodens ... München, kgl. Hofbuchdr. Kastner & Lossen, 1897; 32 S., 1 Bl. 8.
München, Med. Fak., Inaug.-Diss. v. 1897

**Derenbourg, H., s. Forschungen, morgenländische.**

Derenbourg, Hartwig: De pluralium linguae Arabicae et Aethiopicae formarum omnis generis origine et indole scripsit et Sibavaihi capita de plurali edidit. Gottingae 1867.

Derenburg [Schlagwort]

**Derenburg, s.: Preussen. Messtischblätter.**

**Derenburg**, Jos., aus Briefen D.'s an Adolf Berliner. Festgabe zum 21. VIII. 1891. 8. (28 S.) Berlin (891). (Frankfurt a/M., J. Kauffmann.) n. — 60

Seiner Magnificenz dem Rector der hiesigen Universität... Herrn D. [Anton] Dereser ... ehrerbietigst gewidmet von den Studirenden. Breslau den 17. December 1819. (2 Bl.) 4°
[F.] *[Deutsches Gedicht.]*

Dereser, Anton

Dereser, T. A., das deutsche Brevier od. großes biblisches Erbauungsbuch auf alle Tage des katholischen Kirchenjahres. 4 Bd. 6te Ausg. gr. 8. Heilbronn, Claß 811.

**Dereser, Ant. (Thadd. a s. Adamo),** Commentatio biblica in effatum Christi. Matth. 16, 18—19. Bonn (Köln). 1789, 4°, 31 S.

— Erbauungsbuch für aufgeklärte kathol. Christen, s. Brevier, deutsches.

Deresers, Thadd. Ant., Erbauungsbuch für aufgeklärte kathol. Christen rc. 4 Bde. gr. 8. Heilbr. Claß. (Wolf, Augsb.). 800—805.

Dereser, Th. A., Erbauungsbuch für kathol. Christen auf alle Tage des Kirchenjahrs. 4 Bde. Auch unter dem Titel: Das deutsche Brevier für Stiftsdamen rc. 8te Aufl. gr. 8. Heilbronn, Claß. 820.

Dereser, Th. Adm., oder Thaddäus a S. Adamo, († d. 16. Juni 1817.) Fibel, oder ABC-Buch zum Gebrauch kathol. Schulen. 8. Karls. 810.

Dereser, Anton, s. A. Frenzel: num dogma catholicum...

— kathol. Gebetbuch für d. vier kirchl. Jahreszeiten. Mit 1 Kpf. Heilbr. 807. 2e A. 810. 4e A. 823. Claß. 12 gr Schrbp. 15 gr

— kathol. Gebetbuch auf alle Tage d. Kirchenjahres. 2te Aufl. m. 1 K. 8. Ebend. 811.

Dereser, Thaddäus Ant., kathol. Gebetbuch. Zum Theile aus d. vier Bdn. d. bibl. Erbauungsbuches auf alle Tage d. Kirchenjahres gezogen. M. 2 Kpfrn. 5., verb. u. verm. Ausg. 8. (24¼ B.) Heilbronn 837, Claßische Buchh.

Dereser, Thadd. Ant., kathol. Gebetbuch. Zum Theil aus d. vier Bänden d. bibl. Erbauungsbuches auf alle Tage d. Kirchenjahres gezogen u. hrsg. 7., verb. u. verm. Aufl. 8. (24¼ B. u. 2 Stahlst.) Heilbronn 843, Landherr.

Dereser, Thaddäus Ant., katholisches Gebetbuch. Zum Theile aus den 4 Bden. des bibl. Erbauungsbuches auf alle Tage des Kirchenjahres gezogen. 8., verb. und verm. Aufl. 8. (403 S. mit 3 Stahlst.) Heilbronn 847, Landherr.

Dereser, Thaddäus Ant. Kathol. Gebetbuch. 9. Aufl. (Neue Titel-Ausg.) 12. (404 S. m. 3 Stahlst.) Stuttg. 892, Alb. Koch. geb. 1 80

— **Grammatica hebraica, cum notis masorethicis ac dictis etc.** 8 maj. **Frankf. a. M. 813. Varrentrapp. 16 gr** id. lib. **Luzern 813. Anich. 16 gr**

— lateinisch-hebräische Grammatik, nebst dem latein. hebräischen Büchlein Ruth als Anhang. 8. Freiburg, Herder. 812.

Dereser, Anton, s. Mose: Lehrgedichte.

**Dereser, Anton (Thaddaeus a s. Adamo),** Necessitas linguarum orientalium ad s. Scripturam intelligendam, vindicandam ac fidei dogmata probanda. Köln, 1783, 4°.

**Dereser, Ant.,** Notiones generales hermeneuticae sacrae Novi Testam. Bonn, 1786, 4°, 28 S.
Der Verf. veröffentlichte diese Schrift unter dem Pseudonym C. v. Ratheim. Recens. Litteratur d. kath. Deutschl. Bd. VIII (1787), S. 512—544.

**Dereser, Ant. (Thadd. a s. Adamo),** Notiones generales hermeneuticae sacrae Veteris Testamenti. Köln, 1784, 4°.

**— über d. Pflicht d. christl. Mildthätigkeit. 8. Straßb. 792.**

Dereser, Anton, s. Psalm. d. 68.

**Dereser, Anton,** Der 68. Psalm metrisch übersetzt und erklärt. Bonn, 1788, 4°.
Wird Hurter, Nomenclat. litt. III, 583 Anm. 1 :1. Aufl., sehr getadelt.

**Dereser, Anton,** Die Psalmen übersetzt und erklärt. Frankfurt, Varrentrapp, 1815, gr. 8°, 5 Mk.

Dereser, Anton. s. R u t h .

— das Büchlein R u t h. a. d. Hebr. 8. Frankf. Varrentrapp u. W. 806.

Dereser, Anton, Das Buch Ruth. Aus dem Hebräischen übersetzt und für Pfarrer auf dem Lande bearbeitet. Frankfurt, Varrentrapp, 1807, 12.

Dereser, Joh. Adam (od. Thaddäus a. S. Adamo,) die heilige Schrift, s. S c h r i f t.

Dereser, Anton: Die heiligen S c h r i f t e n des alten Testaments. s. B r e n t a n o , Dom. v.

— Schriften d. Heiligen, d. Alt. Test., s. Testament.

Dereser, Ant., Die Sendungsgeschichte des Propheten Jona, kritisch untersucht und von Widersprüchen gerettet. Bonn, 1786, 4°, 40 S.

Dereser, Anton, (Thadd. a s. Adamo), Skriptursätze oder über den Untergang von Sodoma und über die Verwandlung der Frau des Loths in eine Salzsäule. Köln, 1784, 4°.
Tadelnswert wegen rationalist. Auffassung.

DERESER, T. A. (i. e. *Thaddäus a S. Adamo*, geb. zu Fahr im Würzburgischen 3. Febr. 1757), Die Sprichwörter, der Prediger, d a s h o h e L i e d , das Buch der Weisheit und Jesus Sirach A u s d e m H e b r ä i s c h e n u n d G r i e c h i s c h e n ü b e r s e t z t u n d e r k l ä r t. Als Fortsetzung des v. Brentanoischen alten Testaments. Frankfurt a. M., Varrentrapp, 1800. 8°.

— de victu Joannis Baptistae in deserto commorantis. Matth. III, 4. 4. Bonn 784.

Derewenko, Leonidas. Über das Vorkommen der epidemischen Meningitis im Kanton Zürich. Diss. Med. Univ. Zürich. [Mit 1 Tabelle.] *Kopftitel:* Aus der medizinischen Klinik in Zürich. Direktion: Herr Prof. Dr. H[ermann] Eichhorst. 29 S. 8. Zürich, J. J. Meier, 1908.

**Derewitzki, A, u. S. Papadimitriu,** Taschenwörterbuch der neugriechischen u. russischen Sprache. 1. Tl. Russisch-neugriechisch. (XXII, 423 S.) kl. 8. Leipzig 905. O. Holtze's Nachf. n. 5. — ; geb. in Leinw. n. 5. 75

**Derewitzky,** A., s.: Museum, das, d. kaiserl. Odessaer Gesellschaft f. Geschichte u. Altertumskunde.

**Derewitzky, A., A. Pavlowsky u. E. v. Stern,** Terracotten, s.: Museum, das, der kaiserl. Odessaer Gesellschaft f. Geschichte u. Altertumskunde.

Derfel, R. J., landläufige Irrtümer üb. Sozialismus. Aus dem Engl. übers. v. Ferd. Heigl. gr. 16. (47 S.) Bamberg 893. Handels-Druckerei u. Verlagsh. n. — 60

D e r f f e l, Josef — Erläuternde Darstellung der drei von mir festgestellten Stufengänge, betreffend das ganze Lehrsystem für den Prevatunterricht in der Schön- und Geschäftschrift nach dem sogenannten nordamerikanischen Systeme für das Geschäfts- und Handelsleben, Ein nothwendiges Handbuch für alle Stände, und allen Eltern, Erziehern und Lehrern gewidmet von — —. Zwanzigste verbesserte Auflage. Preßburg, 1856. Druck von Alois Schreiber. (31 S. 8.)

Derfflinger, Feldmarschall. Ein soldatisches National-Lustspiel auf bittet Beten. [Als Manuscr. gedruckt.] 8. (95 S.) Berlin 848. A. Dunder. 18 *ngr*

Derfflinger, Geo. Frhr. v. Biographische Skizze. Beitrag zur 2. Secular-Feier d. Sieges bei Fehrbellin. [Aus: „Neue militär. Blätter".] Lex.-8. (40 S. m. photogr. Portr.) Berlin 875. Militaria. n 1. 50

Derfflinger's Biographie, s. Lippe-Weißenfeld, Ernst Graf zur.

**Derfler, Ferd.,** Grundsätze der neuen deutschen Rechtschreibung besprochen und erläutert. gr. 8. (31 S.) Linz 874, (Ebenhöch'sche Buchh.) *

Dergane, Anton: Textkritische Bemerkungen zu einigen Reden des Dio von Prusa. S. 3–22. 8.
Progr. K. k. Sophiengymn. *Wien* 1910.

Dergane, Anton Die Entdeckung des Hypnotismus und der mit demselben verwandten Zustände, und der sogenannte animalische oder Lebensmagnetismus. 8 (S. 3—36). K. k. Ober-G. *Rudolfswert* 1888.
Progr.

**Dergane** Anton: In Dionis Chrysostomi orationes XII, XIII, VII, XXXI, XXXII, XXXIII, XXXIV, XXXVI observationes criticae.
1907 PN 2249 Diss. Wien, Univ.

**Derham,** William: (Astro-theol., dt.:) A s t r o - t h e o l o g i e , oder Himmlisches Vergnügen in Gott bey aufmerksamen Anschauen des Himmels... Aus d. 5. engl. Ausg. übers. u. in dieser 3. Aufl. mit e. Nachricht von mehreren Scribenten, die durch Betrachtung der Natur zu Gott führen verm. von Jo(hann) Alberto Fabricio, Hamburg: Felginer 1739. CLXXXIV, 162 (vielm. 262) S. 8°

**Derham, William.** Astrotheologie, oder Anweisung zu der Erkenntniss Gottes aus Betrachtungen der himmlischen Körper . . . Hamburg 1765. Ü: *Schwabe, Johann Joachim.* (MI.)

**Derham, W., Astrotheologie. a. d. Engl. übersetzt u. verm. von J. A. Fabricius. m. K. 8. Hamb. Bohn.** 765.

Derham, W., Astrotheologie; aus d. Engl. übersetzt u. vermehrt von J. A. Fabricius, mit Kpf. 8. Hamb. 765. (Campe). 12 *gl*

Derham, William, Physico-Theologie oder Natur-Leitung zu Gott, durch aufmerksame Betrachtung der Erd-Kugel, u. s. w. [Aus dem Engl. (VII. Aufl.) übersetzt von Jo. Albert Fabricius.] Hamburg 1730.

**Derham,** William (Physico-theol... dt.) P h y s i c o - T h e o l o g i e , oder Natur-Leitung zu Gott, durch aufmercksame Betrachtung der Erd-Kugel ... Übers. von C(hristian) L(udwig) W(iener) jetzo aber nach der 7. engl. Ausg. mit Fleis von neuem übers., u. nebst e. Aufmunterung des Carol Rollins ... z. Druck befördert von Jo(hann) Alberto Fabricio. 3. Dr. Hamburg: Brand 1736. XCVI, 1072 S. 8°

**Derham,** William: P h y s i c o - T h e o l o g i e , oder Natur-Leitung zu Gott . . . Übers. von C(hristian) L(udwig) W(iener) jetzo aber nach d. 7. engl. Ausg. mit Fleiß von neuem übersehen, u. nebst e. Aufmunterung d. Carol Rollins ... zum Druck befördert von Jo(hannes) Alberto Fabricio. Neue Aufl. Hamburg: Brand 1741. XCVI, 1072 S. 8°

William Derham [Derham: Physico-theology. Deutsch:] Physico-Theologie oder Natur-Leitung zu Gott, durch aufmercksame Betrachtung der Erdkugel... In die deutsche Sprache übers. von C(hristian) L(udwig) W(iener), jetzo aber nach d.7.engl.Ausg. ... von neuem übersehen, u.nebst e.Aufmunterung des Carol Rollins...z.Druck befördert von Jo[hanne] Alberto Fabricio [Fabricius]. Neue Aufl. Hamburg: Brandt 1750. XCVI,1072 S. 8°

**Derham, W.** Physico-Theologie oder Naturleitung zu Gott durch aufmerksame Betrachtung der Erdkugel... Jetzo ... nach d. Engl. Grundtexte von neuem sorgfältig durchgesehen. Hamburg 1764. Ü: *Schwabe, Johann Joachim.* (ML) »Neue Aufl. Hamburg 1750. Ü: *Wiener, Chn Ludw.*« (BrMm)

— Physiko-Theologie oder Naturleit. zu Gott, a. d. Engl. übersetzt u. vermehrt von Fabricius. gr. 8. Dresden, Walther. 764.

**Derham**, William (Astro-theology, franz.:) Théologie astronomique, ou demonstration de l'existence et des attributs de Dieu par l'examen et la description des cieux. Trad. de l'anglois sur la 5. ed. (Übers.: Elie Bertrand.) Zuric: Heidegguer 1760. 287 S. 8⁰

— Théologie physique ou Démonstr. de l'exist. etc. de Dieu, trad. de l'Angl. p. Laneuf. gr. 8. Zürich, Orell. 760.

— — le même. II Partes. 8. Paris et Strasburg, König. 769.

**Deri, Max**, a. Pozsony in Ungarn: Das Rollwerk in der deutschen Ornamentik des sechzehnten und siebzehnten Jahrhunderts. Halle a. d. S. 1905: (Gutenberg, Druck., Berlin). (97 S.) 8°
Halle, Phil. Fak., Ref. Goldschmidt, Diss. v. 3. Febr. 1906
[Geb. 3. Jan. 78 Pozsony (Preßburg), Ungarn; Wohnort: Berlin; Staatsangeh.: Österreich-Ungarn; Vorbildung: Akad. Gymn. Wien Reife M. 97; Studium: Charlottenburg T.H. 8, Berlin 1, Wien 1, Berlin 5, Halle 1 S.; Rig. 2. Aug. 05.]

**Deri, Max**, das Rollwerk in der deutschen Ornamentik des 16. u. 17. Jahrh. (97 S.) 8. Berlin 906. Schuster & Bufleb. n. 2.—

Déri, Max, die Wechselströme und ihre Rolle in der Electrotechnik. Ein Vortrag, gehalten im elektrotechn. Vereine in Wien am 18. Decbr. 1885. gr. 8. (16 S.) Wien 886, (Engel.) *

**Derjabin**, Victorin, a. Sorowskoje (Rußland): Zur Kenntnis der malignen Nebennierentumoren. München 1908: C. Wolf & Sohn. (47 S.) 8°
München, Med. Fak., Ref. v. Bollinger, Diss. v. 28. Juli 1908
[Geb. 9. Nov. 75 Sorowskoje; Wohnort: Schadrinsk (Rußland); Staatsangeh.: Rußland; Vorbildung: Gymn. Ekaterinburg Reife Juli 94; Studium: Moskau 3, Dorpat 4, München 6 S.; Rig. 28. Juli 08.]

[F.] **Derichsweiler,** *Hermann* [Dr.]: *Bericht über die Feier des 25jährigen Bestehens der Anstalt.* Saarburg i. L., Buchdr. Wwe Morin, *1897*; 13–17 S. 4.
Saarburg, G, MP 1897 (525 [vielm. 530])

Derichsweiler, H. Dante's Buch de Monarchia. 2 Teile. Gebweiler i. E., Pg., 1873, 1874. 35, 47 S. **Progr.**

Derichsweiler, Herm., Geschichte der Burgunden bis zu ihrer Einverleibung in's fränkische Reich. Münster 863. Coppenrath. gr. 8. (IX, 184 S.) n. 25 ngr.

Geschichte Lothringens (Der tausendjährige Kampf um die Westmark) von Hermann **Derichsweiler**. Bd 1. 2. *Wiesbaden: C. G. Kunzes Nachf. 1901.* 2 Bde 8° [F.] [01. 45

**Derichsweiler**, Herm., Geschichte Lothringens, s. Sammlung Göschen.

Geschichte Lothringens von Dr. Hermann **Derichsweiler**, Geh. Reg.-R. Leipzig: Göschen 1905. 167 S. 8°
(Sammlung Göschen. 6.) [11. 14253 II

— Hilfsbuch f. den Unterricht in der brandenburgisch-preußischen Geschichte, s.: Eckertz, Gottfr.

— Hilfsbuch f. den Unterricht in der deutschen Geschichte, s.: Eckertz, Gottfr.

Derichsweiler, Herm., deutsches Lesebuch für höhere Lehr-Anstalten. Untere Classen. gr. 8. (XXIV, 707 S.) Cöln 873, DuMont-Schauberg'sche Buchh. *
—— dass. — Mittlere Classen. gr. 8. (XVI, 502 S.) Ebendas. 874. *

Derichsweiler, Herm., deutsches Lesebuch für höhere Lehr-Anstalten. 1. Thl.: Für untere Klassen. 2. umgearb. Aufl. gr. 8. (XVI, 682 S.) Köln 878, DuMont-Schauberg'sche Buchh. *
—— dass. — 3. Thl.: Auswahl deutscher Poesie und Prosa seit dem 8. Jahrh. mit literar-histor. Skizzen und Uebersichten. Für die oberen Klassen höherer Lehranstalten und zum Selbststudium bearb. unter Mitwirkung von J. Möller. gr. 8. (XVII, 826 S.) Ebendas. 880. *
2. Thl. für mittlere Classen. Ebendas. 1874. * ℳ 2,80.

**Derichsweiler**, Herm., deutsches Lesebuch f. höhere Lehranstalten. 1. Abtlg.: für untere Klassen. 3. inhaltlich u. orthographisch verb. Aufl. gr. 8. (XV, 679 S.) Köln 882. Du Mont-Schauberg. n. 3. 20

Derichsweiler, H. Rede bei Entlassung der Abiturienten (am 4. Aug. 1875) als Antrittsrede des Direktors. S. I—XII. Lyz. *Metz* 1876. **Progr.**

— Rede bei Entlassung der Abiturienten 1877. VII S. Lyz. *Metz* 1878. **Progr.**

**Derichsweiler**: Der Stellingabung 841–843. Zur Geschichte des Unterganges gemeiner Freiheit in Deutschland. 22 S.–Köln Fr.W., Progr. 1868

**Derichsweiler**, H., der Stellingabund. Zur Geschichte der Vernichtung gemeiner Freiheit durch die Lehnsaristokratie im 9. u. 10. Jahrh. Leipzig 868. E. H. Mayer. 4. (22 S.) n. 8 ngr.

— das politische System Dante's. gr. 8. (79 S.) Gebweiler 874. Bolze. n. 2. —

**Derichsweiler,** Rudolf: Die Bandenspectra der Kupferhaloide. Gesetzmässigkeiten bei Verbindungsspectren. Leipzig 1906: J. A. Barth. (21 S.) 8°
Bonn, Phil. Fak., Ref. Kayser, Diss. v. 14. Jan. 1907
[Geb. 14. Febr. 83 Frankfurt a. M.; Wohnort: Bonn; Staatsangeh.: Preußen; Vorbildung: Apostelgymn. Cöln Reife M. 02; Studium: Bonn 8 S.; Rig. 5. Dez. 06.]

Deriége, F., Die Geheimnisse von Rom. Aus d. Französ. von Alvensleben. 11 Thle. Wien 1850. 8⁰. ($1^1/_3$ Rthl. Scheible, 1872.)

**Deries,** Jean, Geissel u. Rute in Frankreich, s.: Disziplin, die, bei allen Völkern.

**Derigs,** Ferd., u. Paul **Kockelmann**, Sprachbuch f. Taubstumme. Der „Lesestücke u. Aufgaben f. Taubstumme" v. W. H. Cüppers 5., umgearb. u. erweit. Aufl. (VIII, 136 S.) 8. Neuwied (909). L. Heuser Wwe. & Co. Geb. 1. 60

**Derigs,** Gerhard (geb. am 13 Febr. 1856 in Brühl bei Bonn): Ueber Retinitis pigmentosa ... Mit 1 Taf. Bonn, Univ.-Buchdr. v. C. Georgi 1882. 24 S., 1 Taf. 8.
Bonn, Med. Fak., Diss. v. 13 Juli 1882

**Derin,** P. J. 1907 [Pseud.]
s. **Lansel,** Peider. [11. 2475

**Dering, Maurice,** s. Collection of British Authors.

**Dering,** Henry Nevill, der Freihandel u. seine Gegner. Nach A. Mongredien's Schrift: „Free trade and english commerce. Part 1". gr. 8. (42 S.) Berlin 880. Simion. n. 1. —

Deringer, R., offener Brief an Herrn R. Rappard, Insp. der Pilgermissions-Comité zu St. Chrischona bei Basel. gr. 8. (28 S.) Riga 870. (Brutzer & Co.) n. — 40

**Deris, A.,** der Gemeindedepp od. Bauernwitz — Bauerngrütz — Bauernschnitz. Posse m. Gesang in 3 Abtlgn. 8. (103 S.) Nebst Partitur. gr. 4. (10 S.) u. Singstimmen. Lex.-8. (18 S.) Regensburg 891. H. Hotter. 4.50

**Deris, A.,** der Gemeindedepp od. Bauernwitz — Bauerngrütz — Bauernschnitz. Posse m. Gesang in 3 Abtlgn. 4. Aufl. (80 S.) 8. Regensburg (906). A. Coppenrath's Verl. n. — 70

**Deris, A.** (Andr. Gerhauser), der Gemeindedepp od. Bauernwitz — Bauerngrütz — Bauernschnitz. Posse m. Gesang in 3 Abtlgn. (Textbuch.) 4. Aufl. (80 S.) 8. Regensburg (908). A. Coppenrath's Verl. — 70

— der schreckliche Raubritter Kunz v. Schreckenstein, genannt der Schreckliche, od. das Geheimnis d. Klausners od. der verhängnisvolle Haustrunk od. das Erkennen in der Geisterstunde od. Liebe, Haß, Rache u. Vergeltung od. überhaupt was anderes. Schauerlich-romantisch-tragikomisch-dramatisch-phänomenales Ritterstück m. Totschlag, Gesang u. vermeintl. Ballet in 3 Auf- u. verschiedenen Ab-, Aus- u. Umzügen. Nach dem neuhochspan. Original d. Cyprian Gallimathias. Frei abgeschrieben v. A. D. 8. (58 S.) Nebst Partitur. gr. 4. (16 S.) Ebd. 891. 2. —

— der schreckliche Raubritter Kunz v. Schreckenstein, genannt der Schreckliche od. das Geheimnis des Klausners od. der verhängnisvolle Haustrunk od. das Erkennen in der Geisterstunde od. Liebe, Haß, Rache u. Vergeltung od. überhaupt was anderes. Schauerlich-romantisch-tragikomisch-dramatisch-phänomenales Ritterstück m. Totschlag, Gesang u. vermeintl. Ballet in 3 Auf- u. verschiedenen Ab-, Aus- u. Umzügen. Nach dem neuhochspan. Original des Cyprian Gallimathias. Frei abgeschrieben. (58 S.) 8. Ebd. (906). n. — 60

Bebel, v. Boguslawski, Bleibtreu. Neuere Betrachtungen über Deutschlands Heer und Wehr. Von Franz **Deritz**. *Berlin: H. Walther 1899.* (128 S.) 8° [F.] foo. 8133

[Russ. u. Ant.] K[onstantin] M[ichajlovič] **Derjugin**. Stroenie i razvitie plečevogo pojasa i grudnych plavnikov u kostistych ryb. ⟨S 7 tabl. i 13 fig. v tekstė.⟩ K. M. Derjugin. Der Bau u. d. Entwickelung d. Schultergürtels u. d. Brustflossen bei Teleostiern. Juŕev 1909: Mattisen. IV, 148 S. 8°
Aus: Trudy Imp. S.-Peterb. Obšč. estestvoispyt. T. 39, Vyp. 4. 11. 6052

**Derivation, die,** der Spitzgeschosse als Wirkung der Schwere. Von Dy. 1. Aufl. 1864. * 12 Ngr. und 2., verb. und verm. Aufl. gr. 8. (147 S. mit 2 Stnt. in qu. Fol.) Cassel 865, Krieger'sche Buchh. *

**Derivation, Die,** der Spitzgeschosse als Wirkung der Schwere. Kassel 1865. V: *Darapsky*. (Kat. d. Bibl. d. k. Preus. gr. Generalstabes. Berlin 1878.)

**Derle,** (Carl Friedr..) d. Einrichtung d. sogenannten Sterbe-, Leichen-, Begräbniß- u ähnlichen Kassen, deren Folgen für die Theilnehmer rc. Mit 3 Tabellen. gr. 8. Dresden 813, Arnold.

**Derle, C. F.,** Die Einrichtung der sogen Sterbe-, Leichen-, Begräbniss- und ähnlichen Kassen, deren Folgen für die Theilnehmer, die Ursachen des unausbleiblichen Verfalls derselben und die Bedingungen, unter welchen allein die Sicherheit der Einlagen und das Fortbestehen dieser Anstalten begründet werden kann. 8⁰. Dresden 1823. Arnold

**Derle, C. F.,** Tabellen zur Berechnung aller prakt. Interesse-Rabbat-, Interesse-Anticipations- u. Anatocismus-Aufgaben rc. 4. Leipz. Sommer. 812.

**Derle, Karl Fr.,** Tabellen zur Berechnung aller prakt. Interesse-Rabat-, Interesse-Anticipations- u. Anatocismus-Aufgaben. Für Capitalisten, Advokaten, Richter u. alle Arten von Geldnegocianten. 4. Leipz. 812. Mit n. Titelbl. 818. (W. Nauck). 1 ℔ 8 ⁒

**Derle, C. F.,** Tabellen zur Berechnung aller praktischen Interesse-Rabat-, Interesse-Anticipations-, und Anatocismus-Aufgaben. Für Capitalisten, Advokaten, Richter und alle Arten von Geldnegocianten. 4. Leipzig, Sommer. 818.

**Derle,** Karl Friedrich: „Versuch einer Anleitung zum Rechnungsführen. Ein Hülfsbuch zunächst für diejenigen, welche temporäre Rechnungs-Obliegenheiten übernehmen, oder neben ihren Geschäften sich damit zu befassen haben. Mit erläuternden Formularen", Dresden 1820. — Vorh.: Büch. der Industrie- und Handelskammer Leipzig.

— Versuch e. Anleit. zum Rechnungführen. 8. Dresd. 820. Arnold. 1 ℔

**Derleth, Ludw.,** Proklamationen. (83 S.) Lex.-8. Leipzig 904. Insel-Verlag. n. 3.50; geb. n. 4.50

**Derley, G.,** e E. Nuitter, Madama s'ingrassa, } s. Emporeo
— — una tazza di the, } drammatico.

**Derley, J.,** eine Tasse Thee, s.: Nuitter, Ch.

*Derlik Al.*: Ueber Beleuchtung. 27 Steyr R. 78. Progr.

**Derlin, L.,** aus Küche u. Magazin. (18 S.) 31×23,5 cm. Leipzig 909. F. Leineweber. 1. —
Sonderabdruck aus „Ztschr. f. Krankenanst."

**Derlin,** Paul [aus Treptow a. Toll.]: Ueber eineiige und zweieiige Zwillinge ... Berlin, C. Vogt's Buchdr., *1893*; 27 S., 2 Bl. 8.
Berlin, Med. Fak., Inaug.-Diss. v. 11. Aug. 1893

**Derling, C. G.,** de Servatoris nostri descensu ad infera. Altorf. 1744. 4.

**Derling, C. G.,** de discrimine int. pastor. et doctor. ad. Ephes. IV. 11. 4. Helmst. Weygand. 745.

— de Haymone episc. Halberst. 4. ibid. 747.

**Derling, C. G.,** de Miltiade, perantiquo Christianorum defensore. Helmst. 1746. 4.

**Derling, Chr. Gf.,** (†...) Nachahmung edler Dichter, sammt einigen vermischten Schriften. 6 Versuche. 8. Leipz. u. Halberst. 753—57. Henkel. 18 ⁒

— Schriften zum Vergnügen. gr. 8. Leipz. 757. Ebd. 6 ⁒

**Derlon,** Karl Georg Hans [aus Leipzig]: Über Azelaon und Suberon ... Leipzig, Druck v. Giesecke & Devrient, 1897; 32 S., 2 Bl. 8.
Leipzig, Phil. Fak., Inaug.-Diss. v. [17. Apr.] 1897

**Dermann, Emma.** Beiträge zum histologischen Bau der knorpeligen Nasenscheidewand mit besonderer Berücksichtigung des Haematoms. Diss. Med. Bern. 18 S. 8. Bern, H. v. Kamp-Berger, 1909.

**Dermatologen-Kongress,** V. internationaler, abgeh. in Berlin vom 12—17. IX. 1904. Verhandlungen u. Berichte, hrsg. v. O. Rosenthal. 3 Tle. in 2 Bdn. (V, 394; XXXII, 561 u. 467 S. m. Abbildgn.) Lex.-8. Berlin 904. 905. A. Hirschwald. n. 30. —

**Dermier,** Serv.: Situationsplan der Landeshauptstadt Brünn, s. Schmigmator, K.

**Dermietzel,** Otto, a. Barmen im Rheinland: Statistische Untersuchungen über die Kapitalrente der grösseren deutschen Aktiengesellschaften ⟨mit Ausschluss der Eisenbahnen⟩ von 1876—1902 ⟨ohne statistischen Anhang⟩. (Göttingen 1906: L. Hofer. (72 S., 27 Tab.) 8°
Göttingen, Phil. Fak., Ref. Cohn-Lexis, Diss. v. 24. Sept. 1906
[Geb. 30. Juli 83 Barmen: Wohnort: Barmen; Staatsangeh.: Preußen; Vorbildung: Gymn. Barmen Reife O 02; Studium: Marburg 1, Bonn 1 Berlin 1, Göttingen 5 S.; Rig. 23. Mai 06.]

**Dermietzel,** Paul, a. Barmen im Rheinland: Studien über die Gemeindeverwaltung und den Gemeidehaushalt in Barmen sowie über die Verwaltung des Amtes Beyenburg um die Wende des 16. Jahrhunderts, als Vorstudien zu einer Geschichte der Garnnahrung im Wuppertal. ⟨Kap. 3 und 4.⟩ (Elberfeld: A. Martini & Grüttefien 1905.) (61 S.) 8° [J.] ¶(Einl. u. Kap. 1 bis 2 ersch. in der Zeitschr. d. Bergischen Geschichtsvereins, 1905.)
Berlin, Phil. Fak., Ref. Schmoller, Sering, Diss. v. 12. Aug. 1905
[Geb. 14. März 82 Barmen; Heimatsort: Barmen; Staatsangeh.: Preußen; Vorbildung: Gymn. Barmen Reife O. 01; Studium: Marburg 2, Berlin 6 S.; Rig. 24. Juli 05.]

**Dermitzel,** Karl, naturgemässe Heilweise u. Homöopathie. gr. 8. (31 S.) Berlin 901. M. Richter. —75

**Dermitzel,** Karl [cand. med. aus Clowitz, Prov. Brandenb.]: Über multiple Sklerose. . . . Königsberg Nm., Druck v. J. G. Striese, *1890*; 35 S. 8°
Erlangen, Med. Fak., Inaug.-Diss. v. 10. März 1890

**Dermitzel,** s.: Zeitschrift, Berliner homöopathische.

*Dermont*, J., collectanea critica in Novum Testamentum. Pars I. 8maj. Leyd. 825. 2 ℛ 18 ℊ

Dermout, (J.,) Collectanea critica in novum Testamentum. Pars I. gr. 8. Leyden 825. (Hartmann in Leipz.)

Dermout, J. J., geistliche Rede zum Andenken an S. M. Wilhelm Friedrich, Grafen von Nassau, König der Niederlande, gestorben den 12. Dezbr. 1843; gesprochen den 7. Jan. 1844 in der Klosterkirche zu s'Gravenhage; aus d. Holländ. übers. v. E. G. Lagemans. Lex.-8. Haag 844, Noordendorp. n. 6 ℊ

Dern: Ueber die Anpflanzung amerikanischer Reben als Schutzmittel gegen die Reblaus-Krankheit auf Grund einer in Frankreich gemachten Studienreise. Darmstadt: Kichler 1901. 19 S. Aus: Hessische landwirtschaftliche Zeitschrift. --

**Dern, Georg Andreas (Nassau)**
**Disputatio inauguralis medica de usu lumbricorum terrestrium antispasmodico.**
Giessae [13.] Oct. 1718: vid. J.R. Vulpii. 30 S. 4°
**pro licentia summos in arte medica honores ... rite consequendi.**

**Dern,** Joh. Phil.: Dissertatio inaug. med. de fluore albo, s. Hert, Joh. Casimir (Präs.)

Dern, Ludw. Christian (Nassau)
**Disputatio inauguralis medica de febre catarrhali petechizante superioribus aliquot annis hic, in vicinia, aliisque locis infesta atque epidemica.**
Giessae [15.] Mai 1732: E. H. Lammers. 24 S. 4°
**pro licentia summos in arte medica honores ... rite consequendi**

v. Dernath, Graf L., Gonsalvo v. Cordova. Ein histor. Schspl. in 5 Aufz. 2e Aufl. Mit d. Bildn. des Verf. 8. Kaschau 827. (Pesth, Heckenast.) 7/8 ℛ

**Dernburg,** Bernh., Baumwollfragen. Vortrag, geh. auf Veranlassg. des deutschen Handelstages am 14. IV. 1910. (10 S.) 31,5×22 cm. Berlin 910. E. S. Mittler u. Sohn. — 60

— Südwestafrikanische Eindrücke. — Industrielle Fortschritte in den Kolonien. 2 Vorträge. (87 S.) 8. Berlin 909. E. S. Mittler & Sohn. — 75

Koloniale Erziehung. Vortrag, geh. von Bernhard **Dernburg,** Wirkl. Geh. R. München: Knorr & Hirth 1907. (16 S.) 8° [Umschlagt.] [07. 1754

Koloniale Finanzprobleme. Vortrag geh. von Bernhard **Dernburg,** Wirkl. Geh. R. Berlin: E. S. Mittler & Sohn 1907. (24 S.) 8° [07. 12236

— Koloniale Lehrjahre. Vortrag. 1—10. Taus. (16 S.) gr. 8 Stuttgart (907). Union. —20

Koloniale Lehrjahre. Vortrag geh. in Stuttgart 1907 von Bernhard **Dernburg.** 11. bis 15. Taus. Stuttgart, Berlin, Leipzig: Union (1907). (16 S.) 8° [08. 2333

— **Üb. Reichstagsauflösung u. Kolonialpolitik,** s.: **Schmoller, Gust.**

Zielpunkte des Deutschen Kolonialwesens. 2 Vorträge geh. von Bernhard **Dernburg,** Wirkl. Geh. R. 6. bis 10. Taus. Berlin: E. S. Mittler & Sohn 1907. (88 S.) 8° [07. 1755

Zielpunkte des Deutschen Kolonialwesens. 2 Vorträge geh. von Bernhard **Dernburg,** Wirkl. Geh. R. 16. bis 20. Taus. Berlin: E. S. Mittler & Sohn 1907. (88 S.) 8° [07. 12868 11

**Dernburg,** Friedrich

**Dernburg,** Frdr., auf deutscher Bahn in Kleinasien. Eine Herbstfahrt. gr. 8. (III, 197 S. m. 1 Karte.) Berlin 892. J. Springer. n. 1 —

— dasselbe. 2. Aufl. gr. 8. (III, 201 S. m. 1 Karte.) Ebd. 892. n. 1. —

**Dernburg,** Frdr., e. Berliner auf Helgoland u. andere Novellen. Roman. 8. (345 S.) Breslau 895. Schles. Verlags-Anstalt. n. 5. —; geb. n. 6. —

— üb. den Einfluß des Zeitungswesens auf Litteratur u. Leben, s.: Bulthaupt, H.

— in den Fesseln der Schuld. Roman in 3 Büchern. 2 Bde. 8. (V, 217 u. V, 361 S.) Breslau 894. Schles. Verlags-Anstalt. n. 9. —; geb. n. 11. —

Dernburg, Frdr., Berliner Geschichten. 8. (232 S.) Berlin 886. Springer. n. 3. —

— russische Leute. gr. 8. (IV, 347 S.) Berlin 885. Springer. n. 4. —

—— Der Oberstolze. Ein berliner Zeitroman. 2 Bde. 8. (646 S.) Berl. 889, Walther. * 8 —; geb. in 1 Bd. * 9 —

Dernburg, Friedr., des deutschen Kronprinzen Reise nach Spanien und Rom. Journalist. Reiseskizzen. Mit Zeichnungen von Herm. Lüders. gr. 4. (V, 179 S.) Berlin 884, Salomon. geb. mit Goldschn. *

— aus der weißen Stadt. Spaziergänge in der Chicagoer Weltausstellg. u. weitere Fahrten. gr. 8. (VI, 218 S.) Berlin 893. J. Springer. n. 2. —

**Dernburg,** Heinrich: Abhandlungen aus d. Geb. d. gem. u. franz. Civil- u. Prozeßrechts... s. Dernburg, Jakob

— Archiv für das Strafrecht ꝛc., s. Archiv.

**Dernburg,** d. Bedeutung d. Rechtswissenschaft f. d. modernen Staat. Rektoratsrede. (Nicht im Handel.) Berlin 884.

Dernburg, Heinrich (Giessen)
Ueber die Emtio Bonorum. Ein rechtshistorischer Versuch.
Heidelberg: J.C.B. Mohr 1850.
[Handschriftlich als Dissertation vorgelegt.]
Dr. jur. Giessen 4.4.1850.

Dernburg, Heinr., Entwicklung u. Begriff d. juristischen Besitzes d. römischen Rechts. Festschrift zum 50 jähr. Stiftungsfest der Universität Zürich. gr. 8. (VIII, 70 S.) Halle 883. Buchh. d. Waisenhauses. n. 1. 20

Deutsches Erbrecht von Dr. Heinrich **Dernburg.** Halle a. S.: Waisenhaus 1905. (XIV, 590 S.) 8° [J.]
= **Dernburg:** Das bürgerl. Recht. Bd 5. [5. 04

Deutsches Erbrecht von Dr. Heinrich **Dernburg.** 2., unveränd. Aufl. Halle a. S.: Waisenhaus 1905. (VI, 590 S.) 8° [J.]
= **Dernburg:** Das bürgerl. Recht. Bd 5. [05 05 4

Deutsches Familienrecht von Heinrich **Dernburg**. *Halle a. S.: Waisenhaus 1903.* (VII, 503 S.) 8°
— **Dernburg**: Das bürg. Recht d. Dtsch. Reichs u. Preußens. Bd 4. [03.9978

Deutsches Familienrecht von Heinrich **Dernburg**. 2. unveränd. Aufl. *Halle a. S.: Waisenhaus 1903.* (XVI, 503 S.) 8° [F.]
— **Dernburg**: Das bürg. Recht d. Dtsch. Reichs u. Preußens. Bd 4. [03.10308

Deutsches Familienrecht von Dr. Heinrich **Dernburg**, Prof., Berlin. 3. Aufl. Halle a. S.: Waisenhaus 1907. (XV, 553 S.) 8° [F.]
= **Dernburg**: Das bürgerl. Recht d. Dtsch. Reichs u. Preußens. Bd 4. [07.13914

**Dernburg,** Heinrich: Deutsches Familienrecht. 4. unveränd. Aufl. Halle a. S. 1908. 8°

**Dernburg,** Heinr., s.: **Festgaben f.** Aug. Wilh. Heffter.

**Dernburg, Heinr.,** s.: **Festschrift f. d. XXVI. deutschen Juristentag.**

**Dernburg, Heinrich,** König Friedrich Wilhelm III. und Suarez. **Rede zur Gedächtnissfeier des Stifters der Friedrich-Wilhelms-Universität zu Berlin am 3. Aug. 1885 gehalten. Berlin 1885,** Buchdr. d. K. Akad. d. Wiss. 4°. 16 S.

— die königl. Friedrich-Wilhelms-Universität Berlin in ihrem Personalbestande seit ihrer Errichtung Michaelis 1810 bis Michaelis 1885. gr. 4. (IV, 48 S.) Berlin 885. Weidmann. n. 1 20

**Dernburg,** Heinr., Geschichte u. Theorie der Compensation nach römischem u. neuerem Rechte mit besond. Rücksicht auf die preuß. u. französ. Gesetzgebung. 2., umgearb. Aufl. Heidelberg 868. Bangel & Schmitt. gr. 8. (XXVIII, 612 S.) n. 3 ₰ 10 ngr.

**Dernburg, Heinr.,** das preußische Hypothekenrecht, s. Hypothekenrecht, deutsches.

**Dernburg,** Heinrich: Die Institutionen des Gajus, ein Collegienheft aus dem Jahr 161 nach Christi Geburt. Halle: Waisenhaus 1869. X, 132 S., 1 Taf. 8°

Halle-Wittenberg, Festschrift der juristischen Facultät für [Karl Georg] v. Wächter zum Jubiläum seiner 50jährigen Lehrtätigkeit am 13. Aug. 1869

**Dernburg, Heinr., die Compensation nach römischem Rechte dargestellt. (In 2 Abthlgn.) 1. Abthl.: Geschichte der äußern Entwickelung der Compensation. gr. 8. (IV und 278 S.) Heidelberg 854, Bangel und Schmitt.** *

— dass. — 2. Abthl.: **Die Gestaltung des Dogmas und das prakt. Recht enthaltend. gr. 8. (XVIII und S. 279—496.) Ebds. 854.** *

— Lehrbuch des preußischen Privatrechts. 1. Bd. 3 Abthlgn. gr. 8. Halle, Buchh. des Waisenhauses. *

Inhalt:
Abthl. 1. Einleitung. Allgemeiner Theil. (XII, S. 1—368.) 871. *M. 4,50.
" 2. Allgemeiner Theil des Sachenrechts (Grundbuchrecht und Agrargesetzgebung) und Eigenthumsrecht. (IV, S. 369—560.) 872. *M. 2,50.
" 3. Schluß mit Register. (XIV, S. 561—920.) 875. *M. 5.

— Lehrbuch des preußischen Privatrechts. 2. Bd. 2 Abthlgn. gr. 8. Halle, Buchh. des Waisenhauses. [1. Abthl. (VIII, S. 1—304 und Anhang 30 S.) 877. * M. 5.; 2. Abthl. (VIII, S. 305—750 und Register 72 S.) 878. * M. 7.] *
1. Bd. Ebendas. 1871—75. *M. 12.

— dasselbe. 3. Bd. gr. 8. (X, 738 S.) Ebend. 880. n. 12. — (1—3.: n. 39. —)

— dasselbe. 3 Bde. 2., neu bearb. Aufl. gr. 8. (XIX, 963, XII, 970 u. X, 747 S.) Ebend. 879—81. n. 42. —

— dasselbe. 3., neu bearb. Aufl. 1. u. 2. Bd. gr. 8. Ebend. 881. 82. n. 31. —
1. Die allgemeinen Lehren u. das Sachenrecht des Privatrechts Preußens u. des Reichs. (XX, 1020 S.) n. 16. —
2. Das Obligationenrecht Preußens u. des Reichs u. das Urheberrecht. (XIV, 994 S.) n. 15. —

**Dernburg,** Heinr., Lehrbuch d. preußischen Privatrechts u. der Privatrechtsnormen d. Reichs. 1. u. 3. Bd. gr. 8. Halle 884. Buchh. d. Waisenhauses. n. 28. —
1. Die allgemeinen Lehren u. das Sachenrecht d. Privatrechts Preußens u. d. Reichs. 4., neu bearb. Aufl. (XX, 1038 S.) n. 16. —
3. Familienrecht u. Erbrecht d. Privatrechts Preußens u. d. Reichs. 3., neu bearb. Aufl. (XII, 774 S.) n. 12. —

**Dernburg, H.,** Lehrbuch d. preußischen Privatrechts u. der Privatrechtsnormen d. Reichs. 2. Bd. 4., neu bearb. Aufl. gr. 8. (XVI, 1060 S.) Halle 889. Buchhandlg. d. Waisenhauses. n. 15. —; geb.: n.n. 17. — (I—III.: n. 43. —)

— **Lehrbuch des preußischen Privatrechts u. der Privatrechtsnormen des Reichs.** 1. Bd. Die allgemeinen Lehren u. das Sachenrecht des Privatrechts Preußens u. des Reichs. 5., neu bearb. Aufl. gr. 8. (XX, 1048 S.) Halle 894. Buchh. d. Waisenhauses. n. 16. —; geb. in Halbfrz. n.n. 18. 25

**Dernburg,** Heinr., Lehrbuch d. preußischen Privatrechts u. d. Privatrechtsnormen d. Reichs. 2. u. 3. Bd. gr. 8. Halle, Buchh. d. Waisenhauses. n. 27. —; geb. n.n. 31. 50
2. D. Obligationenrecht Preußens u. d. Reichs u. d. Urheberrecht. 5., neu bearb. Aufl. (XIV, 1054 S.) 897. n. 15. —; geb. n.n. 17. 25
3. Familienrecht u. Erbrecht d. Privatrechts Preußens u. d. Reichs. 4., neu bearb. Aufl. (XIV, 793 S.) 896. n. 12. —; geb. n.n. 14. 25

Die allgemeinen Lehren des bürgerlichen Rechts des Deutschen Reichs und Preussens von Dr. Heinrich **Dernburg**, Prof., Berlin. (In 4 Lfgen.) *Halle a. S.: Waisenhaus 19(01—)02.* (XI, 552 S.) 8° [F.]
= **Dernburg**: Das bürg. Recht d. Dtsch. Reiches u. Preussens. Bd 1. [02.9648

Die allgemeinen Lehren des bürgerlichen Rechts des Deutschen Reichs u. Preußens von Dr. Heinrich **Dernburg**, Prof., Berlin. 3. Aufl. Halle a. S.: Waisenhaus 1906. (XV, 642 S.) 8° [F.]
= **Dernburg**: Das bürgerl. Recht d. Deutschen Reichs u. Preußens. Bd 1. [06. 11852

— Pandekten. 1. u. 2. Bd. gr. 8. Berlin 884—86. H. W. Müller. n. 21. —
1. (XXIV, 719 S.) n. 13. 50. — 2. (X, 385 S.) n. 7. 50.

— Pandekten. 3. Bd. gr. 8. (XI, 367 S.) Berlin 887. H. W. Müller. n. 7. 50 (cplt.: n. 28. 50)

**Dernburg, H.,** Pandekten. 3 Bde. 2., verb. Aufl. gr. 8. Berlin, H. W. Müller. n. 29. —; geb. in 3 Halbfrzbde. n.n. 34. 25; in 2 Halbfrzbde. n.n. 32. 50
1. (XXIII, 725 S.) 888. n. 14. —; geb. n.n. 15. 75
2. Obligationenrecht. (X, 394 S.) 889. n. 7. 50; geb. n.n. 9. 25
3. Familien- u. Erbrecht. (XII, 369 S.) 889. n. 7. 50; geb. n.n. 9. 25

— **Pandekten. 3 Bde. 3., verb. Aufl. gr. 8. Berlin 892. H. W. Müller. n. 29. —; geb. in 3 Halbfrzbde. n. 34. 25; in 2 Bde. geb. n.n. 32. 50**
1. Allgemeiner Theil u. Sachenrecht. (XX, 731 S.) n. 14. —; geb. n.n. 15. 75
2. Obligationenrecht. (VIII, 398 S.) n. 7. 50; geb. n.n. 9. 25
3. Familien- u. Erbrecht. (XII, 369 S.) n. 7. 50; geb. n.n. 9. 25

— dasselbe. 3 Bde. 4., verb. Aufl. gr. 8. Ebd. 894. n. 29. —; in 3 Halbfrzbdn. n.n. 34. 25; in 2 Halbfrzbdn. n.n. 32. 50
1. Allgemeiner Theil u. Sachenrecht. (XX, 743 S.) n. 14. —; geb. n.n. 15. 75
2. Obligationenrecht. (VIII, 403 S.) n. 7. 50; geb. n.n. 9. 25
3. Familien- u. Erbrecht. (XI, 378 S.) n. 7. 50; geb. n.n. 9. 25

[F.] Pandekten v. Heinrich **Dernburg**, o. Prof. ... an d. Univ. Berlin. 5., verb. Aufl. Bd 1—3. *Berlin: H. W. Müller 1896. 97.* 3 Bde 8.
1. Allg. Theil u. Sachenrecht. 1896. (XX, 743 S.)
2. Obligationenrecht. 1897. (VII, 409 S.)
3. Familien- u. Erbrecht. 1897. (X S., 1 Bl., 380 S.) [97. 5010

— Pandekten. 3 Bde. Unter Mitwirkg. v. Johs. Biermann. gr. 8. Berlin, H. W. Müller. n. 29. —; geb. in 2 Bdn. n.n. 32. 50; in 3 Bdn. n.n. 34. 25; in 4 Bdn. n.n. 36. —
1. Allgemeiner Teil u. Sachenrecht. 7., verb. Aufl. (XXIII, 728 S.) 902. n. 14. —; geb. n.n. 15. 75
6. Aufl. (XIV, 388 u. IX, 339 S.) Ebd. 900. n. 14. —; geb. n.n. 15. 75.
2. Obligationenrecht. 6., verb. Aufl. (VIII, 410 S.) 900. n. 7. 50; geb. n.n. 9. 25
3. Familien- u. Erbrecht. 6., verb. Aufl. (XII, 369 S.) 901. n. 7. 50; geb. n.n. 9. 25

Dernburg, Heinr., Pandekten. 2. u. 3. Bd. gr. 8. Berlin, H. W. Müller. à n. 7. 50; geb. n.n. 9. 25
2. Obligationenrecht. 7. verb. Aufl. Unter Mitwirkg. v. Johs. Biermann. (X, 410 S.) 903.
3. Familien- u. Erbrecht. 7., verb. Aufl. Unter Mitwirkg. v. Johs. Biermann. (XV, 368 S.) 903.

Dernburg, Heinrich, das Pfandrecht nach den Grundsätzen des heutigen römischen Rechts dargestellt. 2 Bde. Leipzig 860, 64. Hirzel. gr. 8. (XXII, 564 S.; XVI, 617 S.) 1.: n. 3 *Rthlr* 10 *ngr.*; 2.: n. 4 *Rthlr*

Die Phantasie im Rechte. Vortrag von Dr. Heinrich **Dernburg**. Berlin: H. W. Müller 1894. (43 S.) 8° [F.] [07. 6949 2

— das bürgerliche Recht d. Deutschen Reichs u. Preußens. 3. Bd.: D. Sachenrecht. gr. 8. (XVI, 792 S.) Halle 898. Buchh. d. Waisenhauses. n. 12. —; geb. in Halbfrz. n.n. 14. —
Bd. 1 u. 2 sind noch nicht erschienen.

— das bürgerl. Recht des Deutschen Reichs u. Preußens. I. II. 1. u. 2. Abt. u. III. Bd. gr. 8. Halle, Buchh. des Waisenhauses. n. 40. 60; geb. in 3 Bdn. n.n. 46. 85; in 4 Bdn. n.n. 48. 35
I. Die allgemeinen Lehren des bürgerl. Rechts. 1. u. 2. Aufl. (XI, 552 S.) 902. n. 10. 60; geb. in Halbfrz. n.n. 12. 60
II. 1. Die Schuldverhältnisse. 1. Abteilg. Allgemeine Lehren. 1. u. 2. Aufl. (XI, 386 S.) 899. n. 6. —; geb. in Halbfrz. n.n. 7. 75
2. Dasselbe. 2. Abtlg. Einzelne Obligationen. 1. u. 2. Aufl. (XII, 720 S.) 901. n. 12. —; geb. in Halbfrz. n.n. 14. —
III. Das Sachenrecht. 2., neu bearb. Aufl. (XVI, 824 S.) 901. n. 12. —; geb. in Halbfrz. n.n. 14. —

— das bürgerliche Recht des Deutschen Reichs u. Preußens. I. Bd., II. Bd. 2 Abtlgn. u. III—V. Bd. gr. 8. Halle, Buchh. des Waisenhauses. n. 74. 40; geb. n. 86. 40
I. Die allgemeinen Lehren. 3. Aufl. (XVI, 642 S.) 906. n. 12. —; geb. n. 14. —
II, 1. Die Schuldverhältnisse nach dem Rechte des Deutschen Reichs u. Preußens. 1. Abtlg.: Allgemeine Lehren. 3., neubearb. Aufl. (XI, 436 S.) 905. n. 8. 40; geb. n.n. 10. 40
2. Dasselbe. 2. Abtlg.: Einzelne Obligationen. 3., neubearb. Aufl. (XII, 844 S.) 906. n. 16. —; geb. n.n. 18. —
III. Das Sachenrecht des Deutschen Reichs u. Preußens. 3., neubearb. Aufl. (XIV, 895 S.) 904. n. 16. —; geb. n.n. 18. —
IV. Deutsches Familienrecht. (XVI, 503 S.) 903. n. 10. —; geb. n.n. 12. —
V. Deutsches Erbrecht. (XIV, 590 S.) 905. n. 12. —; geb. n.n. 14. —

Dernburg, Heinr., das bürgerliche Recht des Deutschen Reichs u. Preußens. II. Bd. 1. Abtlg., III. IV. Bd. u. VI. Bd. 2 Abtlgn. gr. 8. Halle, Buchh. des Waisenhauses. 55. —; geb. 64. —
II, 1. Die Schuldverhältnisse nach dem Rechte des Deutschen Reichs u. Preußens. 4. Aufl., bearb. v. Arth. Engelmann. 1. Abtlg.: Allgemeine Lehren. (XI, 469 S.) 909. 9. —; geb. 11. —
III. Das Sachenrecht des Deutschen Reichs u. Preußens. 4., neu bearb. Aufl. (XVI, 1026 S.) 908. 20. —; geb. n 23. —
IV. Deutsches Familienrecht. 3. u. 4., unveränd. Aufl. (Je XV, 553 S.) 907. 08. 12. —; geb. n 14. —

**Dernburg, H.**, Das bürgerliche Recht des Deutschen Reichs u. Preussens. VI. Bd. gr. 8. Halle, Buchh. des Waisenhauses. 1910
2 Abtlg. Urheber-, Patent-, Zeichenrecht; Versicherungsrecht u. Rechtsverfolgung. Begonnen v. D. Hrsg. u. zu Ende geführt v. J. Kohler. Mit dem Bildnis v. H. Dernburg u. e. Lebensabriss v. F. Dernburg. (XVIII u. S. 241—625) 9. 20. (Vollständig: 14. —; geb. 16. —.)

— dasselbe. I. Ergänzungsbd. 2 Abtlgn. u. II.—V. Ergänzungsbd. gr. 8. Ebd. n. 68. 60; geb. n.n. 79. 60
I. 1. Bayerisches Landesprivatrecht. Von Paul Oertmann. 1. Abtlg.: Allgemeiner Teil, Schuldverhältnisse, Sachenrecht. (540 S.) 903. n. 10. —
2. dasselbe. 2. Abtlg. Familienrecht. Erbrecht. (XII u. S. 541—670.) 903. n. 3. — (Vollständig n. 13. —; geb. in Halbfrz. n.n. 15. —)
II. Elsaß-lothringisches Landesprivatrecht. Von Wilh. Kisch. (XVI, 1031 S.) 905. n. 24. —; geb. n.n. 27. —
III. Sächsisches Landesprivatrecht. Von R. Kloß. (XVI, 379 S.) 904. n. 7. 60; geb. n.n. 9. 60
IV. Badisches Landesprivatrecht. Von Emil Dorner u. Alfr. Seng. (XII, 742 S.) 906. n. 18. —; geb. n.n. 20. —
V. Landesprivatrecht d. Großherzogtümer Mecklenburg-Schwerin u. Mecklenburg-Strelitz. Von Gerh. v. Buchka. (X, 223 S.) 905. n. 6. —; geb. n.n. 8. —

— dasselbe. III. u. VI—VIII. Ergänzungsbd. gr. 8. Ebd. 58. —
Kloß, R., sächsisches Landesprivatrecht. 2., neubearb. u. erweit. Aufl. (XIV, 477 S.) 908. (III.) 10. —; geb. n 12. —
Lange, Rud., Landesprivatrecht der Fürstentümer Waldeck u. Pyrmont. (166 S.) 910. (VIII.) 5. —
Nöldeke, A., hamburgisches Landesprivatrecht. (XII, 308 S.) 907. (VI.) 22. —; geb. n 25. —
Wolf, Paul, hessisches Landesprivatrecht. In Gemeinschaft m. Ludw. Gauf, Ludw. Fuchs hrsg. (XVI, 315 S.) 910. (VII.) 10. —; geb. n 15.

Dernburg, Heinr., Rechtsgutachten bezüglich der Ansprüche der Allodialerben des Kurfürsten Friedrich Wilhelm von Hessen gegen den Preussischen Fiskus. Berlin 1893. 8°.

—— Rechtsgutachten über den zwischen den Kantonen Basel-Landschaft und Basel-Stadt obwaltenden Streit bezüglich der Festungswerke bei der Stadt Basel mit Rücksicht auf die Lehre von den öffentl. Sachen. gr. 8. (IV und 56 S.) Halle 862, Pfeffer'sche Buchh. *

[F.] Persönliche Rechtsstellung nach dem Bürgerlichen Gesetzbuch besprochen v. Dr. Heinrich **Dernburg**, o. Prof. an d. Univ. Berlin ... *Berlin: H. W. Müller 1896.* (31 S.) 1 Bd 8. [96. 6723

—— Rede gehalten beim Antritt der Professur des gemeinen Civilrechts an der Universität Zürich den 18. Novbr. 1854. gr. 8. (20 S.) Zürich 854, Orell, Füßli und Comp.

— die Reform der juristischen Studienordnung. 8. (41 S.) Ebend. 886. n. 1. —

[F.] Das Sachenrecht des Deutschen Reichs und Preussens v. Dr. Heinrich **Dernburg**, ... Prof. an d. Univ. Berlin ... *Halle a. S.: Buchh. d. Waisenhauses 1898.* (XVI, 792 S.) 1 Bd 8.
= **Dernburg, H.**: Das bürgerl. Recht d. Deutschen Reichs u. Preussens. Bd 3. [98. 5023

Das Sachenrecht des Deutschen Reichs und Preussens von Dr. Heinrich **Dernburg**. 2., neu bearb. Aufl. *Halle a. S.: Waisenhaus 1901.* (XXI, 824 S.) 8° [F.]
= **Dernburg**: Das bürgerl. Recht d. deutschen Reichs und Preussens. Bd 3. [01. 2711 5

Das Sachenrecht des Deutschen Reichs und Preußens. Von Dr. Heinrich **Dernburg**, Prof., Berlin. 3. neu bearb. Aufl. *Halle a. S.: Waisenhaus 1904.* (XIV, 895 S.) 8° [F.]
= **Dernburg**: Das bürg. Recht d. Dtsch. Reichs u. Preußens. Bd 3. [04. 2123 3

Das Sachenrecht des Deutschen Reichs und Preussens von Dr. Heinrich **Dernburg**. 4., neu bearb. Aufl. Halle a. S.: Waisenhaus 1908. (XVI, 1026 S.) 8° [F.]
= **Dernburg**: Das bürgerl. Recht d. deutschen Reichs u. Preussens. Bd 3. [08. 695 9

— Sammlung der Entscheidungen des großherzogl. Hessischen Cassationshofes, s. Sammlung.

Die Schuldverhältnisse nach dem Rechte des Deutschen Reichs und Preussens von Dr. Heinrich **Dernburg**, Prof., Berlin. 1. u. 2. Aufl. Abt. 1. 2. *Halle a. S.: Waisenhaus 1899–1901.* 2 Bde 8° [F.]
1. Allgem. Lehren. 1899. 2. Einzelne Obligationen. 1901.
= **Dernburg**: Das bürgerl. Recht d. Deutschen Reichs u. Preussens. Bd 2, Abt. 1. 2. [01. 6752 10

Die Schuldverhältnisse nach dem Rechte des Deutschen Reichs und Preußens von Dr. Heinrich **Dernburg**. 3., neubearb. Aufl. Abt. 1. 2. Halle: Waisenhaus 1905–06. 2 Bde 8° [F.]
1. Allgem. Lehren. 1905. 2. Einzelne Obligationen. 1906.
= **Dernburg:** Das bürgerl. Recht d. Deutschen Reichs u. Preußens. Bd 2. [06. 110] 3

— System des römischen Rechts. Der Pandekten 8., umgearb. Aufl., bearb. v. Paul Sokolowski. 1. Tl. (XVI, 534 u. 18 S.) gr. 8. Berlin 911. H. W. Müller. 11.—; geb. 13.—

—— Thomasius und die Stiftung der Universität Halle. Rede gehalten beim Antritt des Rectorats der Universität Halle-Wittenberg am 12. Juli 1865. gr. 8. (35 S.) Halle 865, Buchh. des Waisenhauses. *

Urheber-, Patent-, Zeichenrecht; Versicherungsrecht und Rechtsverfolgung. Begonnen von Dr. Heinrich **Dernburg**, Prof. Hrsg. u. zu Ende geführt von Dr. Josef Kohler, Prof. Mit d. Bildn. von H. Dernburg u. e. Lebensabriß von Friedrich Dernburg. (In 2 Abt.) Halle a. S.: Waisenhaus 19(08–)10. XVIII, 625 S. 8°
(Dernburg: Das bürgerl. Recht d. Deutschen Reichs u. Preußens. Bd 6.) [10. 17826

—— über das Verhältniß der hereditatis petitio zu den erbschaftlichen Singularklagen. Habilitationsschrift. gr. 8. (VII und 123 S.) Heidelberg 852, J. C. B. Mohr. *

—— das Vormundschaftsrecht der preußischen Monarchie nach der Vormundschaftsordnung vom 5. Juli 1875. (VIII, 296 S.) 1875; 2. Aufl. gr. 8. (XII, 339 S.) Berlin 876, Guttentag. *

— das Vormundschaftsrecht der preußischen Monarchie nach der Vormundschaftsordnung vom 5. Juli 1875. 3., wesentlich veränd. Aufl., bearb. v. Max Schultzenstein. gr. 8. (XVI, 504 S.) Berlin 886. Guttentag. n. 10.—

—— Carl Georg v. Wächter. Vortrag, gehalten in der jurist. Gesellschaft Berlins. gr. 8. (19 S.) Halle 880, Buchh. des Waisenhauses.

**Dernburg, J. H.**, Beitrr. zur Geschichte d. röm. Testamente. 8. Bonn 821. (Marcus). 1 ₰ 8 gγ

— Betracht. über d. von e. anonymen Verfasser erschien. 32 Thesen über d. Talmud. gr. 8. Frankf. a. M. 831. (Jäger). 14 gγ

—— über den Werth und die Bedeutung der Schwurgerichte und die Mittel dieselben criminalrechtlich zu vervollkommnen. 8. (IV und 140 S.) Frankfurt a. M. 848, Literarische Anstalt.

**Dernburg**, [Jak.]: Abhandlungen aus dem Gebiete des gemeinen und französischen Civil- u. Proceßrechts in vergl. Darstellung.
Frankfurt a. M. 1849. Literar. Anstalt. X, 357 S.
Abh. 1. Beiträge zur Lehre vom Verhältnisse des Käufers zum Miether.
Abh. 2. Beiträge zur Lehre vom Kostenersatze im Civilprocesse.
Abh. 3. Betrachtungen über die Frage: Ob öffentlicher und mündlicher Proceß nach dem französischen Systeme oder durch den Richter geleiteter Schriftenwechsel mit mündlichem Schlußverfahren?

**Dernburg's Programm.** Ein Wendepunkt im Schicksal Deutsch-Ostafrikas. Kolonie od. Negerland unter deutscher Flagge? Von Africanus minor. 1—5. Tausend. (77 S.) 8. Berlin 908. M. Oldenbourg. 1.—

**Dernedde, Rob.**, über die den altfranzösischen Dichtern bekannten epischen Stoffe aus dem Altertum. gr. 8. (161 S.) Erlangen 887, Deichert'sche Verlagsh., Nachf. *

**Dernedde, Robert:** Über die den altfranzösischen Dichtern bekannten epischen Stoffe aus dem Altertum .... Göttingen, Druck v. Louis Hofer, 1887; 158 S. + 1 Bl. 8°.
Göttingen, Phil. Fak., Inaug.-Diss. v. 14. Jul. 1886.

**Dernehl, Carl**, el comerciante. Spanisches Lehrbuch für Kaufleute, kaufmänn. Fortbildungsschulen, Handelsschulen u. verwandte Anstalten, sowie zum Selbstunterrichte. Unter Mitwirkg. Hamburger Kaufleute u. der span. Lehrer Ezequiel Solana u. Claudio Herreros. Mit e. Konjugationstabelle, 3 Münztafeln u. e. mehrfarb. Karte von Spanien. (XII, 280 S.) 8. Leipzig 905. B. G. Teubner. Geb. in Leinw. n. 3.40

**Dernehl, Carl**, el comerciante. Spanisches Lehrbuch f. Kaufleute, kaufmänn. Fortbildungsschulen, Handelsschulen u. verwandte Anstalten, sowie zum Selbstunterrichte. Unter Mitwirkg. hamburger Kaufleute u. der span. Lehrer Ezequiel Solana u. Claudio Herreros. Mit e. Konjugationstabelle, 8 Münztafeln u. 1 mehrfarb. Karte v. Spanien. 2. Aufl. (XII, 276 S.) 8. Leipzig 911. B. G. Teubner. Geb. in Leinw. 3.80

**Dernen**, Petrus Josephus (geb. am 25 Apr. 1807 in Bonn): De optima methodo versionis foetus instituendae ... Bonnae, ex off. Neusseriana (1831). 2 Bl., 24 S., 2 Bl. 4.
Bonn, Med. Fak., Diss. v. 29 Jan. 1831

**Dernes, Anton Franz.** Heuchler, Giftmischer und Mörder. Leipzig 855. O. Wigand. 32. (203 S.) 10 ngr

**Dernjač** Josef: Der k. k. Hofmaler und Statuarius Joh. Wilh. Beyer. Sein Bildungsgang und seine Arbeiten für die Porzellanfabrik in Ludwigsburg und für den Park von Schönbrunn.
1882 PN 272 Diss.Wien, Univ.

Dernjač, Jos., zur Geschichte von Schönbrunn. Studien. gr. 8. (IV, 96 S.) Wien 885, Hölder. *

**Dernjač, Jos.**, d. engl. Caricaturisten d. 18. Jahrh. in d. Sammlg. Graf Harrach. [Aus: „Wiener Zeitg."] 8. (46 S.) Wien 895. A. Hölder. n. —60

**Dernjač, Jos.**, die Wiener Kirchen des XVII. u. XVIII. Jahrh. (87 S. m. Abbildgn.) Lex.-8. Wien 906. A. Hölder. n. 4.40
Sonderabdruck aus: „Ztschr. d. öst. Ingen.- u. Archit.-Ver."

**Dernjač**, Jos., d. Kunstschätze Italiens, s.: Lützow, Carl v.

Dernjač, J., s. Niemann, G. Palast-Bauten d. Barockstils.

Dernis [Schlagwort]

**Dernis**, s.: Geologische Karten. Spezialkarte (Oesterr.-Ung.)

**Dernoscheck**, s.: Bausteine f. die Schule.

**Dernoscheck**, Georg Alex. (In der Vita: Alex), a. Tetschen: Das Problem des egoistischen Perfektionismus in der Ethik Spinozas und Nietzsches. Annaberg 1905: C. O. Schreiber. (64 S.) 8°
Leipzig, Phil. Fak., Ref. Heinze, Wundt, Diss. v. 11. Okt. 1905
[Geb. 22. Juni 78 Tetschen, Böhmen; Wohnort: Annaberg; Staatsangeh.: Sachsen; Vorbildung: Seminar Annaberg Wahlfähigkeitszeugnis Dez. 00; Studium: Leipzig 6 S.; Rig. 1. März 05.]

**Dernoscheck**, Oskar, Dasenensis: De elegantia Caesaris sive de Commentariorum de b. G. et de b. c. differentiis animadversiones. *Lipsiae 1903: Grimme & Troemel.* (72 S.) 8°
Leipzig, Phil. Diss. v. [14. Febr.] 1903

DERNOYE, BONAVENTURA: Kurtze Anmerkung / Ueber das / In 78. Vatter Unser bestehende / Layen-Brevir / Der / Mindern Brüdern, / Das ist: / Geistreiche Erklärung / Anmüthigster Gedanken, / Welche sich die, zur Bettung des in / 7 Chor-Stunden von dem Seraphischen Ertz-/Vatter S. Francisco ausgetheilten Vatter-Unser, / verpflichtete Layen bey einem jeden derer zum / Trost, und Ermunterung ihres Geistes / machen können. / Aus dem Edlen Wercklein (sonst Medulla S. Evangelii benamset) a R. P. Bonaventura Dernoye Wey / land dieses Ordens Pristern, und Provincialen der Refor / mirten Provinz des H. Josephs in Flandern, (zum Trost und / Nutz deren Layen-Brüdern der Reform. Provinz der H. Mariae / in Ungarn) aus dem Lateinischen, in das Teutsche übersetzet (von P. Macarius Machek O.F.M.) / mit einem Anhang des von obbemelten H. Ertz-Vatter Geist/reich erklärten Vatter Unsers wie Er es selbst täglich, / bey allen Tag-Zeiten zu betten pflegte. / Mit Genehmhaltung deren Oberen. / Raab 1752. Gedruckt bey Gregori Johann Streibig, Königl. privil. Bischöfl. und Burgerl. Buchdr. 26 S. - 155 mm

Derodon, D., widerlegter Atheismus &c. 8. Lemgo, Meyer. 733.

Derodon, David

— das Grab der Messe, od. Widerlegung der Meßirrthümer. a. d. Franz. 8. Leipz. Hempel. 789.

Derodon, Dav., das Grab d. Messe, oder Widerlegung d. Meßirrthümer. Aus d. Französ. (v. C. F. Hubrich). 8. Leipz. 789. 2e Aufl. Aus d. Französ. v. Ch. G. Hempel. 8. Ebd. 818. Anbrd. 10 gr (A. u. d. T: Hat d. kathol. Messe e. schriftmäß. Grund? oder gründl. Wiederlegung &c. 8. Ebd. 791. 12 gr)

Derodon's, D., das Grab der Messe, od. Vernunft- u. schriftmäßige Widerlegung des päbstlichen Meßopfers. Aus d. Franz. übers. 2te Aufl. 8. Leipzig, Andrä. 818. Rthlr. -

Derodon, D., Ungrund der kathol. Lehre von der Messe und den Meßopfern. a. d. Franz. 8. Frankfurt u. Leipzig. 793. Rthlr. -

Derôme, T., Histoire de l'ancien et du nouv. testament etc., s. Histoire.

DEROSEAU, Théodore Delacoux (Montmorillon): Des calculs vésicaux et des circonstances qui favorisent ou contre-indiquent l'emploi de la lithotritie.- Munich: Hübschmann (1843). 14 S.
31.8.1843 - Urk (Titel: De calculis vesicae urinariae, deque momentis, quae lithotriptiam vel indicant vel impediunt.); F 66
Diss. Ingolst.-Landsh.-Mchn.

De-Rossi, G. B., historisches Wörterbuch d. jüdischen Schriftsteller u. ihrer Werke, aus d. Italien. übers. v. C. H. Hamberger. 2. Ausg. gr. 8. (22 B.) Bautzen 842, Reichel.

Paul Déroulède. Kriegstagebuch 1870 [Feuilles de route]. Autor. Übers. aus d. Franz. Budapest: G. Grimm 1907. (III, 297 S.) 8° [Ant. u. F.] [07. 6950

Deroy, Erasmus Graf v., k. bayer. Major à la suite. Beiträge zur Geschichte des österreichischen Erbfolgekrieges. Aus „Verhandlungen des historischen Vereins für Niederbayern". XX. Bd. 3. u. 4. Heft. 8. Landshut 1881.

Deroy, E. Graf v. Beiträge zur Geschichte des österr. Erbfolge-Krieges. (Landshut) 1883. 8°. (Aus: Verhandlungen d. hist. Vereins f. Niederbayern.)

Derpmann, Gerhard

[F.] Die Verwaltungsorganisation und die Verwaltungsrechtspflege in der Rheinprovinz. Erläut. v. Bürgermeister [Gerh.] Derpmann, Referendar a. D. in Kaiserswerth. 2. gänzl. umgearb. Aufl. *Düsseldorf: L. Schwann 1896.* (1 Bl., IV, 123 S.) 1 Bd 8. [97. 5326

Derpmann, Thdr., kleinere Beiträge zur Aetiologie der akuten Pneumonie, s. a. Centralblatt für allgemeine Gesundheitspflege.

Derpmann, Theodor (geb. am 5 Nov. 1855 in Rheinberg Kr. Mörs): Kleinere Beiträge zur Aetiologie der acuten Pneumonie ... Bonn, Univ.-Buchdr. v. C. Georgi 1885. 32 S., 1 Bl. 8. ¶ Sonderabdr. aus d. Centralbl. f. allgem. Gesundheitspflege, Ergänzungshefte Bd II 1889 S. 89 ff.
Bonn, Med. Fak., Diss. v. 10 Aug. 1885

Derre, F. X., Beschr. eines holzsparenden Heitz- und Koch-ofens &c. m. K. gr. 8. Prag, Barth. 805.

— Beschreibung eines zum Waschen und Brodbacken verein. holzsparenden Ofens &c. m. K. gr. 8. Ebend. 805.

— Beschreibung u. Bauplan eines Ziegel- u. Kalkbrenn-Ofens &c. m. K. gr. 8. Ebend. 805.

Derrer, Friedrich: Über den Sprachgebrauch Barantes in seiner Histoire des ducs de Bourgogne de la maison de Valois mit besonderer Berücksichtigung der Archaismen. 1. T. *Fürth 1898: L. Limpert.* (45 S.) 8°
Fürth, k. humanist. G, P 1898*

Derrer, Friedrich „Studien über das Verbum im Romant do Jehan de Paris". pg. 3—52. 8°. Conrad Schneider.
Rothenburg o.T., Progr. 1889)90

(Derrer, Rudolf.) Grüsse aus der Ecke. (Skizzen — Gedichte — Auszüge aus Briefen.) Gesammelt von Adolf Mousson, Pfarrer. 1. Aufl. 1. Tausend. Teil 2 von «Ein Leben in der Ecke» [von Adolf Mousson].... 93 S. 8. Zürich und Winterthur, Buchh. der Evangelischen Gesellschaft, 1903.

(Derrer, Rudolf.) Grüsse aus der Ecke. (Skizzen — Gedichte — Auszüge aus Briefen.) Gesammelt von Adolf Mousson, Pfarrer. 1. Aufl. 2. Tausend. Teil 2 von «Ein Leben in der Ecke» [von Adolf Mousson].... 93 S. 8. Zürich und Winterthur, Buchh. der Evangelischen Gesellschaft, 1903. [fr. —. 60]

Derrer, Rud., Verwaist. Eine wahre Geschichte aus dem Volksleben. (40 S.) 8. Zürich 905. Buchh. der ev. Gesellschaft. n.n. — 25

Derrey, L., la première ascension du Kilimandjaro, s.: Meyer, H.

Derrn, J., wichtige Erfindungen u. entdeckte Vortheile f. d. Lohgerberei. 8. Marb. 823. Garthe. 6 gr

Dersch, Hermann, Gerichtsakzessist in Darmstadt: Das Prinzip der gesamten Hand und dessen Anwendbarkeit auf das Bürgerliche Gesetzbuch. Darmstadt 1905: P. Metzger. (56 S.) 8°
Gießen, Jur. Fak., Ref. Schmidt, Diss. v. 30. Sept. 1905
[Geb. 19. März 83 Offenbach a. M.; Wohnort: Darmstadt; Staatsangeh.: Hessen; Vorbildung: Neues Gymn. Darmstadt Reife O. 01; Studium: Heidelberg 1, Gießen 5 S.; Rig. 3. Aug. 05.]

[F.] Dersch, *Otto* [Dr.]: Das neue Gebäude der Grossherzogl. Real- und Landwirtschaftsschule. — Lehrmittel der Anstalt. *Gross-Umstadt, G. Lindauer, 1891;* S. III–VIII: 4°
Gross-Umstadt, grossh. R m. VS, fak. Lat. u. Griech., sowie grossh. Landwirtschafts-S, OP 1891 (689)

[F.] Dersch, *Otto* [Dir. Dr.]: Geschichte der Grossherzoglichen Real- und Landwirtschaftsschule zu Gross-Umstadt in den 25 Jahren ihres Bestehens. *Gross-Umstadt, Druck v. G. Lindauer, 1894;* 3—10 S. 4.
Gross-Umstadt, grossh. Real- u. Landwirtschafts-S, OP 1894 (648)

Dersch, Wilhelm, aus Herbstein: Die Kirchenpolitik des Erzbischofs Aribo von Mainz (1021—1031). *Marburg 1899: R. Friedrich.* (53 S.) 8°
Marburg, Phil. Diss. v. [23. März] 1899

(von DERSCHAU), Sendschreiben eines würdigen Ehrenmitgliedes in Schlesien, an die Königliche deutsche Gesellschaft in Preussen, welches an dem Geburtsfeste ihres allerhuldreichsten Stifters in öffentlicher Versammlung eingehändiget worden. 1748. den 24. Jenner. (Ohne bes. Titelblatt.) fol.

Derschau, August Egbert von (wirkl. Name), s. a. Carlssen, Egbert (Pseud.)

Derschau, August Egbert von

Sir John Fenwick. Historische Erzählung. Von Egbert Carlssen [d.i. August Egbert von Derschau]. Berlin 1874.
In: Roman-Zeitung, Deutsche. Bd 2.

Derschau, B. v., moderne Menschen, s.: Frauen-Bibliothek.

Derschau, Christoph Friedrich von

Derschau, Chr. F. v. (Hrsg.), s. Aufsätze, Kleine theologische, eines Baiern.

v. Derschau, Cph. Fr., († d. 18. Dec. 1799.) Betrachtt. e. Greises über Religion. 4. Aurich 785. 2e Aufl. 4. Ebd. 790. (Laue in Berl.) 21 gr

Derschau, C. F. v., Betrachtungen eines Greises über Religion. 4. Aurich. Enrt. 796.

Derschau, Christoph Friedrich von, s. Lutheriade

v. Derschau, Chr. Fr., s. Orest u. Pylades.

[DERSCHAU, CHRISTOPH FRIEDRICH VON]. Pylades und Orestes oder Denckmaal der Freundschafft. Ein Trauerspiel. Liegnitz, S. A. Wätzoldt, 1747. Kl. 4°. 96 S. —

Derschau, Christoph Friedrich von, s. T e m p e l d. Gerechtigkeit.

Derschau, Christoph Friedrich von, s. V e r m i n d e r u n g , über, d. Kriege.

Derschau, Ernst von. Bescheidene Anfrage. Gedruckt bei J. Sittenfeld. 1 Bl. Fol.
Flugblatt. Berlin, 13. Mai 1848.

Derschau, Ernst von: B e s c h r e i b u n g d. Prov Kurland, s. K e y s e r l i n g , P. v.

v. Derschaw, (Derschau), Er. Gtthrd., s. Beschreib. v. Kurland.

Derschau, F., Finland u. die Finländer. Aus d. Russischen. 8. (8⅝ B.) Leipzig 843, Hinrichs'sche Buchh.

Derschau, H. A., s. Holzschnitte.

**von Derschau,** Max [aus Auerbach '(Hessen)']: Einfluss von Kontakt und Zug auf rankende Blattstiele ... *Frankfurt a. M., Druck v. Werner & Winter, 1894;* 36 S., 3 Taf. 8.
Leipzig, Phil. Fak., Inaug.-Diss. v. [5. Juli] 1894

Derschau, Mein., christl. Wandersmann. 8. Frankf. Andreä. 784.

Derschau, Thdr. Frhr. v., die Romanov. (In ca. 5 Bdn.) 1. Bd. (In 10 Heften.) gr. Fol. (1—8. Heft. à 60 Lithogr. mit Text und chromolithogr. Titel.) Leipzig 858—60, Russisches Atelier. (G. Poenicke.) * *

Derschaw, Ernst von, s. D e r s c h a u , Ernst von

Derschaw, Heinrich

— paraphrast. Erklärung u. Zergliederung d. Briefs Pauli an d. Römer. 8. Halle 767. Waisenh.:B. 12 gr.

Derschaw, Hnr., (Heinr. Schrader), richtige Erklärung d. 53. Kap. Jesaiä. 8. Halle 758.

Derschawin, Gabr. Roman. von

— Felizens Bild. Aus d. Russ. v. Aug. v. Kotzebue. 4. Reval 792. (Leipz., Dyck). 5 gr.

v. Derschawin, Gabr. Roman., Gedichte. Aus d. Russ. (v. A. v. Kotzebue). 8. Leipz. 793. Kummer. 10 gr.

— episch-lyr. Hymnus auf d. Vertreibung d. Franzosen aus dem Vaterlande im J. 1812. Aus d. Russ. von P. O. Goetze. 8. Riga 814. Meinshausen. 8 gr.

Derscheidt, Christian Karl (Dittelsheim)
Beitrag zur Kenntnis der Myeloidgeschwülste.
Giessen: Keller 1858. 26 S. u. 2 Bl. Thesen.
Diss. med. 7.8.1858.

Derschitz, Max., Gedichte. 12. (VI, 133 S.) Leipzig 884. O. Wigand. 1.50

Derschawin's Ode: Gott. Aus d. Russ. übers. v. Jul. Altmann. gr. 8. (½ B.) Berlin 815, Hayn. *

Derstroff, B., das Kaiser-Skatspiel. E. Anleitg. zum prakt. Unterricht desselben, nebst Beispielen u. Berechng. der Spiele für Skatspieler. 8. (38 S.) Leipzig 898. Ernst. — 50

Dertinger, Christoph Friedrich

— — Solani tuberosi esculenti (der Grundbiren) jura quaedam. Präs. Gottfried Daniel Hoffmann. Tübingen, 22. IX. 1774. Ed. II. Erfurt (J. M. Hagen) 1788. 68 S., 4 Bl., z. Tl. deutsch, mit Literatur. (5.50) 6336

**Dertinger, Christoph Friedrich** (Stuttgart), De termino apanagiorum ad quem sive quando apanagia deberi desinant? Disp. Präs. Gottfried Daniel Hoffmann. Tübing. (Fues) Nov. 1773. 34 Seiten. (5.—) 6335

Dertinger, E., goldenes ABC-Buch. Eine alphabetische Reihenfolge ansprechender Bilder u. belehrender Reime für die liebe Jugend. 24 (lith. u.) fein color. Taff. 2. Aufl. Eßlingen 867. Schreiber. 4. 15 ngr.

— was das Kind freut. Ein Bilderbuch für die liebe Jugend. 12 (lith.) in Tondr. gemalte Scenen aus dem Leben in der Stadt u. auf dem Lande. Mit Versen. 2. Aufl. Ebend. 867. 4. (Mit 4 S. Text.) 10 ngr.

**Dertinger,** Karl, approb. Arzt aus Bühl ⟨Baden⟩: **Aus d. chirurg. Abt. d. städt. Krankenhauses in Karlsruhe.** ⟨Prof. Dr. von Beck.⟩ Ueber tiefsitzende **Lipome.** *Tübingen 1903: H. Laupp Jr.* (42 S.) 8° ¶ (Aus: Beiträge zur klinischen Chirurgie, Bd 38, H. 1.)
Heidelberg, Med. Diss. v. 1903

**Dertz,** Albin (geb. Klietznick in d. Prov. Sachs 1. 3 1847): Ueber Chorea. Berlin (1872). (31 S.) 8°
Berlin, Med. Diss. v. 7. Aug. 1872

(Deruaz, Joseph.) Hirtenbrief Seiner Gnaden des Hochw. Bischofs von Lausanne und Genf... [Mit Vignetten.] 4. Freiburg, Buchdr. des Werkes vom heiligen Paulus.

H' ... über die Verkündigung des allgemeinen Jubiläums und Fasten-Verordnung für das Jahr 1901. (Nr. 35.) 22 S. 1901.
H' ... über die zweite Visitation der Diözese und F'-V' für das J' 1902. (Nr. 38.) 20 S. 1902.
H' .. über den Ernst des christlichen Lebens und F'-V' für das J' 1903. (Nr. 42.) 22 S. 1903.
H' ... über die Pflichten der Gegenwart gemäss der ersten Encyklika Sr. Heiligkeit Pius X. und F'-V' für das J' 1904. (Nr. 48. — 1904 Januar 28.) 23 S. 1904.
H' ... zur Bekanntmachung der Encyklika Ad diem illum laetissimum und zur Verkündigung des von Seiner Heiligkeit Pius X. ausgeschriebenen ausserordentlichen Jubiläums. (Nr. 49. — 1904 März 10.) 24 S. 1904.
H' ... über die Unschuld des Kindes und die Mittel sie zu bewahren und Fasten-Verordnung für das Jahr 1905. (Nr. 52.) 20 S. 1905.
H' ... über die Sakramente der Taufe und der letzten Ölung und F'-V' für das J' 1906. (Nr. 55.) 27 S. 1906.
H' ... über das Leben aus dem Glauben und F'-V' für das J' 1907. (Nr. 58.) 28 S. 1907.
H' ... über die Autorität der Kirche und F'-V' für das J' 1908. (Nr. 60.) 1908.
H' ... über die streitende Kirche und F'-V' für das J' 1909. (Nr. 63.) 29 S. 1909.

(Deruaz, Joseph.) Hirtenbrief Seiner Gnaden des Hochw. Bischofs von Lausanne und Genf über den christlichen Geist und Fasten-Verordnung für das Jahr 1910. (Nr. 65.) [Mit Vignetten.] 24 S. 4. Freiburg, Buchdr. des Werkes vom heiligen Paulus. 1910.

Derues, Anton Franz, Heuchler, Giftmischer und Mörder. 32. (203 S.) Leipzig 855, O. Wigand. Thlr.

DERVIN, Laurence J.: Epicrise eines complicierten Falles von Trachealstenose (wahrscheinlich eine gummöse Thyreoiditis und Mediastinitis).- München: Kastner & Callwey 1903. 21 S.
10.3.1903 - Chr 1902/03,25; Jv 1902/03,302
Diss. Ingolst.-Landsh.-Mchn.

Dervischjan, Seraphin, Armeniaca I. Das altarmenische ꝗ. Ein Beitrag zur indo-europ. Lautlehre. Anhang: Altarmenisch-baktr. Etymologien. Lex.-8. (XI, 117 S.) Wien 877, (Kirsch.) *

Derwent, Sir Frederick. Ein Roman vom Verf. von „Fabians Thurm" und „Schmuggler und Wilderer." Aus dem Engl. übers. von Ernst Susemihl. 3 Bde. 8. (679 S.) Leipzig 853, Kollmann.

Derwent, James Leith pseud. Die Abtei, oder die Geschichte einer Waise. Aus dem Engl. Berlin 1799. Ü: *Bothe, Friedrich Heinrich.* (Russell XVI, I, 2, 1852)

Derwent, die Abtei, od. Geschichte einer Waise; aus d. Engl. 8. Berl. 799. Nicolai. 1 ℔ 4 gr.

Derwicz, D. G., Antonetta Czerna die Fürstin der Wildniß, Anführerin einer aus Frauen und Mädchen bestehenden Räuberbande, oder: Der Rachegang eines beleidigten Frauenherzens. 1—5. Lfg. 8. (S. 1—158 mit 5 ill. Stnt.) Dresden 855—56, Breyer. à Lfg. 2½ Ngr. —

**Derwisch, Der.** Eine Komödie in fünf Aufzügen ... [Prag] 1780. V: *Klinger, Friedrich Maximilian von.* (GGr) ›Genf [Basel]‹ (Wr) (MGT) (Ky)

Derwisch. Lustsp. von Klinger. 8. Basel, Flick. (auch Haas u. Sohn). 780.

Derwisch, der; e. Komödie in 5 Aufz., (v. F. M. Klinger). 8. Genf 780. (Neukirch in Basel). 9 gr (s. auch F. M. Klinger, Theater).

**Derwort,** Hans, a. Frankfurt a. M.: Zur Entstehung der Stadtverfassung von Frankfurt a. M. Frankfurt a. M. 1906: J. Scoralick. (86 S.) 8°
Freiburg i. B., Phil. Fak., Ref. v. Below, Diss. v. 1907
[Geb. 17. Juli 79 Bockenheim (Frankfurt a. M.); Wohnort: Frankfurt a. M.; Staatsangeh.: Preußen; Vorbildung: Gymn. Meppen Reife O. 01; Studium: Marburg 2, Göttingen 2, Tübingen 5 S.; Rig. 31. Mai 06.]

Dery, Carl, ungarisches Montan-Handbuch. 2. Jahrg. 1888. (Ungarisch und deutsch.) gr. 8. (VII, 218 S.) Budapest 888. Wien (Perles.) cart. *
1. Jahrg. u. d. T.: Montan-Handbuch, ungarisches. hrsg. von Osc. Guttmann. Ebendas. 1881. *ℳ 6.—.

Dery, Carl. Ungarisches Montan-Handbuch. 3. Jahrg. (Ungarisch u. deutsch.) gr. 8. (IX, 247 S.) Wien 892, (Perles). cart. * 6 —

**Déry,** Carl, ungarisches Montan-Handbuch. (Deutsch u. ungarisch.) 4. Jahrg. 1896. gr. 8. (VIII S., 121 Doppels. u. S. 122—147.) Wien 896. (M. Perles.) Kart. n. 6. —

**Déry,** Carl, ungarisches Montan-Handbuch. (Deutsch u. ungarisch.) 5. Jahrg. 1900. gr. 8. (VII S., 125 Doppels. u. S. 126—154.) Wien (M. Perles). Kart. n. 6. —

**Déry,** Carl, ungarisches Montan-Handbuch. 6. Jahrg. 1905. (Ungarisch u. deutsch.) (VI S., 159 Doppels. u. S. 160—195.) 8. Wien, (M. Perles). Kart. n. 6. —

Dery, Juliane, die Einwilligung, s. Novellen, moderne.

Déry, Juliane, es fiel ein Reif. Drama in 1 Akt. 8. (39 S.) Berlin 896. S. Fischer, Verl. n. — 50

— Ohne Führer. Zwei Novellen. 8. (III, 180 S.) Stuttg. 891, Bonz u. Comp. * 3 —; geb. * 4 —

Dery, J., hoch oben. Novellen. 8. (167 S.) Stuttgart 888. Bonz & Co. n. 3. —; geb. n. 4. —

[J.] Juliane Déry. Die selige Insel. Dramatisches Idyll. *Berlin: Schuster & Loeffler 1897.* (93 S.) 1 Bd 8. [97. 2731

— Katastrophen. Neue Novellen. 8. (V, 152 S.) Ebd. 895. n. 3. —; geb. in Leinw. n. 4. —

[Ant. u. J.] Juliane Déry. Die sieben magern Kühe. Komödie in 3 Akten. *Berlin: S. Fischer 1897.* (136 S.) 1 Bd 8. [97. 1062

— d' Schand'. Volksstück in 6 Bildern. 8. (88 S.) München 894. Dr. E. Albert & Co., Sep.-Cto. n. 1. 50

**Derys,** Gaston, der Mädchenjäger. Roman. Autoris. Übersetzg. aus dem Franz. v. Sigfr. Benignus. (220 S.) 8. Berlin (903). R. Eckstein Nachf n. 2. —; geb. n. 3. —

Der Mädchenjäger. Roman von Gaston **Derys.** Autor. Übers. aus d. Franz. von Sigfrid Benignus. 2. Aufl. *Berlin: R. Eckstein Nachf. [1903].* (220 S.) 8° [03. 13000

Des garanties données au Danemark à l'égard du Schleswig par la France, l'Angleterre, et la Russie, et de celles dont il est question aujourd'hui. gr. 8. (31 S.) Paris 849. Leipzig, Brockhaus. n. ⅙ ℛ

**Des hommes,** tels qu'ils sont et doivent être. Hamb. 1759. V: *Caraccioli, L. Ant. Marquis de.* (AarK)

**Des Lettres** de Cachet et des Prisons d'État. Hambourg 1782. V: *Mirabeau, Honoré Gabriel Riquetti Comte de.* (BrMm)

Des Herzogs v. Reichstadt einzige Liebe. Nebst e. Anh. (: Joseph Haydn. Von Cordellier Delanoue.) Nach franz. Quellen bearb. 8. (16½ B.) Leipzig 834, Literar. Museum.

**Des opinions** publiques du Citoyen Sieyes et de sa vie comme homme public. S. l. 1800. V: *Ölsner, Carl Ernst.* (Ky) (MGT)

Des Christen Pflicht bei d. Enthaltsamkeits-Sache. 3., verm. Aufl. d. ersten Jahresberichts des Enthaltsamkeits-Vereins im Riesengebirge. 8. (2 B.) Berlin 841, (Wolff u. Comp.)

— Vaters Sünde, des Sohnes Fluch. Ein Roman. Mt. 1 Stndr. 8. (16 B.) Ulm 834, Ebner.

— Spielers Traum od.: Satanas u. seine Genossen. Ein Roman in sieben Büchern, a. d. Engl. übers. v. Geo. Nicol. Bärmann. 3 Thle. 8. (52 B.) Altona 840, Hammerich.

Desable, s. der Herr v. Feldheim.

Desaga, Alfred. Über Derivate des m-Dijodbenzols mit mehrwertigem Jod. Diss. Phil. Basel. 85 S. 8. Basel, Walz & Miéville, 1903.

Desaga, C., Preis-Verzeichniss der Fabrik und Handlung Bunsen'scher Apparate und der gebräuchlichsten chem. und pharmaceut. Instrumente und Geräthschaften. gr. 8. (IV, 112 S. mit eingedr. Holzschn.) Heidelberg 877, Koester. *

Desaga, C., Mechanische Werkstätte: Specialität: Bunsen'sche Apparate. 9. Aufl. Heidelberg 1888

Desaga, Michael

— Anleit., das Wort- u. Satzschreiben d. Kindern auf e. bildende Weise einzuüben. 4e Aufl. 8. Heidelb. 827, Oswald.

Desaga, Mch., gründl. Anleit. zur Kopfrechnung in 2 Abtheill., deren erste d. Anleit., d. zweite 286 angerechnete Beispiele enthält. 8. Heidelb. 821. 2e A. 826. Oswald. 9 gr 3e Aufl. in 3 Abtheill. 827. Ebd. 1 ℛ 10 gr

— gründl. Anleit. z. Kopf- u. Tafelrechnen N. Ausg. 8. Heidelberg 827, Oswald.

— gründl. Anleit. zum schriftl. Rechnen für Schulen u. zum Selbstunterricht. 8. Heidelberg 823, Oswald.

Desaga, Mich., gründl. Anleitung z. schriftl. Rechnen, f. Schulen u. z. Selbstunterr. 2., ganz umgearb. u. mit d. Anleit. zu Dezimalbrüchen u. Raumberechnn. verm. Aufl. 8. (23½ B.) Heidelberg 837, Vereins-Verlag.

Desaga, Mich., erste Begriffe d. Deutschen Sprache f. d. Elementarunterricht, in katechet. Form. 8. (10 B.) Heidelberg 830, A. Oswald.

— erste Begriffe der deutschen Sprache für den Elementarunterricht. 2e nach Dr. Becker's Leitfaden f. den ersten Unterricht in der deutschen Sprache völlig umgearbeit., mit e. Anweisung zum Rechtschreiben u. mit Diktirübungen zur Einübung der Rechtschreiberegeln verm. Aufl. 8. Heidelb. 836. Oswald. ⅗ ℛ

—— erste Begriffe d. deutschen Sprache f. d. Elementarunterricht. 2., nach Dr. Becker's Leitfaden f. d. ersten Unterr. in d. deutschen Sprache völlig umgearb., mit e. Anweis. z. Rechtschreiben u. mit Diktirübn. zur Einübung d. Rechtschreibregeln verm. Aufl. 836. (u. neue Ausg.) 8. (à 10½ B. u. 4 B.: Uebungsaufgaben.) Mannheim 841, Bensheimer. à

— d. Decimalrechnung, s. unten: Neubad. Maß u. Gewicht.

— Elementarbuch der unentbehrl. Kenntnisse f. Volksschulen. 2s Bdchen. Kleine Rechenschule. gr. 12. Mannheim 834. Bensheimer. n. 3/8 ꝛf

—— Elementarbuch d. unentbehrl. Kenntnisse f. d. Anfangsklassen d. Stadt- u. Landschulen. 3. Bdchn. — A. u. d. T.: Vorbegriffe d. Natur- u. Erdkunde f. Elementarschulen; od. Unterr. in d. Naturlehre, Naturgesch. u. Erdbeschreib.; nebst e. kurzen Abriß d Gewerbskunde. 2. Aufl. — Kleine Naturlehre u. Naturgesch. 1. Bdchn. 4., verb. Aufl. 8. (5½ B.) Heidelberg 833, A. Oßwald.
Vgl. unt. dess. „Vorbegriffe."

—— dass. 4. Bdchn. — Der kleinen Naturlehre ꝛc. 2. Bdchn. — Kleine Geographie. 4. Aufl. 8. (4½ B.) Ebds. 833.

—— dass. 5. Bdchn. — Der kl. Naturlehre ꝛc. 3. Bdchn. — Kleine Naturgesch. u. Gewerbkunde. 8. (7 B.) Ebds. 834.
3—5. Bdchn. zusamm. genomm. nur 9 Gr. — 1. u. 2. Bdchn. ....?

—— Elementarbuch d. unentbehrlichsten Kenntnisse f. d. Anfangsklassen d. Stadt- u. Landschulen. 6 Bdchn. 8. Mannheim, Bensheimer. *
A. u. d. Tiln.:
Bdchn. 1. Die ersten Lehren d. Muttersprache. Für deutsche Kinder in Bürger- u. Volksschulen in Fragen u. Antworten. (7 B.) 835. 5 Gr.
" 2. Kleine Rechenschule. (5⅟₁₂ B.) 839. * 9 Gr.

Desaga, Mich., Elementarbuch d. unentbehrl. Kenntnisse ꝛc.
Bdchn. 3. Kleine Naturlehre ꝛc. 5. Aufl. (5½ B.) 836. * 4 Gr.
" 4. Kleine Geographie. 5., verb. u. verm. Aufl. (4 B.) 839. * 4 Gr.
" 5. Kleine Naturgeschichte u. Gewerbskunde. 5. Aufl. (7 B.) 837. * 4 Gr.
" 6. Die nöthigsten Kenntnisse d. Weltgeschichte. 2 Abthln. — A. u. d. Tiln.:
Abthl. 1. Kurze Gesch. d. alten Völker. (5½ B.) 837. * 4 Gr
" 2. Kurze Gesch. d. mittleren u. neueren Zeit. (6 B.) 838. * 5 Gr.
Anhang z. Elementarbuch ꝛc. — A. u. d. T.: Kurze gemeinfaßl. Anleit. zu Anlage u. Behandl. d. Weinberge, nach Grundlage d. landwirthschaftl. Wochenblattes f. d. Großhrzgth. Baden u. nach eigener Beobacht. u. Erfahr. f. Volks- u. Sonntagsschulen u. z. Belehr. d. Landmanns, hrsg. v. Scholl. 8. (2½ B.) Heidelberg 836. [Mannh., Bensheimer.] 3 Gr.

Desaga, Mich., Elementarbuch der unentbehrlichsten Kenntnisse für Volksschulen. 5. Bdchn. 6. Aufl. A. u. d. T.: Kleine Naturgeschichte und Gewerbskunde für Volksschulen. 6. Aufl. 8. (VIII und 117 S.) Mannheim 851, Bensheimer. *
1—4. und 6. Bdchn. Ebendas. 1835—38. * 1 Thlr. 6½ Ngr.

— kleine Geographie. — Der kleinen Naturlehre u. Naturgeschichte 2s Bdchn. 4e Aufl. A. u. d. T.: Elementarbuch ꝛc. 4s Bdchn. 8. Heidelb. 833. Oßwald. 3½ ℋ — 5e verb. u. verm. Aufl. gr. 12. Mannheim 839. Bensheim. 1/6 ꝛf

Desaga, Mich., kleine Geographie. 6. Ausg. gr. 12. Mannheim 841, Bensheimer. n. 1/6 ꝛf

—— Hand- u. Taschenbuch d. Rechenkunst f. Schule u. Haus. Nach e. neuen Methode. — A. u. d. T.: Der Zweisatz, od. d. Rechnen mit d. Verstande ohne weit. Rechnungsformeln, in seiner Anwend. auf alle Verhältnisse d. Lebens. Gemeinfaßl. dargest. 12. (5⅔ B.) Heidelberg 835. [Mannheim, Bensheimer.]

— Hand- u. Taschenwörterbuch d. Rechenkunst f. Schule u. Haus. Nach e. neuen Methode. A. u. d. T.: Der Zweisatz, oder das Rechnen mit dem Verstande ohne weitere Rechnungsformeln, in seiner Anwendung auf alle Verhältnisse d. Lebens. Gemeinfaßlich dargestellt. 12. Heidelb. 835. Oßwald. 7/12 ꝛf

**Desaga**, Michael, s. A. Huber: d. Kindheit erstes Erwachen.

—— die nöthigsten Kenntnisse d. Weltgeschichte. Ein Lehrb. f. Bürger- u. Volksschulen, so wie zur häusl. Belehr. In Fragen u. Antworten. 2 Bdchn. 1. Aufl. 838. u. neue Ausg. 8. (à 11½ B.) Mannheim 841, Bensheimer. à

—— die nothwendigsten Kenntnisse a. d. deutschen Sprachlehre, Geographie, Naturgeschichte u. Naturlehre, f. d. Hand d. Kinder in Landschulen. 1. Aufl. 839., 2. Ausg. 8. (à 7¾ B.) Mannheim 841, Bensheimer. à *

—— allgem. Lesebuch z. Erwerb. u. Bewahrung d. gemeinnütz. Kenntnisse f. Stadt u. Land, so wie f. Schule u. Haus. N. d. best. Quellen bearb. 1. Thl. — A. u. d. T.: Faßl. Unterr. in d. Natur-, Himmels- u. Erdkunde. Ein allgem. Lesebuch f. Real-, Bürger- u. Landschulen, so wie f. d. Anfangsklassen d. Gelehrtenschulen. 1. Aufl. (12¼ B.) 831, 2. A. (14½ B.) gr. 8. Heidelberg 834, A. Oßwald. à

—— dass. 2. Thl. — A. u. d. T.: Faßl. Unterr. in d. Menschen- u. Weltkunde. Ein allgem. Lesebuch ꝛc. M. 2 chronolog. Uebersichten d. Weltgesch. u. d. Erfindungen, nebst e. vollständ. Sachregister. gr. 8. (13 B.) Heidelberg 832, A. Oßwald.

— allgem. Lesebuch zur Erwerbung und Bewahrung der gemeinnützigsten Kenntnisse, für Stadt u. Land, so wie für Schule u. Haus. Nach d. besten Quellen bearbeitet. 1r Thl. 2e Aufl. A. u. d. T.: Faßlicher Unterricht in d. Natur-, Himmels- und Erdkunde. Ein allgem. Lesebuch für Real-, Bürger- u. Landschulen ꝛc. 2e Aufl. gr. 8. Heidelberg 834. Oßwald. 3/8 ꝛf — 2r Thl. 2e Aufl. A. u. d. T.: Faßlicher Unterricht in der Menschen- u. Weltkunde ꝛc. Mit 2 chronolog. Uebersichtstafeln der Weltgeschichte u. der Erfindungen, nebst e. vollständ. Sachregister. gr. 8. Ebd. 836. 3/8 ꝛf

— allgemeines Lesebuch zur Erwerbung und Bewahrung der gemeinnützigsten Kenntnisse für Stadt- und Landschulen, so wie auch zur Selbstbelehrung. 3. verb. Aufl. 1. Thl. Den Unterricht in der Natur-, Himmels- und Erdkunde enthaltend. gr. 8. Ebend. 841. n. 3/8 ꝛf — 3. verb. Aufl. 2. Thl. Den Unterricht der Menschenkunde enthaltend. gr. 8. Ebend. 843. n. 3/8 ꝛf

Desaga, Mich., allgemeines Lesebuch zur Erwerbung und Bewahrung der gemeinnützigsten Kenntnisse für Stadt- und Landschulen, so wie auch zur Selbstbelehrung. Nach den besten Quellen bearb. 4., verb. Aufl. 1. Theil den Unterricht in der Natur-, Himmels- und Erdkunde enthaltend. gr. 8. (IV und 211 S.) Mannheim 852, Bensheimer. Thlr. *
2. Thl. (3. Aufl.) Ebendas. 1843. * 11¼ Ngr.

— das Neubadische Maß u. Gewicht ꝛc. A. u. d. T.: die Decimalrechnung in ihrer Anwendung auf d. Rechnungsverhältnisse des bürgerl. Lebens für Schule u. Haus. gr. 12. Heidelb. 831. Oßwald. 6 ℋ

—— das Neubadische M(a)aß u. Gewicht ꝛc. (1. Thl.) — A. u. d. T.: Die Decimalrechnung in ihrer Anwend. auf d. Rechnungsverhältnisse d. bürgerl. Lebens f. Schule u. Haus. gr. 12. (3 B.) Heidelberg 831, [Vereins-Verlag.]

— das Neubadische Maaß u. Gewicht; oder die Decimalrechnung in ihrer Anwendung auf die Rechnungsverhältnisse des bürgerl. Lebens, für Schule u. Haus. 2r Thl. A. u. d. T.: Allgemein prakt. Anleitung zur Decimalrechnung in ausgeführten Beispielen für die Längen-, Quadrat- u. Cubikmaaße, mit leichtfaßl. Entwickelung ihrer Regeln herausg. von Jak. Stöß. 8. Heidelb. 833. Oßwald. 1/4 ꝛf

— kleine Naturgeschichte u. Gewerbskunde. — Der kl. Naturlehre u. Naturgeschichte 3s Bdchn. 4e Aufl. A. u. d. T.: Elementarbuch ꝛc. 5s Bdchn. 8. Heidelb. 834. Oßwald. 3½ ℋ

—— kleine Naturgeschichte u. Gewerbskunde. 6. Ausg. gr. 12. (5⅓ B.) Mannheim 841, Bensheimer. *

Desaga, Mich., kleine Naturgeschichte und Gewerbskunde für Volksschulen. 7. Aufl. Mannheim 856. Bensheimer. 8. (VI, 114 S.) n. 5 ngr

Desaga, Mich., kleine Naturgeschichte und Gewerbskunde für Volksschulen. 8. Aufl. Mannheim 863. Bensheimer. 8. (VI, 114 S.) n. 5 ngr.

Desaga's, Mich., kleine Naturgeschichte und Gewerbskunde für Volksschulen. Neu bearb. von Jak. Riedel. 9. Aufl. mit 35 (eingedr.) Holzschn. gr. 8. (IV, 130 S.) Mannheim 871, Bensheimer. *

—— kleine Naturlehre u. Naturgesch. f. Elementarschulen. Gesammelt u. f. d. Hand d. Kinder bearb. 1. Aufl. (9 B.) 829., 2., durchges. u. verm. A. (11 B.) 8. Heidelberg 830, A. Oßwald. à
Vgl. oben dess. „Elementarbuch", u. unt. dess. „Vorbegriffe."

— kleine Naturlehre u. Naturgeschichte für Elementarschulen. Für d. Hand d. Kinder bearbeitet. 8. Heidelb. 829. 2e A. 830. 3e Aufl. u. d. T.: Vorbegriffe d Natur- u. Erdkunde. 8. Ebd. 832. Oswald. 8 gGr.

—— Rechenbuch, od. gründl. Anleitung z. schriftl. Rechnen f. Schulen u. z. Selbstunterr. 2., umgearb. u. verm. Aufl. Mit e. Samml. von Uebungsaufgaben. 8. ($34\frac{7}{8}$ B.) Frankfurt a. M. 843, Brönner. -

—— kleine Rechenschule. (Neue Ausg.) gr. 12. (5 B.) Mannheim 841, Bensheimer. *

— Samml. v. Uebungsaufgaben zu d. Anleitung zum schriftl. Rechnen. 8. Heidelberg 823. Oswald.

—— Sammlung v. Uebungsaufgaben zu d. Anleit. zum schriftl. Rechnen, f. Volksschulen u. z. Selbstunterr. 2., n. d. neuen Maß u. Gewicht bericht., u. mit Aufgn. üb. d. Dezimalrechn. u. üb. Raumberechn. verm. Aufl. 8. ($11\frac{3}{4}$ B.) Heidelberg 832, [Vereins-Verlag.] Thlr.

Desaga, Michael, s. C. E. Sautter: kleine Geographie.

— — deutsche Sprachlehre für Lehrende und Lernende, in Verbindung des Lehrstoffs mit zweckmäßigen Uebungsaufgaben. 2te Aufl. 8. Heidelberg, Oswald. 818. *

— deutsche Sprachlehre, f. Lehrende u. Lernende, in Verbindung des Lehrstoffs mit zweckmäß. Uebungsaufgaben. 4e vollständigere u. zweckmäß. geordnete Aufl. Mit einer kurzen Prosodie von Fr. H. Bothe. gr. 8. Heidelb. 824. Oswald.

Desaga, Mich., Deutsche Sprachlehre f. Lehrende u. Lernende, in Verbindung d. Lehrstoffes mit zweckmäß. Uebungsaufgaben. 6., verm. Aufl. Mit e. kurzen Prosodie v. Friedr. Heinr. Bothe. gr. 8. (15 B.) Heidelberg 833, [Vereins-Verlag.]

— deutsche Sprachlehre. Eine vollständ. Anleitung z. Erlern. d. deutschen Sprache nach d. Grundsätzen der neueren Sprachbehandlung. 7., umgearb. Aufl. 8. (15 B.) Frankfurt a. M. 843, Brönner.

—— kleine neue deutsche Sprachlehre für die Hand der Kinder in den oberen Klassen der Volksschulen. 2. Aufl. 8. (VII und 46 S.) Mannheim 861, Bensheimer. *

—— prakt. deutsche Sprachlehre, od. schriftl. Sprachübungen als Grundlage des schriftl. Gedankenausdruckes u. als Beitr. zur stillen Selbstbeschäftig. d. Kinder sowol in d. Schule als zu Hause, f. d. beiden unt. Klassen d. Volksschulen. 8. ($4\frac{1}{2}$ B.) Heidelberg 841, Groos.

— systemat. deutsche Sprachlehre für Anfänger. 8. Darmst. 810. Leske. 10 gGr. 2e Aufl. unt. d. T.: deutsche Sprachlehre f. Lehrende u. Lernende, in Verbind. d. Lehrstoffs mit zweckmäß. Uebungsaufgaben. gr. 8. Heidelb. 818. 3e A..., 4e A., mit e. kurzen Prosodie v. F. H. Bothe. 824. Oswald. 12 gGr.

— Uebungsaufgaben zur Wort- und Satzbildung in der deutschen Sprache, für d. Hand der Kinder. Beigabe zu jeder deutschen Sprachlehre. 8. Heidelb 836. Oßwald. $\frac{1}{8}$ Thlr.

—— Uebungsaufgaben zur Wort- u. Satzbildung in d. deutschen Sprache, f. d. Hand d. Kinder. Beigabe zu jed. deutschen Sprachlehre. 8. (4 B.) Heidelberg 836. [Mannheim, Bensheimer.]

—— Uebungsaufgaben zu Wort- u. Satzbildung in d. deutsch. Sprache f. die Hand d. Kinder. Neue Ausg. 8. (4 B.) Mannheim 842, Bensheimer.

Desaga, Mch., Unterricht in d. Elementar-Rechnung. 8. Karlsr. 814. Braun. 5 gGr.

— Vorbegriffe d. Natur- u. Erdkunde, s. oben kl. Naturlehre.

—— Vorbegriffe d. Natur- u. Erdkunde f. Elementarschulen; od. Unterr. in d. Naturlehre, Naturgesch. u. Erdbeschreib.; nebst e. kurzen Abriß d. Gewerbskunde. Als 3. Aufl. d. kl. Naturlehre u. Naturgesch. 8. (13 B) Heidelberg 832, A. Oßwald.
Vgl. oben dess. „Elementarbuch."

— Vorbegriffe der Natur- und Erdkunde für Elementarschulen; oder Unterricht in der Naturlehre, Naturgeschichte u. Erdbeschreibung; nebst e. kurzen Abriß d. Gewerbskunde. 2e Aufl. Oder: 4e Aufl. der kl. Naturlehre u. Naturgeschichte. A. u. d. T.: Elementarbuch rc. 3s Bdchn. — Kleine Naturlehre. 1s Bdchn. 4e verb. u. verm. Aufl. 8. Ebd. 833. $3\frac{1}{3}$ gGr.

Desaga, Mich., Vorbegriffe d. Natur- u. Erdkunde für Elementarschulen rc. Neue Ausg. 8. (5 B. u. $9\frac{1}{6}$ B. in gr. 12.) Mannheim 842, Bensheimer. Thlr. *

— Vor- u. Nachschule des geograph. Unterrichts für d. Jugend. 8. Heidelb. 825. Oswald. 6 gGr.

— Vor- u. Nachschule des geograph. Unterrichts f. die Jugend u. zur Wiederholung für Erwachsene. 2e verb. Aufl. 8. Heidelb. 834. Oßwald. $\frac{1}{4}$ Thlr.

—— der Zweisatz, od. das Rechnen mit dem Verstande rc. Neue Ausg. br. 12. ($5\frac{2}{3}$ B.) Mannheim 842, Bensheimer. -

Desaga, Osc., über den Anbau des orientalischen Mohns u. Gewinnung des Opiums auf einheimischem Boden. Karlsruhe 868. Braun. 8. (28 S.) n. 4 ngr.

Desaga, P., Heidelberg-Führer. Wegweiser durch Stadt und Schloss Heidelberg mit Umgebung, nebst kurzer Beschreibung des angrenzenden Odenwald-, Neckar- und Rheingebietes. Mit 2 (lithogr.) Plänen und 2 (chromolithogr.) Terrain-Karten. 8. (IV, 88 S.) Heidelberg 879, (Koester.) *

Desaga, Pia, O. S. D., aus dem Herzen gesungen. Gedichte. 12. (XVI, 361 S.) Würzburg 899. (Freiburg i/B., Literar. Anstalt.) n. 2.80; geb. n. 4.—

Desaive, Max., die Hausthiere in Betracht ihrer Züchtung, Veredlung u. der Heilung ihr. Krankheiten, od. theoret. u. prakt. Wegweiser f. Landwirthe. Nach d. Franz. bearb. v. W. Protz. 2 Bde. 1. Bd.: Das Pferd. 2. Bd.: Das Rindviehgeschlecht. Das Schafvieh rc. gr. 8. ($31\frac{1}{2}$ B.) Leipzig 844, Fest'sche Vrlsh. à Bd. $22\frac{1}{2}$ Ngr.

De Salve, Max, Die Haustiere in Betracht ihrer Züchtung etc. Deutsch von W. Protz. 2 Bde. I. Das Pferd. (XII., 243 S.) II. Das Rindviehgeschlecht. Das Schafvieh. (XI., 243 S.) Leipzig 44. Rossberg. à M. 2.25

— — Die Inokulation, ein Schutzmittel gegen die Lungenseuche des Rindviehes. gr. 8. (44 S.) Köln 52. Assenheimer. M. 1.—

De Saive, J. M. J., die Inokulation, ein Schutzmittel gegen die Lungenseuche des Rindviehs. gr. 8. (44 S.) Köln 852, F. C. Eisen. *

Desaive, M., über den vielseitigen Nutzen des Salzes in der Landwirthschaft. Ein guter Rath für Landwirthe bei nassen Jahren ihr Vieh vor den nachtheiligen Folgen des durch Regen ausgewaschenen und verdorbenen Heu- und Grummetfutters zu schützen. Nach der französ. Preisschrift deutsch bearb. von Wilh. Protz. 12. (84 S.) Nordhausen 852, Büchting.

**Desamari, Kurt:** Über das „Tribromresochinon." 1909. 60 S. 8⁰ ¶ Vgl. Berichte d. Deutschen Chem. Gesellschaft. Jg. 42. Braunschweig, Dr.-Ing.-Diss. v. 19. 7. 1909

Desamari, M., wie man e. Rekrutenvorbildungskursus einrichtet, s. Hurk, W.

Desanctis, L., die Beichte. Geschichtl.-dogmat. Versuch. Nach der 12., verb. und verm. Ausg. aus dem Italien. übers. von Wilh. Maaßen. 8. (XII und 88 S.) Duisburg (861)62, Ewich. *

—— die Ehelosigkeit der Priester. Aus dem Italien. übers. von Wilh. Maaßen. 8. (VIII und 76 S.) Duisburg 861, Ewich. *

– die Ehelosigkeit der Priester. Aus dem Italien. übers. von Wilh. Maaßen. Ebend. 862. (VIII 76 S.) n. 8 ngr.

Des Anges, Jeanne

— Memoiren einer Besessenen. Von Soeur *Jeanne des Anges*. Hrsg. von Hanns Heinz Evers. Mit 12 Bildern u. Faksimiles, Stuttgart, Robert Lutz. (190*.) (Br. Mk. 4—, in Leinen 5,50.)

Aus d. Prospekt: „Von sieben wilden Teufeln war die Schwester Jeanne besessen, von denen sie unablässig mit erotischen, unzüchtigen Vorstellungen verfolgt wurde, und worüber sie getreulich berichtet, ebenso wie über die Versuche oft gleich perverser Patres, ihr diese Unzuchtsteufel auszutreiben. Ein wahrer Hexenkessel von Erotomanie, Hysterie, Aberglaube, Massensuggestion und Perversitäten brodelt vor unseren Augen, und der Höhepunkt wird erreicht, als sich die Nonne vom Teufel schwanger fühlt und den Versuch macht, sich das Teufelskind aus dem Leib zu schneiden. Diese Memoiren stehen einzig in der Literatur da; ihre Echtheit und subjektive Wahrheit sind verbürgt, und ein gründliches Vorwort erklärt das Pathologische der von der Nonne geschilderten Erscheinungen. Das Buch enthält außerdem mancherlei vom Inquisitionsgetriebe und Heiligenwesen, von Pfaffenneid und Pfaffenkeuschheit usw., und von ganz besonderem Interesse sind im *Anhang* die glühendheißen Liebesbriefe der Nonne an ihr „Liebchen" Jesus."

Desart, Lord, die kleine Kastellanin. Autor. Uebersetzg. v. A. S. 2 Bde. 8. (III, 359 u. III, 331 S.) Leipzig 897. Dieterich. n. 5.—; geb. in Leinw. n. 7.—

des Arts, Arthur: Die dilatorischen Einreden im römischen und heutigen Recht. . . . Jena, G. Fischer, 1890; IV, 43 S. 8°
Göttingen, Jur. Fak., Inaug.-Diss. v. [26. Sept.] 1890

Des Arts, Louis. Ueber die Muskulatur der Hirudineen. Diss. Phil. [II.] Univ. Zürich von L' des Arts.... Mit 3 Tafeln. (Abdruck aus der Jenaischen Zeitschrift für Naturwissenschaft. Bd. 44. N. F. 37. Heft 2. 1908.) 54 S. 8. Jena, Gustav Fischer, 1908.

**Desastre, Le,** de l'Europe. Ode. Hamburg 1795. V: *Fauchet, de.* (schr)

Désastre, Jean, Carlo Broschi. Kuriose Abenteuer eines? Sopranisten. Deutsch v. René Rabelais. (VIII, 220 S.) 8. Zürich 903. [Verlags-Magazin.] Bürdecke & Herwig. n. 3.—

[Désastre, Jean.] Eine vertrackte Geschichte ⟨Une méchante histoire⟩. Neue Ausgabe von Carlo Broschi, Curiose Abenteuer [von J' D'. Deutsch] von R[ené] Rabelais. VIII + 229 S. 8. Leipzig und Zürich, Th. Schröter, [1904]. (M. 2.—)

Desaugier, ..., s. Sie sind zu Hause.

Désaugiers

— et Armand, le château de mon oncle, s.: Répertoire du théâtre Français. II. série. Nr. 102.

Désaugiers, le dîner de Madelon, s.: Répertoire du théâtre Français à Berlin. Nr. 346.

Désaugiers et Gentil, l'hôtel garni, ou la leçon singulière, s. Répertoire du Théâtre franç.

— Wer ißt mit? s.: Theater, das, des Auslandes, 3. Lfg.

**Desault, J.** Über mein Verhältniss mit Jean Jacques Rousseau und unsern Briefwechsel. Aus dem Franz. Berlin 1799. Ü: *Veit, Dav. Jos.* (Ky) (MGT)

Desault, J., über mein Verhältniß mit J. J. Rousseau u. unserm Briefwechsel. Aus d. Französ. (v. ... Veit). 8. Berl. 799. (Duncker u. H.) 1 Rthl 8 gr

Desault, P(ierre) J(oseph): Abhandlung über die Krankheiten der Harnwege, herausgegeben und vermehrt von (François Marie Xavier) Bichat. (Traité des maladies des voies urinaires. Ouvrage extrait du Journal de chirurgie, augmenté et publié par (François Marie) Xav(ier) Bichat. Seconde édition, augmentée par Phil(ibert) Jos(eph) Roux. Dt.) Übers. von Christian Friedrich Dörner. 464 S., gbd., 4 Taf.

Frankfurt am Mayn: Guilhauman 1806

Desault, (Pierre Joseph): Anleitung zur Kenntniß aller chirurgischen Krankheiten und der dabey erforderlichen Operationen. (Traité des maladies chirurgicales et des opérations qui leur conviennent. Dt.) Bd 1 - 2. Frankfurt u.Leipzig: 1784

s.: Chopart, (François)

Desault, J. P., chirurg. Nachlaß, herausg. v. X. Bichat; übers. u. mit Zusätzen v. J. G. A. Wardenberg. 2 Bde in 4 Theilen. Mit 9 Kpf. u. dessen Bildn. gr. 8. Götting. 799 u. 800. Dieterich. 3 Rthl 16 gr

Desault, P(ierre) J(oseph): Chirurgischer Nachlaß. (Oeuvres chirurgicales, ou exposé de la doctrine et de la pratique... Ed. par (François Marie) Xavier Bichat. Dt.) Übers. und mit vielen...Anmerkungen und Zusätzen versehen von Georg Wardenburg. Bd 1 - 2, gbd., Abb.

Göttingen: Dieterich 1800

Desault, (Pierre Joseph): Auserlesene chirurgische Wahrnehmungen nebst einer kurzen Uebersicht der chirurgischen Vorlesungen, welche im Hôtel Dieu zu Paris gehalten werden. (Journal de chirurgie. Dt.) Bd 1 - 10, gbd., Abb.

Frankfurt am Mayn: { Bd 1-4: Fleischer 1791-1794<br>Bd 5-10: Guilhauman 1798 - 1801

Desault, Pierre Joseph: Auserlesene chirurgische Wahrnehmungen.
Bd. 11.12:
Aus d. Franz. nach der 2. von Phil. Jos. Roux besorgten u. verm. Ausg. von Christian Friedrich Dörner. Enthält die Krankheiten der Harnwege (Desault: Traite des maladies des voies urinaires. Deutsch.) von (Xavier) Bichat — bearb. Frankfurt/M.: Guilhauman 1806

Desaussure s. Saussure de.

Des Bans, Luis [wirkl. Name], s. Bellegarde, Jean-Baptiste Morvan, Abt von

DESBANS, PT. PAUL, Specimen practicum de hydrope peritonæi saccato memoralili casu confirmato. Ed. RUD. AUG. VOGEL. Gottingæ. 1761. 4. P.

Desbarats, P. L., s. Gouffé, J., die feine Küche.

Desbassayns de Richemont, Graf, die neuesten Studien über die römischen Katakomben. Mit einem Briefe des Cav. G. B. de Rossi. gr. 8. (XXIII, 496 S.) Mainz 872, Kirchheim.

Les trois petits mousquetaires. Par Emile **Desbeaux**. Auswahl. Zum Schulgebr. hrsg. von Dr. R[ichard] Kron, Oberl. 2. Aufl. Berlin: R. Gaertner 1903. (VII, 116 S.) 8°
= **Schulbibliothek** franz. u. engl. Prosaschriften aus d. neueren Zeit. Abt. 1, Bdch. 36. lc§ 9296

Desberger, s. a. D e s s b e r g e r

Desberger, Anton Friedrich A.

*Desberger,* Ant. F. A., archaeologia medica Alcorani, medicinae historiae symbola. 8maj. Gotha u. Erfurt 831. Hennings. 4 gl.

— Biargruna; worin d. Pelvimeter pluriformis, als neueste Erfindung eines Instrumentes f. Entbindungskunde u. als Beitrag zu diesem Theile d. Nachkommenschaft-Heilkunde (Medicina propagini) abgebildet u. beschrieben. Mit 3 Steindr. gr. Fol. Berl. 824. Nicolai. 1 rthl 8 gl.

— Encyklopädie d. Staatslehre u. d. Lehranstalten von d. objectiven Seite aufgefaßt. gr. 12. Erf. u. Gotha 831. Flinzer. (Reichenbach in Leipz.) 3 gl.

DESBERGER, A. F. A.: Beschreibende Forst-Insectenkunde. - Gotha 1835. 400 S., 5 Taf. - 2. neubearb. Aufl. 2. Tl. der in 1. Aufl. in einem Bd. ersch. Forstinsectologie oder Naturgeschichte ... v. J. M. Bechstein. - (=IV. Tl. 2. Bd., 2. Abt. v.: Die Forst- und Jagdwissenschaft nach allen ihren Theilen für angehende und ausübende Forstmänner und Jäger. Hrsg. v. J. M. Bechstein, fortges. v. C. P. Laurop. U. d. T.: Beschreibung der Forst-Insekten nebst ihren Verhütungs- und Vertilgungsmitteln)

Desberger, (Deßberger) Ant. F. A., Forstinsektologie, s. a. J. M. Bechstein Forstinsektologie.

—— Forstinsectologie, s. Forst- u. Jagdwissenschaft 2c., IV. Thl. 2. Bd. 2. Abthl.

— Forstkräuterkunde, s. a. J. M. Bechstein, Forstbotanik.

—— Forstkräuterkunde, s. Forst- u. Jagdwissenschaft 2c., I. Thl. 2. Bd.

—— Grundlinien e. vergleich. Zootomie d. Forst- u. Jagdthiere. gr. 8. (4¼ B.) Gotha 834, Hennings u. Hopf.

—— Megistologie, od. philosoph. Wissen u. Lehren in Beziehung auf Staatswirthschaft. Ein Programm f. Forst- u. Landwirthschaftschulen u. Lehrer an solchen Anstalten. gr. 12. (1 B.) Erfurt 831. [Leipzig, Gebr. Reichenbach.]

Desberger, Anton Friedrich A.: N a t u r g e s c h i c h t e und Beschreibung der deutschen Forst-Kryptogamen, s. B e h l e n , Stephan

— Schwangerschaftskalender, s. Aerzte, Geburtshelfer u. Hebammen. 8. Berlin 827, Laue.

—— Schwangerschafts-Kalender z. Gebr. f. e. leichte u. sichere Berechnung d. Entbindung, nebst e. kurzen Unterr. in Beziehung auf Schwangerschaft u. Entbindung. gr. 8. (1 B. u. 6 Tab. in gr. 4.) Gotha 831, Hennings.

— Tod u. Scheintod, Leichen- u. Begräbnißwesen, als wichtige Angelegenheit d. einzelnen Menschen u. d. Staates. 8. Erfurt 833. Flinzer. (Reichenbach in Leipz.) 4 gl.

DESBERGER, Anton Friedrich A.: Kritische Übersicht des Ganges der deutschen Forstliteratur von ihrem Beginne an bis auf unsere Zeit. - Gotha 1835. 96 S.

Des(ſſ)berger, A. F. A., krit. Ueberſicht d. Ganges d. deutschen Forstliteratur, von ihrem Beginne an bis auf uns. Zeit. gr. 8. (6 B.) Gotha 835. [Erfurt,] Hennings u. Hopf.

Desberger, Fr. Ed., Algebra, od. d. Elemente d. mathemat. Analysis. 4. (34 B.) Stuttgart 831, Hallberger.

—— Arithmetik v. d. Rechnung mit benannt. Zahlen angefangen. gr. 8. (10¼ B.) München 832, Franz.

Desberger, Fr. Ed., Arithmetik von der Rechnung mit benannten Zahlen angefangen. 2e, vom Verf. revidirte Aufl. gr. 8. München 836. Franz. ⅜ rthl

—— über d. Generalcharte v. Süd-Amerika. Anh. zu Spix u. Martius Reise in Brasilien. M. 1 Karte d. Amazonenstromes. gr. 4. ... München 831. (Leipzig, Fr. Fleischer.)

Desberger, Fr. Ed., Lehrbuch d. Arithmetik. 3. revid. Aufl. Herausgeg. v. G. Recht. gr. 8. München 846, Franz. ⅜ rthl

Desberger, Fr. Ed., Lehrbuch der Arithmetik. 3., revid. Aufl. herausg. von G. Recht. gr. 8. (154 S.) München 847, Franz. -

— über den Standpunkt der Technik seit dem letzten Frieden. Eine Rede bei der Feier des 25jährigen Jubiläums des polytechnischen Vereins für Bayern. 4. München 841, Fleischmann. ¼ rthl

—— die Statik d. festen Körper. Neu bearb. 1. Buch. Gesetze d. Gleichgewichtes bey freien, festen Systemen. gr. 4. (12½ B. u. 2 Stnt.) München 835, (Franz.) •

— über d. öffentl. Unterricht überhaupt u. über polltechn. Schulen insbesondere. 8. Augsb. 827. v. Jenisch u. St. 16 gl.

Desbillons, François Joseph Terrasse

— ars bene valendi. 8. Manh. 788. N. A. 809. Löffler. 6 gl. Postp. 8maj. 9 gl.

Desbillons, Francois Joseph Terrasse (Bearb.), s. A e s o p : Fables.

— carmen de pace christiana. 8. Manh. 789. Löffler. 8 gl. Postp. 9 gl.

— eclaircissement nouveau sur la vie et les ouvrages de Guil. Postel. gr. 8. Lüttich 773. (Manh.) Löffler. 14 gl.

— Aesopische Fabeln. 15 Bücher. 2 Thle. 8. Augsb., Daisenberger. 1 rthl 4 gl.

— Aesop. Fabeln; ein deutsches Lese-, oder latein. Uebungsbuch. 8. Münch. 792. Lindauer. 10 gl.

**Desbillon, Franç. Joseph Terrasse. Fabeln ... München 1792. H: *Gaill, Gelasius.* (MGT)**

— Aesop. Fabeln ins Deutsche übersetzt v. J. G. Prändel. (Mit e. Vorrede v. A. X. Weinzierl.) 8. Münch. 792. Lindauer. 2e A., herausg. v. G. Gail. 8. Ebd. 821. 8 gl.

— — s. a. Weinzierl.

Desbillons, Francois Joseph Terrasse: F a b l e s , traduits en Franc., avec le texte latin. II Vol. 8° Manh. 1779, N.A. 8; Ebd. 1781. Acad. B.

— — traduites en françois, p. l'Auteur 2 Tom. 8. Paris (Haas, le fils à Basle.) 780.

— fables choisies. 8. Frankf. a. M. 768. (Schäfer). 5 gl.

— Fabulae Aesopicae. Libri X. dilig. emendati. 8. Augsb. 763. N. A. 8. Ebd. 778. Wagner. 8 gl.

Desbillons, Fabulae Aesopiae. Cum figg. Manhem. 768-92. 3 Vol. 8. 3 rthlr. 14 gr. Ib. 808. 2 Vol. 8. 1 rthlr. 8 gr.
— — Latine et Gallice. Manhem. 779. 2 Vol. 8. Paris. 809. 2 Vol. 12.
— — Lat. u. deutsch von Andres. Würzb. 789. 2 Thle. 8. 1 rthlr. 8 gr.

— Fabulae Aesop. emend. c. fig. III Vol. 8. maj. Manuh Löffler. 768—92.

— lib. XV. ed. Andres. II Tmi. 8. Würzb. Rienner. 789.

Desbillon, F. J., Fabularum Aesopicarum libri XV. Desbillons 15 Bücher Aesop. Fabeln 2c. Herausgeg. von B. Andres. 2 Thle. Hat Göbhardt in Bamb. u. kost. auf Schrbp.

— Fabulae Aesopicae, in deutsche Reime übersetzt v. Jos. J. Pracht. 8. Münch. 800. Lentner. 16 gl.

— — idem liber. Libri IX. II Vol. 8. Manuh. Löffler. 809

— Gedicht v. d. christl. Frieden; aus d. Latein. übers. unter Aufsicht J. Mayer's von d. Edelknaben zu Pfalzbaiern. 8. Münch. 790.

(Desbillons, Franç. Jos. Terrasse.) Histoire de la vie et des exploits militaires d'Alberte Barbe d'Ernecourt, connue sous le nom de madame de Saint-Balmont. 8. Liége 1773. — 8 Mannheim 1773. Löffler

*Desbillons*, Frz. Jos., († d. 19. März 1789.) de imitatione Christi, s. *Kempis*.

— miscellanea posthuma, s. *Aesopi* fabulae.

— miscellanea posthuma. 8. maj. Mannheim, Bürgerspital 792. Postp.

— miscellanea posthuma, sive fabulorum Aesopiarum libri Tom. 8. Manheim, Löffler. 792. 8. maj. mit Portrait. Postp. 8. mit Portr. Postp.

Des Billons, Franc. Jos., Oratio studendi scribendique formam in Gallia factam esse deteriorem, quam ex mss. nunc primum ed. G. Fr. Gräff. 8. (24 S.) Mannhemii 852, libr. Löffler. *

— vergl. *Phaedrus*

Desbois, Dictionnaire milit., augm. p. d'Eggers. 2 Vol. 8. maj. Dresd. Walther. 751.

des Bordes, L. v., geb. Brentano v. La Roche, Kinderlieder. (1. Ausg. 16. (72 S.) 1853. 10 Ngr. und 2. Ausg.) gr. 8. (80 S. mit eingedr. Holzschn.) Regensburg 854, Manz.

Des Bordes, L. v., geb. Brentano von La Roche, geistliche Lieder. Regensburg 853. Manz. 16. (XII, 276 S.) 25 ngr.

Desbordes-Valmore, Mad., Gedichte, s. Edelstein u. Perle.

Desbordes-Valmore, Mme., les petits sauvages, hrsg. v. F. Lotsch, s.: Schulbibliothek, französische u. englische. C 40.

Desbordes-Valmore, Made., Violetta. R. d. Franz. v. Amalia Winter. 2 Bde. 8. (36 B.) Leipzig 840, Kollmann.

Desborough, ..., s. Geschichte, allgem., der Reisen u. Entdeckungen zu Wasser u. zu Land.

Desboulmiers, Jean Augustin Julien: Geschichte berühmter Mädchen des 18. Jahrhunderts. Aus d. Franz. 4 Thle. Mit TVignn. Paris u. Frankfurt (Lübeck in Bayreuth) 1762-68.

*Desbout*, ..., s. *Bacheracht*, Diss. hygien. sur le conversat

Descamps, Edouard

Descamps, Ed., Afrika. Preisgekr. Drama in 5 Aufzgn. A. d. französ. Alexandrinern in deutsche Jamben übertr. von L. v. Heemstede. Spez. v. Verf. autor. Übersetzg. M. e. Vorwort d. Verf. u. e. Briefe Stanleys. gr. 8. (126 S.) Münster 894. (H. Schöningh.) n. 2.—; geb. in Leinw. n. 3.—

[F.] Afrika. Preisgekröntes Drama in 5 Aufz. v. Eduard Descamps, Prof. an d. Univ. Löwen. Aus d. franz. Alexandrinern in deutsche Jamben übertr. v. L. v. Heemstede [d. i. Leo Tepe]. Speziell v. Vf. autoris. Übs. *Münster i. W.: 'Kreuz & Schwert' 1895.* (111 S.) 1 Bd 8. [illegible]

Descamps, Ritter v., d. Organisation d. internationalen Schiedsgerichtes. Denkschrift an d. Mächte. M. e. Anh.: Projekt üb. d. Errichtg. e. permanenten internat. Schiedsgerichtshofes i. d. durch d. interparlamentar. Konferenz z. Brüssel (Session 1895) angenomm. Form. Autor. Uebersetzg., angefert. i. Auftrage der „österreich. Gesellschaft d. Friedensfreunde" zu Wien u. d. „deutschen Friedensgesellschaft" z. Berlin von Alfr. Herm. Fried. 8. (XI, 108 S.) München 897. A. Schupp. n. —60

Descamps, Edouard: Tableau decennal de l'organisation, du personnel et des travaux de l'Institut de droit international (Periode 1894-1904). Paris: Pedone; Berlin: Puttkammer u. Mühlbrecht 1903. 171 S. 8°

Descamps, Jean Bapt., s. a. Deschamp, Jean Bapt.

Descamps, Jean Bapt. Reise durch die Niederlande; aus dem Franz. Leipz. 1771. Ü: *Volckmann, Johann Jacob.* (MGT)

DES-CARS, Amédée Joseph Comte: Das Aufästen der Bäume (L'Elagage des arbres, dt.) Praktische Abhandlung über die Kunst, die Wald- und Einfaßbäume zu ziehen, ihr Wachsthum zu beschleunigen und ihren Werth zu vermehren. - Cöln 1868. X, 100 S. - Nach d. 6. Originalaufl. m. Autorisation d. Verf. frei ins Deutsche übertragen durch C. Haber, eingeleitet d. e. Vorwort v. Joseph Wessely.

Des-Cars, Graf A., das Aufästen der Bäume. Praktische Abhandlung über die Kunst, die Wald- und Einfaßbäume zu ziehen, ihr Wachsthum zu beschleunigen und ihren Werth zu vermehren. Mit 71 (eingedr.) Holzschn. und 1 lithogr. Abbild. (in Buntdr.). Nach der 6. Orig.-Aufl. mit der Autorisation des Verf. frei ins Deutsche übertragen durch C. Haber und eingeleitet durch ein Vorwort von Jos. Wessely. 8. (XI, 105 S.) Köln 868, DuMont-Schauberg'sche Buchh. *

Des Cars, A. Graf, das Aufästen der Bäume. Practische Abhandlung über die Kunst das Wachsthum der Bäume zu fördern und deren Werth zu erhöhen. Mit Zustimmung des Verf. nach der 7. Aufl. aus dem Französ. übers. von Phpp. Prinz v. Arenberg. 8. (VII, 94 S. mit 70 in den Text eingedr. Fig. in Holzschn.) Bonn 876, Cohen und Sohn. *

Descartes, René, Abhandlg. üb. d. Methode d. richtigen Vernunftgebrauchs u. d. wissenschaftlichen Wahrheitsforschg., s.: Universal-Bibliothek.

Descartes, René. Betrachtungen üb. die Grundlagen der Philosophie, s. Universal-Bibliothek Nr. 2887.

Descartes, René, Discours de la méthode, s.a. Bibliotheca romanica.

— Discours de la méthode pour bien conduire sa raison et chercher la vérité dans les sciences, hrsg. v. P. Ziertmann. s.a. Schriftsteller, französische, aus dem Gebiete der Philosophie usw. (II.)

Descartes, Discours de la méthode. Erklärt von F. C. Schwalbach. gr. 8. (86 S. mit 1 lithogr. Taf.) Berlin 879, Weidmann'sche Buchh. *

— die Geometrie. Deutsch hrsg. v. Ludw. Schlesinger. gr. 8. (XI, 116 S. m. 2 Taf.) Berlin 894. Mayer & Müller. n. 3. 60

Descartes', R., Hauptschriften, s. Fischer, K., Geschichte der neuern Philosophie.

Descartes', René, Hauptschriften zur Grundlegung seiner Philosophie. In's Deutsche übertragen und mit einem Vorwort begleitet von Kuno Fischer. gr. 8. (XIV und 203 S.) Mannheim [Heidelberg] 863, Bassermann'sche Verlagsh. *

Descartes, Ren., Tractat von den Leidenschaften der Seele. Deutsch v. *Tilesius*. -Frkf. 8°.
1723

Cartesius, Renat., v. d. Leidenschaft d. Seele. 8. Halle. 723.

Descartes', René, Meditationen üb. die Grundlagen der Philosophie, s.: Bibliothek, philosophische. 27.

Descartes, René. Meditationes de Prima Philosophia: In usum Academicum hac forma ac facie editae. Herbornae Nassoviorum 1705. H: *Pungler, Abr.* (Linde, Nassauer Drucke. Wiesbaden 1882.)

**des Cartes**, Renati, Meditationes de prima philosophia, in quibus Dei existentia et animae humanae a corpore distinctio demonstrantur. 8maj. Berol. 842, Bethge. 1/4 ℔

**Descartes**, René, meditationes de prima philosophia. Zum akadem. Gebrauche neu hersg. u. eingeleitet von C. Sigm. Barach. Wien 866. Beck. gr. 8. (VIII, 72 S.) n. 16 ngr.

— Meditationes de prima philosophia. Nach der Pariser Orig.-Ausg. u. der ersten französ. Übersetzg. m. Anmerkgn. neu hrsg. v. C. Güttler. gr. 8. (V, 250 S.) München 901. C. H. Beck. n. 4. 50

**Descartes**, Ren., Obs. de passionibus animae tribus absolutae partibus, quarum agit I. de passionibus in genere, II. de numero et ordine passionum cum explicatione sex primitivarum. III. de passionibus particularibus. Ed. nova. 208 pp. Hann. 1707. 4°. Ins Deutsche von H. v. *Kirchmann* in: Phil. Bibl. 82. u. 83. Hft. Brl. 1870.

— observat. de Passionib. animae. 8. Hannov. Helwing. 707.

— et Benedicti de Spinoza praecipua opera philosophica recognovit notitias historico-philosoph. adjecit Car. Riedel. Vol. I. et II. — Vol. I. Cartesii meditationes; Spinozae dissertationes. Vol. II. Spinozae Ethica. 16maj. Leipzig 843, Hartung. à 3/4 ℔

— s.: Optik, meteorologische.

— regulae ad directionem ingenii. Nach der Orig.-Ausg. v. 1701 hrsg. v. Art. Buchenau. (IV, 66 S.) gr. 8. Leipzig 907. [Dürr'sche Buchh.] Fel. Meiner. 1. —

Descartes', René, Untersuchungen über die Grundlagen der Philosophie. Uebers., erläut. und mit einer Lebensbeschreibung des Descartes versehen von J. H. v. Kirchmann. 2. Aufl. 8. (152 S.) Heidelberg 882, Weiss' Verlag.

**Descartes'**, René, philosophische Werke. Uebersetzt, erläutert u. mit einer Lebensbeschreibung des Descartes versehen von J. H. v. Kirchmann. 2. Abth. Untersuchungen über die Grundlagen der Philosophie. 2. Aufl. 8. (152 S.) Heidelberg 882. Weiss' Verl. n. 1. —

René **Descartes'** philosophische Werke. Abt. 1–4. Leipzig: Dürr 1887–1906. 5 Bde 8°
1. Abhandlung über d. Methode. Neu übers. u. mit Einl. u. Anm. hrsg. von Dr Artur Buchenau. 1905
1 ⟨Forts.⟩ 1 Regeln z. Leitung d. Geistes. 2. Die Erforschung d. Wahrheit durch d. natürl. Licht. Übers. u. hrsg. von Dr Artur Buchenau. 1906.
2. Meditationen über d. Grundlagen d. Philosophie In 3. Aufl. neu übers. u. mit ausführl., auf Descartes' eigene Schriften gestützten Komm hrsg. von Dr. Artur Buchenau 1904.
3. Die Prinzipien d Philosophie (Übers u. erl von J[ul.] H[erm.] v. Kirchmann.) 2 Aufl Mit 12 Taf. 1887.
4. Über d. Leidenschaften d. Seele. (Übers. u. erl. von J. H. v. Kirchmann.) 2 durchges. Aufl. 1891.
= **Bibliothek**, Philosophische. [Neue Ausg.] Bd 20. 20a. 27–29. [08.6733

**Descaves**, Lucien. Aus französ. Kasernen [Sous-Offs]. Militärischer Roman. Uebers. v. Ludw. Wechsler. gr. 8. (260 S.) Budapest 890, Grimm. * 3 —

**Descendenz, Die,** des Geheimen-Konferenzrats . . . Frederik Ferdinand von Krogh . . . Lübeck 1892. V: *Krogh, Charlotte v.* (Berl)

Descendenz des Geh.-Konferenzrats, Kammerherrn etc Sr. Excellenz Friedr. Ferd. von Kroph und andere Familiennachrichten. Lübeck 1892. 8.

**Desch**, Cecil H(enry), B. Sc. aus London: Ueber farbige organische Ferri-Verbindungen. *Leipzig 1902: (E. Polz).* (37 S.) 8°
Würzburg, Phil. Diss. v. 1902

**Deschalles**, Robert
**FRANTZÖSINNEN**, Der illustren, wahrhaffte Geschichten, worinnen man in sehr besondern u. gantz verschiedenen Charakteren eine grosse Anzahl seltener und ausserordentlicher Exempel von schönen Manieren u. Galanterie der Personen eines u. andern Geschlechts dieser Nation findet (aus d. Französ. des *Robert Deschalles*, ins Teutsche übers. von Iriflor, d. i. Joh. Fr. Riederer). 2 Thle. Mit (drastischen) Titelkpfrn. Franckfurt u. Leipzig, (Nürnberg) 1728. 8°. (In München: P. o. gall. 869, schönes Expl.) Ausser Vorst. (incl. Titel in Roth u. Schwarz) 512+524 Seiten.

**Deschamp**, Jean Bapt., s. a. Descamps, Jean Bapt.

**Deschamp**, J. B., Reise durch Flandern u. Brabant, in Absicht auf d. Mahlerei rc. Aus d. Französ. v. J. A. Volckmann. gr. 8. Leipz. 791. Schwickert. 16 gr.

**Deschamps**, s. a. Dechamps.

(**Des Champs.**). Die beiden letzten Feldzüge des Marschalls von Türenne in Teutschland 1674 und 1675, nebst dem, was nach seinem Tode unter dem Grafen von Lorges vorgegangen. A. d Franz. 8. Mit Karte. Leipzig 1762

**Deschamps**, A. L.: De quibusdam juris metallici capitibus. Wittenberg, 1783. 70 S.

**Deschamps**, Arsène, la genèse du scepticisme érudit chez Bayle. gr. 8. (238 S.) Liège 878. Bonn, Strauss. 6. —

Deschamps, Emil —. Romeo und Julie. Dramatische Symphonie mit Chor, Solostimmen und Recitativ. Deutsche Uebersetzung des Gedichtes von — — durch Duisberg. Musik von Hektor Berlioz. 8. (16 S.) Prag. Buchdruckerei des M. Landau. 1854.

**Deschamps**, Emilie, die Hugenotten, s.: Meyerbeer, Giac.

**Deschamps**, Gaston, d. heutige Griechenland. Autor. Übersetzg. v. Paul Markus. 8. (VIII, 413 S.) Grossenhain 896. H. Starke. n. 4. —

**Deschamps**, Joseph François Louis

**Deschamps**, J. L., Abhandl. über d. Krankheiten d. Geruchsorgans u. d. Nebenhöhle d. Nase; aus d. Französ., mit Anmerkk. v. Ch. Fr. Dörner. gr. 8. Stuttg. 805. Metzler. 20 gr.

**Deschamps**, Joseph François Louis: (Observations sur la ligature des principales artères des extrémités, à la suite de leurs blessures et dans les anévrismes. Deutsch:) Beobachtungen und Bemerkungen über die Unterbindung der verwundeten Hauptschlagadern u. bes. über das Anevrysma der Kniekehlenschlagader. Aus d. Franz. nach d. 2.Ausg. Hrsg. von (Bernhard Gottlob) Schreger. Mit 1 Kupfer. Fürth: Bureau f. Literatur 1803. 155 S. 8°

— Beob. u. Bemerk. üb. d. Unterbind. d. verwund. Schlagadern rc. a. d. Franz. v. Schreger. m. K. 8. Nürnb. Campe, (Heerbrand in Stuttg.) 803. Rthlr.

**Deschamps**, Paul, eine Kunstreiterin des Hippodrome. Würzburg 864. (Julien.) 16. (96 S.) 10 ngr.

— wie eine Pariserin heirathet. Ein Sittengemälde. 16. (112 S.) Würzburg 864, (Julien's Buchh.)

**Deschanel**, Emile, le bien qu'on a dit de l'amour. 16. (216 S.) Leipzig 857, A. Dürr.

— le bien et le mal qu'on a dits des enfants. 16. (217 S.) Leipzig 857, A. Dürr.

— histoire de la conversation. Édit. autorisée. Ebend. 857. 32. (216 S.) 15 ngr

— le mal qu'on a dit de l'amour. Édit. autorisée. Ebend. 857. 32. (223 S.) 15 ngr

—— le mal qu'on a dit de l'amour. 16. (228 S.) Leipzig 858, A. Dürr.

—— la vie des comédiens. Romans, comédies, satires — biographies, mémoires, anecdotes. — gr. 12. (380 S.) Leipzig 859, A. Dürr. *

Deschanel, Emil, Was man den Frauen Böses nachgesagt hat. 16. (120 S.) Leipzig 855, Wengler. *

**DESCHANEL,** Was man den Frauen Böses nachgesagt hat. (Aus d. Französ.) Mit 1 Beilage. Leipzig 1858. 12⁰.
Auction Ritter v. Schwarz. Wien, Octob. 1869, Nr. 410.

**Deschauer,** Alfons, a. Oberursel: Über Umwandlungsreaktionen des Dicarboxyaconitsäuremethylesters. Bonn 1906: C. Georgi. (39 S.) 8°
Bonn, Phil. Fak., Ref. Anschütz, Diss. v. 21. Febr. 1906
[Geb. 3. Mai 82 Oberursel; Wohnort: Bonn; Staatsangeh.: Preußen; Vorbildung: Lessing-Gymn. Frankfurt a. M. Reife O. 01; Studium: Bonn 9 S.; Rig. 13. Dec. 05.]

**Deschauer,** Joseph: Beiträge zur Klimatologie Fuldas und seiner Nachbarstationen. M. 43 Tab. u. 1 Diagramm als Anlage. *Fulda 1898: (J. L. Uth u. Fuldaer Actiendr.).* (100 S. mit Taf.) 8° ¶ (Aus: VIII. Bericht des Vereins für Naturkunde zu Fulda.)
Münster, Phil. Diss. v. [14. Juli] 1898

**Deschauer,** Josef, a. Frankfurt a. M.: Ueber die Kondensation von Aceton mit Bernsteinsäureester Heidelberg 1905: K. Rössler. (41 S.) 8°
Heidelberg, Naturw.-math. Fak., Ref. Curtius, Diss. v. 8. Febr. 1905
[Geb. 1. Sept. 79 Frankfurt a. M.; Wohnort: Heidelberg; Staatsangeh.: Preußen; Vorbildung: Lessinggymn. Frankfurt a. M. Reife O. 99; Studium: Heidelberg 9 S.; Rig. 5. Febr. 04.]

Deschauer, L. J., Leitfaden zur Vorbereitung für die erste Prüfung, welche Militäranwärter und jüngere Leute [künftige Postgehülfen] vor ihrer Aufnahme in den Post- rc. Dienst abzulegen haben. Nach eigener Methode bearb. 8. (IV, 127 S.) Herford 884, Menckhoff. *

**Deschaumes,** Edm., Journal d'un Lycéen de 14 ans pendant la siège de Paris, hrsg. v. R. Kron, s.: Schulbibliothek, französ. u. engl.

**Deschavannes,** H., gramatyka polska-francuska. Część pierwsza. gr. 8. (VII, 208 S.) Leipzig 873. Brochhaus' Sort. n. 3. —

DESCHENAUX, Heinrich (Romont): Ein Fall von Perodactylie. Mit 2 Abb.- München: Wolf 1893. 21 S. 26.7.1893 - Chr 1893/94,12; Jv 1893/94,195
**Diss.** Ingolst-...

**Deschermeier,** Josef: 'Engelsläuten' oder: 'Das Gebet der Mutter'. Ein Weihnachts-Melodram f. Deklamation, Chöre ... u. Pianofortebegleitung. Gedichtet u. komp. von Josef Deschermeier. Op. 83. Textbuch. Regensburg: Gleichauf [1908]. 8 S. 8⁰

Deschiffrirkunst, die, eine Anweis. geheime Schriften zu enthüllen. 2. Aufl. Leipz. 836. Central-Comptoir.

**Deschler, Rud., das steinerne Herz, s.: Theaterbibliothek.**

Deschmann, Adalbert Anwendung der Differentialgleichungen 1. Ordnung und *n*. Grades auf geometrische Beispiele mit besonderer Berücksichtigung der singulären Lösungen. 8 (16 S.).
**Progr.** Landes-Oberrsch. *Graz* 1886.

Deschmann, Adalb. Auflösung von transcendenten Gleichungen und Anwendung derselben auf einige geometrische Beispiele. 15 S. 8. Progr. *Cilli* 1877.

Deschmann, G. Führer durch Oesterreich's Schulen. Eine systemat. Darstellg. der Unterrichts- u. Erziehungsanstalten der Unter- u. Mittelstufe f. die männl. Jugend in den im Reichsrathe vertretenen Königreichen u. Ländern. gr. 8. (VIII, 180 S.) Pilsen 892, Steinhauser. * 2 —; geb. in Leinw. * 2 40

Deschmann, Karl

—— und Ferd. v. Hochstetter, prähistorische Ansiedelungen und Begräbnissstätten in Krain. Erster Bericht der prähistor. Commission der mathematisch-naturwissenschaftl. Classe der kaiserl. Akademie der Wissenschaften. Nebst einem Anhang über 2 Skelette aus den Gräbern von Roje bei Moräutsch in Krain. Von J. Sombathy. Imp.-4. (54 S. mit 18 Fig. im Text und 22 lithogr. Taf.) (Ebendas.) 879. *
Aus: Denkschriften der k. Akademie der Wissenschaften, besonders abgedruckt.
Vgl.: Hochstetter, Ferd. v.

Deschmann, Carl, Bericht über die Pfahlbautenaufdeckungen im Laibacher Moore im J. 1876. Lex.-8. (16 S. mit 1 lithogr. Taf.) Wien 877, (Gerold's Sohn.) *
Aus: Sitzungsberichte der k. Akademie der Wissenschaften, besonders abgedruckt.

Deschmann, C., Der Bronzehelm von Weisskirchen in Unterkrain. S.-A. 1883. 10 S.

– 7. Bericht der prähistorischen Kommission. von Ferdinand von Hochstetter: 6.) Die Hügelgräber von Rovišče in der Pfarre Brundel (Studenc) im Gerichtsbezirke Gurkfeld in Unterkrain mit 1 Taf. und 3 Holzschnitten. Anhang von F. v. Hochstetter. S. 89. I. '78. Siehe I. Abt. Mitt d. prähist Komm.
Separatabdruck

**Deschmann,** Karl (Red.), s. Jahreshefte d. Vereines d. krain. Landes-Museums.

Deschmann, Carl, prähistorische Nachgrabungen in Krain im J. 1882. Nach briefl. Mittheilungen. gr. 4. (10 S. mit eingedr. Fig. und 1 Taf.) Wien 884, (Hölder.) *
Aus: Mittheilungen der anthropologischen Gesellschaft in Wien, besonders abgedruckt.

Deschmann Karl: Über einen merkwürdigen Schneefall in der Umgebung von Reifnitz am 21. Februar 1864. S. 49. II. '67 . . . . . . . . . . . . . . . . . . vgr.
Separatabdruck

Deschmann Rudolf: Die Schlacht bei St. Gotthard an der Raab.
II. 1909 PN 2695 Diss. Wien, Univ.

Deschner, C., Abbildung der Modelle zu Gusswaaren bei der k. württemb. Eisengiesserei Wasseralfingen. 1. Heft. Imp.-4. (48 Stnt.) Stuttgart 848, Ebner'sche Kunsth. *

Deschner, Con., Anfangsgründe im Ornamentenzeichnen für Real- und gewerbliche Fortbildungs-Schulen. 30 Wandtaf. 1. Aufl. * 2 Thlr. 24 Ngr. und 2. Aufl. Lithogr. Imp.-Fol. Heilbronn 863, Class'sche Buchh. *

**Deschner,** Con., 30 (lith.) Wandtafeln. Anfangsgründe im Ornamentenzeichnen für Real- u. gewerbl. Fortbildungsschulen. Neue Ausg. Heilbronn 867. Schmidt. gr. Fol. 2 ℛ

Deschwanden. Die Unterwaldner Maler (Melchior) Paul (1811–1881) und Theodor (1826–1861) v(on) D' *s.* (Pestalozzi, Fr[iedrich] Otto).

Deschwanden, Aloys von *s.* Panner. Die alten P' der schweizerischen Urkantone.... (Zurich 1843.)

**Deschwanden.** C. v. Das alte Landbuch von Nidwalden. Einsiedeln.

Deschwanden. C. v. Das alte Wehrwesen in Nidwalden. 1860.

Deschwanden, Gallus v[on]. Klinische Beiträge zur Aether-Narcose. Dis[s]. Med. Bern. 122 S. 8. Sarnen, Josef Müller, 1902.

Deschwanden, J. W., Abriß der Mechanik zum Gebrauch beim Unterricht an höhern Lehranstalten. gr. 8. (XIX und 132 S. mit 55 eingedr. Holzschn.) Zürich 848, Orell, Füßli und Comp.

—— über die in den Beharrungszustand gelangte Bewegung der Flüssigkeiten. gr. 8. (IV und 92 S. mit 1 Stnt. in qu. gr. 4.) Zürich 848, Orell, Füßli und Comp.

Deschwanden, J. W. v., Bewegung der Wagenzüge auf atmosphärischen Eisenbahnen nach den Grundsätzen d. Mechanik beurtheilt. gr. 8. (11½ B.) Zürich 846, Meyer u. Zeller. —

— Bewegungen der Wagenzüge auf atmosphärischen Eisenbahnen nach den Grundsätzen der Mechanik beurtheilt. gr. 8. (VIII u. 180 S.) Zürich 847, Meyer & Zeller. 1/8 ℛ

Deschwanden, J W. v. Über Locomotiven für geneigte Bahnen. 4.

Deschwanden, Joseph Theodor. Leben des ehrwürdigen Bruder Konrad Scheuber von Altzellen (1481–1559), Tochtersohn des sel Nikolaus von der Flüe. Neu bearb. von J' Th' D'... (*Umschlag: Der ehrwürdige Br' K' Sch'. Von J' Th' Deschwanden.... Bändchen 1: Lebensgeschichte). ([Mit] Beilagen, [3 Abbildungen, 1 Ansichtstafel und 1] Stammtafel.) 8. Stans 1860.
(Als Theil 2 der Lebensgesch' erscheint das [von] K' Sch' gebrauchte Gebetbuch „Seelengarten".)

Deschwanden, K., die eidgenössischen Abschiede, s. Sammlung, amtliche, der älteren eidgenössischen Abschiede.

Deschwanden, Karl, s. Sammlung, amtliche, der ältern eidgenössischen Abschiede.

**Deschwanden,** M. P. v., die Erlösung. Ein Engelgesang in drei Bildern. Einsiedeln 853. Gebr. Benziger. (3 lith. Bl. in qu. Fol.) n. 20 ngr

**Deschwanden, M. P., siehe:** *Liguori.*

Deschwanden's, Melchior Paul v., Biographie, s. Kuhn, Alb.

Desclabissac. üb. d. Spectralanalyse u. ihre Erfolge. Mayen. 4. 26 p.
Schul-/Univ.-Schrift 1864

Descombes, H., Géographie univer. IV Vol. 8. Lausanne, Pott. 790.

**Desconocido, El,** s.: Stimmen aus e. mod. Hölle.

Descot, (P. J.,) üb. d. örtl. Krankheiten der Nerven rc., s.a. Bibliothek der ausländ. Litt. f. Medicin 4r Bd.

Descot, P.J.: Über die örtlichen Krankheiten der Nerven. E. unter Beclard's Anleitung u. mit dessen Beihülfe gearb. Abh. Aus d. Franz. frei bearb. als Nachtrag zu Swan's Werk über denselben Gegenstand, von Justus Radius. Leipzig 1826. XII, 150 S.

Des Côtes, s.a. Côtes.

***Descôtes,*** Jh. Fr., (†...) l'accord parfait des sciences moral et politique avec la religion chretienne. 8. Götting. 805. Dieterich. 12 gr

— s. Auferstehung d. Todten.

— die Auferstehung d. Todten nach d. Neutestamentl. Begriffe, nebst e. Anhang über Evangelium. 8. Kirchheim-Bolanden 791. (Frankf., Jäger). 16 gr

— d. heilige Geist, oder d. gute Princip nach Neutestamentl. Begriffen. 8. Heidelb. 797. (Jäger in Frkf.) 12 gr

— Gesch. u. Lehre von d. Erscheinungen Jesu nach seinem Tode. 8. Manh. 809. Heidelb., Mohr. 16 gr (Hermann in Frankf.) 18 gr

— Grundlinien zu einer wissenschaftl. Moral für alle Menschen. 8. Heidelb. 810. Mohr. 16 gr (Hermann in Frankf.) 12 gr

— Idées philosophiques sur l'Institution progrès à fonder une morale pure. 8. Strassb. 807. Levrault. 1 rthl 4 gr

— Predigten über einige Lieder aus d. neuen Nassauischen Gesangbuch. 8. Frankf. a. M. 786.

— reformirte Predigten. 8. (Leipz., W. Nauck). 2 gr

— Schutzschrift, für Jesum v. Nazareth, oder d. Reich Christi u. Gottes nach Neutestamentl. Begriffen. gr. 8. Frankf. 797. (Fr. Fleischer in Leipz.) 2 rthl

Descotils, H.W. Collet-, s. Collet - Descotils.

Des Coudres, Theodor [Dr.]: Ueber thermoelectrische Eigenschaften des Quecksilbers.... Leipzig, J. A. Barth, 1891: 29 S. 8°
Leipzig, Phil. Fak., Hab.-Schr. v. 1 Jul 1891

Das Casseler Gymnasium Lyceum Fridericianum der siebenziger Jahre. Erinnerungen e. Schülers aus damaliger Zeit. [Verf.: Theodor Des Coudres.] Berlin: Walther & Apolant 1891. (84 S.) 8° [F. u. Ant.]
[Umschlagt:] Das Casseler Gymnasium d. siebenziger Jahre.

Des Coudres, Th. [aus Cassel]: Ueber die Reflexion polarisirten Lichtes an Quecksilber.... Berlin, Buchdr. v. M. Niethe (1887); 31 S. 8°.
Berlin, Phil. Fak., Inaug.-Diss. v. 16. Jul. 1887.

Des Coudres, Th., über die Reflexion polarisirten Lichtes an Quecksilber. Diss. Berlin 1887, Mayer & Müller. 8°. 31 S.

[Gedicht.] Zum Johannis-Feste am 24. Juni 1817 vom Br [Joh. Peter] Descours. [Magdeburg: 1817.] 1 Bl. 8° [Kopftit.]
„Die Söhne des Bundes, mit Rosen geschmückt, . . ."

**Descovich, E.,** sind Schlachtschiffe grössten Tonnengehalts auch ökonomisch? Vortrag, geh. Anfang März im militärwissenschaftl. Verein zu Pola. (25 S. m. 1 Fig.) gr. 8. Pola 908. (Schrinner.) — 50
Sonderabdruck aus „Mittlgn. a. d. Geb. d. Seewesens".

Descovich, Josef, die asiatische Cholera. Zeitgemäße Volksschrift. 8. (20 S.) Wien 865, Braumüller. *

**Descriptio** artis criticae in interpretatione veterum scriptorum . . . Lipsiae 1804. V: *Gerhard, A. G.* (MGT)

**Descriptio, Brevis rei rusticae.** Gissae 1786. V: *Ritzhaub, Johann Andreas.* (MGT) (Ky) (ML)

**Descriptio** brevis rei rusticae (ab J. A. Rizhaub) hat Krieger in Cassel u. kostet 1/3 rthl

Descriptio. – Cabalae verior Descriptio.
Das ist: Gründliche Beschreibung und Erweisung aller natürlichen und übernatürlichen Dingen, wie durch das verbum fiat alles erschaffen, u. darnach durch das centrum coeli et terrae ... generirt, nutrirt, regiert u. corrumpirt wird. Franckfurt: Fleischer 1761. 96 S. 8°.
(Darin ausserdem:) Lullius, Raymundus: (Clavicula & apertorium. Deutsch:) Clavis, ohne welchen andere seine Bücher nicht zu verstehen, aus d. Lat.

**Descriptio** calamitatum quibus Pomerianae terrae ... vexatae ... S. l. 1713. V: *Pylius, Chph.* (Pr)

**Descriptio, Circuli Suevici,** D. i. Beschreibung des Schwäbischen Creysses. Nürnberg 1703. V: *Reichelt, Jul.* (Mitth. M. Grolig.)

**Descriptio** codicis digesti veteris bibliothecae academicae Erlangensis ornamento. Erl. 1791. V: *Pfeiffer, August Friedrich.* (Fiker)

**Descriptio** defensionalis status capituli confraternitatis praebendatorum fratrum lugentium seu plorantium vulgo Sancti Lupi dictorum, ecclesiae Metropolitanae Coloniensi incorporatorum, pro resolutione quaestionis, an . . . pia S. Cuniberti praebendarum fratrum lugentium fundatio plane estingui, seu ad alios usus destinari possit. [Köln um 1719.]

**Descriptio** defensionalis status Capituli Confraternitatis Praebendatorum Fratrum Lugentium seu Plorantium vulgo S. Lupi dictorum ... Pro resolutione quaestionis, an bono jure ... pia S. Cuniberti Praebendarum Fratrum Lugentium fundatio plane extingui, seu ad alios usus destinari ... sine Pontificia authoritate possit ... S. l. ca. 1720. V: *Noell, M. L.* (StBKöln II, 136)

**Descriptio, Doctrinae de Diabolo in libris Joannis propositae brevis.** P. 1. Jenae 1800. V: *Schmid, Joh. Wilh.* (MP) (winer)

Descriptio omnium archidioecesis Coloniensis ecclesiarum parochialium, collegiatarum, abbatiarum et utriusque sexus conventuum regularium nec non celebriorum capellarum ordine alphabetico [circa a. MDCCC] digesta. Hrsg. und mit einem Nachtrage versehen durch Karl Thdr. Dumont. Nebst 1 (lithogr. und color.) Karte der alten Erzdiöcese. gr. 4. (VII, 56 S.) Köln 879, J. und W. Boisserée. *

**Descriptio** et explicatio imaginum inscultarum numismati . . . Viennae 1742. V: *Lázár, Johann.* (SzMJ)

**Descriptio, Geographica,** comitatus Baranyensis ... Quinque Ecclesiis 1783. V: *Papanek, Georg.* (Pk)

Descriptio Historica Utriusque Fortunae Maximiliani Emmanuelis ... Secundum Heroica Majorum suorum Exempla Herculeis Laboribus repraesentata ... Pedeponti [= Stadtamhof, Oberpfalz], apud Joannem Gastl, 1715. 2 Teile in einem Band. Folio. *Frontispiz*, Titel in Rot und Schwarz, 14 Bl. 232, 81 (statt 124) S., *12 große Kupfertafeln, deren 4 je einen Herrscher und 8 je 5 in Medaillons darstellen, 2 gestoch. Stammtafeln und 64 emblematische Kupfer im Text, davon 24 im 2. Teil mit bewegter, dekorativer Umrahmung mit Legende. Mit Holzschnitt-Initialen.*

FdF. 1853. Monumentales Prachtwerk, dem Kurfürsten von der „Germ. Sup. Jesu Societas" gewidmet. Der histor. Text, die laudationes und eingestreuten Carmina und Oden stammen wohl von mehreren Verfassern des Jesuitenordens (nicht in de Backer-Som.). Die schönen Kupfer sind nach COSMAS DAMIAN ASAM, VON SPATT, WOLFFGANG, KLEINSCHMIDT u. a. gestochen, die 24 umrahmten Vign. von C. REMSHARDT gezeichnet und gestochen, die beiden Stammtafeln mit Cartouchen stammen von BODENEHR. Die Kupfer zeigen bayr. Fürsten und Prinzen sowie ein bedeutendes Porträt der Gattin des Kurfürsten, Therese Kunigunde Sobiesky. — Maillinger 833 (ohne Koll.); Faber du Faur 1853 erwähnt ein Porträtkupfer weniger, dafür aber ein doppelblattgr. Kupfer von Corvinus nach Asam, das unserem Ex. fehlt. Außerdem fehlen die Textseiten (ohne Ill.) 82—124 des 2. Teils. — Im gleichen Jahr erschien eine Ausgabe in München bei Jacklin mit dem Titel: Fortitudo Leonina. Daß unser Ex. den 1. Druck darstelle, dürfte Thieme-Becker I, 171 im Artikel über Asam beweisen: „Gleichzeitig entstehen die 7 Vorlagen zu Stichen für die Descriptio ... und ein Altarbild für das Kloster zu Metten". Die Münchener Ausgabe stellt vielleicht eine Titelauflage dar. Vgl. Lipperheide I, 719, Karl und Faber. Kat. 74 und 79 mit ähnlicher Kollation; Stahl 3787 beschreibt ein Ex. ohne die Texts. und Emblemkupfer des 1. Teils.

**Descriptio, Jocosa,** das ist: Beschreibung gar lustig und froh von dem, was sich Neues in unsern Tagen merk- schreib- sodann druckenswert zu hat getragen ... [Köln] 1808. V: *Noel, Matthias Joseph de.* (StBKöln II, 33)

**Descriptio** Lectionum publicarum et privatarum, quae ab magistris scholae Thomanae habebuntur. Lips. 1800. V: *Rost, Friedrich Wilhelm Ehrenfr.* (MGT)

Descriptio terrae Malabar ex Ebn Batutae itinerario ed. et interpretationem et notas adjecit H. Apetz. 4. Jona, Kröker. 819.

**Descriptio** Musei Franciani. Lips. 1781. V: (Th. 1): *Reiz, Frdr. Wolfg.* (Th. 2): *Martini, Georg Heinrich.* (Ky) (ML)

*Descriptio* numorum ex museis Ainslie, Bellini, Bondacca, Borgia, Casali etc. Cum iconibus et anim. in opus Eckhelianum. Lips. 796. 4.

**Descriptio** numorum veterum ex museo Ainslie. Lipsiae 1796. V: *Sestini, A. Domenico.* (EB)

Descriptio salium inflammabilium corporum, terrarum ac lapidum, vide Schoenbauer Minerae metallorum Hungariae et Transylvaniae. Tom. II.

**Descriptio** salium . . . in Hungaria et Transsilvania reperibilium. Viennae 1810. V: *Schönbauer, Vincenz.* (EB)

**Descriptio** vitae Georgii Michaelis Cassai, Hungari . . . Vitemb. 1725. V: *Kirchmaier, Georg Wilhelm.* (ML)

Description de l'abbaye et du pélerinage de Notre-Dame-des-Ermites. 16. (124 S. mit eingedr. Holzschn. und 1 lithogr. Karte.) Einsiedeln 882, Gebr. Benziger. ** Mit 16 Einschaltbildern

— abrége de l'Eléphant, avec son portr. 4. Augsb. 773. v. Jenisch u. St. 1 ℛ (vergl. Beschreib.)

**Description** abrégée des maladies qui regnent les plus communement dans les Armées ... Vienne 1759. V: *Swieten, Gerh. Freih. von.* (WBL) (ML)

Description abrégée et précise des curiosités de la ville de Berne et de ses environs à l'usage des étrangers. 8. Berne 1846.

— — accompagnée des Plans, coupes et élevations des plusieurs édifices remarquables construits depuis le commencement de ce siècle à St. Pétersbourg et dans quelques gouvernements de l'empire de Russie. 4. Paris. (Leipzig, Cleditsch). 819. schwarz

Illum.

Description de l'Afrique par un géographe arabe anonyme du 6. siècle de l'hégire. Texte arabe publié pour la première fois par Alfr. de Kremer. gr. 8. (VII und 83 S. mit lithochrom. Titel.) Vienne 852, (Braumüller.) *

*Description* de l'Amérique et des Indes occidentales. Livre de lecture interessant pour les amateurs de géographie et de l'histoire de nations. Traduit par G. Mila. M. 8 ill. Kpf. 4. Berl. 813. (Sander). 2 ℛ

— d'une Améthyste du Cabinet de pierres gravées de S. Majesté l'Empereur de toutes les Russies, (par H. K. E. Köhler). 8. St. Petersb. 798.

Description suivie de l'analyse et de l'avis des médecins sur l'usage des eaux minérales de Belle-Rive. 8. Basle 1823.

**Description** of Siemens and Halske's submarine apparatus. Berlin (Um 1860?)

— des arts et métiers, à l'usage de la jeunesse ornée de 24 grav. color. rel. Braunschw. 817. Pluchart. 18 ℛ

**Description** des Bains de Geismar en Hesse . . . Berlin 1787. V: *Verdi du Vernois, Adrian Marie François Chevalier de.* (Ky) (MGT) (Call)

— des Bains de Geismar en Hesse (par de Verdi). 8. Berl. 792. Schöne. 8 gl.

— des Bains de Titus; ou Collect. des peintures trouv. dans les ruines des Thermes de cet Empereur, III Livr. Fol. Bern 786—88. Haller. 40 rℓ

— du Cabinet de Ms. Paul de Braun etc., s. Ch. Th. de *Murr.*

— du Cabinet élect. de Dresde, touchant l'histoire naturelle (p. C. H. Eilenburger). Fol. Dresd. 755. Walther. 1 rℓ 8 gl. le même, en Franç. et Allem. Fol. ibid. 2 rℓ 12 gl.

**Description** du cabinet royal de Dresde touchant l'histoire naturelle. Dresde et Leipsic 1755. V: *Eilenburger, Chn Heinr.* (Ky) (EBHN)

**Description** d'une Camée antique du Cabinet Farnese . . . Riga 1810. V: *Köhler, Heinrich Carl Ernst von.* (Ky)

Description d'un Camée antique du cabinet Farneso, conservé autrefois dans le tresor royal à Capo di Monte; avec grav. gr. 8. Riga, Hartmann. (en Comm.) 810.

— d'un Camée antique du cabinet Farneso, conservé autrefois dans le tresor royal à Capo di Monte, avec 1 grav. gr. 8. Riga 810. (Leipz., Serig). 2 rℓ

— d'un Camée du cabinet des pierres gravées de S. M. Imp. l'Empereur de toutes les Russies; avec grav. gr. 8. Riga 810. (Leipz., Serig). 3 rℓ

— des Cataractes et du nouveau Canal de Trollhätta avec l'histoire des travaux, 12. gravures et une Carte. gr. 8. Stockholm, Ulrich.

Description de la Cathédrale de Cologne, f. Beschreibung, neueste, d. Domes zu Köln.

— de ce qu'il y a d'interess. et de curieux dans la résidence de Manheim et les villes principales du Palatinat. 8. Manh. 781. (Löffler). 6 gl.

Description de la cité ouvrière de Staub & Cie. près Geislingen, m Atl. Stuttgart 1867

Description de quelques corps composant les armees françoises par un temoin oculaire
Abbildung und Beschreibung verschiedener Truppen der franzosischen Armee Leipzig, bei Friedrich August Leo 1794
10 S. 3 Taf in kol. Kupferst. 8°

Description. Courte d' du Relief de Jérusalem. 8. Bâle 1878.

**Description** détaillée des Vues remarquables de la Suisse, qui se trouvent dans le Cabinet de Mr. Wagner de Berne. S. l. 1779. Ü: *König, Ludwig Friedrich.* (MGT)

Description of the manufacturing districts of Rhineland and Westfalia. Ed. by the Iron and steel Institute. Düsseldorf. 1880. 42 S.

— — de l'Egypte, ou Recueil des observations et des recherches faites en Egypte pendant l'expédition de l'armée française. 2de édition. 25 Vol. in 8. de texte et 900 gravures, format grand atlas, grand aigle, grand monde, format dit Egypte etc. Paris, Pankouke. Strasbourg, Treuttel et W. (Leips., Zirges). 821.
(erschienen sind bis jetzt 2te — 15te Lieferung. Kupfer à Rthlr. 3 Gr. 8 im Subscript.-Pr.)

**Description** et explication des groupes statues bustes et demibustes, basreliefs urnes et vases de la collection de S. M. Le Roi de Prusse. Berlin 1774. V: *Oesterreich, Mathias.* (Ky 4/264) (zahn 105/2245) (BiblPort)

Description de la fête donnée par S. A. S. Monseigneur le Prince Frédéric Auguste, duc de Brunswick Lunebourg; le 5. Mars 1773. Pour célébrer le jour de naissance de S A. R. Monseigneur le Prince Henri de Prusse, frère du Roi. A Berlin, chez G. J Decker, Imprimeur du Roi.

Description de la fête donnée par . . . Frédéric Auguste Duc de Brunswick . . . pour le jour de naissance de Philippine Charlotte de Prusse . . A Berlin, chez G. J. Decker 1772.
32 S 8°
*Das Fest wurde in Berlin gefeiert*

— de fêtes, données à leurs M.M. les Empereurs Alexandre et Napoléon, s. Beschreibung.

— des Fêtes, données à leurs M. M. les Empereurs Alexandre et Napoléon et à plusieurs autres Têtes cour. le 6 et 7 Octbr. 1808. à Weimar etc. av. planch. fol. Weimar, Ind. Compt.

**Description** des fêtes données à l'occasion du jour de naissance de Son Altesse . . . le duc régnant de Wurtemberg . . . Stougard 1764. V: *Uriot, Jos.* (Heyd)

— de la Forteresse de Gibraltar, traduite de l'Allemand en Francais par J. G. D—r. Avec le plan. 8. Berl. 808. (Rücker). 8 gl.

**Description** De La Gallerie Et Du Cabinet du Roi a Sans Souci A Potsdam 1764. Seconde édition a Potsdam 1711. V: *Osterreich, Matthias.* (BiblPort)

— de la Galerie du Roi à Sans-Souci, f. Beschreib.

Description géographique et politique d'Alsace. Tom I. 4. Paris et Strasb. König. 787.

**Description** du gouvernement présent du corps Germanique. [Francf.] 1741. V: *Necker, Carl Friedrich.* (Pütter, Litt. d. Teutsch. Staatsr. Gött. 1783—91. I, 477.)

**Description** historique et geographique de l'Archipel . . . Neuwied 1789. V: *Friesemann.* (MS)

Description historique et geographique de l'Inde, qui presente en trois volumes, enrichis de 66 cartes et autres planches. 1. La geographie de l'Indoustan, ecrite en latin, dans le pays même, par le Pere Joseph Tieffenthaler. 2. Des recherches historiques et chronologiques sur l'Inde et la description du cours du Gange et du Gagra, avec une tres grande carte, par Anquetil du Perron. 3. La carte generale de l'Inde, celles du cours du Brahmapoutre, et de la navigation interieure du Bengale, avec des memoires relatifs a ces cartes, publiés en anglois, par Jacques Rennell. Le tout, augmenté de remarques et d'autres additions, redigé et publié en francois par Jean Bernoulli. T. 1 2 3 Berlin 1791. 1786 et 1788 3 Bde 4°

**Description** historique du royaume de Macaçar. Ratisbonne 1700. V: *Gervaise, N.* (CBH)

— hist. et topogr. de la ville de Strassbourg. 8. Strassb. 785. König. 12 gr

Description historique de la ville de Mannheim. Mannheim 1792.

—— du Jardin de Schwetzingen. Guide pour le voyageur. Av. 1 nouv. plan du jardin (Fol.). gr. in-8. (2 B.) Heidelberg 838, Engelmann. * 10 Gr., avec Gravs. *

— de l'isle de Minorque, avec Chart. etc. Plan. 8. Basel, Tourneisen. 756.

Description de l'isle de Sicile, et de ses côtes maritimes, avec les plans de toutes les forteresses. Fol. Vienne d'Autriche 1819.

Description du quatrième jubilé de la bataille de St.-Jaques et du tir fédéral à Bâle en 1844. Rédigée sous la coopération des comités dirigéant la fête. gr. in-4. (5½ B. u. 9 Stnt.) Balé 845. (Schabelitz.) *

— de Kamtschatka. 8. Erlang. Brenning. 768.

— de Kamtschatka. 8. Erlang. 768. (Heyder). 4 gr

— d'une Machine à laver, trad. de l'allem. p. Schaeffer. 8. Strasb. Treuttel et W. 767.

— des deux Machines, s.: Leonhardi, Friedr. Gottl.

— de deux machines dont se servent les Chinois pour arroser leurs jardins etc. 8. Lpz. Baumgärtner.

— la même. 4. avec pl. Leipz. Ind. Compt.

Description d'une médaille de Spartocus, rei du Bosphore-Cimmérien, du cabinet Comte de Romanzoff. Avec un Supplément, cont. la Descript. de plusieurs médailles grecques rares et inédites qui se trouv. dans le même Cabinet, par (H. C. E. Köhler.) M. 3 Kupf. gr. 8. St. Petersburg 824. (Berlin, Mylius.)

— des monnaies Espagnoles et des monnaies étrangères qui ont eu cours en Espagne depuis les temps les plus reculés jusqu'à nos jours, composant le cabinet monétaire de Don José García de la Torre, ancien ministre de la justice. Avec un grand nombre de planches. 4. Madrid 852. (Leipzig, Brockhaus.) n. 6 ℛ

— du monument érigé au parc du Prince Henri à Rheinsberg. Fol. Berl. 791. Rottmann. 2 ℛ 12 gr Velinp 3 ℛ 8 gr

— de deux monumens antiques; avec grav. gr. 8. là même. (en Comm.) 810.

—— nouvelle, de Cologne et de ses environs, esquisse pour servir de guide aux étrangers, trad. de l'Allem. p. F. J. Kiefer. Avec 3 vues, grav. sur acier, 2 dessins lith. et 1 plan de la ville. gr. in-8. (1⅛ B.) Düsseldorf 840; Leipzig. (Polet.)

Description. Nouvelle D' de l'Oberland Bernois. Berne 1838 s.: Walthard. Rodólphe].

Description, nouv., de l'Oberland Bernois, à l'usage des voyageurs. Accomp. de 5 cartes topograph. et 1 perspective réglem. retouch. et exactem. corrigées sur les lieux. gr. in-8. (3¼ B.) Berne 838, Burgdorfer. Thlr. *

**DESCRIPTION** la plus nouvelle de toutes les particularités de la ville de Vienne. Livre portatif pour les étrangers et les nationales enrichi avec beaucoup d'estampes. 1779, à Vienne. 230 p. in-12°. (In Wien, Stadtbibl.) (10 Mk., veau brun anc., dos orné, filet; bel expl. sur papier fort, F. W. Haschke. Lpz.. 1912.)

Description, la pl. nouv., de tout. les Particular. d. l. Ville de Vienne av. Estamp. 8. Vien. Kurzböck. 792. Rthlr.

— — nouvelle de Vienne voyez. J. Pezzl.

— des principaux parcs et jardins de l'Europe en langues allem. et franç. III Vols. av. estamp. noir. Fol. Wien Schrämbl. 48 ℛ Av. estamp. color. 72 ℛ

**Description** pittoresque & historique de l'Autriche. Vienne 1814. H: *Köpp Edler von Felsenthal, Anton & Christoph Köpp Edler von Felsenthal.* Ü: *Haller, Berchtold Frdr. von.* (MGT)

Description pittoresque des jardins du goût le plus moderne. Avec 28 planch. 4. Leipzig, 1805. Voss. 3. 22½

— — pittoresque de la Sicile, ou recueil de vues lithograph. d'après les dessins pris sur les lieux. Ir Livr. in Fol. Paris. 820.

— et Plan de Vienne, s. *Pezzl.*

— et represent. de l'Eléphant, qui n'est pas né. gr. 4. Erlang. 783. Walther. 3 gr

— et représentation de la maison de glace construite etc. 4. avec. fig. St. Petersburg, (Hartknoch, Leipz.) 740.

— de tous les retranchements, faits vers la fin de Sept. 1787, aux environs de la célèbre ville de Amsterdam, et des attaques du 1. Oct par les Prussiens. Mit 1 Karte. 4. Lemgo 790. (Meyer). 2 ℛ

Description. — A short Description of the Republic of Chile. With 1 map and 44 ill. Leipzig: Brockhaus 1903. 110 S. 8°

**Description** succincte du Cabinet d'histoire naturelle de S. A. S. Elect. Palatine. Mannheim 1767. V: *Collini, Côme Alexandre* (?). (Gatterer, Repert. d. mineral. Litt. Giessen 1798—99. I, 264.)

— des Tableaux de la galerie royale et du Cabinet de Sanssouci. Berl. Voss. 771.

— des Tableaux de la Galerie Royale à Dresd. 8. Dresde, Walther. 807.

Description des tableaux et paysages à fresque de la galerie du Bazar de Munic. gr. in-12. (4⅓ B.) Munic 833, Jaquet.

**Description** des tableaux et des pieces de sculpture que renferme la gallerie de Son Altesse Francois Joseph Chef et Prince Regnant de la Maison de Liechtenstein. Vienne 1780. V: *Dallinger,* Johann. Ü: *Luchini, Abbé.* (F. Nicolai, Beschreibung einer Reise. Berlin u. Stettin 1783/96, IV, 505.) (Bibliothecae Jos. Garampi Catalogus. Romae 1796. II, 230.) (BIBLPORT)

— de quelques Tableaux p. Fratrel. 8. Berl. Decker. 781.

— de tous les Tableaux, des antiq. etc. des châteaux roy. de Sans-souci à Potsdam etc. gr. 8. Berl. Decker. 774.

— d'un télégraphe portatif très-simple et à la portée de tout le monde av. fig. 8. Paris et Strasb. König. 800.

— de Teplitz et de ses environs pittoresques, par E. de B. 12. Dresd. 811. (Kummer in Lpz.) 6 ℊ (vergl. Beschreib.)

— de Toeplitz, et de ses environs pittoresques, par E. de B. 8. Leips. Hinrichs. 812.

— topographique de la Chatellerie du Val-de-Travers, (par L. de Meuron). gr. 8. Neufchatel 831. Wohlfarth.

— topographique de la Juridiction de Neufchatel, (v. K. Gf. v. Tribolet). gr. 8. Neuchatel 827.

Description Topographique et Statistique de l'Evêché de Bâle. St. Gall 1814 s.a.[Delfils, Cas ].

*Description* topographique et statistique de l'Evêché de Bâle. gr. 8. St. Gallen 814. Huber. 6 ℊ

— d'un Vase du bronze et d'un tableaux d'Herculanum, (par H. K. E. Köhler). Mit 3 Kpf. gr. 8. St. Petersb. 810. (Serig in Leipz.) 2 ₰

— d'un Vase de Sardonyx antique gravé en relief, (par H. K. E. Köhler). gr. 4. St. Petersb. 800.

**Description** de la Ville de Berlin et de Potsdam. Berlin 1769. V: *Nicolai, Chph Friedrich.* (Ky)

— de la Ville de Berlin et de Potsd. 8. Berl. Nicolai. 769.

Description de la ville de Berne, contenant: sa situation, son climat, sa division, ses établissements... et autres particularités remarquables; ornée d'un plan et de quatre vues de la ville avec une vignette, et suivie d'un Livre d'adresses... tant de la ville que du Canton de Berne. 1810. [2 parties.] 8. Berne *s. d.*

[1re partie] *u. d. T.:* D' de la Ville de B', ornée d'un Plan et de quelques Vues intéressantes [1 vignette et 4 planches], par [Franz] N[icolaus] Koenig. Berne *s. d.*

[2de partie] *u. d. T.:* Livre d'adresses... de la ville et du canton de Berne, faisant suite à la description de la ville de Berne. 1810. Berne *s. d.*

— de la ville de Berne, ornée d'un plan et de quatre vues de la ville. gr. 8. Bern, Burgdorfer. 1 ₰ 18 ℊ Pap. fin et color. 3 ₰ 12 ℊ

— de la Ville de Dresde et ses environs, s. Beschreib. d. Merkwürdigkeiten Dresdens.

— de la ville de Dresde et ses environs etc. av. fig. 8. Dresde, Walther. 807.

**Description** de la ville de Munich . . . Munich. 1820. V: *Sendtner, Jacob.* (Ky) (MGT)

— de la ville de Münich, capitale de la Bavière, et de ses environs. Avec des vues et un plan. 12. Münch. 820. J. Lindauer. 1 ₰ 8 ℊ

— de la ville et Tête-de-Pont de Neuwied, Francfort, Jaeger.

Description de la ville et tête de pont de Neu-Wied. Frankfurt 1797. 8°.

Descriptiones, breves, universarum hujus mundi rerum ex Comenio collectae. 8. Augsb. 781. M. Rieger. 5 ℊ

Descriptiones, Palaestinae, [Vol. II:] Terrae Sanctae ex saeculo IV., V. et VI. VIII. IX. XII. et XV. Nach druck- und handschriften herausgegeben von Titus Tobler. 2 voll. St. Gallen 1869. Leipzig 1874.

Descriptiones terrae sanctae ex saeculo VIII, IX, XII et XV. S. Willibaldus. Commemoratorium de casis Dei. Bernardus Monachus. Innominatus VII. Johannes Wirziburgensis. Innominatus VIII. La Citez de Jherusalem. Johannes Poloner. Nach hand- u. druckschriften hrsg. v. Titus Tobler. Nebst e. (lith.) Karte (in qu. 4.) gr. 8. (539 S.) Leipzig 874. Hinrichs' Verl. n. 16. —

**Descriptiones** tubulorum marinorum, in quorum censum relati lapides caudae cancri Gesneri et his similes. Gedani 1731. V: *Klein, Jacob Theodor.* (EB)

Descriptions des principaux Parcs et Jardins, s.: Darstellung, bildl.

— pittoresques de Tombeaux célèbres. 8. Frankf. 797. Jäger. 16 ℊ

Descrizione geografico-storico-statistica delle provincie italiane che furono teatro della guerra nel 1859 con un diario dei fatti occorsivi dal principio sino ai preliminari di pace. Lex.-8. (219 S. mit 5 lithogr. Karten und Plänen in Lex.-8. und Imp.-Fol., 2 Stnt. in Tondr. und 19 Portr. in Holzschn.) Triest 859, Coen. *

**Descrizione** delle medaglie rare del museo Knobelsdorffiano. Berlino 1804. V: *Sestini, Domenico.* (EB)

Descrizione di due ripostigli di denari della repubblica romana trovati nella campagna di Sućurac (Ager Salonitanus) nel 1899. *Vienna 1901: Kreisel & Gröger.* (16 S.) 8°
= Bullettino di archeologia e storia dalmata. Anno 24, No 1. Suppl.

Descrizione di Verona e della sua Provincia, Parte prima che comprende la Città a destra dell' Adige. 8. gr. Verona. (Vienna, Volke). 820.

Descrizioni d'arti e mestieri ad uso dei giovanetti. qu. gr. 4. (40 S. mit 10 Stnt.) Triest 864, Coen. cart. *

*Descrizzione* delle maladie etc., s. Beschreib. d. Krankheiten.

Descroizilles, François Antoine Henri

Descroizilles, F. A., der Alkalimeter, Acetimeter u. Polimeter od., genaue Beschreib. d. Anfertigung u. vielseit. Anwend. gen. Instrumente, nebst Bemerkn. üb. Alkalien, Säuren, Seifen, Brandewein, u. Beschreibung e. kleinen leicht transportab. Destillirapparats. Ein Handb. f. Apotheker etc. A. d. Franz. übers. v. C. E. Schaumburg. N. d. 4., verb. Ausg. gr. 8. (10 B. u. 1 B. Tab.) Eisenach 833, Bärecke.

Desecy, A., replica polem. diplom. legalis pro appostol. constitutionib. etc. 8. Pest. Weingand. 784.

Desde lejanas tierras. Galería de narraciones illustradas para la juventud. Coleccionadas por un padre de la Compañia de Josús. Tomito I—IX. 12. (M. je 4 Bildern.) Freiburg i/B. Herder. à n. — 80; geb. in Halbleinw. à n. 1. —

I. Amad á vuestros enemigos. Narración tomada de las guerras contra los Mahories en la Nueva Zelandia y traducida del Alemán del José Spillmann. 2. ed. (VII, 92 S.) 897 (894)
II. Arumugam, el príncipe indio perseverante. Vida de un príncipe indio convertido. Por A. de B. Traducido libremente al Español de las relaciones de „Las misiones católicas". 2. ed. (V, 89 S.) 897. 1.ed.1894.
III. Los hijos de maria. Cuento del Cáucaso. Traducido del Alemán del José Spillmann. 2. ed. (V, 96 S.) 897. 1.ed.1894.
IV. El sobrino de la reina. Narración tomada de la historia de las misiones del Japón, y traducida del alemán del P. José Spillmann, S. J. (III, 109 S.) 895.
V. Luchas y coronas. Narración del imperio de Annán. Traducida del alemán del P. José Spillmann, S. J. (III, 109 S.) 895.
VI. El juramento del caudillo hurones. Relación tomada de la historia de las antiguas misiones del Canadá, imitada libremente de la inglesa de Mc Sherry y escrita en alemán por P. Antonio Huonder, S. J. (III, 111 S.) 895.
VII. Cautivo, el, del corsario Narración. Traducida del alemán de F. S. (V, 96 S.) 898.
VIII. Los hermanos coreanos. Episodio de la historia de las misiones de Corea. Escrito en alemán por José Spillmann. (V, 107 S.) 898.
IX. La expedición á Nicaragua. Relato del tiempo de los conquistadores. Del José Spillmann. (V, 113 S.) 898.

**Desde lejanas tierras.** Galería de narraciones illustradas dedicadas á la juventud. Coleccionadas por un padre de la compañia de Jesús. Tomito IV—VI y X—XV. 8. (Mit je 4 Abbildgn.) Freiburg i/B., Herder.
Geb. in Halbleinw. à n. 1.—; in Leinw. m. Goldschn. à n. 1.60

IV. El sobrino de la reina. Naración tomada de la historia de las misiones del Japón. Del José Spillmann, S. J. 2. ed. (V, 111 S. m. 4 Bildern.) 902.
V. Luchas y coronas. Narración del imperio de Annam. Del José Spillmann, S. J. 2. ed. (III, 110 S.) 902.
VI. El juramento del caudillo huronés. Relación tomada de la historia de las antiguas misiones del Canadá, imitada libremente de la inglesa de McSherry. Del Antonio Huonder, S. J. 2. ed. (III, 112 S.) 902.
X. Los náufragos. Relación escrita par los jóvenes. Del José Spillmann, S. J. (V, 101 S.) 900.
XI. Los esclavos del sultán. Escenas dramáticas de Constantinopla. Del José Spillmann, S. J. (V, 111 S.) 900.
XII. Sidya ó el dechado de amor filial. Relación de la época de Akbar el Grande. Del Alfonso Geyser, S. J. (V, 99 S.) 900.
XIII. Marón, el niño cristiano del Líbano. Episodio de las últimas grandes persecuciones de cristianos por los Drusos. Por A. de B. (V, 78 S.) 902.
XIV. Bienaventurados los misericordiosos. Episodio de la insurrección de los negros en Haití. Del José Spillmann, S. J. (V, 107 S.) 902.
XV. La fiesta del corpus de los Indios Chiquitos. Episodio de las antiguas misiones de América del Sur. Del José Spillmann. (V, 100 S.) 902.

**Desde lejanas tierras.** Galería de narraciones illustradas para la juventud. Coleccionadas por un padre de la compañia de Jesús. Tomo III y VII—IX. 8. Freiburg i/B., Herder. à n. —60; kart. à n. —80

III. Los hijos de Maria. Cuento del Cáucaso. Por José Spillmann, S. J. Traducido del alemán. 3. ed. (V, 96 S. m. 4 Vollbildern.) (906.)
VII. Cautivo, el, del corsario. Narración. Traducida del alemán de F. S. 2. ed. (V, 96 S.) (906.)
VIII. Los hermanos coreanos. Episodio de la historia de las misiones de Corea. Por José Spillmann, S. J. 2. ed. (V, 107 S. m. 4 Taf.) (906.) Geb. in Leinw. m. Goldschn. 1.40
IX. La expedición á Nicaragua. Relato del tiempo de los conquistadores. Por José Spillmann, S. J. 2. ed. (V, 113 S. m. 4 Vollbildern.) (906.)
Geb. in Leinw. m. Goldschn. 1.40

**Desde lejanas tierras.** Galería de narraciones ilustradas dedicadas á la juventud. Coleccionadas por un padre de la compañia de Jesús. Tomo I. II y X—XXV. (Mit je 4—6 Vollbildern.) kl. 8. Friburgo de Brisgovia. Freiburg i/B., Herder. 12.80; geb. in Halbleinw. 16.40

Arumugan, el príncipe indio perseverante. Vida de un príncipe indio convertido. Por A. de B. 3. ed. (V, 89 S.) (907.) (Tom. II.) —60; kart. —80
Geyser, Alfonso, S. J., Sidya ó el dechado de amor filial. Relación de la época de Akbar el Grande. 2. ed. (VII, 99 S.) (908.) (Tom. XII.) —60; kart. —80
Huonder, Antonio, S. J., el expósito de Hongkong y otras narraciones. Traducidas del alemán por el Vicente Gómez-Bravo, S. J. (IX, 87 S.) (910.) (Tom. XXIII.) —80; geb. in Halbleinw. 1.—, in Leinw. 1.60
— Dos rosas. Abdu'l Masich, el niño mártir de Singara. — Hadra, la pequeña confesora. (X, 124 S.) (910). (Tom. XXI.) —80; geb. in Halbleinw. 1.—; in Leinw. 1.60
— La fuente sagrada de Chichén-Itzá. Narración del antiguo Yucatán. (IX, 137 S.) (910.) (Tom. XXIV.) —80; geb. in Halbleinw. 1.—; in Leinw. 1.60
Kaelin, K., S. J., en los tiendas del Mahdi. 2. ed. (VII, 107 S.) (908.) (Tom. XVIII.) —80; kart. 1.—
Lacruz, Esteban Moréu, S. J., la nave Victoria. 2. ed. (VII, 89 S.) (908.) (Tom. XX.) —80; kart. 1.—
Marón, el niño cristiano del Líbano. Episodio de las últimas grandes persecuciones de cristianos por los Drusos. Por A. de B. 2. ed. (VII, 78 S.) (908.) (Tom. XIII.) —60; kart. —80
Mártires, lós, de Uganda. Relación tomada de la historia de las misiones del Africa Central, por un padre de la compañia de Jesús. (IX, 76 S.) (910.) (Tom. XXV.) —80; geb. in Halbleinw. 1.—; in Leinw. 1.60
Schupp, Ambrosio, S. J., el ángel de los esclavos. Cuento del Brasil. (IX, 88 S.) (910.) (Tom. XXII.) —80; geb. in Halbleinw. 1.—; in Leinw. 1.60
Spillmann, José, S. J., Amad á vuestros enemigos. Narración tomada de las guerras contra los Mahories en la Nueva Zelandia y traducida del alemán. 3. ed. (VII, 92 S.) (907.) (Tom. I.) —60; kart. —80
— Bienaventurados los misericordiosos. Episodio de la insurrección de los negros en Haití. 2. ed. (VII, 107 S.) (908.) (Tom. XIV.) —60; kart. —80
— Los buscadores de oro. Relación de las misiones de Alaska. 2. ed. (VII, 114 S.) (908.) (Tom. XIX.) —80; kart. 1.—
— Los esclavos del sultán Escenas dramáticas de Constantinopla. 2. ed. (VII, 111 S.) (908.) (Tom. XI.) —60; kart. —80
— La fiesta del corpus de los Indios Chiquitos. Episodio de las antiguas misiones de América del Sur. 2. ed. (VII, 100 S.) (908.) (Tom. XV.) —60; kart. —80
— Los dos grumetes. Narración de Cayena. 2. ed. (VII, 106 S.) (908.) (Tom. XVI.) —80; kart. 1.—
— Los hermanos Yang y los boxors. Episidio de los últimos desórdenes ocurridos en China. Traducido del Alemán por Eloíno Nácar Fuster. 2. ed. (VII, 112 S.) (908.) (Tom. XVII.) —80; kart. 1.—
— Los náufragos. Relación escrita para los jóvenes. 2. ed. (VII, 101 S.) (908.) (Tom. X.) —60; kart. —80

**Desde, A.,** die käuflichen Düngemittel als Grundlage der neueren, intensiven Landwirthschaft. Jedem Landwirthe, der seine Felder vor der Verarmung der so nöthigen Mineralstoffe schützen u. den höchsten Ertrag aus dem Ackerbau erzielen will, gewidmet. Weimar 867. Voigt. 8. (V, 35 S.) 6 *ngr.*

**Desde, A.,** alte Fehler u. neue Erfahrungen in der Kartoffelcultur. Ein nützliches Büchlein für Jeden, der Kartoffeln baut, reiche Ernten von denselben erzielen u. der Kartoffelkrankheit vorbeugen will. Weimar 866. Voigt. 8. (VI, 37 S.) 5 *ngr.*

**Desdemona, Maria.** Vierzehn Jahre aus Lydiens Leben ... Halle 1818. V: *Schütz, Caroline.* (GGr X, 289) (Zeitschr. f. Büch. 1923, S. 82)

**Des-Demona, Maria,** vierzehn Jahre aus Lydiens Leben. Ein Beitrag zur Erziehungskunde. 1r Bd. (A. u. d. T.: Lydiens Kindheit). 8. Halle 818. Waisenh.-B. 1 ℛ 12 ℊ

**Desboulis, L. M.,** Anfangsgründe d. theoret. u. prakt. Geometrie, zum Gebr. in Schulen. A. d. Franz. übers. v. C. F. Deyhle. 1. Aufl. 835. u. 2., unveränd. Ausg. gr. 8. (à 21½ B. u. 10 Stnt.) Bern 838, Fischer.

**Déséglise,** Alfred

— et **Théophile Durand.** Descriptions de nouvelles menthes. In-8°, 33 p. Genève et Bâle, Georg. 1879 2 —

**Déséglise, Alfred.** Descriptions et observations sur plusieurs rosiers de la flore française. Ier fascicule. In-8°, 18 p. (Genève et Bâle, H. Georg). 1880 1 —
*** Extrait des „Bulletins de la Société royale de Belgique", tome XIX.

**Déseglise, Alfr.** Descriptions et observations sur plusieurs rossiers de la Flore française. Fasc. II. In-8°, 16 p. Bâle, Genève, Lyon, H. Georg. 1882 2 –
*** Extrait du: „Bulletin de la société royale botanique belgique".

**Déséglise, Alfred.** Florula genevensis advena. In-8°, 10 p. Genève et Bâle, H. Georg. 1879. 1 —
*** En français, titre en latin.

**Déséglise, Alfred.** Menthæ Opizianæ. Extrait du Naturalientausch et du Nomenclator botanicus avec une clef analytique. Gr. in-8°, 36 p. Genève, Bâle et Lyon. H. Georg. 1881

**Déséglise, Alfred.** Menthæ Opizianæ. Observations sur 51 types authentiques d'Opiz et accompagnées de descriptions. Avec extrait du Lotos. In-8°, 34 p. Genève, Bâle et Lyon, H. Georg. 1882
*** Extrait du Bulletin de la Société d'études scientifiques d'Angers, 1882.

**Déséglise, A.** Observations sur quelques menthes, M. Rotundifolia L., M. Tomentosa d'Urv. etc. In-8⁰, 22 p. Genève et Bâle, H. Georg. 1880
*.* Extrait du Bulletin de la Société d'études scientifiques d'Angers.

**Deſelaers, F.**, das deutſche Grundbuch vom volkswirthſchaftlichen Standpunkte. Zur Orientirg. f. Landwirthe, Kapitaliſten u. Verwaltungsbeamte bearb. 8. (60 S.) Geldern 889. Schaffrath. 1.—

**Deſelaers, F.**, die Hebung der Mängel des Rhein. Hypothekenrechtes durch Einführung des Grundbuches. gr. 8. (32 S.) Krefeld 885, Klein'ſche Buchh.

— die Novellen zum rheiniſchen Eigenthums- u. Hypothekenrecht m. Bezug auf das rheiniſche Civilgeſetzbuch u. die zukünftige Grundbuchsregulirung. Zum pract. Gebrauch f. Landwirthe, Kapitaliſten u. Verwaltungsbeamte bearb. Anh.: Das Geſetz üb. die Veräußerg. u. hypothekar. Belaſtg. v. Grundſtücken im Geltungsbereiche d. rhein. Rechts vom 20. Mai 1885. 8. (91 S.) Geldern 886. Schaffrath. 1.25

**Deſeler, P.**, hippologiſches Wörterbuch, enth. e. kurze Erklärg. der im Gebiet der Pferdekunde u. Reitkunſt am häufigſten gebrauchten Wörter u. Ausdrücke. Für Offiziere, Landwirthe, ſowie f. jeden Beſitzer u. Liebhaber v. Pferden. 8. (V, 94 S.) Stuttgart 884. Schickhardt & Ebner. n. 2.—; geb. n. 2.40

*Desenberg, J.* Die Wirkung des Dividenden-Verteilungssystems der Karlsruher Versorgungs-Anstalt. (S. A.) 1878.

**Desenberg**, Iulius [vorher Israel]: [De superficiebus minimae areae.] 20 S. 4⁰ (2⁰)
Halle-Wittenberg, Phil. Diss. v. 24. März 1873
Geb. [Löwendorf (Kr. Höxter, Westf.) 14. 6. 1843]
Deutsch geschriebene Abhandlung.

**Deseniss**, Hans, Referendar zu Hamburg: **Verletzung des Pflichtteils durch Freigebige Verfügungen des Erblassers unter Lebenden nach Gemeinem Recht und dem Recht des Bürgerlichen Gesetzbuchs.** *Borna-Leipzig 1901: R. Noske.* (VIII, 63 S.) 8⁰
Leipzig, Jur. Diss. v. 1901

**Deseniss**, Max, a. Hamburg: Ueber die Einwirkung von Phtalylchlorid auf Acetylaceton. Tübingen: F. Pietzcker 1905. (65 S.) 8⁰
Tübingen, Naturw. Fak., Ref. Wislicenus, Diss. v. 4. Aug. 1905
[Geb. 1. Sept 81 Hamburg; Wohnort: Tübingen; Staatsangeh.: Hamburg; Vorbildung. Oberrealsch. v. d. Holstentore Hamburg Reife O. 00; Studium: Tübingen 10, München 1 S.; Coll. 4. Aug. 05.]

**Deseniss, Paul**, zur Frage d. gutart. (hypertrophischen) Pylorusstenose. Diss. gr. 8. (28 S.) Tübingen 898. F. Pietzcker. n.n. — 70

DESENISS, Percy (Hamburg): Ueber Funktionsstörungen des Kiefergelenks mit besonderer Berücksichtigung der Kieferklemme.- München: Wolf 1902. 62 S. Diss. Ingolst.-Landsh.-Mchn.
22.7.1902 - Chr 1902/03,23; Jv 1902/03,302

Deseniß & Jacobi, Actienges., Hamburg. Wasserbeschaffung durch Gebohrte Brunnen (Artesische Brunnen). *(Hamburg) 1903: G. Friedrich & Co.* (75 S.) 4⁰ [03. 15036

**Désenuuis, les**, d'un Ex-Husard, en 4 part. 12. Weimar, Hoffmann.

**Deſerre de la Tour**, Abhandl. v. d. Erziehung. 8. Leipz. F. C. W., Vogel. 768.

*Deserres*, s. de la *Tour*.

**Desert, J. B.**, Table alphabétique des matières contenues dans l'aidemémoire à l'usage des officiers d'artillerie (Edition de 1836), indiquant les modifications et additions successivement adoptées depuis cette époque jusqu'en 1840. Mit 5 Steintaf. gr. in 8. Strasbourg 840. Levrault. 1/2 ℔

**Deſerteur, der**; ein Lſtſpl in 2 Aufz. 8. Wien 770. Trattner. 3 gr

— Operette, nach d. Franzöſ. (d. Sedaine), (v Chr. Fr. Schwan). 8. Mannh. 770. Schwan u. G. 5 gr

**Deserteur, Der**, ein Schauspiel in fünf Aufzügen aus dem Franz. . . . 2. Aufl. Mannheim 1771 [1772]. V: *Mercier, Louis Sébastian.* Ü: *Schwan, Chn Frdr.* (MGT) (Ky) (Mn)

**Deserteur, Der**; Singspiel in 3 Aufzügen, aus dem Franz. Wien 1772. Ü: *Brahm, Moritz von.* (Ky)

**Deſerteur, der.** Dramatiſches Zeitgemälde. Ein Beitrag zur Charakteriſtik der ſtehenden Heere. Den Freunden des Friedens u. der Freiheit gewidmet von e. ehemaligen Soldaten. Zürich 870. Verlags-Magazin. 16. (49 S.) 7½ ngr.

**—— der**, oder die Waffenbrüder unter Kroaten und Panduren. 26 Lfgn. 8. Berlin 873,74, Burmeſter und Stempell. à Lfg. 30 Pf.

**Deſerteur, der.** Ein Lebensbild aus dem Kärntner Volke. Dargeſtellt v. J. F. G. 16. (75 S.) Klagenf. 889, (Leon sen.). * — 80

**DESERTEUR**, Ein aus der schön- u. frölichen (!) Weiber-Gesellschaft noch glücklich entsprungener, welcher einen sehr seltsamen Bericht von deren Begebenheiten hierdurch abstattet. Führet zum nachdrücklichen Sinnbild: Semper lustig, nunquam traurig. Mit Titelkupfer (2 Darstellungen, oben die vorige Devise gestoch.). Franckfurt u. Leipzig. 1751. 8⁰. (In Dresden: Lit. Germ. rec. C. 927, schönes Expl.) (1 Rthl. Scheible, c. 1870; jetzt theurer!)
Moralisirender, ziemlich zahmer Roman. 285 S. (incl. Titelkpf. u. Titel in Roth u. Schwarz). S. 75—89: „Der sieben Weisen aus Griechenland Lehr-Sprüche" (lateinisch, mit 2 zeil. gereimter deutscher Uebersetzung). — Selten!

**Deſerteur, der, u. 3 and. Erzählgn.:** Eva — Ruth — Erlebn. e. Taucherlehrlings. 8. (120 S. m. 5 Farbdr.) Berlin 897. Verlag d. chriſtl. Zeitſchriftenvereins. Kart. 1.60

**Deſerteur, d.**, a. d. Spaniſch. Inquiſition. 8. Wien, Hörling. 783.

**Deserteur, Der,** aus kindlicher Liebe. Ein Lustspiel in drey Aufzügen. Stuttgart. V: *Stephanie, Gottlieb d. j.* (BIBLPORT)

— d. ungariſche, ſ. C. W. Schall.

**Deſeſſart, Carrier;** das blutdürſtige Ungeheuer u. ſeine Mitſchurken; aus d. Franzöſ. 8. Frankf. 803. Körner. 10 gr (Leipz., Centr.-Cpt.) 14 gr

Desessart

— Abhandl. von Erziehung d. Kinder in Anſeh. ihres Körpers ꝛc. Aus d. Franzöſ. v. J. G. Krünitz. 8. Berl. 763. 16 gr

— la morale de l'adolescence. 18. Londres, (Kupferberg in Mayuz.) 789

**Deſeſſart, ...,** hiſtor.-juriſt. Wörterbuch, oder Anekdoten von den merkwürd. Urtheilen u. Rechtsſprüchen d. Gerichtshöfe aller Zeiten u. Völker; aus d. Franzöſ. v. Chr. A. Wichmann. 2 Thle. 8. Bresl. 781 u. 83. (Goſohorsky). 1 ℔ 16 gr

**Deſewffy,** Grafen Aurel, Marcel u. Emil, ein paar Worte an d. Publicum in d. Sache des „Hitel's", des „Taglalat's" u. d. „Vilag's." A. d. Ungar. überſ. gr. 8. (2½ B.) Peſth 833, Hartleben.

Desewffy, Emil, über die schwebenden österreichischen Finanzfragen. Lex.-8. (166 S.) Wien 856, Hartleben's Vrlgsexped.

Des(z)ewffy, Graf Jos. v., über Preßfreiheit u. Büchercensur im Allgemeinen u. mit besond. Bezieh. auf Ungarn. Mit Bewilligung d. Verf. a. d. latein. Handschr. frei übers. v. C. F. gr. 12. (2⅔ B.) Leipzig 831, (Weygand.)

—— Zergliederung d. Werkes: Ueber d. Credit. A. d. Ungar. übers. v. S. v. Ludvigh. gr. 8. (18½ B.) Kaschau 831, (Wigand.)

Desewffy, Marzel, Beiträge zu einer Doctrin des menschheitlichen Friedens und des allmenschlichen Rechtszustandes. Pest 861. Heckenast. gr. 8. (IV, 367 S.) n. 2 ℛ

Desewffy, Marzel Graf, der politisch-sociale Radikalismus der Neuzeit. In seinen Doctrinen kritisch beleuchtet. 8. (IV u. 168 S.) Wien 851, Leo. 16 ngr

— der politisch-sociale Radikalismus der Neuzeit. In seinen Doctrinen kritisch beleuchtet. 2. billige Ausg. Wien 861. Selch. 8. (2 Bl., 168 S.) n. 10 ngr.

Desèze, ausgewählte Reden, s.: Schullektüre, französische u. englische.

Desèze, Raymond, Défense de Louis XVI, hrsg. v. Otto Klein, s.: Schulbibliothek, französ. u. engl.

*Desfontaines*, R., († d. 21. Nov. 1833.) Flora Atlantica. II Voll. 4. Paris u. Cassel 800. Thurneisen. 80 ℛ Vellnp. 150 𝒦

Desfontaines de Lavallée

BRIEFE der Sophie und des Chevalier von ** Aus d. Französ. (des *Desfontaines de Lavallée*) ins Deutsche übers. Copenhagen 1766. 8°. 484 S. Zahm. (2 Mk. 50 Pfg. Max Perl's Berliner Octob.-Auction, Nr. 184.)

Orig.: Lettres de Sophie, et du chevalier de***, p. s. de supplément aux lettres du marquis de Roselle. Par Mr. de*** 2 pts. Liège, chez D. Boubers, 1773. (u. früher). 8°.

Desforges, le sourd, ou l'auberge pleine, s. Répertoire du Théâtre franç., No. 65.

ÜBER den ehelosen Stand der Römisch-Katholischen Geistlichkeit. (Aus d. Französ. des *Des Forges*, Canonicus zu Douay.) Von einem katholischen Priester in Westphalen (frei übersetzt). Göttingen, bey Joh. Chrn. Dieterich, 1782. 8°. (12 gr.) (2 Mk. J. Rosenthal, c. 1903, der 280 (?) S. anführt.)

IDYLLEN, nebst einem Anhange einiger Oden aus d. Französ. (des *Desforges-Maillard*) übersetzt (von Jac. Friedr. Schmidt). Jena, verlegts Ch. Fr. Gollner, 1761. 8°. (In Berlin: Yl 5021.)

Vorr. u. 100 S. Enth. auch mehrere ursprüngl. deutsche Stücke. — Selten!

Desfosses, P., kleine Chirurgie, s.: Tuffier, Th.

Desfour(e)s, Fr. Josef Graf von

(Desfours, Graf, k. k. Rittmeister.) Tagebuch der Feldzüge des Krieges gegen Frankreich in den Jahren 1792 bis 1796. Von Fr. Jos. Gr. D. Mit Plänen und Zeichnungen. 4. Colmar 1818.

v. Desfours, Fr. J. Gr. Tagebuch der Feldzüge des Krieges gegen Frankreich 1792—96. 4. M. 27 Krtn. u. Pl. Colmar (Kaschau) 1819. — ib. 1821.

v. Desfoures, (Fr. J. Graf,) Tagebuch d. Feldzüge des Kriegs gegen Frankreich, in d. J. 1792—96. Mit 27 Pl. u. Zeichn. 4. Colmar 821. (Wigand in Kaschau.)

Desgenettes, A., geschichtl. Darstellung d. Krankheiten u. Ereignisse b. d. franz. Armee im Orient, nebst dazu gehörigen medizinischen Topographien u. Tabellen. Uebers. v. F. J. Tschopera. 8. Prag, Calve. (in Comm.) 812. Rthlr.

Desgenettes, R. Geschichtliche Darstellung der Krankheits-Ereignisse bei der französischen Armee im Orient, nebst dazu gehörigen medicinischen Topographien und 5 Tabellen. Uebersetzt von F. J. Tschöpern, k. k. Reg.-Feldarzt etc. 8. Prag 1812.

Desgouttes, Isaak Bernh., s. Anleit. zu d. Merkwürdigkeiten d. Schweiz.

[Des Gouttes, Isaak Bernhard.] Kurze Anleitung zu den vornehmsten Merkwürdigkeiten der Schweiz. insbesondere des Kantons Bern. Zum Gebrauch in Schulen. 8. Bern 1786.

Desgouttes, Nic. v. Bern, Doktors d. Rechte; Verbrechen u. Todesurtheil, nebst dessen rühr. Standrede. 4. (Leipz., Central-Compt.) 2 𝒦

Des Gouttes, Paul. Essai d'interprétation du titre III de la loi fédérale du 25 Juin 1891. — Des rapports de droit civil des étrangers en Suisse. Mémoire couronné par l'Université de Genève en 1897 (Prix Bellot). In-8°. 83 pages. Bâle (Genève, Georg & Co.). 1898 2 50

*** Extrait de la Zeitschrift für Schweiz. Recht N. F. XVI. (forme supplément aux Rapports de droit civil paru en 1892).

Des Granges, Histoire de la littérature française. (XVI, 927 S.) kl 8. Paris (910). Freiburg i/B., J. Bielefeld. Geb. in Leinw. 4. —

Des Guidi, Graf S., Brief an Frankreichs Aerzte über Homöopathie. gr. 8. Leipzig 832. (W. A. Künzel.) ⅓ ℛ

Des Guidi, Graf S., Brief an Frankreichs Aerzte üb. d. Homöopathie. A. d. Franz. übers. v. R., mit e. Vorw. v. G. Haubold. gr. 8. (3 B.) Leipzig 832, Schumann.

Deshler Anzeiger: 1897—1898?
Democratic weekly. Edited & published by the Anzeiger Publishing Co.
Deshler, NE

Deshoulieres, Oeuvres de, 2 Vols. Paris, Herhan. (Leips. Fr. Fleischer).

*Deshoulières*, Mad. et Dem., Oeuvres. II Vols. gr. 12. Basel 770. Schweighäuser. 20 𝒦

Des Hours-Farel, E s. Gaberel. Jean-Pierre. et Des Hours. Farel E

Des-Houx, die Gesellschaft des Vatikan. Autoris. Ausg. der „Souvenirs à Rome". In das Deutsche übertr. von Paul Heichen. 1.—3. Aufl. gr. 8. (IV, 196 S.) Leipzig 886, Unflad. *

Desjardin, P. A., s.: Régla, Paul de.

Desjardins, A.-E.-E., Necrolog, s.: Reinach, S.

Desjardins, Constantin

Desjardins, C., Geographisch-historischer Atlas von Europa. Wien. Fol.

Desjardins, C., physisch-statist. u. polit. Atlas von Europa, od. bildl. Darstell. u. Beschreib. d. Gewässer, Gebirge, climat. Regionen, Natur-Producte, Sprachfamilien, Religionen, Gebietseintheil., polit. u. Militair-Kräfte d. Industrie, Handelsverhältnisse etc. aller Staaten d. europ. Halbinsel. Schön ill. Karten m. erklär. Text am Rand. Dem Selbst-Studium u. d. Jugend gewid. II Thle. Roy.-Fol. Wien, Verf. (Müller.) à * 4⁵/₆ Thlr. *

Thl. I. Geographischer Theil. 836. enth.:

Hydrograph. Karte. — Orograph. Karte. — Clima u. Naturproducten-Karte. — Ethnograph. Karte. — Militär-polit. Karte. — Industrielle u. commercielle Karte. 836.

II. Darstellung d. polit.-ethnograph. Hauptumstaltungen in den wichtigsten Perioden d. europ. Geschichte. 6 (ill.) Karten. Ergänzt durch mehr. Nebenkarten, üb. Zwischenperioden geschichtl. Schauplätze, vorzügl. üb. Feldzüge. Mitarbeiter d. Textes: J. Häufler. 838. enth.:

Europa z. Zeit des Kaisers Augustus, m. histor. Uebersicht v. J. 2000 vor Christo bis zu Christi Geburt. — Europa am Schluss d. Völkerwanderungen, mit histor. Uebers. v. J. 1 n. Chr. Geb. bis 500 Jahr. — Europa z. Z. Carl d. Grossen, mit histor. Uebers. v. 500—900. — Europa's Mittelalter, m. histor. Uebers. v. 900—1500. Europa n. d. Bestimmungen d. Westphäl. Friedens m. histor. Uebers. v. 1500—1700. — Europa z. Zeit Napoleons, mit histor. Uebers. von 1700—1838.

Jede Karte einzeln * 22 Gr.

Desjardins, C. — Anschauliche Darstellung der Staaten aller Welttheile hinsichtlich ihrer Größe, Einwohnerzahl und Bevölkerungs-Dichtigkeit, nebst Flaggen und Kokarden. Verfaßt vom Professor ... in Wien. Ende 1853. 1 Bogen Fol. fcl.

Desjardins C, anschauliche Darstellung der Staaten aller Weltteile hinsichtlich ihrer Grösse, Einwohnerzahl etc. (1 T) Wien 1854

Desjardins, C., bildliche Darstellung der Grösse, absolute und relative Bevölkerung aller Staaten der Erde, nebst den bekannten Flaggen und Cocarden, zusammengestellt nach den neuesten Quellen. 1 lith. und ill. Bl. in Imp.-Fol. Wien 848, (Müller's Witwe.) *

Desjardins, C., vergleichendes Gemälde d. bedeutendsten Höhen d. Erde. In ihrer Erhebung üb. d. Meeresfläche in paris. Fuss. 1 lith. Bl. mit Marginalien. gr. Imp.-Fol. München 831, Literar.-Artist. Anstalt.

Desjardins, Konst. Physisch-politische Karte aller österreichischen Kronländer. Für Schulen bearbeitet von — —. Fol. 2 Bl. Wien. Jos. Bermann. (Lith.) 1854

Desjardins, Konst. Hydro-orographische oder physische Skizze der österreichischen Kronländer. Entworfen und gezeichnet von — —. 2 Bl. Wien. Jos. Bermann. (Lith.) 1854

—— Tableau comparatif du cours développé des fleuves et de la superficie des lacs du monde en milles géographiques de 15 au degré. Lith. et ill. Imp.-Fol. Wien 848, (Müller's Witwe.) *

—— Tableau comparatif de la hauteur des principales montagnes et lieux remarquables du globe au dessus du niveau de l'océan. Lith. et ill. Imp.-Fol. (Wien 848, (Müller's Witwe.) *

Desjardins, Prof. Konst. — Vergleichendes Tableau der Länge der Ströme und der Größe der Seen der Erde in geograph. Meilen zu 15 am Grad bearbeitet von — —. Nebst einem Kärtchen zur Berichtigung des wahren Laufes der Ströme des Tableau mit den korrespondirenden Rangs-Zahlen. gr. Fol. 1 Bl. Gedruckt bei L. Förster. 1854

Desjardins, C., statistische Uebersicht sämmtl. Europ. Staaten. Lithogr. u. ill. (Mit Abbild. sämmtl. Haupt-Flaggen.) Roy.-Fol, München 852, (Literar.-Artist. Anstalt.) Thlr.

Desjardins, Constant. Précis d'uranographie et de géographie, mathématique et physique. Avec un atlas. 8. Vienne 1847.

Desjardins, Ernst, desiderata du corpus inscriptionum latinarum de l'Academie de Berlin [T. 1.] [suite.] Notice pouvant servir de V. supplement. Les balles de Fronde de la république provenant d'Arcoli Guerre sociale — guerre servile — guerre civile. 5. fasc. gr. Fol. (S. 91—128 m. 5 Steintaf.) Paris, Vieweg. n. 20. —

Desjardins, P., der kleine Monat Mariä. Nach dem Französ. von einem Priester des Bisthums Straßburg. 2. und 3. Aufl. 16. (XII, 128 S. mit 1 Stahlst.) Freiburg 873, Herder'sche Verlagsh. 60 Pf.; geb.

Desjardins, T., Rome. Le mont Palatin. Gel. 1874. 28 S. 4°.

Desiderata. Gesuchte Bücher. - Livres demandés. — Books wanted. Vol. V—VII. à 10 Nrn. (90, 114 u. 90 S.) gr. 8. Berlin, W. Junk. à Vol. nn 2. —

**Desideria, Drei pia,** für die württembergische Geschichtsforschung. Ein Testament. Heilbronn 1883. V: *Bossert, Gust.* (Heyd)

—— drei pia, für die württembergische Geschichtsforschung. Ein Testament. 8. (28 S.) Heilbronn 883, Gebr. Henninger. *

Desideria, 23 zeitgemäße, f. d. deutsche u. namentlich d. sächs. Medizinalwesen. Skizzen a. d. prakt. Leben zur würdigen Erheb. d. ärztl. Standes u. Aufdeckung medizin. Unfugs u. Quacksalbereien. Von ein. Arzte aus der Provinz. 8. (7 B.) Dresden 846, Adler u. Dietze. *

**Desideria, pia.** Freimüthige Zeitbetrachtungen ... Stuttgart 1850. H: *Laemmert, A. & R. Bartholomaei.* (Ky)

Desideria, pia. Freimüthige Zeitbetrachtungen. Zur Selbstprüfung für alle Stände. In Uebereinstimmung mit mehreren Freunden hrsg. von A. L. und R. B. gr. 8. (64 S.) Stuttgart 850, Remmelsbacher. *

**Desideria, Pia,** seu gemitus Europae post cruentum octo annorum bellum pacis suspirantis. Viennae 1709. V: *Molindes, Franz.* (Jes)

Desideria. – P i a desideria eines österreich. Schriftstellers, s. B a u e r n f e l d , Eduard von

**Desideria, Pia,** für Ungarn ... Leipz. 1840. V: *Zedlitz, Jos. Chn Freih. v.* (WFM)

Desideria, pia [gutgemeinte Wünsche], zu unpartheiischer Erwägung verstellt am 400jähr. Geburtstage Luthers von einem Gliede der Hannov. Landeskirche. 8. (7 S.) Hermannsburg 883, (Missionshausdruckerei.)

**Desideria, Pia,** oder Vorschläge zu noch zu wünschenden Schriften. [Berlin 1794.] V: *Schmid, Christian Heinrich.* (ML) (MGT)

Desiderium collium aeternorum. 12. Wien, Gerold.

**Desiderium, Pium,** oder eines Christlich Gesinnten Layen Bitte. Eisenach 1759. V: *Trier, Joh. Paul.* (ML)

**Desiderius.** Musicalisches Schau-Spiel auf den Geburtstag des Kaisers Joseph. Hamburg 1709. V: *Feind, Barthold.* (schr)

**Desiderius** oder der Weg zur Liebe Gottes. Eine Allegorie aus dem Spanischen. Aufs Neue herausg. von J. A. Kuhn. Schaffhausen 857. Hurter. 16. (XXIII, 207 S.) n. 12½ ngl

Desiderius (Jul. Bahrenkamp), s. Aufforderung an Arbeiter u. s. w. zum Massenaustritt aus der Kirche. — Massenaustritt, der, aus der Kirche. — Bahrenkamp, Jul.

— s. a.: Wahrenkamp, Jul.

**Desiderius, H.**, Leibesübungen u. Gesundheit. (III, 27 S. m. 1 Tab.) gr. 8. Wien 907. (H. Kirsch). — 75

**Desiderius, Pius**, über Erziehung u. Unterr. in Ungarn. In Briefen an d. Grafen Steph. Széchenyi. gr. 8. (6 B.) Leipzig 833, O. Wigand.

DESIDOR, JOSEPHUS: Kleiner Abriss des überaus grossen, unermessenen und vollkommnisten Drey-Eck Jehovae, der in drey Personen ganz gleicher Gottheit an dem hohen Titularfest einer englischen Erzbruderschaft unter dem ... Titul der ... Dreyfaltigkeit ... Zu Pressburg den 13. Junii im Jahre 1756 ... verehret von ... Josephus Desidor. (Pressburg 1756:) Druck. Landerer (6 f.) - 4°

DESIDOR, JOS(EPH), Prediger bey den Barmherzigen Brüdern zu Preßburg: Lobrede auf den H. Joseph Calasanz Stifter der frommen Schulen, gehalten zu St. Georgen. Wien 1798. Gedr. bey Joh. Thom. Trattner. 26 S. - 8°

DESIDOR, JOSEPHUS: Jährliche Lob-Rede in welcher Das unerforschliche Geheimnus der Allerhöchsten Drey-einigen GOttheit Nach Denen Kräften der sterblichen Vernunftes entworfen, Und am Hohen Titular-Fest des Baarfüsser-Ordens Der Allerheiligsten Dreyfaltigkeit, in dessen Closter-Kirchen zu Preßburg angeredet hat der tugendsame Jüngling Josephus Desidor. Preßburg 1753. Gedr. bey Joh. Mich. Landerer. 6 f. - kl. 4°

**Designatio** candidatorum qui summos in theologia honores petierunt et disputationum quas inaugurandi caussa habuerunt in academia Altorfina ab anno 1697 . . . Altorfii 1763. V: *Riederer, Joh. Barth.* (Erman & Horn, Bibliogr. d. dtsch. Universitäten. 2. Leipz. u. Berl. 1904.) (Bibliotheca Norica Williana. Altd. 1772—78. II, 2, 87.)

**Designatio** derer in der Festung Neumünde von den Sachsen eroberten metallenen Canons (1 B.) 4. Stockholm 1702.

De **Designatione** imperatoris in regem Romanorum. Oder ob ein Römischer Kaiser dem Reich ein Subjekt zum Römischen König vorschlagen könne? o. O. 1784.

**Designatio** remediorum tam simplicium quam compositorum pharmacopoeae castrensis exercitus primi magni regis Borussiae cum annexis formulis ordine alphabetico digesta. Nissae 1779.

Actenmässige **Designation** d. von ein. diebischen Juden-Bande verüb. Kirchen-Räub. u. gewalts. mörder. Einbr., nebst angef. Beschreib. d. meisten jüd. Erzdiebe. 3. Aufl. *Coburg.* 737. 4.

Basel Mission Weaving Establishment, Cannanore Malabar. Designs in Damask Table Linen with Napkins to match. [Illustrated.] 21 p. quer-8. Zürich, Art. Institut Orell Füssli, [1901].

**Designs** for flat-carving. 4. (32 farb. Bl.) München 895. Mey & Widmayer, Verl. n. 2.50

**Desinat**, opuscula controvers. XI. Op. 4. Cöln, Haas.

**Desinfection.** (1 Tab. in Fol.) Berlin 871. Dümmler's Verl. — 30

**Desinfektion.** Monatsschrift. Hrsg. v. R. Flügge, Gaffky, Herzberg u. a. Schriftleitung: Lentz u. Lockemann. 1. Jahrg. Juli—Dezbr. 1908. 6 Hefte. (314 S. m. Abbildgn.) gr. 8. Berlin, Deutscher Verlag f. Volkswohlfahrt. 5.—

— dasselbe. 2. u. 3. Jahrg. 1909 u. 1910. à 12 Hefte. (774 u. 650 S. m. Abbildgn.) gr. 8. Ebd. à Jhrg. 10.—

Desinfektionsanlagen, Fahrbare. Leipzig 1892

**Desinfektionsanweisung.** Anlage 5 der allgemeinen Ausführungsbestimmgn. des Ministers der geistl., Unterrichts- u. Medizinalangelegenheiten zu dem Gesetze, betr. die Bekämpfg. übertragbarer Krankheiten, vom 28. VIII. 1905 (Ges.-S. S. 373). Amtliche Ausg. (16 S.) kl. 8. Berlin 907. R. Schoetz. — 15

— bei Aussatz (Lepra). (Festgestellt in der Sitzg. des Bundesrats vom 21. III. 1907.) Anlage 2 der Anweisg. des Bundesrats zur Bekämpfg. des Aussatzes (Lepra) vom 28. I. 1904 nebst den dazu erlass. preuß. Ausführungsvorschriften vom 12. IX. 1904. Amtl. Ausg. (14 S.) kl. 8. Ebd. 907. — 10

— dasselbe bei Cholera. Anlage 8 der Anweisg. des Bundesrats. Nebst Abändergn. zu § 17 u. zu Anlage 7 der Anweisg. zur Bekämpfg. der Cholera. Amtliche Ausg. (24 S.) kl. 8. Ebd. 907. — 15

— dasselbe bei Fleckfieber (Flecktyphus). (15 S.) kl. 8. Ebd. 907. — 10

— dasselbe bei Pest. (16 S.) kl. 8. Ebd. 907. — 10

— dasselbe bei Pocken (Blattern). (15 S.) kl. 8. Ebd. 907. — 10

Desinfektionsapparat System Cornet-Krohne von A. Senking in Hildesheim. Berlin 1892

**Desinfektionsordnung** f. den Reg.-Bez. Düsseldorf. 2. Aufl. (39 S.) 8. Düsseldorf 908. L. Voß & Co. — 50

**Desinfections-Verfahren** bei ansteckenden Krankheiten. Kundmachung der k. k. Landesregierg. in Kärnten vom 30. Aug. 1887, Nr. 9752 [Landesgesetz- u. Verordnungsbl. Nr. 28, S. 189]. [Redactionelle Beilage d. kärtner. Gemeindeblattes.] gr. 8. (12 S.) Klagenfurt 888. (v. Kleinmayr.) n. — 30

Desinfectionsvorschrift f. d. k. u. k. Heer. 8. (VI, 128 S. m. 3 Taf.) Wien 892, Hof- u. Staatsdruckerei. * — 70

**Desinfektor, der praktische.** Monatliche Mitteilgn. Schriftleitung: Bruno Heymann. Jahrg. 1909 u. 1910. à 12 Hefte. (VIII, 172 u. VIII, 188 S.) Lex. 8. Berlin, Deutscher Verlag f. Volkswohlfahrt. à Jhrg. 2.—

DESING, Anselm 1699 - 1772
Des Herrn Abbtes Anselm Desing, kurze Anleitung die Universalhistorie nach der Geographie auf der Landkarte zu erlernen, für die studierende Jugend herausgegeben. Aufs neue übersehen, vermehret und bis auf gegenwärtige Zeit fortgesetzt, von Franz Xaver Jann ...
Augsburg: Rieger. 1781. VIII, 439 S. 8°.
Universitätsbibliothek Freiburg/Br.
1. Ausg. u. d. T. Kürzeste Universalhistorie nach der Geographie zu lernen, Freising 1731.
Weitere Aufl. 1789,
Ausg. Kürzeste Einleitung zur Erlernung der Universalhistorie nach der Geographie auf der Landkarte, Augsburg 1771, u. ebd. 1783 [Frankfurt-Leipziger Meßkatalog, Ostermesse 1771 u. 1783, S. 165 u. 524] konnten nicht gefunden werden.
Franz Xaver Jann, 1750-

DESING, Anselm 1699 - 1772
Des Herrn Abbtes Anselm Desing, kurze Anleitung die Universalhistorie nach der Geographie auf der Landkarte zu erlernen, für die studierende Jugend herausgegeben. Aufs neue übersehen, vermehret, und bis auf gegenwärtige Zeit fortgesetzt, von Franz Xaver Jann ...
Augsburg: Rieger. 1789. VIII, 440 S. 8°.
Erzbischöfliche Akademische Bibliothek Paderborn
1. Ausg. u. d. T. Kürzeste Universalhistorie nach der Geographie zu lernen, Freising 1731.
Frühere Aufl. 1781,
Franz Xaver Jann, 1750-

Desing, H. A. A., Anleit. die Universalhistorie nach d. Geographie auf d. Landkarte zur erlernen, fortges. v. F. X. Jann. 8. Augsb. M. Rieger. 808.

— auxilia geometrica. 8. Regensb. 737. N. A. 8. Salzb. 752. (Stein in Nürnb.) 4 kr

Auxilia Historica Oder Behülff zu den Historischen und dazu erforderlichen Wissenschafften, Als nemlich
Th. 1. Von Geographie elementari und Astronomica etc.
Th. 2, Vol. 1. Von Teutschland, und dessen Jure Publico etc.
Th. 2, Vol. 2. Von gesammten Niederlanden, Dännemarck und Norwegen etc.
Th. 3 enthalt die Universal-Historie bis auf 1741 sambt 18 Chronolog. Tabellen.
Th. 4. Von verschiedenen Sprachen. Erklärung der Staats-Kunst-Wörter etc.
v. Anselmo **Desing.** Stadt am Hof. 1741. 8°.
Auxilia Historia continuata, Oder Supplementum Zu dem Historischen Behülff etc. Zusammen getragen v. Anselmo **Desing.** Th. 1—3. ebd. 1747—48. 8°.

— auxilia historica. 4 Thle. 8. Regensb. Gastl. 741.

— cogitationes de vita bene degenda. 8. maj. ibidem. 727.

*Desing*, Anselm, (†...1773.) compendium eruditionis ad captum juventutis et usum historiophilorum, 8. Münch. 728. N. A. 8. Ingolst. 765. Krüll. 16 kr

**Desing**, Anselm, s. C u r t i u s Rufus.

— diatribe circa philosoph. methodum Wolfianam in practica universal. Wolfian. 4. Regensb. 752. Gastl. 20 kr

— Excerpta ex Livio et al. vide Excerpta.

— index poëticus. Amberg 730. N. A. 8 maj. Ingolst. 758. Krüll. 20 kr

DESING, ANSELMUS, OSB. Index Poeticus Exhibens Compendio nomina propria, genealogiam, mythologiam, astrologiam, geographiam poeticam ... serviens pro elucidario, vena, et lexico poetico, Ed. III. Ingolstadt, Crätz, 1758. 8°. Mit 8 gefalt. gestoch. Karten. 6 Bl. 556 S. und 20 Blatt für: Genealogia Deorum, Semideorum, Nympharum ... qui in omni Poësi perpetuo occurunt. *Schönes rotbraunes Ganz-Ld. d. Z. mit reicher Blind- und Goldpressung*: Mittelstücke auf den Deckeln, Christus mit Weltkugel, umgeben von spitzenartigen Bordüren. Goldschnitt. (Einband leicht berieben, Ecken bestoßen). 48.—

— institutiones styli historici, praecipue Curtii et Livii institutioni accommodatae. 8. Münch. 772. Fritz. 5 kr id. lib. 8. Augsb. 772. M. Rieger. 6 kr

DESING, Ans.: Jus naturae liberatum ac repurgatum a principiis lubricis, et multa confusione, per doctores heterodoxos inductis. *Monach.* 753. Fol.

DESING, Ans.: Juris naturae larva detracta compluribus libris sub titulo juris naturae prodeuntibus, ut *Pufendorfianis*, *Heineccianis*, *Wolffianis* etc. *Monach.* 753. Fol.

— juris naturae larva detracta. Libris Pufendorfianis. Fol. Regensb. 753. Gastl. 2 fl 12 kr

Schlechte, doch Pflicht-schuldige Lob- und Trauer-Rede, Dem Habsburgisch - Mit Carl dem VI. jüngsthin Den 20. Octob. 1740 Erloschenen Haus ... gehalten v. Anshelm **Desing.** Stadt am Hof. 1741. 8°. Bei desselben: Auxilia Historica, Th. 4. ebd. 1741. 8°. Auch mit lateinischem Titel und Text.

— philosophia aristotelica etc. 4. Salzb. 741.

— porta linguae latinae. 8. Ingolst. 727. N. A. 8. Augsb. 788. Rieger. 14 kr

**Desing**, Ans., Porta linguae latinae, denuo reserata, quam plurimis in locis emend. usuique studiosae juvent. magis accommod. a Franz Xav. Sperl. gr. 8. Grätz 809. Kienreich. 5/6 fl

— Reichsgeschichte von d. alten freien Deutschland u. d. fränk. Monarchie bis auf Ludwig d. Kind. 1r Thl. Fol. ..., 768.

— Staatsfrage: Sind d. Güter u. Einkünfte d. Geistlichkeit dem Staate schädlich oder nicht? 2 Thle. 4. Münch. 769—70. Lentner. 1 fl 4 kr

— kürzeste Universalhistorie nach d. Geographie zu lernen, auf e. Landkarte. 12. Freising 731. N. A. unt. d. T.: kurze Anleit., d. Universalhistorie nach d. Geographie auf d. Landkarte zu erlernen, fortges. v. F. X. Jann. 8. Augsb. 808. Rieger. 20 kr

— kürzeste Universalhistorie. 12. Augsburg, Wolf. 767.

DESING, Christian (Mörnshein): Beiträge zur Entstehung der Tumoren nach Trauma, im Anschluss an einen Fall von Fibro-Sarcoma cruris.- München: Wolf 1901. 28 S.
22.7.1901 - Chr 1901/02,23; Jv 1901/02,269
Diss.Ingolst.-Landsh.-Mchn.

**Desing**, Ch., die Schulbankfrage. Kritische Erörterg. des gegenwärt. Standes der Schulbankfrage, nebst Vorschlag zur Einrichtg. e. städt. Volksschule m. Schulbänken. (60 S. m. Abbildgn.) gr. 8. Leipzig 904. F. Leineweber. n. 1. 20; geb. n. 1. 80

*Desinger*, J. F. P., Compendium musicum, oder Fundamenta partiturae. 4. Augsb. 788. Lotter. 8 kr

**Desirant**, Bern., Honorius Papa vindicatus salva integritate concilii VI. seu historia Monothelismi contra ultima Iansenistarum effugia. Aachen 1711. 4°.

**Deskau**, Hermann: Kanon zum Erlernen der Geschichtszahlen. Bockenheim, Buchdr. F. Kaufmann & Co., 1890; S. 1 8; 4°
Bockenheim, st. R, P 1890

Deskau, *Hermann* Der Lehrerkursus für Knabenhandarbeit an der Realschule zu Bockenheim im Sommerhalbjahr 1892. 4 (S. 35—38). Progr. Städt. Rsch. *Bockenheim* 1893 (413).

**Deslacs-Inseln** [Schlagwort]

**Deslacs-Inseln**, s.: Seekarten.

Deslandes, Baronne Madeleine, s. a. Ossit.

[F.] Ilse von Ossit (Bnne Madeleine Deslandes). Deutsch v. Georg Frh. v. Ompteda. *Berlin: F. Fontane & C. 1897.* (6 Bl., 140 S., 1 Portr.) 1 Bd 8. [96. 8895

Deslandes Miscell. s. a. Miscellaneen.

— Miscellaneen über berühmte Männer u. Frauen; nach d. Französ., mit Anmerkk. u. Abhandll. v. K. H. Heydenreich. 8. Leipz. 796. Martini. (Knobloch). 10 kr

**Deslandes**, H. Fr.

Deslandes, ..., kritische Geschichte d. Philosophie; aus d. Französ. 1r Bd. 8. Leipz. 770. (Brockhaus). 18 kr

Deslandes, Léopold: Von der Onanie und den übrigen Verirrungen des Geschlechtstriebes. Für Aerzte und Nichtärzte. (De l'Onanisme et des autres abus vénériens considérés dans leurs rapports avec la santé. Dt.) Übers. von J(ohann) N(epomuk) Schenk. 321 S., gbd.

Leipzig: Wigand 1835

Deslandes, Leop., von d. Onanie u. d. übrigen Verirrungen d. Geschlechtstriebes. Für Aerzte u. Nichtärzte. N. d. Franz. v. J. N. Schenck. gr. 8. (21 B.) Leipzig 835. [Berlin, Klemann.]

—— von der Onanie u. d. übrigen Ausschweifungen d. Geschlechtslust. Deutsch bearb. v. G. Weyland. 1. Aufl. 836. u. 2. Ausg. 8. (à 29½ B.) Weimar 841, Voigt. à

DESLANDES, [Pierre Delaunay [?]] Chevalier [1722 - 1803]
Discours sur la grandeur et l'importance de la révolution qui vient de s'opérer dans l'Amérique Septentrionale; Sujet proposé par l'Académie des Jeux Floraux. Par M. le Chevalier Deslandes, Capitaine au Régiment de Bretagne, Correspondant du Musée de Paris.
Frankfurt-Paris: Durand. 1785. IV, 184 S. 8°.
Harvard University Library Cambridge, Mass.
Sabin 19743.

Deslandes, R., und L. Lurine, eine Frau nach der neuesten Mode, s. Both's, L. W., Bühnen-Repertoir des Auslandes.

—— —— un padre terribile, s. Emporeo drammatico.

Des Ligneris, Max. Experimentelle Untersuchungen über die Wirkung des Jods auf die Hundeschilddrüse, sowie über die Hyperplasie dieser Drüse. Diss. Med. Bern ... von Max des L'.... Februar 1907. [Mit 2 Tafeln.] *Kopftitel:* Aus der chirurgischen Universitätsklinik in Bern ⟨Prof. Dr. Th[eodor] Kocher⟩. 110 S. 8. Bern, Rösch & Schatzmann, 1907.

Deslions, Anton: De C u l t u B. Virginis Mariae. Elegiarum lib. III. 8°. Ofen 1770, Univers.-B.

Desloges, F., die Brandstätte, s.: Kühling, A., Album f. Liebhaberbühnen.

*Deslongchamps*, J. L. A., Loiseleur, Flora Gallica, seu Enumeratio plantarum in Gallia sponte nascentium, secundum Linnaeanum systema digestarum, addita familiarum naturalium synopsi. Ed. II. aucta et emend., cum tabb. XXXI. II Tom. 8 maj. Paris 828. (Leipz., Michelsen). 6 ₰ 6 ℊ

Deslys, Charles, der B l i n d e von Bagnolet, s. Lese-C a b i n e t, neues belletristisches.

—— le coffret d'ébène. 16. (212 S.) Leipzig 859, A. Dürr.

— les étudiants d'Heidelberg. 2 vols. Édit. autorisée. Leipzig 857. A. Dürr. 32. (219; 231 S.) 1 ₰

—— Fanfan-Latulipe. 2 Vols. 16. (406 S.) Leipzig 859, A. Dürr.

Deslys, Charles, le Mesnil-au-Bois. 2 Vols. 16. (884 S.) Leipzig 859, A. Dürr. Thlr.

— Q u e n t i n le forgeron. 4 vols. Edit. autorisée. Ebend. 858. 32. (189; 185; 191; 185 S.) 2 ₰

— der S c h m i d von Antwerpen, s. Lese-C a b i n e t, neues belletristisches.

**Deslys, Charles.** Der Schmied von Antwerpen. Uebersetzt von Dr. *G. F. W. Rödiger*. *Pest, Wien u. Leipzig* 1858. *Hartleben's* Verl.-Exped. Druck v. *L. Sommer* in Wien. 232 S. 8°.
Auch unt. d. Titel: Neues belletristisches Lese-Cabinet der besten und interessantesten Romane aller Nationen etc. Lief. 448,449.450.

—— le petit violoneux, s. Saint-Felix, J. de, Rosalinde et Rosemonde.

— ein Z u a v e. Deutsch von A. K r e t z s c h m a r. 3 Thle. Leipzig 856. Einhorn. (Wien, Hartleben.) 8. (222; 170; 188 S.) 1 ₰ 12 ℊ

Desmahis, de, Oeuvres choisies 1 vol. in-18. (Didot). (Leipz. Barth.) (pap. ord. broché, 9 Cr. papier fin, 12 Cr. pap. vélin, Rthlr. 1. format in 12, pap. vél. Rthlr. 1 8 Cr.

Des Mahis, Die aus der hl. Schrift erwiesene Wahrheit der kathol. Religion. Aus dem Franz. übersetzt von F. K. von Hägelin. Wien, Gräffer, 1768. 8°.

Désmaisons (Hrsg.), s. A b o u l - G h a z i B é h â d o u r K h a n : Hisoire des Mogols et des Tatares.

Desmarest, ..., d. Papiermacherkunst in ihrem ganzen Umfange; aus d. Französ., mit Verbesser. u. e. Anhange von Chr. Ldw. Seebaß. 4. Leipz. (803.) Baumgärtner. 4 ₰

Desmarest: Die Papiermacher-Kunst. Deutsch von C. L. Seebaß. Leipzig (Um 1880)

Desmarets, Etienne, der wohlunterr. u. erfahr. engl. u. französ. Tinten-, Federposen-, Bleistift-, Siegellack-, metallene Schreibfedern- u. Glanz-Oblaten-Fabrikant. Nebst e. gründl. Anweis. zur Anfertig. nie versagender Streichzünder. Mit Abbild. 8. (7 B.) Berlin 835, Schumann. (?)

Desmarets, Jean

— — A r i a n a Staats- u. Liebes-Geschichte, vorgestellet von *D. M. S.* m. Kupfferst. Franckf. a. M., Joh. Maxim. v. Sand. 8°. S o im Frf. Fast. M. Verz. 1705, Bl. G 2a.

Des M a r e z G, das alte Brüssel. (15 S 50 T) Brussel 1910

Desmarres, L. A., Handbuch der gesammten Augenheilkunde oder vollständige Abhandlung der Augenkrankheiten und ihrer medicin. und operativen Behandlung für Aerzte und Studirende. Deutsch umgearb. und erweitert von Seitz und Blattmann. Lex.-8. (XVI und 696 S. mit 76 eingedr. Holzschn. und 2 Stnt.) Erlangen 852, Enke's Vrlgsh. *
Vgl.: Seitz, E.

**D'Esmenard,** J G., s. Memoiren des Friedensfürsten.

Die Eheschenkung nach römischem und insbesondere nach byzantinischem Recht v. Demosthenes D. Desminis. *Athen: In Comm. b. Barth & v. Hirst 1897.* (6 Bl., 52 S.) 1 Bd 8. [98. 2316

Des Moines Valley Times: 1879–Aug. 1880. Ottumwa, IA
Weekly, published in English and German.

Desmond, eine Geschichte in Briefen, von Fr. L. Smith, aus dem Engl. 3 Theile, mit 1 Kupf. 8. Hamburg, 793. Hoffmann, 2 Rthl. 20. gl.

Desmond, Olga

— u. Adf. **Salge,** lebende-Marmor-Bildwerke. Dargestellt an den Schönheit-Abenden in Berlin. Photographiert v. Skowraneck. (11 Bromsilber-Photographien m. 4 S. Text.) 37,5×26 cm. Ebd. (908). In Mappe 12. —

**Desmond,** Olga, Schwertertanz. Dargestellt an den Schönheit-Abenden in Berlin. Photographiert von Skowraneck. (11 Bromsilber-Photographien m. 4 S. Text.) 37,5×26 cm. Steglitz-Berlin (908). Neue Photograph. Gesellschaft. In Mappe 12. —

Desmortiers, Bouvier, Untersuch. über Taubstumme; aus d. Französ. v. F. P. Martens. Mit 1 Kpf. 8. Leipz. 801. Mittler. 1 ₰

Des Murs, O., Iconographie ornithologique, s. Iconographie.

Des-Murs, O., Iconographie ornithologique. Nouveau recueil général de planches peintes d'oiseaux, pour servir de suite et de complément aux planches enluminées de Buffon, éditions in Folio et in-4. de l'imprimerie royale et aux planches color. de M. M. Temminck et Laugier de Chartrouse, mêmes formats, accompagné d'un texte raisonné, critique et descriptif. Livr. 1—9. Imp. 4. (54 Taf. u. 30½ B. Text) Paris 845, 47, Klincksieck. à Livr.

—— dass. Prachtausgabe. Fol. Livr. 1—9. (54 Taf. u. 60 B. Text.) à Livr.

Desnoiresterres, G., Messer Prospero, s. Emporeo drammatico.

Désnos, E., die neueren Dampfkessel-Constructionen, s. Beretta, C.

Desnoyer, Charles

Desnoyer, Ch., Caravaggio, s.: Sammlung dramat. Werke.

Desnoyer et d'Avrecourt, l'épée de mon père, s. Répertoire du Théâtre fr. No. 182.

Desnoyer, drei Farben, s. Theater, das, des Auslandes.

— une jeunesse orageuse, s. Répertoire du Théâtre franç., 2. Série. No 57.

Desnoyers, Louis, merkw. Abenteuer des Conrad Haselbaum, s. Abenteuer.

Desnoyers, Louis, merkwürdige Abenteuer des Conrad Haselbaum. Nach d. Franz. v. Leop. Fürstedler, mit 102 Holzschn. von P. Lauters. 1. u. 2. Bdchn. 12. (14½ B.) Wien 843, Tauer u. Sohn. à

Vgl.: Jugend-Bibliothek.

(Desnoyers.) Merkwürdige Abenteuer des Conrad Haselbaum. Nach L. Desnoyers von Lp. Fürstedler. Mit 102 Original-Illustr. (Holzschn. im Text) von P. Lauters. 4. verb. Ausg. Wien 858. Wenedikt. 24. (342 S.) 15 ngl.

—— Abentheuer Robert-Roberts. Uebersetzt von Emilie Wille. 4 Thle. 8. (67 B.) Leipzig 844, Kollmann.

Desnoyers, Louis, les Aventures de Jean Paul Choppart. Illustrées par P. Lauters. 16. Bruxelles 840. (Muquardt.) n. 2 ₰

—— les aventures de Jean-Paul Choppart. 8. (11 B.) Leipsic 843, Schmaltz. *

Des Noyers, P., lettres, s. Lettres.

Desodoard, A. F., philosoph. Geschichte d. französ. Revolution. 2 Thle. gr. 8, Züllichau 797. Frommann in Jena. 2 ₰ 8 gl.

— Typpo Saib, oder Geschichte Hindostans im 18ten Jahrh.; aus d. Französ. 2 Thle. 8. Leipz. 799. Köhler. 2 ₰

Desor, Edouard

—s Agassiz, Monographie d'Echinodermes.

— et L. Favre, le bel âge du bronze lacustre en Suisse. Orné de 5 planches chromolith., de 2 planches lith. et de 50 gravures sur bois. Fol. (39 S.) Neuchatel 874. Sandoz. geb. n.n 20. —

Desor, Edouard: Album von Combe-Varin. Zürich 1861.

Desor, Ed., geolog. Alpenreisen, s. Agassiz, Louis.

Desor, E[douard]. Agassiz geologische Alpenreisen. Unter [Louis] Agassiz Mitwirkung verfasst von E. D'. Deutsch mit einer topogr. Einleitung über die Hochgebirgsgruppen von Dr. C[arl] Vogt. Mit 3 lithograph. Tafeln. 8. Frankfurt am Main 1844.

Desor, E., Agassiz' u. seiner Freunde geologische Alpenreisen in der Schweiz, Savoyen u. Piemont. Unter Agassiz', Studer's u. Carl Vogt's Mitwirkung verfaßt. Herausg. von Carl Vogt. Mit 4 Karten (gr. 4.) 2. verm. Aufl. 8. (XXXVI u. 672 S.) Frankfurt a. M. 847, Liter. Anstalt. n. 1¾ ₰

—— die Besteigung des Jungfrauhorns durch Agassiz u. seine Gefährten. Aus d. Franz. v. C. Vogt. Mit 3 Ans. (auf 1 Bl.) der Jungfrau u. 1 Karte (Imp.-4.) der Gletscher des berner Oberlandes. gr. 8. (6 B.) Solothurn 842, Jent u. Gaßmann. -

Desor, E[douard]. Die Beziehungen des Fohns zur afrikanischen Wüste. [SA.] 8. [Bern 1865.]

Desor, E[douard]. Le Congrès anthropologique et préhistorique de Copenhague en 1869; Souvenirs du Danemarck. Conférence faite à la Société d'utilité publique de Neuchâtel. 8. Bienne 1870.

Desor, E[douard]. Quelques considérations sur la classification des lacs, à propos des bassins du revers méridional des Alpes. [E.] 8. Lugano 1861.

(Desor, [Edouard].) Ueber die Deutung der Schweizer-Seen. <Hierzu Tafel 1.> [Aus dem Französischen übersetzt. A.] 8. [Zürich 1861.]

Desor, E[douard], et Loriol, P[erceval] de. Échinologie helvétique: Description des oursins fossiles de la Suisse par E. D' et P. de L'. [1[re] partie:] Echinides de la période jurassique. [2 tomes.] (16 livraisons.) Wiesbade, Paris 1868 à 1872.

[Tome 1: Texte.] Avec un atlas de 61 planches. 4.

[Tome 2:] Atlas. fol

— et P. de Loriol, Echinologie helvétique. Description des oursins fossiles de la Suisse. 1—5. livr. Ebend. 869, 70. gr. 4. (XI, S. 1—160 u. 20 lith. Taff.) Jede Liefg. n. 2 ₰ 20 ngr.

— et P. de Loriol, Echinologie helvétique. Description des oursins fossiles de la Suisse. 6—16. livr. (fin.) Imp.-4. (S. 161—441 m. 41 Steintaf. auf chines. Pap.) Wiesbaden 871. 72. Kreidel. In Mappe. à n. 8.—

—— excursions et séjours dans les glaciers et les hautes régions des Alpes, de M. Agassiz et de ses compagnons de voyage. In-12. (27½ B., 4 Stnt. u. A's. Portr.) Neuchatel 844. (Soleure, Jent et Gassmann.) *

—— nouvelles excursions et sejours dans les glaciers et les hautes regions des Alpes de M. Agassiz et de ses compagnons de voyage. In-12. (11½ B. u. 3 Stnt.) Neuchatel 845. (Soleure, Jent et Gassmann.) *

—— les Galérites et les Dysaster, s. Agassiz, Louis.

Desor, E., der Gebirgsbau der Alpen. gr. 8. (VIII und 151 S. mit 1 lithogr. Karte in Farbendr. in Fol. und 12 eingedr. Holzschn.) Wiesbaden 865, Kreidel's Verlag. *

Desor, E., der Mensch der Wüste, s. Vorträge, öffentliche, gehalten in der Schweiz.

Desor, E., der Mensch der Wüste. 38 Sp. 8. Basel, Schweighauser. 8. 1876 1. 20
Sammlung wissenschaftl. Vorträge IV. Bd. 1 Heft.

Désor, E. (Prof.) Der Mensch der Wüste. 8°. Basel, Schweighauser. 1878
Oeffentliche Vorträge, Bd. IV, Heft 1.

Desor, E[douard]. Die Moranen-Landschaft. Mit einer Karte der Landschaft von Amsoldingen bei Thun. SA. 8. Schaffhausen 1874.

— Die Pfahlbauten des Neuenburger Sees. Deutsch von Carl Mayer. Neuenburg 1863.

Desor, E[douard]. Die Pfahlbauten des Neuenburger Sees von E. D'. Mit 117 in den Text eingedruckten Holzschnitten. Gezeichnet von Hrn. Prof. L[ouis] Favre. Deutsch bearb. von Friedrich Mayer. 8. Frankfurt am Main 1866.

— die Pfahlbauten des Neuenburger Sees. Mit 117 in den Text eingedr. Holzschn. Deutsch bearb. von Frdr. Mayer. Frankfurt a. M. 867. Adelmann. gr. 8. (XXIV, 157 S.) n. 1 ₰ 15 ngr.

Desor, E., die Sahara, s. Vorträge, öffentliche.

Desor, E. Die Sahara. [illegible]

— aus Sahara u. Atlas. Vier Briefe an J. Liebig. Mit 3 (lith.) Taff. (in 4.) Wiesbaden 865. Kreidel. gr. 8. (VI, 72 S.) n. 20 ngr.

Desor, E[douard]. Die Sahara, ihre Beziehungen zu dem Alpen-Klima und der früheren Ausdehnung der Gletscher. 8. Biel 1865.

— s. Sowerby, J., Mineral-Conchologie Großbritanniens.

**Desor**, E., Synopsis des Echinides fossiles. 6 Livrs. hoch 4. (LXIII und 490 S. mit 48 Stnt.) Paris 857,58. Wiesbaden, [Kreidel's Verlag.] à Livr. * 2 Thlr.

Desor, E., Système glaciaire etc., s. Agassiz.

Desor, Ed., im Urwald, s. Vorträge, öffentliche, gehalten in der Schweiz.

Desor, E[douard]. Im Urwald. Vortrag. 8. Basel 1881.
(Oeffentliche Vorträge gehalten in der Schweiz. Band 6, Heft 2.)

— einige Worte üb. die verschiedenen Grundformen der Höhlen d. Jura. Vortrag. gr. 8. (15 S. m. 1 Steintaf. in qu. 4.) (Frauenfeld 872. Huber.) — 30

Desor, F. Traitement des eaux ammoniacales et des matières épurantes épuisées provenant des usines à gaz, s. Weill-Goetz, L.

**Desorganisation und Reorganisation, Osterreichs.** Rechtsgeschichtlich-politische Studien. Wien 1861. V: *Perthaler, Johann.* (margr)

Desorme und Clement. Erklärung gegen den Aufsatz der Amsterdamer Chemiker über das vorgeblich kohligsaure Gas. 1802.

(**Desormeaux.**) Geschichte Ludwigs II v. Bourbon, Prinzen v. Condé. A. d. Französ. 4 Bde. 8. M. Plän. Potsdam 1783.

Desormeaux, Geschichte Ludw. von Burbon des zweyten Prinzen v. Condé. 4. Bde. m. Plans a. d. Franz. gr. 8. Wien. Trattner. 785.

**Desormeaux**, ..., Gesch. Ludwig v. Bourbon d. Zweiten, Prinzen v. Condé. 4 Bde, mit Plans; aus d. Französ. gr. 8. Wien 785. Trattner. 2 ₰ 8 gr.

**Desormes**, (F.,) kurzgedrängtes aber vollständiges Handbüchlein der Bienenzucht. Nach d. Franz. mit beständ. Rücksicht auf deutsche Erfahrung u. deutsches Clima frei bearbeitet. 8. Ilmenau 826, Voigt.

Desor's, Ed., Lebensbild, s.: Vogt, K.

**Desortzew, Paul**: Aus d. Chir. Klinik d. Kgl. Charité. Ueber Perforation der Gallenblase in die freie Bauchhöhle. (Berlin 1910: Blanke.) 37 S. 8°
Berlin, Med. Diss. v. 27. April 1910, Ref. Hildebrand
[Geb. 24. Dez. 84 Orenburg; Wohnort: Orenburg; Staatsangeh.: Rußland; Vorbildung: Gymn. Orenburg Reife 04; Studium: Berlin 10 S.; Rig. 4. März 10.]
[U 10. 27

**Désœuvré: Le Désœuvré**
⑮ Le 8. 7. 1734. LL. EE. de Berne accordent un privilège exclusif d'une durée de sept ans à Jacques Deprat pour l'impression d'une feuille intitulée «Le Désœuvré». Il est interdit à tous les imprimeurs de la contrefaire. Parut-elle jamais?

**Des Pepliers**: Nouvelle et parfaite grammaire francoise et allemande. Neue und vollkommene französische Sprachlehre ... nach den Anmerkungen des (Claude) Buffier, .... von einem Mitglied der Berliner Akademie verbessert, 5. verb. Aufl. Trattner, Wien 1794. 1 vol. 2 Bl. u. 572 S.

**Despois**, Eugène, le théatre français sous Louis XIV, s.: Schulbibliothek französischer u. englischer Prosaschriften aus der neueren Zeit.

**Despomiers**: L'art de s'enrichir promptement par l'agriculture. 3. éd. augm. ... Berne 1763. (10) 190 S.

|—| Die Kunst sich geschwinde durch den Ackerbau zu bereichern ... [Aus d. Franz.]. Augsp. 1763. (24) 177 S.

Desportes, Baron Felix D' [1763-1849]. Einer der acht und dreissig aus Frankreich Verbannten. <Nach Original-Mittheilungen.> [A.] 8. [Leipzig 1818].

Desportes. Félix s. Note du citoyen F D'... aux Syndics et Conseil... de Genève.

Desportes, Ferd., die Reform der Strafanstalten in Schweden. Aus dem Französ. übers. von Max Bader. gr. 8. (92 S.) Heidelberg 881, Weiss' Verlag.
Aus: Blätter für Gefängnisskunde, besonders abgedruckt.

**Despot, der, oder Heinrich VIII. u. Thomas Morus.** Roman aus der engl. Geschichte des 16. Jahrh. Frei nach d. Französ. übersetzt von L. von Alvensleben. 2 Bdchn. 8. Leipzig 833. Kayser's Buchh. (Beyer.) $2^1/_2$ ₰

**Despoten, Die.** 1859. (V, 2488.) MV: *Ernst II. Hzg. von S.-Coburg-G.* Vgl. Kat. d. Schlesw.-H. L.-B. 1907, S. XXXII zu S. 206. (DARP)

**Despoten, Die,** als Revolutionäre. An das deutsche Volk. Berlin 1859. V: *Fischel, Eduard.* (Scheffer, Die Preuss. Publizistik i. J. 1859. Berlin 1902 S. 55—56.) (stams)

Despoten, die, als Revolutionäre. An das Deutsche Volk. Berlin 859. F. Schneider. 859. 8. (40 S.) 1 ngr.

**Despotie, Die;** ein Beytrag zu einer neuen Staatsgrammatik. Altdorf 1784. V: *Link, Gottlieb Chn Carl.* (Will) (BB) (ML)

Despotismus, d. enthüllte, s. Thiery.

**Despotismus, d. enthüllte**, d. franz. Regierung, od. Gesch d. H. v. Latude währ. s. Gefangensch. a. d. Franz. v. Hochheimer. 2 Thle. 8. Leipz. Graff. 791. Hthlr.

— u. Heldengeist, s. Heldengeist.

**Despréaux**, E., histoire abrégée de la littérature française à l'usage des étrangers. 3. éd. revue. (288 S.) 8. Riga 908. N. Kymmel. Geb. 3. —

**D'Espréaux-Boileau**, Nicolai, s. Boileau-Despréaux, Nicolai

Desprez, Alb., zwaerla Duch odder drei gute Kinner. Frankfurter Localposse in 2 Acten u. 3 Bildern. Mit Gesang u. Tanz. Musik von verschiedenen Componisten. Hanau 865. (Prior.) 8. (24 S.) 5 ngr.

**Desprez de Boissy, Charles.** Ueber die Sittlichkeit des Theaters; aus dem Franz. Halle 1780. Ü: *Schmid, Christian Heinrich.* (ML)

(**Desroches de Parthenay, I. Bapt.**) Geschichte von Polen unter dem Könige Friedrich August. A. d. Französ. 2 Bde. 8. Mitau 1771—72.

Desruelles, H(enri) M(arie) J(oseph): Abhandlung über den Keichhusten, nach den Grundsätzen der physiologischen Lehre verfaßt. (Traité de la coqueluche, d'après les principes de la doctrine physiologique. Dt.) Übers. und mit Anmerkungen begleitet von Gerhard von dem Busch. 316 S., gbd.

Bremen: Heyse 1828

—— über d. Behandlung ohne Quecksilber bei vener. u. solchen Krankheiten, welche v. Missbrauche d. Mercurs entstehen, in d. klin. Militairhospitale v. Val-de-Grâce. Frei übers. v. G. B. Günther. Mit Vorr. v. J. C. G. Fricke. gr. 8. ($6^1/_2$ B.) Hamburg 829, Hoffmann u. Campe.

Desruelles, H(enri) M(arie) Joseph: Briefe über die venerischen Krankheiten und deren zweckmäßigste Behandlung. Nach vieljährigen Beobachtungen und praktischen Erfahrungen. (Lettres écrites du Val-de-Grace sur les maladies vénériennes. Troisième édition. Dt.) Übers. von J(akob) Frank und Ludw(ig) Hain. 255 S., gbd.

Leipzig: Haendel 1848

**Dessables**, M., der vollkomm. franz. Drechsler, od. Handb. f. alle Diejenigen, welche in d. Drehkunst arbeiten. M. 195 lith. Abbild. 8. (32 B.) Ulm 829, Ebner.

**Dessaix**, J. M., die Homöopathie und ihre Gegner. Im Namen der Gesellschaft der homöopath. Aerzte in Lyon. Aus d. Franz. 8. Zerbst 836. Kummer. 1/2 ℛ︀ß

**Dessaix**, J. M., die Homöopathie u. ihre Gegner. Im Namen d. Gesellschaft d. homöopath. Aerzte in Lyon. A. d. Franz. 8. (8 1/4 B.) Zerbst 836. [Berlin, Trautwein u. Comp.]

**Dessalines**, Tyrann der Schwarzen u. Mörder der Weissen auf St. Domingo. 8. Erfurt u. Gotha 804. Hennings. 16 gr.

**DESSALINES**, Jean-Jacques (empereur d'Haïti, né vers 1760, tué le 17 oct. 1806.) — Dessalines, Tyrann der Schwarzen u. Mörder der Weißen auf St. Domingo. Ein Gemälde aus d. Gallerie politischer Ungeheuer. O. O. 1805. 8°. Selten!
Nichtsnutziges, stellenw. lascives Opus. Tit. u. 222 S.

**Dessáry**, Alois, Grundzüge der österreichischen Finanz-Gesetzkunde. gr. 8. (XII und 400 S. mit 4 Tab. in qu. gr. 4.) Wien 855, Gerold's Sohn. *

**Dessary**, Alois, systemat. Handbuch d. Gesetze u. Vorschriften üb. d. in d. k. k. österr. Staaten besteh. allgem. Verzehrungssteuer. Nach amtl. Quellen bearb. M. 4 Tarifen u. ein. Reduktions-Tab. zur Ermittl. d. Alkoholgehaltes gebrannter geistiger Flüssigkeiten (auf 8 Blätt.) gr. 8. (25 1/4 B.) Wien 839, (Gerold.) *

**Dessáry**, Aloys, systemat. Handbuch der Gesetze u. Vorschriften über die in den k. k. österr. Staaten bestehende allgemeine Verzehrungssteuer. Nach amtl. Quellen. Mit 4 Tarifen u. 1 Reduct.-Tab. 2. vervollständ. Aufl. Wien 846, Gerold. 3 ℛ︀ß

**Dessáry**, Alois, systemat. Handbuch der Gesetze und Vorschriften über die in den k. k. österr. Staaten bestehende allgem. Verzehrungssteuer. Nach amtl. Quellen. Mit 4 Tarifen und 1 Reduktions-Tabelle. 2., vervollst. Aufl. gr. 8. (XVII und 494 S.) Wien 847, Gerold, Verlag.

—— systematisches Handbuch der Gesetze und Vorschriften über die Verzehrungssteuer in den sämmtlichen österreichischen Staaten. Nach amtl. Quellen bearb. Mit 9 Tarifen und verschiedenen anderen Beilagen (in qu. gr. 4. und qu. gr. Fol.) 3., umgearb. Aufl. 2 Bde. gr. 8. (XXII und 728 S.) Wien 856, Gerold's Sohn.

—— die österreich. Post-Verfassung. Mit Benützung amtlicher Quellen systemat. dargestellt. Mit 14 Tarifen, nebst verschied. andern Beilagen. gr. 8. (XXIV und 452 S.) Wien 848, Gerold, Verlag.

Dessau (Sachliches Ordnungswort)

**Dessau.** Ein Führer durch die Umgebg. f. Touristen, Sommerfrischler etc. (Eine Gesamtkarte u. Pläne der Städte Dessau, Rosslau, Coswig, Wörlitz, Oranienbaum.) Beschreibender Text. (8 S.) schmal 8. Dessau 904. (P. Baumann's Nachf.) n. 1. —

**Dessau** u. d. herzogl. Garten zu Wörlitz, s.: Woerl's Reisehandbücher.

Die Haupt- und Residenzstadt Dessau. (Mit e. Vorw. von Ernst Ebeling.) (Dessau 1907. ArtI.) 210 S. 8° A 12,40583

**Dessau** u. Umgegend. Wörlitz, s.: Miniatur-Bibliothek.

Dessau [Schlagwort]

— s. a.: Deutschland. Grundkarte. Karte (Abt. Preussen). Übersichtskarte. — Geologische Karten. Karte (Preussen). – Radfahrerkarten.

— s. a.: Deutschland. Karte. (Abt. Preussen.) – Preussen. Messtischblätter. — Radfahrerkarten. Mittelbach.

**Dessau.** Pharus-Plan Dessau. 1 : 12,000. 36,5×48,5 cm. Farbdr. (Mit Strassenverzeichnis auf d. Umschlag.) Dessau (909). Eduard H. de Rot. — 75

**Dessau**, Stadt. Plan der Haupt- u. Residenzstadt Dessau. 1 : 15,000. 43×24,5 cm. Farbdr. Mit Strassenverzeichnis auf der Rückseite. Dessau (904). (W. Claass.) n. — 30

**Dessau.** Ulrich, G., Plan v. Dessau, m. Benutzg. amtl. Quellen gezeichnet. 1 : 10,000. 58,5×47 cm. Farbdr. Mit Strassenverzeichnis an den Seiten. Dessau 899. Anhalt. Verlagsanstalt. n. 1. —

— — dasselbe. 1 : 10,000. 34,5×27,5 cm. Lith. Mit Strassenverzeichnis auf der Rückseite. Ebd. (900). — 25

**Dessau**, Kreis. Ulrich, Gust., Spezialkarte des Kreises Dessau. Nach amtl. Quellen bearb. 1 : 50,000. 2. bedeutend verb. u. ergänzte Aufl. 64,5 - 74,5 cm. Farbdr. Mit Text an der Seite. Dessau (906). (E. H. de Rot.) n.n. 2. 50

**Dessau.** Ulrich, G., Stadtplan der herzogl. anhaltischen Residenz Dessau. Für den Schulgebrauch gezeichnet. 1 : 10.000. Farbendr. 37×40,5 cm. Dessau 891. R. Kahle's Verl. n.n. — 25

Dessau (Verfasser)

**Dessau**, Ahron, s. Buch, das, Mibchar ha-Peninim.

**Dessau**, Bernh., die physikalisch-chemischen Eigenschaften der Legierungen, s.a. Wissenschaft, die.

Die physikalisch-chemischen Eigenschaften der Legierungen. Von Bernhard Dessau, Prof. Mit 82 Abb. Braunschweig: Vieweg 1910. VIII, 208 S. 8°
(Die Wissenschaft H. 33.) (10, 260)

**Dessau**, Bernhard, ueber Metallschichten welche durch Zerstäuben einer Kathode entstehen. Diss. Strassburg i. Els. 1886, Trübners Buchh. u. Antiqu. (E d'Oleire). 8°. 26 S. mit einer Taf.

**Dessau**, Bernh., die Telegraphie ohne Draht, s.: Righi, Aug.

**Dessau**, Fr., Versuch e. neuen erklärenden Systemes in d. Naturgeschichte, welches, v. d. äusseren Erscheinungen ausgehend, d. Anforderungen d. Logik u. Moral zu entsprechen strebt. gr. 8. (4 1/2 B.) Berlin 823, Oehmigke.

**Dessau**, Herm., s.: Corpus inscriptionum latinarum.

— s.: Ephemeris epigraphica.

— inscriptiones latinae selectae. Edidit H. D. Vol. I. gr. 8. (VII, 580 S.) Berlin 892. Weidmann. n. 16. —

**Dessau**, Herm., Inscriptiones latinae selectae. Edidit D. Vol. II. Pars I. gr. 8. (IV, 736 S.) Berlin 902. Weidmann. n. 24. —
Vol. I. Ebd. 892. n. 16. —.

— Inscriptiones latinae selectae. Edidit D. Vol. II. Pars II. (IV u. S. 737—1040.) gr. 8. Berlin 906. Weidmann. n. 10. —
Vol. I. u. II. 1. Ebd. 892. 902. n. 40. —.

**Dessau**, Herm., s.: Prosopographia imperii romani.

Dessau. H, Ueber die Scriptores Historiae Augustae. S.-A. 1892. 45 S.

Dessau H, De sodalibus et flaminibus Augustalibus. Diss. 1877. 25 S.

v. **Dessau**, Leopold. Deutliche und ausführliche Beschreibung, wie eine Stadt soll belagert werden. Auf Befehl König Friedrich Wilhelms aufgesetzt vom Fürsten L. v. D. Wozu sich kein anderer Stylus geschickt, als wie es nach altem Kriegsgebrauch denen Obrist-Wachtmeistern bei der Parade in die Schreibtafel diktiert wird, und wird also der geneigte Leser gebeten, das Critisieren darüber zu unterlassen. fol. Dessau 173[illegible].

**Dessauer**, der alte, s. Soldaten-Freund, der, 19. Jahrg.

**Dessauer**, der alte. Ein deutsches Volksbuch. 8. (9 3/4 B.) Leipzig 844, Schreck. Thlr
Vgl.: Bibliothek der Unterhaltung f. d. deutsche Volk.

**Dessauer,** A., das Segeln m. kleinen Fahrzeugen, s.: **Miniatur-Bibliothek f. Sport u. Spiel 32. Bd.**

Dessauer, Adolf

**Dessauer, A.,** mit krummer Feder auf grünem Hut. Ernste u. heitere Erzählgn. (147 S.) 8. Innsbruck 905. A. Edlinger. n. 1. 50; geb. n. 2. 50

**Dessauer, Adf.,** Götzendienst. Wiener Gesellschaftsbild. 2. Aufl. 8. (391 S.) Wien 899. C. Konegen. n. 4.—

— dasselbe, s.: Universal-Bibliothek.

**Dessauer, Adf.,** Großstadtjuden. Roman. 1—5. Taus. (IV, 461 S.) 8. Wien 910. W. Braumüller. 3.—; geb. in Leinw. m. Goldschn. n 4. 20

— Jochwind. Ernste u. laun. Erzählgn. aus luft'ger Höhe. Mit Buchschmuck v. E. O. Engel, H. Kroyssig u. A. 8. (IV, 203 S.) München 902. J. Lindauer. n. 1. 20; geb. n. 1. 80

**Dessauer, Adf.** Wahre Liebe. Roman. 8. (314 S.) Dresd. 891, Minden. * 3 50; geb. ** 4 50

— Verstiegen? Alpin-psycholog. Roman. 1. u. 2. Aufl. gr. 8. (à 118 S.) München (902). A. Schupp. n. 1. 50

**Dessauer,** Alfred, appr. Arzt a. München: Ueber Sinusthrombose bei Scharlach und Masern. München 1906: C. Wolf & Sohn. (41 S.) 8°

München, Med. Fak., Ref. v. Bollinger, Diss. v. 21. Dez. 1906

[Geb. 10. Apr. 75 Munchen; Wohnort: Munchen; Staatsangeh.: Bayern; Vorbildung. Gymn. Dillingen Reife Juli 95; Studium: Munchen 16 S.; Coll. 21. Dez. 06; Approb. 4. Juli 03.]

— „Das Totenwannerl", s. a. Kürschner's, Jos., Bücherschatz.

'Das Totenwannerl'. Ein humorist. Roman aus d. Bergsteigerleben von Alfred **Dessauer.** Berlin, Eisenach, Leipzig: H. Hillger [1906]. (110 S.) 8° [F.]
= Bücherschatz, Kürschners. No 499. 107. 15317

**Dessauer, Emil,** die jüdische Geschichte im Zeitbilde großer Kulturstufen. Für höhere Schulen u. zur Selbstbelehrg. dargestellt. (VII, 104 S.) 8. Frankfurt a/M. 905. J. Kauffmann. Geb. n. 1. 20

**Dessauer,** Emil, die Gewalten des Lebens. 8. (IV, 101 S.) Dresden 902. E. Pierson. n. 1. 50; geb. n. 2. 50

Dessauer Ernst: Wackenroders „Herzensergießungen eines kunstliebenden Klosterbruders" in ihrem Verhältnis zu Vasari.
H. 1904 PN 1715 Diss. Wien, Univ.

**Dessauer,** Ernst, Wackenroders „Herzensergiessungen e. kunstliebenden Klosterbruders" in ihrem Verhältnis zu Vasari. Eine literar-histor. Untersuchg. (60 S.) gr. 8. Berlin 907. Schöneberg. A. Duncker. 1. —
Sonderabdruck aus „Studien z. vergleich. Literaturgesch."

DESSAUER, Erwin von: Beiträge zur Kasuistik der Neurofibrome.- München: Schön 1887. 18 S.
13.6.1887 - Chr 1886/87,13; U 12.6375
Diss. Ingolst.-Landsh.-Mchn.

Gesammelte Aufsatze von Ingenieur Friedrich **Dessauer.** Bd 1. Wurzburg: A. Stuber 1905. 8° 108. 5190

**Dessauer, Frdr.,** ein **Beitrag zur Einführung physikalischer Methoden in Krankenhäusern.** (Darstellung der bei Einrichtg. des Röntgenverfahrens, des Lichtbades, der Operationsbeleuchtg. u. anderer physikal. Methoden im mittleren Krankenhausbetrieb entsteh. Fragen [Stromquelle u. Stromverteilg., Apparatwahl u. Disposition, Kosten etc.] u. ihrer Lösg. an Hand e. in Arolsen durchgeführten Musteranlage.) (35 S. m. Abbildgn.) 8. Berlin 904. [Dr. Demcker.] Dr. J. Ledermann. — 90

DESSAUER, Friedrich (Aschaffenburg): Ueber Eintheilung und Behandlungsweise der Adenitis inguinalis et universalis.- Nürnberg: Tümmel 1873. 1 Bl., 30 S.
9.3.1872 - Urk (Titel: De classificatione et therapia adenitidis inguinalis et universalis.); F 73; Chr 1871/72,19
Diss. Ingolst.-Landsh.-Mchn.

Röntgenologisches Hilfsbuch. Eine Sammlung von Aufsätzen uber d. Grundlagen u. d. wichtigsten Hilfsmethoden d. Röntgenverfahrens. Mit e. Anh. über Radioaktivität. Mit 33 Abb.... Von Ingen. Friedrich **Dessauer.** Wurzburg: A. Stuber 1905. (IV, 136 S.) 8°
= **Dessauer:** Gesammelte Aufsätze. Bd 1. 108. 5231

Kompendium der Röntgenographie. Ein prakt. Handbuch von Ingen. Friedrich **Dessauer** u. Dr. med. B[ernard] Wiesner. Mit 201 Ill. im Text, 11 Fehlertaf. u. 12 radiogr. Taf. Leipzig: O. Nemnich 1905. (X, 415 S.) 8° 105. 6530

**Dessauer, Frdr.,** technische Kultur? 6 Essays. (VII, 57 S.) 8. Kempten 908. J. Kösel. 1. —
Sonderabdruck aus „Hochland".

Dessauer, Friedrich u. Bernhard Wiesner

— — **Leitfaden des Röntgen-Verfahrens.** Unter Mitarbeit von Hildebrand, A. Hoffa, A. Hoffmann u. a. hrsg. (303 S. m. 69 Abbildgn.) gr. 8. Berlin 903. [Vogel & Kreienbrink.] Leipzig, O. Nemnich. Geb. in Leinw. n. 7. 80

**Leitfaden** des Röntgen-Verfahrens. Unter Mitarb. von ... hrsg. von Ing. Friedrich Dessauer, Aschaffenburg, u. Dr. med. B[ernhard] Wiesner, Aschaffenburg. Mit 69 Abb. 2. unveränd. Aufl. Berlin: Vogel & Kreienbrink 1904. (303 S.) 8° 107. 223 11

— **u. B. Wiesner,** Leitfaden des Röntgen-Verfahrens. Unter Mitarbeit v. A. Blencke, Hildebrand, A. Hoffa, A. Hoffmann n. Guido Holzknecht hrsg. 3. umgearb. u. verm. Aufl. (VIII, 336 S. m. 113 Abb. u. 3 Taf.) gr. 8. Leipzig 908. O. Nemnich. Geb. in Leinw. 10. —

**Dessauer,** Friedrich, Rechtspraktikant a. Augsburg: Das Objekt der kirchlichen Baulast. Würzburg 1907: A. Bögler. (103 S.) 8°

Würzburg, Jur. Fak., Ref. Meurer, Diss. v. 12. Juni 1907

[Geb. 29. Dez. 81 Augsburg; Wohnort: Munchen; Staatsangeh.: Bayern; Vorbildung: Ludwigs-Gymn. Munchen Reife Juli 02; Studium: Munchen 4, Wurzburg 4 S.; Rig. 1. Marz 07.]

**Dessauer, Frdr., u. Paul C. Franze,** die Physik im Dienste der Medizin m. besond. Berücksicht. der Strahlungen, s.: **Sammlung Kösel. 9. Bd.**

Dessauer, Friedrich u. Bernhard Wiesner

— — Rückblick auf die Entwicklung der Röntgentechnik. (20 S.) gr. 8. Wiesbaden 904. Leipzig, O. Nemnich. n. — 80
Sonderabdruck des 1. Kapitels aus: „Kompendium der Röntgenographie".

— **Heilende Strahlen. Arbeiten üb. die Grundlagen u. die prakt. Ausübg. der Strahlentherapie (X-Strahlg., Lichtstrahlg. u. Radioaktivität).** Gesammelte Aufsätze. 2. Bd. (V, 99 S.) gr. 8. Würzburg 908. C. Kabitzsch. 2.50; geb. 3. 20
Den 1. Bd. bildet: D., röntgenologisches Hilfsbuch.

Heilende Strahlen. Arbeiten uber d. Grundlagen u. d. prakt. Ausübung d. Strahlentherapie. ⟨X-Strahlung, Lichtstrahlung, u. Radioaktivität.⟩ Mit 7 Abb. ... Von Ingen. Friedrich **Dessauer.** Würzburg: A. Stuber 1908. (IV, 99 S.) 8°
= **Dessauer:** Gesammelte Aufsatze. Bd 2. 108. 5152

Dessauer, H. v., ein Ausflug nach dem Cajon del Ciprés. Lex.-8. (27 S.) Buenos Aires 875. (Leipzig, A. Krüger.) *
Aus: La Plata-Monatsschrift, besonders abgedruckt.

**Dessauer,** H. v., e. Ausflug nach dem Cajon del Ciprés. [Aus: „La Plata Monatsschr."] Lex.-8. (27 S.) Buenos Aires 875. Leipzig, Mentzel in Comm. n. 1. 60

Dessauer, H. v., und **L. Molendo, Bad Schliersee,** s. Molendo, L.

DESSAUER, HANS. Ueber Pyrazolin- und Trimethylenderivate. (Basel) München, 1892.

DESSAUER, Heinrich von (Neuburg): Ein Beitrag zur Lehre vom Croup der Kinder.- München: Weiss 1856. 24 S.
3.8.1855 - Urk (Titel: Quaedam de inflammatione membranacea.); F 68
Diss. Ingolst.-Landsh.-Mchn.

**Dessauer,** Hugo: Die handschriftliche Grundlage der neunzehn grösseren Pseudo-Quintilianischen Declamationen. *Leipzig 1898: B. G. Teubner.* (VI, 103 S.) 8
Würzburg, Phil. Diss. v. 1898

**Dessauer, Jul.,** der jüdische Humorist. Auswahl der geistreichsten Unterhaltungs-Gespräche des weltberühmten Bonmotisten „Rajozer Maggid“ u. der bedeutendsten Autoritäten des Judenthums aus alter u. neuer Zeit. (Rev. von Aug. Wünsche.) 2. vielfach verm. u. vollständig umgearb. Aufl. (159 S.) 8. Budapest (905). (Königsgasse 20), O. Geyer. n. 1. 50

— der Raschi-Kommentar zu den 5 Büchern Moses, vollständig in's Deutsche übers. u. m. beigedr. Bibel-Texte in 1 Bde. (VIII, 555 S.) gr. 8. Budapest (Waitzner-Boulevard 22) 887. Rabb. Jul. Dessauer. n. 3. —

Ⓑ **Dessauer, Jul.,** Raschi-Kommentar. 887. Jetzt: Frankfurt a/M., A. Rothschild. Erh. Pr. 4.—; geb. 5. —

Dessauer, Julius Heinrich

—— דֶּרֶךְ לֶאֱמוּנָה (Derech leemuna) od Sammlung lehrr. Geschichten u. Erzähln. zur Erweckung echter Religiosität u. Sittlichkeit, zunächst f. d. israelit. Jugend. Ein Leseb. f. Schule u. Haus. 8. (10 B.) Erlangen 841, Palm'sche Vrlsb.

**Dessauer, J. H.,** derech leemuna. Sammlung lehrreicher Geschichten u. Erzählungen zur Erweckung echter Religiosität u. Sittlichkeit für die israelitische Jugend. Ein Lesebuch für Schule u. Haus. Neue Ausg. Breslau 870. Schletter. 8. (XII, 148 S.) 6 ngr.

**Dessauer, J. H.,** Derech leemuna. Sammlung lehrreicher Geschichten und Erzählungen zur Erweckung echter Religiosität und Sittlichkeit für die israelit. Jugend. Ein Lesebuch für Schule und Haus. Neue (Titel-)Ausg. 8. (XII, 148 S.) Breslau 870, Skutsch.

—— u. Simon Krämer, allgem. deutsches Gebetbuch f. d. Hausandacht der Israeliten. Mit Vorw. v. A. B. Grünbaum. 8. (15½ B.) Quedlinburg 845, Ernst'sche Buchh.

**Dessauer, Jul. Heinr.,** Geschichte d. Israeliten mit besond. Berücksichtig. der Kulturgeschichte derselben. Von Alexander d. Gr. bis auf die gegenwärtige Zeit. gr. 8. (39 B. u. D's. Bildn.) Erlangen 846, Palm'sche Brlsbuchh. *

**Dessauer, J. H.,** Geschichte der Israeliten. gr. 8. Breslau 870, Preuß und Jünger. ℳ 3.; geb.

—— Geschichte der Israeliten mit besond. Berücksicht. der Culturgeschichte derselben. Von Alexander dem Großen bis auf die neuere Zeit. Nach den besten vorhand. Quellen bearb. Neue (Titel-)Ausg. gr. 8. (XXI, 594 S.) Breslau (845)70, Skutsch.

—— methodisches, nach lückenlosen Stufen geordn. u. möglichst vollständ. Lehr- u. Lesebuch f. israelit. Religions- u. deutsche Schulen u. Privatlehranstalten, zugl. auch als 1. Thl. des „Derech leemuna.“ 8. (14 B. u. 1 Verschr.) Erlangen 844, Palm'sche Brlsbuchh.

—— Lehr- und Lesebuch für israelitische Religions-Schulen und Privat-Lehranstalten, zugleich auch als erster Theil des „Derech leemuna“ [Religionslehre in Beispielen]. Nebst einem Anhang Gebete. Neue (Titel-)Ausg. 8. (XIV, 195 S.) Breslau 870, Skutsch.

**Dessauer, Jul. Heinr.,** לְשׁוֹן רַבָּנָן (Leschon Rabbanan), od. gedrängtes, vollständ., aramäisch-chaldäisch-deutsches Handwörterbuch, als Hilfsmittel zur Erlern. d. Thalmuds, d. Thargumim u. Midraschim, nach d. Aruch, Mussaphia, Burtorf u. Landau. Mit e. Anh., enth.: 1) die Eintheilung, 2) die Methodenlehre d. Thalmuds, nebst d. Angabe d. berühmt. Rabbiner-Schulen u. der, sich in jener Zeit gebild., verschied. Sekten d. Juden, u. 3) die Erklär. der in rabbin. Schriften vorkomm. Abbreviaturen. gr. 8. (16 B.) Erlangen 838, Palm u. Enke.
Beilage hierzu: Dessauer: Vollst. Paradigmen...

**Dessauer, J. H.,** לְשׁוֹן רַבָּנָן (Leschon Rabbanan) oder gedrängtes, vollständ. aramäisch-chaldäisch-rabbinisch-deutsches Wörterbuch, als Hilfsmittel zur Erlernung des Thalmuds, der Thargumim und Midraschim. Mit vielen Erläuterungen in einem Anh. und einer vollständ. Sammlung hebräischer und rabbinischer Abbreviaturen. Neue mit einem Nachtrage von Verbesserungen und Zusätzen versehene Ausg. gr. 8. (VI und 262 S.) Erlangen 849, Palm und Enke. Thlr. *

—— vollständ. Paradigmen d. regelmäß. u. unregelmäß. Zeitwörter, d. männl. u. weibl. Nennwörter, nebst e. Tab. üb. d. Personal- u. Possessivpronomen d. chaldäischen Sprache. gr. 8. (1½ B.) Erlangen 838, Palm u. Enke.

**Dessauer, Jul. Heinr.,** תְּהִלַּת אֵל od. Sammlung deutscher u. hebräischer Gebete f. Schule u. Haus. Zum Besten d. Jugend. M. ein. Vorw. v. Aub. 8. (5½ B.) Erlangen 836, Bläsing. Thlr.

**Dessauer, J. H.,** Unterricht in d. mosaischen Religion für d. Jugend, mit besond. Rücksicht auf Sonntagsschüler. 8. Nürnb. 833. (832.) Campe. 6 gGr.

— s. Viertelstunde, 1001.

**Dessauer, M.,** Blüthen und Knospen der Humanität aus der Zeit von Reuchlin bis auf Lessing. Spiegelbilder für inhumane Herzen der Gegenwart. gr. 8. (78 S.) Zürich 881, Schmidt. *

—— Humanität im Judentum. Vortrag, gehalten in Nordhausen. gr. 8. (14 S.) Leipzig 884, Friese. **
Aus: Populär-wissenschaftliche Monatsblätter, besonders abgedruckt.

—— drei Mahnworte an unsere Großen mit einem Schlußworte: „Auf zur That“. gr. 8. (16 S.) Cöthen 884, Schettler's Sortiment. *

**Dessauer, M.,** der deutsche Plato. Erinnerungsschrift zu Moses Mendelssohn's 150jähr. Geburtstage. gr. 8. (38 S.) Berlin 879, Stuhr'sche Buchh. *

—— der Sokrates der Neuzeit und sein Gedankenschatz. Sämmtliche Schriften Spinoza's gemeinverständl. und kurz gefasst mit besond. Hervorhebung aller Lichtstrahlen. gr. 8. (IV, 182 S.) Köthen 877, Schettler's Verlag. *

**Dessauer, Mor.,** Spinoza und Hobbes. Begründung ihrer Staats- und Religionstheorien durch ihre philosophischen Systeme. gr. 8. (43 S.) Breslau 868, Skutsch. *

**Dessauer,** Otto, Rechtspraktikant a. Bamberg: Der Begriff des Ehevertrages nach dem bürgerlichen Gesetzbuche für das deutsche Reich. Bamberg 1906: Bamberger Neueste Nachrichten. (42 S.) 8° [J.]
Würzburg, Jur. Fak., Ref. Mayer, Diss. v. 25. Nov. 1906
[Geb. 13. Jan. 83 Bamberg; Wohnort: Bamberg; Staatsangeh.: Bayern; Vorbildung: Gymn. Bamberg Reife Juli 01; Studium: München 2, Würzburg 5, Berlin 1 S.; Rig. 7. Nov. 06.]

**Dessauer,** Paul, approb. Arzt aus Bamberg: Über Venenthrombose, nebst einem Fall von marantischer Thrombose. Erlangen 1904: Junge & Sohn. (34 S.) 8°
Erlangen, Med. Fak., Diss. v. 24. Juli 1903
[Geb. 14. Juni 78 Bamberg; Staatsangeh.: Bayern; Vorbildung: Gymn. Münnerstadt Reife 98; Studium: München, Rostock, Berlin.]

**Dessauer,** Salo (geb. Ratibor 11. 7. 1855): Anatomische Beschreibung von fünf cystischen Geschwülsten der Kiemenspalten. Berlin (1879). (33 S.) 8°
Berlin, Med. Diss. v. 20. Mai 1879

**Dessauer, W. M.,** Methode zur Erlernung d. Declination u. Conjugation. 8. Posen 813. Decker. (Kühn). 8 gGr.

**Dessauges, Georges, u. Eug. Richème,** das Schwingen. Lehrbuch des bernisch-kantonalen Turnerschwinger-Verbandes. Aus dem Franz. ins Deutsche übers. v. Alb. Hopfengärtner. 8. (106 S. m. Abbildgn.) Biel 900. (E. Kuhn.) n. 1. 60

**Dessberger,** s. Desberger.

**Dessberger:** Grundlinien einer vergleichenden Zootomie d. Forst- u. Jagdthiere. Gotha 1834. 64 S. P.

**Deßberger, (Fr. Ed.,)** über öffentl. Unterr. überhaupt u. über polytechn. Schulen insbesondere. 8. Augsb. 827, Jenisch u. St.

**Dessecker, Friedr.,** des Christen Beugung u. Trost im Unglück. Betstunde u. Predigt, nach e. nächtl. heft. Feuersbrunst gehalten. gr. 8. (1½ B.) Stuttgart 840, J. F. Steinkopf. •

**Desseins** et modèles pour fleurs, bordures et dentelles. gr. 4. Lüneb., Herold u. W.

Desseins, neue, zu d. beliebten Modearbeit in Linon, Nesseltuch u. Glaar. 4. Braunschw. 792. Schulbuchh. 9 gr.

Dessel, C. L., Naturlehre f. junge Frauenz. 8. Hamb. Bohn. 793.

Dessel, Val. Andr.: Erotemata juris Canon. — noviter edita cum quibusd. nott. et animadverss. *Jen.* 675. 12. — c. animadverss. G. A. Struvii. *Jen.* 691. 8. Ed. IV. *ib.* 709. 8.

Desselius, Val. Anp., Elementa juris canonici. 8. Francof. 720.

— — idem liber. 8. Colon. Metternich. 766.

**DESSERT.** 111 Witze, Anekdoten, Kalauer usw. Nürnberg, Edmund Birn (um 1910). 8°.
Verb. d. Reichsgericht 8 J. 185/13.

Dessert für deklamator. Abendunterhaltungen und humorist. Hausmittel gegen Trübsinn. Eine Sammlung gereimter Anekdoten, Epigramme und Wortspiele. Von G—r. 1. Heft. 16. (IV und 90 S.) Altenburg 847, Schnuphase'sche Buchh. *

Desserts, dramat., für das Jahr 1837. Herausg. von E. M. Oettinger. Mit Beiträgen von Angely, Cosmar, Herrmann, Schmelka, Dr. Töpfer u. Oettinger. 8. Hamburg 836. Magazin für Buchhandel ꝛc. 1½ Rthlr.

Deßewffy, s. Desewffy.

v. Dessin, (W.,) Forststatistik v. Würtemberg. Mit 1 geognost. Karte. gr. 8. Tübingen 823, Osiander.

Dessin-Album der fleißigen Stickerin. qu. 16. (12 Blätter, wovon 4 sauber color. sind.) Wien 841, Bermann u. S. n. 1 Rthlr.

Dessinateur, der, für Damen-Arbeiten. Hrsg. von Chrn. Schmidt. Jahrg. 1860. April—Decbr. 18 Nrn. (lithogr. Bog.) Imp.-Fol. Mit Beilage. 18 Nrn. (à ½ Bog. in Imp.-4.) Lindau, Stettner. Vierteljährl. *

Dessinateur, le, des fleurs, Etrenne pour les Dames et la jeunesse qui veut apprendre à broder av. pl. enl. 2 Cah. 4. Leipz. Ind. Compt. 799.

— le, et le peintre des Paysages etc. 799.

**Dessler,** Bernhard, a. Libau (Kurland-Rußland): Zur Ätiologie der Todesfälle und der schweren Zufälle bei der Lumbalanästhesie. Emmendingen: Druck- u. Verlags-Ges. vorm. Dölter 1907. (72 S.) 8°
Freiburg i. B., Med. Fak., Ref. Krönig, Diss. v. 1907
[Geb. 27. Okt. 80 Libau; Wohnort: Freiburg i. B.; Staatsangeh.: Rußland; Vorbildung: Nicolai-Gymn. Libau Reife Juni 02; Studium: Berlin 5, Freiburg i. B. 3, München 1, Freiburg i. B. 1 S.; Rig. 26. Juli 07.]

**Dessler,** Friedrich August: Moltke in seiner Häuslichkeit. Mit 20 Illustrationen, darunter 3 Skizzen nach Moltkeschen Originalen, und 2 Faksimile-Reproduktionen. Berlin 1904. 8°.

Deßler, W. C.; himmlische Seelenlust unt. d. Blumen göttl. Worts, in Betr. ꝛc. m. K. gr. 8. Nürnb. Felsecker. 740.

**Deßloch,** Joseph, a. Würzburg: Über das Volumen der Schädeldächer. Würzburg 1908: Memminger. (53 S.) 8°
Würzburg, Med. Fak., Ref. Rieger, Diss. v. 28. März 1908
[Geb. 7. Okt. 81 Rimpar; Wohnort: Würzburg; Staatsangeh.: Bayern; Vorbildung: Neues Gymn. Würzburg Reife Juli 00; Studium: Würzburg 10 S.; Coll. 15. Jan. 08; Approb. 28. Mai 06.]

Deßmann, C. A., die christl. Kirche in ihrem Verhältnisse zur Gegenwart. Predigten. gr. 8. (1⅞ B.) Breslau 841, Gosohorsky's Buchh.

Geschichte der schlesischen Agrarverfassung von Günter **Deßmann.** Dr. rer. pol. *Straßburg: K. J. Trübner 1904.* (X, 201 S.) 8°
Kap. 1—3 erschien u. d. T.: Grundherrschaft u. Gutsherrschaft in Schlesien als Inaug.-Diss. Straßburg 1904.
= Abhandlungen aus d. staatsw. Seminar zu Straßburg. H. 19

**Deßmann,** Günter: Grundherrschaft und Gutsherrschaft in Schlesien. *Straßburg: K. J. Trübner 1904.* (93 S.) 8°
Straßburg, Rechts- u. staatswiss. Diss. v. 1904

Deßmann, J. Daniel

Deßmann, J. D., Rechenaufgaben z. Gebr. f. Schulen, umgearb. v. G. Hahn. 3 Hfte. (1. 4. Aufl., 2. u. 3. 3. Aufl.) 8. (10½ B.) Halle, Schwetschke u. Sohn. [1. 835., 2. 836. à 1/12 Thlr. u. 3. 836. ⅛ Thlr.]

— Rechenaufgaben zur prakt. Uebung f. Schüler u. Schülerinnen. 1s—3s Heft. 8. Halle 814. 2e A. 818. 1s Heft 3e A. 821. 2 gr. 2s Heft Regula de Tri 822. 1½ gr. 3s H. Bruchrechnungen 2e A. 822. 1½ gr. Schwetschke u. S. 5 gr.

Deßmann, J. D., Rechenaufgaben zur prakt. Uebung für Schüler und Schülerinnen. 1s — 3s Heft. 2te Aufl. 8. Halle, Hemmerde und Sch. 819 und 820. •

— Rechenbuch zur Erleichterung d. Unterrichts. 8. Halle 814. Schwetschke u. S. 9 gr.

— Rechenbuch zur Erleichterung des Unterrichts, für Lehrer umgearb. von G. Hahn. 2e Aufl. 8. Halle 837. Schwetschke u. Sohn. 5/6 Rthlr.

— kleine Sprachlehre, in vorzügl. Regeln. 8. Halle, Ruff. 815.

Deßmann, (J. D.,) kleine deutsche Sprachlehre, od. d. vorzügl. Regeln z. Rechtsprechen u. Rechtschreiben d. deutschen Sprache f. Anfänger. 5e Aufl. 8. Halle 826. (Reinicke.)

— — kleine Sprachlehre oder d. vorzügl. Regeln zum Rechtschreiben. 4te Aufl. 8. Halle, Ruff. 821. •

Deßmann, J. Dan., kleine Sprachlehre, od. d. vorzügl. Regeln z. Rechtsprechen u. Rechtschreiben d. deutschen Sprache f. Anfänger. Vorzügl. z. Gebr. in Schulen. 6., verb. Aufl. 8. (6½ B.) Halle 834, Reinicke u. Comp.

—— kleine Sprachlehre, od. d. vorzüglichsten Regeln zum Rechtsprechen u. Rechtschreiben d. deutschen Sprache f. Anfänger. Vorzüglich z. Gebr. in Schulen. 7. Aufl. 8. (6½ B.) Leipzig 836, Meißner.

Deßmann, J. Dn., Versuch e. kleinen deutschen Sprachlehre. 8. Halle 803. 2e A. 809. 3e A. 814. 4e A. 821. 5e A. 826. Reinecke u. Comp. 5 gr.

Deßmann, Vers. e. klein. deutsch. Sprachlehre ꝛc. 8. Halle, Ruff. 809.

**Dessner,** G. [aus Temriouk, Kaukasus]: Beiträge zur Kenntnis der Arsenite des Bleis und Quecksilberoxyduls. 39 S. 1897. 8°.
Bern. Phil. Diss. 1897/98.

Dessoff, Alb., Kunst u. Künstler in Frankfurt am Main im 19. Jahrh., s.: Weizsäcker, Heinr.

**Dessoff,** Albert: Biograph. Lexikon der Frankfurter Künstler im neunzehnten Jahrhundert. Mit 1 Originalradierung von Peter Halm. Frankfurt a. M.: Baer usw., 1909. XIII, 177 S. 4°, (8°)
(=Weizsäcker, Heinrich: Kunst u. Künstler in Frankfurt a. M. im 19. Jh. 2.)

Dessoff, Friederike, Märchen für Hans und Grete. 12. (143 S.) Leipzig 883, Breitkopf und Härtel. * M 2.; geb. *

**Dessöffy,** Lad. Lobrede auf Alexander Leopold, Erzherzog von Österreich, Palatinus von Ungarn. 8. Wien 1795.

**Dessoir, Max, Ästhetik u. allgemeine Kunstwissenschaft. In den Grundzügen dargestellt. (XII, 476 S. m. 16 Abbildgn. u. 19 Taf.) Lex.-8. Stuttgart 906. F. Enke. n. 14. —; geb. in Leinw. n. 17. —**

Dessoir, Max, Bibliographie des modernen Hypnotismus. Lex.-8. (94 S.) Berlin 888, C. Duncker. *

Dessoir, Max. Bibliographie des modernen Hypnotismus. 1. Nachtrag. Lex.-8. (44 S.) Berl. 890, C. Duncker. * 1 —
Hauptwerk. Ebd. 1888. * 1 80.

—— Das Doppel-Ich, s. Schriften der Gesellschaft f. Experimental-Psychologie zu Berlin.

Dessoir, Max, das Doppel-Ich. 2, verm. Aufl. gr. 8. (III, 82 S.) Leipzig 896. E. Günther. n. 1. 50

Dessoir, Max, Geschichte der neueren deutschen Psychologie. 1. Bd. Von Leibniz bis Kant. gr. 8. (XIII, 439 S.) Berlin 894. C. Duncker. n. 13. 50; geb. n.n. 15. —

— Geschichte der neueren deutschen Psychologie. 2., völlig umgearb. Aufl. 1. Halbbd. gr. 8. (1. Bd. S. 1—356.). Berlin 897. C. Duncker. n. 8. —

Dessoir, Max, Geschichte der neueren deutschen Psychologie. 2., völlig umgearb. Aufl. 2. Halbbd. gr. 8. (1. Bd. XV u. S. 357—626.) Berlin 902. C. Duncker. n. 6. —; (1. Bd. kplt. n. 14. —)

— u. Paul Menzer, Philosophisches Lesebuch. 2. verm. Aufl. (VIII, 300 S.) gr. 8. Stuttgart 905. F. Enke. n. 5. 60; geb. in Leinw. n. 6. 40
1. Aufl. (VIII, 258 S.) 903. n. 4. 80; geb. n. 5. 60.

— u. Paul Menzer, philosophisches Lesebuch. 3., wiederum verm. Aufl. (VIII, 321 S.) gr. 8. Stuttgart 910. F. Enke. 6.—; geb. in Leinw. n 6. 80

Dessoir, Max: Karl Philipp Moritz als Aesthetiker.... Naumburg, Druck v. H. Sieling, 1889; 1 Bl. u. 57 u. 1 S. u. 1 Bl. 8°.
Berlin, Phil. Fak., Inaug.-Diss. v. 2.Febr. 1889.

— Karl Philipp Moritz als Aesthetiker. gr. 8. (III, 57 S.) Berlin 889. C. Duncker. n. 1. —

Dessoir, Max [Dr. phil. aus Berlin]: Zur Physiologie des Temperatursinnes ... (Theil e. grösseren Abh. aus: Arch. f. Anat. u. Physiol., Physiol. Abth. Jg. 1892.) Leipzig, Veit & C., 1892; 16 S. 8.
Würzburg, Med. Fak., Inaug.-Diss. v 1892

— s.: Zeitschrift f. Ästhetik u. allgem. Kunstwissenschaft.

Dessonnaz, Oeuvres diverses, en vers et en prose. Tom. 1. Génève, (Pott in Lausanne.) 796.

Dessort, Laura, aus stillen u. bewegten Stunden. Gedichte. (94 S.) 8. Wien (906). Th. Daberkow. n. — 90

Dessoulavy, Edmond. Étude de l'action des amines primaires sur l'indigo. Diss. Phil. [II.] Univ. Zürich. 66 p. 8. Neuchâtel, Delachaux & Niestlé S. A., 1909.

Dessoulavy, P., De la particule ἄν dans Thucydide. Pr. 1895. 38 S. 4°.

Dessoulavy, P., Gramm.-statist. Beobachtungen über eine Redensart u. d. Absichtssätze bei den attischen Rednern. Diss. 1881. 89 S. 1.50

Destailleur, H. Palais d. Baron Albert v. Rothschild in Wien. gr. Fol. (16 Taf. in Kpfrst. m. 1 Bl. Text.) Wien 891, Lehmann. In Mappe. * 16 —
Aus: Wiener Neubauten, besonders abgedruckt.

De Stefani, Carlo

Die Phlegräischen Felder bei Neapel. Von Prof. Dr. Carlo de Stefani. Mit 67 Phototyp., Zeichn. u. Diagr. u. 1 geol. Karte. Gotha: J. Perthes 1907. (IV, 201 S.) 4°
= Mitteilungen, Petermanns, aus J. Perthes' geogr. Anst. Erg.H. No 150.
[07. 10202

D'Ester, Carl, der Kampf der Demokratie und des Absolutismus in der preuß. constituir. Versammlung 1848. Rechenschaftsbericht an seine Wähler. 8. (72 S.) Mannheim 849, Grohe. *

— dass. — 2. Aufl. 8. (63 S.) Leipzig 849, Verlagsbureau. *

D'Ester, Karl, ein Wort über öffentliche Irrenpflege im Allgemeinen u. über die Irrenheilanstalt zu Siegburg ins Besondere. Zur Verständigung den Mitgliedern des Rhein. Provinzial-Landtages vertrauungsvoll gewidmet. gr. 8. Köln 842, Weisserée. 1/3 ℔

D. Destillateur oder Anweis.. Liqueure, Branntweine u. Aquavite zu verfertigen. Halle: Dreysig 1797. -- [Zit. nach Kayser]

Der aufrichtige Destillateur und Kellermeister, oder Anweis. alle Sorten Liqueure zu verfertigen u. zu destilliren; Weine zu behandeln u. verdorbene wieder gut zu machen; Weinessig u. versch. Sorten Getränke, als Punsch, Bischoff ... zuzubereiten. Aus d. Franz. Leipzig: Böhme 1812. -- [Zit. nach Heinsius]

— u. Kellermeister, d. aufrichtige, oder Anweis., alle Sorten Liqueure zu verfertigen u. zu destilliren; Weine zu behandeln u. verdorbene wieder gut zu machen; Weinessig u. verschied. Sorten Getränke, als Punsch, Bischoff rc. zu bereiten. Aus d. Französ. 8. Leipz. 812. (Gnobloch). 16 gr (Auch 2r Thl. v. Czerbolinsky, Conditor).

Destillateur, d. Berliner. 8. Leipz., Rein. 6 gr

Destillateur und Liqueur-Fabrikant, der. Zeitschrift für die gesammte Spirituosen-, Aether-, Oele-, Essenzen- und Essig-Branche. Redact.: Rich. F. Poppe. 1. Jahrg. 1888/89. 26 Nrn. (à Nr. 3 Bog. mit eingedr. Holzschn.) gr. 4. Leipzig 888, Jüstel und Göttel. *
Vierteljährlich *

— dasselbe. 2. 3. Jahrg. 1889. 1890. à 36 Nrn. (2 B.) gr. 4. Ebd. à Jahrg. n. 8. —; vierteljährlich n. 2. 50

Destillateur u. Liqueur-Fabrikant, der. Zeitschrift f. die gesammte Spirituosen-, äther. Oele-, Essenzen- u. Essig-Branche. Red. u. Hrsg.: Rich. F. Poppe. 4.—7. Jahrg. 1891—1894. à 36 Nrn. (2 Bog.) gr. 4. Leipzig, Jüstel & Göttel. à Jahrg. n. 10. —

Destillateur u. Liqueur-Fabrikant, der. Zeitschrift f. d. ges. Spirituosen-, äther. Oele-, Essenzen- u. Essig-Branche. Red. u. Hrsg.: Rich. F. Poppe. 8.—11. Jahrg. 1895—1898. à 36 Nrn. (à ca. 12 S.) gr. 4. Leipzig-Gohlis, Expedition. à Jahrg. n. 10. —
Kann auch vierteljährlich bezogen werden.

Destillateur u. Liqueur-Fabrikant, der. Zeitschrift f. die gesammte Spirituosen-, Essenzen- u. Essigbranche, die Fabrikation v. Obst- u. Beerenweinen, sowie f. Weinhandel u. Fruchtsaftpresserei. 12.—15. Jahrg. 1899—1902. à 36 Nrn. gr. 4. (à ca. 12 S.) Leipzig-Gohlis (Dorotheenstr. 3). A. F. R. Poppe. à Jahrg. n. 10. —

Destillateur u. Liqueur-Fabrikant, der. Zeitschrift f. die gesamte Spirituosen-, Essenzen- u. Essigbranche, die Fabrikation von Obst- u. Beerenweinen, sowie f. Weinhandel u. Fruchtsaftpresserei. 16. u. 17. Jahrg. 1903 u. 1904. à 36 Nrn. (à ca. 12 S.) gr. 4. Leipzig-Gohlis [A. F. R. Poppe]. Webel's Verl. à Jhrg. n. 10. —

— — dasselbe. Red.: Rich. F. Poppe. 18. u. 19. Jahrg. 1905 u. 1906. à 52 Nrn. (à ca. 12 S.) 4. Leipzig, Webel's Verlag. à Jhrg. n. 8. —

Destillateur u. Liqueur-Fabrikant, der. Red.: Rich. F. Poppe. 20. u. 21. Jahrg. 1907 u. 1908. à 52 Nrn. Officielles Organ des Vereins der Grossdestillateure Sachsens, Sitz in Leipzig. (à ca. 12 S.) 31×23,5 cm. Leipzig, Webel's Verl. à Jhrg. nn 8. —

Destillateur, der neue prakt., und Liqueurfabrikant, mit 200 Recepten zur Bereitung aller Arten Liqueurs, feiner, einfacher u. dopp. Branntweine, Ratafias, Huiles de France, Cognac u. Rum. Nebst einer Anweisung, wie man Liqueurs auf kaltem Wege mit ätherischen Oelen bereitet. 12. Kaschau 834. (Pesth, Heckenast.) 3/8 ℔

— d. vollkommene französ., oder Liqueurfabrikant. 8. Hamb., (Herold jun.) 6 gr

Destillateur, der vollkommene franz., od. Liqueurfabr. Hamburg, Vollmer.

**Destillateur und Liquorist, Der wohlerfahrene, . . . Altona 1793.**
V: *Altenhoff, Friedrich* (= *Frdr. Hornung*).
(Deutsches Pseudonymen-Lexikon von Holzmann & Bohatta. Wien u. Leipz. 1906. S. 10.)

— d. wohlerfahrne, u. Liquorist, oder e. vollständ. Inbegriff d. französ. Destillirkunst u. aller dazu gehör. Wissenschaften; nebst Bereitung e. 100 Sorten feiner französ. u. deutsch. Liqueure u. and. Getränke, (v. F. Altenhöf, F. Hornung). Mit 2 Kpf. 1r Thl. 8. Alt. 793. 2e A. 807. 3e A. (v. F. Westphal). Mit 1 Kpf. 827. 1 ℛ 2r Thl. A. u. d. T.: vollständ. Unterr. in d. Branntweinbrennerei, in 15 Abschn. 8. Ebd. 808. 1 ℛ Hammerich. 2 ℛ

Destillateur u. Liqueurfabrikant, der wohlunterr. Nordhäusische, od. 194 Recepte d. besten u. wohlfeilsten Liqueure, Oehle, einfacher u. dopp. Branntweine ꝛc. Als Anh.: gute Vorschriften z. Bereit. d. aromat. Wasser u. Farbentinkturen Von e. prakt. Destillateur. 8. (9 B.) Nordhausen 828, Fürst.

Destillateur-Zeitung, deutsche. Central-Organ für die gesammte Spirituosen-Branche. Redact.: Cäs. Lax. 1.—5. Jahrg. 1880—1884. à Jahrg. 52 Nrn. (à Nr. 1—1½ Bog.) Fol. Bunzlau 883, (A. Appun's Buchh.) Jahrg. 1880—1883 à **
Jahrg. 1884 **

Destillateur-Zeitung, deutsche. Central-Organ für die gesammte Spirituosen-Branche etc. Redact.: Cäs. Lax. 6.—9. Jahrg. 1885—1888. à Jahrg. 104 Nrn. (à Nr. 1—1½ Bog.) Fol. Bunzlau, (A. Appun's Buchh.)
à Jahrg. **

Destillateur-Zeitung, deutsche. Central-Organ f. Liqueur-, Fruchtsaft-, Essig-, Obstwein-, Sprit- u. Branntwein-Fabrikation. Officielles Organ d. „Verbandes deutscher Liqueur-Fabrikanten u. Branntweinbrenner". Redact.: Cäs. Lax. X.—XIII. Jahrg. 1889—1892. à Jahrg. 104 Nrn. (à Nr. 1—1½ Bog.) Fol. Bunzlau, (Appun). à Jahrg. ** 10 —

**Destillateur-Zeitung, deutsche.** Central-Organ f. Liqueur-, Fruchtsaft-, Essig-, Obstwein-, Sprit- u. Branntwein-Fabrikation. Officielles Organ des „Verbandes deutscher Liqueur-Fabrikanten u. Branntweinbrenner". Red.: Cäs. Lax, 12.—15. Jahrg. 1891—1894. à 104 Nrn. (à ca. 1 Bog.) Fol. Bunzlau, C. Lax. à Jahrg. n. 10. —

**Destillateur-Zeitung,** deutsche. Central-Organ für Likör-, Fruchtsaft-, Cognac-, Obstwein-, Sprit-, Essig- u. Branntwein-Fabrikation. Offic. Organ d. „Vereins der Likör-Fabrikanten u. Branntwein-Interessenten Deutschlands". 16.—19. Jahrg. 1895—1898. à 104 Nrn. (à 2—3 Bog.) Fol. Berlin (O. 27, Holzmarktstr. 6/7), C. Lax. à Jahrg. n. 10. —

Kann auch vierteljährlich bezogen werden. — Jahrg. 1895 u. das 1 Qu. 1896 erschienen noch in Bunzlau.

**Destillateur-Zeitung, deutsche.** Central-Organ f. Likör-, Fruchtsaft-, Cognac-, Obstwein-, Sprit-, Essig- u. Branntwein-Fabrikation. Officielles Organ des „Vereins der Likör-Fabrikanten u. Branntwein-Interessenten Deutschlands", sowie des „Vereins deutscher Spiritus-Interessenten. 20.—23. Jahrg. 1899—1902. à 104 Nrn. Fol. (à ca. 10 S.) Berlin (S.W. 48, Friedrichstr. 21). C. Lax. Postfrei à Jahrg. n. 12. —

**Destillateur-Zeitung,** deutsche. Central-Organ f. Likör-, Fruchtsaft-, Cognac-, Obstwein-, Sprit-, Essig- u. Branntwein-Fabrikation. Officielles Organ des „Vereins der Likör-Fabrikanten u. Branntwein-Interessenten Deutschlands", sowie des „Vereins deutscher Spiritus-Interessenten" u. andern Fach-Vereiniggn. 24.—27. Jahrg. 1903—1906. à 104 Nrn. (1270, 1220, 1356 u. 1400 S. mit Abbildgn.) Fol. Berlin (S.W. 12, Zimmerstr. 94), C. Lax. Postfrei à Jhrg. n. 12. —

**Destillation, Die kalte,** oder Anweisung wohlschmeckende . . . Branntweine und Liköre . . . zu machen. Nürnberg [ca. 1830]. V: *Leuchs*, *Joh. Carl.* (EngMt)

Destillation, die kalte, od. Bereitung d. Kümmel-, Fenchel-, Anis-, Citronen-, Pomeranzen- u. and. Brantweins u. Liqörs ohne Destillation. M. 1 Holzschn. 8. (2½ B.) Nürnberg 831, Leuchs u. Comp.

**Destillation, Die kalte,** oder Bereitung der Kümmel- . . . Branntweine, Zweite Auflage. Nürnberg 1839. V: *Leuchs*, *Johann Carl.* (BrMm)

Destillation, die kalte, od. Bereitung d. Kümmel-, Fenchel-, Anis-, Citronen-, Pomeranzen- u. a. Branntweine, Liköre u. Ratafias ohne Destillation. M. 1 Holzschn. 2. verb. Aufl. gr. 8. (2 B.) Nürnberg 839, Leuchs u. Comp.

Destillirapparat, neuester, für Branntweinbrenner. Nach H. Trittons patent. Erfindung frei bearb. Mit 1 Kpf. 8. Frankf. a. d. O. 820. Hoffmann. 8 gr

Destillir- u. Branntweinbrenner-Geräthe, vortheilhaft eingerichtete, für Liebhaber im Großen u. Kleinen. gr. 8. Leipz. 816. Central-Compt. 12 gr

Destillirkunst, die, oder prakt. Anweisung zum Branntweindestilliren, für angehende Destillateurs bearb. 8. Nordhausen 831. Müller. ⅓ ℛ

**Destillirkunst**, die. Anweisung, alle Arten von geistigen Getränken sowohl auf kaltem, als auf warmem Wege herzustellen, solche zu rectificiren ꝛc. Quedlinburg 864. Basse. 8.

1. Thl.: Die Destillation auf kaltem Wege, mit besonderer Berücksichtigung der Fabrikation und Behandlung der ätherischen Oele. Bearbeitet von Carl Jantzon. Mit 3 (lith.) Taf. Abbildgn. (in Fol.) (XVI, 98 S.) 25 ngr

**Destillirkunst,** neueste, od. rohen Spiritus auf kaltem Wege so zu reinigen, daß alle doppelte, feine Branntweine u. Liqueure daraus verfertigt werden können. Nebst Angabe, jede beliebige Sorte Branntwein innerhalb 5 Minuten zu bereiten ꝛc. Mit e. Anh., enth. die Bereitg. e. ganz billigen, wohlschmeckenden Essigs. 2. Aufl. 16. Leipzig 848, R. O. Schulze. Versiegelt. n. 1½ ℛ

Destillirkunst, worin d. raresten Kunstst. ꝛc. 8. Frkf. 753.

— — dieselbe. 8. Leipz. Vogel. 783.

Destin, le, de l'Amérique. Lausanne, Pott. 780.

— le, de l'Empire germanic. et prognostic. av. Cart. fol Paris. (Körner, Frft.) 799.

Destinata literaria et fragmenta Lusatica, d. i. Unternehmungen d. Gelehrten z. Niederlausitz. Historie ꝛc. 16 Thle. 8. Lübben. 739.

— fundamenta semiologiae pathologiae etc. 8. Hafn. 740.

Destination, de la, de l'homme. gr. 8. Kottmann. 776.

*la Destinée*, ou mémoires d'une Dame de qualité, écrite par elle-même, avec la suite. 8 Augsb. 775. v. Jenisch u. St. 14 gr

Destinée, la, ou mémoires d'une dame de qualité, écrits par elle-même; avec la suite. 8. Augsb. Stage. 776.

*la Destinée*, ou mémoires d'une dame de qualité. 8. Augsb. 776. v. Jenisch u. St. 14 gr

— — la même. 8. Lausanne, Pott et C. 776.

— s.a. 1) Arco. 2) Bürgerfreund, der. 3) Friedrich IV. ꝛc.

Destinn, Emmy, Sturm u. Ruhe. Gedichte. gr. 8. (91 S.) Berlin 902. C. Duncker. n. 4. —

Destinon, v., der Meierei-Betrieb auf dem Gute Grönwoldt in Holstein, s. Meierei-Betrieb.

**(Destinon v.)**: Der Meierei-Betrieb d. Herrn v. Destinon auf dem Gute Grönwoldt in Holstein. Lübeck (1855). 21 S. 3 Tvl. P.

**Destinon, Carl von** (Eckernförde), Nonnulla de phosphori VI et usu medico interno. Diss. med.-therap. Bln. (Gebr. Unger) 13. III. 1830. 63 S. mit Biogr. (M.: J. Wittrock.) (4.80) 6339
Oppon.: F. Picht, H. Stockmeyer, E. Thomsen. — Gew.: E. D. A. Bartels.

Die Chronologie des Josephus. Von Justus von **Destinon.** Kiel. 1880. 4⁰. Kiel. Gymn.-Progr.

**Destinon,** Justus v., die Chronologie des Josephus. 4. (35 S.) Kiel 880. (Lipsius & Tischer.) n. 1. 60

a **Destinon, Iustus** [Dr.]: De Flauii Iosephi Bello Iudaico recensendo ad Benedictum Niese epistula critica. Kiliae, typ. Schmidt & Klaunig, 1889; 17 S. 4°
Kiel, Gelehrten-S, OP 1889 (269)

**Destinon,** Just. v., griechisches Lesebuch f. Unter-Tertia. Nach Arrians Anabasis bearb. u. m. e. Wörterverzeichnis versehen. gr. 8. (IV, 99 S.) Kiel 883. Lipsius & Tischer. n. 1. 50

— die Quellen des Flavius Josephus. 1. Die Quellen der Archäologie Buch XII - XVII = Jüd. Krieg B. I. gr. 8. (129 S.) Ebend. 882. n. 3. —

Destinon, Just. a, de codicum Cornificianorum ratione. Commentatio prima. gr. 8. (83 S.) Kiel 874, Haeseler. [v. Wechmar.] *

Destinon, **Just. a, de codicum Cornificianorum ratione. gr. 8. Kiel 874. Leipzig, Licht und Meyer.**

**Destinon,** Justus von, Dr.: Untersuchungen zu Flavius Josephus. Kiel 1904: H. Fiencke. (35 S.) 8°
Kiel, k. G ⟨Kieler Gelehrtenschule⟩ OP 1904 (330)

**Desto** besser für sie. [Berlin 1784.] V: *Meyer, Friedrich Ludwig Wilhelm.* (MGT)

**Desto** schlimmer für ihn, oder Salander ein Liebhaber; aus dem Franz. übersetzt. Stettin 1781. V: *Cointreau.* (BGE) Ü: *Kluge, Johann Daniel.* (ML)

Destouches für Deutsche, herausg. v. Meißner u. Mylius. 1r Thl. 8. Leipz. Weygand. 779.

**Der versteckte Schatz.** Ein Lustspiel in 5 Aufz. aus dem Franz. des Destouches. Frankf. 1768. 8o.

**Destouches, Ernst v.** Die Allianzen zwischen den Fürstenhäusern Wittelsbach und Habsburg-Lothringen. Aus: „Münchener Gemeinde-Zeitung". 2. Jahrg. 1873. Nr. 36. 4. München 1873.

**Destouches,** E. v. Urkundliche Beiträge zur Geschichte Münchens. München 1871. 34 S.
1. München zur Zeit der schwed. Invasion i. J. 1632.
2. Das reiche Almosen.
3. München zur Zeit der französischen Okkupation i. J. 1800.
<Sonder-Abdruck a. d. 31. Bd des oberbayer. Archivs.>

**Destouches,** Ernst v., Münchener Bürgertreue. Urkundlicher Beitrag zur Geschichte der Münchener Mordweihnachten 1705. gr. 4. (48 S.) München 880. Ad. Ackermann. n. 1. —

*Destouches,* Ernst v., Gedenkblatt zur Feier der Einweihung der neuen kathol. Stadtpfarrkirche zum „Hl. Kreuz" in Giesing. München, Dr. M. Huttler & Cie., 1886. Hoch-8⁰. Cart.
10 Bll. in Einf., schwarz u. roth (Frontisp. roth, blau u. schwarz) mit der Type des Fust-Schöffer'schen Psalteriums von 1457 (Originalschnitt) gedr., mit prächtigen Initialen in Rothdruck. Ausser Beschreibung der Kirche enthält das Werkchen auch eine kurze Chronik von Giesing. Der Ort hatte schon unter Bischof Otto von Freising (784–810) eine eigene Kirche.
Unter den Gönnern u. Förderern der inneren Ausstattung der Kirche ist in vorstehendem Bericht auch der Bibliotheksbesitzer Regierungsrath Pfister genannt.

Destouches, Ernst v. Geschichte d. königl. bayer. Haus-Ritter-Ordens vom Heiligen Georg, s. a. Bibliothek, bayerische.

Destouches E v, Geschichte des bayerischen Hausritterordens vom heiligen Georg. (Bayerische Bibliothek 2) Bamberg 1890

**Destouches, Ernst v., Geschichte d. historischen Museums u. d. Maillinger Sammlung der Stadt München. gr. 8. (123 S. m. 13 Abbildgn.) München 894. J. Lindauer. n. 2. —**

**Destouches,** Ernst v., Geschichte der Sangespflege u. Sängervereine in der Stadt München. Historische Festgabe zum 2. deutschen Sänger-Bundes-Feste. gr. 4. (12 S.) München 874. (Th. Ackermann.) — 30

**Destouches, Ernst v.,** 50 Jahre Münchener Gewerbe-Geschichte 1848—1898. Gedenkbuch zur Feier des 50jähr. Jubiläums des allgemeinen Gewerbe-Vereins München. Auf Einladg. des Central-Ausschusses desselben verf. Hrsg. vom allgemeinen Gewerbe-Verein. gr. 4. (VIII, 535 u. 175 S. m. Abbildgn. u. 1 Bildnis.) München (898). (J. Lindauer.) n. 20. —

Destouches, Ernst v. (geb. 4. Jan. 1843 in München), aus der Jugendzeit! Gedichte. München, G. Franz, 1866. 16⁰. Orig.-Srsb. m. Goldtit. auf Deckel, etw. gebr.
Portr. (Photogr.), XIV—283 S., 3 Bll. Inh.: Lyrische Gedichte, vaterländ. Balladen, metr. Uebersetzungen etc.

**Destouches, Ernst v., die Königskrone. Vaterländisches Festspiel. (13 S.) gr. 8. München (905). J. Lindauer. n — 50**

**— ein Königstag. Vaterländisches Festspiel. (11 S.) Lex.-8. Ebd. (905). n. — 20**

**— Orlando di Lasso. Ein Lebensbild zum 3. Centenarium seines Todestages (14. Juni 1894). gr. 8. (77 S. m. 5 Abbildgn. u. 1 Stammtaf.) München 894. J. J. Lentner. n. 1. 50**

**Destouches,** Ernst v., das Münchener Oktoberfest (Zentral-Landwirtschafts-Fest) 1810—1910. Gedenkbuch zur Hundertjahrfeier. Unter Mitwirkg. bayer. Schriftsteller verf. Hrsg. v. der Stadt München. (V, 114 S. m. 70 z. Tl. farb. Abbildgn., 10 [4 farb.] Taf. u. 2 [1 farb.] Plänen.) Lex. 8. München 910. J. Lindauer. 1. —

(**Destouches,** Ernst v., Stadtchronist) Den Pappenheimern! Gedächtniszettel (in Reimen), dat. München, am St. Christinen-Abend 1883. Gr.-Fol. Cart. m. Lwdr.
2 Bll. m. Titelholzsch. Betrifft ein im alten Hofbräuhauskeller gefeiertes Fest der „Pappenheimer", unter Mitwirkung des Gesangvereins „Die Bären". Roth u. schwarz gedr. (von Knorr & Hirth) u. mit rother Linien-Einfassung.

— Rothkehlchen. Ein Weihnachts-Märchen. gr. 8. (7 S.) München 887. F. Arnold. n. — 50

**Destouches,** Ernst v., Säcular-Bilder aus Münchens Vergangenheit. Mit 3 Taf. (Nr. 1 doppelblattgr. Lichtdr.) Abbild. u. Holzschn. im Text. Verlag von F. X. Zettler, Director d. kgl. Hof-Glasmalerei in München. In Kommiss. bei dem Literar. Institut von Dr. M. Huttler in Augsburg-München. 1884. Cart.
91 S. (incl. Doppeltit.). Imitirt-altdeutsche Ausstattung, roth u. schwarz gedruckt.

Säkular-Chronik des Münchener Oktoberfestes ⟨Zentral-Landwirtschafts-Festes⟩ 1810–1910. Festschrift z. Hundertjahrfeier von Ernst v. **Destouches,** Archivrat. Hrsg. von d. Stadt München. Mit 6 Vollbild., 1 Pl. u. 221 Ill. München: Lindauer 1910. v, 189, XXXVIII S. 2°(4°) [10. 14810

*Destouches,* Ernst v., die ehemal. Spitäler u. Convente der Barmherzigen Brüder u. der Elisabethinerinnen in München. Urkundl. Beitrag z. Geschichte Münchens. (S.-A. aus Bd. 29 d. oberbayer. Archivs.) München, 1869. 52 S. Imp.-8⁰. Cart.

**Destouches,** Ernst von: Münchens Stadtarchiv und Stadtchronik. München 1908: Kastner u. Callwey. IV. 160 S. 8⁰.
Aus: Archival. Zeitschrift. N. F. Bd. 15.

**Vaterlands-Klänge aus Großer Zeit.** Dichtungen von Ernst v. **Destouches.** Mit e. Titelbild von August Spieß. München: M. Huttler 1895. (64 S.) 4°(8°) [F.] [08. 9801

— an der Wende zweier Jahrhunderte. Historisch-allegor. Festspiel. gr. 8. (15 S.) Ebd. (900). n. — 20

**— im Zeichen der Barmherzigkeit. Festspiel zum 25jähr. Jubiläum der deutschen Reichsfechtschule. Musik v. Rich. Trunk. (4 S.) Lex.-8. Ebd. 905. n. — 40**

Destouches, Jos. Ad. v.

— Arnulph, König von Baiern. Schspl. in 5 A. 8. Münch. 820. Lentner. 8 K

v. Destouches, Jos. Ad., Schauspiele. 8. Münch. 791. Strobl. 20 gr.

— Zenger. Vaterländ. Schspl. in 5 A. 8. Sulzb. 822. v. Seidel. 12 gr.

Destouches, Josef Anton von

Destouches, Joseph v. Statistische Beschreibung der Oberpfalz vor und nach der neuesten Organisation, nebst einem chronologischen Ueberblick der oberpfälzischen Geschichte und der statistischen Beschreibung der Stadt Amberg. Mit 1 Kupfer. 8. Sulzbach 1809.

— statist. Darstell. d. Oberpfalz u. ihrer Hauptstadt Amberg vor u. nach d. Organisation 1802, in 3 Thln. Mit 1 Kpf. 8. Sulzb. 809. v. Seidel. 2 rthl 8 gr (A. u. d. T.: statist. Beschreib. der Oberpfalz rc.)

v. Destouches, Jos. Ant. Denkmal des Kriegsschauplatzes in der Oberpfalz 1796. 8. Amberg 1802.

(Destouches, Jos. Ant. v., Kreisrath) Die *Haupt- u. Residenz-Stadt München u. ihre Umgebungen.* Ein Wegweiser f. Fremde u. Einheimische. Mit (5) Ansichten (in Steindr. u. Kpfst.) u. 2 Karten. München, in der Buchhdlg. von Wilh. Michaelis, Kaufingerstr. Nr. 1014, o. J. (1827). 8°. Orig.-Ppb.

Titelbild, gestoch. Tit., 13 Bll. Subscr.-Verz., XX—480 S., 1 color. Plan der Stadt, 1 Karte d. Umgebung. Unter den Bildern ein Kpfst. (Generalansicht d. Stadt) von C. Schleich jr.

v. Destouches, Jos. Ant., die Haupt- u. Residenz-Stadt München u. ihre Umgebungen. Ein Wegweiser rc. Mit 10 Ansichten, 1 Plan u. 1 Karte. gr. 12. Münch. 827. Michaelis. 1 rthl 16 gr (Jaquet). 1 rthl

— Rede, über die Verbindung e. guten Kopfes mit e. guten Herzen bei e. Geschäftsmanne. 4. Sulzb., v. Seidel. 2 gr

Destouches, Jos. v.: Ueber den Verfall der Städte und Märkte und die Mittel, ihnen wieder aufzuhelfen. Ulm: Stettin 1803.

*Destouches,* (Jos. Ant.) v., Kreisrath (geb. 12. März 1767 zu † 13. Mai 1832), *Zenger,* ein vaterländisches Schauspiel in 5 Aufzügen. Sulzbach, in des Kommerzienraths J. E. Seidel Kunst- u. Buchhdlg., 1822. 8°. Ppb.

In Versen. — XX—154 S., 1 S. Err. Schauplatz: Stadt, Burg u. Gegend von Neunburg am Walde. Oberpfalz (143'). — Dem Fürsten Carl Alexander v. Thurn u. Taxis gewidmet.

Destouches, Josef Claudius

— Beurtheilung v. d. Domainenrecht in Deutschland. 8. Münch. 768. Lentner. 8 gr

Destouches, Jos. Claud., († .... 1795.) von Erkennung u. Führung d. Processe. gr. 8. Nürnb. 782. Stein. 2 gr

Destouches, N.

— der Erzlügner. Lstspl. 8. Berl. 772. Himburg. 5 gr

— le jeune homme à l'Epreuve. Comedie. 8. Dresd. 765 Walther. 8 gr

— der poetische Landjunker. Lstspl. in 3 A. Aus d. Franz. 8. Lpz. Dyck. 8 gr

— le médisant, comédie en V Act. et en vers. 8. Wien 769. Trattner. 4 gr

Destouches, Oeuvres choisies de, 2 Vol. in-18. (Didot) (Leipz., Barth.) pap. ord., 18 Gr. papier fin, Rthlr. 1. papier vélin, Rthlr. 2. format in 12, pap. vél., Rthlr. 2 16 Gr.

— der verheirathete Philosoph. Ein Lstspl. 8. Prag 793. Calve. 8 gr

— f. 1) Rache Albert III. 2) Undankbare. der.

— der vergrab. Schatz. Lstspl. 8. Frankf. 768. Andreä. 6 gr

— der vergrabene Schatz. Lstspl. 8. Berl. 772. Himburg. 5 gr

— der Unschlüssige. Lstspl. aus d. Französ. (v. Karl Franz Romanus). 8. Dresd. 778. Walther. 8 gr

— der Verläumder. Lstspl. aus d. Französ. (v. Karl Frz. Romanus). 8. Dresd. 778. Walther. 10 gr

Destouches, N., theatral. Werke. 5 Thle. 8. Berl. 756—72 Himburg. 2 rthl 10 gr

**Destouches, Philippe Néricault.** Der Verläumder. Lustspiel aus dem Franz. Dresden 1778. Ü: *Romanus, Carl Franz.* (Ky)

v. Destouches, Ulrich, Gedenkbuch der Oktober-Feste in München vom Jahre 1810 bis 1835. Der Bürgerschaft Münchens gewidmet. gr. 8. München 835. (Franz.) 5 gr

Destourbet, Regnier, Carl d. Zweite, König v. Spanien. Histor.-romant. Skizze, nach d. Franz. v. Ludw. Storch. 2 Bde. gr. 12. (14 B.) Gotha 834, Neumann.

Destraz, Henry. Ueber einige Produkte der Einwirkung von Formaldehyd auf $\beta$-Arylhydroxylamine. Diss. Phil. [II.] Univ. Zürich. 94 S. 8. Zürich, Gebr. Frank, 1901.

Destriveaux, P. J., Essai sur le Code pénal, 8. Liège. (Leipzig, Gleditsch in Comm.) 818. Rthlr.

Destructeur, Pierre, 750 Mittel gegen 250 schädl. Thiere und Insekten. Nebst Anhang von Heilungsmitteln wider deren Biß, Stich rc. gr. 12. (118 S.) Graz 846, Ludewig. n. ⅓ rthl

Destruction, la, de la ligue ou la réduction de Paris. 12. Amsterd. Haller in Bern. 782.

v. Destutt de Tracy, Graf, Charakterzeichnung d. Politik aller Staaten d. Erde, Krit. Commentar üb. Montesquieus Geist d. Gesetze; nebst zwei Anhängen v. Condorcet, übers. u. glossirt v. F. Morstadt. 2 Bde. gr. 8. Heidelb. 820 u. 21. Groos. 3 rthl 8 gr

Destutt di Tracy, Elementi d'Ideologia con prefazione e Note del Cav. Compagnoni 2 Vol. in 8. gr. Milano (Vienna, Volke). 817—19.

Desubas, Matthäus v., u. d. Kirche d. Wüste. Bild aus d. Hugenottenkämpfen in Frankreich. 2. Aufl. 8. (48 S.) Stuttgart 896. Buchh. d. Evang. Gesellschaft. n. — 15

Desvergers et Varin, un bal du grand monde, s. Répertoire du théâtre français.

Desvergers, les brodequins de Lise, Coméd.-Vaud., s. Répertoire du Théâtre fr. No. 221.

—— le capitaine Roland, s. Répertoire du Théâtre fr. No. 212.

†Desvergers, [L. Chapeau], Yelva, s. Scribe, E.

Desvergers, Yelva, ou l'orpheline russe, s. Théâtre.

Desvoeux, A. V., Vers. üb. d. Prediger Salomo. 4. Halle, Curt. 764.

Desvoeux, A. V., philos. u. krit. Versuch über den Prediger Salomo; nebst e. Uebersetzung, Paraphrase u. philolog. Anmerkk. v. Jh. Pt. Bamberger. 4. Halle 764. Curt. (Laue in Berl.) 1 rthl

*Deswert,* Eug., Diss. de Heraclide Pontico. 8 maj. Lovanii 830. (Bruxelles, Frank). 1 rthl 16 gr

Deszáthy Aurel: Loslichkeitsbestimmungen von buttersaurem Barium und Kalzium (mit 1 Taf. und 1 Textfiguren. S. 102. IIb. 23 . . . . . . . . . . . . . . . . . vgr.
Separatabdruck

**Détail** d'un Divertissement, donné le dernier jour du Carneval 1763 ... Dresde 1763. H: *Walther, Georg Conrad.* (ABJP)

Détail des événemens survenus à Nancy au régiment Suisse de Lullin de Château-vieux... 1790 s. (Salis-Samaden, [Vincenz Guido] von).

Detail-Ausbildung, die, d. Infanteristen f. d. Gefecht als Schütze u. i. Entfernungsschätzen unt. Zugrundelegg. d. Exerzier-Reglements — Abdr. 1889 — u. d. Schieß-Vorschrift v. 9. IX. 1893. Von S. K. 12. (IV, 67 S.) Berlin 895. Liebel. n. — 80

Detail-Bestimmungen f. das Exerzitium m. der Jägerbüchse M/71. Zum Gebrauch f. die königl. preuß. Pionier-Bataillone. gr. 16. (28 S.) Berlin 876. Mittler & Sohn. n. — 40

Detail-Bestimmungen für das Exerzitium m. der Jägerbüchse M/71. Zum Gebrauch für die königl. preußischen Pionier-Bataillone. Neuer Abdruck, unter Berücksichtigung der bisher ergangenen abändernden Bestimmungen. 12. (27 S.) Berlin 881. Mittler & Sohn. n. — 40

Taktische Detaildarstellungen aus dem russ.-japan. Kriege. H. 1—8. Wien 1908—11. 8°. — 1—3 von H. Edler v. Habermann u. J. Nowak. — 4 von C. Czibulka. — 5—8 von F. Beyer.

**Detaildarstellungen,** taktische, aus dem russisch-japanischen Kriege. Im Auftrage des k. u. k. Chefs d. Generalstabes bearb. (Sonderbeihefte zu „Streffleurs militär. Zeitschrift, zugleich Organ der militärwissenschaftl. Vereine".) 4. Heft. Von Claudius Czibulka. (64 S. m. 5 Beilagen.) Lex.8. Wien 910. L. W. Seidel & Sohn. 2. 40
Vergl.: Habermann, Hugo Edler v., u. Joh. Nowak.

**Topographische Detailkarten.** Nr. IV: Oetscher, im Maße 1 : 60.000. Ausgeführt im k u k. milit.-geogr. Institut in Wien. Mit Bezeichnung der markirten Wege. Fol. Photolithographie Gef. —.90, auf Leinen 1.30
Wien: Lechner 1893

**Detailkarten,** Topogroph. Nr. V. Ampezzaner und Sextener Dolomiten. 1 : 50.000. Ausgeführt im k. u. k. milit.-geogr. Institut in Wien. Mit Bezeichnung der markirten Wege. Qu.-Fol. Chromolith. In Comm. Gef. 1.70, auf Leinen Wien: Lechner 1894 2.50

**Detailkarten, Topographische.** VII. Nordwestl. Dolomiten. 1 : 50.000. Herausgegeben vom k. u. k. militär-geograph. Institute in Wien. Mit Bezeichnung der markirten Wege. Imp.-qu.-Folio. Chromolithogr. gefalzt 1.70, auf Leinen 2.50
Wien: Lechner 1895

**Detailkarten, Topographische.** VIII. Stubaier Alpen. 1 : 50.000. IX. Oetzthaler Alpen. 1 : 50.000. Herausgegeben vom k. u. k. militär-geographischen Institute in Wien. Mit Bezeichnung der markirten Wege. Imp.-Quer-Folio. Chromo-Lithographie. Gefalzt à 1.70
Wien: Lechner 1895

**Detailkarten, Topographische.** X. Pala-Gruppe. XI. Adamello-, Presanella- u. Brenta-Gruppe. 1 : 50.000. Herausgegeben vom k. u. k. militär-geographischen Institute in Wien. Mit Bezeichnung der markirten Wege. Imp.-Quer-Folio. Chromolithographie. Gefalzt à 1.70 Auf Leinen
Wien: Lechner (Müller) 1897

Topographische Detailkarten. XIII. Zillerthaler-Alpen und Rieserfernergruppe Im Maße 1 : 75.000. Ausgeführt im k. und k. militär-geograph. Institut in Wien. Mit Bezeichnung der markirten Wege. Wien. [1900.] In Comm. R. Lechner (Wilh. Müller). 57×90 cm.
Gefalzt K 4 — , auf Leinen K 5 50

**Detail-Conscription** der Volksschulen in den im Reichsrathe vertretenen Königreichen u. Ländern. Nach dem Stande vom Ende d. Schuljahres 1865. Hrsg. v. der k. k. statist. Central-Commission. Imp.-4. (V, 952 S.) Wien 870. (Gerold's Sohn.) n. 20. —

Detaillist, der. Organ des Detaillisten-Verbandes v. Rheinland u. Westfalen, e. V. Red.: Heinr. Carsch. 1. Jahrg. 1. Viertelj. April—Juni 1906. 6 Nrn. (à ca. 32 S. m. Abbildgn.) gr. 4. Düsseldorf, F. Dietz. n.n.n. — 60

— dasselbe. 1. Jahrg. 3. u. 4. Viertelj. Juli—Dzbr. 1906. 26 Nrn. (à ca. 28 S.) gr. 4. Ebd. n.n.n. 1. 50
Nicht durch den Buchhandel zu beziehen.

— der. Schweizerische Fachztg. u. Offertenblatt f. den Kleinhandel. Mit der Beilage: Schweizerische Delicateß- u. Colonialwaren-Zeitung. 8. Jahrg. 1906. 24 Nrn. (à ca. 16 S.) 4. Zürich, Meyer & Hendeß. n. 2. —

Detaillist, der. Schweizerische Fachzeitg., Fortsetzg., s.: Delikateß- u. Colonialwaren-Zeitung.

**Detaillistenblatt,** das, s.. Zeitschrift f. Schaufenster-Dekoration.

Details für Architecten und Bauhandwerker. 3. Lfg. Fol. (6 Stnt., wovon 2 chromolithogr.) Berlin 858, Th. Grieben. *
1. und 2. Lfg. Ebendas. 1855,56. * 2 Thlr.

**Details** für Architecten und Bauhandwerker. 1—3. Liefg. (à 6 lith. Taf.) Berlin (856—58.) Th. Grieben. Fol. Jede Liefg. n. 1 *ℛ*

**Details** für Architecten u. Bauhandwerker. 18 (lith.) Taff., zum Theil in Farbendr. 2. Aufl. Berlin 867. Grieben. (Leipzig, Scholtze.) 4. n. 1 *ℛ* 15 *ngr.*

Details, architectonische. Entwürfe von L. Bohnstedt, C. Dollinger, A. Geul u. A. in der Gesammtheit ihrer Details in natürl. Massstabe. Redig. und für den Umdruck gezeichnet von B. Liebold. 1. Jahrg. in 6 Heften. Fol. Halle 874, Knapp's Verlag. à Heft * *M* 3. *
Inhalt:
Heft 1. 2. Die Villa Borchard in Baden-Baden. Entworfen von L. Bohnstedt. (10 Stnt. in Fol. und Imp.-Fol.)
» 3. Städtisches Wohnhaus. Entworfen im Atelier des Bau-Raths und Prof. H. Nicolai. (5 Stnt. in Fol. und Imp.-Fol.)
Heft 4. Landhaus für Herrn A. Cohen in Schlangenbad. Entworfen von Edwin Oppler. (5 Stnt. in Fol. und Imp.-Fol.)
» 5. Wohnhaus in Zweibrücken. Entworfen von A. Geul. (5 Stnt. in Fol. und Imp.-Fol.)
» 6. Hausthür. Entworfen von C. Dollinger. — Stubenthür. Entworfen von Rodenwoldt. (5 Stnt. in Fol. und Imp.-Fol.)

Details, architectonische. Entwürfe von L. Bohnstedt, C. Dollinger, A. Geul u. A. in der Gesammtheit ihrer Details in natürl. Maasstabe. Redig. und für den Umdruck gezeichnet von B. Liebold. 2. Jahrg. 6 Hefte. Der ganzen Reihe 7.—12. Heft. Fol. [Halle,] Leipzig, Knapp. à Heft * *M* 3.
Inhalt:
Heft 7. Die Grund Credit-Bank in Gotha. Entworfen von L. Bohnstedt. (5 Stnt. in Fol. und Imp.-Fol.) 874.
» 8. Landhaus für Herrn A. Cohen in Schlangenbad. [Schluss zu Heft IV.] Entworfen von Edwin Oppler. (5 Stnt. in Fol. und Imp.-Fol.) 875.
» 9. Wohnhaus in Berlin, Dorotheen-Strasse No. 78/79. Entworfen von C. Schwatlo. (5 Stnt. in Fol. und Imp.-Fol.) 875.
» 10. Beamtenwohnung Solms-Braunfels. Entworfen von E. Oppler und Schorbach. (5 Stnt. in Fol. und Imp.-Fol.) 875.
» 11. Städtisches Wohnhaus. Entworfen im Atelier von H. Nicolai. (5 Stnt. in Fol. und Imp.-Fol.) 876.
» 12. Krieger-Denkmal in Gotha. Entworfen von L. Bohnstedt. (5 Stnt. in Fol. und Imp.-Fol.) 876.

—— dass. — 13.—17. Heft. Fol. Leipzig, Knapp. à Heft * *M* 3. *
Inhalt:
Heft 13. Wohnhaus in Berlin, Dorotheen-Strasse No. 78/79. [Schluss zu Heft 9.] Entworfen von C. Schwatlo. (5 Stnt. in Fol. und Imp.-Fol.) 876.
» 14. Haus Hofmeister in Gotha. Entworfen von L. Bohnstedt. (5 Stnt. in Fol. und Imp.-Fol.) 876.
» 15. —— dass. — (Schluss.) (5 Stnt. in Fol. und Imp.-Fol.) 877.
» 16. Façade eines Wohnhauses. Entworfen von G. Rodenwoldt. (5 Stnt. in Fol. und Imp.-Fol.) 877.
» 17. Grabdenkmale. Entworfen von R. Klette. (5 Stnt. in Fol. und Imp.-Fol.) 877.
Nicht weiter erschienen.
1. Jahrg. (6 Hefte.) Ebendas. 1874. * *M* 18.

Details, architektonische, von ausgeführten Bauwerken mit besond. Berücksicht. der von Hugo Licht publicirten Werke: Architektur Berlins — Architektur Deutschlands — Architektur der Gegenwart. (In 8 Lfgn.) 1. Lfg. Fol. (20 Lichtdr.-Taf.) Berlin 886, Wasmuth. *

**Details, architektonische,** v. ausgeführten Bauwerken m. besond. Berücksicht. der v. Hugo Licht publicirten Werke: Architektur Berlins — Architektur Deutschlands — Architektur der Gegenwart. 5 Lfgn. Fol. (à 20 Lichtdr.-Taf., m. Text VIII, 25 S.) Berlin 891—894. E. Wasmuth. à n. 16. —

**Details**, architektonische, v. ausgef. Bauwerken m. bes. Berücksicht. d. v. Hugo Licht publicirten Werke: Architektur Berlins – Architektur Deutschlands – Architektur d. Gegenwart. N. F. 1 u. 2. Lfg. Fol. (a 20 Lichtdr.-Taf.) Berlin 1896 u. 1898. E. Wasmuth

**Details, architektonische**, v. ausgeführten Bauwerken m. besond. Berücksicht. der v. Hugo Licht publicirten Werke: Architektur Berlins — Architektur Deutschlands — Architektur der Gegenwart. 2. Bd. 3.—5. (Schluss-)Lfg. Fol. (60 Lichtdr.-Taf. m. 8 S. Text.) Berlin (899). E. Wasmuth. à Lfg. n. 16. —

— **architektonische**, v. Reichstags-Gebäude in Berlin. 1. u. 2. Lfg. Fol. (à 10 Lichtdr.-Taf. m. 1 Bl. Text.) Berlin 897. Cosmos. In Mappe à n. 10. —

Details, architektonische, v. Reichstagsgebäude in Berlin. Lfg 1-2. fol Berlin 1897-98

— architektonische, v. ausgef. modernen Wiener Wohn- u. Geschäftshäusern, Villen etc. 54 Naturaufn. auf 30 Blättern in Lichtdr. gr. Fol. Wien 896. A. Schroll & Co. In Mappe n. 30. —

— **charakteristische**, v. ausgeführten Bauwerken, m. besond. Berücksicht. der v. Hugo Licht hrsg. Architektur des XX. Jahrh. 1. u. 2. Bd. à 5 Lfgn. (à ca. 20 Lichtdr.-Taf.) gr. Fol. Ebd. 901. 902. à Bd. n. 30. —; f. das Ausland à Bd. n. 36. —

**Details**, charakteristische, v. ausgeführten Bauwerken, mit besond. Berücksicht. der von Hugo Licht hrsg. Architektur des XX. Jahrh. 3.—5. Bd. à 5 Lfgn. (à Bd. 100 Lichtdr.-Taf. m. VI S. Text.) gr. Fol. Berlin 904—906. E. Wasmuth. à Bd. n. 30. —

Details, charakteristische, von ausgeführten Bauwerken mit besonderer Berücksichtigung d. v. H Licht publizierten Werke. I-V. (je 100 T) fol Berlin (1902-07)

**Details, charakteristische**, v. ausgeführten Bauwerken, m. besond. Berücksicht. der v. Hugo Licht publicierten Werke. 6—8. Bd. à 5 Lfgn. (Je 20 Lichtdr.-Taf.) 46,5×32,5 cm. Berlin 907—09. E. Wasmuth. à Lfg. 6. —

— dasselbe m. besond. Berücksicht. der in der Architektur des XX. Jahrh. publicierten Werke. 9. Bd. 5. Lfgn. (Je 20 Lichtdr.-Taf.) 46,5×32,5 cm. Ebd. (910). à Lfg. 6. —

— **der Façaden von den vorzügl. Gebäuden aus Hamburgs Neubau. Als Anschluß u. Erläuterung d. Werks „Hamburgs Neubau, Samml. sämmtl. Façaden &c.“** 1.—4. Hft. qu. gr. Fol. (à 5 lith. Taf.) Hamburg 846, Fuchs. (Leipzig, Klinkhardt.) (à) n. 1/2 ℛ

**Details** der Façaden von den vorzüglichsten Gebäuden aus Hamburg's Neubau. 5—8. Hft. qu. gr. Fol. (5–6. à 6 lith. Taf. 7—8. à 5 lith. Taf.) Hamburg 847. 48, Fuchs. (Leipzig, Klinkhardt.) à n. 1/2 ℛ (1—8: n. 4 ℛ)

**Details der Communication zwischen England, Westindien u. America, unterhalten durch die Dampfschiffe der Royal Mail Steam Packet Company in London. Mit Porto-Taxe ab England und Hamburg, nebst 1 Charte von Westindien mit den Communications-Linien und Angabe der Entfernung in geogr. Meilen.** gr. Lex.-8. Hamburg 842, Niemeyer. n. 2/3 ℛ

**Details in natürl. Massstabe.** Red. u. f. den Umdruck gezeichnet v. B. Liebold. 1. u. 2. Jahrg. à 6 Hfte. u. 3. Jahrg. 1. u. 2. Hft. Fol. Leipzig 874—76. Knapp's Verl. à Hft. n. 3. —

I. 1. 2. Die Villa Borchard in Baden-Baden. Entworfen v. L. Bohnstedt. (10 Steintaf. in Fol. u. Imp.-Fol.)
   3. Städtisches Wohnhaus. Entworfen im Atelier d. H. Nicolai. (5 Steintaf. in Fol. u. Imp.-Fol.)
   4. Landhaus f. Herrn A. Cohen in Schlangenbad. Entworfen v. Edwin Oppler. (5 Steintaf. in Fol. u. Imp.-Fol.)
   5. Wohnhaus in Zweibrücken. Entworfen v. A. Geul. (5 Steintaf. in Fol. u. Imp.-Fol.)
   6. Hausthür. Entworfen v. C. Dollinger. — Stubenthür. Entworfen v. Rodenwoldt. (5 Steintaf. in Fol. u. Imp.-Fol.)
II. 1. Die Grund Credit-Bank in Gotha. Entworfen v. L. Bohnstedt. (5 Steintaf. in Fol. u. Imp.-Fol.)
   2. Landhaus f. Herrn A. Cohen in Schlangenbad. [Schluss zu Hft. IV.] Entworfen v. Edwin Oppler. (5 Steintaf. in Fol. u. Imp.-Fol.)
   3. Wohnhaus in Berlin, Dorotheen-Strasse No. 78/79. Entworfen v. C. Schwatlo. (5 Steintaf. in Fol. u. Imp.-Fol.)
   4. Beamtenwohnung Solms-Braunfels. Entworfen v. E. Oppler u. Schorbach. (5 Steintaf. in Fol. u. gr. Fol.)
   5. Städtisches Wohnhaus, entworfen im Atelier v. H. Nicolai. (5 Steintaf. in Fol. u. Imp.-Fol.)
   6. Krieger-Denkmal in Gotha. Entworfen v. L. Bohnstedt. (5 Steintaf. in Fol. u. Imp.-Fol.)
III. 1. Wohnhaus in Berlin, Dorotheen-Strasse Nr. 78/79. [Schluss zu Hft. 9.] Entworfen v. C. Schwatlo. (5 Steintaf. in Fol. u. Imp.-Fol.)
   2. Haus Hofmeister in Gotha. Entworfen v. L. Bohnstedt. (5 Steintaf. in Fol. u. Imp.-Fol.)

**Details der Ornamente** in der neuen Kirche zur Altlerchenfeld in Wien. Entworfen von Eduard van der Nüll, al fresco ausgeführt u. chromolithogr. von P. Isella. Plan der Kirche nach Entwürfen des Architekten J. G. Müller, in Contouren. 3 Hefte gr. Folio. (1. Heft: 3 Chromolithogr. u. 3 Contouren; 2. Heft: 4 Chromolithogr. und 1 Contour; 3. Heft: 3 Chromolithogr. u. 2 Contouren.) Wien, Leben & Mundt. 1864 Pr. Heft à 5 fl.

—— Wanddekorationen, Möbel, Geräthe etc. aus den königl. bayer. Schlössern Neuschwanstein, Linderhof u. Herren-Chiemsee, sowie aus der kgl. Residenz in München. Aufgenommen u. hrsg. v. Jos. Albert. Gesichtet u. m. einleit. Text versehen v. L. Gmelin. 10 Lfgn. gr. Fol. (à Lfg. 10 Taf. m. Text.) Münch. 891—92, Jos. Albert. à Heft 8 — ; das vollständ. Werk 60 —

— **Wanddekorationen, Möbel, Geräthe** etc. aus den königl. bayerischen Schlössern Neuschwanstein, Linderhof u. Herren-Chiemsee, sowie aus der königl. Residenz in München. Aufgenommen u. hrsg. v. Jos. Albert. Gesichtet u. m. einleit. Texte versehen v. L. Gmelin. 10 Hfte. gr. Fol. (à 10 Taf. in Alberttypie.) München 892. Jos. Albert. Subskr.-Pr. f. das vollständ. Werk n. 60. —; Einzelpr. à Hft. n. 8. —

**Détain**, C., Ziegelrohbau, s.: Lacroux, J.

**Déteindre**, Willy, Med. pract. von St. Gallen: Aus dem pathologischen Institut der Universität Zürich. Über einige Fälle von zweiteiligen Aortenklappen und ihre pathologische Bedeutung. Zür. Orell Füssli Dr. 1895. 42 S. 8°.
Zürich, Med. Diss. [v. 1. Febr. 1895].

**Detectiv-Romane**, amerikanische. 1.—7. Bd. 8. Berlin, R. Jacobsthal. à 2. —
1. Aus Verbrecherstamm. Kriminalroman a. d. amerikan. Leben. Von Jos. Treumann. (262 S.) 897.
2. 86000 Dollars. Kriminalnovelle a. d. amerikan. Leben. Von Jos. Treumann. (198 S.) 897.
3. Der Mord a. d. Expreßzug. Kriminalroman a. d. amerikan. Leben. Von Frank Pinkerton. Deutsch v. M. Walter. (184 S.) 898.
4. Barker u. Hood. Kriminalroman a. d. amerikan. Leben. Von N. Moore. Deutsch v. L. Herzberg. (192 S.) 898.
5. Verwegenes Spiel. (The detective's daughter.) Kriminalroman a. d. amerikan. Leben. Von Lawrence Lynch. Deutsch v. M. Walter. (180 S.) 898.
6. D. junge Detektiv u. and. Kriminalgeschichten. Von Mark Twain u. Edgar Poe. N. d. Engl. bearb. v. Hans Helling. (163 S.) 898.
7. Endlich gefaßt! (Cornered at last.) Kriminalroman a. d. amerikan. Leben. Von Frank Pinkerton. Aus dem Amerikan. übers. v. Emil Kühne. (148 S.) 898.

**Detectiv-Romane**, amerikanische. 1.—10. 13. 14. 24. u. 27. Bd. 8. Berlin, R. Jacobsthal. à 2.—

1. Aus Verbrecherstamm. Kriminalroman aus dem amerikan. Leben (nach Green's „A strange disappearance". Von Jos. Treumann. 5.—6. Taus. (222 S.) (900.)
2. 86000 Dollars. Kriminalnovelle aus dem amerikan. Leben. Von Jos. Treumann. 5.—6. Taus. (206 S.) (900.)
3. Der Mord auf dem Expreßzug. Kriminalroman aus dem amerik. Leben. Von Frank Pinkerton. Deutsch v. M. Walter. 5.—6. Taus. (184 S.) (900.)
4. Barker u. Hood. Kriminal-Roman aus dem amerikan. Leben. Von J. Moore. Deutsch v. L. Herzberg. 3.—4. Taus. (171 S.) (900.)
5. Verwegenes Spiel. (The detective's daughter.) Kriminalroman aus dem amerikan. Leben. Von Lawrence Lynch. Deutsch v. M. Walter. 3.—4. (Umschlag-)Taus. (170 S.) (899.)
6. Der junge Detektiv u. andere Kriminalgeschichten. Von Mark Twain u. Edg. Poe. Nach dem Engl. bearb. v. Hans Helling. 3.—4. Taus. (176 S.) (900.)
7. Endlich gefaßt! Kriminal-Roman aus dem amerikan. Leben. Von Frank Pinkerton. Aus dem Amerikan. übers. (Deutsch v. Emil Kühne.) 3.—4. Taus. (160 S.) (900.)
8. Eines Andern Schuld. (An others crime.) Kriminal-Roman aus dem amerikan. Leben. Von J. Hawthorne. (247 S.) 899.
9. Zimmer Nr. 99. Amerikan. Kriminal-Roman. Von Arth. Griffith. Deutsch v. Rob. Franz. (223 S.) 899.
10. Eine interessante Witwe. (An American widow.) Amerikanischer Kriminal-Roman. Von Alb. Kevill-Davies. Deutsch v. Rob. Franz. Autoris. Uebersetzg. (275 S.) 899.
13. Detektiv Barnes. (The American Detective in Russia.) Von Old Sleuth. Amerikanischer Kriminal-Roman. Aus dem Engl. v. Hans Helling. (221 S.) (899.)
14. Der Doppelmord in Wilmington. Aus den Erinnergn. e. New-Yorker Detectivs. Kriminalroman. Von Wolver Hampton. Ins Deutsche übers. v. E. Berg. (244 S.) (899.)
24. Fräulein Detektiv. Kriminalroman aus dem amerikan. Leben. Von Old Sleuth. Deutsch v. Egon Berg. (178 S.) (902.)
27. Der geheimnisvolle Passagier. Kriminalroman aus dem amerikan. Leben. Von Old Sleuth. Deutsch v. E. Ilfeßbach. (264 S.) (902.)

Vergl.: Kriminal- u. Detektiv-Romane, moderne.

**Detectiv-Romane**, amerikanische. 28., 31. u. 33. Bd. 8. Berlin, R. Jacobsthal. à n. 2.—

28. Des Treulosen Ende. (A double-barelled detective story.) Von Mark Twain. Autoris. Uebersetzg. (218 S.) (903.)
31. Ein Verbrechen an der Hudsonbai. (The bai ridge mystery.) Von Old Sleuth. Detektiv-Roman aus dem amerikan. Leben. Deutsch v. E. Ilfeßbach. (208 S.) (904.)
33. Das Geheimnis der Falschspieler. Kriminalroman aus dem amerikan. Leben. Von Allan Pinkerton. Deutsch v. L. A. Hauff. (219 S.) (905.)

Vergl.: Kriminal- u. Detectiv-Romane, moderne.

**Detektiv-Zeitung**, neue. Kriminal-Reporter. Red.: Ernst Drahn. 5—7. Jahrg. Oktbr. 1908—Septbr. 1911. à 52 Nrn. (à Jhrg. 1040 S. m. Abbildgn.) 32×23 cm. Berlin, Verlagshaus f. Volksliteratur u. Kunst. à Jhrg. 5. 20
Ausg. m. Unfallversicherung u. d. T.: Wage u. Schwert.

Detela, Franz Valentin Ambrusch, † *26. März 1892.* 8 (S. 25—26).
**Progr.** K. k. Ober-G. *Rudolfswert* 1892.

Detela, Franz Des Plautus Aulularia und Molières Avare. 8 (S. 3—33). **Progr.** Staats-Ober-G. *Wiener-Neustadt* 1887.

(Detela, Franz): Govor ravnateljev ob vladarski petdesetletnici Nj. c. in kr. apostolskega Veličanstva cesarja Franca Jožefa I. (Umschlagtitel: Govor … petdesetletnici 2. dec. 1898.) 8 (5 S.).
**Progr.** K. k. Ober-G. *Rudolfswert* 1899.
Rede des Directors, gehalten anlässlich des fünfzigjährigen Regierungsjubiläums Sr. k. u. k. Apostolischen Majestät des Kaisers Franz Joseph I.

Detela, Fr[anz]: † Professor P. Ladislav Hrovat. S. 23 bis 28. 8. **Progr.** K. k. Ober-Gymn. *Rudolfswert* 1902.

**Detela** Franz: De Demi persona in Aristophanis Equitibus. **Diss.** Wien Univ.
II. 1877 PN 69

Detela, Franz:
*Professor Johann Polanec, gestorben am 10. September 1899.*
8 (S. 29—30). **Progr.** K. k. Ober-G. *Rudolfswert* 1900.

(Detela, Franz): [Hugo Skopal, k. k. Professor, † am 16. August 1905.] S. 39—40. 8. — [Dr. Kaspar Pamer, k. k. Professor, † am 21. Dezember 1905.] S. 40—43. 8. K. k. Ober-Gymn. *Rudolfswert* 1906.
**Progr.**

Detela, *Franz*: Slavnostni govor ravnateljev ob 150letnici novoměske gimnazije. (Umschlagtitel: … govor ob stopetdesetletnici …) 8 (S. 32—35). **Progr.** K. k. Ober-G. *Rudolfswert* 1897.
Festrede anläßlich des 150jährigen Bestandes des Gymnasiums zu Rudolfswert.

(Detela, Franz): *Johann Vidmar, wirklicher Lehrer, gestorben am 9. August 1897 zu Töplitz.* 8 (S. 69—70).
**Progr.** K. k. Ober-G. *Rudolfswert* 1898.

Detels, Friedrich, über homocentrische Brechung unendlich dünner, cylindrischer Strahlenbündel in Rotationsflächen zweiter Ordnung. Diss. Rostock 1887, G. B. Leopolds Univ.-Buchh. 8°. 32 S. mit einer Tafel.

**Detels**, Frdr., über stigmatische Brechung dünner Strahlenbündel im oblongen Rotationsellipsoid. Progr. (II, 16 S. u. 4 Taf.) Lex.-8. Hamburg 904. (Herold.) n.n. 2. 50

**Detels**, Friedrich, Dr.: Über stigmatische Brechung dünner Strahlenbündel im oblongen Rotationsellipsoid. Hamburg 1904: Lütcke & Wulff. (16 S.) 4°
Hamburg, R in Eilbeck P 1904 (855)

**Detenhoff**, der praktische St. Petersburgische Kaufmann. St. Petersburg. (Halle, Hemmerde). 820.

— — St. Petersburg. merkantilische Notizen zum täglichen Gebrauch und Nachschlagen für Einheimische und Auswärtige. gr. 8. Ebend. 820.

**Detenhoff**, Johann Heinrich
Unpartheiische Beurtheilung der am Ende vorigen Jahrs 1798 zu Berlin [von Joh. Gottlieb Rhode] herausgekommenen Schrift unter dem Titel: Beyträge zur Geschichte der Gr. Mutter-Loge Royal Yorck zur Freundschaft im Or. von Berlin. [Von Joh. Heinr. Detenhoff.] Leipzig im März, 1799. [Hamburg: Hoffmann 1799.] 32 S. 8°
cf. Taschenbuch f. Frmr. 1801 S. 357—367; Schröder, F. L.: Materialien z. Gesch. d. Frmrey seit d. Wiederherst. d. gr. L. i. London. 4 (o. J.) S. 150—152.
Kl. 2941. Verteidigung der GrLL. in ihrem Streit mit Royal York. 193.

**Detenhoff**, Johann Heinrich: Dissertatio inauguralis juridica de mortuis a iure in vitam revocatis quam praeside Carolo Friderico Winklero pro facultate summos in utroque iure capessendi honores 1760. publice defendet ... Kilonii. (1760.) 4°

**Detenhoff**, Joh. Wilh., das Ganze d. Handlung. Ein theoret.-prakt. Lehr- u. Handbuch d. gesammt. Handlungswissenschaften. breit gr. 8. (16¾ B.) St. Petersburg 831. (Leipzig, Brockhaus.)

— s. 1) Taschen-Contorist. 2) Kaufmann, d. St. Petersb.

**Deter**, Christian Gustav Johann

**Deter**, Chr. Joh., Abriß der Geschichte der Philosophie. 7. Aufl., umgearb. u. bis auf die neueste Zeit fortgeführt v. Geo. Runze. gr. 8. (IV, 176 S.) Berlin 901. W. Weber. n. 3. 20; geb. in Leinw. n. 4. 20
6. Aufl. (VI, 152 S.) Ebd. 899. n. 3.—; geb. n. 3. 80.

Abriß der Geschichte der Philosophie von Chr[istian G.] Joh[ann] **Deter**. 8. Aufl., überarb. u. bis auf d. neueste Zeit fortgeführt von Prof. D. Dr. Georg Runze, Prof. in Berlin. Berlin: W. Weber 1906. (IV, 188 S.) 8° [F.] [06. 13381

Abriß der Geschichte der Philosophie. Von Chr. Joh. **Deter**. 9. neu bearb. Aufl. von Dr. Max Frischeisen-Köhler. Berlin: W. Weber 1910. VI, 178 S. 8° [10. 9246

**Deter**, Chr. G. Joh., kurzer Abriß der Geschichte der Philosophie. gr. 8. (VIII, 88 S.) Berlin 872, Weber. *

**Deter**, Chr. Gust. Joh., kurzer Abriß der Geschichte der Philosophie. 2. verm. Aufl. gr. 8. (VIII, 126 S.) Berlin 878, Weber. *

**Deter**, Chr. G. Joh., kurzer Abriß der Geschichte der Philosophie. 3. verm. Aufl. gr. 8. (VIII, 138 S.) Berlin 883, Weber. *

Deter, Chr. G. J., kurzer Abriß der Geschichte der Philosophie. 4. Aufl. gr. 8. (VI, 140 S.) Berlin 887. W. Weber's Verl. n. 2. 80

Deter, Chr. G. Joh. Kurzer Abriß d. Geschichte d. Philosophie. 5. Aufl. gr. 8. (VI, 142 S.) Berl. 892, Weber. * 3 —; geb. * 4 —

— Differential- u. Integralrechnung. 8. (117 S.) Groß-Lichterfelde 878. Deter. n. 1. 60

—— Elementa latina. Lateinische Formenlehre nebst Uebungen. 1. Aufl. und neu durchgeseh. Aufl. 2 Thle. 8. [Berlin 875,78, Kamlah.] Groß-Lichterfelde, Deter. *

Inhalt:

Thl. 1. Für Sexta und Quinta der Gymnasien und die entsprechenden Klassen der Realschulen. (158 S.) *M 1.
„ 2. Für Quarta der Gymnasien und die entsprechende Kasse der Realschulen. (184 S.) *M 1,20.

— elementa latina. Lateinische Formenlehre nebst Uebungen. (2. Aufl.) 2 Thle. 8. Groß-Lichterfelde 878. (Berlin, M. Rockenstein.) à n. 2. 10

1. Für Sexta u. Quinta der Gymnasien u. die entsprechenden Klassen der Realschulen. (169 S.)
2. Für Quarta der Gymnasien u. die entsprechende Klasse der Realschulen. (184 S.)

— Formelbuch. Enth. die wichtigsten analyt., geometr., goniometr., trigonometr. u. stereometr. Formeln. Für Gymnasiasten, Realschüler u. Kadetten zusammengestellt. gr. 8. (32 S.) Berlin 873. Weber. n. — 60

—— mathematisches Formelbuch für höhere Unterrichtsanstalten. 2. und 3. Aufl. 8. (24 S.) Groß-Lichterfelde 877,78, Deter. *

— mathematisches Formelbuch f. höh. Unterrichtsanstalten. Neu hrsg. v. Erdm. Arndt. 4. Aufl. gr. 8. (V, 58 S. m. Fig.) Berlin (899). M. Rockenstein. n. — 90; geb. in Leinw. n. 1. 25

—— französische Formenlehre für Quinta und Quarta. gr. 8. (83 S.) Berlin 874. Weber. *

— dasselbe f. Tertia. gr. 8. (186 S.) Ebend. 875. n. 2. —

— französische Formenlehre f. Quinta u. Quarta. Neue durchgeseh. Ausg. gr. 8. (IV, 84 S.) Ebd. 878. n. 1. 50

— dasselbe f. Tertia. Neue durchgeseh. Ausg. gr. 8. (188 S.) Ebd. 878. n. 2. 10

— dasselbe nebst Uebungen. 2. Tl. Für Quarta der Gymnasien u. Realgymnasien. 3., verm. Aufl. gr. 8. (V, 102 S.) Ebd. 884. n. 1. 50

—— Französische Formenlehre nebst Übungs- u. Lesestücken. 3. Tl: Für Tertia der Gymnasien u. Realgymnasien. 3. verm. Aufl. gr. 8. (VIII, 212 S.) Ebd. 889. * 2 40

—— Geschichtsabriß für die oberen Klassen höherer Lehranstalten. 3 Thle. gr. 8. Berlin 871, Weber.

Inhalt:

Thl. 1. Alte Geschichte. (III, 56 S.) 60 Pf.
„ 2. Mittlere Geschichte. (29 S.) 40 Pf.
„ 3. Neuere Geschichte. (96 S.) 80 Pf.

— Geschichtsrepetitorium. 400 Fragen u. Antworten aus der Weltgeschichte. 8. (108 S.) Lichterfelde 876. (Berlin, Kamlah.) 1. 20

—— Geschichtsrepetitorium. Vierhundert Fragen und Antworten aus der Weltgeschichte. 1. und 2. durchgeseh. Aufl. 8. (108 S.) Ebendas. 876,78. *

Deter, Chr. G. Joh., Geschichtsrepetitorium. 400 Fragen u. Antworten aus der Weltgeschichte. 3. Aufl. 8. (107 S.) Groß-Lichterfelde 885. Deter. n n. 1. 50

Deter, Chr. Joh., Geschichtsrepetitorium. 536 Fragen u. Antworten a. d. Weltgeschichte. 2 Abtlgn. 4., verb. u. verm. Aufl. 8. Berlin 896. M. Rockenstein. à n. 1. 50

1. (1—340), Alte u. mittl. Geschichte. (V u. S. 1—78.)
2. (341—536), Neuere u. neueste Geschichte. (IV u. S. 79—164.)

Deter, Chr. G. J., Katechismus der Geschichte der Philosophie. 8. (71 S.) Berlin 889. W. Weber's Verl. n. 1. 20

—— Kompendium d. allgem. Arithmetik u. Algebra. 1. u. 2. Kurs. gr. 8. (Gr.-Lichterf. (Berl., Rockenstein.) cart. à Kurs. 1 50; 3 —

1. Für Untertertia. 4. Aufl. (III, 55 S.) 891. — 2. Für Obertertia. (III, 22 S.) 892.

—— dass. — Resultate z. 1. Kurs. 3. Aufl. gr. 8. (16 S.) (Ebd.) 880. 1 20
Wird nur an Lehrer abgegeben.

— Leitfaden f. den Unterricht in der allgemeinen Arithmetik u. Algebra. Lex.-8. (III, 95 S.) Berlin 875. Weber. n. 1. 60

Deter, Chr. G. Joh., Leitfaden f. den Unterricht in der allgemeinen Arithmetik u. Algebra. Neue veränd. Ausg. gr. 8. (95 S.) Groß-Lichterfelde 878. Deter. n. 1. 60

Deter, C. G. J., Leitfaden für den Unterricht in der griechischen Syntax. Berlin 870. Hempel. gr. 8. (VII, 52 S.) n. $7\frac{1}{2}$ ngr.

— französische Orthoëpie f. höh. Lehranstalten u. zum Selbstunterricht. gr. 8. (IV, 34 S.) Ebd. 891. Kart. — 75

— Planimetriekompendium f. Quarta. 8. (31 S. m. eingedr. Holzschn.) Berlin 875. Kamlah. — 75

— dasselbe f. Tertia. 8. (46 S. m. eingedr. Holzschn.) Ebend. 875. — 75

— dasselbe f. Sekunda. 8. (35 S. m. 1 Steintaf. in 4.) Ebend. 875. — 75

— Planimetriekompendium für Quarta, Tertia u. Secunda. Neue durchgeseh. Ausg. 8. (31, 46 u. 35 S. m. eingedr. Holzschn.) Ebend. 878. à n. — 75

— lateinisches Regelbuch f. den Schulgebrauch. gr. 8. (VII, 224 S.) Berlin 871. Hempel. n. 2. —

—— Repetitorium der Differential- u. Integralrechnung. 2. Aufl. 8. (118 S.) (Ebd.) 892. * 1 50

Deter, J. Repetitorium der Differential- und Integralrechnung. Berlin, 1892. dgl. 3. Auflage. Ebend., 1894.

— Repetitorium der Differential- u. Integralrechnung. 3. Aufl. 8. (119 S. m. Fig.) Ebd. (899). n. 1. 60; geb. n. 2. —

—— französisches Repetitorium. 2 Tle. gr. 8. Groß-Lichterfelde 884, Deter. à Tl. **M 2,40. *

Inhalt:

Tl. 1. Für die Klassen Quarta bis Sekunda. (III, 129 S.)
2. Prima. (III, 68 S.)

— Repetitorium der griechischen Grammatik in 550 Fragen u. Antworten. gr. 8. (III, 265 S.) Groß-Lichterfelde 896. Berlin, M. Rockenstein. Geb. in Leinw. n. 3. —

—— Großes englisches Repetitorium. 300 Fragen u. Antworten aus der engl. Orthoëpie, Formenlehre u. Syntax. Für höhere Lehranstalten u. zum Selbstunterricht. 2. Aufl. gr. 8. (IV, 243 S.) (Ebd.) 892. * 2 70; geb. * 3 —

—— großes lateinisches Repetitorium. gr. 8. (IV, 175 S.) Ebendas. 884. **

—— lateinisches Repetitorium. 2. Aufl. gr. 8. (IV, 51 S.) Ebendas. 882. **

— mathematisches Repetitorium. 400 Fragen u. Antworten aus der Arithmetik, Planimetrie, Trigonometrie u. Stereometrie. 3. Aufl. 8. (III, 75 S.) Ebend. 885. n.n. 2. 10

Deter, Chr. Joh., mathematisches Repetitorium. 400 Fragen u. Antworten aus der Arithmetik, Planimetrie, Trigonometrie u. Stereometrie. 4., m. der 3. gleichlaut. Aufl. 8. (III, 76 S.) Groß-Lichterfelde 888. Berlin, M. Rockenstein. 2. 10

—— griechische Sprachlehre für Anfänger nebst Uebungen. 4 Thle. 8. Ebendas. *

Inhalt:

Thl. 1. Griechische Formenlehre nebst Uebungen für Quarta. (VII, 189 S.) 878. *M 3.
" 2. Griechische Formenlehre nebst Uebungen für Tertia. (90 S.) 878. *M 1 80.
" 3. Griechische Syntax nebst Uebungen für Secunda. 1. Kursus. (71 S.) 879. *M 1.
" 4. —— dass. — 2. Kursus. 1. und 2. verm. Aufl. (77 S.) 878,79. *M 1.

— griechische Sprachlehre f. Anfänger nebst Uebungen. 1—3. Thl. 8. Ebend. 878. 79. n. 6. 80
1. Griechische Formenlehre nebst Uebungen für Quarta (VII, 189 S.) n. 3. —. — II. Griechische Formenlehre nebst Uebungen f. Tertia. (90 S.) n. 1. 80. — III, 1. Griechische Syntax nebst Uebungen für Secunda. 1. Kurs. (71 S.) n. 1. —. — III, 2. Griechische Syntax nebst Uebungen f. Sekunda. 2. Kurs. 2., vermehrte Aufl. (77 S.) n. 1. —

— Stereometriekompendium. 8. (50 S.) Berlin 876. Kamlah. 1. 20

Deter, Chr. Gust. Joh., Stereometriekompendium. 8. (50 S.) Groß-Lichterfelde 878, Deter. cart. *

— französische Syntax f. Sekunda. gr. 8. (122 S.) Berlin 875. Weber. n. 1. 60

— französische Syntax f. Sekunda. Neue durchgeseh. Ausg. gr. 8. (121 S.) Ebend. 878. n. 1. 25

—— Französische Syntax f. Sekunda. 4. verb. u. verm. Aufl. gr. 8. (VI, 175 S.) Berl. 890, Weber. * 2 40

— lateinische Syntax nebst Uebungen. 1. u. 2. Thl. gr. 8. Berlin 876. Kamlah. à n. — 80
1. Kasuslehre. Für Tertia der Gymnasien u die entsprech. Klassen der Realschulen. (66 S.)
2. Gebrauch der Tempora u. Modi. Für Sekunda der Gymnasien u. die entsprech. Klassen der Realschulen. (32 S.)

—— lateinische Syntax nebst Uebungen. 2 Thle. 8. Ebendas. *

Inhalt:

Thl. 1. Kasuslehre. Für Tertia der Gymnasien und die entsprechenden Klassen der Realschulen. 1876. * 80 Pf.; Neue Aufl. (66 S.) 878. *M 1.
" 2. Gebrauch der Tempora und Modi. Für Sekunda der Gymnasien und die entsprechenden Klassen der Realschulen. 1876. * 80 Pf.; Neue Aufl. (32 S.) 878. *M 1,25.

Deter, Chr. G. Joh., Trigonometriekompendium. 8. (41 S. m. eingedr. Holzschn.) Berlin 875. Kamlah. — 75

— Trigonometriekompendium. Neue durchgeseh. Ausg. 8. (42 S. m. eingedr. Holzschn.) Ebend. 878. n. — 75

Deter, W., Muster-Protokoll der Hauptverhandlung in e. Strafsache, entworfen unter Zugrundelegg. e. fingirten Prozesses u. unter Mittheilg. der einschläg. Rechtsprechg. d. Reichsgerichts. gr. 8. (20 S.) Berlin 888. Reinh. Kühn. n. — 80

Deter, W.: Muster-Protokoll der Hauptverhandlung in einer Strafsache entworfen unter Zugrundelegung eines fingirten Prozesses und unter Mittheilung der einschlägigen Rechtsprechung des Reichsgerichts. Berlin 1889.

Deterding, Johann Hermann Fr.

— Gedanken über d. Morgen, Mittag, Abend rc. gr. 8. Götting. 767. Schmidt. 4 gr

Deterding, Jh. Hrm. Fr., († d. 10. Febr. 1772.) Morgen- u. Abendgedanken auf alle Tage d. Woche. 8. Hannov. 761. Helwing. 4 gr

Deterina, Aug., alles versetzt, s.: Heidelmann's, A., Pantomimen.

— Ein interessantes Buch, s.: Heidelmann's, A., Pantomimen.

— Mißglückte Entführung od. Billiger Sekt, s.: Heidelmann's, A., Theaterbibliothek.

— Die Erbschaft, s.: Heidelmann's, A., Theaterbibliothek.

— Ein Gaunerstreich, s.: Heidelmann's, A., Pantomimen.

— Die Generalprobe, s.: Heidelmann's, A., Theaterbibliothek.

— Sympathie, s.: Heidelmann's, A., Theaterbibliothek.

— Tante will heiraten, s.: Heidelmann's, A., Theaterbibliothek.

— Vergiftet, s.: Heidelmann's, A., Pantomimen.

— Wir haben ihn, s.: Heidelmann's, A., Theaterbibliothek.

— Der Zauberkünstler, s.: Heidelmann's, A., Pantomimen.

Detering, Mart., die Götterdämmerung. Ein Gedicht. gr. 8. (171 S.) Dresden 902. C. Reißner. n. 3. —; geb. n. 4. —

Determann, Hermann

Die Diagnose und die Allgemeinbehandlung der Frühzustände der Tabes dorsalis. Von Dr. [Hermann] Determann, St. Blasien. *Halle a. S.: C. Marhold 1904.* (94 S.) 8°
= Sammlung zwangloser Abhandlungen aus d. Geb. d. Nerven- u. Geisteskrankheiten. Bd 5, H. 2/3. [04. 13423

Die Einwirkungen des Höhenklimas auf den Menschen von [Hermann] Determann u. [Georg Hermann Friedrich] Schroeder (Schömberg). *Leipzig: Breitkopf & Hartel 1902.* (54 S.) 8°
= Sammlung Klinischer Vorträge. N. F. No 337/8. [02. 854?

Determann, üb. Herz- u. Gefässneurosen, s.: Sammlung klinischer Vorträge.

Determann, [Hermann]. Das Höhenklima im Winter und seine Verwendbarkeit für Kranke. Von Determann (St. Blasien). II S. + S. 453—510. gr.-8. Leipzig, Breitkopf & Härtel, 1901. M. —. 75

Sammlung Klinischer Vorträge, begründet von Richard von Volkmann. Neue Folge hrg. von Ernst von Bergmann, Friedrich Müller und Franz von Winckel. Nr. 308. (Heft 8 der Serie 11.) (Innere Medicin Nr. 90.) Ausgegeben Juli 1901.

Determann, Hermann [aus Nortrup, Prov. Hannover]: Die Kraniotomie an der Berliner Frauenklinik .... Berlin, Buchdr. v. Gustav Schade (Otto Francke) (1888); 60 S. + 1 Bl. 8°
Berlin, Med. Fak., Inaug.-Diss. v. 5. Mai 1888

Determann, H., die vegetarische Lebensweise für Gesunde. Nach e. Vortrage, geh. am 20. I. 1909 in d. naturforsch. Gesellschaft zu Freiburg i. B. (24 S.) Lex. 8. Freiburg i/B. 909. Speyer & Kaerner. 1. —

— dasselbe, s.: Klinik, medizinische. 1903. 3. Beiheft.

— über die Nervosität der Jetztzeit u. ihre Bekämpfung. Vortrag, geh. in den „Volkstüml. Vortragskursen" zu Freiburg i. B. am 8. XII. 1905. (44 S.) 8. Freiburg i/B. 906. Speyer & Kaerner. n. — 90

Physikalische Therapie der Erkrankungen des Zentralnervensystems inkl. d. allgem. Neurosen. Bearb. von Privatd. Dr. H[ermann] Determann, Freiburg. Stuttgart: F. Enke 1906. (126 S.) 8°
= Therapie, Physikalische, in Einzeldarstellungen. H. 18. [07. 5994

Die Viskosität des menschlichen Blutes. Von Dr. [Hermann] Determann, Privatd. Mit 9 Abb. Wiesbaden: Bergmann 1910. 93 S. 4°(8°) [10. 7961

— Volksheilstätten f. Nervenkranke. Ihre Notwendigkeit, Einrichtg. u. Ausführg. (47 S.) gr. 8. Wiesbaden 903. J. F. Bergmann. n. 1. —

Determann, Julius Wilhelm, epische Verwandtschaften im altfranzösischen Volksepos. Diss. Göttingen 1887, Dieterichsche Univ.-Buchh. 8°. 49 S.

Determann, Julius Wilhelm: Epische Verwandtschaften im altfranzösischen Volksepos .... Burg, Druck v. A. Hopfer, 1887; 49 S. 8°
Göttingen, Phil. Fak., Inaug.-Diss. v. 10. März 1887.

Determinatio compendiosa de iurisdictione imperii auctore anonymo ut videtur Tholomeo Lucensi O. P., od. Marius Kramer, s.: Fontes iuris germanici antiqui.

Determinismus, über, u. moral. Freiheit, (v. Chr. W. Snell). 8. Offenbach 789. 4 gr

**Determinist, Der.** Eine Schrift für Beruhigung und Versöhnung . . . Zerbst 1818. V: *Lobethan, Friedrich Georg August.* (Ky) (MGT)

**Determinist, der.** Eine Schrift f. Beruhigung u. Versicherung, (vom Prof. F. G. A. Lobethan). 8. Zerbst 819. (Kummer). 4 gr

Deters, H. F. 1858-1908. Zum goldenen Jub der Ev St. Pauls Gmde [Cleve]. Cleveland, 1908.

**Deters,** Nicolaus *Hermann* [app. Arzt aus Kathen bei Lathen (Prov. Hannover)]: Die Behandlung der Harnleiterscheidenfisteln ... Halle a. S., Hofbuchdr. v. C. A. Kaemmerer & C., 1893; 27 S., 2 Bl. 8.
Halle, Med. Fak., Inaug.-Diss. v. 5. Mai 1893

v. Detershagen, s. Abnr. Ldw. Lehmann.

**Detershagen, H. L. L. v., v. Zust. d. Protestant. in Ungarn seit d. Reformation bis auf Joseph II.** 8. Bern, Haller. 789.

Détert, A. H., Die Fruchtweinkelterei oder die Fabrikation des Apfel-, Birnen-, Brombeer-, Erdbeer-, Heidelbeer-, Himbeer-, Hollunderbeer-, Johannisbeer-, Kirsch-, Preißelbeer-, Quitten-, Stachelbeer- und moussirenden Fruchtweines, des Honigweines und der Fruchtsäfte, sowie Anweisung über Beseitigung der Krankheiten und der Pflege der Fruchtweine. 4., verb. u. verm. mit 80 in den Text gedruckten Abb. versehene Aufl. Berlin: Selbstverl. 1893. 50, XXII S. --

--- Dass. 1. Aufl. 1887. -- [Zit. nach dem Vorwort der 4. Aufl.]
--- Dass. 2. Aufl. 1888. -- [Zit. nach dem Vorwort der 4. Aufl.]
--- Dass. 3. Aufl. 1889. -- [Zit. nach dem Vorwort der 4. Aufl.]

**Detert, Fritz,** Kammergerichtsrefer.: Die Schuldübernahme und ihre Wirkung nach dem B.G.B. §§ 414ff. a. zwischen Schuldner und Übernehmer, b. zwischen Gläubiger und Übernehmer. Bückeburg 1908: Grimme. 94 S. 8°
Rostock, Jur. Diss. v. 25. Okt. 1908, Ref. Bernhöft
[Geb. 28. Nov. 83 Bückeburg; Wohnort: Charlottenburg; Staatsangeh.: Preußen; Vorbildung: Gymn. Bückeburg Reife O. 02; Studium: Jena 3, Berlin 2, Münster 1 S.; Rig. 23. Juli 08.] [U 09. 3650

**Detert,** Hermann, a. Bückeburg: Aus der Bonner Frauenklinik. Über 100 vaginale Totalextirpationen des myomatösen Uterus. Bonn 1905: J. Trapp. (29 S.) 8°
Bonn, Med. Fak., Ref. Fritsch, Diss. v. 15. Dez. 1905
[Geb. 2. Aug. 81 Bückeburg; Wohnort: Barmen; Staatsangeh.: Schaumburg-Lippe; Vorbildung: Gymn. Bückeburg Reife O 00; Studium: Jena 4, München 3, Berlin 2, Bonn 1 S.; Coll. 18. Dez. 05; Approb. 22. März 05.]

**Détert, R.:** Preis-Verzeichniß der Fabrik und des Lagers chirurgischer Instrumente usw. Berlin 1888

**Detert,** Wilhelm *Eduard* [aus Hamburg]: Über das 2,5-Dimethyl-3-aethylpyrazin, die Pyrazintricarbonsäure und die Constitution des Pyrazins ... Kiel, Druck v. A. F. Jensen, 1896; 37 S., 1 Bl. 8.
Kiel, Phil. Fak., Inaug.-Diss. v. [18. Dez.] 1896

**Deterville,** lettres d'une Péruvien. II Vols. 8. Leipz. 765. (Hahn). 10 gr

**Detharding,** Georg

**Detharding,** Ge., An sub depressione cranii hujus elevatio per manualem operationem chirurgicam sit necessaria. Rost. 4°.
1732

Detharding, G., (Rost. 1732. 4.) Reland, H., (Roterod. 1709. 8.) de galli cantu Hierosolymis audito.

— commentatio theolog. de accommodatione verbi divini ministri ad captum vulgi. 4. Götting. 782. Dieterich. 2 gr

Detharding, G., cur ministri verbi divini colore nigro incedant? Arnst. 1749. 4.

Georg. Detharding decas theorematum ad diaetologiam biblicam spectantium. Rostoch. 1736. 4.

Georg Detharding diss. de morbo regis Jorami. Rostoch. 1731. 4.

**Detharding,** G., Diss. Regulae circa affectus animi observandae. Rost. 4°.
1724

Detharding, G., Entwürfe f. Epistelpredigten im J. 1782. 8. Rost. Koppe. 783.

**Detharding,** Geo. I., († d. 13. Juli 1813.) Entwürfe seiner im J. 1782 gehalt. Epistelpredigten. 8. Rostock 783. (Stiller). 18 gr

**Detharding,** Geo. II., († d. 1. Juli 1825.) Erklärung d. Worte Joh. 8, 56; in e. Sendschreiben an seinen Großvater Hofr. Detharding. 4. Bützow 780.

— s. Ist in d. Bibel 2c.

— Lesebuch f. die Schulen d. Gemeine St. Jakob. 8. Rostock 788.

Detharding, Georg: Manuductio ad vitam longam tradens regulas diaeteticas, sub regimine circa aerem, cibum et potum motum et quietem, somnum et vigilias...medicum et medicamenta hominibus facile observandas. 112 S., gbd.

Rostochii: typ.Adler 1724

—, Du. Ge., resp. Chr. Fr. **Stever,** De obsessione eademque spuria, von Besessenen u. vor besessen gehaltenen Menschen. 100 pp. Rost. 1721. 4°.

**Dethardingius,** G., et Chr. Fr. **Steuer,** diss. de obsessione eademque spuria. Rostoch. 721. 4.

Geo. Detharding oratio saecularis de meritis Lutheri in artem medicam. Rostochii 1717. 4.

**Detharding, Georg,** Progr. disput. inaug. Georg Erhard von Gehren (Güstrow) pro obt. in arte medica honor. Rostock (J. J. Adler) 27. X. 1729. 4 Bl. mit Biogr. G.'s. (M.: A. C. Huth.) (3.50) 6340

-- Religionsbuch. 8. Rostock 802.

— Schulbuch zum Buchstabiren. 8. Rostock 788. 2e Aufl. 791. 3e Aufl. 792.

— Ueberzeugungen e. Christen von den Wahrheiten d. christl. Religion. 4. Rostock 771.

— Volksseelen sind auch Menschenseelen, e. Wort zu seiner Zeit. 8. Rostock 788.

— Weyhnachtsbuch, oder kurze Fragen v. d. Geburt Jesu u. deren Folgen. 8. Rostock 791.

**Detharding,** Georg August

**Detharding, Geo. Aug.,** († vor 1772.) s. L. v. Holberg, Kirchenhistorie.

DETHARDING, GEORG AUG., Untersuchung der Frage: Ob die Gesandten der abwesenden Churfürsten oder die Erbämter bei Krönungen die Stelle der Ertzämter vertreten. Altona. 1745. 4. P. (Progr.).

Detharding, G. A., vindiciae Joannis ap. a censura Lamii. Lips. 1739. 4.

**Detharding,** Georg Christoph

**Detharding,** Go. Chr., De corpore humano semper irritabili. Rost. 4°.
1755

**Detharding,** G. Chr., Diss. an homo adultus caeteroquin sanus circa cibum et potum per dies et noctes XL solis naturae viribus vitam trahere possit. Rost. 4°. 1721

Geo. Chph. Detharding III. (resp. M. Moses) diss. de cura recens natorum penes Hebraeos diu usitata, occasione dicti Ezechielis XVI, 4. Rostoch. 1766. 4.

**Dethardiug,** G. Chr., resp. A. **Puchner,** Diss. Ethica dolentium: wie ein Mensch in schmerzhaften Krankheiten der Kur halber sich zu verhalten habe. Rost. 4°. 1 7 2 2

**Dethardiug,** G. Chr., Diss. Ethica dolontium sub doloribus partus. Rost. 4°.
1 7 2 5

**Dethardiug,** Georg Christoph (Resp. Chr. Anton. Brunnemann): D i s s . positiones quasdam medico-biblicas sistens. Rostoch. 1735. 4.

**Dethardiug,** G. Chr., resp. J. **Schroeder,** Diss. Scrutinium commercii animae et corporis, ac qui inde fluunt, affectuum animi. Rost. 4°. 1 7 1 4

**Dethardiug,** G. Chr., Diss. de ossium usu medico. Buzow. 4°. 1 7 8 0

**Dethardiug,** Georg Christoph: De corticis chinae E f f i c a c i a in gangraena et sphacelo adhuc dubia. (Resp.:) Johannes Daniel Schaeffer. Rostochii (1746:) Adler. 32 S. 8°,
Rostock, Med. Diss. v. 25. Aug. 1746.

— fundam. Semiolog. pathol. etc. 8. Hafn. Mumme. 740.

Dethardiug, G. Ch., meditatio de morte. 4. Rost. 723.

**Dethardiug,** Ge. Chr. (Praes.): De paralysi et hemiplexia..., s. B r u n, J. G. (Resp.)

**Dethardiug,** Ge. Chr., Diss. de paralysi et hemiplegia, subjuncta quaestione utrum venaesectio in parto sana vel affecta corpora instituenda? Rost. 4°.
1 7 8 9

**Dethardiug,** Ge. Christoph [Praes.], s. S u l z b e r g e r , J. Chr.: De m y o p i a et presbyopia.

**Dethardiug,** Georg Gustav

**Dethardiug, Geo. Gust., Conspectus** plantar. **Magniducatuum Megalopolitanor. phanerogamar.** C. tab. II lithogr. 8 maj. (6 B.) Rostochii 828, Stiller. 16 Gr., Schrbp.

— s. Verzeichniß meckenb. Conchylien.

**Dethardiug,** Georg Wilhelm

— — De necessaria vulnerum inspectione in crimine homicidii commisso. Disp. jur. Präs. Joach. Heinrich Sibrand. Rostock (J. J. Adler) Okt. 1725. 82 S., tlws. dtsch. (6.—) 6342

— — Dasselbe. (Scrutinium acad. de necessitate inspectionis vulnerum in crimine homicidii commisso. In quo omnia, quae ad inspectionem cadaverum faciunt, & ad attendendum judicium medicorum de lethalitate vulnerum . .). Rostock (M. Chph. Schwechten) 1726. 86 S. mit Index. (6.—) 6343

— **Georg Wilh.** (Rostock), De *ΙΣΟΨΗΦΙΑ*, seu jure parium tabularum et votorum, posterior, spec. tract., adj. materia de sorte. Disp. jur. Präs. Joachim Heinrich Sibrand. Rostock (J. Weppling) 16. VII. 1721. 32 S. (5.—) 6341

Dethier. Vater, zu uns komme Dein Reich! Rede gehalten in der deutschkatholischen Gemeinde zu Berlin am Christi-Himmelfahrtstage 1845. Als Manuscript gedruckt. Berlin (1845). 15 S. 8.

**Dethier,** Joh. Peter, Beiträge z. vaterländ. Geschichte d. Landkreises Bergheim. Größtentheils a. ungedr. Urkunden u. Archivalnachrichten. gr. 8. (10¼ B.) Köln 833, (Pet. Schmitz.)

**Dethier, J. Pt., prakt. Unterricht z. richt. Führung d. Register d. Personenstandes.** gr. 8. Köln 825. P. Schmitz. 1 ℛ 4 ℊ

**Dethier,** Philipp Anton

**Dethier,** P. A., der Bosphor u. Constantinopel. Deutsche Orig.-Ausg. verf. im Auftrage S. Exc. Raschid Pascha's Minister der öffentl. Arbeiten u. Praesidenten der kais. ottom. Ausstellungs-Commission. gr. 8. (84 S. m. 3 Steintaf.) Wien 873. Hölder. n. 2. —

**Dethier,** Philipp Anton: Der B o s p h o r und Constantinopel. .2. Aufl. Wien 1876. 84 S. 8°

—— **Le Bosphore et Constantinople. Description topographique et historique composée sur l'ordre de Son Exc. Raschid Pascha, ministre des travaux publics et président de la commission ottomane pour l'exposition universelle de Vienne 1873.** gr. 8. (79 S. mit 3 Stnt.) Ebendas. 873. *

**Dethier, P. A., le Bosphore et Constantinople. Description topographique et historique composée sur l'ordre de Son Exc. Raschid Pascha, ministre des travaux publics et président de la commission ottomane pour l'Exposition universelle de Vienne.** 2. unveränd. Ausg. gr. 8. (79 S. mit 1 Farbendr.- und 2 lithogr. Taf.) Wien 878, Hölder.

**Dethier,** Phil. Anton. (geb. Kerpen im Rheinl. 25. 9. 1803): Commentationis historicae vindiciarum quatuor primorum Poloniae christian. regum specimen. Berolini (1841). 128 [vielmehr 36] S.) 8°
Berlin, Phil. Diss. v. 16. Dec. 1841

Dethier, Ph. A., der Dampfer, s. Dampfer.

**Dethier, P. A., nouvelles découvertes archéologiques faites à Constantinople.** hoch 4. (29 S. mit 1 Stnt.) Constantinople 867. Berlin, Oehmigke's Verlag. *

**Dethier,** Phil. Ant., Dreros und kretische Studien, oder Stele mit einer Inschrift dieser pelasgisch-minoischen Stadt enth. die Tripel-Allianz der Drerer, Gnosier und Milatier gegen die dorischen Lyttier. Mit einer vorolympischen Zwölf-Götter-Tafel der Drerer. [Jetzt im türk. Museum der Irenenkirche.] Zum ersten Male vollständig veröffentlicht, hergestellt, erklärt und mit einem Facsimile auf 8 (lith.) Taf. versehen. (Aus den Sitzungsber. 1859 d. k. Akad. d. Wiss.) Wien 859. Gerold in Comm. gr. 8. (40 S.) n. 21 ngr

—— **und A. D. Mordtmann, Epigraphik von Byzantion und Constantinopolis von den ältesten Zeiten bis zum J. Christi 1453.** 1. Hälfte. gr. 4. (94 S. mit 8 Stnt. in gr. 4. und gr. Fol.) Wien 864, (Gerold's Sohn.) *
Aus: Denkschriften der k. Akad. der Wissenschaften, besonders abgedruckt.

**Dethier,** P. A., Fac-simile der Inschrift in der kleinen Hagia Sofia zu Konstantinopel. Zum ersten Male nach etwa 600 Jahren in der Kirche selbst copirt. Mit 1 (lith.) Taf. (in 4.). (Aus d. Sitzungsberichten d. k. Akad. d. W.) Wien 858. Gerold in Comm. gr. 8. (12 S.) n. 8 ngr

**Dethier,** P. A., Gemälde d. alten Welt, od. Leben u. Wirken d. berühmtesten u. edelsten Männer d. Alterthums. 2 Bde. M. 12 Kpfrt. (worauf 24 Bildn.) gr. 8. (22¼ u. 25 B.) Leipzig 836, Köhler. à 1½ Thlr.
Die 2. Ausg. erschien u. d. Ttl.:

—— Weltgeschichte in ausführlichern Biographieen. Ein method. geschichtl. Lesebuch f. d. Jugend erster u. mittlerer Bildungsstufe. 1. u. 2. Abthl. 1. Bd. (à 3 Hfte.) — A. u. d. T.: Geschichte d. alt. Welt, od. Leben u. Wirken d. berühmt. u. edelsten Männer d. Alterthums. 2 Bde. Jed. m. 12 Bildn. u. 3 Ansichten. gr. 8. (21½ u. 25⅛ B.) Leipzig 839, Köhler. à 1 Thlr.

— Weltgeschichte in ausführlichern Biographieen. Ein method. geschichtl. Lesebuch fur die Jugend erster u. mittlerer Bildungsstufe. 1e Abthl. 1r u. 2r Bd. 2e Ausg. (1s — 6s Hft.) A. u. d. T.: Geschichte der alten Welt, oder Leben u. Wirken der berühmt. u. edelsten Männer des Alterthums. 2e Ausg. 1r u. 2r Bd. à 3 Hfte. Mit 24 Bildnissen u. 6 Ansichten. gr. 8. Leipz. 839, 40. Köhler. (à 1 ℛ) 2 ℛ

**Dethier,** Ph. Ant., die Luisenthaler Kohlen-Eisenbahn an der Saar, s. v. M a l i n o w s k y, die 17 Kohlen-Eisenbahnen an d. Ruhr. — L u d w i g s b a h n, Pfälzische. —

Dethleff, F. H., Reynke de Vos, s. Reynke de Vos.

Dethleffs, Sophie, Gedichte. 1. Aufl.? und 2., verm. Aufl. 8. (VII und 153 S.) Heide 851, Pauly. (Leipzig, Beyer.) *

**Dethleffs**, Sophie, Gedichte. 3. verm. Aufl. Hamburg 857. Kittler. 16. (2 Bl., 272 S.) n. 1 ₰ 4 ngr

Gedichte in hochdeutscher und plattdeutscher Mundart v. Sophie **Dethleffs.** Th. 1. 4. verm. Aufl. Thl. 2. 2. verm. Aufl. Hamburg. 1861. 8°.

**Dethleffs**, Sophie, Gedichte in hochdeutscher und plattdeutscher Mundart. 4. verm. Aufl. Hamburg 861. Kittler. 16. (300 S.) n. 1 ₰ 12 ngr.

**Dethleffs**, Sophie, Gedichte in hochdeutscher u. plattdeutscher Mundart. 5. verm. Aufl. Mit einem Vorworte u. einem Lebensabriß. Hrsg. von Klaus Groth. 16. (XXVI, 287 S.) Hamburg 878. Kittler's Verl. n. 4. 50; geb. m. Goldschn. n. 6. –

Gedichte in platt- und hochdeutscher Mundart v. Sophie **Dethleffs.** 6. Aufl. Mit 1 Titelbild, Vorwort v. Klaus Groth und einem Nachwort v. Adolf Bartels. Heide i. H. 1910. 8°

Dethleffs, Sophie, zwei Gedichte an Schleswig-Holstein. gr. 8. (4 S.) Hamburg 864, (Kittler.)

— Gelegenheitsgedichte in hochdeutscher und plattdeutscher Mundart. 859. (VIII, 231 S.) 22½ ngr. — 2. verm. Aufl. Hamburg 861. Kittler. 16. (VIII, 247 S.) n. 18 ngr.

**Dethleffen**, s.: Bericht des Konservators der Kunstdenkmäler der Prov. Ostpreußen.

**Dethlefsen**, Andr., üb. das Crodé'sche Verfahren zur Verhütung der Blennorrhoea neonatorum u. die Einführung desselben in die Privatpraxis. gr. 8. (16 S.) Kiel 885. (Lipsius & Tischer.) n. 1. —

**Dethlefsen, Andreas** [pract. Arzt in Friedrichstadt]: Ueber das Credé'sche Verfahren zur Verhütung der Blennorrhoea neonatorum und die Einführung desselben in die Privatpraxis .... Kiel, Druck v. Schmidt & Klaunig, 1885; 16 + 2 S. 8°.
Kiel, Med. Fak., Inaug.-Diss. v. 23. Dez. 1885.

Dethlefsen, P., gemeinnütziges Handbuch. 4. (23 S.) Kiel 878, (Lipsius und Tischer.) *

**Dethlefsen,** R. J.: Die Nicolaikirche in Mölln ..., s. Bestmann, Hugo Johann

**Dethloff**

Zur öffentlichen Prüfung der Schüler des Gymnasium Fridericianum ladet ein Dr. Friedrich Carl Wex Director. Inhalt. Ueber den Communismus Sebastian Frank's. Vom Lehrer Dethloff. Schwerin. 1850. 4°.

Dethloff, A., Gedanken eines Laien über Vergangenheit und Gegenwart unserer Mecklenburgischen Landes-Kirche. Ein evangelisch lutherisches Zeugniß für Herrn Prof. Dr. Baumgarten. Hamburg 859. Nolte. gr. 8. (IV, 30 S.) n. 5 ngr.

—— offener Laienbrief an den evangel. Oberkirchenrath Herrn Dr. Th. Kliefoth in Schwerin. gr. 8. (46 S.) Hamburg 859, Nolte und Köhler. *

—— Sendschreiben an den Hrn. Prof. Dr. F. A. Philippi in Rostock. gr. 8. (18 S.) Hamburg 860, Nolte und Köhler. *

**Dethloff,** C. I., u. Alph. **Krause,** Touren-Buch v. Estland m. Fortführg. d. Touren b. in d. Städte Nord-Livlands. Beilagen: Orientierungskarte, Touren-Bestät.-Formulare, Eisenb.-Fahrplan, Dampfer-Linien u. Kalendarium. gr. 16. (XII, 172 S.) Reval 897. (Kluge & Ströhm). Geb. in Leinw. n. 4. –

**Dethloff, Johann Mathaeus** (Rostock), De observantia ecclesiastica. Disp. jur. Präs. Justus Henning Böhmer. Halle, 17. X. 1707. Ed. II. (J. Gruner). 54 S. (5.20) 6344

— — Dasselbe. Ed. III. 1717. 56 S. (5.—) 6345

— — Dasselbe. 1723. (5.—) 6346

— — Dasselbe. (Joh. Chn. Gruner) 1736. (5.—) 6347

**Dethloff,** Robert, a. Hamburg: Darstellung der Syntax im angelsächsischen Gedicht „Daniel". Rostock 1907: C. Hinstorff. (115 S.) 8°

Rostock, Phil. Fak., Ref. Lindner, Diss. v. 2. März 1907

[Geb. 21. Aug. 84 Hamburg; Wohnort: Hamburg; Staatsangeh.: Hamburg; Vorbildung: Wilhelm-Gymn. Hamburg Reife M. 02; Studium: Berlin 3, Rostock 6 S.; Rig. 26. Febr. 07.]

**Dethloff,** Wlh. Gust. († 1810.) vom Gastrechte u. dem dabei zu beobachtenden Verfahren. 4. Schwerin 785. Bödner. 12 gr.

**Dethmar,** Friedrich Wilhelm

**Dethmar,** Fr. Wlh., die Aufnahme einiger Zöglinge d. weibl. Erziehung zu Reckenburg in d. christl. Gemeinden, am 16. Apr. 1809. Duisb. 809. (Bädecker). 6 gr.

— vertraute Briefe auf e. Reise von Hannover üb. Braunschweig d. d. Harzgegenden. 2 Bdchn. 8. Essen 828. Bädecker. 1 ₰ 12 gr.

Dethmar, Friedr. Wilh., vertraute Briefe auf e. Reise v. Hannover üb. Braunschweig durch d. Harzgegenden. 2 Bdchn. 8. (26 B.) Essen 829, Bädeker.

Dethmar, F. W., freundl. Erinnerung an Holland u. seine Bewohner. Zugleich e. Wegweiser f. Reisende. I—IV. gr. 12. Essen, Baedeker. [I. (7 B.) 838. ⅔ Thlr., II. (12½ B.) 839. 1 Thlr., III. (16½ B.) 840. 1¼ Thlr., IV. (11½ B.) 841. 1 Thlr.]
III. a. u. d. T.: Reise v. Amsterdam in d. nordöstl. Theile d. Königr. d. Niederlande.

— die Geweihten d. Herrn. Blätter d. Erinnerung für d. in der Kirche zu Hueth confirmirt. Zöglinge. Mit Musikbeil. 8. Essen 823. (Bädecker). 8 gr.

Dethmar, (F. W.) die Geweiheten d. Herrn. Blätter d. Erinnerung f. d. in d. Kirche zu Hueth confirmirten Zöglinge. Mit Musikbeil. 8. Essen 824, Bädecker.

— s. P. v. Hemert, über Accommodation, dessen üb. d. Recht u. dess. über d. Existenz.

— u. ... Zurnieden, die Confirmation einiger Zöglinge derselben Erziehungsanstalt daselbst. gr. 8. Duisb. 808. (Bädecker). 6 gr.

Dethmar, Fr. Wlh., d. Segen d. Religion. Eine Confirmationsfeier. 8. Essen 820. (Bädecker). 6 gr.

— die Weihe der ersten evangel. Kirche zu Bochold, am 18. Octbr. 1819. Mit histor. Fragen. 8. Essen 819. (Bädecker). 8 gr. (Riese in Kösfeld). 1½ gr.

**Detken's** Führer durch Neapel u. Umgegend. 10. umgearb. Aufl., hrsg. v. J. Schnoor. 12. (XX, 200 S.) Neapel 901. Detken & Rocholl. Geb. in Leinw. n. 2. —

**Detken's** Führer durch Neapel u. Umgegend. 12. umgearb. Aufl., hrsg. von J. Schnoor. (XX, 202 S. mit 2 Plänen.) kl. 8. Neapel 905. Detken & Rocholl. Geb. in Leinw. n. 2. —

**Detken's** Führer durch Neapel u. Umgegend. Hrsg. unt. der Red. v. Detken & Rocholl's Buchhandlg. (XIX, 207 S. m. 1 farb. Karte u. 2 farb. Plänen.) 16.) Neapel 909. Detken & Rocholl. Geb. in Leinw. 2. —

[J.] Bausteine. Gedanken üb. d. künftige Gestaltg unseres höhern Schulwesens v. Christian **Detlef.** *Gummersbach, Rheinpr.: A. Suchert; [Dr. v. C. L. Rautenberg, Mohrungen] [1897].* (63 S.) 1 Bd 8. [98. 3359 ko

Detlef, Hugo, auf seine Stelle jeder Mann, s. Familien-Bibliothek.

Detlef, Hugo, Gottes-Treu, s.: Familien-Bibliothek fürs deutsche Volk.

— ein Jahr mit deutschem Liederklange. 12 Bilder aus dem Alltagsleben. 12. (III, 111 S.) Norden 881, Soltau's Verlag. *
geb. mit Goldschn. *

Detlef, Hugo [Meta Detleffen], e. Jahr m. deutschem Liederklange. Zwölf Bilder aus dem Alltagsleben. 2. Aufl. 12. (VII, 111 S.) Norden 890. Soltau. n. 1. 50; geb. m. Goldschn. n. 2. 50

Detlef, Hugo, aus eigener Kraft, s. Familien-Bibliothek für's deutsche Volk.

Detlef, Karl. 1872 [Pseud.]
s. Bauer, Klara. A 11. 13860

Detlef, Karl, Unlösliche Bande. Novelle. 1. Aufl. 1869, und 2. (Titel-)Aufl. 8. (330 S.) Stuttgart 872, Hallberger.

Detlef, Karl, unlösliche Bande. Novelle. 3. Aufl. gr. 8. (315 S.) Stuttgart 877. Hallberger. 4. 50

— Benedikta. Roman. 3 Bde. 8. (216, 206 u. 147 S.) Berlin 876. Janke. n. 10. —

— auf Capri. Novelle. 2 Bde. gr. 8. (196 u. 200 S.) Stuttgart 874. Hallberger. 6. —

—— auf Capri. Novelle. 2. (Titel-)Aufl. 2 Bde. 8. (196; 200 S.) Stuttgart (874)77, Hallberger. * ℳ 6.; geb. *

Detlef, Karl, auf Capri. Novelle. 2. (Titel-)Aufl. 2 Bde. 8. (196 u. 200 S.) Stuttgart 877. Deutsche Verlags-Anstalt. n. 6. —

— ein Dokument. Roman. 4 Bde. 8. (I, 176 u. II, 290 III, 315 u. 366 S.) Ebend. 876. h n. 3. —

— ein Dokument. Roman. 2. (Titel-) Aufl. 4 Bde. 8. (339, 290, 315 u. 366 S.) Ebend. 878. n. 12. —

Detlef, Karl. Ein Dokument. Roman. 2. Aufl. Wohlf. Ausg. 4 Thle. in 2 Bdn. 8. (339; 290; 315; 366 S.) Stuttg. 891, Deutsche Verlags-Anstalt. * 3 —; geb. * 3 50

—— russische Idyllen. Nachgelassene Novellen. [Meine Nachbarn auf dem Lande. — Russisches Landleben.] 8. (279 S.) Breslau 878, Schottländer. *

Detlef, Karl, russische Idyllen. Nachgelassene Novellen. 2. (Titel-) Aufl. 8. (279 S.) Breslau 880, Schottländer. *

—— Mußte es sein? Roman. 1. Aufl. 1873, und 2. Aufl. 2 Bde. gr. 8. (227; 208 S.) Stuttgart 875, Hallberger.

—— Nora. Eine Charakterstudie aus der deutschen Gesellschaft. 1. Aufl. 1870, und 2. Aufl. 2 Bde. gr. 8. (299; 222 S.) Stuttgart 874, Hallberger.

—— Nora. Eine Charakterstudie aus der deutschen Gesellschaft. 3. Aufl. 2 Bde. 8. (307; 222 S.) Stuttgart 876, Hallberger. * ℳ 6.; geb. *

—— Novellen. 1. und 2. Bd. gr. 8. Braunschweig 874, Westermann. [1. Bd. (371 S.) * ℳ 6.; 2. Bd. (270 S.) * ℳ 4,80.] *

— die geheimnißvolle Sängerin. Roman. 8. (191 S.) Stuttgart 876. Hallberger. 4. —

— die geheimnißvolle Sängerin. Novelle. 2. (Titel-)Aufl. 8. (191 S.) Stuttgart 878. Deutsche Verlags-Anstalt. n. 4. —

Detlef, Karl, die geheimnisvolle Sängerin. Roman. 3. Aufl. Mit 95 Ill. v. R. Blumenau. 8. (247 S.) Stuttgart 895. Deutsche Verlags-Anst. n. 3. —

—— Schuld und Sühne. Roman. 1. Aufl. 1872, und 2. Aufl. 2 Bde. gr. 8. (228; 185 S.) Stuttgart 874, Hallberger.

—— Bis in die Steppe. Novelle. 1. Aufl. 869, und 2. Aufl. gr. 8. (244 S.) Stuttgart 871, Hallberger.

Detlef, Karl, Zwischen Vater und Sohn. Roman. 2 Bde. 8. (263; 277 S.) Stuttgart 874, Hallberger.

— zwischen Vater u. Sohn. Roman. 2 Bde. 2. Aufl. 8. (263 u. 277 S.) Ebend. 876. 6. —

Detleffen, A., Unserm Gott die Ehre! Predigt gehalten bei der Friedensfeier am 2. Advent, den 4. Decbr. 1864 über den vorgeschriebenen Text Ps. 85 v. 9—14. Neustadt 864. (Kiel, Akadem. Buchhdlg.) gr. 8. (16 S.) n. 4 ngr.

Detleffen, A., unserm Gott die Ehre! Predigt gehalten bei der Friedensfeier am 2. Advent, den 4. Decbr. 1864 über den vorgeschriebenen Text Ps. 85 v. 9—14. gr. 8. (16 S.) Neustadt 864. (Kiel, v. Maack's Verlag.) *

Detlefs, Heinr., neues Lesebuch f. schlesw.-holstein-lauenburgische Volksschulen. gr. 12. (8 B.) Oldenburg 842, Fränckel.

Detleffen, A., die Einigkeit im Geiste. Predigt, gehalten zu Lütjenburg am 1. Advent 1848. gr. 8. (13 S.) Kiel 849, Schröder und Comp. *

Detleffen, A., die Sonntagsfeier. Ein Vortrag, geh. am 7. Novbr. 1877. gr. 16. (16 S.) Neustadt i/Holst. 877. Ehlers. — 10

Detlefsen, Andreas: Die Abiturienten der Kieler Gelehrtenschule von Ostern 1848 bis Ostern 1908. Kiel 1908: Fiencke. VII, 88 S. 8°
Kiel, k. G OP 1908 (363) [S 08. 65

Die Abiturienten der Kieler Gelehrtenschule von Ostern 1848 bis Ostern 1908. Von Prof. Andreas Detlefsen. Kiel: Univ.-Buchh. in Komm. 1908. VII, 88 S. 8°
[Ersch. auch als Progr.Beil. d. Gymn. Kiel 1908.] III, 3143

Detlefsen, Andreas (Hrsg.), s. Mitteilungen des Verbandes ehem. Abiturienten d. Kieler Gelehrtenschule.

Detleffen, Aug., Sorget nicht! Eine Erntepredigt gehalten am 15. Sonnt. nach Trin. 1854. (Altona, Lehmkuhl u. Co.) gr. 8. (16 S.) n. 4 ngr

Detlefsen, D.

Detlefsen, über eine Cicero-Handschrift der k. k. Hofbibliothek. Lex.-8. (22 S.) Wien 856, (Gerold's Sohn.) *
Aus: Sitzungsberichte der k. Akademie der Wissenschaften J. 1856, besonders abgedruckt.

— über ein neues Fragment einer römischen Wachsurkunde aus Siebenbürgen. Mit 1 lith. Taf. (Aus d. Sitzungsberichten d. k. Akad. d. W.) Wien 857. Gerold in Comm. gr. 8. (17 S.) n. 5 ngr

— über einen griechischen Palimpsest der k. k. Hofbibliothek mit Bruchstücken einer Legende vom heil. Georg. (Aus d. Sitzungsberichten d. k. Akad. d. W.) Wien 858. Gerold in Comm. gr. 8. (21 S.) n. 4 ngr

— über zwei neu entdeckte römische Urkunden auf Wachstafeln. Mit 6 lith. Taf. (in 8. u. 4.) (Aus d. Sitzungsberichten d. k. Akad. d. W.) Wien 857. Gerold in Comm. gr. 8. (37 S.) n. 20 ngr

Detlefsen, Ueber ein griechisches Urkundenfragment auf einer Wachstafel aus Siebenbü S.-A. 1858. 22 S. u. 2 Taf.

Detlefsen, Detlef

**Detlefsen, D.**, die Anordnung der geographischen Bücher des Plinius u. ihre Quellen, s.: Quellen u. Forschungen zur alten Geschichte u. Geographie. 18. Hft.

Detlefsen: De arte Romanorum antiquissima I. II. 50 S. –Glückstadt, Progr. 1867, 1868

Detlefsen, Detlef De arte Romanorum antiquissima. Particula III. 10 S. [I. II: 1867. 1868.] Progr. *Glückstadt* 1880.

Die Beschreibung Italiens in der Naturalis Historia des Plinius und ihre Quellen von Prof. Dr. D[etlef] **Detlefsen**, Gymn.Dir. in Glückstadt. *Leipzig: E. Avenarius 1901.* (62 S.) 8°
= Quellen u. Forschungen z. alten Geschichte u. Geogr. H. 1.

**Detlefsen**, Detlef: C h r o n i k von Glückstadt, s. S a u c k , Hieronymus.

**Detlefsen, D.**, die Entdeckung des germanischen Nordens im Altertum, s.: Quellen u. Forschungen zur alten Geschichte u. Geographie. 8. Hft.

Die Entdeckung des germanischen Nordens im Altertum. Von D[etlef] **Detlefsen.** [Nebst] Nachtrag. Berlin: Weidmann 1904–09. 8°
(Quellen u. Forschungen z. alten Geschichte u. Geogr. H. 8.)

**Detlefsen**, D. [Dir.]: Gedächtnisrede auf Seine Majestät den Hochseligen Kaiser Friedrich. . . . Glückstadt, Druck v. J. J. Augustin, 1889; S. 1–12; 4°
Glückstadt, k. G, OP 1889 (266)

Detlefsen, *Detlef* Gedächtnisrede auf Se. Majestät den Hochseligen Kaiser Wilhelm, gehalten am 22. März 1888 in der Aula des Kgl. Gymnasiums zu Glückstadt. 8 (20 S.). Progr. G. *Glückstadt* 1888.
Nicht im Tauschverkehr.

Die Geographie Afrikas bei Plinius und Mela und ihre Quellen. Die formulae provinciarum, eine Hauptquelle des Plinius. Von D[etlef] **Detlefsen.** Berlin: Weidmann 1908. (104 S.) 8°
= Quellen u. Forschungen z. alten Geschichte u. Geogr. H. 14.

**Detlefsen, D., Geschichte der holsteinischen Elbmarschen.** 2 Bde. gr. 8. Glückstadt, Prof. Dr. D. Detlefsen. à n. 8. —
1. Von der Entstehung der Marschen bis zu ihrem Uebergange an die Könige v. Dänemark, 1460. (448 S. m. 1 Karte.) 891.
2. Von dem Uebergange der Marschen an die Könige v. Dänemark, 1460, bis zur Gegenwart. (516 S.) 892.

**Detlefsen**, *Detlef* [Dir. Prof. Dr.]: Geschichte des Königlichen Gymnasiums zu Glückstadt. 1. Von der Gründung der Stadt im Jahre 1617 bis zur Einsetzung des Collegium Scholasticum im Jahre 1717. Glückstadt, Druck v. J. J. Augustin, 1890; 24 S. 4°
Glückstadt, k. G, OP 1890

**Detlefsen**, *Detlef* [Dir. Prof. Dr.]: Geschichte des Königl. Gymnasiums zu Glückstadt. 2. Von d. Einsetzung d. Collegium Scholasticum im J. 1717 bis z. Neuen Glückstädtischen Schulreglement 1786. 3. Von da bis z. Rektorate Germars 1802. (Forts. d. P-Beil. 1890.) Glückstadt, Druck v. J. J. Augustin, 1891; 24 S. 4°
Glückstadt, k. G, OP 1891 (271)

**Detlefsen**, *Detlef* [Dir. Prof. Dr.]: Geschichte des Kgl. Gymnasiums zu Glückstadt. 3. Vom Neuen Glückstädt. Schulreglement 1786 bis z. Rektorate Germars 1802. '(Schlufs.)' 4. Vom Rektorate Germars 1802 bis z. Trenng d. Gelehrtenschule v. d. Bürgerschule 1821. (Forts. d. P-Beil. 1890. 91.) Glückstadt, Druck v. J. J. Augustin, 1892; 28 S. 4.
Glückstadt, k. G, OP 1892 (277)

**Detlefsen**, *Detlef* [Dir. Prof. Dr.]: Geschichte des Königlichen Gymnasiums zu Glückstadt. 4. Vom Rektorate Germars 1802 bis z. Trenng d. Gelehrtenschule v. d. Bürgerschule Michaelis 1820. '(Schlufs.)' (Forts. d. P-Beil. 1890. 91. 92.) Glückstadt, Druck v. J. J. Augustin, 1895; 19 S. 4.
Glückstadt, k. G, OP 1895 (281)

**Detlefsen**, *Detlef* [Dir. Prof. Dr.]: Geschichte des Königlichen Gymnasiums zu Glückstadt. 5. Das Rektorat Jungclaussens '(1814–1837)'. (Forts. d. P-Beil. 1890. 91. 92. 95.) Glückstadt, Druck v. J. J. Augustin, 1897; 28 S. 4.
Glückstadt, k. G, OP 1897 (280)

**Detlefsen**, D[etlef]: Geschichte des Königlichen Gymnasiums zu Glückstadt. 5. Das Rektorat Jungclaussens (1814–1837). Fortsetzung. *Glückstadt 1898: J. J. Augustin.* (32 S.) 4°
(Fortsetzung d. P-Beilagen 1890. 91. 92. 95. 97.)
Glückstadt, k. G, OP 1898 (280)

**Detlefsen**, D[etlef], Dir. Prof. Dr.: Geschichte des Königlichen Gymnasiums zu Glückstadt. 6. Das Rektorat Horns (1837–1853). Glückstadt 1904: J. J. Augustin. (31 S.) 4°
(Forts. d. P-Beil. 1890–92, 95, 97, 98.)
Glückstadt, k. G P 1904 (327)

— **Geschichte des Kirchspiels Herzhorn, zugleich e. Beitrag zur Kenntnis des „hollischen" Rechtes.** (112 S.) 8. Kiel (904). (Glückstadt, M. Hansen.) n. 1.50
a Sonderabdr. a.: „Zeitschr. d. Gesellsch. f. schlesw.-holst. Gesch."

Geschichte des Kirchspiels Neuenkirchen an der Stör v. D[etlef] **Detlefsen.** Sonderabdruck aus der Zeitschrift der Gesellschaft für Schlesw.-Holst. Geschichte. Bd. 28. Kiel. 1898. 8°

— **Glückstadt, das heutige im alten. Ein Fremdenführer. Den Freunden der Heimatkunde gewidmet.** (59 S. m. 8 Taf. u. 1 Plan.) 8. Glückstadt 906. M. Hansen. n. — 75

Detlefsen, D., Die naturalis historia d. Pl. S.-A. 1869. 54 S.

— Jahresb. üb. d. Geograph. v. Mittel- u. Ober-Italien, d. röm. Provinzen, Gallien, Britannien u. Hispanien. S.-A. 1899. 28 S. 1.–

Detlefsen, D., Jahresb. üb. d. Geograph. d. nördl. Provinzen d. röm. Reiches. S.-A 1877. 42 S.
— S.-A. 1880. 31 S.
— S.-A. 1881. 17 S.

— Jahresb. üb. d. Geograph. d. nördl. u. westl. Provinzen d. röm. Reiches. II. S.-A 1896. 128 S. 1.75

**Detlefsen**, D. [Dir.]: Liste der aus den oberen Klassen des Gymnasiums abgegangenen Schüler. 1786–1821. Glückstadt, Druck v. J. J. Augustin, 1889; S. 13–16; 4°
Glückstadt, k. G, OP 1889 (266)

— Die Masse der Erdteile nach Plinius. Pr. 1883. 16 S. 4°.

**Detlefsen**, *Detlef* [Dir. Prof. Dr.]: *Dr. Adolf Alexander Emil Meyer, Stifter des Henriette Meyer-Stipendiums.* Glückstadt, Druck v. J. J. Augustin, 1895; 13–16 S. 4.
Glückstadt, k. G, OP 1895 (281)

**Detlefsen**, Detlef: Über N a t i o n a l d e n k m ä l e r . Eine Schulrede ... gehalten am 22. März 1886. Glückstadt. 1887. 4°.

— *Nekrolog auf O. A. Fr. Gerber.* 4 (S. 12–13 der Schuln.). Progr. G. *Glückstadt* 1889 (266).

Kurze Notizen über einige Quellenschriftsteller des Plinius v. Detlef **Detlefsen.** Glückstadt. 1881. 4°

— s.: **Plinius Secundus, C., die geographischen Bücher.**

**Detlefsen**, D[etlef], Dir. (Prof. Dr.): Pote und seine Verwendung im Lateinischen. *Glückstadt 1901: J. J. Augustin.* (14 S.) 4°
Glückstadt, k. G, OP 1901 (300)

**Detlefsen**, D[etlef], Dir. (Prof. Dr.): Quam und seine Zusammensetzungen. Eine grammat. Studie. *Glückstadt 1900: J. J. Augustin.* (23 S.) 4°
Glückstadt, k. G, OP 1900 (296)

— **das „Friesische Recht" zu Elmshorn.** (S. 37–55.) 8. Glückstadt (906). (M. Hansen.) n. — 50

Die Rolle der grofsen Herzhorner Brandgilde vom Jahre 1650 hrsg. v. Detlef Detlefsen. Glückstadt. 1902. 4°. Gymn.-Progr.

**Detlefsen**, D[etlef], Dir. Prof. Dr.: Landschaftliche Schilderungen Schleswig-Holsteins bei unseren Dichtern. *Glückstadt 1899: J. J. Augustin.* (15 S.) 4°
Glückstadt, k. G, OP 1899 (292)

Untersuchungen zu den geographischen Büchern des Plinius. I. Die Weltkarte des M. Agrippa. Von Detlef **Detlefsen.** Glückstadt. 1884. 4°. Gymn.-Progr.

— **Untersuchungen üb. die Zusammensetzung der Naturgeschichte des Plinius.** gr. 8. (96 S.) Berlin 899. Weidmann. n. 2.40

Detlefsen, Detlef: Untersuchungen über die Zusammensetzung der Naturgeschichte des Plinius. Berlin: Weidmann 1900. (96 S.) 8°

Ursprung, Einrichtung und Bedeutung der Erdkarte Agrippas von D[etlef] **Detlefsen**. Berlin: Weidmann 1906. (VI, 117 S.) 8°
= **Quellen** u. Forschungen z. alten Geschichte u. Geogr. H. 13. [06. 11830

**Detlefsen**, Detlef: Die Werthangaben in der naturalis historia des Plinius. Sonder-Abdruck aus Hermes, Bd. 35. Berlin 1900. 8°. (Bei desselben: Untersuchungen über die Zusammensetzung der Naturgeschichte des Plinius. Berlin. 1899. 8°.)

Detlefsen, Emil, die experimentelle Behandlung der Diffusion der Flüssigkeiten, s. a. Festschrift für Gymn.-Dir. Dr. Nölting.

Detlefsen, *Emil* Die experimentelle Behandlung der Diffusion der Flüssigkeiten im elementaren physikalischen Unterricht. 8 (S. 107—114).
In: Festschrift zur Feier des 50jähr. Dienst-Jubiläums des Direktors Nölting. Progr. Gr. Stadtsch. *Wismar* 1886.
Nicht im Tauschverkehr.

**Detlefsen**, Emil: Über die Biegungselastizität von Pflanzentheilen, s. Arbeiten des botanischen Instituts zu Würzburg.

**Detlefsen**, E[mil], Prof. Dr.: **Blütenfarben**. Ein Beitrag zur Farbenlehre. Wismar 1905. (23 S.) 8°
Wismar, Große StadtS-G u. R OP 1905 (792)

**Detlefsen**, Emil: Die Lichtabsorption in assimilirenden Blättern, s. Arbeiten des botanischen Instituts zu Würzburg.

DETLEFSEN, E.: Versuch einer mechanischen Erklärung des excentrischen Dickenwachstums verholzter Achsen und Wurzeln. - Wismar 1881. 14 S.

Detlefsen, E., wie bildet die Pflanze Wurzel, Blatt u. Blüte, s. a. Wissen, das, der Gegenwart.

Detlefsen E. wie bildet die Pflanze Wurzel, Blatt und Blüte? (Wissen der Gegenwart 59) Leipzig 1886

**Detlefsen**, Frederic [aus Eckernförde (Schleswig-Holstein)]: Zur Casuistik der hallucinatorischen Cocain-Paranoia. . . . Berlin, gedr. bei W. Rower (1890); 32 S. 8°
Berlin, Med. Fak., Inaug.-Diss. v. 25. Jul. 1890

Detlefsen, Meta, s.: Detlef, Hugo.

**Detlefsen**, Sönnich Detlef Friedrich, s. Detlefsen, Detlef

Detloff, Martha, d. Antiquitäten-Handel, s.: Fastnachts-Bühne.

Bilder aus dem Schulleben. Festaufführung in 4 Abt. u. e. Vorspiel von M[artha] **Detloff**. Sowohl f. Knaben-, wie f. Mädchenschulen eingerichtet. *Berlin: E. Bloch (1896).* (40 S.) 8° [F.]
= **Festspiele** f. höh. Schulen, Pensionate u. Jünglingsvereine. No 5. [01. 9961

— das Christkind, s.: Weihnachts- u. Neujahrs-Aufführungen.

— Deutschland zur See, s. a. Mädchenbühne.

**Detloff**, Martha: Deutschland zur See. Vaterländ. Festspiel. Berlin: E. Bloch (1898). (27 S.) 8°. = Mädchen-Bühne. H. 48.

**Detloff**, Martha: Germanias Erwachen, s. Mädchen-Bühne.

**Detloff**, Martha: Frauenideale aus dem Hause Hohenzollern, s. Mädchen-Bühne

**Detloff**, Martha, Geburtstagsgruß aus Rübezahls Reich, s.: Mädchen-Bühne.

Kaisers Geburtstag in Rübezahls Reich. Festspiel mit Gesang u. Reigen. Von Martha **Detloff**. *Berlin: E. Bloch [1903].* (37 S.) 8° [F.]
= **Mädchen-Bühne**. H. 67. [03. 11694

— der deutschen Frauen Glückwunsch f. den Kaiser, s.: Mädchen-Bühne. 50. Hft.

Der Nornen Glückwunsch für den Kaiser. Festspiel von Martha **Detloff**. *Berlin: E. Bloch (1896).* (14 S.) 8° [F.]
= **Mädchen-Bühne**. H. 39. [00. 10645

Unter dem Hohenzollern-Aar. Vaterl. Festspiel von Martha **Detloff**. *Berlin: E. Bloch (1900).* (27 S.) 8° [F.]
= **Mädchen-Bühne**. H. 57. [02. 12131

**Detloff**, Martha: Huldigung der Monate f. den deutschen Kaiser, s. Mädchen-Bühne

— nach 25 Jahren! 1870—1895. Prolog z. 2. Septbr. 1895, s.: Sedanfeier 1895.

Das eiserne Jahrhundert. Vaterl. Festspiel in 3 Bildern mit vorausgeh. Prolog von Martha **Detloff**. 2. Ausg. (1. Ausg. unter d. Tit.: Zur Jahrhundertwende.) *Berlin: E. Bloch (1900).* (32 S.) 8° [F.]
= **Festspiel Halle**. Deutsche. H. 29. [02. 5101

— zur Jahrhundertwende. Vaterländisches Festspiel in 3 Bildern, m. voraufgeh. Prolog. gr. 8. (32 S.) Berlin (899). E. Bloch. n. 1. —

**Detloff**, In der Johannisnacht, s. Mädchen-Bühne

— Preußens schönste Königin, s.: Mädchen-Bühne.

Theodor Körner. Vaterländ. Festspiel von M[artha] **Detloff**. *Berlin: E. Bloch (1895).* (34 S.) 8° [F.]
= **Festspiele** f. höhere Knabenschulen u. Jünglingsvereine. No 2. [01. 9958

— Prolog z. 27. Januar, s.: Geburtstag, 37., Sr. Maj.

Rheingold. Vaterländ. Festspiel von Martha **Detloff**. *Berlin: E. Bloch (1895).* (31 S.) 8° [F.]
= **Mädchen-Bühne**. H. 37. [00. 10613

Am Rolandbrunnen. Vaterländisches Festspiel. Von Martha **Detloff**. *Berlin: E. Bloch [1903].* (21 S.) 8° [F.]
= **Mädchen-Bühne**. H. 68. [03. 11695

Unser Schiller. Ein deutsches Festspiel von Martha **Detloff**. 2. Aufl. Berlin: E. Bloch [1905]. (21 S.) 8° [F.]
= **Mädchen-Bühne**. H. 74. [06. 9851

— Deutsche Treue, } s.: Festspiele f. höh. Knabenschulen u. Jünglingsvereine.

**Detloff**, Martha: Des Reiches Waffenschmied. Patriot. Festspiel in einem Aufzuge. E. Bloch (1899). (13 S.) 8°. = Mädchen-Bühne. H. 51.

Christkinds Weihnachtsfahrt. Ein Weihnachtsspiel von Martha **Detloff**. *Berlin: E. Bloch [1900].* (26 S.) 8° [F.]
= Weihnachts-Aufführungen. No 10. [01. 11117

— Weihnachtszauber, s. a. Bloch's, Ludw., Kinder-Theater.

Weihnachtszauber. Festspiel in 3 Bild. von Martha **Detloff**. *Berlin: E. Bloch (1901).* (24 S.) 8° [F.]
= **Kinder-Theater**, Ludwig Blochs. No 87. [03. 3384

**Detloff**, Martha: Aus großer Zeit, s. Mädchen-Bühne.

DETLOFFE, W. Gst.: Vom Gastrechte (d. Stadt Rostock) u. dem dabey zu beobacht. gerichtl. Verfahren. *Schwerin*, Bärensprung. 795. 4. (12 Gr.)

**Detloffe, W. G., vom Gastrechte** ɪc. 4. **Schwerin, Bödner**, 795.

**Detmar**: Chronik nach der Urschrift und mit Ergänzungen aus andern Chroniken hrgg. v. F. H. Grautoff. Th. 1-2. Hamburg. 1829 30. 8°. (Die lüb. Chroniken in niederdeutscher Sprache.)

**Detmar, d. Franciscaner Lesemeisters, Chronik, nach d. Urschrift** u. mit Ergänzn. a. and. Chroniken hrsg. v. F. H. Grautoff. 2 Thle. Lex.-8. (81 B.) Hamburg 830, Fr. Perthes.

Detmar, Al., Zuruf an junge Christen bei ihrem Scheiden aus dem Elternhause. Predigt. 8. Hamb. 840. Niemeyer. 1/12 ₰

**Detmar, Bernhard:** Karneades und Hume, ihre Wahrscheinlichkeitstheorie. Leipzig: J. A. Barth 1910. 56 S. 8°
Berlin, Phil. Diss. v. 11. Mai 1910, Ref. Riehl
[Geb. 4. Juli 85 Ahlen; Wohnort: Berlin; Staatsangeh.: Preußen; Vorbildung: Gymn. Dorsten Reife O. 04; Studium: München 1, Münster 1, Leipzig 1, Berlin 9 S.; Rig. 25. Nov. 09.] [U 10. 140

**Detmar, Eberh.,** aphoristische Streifzüge durch Vergangenheit u. Gegenwart. (VII, 222 S.) gr. 8. Bonn 904. C. Georgi. n. 4. —

Alex. **Detmer.** [Hamburg 1903.] 25 S. 8⁰ [Umschlagtit.]
Aus: Zeitschr. f. d. evang.-luth. Kirche in Hamburg. 1903.
Enth. Lebensbild des Verstorbenen, Gedächtnisrede von O. Detmer, Freundesworte von F. Rode; in allen Abhandlungen wird Bezug auf Detmers Frmrtätigkeit genommen.

**Detmer,** A., und A. **Holekamp,** alphabetisches Waarenverzeichniß mit den im Steuervereine u. im Zollvereine beim Ein- u. Ausgange zu entrichtenden Abgabe-Sätzen. Nach den amtlichen Waaren-Verzeichnissen zusammengestellt. Hannover 853. Gebr. Jänecke. 4. (2 Bl., 60 S.) 15 ngr.

— — alphabetisches Waaren-Verzeichniß mit den Abgaben- u. Tara-Sätzen zum Vereins-Zoll-Tarife vom 1. Jan. 1854. Ebend. 854. 4. (2 Bl., 100 S.) n. 17½ ngr.

**Detmer,** A., und A. **Holekamp,** alphabetisches Waaren-Verzeichniß mit den Abgaben- und Tara-Sätzen zum Vereins-Zoll-Tarife vom 1. Januar 1860 an. Hannover 860. Gebr. Jänecke. 4. (2 Bl., 106 S.) n. 17½ ngr.

—— —— s. a. Waaren-Verzeichniß, alphabetisches.

Ansprache des Br. Alex. **Detmer** in der Fest-Loge am 15. Sept. 1895. [Hamburg 1895.] 2 Bl. 8⁰ [Kopftit.]
Rückblick auf Verfs Frmrleben.

Zwei Logenreden, gehalten in der Loge: „Zur Brudertreue an der Elbe" [in Hamburg], von Alex. **Detmer.** Hamburg 1858: Köhler. 16 S. 8⁰ [Umschlagtit.]

Detmer, A., Musterung unser. deutschen Jugend-Literatur, zugleich ein Wegweiser f. Eltern in d. Auswahl von passenden, zu Weihnachtsgeschenken sich eignenden Büchern. 1. Aufl. (5¼ B.) 842. * 10 Ngr. u. 2., umgearb. Aufl. gr. 8. (1 B.) Hamburg 844, Herold'sche Buchh. *

Rede, gehalten am Johannisfeste in der Loge zur „Brudertreue an der Elbe" [in Hamburg] am 23. Juni 1855 von A[lex.] **Detmer.** [Hamburg 1855: Köhler.] 8 S. 8⁰ [Kopftit.]
Üb. die Bedeutung der drei Joh.Rosen.

Zwei Reden, gehalten am Stiftungstage der Loge zur Brudertreue an der Elbe von A[lex.] **Detmer.** Hamburg 1854: Köhler. 16 S. 8⁰ [Umschlagtit.]

Vortrag, am zehnjährigen Stiftungsfeste der Loge zur „Brudertreue an der Elbe" [in Hamburg], am 15. Sept. 1855, gehalten von A[lex.] **Detmer.** Hamburg 1855: Köhler. 8 S. 8⁰ [Umschlagtit.]
Betrachtung, anknüpfend an Goethes Worte: „Ich fühle Mut, mich in die Welt zu wagen", usw.

Detmer, Alex., Wahl-Predigt, am 8. Juni 1856, und Antritts-Predigt am 7. Aug. 1856 gehalten. gr. 8. (32 S.) Hamburg 856, Jowien. *

**Detmer, Daniel Christoph** (Hannover), Observationes quaedam de febribus intermittentibus epidemicis. Diss. med. Götting. 1830. 46 Seiten. (4.80) 6351
Gew.: Joh. Stieglitz.

Detmer, Heinrich

**Detmer,** H., s.: Aus Westfalens Vergangenheit.

**Detmer, Heinr.,** Bilder aus den religiösen u. socialen Unruhen in Münster während des 16. Jahrh. I. Johann v. Leiden. Seine Persönlichkeit u. seine Stellg. im münsterschen Reiche. gr. 8. (71 S.) Münster 903. Coppenrath. n. 1. 25

**Detmer, Heinr.,** Bilder aus den religiösen u. socialen Unruhen in Münster während des 16. Jahrh. II u. III. gr. 8. Münster 904. Universitätsbuchh. F. Coppenrath. n. 2. 55
II. Bernhard Rothmann. Kirchliche u. soziale Wirren in Münster 1525—1535. Der täufer. Kommunismus. (146 S.) n. 1. 75
III. Ueber die Auffassung von der Ehe u. die Durchführung der Vielweiberei in Münster während der Täuferherrschaft. (33 S.) n. —80

**Detmer,** Heinrich (Hrsg.), s. Hamelmann, Hermann: Geschichtl. Werke.

— s.: Kerssenbroch, Herm. a, Anabaptistici furroris etc. narratio.

— Hermann v. Kerssenbroch's Leben u. Schriften. gr. 8. (VIII, 462 S.) Münster 900. Theissing. n. 5. —

— s.: Rothmann, Bernh., 2 Schriften.

**Detmer,** Osc., Frei u. innig. 1. Jesus Christus. Religiöse Dichtgn. 8. (XVI, 78 S.) Hamburg 898. O. Meißner's Verl. Geb. in Leinw n. 2. —

**Detmer,** Osc., v. Innen heraus. Religiöse Gedichte. 8. (XVI, 174 S.) Hamburg 894. H. Seippel. n.n. 2. 70

— d. Pflege d. inneren Lebens. 8. (XXXII, 553 S.) Hamburg 897. Jürgensen & Becker. n. 5. 50; geb. n.n. 6. 50

**Detmer,** Osc. Alex., Antritts-Predigt, bei seiner Ordination u. Einführg. in das Pastorat zu St. Georg in Hamburg am 12. Novbr. 1885 geh. gr. 8. (22 S.) Hamburg 885. Seippel. n. — 50

**Detmer,** Wilhelm (Bearb.), s. Ackerbau. — Der Acker- u. Pflanzenbau.

**Detmer, W., s.:** Beiträge zur Frage des naturwissenschaftlichen Unterrichtes an den höheren Schulen.

**Detmer,** W. Beiträge zur Theorie d. Wurzeldrucks, s.a. Sammlung physiologischer Abhandlungen.

DETMER, W.: Beiträge zur Theorie des Wurzeldruckes. - Jena 1877. 65 S.

**Detmer,** W., die naturwissenschaftlichen Grundlagen der allgemeinen landwirthschaftlichen Bodenkunde. Ein Lehrbuch f. Land- u. Forstwirthe, Agriculturchemiker u. Pflanzenphysiologen. gr. 8. (VIII, 556 S.) Leipzig 876. C. F. Winter. n. 9. —

**Detmer W.**: Die natürlichen Humuskörper d. Bodens u. ihre landwirtschaftliche Bedeutung. Diss. Leipz. 1871. 108 S. (Særtr.).

**Detmer**, Wilhelm (Hrsg.), s. Jahresberichte der Agrikulturchemie.

[F.] Landschaftsformen des nordwestlichen Deutschlands. Von Prof. Dr. W[ilhelm] **Detmer**. (SA. aus ... 'Aus allen Weltteilen.') *Berlin: H. Partel 1897.* (43 S.) 1 Bd 8.
= Sammlung geographischer u. kolonialpolit. Schriften. No 9. [90. 915 11

Detmer, W., Lehrbuch der Pflanzenphysiologie. gr. 8. (XVI, 380 S.) Breslau 883, Trewendt. *

—— vergleichende Physiologie des Keimungsprocesses der Samen. gr. 8. (VII, 565 S.) Jena 880, Fischer. *

— das kleine pflanzenphysiologische **Praktikum**. Anleitung zu pflanzenphysiolog. Experimenten f. Studierende u. Lehrer der Naturwissenschaft. 2., vielfach veränd. Aufl. (XX, 293 S. m. 163 Abbildgn.) Lex.-8. Jena 905. G. Fischer. n. 5.50; geb. n. 6.50
1. Aufl. (XVI, 290 S. m. 163 Abbildgn.) 903. n. 5.50.

**Detmer, W., das kleine pflanzenphysiol. Praktikum.** Anleitg. zu pflanzenphysiol. Experimenten f. Studierende u. Lehrer d. Naturwissenschaft. 3., vielf. veränd. Aufl. (XX, 319 S. m. 179 Abbildgn.) Lex. 8. Jena 909. G. Fischer. 7.—; geb. 8.—

Detmer, W., das pflanzenphysiologische Praktikum. Anleitung zu pflanzenphysiolog. Untersuchungen für Studirende und Lehrer der Naturwisssenschaften. gr. 8. (XVI, 352 S. mit 131 Holzschn.) Jena 888, Fischer. *
geb. *

— d. pflanzenphysiolog. Praktikum. Anleitg. zu pflanzenphysiolog. Untersuchgn. f. Studirende u. Lehrer d. Naturwissenschaften, sow. d. Medicin, Land- u. Forstwirthschaft. 2., völlig neu bearb. Aufl. gr. 8. (XVI, 456 S. m. 184 Abb.) Jena 895. G. Fischer. n. 9 —; geb. n. 10.

Botanische und landwirtschaftliche Studien auf Java. Von Dr. W[ilhelm] **Detmer**, Prof., Jena. Mit 1 Taf. Jena: G. Fischer 1907. (124 S.) 8° [07. 433

—— System der Pflanzenphysiologie, s. Encyklopädie der Naturwissenschaften.

—— pflanzen-physiologische Untersuchungen über Fermentbildung und fermentative Processe. gr. 8. (IV, 50 S.) Jena 884, Fischer. *

— Physiologisch-chemische Untersuchungen üb. die Keimung ölhaltiger Samen u. die Vegetation v. Zea Mays. (103 S.) gr. 8. Leipzig 875. (O. Gracklauer.) 2.—

—— physiologisch-chemische Untersuchungen über die Keimung ölhaltiger Samen und die Vegetation von Zea-Mays. 8. (103 S.) [Leipzig] Berlin 875, Luckhardt'sche Verlagsh. *

Botanische Wanderungen in Brasilien. Reiseskizzen u. Vegetationsbilder v. Dr. W[ilhelm] **Detmer**, Prof. a. d. Univ. Jena. *Leipzig: Veit & C. 1897.* (VI, 188 S.) 1 Bd 8. [97. 4598

Drebber und seine nächste Umgebung. Ein Beitrag z. Lokalgeschichte von H(einrich) L(udolf) **Detmering**, Lehrer. Diepholz: Schröder 1899. (187 S.) 8° [F.] [c6. 3558

Detmers, Erwin, die Pflege, Zähmung u. Fortpflanzung der Raubvögel in der Gefangenschaft, s. Bibliothek für Sport u. Naturliebhaberei. 9. Bd.

Die Pflege, Zähmung, Abrichtung u. Fortpflanzung der Raubvögel in der Gefangenschaft. Ein Lehrbuch ... von Erwin **Detmers**. Mit 11 Textabb. Berlin: Pfenningstorff (1905). 94 S. 8°
(Bibliothek f. Sport & Naturliebhaberei. Bd 9.) [09. 13001

Detmers, J. P., de theologia Origenis. I—IV. Pref. ad V. 1782—85. 4.

**Detmers, Joach.** (Ostfriesland), De encephalitide. Spec. med. Halle, März 1800. 16 S. (4.50) 6353

Detmold (Sachl. Ordnungswort)

**Detmold u. der Teutoburger Wald.** Ein Führer, hrsg. vom Wirte-Verein in Detmold. Mit Bildern, Ansichten u. (3) Karten. 2. neubearb. Aufl. (48 S.) schmal 8. Detmold (906). C. Hammann. n. —50

Detmold [Schlagwort]

Detmold, s.: Deutschland. Karte. (Abt. Preussen.) — Uebersichtskarte. — Westfalen. Grundkarte.

— s.: Wesergebiet.

**Detmold.** Karte von Detmold's Umgebung, entworfen v. W. F. Autogr. qu. 4. Bielefeld 887. Helmich. —15

— — von der Stadt u. Feldmark Detmold. Im Maassstab 1 : 4000. Nach den auf den neuesten Bestand berichtigten Katasterkarten reducirt u. zusammengestellt im J. 1885 unter d. Leitung v. Rothe durch Schulze u. Köhler. Imp.-Fol. Detmold 887. Hinrichs. n.n. 3.—

Detmold (Verfasser)

**Detmold**, über ein Paar Holbein'sche Formschnitte. Nebst 3 Holzschn. (im Text.) Leipzig 856. R. Weigel. gr. 8. (8 S.) 3 ngr

Detmold, G., die Jurisprudenz des täglichen Lebens, s.: Jhering, Rud. v.

Detmold, Johann Hermann

Detmold, J. H., Anleitung zur Kunstkennerschaft, od. Kunst in drei Stunden e. Kenner zu werden. Ein Versuch, bei Gelegenheit d. 2. Kunstausstellung hrsg. 8. (5¼ B.) Hannover 834, Hahn.

Detmold, Anleitung zur Kunstkennerschaft. Hannover 1845

Detmold, Joh. Herm., Anleitung zur Kunstkennerschaft od. die Kunst, in drei Stunden ein Kenner zu werden. Ein Versuch, bei Gelegenheit der 2. Kunstausstellung zu Hannover hrsg. 3., unveränd. Abdr. gr. 8. (79 S.) Hannover 879. Hahn. 1.50

Detmold, Joh. Herm., Briefwechsel, s.: Stüve, Joh. Carl Bertram.

— s. Kunstblätter, Hannöversche.

Detmold, J. H., das schwierige Problem. Humoreske. Neue Ausg. mit einem Nachwort. Illustriert von E. Klein. 8. (78 S.) Stuttgart 887, Lutz. *

—— Randzeichnungen; Anleitung zur Kunstkennerschaft, s. Universal-Bibliothek Nr. 2230.

— Randzeichnungen. gr. 8. Braunschweig 844, Vieweg und Sohn. n. ⅔ ℛ — 2. Aufl. gr. 8. Ebend. 844. n. ⅔ ℛ

Detmold, H., Thaten und Meinungen des Hrn. Piepmeyer, s. Thaten.

D[etmold], Joh. Hermann & Adolph S[chrödter]. Thaten und Meinungen des Herrn Piepmeyer Abgeordneten zur constituirenden Nationalversammlung zu Frankfurt am Main. JHD. [Joh. Herm. Detmold] u. AS [Adolph Schrödter]. [Zu haben bei C. Jügel ... Frankfurt a/M. (1849).]
Tit., 50 Taf. 8°.
*In sechs Heften erschienen. Auf den Umschlägen der Hefte A. v. B. (A. v. Boddin) und Schrödter (Zeichen Korkenzieher) als Verfasser angegeben; auf dem Titelblatt J. H. D. u. A. S. (Detmold u. Schrödter).*

Detmold(t), Wilhelm

Detmold, Wlh., Ideen zu e. möglichen Kritik d. Größenlehre. 8. Hannov. 801. Helwing. 12 gr.

**Detmoldt, W., d. Lehre v. d. Gränzen, als Hauptmoment d. Geometrie. m. K. 8. Gött. Dieterich. 803.**

— die Lehre von d. Grenzen, als Hauptmoment d. Geometrie, mit (2) Kpf. 8. Götting. 804. Dieterich. 14 gr.

Detomaso P. und Antoniolli R., Deutsche und italienische Sprech- und Sprachübungen nach Dolinars Metodo pratico für die Schulen des ladinischen Sprachgebietes. II. Teil. Wien 1907. Schulbücherverlag. In Halbleinen geb. K 1.30.

**De-Toni, J. Bapt.** Saccharomycetaceae, s. Saccardo, P. A., sylloge fungorum.

— u. V. **Trevisan,** Schizomycetaceae, s.: Saccardo, P. A., sylloge fungorum.

—— Sylloge algarum omnium hucusque cognitarum. Vol. I. Sectiones 1 et 2; vol. II. Sectiones 1 et 2. gr. 8. Patavii. (Berl., Friedländer u. Sohn.) [Vol. I. Sectiones 1 et 2. Chlorophyceae. (12, CXXXIX, 1315 S.) 889. ** 73 60; vol. II. Sectio 1. Rhaphidae. (CXXXII, S. 1—490) 891. ** 27 50; vol. II. Sectio 2. Pseudorhaphidae. (S. 491—817.) 892. ** 16 80.] ** 117 90

**De-Toni,** J. Bapt., sylloge **Algarum** omnium hucusque cognitarum. Vol. II. Bacillarieae. Sectio 1—3. gr. 8. Patavii. (Berlin, R. Friedländer & Sohn.) n.n. 92. 30 (I—II, 3.: n.n. 165. 90)
1. Rhaphideae. (CXXXII, 490 S.) 891. n.n. 27.50
2. Pseudorhaphideae. (S. 491—817.) 892. n.n. 16. 80
3. Cryptorhaphideae [addito repertorio geographico-polyglotto, quod in usum sylloges curavit Hect. De-Toni]. 894. (S. 819—1556 u. CCXIV S.) n.n. 48. —

**De-Toni,** J. Bapt., sylloge Algarum omnium hucusque cognitarum. Vol. III. u. IV, 1. gr. 8. Patavii. (Berlin, R. Friedländer & Sohn.) n.n. 56. 80 (I.—IV., 1.: n.n. 222. 70
III. Fucoideae. (XVI, 638 S.) 895. n.n. 32. 80
IV. Florideae. Sectio I. Familiae. I.—XI. (XX, LXI, 388 S.) 897. n.n. 24. —

**De-Toni, J. Bapt., Sylloge Algarum omnium hucusque cognitarum. Vol. IV. Florideae. Sectio II. Familiae I—IV. gr. 8. (S. 387—776.) Patavii 900. (Berlin, R. Friedländer & Sohn.) n.n. 20. —**

**De-Toni, J. Bapt., Sylloge Algarum omnium hucusque cognitarum. Vol. IV. Florideae. Sectio III et IV. gr. 8. Patavii. (Berlin, R. Friedländer & Sohn.) n.n. 60. 80 (I—IV, 4.: n.n. 303. 50)**
III. Familiae V—VI. (S. 777—1521.) 903. n.n. 37. 60
IV. Familia VII. (S. 1523—1973.) 905. n.n. 23. 20

**De-Toni, J. Bapt., sylloge Algarum omnium hucusque cognitarum. Vol. V. Myxophyceae, curante Achille Forti. (VIII, 761 S.) gr. 8. Patavii (907). (Berlin, R. Friedländer & Sohn.) nn 38.40 (I—V: nn 341. 90)**

**Detoros,** Georg J., a. Piraeus: Ueber die Reduktion von o-Methoxybenzaldazin in alkalischer Lösung. Heidelberg 1907: K. Rössler. (40 S.) 8°
Heidelberg, Naturw.-math. Fak., Ref. Curtius, Diss. v. 1. Mai 1907
[Geb. 29. Dez. 80 Piraeus (Griechenland); Wohnort: Piraeus; Staatsangeh.: Griechenland; Vorbildung: Gymn. Piraeus Reife M. 97; Studium: München u. Heidelberg 4 S.; Rig. 29. Nov. 06.]

**Detre,** s.: **Deutsch, L.**

**Detring,** Abhandlung über Produktion, Consumtion und Handelsfreiheit. 8. (60 S.) Charlottenburg 848. (Berlin, A. Enslin.) *

**Detring,** Abhandlung über Produktion, Consumtion u. Handelsfreiheit. 8. (60 S.) Charlottenburg 848. (Berlin, Geelhaar.) n. 1/3 rf

**Detring.** Betrachtung des Entwurfs zur Einführung der Einkommen- und Klassensteuer. Berlin 1849. 15 S. 8.

Carl **Detring.** Das Weib als Erzieher. Roman. Berlin: Continent [1906]. (400 S.) 8° [F.] [07. 12287

**Detroit,** Eduard

**Detroit,** Ed., Einleitungsworte zu dem am 17. Juli 1847 von den Bürgern Magdeburgs gefeierten Doppelfeste der Einführung des protest. Gottesdienstes in Magdeburg im Juli 1524 u. der Rückerinnerung an die segensreiche Wirksamkeit des Vereinigten Preuß. Landtags für das Vaterland gesprochen. gr. 8. (15 S.) Wolfenbüttel 847, Holle. 1 1/2 ngr

**Detroit,** Ed., Cursus d. Geburtshilfe mit Einschluss d. wichtigsten Krankheiten d. Schwangern, d. Wöchnerinnen u. d. neugebornen Kinder, f. Aerzte, Geburtshelfer u. Studirende. Nach d. Paragraphen-Abth. die in der Geburtskunde des Dr. L. S. Weiss beobachtet worden ist u. nach den neusten Erfahr. u. Bereicherungen d. Wissenschaft bearb. u. [illegible] ein. ausführl. Inhaltsverzeichn., sowie mit ein. reichhalt. Register versehen. 3 Bde. gr. 8. (97 1/8 B.) Berlin 846, Müller's Verl. *

**Detroit,** Eduard. (Frid.) (geb. Magdeburg 1804): De organismo deque plantarum animaliumque organismi differentiis. Berolini (1831). (53 S.) 8°
Berlin, Med. Diss. v. 5. März 1831

**Detroit,** Eduard. Die Verfassung vom 5. Dezember im Vergleich zu der Verheißung vom 22. März. Magdeburg, E. Baensch 1849. 18 S. 8.

**Detroit,** L. Das Alte ist vergangen: es ist alles neu geworden. Predigt am Neujahrstage 1846. Leipzig, Wigand 1846. 13 S. 8.

**— die Aufgaben der bevorstehenden Provinzialsynoden. gr. 8. Königsberg 844, Theile. 1/4 rf**

**— Beiträge zur Geschichte d. neuest. religiös. Bewegung, s. Rupp.**

**Detroit,** L., häusliche Betrachtungen f. Solche, die Gott suchen. gr. 8. (VII, 117 S.) Berlin 878. Haack. n. 3. —

**Detroit,** L., häusliche Betrachtungen für Solche, die Gott suchen. 2. Folge: In festlichen Zeiten. gr. 8. (128 S.) Berlin 880, Haack. *
1. Folge. Ebendas. 1878. *M 3.

— zur Geschichte des Volkes Israel. Eine Studie üb. die Bedeutung u. die Schicksale dieses Volkes. gr. 8. (44 S.) Königsberg 881. Schmidt. n. — 50

— der Kampf u. das Bekenntniß derer, welche im neuen Wesen des Geistes dienen u. nicht im alten Wesen des Buchstabens. Predigt gehalten am 4. Sonnt. nach Eph. gr. 8. Königsberg 846, Bornträger's Sortim.-B. 3 ngr

**Detroit,** L., unsere Lage, unsere Aufgabe und unser Beruf, ein Reformationsruf an die Christen der reformirten und unirten Kirche. gr. 8. (16 S.) Leipzig 847, O. Wigand. *

—— Lectures françaises à l'usage des écoles et instituts pour demoiselles. En 3 Parties. 1. Partie. A. u. d. T.: Französisches Lesebuch für Töchterschulen und weibl. Erziehungsanstalten. In 3 Thln. 1. Thl. Systematisch geordnete Lesestücke für die untern Classen. 1. Aufl. 847. und 2., verb. Aufl. 8. (VIII und 139 S.) Königsberg 850, Bon, Vrlgsh.

—— dass. — 2. Thl. Systematisch geordnete Lesestücke mit Wörterbuch für die mittleren Classen. 1. Aufl. 847. und 2., verb. Aufl. 8. (X und 286 S.) Ebds. 850.

—— dass. — 3. Thl. Systematisch geordnete Lesestücke für die oberen Classen. 1. Aufl. 847. und 2. Aufl. 8. (XXIII und 440 S.) Ebds. 851.

—— französischer Leseunterricht nach der Lautirmethode und zum gewöhnlichen Gebrauch mit systemat. geordneten Lesestücken. Méthode de lecture française par articulation et pour l'usage ordinaire etc. 8. (XII und 179 S.) Königsberg 847, Bon, Vrlgsh. Thlr. *

— Französischer Leseunterricht nach der Lautirmethode u. zum gewöhnlichen Gebrauch mit systemat. geordneten Lesestücken. Méthode de lecture française par articulation et par l'usage ordinaire etc. 8. (XII u. 179 S.) Ebd. 848. n. 8 ngr

**Detroit,** L., Méthode de lecture française par articulation et pour l'usage ordinaire avec des morceaux choisis. 2. Édition. A. s. l. t.: Französischer Leseunterricht nach der Lautirmethode und zum gewöhnlichen Gebrauch mit systematisch geordneten Lesestücken. 2. Aufl. 8. (XII und 179 S.) Königsberg 851, Bon. *

**Detroit,** L. (G. D.), Predigt zur Jubelfeier der vor 100 Jahren geschehenen Einweihung der franz. reform. Kirche in Königsberg; mit e. Anhange, enthalt einen Auszug aus der Kirchenchronik der franz. Gemeinde daselbst. gr. 8. Königsberg 837. (Berlin, Enslin'sche Buchh.) n 1/6 rf

**Detroit,** L. (G. D.), Predigt zur Jubelfeier d. vor 100 Jahren geschehenen Einweihung d. franz. reform. Kirche in Königsberg in Pr. gehalt. am 31 Juli 1836, u. mit e. Anh., enthalt. e. Ausz. aus d. Kirchenchronik d. franz. Gemeine daselbst. gr. 8. (3 B.) Königsberg 837. (Berlin, Müller's Verl.) *

— Sabbath und Sonntag. Eine Predigt, gehalten in der französ.-reformirten Kirche. Lex.-8. Königsberg 842, Theile. 1/8 rf

— Die Schritte, welche die franz.-reformirte Gemeinde in Königsberg i. P. bisher gethan. Als Erwiderung auf das Sendschreiben des P. Henry, Predigers in Berlin. Königsberg 1847. 16 S. 8.

Detroit, L., die Schritte, welche die franz.-reform. Gemeinde in Königsberg i. P. bisher gethan. Als Erwiederung auf ein an dieselbe gerichtetes, offenes Sendschreiben des Pred. Dr. P. Henry. 2. Aufl. gr. 8. (24 S.) Königsberg 847, Bon, Brlgsh. *

Detroit, L. (G. D.) das deutsche Volk wie es war, wie es ist, wie es sein wird. Predigt bei d. Jubelfeier d. 1000jähr. Bestehens d. Selbstständigkeit Deutschlands gehalt. gr. 8. (1 B.) Königsberg 843, Theile. Thlr.

—— des Mannes u. des Weibes Wesen u. Beruf. Zwei Predigten. gr. 8. (2 B.) Königsberg 845, Bornträger'sche Sort.-Buchh.

— Wir sind dazu geboren, daß wir die Wahrheit zeugen sollen. Predigt gehalten am Sonntag nach Neujahr 1846. Leipzig, Wigand 1846. 16 S. 8.

Detroit, L. G. D., s. Detroit, L.

**Detroit**, [Ludwig], in Livorno [von Magdeburg, Preussen]: Montaigne und seine Gedanken über Erziehung. Zür. E. Kiesling Dr. 1854. 1 Bl., 47 S. 8°.
Zürich, Phil. Diss. [v. 28. Juni 1854].

Detroit Luther-Freund 1898 · Detroit, MI

Detroit Magazin: 1876–1880 Detroit, MI
Literary quarterly. Octavo, each issue 84 pages. Edited by Pope & Coleman.

Detroyat, L., und Armand Silvestre, Heinrich der Achte. Große Oper in 4 Akten und 5 Bildern. Nach dem Französ. Deutsch von Herm. Wolff. Musik von Camille Saint-Saëns. kl. 8. (55 S.) Berlin 887, Ad. Fürstner. **

Detry, Peter Friedrich

**BETRACHTUNG** des Menschen nach Geist, Seele und Leib (von *Peter Friedr. Detry*). Mit Kpfrn. Frankfurt und Amsterdam (Hannover) 1726. 8°.
— — Dasselbe. O. O. 1732. 8°. (10 Sgr. M. L. St. Goar, Frankf.; jetzt theurer!)
Das Anon.-Lex. I. p. 213 nennt auch einen Druck von „1736" (nach Mylius u. Weller).

**Detscheff**, Demetrius, Svistovensis: De tragoediarum Graecarum conformatione scaenica ac dramatica. *Sardicae 1904: S. Athanasoff.* (155 S.) 8°
Göttingen, Phil. Diss. v. [5. Apr.] 1904

**Detscheff, Demetr., de tragoediarum graecarum conformatione scaenica ac dramatica. Diss. (155 S.) gr. 8. Sardicae 904. (Göttingen, Vandenhoeck & Ruprecht.)** n. 3. 20

Detscheff, Theodor. Über die Beckmannsche Umlagerung von Oximen benzoïnartig konstituierter Ketonalkohole. Diss. Phil. [II.] Univ. Zürich. 105 S. 8. Zürich, Joan Frank, 1905.

Détschy, Serafine. Dunkelrote Rosen. Roman aus der Bühnenwelt. ([Umschlag illustriert von] C[atharina] Klein.) II + 416 S. 8. Zürich, Caesar Schmidt, 1903. [fr. 6. 25]

Ⓢ **Dötschy**, Ser., dunkelrote Rosen. 903. Jetzt: Berlin, A. Glaue. Erm. pr. 3.—; geb. 4. 20

**Dette, *Wilhelm:* Einleitung in die analytische Geometrie der Ebene. Elberfeld, gedr. bei S. Lucas, *1893;* 76 S., 4 Taf. 8.**
Elberfeld, RG, OP 1893 (470)

**Dette, W., analytische Geometrie der Kegelschnitte. (VI, 232 S. m. 45 Textfig.) gr. 8. Leipzig 909. B. G. Teubner. Geb. in Leinw. 4. 40**

Dette, Wilh. Theorie der magnetischen Induktion und Anwendung derselben auf einzelne Fälle. 34 S. **Progr.** Rg. *Elberfeld* 1883

**Dettelbach** [Schlagwort]

**Dettelbach, s.: Deutschland. Kürschner-Pelp.**

Dettelbach, Joh. Ev., der öffentliche Verkehr m. besond. Berücksicht. der Steiermark. Für Heimische u. Reisende. Eine Denkschrift. (V, 69 S.) gr. 8. Graz 906. F. Pechel. n. 1. 20

**v. Detten**, Henriette, Gräfin von u. zu J., genannt Jettchen Schönthal, die schönste u. merkwürdigste Buhlerin ihrer Zeit. Mit Kpf. 2 Thle. 8. Cöln 803. Fabricius. 2 ⸗ 8 gr
Dass. s.a.: Grüner, Chp.Sigm.

— — desselben 3r 4r Thl., s. Alexandrine, Gräfin von u. zu J. 2 Thle.

v. Detten, Henriette. hat jetzt Joachim.

**Detten, Geo. v., s.: Aus Westfalens Vergangenheit.**

[F.] Die Abtei Corvey, eine Cultur- u. Bildungsstätte des Mittelalters. Von Georg v. **Detten**, Landgerichtsr. zu Paderborn. *Frankfurt a. M.: A. Foesser Nachf. 1895.* (23 S.) 8.
= **Broschüren**, Frankfurter zeitgemässe. N. F. Bd 16. H. 10. [96. 1378

[F.] Domschule der alten Bischofsstadt Münster in Westfalen. Von Georg v. **Detten**, Landgerichtsr. *Frankfurt a. M.: P. Kreuer 1897.* (300 S.) 8.
= **Broschüren**, Frankfurter zeitgemässe. N. F. Bd 18. H. 9. [98. 4732

**— über die Dom- u. Klosterschulen des Mittelalters, insbesondere üb. die Schulen v. Hildesheim, Paderborn, Münster u. Corvey. 8. (78 S.) Paderborn 893. Junfermann. n. — 90**

[F.] Die Hansa der Westfalen. E. Bild d. Gewerbe- u. Handelsthätigkeit uns. Landsleute im Mittelalter v. Georg v. **Detten**, Landgerichtsr. ... *Münster i. W.: Aschendorff 1897.* (VIII, 206 S., 1 Bl.) 1 Bd 8. [98. 2327

Detten, Geo. v., Münster i. W., seine Entstehung und das Kulturbild seiner 1000jähr. Entwicklung. 8. (VIII, 209 S.) Münster 887, Aschendorff'sche Buchh. *

—— die Provinz-, Kreis-, Städte- und Landgemeinden-Ordnung für Westfalen. Textausg. mit kurzen Anmerkungen und ausführl. Sachregister. Neue Ausg. Zugleich 2. verm. und verb. Aufl. der im J. 1886 erschienenen Provinzial- ꝛc. Ordnung. gr. 8. (IV, 202 S.) Paderborn 888, F. Schöningh. cart. *
Vgl.: Provinzial-, Kreis- und Landgemeinde-Ordnung, die, für Westfalen.

[F.] Ueber die Stift- und Klosterschulen Sachsens im Mittelalter. Von Georg v. **Detten**, Landgerichtsr. zu Paderborn. *Frankfurt a. M.: A. Foesser Nachf. 1896.* (20 S.) 8.
= **Broschüren**, Frankfurter zeitgemässe. N. F. Bd 17. H. 10. [96. 8896

Der Wald als Wirtschafts- und Kultur-Element in Altwestfalen. Von Georg v. Detten, Geh. Just.R. Paderborn: Bonifacius-Dr. 1903. (IV, 81 S.) 8° [F.] [08. 14350

**Detten, Geo. v., westfälisches Wirtschaftsleben im Mittelalter. Aus seinen Grundlagen u. Quellen heraus entwickelt u. dargestellt. (187 S.) gr. 8. Paderborn 902. Junfermann. n. 2. 50**

**Detten**, Moritz

— Beitrag zur Lehre der Verrichtung des Zellengewebes. 8. Münster 800. Theissing. 6 gr

— Einleitung zu e. Abhandl. üb. d. Blutlassen. 8. Chemnitz 792.

— Einleit. u. Plan zur physiologischen Vorlesung. gr. 8. Münster 795. Theissing. 3 gr

— Erklärung an meine Zuhörer. 8. Münster 802. Waldeck. 3 gr

— Plan zu physiologischen Vorlesungen. gr. 8. Ebend. 795.

— s. Unterricht v. Gesundbrunnen.

— kurzer Unterricht von dem Gesundbrunnen. gr. 8. Münster, Theissing. 799.

Detten, Mor., Vorschlag zur Brownisirung des Organismus in der Erregungstheorie. 8. Münster 800. Waldeck. (Theissing). 18 gr

Dettenborn, M. Réflexions sur l'emploi de la négation dans la proposition complète de la langue française. Diss. Greifswald 1875. 37 S.

**Detter** [Schlagwort]

**Detter, s.: Bayern. Karte.**

**Detter** Ferdinand: Zu den Eddaliedern.
H. 1886 PN 434 Diss Wien, **Univ.**

Detter, Ferd. Zwei Fornaldarsögur [Hrólfssaga Gautrekssonar u. Asmundarsaga Kappabana]. Nach Cod. Holm. 7,4to. gr. 8. (LVI, 106 S.) Halle a. S. 891, Niemeyer. * 4 —

Detter, F., die Lausavísur d. Egilssaga, s.: Abhandlungen z. german. Philologie.

Detter, F., s.: Saemundar Edda.

Detter, Ferdinand (Hrsg.), s. Völuspa, Die.

Detter, Ferd., die Völuspa. Hrsg. u. erklärt. gr. 8. (56 S.) Wien 899. (C. Gerold's Sohn.) n. 1. 30
Sonderabdruck aus: „Sitzungsber. d. k. Akad. d. Wiss."

— deutsches Wörterbuch. (Sammlg. Göschen, Geschenkausg.) 8. (XXIV, 145 S.) Leipzig 897. G. J. Göschen. Geb. in Leinw. n. 2. —

— dasselbe, s.: Sammlung Göschen.

Detter, Joh. Bapt., Illustr. Führer durch den mittleren u. oberen bayerischen Wald (Deggendorf, Regen, Zwiesel, Eisenstein, Bogen, Viechtach, Kötzting), m. neuer Uebersichtskarte f. das Waldvereinsgebiet Deggendorf. gr. 8. (XII, 138 S.) Deggendorf 902. E. Bachmann. n. 2. 40

Detter's, (Joh. Bapt.), illustrierter Führer durch den oberen u. mittleren Bayer- u. Böhmerwald m. ausführlich behandelter Detailkarte (westliches Blatt), 2 Vollbildern, 76 Illustr. im Text u. 2 Panoramen. 1. Tl. 2. Aufl. (VII, XII, 432 S.) kl. 8. Deggendorf 906. E. Bachmann. n. 6. —

— dasselbe, durch den unteren Bayer- u. Böhmerwald m. Mühlkreis. II. (XV, 272 S. m. Abbildgn., 16 Vollbildern u. 3 Panoramen.) kl. 8. Ebd. 904. n. 4. 50

(B) Detter. J. B., Führer durch d. Bayer- u. Böhmerwald. 904. 906. Jetzt: Rosenheim, E. Bachmann. Erm. Pr. I 4.50; II 3. —

Detter, Ludw., Gertrud Baumgarten. Eine Geschichte aus der Gegenwart. Roman. 2 Bde. (VII, 456 u. VII, 406 S.) 8. Straßburg 907. J. Singer. 9.—; geb. 11. —

— dasselbe, 2. u. 3. Tausf. (VIII, 539 S.) 8. Ebd. 908. 4.—; geb. in Leinw. 5. —

Detter, Ludw., Zeichenblätter f. Freihandzeichnen. Lehrgang f. d. Freihandzeichnen in d. Volksschule, an Fortbildungsschulen etc. I. Tl.: D. Anfänge. 10 Hfte. qu. gr. 4. (60 Bl. u. 4 S. m. Abb.) Landshut 898. J. Thomann. à n.n. —25

Detter, Ludw., Zeichenblätter f. Freihandzeichnen. Ein Lehrgang f. das Freihandzeichnen in der Volksschule, an Fortbildungsschulen etc. I. Tl.: Die Anfänge (Bl. 1—60). 1. Hft. (Neudr.) qu. gr. 4. (6 Bl.) Landshut (899). J. Thomann. n.n. —25

Dettershagen, Lehmann v., etwas über d. Veltlin u. die Streitigkeiten dieses Thals m. s. Landesfürsten. 1s 2s und letztes Stck. 8. Bern, (Lpz. Fleischer.) 788.

Dettingen [Schlagwort]

Dettingen, s.: Württemberg. Höhenkurvenkarte.

Dettinger, Chr., Predigten, s. Predigten, vier, gehalten zu Stuttgart.

Dettinger, Paul s. Andenken. Zum A' an Philipp Winnes Basel 1874.

Dettler, H., Darstellung der einfachsten Mittel und Versuche beim Unterricht in der Naturlehre an Volksschulen. gr. 8. (38 S. mit 1 Taf.) Weimar 887. (Leipzig, Fock.) *

Dettling, A[lois] Die Festfeier der Translation des hl. Justus in Ingenbohl 1697. Sonderabdruck aus dem Schweiz. Archiv für Volkskunde, Band 13. II S. + S. 127—136. 8. Basel, Verlag der Schweiz. Gesellschaft für Volkskunde, 1909.

Dettling, A[lois]. Geschichtliches über das schwyzerische Jagdwesen. Sonderabdruck aus den «Mitteilungen des Historischen Vereins des Kantons Schwyz», Heft 14, 1094 (*d. i.* 1904). II + 126 S. 8. (Schwyz, Emil Steiner, 1904.)

Dettling, A[lois]. Geschichtsblätter: Die Einnahmen des schwyzer. Landesseckelmeisters in den Höfen Wollerau und Pfäffikon 1754 (**Umschlag*: 1734)—1784. Bearb. von A. D'.... Separatabdruck aus dem «Volksblatt des Bezirkes Höfe» [Jahrg. 1908]. 78 S. 8. Wollerau, M. Theiler-Helbling, 1908. [fr. —. 40]

[Dettling, Alois.] Schwyzerischer Geschichtskalender. [Jahrg. 2—5,] 1900 *u.* 1901 *u.* 1902 *u.* 1903. Separatabzüge aus dem «Bote der Urschweiz». 52 *u.* 60 *u.* 65 *u.* 72 S. 8. Schwyz, Caspar Triner & Co., [1901] *u.* 1901 *u.* 1901 [*d. i.* 1902] *u.* 1903. [*je* fr. —. 50]
(*Am Schluss unterzeichnet: Jahrg.* 1901: D., *Jahrg.* 1902 *u.* 1903: A. D.)

(D[ettling], A[lois].) Schwyzerischer Geschichtskalender. [Jahrg. 6 *u.* 7,] 1904 *u.* 1905. Separatabzüge aus dem «Bote der Urschweiz». II + 67 *u.* II + 69 S. 8. Schwyz, Casp. Triner & Cie., 1904 *u.* 1905. [*je* fr. —. 50]

(D[ettling], A[lois].) Schwyzerischer Geschichtskalender. [Jahrg. 8,] 1906. Separatabzüge aus dem «Bote der Urschweiz». [Mit Titelvignetten.] II + 66 S. 8. [Schwyz, Casp. Triner & Cie., 1907.] [fr. —. 50]

(D[ettling], A[lois].) Schwyzerischer Geschichtskalender. [Jahrg. 9,] 1907. Separatabzüge aus dem «Bote der Urschweiz». 74 S. 8. Schwyz, Caspar Triner, [1908]. [fr. —. 50]

(D[ettling], A[lois].) Schwyzerischer Geschichtskalender [Jahrg. 10,] 1908. Separatabzüge aus dem «Bote der Urschweiz». 72 S. 8. Schwyz, Caspar Triner, [1909]. [fr. —. 50]

(D[ettling], A[lois].) Schwyzerischer Geschichtskalender [Jahrg. 11,] 1909. Separatabzüge aus dem «Bote der Urschweiz». 82 S. 8. Schwyz, Caspar Triner, [1910]. [fr. —. 50]

Dettling, A[lois]. Die schwyzerischen Hexenprozesse. [Mit 1 Tafel. Sep.-Abdr. aus: Mitteilungen des Historischen Vereins des Kantons Schwyz, Heft 15.] 125 S. 8. [Schwyz, Emil Steiner, 1905.]

Dettling, A[lois]. Die Scharfrichter des Kantons Schwyz. Separat-Abdruck aus Heft 20 der Mitteilungen des Historischen Vereins des Kantons Schwyz. II + 204 S. 8. Schwyz, Emil Steiner's Erben, 1909.

Dettling, A[lois]. Das Schulwesen der Gemeinde Ingenbohl. Separat-Abdruck aus der «Schwyzer Zeitung», Herbst 1910. 43 S. 8. [Schwyz, Emil Steiner, 1910.]

Dettling, Eug., Formular-Sammlung für Parteischriften im Verkehr mit den Amtsgerichten in Civil-, Straf- und Konkurssachen, nebst instruktionellen Bemerkungen. gr. 8. (VI, 93 S.) Schwäb.-Hall 888, Schober. cart. *

Dettling, Eug. Formular-Sammlung f. Parteischriften im Verkehr m. den Amtsgerichten in Civil-, Straf- u. Konkurssachen, nebst instruktionellen Bemerkgn. 1. u. 2. (Titel-)Aufl. gr. 8. (VI, 93 S.) 1. Aufl. Stuttg. 889, Koch. 2. Aufl. Schwäb. Hall 892, Germann. * 1 20

Dettling, E., Formular-Sammlung f. Parteischriften im Verkehr m. den Amtsgerichten in Civil-, Straf- u. Konkurssachen nebst erläut. Bemerkgn. Nach dem neuen bürgerl. Recht umgearb. u. bedeut. verm. 3. Aufl. gr. 8. (163 S.) Schwäb. Hall (900). W. German's Verl. n. 2. —

Dettling's, E., Formular-Sammlung f. Parteischriften im Verkehr m. den Amtsgerichten in Zivil-, Konkurs- und Strafsachen nebst erläut. Bemerkgn. Unter Berücksicht. d. neuen Prozeßgesetzgebg. neubearb. u. erweitert v. Carl Harr. (Mit Anh.: Gutsübergabsverträge, Vermögensverzeichnisse u. Testamentsentwürfe.) (264 S.) 8. Schw. Hall 910. W. German. 3.—; geb. 3. 60

Dettling, J., Pflanzen-Apotheke. Kräuterbuch, enth. ca. 200 alterprobte Heilkräuter, Rezepte u. Hausmittel zur Verhütg. u. Heilg. v. Krankheiten auf einfachste Art. Aus alten bewährten Quellen sorgsam zusammengestellt. (X, 120 S.) 8. Wörishofen 903. (Buchdr. u. Verlagsanstalt Wörishofen). n. 1. —; erh. Pr. n. 1. 50

— dasselbe. 2., verm. u. wesentlich verb. Aufl. (X, 181 S.) 8. Ebd. 904. n. 1. 50

Dettling, Martin. Schwyzerische Chronik, oder Denkwürdigkeiten des Kantons Schwyz. Gesammelt, chronologisch und alphabetisch geordnet und hrg. von M' D'... 8. Schwyz 1860.

Dettloff, Albert: Aus der Deutschen Seemannssprache. Eine lithographierte Abbildung nebst Erklärungen ist am Schlusse angefügt. 28 S., 1 Abb., 1 Bl. 4. Städt. Realschule *Görlitz* 1903 (266). **Progr.**

**Dettloff, Rob.**, der erste Römerzug Kaiser Friedrich's I. 1154. 1155. Ein Beitrag zur Reichsgeschichte. gr. 8. (70 S.) Göttingen 877, Peppmüller. *

**Dettmann, A.**, die Reorganisation der Trichinenschau unter besond. Berücksicht. der gesetzlichen Vorschriften u. Verordnungen. (36 S.) gr. 8. Pritzwalk 903. (C. Lemke.) n. 1. —

**Dettmann, A.**, die Reorganisation d. Trichinenschau. Jetzt: Pritzwalk, A. Tienken.

Dettmann, Augustus (Ferd.) Aemil. (geb. Anklam 7. 8. 1830): De sectione alta. Berolini (1854). (32 S.) 8°
Berlin, Med. Diss. v. 26. Aug. 1854

**Dettmann, Eduard**, Brasiliens Aufschwung in deutsch. Beleuchtung. Mit 41 Illustr. u. e. Karte v. Südamerika. (XI, 346 S.) Lex. 8. Berlin 908. H. Paetel. 11.—; geb. 12.—

**Dettmann, F.**, die Wortkürzungen in der Neu-Stolzoschen Stenographie. Nach der Anleitung bearb. 12. (16 lith. S.) Lübeck 882. Carstens. —30

**Dettmann, H[ans]**, Holzverkehr und Holzpreise in den Mecklenburgischen Kameralforsten. 1. Teil. Holzverkehr in den Mecklenburgischen Kameralforsten. Rostock: 1905. (IV, 93 S.) 8° [J.]
Rostock, Phil. Fak., Ref. Ehrenberg, Diss. v. 3. Juni 1905
[Geb. 9. Juli 77 Krasker Neumühle i. M.; Wohnort: Rostock; Staatsangeh.: Preußen; Vorbildung: Gymn. Schwerin Reife M. 97; Studium: München, Rostock, Göttingen aus. 6, Rostock 5 S.; Rig. 31. Mai 05.]

Dettmann, Johann Gottfried August: De animalium A d f i n i t a t i b u s inferiorum. Halae (1815:) Schimmelpfennig. 32 S. 8°.
Halle, Med. Diss. v. 15. Sept. 1815.

Ein Jahrhundert Jauerschen Zeitungslebens sowie Geschichte der Buchdruckerkunst in der ehemaligen Fürstentumshauptstadt Jauer während der Jahre 1683—1908. Festschrift z. Feier d. 100jähr. Jubiläums d. Jauerschen Tageblattes u. d. 225jähr. Jubiläums d. Offizin verf. u. hrsg. v. derzeit. Inhaber Karl Dettmann. Jauer: Dettmann 1909. 99 S. 4° [09. 6066

Dettmann, Philibertus (Franc. Ludov.) (geb. Mehlauken in Ostpr. 22. 8. 1823): De chorea St. Viti. Berolini (1847). (31 S.) 8°
Berlin, Med. Diss. v. 17. Aug. 1847

**Dettmann,** Wilhelm, Referendar: Die **Vertretungsmacht** des Gesellschafters bei der offenen Handelsgesellschaft. *Greifswald 1903: J. Abel.* (67 S.) 8° [J.]
Greifswald, Jur. Diss. v. [15. Okt.] 1903

Dettmann-Ausstellung im Flensburger Kunstgewerbe-Museum 27. Febr. bis 3. April 1908. (Flensburg. 1908.) 4°

**Dettmar, Adele, Kochbuch f. Nervöse.** (160 S.) 8. Lauterberg 910. H. Limbarth. Geb. in Leinw. 3.—

**Dettmar,** Georg

Dettmar, G., Elektrizität und Gas. 2 Aufsätze: Vergleich bezüglich der Verwendung von Elektrizität und Gas. — Die Sicherheit elektrischer Anlagen bezüglich Feuer und Leben. Berlin, 1907. 18 S. mit 1 Abb.

**Dettmar, Geo.**, Erläuterungen zu den Normalien f. Bewertung u. Prüfung v. elektr. Maschinen u. Transformatoren, den normalen Bedingungen f. den Anschluss v. Motoren an öffentl. Elektrizitätswerke u. den Normalien f. die Bezeichnung v. Klemmen bei Maschinen, Anlassern, Regulatoren u. Transformatoren. Im Auftrage des Verbandes deutscher Elektrotechniker hrsg. 2. Aufl. (115 S.) 21,5×11 cm. Berlin 910. J. Springer
1. Aufl. (81 S.) 908. Geb. 2.— Geb. in Leinw. 2. 20

— s.: Kalender, deutscher, bezw. österr. u. schweizer. f. Elektrotechniker.

— s.: Nachtrags-Statistik der Elektrizitätswerke in Deutschland.

**Dettmar, G.**, s.: **Normalien zur Prüfung v. elektrischen Maschinen u. Transformatoren.**

— s.: Normalien, Vorschriften des Verbandes deutsch. Elektrotechniker.

— s.: Statistik der Elektrizitätswerke in Deutschland.

**Dettmar, Hans, Tristan u. Isolde in Paris**, s.: **Diskussionen, Zürcher. Nr. 25. 26.**

**Dettmar,** Heinrich [aus Prov. Sachsen]: Einfluss der Transfusion mit Blut derselben Species auf die Zahl der roten Blutkörperchen ... Greifswald, Druck v. J. Abel, 1896; 27 S. 8.
Greifswald, Med. Fak., Inaug.-Diss. v. 24. März 1896

Die kleine Seiltänzerin. Von W. Dettmar. *Boppard: Marienheim [1899].* (16 S.) 8° [Umschlagt. [J.]
= Erzählungen f. Schulkinder. Ser. 2, H. 4. [00. 7411 5

**Dettmar,** Wilhelm, a. Alickendorf (Anhalt): Über das Propenylbenzol und seine Homologen. Rostock 1905: C. Hinstorff. (54 S.) 8°
Rostock, Phil. Fak., Ref. Michaelis, Diss. v. 17. Juni 1905
[Geb. 20. Okt. 76 Alickendorf; Wohnort: Rostock; Staatsangeh.: Preußen; Vorbildung: Landwirtsch. (berechtigte) Sch. Marienberg Helmstedt M. 95; Studium: Leipzig 7, Rostock 2 S.; Rig. 2. Juni 05.]

**Dettmer, Albert,** appr. Arzt: Über biologische und chemische Wirkung der Quarzglas-Quecksilberlampe. Mülheim-Ruhr 1910: Marks. 52 S. 8°
Göttingen, Med. Diss. v. 24. Febr. 1910, Ref. Schreiber, Ebstein
[Geb. 4. Mai 77 Bissendorf, Hannover; Wohnort Düsseldorf; Staatsangeh.: Preußen; Vorbildung: Gymn. Hameln Reife O. 96; Studium: Bonn 1, Berlin 4, Göttingen 1, Berlin 1, Göttingen 4 S.; Coll. 30 Okt 09; Approb. 18. Juni 03.] [U 10. 1368

Dettmer, Andr. Christoph. (geb. Wulferstedt in d. Prov. Sachsen 1841): De rheumatismo articulorum acuto. Berolini (1866). (32 S.) 8°
Berlin, Med. Diss. v. 27. Juli 1866

**Dettmer, C.**, Elements of the German Grammar for the use of Englishmen. — A. u. d. T.: Grundriß d. deutschen Grammatik f. Engländer. gr. 8. (7 B. u. 1 Tab.) Lübeck 839, v. Rohden'sche Buchh.

**Dettmer, Carl**, Professor Gustav Evers. Eine Lebensskizze. gr. 8. (20 S.) Lübeck 859, v. Rohden'sche Buchh. *

**Dettmer, Carl**, die hiesigen Stipendien für Studirende. Lübeck 867. (Aßschenfeldt.) 4. (13 S.) n. 6 *ngr.*

**Dettmer, Carl**, Vocabularium für den griechischen Elementarunterricht. Nebst Aufgaben zu mündlichen und schriftlichen Uebungen und einem deutschen Wortregister. 8. (VIII und 120 S.) Braunschweig 852, Schwetschke und Sohn. *

— Vocabularium für den griechischen Elementarunterricht. 2., umgearb. Aufl. Braunschweig 860. Schwetschke & Sohn. 8. (IV, 96 S.) n. 7 *ngr.*

**Dettmer, Carl**, Vocabularium und Uebungsbuch für den griechischen Elementarunterricht. 3., erweit. Aufl. (112 S.) 1868. * 90 Pf., und 4. verm. Aufl. 8. (III, 136 S.) Braunschweig 872, Bruhn. *

**Dettmer,** Heinrich [cand. med., aus Springe b. Hannover]: Experimenteller Beitrag zur Lehre von den bei Pancreatitis haemorrhagica beobachteten Fettgewebsnekrosen und Blutungen ... Göttingen, Druck d. Dieterich'schen Univ.-Buchdr., 1895; 41 S. 8.
Göttingen, Med. Fak., Inaug.-Diss. v. [19. Juni] 1895

**Dettmer, Heinr.**, experimenteller Beitrag z. Lehre v. d. b. Pancreatitis haemorrhagica beobacht. Fettgewebsnekrosen u. Blutungen. Diss. gr. 8. (41 S.) Göttingen 895. (Vandenhoeck & Ruprecht.) n. 1. 20

**Dettmer, Heinr.**, I. Ueber β-Metabrombenzamidobenzoësäure u. über α-Metabromsalicylsäure. II. Ueber Dimetanitroorthoamidobenzoësäure. Inaugural-Dissertation. gr. 8. (34 S.) Göttingen 880. (Vandenhoeck & Ruprecht.) n. — 80

**Dettmer, Heinr.,** Preisberechnungs-Tafeln f. Voll- u. Magermilch. Hülfsbuch f. Molkereien, enth. die Preise f. 1—10000 Liter Vollmilch, à Liter zu 6, $6\frac{1}{4}$, $6\frac{1}{2}$, $6\frac{3}{4}$ u. s. w. bis einschließlich 10 Pfennigen u. f. 1—10000 Liter Magermilch. à Liter 2, $2\frac{1}{2}$ u. 3 Pfg. (II, 104 S.) schmal gr. 8. Hildesheim 904. (J. Gude.) Geb. n.n. 5. —

**Dettmer,** Hermannus, Hildesheimensis: De arte metrica Archilochi quaestiones. *Hildesheimii 1900: Gerstenberg.* (112 S.) 8°
Göttingen, Phil. Diss. v. [10. Okt.] 1900

**Dettmer, Herm.,** de arte metrica Archilochi quaestiones. Diss. gr. 8. (110 S. m. 4 Tab.) Hildesheim 900. (Göttingen, Vandenhoeck & Ruprecht.) n. 2. 80

**Dettmer,** Hermann, wiss. Hilfsl.: Zur **Charakteristik** von Schillers Umdichtungen des Vergil. ([Umschlagt.:] Über Schillers Vergilübersetzung.) *Hildesheim (1899): Gebr. Gerstenberg.* (35 S.) 8°
Hildesheim, k. G Andreanum, OP 1899 (326)

Geschichte des Schulwesens zu Harburg a. E., bearb. von H. **Dettmer**, Rektor. Harburg 1910: Lühmann. 66 S. 8° [Umschlagt.] [10.16921 7

**Dettmer,** Hermannvs (geb. am 21 Juli 1846 in Lübeck): De Hercvle Attico ... Bonnae, form. C. Georgi (1869). 72 S., 1 Bl. 8.
¶ In Komm. bei Cohen & Sohn in Bonn.
Bonn, Phil. Fak., Diss. v. 7 Aug. 1869

**Dettmer,** H., u. G. **Baacke,** Lehr- u. Lernbüchlein f. d. ersten Geschichtsunterricht. 8. (56 S.) Harburg 896. G. Elkan. n. — 30

Lehr- und Lernbüchlein für den ersten Geschichtsunterricht, verf. von H[ermann] **Dettmer** u. G[eorg] Baacke. 2. Aufl. Neu bearb. von d. Lehrern [Heinrich] Abelmann, [Rudolf] Lütge u. [Johann] Stein. *Harburg: G. Elkan (1902).* (56 S.) 8° [F.] .03. 1864 7

**Dettmer, H., u. G. Baacke, Lehr- u. Lernbüchlein f. d. ersten Geschichtsunterricht. Neu bearb. v. Abelmann, Lütge u. Stein. 3. Aufl. (56 S.) 8. Harburg (907). G. Elkan. — 30**

**Dettmer, Johann Anton** (Steinberg/Schaumburg), De nitri virtute temperante. Diss. med. Präs. Jo. Gottlob Krüger. Helmstedt (P. D. Schnorr) 12. VI. 1754. 16 Bl. (4.50) 6354
Widm. v.: Wilh. Friedr. Cappel (Aachen), Chn. Daniel Heise (Obisfelde/Magdebg.), I. D. Moscherosch (Bischweiler/Els.).

**Dettmer,** Johann Ph. Fr., s. Dettmers, Johann Ph. Fr.

**Dettmer, Jos.,** der Sachsenführer Widukind nach Geschichte und Sage. gr. 8. (IV, 155 S. mit 1 genealog. Tab.) Würzburg 879, Woerl.

**Dettmer, Ottomar:** Der bedingte Wechsel. Harsefeld 1909: Hansen. VII, 58 S. 8°
Erlangen, Jur. Diss. v. 26. Juni 1909, Ref. Schling
[Geb. 31. Aug. 84 Celle; Wohnort: Stürsbeck; Staatsangeh.: Preußen; Vorbildung: Realgymn. Leer Reife O. 04; Studium: Freiburg i. B. 1, München 1, Berlin 2, Göttingen 3 S.; Rig. 21. Dez. 08.] [U 1 . 672

**Dettmer,** W[ilhelm]: **Streifzüge** durch das Gebiet alter und neuer Tonkunst. *Hamburg 1900: Lütcke & Wulff.* (32 S.) 4°
Hamburg, Gelehrten-S d. Johanneums, P 1900 (785)

**Dettmer, W.,** Streifzüge durch das Gebiet alter u. neuer Tonkunst. Progr. gr. 4. (32 S.) Hamburg 900. (Herold.) n.n. 2. 50

Beiträge zur älteren Zunftgeschichte der Stadt Straßburg. Von Dr. Wilhelm **Dettmering**. *Berlin: E. Ebering 1903.* (137 S.) 8°
— Studien, Historische. H. 40. [03. 13498 6

**Dettmers, E.,** Duodez-Atlas der neuesten Erd-Kunde in 27 (col.) Karten nach dem Bedürfnisse der Zeit zum Gebrauche beim geograph. Unterricht in Schulen entworfen u. bearb. In Stein gest. von Theoph. König. qu. 12. Berlin 844, Dettmers. n. 1/2 ℛ

**Dettmers, E.,** Duodez-Atlas d. neuest. Erd-Kunde in 27 Karten nach d. Bedürfn. d. Zeit, z. Gebr. beim geograph. Unterr. in Schulen entworf. u. bearb. 4. Berlin 845. (Ende.) *

**Dettmers,** Erich, die **Fabrikation** der Lacke, Firnisse u. d. Siegellacks. s. a. **Bibliothek** der gesamten Technik.

Die Fabrikation der Lacke, Firnisse und des Siegellacks ... von Erich **Dettmers**. Mit 8 Abb. Hannover: Jänecke 1909. X, 122 S. 8°
(Bibliothek d. gesamten Technik. Bd 116.) [09. 10995 7

**Dettmers,** Johann Ph. Fr.

— etwas über Ursprung u. Geschichte des Wortes Jubiläum. 8. Frankf. 794. Avis. 2 ℛ

— Fridericianum bei, vor u. nach seinem 100jähr. Jubelfeste. gr. 8. Frankf. 797. (Schöne in Berl.) 9 ℛ

— Geschichte d. Friedrichsschule u. Erziehungsanstalt in Frankfurt a. d. O. 8. Frankf. 794. (Schöne in Berl.) 8 ℛ

**Dettmers, J. P.,** Progr. de meritis Demetrii Phalerei in artem rhetoricam. Francof. 777. 78. 2 Sect. 4.

**Dettmers, J. P. F.,** über Ursprung und Geschichte des Wortes Jubilaeum. Frcft. 1799. 8.

— s. Versuch e. Wochenblatts.

***Dettmers*, Jh. Ph. Fr.,** († d. 12. März 1809.) Vindiciar. *Αὐθεντίας* textus graeci pericopae Joan. Ev. VII, 53. VIII, 1—11. 8 maj. Frankf. a. d. O. 793. Acad. B. 8 ℛ

**Detto,** C: Ein neues Gleitlineal. (Leipzig) 1906

**Detto,** Carl, aus Frankfurt a. O.: Ueber die **Bedeutung** der ätherischen Oele bei Xerophyten. *München 1903: V. Höfling.* (57 S.) 8°
Jena, Phil. Diss. v. (25. Juli) 1902

**Detto, Carl,** die Theorie der direkten Anpassung u. ihre Bedeutung f. das Anpassungs- u. Deszendenzproblem. Versuch e. methodolog. Kritik des Erklärungsprinzipes u. der botan. Tatsachen des Lamarckismus. (VI, 214 S. m. 17 Abbildgn.) gr. 8. Jena 904. G. Fischer. n. 4. —

**Detto,** Paul: De genetivi apud Aeschinem usu. *Magdeburg 1901: C. Friese.* (13 S.) 4° [Ant. u. F.]
Magdeburg, k. Dom-G, OP 1901 (256)

**Detto,** W. Albert

Detto, W. A., Horaz und seine Zeit. Ein Beitrag zur Belebung und Ergänzung der altklass. Studien auf höheren Lehranstalten. gr. 8. (IX, 198 S. mit [Holzschn.]-Abbild.) Berlin 883, Gaertner's Verlag. *ℳ 3.; cart. *

**Detto,** W. A., Horaz u. seine Zeit. Ein Beitrag zur Belebg. u. Ergänzg. der altklass. Studien auf höheren Lehranstalten. 2., verb. Aufl. gr. 8. (VIII, 186 S. m. Abbildgn.) Berlin 892. R. Gaertner. n. 3. —; kart. n. 3. 50

Detto, Alb. Nachtrag zu dem vorjährigen Berichte über alte Handschriften und Drucke. S. 10. **Progr.** *Wittstock* 1877.

— u. J. **Lehmann,** Übungsstücke nach Cäsar zum Übersetzen ins Lateinische f. die Mittelstufe der Gymnasien. 2 Tle. (1. bearb. v. J. Lehmann, 2. bearb. v. A. Detto.) 2. Aufl. gr. 8. 60 u. 59 S.) Ebd. 894. à n. — 60

**Detto,** A., u. J. **Lehmann,** Übungsstücke nach Cäsar zum Übersetzen ins Lateinische f. die Mittelstufe der Gymnasien. (In 2 Tl.) 1. Tl. Bearb. v. J. Lehmann. 3. Aufl. gr. 8. (60 S.) Berlin 902. Weidmann. n. — 60

**Detto, A., u. J. Lehmann,** Übungsstücke nach Cäsar zum Übersetzen ins Lateinische f. die Mittelstufe der Gymnasien. In 2 Tln. 2. Tl. Bearb. v. A. Detto. 3. Aufl. Besorgt v. P. Detto. (63 S.) 8. Berlin 910. Weidmann. — 60

**Dettum** [Schlagwort]

**Dettum,** s.: **Braunschweig.** Landeskarte.

**Dettweiler,** Friedrich: Die landwirtschaftlichen Arbeiter-Verhältnisse im Großherzogtum Mecklenburg-Schwerin. Zweites Heft. Die Handarbeit im landwirtschaftl. Betrieb. Dessau 1905: Gutenberg. (79, 87, 11 S.) 8°
Rostock, Phil. Fak., Ref. Ehrenberg, Diss. v. 10. März 1905
[Geb. 28. Aug. 64 Bindsachsen, Hessen; Wohnort: Rostock; Staatsangeh.: Preußen: Gymn. Mainz Prima-Reife O. 83; Studium: Gießen 2, Poppelsdorf Landw. Hochsch. 3, Rostock 2 S.; Rig. 8. März 05.]

Die Aufzucht des Rindes. Beiträge z. Zucht u. Aufzucht nebst Erhebungen über d. Methoden u. Kosten d. Aufzucht einzelner Schläge. Von Dr. phil. Friedrich **Dettweiler.** Berlin: P. Parey 1908. (235 S.) 8° [F.] [08.13984

Dettweiler, Fr. Die Bedeutung der Ziegenzucht, ihr Zustand u. die Mittel zu ihrer Hebung. gr. 8. (15 S.) Bremen 892, Heinsius Nachf. * — 50

**Dettweiler, Frdr., die Handarbeit in der Landwirtschaft,** s.a. **Thünen-Archiv. 1. Erg.-Hft.**

**Dettweiler F.:** Die Handarbeit in der Landwirtschaft. Bearb. auf Grund v. Erhebungen d. »mecklenburgischen patriotischen Vereins« u. d. »Vereins kleinerer Landwirte in Mecklenburg«. Jena 1905. 228, 87, (13) S. 4°.
( Thünen-Archiv. Organ f. exakte Wirtschaftsforschung. Herausg. v. R. Ehrenberg. 1. Ergänzungsheft). 715.

---

**Dettweiler, Fr.,** Leistungsprüfungen in der Rinderzucht. Preisgekrönte Arbeit. (27 S.) gr. 8. Leipzig (903). R. C. Schmidt & Co. n. — 60

(B) — Leistungsprüfgn. 903 Jetzt: Hannover, M. & H. Schaper.

Dettweiler, Fr., Leitfaden f. d. Verbreitg., Pflege u. ration. Zucht d. Ziege, s.: Ulrich, F.

— Schweinezucht, s.: Lippe-Weißenfeld, Armin Graf zur.

Dettweiler, Fr[iedrich]. Die Simmenthaler und ihre Zucht. Mit farbigem Titelbild, 32 Abbildungen und einer Karte. IV + 113 S. 8. Leipzig, Richard Carl Schmidt & Co., 1902. ([br.] M. 3. —, geb. M. 3. 60)

(B) — Die Simmenthaler. 902. Jetzt: Hannover. M. & H. Schaper.

Die deutsche Ziege. Beschreibung d. Ziegenzucht Deutschlands auf Grund von Erhebungen d. Deutschen Landwirtschafts-Gesellschaft. Bearb. im Auftr. d. Deutschen Landwirtschafts-Ges. von Friedrich **Dettweiler,** Zuchtinsp. in Darmstadt. *Berlin 1903: Gebr. Unger.* (VIII, 207 S.) 8°
— **Arbeiten** d. Deutschen Landwirtschaftl. Gesellschaft. H. 69. [03.7-19

**Dettweiler, J., u. E. Lehnert,** Reise-Studien über die Verwerthung der Milch durch Butter u. Käse. gr. 8. (104 S. m. 10 Steintaf.) Worms 877. Schlapp. 1. 50

**Dettweiler,** Peter

Dettweiler, P., die Behandlung der Lungenschwindsucht in geschlossenen Heilanstalten, mit besond. Beziehung auf Falkenstein i. T. gr. 8. (129 S.) Berlin 880, G. Reimer. *
—— dass. — 2. veränd. Aufl. gr. 8. (129 S.) Ebendas. 884. *

**Dettweiler, P., die Behandlung der Lungenschwindsucht in geschloss. Heilanstalten. 3. Aufl., s.: Besold, Gust., die Anstaltsbehandlg. d. Tuberkulose d. Atmungswege.**

Dettweiler (P.), Bericht über 72 seit 3—9 Jahren völlig geheilte Fälle von Lungenschwindsucht. gr. 8. (26 S.) Frankfurt a. M. 886, Alt. *

Didaktik u. Methodik des griechischen Unterrichts. Von Oberschulrat Dr. P[eter] **Dettweiler.** München: C. H. Beck 1898. 93 S. 8°
Aus: Handbuch d. Erzieh.- u. Unterrichts-Lehre f. höh. Schulen. [11.2817 5

**Dettweiler, P.,** Didaktik u. Methodik d. latein. Unterrichts. [Aus: „A. Baumeister's Handbuch d. Erziehungs- u. Unterrichtslehre f. höh. Schulen".] gr. 8. (255 S.) München 895. C. H. Beck. n. 5. 50

**Dettweiler, P.,** Didaktik u. Methodik des lateinischen Unterrichts. 2., umgearb. Aufl. (VII, 268 S.) gr. 8. München 906. C. H. Beck. n. 5. —; geb. in Leinw. n. 6. —
Sonderabdruck aus: „Baumeisters Handbuch der Erziehungs- u. Unterrichtslehre f. höh. Schulen".

Dettweiler, P. Die Erschließung der Gegenwart aus dem Altertum als Aufg. d. humanist. Gymnas., s. Sammlung, pädagog. Vorträge.

**Dettweiler, P.,** Ueber den freien Gebrauch der zusammengesetzten Adiectiva bei Aeschylus. Pr. 1882. 18 S. ° 1.50
— — II. Pr. 1883. 22 S. 4°. 1.50

Dettweiler, Petrus (Wintersheimensis)
Quid Aeschylus de republica Atheniensium iudicaverit quaeritur. Dissertatio inauguralis.
Gissae: Keller 1878. 42 S.
Diss. phil. 1878.

**Dettweiler, Petrus,** quid Aeschylus de republica Atheniensium iudicaverit quaeritur. Dissertatio inauguralis. gr. 8. (41 S.) Giessen 878, (Ricker.) *

Dettweiler, Peter (Wintersheim)
Ueber Schlaftrunkenheit, Traumzustand und Nachtwandel in gerichtlich-medicinischer Beziehung.
Giessen: W. Keller 1863. 28 S. (in Δ mit „Thesen")
Diss. med. 28.11.1863.

**Dettweiler,** Peter: Die Schularztfrage, s. Thiersch, Justus

Dettweiler, P. Symbolae ad collocationem verborum. S. 82—105. 8. [Exponitur, qua ratione ap. Cic. locorum a quibus verbis praedicati locum obtinentibus sententiae incipiant.] G. *Giessen* 1885. Progr.

**Dettweiler, P., u. F. Penzoldt,** die Therapie der Phthisis. [Aus: „Verhandlgn. d. VI. Congresses f. Innere Medicin zu Wiesbaden".] gr. 8. (49 S.) Wiesbaden 887. Bergmann. n. 1. 60

**Dettweiler, P., Untersuchungen üb. den didaktischen Wert Ciceronianischer Schulschriften,** s.a. **Sammlung pädagogischer Abhandlungen.**

**Dettweiler, P.,** Untersuch. über d. didakt. Wert Ciceronian. Schulschriften. I. Die Rede pro Roscio Amerino. Gol. 1889. 82 S.

**Dettweiler, P.,** Vortrag über freiwillige Krankenpflege in Krieg u. Frieden gehalten in der Reihe der von dem „Frauenverein für Krankenpflege" veranstalteten populären Vorlesungen. Darmstadt 869. Würtz in Comm. 8. (22 S.) n. 3 ngr.

**Dettwiller, Paul** [aus Odern (Ober-Elsass)]: Ueber *m*-Bromacetophenon, *m*-Brommandelsäure sowie einige Condensationsprodukte des ersteren. Freiburg (Schweiz) 1897. 67 p. 8°.
Freiburg. Mathem.-naturw. Diss. 1897/98.

**Detzel, Geo.,** kurze systematische Erklärung der Dekrete Ne temere u. Provida vom 2. VIII. 1907 u. 18. I. 1906. u. den neuesten Entscheidungen der Konzilskongregation v. 1. (4.) II., 30. III. u. 27. VII. 1908. (Zum Handgebrauche f. die Pfarrer speziell Deutschlands.) Vortrag, geh. in Karlsberg bei der Konferenz des Ruralkapitels Frankenthal. (30 S.) gr. 8. Passau 908. (Speyer, Dr. Jäger.) — 60
Sonderabdruck aus „Theol.-prakt. Monatsschr."

**Detzel,** Georg [aus Berlin]: Der Unterricht in der Didactica magna, m. Beziehg auf seine Naturgemässheit ... Erlangen, Buchdr. Dr. Schulze in Wohlau, 1893; 1 Bl., 34 S., 1 Bl. 8.
Erlangen, Phil. Fak., Inaug.-Diss. v. 1893

[F.] Welche Bedeutung haben die realistischen Unterrichtsstoffe für die Gemütsbildung d. Schülers? Von Dr. Georg **Detzel** in Langendreer. *Bielefeld: A. Helmich [1896].* (23 S.) 1 Bd 8.
= **Abhandlungen,** Pädagogische. H. 24. [98.1216

Detzel, Heinrich

**Detzel, H.,** alte Glasmalereien am Bodensee u. seiner Umgebung. [Aus: „Schriften d. Vereins f. Geschichte d. Bodensees u. seiner Umgebg."] Lex.-8. (18 S.) Lindau 891. (J. Th. Stettner.) n. — 50

— christliche Ikonographie. Ein Handbuch zum Verständniß der christl. Kunst. (In 2 Bdn.) 1. Bd. gr. 8. Freiburg i/B. 894. Herder. n. 7. —; geb. in Leinw. m. Ldr.-Rücken n. 9. 50

Die bildlichen Darstellungen Gottes, der allerseligsten Jungfrau u. Gottesmutter Maria, der guten u. bösen Geister u. der göttlichen Geheimnisse. Anh.: Die Weltschöpfung. — Die Sibyllen. — Die apokalyptischen Gestalten. — Judas Iskariot. (XVI, 583 S.)

**Detzel, Heinr.,** christliche Ikonographie. Ein Handbuch z. Verständniß d. christl. Kunst. 2. [Schluß-]Bd.: Die bildl. Darstellgn. d. Heiligen. M. 318 Abb. gr. 8. (XVIII, 708 S.) Freiburg i/B. 896. Herder. n. 9. —; geb. in Leinw. m. Ldr.-Rücken n. 11. 50. (Kplt.: n. 16. —; geb. n. 21. —)

**Detzel, Heinr.,** eine Kunstreise durch das Frankenland. gr. 8. (III, 133 S.) Würzburg 885, Woerl. *

**Detzel,** Josef [pr. Arzt in Dahn]: Ueber Contusionspneumonie ... Würzburg, kgl. Universitätsdr. v. H. Stürtz, 1891; 26 S. 8.
Würzburg, Med. Fak., Inaug.-Diss. v. 1891

**Detzel,** Leopold

— Anleit. zur Rechenkunst für jeden Bürger u. Landmann. 1s, 2s Bdchn. 8. Neu-Trauchburg u. Ulm. 79. . Auch u. d. T.: Anleit. zur Rechenkunst, f. die Schulanstalt in der St. Ravensberg. 8. Ravensb. 795.)

**Detzel, Lpld.,** Normal-, Buchstabir- u. Lesebüchlein f. d. Trauchburg. Schulen. 8. o. O. 785. Verf. 2e bis 6e Aufl. 788 — 96.

**Detzer,** Johann Andreas

**Detzer, J. A.,** evangel. Concordienbuch, s. Concordienbuch.

**Detzer,** Johann Andreas, s. Luther, Mart.: großer Katechismus.

**Detzer, J. A.,** zwei Reden in und vor der Burschenschaft zu Erlangen im J. 1826 gehalten. Ein kleiner Beitrag zur Gesch. und Charakteristik der deutschen Burschenschaft, besond. der zu Erlangen. gr. 8. (14 S.) Erlangen 848, Palm's Vrlgsh.

**Detzer,** Johann Andreas, s. Spener, Ph. Jac.: Erklärung der christlichen Lehre.

**Detzer, (J. A.,)** die deutsche Theologie, ein edles Büchlein vom rechten Verstande: was Adam u. Christus sey; u. wie Adam in uns sterben, Christus aber in uns leben soll. 8. Erlangen 827, Palm.

**Detzer, Joh. Andr.,** ein tugendsam Weib ist eine edle Gabe Gottes. Casualrede üb. Jes. Sir. 26, 1—4, 16 u. 21. gr. 8. (1 B.) Nördlingen 845, Beck'sche Buchh.

—— einige Worte üb. Gründung von Gutenbergslesevereinen, u. nähere Nachricht üb. d. zu Feuchtwangen bereits bestehenden. gr. 8. Nürnberg 842, Recknagel. *

**Detzner, Phpp.,** praktische Darstellung der Zahnersatzkunde. Eine Abhandlung über alle Zweige dieser Disciplin, nebst einem Anhang über die Anfertigung von Gaumenobturatoren. Vom Central-Verein deutscher Zahnärzte mit dem „Anerkennungs-Diplom" prämiirt. gr. 8. (XV, 305 S. mit 237 Holzschn.) Berlin 885, (Bohne.) geb. **

**Detzner, Phpp.,** prakt. Darstellung der Zahnersatzkunde. Eine Abhandlg. üb. alle Zweige dieser Disciplin, nebst e. Anh. üb. die Anfertigg. v. Gaumenobturatoren. 2. Aufl. gr. 8. (XV, 423 S. m. 379 Holzschn.) Berlin 899. C. Ash & Sons. Geb. in Leinw. n. 8. 50

**Detzner,** Philipp, praktische Darstellung der Zahnersatzkunde. Eine Abhandlg. üb. alle Zweige dieser Disciplin, nebst e. Anh. üb. die Anfertigg. von Gaumenobturatoren, Kieferbruchverbänden u. Zahnrichtmaschinen. 3. Aufl. (XV, 480 S. m. 467 Holzschn.) gr. 8. Berlin 905. C. Ash & Sons. Geb. in Leinw. n. 9. 50

**Detzner, Ph.,** Wie heilt man seine Zähne? Allgemein verständl. Darstellung der Zahnkrankheiten und deren Behandlung, nebst einem Anhang über künstl. Zähne. 16. (IX, 70 S.) Speyer 880, (Neidhard's Buchh.) geb. *

**Deubel**

Zum Stiftungsfeste der Loge „Zum Goldenen Schwerdt" zu Wesel am 25. Jan. 1880. (Ansprache des Br.·. **Deubel.**) [Wesel 1880: Kühler.] 2 Bl. 8⁰ [Kopftit.]
Was tut unserer Loge not?

**Deubel, E.,** die Veranschlagung u. Verdingung v. Bauarbeiten in Zusammenlegungssachen. Zum prakt. Gebrauch f. Vermessungsbeamte der landwirtschaftl. Verwaltg., Wegebau- u. Meliorationstechniker. gr. 8. (VII, 187 S. m. 7 Abbildgn.) Berlin 900. P. Parey. Geb. in Leinw. n. 7. —

**Deubel, Frdr.,** Untersuchungen üb. d. Zoogeographie der Karpathen, Hinweis s. a. Abhandlungen d. zoolog.-botan. Gesellschaft in Wien. VI, 1. (Holdhaus, K.). — Im Nachtrag —

**Deubel, Frdr.,** Untersuchungen üb. die Zoogeographie der Karpathen, s. a. Holdhaus, Karl.

**Deubel,** Rud. (geb. Wiehl im Rheinl. 23. 10. 1837): De aqua frigida contra laesiones adhibenda. Berolini (1861). (32 S.) 8°
Berlin, Med. Diss. v. 22. Juli 1861

**Deubel,** Rudolf [app. Arzt aus Barmen]: Die Störungen der Nachgeburtsperiode m. bes. Berücks. d. Placenta accreta Tübingen, F. Pietzcker, 1893; 39 S., 1 Tab. 8.
Tübingen, Med. Fak., Inaug.-Diss. v. 1893

**Deubel,** Guilelmus (geb. am 22 Febr. 1800 in Wiehl Kr. Gummersbach): Nonnullorum renum morborum dilucidatio pathologica . . . Bonnae, typ. Büschlerianis (1824). 1 Bl., 54 S., 8.
Bonn, Med. Fak., Diss. v. 27 März 1824

**Deuben,** L.

Tafellied zum 50jähr. Maurer-Jubiläum des Br. Ettmüller im Or. Freiberg am 14. Februar 1881. [Unterz.:] L. **Deuben** [1881]: Kuehn. 2 Bl. 8⁰. [Umschlagtit.]
Ohne Noten: „Wenn heut sich eint in festgeschmückten Hallen" . . .

**Deuber,** Franz Xaver Anselm

**Deuber, Frz. Xav. Ans.,** Bemerkk. über Al. Schreiber's Badische Geschichte. 8. Bamb. 817.

— Epinicia I. Germania victrix. Parodia ad Pythium, octavum Pindari hymnum. II. Σύγχαρμα ad Germanos, Gallia iterum debellata, in patriam reductus. Bamb. 815.

— Gedichte. 8. Bamb. 804.

Deuber, Franz Anselm. Geschichte der Bauernkriege in Teutschland & und der Schweiz. 8. Freiburg 1833.

— Geschichte, philosophisch dargestellt. 8. Bamb. 809. 2e Aufl. u. d. T.: philosoph. Ansichten über d. Weltgeschichte. 8. Freiburg 823. 3e Aufl. ... Herder. 14 gl

Deuber, Frz. Xav. Ans., Geschichte der Schifffahrt im atland. Ozean rc. 8. Bamberg 814. (Dresch.) 5 gl

— Geschichte d. Schifffahrt im atlant. Ozean; zum Beweis, daß Amerika schon lange vor Cph. Colombo, u. auch der Compaß, das Mittel zu großen Seereisen, vor Flavio Gioja entdeckt worden sey. Angehängt ist Cph. Colombo's eigener Bericht an Raphael Sanxis. 8. Bamb. 814. Kunz. 20 gl

— Geschichte d. Waldenser u. Albigenser; e. Progr. 8. Bamb. 813.

— Grundr. d. Bamb. Handlungsgeschichte. 8. Bamb. 818. Verf.

Deuber, Franz Xav. Ans., Handbuch der Mythologie der alten Völker, besonders der Griechen. Erster Teil. Bamberg, 1811, 8°.
Millin, Galerie mythologique. Paris 1811, 2 Bde. (Griech. u. röm. Mythologie.)

Deuber, A., Handb. d. Mythologie d. alten Völker. besond. d. Griechen. 1r Thl. 8. Bamb. Göbhardt. 811.

— Handbuch d. Mythologie d. alten Völker, besonders d. Griechen. 1r Thl. 8. Bamb. 811. (Wesché in Frankf.) 6 gl

— s. Pindari qi hymni secundum metricam.

— auf die 7e Säkularfeier d. Stadt Freiburg im Breisgau, mit histor. Anmerkk. über deren ältere Geschichte. 8. Freiburg 821. Wagner. 2 gl

— Vorlesungen üb. die Gesch. d. deutschen Nation. 8. Bamb. 817.

v. Deubern, Hans Er., s. Dübois u. Giaconda.

**Deubert, (Ernst),** Referendar: Der Agent provocateur und seine Beurteilung nach dem Reichsstrafgesetzbuche. Neunkirchen, Bez. Trier 1910: Ohle. VIII, 44 S. 8°
Halle, Jur. Diss. v. 12. März 1910, Ref. Finger
[Geb. 9. Sept. 86 Quedlinburg; Wohnort: Halle a. S.; Staatsangeh.: Preußen; Vorbildung; Gymn. Quedlinburg Reife O. 05; Studium: Bonn 3, Berlin 1 Halle 2 S.; Rig. 11. Jan. 10.] [U 10. 1665

Deubl, Fidel., († d. 6. Dec. 1808.) s. Welt, deutsche.

(F) **Deubl,** J., Volksdichtung in Oberösterreichischer Mundart. 8. Bd. Gr.-8°. (167 S.) K 2.--
Linz: Pirngruber 1910

Deubler, Franz, k. u. k. Hauptm., übercomplet im Divisions-Artillerie-Reg. Nr. 2, zugetheilt dem k. und k. technischen Militär-Comité Verwundungsfähigkeit der Exercier-Schüsse. Nach amtlichen Quellen bearbeitet. Sonder-Abdruck aus den „Mittheilungen über Gegenstände des Artillerie- und Genie-Wesens". Jahrg 1897 Mit 4 Tafeln 8. Wien 1897.

Deubler, J., Grammatik der französischen Sprache für die ersten Jahre des Unterrichts. Nach pädagogischen Grundsätzen für den Schul- u. Privatunterricht [zum Gebrauche neben jedem Uebungsbuche]. Nürnberg 870. Schmid. 8. (VIII, 64 S.) n. 8 ngr.

**Deubler, J.,** modernes Lehrbuch der französischen Sprache m. grammatischen u. Conversations-Uebungen. Zum Schul- u. Privat-Unterricht [m. besond. Rücksicht auf die Bedürfnisse der Lehrerbildungs-Anstalten.] br. 8. (VIII, 116 S.) Nürnberg 871. Korn. n. 1. 20

Deubler, J., der physiologische Werth des Turnens bei den heutigen Culturverhältnissen, mit besonderer Rücksicht auf die Interessen der weibl. Bildung. Vortrag geh. an der k. höheren weibl. Bildungsanstalt zu Aschaffenburg, zugleich ein Wort an Eltern, Schulbehörden u. Abgeordnete des Volkes. 16. (26 S.) Aschaffenburg 878. Leipzig, Strauch. n. — 40

Deubler, Josef: Vierzehn Tage in Sicilien. 8 (S. 3—35).
Progr. Kaiser Franz Josef-Staatsg *Freistadt in Oberöst.* 1897.
1. Überfahrt von Griechenland Catania. 2 Von Catania nach Messina 3 Reggio Taormina. 4 Der Ätna 5. Syrakus 6 Fahrt nach Girgenti. 7. Palermo 8. Cefalu

**Deubler, Konrad,** Tagebücher, Biographie und Briefwechsel der oberösterreich. Bauernphilosophen. Hrsg. von Arnold Dodel-Port. 2 Thle. 8. (XVI, 394; VIII, 356 S. mit 3 Taf. und 1 Facs.) Leipzig 886, Elischer Nachf. *
geb. *

Deubner, Aug., s. Orden u. Medaillen, die kaiserl. russischen.

**Deubner, Berth.,** meine Südsee-Reise an Bord S. M. S. „Marie". Tagebuchaufzeichnungen. (113 S. m. Abb.) 8. Leipzig-Gohlis 909. 10. B. Volger. 1. 50

**Deubner,** Carl, vergleichende Untersuchungen üb. die neueren Methoden zum Nachweis d. Gallenfarbstoffes im Harn Icterischer. gr. 8. (51 S.) Dorpat 884. (Karow.) n. 1. —

**Deubner,** Friedrich [Oberl.]: Quelques remarques sur „Werther" de Goethe et „Ultime Lettere di Jacopo Ortis" de Foscolo. Wiesbaden, Buchdr. v. K. Schwab, 1892; 3—10 S. 4.
Wiesbaden, st. R, P 1892 (417 [vielm. 412])

**Deubner,** Ludovicus, Rigensis: De incubatione capitula duo. *Gissae 1899: (B. G. Teubner, Lipsiae).* (48 S.) 8° ¶[Erschien vollst. 1900 im gleichen Verlag.]
Giessen, Phil. Diss. v. 1899

**Deubner, Ludov.,** de incubatione capita quattuor. Accedit laudatio in miracula Sancti hieromartyris Therapontis o codice Messanensi denuo edita. gr. 8. (V, 138 S.) Leipzig 900. B. G. Teubner. n. 5. —

**Deubner.** Ludw., s.: Kosmas u. Damian.

- s.: Versuche u. Vorarbeiten, religionsgeschichtliche.

DEUBZER, Joseph (Lettenhof): De labio leporino et staphyloraphia.- Monachii: Roesl 1832. 35 S.
12.4.1832 - Urk (Titel: De leporino et staphyloraphia.); F 60
Diss.Ingolst.-Landsh.-Mchn.

**Deucalion;** ein Singspiel. Bern 1777. V: *Werthes, Frdr. Aug. Clem.* (Ky) (MGT)

**Deucalion** und Pyrrha. Ein musikalisches Drama mit Gesängen. Breslau u. Leipzig 1779. V: *Werthes, Fch. Aug. Clemens.* (L. Rosenthal 114/2585) (BiblPort)

Deucer, Jo.: Corpus juris metallici. *Lipsiae.* 624. fol. — 2. Ausg. unt. d. Tit.: Corpus juris et Systema rerum metallicarum. *Frcf.* 698. — Cont. *Vindob.* 703. fol.

Deucher, Joh.: De p o e n i s jure naturali licitis vel prohibitis, s. I s e l i n, Joh. Rudolf (Praes.)

**Deucher, Johann** (Basel), Cogitationes subitariae de poenis jure naturali licitis vel prohibitis. Präs. Joh. Rudolph Isel. Basel (Wwe. Joh. Conr. v. Mechel) 16. V. 1738. 15 S. (5—) 6355
Gew.: Joh. Deucher. — Handschr. Widm. d. Präs. a. D. Mascov.

**Deucher**, P[aul]. Eiweisszerfall und Antipyresse. Aus der medizinischen Klinik in Bern ⟨Prof. [Hermann] Sahli⟩. [Mit Figuren.] Sonder-Abdruck aus der Zeitschrift für klin(ische) Medizin. Bd. 57 [1905,] H[eft] 5 u. 6. II + 37 S. gr.-8. [Berlin, A. Hirschwald.]

**Deuchert**, Heinrich

— u. Therese Schefer, Bekannte v. Lande. Thierbilder v. D., m. Versen v. S. qu. gr. 4. (14 S. m. z. Tl. farb. Bild.) Ebd. 895. 1. 50

**Deuchert**, Heinr., unsere Haustiere. N. Originalen v. D. qu. gr. 8. (15 Bl. auf Pappe m. z. Tl. farb. Jll.) Nürnberg 895. Th. Stroefer. 2. 80; als Leporelloalbum 2. 80

**Deuchler, Gustav**: Über Reaktionsversuche mit unbestimmter Erwartung. ⟨Ein Beitr. z. Erforschung d. Reaktionsformen.⟩ Mit 3 Fig. im Text. Leipzig: W. Engelmann 1910. 43 S. 8°
¶ (Ersch. auch teilw. in: Psycholog. Studien hrsg. v. Wundt. Bd 5, H. 3/4.)
Leipzig, Phil. Diss. v. 21. Juni 1910, Ref. Wundt, Bruns
[Geb. 23. Febr. 83 Unteröwisheim; Wohnort: Unteröwisheim; Staatsangeh.: Baden; Vorbildung: Oberrealsch. Mannheim Reife Juni 03; Studium: Heidelberg 2, Jena 1, Leipzig 7 S.; Rig. 19. Juli 09.] [U 10. 3113

**Deuchler**, G., s.: Zeitschrift f. pädagog. Psychologie.

**Deuchler**, Theodor [aus Stetten bei Lörrach]: Über Carcinose der Knochen ... Freiburg i. B., Universitätsbuchdr. v. Ch. Lehmann, 1893; 59 S. 8.
Freiburg i. B., Med. Fak., Inaug.-Diss. v. 1893

**Deucker**, C., u. W. Baumann, 20 bildl. Darstellungen ꝛc., s. Darstellungen.

**Deuel, Pascal**, Medizinalprakt.: Beitrag zur Kenntnis der Sclerodermie. Leipzig 1909: Lehmann. 72 S. 8°
Leipzig, Med. Diss. v. 12. Aug. 1909, Ref. Hoffmann
[Geb. 13. Mai 85 Leipzig; Wohnort: Dortmund; Staatsangeh.: Rußland; Vorbildung: König-Albert-Gymn. Leipzig Reife O. 04; Studium: Freiburg i. B. 1, Leipzig 4, Bonn 1, Leipzig 4 S.; Coll. 28. Sept. 09; Approb. 4. Juli 10.] [U 10. 2958

**Deuerlein**, Georg [app. Arzt aus Nürnberg]: Ueber Sphygmographische Untersuchungen des Pulses Schwangerer und Kreissender. ... Nürnberg, Druck v. Friedrich Haffner, 1888; 19 + 1 S. 8°
Erlangen, Med. Fak., Inaug.-Diss. v. 18. Jul. 1888

**Deuerling**, Andreas

**Deuerling**, A., Cicero's Bedeutung für die römische Literatur. Augsburg 866. Kollmann. gr. 8. (IV, 104 S.) 12 ngr.

Einige Bemerkungen zu Sophocles und Demosthenes. — Von Dr. A. Deuerling, G.-R. und S.-D. — 1894, Burghausen, ebenda. — S. 3—39.
Progr. Burghausen, K. Gymn.

**Deuerling**, A., Cicero als Schul-Schriftsteller. [Aus: „Blätter f. das bayer. Gymnasial-Schulwesen".] gr. 8. (61 S.) München 893. J. Lindauer. n. 1. —

Glossae quae Placido non adscribuntur nisi in libro glossarum. Recensuit illustravit auxit Dr. A. Deuerling, G. P. — 1876. München, ibid. — S. 3—36*.
Progr. München, Ludwigsgymnasium

**Deuerling**, A. Gymnasialreform u. Einheitsschule. Vortrag. gr. 8. (24 S.) Münch. 890, Lindauer. * 1 —

**Deuerling**, Osw., die Pflanzenbarren der afrikan. Flüsse m. Berücksicht. der wichtigsten pflanzlichen Verlandungserscheinungen, s.a. Studien, Münchener geographische.

**Deuerling** (Oswald), Die Pflanzenbarren der afrikanischen Flüsse mit Berücksichtigung der wichtigsten pflanzlichen Verlandungserscheinungen. München 1909. 253 S., 3 Taf.
München, Ing.-Diss. v. 1909

Die Pflanzenbarren der afrikanischen Flüsse. Mit Berücks. d. wichtigsten pflanzlichen Verlandungserscheinungen von Dr. Oswald **Deuerling**. München: Ackermann 1910 (1909). 253 S. 8°
(Münchener Geographische Studien. St. 24.) [09. 17604

**Deuil**, le grand, Opéra bouffon par M. J. B. Vial et C. G. Etienne. Musique de H. Berton. Braunschw Pluchart. –

**Deukalion**; ein Singspl. (v. Fr. A. Kl. Werthes). 8. Bern 777. Servini. 3 gr

**Deukalion und Pyrrha.** Eine burleske Erzählung in Versen. Altona. U. A. [1838]. P.

**Deul**, Ernst [app. Arzt aus Diez a. d. L.]: Ein Fall von Hirnsklerose nach Trauma. ... Freiburg i. B., Univ.-Buchdr. v. Chr. Lehmann, 1889; 87 + 1 S. 8°
Freiburg i. B., Med. Fak., Inaug.-Diss. v. 1889

**Deumeland**, Heinrich

**Deumeland**, H., Hapütjen ut mienen Blaumenjahren. Plattdeutsche Erzählungen. 8. (VIII, 428 S.) Mörse bei Fallersleben 878. (Celle, Schulze'sche Buchh.) *

**Deumeland**, Heinr., Quiekjorg-Kicheri. Plattdeutsche humorist. Erzählungen. 8. (63 S.) Mörse b. Fallersleben 886. (Celle, Schulze'sche Buchh.) *

**Deumelandt**, G.: B e i t r a g zur Kenntniss des Hylols. Göttingen 1865, 29 S.
Schul-/Univ.-Schrift.

**Deumer**, Chr. Lbr., († d. 5. Juli 1817.) s. 1) Arnold, ... Chronica v. Altenb. 2) M. *Behem*, descriptio.

**Deumer**, Heinr., der rechtliche Anspruch Böhmen-Oesterreichs auf das königl. sächs. Markgrafthum Oberlausitz. Eine staatsrechtl. Deduction unter Benutzung archival. Quellen. gr. 8. (VIII, 79 S.) Leipzig 884, Liebeskind. *

**Deumer, Johann Georg** (Nürnberg), De oculiloquio. Präs. Dan. Wilh. Moller. Altdorf (J. W. Kohles) 21. X. 1702. 32 S. (5.—) 6356
Widm. v.: Präs., Friedr. Sigm. Wurffbain (deutsch).

— — Dasselbe. 1717. (5.—) 6357

**Deumer**, Robert, Referendar in Leipzig: Die Geldvollstreckung in Wertpapiere. Leipzig: Veit & Co. 1907. (X, 140 S.) 8°
Leipzig, Jur. Fak., Diss. v. 16. Nov. 1907
[Geb. 13. Aug. 82 Leipzig; Wohnort: Leipzig; Staatsangeh.: Sachsen; Vorbildung: Nikolai-Gymn. Leipzig Reife O. 02; Studium: Leipzig 8 S.; Rig. 23. Juli 06.]

**Deumer, Rob.**, die Geldvollstreckung in Wertpapiere. (X, 140 S.) gr. 8. Leipzig 908. Veit & Co. 4. —

**Deumling** [Regierungs-Baumeister]: Beschreibung des neuen Gymnasialgebäudes. Neuß, Buchdr. v. L. Schwann, 1889; S. 3—6; 4°
Neuß, k. G, OP 1889 (425)

**Deupès**, L., excursion sur le Feldberg et l'Altkönig, les deux plus célèbres montagnes du Taunus. 8. (16 S.) Homburg 850. (Francfort s. M., libr. Hermann.) *

—— quelques pensées dédiées à la jeunesse. 8. (16 S.) Hombourg 849. (Francfort s. M., libr. Hermann.) *.

—— quelques réflexions sur l'art d'écrire suivies d'une théorie avec une gravure (in Fol.) gr. 8. (15 S.) Hombourg 848. (Francfort s. M., libr. Hermann.) *

**Deupser**, *Johann Martin* Conrad [pr. Thierarzt, Lissa i. Schl.]: Experimentelle Untersuchungen über die Lebensgeschichte der Filaria papillosa. E. Beitr. z. Vorkommen d. nematoiden Hämatozoen bei unseren Hausthieren ... Breslau, Druck v. Dr. R. Galle, 1894; 44 S., 2 Bl. 8.
Breslau, Phil. Fak., Inaug.-Diss. v. 12. Mai 1894

**Deupser,** Conr., experimentelle Untersuchungen üb. die Lebensgeschichte der Filaria papillosa. Ein Beitrag zum Vorkommen der nematoiden Hämatozoen bei unseren Hausthieren. Diss. gr. 8. (44 S.) Breslau 894. (L. Köhler.) n. 1. --

**Deurbeuil,** s. **Dorbeil.**

**Deuren,** Johann Melchior: D i s s e r t a t i o de effectibus inventarii non confecti, s. H e r t , Joh. Nik. (Präs.)

**Deurer,** C. F., Beschreib. der im J. 1784 die Städte Heidelberg, Manheim u. and. Gegenden d. Palz durch die Eisgänge u. Ueberschwemmungen betroff. große Noth rc. 8. Manh. 784.

**Deurer,** E. F. F. Wilh., Grundriss für äussere Geschichte und Institutionen des römischen Rechts. gr. 8. (XII und 408 S. mit 1 Stnt. in qu. Fol.) Heidelberg 849, K. Winter. *

Ode auf den Kaiser [Joseph II] bei Gelegenheit des Freymaurerschutzes. Von Georg Ferd. **Deurer.** Wien 1786. 8 S. 8°

Abgedr. in: Sammlung aller aus Gelegenheit d. k. k. Verordn. v. 16. Dez. 1785 z. Vorschein gekommenen Schriften d. Frmr. betr. 6 (1786) S. 157—160.

**Deurer,** L. Die Studienergebnisse in den großherzogl. badischen Gymnasien m. Berücksichtigung der übrigen Mittelschulen. Eine statist. Untersuchung. gr. 8. (37 S.) Heidelb. 891, C. Winter. * 1 20

DEURER, Ludwig: Die Ausdehnung der landwirtschaftlichen Gewächse und Kulturarten nach Gemeinden im Großh. Baden in den Jahren 1882-1884, nebst Darstellung der Forstfläche nach der Aufnahme zu Ende des Jahres 1883. - Lahr 1886. 58 S., 31 Kt.

D e u r e r, W.: „Heidelbergs noch geltende Polizey-Gesetze vom Jahre 1800 bis zu Ende des Jahres 1806 gesammelt und mit einem dreifachen Register versehen", Heidelberg 1807 (Mohr & Zimmer).

**Deuringer,** J. G., neugefaßte Edelsteine, s. Edelsteine.

**Deuringer,** Edw., Theater. (Inhalt: Elisabeth, Königin von England, Trauerspiel. — Ludwig XVI., König von Frankreich, Trauerspiel.) 8. Augsburg 837. Matth. Rieger'sche Buchh. (Himmer.) 1⅓ ₰

Deus (Sachliches Ordnungswort)

**Deus dedit,** responsio fraterna ad epist. famil. fratris Deogratias. 4. Frft. Hermann, (a Gräff in Lps.) 785

**Deus ignotus.** Ein Roman. Berlin 857. Stage. (Schlingmann.) 16. (1 Bl., 246 S.) 1 ₰ 7½ ngr

**Deus in omnibus omnia,** seu exercit. pietat. christianae c. tab. aen. 12. Prag, Poll. 806.

**Deus lux, laetitia et salus mea.** Exercitia pietatis in usum studiosae juventutis. 857. (XV, 494 S.) n. 1 ₰ — Edit. II. Prag 860. Tempsky. 8. (XV, 536 S.) 22½ ngr.

**Deus** Mosis et Homeri comparatus. Lipsiae 1799. V: *Schulze, J. Daniel.* (Hoff)

**Deus** infinite perfectus argumentum quinque meditationum . . . Monachii 1769—71. V: *Herz, Cajetan.* (so) (Jes)

**Deus** trinus et unus argumentum sacri tridui. Monachii 1776. V: *Seccard, Louis.* (Jes)

Deus (Verfasser)

**Deus,** *Bruno Max* Arthur [pr. Arzt aus Berlin]: Aus d. patholog. Institut d. K. Univ. Greifswald. Ein Fall von einseitiger Zwerchfell-Lähmung. . . . Greifswald, Druck v. J. Abel, 1891; 28 S. 8°
Greifswald, Med. Fak., Inaug.-Diss. v. 10. Jul. 1891

**Deus, Felix,** über veraltete Luxationen im Schultergelenk. Diss. Würzburg 1886, Stahelsche Univ.-Buchh. 8°. 31 S.

Deus , Fr. Daniel

— s. Lesebuch, deutsches, für d. obere Klasse d. Volksschulen.

**Deus,** F. D., F. **Hobirk** u. H. W. **Prinz,** Deutsches Lesebuch für die obere Klasse der Volksschulen und die unteren Klassen in höheren Lehranstalten. 8. Düsseldorf 841, Schaub. ⅓ ₰

**Deus,** Fr. Dan., und Fr. Hobirk, deutsches Lesebuch für die Oberklasse der Elementarschulen und die Unterklasse höherer Lehranstalten. 2., bedeutend verm. und verb. Aufl. 8. (XV und 489 S.) Leipzig 853, O. Klemm. *

**Deus,** Paul *Oskar* [Kammerger.-Ref.]: Die Vertragsstrafe nach dem Bürgerlichen Gesetzbuch ... Berlin, Druck v. M. Driesner, 1896; 37 S., 1 Bl. 8.
Erlangen, Jur. Fak., Inaug.-Diss. v. 1896

**Deusch,** Luise, Gedichte. (127 S.) kl. 8. Stuttgart 909. J. F. Steinkopf. Geb. in Leinw. 2. —

**Deuschle,** Jul., Dispositionen der Apologie u. des Gorgias von Platon u. logische Schlüsse des Gorgias. Anhang zur Ausg. des Gorgias von Deuschle. Neu bearb. von Chrn. Cron. Leipzig 867. Teubner. gr. 8. (IV, 76 S.) 9 ngr.

**Deuschle,** Jul., homerische Formenlehre auf Grund der „kurzen Uebersicht über die Formen des homerischen Dialekts von C. A. Wigand" neu bearb. Berlin 859. Th. Enslin. 8. (VII, 155 S.) 7½ ngr.

**Deuschle,** Jul., die platonischen Mythen, insbesondere der Mythus im platon. Phädrus. gr. 4. (37 S.) Hanau 851, König. *

**Deuschle.** Der Platonische Politikus. Ein Beitrag zu seiner Erklärung. 36 S.
Magdeburg, Kl., Progr. 1857

**Deuschle,** J., Die platon. Sprachphilosophie. Diss. 1852. VIII, 83 S. 4°.

—— die platonische Sprachphilosophie. 4. (VIII und 83 S.) Marburg 852, Elwert'sche Universitäts-Buchh.

— Tabelle zur griechischen Moduslehre. 2. Abdr. Berlin 868. Th. Enslin. gr. Fol. 1½ ngr.

Die Kanonessammlung [Collectio canonum] des Kardinals **Deusdedit.** Neu hrsg. von Dr. Victor Wolf v. Glanvell. Bd 1. Paderborn: F. Schöningh 1905. 8° [05. 8786 a

DEUSEN, ANDR., Ueber die Abhängigkeit der Welt von Gott. De Lutheri Zwingliique sententiis super coena Domini per doctrinam de statu Christi duplici in unius dogmatis veritatem consociandis. Altona. 1835.

— Ein Gränzstein. Auch gegen Strauss. Altona. 1838. P.

**Deusing,** Ant., Tr. de lycanthropia. Fasc. diss. Basel. 4°. 1710

**Deuss,** Gustav, bacc. jur. in Zürich: Die rechtliche Natur des Kontokorrent-Vertrages. *Affoltern a. A. 1904: J. Weiß.* (96 S.) 8°
Leipzig, Jur. Diss. v. 1904

Deuss, Pauline. Untersuchung der Dupré-Rankine'schen Dampfspannungsformel an dem neuen Material von S. Young und mit Rücksicht auf die Theorie der korrespondierenden Zustände. Diss. Phil. [II.] Univ. Zürich. [Mit 1 Tafel.] II + 56 S. 8. Affoltern a. A., J. Weiss, 1910.

Deussen, Andr., über d. Abhängigkeit d. Welt von Gott. — De Lutheri Zwingliique sententiis super coena Domini, per doctrinam de statu Christi duplici in unius dogmatis veritatem consociandis. gr. 8. (3¼ B.) Altona 835. (Dessau, Aue.) Thlr. *

—— Ein Gränzstein. Auch gegen Strauß. 8. (¾ B.) Altona 838. (Dessau, Aue.)

Deussen Ernst: Eine neue quantitative Bestimmung des Fluors und über die Zusammensetzung des Eisenfluorids. 8. 115. Ilb. 1165 . . . . . . . . . . . . . . . . . vgr. Separatabdruck

Deussen, Ernst, Dr.: Zur Kenntnis der Flusssäure. Leipzig 1905: Metzger & Wittig. (71 S.) 8°
Leipzig, Phil. Fak., Hab.-Schr. v. 18. Febr. 1905

Deussen, Franz Jacob Paul Ernst, aus Sagan i. Schlesien: Ueber die Absorption der Uranylsalze. *Leipzig: J. A. Barth 1898.* (34 S.) 8°
Erlangen, Phil. Diss. v. 1898

Deussen, Johann Baptist

Spezielle Lehrpläne des Progymnasiums entworfen vom Lehrerkollegium. 20 S. Progr. *Euskirchen* 1879.

Deussen, Joh. Bapt. Plan und Gliederung des deutschen Unterrichtes an der Realschule und der damit verbundenen Bürgerschule. 10 S. Rg. *Essen* 1881. Progr.

Deussen, Joh., de Polycrate Samiorum tyranno. Dissert. histor. Münster 866. (Brunn.) gr. 8. (2 Bll., 64 S.) n. 12 *ngr.*

Deussen, Paul Jakob Böhme. Üb. s. Leben u. s. Philosophie. Rede, geh. (in kürzerer Fassg.) z. Kiel a. 8. V. 1897. gr. 8. (31 S.) Kiel 897. Lipsius & Tischer. n. — 50.

Deussen, Paul., commentatio de Platonis Sophistae compositione ac doctrina. Bonn 869. A. Marcus. gr. 8. (74 S.) n. 12 *ngr.*

Deussen, Paul, die Elemente der Metaphysik. Als Leitfaden zum Gebrauche bei Vorlesungen, sowie zum Selbststudium zusammengestellt. Lex.-8. (XII, 188 S.) Aachen 877. Mayer. n. 4. —

Deussen, Paul. Die Elemente der Metaphysik. Als Leitfaden zum Gebrauche bei Vorlesungen sowie zum Selbststudium zusammengestellt. 2., durch einige Zusätze verm. Aufl. gr. 8. (XVI, 271 S.) Lpz. 890, Brockhaus. * 4 —; geb. * 5 —

Deussen, Paul, die Elemente der Metaphysik. Als Leitfaden zum Gebrauche bei Vorlesgn., sowie zum Selbststudium zusammengest. 3., durch e. Vorbetrachtg. üb. das Wesen d. Idealismus verm. Aufl. gr. 8. (XLIV, 271 S.) Leipzig 902. F. A. Brockhaus. n. 5.—; geb. n. 6. —

Deussen, Paul, die Elemente der Metaphysik. Als Leitfaden zum Gebrauche bei Vorlesgn. sowie zum Selbststud. zusammengestellt. Nebst e. Vorbetrachtg. üb. das Wesen d. Idealismus. 4. Aufl. (XLVI, 284 S.) gr. 8. Leipzig 907. F. A. Brockhaus. 5.—; geb. 6. —

Zur Erinnerung an Gustav Glogau, geb. am 6. Juni 1844 zu Laukischken (Ostpreußen), gest. als Prof. d. Philosophie an d. Univ. Kiel am 22. März 1895 zu Laurion (Attika). Gedächtnisrede geh. ... am 11. Mai 1895 von Paul Deussen. — Kiel u. Leipzig: Lipsius & Tischer 1895. 18 S. 8°

Deussen, Paul, Erinnerungen an Indien. Mit 1 Karte, 16 Abbildgn. u. e. Anh.: „On the philosophy of the Vedânta in its relations to occidental metaphysics". (VIII, 254 S.) gr. 8. Kiel 904. Lipsius & Tischer. n. 5. —; geb. n. 6. —

Erinnerungen an Friedrich Nietzsche. Von Dr. Paul Deussen, Prof., Kiel. Mit 1 Portr. u. 3 Briefen in Faks. *Leipzig: F. A. Brockhaus 1901.* (VII, 111 S.) 8° [F.] [01. 806

— Die Geheimlehre des Veda. Ausgewählte Texte der Upanishad's. Aus dem Sanskrit übers. 1—3. Aufl. (Je XXIV, 221 S.) 8. Ebd. 907. 09. 3.—; geb. 4. —

Deußen, Paul: Allgemeine Geschichte der Philosophie mit besonderer Berücksichtigung der Religionen. Leipzig
Bd 1. Abt. 1. Allgemeine Einleitung und Philosophie des Veda bis auf die Upanishad's. 1894
Abt. 2. Die Philosophie der Upanishad's. 1899
Abt. 3. Die nachvedische Philosophie der Inder. Nebst einem Anh. über die Philosophie der Chinesen und Japaner. 1908
Bd 2. Abt. 1. Die Philosophie der Griechen. 1911
Abt. 2. Hälfte 1. Die Philosophie der Bibel. 1913
Hälfte 2. Die Philosophie des Mittelalters. 1915
Abt. 3. Die neuere Philosophie von Descartes bis Schopenhauer. 1917

Deussen, Paul, allgemeine Geschichte der Philosophie m. besond. Berücksicht. der Religionen. 1. Bd. 1. Abtlg.: Allgemeine Einleitung u. Philosophie des Veda bis auf die Upanishad's gr. 8. (XVI, 336 S.) Leipzig 894. F. A. Brockhaus. n. 7. —

— allgemeine Geschichte der Philosophie m. besond. Berücksicht. der Religionen. 1. Bd. 2. Abtlg.: Die Philosophie der Upanishad's gr. 8. (XII, 368 S.) Ebd. 899. n. 9.—
I. 1. Ebd. 894. n. 7.—.

— allgemeine Geschichte der Philosophie m. besond. Berücksicht. der Religionen. I. Bd., 1. Abtlg.: Allgemeine Einleitg. u. Philosophie des Veda bis auf die Upanishad's. 2. Aufl. (XVI, 361 S.) gr. 8. Leipzig 906. F. A. Brockhaus. n. 7. —

— Allgemeine Geschichte der Philosophie m. besond. Berücksicht. der Religionen. I. Bd. 2. u. 3. Abteilg. gr. 8. Ebd. 25. —
2. Die Philosophie d. Upanishad's. 2. Aufl. (XIV, 401 S.) 907. 9.
3. Die nachved. Philosophie d. Inder. Nebst e. Anh. üb. d. Philosophie der Chinesen u. Japaner. (XVI, 728 S.) 908. 16.—; geb. 18.— (I, 1–3: 32.—; in 2 Bde. geb. 36. —)

Der kategorische Imperativ. Rede zur Feier des Geburtstages Sr. Majestät des deutschen Kaisers . . . Wilhelm II gehalten an der Christian-Albrechts-Universität am 27. Jan. 1891 von Dr. Paul Deussen, Prof. d. Philos. Kiel, Univ.-Buchh. (P. Toeche), 1891; 31 S. 8°

— der kategorische Imperativ. Rede, zur Feier des Geburtstages Sr. Maj. des deutschen Kaisers, Königs v. Preussen Wilhelm II. geh. an der Christian-Albrechts-Universität am 27. I. 1891. 2., zur Feier des 27. I. 1903. veranstaltete Aufl. (29 S.) gr. 8. Kiel 903. Lipsius & Tischer. n. — 50

Über die Notwendigkeit beim mathematisch-naturwissenschaftlichen Doktorexamen die obligatorische Prüfung in der Philosophie beizubehalten. Von Dr. Paul Deussen, Prof. Kiel 1895: Schmidt & Klaunig. (14 S.) 8° [F.] [07. 16686 8

[F.] Über die Notwendigkeit beim mathematisch-naturwissenschaftlichen Doktorexamen die obligatorische Prüfung in der Philosophie beizubehalten ... Von Dr. Paul Deussen, Prof. ... an d. Univ. Kiel. *Kiel: Lipsius & Tischer 1897* (a. d. Umschl.: *1896*). (15 S.) 1 Bd 8. [97. 11-8

Outlines of Indian philosophy with an appendix on the philosophy of the Vedânta in its relations to occidental metaphysics. By Dr. Paul Deussen, Prof. Berlin: K. Curtius 1907. (VI, 70 S.) 8° [07. 13039

Deussen, Paul, die Sûtra's der Vedânta oder die Çârîraka-Mîmânsâ der Bâdarâyana, nebst dem vollständ. Commentare der Çañkara. Aus dem Sanskrit übers. gr. 8. (XXIV, 768 S.) Leipzig 887, Brockhaus. *

Deussen, Paul, das System des Vedânta, nach den Brahma-Sûtra's des Bâdarâyana und dem Commentare des Çañkara über dieselben als ein Compendium der Dogmatik des Brahmanismus vom Standpunkte des Çañkara aus dargestellt. gr. 8. (XVI, 535 S.) Leipzig 883, Brockhaus. *

— das System der Vedânta. Nach den Brahma-Sûtra's des Bâdarâyana u. dem Kommentare des Çañkara üb. dieselben als e. Kompendium der Dogmatik des Brahmanismus vom Standpunkte des Çañkara aus dargestellt. 2. Aufl. (XVII, 540 S.) gr. 8. Leipzig 906. F. A. Brockhaus. n. 12. –; geb. n. 14. –

— vier philosophische Texte des Mahâbhâratam: Sanatsujâta-Parvan — Bhagavadgîtâ — Mokshadharma — Anugîtâ. In Gemeinschaft m. Otto Strauss aus dem Sanskrit übers. (XVIII, 1010 S.) gr. 8. Ebd. 906. n. 22. —; geb. n. 24. 50

Deussen, Paul: Sechzig Upanishad's des Veda, aus d. Sanskrit übers. u. m. Einleitgn. u. Anmerkgn. versehen, gr. 8 (XXVI, 920 S.) Leipzig 1897. F. A. Brockhaus.

— 60 Upanishad's des Veda. Aus d. Sanskrit übers. u. m. Einleitgn. u. Anmerkgn. versehen. 2. Aufl. (XXVIII, 928 S.) gr. 8. Ebd. 905. n. 20. —; geb. n. 22. —

Vedânta und Platonismus im Lichte der Kantischen Philosophie. Von Dr. Paul Deussen, Prof., Kiel. *Berlin: Weidmann 1904.* (25 S.) 8°
— Vorträge u. Aufsätze d. Comenius-Gesellschaft. Jg. 12, St. 3. [04. 5755

Deussen, W[ilhelm], Prof. Dr.: Kleine Beiträge zum deutschen Unterricht. 1. Definitionen und ihre Verwertung für den Aufsatz. Bonn 1907: Hauptmann. (S. 3—9.) 4°
Münstereifel, k. G OP 1907 (572)

Deussen, Wilh. Die Krönung der abendländischen Kaiser von Karl dem Grofsen bis Otto den Grofsen. 19 S. *Linz a/Rh.* 1885. Progr.

Deussing, G., der Anschauungsunterricht in der deutschen Schule von Amos Comenius bis zur Gegenwart. Historisch-krit. Darstellung. gr. 8. (IX, 152 S.) Frankenberg 885, Rossberg. *

Deuster, Oskar Victor, die Entwicklung des Amerikanischen Zolltariffsystems. Diss. Leipzig 1887, Gustav Fock. 8°. 139 S.

Deuster, Oscar Victor: Die Entwicklung des Amerikanischen Zolltarifsystems .... Milwaukee, Druck v. P. V. Deuster & Co. (1887); 139 S. 8°
Leipzig, Phil. Fak., Inaug.-Diss. v. 3. Sept. 1887

Deustermann, Alex., de Herculis itineribus versus occidentem. Dissertatio philologica. gr. 8. (VII und 35 S.) Münster 862, (Brunn's Verlag.)

Deut, Amanda, die Frau in unsträflicher Doppelehe. Schausp. in 5 Aufz. v. E. G. Th. Chladenius. 8. Leipz. J. G. H. Richter. 811.

Deut, Edw. J., über die Einrichtung u. Behandlung von Chronometern, Pendel- u. Feder-Uhren. Aus dem Engl. übers. u. mit Zusätzen verm. (Aus C. L. v. Littrow's Kalender für alle Stände (1843) besonders abgedr.) gr. 8. (Mit vielen Holzschnitten.) Wien 843, Gerold. 6¼ ngl

Deutelbach [Schlagwort]

Deutelbach, s.: Bayern. Karte.

Deutelmoser, die evangelischen Arbeiter-Vereine in Westfalen. Hrsg. vom Sächs. Prov.-Ausschuß für Innere Mission. 8. (35 S.) Magdeburg 886, (Klotz.) *

Deutelmoser, Die evangelischen Arbeitervereine in Westfalen. gr. 8°. Magdeburg 1886. 2. Aufl. Die evangelischen Arbeitervereine in Rheinland und Westfalen. gr. 8°. Ebd. 1890.

Deutelmoser [Kreisschulinspekt. Pfarrer]: *Ausschreiben über die Erziehung der Kinder zu sinniger Betrachtung der Natur.* Danzig, A. Müller vorm. Wedel'sche Hofbuchdr., 1890; S. 13–14; 4°
Culm, k. kath. G, OP 1890

Deutelmoser, Erh., Geschichte des 5. westfäl. Infanterie-Regiments Nr. 53. 8. (72 S. m. Kartenskizzen u. 1 Bildnis.) Köln 901. K. Warnitz & Co. Kart. n. — 80

Geschichte des 5. Westfälischen Infanterie-Regiments Nr. 53 von E[rhard] Deutelmoser, Hauptm. 2. Aufl. Hamburg: J. Vöge 1907. (74 S.) 8° [F.] [07. 12869

Deutelmoser, Ferd., Leitfaden der Chemie, s.: Sibler's Unterrichtsbücher. I.

Deutelmoser, Paul, appr. Arzt a. Dahlhausen (Ruhr): Über Enteritis phlegmonosa idiopathica. Greifswald 1905: F. W. Kunike. (32 S.) 8°
Greifswald, Med. Fak., Ref. Moritz, Diss. v. 16. März 1905
[Geb. 18. Apr. 81 Dahlhausen a. d. Ruhr; Wohnort: Dahlhausen; Staatsangeh.: Preußen; Vorbildung: Gymn. Essen Reife O. 00; Studium: Greifswald 9 S.; Coll. 22. Febr. 05; Approb. 3. Febr. 05.]

Deuter, J. J., s. Cellarius, Fr.: Ital. Grammatik.

Deuter, J. J., nouv. Dictionnaire portatif en 3 langues, français, italien et allemand, rédigé d'après les Dictionn. d'Alberti, Bottarelli, Baretti, Jagemann, Schwan, Catel, Adelung etc. par une Société de Savans. III Vols. gr. 12. Augsb. 809. 2e Aufl., mit Fr. Cellaris. 813. v. Jenisch u. St. 5 ₰ 8 gl Postp. 6 gl

Deuter, J. J., nouvau Dictionnaire portatif en 3 langues, françois, italien et allemand, rédigé d'après les Dictionnaires d'Alberti, Bottarelli, Baretti, Jagemann, Schwan, Catel, Adelung etc. p. une Société de Savans. 3 Vol. gr. 12. Augsb. Stage. 810.
Postpap.

Deuter, J. J., et Cellarius nouveau Dictionnaire portatif en trois langues redigé d'après les Dictionnaires d'Alberti, Bottarelli, Baretti, Jagemann, Schwan, Catel et Adelung et des autres Auteurs les plus estimés. III Vol. Tom. I. français-ital. et allemand. Tom. II. italien-français et allem. Tom. III. allemand-italien- et français. gr. 24. Augsb. Stage. 813.
pap. de poste

Deuter, J. J., franzôs. Grammatik, s. J. V. Meidinger.

Deutner, le nouveau maitre, allemand, ou Grammaire. 8. Augsb. Stage. 810.

— le nouveau Maitre Allemand, ou Grammaire Allem. pratique, d'une methode nouvelle amusante pour apprendre l'Allemand, composée sur le modèle des meilleurs auteurs de nos jours et principalement sur celui de Meidinger. gr. 8. Augsb. (812). v. Jenisch u. St. 1 ₰

Deuter, J. J.: Il nuovo Maestro tedesco, ovvero Grammatica della lingua allemanna ad uso degl' Italiani, composta sovra il modello de' migliori autori de nostri giorni e particolarmente sopra quello di Filippi e Meidinger etc. con un modello della scrittura allemanna. gr. 8. Augsb., v. Jenisch u. St.

Deuter, J. J., s. Naiveté, La, de lang. Franç.

Deuter, J. J., s. Triester Correspondent.

Deuters, J. J., s. Verwalter, der.

Deuter, Y. Y., s. Deuter, J. J.

Deutgen, Rudolf

— Gesang-Buch, verb. u. mit e. Anhange verm. u. mit e. zweckmäßigen Gebrauche versehen. 8. Halberst. 812. Dölle. N. A. 823, (Leipz., Barth). 12 gl

**Deutgen**, Rud., katholisches Gesangbuch. In neuer Bearbeitung hrsg. und mit Orgelbegleitung versehen von Carl Klein. 1. und 2. Aufl. 16. (XIII, 511 S.) Münster 875,76, Nasse'sche Verlagsh. * ℳ 1.; geb. in Halbleder ** geb. in Leder ** ℳ 1,85.; mit Goldschn. **
—— dass. — Melodieen dazu, s. Klein, C.

**Deutgen**, Rud., Katholisches Gesangbuch. 6. Aufl., hrsg. v. Jhs. Baute. 12. (XII, 254 S.) Osnabrück 897. Paderborn, F. Schöningh. n. 1. —

**Deutgen**, R., neues kathol. Gesangbuch zur Belehrung u. Erbauung d. Christen rc. 8. Münster 809. N. Aufl. 830. Aschendorff. 10 kr neue Melodien dazu. 787. 6 kr

**Deutgen**, R., neues kathol. Gesangbuch z. Belehrung u. Erbauung. Neue Aufl. 8. Münster, Aschendorf. 815.

Deuticke, Paulus: Archilocho Pario quid in Graecis litteris sit tribuendum. Halis Saxonum 1877: (Lange in Berlin). 60 S. 8°
Halle-Wittenberg, Phil. Diss. v. [24. Dez.] 1877
Geb. Niederglaucha (Kr. Delitzsch) 15. 12. 1848. V.
Im Buchhandel Halis Sax. (Berlin: Mayer & Müller) 1877.

**Deutinger**, Jh. Ksp., († ...) Anfangsgründe d. Rechenkunst f. die baier. Trivialschulen. (Mit noch e. unbekannten Verf.) 8. München 770.

— Methode, durch welche man die Wurzel einer jeden Zahl leicht finden kann. 8. München 771.

**Deutinger**, Martin von, s. Arnpeck, Veit: Liber de gestis Episcopum Frisingensium.

**Deutinger**, Mart., Beispiel-Sammlung aus allen wesentl. Entwicklungsstufen der Dichtkunst, als 2. Abthl. der Lehre von dem höchsten Einheitspunkte d. Künste in der Poesie. gr. 8. ($29\frac{1}{2}$ B.) Regensburg 846, Manz.

**v. Deutinger**, Mart., Beispiel-Sammlung aus allen wesentlichen Entwicklungsstufen der Dichtkunst als 2. Abthlg. der Lehre von dem höchsten Einheitspunkte der Künste in der Poesie. gr. 8. (470 S.) Regensburg 847, Manz. $1\frac{1}{4}$ Thlr.

—— Beitrag zur Lösung der neu angeregten Streitfrage über das Verhältnis der Philosophie u. Theologie. (Separatabdr. aus der Augsburger Postzeitung.) Augsburg 1861.

**Deutinger**, Mart. v., s.: Beiträge z. Geschichte, Topographie u. Statistik d. Erzbist. München u. Freising.

— s. Beschreib. d. Bisth. Freising.

—— Betrachtungen über die Evangelien aller Sonntage des Kirchenjahres. Separ.-Ausg. der „Beilagen" zur Zeitschrift „Siloah." 1. Jahrg. 1850. gr. 8. (418 S.) Augsburg 851, Kollmann'sche Buchh. *

—— Beyträge zur Geschichte, Topographie und Statistik des Erzbisthums München und Freysing, s. Beyträge.

**Deutinger**, Mart., Bilder des Geistes in Kunst u. Natur, aus freier Hand gezeichnet auf e. Pilgerfahrt nach Florenz im Jahre 1845. 8. Augsburg 846, Kremer. Regensburg, Manz. n. $\frac{3}{4}$ Thlr.

— Bilder des Geistes in Kunst u. Natur. 1. Bdchn. Gezeichnet auf einer Reise nach Florenz im J. 1845. 2. Aufl. 12. (330 S.) Augsburg 850, Schmid. $\frac{3}{4}$ Thlr. — 2. Bdchn. Gezeichnet auf einer Reise an den Rhein im J. 1847. 12. (215 S. m. 1 lith. Taf.) Ebd. 849. $\frac{1}{2}$ Thlr. — 3. Bdchn. Gezeichnet auf einer Reise nach Paris im J. 1850. 8. (XVI u. 461 S.) Regensburg 851, Manz. $1\frac{1}{8}$ Thlr. (1—3 : $2\frac{3}{8}$ Thlr.)

**Deutinger**, Mart., Bilder des Geistes in den Werken der Kunst. Gezeichnet in der Belvedere-Gallerie zu Wien. Aus dem handschriftl. Nachlasse des Verstorbenen hrsg. von Lor. Kastner. München 866. Lindauer. 8. (VII, 176 S.) 24 *ngr.*

— Diöcesan-Direktorium d. Bisth. Freising nach Ordnung d. Dekanate f. d. J. 1819 — 21.

Die organische Entwicklung der Philosophie in der Geschichte. Von Dr. Martin Deutinger, L. P. — 1851. Ebend. — S. 2—22.
Progr. Dillingen

—— der Geist der christl. Ueberlieferung, s. Geist, der.

**Deutinger, Martin**, Geschichte der Philosophie. Regensburg, Manz (jetzt Verlagsanst.), gr. 8°. Bd. 1 Abteil. 1: Die griechische Philosophie von ihren Anfängen bis Sokrates. 1852, LVI, 464 S., 6 Mk. Abteil. 2: Die griech. Philosophie von Sokrates bis zu ihrem Abschluß. 1853, XVIII, 582 S., 7,15 Mk.
Mehr nicht erschienen.

DEUTINGER, Martin (Wartenberg): Ueber den gemeinsamen öffentlichen Gottesdienst in der katholischen Kirche.- Landshut: Thomann 1813. 36 S.
1.9.1813 - Pe 331; F 43
Diss.Ingolst.-Landsh.-Mchn.

**Deutinger**, Pr. M., Grundlinien einer positiven Philosophie als vorläufiger Versuch einer Zurückführung aller Theile der Philosophie auf christl. Principien. 1. Thl. A. u. d. T.: Die Propädeutik des philosoph. Studiums. gr. 8. Regensburg 843, Manz. $\frac{1}{2}$ Thlr. — 2. Thl. Die Seelenlehre. gr. 8. Ebend. 843. $\frac{3}{4}$ Thlr. — 3. Thl. A. u. d. T.: Die Denklehre. gr. 8. Ebend. 844. $1\frac{1}{2}$ Thlr. — 4. Thl. A. u. d. T.: Das Gebiet der Kunst im Allgemeinen. gr. 8. Ebend. 845. 2 Thlr.

**Deutinger, Martin**, Grundlinien einer positiven Philosophie als vorläufiger Versuch einer Zurückführung aller Teile der Philosophie auf christliche Principien. Regensburg, Manz (jetzt Verlagsanst.), 1843—5, gr. 8°.
Recens. Hist.-pol. Blätt. Bd. 19 (1847), S. 741—51.

— Grundlinien einer positiven Philosophie als vorläufiger Versuch einer Zurückführung aller Theile der Philosophie auf christl. Principien. 5. Thl. Der Kunstlehre 2. Thl. Das Gebiet der dichtenden Kunst. gr. 8. (624 S.) Regensburg 847, Manz. $2\frac{1}{3}$ Thlr. — 6. Thl. Moralphilosophie. gr. 8. (511 S.) Ebd. 849. $1\frac{7}{8}$ Thlr. — 7. Thl. A. u. d. T.: Geschichte der Philosophie. 1. Bd.: Die Griechische Philosophie v. ihren Anfangen bis Sokrates. gr. 8. (LVI u. 464 S.) Ebd. 852. 2 Thlr. (I—VII: 10 Thlr. $28\frac{3}{4}$ ngr)

**Deutinger**, Mart., Grundlinien einer positiven Philosophie, als vorläufiger Versuch einer Zurückführung aller Theile der Philosophie auf christliche Principien. 7. Thl. A. u. d. T.: Geschichte der Philosophie. 1. Bd. Geschichte der griechischen Philosophie. 2. Abth.: Die griechische Philosophie von Sokrates bis zu ihrem Abschluss. Regensburg 853. Manz. gr. 8. (XVIII, 582 S.) 2 Thlr. $11\frac{1}{4}$ ngr

—— Grundriß der Logik zum Gebrauch für seine Zuhörer bearb. gr. 8. (87 S.) Dilingen 848. (Augsburg, Kollmann'sche Buchh.)

—— Grundriß der Moral-Philosophie im Ausz. bearb. zum Gebrauch für seine Zuhörer. gr. 8. (68 S.) Dilingen 847. (Augsburg, Kollmann'sche Buchh.) -

—— Jahresbericht des historischen Vereines für Oberbayern, s. Jahresbericht.

—— die älteren Matrikeln des Bisthums Freysing. 1—3. Bd. gr. 8. München, (Lindauer'sche Buchh.) [1. (XXXIII und 575 S.) 2. (IV und 618 S.) 849., 3. (VIII und 628 S.) 850. à Bd. * 2 Thlr. 10 Ngr.] *

*Deutinger*, Dr. Mart. v., die ältern Matrikeln d. Bisthums Freysing. Hrsg. von —. 3 Bde. München 1849—50. Verlag d. erzbischöfl. Ordinariats-Kanzley. Gr. 8°. Unbeschn. in d. Orig.-Pphdn. (Mk. 22.)

— das Passionsspiel in Oberammergau. Berichte u. Urtheile üb. dasselbe nebst geschichtl. Notizen üb. die Passionsspiele in Bayern überhaupt. [Aus dem II. u. III. Bd. der Beyträge zur Geschichte des Erzbisthums München u. Freysing abgedr.] Mit 2 lith. Beylagen (in gr. 8. u. 4.) gr. 8. (VIII u. 633 S.) München 851, Lindauer in Comm. n. 2 ℛ

Deutinger, Martin, Das Princip der neuern Philosophie und die christliche Wissenschaft. Regensburg, Manz (jetzt Verlagsanst.), 1857, gr. 8°, XX, 527 S., 6 Mk.
Recens. (Wiener) Kathol. Littztg 1857, S. 309—10. Littblätter zur Sion 1857, S. 30—2. Über des Verfassers philos. Standpunkt vgl. noch Al. Schmid, Kirchenlex. (2. Aufl.), Artikel „Deutinger".

Deutinger, Martin, Das Reich Gottes nach dem Apostel Johannes. Eine Folgenreihe von öffentlichen Vorträgen in der Universitätskirche zu St. Ludwig in München gehalten. Freiburg, Herder, 1861—1862, gr. 8°, 2 Bde, L u. 912 S., 10 Mk.

Deutinger, Mart., das Reich Gottes nach dem Apostel Johannes. Eine Folgenreihe von öffentlichen Vorträgen, in der Universitätskirche zu St. Ludwig in München gehalten. 1. u. 2. Bd. Freiburg im Br. 862. Herder. gr. 8. Jeder Bd. n. 1 ℛ 20 ngr.
Inhalt: 1. Bd.: Vorträge über die 1. Hälfte des Evang. Johannis. (XXX, 470 S.) — 2. Bd.: Vorträge über die 2. Hälfte d. Evang. Johannis. (XX, 472 S.)

—— dass. — 3. Bd. A. u. d. T.: Die christliche Ethik nach dem Apostel Johannes. Oeffentliche Vorträge über die Briefe und die Offenbarung Johannis. Aus dem Nachlasse des Verstorbenen hrsg. von Lor. Kastner. gr. 8. (XXIV und 584 S.) Regensburg 867, Coppenrath. *

— das Reich Gottes nach dem Apostel Johannes. Eine Folgenreihe von öffentl. Vorträgen in der Universitätskirche zu St. Ludwig in München gehalten. 3. Bd. A. u. d. T.: Die christliche Ethik nach dem Apostel Johannes. Oeffentliche Vorträge über die Briefe u. die Offenbarung Johannis. Aus dem Nachlasse des Verstorbenen hrsg. von Lor. Kastner. Regensburg 868. Coppenrath. gr. 8. (XXIV, 584 S.) n. 1 ℛ 20 ngr.

v. Deutinger, Mart., Reihenfolge u. kurze Chroniken der Bischöfe v. Freysing u. Chiemsee u. der Erzbischöfe v. Salzburg. [Abdr. aus dem 1. Bd. der Beyträge zur Geschichte, Topographie u. Statistik des Erzbisthums München u. Freysing.] gr. 9. (VI u. 269 S.) München 850, Lindauer in Comm. n. 1 ℛ

Deutinger, Martin, Renan u. das Wunder. Ein Beitrag zur christlichen Apologetik. München, litt.-artist. Anstalt, 1864, 8°, 160 S., 1,40 Mk.
Recenss. Zukrigl, Theol. Quartalschr. 1864, S. 519—72. Wiener Littztg 1864, S. 289. Sion 1864, S. 605. Bamberger Pastoralbl. 1864, Nr. 20—24. Österr. Vierteljahrsschr. 1864, S. 611—3 (Hayd). Hist.-pol. Blätter Bd. 55 (1865), S. 553—7. Litt. Handw. 1865, S. 227—8.

— Schematismen d. Diöcesen-Geistlichkeit d. Bisth. Freising. Mit Nachtrag. 8. Landsh. 814—17. 19 u 21.

Deutinger, Martin von (Red.), s. Siloah.

*Deutinger*, Mt., supplementa status ecclesiastici Frisingensis de anno 1814, exhibentia mutationes etc., quae usque ad a. 1815. acciderunt. 8 maj. Landsh. 815.

Deutinger, Martin, Verhältnis der Kunst zum Christentum. Freising, 1843, 4°, 33 S., Programm.

—— Über das Verhältnis der Poesie zur Religion. Fünf Vorlesungen, gehalten im Frühjahr 1861 im Saale des königl. Odeon zu München. Augsburg (München, Kaiser) 1861, gr. 8°, 91 S., 90 Pf.

—— der gegenwärtige Zustand der deutschen Philosophie. Aus dem handschriftl. Nachlasse des Verstorbenen hrsg. von Lor. Kastner. 8. (IX und 249 S.) München 866, Lentner'sche Buchh.

Deutl, Herm., Exempelbuch f. Predigt, Schule u. Haus. Eine Sammlg. ausgew. Beispiele, vorwiegend d. neueren Zeit, üb. sämtl. Lehren des kathol. Katechismus. Hrsg. u. m. ausführl. Schlagwort-Register verseh. (III, 456 S.) gr. 8. Graz 910. U. Moser. 4.—; geb. in Leinw. 5.—

Deutl, Jos., 's Backfischalter. — D. Wüstling. Volksdichtgn. 12. (17 S.) Linz 895. (E. Mareis.) n. —30

Deutl, Josef: Beiträge zur animalen Impfung. Linz 1888. 31 S.

— mei Hoamat. Volksdichtg. 12. (14 S.) Ebd. 895. n. —20

Deutl, Josef: A schenö Jug'ndzeit. Dö erstö Liab. Volksdichtgn. 12. (24 S.) Linz: Mareis 1895.

[F.] Volksdichtungen in oberösterreichischer Mundart v. Josef Deutl, Stadt-Thierarzt in Linz. 2. Aufl. H. 1—11. *Linz a. D.: Selbstv.; (Buchdr.) E. Mareis 1896.* [Erweit. SA. a. d. Deutschen Rundschau.] (VIII, 168, 16 S.) 1 Bd 8. [96. 4..7

Deutl, Josef, Volksdichtungen in oberösterreichischer Mundart. II. Band. 8. (VIII, 175 S.) 1.20
Linz: Mareis 1897

Deutl, Jos., Volkspoesie in oberösterreichischer Mundart. Marterln, Feldkreuze, Sprüche, Grabschriften, Haussprüche, Touristentafeln, Volksbräuche rc. rc. 1.—6. Lfg. 8. (S. 1—96.) Linz 899. (E. Mareis.) à n. —20

DEUTL, Josef
(F) Volkspoesie in oberösterreichischer Mundart von Josef Deutl. IV. Bd. Linz a./D. 1899. Selbstverlag. In Comm. Mareis. 8° 176, 11 S. mit einer Tafel. fl. 1.—
Dass. Bd. 3. Ebda. 1898. (VII, 176 S.)

Deutl, Jos., Volksdichtung in oberösterreich. Mundart. 7. u. 8. Bd. (II, 160 u. III, 170 S. m. Bildnis.) 8. Linz 908. 10. R. Pirngruber. à 2.—: geb. n 2. 50

Deutler, C. A.: Spargelplantagen. Nürnberg (ca. 1830).

†Deutlich, J., [Max Kalbeck.] s. Gereimtes und Ungereimtes.

Deutloff, Cuno, aus Berlin: Lungeninduration bei Peribronchitis tuberculosa. *Würzburg 1899 [vielm. 1900/1901]: P. Scheiner.* (26 S.) 8°
Würzburg, Med. Diss. v. 1899

Deutmann, L., Radium u. Stoffwechsel. (Aus d. Universitätspoliklinik f. physikal. Heilmethoden, Zürich, Abtlg. f. Radioaktivitätsforschg. Direkt.: E. Sommer.) (38 S.) gr. 8. München 910. Verlag der ärztl. Rundschau. 1.—

Deutmayr, Bernhard

— exercitatio de jure publico universali eccles. Prs. I. 8. Regensb. 781. Prs. II., exercitatio de limitibus utriusque potestatis nec non de juribus principum circa sacra. 8. Straubing 782.

*Deutmayr*, Brnh., exercitatio de juribus eccles. Germaniae specialibus. Prs. I. II. 8. Straubing 779 u. 80.

**Deutrich**, Christian Adolf

— **Christian Adolph** (Leipzig), De principum S. R. I. secularium imprimis electoris Saxoniae dominio feudorum quae in vasallos suos conferunt directo, non prodominio. Exercit. jur. Präs. Chn. Rau. Lpz. (Breitkopf & Härtel) 15. IX. 1803. 30 S. (4.80) 6359
Gew.: Chph. Gottlob v. Burgsdorf, Pet. Carl Wilh. Grf. v. Hohenthal.

— — De juris Saxonici de origine fatis et natura dominii in praedia rustica. Comment. jur. Saxonici. Lpz. (Breitkopf & Härtel) 19. III. 1805. 78 S. (5.—) 6360

**Deutrich**, Joh. Const., Bilder aus der Geschichte Sachsens, oder die wichtigsten u. merkwürdigsten Momente u. Ereignisse aus der Geschichte Sachsens. Zur Unterhaltung u. Belehrung für Jung und Alt erzählt und herausg. (In 12 Liefgn.) 1—3. Liefg. Neu-Gersdorf (858). (Oschatz, Oldecop.) Lex.-8. (S. 1—96.) Jede Liefg. mit 1 Lithogr. 3 *ngr*

**Deutrich**, Joh. Constant., Bilder aus der Geschichte Sachsens, oder die wichtigsten und merkwürdigsten Momente und Ereignisse aus der Geschichte Sachsens. Zur Unterhaltung und Belehrung für Jung und Alt erzählt und herausg. 4—12. (letzte) Liefg. Neu-Gersdorf. — Oschatz 860. Oldecop. Lex.-8. (S 97—384.) Jede Liefg. m. 1 Lithogr. 3 *ngr.*

Deutrich, Joh. Const., Bilder aus der Geschichte Sachsens oder die wichtigsten und merkwürdigsten Momente und Ereignisse aus der Geschichte Sachsens. Zur Unterhaltung und Belehrung für Jung und Alt erzählt und hrsg. 2. Aufl. 12 Lfgn. gr. 8. (IV und 380 S. mit 12 ill. Stnt.) Neu-Gersdorf 865, Trommer. à Lfg. 3 Ngr.

Deutrich, J. C. — Gedenkbüchlein. Eine Zusammenstellung der wichtigsten Ereignisse zu Rixdorf und der umliegenden Orte. Aus alten Urkunden gesammelt, bearbeitet und allen Freunden alterthümlicher Nachrichten gewidmet von — —. Rumburg, 1855. Druck von Moritz Adam. (2 Bl. 50 S. 8.)

Deutrich, Joh. Const., der Goldschmid, Episode aus der Geschichte Oederans während des 30jähr. Krieges. Nach alten Urkunden erzählt. 8 Lfgn. gr. 16. (255 S. mit 8 ill. Stnt.) Oederan 867,68, Schlesinger. à Lfg. 2 Ngr.

**Deutrich**, Karl Gf., neue kleine Haus- u. Reiseapotheke, bestimmt zur Verbess. d. ersten Diätfehler. 8. Hamb. 785.

**Deutrich, Carl Gottfried** (Hayna), De morbis mentis delicta excusantibus. Disp. med. Präs. Ernst Gottlob Bose. Lpz. (Loeper) 2. XII. 1774. 31 S. (4.80) 6358
Gew.: Friedr. Gottlob Heinr. u. Joh. Chn. zu Solms, Pet. Frh. v. Hohenthal (Döbernitz . .).

**Deutrich**, God. (Resp.): De morbis mentis delicta excusantibus, s.a. B o s e , Ern. Gttl. (Praes.)

Deutsch bis ins Mark! Bismarck-Lied. Auf 1. April 1885. gr. 8. (12 S.) Freiburg i. Br. 885, (Schmidt-Vogler.) *

**Deutsch**, Bukowiner. Fehler u. Eigenthümlichkeiten in der deutschen Verkehrs- u. Schriftsprache der Bukowina. Gesammelt v. Vorstande d. Bukowiner Zweiges des allgem. deutsch. Sprachvereines. gr. 8. (VIII, 52 S.) Wien (1, Schwarzenbergstr. 5) 901. Schulbücher-Verl. n.n. —27

**Deutsch oder Englisch.** Ein Gespräch zwischen zwei Nachbarn, Sebastian and Jacob, über die deutsche Sprache in Nordamerika. *Allentown, Pa.: Druck und Verlag von Trexler, Harlacher & Weiser 1862. 11 S.*

**Deutsch** gesprochen mit Hrn Pott über seine Ausgabe der Briefe rechtschaffener Männer an Dr. K. F. Bahrdt 1798. V: *Lauckhard, Fr. Chn.* (MGT) (HS)

**Deutsch's, N.M.,** Lebensbeschreibung, s.: H a e n d c k e, B.

**Deutsch** o d e r preussisch? Bericht über die Verhandlungen der am 4. August stattgehabten General-Versammlnng des Grossdeutschen Vereins zu Hannover. Hannover 1864. 8°

Deutsch oder römisch? das heißt: Evangelium oder Papstthum? Kurze Darstellung des wesentlich evangelischen u. des wesentlich Römisch-Papistischen im Christenthum, also der Unterscheidungslehren der evangel.-protestant. u. der römisch-kathol. Kirche. Von e. Zeitgenossen. Lahr 866. Geiger. (Schauenburg.) 16. (40 S.) 2 *ngr.*

**Deutsch** oder Römisch Katholisch? Das ist Beleuchtung zu der neuen religiösen Bewegung ... Leipzig 1875. V: *Ehrensperger, Andreas.* (JES)

Deutsch od. Wälsch? Eine kathol. Stimme aus Hohenstaufenscher Zeit üb. den jetzt wieder erwachten Kampf zwischen Staat u. Kirche. Ein Schatzkästlein f. das deutsche Volk. gr. 8. (16 S.) Elberfeld 872. Lucas in Comm. —15

**Deutsch u. Kettel**, Charakter A. G. Baumgartens. 8. Halle 762. Schwetschke u. S. 1 *K*

**Deutsch, Adolf**: Zur Lehre von der kryptogenen Sepsis ... Mainz, Druck v. K. Theyer, *1893*; 34 S. 8.
Heidelberg, Med. Fak., Inaug.-Diss. v. [19. Febr.] 1893

**Deutsch, Adolf.** Pauken-Schule. [Text: deutsch-englisch.] Leipzig (1895).

**Deutsch, Aladár,** Edition dreier syrischen Lieder n. e. Handschrift d. Berliner kgl. Bibliothek. Diss. gr. 8. (29 u. 26 S.) Berlin 895. (Bern, H. Körber.) n. 1. 50

**Deutsch**, Albert (geb. Berlin 29. 2. 1856): Ueber die Exstirpation von Strumen nebst einem Fall von vollkommener Heilung durch Total-Exstirpation. Berlin (1879). (31 S.) 8°
Berlin, Med. Diss. v. 11. Okt. 1879

**Deutsch**, Alfr. (geb. Neustadt in Oberschles. 8. 9. 1853): Ueber schwefelhaltige Derivate des Diphenyls. Beiträge zur Kenntniss der Dicyanamidobenzoësäure und der Aether der Orthoameisensäure. Berlin (1880). (62 S.) 8°
Berlin, Phil. Diss. v. 22. Juli 1880

Wiener Mädel. Von Alfred Deutsch-German [d. i. Alfred **Deutsch**]. 5. Aufl. Berlin: H. Seemann Nachf. [1906]. (104 S.) 8° [Fr.]
= **Großstadt-Dokumente**. Bd 17. [08. 1492]

— Wiener Porträts. (187 S.) gr. 8. Wien 903. C. W. Stern. n. 2. 50

**Deutsch, Ant.**, 25 Jahre ungarischer Finanz- u. Volkswirthschaft (1867—1892). gr. 8. (95 S.) Berlin 892. Puttkammer & Mühlbrecht. n. 1. 80

Deutsch A, Rückblicke a. d. Entwickl. d. ungar. Volkswirtsch. i. J. 1900. (200 S 1 T) Budapest 1901

**Deutsch**, Armin (geb. Waag-Neustadtl in Ungarn 7. 10. 1852): Ueber Chorea. Berlin (1881). (27 S.) 8°
Berlin, Med. Diss. v. 18. März 1881

**Deutsch, Aug.**, neue Weltanschauung, neue Religion. (III, 74 S.) 8. Leipzig 904. Gotha, R. Wöpke. n. 1. 20

® **Deutsch, Aug.**, neue Weltanschauung. 904. Jetzt: Leipzig, A. König.

**Deutsch, C.**, Aufgaben zum Tafelrechnen auf A. 140 Tafeln od. Vorlegebl., welche d. im gewöhnl. Leben vorkomm. Rechnungsarten ohne Brüche, u. B. 120 Taf., welche d. Rechnungsarten mit Brüchen enth., vertheilt. 8. (40 B.) Brandenburg 828, Wiesike. Thlr.

**Deutsch, C.**, der prakt. Kopfrechner. Ein Leitfaden b. Unterr. im Kopfrechnen, in Bezug auf d. oberen Schülerabtheiln. f. Stadt- u. Landschulen. gr. 8. (5½ B.) Brandenburg 833, Wiesike.

Deutsch, C., de sacris Judaeorum ad littora exstructis. I

**Deutsch, C. H.**, Aufruf an alle protestantischen Gemeinden des deutschen Vaterlandes zum Besten des Gust.-Adolph-Vereins. Leipzig 856. Kollmann in Comm. gr. 8. (15 S.) 3 ngl

***Deutsch***, Chr. Fr., Diss. inaug. de graviditate abdominali, singulari observatione ad tab. IV. aeneas illustrata, cum quibusdam ad historiam litterar. additamentis huc facientibus. 4 maj. Halle 792. Schwetschke u. S. 1 ß

Chr. Frid. Deutsch diss. inaug. de graviditate abdominali singulari observatione ad tabb. quatuor aeneas illustrata, cum quibusdam ad historiam literariam additamentis huc facientibus. Hal. (1792.) 1793. 4.

— de necessitate, obstetrices bene institutas publica auctoritate constituendi, prolusio. 8 maj. Erlang. 798.

**Deutsch, Chrn.**, Stephan Klinger. Ein Schauspiel in 5 Aufzügen. 16. (126 S. mit einer Notenbeilage.) Erlangen 872, Deichert. *

**Deutsch, D.**, die rationelle Bodenentwässerung. Mit 1 lithogr. Plane über die Entwässerungen des im Sommer 1876 verrutschten Hügelgeländes in Herdern. gr. 8. (39 S.) Aarau 881, Christen. *
Aus: Schweizerische landwirthschaftliche Zeitschrift, besonders abgedruckt.

**Deutsch, D.**, Kurzgefaßte Quellen-Kunde f. d. Praxis. gr. 8. (VI, 38 S.) Aarau 898. E. Wirz. n. — 60

DEUTSCH, Daniel Ludwig: Kurze Anweisung zur Maulbeerbaumzucht, und zum gehörigen Betrieb des Seidenbaues. - Berlin 1791. 40 S.

**Deutsch, Dn. Ldw.**, kurze Anweis. zur Maulbeerbaumzucht. 8. Berl. 791. Rellstab. 2 gl

**Deutsch, E. v.**, „Fissi". Roman. 8. (298 S.) München (902). (M. Ernst.) n. 5.—

Deutsch, Eduard

**Deutsch**, Ed., Die österr. Arbeiterfrage im Lichte der Gegenwart. Populäre Betrachtungen. 8°. Wien, Selbstverl. d. Verf., 1881.

Deutsch, E., Die österreichischen Arbeiterverhältnisse. 2. Aufl. gr. 8°. Wien 1883.

Deutsch, Ed., Beiträge zur Brünner Arbeiterfrage. Rundschau und Kritik über die zum Wohle der Arbeiter in Brünn bereits bestehenden Einrichtungen. 8°. Brünn, Selbstverl. d. Verf., 1869.

**Deutsch, Ed.**, das sociale Elend der Großstädte. Mit bes. besonderer Rücksicht auf Wien u. Berlin. 2., gänzlich verm. Aufl. gr. 8. (45 S.) Wien 878. (Mayer & Co.) n. 1. 60

**Deutsch, Ed.**, Führer durch Brünn u. Umgebung. Zum Gebrauche für Einheimische u. Fremde. Mit 1 Situationsplane (in Stahlst. in 4.). Brünn 865. Karafiat. 16. (VI, 146 S.) n. 20 ngr; cart. n. 22½ ngr

Deutsch E. die sozialen Krankheiten Wiens. Wien 1877

— die socialen Krankheiten Wiens. gr. 8. (45 S.) Wien 878. (D. Löwy.) n. — 70

**Deutsch, Ed.**, die socialen Krankheiten Wiens. gr. 8. (45 S.) Wien 878, (Brüder Winter.) *

— die Occupation Mährens durch königl. preuß. Truppen 1742 und 1866. 8. (90 S.) Brünn 866, Deutsch (Selbstverlag.) *

**Deutsch, Ed.** Die Preußen in Mähren 1866. Erinnerungen. gr. 8. (III, 63 S.) Brünn 891. Wien, III, Salesianergasse 23, Selbstverl. d. Verf. ** 1 40

**Deutsch, Eduard**, Therapeutik f. Venerische u. Hautkranke, s.: Lang, Eduard.

— die Transport-Unternehmungen im Kaiserth. Oesterreich. Brünn 867. (Nitsch.) 4. (16 S.) 6 ngr

**Deutsch, Eduard**, Wanderungen durch Niederösterreich u. Mähren. Eine Skizze. (74 S.) 8. Brünn 902. Wien (XII. Mandlgasse 1a), Selbstverlag. n. 1.—

— Wien im Dienste der Nächstenliebe. Die Fürsorge des Vereins für die arme Jugend der Kaiserstadt an der Donau dargestellt. gr. 8°. Wien, Ed. Deutsch, 1892.

— Wien im Dienste der Nächstenliebe. Die Fürsorge der Vereine f. die arme Jugend der Kaiserstadt an der Donau. gr. 8. (36 S.) Wien 892. (Mayer & Co.) n. — 80

**Deutsch, Eduard M.**, Kol Dodi oder die biblische Blumenlese. Ein Buch für jeden denkenden und gebildeten Menschen. 1. und 2. Lfg. gr. 8. (VIII und S. 1—44.) Pilsen 865, Deutsch. à Lfg. * 4 Ngr. *

**Deutsch, Eman.**, der Islam. Aus dem Engl. übertragen. Autoris. Ausg. gr. 8. (80 S.) Berlin 874. Dümmler's Verl. n. 1. 20

**Deutsch, Eman.**, der Talmud. Aus der 7. engl. Aufl. ins Deutsche übertragen. Autorisirte Ausg. 1. u. 2. Aufl. Berlin 869. Dümmler's Verlhdlg. gr. 8. (IV, 72 S.) n. 12 ngr

**Deutsch, Eman.**, der Talmud. Aus dem Engl. übertragen. Autoris. Ausg. 3. Aufl. gr. 8. (77 S.) Berlin 880, Dümmler's Verlagsh. *

**Deutsch, Erich**, approb. Arzt aus Berlin: Aus d. pathol. Institut d. Universität zu Freiburg i. B. Ueber die tuberkulöse **Entzündung des Brustfells.** Ein Beitrag zur pathol. Anatomie d. serösen Häute. *Berlin 1902: A. Unger.* (26 S.) 8° Freiburg i. B., Med. Diss. v. 1902

**Deutsch**, Ernst: Ibn Esra-Studien. Phil. Diss. Prag 1909/1910.

**Deutsch, Ernst, Jesus**, d. Mann d. Volkes. Ethisch-soz. Lieder im Geiste d. volkstüml. u. thatkräft. ethisch-soz. Reform, sow. d. prakt. ethisch-soz. u. evang.-protestant. Christentums. 8. (52 S.) Zell i/W. 896. F. Bauer. n. — 50

Deutsch, Ernst [Heinr. Pudor]. Studien u. Skizzen aus der französ. Hauptstadt. 8. (44 S.) Dresd. 890, (Pierson.) Damm. * — 75

Deutsch, *Friedrich* Ernst [aus Esslingen]: Das Verhältnis Carl Ritters zu Pestalozzi und seinen Jüngern ... Leipzig, Druck v. A. Mehnert, 1893; 33 S., 1 Bl. 8.
Leipzig, Phil. Fak., Inaug.-Diss. v. [8. Febr.] 1893

Deutsch, Eugen [aus Berlin]: (Aus d. Univ.-Frauenklinik d. Herrn Geh. Rats Prof. Dr. Olshausen.) Beiträge zur Hofmeierschen Methode der Expression des Kindskopfes bei engem Becken unter Berücksichtigung des normalen. ... Berlin, Buchdr. v. G. Schade, *1891;* 43 S. 8°
Berlin, Med. Fak., Inaug.-Diss. v. 24. Apr. 1891

Deutsch, F., (Regiom. 1708. 4.) Gerhard, J. E., (Jen. 1665. 4.) Mayer, J. F., (Gryph. 1702. 4.) de ἐπισκιασμῷ s. obumbratione virtutis Altissimi.

Deutsch, F., de sepulcro Christi in horto. Regiom. 1709. 4.

Deutsch, Felix (geb. Berlin 27. 11. 1845): De institore. Berolini (1868). (60 S.) 8°
Berlin, Jur. Diss. v. 15. Aug. 1868

Deutsch, Friedr., biblische Geschichten aus dem alten und neuen Testamente für Schule und Haus, mit Berücksichtigung der Reihenfolge Mich. Morgenbesser's unter steter Festhaltung des innern Zusammenhanges der heil. Schrift in Dr. Luthers Uebersetzung möglichst wortgetreu nacherzählt, und mit passenden Bibelsprüchen u. erbaulichen Liederversen begleitet. Breslau 856. Graß, Barth u. Co. gr. 8. (XV, 228 S.) n. 6 ngl

Deutsch, Friedr., biblische Geschichten für Schule und Haus, der heil. Schrift in Dr. Luther's Uebersetzung unter Festhaltung des inneren Zusammenhanges nacherzählt und mit passenden Bibelsprüchen und erbaul. Liederversen begleitet. 2., umgearb. und verm. Aufl. gr. 8. (XI und 222 S.) Breslau 865, Morgenstern. *

Deutsch, Friedr., Papst Innocenz III. und sein Einfluss auf die Kirche. Mit Bezugnahme auf den gegenwärt. durch das Dogma der persönl. Unfehlbarkeit des Papstes hervorgerufenen Kirchenconflict und Culturkampf des Ultramontanismus, insbesondere gegen Preussen und das deutsche Reich. [Beigegeben sind 2 Briefe von Dr. Augustin Theiner.] gr. 8. (XII, 90 S.) Breslau 876, (Bial und Freund.) *

Deutsch, Friedrich Gottlieb

Deutsch, F. G. Deutsche, italienische und französische Grammatik. St. Gallen 1852.

Deutsch, Friedr. Glieb., internationale Grammatik das Italienische, das Französische und das Deutsche eine, zwei, oder alle drei Sprachen zu erlernen nach einer neuen das Studium wesentlich erleicht. und verschön. Anordnung. Anschauungs-Unterricht zum Schul- und Privatgebrauch. gr. 8. (X, 145 S.) Zürich 871, Schabelitz'sche Buchh. *
—— dass. — 2. Aufl. gr. 8. (X, 145 S.) Chur 872, Meyer-Amarca. *

Deutsch, Frdr. Glieb., Parallel-Grammatik f. Deutsche, das Deutsche, Italienische u. Französische — eine, zwei od. alle drei Sprachen — zu erlernen, nach einer neuen, das Studium wesentlich erleichternden Anordng. Anschauungs-Unterricht zum Schul- u. Privatgebrauch. 3. Aufl. gr. 8. (X, 145 S.) Berlin 875. Grieben. n. 2. —

Deutsch, G., die Lebensweise der Völker in Oesterreich-Ungarn, s. Sammlung gemeinnütz. populärwissenschaftl. Vorträge.

Deutsch, G., die Symbolik in Cultus und Dichtung bei den Hebräern. Vortrag, gehalten im Vereine für die Wissenschaft des Judenthums zu Prag, am 26. Decbr. 1885. gr. 8. (22 S.) Brünn 886, (Epstein.) *

Deutsch, Gotthard, unlösbare Fesseln. Eine Erzählg. aus dem jüd. Leben der Gegenwart. (198 S.) gr. 8. Frankfurt a/M. 903. J. Kauffmann. n. 4. —

Deutsch Gotthard: Die Nachrichten über das Verhältnis der Langobarden zu den Romanen vor dem Ediktus Rotharis.
H. 1881 PN 210 Diss.Wien, Univ.

Deutsch, Ghard., Andere Zeiten. E. Erzählg. a. d. jüd. Leben d. jüngsten Vergangenheit. gr. 8. (262 S.) Berlin 898. A. Katz. 3. —

Deutsch, Gustav, aus Elbing: Casuistische Beiträge zur Therapie des Pyosalpinx. *Würzburg 1898: A. Boegler.* (48 S.) 8°
Würzburg, Med. Diss. v. 1898

Deutsch, Gust. Adph., die Jesuiten u. ihre schändliche Moral, ihre „geheimen Instruktionen", ihre Unterdrückg. durch den Papst selbst, ihre scheußl. Grundsätze: „Tyrannenmord", „der Zweck heiligt die Mittel" u. s. f., wahrheitsgetreu beleuchtet. gr. 8. (32 S.) Würzburg 891. Woerl.

Deutsch, H. K., Denkschreiben an den Verfasser der Bedenken gegen das Prinzip der Specialität einer Hypothekenordnung, Hrn. K. B. Welsch. gr. 8. München 819. Lentner. 5 gl

Deutsch, Hanns, qualifizierte Arbeit u. Kapitalismus. Werttheorie u. Entwicklungstendenzen. (VIII, 102 S.) gr. 8. Wien 904. C. W. Stern. n. 3. —

Deutsch, Heinr., Arbitrage in Münzen, Barren, Wechseln, Effekten u. Prämien. Mit besond. Berücksicht. der deutschen Geldmärkte u. deren Beziehgn. zu den anderen Geldmärkten der Welt. Ein Handbuch f. Bankiers u. Kapitalisten. (VIII, 298 S.) 8. Berlin 905. M. Regenhardt. Geb. in Leinw. n. 8. —

Deutsch, Heinr., Arbitrage in Münzen, Barren, Wechseln, Effekten u. Prämien. Mit besond. Berücksicht. der deutschen Geldmärkte u. deren Beziehgn. zu den anderen Geldmärkten der Welt. Ein Handbuch f. Bankiers u. Kapitalisten. 2., verm. u. verb. Aufl. (VII, 300 S.) 8. Berlin 910. Verlag f. Börsen- u. Finanzliteratur. Geb. in Leinw. 8. —

Deutsch, Heinr., kurzes Repetitorium d. Stenographie in Fragen u. Antworten. Behelf f. Lehramtskandidaten u. prakt. Stenographen. (46 S.) gr. 8. Wien (I, Stubenring 6), (909). Selbstverlag (Leipzig, R. Wöpke.) nn 1. 70

Deutsch, Helene: Die Entwicklung der Seidenindustrie in Österreich. 1660—1840. Wien: Konegen 1909. VIII, 210 S. 8°
¶(Ersch. als: Studien z. Sozial-, Wirtschafts- u. Verwaltungsgesch. H. 3.)
Tübingen, Staatswiss. Diss. v. 30. April 1910, Ref. Fuchs
(Nur in beschränkter Anzahl für den Austausch)
[Geb. 25. Sept. 85 Lackenbuch, Ungarn; Wohnort: Wien; Staatsangeh.: Österreich-Ungarn; Vorbildung: Bürgersch. Wien; Studium: Wien 7, Tübingen 2 S.; Rig. 17. Febr. 10.] [U 10. 4207

Deutsch, Herm., Or Ha-Emeth. Briefe üb. das Werk Chaje Olam des Oberrabbiners Dr. Lerner, Altona. (In hebr. Sprache.) (56 S.) gr. 8. Drohobycz 907. Frankfurt a/M., J. Kauffmann. — 80

Deutsch, Herm., die Sprüche Salomo's, nach der Auffassung im Talmud und Midrasch dargestellt und kritisch untersucht. 1. Thl.: Einleitendes. gr. 8. (108 S.) Berlin 885, Mampe. *
Aus: Magazin für die Wissenschaft des Judenthums, besonders abgedruckt.

Deutsch, Hermann [aus Frauenkirchen]: Die Sprüche Salomos nach der Auffassung im Talmud und Midrasch. 2. Theil. Exegetisches. Gießen (Druck v. H. Itzkowski, Berlin) 1886; 31 S. 8°.
Gießen, Phil. Fak, Inaug.-Diss. v. 31. März 1886.

Deutsch, Hermann, Referendar aus Berlin: Die Vorläufer der heutigen Testamentsvollstrecker im Römischen Recht. *Berlin: R. L. Prager 1899.* (VI, 40 S.) 8°
Göttingen, Jur. Diss. v. [26. Juni] 1899

Deutsch, J., Regulirung der Moldau an der „Teufelsmauer". Lex.-8. (47 S. mit 1 Tab. in qu. 4. und 3 lithogr. Taf. in qu. gr. und qu. Fol.) Wien 876, Lehmann und Wentzel. *
Aus: Zeitschrift des österreichischen Ingenieur- und Architekten-Vereins, besonders abgedruckt.

**Deutsch**, J., die Ueberschwemmung u. ihre Ursachen. Subjective Anschauungen über die Donau-Regulirung bei Wien 1876. Vortrag, geh. am 18. Novbr. 1876, im österr. Ingenieur- u. Architekten-Verein. Mit 3 (lith.) Taf. Nebst einem Anh.: Abdruck aus der „Neuen freien Presse". Lex.-8. (85 S.) Wien 877. Spielhagen & Schurich. n. 4. —

Deutsch, J., der commercielle Werth amerikanischer Canäle. Vortrag, gehalten am 24. März 1885 im Donau-Vereine. Lex.-8. (32 S. mit 6 Taf.) Wien 885, Seidel und Sohn.*

Deutsch, Ignaz, die Finanzlage in Oesterreich und das Verhältniß der National-Bank zum Staate. 8. (24 S.) Wien 862, Bartelmus. *

**Deutsch**, Dr. Ignaz, Advocat in Pressburg. Die Gerichtsstellen erster Instanz in Ungarn und Siebenbürgen nach der am 1. Jänner 1872 in's Leben getretenen neuen Organisation. Mit alphabetischen Verzeichnissen der königl. Gerichtshöfe und der königl. Bezirksgerichte. Für die österr. Praktiker. 8. Wien 1872.

Chronik der Synagogen-Gemeinde Sohrau O.-S. Ein Beitrag z. Entwickelungsgeschichte d. Kleingemeinden Oberschlesiens. Von Rabbiner Dr. Immanuel **Deutsch**. *Magdeburg 1900: Leistner & Drewfs.* (16 S.) 8° [F.]
Aus: Rahmer's Jüd. Litteraturblatt. Jg. 24. [04. 11539

Deutsch, Immanuel *(geb. Sohrau in Oberschles. 9. 8. 1847)*: De Elihui sermonum origine atque auctore. Vratislaviae (1873). (63 S.) 8° *[Buchausg. 1873 bei Dieterich in Göttingen.]*
Breslau, Phil. Diss. v. 20. März 1873

Deutsch, Imman., de Elihui sermonum origine atque auctore. Commentatio philologico-critica. gr. 8. (63 S.) Breslau 873, Skutsch. *

**Deutsch**, Imman., die Regierungszeit der judäischen Königin Salome Alexandra u. die Wirksamkeit des Rabbi Simon ben Schetach. Eine geschichtl. Untersuchg. 8. (46 S.) Magdeburg 901. (Frankfurt a/M., J. Kauffmann.) n. 1. —

**Deutsch, Joseph: Beiträge zur Kenntnis der Beziehungen zwischen chemischer Constitution und Wirkung der Antipyretica.** *Halle a. S. 1898: C. A. Kaemmerer & C.* (25 S.) 8°
Halle, Med. Diss. v. 8. Juni 1898

Kilian Leib, Prior von Rebdorf. Ein Lebensbild aus d. Zeitalter d. deutschen Reformation. Von Dr. Josef **Deutsch**. München: Aschendorff 1910. XII, 207 S. 8°
(Reformationsgeschichtl. Studien u. Texte. H. 15/16.) [11. 531 2

Deutsch, Israel, Proben aus (seinem) literarischen Nachlasse, hrsg. von dessen Brüdern Abraham Deutsch und David Deutsch. gr. 8. (IV und 147 S. mit 1 lithogr. Portr.) Gleiwitz 855(57). (Leipzig, C. L. Fritzsche.) * -

**(Deutsch.)** Proben aus dem literarischen Nachlasse des Herrn Israel Deutsch s. A., Rabbiners zu Beuthen, herausg. von dessen Brüdern Abr. Deutsch u. Dav. Deutsch. Mit dem (lith.) Portr. des Verewigten. Gleiwitz 855. (Leipzig, C. L. Fritzsche.) gr. 8. (2 Bl., 132, 45 S.) n. 22½ ngr

**Deutsch, Julie, Hans d. Pechvogel. Eine Rabengeschichte.** gr. 8. (27 S. m Abb.) Zürich 900. Th. Schröter. n. 1. 50

**Deutsch, Julius, [und] Wild, A[lbert]. Zwei von der Universität Zürich preisgekrönte Arbeiten über Kinderschutz: (1.)... Von J. Deutsch; (2.)... Von Pfarrer A. Wild. [2 Bände.] 8. Zürich, Rascher & Co., 1907 u. (1907).**
(1.) *a. u. d. T.:* Die Kinderarbeit und ihre Bekämpfung. Von Julius Deutsch. (Preisgekrönt von der Un' Z'.) XII + 247 S. Z'... 1907. (M. 4. 50)
(2.) *a. u. d. T.:* Die körperliche Misshandlung von Kindern durch Personen, welchen die Fürsorgepflicht für dieselben obliegt. (Von) Pfarrer A[lbert] Wild. (Preisgekrönt von der Un' Z'.) XII + 162 S. Z'... (1907). (M. 3. 50)

**Deutsch, Jul.**, s.: Auslese u. Anpassung der Arbeiterschaft in der Elektroindustrie usw. S. Schriften des Vereins f. Sozialpolitik Nr. 134.

(F) **Deutsch, J.**, Dokumente der Schande. Beweise für den Verrat der deutschnationalen Arbeiterpartei. 8°. K —.12
Wien: Brand & Co. 1910

Deutsch, Julius. Die Geschichte der sozialistischen Gewerkschaften Oesterreichs bis zur Krise des Jahres 1873. Diss. Staatsw. Univ. Zürich. IV + 80 S. 8. Wien, Selbstverlag des Verfassers, 1907.

Geschichte der österreichischen Gewerkschaftsbewegung. Die sozialist. Gewerkschaften von ihren Anfängen bis z. Gegenwart. Von Julius **Deutsch**. (Mit e. Vorw. von Dr. Viktor Adler.) Wien: J. Brand 1908. (XI, 332 S.) 8° [F.] [08. 3814

— Geschichte d. österreich. Gewerkschaftsbewegung. Die sozialist. Gewerkschaften v. ihren Anfängen bis zur Gegenwart. (Mit e. Vorwort v. Vikt. Adler.) (XI, 332 S.) gr. 8. Wien 908. Wiener Volksbuchh. 4. —

Deutsch, Julius. Die Kinderarbeit und ihre Bekämpfung. Zürich... 1907 s. Deutsch, Julius, [und] Wild, A[lbert]. Zwei ... preisgekrönte Arbeiten über Kinderschutz: (1.)....

— Zur socialen Lage der Kontorlehrlinge in Baden. Diss. 8°. Heidelberg 1910.

**Deutsch, Jul., die Lehrlingsfrage. Hrsg. im Auftrage des Reichsverbandes der jugendl. Arbeiter Oesterreichs.** (III, 36 S.) 8. Wien 903. (Wiener Volksbuchh.) n. — 20

— Das moderne Proletariat, s.: Broda, R.

— Die österreich. Siemens-Schuckert-Werke in Wien. Eine Darstellg. ihrer Betriebs- u. Arbeitsverhältnisse. (67 S.) gr. 8. Leipzig 910. Duncker & Humblot. p 1. 40
Sonderabdruck aus: „Schriften d. Ver. f. Sozialpolitik".

**Deutsch**, Jul., Der Tarifvertrag in den österreichischen Brauereien und Fassbindereien. 8°. Wien, Wiener Volksbuchhdlg., 1909. 64 S.

— Die Tarifverträge in Österreich, s. a. Schriften, gewerkschaftliche. 1. Heft.

— Die Tarifverträge in Oesterreich. 8°. Wien, Ign. Brand, 1908. (Gewerkschaftl. Schriften, Heft 1.)

Deutsch, Karl, der Branntwein als Urheber vieler Krankheiten. Für Nichtärzte dargestellt. 8. Breslau 839. Hirt. ⅓ ℔

Deutsch, Karl, die Gottlosen. Erzählung aus Tirol. (297 S.) 8. Innsbruck 905. Wagner. n. 2. 50; geb. n. 3. 30

**Deutsch**, Carl, Schlesiens Heilquellen u. Kurorte. Zugleich e. Führer durch das schles. Gebirge. Nach Mittheilgn. d. 1. schles. Bädertages. Mit 13 Ansichten schles. Kurorte gezeichnet v. B. Mannfeld, in Holz geschn. v. J. G. Flegel u. 1 (lith.) Specialkarte der Prov. Schlesien (in Fol.) 8. (VI, 202 S.) Breslau 873. Korn. geb. n. 2. 50

— der Jäger vom Steinsee. Erzählung aus der Zeit der Tiroler Freiheitskämpfe 1703. (IX, 346 S.) 8. Ebd. 903. n. 2. 50

Deutsch, Carolus *(geb. Ratibor 1. 1. 1813)*: De penitiori ossium structura observationes. Vratislaviae (1834). (26 S., 1 Taf.) 4°
Breslau, Med. Diss. v. 14. Jan. 1834

Deutsch, Karl, Publicum u. Aerzte in Preußen, in ihren Verhältnissen z. einander u. z. Staat. gr. 8. Gleiwitz 846, Landsberger. n. ½ ℔

Deutsch, Carl, über die Rechte der Taubstummen. gr. 8. (35 S.) Berlin 852, Th. Enslin.

Deutsch Karl: Das deutsche Schäferspiel des 18. Jh. und Goethes „Die Laune des Verliebten".
1899 PN 1265 Diss. Wien, Univ.

Deutsch Dr. Karl: Über das Verhältnis der „Laune des Verliebten" zu dem deutschen Schäferspiele des 18. Jahrh. 47. 32. Sternberg R. 02. 03.
Progr.

Deutsch, Karl, wo der Jochwind pfeift. Geschichten aus Tirol. 12. (VIII, 342 S.) Innsbruck 903. Wagner.
n. 2. 50; geb. n. 3. —

Deutsch, Karl, des Knaben Wünsche u. Freuden. Mit 61 Holzschn. (im Text) nach Zeichnungen von Louise Thalheim, geschnitten von H. Bürkner. Breslau 869. Trewendt. 1. (44 S.) n. 1 ℛ 15 ngr.

**Deutsch, Carl August** (Hamburg), De purgantibus. Diss. med. Präs. Georg Erhard Hamberger. Jena (Ritter) 3. V. 1749. 40 S. (5.—) 6361

v. *Deutsch*, Karl Fr. Wlh. Ldw., Diss. inaug. medico-obstetricia de versione foetus in pedes. 8. Dorpat 826.

Deutsch, Caroline, Aus Drang u. Noth, s.: Universal-Bibliothek, jüdische.

Deutsch, Karoline, Erzählungen. 2 Bde. 8. Hamburg 880, O. Meißner. *

Inhalt:
Bd. 1. Besiegt. — Die Tochter des Hirten. (319 S.)
= 2. Honka. (202 S.)

Deutsch, Karoline: Ein edles Frauenleben. Roman. Charlottenburg: A. Michow 1898. (126 S.) 8°
= Michow-Bücher. Bd 17.

Deutsch, Caroline, lib. Klippen. Roman. 2 Bde. 8. (179 u. 211 S.) Dresden 894. E. Reißner. n. 6. —

— In letzter Stunde, s.: Braun's Novellen- u. Roman-Sammlung.

Die Impfstoffe und Sera. Grundriß d. ätiolog. Prophylaxe u. Therapie d. Infektionskrankheiten. Für Ärzte, Tierärzte u. Studierende. Von Dr. L. Deutsch (Detre), Privatd. in Budapest, u. Dr. C. Feistmantel. Regimentsarzt in Budapest. Mit 2 Skizzen. *Leipzig: G. Thieme 1903.* (VIII, 285 S.) 8° [03 7455

Deutsch, Leo, der Lockspitzel Asew u. die terrorist. Taktik. Deutsch v. S. Grumbach. (37 S.) gr. 8. Frankfurt a/M. 909. Buchh. Volksstimme. — 40

— Der Pope Gapon u. seine Rolle in der russischen Revolution. Erinnergn. u. Eindrücke. Deutsch v. S. Grumbach. (31 S.) 8. Berlin 909. Buchh. Vorwärts. — 50

Sechzehn Jahre in Sibirien. Erinnerungen e. russ. Revolutionärs von L(eo) G. Deutsch. Mit 7 Portr. u. 6 Ill. Stuttgart: Dietz 1904 (1903). VII, 336 S. 8° [10. 16545 5

Deutsch, L. G., 16 Jahre in Sibirien. Erinnerungen e. russ. Revolutionärs. 1.—6. Tausd. (à XV, 336 S. m. 7 Bildnissen u. 6 Abbildgn.) 8. Stuttgart 904. 905. J. H. W. Dietz Nachf. n. 3. —; geb. n. 3. 50

Deutsch, L. G., 16 Jahre in Sibirien. Erinnerungen eines russischen Revolutionärs. 8°. Stuttgart, P. Singer, 1905.

— Viermal entflohen. 1—3. Tausd. (VIII, 198 S.) 8. Stuttgart 907. J. H. W. Dietz Nachf. 1.50; geb. 2. —

— dasselbe. Memoiren. (In russ. Sprache.) (183 S.) 8. Berlin 908. Bühnen- u. Buchverlag russ. Autoren, J. Ladyschnikow. 2. 50

— Wie wir beim Volk Propaganda machten. Erinnerungen. (In russ. Sprache.) (31 S.) gr. 8. Davos 910. Verlagsanstalt u. Monatsrevue „Sa Rubeschóm". — 60

Deutsch, Ludw., s.: Jahrbuch f. Rechtspflege.

Deutsch, Ludw., die Rechtsprechung des k. k. Obersten Gerichtshofes betr. die Jurisdiktionsnorm u. die Zivilprozeßordnung vom 1. VIII. 1895, R. G. Bl. Nr. 110, 111, 112, 113 in Verbindung m. dem Gesetzestext. I. Bd. (XII, 198 S.) Lex.-8. Wien 904. M. Breitenstein. n. 2.75

Deutsch, Ludw. Sammlung oberstgerichtlicher Entscheidungen aus allen Gebieten d. Civil- u. Strafrechtes, publiciert im J. 1891. Nach Materien u. Paragr. geordn. u. ihrem wesentl. Inhalte nach mitgetheilt. gr. 8. (VIII, 179 S.) Wien 892, Braumüller. * 2 40

— dasselbe, publiciert im J. 1892. gr. 8. (VIII, 215 S.) Ebd. 893. n. 2. 50

**Deutsch, M.,** Elsässerleut. Ein Epos aus dem Unterland. (306 S.) 8. Strassburg 908. J. Singer. 4. —

— M., Universal-Kalender. IX. Jahrg. 1886. gr. 8. Wien, Friedrich Beck. 75 kr.

Deutsch's, M., Universal-Kalender. X. Jahrg. 1887. Wien, Friedr. Beck. Baar fl. —.75.

Deutsch, Martin, s. Deutsch, Samuel Martin

Anbau und Präparationsmethoden von Hanf und Flachs nebst e. Anh.: Situation d. Leinweberei in Frankreich. Im Jahre 1906. Von Maurus Deutsch. Wien: Manz in Komm. 1907. (25 S.) 4°(8°)
= Berichte, Kommerzielle, hrsg. v. K. K. Österr. Handelsmuseum. No 2. [07. 12584

Deutsch, Maximilian (geb. Schawli in Russl. 14. 12. 1844): Ueber Anatomie der Gallenblase. Berlin (1875). (31 S.) 8°
Berlin, Med. Diss. v. 14. Aug. 1875

Deutsch, Mich., Deutschland am Scheidewege. Eine polit. Betrachtg. m. Bezug auf die Reichstagswahlen 1907. 1—5. Tausd. (32 S.) 8. Leipzig 907. C. W. B. Naumburg. — 30

Deutsch, Michel, O du mein Oesterreich! gr. 8. (40 S.) Berlin 897. P. Hüttig. n. 1. —

— Weshalb bedarf es e. Neueinteilung der Reichstagswahlkreise? (31 S.) 8. Bonn 908. C. Georgi. — 65

**Deutsch,** Michael August Adolf, aus Schönenburg (Els.): Die **Schädeldeformation** und die Schädelformen auf Vancouver Island im Anschluss an die Beschreibung zweier deformierten Schädel von dieser Insel. *Würzburg 1893 [vielm. 1901/02]: 'Neue Bayerische Landeszeitung.'* (48 S.) 8°
Würzburg, Med. Diss. v. 1893

Deutsch, Moritz

Deutsch, M., d. Neurasthenie beim Manne (m. bes. Rücksichtnahme auf d. Geschlechtskrankheiten). Für Ärzte u. Laien. 3., bedeut. verm. u. verb. Aufl. gr. 8. (197 S.) Berlin 895. H. Steinitz. n. 2. 80

**Deutsch, M., die Neurasthenie beim Manne** (m. besond. Rücksichtnahme auf die Geschlechtskrankh.). Für Ärzte u. Laien verf. 5., bedeut. verm. u. verb. Aufl. gr. 8. (252 S.) Berlin 899. H. Steinitz. n. 4. —

**Deutsch,** M., die Neurasthenie beim Manne (Das geschwächte Nervensystem) m. besond. Rücksichtnahme auf die Geschlechtskrankheiten f. Ärzte u. Laien. 7., bedeutend verm. u. verb. Aufl. (256 S.) 8. Berlin 907. H. Steinitz. 4. —

Deutsch, M., der Selbstarzt in Frauen-Krankheiten. Populäre Darstellung aller das Frauengeschlecht betr. Krankheiten, nebst einer ausführl. Belehrung zur Heilung und Verhütung derselben. 2. verb. und bedeutend verm. Aufl. gr. 8. (145 S.) Wien 888, Mor. Stern. *

Die Ursachen und Heilung der Epilepsie v. Dr. Moritz Deutsch, Specialarzt f. Nervenleiden in Wien ... F. Aerzte u. Laien. 2., bed. verm. u. verb. Aufl. *Berlin: H. Steinitz 1898.* (131 S.) 1 Bd 8. [98. 2876

Deutsch, Moriz, Lieder eines Schazgräbers. Dichtungen. gr. 8. (XXIV u. 344 S.) Altona 847, Blatt. 1½ ℛ — 2. (Titel-) Aufl. 8. (XXIV u. 344 S.) Hamburg (847) 852, Kittler. ½ ℛ

Deutsch, Mor., deutsche Synagogen- und Schul-Lieder. Zu Festen und Gelegenheiten für Solo und Chor mit Orgel- oder Flügel-Begleitung. qu. 4. (III und 29 S.) Breslau 867, Schletter'sche Buchh. *

Deutsch, des Niklans Manuel, v. Bern 2 Schreibbüchlein. Im Auftrag des deutschen Vereins f. Kunstwissenschaft hrsg. v. Paul Ganz. (56 S. m. 23 Taf.) kl. 8. Berlin 909. J. Bard. Geb. in Pergament.
Nicht im Handel.

Deutsch, Otto Erich, Beethovens Beziehungen zu Graz. Neue Beiträge zur Biographie d. Meisters u. zur Konzertgeschichte d. Stadt. (61 S.) 8. Graz 907. Leykam. 1. —

— s.: Kürnberger's, Ferd., Briefe an e. Freundin.

Deutsch, Otto Erich, Schubert-Brevier. (202 S. m. 5 Taf. u. 1 Fksm) kl. 8. Berlin 905. Schuster & Loeffler. n. 3. —; geb. n. 4. —

Deutsch Paul: Die Niederschlagsverhältnisse im Mur-, Drau- und Save-Gebiet.
1904 PN 1776 Diss. Wien, Univ.

Deutsch, Peter, Bacc. jur. von Tägerwilen, Kanton Thurgau: Die Anwaltschaft in Italien vom 8.—12. Jahrhundert, von der Fränkischen Herrschaft bis zur Wiedergeburt des römischen Rechts. *Winterthur 1903: Buchdr. Winterthur.* (XII, 93 S.) 8°
Leipzig, Jur. Diss. v. 1903

Deutsch's, R., Tafel eßbarer Pilze. Für Pilzfreunde u. Schulen. 46×74,5 cm. Farbendr. Annaberg 896. Graser. n. — 90; auf Leinw. n. 2. —

Deutsch, R., essbare Pilze, neue Aufl., s.: Raschke, W.

Deutsch, Regine: Zur Dienstbotenfrage. Berlin: F. Schneider in Komm., 1901. 12 S. 8°
Aus: Ernstes Wollen. Nr 46. 47.

Deutsch, Regine (Hrsg.), s. Krise. — Zur Krise im Bund f. Mutterschutz.

Deutsch, Robert, a. Sonderburg: Die Abhängigkeit des Gasdiffusionskoeffizienten vom Mischungsverhältnis. Halle a. S. 1907: M. Kandler. (30 S., 1 Taf.) 8°
Halle, Phil. Fak., Ref. Dorn, Diss. v. 27. Juli 1907
[Geb. 8. März 83 Sonderburg (Insel Alsen); Wohnort: Halle a. S.; Staatsangeh.: Preußen; Vorbildung: Oberrealsch. Halle Reife M. 02; Studium: Halle 8 S.; Rig. 9. Juli 07.]

Mein Weltbild. Eine konstruktive Phantasie von Rudolf v. Deutsch. ⟨Berlin 1896.⟩ Berlin 1897: Berliner Buchdr. A.G. (43 S.) 8° [F.] [04. 1764 4

Deutsch, S., erstes französisches Lesebuch für Mittelschulen und andere Bildungs-Anstalten. br. 8. (VIII, 152 S.) Brünn 871. (Iglau, Lehmann.) *

Deutsch, S., der Wasserbau, s.a. Handbuch des Bauingenieurs.

Deutsch S, der Wasserbau. I. II. (Handbuch d. Bauingenieurs 1. 2) Leipzig 1906

Deutsch, Samuel Martin

Deutsch, S. M., Peter Abälard, e. kritischer Theologe d. 12. Jahrh. gr. 8. (X, 482 S.) Leipzig 883. Hirzel. n. 7. —

Deutsch, Mart., drei Actenstücke zur Geschichte d. Donatismus. Neu hrsg. u. erklärt. gr. 4. (42 S.) Berlin 875. Weber in Comm. n. 1. 20

Deutsch, Samuel Martin (Hrsg.), s.a. Actenstücke, Drei, zur Geschichte des Donatismus.

Deutsch, S. M., Lehrb. der Kirchengeschichte, s.: Sammlung theolog. Handbücher. V.

Deutsch: Des Ambrosius Lehre von der Sünde und Sündentilgung. 58 S. — Berlin J., Progr. 1867.

Deutsch, S. M., Leitfaden zum christl. Religionsunterrichte, s.: Hagenbach, K. R.

Deutsch, S. Mart., die Synode v. Sens 1141 u. die Verurteilung Abälards. Eine kirchengeschichtl. Untersuchung. [Aus: „Symbolae Joachimicae".] gr. 8. (54 S.) Berlin 880. Weidmann. n. 1. —

Deutsch, S. M. Luthers These vom Jahre 1519 über die päpstliche Gewalt. Ein Beitrag zur Kenntnis der kirchengeschichtlichen Ansichten Luthers. 26 S. Progr. Luis. G. *Berlin* 1884.

Deutsch, Sim. Das Ei des Columbus od.: Die Lösung der socialen Frage. Eine zeitgemäße social-ökonom. Studie. gr. 8. (30 S.) Lpz. 890, Literar. Anstalt, Aug. Schulze. * — 40

Deutsch, Sim., u. Alb. Krafft, die handschriftlichen hebräischen Werke der Hofbibliothek zu Wien, siehe: Catalogus codicum manuscr.

Deutsch, W., die Sedanfeier. Ein Festbüchlein für Schule und Haus. 1.—3. Aufl. gr. 16. (16 S.) Landsberg a. d. W. 876, Volger und Klein.

Der Morphinismus. Eine Studie von Dr. Wilhelm Deutsch, pr. Arzt in Wien. *Stuttgart: F. Enke 1901.* (VIII, 156 S.) 8° [01. 9939

Deutsch-German, Alfred, s. Deutsch, Alfred

Deutsch-Afrika u. die deutschen Katholiken. Ein Wort an alle Katholiken, besonders an jene, welche dem Afrika-Verein deutscher Katholiken noch nicht angehören, von Humanus. 8. (13 S.) M.-Gladbach 890. Riffarth. n. — 10

Deutsch-Amerika: Jahrgang 1—32, no. 10, 1909? —Dec. 1941.
Monthly. Published in interests of trade as supplement to the Hamburg, Germany, AUSLANDSDEUTSCHE (title varies), THE ILLUSTRATED WEEKLY, NEW YORK. Sub-title varies: 1) Herausgegeben vom Deutschen Handlungsgehilfen-Verband, DHV German-American Commercial League, Inc., ? —Dec. 1934; 2) Monatsschrift des Kreises Nordamerika im DHV, Sept. 1934—Apr. 1938. 3) Herausgegeben vom DHV German-American Commercial League, Inc., 1935—Oct. 1936; 4) Herausgegeben vom German-American Vocational League, Inc., Nov. 1936—?; 5) Monatsschrift für das schaffende deutschstämmige Amerikanertum. Nachrichtenblatt für die Mitglieder der Deutsch-Amerikanischen Berufsgemeinschaft. Herausgegeben von der Landesgeschäftsstelle der German-American Vocational League, Inc., May 1938—Dec. 1941. Titles varies: 1) DER AMERIKA-DEUTSCHE, 2) DER DEUTSCHE KAUFMANN IN NORDAMERIKA, ?—Aug. 1934; 3) DER DEUTSCHE IN NORD-AMERIKA, Sept. 1934—Sept. 1939; 4) DEUTSCH-AMERIKA, Oct. 1939—Dec. 1941. Large quarto, each issue 8—12 pages; illustrated, including portraits. Edited by Heinrich Wiegand, ?—Dec. 1934; H. Glattfelder, 1935—Nov. 1936, by Karl Grünewald, Dec. 1936—1941.
New York, NY

Der Deutsch-Amerikaner: 1839—1840? Cincinnati, OH
Democratic weekly. Edited by Georg Walker, & published by August Renz.

Der Deutsch-Amerikaner: 1840—?
Weekly. Continued from DIE DEUTSCHE NATIONAL-ZEITUNG. Edited & published by Franz Joseph Grund.
Philadelphia, PA

Deutsch-Amerikaner: 1851?—? New York, NY
Edited & published by Konrad Krez.

Deutsch-Amerikaner: Mar. 8—June 1, 1851.
Weekly. Published in English and German. Edited & published by Dr. Gempp & G. Panzer.
St. Louis, MO

Der Deutsch-Amerikaner: Mar. 1854—? Chicago, IL
Weekly. Opposed to Kansas-Nebraska Bill. Edited & published by George Schläger.

Der Deutsch-Amerikaner: Aug. 1872—1916?
Weekly. Democratic, 1880—1905; Independent, 1906—16; supported Tilden. Circulation: 1875, 700; 1880, 550; 1890, 950; 1900, 1475; 1910, 1229. Edited & published by Martin Blim, 1872—83; by Jacob G. Schmidt, 1884—1903; by Schmidt & Horn, 1904; by A. G. Horn, 1905; by H. C. Finnern, 1906—15; by Koenecke & Hahn, 1916.
Waterloo, IA

Der Deutsch-Amerikaner: Aug. 1873—March, 1874.
Independent daily, evening except Sunday. Circulation, 1875, 720 (est.). Edited by Dr. C. J. Koch, & published by E. B. Harlacher & Co
Allentown, PA

Der Deutsch-Amerikaner: 1878— Baltimore, MD

**Deutsch-Amerikaner**: Jahrgang 1—33, no. 35, 1880—Sept. 17, 1913.

Independent weekly. Announcement that paper will cease publication in issue for Sept. 17, 1913. Title varies: Der Central Illinois Deutsch-Amerikaner. Circulation: 1890, 750; 1895, 574; 1910, 500. Edited by R. E. Wetmore, 1880—81; by Jos. W. Wild, 1881—1913; published by E. M. Hulbert, 1880—92; by Wild & Whitten, 1893—98; by Wild & Draper, 1899—1904; by Wild & Webster, 1905—13.
Nokomis, IL

**Der Deutsch-Amerikaner**: Jahrgang 1—41, no. 5, Oct. 7, 1880—Oct. 7, 1920?

Independent Republican weekly. For supplement, see Deutscher Farmer und Erzähler. Merged with Wisconsin Wochenblatt (Wausau, Wis.).
Circulation: 1881, 400; 1890, 1600; 1900, 1625; 1910, 1175; 1920, 1000.
Edited & published by N. Schultz, 1880—83; edited by L. W. Joachim, & published by H. J. Hoffmann, 1884; edited by Carl Rabenstein, & published by Herman Schuster, 1885—87; edited & published by Carl Rabenstein, 1888—Aug. 22, 1919; by Emma Rössler, Aug. 29, 1919—Oct. 7, 1920.
Neillsville, WI

**Deutsch-Amerikaner**: no. 1—10, Aug. 14—Oct. 23, 1884.

Weekly. Sub-title: Illustriertes Republikanisches Wochenblatt. Edited by J. A. Försch, & published by Siebert.
New York, NY

**Der Deutsch-Amerikaner**: Jan. 25, 1886—1891?

Monthly. Sub-title: Ein Familien-Blatt zur Beförderung der Mäßigkeit, with sub-title in masthead: Monatlich im Interesse des trauten Heims, echter Mäßigkeit, und der Heilighaltung des Sabbathtages. In no. 1, Jan. 25, 1886, the editor states the "Tendenz" of his paper: „Der Deutsch-Amerikaner hat es sich zur Aufgabe gemacht, im Interesse des trauten Heims, der Enthaltsamkeit vom Genusse berauschender Getränke, des ruhigen und stillen Sabbaths sowie im Interesse der Religion unseres hochgelobten Herrn und Heilandes Jesu Christi zu wirken." Edited & published by George C. Hall. Circulation: 1890, 3500.
Chicago, IL

**Der Deutsch-Amerikaner**: 1901—1909?

Independent Republican, weekly, published in English and German. Title varies: The German-American, 1906—09. Circulation: 1902, 1500. Edited & published by Louis Michel, 1901—04; by German-American Publishing Co., 1906—09.
Baltimore, MD

**Deutsch-Amerikaner**: 1907?—1912?

Local edition of Deutsch-Amerikaner. Circulation: 1910, 1875.
Hamilton, OH

**Deutsch-Amerikaner**: 1907?—1918?

Independent Democratic weekly. For local edition, see Deutsch-Amerikaner. Circulation: 1910, 4000; 1915, 2300. Edited & published by Max Henning, 1907—08; by German Publishing Co., 1909—10; by J. B. De la Court, 1911; edited by Alban Wolff, & published by German-American Publishing Co., 1912—18.
Hamilton, OH

**Der Katholische Deutschamerikaner and the Catholic German American**: vol. 1—5, no. 16, Aug. 6, 1910—Apr. 25, 1914.

Roman Catholic weekly. Published in English and German. Sub-title: 1) Herausgegeben mit Genehmigung der geistlichen Obrigkeit im Interesse der katholischen Deutschamerikaner. Offizielles Organ des Verbandes der Deutschen Katholiken von New York County; 2) Offizielles Organ des Verbandes der Deutschen Katholiken von New York County und des Lokalverbandes Brooklyn; 3) Offizielles Organ des Verbandes der Deutschen Katholiken von New York County und des Lokalverbandes Brooklyn und des Staatsverbandes von New Jersey; 4) Offizielles Organ of the German Roman Catholic Federations of New York, New Jersey & Connecticut. Title varies: 1) The Catholic German-American (Der Katholische Deutschamerikaner), Nov. 12, 1910—July 29, 1911; 2) The Catholic German-American, Aug. 5, 1911—1914; other slight variations in title. Variations in numbering: vol. 1 called "Jahrgang" 1. Large quarto, each issue 8—12 pages.
Circulation: 1912, 5000.
Edited by John C. Hoenninger, Aug. 6—27, 1910; by Dr. Alois Hoelper, Sept. 1—17, 1910.
Published by The Catholic German American Publishing Co., 1910—14.
New York, NY

**Deutschbein,** Gustavus Adolphus: De acaro scabiei humano. Halis Saxonum (1842): Hendel. 47 S. 8°

Halle-Wittenberg, Med. Diss. v. 26. März 1842

Geb. Magdeburg 6. 4. 1817. V.

Verf. erlebte die Diplomerneuerung 1892 als Sanitätsrat und Kreisphysikus in Herzberg a. d. Elster.

**Deutschbein,** Johann Christoph: De Febre miliari quae der Friesel dicitur. (Resp.) Gustavus Bernhardus Volland. Halae Magdeb. (1722)
Hendel. 20 S. 8°
Halle, Med. Diss. v. Sept. 1722.

**Deutschbein, Karl,** 48 charakteristische Abschnitte aus dem I. Bde. v. Macaulay's history of England, m. Anmerkgn. versehen. 3. verb. Aufl. (VIII, 104 S. m. 2 Karten.) 8. Cöthen 904. O. Schulze Verl. Kart. n. 1. — Sonderabdruck aus: „Method. Irving-Macaulay-Lesebuch."

**Deutschbein, Karl,** kurzgefaßte englische Grammatik und Übungsstücke für reifere Schüler. 2 Tle. gr. 8. Köthen 887, Schulze. geb. in 1 Bd. *
Inhalt:
Tl. 1. Grammatik. (VII, 75 S.) *ℳ 1.—,
„ 2. Übungsbuch. (IV, 104 S.) *ℳ 1.40.

**Deutschbein, Karl.** Kurzgefaßte englische Grammatik u. Übungsstücke für reifere Schüler, insbes. f. die Oberklassen der Gymnasien. 2 Tle. gr. 8. Cöthen, Schulze Verlag. * 2 40; geb. in 1 Bd. * 2 30
1. Grammatik. 2. u. 3. verb. Aufl. (VII, 75 S.) 889,91. * 1 —. — 2. Übungsbuch. 2. Aufl. (IV, 104 S.) 889, u. 3. verb. Aufl. (IV, 146 S.) 892. * 1 40.

**Deutschbein, Karl,** kurzgefaßte englische Grammatik u. Übungsstücke f. reifere Schüler, insbesondere f. die Oberklassen der Gymnasien. 2 Tle. 4., verb. Aufl. gr. 8. Cöthen 893. O. Schulze, Verl. n. 1. 80; kart. n. 2. 20; in 1 Bd. geb. n. 2. 20
1. Grammatik. (VIII, 79 S.) n. — 80; kart. n. 1. —
2. Übungsbuch. (VII, 120 S.) n. 1. —; kart. n. 1. 20

**Deutschbein, Karl,** kurzgefaßte englische Grammatik u. Übungsstücke f. reifere Schüler, insbesondere f. die Oberklassen d. Gymnasien. 2 Tle. 6., verb. Aufl. gr. 8. Cöthen 902. O. Schulze Verl. n. 2. —; in 1 od. 2 Bde. geb. n. 2. 40
1. Grammatik. (IV, 79 S.) n. — 80; geb. n. 1. —
2. Übungsbuch. (VII, 134 S.) n. 1. 20; geb. n. 1. 40

— kurzgefaßte englische Grammatik u. Übungsstücke f. reifere Schüler. Ausg. A. 1. Tl.: Grammatik. 7., verb. Aufl. (IV, 79 S.) gr. 8. Ebd. 906. n. — 80; geb. n. 1. —

**Deutschbein, Karl,** kurzgefaßte englische Grammatik u. Übungsstücke f. reifere Schüler. Ausg. A. 2. Tl.: Übungsbuch. 7., verb. Aufl. (IV, 134 S.) gr. 8. Cöthen 907. O. Schulze Verl. 1.20; geb. 1. 40

— kurzgefaßte englische Grammatik u. Übungsbuch f. Gymnasien. Ausg. B. Nach der induktiven Methode. Mit e. Karte v. Großbritannien, e. Plane u. 16 Bildern v. London u. Umgegend. (VII, 214 S.) gr. 8. Ebd. 903. n.n. 2. 10; geb. in Leinw. n. 2. 50

**Deutschbein, Karl,** kurzgefaßte englische Grammatik u. Übungsbuch f. Gymnasien. Ausg. B. Nach der induktiven Methode. 3. Aufl., hrsg. v. Max Deutschbein. Mit 1 Karte v. Großbritannien, 1 Plane u. 16 Bildern v. London u. Umgegend (auf 8 Taf.) (VIII, 249 S.) 8. Cöthen 910. O. Schulze Verl. 2.35; geb. in Leinw. 2. 80

**Deutschbein, Karl,** methodisches Irving-Macaulay-Lesebuch, m. Vorstufen, Anmerkgn., Karten- u. Wörterverzeichnis zum Schul- u. Privatunterricht hrsg. gr. 8. (VII, 309 S.) Cöthen 886. Schulze. n. 2. 60; Einbd. n.n. — 40

—— Methodisches Irving-Macaulay-Lesebuch m. Vorstufen, Anmerkungen, Karten u. Anh. 2. verb. u. verm. Aufl. Ausg. A. m. Vorstufen. gr. 8. (VII, 72, 228 S. m. 1 Plan u. 1 Karte.) Ebd. 892. * 2 60; geb. ** 2 80
Ausg. B. ohne Vorstufen. (VII, 228 S. m. 1 Plan u. 1 Karte.) * 2 —; geb. ** 2 30; Wörterbuch dazu (75 S.) geb. * — 75

— methodisches Irving-Macaulay-Lesebuch, m. Vorstufen, Anmerkgn., Karten u. Anh. hrsg. 4. Aufl. Ausg. A m. Vorstufen. gr. 8. (VII, 230 S.) Ebd. 900. n. 2. 60

— dasselbe. Zwei Vorstufen m. Präparationen u. Karte v. England. 4., verb. Aufl. gr. 8. (IV, 88 S.) Ebd. 901. n. 1.; kart. n. 1. 20

— methodisches Irving-Macaulay-Lesebuch, m. Vorstufen, Anmerkungen, Karten u. Anh. hrsg. 5., verb. u. verm. Aufl. Ausg. A m. Vorstufen. (VII, 88 u. 231 S. m. 2 Karten.) 8. Ebd. 905. n. 2. 50; geb. in Leinw. n. 3.—

— Methodisches Irving-Macaulay-Lesebuch, m. Vorstufen, Anmerkungen, (2) Karten u. Anh. hrsg. 6. Aufl. Ausg. A m. Vorstufen. (VII, 88 u. 231 S.) 8. Ebd. 909. Geb. 3. —

— dasselbe. Ausg. B ohne Vorstufen. (VII, 231 S. m. 2 Karten.) 8. Ebd. 905. n. 2. —; geb. in Leinw. n. 2.50

— systematische englische Konversationsschule. Vokabel- u. Hilfsbuch f. die Lektüre u. Vorkommnisse d. tägl. Lebens m. besond. Berücksicht. englischer Verhältnisse, auf Grund der neuen Lehrpläne u. Lehrordngn. v. 1891 u. 1892 hrsg. 3 Tle. gr. 8. Ebd. 892. n. 2. —; in 1 Bd. geb. n. 2. 40
1. School life. (X, 82 S.) n. — 80
2. Every day life. (VI, 92 S.) n. — 90
3. English-German dictionary. (20 S.) n. — 30

**Deutschbein**, Karl, systemat. engl. Konversationsschule. Vokabel- u. Hilfsbuch f. d. Lektüre u. Vorkommn. d. tägl. Lebens m. bes. Berücksicht. engl. Verhältnisse, a. Gr. d. neuen Lehrpläne u. Lehrordngn. v. 1891 u. 1892 hrsg. 1. u. 2. Tl. 2., verb. u. verm. Aufl. gr 8. Cöthen, O. Schulze Verl. n. 1. 80; in 1 Bd. geb. n. 2. 20
1. School life (X, 83 S.) 895. n. — 80
2. Every day life. (VII, 94 S.) 894. n. 1. —

— systematische englische Konversationsschule. Vokabel- u. Hilfsbuch f. die Lektüre u. Vorkommnisse des tägl. Lebens m. besond. Berücksicht. engl. Verhältnisse, auf Grund der neuen Lehrpläne u. Lehrordngn. hrsg. 1. u. 2. Tl. 3. Aufl. gr. 8. Ebd. 900. n. 1. 80; in 1 Bd. geb. n. 2. 20
1. School life. (X, 83 S.) n. — 80
2. Every day life. (VII, 94 S.) n. 1. —

— systematische englische Konversationsschule f. alle Klassen. Vokabel- u. Hilfsbuch f. die Lektüre u. Vorkommnisse des tägl. Lebens m. besond. Berücksicht. engl. Verhältnisse, auf Grund der neuen Lehrpläne u. Lehrordngn. hrsg. 2. Tl.: Every day life. Mit e. Plane v. London. 4., verb. Aufl. (VII, 94 S.) gr. 8. Ebd. 903. n. 1. —

— Systemat. engl. Konversationsschule. Übungsstücke in Dialogform zur Erlerng. der Umgangssprache. I. u. II. Tl. gr. 8. Ebd. 1.80; kart. 2. 10
I. School life. 4. Aufl., durchgeseh. v. Max Deutschbein u. Karl Wildhagen. (VI, 82 S.) 910. — 80; geb. — 95
II. Every day life. 5. Aufl., durchgeseh. v. Max Deutschbein u. Karl Wildhagen. (IV, 83 S. m. 1 Plan.) 909. 1. —; kart. 1. 15

**Deutschbein**, C., theoretisch-praktischer Lehrgang der englischen Sprache m. genüg. Bezeichng. der Aussprache f. höhere Schulen. gr. 8. (VIII, 310 S.) Köthen 875. Schulze. n. 2. 30

**Deutschbein**, C., theoretisch-praktischer Lehrgang der englischen Sprache mit genügender Bezeichnung der Aussprache für höhere Schulen. 2. verb. und verm. Aufl. (VIII, 320 S.) 1876. * M. 2,40.; 3. verb. und durch einen Nachtrag erweit. Aufl. (338 S.) 1877. * M. 2,50.; 4. neu bearb. Aufl. gr. 8. (VIII, 448 S.) Köthen 878, Schulze. *

— dasselbe. 4—6., neubearb. Aufl. gr. 8. (VIII, 448 S.) Ebend. 880. 81. n. 3. —

**Deutschbein**, C., theoretisch-praktischer Lehrgang der englischen Sprache mit genügender Bezeichnung der Aussprache für höhere Schulen. Große Ausg. 5. rev. Aufl. (VIII, 448 S.) 1880; 6. und 7. nach der neuen deutschen Rechtschreibung gedr. Aufl. (VIII, 367 S.) 1881,83; 8. verb. Doppelaufl. gr. 8. (XX, 440 S.) Köthen 884, Schulze.

—— dass. — Kleinere Ausg. 5. und 6. nach der neuen deutschen Rechtschreibung gedruckte Aufl. gr. 8. (VIII, 299 S.) Ebendas. 881,83. M 2,50.; geb.

— dasselbe. Kleinere Ausg. 6., nach der neuen deutschen Rechtschreibung gedruckte Aufl. gr. 8. (VIII, 299 S.) Ebend. 881. 2. 50; geb. 2. 90

— dasselbe. Kleine Ausg. gr. 8. (XX, 361 S.) Ebend. 884. n. 2. 50; Einbd. n.n. — 40

— theoretisch-praktischer Lehrgang der englischen Sprache m. genügender Berücksicht. der Aussprache f. höhere Schulen. 9. Aufl. Große Ausg. gr. 8. (XX, 440 S.) Ebend. 884. n. 3. —; Einbd. n.n. — 40

—— theoretisch-praktischer Lehrgang der englischen Sprache mit genügender Berücksicht. der Aussprache für höhere Schulen. 9. und 10. ster. Aufl. gr. 8. (XX, 445 S.) Ebendas. 886,88. *
—— dass. — Kleine Ausg. 8. Aufl. gr. 8. (XX, 361 S.) Ebendas. 886. *

— dasselbe. 10. Aufl. Spezialausg. f. Österreich. Bearb. v. J. Resch. gr. 8. (VIII, 378 S.) Ebd. 889. n. 2. 50

— theoretisch-praktischer Lehrgang der engl. Sprache m. genügender Berücksicht. der Aussprache f. höhere Schulen. 12. Aufl. Neue Bearbeitg. Große Ausg. gr. 8. (XII, 440 S.) Ebd. 890. n. 3. —; geb. n.n. 3. 35

— dasselbe. Kleine Ausg. gr. 8. (VIII u. S. 1—242 u. 307—440.) Ebd. 890. n. 2. 50; geb. n.n. 2. 85

—— Theoretisch-praktischer Lehrgang der englischen Sprache m. genügender Berücksichtigung der Aussprache f. höhere Schulen. 14. Aufl. Große Ausg. gr. 8. (XII, 440 S. m. 1 Abbild.) Ebd. 892. * 3 — Kleine Ausg. (XII, 242 S. u. S. 307—440 m. 1 Abbild.) * 2 50

— theoretisch-praktischer Lehrgang der englischen Sprache m. genügender Berücksicht. der Aussprache f. höhere Schulen. 15., neu durchgeseh. Aufl. Große Ausg. gr. 8. (XII, 440 S. m. 1 Abbildg.) Ebd. 893. n. 3. —; kleine Ausg. (XII, 242 S. u. S. 307—440 m. 1 Abbildg.) n. 2. 50; Einbde. à n.n.n. — 35

— Prakt. Lehrgang d. engl. Sprache m. genüg. Berücksicht. d. Aussprache f. höh. Schulen. 18. Aufl. Ausg. A. Große Ausg. gr. 8. (VIII, 440 S. m. 1 Abb.) Ebd. 899. n. 3. —

— praktischer Lehrgang der englischen Sprache m. genügender Berücksicht. der Aussprache f. höh. Schulen. 19. Aufl. Ausg. A. Gr. Ausg. gr. 8. (VIII, 440 S. m. 1 Abbildg.) Ebd. 902. n. 3. —; geb. n. 3. 50

— dasselbe. Kleine Ausg. A. Mit e. Plane v. London u. e. Karte v. Großbritannien. 20., neubearb. Aufl. (X, 392 S. m. 1 Abb.) 8. Ebd. 907. Geb. 2. 50

— Prakt. Lehrgang der engl. Sprache m. genügender Berücksicht. der Aussprache. Große Ausgabe A. Mit 1 Plane v. London u. 1 Karte v. Großbritannien. 21. Aufl., durchgesehen v. Max Deutschbein u. Karl Wildhagen. (X, 396 S. m. 1 Abb.) 8. Ebd. 910. Geb. in Leinw. 3. —

— dasselbe f. Realanst., höh. Bürger- u. Töchterschulen. 16. Aufl. Ausg. B. Bearbeitg. n. d. induktiven Methode. M. e. Plane v. London u. e. Karte v. Großbritannien. gr. 8. (XV, 349 S.) Ebd. 895. n. 2. 50

— dasselbe. Ausg. B. Ergänzungshefte, enth. Einzelsätze u. zusammenhäng. Übungsstücke. 2 Hfte. gr. 8. Ebd. 901. à n. — 30
1. Zu Lektion 1—39. (23 S.) — 2. Zu Lektion 40—61. (28 S.)

— dasselbe. Ausg. B. Bearbeitg. nach der induktiven Methode. Mit 1 Karte v. Großbritannien, 1 Plane u. 16 Bildern v. London u. Umgegend. gr. 8. (XVI, 376 S.) Ebd. 902. n. 3. —; geb. n. 3. 50

— praktischer Lehrgang der englischen Sprache m. genügender Berücksicht. der Aussprache f. höhere Schulen. Ausg. B. Bearbeitung nach der induktiven Methode. Mit 1 Karte v. Großbritannien, 1 Plane u. 16 Bildern v. London u. Umgegend. 20., verb. Aufl. (XVI, 376 S.) gr. 8. Ebd. 905. n. 3. —; geb. n. 3. 50

Praktischer Lehrgang der englischen Sprache mit genügender Berücks. d. Aussprache f. höh. Schulen von Prof. Dr. Karl Deutschbein. Ausg. C f. höh. Mädchensch. Nach d. Bestimm. v. 31. Mai 1894. Mit 1 Karte von Grossbritannien, 1 Pl. u. 16 Bild. von London u. Umgegend. *Cöthen: O. Schulze 1900.* (VII, 280 S.) 8° [F.] [os. 3579

— dasselbe. Ausg. C. f. höh. Mädchenschulen. Nach den Bestimmgn. vom 31. V. 1894. Mit 1 Karte v. Großbritannien, 1 Plane u. 16 Bildern v. London u. Umgegend. 2., verb. Aufl. gr. 8. (VII, 269 S.) Ebd. 902. n. 2. 50; geb. in Halbldr. n. 3 —

— dasselbe. Ausg. C f. höhere Mädchenschulen. Nach den Bestimmgn. vom 31. V. 1894. Mit 1 Karte v. Großbritannien, 1 Plane u. 16 Bildern v. London u. Umgegend. 3., verb. Aufl. (VIII, 283 S.) gr. 8. Ebd. 905. n. 2. 50; geb. n. 3. —

— dasselbe. Ausg. C. f. höh. Mädchenschulen. 4. Aufl. Mit 1 Karte v. Großbritannien, 1 Plane u. 16 Bildern v. London u. Umg. (VIII, 282 S.) 8. Ebd. 908. Geb. 3. —

— dasselbe. Ausg. C. 5. Aufl. Bearbeitung auf Grund der Neuordng. des höh. Mädchenschulwesens v. Max Deutschbein. 1. u. 2. Tl. 8. Ebd. Geb. 4. —
1. Unterstufe. (VI, 98 S.) 910. Geb. 1. 50
2. Mittelstufe. Mit 1 Karte v. Großbritannien, 1 Plane u. 16 Bildern v. London u. Umg. (VII, 220 S.) 911. Geb. 2. 50

— dasselbe. Ausg. D f. Realschulen. Mit e. Karte v. Großbritannien, e. Plane u. 16 Bildern v. London u. Umgegend. 2., verb. Aufl. (VIII, 299 S.) gr. 8; Ebd. 905. n. 2. 50; geb. n. 3. —

— dasselbe m. genügender Berücksicht. der Aussprache f. höhere Schulen. Ausg. D f. Realschulen. 4. Aufl. Mit 1 Karte v. Großbritannien, 1 Plane u. 16 Bildern v. London u. Umgegend (auf 8 Taf.). (VIII, 299 S.) 8. Ebd. 910. Geb. in Leinw. 3. —

— u. G. Willenberg, Leitfaden f. den englischen Unterricht. Auf Grund der neuen preuß. Lehrpläne v. 1892 verf. 1. Tl.: Elementarbuch. 2 Hfte. gr. 8. Cöthen 893. O. Schulze, Verl. n. 1. 20; in 1 Leinw.-Bd. geb. n. 1. 60
1. Lesebuch u. Grammatik, die Formenlehre nebst den einfachsten u. notwendigsten Regeln der Satzlehre enth. (IV, 94 S.) n. — 80
2. Übungsbuch. (37 S.) n. — 40

— — dasselbe. 2. Tl.: Syntax. gr. 8. (VII, 262 S.) Ebd. 894. n. 2. —; geb. n.n. 2. 40

Deutschbein, Karl, u. G. Willenberg, Leitfaden f. d. engl. Unterricht. Auf Grund d. neuen preuß. Lehrpläne v. 1892 verf. 1. u. 2. Tl. 2., verb. Aufl. gr. 8. Cöthen, O. Schulze Verl. n. 3. 20; geb. in Leinw. n.n. 4. —; in 1 Leinw.-Bd. n. 3. 70
1. Elementarbuch (Formenlehre). (VI, 128 S.) 894. n. 1. 20; geb. n.n. 1. 60
2. Syntax. (VII, 266 S. m. 1 Karte.) 895. n. 2. —; geb. n.n. 2. 40

— u. G. Willenberg, Leitfaden f. den engl. Unterricht. Auf Grund der neuen preuß. Lehrpläne v. 1892 verf. 2 Tle. gr. 8. Ebd. 900. n.n. 3. 55; geb. n.n. 4. 35
1. Elementarbuch. (Formenlehre.) 4., verb. Aufl. (VI, 130 S.) n.n. 1. 25; geb. n.n. 1. 60
II. Syntax. Mit 1 Plane v. London u. 1 Karte v. Großbritannien. 3., verb. u. verm. Aufl. (VIII, 284 S.) n.n. 2. 30; geb. n.n. 2. 75

— — dasselbe. 2. Tl.: Syntax. 4. Aufl. Ausg. B. Bearbeitg. a. Grund d. neuen preuß. Lehrpläne v. 1901. 2 Abtlgn. gr. 8. Ebd. 903. n. 3. —; geb. n. 3. 75
I. Lese- u. Übungsbuch z. engl. Satzlehre. Mit e. Plane v. London u. e. Karte v. Großbritannien. (IX, 219 S.) n. 1. 80; geb. n. 2. 25
II. Schulgrammatik d. engl. Sprache. (VIII, 128 S.) n. 1. 20; geb. n. 1. 50

— u. G. Willenberg, Leitfaden f. den englischen Unterricht. I. u. II. Tl. 8. Ebd. n.n. 3. 55; geb. n.n. 4. 35
I. Elementarbuch. (Formenlehre.) Im Anschluß an die neueren Lehrpläne hrsg. 6. Aufl. (VII, 130 S.) 905. n.n. 1. 25: geb. n.n. 1. 60
II. Syntax. 4., verb. Aufl. Ausg. A. Bearbeitung auf Grund der preuß. Lehrpläne v. 1892. Mit e. Plane v. London u. e. Karte v. Großbritannien. (VIII, 285 S.) 904. n.n. 2. 30; geb. n.n. 2. 75

— — dasselbe. 2. Tl.: Syntax. 5., verb. Aufl. Ausg. B. Bearbeitung auf Grund der neuen preuß. Lehrpläne v. 1901. 2 Abtlgn. gr. 8. Ebd. 906. n. 3. —; geb. n. 3. 75
I. Lese- u. Uebungsbuch zur englischen Satzlehre. Mit e. Plane v. London u. e. Karte v. Großbritannien. (IX, 219 S.) n. 1. 80; geb. n. 2. 25
II. Schulgrammatik der englischen Sprache. (VIII, 128 S.) n. 1. 20; geb. n. 1. 50

— u. G. Willenberg, Leitfaden f. den englischen Unterricht. Im Anschluß an die neueren Lehrpläne hrsg. I. Tl.: Elementarbuch (Formenlehre). 7. Aufl. (VII, 130 S.) 8. Ebd. 908. 1.25; geb. n 1. 60

— — dasselbe. 2. Tl.: Syntax. 6., verb. Aufl. Ausg. B. Bearbeitung auf Grund der neuen preuß. Lehrpläne v. 1901. 2 Abtlgn. gr. 8. Ebd. 910. 3.—, geb. n 3. 75
I. Lese- u. Übungsbuch zur englischen Satzlehre. Mit 1 Plane v. London u. 1 Karte v. Großbritannien. (IX, 218 S.) 1.80; geb. in Leinw. n 2. 25
II. Schulgrammatik der englischen Sprache. (VIII, 129 S.) 1.20; geb. in Leinw. n 1. 50

— praktisches englisches Lesebuch f. die Mittel- u. Oberstufe. Stoffe zu engl. Sprach-, Diktat- u. Aufsatzübgn., besonders üb. die Vorkommnisse des tägl. Lebens m. steter Berücksicht. engl. Verhältnisse. Mit 1 Karte v. England, 1 Plane u. 16 Bildern v. London u. Umgegend. 2., verb. u. verm. Aufl. (IX, 168 S.) gr. 8. Cöthen 904. O. Schulze Verl. n. 1. 80; geb. in Leinw. n. 2. 30

— Oberstufe des englischen Unterrichts. Zusammenhängende Übungsstücke zur planmäß. „Erweiterg. u. Vertiefg." der engl. Grammatik f. die Oberklassen der Realgymnasien u. Oberrealschulen. gr. 8. (VII, 172 S.) Ebd. 894. n. 1. 60

— Oberstufe des englischen Unterrichts. Zusammenhängende Übungsstücke z. planmäß. „Erweiterg. u. Vertiefg." der engl. Grammatik, „Etymologisches u. Sprachgeschichtliches" f. die Oberklassen der Realgymnasien u. Oberrealschulen bearb. 3., verb. u. nach der neuen Orthographie gedr. Aufl. gr. 8. (VII, 186 S.) Ebd. 902. n. 1. 80; geb. n. 2. 25

— Oberstufe des engl. Unterrichts. Zusammenhängende Übungsstücke zur planmäß. „Erweiterg. u. Vertiefg." d. engl. Grammatik f. die Oberklassen der Realgymnasien u. Oberrealschulen. 4. Aufl., durchgeseh. v. Max Deutschbein u. Karl Wildhagen. (VII, 186 S.) 8. Ebd. 909. 1.80; geb. 2. 25

Deutschbein, Karl (Hrsg.), s. Shakespeare, William: Macbeth.

Deutschbein, C., Shakespeare-Grammatik für Deutsche oder Übersicht über die grammat. Abweichungen vom heut. Sprachgebrauch bei Shakespeare. gr. 4. (53 S.) Köthen 882. Schulze. n. 1. 50

Shakespeare-Grammatik für Deutsche oder Übersicht über die grammatischen Abweichungen vom heutigen Sprachgebrauch bei Shakespeare von Prof. Dr. K[arl] Deutschbein. 2., verb. Aufl. Cöthen: O. Schulze 1897. (VIII, 84 S.) 8° [97. 7313

—— zehn charakteristische Skizzen aus W. Irving's Sketch Book, mit Anmerkungen versehen. gr. 8. (IV, 76 S.) Ebendas. 886. cart. *

Deutschbein, Karl, 12 charakteristische Skizzen aus W. Irving's sketch book, m. Anmerkgn. versehen. 5., verb. Aufl. (IV, 88 S.) 8. Cöthen 904. O. Schulze Verl. Kart. n. 1. —
Sonderabdruck aus: „Method. Irving-Macaulay-Lesebuch".

—— s. Irving, Wash., charakteristische Skizzen aus dem Sketch Book

— Stoffe zu engl. Sprechübgn. Vokabel- u. Hilfsbuch f. d. Lektüre u. Vorkommnisse d. tägl. Lebens m. bes. Berücksichtig. engl. Verhältn. M. 1 Karte v. England, 1 Plane u. 16 Bild. v. London u. Umgeg. gr. 8. (X, 151 S.) Ebd. 898. n. 1. 80

Deutschbein, M. F. Karl Übersicht über die grammatischen Abweichungen vom heutigen Sprachgebrauch bei Shakespeare. 24 S. II. 29 S. Progr. Rg. *Zwickau* 1881. 1882.

—— 844 Übungssätze aus der kaufmännischen Korrespondenz zum Lehrgang der englischen Sprache, s. Witzel, Karl.

— Übungssätze u. Musterbriefe zur Einführung in die englische Handelskorrespondenz, s.: Witzel, Karl

— deutsch-englisches Wörterverzeichnis zu 6 Hölzelschen Anschauungsbildern, im Anschluß an die betreffenden Stoffe in Prof. Dr. Deutschbeins engl. Lehrbüchern hrsg. vom Verf. der letzteren. (15 S.) 8. Cöthen 904. O. Schulze, Verl. n. — 25

— systemat. Zusammenstellg. d. Formenlehre u. d. wichtigsten syntakt. Regeln d. engl. Grammatik. Beilage zu d. Leitfaden f. d. engl. Unterricht v. Deutschbein u. Willenberg, sow. z. d. Lehrgg. d. engl. Sprache u. d. induktiven Methode v. Deutschbein. gr. 8. (24 S.) Ebd. (895). n. — 20

— systematische Zusammenstellung der Formenlehre u. der wichtigsten syntaktischen Regeln der englischen Grammatik. 2., verb. Aufl. (28 S.) 8. Ebd. (905). n. — 30

**Deutschbein**, L(udovicus) L(eopoldus) Alb(ertus): De noma infantum. Halae (1840): Ploetz. 31 S. 8°
Halle-Wittenberg, Med. Diss. v. 30. Okt. 1840
Geb. Magdeburg 18. 3. 1815. V.

**Deutschbein**, M. F. K., s. Deutschbein, Karl

**Deutschbein**, Max, aus Zwickau i. S.: **Dialektisches** in der angelsächsischen Übersetzung von Bedas Kirchengeschichte. *Halle a. S. 1900: E. Karras.* (38 S.) 8° ¶ (Erscheint vollst. in: Beiträge zur geschichte d. deutschen sprache u. literatur, bd 26.)
Leipzig, Phil. Diss. v. [29. Mai] 1900

**Deutschbein**, M[ax], Dr.: **Zur Entwicklung** des englischen **Alliterationsverses**. *Halle a. S. 1902: E. Karras.* (69 S.) 8°
Leipzig, Phil. Hab.-Schr. v. 26. Apr. 1902

**Deutschbein, Max**, Studien zur Sagengeschichte Englands. I. Tl. die Wikingersagen. Hornsage, Havloksage, Tristansage, Boevosage, Guy of Warwicksage. (XII, 264 S.) gr. 8. Ebd. 906. n. 7. —; geb. n. 8. —

**Deutsch-Belgien.** Organ des Dt. Vereins zur Hebung und Pflege der Muttersprache im deutschredenden Belgien im Auftrag des Vereins hrsg. . . . . Jg 1—2. — Arel: Willems; Brüssel: Société Belge de Librairie 1899—1900.

**Deutschberg**, Carolus Henricus (*geb. Gnadenfrei in Schles. 9. 12. [1797]*): De tumoribus nonnullis congenitis. Vratislaviae (1822). (28 S., 4 Taf.) 4°
Breslau, Med. Diss. v. 28. Nov. 1822

**Deutschberg**, Richard (*geb. Gnadenfeld in Oberschles. 7. 2. 1833*): De meningitide cerebrali simplici. Vratislaviae (1858). (28 S.) 8°
Breslau, Med. Diss. v. 28. Juni 1858

**Durch Deutschböhmen.** Die Weltbäder, Sommerfrischen, Fremden- und Touristenorte Deutschböhmens. Gr.-8°. (ill. 330, XIX S.) Prag: Neugebauer 1908 K —.90

Durch **Deutschböhmen.** Die Weltbäder, Sommerfrischen, Fremden- u. Touristenorte Deutschböhmens. Hrsg. v. Landesverb. f. Fremdenverkehr in Deutschböhmen, Sitz Karlsbad. 11.—23. Taus. (2. Aufl.) Karlsbad, Prag '09. 398, VI S.
— (3. Aufl.) '10. 396, VII S.

**Deutsch-Böhmen** im Bilde. 80 Blätter dt.-böhmischer Künstler. Mit e. Geleitw. von Hermann Hallwich u. Texten von Jacob Fürth u. Oskar Wiener. Hrsg.: Verein dt. bildender Künstler in Böhmen. H. 1—20. — Prag: Haase 1909—1912. 2°

**Deutschböhmen** im Bilde. 80 (farb.) Blätter deutschböhm. Künstler. Hrsg.: Verein deutscher bild. Künstler in Böhmen. (In 20 Heften.) 1—8. Heft. (Je 4 Taf.) 38×28,5 cm. Prag, A. Haase. à Hft. 8.50; Subskr.-Pr. f. Abonnenten vor Erscheinen des 2. Heftes à 7. 20
1. I. Böhmerwaldheft. Text v. Osk. Wiener. (IV S.) (909.)
2. Umgebung v. Karlsbad. Text v. J. Fürth. (III S.) (910.)
3. Reichenberger Heft. Text v. Osk. Wiener. (IV S.) (910.)
4. Eger-Heft. Text v. J. Fürth. (IV S.) (910.)
5. Leitmeritz—Auscha—Lewin—Böhm. Leipa. Text v. Osk. Wiener. (IV S.) (910.)
6. I. Elbeheft. (Elbefahrt von Leitmeritz bis Aussig.) Text v. J. Fürth. (IV S.) (910.)
7. Umgebung, die, v. Reichenberg. Text v. Osk. Wiener. (IV S.) (910.)
8. Karlsbad. Text v. J. Fürth. (IV S.) (910.)

**Deutschböhmen als Wirtschaftsgroßmacht.** H. 1—4. — Reichenberg: Gerzabek 1903.
28 S.; 64 S.; 52 S.; 87 S.
Aus: „Dt. Volkszeitung", Reichenberg.

**Deutsch-Böhmerland.** Illustr. Monatsschrift zur Unterhaltg. u. Förderg. geist. Interessen. Hrsg. v. Jos. B. Leo. 1. Jahrg. Oktbr. 1901—Septbr. 1902. 12 Hfte. gr. 4. (à ca. 28 S. m. Abb.) Braunau, A. Felgenauer. n. 6. —

— dasselbe. Oesterreichisches Familienblatt. Illustr. Halbmonatsschrift zur Unterhaltg. u. Förderg. geist. Interessen Oesterreichs. Hrsg. v. Jos. B. Leo. 2. Jahrg. Novbr. 1902—Oktbr. 1903. 24 Hfte. gr. 4. (à ca. 20 S.) Ebd. n. 8. —

**Deutschbund-Adreßbuch** v. Berlin. Hrsg.: Frdr. Lange. 32. (V, 127 S.) Berlin 895. (Leipzig, H. Beyer.) In Leinw. kart. n.n. — 50

— dasselbe f. Leipzig. 32. (XI, 101 S.) Leipzig 895. (P. Hobbing) — 30

**Deutsch-Burgund** oder die Oestreichischen Niederlande . . . Berlin 1790. V: *Stöver, Joh. Hermann.* (Ky) (ML)

**Deutschburgund** oder die österr. Niederlande in ihrem neusten Zustande, nebst Darstellung ihrer gegenw. Freiheitsrevolution. 8. Berlin 1790. Maurer 2,00.

Der Deutsch-Canadier: 1908 - 1914 Calgary, Alta.

**Deutsch**-Dänisch-Norwegisch. Kleines Handbuch d. dän. u. norweg. Sprache. 7., vollst. neu bearb. Aufl. Berlin: A. Goldschmidt 1907. (IV, 142 S.) 8° [J.]
= **Sprachführer** f. d. Reise. Bd 7. [07. 1513]

**Deutsche, der**, ein Leitfaden z. Unterr. &c. f. Stadt- u. Landschule. Bd. 5.

**Deutsche, Der.** Th. 1—6. Magdeburg 1771-72. V (Th. 1-4): *Müller, Johann Gottwerth & Joh. Sam. Patzke.* (GGr) (MGT) (Ky) (ErschDL) (Kawerau, Aus Magdeburgs Vergangenheit. Halle 1886 S. 287.)

— der, eine Fortsetz. des Greises, (v. Jh. Gttw. Müller u. J. S. Patzke). 8 Thle. 8. Magdeb. u. Hamb. 771 — 76. Hechtel. 2 ₰ 16 ℊ

Der Deutsche: Nov. 16, 1839 - -Nov. 1840.
Weekly, Nov. 16, 1839--July 8, 1840; semi-weekly, July 15--Nov. 1840. Established as an independent paper, but supported the Whigs in the campaign of 1840. Published by Emil Johns & Co. Rattermann states that it was edited by M. A. Richter & Alfred Schücking; Deiler gives E. W. Ainsworth as the English editor, and F. Zerland as the German editor. The Prospectus of July 15, 1840 refers to the paper as the "property of Zerlaut." Published in German, as DER DEUTSCHE, Nov. 16, 1839--July 8, 1840. With the issue of July 15, 1840 [vol. 1, no. 10 of English title], the publishers propose to issue the paper semi-weekly, in English and German, under an "amended title:" THE GERMAN-AMERICAN. In this issue pages 1--2 are in English, and a German section, DER DEUTSCHE AMERIKANER, appears on pages 3--4. The numbering of this issue is, however, not clear: the English section is numbered vol. 1, no. 10, July 15, 1840; the German section is numbered Jahrgang 1, no. 40, July 15, 1840.
New Orleans, LA

**Deutsche, der.** Priv. polit. Zeitung für alle Stände. Mit e. wöchentl. Beiblatte: Unterhaltungsblatt. Jahrg. 1841. gr. 4. Sondershausen, Eupel. n. 3 1/3 ₰

**Deutsche: Der Deutsche** (Zh)
⑤ 1881 ⑦ wöchentlich 2× ⑧ Winterthur oder Andelfingen ⑩ Lempens ⑬ BGSZ: 12, p. 100 ⑮ Die «Helvetische Typographia» bringt 1882, p. 128, eine Notiz, nach welcher ein Herr Lempens in Andelfingen eine Zeitung «Der Deutsche» herausgegeben hat. — v. auch «Die Wahrheit» (Zh I).

**Deutsche, der.** Hrsg.: J. G. Hertwig. 1. Jahrg. Oktbr. 1890—Septbr. 1891. 52 Nrn. (B.) gr. 4. Washington. (Leipzig, Streller.) n. 10. —

**Deutsche, der.** Hrsg.: Adf. Stein. Red.: Ludw. Brehm. 1.—5. Bd. Oktbr. 1904—März 1907. à 26 Nrn. (à ca. 32 S.) 8. Berlin, Verlag des Deutschen. à Bd. n. 8. —; einzelne Nrn. n. — 40

**Deutsche, der.** Hrsg. u. Red.: Adf. Stein. 6—9. Bd. April 1907—März 1909. Je 26 Nrn. (à ca. 32 S.) 8. Berlin, Verlag des Deutschen. à Bd. 8. —
Erscheint nicht mehr.

**Deutsche, Der alte.** Eine Wochenschrift. Hamb. 1731. V: *Hamann, Johann Georg.* (Schr)

Der Deutsche in Amerika: July 4, 1842—? Harrisburg, PA
Edited & published by Otto Wilhelm Hoffmann.

Der Deutsche in Amerika: 1843—1844?
Monthly. Founded by Otto W. Hoffmann in Harrisburg, Pa. in 1842. Removed to Washington in Spring 1843. Published by Augustus Sage. Edited by Alfred Schücking.
Washington, DC

Der Deutsche in Amerika: 1892? - ?

Annual. Sub-title: Vereinigte Staaten Kalender für allgemeine Information, Unterhaltung und Belehrung; Illustrierter Familien Kalender. Published by New Yorker Herold Co.; by Verlag Staats-Herold Corp. Edited by Herbert Stein.
New York, NY

Deutsche, der, in Amerika. Ein (Vereinigte Staaten-) Kalender f. allgemeine Information. 1894. Ein nützl. Buch f. Alle. 2. Jahrg. Umgearb., verb. u. m. werthvollem neuem Material bereichert. Hrsg. vom New Yorker Herold. 8. (238 S.) New-York 893. (Leipzig, The International News Company.) n. 1.—
Dass. Jg. 3-5. 1895-1897.

Deutsche, der, in Amerika. Kalender f. allgem. Information. 1898. E. nützl. Buch f. Alle. 6. Jahrg. Umgearb., verb. u. m. werthvollem, neuem Material bereich. Hrsg. v New Yorker Herold. gr. 8. (180 S.) New York. (Leipzig, The Internat. News Company.) n. 1.—

**Deutsche, Der biedere,** eine Wochenschrift. Regensb. 1797. H: *Scheler, Carl Ernst Friedrich von.* (MGT) (GGr)

Deutsche, der biedere. Volks-Kalender für 1876. 16. (XXXII, 152 S. mit 1 Holzschntaf.) Neiße 875, Bretschneider.
Nicht weiter erschienen.

— der, zu den Deutschen, e. statistisches Handb. d. deutschen Bundesstaaten. gr. 8. Lübeck 808. Niemann. (Voigt in Jena). 1 ₰ 12 ℊ Hbg. Pr. 18 ℊ

Deutsche, der, in England. Ein Hülfsbuch für denjenigen, welcher nach England reist und der engl. Sprache nicht ganz mächtig ist. Enthaltend die im gewöhnl. Leben vorkommenden Redensarten nebst einem Verzeichniß der Wörter die im geselligen und geschäftl. Verkehr unentbehrlich sind. 32. (IV und 100 S.) Leipzig 851, Hirschfeld. Thlr.

Deutsche, der, in Frankreich. Ein Hülfsbuch für denjenigen, welcher nach Frankreich reist u. der französischen Sprache nicht ganz mächtig ist. Enthaltend die im gewöhnlichen Leben vorkommenden Redensarten nebst einem Verzeichniß der Wörter, die im geselligen und geschäftlichen Verkehr unentbehrlich sind. Leipzig 853. Hirschfeld. 32. (IV, 106 S.) 7 1/2 ngr

Deutsche, der, u. d. Franzose als Nebenbuhler; e. komischer Roman. 8. Wien, Gerold. 789.

Deutsche, der geschickte, od. leichtfaßl. Anweisung durch Selbstbelehrung in kurzer Zeit richtig schreiben u. sprechen zu lernen, bearb. v. mehren Lehrern. gr. 16. (63 S.) Cöln 850, Lengfeld. n. 1/6 ₰

Deutsche, der glücklich gewordene. 8. Kopenh. 787. Faber. (Schubothe). 10 ℊ

Deutsche, der glücklich gewordene, oder Geschichte des Grafen von Z*** 8. Kopenh. 787. Schubothe. 13 sgl.

Der Deutsche in Holmes: Mar. 1850--1858?

Democratic weekly. Continued as Der Deutsche in Ohio (Canton, Ohio). Sub-title: Ein Organ für Politik, Literatur, Kunst, Wissenschaften, Unterhaltung, aus- und inländische Neuigkeiten, Handel und Gewerbe. Edited & published by Niklaus C. Jost, 1850—?; by Joh. Räber.
Weinsberg, OH

— der, in Italien. Ein Hülfsbuch für denjenigen, welcher nach Italien reist u. der italienischen Sprache nicht ganz mächtig ist. Enthaltend die im gewöhnlichen Leben vorkommenden Redensarten nebst einem Verzeichniß der Wörter die im geselligen und geschäftlichen Verkehr unentbehrlich sind. Leipzig 853. Hirschfeld. 32. (IV, 106 S.) 7 1/2 ngr

Der Deutsche in Canada: Oct. 1871 ?
Sub title: Ein Organ für deutsches Leben und Streben in Canada. Monthly. Published by Charles Mack (eigentlich Konrad Marxhausen).
London, Ont.

Deutsche Männer! Bewahrt Euch die Freude am Vaterlande! [Berlin]: R. v. Decker [1904]. (31 S.) 8° [F.] 105. 460

Deutsche u. dte. Nachkommen in Illinois u. anderen östlichen N-Cent Staaten. Ed: Dt.-Amerikanische Gesellschaft v. Illinois. Chicago 1907.

**Deutsche, Der,** in Nordamerika. Herausgeg. von Hans Freih. von Gagern. Stuttgart 1818. V: *Fürstenwärter, Mor. Freiherr von.* (EngG) (KY)

Deutsche, der, in Nordamerika, (v. M. v. Fürstenwächter). 8. Stuttg. 818. v. Cotta. 12 ℊ

Der Deutsche in Nordamerika: 1909--? New York, NY
Herausgegeben von der deutsch-amerikanischen Berufsgemeinschaft, New York.

Der Deutsche in Ohio: 1858 - 1870?
Democratic weekly. Suspended Jan. 13, 1869, and resumed in Fall, 1869. Absorbed Staats-Zeitung, and then appears after July 15, 1863 as Der Deutsche in Ohio und Ohio Staats-Zeitung. Circulation: 1870, 800 (est.). Edited & published by Johann Räber, 1858 -Dec. 1861; by Peter Kaufmann [during his absence in Switzerland, edited by Behlen], Dec. 1861 -Jan. 13, 1869; by H. A. Hempel, Jan. 1869 1870.
Canton, OH

**Deutsche, Der,** in Paris. Ein Lustspiel in drey Aufzügen von C. Gr. von T. Wien 1785. V: *Traun, Carl Emanuel Graf.* (GGr V/325 Nr. 71/17) (BiblPort)

**Deutsche, Der,** in Paris ... Bdchen 1. 2. Altona 1838. H: *Jäger, Aug. genannt von Schlumb.* (EngG) (BrMm)

Deutsche, der, in Paris. Herausg. v. Verf. des Deutschen Studenten (Jäger). 2 Bdchn. 8. Altona 838. Hammerich. 3 ₰

Deutsche, der redliche. Illustr. Familien-Kalender f. d. J. 1899. 4. (48 u. 7 S. m. Abb., 1 Farbdr. u. Wandkalender.) Berlin, A. Weichert. — 50

Deutsche, der redliche. Illustrierter Familien-Kalender f. d. J. 1903. 4. (37 u. 7 S. m. 1 Farbdr. u. Wandkalender.) Berlin, A. Weichert. — 50

— der redliche. Illustrierter Familien-Kalender f. d. J. 1904. (40 u. 7 S. m. 1 Farbdr. u. Wandkalender.) 4. Berlin, A. Weichert. n. — 50
Erscheint nicht mehr.

Deutsche, der reiche, zu Florenz. Lustsp. 8. Leipz. Hilscher. 780.

Deutsche, Der, in Schenectady. First celebration of the G Day, Aug 20-21, 1905. Schenectady, 1905.

Deutsche u. Slaven. Roman von V. v. S. S 8. (189 S.) Dresd. 891. Pierson. * 2 —

Deutsche und Czechen im Entscheidungskampfe. Von einem Mitkämpfer. 3., erg. Aufl. — Dresden: Hönsch & Tiesler 1897. 30 S.

— der, in der italienischen Sprache unterrichtet, enthaltend Deutsch-Italienische Gedächtniss-Uebungen der nöthigsten Wörter und Sätze, um sich mit Leichtigkeit ohne längere Erlernung in der italienischen Sprache ausdrücken zu können. Mailand (853). (Triest, Coën.) 16. (82 S.) n. 7 ngr

—— der, in der italienischen Sprache unterrichtet enthaltend deutsch-italien. Gedächtniss-Uebungen der nöthigsten Wörter und Sätze um sich mit Leichtigkeit ohne längere Erlernung in der italien. Sprache ausdrücken zu können. 16. (82 S.) Mailand 854. (Triest, Coën.) *

— d., u. s. Vaterland, Leseb. v. Rosenthal u. Karg. 2 Bde. 8. Lpz. Kummer. 796—97. (à 1 Rthlr.)

Deutsche, der, u. sein Vaterland, geschild. in Erzähln. wahrer Begebenheiten, Liedern, Charakterzügen, Anekdoten 2c. Redig. v. Aug. Sundelin. Nr. 1—3. Jan.—März 1833. Jede m. 1 Stndr., 1 Musikbeil. u. Titlvign. gr. 4. (à 1 B.) Berlin, Gröbenschütz u. Seiler. à 4 Gr., Vlnp. mit Stndr. auf Chines. Pap. à

— der, in Venedig, e. großes tragikom. Familiengemälde. 8. Leipz. 798. Sommer. (W: Nauck). 20 ℊ

**DEUTSCHE** Welt, thu' einmal wegen der Philosophie und Geistlichkeit die Augen auf! oder Beiträge über wechselseitige Verhältnisse der Philosophie und Religion, des Staats, der Kirche, der Strafgerechtigkeit und Bildung, Verbesserung der Geistlichkeit, der öffentlichen Verarmung und Verhütung derselben (von *Fidel Deubl*). 2 Thle. Mannheim, Löffler, 1807. 8⁰. (1 Rthl. 14 gr.)
Anon.-Lex. IV. p. 387 (nach Meusel, Weller, Kayser).

**Der Deutsche im Westen: 1840—1841?**
Whig weekly. Follows DER WESTLICHE MERKUR. Followed by OHIO VOLKSFREUND. Edited & published by Christian Burghalter & Höfle [Hefley]. Edited also by Rudolph von Maltiz?
Cincinnati, OH

**Deutschebein, Friedrich Wilhelm** (Grosshermsdorf), De hydrocele. Diss. chir. Präs. Carl August Kuhl. Lpz. (Hirschfeld) 16. VI. 1826. 20 S. (4.50) 6364
Gew.: Friedr. Gust. Dinter, Theophil Deutschebein.

**Deutschen, Die.** Ein Lustspiel in 5 Aufzügen. Hamburg 1773. V: *Bock, Johann Christian.* (BrMm) (ML) (GGr)

Deutschen, die; ein Lstspl. in 5 Aufz. (v Jh. Chr. Bock). 8. Hamb. 773. (Leipz., Göschen). 6 ℊ

— die, in Afrika; die Abreise, der Schiffbruch, die Schatulle: oder die Schicksale der Familie Waygat von Berg. Eine heroisch-komische Oper von P. L. Jatsch, m. K. 8. Leipzig, Joachim.

Deutschen, die, in Amerika. Mittheilungen des berliner Vereins für die ausgewanderten Deutschen der evangel. Kirche im Westen Nordamerika's. (Von W. A. Hollenberg.) gr. 8. (40 S.) Berlin 859, Wiegandt und Grieben. *

Deutschen. – Deutsch-Amerikan. National-Bund, Chicagoer Zweig-Verband. Die Deutschen in Amerika. Festschrift z. Dt. Tag in Chicago . . . d. 1. Okt. 1907. Chicago 1907.

Deutschen. – Die Deutschen in Amerika. Festschrift zum Deutschen Tag in Chicago . . . 4. Okt. 1908 . . . vom Zweig-Verband Chicago Dt.-Amerikanischer National-Bund. Chicago, 1908.

Deutschen, die, in Amerika u. die deutsch-amerikanischen Friedensfeste im J. 1871. Eine Erinnerungs-Schrift f. die Deutschen diesseits u. jenseits d. Oceans. gr. 8. (III, 78 S.) New-York 871. Steiger. 1. 50

Deutschen, die, in Amerika und die deutsch-amerikanischen Friedensfeste im J. 1871. Eine Erinnerungs-Schrift für die Deutschen diesseits und jenseits des Oceans. gr. 8. (III, 78 S.) New-York 871, Verlags-Expedition des deutsch-amerikan. Conversations-Lexikons.

Die **Deutschen** im Auslande und die Ausländer im Deutschen Reich. Bearb. im Kais. Statist. Amt. Berlin: Puttkammer & Mühlbrecht 1905. (50*, 133 S.) 4⁰ [Umschlagt. F.]
= **Vierteljahrshefte** z. Statistik d. Dtsch. Reichs. Erg.H. zu 1905, I. [illegible]

**Deutschen, Die Baden-Durlachschen,** . . . Kronstadt 1843. V: *Moeckel, Michael,* (nicht) *Gstalter, Michael.* (Mitth. Custos M. Csaki - Hermannstadt.)

Deutschen, die baden-durlachschen, in Mühlbach. Ein Andenken an ihre am 6. Jan. 1813 begangene 100jähr. Einwanderungsfeier. gr. 8. (2½ B.) Kronstadt 813. (Németh.) *

Die Deutschen in Bessarabien. Sarata 1894

— die biedern; oder: So lieben wir uns. Kaiser. Vorspiel von Gerber. 8. Dinkelsbuhl, Schmeißer. (Joachim in Leipzig). 79..

Deutschen, an die, u. an d. deutschen Blätter, (v. A. v. Kotzebue). 8. (Leipz. 814. Rein.) 4 ℊ

—— die, und Engländer im Mond. Humoristisches Lustspiel in drei Acten von Moderatus Diplomaticus. gr. 8. (128 S.) Wien 874, (Gerold's Sohn.) *

—— die ersten, im heutigen Jowa. Eine Erzählung zur Belehrung und Unterhaltung für Jung und Alt. 8. (54 S.) St. Louis, Mo. 859. (Philadelphia, Schäfer und Koradi.) *

— die, und die Franzosen. Von einem Franzosen. Deutsch u. mit Anmerkungen v. Gg. Muhl. 8. Baden 846, Bureau d. Badzeitung v. G. Muhl. n. ⅚ ℊ

Deutschen, der, Freiheitskampf. Lieder zur Belebung des Volksgeistes. 16. (82 S.) Leipzig 863, Dürr'sche Buchh.

— die, unter d. Muselmännern. Schausp. in 5 Akt. von Eberl. 8. Wien, Rehm. 803.

**Deutschen** (An die) New Yorks. (Flugblatt.) 1870.

[F.] Den **Deutschen Oesterreichs!** Hundert Studienblätter deutscher Künstler. Auf Veranl. u. unt. Mitw. des Münchener 'Hilfsausschusses für Cilli' hrsg. unt. d. künstler. Leitg v. Franz v. Defregger zu gunsten d. deutschen Studentenheims u. d. deutschen Vereinshauses in Cilli. M. Text v. Prof. Dr. Max Haushofer u. e. Einl. v. Heinrich Wastian. (Vorr.: Wilhelm Rohmeder.) *München: J. F. Lehmann 1896.* (XXVII, 118 S., 93 Taf.) 1 Bd 4. [96. [illegible]

Deutschen, die, in Oesterreich. Ihre nationale Stellung und polit. Aufgaben. gr. 8. (36 S.) Leipzig 879, O. Wigand.

Deutschen, die, im Nationalitätenstaate Oesterreich. gr. 8. (35 S.) Meran 887, Ellmenreich. *

— die österreichischen, u. die Wahlreform, s. d. Ostara. 1.

Deutschen, Die österreichischen, und die Wahlreform. Von S. C. Rodaun bei Wien (1905). 8⁰.
(Ostara H. 1.)

Deutschen, die, in Paris, dramat. Skizze mit hist. Erläuterungen, ein Andenken f. jeden Deutschen an den 31. März 1814. 8. Frankf. am M. Guilhaumann. 814.

Deutschen, die, in Paris, dramat. Skizze. 8. Frankf. Guilhaumann. 815.

**Deutschen, Die,** in Paris. Vom Verfasser der »Rundschau«. Freiburg i. Br. 1862. V: *Niedermayer, Andreas.* (Kat. Herder 1801—95.)

Die **Deutschen** in Paris. Vom Verf. der „Rundschau". – Freiburg: Herder 1862. 121 S.

An die **Deutschen** in der Schweiz. [Zürich. 1864. 8⁰ Kopft.]

— des, Sehnsucht, Wünsche u. Hoffnung. Von einem Freunde d. Wahrheit. 8. Hanau, Edler. 6 ℊ

— der, Sprichwörter u. Spruchreden. Mit (eingedr. Holzschn.) Illustr. v. Ludw. Richter u. A. 8. (131 S.) Leipzig 876. O. Wigand. n. 1. —

**Die Deutschen** in Ungarn und Siebenbürgen und der „Dt. Schulverein". – Hermannstadt: Drotleff 1882. III, 211 S.
Aus: „Siebenbürgisch-Dt. Tageblatt" Nr 2513 ff.

Deutschen, die, in Ungarn und Siebenbürgen und der „Deutsche Schulverein". gr. 8. (III, 211 S.) Hermannstadt 882, (Michaelis.) *
Aus: Siebenbürgisch-deutsches Tageblatt, besonders abgedruckt.

**Deutsch-Englisch.** Kleines Handb. d. engl. Sprache. 14. Aufl. *Berlin: A. Goldschmidt 1900.* (120 S.) 8⁰ [F.]
= **Sammlung, Goldschmidt's,** prakt. Sprachführer f. Reisende. Bd 5. [illegible]

**Deutsch-Englisch.** Kleines Handbuch d. engl. Sprache. 15. Aufl. *Berlin: A. Goldschmidt 1903.* (120 S.) 8⁰ [F.]
= **Sprachführer, Goldschmidts,** f. d. Reise. Bd 5. [illegible]

Deutschenhass. Der D. in der Schweiz. Zürich s. [Burkli, Friedrich].

**Grund's Pennsylvanischer Deutscher: Aug. 1, 1840 — Mai 13, 1841.**
Whig weekly; supported Harrison & Tyler and [illegible] Follows DER PENNSYLVANISCHE DEUTSCHE. [illegible] 1840. Edited & published by Franz Joseph Grund
Philadelphia, PA

**Deutscher, B. N., Kapitola.** Roman aus dem Amerikan. (431 S.) kl. 8. Regensburg (904). J. Habbel. Geb. in Leinw. n. 2. —

— dasselbe, s.: Braun's Novellen- u. Roman-Sammlung.

**Deutsch-Evangelisch.** Aus Liebe zum Volke ihm dargeboten. Heft 1–5. *Barmen: D. B. Wiemann [1894–98].* 5 Bde 8° [Umschlagt. J.]
1 = Frommel, Emil: Drei Glockentöne am Lutherfest. – Erinnerungen aus d. Lutherjahr. Von Pastor [Anton Heinr. Wilh. Franz] Horn. [1894.]
2 = Frommel, Emil: Der Schwedenstein. – Bäuerleins Sparpfennig ... Von Pastor [Anton Heinr. Wilh. Franz] Horn. – Der Schwedenstein...[1894.]
3 = Leuschner, [Wilh. Ferd. Cölestin]: Die Reformation u. d. Hohenzollernstaat. – Im Herzpunkt d. deutschen Vaterlandes. Von Prof. D. [Willibald] Beyschlag. [1895.]
4 = Storch, Karl: Martin Luther im Hauskleide. [1895.]
5 = Frommel, Emil: Die Bibel. [1898.] [94. 8384

**Deutsch-Evangelisch.** Aus Liebe z. Volke ihm dargeboten. 1.—5. Hft. 12. (à 16 S.) Barmen, D. B. Wiemann. à n. — 10
1. Drei Glockentöne am Lutherfest. Von Emil Frommel-Berlin. Erinnergn. a. d. Lutherjahr. Von Past. Horn-Halberstadt. 895.
2. D. Schwedenstein. Von Emil Frommel-Berlin. Bäuerleins Sparpfennig. E. Gustav Adolf-Märchen. Von Horn-Halberstadt. D. Schwedenstein. E. Gustav Adolf-Festlied. 895.
3. D. Reformation u. d. Hohenzollernstaat. Von Leuschner-Wanzleben. Im Herzpunkt d. deutschen Vaterlandes. Von Beyschlag-Halle. 895.
4. Martin Luther im Hauskleide. Von Karl Storch. 895.
5. Die Bibel. Von Emil Frommel. Am Baseler Bibelfest im J. 1891. 898.

**Deutsch-Evangelisch.** Monatsblätter f. den gesamten deutschen Protestantismus. Hrsg. v. Erich Haupt u. Mart. Schian. 1. Jahrg. 1910. 12 Hefte. (IV, 768 S.) gr. 8. Berlin, [A. Glaue.] Leipzig, J. C. Hinrichs' Verl. 12. —

**Deutsch-Evangelisch** im Ausland. Zeitschr. für die Kenntnis und Förderung der Auslandsgemeinden. Jg 1—14. — Marburg: Elwert 1901/02—1914/16. Forts. s.: Monatshefte des Gustav-Adolf-Vereins.

**Deutsch-Evangelisch.** Zeitschrift f. die Kenntnis u. Förderg. der deutschen evangel. Diaspora im Auslande. Im Verein m. C. Mirbt u. M. Urban u. vielen Berufsarbeitern der ausländ. Diaspora hrsg. v. E. W. Bussmann. 1. u. 2. Jahrg. Oktbr. 1901—Septbr. 1903. à 4 Hfte. gr. 8. (à ca. 48 S.) Marburg, N. G. Elwert's Verl. à Jahrg. n. 3.—

**Deutsch-Evangelisch.** Zeitschrift f. die Kenntnis u. Förderg. der deutschen evangel. Diaspora im Auslande. Im Verein m. C. Mirbt u. M. Urban u vielen Berufsarbeitern der ausländ. Diaspora hrsg. v. E. W. Bussmann. 3. u. 4. Jahrg. Oktbr. 1903—Septbr. 1905. à 4 Hfte. (V, 196 u. V, 211 S.) gr. 8. Marburg, N. G. Elwert's Verl. à Jhrg. n. 3.—

— dasselbe, im Auslande, Zeitschrift f. die Kenntnis u. Förderg. der Auslandsgemeinden. In Verbindg. m. Behrmann, Büttner, Kaiser u. a. u. vielen Berufsarbeitern der Auslandsdiaspora hrsg. im Verein m. C. Mirbt u. M. Urban v. E. W. Bussmann. 5. u. 6. Jahrg. Oktbr. 1905—Septbr. 1907. 6, bzw. 8 Hefte. (5. Jhrg. II, 488 S.) gr. 8. Ebd. à Jhrg. n. 5.—

**Deutsch-Evangelisch im Auslande.** Zeitschrift f. die Kenntnis u. Förderg. der Auslandsgemeinden. In Verbindg. m. Behrmann, Büttner, Dryander u. a. u. viel. Berufsarbeitern der Auslandsdiaspora hrsg. im Verein m. C. Mirbt, E. W. Bussmann, E. Koch v. M. Urban. 7—10. Jahrg. Oktbr. 1907—Septbr. 1911. à 12 Hefte. (7—9. Jahrg. II, 492; II, 478 u. XV, 490 S.) gr. 8. Marburg, N. G. Elwert's Verl. à Jahrg. 5. —

**Deutsch-Evangelisch in Chile.** Gemeindeblatt. Hrsg. von der Chilesynode. Jg 1 ff. — Valparaiso 1907 ff: Imprenta Victoria. 4°

Deutsch-Eylau [Schlagwort]

**Deutsch-Eylau,** s.: Europa. Liebenow.

**Deutsch-Franzos,** der neue, (Allemand-français), e. Noth- u. Hülfsbuch für d. Unterhaltung beider Nationen. 8. Erfurt 807. 5e Aufl. 811. (Otto). (Krieger in Marb.) 6 gr.

**Deutsch-Franzos,** der neue, ein Noth- u. Hülfsbuch f. die Unterhaltung beider Nationen. 5te mit Vergleichungstab. d. franz. Münzen versehene Aufl. 8. Erfurt, Beyer u. Maring. 811.

**Deutsch-Franzos,** Avantures rc., m. K. 4. Lpz. 745.

— zusammengedr. Gedichte. Fol. Danzig. 752.

— des, sämmtl. Schriften. 2 Thle., mit Kpf. gr. 8. Nürnb. 772. Bauer u. R. 2 fl 8 gr

**Deutsch-Französisch.** Prakt. Sprachführer f. d. Reise. 14. Aufl. *Berlin: A. Goldschmidt 1900.* (118 S.) 8°
= Sammlung, Goldschmidt's, prakt. Sprachführer f. Reisende. Bd 3. [00 10918

**Deutsch-Französisch.** Prakt. Sprachführer f. d. Reise. 15. Aufl. *Berlin: A. Goldschmidt 1903.* (118 S.) 8°
= Sprachführer, Goldschmidts, f. d. Reise. Bd 3. [04 4258

Deutsch-franz., österreich.-russ. Grenzländer [Schlagwort]

**Deutsch-franz., österreich.-russ. Grenzländer,** s.: Grenzländer.

**Deutsch-Freisinnigen,** die. Aus den Mittheilungen eines Parlamentariers. Allen Wählern gewidmet. gr. 8. (28 S.) Leipzig 885, Bredow. *

**Deutsch-Freisinniges.** Ein Rückblick. [Aus: „Bonner Zeitg."] 2., verm. Aufl. gr. 8. (55 S.) Bonn 890. Neusser. — 60

Deutsch-Gabel [Schlagwort]

**Deutsch-Gabel,** Bez., s.: Leipa.

**Deutschheit,** die neue, nuniger Zeitverstreichungen. 1s bis 13s Pröbchen, (v. Jh. Hnr. Chr. Meyer). 8. Götting. 776. Dieterich. 13 gr

P. W. **Deutschheit** und deutsches Reich, im Kampf mit den Franzosen und dem Franzosenthum. Erinnerungen und Hoffnungen beim Beginne des Jahres 1814. Ein politisch-historischer Versuch. Cassel: Krieger 1814 8.

**Deutsch-Hellas.** Erste illustr. Reform-Zeitschrift zur Gesundg. des gesamten nationalen Lebens. Zugleich Organ der Buttenstedtschen Empfindungsphilosophie. Hrsg. v. Herm. Dames unter Mitwirkung namhafter Autoren. 1. Serie. 8—12. Heft. (S. 113—201 m. Abb. u. 27 Taf.) gr. 8. Berlin 907. Verlag Hellas. à Hft. — 50
Heft 1–7 erschienen u. d. T.: Hellas.

— dasselbe. 2. Serie. 12 Hefte. (1. Heft. 22 S. m. Abb.) gr. 8. Ebd. 908. 5.—; 1. Heft allein — 30

**Deutschherr,** der, od. das Geheimniß d. Geburt. Ein Beitrag zu den Reisen durch die Höhlen des Unglücks u. Gemächer des Jammers, von C. H. Spieß. 8. Leipz. Joachim. 811.

Deutschinger, Franz (Red.), s. Zeit, Neue.

**Deutschkalender** f. d. J. 1897. Im Auftr. d. Deutschbundes hrsg. v. Aug. Engels. gr. 16. (VI, 248 S. m. Abb.) Berlin. (Leipzig, H. Beyer.) — 50

— dasselbe, 2. Jahrg., s.: Hermannsbote.

**Der aufrichtige Deutschkatholik,** oder: Vergleichung des röm.-kath. u. des deutsch-kath. Glaubens. Mainz, Kirchh., 1848, 12°, 25 Pf.

**Deutschkatholiken,** die Dresdener, haben die Lehren d. heil. Schrift geschmäht. Rechtfertigung des Berichtes im Sächs. Volksblatte (Nr. 42) über die Jubilate-Predigt des Herrn Dr. phil. G. Bauer in d. Waisenhauskirche z. Dresden. gr. 8. Dresden 846, Naumann. n. 1/12 Thlr

**Deutsch- oder Römisch-Katholisch?** Das ist Beleuchtung der neuen religiösen Bewegung zu Schneidemühl in einem Dialoge. Von einem Freunde der Wahrheit. Leipzig, Jackowitz, 1845, 8°, 25 Pf.

Deutschkatholicismus, der, als reine Christuslehre, dargestellt u. gerechtfertigt durch die heil. Schrift. Nebst Auszügen aus Joh. Gfried. v. Herders christl. Schriften üb. Geist d. Christenthums u. Christenthum u. Antichristenthum. 4. (44 S.) Alzey 851. (Worms, Nahke.) n. 6 ngr

Deutschcatholicismus, Der, in seiner Entwicklung dargestellt in der Geschichte der deutschkatholischen Gemeinden zu Heidelberg... Heidelberg 1852—54. V: *Brugger, Jos. Dominik Carl.* (zu)

Deutschkatholizismus, der, in seiner Entwicklung dargestellt in der Geschichte der deutschkathol. Gemeinde zu Heidelberg. Nach urkundl. Quellen u. m. amtl. Schriftstücken, wodurch auch Licht üb. manche Verhältnisse anderer Gemeinden verbreitet wird. gr. 8. (VIII u. 247 S.) Heidelberg 852, Bangel & Schmitt. n. 1 ₰

Deutschkatholizismus, der, in seiner Entwicklung dargestellt in der Geschichte der deutschkatholischen Gemeinde zu Heidelberg. Nach urkundlichen Quellen und mit amtlichen Schriftstücken, wodurch auch Licht über manche Verhältnisse anderer Gemeinden verbreitet wird. 2. Bd. Mit den merkwürdigen Jahren 1848 und 1849. Heidelberg 854. Bangel u. Schmitt. gr. 8. (IV, 236 S.) n. 28 ngr

Deutsch-Krone [Schlagwort]

— s. a.: Marienwerder, Reg.-Bez.

Deutsch-Krone-Stettin, s.: Automobilkarten. Automobil-Tourenkarte.

Deutsch-Krone-Thorn, s.: Automobilkarten. Automobil-Tourenkarte.

Deutsch-Krone. Karte des Kreises Deutsch-Krone im Reg.-Bez. Marienwerder. Hrsg. v. der kartogr. Abtheilg. der königl. preuss. Landesaufnahme 1880. Aufgenommen vom königl. preuss. Generalstab 1874 bis 1876. 1 : 100,000. 65×69 cm. Farbdr. Berlin (R. Eisenschmidt). n.n. 2. — ; ermäss. Preis n.n. 1. 50

Deutsch-Krone, Kreis. Spezial-Karte des Kreises Deutsch-Krone. Rev. v. den zuständ. Behörden. 1 zu 100,000. 61×63,5 cm. Farbdr. Lissa 910. O. Eulitz. —50; auf Leinw. in Etui 1. —

Deutschland. –

— (ein Journal, v. J. F. Reichardt) f. 1796. 4 Bde., od. 12 Stcke. 8. Berl., Unger. 5 ₰
Forts.unt.d.T.: Lyceum d.schönen Künste. Bln.1797.

Deutschland, 1r Bd. 1s — 3s Heft, mit Kpf. 4. Gotha 806. (Leich in Leipz.) 2 ₰ Mit ill. Kpf. 3 ₰ 12 ₰

Deutschland, 1r Bd. 1s u. 2s Heft. m. K. 4. Gotha, Steudel. 806. (à 16 gr.) Rthlr.
Schreibp. m. illum. K. (à 1 Rthlr. 4 gr.)

Deutschland. 1r Bd. 3s Hft. 8. Gotha, Steudel. 811. illum.

Deutschland; oder Briefe eines in Deutschland reisenden Deutschen, (v. Karl Weber). 4 Bde. gr. 8. Stuttg. 826 u. 27. Brodhag. 12 ₰ 18 ₰

Deutschland, oder Briefe eines in Deutschland reisenden Deutschen. 1r u. 2r Bd. gr. 8. Stuttg. 826 u. 27, Franckh. à 2 Rthlr.

Deutschland, od. Briefe e. in Deutschland reisenden Deutschen. 3. u. 4. (letzt.) Bd. (Von Carl Jul. Weber.) gr. 8. Stuttgart 828, [Hallberger.] [3. (48½ B.) 3 Thlr., 4. (54 B.) 3 Thlr. 18 Gr.]
1. u. 2. Bd. Ebendas. 1826, 27. 6 Thlr.

Deutschland, ein geograph. Gesellschaftsspiel, z. Belehr. u. Unterhalt. f. d. Jugend. 2., verb. Aufl. 32. (32 Seit. Erklär., 200 Kärtchen, u. Spielplan.) Blaubeuren 838. (Stuttgart, Neff.) In Etui. 4

Deutschland. –
Weimar. – 11.IV.1849–12.IX.1911.
Vorh. u. d. T.: Die Revolution.
Fortges. u. d. T.: Weimarische Landes-Zeitung Deutschland.

Deutschland. –
Frankfurt/M. – 15.VIII.1855 - 21. ? .VII.1858.

Deutschland. Galerie pittoresker Ansichten des Deutschen Vaterlandes mit einem historisch-topographischen Text. Ein Hausschatz für Jedermann. Bd. 1—5. (= Lfg. 1—70.) Mit 60 Stahlstichen. Leipzig 1856—60. 4. . . . . . . . .

—— Galerie pittoresker Ansichten des deutschen Vaterlandes und Beschreibung derselben. Ein Hausschatz für Jedermann. 1—5. Lfg. hoch 4. (S. 1—40 mit 20 Stahlst.) Leipzig 856, Haendel. à Lfg. 6 Ngr. *

Deutschland. Galerie pittoresker Ansichten des deutschen Vaterlandes und Beschreibung derselben. In 70 Lfgn. oder 5 Bdn. 6—70. Lfg. hoch 4. Leipzig 857—59, Haendel. [1. Bd. (IV und S. 41—120 mit 40 Stahlst. und lithogr. Titel.) 2. (II und 120 S. mit 60 Stahlst. und lithogr. Titel.) 3. (120 S. mit 36 Stahlst.) 4. (II und 120 S. mit 84 Stahlst. und lithogr. Titel.) 5. (II und 78 S. mit 40 Stahlst. und lithogr. Titel.) à Lfg. * 6 Ngr.] *
1—5. Lfg. Ebendas. 1856. * 1 Thlr.

Deutschland. Eine periodische Schrift zur Beleuchtung deutschen Lebens in Staat, Gesellschaft, Kirche, Kunst und Wissenschaft, Weltgeschichte und Zukunft. Im Vereine mit Mehreren hrsg. von W. Hoffmann. 1. Jahrg. 1870. 2 Bde. gr. 8. (1. Bd. 430 S.) Berlin, van Muyden. à Bd. * M. 6. *

—— dass. — Jahrg. 1871. 4 Hefte. gr. 8. (à Heft ca. 220 S.) Wiesbaden, Niedner. *

Deutsch Land. Monatsschrift zur Förderung einer friedl. Socialreform. Redact.: Mich. Flürscheim. Jahrg. 1887 und 1888. à Jahrg. 12 Hefte. (à Heft 1½ Bog.) gr. 8. Harxheim-Zell, J. Schmitt. à Jahrg. *

Deutsch Land. Organ d. „Bundes f. Bodenbesitzreform". Redact.: Mich. Flürscheim. 3. Jahrg. 1889. 12 Hefte. (à Heft 1½—2 Bog.) gr. 8. Bubenheim, Stat. Harxheim-Zell, Schmitt. 3 —
Erscheint nicht mehr.

Deutschland. Wochenschrift f. Kunst, Litteratur, Wissenschaft u. soziales Leben. Hrsg. v. Fritz Mauthner. 1. Jahrg. Oktbr. 1889 — Septbr. 1890; 2. Jahrg. 1. Quartal. Oktbr. — Decbr. 1890. à Jahrg. 52 Nrn. (à Nr. 2 Bog.) gr. 4. Glogau, Flemming. Vierteljährlich 3 —; à Jahrg. 12 —
Ging am 1. Jan. 1891 in den Verlag v. F. u. P. Lehmann in Berlin über u. wurde mit d. „Magazin f. Literatur" verschmolzen.

Deutschland, Reischandbuch, s.a. Grieben's Reisebücher.

Deutschland. Prakt. Reisehandbuch. Bearb. v. Th[eod.] Stromer. M. vielen Kt. u. Pl. 10. Aufl. *Berlin: A. Goldschmidt 1896.* (VII, 383, 40 S., 12 Pl., 13 Kt.) 1 Bd 8.
= Reisebücher, Griebens. Bd 1. 96. 6367

Deutschland. Prakt. Reisehandb. bearb. v. Theodor Stromer. M. vielen Kt. u. Pl. 11. Aufl. *Berlin: A. Goldschmidt 1898.* (VIII, 447, 36 S., 15 Pl., 15 Kt.) 1 Bd 8.
= Reisebücher, Griebens. Bd 1. [98. 9862

Deutschland. 2 Teile in 1 Bde. 12. Aufl. bearb. von J[ulius] I[wan] Kettler. Mit 26 Kartenbeil. *Berlin: A. Goldschmidt 1900.* 8°
= Reisebücher, Griebens. Bd 1. [00. 10596

Deutschland. Neueste Ausg., nach Angaben d. zuständ. Behörden bis z. Neuzeit ergänzt [!]. Nordöstl. Teil. Massst. 1:800,000. (2. Aufl.) *Lissa i. P.: F. Ebbecke [1902]; Leipzig: Geogr. Inst. J. J. Arnd.* 8° [kol.]
Aus: Verkehrstaschenatlas, J. J. Arnd, Leipzig.
(Ebbecke's Verkehrskarte No 7.) [02. 9341

Deutschland in einem Bande. Prakt. Reiseführer. Mit 17 Karten. *Berlin: A. Goldschmidt 1903 04.* (XV, 216 S.) 8°
= Reiseführer, Griebens. Bd 1. [04. 3832

Deutschland. Monatsschrift f. die gesamte Kultur, unter ständ. Mitarbeit von Eduard v. Hartmann, Thdr. Lipps, Berth. Litzmann, Otto Pfleiderer u. Ferd. Tönnies hrsg. v. Graf v. Hoensbroech. 1. Jahrg. Oktbr. 1902—Septbr. 1903. 12 Hfte. gr. 8. (à ca. 120 S.) Berlin, C. A. Schwetschke & Sohn. n. 24. —

**Deutschland.** Monatsschrift f. die gesamte Kultur, unter ständ. Mitarbeit von Eduard v. Hartmann, Thdr. Lipps, Berth. Litzmann, Otto Pfleiderer u. Ferd. Tönnies hrsg. von Graf Paul v. Hoensbroech. 2.—5. Jahrg. Oktbr. 1903—Septbr. 1907. (3.—10. Bd.) à 12 Hfte. (3.—9. Bd. 802, 802, 808, 756, 776, 754 u. 864 S.) Lex.-8. Berlin, C. A. Schwetschke & Sohn. à Jhrg. n. 24.—

**Deutschland.** Organ f. d. deutschen Verkehrs-Interessen. Amtl. Zeitschrift d. Bundes Deutscher Verkehrs-Vereine. Nr 1. Düsseldorf: (Düsseld. Verlagsanst.) 1910. 4° [11. 11626

Das Akademische **Deutschland.** Biogr.-bibliogr. Handbuch f. d. Universitäten d. Deutschen Reiches als Erg. z. Deutschen Universitäts-Kalender hrsg. von Dr. G[ustav] Zieler u. Dr. Th[eodor] Scheffer. (Bd 1.) Leipzig: K. G. Th. Scheffer 1905. 8° [05. 4637

—— über Alles! Kriegs- und Vaterlandslieder aus Schwaben. Hrsg. von der Verlagsbuchh. A. Kröner. 1.—3. Aufl. 8. (46 S.) Stuttgart 870, Kröner. *

**Deutschland, Das alte und mittlere.** Braunschweig 1740. V: *Neukirch, Johann Gg.* (Hauptkat. d. Univ.-Bibl. Tübingen. F. S. 249.)

— und die Annexion Savoyens. Leipzig 860. Sturm & Koppe. 8. (16 S.) n. 5 ngr.

—— armes, s. Armes Deutschland.

— Armes Deutschland! gr. 8. (31 S.) Genf 892. Bibliograph. Bureau. — 80

— an, e. Beantwort. d. Schrift: Preußens Neutralitätssystem u. s. w. 8. German. (Hammerich in Altona.) 799.

— bei Beginn des 20. Jahrh. Von e. Deutschen. gr. 8. (VIII, 215 S.) Berlin 900. Militär-Verlag, R. Felix. n. 3.—

Deutschland nach den durch den Pressburger Frieden vom 26. December 1805 bestimmten Besitzungen der Reichsfürsten u. Stände. Weimar, Landes-Industrie-Comptoir. 1806. Roy.-Fol. (1/6 Rt.) . . . . . . . . . . . . . . . . . . . . .

Deutschland nach den Bestimmungen des Wiener Congresses und des Pariser Friedens. Augsburg, Walch. Imp. Fol. Kupf. u. kol. (1/6 Rt.)

**Deutschland in geographisch-statistischer Beziehung seit den letzten 1000 Jahren.** Leipzig 1814. V: *Pölitz, Carl Heinrich Ludwig.* (EngG) (Ky)

— in geograph.-statist. Beziehung, seit den letzten 1000 Jahren. gr. 8. Leipz. 814. Enobloch. 14 gGr.

— in Bildorn. Aquarelle d. sehenswürdigsten Städte u. interessant. Punkte in Deutschland. Hergest. im chromogr. Institut v. Leo Kempner & Co. in Hamburg. (2. Aufl.) qu.-Fol. (48 farb. Taf.) Köln 896. Schafstein & Co. In Leinw.-Mappe 30.

— und der Bonapartismus. Heidelberg 862. K. Groos. gr. 8. (57 S.) 7½ ngr.

**Deutschland** in Brüssel 1910. Die Dt. Abtg d. Weltausstellg. Auf Grund d. v. Reichskommissar z. Vertügg gest. Materials hrsg. v. Gottfried Stoffers. Köln '10. 439, 27 S. 4°

— im rhein. Bunde u. nach seiner Wiedergeburt, od. d. Friede ohne Rheingrenze. 8. Düsseld. 815. Schreiner. 6 gGr.

— in China 1900—1901. Bearb. v. Teilnehmern an der Expedition, illustriert v. Rocholl, m. Beiträgen v. Adf. Obst u. A. gr. 4. (V, 455 S. m. 1 Photograv., 10 Farbendr. u. 5 Karten.) Düsseldorf (902). A. Bagel. Geb. in Leinw. n. 40.—

**Deutschland und Dänemark.** Die Lebens- und Zukunftsfrage für den deutschen Bund von einem gewesenen Minister. 1. u. 2. unveränd. Abdr. Frankfurt a. M. 858. Boemel. 8. (57 S.) n. 10 ngr.

**Deutschland** und Dänemark. Antwort auf die Hansensche Broschüre „A travers la diplomatie". Separat-Abdruck aus der „Flensburger Norddeutschen Zeitung". Flensburg. 1875. 8°.

—— und Dänemark im April 1857, s. Blätter, fliegende, aus Bayern.

— geognostisch-geologisch dargestellt, s. Keferstein.

Deutschland u. die Deutschen. Von e. Franzosen. Deutsch v. Rob. Binder. 8. (15¾ B.) Leipzig 846, Thomas.

**Deutschland, Deutschland** üb. alles! Aufsätze u. Reden a. 10 Jahrgängen „Akadem. Blätter" (Verbands-Organs d. Vereine deutscher Studenten). 8. (VII, 290 S.) Leipzig 896. F. W. Grunow. n. 2.—

**Deutschland** und die Donaumündungen. Ein Beitrag zur Beleuchtung der äusseren Verhältnisse und der europäischen Civilisation. Wiesbaden 1844. V: *Rube.* (Heidler, J.: Čechy a Rakousko. V Praze 1920. S. 20)

— und die Donau-Mündungen. Ein Beitrag zur Beleuchtung der äußeren Verhältnisse des Vaterlandes u. der europäischen Civilisation. Von einem Offizier. gr. 8. Siegen u. Wiesbaden 845, Friedrichs V. 5/12 ß

· du rasest! Der Mahn- und Warnungsruf eines wahren Deutschen und Staatsmannes in „drei und dreißig Sätzen vom deutschen Bunde." Allen wahren Vaterlandsfreunden an's Herz gelegt von einem Veteranen aus der Zeit der Schmach und Erniedrigung Deutschlands. Darmstadt 860. Köhler jun. in Comm. gr. 8. (29 S.) n. 4 ngr.

**Deutschland, Das in seinem Haupt und Gliedern Durchleuchtige,** oder historische . . . Beschreibung des h. R. Reichs Deutscher Nation . . . Gotha 1702. V: *Mevius, Jac.* (weber)

— unter dem Einflusse der Westmächte. Frankfurt a. M. 854. Brönner. gr. 8. (70 S.) 10 ngr.

Deutschland in seine Bundesstaaten eingetheilt. (1 Karte.) Wien 1829.

Das einige freie Deutschland. Herausgegeben vom christlichen Verein im nördlichen Deutschland. Halle a. S., Buchhandlung des Waisenhauses, 1849. 16 S. 8°.

Deutschland nach der neuesten Eintheilung. 4 lithogr. u. color. Blätter in Fol. Neuhaldensleben, Eyraud, 1828. (2/3 Rt.)

— u. seine Eisenbahnen. gr. 8. Leipzig 838. Otto Wigand. 1/2 ß

— zu Ende der Religionskriege im J. 1648 u. inmitten der polit. Reformbewegung im J. 1848. Einige Worte zur bevorsteh. Säkularfeier d. Westphäl. Friedens m. Rücksicht auf die Gegenwart, von v. G(elder)n. gr. 12. (24 S.) Frankfurt a. M. 848, Brönner. 1/6 ß

— u. England. Eine ethnisch-polit. Studie zur heut. Weltlage. Von Ariacus. gr. 8. (45 S.) München 900. E. Reinhardt. n. — 80

— u. **England.** Eine Mahng. in 12. Stunde an das deutsche Volk. Von e. Capitaine. (1—4. Aufl.) (Je 40 S. m. 1 Tab.) 8. Linz 907. Zentraldruckerei vorm. E. Mareis. 1.—

Deutschland und England. E. Mahnung in 12. Stunde an d. deutsche Volk. Von e. Capitaine. 5. Aufl. Linz 1907. 8°.

— in seiner tiefsten Erniedrigung. 8. 804. 16 kr

**Deutschland** in seiner tiefen Erniedrigung. [Hamburg] 1806. V: *Yelin, Joh .Conr. von.* [?] H: *Palm, Joh. Philipp.* (DN) (ADB 25, 103)

— in seiner tiefen Erniedrigung. Ein Beitrag zur Geschichte der Napoleonischen Fremdherrschaft. Neu hrsg. v. Heinr. Mertens. gr. 16. (113 S.) Würzburg 877. Stuber's Verl. n. — 80

Deutschland in seiner tiefsten Erniedrigung. Ein Beitrag zur Geschichte der Napoleonischen Fremdherrschaft. Neu hrsg. von Heinr. Merkens. gr. 16. (113 S.) Würzburg 877, Stuber. *

— in seiner tiefen Erniedrigung. 1806. (Neu aufgelegt.) 8. (144 S.) Zweibrücken 899. Stuttgart, F. Lehmann. n. 4. —

Zum hundertsten Todestage Palms. Deutschland in seiner tiefen Erniedrigung. 2. Neuabdr. Eingel. von Rich. Graf Du Moulin Eckart. Stuttgart: F. Lehmann 1900. (XLVI, 144 S.) 8° [F.] [06. 67

Deutschland in seiner tiefen Erniedrigung, s. a. Bibliothek der Gesamtliteratur.

Deutschland in seiner tiefen Erniedrigung. Mit e. Vorbemerkung von Paul Schaumburg. Halle a. S.: Hendel [1908]. IV, 84 S. 8°
(Bibliothek d. Gesamtliteratur d. In- u. Auslandes. Nr 2100.) [09. 7760

**Deutschland** und Europa nach dem Kriege. München 1871. V: *Lázár, Julius.* (SZMJ)

— das evangelische. Zentralorgan f. die Einigungsbestrebgn. im deutschen Protestantismus. Hrsg. v. Glob. Mayer. 1. Jahrg. April—Dezbr. 1905. 9 Hfte. (IV, 364 S.) gr. 8. Gütersloh, C. Bertelsmann. n. 3. 75

Deutschland, das evangelische. Zentralorgan für die Einigungsbestrebgn. im deutschen Protestantismus. Hrsg. v. Glob. Mayer. 2. Jahrg. 1906. 12 Hefte. (468 S.) gr. 8. Gütersloh, C. Bertelsmann. n. 5. —

— das evangelische. Zentralorgan f. die Einigungsbestrebgn. im deutschen Protestantismus. Hrsg. v. Glob. Mayer. 3. Jahrg. 1907. 12 Hefte. (396 S.) gr. 8. Gütersloh, C. Bertelsmann. 5. —
Erscheint nicht mehr.

Deutschland u. d. italien. Frage, s. a. Baumgarten Hermann

**Deutschland** und die italienische Frage. Zur Verständigung zwischen Nord und Süd. Nördlingen 1859. V: *Baumgart, Hermann.* (Baumgart, Herm., Historische und politische Aufsätze und Reden, hg. von Erich Marcks. Stassburg 1894. S. CXXXV)

— und die italienische Frage. Zur Verständigung zwischen Nord u. Süd. Nördlingen 859. Beck. gr. 8. (33 S.) n. 5 ngr

— und die orientalische Frage. Von B. S. Nürnberg 855. Stein. gr. 8. (VII, 262 S.) n. 1 Thlr

— gegen Frankreich. Illustrirtes Gedenkbuch der Vertheidigungskämpfe unsers Vaterlandes im J. 1870. Nach authent. Quellen bearb. von E. K. 26 Lfgn. hoch 4. (415 S. mit 52 color. Stnt.) Löbau 870—73, Walde. à Lfg. 25 Pf.

— und Frankreich nach den Friedensbestimmungen von 1871. M. 1 : 4000000. Berlin, Exped. des Barthol'schen Coursbuches. Imp.-Fol. Lith. u. kol. (75 Pf.) (Gr. Mus.)

Deutschland und die Haager Friedenskonferenz. Berlin: S. Mode [1907]. (48 S.) 8° [F.] [08. 11716

**Deutschland** und Friedrich Wilhelm IV. Hamburg 1848. V: *Radowitz, Joseph Maria von.* (BrMm) (Ky)

Deutschland u. Friedrich Wilhelm IV. (von J. v. Radowitz.) gr. 8. (68 S.) Hamburg 848, Perthes-Besser & Mauke. 1/3 Thlr (— 2. Aufl. siehe: v. Radowitz.)

Deutschland, das Frolokende, über die erwünschte Ankunft Pius VI. in Wienn 1782. (Huldigungsgedicht von 86 Zeilen.) O. O. u. J. (Wien 1782.) 2 Bl. 4°. Kart. 8.—

— ganz, für 1 Thlr, s. Taschen-Bibliothek der Lustreisen in Deutschland 46 u. 56 Bdchn.

— das ganze, soll es sein. 1870. Ein Gedenkalbum in 50 Photographien. gr. 16. Weissensee [Leipzig] 870, Grossmann. In Leder geb. mit Goldschn. *
Mit Metallrand *

— dass. — [8. Aufl.] (Volksausg.) gr. 16. (Mit 1 Chromolithogr. und Titelbl. in Buntdr.) Ebendas. 871.
In Leder geb. mit Goldschn. *

Das geistige Deutschland am Ende des XIX. Jahrhunderts. Enzyklopädie d. deutschen Geisteslebens in biogr. Skizzen. Bd 1. Die Bildenden Künstler. [Mehr nicht erschienen.] Leipzig, Berlin: C. G. Röder 1898. (VIII, 754 S.) 8°
1 = Künstler-Lexikon. Deutsches, d. Gegenwart in biogr. Skizzen. [05. 1181

Deutschland im J. 1866 durch Preußen neu gestaltet. Eine kurze übersichtl. Darstellung der Ursachen und Ereignisse des Krieges bis zum Friedensschlusse am 23. Aug. 1866 mit der neuen (chromolithogr.) Karte von Deutschland (in qu. Fol.) Mit einem Anh.: Beschreibung und (lithogr.) Plan der Schlacht bei Königgrätz und einer Genealogie der regierenden deutschen Fürsten. gr. 8. (38 S.) Berlin 866, A. Abelsdorff.

**Deutschland, Das gewerbfleissige;** oder systematisch geordnetes Verzeichniss der jetzlebenden Kaufleute ... Ronneburg u. Leipzig 1800—2. V: *Schumann, August.* (MGT) »1800—3« (BrMm) »1800—4« (MS) »1800—7« (Ky)

— das gewerbfleißige, oder systemat. geordnetes Verzeichniß der jetzt lebenden Kaufleute, Fabrikanten u. s. w. (Auch u. d. T.: Allgem. Handlungs-, Fabriken- u. Adreß-Lexicon rc., von A. Schumann.) 10 Thle. in 11 Bdchn. 8. Zwickau 800—807. Schumann. 13 Thlr 22 kr

— d. gewerbfleißige, od. Verzeichniß der jetzt lebenden Kaufleute, Fabrikanten rc. 1r—10r Bd. 8. Zwickau, Schumann. 800—810. (1r 1 Rthlr. 14 gr. 2r 5 Rthlr. 8 gr. 3r 1 Rthlr. 4r 1 Rthlr. 5r 1 Rthlr. 8 gr. 6r 1 Rthlr. 7r 8r u. 9r 5 Rthlr. 10r 1 Rthlr. 16 gr.)

Deutschland für Gott! Berichte über d. Tätigkeit d. Heilsarmee in Deutschland. (Vorr.: W[illiam] Elwin Oliphant.) Berlin: Heilsarmee-Grundstückgesellsch. (1908). VIII, 88 S. 8° [10. 8383

Deutschland und seine Grenzlande im Massstabe von 1 : 1 250 000, insbesondere für den Gebrauch in Schulen eingerichtet. Nürnberg, Serz u. Cie, 1844. (4 lith. u. kolor. Bll. (1 fl.)

— in polit. u. moral. u. litterarischer Hinsicht. 8. Leipz. 802. Joachim. 20 kr

Deutschland u. die Hohenzollern. Ein Mahnruf an die Nation von e. Groß-Deutschen. London 867. (Wien, Gerold's Sohn.) gr. 8. (25 S.) (1866) 6 ngr

Deutschland, das humoristische. Eine Monatsschrift. Hrsg. von Jul. Stettenheim. 1. und 2. Jahrg. 1885/86 und 1886/87. à Jahrg. 12 Hefte. Lex.-8. (à Heft ca. 48 S.) Stuttgart, Spemann. à Heft * à Jahrg. *

—— dass. — 3. Jahrg. 1887/88. 18 Hefte. Lex.-8. Breslau, Schottländer. [1.—6. Heft. (à Heft 48 S.) à Heft * M 1.—; 7.—18. Heft. (à Heft 32 S.) à Heft * 50 Pf.] *

—— dass. — Illustrirte Zeitschrift. Hrsg. von Jul. Stettenheim. 4. Jahrg. 1888/89. 24 Hefte. Lex.-8. (à Heft. 48 S.) Ebendas. à Heft * 50 Pf. *

—— das humoristische. Illustr. Monatsschr. Hrsg. v. Jul. Stettenheim. 5. u. 6. Jahrg. Oktbr. 1889—Septbr. 1891. à Jahrg. 12 Hefte. 4. (à Heft ca. 50 S.) Berl., S. Fischer. à Heft * 1 —; à Jahrg. * 12 —

— das humoristische. Hrsg. v. Jul. Stettenheim. Red.: G. v. Beaulieu. 7. u. 8. Jahrg. Octbr. 1891 bis Septbr. 1893. à 24 Hfte. (2½ Bog. m. Illustr.) gr. 4. Berlin, S. Fischer Verl. à Jahrg. n. 6. —; einzelne Hfte. n. — 25

— dasselbe. 9. Jahrg. 1.—3. Quartal. Octbr. 1893 — Juni 1894. 18 Hfte. (2½ Bog m. Illustr.) gr. 4. Ebd. n. 4. 50

— dasselbe. 9. Jahrg. 4. Quartal. Juli—Sept. 1894. 6 Hfte. gr. 4. (2½ Bog. m. Illustr.) Berlin, G. E. Nagel. 1. 50

— dasselbe 10. Jahrg. Octbr.—Decbr. 1894. 6 Hfte. gr. 4. (2½ Bog. m. Abbildgn.) Ebd. 1. 50

— d. humoristische. 11.—14. Bd. Jahrg. 1895—1898. à 52 Nrn. (à ca. 12 S. m. Abb.) gr. 4. Berlin, G. E. Nagel. à Jahrg. 5. 20; einz. Nrn. n. — 10
Kann auch vierteljährlich bezogen werden.

— das humoristische. Humoristische flieg. Blätter. Red.: E. Nagel. 15.—17. Bd. Jahrg. 1899—1901. à 52 Nrn. gr. 4. (à ca. 16 S. m. Abbildgn.) Berlin, G. E. Nagel. à Jahrg. n. 5. 20
Fortsetzung, s.: Welt, lustige.

— im J. 1921. Von e. Sachsen. gr. 8. (16 S.) Dresden 897. Druckerei Glöß. n. — 50

—– in den Jahren 1842 — 1851. 2 Bdchn. 32. (IV und 147 S.) Altenburg 851, Pierer. à Bdchn.

— im achtzehnten Jahrhundert. Hrsg. v. Mart. v. Geismar. 2. (Titel-)Ausg. (von: Die polit. Literatur der Deutschen. rc. 1—4. Abthl.) gr. 8. (XVIII u. 581 S.) Leipzig (847) 851, O. Wigand. In Engl. Einb. 2 ₰

Deutschland im achtzehnten Jahrhundert. Hrsg. von Mart. v. Geismar. 2. (Titel-)Ausg. gr. 8. (XVII und 581 S.) Leipzig 851, O. Wigand.
Hat gleichen Inhalt mit: Literatur, die politische, der Deutschen. rc. Vgl. Dieses.

Deutschland, Das jetztlebende weibliche gelehrte, oder Alphabetisches Verzeichniss der jetztlebenden Teutschen Schriftstellerinnen ... [Gotha 1798.] V: *Schmid, Christian Heinrich.* (MGT) (ML)

Deutschland nach dem definitiven Indemnisations-Plane vom 8. October 1802. Mit Erklärung. Weimar, Landes-Industrie-Comptoir. Roy. Fol. Kupf. u. kol. (1⅙ M.

—— das industrielle und kommerzielle. Ein Rundgemälde der gesammten vaterländ. Industrie- und Handelsgebiete in geograph. Einzelbildern. Für Männer der Wissenschaft und Praxis hrsg. von Ed. Amthor. 1. Bd.: Das industrielle und kommerzielle Thüringen. Das Großherzogth. Weimar, die Herzogth. Meiningen, Altenburg rc. nach ihrer Produktion, Fabrikation und merkantilen Bedeutung mit Angabe der bedeutendsten thüring. Fabrik- und Handelsfirmen. Nebst einem Anh., enth.: Produkten- und Fabrikaten-Bezugsregister für Thüringen von H. Schwerdt. gr. 8. (VIII und 144 S.) Gera 867, Amthor. *

—— und Italien. Lex.-8. (24 S.) Stuttgart 859, Scheible. *

Deutschland: Das junge Deutschland
Ⓖ Karl Glossy in der Einleitung zu den «Literarischen Geheimberichten aus dem Vormärz» (Jahrbuch der Grillparzer-Gesellschaft 21. Jg., 1912, S. CXIV) schreibt: «... Alle Vorsicht, die Verbreitung dieser Zeitung (La jeune Suisse) sowie der 1836 zu Biel erschienenen Monatschrift «Das junge Deutschland» über die schweizerische Grenze zu verhindern, konnte doch nicht verhüten, daß ein Teil der Auflage nach Deutschland und Österreich gelangte ...».

Das junge Deutschland, neue Folge d. Ratgebers f. Jugendvereinigungen, Jg. 2 u. folg.: Überbündische Ztschr. d. Aussch. d. dtsch. Jugendverbände, Berlin 1909 — 8° u. 4°. 6 Bde.

—— das junge, u. d. moderne Literatur. Ein Postscriptum von ein. Anhänger d. alten Schule. gr. 8. (2 B.) Leipzig 836, Böhme.

— üb., Kaisertodesfall, Trauer, Reichsvicarien, Wahltag, Wahlcapitulation des deutschen Kaisers. (Von Jh. Mt. Abele.) 8. Kempt. 790. Dannheimer. (Köhler in Leipz.) 16 gr. N. Aufl. u. d. T.: Versuch über d. deutsche Staatsrecht während e. Zwischenreichs. 8. Ebd. 792. 20 gr.

— üb. Kaisertodesfall, Trauer, Reichsvicarien, Wahltag, Wahlcapitulation d. deutschen Kaisers. 8. Kempten, Kösel. 792.

— gegenüber der Katastrophe v. 1852. Vom Verf. der Schrift: „Die Politik der Versöhnung u. die Solidarität der Regierungen. 8. (34 S.) Berlin 852, Brandis in Comm. n. 4 ngr

— das katholische, repräsentirt durch seine Wortführer. Portraits hervorrag. deutscher Katholiken in Lichtdr. ausgeführt nebst kurzen Charakter- u. Lebensbeschreibgn. 1—6. Hft. gr. 8. (à 5 Lichtdr.-Taf. m. 5 Bl. Text.) Würzburg 874. 75. Woerl. à n. 2. —

— das katholische, repräsentirt durch seine Wortführer. Portraits hervorragender deutscher Katholiken in Lichtdr. ausgeführt nebst kurzen Charakter- und Lebensbeschreibungen. 7—10. Hft. gr. 8. (à 5 Lichtdr.-Taf. mit 5 Bl. Text.) Würzburg 878. Woerl. à n. 2. —

Deutschland, das katholische, repräsentirt durch seine Wortführer. Portraits hervorragender Katholiken in Lichtdr. ausgeführt, nebst kurzen Charakter- und Lebensbeschreibungen. 2. Serie. 1. und 2. Lfg. gr. 8. (à Lfg. 10 S. mit 5 Lichtdr.) Würzburg 880, Woerl. à Lfg. * M 2. *
1. Serie. (10 Hefte). Ebendas. 1874—78. à Heft * M 2.; geb. in 1 Bd. * M 23.

— od. der reisende Kaufmann, Leipz. Fleischer. geb.

—— das kleinste. 1886. Ein Staatshandbüchlein für das Portemonnaie. [Staatsoberhäupter. Reichs- und Staatsbehörden. Statistik.] 1. und 2. Aufl. 128. (56 S.) Weimar 886, Geograph. Institut. *

— u. seine Kolonieen. Wanderungen durch das Reich u. seine überseeischen Besitzgn., unter Mitwirkg. v. Arth. Achleitner, Johs. Biernatzki, Fritz Ehrenberg u. a. hrsg. v. Jos. Kürschner. Imp.-4. (VII, 538 S.) Berlin (902). H. Hillger. Geb. in Leinw. m. Goldschn. n. 20. —

Ⓑ — u. seine Kolonien. 902. Jetzt: Leipzig, Bibliogr. Anstalt A. Schumann.

**Deutschland** und seine Kolonien im Jahre 1896. Amtl. Bericht üb. d. Deutsche Kolonial-Ausstellg. Hrsg. v. d. Arbeitsaussch. d. Deutsch. Kolon.-Ausst. . . . Red.: Gustav Meinecke, Mitarb.: . . . M. 1 Kupferdr., 185 Ill. im Text, darunter 7 Vollb., 6 Kt., 40 Taf. in Lichtdr. u. Plan d. Ausstellg. *Berlin: D. Reimer 1897.* (IX S., 1 Bl., 637 S., 1 Bl., 1 Portr., 1 Tab., 6 Kt., 1 Pl., 40 Taf.) 1 Bd 2.(8.) [97. 6572

— Königr. der Niederlande, Belgien u. die Schweiz, nebst Theilen der angränz. Länder, nach Adolf Stieler's Entwurf im Jahre 1836. Besonders zum Reisegebrauch eingerichtet, mit Bezeichnung der Straßen, Eilwagen- und Extrapost-Routen, unter Mitwirkung von F. M. Diez. Gemeinschaftl. gezeichnet von F. v. Stülpnagel u. J. C. Bär. 4 Bl. gr. Fol. Gotha 838. J. Perthes. Ill. n. $2\frac{1}{2}$ ℛ, auf Leinw. u. in Etui n. 3 ℛ

— das constitutionelle, ein Wort der Zeit an das deutsche Volk, zur Abwehr fremden Uebermuths. (Aus den Beiträgen zur Erörterung vaterländ. Angelegenheiten abgedruckt.) 8. Darmst. 831. Leske. 3 ℊ

Deutschland u. der Krieg. 8. Offenbach 1854.

— das lachende, od. ungeheure Heiterkeit in der Westentasche. 100 neue u. piquante Anecdoten. 2 Hfte. 16. (à 3 B.) [B. Senf.] à *

— das lachende, oder ungeheure Heiterkeit in der Westentasche. 100 neue und piquante Anecdoten. 16. Expedition der Signale 844. n. $\frac{1}{6}$ ℛ — 2. Hft. 16. Ebend. 845. $\frac{1}{6}$ ℛ

**Deutschland** lebe hoch! oder von Helwigs Einzug und Aufenthalt in Halberstadt. Halberstadt 1813. V: *Körte, Wilhelm* (Ky) (NN)

— lebe hoch! od. von Helwigs Einzug u. Aufenthalt in Halberstadt. 8. Halberst. Büreau f. Literat. u. Kunst. 813.

— lebe hoch! oder von Helwigs Einzug u. Aufenthalt in Halberstadt. 8. Halberst. 813. (Vogler in Potsd.) 4 ℊ

— das liberale, e. censurfreie Zeitschrift. Herausg. von J. G. A. Wirth. 1e Serie. 1831. Aug. bis Dec. gr. 4. München, v. Cotta. 1 ℛ 16 ℊ

— das litterarische, s. Hinrichsen, Ad.

**Deutschland** als mittel-europäische Macht v. e. deutschen Edelmanne. gr. 8. (34 S.) Leipzig 897. G. H. Meyer. n. — 50

— das malerische u. romantische, in 10 Sektionen. Lex.-8. Leipzig, Geo. Wigand. *

A. u. d. Ttln.;

Sekt. I. Romantische Wanderungen durch d. sächs. Schweiz. Von † A. Tromlitz. 10 Lfgn. M. 30 Stahlst. (15 B.) 836, 37., ganz neu bearb. v. Joh. Sporschil. ($14\frac{1}{2}$ B. u. 4 neue Stahlst.) 840. * 3 Thlr. 8 Gr. — Der Text von Sporschil u. d. 4 Stahlst. f. d. Besitzer d. ganzen Werkes apart * 1 Thlr.

- II. Wanderungen durch Schwaben. Von Gust. Schwab. 10 Lfgn. M. 30 Stahlst. (17 B.) 837, 38. * 3 Thlr. 8 Gr.
- III. Wanderungen durch Thüringen. Von Ludw. Bechstein. 10 Lfgn. M. 30 Stahlst. ($18\frac{1}{4}$ B.) 837, 38. * 3 Thlr. 8 Gr.
- IV. Wanderungen durch den Harz. Von Wilh. Blumenhagen. 10 Lfgn. M. 30 Stahlst. (16 B.) 838. * 3 Thlr. 8 Gr.
- V. Die maler. u. romant. Donauländer. Von Ed. Duller. 20 Lfgn. M. 60 Stahlst. (27 B.) 838—40. * 6 Thlr. 16 Gr.
- VI. Die Rheinländer. Von Karl Simrock. 20 Lfgn. M. 60 Stahlst. (29 B.) 838—40. * 6 Thlr. 16 Gr.
- VII. Wanderungen durch Franken. Von Gust. v. Heeringen. 10 Lfgn. M. 31 Stahlst. ($11\frac{1}{2}$ B.) 839, 40. * 3 Thlr. 8 Gr.
- VIII. Wanderungen durch Tyrol und Steyermark. Von J. G. Seidl. 20 Lfgn. (1—12. Lfg. Tyrol, 13—20. Lfg. Steyermark.) M. 60 Stahlst. ($33\frac{3}{4}$ B.) 840—42. * 6 Thlr. 16 Gr.
- IX. Wanderungen durch das Riesengebirge u. die Grafschaft Glatz. Von Carl Herlossohn. 10 Lfgn. M. 30 Stahlst. ($15\frac{1}{2}$ B.) 840, 41. * 3 Thlr. 8 Gr.
- X. Die Ost- u. Nordsee. Von Theod. v. Kobbe u. Willib. Cornelius. 10 Lfgn. M. 30 Stahlst. 841, 42. * 3 Thlr. 8 Gr.

— dass. 6e Sektion. A. u. d. T.: Das malerische u. romantische Rheinland. Von Karl Simrock. 20 Lfrgg. Mit 60 Stahlst. Lex.-8. Ebd. 838—40. (à n. $\frac{1}{3}$ ℛ) n. $6\frac{2}{3}$ ℛ

— dass. 10e Sekt.: Die Ost- u. Nordsee. Von Mohnike u. Starkloff. 10 Lfrgg. mit 30 Stahlstichen. Lex.-8. Ebd. 841. (à n. $\frac{1}{3}$ ℛ) $3\frac{1}{3}$ ℛ

— dass., Supplement. — A. u. d. T.: Das Weserthal v. Münden bis Minden. Von Franz Dingelstedt. 1—9. Lfg. M. 25 Stahlst. Lex.-8. (11 B.) Cassel 839—42, Fischer. à *

— dass., Supplement. — A. u. d. T.: Malerische Ansichten v. Hessen, v. G. Landau. (13 Lfgn.) M. 36 Stahlst. Lex. 8. (17 B.) Kassel 840—42, Fischer. à * 8 Gr. *
2. Abdr., vgl. Ansichten, maler., v. Hessen.

— dass. — Supplement, s. Württemberg.

— das malerische u. romantische in 10 Sectionen m. 390 Stahlst. Schwaben. Franken. Thüringen. Harz. Sachsen. Riesengebirge. Ost- u. Nordsee. Rhein. Donau. Steyermark u. Tyrol. 1—110. Lfg. Sect. 1—9. 8. Leipzig, [Haendel.] à Lfg. 3 Ngr.

Sect. 1. Schwaben von Gust. Schwab. 10 Lfgn. (30 Stahlst. u. $12\frac{1}{2}$ B.) 846. 1 Thlr.
- 2. Franken v. G. v. Heeringen. 10 Lfgn. (30 Stahlst. u. 8 B.) 846. 1 Thlr.
- 3. Thüringen v. Ludw. Bechstein. 10 Lfgn. (30 Stahlst. u. 8 B.) 846. 1 Thlr.
- 4. Der Harz v. Wilh. Blumenhagen. 10 Lfgn. (30 Stahlst. u. 12 B.) 847. 1 Thlr.
- 5. Sachsen v. Joh. Sporschil. 10 Lfgn. (30 Stahlst. u. $10\frac{1}{2}$ B.) 847. 1 Thlr.
- 6. Das Riesengebirge u. die Grafschaft Glatz. (Nebst ein. Ausfluge nach Prag u. Karlstein.) Von C. Herloßsohn. 10 Lfgn. (30 Stahlst. u. $11\frac{1}{2}$ B.) 847. 1 Thlr.

Deutschland, das malerische u. romantische in 10 Sectionen m. 390 Stahlst. rc.

Sect. 7. Ost- u. Nordsee v. Wilh. Cornelius u. Theod. v. Kobbe. 10 Lfgn. (30 Stahlst. u. 12 B.) 847. 1 Thlr.
- 8. Rheinland v. Karl Simrock. 20 Lfgn. (60 Stahlst. u. $23\frac{1}{4}$ B.) 847. 2 Thlr.
- 9. Die Donauländer. Von Ed. Duller. 20 Lfgn. (60 Stahlst. u. 17 B.) 847. 2 Thlr.

— das malerische und romantische. 1. Bd. Schwaben. Von Gust. Schwab. Mit 30 Stahlst. 2. Aufl. 8. Leipzig 847, Händel. n. 1 ℛ

— dass. 2. Bd. Franken. Von Gust. v. Heeringen. Mit 30 Stahlst. 2. Aufl. 8. Ebend. 847. n. 1 ℛ

— dass. 3. Bd. Thüringen. Von Ldw. Bechstein. M. 30 Stahlst. 8. Ebend. 847. n. 1 ℛ

— dass. 10. Bd. Tyrol u. Steyermark, v. J. G. Seidl. Mit 60 Stahlst. 8. (392 S.) Ebd. 847. n. 2 ℛ

— dass. — Supplement-Band. Der Main von Ludw. Braunfels. 1—3. Heft. Lex.-8. (80 S. und 13 Stahlst.) Würzburg 847, Etlinger'sche Vrlgsh. à Heft * -

— das malerische u. romantische, Sect. Baden, s. Bader, Jos.

Deutschland und der Schweizerische Mehlzoll s. [Fre]y, [Alfre]d.

— u. der schweizerische **Mehlzoll** v. Y. D. (75 S.) 8. Zürich 908. Art. Institut Orell Füssli. 1.—

Ueber das mittägige Deutschland. Zuschrift der süddeutschen Bürger an die französische Regierung. Nach d. franz. Original. — o.O. 1801. 28 S.
1:Rz 6295. 7.
3.4050

**Deutschland** auf dem Monde. Ein Sommernachtstraum von ***
Leipzig: Rust [1802]. 48 S. 8° [Umschlagt.] A 12 9910

— das musikalische, des 19. Jahrhunderts, eine historisch-biographische, kunstwissenschaftliche, pädagogische Musikzeitschrift, zur Vermittlung der Gegenwart mit der Vergangenheit, zur genauern Kenntniß und gerechten Würdigung der einen wie der andern und weitern Beförderung der edlen Kunst, zunächst für Alle, welche die Musik an höheren Lehranstalten und Seminarien rc. zu lehren haben rc.; dann auch für Dilettanten oder Musikfreunde rc. hrsg. in zwanglosen Heften unter Mitwirkung mehrerer Herren Geistlichen und gelehrten Kunstfreunde, Musikdirectoren und Organisten rc. von J. G. Hientzsch. 1. Jahrg. April 1856—März 1857. 12 Hefte. Lex.-8. (1. und 2. Heft. 112 S.) Berlin 856, Friedr. Schulze's Buchh. *

—— das musicirende. Musikzeitung für das deutsche Volk. Mit mehreren Musikern vereint hrsg. und redig. von Carl Wetschke. Jahrg. 1860. 12 Nrn. (Bog.) hoch 4. Herzberg, Lübbecke. *

**Deutschland** muss einen Kaiser haben! O. O. 1788. V: *Soden, Friedrich Julius Heinrich Reichsgraf von.* (MGT)

— muß einen Kaiser haben. gr. 8. Nürnb. Felsecker. 788.

— und die Napoleoniden. Leipzig 859. O. Wigand. gr. 8. (31 S.) 6 ngr.

— das nationale, in Verbindg. m. Arendt, Arning, v. Böhlendorff-Kölpin u. a. hrsg. v. Emil Loeslius. Novbr. 1907—Juni 1908. 84 Hefte. (à ca. 30 S.) gr. 8. Berlin, Südwest-Verlag. à Hft. — 50 Erscheint nicht mehr.

—— seine Natur, Geschichte und Sage, von seinen Dichtern besungen. Hrsg. von L. Gittermann. A. gr. 8. (XII und 296 S.) Magdeburg 856(57.) Fabricius.

**Deutschland, Das neue.** Enthaltend grösstentheils freimüthige Berichte zur Geschichte der Bedrückung . . . Berlin 1814. V: *Gaedicke, Johann Christian.* (Ky) (Pr) (NN) (Hitzig)

— das neue, enthaltend Berichte zur Geschichte d. Bedrückung u. d. Befreiung Deutschlands, (v. J. C. Gädike). 1r Bd. 1s—6s, u. 2r Bd. 1s—3s Stück od. 9 Stücke. 8. Berl. 813 u. 14. Gädike. (jedes Stück 12 gl.) 4 ₰ 12 gl.

—— das neue. Vom Verf. des „neuen Europa". 16. (32 S.) Zürich 869, Verlags-Magazin. *

—— das neue. Nationale Erinnerungen aus der denkwürdigsten Zeit der neuesten Geschichte, der heranreifenden Jugend durch Wort und Bild vorgetragen. Mit 12 Farbendruckbildern und Karte vom Kriegsschauplatz. 8. Mainz 871, Lerch. [Leipzig, Zieger.]

—— das neue. Politische Studie v.***. gr. 8. (22 S.) Oldenburg 887, Wiechmann's Verlag. *

— das neue, u. seine Volksschule. Dem deutschen Volke gewidmet v. einem deutschen Lehrer. gr. 8. (32 S.) Leipzig 848, Siegel & Stoll. n. 4 ngr

**Deutschland** um Neujahr 1870. Vom Verfasser der Rundschauen. Berlin 1870. V: *Gerlach, Ernst Ludw. von.* (Kat. der ständ. Bibl. Stuttg. 1907. S. 229.)

— um Neujahr 1870. Vom Verf. der Rundschauen. (Von v. Gerlach.) Berlin 870. Stilke & van Muyden. gr. 8. (67 S.) n. 12 ngr.

**Deutschland.** Niederlande, Belgien und Schweiz: National-, Sprach-, Dialect-Verschiedenheit. Entw. im April 1847. 1 : 3800000. Gotha. 1848. Kupferstich und Farbendruck. 1 Bl. Fol. 38,5 46,4 cm.

— das nördliche, in Lied, Spruch u. Prosa-Schilderung, s.: Land u. Volk, deutsches. 5. Hft.

—— und Oesterreich, s. Grieben's Reise-Bibliothek.

Deutschland u. Oesterreich. Praktischer Reiseführer. Mit vielen Karten u. Plänen. 3. Aufl. Berlin 1879. 8. Ist: Grieben's Reisebibl. Nr. 1.

Deutschland, Oesterreich u. Europa. Von e. Altösterreicher. Stuttgart 869. Grüninger. gr. 8. (36 S.) n. 9 ngr.

**Deutschland,** Österreich, Italien. Ein Zuruf. Venedig 1848. V: *Stieglitz, Hnr.* (Hauptkat. d. Univ.-Bibl. Tübing. F. S. 260.)

— das pädagogische, der Gegenwart. Oder: Sammlung von Selbstbiographieen jetzt lebender deutscher Erzieher und Lehrer. Für Erziehende herausg. von F. A. W. Diesterweg. 1r Bd. 1s — 4s Hft. gr. 8. Berlin 835, 36. Plahn. (H. Schultze.) $1^1/_2$ ₰ — 2r Bd. gr. 8. Ebd. 836. 1 ₰

Deutschland und Pohlen, eine politische Parallele. 8. Hat jetzt Flittner in Berlin. 798.

— u. Polen, eine politische Parallele zur nähern Erforschung des Schicksals von Deutschland seit der Revolution in Frankreich. 8. Frankf. Acad. Buchhandl. 798.

— u. Polen, e. politische Parallele zur nähern Erforschung des Schicksals von Deutschland, seit d. Revolution in Frankreich. 8. Frankf. 798. (Sander in Berl.) 12 gl.

**Deutschland,** Polen und Russland. Hamburg 1846. V: *Schuselka, Franz.* (Heidler, J.: Čechy a Rakousko. V Praze 1920. S. 20)

**Deutschland** und Preussen, oder das Interesse Deutschlands am preussischen Staate. O.O. 1806. V: *Bretschneider, Carl Glieb.* (NN)

Deutschland und Preußen. Sendschreiben an den Grafen Arnim-Boytzenburg von einem seiner Wähler. Prenzlau, F. W. Kalbersberg, 1848. 14 S. 8°.

und die Reformation. Eine Beleuchtung der historisch-politischen Anschauungen der Herren v. Ketteler und Dr. Zeis. Frankfurt a. M. 861. Auffarth. gr. 8. (32 S.) n. 4 ngr.

—— und das Bismarck'sche Regierungssystem. Vier Leit- und Zeitartikel aus der „Berliner Bürger-Zeitung". 8. (16 S.) Berlin 879, Löwenthal.

— u. deutsches Reich, ein interessantes Actenstück. 8. Cassel u. Marb. 815. Krieger. 1 ₰

— u. deutsches Reich, im Kampf mit d. Franzosen, u. d. Franzosenthum, ein polit. histor. Versuch. 8. Cassel 814. Krieger. 1 ₰

Deutschland als Repräsentativ-Bundesstaat. — s. München, J. G.

**Deutschland** und die Repräsentativ-Verfassungen. Giessen 1838. V: *Solms-Hohensolms-Lich, Fürst Ludwig zu.* (Hessische Biographien, hgbn. von Herman Haupt. Darmstadt 1918. II.)

—— und die Repräsentativ-Verfassungen. (Vom Fürsten Solms-Lich.) gr. 8. (4 B.) Giessen 838, Heyer's Verl.

— u. keine Revolution, oder: einsame Gedanken über d. Herkommen des demagogisch-excentrischen Unwesens des Zeitalters u. die wahren Abhülfsmittel von demselben. kl. 8. Hadamar 820. Gelehrte B. 12 gl.

—— und die Revolutionen. gr. 8. ($5^3/_4$ B.) Leipzig 831, Lehnhold.

Deutschland und Rom. Beiträge zum Verständniß der kirchl. Bewegung in der Gegenwart. Von einem Manne aus dem Volke für des Volkes Kern. 1. Gabe. 8. Rudolstadt 845. (Fröbel.) n. 1/6 ℔

— unt. Rudolph v. Habsburg bis Sigmund. 8. Altenburg, Litur. (a. Hinrichs in Leipz.) 804.

— unter Rudolph v. Habsburg bis Sigismund. Ein Lesebuch für alle Stände. 8. Altenb. 804. Mit n. Titel 809. (Hinrichs in Leipz.) 10 ℊ

—— und Rußland. gr. 8. (20½ B.) Mannheim 839, Hoff.

—— und Rußland. Eine französ. Anschauung über den deutsch-russ. Zukunftskrieg von Maj. Z***. Deutsch von A. B. E. Mit 1 Karte der russ. Westgrenze. 1.—3. Aufl. gr. 8. (47 S.) Hannover 883, Helwing'sche Verlagsh. *

Deutschland und Rußland. Eine französ. Anschauung über den deutsch-russ. Zukunftskrieg von Z***. 4. Aufl. gr. 8. (47 S. mit 1 Karte der russ. Westgrenze.) Hannover 886, Helwing's Verlag. *

— u. vorzüglich Sachsen im Anfang d. Jahres 1806. 8. Lpz. 807. (W. Rauck). 16 ℊ

— u. vorzüglich Sachsen im Anfang d. Jahrs 1806. 8. Leipz. Sommer. 807.

— am Scheidewege! Von Quidam. Verf. d „Europ. Gefahr". E. Studie d. heut. europ. Lage v. Standpunkte d. Rassenfrage aus. 1. u. 2. [Umschlag-]Aufl. 8. (à 200 S.) Zürich 897. C. Schmidt. n. 2. 40

Deutschland am Scheidewege. *Leipzig: A. O. Paul [1900].* (63 S.) 8° [F.]
= Miniatur-Bibliothek. 310. [oo 8664

**Deutschland** im Schlaf [geschrieben 1809] und Deutschlands Morgentraum und Erwachen. Zwei politische Possenspiele. [Lpzg.] 1814. V: *Treitschke, Carl Georg.* (Ky) (BrVV)

Deutschland im Schlaf; geschrieben im Jahr 1809 u. Deutschlands Morgentraum u. Erwachen, (v. Geo. Karl Treitschke). Zwei polit. Possenspiele. 8. Leipz. 814. (Brockhaus). 8 ℊ

**Deutschland** in die Schranken! Von *** (Februar 1861.) Darmstadt 1861. V: *Wittgenstein, Emil Prinz von.* (EB)

—— in die Schranken. Von ***. 1—3., unveränd. Aufl. gr. 8. (32 S.) Darmstadt 861, Zernin.

— über See. Beilage zum „Odin". Schriftleitung: Hans Kordon u. (verantwortlich) Wilh. Fluhrer. 1. Jahrg. April 1900—März 1901. 12 Nrn. Fol. (à ca. 8 S.) München, F. Kutschera & Co. 2. —

—— zur See, s. Hausbibliothek, kleine, für die Jugend.

Deutschland zur See. *Leipzig: A. O. Paul [1900].* (48 S.) 8° [F.]
[Umschlagt.:] Die Deutsche Kriegsmarine.
= Miniatur-Bibliothek. 189. [oo. 8665

— eine Seemacht. Von einem deutschen Offizier. [Aus Heer u. Volk, II. Bd.] gr. 8. (44 S. m. eingedr. Abbildgn.) Leipzig 848, G. Mayer. 1/4 ℔

Deutschland durch den Vertrag von Verdün im Jahre 843 selbstständig. Blicke auf die Ereignisse u. Zustände der Vergangenheit und Gegenwart. Ein Aufruf an die deutschen Fürsten und Völker zu einer 1000jähr. Jubelfeier. gr. 8. Leipzig 842, Böhme. 1/6 ℔

—— durch den Vertrag von Verdun im J. 843 selbstständig. Blicke auf d. Ereignisse u. Zustände d. Vergangenheit u. Gegenwart. Ein Aufruf an die deutschen Fürsten u. Völker zu ein. 1000jähr. Jubelfeier. gr. 8. (1½ B.) Leipzig 842. [Geuther.]

—— das singende. Album der ausgewähltesten Lieder u. Romanzen mit Begleit. d. Pianoforte. 4 Bde. qu. 4. (à 12 B.) Leipzig 845—47, Ph. Reclam jun. à Bd. 1 Thlr. Hrbgef. Pr. à Bd. 7½ Ngr.

—— das singende. Album von 284 der ausgewähltesten Lieder und Romanzen mit Begleitung des Pianoforte. Mit Beiträgen von: Adam, Adhémar, Auber ꝛc. 6. Aufl. qu. 4. (X und 576 S.) Leipzig 852(53,) Ph. Reclam jun. *

—— das singende. Album von 284 der ausgewähltesten Lieder und Romanzen mit Begleitung des Pianoforte. 13. Aufl. qu. 4. (576 S.) Leipzig 873, Ph. Reclam jun. geb. *

— das singende. Album von 284 der ausgewähltesten Lieder u. Romanzen m. Begleitung d. Pianoforte. 14. Aufl. qu. 4. (X, 576 S.) Leipzig 881. Ph. Reclam jr. n. 3. —; geb. n. 4. —

— das singende. Album der beliebtesten Arien, Lieder u. Romanzen der Componisten Bach, Beethoven, Bellini, Boieldieu, Chopin ꝛc. Neue Ausg., bearb. v. Herm. Langer. Lex.-8. (VIII, 436 S.) Leipzig 883. Ph. Reclam jun. n. 3. —; geb. n. 4. —

— das singende. E. Sammlg. d. schönsten Volkslieder. 12. (VII, 160 S.) Düsseldorf 896. A. Bagel. Kart. — 75

— u. das Slaventum. Glossen v. Teut II. (IV, 48 S.) gr. 8. Lissa 906. F. Ebbecke. n. — 75

— im Spiegel des Marsbewohners Passyrion. Satirische Kultur- u. Sittenschilderg. Aus dem Marsischen v. Intrus. 3. Aufl. des Werkes: Passyrion üb. Deutschland. (VIII, 183 S.) gr. 8. Rostock 908. C. J. E. Volckmann Nachf. 2. —

**Deutschland, Das südwestliche,** seine Stimmung, Ansichten und Wünsche ... Karlsruhe 1840. V: *Nebenius, Karl Friedrich.* (Treitschke, Dtsch. Gesch. 5, 85) (Zeitschr. f. Büch. 1923, S. 82) (Glossy, Liter. Geheimberichte 1912, S. 199)

— das südwestliche, seine Stimmung, seine Ansichten u. Wünsche in Beziehung auf die gegenwärt. politischen Conjuncturen. gr. 8. Karlsruhe 840, Müller'sche Hofbuchh. 1/2 ℔

Deutschland und der grösste Theil der umliegenden Staaten, oder Mittel-Europa, in 35 Blättern. Berlin 1808—1831. qu.-4. . . . . . . . . . . . . . . . . . (Dr. Mss.)

— im neuen Testamente. 8. Leipz. 814. Joachim. 8 ℊ

— — dasselbe mit 2 Beilagen. 8. Ebend.

**Deutschland** im neuen Testamente. Leipzig [ca. 1836]. V: *Wagner, Gottlob Heinrich Adolph.* (Ky)

— im neuen Testamente. (Von Glo. Hnr. Adolf Wagner.) gr. 8. Leipzig ... Joachim. 1/4 ℔

**Deutschland** eine Trias? Berlin [1851]. V: *Stichling, Gottfried Theodor.* (wen S. 290)

— eine Trias. gr. 8. (24 S.) Berlin 851, Veit & Co. — 2. Aufl. gr. 8. (24 S.) Ebd. 851. n. 1/6 ℔

—— in den Tuilerien. Blumenlese aus dem Werke: l'Allemagne aux Tuileries de 1850—70. Collection de documents tirés du cabinet de l'empereur par Henri Bordier. gr. 8. (125 S.) Leipzig 872, Minde.

Deutschland über Alles, wenn es nur will, (v. Ph. Frhr. v. Gemmingen). 10 Hefte. 8. (Regensb. 798 u. 99.)

Das überschätzte Deutschland. Von? Berlin: H. Walther (1906). (32 S.) 8° [F.]

[F.] Deutschland — Uebersee. (Weltkarte z. Uebersicht d. deutschen Geschwaderstationen u. d. deutschen Kolonialbesitzes.) *Berlin: D. Reimer 1897.* (1 Ktnbl.) 1 Bd 4.

— das überseeische. Die deutschen Kolonien in Wort u. Bild. (In 20 Lfgn.) 1.—13. Lfg. gr. 8. (S. 1—416 m. 13 Taf. u. 4 Karten.) Stuttgart (902). Union. à — 40

— das überseeische. Die deutschen Kolonieen in Wort u. Bild. Nach dem neuesten Stand der Kenntnis bearb. v. Hutter, R. Büttner, Karl Dove, A. Seibel, C. v. Beck, H. Seidel, Reinecke, Deimling. Mit 6 farb. Karten, 21 ganzseit. Taf. u. 237 Textabbildgn. nach photograph. Aufnahmen. 14.—20. Lfg. (VIII u. S. 417—679 m. 7 Taf. u. 2 farb. Karten.) gr. 8. Stuttgart (903). Union. à — 40 (kplt. geb. in Leinw. n. 10.—)

— das überseeische. Die deutschen Kolonien in Wort u. Bild. 2. Aufl. Nach dem neuesten Stand der Kenntnis bearb. v. Hutter, Karl Dove, Heinr. Seidel u. a. 1. Bd. (VIII, 340 S. m. 121 Abbildgn., 10 Taf. u. 6 [4 farb.] Karten.) Lex. 8. Stuttgart 911. Union. Geb. in Leinw. 7.50

**Deutschland** und seine Umlande ... Nürnberg 1840. V: *Hoffmann, Carl Frdr. Vollrath.* (EngG)

—— und seine Umlande. Zunächst als geograph. Leitfaden zu K. F. V. Hoffmann's Wandkarte v. Deutschland; aber auch bei allen and. Karten üb. d. deutsche Vaterland brauchbar. 8. (5 B.) Nürnberg 840, Riegel u. Wießner.

Deutschland, Das in Dienstbarkeit verfallende, wo solches nicht durch einen rechtschaffenen Krieg gerettet wird. O. O. 1702. 52 S. 4°. Kart. 15.—
Empfiehlt energische Kriegführung des Deutschen Reichs gegen Frankreich.

—— seine Vergangenheit und seine Zukunft. Ein Ruf an's deutsche Volk. 8. (48 S.) Bremen 860, (Strack.)

**Deutschland** und die Vorgänge im russischen Reich. Vorträge d. Herren Prof. [Michail] v. Reusner (Der gefesselte Geist), D. (J[osef]) Wiener (Russische Kultur u. russ. Finanzen) u. D. (Rud.) Breitscheid (Deutschland u. Rußland) geh. im Sozialliberalen Ver. zu Berlin. (Berlin-Schöneberg:) Hilfe 1905. (36 S.) 8° [F.]

Deutschland vorwärts! Dichterstimmen aus München für *Schleswig-Holstein.* Mit Beiträgen von *F. Bodenstedt* (3), *J. Grosse* (7), *S. Lichtenstein* (1), *H. Lingg* (1), *H. Reder* (1) u. *A. F. v. Schack* (3). München, E. A. Fleischmann, 1864. 8°. Cart.*), unbeschn.
* Bll. u. 41 S., enth. 15 Nrn. — „Reinertrag für Schleswig-Holstein."

—— vorwärts! Dichterstimmen aus München für Schleswig-Holstein. Mit Beiträgen von F. Bodenstedt, J. Große, S. Lichtenstein ic. 8. (III und 41 S.) München 864, [Merhoff's Verlag.]

— wache auf! das Vaterland ist in Gefahr. gr. 8. Weimar 815. Ind.-Cpt. 4 gr.

Deutschland in Waffen, Stuttgart u. Berlin, 92 S., Quer-2°.

Deutschland was es ist und was es werden muß: mit besonderer Rücksicht auf Preußen und Bayern. Eine Schrift, die man nicht verbieten wird, wenn man sie ganz gelesen und ihre Absicht erkannt. Zweibrücken, G. Ritter 1831. XII 159 S. 8.

—— auf der Wiener Weltausstellung 1873, s. Bericht, amtlicher, über die Wiener Weltausstellung.

— als Weltmacht. 40 Jahre Deutsches Reich. Unter Mitarbeit e. großen Anzahl berufener deutscher Gelehrter, Offiziere u. Fachmänner hrsg. vom Kaiser-Wilhelm-Dank, Verein der Soldatenfreunde. (VII, 848 S. m. 500 Abbildgn.) Lex. 8. Berlin (910). Kameradschaft. Geb. in Leinw. 4.—; Liebhaberausg. n 6.—

Deutschland wie es ist und wie es werden muss. Nebst Angabe der deutschen Sprachgränze. Darmstadt, Verlag u. Depot gemeinnütziger Schriften, 1870. qu.-Fol.

— in Wort u. Bild. Eine geographisch-geschichtl. Rundschau. [Aus illustrirtem Konversations-Lexikon f. Volk u. Jugend.] Mit 70 (eingedr.) Text-Abbildgn. (in Holzschn.) 17 Kärtchen (in Holzschn.) u. 8 Tontaf. gr. 4. (148 S.) Leipzig 873. Spamer. n. 1. 50

**Deutschland** und die abendländische Civilisation. Zur Läuterung unserer politischen und socialen Begriffe. Stuttg. 1852. V: *Diezel, Gst.* (Schz) (Ky) (CBH) (Kat. d. Bibl. d. dtschn. Reichstages. Berl. 1882.)

Deutschland und die abendländische Civilisation. Zur Läuterung unserer polit. und socialen Begriffe. gr. 8. (VII und 398 S.) Stuttgart 852, Göpel.

**Deutschland,** seine Zukunft und seine constituirende Versammlung ... Augsburg 1848. V: *Oettingen-Wallerstein, Ludw. Fürst v.* (HThPP)

Deutschland [Schlagwort]

— s.: Alt-Gallien. — Atlanten. Algermissen, J. L.; Gaebler; Sydow. — Consulate. — Eisenbahnkarten. — Europa. Kiepert, R. — Geologische Karten. — Grenzländer. — Hand- u. Reisekarten. 8. 11. — Hannover. Guthe. — Heimatskärtchen. 60. — Kolonien. — Militärkarten. — Preussen. Fix, W. — Reichstagswahlkarten. — Schulverein. — Zuckerfabriken.

— s. a.: Atlanten. Stieler. — Eisenbahnkarten. — Generalkarten. — Geologische Karten. Bamberg. — Geschichtskarten. Sammlung. — Kolonialkarten. — Regenkarten. — Reichstagswahlkarten. — Wasserstrassen.

**Deutschland,** s. a.: Automobilkarten. Ravenstein. — Eisenbahnkarten. — Europa. Kiepert. — Generalkarten. Flemming. — Geologische Karten. Toula. Ursinus. — Geschichtskarten. Sammlung. — Luftschiffahrtskarten. — Radfahrerkarten. Ravenstein. — Reichstagswahlkarten. — Schulwandkarten.

— s. a.: Eisenbahnkarten. — Europa. Kiepert, Noordhoff. Geschichtskarten. Rothert, Sammlg. — Hand- u. Reisekarten 8 u. 11. — Kanalkarten. — Kolonialkarten. — Logenkarten. — Unterrichtsanstalten.

— s. a.: Eisenbahnkarten. — Geologische Karten. — Hand- u. Reisekarten 8 u. 11. — Staatsbürger-Atlas. — Wasserstrassen.

**Deutschland.** Algermissen, J. L., Spezial-Karte v. Südwestdeutschland. 1 : 200,000. Blatt 3, 4, 7 u. 8. Neue Ausg. Farbendr. gr. Fol. Leipzig 890. Lang. à n. 1. 50; auf Leinw. in Etui à n. 3.—
3. Karlsruhe — Stuttgart. — 4. Ellwangen. — 7. Konstanz. — 8. Ulm. Blatt 1, 2, 5 u. 6 erscheinen vorläufig nicht, als Ersatz dient die Spezialkarte v. Elsass-Lothringen in gleichem Maassstab.

— — Wandkarte d. Deutschen Reiches f. den Schulgebrauch. 1:750,000. 9 Blatt. Politische Ausg. 9. Aufl. Farbendr. Imp.-Fol. Ebd. 890. n. 10.—; auf Leinw. m. Stäben n. 20.—

**Deutschland.** Algermissen, Joh. Ludw., Wandkarte des Deutschen Reiches f. den Schulgebrauch. 1:750,000. 10. Aufl. 9 Blatt à 58,5×62,5 cm. Farbendr. u. kolor. Leipzig 894. G. Lang. n. 10.—; auf Leinw. in Mappe od. m. Stäben n. 17.—

**Deutschland.** Algermissen, Joh. Ludw., Wandkarte des Deutschen Reiches f. d. Schulgebrauch. 1:750,000. 11. Aufl. 9 Blatt à 58×62,5 cm. Farbdr. Leipzig 897. G. Lang. n. 10.—; auf Leinw. in Mappe od. m. Stäben n. 17.—

**Deutschland.** Algermissen, Joh. Ludw., Wandkarte des Deutschen Reiches f. d. Schulgebrauch. 1:750,000. 12. Aufl. 9 Blatt à 58×62,5 cm. Farbdr. Leipzig 899. G. Lang. n. 10.—; auf Leinw. in Mappe od. m. Stäben n. 17.—

**Deutschland.** Algermissen, Joh. Ludw., Wandkarte des Deutschen Reiches f. den Schulgebrauch. 1:750,000. 13. Aufl. 9 Blatt à 58×63 cm. Farbdr. Leipzig (903). G. Lang. n. 10—; auf Leinw. in Mappe od. m. Stäben n. 17.—

— Andresen, H., u. H. Bruhn, geographisch-statist. Karten v. Deutschland. 1:1,200,000. (In 11 Karten.) Nr. 1, 2 u. 5—7. à 85,5×112 cm. Farbdr. Braunschweig (904). [H. Wollermann.] Leipzig, List & von Bressensdorf. Mit Leinw.-Rand u. Oesen à n. 2.—; roh à n. 1.70

1. Sprachenkarte. — 2. Konfessionskarte. — 5. Geologische Karte. — 6. Regenkarte. — 7. Temperaturkarte.

Deutschland. Lithographirt von Apelt. Quedlinburg, Basse, 1834. Fol. Kolor. (1/6 ℛ)

Deutschland — Geognostische Uebersichtskarte von —, der Schweiz und den angrenzenden Ländertheilen. Bearb. von Heinrich Bach. Gotha: J. Perthes. 1855. 1,000,000. Mit Text. 9 Bl.

— Bachmann, Fr., Reisekarte v. Deutschland, nebst Teilen der angrenzenden Länder. Mit Angabe der Bahnstationen u. Postverbindgn. Ausg. 1893. 54×65 cm. Lith. u. kolor. Nürnberg. F. Korn. n. — 50

Deutschland. Bamberg, Franz

— — Schulwandkarte zur Kultur-, Wirtschafts- u. Handels-Geographie v. Deutschland, dem angrenzenden Oesterreich u. der Schweiz. Vereinfachte Ausg. 1:750,000. 6 Blatt à 79×50 cm. Farbdr. Berlin (906). C. Chun. n. 13.—; auf Leinw. in Mappe od. m. Stäben n. 20.—

**Deutschland.** Bamberg's, Frz., Schulwandkarte zur Kultur-, Wirtschafts-u. Handelsgeographie v. Deutschland, dem angrenzenden Österreich u. der Schweiz. 1:750,000. (Vereinfachte Ausg.) 6 Blatt à 79×50 cm. Farbdr. Mit Text: Leitfaden f. den Unterricht in der Kulturgeographie v. Deutschland. Bearb. v. W. Maetschke. (18 S.) 8. Berlin (907). C. Chun. 15.—; auf Leinw. m. Stäben 22.—

— Bamberg's, Frz., Schulwandkarte vom Deutschen Reich, dem angrenzenden Oesterreich u. d. Schweiz. Kleine billige Ausg. f. den 1. Kursus. 1:750,000. 30. neu bearb. Aufl. (Physikalische Ausg. m. od. ohne rot markierte polit. Grenzen.) à 6 Bl. à 78,5×49,5 cm. Berlin (905). C. Chun. à n. 12.—; auf Leinw. in Mappe à n. 16.50; m. Stäben à n. 18.—

— — dasselbe. (Polit. Ausg.) 6 Blatt à 78,5×49,5 cm. u. 1 Blatt 42×51,5 cm. Farbdr. Ebd. (905). n. 10.—; auf Leinw. in Mappe n. 15.—; m. Stäben n. 16.—

— — dasselbe. Ausg. m. farbig unterschiedenen preuss. Provinzen. 6 Blatt à 78,5×49,5 cm. Farbdr. Ebd. (905). n. 12.—; auf Leinw. in Mappe n. 16.50; m. Stäben n. 18.—

**Deutschland.** Bamberg's, Frz., Wandkarte zur Kultur-, Wirtschafts- u. Handels-Geographie v. Deutschland u. seinen Nachbargebieten. 1:750.000. 12 Blatt à 49,5×63 cm. Farbdr. Berlin (904). C. Chun. n. 20.—; erh. Pr. n. 22.—; auf Leinw. in Mappe od. m. Stäben n. 28.—; lackiert n. 30.—

— Bamberg, Karl, Handkarte v. Deutschland. Politisch. [Aus: „Schulatlas".] 1:3,000,000. 41×42,5 cm. Farbdr. Berlin (899). C. Chun. n. — 15

— Bamberg, K., Schulhandkarte v. Deutschland f. den 1. Curs. Physikal. u. polit. Ausg. 1:5,200,000. Chromolith. Imp.-4. Berlin 889. Chun. à n.n. — 25

— — dasselbe f. Mittel- u. Oberklassen. 1:4,250,000. Physikalische u. polit. Ausg. Chromolith. Fol. Berlin 888. Chun. à n.n. — 25

**Deutschland.** Bamberg, K., Schulwandkarte von Deutschland, f. den 1. Cursus bearb. 1:1,050,000. Physikalische Ausg. 12 Blatt. 18. Aufl. Chromolith. qu. gr. Fol. Berlin 890. Chun. 12.—; auf Leinw. in Mappe n. 16.50; m. Stäben n. 18.—; polit. Ausg. n. 10.—; auf Leinw. in Mappe n. 15.—; m. Stäben n. 16.—

— — dasselbe f. Mittel- u. Oberklassen. 1:700,000. Physikalische Ausg. 20 Blatt. 14. Aufl. Chromolith. qu. gr. Fol. Ebd. 890. n. 16.—; auf Leinw. in Mappe n. 22.—; m. Stäben n. 24.—; polit. Ausg. zu gleichen Preisen.

— Bamberg's, Karl, Schulwandkarte v. Deutschland u. seinen Nachbargebieten. Für Mittel- u. Oberklassen. Neu bearb. v. Frz. Bamberg. 1:750,000. 32. verb. Aufl. (Physikalische Ausg. m. od. ohne polit. Grenzen.) à 20 Blatt à 40×48 cm. Farbdr. Ebd. (906). à n. 16.—; auf Leinw. in Mappe à n. 22.—; m. Stäben à n. 24.—; polit. Ausg. zu gleich. Preisen

— — Schulwandkarte v. Süddeutschland. 1:375,000. 16 Blatt. 12 Blatt à 43,5×37 cm u. 4 Blatt à 43,5×22 cm. Farbdr. Ebd. 898. n. 13.—; auf Leinw. in Mappe n. 17.—; m. Stäben n. 20.—

— — Schulwandkarte v. Süddeutschland. 1:375,000. 2. rev. Aufl. 16 Blatt. 12 Blatt à 43,5×37 cm u. 4 Blatt à 43,5×22,5 cm. Farbdr. Ebd. (905). n. 13.—; auf Leinw. in Mappe n. 17.—; m. Stäben n. 20.—

**Deutschland.** Bamberg's, Karl, Schulwandkarte v. Süddeutschland. Bearb. v. Frz. Bamberg. 1:375,000. (Physikal. Ausg.) 5 Blatt à 58×85 cm. Farbdr. Berlin (907). C. Chun. 13.—; auf Leinw. m. Stäben 20.—

— Bamberg, Karl, Wandkarte v. Deutschland, f. den I. Curs. bearb. 1:1,050,000. Physikalische Ausg. 21., verb. Aufl. 12 Blatt à 36×47,5 cm. Farbendr. Berlin 894. C. Chun. n. 12.—; auf Leinw. in Mappe n. 16.50; m. Stäben n. 18.—; polit. Ausg. 20. Aufl. 893. n. 10.—; auf Leinw. in Mappe n. 15.—; m. Stäben n. 16.—

— — dasselbe f. Mittel- u. Oberklassen. 1:700,000. Physikalische Ausg. 21., verb. Aufl. 20 Blatt à 40×47,5 cm. Farbendr. Ebd. 894. n. 16.—; auf Leinw. in Mappe n. 22.—; m. Stäben n. 24.—; polit. Ausg. 22. Aufl. zu gleichen Preisen.

— Bamberg's, Karl, Wandkarte v. Deutschland, für den 1. Cursus bearb. 1:1,050,000. 24., rev. Aufl. (Physikalische Ausg.) 12 Blatt à 36×47,5 cm. Farbdr. Berlin 898. C. Chun. 12.—; auf Leinw. in Mappe n. 16.50; m. Stäben n. 18.—; polit. Ausg., 24., rev. Aufl., n. 10.—; auf Leinw. in Mappe n. 15.—; m. Stäben n. 16.—

— — dasselbe. Für Mittel- u. Oberklassen. 1 : 700,000. 26., rev. Aufl. (Physikalische Ausg.) 20 Blatt à 40 × 47,5 cm. Farbdr. Ebd. 898. n. 16. —; auf Leinw. in Mappe n. 22. —; m. Stäben n. 24. —; polit. Ausg., 26., rev. Aufl., zu gleichen Preisen.

— — Wandkarte v. Deutschland, f. den 1. Curs. bearb. 1 : 1,050,000. 25. rev. Aufl. (Physikalische Ausg.) 12 Blatt à 36×47,5 cm. Farbdr. Ebd. 899. 12. —; auf Leinw. in Mappe n. 16. 50; m. Stäben n. 18. —

— Baur, C. F., u. E. Serth, neueste Karte vom Deutschen Reich, der Oesterreichisch-Ungarischen Monarchie, der Schweiz, den Niederlanden, Belgien, Rumänien, nebst Theilen der angrenz. Länder. Mit besond. Rücksicht auf Handel- u. Verkehrs-Interessen, sowie zum Hand- u. Comptoir-Gebrauch. 1 : 1,250,000. Neue Ausg. 1887. 6 Blatt. Chromolith. Imp.-Fol. Stuttgart 887. J. Maier. n. 8. —

— Baur, C. F., u. E. Serth, neueste Karte vom Deutschen Reich, der österreichisch-ungarischen Monarchie, der Schweiz, den Niederlanden, Belgien, Rumänien, nebst Theilen der angrenz. Länder. Mit besond. Rücksicht auf Handel u. Verkehrs-Interessen, sowie zum Hand- u. Comptoir-Gebrauch. 1 : 1,250,000. 6 Blatt à 50,5×58 cm. Farbendr. u. kolor. Stuttgart 892. Esslingen, M. Harburger. n. 8. —; auf Leinw. in Mappe n.n. 12. —; m. Stäben u. lackirt n.n. 14. —

**Deutschland.** Baur, C. F., u. E. Serth, neueste vom Deutschen Reich, der österr.-ungar. Monarchie, der Schweiz, den Niederlanden, Belgien, Rumänien, nebst Theilen der angrenzenden Länder. Mit besond. Rücksicht auf Handel- u. Verkehrs-Interessen, sowie zum Hand- u. Schul-Gebrauch gezeichnet u. bearbeitet. 1 : 1,250,000. 6 Blatt à 59×51 cm. Farbdr. Stuttgart (900). F. Doerr. In Mappe n. 8. —; auf Leinw. in Mappe n.n. 12. —; m. Stäben u. lackiert n.n. 14. —

— Bielenberg, R., Schulwandkarte v. Deutschland, nach eigner Methode bearb. u. gezeichnet. 1 : 800,000. 9 Blatt à 55×57,5 cm. Farbendr. Weimar 894. Geograph. Institut. n. 14. —; auf Leinw. m. Stäben 22.

Deutschland — Karte von — in 56 Blättern, nach den vorzüglichsten Hülfsmitteln bearbeitet von A. von Coulon, K. B. Ingenieur-Hauptmann und F. R. Green, K. B. Ingenieur-Géographe im topographischen Bureau des Generalquartiermeister-Stabs, Stuttgart und Tübingen im Verlage des J. G. Cotta'schen Buchhandlung. 1823. Der südliche Theil auch besonders unter dem Titel: Militair-Karte von Süd-Deutschland in 20 Sectionen nach den bessten astronomischen und trigonometrischen Orts-Bestimmungen u. Hülfsquellen auf Befehl Seiner Königlichen Hoheit, Ludwig August, Kronprinzen von Bayern, unter der Leitung des K. B. Generallieutenants v. Raglovich auf dem Ingenieur-Bureau der Res. Armee entworfen und herausgegeben von dem K. B. Ingenieur-Hauptmann von Coulon, gest. von I. B. Seitz. München 1816. 1 : 400,000. 56 Bl.

— Cüppers, Ad. J., Schulwandkarte v. Deutschland. 1 : 625,000. 9 Blatt. Chromolith. Imp.-Fol. Düsseldorf 889. Schwann. n. 15. —; auf Leinw. n.n. 22. —

— Debes', E., physikalische Schulwandkarte d. Deutschen Reichs u. seiner Nachbargebiete, im Anschluss an d. Hrsg. Schulatlanten bearb. 1 : 880,000. 6 Blatt. Chromolith. Imp.-Fol. Leipzig 887. Wagner & Debes. n. 6. —; auf Leinw. m. Stäben n. 13. —

— Debes', E., physikalische Schulwandkarte des Deutschen Reichs u. seiner Nachbargebiete. Im Anschluss an des Herausgebers Schulatlanten bearb. 1 : 880,000. (2. Aufl.) 6 Blatt à 80,5 × 59 cm. Farbendr. Leipzig (894). H. Wagner & E. Debes. n. 6. —; auf Leinw. m. Stäben n. 13. —; polit. Ausg., 2. Aufl., zu gleich. Preisen.

— Debes, E., physikalische Schulwandkarte des Deutschen Reichs u. seiner Nachbargebiete. Im Anschluss an des Hrsgs. Schulatlanten bearb. 1 : 880,000. 3. Aufl. 6 Blatt à 80×59 cm. Farbdr. Leipzig (906). H. Wagner u. E. Debes. n. 6. —; auf Leinw. m. Stäben n. 13. —; polit. Ausg. zu gleichen Preisen.

Deutschland — Geologische Karte von —, bearb. von H. v. Dechen. 1,400,000. Berlin 1869 bei Neumann. Mit Text. 2 Bl.

Deutschland — Geognostische Uebersichtskarte von —, Frankreich, England und den angrenzenden Ländern. Zusammeng. von H. v. Dechen. 2,500,000. 2. Ausgabe. Berlin 1869 S. Schropp. 2 Bl.

— Deutschland u. seine Kolonien im gleichen Grössenverhältnis zum Mutterland. 1 : 3,800,000. 52,5 ×60 cm. Farbdr. Mit Text an den Seiten. Diessen (907). J. C. Huber. — 20

— Diercke, C., Schulwandkarte. Norddeutschland. 1 : 600,000. 162×220 cm. Farbdr. Braunschweig (906). G. Westermann. Auf Leinw. m. Stäben 22. 50

— — dasselbe. Süddeutschland u. Alpenländer. 1 zu 600,000. 176×218 cm. Farbdr. Ebd. (907). Auf Leinw. m. Stäben 26. —

— Diercke, C., Schulwandkarte v. Deutschland u. den Nachbarländern. (Bodenverhältnisse.) 1 : 900,000. 6 Blatt à 85,5×67 cm. Farbdr. Braunschweig (904). G. Westermann. n. 13. —; auf Leinw. m. Stäben n. 22. 50

— — dasselbe. Staatenkarte. 1 : 900,000. 6 Blatt à 85,5 66,5 cm. Farbdr. Ebd. (904). n. 13. —; auf Leinw. m. Stäben n. 22. 50

— — politische Schulwandkarte d. Deutschen Reichs u. seiner Nachbarländer. 1 : 880,000. 6 Blatt. Chromolith. Imp.-Fol. Ebd. 889. n. 6. —; auf Leinw. m. Stäben n. 13. —

Deutschland, Königr. der Niederlande, Königr. Belgien u. die Schweiz nebst Theilen der angrenzenden Länder etc. Zum Reisegebrauch etc. von F. M. Diez, gez. von Stülpnagel u. Bär. Gotha: J. Perthes 1849. 1,500,000. Nebst einem Eisenbahn-Atlas zu 15 Bl.

Deutschland — Post- und Reise-Karte von — und den anliegenden Ländern bis London, Havre de Grâce, Tours, Lyon, Genua, Bologna, Pesth, Warschau, Königsberg und jenseits Kopenhagen, nebst den Hauptrouten durch das übrige Europa. Herausgegeben, und nach den Postcoursen bearbeitet von F. M. Diez, geographisch entworfen von Act. St. Durchaus revidirt und berichtigt bis ersten July 1828. Gotha bey August Perthes. 1 : 1,500,000. 4 Bl.

Deutschland — Topographische Karte von — und Italien nebst den angrenzenden Ländern nach den neuesten astronomischen Ortsbestimmungen trigonometrischen Vermessungen besten Karten, und andern sichern Hülfsmitteln bearbeitet von Jos. Dirwald, Geographen. Verlegt von Tranquillo Mollo in Wien, dritte verbesserte Auflage. 1816. 1 : 1,100,000. 4 Bl.

— Döring, E., vergleichende Zeichen-Erklärung der Messtischblätter. 1 : 25,000 u. d. Karte d. Deutschen Reiches 1 : 100,000, s. im Alphabet der Bücher: Döring, E.

Deutschland — Charte von — mit den angränzenden Staaten; entworfen von F. B. Engelhardt, Königl. Preussischen Geheimen Regierungs-Rath und Mitgl. de des statistischen Bureau. Halle, 1826. 1 : 2,40.,000. 2 Bl.

— Freytag, Gust., Reichstags-Wahlkarte des Deutschen Reiches. Nach dem Ergebniss der Wahlen vom 15. Juni 1893, m. Berücksicht. der Stich- u. Nachwahlen. (Billige Ausg.) 51,5×61 cm. Farbendr. Wien 893. G. Freytag & Berndt. n. — 50; grosse Ausg. 64,5×76 cm, m. Text auf der Rückseite n. — 90

— Freytag's, Gust., Reichstags-Wahlkarte des Deutschen Reiches. Nach d. Ergebniss der Wahlen vom 16. VI. 1898, m. Berücksicht. der Stich- u. Nachwahlen. Nebst: Graphisch-statist. Darstellgn. üb. die Wahlverhältnisse u. Fraktionen im Deutschen Reichstage vom J. 1871 bis 1898 von A. L. Hickmann (an den Seiten). 52,5 × 77 cm. Farbdr. Wien 898. G. Freytag & Berndt. n. — 90

Deutschland, Generalkarte von, und den angrenzenden Ländern, von Fried. gr. Folio. 1870. Wien, Artaria & Comp. 1 fl

— Friedemann, H., Schulkarte v. Deutschen Reiche. 1 : 3,980,000. 15. Aufl. Neue Bearbeitg. Chromolith. qu. Fol. Dresden 887. Huhle. n. — 20

— Friedemann, Hugo, Schulkarte vom Deutschen Reiche. 1:3,980.000. 21. Aufl. Neue Bearbeitg. Farbendruck. 31,5×39 cm. Dresden 891. A. Huhle. n. — 20

— Friedemann, Hugo, Schulkarte vom Deutschen Reiche. 1 : 3,980,000. 26. Aufl. Neue Bearbeitung. 31,5 × 39 cm. Farbdr. Dresden 898. A. Huhle. n. — 20

— Gaebler, Ed., Kontor- u. Bureau-Wandkarte des Deutschen Reiches, zugleich Übersichtskarte für Radfahrer. 1 : 700,000. 4 Blatt à 72,5×84 cm. Farbdr. Leipzig (900). G. Lang. 10.—; auf Leinw. in Mappe od. m. Stäben 16. —; m. Bilderrand 12. —; auf Leinw. in Mappe od. m. Stäben 20. —

— Gaebler's, Eduard, Kontor- u. Bureau-Wandkarte des Deutschen Reiches, zugleich Uebersichtskarte f. Radfahrer. 1 : 700,000. 2. rev. Aufl. 4 Blatt à 72,5×84 cm. Farbdr. Leipzig (903). G. Lang. n. 10. —; auf Leinw. in Mappe od. m. Stäben n. 16. —; m. Bilderrand n. 12. —; auf Leinw. in Mappe oder m. m. Stäben n. 20. —

— Gaebler, E., politische Schulhandkarte v. Deutschland. 1 : 4,000,000. Farbendr. gr. 4. Leipzig 890. Lang. — 15

— Gaebler, Ed., politische Schulhandkarte v. Deutschland, der Schweiz u. Deutsch-Österreich. 1 : 4,000,000. 2. Aufl. 31,5 × 29 cm. Farbendr. Leipzig 896. G. Lang. — 15

— — u. G. Wildeis, Schulhandkarte des Deutschen Reiches. 1 : 4,000,000. Physikalische Bearbeitung m. e. polit. Übersicht im halben Massstabe als Karton. 3. Aufl. Chromolithogr. qu. Fol. Leipzig 888. Gaebler. n.n. — 25

— — u. G. Wildeis, Schulkarte d. Deutschen Reichs. 1 : 4,000,000. Physikal. Bearbeitg. m. e. polit. Uebersicht. 1 : 8,000,000. 6. Aufl. 33 × 39 cm. Farbendr. Leipzig-Neustadt 895. E. Gaebler. n.n. — 25

— — u. G. Wildeis, Schulkarte des Deutschen Reichs. 1 : 4,000,000. 7. Aufl. 33,5×39 cm. Farbdr. Leipzig-Neustadt (897). E. Gaebler. n.n. — 25

— — Schulwandkarte v. Deutschland, der Schweiz u. Deutsch-Oesterreich. 1 : 800,000. 5. Aufl. Kleine Ausg. (f. Landschulen). 4 Blatt à 78 × 71 cm. Farbdr. Ebd. 898. n. 10. —; auf Leinw. in Mappe od. m. Stäben n. 16. —

— — Schulwandkarte v. Deutschland, der Schweiz u. Deutsch-Österreich. 1 : 800,000. 10. Aufl. Kleine Ausg. (f. Landschulen). 4 Blatt je 78,5 × 72 cm. Farbdr. Ebd. (902). n. 10. —; auf Leinw. in Mappe od. m. Stäben n. 16. —

— — Schulwandkarte v. Deutschland, der Schweiz u. Deutsch-Oesterreich. 1:800,000. Kleine Ausg. (f. Landschulen). 15. Aufl. 4 Blatt à 78×72 cm. Farbdr. Ebd. (906). n. 12. —; auf Leinw. m. Stäben n. 16. —

— Gaebler, Eduard, Schulwandkarte v. Deutschland, der Schweiz u. Deutsch-Österreich. 1:800,000. Kleine Ausg. (f. Landschulen.) 18. Aufl. 4 Blatt à 78×72 cm. Farbdr. Leipzig (910). G. Lang. 12.—; auf Leinw. m. Stäben 16. —

— — politische Schulwandkarte v. Deutschland, der Schweiz u. Deutsch-Oesterreich. 1 : 800,000. 4 Blatt. Vereinfachte Ausg. f. Landschulen. Farbendr. gr. Fol. Ebd. 890. n. 8. —; auf Leinw. m. Stäben n. 16. —

— — politische Schulwandkarte v. Deutschland, der Schweiz u. Deutsch-Österreich. (Ausg. f. einfache Landschulen.) 1 : 800,000. 2. Aufl. 4 Blatt à 78× 71 cm. Farbendr. u. kolor. Ebd. 894. n. 8. —; auf Leinw. m. Stäben n. 16. —

— — Schulwandkarte d. Deutschen Reichs, d. Alpengebiets u. der Nachbarländer. Physikalische Ausg. 1 : 800,000. 2. Aufl. 6 Blatt. Farbendr. Imp.-Fol. Ebd. 890. n. 14. —; auf Leinw. m. Stäben n. 22. —

— — Schulwandkarte d. Deutschen Reichs, der Niederlande, Belgiens, der Schweiz u. Deutsch-Österr. Länder. Politische Ausg. 1 : 800,000. 2. Aufl. 6 Blatt. Farbendr. Imp.-Fol. Ebd. 890. n. 14. —; auf Leinw. m. Stäben n. 22. —

— — Schulwandkarte des Deutschen Reichs, des Alpengebietes u. der Nachbarländer. 1:800,000. Physikalische Ausg. 4. Aufl. 6 Blatt à 59×99 cm. Farbendruck. Ebd. 894. n. 14. —; auf Leinw. m. Stäben n. 22. —

— — dasselbe, der Niederlande, Belgiens, d. Schweiz u. d. deutsch-österr. Länder, politisch. 1 : 800,000. 8. Aufl. Neue Bearbeitung. 1897. 6 Blatt à 56 × 99 cm. Farbendr. Ebd. 896. n. 15. —; auf Leinw. m. Stäben od. in Mappe n. 22. —

— — Schulwandkarte des Deutschen Reiches, des Alpengebiets u. der Nachbarländer. Physikalisch. 1:800,000. 8. Aufl. Rev. 1898. 6 Blatt à 57 × 100 cm. Farbdr. Ebd. 898. n. 15. —; auf Leinw. in Mappe od. m. Stäben n. 22. —

— — Schulwandkarte des Deutschen Reiches, des Alpengebiets und der Nachbarländer. Physikalisch. 1 : 800,000. 13. Aufl. Rev. 1901. 6 Blatt à 56,5 × 99,5 cm. Farbdr. Ebd. (902). n. 15. —; auf Leinw. in Mappe od. m. Stäben n. 22. —; m. Grenzkolorit der Einzelländer u. preuss. Provinzen zu gleichen Preisen.

— — Schulwandkarte v. Süd-Deutschland. 1 : 300,000. 4 Blatt. Farbendr. 65,5×99 cm. Ebd. 891. n. 14. —; auf Leinw. m. Stäben n. 22. —

— Gaebler, Ed., Schulwandkarte v. Süd-Deutschland. 1 : 1,500,000. Farbendr. 26,5×39,5 cm. Leipzig 893. G. Lang. n. — 25

— — Schulwandkarte v. Süddeutschland. 1 : 300,000. 3., verb. Aufl. Physikalische Ausg. m. verschiedenfarb. Grenzen. 4 Blatt à 65 × 98,5 cm. Farbdr. Ebd. 898. n. 14. —; auf Leinw. in Mappe od. m. Stäben n. 20. —; politische Ausg., 3., verb. Aufl., zu gleichen Preisen.

— — Schulwandkarte v. Süd-Deutschland. 1:300,000. 4. Aufl. 4 Blatt à 66×98,5 cm. Farbdr. u. kolor. Ebd. 900. n. 14. — ; auf Leinw. in Mappe od. m. Stäben n. 20.—

— — Schulwandkarte v. Süd-Deutschland. 1 : 300,000. (Physikal. Ausg.) 5. Aufl. 4 Blatt à 65,5×99,5 cm. Farbdr. Ebd. (905). n. 14. —; auf Leinw. in Mappe od. m. Stäben n. 20. —; polit. Ausg., 5. Aufl., zu gleichen Preisen.

— — Schulwandkarte v. Süd-Deutschland. 1:300,000. (Physikalisch.) 6. Aufl. 4 Bl. à 65×98,5 cm. Farbdr. Ebd. (910). 15.—; auf Leinw. m. Stäben 20. —

— — Wandkarte vom Deutschen Reiche, Alpengebiet u. Nachbarländern. 1 : 800,000. Physikalisch. 20. Aufl. Rev. 1906. 6 Blatt à 56,5×99,5 cm. Farbdr. Ebd. (906). n. 16. —; auf Leinw. m. Stäben n. 22.—

— — Wandkarte vom Deutschen Reiche, Alpengebiet u. Nachbarländern. 1:800,000. Physikalisch. (Mit Grenzen.) 31. Aufl. 6 Bl. je 56,5×99,5 cm. Farbdr. Ebd. (910). 16.—; auf Leinw. m. Stäben 22. —

— — Wandkarte des Deutschen Reiches, der Alpen- u. Karpatenländer. 1:800,000. 6 Blatt je 85×74 cm. Farbdr. Ebd. (909). 30—; auf Leinw. m. Stäben 36. —

— — Wandkarte vom Deutschen Reiche, der Niederlande, v. Belgien, der Schweiz u. den deutsch-österreichischen Ländern, politisch. 1 : 800,000. 5. Aufl. Neue Bearbeitg. 1894. 6 Blatt à 56,5×99 cm. Farbendruck u. kolor. Leipzig, G. Lang. n. 14. —; auf Leinw. m. Stäben n. 22. —

— — Wandkarte des Deutschen Reiches, der Niederlande, v. Belgien, der Schweiz u. der deutsch-österr. Länder. Politisch. 1 : 800,000. 11. Aufl. Rev. 1899. 6 Blatt à 56 × 99,5 cm. Farbdr. Ebd. 898. n. 15. —; auf Leinw. in Mappe od. m. Stäben n. 22. —

— — Wandkarte des Deutschen Reiches, der Niederlande, v. Belgien, der Schweiz u. der deutsch-österr. Länder. Politisch. 1 : 800,000. 16. Aufl. Rev. 1902. 6 Blatt à 57×99,5 cm. Farbdr. Ebd. (902). n. 15. —; auf Leinw. in Mappe od. m. Stäben n. 22. —

— — dasselbe m. Grenzen der Einzelländer u. d. preuss. Provinzen. 21. Aufl. Rev. 1906. 6 Blatt à 56,5×99,5 cm. Farbdr. Ebd. (906). n. 16. —; auf Leinw. m. Stäben n. 22. —

— — Wandkarte des Deutschen Reiches, der Niederlande, Belgiens, der Schweiz u. der deutsch-österr. Länder. 1 : 800,000. Politisch. 23. Aufl. 6 Blatt à 56,5×99,5 cm. Farbdr. Ebd. (906). n. 16. —; auf Leinw. m. Stäben n. 22. —

— — Wandkarte des Deutschen Reiches, der Niederlande, Belgiens, der Schweiz u. der deutsch.-österr. Länder. 1:800,000. Politisch. 30. Aufl. 6 Bl. à 56,5×99,5 cm. Farbdr. Ebd. (910). 16.—; auf Leinw. m. Stäben 22. —

— — Wandkarte des Deutschen Reiches, v. Österreich-Ungarn u. den Nachbarländern. Politische Ausg. 1 :800,000. 6 Bl. à ca. 85×74 cm. Farbdr. Ebd. (910). 30.—; auf Leinw. m. Stäben 36. —

— — 3 Wandkarten v. Deutschland. Nr. 1. Nordwestdeutschland. 1 : 350,000. 6 Blatt à 65×98,5 cm. Farbdr. Ebd. (905). n. 16. —; auf Leinw. in Mappe od. m. Stäben n. 22. —

— — dasselbe. Nr. 2. Nordost-Deutschland. 1:350,000. 6 Blatt à 64×94 cm. Farbdr. Ebd. 906. n. 18. —; auf Leinw. m. Stäben n. 24. —

— — 3 Wandkarten von Deutschland. Nr. 1 u. 3. 1:350,000. Farbdr. Ebd. 38.—; auf Leinw. m. Stäben 50. —
1. Nordwest-Deutschland. 2. Aufl. 6 Blatt à 65×98,5 cm. (908.) 18.—; auf Leinw. m. Stäben 24. —
3. Süd-Deutschland, Schweiz, Tirol, Salzburg etc. 1 : 350,000. 2. Aufl. 6 Blatt à ca. 55×99 cm. (908.) 20.—; auf Leinw. m. Stäben 26. —

Deutschland — Gebirgs-Skizze von. — Berlin 1826 von R. v. L. 1: 3,750,000. 1 Bl.

Deutschland, Generalkarte in seiner Neugestaltung nach den Friedens-Verträgen vom Jahre 1866. Gr. Folio. Wien, Artaria & Comp. In Farbendruck. 1866 1 fl.

Südwestlichen Deutschland — Generalkarte vom —. Ausg. u. herausg. durch das k. k. militärisch geographische Institut. Wien 1865 288,000. 12 Bl. nebst Uebers.

Deutschland und der grösste Theil der umliegenden Staaten, oder Mittel-Europa in 35 Blättern. Nach astronomischen Ortsbestimmungen und den besten Special-Karten mit Rücksicht auf die neuesten Grenzbestimmungen entworfen, zu Folge der Wiener Congress-Acte, des Pariser Friedens vom 21. Nov. 1815, und der neuesten Austauschungen 1831 von H. H. Gotthold. Originalausgabe in Commission bei Sim. Schropp et Comp. in Berlin. 1: 1,115,040. 55 Bl.

Deutschland entworfen und gez. von J. L. Grimm, gestochen von H. Bembe in Berlin. Berlin bei S. Schropp et Comp. 1831. 1 : 2,500,000. 1 Bl.

Deutschland — Karte von —, den Niederlanden, Belgien etc. von J. Gross, Stuttgart bei Nitzschke 1865. 1,700,000. 1 Bl.

**Deutschland.** Grundkarte v. Deutschland, nach v. Thudichum's Vorgange als Grundlage f. historische u. statistische Forschungen bearb. (Königr. Sachsen.) Erläuterungen bearb. v. Hub. Ermisch. (16 S.) gr. 8. Dresden 899. (G. A. Kaufmann's Buchh.) nn — 50

— Grundkarte von Deutschland, nach Thudichum's Vorgange als Grundlage f. histor. u. statist. Forschgn. bearb. Hrsg. v. d. kgl. sächs. Kommission f. Geschichte. Sektion 416/442, 417/443 und 418/444. 1: 100,000. à 58,5×37,5 cm. Lith. Dresden (900). Leipzig (Borneria-num), Kgl. sächs. Kommission f. Geschichte. à n. — 40
416/442. Döbeln. — Chemnitz. — 417/443. Dresden. — Dippoldiswalde. — 418/444. Bischofswerda. — Königstein.

— Grundkarte v. Deutschland als Grundlage f. geschichtliche u. statistische Forschungen. Hrsg. v. der histor. Kommission f. die Prov. Sachsen u. das Herzogt. Anhalt. 1 : 100,000. Sektion 265/290, 266/291, 314/338, 315/339, 316/340, 362/387, 363/388, 364/389, 365/390, 366/391, 367/392, 412/438 u. 414/440. à ca. 57,5×36 cm. Farbdr. Halberstadt. (Halle, Tausch & Grosse.) à — 50
362. Ballenstedt/387 Sondershausen. 909. — 316. Belzig/340. Wittenberg. 910. — 365. Düben/390. Leipzig. 902. — 363. Eisleben/388. Querfurt. 901. - 367. Finsterwalde/392. Grossenhain. 909. — 265. Gardelegen/290. Neuhaldensleben. 901. — 315. Loburg/339. Dessau. 9 2. — 314. Magdeburg/338. Bernburg. 902. — 412. Sömmerda/438. Erfurt. 910. — 266. Stendal/291. Burg. 905. — 366. Torgau 391. Oschatz. 902. — 414. Zeitz/440. Gera. 905. — 364. Zörbig/389. Halle. 902.

— — dasselbe. Leitung: G. Reischel. Sektionen. 364/389. 365/390. 366/391. 367/392. 414/440. 1: 100,000. à 57×36,5 cm. Farbdr. Dresden, (G. A. Kaufmann's Buchh.). à nn — 40
365. Düben/390. Leipzig. 902. — 367. Finsterwalde/392. Grossenhain. 909. — 366. Torgau/391. Oschatz. 902. — 414. Zeitz/440. Gera. 905. — 364. Zörbig/389. Halle. 902.

— — dasselbe nach v. Thudichum's Vorgange als Grundlage f. historische u. statistische Forschungen bearb. Hrsg. v. der kgl. sächs. Kommission f. Geschichte. Leitg.: M. Ehnert. Gezeichnet v. R. Lorenz. Sektionen 393/394. 415/441. 416/442. 417/443. 418/444. 419/445. 420/446. 467/492. 468/493. 469/494. 471/470. 514/515. 1:100,000. Farbdr. Dresden (910). (G. A. Kaufmann's Buchh.). à nn — 40

469. Annaberg/494. Wiesenthal. 58×38 cm. — 419. Bautzen/445. Zittau. 58×37,5 cm. — 418. Bischofswerda/444. Königstein. 58×37,5 cm. — 415. Borna/441. Altenburg. 58×37,5 cm. — 416. Döbeln/442. Chemnitz. 58×37,5 cm. — 417. Dresden/443. Dippoldiswalde. 58×37,5 cm. — 471. Fürstenau/470. Sayda. Je 30×38 cm. — 420. Görlitz/446. Hirschfelde. 58×37,5 cm. — 467. Greiz/492. Hof. 58×38 cm. — 393. Kamenz/394. Niesky. Je 30×37 cm. — 514. Wunsiedel/515. Mammersreuth. Je 30×38 cm. — 468. Zwickau/493. Johanngeorgenstadt. 58×38 cm.

— Grundkarte, historisch-statistische, des Deutschen Reichs. 1:100,000. Sektion 574/590. Heilbronn—Stuttgart. 58 × 38,5 cm. Steindruck. Stuttgart 898. (H. Lindemann.) n.n. — 40

Deutschland — Charte von — nebst den angrenzenden Ländern nach astronomischen Beobachtungen etc. entworfen von F. L. Güssefeld. Nürnberg bey Homann's Erben. 1810. 1 : 2,500,000. 1 Bl.

Deutschland — Charte von — und den angrenzenden Theilen der benachbarten Länder. Nach den bewährtesten astronomischen Beobachtungen etc. entworfen von F. L. Güssefeld. Nürnberg bey Homann's Erben. 1810. 1 : 1,225,000. 4 Bl.

Deutschland — Charte für die neuen Verhältnisse von — gezeichnet von F. L. Güſsefeld. Enthaltend die sämmtlichen Staaten des Rheinischen Bundes, und herausgegeben von Homann's Erben. Nürnberg 1807. 1 : 1,400,000. 1 Bl.

— Haack, Herm., Schulwandkarte v. Deutschland. Physische Ausg. 1:750,000. 189×167 cm. Farbdr. Gotha (907). J. Perthes. 12.—; auf Leinw. in Mappe 18.—; m. Stäben 21.—; u. lackiert 24.—; politische Ausg. (908) zu gleichen Preisen.

Deutschland — Hand-Atlas von — von H. v. L. Berlin bey G. Reimer. 1831. Verschiedene Maasstäbe. 13 Bl.

— Handkarte v. Deutschland nebst Belgien, Niederlanden u. Luxemburg, natürlich u. polit. 1:3,000,000. (2 farb. Kartens.) 33×48 cm. Stuttgart 903. Holland & Josenhans. n.n. — 20

— Handtke, F., General-Karte v. Deutschland. Deutsches Reich nebst Deutsch-Österreich u. Schweiz. 1:1,825,000. 38. Aufl. Chromolith. Imp.-Fol. Glogau 890. Flemming. n. 1. 50; auf Leinw. in Leinw.-Decke n. 2. 50

Deutschland. Handtke, F., Generalkarte v. Deutschland. Deutsches Reich, nebst Deutsch-Oesterreich u. Schweiz. 1:1,825,000. 47. Aufl. 77 × 66,5 cm. Farbendruck. Glogau (893). C. Flemming. n. 1. 50

Deutschland. Handtke, F., General-Karte v. Deutschland. Deutsches Reich nebst Deutsch-Österreich u. Schweiz. Nach den neuesten Materialien rev. u. ergänzt im kartograph. Institut der Verlagshandlg. 1:1,825,000. 46. Aufl. 66×76,5 cm. Farbendr. Glogau 894. C. Flemming. n. 1. 50

— — Reise-Karte v. Deutschland u. den Nachbarstaaten. Nach den besten Quellen entworfen, bearb. u. gezeichnet. 1:1,500,000. 36. Aufl. Chromolith. Imp.-Fol. Ebd. 890. Auf Leinw. in Carton. n. 6. —

— — Reise-Karte v. Deutschland u. d. Nachbar-Staaten bis Kopenhagen, Dover, Paris, Genf, Maria-Theresiopel, Budapest, Debreczin, Lublin, Grodno, Tauroggen. Nach d. besten Quellen entw., bearb. u. gezeichnet. 1:1,500,000. 40. Aufl. 74 × 103,5 cm. Farbendr. Ebd. (893). 2. 50; auf Leinw. in Leinw.-Karton n. 4. 50

— — Reise-Karte v. Deutschland u. den Nachbar-Staaten bis Kopenhagen, Dover, Paris, Lyon, Turin, Ferrara, Budapest, Debreczin, Lublin, Grodno, Tauroggen. Nach den besten Quellen entworfen, bearb. u. gezeichnet. 1:1,500,000. 39. Aufl. 85,5×105,5 cm. Farbendr. Ebd. 894. Auf Leinw. in Leinw.-Karton. n. 6. —

— Handtke, F., Reisekarte von Deutschland u. den Nachbar-Staaten bis Kopenhagen, Dover, Paris, Lyon, Turin, Ferrara, Budapest, Debreczin, Lublin, Grodno, Tauroggen. Nach den besten Quellen entworfen, bearb. u. gezeichnet. 1:1,500,000. 47. Aufl. 74×103,5 cm. Farbdr. Glogau 902. C. Flemming. 2. 50; auf Leinw. in Leinw.-Karton n. 4. 50

— Handtke, F., Reisekarte v. Deutschland u. den Nachbar-Staaten bis Kopenhagen, Dover, Paris, Lyon, Turin, Ferrara, Budapest, Debreczin, Lublin, Grodno, Tauroggen. Nach den besten Quellen entworfen, bearb. u. gezeichnet. 1:1,500,000. 48. Aufl. 74×103,5 cm. Farbdr. Glogau 908. Berlin, C. Flemming. n. 2. 50; auf Leinw. in Leinw.-Karton n. 4. 50

— Handtke, F., Reise-Karte v. Deutschland u. den Nachbar-Staaten bis Kopenhagen, Dover, Paris, Genf, Maria-Theresiopel, Budapest, Debreczin, Lublin, Grodno, Tauroggen. (Umschlag: v. Deutschland, der Schweiz, den Niederlanden u. Belgien nebst Teilen der angrenzenden Länder. Zum Reisegebrauch eingerichtet u. m. Bezeichng. der Strassen, Eilwagen- u. Extrapostrouten, der Eisenbahnen, sowie der Dampfboot-Verbindgn. versehen.) Nach den besten Quellen entworfen, bearb. u. gezeichnet v. H. Rev. u. ergänzt im kartograph. Institut der Verlagshandlg. (Neue Aufl.) 1:1,500,000. 74×103,5 cm. Farbdr. Berlin (909). C. Flemming. 2.50; auf Leinw. in Leinw.-Umschlag 4. 50

— — Schul-Wandkarte d. Deutschen Reiches in 9 Blatt. 14. Aufl. 1:850,000. Farbendr. 50×45 cm. Ebd. 891. 4.50; auf Leinw. in Mappe n. 8.50; m. Stäben n. 10.—; m. polirten Stäben n. 11. —

— — Schul-Wandkarte v. Deutschen Reich. 1:850,000. 15. Aufl. 9 Blatt à 50,5 × 45,5 cm. Farbendr. Ebd. (893). 4. 50; auf Leinw. in Mappe n. 8. 50; m. rohen Stäben n. 10. —; m. schwarz polierten Stäben n. 11. —

Deutschland. Handtke, F., Schul-Wandkarte v. Deutschen Reich. 1:850,000. 16. Aufl. 9 Blatt. à 50,5×45,5 cm. Farbdr. Glogau (904). Berlin, C. Flemming. n. 4. 50; auf Leinw. in Mappe n. 8. 50; m. Stäben n. 10. —; m. polierten Stäben n. 11. —

— Harms, H., Schul-Wandkarte von Deutschland in plastischer Terrainmanier m. Höhenfärbung u. in Übereinstimmung m. der vaterländischen Erdkunde u. dem neuen Schulatlas desselben Verf. 1:700,000. 2. Aufl. Ausg. A. Physikalisch-polit. Ausg. 6 Blatt à 70×98 cm. Farbdr. Nebst Begleitwort: Schulkartograph. Grundsätze. 8.—10. Taus. gr. 8. (12 S.) Braunschweig (901). H. Wollermann. n. 18. —; auf Leinw. m. Stäben n.n. 27. —; Ausg. B. Physikal. Ausg. zu gleichen Preisen.

— Harms, H., Schul-Wandkarte v. Deutschland in plastischer Terrainmanier m. Höhenfärbung u. in Uebereinstimmung m. der vaterländischen Erdkunde u. dem Schulatlas desselben Verf. 1 : 700,000. 3. Aufl. Ausg. A. Physikalisch-polit. Ausg. 6 Blatt à 70×98 cm. Farbdr. Braunschweig (904). [H. Wollermann.] Leipzig, List u. von Bressensdorf. n. 18. — ;
auf Leinw. m. Stäben n.n. 27. — ;
Ausg. B. Physikalische Ausg. zu gleichen Preisen.

— Hasse, Ernst, die norddeutschen Wasserstrassen u. die Leipziger Kanalprojekte. 2 Karten auf 1 Blatt. Farbendr. 39,5×22,5 cm. Leipzig 892. Duncker & Humblot. n. — 25

— Hemmleb, Herm., Schulwandkarte v. Deutschland. 1 : 1,000,000. Politisch-physikal. u. physikal. Ausg. (4. u. 5. Aufl.) à 12 Blatt à 37,5×49 cm. Farbendr. Weimar 893. H. Hemmleb. à 12. — ;
auf Leinw. m. Stäben à n. 16. 50

— Hempel, W., Entfernungskarte des Deutschen Reiches. Unter Benutzg. des Reichskursbuches u. anderer amtl. Quellen bearb. (Zur Ermittelg. d. Schienenwegentferngn. zwischen sämtl. Standorten u. Eisenbahnschnittpunkten.) 9 Blatt. à 42,5×55,5 cm. Lith. Schwerin 906. (L. Davids.) n.n. 7. 65; auf Leinw. n.n. 9. 90; einz. Bl. n.n. 1. —; auf Leinw. n.n. 1. 25

— Hempel, W., Entfernungskarte des Deutschen Reiches. Zur Ermittelg. der Schienenwegentferngn. zwischen sämtl. Standorten u. Eisenbahnschnittpunkten. (Unter Benutzg. des Reichskursbuches u. anderer amtl. Quellen bearb.) 2. verb. Aufl. April 1907. 9 Blatt. à 42,5×55,5 cm. Lith. Mit Text. (1 Bl.) Lex. 8. Berlin, R. Eisenschmidt. 7.65; auf Leinw. 9.90; m. Stäben 12.65; einz. Bl. 1.—; auf Leinw. 1. 25

— Henze, Adf., grosse Contor- u. Bureau-Karte des Deutschen Reiches. Mit besond. Berücksicht. deutschen Handels u. deutscher Industrie, deutscher Fabrikate u. deutscher Producte, deutscher Postanstalten u. deutscher Eisenbahnen 1 : 560,000. Rev. Ausg. 16 Blatt à 46×54,5 cm. Farbendr. Leipzig-Neustadt 893. A. Henze. n. 6. — ; auf Leinw. m. Ringen in Mappe n.n. 15. — ; m. Stäben n.n. 15. — ; m. mechan. Rollvorrichtg. n. 18. — ; einzelne Blatt n. — 40; Ortsweiser dazu. 8. (102 S.) 882. n. 1. —

— Henze's Taschen-Atlas des Deutschen Reiches. (12 farb. Kartenbl. m. II S. Text.) 16×21 cm. Leipzig-Neustadt (910). A. Henze. Geb. in Leinw. in 8. 2.— ;
einzelne Bl. — 20

— Henze, Adf., neue Verkehrs-Karte des Deutschen Reichs. Nach den neuesten offiziellen Quellen bearb. v. Ludw. Rossmann. 1 : 500,000. 16 Blatt à 62×54,5 cm. Farbdr. Nebst: Abkürzungen v. Ortsnamen. gr. 4. (4 S.) Neustadt-Leipzig (900). A. Henze. n. 12. — ; auf Leinw. in Taschenformat in 16 Blatt n. 25. — ; einzelne Blatt n. 1. — ; auf Leinw. m. Stäben n. 25. — ; m. horizontaler Rollvorrichtg. n. 28. — ; m. seitl. Rollvorrichtg. n. 30. —

— Henze's neue Verkehrs-Karte des Deutschen Reiches. Nach den neuesten offiziellen Daten bearb. v. Ludw. Rossmann. 1 : 500,000. Rev. 1903. 16 Blatt à 53×62 cm. Farbdr. Leipzig-Neustadt, A. Henze. n. 12. —

— Henzler, G., Schul-Wand-Karte v. Deutschland [politisch u. physikalisch]. 1 : 1,000,000. 4 Blatt. 3., durchgeseh. Aufl. Chromolith. Imp.-Fol. Stuttgart 889. Rieger. n. 9. — ; auf Leinw. m. Stäben u. lackirt n. 14. 50

— Henzler, G., Schul-Wand-Karte v. Deutschland (politisch u. physikalisch). 1 : 1,000,000. 4., durchgeseh. Aufl. 4 Blatt. Farbendr. 72×73 cm. Stuttgart 892. Rieger. In Mappe. n. 9. — ;
auf Leinw. m. Stäben n. 14. 50

— Henzler, G., Schul-Wandkarte von Deutschland (politisch u. physikalisch). 1 : 1,000,000. 5. durchgeseh. Aufl. 4 Blatt à 73×73 cm. Farbdr. Stuttgart (899). A. Bonz & Co. n. 9. — ;
auf Leinw. m. Stäben u. lackiert n. 14. 50

Deutschland mit Dänemark und den Niederlanden, nebst einem Entwurf der Bildung des deutschen Bundes-Heeres etc., in tabellarischer Form. Bearbeitet von A. J. V. Heünisch. Carlsruhe bey G. Braun 1820. 1 : 5,000,000. 1 Bl.

— Hirschmann, Leonh., u. Geo. Zahn, Wandkarte v. Deutschland, Holland, Belgien u. Schweiz. Zum Schulgebrauche entworfen. Neueste, verb. Aufl. 4 Blatt à 60×66,5 cm. Lith. u. kolor. Regensburg 894. J. G. Bössenecker. n. 3. 50; auf Leinw. m. Stäben n. 9. —

— Höhenschichtenkarte, deutsche, vom Reichsgebiet in nummerierten Blättern. 1 : 50,000. à 12,5×18,5 cm. Farbdr. Kassel (905). M. Brunnemann.
à n. — 10

— Höhenschichtenkarte der norddeutschen Stromgebiete. Bearb. im Bureau des preuss. Wasserausschusses. 1 : 1,000,000. 4 Blatt à 41×61 cm. Farbdr. Berlin 901. D. Reimer. n. 10. — ;
auf Leinw. m. Stäben n. 16. —

Deutschland — Specialkarte von —, Niederlande und Belgien. Bearb. im geogr. lith. Inst. von L. Holle in Wolfenbüttel. 200,000. In 86 Bl. Unvollendet geblieben. (Enthält Holland, nördl. Deutschland) 21 Bl.

Deutschland — Balneologische Karte von — und den Grenzgebieten etc. Mit Text. München, bei Gummi. 1866. 1 Bl.

Deutschland. Karte von. Folio. Wien, Hartleben. 60 kr. 1869

Deutschland. – Charte von Deutschland in seine Kreise abgetheilt, und verbessert herausgegeben von Homann's Erben.
Nürnberg 1806. 1 : 3,800,000. 1 Bl.

Deutschlands — Karte der Eisenbahnen — etc. von der Herz. Braunschweigisch-Lüneburgischen Eisenbahn- u. Post-Direction. Verl. des lith. Inst. von Wehrt in Braunschweig. 1. u. 4. Auflage (1851) u. 1866. 700,000. 9 Bl.

Deutschland. Karte,

— — humoristische, des Deutschen Reichs u. von Oestreich-Ungarn. Chromolith. Fol. Stuttgart 887. Levy & Müller. — 50

**Deutschland.** Karte, hydrographische, v. Norddeutschland. M. Angabe sämmtl. Pegel- u. Regenstationen, sow. d. polit. Eintheilg. Bearb. im Bureau d. Wasserausschusses, Berlin 1894. 1 : 1,250,000. 2 Blatt à 64×48 cm. Farbendr. Nebst e. Anlage: Verzeichniß d. Pegel- u. Regenstationen, sow. Flächeninhalte d. Stromgebiete. Lex.-8. (VII, 70 S.) Berlin 895. 96. (D. Reimer.)
In Mappe, Text kart. n. 6. —

**Deutschland** — Neueste Karte von — in VI Blättern. Gleichförmig mit jener des H. Sotzmann, Geograph der K. Akademie der Wissenschaften in Berlin u. H Ro...: zugleich auch nach den neuesten Hülfsquellen, un... ...mäfs den Friedensschlüssen von Luneville und Prefsburg entworfen. Wien bey Artaria et Compagnie 1806. 1: 800,000. 6 Bl.

— **Karte** des Deutschen Reiches. 1 : 500,000, unter Red. v. C. Vogel ausgeführt in Justus Perthes' geograph. Anstalt in Gotha. 27 Blätter [u. Titelblatt] in Kpfrst. 14 Lfgn. Ausg. A. m. polit. Kolorit. Ausg. B. mit grünem [Flächen-]Waldkolorit à 2 Blatt. à 44,5 × 33 cm. Gotha 891—893. J. Perthes. à n. 3. —; Einzelpr. à Blatt n. 2. —; auf Leinw. n.n. 2. 40 (kplt. lose in Mappe: n.n. 46. —; geb. m. Namenverzeichnis. (67 S.) n.n. 49. —; letzteres allein n. 3. —; jedes Blatt auf Leinw. in Lederkapsel n.n. 55. —

— — dasselbe. 27 Blätter [u. Titelblatt] in Kpfrst. Neue, vollständig durchgeseh. u. bericht. Ausg. (In 14 Lfgn.) 1. u. 2. Lfg. Ausg. A. m. polit. Kolorit. Ausg. B. m. grünem [Flächen-]Waldkolorit à 2 Blatt. à 44,5 × 33 cm. Ebd. 894 à n. 3. —; Einzelpr. à Blatt n. 2. —; auf Leinw. n.n. 2. 40

— **Karte** d. Deutschen Reiches. 1 : 150,000, unt. Red. v. C. Vogel ausgeführt in Justus Perthes' geograph. Anstalt in Gotha. 27 Blätter [u. Titelblatt] in Kpfrst. Neue Ausg. 3.—14. (Schluss-) Lfg. Ausg. A. m. polit. Kolorit. Ausg. B. m. grünem [Flächen-] Waldkolorit. à 2 Blatt. à 44,5 × 33 cm. Gotha 895. J. Perthes. à 3. —; Einzelpr. à Blatt n. 2. —; auf Leinw. n.n. 2. 40; alphabet. Namenverzeichnis. Fol. (70 S.) 3. —

**Deutschland.** **Karte** des Deutschen Reichs. 27 (farb.) Blätter in Kpfrst. (je 33,5 × 41 cm) im Massstab 1 : 500,000, unter Red. v. C. Vogel ausgeführt in Justus Perthes' geograph. Anstalt in Gotha. Umdruck-Ausg. (III, 74 S. Text.) 41 × 27 cm. Gotha 907. J. Perthes. Geb. in Leinw. 12.—; m. Stieler's Handatlas in 1 Halbfrz.-Bd. 50. —

— **Karte** d. Deutschen Reiches. Abth.: Königr. Bayern. 1 : 100,000. Hrsg. vom topograph. Bureau d. k. bayer. Generalstabes. Seither erschienen: Nr. 510—513, 528—535, 547—552, 556, 557, 561—567. Kpfrst. u. color. qu. Fol. München 883—890. (Literar.-artist. Anstalt.) à Blatt n.n. 1. 50

In alphabet. Ordnung:

565. Amberg. — 562. Ansbach. — 528. Aschaffenburg. — 533. Baireuth. — 532. Bamberg. — 513. Culmbach. — 549. Erlangen. — 552. Eslarn. — 567. Fürth. — 531. Gerolzhofen. — 511. Hassfurt. — 556. Kaiserslautern. — 534. Kemnat. — 547. Kitzingen. — 512. Lichtenfels. — 529. Lohr. — 564. Neumarkt. — 557. Neustadt a. d. Hardt. — 563. Nürnberg. — 561. Rothenburg a. d. T. — 510. Schweinfurt. — 550. Sulzbach. — 535. Tirschenreuth. — 566. Waldmünchen. — 551. Weiden. — 548. Windsheim. — 530. Würzburg.

— — des Deutschen Reiches. 1 : 100,000. Abth.: Königr. Bayern. Hrsg. vom topograph. Bureau d. k. bayer. Generalstabes. Nr. 577—583, 593—599, 608; 609, 611—613, 621, 623, 638. Kpfrst. u. kolor. à 29 × 38 cm. München 891—894. (Literarisch-artist. Anstalt.) à n.n. 1. 50

In alphabetischer Ordnung:

623. Augsburg. — 579. Beilngries. — 581. Cham. — 598. Deggendorf. — 608. Dillingen. — 594. Eichstätt. — 599. Grafenau. — 577. Gunzenhausen. — 583. Hirschbach. — 596. Ingolstadt. — 596. Kelheim. — 612. Landau a/Isar. — 611. Landshut. — 638. München. — 609. Neuburg. — 593. Nördlingen. — 580. Regensburg. — 597. Straubing. — 621. Ulm. — 613. Vilshofen. — 578. Weissenburg. — 582. Zwiesel.

— — des Deutschen Reiches. 1 : 100,000. Abth. Königr. Bayern. Hrsg. v. topogr. Bureau d. k. bayer. Generalstabes. Nr. 614. 622. 624—628. 636. 639—641. 649—654. 663—666 u. 672. à 29,5 × 38,5 cm. Kpfrst. u. kolor. München 895—98. (Literar.-artist. Anstalt.) à n.n. 1. 50

In alphabet. Ordnung:

622. Burgau. — 640. Burghausen. — 625. Erding. — 624. Freising. — 641. Haiming. — 649. Kaufbeuren. — 654. Laufen. — 636. Mindelheim. — 672. Mittenwald. — 663. Murnau. — 628. Neuhaus a/Inn. — 614. Passau. — 627. Pfarrkirchen. — 666. Reit im Winkel. — 652. Rosenheim. — 655. Schliersee. — 664. Tegernsee. — 651. Tölz. — 653. Traunstein. — 626. Vilsbiburg. — 639. Wasserburg. — 650. Weilheim.

**Deutschland.** **Karte** d. Deutschen Reiches. 1 : 100,000. Abth. Kgr. **Bayern.** Hrsg. vom topogr. Bureau des k. bayer. Generalstabes. Nr. 661, 662, 667, 670, 671, 673 u. 674. à 29,5 × 38,5 cm. Kpfrst. u. kolor. München 899—902. (Literarisch-artist. Anstalt.) à n.n. 1. 50

661. Kempten. — 662. Füssen. — 667. Reichenhall. — 670. Oberstdorf. — 671. Hinterstein. — 673. Vereinsalpe. — 674. Steinernes Meer.

— — dasselbe. Buntdr.-Ausg. Nr. 530, 649, 651, 661—667, 670—673. à ca. 29,5 × 39 cm. Ebd. (901. 902). à n.n. 1. 50

530. Würzburg. — 649. Kaufbeuren. — 651. Tölz. — 661. Kempten. — 662. Füssen. — 663. Murnau. — 664. Tegernsee — 665. Schliersee. — 666. Reit im Winkel. — 667. Reichenhall. — 670. Oberstdorf. — 671. Hinterstein. — 672. Mittenwald. — 673. Vereinsalpe.

— **Karte** des Deutschen Reiches. 1 : 100,000. Abth. Königr. Bayern. Hrsg. vom topogr. Bureau des k. bayer. General-Stabes. Buntdr.-Ausg. Nr. 556, 637, 653 u. 654. à 29,5 × 39 cm. München (903. 905). (Literarisch-artist. Anstalt.) à n.n. 1. 50

556. Kaiserslautern. — 637. Landsberg i. Bayern. — 653. Traunstein. — 654. Laufen.

— **Karte** des Deutschen Reiches. 1 : 100,000. Abtlg. Königr. Bayern. Hrsg. vom topogr. Bureau d. k. bayer. General-Stabes. Nr. 557. 611. 625 u. 628. (Ausg. B.) Buntdr.-Ausg. 29,5 × 39 cm. München, Th. Riedel. à nn — 75

557. Neustadt a. Haardt. 907. — 611. Landshut. 909. — 625. Erding. 909. — 628. Neuhaus a/Inn. 906.

— — dasselbe. Nr. 623—625. 637—639 u. 650—652. (Ausg. D.) Umdr. u. Farbdr. à 29,5 × 39 cm. Ebd. 908. 09. à — 80

623. Augsburg. — 625. Erding. — 624. Freising. — 637. Landsberg in Bayern. — 638. München. — 652. Rosenheim. — 651. Tölz. — 639. Wasserburg. — 650. Weilheim.

**Deutschland.** **Karte** d. Deutschen Reiches. Abth.: Königr. Preussen. 1 : 100,000. Hrsg. v. der kartograph. Abtheilg. der k. preuss. Landesaufnahme. Seither erschienen: Nr. 1—138, 145—171, 178—202, 211—230, 239—254, 265—279, 290—303, 314—326, 335—351, 360—376, 383—388, 395—401, 407—413, 421—427, 432—439, 447—454, 458—466, 472—479, 483—491, 495—509, 516—527, 536—544, 553—555, 558, 568—573, 584—589, 600—603, 615, 616, 629, 630, 642, 643, 655, 656. Kpfrst. u. color. qu. Fol. Berlin 881—890. (Eisenschmidt.) à Blatt n.n. 1. 50

In alphabet. Ordnung:

134. Allenstein. — 458. Altenkirchen. — 655. Altkirch. — 48. Altlief. — 35. Amrum. — 120. Anklam. — 13. Apenrade. — 254. Argenau. — 220. Arnswalde. — 383. Arolsen. — 137. Arys. — 24. Augustenburg. — 569. St. Avold. — 127. Baldenburg. — 362. Ballenstedt. — 62. Barth. — 319. Beeskow. — 316. Belzig. — 98. Berent. — 64. Bergen auf Rügen. — 407. Berleburg. — 269. Berlin. — 338. Bernburg. — 524. Berncastel. — 501. Beuthen. — 170. Bialla. — 230. Bialutten. — 541. Birkenfeld. — 274. Birnbaum. — 386. Bleicherode. — 505. Boppard. — 600. Bourdonnage. — 292. Brandenburg a. d. H. — 37. Bredstedt. — 424. Breslau. — 451. Brieg. — 225. Bromberg. — 128. Bruss. — 126. Bublitz. — 486. Büdingen. — 603. Bühl. — 300. Buk. — 396. Bunzlau — 291. Burg a/Ihle. — 97. Bütow. — 190. Callies. — 69. Carthaus. — 384. Cassel. — 585. Château-Salins. — 132. Christburg. — 483. Coblenz. — 490. Coburg. — 504. Cochem. — 93. Colberg. — 630. Colmar i. E. — 294. Cöpenick. — 499. Cosel. — 94. Cöslin. — 29. Cranz. — 194. Crone a. d. B. — 1. Crottingen. — 28. Cumehnen. — 271. Cüstrin. — 110. Cuxhaven. — 250. Czarnikau. — 129. Czersk. — 211. Dannenberg. — 70. Danzig. — 527. Darmstadt. — 119. Demmin. — 339. Dessau. — 191. D.-Krone. — 553. Diedenhofen. — 459. Dillenburg. — 99. Dirschau.

— 365. Düben. — 244. Eberswalde. — 79. Elder-Mündung. — 335. Einbeck. — 436. Eisenach. — 363. Eisleben. — 101. Elbing. — 643. Ensisheim. — 438. Erfurt. — 410. Eschwege. — 83. Eutin. — 599. Ewringen. — 252. Exin. — 165. D.-Eylau. — 74. Pr.-Eylau. — 249. Filehne. — 367. Finsterwalde. — 192. Flatow. — 23. Flensburg. — 36. Föhr. — 474. Frankenstein. — 507. Frankfurt a/M. — 296. Frankfurt a/O. — 72. Frauenburg. — 347. Fraustadt. — 245. Freienwalde a. d. O. — 485. Friedberg in Hess. — 248. Friedeberg i. d. Neum. — 75. Friedland a. d. Alle. — 153. Friedland i. M. — 473. Friedland i. Schl. — 160. Friedland i. W.-Pr. — 201. Friedrichshof. — 408. Fritzlar. — 91. Fritzow. — 462. Fulda. — 320. Fürstenberg. — 295. Fürstenwalde. — 265. Gardelegen. — 55. Gartling. — 218. Garz. — 642. Gebweiler. — 202. Gehsen. — 463. Geisa. — 488. Gersfeld. — 460. Giessen. — 198. Gilgenburg. — 496. Glatz. — 500. Gleiwitz. — 372. Glogau. — 277. Gnesen. — 77. Goldap. — 150. Goldberg. — 227. Gollub. — 336. Goslar. — 349. Gostyn. — 437. Gotha. — 360. Göttingen. — 106. Grabowen. — 6. Gramm. — 123. Greifenberg i. Pommern. — 89. Greifswald. — 88. Grimmen. — 84. Grönitz. — 65. Gr.-Möllen. — 400. Gross-Wartenberg. — 476. Grottkau. — 461. Grünberg i. Hess. — 346. Grünberg i. Schl. — 344. Guben. — 373. Guhrau. — 53. Gumbinnen. — 228. Gurzno. — 117. Güstrow. — 81. Hademarschen. — 7. Hadersleben. — 587. Hagenau i. E. — 180. Hagenow. — 337. Halberstadt. — 146. Hamburg. — 508. Hanau. — 178. Harburg. — 241. Havelberg. — 80. Heide. — 9. Heidekrug. — 73. Heiligenbeil. — 385. Heiligenstadt. — 103. Heilsberg. — 17. Heinrichswalde. — 47. Hela. — 454. Herby. — 435. Hersfeld. — 489. Hildburghausen. — 447. Hirschberg i. Schl. — 21. Hoyer. — 5. Hudding. — 536. Hultschin. — 56. Husum. — 439. Jena. — 465. Ilmenau. — 253. Inowrazlaw. — 52. Insterburg. — 169. Johannisburg. — 112. Itzehoe. — 341. Jüterbogk. — 368. Kalau. — 517. Kamnitz. — 39. Kappeln. — 573. Karlsruhe i. Baden. — 107. Kauernik. — 401. Kempen. — 8. Kidten. — 58. Kiel. — 543. Kirchheimbolanden. — 395. Kohlfurt. — 246. Königsberg i. d. Neum. — 50. Königsberg i. Pr. — 161. Konitz. — 350. Koschmin. — 324. Kosten. — 452. Kreuzburg i. Schl. — 191. D.-Krone. — 85. Kröpelin. — 321. Krossen. — 375. Krotoschin. — 195. Kulm. — 542. Kusel. — 157. Labes. — 30. Labiau. — 572. Landau i. d. Rheinpf. — 427. Landsberg i. O.-Schl. — 272. Landsberg a. d. W. — 43. Lanzig. — 179. Lauenburg a. d. Elbe. — 45. Lauenburg i. Pommern. — 25. Leba. — 212. Lenzen. — 495. Lewin. — 422. Liegnitz. — 484. Limburg a. d. Lahn. — 348. Lissa. — 491. Lobenstein. — 315. Loburg. — 421. Löwenberg. — 343. Lübben. — 114. Lübeck. — 397. Lüben. — 478. Lublinitz. — 342. Luckau. — 317. Luckenwalde. — 181. Ludwigslust. — 12. Lügumkloster. — 68. Lupow. — 69. Lützenburg. — 138. Lyck. — 314. Magdeburg. — 526. Mainz. — 151. Malchin. — 183. Malchow. — 558. Mannheim. — 433. Marburg. — 107. Marggrabowa. — 100. Marienburg. — 164. Marienwerder. — 40. Wester-Markelsdorf. — 629. Markirch. — 10. Medischkehmen. — 464. Meiningen. — 78. Melkehmen. 409. Melsungen. — 3. Memel. — 298. Meseritz. — 522. Mettendorf. — 568. Metz. — 326. Miloslaw. — 516. Mittelwalde. — 376. Mixstadt. — 278. Mogilno. — 133. Mohrungen. — 65. Gr.-Möllen. — 411. Mühlhausen i. Thür. — 656. Mülhausen i. E. — 475. Münsterberg. — 61. Müritz. — 521. Myslowitz. — 224. Nakel a. d. Netze. — 156. Naugard. — 413. Naumburg a. d. S. — 199. Neidenburg. — 497. Neisse. — 152. Neubrandenburg. — 163. Neuenburg. — 502. Neuerburg. — 290. Neuhaldensleben. — 423. Neumarkt i. Schl. — 82. Neumünster. — 242. Neu-Ruppin. — 498. Neustadt i. O.-Schl. — 46. Neustadt i. W.-Pr. — 159. Neustettin. — 184. Neu-Strelitz. — 136. Nikolaiken. — 76. Nordenburg. — 361. Nordhausen. — 189. Nörenberg. — 450. Ohlau. — 60. Oldenburg i. Holst. — 425. Oels. — 477. Oppeln. — 243. Oranienburg. — 509. Orb. — 168. Ortelsburg. — 26. Osseeken. — 166. Osterode i. Ostpr. — 171. Ostrokollen. — 111. Otterndorf. — 4. Paaschken. — 182. Parchim. — 154. Pasewalk. — 167. Passenheim. — 213. Perleberg. — 586. Pfalzburg. — 589. Pforzheim. — 49. Pillau. — 33. Pillkallen. — 571. Pirmasens. — 426. Pitschen. — 538. Pless. — 155. Poelitz. — 95. Pollnow. — 125. Polzin. — 279. Popowo. — 301. Posen. — 293. Potsdam. — 303. Powidz. — 186. Prenzlau. — 503. Prüm. — 219. Pyritz. — 388. Querfurt. — 588. Rastatt. — 105. Rastenburg. — 267. Rathenow. — 519. Ratibor. — 147. Ratzeburg. — 374. Rawitsch. — 196. Rehden. — 57. Rendsburg. — 215. Rheinsberg. — 87. Ribnitz. — 276. Rogasen. — 11. Röm. — 453. Rosenberg i. O.-Schl. — 104. Rössel. — 16. Rossitten. — 86. Rostock. — 466. Rudolstadt. — 66. Rügenwalde. — 96. Rummelsburg i. Pommern. — 537. Ruptau. — 520. Rybnik. — 570. Saarbrücken. — 601. Saarburg i. D.-Lothr. — 540. Saarburg i. Rheinl. — 554. Saarlouis. — 42. Sagard. — 569. St. Avold. — 555. St. Wendel. — 239. Salzwedel. — 275. Samter. — 15. Sarkau. — 2. Schattern. — 615. Schirmeck. — 34. Schirwindt. — 124. Schivelbein. — 38. Schleswig. — 616. Schlettstadt. — 221. Schloppe. — 487. Schlüchtern. — 472. Schneekoppe. — 222. Schneidemühl. — 115. Schönberg i. Mecklenb. — 325. Schrimm. — 27. Schwarzau. — 217. Schwedt. — 449. Schweidnitz. — 149. Schwerin i. M. — 273. Schwerin a. d. W. — 240. Seehausen. — 113. Segeberg. — 135. Sensburg. — 432. Siegen. — 525. Simmern. — 31. Skaisgirren. — 351. Sobotka. — 229. Soldau. — 247. Soldin. — 584. Solgne. — 412. Sömmerda. — 345. Sommerfeld. — 387. Sondershausen. — 370. Sorau. — 268. Spandau. — 108. Spikeroog. — 369. Spremberg. — 371. Sprottau. — 145. Stade. — 54. Stallupönen. — 188. Stargard a. d. Ihna. — 130. Pr.-Stargard. — 266. Stendal. — 187. Stettin. — 67. Stolp. — 44. Stolpmünde. — 63. Stralsund. — 602. Strassburg i. E. — 184. Neu-Strelitz. — 131. Stuhm. — 121. Swinemünde. — 32. Szillen. — 14. Tarup. — 158. Tempelburg. — 216. Templin. — 118. Teterow. — 226. Thorn. — 71. Tiegenort. — 18. Tilsit. — 299. Tirschtiegel. — 22. Tondern. — 366. Torgau. — 399. Trebnitz. — 92. Treptow a. d. Rega. — 523. Trier. — 518. Tropplowitz. — 162. Tuchel. — 185. Waldegk. — 448. Waldenburg i. Schl. — 109. Wangeroog. — 400. Gross-Wartenberg. — 51. Wehlau. — 555. St. Wendel. — 20. Westerland. — 40. Wester-Markelsdorf. — 41. Wieck auf Rügen. — 506. Wiesbaden. — 200. Willenberg. — 223. Wirsitz. — 19. Wischwill. — 116. Wismar. — 340. Wittenberg. — 148. Wittenburg. — 214. Wittstock. — 398. Wohlau. — 479. Woischnik. — 122. Wollin. — 323. Wollstein. — 251. Wongrowitz. — 102. Wormditt. — 544. Worms. — 302. Wreschen. — 270. Wrietzen. — 193. Zempelburg. — 434. Ziegenhain. — 297. Zielenzig. — 90. Zinnowitz. — 364. Zörbig. — 318. Zossen. — 322. Züllichau.

**Deutschland. Karte des Deutschen Reiches. 1:100,000.** Abth.: Königr. Preussen. Hrsg. v. der kartogr. Abtheilg. der königl. preuss. Landes-Aufnahme. Nr. 25, 43—45, 65—67, 79a, 92—94, 108, 109, 123—125, 139, 140, 154, 156, 157, 172, 186, 188, 217, 218, 220, 245, 246, 250—253, 270, 275—279, 300—303, 324—326, 349, 350, 374, 397, 398, 411, 413, 421, 437, 438, 495, 496, 516, 545, 546, 559, 617, 631, 644, 657, 668, 669. à ca. 29×34 cm. Kpfrst. u. kolor. Berlin 891—894. (R. Eisenschmidt.) à n.n. 1.50

**In alphabetischer Ordnung:**

229. Arnswalde. — 139. Borkum. — 300. Buk. — 250. Czarnikau. — 172. Emden. — 438. Erfurt. — 252. Exin. — 644. Freiburg im Breisgau. — 245. Freienwalde. — 218. Garz a. d. O. — 496. Glatz. — 277. Gnesen. — 349. Gostyn. — 437. Gotha. — 123. Greiffenberg in Pomm. — 65. Gr.-Möllen. — 79a. Helgoland. — 253. Inowrazlaw. — 93. Kolberg. — 246. Königsberg in d. Neum. — 350. Koschmin. — 94. Köslin. — 324. Kosten. — 157. Labes. — 43. Larzig. — 45. Lauenburg in Pomm. — 25. Leba. — 495. Lewin. — 421. Löwenberg. — 379. Lüben. — 326. Miloslaw. — 545. Miltenberg. — 516. Mittelwalde. — 278. Mogilno. — 65. Gr.-Möllen. — 559. Mosbach. — 411. Mühlhausen i/Thür. — 156. Naugard. — 413. Naumburg a. d. Saale. — 140. Norden. — 617. Offenburg. — 669. Oltingen. — 154. Pasewalk. — 668. Pfirt. — 125. Polzin. — 279. Popowo. — 301. Posen. — 303. Powidz. — 186. Prenzlau. — 374. Rawitsch. — 276. Rogasen. — 66. Rügenwalde. — 275. Samter. — 124. Schivelbein. — 325. Schrimm. — 217. Schwedt. — 108. Spiekeroog. — 188. Stargard in Pomm. — 67. Stolp. — 44. Stolpmünde. — 546. Tauberbischofsheim. — 92. Treptow a. d. Rega. — 631. Waldkirch. — 657. Waldshut. — 109. Wangeroog. — 398. Wohlau. — 251. Wongrowitz. 302. Wreschen. 270. Wriezen.

— — dasselbe. Abth. Königr. Preussen. Hrsg. v. der kartogr. Abteilg. d. königl. preuss. Landesaufnahme. Nr. 95. 141—143. 219. 247. 248. 271. 272. 274. 280. 281. 296. 298. 322. 323. 327. 328. 346. 347. 352. 354. 355. 357. 372. 373. 377—380. 403. 404. 412. 428—430. 455—457. 480—482. 633. 646. 658 u. 659. à 29×34 cm. Kpfrst. u. kolor. Berlin 895—898. (R. Eisenschmidt.) à n.n. 1.50

**In alphabetischer Ordnung:**

428. Aachen. — 281. Bentheim. — 274. Birnbaum. — 328. Bocholt. — 457. Bonn. — 143. Bremerhaven. — 327. Cleve. 355. Dortmund. — 429. Düren. — 403. Düsseldorf. — 379. Elberfeld. — 141. Esens. — 455. Eupen. — 456. Euskirchen. — 296. Frankfurt a/O. — 347. Fraustadt. — 248. Friedeberg i/d. N. — 352. Geldern. — 280. Getelomoor. — 372. Glogau. — 346. Grünberg i/Schl. — 273. Guhrau. — 481. Hillesheim. — 380. Iserlohn. — 377. Kaldenkirchen. — 430. Köln. — 659. Konstanz. — 378. Krefeld. — 271. Küstrin. — 272. Landsberg a/W. — 480. Malmedy. — 482. Mayen. — 298. Meseritz. — 357. Paderborn. — 95. Pollnow. — 219. Pyritz. — 354. Recklinghausen. — 633. Sigmaringen. — 247. Soldin. — 404. Solingen. — 412. Sömmerda. — 658. Stühlingen. — 646. Ueberlingen. — 142. Wilhelmshaven. — 323. Wollstein. — 322. Züllichau.

— — dasselbe. Abth. Königr. Preussen. Hrsg. v. der kartogr. Abtheilg. der königl. preuss. Landesaufnahme. Nr. 144, 173—177, 203—208, 231—236, 255, 256, 258—261, 282—287, 297, 304—311, 320, 321, 329—334, 353, 356, 358, 359, 381, 402, 405, 406, 431. à 29,5×38,5 cm. Kpfrst. u. kolor. Berlin 899—902. (R. Eisenschmidt.) à n.n. 1.50

**In alphabetischer Ordnung:**

305. Ahaus. — 381. Arnsberg. — 406. Attendorn. — 173. Aurich. — 308. Bielefeld. — 175. Brake. — 358. Brakel. — 206. Bremen. — 176. Bremervörde. — 203. Bunde. — 306. Burgsteinfurt. — 177. Buxtehude. — 233. Cloppenburg. — 333. Detmold. — 259. Diepholz. — 402. Erkelenz. 320. Fürstenberg a. d. O. — 332. Gütersloh. — 310. Hameln. — 286. Hannover. — 231. Haren. — 311. Hildesheim. — 334. Höxter. — 307. Iburg. — 329. Koesfeld. — 321. Krossen a. d. O. — 255. Laar. — 204. Leer. — 287. Lehrte. — 309. Lemgo. — 256. Lingen. — 284. Lübbecke. — 405. Lüden-

scheid. — 285. Minden. — 330. Münster. — 261. Neustadt a. Rübenberge. — 260. Nienburg a. d. W. — 205. Oldenburg. — 283. Osnabrück. — 144. Osten. — 207. Ottersberg. — 282. Rheine. — 208. Rotenburg i/Hann. — 356. Soest. — 232. Sögel. — 359. Uslar. — 174. Varel. — 258. Vechta. — 235. Verden. — 304. Vreden. — 431. Waldbröl. — 236. Walsrode. — 331. Warendorf. — 353. Wesel. — 234. Wildeshausen. — 297. Zielenzig.

— — dasselbe. Abth.: Königr. Preussen. Hrsg. v. der kartogr. Abth. der königl. preuss. Landesaufnahme. 1 : 100,000. Nr. 209. 210. 237—240. 262—265. 275. 288—290. 295. 312—320. 338. 339. 343—345. 368. 370. 371. 382 u. 458. à 29,5×35,5 cm. Kpfrst. u. kolor. (Ausg. A.) Berlin 903—906. (R. Eisenschmidt.) à n.n. 1. 50; Uebordr.-Ausg. (Ausg. C.) à n.n. — 50

458. Altenkirchen. — 209. Amelinghausen. — 319. Beeskow. — 316. Belzig. — 338. Bernburg. — 238. Braunschweig. — 382. Brilon. — 368. Calau. — 262. Celle. — 339. Dessau. — 320. Fürstenberg a. d. O. — 295. Fürstenwalde. — 265. Gardelegen. — 344. Guben. — 275. Haselünne. — 264. Klötze. — 315. Loburg. — 343. Lübben. — 317. Luckenwalde. — 210. Lüneburg. — 314. Magdeburg. — 290. Neuhaldensleben. — 289. Oebisfelde. — 313. Oschersleben. — 239. Salzwedel. — 237. Soltau. — 345. Sommerfeld. — 370. Sorau. — 371. Sprottau. — 238. Uelzen. — 240. Wittenberge. — 263. Wittingen. — 312. Wolfenbüttel. — 318. Zossen.

— — dasselbe. 1 : 100,000. Nr. 144. 173—177. 203 bis 210. 231—238. 255—263. 280—288. 304—315. 321. 327—334. 352—359. 366. 369—371. 377—382. 402 bis 406. 428—432 u. 455—457. à ca. 29,5×35,5 cm. Farbdr. (Ausg. B.) Ebd. 905. 906. à n.n. 1. 50

428. Aachen. — 305. Ahaus. — 209. Amelinghausen. — 381. Arnsberg. — 406. Attendorn. — 173. Aurich — 281. Bentheim. — 308. Bielefeld. — 328. Bocholt. — 457. Bonn. — 175. Brake. — 358. Brakel. — 288. Braunschweig. — 206. Bremen. — 176. Bremervörde. — 382. Brilon. — 203. Bunde. — 306. Burgsteinfurt. — 177. Buxtehude. — 262. Celle. — 327. Cleve. — 233. Cloppenburg. — 315. Coburg. — 321. Crossen a. d. Oder. — 333. Detmold. — 259. Diepholz. — 355. Dortmund. — 429. Düren. — 403. Düsseldorf. — 379. Elberfeld. — 402. Erkelenz. — 455. Eupen. — 456. Euskirchen. — 352. Geldern. — 280. Getelomoor. — 332. Gütersloh. — 310. Hameln. — 286. Hannover. — 281. Haren. — 257. Haselünne. — 311. Hildesheim. — 334. Höxter. — 307. Iburg. — 380. Iserlohn. — 377. Kaldenkirchen. — 430. Köln. — 329. Koesfeld. — 378. Krefeld. — 255. Laar. — 204. Leer. — 287. Lehrte. — 309. Lemgo. — 256. Lingen. — 284. Lübbecke. — 405. Lüdenscheid. — 210. Lüneburg. — 314. Magdeburg. — 285. Minden. — 330. Münster i. Wf. — 261. Neustadt a. Rübenberge. — 260. Nienburg. — 205. Oldenburg. — 313. Oschersleben. — 283. Osnabrück. — 144. Osten. — 207. Ottersberg. — 357. Paderborn. — 354. Recklinghausen. — 282. Rheine. — 208. Rotenburg i/Hann. — 432. Siegen. — 356. Soest. — 232. Sögel. — 404. Solingen. — 237. Soltau. — 370. Sorau. — 369. Spremberg. — 371. Sprottau. — 366. Torgau. — 238. Uelzen. — 359. Uslar. — 174. Varel. — 258. Vechta. — 235. Verden. — 304. Vreden. — 431. Waldbröl. — 236. Walsrode. — 331. Warendorf. — 353. Wesel. — 234. Wildeshausen. — 263. Wittingen. — 312. Wolfenbüttel.

— — dasselbe. Abtlg.: Königr. Preussen. Hrsg. v. der kartogr. Abtlg. der kgl. preuss. Landesaufnahme. 29, 50, 52, 195, 337, 340, 342, 362—365, 367, 387, 388, 412, 435, 439, 459, 465, 466, 487, 488. 491, 504, 524, 540, 555, 588, 616, 642, 655 u. 668. à ca. 29×36 cm. Kpfrst. u. kolor. (Ausg. A.) Berlin 906—10. (R. Eisenschmidt.) à Bl. nn 1.50; auf Leinw. nn 1. 80

655. Altkirch. — 302. Ballenstedt. — 524. Bernkastel. — 504. Cochem. — 20. Cranz. — 195. Culm. — 459. Dillenburg. — 365. Düben. — 363. Eisleben. — 367. Finsterwalde. — 642. Gebweiler. — 488. Gersfeld. — 337. Halberstadt. — 435. Hersfeld. — 439. Jena. — 465. Ilmenau. — 52. Insterburg. — 50. Königsberg i. Pr. — 491. Lobenstein. — 342. Luckau. — 668. Pfirt. — 388. Querfurt. — 588. Rastatt. — 466. Rudolstadt. — 540. Saarburg im Rheinland. — 616. Schlettstadt. — 487 Schlüchtern. — 412. Sömmerda. — 387. Sondershausen. — 555. St. Wendel. — 340. Wittenberg. — 364. Zörbig.

**Deutschland.** Karte d. Deutschen Reiches. 1 : 100,000. Abtlg.: Königr. Preussen. Hrsg. v. der kartogr. Abtlg. der kgl. preuss. Landesaufnahme. Bl. 139—143, 172, 195, 239, 240, 264, 265, 268, 269, 289, 290, 293—298, 316—319, 337—346, 363—369, 387, 388, 412, 413, 437, 439, 464, 466, 481—483, 489, 505, 526 u. 527. Farbdr. ohne Grenzkolorit. (Ausg. B.) Berlin 906—10. (R. Eisenschmidt.) à Bl. nn 1.50; auf Leinw. à nn 1. 80

319. Beeskow. — 316. Belzig. — 269. Berlin. — 338. Bernburg. — 505. Boppard. — 139. Borkum. — 143. Bremerhaven. — 268. Charlottenburg. — 483. Coblenz. — 195. Culm. — 527. Darmstadt. — 339. Dessau. — 365. Düben. — 363. Eisleben. — 172. Emden. — 141. Esens. — 367. Finsterwalde. — 296. Frankfurt a/O. — 295. Fürstenwalde. — 265. Gardelegen. — 437. Gotha. — 346. Grünberg i. Schl. — 344. Guben. — 337. Halberstadt. — 489. Hildburghausen. — 481. Hillesheim. — 439. Jena. — 341. Jüterbog. — 264. Klötze. — 343. Lübben. — 342. Luckau. — 317. Luckenwalde. — 526. Mainz. — 368. Malau. — 482. Mayen. — 464. Meiningen. — 298. Meseritz. — 413. Naumburg. — 290. Neuhaldensleben. — 140. Norden. — 289. Öbisfelde. — 293. Potsdam. — 388. Querfurt. — 466. Rudolstadt. — 239. Salzwedel. — 294. Schöneberg. — 412. Sömmerda. — 345. Sommerfeld. — 387. Sondershausen. — 369. Spremberg. — 366. Torgau. — 142. Wilhelmshaven. — 340. Wittenberg. — 240. Wittenberge. — 297. Zielenzig. — 364. Zörbig. — 318. Zossen.

— — dasselbe. Bl. 28, 29, 49, 337, 340, 342, 363—365, 367, 387, 388, 412, 428, 435, 436, 439, 455, 457, 459, 463, 465, 466, 504, 509, 524 u. 525. à ca. 29×36 cm. Umdr. ohne Kolorit. (Ausg. C.) Ebd. 906—10. à Bl. nn — 50; auf Leinw. nn — 80

428. Aachen. — 524. Bernkastel. — 457. Bonn. — 504. Cochem. — 29. Cranz. — 459. Dillenburg. — 365. Düben. — 436. Eisenach. — 363. Eisleben. — 455. Eupen. — 367. Finsterwalde. — 463. Geisa. — 337. Halberstadt. — 435. Hersfeld. — 439. Jena. — 465. Ilmenau. — 28. Kumehnen. — 342. Luckau. — 509. Bad Orb. — 49. Pillau. — 388. Querfurt. — 466. Rudolstadt. 525. Simmern. — 412. Sömmerda. — 387. Sondershausen. — 340. Wittenberg. — 364. Zörbig.

**Deutschland.** Karte d. Deutschen Reiches. Abth.: Königr. Sachsen. 1 : 100,000. Hrsg. vom topograph. Bureau d. k. sächs. Generalstabes. Seither erschienen: Nr. 389—394, 414—420, 440—446, 467—471, 492—494, 514. 515. Kpfrst. u. color. qu. Fol. Dresden 881—890. (Leipzig, Hinrichs' Sort.) à Blatt n.n. 1. 50; auf Leinw. à n.n. 2. —

In alphabet. Ordnung:

441. Altenburg. — 469. Annaberg. — 419. Bautzen. — 418. Bischofswerda. — 415. Borna. — 442. Chemnitz. — 443. Dippoldiswalde. — 416. Döbeln. — 417. Dresden. — 471. Fürstenau. — 440. Gera. — 420. Görlitz. — 467. Greiz. — 392. Grossenhain. — 389. Halle. — 446. Hirschfelde. — 492. Hof. — 493. Johanngeorgenstadt. — 393. Kamenz. — 444. Königstein. — 390. Leipzig. — 515. Mammersreuth. — 394. Niesky. — 391. Oschatz. — 470. Sayda. — 494. Wiesenthal. — 514. Wunsiedel. — 414. Zeitz. — 445. Zittau. — 468. Zwickau.

— — dasselbe. Abth.: Königr. Sachsen. Hrsg. vom topogr. Bureau d. königl. sächs. Generalstabes. Nr. 393, 394, 420, 471 u. 492. Kpfrst. u. kolor. à 29,5×36,5 cm. Dresden 891—894. (C. Höckner's Sort. — Leipzig, J. C. Hinrichs' Sort.) à n.n. 1. 50; auf Leinw. à n.n. 2. —

471. Fürstenau. Vorläufige Ausg., das nichtsächs. Gebiet ohne Bergzeichng. wiedergebend. — 420. Görlitz. 492. Hof. — 393. Kamenz. — 394. Niesky.

— — dasselbe. Abth.: Königr. Sachsen. Hrsg. vom topogr. Bureau d. königl. sächs. Generalstabes. Blatt 471. 514 u. 515. à 29,5×37 cm. Kpfrst. u. kolor. Dresden 895. 898. (Leipzig, J. C. Hinrichs' Sort.) à n.n. 1. 50; auf Leinw. à n.n. 2. — (Sachsen kplt. in 30 Bl.: n.n. 45. —; auf Leinw. n.n. 60. —)

471. Fürstenau. — 514. Wunsiedel. — 515. Mammersreuth.

— — dasselbe. Abth.: Königr. Sachsen. Hrsg. vom topogr. Bureau des königl. sächs. Generalstabes. (Buntdruck-Ausg.) Bl. 494 u. 515. Je 29,5×37 cm. Kpfrst. Dresden (902). (E. Engelmann's Nachf.) à n.n. 1. 50

494. Wiesenthal. — 515. Mammersreuth.

**Deutschland.** Karte des Deutschen Reiches. Abtlg.: Königr. Sachsen. Hrsg. vom topogr. Bureau des königl sächs. Generalstabes. Bl. 389—394, 414—420, 440 bis 446, 467—471, 492, 493 u. 514. Mit Nachträgen 1901 bis 1905. à 29×34,5 cm. Kpfrst. Dresden (G. A. Kaufmann's Buchh.) à n.n. 1. 50; auf Leinw. à n.n. 1. 80; m. Handkolorit zu gleichen Preisen.

441. Altenburg. — 469. Annaberg. — 419. Bautzen. — 418. Bischofswerda. — 415. Borna. — 442. Chemnitz. — 443. Dippoldiswalde. — 416. Döbeln. — 417. Dresden. — 471. Fürstenau. — 440. Gera. — 420. Görlitz. — 467. Greiz. — 392. Grossenhain. — 389. Halle. — 446. Hirschfelde. — 492. Hof. — 493. Johanngeorgenstadt. — 393. Kamenz. — 444. Königstein. — 390. Leipzig. — 394. Niesky. — 391. Oschatz. — 470. Sayda. — 514. Wunsiedel. — 414. Zeitz. 445. Zittau. — 468. Zwickau.

— dasselbe 1 : 100,000. Abtlg.: Königr. Sachsen. Hrsg. v. der Abtlg. f. Landesaufnahme des königl. sächs. Generalstabes. Ausg. A.: Kpfrdr. m. Kolorit der Grenzen u. grösseren Gewässer. Nr. 389, 390, 392—394, 414, 415, 418—420, 444—446 u. 471. à ca. 29×36 cm. Dresden 908—10. (G. A. Kaufmann's Buchh.) à nn 1.50; auf Leinw. 2.25
419. Bautzen. — 418. Bischofswerda. — 415. Borna. — 471. Fürstenau. — 420. Görlitz. — 392. Grossenhain. — 389. Halle. — 446. Hirschfelde. — 393. Kamenz. — 444. Königstein. — 390. Leipzig. — 394. Niesky. — 414. Zeitz. — 445. Zittau.

— dasselbe. Ausg. B. Dreifarbendr. ohne Grenzkolorit. Nr. 389, 390, 392, 418—420, 444—446 u. 471. à 29,5×36 cm. Ebd. (907—10). à nn 1.50; auf Leinw. 2.25
419. Bautzen. — 418. Bischofswerda. — 471. Fürstenau. — 420. Görlitz. — 392. Grossenhain. — 389. Halle. — 446. Hirschfelde. — 444. Königstein. — 390. Leipzig. — 445. Zittau.

— dasselbe Ausg. C. Umdruck schwarz ohne Kolorit. Nr. 389, 390, 392—394, 414, 415, 418—420, 444, 445 u. 471. à ca. 29,5×36 cm. Ebd. 907—10. à nn —50; auf Leinw. 1.25
419. Bautzen. — 418. Bischofswerda. — 415. Borna. — 471. Fürstenau. — 420. Görlitz. — 392. Grossenhain. — 389. Halle. — 393. Kamenz. — 444. Königstein. — 390. Leipzig. — 394. Niesky. — 414. Zeitz. — 445. Zittau.

— — dasselbe. Abth.: Königr. Württemberg. 1 : 100,000. Hrsg. v. k. württemb. statist. Landesamt. Seither erschienen: Nr. 590, 591, 604—607, 618. Kpfrst. u. color. qu. Fol. Stuttgart 885—890. (München, Literar.-artist. Anstalt.) à Blatt n.n. 1.50
590. Stuttgart. — 591. Gmünd. — 604. Calw. — 605. Esslingen. — 606. Göppingen. — 607. Heidenheim. — 618. Freudenstadt.

— — dasselbe. Abth.: Königr. Württemberg. Hrsg. vom k. württ. statist. Landesamt. Nr. 574, 575, 592, 607, 610, 620, 632, 634, 635. à 29×38 cm. Kpfrst. u. kolor. Stuttgart 891—894. (K. Aue. — H. Lindemann. — J. B. Metzler's Sort. — R. Roth. — München, Literarisch-artist. Anstalt.) à n.n. 1.50; auf Leinw. à n.n. 2.—
In alphabetischer Ordnung:
592. Aalen. — 634. Biberach. — 620. Ehingen. — 575. Hall. — 607. Heidenheim. — 574. Heilbronn. — 635. Laupheim — 610. Reutlingen. — 632. Villingen.

— — dasselbe. Abth.: Königr. Württemberg. Hrsg. v. königl. württ. statist. Landesamt. Nr. 560. 576. 590. 647. 648. 660. 29×39 cm. Kpfrst. u. kolor. Stuttgart 895—898. (H. Lindemann.) à n.n. 1.50; auf Leinw. à n.n. 2.—
576. Dinkelsbühl. — 660. Lindau. — 648. Memmingen. — 560. Mergentheim. — 647. Ravensburg. — 590. Stuttgart.

— — dasselbe. Abth.: Königr. Württemberg. Hrsg. v. königl. württ. statist. Landesamt. Nr. 605. 618. 620. 632 u. 647. Neue Ausg. 1898. à 29,5×38,5 cm. Kpfrst. u. kolor. Ebd. 898. à n.n. 1.50; auf Leinw. à n.n. 2.—
605. Esslingen. — 618. Freudenstadt. — 620. Ehingen. — 632. Villingen. — 647. Ravensburg.

— — dasselbe. Abtlg. Königr. Württemberg. Hrsg. v. topogr. Bureau des kgl. württ. Kriegsministeriums. Nr. 574, 590, 604 u. 605. à 29×38,5 cm. Stuttgart 906—09. (H. Lindemann.) Ausg. A in Kpfrdr. u. Ausg. B in Buntdr. à nn 1.50; auf Leinw. à nn 2.—; Ausg. C. Umdruck à nn —50; auf Leinw. à nn 1.—
574. Heilbronn. — 590. Stuttgart. — 604. Calw. — 605. Esslingen.

— — dasselbe. 1 : 100,000, bearb. v. der kgl. preuss. Landesaufnahme, dem topograph. Bureau des königl. bayer. Generalstabes, der Abteilg. f. Landesaufnahme des kgl. sächs. Generalstabes u. dem topograph. Bureau des kgl. württemb. Kriegsministeriums. Musterblatt u. Zeichen-Erklärg. 29×36 cm. Lith. Dresden (910). (G. A. Kaufmann's Buchh.) nn —50; auf Leinw. 1.25

— — der deutschen Reichstagswahlen 1893. 1:3,250,000. 43×59 cm. Farbendr. Nebst alphabet. u. nach Wahlkreisen geordnetem Namens-Verzeichnis der Abgeordneten an den Seiten u. auf dem Umschlag. Glogau 893. C. Flemming. — 50

— — dasselbe. Nebst e. übersichtl. Zusammenstellg. der Wahlresultate von 1871 bis 1890 u. e. Namensverzeichniss der im Juni 1893 gewählten Reichstagsabgeordneten. 59,5×51 cm. Farbendr. Leipzig 893. M. Ruhl. — 30

— — der Reichstags-Wahlen (Juni 1898) m. Berücksicht. d. Stichwahlen. 34×43 cm. Farbdr. Nebst: Verzeichniß d. Mitglieder d. deutschen Reichstags. 10. Legislaturperiode (auf d. Rückseite). Leipzig 898. J. J. Weber. n. — 40

— — der deutschen Reichstagswahlen v. 1898. 31×40 cm. Farbdr. M. Text u. farb. graph. Darstellgn. an d. Rändern. Leipzig 898. M. Ruhl. — 30

Deutschland — topographisch-militärische Charte von — in 204 Sectionen unternommen von dem geographischen Institute zu Weimar. 1807. Hiezu Supplement oder Erweiterung nach Westen der topogr. milit. Charte von Teutschland in 204 Sectionen 1814 etc. 1 Tableau d'Assemblage. Dann eine orographische Uebersicht von Deutschland, nebst einem gedruckten Repertorium in 4 Bänden. 1: 180,000. Karte 204 Bl. Supplement 46 Bl. Tableau 1 Bl. Orogr. K. 1 Bl. Zusammen 252 Blätter.

— — des deutschen Zollgebiets, enth. die Grenzen der Bezirke der Zoll- u. Steuer-Direktionen u. Hauptämter, sowie die Sitze der m. Erhebg. v. Zöllen u. gemeinschaftl. Verbrauchssteuern betrauten Zoll- u. Steuerstellen nach dem Stande vom 1. Mai 1894. 1 : 1,250,000. 4 Blatt à 39×48,5 cm. Farbendr. Berlin 894. Berliner Lithogr. Institut (J. Moser). n. 5.—

— Kellerer's, M., Schulwandkarte von Süddeutschland. 1 : 250,000. 9 Blatt à 70,5×55,5 cm. Farbdr. München (905). M. Kellerer. n. 26.—; auf Leinw. m. Stäben n.n. 35.—

— Kettler's, J. I., Uebersichtskarte der deutschen Reichstags-Wahlen 1893 u. 1890. 28,5×65,5 cm. Farbendr. Weimar 893. Geograph. Institut. n. — 50

Deutschland. Redigirt von H. Kiepert, gez. von C. Ohmann. Gestochen von W. Weiler. Weimar, Landes-Industrie-Comptoir, 1848. Kolor. gr. Fol. (1/6 Rt.)

Deutschland und die Nachbarländer i. J. 1866. Völker- und Sprachen-Karte, zusammeng. von Dr. H. Kiepert. Berlin 1867 bei Reimer. 3,000,000. 1 Bl.

**Deutschland.** Kiepert's, H., Karte d. Deutschen Reiches in seiner Neugestaltung. 1:3,000,000. 21. Aufl. Chromolith. qu. Fol. Berlin 888. D. Reimer. n. — 60

Deutschland — Nord- und West — der Preussische Staat und die übrigen Zollvereinsstaaten. 1,800,000. Bearb. von H. Kiepert u. Gräf. Weimar: Geogr. Inst. 1857. 1 Bl.

— Kiepert, Heinr., das Deutsche Reich in 8 (farb.) Karten à 41,5×54 cm. Mit Namenverzeichnis u. statist. Text v. P. Lippert u. M. Busemann. gr. Fol. (24 u. 16 S.) Berlin 895. D. Reimer. Kart. n. 6.—

— — Übersichtskarte der Verbreitung der Deutschen in Europa. Für den deutschen Schulverein zusammengestellt. 1 : 3,000,000. Chromolith. Imp.-Fol. Ebd. 887. n. 2.—

— — Wandkarte d. Deutschen Reiches. 1 : 750,000. 8., vollständig bericht. Aufl. Revision v. Rich. Kiepert. 9 Blatt. Chromolith. gr. Fol. Ebd. 888. n. 10.—; auf Leinw. in Mappe n. 18.—; m. Stäben n. 20.—

— — Wandkarte des Deutschen Reiches. 1 : 750,000. 9., bericht. Aufl. Revision v. Rich. Kiepert. 9 Blatt à 48,5×62 cm. Farbendr. u. kolor. Ebd. 894. n. 10. —; auf Leinw. in Mappe n. 18. —; m. Stäben n. 20. —

— Kiepert, Heinr., Wandkarte des Deutschen Reiches. 1 : 750,000. 10. bericht. Aufl. Revision v. Rich. Kiepert. 9 Blatt à 49×62 cm. Farbdr. Berlin 900. D. Reimer. n. 10. —; auf Leinw. in Mappe n. 18. —; m. Stäben n. 20. — u. lackiert n. 23. —

— Kiepert, Heinr., Wandkarte des Deutsch. Reiches. 1 : 750,000. 11. bericht. Aufl. Revision v. Rich. Kiepert. 9 Blatt à 49×62 cm. Farbdr. Berlin (909). D. Reimer. 10.—; auf Leinw. in Mappe 18.—; m. Stäben 20.—; u. lackiert 23. —

— Kiessling's neueste Reise-Karte vom Deutschen Reiche. 1 : 2,100,000. Entworfen u. gestochen v. Th. Delius. M. Angabe sämtl. Eisenbahnen. 9. Aufl. 51 × 62,5 cm. In 3 farb. Druck. Berlin 898. A. Kiessling. n. — 50; in 5 farb. Druck m. alphabet. Ortsverzeichnis. 8. (16 S.) n. — 75

— Kiessling's neueste Reise-Karte vom Deutschen Reiche. 1 : 2,100,000. Entworfen u. gestochen v. Th. Delius. Mit Angabe sämtl. Eisenbahnen. 10. Aufl. 51×63 cm. In 3farb. Druck. Berlin (900). A. Kiessling. n. — 50; in 5 farb. Druck m. alphabet. Ortsverzeichniss. 8. (16 S.) n. — 75

— Kirchner, Ernst, Karte der Papier-, Pappen- u. Papierstoff-Fabriken Deutschlands. Grundkarten aus „Debes' neuem Handatlas". Einträge der Fabriken nach Güntter-Staib's Adressbuch. 5 Karten auf 2 Blatt. 60 × 49,5 u. 61 × 49,5 cm. M. Text, 4 S. in Lex.-8. Farbdr. Biberach 897. (Dorn.) Auf Kartenleinen (auch gefalzt in Futteral) n.n 10. —; f. Abnehmer d. Wochenblatts f. Papierfabrikation n.n. 8. —

Deutschland — Militair-Karte von — in 25 Blättern auf dem topographischen Bureau des königlich-bayerischen Generalstabs entworfen von Anton Klein, Lieutenant im königl. bayer. 11. Linien-Infanterie-Regiment, und daselbst in den Mussestunden ausgearbeitet von Aloys Hauser, Lieutenant im königl. bayer. 11. Linien-Infanterie-Regiment, L. v. Gölz, I. C. und den topogr. Kupferstechern Imp. Schleich und Söhnen, Gebrüdern Seitz und Friedrich Rappel. Erschien Anfangs im geographischen Depot bey Carl Reinhard in München, nunmehr aber in der geographischen Anstalt der I. G. Cotta'schen Buchhandlung. 1822. 1 : 500,000. 25 Bl. Im Erscheinen.

— Koch, W., u. C. Opitz, Comptoir-Wandkarte des Deutschen Reiches. 1 : 600,000. 154×201,5 cm. Farbdr. Nebst alphabet. Orts-Verzeichnis. Fol. (52 S.) Leipzig, J. J. Arnd. Auf Leinw. m. Stäben n. 20. —

— Koch, W., u. C. Opitz, Verkehrskarte v. Südwestdeutschland, umfassend Württemberg, Baden, Elsass-Lothringen. 1 : 600,000. [Aus: „K. u. O., Eisenbahn- u. Verkehrs-Atlas v. Europa".] 53 × 68,5 cm. Farbendr. M. vollständ. Ortsverzeichniss. gr. 8. (14 S.) Leipzig-Neustadt 895. Leipzig, J. J. Arnd. n. 2. —

— — — dasselbe v. West-Deutschland, umfassend die Rheinlande v. Speyer bis Cleve, einschliessl. Luxemburg, Grossherzogth. Hessen, d. preuss. Prov. Hessen-Nassau u. Westfalen, nebst den angrenz. Gebieten. 1 : 600,000. Mit e. Nebenkarte des Saargebietes in 1 : 300,000. [Aus: „K. u. O., Eisenbahn- u. Verkehrs-Atlas v. Europa".] 63,5 × 58 cm. Farbendr. Nebst vollständ. Orts-Verzeichniss. gr. 8. (22 S.) Ebd. 895. n. 2.

— Krauss, P., Verkehrs- u. Reisekarte v. Deutschland, nebst Spezialdarstellgn. des rheinisch-westfäl. Industriegebiets u. des südwestl. Sachsens sowie zahlreichen Nebenkarten. 1 : 1,500,000. 71×90 cm. Farbdr. Leipzig 902. Bibliograph. Institut. n. 1. —

— Kuhnert, M., Schulhandkarte v. Süddeutschland (in Reliefmanier). 1 : 1,500,000. 32,5×37 cm. Farbdr. Dresden 899. A. Müller-Fröbelhaus. n.n. — 10; auf Pappe n. — 20

— Kuhnert, M., physikalische Schulkarte v. Deutschland (in Reliefmanier). In Verbindung m. G. Leipoldt gezeichnet. 1 : 400,00. 2. Aufl. 36 × 34,5 cm. Farbdr. Dresden 898. A. Müller, Fröbelhaus. n.n. — 10; auf Leinw. n.n. — 20

— Kuhnert, M., physikalische Schulwandkarte v. Deutschland. 1 : 880,000. Farbendr. 175 × 175 cm. 6 Blatt. Dresden 892. A. Müller, Fröbelhaus. n. 14. —; auf Leinw. n. 18. —

— — physikalische Schulwandkarte v. Deutschland (in Reliefmanier). In Verbindg. m. G. Leipoldt gezeichnet. 1 : 88,000. 3. Aufl. 6 Blatt. 2 à 53 × 83,5 cm; 2 à 55 × 83,5 cm u. 2 à 57 × 83,5. Farbdr. Ebd. 898. n. 16. —; auf Leinw. m. Stäben n. 22. —

— — Schulwandkarte v. Süddeutschland (in Reliefmanier). 1 : 375,000. 4 Blatt à 64 × 73,5 cm. Farbdr. Ebd. 898. n. 15. —; auf Leinw. m. Stäben n. 20. —

Deutschland. Kunsch, H., Reise-Karte v. Deutschland u. den Nachbarstaaten, nach F. Handtke's Post- u. Reise-Karte bearb. 1 : 2,150,000. 51. Aufl. 58,5× 70 cm. Farbendr. Glogau 894. C. Flemming. n. 1. —; auf Leinw. in Leinw.-Karton n. 2. 50

— Kunsch, H., Reise - Karte v. Deutschland u. den Nachbarstaaten, nach F. Handtke's Post- u. Reise-Karte bearb. 1 : 2,150,000. 52. Aufl. 63,5 × 75,5 cm. Farbendr. Glogau 895. C. Flemming. n. 1. —; auf Leinw. in Leinw.-Karton n. 2. 50

— Kunsch, H., Reise-Karte v. Deutschland u. den Nachbarstaaten, nach F. Handtke's Post- u. Reisekarte bearb. 1 : 2,150,000. 59. Aufl. 63,5×75,5 cm. Farbdr. Glogau 902. C. Flemming. n. 1. —; auf Leinw. in Leinw.-Karton n. 2. 50

— Kunsch, H., Reise-Karte von Deutschland u. den Nachbarstaaten, nach F. Handtke's Post- u. Reisekarte bearb. 1 : 2,150,000. 60. Aufl. 63,5. 75,5 cm. Farbdr. Glogau 903. Berlin, C. Flemming. n. 1. —; auf Leinw. in Leinw.-Karton n. 2. 50

— Kürschner, Jos., u. Peip, deutsches Kartenwerk. M. Unterstützg. v. Behörden, Radfahrvereinen u. Privaten hrsg. 1 : 200,000. Nr. 395, 396, 420 u. 421. à 15,5 × 18 cm. Farbdr. Berlin 898. H. Hillger. In Tasche à n.n. — 30

395. Winzig-Steinau-Wohlau. Nebst Textheft. Nr. 96. 8. (62 Sp. m. 1 eingedr. Plan.) — 396. Trachenberg-Prausnitz-Trebnitz. Nebst Textheft. Nr. 96. 8. (62 Sp. m. 1 eingedr. Plan.) — 420. Neumarkt-Kanth. Nebst Textheft. Nr. 96. 8. (62 Sp. m. 1 eingedr. Plan.) — 421. Breslau-Auras-Hundsfeld. Nebst Textheft. Nr. 96. 8. (62 Sp. m. 1 eingedr. Plan.)

— Kürschner, Jos., u. Peip, deutsches Kartenwerk. Mit Unterstützg. von Behörden, Radfahrvereinen u. Privaten hrsg. 1 : 200,000. Nr. 4, 5, 11, 28, 29, 40, 48, 49, 60—62, 82—87, 105, 106, 109, 110, 113—118, 137, 138, 141, 142, 145—150, 179—182, 210—213, 238—241, 263—266, 288—291, 312, 314, 315, 381, 382, 387, 388, 394, 406, 407, 412, 413, 418, 419, 482 —485, 504—507, 525—530, 543—548, 557—564, 572 —579, 588—595, 603—610, 618—623, 633—638, 647 —652, 661—666. à 15,5×18 cm. Farbdr. Nebst Register. (Textheft.) (T.) Berlin (899. 900.) H. Hillger. à — 30; je 4 Nrn. auf Leinw. in Leinw.-Decke n. 1.50

4. Fanö, Ripen, Hvidding. (T. Nr. 3. 32 Sp.) — 5. Rödding, Sommerstedt, Gramm. (T. Nr. 3. 32 Sp.) — 11. Insel Röm. (T. Nr. 3. 32 Sp.) — 12. Toftlund, Lügumkloster. (T. Nr. 3. 32 Sp.) — 28. Kranz, Quednau. (T. Nr. 8. 64 Sp. m. 1 eingedr. Plan.) — 29. Labiau. (T. Nr. 8. 64 Sp. m. 1 eingedr. Plan.) — 40. Sassnitz, Sagard. (T. Nr. 15. 40 Sp. m. 1 eingedr. Plan.) — 48. Königsberg i. Pr. (T. Nr. 8. 64 Sp. m. 1 eingedr. Plan.) — 49. Tapiau, Wehlau. (T. Nr. 8. 64 Sp. m. 1 eingedr. Plan.) — 60. Wieck, Barth, Damgarten. (T. Nr. 14. 52 Sp. m. 1 eingedr. Plan.) — 61. Stralsund. (T. Nr. 14. 52 Sp. m. 1 eingedr. Plan.) — 62. Bergen, Putbus, Garz. (T. Nr. 15. 40 Sp. m. 1 eingedr. Plan.) — — 82. Kröpelin, Neubukow. (T. Nr. 26. 78 Sp.) — 83.

Doberan, Rostock. (T. Nr. 26. 78 Sp.) — 84. Ribnitz, Triebsees, Tessin. (T. Nr. 14. 52 Sp. m. 1 eingedr. Plan.) — 85. Richtenberg, Franzburg, Grimmen. (T. Nr. 14. 52 Sp. m. 1 eingedr. Plan.) — 86. Greifswald, Wolgast. (T. Nr. 15. 40 Sp. m. 1 eingedr. Plan.) — 87. Zinnowitz. (T. Nr. 15. 40 Sp. m. 1 eingedr. Plan.) — 105. Borkum, Langeoog, Spiekeroog. (T. Nr. 22. 76 Sp.) — 106. Helgoland, Wangeroge. (T. Nr. 22. 76 Sp.) — 109. Itzehoe, Glückstadt, Elmshorn. (T. Nr. 24. 88 Sp. m. 1 eingedr. Plan.) — 110. Segeberg. (T. Nr. 24. 88 Sp. m. 1 eingedr. Plan.) — 113. Wismar, Warin. (T. Nr. 26. 78 Sp.) — 114. Schwaan, Bützow, Güstrow. (T. Nr. 26. 78 Sp.) — 115. Gnoien, Neu-Kalen, Teterow. (T. Nr. 27. 52 Sp.) — 116. Loitz, Demmin. (T. Nr. 27. 52 Sp.) — 117. Anklam, Gützkow, Jarmen. (T. Nr. 28. 50 Sp.) — 118. Lassan, Swinemünde, Usedom. (T. Nr. 28. 50 Sp.) — 137. Baltrum, Esens, Wittmund. (T. Nr. 22. 76 Sp.) — 138. Wilhelmshaven, Belfort, Jever. (T. Nr. 22. 76 Sp.) — 141. Uetersen, Pinneberg, Stade. (T. Nr. 24. 88 Sp. m. 1 eingedr. Plan.) — 142. Hamburg, Altona, Wandsbek. (T. Nr. 24. 88 Sp. m. 1 eingedr. Plan.) — 145. Sternberg, Schwerin, Crivitz. (T. Nr. 26. 78 Sp.) — 146. Krakow, Goldberg. (T. Nr. 26. 78 Sp.) — 147. Malchin, Waren. (T. Nr. 27. 52 Sp.) — 148. Stavenhagen, Treptow, Neubrandenburg. (T. Nr. 27. 52 Sp.) — 149. Friedland i. M., Strasburg. (T. Nr. 28. 50 Sp.) — 150. Uckermünde, Neuwarp, Pasewalk. (T. Nr. 28. 50 Sp.) — 179. Malchow, Röbel. (T. Nr. 42. 52 Sp.) — 180. Stargard, Neustrelitz, Wesenberg. (T. Nr. 42. 52 Sp.) — 181. Woldegk. (T. Nr. 43. 56 Sp.) — 182. Brüssow, Prenzlau, Penkun. (T. Nr. 43. 56 Sp.) — 210. Wittstock. (T. Nr. 42. 52 Sp.) — 211. Fürstenberg, Rheinsberg, Gransee. (T. Nr. 42. 52 Sp.) — 212. Templin. (T. Nr. 43. 56 S.) — 213. Vierraden, Schwedt, Angermünde. (T. Nr. 43. 56 Sp.) — 238. Kyritz. Neu-Ruppin, Wusterhausen. (T. Nr. 56. 54 Sp. m. 1 eingedr. Plan.) — 239. Zehdenick, Kremmen, Oranienburg. (T. Nr. 56. 54 Sp. m. 1 eingedr. Plan.) — 240. Liebenwalde, Eberswalde, Biesenthal. (T. Nr. 57. 70 Sp. m. 1 eingedr. Plan.) — 241. Zehden, Oderberg, Freienwalde. (T. Nr. 57. 70 Sp. m. 1 eingedr. Plan.) — 263. Rathenow. (T. Nr. 56. 54 Sp. m. 1 eingedr. Plan.) — 264. Nauen, Spandau, Charlottenburg. (T. Nr. 56. 54 Sp. m. 1 eingedr. Plan.) — 265. Berlin, Bernau, Altlandsberg. (T. Nr. 57. 70 Sp. m. 1 eingedr. Plan.) — 266. Wriezen, Straussberg, Müncheberg. (T. Nr. 57. 70 Sp. m. 1 eingedr. Plan.) — 288. Pritzerbe, Brandenburg, Plaue. (T. Nr. 68. 8 Sp.) — 289. Werder, Potsdam, Teltow. (T. Nr. 68. 8 Sp.) — 290. Köpenick, Mittenwalde. (T. Nr. 69. 8 Sp.) — 291. Fürstenwalde, Storkow. (T. Nr. 69. 8 Sp.) — 312. Brück, Belzig, Niemegk. (T. Nr. 68. 8 Sp.) — 314. Zossen, Wend-Buchholz, Baruth. (T. Nr. 69. 8 Sp.) — 315. Beeskow, Friedland. (T. Nr. 69. 8 Sp.) — 381. Hofgeismar, Münden, Kassel. (T. Nr. 89. 78 Sp.) — 382. Heiligenstadt, Witzenhausen, Dingelstädt. (T. Nr. 89. 78 Sp.) — 387. Eilenburg, Leipzig, Wurzen. (T. Nr. 92. 100 Sp.) — 388. Oschatz, Dahlen, Riesa. (T. Nr. 92. 100 Sp.) — 393. Bunzlau. (T. Nr. 95. 66 Sp.) — 394. Lüben, Hainau. (T. Nr. 95. 66 Sp.) — 406. Gudensberg, Melsungen, Homberg. (T. Nr. 89. 78 Sp.) — 407. Eschwege, Wanfried, Treffurt. (T. Nr. 89. 78 Sp.) — 412. Grimma, Borna, Rochlitz. (T. Nr. 92. 100 Sp.) — 413. Döbeln, Waldheim, Rosswein. (T. Nr. 92. 100 Sp.) — 418. Naumburg a. O., Löwenberg, Greiffenberg. (T. Nr. 95. 66 Sp.) — 419. Liegnitz, Goldberg, Jauer. (T. Nr. 95. 66 Sp.) — 482. Neuwied, Koblenz, Ems. (T. Nr. 112. 110 Sp. m. 1 eingedr. Plan.) — 483. Weilburg, Limburg, Diez. (T. Nr. 112. 110 Sp. m. 1 eingedr. Plan.) — 484. Butzbach, Bad Nauheim, Friedberg. (T. Nr. 113. 92 Sp. m. 1 eingedr. Plan.) — 485. Nidda, Büdingen, Wächtersbach. (T. Nr. 113. 92 Sp. m. 1 eingedr. Plan.) — 504. Boppard, St. Goarshausen, Bacharach. (T. Nr. 112. 110 Sp. m. 1 eingedr. Plan.) — 505. Langenschwalbach, Wiesbaden, Eltville. (T. Nr. 112. 110 Sp. m. 1 eingedr. Plan.) — 506. Bockenheim, Frankfurt a. M., Offenbach. (T. Nr. 113. 92 Sp. m. 1 eingedr. Plan.) — 507. Gelnhausen, Hanau, Seligenstadt. (T. Nr. 113. 92 Sp. m. 1 eingedr. Plan.) — 525. Kirn, Sobernheim, Simmern. (T. Nr. 122. 94 Sp. m. 1 eingedr. Plan.) — 526. Mainz, Bingen, Kreuznach. (T. Nr. 122. 94 Sp. m. 1 eingedr. Plan.) 527. Langen, Darmstadt, Pfungstadt. (T. Nr. 123. 14. Sp.) — 528. Aschaffenburg, Dieburg, Gr. Umstadt. (T. Nr. 123. 14 Sp.) — 529. Lohr, Karlstadt, Wertheim. (T. Nr. 124. 84 Sp.) — 530. Dettelbach, Würzburg, Heidingsfeld. (T. Nr. 124. 84 Sp.) — 543. Lauterecken, Kusel, Osterberg. (T. Nr. 122. 94 Sp. m. 1 eingedr. Plan.) — 544. Alzey, Kirchheimbolanden, Grünstadt. (T. Nr. 122. 94 Sp. m. 1 eingedr. Plan.) — 545. Bensheim, Worms, Weinheim. (T. Nr. 123. 14 Sp.) — 546. Miltenberg, Michelstadt, Beerfelden. (T. Nr. 123. 14 Sp.) — 547. Tauberbischofsheim, Walldürn. (T. Nr. 124. 88 Sp.) — 548. Kitzingen, Ochsenfurt, Uffenheim. (T. Nr. 124. 84 Sp.) — 557. Kaiserslautern, Homburg, Zweibrücken. (T. Nr. 128. 84 Sp.) — 558. Dürkheim, Neustadt, Hassloch. (T. Nr. 128. 84 Sp.) — 559. Mannheim, Heidelberg, Speyer. (T. Nr. 129. 92 Sp.) — 560. Eberbach, Mosbach i. B., Sinsheim. (T. Nr. 129. 92 Sp.) — 561. Mergentheim, Möckmühl, Künzelsau (T. Nr. 130. 104 Sp.) — 562. Rothenburg o. d. T., Bartenstein, Langenburg. (T. Nr. 130. 104 Sp.) — 563. Langenzenn, Ansbach, Leutershausen. (T. Nr. 131. 120 Sp.) — 564. Fürth, Nürnberg, Schwabach. (T. Nr. 131. 120 Sp.) — 572. Pirmasens, Hornbach, Bitsch. (T. Nr. 128. 84 Sp.) — 573. Annweiler, Landau, Weissenburg. (T. Nr. 128. 84 Sp.) — 574. Germersheim, Bruchsal, Karlsruhe. (T. Nr. 129. 92 Sp.) — 575. Wimpfen a. B., Eppingen, Heilbronn. (T. Nr. 129. 92 Sp.) — 576. Oehringen, Waldenburg, Hall. (T. Nr. 130. 104 Sp.) — 577. Kirchberg, Crailsheim, Dinkelsbühl. (T. Nr. 130. 104 Sp.) — 578. Gunzenhausen, Wassertrüdingen. (T. Nr. 131. 120 Sp.) — 579. Roth a. S., Spalt, Weissenburg a. S. (T. Nr. 131. 120 Sp.) — 588. Niederbronn, Buchsweiler, Hagenau. (T. Nr. 135. 102 Sp.) — 589. Rastatt, Bischweiler, Baden. (T. Nr. 135. 102 Sp.) — 590. Durlach, Ettlingen, Pforzheim. (T. Nr. 136. 86 Sp. m. 1 eingedr. Plan.) — 591. Ludwigsburg, Cannstatt, Stuttgart. (T. Nr. 136. 86 Sp. m. 1 eingedr. Plan.) — 592. Backnang, Schorndorf, Gmünd. (T. Nr. 137. 102 Sp.) — 593. Ellwangen, Aalen. (T. Nr. 137. 102 Sp.) — 594. Oettingen, Nördlingen. (T. Nr. 138. 86 Sp.) — 595. Pappenheim, Eichstätt, Monheim. (T. Nr. 138. 86 Sp.) — 603. Zabern, Brumath, Strassburg. (T. Nr. 135. 102 Sp.) — 604. Bühl, Achern, Oberkirch. (T. Nr. 135. 102 Sp.) — 605. Wildbad, Calw, Altensteig, Nagold. (T. Nr. 136. 86 Sp. m. 1 eingedr. Plan.) — 606. Esslingen, Metzingen, Tübingen. (T. Nr. 136. 86 Sp. m. 1 eingedr. Plan.) — 607. Göppingen, Kirchheim, Weilheim. (T. Nr. 137. 102 Sp.) — 608. Heidenheim, Geislingen, Giengen. (T. Nr. 137. 102 Sp.) — 609. Donauwörth, Dillingen, Lauingen. (T. Nr. 138. 86 Sp.) — 610. Neuburg, Schrobenhausen. (T. Nr. 138. 86 Sp.) — 618. Erstein, Barr, Schlettstadt. (T. Nr. 142. 174 Sp.) — 619. Oppenau, Offenburg, Lahr. (T. Nr. 142. 174 Sp.) — 620. Freudenstadt, Horb, Oberndorf. (T. Nr. 143. 108 Sp.) — 621. Reutlingen, Rottenburg, Pfullingen. (T. Nr. 143. 108 Sp.) — 622. Urach, Münsingen, Ehingen. (T. Nr. 144. 94 Sp.) — 623. Langenau, Günzburg, Ulm. (T. Nr. 144. 94 Sp.) — 633. Markolsheim, Colmar, Breisach. (T. Nr. 142. 174 Sp.) — 634. Emmendingen, Waldkirch, Triberg. (T. Nr. 142. 174 Sp.) — 635. Schramberg, Rottweil, Villingen. (T. Nr. 143. 108 Sp.) — 636. Gammertingen, Ebingen, Sigmaringen. (T. Nr. 143. 108 Sp.) — 637. Riedlingen, Biberach, Saulgau. (T. Nr. 144. 94 Sp.) — 638. Laupheim. (T. Nr. 144. 94 Sp.) — 647. Ensisheim, Müllheim, Staufen. (T. Nr. 149. 16 Sp.) — 648. Freiburg i. Br., Neustadt, Todtnau (Schönau). (T. Nr. 149. 16 Sp.) — 649. Donaueschingen, Tuttlingen, Engen. (T. Nr. 150. 94 Sp.) — 650. Pfullendorf, Stockach, Ueberlingen. (T. Nr. 150. 94 Sp.) — 651. Waldsee, Weingarten, Ravensburg. (T. Nr. 151. 238 Sp.) — 652. Memmingen, Wurzach, Leutkirch. (T. Nr. 151. 238 Sp.) — 661. Mülhausen i/E., Lörrach, Basel. (T. Nr. 149. 16 Sp.) — 662. Waldshut, Säckingen. (T. Nr. 149. 16 Sp.) — 663. Stühlingen, Schaffhausen, Winterthur. (T. Nr. 150. 94 Sp.) — 664. Radolfzell, Konstanz, Frauenfeld. (T. Nr. 150. 94 Sp.) — 665. Friedrichshafen, Lindau, Bregenz. (T. Nr. 151. 238 Sp.) — 666. Kempten, Isny, Immenstadt. (T. Nr. 151. 238 Sp.)

**Zusammenstellung in alphabet. Ordnung:**

593. Aalen. — 604. Achern. — 605. Altensteig. — 265. Altlandsberg. — 142. Altona. — 544. Alzey. — 213. Angermünde. — 117. Anklam. — 573 Annweiler. — 563. Ansbach. — 528. Aschaffenburg. — 504. Bacharach. — 592. Backnang. — 589. Baden-Baden. — 137. Baltrum. — 618. Barr. — 562. Bartenstein. — 60. Barth. — 314. Baruth. — 661. Basel. — 546. Beerfelden. — 315. Beeskow. — 138. Belfort. — 312. Belzig. — 545. Bensheim. — 62. Bergen a. Rügen. — 265. Berlin. — 265. Bernau. — 637. Biberach. — 240. Biesenthal. — 526. Bingen. — 589. Bischweiler. — 572. Bitsch. — 506. Bockenheim. — 504. Boppard. — 105. Borkum. — 412. Borna. — 288. Brandenburg. — 665. Bregenz. — 633. Breisach. — 574. Bruchsal. — 312. Brück. — 603. Brunath. — 182. Brüssow. — 588. Buchsweiler. — 485. Büdingen. — 604. Bühl. — 393. Bunzlau. — 484. Butzbach. — 114. Bützow. — 605. Calw. — 591. Cannstatt. — 381. Cassel. — 264. Charlottenburg. — 482. Coblenz. — 633. Colmar. — 577. Crailsheim. — 145. Crivitz. — 388. Dahlen. — 60. Damgarten. — 527. Darmstadt. — 116. Demmin. — 530. Dettelbach. — 528. Dieburg. — 483. Diez. — 609. Dillingen. — 382. Dingelstädt. — 577. Dinkelsbühl. — 413. Döbeln. — 83. Doberan. — 649. Donaueschingen. — 609. Donauwörth. — 558. Dürkheim. — 590. Durlach. — 560. Eberbach. — 240. Eberswalde. — 636. Ebingen. — 622. Ehingen. — 595. Eichstätt. — 387. Eilenburg. — 593. Ellwangen. — 109. Elmshorn. — 505. Eltville. — 634. Emmendingen. — 482. Ems. — 649. Engen. — 647. Ensisheim. — 575. Eppingen. — 618. Erstein. — 407. Eschwege. — 137. Esens. — 606. Esslingen. — 590. Ettlingen. — 4. Fanö. — 506. Frankfurt a. M. — 85. Franzburg. — 664. Frauenfeld. — 648. Freiburg i. B. — 241. Freienwalde. — 620. Freudenstadt. — 484. Friedberg. — 149. Friedland i. M. — 315. Friedland (Niederlausitz). — 665. Friedrichshafen. — 211. Fürstenberg. — 291. Fürstenwalde. — 564. Fürth. — 636. Gammertingen. — 60. Garz. — 608. Geislingen. — 507. Gelnhausen. — 574. Germersheim. — 608. Giengen. — 109. Glückstadt. — 592. Gmünd. — 115. Gnoien. — 504. St. Goarshausen. — 146. Goldberg i. M. — 419. Goldberg i. Schl. — 607. Göppingen. — 5. Gramm. — 211. Gransee. — 418. Greiffenberg. — 86. Greifswald. — 412. Grimma. — 85. Grimmen. — 528. Gross-Umstadt. — 544. Grünstadt. — 406. Gudensberg. — 623. Günzburg. — 578. Gunzenhausen. — 117. Gützkow. — 588. Hagenau. — 394. Hainau. — 576. Hall. — 142. Hamburg. — 507. Hanau. — 558. Hassloch. — 559. Heidelberg. — 608. Heidenheim. — 530. Heidingsfeld. — 575. Heilbronn. — 382. Heiligenstadt. — 106. Helgoland. — 381. Hofgeismar. — 406. Homberg. — 557. Homburg. — 620. Horb. — 572. Hornbach. — 4. Hvidding. — 117. Jarmen. — 419. Jauer. — 138. Jever. — 666. Immenstadt. — 666. Isny. — 109. Itzehoe. — 557. Kaiserslautern. — 574. Karlsruhe. — 529. Karlstadt. — 666. Kempten. — 577. Kirchberg. — 607. Kirchheim. — 544. Kirchheimbolanden. — 525. Kirn. — 548. Kitzingen. — 48. Königsberg i. P. — 664. Konstanz. — 290. Köpenick. — 146. Krakow. — 28. Kranz. — 239. Kremmen. — 526. Kreuznach. — 82. Kröpelin. — 561. Künzelsau. — 543. Kusel.

— 238. Kyritz. — 29. Labiau. — 619. Lahr. — 573. Landau. — 527. Langen. — 623. Langenau. — 562. Langenburg. — 505. Langenschwalbach. — 563. Langenzenn. — 105. Langeoog. — 118. Lassan. — 609. Lauingen. — 638. Laupheim. — 543. Lauterecken. — 387. Leipzig. — 563. Leutershausen. — 652. Leutkirch. — 240. Liebenwalde. — 419. Liegnitz. — 483. Limburg. — 665. Lindau. — 529. Lohr. — 116. Loitz. — 661. Lörrach. — 418. Löwenberg. — 394. Lüben. — 591. Ludwigsburg. — 12. Lügumkloster. — 526. Mainz. — 147. Malchin. — 179. Malchow. — 559. Mannheim. — 633. Markolsheim. — 406. Melsungen. — 652. Memmingen. — 561. Mergentheim. — 606. Metzingen. — 546. Michelstadt. — 546. Miltenberg. — 290. Mittenwalde. — 561. Möckmühl. — 595. Monheim. — 560. Mosbach i. B. — 661. Mülhausen i. E. — 647. Müllheim. — 266. Müncheberg. — 381. Münden. — 622. Münsingen. — 605. Nagold. — 264. Nauen. — 484. Nauheim. — 418. Naumburg a. O. — 148. Neubrandenburg. — 82. Neubukow. — 610. Neuburg. — 115. Neu-Kalen. — 238. Neu-Ruppin. — 648. Neustadt i. Baden. — 558. Neustadt a. d. H. — 180. Neustrelitz. — 150. Neuwarp. — 482. Neuwied. — 485. Nidda. — 588. Niederbronn. — 312. Niemegk. — 594. Nördlingen. — 564. Nürnberg. — 604. Oberkirch. — 620. Oberndorf. — 548. Ochsenfurt. — 241. Oderberg. — 506. Offenbach. — 619. Offenburg. — 576. Oehringen — 619. Oppenau. — 239. Oranienburg. — 388. Oschatz. — 543. Osterberg. — 594. Oettingen. — 595. Pappenheim. — 150. Pasewalk. — 182. Penkun. — 590. Pforzheim. — 650. Pfullendorf. — 621. Pfullingen. — 527. Pfungstadt. — 141. Pinneberg. — 572. Pirmasens. — 288. Plaue. — 289. Potsdam. — 182. Prenzlau. — 288. Pritzerbe. — 62. Putbus. — 28. Quednau. — 664. Radolfzell. — 589. Rastatt. — 263. Rathenow. — 651. Ravensburg. — 621. Reutlingen. — 211. Rheinsberg. — 84. Ribnitz. — 85. Richtenberg. — 637. Riedlingen. — 388. Riesa. — 4. Ripen. — 179. Röbel. — 412. Rochlitz. — 5. Rödding. — 11. Röm, Insel. — 413. Rosswein. — 83. Rostock. — 579. Roth a. S. — 562. Rothenburg o. d. T. — 621. Rottenburg. — 635. Rottweil. — 662. Säckingen. — 40. Sagard. — 40. Sassnitz. — 637. Saulgau. — 663. Schaffhausen. — 618. Schlettstadt. — 592. Schorndorf. — 635. Schramberg. — 610. Schrobenhausen. — 114. Schwaan. — 564. Schwabach. — 213. Schwedt. — 145. Schwerin. — 110. Segeberg. — 507. Seligenstadt. — 636. Sigmaringen. — 525. Simmern. — 560. Sinsheim. — 525. Sobernheim. — 5. Sommerstedt. — 579. Spalt. — 264. Spandau. — 559. Speyer. — 105. Spiekeroog. — 141. Stade. — 180. Stargard. — 647. Staufen. — 148. Stavenhagen. — 145. Sternberg. — 650. Stockach. — 291. Storkow. — 61. Stralsund. — 149. Strasburg. — 603. Strassburg i. E. — 266. Straussberg. — 663. Stühlingen. — 591. Stuttgart. — 118. Swinemünde. — 49. Tapiau. — 547. Tauberbischofsheim. — 289. Teltow. — 212. Templin. — 84. Tessin. — 115. Teterow. — 648. Todtnau. — 407. Treffurt. — 148. Treptow. — 634. Triberg. — 84. Triebsees. — 12. Troftlund. — 606. Tübingen. — 649. Tuttlingen. — 650. Ueberlingen. — 150. Uckermünde. — 548. Uffenheim. — 623. Ulm. — 622. Urach. — 118. Usedom. — 141. Uetersen. — 213. Vierraden. — 635. Villingen. — 485. Wächtersbach. — 576. Waldenburg. — 413. Waldheim. — 634. Waldkirch. — 651. Waldsee. — 662. Waldshut. — 547. Walldürn. — 142. Wandsbek. — 407. Wanfried. — 106. Wangeroge. — 147. Waren. — 113. Warin. — 578. Wassertrüdingen. — 49. Wehlau. — 483. Weilburg. — 607. Weilheim. — 651. Weingarten. — 545. Weinheim. — 573. Weissenburg i. Els. — 579. Weissenburg a. S. — 314. Wend-Buchholz. — 289. Werder. — 529. Wertheim. — 180. Wesenberg. — 60. Wieck. — 505. Wiesbaden. — 605. Wildbad. — 138. Wilhelmshaven. — 575. Wimpfen a. B. — 663. Winterthur. — 113. Wismar. — 137. Wittmund. — 210. Wittstock. — 382. Witzenhausen. — 181. Woldegk. — 86. Wolgast. — 545. Worms. — 266. Wriezen. — 652. Wurzach. — 530. Würzburg. — 387. Wurzen. — 238. Wusterhausen. — 603. Zabern. — 241. Zehden. — 259. Zehdenick. — 87. Zinnowitz. — 314. Zossen. — 557. Zweibrücken.

**Deutschland.** Kürschner, Jos., u. Peip, deutsches Kartenwerk. Atlas v. Baden. Mit e. geogr. Lexikon. Mit e. Gesamteinleitung von Lange. 35 (farb.) Karten (in 4) u. 9085 Artikel. 8. (VIII S. u. 658 Sp.) Berlin (901). H. Hillger. Geb. in Leinw. n. 7.50

Deutschland. Kürschner, Jos., u. Peip, deutsches Kartenwerk. Atlas v. Württemberg u. Hohenzollern. Mit e. geograph. Lexikon. Mit e. Gesamteinleitg. von Jul. v. Hartmann. 37 (farb.) Karten (in 4.) u. 10587 Artikel. 8. (VI S. u. 694 Sp.) Ebd. (900). Geb. in Leinw. n. 7.50

Deutschland — Magnetische Karten von — und Bayern, von Dr. J. Lamont. München 1854. Druck von Hübschmann. 1 Band mit Text und 6 Karten.

— Lange, H., Atlas des Deutschen Reiches. Neueste Bearbeitg. in 30 (farb.) Karten. gr. 4. (III S. Text.) Braunschweig (901). G. Westermann. In Fol. kart. n. 4.—

Deutschland — Reiseatlas von — in 58 Karten. Von H. Lange. Leipzig 1860. 1 Bd. mit Text.

— Langhans, Paul, der alte u. der neue Reichstag. Vergleichende Karten d. Ergebnisse der Reichstagswahlen 1893 u. 1898. [Aus: „Just. Perthes' Staatsbürger-Atlas".] qu. 4. (6 farb. Karten u. 1 graph. Taf.) Gotha 898. J. Perthes. n. —40

— Leeder, E., Wandkarte v. Deutschland. 1 : 875,000. Für den Schulgebrauch entworfen, gezeichnet u. hrsg. 13. Aufl., besorgt v. M. Leeder. 9 Blatt. Chromolith. gr. Fol. Essen 889. Baedeker. n. 5.—; auf Leinw. in Mappe n. 12.—; m. Stäben n. 14.—

— Leeder, E., Wandkarte v. Deutschland. 1 : 875,000. Für den Schulgebrauch. 15. Aufl., besorgt v. M. Leeder. 9 Blatt à 46×50 cm. Farbendr. Essen 891. G. D. Baedeker. n. 5.—; auf Leinw. in Mappe n. 12.—; m. Stäben n. 14.—

**Deutschland.** Leeder, E., Wandkarte v. Deutschland f. d. Schulgebrauch. 1 : 875,000. 16. Aufl., rev. v. M. Leeder. 9 Blatt. à 50 × 45,5 cm. Farbendr. u. kolor. Essen 895. G. D. Baedeker. n. 5.—; auf Leinw. in Mappe n. 12.—; m. Stäben n. 14.—

— Lehmann, Adf., Höhen-Nivellements-Karte üb. die in Bezug auf ihre geographische Lage östlich u. westlich v. Berlin, in Bezug auf ihre Höhenlage aber nach den in Metern ermittelten Höhenmaassen üb. dem Meeresspiegel bestimmten Orte vom Deutschen Reich entworfen u. unter Benutzg. amtl. Quellen bearb. im Mai 1889. 1 : 2000. Farbendr. gr. Fol. Mit Inhaltsverzeichniss, alphabetisch geordnet. qu. 4. (16 S.) Erfurt 890. (Leipzig, Maeder.) n. 1.60

— Leonhardt, G., geogr.-statist. Schulwandtafeln. Nach A. L. Hickmann's Taschen-Atlas bearb. Ausg. f. das Deutsche Reich. I. u. II. Serie à 4 Blatt à 70,5 × 92 cm. Farbendr. Wien 895. G. Freytag & Berndt. à n. 3.—; auf Pappe à n. 4.50; einzelne Blätter unaufgespannt n. 1.—

Deutschland — Karte von — zur Uebersicht der Eisenbahnen, von W. Liebenow. 1,250,000. 3. u. 6. Ausgabe. Berlin, Lith. Institut 1870 u. 71. 2 Bl.

— Loreck, C., u. A. Winter, Atlas v. Süddeutschland. qu. Fol. (5 farb. Karten.) München 897. Piloty & Loehle. n.n. —60

Deutschland — Politisch-statistische Karte von —, mit Ausschluss des österreichischen Antheils etc. Entw. u. bearb. von H. Mahlmann. 2,000,000. Berlin 1850. Reimer. (Mit einer Nationalitäts- u. einer Confessions-Karte.) 1 Bl.

— Maier's Karte v. Deutschland u. den angrenzend. Ländern f. Reise u. Comptoir. Mit Angabe d. Eisenbahnen. 1 : 1,890,000. 59×71,5 cm. Farbdr. Nebst Ortsverzeichnis u. Hinweis zur Auffindung e. jeden Ortes. (12 S.) 8. Ravensburg (910). O. Maier. —60

— Maier's Contor- u. Reisekarte v. Deutschland u. den angrenz. Ländern. 54,5 × 66,5 cm. Farbdr. Nebst Ortsverzeichnis u. Hinweis zur Auffindg. e. jeden Ortes. gr. 8. (8 S.) Ravensburg 897. O. Maier. —60

— Maier's Contor- u. Reisekarte v. Deutschland u. den angrenzenden Ländern. 1 : 1,890,000. 3. Aufl. 60×73 cm. Farbdr. Nebst Ortsverzeichniss u. Hinweis zur Auffindg. e. jeden Orts. gr. 8. (10 S.) Ravensburg 900. O. Maier. —60

— Maier's Contor- u. Reisekarte von Deutschland u. den angrenz. Ländern. 1 : 1,890,000. 5. Aufl. 59 × 69 cm. Farbdr. Nebst Ortsverzeichnis behufs leichter Auffindung. sämtl. Orte. (11 S.) gr. 8. Ravensburg (904). O. Maier. n. —60

— **Mayr**, Schulwandkarte des Deutschen Reiches. 1 : 750,000. 4 Blatt. Farbendr. Imp.-Fol. Miltenberg 890. Halbig. n. 10. —; f. Aufziehen auf Leinw. in Mappe n.n. 4. —; m. Stäben n.n. 5. —

Deutschland — Reise- und Uebersichts-Karte von — nebst den angr. Ländern von J. G. Mayr. 2,000,000. München, Rieger 1866. 1 Bl.

Deutschland — Meyers Atlas von — in 24 Blättern. Hildburghausen u. Amsterdam. Verl. des bibliogr. Inst. 1850.

— **Mittelbach's** neueste Hand- u. Verkehrskarte v. Deutschland. 1 : 1,500,000. 71,5×87,5 cm. Farbdr. Leipzig. Mittelbach. n. 1. —

— **Mittelbach's**, R., neueste Specialkarte von Südwestdeutschland (Württemberg, Baden, Elsass-Lothringen, Rheinpfalz u. angrenzende Landesteile) zum Hand- u. Bureaugebrauch. 1 : 300,000. 89×118,5 cm. Farbdr. Leipzig (910). Mittelbach. 1.75

— **Netzkarte** des Deutschen Reichs. Bearb. im kaiserl. statist. Amt 1893. 1 : 3,000,000. Ausg. m. Namen. 32,5×41 cm. Farbendr. Berlin 893. (Puttkammer & Mühlbrecht.) n.n. — 50; Ausg. ohne Namen n.n. — 50

— **Ohmann**, C. L., Schulwandkarte v. Deutschland. 16 Blatt. ca. 2 □m. Berlin, A. Wruck's Verl. 8. 50; auf Leinw. in Mappe od. m. Stäben 20. —

— — Schulwandkarte v. Norddeutschland (Preussen u. die Bundesländer). 9 Blatt. ca. 1 □m. Ebd. 5. 50; auf Leinw. in Mappe od. m. Stäben 14. —

— **Opitz**, C., Kontor-Wandkarte d. Deutsch. Reiches. 1 : 800,000. 112×128 cm. Farbdr. Nebst Ortsverzeichnis. (260 S.) 8. Leipzig (910). (J. J. Arnd.) Mit Stäben 5.50; auf Leinw. 10. —

— **Oppel**, A., Wandkarte zur Wirtschaftskunde des Deutschen Reiches u. seiner Nachbarländer. 1 : 800,000. 6 Blatt à 56,5×99,5 cm. Farbdr. Leipzig (909). G. Lang. 22.—; auf Leinw. m. Stäben 28. —

— **Pape**, R., neueste Reise-Karte v. Deutschland u. den angrenzenden Ländern m. Angabe aller Eisenbahnen. 1893. Farbendr. 50×64 cm. Langensalza, H. Beyer & Söhne. — 50

— **Pape**, R., neueste Reise-Karte v. Deutschland u. den angrenzenden Ländern m. Angabe aller Eisenbahnen. Ausg. 1899. 50,5×65 cm. Farbdr. Langensalza, H. Beyer & Söhne. — 50

— **Perthes**, Just., Taschen-Atlas v. Deutschen Reich. Bearb. von Herm. Habenicht. 24 kolor. Karten in Kpfrst. m. Namenverzeichnis. Geographisch-statist. Notizen von Hugo Wichmann. (20 u. 95 S.) kl. 8. Gotha 907. J. Perthes. Geb. in Leinw. n. 2. 40

— **Pfuhl**, Th., Post-Taschen-Atlas von Deutschland. 1 : 800,000. 2. Aufl. (24 farb. Bl.) Nebst Ortsverzeichnis. (IV, 114 S.) 8. Berlin (NW. 21, Stephanstr. 39) 904. Selbstverlag. Geb. in Leinw. n.n. 2. 50

— **Pläne** der bedeutendsten Binnenhäfen Deutschlands, bearb. u. hrsg. v. der Handels- u. Gewerbekammer zu Dresden. 1 : 10,000. Fol. (29 farb. Pläne m. 1 Bl. Text.) Nebst Beiheft: Statistische Tafeln. Fol. (IV, 33 S.) Berlin 891. Trowitzsch & Sohn. In Leinw.-Mappe. n. 28. —

Deutschland — Postkarte durch ganz — und einige angränzende Länder. Nürnberg bey Homanns Erben 1802. 1 : 2,500,000. 1 Bl.

Deutschland — Neueste Postkarte von — nebst den Angrenzungen von Frankreich, der Schweitz, Italien, Ungarn und Preussen etc. Augsburg bey Vinzenz Zanna et Comp. 1819. Ohne Maasstab. 1 Bl.

Deutschland — Neue Post-Karte von — nebst angrenzenden Ländern. Verfertigt von Joh. Michael Probst in Augsburg 1806. 1 : 2,300,000. 1 Bl.

— **Profil** durch Deutschland u. die Alpen in der Linie d. 10. Längengrades östlich v. Greenwich auf die meridionale Krümmung d. Meeresniveau's aufgetragen im einheitl. Massverhältnisse von 1 : 500,000. Nach Art v. Lingg's Erdprofil dargestellt. Für den schulgeograph. Unterricht bearb. qu. gr. Fol. München 888. Piloty & Loehle. n.n. 3. —

— **Rau**, E., der letzte Reichstag nach seinem Bestande im Mai 1898. Farbige Karte. 10,5×13,5 cm. Mit Text an d. Seiten. Frankfurt a/M. 898. Mahlau & Waldschmidt. n. — 20

— **Rau**, E., Uebersichtskarte zu den Reichstagswahlen. (Zum Selbsteinzeichnen des Ergebnisses.) Mit Text am Rande. 44×56,5 cm. Frankfurt a/M. 893. Mahlau & Waldschmidt. n. — 20

— **Ravenstein's**, Herm., Reise- u. Eisenbahn-Karte von Deutschland u. angrenzenden Gebieten. Nach Entwürfen v. R. gezeichnet v. Chr. Peip. 1 : 1,250,000. 78×96,5 cm. Farbdr. Nebst: Stations-Verzeichnis. (II, 39 S.) 8. Frankfurt a/M. (905). L. Ravenstein. Kart. n. 2. —; auf Leinw. n. 3. —; m. Stäben n. 5. —

Deutschland — Specialkarte von — und den benachbarten Gebieten von L. Ravenstein. 850,000. Hildburghausen bibl. Inst. 1868. 12 Sect. in 13 Bl.

— **Ravenstein's** Spezial-Karte v. Nordwest-Deutschland, umfassend Prov. Hannover, Grossherzogt. Oldenburg, Herzogt. Braunschweig, Fürstentümer Lippe, freie Städte Bremen, Hamburg u. Lübeck nebst angrenz. Länderteilen. 1 : 300,000. Mit Zugrundelegg. der W. Liebenow'schen Karte v. Mittel-Europa und amtl. Materialien neu bearb. v. Hans Ravenstein. 6. Aufl. 108,5×147 cm. Farbdr. Frankfurt a/M. 910. L. Ravenstein. In Decke 10.—; auf Leinw. 15. —; m. Stäben 18. —

— **Rechts- u. Gerichts-Karte**, deutsche. Eine Eintheilg. des Deutschen Reichs 1) nach Gebieten d. bürgerl. Rechts u. 2) nach umfassenderen Gerichtsbezirken (Oberlandes- u. Landgerichte). 62,5×81 cm. Autogr. u. Farbendr. Mit e. Orientirungsheft. gr. 8. (III, 42 S.) Kassel 896. Th. G. Fisher & Co. n. 2. 40; ungebrochen n.n. 2. 60

Deutschland, in Albers'scher Projection von C. G. Reichard. Nürnberg bey Homann's Erben. 1811. Gestochen von C. Trummer. 1 : 2,500,000. 1 Bl.

— **Reiss**, R., Wandkarte v. Deutschland nach Anleitung prakt. Schulmänner. 6 Blatt. Lith. u. color. qu. gr. Fol. Düsseldorf 889. Schwann. n. 8. —; auf Leinw. n. 15. —

Deutschland — Reymann's Topographische Specialkarte von —, Schweiz, Ostfrankreich, Belgien, Niederlande und Polen (Centraleuropa) fortges. durch Oesfeld u. Handtke. Verl. v. C. Flemming in Glogau. 200,000, In 432 Sect. Fortsetzung (S. I. Band). Bisher im Ganzen 324 Sect.

Deutschland — Karte von — Italien und der Europäischen Türkey, nebst einem grossen Theile des mittelländischen Meeres und dessen afrikanischen Küsten. Unter Aegypten, Klein-Asien, die Königreiche Ungarn und Gallizien, der grösste Theil des russischen Reichs in Europa. Preussen; ein Theil von Schweden, Norwegen, Daenemark und Holland. Ein Theil von Frankreich, England etc. auf XXIV Blaetter. Entworfen von D. G. Reymann. Berlin bei Schropp et Comp. 1802. 1:2,500,000 24 Sect. auf 4 Bl.

— Ristow, H., Situationsplan des Sitzungssaales des Deutschen Reichstages m. Angabe der Namen der Mitglieder des Reichstages auf ihren betr. Plätzen. 53×67 cm. Berlin 893. (Puttkammer & Mühlbrecht.) 1. 50

Deutschland — Neue Schul- und Wand-Karte von — von J. Roost. 1,000,000. München in d. lit. art. Anstalt (Cotta). Auflagen von 1850 und 1864. 4 Bl.

— Rothaug, Joh. Geo., Karte des Deutschen Reiches, Dänemark, Niederlande, Belgien u. Luxemburg. 1:4,000,000. 32,5×39,5 cm. Farbdr. Wien (905). G. Freytag & Berndt. n.n. — 20

— — Schul-Wandkarte des Deutschen Reiches u. der angrenzenden Länder Dänemark, Niederlande u. Belgien. (Volksschulausg.) 1:800,000. Physikalische Ausgabe. 6 Blatt à 86,5×65,5 cm. Farbdr. Ebd. (903). n. 13. —; politische Ausg. n. 13. —

— Rothert, Ed., Karten u. Skizzen aus der vaterländischen Geschichte der letzten 100 Jahre. Zur raschen u. sichern Einprägg. zusammengestellt u. erläutert. Lex.-8. (IV S. m. 23 farb. Karten u. Tab.) Düsseldorf 893. A. Bagel. Kart. n. 2. 75

— Schade, Thdr., Schul-Wandkarte der Staaten Süd-Deutschlands: Bayern, Württemberg u. Baden. 1:320,000. 3., bericht. Aufl. 9 Blatt. Chromolith. gr. Fol. Berlin 888. D. Reimer. n. 10. —

— Schlag, Herm., Schul-Wandkarte v. Deutschland im J. 1648 (nach d. westfäl. Frieden). 1:800,000. 9 Blatt à 59×65 cm. Farbendr. Glogau 896. C. Flemming. n. 12. —; auf Leinw. in Mappe n. 17. —; m. rohen Stäben n. 19. —; m. polierten Stäben n. 20. 50

Deutschen Reichs — Karte des — in seine Bundesstaaten eingetheilt. Nach den Festsetzungen des Wiener Congresses und den nachherigen Austauschungen 1818 gezeichnet von J. M. F. Schmidt. Berlin bey Simon Schropp et Comp. 1819. 1: 3,000,000. 1 Bl.

— Schröter, E., physikalische Schulwandkarte des Deutschen Reiches u. s. Nachbarländer. 1:800,000. 6 Blatt à 90,5×62 cm. Farbdr. Essen 897. G. D. Baedeker. n. 12. –; auf Leinw. m. Stäben n. 20. —

Deutschland — Schulkarte von — und den angränzenden Ländern, entworfen, bearbeitet und herausgegeben in der J. G. Cotta'schen geographischen Anstalt. München 1831. 1:1,225,000. 4 Bl.

Deutschland [Schlagwort]. – Schulz, R. A.: Neueste praktische Reisekarte mit Angabe der Distanzen und Eisenbahnen von ganz – mit Einschluss des ganzen österreichischen Kaiserstaates, Belgien, den Niederlanden, der Schweiz und einem Theile von Frankreich, England, Italien, Russland und der Türkei. 1 Blatt.
Wien: Artaria 1861.

Deutschland [Schlagwort]. – Schulz, R. A.: Neue praktische Reisekarte zur Uebersicht aller Eisenbahnen und der Dampfschifffahrts-Verbindungen, so wie mit Angabe der Distanzen in ganz – mit Einschluss des gesammten Oesterr. Kaiserstaates, Belgien, Holland, der Schweiz, und einem Theile von Frankreich, England und Italien.
Wien: Artaria 1868.

Deutschland — Geschäfts- und Reise-Tableau für — und die angränzenden Länder. Entworfen, gestochen und herausgegeben von J. B. Seitz, Kupferstecher im topographischen Bureau des K. B. Generalstabs der Armee. München 1822. 1: 3,600,000. 1 Bl.

— Serth, E., neueste Hand- u. Reise-Karte v. Süd-Deutschland (Bayern, Württemberg, Baden, Elsass-Lothringen, Rhein-Provinz, Süd-Hessen). 1:860,000. 15., verb. Aufl. Lith. u. kolor. 46×69 cm. Kaiserslautern 892. A. Gotthold. n. 1. 50

— — dasselbe v. Südwest-Deutschland (Württemberg, Baden, Elsass-Lothringen, Pfalz u. Süd-Hessen) m. Specialkarten v. Vogesen, Schwarzwald, Schwäb. Alb, Haardt u. Odenwald. 1:860,000. 15., verb. Aufl. Farbendr. 43×62 cm. Ebd. 892. n. 1. 50

— Simon, Walt., Deutschlands Ruhmeskarte. Entwurf u. Bearbeitung v. Otto Herkt. 1:700,000. 6 Blatt à 87×67 cm. Farbdr. Königsberg (904). (W. Koch.) n. 8. —; auf Leinw. m. Stäben n. 16. —

— — dasselbe. Eine Handkarte des Deutschen Reiches zur Belebung des deutschen, geschichtl. u. geograph. Unterrichts. 1:2,000,000. 60×64 cm. Farbdr. Nebst Text. (10 S.) 8. Ebd. 904. n. 1. —

— Situationsplan des Sitzungssaales des deutschen Reichstages m. Angabe der Namen der Mitglieder des Reichstages auf ihren betreffenden Plätzen. Hrsg. v. K. Schücke. 59×76,5 cm. Berlin 898. C. Heymann's Verl. n. 1. —

— Sohr, Karl, Schul-Wandkarte d. Deutschen Reichs, rev. v. Th. Schade. 1:600,000. 16 Blatt. 3. Aufl. Farbendr. 42,5×47,5 cm. Glogau 891. C. Flemming. 7. 50; auf Leinw. in Mappe n. 14. 40; m. rohen Holzrollen n. 16. 20; m. polirten Holzrollen n. 18. —

Deutschland — Karte von — in IV Blättern entworfen im Jahre 1805 und nach den durch die Bundesacte der Rhein'schen Conföderation datirt Paris vom 12. Juli 1806, ingleichen nach den, durch die verschiedenen Tausch- und Pacifications-Verträge; besonders aber nach den, durch den Frieden von Tilsit am 9ten Juli 1807 bestimmten Besitzungen, und nach dem Wiener Frieden von 1809 berichtiget von D. F. Sotzmann. Nürnberg, im Verlage bey A. G. Schneider u. Weigels. 1: 870,000. 4 Bl.

Deutschland — Karte von — dem Königreich der Niederlande, und der Schweitz, mit den angrenzenden Ländern bis Paris, Lyon, Turin, Mailand, Venedig, Ofen, Königsberg, in XXV Blättern entworfen und herausgegeben vom geheimen Regierungsrath Adolph Stieler, gezeichnet von demselben, dem Premier-Lieutenant von Stülpnagel und I. C. Bär. Gotha, bey Justus Perthes. 1829. 1 : 750,000. 25 Bl. Im Erscheinen.

Deutschland — Karte von — etc. von Ad. Stieler. Gotha, J. Perthes. 750,000. Neue Auflage 1853. 25 Bl.

— Streich, Tr. Fr., Fluss- u. Gebirgskarte v. Deutschland. 1:3,720,000. Für die Hand der Schüler gezeichnet. 7., verb. Aufl. Chromolith. Fol. Esslingen 889. Lung. n. — 25

— Streich, Tr. Fr., Fluss- u. Gebirgskarte v. Deutschland f. die Hand der Schüler. 1:3,720,000. 8. Aufl. 30×37,5 cm. Farbendr. Esslingen 894. A. Lung. n. — 25

— — Übersichtskarte d. Deutschen Reichs. 1:3,720,000. Für die Hand der Schüler gezeichnet. 7., verb. Aufl. Chromolith. Fol. Ebd. 889. n. — 25

— — Übersichts-Karte d. Deutschen Reichs f. die Hand der Schüler. 1:3,720,000. 8. Aufl. Farbendr. 30×37,5 cm. Ebd. 891. n. — 25; 10. Aufl. Volksausg. n. — 12

— — Uebersichtskarte der Taubstummen-Anstalten d. Deutschen Reichs, Oesterreichs, der Schweiz, Belgiens u. Hollands. Chromolith. Fol. Esslingen 887. (Mayer.) n. — 60

Deutschland — Atlas der Eisenbahnen in —, Belgien, Elsass, der Schweiz u. Oberitalien. Gez. von Stülpnagel. 14. Ausgabe von H. Berghaus. Gotha: J. Perthes 1860. 15 K. in 1 Bd.

**Deutschland.** Königr. der Niederlande. Kgr. Belgien und die Schweiz. nebst Theilen der angränzenden Länder nach Adolf Stielers grosser Karte in 25 Bl. gez. v. **F. v. Stülpnagel** und **J. C. Bär.** 1845. Gotha. Bl. 1 u. 2. **Norddeutschland** umfassend. Kupferstich. 2 Bl. Fol., 51 64 cm.

**Deutschland.** 2,200,000. Entw. von E. v. Sydow u. bearb. v. H. Berghaus. Gotha bei J. Perthes 1853.

— Sympher, Karte d. Verkehrs auf deutschen Wasserstrassen im Jahre 1885. 1 : 1,250,000. 4 Blatt. Lith. u. color. gr. Fol. Mit Erläutergn. gr. 8. (8 S.) Berlin 889. Berliner Lithogr. Institut. 6. —

— — u. Maschke, Karte der deutschen Wasserstrassen unter besond. Berücksicht. der Tiefen- u. Schleusenverhältnisse. Unter Benutzg. der Liebenow'schen Karte v. Central-Europa nach amtl. Quellen bearb. 1 : 1,250,000. 4 Blatt. Lith. u. color. gr. Fol. Ebd. 887. 7. 50

— Sympher u. Maschke, Karte der deutschen Wasserstrassen unter besond. Berücksicht. der Tiefen- u. Schleussenverhältnisse. Im Auftrage Sr. Exc. d. Hrn. Ministers der öffentl. Arbeiten hrsg. Unter Benutzg. der Liebenow'schen Karte v. Central-Europa nach amtlichen Quellen bearb. 1 : 1,250,000. 97 × 106 cm. 4 Blatt. 2. Aufl. Farbendr. Berlin 893. Berliner Lith. Institut. 7. 50

— Taschen-Atlas des Deutschen Reiches in 33 farbigen Spezialkarten m. 1 Stadtplan u. m. 71 Bildern charakteristischer Gebirge, Städte u. Landschaften. 3., veränd. u. ergänzte Aufl. (20 Kartons. m. Text u. Abbildgn. auf der Rücks. u. IV S. Text.) kl. 8. Leipzig (906). C. Ziegenhirt. Kart. n. 1. 20

— Taschen-Atlas des Deutschen Reiches und der deutschen Kolonien in 40 farb. Spezialkarten auf 22 Doppelseiten u. m. 86 Bildern charakterist. Gebirge, Städte u. Landschaften. Mit e. Register aller auf den Karten vorkomm. Namen zum leichten Auffinden derselben. 4. vollständig veränd. u. verb. Aufl. (57 S.) 8. Leipzig (908). C. Ziegenhirt. 2. —

Deutschland. Taschen-Atlas von Süddeutschland in 13 farbigen Spezialkarten u. m. 23 Bildern charakterist. Gebirge, Städte u. Landschaften. (7 Kartons. m. Text u. Abbildgn. auf der Rückseite u. IV S. Text.) 8. Leipzig (905). C. Ziegenhirt. Geb. in Leinw. n. — 60

**Deutschland.** Übersichtskarte

— — von Südwestdeutschland. Hrsg. vom topograph. Bureau. Bl. 3, 8, 9, 13, 14, 18, 19, 23 u. 24. à 31×49 cm. Farbdr. München 910. (Th. Riedel.) à nn 1.10

— Uebersichts-Karte, topographische, d. Deutschen Reiches. Hrsg. v. der kartogr. Abth. der kgl. preuss. Landesaufnahme. 1 : 200,000. Zeichenerklärung u. Nr. 78—80, 91—95, 106—109, 118—123, 132—139, 144—151, 156—161, 167—169, 176, 177, 184—186 u. 191. à 29×38,5 cm. Kpfrst. u. kolor. Berlin (900—902.) (R. Eisenschmidt.) à n.n. 1. 50

In alphabetischer Uebersicht:

122. Aachen. — 147. Beuthen. — 119. Breslau. — 134. Brieg. — 95. Cleve. — 138. Coblenz. — 137. Cochem. — 80. Czarnikau. — 151. Darmstadt. — 109. Düsseldorf. — 108. Erkelenz. — 139. Frankfurt a|M. — 91. Frankfurt a|O. — 185. Freiburg i. B. — 184. Gebweiler. — 145. Glatz. — 132. Hirschberg i. Schl. — 156. Hultschin. — 161. Karlsruhe. — 123. Köln. — 186. Konstanz. — 107. Krotoschin. — 78. Küstrin. — 160. Landau. — 121. Landsberg i. O. Sch. — 144. Lewin. — 118. Liegnitz. — 106. Lissa. — 135. Lublinitz. — 150. Mainz. — 136. Malmedy. — 176. Markirch. — 148. Mettendorf. — 158. Metz. — 177. Offenburg. — 120. Oels. — 168. Pfalzburg. — 191. Pfirt. — 157. Pless. — 93. Posen. — 146. Ratibor. — 159. Saarbrücken. — 133. Schweidnitz. — 79. Schwerin a. d. Warthe. — 167. Solgne. — 169. Strassburg i. E. — 149. Trier. — 94. Wreschen. — 92. Züllichau.

— Uebersichtskarte, topogr., des Deutschen Reiches. Hrsg. von der kartogr. Abt. der kgl. preuss. Landesaufnahme. 1 : 200,000. Nr. 4. 10—15. 22—31. 40—46. 57—63. 73—75. 81. 83—86. 96—99. 105. 110. 124. 152. 162. 170—172. 178. 179. 187. 188. 192 u. 193. à 29×36 cm. Kpfrst. u. kolor. Berlin 902—906. (R. Eisenschmidt.) à n.n. 1. 60

110. Arnsberg. — 63. Arnswalde. — 83. Bentheim. — 73. Celle. — 98. Detmold. — 21. Eutin. — 105. Glogau. — 81. Gnesen. — 171. Göppingen. — 99. Göttingen. — 27. Greifswald. — 4. Hadersleben. — 40. Hamburg. — 86. Hannover. — 57. Harburg. — 22. Husum. — 31. Karthaus. — 188. Kaufbeuren. — 23. Kiel. — 29. Kolberg. — 46. Labes. — 58. Lauenburg a. d. Elbe. — 15. Lauenburg i. Pom. — 187. Lindau. — 41. Lübeck. — 59. Ludwigslust. — 85. Minden. — 97. Münster i/Wf. — 43. Neubrandenburg. — 60. Neustrelitz. — 172. Nördlingen. — 193. Oberstdorf. — 192. Oltingen. — 84. Osnabrück. — 61. Prenzlau. — 25. Rostock. — 162. Rothenburg a. d. Tauber. — 13. Sagard. — 74. Salzwedel. — 10. Schleswig. — 42. Schwerin i. M. — 124. Siegen. — 178. Sigmaringen. — 75. Stendal. — 62. Stettin. — 30. Stolp. — 14. Stolpmünde. — 26. Stralsund. 170. Stuttgart. — 44. Swinemünde. — 28. Treptow a. d. Rega. — 179. Ulm. — 96. Wesel. — 11. Wester-Markelsdorf. — 12. Wiek a/R. — 45. Wollin. — 152. Würzburg.

— Übersichtskarte, topogr., des Deutsch. Reiches. Hrsg. v. der kartogr. Abt. der kgl. preuss. Landesaufnahme. 1 : 200,000. Nr. 3. 8/9. 37—39. 54—56. 70—72. 76. 77. 87—90. 101—104. 114—117. 127. 130. 131. 153. 180—183. 194 u. 196. ca. 29×39 cm. Farbdr. u. kolor. Berlin 906—10. (R. Eisenschmidt.) à nn 1. 50; auf Leinw. à nn 1. 80

180. Augsburg. — 153. Bamberg. — 77. Berlin (Nord). — 90. Berlin (Süd). — 87. Braunschweig. — 56. Bremen. — 39. Bremerhaven. — 182. Burghausen. — 76. Charlottenburg. — 71. Cloppenburg. — 101. Dessau. — 116. Dresden. — 54. Emden. — 117. Görlitz. — 127. Gotha. — 104. Guben. — 114. Halle. — 130. Königstein. — 70. Laar. — 115. Leipzig. — 103. Lübben. — 3. Lügumkloster. — 88. Magdeburg. — 194. Mittenwald. — 181. München. — 183. Neuhaus (a. Inn). — 72. Nienburg. — 37. Norden. — 55. Oldenburg. — 89. Potsdam. — 196. Steinernes Meer. — Tondern, s.: Westerland. — 8/9. Westerland. Tondern. — 38. Wilhelmshaven. — 102. Wittenberg. — 131. Zittau.

— Umlauft, Frdr., Schul-Wandkarte des Deutschen Reiches u. der angrenzenden Länder Dänemark, Niederlande u. Belgien. Für Mittelschulen bearb. Physikalische Ausg. 6 Blatt à 86,5×65,5 cm. Farbdr. Wien (903). G. Freytag & Berndt. n. 13. —; politische Ausg. n. 13. —

— Umrisswandkarte des Deutschen Reiches. 1 : 880,000. 6 Blatt à 80,5×59 cm. Leipzig (906). H. Wagner & E. Debes. Zweifarbig n.n. 2. 50; mehrfarbig n.n. 5. —

— Universal-Verkehrskarte v. Deutschland. 1 : 800,000. 102×125 cm. Mit Orts-Verzeichnis. (S. 41 bis 56.) schmal Fol. Leipzig-Schleussig (903). Dresden-N. (Radebeulerstr. 5), Neuschütz & Heyme. 1. —

— Velhagen & Klasing's Schulwandkarte v. Deutschland. In Übereinstimmg. m. dem Volksschulatlas v. R. Schmidt unter Mitwirkung v. K. Jacob. bearb. u. hrsg. v. der geograph. Anstalt v. Velhagen & Klasing in Leipzig. 1 : 800,000. Physikalische u. polit. Ausg. à 6 Blatt à 92,5×62 cm. Farbdr. Bielefeld 900. Velhagen & Klasing. à Karte n. 16. —; auf Leinw. m. Stäben n. 24. —; m. Patentverschl. n. 25. —

— Verkehrskarte v. Mittel-Deutschland. 1 : 600,000. Nebst 2 Nebenkarten der Umgebgn. v. Dresden u. Leipzig, 52,5 × 78,5 cm., sowie e. Sonderkarte v. Berlin u. Umgebg. in 1 : 100,000. 12,5 × 22,5 cm. Farbendr. [Aus: „W. Koch u. C. Opitz, Eisenbahn- u. Verkehrs-Atlas v. Europa".] Mit vollständ. Orts-Verzeichniss. gr. 8. (25 S.) Leipzig 896. J. J. Arnd. n. 2. —; auf Leinw. 4. —; ermäss. Preis unaufgez. 1. 50

— Verkehrs- u. Reisekarte v. Westdeutschland 1:600,000, u. (auf der Rückseite) Karte d. rheinisch-westfäl. (Kohlen- u.) Industriegebietes. 1:200,000. 49,5×39,5 bzw. 28,5×42 cm. Farbdr. Düsseldorf (910). L. Kinet. — 50

— Vogel, C., Karte d. Deutschen Reichs in 4 Blatt. 1:1,500,000. [Aus: „Stieler's Hand-Atlas".] Kpfrst. u. color. qu. Fol. Mit Text. 8. (83 S.) Gotha 890. J. Perthes. Auf Leinw. in Carton. n. 6. —

— — Karte v. Süd-West-Deutschland u. der Schweiz in 2 Blatt. 1:925,000. [Stieler's Hand-Atlas Bl. Nr. 15 u. 16.] Kpfrst. u. color. gr. Fol. Ebd. 889. Zusammengesetzt m. Leinw.-Streifen in Carton. n. 2. —; auf Leinw. in Futteral n. 2. 40

— Wagner, Herm., das Deutsche Reich u. seine Nachbargebiete. 6. Aufl. 1:800,000. 12 Blatt à 53×43 cm. Farbdr. Gotha 902. J. Perthes. n. 10. —; auf Leinw. in Mappe n. 17. —; m. Stäben n. 21. —; u. lackiert n. 24. 80

— Wagner, Herm., Wandkarte d. Deutschen Reichs u. seiner Nachbargebiete. 1:800,000. 4. Aufl. 12 Blatt. Chromolith. gr. Fol. Gotha 886. J. Perthes. n. 10. —; auf Leinw. in Mappe n. 17. —

— Wagner, Herm., Wandkarte d. Deutschen Reichs u. seiner Nachbargebiete. 1:800,000. 5. Aufl. 12 Blatt. Farbendr. u. kolor. 53×42,5 cm. Gotha 892. J. Perthes. n. 10. —; auf Leinw. in Mappe n. 17. —

— Wamser's, A., neue Karte v. Deutschland, bearb. im genauen Anschluss an die Wandkarte v. Deutschland 1:750,000. 1:5,000,000. 29,5×28 cm. Farbdr. Giessen (904). E. Roth. n. — 20; auf Pappe n. — 35; auf Leinw., kart. in kl. 8. n. — 45

— — Wandkarte v. Deutschland. 1:750,000, 6 Blatt. je 2 Blatt 52×91,5 cm, 66,5×91,5 cm u. 75×91,5 cm. Farbdr. Ebd. (903). n. 15. —; auf Leinw. m. Stäben n. 20. —

Deutschland — Generalkarte von — von C. F. Weiland. Weimar geogr. Inst. 1844. 3,500,000. 1 Bl.

Deutschland — Oro-Hydrographische Charte von — und der Schweitz insbesondere zur Uebersicht der grossen topographisch-militärischen Charten von Deutschland in 217, und von der Schweitz in 24 Blättern im Verlage des Geogr. Instituts, entworfen von C. F. Weiland 1822. 1: 2,800,000. 1 Bl.

**Deutschland.** Wenng, L., topographische Generalkarte v. Südwestdeutschland. 1:400,000. Zone IV. Südbayern, Nordtyrol, Salzkammergut u. Innviertel. Chromolith. u. color. qu. gr. Fol. Würzburg 887. Staudinger. n. 2. 50

— Wensierski, J. v., Karte der Zuckerfabriken u. Raffinerien im deutschen Zollgebiete, in Böhmen u. Russisch-Polen, zugleich Eisenbahn-Specialkarte v. Deutschland. Als neue Folge der Geyer'schen Karte der Zuckerfabriken entw. u. gezeichn. 1:1,000,000. Neue durchgesehene Ausg. 92 × 115,5 cm. 4 Blatt. Farbendr. Magdeburg 895. A. Rathke. n. 6. —; a. Leinw. in Mappe (Taschenformat) od. m. Stäben n. 10. —

— Werner's Unterrichtskarte v. Deutschland f. die I. Stufe. 1:1,125,000. Lith. (Doppelseitig bedruckt.) gr. Imp.-Fol. (108/136 cm.) Stuttgart 888. Rich. Hahn. n. 1. 50; Namensverzeichnis dazu, 8. (4 S.) — 5; Farbbrettchen m. Material zum Kolorieren d. Schwarzdrucks n.n. 1. 80

— Wildeis, Gust., Schul-Wandkarte d. Deutschen Reiches. 1:800,000. 3. Aufl. 9 Blatt. Chromolith. gr. Fol. Leipzig 890. (O. Klemm's Sort.) n. 10. —; auf Leinw. m. Stäben n.n. 18. —

— Wolf, Carl, Imperium Romanum Germanicum Caroli Magni et successorum. 1:2,000,000. 4 Blatt. Chromolith. Imp.-Fol. Wien 887. Hölzel. n. 7. —; auf Leinw. in Mappe n. 10. —; m. Stäben n. 12. —

Deutschland — Postkarte von — und den angr. Ländern. In Form einer Tapete bearb. von H. Ziller. 750,000. Potsdam, bei Willing. 100 Bl.

**Deutschland** [Verfasser]

**Deutschland, Gustav**: Der Einfluß der Abplattung auf die Attraktion der Himmelskörper nach der Theorie der speziellen Störungen, mit Anwendung auf den Kometen 1889 V ⟨Brooks⟩ bei seiner Jupiternähe im Jahre 1886. (Berlin: Trenkel 1909.) 41 S. 8°

Berlin, Phil. Diss. v. 29. Jan. 1909, Ref. Bauschinger

[Geb. 15. Apr. 80 Danzig; Wohnort: Berlin; Staatsangeh.: Preußen; Vorbildung: Gymn. z. grauen Kloster Berlin Reife O. 04; Studium: Berlin 9 S.; Rig. 30. Juli 08.] [U 09. 162

**Deutschländer, Armin, u. Wilh. Kunis**, der Handel m. Getreide, seine Einrichtungen u. Grundlagen in allen massgebenden Ländern der Erde. Handelsgebräuche, Frachtberechnungen, Wochendurchschnittspreise, Umrechnungstafeln, Anbauflächen, Erntemengen, Ein- u. Ausfuhr, Vorräte, Verschiffgn., Verbrauch, Zölle usw. usw. Nach den besten Quellen bearb. (XII, 430 S.) gr. 8. Leipzig 906. M. Schäfer. n. 7. 50; geb. n. 8. 50

**Deutschlaender, August Wolfgang** (Lauban/Laus.), De castrationis librorum causis, librisque historicis mutilatis. Comment. quam viris consulibus, syndico . . civit. Laubanensis nec non Moritz Adolph Engel (Borna) offert. Lpz. (Langenheim) Jan. 1765. 15 S. (4.—) 6365

— — (Borna), De crimine stellionatus. Diss. jur. Präs. Joh. Theophil Seger. Lpz. (Langenheim) 20. III. 1770. 28 S. (4.80) 6366

DEUTSCHLÄNDER, Ernst (Wronke): Über Angiosarkome. (Titel nach der Urkunde)
9.3.1888 – Urk; Chr 1887/88,20
**Diss. Ingolst.-Landsh.-Mchn.**

**Deutschländer,** Franz [Dr. med. app. Arzt aus Wronke (Posen)]: Über Appendicitis perforativa mit sekundärer eiteriger retroperitonealer Paratyphlitis ... München, Druck v. Knorr & Hirth, 1895; 14 S., 1 Bl. 8.

München, Med. Fak., Inaug.-Diss. v. 1896

**Deutschländer,** Karl: Ueber das Auftreten von Typhus abdominalis in Wallwitz bei Halle a. S. im Sommer 1882. Halle a. S. 1883: Plötz. 32 S., 1 Tab., 1 Karte. 8°

Halle-Wittenberg, Med. Diss. v. 6. Juni 1883

Geb. Rosenthal bei Schwerin a. d. Warthe 22. 1. 1857. V.

**Deutschländer,** Karl *Ernst Wilhelm* [aus Breslau]: Ueber die diagnostische Bedeutung des Magenchemismus bei Carcinoma ventriculi ... Greifswald, Druck v. J. Abel, 1896; 40 S. 8.

Greifswald, Med. Fak., Inaug.-Diss. v. 10. März 1896

Deutschlaender, N. Das Chanuckahfest, s. Mendelssohn-Bibliothek.

**Deutschland - Österreich** oder Russland. Eine polit. Studie v. e. Westslaven. 8. (114 S.) Prag 887. Otto. n. 2. —

**Deutschlands** Abel an die verbündeten Mächte. 8. Leipz. 814. Barth. 3 K

Deutschlands Andenken an Gutenbergs Manen, s. Nibelungen-Lied.

Deutschlands Annalen, s. J. v. Soden.

Deutschlands Ansprüche an d. türkische Erbe. Hrsg. v. All-Deutschen Verbande. gr. 8. (16 S.) München 896. J. F. Lehmann. n. — 40

— Auferstehungstag. 8. Götting., Schneider. 4 gr

Deutschlands Aufgabe in der orientalischen Verwickelung von einem ehemaligen deutschen Minister. München 854 Franz. gr. 8. (16 S.) 3 ngr

— Aufklärung, s. Aufklärung Deutschlands.

— Aufklärung im 19n Jahrh. 1r — 9r Jahrg., (von J. C. v. Rittershausen). 8. Landsh. 803—15. Weber. 23 Thlr 10r u. 11r Jahrg. 816 u. 17. Ebd. Storno. (à 2 Thlr) 4 Thlr

Deutschlands Außenhandel v. 1891 bis 1900. gr. 8. (16 S.) Berlin 901. W. Baensch. n. — 20

— Aussichten im Jahre 1855 und in den nächsten zehn Jahren. Eine Verkündigung aus der Vergangenheit. Schw. Hall 855. Haspel. (Stuttgart, Fischhaber.) gr. 8. (24 S.) 3¾ ngr

Deutschlands vorzügl. Badeörter in Hinsicht ihrer Lage, Beschaffenheit u. Umgebungen. 12. Pirna u. Leipz. 804. Friese. 16 gr

— Balladen- und Romanzen-Dichter, s. Hub.

Deutschlands Balladen- u. Romanzen-Dichter. Von G. A. Bürger bis auf die neueste Zeit. Von Ign. Hub. 2. verb. u. stark verm. Aufl. In 2 Abthlgn. hoch 4. 1. Abth. von G. A. Bürger bis L. Uhland. (360 S.) — 2. Abth. von L. Uhland bis auf die neueste Zeit. (VIII S. u. S. 361—840.) Karlsruhe 848. 49, Creuzbauer. n. 3 Thlr

—— Balladen- und Romanzen-Dichter. Von G. A. Bürger bis auf die neueste Zeit. Eine Auswahl des Schönsten und charakteristisch Werthvollsten aus dem Schatze der lyr. Epik, nebst Biographieen und Charakteristiken der Dichter, unter Berücksichtigung der namhaftesten kritischen Stimmen. Von Ign. Hub. 2 Abthlgn. 3., umgearb. und stark verm. Aufl. hoch 4. (VIII und 940 S.) Karlsruhe 853, Creuzbauer und Viereck. *

— Bedürfnisse. Sendschreiben an einen Frankfurter Reichstagsdeputirten. I. gr. 8. (46 S.) Jena 850, Frommann. ⅓ Thlr

Deutschlands Befreiung im Jahre 1813. Ein Kriegslied. (Neue Ausg.) 16. (234 S.) Liegnitz 833, Kuhlmey.

— Befreiung von d. Joche d. Franzosen. 6 Bde. 8. Köln 814. J. G. Schmitz. 2 Thlr

— und Oesterreichs Beruf bei der gegenwärtigen Weltlage. Von einem deutschen Staatsmanne. Augsburg 854. Kollmann. gr. 8. (56 S.) 10 ngr

Deutschland's Christbaum oder Glaube und Menschenwahn. Eine Erzählung aus der Zeit der deutschen Revolution. Der reiferen Jugend und dem Volke gewidmet. 2., verb. Aufl. 8. (168 S. mit 1 Stahlst. und Vignette in Holzschn.) Regensburg 874, Volks- und Jugendschriften-Verlag. cart.

— Denker seit Kant. Die Lehren u. Geistesthaten der bedeutendsten deutschen Denker in neuerer Zeit. In gemeinfaßlicher Darstellung f. Lehrer, Lernende u. gebildete Leser überhaupt. gr. 8. (VIII u. 390 S.) Dessau 851, Katz. 2 Thlr

Deutschlands Dichter von 1813 bis 1843. Eine Ausw. von 872 charakterist. Gedichten aus 131 Dichtern, mit biograph.-literar. Bemerkungen u. ein. einleitenden Abhandl. üb. d. technische Bildung poetischer Formen. Von Karl Gödeke. Lex.-8. (30 B.) Hannover 844, Hahnsche Hofbuchh.

— Dichter der Liebe. Eine Auswahl der vorzuglichsten Lieder der Liebe aus den Dichtern des 15. 16. 17. 18. u. 19. Jahrh. Hrsg. v. Wilh. Jul. Diethe. 16. (XXIV u. 456 S. m. 1 Lith.) Dresden 851, Türk. 1⅔ Thlr; in Engl. Einb. m. Goldschnitt 2 Thlr — 2. (Titel-) Aufl. (Mit 1 Stahlst.) Ebd. 851. In Engl. Einb. m. Goldschn. n. 1½ Thlr

DEUTSCHLANDS Dichter der Liebe. Eine Auswahl der vorzüglichsten (decenten) Lieder der Liebe aus den Dichtern des 15.—19. Jahrh. Hrsg. v. W. J. Diethe. 2. Aufl. Mit Portr. v. Flemming, Melissus, Goethe, Uhland u. Lenau. Dresden 1851. 8°. Orig.-Lwdbd. mit Goldschn. (Mk. 6—.) (2 Mk. Heckenhauer, Tübingen, 1879; 2 Mk. 50 Pfg. Max Jaeckel, Potsdam, 1909.)
Ed. I. c. 1850?

Deutschlands Dichterinnen. In chronolog. Folge hrsg. von Abr. Voß. gr. 8. (XVI und 522 S.) Düsseldorf 818, Buddeus. Thlr. *

— Dichterinnen, s. Kletke.

—— Dichterinnen. Von H. Kletke. 1. Aufl. (XIX und 386 S. mit 1 Stnt.) 1853. und 2., verm. Aufl. 16. (XXI und 393 S. mit 1 Stnt.) Berlin 854, Hollstein.

Deutschlands Dichterinnen. Von H. Kletke. 3., verm. Aufl. 16. (XXII und 408 S. mit 1 Stnt.) Berlin 857, Hollstein. geb.

— Ehre, v. F. J. (Fr. Jacobs). gr. 8. Gotha 814, Becker. 9 gr

—— Ehrentempel 2c., 3 Thle., s. Kröger, J. C.

Deutschlands Einheit und der National-Verein. Ein Vorschlag zur Güte und zur Aussöhnung des Vereins mit den deutschen Regierungen. Eine Stimme aus der Rheinpfalz. Von F. Th. Fr. Speyer 861. Lang. 8. (32 S.) 5 ngr

— Einigkeit und Macht muß sich gründen in Religion der Menschenliebe. Hamburg 859. (Altona, Wendeborn.) 8. (2 Bl., 136 S.) n. 15 ngr

Deutschlands höchster Eisenbahnviadukt u. das Kaiserschloß zu Mylau, s.: Gabelsberger-Bibliothek 19. Bd.

Deutschland's Episcopat in Lebensbildern. 1—25. Hft. Mit je 1 Portr. in Lichtdr. gr. 8. Würzburg 1873—76. Woerl. à Hft. — 90

1. Hermann v. Vicari, Erzbischof v. Freiburg. Zu dessen 100jähr. Geburtsfeier v. Heinrich Hansjakob. (50 S.)
2.3. Eugenius Lachat, Bischof v. Basel v. Th. Graf Scherer-Boccard. (S. 51—180.)
4. Andreas Räß, Bischof v. Straßburg v. Bernhard. (S. 181—224.)
5. Caspar Mermillod, Bischof v. Genf v. Fleury. (S. 225—294.)
6. Georg Anton v. Stahl, Bischof v. Würzburg. Ein Lebensbild v. Ign. Stahl. (S. 295—342.)

Deutschlands Episcopat in Lebensbildern. 7.—25. Heft. [2.—4. Bd. à 6 Hefte und 5. Bd. 1. Heft.] gr. 8. Mit je 1 Portr. in Lichtdr. Würzburg 874—76, Woerl. à Heft

Inhalt:

Heft 7. Ograbiszewski, J., Mieczislaus Halka Graf Ledochowski, Erzbischof von Gnesen-Posen. (S. 1—48.)
„ 8. Komp, G. J., Christoph Florentin Kött, Bischof von Fulda. (S. 49—96.)
„ 9. Münz, Paul, Wilhelm Emmanuel Frhr. v. Ketteler, Bischof von Mainz. (S. 97—134.)
„ 10. Molitor, Wilh., Cardinal Reisach. (S. 135—172.)
„ 11. Behnes, G., Paulus Melchers, Erzbischof von Köln. (S. 173—224.)
„ 12. Rothenflue, Fr., Dr. Carl Johann Greith, Bischof von St. Gallen. (S. 225—256.)
„ 13. Müller, Pet., Matthias Eberhard, Bischof von Trier. Ein Lebensbild. (S. 1—48.)
„ 14. Jocham, Magn., Daniel Bonifacius v. Haneberg, Bischof von Speyer. Im Umrisse gezeichnet. (S. 49—108.)
„ 15. Dworschak, Ant., Johannes Zwerger, Fürstbischof von Seckau. (S. 109—152.)
„ 16. Barnickel, Michael v. Deinlein, Erzbischof von Bamberg. (S. 153—184.)
„ 17. Muth, Frz. Alfr., Clemens August Droste zu Vischering, Erzbischof von Cöln. (S. 185—224.)
„ 18. Cramer, W., Johann Bernhard, Bischof von Münster. (58 S.)
„ 19. Schreiber, Ant., Dr. Conrad Martin, Bischof von Paderborn. (40 S.)
„ 20. Werfer, Alb., Carl Joseph v. Hefele, Bischof von Rottenburg. (23 S.)
„ 21. Wiederholt, Th., Wilh. Sommerwerck, genannt Jacobi, Bischof von Hildesheim. (48 S.)
„ 22. Ransauer, M., Dr. Joseph Feßler, Bischof von St. Pölten, Secretär des allgemeinen Vatican. Conzils. (58 S.)
„ 23. Heller, Geo., Joseph Othmar Kardinal Rauscher, Fürst-Erzbischof von Wien. (59 S.)
„ 24. Janner, F., Nicolaus v. Weis, Bischof von Speyer. (47 S.)
„ 25. Wallpach, Otto v., Maximilian Joseph v. Tarnóczy, Cardinal und Fürstbischof von Salzburg. (47 S.)

Vgl. Episcopat, Deutschlands, in Lebensbildern.

Deutschlands Episcopat. 26. Heft u. fg., s. Episkopat der Gegenwart.

Deutschlands Erb- und Erzfeind. Mahnruf an das deutsche Volk von einem alten Patrioten. gr. 8. (IV und 46 S.) Coburg 862, Streit's Verlag.

— Erlösung 2c., s. Lebensschattirungen.

Deutschlands Erlösung im Jahre 1813. National-Sgspl. gr. 8. Leipz. 814. (Brockhaus). 6 gr.

Deutschlands Errettung aus tiefster Schmach. Programm der Zukunft. Coburg 865. Streit. gr. 8. (VII, 44 S.) 6 ngr.

Deutschlands Errettung aus tiefster Schmach. Programme der Zukunft. 2. durchgesehene Aufl. — Coburg: Streit 1866. VII, 44 S. 8°

— Erwachen. Beiträge zum deutschen Phönix, als Seitenstück zu Rußlands Triumph, oder das erwachte Europa. 1s u. 2s Heft. gr. 8. Leipz. 814. Joachim. 1 rℓ

— Erwartungen von d. Fürstenbunde. 8. Leipz. 788. Göschen. 6 gr.

— Erwartungen v. Aachner Congresse. gr. 8. Erlang. 818. Heyder. 20 gr.

— Erzähler für d. aufgeklärte Zeit. 1r u. 2r Bd. u. 3r Bd. 1s Stck. 8. Halle 791 u. 92. Dost. 1 rℓ 1 gr.

**Deutschland's Export-Handel.** Organ f. die gesamte deutsche Export-Produktion zur Förderg. des deutschen Handels nach allen Weltteilen. Jahrg. 1910. (August-Nr. 16 S. m. Abbildgn.) 31,5×23,5 cm. Berlin-Schöneberg, Buchholz & Weisswange. 6. —

— Fachschulwesen. I. gr. 8. Steglitz-Berlin, Buchh. der litterar. Monatsberichte. n. — 80

Fachschulen, die technischen, Deutschlands. Mit besond. Berücksicht. des Maschinenbaus u. d. Elektrotechnik. Zusammenstellung d. Lehrziele, Aufnahmebedinggn., Unterrichtskosten etc. (5x S.) 902.

Deutschlands Fachschulen. 1. Die technischen Fachschulen. 4. Auflage. (91 S) Steglitz 1904

Deutschlands Fachschulen. 2. Die Fachschulen für Textilindustrie. 4. Auflage. (31 S) Arnstadt 1905

— Fachschulwesen. II. u. III. 8. Berlin 906. C. Malcomes. à n. — 80

II. Die Fachschulen f. Textilindustrie Deutschlands (Web-, Spinnerei-, Färberei-, Stickerei- u. Wirkschulen). Zusammenstellung der Lehrziele, Aufnahmebedinggn., Unterrichtskosten usw. 5. verm. Aufl. (26 S. m. Abbildgn.)

III. Die Fachschulen f. bild. Künste u. Kunstgewerbe Deutschlands. (Kunstakademien, Mal- u. Zeichenschulen, Kunstgewerbe- u. Schnitzerei-Schulen.) Zusammenstellung der Lehrziele, Aufnahmebedinggn., Unterrichtskosten usw. (III, 26 S.)

— Fachschulwesen. Hrsg. v. Carl Malcomes. II. Die Fachschulen f. Textilindustrie Deutschlands. Web-, Spinnerei-, Färberei-, Stickerei- u. Wirkschulen. Zusammenstellg. der Lehrziele, Aufnahmebestimmgn., Unterrichtskosten usw. 6. verm. Aufl. (II, 31 S. m. Abbildgn.) 8. Berlin 908. O. Dreyer. — 80

— Feier d. großen Völkerschlacht bei Leipzig am 1n Jahrestag den 18. Oct. 1814, herausg. von K. A. W. Fässer. 8. Bamb. 815. Drausnick. 12 gr.

— Feyer d. großen Völkerschlacht bei Leipzig am 1sten Jahrestag den 18. Oct. 1814, herausgeg. v. K. A. W. Fisser. 8. Bamb. Zeitungs-Comt. 815.

—— Flora oder Abbildung und Beschreibung der daselbst wildwachsenden Pflanzen. In naturgetreu color. Abbild. 7., vollständig umgearb. und verm. Aufl. 100 Lfgn. hoch 4. (36 S. und 500 ill. Kpfrt.) Leipzig 864—68, Baensch. à Lfg. * 10 Ngr. *

— Flora oder Abbildung und Beschreibung der daselbst wildwachsenden Pflanzen. In naturgetreu color. Abbildgn. 7. vollständig umgearb. und verm. Aufl. (In 100 Liefgn.) 1—12. Liefg. Leipzig 864. Baensch. 4. Jede Liefg. (à 5 Kpfrtaf. u. ca. 4 S. Text.) n. 10 ngr.

— Flora oder Abbildung u. Beschreibung der daselbst wildwachsenden Pflanzen. In naturgetreu color. Abbildgn. 7. vollständig umgearb. u. verm. Aufl. 13—100. (letzte) Liefg. (à 5 color. Kpfrtaff.) Leipzig 865—69. Baensch. 4. Jede Liefg. n. 10 ngr.

Deutschlands Flora oder Abbildung und Beschreibung der daselbst wildwachsenden Pflanzen. In naturgetreu color. Abbildungen. Vollständig in 100 Lfgn. 8. vollständ. umgearb. und verm. Aufl. 1. Lfg. hoch 4. (XXXVI S. mit 5 color. Kpfrt.) Leipzig [Dresden] 871, Baensch. *

— Flotte. 20 Bromsilber-Reproduktionen, m. e. Einleitg. u. Beschreibg. der einzelnen Schiffsklassen v. Graf E. Reventlow. (19 S.) qu. 8. Taucha 906. Aktien-Gesellschaft Aristophot. In Leinw.-Mappe od. geb. 15. —; 50 Reproduktionen 30. —

Flüsse und Gebirge in Reimen. Herausg. für die Jugend von Sch***** Tübingen 863. (Osiander.) 16. (31 S.) n. 2½ ngr.

— Forderungen an den deutschen Bund. 8. Mainz 816. Kupferberg. 16 gr.

— Deutschlands Frauen an die Polen. Ein Gedicht, (v. F. Groß). 8. Leipz., Kaysers B. 1 gr.

— Freiheit. Eine Rede an die Fürsten u. das Volk vor Eröffnung der Wiener Versammlung, von e. Deutschen, (Th. F. Welker.) gr. 8. Gießen 814. Heyer. 8 gr.

— Frieden in den deutschen Blättern, nebst Einleit. u. Anmerkk. 8. Nürnb. 815. Riegel u. W. 4 gr.

— Frieden über, mit Frankreich, nebst e. Denkschrift auf den Friedenscongreß in Rastadt. 8. Ulm 798. Stettin. 6 gr.

— regierende Fürsten. Porträt-Album. Mit Anh.: Genealogische, geograph. u. statist. Notizen. 12. (22 Taf. m. 16 S. Text.) München 900. A. Bruckmann. n. 1. —

Sonderabdruck aus: „Deutsches Armee-Album."

— Gegensätze. Von e. Süddeutschen. Aus „Prometheus" 3r Thl. gr. 12. Aarau 833. Sauerländer. ¼ rℓ

— Gegenwart u. Zukunft. Eine Prophezeihung im J. 1845, enthalten im 75. Briefe der „Militair. Briefe eines Verstorbenen" 2c. Mit einem Anh. gr. 8. (22 S.) Adorf 848, Verlags-Büreau. 6 ngr.

— Gegenwart über, u. nächste Zukunft in seinen äußern wie innern Verhältnissen, mit besond. Rücksicht auf Preußen u. die westlich deutschen Staaten. gr. 8. Zweibr., Ritter. 20 gr.

— allgem. Gesangbuch, s. Gesangb. f. alle Stände.

— Geschichte kurz u. schlicht erzählt. Freiburg i. Br. 870. Herder. 16. (VII, 230 S.) 15 ngr.

—— Geschichte bis auf den heutigen Tag kurz und schlicht erzählt. gr. 16. (VII, 241 S.) Freiburg i. Br. 871, Herder'sche Verlagsh.

Gesundheits-Quelle. Ein Rathgeber, verschiedene Krankheiten, wie trockenen Husten, Schwindsucht, Lungengeschwüre 2c. durch den Gebrauch des Selterbrunnens zu heilen. Leipzig 865. H. Schmidt jun. in Comm. 8. (36 S.) n. 10 ngr.

— Gewinn u. Verl. bey d. Rastädter Friedens-Basis. 8 Zerbst, Füchsel.

— Gewinn u. Verlust bei der Rastädter Friedens-Basis. 8. Zerbst, Kummer. 9 gr.

Deutschlands Giftpflanzen, s. a. Giftpflanzen.

— Giftpflanzen, in schön getrockneten natürl. Exemplaren, s. Ed. Winkler.

— Glas-Industrie. Adressbuch sämtl. deutschen Glashütten m. näherer Bezeichng. ihrer geograph. Lage, Angabe der Fabrikate u. statist. Notizen. Die Glas-Raffinerie-Anstalten, Lampenbläsereien etc. u. ihre Fabrikate. Bezugsquellenliste f. alle Fabrikate der deutschen Glas-Industrie, sowie in der Glas-Industrie benötigten Werkzeuge u. Materialien. Hrsg. v. der Red.: „Die Glashütte", Dresden (J. Fahdt). XIV. Aufl. 1907. (IV, 535 S.) kl. 8. Dresden, (v. Zahn & Jaensch). Kart. nn 4. —

— Goldgrube, od. durch welche inländ. Erzeugn. kann Zucker, Kaffee u. Thee ersetzt werden? m. K, gr. 8. Berlin W. Oehmigke .800. (Sander)

— Heer in österreichischer Beleuchtung. Briefe e. k. u. k. Offiziers üb. die deutschen Kaisermanöver 1906. Mit 5 Kartenskizzen u. 1 Plan. (VII, 50 S.) gr. 8. Leipzig 906. F. Engelmann. n. 1.80
Sonderabdruck aus: „Danzer's Armee-Zeitg."

— Heilquellen u. Bäder. Hrsg. vom kaiserl. Gesundheits-Amt zu Berlin. (In deutscher, französ. u. engl. Sprache.) gr. 4. (XVI, 267 S. m. Abbildgn.) Berlin 900. O. Seehagen. Geb. in Leinw. 4. —

— Helden oder der Kampf gegen Frankreich. Eine Chronik des deutsch-französ. Krieges im J. 1870. Nach amtl. Quellen bearb. und zusammengestellt von einem früheren sächs. Militär. 34 Hefte. 4. (810 S. mit 34 color. Stnt., und 1 lithogr. Titelbl.) Dresden 871, Münchmeyer. à Heft 30 Pf.

— Heldenkampf. Neue deutsche Kriegs- und Siegeslieder aus den glorreichen J. 1870 und 1871. Ein patriot. Liederkranz nach bekannten Melodien und zum declamator. Vortrage. 2 Hefte. 1.—3. Aufl. 8. (à 8 S.) Landsberg 871, Volger und Klein. à Heft 10 Pf.

— Hoffnungen, (vom Appellat.-Rath Körner). 8. Leipz. 813. Hartknoch. 2 gr.

— Holzverschwendung, über, wie sie abzustellen. 8. Meißen 806. Gödsche. 6 gr.

— Holzverschwendung, üb., wie sie abzustellen. 8. Meißen, Gödsche. 809.

Deutschlands Hort. Illustr. patriot. Zeitschrift f. d. deutsche Volk. Hrsg. von H. Hacke. 1. Jahrg. 1890 27 Hefte. (à Heft 2 Bog.) gr. 4. Berl., Siegismund. à Heft — 20; 5 40
Vom 2. Jahrg. 1891 sind nur noch 9 Hefte erschienen.

— Humorschatzkästlein. 1. Bdchn. gr. 16. Charlottenburg 897. A. Michow. n. — 10; geb. n. — 20
Aus Kalau u. Umgegend, enth. 419 dopp. versohlte Kalauer, zum Trost in allen verzweifelten u. sonst. Lebenslagen zusammengest. v. Ed. Jürgensen. (63 S.)

— Achtzehntes Jahrhundert, e. Monatsschrift. (In Verbind. mit Mehreren herausg. v. J. S. v. Rittershausen.) Jahrg. 1781 bis 86. Kempten, Typogr. Soc. 4 rß 8 gr.

— Industrien. 1. Thl. Die deutsche Maschinen-Industrie. Ein Adressbuch ihrer verschiedenen Fabrikationen u. Hilfsquellen. Hrsg. m. Unterstützg. bewährter Fachleute v. der Verlagshandlg. 8. Aufl. 1902/1903. Mit e. Bildniss: Richard Hartmann. (XIV, 1416 S.) gr. 8. Dresden (902). [Verlag deutscher Fachadressbücher Pfretzschner & Co.] (O. Damm.)
Geb. in Leinw. n. 30. —; ermäss. Pr. n. 10. —

— Industrien. Jetzt: Dresden (O. Thurm). Ladenpreis aufgehoben.

— Interessen im Orient und Occident. Zeitgemäße Betrachtungen von K. v. R. gr. 8. (32 S.) Berlin 887, Friedrich Nachf. *

— Jugend. Schüler-Zeitung f. Knaben u. Mädchen. Hrsg. u. Schriftleiter: Geo. Gellert. 1. Jahrg. April—Septbr. 1905. 28 Nrn. (456 S. m. Abbildgn) 4. Berlin, M. Regenhardt. n. 2.50

— dasselbe. Illustr. Wochenschrift f. Knaben u. Mädchen. Hrsg. u. Schriftleiter: Geo. Gellert. 2. u. 3. Jahrg. Oktbr. 1905—Septbr. 1907. à 52 Nrn. (2. Jhrg. VI, IV, 832 S.) 4. Ebd. à Jhrg. n. 5. —

— Jugend. Jhrg. 3. Jetzt: Berlin, C. A. Schwetschke & Sohn.

Deutschland's Jugend. Illustr. Wochenschrift f. Knaben u. Mädchen. Hrsg. u. Schriftleiter: Geo. Gellert. 4.—6. Jahrg. Oktbr. 1907—Septbr. 1910. à 52 Nrn. (à ca. 16 S.) gr. 8. Berlin, W. Herlet. à Jahrg. 5. —

— Jünglinge, an. 8. Cassel, Griesbach. 813.

— Kalibergbau. Festschrift zum X. allgem. Bergmannstage in Eisenach. (III, VI, 183; 123; IV, 145 u. 230 S. m. Abbildgn., 12 Taf., 7 Karten u. Profilen.) Lex. 8. Berlin 907. (N. W. 40, Platz vor d. Neuen Tore 3) Vertriebsstelle d. Königl. geol. Landesanstalt. Geb. in Leinw. nn 20. —

— Kampf- und Freiheitslieder. Illustr. von Geo. Bleibtreu. Mit einer Einleitung von Rob. Prutz. 6 Lfgn. gr. 4. (X und 96 S. mit eingedr. Holzschn. und 8 Holzschntaf.) Leipzig 864, Loës. [Zander.] à Lfg. * 20 Ngr. *
Ausg. in Fol. à Lfg. * 1 Thlr. 10 Ngr. *
geb. mit Goldschn. *
Ausg. in Fol. in Leder geb. *

— Kampf- u. Freiheitslieder. Illustr. von Geo. Bleibtreu. Mit e. Einleitung von Rob. Prutz. Volks-Ausg. Leipzig 866. Loës. (Zander.) gr. 4. (XII, 96 S. m. Holzschn. im Text.) n. 1 rß 20 ngr.

— Kathastrophe. Das ist: Nothwendiger Verfall d. christl. Religion u. bürgerl. Ordnung in Deutschland durch das Werk: „die Stunden der Andacht.' 2e verb. Aufl. 8. München 825, Giel.

— Kernobstsorten, s. (Achrenthal, Joh. v.)

Deutschland's Kernobstsorten, s.: Kernobstsorten.

— Kommerzienräte. Bearb. u. hrsg. auf Grund amtl. Ernenngn. (IV, 400 S.) Lex. 8. Bremen 909. F. Leuwer. Geb. in Leinw. 20. —

— neue Constitution, s. C. Weber.

— gelehrte Contraste, 1s Hundert. 8. Kopenh. 772. Proft. 4 gr.

— Krieg gegen Frankreich 1870—71. Fürs deutsche Volk zur Feier des 2. Septbr. kurz erzählt. 8. (94 S. mit 1 Oelfarbenbild und 22 eingedr. Holzschn.) Stuttgart 875, Buchh. der Evangel. Gesellschaft. *

— Krieg gegen Frankreich im J. 1870. Von H. v. D. 1—5. Heft. Berlin 870. Cronbach. gr. 8. (S. 1—72.) Jedes Heft 1 ngr.

— Krieg mit Frankreich im J. 1870. Minden 870. (A. Volkening.) 8. (32 S.) n. $2\frac{1}{2}$ ngr.

— Krieg u. Sieg i. d. J. 1870 u. 1871. In übersichtl. u. populärer Darstellg. f. Jedermann. Mit Karten d. Kriegsschauplatzes u. v. Paris, mehreren Plänen, vielen (eingedr.) Abbildgn. u. Portraits. 2. Aufl. gr. 4. (120 S.) Elberfeld 871. Lucas. 1. 25

Deutschlands Krieger von sonst und jetzt. Ein Bilderbuch für deutsche Knaben. qu. gr. 4. (15 Chromolithogr.) Langensalza 881, Beyer und Söhne. cart.

— Krieges- und Siegesjahre, s. a. Kletke, Herm

—— Krieges- und Siegesjahre 1809—1815 im Liede deutscher Dichter. Hrsg. von Herm. Kletke. 8. (XV und 216 S.) Berlin 859, Springer's Verlag. * —

— Kriegsflotte. 30 Ansichten nach Momentaufnahmen in Photographiedruck, darstellend die Haupttypen unserer Kriegsschiffe, Manöverbilder u. Szenen aus dem Mannschaftsleben. (32 S.) qu. Lex.-8. Berlin (906). Globus Verlag. Kart. n.n.n. — 90

— Cultur, oder Briefe e. französ. Offiziers in seiner Gefangenschaft. 8. Leipz. 797. Schmidt. 10 gr

—— Kunstschätze, s. a. Kunstschätze.

— Kunstschätze. Eine Sammlung der hervorragendsten Bilder der Berliner, Dresdener, Münchener u. Wiener Galerien. Mit erläuterndem Text von Adph. Görling, u. e. Reihe von Portraits der bedeutendsten Meister mit biograph. Notizen von A. Woltmann u. Br. Meyer. (In ca. 60 Liefgn.) 1. Liefg. Leipzig 870. Payne. gr. 4. (S. 1—12, 3 Stahlst. u. 1 Holzschn.) 7½ ngr.

— Kunstschätze, e. Sammlg. der hervorragendsten Bilder der Berliner, Dresdener, Münchener, Wiener, Casseler u. Braunschweiger Galerien, m. erläut. Text v. Adph. Görling u. e. Reihe v. Portraits der bedeutendsten Meister m. biograph. Notizen v. Alfr. Woltmann u. Bruno Meyer. 1. Bd. 2—32. Lfg. hoch 4. (V, 160 S. m. 60 Stahlst. u. 80 S. biograph. Text m. 20 Holzschntaf.) Leipzig 872. Payne. à — 75 (1. Bd. cplt. geb. m. Goldschn.: n. 24. —)

Deutschlands Kunstschätze. Eine Sammlung der hervorragendsten Bilder der Galerien in Berlin, Dresden, München, Wien. Mit erläut. Text v. Adf. Görling u. e. Reihe v. Porträts der bedeutendsten Maler. Mit biograph. Notizen v. Alfr. Woltmann u. Bruno Meyer. 1. Bd. 3. Aufl. gr. 4. (VIII, 160 u. 80 S. m. 60 Stahlst. u. 20 Holzschn.-Porträts.) Reudnitz-Leipzig 885. Payne. geb. m. Goldschn. n. 20. —

— Kunstschätze. Eine Sammlg. der hervorragendsten Bilder der Galerien in Berlin, Dresden, München, Wien. Mit erläut. Text v. Adf. Görling und e. Reihe von Porträts der bedeutendsten Maler. Mit biograph. Notizen v. Alfr. Woltmann u. Bruno Meyer. 2.—4. Bd. 3. Aufl. gr. 4. (VI, 148 u. II, 80; IV, 155 u. II, 72; IV, 140 u. II, 85 S. m. je 60 Stahlst.) Leipzig 890. A. H. Payne. Geb. in Leinw. m. Goldschn. à n. 20. —; auch in 80 Lfgn. à — 75

— Lage und Zukunft. Ein freies Wort an Deutschlands Fürsten und Volksstämme. Oldenburg 860. Schulze. gr. 8. (16 S.) n. 4 ngr.

Deutschlands parlamentarische Landwehr. Biographien u. Charakterbilder aus den deutschen Volksvertretungen mit Portraits (in Holzschn.). 1. 2. Heft. Berlin 867. A. Jonas. gr. 8. (64 S.) Jedes Heft n. 2⅓ ngr.

—— Lehrjahre. 1848—1860. Ein Gedenkbuch für das deutsche Volk von einem Volksfreund. (In ca. 24 Lfgn.) 1—10. Lfg. Lex.-8. (S. 1—480.) Berlin 859. 60, Moeser und Scherl. à Lfg. 4 Ngr.

Vgl.: Held, Deutschlands Lehrjahre.

—— schönste Lieder! 2. Aufl. 32. (160 S.) Hamburg 865, Gerrits.

— Liederbuch. 1—3. Bd. 16. Berlin, W. Pinkert. à — 10

1. Was Berlin singt. (94 S.) (910.)
2. „Alt Heidelberg du feine" sowie sämtliche neue u. beliebtesten Kommers- u. Studenten-Lieder. (96 S.) (910.)
3. Soldaten-Lieder. (96 S.) (910.)

— Liederkrone, s. Archiv, Schwäbisch-Fränkisches.

—— Liederkrone, s. Liederkrone.

— Liederschatz. 1.—6. Bdchn. gr. 16. Ebd. 897. à — 10; kart. à — 20

1. 333 Couplets, Lieder- u. Walzerlieder-Texte. D. berühmtesten Lieder Deutschlands, ausgew. u. m. Angabe d. Komponisten u. Verleger vers. Von Anna Alsbahr. (144 S.)
2. 222 Commers- u. Studentenlieder-Texte. D. berühmtesten Kneiplieder Deutschlands, ausgew. von Erich Petersille. (100 S.)
3. 245 Volkslieder-Texte hauptsächlich Deutschlands, ausgew. von Alfr. Michow. (94 S.)
4. D. Radlers Wunderhort. 111 neue u. beste Radlerlieder z. Mitsingen, nebst e. Sammlg. v. 22 d. beliebten Parodieen deutscher Klassiker, auf's Rad geflochten. Von Ed. Jürgensen. (86 S.)
5. 167 Soldaten-Lieder. Unt. Mitwirkg. vieler aktiver Soldaten zusammengest. von Alfr. Michow. (79 S.)
6. 65 Tyroler- u. Alpen-Lieder. D. schönsten Alpen-Gesänge. Von Alfr. Michow. (47 S.)

— Liederschatz. 1.—12. Bdchn. 12. Berlin (902). Tessaro-Verlag. à — 10; kart. à — 20; Sonderausg. à — 25

1. Couplet-Lieder, 2700, Walzerlieder, Klapphorn, Wirtshaus a. d. Lahn, Holadrio, Schnadahüpfel, Postkarten- u. Stammbuch-Verse. (189 S.)
2. Commers- u. Studentenlieder-Texte, 222. (100 S.)
3. Volkslieder-Texte, 245. (94 S.)
4. Radler's, des, Wunderhort. Neue u. beste Radlerlieder zum Mitsingen, nebst e. Sammlg. v. 28 der beliebtesten Parodieen deutscher Klassiker, auf's Rad geflochten v. Eduard Jürgensen. (92 S.)
5. Soldaten-Lieder, 209, unter Mitwirkg. vieler aktiver Soldaten zusammengestellt. (96 S.)
6. Tiroler- u. Alpen-Lieder, 65. Die schönsten Alpen-Gesänge. (47 S.)
7. Gut Naß hurrah! 103 feucht-fröhl. Schwimmlieder. Von Erich Albig. Nebst e. Anh. v. 12 Parodieen, verwässert u. gesalzen v. Eduard Jürgensen. (78 S.)
8. 212 Original-Couplets u. komische Vorträge. Von Willib. Matthias. (94 S.)
9. 151 Kinder- u. Jugend-Lieder. Von Alfr. Michow. (62 S.)
10. Feuerwehr-Lieder, 55, zusammengest. v. e. Berufsfeuerwehr-Offizier. (43 S.)
11. Orig.-Theater-Couplets u. Lieder, 56, aus berühmten Possen des „Adolf-Ernst-Theater", „Central-Theater" u. „Thomas-Theater", gesungen v. Josephine Dora, Bertha Feldau, Anna Grünfeld, Emil Thomas, Adolf Ernst, Carl Weiß, Guido Thielscher, Heinrich Vollmann u. a. (62 S.)
12. 51 Soloscenen. Humoristische Vorträge u. Couplets. Von Willib. Matthias u. Otto Mylius. (78 S.)

— Literatur, über, u. Buchhandel, s. Mallinkrodt.

— Literatur, üb., u. Buchhandel. 8. Dortm. Mallinkrodt 800.

Deutschlands und Frankreichs Macht. Eine Schutz- und Trutzschrift von einem Deutschen Officier a. D. Potsdam 859. Riegel'sche Buchhdlg. 16. (116 S.) n. 10 ngr.

— große Männer u. Zeiten. D. reif. Jugend z. Erhöhg. d. Nationalgefühles gewidm. 8. (IV, 72 S.) Langensalza 896. Schulbuchh. Kart. n. — 50

— vorzüglichste Meßplätze, Handbuch für Gelehrte, Statistiker u. Reisende. 8. Leipz. 802. Kühn. 1 rthl 4 gr

Deutschland's Morgenröthe. Schauspiel in 5 Aufzügen. gr. 8. (86 S.) Breslau 876. Trewendt. n. 2. —; geb. n. 3. —

Deutschlands Mundarten. Eine Monatschrift für Dichtung, Forschung und Kritik. Hrsg. von Jos. Ans. Pangkofer. 1. Jahrg. 6 Hefte. Lex.-8. Nürnberg 854, v. Ebner'sche Buchh. Verlags-Conto. Thlr. *

Vgl.: Mundarten, die deutschen.

— Nationalkalender, s. Taschenbuch.

— Nationaltrachten, Volksfeste u. charakterist. Beschäftigungen, malerisch dargestellt, mit histor. Notizen begl. v. Al. Schreiber. 1r Bd. Das Großherzogth. Baden, in 12 maler. Darstellungen. Frburg, Herder 6 ℛ 16 gr ill. 15 ℛ

—— sociale Noth und der Orient. gr. 8. (26 S.) Frankfurt a. M. 855, Brönner.

**Deutschlands** gegenwärtiger, besonders landwirthschaftl. Nothstand, seine Quellen, und die abhelfenden Mittel dagegen. gr. 8⁰. Tübingen, Osiander, 1825.

— Obstsorten, bearb. v. Müller, Grau u. Bissmann unter Mitwirkg. hervorrag. Fachmänner. 1. u. 2. Jhrg. 1905 u. 1906. à 3 Hfte. (à 24 [12 farb.] Taf. m. 48 S. Text.) Lex.-8. Stuttgart, Eckstein & Stähle. Subskr.-Pr. à Jhrg. n. 5. 50

— Obstsorten, bearb. v. Müller, Grau u. Bissmann unter Mitwirkg. hervorrag. Fachmänner. 3—6. Jahrg. 1907—1910. à 3 Hefte. (à Jahrg. 24 [12 farb.] Taf. m. 43 S. illustr. Text.) Lex. 8. Stuttgart, Eckstein & Stähle. Subskr.-Pr. à Jahrg. 5. 50

— Originaldichter. 4 Bde. gr. 8. Hamb. 774—77. Reuß. 7 ℛ

—— zweites Ostern od. die Auferstehung d. Kirche. Ein Prophetenruf an Katholiken u. Protestanten, Johs. Ronge gewidmet. (Gedicht.) gr. 8. (1½ B.) Stuttgart 845, Metzler'sche Buchh.

—— Papiergeld. Unentbehrliche Notizen für Geschäfts- und Privatleute über Kassenscheine und Banknoten, welche im öffentl. Verkehr vorkommen. Hrsg. von J. Villain. 3. —7. Jahrg. 1862—66. à Jahrg. 6 Nrn. (Bog.) 4. Erfurt, Bartholomäus. à Jahrg. einzelne Nrn.

—— dass. — 8. Jahrg. 1867. 6 Nrn. (Bog.) 4. Berlin, Trothe und Comp.

—— Papiergeld. Unentbehrliche Notizen für Geschäfts- und Privatleute über Kassenscheine und Banknoten, welche im öffentl. Verkehr vorkommen. Hrsg. von J. Villain. 9. Jahrg. 1868. 6 Nrn. (Bog.) 4. Berlin, Trothe. Einzelne Nrn.

— Papiergeld u. Münzen. Journal über gefälschtes Papiergeld u. unächte Münzen. Red.: J. Villain. 9—11. Jahrg. 1868—1870. à 6 Nrn. (à 1 Bgn.) Berlin, Trothe & Co. 4. Jeder Jahrg. 15 ngr; einzelne Nrn. à n. 4 ngr

—— dass. — 12.—15. Jahrg. 1871—1874. à Jahrg. 6 Nrn. (Bog.) 4. Berlin, Jahncke. 12.—14. Jahrg. à 15. Jahrg. *

—— Papiergeld und Münzen. Journal über gefälschtes Papiergeld und unächte Münzen. Redact.: J. Villain. 16. und 17. Jahrg. 1875 und 1876. à Jahrg. 6 Nrn. (à 1—1½ Bog.) gr. 4. Berlin, Jahncke. à Jahrg. *

—— dass. — Journal über gefälschtes Papiergeld, Münzen, Bank- und Handels-Notizen. Redact.: J. Villain. 18. Jahrg. 1877. 6 Nrn. (à 1—1½ Bog.) gr. 4. Ebendas. *

Nicht weiter erschienen.

—— coursirendes, verfallendes, werthloses und gefälschtes Papiergeld, dessen Verfallzeit und Einlösungsstellen. 16. (23 S.) Leipzig 870, Serbe'sche Verlagsh.

— Raumkunst u. Kunstgewerbe auf der Weltausstellg. zu Brüssel 1910. Vom Reichskommissar autoris. Ausg. (128 S. Abbildgn. u. 11 farb. Taf. m. VIII, 6 S. Text.) Lex. 8. Stuttgart (910). J. Hoffmann. 4.—; geb. 5.—

—— heutiger Rechtszustand und seine Fortbildung. Ein Wort zur Verständigung an alle Süddeutschen von einem Bayern. Mit einem Anh., die Friedens- und Allianzverträge von 1866, die norddeutsche Bundesakte, den Zollvereinsvertrag und den bayer. Bundesverfassungsentwurf von 1848 enth. gr. 8. (84 S.) Nördlingen 870, Beck'sche Buchh. *

— politische Reformation von England aus betrachtet. [Nicht in Professoren-Sprache.] 1. Hft. gr. 8. (15 S.) — [Eine Volksschrift.] 2. Hft. gr. 8. (15 S.) Hamburg 848, Perthes-Besser & Mauke. (à 2 ngr) 4 ngr

— höchstnöthige, polit.-publicistische Regeneration. 8. Leipz. 803. Cr. Fleischer. 1 ℛ

— edelste u. kräftigste Regenten. s. Kaiserhaus, d. Sächs., in Deutschl. 1r Bd.

— an, Reichsstände, ein Wort z. seiner Zeit. gr. 8, Hof Graue. 795.

— Rettung u. Sachsens Befreiung durch die Schlacht b. Leipzig im Oct. 1813 in einer ausführlich treuen historischen Darstellung von einem Augenzeugen, m. 1 topographischen Plan. gr. 4. Leipz. Cnobloch. 813.

— Ruhmes-Halle. Biographien berühmter Feldherren, Staatsmänner, Gelehrten u. Künstler der neuern u. neuesten Zeit. 1. Bd. A. u. d. T.: Das Buch vom Erzherzog Carl. Geschrieben v. Frz. Jos. Adph. Schneidawind. Illustr. v. Adalb. Müller. 3. durchgeseh. u. verm. Aufl. br. 8. (XIV u. 194 S. m. eingedr. Holzschn.) Leipzig 848, Spamer. n. ⅔ ℛ — Prachtausg. in Engl. Einb. n. 1⅓ ℛ

— dies. 2. Bd. 2. Abth. A. u. d. T.: Das Buch vom Erzherzog Johann. Geschrieben v. Frdr. Althaus. Mit vielen eingedr. Illustrat. (in Holzschn.) br. 8. (VI u. 70 S.) Ebd. 848. n. 5/12 ℛ

— Ruhmeshalle im 19. Jahrh. Mit zahlreichen Orig.-Kunstbeilagen in Schwarz- u. Farbendr. u. vielen Text.-abbildgn. (Hrsg.: Paul Kittel. Red.: Herm. Müller-Bohn.) Neue Ausg. 2 Bde. (IV, 896 S.) Lex. 8. Berlin (910). P. Kittel. Geb. in Leinw. 25. 50

**Deutschlands** Ruhmeshalle in Wort u. Bild, s.: Hausschatz, patriot.

— Ruhmestage 1870/71. In Schildergn. v. Mitstreitern. 33 Lfgn. 8. (à ca. 3 Bog.) Rathenow 895. 896. M. Babenzien. à n. — 40

— Schriftsteller, alphabetisch, u. beurtheilt. 8. Wien 790. Sammer. 8 gr

— Schriftstellerinnen, e. charakterist. Skizze. 8. Ulm 790. Stettin. 6 gr

—— Schule im J. 2000. Der Traum eines Pädagogen. gr. 8. (20 S.) Berl. 891, Walther. * — 50

— — Schwämme in getrockn. Exemplaren, gesammelt und herausgeg. von Schmidt und Kunze. 8te 9te Liefer. 4. Leipzig, Voß. à 1 Rthlr. 819 u. 820.

— Sieg bei Eckernförde in (3 lith.) Bildern. An Ort u. Stelle aufgenommen u. gezeichnet v. O. Speckter, J. H. Jander, J. Prömel u. a. Künstlern. Mit Text u. e. (lith.) Karte d. Eckernförder Meerbusens, nach dem Maassstabe v. 1 Meile auf 4½ Zoll. Fol. Hamburg 849, Kittler. n. 2 ℛ; color. n. 2 ℛ 24 ngr

— erster Sieg gegen Frankreich. Von Weißenburg nach Woerth! Deutsche Sieges-Lieder für Volk u. Heer. Nach bekannten Melodien u. mit deutschem Orig.-Text, der den Franzosen geblasen wird von H. Antihm. Berlin 870. Gräbner. gr. 8. (8 S.) 1½ ngr

—— Sieger auf Englands Rennbahnen. Für alle guten Patrioten von Pegasus (C. Gräfe). br. 8. (41 S.) Berlin 855, Allgemeine deutsche Verlagsanstalt. *

—— Siegesklänge. 8. (8 S.) Chemnitz 871, Hager.

— Sprechsaal. Heft 1 u. 2. 8. Berlin, A. Baumhauer. 1. 40

1. „Soziale Wiedergeburt". Wichern-Lassalle-Bismarck u. die Wissenschaft. Ein Bild einheitl., deutscher Kulturarbeit. Von Joh. Baemeister. 2. erw. Aufl. (94 S.) (010.) 1.
2. Buchhandel u. Literatur. Interessantes aus der Neuzeit. Von Joh. Baemeister. (43 S.) (010.) — 40

— Staatenbund u. der deutsche Einheits-Staat, Versuch einer Vermittelung von F. v. W. gr. 8. (41 S.) Liegnitz 849, Gerschel in Comm. 6 ngr

— Staaten-Gruppen im März 1850. Fol. Kpfrst. u. color. (Mit 1 Bl. Text in Fol.) Gotha 850, J. Perthes. n. 8 ngr

— u. Europas Staats-Interesse, über. 8. Gießen, Heyer. 814.

— Staats- u. Kirchenveränderungen, histor., polit., staats- u. kirchenrechtl. entwickelt. (Von J. P. Harl.) Mit 17 Beilagen. gr. 8. Berl. 804. Maurers B. 1 rß 8 gl (Auch u. d. T.: Entwickelung d. aus d. Säcularisationssystem u. dessen Folgen hervorgehenden, polit., bürgerl. u. kirchl. Reformen 2c.)

Deutschlands verschiedene Stände, auf 18 gestoch. Kupfertaf., zum Nachzeichnen und Coloriren für fleißige Kinder. 12. Leipzig 833. Friese. ⅓ rß

—— bundesverfassungsmäßige Stellung zur oriental. Angelegenheit, s. Archiv für das öffentliche Recht des deutschen Bundes.

— vorzüglichste Sternwarten. Aus C. L. v. Littrow's Kalender f. alle Stände (1848) abgedr. Mit 7 Kpfrtaf. gr. 8. (18 S.) Wien 848, Gerold. n. 8 ngr

—— Stolz. Die Meisterwerke der deutschen Literatur. 1. Bd. (à 20 Nrn.) Nr. 1: Wilhelm Tell. Schauspiel in 5 Aufzügen von F. Schiller. Fol. (12 S.) Leipzig 868, M. Schäfer.

— edle Töchter, für, weg. Sorge f. Geist u. Körper. 8. Lp Graffe. 801.

—— Trauer. Des Reiches Hoffnung. Die ersten drei Kaiser des neuen deutschen Reiches. Wilhelms I. und Friedrichs III. Leben, Tod und Bestattung. Wilhelms II. Regierungsantritt. 4. (IV, 118 S. mit 96 Abbild. im Text und 7 Kunstbeilagen.) Stuttgart 888, Deutsche Verlagsanstalt. geb. *

— Triumph oder das entjochte Europa, herausg. von Scherer. 1r Bd. 1s u. 2s Heft. 8. Berlin, Heyn. 815. (à 8 gr.)

—— Umkehr und seine Stellung zur Orient-Frage. Zeitgemäße Betrachtungen eines Reichsfreundes. gr. 8. (28 S.) Berlin 876, Guttentag.

— Untergang oder Auferstehung? Ein Sendschreiben an's deutsche Volk jeden Standes, Alters u. Geschlechts. München 866. L. Finsterlin. gr. 8. (44 S.) n. 8 ngr

— Vereinbarung durch Preußen u. den Zoll-Verein. gr. 8. (15 S.) Brüssel u. Leipzig 849, Muquardt. n. 2 ngr

— Verfassung. Betrachtungen üb. den von den Männern d. öffentlichen Vertrauens verfaßten u. der deutschen Bundesversammlung überreichten Entwurf des deutschen Reichsgrundgesetzes. Von W. W. gr. 8. (26 S.) München 848, Franz. 4 ngr

Deutschlands Vergangenheit u. Zukunft, s. E. Münch.

Deutschlands Verjüngung. Ein Wort der Belehrung üb. Republik u. constitutionelle Monarchie an den deutschen Mittelstand von einem deutschen Patrioten. gr. 8. (35 S.) Leipzig 848, W. Engelmann. ⅙ rß

— Verlust, üb., u. das dabey eintretende Entschädigungssystem 2c. 8. Erf. Beyer. 801.

— Verlust, über, u. das dabei eintretende Entschädigungssystem. 8. Erfurt 801. Maring. (Otto). 7 gl

— Vertheidigung gegen den äußeren Feind und das sie befördernde System der Eisenbahnen. Mit 1 Taf. Abbild. Von einem Officier u. Inhaber der Kaiserl. Königl. Oesterreichischen gr. goldenen Verdienstmedaille 2c. gr. 8. Stuttgart u. Tübingen 842, Cotta'scher Verl. 1 rß

Deutschlands nützliche Vögel. 1 chromolith. Taf. gr. Fol. Dresden 888. Jaenicke & Co. n. 5. —

Deutschlands jetztleb. Volksschriftsteller in Bildn. u. Biograph. 8. Nürnb. Moser. 796. Rthlr.

—— gesammtes Volksschulwesen nach seiner nothwend. Reformation u. seinem künftigen Verhältnisse zum Staat, zur Kirche u. zum Leben. Von e. sächs. Schulmanne. gr. 8. (18 B.) Bautzen 813, Schlüssel. (Weller.)

— Vorzeit. 1e Abthl. Preußens Vorzeit, oder histor. Unterhaltungen, Gemälde u. Sagen 2c. Im Verein mit mehreren Geschichtsfreunden herausg. von Fr. Reiche. 2 Bde. Mit 6 Stahlstichen. gr. 8. Berlin 835. Heymann. 2⅔ rß (Vgl. Preußens Vorzeit.)

— Vorzeit, od. histor. Unterhaltungen, Gemälde u. Sagen aus der Vorzeit von Städten, Burgen, Schlössern, Klöstern u. Dörfern; Biographieen berühmter vaterländischer Personen u. Züge aus dem Leben der Fürsten, Herren, Ritter u. Bürger. Eine Lektüre zur Kenntniß der vaterländ. Geschichte u. zur Belebung patriot. Sinnes. Im Verein m. mehreren Geschichtsfreunden hrsg. v. Fr. Reiche. Mit Stahlst. Neue (Titel-) Aufl. 1—14. Hft. gr. 8. (1. Bd. 302 S. m. 2 Stahlst. 2. Bd. IV u. 278 S. m. 3 Stahlst. 3. Bd. 288 S. 4. Bd. S. 1—94 m. 1 Stahlst.) Berlin (834) 851. 52, C. Heymann. (à n. 6 ngr) n. 2 rß 21 ngr

— Vorzeit. Historische Unterhaltungen, Gemälde und Sagen der Vergangenheit, von Städten, Burgen 2c.; Biographien 2c. Im Verein mit mehreren Geschichtsfreunden herausg. von Fr Reiche. Mit Stahlst. Neue (Titel-) Aufl. 15—19 Heft. Berlin (853). C. Heymann. gr. 8. (4 Bd.: S. 95—286; 5. Bd.: 286 S. u. 3 Stahlst.) Jedes Heft 6 ngr

Deutschlands Warenhandel mit dem Auslande in den Jahren 1872-87. (Zeitfragen, Volkswirtschaftliche 77-78) Berlin 1888

— Wehr, Deutschlands Ehr'. Illustr. Unterhaltungsblatt f. Soldaten u. ihre Freunde. 1.—4. Bd. Oktbr. 1899 —Septbr. 1903. à 52 Nrn. gr. 4. (à ca. 16 S.) Berlin, Ulr. Meyer. à Jahrg. n. 3. —

Wehr, Deutschlands Ehr'. Illustriertes Unterhaltungsblatt f. Soldaten u. ihre Freunde. 5. Bd. Oktbr. 1903 —Septbr. 1904. 52 Nrn. (à ca. 16 S.) gr. 4. Berlin, Ulr. Meyer. n. 4. —
Erscheint nicht mehr.

— koloniale Wehrmacht in ihrer gegenwärtigen Organisation u. Schlagfähigkeit. Auf Grund der neuesten amtl. Dokumente bearb. v. e. höheren Offizier. Mit 24 Abbildgn., 2 Karten u. e. Truppeneinteilungsplane. (VI, 143 S.) Lex.-8. Berlin 906. R. v. Decker. Geb. in Leinw. n. 5. —

— Wiedergeburt, oder d. Rhein. Bund. 8. Hamb., (Herold jun.) 21 gl

— Wiedergeburth, od. d. Rhein. Bund. Hmb. Vollmer.

— Wiedergeburt, über, geschrieben im Nov. 1813. 8. Leipz., Barth. 4 gr

— Wiedergeburt, verkündigt u. gefeiert in e. Reihe evangel. Reden, im Laufe d. J. 1813.... Leipz.... Rein....

— Wohlfahrt; e. Schrift für d. gegenwärt. Zeitpunkt. gr. 8. Lpz. 805. (W. Rauck). 1 ß 12 gr

— Wohlfarth, e. Schrift für den gegenw. Zeitpunkt ic. gr. 8. Leipz. Sommer. 805.

— Wohlfarth in Beziehung auf Militair-Conscription, Unterricht, Landwirthschaft, Fabriken u. Handel. 8. Nürnberg 822. Monath u. Kußler.

— Zoll- u. Handelseinigung m. Hinblick auf die österr. Zollreform u. die Dresdener Conferenzen. gr. 8. (294 S.) Regensburg 851, Manz. 1 1/6 ß

— Zoll- u. Handelsverträge. [Aus: „Deutsche volkswirthschaftl. Korrespondenz".] 8. (36 S.) Berlin W. 890. Dr. B. Stall, Mohrenstr. 50. — 75

— Zoll- u. Handelsverträge u. zwar I. Ueber Handelsverträge v. E. Bernhardi-Dortmund. II. Die deutschen Interessen u. der Außenhandel 1. der vereinigten Staaten. 2. Oesterreich-Ungarns. 3. Frankreichs, 4. Rußlands. 5. Belgiens u. Hollands. 6. Spaniens. 7. Großbritanniens. 8. Italiens. Hrsg. v. Bernh. Stall. [Aus: „Deutsche volkswirthschaftl. Korresp."] 8. (120 S.) Berlin 891. Lazarus. n. 1. 50

— Zukunft in fünf Gesichten. 2., verm. Aufl. 8. (23 S.) Reutlingen 859. (Stuttgart, Fischhaber.)

— Zukunft in vier Gesichten. 8. (27 S.) Schorndorf 849. (Schw. Hall, Haspel) 3 ngr

— Zukunft in kirchl. Hinsicht. Von ein. deutschen Patrioten. 12. (1 1/4 B.) Leipzig 845, Berger's Buchh. *

— Zukunft u. die Stellung des deutschen Adels zu derselben. Politische Skizze v. e. wahren Freunde Beider. Im Febr. 1851. gr. 8. (42 S.) Frankfurt a. M. 851, Sauerländer. 9 ngr

— Zukunft, über, nicht Vermuthung, sondern was wir durch Gebrauch unserer Kraft werden können, v. W. J. 8. Frankf. a. M. 814. Jäger. 3 gr

**Deutschlivland,** Nebukadnezar u. d. russische Zartum. Betrachtgn. e. deutschen Reichsangehörigen. 8. (84 S.) Lübeck (Augustenstr. 9) 899. W. Gläser. n. 1. 60
(Livländische Hefte, Stück 4)

Deutsch-Lothringen [Schlagwort]

**Deutsch-Lothringen,** westl., Eisenerzfelder, s.: Bergbau, Uebersichtskarte.

Deutschmann: Aus dem L e b e n Karls d. Grossen. Hadam. 1863.
Schul-/Univ. Schrift

**Deutschmann,** ..., geschichtliches Lebensbild des französ. u. deutschen Volks durch Dichtung. 8. Bresl. 814. W. G. Korn. 8 gr

**Deutschmann,** A., Entwürfe zu Grabdenkmälern. 4. (27 Chromolith.) Plauen 881. Hohmann. geb. n. 8. —

**Deutschmann,** M. Abrah. Henr., diss. de essentia, attributis et operationibus intelligentiarum, ex angelographia expositae. Witteb. 791. 4.

**Deutschmann,** Ad., tröstliche Buße, oder Predigt üb. d. Evangel. 4. Lauban, Wirthgen. 739.

**Deutschmann, Albert**: Untersuchung über die Sprache der Chanson de geste 'Hugues Capet' und über die Identität des Verfassers mit dem des 'Bauduin de Sebourc'. Halle a. S. 1909: John. 151 S. 8°
Leipzig, Phil. Diss. v. 29. Mai 1909, Ref. Birch-Hirschfeld, Wülker
[Geb. 2. Dez. 85 Saalfeld i. Th.; Wohnort: Leipzig-Neustadt; Staatsangeh.: Sachsen-Meiningen; Vorbildung: Realgymn. Leipzig Reife O. 04; Studium: Leipzig 9 S.; Rig. 8. Jan. 09.] [U 09. 2941

**Deutschmann,** Andr., s.: Handweiser f. den katholischen Pfarrbez. Leipzig.

**Deutschmann,** Aug., Noth- u. Hülfslesebuch in Unglücksfällen, mit Regeln der Vorsicht geziert. Den lieben Landleuten gewidmet. 8. Leipz. Joachim.

**Deutschmann,** C., Schreibvorlagen. Im Auftrage der Oberrealschule auf der Uhlenhorst geschrieben. 3. Aufl. (2 Bl.) 8. Hamburg (904). G. W. Seitz Nachf. Auf Pappe n.n. — 25

**Deutschmann,** Christoph, siehe, der Acker zu neuer Reformation ist bestellt! Der kürzeste u. beste Weg, der aus den religiösen Wirren unserer Zeit, sowie den Menschen zum wahren Frieden führt. (III, 352 S.) gr. 8. Niederau (Amtsh. Meißen) 910. B. Martin. (Nur direkt.) 4. —

— Ohne Reform der Kirche keine Schulreform! Ein Aufruf an das evangel. Volk. (11 S.) Ebd. 910. — 20

**Deutschmann,** Ernst, die Schul-Aera Falk. Ein Beitrag zur Schulgeschichte u. Schulreform. (In 3 Hften.) 1. Hft. gr. 8. (112 S.) Frankfurt a/M. 881. Foesser. n.— 90

**Deutschmann,** Ernst, die Schul-Aera Falk. Ein Beitrag zur Schulgeschichte u. Schulreform. 2—4. (Schluß-)Hft. gr. 8. Frankfurt a/M. 884. Foesser Nachf. n. 4. 80
(cplt.: n. 6. —)
2. 3. (S. 113—336.) à n. — 90. — 4. (XIII u. S. 337—646.) n. 3. —

**Deutschmann,** Ernst, moderne Schleichhändler als Blutsauger Deutschlands in Hamburg u. New-York. Romantische Originalerzählg. 20 Hfte. Lex.-8. (956 S.) Frankfurt a/M. 874. Scherl & Sohn. à — 40

**Deutschmann,** F., Gesangschule f. mehrklassige Volksschulen, sowie Bürger- u. höhere Töchterschulen. qu. 4. (32 lith. S.) Neisse 884. (Graveur's Verl.) n. — 30

**Deutschmann,** F. H., die Weltgeschichte. 1. Bd. Geschichte des Alterthums. Gießen 856. Ricker. gr. 8. (VIII, 800 S.) n. 2 ß 20 ngr

Deutschmann, Frz., Beitrag zur Kenntniss der Atropinvergiftung. Inaugural-Dissertation. gr. 8. (38 S.) Göttingen 881, (Peppmüller.) *

**Deutschmann, Franz,** Med.-Prakt.: Über Subacidität des Mageninhaltes. München: 1908: König. 23 S. 8°
München, Med. Diss. v. 19. Dez. 1908, Ref. v. Müller
[Geb. 13 April 83 Stuhm; Wohnort: Danzig; Staatsangeh.: Preußen; Vorbildung: Stadt. Gymn. Danzig Reife O. 02; Studium: Jena 2, Königsberg 4, München 5 S.; Coll. 19. Dez. 08; Approb. 4. Dez. 08.] [U 09. 3299

**Deutschmann,** Friedlieb, s.: Eigenart, deutsche.

Deutschmann, Friedlieb, Eigenart, deutsche, deutsches Nationalgefühl, deutscher Patriotismus. Ein Zeit- u. e. Zukunftsbild. gr. 8. (39 S.) Hannov. 891, Meyer. — 60

Deutschmann, Fritz, die Landsturm-Pflicht. Erläuterungen des deutschen Landsturmgesetzes. gr. 8. (16 S.) Dresden 887, Morchel. *

— s.: Vademekum f. den reichstreuen Wähler.

Deutschmann, G., Rübezahls Schwänke. Prag 861. Bellmann. 8. (228 S.) n. 26 ngr

Deutschmann, Geo, der deutsche Volksadvokat oder Handbuch der Belehrung, wie sich Jedermann in gerichtl. Angelegenheiten nach den neuen deutschen Reichsjustizgesetzen vom 1. Octbr. 1879 zu verhalten hat, nebst Anweisung, wie man sich die schriftl. Arbeiten zu Gerichtszwecken selbst fertigen kann. 1.—3. verb. Aufl. 8. (160 S.) Hainichen 879, Hoffmann. *ℳ 1.; cart. *

Deutschmann, Gust., das Gebet der Elenden: Herr! Du wollest Dich aufmachen u. üb. Zion erbarmen! Kreis-Synodal-Predigt üb. Psalm 102, 14—16 geh. in der Peter-Paul-Kirche zu Liegnitz, am 22. Junius 1874. gr. 8. (16 S.) Liegnitz 874. Kaulfuß. n. — 20

Deutschmann, Gust., das Gotteshaus ein heiliger Ort. Predigt über 2. Mos. 3, 5, gehalten am Tage der feierl. Einweihung der neuen evangel.-luther. Kirche von Bienowitz am 14. Juni 1859. gr. 8. (16 S.) Liegnitz 859, Gerschel'sche Buchh.

Deutschmann, H., unschuldig, s.: Zehnpfennig-Bibliothek, moderne, VI, 11.

(Deutschmann, Hanns.) Patriotenspiegel für die Deutschen in Deutschland. Ein Angebinde für Bonaparte bey seiner Keyserkronung. 8. Teutoburg 1804.

(Deutschmann, Hanns:) Sendschreiben an Bonaparte. Von einem seiner ehemaligen eifrigsten Anhänger in Deutschland. Deutschland 1804.

Deutschmann, Hans (Pseud.), s. Held, Hans Heinrich Ludwig von

Deutschmann, Hans Heinrich (ps.), Die Hechel, ein Rundgesang Als Gegenstuck zu J. C. H. *Schäffers* Lobgedicht auf Ramken's Vaux-hall. O. O. u. J. (Hamburg 1795.)
Goedeke, l. c., 367, 9.

Deutschmann, Heinrich, approb. Arzt aus Bautzen ⟨Sachsen⟩: Luxationen im Bereiche des Talus. *Leipzig 1902: B. Georgi.* (43 S.) 8°
Leipzig, Med. Diss. v. (27. Juni) 1902

Deutschmann, Hellmuth [aus Danzig]: Enterolithen als Ursache der Typhlitis und Appendicitis ... Freiburg i. B., Speyer & Kaerner, 1896; 2 Bl., 40 S. 8.
Freiburg i. B., Med. Fak., Inaug.-Diss. v. 1896

Deutschmann, I., biblicum Abelis theologiae compend. 4. Vitteb. 709.

— Panoplia confessionis augustanae confes. 4. ibid. 709.

Deutschmann, J., Entwurf zur Erhebung e. gleichförm. Ertrages d. Forstes, nebst Begründung eines immerwährenden Nachhaltes desselben rc. 8. Korneub. 821. (Wien, Armbruster). 2 rf

DEUTSCHMANN, J.: Entwurf zur Erhebung eines gleichförmigen Ertrages des Forstes, nebst Begründung eines immerwährenden Nachhaltes desselben. - Korneuburg 1822

Deutschmann, (J.) Enthebung e. gleichförm. Ertrages des Forstes, nebst Begründung eines immerwährenden Nachhaltes desselben rc. 8. Kornneuburg 823. (Wien Armbruster, Leipz. Liebeskind.)

— jubilaeum catholicae benedictionis. Ibid. 1700. 4.

— de nomine festi paschatos. Ibid. 1705. 4.

— synopsis theologiae biblicae. 4. ibid. 709.

— theologia positiva. 4. ibid. 709.

Deutschmann, J., de pontificiorum traditione, bovem atque asinum in stabulo Bethlehem. penes praesepe Christi adstitisse Viteb. 1704. 4.

Deutschmann, Johs., Franz Kühn, weil. Hauptlehrer in Breslau. Ein Lebensbild. Mit Portr. (in Lichtdr.). 8. (30 S.) Breslau 876. Korn. gratis.

Deutschmann, Johs., Normal-Vorlegeblätter, als Grundlage zur Herbeiführung einheitlicher Schreibformen in unseren Elementar-Schulen. Im Auftrage des Vereines kathol. Lehrer in Breslau geschrieben und hrsg. qu. 4. (4 Stnt.) Breslau 867. (Aderholz.) **.

—— kleine Anleitung dazu für den Lehrer. 8. (16 S.) Breslau 867, (Aderholz.) **.

Deutschmann, Johann Gottfried, Heilige // Gedancken // an //
Sonn= // und // Fest=Tagen // in // Wilhelmsdorff- und //
Gröditzbergischen // Zion // [illegible] eröffnet, // und zum
Druck überlassen // auf Anersuchen und Kosten sei= //ner
lieben Gemeine, // von // Jo... Gottfr. Deutschmann. //
Lauban, druckts Nicolaus [illegible]. // 173[illegible]. - Titelblatt
und 21[illegible] S.
Unter dem Namen des Verfassers steht auf dem Titelblatt
mit Tinte geschrieben:
Pfarr in Wilhelmsdorff in Schlesien, // bey Gold= //berg.

Deutschmann, Karl

Deutschmann, K., goldenes ABC, od. Samml. christl. Sittensprüche, ein Festgeschenk f. d. Jugend. 12. (4½ B.) Aachen 836. [Düsseldorf,] Roschütz u. Comp.

Deutschmann, (W. K.) K., Beiträge zur Länder-, Völker- u. Staatenkunde. I. Kurze Beschreibung d. Brittischen Reiches. 12. (10 B.) Aachen 829. (Köln, P. Schmitz.)

— kurze Beschreib. des brittischen Reiches. 12. Aachen 829. (P. Schmitz in Köln). 12 gr

Deutschmann, (W.K.) Karl, s. Betrachtungen üb. d. wichtigsten Angelegenheiten des Menschen.

— katholisches Gebetbuch, zum Gebrauch bei der öffentl. u. häusl. Gottesverehrung, so wie in Schulen. 2e Aufl. Mit 1 Stahlstich. 8. Breslau 839. Leuckart. n. 1/3 rf — dass. auf Velinp. und mit Titelkpfr. Ebd. 5/12 rf

Deutschmann, K., katholisches Gebetbuch zum Gebrauch bei der öffentlichen und häuslichen Gottesverehrung, so wie in Schulen, gesammelt u. herausg. 4. verb. u. verm. Aufl. Breslau 853. Leuckart. 16. (VI, 362 S.) n. 6 ngr; m. 1 Stahlst. 9 ngr; Velinp. m. 3 Stahlst. 15 ngr

—— vollständ. kathol. Gebetbuch f. alle Feste u. Zeiten d. christl. Kirchenjahres. Neue Ausg. 12. (21½ B. u. Titlbild.) Aachen 836. [Düsseldorf,] Roschütz u. Comp. 5/6 Thlr., in gepreßt. Einbd. m. Goldschn.

Deutschmann, (W.K.) Karl, s. Geist des heil. Vinc. Paul.

—— katholisches Gesang-Buch, s. Gesang-Buch, katholisches.

—— kathol. Gesang-Buch, z. Gebr. bei d. öffentl. u. häusl. Gottesverehrung, so wie in Schulen. 2. Aufl. 8. (19 B.) Breslau 838, Leuckart. *

— katholisches Gesang-Buch zum Gebrauch bei der öffentlichen und häuslichen Gottesverehrung sowie in Schulen, gesammelt und herausg. 6. mit einem Anhang verm. u. verb. Aufl. Breslau (858). Leuckart. 8. (IV, 300 S.) n. 6 ngr

Deutschmann, C., katholisches Gesang-Buch zum Gebrauch bei der öffentl. und häusl. Gottesverehrung, sowie in Schulen. 7., mit einem Anh. verm. und verb. Aufl. 8. (IV und 300 S.) Breslau 866, Leuckart. **

Deutschmann, Karl, katholisches Gesangbuch. 8. Aufl. 8. (IV, 300 S.) Leipzig 880. Leuckart. n. 1.

— dasselbe. Melodien dazu. 6. neubearb Aufl. qu. gr. 4. (77 S.) Ebend. 880. cart. 4. 50

— vollständ. katholisches Gesang- und Gebetbuch, zur öffentl. und häusl. Gottesverehrung. 8. Breslau 836. Leuckart. 7/8 rf — 2e Aufl. Ebd. 840. n. 1/2 rf — Melodien dazu. 3e Aufl. 840. n. 5/6 rf

— vollständ. kathol. Gesang- u. Gebetbuch zum Gebrauch bei der öffentl. u. häusl. Gottesverehrung, so wie in Schulen. 3. mit einem Anhange verm. Aufl. 8. Breslau 844, Leuckart. n. 1/2 ℔ Dass. u. d. Titeln: — Kathol. Gesang-Buch. 3. mit einem Anhange verm. Aufl. 8. Ebend. 844. n. 1/4 ℔ — Kathol. Gebet-Buch. 3. Aufl. 8. Ebend. 844. n. 1/4 ℔ Mit 1 Stahlst. n. 1/3 ℔

— Glaube, Hoffnung u. Liebe. Vollständ. Gebethbuch f. Katholiken. 1. Aufl. 8. (27 B., Ttlkpfr. u. verz. Ttlblatt.) 835., 2., stark verm. Aufl. gr. 12. (19 1/2 B., Ttlkpfr. u. verziert. lith. Ttl.) Aachen 838, Cremersche Buchh. à 18 Gr., Blnd.

— Glaube, Hoffnung u. Liebe. Vollständ. Gebetb. f. Katholiken. 3., verm. Aufl. gr. 12. (20 1/2 B. u. 1 Stahlst.) Aachen 843, Cremersche Buchh.

Deutschmann, K., Glaube, Hoffnung u. Liebe. Vollständiges Gebetbuch f. Katholiken. 4. verm. Aufl. gr. 12. (503 S. m. 1 Stahlst. u. lith. Tit.) Aachen 847, Cremer. 3/4 ℔ Mit 4 Stahlst. 1 ℔ — 5. verm. Aufl. gr. 12. (503 S. m. 1 Stahlst.) Ebd. 851. n. 3/4 ℔

— Grundzüge d. Erdbeschreibung; f. d. unt. Classen d. Gymnas., d. höh. Bürgerschulen u. Erziehungsanstalten. gr. 12. (11 B.) Aachen 834, (Roschütz u. Comp.)

Deutschmann, K., Grundzüge der Erdbeschreibung für die untern Classen der Gymnasien, höhern Bürgerschulen u. Erziehungsanstalten. 2. Aufl. 8. Aachen 845. (Roschütz'sche Buchh.) 1/4 ℔

— the Travellers guide through Aix-la-Chapelle and its environs. With plan. 16. (4 3/4 B.) Aix-la-Chapelle 841, Roschütz. *

— christl. Hausschatz; ein Andachtsbuch f. kathol. Christen. 1. Bdchn. — A. u. d. T.: Morgengebethe. Häusliche Andachten rc. 8. (7 1/4 B.) Aachen 832, Kohnen.

— die Irokesische Jungfrau, s. Jugend-Bibliothek, kathol.

— Kirchengebethbuch zum vormittäg. Gottesdienste, enth. mannigfalt. Gebethe bei d. allerheil. Opfer, nebst d. Lehre d. heil. Kirchenrathes v. Trient üb. dass., u. vielen vorzügl. Kirchengebethen. gr. 12. (21 1/2 B.) Aachen 829, (Cremer.) 12 Gr., Blnd.

Deutschmann, Carl, üb. Klagengewere nach den sächsischen Rechtsquellen d. Mittelalters. gr. 8. (33 S.) Berlin 873. Puttkammer & Mühlbrecht. n. — 80

— erstes Lesebuch f. kathol. Elementarschulen, insbesond. auf d. Lande, mit Rücksicht auf d. ersten Recht-Schreib-Unterricht. 1. Aufl. (3 2/3 B.) 842, u. 2., verm. u. verb. Aufl. gr. 8. (6 B. u. 2 lith. Vorschriften.) Breslau 843, Leuckart. *

Deutschmann, K., erstes Lesebuch für kathol. Elementarschulen insbesond. auf dem Lande mit Rücksicht auf den ersten Recht-Schreibe-Unterricht. Mit lith. Vorschriften zur Beschäftigung der Kinder außer den Schulstunden. 5. Aufl. 851. und 6., unveränd. Aufl. 8. (96 und 4 lith. S.) Breslau 852, Leuckart. Thlr. **

Deutschmann, K., erstes Lesebuch für katholische Elementarschulen insbesondere auf dem Lande mit Rücksicht auf den ersten Rechtschreibe Unterricht. Mit Vorschriften zur Beschäftigung der Kinder außer den Schulstunden. 7. unveränd. Aufl. Breslau 859. Leuckart. 8. (96 S.) nn. 2 1/2 ngr

— erstes Lesebuch für katholische Elementarschulen insbesond. auf dem Lande mit Rücksicht auf den ersten Rechtschreibe-Unterricht. 8., verb. Aufl. 8. (96 S.) Breslau 865, Leuckart. **.

erstes Lesebuch für katholische Elementarschulen insbesond. auf dem Lande mit Rücksicht auf den ersten Rechtschreibe-Unterricht. 8. Aufl. 866. (96 S.) n. 2 1/2 ngr — 9. gänzlich umgearb. Aufl., herausg. von Frz. Schmidt. Ebend. 869. 8. (110 S.) n. 3 ngr

— das Opfer d. neuen Bundes; od. die kathol. Lehre vom allerheil. Meßopfer, nebst geschichtl. Einleit. u. Erklär. d. Meß-Ceremonien u. Gebete. Mit e. Vorr. v. L. Nellessen. 8. (39 B.) Aachen 839, Cremersche Buchh.

Deutschmann, Karl De poesis Graecorum rhythmicae primordiis. 24 S. Progr. *Malmedy* 1883

Deutschmann, Karl: Die Rheinlande vor der französischen Revolution. 46 S. 8. Progr. Kgl. Gymn. *Neuß* 1902 (514)

Die Landstände. Der Adel. Der geistliche Stand. Der Bürgerstand. Der Bauernstand.

Deutschmann, Karl, die Rheinlande vor d. französ. Revolution. gr. 8. (46 S.) Neuß 902. R. Noack. n. 1. —

— das Neue Sion, ein kathol. Gebet- u. Gesangbuch. 8. (32 1/2 B. u. Ttlkpfr.) Aachen 839. [Düsseldorf,] Roschütz u. Comp. 3/4 Thlr., mittl. Ausg. 5/6 Thlr., f. Ausg.
Ein Anhang hierzu ist:
— kathol. Unterricht üb. das heiligste Meßopfer, aus d. Lehren d. heil. Kirchenrathes v. Trient u. d. röm. Katechismus. gr. 12. (1 B.) Aachen 839. [Düsseldorf,] Roschütz u. Comp.

— Sittenbüchlein; e. Samml. sittl. Sittensprüche f. d. kathol. Jugend. 12. Aachen, (Cremer). 1 1/4 ℔

— französische Sprachlehre f. Schule u. Haus. 1. Lehrstufe. gr. 12. (5 2/3 B.) Köln 843, Bachem.

— dass. 2. Lehrstufe. gr. 12. (12 1/3 B.) Ebds. 843.

— Italien. Sprachlehre, z. Selbstunterr. u. f. Schulen. gr. 8. (11 1/2 B.) Mainz 832, Kupferberg.

Deutschmann, Carolus: De poesis Graecorum rhythmicae usu et origine. Coblenz, 1889; S. 3—29; 4°
Coblenz, k. G, OP 1889 (403)

Claudia. Drama in 3 Aufz. von Maria Deutschmann. Paderborn: F. Schöningh [1906]. (58 S.) 8° [J.]
— Dilettanten-Theater. N. F. 15. [07. 11539]

Sonnenstrahl. Novelle von Maria Deutschmann. Paderborn: F. Schöningh (1906). (338 S.) 8° [J.] [07. 7864 6]

— spes unica. Roman. (487 S.) 8. Ebd. 907. n. 4. —; geb. n. 5. —

Deutschmann, Philipp

Deutschmann, Ph., s.: Schematismus der kathol. Volksschulen der Prov. Schlesien.

Deutschmann, Phpp. Schulsparkassen, deren Zweckmäßigkeit u. Einrichtung. gr. 8. (26 S.) Bresl. 892, Goerlich. — 50

Deutschmann, Richard

Deutschmann, R., s.: Beiträge zur Augenheilkunde.

Deutschmann, R., Beiträge zur Augenheilkunde. 1. Hft. Mit 10 Abbildgn. im Text. gr. 8. (VII, 80 S.) Hamburg 890. Voss. n. 2. —

Mein Heilserum. Von Prof. R[ichard] Deutschmann in Hamburg. Experimentelle u. klin. fremde u. eigene Erfahrungen. Hamburg & Leipzig: L. Voss 1907. (54 S.) 8° [Umschlagt.]
— Beiträge z. Augenheilkunde. H. 69. [08. 9802]

Über knötchenförmige Hornhautdegeneration. Von R[ich.] Deutschmann, Hamburg. (Mit 3 Abb.) *Hamburg & Leipzig: L. Voß 1904.* (S. 14—32.) 8°
— Beiträge z. Augenheilkunde. H. 61, [2.] [04. 15333]

Deutschmann, R., weitere Mitteilungen üb. mein Heilverfahren bei Netzhautablösung, s.: Beiträge zur Augenheilkunde.

**Deutschmann**, R., über Neuritis optica, besonders die sogenannte „Stauungspapille" und deren Zusammenhang mit Gehirn-Affectionen. gr. 8. (68 S.) Jena 887, Fischer. *

— über die **Ophthalmia** migratoria [sympathische Augenentzündung]. Mit 1 lith. Taf. gr. 8. (IV, 145 S.) Hamburg 889. Voss. n. 6. —

— **Samuel Gottlob** (Zeitz), De praetoris bellici, quem vulgo auditorem vocant, officio in causis criminalibus. Diss. jur. Rector Tob. Jac. Reinharth. Präs. Conr. Wilh. Strecker. Erfurt (Hering) 28. II. 1735. 31 S., z. Tl. dtsch. (5.—) 6375
Gew.: Joh. Chn. v. Hennicke (Marschwitz).

Deutschmann, W. Die Radikal-Reform des Staats- und Privatrechts, ob und wie weit dieselbe rechtlich nothwendig und zulässig sei, erörtert. Mannheim, Hoff 1838. 334 S. 8.

**Deutschmann**, W. K. K., s. Deutschmann, Karl

**Deutschmann, Walt**, Deutschlands Untergang? Ein unparteiisches Wort zur Sittenlosigkeit (Mscr. f. Erwachsene.) gr. 8. (31 S.) Hamburg 893 Lange & Wendt. n. — 60

**Deutschmeister** und Bauernjunge. Komische Duoscene für zwei Herren. Wien [1890.] V: *Neidl, Julius.* (EB)

**Deutschmeister**, Ernst, der schnell belehrende Taschen-Sekretair, od. die Kunst, in kürzester Zeit durch ein bewährtes Verfahren alle Gattungen Briefe f. die mannigfalt. Verhältnisse d. gesellschaftl. Lebens, als in Familien-, Convenienz-, Dienstes-, Geschäfts-, Wirthschafts-, Liebes- u. Heiraths-Angelegenheiten schreiben zu lernen, u. ohne Vorstudien seine schriftl. Tagesgeschäfte verläßlich zu besorgen. Ein unentbehrl. Rathgeber f. alle Stände. 8. (14¾ B.) Pesth 842, Hartleben's Verlg.-Expedit. -

**Deutschmeister**, Er., der schnell belehrende Taschen-Sekretair, oder die Kunst, in kürzester Zeit durch ein bewährtes Verfahren alle Gattungen Briefe für die mannigfalt. Verhältnisse des gesellschaftl. Lebens, als in Familien-, Convenienz-, Dienstes-, Geschäfts-, Wirthschafts-, Liebes- u. Heiraths-Angelegenheiten schreiben zu lernen, und ohne Vorstudien seine schriftl. Tagesgeschäfte verläßlich zu besorgen. Ein unentbehrl. Rathgeber für alle Stände. 8. Pesth 842, Hartleben. (Leipzig, Frohberger.) ¾ ₰

**Deutsch-national**. Weckruf an Deutschlands Studentenschaft z. 25 jähr. Jubelfeier d. Reichsgründg. V. e. Alldeutschen. gr. 8. (56 S.) Leipzig-Reudnitz 896. A. Hoffmann. n. — 75

**Deutschnational.** Von ben Akiba dem Jüngeren, der im Deutschtum, nicht im Christentum aufgeht. Mit e. Kundgebg. e. Geh. Regierungs-Rats u. Universitäts-Professors in Berlin. gr. 8. (22 S.) Leipzig 899. [P. Schimmelwitz.] Blumberg & Co. n. — 50

**Deutschnational** oder christlich-sozial. 8⁰.
Horn, Druck u. Verlag v. F. Berger, s. a.

— u. **Christlich-social**. E. Ruf z. Mahng. u. Abwehr a. d. deutsche Bauern- u. Bürgerschaft. Verf. v. Mitgliedern d. „Deutschen Volksvereins" in Wien. gr. 8. (92 S.) Wien 894. (Kubasta & Voigt.) — 60

**Deutschnational** oder Centralverband? Eine Flugschrift f. denkende Handlungsgehülfen. Hamburg: Josephson 1907. 47 S. 8°
(Schrift d. Centralverbandes d. Handlungsgehülfen u. Gehülfinnen Deutschlands. ⟨Sitz Hamburg⟩. 9.) [11. 1042 8]

**Deutsch-Neuguinea** [Schlagwort]

**Deutsch-Neuguinea**, s.: Kolonialkarten.

**Deutsch-Ost-Afrika.** Wissenschaftl. Forschungsresultate üb. Land u. Leute uns. ostafrikan. Schutzgebietes u. d. angrenz. Länder. 3. Bd. 1.—4. Lfg. Lex.-8. Berlin 895. 896. D. Reimer. à n. 7. —
1. Die Thierwelt Ost-Afrikas u. d. Nachbargebiete. Hrsg. unt d. Red. v. K. Möbius. 1. Lfg. Die Säugethiere Ost-Afrikas v. P. Matschie. (XXVIII, 157 S. m. Abb.)
2.—4. Lfg. Die Vögel Ost-Afrikas v. Ant. Reichenow. (250 S. m. 108 z. Tl. farb. Abb.) — Die Reptilien u. Amphibien Ost-Afrikas v. G. Tornier. (XIII, 164 S. m. 11 Abb. u. 5 Taf.)

— dasselbe. 4. Bd. 9 Lfgn. Lex.-8. Berlin, D. Reimer. à n. 10. — ; geb. n. 100. —
1. Die Thierwelt Ost-Afrikas u. d. Nachbargebiete. Hrsg. unt. Red. v. K. Möbius. 1. Lfg. Nacktschnecken v. H. Simroth. (23 S. m. 3 [2 farb.] Taf.) – Skorpione v. K. Kraepelin. (5 S. m. Abb.) — Hydrachniden v. F. Koenike. (18 S. m. 1 Taf.) — Copepoden v. A. Mrázek. (11 S. m. 3 Taf.) — Regenwürmer v. W. Michaelsen. (48 S. m. 2 Taf.) — Moosthiere v. M. Meissner. (7 S. m. 1 Taf.) 896.
2. 3. Dasselbe. 2. u. 3 Lfg. Stadelmann, H., u. R. Lucas: Hymenopteren. (74 S. m. 1 Taf.) — Weltner, W.: Cladoceren. (14 S. m. 2 Taf.) — Vávra, V.: Ostracoden. (28 S. m. 59 Abb.) — Blanchard, Raph.: Hirudineen, Blutegel. (9 S. m. Abb. u. 1 Taf.) — Böhmig, Ludw.: Turbellarien. (15 S. m. 1 Taf.) — Weltner, W.: Coelenteraten u. Süsswasserschwämme (8 S. m. Abb.) – Schaudinn, Fr.: Rhizopoda, Wurzelfüssler. (13 S. m. 1 Taf.) — Martens, E. v.: Beschalte Weichtiere. (S. 1—112.) n. 20 —
4. 5. Dasselbe. 4. u. 5. Lfg. Martens, E. v.: Beschalte Weichthiere. (Schluss.) (V u. S. 113–305 m. 7 Taf.) · Collin, A.: Eingeweidewürmer u. Räderthiere. (13 S. m. 14 Fig.) 897.
6.—8. Dasselbe. 6.—8. Lfg. Kolbe, H. J.: Käfer u. Netzflügler. (368 u. 42 S. m. 5 Taf.) 897.
9. Dasselbe 9. Lfg. Wirbellose Thiere. Hilgendorf, F.: Die Land- u. Süsswasser-Decapoden (III, 37 S. m. Abb. u. 1 Taf.) - Budde-Lund, G.: Die Land-Isopoden. (11 S. m. 1 Taf.) · Möbius, K.: Nachwort zur Thierwelt Ostafrikas. (V S.) 898.

**Deutsch-Ost-Afrika.** Wissenschaftl. Forschungsresultate üb. Land u. Leute uns. ostafrikan. Schutzgebietes u. d. angrenz. Länder. 5. Bd. Die Pflanzenwelt Ost-Afrikas u. d Nachbargebiete. Hrsg. u. Red. v. A. Engler. 3 Thle. A. B. C. Lex.-8. Berlin 895. D. Reimer. n. 70. —
Einzeln:
A. Grundzüge d. Pflanzenverbreitg. in Deutsch-Ost-Afrika u. d. Nachbargebieten v. A. Engler. M. 10 Taf. u. 4 Textillustr. m. Register. (VI, VII, 154 S.) n. 12. —
B. Die Nutzpflanzen Ost-Afrikas, m. zahlr. Text-Illustr. Bearb. unt. Red. v. A. Engler v. K. Schumann, O. Warburg, P. Taubert u. A. (V, 535 S.) n. 33.
C. Verzeichniss d. b. jetzt aus Ost-Afrika bekannt geword. Pflanzen m. 45 Taf. Hrsg. unt. Mitwirkg. v. Brotherus, Dammer, Engler u. A. (433, III u. 40 S.) n. 36. —
Erschien auch in 7 Lfgn. à n. 10. —.

**Deutsch-Ost-Afrika.** Wissenschaftl. Forschungsresultate üb. Land u. Leute uns. ostafrikan. Schutzgebietes u. der angrenz. Länder. 7. u. 8. Bd. Berlin, D. Reimer. n. 120. —
7. Zur Oberflächengestaltg. u. Geologie Deutsch-Ostafrikas. Ergebnisse der v. W. Bornhardt in den J. 1895—1897 in Ostafrika unternommenen Reisen. Veröffentlicht im Auftrage u. m. Unterstützg. der Kolonial-Abtheilg. des Auswärt. Amtes. Mit 27 Taf. in Lith. u. Lichtdr. u. zahlr. Abbildgn. im Text, 4 topograph., 4 geolog. Specialkarten im Maassstabe von 1 : 500 000, 2 Taf. Profile u. 1 Uebersicht-Karte m. Einzeichng. der Reiserouten im Maassstabe v. 1 : 2 000 000. Die topograph. Karten konstruirt u. bearb. v. P. Sprigade u. M. Moisel. Lex.-8. (XVI, 595 S. m. 11 Bl. Erklärgn.) 900. n. 80. — ; geb. n. 90. —
8. Beiträge zur physischen Anthropologie der Nord-Nyassaländer. Anthropologische Ergebnisse der Nyassa- u. Kingagebirgs-Expedition der Hermann u. Elise geb. Heckmann Wentzel-Stiftg. Mit Unterstützg. der Stiftg. hrsg. Von Frdr. Fülleborn. Mit 63 Lichtdr.-Taf., 1 Farbenskala, 2 Autotyp. u. 10 Tab. gr. Fol. (V, 29 S.) 902.
In Leinw.-Mappe m. Goldschn. n. 40. —

**Deutsch-Ost-Afrika.** Wissenschaftliche Forschungsresultate üb. Land u. Leute unseres ostafrikan. Schutzgebietes u. der angrenz. Länder. IX. u. X. Bd. Lex. 8. Berlin, D. Reimer. Geb. in Halbfrz. 220. —
IX. Das deutsche Njassa- u. Ruwuma-Gebiet, Land u. Leute, nebst Bemerkgn. üb. die Schire-Länder. Mit Benutzg. v. Ergebnissen der Njassa- u. Kingagebirgs-Expedition der Hermann- u. Elise geb. Heckmann-Wentzel-Stiftg. verf. Von Frdr. Fülleborn. Mit üb. 200 Textbildern u. 1 Atlas, enth. 119 Lichtdr.-Taf. u. 2 Karten. Textbd. (XX, 636 S.) Lex. 8. 906. Geb. in Halbfrz. 60.—; Atlas. (VIII S. Text.) 44×31 cm. In Leinw.-Mappe 65. —
X. Beiträge zur Kulturgeschichte v. Ostafrika. Allgem. Betrachtgn. u. Studien üb. die Einführg. u. wirtschaftl. Bedeutg. der Nutzpflanzen u. Haustiere m. besond. Berücksicht. v. Deutsch-Ostafrika. Von Frz. Stuhlmann. (XXIII, 907 S.) 909. Geb. in Halbfrz. 95. —
Der II. Bd. ist noch nicht erschienen. Den VI. Bd. bildet: Kieper, Rich., Karte v. Deutsch-Ostafrika.

Deutsch-Ostafrika [Schlagwort]

**Deutsch-Ostafrika,** s.: Hand- u. Reisekarten. 87. — Kolonialkarten. — Missionskarten.

**Deutsch-Ostafrika,** s.: Kolonien.

**Deutsch-Oesterreich.** Stuttgart 861. Göpel. gr. 8. (15 S.) 2½ ngr.

Deutsch-Oesterreich, das junge. Ein Beitrag zum Capitel vom Preussencultus in Oestreich. Geschrieben in der letzten Woche des Juli 1869. 8 (27 S.) Wien, Dinnbeck's B. (G. Drault) 1869

(F) Das literarische Deutsch-Oesterreich. Vormals „Die Ostmark". Organ der deutsch-österreichischen Schriftsteller Genossenschaft. Geleitet von Hugo Bonte und Ernst Lohwag. 1. Jahrgang. 1901. Wr.-Neustadt. [1901.] Blumrich. Lex.-8°. halbjähr. K 3,60

**Deutsch-Oesterreich,** das literarische. Vormals „Die Ostmark". Organ der deutsch-österreich. Schriftsteller-Genossenschaft. Schriftleiter: Emil Hofmann u. (verantwortlich) Hugo Bonte. 2. u. 3. Jahrg. Mai 1901—April 1903. Nebst: Mitteilungen der deutsch-österreich. Schriftsteller-Genossenschaft. Red. vom Präsidium. 4. u. 5. Jahrg. à 12 Hfte. gr. 4. (à ca. 20 u. 4 S.) Wr.-Neustadt, R. Blumrich. à Jahrg. n. 7. 20

**Deutsch-Oesterreich,** das literarische. Unabhängige illustr. Monatsschrift f. Literatur, Theater, Kunst u. Politik. Hrsg.: Wilh. Schriefer, Eduard v. Waclawiczek. Red.: Rud. Richter. 3.—5. Jahrg. 1903—1905. à 12 Hefte. (à ca. 32 S.) gr. 8. Wien, Das literar. Deutsch-Oesterreich. à Jhrg. n. 6. —

— **und der National-Verein.** Wien 861. Förster. gr. 8. (24 S.) n. 1 ngr.

Deutsch-österr. Länder [Schlagwort]

**Deutsch-österr. Länder,** s.: Deutschland, Gaebler.

**Deutsch-Oesterreichs Gegenwart** u. Zukunft. Von e. österreich. Deutschen. Leipzig 866. O. Wigand. gr. 8. (10 S.) n. 2 ngr.

Deutsch-Pretzier [Schlagwort]

**Deutsch-Pretzier,** s.: Preussen. Messtischblätter.

Deutsch's, Nicolaus Manuel, Lebensbeschreibung, s. Haendcke, B.

[F. u. Ant.] Deutsch-Schwedisch. E. kleines Handb. d. schwed. Sprache f. d. Reise. 5. Aufl. *Berlin: A. Goldschmidt [1895?].* (IV, 138 S.) 1 Bd 8. = Sammlung, Goldschmidt's. prakt. Sprachführer f. Reisende. Bd 1. [96. 2789

Deutsch-Schwedisch. Ein kleines Handbuch d. schwed. Sprache f. d. Reise. 6. Aufl. Berlin: A. Goldschmidt 1904. (IV, 138 S.) 8° [F.]
= Sprachführer f. d. Reise. Bd 1. [16 4962

**Deutsch-Süd-West-Afrika.** Bilder aus den Kriegen gegen die Hereros u. Hottentotten. Mit e. Geleitworte von v. Trotha. (59 Taf. m. 2 farb. Karten u. III S. Text.) 24×30 cm. Berlin (S. 14, Dresdenerstr. 43) 907. Stern & Schiele. 5.—; geb. in Leinw. 7. —

Deutsch-Südwestafrika. Amtl. Ratgeb. f. Auswanderer (107 S 1 K) Berlin 1907

**Deutsch-Südwestafrika.** Amtl. Ratgeber f. Auswanderer. Mit 1 Panorama, 31 Bild. u. 1 Karte d. Schutzgebietes. 2., veränd. Aufl. Berlin: D. Reimer 1908. (111 S.) 8° [F.] [08. 27501

— **Amtlicher Ratgeber f. Auswanderer.** Mit 41 Bildern u. 2 farb. Karten des Schutzgebietes. 3., veränd. Ausg. (VIII, 160 S.) Lex. 8. Berlin 910. D. Reimer. 1. —

**Deutsch-Süd-West-Afrika.** Denkschrift betr. die Verhältnisse im Diamantengebiet. Lüderitzbucht. Berlin: Deutscher Schriftenverl. 1910. 70 S. 4° [10. 12107

— **Denkschrift betr. die Verhältnisse im Diamantengebiet.** Lüderitzbucht. (76 S.) 31×22 cm. Berlin 910. (Illustr. landwirtschaftl. Zeitg.) 2. —

Deutsch-Südwest-Afrika [Schlagwort]

**Deutsch-Südwest-Afrika,** s.: Kolonialkarten. — Kriegsschauplatzkarten.

**Deutsch-Südwestafrika** s.: Kolonialkarten. — Seekarten.

Der Deutsch-Texaner: Jan ? 1905 ?
Monthly. Sub title: Deutsche Monatsschrift, welche die Gesetze des Landes und Gesetz-Vorschläge bespricht. Octavo, each issue 20 pages, contents for Jahrgang 1, in no. 12, pp. 19 20. Edited & published by E. Lotto
La Grange, TX

**Deutschthümler, Wilh.,** über Schopenhauer zu Kant. Ein kleines Geschichtsbild. gr. 8. (136 S.) Wien 899. (J. Dirnböck.) n. 2. —

Das **Deutschtum** im Ausl. Vierteljahrshefte des Vereins für das Dtm im Ausl (Allg. Dt Schulverein) (1892—1909 Monatsblatt des Allg. Dt. Schulvereins zur Erhaltung des Dtm im Ausl.). Jg 1891/92—1919. — Bln.: Verein für das Dtm im Ausl (1892—1909. Allg. Dt Schulverein) 1892—1919.
Anf s: Korrespondenzblatt des Allg Dt Schulvereins in Deutschland.
Forts s: Volk und Heimat.

**Deutschtum, das, im Auslande.** Monatsblatt des allgemeinen deutschen Schulvereins zur Erhaltg. des Deutschtums im Auslande, E. V. Schriftleiter: Paul Hinneberg. 23. Jahrg. 1904. 12 Nrn. (84 S.) 4. Berlin, Trowitzsch & Sohn. n.n.n. 1. 50

— dasselbe. Schriftleiter: Wilh. Paszkowski. 24. u. 25. Jhrg. 1905 u. 1906. à 12 Nrn. (84 u. 91 S.) 4. Ebd. à Jhrg. 1. 50

**Deutschtum, das, im Ausland.** Vierteljahrshefte des Vereins f. das Deutschtum im Ausland (Allg. deutscher Schulverein) E. V. Hrsg. vom Hauptvorstand. Schriftleitung: Alfr. Geiser. Septbr. 1909—Aug. 1911. à Jhrg. 4 Hefte. (1.—5. Hft. 290 S.) gr. 8. Berlin, H. Hillger. à Hft. — 50

**Das Deutschtum** in Bessarabien. Auf Grund der russischen Volkszählung von 1897

**Das Deutschtum** in Elsaß-Lothringen 1870—1895. Rückblicke und Betrachtungen von einem Dt.-Nationalen. — Lpg: Grunow 1895. VII, 299 S.

Deutschtum u. Franzosentum in Luxemburg seit den ältesten Zeiten bis auf unsere Tage. Zugleich e. Denkschrift zur Thronbesteigung d. Herzogs von Nassau. gr. 8. (32 S.) Luxemb. 889, Breithof. * — 30

**Deutschthum, das, u. der katholische Clerus in Oesterreich.** Von e. Katholiken in Deutsch-Oesterreich. 8. (42 S.) Leipzig 885. O. Wigand. — 60

**Deutschthum, das, in Krain.** Ein Wort zur Aufklärung. gr. 8. (15 S.) Gratz 862, (Hesse's Buchh.) *

Deutschthum, das, in Oesterreich. Von e. Deutsch-Oestreicher. 8. (III, 59 S.) Leipzig 871. O. Wigand. n. — 80

— das, in Oesterreich und Ungarn einst, von Treumund. Hrsg. von Karl Pröll. gr. 8. (32 S.) Berlin 885. (Leipzig, Gracklauer.) **

Deutschthum, das, in Oesterreich u. Ungarn jetzt, v. Treumund. Hrsg. v. Karl Pröll. gr. 8. (28 S.) Berlin 885. (Leipzig, Gracklauer.) n.n. — 30

Deutschthum, das, in Ungarn. Einige Worte zur Aufklärung, von einem Stock-Magyaren. gr. 8. (44 S.) Berlin 882. Mroso. n. 1. —

Deutschthum, das verwelschte, jenseits der Westmarken des Reiches. Antwort auf das französ. Rachegeschrei. Von K. v. Str. gr. 8. (IV, 40 S.) Berlin 888. F. Luckhardt. n. 1. —

**Deutschthum, Das,** im Wirtschaftshaushalte Oesterreichs. Reichenberg, 1905—1907. V: *Schubert, Anton.* (EB)

— das, im Wirtschaftshaushalte Österreichs. (Ein Ausbauversuch der Schrift „Deutschböhmen als Wirtschaftsgroßmacht" s. ganz Österreich.) Vom Verf. v. „Das allgemeine Wahlrecht", „Die Ämtervertschechg. in Deutschböhmen", „Deutschböhmen als Wirtschaftsgroßmacht" u. a. 1. u. 2. Tl. 8. Reichenberg i/B., Rud. Gerzabek & Co. (Nur direkt.) à n.n. 5. —

1. Der Besitzstand der Deutschen in Österreich. Mit zahlreichen Text- u. 11 Sondertaf. (VII, 543 S.) 905.
2. Die Abgabenleistgn. der Deutschen in Österreich an den Staat m. Ausnahme der schon in Tl. 1 behandelten Grundsteuer-, Gebäudesteuer- u. Staatsbahneneinnahmen- sowie Staatsbahnensteuer-Leistg. Mit zahlreichen Text- u. 20 Sondertaf. (VI, 301 S.) 906.

— das, im Wirtschaftshaushalte Österreichs, 3. Bd., s.: Schubert, Ant.

Deutschtumskarte der Bukowina. (Nach den Bezirksgerichtssprengeln) 1:[illegible] Entworfen von Josef Stark Kartogr Anstalt G Freytag & Berndt, Wien [illegible] des Deutschen Schulvereins Wien [1909] Verkleinert wiedergegeben: Kaindl, Die Deutschen in der Bukowina 1919

[F.] Deutsch-Ungarisch. Kleines Handb. d. Ungar. Sprache. *Berlin: I. Goldschmidt 1898.* (2 Bl., 115 S.) 1 Bd 8.
— Sammlung, Goldschmidt's, prakt. Sprachführer f. Reisende. Bd 8. 198. 9499

Deutsch-Ungarisch. Kleines Handbuch d. Ungar. Sprache. 2. Aufl. Berlin: A. Goldschmidt 1904. (115 S.) 8° [F.]
— Sprachführer f. d. Reise. Bd 8. [o6 4964

**Deutskens,** August, Referendar a. Straelen: Wann erwirbt beim Kommissionseinkauf der Kommittent nach heutigem Recht Eigentum am Kommissionsgut? Borna-Leipzig 1907: R. Noske. (VI, 41 S.) 8° [F.]
Leipzig, Jur. Fak., Diss. v. 19. Jan. 1907
[Geb 24 Juli 83 Straelen, Rheinland; Wohnort: Straelen; Staatsangeh.: Preußen; Vorbildung: Gymn. Emmerich Reife O. 02; Studium: Freiburg i. B. 1, Munster 2, Berlin 2, Bonn 1 S.; Rig. 28. Sept. 05.]

Deutung, neue untrügliche, der Träume. Neu bearb. nach dem großen egypt. Traumbuche. 16. (32 S.) Oberhausen 881, Spaarmann.

Deutung, neue untrügliche, der Träume. Neu bearb. nach dem großen egypt. Traumbuche. 3. Aufl. 12. (32 S.) Styrum 890. Spaarmann. n. — 20

Deutung, neue untrügl., d. Träume. Neu bearb. n. d großen egypt. Traumbuche. 4 Aufl 12. (32 S.) Styrum 895. A. Spaarmann. n. — 20

Deutung, poetische, der Blumen. 16. (4½ B.) Zerbst 842. (Leipzig, Hunger.)

Deutung der Träume, s. Miniatur-Bibliothek des Nützlichen und Angenehmen.

Deutung der Träume und Symbolik der Farben. 1.—3. verm. Aufl. 32. (60 S.) Leipzig 868,72,75, Matthes. cart. *

**Deutwitz,** Über Diagnose und spezifische Behandlung der latenten endothorakalen Drüsentuberkulose des kindlichen Alters [Beihefte zur medizinischen Klinik. IV. Jahrg. 1908. Heft 9.] Gr.-8°. Wien: Urban & Schwarzenberg K 1.20

**Deutz,** s.: Köln.

Die Gasmaschine. (Gasmotoren-Fabrik Deutz, Köln.) — Berlin: Eckstein [1909]. 20 S. 2° [Kopft.] (Dt. Industrie, dt. Kultur. 7, 3.)

v. Deutz, ..., über die Vortheile des Handels u. der Gewerbe für die Staaten im Allgemeinen rc. gr. 8. Augsb. 817. v. Jenisch u. St. 16 gr.

Deutz, Friedrich

Deutz, Fr., Abenteuer deutscher Auswanderer in Vandiemensland, s.: Bibliothek interessanter Erzählungen.

— Manfred v. Belmonte od. der geraubte Grafensohn. Erzählung. 16. (61 S.) Mülheim 876. Bagel. n. — 25

Deutz, Fr., Bronkhorst. Nach einer wahren Begebenheit erzählt. 16. (64 S.) Mülheim 874, Bagel. *

— die Flucht durch den Urwald. Eine Erzählung. 16. (63 S.) Mülheim 875, Bagel's Verlagsh. *

Die Flucht durch den Urwald. Eine Erzählung von F[riedrich] Deutz. Mülheim a. d. Ruhr: J. Bagel [1903]. (60 S.) 8° [F.] [o6. 4604

Deutz, F., getreu bis in d. Tod,
— die „Vineta" im Kampf mit indischen Piraten, } s.a. Volks-Erzählungen, kleine.

— Getreu bis in den Tod. Eine Erzählung. 16. (58 S.) Mülheim 874, Bagel. *

— das geheime Gewölbe. Eine Erzählg. 16. (62 S.) Ebend. 875. n. — 25

— die Heidemühle. Eine Erzählung. 16. (61 S.) Mülheim 874, Bagel.

Deutz, F., die Inselkönige, s. Bibliothek interessanter Erzählungen.

Treue Kindesliebe oder: Zweimal zum Tode verurteilt. Eine Erzählung von Fr[iedrich] Deutz. Mülheim a. d. Ruhr: J. Bagel [1906]. (63 S.) 8° [F.] [o6. 4605

die Sarazenenbraut. Nach einer westfälischen Sage erzählt. gr. 16. (63 S.) Mülheim 877. Bagel. n. — 25

— der Schatz d. Herzogs. Eine Erzählg. 16. (64 S.) Mülheim 875. Bagel. n. — 25

— der Schatzgräber in den Ruinen der Staufenburg. Eine Erzählg. 16. (64 S.) Ebend. 876. n. — 25

— Sultan Soliman vor Sigeth. Eine Erzählung. 16. (63 S.) Ebendas. 875. *

Sultan Soliman vor Sigeth. Eine Erzählung von Fr[iedrich] Deutz. Mülheim a. d. Ruhr: J. Bagel [1900]. (63 S.) 8° [F.] [o6 4606

— die Tochter des Piraten. Eine Erzählung. 16. (63 S.) Mülheim 874, Bagel. *

Deutz, Fr., die „Vineta" i. Kampf m. ind. Piraten, s.: Volks-Erzählungen, kleine.

— die „Vineta" im Kampf mit indischen Piraten. 16. (62 S.) Ebendas. 875. *

Die 'Vineta' im Kampf mit indischen Piraten. Von F[riedrich] Deutz. Mülheim a. d. Ruhr: J. Bagel [1902]. (64 S.) 8° [F.] [o6 4607

**Deutz, Fr., s.: Volkserzählungen, kleine.**

—— der Wildschütz. Eine Erzählung. 16. (64 S.) Mülheim 875, Bagel. *

**Deutz**, Josef

[F.] Neuntägige Andacht zu Ehren des heiligen Geistes. Im Geiste u. nach d. Meing ... Leo XIII. Von J. **Deutz**, Pfarrer ... *Dülmen: A. Laumann 1896.* (47 S.) 1 Bd 8. [96. 7478

Neuntägige Andacht zu Ehren des heiligen Geistes. Im Geiste u. nach d. Meinung unseres hl. Vaters Leo XIII. Von J. **Deutz**. 2. Aufl. *Dülmen: A. Laumann 1899.* (47 S.) 8° [F.] [00. 2604 6

Kurze Anleitung zur Betrachtung der Geheimnisse des hochheiligen Rosenkranzes. Von J[osef] **Deutz**, Domkapitular. 2. Aufl. *Dülmen: A. Laumann 1902.* (64 S.) 8° [F.] [03. 1330 6

**Deutz, J.**, das Büchlein v. d. Elternpflichten. 16. (144 S.) Donauwörth 888. Auer. n. — 75

Deutz, J. Das Büchlein v. den Elternpflichten. 2. verb. Aufl. 12. (144 S.) Donauwörth 891, Auer. geb. in Leinw. * 1 —

**Deutz, J.**, das Büchlein v. den Elternpflichten. 3., verb. Aufl. 12. (159 S.) Donauwörth (902). L. Auer. Geb. in Leinw. n. 1. —; in Dermatoid m. Goldschn. n. 1. 50

**Deutz, J.**, das Büchlein v. den Elternpflichten. 4. u. 5. Aufl. (à 159 S.) kl. 8. Donauwörth (903. 905). L. Auer. Geb. in Leinw. n. 1. —; m. Goldschn. n. 1. 50

**Deutz, J.**, der hl. Geist. Dogmat.-ascet. Erwäggn. üb. s. Wesen u. s. Wirksamkeit i d. Kirche u. i. d. Seele d. Gläubigen, m. e. Anh: Neuntäg. Andacht z. Ehren d. hl. Geistes. 12. (XII, 365 S.) Dülmen 896. A. Laumann. Geb. in Leinw n. 1. 60

—— Wegweiser f. die christliche Jugend. Ermahnungen e. Seelsorgers an die heranwachs. Jugend seiner Pfarre. 1. Aufl. (214 S.) 890; 2. verm. u. verb. Aufl. 16. (265 S.) Ebd. 891. geb. * 4 —

**Deutz**, Josef: Wegweiser f. d. christl. Jugend. 4., verm. Aufl. 16. (XVI, 368 S.) Donauwörth 1898. L. Auer.

— **Wegweiser** f. die christliche Jugend. Ermahnungen e. Seelsorgers an die heranwachs. Jugend seiner Pfarre. 6., verb. Aufl. (XV, 352 S.) 16. Ebd. 904. Geb. in Leinw. n. 1. 50

**Deutz**, Paul, approb. Arzt aus Hattingen a. d. Ruhr: Aus d. pathol. Institute zu Kiel. **Gallensteine** und ihre Folgen. *Kiel 1901: P. Peters.* (19 S.) 8°
Kiel, Med. Diss. v. [23. Febr.] 1901

**Deutz**, Robert [aus Düsseldorf]: Beiträge zur Kenntniss des Kinderharnes .... Dusseldorf, gedr. bei August Bagel (1886); 27 S. 8°.
Göttingen, Med. Fak., Inaug.-Diss. v. 11. Dez. 1886.

Deutz, Rob., Beiträge zur Kenntniss des Kinderharnes. Inaugural-Dissertation. gr. 8. (27 S.) Düsseldorf 887. (Göttingen, Vandenhoeck und Ruprecht.) *

**Deutz**, Simon, s. Selbstgeständnisse.

**Deutzmann**, *Augustin* [aus Barmen]: Zur Kenntniss des Furfurylamins. ... Berlin, Druck v. G. Bernstein, *1891;* 17 S. 8°
Berlin, Phil. Fak., Inaug.-Diss. v. 2. Febr. 1891

Deva [Schlagwort]

**Déva**, s.: Oesterreich-Ungarn. Spezialkarte.

**Devadatta**, s. Volksbücher, illustrirte.

**Deval**, Arth., der Anarchismus u. die Lösung der sozialen Frage im Verhältnis zur Rechtspflege. gr. 8. (V, 34 S.) Berlin 894. Cassirer & Danziger. n. — 50

Deval, Ch., Abhandlung über die Amaurose oder den schwarzen Staar. Mit zahlreichen Fällen glücklicher Heilung dieser Krankheit, da wo schon gänzliche Blindheit vorhanden war. In's Deutsche übertr. von Jac. Herzfelder. gr. 8. (VIII und 244 S.) Quedlinburg 853, Basse.

**Devantier**, Franz, Dir.: [**Bericht** über die Friedrich Adolf Trendelenburg-Feier in der Aula des Gymnasiums.] *Eutin 1903: G. Struve.* (S. 17—25.) 4° ¶ [Vgl. P-Beil. 1902.]
Eutin, großh. G m. Realabt., P 1903 (766)

**Devantier**, (Franz), Dir.: Zur **Erinnerung** an Friedrich Adolf Trendelenburg. *Eutin 1902: G. Struve.* (64 S.) 8° [F.]
Eutin, großh. G m. Realabt., OP 1902 (747)

Devantier, Frz., über die Lautverschiebung und das Verhältnis des Hochdeutschen zum Niederdeutschen, s.a. Sammlung gemeinverständlicher wissenschaftlicher Vorträge.

Devantier F, über die Lautverschiebung und das Verhältnis des Hochdeutschen zum Niederdeutschen. (Sammlung wissenschaftlicher Vorträge 376) Berlin 1881

**Devantier**, Franz [Dir.]: Pansch-Stiftung *des grossherzogl. Gymnasiums zu Eutin.* Eutin, G. Struve's Buchdr., 1895; S. 15. 4.
Eutin, grossh. G m. Realabt., OP 1895 (692)

[Ant. u. F.] **Devantier**, Franz [Dir.]: Προπαιδεία seu Modus Docendi tractandique lectiones in schola praecipue Regismontana, pro optanda et obtinenda facilitate ac felicitate a M. Matthia Gaedenio Pastore ... Propositus Anno 1624 nebst and. Mitteilgn aus d. Gymnasial-Archiv. Königsberg Nm., Druck v. J. G. Striese, 1892; 20 S. 4.
Königsberg i. d. N., Friedrich-Wilhelms-G, OP 1892 (80)

Devantier, Franz Über das lateinische sogenannte „Relativum in der Verschränkung oder Konkurrenz". 4 (18 S.)
**Progr.** G. *Friedeberg Nm.* 1886 (74).

Devantier, Frz., über das lateinische sogenannte „Relativum in der Verschränkung oder Konkurrenz". 4. (18 S.) Friedeberg Nm. 886. (Landsberg a. d. W., Schaeffer und Comp.) *

**Devantier, Frz.**, der Siegfriedmythus, e. Kapitel aus der vergleich. Mythologie, s.a. Sammlung gemeinverständl. wissenschaftl. Vorträge.

Devantier F. der Siegfriedmythus. (Samml. wiss. Vortr. N F 190) Hamburg 1894

Devantier, Frz. Die Spuren des anlautenden Digamma bei Hesiod. Erster Teil. 24 S. **Progr.** *Jever* 1878.

**Devantier**, Franz [Dir.]: Die Spuren des anlautenden Digamma bei Hesiod. Tl 2. (Th. 1 in: Verhandlgn d. 40. Versammlg deutscher Philologen u. Schulmänner S. 409—428.) Eutin, G. Struve's Buchdr., 1894; 34 S. 4.
Eutin, grossh. G m. Realabt., OP 1894 (668)

**Devantier**, Franz [Dir.]: Die Spuren des anlautenden Digamma bei Hesiod. Tl 3. (Forts. d. P-Beil. Jever 1878 u. Eutin 1894.) Eutin, G. Struve's Buchdr., 1897; 52 S. 4.
Eutin, grossh. G m. Realabt., OP 1897 (695)

**Devantier**, Franz [Dir.]: *Director Prof. Dr. Johannes Theodor Werther, gest. am 8. Apr. 1892.* Eutin, G. Struve's Buchdr., 1893; 13—15 S. 4.
Eutin, grossh. G, OP 1893 (663)

**Devaranne**, die französisch-reformirten Gemeinden zu Gross- u. Klein-Ziethen in der Mark Brandenburg, s.: Geschichtsblätter des deutschen Hugenotten-Vereins.

Devaranne, S. P., plastische Zinkguss-Arbeiten nach Entwürfen u. Modellen bewährter Baumeister, Bildhauer u. Zeichner unserer Zeit; sowie nach Antiken, Sculpturen u. Kunstwerken. I. u. II. Hft. Fol. (12 Taf.) Berlin 845, Sachse u. Comp. à Thlr.

**Devaranne**, S. P., plastische Zinkguss-Arbeiten nach Entwürfen u. Modellen bewährter Baumeister, Bildhauer u. Zeichner unserer Zeit; sowie nach antiken Sculpturen u. älteren u. neueren Kunstwerken geformt u. ausgeführt etc. 3—6. Hft. Fol. (à 6 Bl. Abbild. u. 1 Bl. Text.) Berlin 847, Sachse & Co. à 1 ₰

Devario, Ludw. Herkules, deutsche Uebungsstücke z. Uebersetzen in's Italienische, mit Noten. gr. 8. (1½ B.) Zürich u. Winterthur 842. [Leipzig, Verlags-Bureau.]

Devarii Index in Eustathii Commentar., s. Eustathii.

**Devarius, Matthaeus.** Liber de Graecae Linguae particularis. Noribergae 1700. H: *Eschenbach, Andreas Chn.* (BrMm)

Devarius, M., de graecae linguae particulis. 8. Norimb. Endter. 731.

*Devarius*, M., de graecae linguae particulis, cum not. J. G. Reusmann. 8 maj. Leipz. 775. Barth. 18 gr.

— id. liber c. n. Reusmanni. 8. maj. Lips. Barth. 793.

Devarius, Matth., liber de graecae linguae particulis. Ed. Reinho. Klotz. Vol. I. et II. Sect. I., 2. 8maj. Lipsiae 835, libr. Baumgaertner.
Vol. I. Devarii librum cont. (16¼ B.) 835. 1 Thlr. 8 Gr.
- II. 1. 2. R. Klotz, annotationum. II Pts. [I. (22¼ B.) 840. 2 Thlr., II. (30 B.) 842. 2 Thlr. 16 Gr.] 4 Thlr. 16 Gr.

**Deva-Roman-Sammlung.** 1—4. 7. 16—19 u. 26—75 Bd. 8. Stuttgart, Deutsche Verlags-Anstalt. à Bd. n. — 50 geb. n. — 75
Baudissin, Eva Gräfin v., auf den Hügeln v. Wales. Novelle. (152 S.) 903. (Bd. 29.)
Behrend, Otto, in Schwullbus. — Gefangen. 2 Erzählgn. (159 S.) 903. (Bd. 30.)
Blüthgen, Vict., Bruder Serafin. — Auf Kriegsfuß. Novellen. (157 S.) 904. (Bd. 51.)
Bourget, Paul, der Deckmantel. (Aus den „Complications sentimentales".) Aus dem Franz. übers. v. E. Marcus. (159 S.) 903. (Bd. 28.)
Boy-Ed, Ida, „Ich!" Roman. 3. u. 4. Aufl. (Je 157 S.) 901. (Bd. 18.)
Chenevière, Adolphe, Frauenehre. Roman. Autoris. Uebersetzung. aus dem Franz. v. Ina Bach. 6. Taus. (160 S.) 904. (Bd. 2.)
Deledda, Grazia, von der toten Insel. Sardische Dorfgeschichten. Autoris. Uebersetzg. aus dem Ital. v. E. Müller-Röder. (140 S.) 905. (Bd. 68.)
Dmitriewa, Valentine J., Dimka. Novelle. Aus dem Russ. übers. v. S. u. E. Winikoff. (148 S.) 905. (Bd. 66.)
Erhard, Emile, Onkel Hermann. Novelle. 4. Aufl. (144 S.) 904. (Bd. 4.)
D'Esterre-Keeling, Elsa, Appassionata. Autoris. Uebersetzg. aus dem Engl. v. Anna Kellner. (168 S.) 903. (Bd. 27.)
Faber, Herm., ein Junggeselle. Erzählg. (156 S.) 906. (Bd. 72.)
Feldmann, Wilh., Ananke. Blätter e. krankhaften Liebe. Aus dem Poln. übers. v. S. Horowitz. (150 S.) 906. (Bd. 75.)
Foley, Charles, Tragödien hinter den Kulissen. Novellen. Autoris. Uebersetzg. aus dem Franz. (153 S.) 901. (Bd. 52.)
Geijerstam, Gust. af, auf der letzten Schäre. Roman. Aus dem Schwed. übers. v. Francis Maro. 6. u. 7. Taus. (152 S.) 904. (Bd. 3.)
Groller, Balduin, aus der weltlichen Komödie. Novellen. (139 S.) 904. (Bd. 46.)
Groner, Auguste, das Pharaonenarmband. Kriminalnovelle. 6. Taus. (157 S.) 904. (Bd. 1.)
Gubalke, Lotte, von seltsamen Leuten. Novellen. (156 S.) 904. (Bd. 40.)
— der Tolle u. die schöne Isabell. Die Geschichte der kleinen Lene. Der Hahnenkampf. Novellen. (176 S.) 904. (Bd. 60.)
Haarhaus, Jul. R., das Georgenhemd. Novelle. (150 S.) 903. (Bd. 26.)
Harder, Agnes, unter goldenem Joch. Roman aus der Gesellschaft. (159 S.) 901. (Bd. 38.)
Hegeler, Wilh., Dietrich, der Herzensbrecher. (127 S.) 904. (Bd. 56.)
Herold, Karl, die Orden des Prinzen Riza. Fatum. 2 Erzählgn. (146 S.) 903. (Bd. 42.)
— Kapitän Simic. Erzählung. (144 S.) 903. (Bd. 31.)
Höcker, Paul Osk., närrische Käuze. Noveletten u. Skizzen. (144 S.) 904. (Bd. 39.)
Hoffmann, Hans, Iwan der Schreckliche u. sein Hund. (154 S.) 904. (Bd. 50.)
Hornung, Ernest William, der Boß v. Taroomba. Autoris. Uebersetzung aus dem Engl. v. Mathilde Beck. (154 S.) 903. (Bd. 33.)
Janitschek, Maria, wo die Adler horsten. Roman. (154 S.) 906. (Bd. 71.)
Konopnicka, Marya, Leben u. Leiden. Novellen. Aus dem Poln. übers. v. S. Lopuszański. (142 S.) 904. (Bd. 43.)
Korolenko, Wladimir, in der Nacht u. andre Novellen. Autoris. Uebersetzg. aus dem Russ. v. Heinr. Harff. (152 S.) 904. (Bd. 54.)
Kuprin, A., Erzählungen. Aus dem Russ. übers. v. Heinr. Harff. (160 S.) 904. (Bd. 57.)
Maupassant, Guy de, unser Herz. Roman. 8. u. 9. Taus. (160 S.) 904. (Bd. 7.)
Merrick, Leonard, Liebe u. Ruhm. Autoris. Uebersetzung aus dem Engl. v. Anna Kellner. 2 Bde. (143 u. 139 S.) 905. (Bd. 69. 70.)
Neera, das Amulett. Roman. Aus dem Ital. übers. v. R. Lang. (140 S.) 905. (Bd. 65.)
— eine Leidenschaft. Roman. Autoris. Uebersetzung von M. v. Berthof. 2 Bde. (163 u. 142 S.) 906. (Bd. 73. 74.)
Noël, A., Fesseln. Eine Wiener Geschichte. (142 S.) (904.) (Bd. 53.)
Régnier, Henri de, seltsame Liebschaften. Eingeleitet u. übers. von Frdr. v. Oppeln-Bronikowski. (147 S. m. Bildnis.) 904. (Bd. 37.)
Reuter, Gabriele, Margaretes Mission. Roman. 2 Bde. (143 u. 142 S.) 904. (Bd. 48. 49.)
Römer, Alex., die Erlöserin. Erzählung. (148 S.) 903. (Bd. 34.)
Rosenberg, Max. v., von Geschlecht zu Geschlecht. Nach wahren Begebenheiten erzählt. (156 S.) 903. (Bd. 35.)
Sienkiewicz, Henryk, Erlebtes u. Erträumtes. Novellen. Aus dem Poln. v. C. Morsiin. (137 S.) 905. (Bd. 61.)
Szczepański, Paul v., die Falzgräfin. Ein Berliner Roman. 3. Aufl. (158 S.) 904. (Bd. 17.)
— Neu-Berlin. Erzählungen. 3. Aufl. (166 S.) 904. (Bd. 19.)
Szymański, Adam, Hanuschja. Sibirischer Roman Aus dem Poln. übers. v. W. Rohański. (139 S.) 905. (Bd. 67.)
— Sibirische Novellen. Aus dem Poln. übers. v. S. Lopuszański. (139 S.) 904. (Bd. 41.)
Torn, Tro v., der Garnisonschreck u. andere Militär-Humoresken. (139 S.) 904. (Bd. 44.)
— die weiße Weste. Roman. 2 Bde. (150 u. 160 S.) 905. (Bd. 62. 63.)
Voß, Rich., Juliane. Roman. 2. Aufl. (146 S.) (904.) (Bd. 36.)
Wasner, Geo., Frau v. Röhloff. Novelle. (160 S.) 904. (Bd. 47.)
— auf Umwegen. Novellen. (141 S.) 905. (Bd. 64.)
— der Leutnant v. Warnow. Erzählung. (143 S.) 904. (Bd. 58.)
Weber, Adelh., der große Ueberwinder. Erzählung. (137 S.) 903. (Bd. 32.)
Weise, Paul, rotes Haar. Kriminalroman. (149 S.) 904. (Bd. 45.)
— im Westend-Hotel. Kriminal-Novelle. (144 S.) 904. (Bd. 55.)
Zeromski, Stef., aus den Tiefen. Novellen. Aus dem Poln. übers. v. L. Frey. (142 S.) 904 (Bd. 59.)
Zola, Emile, Madame Sourdis. Nantas. Novellen. 6. Taus. (130 S.) 904. (Bd. 16.)
Erschien früher u. d. T.: Romansammlung „Deva".

**Devas**, Charles Stanton

Devas, C. S., Studien über das Familienleben. Ein Beitrag zur Gesellschaftswissenschaft. Aus dem Engl. v. P. M. Baumgarten. gr. 8. (XII, 256 S.) Paderborn 887. F. Schöningh. n. 4. —

Devas, C. S., M. A., d. Familienleben in s. Entwickelg. v. d. frühesten Zeit b. auf d. heut. Tage. E. Beitrag z. Gesellschaftswissenschaft. 2. [Titel-]Ausg. d. Werkes: „Studien üb. d. Familienleben". Aus d. Engl. v. Paul Maria Baumgarten. gr. 8. (XII, 256 S.) Paderborn (887) 896. F. Schöningh. 3. —

— Grundsätze d. Volkswirtschaftslehre. Uebers. u. bearb. v. Walt. Kämpfe. gr. 8. (XXIII, 521 S.) Freiburg i/B. 896. Herder. n. 7. —; geb. in Halbfrz. n. 8. 80

**Devas, Ernst William** [aus London]: Zur Kenntnis des p-Chlorphenylhydroxylamins β-Phenylhydroxylamins und p-Bromphenylhydroxylamins. Zürich 1900. 78 S. 8°.
Basel. Phil. Diss. 1899/1900.

Dévaud, Eugène. L'École primaire Fribourgeoise sous la République helvétique 1798—1803. Thèse Lett. Fribourg ⟨Suisse⟩. XIV + 182 p. 8. Fribourg, Impr. et Libr. de l'Œuvre de Saint-Paul, 1905. [fr. 3. 50]

**Dévaud, Jean.** Siehe: *Monat-Rosen.*

**Devaux,** Charles, a. London: Beiträge zur Glykogenfrage. Freiburg i. Br. 1907. [Naumburg a. S.: Lippert & Co.] (17 S.) 8°
Freiburg i. B., Med. Fak., Ref. Aschoff, Diss. v. 1907
[Geb. 26. Sept. 81 London; Wohnort: Freiburg i. B.; Staatsangeh.: England; Vorbildung: Gymn. Freiburg i. B. Reife Juli 01; Studium: Freiburg i. B. 6, Berlin 2, Freiburg i. B. 2 S.; Coll. 30 Nov. 06; Approb. Herbst 06.]

Devaux, Jean: (L'Art de faire les rapports en chirurgie. Deutsch:) Die Kunst chirurgische Berichte und Wund-Zettul abzufassen. [Verf.: Jean Devaux.] Aus d. Frantz. ins Teutsche übers. Budißin: Hünel 1713. 431 S. 8°

**Devaux,** Paul, études politiques sur l'histoire ancienne et moderne et sur l'influence de l'état de guerre et de l'état de paix. Lex.-8. (V, 658 S.) Berlin 875. Schneider & Co. n. 8. —

**Dévay, Ios. I., s.:** Aeneae Sylvii Piccolominei de duobus amantibus historia.

Dévay, I., Aeneae sylvii de dvobvs amantibvs historia. Recensvit illvstravit, emendavit. Item: Aeneae sylvii de dvobvs amantibvs historia cento ex variis, demonstravit idem avctor. Gr.-8°. (XXII, 88, 13 S.) K 4.—
Budapest: Toldi 1904

**Devé, Johann Dav. Ferd.** (Cammin/Pommern), De morbis hereditariis. Diss. med. Bln. (J. F. Starck) 12. II. 1820. 24 S. mit Biogr. (4.50) 6377
Gew.: Philipp Buttmann.

Develey, Em.

— Anfangsgründe der Geometrie in einer natürl. Ordnung u. nach einem durchaus neuen Plane. Aus d. Franz. von B. H. Deyhle. Mit 9 Kpft. u. e. Vorr. v. Prof. Kaußler. gr. 8. Stuttg. 818. Steinkopf. 2 ₰

*Develey*, Em., Application de l'algèbre à la géométrie, conten. en particulier les deux trigonometries et les sections coniques. gr. in 4. Lausanne 817. (Zürich, Orell). 3 ₰ 12 K

— — Arithmétique d'Emile, contenant l'augmentation, la diminution et la comparaison des Nombres. gr. in 8. Paris. (Zurie, Orell et Comp.) 818.

— — Elémens de géométrie, distribués dans un ordre naturel et sur un plan absolument neuf, 2de éd. gr. in 8. Paris. (le même.) 818.

Develey, Isaac Emanuel Louis [Wirkl. Name]
s. Reichstein, Pauline von [Pseud.]

Développement. Le dév' de l'hydrométrie en Suisse. Élaboré et publié par le Bureau hydrométrique fédéral (chef: Dr J[oseph] Epper, ing.) sur l'ordre du Département fédéral de l'Intérieur. (Traduit de l'allemand par Fritz-Arnold Piaget.... [Avec un] Appendice, [des vignettes, des figures et 125 planches, tableaux et cartes].) VIII + 87 + 77 p. fol. Berne, Impr. Rösch & Schatzmann, 1909. [relié fr. 40. —]

**Devenopia, Claudius Pet.** (Morgiensis), Systhematis physici, disp. vigesima septima. Präs. J. P. v. Crosa. Lausanne 1715. Bern (off. typ. ill. reip.) 14 S. (4.—) 6378
Gew.: Ant. Hacbret, Dav. Decrosa, Benj. Descombes, Sam. Duntz, Joh. Pet. Secretano, Claud. Rolaz, Nath. Devenopia, Imb. u. Pet. v. Beausobre.

Biographisches Corpsalbum der Borussia zu Bonn 1827—1902. Im Auftr. d. Borussia von † Friedrich Karl **Devens.** Bonn: Selbstverl. d. Borussia 1902. 267 S. 4° A 12. 6104 5

Das deutsche Roß in der Geschichte, in Sitte, Sang und Sage. Von Friedrich Carl **Devens.** Mit 40 Vollbild. u. über 200 Textill. von Theodor Rocholl. (In 4 Lfgen.) [Mehr nicht erschienen.] Bremen: C. E. Müller (2 ff.: Leipzig: E. F. Steinacker in Komm.) [1898—1901]. (148 S.) 2° [G.] · 106. 176

**Deventer, Ludw.** Züge aus dem Leben d. Ludw. Deventer, homöopath. Arzt u. Wundarzt in Berlin, entschlafen am 4. Juli 1892. Gezeichnet v. Ludw. M. 8. (29 S.) Berlin 893. Wiegandt & Grieben. n. — 50

**Deventer, van,** Aetiologie u. Pathogenese des gemeinschaftlichen Irreseins (folie à deux). (Übers. v. Kurella.) [Aus: „Centralbl. f. Nervenheilkde. u. Psychiatrie".] gr. 8. (12 S.) Coblenz 893. W. Groos. n. — 40

Deventer, Charles Marius van

Physikalische Chemie für Anfänger v. Dr. Ch. M. van **Deventer.** M. e. Vorw. v. Prof. Dr. J[akobus] H. van 't Hoff. *Amsterdam & Leipzig: S. L. van Looy & W. Engelmann 1897.* (4 Bl., 167 S., 1 Tab.) 1 Bd 8. [97. 4142]

**Deventer,** Ch. M. van, physikalische Chemie f. Anfänger. Mit e. Vorwort v. J. H. van't Hoff. 2. Aufl., besorgt v. Ernst Cohen. gr. 8. (VIII, 168 S. m. Fig. u. 1 Tab.) Amsterdam 901. Leipzig, W. Engelmann. Geb. in Leinw. n. 4. —

**Deventer,** Ch. M. van, physikal. Chemie f. Anfänger. Mit e. Vorwort v. J. H. van 't Hoff. 3. Aufl., besorgt v. Ernst Cohen. (XX, 161 S. m. Fig. u. 1 Tab.) 8. Amsterdam 906. Leipzig, W. Engelmann. Geb. in Leinw. 4. —

Deventer, Conrad Zu den griechischen Lyrikern. Natur und Naturgefühl bei denselben. (Umschlagtitel: Zu den griechischen Lyrikern.) 4 (S. 3 - 21). Kath. G. *Gleiwitz* 1887 (171).
Progr.

**Deventer,** Franz Willem, Handbuch der holländischen Umgangssprache od. prakt. Anleitg., sich im Holländischen richtig u. geläufig auszudrücken, auch ohne Vorkenntnisse in dieser Sprache. Enth. e. kurzen Abriß der Grammatik, Gespräche auf Holländisch u. Deutsch, die im tägl. Leben, im Geschäftsverkehr usw. vorzukommen pflegen. Mit durchgeh. Angabe der Aussprache des Holländischen u. e. kleinen Wörterbuch f. den alltägl. Verkehr. (XVIII, 369 S.) kl. 8. Berlin (909). Friedberg & Mode. Geb. in Leinw. 2. 50

— Der kleine Holländer od. Die Kunst, die holländ. Sprache in kurzer Zeit verstehen, lesen, schreiben u. sprechen zu lernen. Enth. e. kurzen Abriß der Grammatik, holländ. u. deutsche Gespräche, welche im tägl. Leben, im Geschäftsverkehr, auf der Reise, in Gesellschaft usw. vorzukommen pflegen. Mit durchgeh. Angabe der Aussprache des Holländischen. Ein Hilfsbuch f. Reisende. (XVIII, 229 S.) 16. Ebd. (909). 1.25; kart. 1. 50

— Der perfekte Holländer od. praktischer Unterricht in der holländ. Umgangssprache f. jedermann auch ohne Vorkenntnis des Holländischen. Enth. e. kurzen Abriß der Grammatik, holländ. u. deutsche Gespräche, welche im tägl. Leben usw. vorzukommen pflegen. Mit durchgeh. Angabe der Aussprache des Holländischen u. e. kleinen Wörterbuch f. den alltägl. Verkehr. (XVIII, 369 S.) kl. 8. Ebd. (909.) Kart. 2. 25

Deventer, Heinrich von, s. Heilbrunn, Berthold.

Deventer, Hendrik van: Neues Hebammen-Licht; Th.1: in welchem aufrichtig gelehret wird, wie alle unrecht liegende Kinder...blos mit den Händen in ihr rechtes Lager zu bringen, und glücklich heraus zu ziegen... 4.Aufl. Th.2: welcher eine fernere Untersuchung schwerer Geburthen als auch einen Probier-Stein und Schild der hebammen in sich hält; allwo zugleich von der notwendigen Besichtigung in und mit der Geburth verstorbener Weiber gehandelt wird... 3.Aufl. (Manuale Operatien, zijnde een nieuw ligt voor vroedmeesters en vroed-vrouwen... Dt.) Aus der lateinischen (Übers.) übers. Th.1-2, gbd., Abb.

Jena: Cröcker 1740 - 1744

Deventer, Hendrik van: (Operationes chirurgicae novum lumen exhibentes obstetricantibus. Deutsch:) Neues Hebammen-Licht, in welchem . . . gelehret wird, wie alle unrecht liegende Kinder, . . . glücklich heraus zu ziehen . . . Aus d. Lat. ins Teutsche übers.
Th. (1.) 2. Jena: Cröker 1775. 8°
(Th. 1:) 6. Aufl. 1775.
Th. 2: Welcher e. fernere Untersuchung schwerer Geburten, als auch e. Probier- Stein u. Schild der Hebammen in sich hält. 5. Aufl. 1775.

— operationum chirurgicae novum lumen exhibent obstetricantibus. II Part. cum fig. 4. Leiden, Verbeck. 735.

Deventer, J. B., van, Dermato-histolog. Atlas, s.: Joseph, Max.

Deventer, L. W. v., De interpolationibus quibusdam in Sophoclis tragoediis. Diss. 1851. 69 S.

Deventer, Ludw., die Heilung des grauen Staars ohne Operation. gr. 8. (31 S.) Berlin 886. (R. Bohne.) n. — 75

— über Muskel-, Gelenk- u. Nerven-Rheumatismus. 3., verm. Aufl. gr. 8. (34 S.) Ebd. 889. n. — 60

Deventer, Ludw., homöopathische Pharmacopöe. gr. 8. (XII und 172 S. mit 1 lithogr. Abbild.) Berlin 868, (Academische Buchh.) *

Deventer, Ludw., homöopathische Pharmacopöe. 2. verm. und verb. Aufl. gr. 8. (236 S.) Berlin 878, (Grieben.) **

— homöopathische Pharmacopöe. 3. Aufl. Mit e. Anh.: Über Wirkg. u. Anwendg. einiger wicht. Arzneimittel. gr. 8. (VII, 315 S.) Ebd. 886. n. 6. —

Deventer, Ludw., die Pocken u. e. Heil- u. Schutzmittel dagegen. 8. (36 S.) Berlin 872. (Grieben.) n.n. — 50

— die Pocken u. e. Heil- u. Schutzmittel dagegen. 8., verm. Aufl. gr. 8. (72 S.) Ebd. 876. n. 1. —

Deventer, Ludw., homöopathischer Rathgeber für Nichtärzte. gr. 8. (IV und 244 S.) Berlin 856, Th. Grieben. *

Deventer, Ludw., homöopathischer Rathgeber für Nichtärzte. 2., verm. und verb. Aufl. gr. 8. (VII und 306 S.) Berlin 859, (Th. Grieben.) *

—— homöopathischer Rathgeber für Nichtärzte. 3., verm. und verb. Aufl. gr. 8. (IX und 346 S.) Berlin 864. (Halle, Petersen.) *

— homöopathischer Rathgeber f. Nichtärzte od. Anweisung sich selbst in vielen Krankheitsfällen homöopathisch zu behandeln. 4. verm. u. verb. Aufl. gr. 8. (XVI, 448 S.) Berlin 870. (Akadem. Buchh.) n. 4. 50

Deventer, Ludw., homöopathischer Rathgeber für Nichtärzte oder Anweisung, sich selbst in vielen Krankheitsfällen homöopathisch zu behandeln. 6. Aufl. gr. 8. (XV, 594 S.) Berlin 885, Janke. *

— homöopathischer Rathgeber f. Nichtärzte od. Anweisg., sich selbst in vielen Krankheitsfällen homöopathisch zu behandeln. 7. Aufl. gr. 8. (XVI, 636 S.) Ebd. 893. n. 6. —

— über Zuckerkrankheit (Diabetes mellitus) u. deren Heilung durch homöopathische Behandlung. gr. 8. (32 S.) Ebd. 890. n. — 75

Deventer, Guil. Conr., de litera ν, Graecorum paragogica. Dissertatio grammatica. gr. 8. (III und 36 S.) Münster 863, (Coppenrath'sche Buchh.) *

Devereux, s. Bulwer, compl. W. Vol. VI. — Uebers., sämmtl. W. (Aachen, Mayer.) 12—14. Bd., (Stuttgart, Metzler.) 13—19. Bdchn., (Zwickau, Gebr. Schumann.) 23—26. Thl. u. einzeln.

**Devereux**; vom Verf. des Pelham und des Verstoßenen. Übersetzt von Richard. Aachen u. Leipz. 1830. V: *Bulwer, Edward George Earl of Lytton.* (GGr) (Mitth. A. Rosenbaum.)

Devereux, vom Verf. des „Pelham," übersetzt v. L. Richard. 3 Thle. 12. Aachen u. Leipz. 830. Mayer. 4 fl 12 kr

Devergie, (Marie Nicolas): Der Harnfluß und seine rationelle Behandlung durch Einspritzungen. (Aus dem Französischen) übers. von Herrmann Müller. 135 S., gbd.

Leipzig: Michelsen 1840

Devergier, (M. N.,) Clinik d. syphilit. Krankheiten. A. d. Franz. Mit Kupf. 1r Heft. gr. 4. Weimar 827, Ind. Cpt.

Devergie, M. N., observationes medico-chirurgicae super lue venerea complicat. 4. Gött. Brose. 811.

Deveri, Jos. Anton (G.?)

— Predigten bei Eröffnung des Jubiläums im Jahre 1826 unter Papst Leo dem XII. 8. Prag 826, Calve.

Deveri, Jos. Ant., Predigten auf alle Sonntage d. Jahres, gesammelt aus d. Werken der berühmtesten Kanzel-Redner Frankreichs, Italiens u. Deutschlands. 3 Jahrgänge, à 2 Thle. gr. 8. Prag 822 — 25. (Calve). 8 fl

Deveri, (J. G.,) Predigten auf alle Sonntage des Jahres, gesammelt aus den Werken der berühmtesten Kanzel-Redner Frankreichs, Italiens u. Deutschlands. 3 Jahrgänge, jeder in 2 Theilen. gr 8. Prag 822 — 27, Calve. (1r 2r J. 3r J. 1r 6 Rthlr. 16 gr. 3r J. 2r Thl. 1 Rthlr. 8 gr.

— Predigten bei verschied. Veranlassungen. 6 Bde. gr. 8. Prag 825 — 27. Calve. 8 fl

— Predigten bei verschied. Veranlassungen. 1r bis 6r Bd. gr. 8. Prag 826—27, Calve. à 1 Rthlr. 8 gr.

Devezin, Mch., Nachrr. über Aleppo, s. Biblioth. der Reisebeschreibb. 12r Bd.

Devezin, Michael: Nachrichten über Aleppo und Cypern. Aus der noch ungedruckten englischen Original-Handschrift übersetzt und herausgegeben von Harles.
in: Bibliothek der neuesten und wichtigsten Reisebeschreibungen. Bd. 12. Weimar 1804. 88 S. 8°.

Deviation der Kompasse an Bord eiserner Schiffe. (Verfasst in der Kgl. Navigation-Schule in Altona, 1877. Metallographirt.) Fol.

Les Déviations de la colonne vertébrale dans les Ecoles de Lausanne par les Dr |Charles| Scholder..., Dr |Auguste| Weith... |et| Dr |Adolphe| Combe.... Extrait des Annales suisse|s| d'hygiène scolaire |Jahrbuch der schweizer. Gesellschaft für Schulgesundheitspflege 2,| 1901. |Avec 30 figures.| II + 71 p. 8. Zurich. Zürcher & Furrer, 1901.

Pola, Hydrographisches Amt der K. K. Kriegsmarine, Deviations-Coefficienten der Schiffe S. M. Kriegsmarine. Berechnet aus den vom Jahre 1857 bis 1875 angestellten Beobachtungen. Pola 1875. qu. Fol.

Deviations-Curve d. Compasses an Bord. (Napier's Diagramme.) Lith. schmal Fol. Bremerhaven (897). G. Schipper. — 15

Deviations-Journal, geführt an Bord des deutschen . . . Schiffes . . . Festgestellt vom Vorstande der See-Berufsgenossenschaft auf Grund der Bestimmgn. des § 6 Abs. 3 der Unfallverhütungsvorschriften f. Dampfer bezw. § 5 Abs. 3 derjenigen für Segelschiffe. (7 S.) Fol. Hamburg (903). Eckardt & Messtorff. n. — 50; (47 S.) n. 1. 20; (87 S.) n. 2. —

Dévidé, Henriette [Übers.]
s. Flowerdew, Herbert: Die dritte Frau.

**Dévidé, Henriette, was d. Märchentante erzählt. 33 Märchen. Mit 4 Bildern in Farbendr. v. Hans Schulze. 2. Aufl. 8. (III, 178 S.) Stuttgart (902). Union. Geb. in Leinw. n. 2.—**

Was die Märchentante erzählt. Dreiundzwanzig Märchen von Henriette Dévidé. Mit 4 Bildern von H. Schulze. 3. Aufl. *Stuttgart, Berlin, Leipzig: Union [1903].* (178 S.) 8° [F.]
(Henriette Dévidés gesammelte Märchen.) [03. 1933]

**Devidé, Josef Ferdinand — Die Gremial-Handelsschule zu Reichenberg. Geschildert von — —. Der Reinertrag ist für das Leitmeritzer Pädagogium bestimmt. Reichenberg, 1856. Buch- und Steindruckerei von Rudolph Gerzabek. (24 S. 8.)**

**Devidé, Thaddäus, Kind u. Märchen, s.: Sammlung gemeinnütziger Vorträge.**

Devidé, Thaddäus. Das Recht auf Erziehung. Beitrag z. Lösg. d. socialen Fragen. gr. 8. (46 S.) Münch. 890, Staegmeyr. * 1 —

**Devidé, Thaddäus, deutsch-weltsprachliche Volks-Grammatik. Vollständ. Anleitung zum Selbstunterricht in der Weltsprache „Volapük". Mit Übungen, Gesprächen und Lesestücken. gr. 8. (V, 132 S.) Leipzig 888, Klinkhardt. ***

**Devienne, ..., neue Flötenschule, mit Tabellen u. Uebungsstücken, neu übersetzt. Fol. Leipz. 805. Hofmeister. 1 ℛ 12 gℓ Dies., 2 Thle. Braunschw., Spehr; auch Peters in Leipz. 1 ℛ 12 gℓ**

**— dieselbe 2 Thle. Braunschw. Spehr (u. Kühnel in Leipzig. (1r 1 Thlr. 2r 12 gr.)**

Der letzte Grenadier | Friedrich Devier, aus Marseille in Frankreich, | kam am 10ten Oktober 1848 aus der Sklaverei Sibiriens, wo er 34 Jahre in | Gefangenschaft war, | nach seinem Vaterlande zurück.
Kol Colmar, gedruckt bei Wittwe Decker.
o. J (1849), 1 Bl. zweiseitig bedruckt, 270 × 230.
BNP 4° Z. 77.

**Devillaine, Tableau des maladies aiguës et chroniques. gr. 8. Leipz. Vogel. 782.**

Deville, A., Essai sur l'exil d'Ovide. 1859. 62 S.

**Deville, F. J., das Verfahren der Gerichts- u. Hülfspolizeibeamten nach den Verfügungen d. Gesetzbuch. d. Criminaluntersuchungen. gr. 8. Strasb. Levrault. 811.**

**Deville, F. J., das Verfahren der Gerichts- u. Hülfspolizeibeamten nach den Verfügungen des Gesetzbuches der Criminaluntersuchungen. gr. 8. Straßb. 812. Levrault. 1 ℛ 9 gℓ**

**Deville, G., Gracchus Babeuf u. d. Verschwörg. d. Gleichen. Deutsch u. m. e. Nachwort vers. v. Ed. Bernstein. gr. 8. (72 S.) Hottingen-Zürich 887. Berlin, Buchh. Vorwärts. n. — 25**

**Deville**, H. Sainte Claire, und F. **Wöhler**, über das Bor. Aus d. Abhandlungen d. k. Gesellsch. d. W. zu Göttingen. Göttingen 857. Dieterich. gr. 4. (12 S.) n. 4 ngℓ

Deville, I., dictionnaire du tapissier critique et historique de l'ameublement français depuis les temps anciens jusqu'à nos jours. 2. Abth. 4. (S. 49—240 u. Taf. 38—111.) Lüttich 878. Claesen. n. 17. 50

Deville, J., Möbel und Decoration in allen Stylen vom Alterthum bis zur Jetztzeit. Vorlagen für Tapezierer und Möbel-Fabrikanten, gezeichnet von Creuzet. 124 lithogr. und color. Taf. Zugleich als 2. Aufl. des Atlas zum „Dictionnaire du tapissier". (In 8 Lfgn.) 1.—3. Lfg. hoch 4. (à Lfg. 16 Taf.) Berlin 884, Claesen und Comp. à Lfg. ℳ 8. *

Deville, J., Möbel und Decoration in allen Stylen vom Alterthum bis zur Jetztzeit. Vorlagen für Tapezierer und Möbel-Fabrikanten, gezeichnet von Creuzet. 124 lithogr. und color. Taf. Zugleich als 2. Aufl. des Atlas zum „Dictionnaire du tapissier". 4.—8. (Schluss-)Lfg. hoch 4. (à Lfg. 16 Taf.) Berlin 885,86, Claesen und Comp. à Lfg. *ℳ 8.—. * compl. in Mappe *

1.—3. Lfg. Ebendas. 1884. *ℳ 24.—.

Devilleneuve, s. Villeneuve, Th. F. Vallon de.

Devilleneuve, Yelva, s.: Scribe.

Devilleneuve, Yelva, s. Théâtre français.

**Deviller, Schweikert, Spahn, Algebra f. Mittelschulen u. höhere Mädchenschulen. (VI, 110 S.) 8. Straßburg 910. F. Bull. 1.—**

Devillez, A., Éléments de mécanique considérée comme science naturelle. 1. Partie. Corps solides. gr. 8. (XX und 659 S. mit 20 Stnt. in qu. Fol.) Lüttich 866. (Leipzig, Brockhaus' Sortiment und Antiquarium.) *

Deviloff, Paul, in Berg und Wald. Gedichte. 8. (V, 118 S.) Salzburg 886, Kerber. *

**Deviloff, Paul, Erzählungen aus Salzburg, Stadt und Land. Inhalt: Das Bild des Patronus. — Der Bergputzer. — Halt! Eine Grenzzoll-Idylle. 8. (123 S.) Salzburg: Mayr 1894 * —.50**

—— die Jahreszeiten der Liebe. Gedichte. 12. (VIII, 102 S.) Leipzig 886, Friedrich. *ℳ 2.—.; geb. *

**Devimahatmyam. — Markandeyi Purani sectio ed. latin. interpretat. annotationesque adjecit Lud. Poley. 4 maj. (19 B.) Berolini 831, Duemmler.**

Devin, Gustav

**Devin, der Dienst d. dtschn. Apothekers im Heere usw., s.: Salzmann.**

**Devin, Gustav: Quantitative Trennungen mit salzsaurem Hydroxylamin und Analyse des Pyroxenquarzporphyr.** *Heidelberg 1898: J. Hörning.* (41 S.) 8°
Heidelberg, Naturw.-math. Diss. v. [4. Aug.] 1898

Devin, Leo, Hermann Borneck. Schauspiel in 5 Aufzügen. 8. (V, 135 S.) Hamburg 881. Kriebel. n. 1. 50

Devis, Johann Baptist

**Devis, J. B., Andacht d. heiligen Kreuzweges. [Aus: „Gebet- u. Erbauungsbuch".] 24. (16 S.) Münster i/W. 891. Coppenrath. n. —10**

Devis, J. B., Gebet- und Belehrungsbuch für die Mitglieder der Bruderschaften von den allerheiligsten Herzen Jesu und Mariä. Als 6., durch Nachmittagsandachten, Novenen, Tagzeiten ꝛc. bedeutend verm. Aufl. des „Unterricht über die Andacht zu den allerheiligsten Herzen Jesu und Mariä ꝛc." 16. (246 S.) Münster 852, Coppenrath'sche Buchh.

**Devis, J. B., Gebet- und Belehrungsbuch für die Mitglieder der Bruderschaften von den allerheil. Herzen Jesu u. Mariä. Als 8. durch Nachmittags-Andachten, Novenen ꝛc. verm. Aufl. des „Unterrichts über die Andacht zu den allerheil. Herzen Jesu und Mariä ꝛc." Münster 857. Coppenrath. 32. (IV, 250 S.) 5 ngℓ**

Devis, J. B. Gebet- u. Belehrungsbuch besonders f. die Mitglieder der Bruderschaften v. den allerheiligsten Herzen Jesu u. Mariä. Neu hrsg. v. Pet. Diel. 11. verb. u. verm. Aufl. gr. 16. (IV, 214 S.) Cöthen 891.—Münster i. W., Coppenrath. * — 50

— Gebet- u. Erbauungsbuch f. kathol. Christen. 15. Aufl. Mit 1 Titelkpfr. 8. (704 S.) Cöthen 850. Münster, Coppenrath. ⅔ ℛ (siehe auch: Gebet- u. Belehrungsbuch.)

Devis, J. B., Gebet- und Erbauungsbuch für kathol. Christen. 15. Aufl. 8. (704 S. mit Ttlkpfr.) Cöthen 850. Münster, Coppenrath'sche Buchh.
Vgl.: Gebet- und Erbauungsbuch.

— Gebet- und Erbauungsbuch für katholische Christen. 20. Aufl. 854. — 21. Aufl. 856. — 22. Aufl. 857. — 23. Aufl. Mit 1 Titelkpfr. Münster 858. Coppenrath. 8. (704 S.) 20 ngr; Velinp. 25 ngr

Devis, J. B., Gebet- u. Erbauungsbuch f. katholische Christen 26. Aufl. Mit e. Titelkpfr. (in Stahlst.) 8. (XV, 672 S.) Münster 871. Coppenrath. 2. 5

— Gebet- u. Erbauungsbuch f. katholische Christen. Neu hrsg. v. P. Diel. 28., verb. Aufl. Mit e. Titelkpfr. 8. (XVI, 672 S.) Ebd. 890. n. 2. 50; geb. m. Goldschn. n. 6. —

—— Gebet- u. Erbauungsbuch f. katholische Christen. Neu hrsg. von Pet. Diel. 28. verb. Aufl. Mit Titelkpfr. 8. (XVI, 672 S.) Münster i. W. 891, Coppenrath. * 2 50; geb. m. G. * 6 —
Daraus apart:
—— Andacht d. heiligen Kreuzweges. 24. (16 S.) Ebd. 891. * — 10

Gebet- und Erbauungsbuch für katholische Christen von J[ohann] B[aptist] Devis. Neu hrsg. von Peter Diel. 29. verb. Aufl. *Münster: Coppenrath 1902.* (xv, 671 S.) 8° [J.] [03. 1441. 6

Devis, J. B., S. J., Gebet- u. Erbauungsbuch f. kathol. Christen. Neu hrsg. v. Pet. Diel, S. J. 29. verb. Aufl. 8. (XVI, 671 S. m. 1 Stahlst.) Münster 903. Coppenrath. . n. 2. 50; geb. in Leinw. m. Rot- od. Goldschn. n. 5. —: in Saff. m. Goldschn. n. 7. —

Devis, J. B., kleines Cöthener Gebetbuch. Auszug aus dem Gebet- und Erbauungsbuch von demselben Verf. 16. (XV und 588 S. mit chromolithogr. Titel und 1 Titelkpfr.) Münster 866, Coppenrath'sche Buchh.

Devis, J. B., kleines Cöthener Gebetbuch. 2. Auszug aus dem Gebet- und Erbauungsbuch von demselben Verf. Mit einem Titelkpfr. in Chromolithogr. 32. (560 S.) Münster 878, Coppenrath'sche Buchh.

Devis, J. B., kleines Cöthener Gebetbuch. Auszug aus dem Gebet- u. Erbauungsbuch von demselben Verfasser. Mit einem Titelkpfr. 5. Aufl. 16. (XVI, 621 S.) Münster 880. Coppenrath. 1. 70; Ausg. in grobem Druck (650 S. m. 1 Stahlst.) 1. 50

Devis, Johann Bapt., kleines Cöthener Gebetbuch neu hrsg. von Peter Diel. Auszug aus dem Gebet- und Erbauungsbuch von demselben Verf. 6. vielfach verb. und verm. Aufl. kl. 16. (XVI, 656 S. mit 1 Titelkpfr.) Münster 887, (Coppenrath'sche Buchh.) M 1.70.; geb. mit Goldschn. *

— kleines Cöthener Gebetsbuch, neu hrsg. v. Pet. Diel, Größerer Auszug aus desselben Verf. Gebet- u. Erbauungsbuch. Mit 1 Titelkpfr. 7. Aufl. 16. (XVI, 656 S.) Ebd. 895. n. 1. 70; geb. in Ldr. n. 2. 90; m. Goldschn. n. 3. —; in franz. Ldrbd. m. Goldschn. n. 3. 50

—— Gebetbüchlein für Verehrer Mariä, s. a. Gebetbüchlein.

— Gebetbüchlein f. Verehrer Mariä, enth. die nothwendigsten Gebete. Neu hrsg. v. Pet. Diel, S. J. 24. verb. Aufl. 16. (206 S.) Ebd. 902. —25; geb. in Leinw. n. —50; m. Rot- od. Goldschn. n. —75; in Ldr. m. Rot- od. Goldschn. n. 1.25; in Saff. m. Goldschn. n. 1. 60

**Devisen, Besondere und gantz neue,** so auf dem Kön. Schloß in Copenhagen . . . 1703 zu sehen gewesen. Copenhagen. V: *Witte, Johs.* (Bruun, Bibl. Danica. III, 269.)

Devisen, 300, für Conditors u. Zuckerbäcker, auch z. Unterhaltung in gesellschaftl. Zirkeln. 2 Bogen in Fol. Eichstädt 826, Beyer.

Devisen, 300 neue, f. Conditoren u. Zuckerbäcker, auch z. gesellschaftl. Unterhaltung. kl. Fol. Ulm 843. [Adorf, Müller's Buchh.] pro Buch

Devisen, 300 neue, für Conditoren u. Zuckerbäcker, auch zur gesellschaftlichen Unterhaltung. kl. Fol. Ulm 843, Seitz. pro Buch 1/3 ngr

**Devisen** auf deutsche Gelehrte, Dichter und Künstler. Aus deutschen Dichtern gezogen. [Lemgo] 1772. V: *Unzer, Ludwig August.* (ML) (Ky) (Jacobs, Zs. des Harzvereins 28, 63) *nicht: Reichard, H. A. O.* (Uhde, Reichard. Stuttgart 1877. S. 89.)

Devisen, auf deutsche Gelehrten, Dichter u. Künstler. 8. Lemgo 772. Meyer. 8 gr

— die neuesten, u. Stammbuchstückchen, gesammelt aus d. Schriften d. besten Dichter u. Prosaisten. (A. u. dem T.: Vergiß mein nicht.) 12. Basel 810. Holdenecker. 5 gr 2e Aufl. 18. Ebd. 811. (Neukirch). 4 gr

— f. Stammbücher, oder Samml. von Aufsätzen f. dieselben, nebst Gelegenheitsgedichten. 8. Ulm, Jacob Ebner. 8 gr

— für Stammbücher, in deutscher, französ., engl. u. lateinischer Sprache. 8. Augsb. 802. Bürglen. 6 gr

**Devisenbuch, Allgemeines.** Eine Sammlung moralischer, scherzhafter und sinnreicher Devisen und Sprüche . . . Frankfurt 1833. V: *Döring, Philipp Jacob.* (Mitth. A. Rosenbaum.)

Devisenbuch, allgem., e. Samml. moral., scherzhaft. u. sinnr. Devisen u. Sprüche. Zur Unterhalt. f. Gesellschafts- u. Familienzirkel. 16. (9 B.) Frankfurt a. M. 833, Döring.

**Devishtvo,** Kershansko. Potrébni nauki ino isgledi sa schénsko mladóst. V' Zelóvzi. Leon, 1834. 175 S. — 2. natis. 1835. 233 S. — 3. natis. 1837. 179 S. — 4. natis. 1844. 228 S. — 5. natis. 1847. 227 S. — 6. natis. 1853. (Die folgenden Aufl. unter dem Verf. Anton Martin Slomšek.)

Devištvo, keršansko. Potrébni nauki, izgledi ino molitve za žénsko mladost. 6. Natis. 8. (227 S. mit 1 Stahlst. und 1 Musikbeilage in 4.) Klagenfurt 853, Leon'sche Buchh.

Devištvo, keršansko. Potrébni nauki, izgledi in molitve za žensko mladost. (Lehren und Gebete für die weibliche Jugend.) 7. Aufl. 8. (227 S. mit 1 Stahlst. und 1 Notenbeilage in qu. 4.) Klagenfurt 857, Leon'sche Buchh.

De-Vit, Vinc. Onomasticon, s. Forcellini, Aegid., totius latinitatis lexicon.

Devit, Vinc., s. Sententias M. Terentii Varronis majori etc.

E. Devitz, Anleitung zur Verwaltung des Ortssteuer-Erheber- u. Gemeinde-Rendanten-Amtes in den ländl. Gemeinden der östlichen Provinzen des königl. preuß. Staates. Nach amtl. Quellen bearb. Bunzlau (Kreuschmer). 1871. gr. 8. (VI, 113 S.)

**Devletian,** Johannes, a. Adrianopel: Sekundäre Bauchwandplastik nach Appendix-Operationen. Berlin (1908): A. Knickmeyer. (36 S.) 8°
Berlin, Med. Fak., Ref. Hildebrand, Diss. v. 11. Aug. 1908
[Geb. 1. April 84 Adrianopel; Wohnort: Adrianopel; Staatsangeh.: Türkei; Vorbildung: Gymn. Adrianopel Reife O. 01; Studium: Konstantinopel 6, Würzburg, Heidelberg, Kiel, München, Berlin, zus. 14 S.; Rig. 28. Juli 08.]

**Devocionario** en honor del patriarca, Señor San José. 6. ed. gr. 16. (XII, 244 S.) Freiburg i/B. 900. Herder. —96; geb. in Leinw. n. 1. 36

**Devocionario,** nuevo, en honor del patriarca, señor San José. 7. ed. Corregida y aumentada con otro método de oir la santa misa, una novena y el mes de marzo, consagrado al santo patriarca. (VIII, 403 S. m. 4 Taf.) gr. 16. Freiburg i/B. (904). Herder. Geb. in Ldr. m. Goldschn. n. 3. 40

**Devoir,** le, du chrétien de nos jours, ou livre de prières et de conduite à l'usage des fidèles de tout rang et de tout âge, à fin de les préserver de la contagion de l'incrédulité, et pour ramener des erreurs l'homme de bonne foi aux vérités de son salut. Par l'auteur de la voie du salut. gr. in-12. (10¼ B. u. 5 Kpfr.) Vienne 833, Buchholz. (Leipzig, Liebeskind.)

**Devoirs** généraux des anciens francs-maçons libres et acceptés et règles maçonniques. Bern 1840: Haller. 18 S. 8°
Abgedr. in: Globe. 1841 S. 381—387.
Kl. 217. Vom Br. Gouzy in 69 Artikeln hrsg.

— de l'Homme raisonnable. 8. Nürnb. 751.

**Devoirs,** Statuts, ou Règlemens généraux des Francsmaçons. 8. Frft. Esslinger. 764.

*Devoirs*, Statuts, ou Reglemens généraux des francsmaçons. 8. Frankf. 764. (Schäfer). 5 gl.

— de véritables, de l'homme d'Epée, particulièrement d'un Gentilhomme. 8. Halle 752. Kümmel. 8 gl.

[Devonshire, Elizabeth Hervey Duchess of.] Sketch of a descriptive Journey through Switzerland, to which is added the Passage of S. Gotthard, a Poem by her Grace the Duchess of Devonshire [Georgine Cavendish]. (New Ed.) [With 1 vignette and 1 plate.] 8. Berne 1816.

[Devonshire. Elizabeth Hervey Duchess of.] Scizze einer mahlerischen Reise durch die Schweiz. Aus dem Englischen eines Ungenannten. Hrg., mit einigen Anmerkungen u. einem doppelte Anhange, von Joh[ann] Rud[olf] Wyss, Prof. [Mit 1 Vignette und 1 Tafel.] 8. Bern 1816.
Anhange: Die Reise uber den Gotthard. Ein Gedicht. Aus dem Englischen der Frau [Georgine Cavendish] Herzogin von Devonshire. — Bruchstucke aus [Louis-François] Ramonds Zusatzen zu [William] Cox Reisen in die Schweiz.

Devonshire, Georgine Cavendish Duchess of s. [Devonshire, Elizabeth Hervey Duchess of]: Scizze einer mahlerischen Reise. Bern 1816 — Sketch of a descriptive Journey. Berne 1816.

Verkannt (La Sacrifiée). Komödie in 3 Aufz. von Gaston **Devore.** Deutsch von Hans Hansen. Berlin, Köln, Leipzig: A. Ahn [1907]. (99 S.) 8°
[Ant. u. F.]
= Theater, Französisches. No 17. [xxx. 1897]

**Devorme,** Moiroud et Compagnie, s. Répertoire du Théâtre fr. No. 165.

**Devorme** et **Bayard,** Moiroud et Compagnie, siehe: Théâtre Français par Schutz, X. série, 10. livr.

**Devoti, Joh.,** Institutionum canonicar. lib. IV. Nova edit. Veneta omnino ad instar ultimae Romanae. Ab Auctore recognita et additionibus locupletata. IV Ti. 8maj. (58⅛ B.) Venetiis 834. (Lipsiae, T. O. Weigel.) *

**Devoti, Jos.,** institutionum canonicarum libri IV. Juxta edit. IV. Romanam ab auctore recognitam et additionibus locupletatam. 2 Tomi. gr. 12. (965 S.) Lüttich 860. (Mainz, Kirchheim.) *

**Devotio** sacris hymnis a studiosa iuventute . . . comprehensa. Choralia . . . Posonii 1815. V: *Szárnyay, Zoerardus Ignatius.* (Scriptores ord. s. Benedicti. Vindob. 1881.)

**Devotio** decendialis ad S. Franciscum Xaverium è Societate Jesu . . . Monasterii 1729. V: *Lambertz, Johann.* [?] (so)

**Devòtio** ad Sánctum Josèphum. (Lateinisch, deutsch u. volapük.) 8. (4 S.) Konstanz (900). Schleyer's Weltsprache-Centralbüro. (Nur direkt.) n. — 10

**Devotio** Mariana argumentum trium meditationum . . . Monachii 1740. V: *Neumayr, Franz.* (so) (Jes)

**Devotio** Parthenia incitamentis animata et exercitiis probata . . . Lucernae 1768. V: *Reisach, Ferdinand.* (Jes)

**Dévotions,** les, de Mad. de Betzamsoth, et les pieuses facéties de Mr. de St. Ognon etc. 8. av. fig. Mayence, Kupferberg. 793.

**Devoto,** el, del sagrado corazón de Jesús. Pequeño manual de piedad. 10. ed., aumentada y mejorada. 16. (XII, 482 S. m. Abbildgn. u. 1 Stahlst.) Freiburg i/B. 902. Herder. n. — 80; geb. in Leinw. n. 1. 30

*Devotus* ad aram. sacerdos s. adminicula missae sacrif. devoti celebrand. 8. Prag 788 Diesbach. 9 gl.

**Devoty,** (J.,) Erklärung d. kathol. Taufhandlung bei den Neugeborenen. 8. Prag 826. (Leipzig, Centr. Compt.)

Devoty, J., Erklärung d. kathol. Taufhandlung bei den Neugebornen. 8. Prag 826. (Leipz., Fr. Fleischer). 6 gl.

— Erklärung der kathol. Trauungshandlung, nebst Bemerkk. üb. d. Belehrung u. Prüfung d. Brautleute u. das vorgeschriebene Zeugniß ihrer Religionskenntnisse rc. 8, Prag 826. (Leipzig, Central-Compt.)

— Erklärung d. kathol. Trauungshandlung, nebst Bemerkk. über d. Belehrung u. Prüfung d. Brautleute u. das vorgeschriebene Zeugniß ihrer Religionskenntnisse rc. 8. Prag 826. (Leipz., Fr. Fleischer). 6 gl.

**Devresse, Gaston,** Esquises florales. (24 phototyp. Taf.) 54,5×40 cm. Plauen (909). Ch. Stoll. In Mappe 40. —

**Devresse, Gaston,** Motifs modernes, s.: **Prévot, Gabr.**

**Devrient,** Arthur *August Adolf* [aus Wien]: Isomere der Camphoronsäure ... Leipzig, Druck v. Giesecke & Devrient, 1896; 1 Bl., 54 S., 1 Bl. 8.
Leipzig, Phil. Fak., Inaug.-Diss. v. [5. Aug.] 1896

**Devrient,** Eduard

**Devrient, Ed.,** Briefe aus Paris. gr. 12. (13 B.) Berlin 840, Jonas Verlsbuchh. *

**Devrient, Eduard,** u. Therese **Devrient,** Briefwechsel. Hrsg. v. Hans Devrient. (VII, 456 S. m. 8 Vollbildern.) 8. Stuttgart (909). C. Krabbe. 7.—; geb. in Leinw. n 8. 50

—— und Otto **Devrient,** deutscher Bühnen- und Familien-Shakespeare. Auswahl der bedeutendsten Dramen William Shakespeares mit Benutzung der gangbarsten Uebersetzungen. 1.—4. Bd. 8. Leipzig, Weber. à Bd. M 2. *
Inhalt:
Nr. 1. Hamlet. — Was Ihr wollt. (XII, 312 S.) 873.
„ 2. Coriolanus. — Julius Cäsar. — Der Sturm. (402 S.) 874.
„ 3. Der Kaufmann von Venedig. — Ein Sommernachtstraum. — Romeo und Julia. (359 S.) 874.
„ 4. König Johann. — König Richard II. — König Heinrich IV. (420 S.) 875.

Devrient, Ed., und Otto Devrient, deutscher Bühnen- und Familien-Shakespeare. Auswahl der bedeutendsten Dramen Will. Shakespeares mit Benutzung der gangbarsten Uebersetzungen. 5. und 6. (Schluß-)Bd. 8. [Leipzig, Weber.] Gera, Köhler's Buchh. à Bd. * M. 2. *

Inhalt:
Bd. 5. König Lear. Macbeth. Wie es Euch gefällt. (447 S.) 875.
" 6. Viel Lärmen um Nichts. Othello. Biographie Shakespeares. (258 S.) 876.
1.—4. Bd. Ebendas. 1873—75. à * M. 2. Compl. 6 Bde. geb. * M. 18. Herabges. Pr. ** M. 6,50.

— meine Erinnerungen an Felix Mendelssohn-Bartholdy u. seine Briefe an mich. 2. Aufl. Mit der Portrait-Büste Mendelssohn's in Stahlst. 8. (291 S.) Ebend. 872. n. 6. —

Devrient, Ed. Meine Erinnerungen an Felix Mendelssohn-Bartholdy u. seine Briefe an mich. 3. Aufl. Mit Portr.-Büste in Stahlst. u. e. Fcsm. 12. (284 S.) Lpz. 891, J. J. Weber. * 4 50; geb. * 6 —

Geschichte der deutschen Schauspielkunst. Von Eduard Devrient. Neu-Ausg. in 2 Bden. (Hrsg.: Hans Devrient.) Bd 1. 2. Berlin: O. Elsner 1905. 2 Bde 8° [F.] [05. 1144]

Devrient, Eduard, Geschichte der deutschen Schauspielkunst. Neu-Ausg. in 2 Bdn. (XLIII, 557 u. XX, 605 S.) Lex.-8. Berlin 905. O. Elsner. n. 20. — Geb. in Halbfrz. n. 25. —
Erschien auch in 20 Lfgn. à n. 1.—.

Devrient, Ed., Geschichte d. deutsch. Schauspielkunst. Jetzt: Leipzig, W. Heims.

Devrient, Eduard: Die Gunst des Augenblicks, s. Jahrbuch deutscher Bühnenspiele 17. Jg.

— Hans Heiling, s.: Marschner, Heinr.

Devrient, (Ph.) E., Hans Heiling, s. Mode's Opern-Text-Bibliothek.

Devrient, Eduard: Das graue Männlein, s. Jahrbuch deutscher Bühnenspiele 18. Jg.

Devrient, Ed., das Nationaltheater des neuen Deutschlands. Eine Reformschrift. 8. (95 S.) Leipzig 849, Weber. n. 1/3 ₰

— das Passionsschauspiel in Oberammergau und seine Bedeutung für die neue Zeit. Mit Illustr. (in Holzschn.) von F. Pecht. hoch 4. (43 S.) Leipzig 851, Weber. *

Devrient, Ed., das Passionsschauspiel in Oberammergau und seine Bedeutung für die neue Zeit. Mit 6 in den Text gedr. (Holzschn.-)Illustr. und 1 Titelbild (in Holzschn.) von F. Pecht. 2. unveränd. Aufl. hoch 4. (III, 43 S.) Leipzig 880, Weber. *

*Devrient*, Ed., das Passionsspiel in Oberammergau u. seine Bedeutung f. d. neue Zeit. Mit 6 in den Text gedr. Illustr. u. 1 Titelbild (in Doppelformat) von *F. Pecht* (Holzschnitte). 3. unveränd. Aufl. Leipzig, J. J. Weber, 1880. Hoch-4°. Rosa Ppb.
4 Bl. u. 39 S. Schöner grosser Druck. Jede Seite mit Linien-Einfass. — Ed. I. 1851.

Devrient, Ed., dramatische u. dramaturgische Schriften. 4 Bde. 8. (95 B.) Leipzig 846, Weber. *
Bd. 1. Das graue Männchen. Die Gunst des Augenblicks. Hans Heiling. * 1 Thlr. 10 Ngr.
" 2. Die Verirrungen. Der Fabrikant. Die Kirmes. * 1 Thlr. 10 Ngr.
" 3. Treue Liebe. Wer bin ich? Der Zigeuner. * 1 Thlr. 20 Ngr.
" 4. Briefe a. Paris. Ueber Theaterschule. (Nicht einzeln.)

— dramatische u. dramaturgische Schriften. 5—7. Bd. Geschichte der deutschen Schauspielkunst. 3 Bde. 8. 1. Bd. Gesch. der mittelalterlichen Schauspielkunst. (XX u. 463 S.) 2. Bd. Die regelmäßige Schauspielkunst unter der Prinzipalherrschaft. (XII u. 424 S.) 3. Bd. Das Nationaltheater. (XII u. 457 S.) Ebd. 848. n. 5 2/3 ₰ (1—7.: n. 11 2/3 ₰)

Devrient, Ed., dramatische und dramaturgische Schriften. 8. Bd. A. u. d. T.: Geschichte der deutschen Schauspielkunst. 4. Bd. Das Hoftheater. 8. (XII und 295 S.) Leipzig 861, Weber. *
1—7. Bd. Ebendas. 1846—48. * 11 Thlr. 20 Ngr.

Devrient, Ed., dramatische und dramaturgische Schriften. 9. und 10. Bd. 8. Leipzig, Weber. *
Inhalt:
Bd. 9. Geschichte der deutschen Schauspielkunst. 5. Bd. Das Virtuosenthum. (XI, 355 S. mit 1 Kpfrst.) 874. * M. 7,50. (5 Bde. complet * M. 30.)
" 10. Meine Erinnerungen an Felix Mendelssohn-Bartholdy und seine Briefe an mich. 1. Aufl. 1869, und 2. Aufl. (III, 291 S. mit der Portrait-Büste Mendelssohn's in Stahlst.) 872. * M. 6.
1.—8. Bd. Ebendas. 1846—61. * M. 40,50.

Devrient's, Ed., dramatische und dramaturgische Schriften. 4 Bde. 8. Leipzig 846—74. Gera, Koehler.

— über Theaterschule. Eine Mittheil. an das Theaterpublikum. gr. 12. (2 1/4 B.) Berlin 840, Jonas Verlsbuchh. *

[J.] Devrient, Ernst [aus Jena]: Die älteren Ernestiner. E. genealog. Charakteristik ... [Erschien vollst. in: Vierteljahrsschr. f. Wappen- etc. Kunde hrsg. v. Ver. „Herold" in Berlin, 1896 Heft 4.] Berlin, gedr. bei J. Sittenfeld, 1896; 40 S. 8.
Jena, Phil. Fak., Inaug.-Diss. v. [22. Mai] 1896

— Thüringische Geschichte, s. Sammlung Göschen.

Devrient, Ernst, Thüringische Geschichte. Leipzig 1907. 8°.
(Sammlung Göschen, 352.)

Devrient, Ernst, genealogisches Handbuch der europäischen Staatengeschichte, s.: Lorenz, Ottokar.

Devrient, Ernst, D. deutsche Reichsverfassg. unt. d. sächs. u. salischen Herrschern, s.: Richter, Gust., Annalen d. deutschen Geschichte i. Mittelalter.

— s.: Sagittarius, Casp., saalfeldische Historien.

— s.: Schmeizel, Mart., Jenaische Stadt- u. Universitäts-Chronik.

— Die Stadtrechte v. Eisenach, Gotha u. Waltershausen, s.: Strenge, Karl Frdr. v.

— s.: Urkundenbuch der Stadt Jena.

Devrient, Ernst, Jenas Verluste in den Oktobertagen 18 6 u. die dafür gezahlten Entschädiggn., s.: Schlacht, die, bei Jena 1806.

DEVRIENT, Fritz, Signalement des weiblichen Personals vom Hoftheater zu Dresden. (Verfasst wahrscheinlich c. 1838.) Zur Errettung des witzigen Inhaltes von Vergessenheit und Verderb nach des Verfassers Orig. Handschrift, welche sich in Privatbesitz befindet, autographisch hergestellt. 1875. 1 Bog. in Folio, gefaltet in 8°. (4 Mk. G. Priewe, Cat. 47.)
Nicht im Handel. — Vgl. Bibl. Kürschner. Lpz., Mai-Auction 1904, no. 2019. — Max Harrwitz in Berlin offerirte 1893 für Mk. 12: Höchst curioses u. drastisches altes Schriftstück, das eine kurze Kritik der 18 Hofschauspielerinnen am Dresdener Theater (dabei Caroline Bauer, Schroeder-Devrient, etc.) unter 7 Gesichtspunkten enthält. (Motto: Stirn, Mund, Brust, Herz, Vorn, Hinten.) — Dumonts Handschrift? (Angebl. Abschrift nach Devrient.)

Devrient, Hans, s.: Archiv f. Theatergeschichte.

Devrient, Hans (Hrsg.), s. Devrient, Eduard: Briefwechsel. – Geschichte d. dt. Schauspielkunst.

Devrient, Hans (Hrsg.), s. Devrient, Therese: Briefwechsel. – Jugenderinnerungen.

Devrient, Hans: Das Kind auf der antiken Bühne. Weimar 1904: Hof-Buchdruckerei. (20 S.) 4°
Weimar, Wilhelm-Ernstisches G OP 1904 (790)

Devrient, Hans, Johann Friedrich Schönemann u. s. Schauspielergesellschaft, s.: Forschungen, theatergeschichtl.

[J.] Devrient, Hans: Die Schönemannsche Truppe in Berlin, Breslau, Danzig und Königsberg 1742—1744 ... [Erschien vollst. 1895 u. d. T.: Joh. Frdr. Schönemann und seine Schauspielergesellschaft ... = Theatergeschichtl. Forschgn hrsg. v. B. Litzmann, XI.] '(Hamburg, L. Voss, 1895.)'; 2 Bl., 72 S. 8.
Jena, Phil. Fak., Inaug.-Diss. v. [5. März] 1894

**Devrient**, L., die Geschwister v. San Domingo, s.: Jugendbibliothek, neue illustrirte.

**Devrient, L.**, unsere Pilgerfahrt von der Kinderstube bis zum eignen Herd. s.: Volko. Elise.

**Devrient**, Lola, eines großen Königs Nachfolger, s.: Geschichten vom Gustav-Adolf-Verein f. Kinder. 1. Hft.

**Devrient**, Luise, s.: Mannheim, L.

**Devrient, Max.** Die Tonsillen des Kindes und ihre Beziehung zur Entstehung der Tuberkulose. Diss. Vet.-Med. Bern. Mit 7 Abbildungen [auf 4 Tafeln]. *Kopftitel:* Aus dem bakteriologischen Laboratorium des städtischen Schlachthofes in Berlin. Leiter: Obertierarzt J Bongert. II + 36 S. 8. (Hannover, Aug. Eberlein & Co., 1908.)

**Devrient**, Otto, Tiberius Gracchus. Geschichtliches Trauerspiel in 5 Aufzügen. gr. 8. (III, 153 S.) Karlsruhe 871, Braun'sche Hofbuchh. *

**Devrient**, Otto. Gustav Adolf. Historisches Charakterbild in 5 Aufzügen. 1. u. 2. Aufl. (VII, 132 S.); 3.—5. Aufl. 12. (VII, 125 S.) Lpz. 891,92, Breitkopf u. Härtel. * 1 —

**Devrient**, Otto, Gustav Adolf. Historisches Charakterbild in 5 Aufzügen. 1.—15. Aufl. 12. (VII, 125 S.) Leipzig 891—894. Breitkopf & Härtel. n. 1. —

**Devrient**, Otto, Gustav Adolf. Histor. Charakterbild in 5 Aufzgn. 20. Aufl. 12. (VII, 125 S.) Leipzig 898. Breitkopf & Härtel. n. 1. —

**Devrient**, Otto, Gustav Adolf. Historisches Charakterbild in 5 Aufzügen. 21. u. 22. Aufl. 12. (à VII, 125 S.) Leipzig 899. 900. Breitkopf & Härtel. n. 1. —

**Devrient**, Otto, Gustav Adolf. Historisches Charakterbild in 5 Aufzügen. 23.—25. Aufl. (à VII, 125 S.) kl. 8. Leipzig 900—905. Breitkopf & Härtel. n. 1. —

**Devrient**, Otto, Luther. Histor. Charakterbild in 7 Abthlgn. Ein Festspiel zur 400jähr. Geburtstagsfeier Luthers, dargestellt von Bewohnern Jenas. Bühnen-Manuscript. 8. (IX, 133 S.) Jena 883, Mauke's Verlag. *

—— dass. — Ein Festspiel, erstmalig im Herbste 1883 zur 400jähr. Geburtstagsfeier Luther's dargestellt von Bewohnern Jenas, mit Musik von L. Machts. 2. Aufl. Lex.-8. (XII, 160 S. mit 1 Lichtdr.) Leipzig 884, Breitkopf und Härtel. * geb. * *

**Devrient**, Otto, Luther. Histor. Charakterbild in 7 Abthlgn. Ein Festspiel, erstmalig im Herbste 1883 zur 400jähr. Geburtstagsfeier Luther's dargestellt von Bewohnern Jenas, mit Musik von L. Machts. 3.—7. Aufl. (Textbuch.) 12. (VIII, 148 S.) Leipzig 884—88, Breitkopf und Härtel. cart. *

**Devrient**, O., Luther. Historisches Charakterbild in 7 Abtheilgn. Ein Festspiel, erstmalig im Herbst 1883 zur 400jährigen Geburtstagsfeier Luther's dargestellt v. Bewohnern Jena's m. Musik v. L. Machts. (Text-Ausg.) 14. Aufl. 12. (VIII, 148 S.) Leipzig 889. Breitkopf & Härtel. n. 1. —

— **Luther.** Historisches Charakterbild in 7 Abtheilgn. Ein Festspiel, erstmalig im Herbste 1883 zur 400jähr. Geburtstagsfeier Luther's dargestellt v. Bewohnern Jena's, m. Musik v. L. Machts. (Text-Ausg.) 15.—18. Aufl. 12. (VIII, 148 S.) Ebd. 890. 891. n. 1. —

— **Luther.** Histor. Charakterbild in 7 Abtheilgn. E. Festspiel, erstmal. i. Herbste 1883 z. 400jähr. Geburtstagsfeier Luther's dargest. v. Bewohnern Jena's, m. Musik v. L. Machts 24. u. 25. Aufl. 12. (à VIII, 148 S.) Ebd. 898. n. 1. —

— **Luther.** Historisches Charakterbild in 7 Abthlgn. Ein Festspiel, erstmalig im Herbste 1883 zur 400jähr. Geburtstagsfeier Luther's dargestellt v. Bewohnern Jena's, mit Musik v. L. Machts. 26.—28. Aufl. 12. (à VIII, 148 S.) Ebd. 900. n. 1. —

Luther. Hist. Charakterbild in 7 Abth. Von Otto **Devrient**. Ein Festspiel ... 30. Aufl. Leipzig: Breitkopf & Härtel 1900. VIII, 148 S. 8°
[ll. 3239 B

— **Luther.** Historisches Charakterbild in 7 Abthlgn. Ein Festspiel, erstmalig im Herbste 1883 zur 400jähr. Geburtstagsfeier Luther's dargestellt v. Bewohnern Jena's, m. Musik v. L. Machts. 31.—36. Aufl. (Je VIII, 148 S.) kl. 8. Ebd. 902—905. n. 1. —

**Devrient, Otto, Luther.** Histor. Charakterbild in 7 Abthlgn. Ein Festspiel, erstmalig im Herbste 1883 zur 400jähr. Geburtstagsfeier Luther's dargestellt v. Bewohnern Jena's, m. Musik v. L. Machts. 38. Aufl. (VIII, 148 S.) kl. 8. Leipzig (906). Breitkopf & Härtel. 1. —

**Devrient**, Otto, Kaiser Rothbart. Phantastisches Volksschauspiel in 2 Aufzügen. 16. (IV, 109 S.) Karlsruhe 871. Braun. n. 1. 50

—— Kaiser Rothbart. Phantastisches Volksschauspiel in 2 Abtheilgn. Ein Festspiel, erstmalig aufgeführt im Frühling 1871 zur Heimkehr d. siegreichen Truppen auf d. Karlsruher Hofbühne, m. Musik v. K. Will. Vielf. veränd. Textausg. 12. (VI, 93 S.) Ebd. 889. * 1 —

—— s. Schrader, O., Jenaische Bismarcklieder.

**Devrient**, Otto, zwei Shakespeare-Vorträge. gr. 16. (VII, 160 S.) Karlsruhe 869, Braun'sche Hofbuchh. * geb. mit Goldschn. *

—— Was wir bieten. Festspiel am 8. Septbr. 1873 in 1 Aufzuge. 8. (32 S.) Weimar 873, Kühn. *

**Devrient**, Philipp Eduard, s. Devrient, Eduard

**Devrient**, Th.: Edouard Meystre, ein anthropologischer Beitrag. Mannheim 1864. 36 S.
Schul-/Univ.-Schrift

**Devrient**, Therese

Briefwechsel zwischen Eduard und Therese **Devrient**. Mit 8 Vollbild. Hrsg. v. Hans Devrient Stuttgart: Krabbe (1909). VI, 456 S. 8°
[09. 13282

Jugenderinnerungen von Therese **Devrient**. Mit 12 Text- u. 8 Vollbild. (Hrsg.: Hans Devrient.) Stuttgart: C. Krabbe 1905. (VI, 438 S.) 8° [F.]
[05. 8787

**Devrient**, Therese, Jugenderinnerungen. 1. u. 2. Aufl. (1.—6. Taus.) (VIII, 438 S. m. 12 Text- u. 8 Vollbildern.) 8. Stuttgart 905. 906. C. Krabbe. n. 7. —; geb. in Leinw. n. 8. 50

**Devrient, Therese, Jugenderinnerungen.** Mit 12 Text- u. 8 Vollbildern. 3. Aufl. (6.—8. Taus.) (VI, 438 S.) 8. Stuttgart (908). C. Krabbe. 7. —; geb. in Leinw. 8. 50

**Devrient**, Therese, Was das Leben bringt. Erzählungen für junge Mädchen. 8. (215 S.) Stuttgart 882, Krabbe. geb. *

**JEMAND**, W. (d. i. *Wilh. Devrient*), Diabolische Dichtungen. Iserlohn, Langewiesche, 1833. 16°. $3^1/_2$ Bog. Druckvelinp. ($^1/_4$ Rthl.).

**Dewald, Ad.**, farbige Decken- u. Wand-Skizzen. gr. Fol. (24 Bl. in Farbdr.) Leipzig 898. Jüstel & Göttel. In Mappe n. 25. —

**Dewald, Adf.**, farbige Decken- u. Wand-Skizzen. Fol. (24 Taf.) Leipzig (899). [P. Schimmelwitz.] Jüstel & Göttel. In Mappe n. 25. —

Dewald, Abph. Skizzen u. Entwürfe f. Dekorationsmaler. gr. 4. (24 Lichtdr.-Taf.) Nürnb. 891. — Lpz., Jüstel u. Göttel. In Mappe * * 15 —

**Dewald**, Georg August Stephan

**Dewald, G. A. St.**, geographisches Auskunftsbuch f. Jedermann. Nach den neuesten Zählgn. u. Veröffentlichgn. bearb. 12. (88 S.) Leipzig 892. K. F. Pfau. n. — 60

— historisch-geographisch-statistische Beschreibung d. Königr. Bayern m. vielen interessanten Zusammenstellungen u. Notizen. 24. (52 S.) Nürnberg 890. U. E. Sebald. n.n. — 30

— historisch-geographisch-statistische Beschreibung d. Deutschen Reiches m. vielen interessanten Zusammenstellungen u. Notizen u. e. Anh. d. Wissenswürdigsten aus der Geschichte jedes einzelnen Staates. 24. (86 S.) Ebd. 891. n. — 50

**Dewald, G. A. S.**, Geschichte u. Geographie d. Königr. Bayern, nebst 1 ill. Karte. Nach d. neuesten Eintheil. bearb. als Handbüchlein f. d. Schüler d. deutschen Schulen Bayerns. 9., verm. Aufl. gr. 8. (1 B.) Nürnberg 840, Stein. *

**Dewald, G. A. S.**, Geschichte u. Geographie des Königreichs Bayern nebst einer (lith. u. color.) Charte v. diesem Lande (in 4.) Nach der neuesten Eintheilung bearb. als Handbüchlein f. die Schüler der deutschen Schulen Bayerns. 13. umgearb. u. verm. Aufl. 12. (24 S.) Nürnberg 852, Stein. n. 2 ngr

**Dewald's, (G. A. St.)**, Geschichte und Geographie von Bayern nebst 1 Karte dieses Landes (in Kpfrst. u. color.) Für deutsche Schulen. 15., umgearb. Aufl. Nürnberg 864. Stein. gr. 8. (16 S.) n. 2 ngr

Dewald, G. A. St., Geschichte und Geographie des Königr. Bayern. Für die Hand der Schüler bearb. 17. umgearb. und durch einen Anhang der Geographie von Deutschland, Europa und den übrigen vier Erdtheilen verm. Aufl. 8. (16 S.) Nürnberg 884, Kühl. *
16. Aufl. erschien im Selbstverlag des Verfassers.

**Dewald, G. A. St.**, Geschichte u. Geographie des Königr. Bayern. Für die Hand der Schüler bearb. 18., umgearb. u. durch e. Anh. der Geographie v. Deutschland, Europa u. den übrigen 4 Erdtheilen verm. Aufl. 8. (16 S.) Nürnberg 887. [Kühl.] Raw'sche Buchh. n. — 10

Dewald, G. A. St., zweistimmige Grabgesänge und Schullieder rc. Ein Handbüchlein für die Schüler. 6. Ausg. 8. (16 S.) Nürnberg 876. Korn'sche Buchh. *
Die frühern Aufl. erschienen im Selbstverlag.

— östliche u. westliche Halbkugel. Mit vielen Abbildungen aus der mathemat. u. phys. Geographie. Lith. u. color. 8 Bl. in Imp. Fol. Mit Text: Das Wissenswürdigste aus der allgemeinen Geographie u. v. den fünf Erdtheilen. Für den Schulgebrauch bearb. gr. 8. (25 S.) Nördlingen 851, Beck. n. 1 1/3 ₰ In Mappe n. 1 1/2 ₰ Auf Leinw. u. in Mappe n. 2 ₰ 8 ngr — Der Text apart 2 ngr

— die östliche und westliche Halbkugel der Erde. Mit vielen Abbild. aus der mathemat. und phys. Geographie. 2. Aufl. Für den Schulgebrauch. 8 Blatt. Lithogr. und ill. Imp.-Fol. Mit Text. (28 S. in gr. 8.) Nördlingen 861, Beck'sche Buchh. In Mappe * auf Leinw. *

Dewald, G. A. St., die östliche und westliche Halbkugel der Erde. Mit vielen Abbildungen aus der mathemat. und phys. Geographie. 5. Aufl. Entworfen und gezeichnet für den Schulgebrauch von E. Winckelmann. 2 Karten. Fol. Nördlingen 874, Beck'sche Buchh. * ℳ 4,50.; in Mappe *

— der Hausfreund. Ein Ratgeber f. den Bürger u. Landmann. Enth. 500 Recepte u. Belehrgn. üb. Krankheiten der Menschen u. Haustiere, f. Feld-, Garten- u. Obstbau, Viehzucht u. Hauswirtschaft, sowie zur Vertilgg. schädl. Tiere u. Zubereitg. verschiedener Früchte, Speisen u. Getränke u. s. w. Gesammelt u. m. alphabet. Register versehen. 8. (XV, 127 S.) Halberstadt 888. Ernst. n. 1 —

— Musterbuch zur Anfertigung der im bürgerlichen Leben vorkommenden schriftlichen Aufsätze. Für Schule u. Haus bearb. 8. (III, 40 S.)
Nürnberg: Kühl 1884

Dewald, G. A. St., praktischer Ratgeber in der Brusttasche. Ein Hand- und Nachschlagebüchlein für Jedermann. Enthaltend das Wissenswertheste aus der Geographie und Geschichte [u. a. die wichtigsten Weltbegebenheiten, Lage und Einwohnerzahl der bemerkenswerthesten Orte], die neue Maß- und Gewichtskunde [insbesondere die Feld- und Wegmaße], Umwandlungstabellen von Karolinen und anderen Geldsorten, Preisberechnung für 100 Stück von 1—100 Pfg., Fremdwörtererklärung, Werthangabe der in- und ausländ. Gold- und Silbermünzen, Zins-, Besoldungs- und Ersparnißtabellen rc. 12. (IV, 128 S.) Würzburg 886, Stahel'sche Buchh. cart. *

— neuester Taschen-Atlas üb. alle Theile d. Erde, m. ein. vollst. geograph.-statist. Beschreib. ders. Für d. Schul- u. Privatgebr. bearb. 2. Aufl. qu. 4. (7 B. Text u. 7 ill. Kart.) Erlangen 845, Palm'sche Vrlsbuchh.

— geogr. Taschenbuch für Jedermann. Eine Zusammenstellung alles Wichtigen u. Bemerkenswerthen aus der mathemat., phys. u. polit. Geographie, der Dampfschifffahrt u. d. vorzügl. Eisenbahnen Deutschlands rc. Nebst einem tabellar. Anhange der europäischen u. außereurop. Münzen, Maaße u. Gewichte, einer chronolog. Uebersicht der allgem. Weltgeschichte u. vieler geograph. Bemerkungen. Mit mehreren astronom. Abbild. u. Charten. gr. br. 12. (Mit 7 Tafeln.) Ebend. 843. 1 1/3 ₰

**Dewald, Geo. Aug. Steph.**, astronom. Wandfibel, mit e. kurzen Anleit. z. Unterr. in d. Himmelskunde. Mit e. Vorr. v. H. Stephani. 8. (3 1/2 B., 1 Tab. in qu. Fol. u. 1 ill. Kpfrt. in gr. Fol.) Nürnberg 832, Zeh.

— Wandkarte d. bibl. Geographie f. d. Schulgebrauch. gr. Fol. (4 Bl.) Ebend. 845. Subscr.-Pr. n. 3/4 ₰ Ladenpr. n. 1 ₰

Dewald's, G. A. S., Wandkarte vom Deutschen Reich, für das Bedürfniss der Volksschulen bearb. von T. Ruf und J. F. Schmidt. Nördlingen, 1876. Imp.-Fol. 4 Bll. Lith. u. kolor. . . . . . . . . . . . . . . . . . . . . . . . (Br. Mus.)

Dewald D A St, Wandkarte für den Unterricht in der mathematischen und physikalischen Geographie. Mit Text. (2 Bl) In Mappe. Nürnberg

Dewald, Geo. Aug. Steph., deutsche Wandschreibefibel in 6 Tab., nebst e. Anweis. z. Gebr. ders. nach d. bildenden Methode v. H. Stephani. (6 lith. B. in gr. Fol. u. 1 1/4 B. in gr. 8.) Nürnberg 831, Stein. Thlr.

Dewald, G. A. St., das Wissenswürdigste aus der allgemeinen Geographie und von den 5 Erdtheilen. Für den Schulgebrauch bearb. Zugleich ein Commentar zu des Verf. zwei Wandkarten der östl. und westl. Halbkugel der Erde. 2., verb. und verm. Aufl. gr. 8. (28 S.) Nördlingen 860. Beck'sche Buchh.

Dewald, A. G. St., das Wissenswürdigste aus der allgemeinen Geographie und von den 5 Erdtheilen. In 2 Lehrstufen mit vielen Aufgaben. Ein geograph. Merkbüchlein für die obern Klassen der Volksschulen, höhere Töchterschulen rc., zugleich Erläuterung zu den Wandkarten der östl. und westl. Halbkugel von Dewald und Winckelmann. Neu bearb. von Th. Ruf. 3. Aufl. gr. 8. (38 S.) Nördlingen 868, Beck'sche Buchh. *

**Dewald, G. A. St.**, das Wissenswürdigste aus der Landwirthschaft. Zur Belehrung für Jung und Alt, insbesondere für Knabenoberklassen und männliche Sonntagsschulen bearb. 1. Heft: Der Ackerbau. Ansbach 853. Junge. 16. (48 S.) n. 2 ngr

— das Wissenwürdigste aus der Naturgeschichte, mit Rücksichtnahme auf die Landwirthschaft. Für den Schulgebrauch bearb. Ebend. 853. 16. (61 S.) n. 2 ngr

— das Wissenswürdigste aus der Naturgeschichte, mit Rücksichtnahme auf die Landwirthschaft. Für den Schulgebrauch bearb. gr. 16. (61 S.) Ansbach 855, Junge. *

**Dewald**, *Paul* [Regierungsbaumeister]: Beschreibung des (Umschlagt.: des neuen) Schulgebäudes (m. e. Lichtdr.). Elberfeld, gedr. bei A. Martini & Grüttefien, 1894. 3-5 S., 1 Taf. 4.
Elberfeld, R in d. Nordstadt. P 1894 (1901)

Dewall, Heinr. v., Leitfaden f. den Dienstunterricht des Kavalleristen, s.: Balthasar.

Dewall, v., der Kavallerie-Karabiner M. 71. Beschreibung und Gebrauch. Nach den offiziellen Instruktionen bearb. (X, 934 S. mit 20 Holzschn. im Text.) 8. Berlin 880, [Schneider und Comp.] Eisenschmidt. cart. *

Dewall, v., Schießdienst und Felddienst der Kavallerie. Auf Grund der „Felddienst-Ordnung von 1887" und der „Schießvorschrift von 1888" bearb. 16. (IV, 111 S.) Berlin 888, Liebel. **
Aus: Balthasar's Leitfaden ꝛc., besonders abgedruckt.

Dewall, Johannes van [Pseud.]
s.a. Kühne, August [Wirkl. Name]

Dewall, Johs. van. Der Amazonenklub. Petronella. Illustr. v. H. Albrecht. 8. (157 S.) Stuttg. 889, Krabbe. * 2 —; geb. * 3 —

Dewall, Johs. van, der tolle Baron, — Nazzarena Danti, } s.a. Reiselectüre.

Dewall, Johs. van, der tolle Baron. Erzählung. 8. (128 S.) Berlin 887, Janke. *

Dewall, Johs. van, der tolle Baron. Erzählg. 2. Aufl. 8. (128 S.) Berlin 897. O. Janke. n. 1. —

Dewall, Johs. van, der rothe Baschlick. Novelle. gr. 8. (212 S.) Stuttgart 872, Hallberger.

Dewall, Johs. van, der rothe Baschlik. Novelle. 3. Aufl. 8. (212 S.) Stuttgart 887. Deutsche Verlags-Anstalt. n. 3. —

Dewall, Johs. van, der rote Baschlik. Novelle. 3. Aufl. (Neue Titel-Ausg.) 8. (212 S.) Stuttgart 894. Deutsche Verlags-Anstalt n. 1. —; geb. n. 1. 25

Dewall, Joh. v., bunte Bilder, s.a. Marnet-Bibliothek. 61. Bd.

— bunte Bilder Mit 52 Illustr. v. H. Albrecht. 8. (III, 136 S.) Stuttgart 891. C. Krabbe. n. 2. —; geb in Leinw. n. 3. —

—— im Bivouak. Allerhand Geschichten aus vergangenen Tagen. 8. (119 S.) Berlin 886, Janke. *

—— eine große Dame. Novelle. 1. Aufl. 1872, und 2. Aufl. 2 Bde. gr. 8. (213; 222 S.) Stuttgart 875, Hallberger.

—— Eine große Dame. Roman. Mit 155 Illustr. v. R. Blumenau. 3. Aufl. 2 Bde. 8. (248; 251 S.) Stuttg. 890, Deutsche Verlags-Anstalt. cart. * 5 —; geb. in 1 Bd. * 6 —

Dewall, Johannes van: Nazzarena Danti, s.a. Reiselectüre

Dewall, Johs. van, Nazzarena Danti. Erzählung. 8. (128 S.) Berlin 884, Janke. *

—— auf schiefer Ebene. Roman. 3 Bde. 8. (295; 303; 380 S.) Stuttgart 880, [Hallberger.] Deutsche Verlags-Anstalt. *

—— die Erbtante. Roman. 2 Bde. 8. (271; 273 S.) Stuttgart 885, Deutsche Verlags-Anstalt. *

— die Erbtante Roman. 2 Aufl. (Neue Titel-Ausg.) 2 Tle. in 1 Bd. 8. (271 u. 273 S.) Stuttgart 893. Deutsche Verlags-Anstalt. n. 1. 50; geb. n. 1. 75

—— Erlösung. Roman. 2 Bde. 8. (299; 296 S.) Stuttgart 879, Hallberger. * M. 7.; geb. *

—— Erlösung. Roman. 2. (Titel-)Aufl. 2 Bde. 8. (299; 296 S.) Ebendas. 881. *

— in die Fremde. Roman. 8. (289 S.) Stuttgart 882. Deutsche Verlags-Anstalt. *

—— ein Frühlingstraum. Roman. gr. 8. (279 S.) Stuttgart 875, Hallberger.

— ein Frühlingstraum. Roman. 2. (Titel-)Aufl. 8. (279 S.) Ebend. (1875) 878. n. 4. 50

Dewall, J. van, das Geheimniß. Erzählung aus dem Gömörer Comitat. 3 Bde. 8. (238; 301; 301 S.) Berlin 877, Janke. *

— das Geheimniß. Erzählung aus d. Gömörer Comitat. 2. Aufl. 8. (276 S.) Berlin 887. Janke. n. 2. —

—— Graumann. Ein Roman aus kleinen Kreisen. 2 Bde. gr. 8. (257; 242 S.) Stuttgart 875, Hallberger.

— Graumann. Ein Roman aus kleinen Kreisen. 2. (Titel-)Aufl. 2 Bde. 8. (257 u. 242 S.) Stuttgart 878. Deutsche Verlags-Anstalt. n. 6. —

—— an der Grenze. Roman. 2 Bde. 8. (255; 245 S.) Ebendas. 884. *

—— An der Grenze. Roman. 2. Aufl. (Neue Titel-Ausg.) 2 Thle. in 1 Bd. 8. (255; 245 S.) Ebd. 892. * 1 50; geb. * 1 75

— der alte Hans. Roman. 4 Bde. 8. (312, 337, 332 u. 327 S.) Ebend. 881. n. 15. —

— Histörchen. Lose Blätter. 8. (128 S.) Berlin 885. Janke. n. 1. —

— Else Hohenthal. Roman. gr. 8. (348 S.) Ebend. 875. 5. —

— Else Hohenthal. Roman. 2. (Titel-)Ausg. 8. (348 S.) Ebend. (1875) 878. n. 5. —

— Kadettengeschichten. Erinnerungen aus meinen Kadettenjahren. Mit 69 (eingedr. Holzschn.-) Illustr. von Othello. 8. (VIII, 239 S.) Ebend. 878. n. 3. —

— Kadettengeschichten. Erinnerungen aus meinen Kadettenjahren. Mit 69 Illustr. v. Othello. 2. Aufl. 8. (VIII, 239 S.) Stuttgart 885. Deutsche Verlags-Anstalt. n. 3. —

Dewall, Johs. van (Aug. Kühne), Kadettengeschichten. Erinnergn. aus meinen Kadettenjahren. Mit 69 Illustr. v. Othello. 4. Aufl. 8. (252 S.) Stuttgart 901. Deutsche Verlags-Anstalt. n. 2. —

— aus meinen Kadettenjahren. Lose Blätter. Mit (eingedr. Holzschn.-) Illustr. von Othello. 8. (128 S.) Ebend. 877. n. 3. —

Dewall, Johs. van, aus meinen Kadettenjahren. Lose Blätter. Mit 32 Illustr. von Othello. 2. Aufl. 8. (140 S.) Stuttgart 884, Deutsche Verlags-Anstalt. *

— aus meinen Kadettenjahren. Lose Blätter. Mit 32 Illustr. v. Othello. 3. Aufl. 12. (140 S.) Stuttgart 889. Deutsche Verlags-Anstalt. n. 2. —; geb. n.n. 3. —

—— der gordische Knoten. Roman. 8. (238 S.) Ebendas. 878. * M. 4.; geb. *

—— der gordische Knoten. Roman. 2. (Titel-)Aufl. 8. (238 S.) Stuttgart 880, [Hallberger.] Deutsche Verlags-Anstalt. *

— der Kommandant. Roman. 8. (361 S.) Stuttgart 884, Deutsche Verlagsanstalt. *

— der Kommandant. Roman. 2. Aufl. (Neue Titel-Ausg.) 8. (361 S.) Ebd. 893. n. 1. 50; geb. n. 1. 75

**Dewall,** Johannes van: Der schöne Lehmann, s. a. Reiselectüre.

— Der schöne Lehmann. Illustr. von H. Albrecht. gr. 8. (III, 156 S.) Stuttg. 890, Krabbe. * 2 —; geb. * 3 —

— ein Mann. Roman. 8. (321 S.) Ebendas. 883. *

— Manöver- und Kriegsbilder. 8. (164 S. mit 80 Illustr. von H. Albrecht.) Stuttgart 888, Krabbe. *ℳ 2.—.; geb. *

— Mareiken. Roman. 3 Bde. 8. (219, 212 u. 216 S.) Berlin 885. Janke. n. 12. —

**Dewall,** Johannes van: Eine Mesalliance, s.a. Reiselectüre.

— eine Mesalliance. Erzählung. 8. (132 S.) Ebendas. 885. *

— Mondschein-Geschichten. Novellen. 2 Thle. in 1 Bd. 8. (V, 158; 177 S.) Ebendas. 882. *

— Nabina. Roman. 3 Bde. 8. (254; 248; 247 S.) Ebendas. 881. *

— Nordlicht. Roman. 3 Bde. 8. (V, 284, 294 u. 331 S.) Stuttgart 883. Deutsche Verlags-Anstalt. n. 12. —

— Katharine Ollfand. Roman. 3 Bde. 8. (313; 326; 354 S.) Ebendas. 884. *

— Katharine Ollfand. Roman. 2. Aufl. (Neue Titel-Ausg.) 3 Bde. 8. (313; 326; 354 S.) Stuttg. 892, Deutsche Verlags-Anstalt. * 2 —; geb. * 2 75

— Il Parpaglione,
— auf einem verlorenen Posten, } s.a. Reiselectüre.

**Dewall,** Johs. van, il Parpaglione. Erzählung. 8. (135 S.) Berlin 884. Janke. n. 1. —

— Madame Pauline. Eine Erzählung aus der Zeit der Invasion. 8. (127 S.) Ebendas. 883. *

— Madame Pauline. E. Erzählg. aus d. Zeit d. Invasion 2. Aufl. 8. (127 S.) Berlin 897. O. Janke. n. 1.—

— eine Schweizerpension. Novelle. 8. (332 S.) Stuttgart 879, Hallberger. *ℳ 5.; geb. *

**Dewall, Johannes von.** Eine Schweizerpension. Novelle. 2. Aufl. Stuttgart, Deutsche Verlagsanstalt (vorm. Eduard Hallberger). 1881 (332 S.)

**Dewall,** Johannes van: Auf einem verlorenen Posten, s. a. Reiselectüre.

— auf verlorenem Posten. Eine wahre Geschichte. 8. (132 S.) Ebendas. 885. *

— Don Enrique de Ramiro. 8. (317 S.) Breslau 877, Schottländer. *

[F.] Don Enrique de Ramiro. Von Johannes van Dewall. 2. Aufl. *Breslau: S. Schottlaender 1898.* (323 S.) 1 Bd 8. [98. 6083

— der Roman eines Hypochonders. 1. und 2. (Titel-)Aufl. 8. (269 S.) Stuttgart 880,83, Deutsche Verlags-Anstalt. *

— Graf Rübezahl. Roman. 2 Bde. 8. (269; 270 S.) Ebendas. 882.

— die beiden Russinnen. Roman. 2 Bde. 8. (281; 288 S.) Ebendas. 881. *

— die beiden Russinnen. Roman. 2 Tle. in 1 Bd. 2. [Titel-]Aufl. 8. (281 u. 288 S.) Ebd. [881.] 899. n. 2.—; geb. n. 2. 25

— die Schvitaschirten, s. Reiselectüre.

**Dewall,** Johannes van: Der Sklavenhändler, s. a. Reiselectüre.

— der Sklavenhändler. Erzählung. 8. (124 S.) Ebend. 885. n. 1. —

— der Spielprofessor. Eine Erzählung. gr. 8. (343 S.) Stuttgart 874, Hallberger.

— der Spielprofessor. Eine Erzählg. 2. Aufl. gr. 8. (343 S.) Stuttgart 877. Hallberger. 5. 25

— Der Spielprofessor. Roman. Mit 176 Illustr. v. G. Brandt. 3. Aufl. 8. (402 S.) Ebd. 892. * 4 —; geb. * 5 —

— zwei Stecknadeln. Erzählung. 8. (116 S.) Berlin 887. Janke. n. 1. —

— Strandgut. Roman. 3 Bde. 8. (237; 221; 203 S.) Stuttgart 877, Hallberger. *ℳ 9.; geb. *

— Strandgut. Roman. 3 Bde. 2. Aufl. 8. (237, 221 u. 203 S.) Ebend. 880. n. 9. —

— sonnige Tage. Aus den Erinnergn. 8. (191 S.) Stuttgart 884. Deutsche Verlags-Anstalt. n. 3. —

— sonnige Tage. Novellen. (Neue Titel-Ausg.) 8. (III, 191 S.) Ebd. 893. n. 1. —; geb. n. 1. 25

— vor Thoresschluß, s.a. Reiselectüre.

— vor Thoresschluß. Erzählung. 8. (174 S.) Berlin 884, Janke.

— der Ulan. Roman. gr. 8. (367 S.) Stuttgart 874, Hallberger.

— der Ulan. Roman. 2. Aufl. gr. 8. (367 S.) Stuttgart 876, Hallberger. *ℳ 4,50.; geb. *

— der Ulan. Roman. Mit 141 Illustr. v. G. Brandt. 3. Aufl. 8. (415 S.) Stuttgart 889. Deutsche Verlags-Anstalt. cart. n. 4. —; geb. n. 5. —

— Unkraut im Waizen. Roman. 1. und 2. (Titel-)Aufl. 8. (232 S.) Ebendas. 877,79. *ℳ 4.; geb. *

— Unkraut im Weizen. Roman. Mit 118 Illustr. v. R. Blumenau. 8. Aufl. 8. (262 S.) Ebd. 893. Kart. n. 3. 50; geb. n. 4. 50

— Vermißt. Roman. gr. 8. (234 S.) Stuttgart 875, Hallberger.

— vermißt. Roman. 2. (Titel-)Aufl. 8. (234 S.) Ebend. 877. n. 4. —

— auf diesem nicht mehr ungewöhnlichen Wege, s.a. Reiselectüre.

— auf diesem nicht mehr ungewöhnlichen Wege. Erzählung. 8. (124 S.) Berlin 886. Janke. n. 1. —

**Dewar**, M. A., Caplain to the British Residents in Hamburg, Revd. E. H., à Sermon preached on Whitsunday 1842. With an Appendix cont. a circumstantial narrative of the fire, which raged in that city from the 5. to the 8. of may. gr. 8. Hamburg 842, Nestler et Melle. baar 1/3 ℔

**Dewarat.** Plan von Mannheim mit den Belagerungen 1794 u. 1795. Mannheim 1796.

**Dewasagajam**, Rj., wie ich Tamulenpastor wurde. Nach D.'s mündl. Erzählgn. deutsch niedergeschrieben. (32 S. m. Bildnis.) 8. Leipzig 909. Verlag der ev.-luther. Mission. — 20

Dewees, William Potts

**Dewees**, William P., neueste Erfahrungen über die unfehlbare Heilung der Unterleibskrankheiten. Nach der 7. Ausg. frei aus dem Engl. übers. 8. (110 S.) Halberstadt 846, Lindequist und Schönrock.

—— unfehlbare Heilung der Unterleibskrankheiten und der Unterleibs-Leiden, als: Hypochondrie, Hysterie, Hämorrhoiden ɩc. Mit Hinweisung auf die wohlthätigen Wirkungen des Reisens und der Heilkraft des kalten Wassers. Nach der 7. Orig.-Ausg. frei aus dem Engl. übers. 2. (Titel-)Aufl. 8. (III und 110 S.) Quedlinburg 850, Ernst'sche Buchh. (1851)

Dewees, William P(otts): Die Krankheiten des Weibes. (Treatise on the diseases of females. Dt.) Übers.von A(dolph) Moser. Mit Zusätzen und Anmerkungen versehen von Dietr(ich) Wilh(elm) Heinr(ich) Busch. 691 S., gbd.

Berlin: Rücker & Püchler 1837

**Deweis**, Adr.: Lichtstrahlen in das finster umwölkte Verfangenschaftrecht, nach den Statuten der Herzogthümer Jülich-Berg. *Köln*, (Ritzefeld.) 833. Lex.-8. (1 Thl. 20 Gr.)

**Deweis**, Adr.: Das Recht der Verfangenschaft in allgem. Beziehung, u. mit besond. Rückblicke auf die Statute d. Herzogth. Jülich u. Berg. *Köln*, P. Schmitz. 829. gr. 8. (8 Gr.)
vgl. D e w i e s , Adr.

(Godofr. Dewerdeckius.) Kurtzer Begriff eines Werkes Silesia numismatica genannt. Jauer, 1711. 4.

**Dewerdeck**, Gfr., englisch-deutsche Grammatik. 8. Frft. 712.

— Silesia numismatica, oder Einleit. z. d. schlesisch. Münz-Cabinet ɩc. m. K. 4. Jauer, (Siegert, Liegnitz) 711.

Dewerny. Paul: De echinococcis hepatis. Halis (1867): Lipke. 30 S. 8°
Halle-Wittenberg, Med. Diss. v. 13. Juli 1867
Geb. Thiergarten bei Ohlau (Schles.) 9. 11. 1841. V.

**De Wet**, A., H. v. Doornik u. G. T. du Plessis, die Buren in der Kapkolonie im Kriege m. England, s.: Im Kampf um Südafrika. IV.

**De Wet's**, General Christian, der Kampf zwischen Bur u. Brite, f. die Jugend bearb. v. A. Osk. Klaußmann, s.: Phönix-Bibliothek. 1. Bd.

**De Wet**, Chr. R., der Kampf zwischen Bur u. Brite. (Der dreijähr. Krieg.) Deutsche Orig.-Ausg. Mit Illustr., Kartenskizzen u. dem Bildnis des Verf. gr. 8. (XX, 454 S.) Kattowitz (902). C. Siwinna. Geb. in Leinw. n. 12.50
Erschien auch in 20 Lfgn. à n. — 60.

— dasselbe. Für die Jugend frei bearb. v. A. Osk. Klaußmann. Mit Karten u. Illustr. gr. 8. (XII, 292 S.) Ebd. (902). Geb. in Leinw. n. 4.50

Die Fastenkur und das Morgenfasten von Dr. med. Edward Hooker **Dewey**. Übers. von Käthe W. Dewey. Mit e. Einführung von Dr. med. S[iegfried] Möller. Berlin: O. Salle 1907. (IV, 101 S.) 8° [F.] [07. 13983

**Dewey**, Edward Hooker, die Fastenkur u. das Morgenfasten. Übers. v. Frau Käthe W. Dewey. Mit e. Einführg. v. S. Möller. 2. verb. Aufl. (IV, 96 S.) gr. 8. Berlin 910. O. Salle. 1.50

John Dewey. Schule und öffentliches Leben [The school and society]. Aus d. Engl. übers. von Else Gurlitt. Mit einleit. Worten von Prof. Ludwig Gurlitt, Steglitz. Berlin: H. Walther 1905. (IV, 72 S.) 8° [05.8551 6

**Dewey**, John Hamlin, die neue Heilkunst durch geistige Mittel (Glaubens-Heilungen) in der Praxis u. deren wissenschaftliche Grundlage. Mit e. Einleitg. v. P. Braun. 12. (XVI, 120 S.) Bitterfeld (897). F. E. Baumann. 1.10

— Pfingsten, s.: Theosophie, christliche. 18. Hft.

**Dewey**, John Hamlin, M. D., christliche Theosophie. (Deutsche Uebersetzung v. Dziecko.) I. u. II. Hft. 8. Bitterfeld 895. F. E. Baumann. à — 25
I. Die neue Erziehg. od. Schule d. höh. Lebens. Ihre Lehre, Methode u. Resultate. (29 S.)
II. Die wissenschaftl. Grundlage d. geist. Heilens. (36 S.)

— christliche Theosophie. Ins Deutsche übertr. v. Dziecko. 3.—15. Hft. 12. Bitterfeld, F. E. Baumann. 3.45
3—8. Die Schule Christi od. die auf die spirituelle Natur u. die psych. Kräfte des Menschen gegründete höhere Erziehg. (37, 32, 32, 32, 32 u. 29 S.) 896. 897. à — 25
9—11. Der Weg, die Wahrheit u. das Leben. Ein Handbuch der christl. Theosophie. Seelen-Kultur, Seelenheilg., e. neue auf das Ideale gegründete Erziehung u. die Lehrweise Christi. (S. 1—96.) 897. à — 25
12. 13. Dasselbe. Schluß. (S. 97—138.) 897. — 35
14. Das Gesetz u. die rationale Basis der Geist- u. Glaubensheilung in der Praxis. I. (S. 139—186.) 897. — 35
15. Dasselbe. II. (S. 187—257.) 897. — 50
Fortsetzung s.: Theosophie, christliche.

**Dewey's**, W. A., Katechismus d. reinen Arzneiwirkungslehre (Essentials of homoeopathic materia medica) unt. Berücksicht. d. Homöopathie, d. Pharmakologie u. d. homöopath. Pharmacie als Einführg. i. d. homöopath. Praxis f. Aerzte, Studirende, wie f. Gebildete überhaupt. A. d. Engl. m. Erlaubn. d. Verf. übers. u. bearb. M. 57 Abb. v. Arzneipflanzen, Droguen etc. gr. 8. (XVI, 344 S.) Leipzig 896 W. Schwabe. n. 5. — ; geb. n. 6. —

Dewez, F(ranz) O(livier) (Übers.):

s.: Aretaeus: Von den Ursachen und Kennzeichen rascher und langwieriger Krankheiten. (De causis et signis acutorum et diuturnorum morborum. Dt.) Vier Bücher. Aus dem Griech. übers. Wien: 1790

**Dewez**, Frz. Oliv., († 180..) s. 1) *Aretaeus* v. d. Ursachen u. Heilart. 2) Hippokrates, von d. Kunst ɩc.

Dewez, F(ranz) O(livier) (Ed.):

s.: Moschion: Peri ton gynaikeion pathon. - De mulierum passionibus liber. (Griech. u. Lat.) Viennae: 1793

**Dewidel**, Al., Anleit. zur einfachen Buchhaltung, die Handlungsbücher nach d. deutschen Manier zu führen. 8. Wien 821. Mayer u. Comp. 20 gr. 2e Aufl. 8. Prag 825. Enders. 16 gr.

**Dewidel**, A.: „Die doppelte Buchhaltung in der neuesten und kürzesten Manier", 2 Bände, Wien 1816, 1817 (Meyer & C.).

Dewidels, A., das Ganze der kaufmänn. Buchhaltungswissenschaft, od.: vollständige u. leichtfaßliche Anweisung die Handlungsbücher in doppelten u. einfachen Partien zu führen u. abzuschließen, mit einer Einleitung, des Inhalts: kurzer Abriß der Geschichte des Handels u. der Handels-Geographie, Cours u. Coursblätter der vornehmsten Börsen Europa's, eine ausführliche Beschreibung der Wechselbriefe m. ihren Rechten u. Verbindlichkeiten, in so weit dem Buchhalter davon zu wissen nöthig ist, m. einem Anh. betreff. Oesterreich. Staatspapiere u. National-Bankactien m. genauester Darstellung ihrer Berechnungsweise. Für Lehrer u. Lernende. Neue durchaus verb. u. verm. Aufl. 3 Thle. gr. 8. (I: VIII u. 134 S. II: 128 S. III: VIII u. 164 S.) Prag 847. (André.) n. 2 ₰ 4 ngr

Dewies, Adr. (Vgl. Deweis, Adr.)

— Lichtstrahlen in das finster umwölkte Verfangungsrecht, nach d. Statuten d. Herzogth. Jülich u. Berg. gr. 8. Köln 832. Nitzefeld. 1 ₰ 8 gr

Dewies, Adr., Lichtstrahlen in das finster umwölkte Verfangenschaftrecht, nach d. Statuten d. Hrzgthmr. Jülich-Berg. Lex.-8. ($28\frac{1}{2}$ B.) Köln 833, (Nitzefeld.)

—— das Recht d. Verfangenschaft in allgem. Beziehung, u. mit besond. Rückblicke auf d. Statute d. Hrzgthmr. Jülich u. Berg. gr. 8. ($3\frac{1}{2}$ B.) Köln 829, P. Schmitz.

Dewils, Heinz, der Heedelberger Draguner-Wachtmeester. Ein humoristisch-satyrisches Saldotebild. München 870. Braun & Schneider. gr. 8. (V, 254 S. m. Holzschn.) n. 1 ₰

Dewils, Heinz, der Heedelberger Draguner-Wachtmeester. Ein humoristisch-satyr. Saldotebild. 2. Thl. gr. 8. (254 S.) München 873. Braun & Schneider. n. 3. —

Dewin, Guil (geb Coblenz 1815) Casus singularis fungi medullaris. Berolini (1840) (32 S.) 8°
Berlin, Med. Diss v. 19. Dez 1840

Dewis, J. P., guter Rath an Einwanderer in d. Verein. Staaten v. Nordamerika. Mit Anmerkn. u. e. Anh. versch. u. hrsg. v. W. K. Riedlen. gr. 12. ($6\frac{2}{3}$ B. u. 1 Abbild.) Aarau 834, Christen.

Dewischeit: Bericht über die Schillerfeier und Rede. 16 S. – Gumbinnen, Progr. 1860.

Dewischeit: Gellert als Volkslehrer. 16 S. – Gumbinnen, Progr. 1869.

Dewischeit, C. F. A. Die Feier des 15ten October 1849. 17 S.
Hohenstein, Progr. 1850

Dewischeit, C. F. A. Zur Theorie der Casus. Mit besonderer Berücksichtigung des deutschen Idioms. Hohenstein, Pg., 1846. 25 S. 4. Progr.
— Zur Theorie der Casus. Stück 2. Gumbinnen, G., 1857. 20 S. 4.

Dewischeit, C. Fr. Aug. Zur Theorie der Casus. 20 S.
Gumbinnen, Progr. 1857

Dewischeit, F. A. Ueber den anomalen Gebrauch einiger neuhochdeutschen Präpositionen. 18 S. . . . . . . . . . . . . . . .
Progr. Lyk 1838

Dewischeit, Friedr.: Literaturgeschichtliche Aphorismen. II. Gelegentlich einiger Gespräche Göthe's mit Eckermann. 26 S. – Gumbinnen, Progr. 1870.

Dewischeit, Friedr., Literaturgeschichtliche Aphorismen. 2. Stück. Gelegentlich einiger Gespräche Goethes mit Eckermann. 4. (26 S.) Gumbinnen 870. (Berlin, Calvary und Comp.) *

Dewischeit, Curt, s.: Archiv f. Stenographie.

Dewischeit, Curt, Goethes Beziehgn. z. d. tironischen Noten, d. Geschwindschrift des Mittelalters u. d. mod. Stenographie. [Aus: „Archiv f. Stenogr."] gr. 8. (21 S.) Berlin (N. 31, Gartenstr. 72, II) 896. H. Schumann. n. — 50

Dewischeit, Curt, der deutsche Orden in Preussen als Bauherr. Diss. gr. 8. (78 S.) Königsberg 899. (Gräfe & Unzer's Sort.) n. 2. —

Dewischeit, Curt: Der Deutsche Orden in Preussen als Bauherr. *Königsberg in Pr. 1899: R. Leupold.* (78 S.) 8°
¶ [Aus: Altpreuss. Monatsschrift, N. F. Bd 36.]
Königsberg, Phil. Diss. v. 14. Apr. 1899

Dewischeit, Curt, Georg Rörer, der Geschwindschreiber Luthers. gr. 8. (18 S. m. 1 Fksm.) Berlin 899. F. Schrey. n. — 50

Dewischeit, Kurt: Shakespeare und die Anfänge der englischen Stenographie. E. Beitrag z. Genesis d. Shakespeare-Dramen. SA. aus d. „Archiv f. Stenogr.", No 615 – 620. Berlin: H. Schumann 1897. (1 Bl., 42 S.) 8.

Shakespeare und die Stenographie. Ein Beitrag z. Genesis d. Shakespeare-Dramen. Von Curt Dewischeit. *Weimar 1898: R. Wagner Sohn.* (51 S.) 8°
Aus: Jahrbuch d. Deutschen Shakespeare-Gesellsch Jg. 34. (03. 1899 11

(Dewischeit, Kurt:) Verzeichnis der in den Jahren 1900 und 1901 erschienenen Aufsätze zur Geschichte und Theorie der Stenographie.
Berlin: Thormann & Goetsch [1902] (16 S.) 8° (Umschlagt.)

Dewitt & Herz: Kataloge über Chirurgiegeräte und Sterilisierapparate usw. 1909 ff. Berlin

Dewitz, v. Vicelandmarschall auf Cölpin. Zur Erinnerung an ihn, s. Maltzan, Jul. Frhr. v.

Dewitz, A. v., in Dänisch-Westindien. 150 Jahre der Brüdermission in St. Thomas, St. Croix und St. Jan. 1. Tl.: Die erste Streiterzeit in des Grafen v. Zinzendorf Tagen. Von 1732 bis 1760. (VIII, 374 S. mit 4 lithogr. und 2 Lichtdr.-Illustr.) Niesky 882. [Gnadau, Unitäts-Buchhandlung.]

Dewitz, A. v., in Dänisch-Westindien. Anfänge der Brüdermission in St. Thomas, St. Croix u. St. Jan, von 1732—1760. 2. Aufl. gr. 8. (VII, 372 S. m. 5 Illustr. u. 1 Karte.) Herrnhut 899. Missionsbuchh. n. 1.75; geb. n. 2.40; in Leinw. n. 2.75

Dewitz, A. v., an der Küste Labradors. Oder: Innere Mission im Gebiet der Heidenmission. Bearb. nach schriftlichen Mittheilungen der Missionare F. Rinderknecht u. H. Ritter. 8. (58 S.) Niesky 881. (Hoberg.) n. — 50

— an der Küste Labrador's. Oder: Innere Mission im Gebiet der Heidenmission. Bearb. nach schriftl. Mitteilgn. der Missionare F. Rinderknecht u. H. Ritter. 3. Aufl., ergänzt u. erweitert v. Th. Bechler. 8. (63 S.) Ebd. (900). n. — 25

Dewitz, Albert, Dir. Dr.: [Bericht über seine Einführung als Direktor der Anstalt.] *Wilhelmshaven 1902: Th. Süß.* (S. 14 18.) 4°
Wilhelmshaven, st. R, OP 1902 (380)

Dewitz (Albert), Direktor Dr.: Bericht über die Feier der Einweihung des neuen Oberrealschulgebäudes zu Wilhelmshaven am 8. Mai 1906. Wilhelmshaven 1907: Th. Süss. (S. 13—20.) 4°
Wilhelmshaven, st. OR i. E. OP 1907 (419)

Dewitz, A. Untersuchungen über Alfreds des Grossen westsächsische Uebersetzung der „Cura pastoralis" Gregors und ihr Verhältnis zum Originale. Diss. Breslau 1885. 61 S.

**Dewitz**, Albert: U n t e r s u c h u n g e n über Alfreds des Grossen westsächsische Übersetzung der „Cura pastoralis" Gregors und ihr Verhältnis zum Originale ... Bunzlau. 1889; 2 Bl. + 64 S. + 1 Bl. 8°
Breslau, Phil. Fak., Inaug.-Diss. v. 30. Apr. 1889.

**Dewitz, Amanda Baronesse v., geb. v. Sierakowsky, Schulreiterin! Circus-Erinnerungen. (102 S.) 8. Braunschweig 904. Leipzig, R. Sattler.** n. 1. 50

**Dewitz, Annette v.,** unter dem roten Regenschirm. Scherz u. Ernst in Erzählgn. u. Märchen f. Mädchen von 10—14 Jahren. 8. (248 S. m. 4 Farbendr.) Wolfenbüttel 893. J. Zwißler. Kart. n. 3. —

— dasselbe. 2., verm. Aufl. 8. (279 S. m. 4 Farbendr.) Ebd. 894. Geb. in Leinw. n. 4. —

**Dewitz, Botho Christoph von** (Mecklenburg), Diss. de jure praecedendi ex jure gentium. Präs. Joh. Nicol. Moeckert. Jena (Schill) 28. XII. 1758. 26 Seiten. (4.80) 6380
Widm. v.: Joh. Stephan Müller, Präs., Gabr. Chph. Lembke (Wismar).

**Dewitz, C.,** die Externsteine im Teutoburger Walde. Eine archäologisch-krit. Untersuchung. Hierzu 15 Taf. Autographieen (in Fol.). gr. 8. (II, 81 S.) Breslau 886. (Detmold, Hinrichs'sche Hofbuchh.) *

**Dewitz, C. E.,** Kranken-Examen bei kranken Hausthieren. Zur Beurtheilung der Krankheitserscheinungen, besonders für solche Landwirthe, welche ihren erkrankten Hausthieren selber helfen müssen. Elbing 868. Neumann-Hartmann. 8. (9 S.) 3 *ngr.*

**Dewitz,** E. v., genannt v. Krebs. Der Zweikampf. Berlin 1892. 39 S.

**Dewitz, Ed.,** Geschichte des Kreises Bunzlau. Lex.-8. (VI, VII, 699 S. mit 11 Stnt.) Bunzlau 885, (Kreuschmer.) **

**Dewitz,** Emil [aus Linden bei Hannover]: Beiträge zur Kenntnis des Meta-ana-dinitro-ortho-oxy-chinolins und seiner Derivate ... Freiburg i. B., Universitätsbuchdr. v. Ch. Lehmann, 1894; 47 S. 8.
Freiburg i. B., Phil. Fak., Inaug.-Diss. v. 1894

**Dewitz, Fritz** von, Referendar: Über Eigentumserwerb an jagdbaren Tieren. Schwerin i. M. 1909: Herberger. VIII, 59 S. 8°
Rostock, Jur. Diss. v. 25. April 1909, Ref. Bernhöft
[Geb. 19. Jan. 83 Neustrelitz; Wohnort: Schwerin i. M.; Staatsangeh.: Mecklenburg-Strelitz; Vorbildung: Gymn. Neustrelitz Reife M. 01; Studium: Heidelberg 3, München 1, Berlin 1, Rostock 4 S.; Rig. 14. Dez. 08.] [U 09. 3651

Die sozialen Verhältnisse der ländlichen Arbeiter. Eine Vertheidigungsschrift von H. v. **Dewitz**, Rittergutsbesitzer. Stettin: Pommersche Reichspost 1893. (24 S.) 8° [F.] [97. 10730 9

**Dewitz, Hans:** Baupolizeiliche Konstruktionsvorschriften des In- und Auslandes und ihre Anwendung auf Kleinwohnungsbauten. [1909.] 76 S., 4 Taf. 4°
Teile in: Baupolizeil. Mitteilungen. Jg. 7. 1910 u. in: Zeitschrift f. Wohnungswesen. Jg. 9. 1910/11.
Dresden, Dr.-Ing.-Diss. v. 17. 2. 1909

Dewitz, Hermann

**Dewitz, H.,** Anleitung zur Anfertigung und Aufbewahrung zootomischer Präparate für Studierende und Lehrer. gr. 8. (96 S. mit 12 lithogr. Taf.) Berlin 886, Mayer und Müller. *

**Dewitz,** Herm., der Bau v. Betonbogenbrücken m. Gelenken. 2. Aufl. (88 S. m. 44 Abbildgn. u. 3 Taf.) 8. Hannover 908. Helwing. 2. 50

**Dewitz, H.,** Beiträge zur Kenntniss der in den ostpreussischen Silurgeschieben vorkommenden Cephalopoden. 4. (19 S. mit eingedr. Holzschn. und 1 Stnt.) Königsberg 880. (Koch und Reimer.) *

—— Beschreibungen von Jugendstadien exotischer Lepidopteren. gr. 4. (27 S. mit 2 lithogr. Taf.) Halle 882. (Leipzig, Engelmann.) *
Mit color. Taf. *

— afrikanische Nachtschmetterlinge. Mit 2 (Kpfr.-) Taf. [Aus: „Nova Acta d. ksl. Leop.-Carol.-deut. Akademie der Naturforscher".] gr. 4. (31 S.) Halle 881. Leipzig, Engelmann in Comm. n. 2. 50; m. color. Taf. n. 5. —

**Dewitz, H.,** afrikanische Schmetterlinge. gr. 4. (40 S. mit 2 lithogr. Taf.) Halle 879. (Leipzig, Engelmann.) *
Mit color. Taf. *
Aus: Nova Acta der kaiserl. Leop.-Carol.-deutschen Akademie der Naturforscher, besonders abgedruckt.

**Dewitz, H.,** westafrikanische Tagschmetterlinge. Westafrikanische Nymphaliden. Mit 1 (chromolith.) Taf. [Aus: „Nova Acta d. ksl. Leop.-Carol. deutschen Akad. der Naturforscher".] gr. 4. (8 S.) Halle 887. (Leipzig, Engelmann.) n. 2. —

**Dewitz, H.** West- u. centralafrikanische Tagschmetterlinge. Mit 2 Taf. gr. 8. (12 S.) Berl. 889, Friedländer u. Sohn. * 2 —
Aus: Entomolog. Nachrichten, besonders abgedruckt.

**Dewitz, Herm.,** statische Untersuchung u. Beschreibg. e. Betonbogenbrücke m. Granitgelenken. (62 S. m. 43 Abb. u. 3 Taf.) 8. Hannover 905. Helwing. n. 1. 50

**Dewitz,** Herm., vergleichende Untersuchungen über Bau u. Entwickelung d. Stachels der Honigbiene u. der Legescheide der grünen Heuschrecke. Inaugural-Dissertation. gr. 8. (29 S.) Königsberg 874. (Leipzig, Kessler.) n. 1. —

Dewitz, Hermann (Red.), s. Z e i t s c h r i f t , Berliner Entomologische.

[F.] Anleitung zur Erlernung und Einführung der vereinfachten, dopp. ital. kaufmännischen Buchführung nach dem System v. J. A. **Dewitz**, Lehrer ... zu Halle a. S. 1. Aufl. *Halle a. S.: Selbstr.; (Dr. v. P. Packbusch) [1897].* (20 S.) 1 Bd 8. [98. 503

**Dewitz, J. A.,** Leitfaden zur Erlernung der landwirthschaftlichen Buchführung. gr. 8. (39 S.) Halle 894. (Leipzig, H. Voigt.) n. 1. —

[F.] Leitfaden zur Erlernung der landwirthschaftlichen Buchführung v. J. A. **Dewitz**, Oekonomie-Insp. a. D. ... zu Halle a. S. 1. Aufl. *Halle a. S.: Selbstv. (Heynemann'sche Buchdr.) [1897].* (38 S., 1 Bl.) 1 Bd 8. [98. 502

**Dewitz,** Jenny v., Hüben u. Drüben, s.: Zehnpfennig-Bibliothek, moderne. 82. Bd.

**Dewitz, Joh.,** s.: **Bericht** üb. die wissenschaftlichen Leistungen in der Naturgeschichte der niederen Thiere.

**Dewitz,** Joh. Eingeweidewürmer d. Haussäuget., s. Thaer-Biblioth.

— die Eingeweidewürmer der Haussäugetiere. 8. (V, 180 S. m. 141 Abbildgn.) Berlin 892. P. Parey. Geb. in Leinw. n 2 50

**Dewitz, Johannes,** über Gesetzmässigkeit in der Ortsveränderung der Spermatozoen und in der Vereinigung derselben mit dem Ei. Diss. Halle 1886, Lippertsche Buchh. 8°. 30 S. mit einer Taf.

**v. Dewitz, Karl,** s. Gesetze, Mecklenburg-Strelitzische, Verordnungen u. Verfügungen &c.

**Dewitz, O. Baron,** Handbuch für Hindernissreiter, s. Silberer, V.

**Dewitz,** Otto von, a. Niesky, O.-L.: Beiträge zur Hilfsschulfrage. Freiburg i. Br. 1905: K. Henn. (29 S.) 8°
Freiburg i. B., Med. Fak., Ref. Hoche, Diss. v. 1905
[Geb. 11. Febr. 79 Niesky; Wohnort: Freiburg i. B.; Staatsangeh.: Preußen; Vorbildung: Gymn. Zittau Reife 00; Studium: Freiburg i. B. 4, Kiel 1, Berlin 1, Freiburg i. B. 4 S.; Coll. 3. März 05.]

Dewitz, Otto von: Über die Berechnung des Minderwerts bei der actio quanti minoris . . . Marburg 1890, 33 S. 8°
Marburg, Jur. Fak., Inaug.-Diss. v. 12. Mai 1890.

Dewitz, Rob. Reichstage und Reichsverfassung unter Friedrich III., Kaiser von Deutschland (1439—1493) 26 S. *Offenburg* 1880
**Progr.**

Dewitz, Rob Würdigung von Bruno's liber de bello saxonico im Vergleich mit den Annalen Lamberts von Hersfeld. 43 S. *Offenburg* 1881.
**Progr.**

**Dewitz,** Rob., Würdigung v. Bruno's Liber de bello Saxonico im Vergleich m. den Annalen Lambert's v. Hersfeld. 4. (43 S.) Offenburg 881. (Trube.) 1.—

— **Stephan Irnerius von** (Mecklenburg), De Langobardis eorumque in Italia regno a Guidone Spoletino non sola electione quaesito. Diss. hist.-jur. Präs. Joach. Erdmann Schmidt. Jena (Marggraf) 10. V. 1749. 55 S. (5.50) 6381
Gew.: Carl Joseph v. Dewitz (Hoffelde . .). — Widm. v.: Präs., Christian Georg v. Helmolt (dtsch.), J. Joach. v. Lützow (Mecklenbg.), Friedr. Wilh. v. Mecklenburg (Meckl.), Otto Chph. v. Raven (Mecklenbg.), Rinck.

Stadt und Land Daber. Nach Aufzeichnungen d. Superint. L[udwig] Wegner zu Daber bearb. von Werner v. **Dewitz** gent. v. Krebs. Breitenfelde in Pomm.: Selbstverl. 1905. (80 S.) 4°(8°) [F.] 05.15333

Dewiz, Eccard Ulrich von: De principe evincente, occasione L. Lucius XI. D. de evicti. Disp. jur. Praes. Sam. Stryk. Halle (Orphanotrophii) 1704. 54 S.

**Dewoletzky** Dr. Rudolf: Neuere Forschungen über das Gebiss der Säuger. Mit 2 Figurent. 44. Czernowitz. (I. St. G.) 95.
**Progr.**

— Offene Fragen aus der Geschichte der niederen Säuger. 26. Mödling 98.
**Progr.**

Dewoletzky, Rud., das Seitenorgan der Nemertinen. gr. 8. (48 S. mit 1 Holzschn. und 2 Taf.) Wien 887, Hölder. *
Aus: Arbeiten aus dem zoologischen Institute der Universität Wien, besonders abgedruckt.

Dewora, Viktor Josef

— — Abhandlung über Schulstrafen. 8. Ebendas. 818.

Dewora, Vict. Jos., Abhandl. üb. d. zweckmäß. Strafen u. Belohnungen in Elementarschulen. 8. Cobl. ... 2e A. 821. Hergt. 5 gr.

Dewora, Vict. Jos., Andacht von d. Todesangst Jesu Christi, oder über d. letzten Worte unsers am Kreuze sterbenden Heilandes. 8. Coblenz 801. (Lanz in Weilb.) 2 gr.

Dewora, (Vict. Jos.,) Andachten für die lieben Kleinen in kathol. Schulen. 7e Aufl. 8. Coblenz 824, Gelehrtenbuchhdl.

— Anleitg. z. Rechenkunst f. Elementarschulen. 4e Aufl. gr. 12. Coblenz u. Hadamar 821, neue Gelehrtenbuchhdl.

— — Anleitung zur Rechenkunst für Stadt- und Landschulen. 3te verm. Aufl. 12. Hadamar, Gelehrte-Buchhandlung. 817.

Dewora, Vict. Jos., Anleitung z. Tafelrechnen in Elementarschulen. 5., verb. Aufl. gr. 12. (11⅓ B.) Coblenz 834, Hergt.

— Beispiele der werkthätigen Nächstenliebe. gr. 12. Coblenz u. Hadamar 821, neue Gelehrtenbuchhdl.

—— Beispiele d. werkthät. Nächstenliebe. Ein Christenlehr- u. Prüfungsgeschenk f. d. fleiß. u. gutgesitt. Jugend. 2. Aufl. 8. (6½ B.) Coblenz 828, [Hergt.]

— Beispiele d. Sinnesänderung, Lebensbesserung u. Bekehrung. 8. Cobl. 828. Hergt. 2 gr.

Dewora, Viktor Josef: Beiträge zur Homiletik, s. Brunner, Ph. J.

— Betrachtt., Gebete u. Litaneien bei d. 7tägl. Besuche d. Stationen in d. Kirchen d. Bisth. Trier. gr. 12. Coblenz 816, neue Gelehrtenbuchhdl.

— Betrachtt., Gebete u. Litaneien bei d. 7tägl. Besuche d. Stationen in d. Kirchen d. Bisth. Trier. gr. 12. Cobl. 826. Hergt. 2 gr.

Dewora, Vikt. Jos., freundliche Bilder aus dem Leben edler Frauen und Mütter. 8. Coblenz 834. Hergt. 5/12 Rthlr.

—— liebliche Bilder v. Güte, Freundschaft, Treue u. Dankbarkeit. 8. Coblenz 828, [Hergt.]

— die hohe heilige Bischoffsweihe. gr. 12. Coblenz 824, Gelehrtenbuchhdl.

—— das tägl. Breviergebet, wozu alle kathol. Geistlichen verpflichtet sind, als e. uralte u. zweckmäß. Einrichtung beschrieben. gr. 12. (3 B.) Coblenz 832, Hergt.

— Briefe u. Gespräche, veranlaßt durch die Entführung u. Gefangenschaftsreise d. heil. Vaters Pius VII. von Rom nach Savona im Juli u. Aug. 1809, gesammelt u. zur Belehrung u. Erbauung seiner Mitchristen herausg. 8. Hadamar 816. Hergt. 8 gr.

**Dewora,** Vict. Jos., vollständ. Darstell. d. monatl. Beschäftig. in d. Gemüse- od. Küchengarten, d. fleissigen u. biedern Landleuten d. Preuss. Grossherzogth. Nieder- u. Mittelrhein gewidmet. 8. Hadamar, 1815. (Hergt.) — 12⅔

Dewora, V. J., vollständige Darstellung der monatlichen Beschäftigungen in dem Gemüse- oder Küchengarten, den fleißigen und biedern Landleuten des preuß. Großherz. Nieder- und Mittelrhein gewidmet. 8. Hadamar, Gelehrte-Buchhandlung. 816. Rthlr. -

— vollständ. Darstellung der monatlichen Beschäftigungen in dem Gemüse- oder Küchengarten, den fleißigen u. biedern Landleuten des preuß. Großherz. Nieder- u. Mittelrhein gewidmet. 8. Hadamar 816. Hergt. 10 gr.

— Ehrlich währt am längsten. 12. Cobl. 817. 2e A. 822. Hergt. 1 gr.

— Elementarbuch z. Lesenlernen für kathol. Schulen. 1r Cursus. 8. Cobl. ... 2e A. 817. 16e A. 827. 21e A. 829. Hergt. 3 gr. 2r Cursus. 8. Ebd. 818. 8e A. 827. 10e A. 830. 4 gr.

— — Elementarbuch zum Lesenlernen, für katholische Pfarr- und Filialschulen. 1r und 2r Curs. 5te Aufl. 8. Ebendas. 820.
(1r Curs. 3 Gr. 2r Curs. 4 Gr.)

—— Elementarbuch zum Lesenlernen f. kathol. Pfarr- u. Filialschulen. 1. Curs. 21—28. Aufl. ... à 3 Gr., 2. Curs. 10—14. A. ... à 4 Gr. 8. Coblenz 829—35, Hergt.

— dass. 2r Cursus. 15e Aufl. 8. Ebd. 837, 16e Aufl. 839. à 1/6 Rthlr.

— Elementarbuch zum Lesenlernen für kathol. Pfarr- u. Filialschulen. 1r Cursus 30e Aufl. 8. Coblenz 837. Hergt 1/8 Rthlr. — 34e Aufl. 840. 1/8 Rthlr.

Dewora, Vikt. Jos., Elementarbuch zum Lesenlernen für kathol. Pfarr- u. Filialschulen. 2. Cursus. 17. Aufl. 8. Coblenz 841, Hergt. n. 1/6 Rthlr.

— — Erörterung der heil. Pflichten s. a. Dewora, 2 Reden bey Vereidung rc.

— Erörterung der heil. Pflichten an die Soldaten kathol. Religion im Dienste d. Preuß. Heeres. Eine Predigt. gr. 8. Trier 818. Hergt in Cobl. 4 gGr.

— rhein. Erzähler f. Katholiken. 4 Hefte. 8. Coblenz 826, Gelehrtenbuchhdl.

Dewora, Victor Jos., lehrreiche Erzählungen für Knaben u. Mädchen. Hrsg. v. Phil. Lichter. 8. (116 S.) Coblenz 852, Hergt. 5²/₃ Ngr.

—— lehrreiche Erzählungen von d. rechten Verhalten geg. sich selbst. 8. Coblenz 828, [Hergt.]

— die sittliche Erziehung der Kinder in Elementarschulen. 8. Hadamar 819. Hergt. 9 gGr.

— Evangelienbuch, worin nicht nur die Evangelien, Episteln u. Lectionen auf alle Sonn- u. Festtage d. J., sondern auch auf die Feste besond. Kirchenpatronen enthalten sind. 8. Hadamar 80.. 2e Aufl. 818.

—— moralisches Exempelbuch f. Bürger u. Landleute. 8. (15¼ B.) Coblenz 830, Hergt.

— der Familienkreis der Kinder mit seinen nächsten Umgebungen. Ein lehrreich- unterhalt. Historienbuch für die kathol. Jugend. gr. 12. Cobl. 824. Hergt. 8 gGr.

—— der Familienkreis d. Kinder mit seinen nächsten Umgebungen. Ein lehrr.-unterhalt. Historienbuch f. d. kathol. Jugend. 2. Aufl. gr. 12. (7 B.) Coblenz 833, Hergt.

— die Feinde u. Freunde des sterbenden Erlösers, zur Belehrung, Erbauung u. Warnung d. christlichen Volks. gr. 12. Cobl. 823. Hergt. 6 gGr.

— die Gefahren der Kinder, in kleinen Erzählungen z. Warnung u. Abschreckung dargest. Nach dessen Tode zum Druck befördert von Phil. Lichter. 8. Coblenz 838. Hergt. ¹/₁₂ Thlr.

Dewora, V. J., neues Gesetzbuch f. kathol. Landleute. 8. Hadamar. Gel. Buchhdl.

— neues Gesetzbuch f. kathol. Landleute. 8. Hadamar 807. (Lanz in Weilb.) 8 gGr.

— Gesetze für Elementarschulen. 2e A. Fol. Cobl. 819. Hergt. ½ Thlr.

— — Gesetze für Volksschulen. Folio. 2te Aufl. Ebendaselbst. 819.

— Gott ist die reinste Liebe. Ein vollständ. Gebet- u. Erbauungsbuch f. kathol. Christen. Mit 1 Holzschn. u. 5 Vign. 12. Cobl. 824. Hergt. 18 gGr. Fein P. 21 gGr.

— Gott segnet den Fleiß, oder: Was d. Mensch säet, das wird er ernten. Ein Lesebüchlein für d. Jugend. 8. Coblenz 824, Gelehrtenbuchhdl.

—— Gott segnet d. Fleiß, od.: Was d. Mensch säet, das wird er ernten. Ein Lesebüchl. f. d. Jugend. 2. Aufl. 8. Coblenz 828, [Hergt.]

— Gott segnet den Fleiß, oder was der Mensch säet, das wird er ernten. Ein Lesebüchlein für die Jugend. 3e Aufl. 8. Coblenz 838. Hergt. ¹/₆ Thlr.

Dewora, Victor Jos., Gott segnet den Fleiß, oder: Was der Mensch säet, das wird er ärnten. Ein Lesebüchlein für die liebe Jugend. 4. Aufl. 8. (87 S.) Koblenz 850, Hergt.

Dewora, (Vict. Jos.,) die Gottheit d. leidenden u. sterbenden Erlösers. 8. Coblenz 823, Gelehrtenbuchhdl. Rthlr.

— Hilfsbuch beim Erklären in kathol. Elementarschulen. 8. Cobl. 820. Hergt. 15 gGr.

— Ignaz von Loyola u. Franz von Xavier, oder die wahre Denk- u. Handlungsweise d. Jesuiten. 8. Cobl. 816. Hergt. 6 gGr.

—— in welcher Sprache haben die ersten Glaubensprediger u. d. erst. trierischen Bischöfe d. heil. Meßopfer verrichtet, u. in welcher soll es noch jetzt verricht. werden? Ein katechet. Unterr. f. d. kathol. Glaubensgenossen d. Bisth. Trier. gr. 12. (1 B.) Coblenz 832, Hergt.

— Kern d. christl. Andacht. Ein Gebet- u. Erbauungsb. f. kathol. Christen. 8. Hadamar 824. Hergt. 5 gGr. Fein P. 6 gGr.

— die Kraft d. Religion. Ein Christenlehr- u. Prüfungs-Geschenk f. die Jugend. gr. 12. Cobl. 821. 2e Aufl. 824. Hergt. 6 gGr.

—— die Kraft d. Religion. Ein Christenlehr- u. Prüfungs-Geschenk f. d. fleiß. u. gut gesitt. Jugend. 3. Aufl. gr. 12. (5 B.) Coblenz 832, Hergt.

— Kreuzweganbachten, oder Betracht. über d. Leiden u. Sterben ?Jesu Christi. 8. Hadamar 801. 2e A. 805. (Lanz in Weilb.) 2 gGr.

—— moralisches Lesebuch f. kathol. Knaben u. Jünglinge in Bürger- u. Realschulen u. Vorbereitungskl. zu Gymnasien. 8. (20 B.) Coblenz 831, Hergt.

Dewora, Viktor Josef, s. Lieder, ländliche.

— die Macht d. Gewissens. Ein Büchlein zur Belehrung u. Warnung für die Jugend. 8. Coblenz 824, neue Gelehrtenb.

—— die Macht d. Gewissens. Ein Büchl. z. Belehr. u. Warnung f. d. Jugend. 2. u. 3. Aufl. (à 6¼ B.) 8. Coblenz 828, 33, Hergt. à

— — die Macht der kindlichen Liebe ꝛc. 12. Ebendas. 817.

— die Macht der kindlichen Liebe. 2e Aufl. 12. Coblenz 822, Gelehrtenbuchhdl.

— die Macht der kindlichen Liebe. 2e A. 12. Cobl. 823. Hergt. 2 gGr.

— die Macht der kindlichen Liebe. Ein Christenlehr- u. Prüfungsgeschenk für die Jugend. 3e Aufl. gr. 12. Coblenz 837. Hergt. ¹/₁₂ Thlr.

— — die gewissenhaften Menschen. Ein lehrreich- unterhaltendes Historienbuch für die katholische Jugend. 8. Coblenz. Gelehrten Buchh. 820.

— die gewissenhaften Menschen. Ein Historienbuch f. die kathol. Jugend. 8. Cobl. 820. 2e A. 826. Hergt. 8 gGr.

—— die sanftmüthigen Menschen. 8. (2 B.) Coblenz 828, [Hergt.]

— Namenbüchlein f. d. lieben Kleinen in kathol. Schulen. 16e Aufl. 8. Coblenz 827, neue Gelehrtenbuchhdl.

—— Namenbüchlein f. d. lieben Kleinen in kathol. Pfarr- u. Filialschulen. 20—32. Aufl. 8. ... Coblenz 830—35, Hergt. à

— Namenbüchlein für die lieben Kleinen in kathol. Pfarr- und Filialschulen. 35e Aufl. 8. Coblenz 837, 40e Aufl. 840. Hergt. ½ Thlr.

— Naturbeschreibung des menschl. Leibes für d. Jugend. Mit 1 Steindr. gr. 12. Coblenz 822, Gelehrtenbuchhdl.

— Naturbeschreibung der Thiere für d. Jugend. 1s Heft mit 2 Abbild. in Steindr. gr. 12. Coblenz 822, Gelehrtenbuchh.

— dessen 2s—4s Hft. — A. u. d. T.: Naturbeschreibung d. Gelenkthiere. 3 Hefte. Mit Steindr. 12. Coblenz 824, neue Gelehrtenbuchhdl. à 5 gr.

Dewora, Viktor Joseph, d. triersche Overberg. Sein Leben, Wirken u. s. Schriften. Neu hrsg. u. m. erläut. Anmerkgn. vers. v. Jos. Nießen u. Pet. Mertes. gr. 8. (III, 296 S. m. 1 Lichtdr.-Bildnis.) Trier 896. Loewenberg. n. 3. 60; geb. n. 4. 50; m. Goldschn. n.n. 5.—

— Predigten ans kathol. Landvolk. 8. Hadamar 806. (Lanz in Weilb.) 15 gr.

— s. Queng, Jh., hinterlassene Homilien.

— — zwey Reden bey der feyerlichen Vereidung der an das Regierungsdep. von Trier in königl. preuß. Militairdienste getretenen Ersatzmannschaft. gr. 8. Trier. (Ebend).

Dewora, V. J., Rückblick auf d. Jahr d. Zertrümmerung, u. Aussichten auf d. bessere Zukunft, eine Predigt rc. 8. Hadam. Neue Gel. Buchh. 815.

— das heilige Sakrament der Priesterweihe. gr. 12. Hadamar 824, Gelehrtenbuchhdl.

— Saamenkörnlein für d. Ewigkeit. Ein vollständ. Gebetbuch für kathol. Christen, mit Kpf. 8. Hadamar 818. (Lanz in Weilb.) 12 gr. Weiß P. 15 gr.

—— die Schule d. Weisheit f. Knaben u. Jünglinge, in anmuthigen Erzähln. Nach sein. Tode zum Druck befördert v. Phil. Lichter. 8. (5¼ B.) Coblenz 838, Hergt.

— der Schutzgeist d. Kinder, ein Erzählungsbuch z. Gebrauch in Elementarschulen. 2 Bdchn. 4. Hadamar 820 u. 22. (Lanz in Weilb.) 15 gr.

*Dewora, V. J.* Sittenspiegel für Bürger und Landleute. Ein Lesebuch zum Gebrauche in Straf- und Besserungs-Anstalten. 8. *Coblenz, Hergt.* 1829

—— Sittenspiegel f. Knaben u. Jünglinge. 8. (12 B.) Coblenz 829, [Hergt.]

— der preußische Soldatenfreund. Ein Lesebuch f. die niederrheinische männliche Jugend. 8. Hadamar 818. 2e A. 821, Hergt. 6 gr.

—— kleiner Spiegel d. rechten Verhaltens geg. die Thiere. 8. (1½ B.) Coblenz 828, [Hergt.]

— Stern d. christl. Andacht. Ein Gebeth- u. Erbauungsbuch f. kathol. Christen. Mit 1 Holzschn. 12. Coblenz 824, neue Gelehrtenbuchhdl.

—— leuchtende Sterne auf d. Pilgerwege zum himml. Vaterlande. Aus allen Jahrhund. d. christl. Zeitrechnung gewählt. 8. (18 B.) Coblenz 834, Herat.

Dewora, Vict. Jos., Trauerrede auf d. Tod Sr. Heiligkeit d. Pabstes Leo XII., gehalt. im Dome zu Trier. 8. (3 B.) Coblenz 829, [Hergt.] Thlr.

— Trauerrede auf d. Tod des Bischofs Hrn. Karl Mannay. 12. Cobl. 825. Hergt. 3 gr.

—— zarte Tugendblüthen. Ein Lesebuch f. kleine Mädchen in kathol. Elementarschulen. 8. (12 B.) Coblenz 833, Hergt.

— monatl. Verrichtungen bei d. Feld- u. Wiesenwirthschaft, f. die fleißigen u. biedern Landleute in deutschen Provinzen des linken Rheinufers. 8. Hadamar 815. Neu entworfen 825. Hergt. 5 gr.

— monatl. Verrichtungen bei d. Obstbaumzucht, f. d. fleissigen u. biedern Landleute in d. teutschen Provinzen d. linken Rheinufers. 8. Ebend. 1815. — 7½

—— 10 Wandtafeln z. Lesenlernen nach d. Lautirmethode. 2. Aufl. Fol. Coblenz 832, Hergt.

Dewora, V. J. u., C. G. Bruch, wird es nützlich seyn, die katholische Geistlichkeit an d. ständischen Verfassung d. linken Rheinufers Theil nehmen zu lassen? gr. 8. Cöln, Rommerskirchen. 815.

Dewora, Viktor Josef, s. Worte, heil., Gottes.

— die 7 letzten Worte d. sterbenden Erlösers. Eine Predigt. gr. 12. Cobl. 822. Herat. 3 gr.

— die meisten gleich u. ähnlich lautenden, aber der Bedeutung u. Abstammung nach verschiedenen Wörter der deutschen Sprache, zum Gebrauche bei dem Diktirschreiben in Schulen, u. um die Kinder leichte Sätze u. Perioden bilden zu lehren. 8. Hadamar 817. Hergt. 9 gr.

—— die von d. kathol. Kirche vorgeschrieb. Ceremonien u. Gebete bei d. feierl. Einweih. e. Kirche. Zur Belehr. u. Erbauung d. Gläubigen mit kurzen Erklärn. hrsg. gr. 12. (4 B.) Coblenz 833, Hergt.

— anmuthige Züge aus dem Leben edler Menschen. 8. Cobl. 811. Pauli u. Comp. 6 gr.

— edle Züge von d. gefangenen Russen von Metz, im J. 1806. 8. Hadamar 815. Hergt in Cobl. 2 gr.

Dewoty, Franz —. Garten-Etablissement des — —. Meidling nächst Wien an der Kirche. Katalog und Preis-Curant der Dahlien. Zur Verfügung für das Jahr 1854. 8. (24 S.) Wien. Gedruckt bei Anton Benko. 1854.

Dewson, Alex., (F. L. Epheu.) Versuche d. Schatten-Montagnes gewidmet. 8. Dessau 781. Gelehrten B. 8 gr.

Die Metzer Chronik des Jaique Dex (Jacques d'Esch) über die Kaiser und Könige aus dem Luxemburger Hause. Hrsg. von Dr. Georg Wolfram. Metz: G. Scriba 1906. (XCV, 533 S.) 4°(8°)
— Quellen z. Lothringischen Geschichte. Bd 4. [06. 7378]

Dexel, Albert: Über gesellschaftliche Anschauungen, wie sie in den mittelhochdeutschen höfischen und Volksepen hervortreten. Kempten 1909: Kösel. VIII, 76 S. 8°
Greifswald, Phil. Diss. v. 6. Sept. 1909, Ref. Ehrismann
[Geb. 16. Juli 80 Oberreute; Wohnort: Kempten; Staatsangeh.: Bayern; Vorbildung: Gymn. Kempten Reife Juli 00; Studium: München Techn. Hochsch. 8, Greifswald 3 S.; Rig. 25. Mai 09.] [U 10. 1606

Dexel, Franz, a. Attenfeld: Des Prudentius Verhältnis zu Vergil. Landshut 1907: J. Thomann. (X, 68 S.) 8° [J.]
Erlangen, Phil. Fak., Ref. Heerdegen, Diss. v. 26. Juli 1907
[Geb. 7. März 78 Attenfeld; Wohnort: Metten; Staatsangeh.: Bayern; Vorbildung: Gymn. Dillingen Reife Juli 98; Studium: München 6 S.; Rig. 30. Mai 06.]

Des Prudentius Verhältnis zu Vergil. — Von Dr. Franz Dexel, G.-A. — 1907, Landshut, Jos. Thomann. — P. V—X und 1—68.
Progr. Metten, Benediktiner-Gymn.

Dexel, Gottfried

Dexel, G., Deliciae emblematicae. 8. Dresd. Gerlach. 701.

— histor. Lustgarten. 8. Dresd. 709.

— — Historischer Lust-Garten Oder angenehme Garten-Gesellschaft, in welcher die allerneuesten u. seltsamsten denck- und merckwürdigen Begebenheiten auff eine ganz besondere und ergötzliche Art In 24 Gartenzusammenkünften anmuthig erzehlet werden, nebst einer Anleitung von Gärten .... und andern aus vielen Autoribus hergenommenen Historien .... Dressden u. Leipzig 1702. 8°. (12 Mk. Adolf Weigel, c. 1905.)
7 Bll., 704 S. u. Reg.

Dexel, Mart. Das große Einmaleins. Nach method. Grundsätzen bearb. gr. 8. (8 S.) Münch. 892, Kellerer. ** — 5

Dexel, Martin: Zur Reform d. Sprachunterrichtes in d. Volksschule. 8. (40 S.) München 1895. R. Oldenbourg, Abteilg f. Schulbücher.

**Dexheimer, George:** Die Verluste in den Polschuhen von Dynamomaschinen. 1910. 91 S. 8°
Karlsruhe, Dr.-Ing.-Diss. v. 12. 3. 1910

**Dexippus**

Δεξίππου εἰς τὰς Ἀριστοτέλους κατηγορίας ἀπορίαι, s. Monumenta saecularia.

Dexippi in Aristotelis categorias commentaria, s. Commentaria in Aristotelem graeca.

**Dexippi** [philosophi] in Aristotelis Categorias commentarium. Consilio et auctor. Acad. litt. Regiae Boruss. ed. Adolfus Busse. Berolini: G. Reimer 1888. IX, 105 S. 8°
(Commentaria in Aristotelem Graeca. Vol. 4, P. 2.) [10. 8037

Dexippi, histor. etc., s. Corpus scriptor. hist. Byzant.

*Dexippi*, Eunapii Petri Patricii, Prisci, Malchi, Menadri historiarum quae supersunt e recens. Imm. Bekkeri et B. G. Niebuhrii. Cum versione latina per Jo. Classenum emendata. Acced. eclogae Photii ex Olympiodoro, Candido, Nonnoso et Theophane, et Procopii Sophistae panegyricus, graece et latine, Prisciani panegyricus, annotationes Henr. Valesii, Labbei et Villoisonis, et indices Classeni. 8 maj. Bonn 829. Weber. 4 ₰ 4 gGr Subscr.-Pr. Schrbp. 4 ₰ 4 gGr Velinp. 5 ₰ (Auch u. d. T.: Corpus scriptorum historiae Byzantinae. Prs. I.)

**Dexler**, Hermann

**Dexler, H.**, Beiträge zur Compressionsmyelitis des Hundes. S.-A. Mit 2 Abbildungen u. 5 Taf. (124 S.) Wien 95. Braumüller. M. 3.—

**Dexler, H.**, Beiträge z. Compressionsmyelitis des Hundes. [Aus: „Österr. Zeitschr. f. wissenschaftl. Veterinärkde."] gr. 8. (124 S. m. 2 Abb. u. 5 Taf.) Wien 896. W. Braumüller. n. 3.—

**Dexler, Herm.**, die Gefahren verdorbener animalischer Nahrungsmittel, s.: Sammlung gemeinnütziger Vorträge. Nr. 291.

**Dexler, Herm.**, die Nervenkrankheiten des Pferdes. gr. 8. (IX, 277 S. m. 32 Abbildgn.) Wien 899. F. Deuticke. n. 7.—

**Dexler, Herm.**, ärztliche Sachverständigen-Tätigkeit auf dem Gebiete der Veterinär-Medizin, s.: Handbuch der ärztlichen Sachverständigen-Tätigkeit. X.

— über den Umgang m. Thieren, s.: Sammlung gemeinnütziger Vorträge.

**Dey, Der,** von Elba in Paris. Berlin 1815. V: *Hoffmann, Ernst Theodor (Amadeus) Wilhelm.* (GGr VIII, 488)

Dey, J[ean-Joseph]. Essai historique sur les commencements du christianisme et des sièges épiscopaux dans la Suisse. [E.] 8. Fribourg 1857.

**Dey**, Otto, prakt. Arzt aus Marburg: Aus d. kgl. Universitäts-Frauen-Klinik zu Marburg. Die präcipitirten Geburten der Marburger Entbindungsanstalt. *Marburg 1903: Köster & Schell.* (26 S.) 8°
Marburg, Med. Diss. v. 24. Dez. 1903

**Deybaldt**, Joh. Luk., üb. d. Zurichtung d. Backöfen u. Obstdarren, z. Gebrauch d. Torfs u. d. Braunkohle. Mit 5 ill. u. 1 schwarz. Kpf. 8. Halle, 1809. (Berlin, Renger.) 1.—

**Deybalt, J. L.**, über die Zurichtung d. Backöfen u. Obstdarren, zum Gebrauch des Torfs und der Braunkohle. m. K. 8. Halle, Renger. 809.

[F.] **Deybeck,** *Franz* [Reichsarchivpraktikant]: Die Politik Bayerns in der Zeit des polnischen Thronfolgekrieges. '(1733—1735.)' ... München, kgl. Hof- u. Univ.-Buchdr. v. Dr. C. Wolf & Sohn, 1897; 68 S., 1 Bl. 8.
München, Phil. Fak., Inaug.-Diss. v. 1897

DEYBECK, Carl: Der Gerichtsstand der Vereinbarung in historischer und dogmatischer Darstellung.- Erlangen: Deichert 1888. VI,238 S.
24.1.1888 - Chr 1887/88,16; Jv 1887/88,204
Diss. Ingolst.-Landsh.-Mchn.

**Deybeck, Karl**, das Reichsgesetz üb. die privat. Versicherungsunternehmungen vom 12. V. 1901. Mit Einleitg., Erläutergn. u. Sachregister, sowie den einschläg. Vollzugsinstruktionen hrsg. gr. 8. (IV, 268 S.) Leipzig 902. A. Deichert Nachf. n. 2. 80

**Deybeck,** Sigmund: Über die **Paratolylsulfaminsäure** und die Paratolylsulfnitrosaminsäure. *München 1898: Dr. C. Wolf & Sohn.* (32 S.) 8°
Erlangen, Phil. Diss. v. 10. März 1897

**Deycke,** s.: Fortschritte auf d. Gebiete d. Röntgenstrahlen.

**Deycke,** Geo., s.: Blätter, medizinisch-kritische.

**Deycke,** G., Cholera-Leichenbefunde, s.: Fraenkel, Eug.

**Deycke,** Georg [app. Arzt aus Hamburg]: Aus d. chirurg. Universitätsklinik zu Kiel. Über die Exarticulatio femoris und ihre Gefahren m. casuist. Beiträgen ... Hamburg & Leipzig, L. Voss, 1893; 1 Bl., 46 S., 1 Bl. 8.
Kiel, Med. Fak., Inaug.-Diss. v. [23. Okt.] 1893

**Deycke-Pascha,** Knochensyphilis im Röntgenbild, s.: Hahn, R.

Deycks (Hrsg.), s. Abhandlungen d. Solinger Lokal-Abtheilung d. landwirthschaftlichen Vereins f. d. Rheinprovinz.

**Deycks**, Ferdinand

**Deycks, Ferd.**, Auswahl deutscher Gedichte d. 17., 18. u. 19. Jahrh. nach d. Zeitfolge geordnet mit biograph. u. erklär. Anmerkgn., nebst Mustern deutscher Prosa u. Sprachproben d. früheren Jahrhunderte. 2., verb. Aufl. gr. 8. (46¼ B.) Coblenz 846, Bädeker. *

**Deycks, Ferd.**, Auswahl deutscher Gedichte des 17., 18. und 19. Jahrhunderts, nach der Zeitfolge geordnet, mit biographischen und erklärenden Anmerkungen, nebst Mustern deutscher Prosa und Sprachproben der frühern Jahrhunderte. Ein Lesebuch für die obern Classen höherer Lehranstalten. 3., verb. und verm. Ausg. gr. 8. (VIII und 760 S.) Koblenz 853, Bädeker. *

**Deycks**, Fd., de Ciceronis Philippicarum orationum codice Vaticano et de libris aliquot mss. bibliothecae Laurentianae. Commentatio. 8 maj. Monasterii Guestphalorum 844, Regensberg. n. 1/6 ₰

**Deycks,** Ferdinandus (geb. am 24 Nov. 1802 in Burg a. d. Wupper Rgbz. Düsseldorf): De Megaricorum doctrina eiusque apud Platonem et Aristotelem vestigiis ... Bonnae, E. Weber 1827. 2 Bl., III, 1—95 S. 8.
[Bonn, Phil. Fak., Diss. v. 16 Juni 1827]

**Deycks,** Ferdinandus (geb. am 24 Nov. 1802 in Burg a. d. Wupper Rgbz. Düsseldorf): Theses controversae ... quas una cum commentatione De Megaricorum doctrina eiusque apud Platonem et Aristotelem vestigiis ... defendet auctor ... [Bonnae], (1827). 97—104 S. 8.
Bonn, Phil. Fak., Thes. v. 16 Juni 1827

**Deycks, F.** Platonis de animorum migratione doctrina. 10 S.
Progr. Coblenz 1834

Deycks, F., Goethe's Faust. Andeutungen üb. Sinn u. Zusammenhang d. 1. u. 2. Theiles d. Tragoedie. gr. 12. (7 B.) Koblenz 834, Bädeker.

— Goethe's Faust. Andeutungen über Sinn und Zusammenhang des 1. u. 2. Theiles der Tragödie. 2. stark verm. 2c. Ausg. Mit alten Legenden. Frankfurt a. M. 855. Hermann. 16. (XVI, 310 S.) n. 1 ß 10 ngr

Deycks, F., Carminum Epicorum etc. fragmenta, s. Carminum etc.

— carminum Epicorum etc. fragmenta, s. Fragmenta.

Deycks, F., Statii codicis Thebaidis egregii aliquot fragmenta accuratius examinata. Pr. 1865. 14 S. 4°.

Deycks, F., Grundriss zu Vorträgen üb. d. Gesch. d. röm. Litteratur. Gel. 1851. 16 S.

**Fd. Deycks: Friedr. Heinrich Jacobi im Verhältn. zu sn. Zeitgenossen, besond. zu Goethe; ein Beitr. z. Entwicklungsgesch. der neuern deutschen Literatur. *Frankf. a. M.*, Hermann. B. 818. 1 ß**

Deycks, Ferd., Friedrich Heinrich Jacobi im Verhältniß zu seinen Zeitgenossen, besonders zu Goethe. Ein Beitrag zur Entwickelungsgeschichte der neueren deutschen Literatur. 8. (XII u. 177 S.) Frankfurt a. M. 849, Hermann. 1 ß

Deycks, Ferd., deutsches Lesebuch für die oberen Klassen höherer Schulen. 4. von Dir. Kiesel in Düsseldorf neubearb. Aufl. der „Auswahl deutscher Gedichte des 17., 18. und 19. Jahrh., nach der Zeitfolge geordnet, mit biograph. und erklär. Anmerkungen, nebst Mustern deutscher Prosa und Sprachproben der früheren Jahrhunderte". gr. 8. (XIV, 622 S.) Coblenz 870, Bädeker. *

Deycks, Ferd., deutsches Lesebuch f. die oberen Klassen höherer Schulen. 5. Aufl., bearb. v. Karl Kiesel. gr. 8. (XII, 628 S.) Leipzig 876. Bädeker. geb. n. 5. —

Deycks, Ferd., deutsches Lesebuch für die oberen Klassen höherer Schulen. 6. Aufl., bearb. von Karl Kiesel. gr. 8. (XII, 642 S.) Leipzig 884, Bädeker. *

Deycks, Ferd., Taciti de diis Germanorum locus (c. 9.) Monasterii 1854. Index lectionum.

Deycks, Ferdinand (Hrsg.), s. Ludolphus de Sudheim: De itinere Terrae Sanctae liber.

Deycks, F., Ueb. H. L. Nadermann. Pr. 1861. 15 S. 4°.

— über ältere Pilgerfahrten nach Jerusalem mit besonderer Rücksicht auf Ludolfs v. Suchen Reisebuch des heiligen Landes. Eine historisch-literarische Abhandlung nach Handschriften u. alten Drucken. gr. 8. (64 S.) Münster 848, Regensberg. 1/3 ß

Deycks, Ferd., De Germanorum prisca virtute apud Tacitum conspicua. Oratio. Monasterii 1850. 4.

Deycks, F. De Antisthenis Socratici vita et doctrina. 20 S.
Progr. Coblenz 1841

Deycks, Ferd., über die Wechselwirkung des Dichters und seines Zeitalters, mit besond. Rücksicht auf Goethe und Schiller. Vortrag, gehalten in einem wissenschaftl. Vereine zu Münster, am 22. März 1860. gr. 8. (50 S.) Münster 860, Regensberg. *

Deycks, (W.), Vertheidigungsreden im Polenprozeß. Nach dem Vortrage von einem Zuhörer aufgezeichnet. 12. (147 S.) Berlin 848, Schneider & Co. n. 1/4 ß

Deye, E., aus der Jugendzeit. Ernste u. heitere Dichtgn. u. Sinnsprüche. (III, 60 S.) 8. Salzungen 902. L. Scheermesser. n. — 75

— französische Sprechübungen f. Sexta u. Quinta. (23 S.) gr. 8. Ebd. 904. n. — 50

Deye, Emil, Adolf v. Nassau. Drama in 5 Aufzügen. 8. (105 S.) Kaiserslautern 898. (Kirchheimbolanden, C. Thieme'sche Buchdruck.) 1.50; geb. in Leinw. 2. —

Deye Emil: Alexandre Hardys Kunst mit besonderer Berücksichtigung seiner Quellenbehandlung.
H. 1891 PN 682 Diss. Wien, Univ.

Deye, Rich., zu Deutschlands Ehr'! Vaterländ. Gedichte. 8. (78 S.) München 898. J. F. Lehmann's Verl. n. 1.50; geb. n. 2.50

Deye, Rich., neue Gedichte. (XII, 218 S. m. Bildnis.) 8. Oldenburg (907). G. Stalling's Verl. 4. —
geb. m. Goldschn. 5. —

Deye, Richard, Prolog z. Festsp., Rosenheim 1885, 3 S., 8°.

Deye, Siegfried, Kendal auf Java: Ueber Wolfsrachen. *Jena 1901: G. Neuenhahn.* (46 S.) 8°
Jena, Med. Diss. v. (12. Jan.) 1904

Deyerl, Karl, das Leiden des Herrn in Gesängen. Andachtsbuch für Gebildete. 10. Sulzbach 843, v. Seidel. 1/3 ß

Deyerl, Karl, deutsche Lieder. 16. (IV und 60 S.) Eichstätt 863. (München, J. A. Finsterlin.) *

Deyerl, Karl, Stadt-Geschichten. Romantische Erzählungen. Enth.: Ulrich Schwarz. — Der Elementargeist. — Prof. Natas. — Der Erz-See. 12. (VIII u. 193 S.) Donauwörth 847, Veith. 1/3 ß

Deyerlsperg, Georg, Jacob v. Erb-Huldigung, Welche Dem . Römischen Kayser, Carolo Dem Sechsten . Als Hertzogen in Steyer, Von denen gesamten Steyrischen Land-Ständen Den sechsten Julii 1728 .. abgeleget, und ... zusammen getragen worden Durch .. Georg Jacob Edlen von Deyerlsperg Gedruckt zu Grätz : bey denen Widmanstätterischen Erben [1740]
Titelkupfer. Tit., 1 Bl., 91 S., 13 Taf. in Kupferst., nach Zeichn. von J. J. Fluerer (Florer) gest. von Joh. Heinr. Störcklin. gr. 2°
Vinet 680

Déyeux, N(icolas): Neueste Untersuchungen und Bemerkungen über die verschiedenen Arten der Milch... (Précis d'expériences et d'observations sur les différentes espèces de lait... Dt.) Hrsg. von A(lexander) N(ikolaus) Scherer. Jena: 1800

s.: Parmentier, A(ntoine Augustin)

Das Christfest. Weihnachts-Festspiel in 2 Aufz. von Adolf Deyhle. Berlin: Schriftenvertriebsanst. [1902]. (15 S.) 8° [F.]
(Fest-Aufführungen.) [03. 15334

Ein Christfest in Afrika. Dramat. Weihnachts-Festspiel in 3 Bild. von Adolf Deyhle. Berlin: Schriftenvertriebsanst. [1902]. (15 S.) 8° [F.]
(Fest-Aufführungen.) [03. 15335

Deyhle, Adf., der Klingeljunge v. Bolle od. Wiedergefunden. Weihnachts-Festspiel in 2 Akten. (19 S.) 8. Berlin (906). Schriftenvertriebsanstalt. n. — 80

Meister Martin. Reformations-Festspiel in 2 Akten von Adolf Deyhle. Berlin: Schriftenvertriebsanst. [1902]. (30 S.) 8° [F.]
(Fest-Aufführungen.) [03. 15336

— der Herr Stadtschultheiß od. der Vetter aus Mexico. Ein Lustspiel aus Schwaben in 1 Aufzug. (20 S.) 8. Stuttgart 904. P. Mähler. n. 1. —

Deyhle, Adolf: Vergeltung. Patriot. Festspiel in 2 Tln. m. e. Prolog u. e. Schlußtableau nach histor. Quellen. gr. 8. (25 S.) Berlin 1897. (Vaterländ. Verlags-Anstalt.) Buchhandlg. d. Berliner Stadtmission.

[Ant. u. F.] Vermisst. '(Die 61er.)' Festsp. in 2 Aufz. v. A. Deyhle ... *Berlin: Vaterl. Verlagsanst. [1897].* (16 S.) 1 Bd 8. [97. 4712

Versöhnung. Weihnachts-Festspiel in 2 Aufz. von Adolf Deyhle. Berlin: Schriftenvertriebsanst. [1902]. (20 S.) 8° [F.]
(Fest-Aufführungen.) 05. 1:337

**Deyhle**, C. F.

— vollständ. u. deutl. Anleit. zur Rechnung durch aliquote Theile. 8. Stuttg. 822. Steinkopf. 4 gr

**Deyhle, (C. F.) Aufgaben aus d. Arithmetik, s. Grimmilliet.**

**Deyhle**, C. F., s. de Campan: Briefe.

**Deyhle, C. F., s. L. M. Desdouits, Anfangsgründe der prakt. Geometrie.**

**Deyhle**, C. F., s. Duliot (auch: Douliot), J. B.: Lehrbuch d. Steinschnitts.

**Deyhle, C. F., prakt. Geometrie, oder kurze u. gründl. Anleit. z. Planaufnehmen u. Feldmessen; nebst den trigonometr. Grundlehren u. e. Anhange über Höhenmessung durch d. Barometer. Mit 4 Steint. u. 1 Tab. gr. 8. Stuttg. 824. 2e Aufl. 828. Hoffmann. 1 rß**

— prakt. Geometrie, od. kurze u. gründl. Anleit. z. Planaufnehmen u. Feldmessen; nebst d. trigonometr. Grundlehren u. e. Anhange über Höhenmessung durch d. Barometer. Mit 4 Steintaf. gr. 8. mit 1 Tab. Stuttg. 824, Sattler.

**Deyhle, C. F., prakt. Geometrie, od. Anleit. z. Planaufnehmen u. Feldmessen. Nebst d. trigonomet. Grundlehren u. e. Anweis. z. Höhenmessung durch d. Barometer. M. 4 Stnt. 2. Ausg. 8. (11 B.) Stuttgart 828, [Weise.]**

**Deyhle**, C. F., s. Grimmilliet: Aufgaben u. Theorie.

—— vollständ. franz.-deutsches Wörterbuch in etymolog. Ordnung. gr. 8. (86¼ B.) Stuttgart 832, Schweizerbart.

**Deyhle, C. F., vollständ. franz.-deutsches Wörterbuch in etymolog. Ordn., mit ein. das Nachschlagen erleicht. alphabet. Register. Neue Ausg. (4 Hfte.) gr. 8. (36 B.) Stuttgart 841, Schweizerbart'sche Vrlsh.**

**Deyhle**, C. F., vollständ. französisch-deutsches Wörterbuch in etymologischer Ordnung, mit einem das Nachschlagen erleichternden alphabet. Register. Neue Ausg. 4 Hfte. gr. 8. Stuttgart 841, 42, Schweizerbart'sche Verlagsh. à 1/6 rß

**Deyhle, Charlotte, Enfants terribles.** 3 kleine Theaterstücke. Uebers v. J. L. 12. (29 S.) Berlin 895. A. Britschow. n. — 60

Deyhle, Philipp „Das Klima Weißenburgs". Zusammenfassende Darstellung der zwanzigjährigen Beobachtungsergebnisse an der meteorologischen Station. pg. 59—82. 8°. Mit 5 Beilagen. Braun & Elbel.
Weissenburg i. B., Progr.

**Deyhle**, Robert (Hrsg.), s. Philatelisten-Kalender, Illustr.

**Deyks.** De Castello Divitensium. Münster 1853.

Commentatio de gaudio sanctorum ex salute sacerdotum percepto. Qua **Salomoni Deylingio** theol. . . jubilaeum muneris sacri gratulatur ministerium. sacrum Lipsiense. Lpz. (Stopffel) 1755. 48 S. (4.50) 6389

**Deyling**, Christian Erdmann

**— — Ad L. Fabiam de plagiariis dissertatio.** Präs. **Carl Otto Rechenberg. Lpz.** (Langenheim) **18. V. 1745. 56 S. (5.—)** 6385

**Deyling, Christian Erdmann** (Eisleben) u. **Johann August Egenolf** (Grimma), Aeliae Capitolinae origines et historiam. Lpz. (Langenheim) 7. IX. 1743. 48 S. (5.—) 6384

**Deyling**, Salomon

**Deylingii**, Salom., prog. de angelo domini israelitarum per vastas arabicae solitudinis ductore. Lips. 722. 4.

Deyling, S., de ascetis veterum. Viteb. 1708. 4.; repet. in ejsd. obs. sacr. 3. p. 441 ss.

**Deyling**, Salomon (Präs.): s. Broke, Friedr. Gottlieb von: Prudentiam pastoralem . . . ex I. Tim. IV, 16 descr.

**Deyling**, Salomon (Praes.), s. Cyriacus, Friedrich Gottlieb: S. Cyrillum Hierosolymitanum a corruptelis pontificiis, quas recentissimus ejus elucidator Antonius Augustinus Touttaeus.

Deyling, S., institution. prudent. pastoralis. c. Küstner. 8. Lips. Iunius (Hinrichs, et. Link.) 768. Rthlr.

***Deyling***, **S., institution. prudent. pastoralis. Ed. III, auct. per Chr. Küstner. 8. Leipz. 786. (Hinrichs). 1 rß**

— Irenaeus, evangel. veritatis vindex. 4. ibid. 721.

Deyling, S., de Judaeis et gentilibus, qui resurrectionem Christi impugnare solebant. Lips. 1735. 4.

**Deyling, S., der wohlunterrichtete Communicant. 12. Lpz. Junius. 726**

Deyling, S., de J. Chr. nativitate sua pacem afferente. Lips. 1712. 4.

**— observation. miscel. in quib. res varii argumenti tract. 4. ibid. 736.**

**— observation. sacrar. in quib. multa V. et N. Testam. dubia. vex. solvuntur, V. Part. c. fig. 4. Lips. Gleditsch. 735—48. (I. 16 gr. II. III. à 1 Thlr. 8 gr. IV. 1 Thlr. 16 gr. V. 1 Thlr.)**

Deyling, S., de eucharistiae origine ex ritu Judaeorum paschali non repetenda. Lips. 1734. 4.

**— — Ad panegyrin academicam solemni duorum theolog. licentiatorum renunciationi. Lpz.** (Langenheim) **18. III. 1751. 20 S.** (3.50) 6388
Biogr. v.: **Christian August Crusius (Leuna. M.: Ch. D. Pezold), Christian Gottfr. Matthesius (M.: A. E. Hildebrand).**

**— — Promotionem doctoralem duorum theologiae licentiatorum. Lpz. (Breitkopf) 11. IX. 1749. 20 Seiten. (3.—)** 6387
**Joh. Friedr. Bahrdt (Lübben/Laus.), Joh. Chn. Gensel (Annaberg).**

**— Salomon,** Promotionem doctoralem trium theologiae licentiatorum. Lpz. (Langenheim) 7. VII. **1746.** 20 S. (3.—) 6386
**Chph. Wolle (Leipzig), Joh. Rudolph Kiesling (Erfurt), Gotthelff Ehrenfried Lechla (Grosspetscha).**

**Deyll, Adam Emanuel** (Stettin), De dominio mariti in rebus uxoris immobilibus inaestimato in dotem datis. Exercit. acad. Präs. Friedr. Gottl. Struve. Jena (Nis) März 1720. 39 S. (5.—) 6390
Gew.: **Nicol.: v. Gyllenpatron, Adam Deyll. — Widm. v.: Joh. Sam. Eckstein (Stettin).**

**Deym**, Frz., Beiträge zur Aufklärung üb. die Gemeinschädlichkeit d. Jesuitenordens. 2. Aufl. gr. 8. (52 S.) Leipzig 872. Hartknoch. n. 1. 50

Deym, Graf Frz. Xav. Friedrich Graf Deym [geb. 1801, gest. 1853] u. die österreichische Frage in der Paulskirche. gr. 8. (VIII, 85 S.) Lpz. 891, Breitkopf u. Härtel. * 2 —

Deym, Friedr. Graf. Das Bank- und Notenwesen mit Bezug auf die Geld- und Finanzverhältnisse in Oesterreich. gr. 8°. Wien, Leop. Sommer, 1850. 2. unveränd. Aufl. gr. 8°. Wien 1850. (Leipzig, Hübner.)

Deym, Friedrich Graf Drei Denkschriften. Karlsbad, Franieck 1848. 118 S. 8 (1. Ueber die Konsolidirung des österreichischen Kaiserstaats. Geschrieben im Sept. 1847. 2. Was soll Oestreich geschehen? Geschrieben 6 März 1848 3. Die Revolution und die Reformen. Geschrieben im Juni 1848.)

Deym, Friedr. v., über Kredit-Institute im Allgem. u. d. Hypotheken-Institut insbesondere. Nebst Vorschlägen zur Erricht. ein. Real-Hypotheken-Bank im Königr. Böhmen. Hrsg. v. d. Ständen d. Königr. Böhmen. gr. 8. (8⅞ B.) Prag 844. (Kronberger u. Rziwnatz.) * –

— Vorschläge u. Entwürfe zur Vertretung u. Förderung der Ackerbau-Interessen in Oesterreich. gr. 8. (IV u. 103 S.) Wien 851. (Leipzig, Hübner.) n. 16 ngl

Deyma, Alfr. Ritter v. Sulima, die Eisenbahn-Tarif-Cartelle, deren Mängel und anzustrebende Reform. Lex.-8. (14 S.) Wien 885, (Spielhagen und Schurich.) *

Deyma, Alfr. Rtt. v. Sulima, Die Eisenbahn-Tarif-Cartelle, deren Mängel und anzustrebende Reform. Lex.-8°. Wien, Spielhagen u. Schurich, 1886.

Deymann, F[ritz], a. Mergentheim (Württ.): Das Blanko-Akzept. Würzburg 1908: H. Stürtz. (61 S.) 8°
Würzburg, Jur. Fak., Ref. Mayer, Diss. v. 19. Mai 1908
[Geb. 19. Juni 78 Mergentheim; Wohnort: Mergentheim; Staatsangeh.: Württemberg; Vorbildung: Gymn. Stuttgart Reife Aug. 98; Studium: Bonn 2, Berlin 3, Würzburg 3 S.; Rig. 12. Dez. 07.]

Deyn, Georg Heinrich von

— die Einführung der wahren Rechtsverfassung als d. zweite nothwendige Schritt zur Begründung des Weltfriedens. gr. 8. Jena 816. Schreiber. (Schmid). 6 gl

v. Deyn, Geo. Hnr., Endurtheil in d. Fichte'schen Sache. 8. Jena 800. Göpfert. (Schmid). 6 gl

— die nothwendigen Erfordernisse z. schnellen u. dauerhaften Friedensstiftung. gr. 4. Jena 814. Schreiber. (Schmid). 12 gl

Deyn, G. H. von, die nothwendigen Erfordernisse zur schnellen u. dauerhaften Friedensstiftung. gr. 4. Leipzig, Mittler. 814. Rthlr.

— s. Grundlegung zu d. vollkomm. Menschenverfassung.

— Themis, wissenschaftl. Zeitung, theolog.- jurist.- u. polit. Inhalts, f. Leser jedes Standes. 16, 2s Hft. Jena 819. Schmid. 2 gl

— Verhältniß, Recht, Naturrecht u. s. w., nach eigener, ganz neuer Vorstellungsart. 8. Jena 794. Stahl. 4 gl

Deynhardt, Gottlieb, der Zopfschulz. Ein Beitrag zur Geschichte der religiösen Verfolgungen und der Cabinetsjustiz. Nebst einigen auf die gewaltsame Verbreitung der Rechtgläubigkeit bezügl. Actenstücken. Aus früherer Zeit für die Gegenwart erzählt. gr. 16. (24 S.) Leipzig 851, Wengler.

Deynoodt, F., der selige Johannes Berchmans. Sein Leben, seine Tugenden u. seine Wunder, mit dem Breve seiner Seligsprechung. Nach der 2. verm. Aufl. aus dem Französ. übers. von L. v. Heemstede. Aachen 866. Hensen. (Jacobi & Co.) 12. (92 S.) 5 ngr

Deysing, B., de visione Petri. Marb. 1710. 4.

Deyssel, Ludw. van, Aufsätze über Stefan George u. die jüngste dichterische Bewegung, s.: Verwey, Alb.

Deza, P. M.

— Diable, le, dans un bénitier et la métamorphose du Gazetier cuirassé. gr. 8. Basle, Flick.

Deza, P. M., das Herz zu Gott, d. i. gründl. Abhandlung v. d. guten Meynung, a. d. Ital. 8. Augsb. 758.

— — dasselbe, 12. Salzb. Mayr. 722.

Dezalliere, s. d'Argenville.

Dezallier d'Argenville, (Antoine Joseph): Conchyliologie oder Abhandlung von den Schnecken, Muscheln und anderen Schaalthieren, welche in der See, in süssen Wassern und auf dem Lande gefunden werden, nebst der Zoomorphie oder Abbildung und Beschreibung der Thiere, welche die Gehäuse bewohnen. (La Conchyliologie. Dt.) Th. 1 - 2, gbd., 41 Taf.

Wien: Krauß 1772

Dezallier d'Argensville, Anton Joseph. Leben der berühmtesten Maler, nebst einigen Anmerkungen über ihren Charakter, der Anzeige ihrer vornehmsten Werke und einer Anleitung die Zeichnungen und Gemälde grosser Meister zu kennen. Aus dem Französischen übersetzt, verbessert und mit Anmerkungen erläutert (4 Theile in 2 Bde.) 8. Leipzig 1767—1768

Dezamy, (Th.), Organisations-Entwurf. 8. (16 S.) Leipzig 848, Weller.

Dezamy, Th., der Sieg des Sozialismus über den Jesuitismus, oder die Constitution der Jesuiten u. ihre geheimen Verhaltungsbefehle. Aus d. Französ. mit einem Nachw. v. E. Weller. kl. 8. Leipzig 846, Jurany. 1 ℳ

Dezasse, Gräfin Blanca, das Ideal u. Novellen u. Erzählungen, s.: Roman- u. Novellenschatz.

Dezasse, Gräfin Blanca, e. dreifache Wette. Novelle. 12. (21 S.) Wien 897. (C. Gerold's Sohn.) n. — 60

Dezasse, Franz Graf, a. Bohunicz in Ungarn: Der Einfluss der Düngung auf den Stickstoffgehalt und den Ertrag der Braugerste. Halle a. S. 1907: C. A. Kaemmerer & Co. (80 S.) 8°
Halle, Phil. Fak., Ref. Wohltmann, Diss. v. 10. Juli 1907
[Geb. 7. Apr. 63 Bohunicz, Comitat Pozsony (Preßburg), Ungarn. Wohnort: Halle a. S.; Staatsangeh.: Ungarn; Vorbildung: Gymn. Preßburg Reife M. 80; Studium: Wien 2, Halle 5 S.; Rig. 1. Juli 07.]

Dezemberkonferenz, die Berliner, u. das hessische Schulwesen. Von Orbilius Plagosus. gr. 8. (IV, 52 S.) Darmst. 891, Waitz. * 1 —

Dezennium, das erste, der Aerztekammern in Oesterreich. Ein krit. Rückblick, erstattet üb. Auftrag des VIII. österr. Aerztekammertages. (41 S.) Lex.-8. Wien 905. W. Braumüller. n. — 80

Dezernat, das amtsgerichtliche. Anleitung zum Entwerfen von Verfügungen und Absetzen von Beschlüssen. Von einem prakt. Juristen. gr. 8. (VI, 80 S.) Breslau 883, Koebner. *

Dèzes, Joseph (geb. am 23 Febr. 1852 in Bettingen Kr. Saarlouis): Ueber fremde Körper in der Orbita ... Bonn, Hauptmann'sche Buchdr. 1875. 2 Bl., 27 S. 8.
Bonn, Med. Fak., Diss v. 23 Febr. 1875

†Dezius, Hugo, (Karl Leman?) über d. bürgerl. Verhältnisse d. Juden im Großhrzgth. Posen u. im Kulmer Lande, nebst Vorschlägen zu ihr. Verbesserung. 8. (5¼ B.) Marienwerder 830, Baumann.

Dezobry, Charles Louis

Dezobry, Ch., Anacharsis à Rome, s. Anacharsis.

**Dezobry**, M. L. Charles, Rom im Jahrhunderte d. Augustus, od. Reise e. Galliers nach Rom zur Zeit von Augustus Regierung u. während e. Theils d. Regierung Tibers. N. d. Franz. bearb. v. † Th. Hell. 4 Thle. Nebst e. Schilderung d. röm. Münzwesens v. H. Hase. 8. Leipzig 837, 38, Hinrichssche Buchh. [1. (12 B. u. 1 Plan.) 1 Thlr., 2—4. (à 12 B.) à 5/6 Thlr.]

**Dezobry**, Ch., Rome au siècle d'Auguste ou voyage d'un Gaulois à Rome. In einem nach der 2. Aufl. des Originals für Schul- u. Selbstunterricht bearb. m. sachl. u. sprachl. Anmerkungen versehenen Auszuge v. Ch. Boeckel. gr. 8. (XII u. 362 S.) Göttingen 850, Vandenhoeck & Ruprecht. 1 ℛ

**Dezort**, Erich, „der Fremde vom Klosk". Romantische Erzählg. (142 S.) 8. Wien 906. Huber & Lahme Nachf. n. 1. 60; geb. in Leinw. n. 2. 60

**Dham**, Antrag, eine neue polit. Eintheilung Deutschlands betreffend. Ein Beitrag zur deutschen Reichsverfassung. Hierzu eine Karte von Deutschland mit der neuen Reichseintheilung in 20 Reichsschilde od. Reichskreise, entworfen v. A. Ravenstein. 8. (15 S.) Frankfurt a. M. 848, Wilmans. 6 ngr

**D'ham**, August, aus Attendorn ⟨Westf.⟩: **Beitrag zur traumatischen Entstehung des Muskelsarkoms.** *Würzburg 1897 [vielm. 1901/02]: A. Boegler.* (26 S.) 8°
Würzburg, Med. Diss. v. 1897

**D'ham**, Carl Joh. Ludw., März-Briefe an das deutsche Volk. Leipzig 861. Leiner in Comm. gr. 8. (VIII, 101 S.) n. 12½ ngr.

**D'ham**, Friedrich ⟨geb. am 18 Febr. 1857 in Attendorn Westf⟩: Ueber einige heilende und giftige Eigenschaften von Verbindungen des Jods ... Bonn, (Buchdr. v. F. Dietz in Düsseldorf) 1880. 32 S., 1 Bl. 8.
Bonn, Med. Fak., Diss. v. 10 Aug. 1880

Aus der Mappe eines Schulaufsichtsbeamten. Dargeboten von Dr. phil. Otto **D'ham**, Schulrat. Essen-Ruhr: Fredebeul & Koenen 1905. (113 S.) 8° [F.] [06. 5514

Aus der Mappe eines Schulaufsichtsbeamten. Dargeboten von Dr. phil. Otto D'ham, Schulrat. 2. Aufl. Langensalza: Beyer 1909. IV, 111 S. 8° [11. 750

**Dhamâri** s. Dimau.

**D'hame**, P. J., der Haus-Conditor oder praktische Anweisung, wie man ohne alle Vorkenntnisse in jeder wohleingerichteten Küche feine Bäckereien u. Getränke, eingemachte Früchte, Gefrornes, Crèmes und Gelées leicht und schnell fertigen kann. 2. verb. Aufl. Leipzig 853. Voigt. 16. (VIII, 62 S.) 10 ngr

**Dhammapada**, Das, s. a. Schultze, Th.

**Dhammapada**, das. Eine Vers-Sammlg., welche zu den kanon. Büchern der Buddhisten gehört. Aus der engl. Uebersetzg. v. F. Max Müller, Sacred books of the East, vol. X, metrisch ins Deutsche übertr. Mit Erläutergn. 2. Aufl. (XIX, 122 S.) gr. 8. Leipzig 906. M. Altmann. n. 2. 50; geb. n. 3. 50

**Dhammapadam.** Ex tribus codd. Hauniensibus Palice edidit, latine vertit, excerptis ex commentario Palico notisque illustravit V. Fausböll. Hauniae 855. Reitzel. (Lipsiae, Lorck.) gr. 8. (5 Bl., X, 470 S.) nn. 3 ℛ 10 ngr

**Dhanapâla**, the Pâiyalachchhî Nâmamâlâ, a Prakrit Kosha. Edited with critical notes, an introduction and a glossary by Geo. Bühler. gr. 8. (106 S.) Göttingen 879, Peppmüller. *

**Dhaun, Schloss.** Seine Vergangenheit und Gegenwart. Zur Erinnerung für Einheimische und Fremde ... Kreuznach 1853. V: *Voigtländer, Robert.* (EngG)

**Dhaun, Schloß.** Seine Vergangenheit und Gegenwart. Zur Erinnerung für Einheimische u. Fremde. Kreuznach 853. Voigtländer. 8. (23 S. u. 1 Stahlst.) n. 5 ngr

**D'heil**, Rudolf, Städt. Tierarzt in Düren, Rhld.: **Arbeiten aus** u. Hygien. Institut der Kgl. Tierärztl. Hochsch. zu Berlin. Leiter: Prof. Dr. med. Ostertag. No 7. **Beitrag zur Frage des Bakteriengehalts der Milch und des Euters.** Berlin: R. Schoetz 1906. (49 S.) 8°
Gießen, Med. Fak., Ref. Olt, Diss. v. 17. Jan. 1906
[Geb. 15. Mai 75 Pfaffenselfen; Wohnort: Düren; Staatsangeh.: Preußen; Vorbildung: Gymn. Straßburg i. E. Reife O. 99; Studium: Berlin Tierärztl. Hochsch. 7 S.; Rig. 13. Juli 05.]

**Dhein**, Josef, aus Krefeld: **Zur Behandlung** der Claviculerfracturen: **eine Modification des** Sayre'schen Heftpflasterverbandes. *Bonn 1901: C. Georgi.* (35 S.) 8°
Bonn, Med. Diss. v. 10. Aug. 1901

Geniessbare Kräuter und Wildobst. Anleitung z. Verwendung wildwachsender Pflanzen in d. Küche ... Ein Kapitel f. Naturfreunde ... Von Theodor **Dhein**. Hanau a. M.: Herausgeber (1906). (II, 25 S.) 8° [06. 16374

**Dhom**, H., s.: Studien-Taschenbuch, Eichstätter.

Dhom, Heinrich Dr. „Welches ist das Verhältnis von Garnier's Hippolyt zu seinen Quellen?" pg. 3 - 51. 8°. Fr. J. Reichardt.
Schweinfurt, Progr. 1888/89

**Dhom**, Heinrich [aus Marienthal]: Welches ist das Verhältnis von Garniers Hippolyt zu seinen Quellen? . . Schweinfurt, Druck v. Fr. J. Reichardt, 1889; 51 S. 8°
München, Phil. Fak., Inaug.-Diss. v. 1889

Dhom, Heinr. Welches ist das Verhältnis v. Garnier's Hippolyt zu s. Quellen? gr. 8. (51 S.) Schweinf. 889. (Lpz., Fock.) * 1 20

**Dhombres**, G., et Gabr. **Monod**, **Biographies historiques**, hrsg. v. Eug. Wolter, s. a. Prosateurs français 110. Lfg.

Biographies historiques p. (G.) Dhombres et (Gabriel) Monod. M. Anm. z. Schulgebr. hrsg. v. Dr. Eugen Wolter, Oberl. ... in Berlin. [Nebst] Anh. & Wörterb. *Bielefeld & Leipzig: Velhagen & Klasing 1897.* 3 Bde 8.
[Text] (IV S. 1 Bl. 81 S.) Anh. (44 S.) Wörterb. (45 S.)
= **Sammlung**, Velhagen & Klasings, französ. u. engl. Schulausgaben. Prosateurs franç. Lfg 110 B. [98. 7966

— — dasselbe, hrsg. v. H. Bretschneider, s.: Schulbibliothek, französische u. englische, A 45.

Dhombres, G., und G. Monod, Biographies modernes, s. Schulbibliothek, französische und englische.

**Dhorme**, P., les noms propres babyloniens à l'époque de Sargon l'ancien et de Naram-Sin, s.: Beiträge zur Assyriologie.

Dhu, H., Stanhope Burleigh oder Jesuitenränke, s. Bibliothek, amerikanische.

Diable, le, boiteux, s. Collection port., Serie III. Livr. 84—87.

*le Diable* boiteux, ou le livre de cent-et-un, s. *Paris.*

Diable boiteux, le, par Mr. le Sage. II Tom. av. fig. 12. Amst. 775.

— — le même l. II Tom. gr. 12. Basle, Schweighäuser. 766.

Diable boiteux, le, par le Sage, avec des remarques par C. P. Fröbel. 2 Vol. 8. Rudolstadt, Hofbuchhandl. in comm.) 821. Postpap.
Velinpap.

**Diable** boiteux, le, — à Paris, ou le livre des Cent-et-un. XIII Vol. 8. Stuttgart 831—35. Réduction de la Collection (Brodhag.) Auch Heftweise zu 5 gr) 11⅜ ℛ

— dass. in 16. Ebd. ... 47 Livr. 5⅞ ℛ

**DIABLE** en Eremit, deutsch: Die unsichtbaren Beobachter, oder Mensch und Teufel in Compagnie. Für jetzige Zeiten lesbar. Mit Titelkpf. Glarus, Vetter Blech u. Co. (Leipzig, Köhler), 1797. 8°. (1 fl. 12 xr. Scheible, 1868; jetzt theurer!)
Stellenw. sehr freier satyr. Roman. — Weller, fing. Dr. (nach Kayser).

**Diable, le, à Paris, s. l'Echo.**

**Diabolo, s. Fra.**

Fra Diabolo oder Bruder Teufel, General der Calabresen und Räuberhauptmann. 2 Thle. Hamburg, Vollmer, 1810. 8°.
— — Dasselbe. 2 Thle. Ebd. Herold, 1821. 8°.
Citirt Kayser.

**Diabolo s.: Müller's Töchter.**

Diacon, Max, und Rousselot, F[ranck]. (Illustrierter) Führer durch den Kanton Neuenburg. 2. Ausg., durchgesehen und vermehrt, mit Beiträgen von E[lie] Doutrebande und Ch[arles] Perregaux für Chaux-de-Fonds und Locle. Ins Deutsche übertragen von Dr. J[ohann] B Thiessing. [Mit 1 Karte.] VIII + 100 S. 8. Neuenburg, Delachaux & Niestlé; Bern, Polytechnische Verlagsanstalt S. A., 1903. [fr. 1.50]

Diacon, Max, et Rousselot, F[ranck]. Guide du Canton de Neuchâtel. 2e éd. revue et complétée par Max Diacon et F. Rousselot. Avec la collaboration de E[lie] Doutrebande et Ch[arles] Perregaux pour les Montagnes. [Avec des illustrations et 1 carte.] IV + 140 p. 8. Neuchâtel, Delachaux & Niestlé; Berne, Office Polytechnique d'Edition, (1902). [fr. 1.50]
*La 1re éd. a paru dans la série des Guides Boillot-Robert.*

Diacon, Max, et Rousselot, [Franck]. Guide (illustré) du Canton de Neuchâtel. 3e éd. revue et complétée par Max Diacon et G. [*d. i.* F.] Rousselot, avec la collaboration de E[lie] Doutrebande et Ch[arles] Perregaux pour les Montagnes. [Avec 1 carte.] IV + 124 p. 8. Berne, Office Polytechnique d'Edition (Typ. Delachaux & Niestlé, Neuchâtel), (1903). [fr. 1.50]

Diacon, Max, and Rousselot, F[ranck]. (Illustrated) Guide to the Canton of Neuchâtel. 2d ed. revised and completed, with the assistance of E[lie] Doutrebande and Ch[arles] Perregaux for the Mountains. Translated by B -D W [With a Map.] IV + 128 p. 8. Neuchâtel, Delachaux & Niestlé; Berne, Polytechnical Editorial Office, [1903]. [fr. 1.50]

Diacon, Max. (1.) Neuchâtel-Berne ‹Ligne directe›. (2. Jura-Neuchâtelois.) Guide illustré, rédigé par Max Diacon. 52 [+ *Annonces* 16] p. 8. Berne, Office Polytechnique d'Édition, 1903. [fr. 1.—]

Diacon, Max, Neuchâtel-Berne (ligne directe). Guide illustré. (52 S.) 8. Bern 903. Neuchâtel, E. Magron. n. —80

**Diaconovich, C., s.: Enciclopedia româna.**

Diaconovich, Carl s. Hongrie. A travers la H' méridionale. Zurich ([18]90) – South Hungary. Through S' H'. Zurich [1890].

Diaconovich, Cornel, s. l'Europe illustré. — Europe, illustrated. — Ungarn in Wort u. Bild. — Wanderbilder, europ.

Diaconovich. Cornel s. Südungarn. Durch Süd-U'. Zürich ([18]90).

**Diaconus, Paulus, s. Dahn, Fel., Langobardische Studien.**

Diaconi, Pauli, excerpta et Sex. Pompeii Festi fragmenta, edid. Fr. Lindemannus, s. Corpus grammat. Lat. T. II.

**Diaconie, Die kirchliche;** Denkschrift ... Bern 1894. V: *Langhans, Gg & G. Ris.* (Cat. d. Stadtbibl. Zürich. Zürich 1864—97.)

**Diacrisis:** oder ... Beantwortung der Frage: Wie machen es die Leute, wenn sie in einer Sache succumbiret und überzeuget sind, doch aber es nicht eingestehen ... wollen. Schwabach 1746. V: *Falckenstein, Joh. Heinr. von.* (Holz)

Diadem, das, oder die Ruinen von Engelhaus. Drama in 5 Akten von H. Cuno. 8. Carlsbad. (Leipzig, Hartmann.) 821.

Diadem, gewunden aus d. reifsten Blüthen d. vorzügl. Dichter u. Schriftsteller verschied. Zeiten u. Sprachen. Od.: Stammbuchs-Aufsätze. 12. (12 B.) Glarus 832. (Leipzig, Schumann.)

**Diadem**, gewunden aus d. reifsten Blüthen d. vorzügl. Dichtungen u. Schriftsteller verschied. Zeiten u. Sprachen. Oder: Stammbuchs-Aufsätze. 12. Glarus 832. (Zürich, Trachsler). 15 gl

Diadem, gewunden aus d. schönsten Blüthen u. Blättern d. vorzügl. Dichter u. Schriftsteller verschied. Zeiten u. Sprachen. 3. Ausg. 12. (13 B.) Schaffhausen 843, Brodtmann'sche Bh.

**D. J. A. F. E.** (d. i. Deutsche Inner-Afrikanische Forschungs-Expedition). 1. (Berlin: G. Reimer 1907.) 4°(8°) [F.] (07. 17203

**Diaforius, Thomas, s. Bacillus, der.**

**Diaforius, Thomas, der Bacillus. Eine Humoreske für Aerzte und sonstige Liebhaber in 2 Akten.** 8. (72 S.) Stuttgart 888, Lutz. *

Osmologische **Diagnostik** und Therapie. Neue Untersuchungen [hrsg.] von H[einrich] Zikel. Unter Mitw. von ... (Vorr.: Ernst v. Leyden.) [1.] Berlin: R. Trenkel 1905. 4°(8°) (05. 3599

**Diagramme**, 100 leere, für Schachprobleme. 16. Zürich 881, Trüb'sche Buchh. *

**Diakoffskij**, Wladimir Philippowitsch *(geb. Skwira bei Kiew 7. 4. 1836)*: Chorea minor und ihre mechanische Behandlung. Breslau 1873. (31 S.) 8°
Breslau, Med. Diss. v. 11. Aug. 1873

Die **Diakonissen-Anstalt** in Altona. Jahresbericht nebst Abrechnung für die Zeit vom 1. Januar bis 31. December
6.—7. 1873—74. Altona. 1874—75.
8. 1875 und der Bau-Rechnung. ebd. 1876.
9. 1876 und dem Abschluss der Bau-Rechnung. ebd. 1877.
10. 22. 1877—89. ebd. 1878—90. 8°.

**Diakonissen-Arbeit in Kreta, s. a. Missions-Schriften, Bremer. Nr. 8.**

**Diakonissen-Arbeit in Keta. »Missionsschriften, Bremer.«** (16 S.) Bremen 1901. Verlag der Norddeutschen Missionsgesellschaft. —.10

Diakonissen Bote: 1891—1896. Dayton, OH
Publication place varies: Buffalo.

**Diakonissendienst.** – Fünfzig Jahre Diakonissendienst in Hessen (1858 – 1908). Jubiläumspredigt u. Jubiläumsbericht d. Diakonissenhauses „Elisabethenstift" in Darmstadt bei s. Jubelfeier 1908. Darmstadt: Elisabethenstift 1908. 26 S. 8°

**Der Diakonissenfreund**: 1880?—?
Monthly. Organ of the Bethesda-Diakonissen Hospital, associated with the Deutsch-Reformirte Kirche in den Vereinigten Staaten. Edited by Hermann Julius Rütenik.
Cleveland, OH

Der Diakonissen-Freund: Jahrgang 1, no. 1, Jan. 1890—?
Monthly. Sub-title: Monatsheft des Diakonissenmutterhauses in Philadelphia. Im Auftrage des Verwaltungsrats herausgegeben von Rektor A. Cordes; later, [in 1904] as: A Monthly Magazine published by Mary J. Drexel Home and Motherhouse of Deaconesses, Philadelphia. Im Auftrage des Verwaltungsrats herausgegeben von Pastor C. Goedel. Dated also at Baltimore, Md.? Octavo, each issue 32 pages. Published by the Selbstverlag des Mutterhauses. There is also an English edition, entitled: THE DEACONESS MESSENGER.
Reading, PA

Der Diakonissenfreund: Apr. 1900—?
Monthly. Organ of Association for Deaconess Work in Buffalo. Edited by Dr. Otto Becher.
Buffalo, NY

**Der Evangelische Diakonissenfreund**: 1908—1916.
Published by Eden Publishing House for St. Louis Deaconess Hospital.
St. Louis, MO

**Diakonissenhaus**, das, zu Leipzig. 8. Leipzig 893. (J. C. Hinrich's Sort.) n. — 40
1. Predigt, bei dem 2. Jahresfeste am Sonntage Oculi 1893 in der Thomaskirche geh. v. D. Pank. — 2. Rede bei der ersten Einsegnung v. Schwestern, geh. v. D. Schultze. — 3. Rede bei der Einführung der Oberin E. v. Werdeck, geh. v. D. Pank. (24 S.)

**Diakonissenhaus-Blatt**, Freiburger. Schriftleitung: Weißheimer. 1. Jahrg. Aug. 1904—Juli 1905. 6 Nrn. (à 4 S.) 8. Heidelberg, Ev. Verlag. Kostenlos.

Diakonissenhäuser [Schlagwort]

**Diakonissenhäuser**, s.: Kaiserswerther Verband.

Diakonissenhaus-Kalender, Pfälzer, auf d. J. 1889—1893. 4. (à Jahrg. 48 S. mit Abbildgn.) Kaiserslautern, Evangel. Verein, Schriften-Niederlage. à Jahrg. * — 20

**Diakonissenhaus-Kalender**, Pfälzer, auf d. J. 1895. 16. Jahrg. 4. (64 S. m. Abbildgn.) Kaiserslautern, Buchh. des Evangel. Vereins f. d. Pfalz. n. — 20

**Diakonissen-Kalender**, Pfälzer. Volkskalender für 1899. 20. Jahrg. 4. (80 S. m. Abb. u. 1 Wandkal.) Kaiserslautern. Buchh. d. evang. Vereins f. d. Pfalz. n. — 20

**Diakonissenhaus-Kalender**, Pfälzer. Volkskalender f. 1903. 24. Jahrg. 4. (72 S. m. Abbildgn. u. Wandkalender.) Kaiserslautern, Buchh. des ev. Vereins f. die Pfalz. n. — 20

**Diakonissenhaus-Kalender**, Pfälzer. Volkskalender f. 1907. 28. Jahrg. (73 S. m. Abbildgn. u. Wandkalender.) gr. 8. Kaiserslautern, Buchh. des ev. Vereins f. die Pfalz — 20

**Diakonissenhaus-Kalender**, Pfälzer. Volkskalender f. 1911. 32. Jahrg. (71 S. m. Abbildgn. u. Wandkalender.) 8. Speyer. (Kaiserslautern, Buchh. des ev. Vereins f. die Pfalz.) — 25

Diaconissenleben. Ein Diak'. Bern s. a. [Dändliker, Johann Friedrich].

**Diakonissenleben**, e., oder fünf Jahre als Diakonisse. 16. (52 S.) Bern 883. (Frankfurt a/M., Drescher.) n. — 40

Diakonissenleben, ein, oder fünf Jahre als Diakonisse. 16. (52 S.) Bern 883. (Frankfurt a. M., Schriften-Niederlage des evangel. Vereins.) *

— Leben, E., oder fünf Jahre a. Diakonissin. (51 S.) Frankf. a. M. 1884. Schriften-Niederlage des Evangelischen Vereins.

**Diaconissenleben, Ein,** (Anna Barbara Stucki) oder Fünf Jahre als Diakonisse. 3. Aufl. Bern [1902]. V: *Daendliker, Joh. Friedrich.* (Bibl. Bull. d. Schweiz 1907.)

**Diakonissen-Liederbuch**, s. a. Fliedner, Th.

Diakonissen-Liederbuch. Zunächst für die Schwestern der Diakonissenschaft von Kaiserswerth hrsg. von Th. Fliedner. 8. (VIII und 828 S. mit 1 Holzschn.) Kaiserswerth 859. (Berlin, Evangelische Buchh.) ** —

Diakonissen-Liederbuch. 4. Aufl. m. Anhang. 8. (272, 32, 76 S. m. 1 Holzschn.) Kaiserswerth 889, Verlag d. Diakonissen-Anstalt. * 2 25

**Diaconissen - Liederbuch.** 6. Aufl. Kaiserswerth a. Rh. [1897]. V: *Fliedner, Theod.* B: *Disselhoff, Jul.* V (Vorrede): *Fliedner, Gg.* (verl)

Diakonissin, die. Von Emma. Ereignisse und Personen ganz dem wirkl. Leben entnommen. 16. (82 S.) Berlin 866, Buchh. des Missions-Vereins.

**Diakonissin**, die, auf d. Kriegsschauplatz, s.: Geschichten u. Bilder fürs deutsche Volk.

Die Bearbeitung des Glases auf dem Blasetische. [Rukovodstvo k obrabotkě stekla na pajal'nom stolě, deutsch.] Ein Handbuch f. Studirende ... Von D[mitrij Ivanovič] Djakonow [Djakonov] u. W. Lermantoff [Vladimir Vladimirovič Lermantov], Laboranten d. Kais. Univ. St. Petersburg. Mit 30 Abb. Berlin: Friedländer 1895. XIII, 154 S. 8° A 12.4.92

**Diakonus**, der jüngste. Novelle v. ***. 2. Aufl. 8. (104 S.) Wiesbaden 893. H. Sadowsky. n. 1. 80

Diakonus, ein, auf d. Wege nach Rom. — Die evangel. Kirche u. das Glaubensbekenntniß d. christ-kathol. Gemeinde zu Breslau. Von D. Peters, gewürdigt v. ein. evangel. Christen. gr. 8. (2½ B.) Liegnitz 845, Gerschel. *

**Diakow, G.**, Multiplications-Tabelle. (In russ., französ. u. deutscher Sprache.) qu. 4. (32 u. 1000 S.) St. Petersburg 897. (K. L. Ricker.) Geb. in Leinw. n. 15. —

**Dialekt, Der Wiener,** und seine hochdeutsche Stiefschwester. Ein Beitrag zur hochdeutschen Lehre vom Standpunkt des Wiener Dialekts. Wien 1890. V: *Stieböck, Leopold.* (Börsenbl. f. d. d. Buchh. Nr. 218, 6. Okt. 1919)

**Dialect**, der Wiener, u. seine hochdeutsche Stiefschwester. Ein Beitrag zur hochdeutschen Lautlehre vom Standpunkte des Wiener Dialects. gr. 8. (62 S.) Wien 890. Manz. n. 1. 50

(F) Die Dialectdichtung der deutsch-österreichischen Alpen. Ausgewählt und herausgegeben von Karl Bienenstein. [Allgemeine National-Bibliothek Nr. 230—235.] Wien. [1899.] Daberkow. 8°. 352 S. fl. —.60

(F) Die Dialectdichtung der deutsch-österreichischen Alpen. Ausgewählt und herausgegeben von Karl Bienenstein. 2., veränderte Ausgabe. Wien. [1901.] Daberkow. 8°. 352 S. Geb. K 2.40

**Dialektdichtungen**, ausgewählte, aus den Schriften älterer oberschwäbischer, 2. u. 3. Bd. schwäbischer Dichter. Hrsg. v. Joh. Schneiderhan. I—III. 8. Ravensburg, Fr. Alber. Geb. in Leinw. 8. —
Epple, Jos., ausgewählte Dialektdichtungen aus den Schriften E.'s. Mit e. Nachwort v. Aug. Holder. (146 S. m. Bildnis.) 907. (III) Geb. in Leinw. 2. 20
Sailer, Seb., ausgewählte Dialektdichtungen aus den Schriften v. S. Mit e. Lebensbeschreibg. u. e. Bildnisse des Dichters. (292 S.) 907. (I) Geb. in Leinw. 3. —
Weitzmann, Karl Borromäus, ausgewählte Dialektdichtgn. aus den Schriften W.'s. Mit e. Bildnisse u. e. Lebensbeschreibg. des Dichters. (200 S.) 907. (II) Geb. in Leinw. 2. 80

**Dialectdichtungen**, oberösterreichische. Nr. 1—5. 12. Linz, E. Mareis. à n. — 20
1. Unser Leb'n. Von Frz. Hönig. (12 S.) 899.
2. Der Bürgertag. Von Frz. Hönig. (8 S.) 900.
3. Die Pöstlingbergbahn. Von Hans Traunsteiner (Otto Bassy). (11 S.) 900.
4. D' Schulprüfung. Von Rud. Jungmair. (4 S.) 900.
5. 's Paradeis u. d' Wildnuß. (A g'scheiti Betrachtg.) Von Rud. Jungmair. (8 S.) 900.

**Dialekte** u. Prosodie d. griech. Sprache, zur gründl., etymolog., grammat. Auslegung d. griech. Schriftsteller. 8. Hirschb. 809. Nesener. 12 Gr.

Dialekte u. Prosodie d. griech. Sprache, z. gründl. etymolog. grammat. Auslegung der griech. Schriftsteller. 8. Hirschberg, Thomas. 809.

Dialektgedichte. Sammlung v. Dichtgn. in allen deutschen Mundarten, nebst poet. Proben aus dem Alt-, Mittel- u. Neudeutschen, sowie den german. Schwestersprachen. Hrsg. v. Herm. Welcker. 2. verb. u. verm. Aufl. v. „Die deutschen Mundarten im Liede". 8. (XXVIII, 426 S.) Lpz. 889, Brockhaus. * 5 —; geb. * 6 —

**Dialektgeographie, deutsche.** Berichte u. Studien üb. G. Wenkers Sprachatlas des Deutschen Reichs, hrsg. v. Ferd. Wrede. I.—III. Heft. gr. 8. Marburg, N. G. Elwert's Verl. 10.20; erh. Pr. 14. 25

Böhmer, Emil, Sprach- u. Gründungsgeschichte der pfälzischen Colonie am Niederrhein. Mit 1 Karte. (V, 91 S.) 909. (III. Hft.) 2.—; erh. Pr. 2. 75

Leihener, Erich, Cronenberger Wörterbuch (m. ortsgeschichtlicher, grammatischer u. dialektgeograph. Einleitung.) Mit 1 Karte. (VI, LXXXIV, 142 S.) 908. (II. Hft.) 5.—; erh. Pr. 7. —

Ramisch, J., Studien zur niederrheinischen Dialektgeographie. Mit 1 Karte u. 3 Pausblättern. — Wrede, Ferd., die Diminutiva im Deutschen. (XIII, 144 S.) 908. (I. Hft.) 3.20; erh. Pr. 4. 50

Kais. Akad. d. Wissenschaften Neugriechische **Dialektstudien.** Wien: A. Hölder 1905. 4°
= **Schriften** d Balkankommission. Linguist. Abt. 3, H. 1. 05. 13379

Kais. Akad. d. Wiss. Romanische **Dialektstudien** H. 1. Wien: A. Hölder 1906. 4°
= **Schriften** d. Balkankommission. Linguist. Abt. Bd 4. 07 667

Kais. Akad. d. Wiss. Südslavische **Dialektstudien.** 1. *Wien: A. Hölder 1900.* 4°
= **Schriften** d. Balkancommission. Linguist. Abth. 1, H. 1. 03. 3697

**Dialog, Ein,** an Diog. O. O. 1792. V: *Bernold, Frz Jos. Benedict.* (Cat. d. Stadtbibl. Zürich. Zürich 1864—97.)

**Dialog über Lessings Erziehung des Menschengeschlechts.** 8. Hamb. Hoffmann. 781.
Dass. s.a.: Dialoge...

**Dialog, politischer, zwischen einem Baiern und einem Preußen.** 8. (32 S.) Berlin 859, Rücker und Püchler.

**Dialog** über Raum und Zeit ... O. O. 181? V: *Seidlitz, Carl Sigismund von.* (MGT)

**Dialoge;** ein Beytrag zur Bildung der Jugend. Nürnberg 1779—80. V: *Brömel, Johann Friedrich.* (Ky) (MGT)

— e. Beitrag z. Bildung d. Jugend, (v. Jh. Fr. Brömel). 2 Bdchn. 8. Nürnb. 779—80. Monath u. K. 16 gl

Dialogen u. kleine Aufsätze, (v. Eph. Hnr. Müller). 2 Thle. 8. Zürich 792. Orell. 1 ßf 16 gl

**Dialoge** auch für die Bühne brauchbar ... Prag u. Leipz. 1794. V: *Gersdorf, Charl. Eleonore Wilhelmine von.* (GGr MGT) (OL) (Schl) (Ky)

Dialogen, auch für die Bühne brauchbar, (v. Charl. El. W. von Gersdorf). Herausg. v. Jh. Fr. Er. Albrecht. 8. Prag u. Leipz. 794. Neureutter. (Hinrichs in Leipz.) 18 gl (Auch u. d. T.: neue Schauspiele, vom Verf. d. Familie Walberg. 795.)

**Dialoge, Die,** des Diogenes von Sinope. Carlsruhe 1777. V: *Wieland, Chph Mart.* (Tübz 17, 23)

**Dialoge** des Küsters Ehrentraut mit den Honoratioren seines Dorfs ... Berlin 1796. V: *Sintenis, Christian Friedrich.* (Ky) (MGT)

Dialogen des Küsters Ehrentraut mit den Honoratioren seines Dorfes, (von C. F. Sintenis). 2 Thle. 8. Berl. 796. (Wienbrack in Leipz.) 2 ßf

Dialogen des Küsters Ehrentraut mit den Honoratioren seines Dorfes, voran d. sel. Küsters Lebenslauf, (von C. F. Sintenis, Verf. d. Elpizon.) 2 Thle. 8. Berlin, Langhoff. (Gräff in Leipz.) 799.

**Dialoge** zur Erläuterung der Bibel, für gebildete Layen ... Leipz. 1785. V: *Hezel, Joh. Wilh. Friedr. v.* (Ky) (R-N)

— z. Erläuterung d. Bibel f. gebild. Layen, (v. J. W. F. Hezel). 1e u. 2e Hälfte. gr. 8. Leipz. 785. (Gnobloch). 1 ßf

— zur Erläuterung d. Bibel f. gebild. Layen. 1r Bd. gr. 8. Lpz. Böhme. 785.

— über Lessings Erziehung d. Menschengeschlechts. 8. Hamb. 781. (Campe). 3 gl
Dass. s.a.: Dialog...

Dialoge über d. zehn Gebote. (Von Jh. Ph. Hofmann.) 4. Frkf. a. M. 801. (Andreä).

— über einige Gegenstände d. polit. Oekonomie u. Philosophie. 8. Marb. 789. Krieger. 5 gl

— über das Mainzer Gesangbuch. 2 Stcke. 8. Frankf. 787. Eichenberg. 4 gl

**Dialoge** aus dem Griechischen. O. O. [ca. 1780]. Ü: *Müchler, Carl Friedrich.* (MGT)

**Dialoge** der Guten. Leipzig 1776. V: *Behrisch, Hnr. Wolfg.* (Behrisch, Wiener Autoren. 1784.) (BrMm) (Ky)

— des Guten, (von H. W. Barisch). 8. Leipz. 776. Hilscher. 8 gl

**Dialoge** für die Jugend, nach Raff. Erfurt [ca. 1795]. V: *Buse, Gerhard Heinrich.* (MGT)

Dialogen, das Criminalrecht betreff., mit Andeutn. z. Benutz. bei desfalls. Verbesserungsversuchen. 8. (5¼ B.) Danzig 831, Anhuth.

**Dialoge, Musikalische,** oder philosophische Unterredung über den Kunstgeschmack in der Musik ... Hsg. von J. F. K. Arnold. Leipzig 1805. V (zum Theil): *Heinse, Joh. Jac. Wilh.* (Ky) (Gleim-Heinse, Briefwechsel. Weimar 1894. I. S. 215.)

— musikalische, oder philosoph. Unterredung üb. d. Kunstgeschmack in d. Musik, e. Nachlaß des Verf. d. Ardinghello rc. (W. Heinse). Herausg. v. J. F. K. Arnold. 8. Leipz. 805. Wienbrack. 16 gl (NB. Sollen aber doch nicht von Heinse sein.)

— musikalische, od. philos. Unterred. rc. üb. d. Kunstgeschm. in der Musik, ein Nachl. d. Verf. d. Arding Hello u. Hildegard v. Hohenthal. 8. Lpz. Gräff. 805.

**DIALOGEN,** Natürliche. Laut geplaudert, heimlich aufgeschrieben und öffentlich bekannt gemacht, im Jahr 1772 (von *Ernst Aug. Ant. v. Göchhausen*). Mit eigner Erlaubnis, und zum Theil mit Freyheit der Interessenten. Mit TVignette. O. O. (Eisenach). 158 S. 8°. (12 Mk. Adolf Weigel, 1909.)

— natürliche, laut geplaudert u. heimlich aufgeschrieben, (v. E. A. A. v. Göchhausen). 8. (Eisenach) 772. 2e A. 773. Bärecke. 8 gl

— — Dasselbe. 2. Aufl. O. O. (Ebd.) 1778. 8°. Schreibpap. (Eine von beiden Ausgaben im British Museum.)
O. M. V. 1778, S. 414 nennt weder Ort noch Verleger und Drucker. — Anon.-Lex. I. p. 401 (nach Kayser, Meusel u. Kloss). — Handelt zumeist über Freimaurerei und den Offizierstand.

— natürl., laut geplaudert u. heimlich aufgeschrieben ꝛc. 8. Eisenach, Wittekind. 778.

— von Wielands Schüler. Bregenz,-Brentano. 802.

**Dialoge, Sechs,** über Krieg und Handel. In den letzten Monaten 1805. ... [Berlin] 1806 im Mai. V: *Raumer, Friedrich Ludwig Georg von.* H: *Müller, Johannes von.* (MGT) (Ky) (GGr)

— sechs, über Krieg u. Handel, (von Fr. v. Raumer). 8. Hamb. 806. Fr. Perthes. 16 gr

**Dialoge, Skeptische,** über die Vortheile der Leiden und Widerwärtigkeiten dieses Lebens. Leipzig 1788. V: *Kindervater, Christian Victor.* (MGT) (Ky) (ErschDL)

— skeptische, üb. die Vortheile d. Leiden u. Widerwärtigkeiten dieses Lebens, (v. Chr. V. Kindervater). 8. Lpz. 788. Schwickert. 12 gr

— zu Verstandes- u. Gedächtnißübungen für d. Jugend. 8. Leipz. 817. Central-Cpt. 8 gr

— üb. Visionen u. Vorgeschichten, (v. Fr. Arndts). 8. Dortmund 807. 2e A., mit s. Namen 815. 9 gr Mallinkrodt; Wundermann in Hamm. 9 gr Hdb. Pr. 6 gr

**Dialoge** über Visionen und Vorgeschichten. Dortmund 1818. V: *Arndts, Frdr.* (Ky) (MGT)

— wissenschaftl., f. Kinder v. 8–14 Jahr. 1r Thl. s. Raffs Dialogen.

**Dialoge, Wissenschaftliche,** für Kinder von 8 bis 14 Jahren. Göttingen 1797. V: *Buse, Gerhard Hnr.* (Rotermund, Gel. Hannover. Bremen 1823.)

Dialogen. — s. Dialoge. —

Dialoghi francesi, italiani, tedeschi ed inglesi, tratti dalle Commedie di Moliere. Edizione XI. 12. Milano. 818. (Vienna, Volke.)

*Dialoghi* italiani e tedeschi, all' uso delle due nazioni. 8. Strassb. u. Regensb. 806. Montag u. W. 16 gr

— italiani utili molto ed instruttivi. Tradotti da quelli che esistono dall' anno 813 nel Francese e Tedesco. gr. 8. Karlsr. 819. Marx. 1 ₰ 12 gr

**Dialoghi** di Socrate. Halle [17??]. V: *Romani, Clemens.* (ML)

*Dialogos* Españoles y Alemañes. 8. Lpz. 816. (W. Nauck). 10 gr

Dialogos Expagnoles y Alemannes. 8. Leipz. Sommer. 816.

**Dialogue** de morale à l'usage de la noblesse. Berlin 1770. V: *Friedrich II., König von Preussen.* (BrMm) (Ky) (ML) »de la jeune noblesse« (Preuss, Oeuvres 31, 30.)

— de morale à l'usage de la jeune Noblesse. 8. Berlin, Rottmann. 776.

Dialogue. Nouveau d' entre Pierre et Jacques, sur le résultat des votes pour et contre la Constitution de la République de Berne, — et sur les élections qui auront lieu, les 22 et 25 août 1831. (12 août 1831.) 8. *s. l.*

Dialogue. Petit d' pour la plus grande intelligence des No 7 à 16, du journal intitulé L'ami du progrès. Ou Triste fin et suicide maladroit du pauvre R.... , rédacteur de cette feuille. 8. Fribourg 1834.

Dialogue politique entre un citadin fonctionnaire et le paysan Thomas. 8. Berne 1850.

Dialogue entre deux Prévotois au sujet de l'assemblée patriotique, tenue à Moutiers. Dimanche le 15 Juin 1834. (Du District de Moutiers, le 17 Juin 1834. Un Prévotois, ami de l'ordre.) 8. *s. l.*

**Dialogue** tacetieux, d'un Gentilhomme François, se complaignant de l'amour ... Metz 1671. 1847. H: *Chartener, G.* (BrMm)

*Dialogue* sur l'utilité des medailles anciennes, trad. de l'Anglais par C. F. Wrisberg. 8. Braunschw. 792.

Dialogues allemands-françois, pour appr. l. lang. allemande. 16. Vienne, Geistinger.

*Dialogues* anglais et allemands à l'usage de deux nations. Engl.-deutsche Gespräche. Zum Gebrauch beider Nationen. 8. Strassb. 802. Levrault; (auch Hinrichs in Leipz.) 16 gr

— anglois et françois. 8. Paris et Straßb. König. 802.

Dialogues français et allemands, f. a. Gespräche.

— françois et allemands à l'usage des deux Nations. 8. Straßb.: König 1809

Dialogues français et allemands, etc. — Franz. u. deutsche Gespräche. Ein Mittel, durch prakt. Anweis. Anfängern in beiden Sprachen d. Sprechen zu erleicht. 16., verb. Orig.-Ausg. gr. 12. (15 B.) Straßburg 834, Levrault.

Dialogues français et allemands, etc. — A. u. d. T.: Französische u. deutsche Gespräche. Ein Mittel, durch prakt. Anweis. Anfängern in beiden Sprachen das Sprechen zu erleichtern. 17. u. 18., verb. Orig.-Ausg. gr. 12. (à 12½ B.) Straßburg u. Paris 836, 39, Levrault'sche Buchh.

Dialogues français et allemands, pour faciliter aux commençants, par une instruction pratique, la conversation dans les deux langues. 22. Édition, revue et corrigée. A. s. l. t.: Französische und deutsche Gespräche. Ein Mittel, durch prakt. Anweisung Anfängern in beiden Sprachen das Sprechen zu erleichtern. 22., neu bearb. Aufl. 12. (288 S.) Straßburg 853, Wwe. Berger-Levrault und Sohn.

Dialogues français et allemands, pour faciliter aux commençants, par une instruction pratique, la conversation dans les deux langues. 23. Édition. A. s. le t.: Französische und deutsche Gespräche. Ein Mittel, durch prakt. Anweisung, Anfängern in beiden Sprachen das Sprechen zu erleichtern. 23. Aufl. 12. (288 S.) Straßburg 856, Wwe. Berger-Levrault und Sohn.

— français, allem., anglais et italiens, propres à l'enseignement des jeuns gens. Extraits du Manuel des Voyageurs (de Mdme de Genlis). gr. 12. Köln 809. Rommerskirchen. 12 gr

— françois, anglais, ital. et allem. extr. des Comédies de Molière. 8. Cob. Sinner / 803.

— français-allemands des choses les plus communes. Nürnb. 764. Monath u. K. 3 gr.

— italiens et français. 8. Strassb. 808. König. 16 gr. le même. italiens et allemands. 8. du même. 802. 16 gr.

— du feu Mons. Lang, traduits du Latin avec les mots et phrases. 8. Nürnb. Ed. VII. 762. Riegel u. W. 5 gr. dies. in ital. u. engl. Sprache. 8. Ebd. 762. à 5 gr.

— moraux et amusans, voy. Vaucluse.

Dialogues des morts anciens et modernes, par F. S. de la Motte Fenelon: — Dialogues of the Dead ancient and modern, by F. S. de la Motte Fenelon in French and English, a new Edition. 8. Mayence, Kupferberg. 815.

Schreibp.

Siehe auch Todtengespräche.

— nouv., françois et allemands, suiv. d'une collect. de Gallicismes etc. 8. Strasb. König. 803.

— polonois, français et allemands pour l'enseignement et la perfection de la langue française. 8. Breslau, G. Korn. 809.

—— polonais, français et allemands, publiés p. l'enseignement et la perfection de la langue française. 4. édit. in-12. ... Breslau 831, W. G. Korn.

Dialogues et poésies à l'usage de l'enfance. Cassel 857. Bertram. 16. (88 S.) n. $7\frac{1}{2}$ ngr.

Dialogues et poésies à l'usage de l'enfance. 2. edit. Cassel 859. Bertram. (Halle, Barthel.) 8. (IV, 92 S.) n. $7\frac{1}{2}$ ngr.

Dialogues et poésies à l'usage de l'enfance. 3. édit. Cassel 865. Bertram. (Halle, Barthel.) 8. (84 S.) n. $7\frac{1}{2}$ ngr.

—— and poetry with a selection of pleasing tales to an easy acquisition of the English language. 16. (XI und 146 S.) Cassel 863, Bertram's Verlag. cart.

Dialogues and Poetry with a selection of pleasing tales to an easy acquisition of the English Language. 2d edit. revised and enlarged by Caroline F. Sallmann. 8. (X, 162 S.) Halle 874, Buchh. des Waisenhauses. cart. *

— sur les qualités de quelques animaux et div. autr. matières. gr. 8. Halle, Waisenh. 766.

— royaux franç. et allem. 8. Berne. 708.

— pour la vie sociale, s. Beauval, Gespräche.

— et vocabulaire français et danois. 8. Jena 808. Bran. 6 gr.

**Dialogus, Antistii et Eudoxi,** de eo, quod justum est circa reditus . . . Francofurti ad M. 1783. V: *Senckenberg, Renatus Leop. Chn Carl. Freih. von.* (MGT)

**Dialogus** inter Charontem et Franciscum Pankl, Poet Laureat XII. Id Mart. et virorum numero sublatum. Viennae 1765. V: *Keresztury, Jos.* (WBL 11/179) (WrDiar 1765, Nr. 27 Anhg.) (BiblPort)

**Dialogus** de iteratis librorum editionibus. Viennae 1758. V: *Locella, Aloisius Emmerich Freiherr von.* (Ky) (ML)

Ein Dialogus oder Gespräch zwischen einem Vater und Sohn die Lehre Luthers und sonst anderer Sachen des christlichen Glaubens belangend ‹1523›. Hrsg. von Otto Clemen. Halle a. S.: R. Haupt 1906. (S. 21-50.) 8° [Umschlagt. T.]
= Flugschriften aus d. ersten Jahren d. Reformation. Bd 1, H. 1, [No 2].
[c6. 8290

Dialogus irenicus inter Philemonem et Onesium in pace religionis etc. 4. Lips. Vogel. 721.

Dialogus, ein neuer Ulrich v. Huttenscher. Interlocutores: Ulrich v. Hutten, David Friedrich Strauß, Libertas Germana Romana, Libertas Romana Seditiosa, Libertas Germana Secendens, Libertas Germana Cosmica, Libertas Germana Libera und Gott Mercurius. Ort: Die Ebernburg. Zeit: Anfang Juni 1878. gr. 8. (52 S.) Berlin 878, Herz. *

Dialogus, ein neuer Ulrich von Huttenscher. Interlocutores: Ulrich von Hutten, David Friedrich Strauß, Libertas Germana Seditiosa, Libertas Germana Secendens, Libertas Germana Cosmica, Libertas Germana Libera u. Gott Mercurius. Ort: Die Ebernburg. Zeit: Anfang Juni 1878. gr. 8 (52 S.) Berlin 879. Herz. n. 1. —

Dialogus de oratoribus, s. de causis corruptae eloquentiae, vulgo Tacito inscript. ed. Schulz. 8. maj. Lips. Fritsch, 788. Rtblr.

*Dialogus* de oratoribus, seu de causis corruptae eloquentiae, vulgo Tacito inscript. ed. J. H. A. Schulze. 8 maj. Leipz. 788. (Hahn). 16 gr.

**Dialogus** I. inter Spudaeum et Gorallum. S. l. 1700?] V: *Burmannus, Petrus.* BrMm)

**Dialogus** super quaestione: An Ministrum Ecclesiae adeo necesse sit, esse regenitum, at qui talem se non probat, illico sit deserendus? Bernae 1704. V: *Rodolphi, Joh. Rudolphus.* (Myl)

Dialogus, ein schöner, von Martino Luther und der geschickten Botschaft aus der Hölle, s. Neudrucke deutscher Litteraturwerke des XVI. und XVII. Jahrh.

**Dialogus** oder Unterredung Severi Sinceri und Simplicii betreffend die Religion und Reinheit der Lehre. Lichtenberg [Flensb. 1827]. V: *Pontoppidan, Erik.* (Bruun, Bibl. Danica. I, 178.) (Collin, Anonymer. Kiobenh. 1869.)

DIAMAND, BERNARD. Ueber das β-Aethylpyridylketon und dessen Ueberführung in das β-Propylpiperidin (β-Coniin). (Bern) Lemberg, 1894. 42 S.

DIAMANDOPOULOS, Alexandros (Tékoutche/Moldau): De febri intermittente. (Titel nach der Urkunde) 29.7.1859 – Urk; F 69
Diss. Ingolst.-Landsh.-Mchn.

**Diamant, Der;** ein Lustspiel nach dem Französischen des Hrn Collé. Leipzig 1772. V: *Engel, Johann Jacob.* (MGT)

Diamant, der, Lustsp. a. d. Franz. d. Coll. 8. Leipz. Dyk. 773.

Diamant. Glas-Industrie-Zeitung. Fachzeitschrift für Glas-Handel, Glas-Fabrikation und Glas-Dekoration, Glas-Malerei, Glas-Brennerei, Glas-Biegerei etc. 1.—6. Jahrg. 1879—1881. à Jahrg. 36 Nrn. (Bog.) 4. Leipzig, A. Duncker. à Jahrg. *

**Diamant.** Glas-Industrie-Zeitung. Fachzeitschrift für Glas-Handel, Glas-Fabrikation und Glas-Dekor, Glas-Malerei, Glas-Brennerei, Glas-Biegerei, Glas-Schleiferei, Glas-Sandbläserei, Glas-Belegerei, Glas-Aetzerei, Glaserei etc. Organ für Glaser-Innungen. 7. Jahrg. 1885. 36 Nrn. (à Nr. 1½ Bog.) gr. 4. Leipzig, A. Duncker. *
—— dass. — Fachzeitschrift für Glashandel, -Fabrikation, -Raffinerie, Kunst- und Bau-Glaserei, Glas-Malerei, -Brennerei, -Biegerei, -Schleiferei, -Sandbläserei, -Aetzerei, Emailmalerei, Spiegelherstellung, Bildereinrahmung. Organ für Bekanntmachungen von Glas-Industrie-Verbänden, Glaser-Innungen und Glas-Handels-Vereinen. 8.—10. Jahrg. 1886—1888. à Jahrg. 36 Nrn. (à Nr. 1½ Bog.) gr. 4. Ebendas. à Jahrg. *

**Diamant.** Glas-Industrie-Zeitung. Fachzeitschrift f. Glas-Handel, -Fabrikation, -Raffinerie, Kunst- u. Bau-Glaserei etc. 11.—13. Jahrg. 1889—1891. à Jahrg. 36 Nrn. (à Nr. 1½ Bog.) gr. 4. Lpz., Duncker. à Jahrg. * 8 —

**Diamant.** Glas-Industrie-Zeitung. Fachzeitschrift für Glas-Handel, -Fabrikation, -Raffinerie, Kunst- u. Bau-Glaserei, Glas-Malerei, -Brennerei, -Biegerei, -Schleiferei, -Sandbläserei, -Aetzerei, Emailmalerei, Spiegelherstellg., Bildereinrahmg. etc. Organ für Bekanntmachgn. v. Glas-Industrie-Verbänden, Glaser-Inngn. u. Glas-Handels-Vereinen. 13.—16. Jahrg. 1891—1894. à 36 Nrn. (à ca. 2 Bog.) gr. 4. Leipzig, A. Duncker. à Jahrg. n. 8. —

**Diamant,** Glas-Industrie-Zeitg. Fachzeitschrift f. Glas-Handel, -Fabrikation, -Raffinerie, Kunst- u. Bau-Glaserei, Glas-Malerei, -Brennerei, -Biegerei, -Schleiferei, -Sandbläserei, -Aetzerei, Emailmalerei, Spiegelherstellg., Bildereinrahmg. etc. Organ f. Bekanntmachungen v. Glas-Industrie-Verbänden, Glaser-Innungen u. Glas-Handels-Vereinen. 17.—20. Jahrg. 1895—1898. à 36 Nrn. (à ca. 3 Bog. m. Abb.) gr. 4. Leipzig, A. Duncker. à Jahrg. 8. —
Kann auch vierteljährlich bezogen werden.

**Diamant.** Glas-Industrie-Zeitung. Fachzeitschrift für Glas-Handel, -Fabrikation, -Raffinerie, Kunst- u. Bau-Glaserei, Glas-Malerei, -Brennerei, -Biegerei, -Schleiferei, -Sandbläserei. Ätzerei, Emailmalerei, Spiegelherstellg., Bildereinrahmg., Roll-, Zug-, Glas-Jalousien-, Leisten-, Rahmen- u. Fenster-Fabrikation. Organ f. Bekanntmachgn. v. Glasindustrie-Verbänden, Glaser-Inngn. u. Glashandels-Vereinen. 21.—24. Jahrg. 1899—1902 à 36 Nrn. gr. 4. (à ca. 24 S. m. Abb. u. Taf.) Leipzig, A. Duncker. à Jahrg. n. 8. —

**Diamant.** Glas-Industrie-Zeitung. Fachzeitschr. f. Kunst- u. Bau-Glaserei, Glas-Handel, Glas-Fabrikation, Glas-Raffinerie, Glas-Malerei, -Brennerei, -Biegerei, -Schleiferei, -Sandbläserei, -Ätzerei, Emailmalerei, Spiegelherstellg, Bildereinrahmg., Roll-, Zug-, Glas-Jalousien, Leisten-, Rahmen- u. Fensterfabrikation. Organ f. Bekanntmachgn. v. Glasindustrie-Verbänden. Glaser-Inngn. u. Glashandlungs-Vereinen. 25—28. Jahrg. 1903—1906. à 36 Nrn. (à ca. 20 S. m. Abbildgn. u. Taf.) 4. Leipzig, A. Duncker. à Jhrg. n. 8. —

**Diamant.** Glas-Industrie-Zeitung. Fachzeitschrift f. Kunst- u. Bau-Glaserei, Glas-Handel, Glas-Fabrikation, Glas-Raffinerie, Glas-Malerei, -Brennerei, -Biegerei, -Schleiferei, -Sandbläserei, -Ätzerei, Emailmalerei, Spiegelherstellg., Bildereinrahmg., Roll-, Zug-, Glas-Jalousien, Leisten, Rahmen u. Fensterfabrikation. Organ des „Vereins deutscher Tafelglashütten in Cassel" u. des „Verein deutscher Spiegelglasfabriken in Cöln" sowie f. Bekanntmachgn. v. Glasindustrie-Verbänden. Glaser-Inngn. u. Glashandlungs-Vereinen. 29.—32. Jahrg. 1907—1910. à 36 Nrn. (à ca. 36 S. m. Abbildgn.) 33—24,5 cm. Leipzig. A. Duncker. à Jhrg. 8. —

**Diamant,** der, oder Zürich und die Landesausstellung. Zürich 1883. (Führer.)

**Diamant,** un, en trois facettes, s. **Sammlung** interessanter Erzählungen etc., herausg. von **Goldbeck.**

**Diamant,** der, des Geisterkönigs. Zauberspiel in 2 Aufzügen. Nach weil. Ferd. Raimund. Frei für Kindertheater bearb. von G. und B. Dom. 32. (24 S.) Urfahr-Linz 878, Kraußlich.

**Diamant, Der,** des Geisterkönigs. Zauberspiel in zwei Aufzügen von F. Raimund. Für Kinder-Theater bearbeitet. Wien [1900]. V: *Neidl, Julius.* (EB)

**Diamant, Bernhard:** Über subkutane Verletzungen des Pankreas. Posen 1908: Pilczek & v. Putiatycki. 40 S. 8°
Freiburg i. B., Med. Diss. v. 1908, Ref. Kraske
[Geb. 20. Juli 80 Posen; Wohnort: Posen; Staatsangeh.: Preußen; Vorbildung: Gymn. Posen Reife O. 03; Studium: Berlin 8, Freiburg i. B. 2 S.; Coll. 22. Mai 08.] [U 09. 13

**Diamant,** Herrmann [aus Sieradz, Russ.-Polen]: Ueber die Entstehung von Herzkrankheiten bei krankhafter Enge der grösseren Korperarterien. . . . Strassburg, Univ.-Buchdr. v. J. H. Ed. Heitz (Heitz & Mündel), 1889; 1 Bl. + 29 S. 8°
Strassburg, Med. Fak., Inaug.-Diss. v. 1889

**Diamant,** Jakob: Mose ben Maimunis Mischna-Kommentar zum Traktate Schekalim (Abschnitt V – VIII) Arabischer Urtext auf Grund von zwei Handschriften.
Phil. Diss., Prag 1904/1905.

**Diamant** Julius: Über die direkte Einführung von Hydroxylgruppen in Oxychinoline. S. 104. Hb. 619 . . . . . . . . . . . . . . . . . . . . . vgr.
Separatabdruck

DIAMANT, NORBERT. Ueber die Condensationsproducte des Salicylaldehydes mit Methyl-p-tolylketon. Bern, 1895.

**Diamant, N.** Über die Condensationsprodukte des Salicylaldehyds mit Methylparatolylketon. In-8°. 28 S. Bern. These. 1896

**Diamant-Bibliothek.** 6. Bd. 12. Leipzig, C. F. Tiefenbach, Sep.-Cto. n. 1. —; geb. in Damast n. 2. —
Abgründe. Von Rob. **Overweg.** Mit Bildnis u. Autogramm des Verf. (156 S.) 899.

**Diamant-Bibliothek,** illustr 1. 4. Bd. 12. Leipzig 897. A. Dieckmann. à n. 1. —;
Einbde. in Damast à n. 1. —
1. Troll. Märchen. Von Jonas Lie. M. Vorwort d. Verf. Einzig autor. Übersetzung v. E. Brausewetter. Illustr. v. Rich Scholz. 1. 4. Taus. (130 S.)
2. Bilder a. d. schwed. Leben. Von Alfr. v. **Hedenstjerna.** Deutsche Orig.-Ausg. Illustr. v. Hans Mützel. 1. 4. Taus. (140 S.)
3—4. Die kleine Wildkatze. Novelle. Von Alfr. v. **Hedenstjerna.** Deutsche Orig.-Ausg. Illustr. v. Hugo L. Braune. 2 Tle. in 1 Bd. 1. 4. Taus. (232 S.)

**Diamanten,** die; Schspl. in 1 Aufz. 8. Hamb. 793. (Campe) 5 gr

**Diamanten,** die,. Schausp. in 1 Akt von Lawätz. 8. Hamb. Hoffmann. 793.

**Diamanten u. Perlen.** Novellen u. Erzähln. d. Auslandes in freien Uebertragungen v. Ad. Strahl. Mit Ttlkpfr. gr. 12. (8½ B.) Wien 838, Heubner. *

**Diamanten und Perlen.** Ein Andachtsbüchlein für Jedermann. 128. (191 S. mit 1 Photogr.) Einsiedeln 879, Gebr. Benziger. geb. mit Goldschn. *

**Diamanten u. Perlen.** Monatsschrift auf dem Gebiete d. Schönen u. Wissenswerten. Ein Unterhaltungsblatt für jeden Gebildeten. Gratisbeilage zum „Juwelier". Red.: M. O. **Fischer.** 1. Jahrg. 1893. 12 Nrn. (Bog.) gr. 4. Kaiserslautern. C. Th. Schmidt n 4 —

Unechte **Diamanten.** Die schwarze Frau. Liegnitz: Verl. f. Nationalstenogr. 1903. (16 S.) 8° [Umschlagt.]
— **Zehnpfennig-Unterhaltungshefte** f. National-Stenogr. No 4. [03. 6528 2

Der **Diamantenbaron.** Roman. (In 50 Lfgen.) *Berlin: Verlagshaus f. Volkslitt. u. Kunst [1897].* (1200 S.) 8° [Umschlagt.] [03. 3661

Diamantenbaron, der. Roman aus dem modernen Leben. 50 Hfte. gr. 8. (1200 S. m. je 1 Vollbild.) Berlin (899). Verlagshaus f. Volkslitteratur u. Kunst. à — 10; auch in 10 Bdn. à — 50

Diamantidi, Demeter, der Sasso di Mur. Bekenntnisse eines Bergfexen. Vortrag im österreich. Alpen-Club am 25. April 1884. gr. 8. (12 S. mit 1 lithogr. Illustr.) Wien 884, Hölder. *

—— C. v. Korper und M. Wirth, Spuren auf dem Eise. Die Entwicklung des Eislaufes auf der Bahn des Wiener Eislauf-Vereines. 8. (XVI, 352 S. mit 272 eingedr. Fig. in Holzschn.) Ebendas. 881. *ℳ 4,80.; geb. *

Diamantidi, D., C. v. Korper u. M. Wirth. Spuren auf dem Eise. Die Entwicklg. des Eislaufes auf der Bahn d. Wiener Eislauf-Vereines. 2. umgearb. u. verm. Aufl. Mit 413 Fig. im Texte u. in den Taf. der Beilage. 8. (XVI, 350 u. Beilage 39 S.) Wien 892, Hölder. * 6 —; geb. in Leinw. ** 7 20

**Diamantidi, Frau Julie, s.: Damati, Jul.**

**Diamant-Kalender,** aus Leinwand
Wien: Engel 1890

**Diamantopoulos,** Stamatis: Das runde Magengeschwür, seine Prognose und seine Therapie. München 1908: C. Wolf & Sohn. (28 S.) 8°
München, Med. Fak., Ref. v. Bauer, Diss. v. 6. Juni 1908
[Geb. 29. Aug. 85 Athen; Wohnort: Athen; Staatsangeh.: Griechenland; Vorbildung: Gymn. Athen Reife Juli 02; Studium: München 11 S.; Rig. 6. Juni 08.]

Diamantopulos, Geo., über den Typhus icterodes von Smyrna. Eine klinische und historisch-geograph. Studie. gr. 8. (136 S.) Wien 887, (Urban und Schwarzenberg.) *

[illegible] Der Diamantring. [illegible]
[illegible]
Reutlingen [illegible]
[illegible]
[illegible]
[illegible]

Diana. —

—— Zeitschrift für Jagd- und Forstkunde, s. Zeitschrift, allgemeine illustrirte, für Land- und Forstwirthe.

**DIANA**, oder das Kind der Natur. Halle, in J. C. Hendels Verlage. 1794. 8°.
180 S. incl. Tit. m. Vign. u. 3 Bl. Vorst. — Einiges etwas frei.

Diana oder angenehme und nützliche Unterhaltungsschrift für Jäger und für Liebhaber der Jagd. - Leipzig 1795, 1809. - (M. n. ersch.)

Diana oder Gesellschaftsschrift zur Erweiterung und Berichtigung der Natur-, Forst- und Jagdkunde. Hrsg. J. M. Bechstein. - Waltershausen, Gotha, Marburg, Cassel. 4 Bd. 1797, 1801, 1805 u. 1816. - (M. n. ersch.)

Diana, Zeitschrift f. Forstmänner. s. Bechstein

— eine Unterhaltungsschrift, für Jäger u. Jagdliebhaber. 8. Lpz. 809. (Knobloch; auch Brockhaus). 1 ℳ

**Diana, ein Unterhaltungsschr. f. Jäger u. Jagdliebhaber. 8, Lpz. Linke. 809.**

Diana. Blätter f. Jagd- u. Hundefreunde. Originalzeichnungen v. Frdr. Specht. 4 Lfgn. Fol. (54 S. m. 12 Steintaf.) Stuttgart 872.73. Schickhardt & Ebner. à n. 3. 60

— dasselbe. 2. Bd. 4 Lfgn. Fol. (52 S. m. 12 Steintaf.) Ebend. 874. à n. 1. 80

— dasselbe. 3. Bd. 4 Lfgn. Fol. (36 S. m. 12 Holzschntaf.) Ebend. 875. 76. à n. 1. 80

Diana. Blätter für Jagd- und Hundefreunde. Originalzeichnungen von Friedr. Specht. 3. (Schluss-)Bd. 4 Lfgn. Fol. (III, 36 S. mit 12 Holzschntaf.) Stuttgart 875, Schickhardt und Ebner. à Lfg. *ℳ 1,80. *
geb. in 1 Bd. *
1. und 2. Bd. Ebendas. 1872,74. *ℳ 21,60.

Diana. Blätter für Jagd- und Hundefreunde. Orig.-Zeichnungen von Friedr. Specht. Mit erläut. Text von G. Jäger, Th. Hering, Leop. Martin, W. Pfitzenmaier u. A. 2. verm. und verb. Aufl. 22 Lfgn. gr. 4. (VI, 144 S. mit 44 Holzschntaf.) Stuttgart 880, Schickhardt und Ebner. à Lfg. *ℳ 1. *
geb. in Leinw. *

Diana. Blätter für Jagd- u. Hundefreunde. Orig.-Zeichnungen von Frdr. Specht, in Holz ausgeführt von C. G. Specht. Mit erläut. Text von G. Jäger, Th. Hering, Leop. Martin, W. Pfitzenmaier u. A. 2., verm. u. verb. Aufl. 22 Lfgn. gr. 4. (VI, 141 S. m. Holzschnitttaf.) Stuttgart 880. 81. Schickhardt & Ebner. à n. 1. —

Diana. Organ des Schweizerischen Jäger- und Wildschutz-Vereins. (Dtsch. - franz.)- Bern, Genf, Lausanne. Jg. 1. 1883 ff.

Diana. Organe de la société suisse de chasseurs. Rédacteur Ed. Risold. 2me année. Paraiss. une fois par mois. In-4°. Berne, P. Haller. 1885
par an 6 —

Diana. Organ des schweizer. Jäger- und Wildschutzvereins. Redaction: Ed. Risold, Major. In-4°. Jede N° 8 S. Erscheint monatl. ein Mal. II. Jahrg., N° 1. Bern, B. F. Haller. 1885
Für Nichtmitglieder d. Vereins pro Jahr 6 — (Postgebühren besonders).

Diana. Organe de la société suisse de chasseurs. — Organ des schweizerischen Jäger- und Wildschutz-Vereins. [mit französ. und deutschem Text]. IV.—VI. Jahrg. 1887—1889. à 24 Nrn. (B.) gr. 4. Bern, (Haller).
à Jahrg. n.n. 5. 20

**Diana, Donna,** ein Trauerspiel. Wetzlar [1769? 1771?] V: *Goué, August Siegfried von.* (ML) (Ky) (GGr) (VLBS VI, 147)

**Diana, Donna, Lustspiel in 3 Akten. Nach d. Span. des D. Aug. Moreto von C. A. West. 8. Wien, Wallishauser. 819. Rthlr.**

**Diana** und Endymion. Ballet. Brünn 1775. V: *Meyer, Franz Ant. von.* (GGr)

**DIANA** und Endymion. Prag 1781. 8°.

Diana u. Endymion; ein Sgspl. nach Metastasio v. Fr. Karl v. Stromberk. gr. 8. Götting. 795.

**Diana** und Endymion. Ein Roman. Frankfurt a. M. 1860. V: *Gwinner, Wilhelm.* (Baer 737/1479)

**Diana, Das Jagdschloss,** und Wallys Garten. 2 Erzähl. Liegnitz 1822. V: *Hanke, Henriette Wilhelmine geb. Arndt.* (Schl) (GGr)

**Diana, das Kind der Natur. 8. Halle, Hendel. 793.**

Diana von Montesclaros, eine Geschichte aus den Zeiten der Befreiung Spaniens, von Bonaventura Maria. 2 Thle. 8. Braunschw. 823, Meyer.

**Diana, Die schöne,** Berlins erstes öffentliches Mädchen. Berlin 1794—96. V: *Siede, Joh. Christian.* (MGT) (Ky)

— die schöne, Berlins erstes öffentliches Mädchen, 2 Theile, 8. Berlin, 794-96. Schöne. 1 Rthl.

Diana Venans, ein Hundert königl. u. kaiserl. Jagdgesch, 8. Cöln. 749.

**Diana,** Manuel Juan

**Diana,** M. J., el Destino, s.: Bibliothek, spanische.

**Diana,** Venantius (Pseud.), s. Ziegelbauer, Magnoaldus

**Diana's** Jagd-Brevier. Taschenbuch für Jäger, Förster u. Jagdfreunde. Enth. Jägerlieder, Gedichte, Erzählungen u. Jagd-Anekdoten. 2. verm. Aufl. Nebst einer Musik-Beilage. 16. Bautzen 846. Reichel. verklebt. n. 1/3 ℔

Norddeutschlands Kalisalze. Von **Diancourt**, Celle. Kattowitz: Böhm 1910. 20 S. 8°
Aus: Berg- u. Hüttenmännische Rundschau.
(Sammlung Berg- u. Hüttenmännischer Abhandlungen H. 54.) [10. 9743]

Die Ölindustrie in der Lüneburger Heide. Von **Diancourt**. Kattowitz: Gebr. Böhm 1908. (21 S.) 8°
Aus: Berg- u. Hüttenmännische Rundschau.
= **Sammlung** Berg- u. Hüttenmännischer Abhandlungen. H. 26. [08. 13822]

Schachtabteufen unter schwierigen Verhältnissen. Von **Diancourt**, Celle. Kattowitz: Böhm 1910. 20 S. 8°
Aus: Berg- u. Hüttenmänn. Rundschau.
(Sammlung Berg- u. Hüttenmännischer Abhandlungen. H. 61.) [11. 3316]

**Dianin,** Alex., über das eigenthümliche Verhalten der Phenole bei der Oxydation. Inaugural-Dissertation. gr. 8. (45 S. m. 1 Holzschnitttaf.) Jena 877. (Neuenhahn.) n. 1. —

DIANISKA, Josephus Alexander· De necessitate ecclesiae catholicae ad salutem. — (1893) 176 S. 4° (Handschr.) Diss. 462
**Diss. Wien, Univ.**

**Dianiška,** Kasp., theoretisch praktische Grammatik zur schnellen Erlernung der slowakischen Sprache für Deutsche. Mit Gesprächen, Aufgaben u. Lesestücken. 8. (XII u. 268 S.) Wien 850, Wenedikt. 1 ℔

*Diannyère,* notice sur la vie et les ouvrages de Condorcet. gr. 8. Leipz. 796. Schmidt. 8 gr.

**Diannyère,** Notice s. la vie et les ouvr. de Condorcet. gr. 8, Lpz. Wolf, 796.

**Dianora** oder die Verschwörung zum schwarzen Bunde. Leipzig 1821. V: *Kerndörffer, Heinr. August.* (GGr) (NN)

**Dianora,** od. die Verschwörung vom schwarzen Bunde. (Ist eine Umarbeitung des „Lorenzo od. d. kluge Mann im Walde.") 2 Thle. 8. Penig 821. (Leipz., Leich). 3 ℔ 12 gr

**Dianora Gräfin von Martagno,** Rinaldo Rinaldinis Geliebte . . . Leipzig 1799. V: *Brückner, Johann Jacob.* (Ky) (MGT)

**Dianora,** Gräfin v. Martagno, Rinaldo Rinaldini's Geliebte, (von J. J. Brückner). 2 Thle. 8. Leipz. 799. (Joachim).

*Dianovsky,* Joan., Vindiciae Josephi Erdelii. 8. Vacii. Pesth 789. Eggenberger. 3 gr

**Dianyologie** ou tableau philosophique de l'entendement. Dresde 1790. V: *Beloselsky, Prince.* (Milchs)

Dianyologie, ou tableau philosoph. de l'entendement par M. le prince Beloselsky. 8. Dresd. Walther. 791.

— — dasselbe a. d. Franz. ins Deutsche übers. gr. 8. Freyberg, Craz u. Gerlach. 791.

**Diaria.** –

Concilii Tridentini **Diariorum** pars 1. Coll. ed. ill. Sebastianus Merkle. *Friburgi Br.: Herder 1901.* 4°
= Concilium Tridentinum. T. 1. [01. 10193]

**Diarii,** historici, domus professae Societatis Jesu Cracoviensis 1579—1599, s.: Scriptores rerum polonicarum.

**Diario** Schimpff. Almanacco e notiziario giornaliero per l'anno 1903. Anno II. gr. 4. (108 S.) Triest, F. H. Schimpff. Kart. n. — 70

**Diario** Schimpff. Almanacco e notiziario giornaliero per l'anno 1907. Anno VI. (114 S.) Lex.-8. Triest, F. H. Schimpff. Kart. n. — 70

**Diario** Schimpff. Almanacco e notiziario giornaliero per l'anno 1911. Anno X. (128 S.) Lex. 8. Triest, M. Quidde. Geb. in Halbleinw. — 70

Diario di tutto quello successo nell' ultima guerra di Sicilia, fra le due armate alemanna e spagnola etc. (Mit 2 Ansichten.) 8. Colonia 1721.

**Diarium** über die von Carl III. unter Anführung der durch den englischen Admiral Mylord Peterborough commandirten Engel- und Holländischen Flotte, auß Portugall beschehene Abfahrt, und Anlandung in Catalonien. Wienn, zu finden im rothen Ygel, 1705. 6 Bl. 4°. Kart. 15.—
Erfolge Karls III. von Habsburg (nachmaligen Deutschen Kaisers Karls VI.) in Spanien während des spanischen Erbfolgekrieges im Sommer 1705 im Bunde mit England, Holland und Portugal.

***Diarium*** **et Acta comitiorum Regni Hungar., hung. et latin. Fol. Posonii 805. Eggenberger in Pesth. 2 ℔**

**— idem, Acta anni 1790 et 91, et anni 1792 cum articulis ejusd. anni. Fol. Ofen, Universit.-B. 6 ℔**

Diarium, oder Gründliche Anzeige, von Dem gänzlichen Vorgang der Belagerung und Bombardirung Der neuen Gränitz-Festung Olmütz, unter Befehlshabung des k. k. General-Feldzeugmeisters Freiherrn v. Marchal, vom 1. May bis 2. Julii 1758, da der Entsatz erfolget. 4 Wien, Prag und Triest.

Diarium der kgl. ungarischen Armee vor Prag u. der kayserl. Besatzung in Prag. 4. M. K. 1742.

Diarium der in Ungarn unter Hertzog v. Lothringen anführenden kayserl. Armee. Vom 25. Juny bis 10. July 1738. 4. Salzburg.

**Diarium,** ärztliches, oder vollständ. tabellar. Geschäfts-Tagebuch, bestehend in e. immerwähr. Calender, in e. meteorolog. Beobachtungs-Journal, in Kranken-, Geschäfts- u. Deserviten-Tabellen, so wie in d. beigefügten allgem. Medizinal-Taxordnung für d. Königr. Bayern. 1r u. 2r Jahrg. 1839 u. 1840. Lithogr. Fol. Nördlingen ... Beck. (à n. 2/3 ℔) 1 1/3 ℔

**Diarium,** ärztl., od. vollständ. tabellar. Geschäfts-Tagebuch, besteh. in ein. 10jähr. Calender, in ein. vergleich. meteorolog. Beobachtungs-Journal, in ein. ärztl. Notizen-Buche, in Kranken-, Geschäfts- u. Deserviten-Tabellen, u. in d. beigefügten Medicinal-Taxordn. f. d. Königr. Bayern. 1. Aufl. (19 lith. B.) 839. * 2/3 Thlr., 2., verm. u. verb. Ausg. Fol. (60 lith. Bl.) Noerdlingen 841, Beck'sche Bh. *

Ausführliches Diarium . . . alles dessen, was . . . bey den . . . Braunschweig-Lüneburgischen . . . Auxiliar-Völckern . . . in der belagerten Festung Candia . . . denckwürdiges vorgegangen 1669. N. Aufl. o. O. 1724. 8° — Beigedr.: 1. Extract eines Berichts von dem Fortifications-Bau der Stadt Straßburg 1683. o. O. 1724. — 2. Suttinger, D. Der in Wien Todte ehrliche Sachs, Obrist-lieutenant George Rimpler. o. O. (1724.) — 3. Raisonnement über die Attaquen einiger Niederländ. Festungen . . . Von Landsberg. Aus d Franz. von L. A. Herlin. o. O. 1724.

Diarium der Belagerung von Breslau, nebst Liste aller Kriegsgefangenen. 4. Breslau 1757.

„Diarium" üb. d. Belagerg. u. Occupation Prags durch d. Preußen i. Jahre 1744. Hrsg. v. Ottocar Weber. [Aus: „Mittheilungen d. Vereins f. Geschichte d. Deutschen in Böhmen".] gr. 8. (56 S.) Prag 896. J. G. Calve. n. 1.20

Diarium oder substantzliche Beschreibung des 1712 vorgefallenen Toggenburger Kriegs. (31.) 8. s. l. 1722.

— Comitiorum, cum actis etc. latine et hung. Presb. Belnay. (et. Univ. Buchhdl. Ofen.) 805.

Diarium auss dem Kayserl. Feldlager bey Balesch in Servien v. 30. May bis 6. Juni 1718. 4. Regenspurg 1718.

Diarium von Röm.-Kays. Maj. unter Eugen Franz Prinzen von Savoyen in Hungarn befindl. Haupt Armee 4. Regenspurg 1716.

— Herrnhuthianum, 15 Stcke. in 2 Bden. 8. Erfurt 747—55. Weber. 1 ℛ 8 ℊ

**Diarium** Herrnhuthianum, das ist, gewissenhafte Erzählung alles dessen was einem Evangelischen Lehrer . . . begegnet . . . Erfurt 1748—51. V: *Thienemann*, *Heinrich Gottlieb.* (ML)

Diarium homileticum. Bauholz zu Hütten Gottes. Eine Handreichung aus dem Schatze der älteren und neueren Predigtliteratur zur tägl. Erbauung und geistl. Meditation für evangel. Prediger und Laien. Neue Ausg. 2 Bde. gr. 16. Leipzig 875, M. Schäfer. *

Inhalt:

Bd. 1. Homiletisches Tagebuch von Neujahr [1. Jan.] bis mit Ostern [22. April]. (VIII, 560 S.) 875. * ℳ 2.

" 2. 1. Hälfte. Homiletisches Tagebuch von Ostern [22. April] bis Ende August. (VIII, 615 S.) 875. * ℳ 2.

" 2. 2. Hälfte. Homiletisches Tagebuch vom 1. Septbr. bis 31. Decbr. (544 S.) 876. * ℳ 2.

**Diarium** Italicum, oder Beschreibung derjenigen Reise, welche der Durchl. Fürst und Herr, Carl Landgraf zu Hessen . . . durch das H. Röm. Reich und das Tyrol nach Venedig . . . fortgesetzt . . . Cassel 1722. V: *Klaute*, *Joh. Balth.* (Beck)

— medicorum, s. observat. sel. 8. maj. Genevae, Hortin. (et. Typ. Soc. in Bern.) 791.

Diarium Meteorologicum

①Auffgezeichnet in Zürich Von H. C. Hirzel, Med. Doct. Archiater (Untertitel der Jahresbände) ② Witterungs-Beobachtungen (1762). Tag-Buch der Witterungs-Beobachtungen durch das Jahr MDCCLXI (—MDCCLXII) (Titel der Jahresbände) ⑤ Januar 1761—Dezember 1762 ⑥ 8° ⑦ Monatsblatt ⑧ Zürich: Johann Caspar Ziegler ⑩ Hans Caspar Hirzel ⑪ Hans Caspar Hirzel ⑭ Be: L; Zh: Z ⑮ Es enthält neben den meteorologischen Tabellen auch Berichte über die Vegetation und die Häufigkeit von Krankheiten.

Diarium missarum tam acceptarum quam persolutarum. (Messintentionen-Einschreibbuch.) (127 S.) 8. Regensburg 905. F. Pustet. Geb. in Leinw. n. 1.20

Diarium missarum tam acceptarum quam persolutarum. Ausg. 1907. (127 S.) 8. Regensburg, F. Pustet. Geb. in Leinw. 1.20

Diarium pastorale, s. Dieffenbach, Geo. Chrn., und Chrn. Müller.

Diarium Pragense, Das ist: Ausführliche Beschreibung Alles dessen. Was sich von Anfang des letztern Böhmischen Kriegs an, sowohl Bey der Belagerung und Eroberung Der Königlichen Haupt-Stadt Prag. Als auch seit deme selbige mit Königlich-Preussischen Trouppen besetzt gewesen etc. sowohl in als ausserhalb der Stadt Merckwürdiges zugetragen und begeben hat. Von einem Böhmischen Lands-Mann, Der sich währender solcher Zeit in Prag aufgehalten. 4. Prag 1744.

Diarium der Frankfurter Raths-Wahlen nach der durch kaiserl. Resolution vom 22. Novbr. 1725 neu vorgeschriebenen Wahl-Ordnung durch die Kugelung; oder chronologisches Verzeichniß aller Raths-Glieder vom 11. März 1727 an, ꝛc Aus größtentheils handschriftlichen Quellen von Friedr. Krug. Fol. (VIII u. 78 S.) Frankfurt a. M. 847, Keßler. n. $2^1/_4$ ℛ

**Diarium** sanctorum Trimestre Julium, Augustum et Septembrem complectens . . . Herbipoli 1709. V: *Grosez*, *Jean Etienne.* (Jes)

Diarium für Stadt- und Land-Aerzte. Ein zur Notirung und Buchung aller ärztl. Verrichtungen zweckmässig eingerichtetes Geschäftsbuch von einem prakt. Arzte. gr. 4. (161 S.) Wien 863, (Sallmayer und Comp.) **

Diarium für Stenographie. 8. (Einliniges Schreibpap.) Wien 893. Wiener stenograph. Verlag. Kart. n. — 40

Diarium der zwischen den hohen Landes-Regierungen und dem Engern Ausschuss von Ritter und Landschaft stattgefundenen Verhandlungen über die Umgestaltung des Steuer- und Zollwesens in Mecklenburg, d. d. Schwerin den 10. Sept. u. ff. 1862. 4°. Schwerin.

Diarium der über die Umgestaltung des Steuer- und Zollwesens stattgehabten commissarisch-deputatischen Verhandlungen, de 6. April 1859. 4°. Schwerin.

Diarium der über die Umgestaltung des Steuer- und Zollwesens stattgehabten commissarisch-deputatischen Verhandlungen de 29. Mai 1861. 4°. Schwerin.

Diarium, oder Verzeichniss dessen, was während der Feindl.-Preuss. Bloquirung der Königl. Haupt-Stadt Prag i. J. 1757. sowohl in Geistlichen, als Politischen, besonders aber in Militair-Sachen allda vorkommen ist. (Mit color. Grundriss der Stadt.) Prag. 4.

— Dasselbe, Prag u. Cölln. fol.

Vollständiges Diarium, alles dessen Was vor / in und nach denen . Wahl- und Cronungs-Solennitæten . . . Caroli des VI. Erwehlten Römischen Kaysers . . . Sowol im gantzen Heil. Römischen Reich / Als auch insonderheit in . . . Franckfurth am Mayn . . . passiret ist: Nicht weniger Was diesesmal bey denen gegebenen Visiten . gehabten Audienzien vor Curialien beobachtet worden mit hierzugehorigen Contrefaiten und andern . Kupfferstichen . . . Heraus gegeben von Johann David Zunners Seel. Erben und Johann Adam Jungen Burger und Buchhändlere zu Franckfurt am Mayn Im Jahr Christi 1712.

2 Teile. 4°

[I.] Tit., 1 Bl., 168 + 36 + 36 S (S. 31. 32 in der Zählung ausgelassen). Sondertit., 2 Bl. 14 S. 3 Pläne. 2 Taf. in Kupferst.

[II.] Continuatio Diarii. Tit. 1 Bl., 92 S., 5 Bl. 14 S. Sondertit., 1 Bl. 10 S. 1 Plan. 17 Taf. in Kupferst.

*Stecher: Jos. v. Montalegre und P. Fehr.*

*Vinet 676.*

Diarium, Vollständiges, von den merkwürdigsten Begebenheiten, die sich vor, bey und nach der Höchst beglückten Krönung, des Allerdurchlauchtigsten etc. Karls des VII. Erwählten Römischen Kaysers, etc. Im Heil. Röm. Reich, sonderlich zu Frankfurt am Mayn zugetragen; nebst umständlicher Beschreibung der Ein und Aufzüge etc. Mit vielen Portraits und Kupferstichen und einer Vorrede von den Vorrechten der Wahl- und Crönungs-Städte Frankfurt und Aachen vor der Güldenen Bulle, und der Treue ihrer Bürger vor ihre Kayser, von einem Freund des Verfassers. Fol. Frankfurt am Mayn 1743.

Vollständiges Diarium von den merkwürdigsten Begebenheiten, die sich vor, in und nach der Wahl und Crönung Herrn Carls VII., erwählten Röm. Kaysers, zugetragen. Mit Kupfern. 3 in 1 Bde. Frankfurt a. M. 1742 [illegible]

**Diarium, Vollständiges,** von der Erwehlung des Herrn Franciscus zum römischen König und Kayser ... nebst einer Vorrede von den Vorzügen des regierenden Hauses ... Franckfurt am Mayn 1746. H: *Olenschlager, Johann Daniel von.* (BrMm) (AarK)

**Diarium, Vollständiges,** der römischen Königswahl und Kaiserlichen Krönung ... Leopold II. Th. 1. 2. Frankf. a. M. 1791. V: *Schulin, Johann Philipp.* (Ky) (MGT) (Fiker)

— vollständ., der Wahl u. Krönung K. Leopold II., (von Jh. Ph. Schulin). 2 Bde., mit Kpf. u. Portr. Fol. Frankf. 791. Jäger. 7 ₰

**Diarium, Vollständiges,** von der Crönung des Herrn Franciskus ... erwehlten Röm. Kaysers. Frankfurt 1746. V: *Olenschlager, Joh. Dan. von.* (AarK)

Vollständiges Diarium von denen merckwürdigsten Vorfällen die sich bei dem letzt gehaltenen hohen Churfürsten Tag u. darauf erfolgten Wahl- u. Crönung des Allerdurchl. Fursten u. Herrn Josephi des Andern ... begriffen Mayntz. fol.

— vollständ., der Wahl Josephs II., herausg. v. Ph. J. N. Seitz. Fol. Mainz 770.

— vollst., d. Wahl K. Carls VI. 2 Thle. Fol. Frft. Hermann. 712.

Diarium über die Vorfälle der Russ. Kriegs-Flotte wie auch der Armee zu Lande Gelegenheit des Bombardements von Colberg 1761. 4. Colberg 1761.

— d. Wahl u. Krönung K. Franz I. m. K. Fol. Ebend. 746.

— der Wahl u. Krönung K. Franz II., nebst der Kaisergeschichte von Karl dem Gr. an bis Leopold II., mit Kpf. Fol. Frkf. 797. Jäger. 5 ₰

— d. Wahl u. Krönungssolennit. K. Carls VII. in Frankfurt, m. K. 2 Thle. Fol. Frft. 743.

Diarium, was sich v. 12. bis 30. Juli 1760 in Dressden währ. der Preussisch. Belagerung zugetragen. (40.) 4. M. Pl. Dressden 1760.

Diarium, Wienerisches. Num. 54—102 = 6. Juli bis 21. Dec. 1757. (Wien). Gedruckt in dem Kais.-K. priv. Zeitungsverlag u. Buch-Druckerey, 1757. 4°. 50.—
Die Zeitung ist sehr wichtig für die Geschichte des Siebenjährigen Krieges. —

Diarium, Wienerisches. Gedruckt in dem Kaiserl. Kön. privilegirten Zeitungs-verlag und Buchdruckerey im neuen Michaeler-haus mit von Ghelischen Schriften. Jahrg. 1761. 1762, 1778 (Unvollständig, nur vom 8. Juli bis 30. December 1778). 1779. — Fortgesetzt unter dem Titel: Wiener Zeitung. Jahrgang 1780—1798 à 1 Bd., (1799 fehlt); 1800—1801 à 3 Bde., 1802—1805 à 1 Bd. — Fortgesetzt unter dem Titel: Kaiserliche, auch Kaiserl.-Königl. privilegirte Wiener-Zeitung. Jahrg. 1806. — Fortgesetzt unter dem Titel: Oesterreichische Kaiserliche privilegirte Wiener Zeitung. Jahrg. 1807—1809 à 1 Bd., 1810 à 3 Bde., 1811—1812 à 2 Bde. Vom Jahre 1812 an mit Amtsblatt. Jahrg. 1813 à 4 Bde., 1814—1822 à 2 Bde., 1823 1 Bd., 1824—1826 à 2 Bde., 1827—1835 à 3 Bde., 1836—1841 à 4 Bde., 1842 5 Bde., (I. u. II. Quartal des Hauptblattes und IV. Quartal des Amtsblattes fehlen). 1843 4 Bde., 1844 3 Bde. (III. Quartal fehlt), 1845—1846 à 4 Bde., 1847 3 Bde. (I. Quartal fehlt). 1848 4 Bde. — Fortgesetzt unter dem Titel: Wiener-Zeitung. Jahrg. 1849—1874 à 4 Bde. Vom Jahrg. 1875—1895 an mit Abendpost à 8 Bde. Hiezu in 1 Bd. gebunden: Ausweis über den Stand der gesammten österreichischen Staatsschuld. 1863—1867. Ausweis über den Stand der gesammten consolidirten Staatsschuld, dann der nicht gemeinsamen schwebenden Schuld und der Grundentlastungs-, endlich der consolidirten garantirten Landesschulden von den im Reichsrathe vertretenen Königreichen und Ländern. 1868—1876. Ausweis über den Stand der gemeinsamen schwebenden Staatsschuld. 1868—1876. Allerunterthänigster Vortrag der treugehorsamsten Commission zur Controlle der Staatsschuld. 1865—1866. (422 Bde.)
Fol. Wien 1761—1895.

Diary of the french campaign of 1870. To wich is added an appendix, containing the decrets, telegrams a. proclamations of the king of Prussia. Part. I. a. II. From 5th July 1870 till, 8th June 1871. gr. 8. (66 S.) Berlin 871. v. Decker. à n. 1. 50

Diary of the French Campaign of 1870—1871. To which is added an appendix, containing important documents referring to the war. Part II. From 8th Septbr. 1870 till 18th June 1871. gr. 8. (65 S.) Berlin 872, v. Decker'sche Geh. Ober-Hofbuchdr. *

Diary of Mrs. Kitty Trevylyan, s. Collection of British Authors.

Dias, Antonio Goncalves

Dias, A. G., cantos, s. Collecção de autores portuguezes.

Dias, A. Gonçalves, Cantos. Collecção de poezias. 2. Edicção. 16. (XXVIII und 654 S.) Leipzig 857, Brockhaus' Sortiment und Antiquarium. geb. *

—— Diccionario da lingua Tupy, s. Bibliotheca linguistica.

Dias, A. Gonçalves: Diccionario da lingua Tupy. chamada lingua geral dos indigenas do Brazil. (Bibliotheca Linguistica. Vol I.) Lipsia 1858. VIII. 192 S. 8°.

—— Os Tymbiras. Poema americano. Cantos I—IV. Lex.-8. (VII und 91 S.) Leipzig 857, Brockhaus' Sortiment und Antiquarium. *

Die deutsche evangelische Diaspora. 2 Bde. Gotha 1890/93: Fr. A. Perthes. [Zimmers Handbuch der praktischen Theologie XI XIV, 38, 39.]
Bd. I. Borchard, Hermann: Australien, Südafrika, Südamerika. 106 S.
Bd. II. Kobbelt, Rudolf: Asien, Nordafrika, Europa, Nordamerika. 272 S.

Diaspora, die evangelische, im Großherzogt. Baden, s.: Für die Feste u. Freunde d. Gustav-Adolf-Vereins.

Diaspora, die evangelische, in Posen, s. Bruderliebe, evangelische.

Diaspora-Blätter, bayerische. Organ f. ev. Diasporapflege in Bayern l. d. Rh. Red.: Geo. Brunner. 2. u. 3. Jahrg. 1903 u. 1904. à 24 Nrn. (à 8 S. m. Abbildgn.) Fol. Rothenburg o/T. (J. P. Peter.) à Jhrg. n.n. 2. 60

— dasselbe. Illustr. Familienblatt f. das evangel. Haus. Hrsg. u. Red.: Geo. Brunner. 4. u. 5. Jahrg. 1905 u. 1906. à 24 Nrn. (à 8 S.) 4. Ebd. à Jhrg. n.n. 2. 60

Diasporablätter, bayerische, Fortsetzg., s.: Familienblatt, illustriertes evangelisches.

Diasporabote. Monatsschrift f. Diasporapflege. Org. d. Diaspora-Konferenz. Hrsg. vom Vorstand d. Diaspora-konferenz unt. Beihülfe v. früh. u. jetz. Diasporageistl. u. anderen bew. Kräften. Red.: Schubart. 1. Jahrg. Oktbr. 1898—Septbr. 1899. 12 Nrn. (à ca. 2 Bog.) gr. 8. Ballenstedt a/H., W. Berg. n.n. 5.—
Kann auch vierteljährlich bezogen werden. — Nur direkt von der Redaktion oder durch die Post zu beziehen.

Diasporabote. Monatsschr. für Diasporapflege. Hrsg. vom Vorstand der Diaspora-Konferenz. Jg 1—4. — Ballenstedt a. H. 1898/99—1901/02: Berg. 4°
Anf. s.: Protokoll über die .... Jahresversamml. der Diaspora-Konferenz.

Diaspora-Kalender. 4. Zürich, Verlag des D'-K', Pfr. Dr. Matt; Druck Benziger & Co. A. G., Einsiedeln ⟨Schweiz⟩. *je* fr. —. 60

Jahrg. 1 *u.* Jahrg. 2. 1901 *u.* 1902. [*je* Mit Illustrationen und 1 Tafel.] IV + 80 [+ 14] *u.* IV + 80 [+ 24] S.
Jahrg. 3 *u.* Jahrg. 4 *u.* Jahrg. 5. 1903 *u.* 1904 *u.* 1905. ([*je* Mit Illustrationen, 1 Tafel und Gratis-Beilage:] Wandkalender....) IV + 80 [+ 24] *u.* IV + 80 [+ 28] *u.* IV + 80 [+ 32] S.

Diaspora-Kalender. 4. Zürich, Verlag des D'-K', Pfr. Dr. Matt; Druck Benziger & Co. A.-G., Einsiedeln ⟨Schweiz⟩. fr. —. 60

Jahrg. 6. 1906. ([Mit Illustrationen, 1 Tafel und Gratis-Beilage:] Wandkalender....) IV + 80 [+ 32] S.
Jahrg. 7. 1907. [Mit Illustrationen und 1 Tafel.] IV + 80 [+ 32] S.

Diaspora-Kalender. [Mit Illustrationen und 1 Tafel.] 4. Zürich, Verlag des D'-K', Pfr. Dr. Matt (*Jahrg. 10 & 11:* Pfr. Bas. Vogt), Druck Benziger & Co. A.-G., Einsiedeln ⟨Schweiz⟩. fr. —.60

Jahrg. 8. 1908. IV + 80 S. + *Anzeigen.* — Jahrg. 9. 1909. IV + 80 S. + *Anz'.* — Jahrg. 10. 1910. IV + 80 S. + *Anz'.* — Jahrg. 11. 1911. IV + 82 S. + *Anz'.*

Diaspora-Katechismus, d. i. kurzgefaßter Unterricht üb. d. wichtigsten Unterschiede zwischen der evangel. u. kathol. Kirche für die Evangelischen, so hin u. her in der Zerstreug. wohnen, in Fragen u. Antworten zusammengestellt. (Von K. Lechler.) 1. u. 2. Aufl. 16. (14 S.) Stuttgart 881. 893. J. F. Steinkopf. n.n. — 10; geb. n. — 30

Diasporakatechismus, d. i. kurzgefaßter Unterricht üb. die wichtigsten Unterschiede zwischen der evangel. u. kathol. Kirche für die Evangelischen, so hin u. her in d. Zerstreug. wohnen, in Fragen u. Antw. zusammengest. 16. (14 S.) Stuttg. 891. J. F. Steinkopf. * — 10; geb. * — 30

**Diaeta** Mariana, sive precum formulae . . . Monachii 1797. V: *Seccard, Louis.* (Jes)

Diätblock zum Gebrauch in d. ärztl. Praxis. Hrsg. v. e. prakt. Arzte. 1. u. 2. Aufl. gr. 16. (31 Bl.) Heilbronn 892, Stern. * — 30

— dasselbe. 3.—5., verm. Aufl. gr. 16. (87 Bl.) Ebd. 892 893 n. — 60

— dasselbe. 6., verm. Aufl. gr. 16. (92 Bl.) Ebd. 894. n. — 80

— dasselbe. 15 Einzelausgaben. gr. 16. Ebd. 892—894. à n. — 30

Choleraepidemie. (31 Bl.) — Darmkatarrh. (36 Bl.) — Harnsaure Diathese, Gicht, Nieren- u. Gallensteinleiden (36 Bl.) — Dyspepsie. (35 Bl.) — Saure Dyspepsie, Reconvalescenz vom Magengeschwür. (36 Bl.) — Fettsucht. (36 Bl.) — Fieberhafte Krankheiten. (36 Bl.) — Influenza. (36 Bl.) — Nervenleiden. (36 Bl.) 1. u. 2. Aufl. — Chron. Nieren- u. Herzleiden. (36 Bl.) 1. u. 2. Aufl. — Phthisis. (36 Bl.) — Prochownicks Diät zum Ersatz der künstlichen Frühgeburt. (31 Bl.) 1. u. 2. Aufl. — Chron. Rheumatismus. (36 Bl.) 1. u. 2. Aufl. — Tripper beim Manne. (36 Bl.) — Zuckerharnruhr. (36 Bl.) 1. u. 2. Aufl.

Diätblock zum Gebrauch i. d. ärztl. Praxis. Hrsg. v. e. prakt. Arzte. 7., erweit. Aufl. Einzelausg. Nr. 3, 6, 10, 11 u. 15. gr. 16. Heilbronn 897. Dr. J. Determann. à n. — 30

3. Harnsaure Diathese. Gicht, Nieren- u. Gallensteinleiden. (36 Bl.)
6. Fettsucht. (38 Bl.)
10. Chron. Nieren- u. Herzleiden. (38 Bl.)
11. Phthisis. (39 Bl.)
15. Zuckerharnruhr. (38 Bl.)

Diätblock zum Gebrauch in der ärztlichen Praxis. Hrsg. v. e. prakt. Arzte. Einzelausg. Nr. 1—13. 15 u. 16. schmal 12. Heilbronn. Dr. J. Determann. n. 7. 60

1. „Choleraepidemie". 3. Aufl. (IV S. u. 32 Bl.) (905.) n. — 50
2. Darmkatarrh. 8. Aufl. (IV S. u. 30 Bl.) 903. n. — 50
3. Harnsaure Diathese, Gicht, Nieren- u. Gallensteinleiden. 8. Aufl. (IV S. u. 30 Bl.) 903. n. — 50
4. Dyspepsie. 9. Aufl. (IV S. u. 32 Bl.) (905.) n. — 50
5. Saure Dyspepsie, Reconvalescenz vom Magengeschwür. 9. Aufl. (IV S. u. 32 Bl.) (905.) n. — 50
6. Fettsucht. 8. Aufl. (IV S. u. 30 Bl.) (903). n. — 50
7. Fieberhafte Krankheiten. 3. Aufl. (IV S. u. 30 Bl.) (903.) n. — 50
8. „Influenza". 5. Aufl. (IV S. u. 32 Bl.) (905.) n. — 50
9. Nervenleiden. 4. Aufl. (IV S. u. 30 Bl.) (903.) n. — 50
10. Chron. Nieren- u. Herzleiden. 9. Aufl. (IV S. u. 32 Bl.) (905.) n. — 50
11. „Phthisis". 8. erweit. Aufl. (IV S. u. 31 Bl.) (905.) n. — 50
12. Prochownicks Diät zum Ersatz der künstlichen Frühgeburt. 2. Aufl. (II S. u. 30 Bl.) 903. n. — 50
13. Chron. Rheumatismus. 4. Aufl. (IV S. u. 30 Bl.) 903. n. — 50
15. Zuckerharnruhr. 8. erweit. Aufl. (X S. u. 30 Bl.) 903. n. — 60
16. Habituelle Obstipation. Hämorrhoiden. (IV S. u. 33 Bl.) (905.) n. — 50

Diätblock zum Gebrauch in der ärztlichen Praxis. Hrsg. v. e. prakt. Arzte. Einzelausg. Nr. 3, 6 u. 17. kl. 8. Heilbronn, Dr. J. Determann. 2. 50

3. Harnsaure Diathese, Gicht, Nieren- u. Gallensteinleiden. 9. Aufl. (IV S. u. 28 Bl.) (908.) — 50
6. Fettsucht. 9. Aufl. (VIII S. u. 27 Bl.) (908.) — 50
17. Kinderpraxis m. 5 Belehrungsblättern f. Mütter. 5 Nrn. zu je 3 Ex. zu je 5, 6, 4, 7 u. 3 S. u. 11 S. m. 18 Bl.) (908.) 1. 50

Diätbüchlein. (Nach v. Leyden, Handbuch der Ernährungstherapie.) schmal 8. (31 Bl.) Leipzig 898. G. Thieme. n. — 20

Diäten-Reglement für das Großherzogth. Baden. Neueste, bis auf gegenwärt. Zeit vervollständ. Ausg. Karlsruhe 841, Artist. Institut. 2/3 ₰

Diäten-Reglement, neues, f. sämmtl. Kurbad. Lande. 8. Karlsr. 804. Braun, nebst Anh. 808. 5 gr

Diäten-Reglement, neues, für sämmtl. Kurbad. Lande. 8. Carlsruhe, Macklott. 804. nebst Anhang v. 808.

Diatessaron, sive integra historia Domini nostri Jesu Christi graece ex Evangelio inter se collatis. Editio Va. Edit. J. White. 8maj. oxonii 814.

**Diaetetica** sacra, die Zucht des Leibes zur Heiligung der Seelen beförderlich. O. O. [171?]. V: *Carl, Johann Samuel.* (Adel)

Diätetik f. Deutsche. 8. Heidelb. 794. Braun in Karlsr. 10 gr
(Ist eine Umarbeitung d. Richterschen Diätetik.)

Diätetik, homöopath., Allen die sich mit Erfolg homöopath. heilen lassen wollen gewid. von ein. Verehrer d. Homöopathie. 8. (2½ B.) Nordhausen 838, Fürst.

Diätetik, homöopathische, oder homöopath. Lebensordnung, wie auch Angabe der Speisen u. Getränke, welche erlaubt, u. andere, welche vermieden werden müssen, für Alle, die sich mit Erfolg homöopathisch heilen lassen wollen. (Neue Titel-Ausg.) 8. (10 S.) Quedlinburg (838) 849, Ernst. ¼ ₰

— für junge Leute, besonders Studirende. 8. Frankf. u. Lpz. 797. Andreä. 10 gr

Diätetik Leute junge

Diätetik für junge Leute, besonders für Studierende. 152 S., gbd.

Frankfurt am Mayn: 1799

Diätetik für Offiziere auf dem Marsche und im Felde und kurze Anleitung, sich selbst die erste medizinische oder chirurgische Hilfe bis zur Ankunft des Arztes geben zu können. Von einem Militärarzte. 12. (24 S.) Nürnberg 859, Korn'sche Buchh.

— für Tabakraucher. 8. Salzb. 801. (Mayr). 4 gr

— für die elegante Welt, s. Kitchiner.

Diätetik für die elegante Welt, oder die Kunst, das Leben auf eine angenehme Art zu erhalten u. zu verlängern. Nach d. Engl. von G. W. Becker. 8. Leipzig 825, Kayser.

— verb. 2e Aufl.; s. Kitchener.

Diatheke

Διαθήκη, ἡ καινή, s. Testament, das neue, griechisch.

*Η ΚΑΙΝΗ ΔΙΑΘΗΚΗ.* NOVUM TESTAMENTUM GRAECUM ita adornatum ut textus probatarum editionum medullam margo variantium lectionum in suas classes distributarum locorumque parallelorum delectum apparatus subiunctus criseos sacrae Millianae praesertim compendium, limam, supplementum ac fructum exhibeat inserviente Jo. Alberto Bengelio. – Tubingae 1734. 884 S. 4°
*Sondert.:* Apparatus criticus in quo habetur *1.* Introductio ad universam lectionis varietatem dilucidandam *(S. 369–450); 2.* Tractatio potiora loca variantia singulatim discernens *(S. 450–860); 3.* Epilogus dubia generalia resolvens, et rationem huiusce scrutinii ad usus suos referendi deincepsque consummandi declarans *(S. 861–884).*

*Η ΚΑΙΝΗ ΔΙΑΘΗΚΗ.* NOVUM TESTAMENTUM GRAECUM. [OKTAVAUSGABE.] Ita adornatum ut in textu medulla, editionum probatarum retineatur, atque in margine ad discernendas lectiones genuinas, ancipites, sequiores, ansa detur, inserviente Jo. Alberto Bengelio. – Stutgardiae: Faber 1734. 7, 642 S. 8°

– Excudebatur a. 1734 Stutgardiae, nunc autem nova editoris praefatione instructum prostat. – Tubingae: Berger 1738. 16, 642 S.

– Ex iterata recognitione Jo. Alb. Bengelii [Hrsg. von Philipp David Burk]. – Tubingae: Berger 1753. 17, 495 S.

– Tubingae: Berger 1762. 17, 495 S.

– Accedit Quartae huic manuali Editioni Tabula Critica, Judicii Bengeliani diversas periodos succincte exhibens. – Tubingae: Berger 1776. 17, 495 S.

– – Quintae huic editioni praeter Tabulam Criticam, quam exhibuerat quarta, nunc etiam accedit Spicilegium Lectt. Varr. quas imprimis consideratu dignas judicavit b. Bengelius, in novo prooemio descriptum, auctore M. Ernesto Bengelio. – Tubingae: Heerbrandt 1790. 34, 495 S.
*angeb.:* Bengel, Ernst: Tabula Critica ... adjecto nunc Spicilegio ... – Tubingae: Heerbrand 1790. 76 ungez. S.

– – [1843].

Διαθήκη, ἡ καινή. Novum Testamentum graece. Ex recognitione Knappii emendatius edid. etc. Car. Godofr. Guil. Theile. Editio ster. II. emend. gr. 16. (VIII und 615 S.) Leipzig 848, B. Tauchnitz jun.
Vgl: Testamentum, novum et vetus, graece.

Διαθήκη, ἡ καινή. The four gospels and acts of the apostles, in greek. With english notes, critical, philological, and exegetical; maps, indexes, etc. Together with the epistles and apocalypse. The whole forming the complete text of the new testament. For the use of schools, colleges, and theological seminaries. By J. A. Spencer. gr. 12. (XII und 611 S. mit 1 lithogr. Karte in gr. 4.) New-York 860. (Philadelphia, Schäfer und Koradi.) geb. *

— ἡ παλαιά, s.: Testamentum, vetus.

**Diatheke, He Palaia,** κατὰ τοὺς Εβδομήκοντα, Hoc est Vetus Testamentum ... Halae 1759—62. H: *Kirchner, Joh. Glob.* (BrMm)

**Diaetophilus.** Physiologische und psychologische Geschichte einer 7jährigen Epilepsie. Zürich 1798. V: *Drais, Carl Wilhelm Ludwig von.* (EB)

Diaetophilus, (K. W. L. v. Drais,) phys. u. psycholog. Geschichte e. 7jähr. Epilepsie vom 34n bis ins 40ste Jahr, von dem Genesenen selbst. 2 Thle. gr. 8. Zürich 798 u. 99. Orell. 3 ꝛß

Diätophilus, s. Mittel, die schweren Folgen d. niedern Getreidepreises ꝛc.

Diät-Ordnung, Allgemeine, und Ausmass für sämmtliche kaiserlich königl. Feld-Garnisons-Regiments- und sonstige Militär-Spitäler. Fol. Wien 1813.

— — (Neuauflage.) (Mit 1 Tabelle.) Fol. Wien 1815.

Allgem. Diät-Ordng u. Ausmaß f. sämtl. K. K. österr. Feld- u. sonstige Militärspitäler. Karlsruhe 1815.

Diätordnung allgemeine Militärspitäler
Allgemeine Diät-Ordnung für die kaiserl. königl.österreichischen Militär-Spitäler. 37 S., gbd.

Wien: kaiserl.königl.Hof- und Staats-Aerarial-Druckerei 1844

Diät-Ordnung, Allgemeine, für die k. k. österreichischen Militär-Spitäler. Beigeb.: Ausweis über das durchschnittliche Mass- und Gewichts-Verhältniss der in der allgemeinen Diät-Ordnung für die k. k. österreichischen Militär-Spitäler vom Jahre 1844 vorgeschriebenen einzelnen Speise-Portionen im zubereiteten Zustande. Beigeb.: Anweisung zur Bereitung der in der allgemeinen Diät-Ordnung für die k. k. österreichischen Militär-Spitäler vom Jahre 1844 enthaltenen Speisen. 4. Wien 1844–1848.

Diatribe, d. D. Acacia päbstl. Leibarztes. 4. Leipzig, Müller. 753.

**Diatribe** du docteur Akakia medecin du pape, decret de l'inquisition et rapport des professeurs de Rome au sujet d'un pretendu président. Rome [Leipzig] 1753. V: *Voltaire, Franç. Marie Arouet de.* (EB)

*Διατριβὴ περὶ τοῦ περιβοήτου δόγματος τῶν σκεπτικῶν φιλοσόφων καὶ τῶν σοφιστῶν, Νόμῳ καλὸν, νόμῳ κακόν. Βιέννῃ* 818. 8. (116 Seiten).

**Diatribe** historico-juridica de receptione juris Romani ejusdemque ac legum Germaniae veterum uti et Saxonici et Suecici Speculorum in foris usu auctoritateque. S. l. 1713. V: *Heydelmann, Joh. Carl.* (Schletter, Handb. d. jurist. Litt. Grimma 1843. S. 14.)

**Diatribe** ex iure canonico de litis contestatione ... Francofurti ad M. 1778. V: *Springer, Johann Christoph Erich von.* (ML) (Stri)

**Diatribe** de jure et judice legatorum ... Francofurti 1717. V: *Wilde, Jacob.* (R-N)

Diatribe jur.-pract., de testimoniis sanitatis, Das ist: Gründlicher Bericht, von Gesundheits-Briefen, oder denen so gen. Feden, deren Effect, Contumacien u. Guarantena. o. O. 1710.

**Diatribe** εἰς Θουκυδίδην καὶ τῆς κατ' αὐτὸν ἱστορίας ἐπιτομή. Ἐν Βιέννῃ 1799. V: *Sare, Manuel.* (Hoff)

*Diatribe* de vi febrifuga fabae Arabicae sive Cofeae, loco corticis Peruviani. 8. Wien 811. Geistinger. 4 ꝛß

Diätvorschriften f. Blasenkranke, s.: Flugschriften, hygienische.

Diätvorschriften u. Kochrezepte zum Gebrauch f. die Krankenkassenpraxis. Hrsg. vom Verein für freie Arztwahl zu Stuttgart. (II, 370 S.) qu. kl. 8. Stuttgart 905. E. H. Moritz. n. 1.60

**Diät-Vorschriften** für Kranke. Salzb. 1832. V: *Hartung, Christoph.* (Hr)

**Diätvorschriften** f. Zuckerkranke, s.: Flugschriften, hygien.

**Diavoletto.** Prag und Böhmen in humoristischen Federzeichnungen. 4 Bdchn. Prag 860. Schaiba. (Schönfelder & Reinitzer.) 16. (252 S.) Jedes Bdchn. 6 ngr.

**Diavoletto. Prag und Böhmen in humoristischen Federzeichnungen. 4 Bdchn. 16. (252 S.) Prag 860, [Silber.] à Bdchn. 6 Ngr.**

Diavoletto, Prag u. Böhmen in humoristischen Skizzen. 1. Serie. 16. (252 S.) Prag, Silber & Schenk. 1862 52 kr. Prachtausgabe. Lwdbd 92 kr.

**Diavolini.** 2. verm. Aufl. Darmstadt 1848. V: *Hoffmann von Fallersleben, August Heinrich.* (GGr)

**Diavolo, der Bandit,** s. **Gargiulo,** Antonio.

**Diavolo, der Bandit. Roman, m. 1 Kpf. 8. Mannheim, Schwan u. G. 807.**

**Diavolo, Il,** in Vienna Sogno Notturno In Una Stamperia Del Mondo 1783. V: *Rautenstrauch, Johann.* (BIBlPORT)

Diaz, D.: „Der gänzlich besiegte Spanier als Kaufmann, nebst dem erforderlichsten Unterricht an den Vater desselben, L. F. Meyer, angeblich Lehrer der spanischen Sprache. Eine Recension", Hamburg 1841. — Vorh.: Com. Bibl. Hamburg.

**Diaz, José, rasch Spanisch. Zum prakt. Gebrauch f. jederm.** 12. (VI, 155 S.) Zittau 895. **Berlin, J. Gnadenfeld & Co.** Kart. n. 1.50

**Diaz, José, rasch Spanisch.** Z. prakt. Gebr. f. jedermann auf d. Reise, während d. Aufenthaltes i. Spanien, sow. f. d. Kontorgebrauch u. d. schriftl. Verkehr. 12. (VI, 155 S.) Zittau 895. Pahl. Kart. n. 1.50

**Diaz del Castillo, Bernal.** Denkwürdigkeiten oder wahrhafte Geschichte der Entdeckung und Eroberung von Neu-Spanien. Ins Deutsche übersetzt und mit Zugaben versehen von Ph. J. von Rehfues. 4 Bde. Bonn 1838. 8°.

**Diaz del Castillo,** Bernal. Denkwürdigkeiten des Hauptm. ......, oder wahrhafte Geschichte der Entdeckung und Eroberung von Neu-Spanien, von einem der Entdecker und Eroberer selbst geschrieben, aus dem Spanischen in's Deutsche übersetzt und mit dem Leben des Verfassers, mit Anmerkungen und anderen Zugaben versehen von Ph. J. von Rehfues, k. preuss. geh. Ober-Regierungsrath etc. 2. verm. Ausg. (4 Bde.) 8. Bonn **1843—1844.**

**Diaz del Castillo,** Bernal, die Entdeckung u. Eroberung von Mexiko, nach dessen gleichzeit. Erzählung bearb. v. der Uebersetzerin des Vasari. Mit einem Vorwort v. Karl Ritter. 2 Bde. 8. (XII u. 580 S. m. 1 lith. Karte in Fol.) Hamburg u. Gotha 848, F. u. A. Perthes. 2 ß 6 ngr

Diaz del Castillo, Bernal. Die Entdeckung und Eroberung von Mexico, nach dessen gleichzeitiger Erzählung bearbeitet. Mit Vorwort von C. Ritter (XII, 580.) 8. M. 1 Krte. Hamburg u. Gotha 1848.
andere Uebersetzung. 2 Bd. 8. Jena (1865.)

**Diaz de Toledo, Cartas mercantiles originales españoles.** 8. Hamb. 808. Perthes u. B. 1 ß 8 gr

**Diaz de Vibar, Cid Ruy, Romancero, e historia en lenguage antiguo, recopilado por J. de Escobar. Edicion completa añadida con una version Castell. de la historia de la vida del Cid por el famoso historiador aleman, Jh. de Müller. 12. Frankf. a. M. 828. Schmerber. 1 ß 12 gr**

**Dibbelt,** Erich, appr. Arzt a. Pommern: Über Retraktionsbewegungen des Auges nebst einem Fall von erworbener Retraktionsbewegung. Greifswald 1905: F. W. Kunike. (28 S.) 8°
Greifswald, Med. Fak., Ref. Schirmer, Diss. v. 4. Mai 1905
[Geb. 6. Juni 81 Greifswald; Wohnort: Greifswald; Staatsangeh.: Preußen; Vorbildung: Gymn. Greifswald Reife O. 00; Studium: Greifswald 9 S.; Coll. 14. Jan. 05; Approb. 1. Apr. 05.]

**Dibbelt,** Hermannus [Pomeranus]: Quaestiones Coae mythologae ... Gryphiswaldiae, *Altenburgi, typ. offic. aul. Piererianae,* 1891; 1 Bl., 71 S., 1 Bl. 8.
Greifswald, Phil. Fak., Inaug.-Diss. v. 24. Okt. 1891

**Dibbelt,** Herm., quaestiones Coae mythologae. Diss. gr. 8. (71 S.) Greifswald 891. Leipzig, G. Fock. n. 1.20

**Dibbelt,** W., s.: Jahresbericht üb. usw. pathogene Mikroorganismen.

**Dibbelt,** Walther, approb. Arzt aus Pommern: Aus d. pathol. Institut zu Greifswald. Über **Hyperplasie,** Adenom und Primärkrebs der Leber. *Greifswald 1903: F. W. Kunike.* (61 S.) 8°
Greifswald, Med. Diss. v. 2. Mai 1903

Dibbern, Heinrich

**Dibbern,** H., v. allem Etwas. Freundliche Bilder f. das zarte Kindesalter m. Reimen v. H. Pilz. 4. (7 Chromolith. m. 7 Bl. Text.) Görlitz 884. Förster. geb. 2.50

Dibbern, H., von allem Etwas. Freundl. Bilder für das zarte Kindesalter mit Reimen von H. Pilz. 4. (7 Chromolithogr. mit 7 Bl. Text.) Leipzig 884, Cavael. geb.

— — s. Von allem Etwas.

—— für's Herzblättchen. Ein Bilderbuch mit Versen von Angelika Hartmann. 4. (8 Chromolithogr. mit 8 Bl. Text.) Ebendas. 884. geb.

**Dibbern, Heinr. Fröhliche Jugend. Ein allerliebstes Bilderbuch f. uns. herzigen Kleinen, m. Verschen v. Ang. Hartmann. gr. 8. (5 Farbendr. auf Pappe m. 6 Bl. Text.) Lpz. 889, A. Förster. geb. * 2 —**

— glückliche Kinderzeit. Heitere Bilder f. die muntere Jugend, m. Verschen v. Angelika Hartmann. gr. 8. (5 Farbendr. auf Pappe m. 6 Bl. Text.) Ebd. 889. geb. n. 2.—

**Dibbern,** Heinr., s.: **Kurzweil, allerlei, f. d. kleine Volk.**

— Unterhaltungen der Kleinen. Ein unzerreißbares Bilderbuch mit lust. Reimen f. gute Kinder. Text von Angelika Hartmann. gr. 8. (5 Farbendr. auf Pappe m. 6 Bl. Text.) Ebd. 889. geb. n. 2.—

—— zum Zeitvertreib. Ein unzerreißbares Bilderbuch für das kleine Volk mit Versen von Angelika Hartmann. 4. (8 Chromolithogr. mit 8 Bl. Text.) Ebendas. 884. geb.

**Dibbern,** Hermann, aus Schleswig: Über anatomische Differenzierungen im Bau der Infloreszenzachsen einiger diklinischen Blütenpflanzen. *Jena: G. Fischer 1902.* (29 S.) 8° ¶(Aus: Botan. Centralblatt, Beihefte Bd 13, H. 3.)
Berlin, Phil. Diss. v. 20. Dez. 1902

**Dibbern,** Johannes [app. Arzt aus Münsterdorf]: Die Salpingitis und ihre Gefahren. ... München, k. Hof- u. Univ.-Buchdr. v. Dr. C. Wolf & Sohn, 1890; 39 S. 8°
München, Med. Fak., Inaug.-Diss. v. 1890

**Dibbern, Karl, Erik Jensen od. des Matrosen Heimkehr, s.: Album f. Liebhaber-Bühnen.**

**— Die neue Wohnung, s.: Album f. Liebhaber-Bühnen.**

Dibbern, Otto (Hrsg.), s. Erinnerung. — Zur Er. an d. 2. Zusammenkunft d. Feldzugsteiln. d. 106. Reg. 1870/71 . . .

**Dibbern,** Wilhelm [aus Beckdorf (Prov. Schlesw.-Holst.)]: Ein Fall von einem primären Blasensarkom aus der Greifswalder chirurgischen Klinik ... Greifswald, Druck v. J. Abel, 1897; 32 S. 8.
Greifswald, Med. Fak., Inaug.-Diss. v. 18. März 1897

**Dibdin**, Thom., Five miles off: or, the finger post, s. Theatre the modern english. III. No. 12.

Dibdin, Thomas Frognall

— a bibliographical Antiquarian and Picturesque Tour in the northern counties of England and in Scotland. II Vol. Lex.-8. London 838. (Leipzig, T. O. Weigel.) n. 36 ℳ

**Dibdin's** (Dr.) Northern Tour: a Biographical, Antiquarian, and Picturesque Tour in the Counties of Lincoln, York, Durham, and Northumberland, and Scotland, with upwards of 100 engravings, 2 vols. royal 8vo. London ... Black and Armstrong. 33⅝ ℳ

Dibelius: Die kirchliche Symbolik für d. Bedürfnis d. obersten Klassen evang. Gymn. 1. Abth. Einleitung u. allg. Symbolik. 31 S. – Prenzlau, Progr. 1864.

**Dibelius**, Babette, Denkwürdigkeiten z. Geschichte d. Kaiserin Josephine. Aus d. Erinnerung aufgeschrieben. gr. 12. (6 B.) Hannover 845, Hahn'sche Hofbuchh.

Ansprachen nach dem Heimgang Ihrer Hoheit der Frau Herzogin Friedrich zu Schleswig-Holstein. Geh. von Oberconsist. R. D. [Franz] **Dibelius**. (Dresden 1900: Gärtner.) 14 S. 8° [01. 4167

Dibelius, Franziscus: * De Iuliani imperatoris ἀπαστασία. 100 S. 4° (2°)
Halle-Wittenberg, Phil. Diss. v. 30. März 1869
Geb. [Prenzlau 6. 1. 1847]
Verf. erlebte die Diplomerneuerung 1919 als D. theol., Oberhofprediger und Vizepräsident des ev.-luth. Landeskonsistoriums in Dresden.

**Dibelius**, Frz., Gottfried Arnold. Sein Leben und seine Bedeutung für Kirche und Theologie. Eine kirchen-histor. Monographie. gr. 8. (306 S.) Berlin 873, Hertz. *

**Dibelius**, Franz (Hrsg.), s. B e i t r ä g e zur sächsischen Kirchengeschichte.

Die Bernwardstür zu Hildesheim von Franz **Dibelius**. Mit 3 Abb. u. 16 Taf. Strassburg: J. H. E. Heitz 1907. (VI, 152 S.) 8°
= **Studien** z. deutschen Kunstgeschichte. H. 81. [07. 5651

— **Pia desideria** f. die Heilsverkündigung in unsern Tagen, s.: **Wevers**, der Segen theologischer Seminarbildung.

**Dibelius**, Frz. Die Einführung der Reformation in Dresden. Aus Anlaß der Erinnerungsfeier im J. 1889 dargestellt. gr. 8. (IV, 89 S.) Dresd. 889, J. Naumann. * 1 25

**Dibelius**, Frz., Festpredigt, bei der Jahresversammlung des Dresdener Hauptvereins der Gustav-Adolf-Stiftung am 4. Aug. 1886 in Sebnitz gehalten. 8. (19 S.) Dresden 886, J. Naumann. *

— unser **Glaube** die weltüberwindende Gotteskraft. Festpredigt, bei der Jubelfeier zur Erinnerg. an die vor 100 Jahren erfolgte Einweihung des jetz. Kreuzkirchengebäudes am 27. Novbr. (1. Advent), 1892 in d. Kreuzkirche zu Dresden geh. gr. 8. (16 S.) Dresden 892. Niederlage zur Verbreitg. christl. Schriften. n. — 20

— eine **Hütte Gottes** bei den Menschen. Festpredigt zur Wiedereinweihg. der Kreuzkirche in Dresden am 9. IX. 1900, 13. Sonntag p. Trin. geh. gr. 8. (14 S.) Dresden 900. Fr. Richter. n. — 25

— **Zehn Jahre** evangelischer Bewegung in Oesterreich s.: **Festschriften** f. Gustav-Adolf-Vereine. Nr. 63.

**Dibelius**, Frz., der Kindergottesdienst. Referat, auf dem XXII. Congreß für innere Mission in Bremen am 8. Septbr. 1881 gehalten. gr. 8. (27 S.) Leipzig 881, Teubner.

— vom **hl. Kreuz**. Schlichte evangel. Lieder. 2. Aufl. (63 S.) 8. Dresden 904. C. L. Ungelenk. Kart. n. 1. 50
1. Aufl. (63 S.) 903. n. 1. 50.

— unser **Kreuz**. Predigt nach d. Brande d. Dresdner Kreuzkirche, geh. a. Sonntag Sexages., d. 21. II. 1897, i. Saale d. evang. Vereinshauses. gr. 8. (16 S. m. 3 Bild.) Dresden 897. J. Naumann. n. — 30

— die **Kreuzkirche** in Dresden. Festschrift aus Anlaß der Wiedereinweihg. der Kirche am 9. IX. 1900. gr. 8. (48 S. m. Abbildgn.) Ebd. 900. n. — 80

— **lasset uns aufsehen auf Jesum!** Predigt am 4. Sonntag nach Epiphanias 1903, in der Kreuzkirche zu Dresden geh. (14 S.) gr. 8. Ebd. (903). n. — 20

— s.: **Lieder**, unsere.

— Predigt b. d. 48. Hauptversammlg. d. evang. Vereins d. Gustav-Adolf-Stiftg., s.: **Gräshoff**.

— s.: **Predigten**, 8, bei der 55. Hauptversammlung d. ev. Vereins der Gustav Adolf-Stiftung geh.

— zwei **Predigten**, beim Amtswechsel in Dresden geh. gr. 8. (30 S.) Leipzig 884. Teubner. n.n. — 50

— **Rede am Sarge des Herrn D. Gustav Moritz Franz**, s.: **Kühn**.

Rede am Sarge weiland Sr. Hoheit des Herzogs Friedrich von Schleswig-Holstein geh. am 20. Januar 1880 im Schlosse Primkenau v. **Dibelius**. Dresden. 1880. 8°

Reden zur Leichenfeier weiland Sr. Hoheit des Herzogs Friedrich von Schleswig-Holstein geh. am 20. Januar 1880 im Schlosse u. in der Kirche zu Primkenau v. **Dibelius** ⟨S. 3—9⟩ u. [Ernst] **Mühlenhardt** ⟨S. 11—16⟩. Kiel. 1880. 8°

— und **Theilemann**, Thesen über den Entwurf eines Gesangbuches für die evangelisch-lutherische Landeskirche des Königr. Sachsen, aufgestellt für die Conferenz in Meißen. gr. 8. (20 S.) Leipzig 881, Buchh. des Vereinshauses. *

**Dibelius**, Franz, a. Oppeln: Untersuchungen über die Erzgußwerke Bernwards von Hildesheim. Straßburg 1907: Heitz & Mündel. (43 S.) 8° ¶ (Erscheint vollständig in den Studien zur deutschen Kunstgeschichte.)
Erlangen, Phil. Fak., Ref. Haack-Bulle, Diss. v. 29. Jan. 1907
[Geb. 24. Aug. 81 Oppeln; Wohnort: Groß-Lichterfelde; Staatsangeh.: Preußen; Vorbildung: Gymn. Groß-Lichterfelde Reife O. 00; Studium: Berlin 4, Marburg 1, Berlin 5, Erlangen 1 S.; Rig. 15. Febr. 06.]

Der Verfasser des Hebräerbriefes. Eine Untersuchung z. Geschichte d. Urchristentums von Franz **Dibelius**. Strassburg: Heitz 1910. 76 S. 8° [10. 9612

— **Aus ernster Zeit**. Abschieds- u. Antrittspredigt Dresden 1910. (23 S.) 8. Dresden (910). C. L. Ungelenk. — 40

Dibelius, Franc. Guil.: Theses theologicae. (Berolini 1870). (2 Bl.) 4°.
Berlin, Theol. Thes. v. 25. Juni 1870

**Dibelius**, Mart., die Geisterwelt im Glauben des Paulus. (V, 250 S.) gr. 8. Göttingen 909. Vandenhoeck & Ruprecht. 7. —

**Dibelius**, Martin, a. Dresden: Die Lade Jahves. Eine religionsgeschichtliche Untersuchung. Göttingen 1906: E. A. Huth. (128 S.) 8° ¶ (= Forschungen zur Religion u. Literatur d. Alten u. Neuen Testaments hrsg. v. W. Bousset. u. H. Gunkel H. 7.)
Tübingen, Phil. Fak., Ref. Seybold, Diss. v. 9. Febr. 1906
[Geb. 14. Sept. 83 Dresden; Wohnort: Dresden; Staatsangeh.: Sachsen; Vorbildung: Kreuz-Gymn. Dresden Reife O. 01; Studium: Neuchâtel 1, Leipzig 3, Tübingen 1, Berlin 1, Leipzig 2, Tübingen 1 S.; Coll. 13. Juli 05.]

Die Lade Jahves. Eine religionsgeschichtl. Untersuchung von Martin **Dibelius**. Mit 13 Abb. Göttingen: Vandenhoeck & Ruprecht 1906. (VIII, 128 S.) 8°
Erschien auch als Inaug.-Diss. Tübingen 1905.
= **Forschungen** z. Religion u. Liter. d. Alten u. Neuen Testam. H. 7. [06. 1763

**Dibelius**, Martin, a. Dresden, Cand. theol. et Dr. phil.: Theologische Thesen ... zur Erwerbung des Grades eines Lizentiaten der Theologie .... Berlin (1908): G. Schade. (2 Bl.) 4°
Berlin, Theol. Fak., Ref. Pfleiderer, Diss. v. 6. März 1908
[Geb. 14. Sept. 83 Dresden; Wohnort: Berlin; Staatsangeh.: Sachsen; Vorbildung: Gymn. z. heil. Kreuz Dresden Reife O. 01; Studium: Neuchâtel 1, Leipzig 3, Tübingen 1, Berlin 1, Leipzig 2, Tübingen 1 S.; Rig. 29. Febr. 08.]

Dibelius, Otto, unsere Großstadtgemeinden, ihre Not u. deren Überwindung. Mit Geleitwort v. Doeblin. (24 S.) 8. Gießen 910. A. Töpelmann. — 50

Dibelius, Otto, Dr. phil., Cand. rev. min.: Theologische Thesen ... zur Erwerbung des Grades eines Lizentiaten der Theologie. Berlin (1906): G. Schade. (2 Bl.) 4°
Berlin, Theol. Fak., Ref. Seeberg, Diss. v. 26. Mai 1906
[Geb. 15. Mai 80 Berlin; Wohnort: Gr.-Lichterfelde; Staatsangeh.: Preußen; Vorbildung: Gymn. Gr.-Lichterfelde Reife O. 99; Studium: Berlin 6 S.; Rig. 5. März 06.]

Das Vaterunser. Umrisse zu e. Gesch. d. Gebets in d. alten u. mittleren Kirche von Otto Dibelius. *Gießen: J. Ricker 1903.* (VIII, 180 S.) 8°

Dibelius, Otto, das Vaterunser. Umrisse zu e. Geschichte des Gebets in der alten u. mittleren Kirche. (IX, 180 S.) gr. 8. Giessen 903. A. Töpelmann. n.n. 4.80

Dibelius, Otto: Vorstellungen von Gebet und Vaterunser bei griechischen Schriftstellern der ersten Jahrhunderte nach Christus. *Gießen: J. Ricker 1903.* (32 S.) 8° ¶[Erschien vollst. 1903 u. d. T.: Das Vaterunser. Umrisse zu einer Gesch. d. Gebets in d. alten u. mittleren Kirche.]
Gießen, Phil. Diss. v. 1903

Dibelius, Wilhelm

— u. G. Lenz, Adreßbuch der deutschen Auslandschulen, s.: Handbuch des Deutschtums im Auslande.

Dibelius, W. and G. Lenz. "Adressbuch der deutschen Auslandschulen," in Handbuch des Deutschtums in Amerika. Berlin, 1904.

— s. A. C. G. Arnold, Leitfaden.

Dibelius, Wilh., Bismarck u. die Aufgaben unserer Zeit. Festrede, geh. beim Posener Bismarckkommers am 9. IV. 1904. (16 S.) gr. 8. Posen 904. Merzbach. n. — 30

Dibelius, Wilhelm, aus Gross-Lichterfelde: John Capgrave und die englische Schriftsprache. *Berlin: Mayer & Müller 1899.* (33 S.) 8° ¶(Erscheint vollst. in d. Palaestra.)
Berlin, Phil. Diss. v. 15. März 1899

—— Gebete f. d. Jugend, zum Haus- u. Schulgebrauch. 8. (8½ B.) Halle 838. C. A. Kümmel.

Dibelius, W., Gebete für die Jugend zum Haus- und Schulgebrauch. 2., verm. Aufl. gr. 16. (VI und 128 S.) Halle 867, Schwabe. 10 Ngr.; cart.

—— christl. Heortologie, od. d. heil. Zeiten d. Christen nach ihrem Ursprunge, ihrer Bedeutung u. ihrer Feier dargest. 8. (7½ B.) Halle 841, C. A. Kümmel.

Dibelius, W., Collectanea f. Anfänger im Lateinschreiben. 1. Hft. 8. (4⅛ B.) Königsberg in d. N. 838, Windolff u. Striese.

Dibelius, Wlh., Collectanea für Anfänger im Lateinschreiben. 1s Hft. 8. Königsberg in der Neumark 839. Windolff und Striese. ⅓ ℛ

— die Rechtschreibung d. deutschen Sprache, zum Schulgebrauch u. zur Selbstbelehrung. 8. Berlin u. Züllichau 838. Eyssenhardt. ⅓ ℛ

—— die Rechtschreibung d. deutschen Sprache, zum Schulgebr. u. zur Selbstbelehr. 1. Aufl. Berlin 838., 2. Ausg. 8. (à 4 B.) Halle 839. Kümmel's Sort.-Buchh. à

Dibelius, Wilh., englische Romankunst, s. a. Palaestra.

Englische Romankunst. Die Technik d. engl. Romans im 18. u. zu Anfang d. 19. Jhs. Von Wilhelm Dibelius, Prof. Bd 1. 2. Berlin: Mayer & Müller 1910. 8°
(Palaestra 92. 98.)

Dibelius, W., die heiligen Zeiten der Christen. Eine Darstellung der Sonn- u. Festtage nach ihrem Ursprunge, ihrer Bedeutung u. ihrer Feier für Geistliche, Lehrer u. jeden Christen. 2. Aufl. Halle 867. Knapp. 16. (IV, 144 S.) 15 ngr.

Dibitsch's Klage im Elysium. (In Versen.) 1. u. 2. Aufl. (à ½ B.) Augsburg 831, Rieger's Vrlsbuchh. à

Dibitsch Klage im Elysium. (In Versen.) gr. 8. Augsb. 831. 2e Aufl. 832. Rieger. 2 gl

Dibold, Th., die Gruft-Kirche des fürstl. Hauses Fürstenberg zu Mariahof. Imp.-Fol. (3 Stnt., 5 Chromolithogr. und 1 Bl. Text.) Stuttgart 873, Wittwer. *

Dibre Emeth oder Stimmen der Wahrheit an Israeliten und Freunde Israels. In Verbindung mit J. Krüger, hrsg. von J. C. Hartmann. 9—12. Jahrg. 1853—56. à Jahrg. 10—12 Nrn. (à 1—1½ Bog.) gr. 8. Breslau, (Dülfer's Buchh.) à Jahrg. *

Dibre Emeth oder Stimmen der Wahrheit an Israeliten und Freunde Israels. In Verbindung mit Biesenthal und Lange hrsg. von J. C. Hartmann. 13—17. Jahrg. 1857—61. à Jahrg. 10 Nrn. (à 1—1½ Bog.) gr. 8. Breslau, (Dülfer.) à Jahrg. *

Dibre Emeth oder Stimmen der Wahrheit an Israeliten und Freunde Israels. In Verbindung mit Biesenthal und Lange hrsg. von J. C. Hartmann. 18.—23. Jahrg. 1862—67. à Jahrg. 8—12 Nrn. (12—14 Bog.) gr. 8. Breslau, (Dülfer.) à Jahrg. *

Dibre Emeth oder Stimmen der Wahrheit an Israeliten und Freunde Israels. In Verbindung mit J. de le Roi, hrsg. von J. C. Hartmann. 24.—29. Jahrg. 1868—1873. à Jahrg. 8—10 Nrn. (à 1—1½ Bog.) gr. 8. Breslau, (Dülfer's Verlag.) à Jahrg. *

—— dass. — Begonnen von J. C. Hartmann, fortgesetzt von J. de le Roi. 30. Jahrg. 1874. 10 Nrn. (à 1—1½ Bog.) gr. 8. (Ebendas.) *

Dibre Emeth oder Stimmen der Wahrheit an Israeliten und Freunde Israels. Begonnen von J. C. Hartmann, fortgesetzt von J. de le Roi. 31.—35. Jahrg. 1875—1879. à Jahrg. 12 Nrn. oder 10 Hefte. (à Nr. 1—1½ Bog.) gr. 8. Breslau, (Dülfer's Verlag.) à Jahrg. *

Dibre Emeth oder Stimmen der Wahrheit an Israeliten und Freunde Israels. Begonnen von J. C. Hartmann, fortgesetzt von J. de le Roi. 36.—40. Jahrg. 1880—1884. à Jahrg. 12 Nrn. (à Nr. 1—1½ Bog.) gr. 8. Breslau, Dülfer's Verlag. à Jahrg. *

Dibre Emeth oder Stimmen der Wahrheit an Israeliten und Freunde Israels. Begründer: J. C. Hartmann, Hrsgbr.: W. Becker. 41.—44. Jahrg. 1885—1888. à Jahrg. 12 Nrn. (à Nr. 1—1½ Bog.) gr. 8. Breslau, (Dülfer's Verlag.) à Jahrg. *

Dibre Emeth. Ein Monatsblatt für Israeliten u. Freunde Israels. Hrsgbr.: W. Becker. 45.—47. Jahrg. 1889—1891. à Jahrg. 12 Nrn. (à Nr. ½ Bog.) gr. 8. Bresl., (Dülfer). à Jahrg. * — 60

Dibre Emeth. Ein Monatsblatt f. Israeliten u. Freunde Israels. Hrsg.: W. Becker. 47. Jahrg. 1891. 12 Nrn. (½ Bog.) gr. 8. [Breslau, Dülfer.] Friedenau-Berlin, Buchh. der Goßner'schen Mission. n. — 60

— dasselbe. 48.—50. Jahrg. 1892—1894. à 12 Nrn. (½ Bog.) gr. 8. Ebd. à Jahrg. n. — 80

Dibre Emeth. E. Monatsblatt f. Israeliten u. Freunde Israels. Hrsg.: W. Becker. 51.—54. Jahrg. 1895—1898. à 12 Nrn. (Bog.) gr. 8. Friedenau-Berlin 895. Buchh. d. Goßner'schen Mission. à Jahrg. n. — 80

Dibre Emeth. Ein Monatsblatt f. Israeliten u. Freunde Israels. Hrsg.: W. Becker. 55.—57. Jahrg. 1899—1901. à 12 Nrn. gr. 8. (à ca. 8 S.) Friedenau-Berlin, Buchh. der Goßner'schen Mission. à Jahrg. n. — 80

— Ein Vierteljahrsblatt f. Israeliten u. Freunde Israels. Schriftleitung: W. Becker. 58. Jahrg. 1902 à 4 Nrn. 4. (à ca. 8 S.) Ebd. n. — 60

**Dibre Emeth.** Ein Vierteljahrsblatt f. Israeliten u. Freunde Israels. Hrsg.: W. Becker. Schriftleitung: J. Windolff. 59.—62. Jahrg. 1903—1906. à 4 Nrn. (à 8 S.) Lex.-8. Berlin (SW. 12, Charlottenstr. 88), J. Windolff.
à Jhrg. n. — 60

— Rasch, Worte d. Rabbi Schalom Ullmann. 4. Wien 826, Ant. Strauß.

Dibre Schalom Wermes. (Worte des Friedens u. d. Wahrheit.) 8. Wien 826. Ant. Schmid.

**Dic, cur hic, oder lateinische Fibel . . . Züllich. u. Freystadt 1790.** V: *Günther, Carl Ehrenfried.* (MGT) (OL) (Ky)

*Dic* cur hic, oder latein. Fibel zur allerersten Uebung des Lesens, Uebersetzens, Sprechens u. Schreibens d. französ. Sprache, (v. ... Günther). gr. 8. Züllich. 790. Frommann in Jena. 2 ℔

Dic cur hic? Anweisung zu einem zweckmäßigen Verhalten für die Badgäste Norderney's. (Von Rieffohl.) 32. (51 S.) Norderney 870. Hannover, Schmorl und v. Seefeld. *

Dicaearchi Messenii quae supersunt, composita, edita et illustr. a Max. Fuhr. 8maj. (33½ B.) Darmstadii 811, Leske.

**Dicastice, Theodicaei, nova & dogmatica oder Lehre von der Justitz . . . Gött. 1739.** V: *Hinüber, Joh. Melch. v.* (ML)

**Diccionario,** o, anonymo da lingua geral do Brasil. Publicado de novo com o seu reverso por Julio Platzmann. Ediçao facsimilar. gr. 8. (XIII, IV, 160 S.) Leipzig 896. B. G. Teubner. n. 20. —

Ⓑ **Diccionario,** o, anonymo da lingua geral do Brasil. 896. Jetzt: Leipzig, O. Harrassowitz. Erm. Pr. nn 12. —

Diccionario espanolo e ingles de la Real. Academ., de Madrid. II Tom. 4. Paris et Strasb. König. 786.

— del faltiquera, italiano. espanol y espanol. ital. d. Acad. Esp. II Vol. Paris et Cassel, Tourneysen. 805.

Diccionario de la lengua castellana, por la Academia española, reinpresso de la octava edic. publicada en Madrid en 1837 con algunas mejoras, por Don Vicente Salvá. gr. Lex.-8. (63¼ B.) Paris et Leipzig 838, (Brockhaus et Avenarius.) *

—— portátil española-aleman etc., s. Schul- u. Reise-Taschen-Wörterbuch.

Das anonyme Wörterbuch [Diccionario Portuguez e Brasiliano]. Tupi-Deutsch und Deutsch-Tupi von Julius Platzmann. M. 1 Karte. *Leipzig: B. G. Teubner 1901.* (XXXII, 642 S.) 4°(8°) [01. 12139

**Diccionario** Sipibo. Castellano-Deutsch-Sipibo. Apuntes de gramática. Sipibo-Castellano. Abdr. der Handschrift e. Franziskaners m. Beiträgen zur Kenntnis der Pano-Stämme am Ucayali, hrsg. von Karl v. den Steinen. (40 u. 128 S.) Lex.-8. Berlin 904. D. Reimer. n. 12.—

Dicel, Benedikt Hieronymus

— — De cambiis trassatis. Von trassirten Wechseln, ductu potissimum ordinat. cambialis Lipsiensis de anno 1682. Disp. jur. Erfurt (Carl Friedr. Jungnicol) 30. X. 1719. 48 S., z. Tl. dtsch. (5.—) 6397

— — De conditione privata statuum imperii. Diss. jur. Präs. Jo. Georg von Ponikau (equ. Lusat.) Lpz. (Jo. Sam. Fleischer) 21. V. 1711. 23 Seiten. (4.80) 6396

**Dicel, Benedict Hieronymus** (Leipzig). De servitute faciendi. Diss. jur. Präs. Gottlieb Gerh. Titius. Lpz. (Imm. Titius) 24. VII. 1710. 32 S. (5.—) 6395

Dicel, Hieronymus

— — Ad novas insulas fortunatas navigationem atque ex illis optimos fructus, [honores philos. et artium bonarum supremos viris juven. 37]. Lpz. (Goez) 1705. 10 Bl. mit Namen. (4.50) 6401

— — Ad Urabanios campos [Memoriam Joh. Chn. Geier oratione publica]. Lpz. (Götz) (anni, cujus numeri radix quadrata 41+28). 4 Bl. (3.50) 6402

**Dicelius, Hier.,** Geographia sacra, m. K. 8. Leipz. Curich. 704.

— — Janum, id est, publicam, non tamen vulgarem & anniversariam, sed secularem, atque sic plane singularem, & quasi novam 35 philos. doctorum vel magistror. promotionem. Lpz. (Göz) 27. I. 1701. 6 Bl. mit Namen. (3.80) 6400

Dicelius, Detleff: Den auf den Regen erfolgten Sonnenschein besang . . . [Hochzeitsgedicht auf Otto Hinr. Böhne auf Laygarde und Frau Augusta Elisabeth Nissen, geb. Paulsen, 21. Nov. 1731.] — Schleswig (1731): Holwein. 2 Bl. 4°

**Dicenta, J.,** Lehren u. Rathschläge für Unterleibskranke. Blätter der Belehrung u. Unterrichtung über die Verdauung des Menschen im gesunden u. kranken Zustande. Vom Standpunkte unseres jetzigen ärztl. Wissens nach eigenen u. fremden Erfahrungen gemeinfaßlich bearb. 8. (VIII u. 162 S.) Schw. Hall 850, Nitzschke. 21 ngl

[J.] **Dicescu,** Toma [aus Râmnicu-Sărat, Rumänien]: August Hermann Niemeyer's Verdienste um das Schulwesen ... Leipzig-Reudnitz, Druck v. M. Hoffmann, 1892; 176 S. 8.
Leipzig, Phil. Fak., Inaug.-Diss. v. [9. Juni] 1892

**Dicescu, Toma,** August Hermann Niemeyer's Verdienste um das Schulwesen. Diss. gr. 8. (173 S.) Leipzig 892. (G. Fock.) n. 2. —

'Für Dich'! Tractate in feiner Ausstattg m. Umschlägen in Farbendr. Sammlg 1. *Berlin: Deutsche Ev. Buch- u. Tractat-Ges. [1896].* 8. [96. 1358

**Dichmann,** Carl, der basische Herdofenprozess. Eine Studie. (VII, 242, 10 u. 5 S. m. 32 Fig.) gr. 8. Berlin 910. J. Springer. 7.—; geb. in Leinw. n 8. —

**Dichter, Der.** Lustspiel. [Nürnberg 1764/5.] V: *Petrasch, Joseph Freiherr von.* (EB)

Dichter, die, ein Roman von Fr. Horn. 3 Bände. 8. Berlin, Schlüppel. 817. 18. à 1 Rthlr. Rthlr.

— ältere tirolische. Hrsg. von J. E. Wackernell. 2. Bd., 1. Heft u. 3. Bd. gr. 8. Innsbruck 878. 81. Wagner. n. 16. — (I., II. 1. u. III.: n. 24. 40)
II. 1. Friedrich von Sonnenburg. Von Osw. Zingerle. (116 S.) n. 3. 20
III. Hugo von Montfort. Mit Abhandlungen zur Geschichte der deutschen Literatur, Sprache u. Metrik im 14. u. 15. Jahrh. (XII, 541 S.) n. 12. 80
Den 1. Bd. bildet: Vintler, Hans, die pluemen der tugent. Hrsg. von J. V. Zingerle. n. 8. 40

**Dichter,** die, des hellenischen Alterthums in einer organischen Auswahl aus ihren Meisterwerken. Nach den besten vorhandenen Uebertragungen herausgeg. u. mit fortlauf. biograph. u. literär-geschichtl. Erläuterungen begleitet von K. Fr. Borberg, in Bern. Mit einem Vorwort v. Jh. Kasp. v. Orelli. Ausg. in 16 Liefg. 8. Stuttgart 842 (43), Göpel. (à 1/8 ℔) 2 ℔

—— die, des römischen Alterthums, hrsg. v. Vorberg, s. Hellas.

**Dichter der Befreiungskriege, hrsg. v. M. Schmitz-Mancy, s.: Schöningh's Ausgaben deutsch. Klassiker.**

**Dichter: Der Christliche Dichter**
⑤ 4 5 1782—26. 4. 1783 ⑥ 8° ⑦ Wochenblatt ⑧ Zürich· David Bürkli (Burgkli) ⑩ Johann Caspar Lavater ⑪ Johann Caspar Lavater ⑫ religiöse Zeitschrift ⑬ BGSZ: 99 ⑭ Be: L.

**Dichter** und Darsteller. Hrsg. von Dr. Rudolph Lothar. 1—9. *(Leipzig, Berlin & Wien: E. A. Seemann u. Ges. f. graph. Industr. 1899—1902.)* 9 Bde 8° [F.]
1 — Witkowski, Georg: Goethe. 1899.
2 — Lothar, Rudolph: Das Wiener Burgtheater. 1899
3 — Federn, Karl: Dante. 1899. 4 — Kellner, Leon: Shakespeare. 1900.
5 — Horner, Emil: Bauernfeld. 1900. 6 — Zabel, Eugen: Tolstoi. 1901.
7 — Bellermann, Ludwig: Schiller. 1901.
8 — Lothar, Rudolph: Ibsen. 3. Aufl 1902.
9 — Servaes, Franz: Heinrich v. Kleist. 1902.

**— u. Darsteller. Hrsg. v. Ludw. Lothar. 1.—IX. gr. 8. Leipzig, E. A. Seemann. n. 33.—; Einbde. à n. 1.—**
I. Goethe. Von Geo. Witkowski. (270 S. m. 158 Abbildgn., 1 Taf. u. 7 Fksm. Beilagen.) 899. n. 4.—
II. Das Wiener Burgtheater. Von Rud. Lothar. (212 S. m. 216 Abbildgn. u. 1 Fksm. Beilage.) 899. n. 3.—
III. Dante. Von Karl Federn. (XI, 235 S. m. Abbildgn., 2 Taf. u. 1 Fksm.) 899. n. 4.—
IV. Shakespeare. Von L. Kellner. (288 S. m. Abbildgn.) 900. n. 4.—
V. Bauernfeld. Von Emil Horner. (VIII, 164 S. m. Abbildgn.) 900. n. 3.—
VI. L. N. Tolstoi. Von Eugen Zabel. (X, 158 S. m. Abbildgn.) 901. n. 3.—
VII. Schiller. Von Ludw. Bellermann. (VII, 259 S. m. Abbildgn. u. 1 Fksm.) 901. n. 4.—
VIII. Henrik Ibsen. Von Rud. Lothar. 2. Aufl. (VIII, 175 S. m. Abbildgn.) 902. n. 4.—
IX. Heinrich v. Kleist. Von Frz. Servaes. (VIII, 160 S. m. 61 Abbildgn.) 902. n. 4.—

— u. **Denker**, s.: Hesse's Max, Volksbücherei.

**— deutsche, in Auswahl für's Volk. Begründet v. L. Jacobowski. 1.—5. Hft. 16. Berlin, G. E. Kitzler. à —10**
1. Goethe. Mit Portr. u. Einleitung. (160 S.) (900.)
2. Heine. Hrsg. v. Heinr. Hub. Houben. Mit Portr. u. Einleitung. (128 S.) 900.
3. Märchen. Von Gebr. Grimm. Illustr. v. Heinr. Vogeler-Worpswede. (64 S.) 900.
4. Schiller. Hrsg. v. Rud. Steiner. (96 S. m. Bildnis.) (902.)
5. Wilhelm Tell. Schauspiel in 5 Aufzügen. Von Frdr. v. Schiller. (96 S.) (902.)

**— deutsche, in Auswahl fürs Volk. Begründet v. Ludw. Jacobowski. Nr. 6. gr. 16. Berlin, Verlag Baldur. n. —10**
Lessing. Hrsg. v. Alfr. Gotendorf. (Mit Portr. u. Einleitg.) (96 S.) (903.)

Dichter und Denker, deutsche, der Gegenwart. gr. 4. (X, 212 facs. S.) Berlin 884, Wasmuth. geb. *

**Dichter und Denker, deutsche. Die Schätze der deutschen National-Literatur in Wort und Bild. Hrsg. unter Mitwirkung der namhaftesten Schriftsteller und Künstler von Ludw. Lenz. 1. Bd. 6 Lfgn. gr. 4. (IV und 188 S. mit eingedr. Holzschn.) Hamburg 860. 61, Vereinsbuchh. à Lfg. * 10 Ngr. Thlr. ***

**Dichter und Denker**, deutsche, aus der klassischen Zeit. Herausg. unter Mitwirkung der namhaftesten Schriftsteller u. Künstler von Ludw. Lenz. (6 Liefgn.) Hamburg 860, 61. Vereinsbuchhdlg. gr. 4. (IV, 188 S. m. Holzschn.) n. 2 ℛ

**Dichter, deutsche, der Gegenwart. Ein lyrisches Album hrsg. von Rob. Prutz. 16. (XV und 446 S.) Prag 859, [Kober.] f* geb. ***

Dichter, deutsche, der Gegenwart. Biographisch-literar. Charakterbilder. 1.—4. Bd. 8. Leipzig, [Schloemp.] Freund. à Bd. * ℳ 3.—. * geb. à Bd. * ℳ 4.—. *
Inhalt:
Bd. 1. Alberti, Conr., Gustav Freytag. Sein Leben und Schaffen. 1. und 2. verb. Aufl. (VIII, 236 S. mit 1 Stahlst.-Bilde des Dichters.) 885.
„ 2. Ruhemann, Alfr., Julius Wolff und seine Dichtungen. (VII, 206 S. mit dem Stahlst.-Portr. des Dichters.) 886.
„ 3. Gosche, Rich., Georg Ebers, der Forscher und Dichter, dargestellt. 1. und 2. Aufl. (VII, 236 S. mit dem chemityp. Portr. des Dichters.) 887.
„ 4. Pilz, Herm., Viktor v. Scheffel. Ein deutsches Dichterleben, dargestellt. (VII, 208 S. mit dem Portr. des Dichters.) 887.

**Dichter**, deutsche, der Gegenwart. Biographisch-litterar. Charakterbilder. 4. Bd. 8. Leipzig, [Schloemp] Th. Knaur. n. 3.—; geb. n. 4.— (1—4.: n. 12.—; geb. n. 16.—)
Viktor v. Scheffel. Ein deutsches Dichterleben, dargestellt v. H. Pilz. Mit dem Portr. d. Dichters. (VIII, 208 S.) 887.

**— deutsche, des 19. Jahrh. Aesthetische Erläutergn. für Schule u. Haus. Hrsg. von Otto Lyon. 1.—20. Bdchn. 8. Leipzig, B. G. Teubner. à n. —50**
Boetticher, G., Hermann Sudermann, Heimat. Schauspiel in 4 Akten. (42 S.) 904. (14. Bdchn.)
— Hermann Sudermann, Frau Sorge. (47 S.) 903. (3. Bdchn.)
Credner, Karl, C. F. Meyer, d. Heilige. (32 S.) 905. (18. Bdchn.)
Fürst, Rud., Gottfried Keller, Martin Salander. (42 S.) 903. (8. Bdchn.)
— Adalbert Stifter, Studien. (44 S.) 905. (20. Bdchn.)
Gerber, Paul, Wilhelm Raabe, alte Nester. (44 S.) 905. (19. Bdchn.)
Gloël, Heinr., Paul Heyse, Kolberg. (47 S.) 905. (15. Bdchn.)
Heine, Gerh., Ferd. Avenarius als Dichter. (48 S.) 904. (13. Bdchn.)
Kinzel, Karl, Gustav Frenssen, der Dichter des Jörn Uhl. (30 S.) 903. (6. Bdchn.)
Ladendorf, Otto, Theodor Storm, Immensee u. Ein grünes Blatt. (36 S.) 903. (4. Bdchn.)
— Theodor Storm, Pole Poppenspäler, Ein stiller Musikant. (40 S.) 905. (17. Bdchn.)
Matthias, Adf., Franz Grillparzer, die Ahnfrau. (43 S.) 904. (12. Bdchn.)
Matthias, Th., Wilhelm Heinrich v. Riehl, Fluch der Schönheit, Quell der Genesung, Gerechtigkeit Gottes. (46 S.) 903. (5. Bdchn.)
Meyer, Rich. M., Franz Grillparzer, Libussa. Trauerspiel in 5 Aufzügen. (38 S.) 905. (16. Bdchn.)
Petsch, Rob., Heinrich v. Kleist, Prinz Friedrich v. Homburg. (48 S.) 903. (7. Bdchn.)
— Otto Ludwigs Makkabäer. (48 S.) 902. (2. Bdchn.)
— Richard Wagner, die Meistersinger. (48 S.) 903. (10. Bdchn.)
Sahr, Jul., C. Ferd. Meyer, Jürg Jenatsch. Eine Bündnergeschichte. (48 S.) 904. (11. Bdchn.)
Vogel, Paul, Fritz Reuter, Ut mine Stromtid. (36 S.) 902. (1. Bdchn.)
Wasserzieher, Ernst, Fr. W. Weber, Dreizehnlinden. (46 S.) 903. (9. Bdchn.)

**Dichter**, deutsche, des 16. Jahrhunderts. Mit Einleitungen u. Worterklärungen. Hersg. von K. Goedeke u. Jul. Tittmann. Leipzig 867—70. Brockhaus. 8. Jeder Bd. n. 1 ℛ; geb. n. 1 ℛ 10 ngr.
1. Bd.: Liederbuch aus dem 16. Jahrhundert. (XXVI, 400 S.)
2. 3. Bd.: Schauspiele aus dem 16. Jahrh. Hersg. von Jul. Tittmann. 2 Thle. (XLIV, 291 S.; XXVIII, 319 S.)
4. Bd.: Sachs, Hans, Dichtungen. 1. Thl. Geistliche u. weltliche Lieder. Hersg. von K. Goedeke. (L, 322 S.)

**Dichter, deutsche, d. 16. Jahrh. Mit Einleitgn. u. Worterklärgn. Hrsg. v. Karl Goedeke u. Jul. Tittmann. 5—9. Bd. 8. Leipzig 870—76. Brockhaus. à n. 3. 50; geb. à n. 4. 50**
5. Dichtungen v. Hans Sachs. 2. Thl. Spruchgedichte. Hrsg. v. Jul. Tittmann. (XXXVI, 264 S.)
6. — dasselbe. 3. Thl. Dramatische Gedichte. (XLI, 269 S.)
7. Das Narrenschiff v. Sebastian Brant. Hrsg. v. Karl Goedeke. (XXXVI, 265 S.)
8. 9. Froschmeuseler. Von Geo. Rollenhagen. Hrsg. v. Karl Goedeke. 2 Thle. (XLVI, 286 u. VIII, 288 S.)

Dichter, deutsche; des sechzehnten Jahrhunderts. Mit Einleitungen und Worterklärungen. Hrsg. von Karl Goedeke und Jul. Tittmann. 8.—12. Bd. 8. Leipzig, Brockhaus. à Bd. * ℳ 3,50.; geb. à Bd. *
Inhalt:
Bd. 8. 9. Froschmeuseler. Von Geo. Rollenhagen. Hrsg. von Karl Goedeke. 2 Thle. (XLVI, 286; VIII, 288 S.) 876.
„ 10. Teuerdank. Hrsg. von Karl Goedeke. (XXXIV, 297 S.) 878.
„ 11. Die Narrenbeschwörung von Thom. Murner. Hrsg. von Karl Goedeke. (LVII, 282 S.) 879.
„ 12. Schwänke des 16. Jahrhunderts. Hrsg. von Karl Goedeke. (XXXIV, 296 S.) 879.
1.—7. Bd. Ebendas. 1867—72. à * ℳ 3,50.; geb. * ℳ 4,50.

Dichter, deutsche, des sechzehnten Jahrhunderts. Mit Einleitungen und Worterklärungen. Hrsg. von Karl Goedeke und Jul. Tittmann. 13.—18. Bd. 8. Leipzig, Brockhaus. à Bd. * ℳ 3,50.; geb. à Bd. **
Inhalt:
Bd. 13. Die Schauspiele der englischen Komödianten in Deutschland. Hrsg. von Jul. Tittmann. (LXIII, 248 S.) 880.
„ 14. Die Schauspiele des Herzogs Heinrich Julius von Braunschweig. Hrsg. von Jul. Tittmann. (XLVIII, 264 S.) 880.
„ 15. Dichtungen von Joh. Fischart. gen. Menzer. Hrsg. von Karl Goedeke. (XXXVI, 294 S.) 880.
„ 16. 17. Esopus. Von Burchard Waldis. Hrsg. von Jul. Tittmann. 2 Thle. (LXIX, 286; VIII, 308 S.) 882.
„ 18. Dichtungen von D. Martin Luther. Hrsg. von Karl Goedeke. Mit 1 Lebensbilde Luther's von Jul. Wagenmann. (LVII, 244 S.) 883.

**Dichter**, deutsche, des 16. Jahrhunderts. Mit Einleitungen u. Worterklärungen. Hrsg. von Karl Goedeke u. Jul. Tittmann. 1. 8. Leipzig 1881 Brockhaus. à n. 3. 50; geb. à n. 4. 50
1. Liederbuch aus dem 16. Jahrhundert. Von Karl Goedeke u. Jul. Tittmann. 2. Aufl. (XXVI, 399 S.)

— deutsche, d. 16. Jahrhunderts. Mit Einleitgn. u. Worterklärgn. hrsg. v. Karl Goedeke u. Jul. Tittmann. 4—6. 8. Leipzig, Brockhaus. à n. 3. 50; geb. à n.n. 4. 50
4. Dichtungen v. Hans Sachs. 1. Thl. Geistliche u. weltliche Lieder. Hrsg. v. Karl Goedeke. 2. verb. Aufl. (LII, 322 S.) 883.
5. Dasselbe. 2. Thl. Spruchgedichte. Hrsg. v Jul. Tittmann. 2. verb. Aufl. (XXXVIII, 264 S.) 885.
6. Dasselbe. 3. Thl. Dramatische Gedichte. Hrsg. v. Jul. Tittmann. 2. verb. Aufl. (XLII, 269 S.) 885.

—— deutsche, des siebzehnten Jahrhunderts. Mit Einleitungen und Anmerkungen. Hrsg. von Karl Goedeke und Jul. Tittmann. 1.—8. Bd. 8. Leipzig, Brockhaus. à Bd. (*M 3.) * geb. (*M 4.) *

Inhalt:
Bd. 1. Ausgewählte Dichtungen von Martin Opitz. Hrsg. von Jul. Tittmann. (LXXXI, 276 S.) 869.
„ 2. Gedichte von Paul Flemming. Hrsg. von Jul. Tittmann. (XLVII, 282 S.) 870.
„ 3. Sinngedichte von Friedr. v. Logau. Hrsg. von Gust. Eitner. (LV, 278 S.) 870.
„ 4. Dramatische Dichtungen von Andreas Gryphius. Hrsg. von Jul. Tittmann. (LXI, 271 S.) 871.
„ 5. Gedichte von Geo. Rodolf Weckherlin. Hrsg. von Karl Goedeke. (XXXVIII, 328 S.) 873.
„ 6. Gedichte von Joh. Christn. Günther. Hrsg. von Jul. Tittmann. (LXXVII, 264 S.) 874.
„ 7. 8. Der abenteuerliche Simplicissimus. Von Hans Jac. Chrph. v. Grimmelshausen. Hrsg. von Jul. Tittmann. 2 Thle. (LXXXIV, 281; X, 296 S.) 874.

—— deutsche, des siebzehnten Jahrhunderts. Mit Einleitungen und Anmerkungen. Hrsg. von Karl Goedeke und Jul. Tittmann. 9.—13. Bd. Ebendas. à Bd. *M 3,50.; geb. à Bd. *

Inhalt:
Bd. 9. Gedichte von Simon Dach. Hrsg. von Herm. Oesterley. (LVII, 236 S.) 876.
„ 10. 11. Simplicianische Schriften. Von Hans Jak. Chrph. v. Grimmelshausen. Hrsg. von Jul. Tittmann. 2 Bde. [I. Trutz Simplex. — Der seltzame Springinsfeld. Anhang: Der erste Bärenhäuter. — Gaukel-Tasche. — II. Das wunderbarliche Vogelnest. 2 Thle. (XLIV, 272; XXXIV, 311 S.) 877.
„ 12. Gedichte von Paulus Gerhardt. Hrsg. v. Karl Goedeke. (XXXII, 340 S.) 877.
„ 13. Trutz-Nachtigal von Friedr. Spe. Hrsg. von Gust. Balke. (LXVIII, 250 S.) 879.
1.—8. Bd. Ebendas. 1869—74. à *M 3,50.; geb. *M 4,50.

—— deutsche, des siebzehnten Jahrhunderts. Mit Einleitungen und Anmerkungen. Hrsg. von Karl Goedeke und Jul. Tittmann. 14. und 15. Bd. 8. Ebendas. à Bd. *M 3,50.; geb. **

Inhalt:
Bd. 14. Lyrische Gedichte von Andr. Gryphius. Hrsg. von Jul. Tittmann. (XL, 282 S.) 880.
„ 15. Dichtungen von Joh. Rist. Hrsg. von Karl Goedeke. (LV, 292 S.) 885.

**Dichter**, deutsche, von Klopstock bis auf d. neueste Zeit. Eine Mustersamml. deutscher Gedichte, z. Gebr. in d. mittlern u. obern Classen dänischer Lehranstalten. Mit e. literarhistor. Uebers. u. Anmerkgn. hrsg. v. J. Jürs u. G. F. F. Rung. gr. 8. (22⅔ B.) Kopenhagen 841, Reitzel. Thlr.

— und Prosaisten, deutsche, s. Kurz, H., — Paldamus, F.

—— u. Prosaisten, deutsche, des 18. Jahrh. mit deren Bildnissen u. Biographien neu u. vollständig hrsg., erläut. u. bevorwort. v. Friedr. Mayer. (Vollkommen rechtmäß. Ausg.) 1. Bd. Sämmtliche Schriften des Joh. Peter Uz. gr. 16. (6 B. u. 1 Ttlkpfr.) Nürnberg 842, Winter.

—— und Prosaisten, deutsche, von der Mitte des 15. Jahrh. bis auf unsere Zeit nach ihrem Leben und Wirken geschildert. 1. Abthl. Von Heinr. Kurz. gr. 16. (IV und 699 S. mit 14 Portr. in Holzschn.) Leipzig 863, Teubner.

—— dass. — 2. Abthl. 3. Bd. Von Heinr. Kurz. gr. 16. (III und 645 S. mit 16 Portr. in Holzschn.) Ebendas. 865.
2. Abthl. 1. und 2. Bd. Ebendas. 1856—61. * 2 Thlr. 20 Ngr. — Vgl. Paldamus, Friedr.

**Dichter**, die deutschen, v. Gottsched bis zu Goethe's Tode. Geschichte, Schilderung u. Kritik ihr. Werke u. ihrer Zeit, begl. von Auszügen aus ihr. vorzügl. Schriften. Von O. L. B. Wolff. Mit (12) Portr. berühmt. deutsch. Dichter. (auf 1 Taf.) 1. Hft. Lex.-8. (5½ B.) Weimar 846, Voigt.

**Dichter**, die deutschen, von Gottsched bis zu Goethe's Tode. Geschichte, Schilderung u. Kritik ihrer Werke u. ihrer Zeit, begleitet von Auszügen aus ihren vorzügl. Schriften. Von O. L. B. Wolff. 2 — 12. Hft. Lex. 8. (VIII S. u. S. 81 — 957.) Weimar 847. 48, Voigt. à n. ⅓ Thlr (cmplt. n. 4 Thlr)

**Dichter**, die deutschen, von Gottsched bis zu Goethe's Tode. Geschichte, Schilderung und Kritik ihrer Werke und ihrer Zeit, begleitet von Auszügen aus ihren vorzügl. Schriften. Von O. L. B. Wolff. 2 — 12. (letztes) Heft. Lex.-8. (VIII und S. 81—957.) Weimar 847—49, Voigt. à Heft * 10 Ngr. *
1. Heft. Ebendas. 1846. * 10 Ngr.

**Dichter**, die elegischen, d. Hellenen, nebst ihren Ueberresten übers. u. erläutert v. W. E. Weber. gr. 8. Frankfurt 826, Hermannn.

**Elegischen, die, Dichter der Römer.** Lat. und Deutsch von F. Koreff. Paris 809. B. I. 4. 2rthl. 12gr. (Enth. den Tibull.)

— die elegischen d. Römer, übers. v. Koreff. 1r Bd. Tibull. (Sulpicia et fragm. al.) 8 maj. Paris 810. Schöll. 2 Thlr 12 Gr.

**Dichter**, englische, s. Poets, english.

Dichter, Epische, der Römer, im Auszuge v. Lenz, s. Encyklopädie d. lat. Classiker. 6. Thl. 2. Bd.

**Dichter**, der freie. Organ f. volkstüml. Dichtkunst u. Kritik. Red. u. Hrsg.: Chr. Ommerborn. 1. Jahrg. Apr. 1894—März 1895. 24 Nrn. (Bog.) gr. 4. Barmen. (Neuwied, A. Schupp.) n. 3. 20

**Dichter der Freiheitskriege.** Gedichte von Ernst Moritz Arndt, Theodor Körner, Max v. Schenkendorf, Friedrich Rückert. Für den Schulgebrauch herausgegeben von Rudolf Windel. 8. (128 S.)
Prag: Tempsky 1895

(F) **Dichter der Freiheitskriege.** Gedichte von Ernst Moritz Arndt, Theodor Körner, Max von Schenkendorf, Friedrich Rückert. Herausgegeben von Rudolf Windel. 3. Aufl. [Freytags Schulausgaben und Hilfsbücher für den deutschen Unterricht.] 8°. (135 S.) geb. K —.85
Wien: Tempsky 1908

— griechische, metrisch übers. von Mehrern. 1.—41. Bdchn. 16. Stuttgart ..., Metzler. à ¼ Thlr — s. einzeln unter folg. Titeln: 1) Aeschylus, Werke. — 2) Anthologie, griechische, übers. v. Weber. — 3) Apollonius, des Rhodiers, Argonautenfahrt. — 4) Aristophanes, Werke. — 5) Euripides, Tragödien. — 6) Homer's Werke. — 7) Kallimachus, Werke. — 8) Sophocles, Werke.

— Griechische, in neuen metrischen Uebersetzungen, herausg. v. G. L. F. Tafel, C. N. Osiander u. G. Schwab. 16 — 38 Bdchn. A. u. d. T.: Homers Werke, 16 — 58 B., metrisch übers. von E. Wiedasch. 16. Stuttg. 830 — 32. Metzler. 1 Thlr 6 Gr (vergl. Homer.)

**Dichter**, Griechische, in neuen metr. Uebersetzn., hrsg. v. G. L. F. Tafel, C. N. Osiander u. G. Schwab. 1—8. Bdchn. kl. 8. Stuttgart, Metzler. à 6 Gr.
Bdchn. 1—3. Homer's Werke. 1—3. Bdchn. Odyssee, Gesang I—XII., metr. übers. v. E. Wiedasch. (22⅓ B.) 830. 18 Gr.
„ 4., 5. — dies. 4. u. 5. Bdchn. Odyssee, Gesang XIII—XXIV., übers. v. dems. (17½ B.) 831. 12 Gr.
„ 6. Kallimachus Werke. Hymnen u. Epigramme, übers. v. Konr. Schwenk. (5½ B.) 833. 6 Gr.
„ 7., 8. Sophokles Werke. 1. u. 2 Bdchn. (Oedipus 7½ B. — Antigone. 10½ B.) im Versmaaß d. Urschrift übers. v. Johannes Minckwitz. 835. 12 Gr.

Dichter, Griechische, in neuen metr. Uebersetzn., hrsg. v. G. L. F. Tafel, C. N. v. Osiander u. G. Schwab. 9—20. Bdchn. 16. (103 B.) Stuttgart 835—38, Metzler'sche Bh. à 6 Gr. Thlr.
A. u. d. Ttln.:

Bdchn. 9., 10. Homer's Werke. 6. u. 7. Bdchn. Ilias, übers. v. E. Wiedasch. 1. u. 2. Bdchn.
" 11—14. Euripides Werke, übers. u. m. Anmerkn. begleit. v. G. Ludwig. 1—4. Bdchn. Die Phönikierinnen. — Iphigenia in Aulis. — Iphigenia in Tauri. — Alkestis.
" 15., 16. Apollonius d. Rhodiers Argonautenfahrt im Versmaß d. Urschrift übers. v. C. N. v. Osiander. 1. u. 2. Bdchn.
" 17—19. Euripides Werke, übers. u. m. Anmerkn. begleit. v. G. Ludwig 5—7. Bdchn. Hippolitos. — Medea — Helena.
" 20. Griechische Anthologie, übers. v. W. E. Weber. 1. Bdchn.
1—8. Bdchn. Ebendas. 1830—35. à 6 Gr.

—— griechische, in neuen metrischen Uebersetzungen, hrsg. v. G. L. F. Tafel, C. N. v. Osiander u. G. Schwab. 21—41. Bdchn. 16. (163¾ B.) Stuttgart 843—46, Metzler'sche Buchh. à 7½ Ngr.
A. u. d. Ttln.:

Bdchn. 21. Aristophanes Werke. Im alten Versmaß übers. v. C. F. Schnitzer. 1. Bdchn. Die Wolken, nebst d. Einleitung in das Ganze.
" 22., 23. Sophokles Werke. 3. u. 4. Bdchn. Der rasende Aias; Philoktetes, Versmaß der Urschrift übers. v. Johs. Minckwitz.
" 24. Homer's Werke. 8. Bdchn. Ilias, metrisch übers. v. E. Wiedasch. 3. Bdchn.
" 25. Griechische Anthologie, übers. v. W. E. Weber. 2. Bdchn.
" 26. Euripides Werke metrisch übers. v. Gust. Ludwig. 8. Bdchn. Hekabe.
" 27—30. Homer's Werke. 9—12. Bdchn. Ilias, metr. übers. v. E. Wiedasch. 4—7. Bdchn.
" 31—33. Sophokles Werke. 5—7. Bdchn. Elektra. Die Trachinerinnen. Oedipus auf Kolonos. Im Versmaß d. Urschrift übers. v. Johs. Minckwitz.
" 34—36. Aeschylos Werke. 1—3. Bdchn. Die Eumeniden. 2. Aufl. Der gefesselte Prometheus. 2. Aufl. Die Perser, im Versmaß d. Urschr. übers. v. Johs. Minckwitz.
" 37—40. Aeschylos Werke. 4—7. Bdchn. Die Sieben vor Theben. — Agamemnon. — Die Todtenspenderinnen. — Die Schutzflehenden. Im Versmaß d. Urschrift übers. v. Johs. Minckwitz.
" 41. Euripides Werke metrisch übers. v. Gust. Ludwig. 9. Bdchn. Jon.
1—20. Bdchn. Ebendas. 1830—42. à 7½ Ngr. 5 Thlr.

Dichter, griechische, in metrischen Uebersetzungen, hrsg. von C. N. v. Osiander und G. Schwab. 25. 42—45. Bdchn. 16. Stuttgart, Metzler'sche Buchh. à Bdchn. 7½ Ngr. Thlr.
Bdchn. 25. Griechische Anthologie. Metrisch übers. von W. E. Weber. 2 Bdchn. (S. 145—240.) 851.
42—45. Euripides Werke. Metrisch übers. von Gust. Ludwig. 10—13. Bdchn. Die Bacchen. — Andromache. — Orestes. — Der rasende Herakles. [42. und 43. (148 S.) 848., 44. und 45. (S. 1287—1466.) 851.]

—— griechische, in neuen metrischen Uebersetzungen. Hrsg. von C. N. v. Osiander und G. Schwab. 46—64. Bdchn. 16. Stuttgart 852—54, Metzler'sche Buchh. à Bdchn. 7½ Ngr. 4
Inhalt:
Bdchn. 46., 47. 50., 51. und 53—58. Aristophanes Werke. Im alten Versmaß übersetzt von C. F. Schnitzer. 2—11. Bdchn. (S. 173—1479.)
" 48., 49. und 52. Euripides Werke. Metrisch übers. und mit Anmerkungen begleitet von Gust. Ludwig. 14—16. Bdchn. (Elektra. — Die Troërinnen. Die Schutzflehenden. — Die Herakliden. Der Kyklop.) (S. 1471—1813.)
" 59., 61. Pindar's Siegsgesänge. Uebers. von Gust. Ludwig. 1. und 2. Bdchn. (Einleitung und die olympischen Siegeslieder. Die pythischen Siegeslieder.) (S. 1—256.)
" 60. Die griechischen Bukoliker Theokritos, Bion und Moschos, übers. und erklärt von Fr. Zimmermann. 1. Bdchn. (S. 1—142.)
" 62., 64. —— dass. — 2. und 3. Bdchn. (S. 143—380.)
" 63. Pindar's Siegsgesänge. Uebers. von Gust. Ludwig. 3. Bdchn.: Die nemeischen und isthmischen Siegeslieder. (S. 257—388.)

—— griechische, in neuen metrischen Uebersetzungen. Hrsg. von C. N. v. Osiander und G. Schwab. 65—69. Bdchn. 16. Stuttgart 857 58 Metzler'sche Buchh. Verlags-Conto. à Bdchn 7½ Ngr.
Inhalt:
Bdchn. 65., 66. Quintus v. Smyrna. Uebersetzt von C. F. Platz. 1. und 2. Bdchn. (255 S.)
" 67., 68. Griechische Anthologie. Nach der Anlage von Brunck's Analekten metrisch übers. 3. und 4. Bdchn. Von Geo. Thudichum. (S. 241—539.)
" 69. Quintus v. Smyrna. Uebersetzt von C. F. Platz. 3. Bdchn Buch XI—XIV und Anmerkungen. (S. 256—367.)

—— griechische, in neuen metrischen Uebersetzungen. Hrsg. von C. N. v. Osiander und G. Schwab. 70. und 71. Bdchn. Griechische Anthologie. Nach der Anlage von Brunck's Analekten metrisch übers. 5. und 6. Bdchn. von Geo. Thudichum. 16. (S. 541—834.) Stuttgart 867, Metzler's Verlag. à Bdchn. 7½ Ngr.

—— griechische, in neuen metrischen Uebersetzungen. Hrsg. von C. N. v. Osiander und G. Schwab. 72.—75. Bdchn. 16. Stuttgart, Metzler's Verlag. à Bdchn.
Inhalt:
Bdchn. 72—74. Griechische Anthologie. Nach der Anlage von Brunck's Analekten metrisch übersetzt. 7.—9. Bdchn. von Geo. Thudichum. (S. 835—1310.) 870.
75. Homer's Werke. 13. Bdchn. Die Homerischen Dichtungen. Die Homerischen Hymnen. Die Homerischen kleinen Gedichte. Die kyklischen Epen. Die satirisch-parodischen Epen: Kerkopen; Margites; Batrachomyomachie. Uebersetzt von Geo. Thudichum. (144 S.) 871.

Dichter, griechische, in neuen metrischen Übersetzungen, hrsg. von G. L. F. Tafel, C. N. Osiander und G. Schwab. 2., 22. und 33. Bdchn. 2. Aufl. 16. Stuttgart, Metzler'sche Buchh. à Bdchn.
Inhalt:
Bdchn. 2. Homer's Werke. 2. Bdchn.: Odyssee. Metrisch übers. von E. Wiedasch. 2. Bdchn. (S. 89—203.) 884.
22. 33. Sophokles' Werke. Im Versmaß der Urschrift übers. von Johs. Minckwitz. 3. Bdchn.: Der rasende Ajax. (S. 289—384.) 877. — 7. Bdchn.: Oidipus auf Kolonos. (S. 759—923.) 884.

**Dichter**, Heimatliche. Eine Sammlung kärntischer Poesien mit biografischen Daten von Julius Reinwald. Klgft., Leon, (1884). 67 S. (Kärntner Volksbücher Nr. 9.)

— Italiens, s. *Guarini* il Pastor fido.

— die klassischen der Inder, s. Meier.

— u. Schriftsteller, die classischen, des Auslandes, in Biographieen, s.: Miniaturbibliothek.

— über königliche, u. die Gedichte des Königs Ludwigs von Baiern. 8. Dessau 829. (Ackermann). 8 K

Dichter, lateinische, übers. u. erläutert. I, 1 u. 2. Paderborn 891, Junfermann. à Heft * — 40
Ausgewählte Stücke aus Ovid's Metamorphosen. 1. u. 2. Heft. 12. (96 S.)

— lateinische. Eine Ausw. f. d. Schulgebr. Mit Anmerkgn. 1. Thl.: Ovid. E. Ausw. aus s. Werken: Metamorphosen, Fasten, Tristien u. Episteln. Von Heinr. Bone. Neubearbeitet v. Karl Bone. 5. Aufl. 8. (VIII, 198 S.) Köln 897. M. Du Mont-Schauberg. n. 1. 60

— lateinische. Eine Auswahl f. den Schulgebrauch. Mit Anmerkgn. 1. u. 2. Tl. 8. Cöln, M. Du Mont-Schauberg. n. 3. 60
1. Ovid. Eine Auswahl aus seinen Werken: Metamorphosen, Fasten, Tristien u. Episteln. Von Heinr. Bone. Neubearb. v. Karl Bone. 6. Aufl. (VIII, 198 S.) 905. n. 1. 60
2. Virgil. Eine Auswahl aus seinen Werken: Aeneis, Georgica, Bucolica. Von Heinr. Bone. Neubearb. von Karl Bone. 3. Aufl. (VIII, 263 S.) 906. n. 2. —

**Mährens deutsche Dichter der Gegenwart.** I. Der Olmützer Dichterkreis. 8°. (16 S.) K —.70
Sternberg: Selbstvlg. Edm. Reimer 1904

— neuere, f. die studierende Jugend. Hrsg. v. A. Bernt u. J. Tschinkel. kl. 8. Wien, Manz.
Anzengruber, Ludw., der Meineidbauer. Volksstück m. Gesang in 3 Akten. Mit e. Einführg. v. J. Tschinkel. (104 S.) 910. Geb. in Leinw. — 85
Björnson, Björnstjerne, Synnöve Solbakken. Aus dem Norweg. v. Wilh. Lange. Mit e. Einführg. v. Karl Furtmüller. (144 S.) 910. Geb. — 75
Ebner-Eschenbach, Marie v., der Kreisphysikus. Aus den „Dorf- u. Schloßgeschichten". Mit e. Einführg. v. Emil Lehmann. (107 S.) 910. Geb. — 85
Ernst, Otto, Arbeit u. Freude. Novellen u. Skizzen. Mit e. Einführg. v. Jos. Martin. 1. u. 2. Taus. (120 S.) 910. Geb. — 85
Freytag, Gust., Ingo. Auswahl m. verbind. Inhaltsangabe. Mit e. Einführg. v. Alois Bernt. (135 S.) 910. Geb. 1. —
Ingraban. Gekürzte Ausg. Mit e. Einführg. v. Alois Bernt. (178 S.) 910. Geb. in Leinw. 1. 20
Hebbel, Frdr., Agnes Bernauer. Ein dtschs. Trauerspiel in 5 Aufzügen. Mit e. Einführg. v. Jos. Pohl. (128 S.) 910. Geb. 75
Die Nibelungen. Ein dtsch.s Trauerspiel in 3 Abteilgn. Mit e. Einführg. v. Ant. Wallner. (267 S.) 910. Geb. in Leinw. 1. 30
Heyse, Paul, Andrea Delfin. Aus den italien. Novellen. Mit e. Einführg. v. Hans Mörtl. (121 S.) 910. Geb. 75
Lagerlöf, Selma, Erzählungen. Aus dem Schwed. übers. u. eingeleitet v. Jos. Sieber. (124 S.) 910. Geb. in Leinw. — 85
Ludwig, Otto, der Erbförster. Trauerspiel in 5 Aufzügen. Mit e. Einführg. v. Karl Ludwig. (116 S.) 910. Geb. 70
— Zwischen Himmel u. Erde. Erzählung. Mit e. Einführg. v. Karl Ludwig. (244 S.) 910. Geb. 1. 20

Rosegger, Pet., aus Schriften des Waldschulmeisters. Zur den Schulgebrauch ausgewählt u. m. e. Einführg. versehen v. Rud. Latzke. (180 S.) 910. Geb. in Leinw. 1. 20
— Waldheimat. Erinnerungen aus der Jugendzeit. Auswahl. Mit e. Einführg. v. Rud. Latzke. (175 S.) 910. Geb. in Leinw. 1. 20
Stifter, Adalb., der Hochwald. Mit e. Einführg. v. Joh. Weyde. (128 S.) 910. Geb. in Leinw. — 75

— österreichische. Zum 60. Geburtstage Detlev v. Liliencrons. Hrsg. von Adph. Donath. Mit Beiträgen von Marie v. Ebner-Eschenbach, Ferd. v. Saar, Pet. Rosegger u. a. (Mit Buchschmuck v. Heinr. Lefler.) (V, 269 S.) gr. 4. Wien (904). C. Konegen. n. 5. —

— österreichische, der Gegenwart. Wien 858. Typograph.-literar.-artist. Anstalt. 16. Jedes Bdchn. n. 20 ngr
1. Bdchn.: Gedichte von Ed. Mautner. (6 Bl., 190 S. u. lith. Bildniß.)
2. Bdchn.: Kleine Erzählungen von Ed. Mautner. (2 Bl., 203 S.)
3. Bdchn.: Neuere Gedichte von Ludw. Foglar. Mit dem (lith.) Bildniß des Verf. (2 Bl., 236 S.)
4. Bdchn.: Novellen von Ludw. Foglar. (2 Bl., 191 S.)

—— oesterreichische der Gegenwart. 1—4. Bd. gr. 16 Wien 858. 59, Typographisch-literarisch-artistische Anstalt. à Bd. * 20 Ngr. *

Inhalt:
Bd. 1. Mautner, Ed., Gedichte. (XI und 190 S. mit lithogr. Portr.)
„ 2. —— kleine Erzählungen. (203 S.)
„ 3. Foglar, Ludw., neuere Gedichte. (236 S. mit lithogr. Portr.)
„ 4. —— Novellen. (III und 191 S.)

Dichter und Philosophen. O. O. 1802. V: *Hennings, Aug. Adolph Frdr.* (Collin, Anonymer. Kiobenh. 1869.)

— u. Quellen, die, der Lieder des Gesangbuchs f. die evangelisch-lutherische Kirche in Bayern. (Von Ph. Dietz.) (IV, 74 S.) kl. 8. Nürnberg (908). U. E. Sebald. 1. —

Der im Namen des Hochwürdigen Herrn Johann Joseph Gaßners, freyresignirten Pfarrers zu Klösterle, und Hof-Kaplans und geistlichen Raths Seiner Hochfürstl. Gnaden Bischoffes zu Regensburg, Probstes und Herrn zu Ellwangen ꝛc. ꝛc. redende Dichter, oder der christliche Port, in moralischen Ueberlegungen wider die Spötter des Herrn Gaßners und Klügler des Glaubens, Anno 1775. mit dem Portrait. 8.

— römische. 1.—39. Bdchn. 16. Stuttgart ..., Metzler. à 1/4 ₰ — sammt. folg. Titeln: 1) Fabeldichter, römische. — 2) Ovid's Werke. — 3) Persius, Satiren. — 4) Phädrus Aesop. Fabeln. — 5) Plautus, Lustspiele. — 6) Propertius, Sext. Aurel., Elegien. — 7) Terentius, Publ., Schauspiele. — Virgil's Werke.

—— Römische, in neuen metr. Uebersetzn., hrsg. v. G. L. F. Tafel, C. N. Osiander u. G. Schwab. 1—11. Bdchn. kl. 8. Stuttgart, Metzler. à 6 Gr.
Bdchn. 1—4. Virgil's Werke. 1—4. Bdchn. Aeneis, im Versmaaß d. Urschrift übers. v. Ludw. Neuffer. 2., verb. Ausg. 4 Bdchn. (30 1/2 B.) 830. 1 Thlr.
„ 5—9. Publ. Ovidus Naso's Werke. 1—5. Bdchn. Verwandlungen, übers. v. Heinr. Chrstn. Pfitz. 5 Bdchn. (Mit Verzeichn. d. Eigennamen.) (42 B.) 833. 1 Thlr. 6 Gr.
„ 10. Virgil's Werke. 5. Bdchn. Idyllen, im Versma(a)ß d. Urschr. übers. u. durch Anmerkn. erläut. v. C. N. Osiander. (8 B.) 834. 6 Gr.
„ 11. — dies. 6. Bdchn. Gedicht v. Landbau in 4 Gesängen, im Versmaaß d. Urschr. ꝛc. übers. v. (C. N.) Osiander. (11 1/4 B.) 835. 6 Gr.

—— Römische, in neuen metr. Uebersetzn., hrsg. v. G. L. F. Tafel, C. N. v. Osiander u. G. Schwab. 12—34. Bdchn. kl. 8. (184 3/4 B.) Stuttgart 837—41, Metzler'sche Bh. à 6 Gr.
A. u. d. Tiln.:
Bdchn. 12—20. Publ. Terentius im Versmaß d. Urschrift übers. v. Theod. Benfey. 1—9. Bdchn. Das Mädchen. v. Andros. — Die Schwiegermutter. — Der Selbstquäler. — Der Eunuch. — Phormio. — Die Brüder.
„ 21—23. Die Plautinischen Lustspiele, in Trimetern übers. v. Karl Mor. Rapp. 1—3. Bdchn. Der Bramarbas. — Der Schatz (Trinummus). — Die Zwillinge.
„ 24—26. Römische Fabeldichter, übers. u. m. Anmerkn. begleit. v. H. J. Kerler. 1—3. Bdchn.
„ 27., 31., 33. Publ. Ovidius Naso's Werke. 6—8. Bdchn. Festkalender, m. Inhaltsanzeigen u. Anmerkn. v. E. F. Metzger. 3 Bdchn.
„ 28—30., 32. Sext. Aurel. Propertius Elegien im Versmaß d. Urschrift übers. u. durch Anmerkn. erläut. v. W. A. B. Hertzberg. 4 Bdchn.
„ 34. Die Plautinischen Lustspiele, in Trimetern übers. v. Karl Mor. Rapp. 4. Bdchn. Die Gefangenen.
1—11. Bdchn. Ebendas. 1830—35. à 6 Gr.

—— römische, in neuen metrischen Uebersetzungen, hrsg. v. G. L. F. Tafel, C. N. v. Osiander u. G. Schwab. 35—39. Bdchn. 16. (45 1/2 B.) Stuttgart 843—46, Metzler'sche Buchh. à 1/3 Thlr.
A. u. d. Tiln.:
Bdchn. 35., 36. Die Plautinischen Lustspiele im Trimeter übers. v. K. M. Rapp. 5. u. 6. Bdchn. Der Schiffbruch (Rudens). — Geistergeschichte (Mostellaria).
„ 37. Persius Satyren. Einleitung, Uebersetz. u. Erklär. v. W. S. Teuffel.
„ 38., 39. Die Plautinischen Lustspiele, im Trimeter übers. v. K. M. Rapp. 7. u. 8. Bdchn. Das Kistchen (Cistellaria). u. Amphitruo. — Der Geizhals (Aulularia).
1—34. Bdchn. Ebendas. 1830—42. à 7 1/2 Ngr. 8 Thlr. 15 Ngr.

—— römische, in neuen metrischen Uebersetzungen. Hrsg. von C. N. v. Osiander und G. Schwab. 40. und 41. Bdchn. 16. Stuttgart 848, Metzler'sche Buchh. à Bdchn. 7 1/2 Bdchn.
Bdchn. 40., 41. Ovid's Werke. 9. und 10. Bdchn. Festkalender, übertr. mit Inhalts-Anzeigen und Anmerkungen von E. F. Metzger. 4 und 5. Bdchn. (132 und 146 S.)

— Römische, in neuen metrischen Uebersetzungen. Hrsg. v. C. N. v. Osiander u. G. Schwab. 42—50. Bdchn. s.: Lustspiele, die Plautinischen. — 40. u. 41. Bdchn. s.: Ovid's Werke.

—— römische, in neuen metrischen Uebersetzungen. Hrsg. von C. N. v. Osiander und G. Schwab. 42—68. Bdchn. 16. Stuttgart 852—56, Metzler'sche Buchh. à Bdchn. 7 1/2 Ngr.
Inhalt:
Bdchn. 42—50. Die Plautinischen Lustspiele, im Trimeter übers. von Carl Mor. Rapp. 9—17. Bdchn. (S. 919—1980.)
„ 51., 52. Horatius, Q. Flaccus, Werke. 1. und 2. Bdchn.: Oden und Epoden im Versmaß der Urschrift übers. und mit Einleitung und Anmerkungen begleitet von Gust. Ludwig. 1. und 2. Bdchn. (VI und S. 1—222.)
Bdchn. 53., 54., 58. Horatius, Q. Flaccus, Werke. 3—5. Bdchn.: Briefe, im Versmaß der Urschrift übers. und erläutert von Wilh. Ernst Weber und Wilh. Sigm. Teuffel. (S. 223—366.) — Satiren, übers. und erläutert von Wilh. Ernst Weber. 1. und 2. Bdchn. (S. 367—569.)
„ 55. Tibullus, Albius, Gedichte, im Versmaß der Urschrift übers., mit Einleitung versehen und erläutert von W. S. Teuffel. (143 S.)
„ 56., 57. Ovidius, P. Naso, Werke. 11. und 12. Bdchn. (Liebes-Elegieen. — Kunst zu lieben.) Metrisch übers. von W. Hertzberg. (S. 1301—1589.)
„ 59., 60. —— dass. — 13. und 14. Bdchn. (Heilmittel gegen die Liebe und Schönheitsmittel. — Die Heroiden, nebst den drei Briefen des A. Sabinus.) Metrisch übers. von W. Hertzberg und E. F. Metzger. (S. 1591—1821.)
„ 61., 63., 64. Lucanus, M. Annäus, Pharsalia, oder der Bürgerkrieg. Verdeutscht von F. H. Bothe. 1—3. Bdchn. (S. 1—364.)
„ 62. Silius, C. Italicus, punischer Krieg oder Hannibal. Berichtigt, verdeutscht und erklärt von F. H. Bothe. 1. Bdchn. (S. 1—120.)
„ 65—68. —— dass. — 2—5. Bdchn. (S. 121—615.) (Schluß.)

—— römische, in neuen metrischen Uebersetzungen. Hrsg. von C. N. v. Osiander und G. Schwab. 69—72. Bdchn. 16. Stuttgart 857—59. Metzler'sche Buchh. Verlags-Conto. à Bdchn. 7 1/2 Ngr.
Inhalt:
Bdchn. 69., 70. Ovidius Naso, Publ., Werke. 15. und 16. Bdchn.: Die Bücher der Klage (Tristia). im Versmaß der Urschrift übers. von H. Wölffel. 1. und 2. Bdchn. (S. 1822—2050.)
„ 71. —— dass. — 17. Bdchn.: Bücher aus dem Pontus, im Versmaß der Urschrift übers. von Demselben. 1. Bdchn.: Einleitung und Buch I—III. (S. 2051—2151.)
„ 72. —— dass. — 18. Bdchn.: Bücher aus dem Pontus, im Versmaß der Urschrift übers. von Demselben. 2. Bdchn.: Buch IV nebst den Anmerkungen. (S. 2152—2234.)

—— römische, in neuen metrischen Uebersetzungen. Hrsg. von C. N. v. Osiander und G. Schwab. 73.—77. Bdchn. 16. Stuttgart 862—67, Metzler's Verlag. à Bdchn. 7 1/2 Ngr.
Inhalt:
Bdchn. 73. Die Gedichte des Catullus in den Versmaßen der Urschrift übers. von W. A. B. Hertzberg und W. S. Teuffel. (152 S.)
„ 74. 75. 77. Decimus Junius Juvenalis Satiren, übers. von W. Hertzberg und W. S. Teuffel. 1.—3. Bdchn. (S. 1—346.)
„ 76. Publius Ovidius Naso's Werke. 19. Bdchn. Ibis; über den Fischfang (Halieutica); die Klage des Nußbaums, im Versmaß der Urschrift übers. von H. Wölffel. (S. 2233—2325.)
Der Preis sämmtlicher Bändchen ist von 1869 ab auf à 5 Ngr. ermäßigt worden.

Dichter, römische, in neuen metrischen Uebersetzungen. Hrsg. von C. N. v. Osiander und G. Schwab. 5., 51. und 52. Bdchn. 16. Stuttgart, Metzler's Verlag. à Bdchn.
Inhalt:
Bdchn. 5. Publ. Ovidius Naso's Werke. 1. Bdchn.: Verwandlungen übersetzt von Heinr. Chrn. Pfitz. 1. Bdchn. 4. Aufl. (124 S.) 869.
„ 51. 52. Q. Horatius' Flaccus Werke. 1. und 2. Bdchn.: Oden und Epoden im Versmaß der Urschrift übersetzt und mit Einleitung und Anmerkungen begleitet von Gust. Ludwig. 1. und 2. Bdchn. 2. Aufl. (114, 112 S.) 869, 71.
Vgl.: Prosaiker, griechische und römische.

—— römische, in neuen metrischen Übersetzungen, hrsg. von G. L. F. Tafel, C. N. Osiander und G. Schwab. 1., 7., 11., 51., 52., 55. und 58. Bdchn. 16. Ebendas. à Bdchn.

Inhalt:

Bdchn. 51. 52. Quintus Horatius Flaccus', Werke. 1. und 2. Bdchn.: Oden und Epoden, im Versmaß der Urschrift übers. und mit Einleitung und Anmerkungen begleitet von Gust. Ludwig. 1. Bdchn. 2. Aufl. (S. 1—114.) 879. — 2. Bdchn. 3. Aufl. (S. 115—222.) 884.

" 58. —— dass. — 5. Bdchn.: Satiren. Uebers. von Wilh. E. Weber. 2. Bdchn. 2. Aufl. (S. 479—569.) 883.

" 7. Publius Ovidius Naso's Werke. 3. Bdchn.: Verwandlungen. Uebers. von Heinr. Christ. Pfitz. 3. Bdchn. 3. Aufl. (S. 239—360.) 876.

" 55. Albius Tibullus', Gedichte. Uebers. von W. S. Teuffel. 2. Aufl. (142 S.) 882.

" 1. Virgil's Werke. 1. Bdchn. Aeneis.: Uebers. von Ludw. Neuffer. 1. Bdchn. 6. Aufl. (S. 1—119.) 877.

" 11. —— dass. — 6. Bdchn.: Gedicht vom Landbau in vier Gesängen, im Versmaß der Urschrift übers. und durch Anmerkungen erläutert von C. N. Osiander. 2. Aufl. (S. 597—706.) 884.

—— römische, in neuen metrischen Uebersetzungen. Hrsg. von L. N. v. Osiander und G. Schwab. 8. Bdchn.: Publius Ovidius Naso's Werke. 4. Bdchn.: Verwandlungen, übers. von Heinr. Chr. Pfitz. 4. Bdchn. 4. Aufl. 8. (S. 361—455.) Stuttgart 886, Metzler's Verlag.

— römische, in neuen Uebersetzungen. Begründet von C. N. v. Osiander u. Gust. Schwab. Neue Folge. 1.—4. Bdchn. (Der ganzen Folge 759—762., der röm. Dichter 76.—79. Bdchn.) (Osiander=Schwab'sche Uebersetzungs=Bibliothek der griech. u. röm. Klassiker.) 12. Ulm, H. Kerler. à — 50

Statius, P. Papinius, Silvae, übers. v. Rich. Sebicht. 4 Bdchn. (203 S.) 902.

Russische Dichter. Deutsch von Friedrich Bodenstedt. Berlin 1866. 8°.

Dichter, der, u. der Schauspieler, s. Schauspiele v. Lembert. 1r Bd.

—— der, Schönstes. Ausgewählt von Friedr. Dörr. Mit Illustr. 16. (XXVI und 461 S. mit 7 Stnt. und lithogr. Titel.) Altona 861, Uflacker. geb.

Dichter u. Tonkünstler von Ohngefähr. Oper. 8. Wien, Wallishäuser.

**Dichter, Der ungelehrte,** oder Versuch in der Poesie. ... Hamburg 1791. V: *Erbshäuser, Gg Hnr.* (schr)

— der ungelehrte, oder Versuch in d. Poesie. 8. Hamb. 791. (Ernst in Quedlinb.) 10 K

— unsere. Sammlung v. Monographien. 1. u. 2. Bdchn. kl. 8. Ravensburg, F. Alber. Kart. 2. 50

Eckardt, Johs., Paul Keller. (40 S.) 908. (1. Bdch., ohne Sammeltitel.) Kart. 1. —

Hamann, E. M., Karl Domanig. Studie. (III, 119 S.) 909. (2. Bdch.) Kart. 1. 50

Dichter. – Unsere Dichter. Eine Anthologie (Volksbücherei. Nr. 257/259. Bd. 75. 8° (XV, 160 S.)
Graz: Styria 1910

— der, u. sein Vaterland, ein Lustsp. in 3 Aufz. von St. Schütze. (Als Vorschlag zu e. Todtenfeyer f. alle Dichter, die gestorben sind, u. noch sterben werden.) 8. Leipz. Steinacker. (in Comm.) 806.

— die, des deutschen Volkes. Album des Gediegensten u. Ausgezeichnetsten aus den Werken deutscher Dichter. Mit kritisch=biograph. Skizzen. Herausgeg. unter Mitwirkung mehrerer Literaten von Aug. Braß. Mit Illustrationen. 1.—12. Liefg. gr. Lex.=8. Berlin 843—46, Meyer u. Hoffmann. à n. 1/3 ℛ

— die, des deutschen Volkes. Mit kritisch=biograph. Skizzen. Hrsg. v. Aug. Braß. 13—19. Lfg. hoch 4. (127 S. m. 12 Stahlst.) Berlin 847. 48, Hofmann & Co. à n. 1/3 ℛ (cmplt. 6 1/3 ℛ)

Dichter, Die vorzüglichsten italiänischen, im siebzehnten Jahrhundert. (Original u. Übersetzung. Herausgeber: Friedr. August Klemens Werthes, geb. 12. Oct. 1748 zu Buttenhausen in Schwaben, † 1817 zu Stuttgart). Bern 1780. 8°. (In Berlin: Xo 835.)

Darin als Nr. 1 Inhaltsangabe von Giov. Bapt. Marino's (1569—1625) berühmtem „L'Adone", welches üppige Gedicht bisher noch keinen deutschen Uebersetzer gefunden hat. 2. Bapt. Guarini (1537—1612). 3. Chiabrera. 4. Fulvio (1593—1646). 5. Simon Rau u. Requesens (sol) (aus Palermo, 1609—59). 6. Francesco Redi (1626—97). 7. Carlo Maria Maggi († 1699). 8. Francesco de Lemene († 1704). 9. Balduini (Freund u. Zeitgenosse von Redi). 10. Vincenzo da Filicaja. 12. Alessandro Guidi (1650—1712). 13. Filippo Leers.

— — Dasselbe. Heidelberg und Leipzig, in der Pfählerischen Universitäts-Buchhandlung. 1781. 8°.

Titel (mit Ornament-Vign., auf Rückseite Inh.-Verz.), 3 Bll. Vorber., 334 S. — Beide Ausgaben selten und wenig bekannt.

— — derselbe 8. Bern, Typogr. Soc. 781.

Dichter der Fridericianischen Zeit u. G. E. Lessings Philotas. F. d. Schulgebrauch hrsg. v. M. Schmitz. 12. (109 S.) Leipzig 898. G. Freytag. Geb. n. — 60

(F) Dichter der friderizianischen Zeit und G. E. Lessings Philotas. Hrsg. v. Schmitz. [Freytags Schulausgaben und Hilfsbücher f. d. deutschen Unterricht.] 8°. (109 S.) geb. K —,90
Wien: Tempsky 1906

Dichter, zeitgenössische. Uebertr. v. Stef. George. 1. u. 2. Bd. 8. Berlin, G. Bondi. Geb. à n. 3. 50

1. Rossetti. Swinburne. Dowson. Jacobsen. Kloos. Verwey. Verhaeren. (115 S.) 905.
2. Verlaine. Mallarme. Rimbaud. De Regnier. D'Annunzio. Rolicz-Lieder. (117 S.) 905.

**Dichter, Der,** in Zügen. Eine Standrede an die matten Trauerdichter in einer gereimt-prosaischen Erzählung. Wien 1781. V: *Blumauer, Joh. Alois.* (Gustav Gugitz, Jahrb. der Grillparzer-Gesellschaft XVIII, S. 117). *Reppser.* (Realzeitung 6/3 1781, 157) (biblport)

Dichter, Mart., Blumen auf Gräber oder Trauerreden, gehalten zu Obernzell. 1—4. Heftchen. 8. (192 S.) Passau 847, (Pustet'sche Buchh.) à Heftchen 4 Ngr.

Dichter, Mart., Blumen auf Gräber oder Trauerreden, gehalt. zu Obernzell. 1—4. Hftchn. gr. 16. (1: 40 S. 2: 40 S. 3: 60 S. 4: 52 S.) Passau 847. 48. (Pustet.) (à 4 ngr) 16 ngr

Dichter= u. Liederabende. Eine Sammlg. v. Programmen nebst vollständ. Stoffdarbietgn. Für Volks= u. Vereins=feste. 1. u. 2. Hft. 8. Berlin, Buchh. des ostdeutschen Jünglingsbundes. n. 1. 15

1. Reuter=Abend. Von Lobeck. (62 S.) (902.) n. — 75
2. Rückert=Abend. Von Karl Krock. (32 S.) (902.) n. — 40

Dichter= u. Liederabende. Eine Sammlg. v. Programmen nebst vollständ. Stoffdarbietgn. Für Volks= u. Vereins=feste. 3. u. 4. Heft. 8. Berlin, Buchh. des ostdeutschen Jünglingbundes. à n. — 75

3. Schiller=Abend. Von Karl Kinzel. (64 S.) (905.)
4. Uhland=Abend. Von Emil Kovis. (64 S.) (905.)

Dichter= u. Liederabende. Eine Sammlg. v. Programmen nebst vollständ. Stoffdarbietgn. Für Volks= u. Vereins=feste. 5. Heft. kl. 8. Berlin (907). Buchh. des ostdeutschen Jünglingsbundes. — 75

5. Paul Gerhardt-Abend. Von M. v. der Goltz. (45 S.)

Dichter- und Liederabende. Eine Sammlung von Programmen nebst vollst. Stoffdarbietung. Für Volks- u. Vereinsfeste. H. 1. Berlin: Ostdeutscher Jünglingsbund [1910]. 8° 110. 13378 9

Dichter-Album, deutsches, s. Fontane.

Dichter-Album, Deutsches. Portraits der neueren u. neuesten deutschen Classiker. 1. Liefrg. 12. (16 Lith.) Leipzig 847, Schmaltz. n. 2/3 ꝑ

—— deutsches. Hrsg. von Thdr. Fontane. 16. (IV und 480 S.) Berlin 851(52,) Janke.

Dichter-Album, deutsches. Hrsg. von Thdr. Fontane. 3., unveränd. Aufl. 16. (IV und 480 S.) Berlin 853, Janke. Thlr. *

Dichter-Album, deutsches. Hrsg. von Thdr. Fontane. 4., verm. Aufl. 16. (XVI und 448 S.) Berlin 858, Bachmann. geb. *

Dichter-Album, mein. 8. (V, 286 S. Schreibpap. mit 30 Bildnissen u. 1 Taf.) Lahr 891, Schauenburg. geb. in Leinw. * 2 50

—— dass. — Große Pracht-Ausg. 2. Aufl. 2 Bde. gr. 8. (à Bd. 286 S. mit 30 Bildnissen.) Ebd. 891. geb. à Bd. * 4 —; * 8 —

— militairisches, s. Klette.

—— militairisches, von G. M. Klette. 16. (XXIV und 616 S.) Berlin 853, David's Buchh. *

—— rheinisches, s. Den Armen.

Dichter-Biographien, s.: Universal-Bibliothek.

Dichterblitze, weltstürmende, s. Selbstmords-Candidaten. 16. (27 S.) Wien 874. Wenedikt. — 90

Dichterblüthen. Eine Festgabe für deutsche Frauen. 2. Aufl. 8. (VII, 224 S.) Bonn 882. Henry. geb. mit Goldschn. 3. —

Dichterblüthen. Eine Festgabe für Frauen und Jungfrauen. 3. Aufl. 12. (VII, 224 S.) Bonn 887, Henry. geb. mit Goldschn. *

Dichterblüten. Eine Festgabe f. Frauen u. Jungfrauen. 6. Aufl. 12. (VI, 224 S.) Bonn 897. A. Henry. Geb. in Damast m. Goldschn. n. 3. —

Dichterblüten. Eine Festgabe f. Frauen u. Jungfrauen. Neue Ausg. 6. Aufl. 12. (VIII, 224 S.) Aachen 902. J. Schweitzer. Geb. in Leinw. m. Goldschn. 3. —

Dichter-Blüthen über Kunst und Leben, s. Willibald.

Dichter-Blüthen über Kunst und Leben. Für Künstler und Kunstfreunde gesammelt von A. S. Willibald. gr. 16. (VI und 79 S.) Mannheim 854, Löffler'sche Buchh. *

Dichterblüthen, nebst e. angehängten charakteristischen Verzeichnisse einiger vorzügl. deutschen Dichterwerke, von Berheft, Glatz, Nitsch, Nösler u. A. 2e Ausg. 12. Pesth 812. Hartleben. 16 g̃

Dichterbuch. Aargauisches Dichterbuch. Festschrift zur Aargauischen Centenarfeier 1903. Hrg. von der Literarischen Gesellschaft Aarau (im Auftrag des Vorstandes besorgt [von]: Hans Käslin, Hans Rohr-Reiner, Max Widmann, Sam[uel] Zimmerli, Ernst Zschokke). [Mit illustriertem Umschlag.] VI + 166 S. 8. Aarau. Emil Wirz, 1903. [fr. 2. —]

— Braunschweiger, vom J. 1905. Hrsg. von Walth. Schottelius. (VII, 132 S.) Lex.-8. Braunschweig 905. G. Westermann. n. 4. —

Dichterbuch, Deutsches. Eine Sammlung der besten u. kernhaftesten deutschen Gedichte aus allen Jahrhunderten. Herausgeg. von Ludw. Bechstein. 8. Leipzig 845, G. Wigand. n. 2/3 ꝑ

—— deutsches, aus Schwaben mit epischen, lyrischen und dramatischen Beiträgen von Rob. Anschütz, Fr. Bodenstedt, A. Dulk ꝛc. hrsg. von Ludw. Seeger. gr. 16. (X und 580 S.) Stuttgart 864, E. Ebner. mit 16 photogr. Dichterportr. in Leder geb. mit Goldschn.

— Frankfurter. Hrsg. von Theo. Schäfer. Umschlagzeichnung v. W. Steinhausen. (510 S.) 8. Frankfurt a/M. 905. C. F. Schulz. n. 4. —; geb. n. 5. —; Luxusausg. n. 10. —

Dichterbuch, hannoversches. E. Sammelbuch heimatl. Dichtg. M. viel. Beiträgen leb. Dichter u. reichem Buchschmuck v. Heinr. Vogeler-Worpswede. Hrsg. v. Hans Müller-Brauel. gr. 8. (XX, 456 S.) Göttingen 898. L. Horstmann. n. 6. —; geb. n. 7. —

Dichterbuch, hessisches. Hrsg. von J. Marbach. gr. 16. (VIII und 371 S.) Friedberg 856(57,) Scriba. *

— hessisches. (Begründet durch Valent. Traudt.) 3. neubearb. Aufl., hrsg. von Wilh. Schoof. (IV, 374 S.) 8. Marburg 901. N. G. Elwert's Verl. n. 3. 60; geb. in Leinw. n. 4. 80

(F) Leipaer Dichterbuch. Eine Anthologie von A. Paudler. Leipa. 1898. Selbstverlag. [In Comm. Künstner.] Gr.-8°. 114 S. fl. 1.—

Dichterbuch, ein Münchener. Hrsg. von Eman. Geibel. 1. —3. Aufl. 8. (VIII und 361 S. mit 1 Musikbeilage in qu. 4.) Stuttgart 862,63, Kröner. 1 Thlr. 10 Ngr.; geb. mit Goldschn.

Dichterbuch, neues Münchener, hrsg. von Paul Heyse. Stuttgart 1882. 8°
VI - 339 S., 1 Musikbeilage. – Früher war erschienen: Münchener Dichterbuch. Hrsg. von Eman. Geibel. Stuttgart 1862. 8°.

—— aus Oestreich hrsg. von Emil Kuh. 8. (X und 365 S.) Wien 863, Gerold's Sohn. 2 Thlr.; geb. mit Goldschn. *

Dichterbuch, sächsisch-thüringisches. Unter Mitwirkg. v. Adf. Brieger u. Kurt v. Rohrscheidt hrsg. v. G. Emil Barthel. 8. (XIV, 337 S.) Halle 885. Hendel. 3. —; geb. n. 4. —

Dichterbuch, sächsisch-thüringisches. Unter Mitwirkg. v. A. Brieger u. K. v. Rohrscheidt hrsg. v. G. E. Barthel. Neue Folge. 8. (XIII, 334 S.) Halle 887. Hendel. 3. — (1. 2.: 6. —)

Dichterbuch der französ. Schweiz, s. Peschier, E.

—— der französischen Schweiz. Gesammelt und übers. von Eug. Peschier. 16. (XXVIII und 362 S.) Basel 865, Georg's Verlag. * 1 Thlr.; mit Photogr. geb. *

— schweizerisches. Hrsg. v. Emil Ermatinger u. Eduard Haug. (IV, 275 S.) 8. Frauenfeld 903. Huber & Co. Geb. in Leinw. n. 4. —

—— steiermärkisches, s. Gawalowski, K. W.

— deutscher Studenten. Im Schillerjahre 1905 hrsg. v. der akadem. freien litterar. Vereinigg. zu Göttingen. Mit Umschlagzeichng. von Wilh. Schulz. (184 S.) 8. Stuttgart (905). Strecker & Schröder. Kart. n. 2. —

Dichterbuch Deutscher Studenten. Im Schillerjahre 1905 hrg. von der Akademischen Freien Litterarischen Vereinigung zu Göttingen. Mit Umschlagzeichnung von Wilhelm Schulz. 2. unveränderte Aufl. 184 S. kl.-4. Stuttgart, Strecker & Schröder, (1905). [M. 2. —] —
*Darin S. 15. 22. 113 f. 145. 152. 161. 165. 168–170: Gedichte von* Albert Fischli (Basel), Paul Kaegi (Pfarrvikar in Diessenhofen), Raimund Krücke (geb. zu Schloss Marbach bei Konstanz) *und* Max Ringwald (geb. in Steinen, Schwarzw.);

—— tirolisches. Hrsg. im Auftrage des Vereins zur Errichtung eines Denkmals Walthers von der Vogelweide in Bozen von Ambros Mayr. gr. 4. (XII, 311 S. mit 1 Lichtdr.-Portr.) Innsbruck 888, Wagner'sche Universitäts-Buchh. geb. * geb. mit Goldschn. *

Dichterbund, der Göttinger, s.: Bibliothek deutscher Klassiker.

Dichterbund der Göttinger, s.: National-Litteratur, deutsche.

Dichterbund, Der Göttinger. Gedichte von Hölty, Voß, den Brüdern Stolberg, Bürger, Mathias Claudius. Für den Schulgebrauch herausgegeben von Rudolf Windel. 8. (126 S.) Geb. —.30

Prag: Tempsky 1895.

(Deutsche National-Litteratur, hrgg. v. Joseph Kürschner. Bd. 50. Abt. 2.)
Der Göttinger Dichterbund. T. 3: Friedrich Leopold Graf zu Stolberg — Matthias Claudius. Hrgg. v. August Sauer. Stuttgart. 1895. 8°

Dichterbündniß. Ein Sommeralmanach für . . . Hg.: Gg. Döring. 1829.
Cassel. Goed. VIII, 122, 319.

Dichterfamilie, die,. Lustsp. von M. Roller. 8. Rostock, Stiller. 793.

Griechische Dichterfragmente. (Bearb. von W[ilhelm] Schubart u. Ulrich v. Wilamowitz-Moellendorff.) Mit Lichtdrucktaf. Hälfte 1. 2. Berlin: Weidmann 1907. 2 Bde 4°(8°)
1 = Fragmente, Epische u. elegische.
2 = Fragmente, Lyrische u. dramatische.
= Klassikertexte, Berliner. H. 5. [07. 11055]

Dichterfreund, der, oder Auswahl d. besten Dichter, f. Schulen. 1r Thl. 8. Glogau 804. Neue Güntersche B. 20 ℳ

Dichterfreund, der. Eine poet. Halbmonatsschrift. Hrsg. u. Red.: Wilh. Jacob. 1. Jahrg. Dezbr. 1904. 3 Hefte. (ca. 36 S.) gr. 8. Berlin, Verlag des „Dichterfreund". à Hft. n. —30
Erscheint nicht mehr.

Der Dichterfreund. Eine poet. Halbmonatsschrift. Jg. 1, H. 1–6. [Mehr nicht erschienen.] Berlin: W. Jacob & Co. 1904. (Getr. Pag.) 8° [F.] [07. 7609]

Dichter-Freund, deutscher. Journal zur Belehrung und Unterhaltung für angehende Poeten und Schriftsteller, sowie zur Publikation aller literar. Erzeugnisse derselben. Hrsg. von J. Chr. Bertram. 1. Jahrg. Oktbr. 1878 — Septbr. 1879. 24 Nrn. (Bog.) gr. 8. [Minden.] Bückeburg 878, Bertram. *

Dichter-Freund, deutscher. [Neuer Musenhain.] Journal zur Unterhaltung und Belehrung, sowie Publications-Organ für junge Dichter ꝛc. 2. Bd. Jahrg. 1880. 24 Nrn. (Bog.) gr. 4. Kassel. (Bückeburg, Bertram.) *
Nicht weiter erschienen.

Dichter-Frühling, deutscher, s.a. Hungari, A.

Dichter-Frühling, deutscher, der neueren und neuesten Zeit. Hrsg. von A. Hungari. 2 Bde. 16. (LVI und 1376 S.) Frankfurt a. M. 854, Sauerländer's Verlag.

Dichter-Frühling, deutscher, der neueren und neuesten Zeit. Hrsg. von A. Hungari. 2. Aufl. 16. (XXVIII und 688 S.) Frankfurt a. M. 862, Sauerländer's Verlag. geb.

Dichterfürsten. Von Johs Scherr. 16. (X und 464 S.) Leipzig 857, O. Wigand. geb. *

Dichtergabe für gute Kinder. Vom Verf. des klugen Göfelhahns. Zum Neujahr. 8. Gotha 811, Verlags-Comptoir u. Erfurt, Knick. (Leipzig, Weygand'sche Buchh.) n. 1/4 ₰

Dichter-Gaben, deutsche. Album für Ferd. Freiligrath. Eine Sammlung bisher ungedruckter Gedichte der namhaftesten deutschen Dichter. Herg. von Chrn. Schad u. Ign. Hub. Mit 1 Stahlstichportr. Ferd. Freiligraths. Leipzig 868. Duncker & Humblot. gr. 8. (XXXV, 435 S.) n. 1 ₰ 15 ngr; geb. n. 2 ₰

Dichtergarben vom Felde deutscher Lyrik. s.a. Böttger, Adf.

Dichtergarben vom Felde deutscher Lyrik. Zusammengetragen von Adf. Böttger. 16. (XVI und 370 S.) Braunschweig 851(52,) Westermann. *

Dichtergarben vom Felde deutscher Lyrik. Hrsg. von Adf. Böttger. 2., umgearb. und stark verm. Aufl. 16. (XVI und 479 S. mit 1 Stlkpfr.) Braunschweig 856, Westermann. *

—— aus dem Wupperthale. In Verbindung mit Mehreren hrsg. von F. W. Lucas. gr. 12. (VIII und 207 S.) Elberfeld 854, Bädeker'sche Buchh. *

Dichtergarten, Der, oder poetische Sittenlehren zur Bildung jugendlicher Charaktere fürs Schöne, Gute und Edle. 1—2. Bd. Altona. 1801.

Dichter-Garten. Hrsg. v. Rostorf (O. A. K. v. Hardenberg.) 1807. Erster (einziger) Gang. Violen, VIII, 362 S.
Würzburg. Goed. VIII, 65, 105.

Dichtergarten. Eine Auswahl aus den besten deutschen Dichtern. Altona 1819. II: *Pinckvoss, Christian Gottlieb.* (GGr)

Dichtergarten, der, eine Auswahl aus den besten deutschen Dichtern, zur Bildung des jugendl. Charakters. 3 Thle. 8. Altona 819. Hammerich. 2 ₰

Dichtergarten. Taschenbuch f. Frauen. Hg.: Ch. Döring.
(1835.) M. Titelk. u. Vign.
(1845.) 2. Aufl.
Leipzig u. Frankfurt/M.

Dichtergarten, deutscher. Organ für die gegenwärtige poetische Literatur unseres Volkes. Red.: A. Frenzel u. Fr. Rausch. Jahrg. 1865. Juli—Dezbr. 26 Nrn. n. 1 ₰ — Jahrg. 1866. 52 Nrn. (à 1 Bgn.) Frankfurt a. M., Knatz. Lex.-8. n. 2 ₰

Dichtergarten für Frauen. 8. (22 B. mit viel. Vign. u. Ttlkpfr.) Frankfurt a. M. 835. [Halle, Kersten.] 2 1/4 Thlr., geb. in Seide m. Goldschn.

Dichtergarten für Frauen. Mit Vign. u. Titelkpfr. 8. Frankf. 835. Schmerber. n. 1 2/3 ₰ In Seide mit Goldschnitt 3 1/3 ₰

Dichtergeist u. Frömmigkeit des Fürstbischofs von Hildesheim. 8. Helmst. 798. Fleckeisen. 2 ℳ

Dichtergesellschaft, die, oder: 120 Dichter in alphab. Ordnung, zunächst für Jugendlehrer, Seminaristen u. Zöglinge höherer Schulen bestimmt, (v. J. v. Essen). 8. Lübeck 819. v. Rohden. 1 ₰

Dichter-Gesellschaft, die, oder: 120 Dichter in alphabetischer Ordnung; zunächst f. Jugend-Lehrer, Seminaristen u. Zöglinge höherer Schulen bestimmt. Neue Ausg. 8. Lübeck 825, v. Rohden.

Dichter-Grüße, s.a. Polko, E.

Dichtergrüße. Neuere deutsche Lyrik ausgewählt von Elise Polko. Mit Illustr. 1. und 2. Aufl. 16. (XXVI und 552 S. mit 20 Holzschnt. und lithogr. Widmungsbl.) Leipzig 860. 61, Amelang's Verlag. geb.

—— Neuere deutsche Lyrik ausgewählt von Elise Polko. 3. Aufl. 16. (XXX und 558 S. mit vielen Illustr. 32 Holzschntaf.) Leipzig 864, Amelang's Buchh. geb. mit Goldschn.

Dichtergrüße. Orig.-Beiträge von Blum, Bowitsch, Cappilleri, Castelli ꝛc. Herausg. von Wilh. Cappilleri. Olmütz 862. Halauska. 16. (236 S.) n. 20 ngr

Dichtergrüße. 16. (24 S. m. Illustr. u. 12 Farbendr.-Bildern.) Stuttgart 891. F. Loewe. Kart. — 75

Dichter-Grüße. 64 Bildnisse u. Autogramme. *Berlin: Boll & Pickardt [1903].* (64 Bl.) 8° [Umschlagt. F.] [03 7034]

Dichtergrüße. 65 Bilder u. Autogramme. (65 Bl.) 8. Berlin 903. Boll & Pickardt. In Mappe n. 2.50

**Dichtergrüsse.** Luxemburg 1910.
Ü: *Wetler, J. J.* (Berl 1916, S. 53)

Dichter-Grüsse aus der Fremde. Fremdsprachliche Dichtungen, ins Deutsche übertragen von Perrot. 8. (VI, 74 S. mit Kopfleisten und Schlussvignetten.) Augsburg 881, Literar. Institut von Huttler. *M 1.; geb. **
Ausg. auf Büttenpap. *M 1,50.; geb. **

—— fürs Heim. Mit Beiträgen von Renata Beutner, Blau, Geo. Oertel u. A. Hrsg. von Ernst Evers. 12. (75 S.) Berl. 891, (Buchh. der Berliner Stadtmission). * 1 —

Dichtergrüße zur goldenen Hochzeitsfeier des deutschen Kaiserpaares am 11. Juni 1879. Ausg. A. gr. 8. (16 S.) Berlin 879, Hentze's Verlag. *
Ausg. B. *
Ausg. C., geb. in Leinw. *

Dichtergrüße an Friederike Kempner, von Methusalem. 8. (X, 51 S.) Berlin 885, Eckstein Nachf. *50 Pf.; geb. *

**Dichtergrüße** aus Nord-Böhmen. gr. 16. (208 S.) Reichenberg 872. Schöpfer. — 90

Dichterhalle. Auswahl des Schönsten u. Gediegensten aus Deutschlands Dichtern d. Gegenwart. (1815—1843.) Neue verm. Aufl. des Büchleins junger Lieder. 16. (37 1/8 B.) Berlin 841, Heymann.

Dichterhalle, Deutsche. Zeitschrift für Poesie u. Poetik. Hrsg. v. Max Moltke. 1. Jahrg. 1848. 18. Octbr. bis Decbr. 15 Lfgn. gr. 4. (à 1 1/2 B.) Leipzig, Moltke's Selbstverlag. (Schreck.) n. 1 1/6 ß; einzelne Lfgn. 3 ngr

**Dichterhalle,** deutsche. Red.: Osc. Blumenthal. 2. u. 3. Bd. 1873 u. 1874 à 24 Nrn. (B.) gr. 8. Leipzig, Hartknoch. à Jahrg. n. 5. —

Dichterhalle, deutsche. Redact.: Ernst Eckstein. 4. Bd. Octbr. 1874 — Septbr. 1875. 24 Nrn. (Bog.) gr. 8. Leipzig 875, [Hartknoch.] Eckstein.
—— dass. — 5.—8. Bd. Octbr. 1875 — Septbr. 1879. à Jahrg. 24 Nrn. (à 1 1/2—2 Bog.) gr. 8. Ebendas. à Jahrg.
—— dass. — 9. Bd. Octbr. 1879 — Septbr. 1880. 24 Nrn. (Bog.) gr. 8. Leipzig, Eckstein.
Jahrg. 1876 und 1877 herabges. Pr. geb. à M 4,50.; 1878 und 1879 geb. à M 9.

**Dichterhalle,** deutsche. Unter Mitwirkung der hervorragendsten Dichter u. Schriftsteller der Gegenwart. Hrsg. von Ernst Eckstein. 6—11. Bd. 1877—1882. à 24 Nrn. (à 1 1/2—2 Bg.) gr. 8. Leipzig, Denicke's Verl. à Jahrg. 10. —
cf.: Dichterheim, deutsches.

Dichterhalle, deutsche. Hrsgbr.: Ernst Eckstein. 10. und 11. Bd. Octbr. 1880 — Septbr. 1882. à Jahrg. 24 Nrn. (à Nr. 1—1 1/2 Bog.) gr. 8. [Leipzig, Eckstein Nachf.] Berlin, Neufeld. à Bd.

—— dass. — 12. Bd. Nr. 1—7. (à Nr. 1—1 1/2 Bog.) gr. 8. Ebendas. 882.
Nicht weiter erschienen. Mit Deutsches Dichterheim vereinigt.

—— deutsche, des 19. Jahrh., s. Schenckel, J.

—— neue deutsche. Unter Mitwirkung der ersten Dichter und Schriftsteller Deutschlands hrsg. von Rud. Fastenrath. 1.—3. Bd. Jahrg. 1877—1879. à Jahrg. 24 Nrn. (Bog.) gr. 8. Herisau, (Expedition.) à Bd. *
Herabges. Pr. geb. à Bd. *

**Dichterhalle, Neue deutsche.** Red.: Rud. Fastenrath. IV. Bd. 1879. 24 Nrn. à 16 S. Gr. in-8°. Herisau, Fastenrath.
Pr. compl. für die Schweiz 7 50
Forts. s.: Olymp.

—— schweizerische. Redact.: Rud. Fastenrath. 1.—4. Bd. Juli 1875 — Juni 1879. à Jahrg. 12 Nrn. (Bog.) gr. 8. Herisau. (Leipzig, Theile.) à Bd. *M 4.; geb. à * 1.—4. Bd. geb. *
Nicht weiter erschienen.
Vereinigt mit: Deutsches Dichterheim.

**Dichterhalle,** Schweizerische, hrsg. v. Rud. Fastenrath. 2. Aufl. Bd. I. cplt. Gr. in-8°. Herisau, Fastenrath. In Prachtband gebd. m. Goldschnitt. 1878

—— stenographische, für Freunde und Kenner der Arends'schen Kurzschrift. Hrsg. und redig. vom Arends'schen Stenographen-Verein zu Strassburg i. E. 1. Jahrg. 1874. 12 Nrn. (lithogr. Bog.). Strassburg, Bielefeld. *

Dichterhäuser, die, in Weimar wie sie bewohnt wurden von 1. Goethe. 2. Schiller. 3. Wieland. 4. Herder. qu. 4. (4 Kpfrt.) Weimar 857. [Leipzig, Voigt und Günther.] *

**Dichterheim,** deutsches. Neue Blätter für Dichtkunst, Kritik u. Satire. Red.: Paul Heinze. 1—3. Jahrg. 1880—1882. à 24 Nrn. (B.) gr. 8. Dresden, Heinze's Verl. à Jahrg. n. 10. —
cf.: Dichterhalle, deutsche.

**Dichterheim,** deutsches. Organ f. Dichtkunst u. Kritik. 4—7. Jahrg. [Der „Deutschen Dichterhalle" 13—16. Bd.] 1883—1887. à 24 Nrn. (à 1—1 1/2 B.) gr. 8. Dresden-Striesen, Heinze. à Jahrg. n. 10. —

**Dichterheim,** deutsches. Organ f. Dichtkunst u. Kritik. 8.—11. Jahrg. [Der „Deutschen Dichterhalle" 17.—20. Bd.] Oktbr. 1887—Septbr. 1891. à 24 Nrn. (à 1—1 1/2 B.) gr. 8. Dresden-Striesen, Heinze. à Jahrg. n. 10. —

Dichterheim, deutsches. Organ für Dichtkunst und Kritik. 10.—18. Jahrg. [Der „Deutschen Dichterhalle" 19.—22. Bd.] Oktbr. 1889—Septbr. 1893. à Jahrg. 24 Nrn. (à Nr. 1—1 1/2 Bog.) gr 8. Dresden-Striesen, Heinze. à Jahrg. * 10 —
Mit Vorstehendem sind seit 1892 die Neuen Poetischen Blätter vereinigt.

**Dichterheim,** deutsches. Organ für Dichtkunst u. Kritik. 12.—14. Jahrg. [Der „Deutschen Dichterhalle" 21. bis 23. Bd.] Oktbr. 1891—Septbr. 1894. à 24 Nrn. (à ca. 1 1/2 Bog.) gr. 8. Dresden-Wachwitz, M. Geißler. à Jahrg. n. 10. —

**Dichterheim,** deutsches. Organ für Dichtkunst u. Kritik. Hrsg.: Adb. v. Majerszky. Chef-Red.: Aug. Siebenlist. Red.: Ludw. Werner. 15.—18. Jahrg. 1895—1898. [D. „Deutschen Dichterhalle" 24.—27. Bd.] à 24 Nrn. (à ca. 1 1/2 Bog.) gr. 8. Wien, Expedition. à Jahrg. n. 10. —; einz. Nrn. n. — 50
Kann auch halbjährlich bezogen werden.

**Dichterheim,** Görlitzer. Hrsg. von Literaturfreunden. (VI, 224 S.) gr. 8. Görlitz 903. (H. Tzschaschel.) n. 1. 50; kart. n. 3. —

**Dichterheim,** neues deutsches. Monatsschrift f. Poesie u. Literaturgeschichte. Geleitet v. Gust. Adf. Müller. Oktbr. 1909—Septbr. 1910. 12 Hefte. (à ca. 24 S.) gr. 8. Coburg (Herrngasse 4), A. Rossteutscher. nn 6. —

**Dichterhelden,** deutsche. Handschriftlich dargestellte Orig.-Beiträge berühmter Autoren der Gegenwart. Nebst e. der letzten Briefe Ferd. Freiligrath's. Hrsg. v. Karl Böttcher. gr. 4. (III, 64 autogr. Bl.) Leipzig 876. Röhl. geb. m. Goldschn. 10. 50

**Dichter-Humor.** Humorist. Dichtgn. v. Goethe, Schiller, Gellert u. A., zusammengest. v. Fritz Reuther. gr. 8. (XI, 189 S.) Dresden 896. Dresdener Verlagsanstalt R. W. Esche. Geb. in Leinw. n. 3. —

**Dichterin, Die,** oder Wissenschaft ist schön, Vernunft ist noch schöner. Lustspiel in 1 Aufz. Prag, Wien u. Leipzig 1785. V: *Meyer, Frz Anton von.* (GGr)

Dichterin, die, od. Vernunft ist schön. Lustsp. 8. Prag, Schönfeld. 785.

Dichterinnen, Deutschlands, s. Deutschlands.

**Dichterinnen,** russische, übertr. v. Frdr. Fiedler, s.: Universal-Bibliothek.

**Dichterinsel, Die,** nach ihren verschiedenen Landschaften unpartheyisch beschrieben. Wittenberg 1745. V: *Justi, Johann Heinrich Gottlob.* (ML)

Dichterinsel, nebst ihren verschiedenen Landschaften rc. 8. Wittenb. Ahlfeld. 745.

Dichterisches u. Thatsächliches aus der Thierwelt von deren Freunden u. Freundinnen. Hrsg. im Auftrage des Vereins zum Schutze der Thiere zu Frankfurt am Main. Mit 6 Illustr. in Photolith. nach Orig.-Zeichngn. von F. C. Klimsch sen. u. Emil Rumpf. gr. 8. (XII, 212 S.) Frankfurt a/M. 880. Klimsch's Druckerei. geb. n. 4. —

Dichterklänge aus Deutschlands großer Zeit. Patriotische Dichtungen zur Feier der nationalen Gedenktage in Schule und Haus. 1813—15. 1870—71. 8. (VIII, 128 S.) Langensalza, 880, Beyer und Söhne. cart.

Dichterklänge aus Deutschlands großer Zeit. Patriotische Dichtungen zur Feier der nationalen Gedenktage in Schule und Haus. 2. Aufl. 12. (XII, 196 S.) Langensalza 886, Beyer und Söhne. geb. *

**Dichterklänge** aus Deutschlands großer Zeit. Patriotische Dichtgn. zur Feier der nationalen Gedenktage in Schulen u. Vereinen. 3. Aufl. 12. (XII, 212 S.) Langensalza 893. H. Beyer & Söhne. Geb. in Leinw. n. 1.20

Dichterkönige. Von Johs. Scherr. gr. 16. (XVI und 531 S.) Leipzig 855, O. Wigand. *

Dichterkönige. Von Johs. Scherr. 2., verb. und stark verm. Aufl. 2 Thle. 16. (XXIV und 770 S.) Leipzig 861, O. Wigand. *

NÜRNBERG'S Dichterkranz. Vollständigste Sammlung der besten (zahmen) Gedichte sämmtlicher Dichter in Nürnberger Mundart bis auf die neueste Zeit. Gesammelt und hrsg. mit erläuterndem Glossare von einem Nürnberger. Nürnberg 1854. 16°. XVI, 247 S.
Goedeke VII, 556.

**Dichter-Kränzchen,** Zürcher, gewunden von Gottfr. Keller, Ferd. Zehender, Ferd. Meyer für den Bazar des Kinderspitals (Eleonorenstiftung) 15. und 16. März 1882. Als Manuscript gedruckt. In-16°, 72 S. Zürich, Druck von Orell Füssli & Cie. 1882 4 —

**Dichterkreis,** der schwäbische. Österreichische Dichter, s.: Bibliothek deutscher Klassiker f. Schule u. Haus. 11. Bd.

DICHTERLAUNE, Priapische. 1. (einz.) Auflage. Macedonien (Wien, Mösle), 1788. 8°. Enorm selten! (In Wien. Stadtbibl.: Secr. A 98.) 2 Bl. Vorber., 2 Bl. Prolog an die Schönen, 2 Bl. Inh. u. 201 S. Text.

**Dichterling, Der,** oder Solche Insekten giebts die Menge. Ein Original-Lustspiel in einem Aufzuge. Wien 1781. V: *Eberl, Ferdinand.* (GGr V/332, Nr. 112/24) (J. F. Schink, Dramat. Fragmente 2/319) (Theaterkalender f. 1784. Gotha. S. 148) (Meine Empfindungen im Theater 2/97) V: *Hayn, Juliana.* (GGr V/326, Nr. 97/4) (BiblPort)

**Dichtermanuscripte.** Wien 1781. V: *Schink, Johann Friedrich.* (GGr)

**Dichtermappe,** schweizer. Herausgeg. vom Künstlerhaus Zürich. 1895. 1. u. 2. Aufl. In-4°. 156 S. Zürich, Art. Inst. Orell Füssli. 5 —

**Dichterperlen.** Eine Auswahl des Guten u. Schönen aus Deutschen Dichtern seit Haller. Herausg. u. mit Erläuterungen begleitet von Heinr. Bone. 2 Bde. Bonn 860. Cohen & Sohn. 8. (XXIV, 926 S.) 2 ℛ

**Dichterproben, Brittische,** nach Moore und Byron ... Leipzig 1819—27. H: *Breuer, Friedrich Ludwig.* (GGr) (Ky) (MGT)

Dichterproben, britische, Nr. 1. Nach Thomas Moore u. Lord Byron, (v. Fr. L. Breuer). (Mit engl. Text zur Seite.) 8. Lpz. 819. Brockhaus. 1 ℛ 12 gr Nr. 2. (Die Belager. v. Korinth, die Finsterniß u. drei hebräische Lieder von Lord Byron, u. der natürl. Tod d. Liebe von G. Crebbe.) Mit d. Original daneben, (v. F. L. Breuer). 8. Ebd. 820. 1 ℛ 12 gr Nr. 3. Die Insel, oder Christian u. seine Kameraden, nach Lord Byron. 8. Ebd. 827. 1 ℛ 6 gr

**Dichterreigen.** Eine poet. Gabe. Mit 4 Aquarellen, 6 Porträtblättern, vielen Illustr. (160 S.) gr. 8. Berlin (905). A. Weichert. Geb. in Leinw. m. Goldschn. n. 6. —

**Dichters Ahnung,** s. Contessa.

**Dichter's,** e., Liebe. Eduard Mörikes Brautbriefe. Eingeleitet u. hrsg. v. Walth. Eggert-Windegg. (XVIII, 221 S. m. 2 Taf.) 8. München 908. C. H. Beck. Geb. in Leinw. 3.50; in Ldr. 6. —

Dichtersaal. Auserlesene deutsche Gedichte zum Lesen, Erklären u. Vortragen in höhern Schulanstalten. Nach den Dichtern geordn. u. hrsg. v. Max Wilh. Götzinger. 3., verm. Aufl. gr. 8. (47 B.) Leipzig 845, Hartknoch. Thlr. *

**Dichtersaal.** Blätter f. Freunde christl. Poesie. Hrsg. unter Mitwirkg. christlicher Dichter v. Thdr. Molinus. 1901. 1. Hft. 8. (16 S.) Frankfurt a/M., Bonn, J. Schergens. Subskr.-Pr. n. — 20; Einzelpr. n. — 25

—— deutscher, von Klopstock bis auf d. neueste Zeit, od. systematisch geordn. Mustersammt. deutscher Gedichte. Ein Buch f. Schule u. Haus. Hrsg. v. Eman. Friedr. Zehender. gr. 8. (33¾ B.) Solothurn 841, Jent u. Gaßmann.

Dichtersaal, deutscher, von Luther bis auf unsere Zeiten. Auswahl d. Gediegensten, geschichtl. Einleitungen, Biographien u. Charakteristiken, herausgeg. v. A. Gebauer. 1r—4r Bd. 16. Leipzig 827, Klein. Pr. Pr. 2 Rthlr. Franz. P. 2 Rthlr. 16 gr. Vel. Pap.

Dichtersaal, deutscher, von Luther bis auf unsere Zeiten. Auswahl der gediegensten, geschichtl. Einleitungen, Biographien u. Charakteristiken, herausg. von A. Gebauer. 1s, 2s Bdchn. 16. Leipz. 827. Klein. 1 ℛ 12 gr Velinp. 2 ℛ Ausg. in 8. 2 ℛ 6 gr Velinp. 3 ℛ

Dichtersaal, deutscher, von Luther b. auf uns. Zeiten. Auswahl d. Gediegensten, geschichtl. Einleitn., Biographien u. Charakteristiken. Hrsg. v. Aug. Gebauer. 4 Bde. (Neue Ausg.) 16. (100⅛ B.) Leipzig 834, Klein. 2 Thlr. 12 Gr., Octav-Ausg., Schrbp. 3 Thlr., Vlnp.

Dichtersang u. Herzensklang. Ein Strauß schönster Blüten neuerer deutscher Lyrik, gebunden v. Frauenhand. Mit 14 Vollbildern u. zahlreichen anderen Illustr. 16. (207 S.) Leipzig 893. W. Fiedler. Geb. m. Goldschn. n. 3.—

Dichterschule, katholische. 1.—3. Jahrg. 1888—1890. gr. 8. (100; 142; IV, 203 S.) Miltenberg a. M. 889—891, (Halbig).
Nicht weiter erschienen. à Jahrg. * 1 —; geb. * 1 50

Dichter-Stimmen u. Dichtererinnerungen aus Meiringen. 8. (15 S.) Bern 879. Dalp in Comm. n. 1. 20

Dichterstimmen, freie. Poesien aus den Jahrgängen 1907 u. 1908 der „Menschheitsziele". (V, 84 S.) 8. Leipzig 909. O. Wigand. 1.—

Dichterstimmen der Gegenwart. Eine Sammlung vom Felde der deutschen Lyrik seit 1850. Hrsg. von Carl Weller. gr. 16. (VIII und 600 S. mit 1 Holzschnt.) Leipzig 856, Hübner. *

Dichterstimmen der Gegenwart, poet. Organ für das kathol. Deutschland. Hrsg. v. Leo Tepe van Heemstede. 5. Jahrg. 1891. 12 Hfte. (Bog.) gr. 8. Berlin, Pet. Weber. n. 3.—

— dasselbe. 6. Jahrg. Januar—Septbr. 1892. 12 Hfte. (Bog.) gr. 8. Ebd. n. 3.—

— dasselbe. 7. u. 8. Jahrg. Oktbr. 1892—Septbr. 1894. à 12 Hfte. (Bog.) gr. 8. Ebd. à Jahrg. n. 3.—

Dichterstimmen der Gegenwart. Poet. Organ f. d. kathol. Deutschland. Hrsg. v. Leo Tepe van Heemstede. 9. Jahrg. Octbr. 1894—Septbr. 1895. 12 Hfte. (à 1 Bog.) gr. 8. Baden-Baden, P. Weber. n. 3.—

— dasselbe. 10.—13. Jahrg. Octbr. 1895—Septbr. 1899. à 12 Hfte. (à ca. 2 Bog. m. Bildn.) gr. 8. Ebd. à Jahrg. n. 4. 50
Kann auch halbjährlich bezogen werden.

Dichterstimmen der Gegenwart. Poetisches Organ f. d. kathol. Deutschland. Hrsg. v. Leo Tepe van Heemstede. 14. u. 15. Jahrg. Oktbr. 1899—Septbr. 1901. à 12 Hfte. gr. 8. (à ca. 32 S. m. 1 Bildn.) Baden-Baden, P. Weber. à Jahrg. n. 4. 50

Dichterstimmen der Gegenwart. Poetisches Organ f. d. kathol. Deutschland. Hrsg. v. Leo Tepe van Heemstede. 16. Jahrg. Oktbr. 1901—Septbr. 1902. 12 Hfte. gr. 8. (à ca. 32 S. m. 1 Bildnis.) Baden-Baden, P. Weber. n. 4. 80

— dasselbe. 17. Jahrg. Oktbr. 1902—Septbr. 1903. 12 Hfte. gr. 8. (à ca. 32 S. m. 1 Bildnis.) Ebd. n. 6.—

Dichterstimmen der Gegenwart. Illustr. poet. Organ für das kathol. Deutschland. Hrsg. v. Leo Tepe van Heemstede. 18.—21. Jahrg. Oktbr. 1903—Septbr. 1907. à 12 Hefte. (à Jhrg. VIII, 392 u. 52 S. m. 12 Bildn.-Taf.) gr. 8. Baden-Baden, P. Weber. à Jhrg. n. 5.—; geb. n. 6. 50

— der Gegenwart. Illustr. Monatsschrift f. Poesie u. Literatur. Hrsg. v. Leo Tepe van Heemstede. 22.—25. Jahrg. Oktbr. 1908—Septbr. 1911 à 12 Hefte. (à Jhrg. VIII, 472 S. m. Bildnissen.) gr. 8. Baden-Baden, P. Weber. à Jhrg. 6.—

Dichterstimmen aus Heimath u. Fremde, s.: Büchner, Luise.

Dichterstimmen aus Heimath und Fremde. Für Frauen und Jungfrauen ausgewählt von Luise Büchner. 16. (XVI und 271 S. mit 1 Chromolithogr.) Frankfurt a. M. 859. (Berlin, M. Hirsch.) geb.

Dichterstimmen aus Heimath und Fremde. Für Frauen und Jungfrauen ausgewählt von Luise Büchner. 2. Aufl. Illustr. von Friedr. Baumgarten und Paul Thumann. 16. (XVI und 599 S. mit eingedr. Holzschn.) Hamm [Berlin] 865, Grote'sche Verlagsh. geb. mit Goldschn. Pracht-Ausg. *

Dichter-Stimmen aus Oesterreich-Ungarn. Hrsgbr.: Heinr. Penn. Redact.: Stef. Sirof. 1. und 2. Jahrg. 1877 und 1878. à Jahrg. 24 Nrn. (à ¾ Bog.) gr. 8. Wien, (Perles.) à Jahrg. *
Nicht weiter erschienen.

— aus Oesterreich-Ungarn. Organ f. Poesie, Literatur, Wissenschaft u. Künste. Gegründet 1877. Hrsg. u. Red.: Heinr. Penn. Septbr. 1893—Aug. 1894. 24 Nrn. (à ca. 2 Bog.) gr. 4. Wien. (Leipzig, Literar. Anstalt A. Schulze.) n. 12.—

Dichterstimmen aus Deutschlands Trauertagen. 9. März 1888, 15. Juni. Klage- und Trostlieder deutscher Dichter über den Tod unserer Kaiser Wilhelm I. und Friedrich III. 8. (IV, 91 S.) Dortmund 888, Garms'sche Buchh. *

Dichterstimmen a. d. Volke. Hrsg. v. Karl Schrattenthal. 1. u. 2. Bd. gr. 8. Königsberg, F. Beyer. à n. 2. 25; geb. n. 3.—
1. Erlebtes u. Erträumtes. Gedichte v. Frz. Bechert. Hrsg. v. Karl Schrattenthal. (XVI, 131 S.) 896.
2. Aus dem bayrischen Wald. Erzählung v. Emerenz Meier. (IX, 140 S. m. Bildn.) 897.

[F.] Dichterstimmen aus dem Volke. Hrsg. v. Karl Schrattenthal [d. i.: Karl Weiss]. Bd 1. 11. *Königsberg i. Pr.: Thomas & Oppermann 1896. 97.* 8. [97. 1309

[F.] Dichter- und Melodien-Verzeichnis zum Gesangbuch für die Evangelischen Gemeinden der Provinz Posen . . . *Lissa i. P.: F. Ebbecke 1896.* (28 S.) 1 Bd 8. [98 5377

Dichterwald. Eine neue reichhaltige Auswahl deutscher Gedichte z. Bildung des Geschmackes u. z. Uebung im schönen u. richtigen Vortrage. Für Gymnasien, Bürgerschulen u. zum Privatgebr. herausg. v. prakt. Schulmännern. 1. Cursus, für mittlere Klassen. gr. 8. Frankf. a/M. 841, Jäger'sche B. ½ ₰ — 2. Cursus, für höhere Kl. Lex.-8. Ebd. 842. ¾ ₰

Dichterwald, deutsch-amerikanischer. Eine Sammlung von Orig.-Gedichten deutsch-amerikan. Verf. Hrsg. von G. Zarrhausen. 16. (XV und 240 S.) Detroit, Mich. 856(58). (Philadelphia, Schäfer und Koradi.) *

Dichterwald, der deutsche, s.: Gruppe.

Dichterwald, Deutscher, v. J. Kerner, Friedrich Baron de la Motte Fouqué, L. Uhland u. A.
1813. 4 Bl., 248 S.
Tübingen. Goed. VIII, 30, 154.

Dichterwald, deutscher, v. Just. Kerner, Fr. de la Motte Fouqué, L. Uhland u. A. 8. Tübing. 813. Osiander. 1 ₰

Dichterwald, deutscher. Lyrische Anthologie von Geo. Scherer. 16. (VIII und 624 S. mit 1 Stahlst.) Stuttgart 853, Ed. Hallberger.
Vgl. Scherer, Georg

—— deutscher, von Opitz bis Lenau, s. Geschichte der lyrischen und epischen National-Literatur der Deutschen.

Dichterwerth, ein Fragment. [Berlin 1802.] V: *Himly, Johann Frdr. Wilhelm.* (MGT)

Dichterwiege, die. Gemeingut poetisch angelegter Naturen. Passendes Unterhaltungsblatt f. jede deutsche Familie. Wochenschrift. Hrsg.: C. Haas. 1. Jahrg. 1884. 52 Nrn. (B.) hoch 4. Hilpoltstein 884. Haas. n. 8.—
Erscheint nicht mehr.

Dichterworte, s.: Miniatur-Bibliothek. Nr. 696.97.

Dichtkunst, d. deutsche (Einführg. i. d. Poetik), s.: Panorama d. Wissens.

Dichtl, Hermann

Dichtl, H., Anleitung zum kindlichen Verkehre mit Gott, s.a. Perlenkranz, geistlicher.

Dichtl, Herm., Anleitung zum kindlichen Verkehre mit Gott. 3. Aufl. 12. (69 S.) Prag 850. (Heß.) n. 1/6 ℔

Dichtl, Herm., Anleitung zum kindlichen Verkehre mit Gott. 6. Aufl. 16. (104 S. mit 1 Stahlst.) Regensburg 888, Pustet. *

Dichtl, Herm., der Distanzreiter. Erläuterung selbstgemachter Erfahrgn. auf dem Gebiete des Distanzreitens u. Besprechg. einschläg. Fragen. gr. 8. (95 S.) Belovar 893. (Wien, L. W. Seidel & Sohn.) n. 2. 50

Dichtl, Herm., Sattelbuch f. d. beritt. Officier d. Fusstruppen. gr. 8. (128 S. m. 1 Taf.) Belovar 894. (Mähr. Weisskirchen, S. Forster.) n. 2. —

Dichtung, die. Eine Sammlg. v. Monographien. Hrsg. von Paul Remer. Buchschmuck von Heinr. Vogeler. 1.—45. Bd. kl. 8. Berlin, Schuster & Loeffler. à Bd. kart. n. 1. 50; geb. in Ldr. n. 2. 50

Bethge, Hans, Hölderlin. 2. Taus. (96 S. m. 5 Taf. u. 2 Fksms.) (904.) (Bd. 6.)
— Jacobsen. (92 S. m. 6 Taf. u. 1 Fksm.) (905.) (Bd. 29.)
Bewer, Max, Bismarck. (68 S. m. 10 Taf.) (905.) (Bd. 31.)
David, J. J., Anzengruber. (73 S. m. 5 Taf. u. 2 Fksms.) (904.) (Bd. 2.)
Ernst, Otto, Lessing. (79 S. m. 7 Taf. u. 1 Fksm.) (905.) (Bd. 35.)
Ernst, Paul, Henrik Ibsen. (90 S. m. 5 Taf. u. 2 Fksms.) (904.) (Bd. 1.)
— Sophokles. (76 S. m. 5 Taf.) (905.) (Bd. 37.)
Ewers, Hanns Heinz, Edgar Allan Poe. 1. u. 2. Taus. (Je 67 S. m. 6 Taf. u. 1 Fksm.) (906.) (Bd. 42.)
Falke, Gust., Eichendorff. 1. u. 2. Taus. (Je 71 S. m. 6 Taf. u. 2 Fksms.) (906.) (Bd. 41.)
Greiner, Leo., Lenau. (88 S. m. 7 Taf. u. 2 Fksms.) (904.) (Bd. 16.)
Hart, Heinr., Peter Hille. (79 S. m. 7 Taf. u. 2 Fksms.) (904.) (Bd. 14.)
Hart, Jul., Leo Tolstoj. 2. Taus. (81 S. m. 6 Taf. u. 1 Fksm.) (904.) (Bd. 5.)
Hegeler, Wilh., Kleist. (67 S. m. 6 Taf. u. 3 Fksms.) (904.) (Bd. 20.)
Heine, Anselma, Maeterlinck. (93 S. m. 7 Taf. u. 2 Fksms. (905.) (Bd. 33.)
Hesse, Herm., Franz v. Assisi. (84 S. m. 8 Taf.) (904.) (Bd. 13.)
— Boccaccio. (75 S. m. 1 Abbildg., 6 Taf. u. 1 Fksm.) (904.) (Bd. 7.)
Hoffmann, Hans, Wilhelm Raabe. (78 S. m. 8 Taf.) (906.) (Bd. 44.)
Hofmannsthal, Hugo v., Victor Hugo. 2. Taus. (80 S. m. 1 Abbildg. u. 6 Taf.) (904.) (Bd. 3.)
Holzamer, Wilh., Heinrich Heine. 1. u. 2. Taus. (Je 80 S. m. 8 Taf. u. 1 Fksm.) (906.) (Bd. 40.)
— Conr. Ferd. Meyer. (85 S. m. 7 Taf. u. 2 Fksms.) (904.) (Bd. 23.)
Huch, Ricarda, Gottfried Keller. 2. Taus. (97 S. m. 6 Taf. u. 1 Fksm.) 904. (Bd. 9.)
Krack, Otto, Grabbe. (73 S. m. 6 Taf. u. 2 Fksms.) (904.) (Bd. 25.)
Kröger, Timm, Klaus Groth. (85 S. m. 7 Taf. u. 2 Fksms.) (905.) (Bd. 32.)
Kühl, Gust., Richard Dehmel. (60 S. m. 8 Vollbildern.) (906.) (Bd. 45.)
— Mörike. (80 S. m. 10 Taf. u. 1 Fksm.) (904.) (Bd. 10.)
Lachmann, Hedw., Oscar Wilde. (91 S. m. 9 Taf. u. 1 Fksm.) (905.) (Bd. 34.)
Lienhard, Fritz, Schiller. (85 S. m. 12 Taf. u. 2 Fksms.) (905.) (Bd. 26.)
Mauthner, Fritz, Spinoza. (76 S. m. 5 Taf. u. 1 Fksm.) (906.) (Bd. 43.)
Möller, Marx, Fritz Reuter. (78 S. m. 9 Taf. (905.) (Bd. 36.)
Pastor, Willy, Homer. 2. Taus. (82 S. m. 10 Taf.) (904.) (Bd. 22.)
— Novalis. (72 S. m. 7 Taf. u. 1 Fksm.) (904.) (Bd. 17.)
Puttkamer, Alberta v., D'Annunzio. (92 S. m. 8 Taf.) (904.) (Bd. 15.)
Remer, Paul, Detlev Liliencron. (82 S. m. 6 Taf. u. 1 Fksm.) (904.) (Bd. 4.)
Reuter, Gabriele, Ebner-Eschenbach. 2. Taus. (80 S. m. 7 Taf. u. 1 Fksm.) (904.) (Bd. 19.)
Schaukal, Rich., Wilhelm Busch. (74 S. m. 11 Taf. u. 1 Fksm.) (904.) (Bd. 21.)
— E. T. A. Hoffmann. (98 S. m. 10 Taf. u. 1 Fksm.) (904.) (Bd. 12.)
Scheerbart, Paul, Cervantes. 2. Taus. (93 S. m. 8 Taf.) (904.) (Bd. 8.)
Schlaf, Johs., Emile Verhaeren. (78 S. m. 6 Taf. u. 1 Fksm.) (905.) (Bd. 38.)
— Walt Whitman. (89 S. m. 7 Taf. u. 3 Fksms.) (904.) (Bd. 18.)
Scholz, Wilh. v., Droste-Hülshoff. (74 S. m. 8 Taf.) (904.) (Bd. 11.)
— Hebbel. (82 S. m. 9 Taf. u. 2 Fksms.) (905.) (Bd. 28.)
Servaes, Frz., Fontane. 2. Taus. (72 S. m. 7 Taf. u. 2 Fksms.) (904.) (Bd. 24.)
— Shakespeare. 1. u. 2. Taus. (Je 86 S. m. 11 Taf.) (906.) (Bd. 39.)
Wolzogen, Hans v., Richard Wagner. (97 S. m. 7 Taf. u. 3 Fksms.) (905.) (Bd. 27.)
Zweig, Stef., Verlaine. (83 S. m. 8 Taf. u. 1 Fks.) (905.) (Bd. 33.)

Deutsch-Amerikanische Dichtung: Jahrgang 1–2, Apr. 1888—?

Literary monthly. Sub-title: Unter Mitwirkung der hervorragendsten deutschen Dichter und Schriftsteller Amerikas. Organ des Deutsch-Amerikanischen Literatur-Vereins. Place of publication varies: Omaha, Nebr.; Newark, Ohio. Large quarto, each issue 16—32 pages. Edited & published by Konrad Nies, by Konrad Nies & Hermann Rosenthal.
New York, NY

Deutsch-Anische Dtg, unter Mitwirkung d hervorragendsten dten Dichter u Schriftsteller Amerikas. Ed: Konrad Nies and Hermann Rosenthal. 2v. NY, 1888-90.

Dichtung, deutsche. Organ für Dichtung und Kritik. Vierteljahrsschrift. Hrsg. vom Westfäl. Verein für Literatur. Unter Mitwirkung von Mor. Carrière, Felix Dahn, Ernst Eckstein ꝛc. Redact.: Alb. Gierse und Heinr. Hart. 1. Jahrg. 1877. 3 Hefte. gr. 8. (104; 104; 90 S.) Münster, Coppenrath'sche Buchh. à Heft *M. 1,20.; *
Fortsetzung u. d. T.: Monatsblätter, deutsche.

Deutsche Dichtung. Hrsg. von Karl Emil Franzos. Bd 1–35. Okt. 1886–März 1904 [in je 2 Halbjahrsbden]. *Stuttgart: A. Bonz & Co.*; (5–8: *Dresden: L. Ehlermann*; 9–12: *Berlin: A. Haack*; 13–18: *Berlin: F. Fontane & Co.*; 19–35: *Berlin: Concordia*) *1887–1904*. 35 Bde 4° [F.] 104. 5756

Dichtung, deutsche. Hrsgbr.: Karl Emil Franzos. 1. und 2. Jahrg. Oktbr. 1886—Septbr. 1888. à Jahrg. 24 Hefte. (à Heft ca. 2 Bog. mit Illustr.) hoch 4. Stuttgart, Bonz und Comp. à Jahrg.
—— dass. — 1. und 2. Jahrg. in 4 [Semester-] Bdn. hoch 4. Ebendas. [1. Bd. (VIII, 320 S.) 887; 2. Bd. (VIII, 368 S.) 887; 3. Bd. (VIII, 368 S.) 888; 4. Bd. (VIII, 368 S.) 888.] à Bd. *M 8.—.; geb. *

— dasselbe. 3. u. 4. Jahrg. Oktbr. 1888—Septbr. 1890. à 24 Hfte. hoch 4. (4 B. m. Illustr.) Dresden, Ehlermann. à Jahrg. n. 16. —

—— dass. — Monats-Ausg. 5. Bd. 6 Hefte. gr. 8. (à Heft ca. 100 S.) Ebendas. 888. *

— dasselbe. Monats-Ausg. [3. u. 4. Jahrg.] 5.—8. Bd. à 6 Hfte. gr. 8. (à Hft. ca. 120 S.) Ebd. 889. 890. à Bd. n. 8. —

Dichtung, deutsche. Hrsgbr.: Karl Emil Franzos. 7.—14. Bd. Oktbr. 1889—Septbr. 1893. à Jahrg. 24 Hefte. (à Heft 4 Bog.) hoch 4. Berl., Fontane u. Comp. à Jahrg. * 16 —
7. u. 8. Bd. erschienen im Verlage von Ehlermann—Dresden; 9.—12 Bd. im Verlage v. Haack—Berlin.

— dasselbe. 13.—16. Bd. Oktbr. 1892—Septbr. 1894. à Jahrg. 24 Hfte. (4 Bog.) hoch 4. Berlin, F. Fontane & Co. à Jahrg. n. 16. —

Dichtung, deutsche. Hrsg.: Karl Emil Franzos. 17.—26. Bd. Oktbr. 1894—Septbr. 1899. à 24 Hfte. (à ca. 2 Bog.) hoch 4. Berlin, Concordia, Deutsche Verlags-Anst. à Jahrg. n. 16. —
Kann auch vierteljährlich bezogen werden.

Dichtung, deutsche. Hrsg.: Karl Emil Franzos. 27.—34. Bd. Oktbr. 1902—Septbr. 1903. à 24 Hfte. hoch 4. (à ca. 32 S.) Berlin, Concordia. à Jahrg. n. 16. —

Dichtung, deutsche. Hrsg.: Karl Emil Franzos. 35. Bd. Oktbr. 1903—März 1904. 12 Hefte. (à ca. 32 S.) hoch 4. Berlin, Concordia. n. 8. —
Erscheint nicht mehr.

Deutsche Dichtung. Hrsg. u. eingeleitet von Stefan George u. Karl Wolfskehl. [1.] (Ausgestattet von Melchior Lechter.) *Berlin: Blätter f. d. Kunst 1900.* 8° 1a. 634

— deutsche. Hrsg. u. eingeleitet v. Stef. George u. Karl Wolfskehl. 1—3. Bd. 8. Berlin, G. Bondi. 5.50; geb. in Leinw. 9. —
1. Jean Paul. 2. Ausg. (102 S.) 910. 1.50; geb. 2. 50
2. Goethe. 2. Ausg. (101 S.) 910. 1.50; geb. 2. 50
3. Jahrhundert, das, Goethes. 2. Ausg. (189 S.) 910. 2.50; geb. 4. —

Dichtung, deutsche, in Bildern. I. H. Heine; Du bist wie e. Blume &c. gr. 4. (1 Steintaf. m. 1 Bl. Text.) Leipzig 876. Dölling. n. — 30

— deutsche, der Gegenwart. 1. Kl. 8. Gießen 907. G. Schmidt. (Nur direkt.) 1. —
1. Lahn, Ludw. zur, Lieder eines Einsamen. (47 S.)

— u. Kunst, deutsche, s.a. Sammlung gemeinnütziger Vorträge.

(F) Deutsche Dichtung und Kunst. Herausgegeben vom Deutschen Vereine zur Verbreitung gemeinnütziger Kenntnisse in Prag. Nr. 2. Ebert-Heft. Zum hundertsten Geburtstag des Dichters, 5. Juni 1901. Inhalt: Karl Egon von Ebert von Prof. Dr. Adolf Hauffen. Blütenlese aus den Dichtungen Ebert's. Mit einem Bildnisse des Dichters. (Sammlung gemeinnütziger Vorträge. Nr. 273/275.) Prag. 1901. Verlag des deutschen Vereines zur Verbreitung gemeinnütziger Kenntnisse in Prag. In Comm. Haerpfer. Gr.-8°. 48 S. K —.80

Deutsche **Dichtung** der Neuzeit. Charlottenburg: R. Münch [1904]. (320 S.) 8° [F.]
= **Hausschatz**, Münch's. Bd 1. [06. 4743

Dichtung, deutscher, Liebesklänge. 8. Marb. Krieger, (in Comm.) 814.

Dichtung und Dichter, s. a. Freiligrath.

Dichtung und Dichter. Eine Anthologie von Ferd. Freiligrath. gr. 8. (XX und 748 S.) Dessau 854, Gebr. Katz.

—— geistliche, des Mittelalters, s. National-Litteratur, deutsche.

— die höfische, des Mittelalters, s.: Denkmäler der älteren deutschen Literatur.

DICHTUNG, Jungmährische. Brünn 1894, gedruckt v. Jos. Schmidt.
Verboten vom L.-G. Brünn, 9. December 1893. § 516.

—— moderne. Monatsschrift f. Literatur u. Kritik. Redact.: Michel Constantin. Hrsgbr.: C. M. Kafka. 1. Jahrg. 1890. 12 Hefte. Lex.-8. (à Heft ca. 72 S.) Brünn, Rohrer. * 12 —
Fortsetzung s. u. d. T.: Rundschau, moderne.

Dichtung, moderne, ges. v. Alfr. Guth — Jos. Adf. Bondy. In zwangloser Folge. 1. u. 2. Hft. gr. 8. (35 u. 40 S.) Prag (Graben 17) 897. A. Guth. à — 70

— die neue. Zeitschrift f. Dichtkunst, Kritik, modernes Leben, Kunst, Theater u. populäre Wissenschaften. Hrsg.: Carl Buschhorn. 1. Jahrg. Oktbr.—Dezbr. 1899. 3 Nrn. 4. (à ca. 24 S. m. Bildnissen.) Paderborn, P. Buschhorn. n. 1. 25; einzelne Nrn. n. — 50

— neue deutsche. Hrsg. v. Hugo Ganske. Mit biograph. Skizzen, 32 Portr. u. einem Anh. (IV, 227 S.) Lex.-8. Karlshorst bei Berlin (905). Verlag Neue deutsche Dichtung. n. 7. 50

(B) — neue deutsche. 905. Jetzt: Karlshorst, C. Große. Erm. Pr. 3. —

**Dichtung,** die altenglische, „Phönix", hrsg. v. Otto Schlotterose, s.: Beiträge, Bonner, zur Anglistik. 25.

Dichtung, verbindende, zu den lebenden Bildern, welche bei der Lutherfeier in Frankfurt a. M. am 11. Novbr. 1883 dargestellt wurden. Mit 1 Lichtdr.-Bild von Eug. Klimsch. gr. 8. (44 S.) Frankfurt a. M. 883. Schriften-Niederlage des evangel. Vereins. * *

— Viktorianische. Eine Auswahl aus E. Barrett Browning, R. Browning, A. Tennyson, M. Arnold, D. G. Rossetti, W. Morris, A. Ch. Swinburne, Chr. Rossetti, m. Bibliographien u. literaturhistor. Einleitgn. v. Otto Jiriczek. (XIX, 486 S.) 8. Heidelberg 907. C. Winter, Verl. Geb. in Leinw. 4. —

— dasselbe. Anh.: Die Lesarten der ersten Fassgn. Hrsg. v. Otto Jiriczek. (65 S.) 8. Ebd. 909. 1. 20

**Dichtung** und Wahrheit. Erzählung von Sophie. Giessen 1813. V: *Tasche, Sophie geb. Hoffmann.* (HS) (GGr) (schl) V: *George, Sophie geb. Hoffmann.* [?] (MGT)

Dichtung u. Wahrheit. Erzählungen von Sophien. 8. Gießen 813. (Fr. Fleischer in Leipzig.) 1/12 Rthl

— u. Wahrheit, oder des Hausfreundes Erzählungsbuch lustiger, trauriger, liebl. u. schauderh. Geschichten, Novellen &c. 4 Bde. 8. Prag 818. Calve. 6 Rthl Wohlf. Ausg. unt. d. T.: Blüthenkranz, gewählt aus d. neuesten Unterhaltungsschr. d. Auslandes. 8. Berl. u. Leipz. 821. Ebd. 2 Rthl (vergl. Blüthenkranz.)

— westfälische. Halbmonatsschrift f. Leben, Dichtg. u. Kritik der Gegenwart. Zugleich Organ des westfäl. Dichter- u. Schriftsteller-Bundes (Verein f. Litteratur u. Kunst). Hrsg. v. Uhlmann-Bixterheide, Wilh. Täpper u. Paul Gerh. Roer. 1. Jahrg. 1894. 24 Nrn. (à ca. 1½ Bog.) gr. 4. Bochum. A. Stumpf. n. 6. —

**Dichtungen.** Tübingen 1806. V: *Artner, Therese von.* (Pk)

Dichtungen v. Kosegarten, Ausgabe d. letzten Hand. 8 Thle. 8. Greifsw. Mauritius. (in Comm.) 813.

— von A. Weinrich. 2 Bdchen. (1r enth. Blanor, oder Blicke in das Heiligthum d. Menschheit. 2r Milon und Daphne, eine Idylle. Das Lied am Ufer des Meeres, eine Idylle. Herostratus, ein Monodram. Der Geburtstag, eine Jägeridylle.) gr. 8. Wiesbaden, Schellenberg. 816.

Dichtungen von Karl Sch. * * Wien, 1857. Verlag von Jakob Dirnböck. Buchdr. von Friedr. Manz. (54 S. 1 Bl. 8.)

**Dichtungen** von G. M. Hsg. von Josef Heinrich Schade. Friedland 1859. V: *Menzel, Gottfried.* (EB)

— von W. v. Z. Frankfurt a. M. 864. Sauerländer. gr. 8. (VIII, 239 S.) 1 Rthl 5 ngr

Dichtungen von C. (König Carl XV. von Schweden.) Aus dem Schwed. von A. v. Winterfeld. gr. 16. (V und 71 S.) Berlin 866, Behr's Buchh. cart. *

**Dichtungen** von J. B. Kiel 1894. V: *Beyer, Joh. Wilh. Ant.* (Ky)

**Dichtungen** v. J. B. (Fillatri Zeidolpp). 8. (III, 108 S.) Kiel 894. (H. Eckardt.) n. 2. —

Dichtungen, Altdeutsche, aus d. Handschrift hrsg. von M. Meyer u. E. F. Mooyer. gr. 8. (6 B.) Quedlinburg 833, Basse. Thlr.

—— altenglische und schottische, der Percyschen Sammlung übers. von Adph. von Marees. 8. (XXXI und 192 S.) Berlin 857, G. Reimer.

**Dichtungen,** alt- u. mittelhochdeutsche, s.: Lesestoff, deutscher, f. höhere Mädchenschulen.

— der Angelsachsen stabreimend übersetzt von C. W. M. Grein. 1. u. 2. Bd. Göttingen 857, 59. Wigand. gr. 8. (IV, 308; 2 Bl., 258 S.) 1.: n. 2 ℛ; 2.: n. 1 ℛ 20 ngr

—— der Angelsachsen stabreimend übers. von C. W. M. Grein. 2 Bde. 2. (Titel-)Ausg. gr. 8. (IV und 566 S.) Göttingen (859)63, Wigand. *

— argentinische, nebst erläuternden Abhandlungen dazu. Aus dem Span. übertr. v. Rich. Ludloff. 8 Bde. 8. Dresden, E. Pierson. 5.—; geb. n 8.—; Jubiläums-Ausg. (m. 1 Bildnis) in 1 Leinw.-Bd. m. Goldschn. 6. 50
1. Prometheus. Von Olegario Andrade. Dichtung, nebst e. Skizze vom Leben des Dichters. (40 S.) 910. 1.—; geb. n 2. —
2. Unabhängigkeitskrieg, der argentinische. Abhandlung. Vicente Lopez y Planes. Lebensskizze. Dichtungen des argentin. Unabhängigkeitskampfes v. Vicente Lopez y Planes, Olegario Andrade, Juan Chassaing, Ricardo Gutierrez u. Florencio Varela. (VIII, 176 S.) 910. 2.50; geb. n 3. 50
3. Atlantis u. verwandte Dichtungen. Von Olegario Andrade. (VIII, 75 S.) 910. 1.50; geb. n 2. 50

— auserlesene, s. Jugendbibliothek, zur Bildung d. Geistes ꝛc.

—— auserlesene, hrsg. v. Rebau, s. Rebau, Heinr.

Dichtungen, ausgewählte, nach d. Englischen d. Burns u. Byron u. dem Französ. d. Lamartine v. Emilie Fiexlein. gr. 12. (6¼ B.) Bamberg 842, Dresch.

Dichtungen, ausgewählte, f. d. Jugend, in Fabeln, Liedern u. Erzähln. M. 9 col. Kpfrn. gr. 12. (8 B.) Berlin 841, Hasselberg.

Dichtungen der Britten, übers. von Rupprecht. Prachtausgabe. Ist jetzt Verlag von Wimmer in Wien.

Dichtungen, bunte, von einem Livländer. 8. (VI, 120 S.) Riga 882, Kymmel's Buchh. *

Dichtungen, deutsche, von einer Engländerin. 16. (X und 191 S.) Hamburg 856(57.) Perthes-Besser und Mauke. *

Dichtungen, deutsche, zur deutschen Geschichte. Vorzüglich zum Gebrauch in Schulen gesammelt u. herausgeg. v. H. A. Niemeyer. 8. Bielefeld 844, Velhagen u. Klasing. ⅓ ℛ

**Dichtungen, Deutsche,** für die Jugend. Gesammelt von einem Verein von Lehrern. 1. u. 2. Kursus. Offenbach 1837. 7. Aufl. des 1. Kursus. Giessen 1866. H: *Curtmann, Wilhelm Jakob Georg, Ernst Gustav Dittmar, Johann Georg Helmsdörfer, Georg Reich.* (Hessische Biographien, hgbn. von Herman Haupt. Darmstadt 1918. I, 334)

—— deutsche, f. d. Jugend, gesammelt v. ein. Vereine v. Lehrern. 1. u. 2. Kurs. gr. 12. Offenbach, Heinemann. [1. 1—3. Aufl. (à 5½ B.) 837—41. à * ⅙ Thlr., 2. (7 B.) 837. * ¼ Thlr.] *

— deutsche, für d. Jugend, gesammelt von e. Vereine von Lehrern. 1r Kursus, 2e Aufl. gr. 12. Offenbach 837. Wächtershäuser, jetzt Heinemann. n. ⅙ ℛ — 2r Kursus. gr. 12. Ebd. 837., jetzt Ebd. n. ¼ ℛ

—— deutsche, f. d. Jugend, gesammelt v. ein. Vereine v. Lehrern. 1. Curs. 4. Aufl. 12. (6½ B.) Offenbach 844, Heinemann. *

—— dass. 2. Curs. 2. Aufl. 12. (7 B.) Ebds. 843. *

Dichtungen, deutsche, für die Jugend, gesammelt von einem Vereine von Lehrern. 1. Kursus. 5. Aufl. 8. (XII und 148 S.) Offenbach 850, Heinemann'sche Buchh. *

—— dass. — 2. Kurs. 3. Aufl. 12. (160 S.) Ebds. 847. *

— deutsche, für die Jugend, gesammelt von einem Vereine von Lehrern. 1. Kursus. 6. Aufl. Gießen 856. Heyer. 8. (XII, 148 S.) n. 5 ngr

—— deutsche, für die Jugend, gesammelt von einem Vereine von Lehrern. 1. Kursus. 7. Aufl. 8. (XII und 148 S.) Gießen 866, Heinemann. *

Dichtungen, Deutsche, für die Jugend, gesammelt von einem Vereine von Lehrern. Vorbereitungs-Kursus. 12. (XII u. 120 S.) Offenbach 847, (Gießen) Heinemann. n. 6 ngr

— dies. Mittlerer Kursus. 12. (VIII u. 148 S.) Ebd. 847. n. 8 ngr

Dichtungen, deutsche, des Mittelalters. Mit Wort- und Sacherklärungen. Hrsg. von Karl Bartsch. 1.—3. Bd. 8. Leipzig, Brockhaus. à Bd. (*M 3.) *
geb. (*M 4.) *
Inhalt:
Bd 1. König Rother. Hrsg. von Heinr. Rückert. (XCV, 278 S.) 872.
» 2. Reineke de Vos. Hrsg. von Karl Schröder. (XXVII, 333 S.) 872.
» 3. Das Rolandslied. Hrsg. von Karl Bartsch. (XXII, 382 S.) 874.
Vgl.: Classiker, deutsche, des Mittelalters.

Dichtungen, deutsche, des Mittelalters. Mit Wort- und Sacherklärungen. Hrgs. von Karl Bartsch. 4. und 5. Bd. 8. Leipzig, Brockhaus. à Bd. * M 3,50.; geb. à Bd. *
Inhalt:
Bd. 4. Heliand. Hrsg. von Heinr. Rückert. (XLIII, 308 S.) 876.
» 5. Heinrich's von Freiberg Tristan. Hrsg. von Reinh. Bechstein. (XXXII, 337 S.) 877.
1.—3. Bd. Ebendas. 1872—74. à *M 3,50.; geb. *M 4,50.
Vgl.: Classiker, deutsche, des Mittelalters.

—— deutsche, des Mittelalters. Mit Wort- und Sacherklärungen. Hrsg. von Karl Bartsch. 6. und 7. Bd.: Ulrich's von Liechtenstein Frauendienst. Hrsg. von Rhold. Bechstein. 2 Thle. 8. (XXXVIII, 313; VIII, 365 S.) Leipzig 888, Brockhaus. à Bd. *M 3.50.; geb. **

— Deutsche, des Mittelalters in vollständ. Auszügen u. Bearbeitungen. Von F. W. Genthe. Neue (Titel-)Ausg. 5 Hfte. gr. 8. (1. Bd.: VIII u. 456 S.) Eisleben (841) 849, Reichardt. (à 6 ngr) 1 ℛ

— Deutsche, mit Randzeichnungen Deutscher Künstler in eigenhändigen Radirungen. 12 Lfgn. gr. 4. 1. Bd. 6 Lfgn. 3. Abdr. — 2. Bd. 6 Lfgn. 2. Abdr. (60 Radirungen m. Text.) Düsseldorf 849. 50, Buddeus. (à Hft. n. ½ ℛ) n. 6 ℛ

—— die deutschen, von Salomon und Markolf. Hrsg. von Friedr. Vogt. 1. Bd. A. u. d. T.: Salman und Morolf. gr. 8. (XII, CLX, 217 S.) Halle 880, Niemeyer. *

Dichtungen, dramatische, von Mathäus v. Collins, s. Collin,

– dramatische, von Deinhardstein, s. Deinhardstein

— dramatische, von Fouqué, s. Fouqué,

Dichtungen, dramat., v. L. v. M. 1s Bdchen. (Enth.: der gerächte Kastellan, Lstspl. in 1 A. — Die Proberollen der Freiwerber, od. Liebe siegt über Kunst; komische Oper in 1 A. — Paulini, oder die Wiedervergeltung; Lstspl. in 1 A. nach e. französ. Anekdote.) 8. Dessau 818. Ackermann. 16 gr

— dramatische, von E. Raupach, (enthält: Timoleon — Lorenzo u. Cäcilia — die Fürstin Chawansky. 2te verb. Aufl.) gr. 8. Liegnitz, Kuhlmey. 821.

— dramatische, von F. L. Winkert. Enth. die Prüfung. — Der Schwur. — Das Rosenweibchen od. d. Nesseln auf d. Grabe. — gr. 8. Leipzig, Baumgärtner. 821.

Dichtungen, dramatisch-romantische, d. Griechen, frey bearb. f. die Lesewelt. kl. 8. Erfurt, Müller. 810.

— engl., nach W. Scott, Byron, Campell u. Moore, übers. von D. B. Wolff. 8. Hamb. 823. Nestler u. M. 1 ℛ 8 gr Hbg. Pr. 20 gr

— engl., nach W. Scott, Byrons, Campell u. Moore, übersetzt v. D. B. Wolff. 8. Leipzig 823, Steinacker.

Epische und lyrische Dichtungen erl. f. d. Oberklassen d. höheren Schulen u. f. d. deutsche Haus. Unter Mitw. von Dr. O[tto] Frick u. and. Schulmännern hrsg. von Friedrich Polack. *Gera & Leipzig: Th. Hofmann* 18(85–)87. (910 S.) 8° [A.]
— Lesebüchern, Aus deutschen. Bd 1. 10⁄ 1095

— erzählende, von E. Raupach. 8. Leipzig, Cnobloch. 821.

— der Gegenwart. Herausg. von Herm. Reyscher. 12 Liefgn. (à ½—5 Bgn.) Ludwigsburg 854. (Stuttgart, Sonnewald.) 8. n. 1 ℛ

— an d. Ufern d. Rheins gesungen. 16. Manh. 801. Kaufmann. 12 gl

— des 16. Jahrhunderts, s.: Bibliothek d. litterar. Vereins in Stuttgart. 119.

Dichtungen aus der Kinderwelt. Altherkömmliche Lieder, Erzählungen, Lehren und Singspiele für Kinder von neuem herausg. Hamburg 1815. 8.

Dichtungen aus d. Kinderwelt, in Liedern, Erzählungen, Lehren 2c. 8. Hamb. 815. Campe. 12 gl

— klassische deutsche, m. kurzen Erläuterungen f. Schule u. Haus. Hrsg. v. Karl Heinr. Keck. 1—6. Tl. gr. 8. Gotha, F. A. Perthes. n. 7. —
1. Goethe's Hermann u. Dorothea. Von Karl Heinr. Keck. (VII, 117 S.) 883. n. 1. —
2. Schiller's Wilhelm Tell. Von O. Kallsen. 884. n. 1. 20
3. Goethe's Gedichte. Auswahl v. Frdr. Zimmermann. (V, 166 S.) 884. n. 1. 20
4. Klopstock's Messias in ausgewählten Stücken. Von Rich Weitbrecht. (V, 145 S.) 886. n. 1. 20
5. Goethe's Iphigenie auf Tauris. Von Karl Heinr. Keck. (100 S.) 886. n. 1. 20
6. — Götz v. Berlichingen. Von Ludw. Bauer (VI, 134 S.) 886. n. 1. 20

Dichtungen, klassische deutsche, m. kurzen Erklärungen f. Schule u. Haus. Hrsg. v. K. H. Keck. 7.—11. Tl. gr. 8. Gotha, F. A. Perthes. n. 9. 20 (1—11.: n. 16. 20)
7. Lessing's Emilia Galotti. Von E. R. Gast. (VII, 93 S.) 886. (887) n. 1. 20
8. Schiller's Wallensteins Tod. Von G. Kern. (VII, 171 S.) 887. n. 1. 80
9. Voß' Luise. Von K. Bindel. (VII, 145 S.) 888. n. 1. 40
10. Goethe's Faust. Von L. W. Hasper. (VII, 400 S.) 888. n. 3. 60
11. — Egmont. Von E. R. Gast. (103 S.) 890. n. 1. 20

Dichtungen, die klassischen, der Inder. Aus d. Sanskrit übers. u. erläut. v. Ernst Meier. 1. Thl. Epische Poesie. A. u. d. T.: Nal u. Damajanti. 16. (XVI u. 223 S.) Stuttgart 847, Metzler. 1 ℛ

—— die klassischen, der Inder. Aus dem Sanskrit übers. und erläutert von Ernst Meier. 2. Thl.: Dramatische Poesie. A. u. d. T.: Sakuntala. Ein indisches Schauspiel von Kalidasa. 16. (XXXI und 214 S.) Stuttgart 852, Metzler'sche Buchh.

—— dass. — 3. (letzter) Thl.: Lyrische Poesie. A. u. d. T.: Indisches Liederbuch, in Proben aus alter und späterer Zeit von 1200 vor bis 1200 nach Christus. 16. (XII und 183 S.) Ebds. 854.
1. Thl. Ebendas. 1847. 1 Thlr.

**DICHTUNGEN**, Komische u. humoristische (nach La Monnoye, Lafontaine, Voltaire etc., Vieles aus Vademecums, Zeitschriften u. ähnlichen Sammlungen). (Hrsg. v. Klamer Eberh. Karl Schmidt.) Mit 5 drast. Kpftaf. (v. verschied. Stechern). Berlin, bey Frdr. Maurer 1802. 8°. (In Darmstadt: E 5634.) (5 fl. Gilhofer & Ranschburg, Wien, 1897; 50 Mk., Prachtexpl., Friedr. Meyer, Lpz., 1906.)
Gestoch. Tit., X u. 495 SS., nebst 2 Bll. Druckf. Darin u. A.: Der Flohkrieg, Schwester Ursel, die untröstl. Wittwe, die Nähterin (nach *Autereau*), der Hahnrei-Hut, Fräulein Runde u. Fräulein Ronde, das Mädchen von Orleans, nach *Voltaire* (erster Gesang), *Klopstock's* Sieg üb. den frischen Häring etc. etc. — Cplte. Ex. m. allen 5 Kpf. sind selten.

— Compositionen u. Denksprüche in Autogrammen. Gewidmet dem Bazar zu Gunsten der Pflegerinnen-Schule 10.—12. XI. 1898. gr. 4. (III, 45 S. m. Abbildgn.) Zürich 898. (A. Müller's Verl.) n.n. 3. —

Dichtungen, launische, des Monsieur Teuf-Teuf. Die ersten Dreizehn. (27 S.) gr. 8. München (903). A. Buchholz. n. 1. —

—— lyrisch-dramatische. Sammlung neuer Operntexte zur Auswahl für Componisten hrsg. von Rob. Knauer. (Als Mscr. gedr., mit Vorbehalt aller Autorenrechte, insbesond. den Bühnen gegenüber.) 1. Bdchn. gr. 12. (VII und 304 S.) Gotha 857, Thienemann. *

— lyrische, v. Carl Viktor. (124 S.) 8. Offenbach (907). (Th. Steinmetz.) Kart. 2. —

— eines guten Mädchens, Nachlaß einer Verstorbenen. Herausg. v. ihrem Bruder. Mit Vign. 8. Leipz. 793. Reinicke u. C. in Halle. 9 gl

—— d. deutschen Mittelalters. 1—5. Bd. gr. 8. Leipzig, Göschen'sche Vrlsh.
A. u. d. Ttln.:
Bd. 1. Der Nibelunge Nôt und diu Klage hrsg. v. Al. J. Vollmer. (23½ B.) 843. 1 Thlr.
- 2. Tristan u. Isolt von Gottfried v. Strassburg hrsg. v. H. F. Massmann. (24 B.) 843. 1 Thlr.
- 3. Barlaam u. Josaphat von Rudolf v. Ems, hrsg. v. Frz. Pfeiffer. (17¼ B.) 843. 22½ Ngr.
- 4. Der Edelstein von Ulrich Boner, hrsg. v. Frz. Pfeiffer. (15⅞ B.) 844. 22½ Ngr.
- 5. Gûdrûn. Hrsg. von Al. J. Vollmer. Mit ein. Einleit. v. Alb. Schott. (18¼ B.) 845. 1 Thlr.

— des Deutschen Mittelalters. 6. Bd. Wigalois. Eine Erzählung v. Wirnt v. Gravenberg. Hrsg. v. Frz. Pfeiffer. gr. 8. (XX u. 369 S.) — 7. Bd. Mai u. Beaflor. Eine Erzählung aus dem 13. Jahrhundert. Erster Druck. gr. 8. (XVIII u. 279 S.) — 8. Bd. Heinrich v. Veldeke. Hrsg. v. Ludw. Ettmüller. gr. 8. (XX u. 476 S.) Leipzig 847 — 52, Goeschen. 6. u. 7: à 25 ngl 8: 1 ℛ (1—8: 7 ℛ 3 ngl)

—— mittelhochdeutsche. Echte lieder von Gudrun nach Müllenhoff's kritik. Auszwahl auzs Gottfrids v. Straszburg Tristan. Hrsg. von C. A. Hahn. 2., mit einer Biographie des verstorb. Verf. verm. Aufl. gr. 8. (XLI und 203 S.) Wien 859, Braumüller's Verlags-Conto. *

— moral.-romantische, f. Deutschlands Jünglinge 2c., s. Anthologie f. Deutschl. Jünglinge 2c.

— moralisch-romantische, für Deutschlands Jünglinge 2c. m. K. 8. Leipzig, Hinrichs. 795.

— moralisch-romantische, f. Deutschlands Jünglinge u. Mädchen in den gesittetern Ständen. Herausg. v. F. R. L. 8. 795, ist Verl. v. Reinicke u. C. in Halle.

— — und Lieder, mythologische, der Skandinavier. Aus dem Isländischen der jüngern und ältern Edda übersetzt und mit einigen Anmerkungen begleitet von Friedr. Majer. — Auch unter dem Titel: Majer mythologische Dichtungen und Lieder der Scandinavier 2c. gr. 8. Leipzig, Cnobloch. 818.

Dichtungen, neue, dramatische, v. Carol. Pichler. s. Pichler, C., sämmtl. Werke 19r Bd.

— neue, launige und satyrische, von Jul. v. Voß. 8. Frankfurt a. d. O., Hoffmann. 819.

— und Novellen. s. Novellen.

Dichtungen des Deutschen Ordens. 1. Berlin: Weidmann 1907. 8°
= Texte, Deutsche, d. Mittelalters. Bd 8. 107. 11457

Dichtungen, religiöse —. II. verm. Aufl. *Innsbruck* 1858. Druck u. Verl. d. Vereinsbuchdr. des *J. Aufschlager*. 92 S. 8. 18 kr.

— romantische, v. Sophie Albrecht. 8. Hamb. Vollmer.

**DICHTUNGEN**, Romantische. 3 Theile. Leipzig bei Peter Philipp Wolf u. Comp. 8⁰. (C. G. Boerner's (Lpz.) Febr.-Auct. 1909 no. 320 (ohne Jahresangabe:)

„Kaysers Bücherlexikon nennt als Verfasser „Schmidt", es ist aber nicht festzustellen, welcher gemeint ist. — Holzmann u. Bohatta, sowie Goedeke führen das Werk nicht auf."

— romantische, v. Ludwig Tiek. 2 Thle. 8. Jena, Frommann. 799—800. (à 1 Thlr. 12 gr.)

— romantische, von L. Th. Kosegarten. 6 Bde m. K. 8. Dresden, Gerlach. (Beger.) 801—6. (I. II. Ida v. Plessen. 2 Thle. 2 Thlr. 16 gr. III. IV. Bianka del Giglio. 2 Thle. 2 Thlr. V. VI. Adele Cameron. 2 Thle. 2 Thlr.)

— romantische, v. Karl u. Ernst Holm. 8. Berlin, Maurer. 804.

Dichtungen, romant. 3 Bde. 8. Leipz. 804. Wolff. (Schmidt). 3 ₰ (Centr.-Compt.) 3 ₰ 12 g/

— romantische, v. Fouqué, Hebel, Kerner, Schwab ꝛc., s. a. Almanach, poet., v. Just. Kerner.

— romant., v. Fouqué, Hebel ꝛc. s. a. Dichtungen

— — romantische, von Fouqué, Hebel, Kerner, Schwab, Uhland, Varnhagen u. a. 8. Karlsruhe, Braun. 818. (Ist Just. Kerners poet. Almanach 1812 mit verändertem Titel.)

**Dichtungen, Romantische.** Eine Auswahl der neuesten interessantesten Romanzen und Balladen. Altona 1828. H: *Pinckvoss, Christian Gottlieb.* (GGr)

— romantische, f. den höhern Genuß des Lebens, von Heidemann. 8. Liegnitz, Kuhlmey. (Berl. Haude u. Sp. in Comm.) 811.

**Dichtungen, Romantische,** aus der ältern christlichen Kirche. Hamburg 1808. V: *Albrecht, Sophie geb. Baumer.* (GGr V/409, Nr. 21/7) (BiblPort)

**Dichtungen, Romänische.** Ins Deutsche übersetzt von S. M. Hermannstadt 1851. Ü: *Möchesch, Samuel.* (Trausch II, 437) (Zeitschr. f. Büch. 1923, S. 82)

— Romänische. Ins Deutsche übers. v. S. M. 8. (VIII u. 91 S.) Hermannstadt 851, v. Hochmeister. n. ⅔ ₰

—— rumänische. Deutsch von Carmen Sylva (Königin Elisabeth von Rumänien). Hrsg. und mit weiteren Beiträgen versehen von Mite Kremnitz. 12. (VIII, 214 S.) Leipzig 881, Friedrich. * ℳ 4.; geb. *

— rumänische, deutsch v. Carmen Sylva, hrsg. u. m. weiteren Beiträgen versehen v. Mite Kremnitz. 2. Aufl. 12. (XIV, 405 S.) Leipzig 883. Friedrich. n. 5. —; geb. n. 6. —

—— dass. — 2. Aufl. 12. (XIV, 405 S.) [Ebendas. 883.] Bonn, Strauss. ℳ 5.: geb.

—— russische, übersetzt von Sophie Behr. 2 Thle. 8. (IV, 171; IV, 140 S.) Berl. 890,92, Behr's Verlag. à Thl. * 3 —; * 6 —

**Dichtungen** aus der Sage des Morgenlandes... Stuttgart 1827. Ü: *Steudel, Johann Christian Friedrich.* (Ky)

— aus d. Sage d. Morgenlandes. Parabeln, Legenden u. Apologen. Vom Herausgeber der „Schule d. Weisheit u. Tugend." 8. Stuttg. 827, Steinkopf.

—— transkaukasischer Sänger des 18. und 19. Jahrh. In adserbeidshan. Mundart, gesammelt von Adph. Bergé. br. 8. (XIX, 131 S.) Leipzig 868, (List und Francke.) *

— Schiller'sche, in lateinischer Uebersetzung. Ein Beitrag zur 100jährigen Geburtstagsfeier des Dichters. Von Heinr. Lindemann. Leipzig 859. Engelmann. 8. (47 S.) 6 ngr.

Dichtungen, Schwedische, v. Tegnér, Geyer, Atterbom u. anderen Verf. Uebers. v. L. Schley. 1s Heft. 8. Gothenburg 825. (Strals., Löffler; auch Leipz., Brockhaus.) Rthlr.

—— schwedische. Übers. v. Carl Fowelin. 8. (VIII, 216 S.) [Berl. 889, Deubner.] Dorpat, Karow. * 2 —; geb. * 3 —

—— einige, Percy Bussche Shelley's deutsch v. Ferd. Prössel, mit d. Leben des Dichters u. dem Bildn. desselben. 8. (20⅜ B.) Braunschweig 845, G. C. E. Meyer sen.

— vaterländische. 8. Liegnitz 818. Kuhlmey. 16 g/

—— vermischte, Charaden und Räthsel und Fragmente Horazischer Oden. gr. 8. (66 S.) Darmstadt 870, Jonghaus'sche Hofbuchh. *

—— eines Verschollenen. gr. 16. (10½ B.) Berlin 846. (Enslin'sche Buchh.) *

— volkstümliche, der Italiener, deutsch v. Jak. Ulrich, s. a. Quellenschriften, historische, zum Studium der Anthropophyteia.

Dichtungen, Volkstümliche, der Italiener. Deutsch von Jakob Ulrich. Leipzig, Deutsche Verlagsgesellschaft, 1906. 8⁰. (Antiqu.-Preis 6—8 Mk.)

Histor. Quellenschriften zum Studium der Anthropophyteia, hrsg. von Dr. Friedr. Krauss. Bd. I.

Inhalt: Einleitung. I. Liombruno. II. Geschichte von drei verzweifelten Burschen und drei Feen. III. Novelle von den drei Frauen, die einen Ring fanden. IV. Grillo als Arzt. V. Campriano. VI. Der Eifersüchtige. VII. Die Nencia von Prato oder die Feile. — Nachtrag zur Einleitung. Belfagor. Mandragola. Nachwort.

Dichtungen, zwei altfranzösische. La chastelaine de Saint Gille. — Du Chevalier au barisel. Neu hrsg. m. Einleitgn., Anmerkgn. u. Glossar v. O. Schultz-Gora. 8. (VI, 194 S.) Halle 899. M. Niemeyer. n. 3. —

[Zwei **Dichtungen** zum Johannis-Feste und zum Stiftungsfeste der Loge Teutonia zur Weisheit in Potsdam am 24. Juni 1876 und am 3. Dec. 1876. Potsdam 1876: Brandt.] 8 S. 8⁰

Dick, Hofr. Dr. Herm., s.: Lebensbild, ein, aus einer Heilanstalt.

Dick, der schwarze. — Unter malayischen Seeräubern. Zwei Erzählungen aus dem Seemannsleben. gr. 16. (59 S.) Mülheim 876, Bagel's Verlagsh. *

Dick, mein Antheil an dem offenen Sendschreiben an G. F. Kolb, gerechtfertigt vor der öffentl. Meinung der Pfalz, nebst Rück- u. Seitenblicken auf die polit. Pfalz. gr. 8. (64 S.) Landau 850. (München, Finsterlin.) 6 ngr.

Dick, A: Mittheilungen über Delta-Metall. Vortrag. Berlin 1884

**Dick**, Adolf

**Dick, A.**, De Martiano Capella emendando. Diss. 1885. 57 S. Bern
— — II. Pr. 1890. 25 S. 4⁰.

*Dick, Ad.*, Commentatio philologica de Martiano Capella emendando. St. Gallen 1889. Progr.

Dick, Adolf. Die Wortformen des Martianus Capella. Als Nachtrag zu Georges Lexikon der Lateinischen Wortformen verfasst von Dr. A. D., Rektor. Beilage zum Programm der St. Gallischen Kantonsschule 1901/1902. 33 S. 4. St. Gallen, (Zollikofer,) 1901.

**Dick, Albert** (Geilenkirchen/Aachen), De hepatis abscessu anatomica quaedam atque pathologica. Diss. med. Bln. (Brüschck) 2. VI. 1831. 38 S. mit Biogr. (M.: J. Cornelius.) (4.50) 6407
Oppon.: Gerlach, Hoogen, Pieper.

**Dick, Alex.**, der Kinder Hort. Bewegungsspiele u. Lieder v. E. Mittemann, Marie Günz u. anderen Kinderfreundinnen. Gesammelt u. hrsg. v. D. gr. 8. (VIII, 96 S.) Frankfurt a/M. 894. B. Firnberg. In Leinw. kart. n. 2. —

Der Kinder Hort. Bewegungsspiele u. Lieder von E. Mittemann, Marie Günz u. anderen Kinderfreundinnen. Gesammelt u. hrsg. von Alexander **Dick**. Frankfurt a. M.: B. Firnberg [1895]. (VIII, 96 S.) 8° [J.] [06. 6991

**Dick, Ernst**, George Meredith. 3 Versuche. (VIII, 191 S.) Berlin 910. Wiegand & Grieben. 4. 50

**Dick, Ernst**, George Meredith. Jetzt: Leipzig, G. K. Sarasin.

Dick, Ernst. Plagiats de Chateaubriand: 1. Le voyage en Amérique; — 2. Comment Chateaubriand s'est servi de Gibbon: «Le Génie du Christianisme»; «Les Martyrs»; «Discours sur la chute de l'Empire romain». kl.-4. [Chur, Manatschal Ebner & Cie., 1906.]
*Ausg. A:* Diss. Phil. Bern ... angenommen ... den 20. Juli 1905. + 81 S.
*Ausg. B:* [Beilage zum Programm der Bündnerischen Kantonsschule in Chur 1905/1906.] IV + 80 S. [*mit dem Progr.* fr. 1. —]

Dick, Ernst. Eine Sommerfahrt nach Amerika. [SA. aus: Basler Nachrichten, Jahrg. 1910.] 103 S. 8. Basel, Buchdr. zum Basler Berichthaus (* *Umschlag:* Selbstverlag des Verfassers), 1910. [fr. 1.—]

Dick, F. Beiträge zur Kenntniss der Ueberjodsäure und ihrer Silber- und Quecksilber-Verbindungen. Freiburg i. B., 1890.

**Dick, F**: Preisbuch über Fleischerstahl. Eßlingen a. N. 1903—1904

Dick. Fr.: Der rationelle Weinbau. 1853. -- [Zit. nach Bibliotheca oenologica]

**Dick**, Frdr., das Baurecht im neuen bürgerl. Gesetzbuch, nebst Erläutergn. m. Bezug auf das bisher gelt. Baurecht nach dem code civil. 8. (32 S.) Köln 900. Baugewerksmeist. F. Dick. n. — 60

Das Baurecht im neuen bürgerlichen Gesetzbuche nebst Erl. mit Bezug auf d. bisher geltende Baurecht nach d. Code civil u. d. Allg. Landrecht. Ausgearb. von Friedrich **Dick**, Architekt. 2. bedeutend verm. u. verb. Aufl. *Köln: Muench 1901.* (50 S.) 8° [01. 11004

**Dick**, Frdr., das Baurecht im neuen bürgerl. Gesetzbuche, nebst Erläutergn. m. Bezug auf das bisher gelt. Baurecht nach dem Code civil u. dem allgem. Landrecht u. den Bestimmgn. des Ausführungs-Gesetzes zum bürgerl. Gesetzbuche, sowie e. Abhandlg. üb. gemeinschaftl. Mauern im Gebiete des früheren rhein. Rechts. 8. beteutend verm. u. verb. Aufl. (127 S. m. Fig.) 8. Köln 908. (M. Du-Mont-Schauberg.) 2. —

DICK, Heinrich (Hürben): De auscultatione et percussione.- Landavii 1840. 14.6.1839 - Urk; F 64
**Diss.** Ingolst.-Landsh.-Mchn.

**Dick, Henry, der Nachtripper. Seine Pathologie und Behandlung. Ins Deutsche übers. von Eisenmann. gr. 8. (VIII und 95 S. mit 3 Stnt.) Würzburg 861, Richter's Verlag.**

DICK, Hermann (Frankenthal): De ophthalmia neonatorum.- Monachii: Giesser 1837. 16 S. 18.7.1836 - Urk; F 62
**Diss.** Ingolst.-Landsh.-Mchn.

**Dick, Hermann,** Assist. an d. agrikulturchem. Versuchsstat. in Köslin: Reaktionskinetische Untersuchungen der Einwirkung des Broms auf Alkohole und Aldehyde. Breslau 1909: Fleischmann. 40 S. 8°
Breslau, Phil. Diss. v. 23. Juli 1909, Ref. Ladenburg
[Geb. 6. Jan. 82 Schönanger; Wohnort: Köslin; Staatsangeh.: Bayern; Vorbildung: Gymn. Passau Reife Juli 02; Studium: München 6, Breslau 6 S.; Rig. 4. Nov. 08.] [U 09. 589

Dick, J. [aus Düren]: Beiträge zur Kenntnis der Überjodsäure und ihrer Silber- und Quecksilber-Verbindungen. ... Freiburg i. B., Buchdr. v. Chr. Ströcker, 1890; 47 S., 1 Bl. 8°
Freiburg i. B., Phil. Fak., Inaug.-Diss. v. 1890

DICK, Jacob (Bürstadt): De eclampsia parturientium.- Monachii: Giesser 1835. 13 S. 13.8.1835 - Urk; F 62
Diss. Ingolst.-Landsh.-Mchn.

**Dick**, Joh. Heinr., der praktische Destillateur. Oder auf vieljährige Erfahrung gegründete Anweisung zur Anfertigung aller Sorten Liqueure und Branntweine. Glauchau 855. Cramer. 8. (1 Bl., 27 S.) 6 ngl

DICK, Joh. Tob. (geb. 1746 zu Langenschwalbach, nahm 16. Jan. 1786 seinen Abschied vom I. Regiment Garde, † 29. Octob. 1786, wohl zu Kassel). — Des Heßischen Grenadiers *Tobias Dick* Gedichte, nach seinem Tode hrsg. v. Carl Samuel Wigand, Hofmeister bey den Hochfürstl. Heßischen Cadetten. (Ornament.) Cassel gedruckt mit Hampeschen Schriften 1789. 8°.
8 Bll. Vorst. (incl. Lebenslauf u. Subscr.-Verz.), 166 S., 1 Bl. Druckf. Selten! — Darin u. a.: Die keusche Susanna mit den beiden Alten (26 sechszeil. satyr.-moral. Str., S. 29—34); Neujahrwunsch (!) d. Nachtwächters in Cassel. 1784. 1785. (16 vierz. Str., S. 68—70; 25 vierz. Str., S. 92—96); der Rosenstrauch (eine Romanze in 21 vierz. Str., S. 117—120); Sinngedichte (14 an der Zahl, S. 131 bis 136). — Anhang: Der grosse Augarten bey Cassel. Ein Gedicht in zwey Gesängen. 1782. (S. 137—166).

**Dick, Johannes Wilhelm,** Arzt zu Eichberg i. Rheingau: Zur Casuistik traumatischer Pankreascysten. *Heidelberg 1902: K. Rössler.* (54 S.) 8°
Heidelberg, Med. Diss. v. 1902

**Dick, John.** Vollständige Gartenkunst ... Aus dem Engl. Hsg. von J. Er. Zeiher. Leipzig 1774. Ü: *Heun, Friedrich Wilhelm.* (Ky) (Engoec) »Dik, John« (MGT)

Dick, J., vollst. Gartenkunst, a. d. Engl. herausg. v. Zeiher. 2 Bde. gr. 8. Lpz. Gleditsch. 774. (Brockhaus)

**Dick**, Karl

**Dick**, C., u. O. **Kretschmer**, Handbuch der Seemannschaft. 2 Lfgn. gr. 8. (VII, XII, 725 S. m. 279 Abbildgn. im Text u. in Steindr.) Berlin 892. 893. E. S. Mittler & Sohn. à n. 8. —; in 1 Bd. geb. n.n. 18. —

**Dick**, C., u. Otto **Kretschmer**, Handbuch der Seemannschaft. II Thle. 2., neu bearb. Aufl. gr. 8. (VIII, 682 u. IX, 668 S. m. 388 Abbildgn. u. 3 Taf., u. 262 Abbildgn., 8 Taf. u. 1 Karte.) Berlin 899. E. S. Mittler & Sohn. n. 30. —; geb. in Halbldr. n.n. 34.50

— dasselbe. 2 Thle. 3. neu bearb. Aufl. gr. 8. (VIII, 424 S. m. 223 Abbildgn. u. 5 Taf. u. VIII, 576 S. m. 231 Abbildgn. u. 6 Taf.) Ebd. 902. n. 20. —; geb. in Halbfrz. n.n. 24. —

**Dick**, C., Leitfaden der Seemannschaft. Auf Veranlassung der Inspektion des Bildungswesens der Marine f. den Gebrauch an der Marineschule u. im Seeoffizierkorps bearb. (VII, 371 S. m. Abbild. u. 3 Taf.) gr. 8. Berlin 909. E. S. Mittler & Sohn. 8.—; geb. 9. —

**Dick**, Karl: Das gemeinrechtliche Deutsche Notariat in seinen Grundzügen. Cöln 1870.

Dick, Karl, das gemeinrechtliche deutsche Notariat in seinen Grundzügen und Parallelen zur rhein.-preuß. Notariats-Ordnung dargestellt. gr. 8. (VIII, 68 S.) Bonn 871, Weber's Verlag. *

Dick, K., Der schriftstellerische Plural bei Paulus. Diss. 1899. 56 S.

**Dick, Karl, der schriftstellerische Plural bei Paulus. gr. 8. (IV, 170 S.) Halle 900. M. Niemeyer. n. 3. 60**

**Dick**, Lambert, der kleine Landwirth, oder das Wissensnöthige der Erziehung zur Landwirthschaft. Für die oberen Klassen in Volksschulen auf dem Lande als Lesebuch in der Schule, u. nach den Schuljahren als nützl. Leitfaden zu gebrauchen. gr. 8. (XII u. 267 S.) Bonn 845. (Habicht.) baar 1/2 rf

Dick, L., s. Naturgeschichte d. schädl. Raupen an Obstbäumen.

**Dick, Otto,** Regierungsprakt.: **Der Verstoß gegen die guten Sitten in der gerichtlichen Praxis. Berlin 1909: Sittenfeld.** 64 S. 8°

Erlangen, Jur. Diss. v. 28. Jan. 1909, **Ref. Oertmann**

[Geb. 10. Jan. 81 Dürkheim; Wohnort: München; Staatsangeh.: Bayern; Vorbildung: Gymn. Neustadt a. d. H. Reife 99; Studium: München 5, Berlin 1, Erlangen 2 S.; Rig. 29. Juli 08.] [U 09. 672

**Dick, P.,** warum wir m. gutem Gewissen Pfarrer bleiben. Ein Wort zur Abwehr. gr. 8. (68 S.) Bern 893. Schmid, Francke & Co. n. — 75

**Dick, Thom.,** die Wunder des Himmels, s.: Wochenbände.

DICK, Valentin (Frauenau): Ueber Scharlach.- München: Deschler 1852. 15 S. 13.8.1850 - Urk (Titel: De scarlatina.); F 67
Diss.Ingolst.-Landsh.-Mchn.

**Dick,** Wilh., die Gesta Romanorum, s.a. Beiträge, Erlanger, zur englischen Philologie.

**Dick, Wilhelm [aus Frankfurt a. M.]: Die Gesta Romanorum nach der Innsbrucker Handschrift v. J. 1342 und zwei Münchener Handschriften. . . . (Aus: Erlanger Beitr. z. engl. Philol. H. VII.) Erlangen, k. b. Hof- u. Univ.-Buchdr. v. Fr. Junge (Junge & Sohn),** 1890; 2 Bl. + 65 + 1 S. 8°
Erlangen, Phil. Fak., Inaug.-Diss. v. 1890

**Dick-May,** unheimliche Geschichten (Der Fall Allard. Klara Sturms Tagebuch), s.: Engelhorn's Romanbibliothek.

**Dicke, Eug.,** Wittekind. Trauersp. in 5 Aufzgn. gr. 8. (117 S.) Leipzig 896. O. Mutze. n. 1. —

Dicke, Ewald, u. Emil Kohlmetz: Die Schädlichkeit des Missbrauchs geistiger Getränke. Ein Lehrbuch f. d. oberen Klassen d. Volksschulen . . . mit Erzählungen u. 15 Abb.
Hattingen: C. Hundt sel. Wwe in Komm. 1901. (V, 86 S.) 8°

**Dicke, Ew., u. Emil Kohlmetz,** die Schädlichkeit des Mißbrauchs geistiger Getränke. Ein Lehr- u. Lesebuch f. die Schüler der oberen Klassen der Volksschulen, f. Fortbildungsschüler u. Erwachsene, m. Erzählgn. u. 15 farb. Abbildgn. 2. verm. u. verb. Aufl. gr. 8. (VIII, 86 S.) Hattingen 902. (C. Hundt sel. Wwe.) Kart. n. — 75

Dicke H, Dellwik-Fleischers Verfahren und Generatoren zur Erzeugung von Wassergas. (80 S 4 T) Frankfurt a. M. 1899

Dicke, L.

—— und Ph. Jac. Beumer, das Buch der Natur, des Völker- und Menschenlebens. Eine Schrift zur wahren Geistes- und Gemüthsbildung für die reifere Jugend. Mit 24 sauberen Abbildungen in Ton- und Farbendr. Lex.-8. (VII und 632 S.) Wesel 855, Bagel.

**Dicke, L.,** gedrängtes, aber vollständ. Fremdwörterbuch, s.a. Fremdwörterbuch.

**Dicke, (C.) L.,** gedrängtes, aber vollständiges Fremdwörterbuch. Ein unentbehrl. Hand- und Hülfsbuch zum Verstehen und Vermeiden der in deutscher Schrift-, Geschäfts- und Umgangssprache vorkommenden fremden Wörter und Redensarten, mit Bezeichnung der Betonung und Aussprache derselben. 2., durchgeseh. und verm. Aufl. 8. (XII und 455 S.) Wesel 854, Bagel.

[DICKE, L.] *Klio.* Unterhaltungen aus der Geschichte der neuesten Zeit, für die Jugend zur Belebung ihres Eifers für diese Wissenschaft. Mit sechs Steinzeichnungen. Wesel, J. Bagel [1845]. IV. 319 S. Kl.-8°. Or.Karton. 15.—
Das 4. Bändchen dieser Reihe. Prosaaufsätze u. Gedichte über Napoleon, Blücher, Lützow, Viktoria, die Juli-Revolution. Mit 1 Bild derselben u. 1 von Blüchers u. Körners Tod etc. Etwas fleckig.

**Dicke, L.,** Mir oder mich? oder der unentbehrliche Rathgeber in der deutschen Sprache, für Jeden, der ohne Kenntniß der grammatikalischen Regeln gerne richtig schreiben und sprechen lernen will. Ein praktisches Hülfswörterbuch in alphabetischer Ordnung durch Tausende von Beispielen aus dem gewöhnlichen Leben erläutert und mit besonderer Rücksicht auf Schwierigkeiten, Zweifel ꝛc. nebst einem Anhange: Die Hauptregeln der deutschen Sprache. Müllheim a. d. R. 859. Bagel. 8. (VII, 218 S.) 15 *ngr.*

**Dicke, L.,** Mir oder Mich? oder der unentbehrliche Rathgeber in der deutschen Sprache, für Jeden, der ohne Kenntniß der grammatikal. Regeln gerne richtig schreiben u. sprechen will. Ein prakt. Hülfswörterbuch in alphabet. Ordnung durch Tausende von Beispielen aus dem gewöhnlichen Leben erläutert ꝛc. nebst e. Anh.: Die Hauptregeln der deutschen Sprache. 3. Aufl. Müllheim a. d. R. 869. Bagel. 16 (VII, 310 S.) 12½ *ngr.*; geb. 15 *ngr.*

**Dicke, L.,** Mir oder Mich? oder der unentbehrliche Ratgeber in der deutschen Sprache, bearb. nach den Regeln der neuen Orthographie. Ein praktisches Hülfswörterbuch in alphabetischer Ordnung, durch Tausende von Beispielen aus dem gewöhnlichen Leben erläutert, u. m. besonderer Rücksicht auf Schwierigkeiten, Zweifel, gangbare Fehler u. namentlich den richtigen Gebrauch des Dativs u. Akkusativs. Nebst einem Anhang: Kleine praktische Sprachlehre. 7. Aufl. 12. (VII, 311 S.) Mülheim 881. Bagel. 1. 50; cart. 1. 80

**Dicke, L.,** mir od. mich? od. der unentbehrl. Ratgeber in der deutschen Sprache bearb. nach den Regeln der neuen Orthographie. Nebst e Anh.: Kleine prakt. Sprachlehre. 8. Aufl. 16. (VII, 311 S.) Mülheim 884. Bagel. 1. 50; geb. 1. 80

Dicke, L. Mir oder Mich? od. der unentbehrl. Ratgeber in der deutschen Sprache, bearb. nach d. Regeln d. neuen Orthogr. 9. u. 10. Aufl. 12. (IV, 320 S.) Müllheim a. R. 889,91, Bagel. 1 60; cart. 2 —

— dasselbe. Kleine Ausg. 12. (IV, 176 S.) Ebd. 891. Kart. 1. —

**Dicke, L., Mir od. Mich?** od. d. unentbehrl. Ratgeber i. d. deutschen Sprache, bearb. n. d. Regeln d. neuen Orthographie. E. prakt. Hülfswörterbuch in alphabet. Ordng., d. Tausende v. Beispielen a. d. gewöhnl. Leben erläut., u. m. bes. Rücksicht a. Schwierigkeiten, Zweifel, gangbare Fehler u. namentl. d. richt. Gebrauch d. Dativs u. Akkusativs (d. Wörtchen mir, mich, Ihnen, Sie, ihm, ihn, dem, den, u. s. w.). Nebst e. Anh.: Kl. prakt. Sprachlehre. 11., verm. u. verb. Aufl. 12. (368 S.) Mülheim a/R. 895. J. Bagel. 1. 60; geb. in Halblw. 2. —

**Dicke, L.,** mir od. mich? Ein unentbehrl. Ratgeber in der deutschen Sprache, bearb. nach den Regeln der neuen Orthographie. Ein prakt. Hülfswörterbuch in alphabet. Ordng., durch Tausende v. Beispielen aus dem gewöhnl. Leben erläut. u. m. bes. Rücksicht auf Schwierigkeiten, Zweifel, gangbare Fehler u. namentlich den richt. Gebrauch des Dativs u. Akkusativs (der Wörtchen mir, mich, Ihnen, Sie, ihm, ihn, dem, den u. s. w.). Nebst e. Anh.: Kl. prakt. Sprachlehre. 12. verm. u. verb. Aufl. 12. (360 S.) Mülheim a/R. (901). J. Bagel. 1.60; kart. 2.—

**Dicke, L., Mir od. Mich?** Unentbehrlicher Ratgeber in der deutschen Sprache, bearb. nach den Regeln der neuen Rechtschreibung. Ein prakt. Hülfswörterbuch in alphabet. Ordng., durch Tausende v. Beispielen aus dem gewöhnl. Leben erläutert u. m. besond. Rücksicht auf Schwierigkeiten, Zweifel, gangbare Fehler u. namentl. den richt. Gebrauch des Dativs u. Akkusativs (der Wörtchen mir, mich, Ihnen, Sie, ihm, ihn, dem, den usw.). Nebst kleine prakt. Sprachlehre. 13. verb. u. verm. Aufl. (360 S.) 8. Mülheim-Ruhr (906). J. Bagel. 1. 50

**Dicke, (C.) L.,** Robinson. Ein Lebensbild. Für die Jugend geschildert. Mit 16 bunten Bildern (lith. u. in Farbendr.). Wesel (854). Bagel. 8. (VIII, 203 S.) 15 *ngr.*

— populäre Symbolik. Aus den Quellen geschöpfte Darstellung der Uebereinstimmung und des Unterschiedes in der Lehre der beiden abendländischen Hauptkirchen. Leipzig 854. (Wesel, Bagel.) 8. (VIII, 155 S.) 15 nal

— Zeus. Die Götterlehre der Griechen und Römer. Für die erwachsene Jugend und das spätere Alter, sowie für angehende Künstler erzählt. Mit 64 Abbildgn. auf 26 (lith.) Taf. Wesel 853. Bagel. 8. (VIII, 388 S.) 25 nal

**Dicke,** Ludwig, a. Bielefeld: Charles Kingsleys „Hereward the Wake". Eine Quellenuntersuchung. Münster i. W. 1906: R. Noske, Borna-Leipzig. (IV, 65 S.) 8°

Münster, Phil. Fak., Ref. Jiriczek, Diss. v. 25. Aug. 1906

[Geb. 1. Okt. 80 Rheda; Wohnort: Münster i. W.; Staatsangeh.: Preußen; Vorbildung: Gymn. Paderborn Reife O. 01; Studium: Göttingen 1, Münster 2, Paris 1, Berlin 1, Dublin 1, Münster 4 S.; Rig. 21. Apr. 06.]

Ch. Kingsleys Hereward the Wake. Eine Quellen-Untersuchung von Dr. Ludwig **Dicke**. Münster ⟨Westf.⟩: H. Schöningh 1906. (IV, 65 S.) 8° = **Beiträge**, Münstersche, z. engl. Literaturgeschichte. 1. [07. 4761 0

**Dicke,** Otto, app. Arzt aus Schwelm: Aus der Kgl. Universitäts-frauenklinik zu Bonn. Der Kaiserschnitt an verstorbenen Schwangern. *Bonn 1903.* (43 S.) 8°

Bonn, Med. Diss. v. 4. Nov. 1903

**Dicke, R.,** Soldatenfürsorge u. Jugendvereine, s.: Wiesenbach, P.

**Dickel,** Arnold, appr. Arzt a. Gütersloh i./W.: Ein Fall von Zwergwuchs. ⟨Mit Abb.⟩ München 1903: Kastner & Callwey. (25 S.) 8°

München, Med. Fak., Ref. v. Bollinger, Diss. v. 21. Dez. 1904

[Geb. 13. Mai 78 Gütersloh i. Westf.; Wohnort: Bad Essen, Bez. Osnabrück; Staatsangeh.: Preußen; Vorbildung: Gymn. Gütersloh Reife O. 97; Studium: Heidelberg 2, Kiel 2, Berlin 1, München 5 S.; Coll. 27. Febr. 03; Approb. 8. Jan. 02.]

**Dickel,** Aug., die Ritterbraut. Eine Dichtg. 12. (144 S.) Leipzig-Reudnitz 892. M. Hoffmann. n. 1.60

**Dickel,** Ferdinand

— Es gibt keine Parthenogenesis, s.: Kuckuck, Mart.

**Dickel,** Ferd., die Lösung der Geschlechtsrätsel im Bienenstaat, sowie eingestreute prakt. Winke f. den Bienenwirt u. einige Betrachtgn. üb. das Sinnesleben der Bienen. Gestützt auf umfangreiche Versuche u. Beobachtgn. unter Bezugnahme auf Forschgn. der Hochschullehrer u. Gelehrten Jac. Loeb, V. Henri, G. A. Koschevnikov u. a., sowie einiger der hervorragendsten Bienenforscher der Vergangenheit u. Gegenwart: Frz. Huber, Schierach, Dzierzon u. a. (IV, 112 S.) 8. Darmstadt (908). (Leipzig, C. F. W. Fest.) 2. —

**Dickel,** Ferd., d. Prinzip d. Geschlechtsbildung b. Tieren geschlechtl. Fortpflanzg., entwickelt a. Grundlage m. Bienenforschgn. gr. 8. (69 S.) Nördlingen 898. C. H. Beck. n. 1. —

**Dickel,** Karl. Beiträge zum preußischen Rechte f. Studierende u. Referendare. 1. Heft: Friedrich der Große u. die Prozesse des Müllers Arnold. gr. 8. (XII, 147 S.) Marburg i. H. 891, Ehrhardt. * 3 —

**Dickel,** Karl, Bemerkgn. z. d. Entwurfe d. neuen Handelsgesetzbuchs. M. bes. Berücksicht. d. Land- u. Forstwirthschaft. gr. 8. (VII, 117 S.) Berlin 897. F. Vahlen. n. 2. —

[F.] Ueber Beschränkung der Anwärter des höheren Justizdienstes und die Vorbildung der Juristen in Preussen. E. Beitr. zu § 8 des dem Landtage z. Zeit vorliegenden Gesetzentwurfs, betr. d. Regelg d. Richtergehälter u. d. Ernenng d. Gerichtsassessoren v. Dr. Karl **Dickel**, Amtsrichter in Berlin ... *Berlin: Puttkammer & Mühlbrecht 1896.* (30 S.) 1 Bd 8. [56. 2275

Zum Jubiläum d. Friedrich-Wilhelms-Univ. Berlin. Über die mit der Universität Berlin verbunden gewesene Königliche Forstakademie ⟨1821 bis 1830⟩ u. den Lehrstuhl f. Forstwissenschaft an d. Univ. Berlin ⟨1830 bis 1848⟩. Anh.: 1. Die Rede (W[ilhelm]) Pfeils z. feierl. Eröffnung d. Forstakad. Berlin. 2. Eine Zusammenstellung d. Schriften von Pfeil, G. L. Hartig, Theodor Hartig. Von Dr. Karl **Dickel**, Prof. Berlin: Vahlen 1910. VIII, 123 S. 8° [10. 18376 2

**Dickel,** K., über das neue bürgerliche Gesetzbuch von Montenegro u. die Bedeutung seiner Grundsätze f. die Kodifikation im allgemeinen, m. Bemerkgn. üb. den neuen Entwurf eines deutschen bürgerl. Gesetzbuches. gr. 8. (III, 112 S.) Marburg 889. Ehrhardt. n. 3. —

**Dickel,** Karl, die Hausschwammfrage vom jurist. Standpunkte, s. a. Hausschwammforschungen. 2.

Die Hausschwammfrage vom juristischen Standpunkte. Von Prof. Dr. K[arl] **Dickel**. Beitr. [1.] 2. Jena: Fischer 1909–11. 4°(8°)
(Hausschwammforschungen hrsg. von A. Möller. H. 2. 5.) [11. 1874

— Ueber das Hegerecht des Jagdberechtigten u. die Ersatzpflicht des Militärfiskus f. Schädigung der Jagd durch Truppenübungen, s. Festgabe der Berliner juristischen Fakultät f. Otto Gierke.

**Dickel,** Karl, das deutsche bürgerliche Recht f. Forstmänner. gr. 8. (XVI, 564 S.) Berlin 900. F. Vahlen. n. 10. —; geb. n. 11. —

Rechtsfälle. Zum Gebr. bei (Vorlesungen u.) jurist. Uebungen bearb. von Dr. Karl **Dickel**, Amtsrichter zu Berlin. H. [1.] 2. *Berlin: F. Vahlen 1894 99.* 2 Bde 8° [F.]
2. Gerichtsverfassung, Civilprozess, Zwangsvollstreckung in d. unbewegl. Vermögen, Konkurs. [00. 1491

— Rechtsfälle. Zum Gebrauche bei jurist. Uebgn. 1. u. 2. Hft. 8. Ebd. à n. 4. —; geb. à n.n. 4. 80
1. Auszüge aus Prozeßakten („jurist. Klinik"). 2. verm. u. verb. Aufl. (X, 272 S.) 901.
2. Gerichtsverfassung, Civilprozeß, Zwangsvollstreckg. in das unbewegl. Vermögen. Konkurs. (VII. 255 S.) 899.

— Rechtsfälle. Zum Gebrauche bei Vorlesgn. u. jurist. Übgn. 2. Heft: Gerichtsverfassung, Zivilprozeß, Zwangsvollstreckg. in das unbewegl. Vermögen, Konkurs. 2. Aufl. (VIII, 271 S.) 8. Berlin 910. F. Vahlen. 4.20; geb. n 5. —

**Dickel,** Karl, Rechtskunde in Rechtsfällen ohne Entscheidgn. Z. Gebr. bei akadem. Übgn. u. b. Selbststudium f. Juristen, Forstbeflissene u. Regierungsreferendare. M. e. (farb.) Karte d. Privatrechtsgebiete Deutschlands. 8. (VIII, 199 S.) Berlin 895. J. Springer. n. 4. —; geb. n. 4. 80

**Dickel,** Karl ⟨geb. am 28 Febr. 1853 in Paulsgrund Kr. Wittgenstein Westf.⟩: Der Tatbestand des Diebstahls nach deutschem Recht ... Bonn, Univ.-Buchdr. v. C. Georgi 1877. 64 S. 8.

Bonn, Jur. Fak., Diss. v. 4 Aug. 1877

**Dickel,** Karl, über die Vorbildung der Juristen in Preussen insbesondere in der Praxis im Anschluss an die Abhandlung des Oberlandesger.-Präs. Dr. Eccius zu Kassel [Februarheft von 1888 der preuss. Jahrbücher]. Vortrag, gehalten in der jurist. Gesellschaft zu Berlin 1888. gr. 8. (54 S.) Marburg 888, Ehrhardt's Universitäts-Buchh. *

**Dickel,** Karl, das neue preußische Wildschongesetz vom 14. VII. 1904 m. Anweisungen u. Ausführungsverfügungen. (VII, 108 S.) Lex.-8. Berlin 906. J. Springer. n. 2. —
Sonderabdruck aus: „Ztschr. f. Forst- u. Jagdwesen".

**Dickel,** Zusammenstellungen aus d. bürgerl. Gesetzbuch u. Handelsgesetzbuch (unter Berücksicht. anderer wicht. Reichsgesetze u. einiger preuss. Gesetze. Berlin 899.

Zusammenstellungen aus dem Deutschen bürgerlichen Rechte, insbes. aus d. Bürgerl. Gesetzb. u. Handelsgesetzb. unter Berücks. anderer wicht. Reichsges. u. einiger preuss. Gesetze hrsg. von Dr. Karl **Dickel**, Amtsger.R. zu Berlin. *Berlin: F. Vahlen 1900.* (IV, 435 S.) 8° [F.] [00. 823

**Dickel,** Otto, die Getreidefliegen, s.: Flugblatt der k. w. Anstalt f. Pflanzenschutz in Hohenheim. 5 u. 6.

**Dickel,** Otto, a. Darmstadt ⟨Hessen⟩: Entwicklungsgeschichtliche Studien am Bienenei. Mit 46 Figuren im Text. Leipzig: W. Engelmann 1904. (49 S.) 8° ¶ (Aus: Zeitschr. f. wissensch. Zoologie Bd 77, H. 3.)

München, Phil. Fak., Ref. Hertwig, Diss. v. 3. Sept. 1904

[Geb. 5. Juni 80 Darmstadt; Wohnort: Darmstadt; Staatsangeh.: Hessen; Vorbildung: Ludwig-Georgs-Gymn. Darmstadt Reife M. 98; Studium: Leipzig 3, Kiel 2, München 5 S.; Rig. 18. Dez. 03.]

Dicken, Leonard (geb. am 2 Okt. 1847 in Priesterath Rgbz. Düsseldorf): Ueber Tetanus traumaticus ... Bonn, Druck v. J. Trapp 1871. 44 S., 2 Bl. 8.
Bonn, Med. Fak., Diss. v. 22 Dez. 1871

Dickenmann, Johann Jacob. Das Nahrungswesen in England vom XII. bis XV. Jahrhundert. Diss. Phil. I. Univ. Zürich ... von J' Jakob D'.... IV + 64 S. 8. Halle a. d. S., Ehrhardt Karras, 1904.

Dickens, der Geist der Zeit. Eine Rede an die Gebildeten im deutschen Volke zum Luther-Jubiläum. gr. 8. (31 S.) Dresden 883. (Leipzig, Roßberg'sche Buchh.)

Dickens, Charles, Vortrag über ihn, s. Mafing, E.

—— von H. Behn-Eschenburg, s. Vorträge, öffentliche.

—— Leben, s. Forster, John.

Dickens, Charles, s.a. Boz.

Dickens, Charles, the adventures of Oliver Twist. 8. (382 S.) Leipzig 889. Gressner & Schramm. n. 2. —

— Bilder aus Italien, s.: Bibliothek, Europäische, 101. Bd. Weltpanorama, 91—93. Bd.

— Bleakhaus. Roman. Stuttgarter Ausg., übers. v. Carl Kolb, durchges. v. Eug. Bernhard. 3 Bde. (Neudruck.) 8. (474, 384 u. 390 S.) Stuttgart 898. Franckh. à n. 2. —; geb. in Leinw. à 3. —

Bleakhaus [Bleakhouse]. Von Charles Dickens (Boz). Aus d. Engl. Mit d. Bilde d. Dichters u. e. Vorbemerkung. 2 Bde Bd 1. 2. *Halle a. d. S.: O. Hendel [1903].* 2 Bde 8° [F.]
= Bibliothek d. Gesamtlitteratur d. In- u. Auslandes. No 1722–1733. [04. 1377

— Bleakhaus. Übers. u. hrsg. v. Rich. Zoozmann. 2 Bde. (632 u. 627 S.) kl. 8. Ebd. (910.) 3.—; geb. in Leinw. 4. —

· Bleak House, s.: Ausland, das belletristische, 1721 — 1721. Bechn.

— Bleak house, s.: Collection of British authors, vol. 230. 237. 238. 260.

Dickens, Charles
Bleak House. Aus d. Engl. von Chr. Fr. Grieb. Bd.chen 1 - 4. 5 - 10. 11 - 18. 19 - 23.
Stuttgart: Franckh 1852 - 1854. 8°
1-4. 1852.
5-18. 1853.
19-23. 1854.

Bleakhouse. Roman von Charles Dickens. Stuttgart: Franckh [1909]. 968 S. 8°
(Bibliothek August Scherl. Bd 84–87.) [10. 13659

David Copperfield's boyhood [David Copperfield, Ausz.]. From the novel by Charles Dickens. Ausgewählt u. erkl. von Prof. Dr. J[osef] Klapperich. [Nebst] Wörterbuch. Bearb. von Dr. O[skar] Voigt. Glogau: C. Flemming 1904. 2 Bde 8°
—Schriftsteller, Engl. u. franz., d. neueren Zeit. Bdch. 29. Ausg. A. [05. 7314

— the chimes, a goblin story of some bells that rang an old year out a. a new year in. Für die oberen Klassen höherer Schulanstalten u. den Selbstunterricht bearb. u. erläut. v. H. A. Werner. gr. 8. (VII, 111 S.) Hamburg 871. O. Meissner. 1. 20

— the chimes. A goblin story of some bells that rang an old year out and a new year in. Für die oberen Klassen höherer Schulanstalten u. den Selbstunterricht bearb. u. erläutert v. H. A. Werner. 2. (Titel-)Ausg. 8. (VII, 111 S.) Hamburg 889. O. Meissner's Verl. n. — 60

—— dass. — s. Collection of British and American standard Authors. — Sammlung gediegener und interessanter Werke der englischen Literatur.

[F.] Ein Christabend. E. Geistergesch. v. Charles Dickens. Deutsch v. Auguste Scheibe. M. 5 Ill. *Halle: H. Gesenius 1898.* (2 Bl., 136 S., 5 Taf.) 1 Bd 8. [98. 2329

— a christmas carol in prose, s.: Authors, English, for the use of schools.

Dickens, Charles, A Christmas Carol in prose, s. Collection of British Authors

— a christmas carol in prose, hrsg. v. Adf. Mager. s.: Graeser's Sammlung französ. u. engl. Schriftsteller. III.

—— Christmas Carol, s. Klassiker, englische, mit deutschen Anmerkungen.

– A christmas carol in prose, hrsg. v. H. Gassner, s.: Klassiker-Bibliothek, französ.-engl.

– dasselbe, hrsg. v. H. Hoffschulte, s.: Porthos' Schulausg. engl. u. französ. Schriftsteller.

— dasselbe, hrsg. v. G. Wendt, s.: Rauch's English readings.

— dasselbe, ed. by Herm. Fehse, s.: Reformbibliothek, neusprachliche. 23. Bd.

Dickens, Charles, a Christmas Carol, s. Sammlung gediegener und interessanter Werke der englischen Literatur.

— dasselbe, hrsg. v. Th. Hegener, s.: Schulbibliothek französ. u. engl. Prosaschriften.

— dasselbe, hrsg. v. Benno Röttgers, s.: Schulbibliothek, französ. u. engl.

— dasselbe, hrsg. v. Th. Hillenkamp, s.: Schülerbibliothek, englische.

Dickens, Charles, (pseud.: Boz), a christmas carol in prose. Being a ghost story of christmas. Schulausg. mit Wörterbuch, dem die Bezeichnung der Aussprache beigefügt ist v. Aug. Andreae. gr. 16. (176 S.) Leipzig 847, B. Tauchnitz. 9 ngr.

Dickens, Charles, a christmas carol in prose. Being a ghost story of christmas. Für den Schulgebrauch erklärt von L. Riechelmann. Leipzig 861. Teubner. 8. (VII, 96 S.) n. 10 ngr.

—— a Christmas Carol in prose being a ghost story of Christmas. With a memoir, explanatory notes, and a portrait of the author (auf 1 Holzschntaf.) ed. by F. H. Ahn. 8. (VI, 170 S.) Mainz 871, Kupferberg.

— the same. Für den Schulgebrauch erklärt v. L. Riechelmann. 2. Aufl. gr. 8. (VII, 106 S.) Leipzig 873. Teubner. 1. 20

Dickens Charles, a Christmas Carol in prose. Being a ghost story of Christmas. Schulausg. mit erläut. Anmerkungen von Imman. Schmidt. 8. (136 S.) [Freienwalde 876, Draesefe.] Berlin, Haude und Spener'sche Buchh. *

—— a Christmas Carol in prose. Being a ghost story of Christmas. Hrsg. und mit Anmerkungen versehen von F. Fischer. gr. 8. (87 S.) Berlin 877, Weidmann'sche Buchh.

—— dass. — Mit Einleitung und erläut. Anmerkungen hrsg. von Imman. Schmidt. gr. 8. (X, 177 S.) [Freienwalde 876, Draesefe.] Berlin, Haude und Spener'sche Buchh.

—— dass. — Für den Schulgebrauch erklärt von L. Riechelmann. 3. umgearb. Aufl. gr. 8. (VI, 117 S.) Leipzig 882, Teubner.

— a christmas carol in prose. Being a ghost story of christmas. Erklärt v. F. Fischer. 2. verb. Aufl. gr. 8. (93 S.) Berlin 883. Weidmann. — 90

—— a christmas carol in prose, being a ghost story of christmas. Grössere Ausg. mit Einleitung, erläut. Anmerkungen und einem Index von Imman. Schmidt. 2. vielfach bericht. Aufl. gr. 8. (XVI, 165 S.) Berlin 885. Haude und Spener'sche Buchh. *

—— dass. — Schulausg. mit Einleitungen und erläut. Anmerkungen von Imman. Schmidt. 2. vielfach bericht. Aufl. gr. 8. (VIII, 136 S.) Ebendas. 885. *

—— Christmas carol. Commented and explained by Th. Hegener. kl. 8. (124 S.) Lippstadt 885, Rempel's Buchh. *

— a christmas carol in prose, being a ghost story of christmas. Mit deutschen Erklärgn. v. J. Schmidt. Schulausg. 2., vielfach bericht. Aufl. 2. Abdr. gr. 8. (VIII, 136 S.) Berlin 888. Haude & Spener. cart. n. 1. —

— dasselbe, and the chimes. 16. (192 S.) Leipzig 888. Gressner & Schramm. n. — 80

— dasselbe. Students' Tauchnitz edition. Mit kurzen Erklärgn. v. G. Tanger. gr. 8. (XIV, 132 S.) Leipzig 888. B. Tauchnitz. n. 1. —; cart. n. 1. 10

Dickens, Charles [Boz], a christmas carol in prose. Being a ghost story of christmas. Erklärt v. F. Fischer. 3., verb. Aufl. gr. 8. (99 S.) Berlin 891. Weidmann. n. 1. —

—— A christmas carol in prose, as arranged and read by Ch. D. Mit Anmerkgn. u. „His life and writings" für den Schulgebrauch in der Prima hrsg. v. Heinr. Hupe. 2 Tle. Text u. Kommentar. gr. 8. (IV, 63, 50 S. mit eingedr. Kartenskizzen.) Cöthen 892, Schulze Verlag. cart. * 1 40

— dasselbe. Being a ghost story of christmas. F. d. Schulgebr. hrsg. v. H. Heim. I. Tl.: Einleitg. u. Text. II. Tl.: Anmerkgn. u. Wörterverzeichn. M. 26 Abb. u. 1 Notenbeilage. 8. (XXXII, 278 S.) Leipzig 896 G. Freytag. Geb. in Leinw. u. geh. n. 2. —; Ausg. f. Mädchenschulen n. 2. —

DICKENS, Charles

A Christmas Carol in Prose. Being a ghost story of Christmas by Charles Dickens. Mit Einleitung und Anmerkungen versehen von Adolf Mager. Wien. [1899.] Graeser. Gr.-8°. VI, 72 S. fl. —.30

A Christmas Carol, being a ghost story of Christmas by Charles Dickens. Abridged Ed. for Schools. With Pref. and Ann. by Dr. Oscar Thiergen, Dresden, and J. W. Stoughton. With 1 Portr. [Nebst] App. Bielefeld & Leipzig: Velhagen & Klasing 1905. 2 Bde 8°
= Sammlung, Velhagen & Klasings, franz. u. engl. Schulausgaben. Reform-Ausgaben. No 17. [6. 4125

— dasselbe, hrsg. v. O. Thiergen u. J. W. Stoughton, s.a. Velhagen & Klasing's Sammlung französischer u. englischer Schulausgaben. Reformausg. Nr. 17.

Dickens, Charles, a christmas carol in prose. Being a ghost story of christmas. Für den Schulgebrauch hrsg. v. H. Heim. Mit 26 Abbildgn. u. 1 Notenbeilage. 2. Aufl. (XXXII, 198 S.) 8. Leipzig 905. G. Freytag. — Wien, F. Tempsky. Geb. n. 1. 80; Wörterbuch (82 S.) n. — 80

Dickens, Ch., A christmas Carol in Prose. 2. Aufl. [Freytags Sammlung französischer und englischer Schriftsteller.] 8°. (ill. XXXII, 197 S.) Wien: Tempsky 1905 geb. K 2.–

— three christmas stories from all the year round, s.: Rauch's English readings.

DICKENS, Ch.

Three Christmas Stories from Ch. Dickens' Household Word's and all the year round'. Herausgegeben und erklärt von Dr. Hermann Conrad. I. Theil: Einleitung und Text. II. Theil: Anmerkungen. (Freytags Sammlung französischer und englischer Schriftsteller) Wien und Prag. 1900. Tempsky 8°. 13, VII, 103 S. Geb. K 2.20

Dickens, Charles, Martin Chuzzlewit, s. Collection of British Authors

—— Martin Chuzzlewit, } s. Universal-Bibliothek
—— Charles Copperfield, } Nr. 1771—1778; 1561—1568.

Dickens, Charles, Humphry's Clock, s. Collection of British Authors.

—— David Copperfield, s. Collection of British authors.

—— dass. — s. Meyers Volksbücher Nr. 861—876.

—— David Kopperfield, s. Novellen-Bibliothek. — Welt, die belletristische.

—— David Copperfield, s. Unterhaltungs-Bibliothek.

—— David Copperfield. Neu übers. von Auguste Scheibe. Mit einer Einleitung von Julian Schmidt. 13 Lfgn. oder 4 Bde. 8. Halle 878,79, Gesenius. [1. Bd. (XII, 256 S.); 2. Bd. (251 S.); 3. Bd. (252 S.); 4. Bd. (248 S.)] à Lfg. * 50 Pf. *
Mit Dickens' Portr. und 16 Illustr. geb. *
Illustrationen allein *

— David Copperfield. Nach Ch. D. f. die reifere Jugend bearb. Mit Federzeichngn. v. F. Regnier. 8. (293 S.) Trier 890. Gebr. Maas & Co. geb. n. 4. 50

—— David Copperfield. Für d. reifere Jugend bearb. Mit Federzeichngn. 8. (293 S.) [Trier 890.] Berl., Meidinger. geb. [* 4 50] * 3 —

— David Copperfield. Roman. Stuttgarter Ausg., übers. v. Carl Kolb, durchges. v. J. L. Wessely. 2 Bde. (Neudruck.) 8. (579 u. 587 S.) Stuttgart 898. Franckh. à n. 2. —; geb. in Leinw. à 3.

David Copperfield [The personal History of David Copperfield]. Von Charles Dickens. III. Ausg. Aus d. Engl. übers. von Ed. Wortmann. Berlin: Schreiter [1909]. 412 S. 8° [10. 4121

David Copperfield. Roman von Charles Dickens. Stuttgart: Franckh [1909]. 875 S. 8°
(Bibliothek August Scherl. Bd 509–511.) [10. 13099

— David Copperfield. Roman. Übers. u. hrsg. v. Rich. Zoozmann. Mit e. Biographie u. 2 Bildnissen des Dichters. 2 Bde. (638 u. 636 S.) kl. 8. Leipzig (910). Hesse & Becker Verl. 2.50; geb. in Leinw. 4.

— the cricket on the hearth, hrsg. v. Osk. Thiergen, s.: Authors, English, 55. Lfg.

— dasselbe and A christmas carol, hrsg. v. Heinr. Sauro, s.: Authors, modern English. XI.

Dickens, Charles, The Cricket on the hearth, s. Collection of British Authors.

— dasselbe, hrsg. v. H. Hoffschulte, s.: Perthes' Schulausgaben engl. u. französ. Schriftsteller.

—— the Cricket on the Hearth, s. Rauch's English Readings.

—— dass. — s. Sammlung gediegener und interessanter Werke der englischen Literatur.

Dickens, Ch., the cricket on the hearth, s: Schulbibliothek, französ. u. englische.

— the same. Für die oberen Klassen höherer Schulanstalten u. den Selbstunterricht. bearb. u. erläut. v. H. A. Werner. gr. 8. (IV, 133 S.) Hamburg 872. O. Meissner. n. 1. 20

—— the Cricket on the Hearth. A fairy tale of home. Zum Gebrauch in Schulen und zum Privatstudium mit sprachl. und sachl. Bemerkungen [unter steter Bezugnahme auf Fölsing's engl. Grammatik und die van Dalen-Lloyd-Langenscheidt'schen Unterrichtsbriefe] ausgestattet von A. Hoppe. gr. 8. (IV, 124 S.) Berlin 873, Langenscheidt's Verlagsh.

— the cricket on the hearth. A faire tale of home. Zum Gebrauch in Schulen u. zum Privatstudium m. sprachl. u. sachl. Bemerkgn. unter steter Bezugnahme auf Fölsing's engl. Grammatik u. die van Dalen-Lloyd-Langenscheidt'schen Unterrichtsbriefe ausgestattet v. A. Hoppe. 2. verb. u. verm. Aufl. gr. 8. (IV, 130 S.) Berlin 875. Langenscheidt. n. 1. —

—— the Cricket on the Hearth. A fairy tale of home. Hrsg. und mit Anmerkungen versehen von F. Fischer. gr. 8. (90 S.) Berlin 877, Weidmann'sche Buchh.

— dasselbe. Zum Gebrauch in Schulen u. zum Privatstudium mit sprachlichen u. sachlichen Bemerkungen unter steter Bezugnahme auf Fölsing's engl. Grammatik u. die van Dalen-Lloyd-Langenscheidt'schen Unterrichtsbriefe ausgestattet von A. Hoppe. 3. verb. Aufl. gr. 8. (IV, 130 S.) Berlin 878. Langenscheidt. n. 1. —

— the cricket on the hearth. A fairy tale of home. Zum Gebrauch in Schulen u. zum Privatstudium m. sprachl. u. sachl. Bemerkgn. [unter steter Bezugnahme auf Fölsing's engl. Grammatik u. die van Dalen-Lloyd-Langenscheidtschen Unterrichtsbriefe] ausgestattet v. A. Hoppe. 5. Aufl. gr. 8. (IV, 130 S.) Berlin 884. Langenscheidt. n. 1. – ; geb. n. 1. 50
Dass. 4.Aufl.Ebda.1881.

— the cricket on the hearth. A fairy tale of home. Erklärt v. F. Fischer. 2., verb. Aufl. gr. 8. (99 S.) Berlin 886. Weidmann. cart. 1. 20

—— dass. — Deutsch von A. Scheibe. 4 Bde. 3. Aufl. 8. (256; 251; 252; 248 S. mit Illustr.) Halle 888, Gesenius. geb. in 2 Bde. *

—— The cricket on the hearth. A fairy tale of home. Für die oberen Klassen höherer Schulanstalten u. den Selbstunterricht bearb. u. erläutert v. H. A. Werner. 2. (Titel-)Ausg. 8. (IV, 133 S.) Hamb. 889, Meissner's Verlag. * — 60

— dasselbe. Zum Gebrauch in Schulen u. zum Privatstudium m. sprachl. u. sachl. Bemerkgn. [unter steter Bezugnahme auf Fölsing's englische Grammatik u. die van Dalen-Langenscheidt'schen Unterrichtsbriefe] ausgestattet v. A. Hoppe. 6. Aufl. 8. (IV, 130 S.) Berlin 890. Langenscheidt. n. 1. 20

— dasselbe. A fairy tale of home. F. d. Schulgebr. hrsg. v. Hans Heim. I. Tl.: Einleitg. u. Text. II. Tl.: Anmerkgn. u. Wörterverz. 8. (XVI, 239 S. m. 12 Abb.) Leipzig 898 G. Freytag. Geb. in Leinw. u. kart. n. 1. 60

— the old curiosity shop. 8. (414 S.) Leipzig 886. Gressner & Schramm. geb. n. 3. —

— The old curiosity shop. Für d. Schulgebrauch hrsg. v. Anna Küsel. (113 S. m. 7 Abbildgn. u. 1 Titelbild.) 8. Leipzig 907. G. Freytag. — Wien, F. Tempsky. Geb. 1. 30

Dickens, Ch., The old curiosity shop. Herausg. von Anna Küsel. [Freytag's Sammlung französischer und englischer Schriftsteller.] 8°. (ill. 113 S.) geb. K 1.50
Wien: Tempsky 1909

— the drunkard's death, s.: Reuter's Bibliothek f. Gabelsberger-Stenographen.

Dickens, Charles, Dombey and Son, s. Collection of British Authors.

— Paul Dombey from Dombey and son, erkl. v. J. Klapperich, s.: Schriftsteller, engl. u. französ. der neueren Zeit.

— Dombey u. Sohn, s.: Ausland, das belletristische, 1350 — 1367. Bdchn. — Welt, die belletristische, 91 — 93. Bdchn.

— Dombey u. Sohn. Übers. u. hrsg. v. Rich. Zoozmann. 2 Bde. (616 u. 576 S.) kl. 8. Leipzig (910). Hesse & Becker Verl. 3.—; geb. in Leinw. 4. —

Dickens, Charles: Dora and Agnes, s. Authors, modern English.

— Klein Dorrit, s. Roman- und Novellen-Zeitung.

— Klein Dorrit, s.: Universal-Bibliothek.

Klein Dorrit [Little Dorrit]. Von Charles Dickens. Aus d. Engl. von Julius Seybt. Ill. von Jul. Haase-Werkenthin. Buch 1. 2. Berlin-Leipzig: Buchverl. fürs Deutsche Haus 1908. 2 Bde 8° [J.]
1. Armut. 2. Reichtum.
= Bücher, Die, d. Deutschen Hauses. Reihe 2, Bd 32. 33. [illegible]

—— Little Dorrit, s. Collection of british authors.

Dickens, Charles, große Erwartungen, s. Unterhaltungs-Bibliothek.

Dickens, Charles

Große Erwartungen. Aus d.Engl. von Heinrich von Hammer. Bd. 1 - 3.
Leipzig: Voigt & Günther 1862. 8°

—— große Erwartungen. Aus dem Engl. von Heinr. v. Hammer. 3 Bde. 8. (658 S.) Leipzig (861)62. [Wien, Markgraf und Comp.] à Bd. * 20 Ngr. *

— ausgewählte Erzählungen. Aus dem Engl. übers. v. C. G. 8. (257 S.) Münster 875. Aschendorff n. 1. 50

— Erzählungen aus Household words, s.: Britannia, 22. Bd.

Dickens, Charles: Great Expectations, s. Collection of British Authors

—— extracts from a tale of two cities, s. Rauch's English Readings.

— Florence and her little brother (Dombay and son, s.: Schülerbibliothek, englische, II, 6.

Dickens, Charles

Unser gemeinschaftlicher Freund. Roman. Mit 40 Ill. von Marcus Stone. Aus d.Engl. von Marie Scott.
Berlin: Janke 1866. 680 S. 4°

—— unser gemeinschaftlicher Freund. Roman in 4 Büchern. Aus dem Engl. von Marie Scott. gr. 4. (680 Sp. mit 40 Illustr. in Holzschn. von Marc. Stone.) Berlin 867, Janke. *

—— our mutual friend, s. Collection of British authors.

— Geister-, Liebes- u. Alltagsgeschichten. Romane. Stuttgarter Ausg., übers. v. J. E. Wessely, neu durchgearb. v. M. Pannwitz. (356 S.) kl. 8. Stuttgart (905). Franckh. Geb. in Leinw. n. 3. —

— die Geschichte Englands für Jung u. Alt erzählt. Aus dem Engl. 1. Bd.: Von den ältesten Zeiten bis zum Tode des Königs Johann. gr. 12. (VIII u. 199 S.) Berlin 852, Duncker & Humblot. 27 ngr

die Geschichte Englands für Jung und Alt erzählt. Aus dem Engl. Bd. II. Von König Heinrich III. bis zum Tode Richard III. 1216 bis 1485. Berlin 853. Duncker u. Humblot. gr. 12. (1 Bl., 214 S.) 27 ngr

— Bd. III. Von König Heinrich VII. 1485 bis zur Königin Victoria 1837. Ebend. 854. gr. 12. (3 Bl., 332 S.) 1 rf 12 ngr

— Die Geschichte zweier Städte. Roman in 3 Büchern. Übers. u. hrsg. v. Rich. Zoozmann. (500 S.) kl. 8. Leipzig (910). Hesse & Becker Verl. 1.50; geb. in Leinw. 2. —

— s.: Geschichten, unheimliche.

—— das Glockenspiel. Eine spukhafte Geschichte von gewissen Glocken, welche ein altes Jahr aus- und ein neues Jahr einläuteten. Neu aus dem Engl. übers. 16. (208 S.) Elberfeld 867, Bädeker'sche Buchh. * 16 Ngr.; geb. mit Goldschn. *

Dickens, Charles

Das Grillchen auf dem Heerde. Ein Feemährchen aus traulicher Häuslichkeit. Frei nach d.Engl. von E. von Moosthal. Th.1.2.
Stuttgart: Franckh 1846. 132 S. 8°

— der Hausfreund, s.: Bibliothek, Europäische, 417. Bd.

Dickens, Charles: Das Heimchen auf dem Herde, s. Aula. – s. Ausland.

—— dass. — s. Bibliothek der Gesamt-Litteratur des In- und Auslandes.

— dasselbe, s.: Bibliothek, kleine. 82. 83.

—— das Heimchen am Herde, s. Hausbibliothek, kleine, für die Jugend.

— dasselbe, s.: Hesse's Max, Volksbücherei.

— dasselbe. s.: Meyer's Volksbücher.

— das Heimchen am Herde, s.: Universal-Bibliothek. Nr. 865.

— das Heimchen am Herde, s.: Verein f. Verbeitung guter Schriften, Bern. Nr. 46.

— dasselbe, s.: Von Buch zu Buch.

Dickens, († Boz) Charles, das Heimchen auf dem Herde. Neu aus dem Engl. übers. 16. (215 S.) Elberfeld 863, Bädeker'sche Buchh. * 16 Ngr.; geb. mit Goldschn. *

—— das Heimchen auf dem Herde. Eine Elfengeschichte. Illustriert von Conr. Beckmann. gr. 4. (109 S. mit eingedr. Holzschn.) Leipzig 884, Titze. geb. mit Goldschn. *

—— das Heimchen am Herde. Eine Haus-Feengeschichte. Wortgetreu nach H. R. Mecklenburg's Grundsätzen aus dem Engl. übers. von R. T. 4 Hefte. 32. (232 S.) Berlin 884,85, H. R. Mecklenburg. à Heft 25 Pf. *

Dickens, Charles, das Heimchen am Herde. Ein Hausmärchen. 12. (140 S.) Leipzig 888. Fock. geb. m. Goldschnitt. n. 1.—

—— Das Heimchen auf dem Herde. Ein Hausmärchen. 12. (205 S.) Berl. 890, [Nordd. Verlags-Institut] Pohlmann. geb. m. G. * 2 50

—— das Heimchen am Herde. Ein Hausmärchen. (Neue Aufl.) 12. (128 S.) Leipzig 894. G. Fock. Geb. m. Goldschn. n. 1.—

[F.] Das Heimchen am Herde. E. Hausmärchen v. Charles Dickens. Deutsch v. Auguste Scheibe. M. 5 Ill. *Halle: H. Gesenius 1898.* (2 Bl., 147 S., 2 Taf.) 1 Bd 8. [98. 2328

Dickens, Charles. Das Heimchen am Herde. Ein Hausmärchen von Charles Dickens. Deutsch von W Lange. 112 S. 8. Bern, Haller, (September) 1902. fr. —. 20

— das Heimchen auf d. Herde. Ein Hausmärchen. (205 S.) 12. Ravensburg (903). F. Alber. Geb. in Leinw. n. 1. 60

— Das Heimchen am Herde. Ein Feenmärchen. Übers. u. hrsg. v. Rich. Zoozmann. (125 S.) kl. 8. Ebd. (909). Geb. in Leinw. — 80

Dickens, Charles, a child's history of England, s. Schüler-Bibliothek, englische.

— Selected chapters from a child's history of England, hrsg. v. H. Engelmann, s.: Authors, English.

— A child's history of England. In 2 vols. Leipzig 853, 54. B. Tauchnitz. gr. 16. (VIII, 269; VIII, 338 S.) 27 ngl.

—— dass. — Mit sprachl. und geschichtl. Anmerkungen nebst Wort-Verzeichniss von Fel. Flügel. 2 Bde. 8. Ebds. [1. (VIII und 293 S.) 853. 12 Ngr., 2. (VIII und 455 S.) 854. 18 Ngr.]

— the personal history of David Copperfield, s.: Collection of British authors, vol. 175 — 177.

— Household words, s. Collection of British authors.

Dickens, Charles: Hunted down, s. Collection of British Authors.

— David Copperfields Jugendjahre, s.: Moritz, Paul.

— des Lebens Kampf, siehe: Aula der schönen Literatur, 99. Bdchn.

Dickens, Charles: Des Lebens Kampf, s. Ausland.

— der Kampf des Lebens, s.: Universal-Bibliothek. Nr. 960.

— des Lebens Kampf, eine Liebesgeschichte. 1. Bdchn. 8. (120 S.) Stuttgart 847, Hallbergersche Verlagsbuchh. ½ ng

—— Der Kampf des Lebens. Eine Liebesgeschichte. 12. (119 S.) Lpz. 889, Fock. geb. m. Goldschn. * 1 —

— Kindergeschichten aus den Werken. Nach L. L. Weedon deutsch v. Alfr. Brieger. Mit 6 farb. Bildern u. 76 Illustr. im Text. (290 S.) 8. Nürnberg (907). E. Nister. Geb. in Leinw. 6. —

— dasselbe, s.: Nister's illustrierte Jugend- u. Volksbücher.

—— Land- und See-Bilder, s. Land- und See-Bilder.

— Im Lande der Jugend, s.: Nister's illustr. Jugend- u. Volksbücher.

Dickens, Charles

Leben und Abenteuer des Herrn Martin Chuzzlewit, seiner Verwandten, Freunde und Feinde. Hrsg. von Boz [d.i. Charles Dickens]. Frei nach d.Engl. von Erwin von Moosthal, Ludwig Hauff. Th. 4 - 6. 7 - 9. 1o - 13. 14 - 17.
Stuttgart: Franckh 1844. 8°

— Leben u. Abenteuer Nicholas Nicklebys, s.: Bibliothek der Gesamtliteratur des In- u. Auslandes.

Dickens, Charles

Leben und Schicksale Nikolas Nickelby's und der Familie Nickelby. Hrsg. von Boz [d.i. Charles Dickens]. Aus dem Engl. von H. Roberts. Mit Federzeichnungen nach Phiz. Bdchn 1.3-6.
Leipzig: Weber 1838-40. 8°

Dickens, Charles, Leben u. Schicksale d. Nikolaus Nickleby u. s. Familie. Übers. u. hrsg. v. Rich. Zoozmann. 2 Bde. (618 u. 608 S.) kl. 8. Leipzig (910). Hesse & Becker Verl. 3.—; geb. in Leinw. 4. —

— Lebensgeschichte u. Erfahrungen David Copperfields des Jüngeren, s.: Bibliothek der Gesamtlitteratur des In- u. Auslands.

— Lebensgeschichte David Kopperfield's, siehe: Novellen-Bibliothek, 1. 3. 5. 7. 9. 11. 13. 15. 17. 19. Bd. — Welt, die belletristische.

Dickens, Charles

Lebensgeschichte, Abenteuer, Erfahrungen und Beobachtungen David Kopperfield's des Jungeren. Mit 1 Portr. und Biogr. des Verf. Th. 1 - 1o.
Leipzig: Weber 1849 - 185o. 8°
1-3. 1849.
4-1o. 185o.

— letters, } s.: Collection of british authors.

—— eine Liebesgeschichte. Neu aus dem Engl. übers. 16. (200 S.) Elberfeld 866, Bädeker'sche Buchh. *
geb. mit Goldschn. *

Dickens, Ch., somebody's luggage; Mrs. Lirripers lodgings; Mrs. Lirripers legacy, s. Collection of Brit. Auth.

—— the haunted man and the ghost's bargain. A fancy for christmastime. Copyright edition. gr. 16. (131 S.) Leipzig 849, B. Tauchnitz jun. *

—— the Mudfog Papers etc., s. Collection of British Authors.

Dickens, Ch., mugby junction, s. Collection of Brit. Auth.

—— the Mystery of Edwin Drood, s. Collection of British Authors.

Dickens jun., Ch., der Neffe als Onkel, s.: Sammlung deutscher Lust- u. Schauspiele.

— dasselbe, s.: Uebungsbibliothek zum Uebersetzen in die neueren Sprachen.

Little Nell from the Old Curiosity Shop by Charles Dickens. The romance of the swan's nest and the cry of the children by Elizabeth Barrett Browning. Ed. with biogr. sketches and expl. notes. By Prof. Dr. Heinrich Saure. 2. Aufl. [Nebst] Vocabulary. *Berlin: F. A. Herbig 1900-02.* 2 Bde 8°
· Authors. Modern English. Vol. 4. [04. 4477]

— u. W. Collins, nicht aus noch ein, s. Romane, moderne, des Auslandes.

Dickens, Charles

Nicht aus noch ein. Roman. Von Charles Dickens und Wilkie William Collins. Aus dem Engl. von Julie Hallervorden. Berlin 1868.

In: Roman-Magazin des Auslandes. Nr 4-9.

Dickens, Charles, Nicholas Nickleby, s. Collection of British Authors.

—— Nikolas Nickleby, s. Universal-Bibliothek Nr. 1271—1278.

— Nikolaus Nickleby. Roman. Stuttgarter Ausg., übers. v. Carl Kolb, neu durchgearb. v. M. Pannwitz. 2 Bde. (418 u. 446 S.) Kl. 8. Stuttgart (905). Franckh.
Geb. in Leinw. n. 6.—

Dickens, Charles, american notes, s. Collection of British Authors.

— novels and tales, s. Collection of British authors.

Dickens, Charles, the posthumous papers of the Pickwick Club. 2 vols. 8. (à vol. 381 S.) Leipzig 887, Gressner und Schramm. geb. à vol. 4

— Paul and Florence, hrsg. v. Heinr. Sauro, s. Authors, modern English. V.

Paul and Florence from Dombey and Son by Charles Dickens and the sad fortunes of the Rev. Amos Barton by George Eliot. The pied piper of Hamelin by Robert Browning. Ed. with biogr. sketches and expl. notes by Prof. Dr. Heinrich Saure. [Nebst] Vocabulaire. 2. Aufl. *Berlin: F. A. Herbig 1902.* 2 Bde 8°.
= Authors. Modern English. Vol. 5. [04. 8364]

— the perils of certain English prisoners, s.: Rauch's English readings.

Dickens, Charles, the Pickwick-Club, s. Collection of British Authors.

— Twelve chapters from the Pickwick Club, hrsg. v. W. Röttiger, s. Authors, English, 71. Lfg.

Twelve chapters from the Pickwick Club by Charles Dickens. In Auszügen m. Anm. z. Schulgebr. hrsg. von Dr. W[ilh.] Röttiger, Oberl. in Hamburg. [Nebst] Anm. u. Wörterb. *Bielefeld & Leipzig: Velhagen & Klasing 1898.* 3 Bde 8°
= Sammlung, Velhagen & Klasings, franz. u. engl. Schulausgaben. English Authors. Lfg 71. B. 1856

—— die Pickwickier, s. Bibliothek der Gesamt-Litteratur des In- und Auslandes.

— dasselbe, s.: Meyer's Volksbücher.

— die Pickwickier, s.: Universal-Bibliothek. Nr. 981-986.

Dickens, Charles

Die Pickwickier oder Herrn Pickwick's und der correspondirenden Mitglieder des Pickwick-Clubs Kreuz- und Querzüge, Abentheuer und Thaten. Nach den Ueberlieferungen des Pickwick-Clubs. Hrsg. von Boz [d.i. Charles Dickens]. Aus dem Engl. von H. Roberts. Mit Federzeichnungen nach Cruikshank. Bdchn 1-5.
Leipzig: Weber 1837-38. 8°

Dickens, die Pickwickier. Uebers. von H. Roberts. Mit Federzeichn. 3. Aufl. 6 Thle. in 3 Bdn. Lpz. 1842. Hfzbde. 12. 4. —

— die Pickwicker. Neu übers. v. Helene Lobedan. Mit Illustr. v. F. G. Füllhaas, in Holz geschnitten v. R. Cremer. 2 Bde. 8. (VI, VI, 920 S.) Berlin 889. Grote. geb. n. 8.—

— dasselbe. Mit Benutzg. der Uebertragg. v. H. Roberts durchweg neu überarb. u. ergänzt v. A. Scheibe. 4 Bde. Mit 16 Illustr. 2. Aufl. 8. (VIII, 221; VI, 216; VI, 197 u. VI, 194 S.) Halle a/S. 890. Gesenius. In 2 Bde. geb. n. 9.—

— die Pickwickier. Stuttgarter Ausg. übers. v. Carl Kolb, durchges. v. Johs. Minckwitz. 2 Bde. 9. Aufl. 8. (374 u. 403 S. m. Abbildgn.) Stuttgart (899). Franckh.
n. 4.—; geb. in Leinw. n. 6.—

— Die Pickwickier oder Herrn Pickwicks und der korrespondier. Mitglieder des Pickwick-Klubs Kreuz- u. Querzüge, Abenteuer u. Taten. Nach den Überliefergn. des Pickwick-Klubs. Übers. u. hrsg. v. Rich. Zoozmann. 2 Bde. (546 u. 528 S.) Kl. 8. Ebd. (910). 2.50; geb. in Leinw. 4. —

From the Pickwick papers (Posthumous papers of the Pickwick club) by Charles Dickens. Zum Schulgebr. ausgew. u. mit Anm. u. e. Wörterbuch vers. von Dr. Fritz Kriete, Oberl. [Text.] Anm. u. Wörterbuch. *Halle: H. Gesenius 1902.* 2 Bde 8° [02. 7533]

Dickens, Charles, Pictures from Italy, s. Collection of British Authors.

—— Pictures from Italy. Für die Oberklassen höherer Lehranstalten mit Anmerkungen und Erläuterungen hrsg. von Th. Weischer. 8. (VIII, 134 S.) Leipzig 879, [Reissner und Ganz.] Reissner. *

Dickens, Ch., Doctor Marigold's prescriptions, s. Collection of Brit. Auth.

— eine gefährliche Reise. Das Wirtshaus „Zum schwarzen Kopf". Aus dem Leben e. politischen Gefangenen, s.: Volksschriften, Münchener, Nr. 40.

— Romane. Deutsch v. Karl Wilding. 1.—16. Bd. Mit je 1 Umschlag-Zeichng. u. Vollbild v. Jul. Schlattmann. 8. Berlin (906). A. Weichert. à — 75; geb. à 1. —
1. 2. Oliver Twist. Ein Roman aus der Londoner Verbrecherwelt Mit biograph. Einleitg. u. Portr. 2 Bde. (158 u. 160 S.)
3. 4. Harte Zeiten. Sozialer Roman. 2 Bde. (Ungekürzte Ausg.) (167 u. 172 S.)
5. 6. Der Antiquitäten-Laden. Roman e. Kindes. 2 Bde. (195 u. 192 S.)
7—9. David Copperfield jun. aus Blunderstone, Villa Krähenhorst. Seine Lebensgeschichte. Abenteuer, Erfahrgn. u. Beobachtgn. Roman. 3 Bde. (195. 192 u. 191 S.)
10. Das Leben — e. Kampf. Eine bürgerl. Liebesgeschichte. Die Welt ist groß u. doch so klein. Eine Londoner Kriminal-Geschichte. [illegible] (193 S.)

11. 12. Aus 2 Städten. Ein Roman aus der Zeit der Revolution. 2 Bde. (Vollständige Ausg.) (176 u. 180 S.)
13. Weihnachtsgeschichten. Das Heimchen am Herde u. andere Erzählungen. (199 S.)
14—16. Die Pickwickier. Humoristischer Roman. 3 Bde. (178, 184 u. 184 S.)

— Romane. Deutsch v. Karl Wilding. 17—30. (Schluß-) Bd. (Mit je 1 Vollbild.) 8. Berlin, A. Weichert. (Urspr. Pr. à — 75; geb. 1. —)
17. Das Glockenspiel in der Silversternacht u. andere Geschichten. (172 S.) 907.
18. 19. Barnaby Rudge. Der Roman eines Irren. 2 Bde. (180 u. 178 S.) 907.
20. Londoner Skizzen. Bilder aus dem Leben u. Treiben der engl. Metropole u. ihrer Bewohner. Vollständige Ausgabe. (180 S.) 907.
21—23. Klein-Dorrit. Der Roman des Schuldgefängnisses. 3 Bde. (179, 184 u. 190 S.) (907.)
24. 25. Große Erwartungen. Der Roman e. Sträflings. 2 Bde. (176 u. 175 S.) (908.)
26. Der Weihnachtsabend u. andere Erzählungen. Vollständige Ausgabe. (192 S.) (908.)
27—29. Nikolaus Nickleby. Londoner Sittenroman. 3 Bde. (165, 170 u. 174 S.) (908.)
30. Das Spukhaus. Eine Weihnachtsgeschichte. Erste deutsche Ausg. (173 S.) (908.)

— ausgewählte Romane. Aus dem Englischen. 1—17. Lfg. 8. Halle 878—80. Gesenius. à n. — 50
1—13. David Copperfield. Deutsch von A. Scheibe. Mit einer Einleitung von Julian Schmidt. 4 Bde. (265, 251, 252 u. 248 S.) n. 6. 40 (cplt. in 2 Bde. geb. m. 16 Illustr. n. 9. —)
14—17. Harte Zeiten. Deutsch von A. Scheibe. (320 S.) (cplt.: 2. 40; geb. m. 6 Illustr. n. 4. —)

—— ausgewählte Romane. Aus dem Engl. von A. Scheibe. 5.—10. Bd. 8. Halle, Gesenius' Verlag. * geb. mit Illustr. *

Inhalt:
Bd. 5. Harte Zeiten. (320 S.) 880. ℳ 2,40.; 6 Illustr. * 60 Pf.; geb. mit Illustr. * ℳ 4.
„ 6. Oliver Twist. (460 S.) 883. * ℳ 3,50.; 8 Illustr. * 80 Pf.; geb. mit Illustr. * ℳ 5.
„ 7—10. Bleakhaus. 4 Bde. (276; 239; 268; 276 S.) 884. * ℳ 6,40.; 16 Illustr. * ℳ 1,20.; geb. mit Illustr. * ℳ 9.
1.—4. Bd. (David Copperfield.) Ebendas. 1878,79. * ℳ 6,40.

—— ausgewählte Romane. Aus dem Engl. 11.—14. Bd.: Die Pickwickier. Mit Benutzung der Übertragung von H. Roberts durchweg neu überarb. und ergänzt von A. Scheibe. 4 Bde. 8. (VI, 221; VI, 216; VI, 197; VI, 194 S. mit 16 Illustr.) Halle 885, Gesenius. à Bd. * ℳ 1.60.; geb. in 2 Bde. * Illustrationen apart *
1.—10. Bd. Ebendas. 1878—84 * ℳ 18.70.; geb. mit Illustr. * ℳ 27.—.

—— dass. — Deutsch von A. Scheibe. Illustr. Ausg. in 48 Lfgn. oder 14 Bdn. (à Lfg. ca. 5 Bog. mit 1—2 Holzschntaf.) 8. Ebendas. 886,87. Subscr.-Pr. à Lfg. * 50 Pf. *
Inhalt:
1. Die Pickwickier. 4 Bde. (VIII, 221; VI, 216; VI, 197; VI, 194 S.) Einzelpr. * ℳ 6.40.
2. Oliver Twist. (460 S.) Einzelpr. * ℳ 3.50.
3. Bleakhaus. 4 Bde. (276; 239; 268; 276 S.) Einzelpr. * ℳ 6.40.
4. Harte Zeiten. (320 S.) Einzelpr. * ℳ 2.40.
5. David Copperfield. 4 Bde. (XII, 256; 251; 252; 248 S.) Einzelpr. * ℳ 6.40.

**Dickens**, Charles, ausgewählte Romane. Aus dem Engl. Deutsch v. A. Scheibe. Illustr. Ausg. 60 Lfgn. 8. (1 Lfg. $5^1/_2$ Bog. m. 2 Holzschntaf.) Halle 886. Gesenius. à n. — 50

—— dass. — 1.—4. Bd.: David Copperfield. Deutsch von A. Scheibe. Mit einer Einleitung von Julian Schmidt. 4 Bde. Mit 1 Portr. und 16 Illustr. 3. Aufl. 8. (XII, 256; 251; 252; 248 S.) Ebendas. 888. geb. in 2 Bde. *

— ausgewählte Romane. Aus dem Engl. 1.—5. Bd. 8. Halle, Gesenius. geb. n. 13. —
1.—4. David Copperfield. Deutsch v. A. Scheibe. Mit e. Einleitg. v. Jul. Schmidt. 4 Bde. Mit 1 Portr. u. 16 Illustr. 3. Aufl. (XII, 256; 251; 252 u. 248 S.) 890. In 2 Bde. geb. n. 9. —
5. Harte Zeiten. Deutsch v. A. Scheibe. 2. Aufl. (322 S. m. 6 Illustr.) 890. geb. n. 4. —

—— Ausgewählte Romane. Aus dem Engl. (In 14 Bdn.) 5., 6., 11.—15. Bd. gr. 8. Halle a. S., Gesenius. geb. * 9 —
5. Harte Zeiten. Deutsch v. A. Scheibe. 2. Aufl. (322 S. m. 6 Illustr.) 890. * 4 —.
6. Oliver Twist. Deutsch v. A. Scheibe. 3. Aufl. (460 S. m. 8 Illustr.) 891. * 5 —.
11.—14. Die Pickwickier. Mit Benutzung der Uebertragung von H. Roberts neu überarb. von A. Scheibe. 4 Bde. Mit 16 Illustr. 2. Aufl. 8. (VIII, 221; VI, 216; VI, 197; VI, 194 S.) 890. In 2 Bde geb. * 9 —.
1.—4., u. 7.—10. Bd. Ebd. 1884—88. * 18 —.

—— dass. — Aus dem Engl. Deutsch von A. Scheibe. 15 Bde. 8. Ebd. 892. geb. in Leinw. à Bd. * 1 60; * 24 —
1.—4. David Copperfield. Mit e. Einleitg. von Julian Schmidt. 6. Taus. (XII, 256; 251; 252; 248 S. m. 1 Bildnis.)
5. 6. Oliver Twist. 4. Taus. (VII, 460 S.)
7.—10. Bleakhaus. 4. Taus. (276; 239; 268; 276 S.)
11.—14. Die Pickwickier. Mit Benutzg. der Übertragg. v. H. Roberts durchweg neu überarb. u. ergänzt. 4. Taus. (VIII, 221; VI, 216; VI, 197; VI, 194 S.)
15. Harte Zeiten. 4. Taus. (322 S.)

— ausgewählte Romane. Aus dem Engl. Deutsch v. A. Scheibe. 15 Bde. ohne Illustrationen. 8. Halle a/S. 892—894. H. Gesenius. Geb. in Leinw. n. 24. —; mit Illustrationen in eleg. Leinw.-Bdn. n. 36. —
1—4. David Copperfield. Mit e. Einleitg. v. Julian Schmidt. 4 Bde. (XII 256; 251, 252, 248 S. m. 1 Bildnis.) Geb. n. 6. 40; mit 16 Illustr. u. 1 Bildnis in 2 eleg. Leinw.-Bdn. n. 9. —
5. 6. Oliver Twist. 2 Bde. (VII, 460 S.) Geb. n. 3. 20; mit 8 Illustr., in 1 eleg. Leinw.-Bd. n. 5. —
7—10. Bleakhaus. 4 Bde. (276, 239, 268, 276 S.) Geb. n. 6. 40; mit 16 Illustr., in 2 eleg. Leinw.-Bdn. n. 9. —
11—14. Die Pickwickier. Mit Benutzg. der Übertragg. v. H. Roberts durchweg neu überarb. u. ergänzt. 4 Bde. (VIII, 221; VI, 216; VI, 197; VI, 194 S.) Geb. n. 6. 40; mit 16 Illustr., in 2 eleg. Leinw.-Bdn. n. 9. —
15. Harte Zeiten. (322 S.) Geb. n. 1. 60; mit 6 Illustr., in 1 eleg. Leinw.-Bd. n. 4. —

— ausgew. Romane. Aus d. Engl. 6. u. 11.—14. Bd. 8. Halle, H. Gesenius. Geb in Leinw. n. 14. —
6. Oliver Twist. Deutsch v. A. Scheibe. M. 8 Ill. 4. Aufl. (460 S.) 897. n. 5. —
11—14. Die Pickwickier. M. Benutzg. d. Übertragg. v. H. Roberts durchweg neu überarb. u. ergänzt v. A. Scheibe. In 4 Bdn. 3. Aufl. (VIII, 221; VI, 216; VI, 197 u. VI, 194 S. m. 16 Ill.) 898. In 2 Leinw.-Bdn. n. 9. —

Charles Dickens' Ausgewählte Romane. Aus d. Engl. Bd 1. *Halle: H. Gesenius [1904]*. 8° [F.] [04. 16062]

— Ausgewählte Romane u. Geschichten. Übers. u. hrsg. v. Gust. Meyrink. 1—10. Bd. 8. München, A. Langen. à 3.—; in Pappbd. à 4.—; geb. in Halbfrz. à 6. —
1. Weihnachtsgeschichten. Deutsch v. Gust. Meyrink. (299 S. m. Bildnis. (909.) — 2—4. David Copperfield. Deutsch v. Gust. Meyrink. 3 Bde. (344, 332 u. 326 S.) (910.) — 5—8. Bleakhaus. Deutsch v. Gust. Meyrink. 4 Bde. (303, 290, 283 u. 260 S.) (910.) — 9. 10. Die Pickwickier. 2 Bde. (403 u. 440 S.) (910.)

— Ausgewählte Romane u. Novellen. (In 12 Bdn.) 1. u. 2. Bd. David Copperfield. 2 Bde. (XXX, 548 S. u. 560 S. m. Abbildgn.) 8. Leipzig (910). Insel-Verlag. 6. —; geb. in Leinw. 8.

— dasselbe. (Taschenausg.) (In 6 Bdn.) 1. Bd. David Copperfield. (XXX, 1107 S.) kl. 8. Ebd. (910). Geb. in Leinw. 6.—; in Ldr. 7. 50

— sämtliche Romane. Neueste u. vollständ. Ausg. in sorgfältigster Verdeutschg. v. Paul Heichen. 1.—12. Bd. 8. Naumburg a/S., A. Schirmer's Verl. à n. 3. —; geb in Leinw. à n. 3. 50
1. Aus zwei Millionenstädten. Roman aus der Zeit der französ. Revolution. (XI, 611 S. m. Bildnis.) 892.
2. 3. Barnaby Rudge. Roman aus dem englischen Volksleben. 2 Bde. (594 S. m. Bildn., 477 S.) 892.
4. 5. David Copperfield jun. Die Geschichte v. seinem Leben u. seinem Leiden. 2 Bde. (703, 818 S.) 893.
6. Der abenteuerliche Oliver Twist. Erzählung aus der Londoner Gaunerwelt. (730 S. m. Bildnis.) 893.
7. Ein Weihnachtslied in Prosa. Die Sylvester-Glocken. Das Heimchen am Herde. (459 S. m. Bildnis.) 894.
8. Harte Zeiten. Geschrieben f. die heut. Zeit. (510 S. m. Bildnis.) 894.
9. 10. Der abenteuerliche Nicholas Nickleby. 2 Bde. (747 u. 740 S.)
11. 12. Die Pickwickier od.: Die hinterlassenen Papiere des Pickwick-Klubbs, so e. getreuel. Bericht erstatten v. den Beobachtgn., Gefährlichkeiten, Reisen, Abenteuern u. heiteren Erlebnissen der korrespondier. Mitglieder des Klubbs. 2 Bde. (744 u. 718 S.)

**Dickens**, Ch., sämtliche Romane. Neueste u. vollst. Ausg. i. sorgfält. Verdeutschg. v. P. Heichen. 13.—33. (Schluß-) Bd. 8. Naumburg, A. Schirmer's Verl. à n. 3. — ; geb. in Leinw. à n. 3. 50
13—15. Klein Dorrit. 3 Bde. (526, 522 u. 460, XXIV S. m. Bildn.) 895.
17. D. alte Raritätenladen. M. e. Anh.: Meister Humphrey's Wanduhr. 2 Bde. (544 u. 560 S.) 895.
18. 19. Geschäfte m. d. Hause Dombey u. Sohn, Großhandlg., Kleinverschleiß u. Exportgeschäft. 2 Bde. (784 u. 805 S.) 895. 96.
20. Große Erwartungen. (829 S.) 895.
21. D. Kampf d. Lebens. Ferner: Zu Boden gehetzt. — D. Verwunschene. Keine Durchfahrt. Neue Weihnachts-Geschichten. (525 S. m. Bildnis.) 896.
22—24. Uns. gegenseit. Freund Roman in 4 Büchern. 3 Bde. (512, 512 u. 515 S. m. 1 Bildn.) 896.
25—27. Leben u. Abenteuer d. Herrn Martin Chuzzlewit, s. Verwandten, Freunde u. Feinde, desgleichen Schilderg. s. ganzen Treibens u. Wesens, wie s. Thuns u. Lassens, u. überdem noch Nachweis üb. d. Verhalt, wer d. Familiensilberzeug bekommen, wer d. silbernen Löffel geerbt u. wer d. hölz. Rührlöffel genommen, so daß man demnach in Summa e. vollständ. Schlüssel zu d. Chuzzewit'schen Hauswesen bekommt. Roman in 3 Bdn. (510, 503 u. 528 S.) 896. 97.
28. Das Geheimnis Edwin Droods. Roman. (564 S.) 897.
29. D. ungeschäftl. Reisende, Station Mugby (Gebrüder Barbox) u. kleine Erzählungen. (492 S. m. Bildnis.) 897.
30. Londoner Skizzen. Schildergn. alltägl. Lebens u. alltägl. Leute. (781 S. m. Bildnis.) 897.
31—33. Bleak House. Roman in 3 Bdn. (515, 534 u. 538 S. m. Bildnis.) 897. 98.

— dasselbe. (In ca. 100 Lfgn.) 1.—99. Lfg. 8. (à 5 Bog.) Ebd. 892—894. à — 40

— dasselbe. 100.—252. (Schluß-) Lfg. 8. (à 5 Bog.) Ebd. 895—898. à — 40

— dasselbe. (4. u. 5. Bd.) David Copperfield junior, was er erlebt u. erfahren, v. ihm selbst erzählt. Roman. 2 Bde. 2., neu bearb. Aufl. gr. 8. (800 u. 839 S. m. Bildnis.) Ebd. 899. à n. 3. —; geb. à n. 3. 50

— dasselbe. Ergänzungsband, s.: Heichen, Paul, Charles Dickens.

Dickens, Charles

Charles Dickens' sämtliche Romane. neueste und vollst. Ausg. In sorgf. Verdeutschung von Paul Heichen. Magdburg: Magdeb. Verl.-Anst. (1895). 8°

Inhalt:
Der Kampf des Lebens.- Zu Boden gehetzt.- Der Verwunschene.- Keine Durchfahrt.- Neue Weihnachtsgeschichten. 465 S.

Der alte Raritätenladen. Bd 2. Anhang: Meister Humphrey's Wanderuhr. 510 S.

— Sämtliche Romane. Neueste u. vollständ. Ausg. in sorgfält. Verdeutschg. v. Paul Heichen. 8. Magdeburg, Magdeburger Verlagsanstalt. à Bd. 3.—; geb. in Lw. 3. 50
Geschäfte mit dem Hause Dombey u. Sohn. Großhandl., Kleinverschleiß u. Exportgeschäft. Roman in 2 Bdn. (659 u. 694 S.) (908.) — Clown Grimaldi. Roman. (324 S.) (908.) — Der abenteuerliche Nicholas Nickleby. Roman. 2 Bde. (Je 648 S.) (908.)

— sämtliche Romane u. Erzählungen. Neueste vollständ. Ausg. in sorgfält. Verdeutschg. v. Paul Heichen. 2., neu bearb. Aufl. 1.—48. Lfg. 8. Naumburg 899—902. A. Schirmer's Verl. à — 40
1—20. David Copperfield junior, was er erlebt u. erfahren, v. ihm selbst erzählt. Roman. (1. Bd. 800 S. u. 2. Bd. S. 1—800.)
21. Dasselbe. (2. Bd. S. 801—839.) — Barnaby Rudge. Historischer Roman. (1. Bd. S. 1—82 m. Bildnis.)
22—34. Barnaby Rudge. Historischer Roman. (1. Bd. S. 83—594 u. 2. Bd. 480 S.)
35—43. Leben u. Abenteuer des Oliver Twist. (S. 1—720 m. Bildn.)
44—48. Ein Weihnachtslied in Prosa. Die Sylvester-Glocken. — Das Heimchen am Herde. S. 1—400 m. Bildnis.)

— sämtliche Romane u. Erzählungen. Neueste u. vollständ. Ausg. in sorgfält. Verdeutschg. v. Paul Heichen. 2., neu bearb. Aufl. 49.—66. Lfg. 8. Naumburg (903. 904.) A. Schirmer. à — 40
49. Ein Weihnachtslied in Prosa. Die Sylvester-Glocken. — Das Heimchen am Herde. (S. 401—453.) — Die Pickwickier od.: Die hinterlassenen Papiere des Pickwick-Klubs. (1. Bd. S. 1—32.)
50—66 Die Pickwickier od.: Die hinterlassenen Papiere des Pickwick-Klubs. (1. Bd S. 33—723 u. 2. Bd. S. 1—694.)

Dickens, Charles

Barnaby Rudge. Von Boz [d.i. Charles Dickens]. Aus dem Engl. von E.A. Moriarty. Mit den Original-Abb. der Londoner Ausg. nach Zeichnungen von Cattermole und Browne. Bd 1-8.
Leipzig: Weber 1841. 8°

— Barnaby Rudge: a tale of the Riots of 'eighty. 8. (396 S.) Leipzig 889. Gressner & Schramm. n. 2. —

— David Copperfield's school-days, hrsg. v. Hugo Bahrs, s.: Schulbibliothek, französische u. englische. A. 95.

— die Familie Schüsselwitz. Frei nach dem Engl. v. W. N. 8. (320 S.) Bremen 875. Tannen. n. 1. 50

— die Sylvesterglocken. Eine Koboldgeschichte von Glocken, die das alte Jahr aus- u. das neue einläuten. 16. (7 B.) Stuttgart 845. [Becher's Verl.]

— die Silvester-Glocken. Eine Geistergeschichte. 12. (139 S.) Leipzig 888, Fock. geb. mit Goldschn. *

— Die Sylvester-Glocken. Eine Geistergeschichte. 12. (205 S.) Berl. 890, [Nordd. Verlags-Institut] Pohlmann. geb. m. G. * 2 50

— d. Sylvester-Glocken. E. Geistergeschichte. 12. (205 S.) Ravensburg 897. Dorn. Geb. in Halbleinw. n. 1. 70

— die Sylvester-Glocken. Eine Geistergeschichte. 12. (205 S.) Ravensburg (899). Dorn. Geb. n. 1. 70

— dasselbe, s.: Bibliothek der Gesamt-Litteratur d. In- u. Auslandes.

— dasselbe, s.: Meyer's Volksbücher.

— die Sylvester-Glocken, } s.: Universal-Bibliothek. Nr. 806

— Sketches by Boz, hrsg. v. Ed. Paetsch, s.: Authors, English.

Dickens, Charles, Sketches, s. Collection of British Authors.

— Sketches, s. Rauch's English Readings.

— dasselbe, s.: Schulbibliothek, französische u. englische.

— dasselbe, s.: Textausgaben französ. u. engl. Schriftsteller f. den Schulgebrauch.

— Sketches. Ausgewählt und erklärt von G. Erzgraeber. gr. 8. (136 S.) Berlin 878, Weidmann'sche Buchh.

— sketches. Ausgewählt u. erklärt von G. Erzgraeber. gr. 8. (136 S.) Berlin 879. Weidmann. 1. 50

— Sketches by „Boz", illustrative of every-day life and every-day people. 8. (380 S.) Leipzig 886, Gressner und Schramm. geb. *

— Sketches. 1st and 2d series. Students' Tauchnitz edition. Mit deutschen Erklärungen von A. Hoppe. gr. 8. Leipzig 886, B. Tauchnitz. [1. Serie (XI, 178 S.) M 1.20.; cart. * M 1.30.; 2. Serie (XI, 202 S.) * M 1.40.; cart. * M 1.50.]
* M 2.60.; cart. *

— sketches. 1. and 2. series. Students' Tauchnitz edition. Wörterbuch dazu, bearb. v. A. Hoppe. gr. 8. (90 S.) Leipzig 890. B. Tauchnitz. n. 1. —

**Dickens**, Charles: Sketches selected and ann. by Louis Hamilton. With 1 vignette and 3 ill. Leipsic: Freytag 1907. 152 S. 8°
(Freytags Sammlung franz. u. engl. Schriftsteller.)

— five sketches, } s.: Readings, english.
— four sketches, }

— Londoner Skizzen, siehe: Bibliothek, Europäische, 421 u. 422. Bd.

—— Londoner Skizzen, s. Universal-Bibliothek Nr. 1157—1160.

Dickens, Charles
Londoner Skizzen. Von Boz [d.i. Charles Dickens]. Aus dem Engl. von H. Roberts. Mit Federzeichnungen nach Cruikshank.
Leipzig: Weber 1838. VI.295 S. 8°

— Londoner Skizzen. Übers. u. hrsg. v. Rich. Zoozmann. (538 S.) kl. 8. Leipzig (909). Hesse & Becker Verlag. Geb. in Leinw. 2. —

— die gute alte Stadt, s.: Familien-Bibliothek.

— zwei Städte, } s.: Universal-Bibliothek. Nr. 891–894.

— a tale of two cities, hrsg. v. J. W. Stoughton u. Alb. Herrmann, s.: Authors English 103. Lfg.

Dickens, Charles: A Tale of two cities, s. Collection of British Authors.

— dasselbe, hrsg. v. J. W. Stoughton, s.a. Velhagen & Klasings Sammlung französischer u. englischer Schulausgaben. 18.

A tale of two cities. By Charles Dickens. Abridged Ed. for Schools. With Pref. and Ann. by J. W. Stoughton. [Nebst] App. Bielefeld & Leipzig: Velhagen & Klasing 1905. 2 Bde 8°
= Sammlung, Velhagen & Klasings, franz. u. engl. Schulausgaben. Reform-Ausgaben. No 18. [06 4126

A tale of two cities. By Charles Dickens. Mit Anm. z. Schulgebr. hrsg. von J. M. Stoughton u. Dr. Albert Herrmann, Oberl. zu Berlin. [Nebst] Anh. [u.] Wörterbuch. Bielefeld & Leipzig: Velhagen & Klasing 1906. 3 Bde 8°
= Sammlung, Velhagen & Klasings, franz. u. engl. Schulausgaben. English authors. Lfg 103 B. [06. 4108

— extracts from a tale of two cities, s.: Rauch's English readings.

—— four Tales from the Household-Words, s. Collection of English Class-Books.

Dickens, Charles, u. W. Collins
—— —— no Thoroughfare, s. Collection of British Authors.

—— hard times, } s. Collection of british authors.

— the Tuggs's at Ramsgate. Misplaced attachment of Mr. John Dounce, s.: Reuter's Bibliothek f. Gabelsberger-Stenographen.

— Oliver Twist od. die Laufbahn e. Waisenknaben, s.: Bibliothek der Gesamt-Litteratur d. In- u. Auslandes.

Dickens, Charles, Oliver Twist, s. Collection of British Authors.

— Oliver Twist, s.: Universal-Bibliothek. Nr. 595–96.

Dickens, Charles
Oliver Twist. Deutsch von A. Scheibe.
Halle: Gesenius 1883. 460 S. 8°

— Oliver Twist. Roman. Stuttgarter Ausg., übers. v. Carl Kolb, durchges. v. L. Freytag. (Neudruck.) 8. (610 S.) Stuttgart 898. Franckh. n. 2. —; geb. in Leinw. 3. —

— Oliver Twist. Für die reifere Jugend dem Engl. frei nacherzählt v. J. J. Hollitscher. Illustriert v. M. Frimberger. (170 S.) 8. Wien 907. Akadem. Verlag. Geb. in Leinw. n. 4. —; Volksausg. kart. n. 2. —

— Oliver Twist. Roman. Übers. u. hrsg. v. Rich. Zoozmann. (558 S.) kl. 8. Ebd. (909). Geb. in Leinw. 2. —

— Oliver Twist and Dotheboys hall, hrsg. von Heinr. Sauro, s.: Authors, modern English. IX.

The black Veil. Von Ch[arles] Dickens. In engl. Stenogr. (Einigungs-system Stolze-Schrey). Im Anschlusse an 'Simon's Shorthand' als Lesebuch hrsg. von Heinrich Simon. Berlin: Schrey [1909]. 23 S. 8° [Text stenogr.] [09. 13927

— Verkehr m. d. Firma Dombey & Sohn, s.: Universal-Bibliothek.

—— der Verwünschte, s. Universal-Bibliothek Nr. 1469.

— dasselbe, s.: Hesse's, Max, Volksbücherei.

— der Verwünschte oder der Vertrag mit d. Gespenste. Ein Weihnachts-Märchen. 12. (136 S.) Leipzig 889. Fock. geb. m. Goldschn. n. 1. —

— Der Verwünschte. Der Kampf des Lebens. 2 Erzähl. Übers. u. hrsg. v. Rich. Zoozmann. (215 S.) kl. 8. Ebd. (909). Geb. in Leinw. — 80

— the village coquettes, s.: Theatre, modern english comic.

Dickens, Charles
Master Humphrey's Wanduhr. Humor. Lebensgemälde. Von Boz [d.i. Charles Dickens]. Aus dem Engl. von E.A. Moriarty. Mit Federzeichnungen nach Cattermole und Browne. Th. 1–5.
Leipzig: Weber 1840. 8°

Dickens, Charles
Master Humphrey's Wanduhr. Von Boz [d.i. Charles Dickens]. Neu aus d. Engl. von Carl Kolb. Mit Federzeichnungen nach G. Cattermole und H.K. Browne. Bd.chen 1 - 6.
Stuttgart: Krabbe 1842. 8°

— ein Weihnachtsabend, s.: Volksbücher, Wiesbadener.

— dasselbe, s.: Bibliothek der Gesamt-Litteratur d. In- u. Auslandes.

— dasselbe, s.: Hesse's, Max, Volksbücherei.

— dasselbe, s.: Meyer's Volksbücher.

— der Weihnachtsabend, s.: Universal-Bibliothek. Nr. 788.

—— der Weihnachtsabend. Eine Geistergeschichte. 12. (126 S.) Leipzig 888, Fock. geb. mit Goldschn. +

- dasselbe. Hrsg. in Stolze'scher Stenographie v. Max Funcke. gr. 8. (99 autogr. S.) Dortmund 889. (Garms.) n. 1. 25

— der Weihnachtsabend. Eine Geistergeschichte. 12. (185 S.) Berlin 890. Norddeutsches Verlags-Institut. geb. m. Goldschn. n. 2. 50

— d. Weihnachtsabend. E. Geistergeschichte. 12. (185 S.) Ravensburg 897. Dorn. Geb. in Halbleinw. n. 1. 60

— der Weihnachtsabend. Eine Geistergeschichte. 12. (185 S.) Ravensburg (899). Dorn. Geb. n. 1. 60

— dasselbe. Eine Geistergeschichte. — Das Heimchen am Herde. Ein Hausfeenmärchen. — Die Sylvesterglocken. Eine Gespenstergeschichte. Stuttgarter Ausg. übers. von J. E. Wessely, durchgesehen v. K. Walther. 2. Aufl. 8. (104, 120 u. 114 S. m. Abbildgn.) Stuttgart (901). Franckh. Geb. in Leinw. n. 3. —

— Der Weihnachtsabend. Die Silvesterglocken. 2 Weihnachtsgeschichten. Übers. u. hrsg. v. Rich. Zoozmann. (206 S.) kl. 8. Leipzig (909). Hesse & Becker Verlag. Geb. in Leinw. — 80

Weihnachtserzählungen von Ch[arles] **Dickens.** Nach d. Engl. von A. Friedheim. Ill. von Hugo Steiner. (Vorr.: Karlernst Knatz.) Berlin-Leipzig: Buchverl. fürs Deutsche Haus 1908. (304 S.) 8° [F.]
= **Bücher,** Die, d. Deutschen Hauses. Reihe 1. Bd 10. [o8. 5772]

—— eine Weihnachtsgeschichte. Deutsch v. A. Diezmann. 16. (9 B. u. 2 Stahlst.) Leipzig 844, Otto Wigand, *

—— Weihnachts-Geschichten. 12. (126, 139, 140, 119, 136 S.) Lpz. 889, Fock. geb. in Leinw. * 3 —; in Hlbfrz. * 3 60

— Weihnachts-Geschichten. (Neue Aufl.) 12. (III, 116, 128, 128, 119 u. 136 S.) Leipzig 894. G. Fock. Geb. in Leinw. 3 —

— Weihnachts-Geschichten. (Der Weihnachtsabend. — Die Sylvesterglocken. — Das Heimchen am Herde.) Aus d. Engl. 8. (V, 78; 88 u. 92 S. m. Bildnis.) Halle (902.) O. Hendel. Geb. in Leinw. m. Goldschn. n. 2. —

—— fünf Weihnachtsgeschichten. 8. (624 S.) Leipzig 882, Weber. geb. *

— fünf Weihnachtsgeschichten. Uebers. v. W. Wackernagel u. Mor. Weyermann, m. e. Einleitg.: Biographische Skizze v. Boz-Dickens nach Forster v. Mor. Weyermann. 6 Bdchn. 8. Elberfeld 885. Bädeker. In 1 Bd. geh. n. 3. —; geb. n. 4. —; einzeln à n. — 50; geb. à n. 1. —
1. Charles Dickens [Boz]. Eine biograph. Skizze nach Forster v. Mor. Weyermann. (64 S.)
2. Das Heimchen auf dem Heerde. 3. Aufl. (93 S.)
3. Ein Weihnachtslied in Prosa. 3. Aufl. (88 S.)
4. Das Glockenspiel. Eine spukhafte Geschichte v. gewissen Glocken, welche e. altes Jahr aus- u. e. neues Jahr einläuteten. 2. Aufl. (91 S.)
5. Der Kampf des Lebens. 2. Aufl. (87 S.)
6. Der Doppelgänger od. der Pakt m. dem Geiste. (96 S.)

— fünf Weihnachtsgeschichten. 2. Aufl. 12. (III, 624 S.) Leipzig (900). F. F. Weber. Geb. in Leinw. n. 4. —

— 5 Weihnachtsgeschichten. Übers. u. hrsg. v. Rich. Zoozmann. (548 S.) kl. 8. Leipzig (909). Hesse & Becker Verl. Geb. in Lw. 2. —; Geschenkausg., m. Goldschn. 3. —

—— Das Weihnachtslied. Wortgetreu nach H. R. Mecklenburgs Grundsätzen aus dem Engl. übers. v. R. F. 1.—3. Heft. 32. (206 S.) Berl. 889, H. R. Mecklenburg. à Heft * — 25; * — 75

—— ein Weihnachtslied in Prosa. Neu aus dem Engl. übers. 16. (199 S.) Elberfeld 864, Bädeker'sche Buchh. *
geb. mit Goldschn. *

Weihnachtslied in Prosa [A Christmas Carol in prose]. Erzählung von Charles Dickens. Aus d. Engl. übers. Berlin: F. Schulze [1910]. 96 S. 8° [Text stenogr.]
(Sammlung berühmter ausländischer Schriftsteller. Ser. 1, Bd 3.) A 11. 10712

Dickens, Charles

Ein Weihnachtslobgesang in Prosa; das heißt: Eine Weihnachts-Geistergeschichte. Frei nach d.Engl. von Erwin von Moosthal. Bd.1.
Stuttgart: Franckh 1844. 336 S. 8°

Dickens, Charles, [† Boz.] Werke, s. Collection Spemann.

Dickens', Charles, ausgewählte Werke. Übers. u. hrsg. v. Rich. Zoozmann. Mit e. Biographie u. 2 Bildnissen des Dichters. 7 Tle. (638; 566; 538; 546; 528; 558 u. 548 S.) kl. 8. Leipzig (909). Hesse & Becker Verl. 7.50; in 5 Bde. geb., Leinw. 10.—; Halbfrz. 15.—; Luxusbd. 20.—; Salonausg., 7 Bde. 18. —

— dasselbe. 16 Bde. (638; 566; 538; 546; 528; 558; 548; 392; 618; 608; 616; 576; 632; 627; 500 u. 688 S.) kl. 8. Ebd. (910.) 24.—; geb. in Leinw. 30.—; in Halbldr. 42.—; in Halbfrz. 54.—; Salonausg. 38.—; in 8 Leinw.-Bdn. 22. 50

Dickens, Charles

Boz's Gesammelte Werke. (Aus dem Engl. von O. von Czarnowsky, Johann August Diezmann, Karl Heinrich Hermes). Mit Federzeichnungen nach Phiz [d.i. Hablot Knight Browne]. Th. 1-9.11-17.
Braunschweig: Vieweg 1839. 8°

1- 6. Die Pickwicker. Bd 1-6. (Czarnowsky).
7- 9. Oliver Twist. Bd 1-3. (Diezmann).
11-17. Nicolaus Nickleby. Bd 2-8. (Hermes, Diezmann).

(Capt. Marryat's, ... u.A. Gesammelte Werke. Eine Sammlung ... Bd 58-65.70-76.)

Dickens, († Boz) Charles, gesammelte Werke. 23. und 24. Bd. Aus dem Engl. von Jul. Seybt. 8. Leipzig, Wiedemann. à Bd. * 1 Thlr. *
Inhalt:
Bd. 23. Klein Dorrit. 2. Bd. 5 Lfgn. (300 S.) 857.
" 24. Zwei Städte. (412 S.) 860.
1—22. Bd. Ebendas. 1852—56. 16 Thlr. $22\frac{1}{2}$ Ngr.

—— gesammelte Werke. Wohlfeile Volks-Ausg. 24 Bde. oder 48 Halbbde. 8. (10136 S.) Leipzig 861. 62, Wiedemann. à Halbbd. * 5 Ngr. *

Dickens, († Boz) Charles, gesammelte Werke. 25. und 26. Bd.: Große Erwartungen. Aus dem Engl. von Jul. Seybt. 2 Bde. 8. (530 S.) Weissenburg 862, Meyer.

Dickens, Charles

Boz' Sämmtliche Werke. (Aus d.Engl. von Julius Seybt. Mit Federzeichnungen von H.K.Browne, Stanfield und Leech). Th.58.59. 60.61. 62.63. 64.65. 66.67. 69.
Leipzig: Lorck 1847 - 1849. 8°

58-67. Dombey und Sohn. Th. 1 - 10. 1847.
69. Der Verwünschte. Ein Märchen. 1849.

Dickens (Boz), Charles, sämmtliche Werke. Stuttgart 855. Hoffmann. gr. 16. Jede Liefg. 3 ngr
1. 7. 12. 13. Liefg. Harte Zeiten. 4 Bdchn. (XII, 306 S.)
2—6. 8—11. Liefg. Die Pickwickier. Neu aus dem Engl. von Carl Kolb. 9 Bdchn. (VI, 861 S)
14—25. Liefg. Lebensgeschichte und Erfahrungen David Copperfield's des Jüngeren. 2 Bde. (1148 S.)
26—38. Liefg. Bleakhaus. 2 Bde. (VI, 1243 S.)
39—45. Liefg. Oliver Twist. Neu aus dem Engl. von Carl Kolb. (584 S.)
46—48. Liefg. Leben und Schicksale des Martin Chuzzlewit. Neu aus dem Engl. von Carl Kolb. 2 Bde. (1218 S)
59—72. Liefg. Dombey u. Sohn. Neu aus dem Engl. von Carl Kolb. 2 Bde. (1271 S.)
73—82. Liefg. Master Humphrey's Wanduhr. Neu aus dem Engl. von Carl Kolb. 2 Bde. (938 S.)
Fortsetzung s. unter Boz.

—— sämmtliche Werke. Aus dem Engl. von Edm. Zoller. 124. und 125. Lfg.: Klein-Dorrit. 9. und 10. Lfg. gr. 16. (1. Bd. S. 577—618 und 2. Bd. S. 1—96.) Stuttgart 857, Hoffmann'sche Verlagsbuchh. à Lfg. 3 Ngr.
1—123. Lfg. Ebendas. 1855,56. 12 Thlr. 9 Ngr.

—— dass. — 126.—144. Lfg. gr. 16. Stuttgart, Hoffmann'sche Verlagsh. à Lfg. 3 Ngr.
Inhalt:
Lfg. 126—130. (21. Bd.) Klein Dorrit. Aus dem Engl. von Edm. Zoller. (2. Bd. S. 97—578. Schluß.) 857.
" 131—136. (22. Bd.) Eine Geschichte von zwei Städten. Neu aus dem Engl. von Carl Kolb. (435 S.) 861.
" 137—144. (23. Bd.) Große Erwartungen. Aus dem Engl. von L. Dubois. (629 S.) 864.
1—125. Lfg. Ebendas. 1855—57. 12 Thlr. 15 Ngr.

—— sämmtliche Werke. 98—112. Bd. (11—40. Lfg.) gr. 16. Leipzig 857—61, Weber. [98—102. Bd. à Bd. von 2 Lfgn. * 10 Ngr., 103—112. Bd. à Bd. * 12 Ngr.]
Inhalt:
Bd. 98—102. Klein Dorrit. Roman in 2 Büchern. Aus dem Engl. von Mor. Busch. Mit 40 Illustr. von Hablot K. Browne. 6—10. Thl. à 2 Lfgn. (739 S. mit 19 Holzschnt. und Titel in Holzschn.)
" 103—106. Zwei Städte. Eine Erzählung in drei Büchern. Mit 16 Illustr. von Hablot K. Browne. Aus dem Engl. von Jul. Seybt. 4 Thle. (VIII und 611 S. mit 16 Holzschn.)
" 107—112. Große Erwartungen. Mit 12 Illustr. von Karl Reinhardt. Aus dem Engl. von Marie Scott. 6 Thle. (VIII und 797 S. mit 12 Holzschn.)
1—97. Bd. Ebendas. 1842—56. * 32 Thlr. 10 Ngr.

—— sämmtliche Werke. 113.—122. Bd.: Unser gemeinschaftlicher Freund. Roman in 4 Büchern. Aus dem Engl. von Marie Scott. Deutsche vom Verf. autoris. Ausg. 10 Thle. gr. 16. (1557 S. mit 40 Illustr. in Holzschn. von Marcus Stone.) Leipzig 864,65, Weber. à Bd. * 12 Ngr. *

1.—112. Bd. Ebendas. 1842—61. * 37 Thlr. 22 Ngr.

—— dass. — 1.—9., 53. und 54. Bd. gr. 16. Ebendas. à Bd. * 10 Ngr. *

Inhalt:

Bd. 1—6. Die Pickwickier oder Herrn Pickwick's und der correspondirenden Mitglieder des Pickwick-Clubs Kreuz- und Querzüge, Abenteuer und Thaten. Nach den Ueberlieferungen des Pickwick-Clubs. Mit Federzeichnungen nach Phiz. Aus dem Engl. von H. Roberts. 6 Thle. 4. Aufl. (1190 S. mit 39 Holzschntaf.) 863.

» 7—9. Oliver Twist. Mit Federzeichnungen nach Cruikshank. Aus dem Engl. von H. Roberts. 3 Thle. 4. Aufl. (507 S. mit 24 Holzschntaf.) 863.

» 53. Der Weihnachtsabend. Eine Geistergeschichte. Mit 8 Federzeichnungen von J. C. L. Leech. Aus dem Engl. von E. A. Moriarty. 3. Aufl. (122 S. mit 8 Holzschntaf.) 864.

» 54. Die Sylvester-Glocken. Eine Geistergeschichte. Mit 4 Federzeichnungen von J. C. L. Leech. Aus dem Engl. von E. A. Moriarty. 2. Aufl. (136 S. mit 4 Holzschntaf.) 864.

Dickens' sämmtliche Werke. Aus dem Engl. v. J. E. Wessely. 26. Bd. gr. 16. (604 S.) Leipzig 875. Zieger. 3. —

Daraus einzeln:

Das Heimchen am Herde. Ein Hausfeenmärchen. (128 S.) — 60

Der Verwünschte od. der Vertrag m. dem Gespenste. Ein Weihnachts-Phantasiestück. (135 S.) — 60

Ein Weihnachtsabend. Eine Geistergeschichte. (107 S.) — 60

Der Kampf d. Lebens. Eine Liebesgeschichte. (116 S.) — 60

Die Sylvesterglocken. Eine Gespenstergeschichte. (118 S.) — 60

Dickens' Charles [Boz], sämtliche Werke. Neueste, sorgfältigst durchgeseh. Ausg. (In 8 Serien.) 1. Serie. 1. bis 80. Lfg. 8. Berlin 892. 893. C. Zieger Nachf. à — 40; auch in Halblfgn. à — 20; in Bdn. à 2.50; geb. à 3. —

1. Bd. Oliver Twist. Übers. v. Carl Kolb. Aufs neue durchgesehen v. L. Freytag. (610 S.)

2. u. 3. Bd. David Copperfield. Roman. Aufs neue durchgesehen v. Jg. Em. Wessely. 2 Bde. (579, 587 S.)

4.—6. Bd. Bleakhaus. Roman. Aufs neue durchgesehen v. Eug. Bernhard. 1.—3. Bd. (479, 384 u. S. 1—208.)

Dickens, Charles, works. Vol. 1 and 2. 8. Berlin 877. Asher & Co. à n. 2. —

1. The personal history of David Copperfield. With 11 illustr. (woodcuts and the portr. of the author, steelengraving). (VI, 533 S.)
2. The posthumous papers of the Pickwick Club. With 11 illustr. (woodcuts). (XII, 497 S.)

—— Works. 21 vols. 8. Berlin 879, Asher und Comp. Vol. 1—13 à ℳ 2.; Vol. 14—21 à ℳ 1,60.; compl. * compl. geb. *

Inhalt:

Vol. 1. The personal history of David Copperfield. (VI, 533 S. mit 11 Illustr. in Holzschn. und dem Portr. des Verf. in Stahlst.)
» 2. The posthumous Papers of the Pickwick Club. (XII, 497 S. mit 11 Illustr. in Holzschn.)
» 3. The Life and Adventures of Martin Chuzzlewit. (522 S. mit 8 Illustr. in Holzschn.)
» 4. Dombey and Son. (543 S. mit 8 Illustr. in Holzschn.)
» 5. Life and Adventures of Nicholas Nickleby. (515 S. mit 8 Illustr. in Holzschn.)
» 6. Bleak House. (540 S. mit 8 Illustr. in Holzschn.)
» 7. Little Dorrit. (522 S. mit 8 Illustr. in Holzschn.)
» 8. Our Mutual Friend. (525 S. mit 8 Illustr. in Holzschn.)
» 9. Barnaby Rudge. (391 S. mit 8 Illustr. in Holzschn.)
» 10. Old Curiosity Shop. (337 S. mit 8 Illustr. in Holzschn.)
» 11. A Child's History of England. (303 S. mit 4 Illustr. in Holzschn.)
» 12. Edwin Drood and other Stories. (288 S. mit 8 Illustr. in Holzschn.)
» 13. Christmas Stories from „Household Words". (392 S. mit 8 Illustr. in Holzschn.)
» 14. Tale of Two Cities. (220 S. mit 8 Illustr. in Holzschn.)
» 15. Sketches, illustrative of every-day life and every-day people. (292 S. mit 8 Illustr. in Holzschn.)
» 16. American Notes and reprinted Pieces. (316 S. mit 8 Illustr. in Holzschn.)
» 17. Christmas Books: Christmas carol. — The chimes. — The cricket on the hearth. — The battle of life. — The haunted man. (256 S. mit 8 Illustr. in Holzschn.)
» 18. The Adventures of Oliver Twist. (258 S. mit 8 Illustr. in Holzschn.)
» 19. Great Expectations. (280 S. mit 8 Illustr. in Holzschn.)
» 20. Hard Times and Pictures from Italy. (272 S. mit 8 Illustr. in Holzschn.)
» 21. Uncommercial Traveller. (172 S. mit 4 Illustr. in Holzschn.)

Dickens, Charles, † (Boz,) complete Works. gr. 12. Leipzig, Fr. Fleischer. *

A. u. d. Ttln.:

Vol. I. II. The posthumous papers of the Pickwick Club, cont. a faithful record of the perambulations, perils, travels, adventures and sporting transactions of the corresponding members. II Vol. (41½ B.) 839. * 2 Thlr.

III. Oliver Twist; or, the Parish boy's progress. (23½ B.) 839. * 1 Thlr.

IV., V. The life and adventures of Nickolas Nickleby, cont. a faithful account of the fortunes, misfortunes, uprisings, dowafallings, and complete career of the Nickleby family. II Vol. (24¾ u. 23½ B.) 839, 40. * 2 Thlr.

VI. Sketches. (26¾ B.) 840. * 1 Thlr.

VII—IX. Master Humphrey's clock and Barnaby Rudge. III Vol. [I. II. (42¾ B. u. D's. Portr. u. Facs.) 841., III. (32¾ B.) 842. à * 1 Thlr.] * 3 Thlr.

—— the wreck of the Golden Mary, s. Rauch's English Readings.

— David Copperfield's youth, ed. by H. Gruber, s.: Collection of famous authors.

—— harte Zeiten, s. Universal-Bibliothek Nr. 1308—1310.

— dasselbe. Illustrationen dazu. 8. (6 Holzschntaf.) Halle 880. Gesenius. n. — 60

Dickens, Charles, harte Zeiten. Roman in 3 Büchern. Übers. u. hrsg. v. Rich. Zoozmann. (392 S.) kl. 8. Leipzig (910). Hesse & Becker Verl. 1.50; geb. in Leinw. 2. —

—— schwere Zeiten, s. Bibliothek, europäische. — Roman- und Novellen-Zeitung.

Vgl.: † Boz.

Dickenschied, Fritz: Untersuchungen über Dichte, Reibung und Kapillarität kristallinischer Flüssigkeiten. Halle a. S. 1908: Kaemmerer. 38 S. 8°

Halle, Phil. Diss. v. 9. Jan. 1909, Ref. Dorn

[Geb. 17. Okt. 85 Monzingen; Wohnort: Halle a. S.; Staatsangeh.: Preußen; Vorbildung: Oberrealsch. St. Johann-Saarbrücken Reife O. 04; Studium: Heidelberg 3, Berlin 2, Halle 5 S.; Rig. 21. Nov. 08.] [U 09. 1639

Piet Dickentman. Eine Biographie. Hrsg. v. Verl. d. 'Rad-Welt'. Berlin: Rad-Welt [1906]. (40 S.) 8° [F.]
— Biographien berühmter Rennfahrer. Bd 2. [06. 1390

Dickerhoff, Franz, über reine Netzbrüche. Inaugural-Dissertation. 8. (35 S.) (München 888, Ernst.) *

Dickerhoff, Hans, a. Altenbochum: Die Entstehung der Jobsiade. Münster i. Westf. 1908: Aschendorff. (55 S.) 8°

Münster, Phil. Fak., Ref. Jostes, Diss. v. 3. April 1908

[Geb. 18. Juni 82 Altenbochum; Wohnort: Unna; Staatsangeh.: Preußen; Vorbildung: Gymn. Bochum Reife O. 02; Studium: Freiburg i. B. 3, Berlin 1, Münster 3 S.; Rig. 5. Dez. 07.]

Dickerhoff, Hans: Die Entstehung der Jobsiade. Münster i. W.: Aschendorff 1908. 55 S. 8°
(Forschungen u. Funde. Bd 1, H. 3.)

Das Koppen des Pferdes. Von Dr. med. W[ilh.] Dickerhoff, Prof ... zu Berlin. *Berlin: R. Schoetz 1897.* (3 Bl., 64 S.) 1 Bd 8. [98. 8330

Dickerman, Sherwood Owen, Connecticutensis: De argumentis quibusdam apud Xenophontem, Platonem, Aristotelem obviis e structura hominis et animalium petitis. Halis Sax. 1909: Wischan & Burkhardt. 106 S. 8°

Halle, Phil. Diss. v. 29. Juli 1909, Ref. Praechter

[Geb. 23. Nov. 74 Lewiston, Maine; Wohnort: Halle a. S.; Staatsangeh.: Vereinigte Staaten; Vorbildung: Yale Univ. New Haven B. A. 06; Studium: Halle 6 S.; Rig. 1. Aug. 08.] [U 09. 1640

Dickert, Eugen, gepr. Lehramtskand.: Untersuchungen über die quantitative Bestimmung des Antimons als Trisulfid und als Tetroxyd. 1910. 76 S. 8°
München, Dr.-Ing.-Diss. v. 2. 3. 1910

Dickert, Hans, Andreas Vesalius. Tragödie. (52 S.) 8 Stuttgart 905. Strecker & Schröder. 1. —

Dickert, Lorenz, Relief-Karte von Central-Europa, nach Mühl's orohydrogr. und Eisenbahn-Wandkarte. 1:1000000. In 10fach verstärkter Verticale modellirt. 140 cm in Geviert. Rheinbach, Stumm, 1883. 2 Tafeln.

Jubiläumskatalog Okt. 1908 Gebr. Dickertmann, Bielefeld I. W. Spezialfabrik für Winden, Aufzüge, Hebeböcke, Krane, Feilen. — Bielefeld (1908): Ellers. XII, 32 S. 4° [Umschlagt.:] 1858—1908. 50 Jahre Gebr. Dickertmann, Bielefeld, Westf.

**Dickertmann,** Eugen, Referendar: Die juristische Natur der Dividende auf der Grundlage des B.G.B. *Greifswald 1901: F. W. Kunike.* (66 S.) 8°
Greifswald, Jur. Diss. v. [3. Aug.] 1901

**Dickfuß, Amtmann in doppelter Gestalt, od. die Abentheuer im Riesengebirge.** 2 Bde. 8. Prag ... Polt. (Joachim in Lpz.) 1 ⁄

**Dickfuss, Amtmann,** in doppelter Gestalt oder die Abentheuer im Riesengebirge. Eine komische höchst wunderbare und doch natürliche Zaubergeschichte. 2 Thle. Prag 1798. Prag 1799. V: *Czapek, Jos. Max.* (KY 8/31) (Ranschburg 107/543) (Koppe 34/25) (Frank 25/725) (Biblport)

**Dickhoff,** E., Die Reformbestrebungen auf dem Gebiete der Schulhygiene, der Erziehung und des ersten Jugendunterrichts, Leipzig u. Berlin 1910, 125 S., 8°.

**Dickhoff,** Emil, a. Barmen-Elberfeld: **Das zweigliedrige Wort-Asyndeton in der älteren deutschen Sprache. T. 1.** (Berlin: Mayer & Müller 1905.) (60 S.) 8° ¶ (Erschien vollst. als Palaestra H. 45.)
Berlin, Phil. Fak., Ref. Roethe, Diss. v. 15. Aug. 1905
[Geb. 9. Sept. 71 Barmen-Elberfeld; Wohnort: Berlin; Staatsangeh.: Preußen; Vorbildung: Gymn. Fürstenwalde Reife O. 99; Studium: Berlin 6 S.; Rig. Jan. 05.]

Das zweigliedrige Wort-Asyndeton in der älteren deutschen Sprache, Von Emil **Dickhoff.** Berlin: Mayer & Müller 1906. (244 S.) 8°
Ein T. erschien als Inaug.-Diss. Berlin 1905.
= **Palaestra.** 45. [06. 10800 4

**Dickhut,** Heinr., moderne Monogramme. Zum Gebrauch f. Maler u. verwandte Gewerbe. Entworfen u. gezeichnet. (13 Bl.) qu. kl. 8. Leipzig (904). Jüstel & Göttel. n. 1.80

**Dickhut, Heinr., moderne Schriften. Vorlagen f. Maler u. verwandte Gewerbe. 1. u. 2. Lfg. gr. Fol. (à 24 Bl.) Leipzig 899. 902. Jüstel & Göttel. In Mappe à n. 4.—**

Dickhut H, Moderne Schriften. Lieferung 2. (24 T) fol Leipzig (1904)

**Dickhuth,** die kleine Erste, s.: Geschichten u. Bilder der Frauenhilfe. 4. Hft.

**Dickhuth,** Gust. (Chf. Magnus), die Entwicklung der gegenwärtigen Verhältnisse im Sudan, s. a. Beiheft z. Militär-Wochenblatt. 1899. Hft. 2.

Die Entwickelung der gegenwärtigen Verhältnisse im Sudan. Vortrag, geh. zu Berlin 1898 von [Gustav] **Dickhuth,** Major. Mit 2 Skizzen. *Berlin: E. S. Mittler & Sohn 1899.* (S. 47–76.) 8° [F.]
= **Militär-Wochenblatt.** 1899, Beiheft 2, [1.] [00. 12004

**Handbuch der Truppenführung im Kriege. Von Gustaf Dickhuth,** Major. *Berlin: E. S. Mittler & Sohn 1901.* (VIII, 344 S.) 8° [F.] [01. 9940

Der Letzte des Regiments Gensdarmes. Eine Erzählung aus d. J. 1806 von Cäsar Magnus [d. i. Gustaf **Dickhuth**]. *Breslau: E. Trewendt 1898.* (278 S.) 8° [F.] [97. 13038

**Dickhuth,** Gust. (Chf. Magnus), der Letzte des Regiments Gensdarmes. Eine Erzählg. aus dem J. 1806. 2. [Titel-] Aufl. 8. (278 S.) Breslau [897.] 901. Berlin, E. Trewendt. n. 2.—

**Dickhuth,** d. Operationen d. Generals v. L'Estocq in Westpreußen i. Winter 1806/1807, s. a. Sammlung militärwissenschaftl. Vorträge u. Aufsätze.

**Dickhuth, G.** Die Operationen des General v. L'Estocq in Westpreußen im Winter 1806—07. Berlin 1898. 8°. (Sammlg. militär-wiss. Vorträge. 13.)

— die Schlacht von Roßbach, s. a. Beiheft zum Militär-Wochenblatt. 1900. Hft. 3.

Die Schlacht bei Roßbach. Vortrag, geh. zu Berlin 1900 von [Gustav] **Dickhuth,** Major im gr. Generalstabe. Mit 1 Pl. *Berlin: E. S. Mittler & Sohn (1900).* (S. 119–140.) 8° [F.]
= **Militär-Wochenblatt.** 1900. Beih. 3, [1.] [04. 3786

**Dickhuth,** Gustaf: Wie der Leutnant Hubertus von Barnim sich verloben wollte u. Anderes. Novellen. Berlin: G. Grote 1900. (243 S.) 8° (Sammlung, Grote'sche, v. Werken zeitgenöss. Schriftsteller. Bd 69.)

**Dickhuth,** Max [aus Breslau]: Ueber einige Indigo-Derivate ... Jena, Frommannsche Hof-Buchdr., 1893; 40 S. 8.
Jena, Phil. Fak., Inaug.-Diss. v. 1893

**Dickhuth, Max, üb. einige Indigo-Derivate. Diss. gr. 8. (40 S.) Jena 893. (H. Pohle.) n. 1.—**

**Dickhuth,** Wilhelm: Ueber den Anfangsunterricht im Englischen in Sexta und Quinta. *Osnabrück 1898: J. G. Kisling.* (16 S.) 8° [F.]
Osnabrück, k. RG, P 1898 (349)

**Dickhuth,** W., Übungsstoff u. Grammatik f. d. engl. Anfangsunterr. gr. 8. (V, 119 S.) [Osnabrück 895. G. E. Lückerdt.] Magdeburg, Lichtenberg & Bühling. n. 1.20; geb. in Halbleinw. n. 1.60

**Dickhuth,** W., Übungsstoff u. Grammatik f. den englischen Anfangsunterricht. 2. gänzlich umgearb. u. verm. Aufl. gr. 8. (V, 137 S.) Magdeburg 899. Lichtenberg & Bühling. n. 1.40; geb. in Leinw. n. 1.80

**Dickhuth,** W., Übungsstoff u. Grammatik f. den englischen Anfangsunterricht. 1. u. 2. Tl. 8. Magdeburg 905. Lichtenberg & Bühling. Geb. n.n. 3.80
1. Formenlehre. 3. verb. Aufl. (VI, 144 S.) n.n. 1.80
2. Syntax. (IV, 151 S.) n.n. 2.—

**Dickhuth,** W., Übungsstoff u. Grammatik f. den englischen Unterricht. 2 Tle. 8. Osnabrück, Rackhorst. Geb. in Leinw. 4.80
1. Formenlehre. 4. verb. Aufl. (VI, 151 S.) 908. Geb. 2.—
2. Syntax. 2. Aufl. (IV, 203 S.) 910. Geb. 2.80

**Dickie,** James Francis, Ober-Ammergau and the passion play. With the complete text translated. 3. ed. (40, II u. 169 S. m. Abbildgn u. Taf.) kl. 8. Berlin 910. H. Steinitz. 2.50

**Dickinson,** Caleb, Untersuchung d. Natur u. Ursache des Fiebers. Aus d. Engl. von J. C. Fahner. gr. 8. Götting. 787. Vandenhoeck u. R. 8 gl.

**Dickinsón,** Edm., de Chrysopoeia, s. quintessentia philosophor. 8. Halae. 712.

**Dickinson,** Harry von: Jean Paul und die Humoristen des 18. Jahrhunderts.
Prag, Phil. Diss. 1892/93.

DICKINSON, Jonathan - 1722
Jonathan Dickinsons erstaunliche Geschichte von dem Schiffbruche, den einige Personen in dem Meerbusen von Florida erlitten; als auch wie sie aus dem unmenschlichen Rachen der Cannibalen und Menschenfressern sind befreyet worden. Nebst einem Anhang von William Flemmings Trübsalen, die er nebst seiner Frau erlitten, wie sie beyde bey dem verwichenen Einfall der Indianer in dem grossen Wald [Grät-Grov] bey Canagodschik in Pensylvanien sind gefangen worden.
Nach dem Philadelphischen Original.
Frankfurt-Leipzig: Fleischer. 1774. 128 S. 8°.
Staats- und Universitätsbibliothek Göttingen
Übers. v. God's protecting providence ... [Philadelphia 1699]
u. Narrative of suffrings ... [Boston 1756].
Identisch mit [Kayser, II, 42: Ausg. Frankfurt 1784 [konnte nicht gefunden werden]
Frankfurt-Leipziger Meßkatalog, Ostermesse 1774, S. 658.
Sabin 20016. Palmer.
Darin enthalten:
FLEMING, William: William Flemmings Trübsalen, die er nebst seiner Frau erlitten, wie sie beyde bey dem verwichenen Einfall der Indianer in dem grossen Wald [Grät-Grov] bey Canagodschik in Pensylvanien sind gefangen genommen worden [S. 99-128].
William Fleming, 1729-1795

**Dickinson,** J., erstaunl. Geschichte v. d. Schiffbruche, den einige Personen im Meerbusen v. Florida erlitten. 8. Frankf. (Vollmer, Hamb.) 774.

Dickinson, J., erstaunl. Geschichte d. Schiffbruches, den einige Personen im Meerbusen v. Florida erlitten. 8. Frankf. 784. (Herold jun. in Hamb.) 8 ℳ.

Dickinson-Wildberg, Heinr. Louis v., s.: Wildberg, Bodo.

Dickius, Martin, Leben u. Schicksale. 5 Thle. 8. Bremen, Cramer. (Linke in Leipz.) 775.

Die Ätherenergie von Ingenieur Ignaz Dickl. Graz: F. Pechel 1905. (7 S.) 8° [Umschlagt. F.] [06. 24639

— die Berechnung der achsialen Aktionsturbinen auf zeichnerischem Wege. (VII, 60 S. m. 85 Abbildgn.) gr. 8. Wien 904. Spielhagen & Schurich. n. 4. 20

Dickl, Ign., zur Effektberechnung von Flugvorrichtungen. Zwei Vorträge, geh. im österreich. Ingenieur- u. Architekten-Vereine am 10. u. 24. XI. 1903. (43 S. m. 27 Abbildgn.) Lex.-8. Wien 904. Spielhagen & Schurich. n. 3. —

Dickmann, A.: Ueber die fremdartigen Lösungen der durch Division gebildeten Resultante zweier Gleichungen mit zwei Unbekannten. 1880. 8.
Diss. Marburg.

Dickmann, August Joseph [aus Düsseldorf]: Verträge unter Abwesenden nach dem Handelsgesetzbuch ... Düsseldorf, gedr. bei A. Bagel, *1895*; 39 S. 8.
Göttingen, Jur. Fak., Inaug.-Diss. v. [3. Okt.] 1895

Dickmann, Fedor [aus Gleiwitz]: Über die Bestimmung des Glycerins in Form von Nitroglycerin. ... Leipzig, Gustav Fock (1887), 84 S. 8°
Erlangen, Phil. Fak., Inaug.-Diss. v. 10. März 1887

DICKMANN, FEDOR. Ueber die Bestimmung des Glycerins in Form von Nitroglycerin. Leipzig, 1888.

Dickmann, Fedor. Ueber die Bestimmung d. Glycerins in Form v. Nitroglycerin. gr. 8. (34 S.) Lpz. 889, Fock. * — 70

Dickmann, Fritz

Dickmann, F., Antrittspredigt, am 15. Mai 1874 in der Stadtkirche zu Friedland N.-L. gehalten. gr. 8. (12 S.) Gotha 880, Schloeßmann.

Dickmann, Fritz, Ländliche Lebensverhältnisse mit dem Lichte des Glaubens an den Auferstandenen beleuchtet in Dorfpredigten. Ein Haus- und Lebensbuch für den Landmann. 3 Hefte. gr. 8. Gotha 872,73, Schlößmann. [1. und 2. Heft. (VIII, S. 1—200) à *ℳ 1.; 3. Heft. (S. 201—340.) ℳ 1,20.] *

Dickmann, Fritz, ländliche Lebensverhältnisse, mit dem Lichte des Glaubens an den Auferstandenen beleuchtet in Dorfpredigten. Ein Haus- und Lebensbuch für den Landmann, neu hrsg. von H. Friedenreich. 2. überarb. Aufl. gr. 8. (VIII, 256 S.) Gotha 887, Schloeßmann. *ℳ 3.—.; geb. *

Dickmann, Fritz. Ländliche Lebensverhältnisse, m. dem Lichte d. Glaubens an d. Auferstandenen beleuchtet in Dorfpredigten. Ein Haus u. Lebensb. f. d. Landmann, neu hrsg. v. H. Friedenreich. 2. wohlf. (Titel-)Ausg. gr. 8. (VIII, 256 S.) Gotha 890, Schloeßmann. *2 —; geb. *3 —

Dickmann, Fritz, das apologetische Lehrverfahren im evangelisch. Religionsunterricht höh. Schulen. Versuch e. meth. Grundlegg. f. alle Stufen. (VII, 77 S.) 8. München 909. C. H. Beck. 1.50

Dickmann, Fritz, die Notwendigkeit des Religions-Unterrichts in der Staatsschule. (46 S.) 8. Berlin 906. G. Nauck. n. — 50

Dickmann, F., s.: Pastoralbibliothek.

Dickmann, Herm. [Franz Othen], neuer Frühling. 16. (197 S.) Wiesbaden 874. Limbarth. n. 2. 80; geb. m. Goldschn. 4. —

Dickmann, Herm., Jedem das Seine. Ein weltl. Brevier. 12. (135 S.) Wiesbaden 897. Lützenkirchen & Bröcking. Geb. in Leinw. n. 2. —

—— ein Lebensspiegel. Sprüche und Sinngedichte. 16. (V, 127 S.) Wiesbaden 873, Limbarth. *

†Dickmann, Herm. [Frz. Othen], Räthselbuch für große und kleine Kinder. gr. 16. (III, 73 S.) Wiesbaden 876, Limbarth. cart. *

Dickmann, Herm., die Welt im Becher. gr. 16. (X, 171 S.) Wiesbaden 879. Limbarth. cart. n. 3. —

†Dickmann, Herm. [Frz. Othen], die Welt im Becher. 2. verm. Aufl. 12. (XI, 184 S.) Wiesbaden 880, Limbarth. geb. mit Goldschn. *

Dickmann, J., Lehr- u. Uebungsbuch für den Unterricht in der Algebra, s.: Heilermann, H.

Gicht und Rheumatismus. Entstehung, Verhütung, Behandlung u. Heilung, gemeinverständl. dargest. von Dr. Joseph Dickmann, pr. Arzt. *Berlin: Deutscher Verl. [1903].* (48 S.) 8° [F.] [04. 1410

Dickmann, Jos., die Schlaflosigkeit, ihr Entstehen, Verhüten u. Wesen, gemeinverständl. dargestellt. gr. 8. (42 S.) Berlin (902). Deutscher Verlag. — 75

DICKMANN, Joseph (Neuss): Ueber die günstige Wirkung des Elektromagneten zur Entfernung von Eisenstückchen aus dem Innern des Bulbus nebst Mittheilung von zehn derartigen Fällen aus der Klinik des Herrn Dr. Rheindorf in Neuss a./Rh.- München: Gradinger 1884. 38 S.
1.5.1884 - Urk (Titel: De extractione corporum ferreorum ex bulbo cum opere electro-magnetis.); Chr 1883/84,14
Diss.Ingolst.-Landsh.-Mchn

Dickmann, *Otto Emil August Antrittsrede.* 4 (S. 3—7 der Schuln.). **Progr.** Städt. Ober-Rsch. u. Vsch. *Oldenburg* 1891 (664).

Dickmann, Otto *Emil August* Aktenmäſsige Beiträge zur Vorgeschichte der Städtischen Ober-Realschule und Vorschule zu Oldenburg zur Feier ihres fünfzigjährigen Jubiläums. (Umschlagtitel: ... Oldenburg. Festschrift zur ...) 4 (1 Bl., 36, 31 SS.). **Progr.** Städt. Ober-Rsch. u. Vsch. *Oldenburg* 1894.
Nicht im Tauschverkehr.

Dickmann, Otto E. A., aktenmässige Beiträge zur Vorgeschichte der städtischen Ober-Realschule und Vorschule zu Oldenburg zur Feier ihres 50jähr. Jubiläums. 4. (VI, 31 S.) Oldenburg 894. (H. Hintzen.) — 75

Dickmann, *Otto Emil August Bemerkungen über das Verbindungswesen an höheren Schulen.* 4 (S. 4—7).
**Progr.** Städt. Oberrsch. u. Vsch. *Oldenburg* 1892 (669).

Dickmann, Otto E. A., Berechtigungen der neunklassigen höheren Lehranstalten Preußens. Nach amtl. Quellen bearb. (13 S.) gr. 8. Köln 902. P. Neubner. n. — 25

Dickmann, *Otto Emil August* [Dir.]: Die Berechtigungen der Ober-Realschule. Oldenburg i. Gr., Druck v. A. Littmann, 1893; 24—26 S. 4.
Oldenburg, st. OR u. VS, P 1893 (667)

Dickmann, *Otto Emil August* [Dir.]: *Bericht über die Feier des 50jährigen Bestehens der Anstalt.* Oldenburg i. Gr., Druck v. A. Littmann, 1895; 3—6 S. 4.
Oldenburg, st. OR u. VS, P 1895 (696)

Dickmann, *Otto Emil August Über den neuen Lehrplan.* 4 (S. 16—21). **Progr.** Städt. Oberrsch. u. Vrsch. *Oldenburg* 1892 (669).

(Dickmann, Otto E[mil] A[ugust], Dr., Dir.): Lehrpläne für das Französische und Englische an der Ober-Realschule der Stadt Köln. *Köln 1901: Gebr. Brocker.* (20 S.) 4°
Köln, OR u. VS, P 1901 (540)**

— u. Jos. Heuschen, französ. Lesebuch f. die mittl. Klassen höh. Lehranstalten, s.: Schulbibliothek, französ. u. engl.

Dickmann, Otto, modern American Lyrics, s. Knortz, Karl.

Dickmann, O. E. A. Maistre Pierre Patelin. Essai littéraire et grammatical, précédé d'un résumé succinct de l'histoire du théâtre français. Hamburg, Joh., 1875. 48 S. 4. Progr.

Dickmann, *Otto Emil August Rede am Jahrestage des Todes des langjährigen Direktors der Ober-Realschule Karl Strackerjan 19. November 1890.* 4 (S. 9—10 der Schuln.).
**Progr.** Städt. Oberrsch. u. Vsch. *Oldenburg* 1891 (664).

**Dickmann,** *Otto E. A.* [Dir.]: *Über Schulaufsicht. — Über den neuen Lehrplan.* Oldenburg i. Gr., Druck v. A. Littmann, 1892; 4—7 u. 16—21 S. 4.
Oldenburg, st. OR u. VS, P 1892 (669)

Dickmann, Otto E. A., s. Schulbibliothek, französ. u. engl.

Dickmann, O. A treatise on the origin and development of the English language with an appendix of materials for the history of Britain and remark of Layamon and Ormm. Diss. Rostock 1870. 68 S.

Dickmann, Otto *Emil August* Übertragungen deutscher Lieder ins Englische. 4 (S. 21—23).
**Progr.** Friedrichs-Werdersche Gewerbesch. *Berlin* 1886 (97).
Ausfahrt, Lied des Biterolf von Scheffel. — Die drei Lilien.

**Dickmann, O. E. A., über das Übungsbuch zum Übersetzen aus dem Deutschen ins Französische, s.: Béringuier, R., etc., Reden etc.**

Dickmann, Otto E. A. Über das Übungsbuch zum Übersetzen aus dem Deutschen ins Französische auf der Oberstufe der Oberrealschulen. 4 (S. 23—28).
**Progr.** Friedrichs-Werdersche Gewerbesch. *Berlin* 1887 (98).

**Dickmann, W.,** Anleitung zur Berechnung der Abschreibung für Substanzverringerung, welche bei Berechnung des steuerpflichtigen Einkommens der Berggewerkschaften und physischen Personen aus Bergbau in Abzug gebracht werden kann usw. [2. Aufl.] Deutsch-Krone, 1902. 19 S.

Dickmar, Helene, Ellen. Übersetzg. a. d. Norweg., durchges. von Ernst v. Bothmer. 8. (III, 222 S.) Gotha 897. F. A. Perthes. n. 2. 40

An Hannemann. [Gedicht] v. Johann **Dickmelk** mit de Staatsjack. Eigenthum v. R. A. Harder. o. O. u. J. 8° [Kopft.]

**Dicknether**, Franz

**Dicknether, Frz., Lehrbuch der Arithmetik nebst Übungsaufgaben f. Mittelschulen. 1. Tl.** gr. 8. (VIII, 136 S.) München 902. J. Lindauer. n. 1. 60; geb. n. 2. —

**Dicknether,** Frz., Lehrbuch der Arithmetik nebst Übungsaufgaben f. Mittelschulen. 1. u. 2. Tl. 2. Aufl. gr. 8. München 904. J. Lindauer. Geb. in Leinw. n. 3. 80
1. (146 S.) 904. n. 2. —. 2. (IV, 125 S.) 906. n. 1. 80.

Dicknether, Frz. Leitfaden der darstellenden Geometrie. gr. 8. (III, 67 S. m. 108 Fig.) Münch. 890, Lindauer. * 1 50

Leitfaden der darstellenden Geometrie von Franz **Dicknether**. 2. Aufl. München: J. Lindauer 1899. (IV, 75 S.) 8° [F.] [07. 7315

**Dicknether, Frz., Rechenbuch f. Mittelschulen. (Ausg. f. realist. Anstalten.)** 3 Tle. gr. 8. München 910. J. Lindauer. Geb. in Leinw. nn 5. 30
1. (IV, 123 S.) Geb. nn 1.70. — 2. (III, 120 S.) Geb. nn 1.70. — 3. (IV, 114 S.) Geb. 1.90.

**Dicknether,** Franz: Über **Wolken-Beobachtungen.** *Ansbach 1898: C. Brügel & Sohn.* (51 S. mit Taf.) 8°
Ansbach, k. humanist. G, P 1898*

**Dicknether, Karl,** Regierungsakzessist: Die Naturaldienste unter besonderer Berücksichtigung des bayerischen Gemeinderechtes. Erlangen 1910: Junge. VIII, 128 S. 8°
Erlangen, Jur. Diss. v. 31. Jan. 1910, Ref. Rieker
[Geb. 31. Jan. 83 Neustadt a. H.; Wohnort: München; Staatsangeh.: Bayern; Vorbildung: Gymn. Ansbach Reife 01; Studium: München 8 S.; Rig. 11. Nov. 09.] [U 10. 673

**Dickoré, Carl,** appr. Arzt: Aus d. Univ.-Augenklinik zu Giessen. Bericht über die Trachomverhältnisse in dem Krankenmaterial der Giessener Augenklinik in den Jahren 1901—1907. Giessen 1909: Kindt. 30 S. 8°
Gießen, Med. Diss. v. 11. Okt. 1909, Ref. Vossius
[Geb. 28. Febr. 82 Lollar; Wohnort: Gelsenkirchen; Staatsangeh.: Hessen; Vorbildung: Gymn. Laubach Reife O. 03; Studium: Gießen 10 S.; Coll. 29. Juli 09; Approb. 3. Juli 09.] [U 10. 1134

Dickoré, Friedrich Carl (Giessen)
Beiträge zur Lehre von den Venengeräuschen.
Giessen: W. Keller 1867. 50 S. u. 2 Bl. Thesen.
Diss. med. 29.8.1867.

**Dickow, Friedrich Wilhelm August** (Liegnitz/Schles.), Flores ad jus querelae de inofficioso testamento sparsos. Präs. Joh. Christian Woltaer. Halle (J. Ch. Hendel) Mai 1778. 32 Seiten. (4.80) 6408
Widm. v.: Chn. Friedr. Berger (Schweidnitz/Schles.), I. C. L. Heineck (Liegnitz).

Dickow, Lor., das Leben Jesu n. d. Fleisch aus dem Zeugnisse d. Feinde Jesu. 1r Thl. 4. Liegnitz 753. Siegert. 14 gr.

**Dickreiter,** Heinr. G., Das Altenburger Landtags-Wahlrecht. Ein historisch- und agitatorischer Beitrag zum Kampfe um das allgemeine, gleiche, geheime und direkte Wahlrecht im H. Altenburg. 8°. Leipzig, Buchdr. A.G., 1906.

Dicks, de Koséng oder schwarz oder blont, Komědèstéck an l Ackt. gr. 8. (39 S.) Luxemburg 856, Bück. *

—— d'Mumm Sěs oder de Gèscht, Komědèstéck an l Ackt. gr. 8. (42 S.) Luxemburg 856, Bück. *

Dicks, en as Rosen. Komédéstéck an èngem Ackt [nom Fransěschen]. 8. (35 S.) Luxemburg 885, Schamburger. **

—— de Scholtschéin, Komědèstéck an l Ackt. gr. 8. (32 S.) Luxemburg 856, Bück. *

Dicksack, Nuckel, deutsche Lieder der Gegenwart, s. a. Lieder, deutsche.

**DICKSACK,** Nuckel (ps.), Deutsche Lieder der Gegenwart. 1851.
Weller, Lex. Pseud. p. 147.

**Dickschen,** Emil (geb. Geldern 10. 12. 1850): Psychosen in Verbindung mit acuten Krankheiten. Berlin (1873). (31 S.) 8°
Berlin, Med. Diss. v. 20. Dez. 1873

*Dickson,* Jak., plantar. cryptogamicar. Britanniae ed. J. J. Römer et P. Usteri. 2 Fasc. 8 maj. Zürich 788—90. Orell, Füssli u. C. 14 gr. Id. lib. 2 Fasc. 8 maj. Zürich 794. Ziegler. 14 gr.

**Dickson,** Leonard Eug., **Linear groups with an exposition of the Galois Field theory,** s. a. Teubner's, B. G., Sammlung v. Lehrbüchern a. d. Gebiete d. mathemat. Wissenschaften. VI.

Linear groups with an exposition of the Galois Field theory. By Leonard Eugene **Dickson**, prof., Chicago. *Leipzig: B. G. Teubner 1901.* (X, 312 S.) 8°
= **Sammlung**, B. G. Teubner's, von Lehrbüchern auf d. Geb. d. math. Wiss. Bd 6. [01. 11005

Dickson, R. W.: „Praktische Ackerbaukunde, oder vollständiges System der verbesserten neuen Landwirthschaft; nebst der Lehre von den Anpflanzungen . . . .". Aus dem Englischen mit Anmerkungen und Zusätzen von Albrecht Daniel Thaer. 2 Bände. Berlin 1807 (Reimer).

Dickson, Thomas George: Neugriechische Grammatik, s. Abernon, Edgar Vincent Lord d'

Dickson, Thomas George: Die heutige griechische Sprache, s. Abernon, Edgar Vincent Lord d'

**Dick-Tarleton,** s. a. Veltheim.

**Dick-Tarleton. Eine Erzählung aus dem Engl. bearb. von Veltheim. 2 Bde. 8. (921 S.) Mainz 858, Kirchheim.**

**Dicta** classica Veteris Testamenti notis perpetuis illustrata. Leipzig 1798—99. V: *Bauer, Gtfr. Lr.* (winer)

*Dicta* classica Veteris et Novi Testamenti. Hebr., Graece et Latine. Biblische Theologie des alten u. neuen Testaments nach Anleit. der Reinhard- u. Ammonschen Lehrbücher d. Dogmatik. 1r Bd. gr. 8. Leipz. 804. Weigel. 1 ℛ 8 ℊ 2r Bd. Auch u. dem T.: die dogmat. Beweisstellen des A. u. N. Testaments in Ammon Summa theol. christ., (v. J. K. Weikert). gr. 8. Ebd. 818. Steinacker. 1 ℛ

**Dicta** classica Veteris et Novi Testamenti Hebraice, Graece et Latine ... Bd. 1. 2. Leipzig 1818. V: *Weikert, Johann Carl.* (Ky)

Dicta classica veteris et novi Testamenti. Hebr. Graece et latine. Biblische Theologie des alten und neuen Testaments nach Anleitung der Reinhard- und Ammonschen Lehrbücher der Dogmatik. 2r Bd. Auch unter dem Titel: die dogmatischen Beweisstellen des alten und neuen Testaments in Ammon Summa theolog. christ. gr. 8. Leipzig, Steinacker und Wagner. 818.

— probantia Vet. et N. Testamenti, quae in singulis institutionum theolog. dogmaticae christ. ab Jul. Aug. Ldw. Wegscheider scriptarum paragraphis allegata sunt, secundum earum textum separation. typis expressa et lat. conversa, (v.... Rothe u.... Thümmel). 8 maj. Halle 831. Gebauer. 2 ℛ

Dicta probantia veteris et novi Testamenti, quae in singulis Institution. theolog. christ. dogmat. a S. V. Wegscheidero scriptar. paragraphis allegata sunt, II. edit. earum sextam separatim typis expressa et lat. conversa. 8 maj. (36½ B.) Halae 831. Gebauer.

— Vet. Testam. et sanct. script. interpret. anagog. 4. Strigoni 764. Eggenberger in Pesth. 4 ℊ

**Dictamina** Ethico-Politica ex Enchiridio Epicteti ... Graecii 1709. V: *Gall, Joseph.* (Jes)

**Dictamina** politica exquisitis regulis christiano-philosophicis comprehensa. Graecii 1718. V: *Thalheimb, Michael.* (Jes)

Dictando-Sätze, kurze, (auch als Vorschriften anwendbar) a. d. christkathol. Religionslehre entnommen. Ein Beytr. z. christkathol. Religionsunterr. f. Kinder, Seelsorger u. Lehrer zu wechselseit. Unterstütz. u. z. Wiederhohl. d. Religions-Unterr. durch d. Rechtschreibe-Unterr. Nach d. k. k. Oesterreich. deutschen Schulkatechismus u. d. deutschen Schulsprachlehre, bearb. v. e. alt. Schulmanne. 8. (7¼ B.) Grätz 834, Ferstl.

Dictator, der, von Wilna. Memoiren des Grafen M. N. Murawjew. Aus dem Russischen. Mit einer biograph. Einleitung. gr. 8. (LII, 202 S.) Leipzig 883, Duncker und Humblot. *

**Dictatum** Ratisbonae d. 20. Julii 1747 per Moguntinum Chur Brandenburgisches Reprotestations Pro Memoria Die Gräfflich Wiedrunckliche anmassliche Praetension auf Ost Friesland betreffend. [1747.] V: *Vette, Christian Rudolph von.* (Preußische Staatsschriften. II. Berlin 1885. S. 378.)

Dictatum Ratisbonae die 20. Sept. 1756 per Moguntinum. Kayserl. Allergnädigstes Hof-Decret an Eine Hochlöbl. allgemeine Reichsversammlung zu Regenspurg de dato 14. September 1756 den gewaltsamen Einfall in die Chur-Sächsische Lande von denen Chur-Brandenburgischen Völkern betreffend. Nebst Beylagen von Nro. 1 bis 3. 4. (6 Bl. ohne Titelbl.)

Dictatum Ratisbonae die 18. Octobr. 1756 per Moguntinum. Kais. .. ferneres Hof-Decret an Eine Reichs-Versammlung zu Regenspurg, de dato 10. Octobris 1756 den ... Chur-Brandenburgischen Einfall betreffend. 4. (2 Bl.)

Dictatum Ratisbonae die 18. Jan. 1757 per Moguntinum. Allerunterthänigstes Reichs-Gutachten an Ihro Römisch-Kayserl. Majestät de dato 17. Jan. 1757 den ... Chur-Brandenburgischen Einfall ... betreffend. 4. (4 Bl.)

Dictatum Ratisbonae die 11. Junii 1757 per Moguntinum. Anderweites Kayserl. ... Commissions-Decret, An Eine — Reichs-Versammlung zu Regenspurg, de dato 9. Junii 1757 den gewaltsamen Chur-Brandenburgischen Einfall .... betreffend. Nebst Beylagen. No. 1 bis 4. 4. (16 S.)

Dictatum Ratisbonae die 11. Julii 1757 per Moguntinum. Kayserlich .... Commissions-Decret an eine .... Reichs-Versammlung zu Regenspurg de dato 9. Julii 1757 den ... Chur-Brandenburgischen Einfall in die ... Stadt Erfurth .... betreffend. Nebst Beylage. 4. (4 Bl.)

**Dictier-Übungen** nach den Regeln der Orthographie geordnet, nebst einem Diktir-Surrogat für Volksschulen. Ein Hand- und auch Lesebuch für Elementarschüler, von den Verfassern der Hausaufgaben. Regensburg 1822. V: *Vitzthum, Anton & M. Closner.* (Russell IX, 451)

**Dictionarium** botanicum, oder botanisches lateinisches und teutsches Handwörterbuch ... Leipzig 1781. V: *Reuss, Christian Friedrich.* (Ky) (MGT) (BrMm) (AarK)

*Dictionarium* botanicum, oder botanisches latein. u. deutsches Handwörterbuch nach d. Linnéschen System, (v. Chr. Fr. Reuß). 2 Thle., mit Anh. gr. 8. Leipz. 781—86. Compt. f. Litt. 2 ℛ 6 ℊ Der Anh. apart. 6 ℊ

**Dictionarium** casuum conscientiae ... opus ... ex idiomate Gallico nunc primum latine versum, moribus Germaniae accommodatum ... cura et opera Eusebii Amort. Augustae Vind. 1762. V: *Pontas, Jean.* (CLZür Forts. II)

**Dictionarium** selectorum Casuum Conscientiae post tertiam editionem gallicam latine redditum ... ab Eus. Amort. Augustae Vind. et Graecii 1733. V: *Pontas, J.* (AarK)

— heraldicum s. Wappenbericht.

**Dictionarium** Slavicum Carniolicum oder Deutsch-Slovenisch-Krainerisches und Lateinisches Wörterbuch. Wien 1792. V: *Pohlin, Marco.* (EB)

**Dictionarium** theologicum portatile ... e Gallico in Latinum sermonem conversum. Augustae Vind. 1760. V: ***Alletz, Pons Augustin.*** (ZürKL)

**Dictionarium theologicum portatile,** in quo cuncta fidei dogmata et doctrinae moralis placita exponuntur. Augsburg, 1760, 1762, 2 Bde.

——— Idem. Locupletatum a Prospero ab Aquila. Augsburg, 1775, 1776.

Dictionarium theologicum portatile, primo gallice ed., dein italice redditum a Prospero de Aquila plurimis adnott. novisque articulis locupletatum auct. et emend. 8maj. 3 vol. Augsb. 789. M. Rieger. $1^1/_2$ ℛ

— univ. latino-gallicum. II Tmi. 8. Hagae. 751.

Dictionary Commercial et Dictionary de Commerce, s. Flügel, J. G., Triglotte.

Dictionary, a complete, english and polish and polish and english compiled from the dictionaries of Johnson, Webster etc., from the polish lexicon of Linde and the polish german dictionary of Mrongovius. This volume english and polish containing a literal pronunciation of every word, according to the system adopted by Walker, idioms, sayings and proverbs etc. To which is prefixed a grammar of the english language. [Dokladny slownik angielsko polski.] 2 vols. Lex. 8. (470 u. 542 S.) Berlin 849, Behr. n. 6 ℛ

## Dictionary, A complete,
English and Polish, and Polish and English, compiled from the dictionaries of Johnson, Webster ... Berlin 1849—51. V: *Rykaczewski, Erazm.* (BrMm)

Dictionary, a complete, english-german-french etc., s. a. Handwörterbuch, vollständiges, der deutschen, französischen und englischen Sprache.

— a complete, english-german-french. On an entirely new plan, for the use of the three nations. gr. 16. Leipzig 835., II. Edit. 836. Brockhaus. 2 ℛ — 2. Aufl. f. Handwörterbuch der deutsch.-franz.- u. engl. Sprache.

## Dictionary, A complete,
English-German-French. ... Leipzig 1838. H: *Richter, Carl Friedrich Enoch.* (BrVV)

Dictionary, a complete, english-german-french. On an entirely new plan, for the use of the three nations. Third edit. gr. 8. Leipzig 841, Brockhaus. n. $1^2/_3$ ℛ

## Dictionary, A complete,
English, German and French for the use of the three nations. In three parties. 9. edition ... Leipzig 1870. H: *Kaltschmidt, Jacob Heinrich.* (BrVV)

Dictionary, a complete, of the Engl. and German and German and Engl. language, contain. all the words in general use. — Vollständ. Engl.-Deutsches u. Deutsch-Engl. Wörterbuch, enthalt. alle in beiden Sprachen allgem. gebräuchl. Wörter. 2 Thle. — Thl. I. Engl. u. Deutsch. Nach d. anerkannt besten Schriftstellern u. vorzügl. d. v. Walker üb. d. Aussprache aufgest. System bearb. v. J. G. Flügel. — Thl. II. Deutsch u. Engl. N. d. anerkannt best. Schriftstln., insbesond. n. Heinsius großem, volksthüml. Wörterbuche bearb. v. J. Sporschil. gr. 8. ($126^1/_2$ B. u. 1 Tab.) Leipzig 830, Liebeskind.

Dictionary, english and germ., historical mythol. and critical; od. Deutsch-englisch histor., mythol. antiquarisch Real-Lexicon, herausg. v. Fr. Weiß. gr. 8. Goslar, Lohmann. 810.

Dictionary, English, Ibo and French, by the fathers of the holy ghost. Roman catholic mission Onitsha Southern-Nigeria. (306 S.) kl. 8. Salzburg 904. St. Peter Claver-Sodalität. Kart. 6.75; geb. in Halbleinw. 7.75; in Leinw. 8.75

Dictionary, nautical-technical, for the navy, s.: Dictionnaire technique et nautique de marine.

Dictionary, a new, of the latin and english languages, with an appendix of latin geographical, historical, and mythological proper names. gr. 16. (198 u. 212 S.) Leipzig 878. B. Tauchnitz. 1.50; geb. 2.25

Dictionary, a new, of the latin and english languages. With an appendix of latin geographical, historical, and mythological proper names. 12. (III, 198 u. 212 S.) Leipzig 885. B. Tauchnitz. 1.50; geb. 2.25

Dictionary, a new, of the Latin and English languages. With an appendix of Latin geographical, historical, and mythological proper names. 6. stereotype ed. 12. (III, 198 u. 212 S.) Leipzig 886. B. Tauchnitz. 1.50; geb. 2.25

Dictionary, a new, of the Latin and English languages. With an appendix of Latin geographical, historical, and mythological proper names. 7. stereot. edit. 12. (III, 198, 212 S.) Leipzig 1888 B. Tauchnitz. ℳ 1.50.; geb.
Dass. 15. ster. ed. Ebda. 1907.

## Dictionary, New London pronouncing,
of the most commonly used words in the english language. Leipzig 1830. V: *Wolbrecht, G.* (Gi)

— new London Pronouncing, of the most commonly used words in the english language etc. 8. Lpz. (830). Baumgärtner. 12 gl.

— a new, and Phraseologia upon Goldsmid's Vicar of Wakefield. 8. Leipz. 808. (W. Nauck). 12 gl.

— a new, and Phraseologia upon Goldsmids etc. 8. Leipz. Sommer. 808.

## Dictionary, New pocket,
of the english and german language. Leipzig 1800. V: *Harnisch, Joh. Chn.* (Gi)

— the new pocket, of the English and German Languages (by J. Chr. Harnisch). 12. Lpz. 800. Edit. reprinted 807. (Fest). 2 ℛ

— the new pocket-, of the Engl. and Germ. Lang. II Part. 12 Leipz. Rabenhorst. 807.

— pocket, english and germ. p. Turner. 16. Leipzig. Breitkop et Härtel. 816.

Dictionary, Pocket engl. german and german english. voyez Ludwig, C.

*Dictionary*, pocket-, of the Engl., French and German Languages, s. a. *Pocket*-Dictionary.

Dictionary, pocket-, of the Engl. french and Germ. Languag. gr. 8. Leipz. Schwickert. 800.

## Dictionnaire abrégé de la
fable ou de la Mythologie. Halle 1750. V: *Declaustre, André.* (EB)

Dictionnaire en Abrégé, français-allemand et allem. français etc. Französisch-deutsches u. deutsch-französisches Handwörterbuch. Herausgegeben von Choffin. Wohlfeile Ausgabe. gr. 8. Frankf. Brönner. 815.

— — abregé de Géographie ancienne etc. voyez Dufau.

Dictionnaire abrégé de six langues slaves [russe, vieux-slave, bulgare, serbe, tchèque et polonais] ainsi que français et allemand, rédigé par F. Miklosich. gr. 8. (955 S.) Wien 885, (Braumüller.) *

— en Abrégé et portatif Allemand-Français a l'usage des commençans et des écoles; par Chr. Fr. Schwan. Nouv. édition. gr. 8. Offenbach et Franc. am M. Brede et Wilmanns. 813.

Dictionnaire de l'Académie. 2 Vols. in 4. Paris. Herhan. (Leips., Fr. Fleischer.)

— de l'Académie française. II Vols. 4. Bern 788. Haller. 7 ℔

— de l'Académie françoise, corr. p. l'Académ. elle-même, autorisé p. le Gouvernement. II Vol. fol. Paris, (Sommer Leipz.) 799.

— — le même II Vol. 4. Paris et Strasb. Königs. 1799 Velinp.

— de l'Académie française, corrigé par l'Acad. elle-même, traduction allemande des mots par S. H. Catel. IV Pties en II Vols. gr. 4. Berl. 800 u. 801. (Küchly). 10 ℔ 12 ℊ

— de l'Académie françoise, corrigé p. l'Académie elle-même, trad. en allem. p. Catel. IV Part: II Vol. gr. 4. Berl. Lagarde. 800-801.
Velinp. 8 Stk. Friedrichsd'or

— de l'Académie franç. etc. 4 Vol. gr. in 4. Berlin 801., jetzt Fr. Fleischer in Leipzig. $10\frac{1}{2}$ ℔

— de l'Académie francoise, augmenté p. I. C. Laveaux. II Vol. 4. Leipz. Voss. 802.

Dictionnaire de l'Academie française. VIe édition. II Tom gr. in-4. Paris 836. Firmin Didot frères. (Lpz., Weber.) 12 ℔

Dictionnaire de l'Académie franç. — Wörterbuch d. franz. Academie mit deutscher Uebersetzung. N. d. 6. Origausg. bearb. 2 Bde. (à 15 Hfte.) Schmal gr. 4. (261 ½ B.) Grimma 836—39. Verlags-Comptoir. Thlr.

—— dass. 2 Bde. 2., wohlfeile Ausg. gr. Lex.-8. (146 B.) Ebda. 840.

Dictionnaire de l'Académie française. — Complément. Publié sous la direction d'un membre de l'Académie française, avec la coopération de MM. Bardin, Barre, Barré, Bolleux, de Bonnechose, Bottée de Toulmont, Defrenne, Guibert, Jouannin, Jourdan, Mary, Meissas, Le Roux de Lincy, Michelot, Narcisse Landois, Paris, Ravoisié, Regnault, Regnier, Thuillier. Avec une préface par M. Louis Barré. gr. in-4. Paris 842, Firmin Didot Frères. n. 8 ℔ (compl. n. 20 ℔)

Dictionnaire de l'Académie française. 7. éd. Dans laquelle on a reproduit pour la première fois les préfaces des six éditions précédentes. 2 vols. 4. (LXI, 903 u. 967 S.) Paris 878. Didot & Co. n. 28. 80

Dictionnaire des adresses de la ville de Fribourg, contenant l'indication des principales autorités, des professions libérales, du commerce, de l'industrie et des métiers. 2e éd. revue et corrigée. In-12°, 75 p. Fribourg, Ant. Henseler. 1 —
1880

**Dictionnaire, Der,** der französischen Akademie. Leipzig [1895]. V: *Meier, Gabr.* (Cat. d. Stadtb'bl. Zürich. Zürich 1864—97.)

— de poche, allemand-français et franç.-allem., a l'usage de deux nations, redigé d'après les Dictionnaires de Schwan, de Catel, d'Adelung, et d'autres auteurs les plus estimés. II Vols. 12. Augsb. 821. v. Jenisch u. St. 2 ℔ 6 ℊ Postp. 2 ℔ 12 ℊ

— d'Anecdotes, de traits singuliers, historiettes, bons mots etc. II Vols. gr. 12. Basel 770. Schweighauser. 1 ℔ 12 ℊ

**Dictionnaire** des artistes, dont nous avons des estampes ... Leipzig 1788—90. V: *Heinecken, Carl Heinrich von.* (ML) (Ky) (Ebert)

— des artistes, dont nous avons des estampes; avec une notice detaillée de leurs ouvrages gravés (par K. H. de Heinecken). IV Vols. A — Diz. gr. 8. Leipz. 788—90. Breitkopf u. H. 11 ℔ 8 ℊ

Dictionnaire des artistes suisses, s.: Künstler-Lexikon, schweizerisches.

— de Bibliographie Française. Tom. I. et II. gr. 8. Paris. (Gerh. Fleischer en Leips.) 812.

**Dictionnaire** Biographique et Historique des Hommes Marquans de la fin du dix-huitième Siècle ... Londres [Hambourg] 1800. H: *Coiffier de Verseux, H.* (BrMm)

— botanique et pharmaceutiq. 12. Rouen, (Tourneysen, Basel.) 787.

Dictionnaire des bureaux de poste publié par le Bureau international de l'Union postale universelle. Mars 1895. Avec 3 suppléments (Juillet 1895, Janvier et Juillet 1896). In-4°. 1129, 66, 31 et 36 pp. Berne, Imprimerie S. Collin. (Bâle et Genève, Georg & Co.) 1896 16 —

**Dictionnaire** du Canton de Fribourg. Géographie, Chronologie, Districts ... Fribourg 1897. V: *Raemy, Alfred.* (Doubl.-Anz. 1903 Nr. 7.)

Dictionnaire de Cas de conscience, ou décisions touch. la morale et la discipline ecclésiast. p. Pontas. III Vol. Basle, Flick. 740. Rthlr.

— — continuation p. de Lamet. II Vol. ibid. 740.

— de Cas de justice naturelle et civile, ouvrage de Biblioth. XIII Vol. gr. 4. Yverdon, (Flick, Basel.) 4

**Dictionnaire** de la causerie française, à l'usage des Allemands ... Wien 1855. V: *Grüner, Jos.* (Ky)

— classique français-allemand et allemand-français, à l'usage des colléges. 1re Edit. A. u. d. T.: Classisches franz.-deutsches u. deutsch-franz. Wörterbuch, z. Gebrauch der obern Schulen. 1e Ausg. (13e b. Taschenwörterbuchs.) 2 Thle. gr. 8. Straßb. u. Paris 832. Levrault. $3\frac{1}{3}$ ℔

Dictionnaire complet français-allemand-anglais, s. a. Handwörterbuch, vollständiges, der deutschen, französischen und englischen Sprache.

**Dictionnaire** complet français-allemand-anglais, à l'usage des trois nations. 9. édition. Leipzig 1870. H: *Kaltschmidt, Jacob Heinrich.* (BrVV)

— de la conversation et de la lecture. Livr. 93 et 94.) Résignation — Ryswik. (gr. in-8. Paris 838. Leipzig, Michelsen. à n. ⅔ ℔

Dictionnaire pour la correspondance télégraphique secrète précédé d'instructions detaillées et suivi de la convention télégraphique internationale conclue à Rome le 14 Janvier 1872. Par un secrétaire de légation. 3. éd., revue et corrigée. 16. (XXII, 143 S.) Nancy 873. Berger, Levrault & Co. geb. n. 6. —

Dictionnaire douanier ou nomenclature explicative officielle de tous les produits et marchandises figurant dans le tarif général de l'union des douanes allemandes. Modifié d'après les derniers traités avec la France, l'Angleterre, l'Autriche etc., et mis en vigueur le 1 Juillet 1865. Traduit de l'allemand, d'après les textes officiels par A. Kessler et E. Champy. Lex.-8. (VIII und 527 S.) Leipzig 867, Hartknoch. *

— des Eaux minérales. II Vol. 8. Paris, (Flick, Basel.) 775.

— — français et russe etc. voyez Tatischeff, J. de.

Dictionnaire François-Allemand et Allemand-François rédigé par une société de gens de lettres. Berlin. 1797. 8°.
T. 1–2 formant la partie Françoise.
T. 3–4 formant la partie Allemande.

— franç.-allem. et allem.-franç. II Tom. gr. 4. Basel, Flick. (Hennings, Erfurt.) 802.

— franç.-allem. et allem.-français. II Vols. gr. 4. Basel 802. (Neukirch). 6 ℛ 8 ℊℊ (Schäfer in Frankf.) 5 ℛ

— de passagers, franç.-allem. et allemand-français, par Frisch et Mauvillon. 8. Leipz. 766.

— — de Poche, français-allemand et allemand-français voyez Martin.

— de Poche, franç.-allem. et allem.-franç. II Tom. 16. Wien, Geistinger.

— de Poche, franç.-allem. et allem.-franç. II Tom. 8. Lausan. Pott et C. 803.

— de Poche, franç.-allem. et allem.-franç. amélioré p. Lugino fourni d'un petit traité de la nouv. méthod. de prononcer les lettres p. G. M. Greiner. II Tom. Grätz, Ferstl. 808.

— de poche franç. allem. et franç. allem. par J. Martin. III Edit. 16. Leips. Breitkopf et H. 815.

**Dictionnaire** français-allemand-anglais. Ouvrage complet... Leipzig 1835. H: *Richter, Carl Friedrich Enoch.* (BRVV)

— français-allemand-anglais. Ouvrage complet, rédigé sur un plan entièrement nouveau à l'usage des trois nations. (Mit Stereotypen gedruckt) breit 8. Leipzig 835. II. édit 836. Brockhaus. 1 ℛ — Vgl. Handwörterbuch der deutsch.-französ.- u. englischen Sprache.

— français-allemand-anglais. Ouvrage complet, rédigé sur un plan entièrement nouveau, à l'usage des trois nations. 3. édit. gr. in-8. Leipzig 841, Brockhaus. n. 5/6 ℛ

— — français-anglais, et anglais-français etc. voyez Salmon.

— de Gallicismes et Proverbes, tiré de quelques auteurs, pour servir à ceux qui veulent se perfectionner dans la langue française; rédigé en chapitres par P. C. Knipping. 8. Halberst. 799.

— Geographique-historique etc., voyez N. S. Ysevolojsky.

Dictionnaire géographique, historique et commercial du Canton de Fribourg.... Fribourg 1886 s. [Raemy, Alfred].

— — geograph. historique de l'empire de Russie, voyez Usévolojsky, N. S.

**Dictionnaire** geographique, historique et politique de l'Alsace. Strasbourg 1787. V: *Horrer.* (MGT)

— géograph. historique et politique de l'Alsace. 4. Strassb. 787. Acad. 4 ℛ

— géograph. hist. et polit. de la Suisse. II Tom. gr. 8. Génève, (Haller, Bern.) 776.

Le grand Dictionnaire historique par Louis Moreri u. a. 6 Bde. Basle: Brandmüller 1731—32. 2°.

— historique et critiq. voyez Bayle, Pierre.

— historique et géograph. portat. des quatre Parties du monde. II Vol. 8. Paris, (Flick, Basel.) 776.

**Dictionnaire** historique et littéraire ... Liège et Augsbourg 1781. V: *Feller, Franz Xaver.* (MGT)

**Dictionnaire** des Jacobins vivans, dans lequel on verra les hauts faits de ces messieurs. Dédié aux frères et amis par quelqu'un citoyen français. pet.-8°. Hamburg 1799.

**Dictionnaire** iconologique . . . Gotha 1758. V: *Lacombe de Prezel, Honoré.* (Cat. d. Stadtbibl. Zürich. Zürich 1864–97.)

— iconologique, ou Introduction à la connaissance de peintures, sculptures, medailles, estampes etc. avec des descriptions tirées des poëtes anciens et modernes, par M. D. P. 8. Gotha 758. (Dieterich in Götting.) 16 ℊℊ

— d'Idiotismes français, s. *Esprit* de la lang. franç.

— d'Idiodismes françois. II Vol. Leips. Reinike. 800.

— instructif, voye Formey

Dictionnaire des localités de la Suisse. Bern 1895 s. Ortschaftenverzeichnis. Schweizerisches O'.

Dictionnaire des localités de la Suisse, s.: Statistik, schweizer.

— — de medecine dogmatique etc. voyez Marchant, P. L.

— militaire. 12. Lausan. Pott et C. 743.

**Dictionnaire militaire ou recueil alphabetique des tous les termes propres à la guerre . . . par M. A. D. L. C. Nouv. édition p. M. E. Dresde 1751. V: *Aubert de la Cesnaye Des-Bois.* H (d. II. éd.): *Egger, J.* (Quérard, Supercheries I, 194d) (Barbier, Ouvr. anon. I, 980b) (Hdschr. Mitth. von Friedrich Müller, München.)**

— militaire, ou Recueil alphabétique de tous les termes propres à la guerre, sur ce qui regarde la pratique, le génie, l'artillerie etc., (par Desbois). Nouv. Edition, revue, corrigée etc. par Jak. de Eggers. II Vols. 8. Dresd. 751. Walther. 4 ℛ

Dictionnaire militaire en quatre langues: français, russe, turc et persan. 8. (XVI, 82; XVI, 87; 105 S.) St.-Pétersbourg 889, Eggers u. Comp. ↑ ↑ 10

**Dictionnaire** militaire en quatre langues: français, russe, turc et persan. 8. (XVI, 82; XVI, 87 u. 105 S.) St.-Pétersbourg 889. (Leipzig, Hartmann.) n.n. 10. —

— de minéralogie, cont. tous le mots en Allemand, Latin, Français, Italien, Suedois, Danois etc. Av. l'explication de leur vrai char. sans conform. à la nouvelle nomenclature de Werner. gr. 8. Hof 798. Grau. 1 ℛ 20 ℊℊ

— — de Monogrammes etc. voyez Brulliot.

*Dictionnaire*, nouv. en abrégé etc., s. *Sarganck.*

— — od. franz. Wörter- u. Phrasenbuch. 8. Baur. 740.

Dictionnaire, nouv. en Abrégé, od. franz.-deutsch u. deutsch-franz. Wörterbuch. gr. 8. Halle, Waisenh. 792.

**Dictionnaire, Nouvel et complet,** etymologique, grammatique et critique de la langue française ancienne et moderne. Halle 1770—84. V: *Schrader, Chn Frdr.* (Ky) (Gi) »1771—84« (CBII) (ErschDL)

— nouv. et compl. etymologique, grammat. et critique de la langue française ancienne et moderne, (par Chr. Fr. Schrader). II Vols. gr. 4. Halle 770—84. Waisenh.-B. 8 rß Hbg. Pr. 4 rß

**Dictionnaire, Nouveau,** complet françois-allemand et allemand-françois. Augsburg 1783. V: *Harwen, Friedrich Ernst.* (MGT)

—— nouveau, français-allemand, s. a. Taschen-Wörterbuch.

— nouv., franç. - allem. et allem. - franç. II Vol. 4. Laus. (Cleditsch, Leipz.) 801.

— nouv., franç. allem. et allem. franç. II Vol. gr. 8. Strasb. König. 805.

— — le même II Vol. gr. 4. ibid.

**Dictionnaire, Nouveau,** français allemand et allemand français à l'usage des deux nations. 7. éd. Vienne [1812]. H: *König, Amand.* (EB)

— nouveau franç. - allem. et allem. - franç. à l'usage des deux nations. 7me Edition. II Vols. gr. 4. Strassb. 818. Levrault, aussi Treuttel et W. 6 rß le même livre. II Vols. gr. 8. le même. 818. 6 rß

— nouveau français - allemand et allemand - français à l'usage des deux nations. 7me Edit. II Vols. gr. 8. Viennae 818. Ant. Doll. 16 rß

— nouveau, Franç. - Allem. (et Allem. - Franç.) à l'usage de tout le monde etc. — Neues Deutsch-Französ. u. u. (Franz.-Deutsches) Schulwörterb. f. Jedermann. 2 Thle. gr. 8. Aarau 826. Sauerländer.

—— nouveau, Franç. - Allem. (et Allem. - Franç.) — Neues Deutsch-Franz. (u. Franz.-Deutsches) Schulwörterbuch. Zum Gebr. f. Jedermann, so wie auch f. Schüler, welchen Hirzels franz. Grammatik z. Unterr. dient. 2 Thle. gr. 8. (42½ B.) Aarau 828, [Sauerländer, Brlsbuchh.]

—— nouv., Franç. - Allem. et Allem. - Franç., rédigé sur le plan du Dictionnaire franç. de MM. Noël et Chapsal etc. — A. u. d. T.: Neues Franz.-Deutsches u. Deutsch-Franz. Wörterbuch, nach d. Plane d. franz. Wörterbuchs d. Hrn. Noël u. Chapsal, u. d. besten u. neuesten Hülfsmitteln; bearb. v. Heinr. Leng u. D. L. B. Wolff. 1. Bd. gr. 8. (83¾ B. u. 1¼ B. Tab.) Weimar 832, Landes-Ind.-Compt.
Vgl. Wörterbuch, neues, Franz.-Deutsches rc.

**Dictionnaire**, nouveau, français-hollandais et hollandais-français, destiné à l'usage des instituts où l'on enseigne les deux langues. (Par M. J. Calisch.) 2. édition, rev., corr. et augm. — Nieuw hollandsch-fransch en fransch-hollandsch woordenboek. 2. Druk. gr. 16. (XVIII u. 940 S.) La Haye et Amsterdam 841. (Amersfoort, Gebr. Taats.) In Leinw. geb. n. 2 rß 24 ngr

— nouveau, français-hongrois et hongrois-français d'après les meilleurs ouvrages publiés jusqu'à ce jour et spécialement d'après le dictionnaire français de Molé. — Uj franczia-magyar és magyar-franczia szótár. Tome I. Partie française-hongroise. Pest 865. Heckenast. 8. (VIII, 415 S.) 1 rß

— nouv., franç. ital. comp. sur le Dict. de l'Académie de France et de la Crusca etc. p. F. Alberti de Villeneuve. II Vol. gr. 4. Strasb. Acad. 785.

— — le même II Vol. gr. 4. Paris et Strasb. König. 793.

— — nouv. français italien et italien français d'après les meil. edit. d'Alberti, redigé sur la dern. édit. de l'acad. franc., et de la Crusca. 2 Vol. gr. 8. Venise 813. Ist jetzt Verlag von Meyer und Comp. in Wien.

— — nouveau géographique etc. voyez Vosgien.

— nouv., grammatical, allem. - franç. et franç. - allemand. voyez I. F. Memmert.

— nouv. hist. ou hist. abrégé de tous les hommes qui se sont fait un nom par leurs talens etc. VIII Vol. gr. 8. Caen. Acad. à Str. 786.

— nouv., historiq. p. une Société de gens de lettres. XIII Vol. 8. Paris, (Treuttel et W. Strasb.) 805.

— — nouveau, manuel français - allemand, voyez Contée, F. H.

— — nouv. de Poche allem. franç. et franç. allem. p. Mozin. voyez Mozin.

— nouveau de poche, allemand - français et franç. - allemand. p. Gley. II Vol. 12. Bamb. Göbhardt. 812.

—— nouv., de poche franç. - allemand etc., s. a. Schul- u. Reise-Taschen-Wörterbuch.

— nouv. de poche, français-allem. et allem. - français, (par Th. Fr. Ehrmann). 12. Strassb. 787. 13e Aufl. Auch u. d. T.: Neues französ.-deutsches u. deutsch-französ. Taschenwörterbuch. 2 Thle. gr. 12. Straßb. 832. Levrault. 3 rß 8 gr

**Dictionnaire, Nouveau,** de poche Français - Allemand et Allemand-Français. Leipzig et Paris 1796. V: *Harnisch, Johann Christian.* (Ky) (Gi) (MGT) »5. éd. Leipzig 1806« (ErschDL) »Dictionnaire nouvel« (Ky)

— nouv. de poche, franç. - allem. et allem. - franç., (par J. Chr. Harnisch). 12. Lpz. u. Paris 796. Ed. II. 798. Ed. III. 802. Ed. VII. du même. 822. Fest. 2 rß

— nouv., de Poche, franç. - allem. et allem. - franc. 12. Leipz. Rabenhorst. 809.

— — le même. II Vol. 12. Paris. (König, Strasb.) 809.

— — le même. II Vol. 12. Wien, Degen. 810.

Dictionnaire, nouv., de Poche, franç. - allem. et allem. - franç. rodigé d'après les Dictionnaires de Schwan, Catel, Adelung etc. p. un Soc. de Savans. II Vol. gr. 24. Augsb. Stage. 810. Rthlr. Postp.

— nouv., de Poche, franç. - allemand. et allemand. - franç. II Tom. 8. Leipz. Cleditsch. 810. geheftet Holl. Pap.

— — nouveau de Poche français - allemand et allemand - français, précédé d'une Préface par M. A. Thibaut. Treisième Edition revue et corrigée. 8. Leips., Cleditsch. 821. Pap. fin.

— — nouv. de Poche franç. - allemand et allem. franç. 11me édition. II Vol. 12. Strasbourg, Levrault. 821.

— nouveau de poche, français-allem. et allem.-français, rédigé d'après le Diction. de l'Académie franç., ceux de deux nations de Rabenhorst et de Cramer. Par Jean Pezzl. Oder: Neues deutsch-französ. u. französ.-deutsches Taschenwörterbuch ꝛc. 2 Thle. Wohlf. Ausg. 16. Wien 821, Armbruster. 1 ₰ 8 gl.

Dictionnaire, nouveau, de Poche, français-allemand et allemand-français. 2 Part. 7e Aufl. 12. Leipz. 822, Rabenhorst (Leo).

— nouveau, de Poche, Franç.-Allemand et Allemand-Franç. — Neues Französ.-Deutsch u. Deutsch-Französisches Wörterbuch. 2 Thle. 12e Aufl. gr. 16. Strasb. 826, Levrault.

—— de poche, nouv., Franç.-Allem. et Allem.-Franç., à l'usage des deux nations, rédigé d'après les Dictionn. de Schwan, de Catel et Adelung et des autres auteurs les plus estimés par une société de savans. II Vol. 12. (69 B.) Cologne 828, J. G. Schmitz.

—— de poche, nouv., Franç.-Allem. et Allem.-Franç. Précédé d'une préface par M. A. Thibaut. — Vollständ. Deutsch-Franz. u. Franz.-Deutsches Taschenwörterbuch. Mit e. Vorr. v. M. A. Thibaut. 5. u. 6., verb. Aufl. (à 63½ B.) gr. 8. Leipzig 830, 35, Metzer. (Kayser.) à 2 Thlr., fein Pap.

—— de poche, nouveau, Franç.-Allem. et Allem.-Franç. (p. Th. Fr. Ehrmann.) — A. u. d. T.: Neues franz.-deutsch. u. deutsch-franz. Taschen-Wörterbuch. 13., verm. Aufl. 2 Thle. gr. 12. (67 B.) Straßburg 832, Levrault.

—— de poche, nouv., franç.-allem. et allem.-franç., à l'usage des deux nations. Rédigé d'après les Dictionnaires de Schwan, de Catel, Mozin et Adelung. II Vol. 3. édit. orig. 12. (33½ B.) Augsbourg 841, v. Jenisch et Stage.

—— nouveau, de poche français-allemand et allem.-franç. Autorisé par le conseil royal de l'instruction publique. 14. édit. et revue augmentée. 2 Vols. A. u. d. T.: Neues Taschenwörterbuch. Französ.-deutsch u. deutsch-französ. 14., verm. Aufl. 2 Thle. 12. (68½ B.) Strasbourg 844, Levrault'sche Bh.

—— nouveau, de poche français-allemand et allemand-français. — Neues Taschenwörterbuch. Französisch-deutsch und deutsch-französisch. 14., neu durchgeseh. und verm. Aufl. 2 Abthlgn. Nach der letzten Ausg. des Dictionnaire de l'Académie. 12. (XLIII und 1601 S.) Strassburg 859, Berger-Levrault und Sohn.

Dictionnaire, nouveau, de poche français-allemand. Edit. électrot. 2 Thle. 16. (IV, 387; 358 S.) Brünn 871, Karafiat. geb.

—— nouveau, de poche français-anglais et angl.-franç. — A. u. d. Titel: A new Pocket-Dictionary of the english and french languages. Stereot. edit. In-16. (46¾ B.) Leipsic 843, Char. Tauchnitz.

—— nouveau, de poche français-anglais et anglais-français. Edit. stér. de Ch. Tauchnitz. Nouv. impression. gr. 16. (IV, 739 S.) Leipzig 869,72, Holtze. (ℳ 2,50.)

Dictionnaire de poche, nouveau, français-anglais et anglais-français. Edit. stér. de Charles Tauchnitz. Nouvelle impression. — New Pocket-Dictionary of the English and French languages. 16. (IV, 739 S.) Leipzig 881, Holtze.

— nouveau, de poche français-anglais et anglais-français. Ed. stér. de Charles Tauchnitz. Nouvelle impression. 12. (V, 739 S.) Leipzig 897. O. Holtze's Nachf. 3. —; geb. in Halbfrz. n. 3. 75

—— nouv., de poche franç.-italien et italien-franç. Edit. stéréot. — A. u. d. T.: Nuovo Dizionario portat. italiano-francese e francese-italiano coll' accento su tutte le parole italiane. Ediz. stereot. II Part. 16. (46¼ B.) Leipsic 841, Ch. Tauchnitz.

— nouveau, de poche français-italien et italien-français. Edition stéréot. de C. Tauchnitz. Nouvelle impression. Leipzig 869. Holtze. 16. (735 S.) 25 ngr.

— de poche, nouveau, français-italien et italien-français. Ed. stér. de Charles Tauchnitz. Nouv. impr. 16. (735 S.) Ebend. 871. 2. 50

—— de poche, nouveau, français-italien et italien-français. Edit. stér. de Charles Tauchnitz. Nouvelle impression. — Nuovo Dizionario portatile italiano-francese e francese-italiano. 16. (735 S.) Ebendas. 881.

— de poche, nouveau, français-italien et italien-français. Éd. stér. de Charles Tauchnitz. Nouveau tirage. 16. (IV, 784 S.) Ebd. 893. 3. —; geb. n. 3. 75

—— nouveau, de poche des langues française et hollandaise. Edit. stéréot. A. u. d. T.: Nieuw Woordenboek der fransche en nederduitsche talen in zak-formaat. Stereotyp Uitgave. 2 Thle. in 1 Bde. 16. (894 S.) Leipzig 847, C. Tauchnitz.

— nouveau, de poche des langues française et hollandaise. Edit. stéréot. A. u. d. T.: Nieuw Woordenboek der fransche en nederduitsche talen in zak-formaat. Stereotyp-Uitgave. 2 Thle in 1 Bde. 16. (804 S.) Leipzig 848, K. Tauchnitz. 1 ₰

— de poche, nouveau, des langues française et hollandaise. Éd. stér. de Charles Tauchnitz. Nouveau tirage. 16. (799 S.) Leipzig 881. Holtze. 3. 50

— de poche, nouveau, des langues française et hollandaise. Éd. stér. de Charles Tauchnitz. Nouveau tirage. 16. (799 S.) Leipzig 892. O. Holtze's Nachf. 3. 50; geb. 4. 25

— port., nouv., en Abrégé, franç.-allemand et allem.-franç. 12. Hanov. Hahn. 805.

— nouv., port. franç.-allem. et allem.-franç. f. d. Handwörterbuch.

— nouv. portatif français-allem. et allemand-français. Cont. I. tous les mots utilés etc. II. toutes les phrases etc. III. les termes propres etc. IV. les noms d'hommes et de femmes etc. V. tables des verbes irréguliers. II Vols. gr. 16. Grätz 824. Miller. 16 gl.

Dictionnaire nouveau, portatif français-danois et danois-français. Edit. stéréot. A. s. l. t.: Ny Lomme-Ordbog til Brug for Franskmænd og Danske. Stereotyp-Udg. 16. (49 B.) Leipsic 843, Char. Tauchnitz. Thlr

—— nouveau, portatif français-danois et danois-français. Édition stér. de Charles Tauchnitz. Nouvelle impression. 16. (X und 773 S.) Leipzig 867, Holtze.

— portatif, nouveau, français-danois et danois-français. Ed. stér. de Ch. Tauchnitz. Nouv. impression. 16. (X, 773 S.) Leipzig 872. Holtze. 3. —

—— nouveau, portatif français-danois et danois-français. Edit. stér. de Charles Tauchnitz. Nouvelle impression. — Ny Lomme-Ordbog til brug for franskmaend og danske. 16. (X, 773 S.) Ebendas. 882.

— nouveau, portatif français-danois et danois-français. Éd. stér. Nouveau tirage. 12. (VIII, 773 S.) Ebd. 898. 3. 50; geb. in Halbfrz. n. 4. 25

— nouv., port. franç.-ital. et ital.-franç. II Vol. 12 obl. Paris et Strasb. Treuttel et W.

— nouv., portat. franç. italien et allem. etc. redigé d'après les Dict. d'Alberti, de Bottarelli etc. III Vol. gr. 8. Augsb. Stage, 802. Postp.

— nouv., port. franç.-ital. et ital.-franç. II Vol. Paris, (Walther, Dresden.) 806.

— nouv., p. franç.-ital. et ital.-franç. III Vol. Agsb. Stage. 810. Postp.

— nouv., p. franç.-polonois et allemand. III Tom. 8. Bresl. G. Korn. 807.

—— nouveau, portatif français-suédois et suéd.-franç. Edit. stéréot. A. s. l. tit.: Nytt Fransk och Svenskt Handlexikon. Stereotyp. Upplaga. 16. (51½ B.) Leipsic 844, Char. Tauchnitz.

—— nouveau, portatif français-suédois et suédois-français. Edit. stér. de Ch. Tauchnitz. Nouv. impression. gr. 16. (IV, 821 S.) Leipzig 869,73, Holtze. (ℳ 3.)

—— nouveau, portatif français-suédois et suédois-français. Edit. stér. de Charles Tauchnitz. Nouvelle impression. — Nytt franskt och svenskt Handlexicon. 16. (IV, 821 S.) Ebendas. 883.

— nouveau, portatif français-suédois et suédois-français. Éd. stér. de Charles Tauchnitz. Nouvelle impression. 12. (822 S.) Ebd. 896. 3. 50; geb. in Halbfrz. n. 4. 25

## Dictionnaire, Nouveau,

portatif polonois, allemand et françois. Nouvelle édition augmentée. Breslau 1820. V: *Bandtke, Gg Sam.* (BrMm)

—— nouv., portatif Polonais, Allem. et Franç. (p. Geo. Sam. Bandtke.) Nouv. édit. augm. gr. in-8. (53 B.) Breslau 833, W. G. Korn.
Bildet einen Thl. v. B's. grösserem Wörterbuche.

—— nouveau, universel des langues française, italienne, allemande et anglaise, s. Universal-Wörterbuch, neues.

— nouv. du Voyageur, franç.-allem. et allem.-franç. II Vol gr. 8. Francf. Brönner. 800.

— des Pensées ingénieuses des meill. écriv. franç. gr. 8. Reval, (Jacobäer, Leipz.) 777.

Dictionnaire, petit, français-allemand et allemand-français, s. a. Taschen-Wörterbuch ꝛc.

— le petit, français-allem. et allem.-franç.; kl. französ.-deutsches u. deutsch-französ. Wörterbuch f. Schulen u. auf Reisen; herausg. v. J. G. Heinzmann. gr. 12. Bern 795. Typogr. Soc. 1 ꝶ (vergl. auch Taschenlexicon).

—— petit, franç.-allem. et allem.-franç., à l'usage des deux nations. II Part. — T. u. d. T.: Deutsch-franz. u. franz.-deutsch. Taschen-Wörterbuch, z. Gebr. beider Nationen. 2 Abthl. 12. (33½ B.) Straßburg u. Paris 838, Levrault'sche Buchh.

—— petit, français-allemand et allemand-français, à l'usage des deux nations. 2 Parties. (Français-allemand. — Allemand-français.) 6. Edition. A. s. l. t.: Französisch-deutsches und deutsch-französisches Taschen-Wörterbuch zum Gebrauche beider Nationen. 2 Abthlgn. (Französisch-deutsch. — Deutsch-französisch.) 6. Aufl. 18. (XVIII und 784 S.) Straßburg 851, Witwe Berger-Levrault und Sohn.

Dictionnaire, petit, français-allemand et allemand-français à l'usage des deux nations. 2 Parties. (Français-allemand. — Allemand-français.) 9. Edition. A. s. l. t.: Französisch-deutsches und deutsch-französisches Taschen-Wörterbuch, zum Gebrauche beider Nationen. 2 Abthlgn. 8. Aufl. 1852, und 9. Aufl. 12. (XVIII und 784 S.) Straßburg 851, Witwe Berger-Levrault und Sohn. Thlr. -

—— petit, français-allemand et allemand-français à l'usage des deux nations. 2 Parties. (Français-allemand. — Allemand-français.) 18. Édition, revue et augmentée. A. s. le t.: Französisch-deutsches und deutsch-französisches Taschen-Wörterbuch zum Gebrauche beider Nationen. 2 Abthlgn. 13—18., verm. und verb. Aufl. 18. (XVIII und 784 S.) Straßburg 856—60, Wwe. Berger-Levrault und Sohn. cart.
10. Aufl. Ebendas. 1855, 11. und 12. Aufl. Ebendas. 1856.

— petit historique, pour servir à l'instruction de la jeunesse. gr. 12. Manh. 801. Kaufmann. 12 ℊℊ

— petit, des locutions vicieuses, corrigée d'après l'Académie. 8. Kopenh. 810. Bonnier. (Wienbrack in Lpz.) 16 ℊℊ

— petit, de poche, à l'usage de Voyageurs franç.-allem. 12. Wien 806. Geistinger.

— petit, raisonné de mots qui ont entr'eux une consonnance. 8. Strassb. 799. Levrault. 10 ℊℊ

— le petit des Voyageurs en franç.-allem. et allem.-franç. 12. Bern u. Lucern 793. Anich. 19 ℊℊ

— philosophique portatif. 8. Lyon et Hamb. 756.

— de poche, od. neuestes Taschenwörterbuch in französ., italien., engl., spanischer, russisch., holländ. u. deutscher Sprache ꝛc. 16. Elberf. 811. Mannes. 20 ℊℊ

Dictionnaire de poche arabe-allemand-français, s. Seifarth.

Dictionnaire polonais-français et français-polonais. — Słownik polsko-francuzki i francuzko-polski. Nowe wydanie. Berlin 863. Behr. Lex.-8. (VI, 1128 S.) n. 8 ꝶ

— portatif de la langue franç., angl. et allemande, à l'usage des Français. 8. Leipz. 800. Schwickert. 1 ꝶ 4 ℊℊ

— portat. ou manuel du naturaliste. III Tom. 12. Par. (Haller, Bern.)

— portatif et de prononciation espagnol-franç. et franç.-espagnol etc. II Vols. gr. 8. Strassb. 804. König. 5 ꝶ le même augmenté par Cormon. II Vols. 8. Strassb., Treuttel u. W. 6 ꝶ 12 ℊℊ

— portatif des proverbes et idiotismes français, allemands, ital. anglais, comparés entreux avec un quadruple Vocabulaire etc. gr. 12. Nürnb. 827, Schrag.

Dictionnaire postal de la Suisse s. Ortslexicon. Orts- und Post-Lexikon der Schweiz. (Bern) — Postlexikon der Schweiz. Bern 1896.

Dictionnaire pratique de droit comparé par Lambrechts, Alexandresco, Laurent, van Swinderen et de Rolland. Première partie: législations européennes. Fasc. I—IX. Berlin 895—99.
Fasc. I: Belgique et Luxembourg. 895.
„ II: France et Monaco. 895.
„ III: Angleterre. 896.
„ IV—VII: Roumanie. 897.
„ VIII: Pays-Bas. 898.
Deuxième Partie: Pays hors d'Europe.
Fasc. I: Syrie. 899.

## Dictionnaire des Proverbes

François et des façons de parler comiques, burlesques et familières . . . Francfort et Mayence 1750. V: *Panckoucke, André Joseph.* (BrMm)

— raisonné des pharmacies chymiq. voyez I. B. Rivet

— raisonné des Synonymes franç. II Tom. gr. 8. Leipz. Böhme. 796—801.

— raisonné des Synonymes franç. II Vols. gr. 8. Lpz. 796 u. 801. Cnobloch. 3 ꝶ 12 ℊℊ

— Romain, Wallon., Celtique et Tudesque. II Tom. 4. Basel 777. (Thurneisen). 3 ꝶ 16 ℊℊ

— — des Sciences médicales Vol. 1—47. in 8. Paris. (Treuttel et W.) 812—20. à 2 Rthlr. 16 Gr.
Flore du Dictionnaire des Sciences medicales. 106 Lief. le même. à 20 Gr.
Journal complot du Dictionaire des Sciences médicales. 1r—3r Jahrg 1s—12s od. 27 Liefg. Preis des Jahrgangs von 12 Heften. 10 Rthlr. 16 Gr.

— des Sciences naturelles p. Brogniart, Cuvier, Daudin etc. IV Vol. 8. Strasb. Levrault.

**Dictionnaire** des Sciences Naturelles ... suivi d'une Biographie des plus célèbres Naturalistes ... Strasbourg 1816—45. Paris et Strasbourg 1804—5. H: *Cuvier, Frédéric.* (BrMm)

— — des sciences naturelles, dans lequel on traite méthodiquement des différens êtres de la nature, considerés soit en eux-mêmes, d'après l'état actuel des nos connoissances par M. M. de Blainville, Brochant de Villiers, Brogniart, Caflini, Chevreul, Cloquet P. et C. Cuvier etc. Vol. 1 à 19 Text. gr. in 8. Strasbourg, Levrault 817—821. à 1 Rthlr. 20 Gr. Rthl. :
Pap. vélin à 4 Rthlr. 16 Gr. 8
Die Kupfer dazu gr. 8. Heft 1 bis 16 schwarz à 1 Rtl. 10 Gr. :
Dieselben in 8. illum. 1 — 16. à 5 Rthlr.
Dieselben 8. schwarz u. illum. 1 — 16. à 9 Rthl. 20 Gr. 1
Dieselben in 4. schwarz 1 — 16 à 2 Rthlr. 8 Gr.
Dieselben in 4. illum. 1 — 16. à 7 Rthlr. 1
Dieselben in 4. schwarz u. illum. 1 — 16. à 13 Rthl. 4 Gr. 2

**Dictionnaire** des sciences naturelles dans lequel on traite méthodiquement des différents êtres de la nature considerés soit en eux-mêmes, d'après l'état actuel de nos connaisances, soit relativement à l'utilité qu'en peuvent retirer la médicine, l'agriculture, le commerce et les arts; suivi d'une Biographie des plus célèbres naturalistes. Par plusieurs Professeurs du jardin du Roi et les principales Ecoles de Paris. — Supplément. Tome I. 2 Parties. gr. in-8. Paris et Strasbourg 841, Ve. Levrault. $1^5/_6$ ₰

— le même. Planches. Livr. 1 et 2. gr. in-8. (20 Kupfertaf. u. 2 Blätter Text.) Le même 841. $1^2/_3$ ₰ — Coloriées n. 5 ₰ (Das Hauptwerk in 16 Bänden u. 10 Bde. Kupfr. 817—831: $208^5/_{12}$ ₰ Mit Kupf. in 4. n. $254^1/_6$ ₰ Mit color. Kupf. $416^5/_6$ ₰ in 4. n. $538^5/_6$ ₰ Mit dopp. Kupf. $888^1/_2$ ₰ Mit dopp. Kupf. in 4. n. $1001^5/_6$ ₰

— social et patriotique, ou précis raisonné des connoissanc. relativ. à l'économie, moral., civil. et polit. 8. Paris, (Pott et Comp. Lausanne.) 770.

— technique et nautique de marine. Français, anglais, allemand et italien. Comprend les termes concernant l'artillerie, l'astronomie, la direction des pigeons voyageurs etc. Publié par la réd. des „Mitteilgn. aus dem Gebiete des Seewesens". Français, anglais, allemand et italien. Anglais, français, allemand et italien. Compilé sur le même plan que le premier volume et son supplément par Edouard v. Normann-Friedenfels. Revu et complété par Jules Heinz. (Auch m. engl. Titel.) Vol. II. 1. partie. (XIII, 1355 S.) gr. 8. Pola 905. (Triest, F. H. Schimpff. — Wien, Gerold & Co.) Geb. in Leinw. n. 30. —
Bd. I. s.: Wörterbuch, nautisch-technisches, der Marine.

**Dictionnaire** technique et nautique de marine. Français, anglais, allemand et italien. Comprend les termes concernant l'artillerie, l'astronomie, la direction des pigeons voyageurs etc. Publié par la réd. des „Mitteilgn. aus dem Gebiete des Seewesens". Français, anglais, allemand et italien. Anglais, français, allemand et italien. Compilé sur le même plan que le premier volume et son supplément par Jules Heinz. (Auch m. engl. Titel.) Vol. II. 2. partie. (XIII, 1115 S.) gr. 8. Pola 910. (Triest, M. Quidde. — Wien, Gerold & Co.) Geb. in Leinw. 21. 60 (vollständ., erm. Pr. 73. 60)

— technologique français-allemand-anglais, s. Wörterbuch.

— théoriq. et pratiq. de chasse et de pêche. II Vol. 8. Paris, (König, Strasb.) 769.

— — universel de la langue française etc. Voyez Gattel, C. M.

— univers. rais. de justice nat. et civ. etc. XIII Vol. gr. 4. Francf. Varrentrapp.

— — le même. gr. 4. Francf. Gebhardt et K. 777.

— — le même. XIII Vol. gr. 4. Yverdon, (Stage, Augsb.) 777-78.

— — universel des Synonimes français. 2 Vols. 12 Paris, Herhan. (Leipzig, Fr. Fleischer.)

— vétérinaire et des animaux domestiques, av. fig. IV. Tom. 8. Strasb. Acad. 775.

— du Voyageur en franç., allemand., latin et russe. III Tom. 4. Paris, (Leipz. Hartknoch.) 785.

Dictir-Uebungen, angenehme orthographische, zur Erleichterung für Lehrer u. Lernende, in neuen gereimten Fabeln u. moral. Erzählungen. 2e verm. u. verb. Aufl. 8. Heilbronn 825, Drechsler.

— nach d. Regeln d. Orthographie geordnet. 8. Landsh. 822, Krüll.

De dicto Aristotelis: τριῶν δεῖν παιδείᾳ, φυσεως, μαθήσεως, ἀσκήσεως. Adjecta est vita C. F. Kampmanni. . . . . . . . . . . . . . . . .
Progr. Breslau E. 1838

Dictys Cretensis, de bello et excidio Trojae et Daretis Phrygii hist. Trojana c. not. Annae Daceriae. c. fig. 4. Amst. 702.

**Dictys** Cretensis sive Lucii Septimii Ephemeridos belli Trojani libri sex. Ad optim. libror. fidem recens., Glossarium Septiminianum, observatt. historicas et indd. locupletes adj. Andr. Dederich. Accedit Jac. Perizonii de Dictye Cret. Dissert. 8maj. Bonn 833. Weber. $3^1/_6$ ₰ Velinp. $4^1/_2$ ₰ s. auch **Dares.**

Dictys Cretensis sive Lucii Sept. Ephemer. belli Trojani. Ad libror. fid. rec., Glossarium et Observationes histor., item Iac. Perizonii de Dictye Cret. Dissertat. add. Andr. Dederich. Acced. Daretis Phrygii de excidio Trojae historia. Edit. pretio minori. 8maj. (50 B.) Bonnae 837, Weber.

**Dictys** Cretensis ephemeridos belli Trojani libri sex recognovit Ferd. Meister. 8. (XV, 154 S.) Leipzig 872. Teubner. 1. 50

Dicuil

**Dicuili** liber de mensura orbis terrae a Gust. Parthey recognitus. Berlin 870. Nicolai'sche Verlhdlg. 8. (XV, 96 S.) n. 25 ngr.

Didache, die, hrsg. v. Hans Lietzmann, s.: Texte, kleine, f. theologische Vorlesungen u. Übungen. 6.

Διδαχη τῶν δώδεκα ἀποστόλων. Doctrina XII apostolorum. Una cum antiqua versione latina prioris partis de duabus viis primum ed. Jos. Schlecht. gr. 8. (24 S.) Freiburg i/B. 900. Herder. n. 1. —

**Didacus** a s. Antonio, Enchiridion scripturisticum tripartitum, cuius pars I. complectitur praeludia isagogica ad ss. bibliorum intelligentiam scholastico deducta; pars II. sacram historiam chronologico per aetates deductam a mundo condito usque ad Christum natum, in qua praecipuae difficultates totius V. T. per varias dissertationes scholastice elucidantur: pars III. historiam evangelicam vitae et mysteriorum Jesu Christi ex consensu evangelistarum et acta apostolorum, omnia chronologice et scholastice deducta. Würzburg, 1759. 8°.
Zuerst Brüssel 1745 - 1748.

Didaci, l. Ant. s., Enchiridion scripturisticum IV part. 8. Herbip. Stahel. 790.

**Didascalia** Apostolorum Syriace. Lipsiae 1854. H: *Lagarde, Paulus Ant. de.* (Tübz 15, 10) (zu)

Didascalia apostolorum syriace. Lipsiae 854. Teubner. gr. 8. (VII, 121 S.) n. 4 ₰

**Didascaliae apostolorum fragmenta Veronensia latina.** Accedunt canonum qui dicuntur apostolorum et Aegyptiorum reliquiae. Primum ed. Edm. Hauler. Fasc. I: Praefatio, fragmenta, imagines. gr. 8. (XIII, 121 S. m. 2 Taf.) Leipzig 900. B. G. Teubner. n. 4.—

**Didascalia et constitutiones apostolorum.** Edidit Franc. Xaver Funk. 2 voll. (LVI, 704 u. XLIV, 208 S.) gr. 8. Paderborn 906. F. Schöningh. n. 34.—

Deutsch-Amerikanische Didaskalia: Jahrgang 1, no. 1—4. 1848/49.

Quarterly. Sub-title: Vierteljahresschrift für Geist, Gemüth und Publicität der Deutschen in den Vereinigten Staaten. Established as a literary periodical, but soon entered field of political discussion. Title varies: DIDASKALIA, no. 1. Octavo, no. 1—4, pages 1—634. Edited & published by Samuel Maclea; printed by Friedrich Raine.

Baltimore, MD

**Didascalia,** Deutsch-Amerikanische. Novellenzeitung. Hrsg. v. Ernst Schäfer u. S. Maclea. Jahrg. 1850. 52 Nrn. Mit 2 col. Modekpfrn. hoch 4. (B.) Leipzig, Schäfer. n. 4⅓ ℔

*Διδασκαλια Οἰκιακη της φυσεος* etc. Häusliche Lehre der Natur f. kleine Kinder, gr. 12. Wien 810. (Wallishausser; Lpz., Hinrichs). 15 ℛ

**Didaskalia,** die syrische, übers. u. erklärt v. Hans Achelis u. Johs. Flemming, s. a. Texte u. Untersuchungen zur Geschichte der altchristlichen Literatur. N. F. X. 2.

Die syrische Didaskalia [Constitutiones apostolicae, Ausz.] Übers. u. erkl. von Hans Achelis u. Johs. Flemming. *Leipzig: J. C. Hinrichs 1904.* (VI, 387 S.) 8°
= Quellen, Die ältesten, d. oriental. Kirchenrechts. Buch 2.
= Texte u. Untersuchungen z. Geschichte d. altchristl. Literatur. Bd 25, 2. (N. F. Bd 10, H. 2.) [04. 348

**Didaskalien,** s. Streifereyen.

**Didaskalien,** Weimarische. (1. Heft). (Von Osk. Schade.) Aus der Minerva von Bran abgedruckt. Jena 860. (Weimar, Kühn.) 8. (86 S.) nn. 12½ ngr

Peri didaxeon, e. Sammlg v. Rezepten in engl. Sprache a. d. 11./12. Jh. Nach e. Hs. d. Brit. Museums hrsg. v. Max Löweneck. *Erlangen: F. Junge 1896.* (VIII, 57 S.) 8.
= Beiträge, Erlanger, z. englischen Philologie u. vergl. Litteraturgesch. H. XII. [96. 7689

**Didczun,** Max, a. Pillau: Der Einfluss der geographischen Beschaffenheit und der wirtschaftlichen Entwicklung auf die Siedelungen und die Wohndichte der Bevölkerung Schwedens. Königsberg i. Pr. 1908: G. Kemsies. (79 S.) 8°
Königsberg, Phil. Fak., Ref. Hahn-Krauske, Diss. v. 20. Jan. 1908
[Geb. 22. Jan. 86 Pillau; Wohnort: Königsberg i. Pr.; Staatsangeh.: Preußen; Vorbildung: Oberrealsch. Königsberg i. Pr. Reife O. 04; Studium: Königsberg 8 S.; Rig. 28. Nov. 07.]

**Didczun, M[ax]:** Grundzüge der Siedelungsgeographie Schwedens. Tilsit (1909): Jagomast. S. 3—9. 4°
Gumbinnen, Cecilien-S, st. HT OP 1909 [115] [S 09. 70

**Dide, A., das Anti-Evangelium des Celsus.** Autoris. Übersetzg. nebst e. Vorwort v. Adf. Saager. (Bibliothek der Aufklärg.) (61 S.) 8. Frankfurt a/M. 907. Neuer Frankfurter Verlag. —75

**Dide, Auguste.** L'Anarchiste. Pièce en quatre actes. Jouée pour la première fois à Paris ... sous ce titre: «La Pente du mal» le 19 février 1904. XVI + 119 p. 8. Genève et Bâle, Georg & C°, 1904. [fr. 2.—]

**Dide, Auguste.** La Pente du Mal. Pièce en quatre actes. Jouée pour la première fois à Paris ... le 19 février 1904. XVI + 119 p. 8. Genève et Bâle, Georg & C°, 1904. [fr. 2.—]

**Dideldumdei, allerlei, u. Anderes von Bronsard v. Dingelingelei.** Mit sehr schönen Bilderkens. (1. u. 2. Aufl.) (239 u. VI S.) 8. München (Feilitzschstr. 1) (906). Literaturverlag F. Hinsmann. n. 2.50

**Didelot,** Dom, 5 lettres à Gerbert, s.: Correspondants, les, de Grandidier.

**Didelot,** Nicolas: (Instructions pour les sages femmes. Deutsch:) Unterricht für die Hebammen, ... samt e. Bericht an die Mütter, welche ihre Kinder selbst säugen wollen. Aus d. Franz. übers. von S. Hedelhofer. Augsburg: Stage 1772. 136 S. 8°

Handwerker-Genossenschaften. Ein Wort an Handwerker von Reg.R. Dr. **Diderichs.** Cöln: Greven & Bechtold in Komm. 1900. 23 S. 8° [11. 13137

**Diderot, Denis, Briefe an Sophie Voland.** (Ausgewählt, übertr. u. eingeleitet v. Vally Wygodzinsky. Titelrahmen u. Einbandzeichng. v. Walt. Tiemann.) (302 S.) kl. 8. Leipzig 904. Insel-Verlag. n. 5.—; geb. n. 7.—

— et Sal. Gessner, Contes moraux et nouv. Idylles. 8. Zürich 773. Orell. 14 ℛ le même 12. Lausanne 773. Pott. 8 ℛ

**Diderot et Alembert,** Encyclopédie voy. Encyclopédie.

**Diderot, D.,** Erzählungen, s.: Meyer's Volksbücher.

**Diderot, Dyon.,** Erzählungen, übers. v. Karl Spazier. 8. Magdeb. 799. Heinrichshofen. 20 ℛ

— — *Denis Diderot's* Erzählungen. Uebersetzt von Karl Spazier, Magdeburg, bey G. Ch. Keil, 1799. Kl. 8°. (In Berlin: Xy 3396.) (5 Mk. Leo Liepmannssohn, 1906.)
IV—275 S. Enthält: Madame Reymer und Tanié. — Gardeil und Madame de la Chaux. Unterhaltungen eines Vaters mit seinen Kindern, oder über die Gefahr, sich über das Gesetz zu erheben. — Ueber die Unzuverlässigkeit des öffentlichen Urtheils über einzelne Handlungen. — Die beyden Freunde. — Klagen über den Verlust meines alten Schlafrocks.

**DIDEROT,** Denis, u. Sal. Gessner, Moralische Erzählungen und Idyllen. Mit Titelvign. von Ant. Bartoli u. 9 (19?) reizenden Vignetten von Gessner selbst radirt. Zürich, Orell etc., 1772. 8°. (7 Mk. 50 Pfg. Gust. Fock, Lpz., 1907; 7 Mk. 50 Pfg., herrliches Expl., B. Seligsberg, 1907; 15 Mk., schönes Expl. in reizendem Hldrbd. d. Zeit, Bernh. Liebisch, Lpz., 1908.)
273 S. Auch m. d. Titel: Sal. Gessner's Schriften. Th. 7.

— le fils naturel ou les preuves de la vertu. Drame en V Act. 8. Wien 771. Trattner. 4 ℛ

**Diderot,** Grundgesetz der Natur. Nebst einer Zugabe v. E. M. Arndt. 8. (26 B.) Leipzig 846, Weidmann'sche Buchh.

**Diderot,** der Hausvater, s. Universal-Bibliothek Nr. 2336.

**Diderot, Denis.** Der Hausvater; aus dem Franz. übersetzt. Wien 1761. Ü: *Riegger, Joseph Anton Stephan Ritter von.* (ML)

— der Hausvater. Aus d. Französ. 8. Wien 777. Krauß. 4 ℛ

**Diderot,** le fataliste Jacques et son maitre. II Vols. 8. Basel 796. Decker. 2 ℔ 16 ℛ

—s. Jakob u. sein Herr,

—Jacob u. sein Herr. 2 Bde. 8. Berl. 792. (Reimer). Velinpap. 2 ℔

— — Jakob und sein Herr, aus *Diderots* ungedrucktem Nachlasse (übers. aus einer handschriftl. Abschrift von Wilh. Christhelf Sigm. Mylius). 2 Thle. Mit reizendem Titelkpfr. u. ebensolcher Vignette (D: Chodowiecki del: u. sc.: 1791). Berlin. Bei Johann Friedrich Unger. 1792. 8°. (In Berlin: Xy 3414.) (12 Mk. 50 Pfg. Auction Runze-Zolling, Lpz. 1904; 10 Mk. Dieterich, Göttingen, 1907; 12 Mk., etwas stockfl., sonst sehr schönes Expl. auf extrastarkem Schreibpap., Emil Hirsch, München, 1904.)
Heitere Erzählungen mit philosoph. Reflexionen untermischt. I: Gestoch. Titel, 330 S., 1 Bl. „Nachricht", M.(ylius) unterz. II: 339 S. — Engelmann 676—677. Unverstümmelte Uebersetzung des berühmten dialogisirten Romans „Jaques le fataliste et son maître". Das französ. Org.-Ausg. erschien erst 5 Jahre später (1797) im Druck u. wurde erst 1825 durch Tribunalbeschluss zur Confiscation u. Vernichtung verurteilt.

— — Dasselbe. (Nachdruck.) 2 Thle. Mit 2 Kpfrn. Hohenzollern (Wien), bey Johann Baptist Wallishausser, 1793. 8°. (3 Mk. 50 Pfg. W. H. Kühl, Berlin, 1884; 5 Kr. Halm & Goldmann, Wien, 1904.)

I: 205 u. 3 unbez. S. II: 208 S. — Vorr. zu 1 unterz. M (ylius).

Französ. Orig.: Jacques le fataliste et son maître. 4 tom. Avec 4 figg. galantes, n. s. Paris, Leprieur, an V.—1797. Pet. in-12°. I: 160 pp. (y compris le titre et xxviii pp. pour la mémoire de Diderot, comp. par Meister de Zurich). II: 155 pp. III: 179 pp. IV: 175 pp. — Le même, précédé d'un hommage aux mânes de l'auteur, par M. Meister. 3 tom. Avec 3 jolies figg., n. s. Paris, Gueffier, 1797. 16°. (15 Mk., br. n. r., Rich. Bertling, 1907.) — Réimprimé maintes fois.

Holländ. Uebers.: Jakob en zyn heer. 2 delen. Met e plaaten. 's Gravenhage, bij J. C. Leeuwestyn, 1793. Roy. in-8°, de 352 pp. (2 Mk. Kühl, Berlin, 1884.)

Im Kloster [La religieuse]. Roman von Denis **Diderot**, übers. u. bearb. von Dr. J. Max. 2. Aufl. Berlin & Leipzig: J. Hegner [1903]. (222 S.) 8° = **Liebhaberbibliothek**, Kulturhistorische. Bd 5. [03. 10476

Vgl. Diderot: Die Nonne.

**Diderot, Denis, im Kloster.** Roman. Übers. u. bearb. v. J. Max. 5. Aufl. (IV, 222 S.) kl. 8. Leipzig (910). F. Rothbarth. 2. —

— **dasselbe, s.: Bibliothek, galante.**

— die geschwätzigen **Kleinode.** Nach e. Uebersetzg. des 18. Jahrh. neu hrsg. v. Loth. Schmidt. Mit 7 Bildern von Frz. v. Bayros. (XLIII, 375 S.) kl. 8. München (906). G. Müller. Geb. n. 14. —
Luxusausg., geb. in Ldr. n. 25. —

Vgl. Diderot: Die geschw. Muscheln.

— **über Malerei, Bildhauerei u. über Kupferstich. Nebst Herault Sechelles Reise nach Montbart u. e. and. Aufsätzen. 8. Leipz. 802. (W. Rauck). 16 gl**

— **üb. Mahlerei, Bildhauerei rc. u. Herault Sechelles Reise u. Montbert rc. 8. Lpz. Sommer. 802.**

— **Morceaux choisis, s.: Voltaire.**

— — Muscheln, Die geschwäzige (sic!). Eine moralische Erzählung. Aus d. Französ. des Herrn (von *Diderot* Joh. Bapt. v. Knoll). 2 Thle. Frkft. u. Lpz. (Augsburg, Mauracher) 1776. 8°. (Expl. in Wien, Stadtbibl.: Secr. A 162, 1 vol.) Ungemein rar! (9 Kr. 60 H., Bernhard Stern, Wien. 1901.)

368 SS. (2 2/3 Rthlr. Scheible, vor 1875.) Erste Uebersetzung der „bijoux indiscrets". 3 tom. av. figs. Pékin (Paris) 1748. 12°. — Au Monomotapa, s. d. (Paris 1748). 12°. II. Fleuron et 7 planches orig. non signées. (56 Mk., très-bel expl., Max Harrwitz, 1904.) — Amsterdam, Marc-Michel Rey, 1772 Gr. in-8°. 5 ff. prélim. et 38 pp. (y compris 3 ff. pour les tables de 1 et 2). Avec 1 fleuron, 1 frontisp. et 6 grav. (en partie galantes). — Au Monomotapa, s. d. 2 tom. Avec 6 gravures. 12°. (In Wolfenb.) Au Monomotapa 1772. 2 pts. 12°. (In München.) — Ib. s. a. (Paris, Cazin. 1785). 2 tom. av. figs. 18°. u. 8°. — Paris 1833. pet. in-8°, fig., avec 3 chapitres [14, 18 et 19], qui ne se trouvent pas dans la plupart des éditions. — Nouv. éd. augm. d'une notice et de notes et de 7 figg. et 2 vignettes. Bruxelles 1881. II. 12°. X—197+218 pp.

— — Die geſchwätzigen Muſcheln. Eine moraliſche Erzählung. Aus dem Franzöſiſchen des Herrn Diderot (von Joh. Bapt. von Knoll). Frankfurt und Leipzig, 1776. 8°. I: 1—172 S. II: 173—309 S.

— — Dasselbe. tit.: Die Verräther. Nach *Diderot* (von Fr. Wilh. Lud. Meyer). 2 Bdchn. Monomotapa (Berlin, Vieweg) 1793. 8°. (1 2/3 Rthl.; Schweizer Pap. 2 1/3 Rthl.) (In Wien. Stadtbibl.: Secr. A 109, 1 vol.)

— — Dasselbe. (Andre Uebersetzung?) Basel, Flick. 1797. 8°.

— — Dasselbe. Monomotapa (ebd.), o. J. 8°. (8 Mk. H. Hugendubel, 1904; 10 Mk. Gust. Fock, 1905.)

270 u. 343 SS. Mit 2 hübschen TVign. u. Vorrede Lessing's. — Auch eine Ausgabe Berlin 1800. 8°. II wird genannt.

— — Dasselbe, tit.: Die geschwätzigen Kleinode. Nach einer Uebersetzung des 18. Jahrhunderts neu herausgegeben v. Lothar Schmidt. Mit (graziösen) 7 Bildern v. Frz. v. Bayros. München, Georg Müller, 1906. 8°. Ganzleder mit reich. Ornamentik, ob. Schnitt vergoldet. (Mk. 14—.) (9 Mk. B. Seligsberg, Bayreuth, 1907; 14 Mk. Adolf Weigel; 25 Mk. Dieterich, Hannover.)

Reizend ausgestatteter Neudruck dieser seltenen Uebersetzung von „les bijoux indiscrets", des frivolsten und vielleicht auch witzigsten französischen Romans des 18. Jahrh. Privatdruck, in einer einmaligen Auflage von 1000 Exemplaren hergestellt. (50 Exemplare wurden auf echt van Geldern abgezogen und sind bereits vergriffen.) Jedes Eexmplar wurde in der Presse numeriert.

Die Uebersetzung, worin dieses Werk dem Leser vorgelegt wird, stellt den Neudruck einer alten aus dem Ende des achtzehnten Jahrhunderts stammenden und von Lothar Schmidt teilweise veränderten Uebersetzung dar. Dieser alte Text dürfte im höchsten Maße das Interesse der Bibliophilen erregen, weil er sich als von Lessing herrührend ausgibt. Dieser Umstand zwingt die Frage aufzuwerfen und zu beantworten, ob nicht am Ende Lessing für die Autorschaft der Version tatsächlich in Betracht kommt. Manche Erwägungen allgemeiner Natur sprechen dafür, manche besonderen Gründe dagegen. Der Herausgeber, indem er sich bemüht, das Für und Wider in objektiver Weise zu würdigen, kommt zu einem Resultate, über dessen Gültigkeit in letzter Instanz die Lessingforschung zu entscheiden haben wird.

**Diderot, Rameau's Neffe, s. Universal-Bibliothek Nr. 1229.**

— **Rameau's Neffe, ein Dialog aus dessen Manuscript übersetzt, u. mit Bemerkk. begleitet v. J. W. v. Göthe. 8. Leipz. 805. Göschen. 1 ₰ 18 gl**

—— Le neveu de Rameau. Nouvelle édit. 12. (163 S.) Berl. 890, Neufeld u. Henius. 1 20

— s. **die Nonne,**

— **die Nonne. 8. Zürich 797. 2e A. 811. Orell. 1 ₰ — Dass. aus d. Franzōs. 8. Basel 797. (Neukirch). 20 gl**

— — Die Nonne. Ein Nachlaß von *Diderot*. Aus d. französ. übersezt (sic!). Basel, gedrukt (!) bei Samuel Flick, 1797. 8°. (24 Sgr. Scheible 1872; jetzt theurer!)

Tit., IV S. Vorr. d. Übersetzers (dat.: M. d. 31. Jan. 1797), und 459 S.

Der berühmte Franzose geisselt in diesem Roman den Zwang und die Intimitäten des Klosterlebens seiner Zeit. Er schildert die Leiden einer jungen Nonne, die in einem Kloster auf scheussliche Art gemartert wird, in einem anderen Kloster auf gleich scheussliche Weise von ihrer Oberin Liebkosungen zu dulden hat. Das berühmte Werk weist alle Feinheiten und Vorzüge einer vornehmen und glänzenden Erzählungskunst auf.

Französ. Orig.: La Religieuse, par Diderot. Paris 1796. 8°. 411 pp. — Rep. ibid. eod. a. — IIIe éd. (où l'on trouve une conclusion). Ibid. eod. a. — Ibid. 1797. 8°. (Expl. in München.) — Ibid. eod. a. II. 16°. Avec. 2 grav. (Heberle's Cölner Jan.-Auct. 1892, no. 1867.) — Nouv. édition, ornée d'un portrait et de 4 figg. Ibid. 1799. 8°. II. — Ibid., Deroy, 1799. 8°. — Ibid. 1832, 12°. 246 pp. Avec frontisp. et titre gravé. (1 1/4 Rthl. Scheible.) — Ibid. 1835. Avec 1 grav. (1 1/4 Rthlr. Scheible.)

Drujon, 1879, p. 344: Maintes fois réimprimé en divers formats, avec et sans gravures, même sous la Restauration, isolément ou dans les oeuvres complètes de l'auteur. La destruction de ce célèbre roman, aussi licencieux qu' immoral, a été ordonnée 1° par jugement du Tribunal correctionnel de la Seine en date du 20 août 1824; et 2° par jugement du même Tribunal en date du 24 novembre 1826. (Aucune de ces décisions n'a été insérée au Moniteur.) — La Bibliographie Gay renferme sur cet ouvrage un excellent article notamment au point de vue des éditions expurgées des détails trop libres.

Die Nonne. Aus d. Französ. des Herrn *Diderot.* Mit Portrait-Vignette. Zürich, Orell, Füssli u. Co., 1797. 8°. (In Zürich, Stadtbibl.) (8 Mk. Heberle, Cöln, 1891.)

— — Dasselbe. Aus. d. Französ. von Carl Fr. Cramer, deutschem Buchdrucker und Buchhändler zu Paris. Mit 1 TKpf., gest. von W. Jury. Riga, J. F. Hartknoch, 1797. 8°. 500 S. (4 Mk., geles. Expl., Paul Neubner, 1892; 4 Mk. 50 Pfg. B. Seligsberg, 1907.)

Auch m. d. Titel: Diderots sämmtl. Werke. Bd. 2.

— — Dasselbe. Neue wohlf. Ausgabe. Ibid. 1811. 8°. (1 Rthl.)

Tit. m. Portr., XXXVI u. 386 SS.

— — Dasselbe, titulo: Die Nonne (La Religieuse). Sittenroman. Deutsch von Wilhelm Thal (d. i. Wilh. Lilienthal). Furstenwalde a. Spree, Fürstenwalder Buchhandlung, 188?. 8°, 165 S. (2 Mk. R. Bertling, 1907.)

Verboten v. L.-G. Laibach. 9. VII. 189? § 516.

— die Nonne. Sittenroman. Deutsch v. Wilh. Thal. 8. (V, 165 S.) Fürstenwalde 899. [Fürstenwalder Buchh.] Stuttgart, Franckh. n. 2. —

— dasselbe. 2. Aufl. (Bibliothek des 17. u. 18. Jahrh.) 8. (159 S.) Stuttgart (901). Franckh. n. 2.—; geb. n. 3. 50

— — Dasselbe, tit.: Im Kloster. Roman. Uebers. u. bearb. von J. Max. Leipzig-Reudnitz, o. J. (1902). 8⁰. 222 S. (Mk. 4—.) (2 Mk. 40 Pfg. Taussig; 2 Mk. 50 Pfg. Adolf Weigel.)

— — Dasselbe. 2. Aufl. Berlin u. Leipzig (1904). Kl. 8⁰. 222 S. (Mk. 4—.) (2 Mk. 50 Pfg. M. Edelmann.)

— dasselbe. Sittenroman aus dem 18. Jahrh. Deutsch v. Wilh. Thal. 3.—6. Aufl. (Bibliothek des 17. u. 18. Jahrh.) (à 159 S.) 8. Stuttgart (905. 906). Franckh. n. 2. —; geb. n. 3. 50

— die Nonne. Kulturgeschichtlicher Roman aus dem französ. Klosterleben im 18. Jahrh. Aus dem Franz. v. Adph. Conrad. (Bibliothek d. Sittengemälde.) (192 S.) 8. Berlin(-Schöneberg) (906). R. Jacobsthal. n. 1. 50

— Die Nonne. Sittenroman aus dem 18. Jahrh. Deutsch v. Wilh. Thal. (Bibliothek des 17. u. 18. Jahrh.) 7.—10. Aufl. (Je 159 S.) 8. Stuttgart (907—10). Franckh. 2.—; geb. 3. 50

Diderot, Denis: Die Nonne (La religieuse). Kulturgeschichtl. Roman aus d. franz. Klosterleben im 18. Jh. Aus d. Franz. von Dr. Adolph Conrad. 6. – 8. Taus. Berlin: Jacobsthal (1908). 192 S. 8⁰
(Bibliothek d. Sittengemälde. 1.)

—— Nouvelles et mélanges, anecdotes diverses. Nouvelle édit. 12. (152 S.) Bln.: Neufeld & Henius 1890 1 20

**Diderot**, oeuvres choisies, précédées de sa vie par M. F. Génin. 2 vols. gr. 12. (XCII u. 750 S.) Paris 847, Didot frères. n. 2 ₰

— Oeuvres morales 8 Frkf. a. M. 770. Hermann. 16 gr

— oeuvres philosophiques, littérair. et dramat. 5 Vol. av. fig. 8. Lond. (Varrentrapp. Frft.) 773.

*Diderot*, Dyon., Oeuvres de Théâtre. 2 Vols. 8. Berl. 762. Nicolai. 1 ₰

— les mêmes, avec un discours sur la poësie dramatique. 2 Vols. 12. Basel 770. Schweighäuser. 12 gr

— Sur la peinture, s.: Diesterweg's neusprachl. Reformausgaben.

— le Père de famille. Comédie. 12. Basel 771. Schweighauser. 5 gr

— — Der Japanische Prinz. Uebers. u. hrsg. von Lothar Schmidt. Mit 5 (graziösen) Illustrationen von (Marquis) Franz v. Bayros .... München, Georg Müller, 1907. 8⁰. (1100 Expll. in Ganzleder geb. à Mk. 12; 50 Expll. in Ganzpergtbd. à Mk. 25—.) 199 S.
Dieser Band enthält aus der Menge Diderotscher Romane und Novellen drei erlesene Werke, nämlich das romantisch-bizarre Märchen: „Der Japanische Prinz" (L'oiseau blanc) und die beiden bedeutungsvollen, für Diderot den Plauderer wie für Diderot den Philosophen des ewig Menschlichen gleich charakteristischen Geschichten: „Eine wahre Geschichte" und „Frau von La Carlière".
Der „Japanische Prinz" entstand wie die „Geschwätzigen Kleinode" im Jahre 1749, wurde aber aus leicht begreiflichen Gründen von der Polizei im Manuskript konfisziert und erst nach einem halben Jahrhundert für den Buchhandel freigegeben. Dieses allegorische Märchen behandelt in jener persiflierenden, die tiefsten Fragen oft streifenden Manier Diderots das Liebeswerben und die Liebesabenteuer eines Prinzen bis zu der Zeit, wo er für eine von der Staatsraison ihm diktierten Ehe reif sein wird. Es ist eine Rahmenerzählung, ähnlich wie die des Decamerone, nur daß hier zwei Emire und zwei Kammerfrauen je nach Befehl und Laune der schon aus den „Geschwätzigen Kleinodien" bekannten Sultanin Mirzoza alternierend im Vortrag der Geschichte einander ablösen.
Die beiden anderen Erzählungen des Bandes bezeichnet der bedeutende französische Literarhistoriker Sainte-Beuve als zur Zahl jener kleinen Meisterwerke gehörig, die Diderot selbst seine „petit papiers", seine kleinen Schriften nannte.

Diderot, D., Regrets sur ma vieille robe de chambre ou avis à ceux, qui ont plus de goût que de fortune. gr. 8. (8 S.) Basel 874, Georg. *!

—s. la Religieuse

**Diderot**, la religieuse, s.: Bibliothèque classique intéressante.

**Diderot's** Romane u. Erzählungen, s. Volksbibliothek der Literatur des 18. Jahrh.

— — Romane und Erzählungen. Deutsch von Mecklenburg. Berlin 1866. 8⁰. (1 fl. 20 xr. Taussig, Prag, 1872.)
Inh.: Die beiden Freunde von Bourbonne. — Geschichte des Dr. Gardell und des Fräulein de la Chaux. — Die Nonne.

— der natürliche Sohn oder die Proben der Tugend. Schspl. 8. Leipz. 775. Büschel. 3 gr

**Diderot**, Theater. a. d. Fr. v. Lessing. 2 Thle. 8. Berl. Voß. 781. Rthlr.

— dass. e. and. Uebersetz. 2 Thle. 8. Wien 766. (Tendler). 16 gr

— s. die Verräther.

**Diderot, Denis.** Die Verräther. Monomotapa. [Braunschweig 1793.] Ü: *Cramer, Karl Friedrich*, nicht: *Meyer, F. L. W.* (GGr IV³, I, 1091, 32) (Zeitschr. f. Büch. 1923, S. 82)
Vgl. Diderot: Die geschwätz. Muscheln.

— die Verräther; aus d. Französ. (v. F. L. W. Meyer). 2 Bde. 8. (Braunschw.) 793. Vieweg. 1 ₰ 16 gr Schweizer Pap. 2 ₰ 12 gr

— Dass. aus d. Französ. 8. Basel 797. Flick. (Neukirch). 20 gr

Diderot, Versuche über die Mahlerey. Uebers. von Carl Frid. Cramer. Riga. 1797.

**Diderot**, D., ausgewählte Werke. Aus dem Französ. Berlin 864. Schlingmann. 16. Jedes Bdchn. n. 10 ngr
1. Bdchn.: Der Neffe Rameau's. (X, 122 S.)

— moral. Werke; aus d. Französ. 2 Thle. 8. Frankf. 770. Hermann; auch Brönner, Gebhard u. K. 16 gr

— philosophische Werke; aus d. Französ. 1r Thl. 8. Leipz. 774. Dyck. 18 gr

— sämmtl. Werke. 2 Thle. I. Vers. über d. Malerei. 1 ₰ 12 gr II. Die Nonne. 1 ₰ 8 gr Velinp. 2 ₰ 8 gr Aus d. Französ. v. K. Fr. Cramer, mit Kpf. 8. Riga 797. Hartknoch. 2 ₰ 20 gr Velinp. 5 ₰

Diderot, Dyon., s. Diderot, Denis

Kleptomanie und Hypnotherapie v. Dr. Didier. *Halle a. S.: Verl. d. Vjs.; ([Dr. v.] H. John) 1896.* (13 S.) 1 Bd 8. [97. 2529

**Didier**, Kleptomanie u. Hypnotherapie. gr. 8. (13 S.) Halle 897. Dr. Didier. n. — 60

**Didier**, eine historisch-politische Reminiscenz als Beitrag zur Persönlichkeits-Politik. 1. u. 2. Aufl. gr. 8. (40 S.) Stuttgart 899. Verlag der German Spencer Review. n. — 60

— gesunder Schlaf u. der Oreiller hygiénique. 8. (14 S.) Ebd. 900. — 50

Anselmo. Von Charles **Didier.** A. d. Franz. übers. von Karl Andree. T. 1. 2. Braunschweig: Meyer 1835. 8°
cf. Lewald: „Europa", Chronik der gebildeten Welt. 2 (1835) S. 571.
TB. 271. Nicht bei Quérard. Aus der Zeit der Carbonari.

**Didier,** Charles, ein Aufenthalt bei dem Groß-Scherif von Mekka. Autorisirte deutsche Ausgabe. Aus dem Französ. übersetzt von Helene Lobedan. Leipzig 862. Schlicke. 8. (2 Bl., 391 S.) n. 1 ℛ 25 ngr.

—— die Geheimnisse v. Rom. Roman aus d. neuesten Zeit. Nach d. 6. Originalausg. nach d. Französ. übers. 2 Bde. 8. (28⅛ B.) Halberstadt 846, Lindequist u. Schönrock.

—— 120 Meilen auf dem Nil, | s. Bergson's Eisenbahnbücher.
—— 50 Tage in der Wüste, |

—— Chevalier Robert. A. d. Franz. v. Jul. Schoppe. 2 Thle. 8. (32 B.) Zwickau 839. [Leipzig,] Gebr. Schumann.

**Didier's,** Charl., sämmtl. Schriften. 1.—5. Thl. Caroline in Sicilien. Histor. Roman. Aus d. Französ. 5 Bde. kl. 8. Nordhausen 845, Fürst. 2½ ℛ

— dies. 6.—8. Thl. Thekla, oder der Consul in Marokko. Roman. Aus d. Französ. 3 Bde. 8. Ebend. 845. 1½ ℛ

— dies. 9.—11. Bd. Als Geliebte, als Mutter. 3 Bde. kl. 8. Ebend. 846. 1½ ℛ

**Didier's,** Charles, sämmtliche Schriften. 12—14. Thl. Ritter Robert, oder: Leben u. Ende eines modernen Weltverbesseres. Aus d. Franz. 3 Bde. 8. (709 S.) Nordhausen 847, Fürst. 1½ ℛ

— 120 Meilen auf dem Nil, | s. Bergson's Eisenbahnbücher.
— 50 Tage in der Wüste, |

— Thekla, oder ein Consul in Marocco, s. Museum. Bibliothek der rc. Romane des Auslandes.

**DIDIER,** Constantine
Constantinii Didier Gallo-Belgici Commentatio medica de Febre Flava Americana. In certamine literario civium academiae Georgiae Augustae die IV. Junii MDCCC. praemio a rege M. Britanniae Aug. constituto a medicorum ordine ornata.
Göttingen: Dieterich. [1800]. 32 S. 8°.
Countway Library of Medicine Boston
Sabin 20121.

**Didier,** Ed., Régina di San Gennaro. Histoire vénitienne. 2 Vol. (Bibliothèque choisie. Vol. 641 et 642.) 16. (316 S.) Naumburg 864, Pätz.

**Didier,** Saint, Napoleons Abdankungsnächte, s. Napoleon.

**Didier,** Saint, Napoleons Abdankungsnächte im Jahr 815. Aus d. Französ., mit Anmerkk. (v. J. A. Bergk). gr. 8. Lpz. (816). Baumgärtner. 8 gGr.

**Didio,** Carl, Religionslehrer in Hagenau i. E.: Der sittliche Gottesbeweis. *Würzburg: A. Göbel 1899.* (XVIII, 230 S.) 8°
Würzburg, Theol. Diss. v. 1899

Die moderne Moral und ihre Grundprincipien kritisch beleuchtet v. Dr. C. Didio, Religionsl. ... zu Hagenau i. E. *Freiburg i. B.: Herder 1896.* (VII S., 1 Bl., 103 S.) 8.
= Studien, Strassburger theologische. Bd 2. H. 3. [97. 1563]

**Didiot,** Jul., Ungetauft verstorbene Kinder. Dogmat. Trostbriefe. M. Erlaubn. d. Verf. in's Deutsche übertr. v. G. Wampach. 8. (VIII, 56 S.) Kempten 898. J. Kösel. — 70; geb. in Leinw. n. 1. —

**Didjurgeit,** *Oscar Eduard* Johannes [pr. Arzt]: Aus d. psychiatr. Universitätsklinik zu Königsberg i. Pr. Statistik der in der Zeit vom 1. April 1874 bis 1. April 1894 in der städtischen Krankenanstalt zu Königsberg behandelten Fälle von Delirium tremens potatorum ... Königsberg i. Pr., Druck v. M. Liedtke, 1895; 2 Bl., 25 S., 2 Bl. 8.
Königsberg, Med. Fak., Inaug.-Diss. v. 16. Juli 1895

**Didjurgeit,** Johs, Statistik der in der Zeit vom 1. Apr. 1874 b. 1. Apr. 1894 i. d. städt. Krankenanstalt zu Königsberg behand. Fälle v. Delirium tremens potatorum. Diss. gr. 8. (25 S.) Königsberg 895. (W. Koch.) n. — 60

Zur Aufklärung der grossen Freimaurer-Lüge, dass in den Logen weder Politik noch Religion betrieben [Nr. IV—XII:] getrieben [Nr. 13ff.:] behandelt werde. [Von **Didier.**] [Nr. I—VII:] Als Ms. für Brüder gedruckt zum Gratis-Vertheilen auf Kosten „eines Eingeweihten". [Nr. XIII—XIV:] Eine Geheimschrift, als Ms. gedruckt für Vertraute. [Nr. XVff.:] Eine Geheimschrift, als Ms. gedruckt, zum gratis Vertheilen. Nr. I—29. o. O. [Nr. XIIIff.:] [Berlin] 1848 bis 1852: [Nr. XIII—XIX, XXI, XXIII—XXIV, 29: Kornegg; Nr. XIX—XX, XXII, XXV—XXVIII: Brandis.] 8°. [Kopftit.]
Nr. I—XII sind getr. paginiert. Nr. XIII—29 S. 1—136.
Äusserst selten.

Zu den Bestrebungen des Freimaurerbundes in Oesterreich, die staatliche Anerkennung der Logen zu erlangen. An Seine Excellenz den Reichskanzler Frh. v. Beust, sowie an das Hohe Gesammt-Ministerium zu Wien. Von Carl **Didier.** Als Ms. gedr. Berlin: [Selbstverl.] 1868. 8 S. [Umschlagtit.]
(Didier, K.: Frmr-Denkschriften. 54.)

Zu der in Nord-Amerika 1867 begonnenen Erhebung der evangelischen Christen gegen den Freimaurer-Bund ... Von Carl **Didier.** Als Ms. gedr. [H. 1 bis 3.] Berlin: [Selbstverl.] 1868. 8°
[Umschlagtit.]
(Didier, K.: Frmr-Denkschriften. 49. 50. 52.)
[1] ... an d. deutsche evang. Kirchenversammlung zu Eisenach i. Juni 1868 ... 8 S.
[2] ... an d. allgem. deutsche Lutherische Conferenz zu Hannover i. Juli 1868 ... 8 S.
[3] ... An d. Hochw. Mitgl. d. „Berliner Pastoral-Conferenz" i. Juni 1868 ... 8 S.

**Didier,** Carl, Freimaurer-Denkschrift über die politische Wirksamkeit des Freimaurerbundes als der unter verschiedenen Namen und Formen unter uns im Finstern schleichenden Propaganda zum Sturz von Thron und Altar und zur Einführung der Republik. Berlin, Druck v. Müller in Neustadt-Ew. 1867. Januar bis December Nr. 33—44. 8. 12 Hefte von je 8—16 S.

Über die „enorme Macht“ des Freimaurer-Bundes in Amerika. An Se. Excellenz den Ministerpräsidenten Frh. v. Beust. Von Carl **Didler.** Als Ms. gedr. Berlin: [Selbstverl.] 1867. 16 S. 8⁰ [Umschlagtit.]
(Didler, K.: Frmr-Denkschriften. 40.)

Schliessung der preuss. Logen! An die Hochw. etc. Grossmeister etc. und Ihre Excellenzen die Minister-Präsidenten in den Ländern umstehend genannter elf Allerhöchster Protektoren. Von Karl **Didler.** Als Geheimschr. gedr. Berlin: [Selbstverl.] 1865. 16 S. 8⁰ [Umschlagtit.]
(Didler, K.: Frmr-Denkschr. 23.)

Umschau auf dem Revolutionsgebiet! Freie Mittheilung in zwanglosen Heften. [Von Karl **Didler.**] Berlin: [Walter in Komm.] 1850. 16 S. 8⁰ [Kopftit.]
Schreibt geheimen Klubs die Entstehung aller Revolutionen der letzten Zeit zu.

**Didloff**, d. Stetigkeit d. Zollernstaates. Nachgew. an d. Ähnlichkeit d. Großen Kurfürsten, d. Großen Königs u. d. Großen Kaisers. gr. 8. (21 S.) Köln 893. A. Ahn. n. — 50

**Dido.** Ein deutsches Originaltrauerspiel in Versen. Von fünf Aufzügen. Wien 1771. V: *Weidmann, Paul.* (Jahrb. d. Grillp.-Ges. XIII.)

— Trauersp. v. Weidmann. 8. Wien, Wallishaußer.

**Dido**, Trauerspiel in 5 Aufz. von E. Gehe. 8. Leipzig, Göschen. 821.

Dido u. Aeneas, übers. v. Ph. L. H. 8. Leipz. 791. (Wienbrack). 6 gl.

**Dido**, Königin v. Karthago, Trauerspiel in 5 Akt. von K. Weichselbaumer. 8. Bamberg, Göbhard. 821.

Dido, Tragoedia, ex segmentis priorum librorum Aeneidos composita ab auctore incerto, cuius autographum possidet bibliotheca Leidensis. Ed. W. H. D. Suringar. 8. (XIV, 56 S.) Lugduni Batavorum 880. (Leipzig, Harrassowitz.) **

**Dido, Die verlassene.** In einem Musicalischen Schau-Spiel. Auf dem Königl. privilegirten Theatro in Wien vorgestellet im Jahr 1741. Uebersetzet von J. L. v. G. Italienisch und deutsch. Wien 1741. Ü: *Ghelen, Joh. Leopold von.* (BIBLPORT)

— die verlassene,. Trauersp. 8. Berlin, Haude. 770.

Dido, die verlassene, u. Hypsipyla. 2 Schausp. 8. Frankf. u. Leipz. 747.

**Dido**, P., eine blinde Frau, s. Both's, L. W., Bühnen-Repertoir des Auslandes.

Didolff, C(arl) (geb. am 14 Febr. 1849 in Merken Kr. Düren): Ueber Aneurysma cirsoides des Kopfes ... Bonn, Druck v. J. F. Carthaus (1872). 29 S., 1 Bl. 8.
Bonn, Med. Fak., Diss. v. 23 Dez. 1872

Didolff, Petrvs (geb. am 26 Aug. 1846 in Pier bei Düren): De republica Ordinis Tevtonici Borvssica ... Bonnae, typ. C. Georgi (1870). 2 Bl., 84 S. 8.
Bonn, Phil. Fak., Diss. v. 16 März 1870

Didon, Henri

Didon, die Deutschen. Autoris. Uebers. von Steph. Born. Mit einem Brief des Verf. in Facs. gr. 8. (XII, 358 S.) Basel 884, Bernheim. *

**Didon**, Jesus Christus. Autoris. Uebersetzg. aus dem französ. Original v. Cesl. M. Schneider. 2 Bde. gr. 8. (XXVIII, 671 u. 535 S. m. 1 Grundriß u. 2 Karten.) Regensburg 892. Nationale Verlags-Anstalt. n. 12. —; geb. n.n. 16. —

**Didon**, O. Praed., Jesus Christus. Autor. Übersetzg. a. d. franz. Original v. Cesl. M. Schneider. Ill. Ausg. 2 Bde. gr. 8. (671 u. 535 S. m. 7 Taf., 2 Plänen u. 1 Karte.) Regensburg 895. Nationale Verlagsanstalt. 10. —; geb. in Halbfrz. n. 12. —
Erschien auch in 10 Lfgn. à 1. —.

**Didon**, O. Praed., Jesus Christus. Autoris. Uebersetzg. aus dem Franz. v. Cesl. M. Schneider. 2 Tle. in 1 Bde. 4. Aufl. (XXX, 671 u. 535 S. m. 10 Taf., 3 Plänen, 1 Karte u. 1 Bildnis.) gr. 8. Regensburg 905. Verlagsanstalt vorm. G. J. Manz. n. 10. —; geb. n. 12. —

— die Unauflösbarkeit der Ehe u. die Ehescheidung. Konferenzen, übers. v. Cesl. Maria Schneider. gr. 8. (IV, 235 S.) Ebd. 893. n. 3. —

Didon, Joh. Jos. Ant., und Adph. Klostermann, Gebet- und Gesang-Büchlein für römisch-kathol. Soldaten, mit beigedr. Melodieen. 32. (IV und 70 S. mit 1 Stnt.) Soest 849, Nasse'sche Buchh. Thlr. *

**Didon**, Joh. Jos. Ant., Krankenbuch nach dem röm. Rituale. 12. (232 S.) Münster 850, Theissing. 5/12 ng

Didot, Tables portatives de logarithmes. gr. 8. Paris et Strasb. König 795.

**Didot**, A. F., Alde Manuce et l'Hellénisme a Venice. Orné de quatre portraits et d'un fac-simile. gr. 8. (LXVIII, 643 S.) Paris 875. Didot & Co. n. 6. 40

Didoyer, Adelaide, s. F. W. Gotter.

**Didrichsohn**, W. K., ein Fall v. zerebrospinaler Syphilis zur Zeit des sekundären Exanthems, s.: Barabaschew, P. N., Echinokkus der Orbita.

**Didring**, Ernst, hohes Spiel. (Drama in 3 Akten.) Verdeutscht v. Emil Schering. (Deutsche Orig.-Ausg., noch vor der schwed. Ausg. unter Mitwirkg. v. Emil Schering als Uebersetzer vom Dichter selbst veranstaltet.) (XI, 124 S. m. Bildnis.) 8. München 909. G. Müller. 2. —

**Didring**, Ernst, Valuta. Spiel in 3 Akten. (Nach der ungedr. Handschrift aus dem Schwed. übers. v. Emil Schering.) (Moderne Bühne. Eine Sammlg. dramat. Werke.) (78 S.) 8. Berlin (909). E. Reiss. 2. —

Didron, Friedr. v., die Elemente d. analyt. u. ebenen Trigonometrie. Zunächst f. d. Bedürfniß z. Offiziersexamen in d. Kgl. Preuß. Armee bearb. u. mit vielen Uebungsbeispielen versehen. M. 2 Stnt. (in gr. 4.) gr. 8. (12 B.) Berlin 834, Reimer. Thlr.

Didron, Friedr. v., die Grundlehren d. Gleichungen, Reihen u. Logarithmen. Ein Handb. f. Militairschulen, f. d. mittl. Klassen d. Gymnasien, u. z. Selbstunterricht. gr. 8. (29½ B.) Magdeburg 832, Rubach.

—— Leitfaden f. d. mathemat. Unterr., u. Leitf. f. d. Unterr. im mathemat. Aufnehmen im oberen Coetus d. Kgl. 5. Divisionsschule. 2. Abthl. 8. (2¾ B. u. 1 Stnt.) Berlin 831. (Madgeburg, Rubach.)

**Didung,** S., Grundgesetze der Kunst u. deutschen Kunstsprache nebst Gedichten dem deutschen Geiste geweiht. Mit 2 Kpfrn. gr. 8. (VI. 141 u. 37 lith. S.) Arnsberg 851, Grote in Comm. n. 1⅓ ℳ

**Didymospapyros.** 4 Lichtdr.-Taf. Hrsg. v. der Generalverwaltg. der königl. Museen. gr. Fol. Berlin 904. Weidmann. n.n. 6.—

**Didymus.** In epistolas S. Joannis enarratio latina nunc primum ... edita. [Gotting. 1829—30.] H: *Lücke, Gtfr. Chn Friedr.* (Hoff)

Didymi [Chalcenteri] de Demosthene commenta cum anonymi in Aristocrateam lexico, post ed. Berolinensem recogn. H(ermannus) Diels et W(ilhelm) Schubart. *Lipsiae: B. G. Teubner 1904.* (VIII, 56 S.) 8°
= Volumina Aegyptiaca ordinis IV. Grammaticorum P. 1. (Bibliotheca scriptorum graec. et rom. Teubneriana.) [04. 10374

Didymi Chalcenteri grammatici Alexandrini fragmenta quae supersunt omnia collegit et disposuit Maur. Schmidt. 8maj. (X und 423 S.) Lipsiae 854, Teubner. *

Didymos [Chalcenterus] Kommentar zu Demosthenes (Papyrus 9780). Nebst Worterbuch zu Demosthenes' Aristocratea (Papyrus 5008). Bearb. von H[ermann] Diels u. W[ilhelm] Schubart. Mit 2 Lichtdrucktaf. *Berlin: Weidmann 1904.* (95 S.) 4°
= Klassikertexte, Berliner. H. 1. [04. 5411

Didymi Chalcenteri opuscula. Auctori suo restituta, ad codices antiquos recogn., annotat. illustrata ed. Franc. Ritter. Insunt quaestiones editoris et vetera testimonia de vita scriptisque Aeschyli, Sophoclis, Euripidis, Thucydidis. 8maj. (11½ B.) Coloniae 845, DuMont-Schauberg. *

Didymi de Aristarchea Odysseae recensione reliquiarum supplementum, ab Arth. Ludwich editum. gr 4. (10 S.) Königberg 887, (Akadem. Buchh. von Schubert und Seidel.) *

***Didymi*** clerici prophetae minimi hypercalypseos liber singularis. Pisis in aedibus sapientiae. 815. Hujus libelli duplex facta est editio, quarum una exempl. XII. altera XCII. 8 maj. Zürich 815, Orell. 3 ℳ 16 ℊ

— Tauriensis literaturae copticae rudimentum. 4. Parmae 783. 3 ℳ 8 ℊ Leipz. 785. (Weidmann). 16 ℊ

**Didymus Warmiensis,** O. S. Fr., Margarethen-Büchlein, od. Bußglöckl. e. seraph. Klausnerin. Nebst e. Gebetsanh. 16. (63 S.) Münster 897. Alphonsus-Buchh. —15

**Didymus Warmiensis,** O. S. Fr., St. Franziskus-Büchlein. E. Myrrhenstrauß a. d. seraph. Garten. Enth. d. Leben d. h. seraph. Vaters Franziskus u. d. h. Margaretha v. Cortona, sow. e. Sammlg. v. Gebeten u. Andachtsübgn. 16. (153 S. m. 1 Farbdr.) Münster 897. Alphonsus-Buchh. Geb. in Leinw. n. —50

— Kleines St. Franziskus-Büchlein. Enth. d. Leben d. hl. seraph. Vaters Franziskus, sow. e. Anh. v. Gebeten u. Gesängen, w. solche b. d. Versammlgn. d. III. Ordens üblich sind. 16. (48 S.) Ebd. 898. —15

**Didymus,** P., O. S. F., die hl. Stunde od. Eine Stunde m. Jesus im Ölgarten. Frei nach dem Ital. In deutscher Uebersetzg. bearb. u. m. Zusätzen versehen. 2. Aufl. 16. (34 S. m. 1 Stahlst.) Bonn 897. A. Henry. —30

**Didymus,** P., O. S. F., die hl. Stunde od. Eine Stunde m. Jesus im Ölgarten. Frei nach dem Ital. In deutscher Uebersetzg. bearb. u. m. Zusätzen versehen. 3. Aufl. 16. (31 S.) Paderborn 902. Junfermann. —30

**Die Besatzung von Mainz sollen Bundestruppen sein.** Leipzig 861. Weber. gr. 8. (38 S.) n. 7½ ngr.

**„Die da hungern u. dürsten". Die Geschichte zweier Menschen, die die Liebe fanden.** (171 S.) 8. Leipzig 908. Schulze & Co. 2.40; geb. 3.—

**Die Ehre sei Gott,** dem Vater, u. dem Sohne, u. dem heiligen Geiste. Ein Gebetbüchlein für Kinder. Innsbruck 862. Wagner. 16. (63 S. u. color. Lithogr.) 2 ngr.

Die orientalische Frage, s. Frage.

Die Mörderin Birnbaum &c., s. Mörderin.

—— elf Schill'schen Officiere, s. Officiere.

Die elf Schill'schen Offiziere. (Eine kurze Geschichte derselben, nebst Abbild. des am 31. März 1835 denselben bei Wesel gesetzt. Denkmals.) Ein Blatt in Roy.-Fol. Wesel 835. Baacl. ⅙ ℛ

—— Vernunft ist d. Christenthum untergeordnet, s. Vernunft.

— Vernunft ist dem Christenthum untergeordnet. Eine Gegenbemerkung zu Dr. Ernst's Predigt, über die unzertrennliche Verbindung der Vernunft und des Christenthums. Von einem Studenten der Theologie. gr. 8. Marb. 835. Elwert. 1½ ℛ

**Die Welt geht nicht unter!** Oder: Was haben wir von dem am 13. Juni a. c. erscheinenden Kometen zu befürchten? Allen ängstlichen Gemüthern zur Beruhigung vom Alten vom Berge. Freienwalde a. d. O. 857. (Wriezen, Köhler.) gr. 8. (8 S.) 2½ ngr

St. Die [Schlagwort]

**St. Die-Nancy-Freiburg i. Br.,** s.: Automobilkarten, Automobil-Tourenkarte.

**Dieb,** der. Eine Revue des Welthumors. Verantwortlich: Alb. Künstler. 1. Jahrg. Oktbr.—Dezbr. 1903. 13 Nrn. (à ca. 10 S. m. Abbildgn.) gr. Fol. Berlin [W. Kraus.] Wien, F. Kraus. n. 1.25

— dasselbe. 2. Jahrg. 1.—3. Viertelj. Jan.—Septbr. 1904. 39 Nrn. (à ca. 10 S. m. Abbildgn.) gr. 4. Wien (I, Wollzeile 16), F. Kraus. n. 3.75
Fortsetzung s.: Welthumor, der.

Die Badereise oder Ein Retter in der Not. Schwank in 1 Akt von H. **Diebäcker.** *Bonn: A. Heidelmann [1903].* (15 S.) 8° [F.]
= Theaterbibliothek, A. Heidelmann's. H. 96. [04. 11703

Bay-Rum oder eine verhängnisvolle Affenjagd. Posse in 1 Akt von H. **Diebäcker.** Bonn: A. Heidelmann [1904]. (27 S.) 8° [F.]
= Theaterbibliothek, A. Heidelmann's. H. 145. [06. 2689

**Diebäcker, H.,** der Feind im Lager od. Die lust. Vagabunden Robert u. Bertram auf ihren Wanderfahrten, s. a. Heidelmann's, A., Theaterbibliothek.

Der Feind im Lager oder Die lustigen Vagabunden Robert und Bertram auf ihren Wanderfahrten. Posse in 5 Akten von H. **Diebäcker.** *Bonn: A. Heidelmann [1902].* (60 S.) 8° [F.]
= Theaterbibliothek, A. Heidelmann's. H. 60. [04. 11751

Um Geld und Gut oder Die Versöhnung am Christfest. Schauspiel in 3 Akten von H. **Diebäcker.** 2. Aufl. *Bonn: A. Heidelmann [1903].* (27 S.) 8° [F.]
= Theaterbibliothek, A. Heidelmann's. H. 95. [04. 11784

Geprellt oder Studentenlist u. -Rache. Schwank in 2 Akten von H. **Diebäcker.** Bonn: A. Heidelmann [1905]. (24 S.) 8° [F.]
= Theaterbibliothek, A. Heidelmann's. H. 154. [06. 2698

Das Gespenst um Mitternacht oder Der erste Nachtposten. Militärschwank in 1 Akt von H. **Diebäcker.** Bonn: A. Heidelmann [1903]. (8 S.) 8° [F.]
= Theaterbibliothek, A. Heidelmann's. H. 108. [06. 2650

**Diebäcker, H.,** s.: Heidelmann's, A., Theaterbibliothek.

**Diebäcker, H.,** heil dir, Sankt Barbara!, s.: Heidelmann's, A., lebende Bilder. 6. Hft.

Der Heiratskandidat. Schwank in 2 Akten von H. **Diebäcker**. *Bonn: A. Heidelmann [1903].* (20 S.) 8° [F.]
= **Theaterbibliothek**, A. Heidelmann's. H. 93. [04. 11782

Musketier Krabbe oder der Unglücksrabe. Schwank in 1 Akt von H. **Diebäcker**. *Bonn: A. Heidelmann [1903].* (18 S.) 8° [F.]
= **Theaterbibliothek**, A. Heidelmann's. H. 94. [04. 11763

Der Lotteriegewinn oder Der verhängnisvolle Regenschirm. Schwank in 1 Akt von H. **Diebäcker**. Bonn: A. Heidelmann [1903]. (19 S.) 8° [F.]
= **Theaterbibliothek**, A. Heidelmann's. H. 107. [06. 6611

Die beiden Mörder. Posse in 1 Akt von H. **Diebäcker**. *Bonn: A. Heidelmann [1903].* (19 S.) 8° [F.]
= **Theaterbibliothek**, A. Heidelmann's. H. 88. [04. 11778

Direktor Petinella oder Die Räuber von Schiller. Schwank in 1 Akt von H. **Diebäcker**. Bonn: A. Heidelmann [1903]. (19 S.) 8° [F.]
= **Theaterbibliothek**, A. Heidelmann's. H. 105. [06. 6649

Der Pseudo-Prinz oder Auf frischer Tat ertappt. Schwank in 1 Akt von H. **Diebäcker**. *Bonn: A. Heidelmann [1903].* (15 S.) 8° [F.]
= **Theaterbibliothek**, A. Heidelmann's. H. 99. [04. 11758

**Djebaroff,** Iw(an) As(sen) Th., a. Sistow in Bulgarien: Ein Beitrag zur Wasserverdunstung des nackten und bebauten Bodens. Halle a. S. 1907: S. Schlesinger. (152 S.) 8°
Halle, Phil. Fak., Ref. Wohltmann, Diss. v. 4. März 1907
[Geb. 2. Apr. a. St. 82 Sistow in Bulgarien: Wohnort: Halle a. S.; Staatsangeh.: Bulgarien; Vorbildung: Staatl. Gymn. Sofia Reife Juni 01; Studium: Sofia 2, Halle 8 S.: Rig. 4. Aug. 06.]

**Diebe**, die furchtbar gestraften. Mitgetheilt von d. jetzigen Prediger an der Strafanstalt zu N. 8. (1⅓ B.) Berlin 845. (J. A. Wohlgemuth.)

**Diebe, Die unschuldigen.** Ein Schäferspiel. Hannover 1742. V: *Dusch, Johann Jacob.* (Rotermund, Gel. Hannover. Bremen 1823.)

**Diebe**, die unschuldigen. Schäferspiel v. Dusch. 8. Hannover, Helwing. 749.

**Diebels**, Frz. Gesang-Buch f. d. Volksschule, enth. 121 Nummern ein- und zweistimm. Lieder, Treff- u. Taktübgn. in Tonziffern, in method. Folge geordnet u. hrsg. 4. verm. Aufl. gr. 8. (56 S.) Paderborn 890, F. Schöningh. * — 30

**Diebels**, Fr., theoretisch-praktische Gesangschule für Gymnasien, Real- und höhere Bürgerschulen, Lehrer-Seminarien, Singvereine ꝛc., nach didakt. Grundsätzen verfaßt, und mit einem in Bezug auf Text und Melodie ausgewählten Schatze von Volksliedern und Compositionen bewährter Meister versehen. 1. Heft. qu. gr. 8. (VIII, 112 S.) Münster 872, Russell's Verlag. *

**Diebels, Frz., leicht faßliche Compositionen zu Perlen deutscher Dichtung für Tenor I u. II u. Baß I u. II od. Sopran I u. II u. Alt I u. II,** hergestellt u. zum Gebrauche für das Lehrer- u. Lehrerinnen-Seminar, das Gymnasium u. andere höh. Lehranstalten wie den Vereinschor freundlichst dargeboten. gr. 8. (58 S.) Münster 899. Aschendorff. n. 1. 25

— der musikverständige Organist. Kurz u. populär gefasstes, methodisch geordnetes Lehrbuch d. Kirchenmusik, sowie d. kirchl., d. h. auf dem gregorian. Tonsystem fuss. Orgelspiels, nebst e. Anh. 1. u. 2. Tl. Imp.-4. Ebd. 890. à Bd. n. 3. —; geb. n.n. 4. —
1. Die Melodik u. die Harmonik der Kirchenmusik, enth., nebst vielen zur Erklärung dien. Beispielen, 106 Nrn. Prä-, Inter- u. Postludien f. die Orgel u. das Harmonium. (92 S.)
2. Die Kirchenmusik in harmonisieren Gesängen, geordnet nach den Tonarten, enth. 107 Nrn. in der ursprüngl. Tonhöhe wie in allen mögl. Transpositionen f. das Orgel- u. Harmoniumspiel, zum grossen Teil auch brauchbar f. den vierstimm. Gesang gemischten Chores, ausserdem 60 Modulationen in alle Tonarten. (83 S.)

**Diebels**, Fr., theoretisch-praktische Unterweisung in der katholischen Kirchenmusik, f. **Schmidt**, Friedr.

**Dieben**, Otto: De discrimine, quod intercedit inter Philonis et Johannis apostoli doctrinam de λόγῳ 43 S. 2°
Halle-Wittenberg. Phil. Diss. v. 16. Juni 1876
Geb. [Berlin 29. 12. 1851]

**Diebener,** Wilh., s.: Bibliothek d. Handels-Zeitung f. d. ges. Uhren-Industrie.

**Diebener, Wilh., die Buchhaltung des Goldschmiedes.** I. Das Verkaufsbuch. (3 S., Doppels. 4—9 u. S. 11—38.) 31,5×23 cm. Leipzig 911. W. Diebener. 1. 50

**Diebener,** Wilh., die Buchhaltung des Uhrmachers. I—III. 8. Leipzig, W. Diebener. n. 2. —
I. Das Verkaufsbuch. (29 S.) 904. n. — 50
II. Das Kassabuch. Jahresübersicht der Einnahmen u. Ausgaben, sowie Umsatz-Statistik. (37 S.) 906. n. — 75
III. Das Einkaufsbuch. Inventur u. Bilanz. Steuereinschätzg. Allgemeines. (54 S.) 906. n. — 75

**Diebener,** Wilhelm (Hrsg.), s. Handelszeitung f. d. ges. Uhrenindustrie. . .

**Diebener,** Wilh., s.: **Monogramme u. Dekorationen f. Uhren u. Edelmetall-Gravierung.**

Diebener W, Monogramme und Dekorationen für Uhren und Edelmetallgravierung. (100 T) und Nachtrag (30 T) 4° Leipzig 1901. 06

— s.: Monogramm-Kunst.

**Diebes- u. Mordgeschichten, englische.** 5 Thle. 8. Koph. Rothe. 773.

**Dieblu, die kleine,** Operettchen für Kinder. 12. Wien, Mayer u. Comp. 817.

**Diebitsch,** Franciscus (Robertus) *(geb. Neustadt in Oberschles. 18. 1. 1850)*: De rerum conexu in Aristotelis libro de re publica. Vratislaviae (1875). (55 S.) 8°
Breslau, Phil. Diss. v. 5. Juli 1875

**Diebitsch,** Franz, Prof. Dr.: Zur **Führung** der Handlung in Schillers Braut von Messina. *Neustadt O.-S. (1901): R. Reichelt.* (S. 3—16.) 4°
Neustadt Ob.-Schl., k. G, OP 1901 (213)

**Diebitsch,** Fr., die Sittenlehre des Lucrez. [Gymnasial-Programm.] 4. (18 S.) Ostrowo 886, (Priebatsch's Verlag.) *

**Diebitsch,** Karl Friedrich Wilhelm von

**Diebitsch,** v., **Beschreibung der Exercier-Zeit.** f. **Beschreibung.**

**Diebitsch, Baron,** v. Ausführliche Beschreibung der Exercirzeit und denen (!) . . . Evolutionen der Garnison Potsdam unter Friedrich II. (Mit) Atl. St. Petersburg 1801—02. 8° u. 4°.

— kosmopolitische, unpartheiische Gedanken üb. Juden u. Christen, erzeugt durch das Werk wider die Juden. 8. Berl. 804. Schöne. 12 gr.

**v. Diebitsch u. Narten, Karl Fr. Wlh.,** († d. 1. Juni 1822.) Gedanken über u. von dem Soldaten, in allen seinen Theilen abgehandelt u. auf K. Alexander I. Befehl durch den Druck bekannt gemacht. 2 Thle. gr. 8. St. Petersb. 801. (Bresl., W. G. Korn). 1 ₰ 16 gr.

**v. Diebitsch I.,** Frhr. K. F. W. Halb-Plan-Karte des Gebirges von der Landskrone in der Ober-Lausitz bis zum Hundsrück in Mähren. 9 Bl. K. Ff.

— **Handbuch f. Offiziere.** m. Tab. gr. 8. Berl. Himburg. 803.

— Handbuch f. Offiziere oder Darstell. d. gesammt. Kriegswissenschaften. gr. 8. Berl. 803. (Reimer). 1 ₰ 8 gr.

Rahul der Freie über Sarsena, ähnliche Schriften und über die Freie Maurerei überhaupt im Occidente und dem Jahre 5818, nebst einem Vorw. über Anti-Sarsena. [Von Karl Friedr. Wilh. Frh. v. **Diebitsch.**] Germania [Breslau: Holäufer]. 1817. XII, 94 S. 8°
Recens: **NeuesJfFr. 1 1812—1820 S. 445—450.**
Kl. 1909. **Betrachtungen üb. das Wesen der Frmrei u. üb. die der Frmrei gemachten Vorwürfe.**

v. **Diebitsch.** Die militärische Verfassung unter Friedrich II., König von Preussen. (110) 8. 1800.

— über das Werk: können die Juden ohne Nachtheil für d. Staat bei ihrer Verfassung bleiben? 8. Berl. 804. Schöne. 6 gr.

(v. **Diebitsch,** C. **Frdr. W.**) Zeit- und Geschäftseintheilung König Friedrichs II., auf Befehl Kaiser Pauls I. entworfen. 8. St. Petersburg 1801. — 8. ib 1802.

[J.] Die Königlich Hannoversche Armee auf ihrem letzten Waffengange im Juni 1866. Unter Berücks. der Vorgesch. des deutschen Krieges nach d. besten Quellen dargest. v. Victor v. **Diebitsch,** K. Sächs. Oberstlt. a. D. ... M. 1 Portr., 3 farb. Uniformbild., 10 Operationsskizzen, dem Gefechtsplan u. der Verlustliste v. Langensalza, der Armee-Rangliste v. Juni 1866 nebst Nachweis über den Verbleib der Officiere etc. bis März 1897. *Bremen: M. Heinsius Nachf. 1897.* (IX, 380, 45 S., 1 Portr., 12 Kt., 3 Taf.) 1 Bd 8. [97. 3201

**Diebitsch, Vikt. v.,** Rang-Liste der Offiziere u. Aerzte der königl. hannov. Armee im Juni 1866, nebst e. Nachweisg. üb. deren Pensionirg., resp. Wiederanstellg. in anderen Diensten im J. 1867, sowie üb. ihren Verbleib im J. 1901. 2. bis März 1901 ergänzte u. bericht. Aufl. der Rangliste aus: „Die königl. hannov. Armee auf ihrem letzten Waffengange". gr. 8. (43 S.) Leipzig 901. M. Heinsius Nachf. n. 1. 20

**Diebl, C.,** Economisten. System einer Reform der gewerbl. Oekonomik und der polit. Oekonomie. gr. 8. (VIII, 53 S.) Wien 878, Faesy und Frick. *

**Diebl, C.,** Economisten. System einer Reform der gewerbl. Oekonomik und der polit. Oekonomie. 2.—4 Thl. gr. 8. Wien, [Faesy und Frick.] Frick. *

Inhalt:
Thl. 2. Die Reform des Unterrichtes in der Gewerbswissenschaft. (VIII, 58 S.) 880. *M 2.
= 3. Die Reform der Wirthschaftslehre. (VII, 69 S.) 881. *M 2.
= 4. Die landwirthschaftl. Oekonomik. Leitfaden zum Unterricht in derselben. (VIII, 136 S.) 882. *M 3,20.
1. Thl. Ebendas. 1878. *M 1,60.

**Diebl, C.,** die zeitgemäße Gestaltung der Gutswirthschaft u. d. Beamtenstandes. gr. 8. (IX, 87 S.) Brünn 884. Winkler. n. 1. 60

**Diebl, C.,** der Normalvoranschlag u. die statistische Betriebskontrolle, s. Archiv f. Land- u. Forstwirtschaft.

— Die Registratur auf Großgütern, 2. Aufl. Der Jos. Schimák'schen Schrift, s.: Archiv f. Land- u. Forstwirtschaft.

**Diebl, C.,** landwirthschaftliche Reminiscenzen u. Conjecturen im 100. Gründungsjahre der kaiserl.-königl. mährisch-schles. Gesellschaft f. Ackerbau-, Natur- u. Landeskunde. gr. 8. (19 S.) Brünn 870. (Nitsch.) n. — 40

Diebl C. Allgemeine Volkswirtschaftlehre. Wien 1881

**Diebl, Franz,** Belehrung üb. d. Leinbau u. die Flachsbereitung. Aus eigenen vieljährigen Erfahrungen, wie auch aus den diesfäll., vorzügl. Schriften geschöpft. gr. 8. Brünn 843, Winiker's Bh. *

DIEBL, Franz: Die Feldbaumwirtschaft, ein Mittel gegen Holzmangel und Theuerung oder systematische Einrichtung der Baumpflanzen zwischen Feldern, Wiesen etc. und ihre Benutzung, um dadurch einen nachhaltigen Holzertrag zu begründen. - Brünn 1834. 72 S.

**Diebl, Frz.,** die Feldbaumwirthschaft, ein Mittel gegen Holzmangel u. Theuerung, oder systemat. Einrichtung der Baumpflanzung zwischen Feldern, Wiesen, Huthweiden, in Gärten u. auf anderen dazu taugl. Plätzen; u. ihrer Benutzung, um dadurch e. nachhaltigen Holzertrag zu begründen. 8. Brünn 834. (Gastl.) 1/4 Rthlr

**Diebl, Frz.,** Katechismus d. Obstbaumzucht od. kurze Belehr. in d. Obstbaumzucht, Veredlung u. Benützung d. Obstes. F. d. Landvolk u. d. Landschulen. 12. Brünn, 1837. — 7½

—— Katechismus d. Obstbaumzucht od. kurze Belehr. in der Obstbaumzucht, Veredl. u. Benützung d. Obstes. Für das Landvolk u. die Landschulen in Fragen u. Antworten. 3. Aufl. 12. (3 B. u. 4 Stnt.) Brünn 843. (Winiker's Buchh.)

Diebl, Franz: Lehre von der Baum-Zucht überhaupt, und von der Obstbaumzucht, dem Weinbaue und der wilden- oder Waldbaumzucht insbesondere. Brünn: Rohrer 1844. 147 S. -- UB Brünn*

**Diebler,** Arthur *Richard* [Phil. Dr.]: **Holland's Buke of the Houlate published from the Bannatyne Ms. with Studies in the Plot, Age and Structure of the Poem. Chemnitz, Druck v. J. C. F. Pickenhahn & Sohn, 1893; 52 S. 4.**
Chemnitz, RG m. Realschulkl., OP 1893 (549)

**Diebler, Arth.,** Hollands Buke of the Houlate, published from the Bannatyne Ms. with studies in the plot, age and structure of the poem. 4. (52 S.) Leipzig 893. (O. R. Reisland.) n. 3. —

**Diebler, Arth. Rich.** [aus Niederbobritzsch i. Sachsen]: Henrysone's Fabeldichtungen.... Halle a/S., Druck v. E. Karras, 1885; 3+86+2 S. 8°.
Leipzig, Phil. Fak., Inaug.-Diss. v. 8. Dez. 1885.

Diebold. Richard D'. 1845–1898. <Nach den Nekrologen im „Badener Tagblatt", in der „Hotel-Revue" und der „Wirte-Zeitung".> 8. Reinach [1898].

Diebold *s. auch* Diebolt.

**Diebold, Carl,** der Kurort Baden in der Schweiz. 8. (VIII und 236 S.) Winterthur 861, Lücke. 22½ Ngr.; geb. *

**Diebold, D. A.,** s. Gaubs Krankheitslehre.

**Diebold,** Erwin, Rechtspraktikant, aus Freiburg i. B.: **Zwingt uns der Inhalt der §§ 571—579 B.G.B. zu der Annahme, daß das Mietrecht an Grundstücken unter den in den genannten Paragraphen aufgestellten Voraussetzungen ein dingliches Recht ist? Wenn nicht, welche Rechtskonstruktion kann als Äquivalent des gesetzgeberischen Wortlauts gelten?** *Freiburg i. B. 1904: R. Rebholz.* (VIII, 117 S.) 8°
Freiburg i. B., Rechts- u. staatswiss. Diss. v. 1904

**Diebold,** Fr.

—— und A. Harrer, technische Bibliothek für Meubeltischler, s. Harrer.

—— —— Muster-Sammlung für Bau- und Meubeltischler, s. Krug.

**Diebold, Fr.,** Mustersammlung von Grabdenkmalen im altdeutschen, byzantin. und griech. Style. Entworfen und zum Theil auf dem münchener Friedhofe gesammelt. 1. und 2. Bdchn. qu. gr. 8. (11 S. und 42 Holzschnt.) München, Roller. [1. Bdchn. 1852. 1 Thlr. 12 Ngr., 2. 1853. 21 Ngr.]

— Skizzenbuch für Schlosser, Gürtler, Spängler, Metall- und Eisengießereien. Enthaltend eine reiche Sammlung von Eisen- und Metalldurchbrüchen zu Balkon- und Brückengeländern, Rosetten zu Durchsichten, Eisengittern an Fenster mit Segmentbögen und an Spitzbogenfenster rc. 1 — 3. Heft. Ebend. 856. qu. 4. Jedes Heft mit 12 lith. Taf. 12 ngr

—— Skizzenbuch für Zimmerleute. Enthaltend eine Sammlung von Brücken-, Balkon- und Gartengeländern, äußere Verschalungen, Schirmbrettern, Eckverzierungen rc. 1. und 2. Heft. 4. (2 S. und 24 Stnt.) München 856, Roller. à Heft 12 Ngr.

Diebold, F[ritz]. Das Thermalwasser zu Baden ⟨Aargau⟩ in Hinsicht auf seine Anwendung bei den Erkrankungen der obern Luftwege. Gemeinverständliche Abhandlungen aus dem Gebiet der katarrhalischen Erkrankungen. XII + 102 S. 8. Aarau, H. R. Sauerländer & Co., 1905. [fr. 2. 80]

Diebold, Fritz. Ein knotenförmig geschlungener Thrombus im rechten Vorhof. Diss. Med. [Univ.] Zürich. [Mit Figuren und 1 Tafel.] *Kopftitel:* Aus dem Pathologischen Institut in Zürich, Direktor: Herr Prof. Dr Paul Ernst. II + 19 S. 8. Zürich, W. Steffen, 1904.

**Diebold, J. J.**, synchronistische Tabelle der deutschen Kaiser & Könige v. Preußen & Fürsten v. Hohenzollern. Entworfen u. gezeichnet von E. Hummel. 135,5×66,5 cm. Sigmaringen 899. (C. Liehner.) n. 2.—

**Diebold, Joh.**, Cäcilia. Sammlung vierstimm. gemischter Chöre, meistens Orig.-Kompositionen deutscher Meister der Gegenwart, f. Cäcilienvereine u. höh. Lehranstalten hrsg. Op. 50. 3. Aufl. 8. (XI, 375 S.) Regensburg (901). J. G. Boessenecker Verl. Geb. in Leinw. n. 2.—

**Diebold, Johs.**, 25 deutsche u. lateinische Gesänge. Für kirchl. Männerchöre, Seminarien u. Konvikte. Op. 71. (VIII, 24 S.) Lex. 8. Freiburg i/Br. 909. Herder. 1. 50

— Legende des hl. Bonifatius. Dichtung v. Aug. Gauther f. Soli, Chor u. Orchester in Musik gesetzt v. D. Op. 75. Textbuch. 12. (16 S.) Freiburg i/B. (899). F. P. Lorenz. n. — 25

**Diebold, Joh.**, Liedersammlung f. Volks- u. Mittelschulen in 4 Heften. Op. 92. 8. Freiburg i/B. 903. Herder. Kart. n. 1. 80
1. Die zwei ersten Schuljahre. (VII, 16 S.) n. — 80
2. Das 3. u. 4. Schulj. (IV, 50 S.) n. — 45
3. Das 5., 6. u. 7. Schulj. (IV, 77 S.) n. — 55
4. Die letzten Schuljahre. (IV, 64 S.) n. — 50

Diebold, Joh., Missa „Te Deum laudamus" in honorem Sancti Ambrosii. Leicht ausführbare Messe für Sopran, Alt, Tenor und Bass. Op. 6. Partitur. gr. 4. (12 S.) Regensburg 876, Pustet. *

**Diebold, Jos.**, das Gemeindewahlrecht in der Pfalz. Mit ausführl. Erläutergn. verseh. Sep.-Abdr. der wahlgesetzl. Bestimmgn. der Gemeinde-Ordng. f. die Pfalz vom 29. IV. 1869. (69 S.) 8. Speyer 904. (Jäger.) n. 1.20

**Diebold, R. F.**, s. J. B. Hirscher, Versuch den Begriff der heil. Messe zu entwickeln.

**Diebold**, Wladimir, e. Beitrag zur Anthropologie der Kleinrussen. gr. 8. (45 S. m. 2 Tab.) Dorpat 886. Karow. 1. 20

Diebold, Wladimir, ein Beitrag zur Anthropologie der Kleinrussen. Inaugural-Dissertation. gr. 8. (45 S. mit 2 Tab.) Dorpat 886, Schnakenburg's Verlag.

**Diebolder**, Joseph

Diebolder, Jos. Darwin's Grundprinzip der Abstammungslehre, an der Hand zahlreicher Autoritäten kritisch beleuchtet. 8. (47 S.) St. Gallen 889, (Köppel). * — 80
—— dass. — Nebst einem Nachtrag über neuere Vererbungstheorien. 2. Aufl. 8. (VIII, 88 S.) Freib. i. Br. 891, Herder. * 1 20

**Diebolder, Jos.**, Darwins Grundprincip der Abstammungslehre an der Hand zahlreicher Autoritäten kritisch beleuchtet. Nebst einem Nachtrag über neuere Vererbungstheorien. Freiburg, Herder, 1891, 8°, VIII, 88 S., 2. verm. u. verb. Aufl., 1,20 Mk.
Die 1. Aufl. erschien 1889 im Selbstverlage des Verf. Recens. v. Franz Reich, (Linzer) Theol.-prakt. Quartalschr. 1892, S. 693; F. X. Pfeifer, Philos. Jahrb. der Görresges. Bd. 6 (1893), S. 84—85; Stimmen a. M.-Laach 1892, S. 108 u. Natur u. Offbrg Bd. 38, S. 315—6.

Diebolder, Jos[eph]. Charles Darwins Leben (1809–1882) und Werke. SA. 8. [St. Gallen 1895.]

Diebolder, Jos[eph]. Leben und Wirken des Astronomen P. A(ngelo) Secchi (1818–1878). SA. 8. [St. Gallen 1898.]

Diebolder, Paul. Das schweizerische Landesmuseum in Zürich, ein Spiegelbild der Kultur-Entwicklung der katholischen Kirche in der Schweiz. ⟨Separat-Abdruck aus der «Schweizerischen Kirchenzeitung» [Jahrg. 1907, № 26—31]. 68 S. 8. [Luzern, Räber & Cie., 1907.]

**Diebolsheim**, s.: Preussen. Messtischblätter.

[-Diebolt. Caspar.] Gerechtigkeit und Bescheidenheit des abgenöthigten Toggenburger-Kriegs. Vorgestellt In einem freundlich-Eidgnössischen Gespräch.... Ehrlichen biderben Land-Leuthen... zum Bericht an den Tag gegeben / und bey diser 2. Auflag um ein namhaftes vermehret. 8. Zürich 1712.

Diebolt, Caspar. Historische Welt: Oder Außführliche Beschreibung der vornehmsten... Geschichten so sich in allen IV. Welt-Theilen... bis auf gegenwärtige Zeit begeben.... Samt einem vollständigen Register. [Mit 1 Tafel.] 4. Zürich 1715.

**Diebold, Casp.**, hist. Welt, od. Geschichte seit Erschaffung d. Welt. 4. Zürch, Orell. 715.

**Diebow, P.**: Muß im Interesse der Volkserziehung das deutsche Turnen durch die schwedische Gymnastik ersetzt werden? Dresden 1907. 12 S. Sonderdr. aus: Der Turner aus Sachsen.

**Diebow, Paul**: Zur Geschichte des Schulwesens Oscherslebens mit besonderer Berücksichtigung der Entwickelungsgeschichte unserer Realschule. *Oschersleben (1898): W. Eichel.* (3—18 S.) 4° [F.]
Oschersleben, in Entwickelung begriff. R, OP 1898 (285)

**Diebow, Paul**: [Das Lehrerkollegium der in der Entwickelung begriffenen Realschule zu Oschersleben.] *Oschersleben (1898): W. Eichel.* (31—32 S.) 4° [F.]
Oschersleben, in Entwickelung begriff. R, OP 1898 (285)

**Diebow, Paul**, die Pädagogik Schleiermachers im Lichte seiner und unserer Zeit. gr. 8. (XXVIII, 177 S.) Halle 894. M. Niemeyer. n. 4. —

**Diebow**, Paul *Ferdinand Bernhard* [aus Wollin i. P.]: Die Pädagogik Schleiermachers im Zusammenhange mit seiner Philosophie und den Bildungsbestrebungen seiner Zeit ... [Erschien vollst. 1894 u. d. T.: Die Pädagogik Schleiermachers im Lichte seiner und unserer Zeit.] Halle a. S., Druck v. E. Karras, 1893; 1 Bl., 31 S. 8.
Halle, Phil. Fak., Inaug.-Diss. v. [19. Sept.] 1893

**Diebow**, Paul, (Dir. Dr.): Kiplings „Seven Seas" mit Proben in Nachdichtungen. Ein Beitrag zur Charakteristik des Dichters. Oschersleben 1904: Kreisblatt-Druckerei. (41 S. 8° [F.]
Oschersleben, R OP 1904 (319)

**Deutschlands** Diebstahl an sich selbst! Hamburg-Eppendorf 1896.

**Diebstahl**, der, dessen Untersuchung und Bestrafung in Bayern diesseits des Rheins nach dem neuesten Gesetze vom 10. Jänner 1856 und den älteren noch geltenden Bestimmungen mit Erläuterungen und Citaten. München 856. Franz. 8. (VIII, 40 S.) 5 ngl

**DIEBSTAHLE** aus Amor's Brieftasche. Hannover u. Pyrmont, in Commiss. d. Helwingschen Hofbuchh. 1806. 8°. (4 Mk. 50 Pfg. Heinr. Lesser, Breslau, ca. 1875.)
VI, 1 Bl. Inh., 332 S., 1 Bl. Err. — 3 Nrn. (wie auch d. Titel anzeigt): Sophiens Beichte. — Wilhelm u. Louise. — Der Secretär. (Sämtl. liederlich, besonders die letzte Geschichte.) — Am Schluss des Vorworts kündigt der Verf. an: „Bademonate, ein wilder Roman, als Gegenst. zu den liaisons dangereuses".

**Dieburg** [Schlagwort]

**Dieburg**, s.: Darmstadt, Wamser, A.

**Dieburg**, s.: Deutschland. Kürschner-Peip.

**Dieburg, E.**, die Blumensprache der Liebe u. Freundschaft. Mit e. Anh., enth. Blumen-Orakel, Blumen-Uhr, Orakel der Ringelblume, Zeichensprache. 12. (64 S.) Styrum 894. A. Spaarmann. n. — 50

**Dieburg**, Emma v., Gesellschaftsbüchlein für junge Damen. 8. (48 S.) Oberhausen (Styrum) 887, Spaarmann.

**De sex diebus**, quibus mundus conditus est a Deo ad Gen. cap. I. dissertatio habita in collegio Posnaniensi. 1762, 4°.

**Diechmann**, G., & Sohn: Ausführlicher Katalog über Werkzeugmaschinen usw. Berlin 1898

Diechter, **Matthäus** (Religionslehrer) „Gedanken über Richtung und vorwiegenden Geist der Zeit, und daran sich knüpfende vorzüglichste Aufgabe des Religionslehrers". pg. 3—11. 4°. Ambrosi'sche Off.
Passau, Progr. 1845/46

**Diechter**, Matth., Gedanken über Richtung u. vorwiegenden Geist der Zeit, u. daran sich knüpfende vorzügl. Aufgabe des Religionslehrers. Abdruck a. d. Programme d. k. Kreis-Landwirthschafts- u. Gewerbsschule zu Passau f. 1846. gr. 4. (XII S.) Passau 847, Ambrosi. 3 ngr

Dieck: „Bemerkungen über die Förder- und Wasserhaltungs-Dampfmaschinen auf den Kohlen-, Zinn- und Kupfergruben Englands und Schottlands", o. O. und J. — Vorh.: Preuß. Oberbergamt Dortmund —

Dieck, die Erfolge der diätetischen Kurmethode im Kurort „Bellevue am Bergedorfer Gehölz vor Hamburg." Nebst Beschreibung der Heilanstalt und den Bedingungen der Aufnahme in dieselbe. 12. (48 S.) Hamburg 862, (Jowien.)

**Dieck**, A., Dampfmaschine u. Dampfkessel, deren gesetzmäßige Anlage u. Anwendung, nebst erweiterten Tabellen f. die Wandstärken der Dampfkessel u. Dampfzylinder bis zu 100 Zoll Durchmesser u. 10 Atmosphärenpressungen üb. den äußern Luftdruck. Eine Sammlg. der Gesetze u. Ministerialverfügungen, die üb. die Anlage u. den Gebrauch der Dampfmaschinen u. Dampfkessel in Preußen erlassen u. noch in Geltung sind. gr. 12. (IV u. 83 S.) Essen 851, Bädeker. 18 ngr

— Anhang zu dem Werke: Dampfmaschine und Dampfkessel, deren gesetzmäßige Anlage und Anwendung. Eine weitere Sammlung der Gesetze u. Ministerial-Verfügungen, die über die Anlage und den Gebrauch der Dampfmaschinen u. Dampfkessel in Preußen seit dem 19. Mai 1849 erlassen sind. Ebend. 856. 8. (32 S.) 9 ngr

**Dieck**, A., Dampfmaschine und Dampfkessel, deren gesetzmäßige Anlage und Anwendung nebst erweiterten Tabellen für die Wandstärken der Dampfkessel und Dampfzylinder bis zu 100 Zoll Durchmesser u. 10 Atmosphärenpressungen über den äußeren Luftdruck. Eine Sammlung der Gesetze und Ministerialverfügungen, die über die Anlage u. den Gebrauch der Dampfmaschinen u. Dampfkessel in Preußen erlassen sind. 2., verm. Aufl. Essen 858. Bädeker. 8. (131 S.) 27 ngr

**Dieck**, A., Dampfmaschine u. Dampfkessel rc. Nachtrag. Essen 861. Bädeker. 8. (12 S.) 3 ngr.

**Dieck**, A., Eindeichungen u. Flußregulirungen in seitheriger Weise sind für das Gemeinwohl schädlich u. gefährlich u. die dafür aufgewendeten Kapitalien verloren! Ein techn. Wort zur Prüfung der dem preuß. Abgeordnetenhause vorgelegten Denkschrift vom 3. Novbr. 1879, betr. die Regulirung der Weichsel, der Oder, der Elbe, der Weser u. des Rheins. gr. 8. (40 S.) Wiesbaden 879. Limbarth. n. — 80

Dieck, A., die Flußregulirung, welche den Zweck verfolgt, eine gleiche minimale Fahrwasser-Breite und -Tiefe für Niedrig-, wie für Mittelwasser in dem Bette eines Stromes durch dessen Einengung zu erzielen, ist ein irrationelles Verfahren. Eine hydrotechn. Skizze. gr. 8. (23 S.) Wiesbaden 882, Limbarth. *

—— die Ueberschwemmungen des Rheingebietes in den vergangenen und künftigen Jahrhunderten. Ein Mahnruf für die in den Ueberschwemmungsgebieten des Rheines und seiner Nebenflüsse ansäss. Bevölkerung. gr. 8. (12 S.) Ebendas. 883. *
Aus: Rheinischer Kurier, besonders abgedruckt.

Dieck, A., die naturwidrige Wasserwirthschaft der Neuzeit. Ihre Gefahren und Nachtheile, wie solche in Folge der durch sie erzeugten Uebel den Völkern in sich steigerndem Grade bevorstehen, mit einer Schätzung der Schäden, welche die deutsche Nation, wegen nicht genügender Ausnutzung der Dung-, Trieb- und Tragkraft des Wassers für Landwirthschaft, Gewerbe, Industrie, Schifffahrt und Handel, heute schon erleidet. Ein Mahnruf. gr. 8. (XVI, 577 S. mit 1 lithogr. Taf.) Wiesbaden 879, Limbarth. *

—— Wehranlage, deren Stauöffnung durch Sperrschiffe und Sperrwände theilweise oder ganz geschlossen werden kann, mit Schiffs-, Floss-, Fischpass und Kammerschleussen. gr. 8. (7 S. mit 1 Zeichnungsbeilage.) Berlin 884, (Polytechn. Buchhandlung.) *
Aus: Annalen für Gewerbe und Bauwesen, besonders abgedruckt.

**Dieck**, Carl Friedr., u. F. G. Eckenberg: Abdruck der Duplikschrift für den Reichsgrafen Gust. Ad. Bentinck etc. zu Varel gegen den Reichsgrafen Wilh. Friedr. Chr. Bentinck etc im Haag, betr. die Successionsrechte in die s. b. Reichsgräfl. Aldenburg-Bentinckschen Familien-Fideicommiß-Herrschaften und Güter.
Leipzig 1839.

— — dies., s. Abdruck der Revisions-Duplik für den Herrn Reichsgrafen Gustav Adolph Bentinck zu Varel.

—— u. F. G. Eckenberg, Abdruck d. Revisions-Gegenschrift für den Reichsgrafen G. A. v. Bentinck, s. Abdruck.

Dieck, Carl Friedr., Beiträge zur Lehre von d. Legitimation durch nachfolgende Ehe. Nebst e. Einleit., enthalt. aphorist. Bemerkn. üb. d. Behandlung d. gemeinen Deutschen Rechts. gr. 8. (21 B.) Halle 832, Buchh. d. Waisenhauses.

**Dieck**, Carolus Fridericus: Commentatio de tempore quo jus feudale Longobardorum in Germaniam translatum ibique receptum sit. Halis 1843 [vielmehr: 1844]: Ploetz. S. II—XXXXIII. 8° (4°)
Halle-Wittenberg, Progr. z. akad. Preisverteilung 1843
Im Buchhandel 1843 bei Anton in Halle.

**Dieck**, Carolus Fridericus: De crimine majestatis apud Romanos inde a primis temporibus usque ad legem Juliam majestatis. Halae 1821: Hendel. 49 S. 8°
Halle-Wittenberg, Jur. Diss. v. [7. April] 1821
Geb. [Kalbe a. d. Saale 27.6. 1798]

— Entgegnung auf die Darstellung des Gräfl. Bentinck'schen Erbfolgestreites, welche Herr Prof. Wilda in der Zeitschrift für deutsches Recht geliefert hat. 3 Hfte. gr. 8. Leipzig 841. (B. Tauchnitz jun.) (à 1/3 rf) 1 rf

— Geschichte, Alterthümer u. Institutionen des Deutschen Privat-Rechts im Grundrisse, mit beigefügten Quellen. gr. 8. Halle 826, Fr. Ruff.

**Dieck**, Carl Friedrich: Über die Geschichte von der Ehebrecherin im Evangelium Johannis von juristischem Standpunkte.
(Hamburg 1832).

Dieck, Carl Friedr., die Gewissensehe, Legitimation durch nachfolg. Ehe u. Mißheirath, nach ihren Wirkungen auf die Folgefähigkeit d. Kinder in Lehen u. Fideicommissen, unt. Berücksichtigung d. Reichsgräflich-Bentinckschen Rechtsstreites dargest. gr. 8. (18 1/2 B.) Halle 838, Anton.

— d. gemeine in Deutschland gültige Lehnrecht im Grundrisse, mit beigefügten Quellen. gr. 4. Halle 822. 2e A. 826. Ruff. 18 ℊ

— das gemeine in Deutschland gültige Lehnrecht im Grundriß mit beigefügten Quellen. 2e Aufl. 8. Halle 826, jetzt Lippertsche Buchh. 3/4 rf

Dieck, Carl Fr.: „Das gemeine in Deutschland gültige Lehnrecht im Grundrisse, mit beigefügten Quellen", 2. Auflage, Halle 1827. — Vorh.: Bibl. des German. Museums Nürnberg.

**Dieck**, C. Fr.: Literärgesch. d. longobardischen Lehnrechts bis z. 14. Jahrh., ihren Hauptgegenständen nach dargestellt. *Halle*, (Grunert.) 828. 8. (2 Thl. 8 Gr.)

—— Literärgeschichte d. Longobard. Lehenrechts bis z. 14. Jahrh., ihren Hauptgegenständen nach dargestellt. gr. 8. (29½ B.) Halle 828, Ruff.

Dieck, Car. Frid., de tempore quo jus feudale Longobardorum in Germaniam translatum ibique receptum sit. 4 maj. (5¾ B.) Halis Sax. 843. (Anton.) –

**Dieck, Carl Friedrich,** De tempore quo jus feudale Longobardorum in Germaniam translatum ibique receptum sit. (Pernice, Ludw., Victores in certamine literario die natali regis Friderici Guilielmi IV.) Halle (Ploetz) 1843. 52 S. (4.80) 6415

— s. Urtheil der Juristenfakultät zu Jena 2c.

Dieck, (Carl Friedr.,) histor. Versuche üb. das Criminalrecht der Römer. gr 8. Halle 822, Weisenhausbuchh.

**Dieck**, Christian Friedrich: De funiculi spermatici resecandi Ratione. Helmstadii 1797: Fleckeisen. XXIX S. 8⁰
Helmstedt, Med. Diss. v. 22. Dez. 1797

**Dieck**, E. G. A. (Pseud.), s.a. Gaedicke, J. Chr.

Dieck, E. G. A., Peter Storchschnabel der lange Berliner. Eine Geschichte à la Münchhausen. 8. (10 B.) Berlin 828, Trautwein.

Dieck, Erich, über die Kohlenhydrate der Topinambur-Knollen [Helianthus tuberosus L.] in chemischer und landwirthschaftlicher Beziehung. Inaugural-Dissertation. gr. 8. (27 S.) Göttingen 878, (Vandenhoeck und Ruprecht's Verlag.) *

Dieck, F. A. L., Carl Stellheim u. Lotte v. Rosensee. Ein Trspl. in 5 A. 8. Altona 798. Hammerich. 8 gl.

Dieck, F. D., Urania zur Begründung u. Stärkung d. Glaubens an Messias, nach Weissagungen d. alt. Testam., f. Christen u. Israeliten. 3 Abthln. gr. 8. (43½ B.) Berlin 829, (Oehmigke.)

**Dieck**, Friedrich August

— — belehrende Warnungen an die Leser der durch N. Funck zum Druck gebrachten Altonaer Bibel. Mit Zugabe von J. L. Ewald. gr. 8. Kiel, Akadem. Buchhdl. 816.

Belehrende Warnungen an die Leser der Altonaer Bibel; oder Sendschreiben an den Herrn Pastor und Ritter N. Funk über verschiedene Noten und Anmerkungen in seiner zum Druck gebrachten Bibel. Von Friedrich August **Dieck.** Mit einer Zugabe v. J. L. Ewald. Kiel. 1816. 8⁰. Hesse

Dieck, *Friedrich Christian Theodor* Hat Karl der Grofse wirklich bei Verden 4500 Sachsen hinrichten lassen? 4 (16 S.). **Progr.** Kgl. Dom-G. *Verden* 1894 (320).

Dieck, Fr. Ch. Th. Untersuchung zur platonischen Ideenlehre. 48 S. **Progr.** *Pforta* 1876.

**Dieck**, Friedrich Wilhelm

— s. Anweis., Vergrößerungsgläser zu schleifen.

**Dieck**, F. W: Anweisung zum Schleifen kleiner und großer Vergrößerungsgläser, der Brillen,Ferngläser und der Schalen zum Versenden der Kuhpocken-Materie. 2. Aufl. Hamburg 1803

— deutl. Anweis. z. Schleifen gr. u. kl. Vergrößerungsgläser 2c. m. K. 8. Ebend. 811.

Präliminarien zum Frieden zwischen den theologisch und neologisch streitenden Partheien in unserm Vaterlande. Eine Entgegnung des Buches: Ueber die Altonaer Bibel, von einem Holsteinischen Geistlichen . . . v. Friedrich Wilhelm **Dieck.** Hamburg. 1818. 8⁰. Herold

Dieck, Fr. Wlh., Unterr., wie Landhäuser u. Strohdächer auf e. leichte Art feuersicher gemacht werden können 2c. 8. Hamb 796. Gundermann. (Aue in Altona). 6 gl.

**Dieck, G.,** die Moor- u. Alpenpflanzen (vorzugsweise Eiszeitflora) des Alpengartens Zöschen bei Merseburg u. ihre Cultur. 2. verm. u. verb. Aufl. gr. 8. (88 S. m. Abbildgn.) Halle (900). E. Karras. n. 1.20

**Dieck, G.,** die Ölrosen u. ihre deutsche Zukunft. [Aus: „Gartenflora".] gr. 8. (19 S. m. 5 Abbildgn.) Berlin 889. Parey. n. — 50

**Dieck,** Gust. das Geld u. sein Ersatzmittel in der Volkswirtschaft, s.a. Zur Volksschulpädagogik.

Das Geld und sein Ersatzmittel in der Volkswirtschaft. Von Gustav **Dieck.** Langensalza: Beltz 1910. 17 S. 8⁰
(Zur Volksschulpädagogik. H. 14.) [11. 6196

Die Unfallversicherung. In Verb. mit Prof. Dr. [Franz] Hitze-Münster bearb. von H. **Dieck**-M.-Gladbach. 2., völlig umgearb. u. verm. Aufl. M.-Gladbach: Zentralstelle d. Volksver. f. d. kath. Deutschland 1907. (100 S.) 8⁰ [F.]
= **Tages-Fragen**, Soziale. H. 24. [07. 10803

**Mörtel.** Materialbedarfs- u. Preistabellen f. Kalk-, Cement-, Cementkalk- u. verlängerten Cement-Mörtel ... von **Hermann Dieck**, bautechn. Beamter, Staßfurt. *Halle a. S.: L. Hofstetter 1903.* (24 S.) 8⁰ [03. 14464 3

**Dieck, Herm.,** Mörtel. Materialbedarfs- u. Preistabellen f. Kalk-, Cement-, Cementkalk- u. verlängerten Cement-Mörtel, sowie f. Stampfbeton, Betondecken u. -Böden. 2. Aufl. (65 S.) kl. 8. Halle 904. L. Hofstetter, Verl. Kart. n. 1.50

Dieck, K. F., s. Dieck, Carl Friedrich

**Dieck, Rudolf: Die Gestaltung der Breslauer Mädchenschulen. ⟨Beitr. zu deren Geschichte.⟩ Für Alt u. Jung. — Breslau: Preuss & Jünger in Comm. 1892. 96 S. 8⁰**

**— Die oberen Lehrstellen an höheren Mädchenschulen. Ein freies Wort. — Breslau 1876: Breslauer Genossenschafts-Buchdr. 16 S. 8⁰**

**Dieck,** Rud., die oberen Lehrstellen an höheren Mädchenschulen. Ein freies Wort. gr. 8. (16 S.) Breslau 876. Leuckart. n. — 50

Dieck, Rud., methodischer Leitfaden der Naturgeschichte. 1. und 2. neu durchgearb. und verb. Aufl. gr. 8. (VIII, 216 S.) Breslau 873, Trewendt und Granier. *

—— Realienbuch. Chemie, Physik und Rechnen im Verband mit Berücksichtigung der Himmelskunde, geometr. Formen, der Perspective u. A. im Anschluss an den method. Leitfaden der Naturgeschichte. gr. 8. (VII, 198 S.) Breslau 873, Trewendt und Granier. *

**Dieck,** Rudolphus: De sterno avium. Halis Saxonum (1865): Orphanotropheum. 30 S. 8⁰
Halle-Wittenberg, Phil. Diss. v. 3. April 1865
Geb. Halle a. d. S. 20. 12. 1834. V.

**Dieck,** Theodor, approb. Arzt aus Verden a. d. Aller: Ueber die diagnostische Bedeutung und Verwendung des Jodipin bei Ascites chylosus. *Halle a. S. 1903: Plötz.* (15 S.) 8⁰
Halle, Med. Diss. v. 10. Juli 1903

**Dieck,** Wilhelm, Oberlehrer am Realprogymn. in Sterkrade: Zur Klassifikation der Punktepaar- und Kegelschnitt-Büschel. Sterkrade 1908: W. Osterkamp. (40 S.) 8⁰
Kiel, Phil. Fak., Ref. Heffter, Diss. v. 14. Mai 1908
[Geb. 27. April 80 Windberg; Wohnort: Sterkrade; Staatsangeh.: Preußen; Vorbildung: Gymn. M.-Gladbach Reife O. 99; Studium: Bonn 10, Münster 1 S.; Rig. 21. Dez. 07.]

Dieck, Wilhelm: Zur Klassifikation der Punktepaar- und Kegelschnitt-Büschel. Sterkrade 1908: Osterkamp. 40 S. 8° [Umschlagt.]
Sterkrade, RPG i. E. P 1908 (644) [S 08. 66

Dieck, W., Lehrbuch der konservierenden Zahnheilkunde. s.: Miller, W. D.

Dieck. Notwendigkeit u. Wert der Zahnpflege. s.: Miller.

Dieck, Wilhelm: Ueber den Dentalen Ursprung der Prosopalgie. Ein Beitrag zur Aetiologie dieser Krankheit. *Würzburg 1897: P. Scheiner.* (59 S.) 8°
Würzburg, Med. Diss. v. 1897

Diecker, Herb. Rud., Kommentar üb. d. gewöhnl. Regeln d. Obstbaumzucht, nach Erfahrn. u. deren Resultaten zur Belehr. bearb. Ein Versuch. gr. 8. (12½ B.) Leipzig 841, Klinkhardt.

Diecker, Herb. Rdlf., d. Obstgärtner im Zimmer, oder Anweis. zur Erziehung u. Haltung aller Arten tragbarer Obstbäume in Töpfen (u. sonst beliebigen Gefäßen). gr. 12. Passau 826. Pustet. 16 gr.

Diecker, Herb. Rud., der Obstgartner im Zimmer rc. gr. 12. Regensburg 826. (Kollmann in Augsburg.) ⅔ rℓ

— Wandtafel f. Freunde d. Obstbaumzucht. 1 Bl. in gr. Fol. Passau, 1826. 2. Aufl. 1830. Pustet. — 2⅓, — Prag, Neureutter. — 3¼

Dieckerhoff, Ewald, aus Rauenthal bei Barmen, Referendar in Bonn a. Rh.: Welche von den praktisch bedeutsamen gemeinrechtlichen Folgen des Unterschiedes zwischen Bedingung und Befristung treffen noch zu für das B. G. B.? *Bonn 1899: C. Georgi.* (50 S.) 8°
Erlangen, Jur. Diss. v. 19. Mai 1899

Dieckerhoff, Friedrich [aus Bonn]: Aus d. psychiatr. Klinik zu Bonn. Chorea und Geistesstörung ... Bonn, Univ.-Buchdr. v. C. Georgi, 1894; 36 S. 8.
Bonn, Med. Fak., Inaug.-Diss. v. [2. März] 1894

Dieckerhoff, Fridericus Henricus: De monopodia. Halae (1819): Grunert. 31 S. 8°
Halle-Wittenberg, Med. Diss. v. 30. [vielmehr: 31.] Aug. 1819
Geb. Hörde (Grafsch. Mark) 6. 12. 1798. V.

Dieckerhoff, Fritz

Dieckerhoff, F., der Keuchhusten, s.: Köhler, R., Diphtherie.

Englische Krankheit von Dr. F[ritz] Dieckerhoff, Kinderarzt in Cöln. Berlin: K. Singer & Co. [1904]. 138 S.) 8° [F.]
(Medizinische Frauenbücher.) [05. 3641

— englische Krankheit. (Medizinische Frauenbücher.) (88 S.) 8. Berlin (905). Medizinischer Verlag K. Singer & Co. n. — 60

Dieckerhoff, Wilhelm

Dieckerhoff, W. Ueber die Diagnose des Kehlkopfpfeifens bei Pferden. Vortrag. 8. (21 S.) Berl. 890, [Th. Chr. Fr. Enslin.] Schoetz. * 1 —

— Entwickelung u. Aufgaben d. medicinisch-klinischen Unterrichts in der Thierarzneikunde. Festrede. gr. 8. (24 S.) Ebd. 890. n. 1. —

Dieckerhoff, W., Gedächtnisrede auf Eduard v. Marcard zur Enthüllung seiner Marmorbüste in der Aula der thierärztlichen Hochschule zu Berlin am 28. Oktbr. 1893. gr. 8. (10 S.) Berlin 893. R. Schoetz. n. — 50

Dieckerhoff, Wilhelm: Über Gehirnabscesse bei Pferden. Vortrag . . . 1881.
Aus: Wochenschrift für Thierheilkunde u. Viehzucht.

— Geschichte der Rinderpest u. ihrer Literatur. Beitrag zur Geschichte der vergleich. Pathologie. Lex.-8. (VII, 270 S.) Ebd. 890. n. 12. —; geb. n.n. 13. 50

Dieckerhoff, Wilh.: Die Gewährleistung beim Viehhandel nach dem „Entwurfe eines BGB. für das Deutsche Reich". Augsburg 1888.
(S.-A. a.: Wochenschrift für Thierheilkunde u. Viehzucht. 1888, Nr 32. 33.)

Die Gewährleistung beim Viehhandel und das Währschaftssystem im Entwurfe des Bürgerlichen Gesetzbuches v. Dr. med. W[ilh.] Dieckerhoff, Prof. ... zu Berlin. *Berlin: R. Schoetz 1895.* (3 Bl., 107 S.) 1 Bd 8. [96. 6414

Dieckerhoff, W., zur Jahrhundertwende. Rede, geh. in der Aula der königl. thierärztl. Hochschule zu Berlin am 11. I. 1900. gr. 8. (16 S.) Berlin 900. R. Schoetz. n. — 50

— das Koppen d. Pferdes. gr. 8. (V, 64 S.) Ebd. 897. n. 2. —

W[ilhelm] Dieckerhoff. Die Krankheiten des Pferdes. 2. verm. Aufl. *Berlin: A. Hirschwald 1892.* (XII, 1027 S.) 8°
= Dieckerhoff: Lehrbuch d. speciellen Pathologie u. Therapie f. Thierärzte. Bd 1. [03. 12469

Die Krankheiten des Pferdes von W(ilhelm) Dieckerhoff. 3. Aufl. *Berlin: A. Hirschwald 1904.* (XVI, 1145 S.) 8°
= Dieckerhoff: Lehrbuch d. speziellen Pathologie u. Therapie f. Thierärzte. Bd 1. [04. 5758

Dieckerhoff, W., Lehrbuch der speciellen Pathologie und Therapie für Thierärzte. Nach klin. Erfahrungen bearb. 1. Bd.: Die Krankheiten des Pferdes. 3 Lfgn. gr. 8. Berlin, Hirschwald. [1. Lfg. (S. 1—304.) 885. *ℳ 6.—; 2. Lfg. (S. 305—544.) 886. *ℳ 5.—; 3. Lfg. (XI, S. 545—933.) 888. *ℳ 9.—.] *

— Lehrbuch der speciellen Pathologie u. Therapie f. Thierärzte. Nach klin. Erfahrgn. bearb. 1. Bd. Die Krankheiten d. Pferdes. 2., verb. u. verm. Aufl. gr. 8. (XII, 1027 S.) Berlin 892. A. Hirschwald. n. 22. —

— dasselbe. 2. Bd. Die Krankheiten der Wiederkäuer u. Schweine. (In 4 Lfgn.) 1. u. 2. Lfg. gr. 8. (VI u. S. 1—336.) Ebd. 892. 894. n. 8. —

— Lehrbuch der speciellen Pathologie u. Therapie f. Thierärzte. Nach klin. Erfahrgn. bearb. II. Bd. 1. Abth. Die Krankheiten des Rindes. III. Lfg. gr. 8. (VI u. S. 337—558). Berlin 902. A. Hirschwald. n. 6. —

Dieckerhoff, W., Lehrbuch der speziellen Pathologie u. Therapie f. Thierärzte. Nach klin. Erfahrgn. bearb. I. Bd. u. II. Bd. 1. Abth. gr. 8. Berlin, A. Hirschwald. n. 42. —
I. Die Krankheiten des Pferdes. 3. verm. u. verb. Aufl. (XVI, 1145 S.) 904. n. 26. —
II, 1. Die Krankheiten des Rindes. 2. verm. u. verb. Aufl. (XIII, 637 S.) Ebd. 903. n. 16. —

Dieckerhoff, Wilhelm: Die Lungenemphyseme und ihr Verhältnis zur Dampfigkeit bei Pferden.
Aus: „Wochenschrift für Thierheilkunde u. Viehzucht". Jg. 28. 1884. No 41 - 43.

Dieckerhoff, W., die Pathologie u. Therapie d. Spat der Pferde. Für Thierärzte u. Studirende bearb. Mit 2 lith. Taf. (in qu. gr. 4.) gr. 8. (XII, 234 S.) Berlin 875. Hirschwald. n. 6.

Dieckerhoff, W., die Pferdestaupe. Eine Monographie nach eigenen Beobachtungen. gr. 8. (X, 183 S.) Berlin 882, Hirschwald. *

— die Reform der Währschafts-Gesetzgebung im deutschen Reiche beim Kaufe u. Tausche v. Hausthieren Ein Gutachten d. deutschen Veterinär-Raths. gr. 8 (27 S.) Augsburg 875. Lüderitz in Comm. n.n. - 50

— die Theorie der Thierkrankheiten in ihrer geschichtlichen Entwickelung. Rede zur Feier des Geburtstages des Kaisers u. Königs in der Aula d. thierärztl. Hochschule zu Berlin am 27. I. 1902. gr. 8. (30 S.) Berlin 902. A. Hirschwald. n. — 60

— gerichtliche Thierarzneikunde. gr. 8. (XII, 564 S.) Berlin 899. R. Schoetz. Geb. in Leinw. n. 16. —

— dasselbe. 2. verm. Aufl. gr. 8. (XV, 648 S.) Ebd. 899. Geb. in Leinw. n. 20. —

— dasselbe. 3. verb. u. verm. Aufl. gr. 8. (XX, 938 S.) Ebd. 902. Geb. in Leinw. n. 25. —

Dieckerhoff, Wilhelm: Die Ueberbeine (Hyperostoses, Supraossa) am Metacarpus des Pferdes.
Aus: Wochenschrift für Thierheilkunde u. Viehzucht. Jg. 27. 1883.

— s.: Wochenschrift, Berliner thierärztl.

Dieckert, Gustav Über das Verhältnis des Berkeleyschen Idealismus zur Kantischen Vernunftkritik. 4 (S. 3—46). G. Conitz 1888 (33).
Progr.

Dieckert, Gust., über das Verhältnis des Berkeleyschen Idealismus zur Kantischen Vernunftkritik. 4. (46 S.) Konitz 888. (Leipzig, Fock.) *

Dieckert, Hans, prakt. Arzt a. Marienburg in Westpreußen: Über doppelseitiges Cholesteatom des Schläfenbeins mit doppelseitiger Sinusthrombose. Greifswald 1906: J. Abel. (47 S.) 8°
Greifswald, Med. Fak., Ref. Wittmaack, Friedrich, Diss. v. 8. Mai 1906
[Geb. 18. April 81 Konitz; Wohnort: Marienburg; Staatsangeh.: Preußen; Vorbildung: Gymn. Konitz Reife O. 00; Studium: Königsberg 1, Greifswald 4, Leipzig 1, Göttingen 1, Greifswald 3 S.; Coll. 19. März 06; Approb. 1. März 06.]

Dieckhöfer, Clemens [aus Huckarde, Westf.]: Ueber Muskelgummata ... Berlin, C. Vogt's Buchdr., *1893;* 30 S., 1 Bl. 8.
Berlin, Med. Fak., Inaug.-Diss. v. 4. Aug. 1893

Dieckhöfer, Emil: Der Einfluss von Leisewitz' 'Julius von Tarent' auf Schillers Jugenddramen. *Bonn 1902: C. Georgi.* (83 S.) 8°
Bonn, Phil. Diss. v. 11. Aug. 1902

Dieckhöfer, Emil, Dr.: Gedanken über die Pflege des Gemütes. Festrede zum 27. Januar 1905. Prüm 1905: M. Jos. Goergen. (S. 3—8.) 4°
Prüm, G OP 1905 (549)

DIECKHOFF, AUGUST. Beiträge zur Kenntniss der Ketoxime. (Basel) Würzburg, 1891.

Dieckhoff, August Wilhelm

Dieckhoff, Aug. Wilh., die evangelische Abendmahlslehre im Reformationsalter geschichtlich dargestellt. 1. Bd. Göttingen 854. Vandenhoeck u. Ruprecht. gr. 8. (VI, 656 S.) n. 3 ⅓ 4 ngr

Dieckhoff, Aug. Wilh., der Ablaßstreit. Dogmengeschichtlich dargestellt. gr. 8. (VIII, 260 S.) Gotha 886. F. A. Perthes. n. 6. -

Dieckhoff, Aug. Wilh., de Carolostadio Lutheranae de servo arbitrio doctrinae contra Eckium defensore. Dissertatio inauguralis theologico-historica. gr. 8. (IV u. 78 S.) Gottingae 850, Vandenhoeck & Ruprecht. n. ½ ⅓

—— Gebet dem Kaiser, was des Kaisers ist, und Gott, was Gottes ist. Wahlpredigt am 23. Sonnt. p. Trinit. zu Hannover gehalten. gr. 8. (16 S.) Göttingen 850, Vandenhoeck und Ruprecht. *

Dieckhoff, A. W., das chinesische Heidenthum. Ein Vortrag im Göttinger Frauenverein gehalten. Göttingen 859. Vandenhoeck & Ruprecht in Comm. gr. 8. (VI, 26 S.) n. 6 ngr

Dieckhoff, Aug. Wilh., die Inspiration u. Irrthumslosigkeit der heiligen Schrift. gr. 8. (III, 110 S.) Leipzig 891. [J. Naumann.] A. Deichert Nachf. n. 2. —

— noch einmal üb. Inspiration u. Irrthumslosigkeit der hl. Schrift. gr. 8. (101 S.) Rostock 893. Stiller. n. 2. —

—— Justin, Augustin, Bernhard und Luther. Der Entwickelungsgang christl. Wahrheitserfassung in der Kirche als Beweis für die Lehre der Reformation. Fünf Vorträge. gr. 8. (VIII, 104 S.) Leipzig 882, J. Naumann. geb. *

Dieckhoff, Aug. Wilh., zur Lehre v. der Bekehrung u. v. der Prädestination. 2. Entgegng. gegen missourische Ausflüchte. gr. 8. (148 S.) Rostock 886. (Kahl.) n. 2. 80

—— zur Lehre von der Bekehrung und von der Prädestination. Zweite Entgegnung gegen missourische Ausflüchte. gr. 8. (148 S.) Rostock 886, Stiller'sche Hof- und Universitäts-Buchh. *

— die evangelisch-lutherische Lehre von der heiligen Schrift gegen Dr. v. Hofmann's Lehre von der heil. Schrift und vom kirchlichen Wort Gottes vertheidigt. (Abdr. aus der Kirchlichen Zeitschrift.) Schwerin 858. Stiller. gr. 8. (1 Bl., 163 S.) n. 24 ngr

Luthers Lehre in ihrer ersten Gestalt. Von Dr. Aug. Wilh. Dieckhoff Consistorialrath u. Prof. d. Theol. Rectorats-Programm für 1887/88. Rostock, E. Kahl's Comm.-Verl. (Stiller'sche Hof- u. Univ.-Buchh.) (E. Kahl.), 1887; VI S. + 1 Bl. + 100 S. 8°

Dieckhoff, A. W., Luthers Lehre von der kirchlichen Gewalt. Historisch dargestellt. gr. 8. (V und 194 S.) Berlin 865, Schlawitz. *

—— die Menschwerdung des Sohnes Gottes. Ein Votum über die Theologie Ritschl's. Vorgetragen auf der Pfingstconferenz zu Hannover am 7. Juni 1882. gr. 8. (30 S.) Leipzig 882, J. Naumann. *

—— der missourische Prädestinatianismus und die Concordienformel. Eine Entgegnung auf zwei Gegenschriften gegen das Erachten der Theolog. Facultät zu Rostock. gr. 8. (78 S.) (Ebendas.) 885. *
Vgl.: Brauer, A.

—— Luthers Recht gegen Rom. Festrede, bei der Luther-Feier der theolog. Facultät zu Rostock am 10. Nov. 1883 gehalten. gr. 8. (25 S.) Rostock 883, Stiller'sche Hofbuchh. *

—— der Schlußsatz der Marburger Artikel und seine Bedeutung für die richtige Beurtheilung des Verhältnisses der Confessionskirchen zu einander. gr. 8. (39 S.) Rostock 872, Stiller'sche Hofbuchh.

—— Schrift und Tradition. Eine Widerlegung der röm. Lehre vom unfehlbaren Lehramte und der röm. Einwürfe gegen das evangel. Schriftprincip, mit besond. Beziehung auf die Schrift des Frhrn. v. Ketteler, Bischof von Mainz: „Das allgemeine Concil und seine Bedeutung für unsere Zeit". gr. 8. (171 S.) Rostock 870, Stiller'sche Hofbuchh. *

Dieckhoff, Aug. Wilh., Staat u. Kirche. Principielle Betrachtgn. üb. das Verhältniß beider zu einander aus dem Gesichtspunkte d. christl. Staats, nebst e. Anh. üb. das neue preuß. Schulaufsichtsgesetz. gr. 8. (54 S.) Leipzig 872. J. Naumann. n. — 80

Leibnitz Stellung zur Offenbarung. Rectoratsrede am 28. Febr. 1888, dem Geburtstage des hochseligen Großherzogs Friedrich Franz II. gehalten von D. August Wilhelm Dieckhoff. Rostock, Commissionsverl. d. Stiller'schen Hof- u. Univ.-Buchh. (G. Nusser), 1888; 20 S. 8°

—— die Stellung Luthers zur Kirche und ihrer Reformation in der Zeit vor dem Ablassstreit. Festschrift zum 50jähr. Amtsjubiläum des Hrn. Thdr. Friedr. Detlev Kliefoth. gr. 8. (VII, 59 S.) Ebendas. 883. *

Dieckhoff, A. Wilh., die kirchliche Trauung, ihre Geschichte im Zusammenhange mit der Entwickelung des Eheschließungsrechts und ihr Verhältniß zur Civilehe. gr. 8. (VII, 320 S.) Rostock 878, Stiller'sche Hofbuchh. *

— die Verbindlichkeit des Huldigungseides u. ihre Grenze. Ein Conferenzvortrag. [Aus dem „neuen mecklenburg. Kirchenblatt".] Schwerin 867. (Halle, Schwabe.) gr. 8. (48 S.) n. 6 ngr

— die Waldenser im Mittelalter. Zwei histor. Untersuchungen. gr. 8. (XII u. 408 S.) Ebd. 850. n. 2 ⅓

— die Waldenser im Mittelalter. Zwei histor. Untersuchungen. gr. 8. (XII u. 408 S.) Göttingen 851, Vandenhoeck u. Ruprecht.*

— die Waldenser im Mittelalter. Entgegnung gegen Dr. Herzog's Schrift: über die romanischen Waldenser. Abdr. aus d. Göttinger gelehrten Anzeigen. Göttingen 858. Vandenhoeck u. Ruprecht. 8. (1 Bl., 51 S.) n. 8 ngr

— die Waldenser im Mittelalter. Ein Vortrag. (Abdruck aus dem Neuen Mecklenburger Kirchenblatt.) Güstrow 861. Opitz & Co. gr. 8. (21 S.) n. 5 ngr.

— das gepredigte Wort u. die heilige Schrift. Conferenzvortrag. gr. 8. (22 S.) Rostock 886. (Stiller.) n. — 40

— das Wort Gottes. Gegen Volck u. v. Oettingen. gr. 8. (46 S.) Ebd. 888. n. — 90

Dieckhoff, Aug. Wilh., die obligatorische Civilehe. Ein Vortrag vor einem Kreise von Männern und Frauen gehalten. gr. 8. (24 S.) Leipzig 873, J. Naumann. *

Dieckhoff, Aug. Wilh., Civilehe und kirchliche Trauung. Das Gegensatzverhältniß zwischen beiden dargelegt. gr. 8. (67 S.) Rostock 880, Stiller'sche Hofbuchh. *

Dieckhoff, Bernard, Beicht- u. Communion-Andacht f. kathol. Gymnasialschüler. 8. (5½ B.) Münster 836, Regensberg.

Dieckhoff, Bernhard, Über den Beruf und die Vorbereitung zum geistlichen Stande. Vorlesungen mit besonderer Rücksicht auf des heil. Chrysostomus Schrift: De sacerdotio. Aus dem litterar. Nachlasse des Verstorbenen herausgegeben von Georg Dieckhoff. Paderborn, Schöningh, 1859, 8°, VIII u. 188 S., 1,20 Mk.

— und Clemens Siemers, christl. Betrachtungen. Ein Erbauungsb. f. Katholiken. 8. (25½ B.) Münster 838, Theissing'sche Buchh.

Dieckhoff, Bern., Compendium ethicae christianae catholicae. In usum lectionum academicarum conscripsit. Fasc. I. Continens prolegomena et partem generalem. 8maj. (XI und 148 S.) Paderbornae 851(52,) Schöningh. *-

Dieckhoff, Bernh., compendium ethicae christianae catholicae. In usum lectionum academicarum. Fasc. II. Continens ex ethica speciali tractatus de religione interna et externa. Paderbornae 853. Schöningh. gr. 8. (VI, S. 149—264.) n. 14 ngr

— — Fasc. III. Continens ex ethica speciali tractatus de virtutibus moralibus et de officio restitutionis. Ebend. 853. gr. 8. (VIII, S. 265—422.) n. 17½ ngr

— id. — Fasc. III. Continens ex ethica speciali tractatus de virtutibus moralibus et de officio restitutionis. 8maj. (VIII und S. 265—422.) Ibid. 851. *-
Fasc. I. Ibid. 1852. * 17½ Ngr.

Dieckhoff, Bernh., Compendium ethicae christianae catholicae. In usum lectionum academicarum. Addidit commentarium de caritate christiana intra familiae, civitatis, ecclesiae fines actionibus exhibenda, et adnotationes Paul Scholz. gr. 8. (XXII und 479 S.) Paderborn 864, Schöningh. *

Dieckhoff, B. De aesthetico, quem vocant, juvenilis animi cultu. 26 S. . . . . . . . . . . . . . . .
Progr. Münster 1831

Dieckhoff, Bernh., Handbuch d. Poetik f. Gymnasien. gr. 8. (16 B.) Münster 852, Theissing.

Dieckhoff's, B., Handbuch der Poetik für Gymnasien. 2. Aufl., durchgesehen und mit Gutheißung des Verf. mehrfach veränd. von Geo. Dieckhoff. gr. 8. (XII und 231 S.) Münster 848, Theissingsche Buchh.

— Handbuch der Poetik für Gymnasien. 3. Aufl., durchgeseh. und mit Gutheißung des Verf. mehrfach verändert und verm. von Geo. Dieckhoff. gr. 8. (XIII und 255 S.) Münster 857, Theissing'sche Buchh.

Dieckhoff, Christian [Assistenzarzt an d. med. Klinik zu Rostock i. M.]: Aus d. patholog. Institut d. Univ. Rostock. Beiträge zur pathologischen Anatomie des Pankreas m. bes. Berücks. d. Diabetes-Frage ... (Aus: Beiträge zur wissenschaftl. Medizin. Festschr. gewidm. Theod. Thierfelder ... 1895.) Leipzig, A. Langkammer, 1894; 141 S., 1 Taf. 8.
Rostock, Med. Fak., Inaug.-Diss. v. [3. Jan.] 1895

Dieckhoff, Emil, über Carbotetraparanitroimidobenzol u. über Oxydations- u. Nitrirungs-Producte des Parakresols u. Abkömmlinge derselben. Inaugural-Dissertation. gr. 8. (51 S.) Göttingen 879. (Vandenhoeck & Ruprecht.) n. 1. —

Dieckhoff, E., Leitf. d. chem. Analyse, s.: Birnbaum, K.

Dieckhoff, Emil, Dr.: Ueber das Ozon. 1. Abhandlung. [Mehr nicht ersch.] 1891. 68 S. 8°
Karlsruhe Te. H., Hab.-Schr. v. 5. 3. 1891

Dieckhoff, Georg

(Dieckhoff, G.,) Aufgaben z. Uebersetzen a. d. Deutschen ins Latein., s. Aufgaben.

— und J. Hölker, Aufgaben zum Uebersetzen aus dem Deutschen ins Lateinische etc., s. Hölker.

Dieckhoff, Georg, Elementarbuch f. d. deutschen Sprachunterricht in analytischer Methode mit vielen Uebungsstücken u. einem angehängten deutschen Lesebuche. 8. (11 B.) Münster 843, Theissingsche Buchh.

Dieckhoff, Geo., Elementarbuch für den deutschen Sprachunterricht in analytischer Methode mit vielen Uebungsstücken und einem angehängten deutschen Lesebuche. 2., verb. u. verm. Ausg. Ebend. 853. 8. (VII, 176 S.) 6¼ ngr

Dieckhoff, Geo., Elementarbuch f. den deutschen Sprachunterricht in analytischer Methode m. vielen Uebungsstücken. 3. verb. Aufl. gr. 8. (114 S.) Münster 876 Theissing. n. — 50

— Leitfaden für den deutschen Sprachunterricht in analytischer Methode, zunächst f. Schüler in den unteren Klassen höherer Lehranstalten. 8. Ebend. 843. ¼ ß

Dieckhoff, Geo., Leitfaden für den deutschen Sprachunterricht in analytischer Methode, zunächst für Schüler in den unteren Klassen höherer Lehranstalten. 2. verm. u. verb. Ausg. gr. 8. (XII u. 152 S.) Münster 847, Theissing. — 3. verb. Ausg. gr. 8. (VIII u. 156 S.) Ebd. 852. ¼ ß

Dieckhoff, Geo., Leitfaden für den deutschen Sprachunterricht in analytischer Methode, zunächst für Schüler in den unteren Klassen höherer Lehranstalten. 4., verm. und verb. Ausg. gr. 8. (VIII und 167 S.) Münster 857, Theissing'sche Buchh.

Dieckhoff, Geo., Leitfaden für den deutschen Sprachunterricht in analytischer Methode, zunächst für Schüler in den unteren Klassen höherer Lehranstalten. 5., verm. u. verb. Ausg. Münster 865. Theissing. 8. (VIII, 166 S.) 10 ngr

— Sammlung von leichten Musterstücken deutscher Prosa u. Poesie, f. Schüler z. Uebung im Erklären u. Declamiren. 8. (13½ B.) Münster 843, Theissingsche Buchh.
Bildet auch den 2. Thl. des Leitfadens.

— Sammlung von leichten Musterstücken deutscher Prosa und Poesie. Ein Hülfsbuch beim deutschen Sprachunterrichte in den untern und mittlern Klassen höherer Lehranstalten. 2., verm. Aufl. gr. 8. (VI und 226 S.) Münster 849, Theissingsche Buchh.

Dieckhoff, Geo., Sammlung von leichten Musterstücken deutscher Prosa und Poesie. Ein Hülfsbuch beim deutschen Sprachunterrichte in den unteren und mittleren Klassen höherer Lehranstalten. 3., sehr verm. Aufl. Münster 859. Theissing. gr. 8. (VI, 273 S.) 17½ ngr

(——) kleinere lat. Sprachlehre, s. Kistemaker, J. H.

**Dieckhoff**, Hans, Berechnen u. Entwerfen der Schiffskessel unter besond. Berücksicht. der Feuerrohr-Schiffskessel. Ein Lehr- u. Handbuch f. Studierende, Konstrukteure, Überwachungsbeamte, Schiffsingenieure u. Seemaschinisten. In Gemeinschaft m. Hugo Buchholz hrsg. (X, 260 S. m. 96 Abbildgn. u. 18 Taf.) gr. 8. Berlin 910. J. Springer. Geb. in Leinw. 12.—

**Dieckhoff**, Hans Heinrich, Referendar a. Mühlhausen (Elsaß): In welchem Zeitpunkt geht bei einer Versendung Besitz und Eigentum auf den Adressaten über? Marburg 1906: R. Friedrich. (62 S.) 8°
Marburg, Jur. Fak., Ref. Leonhard, Diss. v. 17. Dez. 1906
[Geb. 13. Dez. 84 Straßburg i. E.; Wohnort: Mülhausen i. E.; Staatsangeh.: Elsaß-Lothr.; Vorbildung: Gymn. Mülhausen i. Els. Reife M. 02; Studium: Lausanne 1, Oxford 2, München 1, Berlin 1, Straßburg 2 S.; Rig. 24. Nov. 06.]

**Dieckhoff, Johann Clemens** (Guestbevri/Westf.), De actione, quam nervus vagus in digestionem ciborum exerceat. Diss. phys. Bln. (Nietack) 17. VIII. 1835. 40 S. mit Biogr. (M.: A. Ross.) (4.50) 6417
Oppon.: L. Schiess, C. Bernay, L. Petri. — Gew.: Joh. Müller.

**Dieckhoff**, Max *Heinrich* [aus Breslau]: Ueber drei Fälle von Aphasie ... Berlin, C. Vogts Buchdr., *1894*; 31 S. 8.
Berlin, Med. Fak., Inaug.-Diss. v. 7. Aug. 1894

Dieckhoff, Meta (Hrsg.), s. Hausfrauenzeitung, Allgemeine.

**Dieckhoff, O.**, kleiner Führer durch das Oberwesergebiet. Hrsg. vom Wesergebirgsverein. 1—3täg. Touren in das Oberwesergebirge, nach Porta, Hameln, Holzminden, Höxter, Carlshafen, Hann. Münden, Cassel, Wilhelmshöhe. (32 S.) 8. Hameln (906). Verlag des Wesergebirgsvereins. n. — 20

**Dieckhoff, O.**, kleiner Führer durch das Oberwesergebiet. Hrsg. vom Wesergebirgsverein. 1—3täg. Touren in das Oberwesergebirge, nach Porta, Hameln, Holzminden, Höxter, Carlshafen, Hann. Münden, Cassel, Wilhelmshöhe. (28 S.) kl. 8. Hameln (907). Verlag des Wesergebirgsvereins. — 20

**Dieckhoff**, *Bertholdus* Otto [Gottingensis]: De Ciceronis libris de natura deorum recensendis ... Gottingae, offic. acad. Dieterichiana typ. expr., 1894; 79 S., 1 Bl. 8.
Göttingen, Phil. Fak., Inaug.-Diss. v. [17. Dez.] 1894

**Dieckhoff**, Otto, de Ciceronis libris de natura deorum recensendis. gr. 8. (80 S.) Göttingen 895 Vandenhoeck & Ruprecht. n. 1. 40

Dieckmann, s. a. Diekmann.

Festschrift zur Einweihung der neuen Hafenanlagen in Leer. Ostfriesland. Im Sept. 1903. (Verf.: Bürgermeister Dieckmann, Leer.) (Leer 1903: D. H. Zopfs & Sohn.) (88 S.) 4° [05. 10889]

**Dieckmann**, Musterblätter f. das Fachzeichnen der Schlosser u. anverwandten Gewerbe, s.: Bracnel, W.

Dieckmann: Rückbl. auf d. verfl. Decennium (d. höh. Töchterschule) n. Bemkg. üb. Unterr. in franz. u. engl. Convers. u. Turnen. Hann. 1863
Schul-/Univ.-Schrift

**Dieckmann**, Vortrag, wichtig f. alle Creditgenossenschaften, s.: Colshorn.

**Dieckmann**, Winke für Eltern bei der körperlichen Erziehung ihrer Kinder. Rendsburg 853. (Altona, Lehmkuhl u. Co.) 12. (VIII, 87 S.) n. 10 ngr

Dieckmann, A., der praktische Dienst des Bataillons- und Regiments-Adjutanten bei der Infanterie. Nebst Anh.: Der Dienst der Spielleute. 12. (54 S. mit 2 Stnt. in Fol.) Berlin 866, Mittler und Sohn. *

Dieckmann, der Unteroffizier der Festungs-Artillerie. Ein Handbuch zur Benutzung im Vortrage der Avancirten der Festungs-Artillerie zusammengestellt. gr. 8. (VIII, 584 S. mit 4 lithogr. Taf. in 8., 4. und Fol., und 2 Tab. in 4. und gr. Fol.) Berlin 868, Mittler und Sohn. *

**Dieckmann**, Ad. [cand. med.]: Beitrag zur Casuistik der Gehirn-Schussverletzungen. ... Greifswald, Druck v. Julius Abel, 1888; 27 S. 8°
Greifswald, Med. Fak., Inaug.-Diss. v. 22. Sept. 1888

**Dieckmann**, [*Hermann Wilhelm*] Adolf [app. Arzt aus Altenbruch '(Regierungsbez. Stade)']: Aus d. kgl. Univ.-Augen-Klinik zu Marburg. Beiträge zur Anatomie und Physiologie des Neugeborenen-Auges ... Marburg, Druck v. F. Hessenland in Stettin, 1896; 43 S. 8.
Marburg, Med. Fak., Inaug.-Diss. v. 5. Dez. 1896

**Dieckmann, Agnes, u. Helene Löhr**, der Turnunterricht f. Mädchen der ersten beiden Schuljahre. 36 Sing- u. Bewegungsspiele erprobt u. zusammengestellt. Mit e. Vorworte v. Alfr. Böttcher. (48 S.) kl. 8. Hannover 905. C. Meyer. Kart. n. — 60; geb. n. — 80

**Dieckmann**, A[lois], s.: Auslandsbücherei, Aschendorffs moderne.

**Dieckmann**, Aloys, a. Münster i. W.: Ein Beitrag zur Geschichte der französischen Namen (Umschlagt.: Eigennamen). Münster i. Westf. 1908: Westf. Vereinsdruckerei. (70 S.) 8°
Münster, Phil. Fak., Ref. Andresen, Diss. v. 17. Juli 1908
[Geb. 15. Juni 84 Günnigfeld; Wohnort: Münster; Staatsangeh.: Preußen; Vorbildung: Gymn. Paulinum Münster Reife O. 04; Studium: Münster 1, München 1, Münster 6 S.; Rig. 9. Mai 08.]

Dieckmann, August

[F.] Der evangelisch-soziale Kongress in Erfurt. Von Lic. Dr. Aug. Dieckmann. *Stuttgart: Ch. Belser 1896*. (04 S.) 8.
= Zeitfragen d. christlichen Volkslebens. Bd 21. H. 2. [96. 2897]

**Dieckmann, Aug., Krieg der Vergnügungssucht!** „Was sollten der wachs. Vergnügungssucht gegenüber Staat, Kirche u. Schule, als f. das Volkswohl verantwortlich, f. edle Volkserholg. thun?" Vortrag, geh. auf der Synode des Dekanats Rodheim in Großkarben am 19. X. 1899. gr. 8. (32 S.) Darmstadt 900. J. Waitz. n. — 30

**Dieckmann, Aug., die christliche Lehre v. der Gnade.** Apologie des bibl. Christentums, insbesondere gegenüber der Ritschlschen Rechtfertigungslehre. gr. 8. (XVI, 421 S.) Berlin 901. C. A. Schwetschke & Sohn. n. 8.—

[F.] **Dieckmann**, August [Dr.]: Die Lehre von der Rechtfertigung aus dem Glauben, vom ethischen Gesichtspunkte aus dargestellt. Worms, Druck v. E. Kranzbühler, 1891; S. 3—30; 4°
Worms, grossh. G. u. R, OP 1891 (626)

Licht. Liebe. Leben. Drei Leitsterne f. d. Lehrer. Von Aug. Dieckmann. *Bielefeld: A. Helmich [1901]*. (9 S.) 8° [F.]
= Abhandlungen, Pädagogische. H. 53. [01. 5839]

**Dieckmann, Aug., zerstörende Mächte in unserem Volksleben.** Vortrag, geh. auf der XIV. allgemeinen Konferenz der deutschen Sittlichkeitsvereine in Heidelberg am 6. X. 1902. Mit e. Korreferat v. Joh. Fritsch. (85 S.) gr. 8. Berlin 903. (Leipzig, H. G. Wallmann.) n. — 30

Dieckmann, Aug. Zwei Predigten, geh. in der Dreifaltigkeitskirche zu Worms. gr. 8. (16; 18 S.) Worms 890, Kräuter. — 30

— Rede üb. Eph. 6, 13—15, in Rodheim v. d. Höhe a. 19. IX. 1897 am Grabe d. infolge e. Pistolenduells a. 17. IX. in Gießen gestorbenen Gerichts-Accessisten u. Einj.-Freiwill. i. Inf.-Reg. Nr. 116 (Kaiser Wilhelm) Karl Friedrich Wilhelm Jacobi geh. gr. 8. (8 S.) Ebd. 897. n. — 20

— aus der Sagenwelt. Sagen u. sagenhafte Erzählgn. in hoch- u. niederdeutscher Sprache v. Osnabrück u. nächster Umgebg. Gesammelt, zusammengestellt u. erzählt. 8. (32 S.) Osnabrück 900. P. Hoppenrath. n. — 40

Welche Forderungen stellt die Gegenwart an den Prediger? Vortrag geh. von Lic. theol. Dr. Aug. **Dieckmann**, Pfarrer. Für d. Druck erw. Stuttgart: Greiner & Pfeiffer 1897. 69 S. 8° [11. 1854

— welche Schranken zieht d. Evangelium d. Geistlichen b. s. Mitarbeit a. d. soc. Frage? Vortrag, geh. a. d. Prov.-Konferenz d. rheinhess. Geistl. z. Oppenheim a. 13. Juni 1895. 8. (43 S.) Gießen 895. E. Roth. n. – 60

Dieckmann, A., wie feiern wir Ostern als Christen? Predigt über Marcus 16, 1—8, gehalten am 2. heil. Ostertage, den 26. April 1886, in der Schloßkapelle zu Herrnsheim. gr. 8. (15 S.) Worms 886, Kräuter. *

**Dieckmann, Aug.**, wie ist d. pädagogische Grundsatz: „Gehe vom Bekannten zum Unbekannten" beim Eintritt der sechsjähr. Kinder in die Volksschule zu verwerten?, s.: Für die Schule aus der Schule.

**Dieckmann,** das Wiehengebirge. Unter Mitwirkg. v. Marquardt u. der Verschönerungsvereine dieses Verbandes. (80 S. m. 31 Abbildgn.) 8. Osnabrück 909. (Rackhorst.) — 50; m. Marquardt, das Wiehengebirge, zusammen — 75

**Dieckmann, Aug. Christ. Ern.,** Floreant scholae! Floreant concordia scholae! Hoc voto Joh. Gregor Grotefend lycei Clausthaliensis nomine gratul. salutat. Clausthal (Wendeborn) 1824. 24 S. (4.80) 6418

Dieckmann, C., des frommen Helden Kampf u. Sieg, Predigt z. Gedächtnißfeier des am 2. April 1829 erfolgten Ablebens des Durchl. Hrn. Landgraf. Friedrich Joseph v. Hessen-Homburg. 8. Hadam. 829. (Lanz in Weilb.) 3 gr.

— Worte d. Trauer u. d. Trostes bei der am 23. Juli 1831 Statt gehabten Beerdigung des St.-Ministers Hrn. Fr. Karl vom u. zum Stein. Mit e. kurzen Nachricht von d. Leben u. Todesfeier d. Vollendeten. gr. 8. Coblenz 831. Hölscher. 3 gr.

**Dieckmann**, C. H., Anweisung zur Verfertigung einer Stahlfeder, welche sehr feine und reine Züge macht. 8. Dortmund 843. (Krüger.) Verklebt. n. 1/2 gr.

Dieckmann, C. H., Versuch üb. d. Schöne u. Geschmackvolle. Für Handwerker u. Künstler. 8. (4 B.) Hamm 838, Schultzische Buchh.
Vgl. Diekmann.

—— Zubereitung u. Gebrauch von schwarzen Stiften zu unverlöschbaren Zeichnungen für Zeichner u. Maler. 8. Dortmund 843. (Krüger.) *
Vgl. Dickmann.

Postgeschichte deutscher Staaten seit einem halben Jahrtausend. Unt. Berücks. d. Einführg d. Freimarken. Bes. f. Fachmänner u. Postwertzeichen-Sammler. Kurz gef. u. zsgest. v. Carl **Dieckmann**, Kgl. Preuss. Ober-Postassist. *Münster i/W. & Leipzig: E. Heitmann 1896.* (3 Bl., 363 S.) 1 Bd 8. [96. 5965

⑧ **Dieckmann,** Carl, Postgeschichte. 896. Jetzt: Leipzig, J. J. Arnd.

**Dieckmann,** Carl, Referendar in Elberfeld: Wer ist als gesetzlicher Vertreter und als Hülfsperson nach §§ 278 und 831 des BGB. anzusehen? Rostock 1906: H. Winterberg. (39 S.) 8° [J.]
Rostock, Jur. Fak., Ref. Matthiaß, Diss. v. 14. Juni 1906
[Geb. 11. Mai 79 Elberfeld; Wohnort: Elberfeld; Staatsangeh.: Preußen; Vorbildung: Gymn. Elberfeld Reife O. 00; Studium: Tübingen 3, Bonn 3 S.; Rig. 28. Juni 05.]

**Dieckmann**, Chr., d. Mark Benken bei Beckwitz, s.: Veröffentlichungen d. Altertums-Vereins z. Torgau.

**Dieckmann, Chr.**, aus der Geschichte v. Audenhain. I. u. IV. gr. 8. Torgau, F. Jacob. n. — 65
I. Aus der ältesten Geschichte Audenhains. (12 S.) 893. n. — 25
IV. Der 30jähr. Krieg. (28 S.) 894. n. — 40
II u. III erscheinen später.

— dasselbe, s.: Publikationen des Altertums-Vereins zu Torgau.

**Dieckmann,** Chr., das Gilgamis-Epos in seiner Bedeutung f. Bibel u. Babel. gr. 8. (198 S. m. Abbildgn.) Leipzig 902. Ch. Steffen. n. 4. 50; geb. n. 5. 50

**Dieckmann,** Chr., die erste Weissagung vom Davidssohn. Eine bibl. Studie zur Offenbarungsfrage. (130 S.) gr. 8. Leipzig 903. [Ch. Steffen.] L. A. Klepzig. n. 2. —

**Dieckmann**, Dtl.

— duo libelli, oder Fortsetzung u. Beschluß. 1s Büchlein: Fortsetzung; 2s Büchl.: Beschluß, mit 20 verschied. Zugaben. 8. Schleswig 824.

**Dieckmann**, Dtl., Weine nicht! u. bleib dabei! Ein Combinat. 8. Husum 818.

**Dieckmann,** E., Festigkeitslehre f. die Hochbau-Abteilg., s.: Sammlung v. Leitfäden f. den Unterricht an Baugewerkschulen

**Dieckmann,** E., Handbuch d. Berechnung des Tage- u. Stundenlohnes, — mathemat. u. techn. Tabellen, } s.: Schultz, E.

— Leitfaden und Aufgabensammlung f. den Unterricht in Algebra an Baugewerkschulen, s.: Degener's, Herm. A. L., Leitfäden f. Baugewerkschulen. XIX.

— dasselbe f. den Unterricht in Raumlehre an Baugewerkschulen, s.: Vedder, C.

— Leitfaden betr. Feuerungs-Anlagen, s.: Schmalholz, A.

— Leitfaden betr. Haus-Wasserversorgung, s.: Frommer, P.

— Leitfaden f. den Unterricht in Algebra. Rechenergebnisse zu den Aufgaben, zusammengestellt v. O. Vedder. Autogr. v. R. Priesterbach. (IV, 24 S.) Lex. 8. Leipzig (908). H. A. L. Degener. 2. —

**Dieckmann, E.** Lessing als Theologe. In-8°, 32 S. Zürich, Cäsar Schmidt. 1880 — 60

— s.: Sammlung v. Leitfäden f. den Unterricht an Baugewerkschulen.

— Tabellen zur Berechnung v. Eisenbetonkonstruktionen, s.: Schultz, E.

— Mathematische u. technische Tabellen f. Baugewerkschulen, s.: Schultz, E.

— Eine übersichtliche Zusammenstellung des Ministerial-Erlasses vom 31. I. 1910 betr.: Vorschriften f. die Aufstellung statistischer Berechnungen, s.: Schultz, E.

**Dieckmann, Erich:** Die Basedowsche Krankheit im Lichte der modernen Forschung. Berlin 1910: Dietrich. 35 S. 8°
Berlin, Med. Diss. v. 29. Sept. 1910, Ref. Kraus
[Geb. 15. Juli 85 Dresden; Wohnort: Berlin; Staatsangeh.: Preußen; Vorbildung: Joachimsth. Gymn. Berlin Reife O. 04; Studium: Freiburg i. B. 3, Berlin 1, Freiburg i. B. 1, Berlin 1, Kiel 1, München 3 S.; Coll. 12. Nov. 09; Approb. 31. Mai 10.] [U 11. 35

**Dieckmann, Ernst [aus Hannover]: Ueber die Darstellung von Trichloraethyliden-p-tolimid und die Metamorphosen desselben ... Hannover, Druck d. Buchdr. v. A. Weichelt, 1892;** 39 S. 8.
Freiburg i. B., Phil. Fak., Inaug.-Diss. v. 1892

**Dieckmann,** Ernst, a. Hankhausen ⟨Großh. Oldenburg⟩: Über die Fortpflanzungsgeschwindigkeit der von einem Poulson-Lichtbogen ausgesandten kurzwelligen Schallstrahlen. (Berlin 1908: A. W. Schade.) (28 S.) 8°
Berlin, Phil. Fak., Ref. Rubens, Diss. v. 12. Aug. 1908
[Geb. 27. Jan. 86 Hankhausen; Wohnort: Osternburg; Staatsangeh.: Oldenburg; Vorbildung: Oberrealsch. Oldenburg Reife O. 04; Studium: Marburg 4, Berlin 5 S.; Rig. 30. Juli 08.]

**Dieckmann,** Eugen (geb. Albinshof in Pomm. 8. 12. 1851): Ueber Beckenfractur. Berlin (1877). (35 S.) 8°
Berlin, Med. Diss. v. 4. Aug. 1877

**Dieckmann,** F. W., u. Hans **Issel**, die Baugeschäftskunde u. Bauführung, s.: Handbuch, das, des Bautechnikers.

Dieckmann F W u H Issel, die Baugeschäftskunde und Bauführung. (2945)
(Issel, Handbuch des Bautechnikers 20) Leipzig 1908

**Dieckmann,** *(Karl Josef)* Ferdinand [aus Gnarrenburg '(Hannover)']: Casuistische Beiträge zu traumatischen Neuro-Psychosen ... Berlin, Buchdr. v. G. Schade, *1893*; 35 S., 2 Bl. 8.
Berlin, Med. Fak., Inaug.-Diss. v. 14. Aug. 1893

**Dieckmann, Ferdinand,** Referendar: Das Rechtsverhältnis zwischen Verlierer und Finder nach dem Recht des bürgerlichen Gesetzbuchs. Magdeburg [1909]: Baensch. 72 S. 8°
Rostock, Jur. Diss. v. 10. Juni 1909, Ref. Matthiaß
[Geb. 21. Juni 81 Thun, Schweiz; Wohnort: Magdeburg; Staatsangeh.: Preußen; Vorbildung: König-Wilhelms-Gymn. Magdeburg Reife O. 00; Studium: Göttingen 1, Berlin 3, Halle 2 S.; Rig. 30. Apr. 09.] [U 09. 3652

**Dieckmann, Frdr.,** die lothringischen Ahnen Gottfrieds v. Bouillon. Progr. (25 S.) Lex.-8. Osnabrück 904. (H. Meinders. — F. Schöningh.) n. 1.—

**Dieckmann, Friedr.,** Antwort auf die Germanicus-Broschüre „Die deutsche Studentenschaft und das deutsche Vaterland". gr. 8. (26 S.) Erlangen 885, Deichert'sche Verlagsb. Nachf. *
Vgl.: Studentenschaft, die deutsche, und das deutsche Vaterland, von Germanicus.

—— Gedichte. 8. (42 S.) Ebendas. 886. *
geb. mit Goldschn. *

**Dieckmann, Friedr.** Leitfaden d. mathemat. Geographie. Für Schulen ohne mathemat. Unterr. gr. 8. (52 S.) Wiesb. 891, Bossong. * — 50

**Dieckmann, G.** Bilderschatz f. unsere Kleinen. Farbige Orig.-Zeichnungen m. (eingedr.) Versen v. Frau Hoffmann-Rühle. 4. (32 farb. S.) Dresd. 889, Müller u. Lohse. geb. 3 —

Wilhelm Albert Ernst Sack, Dr. med., geb. den 16. Febr. 1822, gest. den 29. Okt. 1896. Ein Lebensbild hrsg. von seiner Tochter Gertha (Dieckmann). Wiesbaden 1897: Bilger in Dillenburg. 63 S. 8°
[10. 3136

DIECKMANN, Gustav (Enger): Ueber das primäre Carcinom des Ductus choledochus.- München: Ernst 1889. 32 S.
25.6.1889 - Chr 1888/89,201 Jv 1888/89,212
**Diss. Ingolst.-Landsh.-Mchn.**

**Dieckmann, H.,** Anleitung zur deutschen Rechtschreibung, s.: Seffer, G. H.

Dieckmann, H., Die beiden Gracchen. Pr. 1851. 48 S.

**H. Dieckmann: d. Seelenlehre in katechet. Gedankenfolge als Gegenstand d. Verstandesüb. u. d. Vorbereit. a. fruchtb. Religionsunterr.; f. Lehrer in Bürger- u. Landschh. *Alt.*, Hammerich. (822.) 2ᵉ vb. A., stark vm., am Schlusse m. e. Anweis. z. Ueb. d. Schüler im psychol. Selbstbeobachten. 829. 8° 14*gl***

**Dieckmann,** H. J.: Ueber die Bedeutung des westlichen Kriegsschauplatzes f. d. Archidamischen Krieg. Pr. 1873. 26 S. 4°

**Dieckmann, H. W., 2 Predigten über die Evangelien des 10. und 11. Sonntages nach Trinitatis. gr. 8. (28 S.) Stade 866, (Schaumburg.)** *

**Dieckmann, H. W.,** Vortrag über die Arbeiterfrage. [Gehalten in Bremen den 3. März 1870.] 8. (47 S.) Bremen 870. (Barmen, Klein.) *

**Dieckmann, Heinr.,** die Parusie Christi. gr. 8. (VI, 78 S.) Geestemünde 898. (J. H. Henke.) n. 1.25

**Dieckmann, J.,** zusamm. gedruckte deutsche Schriften. 2 Thle. 4. Hamb. Brand. 745.

Dieckmann, J. H. Vom Frieden des Nikias bis zum Abschlusse der Bündnisse zwischen Athen und Argos. 421—420. (17) 4. Sprottau 1870.

**Dieckmann,** Johannes, Referendar a. D.: Die Haftung des Vertreters ohne Vollmacht. *Rostock 1904: C. Hinstorff.* (104 S.) 8°
R... Jur. Diss. v. [20. Juli] 1904

**Dieckmann,** Josef: Lehr- u. Übungsbuch f. d. Unterricht in der Algebra . . ., s. Heilermann, Hermann

Schulordnung des Gymnasiums. 7 S. **Progr.** G. *Celle* 1881.

Dieckmann, Jul. Des Publius Ovidius Naso Verwandlungen, metrisch übers. v. J. D. Fröhliche Entgegng. d. Verf. auf ernste u. heitere Angriffe. gr. 8. (18 S.) Hamb. 890, (Kloss). — 30
—— s. Ovidius Naso, P., Verwandlungen, metrisch übers.

**Dieckmann, K., Anleitung zur Behandlung der Normalwörterfibel. (70 S.) 8. Dortmund 910. W. Crüwell. Geb. 1. 30**

**— Anleitung zur Behandlung der Schreiblesefibel. (70 S.) 8. Ebd. 910. Geb. 1. 30**

**Dieckmann, Frau Marie, s.: Stahl, M.**

Dieckmann, [Martin] (Stadtbaumeister): Beschreibung des neuen Schulgebäudes. S. 5—8, 1 Taf. 4.
**Progr.** Gymn. und Realschule *Bremerhaven* 1901 (794).

**Dieckmann, Max** [Wilhelm Friedrich], a. Hermannsacker b. Stolberg: Über zeitliche Beziehungen von Schwingungen in Kondensatorkreisen. (Drei-Thermoelement-Methode.) Leipzig: J. A. Barth 1907. (25 S.) 8°
Straßburg, Math.-naturw. Fak., Ref. Braun, Diss. v. 1907
[Geb. 5. Juli 81 Hermannsacker b. Stolberg am Harz; Wohnort: Straßburg i. E.; Staatsangeh.: Sachsen; Vorbildung: Thomassch. Leipzig Reife O. 03; Studium: Göttingen 2, Leipzig 1, München 2, Straßburg 3 S.]

**Dieckmann, Max,** funkentelegraphische Empfangsstörung, s.: Sitzungsberichte der königl. bayer. Akademie der Wissenschaften. Mathem.-phys. Kl. 1910, VII.

**Dieckmann,** *(Henricus Leonardus Arnoldus* Oscarus [Rhenanus]: De Granii Liciniani fontibus et auctoritate ... (Erschien vollst. als Heft 3 d. XVI. Bds von: Berliner Stud. f. class. Philol. u. Archäol.) Berolini, S. Calvary & C., 1896; 2 Bl., 47 S., 1 Bl. 8.
Berlin, Phil. Fak., Inaug.-Diss. v. 25. März 1896

De Granii Liciniani fontibus et auctoritate scripsit Oscar Dieckmann, Dr. Phil. *Berolini: S. Calvary & C. 1896.* [S. 1—45, 89 f. erschien als Berliner Diss. 1896.] (3 Bl., 94 S.) 8.
= Studien, Berliner, f. class. Philologie u. Archäol. Bd 10. H. 3. [96. 6503

**Dieckmann,** Otto: Untersuchungen über das Methyl-Benzimidazol. Marburg 1898. F. Sömmering. (44 S.) 8°
Marburg, Phil. Diss. v. 13. Aug. 1898.

Dieckmann, Paul. Beiträge zur Anatomie des Hemirhamphus pogonognathus. Diss. Phil. Bern. [Mit 3 Tafeln.] *Kopftitel:* Aus dem zoologischen Institut der Universität Bern. 34 S. 8. Rostock, Adlers Erben, 1904.

**Dieckmann,** Ph(ilipp): Verzeichnis der Lehrer-Bibliothek des Königl. Realgymnasiums ⟨König Wilhelms-Schule⟩ zu Reichenbach in Schlesien. T. 1. Reichenbach 1904: C. Salzburg. (67 S.) 8°
Reichenbach in Schles., König Wilhelms-Schule OP 1904 (260)

**Dieckmann,** Ph(ilipp): Verzeichnis der Lehrer-Bibliothek des Königl. Realgymnasiums ⟨König Wilhelms-Schule⟩ zu Reichenbach in Schlesien. T. 2. Reichenbach 1905: C. Salzburg. (71—122 S.) 8° ¶ [Forts. d. P-Beil. 1904.]
Reichenbach, König Wilhelms-S ⟨k. RG nebst VS u. Familien-Alumnat⟩ OP 1905 (261)

**Dieckmann, R.,** die Gottmenschheit Jesu u. d. Gottmenschlichkeit d. hl. Schrift. Hrsg. i. Auftr. u. Namen d. Bibelbundes. 8. (28 S.) Braunschweig 897. H. Wollermann. n. — 25

— d. Herrlichkeit d. Einen Evangeliums in seiner vierfach. Gestalt, s.: Veröffentlichungen d. Bibelbundes.

**Dieckmann,** Reinhold [cand. phil.]: Die Zuckerprämien in den wichtigsten europäischen Produktions- und Konsumtions-Ländern und die internationalen Bestrebungen zu ihrer Beseitigung. . . . Halle a. S., *Druck v. C. J. Neubelt, Charlottenburg,* 1889; 72 S. 8°
Halle, Phil. Fak., Inaug.-Diss. v. [12. Nov.] 1889

**Dieckmann, W.,** General-Register z. Liebig's Annalen d. Chemie, s.: Villiger, V.

Dieckmann, W. Einige Vorschläge zu Textesänderungen in Platons Phaedon. 8 S. **Progr.** *Bückeburg* 1877.

**Dieckmann, Walter: Beiträge zur Kenntnis carbocyclischer** Verbindungen. *München 1898: V. Höfling.* (116 S.) 8°
München, Phil. Hab.-Schr. v. 1898
(Nicht für den Austausch)

**Dieckmann,** Walter [aus Hamburg]: Ueber Tetrahydroisochinolin ... München, kgl. Hof- u. Univ.-Buchdr. v. Dr. C. Wolf & Sohn, 1892; 58 S. 8.
München, Phil. Fak., Inaug.-Diss. v. 1892

**Dieckmann,** Wilhelm (Hrsg.), s. Eckstein, Ernst: Humoresken.

Dieckmann, W., Geschichte der Stenographie in Rheinland und Westfalen mit besond. Berücksicht. der Stolzeschen Schule. gr. 8. (30 S.) Dortmund 887, (Leipzig, Robolsky.) **
**Aus: Westdeutsche Stenographen-Zeitung, besonders abgedruckt.**

**Dieckmann, Wilh., Geschichte d. Stenographie in Rheinland u. Westfalen, m. e. Übersicht d. Lebens Wilhelm Stolzes u. d. Geschichte s. Schule. E. Fest**gabe f. d. 100jähr. Geburtstag Wilhelm Stolzes. 2., umgearb. u. verm. Aufl. gr. 8. (143 S.) Dortmund 898. F. W. Ruhfus. n. 1. —

**Dieckmann,** Wilh, Lehrbuch d. Kürzungsverfahrens n. d. vereinf. deutschen Stenographie, Einigungssystem (Stolze-Schrey). gr. 8. (63 S.) Dortmund 898. (M. Thomas.) n. 1. 20

**Dieckmann,** Wilh., Lehrbuch des Kürzungsverfahrens nach der vereinfachten deutschen Stenographie, Einigungssystem Stolze-Schrey. 2. umgearb. Aufl. gr. 8. (IV, 37 S.) Berlin 899. E. S. Mittler & Sohn. n. 1. 25; Schlüssel. (17 S.) n.n. — 50

**Dieckmann,** W., die deutschen Privatposten. Denkschrift, i. Auftr. d. „Freien Vereinigg. deutscher Privatposten" verf. gr. 8. (39 S.) Hannover 898. S. Hein & Co.
Vergriffen! War nicht im Handel.

[F.] Rechtskunde für den detailreisenden Kaufmann nebst e. Zsstellg d. wichtigsten Bestimmgn üb. d. Besteuerg d. Detailreisens in Preussen sowie sämmtl. übr. deutsch. Bundesstaaten. Gemeinverst. dargest. v. **Wilhelm Dieckmann,** Chef-Redacteur d. „Manufacturist"-Hannover. Anhang: 1) Das Gesetz z. Bekämpfg d. unlaut. Wettbewerbs v. 27. Mai 1896. 2) Handlungsgehülsen (!) und Handlungslehrlinge. '(Abschn. 6 Buch 1 d. neuen Handelsgesetzb.)' 2. Aufl. *Hannover: S. Hein & C. 1897.* (2 Bl., 72 S.) 1 Bd 8. [98. 10052 Go]

**Dieckmann,** Wilhelm [cand. iur. aus Hannover]: Die Regentschaft und Stellvertretung des Monarchen im deutschen Staatsrecht .... Hannover, Druck d. Schlüterschen Buchdr., 1888; VI S. + 1 Bl. + 40 S. 8°
Göttingen, Jur. Fak., Inaug.-Diss. v. 17. Mai 1888

Dieckmann, W., die Regentschaft und Stellvertretung des Monarchen im deutschen Staatsrecht. Inaugural-Dissertation. gr. 8. (VII, 40 S.) Hannover 888. (Göttingen, Vandenhoeck und Ruprecht.) *

**Dieckmann-Vogt,** Oskar [app. Arzt aus Husum]: Ueber Fasersysteme in den mittleren und caudalen Balkenabschnitten ... (Aus: Neurolog. Centralbl., 1895.) Leipzig, Veit & C., 1894; 23 S. 8.
Jena, Med. Fak., Inaug.-Diss. v. [21. Dez.] 1894

Dieckmeyer, Adf. Die Stadt Cambrai. Verfassungsgeschichtliche Untersuchgn. aus dem 10. bis gegen Ende d. 12. Jahrh. gr. 8. (83 S.) Bielef. 890, (Velhagen u. Klasing). * 1 50
—— dass. — Diss. gr. 8. (38 S.) Jena 889, (Dabis). * — 80

**Dieckmeyer,** Ad[olf], Dr.: Ein wichtiges **Stoffgebiet** für deutsche Aufsätze mit einer Themensammlung im Anhange. *Bochum 1900: W. Stumpf.* (20 S.) 8°
Bochum, st. OR, P 1900 (404)

**Dieckmeyer,** Ad., ein wichtiges Stoffgebiet f. deutsche Aufsätze m. e. Themensammlung im Anh. Progr. gr. 8. (26 S.) Bochum 900. (Leipzig, Buchh. G. Fock.) n. 1. —

**Dieckmeyer,** Otto [app. Arzt]: Die neuen in Frage der Aetiologie und Prophylaxe des Kindbettfiebers hervorgetretenen Ansichten ... Jena, Druck v. A. Kämpfe, 1893; 58 S., 1 Bl. 8.
Jena, Med. Fak., Inaug.-Diss. v. [28. Sept.] 1893

**Dieckow,** Fritz, aus Hamburg: John Florio's englische Übersetzung der Essais Montaigne's, und Lord Bacon's, Ben Jonson's und Robert Burton's Verhältnis zu Montaigne. *Straßburg i. E. 1903: Hertzer, Hubert & Fritsch.* (117 S.) 8°
Straßburg, Phil. Diss. v. 1902

**Diecmann,** Johann

DIECMANNUS, JOH.
— Inquisitio in genuinos natales vocis Teutonicæ Kirche, qua eos non in Græcia sed in Germania constituendos esse probatur. Stadæ. 1718. 4. P.

**Diecmann, Michael Georg** (Stade), De obligatione antidorali. Dissert. jur. Präs. Jo. Sam. Stryk. Halle (Chn. Henckel) 27. VII. 1703. 56 Seiten. (5.—) **6419**

Diede, Charlotte, Lebensbeschreibung u. Briefe, s.: Piderit, A., u. O. Hartwig.

Diede, Charlotte, die Freundin Wilh. von Humboldt's, Briefe an Karl Schulz. Mit einer Einleitung von Gust. Lothholz. 8. (XXVIII, 105 S.) Leipzig 883, Brockhaus. *M 2,40.; geb. *

Diede, Charlotte, siehe: v. Humboldt, W., Briefe.

**Diede zum Fürstenstein, Johann Wilhelm Theodor,** De eo quod est justum sed non decorum. Diss. jur. Präs. Christian Wildvogel. Jena (Müller) 16. VII. 1710. 68 S. (5.—) **6420**

**Diedemann,** Jh. Fr. Aug., Darstellung des gesammten, dermalen im Königr. Sachsen geltenden Civilrechts, s. Hausadvokat.

—— die kgl. sächs. Gesindeordnung v. 10. Januar 1835 nebst dazu gehör. Verordn., eingeleitet u. mit steter Hinweisung auf d. Entwürfe, so wie auf die von den Deputationen d. beiden Kammern an diese erstatt. Berichte u. die üb. d. Berathungen d. Kammern abgefaßten Protocolle, in so weit nöthig erklärt u. erläutert. gr. 12. (6⅓ B.) Grimma 836, Verlags-Comptoir.

**Diedemann, Johann Friedrich August** (Leipzig), Observationum ad doctrinam juris civilis de damno et pauperie pertinentium biga. Lpz. (Jacobäer) 6. IX. 1804. 24 S. (4.80) **6421**
Gew.: Ludw. Adam Chn. v. Wuthenau (Glesien, Kölzig), Joh. Aug. Otto Gehler.

**Diedemann,** Johann Friedrich August, s. Pfotenhauer: doctrina.

**Diedemann,** Johann Friedrich August, s. de Pradt: Vergleichung.

**Diedenhofen** [Schlagwort]

**Diedenhofen,** s.: Preussen. Messtischblätter.

**Diedenhofen, Kreis.** Rübsamen, Wilh. C., Handkarte d. Kreises Diedenhofen (Ost u. West). 1:120,000. 27,5×41 cm. Farbdr. Diedenhofen (908). C. Scharf. — 40

— — Wandkarte des Kreises Diedenhofen (Ost u. West). 1:30,000. 2 Blatt à 108×80,5 cm. Farbdr. Ebd. (908). 10.—; auf Leinw. n 15.—; m. Stäben n 16. —

**Diederic von Assenede.** Floris ende Blandeflœr. Mit Einleitung, Anmerkungen, und Glossar ... Leipzig 1836. II: *Hoffmann gen. von Fallersleben, August Heinrich.* (GGr)

Diederich, vgl. Dieterich(s). – Dietrich. – Diterich. – Dittrich.

**Diederich, Benno,** Alphonse Daudet, s.: Sammlung gemeinverständl. wissenschaftl. Vorträge.

— Alphonse Daudet, sein Leben u. seine Werke. gr. 8. (VII, 427 S. m. 1 Bildnis.) Berlin 900. C. A. Schwetschke & Sohn. n. 5.—; geb. n. 6.—

**Diederich, Benno,** die des Tags nicht kommen. 8 Einakter. (VII, 116 S.) gr. 8. Hamburg 908. C. H. A. Kloß. 2.—

[F.] Königin Elisabeth von Rumänien '(Carmen Sylva)'. E. Lebensbild v. Dr. Benno Diederich. M. 18 Abb. *Leipzig: R. Voigtländer 1898.* (95 S., 1 Portr., 7 Taf.) 1 Bd 8. = Volksbücher, Biographische. No 28—31. [98. 11636

**Diederich, Benno:** Führung zur Kunst. Hamburg 1909: Lütcke & Wulff. 31 S. 8°
Hamburg, Gelehrten-S d. Johanneums P 1909 (980) [S 09. 71

**Diederich,** Benno, Führung zur Kunst. Progr. (31 S.) Lex. 8. Hamburg 909. (Herold.) nn 2. 50

**Diederich, Benno,** Von Gespenstergeschichten, ihrer Technik u. ihrer Literatur. (Buchschmuck v. Theo Hoffmann.) (XII, 354 S.) gr. 8. Leipzig 903. Schmidt & Spring. n. 4.—; geb. in Leinw. n. 5.—

— Die Hamburger. — Charakterbilder aus der Literatur unserer Zeit. (295 S.) gr. 8. Blankenese 909. J. Kröger. 3. 50

— Großherzog Peter v. Oldenburg. Erinnerungsblätter. gr. 8. (82 S. m. 3 Bildnissen.) Oldenburg 900. (H. Hintzen.) n. 1.—

Grossherzog Peter von Oldenburg. Erinnerungsblätter zsgest. von Dr. Benno Diederich. *Blankenese: J. Kröger 1900.* (82 S.) 8° [F.] [00. 11337

Hamburger Poeten. Charakterbilder aus d. Literatur unserer Zeit von Dr. Benno Diederich. Leipzig: Verl. f. Literatur, Kunst u. Musik 1910. 295 S. 8°
(Beiträge z. Literaturgeschichte. Hrsg.: Rudolf Eichler. H. 71.) [10. 13171

**Diederich,** Benno, Don Quijote u. sein Dichter. Eine Einführg. (Vortrag, geh. in der literar. Gesellschaft zu Hamburg, Novbr. 1904.) (39 S.) gr. 8. Stuttgart 905. R. Lutz. n. —60

**Diederich, Benno [Berolinensis]:** Quomodo dei in Homeri Odyssea cum hominibus commercium faciant ... (Soll fortges. werden.) Kiliae, ex offic. H. Fiencke, 1894; VI, 87 S., 1 Bl. 8.
Kiel, Phil. Fak., Inaug.-Diss. v. [27. Febr.] 1894

[F.] Emile Zola. Von Dr. Benno Diederich. M. 1 Bildn. u. 1 Stammtaf. *Leipzig: R. Voigtländer 1898.* (98 S., 1 Portr., 1 Taf.) 1 Bd 8. = Volksbücher, Biographische. No 8—10. [98. 11639

— Zola u. die Rougon-Macquart. Das Milieu bei Emile Zola, s.: Sammlung gemeinverst. wissensch. Vorträge.

Diederich, C., Die Beitreibung der Gerichtskosten im Verwaltungs-Zwangsverfahren in Preussen. Köln 1903. 8°.

**Diederich,** C., Führer durch die Antwerpener Ausstellung 1894, nebst e. (farb.) Plan u. e. Beschreibg. der Sehenswürdigkeiten Antwerpens. 8. (70 S.) Antwerpen 894. (Düsseldorf, Schmitz & Olbertz.) 1.—

**Diederich,** C.: Invaliditäts- und Altersversicherung. Von C. Diederich. (Cöln): Kölner Verlagsanst. & Dr. (1906). 30 S. 8°
(Zeitschrift f. d. Deutsche Gerichtssekretariat. Jg. 17, Beil.)

**Diederich,** C.: Der Monats- und Jahresabschluß, die zwangsweise Beitreibung der Gerichtskosten, sowie d. Verkehr d. Gerichtskassen mit d. Reichsbank, u. d. Vorschriften f. d. Anwendung d. Gesetzes über d. Invaliditäts- u. Altersversicherung im Bereiche d. Justizverwaltung Preußens. Nach d. Kassenordnung f. d. preuß. Justizbehörden v. 31. März 1900. (Cöln): Kölner Verlagsanst. & Dr. (um 1906). 64 S. 8°
(Zeitschrift f. d. Deutsche Gerichtssekretariat. Beil.)

**Diederich,** Christoph Leopold, s. Diederichs, Christoph Leopold

**Diederich, E. (E. Hainberg),** zwei Mütter, — ein verhängnisvoller Ring. Heimatluft, — alte Schuld. Haß. Lohn des Guten, } s.: Engelin's Roman- u. Novellenschatz.

**Diederich, E. (E. Hainberg),** des Bruders Schuld. Unter falsch. Verdacht, — Prüfung. Ein Stückchen Zeug, } s.: Engelin's Roman- u. Novellenschatz.

**Diederich,** Eduard, Pfarrer in Pombsen, Kr. Jauer: Das Dekret des Bischofs Burchard von Worms. Beiträge zur Geschichte seiner Quellen. T. 1. Jauer 1908: O. Hellmann. (67 S.) 8° [F.] ¶ (Der 2. T., die Berichtigung der Inskriptionen, erscheint später.)
Breslau, Kath.-theol. Fak., Ref. Laemmer, Diss. v. 31. Juli 1908
[Geb. 12. Aug. 69 Tiftlingerode, Kr. Duderstadt in Hannover; Wohnort: Pombsen, Kr. Jauer; Staatsangeh.: Preußen; Vorbildung: Josephinum Hildesheim Reife O. 91; Studium: Breslau 2, Würzburg 1, Breslau 4 S.; Rig. 19. Juni 08.]

Diederich, [Frl.] E[rnestine] s. Familienbibliothek, Schweizer. Nr. 39.

Diederich, [Frl.] E[rnestine] s. Familienbibliothek, Schweizer. Nr. 50.

**Diederich,** Franz

Diederich, Frz. Du mein Jena, dein gedenk' ich! Ein Sang aus d. Saalthal. 12. (92 S.) Lpz. 889, Bouman. * 1 20; geb. * 1 80

**Diederich,** Fr., Goethe's Egmont, s.: Volksbühne, die.

Diederich, Frz., die Hämmer dröhnen. Werdestimmen. (111 S.) 8. Dresden (905). Kaden & Co. n. 1.—

— die weite Heide. Stimmungen. (III, 147 S.) 8. München 904. G. Müller. n. 2. 50; geb. n. 3. 50

Franz Diederich. Friedrich Hölderlin und sein Schicksalslied. Ein Zeitbild. *Dresden: Kaden & Co. 1903.* (34 S.) 8° [F.] [03. 4303

— Kometen, s.: Düvell, Fritz.

— William Shakespeare's König Lear, s.: Volksbühne, die.

— Meisterbilder-Vergleichmappen. Ratschläge, die vom Kunstwart hrsg. „Meisterbilder fürs deutsche Haus" anzusehen. (23 S.) gr. 8. München 909. G. D. W. Callwey. —50

**Diederich,** Frz., Städtebuch f. reisende Arbeiter, s.: Glomke.

**Diederich,** Frz., Worpsweder Stimmungen. Mit Titelzeichng. v. Karl Krummacher in Worpswede. 8. (VII, 103 S.) Berlin 902. G. H. Meyer. n. 2.—; geb. n. 3.—

— Worpsweder Stimmungen. Mit Titelzeichng. v. Karl Krummacher. 2. [Titel-]Aufl. (VII, 103 S.) 8. München [902] 904. G. Müller. n. 2.—; geb. n. 3.—

**Diederich,** Franz [aus Hannover]: Die geographische Verbreitung der echten Raben (Corvinae). . . . Gera, Druck v. Theodor Hofmann, 1889; 102 S. + 2 Bl. u. 3 Kart. 8°
Leipzig, Phil. Fak., Inaug.-Diss. v. 18. Febr. 1889

— Die Weber. Schauspiel v. Gerhart Hauptmann, s.: Volksbühne, die.

— Franz Grillparzer's des Meeres u. der Liebe Wellen, s.: Volksbühne, die.

— Wintersonnenwende. Zum Gipfel auf! Zwei Volksfestspiele. 8. (32 S.) Leipzig 893. Leipziger Volksbuchh. n. — 25

Diederich, Gustav

Die Bergische Bibelgesellschaft. Schlichte Bilder aus d. Geschichte ihrer Entwickelung von Gustav **Diederich.** Als Ms. gedr. Elberfeld 1907. 79 S. 8° [10. 8177 5

**Diederich**, G., die Elberfelder Missionsgesellschaft von 1799 —1899, e. Gedenkschrift zur Feier ihres 100jähr. Bestehens am 3. VI. 1889. 8. (30 S. m. Bildn.) Elberfeld 899. Verlag des ev. Jünglingsvereinshauses. — 30

**Diederich**, G., d. Vereine u. Anstalten d. äußeren u. inneren Mission i. Wupperthal. 8. (48 S. m. 1. Abb.) Elberfeld 895. Verlag d. Jünglingsvereinshauses. n. —30

**Diederich**, J. H., s.: Diterich, J. H.

Diederich, Pierre

**Diederich,** P., Hebemaschinen, s. Uhland's, Wilh. Heinr., Handbuch f. den prakt. Maschinen-Konstrukteur. I. 2. II.

Hebemaschinen. Bearb. von Oberingen. P. **Diederich**, Mannheim. Mit 186 Abb. Berlin: W. & S. Loewenthal [1907]. (S. 117–230.) 4°
= **Handbuch**, Uhland's, f. d. prakt. Maschinen-Konstrukteur. Bd 1, T. 2, Abt. 2. [07. 18340

— Werkzeugmaschinen, s. Uhland's, Wilh. Heinr., Handbuch f. den praktischen Maschinen-Konstrukteur. III. 2. III.

Werkzeugmaschinen. Bearb. von Ober-Ingen. P[ierre] **Diederich**, Mannheim. Mit 457 Abb. Berlin: W. & S. Loewenthal [1907]. (S. 145–258.) 4°
= **Handbuch**, Uhland's, f. d. prakt. Maschinen-Konstrukteur. Bd 3, T. 2, Abt. 3. [07. 4083

**Diederich**, H., s.: Karte vom Harz.

**Diederichs und Freund, Den Freimaurerbrüdern von,** bei deren Silbermale 13. Oct. 1842. [Altenburg 1842.] V: *Lützelberger, Bernhard.* (wolfstieg I, 747)

**Diederichs**: De planis, quorum summa distantiarum a numero dato planorum constans. 23 S. – Halberstadt, Progr. 1864.

**Diederichs**, Annaliese, „Antipoden", s.: Ungelent's Vereinsbühne.

Diederichs, Aug., über die Aussprache von sp, st, g und ng. Ein Wort zur Verständigung zwischen Nord und Süd. gr. 8. (29 S.) Rostock 882, Werther's Verlag. *
Aus: Zeitschrift für Orthographie etc., besonders abgedruckt.

—— dass. — 2. durch einen „Anhang" verm. Sonder-Ausg. eines in der Zeitschrift für Orthographie etc. erschienenen Aufsatzes. gr. 8. (46 S.) Strassburg 884, (Trübner.) *

Beitrag zu einem Wörterbuche der Remscheider Mundart. Hrsg. von August **Diederichs.** Remscheid: Krumm in Komm. 1910. 20 S. 8° [11. 17725

**Diederichs, August**: Der Kuxschein. Stuttgart 1908: Union. 112 S. 8° ¶ (Aus: Zeitschr. f. d. gesamte Handelsrecht u. Konkursr. Bd 63.)
Heidelberg, Jur. Diss. v. 16. Febr. 1909, Ref. Schröder
[Geb. 25. Sept. 07 Essen a. R.; Wohnort: Berlin; Staatsangeh.: Preußen; Vorbildung: Rats-Gymn. Osnabrück Reife M. 01; Studium: Berlin 8 S.; Rig. 1. Aug. 08.] [U 09. 1772

Diederichs, Aug., modèles d'écriture allemande. Deutsche Schulvorschriften. 2. Aufl. gr. 4. (18 Bl.) Genf 858, [Müller-Darier.]

Diederichs, Aug., deutsche Schul-Vorschriften. Modèles d'écriture allemande. 2. édit. qu.-4. (18 Bl. u. gestoch. Tit.) Genève 845, Kessmann.

Diederichs, Aug., unsere Selbst- und Schmelzlaute [auch die englischen] in neuem Lichte. Oder Dehnung und Brechung als solche und letztere als Verrätherin alltägl., vorzeitl. und vorgeschichtl. Wortwandlungen. gr. 8. (XVI, 315 S.) Strassburg 886, (Trübner.) *

**Diederichs,** Carl [aus Genf]: Aus d. chirurg. Klinik zu Bonn. Ueber die operative Behandlung deform geheilter Fracturen an den langen Knochen der Extremitäten. . . . Bonn, Univ.-Buchdr. v. Carl Georgi, 1889; 77 + 1 S. + 1 Bl. 8°
Bonn, Med. Fak., Inaug.-Diss. v. 26. März 1889

**Diederichs, Christian Friedr.** (Göttingen), De diarrhoea. Diss. med. Erfurt (Jo. Christ. Goerling) 2. III. 1793. 24 S. (4.80)
Gew.: Christ. Conrad u. Christ. Fried. Hemmerich.

Diederichs, Christoph Leopold: „Entwurf der Rechtslehre von der Westphälischen Eigenbehörigkeit, vorzüglich in der Grafschaft Ravensberg, nach Anleitung der Minden-Ravensbergischen Eigenthumsordnung vom 26. November 1741", Lemgo 1792 (Meyer). — Vorh.: Bibl. des Oberlandesgerichts Celle —

Diederichs, Eduard, Der deutsche Staat. Frankfurt a. M., B. Auffahrt, 1848. IV, 80 S. 8°.

**Diederichs,** Ern. (Frid. Guil.) (geb. Zöthen bei Camburg 31. 1. 1832): De partu praematuro artificiali. Berolini (1856). (30 S.) 8°
Berlin, Med. Diss. v. 21. Apr. 1856

Diederichs, Ernst, über die therapeutische Verwendung der Coca-Praeparate im Kindesalter. Diss. Halle 1885, Lippertsche Buchh. 8°. 43 S.

Jena und Weimar. Ein Almanach des Verlages Eugen **Diederichs** in Jena. 1908. (Jena: E. Diederichs 1908.) (175 S.) 8° [07. 16063

**Diederichs**, Eug., s.: Leben, deutsches, der Vergangenheit in Bildern.

Diederichs E, Deutsches Leben der Vergangenheit in Bildern. 2 Bände (542 S) fol Jena 1908

— Generalregister zu „Deutsches Leben der Vergangenheit" u „Monographien zur deutschen Kulturgeschichte". (132 S) 4° Jena 1909

Eugen **Diederichs**, Jena in Thüringen. Verlagskatalog. *(Jena: E. Diederichs [1904].)* (91 S.) 8° [Umschlagt. F.] [04. 15667

**Diederichs**, Eugen: Wege zu deutscher Kultur. Eine Einführung in d. Bücher d. Verlages Eugen Diederichs in Jena. Mit Bücherverzeichnis bis Weihn. 1908. (Mit 17 Nachbild. alter Kupferstiche v. Israhel van Meckenem. Jena: Diederichs 1908.) 118 S. 8°

Diederichs, F. F. A. v., die Systeme d. Staatswissenschaften v. Say, Jacob u. Pölitz nach ihren Hauptmomenten, u. mit besond. Rücksicht auf d. sogen. Nationalökonomie vergleichend u. krit. nebeneinandergestellt. Nebst Ideen zur neuen, sachgemässen Begründ. u. Behandlung d. berührten Materien. gr. 8. (8¾ B.) Köln 833, Bachem.

**Diederichs**, H., s.: Brandt's, Joh. Casimir, Aufzeichnungen üb. Ereignisse u. Hoffestlichkeiten aus der Zeit Herzog Friedrich Casimirs v. Kurland etc.

**Diederichs**, H., s.: Foelckersahmb's, Melch. v., Relation üb. seine Sendung nach Stockholm im Sommer 1655.

Diederichs, H., Herzog Gotthards von Kurland Friedensvermittelung zwischen Rat und Bürgerschaft der Stadt Riga im J. 1586. Ein Beitrag zur Geschichte der Kalenderunruhen. Hrsg. von der kurländ. Gesellschaft für Literatur und Kunst. gr. 4. (XII, 62 S.) Mitau 884, (Besthorn.) *

Diederichs, H. Herzog Jacobs v. Kurland Kolonien an der Westküste v. Afrika. Festschrift der Kurländ. Gesellschaft f. Literatur u. Kunst zur Feier ihres 75jähr. Bestehens. gr. 4. (71 S. m. 2 farb. Karten.) Mitau 890, (Besthorn). * 3 —

**Diederichs,** Hans, approb. Arzt aus Rostock: Zur **Kenntnis der Reizleitung in den Cerebrospinalganglien.** *Rostock 1900: C. Hinstorff.* (30 S.) 8°
Rostock, Med. Diss. v. [5. Nov.] 1900

**Diederichs**, Frau Helene, s.: Voigt, Helene. — Voigt-Diederichs, Helene.

Diederichs, Johann Chr. Wilhelm (Übers.), s. Chandler, Sam.: Krit. Gesch. d. Lebens Davids.

Diederichs, Jh. Chr. Wlh., zur Geschichte Simsons, Richter XIV—XVI. 3 Stcke. 8. Gotha 778 u. 79. Dieterich in Götting. 8 gl.

— hebräische Grammatik. Mit Zusätzen verm. v. J. W. F. Hezel. 8. Lemgo 782. Meyer. 6 gl.

——, J. C. W., Hebräische Grammatik für Anfänger. Lemgo 1778.

— über d. schweren Haare d. Absalon. 2 Sam. XIV, 25, 26. 4. Götting. 776. Dieterich. 2 gl.

**— Jo. Christ. Wilh.** (Pyrmont), Specimen variantium lectionum codicum Hebraicorum mss. Erfurtensium in psalmis. Götting. (Fr. A. Rosenbusch) 22. IV. 1775. 40 S. (5.—)

— spicilegium observationum quorundam arabico-syrarum ad loca quaedam veteris testamenti. 4. Götting. 777. Dieterich. 2 gl.

— Vermuthungen zu Verbesserung e. Lesarten im Samuel. 4. Götting. 776. Dieterich. 2 gl.

Diederichs, Johann Fr.

--Reise der Familie Johann Fr. Diederichs v Elberfeld nach Manitouwoc in N-A in Briefen u Tageblättern. Bremen, 1848.

Diederichs, J. Fr., siehe: Reise nach Manitouwoc.

**Diederichs, Jos.**, Effektivpreise f. sämtliche rechtwinklige, runde u. halbrunde Feinbleche. Auf Grund der vom Verband deutscher Feinblech-Walzwerke G. m. b. H. in Köln hrsg. Überpreisskala aufgestellt. gr. 8. (11 S.) Köln (902). P. Neubner. n.n. — 75

v. Diederichs, K. L., Beitrag zur Würdigung d. Bethmann. Schrift: „Mein Weihnachtsgeschenk an d. Königstädter Theater," in e. kurzen Darstell. d. Verhältnisse ihres Verfassers zu diesem Theater etc. 8. Berl. 826. Cosmar u. K. 4 gl.

Diederichs, Luise [Frauenname]

s. Strauß und Torney, Lulu von [Mädchenname]

Diederichs, *Otto* Die Rektifikation des Kreises in der Schule. 4 (8 S). Progr. Kgl. Dom.-G. *Halberstadt* 1891 (228).

**Diederichs**, Peter [app. Arzt aus Idenheim '(Rheinprov.)']: Ein Fall von Fremdkörper im Oesophagus mit Aortenperforation' ... Würzburg, J. M. Richter's Buch- u. Kunstdr., 1893; 25 S. 8.
Würzburg, Med. Fak., Inaug.-Diss. v. 1893

[Umschlagt.:] **Diederichs**, *Rudolf* [aus Parchim]: Über die fossile Flora der mecklenburgischen Torfmoore. Von d. phil. Fak. d. Landesuniv. Rostock gekr. Preisschrift. [Aus: Arch. d. Ver. d. Freunde d. Naturgesch. in Mecklenb., Jg. 49.] Güstrow, Druck d. Ratsbuchdr., 1894; 34 S., 2 Taf. 8.
Rostock, Phil. Fak., Inaug.-Diss. v. [20. Dez.] 1894

**Diederichs, R.**, üb. d. fossile Flora d. mecklenburg. Torfmoore. Von d. philosoph. Fakultät d. Landesuniversität Rostock gekrönte Preisschrift. [Aus: „Archiv d. Freunde d. Naturgesch. in Meckl."] gr. 8. (34 S. m. 2 Taf.) Güstrow 894. (Opitz & Co.) n. 1. —

**Diederichsen, Annie**, Gladiolen. Gedichte. 8. (IV, 77 S.) Dresden 902. E. Pierson. n. 1. 50; geb. n. 2. 50

Diederichsen, Annie, für Menschen m. Kinderherzen. Plaudereien aus unserer Kinderstube. Mit Buchschmuck v. Thdr. Herrmann. (82 S.) 8. Bremen (906). C. Schünemann. Geb. in Leinw. n. 2. —

Diederichsen, Heinr., kleine Gesang-Schule, enthaltend: 130 Uebungen zur Ausbildung der Stimme im Gesang. Nach den besten Quellen method. geordnet. gr. 8. (1 B.) Hamburg 843, Berendsohn. Thlr. *

—— der Jugend-Freund. Eine ausgewählte Samml. 2- u. 3stimmiger Schul-Lieder verschiedener Componisten. 1. Hft. (Enth.: Eine Anweisung z. Singen, 142 zweistimm. u. 15 drei- u. vierstimm. Lieder.) gr. 8. (6 B.) Hamburg 846, (47,) Schuberth u. Comp. *

Diederichsen, H., der Liedergarten. Sammlung zwei- und mehrstimmiger Lieder für Schule, Haus u. Leben. 1. Heft. [72 Lieder enth.] 2. verb. Aufl. Hamburg 861. Harder. 12. (48 S.) n. 3 ngr.

Diederichsen, Heinr., die Liederharfe. Eine Sammlung christl. Figuralgesänge u. Kinderlieder. Zum Gebrauch in den Sonntagsschulen zweistimmig geordnet u. hrsg. 8. (24 S.) Hamburg 850. (Berendsohn.) 1 1/2 ngr.

— neuester Liederkranz. Eine ausgewählte Sammlung der beliebtesten 2- und dreistimmigen Schullieder verschiedener Componisten. 1. Hft. Enth.: 134 zwei- u. 23 dreistimmige Lieder. gr. 8. Hamburg 841, 42, Berendsohn. n. 1/3 ßf — 2. Aufl. gr. 8. Ebd. 843. n. 1/3 ßf — 3. Aufl. 846. 1/1 ßf — 2. Heft. Enth.: 2-, 3- u. 4stimmige Schullieder. gr. 8. Ebend. 843. n. 1/3 ßf

— ders. 2. Hft. Enthaltend: 17 Canons, 78 zwei-, 26 drei- u. 5 vierstimm. Lieder. 2. verm. u. veränd. Aufl. gr. 8. (IV u. 80 S.) Ebd. 849. n. 1/3 ßf

—— neuester Liederkranz. Eine ausgewählte Sammlung der beliebtesten zwei- und dreistimm. Schullieder verschied. Componisten. 1. Heft. Enthaltend: 134 zweistimm. und 23 dreistimm. Lieder. 3. Aufl. 847. und 4., unveränd. Aufl. gr. 8. (IV und 80 S.) Hamburg 851, Berendsohn. *

Diederichsen, Heinr., neuester Liederkranz. Eine ausgewählte Sammlung der beliebtesten 2- und 3stimmigen Schullieder verschiedener Componisten. 1. Heft. Enthltd.: 134 2stimmige u. 23 3stimmige Lieder. 5. unveränd. Aufl. Hamburg 855. Berendsohn. gr. 8. (2 Bl., 80 S.) n. 10 ngr.

Diederichsen, Heinr., neuester Liederkranz. Eine ausgewählte Sammlung der beliebtesten 2- und 3-stimm. Schullieder verschied. Componisten. 2 Hefte. gr. 8. Hamburg, B. S. Berendsohn. [1. Heft. 7. Aufl. (IV und 80 S.) 866., 2. Heft. 3., verm. Aufl. (IV und 80 S.) 865.] à Heft * 12 Ngr. *

Diederichsen, Leonhard: In welchem Verhältniss stehen das 5., 6. und 7. Buch der Nikomachischen Ethik zu den vorhergehenden und die erste Behandlung der ἡδονή und λύπη zur zweiten? Flensburg, Progr. 1877

Diederichsen, Matth. Laur.

Diederichsen, (M. L.,) kurzgefaßte Diätetik f. Kinder, oder Anweis. z. körperl. Erziehung d. Kinder in d. ersten Lebensjahren. 8. Schleswig 827, Taubstummen-Institut.

Diederichsen, M. L., die zweckmäßig besorgte Kranken- u. Wochenstube; od., diätet. Belehrungen f. Kranke u. Wöchnerinnen, so wie f. alle, die Kranke u. Wöchnerinnen zu verpflegen haben. 8. (9 3/4 B.) Altona 832, (Aue.)

DIEDERICHSEN, MATTH. LAUR., De ophtalmologia neonatorum. Diss. inaug. Kiliae. 1825. 4. P.

—— einige wohlzubeherzigende Worte an Eltern, Lehrer u. an d. heranwachs. Jugend, üb. 1 B. Mos. 38, 9 u. 10. 8. ... Schleswig 828, Taubst.-Inst. (Leipzig, Cnobloch.)

Diederici, C. W., elegante Pharmacie, od. Anleit. zur Verfert. d. vorzügl. Gegenstände f. d. Toilette u. f. elegante Haushaltungen. 8. Braunschw. 824. Meyer. 20 gl.

(**Diedericus**, Johann Christian:) Des grundmäßigen medicinischen Schlüssels vollkommen eröffnete 24 Theile, vermittelst dessen alle innerliche Gebrechen des menschlichen leibes richtig zu erkennen ... Th. (1.) 2. Leipzig: Cörner 1724 – 26.
(Th. 1:) (Eröffnung 1 – 12.) 1726.
Th. 2 (u. d. T.): Eröffnung des wahrhafftigen Schlüssels zu der richtig- und gründlichen Erkäntniß derer menschlichen Leibes-Gebrechen (Eröffnung 1 – 12.) 1724.

Djebloff, s. Amicis, Edmondo de. Starkmut.

**Diedloff**, zweierlei Glück, s.: Bibliothek der fremden Zungen.

**Diedrich**, vgl. Dieterich(s). – Dietrich. – Diterich. – Dittrich.

**Diedrich**, August [aus Ringelheim]: Beiträge zur Kenntniss der Nitroderivate der Isophtalsaeure ... Freiburg i. B., Buchdr. v. Chr. Ströcker, 1891; 38 S., 1 Bl. 8.
Freiburg i. B., Phil. Fak., Inaug.-Diss. v. 1891

**Diedrich**, C., Vorlegeblätter zum Elementarunterrichte im Zeichnen. 1. Hft. gr. Fol. (6 lith. Bl.) Arnsberg 848, Grote in Comm. 12 ngr

Diedrich, Christ. Ch. Über das Wesen der Religion. 26 S.
Halle, W., Progr. 1843

**Diedrich**, Christian

**Diedrich**, Chrst., Hülfsbuch f. d. Religionsunterr. in d. unt. Gymnasialclassen, Volks- u. Bürgerschulen. 1. Thl. — A. u. d. T.: Die christl. Glaubenslehre begrifflich entwickelt u. mit geschichtl. Beispielen veranschaulicht. gr. 8. (26½ B.) Halle 841, Buchh. d. Waisenhauses. Thlr.

— Hülfsbuch f. d. Religionsunterricht in den untern Gymnasialklassen, Volks- u. Bürgerschulen. 2. Thl. A. u. d. T.: Die christliche Sittenlehre begrifflich entwickelt u. mit geschichtl. Beispielen veranschaulicht. gr. 8. (30½ B.) Halle 842, Buchh. des Waisenhauses.
1. Thl. Ebendas. 1841. 1 Thlr. 15 Ngr.

Diedrich, Chrstn., Hülfsbuch für den Religions-Unterricht in den untern Gymnasialclassen, Volks- und Bürgerschulen. 1. Thl. 2., verb. und verm. Aufl. A. u. d. T.: Die christl. Glaubenslehre begrifflich entwickelt und mit geschichtl. Beispielen veranschaulicht. gr. 8. (XXIV und 438 S.) Halle 848, Buchhandlung des Waisenhauses. Thlr.

— dass. — 2. Thl. 2., verb. und verm. Aufl. A. u. d. T.: Die christl. Sittenlehre begrifflich entwickelt und mit geschichtl. Beispielen veranschaulicht. gr. 8. (XXIV u. 512 S.) Ebds. 849.

**Diedrich**, Chr., Hülfsbuch für den Religions-Unterricht in den untern Gymnasialclassen, Volks- u. Bürgerschulen. 1. Thl. 3. verb. ꝛc. Aufl. A. u. d. T.: Die christliche Glaubenslehre begrifflich entwickelt und mit geschichtlichen Beispielen veranschaulicht. Halle 855. Buchhandlung des Waisenhauses. 8. (XXIV, 459 S.) 1 ₰ 18 ngr

Diedrich, Chr., Hülfsbuch für den Religions-Unterricht in den untern Gymnasialklassen, Volks- und Bürgerschulen. 2. Thl. A. u. d. T.: Die christl. Sittenlehre begrifflich entwickelt und mit geschichtl. Beispielen veranschaulicht. 3., verb. und verm. Aufl. gr. 8. (XXIV und 552 S.) Halle 858, Buchhandlung des Waisenhauses.
1. Thl. Ebendas. 1855. 1 Thlr. 18 Ngr.

Diedrich, Chrst., Hülfsbuch f. d. Religionsunterricht auf der obersten Lehrstufe der Gymnasien. 1. Bd. 1. Abthl. Der christl. Glaubenslehre 1. Hälfte, nebst einer einleit. Abhandl. üb. die Anforderungen der Gegenwart an den Religionsunterricht in der obersten Gymnasialklasse. A. u. d. T.: Das Christenthum auf bibl.-kirchlichem Standpunkte dargestellt f. wissenschaftlich gebildete Leser. 1. Bd. 1. Abthl. gr. 8. (24½ B.) Halle 844, Buchh. des Waisenhauses.

**Diedrich**, Frdr., Anweisung zur Oel-Malerei, zur Aquarell-, Fresco- u. Miniatur-Malerei. Nebst 40 Geheimnissen f. Zeichner, Maler u. Lackirer, als: Ueber Farbenlehre u. Harmonie der Farben, — bestes Verfahren Zeichngn. zu copiren, — Kupferstiche u. Lithographien auf Papier, Holz u. Glas abzuziehn ꝛc. 8. verb. Aufl. 8. (VIII, 152 S.) Quedlinburg 876. Ernst. 1. 50

Diedrich, G., vollständig ausgearbeitete Aufsätze als Material für den schriftlichen Aufsatz und den mündlichen Unterricht in der Naturkunde in den oberen und mittleren Abtheilungen der Volksschule und in Fortbildungsschulen. 2. und 3. verb. und verm. Aufl. gr. 8. (VIII, 158 S.) Schweinfurt 874,75, Stoer. *

Diedrich, G., vollständig ausgearbeitete Aufsätze als Material für den schriftlichen Aufsatz und den mündlichen Unterricht in der Naturkunde in den oberen und mittleren Abtheilungen der Volksschule und in Fortbildungsschulen. 4. verb. und verm. Aufl. gr. 8. (158 S.) Schweinfurt 876, Stoer. *

Diedrich, G., vollständig ausgearbeitete Aufsätze als Material für den schriftlichen Aufsatz und den mündlichen Unterricht in der Naturkunde. 4. Aufl. gr. 8. Schweinfurt 876. Nürnberg, Korn'sche Buchh. *

Diedrich, G., vollständige ausgearbeitete Aufsätze aus dem Gesamtgebiete der Naturkunde für Volks- und Fortbildungsschulen. 5. verb. und stark verm. Aufl. 8. (III, 167 S.) Nürnberg 888, Korn'sche Buchh. *

— sprachliche Uebungen für die Hand des Lehrers in der Mittel- und Oberklasse der Elementarschule. gr. 8. (48 S.) Schweinfurt 874, Stoer. *

Diedrich, Geo., über Oxydimorphin und seine Wirkung auf den thierischen Organismus. Inaugural-Dissertation. gr. 8. (43 S.) Göttingen 883, (Vandenhoeck und Ruprecht's Verlag.) *

Diedrich, H., Gesetze und Verordnungen betr. Uebertretungen, gültig in dem Regierungs- und Polizeibezirk Magdeburg. Zum prakt. Gebrauche zusammengestellt. 8. (X, 367 S.) Magdeburg 882. E. Baensch jun. **

**Diedrich**, J., die Apostelgeschichte St. Lucä kurz erläutert für heilsbegierige aufmerksame Bibelleser. Neu-Ruppin 864. Oehmigke. 8. (232 S.) 18 ngr

Diedrich, J., fünf Artikel der augsburgischen Confession (7. 8. 14. 15. 28.) über Kirche und Kirchenregiment. gr. 8. (30 S.) Neu-Ruppin. Berlin 859, W. Schultze. *
Aus: Lutherische Dorfkirchenzeitung, besonders abgedruckt.

— kurze Beantwortung der „vorläufigen Schutzwehr" des geh. Justiz-Raths und Professors Dr. E. Huschke. gr. 8. (61 S.) Neu-Ruppin 861, Oehmigke. *

— Beicht- und Communion-Buch. gr. 16. (264 S.) Neu-Ruppin 861, Oehmigke. *

**Diedrich**, J., Breviarium das ist Matutinen und Vespern durch das ganze Kirchenjahr, für Kirche, Schule und Haus. Berlin (858.) W. Schultze. gr. 8. (XXIII, 439 S.) n. 1 ₰ 6 ngr

**Diedrich**, J., der Brief St. Pauli an die Römer kurz erklärt. 3. verb. Ausg. 8. (234 S.) Hannover 873. Meyer. n. 2. —

— die Briefe St. Pauli an die Epheser, Philipper, Colosser und Thessalonicher kurz erklärt für heilsbegierige, aufmerksame Bibelleser. (Kurze Epistel-Erklärungen. 4. Bdchn.) Leipzig 858. Dörffling u. Franke. 8. (110 S.) 12 ngr

— die Briefe St. Pauli an Timotheus, Titus u. Philemon u. der Brief an die Hebräer kurz erklärt für heilsbegierige, aufmerksame Bibelleser. (5. Bdchn. der Epistel-Erklärungen.) Leipzig. 860. Dörffling & Franke. 8. (141 S.) 13½ ngr

Diedrich, J., die Briefe St. Petri, St. Johannis, St. Jacobi und St. Judä kurz erklärt für heilsbegierige, aufmerksame Bibelleser. 8. (114 S.) Leipzig 861, Dörffling und Franke. Thlr.

— das erste Buch Mose kurz erläutert für heilsbegierige aufmerksame Bibelleser. 8. (279 S.) Berlin 866, (W. Schultze.) *

— dass. — 2. (Titel-)Ausg. 8. (279 S.) Nürnberg 869, Löhe. *

— das 2. Buch Mose kurz erläutert für heilsbegierige und aufmerksame Bibelleser. 8. (262 S.) Berlin 867, (W. Schultze.) * –

— dass. — 2. (Titel-)Ausg. 8. (262 S.) Nürnberg 869, Löhe. * –

**Diedrich**, J., das 3., 4. u. 5. Buch Mose, kurz erläutert f. heilsbegier. aufmerksame Bibelleser. 8. (280 S.) Frankfurt a/M. 883. (Drescher.) n. 2. —

Diedrich, J., das 3., 4. und 5. Buch Mose, kurz erläut. für heilsbegierige aufmerksame Bibelleser. 8. (280 S.) Frankfurt a. M. 883. (Leipzig, Wilh. Weber.) *

—— vom rechten Buße-thun. Predigt am 3. Sonntage nach Trin. über Ev. Lucä 15, 1—11 gehalten. gr. 8. (14 S.) Neu-Ruppin 864, (Oehmigke.) *

— wider den Chiliasmus. Leipzig 857. Dörffling u. Franke. 8. (1 Bl., 53 S.) 5 ngr

—— dass. — Nr. 2. Gegen Hrn. Pfarrer Löhe's Predigt über Philipper 3, 7—11. gr. 8. (20 S.) Ebendas. 858.

**Diedrich, J.,** Christenlehre in Betrachtungen über Luthers kleinen Catechismus hauptsächlich für Erwachsene. Mit einem Vorworte von W. F. Besser. Leipzig 855. Dörffling u. Franke. 8. (XII, 203 S.) 18 ngr

—— Christenlehre in Betrachtungen über Luthers kleinen Catechismus hauptsächlich für Erwachsene. 2. verm. und verb. Aufl. gr. 8. (XII, 267 S.) Erlangen 872, Deichert. *

— Christus der Gekreuzigte unsre Losung. Zur Vorbereitung auf die Generalsynode 860. (Abdruck aus der luther. Dorfkirchenzeitung.) Neu-Ruppin 860. (Berlin, W. Schultze.) gr. 8. (67 S.) n. 5 ngr

—— die Propheten Daniel, Hosea, Joel, Amos kurz erklärt für heilsbegierige, aufmerksame Bibelleser. 8. (187 S.) Leipzig 861, Dörffling und Franke.

— Dornröschenstrauch oder 23 kurze Passionsbetrachtungen. Halle 855. Mühlmann. 8. (VI, 92 S.) 7½ ngr

— Entgegnung auf des vormaligen luther. Pastor Hasert's Buch: War ich vom Satan verblendet, da ich katholisch wurde? Berlin 856. W. Schultze. gr. 8. (23 S.) 3 ngr

— kurze Epistel-Erklärungen für heilsbegierige, aufmerksame Bibelleser. 1—3. Bdchn. Leipzig 856, 57. Dörffling u. Franke. 8. 1 ₰ 3¾ ngr
1. Bdchn.: Der Brief St. Pauli an die Römer kurz erklärt. (VIII, 136 S.) 15 ngr
2. Bdchn.: Der Brief St. Pauli an die Galater kurz erklärt. (40 S.) 3¾ ngr
3. Bdchn.: St. Pauli erster (u. zweiter) Brief an die Corinther kurz erklärt. (2 Bl., 176 S.) 15 ngr
4. Bdchn., fehlt: Die Briefe St. Pauli an die Epheser 2c.

—— kurze Epistel-Erklärungen für heilsbegierige, aufmerksame Bibelleser. 3—5. Bdchn. 8. Leipzig, Dörffling und Franke.
Inhalt:
Bdchn. 3. Die beiden Briefe St. Pauli an die Corinther. (III und 176 S.) 857. 15 Ngr.
" 4. Die Briefe St. Pauli an die Epheser, Philipper, Colosser und Thessalonicher kurz erklärt. (110 S.) 858. 12 Ngr.
" 5. Die Briefe St. Pauli an Timotheus, Titus und Philemon und der Brief an die Hebräer kurz erklärt. (141 S.) 860. 13½ Ngr.
1. und 2. Bdchn. Ebendas. 1856. 18¾ Ngr.

— Epistel-Predigten auf das ganze Kirchenjahr zum segensreichen Gebrauche in Häusern u. Kirchen evangelisch-lutherischen Bekenntnisses. Leipzig 860. Dörffling & Franke. (Neuruppin, Oehmigke.) gr. 8. (IV, 756 S.) n. 2 ₰ 15 ngr

— Evangelien-Predigten auf das ganze Kirchenjahr zum segensreichen Gebrauch in Häusern und Kirchen evang.-luther. Bekenntnisses. 3 Bde. Berlin (857.) W. Schultze. gr. 8. 3 ₰ 13½ ngr
1. Bd.: Vom ersten Adventssonntag bis zum Pfingsttage. (IV, 492 S.) 1 ₰ 15 ngr
2. Bd.: Vom Trinitatisfeste bis zum 27. Sonntag n. Trin. (2 Bl., 369 S.) 1 ₰ 6 ngr
3. Bd.: An Aposteltagen u. ähnlichen Festen. (1 Bl., 230 S.) 22½ ngr

—— das Evangelium St. Johannis kurz erklärt für heilsbegierige, aufmerksame Bibelleser. 8. (222 S.) Leipzig 859, Dörffling und Franke.

—— das Evangelium St. Lucä ausgelegt und kurz angewandt. Neu-Ruppin 862. Oehmigke. 8. (IV, 272 S.) n. 25 ngr

—— das Evangelium St. Marci kurz erläutert für heilsbegierige aufmerksame Bibelleser. 8. (172 S.) Neu-Ruppin 864, Oehmigke.

—— das Evangelium St. Matthäi ausgelegt und kurz angewandt. 8. (356 S.) Neu-Ruppin 864, Oehmigke.

— siehe: Frieden über Israel.

—— von der Gottseligkeit. Oder der Christen Leben und Wandel, kurz beschrieben nach der heil. Schrift. 16. (48 S.) Berlin 869, W. Schultze. *

— evangelisches Hausbuch auf alle Wochentage des Kirchenjahres zum gottseligen Gebrauch in Häusern u. Capellen. Leipzig 860. Dörffling & Franke. (Neuruppin, Oehmigke.) gr. 8. (IV, 594 S.) n. 1 ₰ 20 ngr

Diedrich, J., evangelisches Hausbuch zur häuslichen Erbauung auf alle Wochentage. 2. Aufl. gr. 8. (IV, 582 S.) Hannover 873, Meyer. *

— das Buch Hiob kurz erklärt für heilsbegierige, aufmerksame Bibelleser. Leipzig 858. Dörffling u. Franke. 8. (112 S.) 12 ngr

—— die Propheten Jeremias und Hesekiel kurz erklärt für heilsbegierige, aufmerksame Bibelleser. 8. (IV und 815 S.) Neu-Ruppin 863, Oehmigke.

—— der Prophet Jesaias zu Hausandachten kurz bearb. 8. (VII, 310 S.) Hannover 874, Meyer. *

— der Prophet Jesaias kurz erklärt für heilsbegierige, aufmerksame Bibelleser. Leipzig 859. Dörffling & Franke. 8. (143 S.) 15 ngr

**Diedrich, J.,** Josua, Richter u. Ruth, kurz erklärt f. heilsbegierige aufmerksame Bibelleser. 8. (IV, 126 S.) Neu-Ruppin 894. (R. Petrenz Verl.) n. 1. 50

—— Kirchen-Postille in Predigten über die Sonn- und Festtags-Evangelien des ganzen Jahres. 1. Thl. gr. 8. (III, 427 S.) Hannover 872. Meyer. *
—— dass. — 2. Thl.: Die Trinitatiszeit. gr. 8. (535 S.) Ebendas. 873. *

— Körbe in der Wüste, oder kurze Betrachtungen über die Sonn- und Festtags-Evangelien u. Episteln. Wittstock 853. (Rother.) 8. (248 S.) n. 10 ngr

—— Körbe in der Wüste, oder: Kurze Betrachtungen über die Sonn- und Festtags-Evangelien und Episteln. 2. Ausg. gr. 8. (216 S.) Berlin 858, W. Schultze. -

—— die Propheten Obadja, Jona, Micha, Nahum, Habakuk, Zephanja, Haggai, Sacharja und Maleachi kurz erklärt für heilsbegierige, aufmerksame Bibelleser. 8. (IV und 188 S.) Neu-Ruppin 863, Oehmigke.

**Diedrich, J.,** Oculi u. Lätare oder kurzer Bericht von den Anfangs März in der evangelisch-lutherischen Parochie Saatzke geschehenen Ereignissen, nebst drei dahin gehörigen Predigten. Neu-Ruppin 861. Oehmigke. 8. (65 S.) n. 6 ngr

— die Offenbarung St. Johannis kurz erläutert für heilsbegierige aufmerksame Bibelleser. Neu-Ruppin 865. Oehmigke. (Leipzig, Sinhuber.) 8. (149 S.) n. 12 ngr

—— Passions- und Ostersegen. gr. 16. (III und 332 S.) Neu-Ruppin 862, Oehmigke. cart. *
Aus des Verf. „Evangel. Hausbuch", besonders abgedruckt.

Diedrich, 5 Predigten aus der luth. Kirche. Allen unsern lieben Feinden in Treue gewidmet. 8. (31 S.) Wittstock 849. (Leipzig, Dörffling & Franke.) n. 3½ ngr

—— vermischte Predigten und Casual-Reden. 1. und 2. Heft. gr. 8. (178 S.; 240 S.) Neu-Ruppin 861, Oehmigke. [1. Heft * 17½ Ngr., 2. * 25 Ngr.] * 1

—— vermischte Predigten und Casual-Reden. 3. Heft. gr. 8. (296 S.) Neu-Ruppin 864, Oehmigke. *
1. und 2. Heft. Ebendas. 1861. * 1 Thlr. 12½ Ngr.; 1.—3. Heft herabges. Pr. * 1 Thlr. 20 Ngr.

—— Predigten über die sieben Worte Jesu am Kreuz. 8. (X und 72 S.) Neu-Ruppin 868, Oehmigke. *

Diedrich, J., gegen die Kahnis'schen Prinzipien. Neu-Ruppin 866. Oehmigke in Comm. gr. 8. (28 S.) n. 5 ngr.

—— die Psalmen kurz erklärt für heilsbegierige, aufmerksame Bibelleser. 3 Hefte. 8. Neu-Ruppin 862—64, Oehmigke. à Heft * 20 Ngr. *
Inhalt:
Heft 1. Enth. Psalm 1—50. (IV und 204 S.)
" 2. Enth. Psalm 51—100. (223 S.)
" 3. Enth. Psalm 101—150. (220 S.)

— das Büchlein Ruth, kurz erklärt. [Aus.: „D., Josua, Richter u. Ruth".] 8. (8. S.) Ebd. 894. — 15

Diedrich, J., die Salomonischen Schriften (Sprüche, Prediger und Hohelied) kurz ausgelegt für heilsbegieriege aufmerksame Bibelleser. 8. (248 S.) Neu-Ruppin 865, Oehmigke. *

Diedrich, J., der Sprachschüler in der Mittelclasse. Erster sprachlich gramat. Lehrgang, f. die Hand der Lehrer u. Schüler bearb. 8. (48 S.) Leipzig 875. Peter n. — 30

—— die Unterscheidungslehren der gesonderten kirchlichen Gemeinschaften. 8. (47 S.) Leipzig 860, Dörffling und Franke. *

Diedrich, J., Wert u. Wesen des Kirchenregiments. Mit e. Vorwort versehen u. auf's neue hrsg. durch Steph. Vollert. (33 S.) 8. Greiz 907. (H. Bredt Nachf.) nn — 45

— die sieben Worte unsers Heilandes Jesu Christi am Kreuze in Predigten betrachtet. Nürnberg 858. Raw. 8. (86 S.) n. 8 ngr.

— Zeugnisse vom Reiche Jesu Christi. Eine Sammlung von Sermonen über die Evangelien-Texte des Kirchenjahres. Neuruppin 862. Oehmigke. gr. 8. (VIII, 493 S.) n. 1 ℛ 10 ngr.

—— Zeugnisse vom Reiche Jesu Christi. Eine Sammlung von Sermonen über die Evangelien-Texte des Kirchenjahres. gr. 8. (VIII und 493 S.) Neu-Ruppin 863, Oehmigke. *

Frauenrecht und Frauenrechtlerei. Beiträge zur Frauenfrage, Kritik der Elberskirchenschen Thesen, L. Hackls Entlobungstragödien. Von K. G. D. (Umschlag: Karl Gustav Diedrich.) 8⁰. Strassburg, J. Singer, 1904.

Diedrich, K G., s. Frauenrecht u. Frauenrechtlerei.

Diedrichs, Alex, a. Ottbergen b. Höxter: Studien zur Bestimmung des Silbers auf elektrochemischem Wege. Neuwied 1907: Heuser. (68 S., 4 Taf.) 8°
Münster, Phil. Fak., Ref. Salkowski, Diss. v. 15. Okt. 1907
[Geb. 20. Juni 81 Ottbergen; Wohnort: Münster; Staatsangeh.: Preußen; Vorbildung: Realgymn. Lippstadt Reife O. 01; Studium: Münster 10 S.; Rig. 10. Juli 07.]

Diedrichs, Friedrich, Kreistierarzt, Münster i. Westf.: Beitrag zu der Frage: Wie lange sind die Milzbrandbazillen im Kadaver mikroskopisch, durch Impfung und Kultur nachweisbar? Münster i. W. 1908: A.G. „Der Westfale". (23 S.) 8°
Gießen, Veterinär-Med. Koll., Ref. Olt, Diss. v. 28. Juli 1908
[Geb. 5. Febr. 84 Bauteln (Hannover); Wohnort: Münster; Staatsangeh.: Preußen; Vorbildung: Gymn. Hildesheim Reife M. 86; Studium: Hannover 7 S.; Rig. 7. Juli 08.]

Diedrichsen, D.: „Die Hausmutter im Mittelstande; ein Handbuch für angehende Mütter und Hausmütter", Kopenhagen 1802 (Brummer).

Diedtmann, J. A., der Blau- und Weißbeitzdruck mit der gründlichen Behandlung im Ausfärben verschiedener Grundfarben. Ein prakt. Lehrbuch für Färber und alle, die sich mit Färberei u. Druckerei beschäftigen. 853. — 2. (Titel-)Aufl. Berlin 855. Stage. (Schlingmann.) 8. (1 Bl., 87 S.) n. 18 ngr

—— der Rothpapp- und Dampffarbendruck, s. Schauplatz, neuer, der Künste ꝛc. 225. Bd.

Diefenbach, Meister, u. der österreichische Kunst-Verein. Von D. E. gr. 8. (16 S.) Leipzig 893. Literar. Anstalt A. Schulze. — 30

Diefenbach, Hamburgs Entwickelung in seinen Hafen-, Zollanschluss- u. Eisenbahn-Bauten. Vortrag. [Aus: „Glaser's Annalen f. Gewerbe u. Bauwesen".] Fol. (14 S. m. 5 Taf. u. 4 Abbildgn.) Berlin 890. (Dierig & Siemens.) n. 4. —

Diefenbach, Kunst-Beilagen aus Sphinx, s.: Fidus.

Diefenbach, Sphinx, s.: Fidus.

Diefenbach, A., nur Eins thut Noth! Missionsbuch f. d. kathol. Volk. Nach dessen Tode neu hrsg. v. Joh. Diefenbach. 16. (VIII, 384 S. m. farb. Titelb.) Frankfurt a/M. 898. P. Kreuer. Geb. n. — 90

Diefenbach, Alb., am Grabe des hochw. Hrn. Jos. Stahl, Pfarrers zu Bad Ems. Worte des Schmerzes und der Liebe auf dem Friedhofe zu Spiess-Ems den 12. Novbr. 1862. gr. 8. (15 S. mit lithogr. Portr.) Ems 862. (Frankfurt a. M., Verlag für Kunst und Wissenschaft.) *

Diefenbach, Alb., die christliche Schule und die angestrebte Entchristlichung derselben. Auf Grund des Gesetz-Paragraphen zum Strafgesetzbuch [vom 10. Decbr. 1871] 130a strafgerichtlich verfolgt. Predigt, gehalten am 3. März 1872 in der Stadt-Pfarrkirche zu Hofheim, Bisthum Limburg. gr. 8. (19 S.) Frankfurt a. M. 872, Hamacher.

Diefenbach, C., s. Diefenbach, Karl

Diefenbach, Fr., s.: Zeitschrift f. deutsches bürgerliches Recht u. französisches Civilrecht.

Diefenbach, Franz, die Sozialisten auf dem Lande. Eine zeitgemäße Erzählg. f. das Volk. 8. (24 S.) Frankfurt a/M. 893. A. Foesser Nachf. n. — 20

Diefenbach, Heinr., aus der Dingskirchener Chronik. Ernste u. heitere Geschichten. (V, 229 S.) 8. Jena 904. H. Costenoble. n. 2. 50; geb. n. 3. 50

Diefenbach, Heinr., die Scholle, s.: Hausbücherei, rheinische.

Diefenbach, J., üb. die Arbeiterfrage. Im Gewerbeverein zu Stuttgart vorgetragen. 8. (32 S.) Stuttgart 872. E. Müller. n. — 60

Diefenbach J, die Württembergische Landesgewerbe-Ausstellung des Jahres 1881. (382 S m T und Pl) kl 4° Stuttgart 1883

Diefenbach, Johann

Diefenbach, Joh., Besessenheit, Zauberei u. Hexenfabeln. Eine Studie, veranlaßt durch die Teufelaustreibg. zu Wemding. [Aus: „Frankf. zeitgem. Broschüren".] gr. 8. (56 S.) Frankfurt a/M. 893. A. Foesser Nachf. n. — 60

— dasselbe, s.: Broschüren, Frankfurter zeitgemäße.

Diefenbach, J., Christus u. Christenthum. Nach den Zeugnissen nichtchristl. Schriftsteller dargestellt. gr. 8. (VIII, 104 S.) Mainz 877. Kirchheim. 1. —

Diefenbach, Joh., Denkschrift üb. d. ehemal. Deutsch-Ordens-Commende Frankfurt a/M., ihre Vergangenheit u. Zukunft, veranl. durch d. Frage: Wird dieses Ordenshaus in kathol. Händen bleiben od. soll es städt. Besitz werden? gr. 8. (32 S.) Frankfurt a/M. 895. A. Foesser Nachf. n. — 20

Diefenbach, Joh., der Hexenwahn vor und nach der Glaubensspaltung in Deutschland. gr. 8. (VIII, 360 S.) Mainz 886, Kirchheim. *

Diefenbach, J., die lutherische Kanzel. Beiträge zur Geschichte der Religion, Politik u. Cultur im 17. Jahrh. gr. 8. (VIII, 208 S.) Mainz 887. Kirchheim. n. 3. —

Die Kreuzzüge 1096—1291. Ihre Ursache, ihr Verlauf, ihre Folgen. E. Gedenkbl. z. 800jähr. Erinnergsfeier d. ersten Kreuzzuges. Von Insp. Johann Diefenbach. *Frankfurt a. M.: A. Foesser 1896.* (32 S.) 8.
= Broschüren, Frankfurter zeitgemässe. N. F. Bd 17. H. 8. [96. 68]

Diefenbach, Joh., das Leben der heil. Elisabeth von Thüringen in Wort und Bild. gr. 8. (40 S. mit 14 Photogr.) Frankfurt a. M. 884, Foesser Nachf. geb. mit Goldschn. *

— Leuchtkugeln f. die Vergangenheit u. Gegenwart. Eine Illustration zur 300jähr. Geburtstagsfeier des Schweden-Königs Gustav Adolf. gr. 8. (89 S.) Frankfurt a/M. 894. A. Foesser Nachf. n. — 20

— Leuchtkugeln f. d. Vergangenheit u. Gegenwart. E. Illustration z. 300jähr. Geburtstagsfeier d. Schweden-Königs Gustav Adolf. 3. Aufl. gr. 8. (39 S.) Frankfurt a/M. 894. A. Foesser Nachf. n. — 20

Diefenbach, Joh., Rechtfertigung der Borromäus-Enzyklika Papst Pius' X. durch evang. Prediger u. Gelehrte. Zur Aufklärg. f. Katholiken u. Protestanten. Dem evangel. Bund gewidmet. (40 S.) kl. 8. Mainz 910. Kirchheim & Co. nn — 25

— Reformation od. Revolution? Für Katholiken u. Protestanten beantw. gr. 8. (VII, 64 S.) Mainz 897. F. Kirchheim. n. 1. —

— z. Reformationsgeschichte der freien Reichsstadt Frankfurt a/M., s.: Weber, Beda.

Diefenbach, Joh., die Wahrheit üb. die „Los v. Rom-Bewegung“ in Oesterreich. Dargest. f. d. kathol. deutsche Volk. 3. verm. u. verb. Aufl. 8. (68 S.) Frankfurt a/M. 900. P. Kreuer. — 50
1. u. 2. Aufl. (56 u. 66 S.) Ebd. 900. n. — 45.

Der Zauberglaube des sechzehnten Jahrhunderts nach den Katechismen Dr. Martin Luthers u. des P. Canisius. Mit Berücks. d. Schriften Pfarrers Längin-Karlsruhe u. des Prof. Riezler-München dargest. von Johann Diefenbach, Frankfurt a. M. *Mainz: F. Kirchheim 1900.* (XII, 209 S.) 8° [S.] [00. 9647

[J.] Evangelisches Zeugniss der ehemals freien Reichsstadt Frankfurt a. M. zu Gunsten der päpstlichen Encyklika über die Canisiusfeier. Von Johann Diefenbach, Insp. *Frankfurt a. M.: A. Foesser Nachf. 1897.* (249—280 S.) 8.
= Broschüren, Frankfurter zeitgemässe. N. F. Bd 18. H. 8. [98. 1877

Diefenbach, Johann Georg

— kurze Anleit. zur Katechesir- u. Predigtkunst. 8. Gießen 804. Heyer. 6 gr

— theoret.-prakt. Beiträge zur Beförderung mehrerer Pastoralklugheit in öffentl. Religionsvorträgen. 8. Gießen 804. Heyer. 16 gr

Diefenbach, Jh. Geo., natürl. Glückseligkeitslehre. 8. Lauterbach 787. (Cassel, Krieger). 3 gr

Diefenbach, Jh. Geo., († d. 8. Dec. 1831.) das Crucifix am Wege, ein Geschenk an Protestanten u. Katholiken f. d. J. 1822. 8. Gießen 822. (Ferber, auch Heyer). 2 gr

Diefenbach, (J. G.,) das Crucifix am Wege; ein Geschenk an Protestanten u. Kathol. f. das Jahr 1822. 8. Gießen 822, Müller.

— jüdischer Professor d. Theologie auf christl. Universitäten. 1s u. 2s Hft. 821. 12 gr 3s Heft. A. u. d. T.: Prüfung d. heutigen aufgeklärten Judenthums, nach allgem. Principien u. d. Menschheit zum Heile. 824. 20 gr 8. Gießen, (Ferber). 1 ₰ 8 gr

Diefenbach, (J. G.,) Jüdischer Prof. der Theologie auf christl. Universitäten. 3s Heft. — A. u. d. T.: Prüfung d. heut. aufgeklärten Judenthums, nach allgem. Principien, u. d. Menschheit zum Heile. 8. Gießen 824. Müller. Rtblr.

— d. Weise im Lichte, oder Jesus, d. Licht d. Welt. 8. Gießen 821. (Ferber). 8 gr

Diefenbach, Josef [aus Frankfurt a. M.]: Fremdkörper in den weiblichen Genitalien und der Harnblase. . . . Berlin, Buchdr. v. Gustav Schade (Otto Francke), (1890); 37 + 1 S. + 1 Bl. 8°
Berlin, Med. Fak., Inaug.-Diss. v. 27. Jun. 1890

Diefenbach, Karl

Diefenbach, C., Anleitung zum Unterricht in der Heimathskunde. Mit besond. Beziehung auf Frankfurt a. M. gr. 8. (VI, 78 S. nebst einer Zeichnung in eingedr. Holzschn. und 1 lithogr. Kartenskizze der Umgegend von Frankfurt in gr. 4.) Frankfurt a. M. 869, Jäger'sche Buchh. *

Diefenbach, Karl, Anleitg. z. Unterricht i. d. Heimatkunde. M. bes. Beziehg. auf Frankfurt a/M. M. e. Zeichng. u. e. Kartenskizze der Umgegend v. Frankfurt. 2., verb. Aufl. 8. (86 S.) Frankfurt a/M. 898. Jaeger's Verl. n. 1. —

Diefenbach, Carl, Beschirrungs- u. Wagenlehre. Zusammengestellt f. Officiere, Cadeten u. Einjährig-Freiwillige der k. u. k. Train-Truppe u. f. Proviant-Officiere der k. u. k. Armee. 8. (VI, 217 S. m. 154 Zeichngn. u. 19 Taf.) Wien 891. C. v. Hölzl. n.n. 6. —

— dasselbe. 2., verb. u. verm. Aufl. 8. (VI, 235 S. m. 155 Zeichngn. u. 17 Taf.) Ebd. 893. Geb. in Leinw. n.n. 7. —

Diefenbach, Carl, Beschirrungs- u. Wagenlehre. Zusammengest. f. Officiere, Cadetten u. Einjährig-Freiwill. d. k. u. k. Train-Truppen u. f. Proviant-Officiere d. k. u. k. Armee. 3., verb. Aufl. 8. (VI, 219 S. m. 155 Abb. u. 16 Taf.) Wien 897. C. v. Hölzl.
Geb. in Leinw. n.n. 7. —

Diefenbach, Karl, Beschreibung d. Reg.-Bez. Düsseldorf, s.: Form, G.

Diefenbach, Carl, neues Bilder-Einmaleins. Mit Versen zum Beachten u. Bildern zum Betrachten. 4. (46 Chromolith. m. eingedr. Texte.) Eßlingen 875. Schreiber. n. 3. —

—— Elemente einer Heimathskunde für den Reg.-Bez. Kassel. Methodisch bearb. 8. (III, 32 S. mit 1 lithogr. und color. Uebersichtskarte des Reg.-Bez. in 4.) Frankfurt a. M. 872, Jäger'sche Buchh. *

—— Elemente einer Heimathskunde für den Reg.-Bez. Wiesbaden [Nassau]. Methodisch bearb. 1. Aufl. 1871, und 2. verb. und verm. Aufl. 8. (32 S. mit 1 chromolithogr. Uebersichtskarte des Reg.-Bez. in gr. 4.) Frankfurt a. M. 873, Jäger'sche Buchh. *

Diefenbach, C., der Reg.-Bez. Kassel in seinen geographischen u. geschichtlichen Elementen. Methodisch bearb. Mit e. dem Text zu Grund gelegten (chromolith.) Karte d. Reg.-Bezirks (in gr. 4.) 2. verb. Aufl. der „Elemente e. Heimathskunde.“ 8. (32 S.) Frankfurt a/M. 875. Jaeger. n. — 40

Diefenbach, C., der Regierungsbezirk Cassel in seinen geographischen und geschichtlichen Elementen. Methodisch bearb. Mit einer dem Text zu Grund gelegten (chromolithogr.) Karte des Regierungsbezirks. 3. verb. Aufl. der „Elemente einer Heimatskunde ꝛc." 8. (36 S.) Frankfurt a. M. 878, Jäger'sche Buchh. *

**Diefenbach**, Karl, der Regierungsbez. Cassel in seinen geographischen u. geschichtlichen Elementen. Methodisch bearb. Mit einer dem Text zu Grund gelegten (lith. u. color.) Karte des Regierungsbezirks (in 4.). 4., verb. Aufl. der „Elemente einer Heimatskunde ꝛc." 8. (35 S.) Frankfurt a/M. 880. Jäger. n. — 40

—— dass. — Mit 1 dem Text zu Grund gelegten chromolithogr. Karte des Regierungsbezirks. 5. verb. Aufl. der „Elemente einer Heimatskunde ꝛc." 8. (38 S.) Ebendas. 883. *

Diefenbach, Karl, der Reg.-Bez. Cassel in seinen geographischen und geschichtlichen Elementen. Methodisch bearb. Mit 1 dem Text zugrunde gelegten (chromolithogr.) Karte des Regierungsbezirks. 6. und 7. Aufl. der „Elemente einer Heimatskunde ꝛc." 8. (40 S.) Frankfurt a. M. 886,88, Jaeger's Verlag. *

**Diefenbach**, Karl, der Reg.-Bez. Cassel in seinen geographischen u. geschichtlichen Elementen. Methodisch bearb. Mit e. dem Text zugrunde gelegten (farb.) Karte d. Regierungsbezirks. 8., verb. Aufl. der „Elemente e. Heimatskunde ꝛc." 8. (40 S.) Frankfurt a/M. 891. Jaeger's Verl. n. — 40

**Diefenbach**, Karl, der Reg.-Bez. Cassel in seinen geographischen u. geschichtl. Elementen. Methodisch bearb. Mit 1 dem Text zugrunde gelegten Karte des Regierungsbezirks. 10. verb. Aufl. der „Elemente e. Heimatskunde ꝛc." 8. (48 S.) Frankfurt a/M. 901. Leipzig, Jaeger's Verl. n.n. — 40

Diefenbach, Carl, Kinderleben. ABC. 4. (25 Chromolith.) Leipzig 881. C. Zieger. cart. n. 2. —

—— das Main-Gebiet im Anschluß an die Heimathskunde. Methodisch bearb. 8. (36 S. mit 1 chromolithogr. Karte in qu. gr. 4.) Frankfurt a. M. 876, Jäger'sche Buchh. *

— das Main-Gebiet im Anschluß an die Heimatskunde. Methodisch bearb. 2. Aufl. 8. (40 S. m. 1 chromolith. Karte) Ebend. 884. n. — 40

— das Main-Gebiet im Anschluß an die Heimatskunde. Methodisch bearb. 3. Aufl. 8. (40 S. m. 1 Karte.) Ebd. 891. n. — 40

— das Main-Gebiet im Anschl. an d. Heimatskunde. Method. bearb. M. 1 d. Texte zugrunde gelegten Karte d. Main-Gebietes. 4., verb. Aufl. 8. (40 S.) Ebd. 898. n. — 40

Diefenbach, C., und Ludw. Ravenstein, Schulwandkarte des Maingebietes. 2 Bl. Chromolithogr. Imp.-Fol. Frankfurt a. M. 878, Jaeger'sche Buchh. *
Auf Leinw. mit Stäben *

—— der Reg.-Bez. Wiesbaden [Nassau] in seinen geographischen und geschichtlichen Elementen. Methodisch bearb. 3. verb. Aufl. der „Elemente einer Heimathskunde". 8. (32 S. mit 1 dem Text zu Grund gelegten chromolithogr. Karte des Reg.-Bez. in gr. 4.) Ebendas. 875. *

— der Reg.-Bez. Wiesbaden [Nassau] in seinen geographischen u. geschichtlichen Elementen. Methodisch bearb. Mit e. dem Text zu Grund gelegten (chromolith.) Karte d. Reg.-Bez. (in gr. 4.) 4. verb. Aufl. der „Elemente e. Heimathskunde." 8. (VI, 34 S.) Ebend. 876. n. — 40

—— der Regierungs-Bezirk Wiesbaden [Nassau] in seinen geographischen und geschichtlichen Elementen. Methodisch bearb. Mit einer dem Text zu Grund gelegten (chromolithogr.) Karte des Regierungs-Bezirks (in gr. 4.). 4. und 5. verb. Aufl. der „Elemente einer Heimatskunde". (VI, 34 S.) 1877,78; 6. verb. Aufl. 8. (IV, 34 S.) Ebendas. 879. *

—— der Reg.-Bez. Wiesbaden [Nassau] in seinen geographischen und geschichtlichen Elementen. Methodisch bearb. Mit 1 dem Text zu Grund gelegten chromolithogr. Karte des Regierungsbezirks. 7.—10. verb. Aufl. der „Elemente einer Heimatskunde" ꝛc. 8. (VI, 34 S.) Ebendas. 880—84. *

— der Reg.-Bez. Wiesbaden [Nassau] in seinen geographischen u. geschichtlichen Elementen. Methodisch bearb. Mit einer dem Text zu Grunde gelegten (chromolith.) Karte des Regierungsbezirks. 8., verb. Aufl. der „Elemente einer Heimatskunde ꝛc." 8. (VI, 34 S.) Frankfurt a/M. 882. Jaeger. n. — 40

—— der Reg.-Bez. Wiesbaden [Nassau] in seinen geographischen und geschichtlichen Elementen. Methodisch bearb. Mit 1 dem Text zugrunde gelegten (chromolithogr.) Karte des Regierungsbezirks. 11.—13. verb. Aufl. der „Elemente einer Heimatskunde ꝛc." 8. (IV, 36 S.) Ebendas. 885—88. *

— der Reg.-Bez. Wiesbaden [Nassau] in seinen geographischen u. geschichtlichen Elementen. Methodisch bearb. Mit e. dem Text zugrunde gelegten (chromolith.) Karte d. Regierungsbezirks. 12. verb. Aufl. der „Elemente e. Heimatskunde ꝛc." 8. (IV, 36 S.) Ebend. 886. n. — 40

—— Der Reg.-Bez. Wiesbaden [Nassau] in seinen geograph. u. geschichtl. Elementen. Mit 1 Karte. 14. u. 15. verb. Aufl. der „Elemente e. Heimatskunde ꝛc." 8. (IV, 36 S.) Ebd. 889,91 *

—— dass. — 16. Aufl. 8. (IV, 42 S.) Ebd. 892. — 25

— der Reg.-Bez. Wiesbaden (Nassau) in seinen geographischen u. geschichtlichen Elementen. Methodisch bearb. Mit e. dem Text zugrunde gelegten Karte des Regierungsbezirkes. 17., verb. Aufl. der „Elemente e. Heimatskunde ꝛc." 8. (IV, 44 S.) Ebd. 894. n. — 40

— d. Reg.-Bez. Wiesbaden (Nassau) in s. geograph. u. geschichtl. Elementen. Method. bearb. Mit 1 d. Text zugrunde gelegten Karte d. Regierungsbezirks. 19., verb. Aufl. d. „Elemente e. Heimatskunde ꝛc." 8. (IV, 44 S.) Ebd. 899. n. — 40

**Diefenbach**, Karl, der Reg.-Bez. Wiesbaden (Nassau) in seinen geographischen u. geschichtlichen Elementen. Methodisch bearb. Mit e. dem Text zugrunde gelegten Karte des Regierungsbezirks. 21. verb. Aufl. der „Elemente e. Heimatskunde usw." (61 S. m. Abbildgn.) 8. Leipzig 905. Jaeger. n.n. — 40

**Diefenbach**, Karl Wilh., e. Beitrag z. Geschichte der zeitgenöss. Kunstpflege. 2 Bde. gr. 8. (VI, 624 S. m. Bildn.) Wien 894. 895. (Leipzig, Literar. Anstalt, A. Schulze.) à n. 2. 40

**Diefenbach**, Karl Wilh., Per aspera ad astra, s. a. Diefenbach-Ausstellung.

**Diefenbach**, Karl Wilh., per aspera ad astra! Ein Lebensmärchen. (Leporello-Album.) gr. 4. (IV, 34 S. m. Bildern.) Wien 893. (V. A. Heck.) In Leinw.-Mappe n. 24. —

— „per aspera ad astra!" „Auf rauher Bahn zu den Sternen hinan!" Ein Lebensmärchen in Bild u. Wort. 1.—3. Aufl. gr. 8. (16 S.) Leipzig 893. Literar. Anstalt A. Schulze. — 30

Diefenbach, Leonhard

**Diefenbach**, Leonh., das ganze ABC nach den gebräuchlichsten Schriftarten zusammengestellt u. mit lustigen Reimen u. Bildern versehen. Stuttgart 861. Thienemann. 4. (24 lith. u. color. Bl.) 25 ngr.

Diefenbach, Leonh., Bilder und Klänge aus den sonnigen Tagen der Jugend. Meinen kleinen Freunden gewidmet. hoch 4. (12 color. Stnt. mit Text.) Alt-Gersdorf 874, Deckart. cart.

**Diefenbach**, Leonh., **Bilder u. Klänge aus den sonntägen Tagen der Jugend.** Meinen kleinen Freunden gewidmet. hoch 4. (12 color. Steintaf. m. Text.) Alt-Gersdorf 874. Leipzig, Winckler. n. 1. —

—— Prinz Carneval der Jüngere. qu. 4. (24 color. Stnt.) Leipzig [Wesel] 873, Düms. geb.

—— dass. — In naturgetreuen Bildern. Mit Reimen von Carl von Prenzlau. qu. 4. (12 Stnt.) Ebendas. 873. geb.

Diefenbach, Leonh., das ganze Einmaleins in lustigen Reimen und Bildern. 4. (IV S. und 46 ill. Stnt. mit Text.) Stuttgart 860, Thienemann's Verlag. Thlr. -

Diefenbach, Leonh., das ganze Einmaleins in lustigen Reimen u. Bildern. Stuttgart 868. Thienemann. 4. (2 Bll. u. 50 lith. u. color. Bilder.) 22½ ngr.

—— das große Einmaleins in lustigen Reimen und Bildern. 5. Aufl. 4. (46 color. Holzschntaf. mit Text.) Stuttgart 872, Thienemann. geb.

—— Früh üb' sich wer ein Meister werden will. — A force de forger on devient forgeron. — Practice makes perfect. — Ein Büchlein zur Unterhaltung und Belehrung für die liebe Jugend. hoch 4. (12 color. Stnt. mit Text.) Alt-Gersdorf 874, Deckart. cart.

—— lustiges Guckkasten-Bilderbuch für die lieben Kleinen. 4. (12 Chromolithogr. mit Text.) Leipzig 873, Oehmigke's Verlag. (*M.* 2,70.)
Ausg. mit losen Bildern (*M.* 2,70.)

Diefenbach, Leonh., Jugendkalender od. die zwölf Monate d. Jahres. Ein Bilderbuch f. Kinder. 3., gänzlich umgearb. Aufl. m. 36 (chromolith.) Bildern nach Handzeichngn. v. P. Wagner. gr. 4. Stuttgart 883. Thienemann. cart. n. 5. —

Diefenbach, Leonh., Kinder-Carneval in Reim u. Bild. qu. 4. (12 Chromolith.) Wesel 878. Düms. — 75

—— Kinderleben nach den zwölf Monaten. In Wort und Bild. Auf Holz gezeichnet und geschnitten von Ed. Ade. gr. 4. (IV S. und 12 color. Holzschntaf. mit Text.) Gera 872, Issleib und Rietzschel. geb. *

— Kleinkinder-Bilderbuch. Ein buntes Allerlei f. die ersten Kinderjahre. 8. Aufl. 4. (12 color. Holzschntaf. auf Carton.) Ebend. 886. geb. n. 3. —

Diefenbach, Leonh., Kleinkinder-Bilderbuch. Ein buntes Allerlei für die ersten Kinderjahre. Nach Zeichnungen von L. D. 8. Aufl. 4. (12 color. Holzschntaf. auf Carton.) Stuttgart 887, Thienemann's Verlag. geb. *

Diefenbach, Leonh., die 12 Monate des Jahres. Ein Jugendkalender in Wort und Bild. 1. Aufl. 1862. und 2. Aufl. gr. 4. (48 ill. Stnt. mit Text.) Stuttgart 866, Thienemann. cart.

die zwölf Monate des Jahres. Ein Jugendkalender in Wort u. Bild. 2. Aufl. Stuttgart 867. Thienemann. gr. 4. (48 lith. u. color. Bilder mit Text.) 2 ₰

Diefenbach, Leonh. (II.), geometrische Ornamentik. Eine Sammlung von Ornamenten auf geometr. Grundlage, welche sich mit Lineal und Zirkel, ohne freies Handzeichnen, herstellen lassen. Für Gewerbeschulen und alle Industriezweige, besonders für Schreiner, Glaser, Steinhauer und Decorationsmaler, in Farben ausgeführt und mit erklärendem Texte versehen. 9 Lfg. qu. Fol. (16 S. mit 87 lithogr. Taf.) Glogau 875, Flemming. à Lfg. * *M.* 1,50. *

— geometrische Ornamentik. Eine Sammlg. v. Ornamenten m. geometr. Grundlage, welche sich m. Lineal u. Zirkel, ohne freies Handzeichnen herstellen lassen. Für Gewerbeschulen u. alle Industriezweige, besonders f. Schreiner, Glaser, Steinhauer u. Decorationsmaler, in Farben ausgeführt u. m. erklär. Texte versehen. 9 Lfgn. qu. Fol. (10 S. Text m. 90 Lith. u. Chromolith.) Glogau 876. Flemming. à n. 1. 50

— geometrische Ornamentik. Eine Sammlg. v. Ornamenten m. geometr. Grundlage, welche sich m. Lineal u. Zirkel, ohne freies Handzeichnen, herstellen u. speciell zu Intarsien, Kunstverglasgn., Parquetböden, sowie f. Decorationsmalerei, textiles Musterzeichnen, Steinbildhauerei etc. verwenden lassen. Ein Motivenwerk der griech., arab., maur. [Alhambra], goth. u. modernen Ornamentik entworfen für Gewerbeschulen u. Kunsthandwerker. 87 meist farb. Taf. 2. Aufl. qu. Fol. (14 S. Text.) Berlin 889. Claesen & Co. In Mappe. n. 16. —

**Diefenbach**, Leonh., geometrische Ornamentik. Eine Sammlg. v. Ornamenten m. geometr. Grundlage, welche sich m. Lineal u. Zirkel, ohne freies Handzeichnen, herstellen u. speciell zu Intarsien, Kunstverglasgn., Parquetböden, sowie f. Decorationsmalerei, textiles Musterzeichnen, Steinbildhauerei etc. verwenden lassen. Ein Motivenwerk, der griech., arab., maur. [Alhambra], goth. u. modernen Ornamentik entnommen. Für Gewerbeschulen u. Kunsthandwerker. 87 meist farb. Taf. 3. (Titel-)Aufl. qu. Fol. (14 S. Text.) Berlin 892. Hessling & Spielmeyer. In Mappe. n. 16. —

— des Kindes erstes Rechenbuch. Hans Fixundfertig, der kleine Rechenmeister. Ein heiter pract. Rechenbuch in Wort u. Bild f. den ersten häusl. Unterricht. Mit 10 prachtvollen Bildern u. e. Zahlentafel. In Farbendruck ausgeführt. 4. (10 S.) Leipzig 874. Oehmigke. n. 4. 50

**Diefenbach**, Leonh., des Kindes erstes Rechenbuch. Hans Fixundfertig, der kleine Rechenmeister. Ein heiter prakt. Rechenbuch in Wort u. Bild f. den ersten häusl. Unterricht. 3. Aufl. gr. 4. (23 S. m. 10 farb. Bildern.) Leipzig 894. A. Oehmigke's Verl. Kart. 3. —

—— der Kinder Schaulust in 24 Bildern. qu. 4. (24 ill. Stnt.) Stuttgart 863, Thienemann. cart.

—— Scherz und Ernst für die liebe Jugend. In Wort und Bild zusammengestellt. 4. (14 ill. Stnt.) Stuttgart 863, Thienemann. cart. —

—— goldene Sprüche für die Jugend. 4. (13 Chromolithogr. und 11 Blatt Text.) Stuttgart 865, Thienemann. cart. —

Diefenbach, Leonh., Was ihr wollt! So oder So. 12 heitere Doppelbilder. gr. 4. (12 color. Stnt. mit Text.) Alt-Gersdorf 874, Deckart. cart.

Diefenbach, Leonh. (I.), goldenes Weihnachts-Büchlein für fromme Kinder. Für xylograph. Farbendr. in Holzschn. ausgeführt von H. Knöfler. 4. (11 color. Holzschntaf. mit eingedr. Texte.) Regensburg 875, Pustet. cart.

Diefenbach, Lor., Arbeit macht frei. Erzählung. 8. (311 S.) Bremen 873. Kühtmann & Co. n. 4. 50

**Diefenbach**, Lorenz, die Aristokraten. Ein Roman. 8. Frankfurt a/M. 843, Sauerländer. 1½ ₰

Diefenbach, Lor., Celtica I. II. 1. u. 2. Abthl. gr. 8. Stuttgart, Liesching u. Comp.
I. Sprachliche Documente zur Geschichte d. Kelten; zugleich als Beitrag zur Sprachforschung überhaupt. (15¼ B.) 839. 1 Thlr. 15 Gr.
II. Versuch ein. genealog. Geschichte d. Kelten. 2 Abthln.
Abthl. 1. (22 B.) 840. 2 Thlr. 6 Gr.
" 2. Die iberischen u. britischen Kelten. (30¼ B.) 840. 3 Thlr.

Diefenbach, Lorenz, s. Erklärung, öffentl. der Freunde protestant. Kirchenerneuerung zu Offenbach.

**Diefenbach**, Lor., Eschenburg u. Eschenhof. Novelle. gr. 16. (211 S.) Frankfurt a. M. 852, Auffarth. n. 18 ngr.

—— Gedichte. 1. u. 2. Samml. gr. 12. Gießen, Ricker'sche Buchh. [1. (11⅙ B.) 840. * ⅚ Thlr., 2. (10 B.) 841. * 1 Thlr.] *

Diefenbach, Lorenz, s. Glaubensbekenntniß und Verfassungsgrundzüge der katholisch-christl. Kirche.

Diefenbach, Lor., novum glossarium latino-germanicum mediae et infimae aetatis. Beiträge zur wissenschaftl. Kunde der neulatein. und der german. Sprachen. gr. 8. (XXIII und 388 S.) Frankfurt a. M. 867, Sauerländer's Verlag. *

Diefenbach, Lorenz
Eine Herzensgeschichte. Erzählung. Stuttgart 1858.
In: Hausblätter. Bd 4.

Diefenbach, Lor., über Leben, Geschichte u. Sprache. gr. 8. Gießen 835. Ricker. 1/2 ₰

Diefenbach, Lor., Lexicon comparativum linguarum indogermanicarum. Vergleichendes Wörterbuch der germanischen Sprachen und ihrer sämmtlichen Stammverwandten ... Frankfurt a. M. 1846—51. 8. (D.)
A. u. d. T.:
—— Vergleichendes Wörterbuch der gothischen Sprache. Bd. 1. 2.

— Lexicon comparativum linguarum indogermanicarum. Vergleichendes Wörterbuch der german. Sprachen u. ihrer sämtl. Stammverwandten, m. besond. Berücksichtigung der roman., lithauisch-slav. u. kelt. Sprachen u. m. Zuziehung der finnischen Familie. A. u. d. T.: Vergleichendes Wörterbuch der goth. Sprache. 2. Bd. 2 Lfgn. gr. 8. (XII u. 824 S.) Frankfurt a. M. 847. 51, Jos. Baer. 1. Lfg. n. 1 ₰ 2. Lfg. n. 5 ₰ (1. Bd. jetzt ebd. u. 2. Bd. n. 9 ₰)

Diefenbach, Lorenz
Margarethe. Novelle. Berlin 1867.
In: Roman-Zeitung, Deutsche. Bd 3.

—— Margarethe. Novelle. 8. (III und 220 S.) Berlin 868, Janke.

—— Mittheilungen üb. e. noch ungedr. mittelhochdeutsche Bearbeit. d. Barlaam u. Josaphat aus e. Handschrift auf d. gräfl. Bibliothek zu Solms-Laubach. gr. 8. (1 B.) Gießen 836, Ricker'sche Buchh.

Diefenbach, Lor., Novellen. 1. Cyclus. Frankfurt a. M. 856. Meidinger Sohn u. Co. 8. (2 Bl., 311 S.) 1 ₰ 24 ngr

— — 2. (Titel-)Ausg. Leipzig 858. Hübner. 8. 1 ₰

— Novellen. 2. Cyclus. Frankfurt a. M. 865. Sauerländer. 8. (352 S.) 1 ₰ 15 ngr.

Diefenbach, Lorenz, s. Novellen-Album.

Diefenbach, Lor., origines europaeae. Die alten Volker Europas mit ihren Sippen u. Nachbarn. Studien. Frankfurt a. M. 861. J. Baer. gr. 8. (2 Bl., 451 S.) n. 3 ₰ 10 ngr.

— die Pfarrerskinder. Novelle. Frankfurt a. M. 867. Auffarth. 16. (250 S.) n. 20 ngr.

—— ein Pilger und seine Genossen. Roman. gr. 8. (224 S.) Frankfurt a. M. 851, Auffarth. *

Diefenbach, L[orenz] (Laubach)
Ueber die jetzigen romanischen Schriftsprachen, die spanische, portugiesische, rhätoromanische (in der Schweiz), französische, italiänische und dakoromanische (in mehren Ländern des östlichen Europa's) mit Vorbemerkungen über Entstehung, Verwandtschaft u.s.w. dieses Sprachstammes.
Leipzig: J. Ricker 1831. (Giessen, gedr. bei Heyer). . 122 S.
Dr. phil. 2.7.1834.

—— praktische deutsche Sprachlehre für denkende Leser, gelehrte wie ungelehrte. gr. 8. (X und 466 S.) Stuttgart 847, Müller's Vrlgsh.

—— dass — u. d. T.: pragmatische deutsche Sprachlehre für Schule und Haus, besonders für die Hand angehender Lehrer. Wohlfeile Schulausg. gr. 8. (X und 466 S.) Stuttgart 851, Müller's Vrlgsh.

— supplementum lexici mediae et infimae latinitatis conditi a Car. Dufresne Du Cange aucti cum ab aliis tum ab Henschelio itemque glossariorum germanicorum quae adhuc in lucem prodita sunt. A. u. d. T.: Glossarium Latino-germanicum mediae et infimae aetatis e codd. manuscr. et libris impressis concinnavit. Frankfurt a. M. 857. J. Baer. gr. 4. (XXVIII, 644 S.) n. 12 ₰

Diefenbach, Lorenz, Kirchengeschichtliche Übersichten zu Anfang des J. 1846. I. Zur Geschichte u. Charakteristik der gegenwärtigen religiösen Bewegungen, zunächst in der katholischen Kirche. II. Übersicht der kath. Gemeinden deutschen Bekenntnisses bis zu Anfang des J. 1846. Offenbach, Heinemann, 1846, gr. 8°, 40 Pf.

— der Vertauschte. Erzählung. Leipzig 858. Hübner. 16. (1 Bl., 157 S.) 20 ngr

Diefenbach, Lorenz. Völkerkunde Ost-Europa's, insbesondere der Haemoshalbinsel und der unteren Donaugebiete. 1. Bd. Türkisches Reich. Albanesen. Illyrier. Thraken. Griechen. Rumänen. II. Bd. 1. Halbbd. Die lituslavische Völkergruppe, nebst den Bulgaren. Die türkische Familie. Nachträge zum 1. Bde. 2. Halbbd. (als Schluss). Die finnische Familie. Zigeuner (Rom). Armenier oder Hajer. Kaukasier. Nachträge und Berichtigungen. (2 Bde.)
gr. 8. Darmstadt 1880.

Diefenbach, Lor., Völkerkunde Osteuropas, insbesondere der Haemoshalbinsel und der unteren Donaugebiete. 2 Bde. gr. 8. Darmstadt 880, Brill. [1. Bd. (XXII, 318 S.) *M 6.; 2. Bd. (VIII, 414 S.) *M 9.] *

Diefenbach, Lor., die Volksstämme der europäischen Türkei. gr. 8. (120 S.) Frankfurt a. M. 877. Winter. *

—— Vorschule der Völkerkunde und der Bildungsgeschichte. gr. 8. (XII und 746 S.) Frankfurt a. M. 864, Sauerländer's Verlag. *

—— und Ernst Wülcker, hoch- und niederdeutsches Wörterbuch, der mittleren und neueren Zeit. Zur Ergänzung der vorhandenen Wörterbücher, insbesondere des der Brüder Grimm. (In 2 Bdn.) 1. und 2. Lfg. gr. 4. (X, S. 1—288.) Frankfurt a. M. 874, Winter. à Lfg. *M 2,40.

—— und Ernst Wülcker, hoch- und niederdeutsches Wörterbuch der mittleren und neueren Zeit. Zur Ergänzung der vorhandenen Wörterbücher, insbesondere die der Brüder Grimm. 3.—5. Lfg. gr. 4. (Sp. 289—680.) Ebendas. 875—79. à Lfg. *M 2,40. *
1. und 2. Lfg. Ebendas. 1874. à *M 2,40.

—— und Ernst Wülcker, hoch- und nieder-deutsches Wörterbuch der mittleren und neueren Zeit, zur Ergänzung der vorhandenen Wörterbücher, insbesondere der der Brüder Grimm. 6. und 7. (Schluss-)Lfg. hoch 4. [Frankfurt a. M., Winter.] Basel, Schwabe. [6. Lfg. (Sp. 681—792.) 882. *M 2,40.; 7. Lfg. (III, Sp. 793—930.) 885. *M 3.] *
1.—5. Lfg. Ebendas. 1874—79. à *M 2,40.

Diefenbach, Lorenz, s. Wörterbuch, mittellateinisch-hochdeutsch-böhmisch.

—— vergleichendes Wörterbuch d. gothischen Sprache. 1. Bd. gr. 8. (31½ B.) Frankfurt a. M. 846, Sauerländer's Verl. *
Vgl. Wörterbuch.

Diefenbach, Lor., Vergleichendes Wörterbuch der gotischen Sprache. Bd. 1. 2. Frankfurt a. M. 1846—51. 8. ℓ.

--- der Zögling der Ursulinerinnen. Novelle. 8. (196 S.) Darmstadt 881. Brill. n. 3. ---

Diefenbach, Ludw., die Reben-Krankheiten, ihre Entstehg., Erkenng. u. Bekämpfg. Preisgekr. v. d. Industr. Gesellschaft in Mülhausen (Oberelsaß). gr. 8. (VIII, 112 S. m. 37 Abb. u. 4 farb. Taf.) Berlin 895. P. Parey. n. 3. —

Diefenbach, Otto (Schlitz)
Das Vorkommen von Chrom-Erzen und ihre Verarbeitung in den Vereinigten Staaten von Nord-Amerika.
[In: Neues Jahrbuch für Mineralogie, Geognosie, Geologie und Petrefaktenkunde. 1855. S. 532-539.]
Dr. phil. Giessen 10.5.1856.

Diefenbach, Ph., s. Dieffenbach, Philipp

Diefenbach, Rudolf *Julius* [aus Stuttgart]: Ueber die Einwirkung von Ortho-anisidin auf Bromäthylphtalimid ... Berlin, A. W. Schade's Buchdr., 1894; 39 S., 1 Bl. 8.
Berlin, Phil. Fak., Inaug.-Diss. v. 3. Febr. 1894

**Diefenbach-Ausstellung**, veranst. v. d. Ehren-Vereinigg. z. Rettg. Karl Wilhelm Diefenbach's. Wien I, Seilergasse 14. Eröffnung: 20. III. 1898. Lex.-8. (52 S.) Wien 898. (Leipzig, Literar. Anstalt, A. Schulze.) n. 1. —

— dasselbe. — Diefenbach, Karl Wilh., Per aspera ad astra. Meines Lebens Traum u. Bild. Schattenfries u. Dichtg. gr. 8. (30 S.) Ebd. 898. n. 1. —

Dieffenbach Georg Christian. –

— zum Geburtstag. 16. (VIII, 86 S.) Gotha 875. Schloeßmann. n. 1. 20; geb. m. Goldschn. n. 2. —

**Dieffenbach**, G. Chr., zum Geburtstag. Eine Festgabe. 2. Aufl. 16. Gotha 877. Bremen, Heinsius. cart. *
geb. mit Goldschn. *

Dieffenbach, s. a. Difenbach.

Dieffenbach, Albrecht (Friedberg)
Die Indicationen für den Kaiserschnitt.
Giessen: Merck 1860. 33 S. + 2 Bl. Thesen.
Diss. med. 23.3.1860.

**Dieffenbach**, C. W. Chr., Joh. Spieker's Leben u. Leichenfeier. 8. (3 B.) Marburg 828, (Krieger.)

Dieffenbach, E. (Übers.):

s.: Hall, Marshall: Darstellung der Verrichtungen des Nervensystems, insbesondere des eigentlichen Rückenmarsystems. (Memoirs of the nervous system... Dt.) Hamburg: 1839

**Dieffenbach**, C. W. Chr., Joh. Spiekers Leben u. Leichenfeier. 8. Marb. 828. (Krieger). 4 gl

Dieffenbach, Ernst

**Dieffenbach**, E., Section Allendorf, s.: Karten u. Mittheilungen d. mittelrhein. geolog. Vereins.

Dieffenbach, Ernst
Die Aufgabe des geologischen Studiums.
Giessen: Ricker 1849. 24 S.
Habil. phil. 1849.

**Dieffenbach**, Ernst, siehe: de la Beche, H., Vorschule der Geologie.

**Dieffenbach**, Er., s. Darwin, Charl., naturwissenschaftliche Reisen.

**Dieffenbach**, [Joannes] Ernestus [Carolus]. Giessensis: Quaestiones anatomico-physiologicae de corporibus Wolffianis. Tur. ex offic. Ulrich. 1836. 2 Bl., 27 S. 8°.
Zürich. Med. Diss. [v. 7. Aug. 1836].

**Dieffenbach**, Ferd. Der französische Einfluß in Deutschland unter Ludwig XIV. u. der Widerstand der kurbrandenburgischen u. kursächs. Politik. Eine histor.-polit. Studie. Aus d. Quellen d. k. sächs. Hauptstaatsarchivs in Dresden. Aus d. Nachl. d. Verf. bearb. v. Adph. Kohut. gr. 8. (V, 132 S.) Dresd. 890, Oehlmann's Verlag. * 2 50

Dieffenbach, Ferd., Elsass-Lothringen und der Freihandel. gr. 8. (X, 70S.) [Strassburg] Mannheim 877, Schneider. *

**Dieffenbach**, Ferd., das Großherzogthum Hessen in Vergangenheit und Gegenwart. 23 Hefte. hoch 4. (II, 552 S. mit 46 Taf. in Stahlst. und Holzschn.) Darmstadt 875—77, Literarisch-artist. Anstalt. à Heft 60 Pf.

**Dieffenbach**, Ferd., das Großherzogth. Hessen in Vergangenheit und Gegenwart. 2. Aufl. 28 Hefte. hoch 4. (VIII, 681 S. mit zahlreichen Illustr. in Holzschn. und Stahlst.) Darmstadt 883,84, Hoffmann. à Heft 60 Pf.; compl. geb. *

**Dieffenbach**, Ferd., der Krieg mit Frankreich von 1870—1871. Kriegsgeschichte für das Volk enth.: sämmtliche officiellen Telegramme, die wichtigeren amtl. Aktenstücke, Thronreden, Armeebefehle und Proclamationen, sowie die interessanteren Privat-Telegramme und Zeitungs-Nachrichten ꝛc. Mit besond. Berücksicht. der großherzogl. hess. Division zusammengestellt und durch verbindenden Text ergänzt. gr. 8. (IV, 124 S.) Darmstadt 871, Jonghaus'sche Hofbuchh. **

**Dieffenbach**, Ferd., 50 neue Lieder f. die Jugend, insbesond. f. Knabenschulen, nach bekannten Originalweisen. Für ein- u. zweistimmigen Gesang eingerichtet von E. Schmidt. qu. 12. (72 S.) Darmstadt 847, Pabst. n. $6^2/_3$ ngr

—— Plutonismus und Vulkanismus in der Periode von 1868—1872 und ihre Beziehungen zu den Erdbeben im Rheingebiet. Auf Grund der neuesten Ergebnisse der wissenschaftl. Forschung und mit Berücksicht. von mehr als 1000 Erdbeben und Vulkanausbrüchen dargestellt. gr. 8. (VI 110 S.) Darmstadt 873, Jonghaus'sche Hofbuchh. *

**Dieffenbach**, Fr. Mt., meine Laune; e. Wochenschrift f. Jedermann. 8. Hanau 786.

Dieffenbach, Georg

**Dieffenbach**, Geo., zahnärztliche Belehrungen für Laien. Eine mit specieller Berücksichtigung der neuesten Erfindungen auf dem Gebiete der Zahnheilkunde verfasste populäre Anweisung, wie das Beginnen u. Fortschreiten der Zerstörung der Zähne verhindert, u. schon theilweise zerstörte Zähne bis ins höchste Alter erhalten werden können. Stuttgart 862. Metzler. Lex.-8. (VIII, 55 S.) 12 ngr.

**Dieffenbach's**, Geo., neueste Erfindung im Gebiete der Zahnheilkunde. Mit einem Gutachten von W. Löwe. 8. (35 S.) New-York 858, Schmidt. *

Dieffenbach, Georg Christian

**Dieffenbach**, G. Ch., kleine Agende für evangelische Lehrer u. Küster zum Gebrauche bei ihren kirchl. Amtshandlungen. Mit e. Anh. von kurzen Gebetsordnungen für die Schule. Gotha 870. Schlößmann. gr. 16. (120 S.) n. 15 ngr.

**Dieffenbach**, G. Chr., kleine Agende f. evangelische Lehrer u. Küster zum Gebrauche bei ihren kirchlichen Amtshandlungen. Mit e. Anh.: Kurze Gebetsordngn. f. die Schule. 2. Aufl. 8. (XVI, 178 S.) Gotha 892. G. Schloeßmann. n. 1. 80; geb. n. 2. 60

**Dieffenbach**, G. Chr., s.: Aus dem Kinderleben.

**Dieffenbach**, G. Chr., d. Bergpredigt d. Herrn. In kurzen Betrachtgn. ausgelegt f. d. Gemeinde. [Aus: „D., a. d. ewigen Heilsbrunnen. D. evang. Hausandachten. 2. Bd."] gr. 8. (IV, 82 S.) Bremen 896. Leipzig, M. Heinsius Nachf. n. 1. —

**Dieffenbach**, G. Chr., Bibel-Andachten. Auslegung der heil. Schrift in kurzen Betrachtungen zur Erbauung für die Gemeinde. 1. Bd. A. u. d. T.: Das Evangelium St. Matthäi in 145 kurzen Betrachtungen zur Erbauung f. die Gemeinde ausgelegt. 2. (Titel-)Ausg. 8. (VIII, 431 S.) Gotha (1876) 879. Schloeßmann. n. 5. —; geb. n. 6. —

**Dieffenbach**, G. Chr., Bibel-Andachten. Auslegung der heil. Schrift in kurzen Betrachtungen für die Gemeinde. 2.—4. Bd. 8. Gotha, Schloeßmann. *M 15,50.; geb. *

Inhalt:

Bd. 2. Das Evangelium St. Johannis in 212 kurzen Betrachtungen. 2 Abthl. [1. Abthl.: Cap. 1—10. (XI, 302 S.) *M 5.; geb. *M 6. 2. Abthl.: Cap. 11—21. (261 S.) *M 3.; geb. *M 4.] 881. *M 8.; geb. *M 10.
" 3. Die Episteln St. Pauli an die Epheser und an die Philipper. (VI, 218 S.) 882. *M 3.; geb. *M 4.

Dieffenbach, G. Chr., Bibel-Andachten rc.
Bd. 4. Die Geschichte der Urwelt und des noachischen Bundes [1 Mos. I—XI], in 82 kurzen Betrachtungen ausgelegt. (XII, 264 S.) 884. *ℳ 4,50.; geb. *ℳ 5,50.
1. Bd. Ebendas. 1879. *ℳ 5.; geb. *ℳ 6.

— und Chrn. Müller, Diarium pastorale. (In 3 Thln.) I. Evangelisches Brevier. — II. Evangelische Handagende. Stuttgart 857, 58. S. G. Liesching. 8. (XVI, 622; XVI, 464 S.) 1.: n. 1 Thlr 12 ngr; 2.: n. 1 Thlr 2 ngr

Dieffenbach, Geo. Chrn. u. Chrn. Müller, Diarium pastorale. III. Evangelisches Hirtenbuch. 3 Abtheilungen (in 2 Bdn.). Stuttgart 861. S. G. Liesching. 8. n. 2 Thlr 6 ngr.
Inhalt: 1. Abth.: Der Hirte am Kranken- u. Sterbebette. (XVIII, 578 S.) n. 1 Thlr 6 ngr. — 2. u. 3. Abth.: Des Hirten Trostamt u. Anfechtung. — Des Hirten Strafamt. (518 S.) n. 1 Thlr

— u. Chrn. Müller, evangelisches Brevier. Neue Ausg. Gotha 869. Schloeßmann. 8. (XVI, 621 S.) n. 1 Thlr 12 ngr.

—— und Chrn. Müller, evangelisches Brevier. A. u. d. T.: Diarium pastorale I. Neue (Titel-)Ausg. 8. (XVI, 621 S.) Gotha (857)72, Schlößmann. *

—— und Chr. Müller. Diarium pastorale. II. A. u. d. T.: Evangelische Handagende. Hrsg. von G. Chr. Dieffenbach. 2 Thle. 2. Aufl. 8. (XVI, 236; VIII, 232 S.) Gotha 876, Schloeßmann. *
Diarium pastorale I und II. Ebendas. 1869,72. *ℳ 10 80.

—— und Chrn. Müller, Diarium pastorale. II und III. à 2 Bde. 8. Gotha, Schloeßmann. *
Inhalt:
II. Dieffenbach, Geo. Chrn., evangelische Handagende. 3. verm. Aufl. 2 Bde. [1. Bd. (XVI, 336 S.) *ℳ 3.60.; geb. *ℳ 4.40. 2. Bd. (VIII, 303 S.) *ℳ 3.20.; geb. *ℳ 4.—. 887.
III. Müller, Chrn., evangelisches Hirtenbuch. 2. umgearb. und verm. Aufl. 1. Bd.: Das Hirtenamt und die Seelenpflege nach Wesen und Ziel. (XI, 261 S.) 886. *ℳ 3.—.; geb. *ℳ 4.—. — 2. Bd.: Der Mittelpunkt für Hirte und Herde oder der Kirchendienst. (VI, 336 S.) 887. *ℳ 3.60.; geb. *ℳ 4.40.
Diarium pastorale. I. Ebendas. 1869. *ℳ 4.20.; geb. *ℳ 6.—.

— d. letzten Dinge, d. Leben u. d. Tode u. d. Vollendg. d. Gottesreiches. Kurze Betrachtgn. 2. Aufl. 8. (IV, 154 S.) Stuttgart 896. Greiner & Pfeiffer. In Leinw. kart. n. 1.80

Dieffenbach, G. Chr., die hl. Ehe. Ihre göttl. Stiftg., ihre rechte Schließg., ihre gottsel. Führg. u. ihr Segen. Nach dem Tode des Verf. hrsg. von seiner Gattin. 12. (VII, 72 S.) Leipzig 901. M. Heinsius Nachf. Geb. in Leinw. m. Goldschn. 1.80

Dieffenbach, G. Chr., die Episteln des Kirchenjahres, ausgelegt in kurzen Predigten zur häuslichen Erbauung für die Gemeinde. 8. (XII, 383 S.) Herborn 886, Buchh. des Nassauischen Colportagevereins. *ℳ 1.60.; geb. * geb. mit Goldschn. *

—— die Evangelien des Kirchenjahrs, ausgelegt in kurzen Predigten zur häuslichen Erbauung für die Gemeinde. gr. 8. (XII, 410 S.) Ebendas. 885. *ℳ 1.60.; geb. in Leinw. * geb. mit Goldschn. *

Dieffenbach, G. Chr., die Evangelien des Kirchenjahres, ausgelegt in kurzen Predigten zur häuslichen Erbaug. f. die Gemeinde. 2. Aufl. 8. (VII, 392 S.) Herborn 893. Buchh. d. Nass. Colportagevereins. n. 1.60; geb. in Leinw. n. 2.—

— das Evangelium St. Lucä, in 204 kurzen Betrachtgn. f. die Gemeinde ausgelegt. gr. 8. (VIII, 508 S.) Stuttgart 891. Greiner & Pfeiffer. Geb. in Leinw. n. 4.80

Dieffenbach, G. Chr., das Evangelium St. Marci, in 111 kurzen Betrachtgn. zur Erbaug. f. die Gemeinde ausgelegt. Nach dem Tode des Verf. hrsg. (XII, 329 S.) 8. Leipzig 907. O. Spamer. n. 4.—; geb. in Leinw. n. 5.—

Dieffenbach, G. Chr., das Evangelium St. Matthäi in 145 kurzen Betrachtungen zur Erbauung f. die Gemeinde ausgelegt. gr. 8. (VIII, 431 S.) Gotha 876. Schloeßmann. n. 7. —; geb. n. 8. 40

— Fest-Predigten. Im Anh.: Eine Predigt f. die Besucher v. Badeorten. gr. 8. (IV, 118 S.) Lauterbach (900). H. May Nachf. Geb. in Leinw. n. 2.—

— s.: Flinzer, F., glückliche Kinderzeit.

Dieffenbach, G. Chr., in der deutschen Frühlingszeit. Siebenzehn Lieder aus dem Kriegs- u. Siegesjahre 1870—1871. 16. (32 S.) Hannover 871. Meyer. n. — 20

—— christliches Gedenkbuch zur kurzen täglichen Andacht und zur Aufzeichnung wichtiger Gedenktage. 1. und 2. Aufl. 8. (VI, 397 S.) Wolfenbüttel 879, Zwißler. * geb. in Leinw. *ℳ 4,50.; mit Goldschn. *

— christliches Gedenkbuch zur kurzen täglichen Andacht u. zur Aufzeichnung wichtiger Gedenktage. 2. Aufl. 8. (VI, 365 S.) Wolfenbüttel 880. Zwißler. n. 3. 50; geb. n. 4. 50; m. Goldschn. n. 5. —

— christliches Gedenkbuch zur kurzen täglichen Andacht u. zur Aufzeichng. wicht. Gedenktage. 8. Aufl. 8. (424 S. m. 1 Titelbild.) Wolfenbüttel 891. J. Zwißler. 3. —; geb. in Leinw. m. Goldschn. 4. —

Dieffenbach, Geo. Chrn., Gedichte. Berlin 857. Wohlgemuth. 16. (VIII, 383 S.) 1 Thlr

Dieffenbach, Geo. Chrn., Gedichte. Neue wohlf. (Titel-) Ausg. 16. (VIII und 383 S.) Berlin (857)66, Wohlgemuth.

— die Geschichte der Patriarchen Abraham, Isaak u. Jakob. 1. Die Geschichten v. Abraham u. Isaak, 1. Mose, Kap. 12—28, 9, in kurzen Betrachtgn. zur Erbaug. f. die Gemeinde ausgelegt. Nach dem Tode des Verf. hrsg. (XII, 296 S.) 8. Leipzig 903. [Ch. Steffen.] L. A. Klepzig. Geb. in Leinw. n. 4. 60

— dasselbe. In kurzen Betrachtgn. zur Erbaug. f. die Gemeinde ausgelegt. Nach dem Tode des Verf. hrsg. 2 Bde. 8. Leipzig 907. O. Spamer. à n. 3. 20; geb. in Leinw. à n. 4. —
I. Die Geschichten v. Abraham u. Isaak I. Mose, Kap. 12—28, 9, in 103 Betrachtungen. (XII, 296 S.)
II. Die Geschichten v. Jakob u. seinen Söhnen I. Mose, Kap. 28, 10—50, 26 in 91 Betrachtungen. (XII, 270 S.)

— die Gleichnisse u. Gleichnißreden. In kurzen Betrachtgn. ausgel. f. d. Gemeinde. [Aus: „D., a. d. ewigen Heilsbrunnen. D. evang. Hausandachten. 2. Bd."] gr. 8. (IV, 236 S.) Bremen 897. Leipzig, M. Heinsius Nachf. n. 3. —

Dieffenbach, G. C., Grundzüge d. deutsch. Poetik, s. Blüthen deutscher Dichter.

Dieffenbach, G. Chr., und Chrn. Müller, evangelische Handagende. A. u. d. T.: Diarium pastorale II. Neue (Titel-)Ausg. 8. (XVI, 464 S.) Gotha (858)68, Schlößmann. *

Dieffenbach, Geo. Chrn., evangelische Haus-Agende, d. i.: Vollständige Ordnung des Hausgottesdienstes in Gebeten, Liedern u. Bibellectionen f. alle Tage des Kirchenjahres, gegründet auf die altkirchl. Sonn- u. Festtags-Evangelien. (In 4 Lfgn.) 1. Lfg. Lex. 8. (XVI S. u. S. 1—160 m. eingedr. Holzschn. u. 2 Holzschntaf.) Mainz 852, Kunze. n. 13 ngr; fein Pap. m. lithochrom. Initialen n. 2/3 Thlr

— evangelische Haus-Agende, das ist: Vollständige Ordnung des Hausgottesdienstes in Gebeten, Liedern und Bibellectionen für alle Tage des Kirchenjahres, gegründet auf die altkirchlichen Sonn- und Festtags-Evangelien. Illustrirt mit 4 großen Bildern, 16 Initialen u. 6 Vignetten (in Holzschn.). 2—4. (letztes) Heft. Mainz 853. Kunze. Lex.-8. (S. 161—720 u. 1 Musikbeilage in 4.) Jede Liefg. n. 13 ngr; Velinp. n. 20 ngr

—— evangelische Haus-Agende, das ist: vollständ. Ordnung des Hausgottesdienstes in Gebeten, Liedern und Bibellectionen für alle Tage des Kirchenjahres, gegründet auf die altkirchl. Sonn- und Festtags-Evangelien. Illustrirt mit 4 großen Bildern, 16 Initialen und 6 Vignetten. 2., verm. und neubearb. Aufl. 2 Hefte. Lex.-8. (XVI und 848 S. mit 4 Holzschnt. und 1 Musikbeilage in qu. gr. 4.) Mainz 858. 59, Kunze. *
Mit den Initialen in Gold- und Farbendr. *

—— evangelische Haus-Agende, das ist: vollständ. Ordnung des Hausgottesdienstes in Gebeten, Liedern und Bibellectionen für alle Tage des Kirchenjahres, gegründet auf die altkirchl. Sonn- und Festtags-Evangelien. Illustr. mit 4 großen Bildern, 16 Initialen und 6 Vignetten. 3. Aufl. Lex.-8. (XVI und 916 S. mit 4 Holzschntaf. und 1 Musikbeilage in qu. gr. 4.) Mainz 866, Kunze's Nachfolger. *
feine Ausg. *

—— evangelische Haus-Agende, das ist: Vollständige Ordnung des Hausgottesdienstes in Gebeten, Liedern und Bibellectionen für alle Tage des Kirchenjahres, gegründet auf die altkirchl. Sonn- und Festtags-Evangelien, nebst einem Lectionarium zu den Episteln, einer Reihe von liturg. Andachten und einer Sammlung von Gebeten. Mit einem Titelbild (Holzschntaf.), 16 (color.) Initialen und 6 Vignetten. 4. Aufl. Ausg. I. Lex.-8. (XVI, 892 und Familien-Chronik 20 S. nebst Musikbeilage in qu. gr. 4.) Mainz 878, Kunze's Nachf. *
geb. in Halbfrzbd. ** M 14.; in Prachtbd. **
Ausg. II. mit nicht color. Initialen * M 9.; geb. in Leinw. **
mit Goldtitel ** M 10,75.; in Halbfrz. mit Goldschn. **

— evangelische Haus-Agende, d. i.: Vollständige Ordng. des Hausgottesdienstes in Gebeten, Liedern u. Bibellektionen f. alle Tage des Kirchenjahres, gegründet auf die altkirchl. Sonn- u. Festtags-Evangelien, nebst e. Lektionarium zu den Episteln, e. Reihe v. liturg. Andachten u. e. Sammlg. v. Gebeten. Mit 1 Titelbild, 16 Initialen u. 6 Vignetten. 5. Aufl. 1.—5. Hft. gr. 8. (S. 1—400.) Wiesbaden 894. C. G. Kunze's Nachf.
à n. — 60

— evang. Haus-Agende, d. i. Vollst. Ordng. d. Hausgottesdienstes i. Gebeten, Liedern u. Bibellektionen f. alle Tage d. Kirchenjahres, gegr. auf d. altkirchl. Sonn- u. Festtags-Evangelien, nebst e. Lektionarium z. d. Episteln, e. Reihe v. liturg. Andachten u. e. Sammlg. v. Gebeten. M. e. Titelbild, 16 Initialen u. 6 Vignetten. 5. Aufl. 6.—12. Hft. gr. 8. (S. 401—896 u. Familien-Chronik 20 S. m. 1 Musikbeilage.) Wiesbaden 895. C. G Kunze's Nachf. à n. — 60 (kplt.: n. 7. 50; geb. in Leinw. n. 9.—; in Prachtbd. n. 11.—)

—— evangelische Haus-Andachten. Zur Ergänzung und Fortsetzung der evangel. Haus-Agende. gr. 8. (544 S.) Bremen 883, Heinsius. * M 4,80.; geb. *

Dieffenbach, G. Chr., evangelische Hausandachten. Zur Ergänzg. u. Fortsetzg. der evangel. Haus-Agende. 2. (Titel-) Ausg. gr. 8. (544 S.) Bremen 890. Heinsius Nachf.
n. 3. 50; geb. n. 4. 80

Dieffenbach, G. Chr., aus dem ewigen Heilsbrunnen. Der evangel. Hausandachten II. Bd. Zur Ergänzg. u. Fortsetzg. d. evang. Haus-Agende. gr. 8. (IV, 486 S.) Leipzig 899. M. Heinsius Nachf. n. 5.—; geb. n. 6.—

Dieffenbach, Georg Christian, u. Chrn. Müller

—— —— evangelisches Hirtenbuch. A. u. d. T.: Diarium pastorale III. 1. Der Hirte am Kranken- und Sterbebette. 2. Des Hirten Trostamt in Anfechtung. 3. Des Hirten Strafamt. Neue (Titel-)Ausg. 2 Thle. 8. (XVIII, 579; III, 518 S.) Gotha (861)69, Schlößmann. *

—— ein Hochzeitsstrauß aus Gottes Garten und von den Wiesen der Welt. 8. (IX, 262 S.) Gotha 874, Schlößmann. *
geb. mit Goldschn.

—— ein Hochzeitsstrauß. Aus Gottes Garten und von den Wiesen der Welt gesammelt. 2. und 3. Aufl. 8. (XI, 264 S.) Gotha 876, Schloeßmann. * M 3.; geb. mit Goldschn. *

— ein Hochzeitsstrauß. Aus Gottes Garten u. von den Wiesen der Welt gesammelt. 3. Aufl. 8. (XV, 264 S.) Gotha 879. Bremen, Heinsius. n. 3. —; geb. n. 5. —

— ein Hochzeitsstrauß. Aus Gottes Garten u. v. den Wiesen der Welt gesammelt 4. Aufl. 8. (XVI, 309 S. m. 1 Chromolith. u. chromolith. Widmungsbl.) Ebend. 883. n. 4. 50; geb. m. Goldschn. n. 6. —

—— ein Hochzeitsstrauß. Aus Gottes Garten und von den Wiesen der Welt gesammelt. 5. Aufl. 8. (XVI, 312 S. mit 1 Chromolithogr. und 1 Widmungsblatt.) Bremen 888, Heinsius.
* M 5.—.; geb. mit Goldschn. *

— Hochzeitsstrauß. Aus Gottes Garten u. v. den Wiesen der Welt gesammelt. 6. Aufl. 8. (XVI, 312 S. m. 1 Farbendr. u. 1 farb. Widmungsbl.) Bremen 891. M. Heinsius Nachf. Geb. in Leinw. m. Goldschn. n. 6. —

— ein Hochzeitsstrauß. Aus Gottes Garten u. v. den Wiesen der Welt gesammelt. 7. Aufl. (XVI, 312 S. m. 1 Farbdr.) 8. Leipzig 903. M. Heinsius Nachf.
Geb. in Leinw. m. Goldschn. n. 6. —

— f. Jugend, fröhliche.

— u. C. A. Kern, aus der Jugendzeit. Lieder f. unsere Jugend. Text v. G. Chr. D., komponiert v. C. A. K (Op. 286.) 2 Hfte. Lex.-8. (à II, 82 S. m. Bildern.) Gotha 894. F. A. Perthes. à 1. 50

DIEFFENBACH, G. C. *Kinder-Lieder* von G. Ch. Dieffenbach. Mit einem Titelkupfer (Mutter mit 3 Kindern, gez. u. rad. von J. B. SCHOLL). Mainz, C. G. Kunze [1854]. VIII, 120 S. Gr.-8°. Gelblicher, typographisch verzierter Or.Kartonbd. m. Leinenrücken. 35.—
Merget 201. Hopf Nr. 270. ★ Erste Ausgabe dieses Buches mit den klassisch gewordenen Liedern: „Frau Schwalbe ist ne Schwätzerin, Concert ist heute angesagt, Gluck, gluck, gluck die Henne ruft, Der Frosch sitzt in dem Rohre", usw. — Leicht stockfleckig, Einb. benutzt.

— Kinderlieder. Mit 44 Illustr. (in Holzschn.) von Fr. Wanderer. 2. Aufl. Ebend. 870. gr. 4. (116 S.) n. 1 Rthlr 25 ngr.
45 Melodieen dazu, s. Kern, C. A.

—— Kinderlieder. Mit 44 Illustr. gezeichnet von Wanderer, in Holz geschn. von J. L. Trambauer. 2. Aufl. 4. (114 S.) Mainz 873, Kunze's Nachf. cart.
geb. mit Goldschn.

— 50 Kinderlieder, s.: Kern, C. A.

— 60 Kinderlieder, f. 2. Singstimmen m. leichter Klavierbegleitg. komp. v. Karl Aug. Kern. Op. 36. Mit e. Beitrage von Gr. A. v. G. 7. Aufl. Mit 24 Illustr. v. Fr. Wanderer. (III, 48 S.) gr. 4. Wiesbaden 903. C. G. Kunze's Nachf. n. 1. 50; geb. n. 2. —

—— die neue Kirchenverfassung im Großherzogthum Hessen und die Stellung der nicht-renitenten evangel.-luther. Pfarrer. Anhang: Aktenstück, betr. die fortdauernde Geltung der luther., reformirten und unirten Confession in Hessen. gr. 8. (20 S.) Frankfurt a. M. 875, Zimmer. *

— für unsere Kleinen. Ein neues Bilderbuch f. Kinder von 4—10 Jahren. 1. u 2. Bd. 4. (à 192 S. m. Holzschn.) Gotha 886. F. A. Perthes. geb. à n. 3. —

— f. unsere Kleinen. Ein neues Bilderbuch f. Kinder von 4—10 Jahren. 3.—6. Bd. kl. 4. (à 192 S. m. Illustr.) Gotha 888—890. F. A. Perthes. geb.
à Bd. n. 3. —

— für unsere Kleinen. Ein neues Bilderbuch f. Kinder von 4—10 Jahren. 7.—10. Bd. 4. (à 192 S.) Gotha 891—894. F. A. Perthes. Geb. in Leinw. à n. 3. —
Als Zeitschrift in 12 Nrn. u. d. T.: Für unsere Kleinen.

— für unsere Kleinen. E. neues Bilderbuch f. Kinder von 4—10 Jahren. 11.—14. Bd. 4. (192, 196, 192 u. 192 S. m. Abb.) Gotha 895—898. F. A. Perthes.
Geb. in Leinw. à n. 3. —

— für unsere Kleinen. Ein neues Bilderbuch f. Kinder von 4—10 Jahren. 15.—17. Bd. 4. (192 S. m. 1 Farbdr.; 192 S. m. 1 Farbdr. u. 192 S. m. 2 Farbdr.) Gotha (899—901). F. A. Perthes. Geb. in Leinw. à n. 3.—
Als Zeitschrift u. d. T.: Für unsere Kleinen.

— für unsere Kleinen. Ein neues Bilderbuch f. Kinder von 4—10 Jahren. Hrsg. v. B. Mercator. 18.—22. Bd. (à 192 S. m. 1 Farbdr.) gr. 8. Gotha (902—906). F. A. Perthes. Geb. in Leinw. à n. 3. —
Als Zeitschrift u. d. T.: Für unsere Kleinen.

— Für unsere Kleinen. Ein neues Bilderbuch f. Kinder von 4—10 Jahren. Hrsg. v. Otto Weddigen. 23—26. Bd. (à 192 S. m. 1 Farbdr.) gr. 8. Gotha (907—10.) F. A. Perthes. Geb. in Leinw. à 3. —
Als Zeitschrift u. d. T.: Für unsere Kleinen.

— dasselbe, als Zeitschrift, s.: Für unsere Kleinen.

—— evangelische Kranken-Blätter zur Unterstützung der Kranken-Seelsorge und zum Vertheilen an Leidende. 3 Hefte. 8. (240 S.) Mainz 868, Kunze's Nachfolger. In Couvert à Heft * 7 Ngr. *
feine Ausg. à Heft * 10 Ngr. *

— dasselbe. 4. Hft. 8. (S. 241—320.) Ebend. 874. n.— 70; feine Ausg. n. 1. —

—— evangelische Krankenblätter zur Unterstützung der Kranken-Seelsorge und zum Vertheilen an Leidende. 1. Heft. 2. Aufl. gr. 8. (S. 1—80.) Mainz 871, Kunze's Nachf. *

—— evangelische Kranken-Blätter zur Unterstützung der Kranken-Seelsorge und zum Vertheilen an Leidende. 1. Ausg. 1.—4. Heft. 8. Wiesbaden, Kunze's Nachf. [1. Heft. 3. Aufl. (80 S.) 881.; 2.—4. Heft. 2. Aufl. (à Heft 80 S.) 882 —84.] à Heft *M 1. *

— dasselbe. Ausg. II. 3. u. 4. Hft. 2. Aufl. gr. 8. (à 80 S.) Ebend. 884. 82. à n. — 70

—— Evangelische Kranken-Blätter zur Unterstützung der Kranken-Seelsorge u. zum Verteilen an Leidende. Ausg. I. 1., 2. u. 4. Heft. 8. (à Heft 80 S.) Wiesb., Kunze Nachf. [1. Heft. 4. Aufl. 889; 2. Heft. 3. Aufl. 889; 4. Heft. 3. Aufl. 892.] à Heft * 1 —; * 3 — Ausg. II à Heft * — 70; * 2 10
3. Heft. Ebd. 1882. * 1 —

— evangelische Kranken-Blätter zur Unterstützung der Kranken-Seelsorge u zum Verteilen an Leidende. 3. u. 4. Hft. Ausg. I. 8. (à 80 S.) Wiesbaden. C. G. Kunze's Nachf. à n. 1. —; Ausg. II. (80 S.) à n. — 70
3. 3. Aufl. 894. — 4. 3. Aufl. 892.

— u. Gust. Schlosser, die dermalige Lage der evangelischen Kirche im Großherzogth. Hessen. Aktenmäßige Darstellg gegenüber der unter ob. Titel erschien. Denkschrift d. Prof. Dr. K. Köhler. gr. 8. (V, 134 S.) Frankfurt a. M 872. Zimmer. n. 1. 60

— das Leben in der Kirche. 14 Predigten üb. die Führg. unseres Lebens durch die Kirche. gr. 8. (III, 103 S.) Ebd. 899. n. 1. 20

— Lied u. Leben. Neue (Titel-)Ausg. der Gedichte. 16. (VIII, 383 S.) Wolfenbüttel (1857) 880. Zwißler. geb. m. Goldschn. n. 3. —

— das goldene Märchenbuch. Eine Auswahl der schönsten Märchen, Sagen u. Schwänke. Mit 100 Bildern von Carl Gehrts. 3 Abthlgn. in 1 Bde. 4. (XII, 128; 48 u. 32 S.) Bremen 889. Heinsius' Nachf. geb. 6. —

— das goldene Märchenbuch. Eine Auswahl der schönsten Märchen, Sagen u. Schwänke. Mit Bildern v. Carl Gehrts. 2. Aufl. (X, 212 S. m. 12 Vollbildern.) gr. 8. Leipzig (904). M. Heinsius Nachf. Kart. n. 4. —; Prachtausg. m. 20 Vollbildern, geb. in Leinw. n. 6. —

Dieffenbach, Georg Christian, s. M o o r e , Th., Abende in Griechenland.

— Passionale. Die Leidensgeschichte des HErrn in 46 Lektionen m. kurzen Auslegg n., Gebeten u. Liedern zur tägl. Andacht in der Passionszeit. 1. u. 2. Aufl. gr. 8. (VIII, 146 S.) Gotha 889. 890. Schloeßmann. n. 2. —; geb. n. 2. 80

— Passionale. D. Leidensgeschichte d. HErrn in 46 Lektionen m. kurzen Auslegg n. Gebeten u. Liedern z. tägl. Andacht i. d. Passionszeit. 3. Aufl. (Volks-)Ausg. gr. 8. (VIII, 146 S.) Gotha 897. G. Schloeßmann. In Leinw. kart. n. 1. 60

— Predigten üb. das erste Buch Mose in der Form kurzer Entwürfe. gr. 8. (IV, 377 S.) Leipzig 889. Fr. Richter. n. 5. —

— dasselbe. 2. (Titel-)Aufl. (In 6 Lfgn.) 1. Lfg. gr. 8. (IV u. S. 1—64.) Ebd. 890. n. — 75

— Predigten üb. das erste Buch Mose, in der Form kurzer Entwürfe. 2. (Titel-)Aufl. 2.—6. (Schluß-)Lfg. gr. 8. (S. 65—377.) Leipzig 891. Fr. Richter. à n. — 75 (kplt.: n. 4. 50)

—— zwei Predigten, bei der Begräbnisfeier am Sarge des erlauchten Grafen und Herrn Carl Wilh. Heinr. Ferd. Herm. v. Schlitz, genannt v. Görtz am 12. Dezbr. 1885 und bei der Gedächtnisfeier am 3. Jan. 1886 in der Kirche zu Schlitz gehalten. gr. 8. (15 S.) Gotha 886, F. A. Perthes. *

— 118 Predigtentwürfe üb. das Evangelium St. Johannis. gr. 8. (IV, 379 S.) Halle 902. R. Mühlmann's Verl. n. 5. —; geb. n. 6. —
Erschien auch in 5 Lfgn. à n. 1. —.

Dieffenbach, G. Chr.. aus vier Reichen. Gedichte. [Neue Sammlung.] 8. (VIII, 221 S.) Gotha 887, F. A. Perthes. *

— aus 4 Reichen. Gedichte. Neue Sammlg. 2. Aufl. 8. (VIII, 221 S.) Gotha 894. F. A. Perthes. n. 2. 40

— Johann Ferdinand Schlez. Hessischer Schulmann u. Volksschriftsteller. [Aus: „Hess. Lehrerkalender".] gr. 16 (14 S. m. Bildnis.) Gießen 893. E. Roth. n. — 40

— kleine Schul-Agende. Gebete u. Gebetsordnugn. zum Gebrauche in der Schule. 2. Aufl. 8. (63 S.) Gotha 892. G. Schloeßmann. — 80; geb. n. 1. 20

—— evangelische Trost-Blätter zur Benutzung bei der Seelsorge und zum Vertheilen an Trauernde. [Im Anschluß an die Evangel. Kranken-Blätter.] gr. 8. (80 S.) Mainz 877, Kunze's Nachf. In Mappe *

— Evangelische Trost-Blätter zur Benutzung bei der Seelsorge u. zum Verteilen an Trauernde. Im Anschluß an die evangel. Kranken-Blätter. 2. Aufl. Nach dem Tode des Verf. hrsg. (20 Nrn. zu je 4 S.) 8. Wiesbaden 908. C. G. Kunze's Nachf. In Umschlag — 80

— im Wandel d. Kirchenjahres. Zur Erbaug. u. zur Führg. durch die heil. Zeiten. 8. (159 S. m. Titelbild.) Wolfenbüttel 891. J. Zwißler. 1. 50; geb. m. Goldschn. 2. 50

— der Weg zum ewigen Leben, in kurzen Betrachtungen üb. Worte aus dem Alten Testament, u. aus den Evangelien u. Episteln. Zur Lehre u. Erbaug. f. d. Gemeinde. [Aus: „D., a. d. ew. Heilsbrunnen".] gr. 8. (III, 82 S.) Leipzig 899. M. Heinsius Nachf. n. 1. —

— Gottes Wort in der Natur. In kurzen Betrachtgn. erklärt. [Aus: „D., aus dem ewigen Heilsbrunnen".] gr. 8. (III, 86 S.) Leipzig 898. M. Heinsius Nachf. n. 1. —

—— Wort und Sakrament. Eine Unterweisung zum rechten Gebrauch der Gnadenmittel als Mitgabe fürs Leben, insbesondere für Konfirmanden, zugleich als Beicht- und Kommunionbuch. 3. Aufl. 8. (XVI, 280 S. mit 1 Stahlst.) Bremen 884, Heinsius. *M 2,50.; geb. *
geb. mit Goldschn. *

—— Wort und Sacrament. Eine Unterweisung zum rechten Gebrauch der Gnadenmittel als Mitgabe fürs Leben, insbesondere für Confirmanden und Neuconfirmirte. 1. Aufl. (XVI, 229 S.) 1872, und 2. Aufl. 8. (XII, 244 S.) Gotha 873, Schlößmann. *
geb. *
geb. mit Goldschn. *

—— Nesthäkchens Zeitvertreib, s. Mohn, V. P.

Dieffenbach, Georg Christian, u. G. Schlosser,

—— —— die kirchlichen Zustände im Großherzogthum Hessen. Eine Denkschrift. Im Namen einer Anzahl evangelisch-luther. Pfarrer veröffentlicht. gr. 8. (20 S.) Frankfurt a. M. 872, Zimmer. *

Dieffenbach, Heinrich Wilhelm (Alsfeld)
Anleitung zur allgemeinen Auflösung der biquadratischen Gleichungen nach Ferrari und Euler, nebst einer Auflösungsmethode.
[Als Anhang zu: Snell, F. W. D.: Anfangsgründe der Algebra. Giessen 1821.]
[In den Promotionsakten vermerkt.]
Diss. phil. Giessen 28.12.1819. Habil. math. 1821.

Dieffenbach, Hnr. Wlh., Anleit. zur allgem. Auflösung d. biquadratischen Gleichungen nach Ferrari u. Euler. Als Anhang zu F. W. D. Snell, Anfangsgründe d. Algebra. 8. Gießen 821. (Ferber). 1 ℛ

Dieffenbach, H. W., Anleitung zur allgem. Auflösung der biquadratischen Gleichungen nach Ferrari und Euler. Als Anhang zu Snell, F. W. D., Anfangsgründe d. Algebra. 8. Giessen, Müller. 821.

— — jüdischer Professor der Theologie auf christlichen Universitäten. Eine Aufgabe für christliche Staaten. 1s 2s Heft. 8. Ebendas. 821.

— — der Weise im Lichte oder Jesus, das Licht der Welt. 8. Ebendas. 821.

Dieffenbach, J.: Delectus seminum ..., s. Fenzl, E.

Dieffenbach, J., erprobter Rathgeber und Helfer bei Zahnschmerzen. 8. Wien 841, Singer u. Goering. ½ ℛß

Dieffenbach, J(ohann) F(riedrich): Anleitung zur Krankenwartung. 182 S., gbd.

Berlin: Hirschwald 1832

Dieffenbach, Joh. Frdr., der Aether gegen den Schmerz. Mit 1 lith. Taf. 8. (XII u. 228 S.) Berlin 847, A. Hirschwald in Comm. baar ⅚ ℛß

Dieffenbach, Johann Friedrich, s. L. J. Bégin, Lehrbuch d. prakt. Chirurgie.

Dieffenbach, Jh. Fr., physiologisch-chirurg. Beobachtungen bei Cholera-Kranken. Eine vom Institut de France gekr. Preisschrift. 2e verm. Aufl. gr. 8. Güstrow 834, Opitz. ¼ ℛß

— la Chirurgie de Mr., par Charles Phillips. 1re Partie. Avec IV planches. gr. in-8. Berlin 840. A. Duncker. n. 1⅓ ℛß

Dieffenbach, Joh. Friedr., die operative Chirurgie. (In 2 Bdn. od. 10—12 Hftn.) I. Bd. (6 Hfte.) u. II. Bd. 1—3. Hft. (79½ B.) gr. 8. Leipzig 844—47, Brockhaus. à Hft. * 1 Thlr. *

—— die operative Chirurgie. 2. Bd. 4—6. (letztes) Heft. gr. 8. (XXIV und S. 257—864.) Leipzig 847—49, Brockhaus. à Heft *
Das 5. und 6. Heft des 2. Bandes wurde von Jul. Bühring herausgegeben. 1. Bd. (6 Hefte) und 2. Bd. 1—3. Heft. Ebendas. 1844—47. * 9 Thlr.

— die operative Chirurgie. 6—12. Hft. (11 u. 12. Hft. nach d. Tode des Verf. hrsg. v. Jul. Bühring.) gr. 8. (2. Bd. XXIV u. 864 S.) Leipzig 847. 48, Brockhaus. à n. 1 ℛß (cmplt. n. 12 ℛß)

—— über die Durchschneidung d. Sehnen u. Muskeln. M. 20 lith. Taf. Lex.-8. (20⅛ B.) Berlin 841, Förstner.

—— chirurg. Erfahrungen, besond. üb. d. Wiederherstellung zerstörter Theile d. menschl. Körpers, nach neuen Methoden. 1—4. Abthl. gr. 8. Berlin, Th. Enslin. [1. (7 B. u. 2 lith. Abbild.) 829. 16 Gr., 2. (13 B. u. 21 lith. Abbild. in gr. 4.) 830. 2 Thlr. 8 Gr., 3. u. 4. (20 B. u. 4 lith. Abbild. in gr. 4.) 834. 1 Thlr. 21 Gr.]

—— üb. d. organ. Ersatz. (Aus „Rust's Handb. d. Chirurgie" abgedr.) gr. 8. (6¾ B.) Berlin 831, Th. Enslin.

— s. Fribe, H. E., Miniatur-Armamentarium. —

—— die Heilung d. Stotterns durch eine neue chirurg. Operation. Ein Sendschr. an d. Institut v. Frankreich. M. 4 lith. Taf. gr. 8. (2¼ B.) Berlin 841, Förstner.

Dieffenbach, J(ohann) F(riedrich) (Bearb., Comm. u. Hrsg.):

s.: Henckel, J(oachim) F(riedrich): Anleitung zum chirurgischen Verbande, umgearb. und mit vielen Zusätzen versehen von J(ohann) Christian Stark (junior). (Nebst) Abbildungen. Berlin: 1829

Dieffenbach, Johann Friedrich, s. Marschall Halls Darstellung d. Verricht. d. Nervensystems.

Dieffenbach, Jh. Fr., die Physiologie als Erfahrungswissenschaft, s. K. F. Burdach.

Dieffenbach, Joh. Friedrich, s. Ph. J. Roux: Staphorylo- raphie.

—— über d. Schielen u. die Heilung desselben durch die Operation. gr. 8. (14¼ B. u. 3 Taf. Abbildgn.) Berlin 842, Förstner.

Dieffenbach, Joh. Friedrich, s. M. de Serres: über d. Augen.

— die Transfusion d. Blutes, s. W. Scheel.

Dieffenbach, J. F., Die Transfusion des Blutes und die Infusion der Arzneien. Berlin 28.

—— Vorträge in d. chirurg. Klinik d. kgl. Charité zu Berlin, hrsg. v. C. Th. Meier. Mai bis August 1840. (1. u. 2. Lfg.) Roy.-4. (20¾ B.) Berlin 840, Alex. Duncker.

Dieffenbach, Johann Friedrich, s. Wörterbuch, Encyclop., d. medizin. Wissenschaften.

—— Zeitschrift f. d. gesammte Medizin, s. Zeitschrift.

Dieffenbach, Johann Georg, s. Diefenbach, Johann Georg

Dieffenbach, Johann Philipp, s. Dieffenbach, Philipp

Dieffenbach, Karl, († d. 1. Sept. 1822.) Geschichte u. Beschreib. d. Stadt Alsfeld. 8. Gießen 818, Heyer. 8 ℛ Mit 1 Kpf. 10 ℛ

— s. Phädrus Fabeln, travestirt.

DIEFFENBACH, Karl, Travestirte Fabeln des Phädrus mit einem Anhang mysteriöser (zum Theil erot.) Gesänge. Frankfurt am Mayn bey J. L. E. Zessler. 1794. 8°. 122 S. Orig.-Umschl. mit Vignette.

Dieffenbach, K., Sinn- u. verm. Gedichte. 8. Gießen. (Krieger in Mrbg.) 787.

— üb. Vorzüge d. deutsch. Staatsverfassungen. 8. Frft. Zeßler, (a. Dietz in Frankf. a. M.) 793.

— über d. Vorzüge d. deutschen Staats- u. Landesverfassungen. 8. Frankf. 793, Zeßler. 4 gl.

Dieffenbach, L. Ferd., Graf Franz zu Erbach-Erbach. Ein Lebens- und Culturbild aus dem Ende des 18. und dem Anfange des 19. Jahrh. Mit dem Portr. des Grafen (in Stahlst.) gr. 8. (X, 170 S.) Darmstadt 879, Literar.-artist. Anstalt. *

Dieffenbach, L. Ferd., Graf Franz zu Erbach-Erbach. Ein Lebens- u. Culturbild aus dem Ende des 18. u. dem Anfange des 19. Jahrh. Mit dem Portr. des Grafen (in Stahlst.). gr. 8. (X, 170 S.) Darmstadt 879. Hoffmann. 3. —

—— Karl Ludwig Schulmeister, der Hauptspion, Parteigänger, Polizeipräfekt und geheime Agent Napoleons I. Eine mit Benutzung zahlreicher, bisher unbekannter amtl. Aktenstücke angestellte histor. Untersuchung. gr. 8. (VII, 96 S.) Leipzig 879, Webel. *

— s.: Weltgeschichte, illustrirte.

Zwei Bekenntnisse. Laienlehre u. Laienpredigt. Hrsg. (u. verf.) von Dr. Ludwig Dieffenbach Sohn, (Forstrat; Mitverf.: Dr. Ludwig Dieffenbach Vater, Kreisrat). [Nebst] Forts. 1. u. 2. *Lich ⟨Oberhessen⟩: Selbstverl.; Leipzig: O. Maier in Komm. 1901–02.* 3 Bde 8° [F.]
Zwei Bekenntnisse ... von L. Dieffenbach (Vater u. Sohn). 1901.
Forts. 1 = Dieffenbach, L. (Sohn): Tut Ehre Jedermann ... 1902.
2 = Dieffenbach, L. (Sohn): Christi Gott u. Christi Lehre. 1902. [03. 3075

Christi Gott und Christi Lehre. ⟨Allein nach d. Evangelium Matthäi.⟩ Laienlehre u. Laienpredigt ⟨2. Forts.⟩ Hrsg. von Dr. Ludwig Dieffenbach, (Forstrat). *Lich ⟨Oberhessen⟩: Selbstverl.; Leipzig: O. Maier in Komm. 1902.* (48 S.) 8° [F.]
= Dieffenbach: Laienlehre u. Laienpredigt. Forts. 2. [03. 3077

**Dieffenbach,** Ludwig, a. Lich ⟨Oberhessen⟩, Assistent am anatomischen Institut zu Gießen: Aus dem anatomischen Institut zu Gießen. Ueber die Semiplacenta diffusa incompleta von Dicotyles labiatus Cuv. Wiesbaden: J. F. Bergmann 1907. (28 S.) 8°
Gießen, Med. Fak., Ref. Strahl, Diss. v. 22. Juli 1907
[Geb. 11. Dez. 82 Stockhausen; Wohnort: Lich; Staatsangeh.: Hessen; Vorbildung: Gymn. Gießen Reife O. 01; Studium: Gießen 4, Kiel 1, München 1, Gießen 4 S.; Coll. 30. Jan. 07; Approb. 28. Febr. 07.]

Tut Ehre Jedermann, habt die Brüder lieb! – Fürchtet Gott! – Ehret den König! ⟨1. Petri 2, 17.⟩ Laienlehre u. Laienpredigt. ⟨1. Forts.⟩ Hrsg. von Dr. Ludwig Dieffenbach, (Forstrat). *Lich ⟨Oberhessen⟩: Selbstverl.; Leipzig: O. Maier in Komm. 1902.* (88 S.) 8° [F.]
= Dieffenbach: Laienlehre u. Laienpredigt. Forts. 1. [03. 3076

Wer oder was ist Gott? Hrsg. von Dr. L(udwig) Dieffenbach. Lich ⟨Oberhessen⟩: Dr. Dieffenbach 1908. (123 S.) 8° [F.] [08. 12907 2

Dieffenbach, Ludwig Adam

Dieffenbach, Ldw. Adm., einige Bemerkk. über d. frühe Lektüre d. Kinder. 4. Gießen 799.

— über d. Erziehung zur Sittlichkeit. 4. Gießen 804.

— drei Predigten über d. neuesten Ereignisse. 8. Gießen 815. Heyer. 4 gl.

Dieffenbach, L. A., drey Predigten üb. die neuesten Weltereignisse. 8. Gießen, Heyer. 815.

— Progr. de quibusdam neglectae linguae latinae causis. 4. Giessen 801.

Zwei Reden, gehalten in der □ Ludewig zur Treue zu Giessen, von L[udw.] A[dam] **Dieffenbach.** (Nach einem Beschlusse dieser □ dem Drucke übergeben.) Giessen 1819: Schröder. 16 S. 8⁰ [Umschlagtit.]
Üb. das Verhältnis der Mrei zum Christentum u. üb. Weisheit, Schönheit, Stärke.

Vorträge, gehalten in der □ .·. Ludewig zur Treue, zu Giessen, von Ludw. Adam **Dieffenbach.** [Giessen 1825]: Schröder. IV, 35 S. 8⁰
5 Vorträge: 1. üb. d. Geist d. Frmrbundes, 2. üb. d. Gesellengrad u. d. Aufnahme in denselben, 3. üb. Unsterblichk. d. menschl. Geistes, 4. üb. Ursprung u. Bedeutung d. Johannisfestes, 5. üb. Aufgabe d. Frmr.

— die zwei ersten Vorträge in d. neuen Stadtkirche zu Gießen. 8. Gießen 822. Heyer. 2 gl.

Dieffenbach, Ludwig Christian

Dieffenbach, Ldw. Chr., gemeinnütziger Briefsteller. 8. Gießen 825. Heyer. 1 ₰

Dieffenbach, Ludw. Chr., gemeinnütz. Briefsteller. Ein Handb. f. d. mittl. u. unt. Stände rc. 2. Aufl. 2. Ausg. 8. ... Gießen 832, Heyer, Vater. Hrbgs. Pr.

—— u. Ferd. Dieffenbach. Zwei Reformations-Predigten am 3. u. 10. Nov. 1844 zu Schlitz gehalten. gr. 8. (2 B.) Gießen 845, Heyer's Verl. *

— gedrängte Regellehre d. deutschen Sprache. 8. Gießen 825. Heyer. 6 gl.

Dieffenbach, Ldw. Chr., s. J. Fd. Schlez nach seinem Leben.

—— kurze Uebersicht d. allgem. Weltgesch. f. Volksschulen. (Aus „Schlez's Denkfreund", 10. Aufl. abgedr.) 8. (5 B.) Gießen 831, [Heyer, Vater.]

Dieffenbach, Ludw. Christ., kurze Uebersicht d. allgem. Weltgeschichte f. Volksschulen. 8. (6½ B.) Gießen 841, [Heyer's Verl.] *
Aus d. 13. Aufl. d.: Denkfreund's v. J. F. Schlez, besond. abgedruckt.

Dieffenbach, Ludw. Christn., kurze Uebersicht d. allgem. Weltgeschichte f. evangel. Volksschulen. gr. 12. (3⁷⁄₁₂ B.) Gießen 843, Heyer's Verl.
Aus: Schlez Denkfreund besond. abgedruckt.

Dieffenbach, Ldw. Chr., kurze Uebersicht der allgemeinen Weltgeschichte für Volksschulen. — Besonderer Abdruck aus der 13. u. 14. Aufl. des Denkfreund's von J. F. Schlez. 8. Gießen 841, 44, Heyer, Vater. 13. Aufl. n. ⅙ ₰ — 14. Aufl. 6¼ ₰

**Dieffenbach, Otto, Dr.:** Beziehungen zwischen Verbrennungswärme und Konstitution organischer Verbindungen. Leipzig: W. Engelmann 1890. 25 S. 8⁰
¶ Aus: Zeitschrift f. physik. Chemie. Bd 5.
Darmstadt Te. H., Hab.-Schr. v. 11. 7. 1890

Dieffenbach, Otto, anatomische und systematische Studien an Oligochaetae limicolae. Diss. Giessen 1885. 8°. 44 S. mit einer Taf.
Sonder-Abdruck aus: 24. Bericht der oberhessischen Gesellschaft für Natur- und Heilkunde. Giessen 1886, J. Ricker in Comm.

**Dieffenbach,** Otto, (aus Giessen): Versuche zur Dissociation von Salzen der Ammoniakbasen in wässeriger Lösung. *Giessen 1898: v. Münchow.* (54 S.) 8°
Giessen, Phil. Diss. v. 1898

Dieffenbach, Philipp

Dieffenbach, (Joh.?) Phil., über Alterthümer in u. um Friedberg. gr. 12. (2 B.) Gießen 829, [Heyer, Vater.]

Dieffenbach, Phil., Amts-Jubelfeier d. Hrn. Kirchenrath Pilger zu Friedberg, beschrieb. u. m. den darauf bezügl. Reden hrsg. 8. Friedberg i. d. W. 841, Bindernagel.

— dem Andenken Geo. Adm. Keßlers. Friedberg 827.

Dieffenbach, Ph., Ansichten von Giessen und seiner Nachbarschaft, s. Ansichten.

Dieffenbach, Ph., das Fest d. Einweihung d. evangel. Prediger-Seminars u. d. Taubstummen-Anstalt zu Friedberg, beschrieben u. nebst den dabei gehalt. Predigten, Reden u. Gebeten, so wie e. Verzeichn. d. dabei anwesenden Geistlichen u. Nachrichten üb. d. früh. Geistlichen zu Friedberg hrsg. 8. (6¾ B.) Friedberg i. d. W. 837, Bindernagel.

**Dieffenbach, Phil.**, Geschichte der Stadt und Burg Friedberg in der Wetterau. Nebst 4 lith. Skizzen (in 8. u. 4.). Darmstadt 857. (Jonghaus.) gr. 8. (2 Bl., 356 S.) n. 1 *ℳ*

PHILIPP DIEFFENBACH, Geschichte der Stadt und Burg Friedberg in der Wetterau. Nebst 4 lithographirten Skizzen. Darmstadt, 1857. Auf Kosten und im Verlage des historischen Vereines für das Grossherzogthum Hessen. 8°.

Dieffenbach, (Joh.?) Phil., Geschichte von Hessen, mit besond. Berücksichtigung d. Großhrzgth. gr. 8. (18¼ B. u. ¾ B. Stammtafn. in gr. 4.) Darmstadt 831, [Heyer, Vrlsbuchh.] Thlr.

Dieffenbach, Philipp, s. Gießen u. seine Umgebungen.

-- d. Jubelfeier d. Hrn. Geh. Kirchenraths Fertsch zu Burgfriedberg. gr. 8. Gießen 828. Heyer.

Dieffenbach, (Phil.,) das Leben des Malers Karl Fohr, zunächst für dessen Freunde u. Bekannte geschrieben. 8. Darmstadt 823, Heyer.

— Nachrichten üb. d. Augustiner-Schule zu Friedberg in Hessen. Programm. Mit e. Beilage. gr. 8. Gießen 826, Heyer.

—— zur Urgeschichte der Wetterau, s. Archiv.

Diefenbach, Ph., Versuch einer Geschichte d. Residenz Darmstadt. 8. Darmstadt, Heyer. 821.

— Versuch einer Geschichte d. Residenz-Stadt Darmstadt. 8. Darmstadt 821, Leske.

— e. Wort üb. Gymnasien u. Realschulen in Hessen, in Beziehung auf einige bei den Landständen im Juli 1830 geäußerten Bemerkungen. gr. 8. Gießen 830. Heyer.

**Dieffenbach, Philipp Jacob** (Kehmel/Hessen. Rotenberg), De probatione quatenus per examen testium in perpetuam rei memoriam fieri potest. Diss. jur. Rector Jo. Joachim Hahn. Präs. Joh. Philipp Streit. Erfurt (Grosch) 10. VI. 1722. 20 Seiten. (5.—) 6424

Gew.: Joh. Heinr. Lombard, Joh. Chph. Kalckhoff, Joh. Philipp Stükradt.

**Dieffenbacher, J. F.**, 100 Choräle f. den Schulgebrauch. [Aus: „D.'s Schulliederbuch".] Neu bearb. v. J. Graf. 3., vollständig umgearb. u. verm. Aufl. gr. 8. (43 S.) Ulm 894. J. Ebner. Kart. n. — 40

Dieffenbacher, J. F., Schul-Gesangbuch. Mit e. Vorw. von Chrn. Heinr. Nagel. Ulm 867. Ebner. gr. 8. (156 S.) n. 0 ngr.

Dieffenbacher, J. F., Schul-Gesangbuch. Mit einem Vorwort von v. Nagel. 2. verb. und verm. Aufl. gr. 8. (XI, 159 S.) Ulm 878, Ebner'sche Buchh. *

— Schulliederbuch. Neu bearb. v. J. Graf. Mit e. Vorwort von v. Nagel. 3., vollständig umgearb. u. verm. Aufl. gr. 8. (VIII, 163 S.) Ebd. 894. Kart. n.n. 1. —

Dieffenbacher, J. F., Schulliederbuch. Neu bearb. von J. Graf. Mit e. Vorwort von v. Nagel. 4., verb. u. verm. Aufl. gr. 8. (VIII, 182 S.) Ulm 900. J. Ebner. Geb. n.n. 1. —

Dieffenbacher, J. F., Schulliederbuch. Neu bearb. v. J. Graf. 5., verb. Aufl. (VIII, 182 S.) 8. Ulm 906. J. Ebner. Geb. n.n. 1. —

**Dieffenbacher**, Julius: Mannheimer Altertumsverein. Bericht über das Vereins-Archiv. Mannheim: T. Loeffler 1893. (29 S.) 8°

**Dieffenbacher, J(ulius)**: Hebel-Illustratoren. Zur 150. Wiederkehr von Hebels Geburtstag. Freiburg i. B. 1910: (Preßverein). 62 S. 4° ¶(Aus: Schau-ins-Land. Jg. 37.)

Freiburg i. B., HM u. Lehrerinnenbildungs-A P 1910 [95] [S 10. 72

**Dieffenbacher**, Julius [aus Mannheim]: Lambert von Hersfeld als Historiograph. Ein Beitrag zu seiner Kritik. . . . Würzburg, k. Universitätsdr. v. H. Stürtz, 1890; 127 S. 8°

Heidelberg, Phil. Fak., Inaug.-Diss. v. [19. Dez.] 1889

**Dieffenbacher, J.**, deutsches Leben im 12. u. 13. Jahrh., s.: Sammlung Göschen. Nr. 93 u. 328.

Dieffendinger, Josef

**— Chrestomathia Ovidiana, in usum scholarum edita. 8. Mainz 794.**

Dieffendinger, Jos., latein. Sprachlehre z. Gebrauch d. Jugend. 3 Thle. gr. 8. Mainz 782—86. Kupferberg. 1 *ℳ*

Dieffendinger, J., lateinische Sprachlehre z. Gebrauch d. Jugend. 3 Thle. gr. 8. Mainz, Kupferberg. 785—90.

Diefke, Max

**Diefke**, s. Grundbesitzer-Zeitung.

— das Testament. Allgemeinverständliche Darstellg. der wichtigsten Lehren des Erbrechts nach den Bestimmgn. des bürgerl. Gesetzbuches u. Anleitg. zur Abfassung von Testamenten. gr. 8. (80 S.) Ebd. (900). n. 1. —

Was muss man vom Vormundschaftsrechte wissen? Nach d. BGB. f. d. prakt. Gebr. dargest. von **Max Diefke**. *Berlin: H. Steinitz (1900).* (101 S.) 8° [F.] [00. 13172

Was muss man vom Wechselrecht wissen? Das Wechselrecht d. deutschen Reiches unter eingehender Berücks. d. ausländ. Gesetzgebung f. d. prakt. Gebr. dargest. von **Max Diefke**. Nebst e. Anh. über d. Wechselstempelsteuer. *Berlin: H. Steinitz (1900).* (128 S.) 8° [F.] [00. 7397

**Diefke, Max**, was muß man von der Dramaturgie wissen? Ein Handbuch f. die Praxis. gr. 8. (80 S.) Berlin 902. H. Steinitz. n. 1. —

**Diefke, Max**, was muß man v. Ibsen u. seinen Dramen wissen? (80 S.) 8. Berlin (904). H. Steinitz. n. 1. —

Was muß man von Nietzsche wissen? Allgemeinverständl. Darstellung s. Lebens u. s. Lehren. Von **Max Diefke**. *Berlin: H. Steinitz (1903).* (63 S.) 8° [F.] [04. 7960

— welche Rechte u. Pflichten haben Arbeitgeber u. Arbeitnehmer? Die Arbeiterschutzgesetzgebg. des deutsch. Reiches nach dem Titel VII der Gewerbeordnug. (Novelle vom 1. VII. 1891) u. den wichtigsten Abänderungs- u. Ausführungsgesetzen. gr. 8. (88 S.) Ebd. (900). n. 1. —

Diefke, Max: Die Wertzuwachssteuer. Im Auftr. d. Verbandes d. Deutschen Terrain-Interessenten bearb. Berlin: Bruer; (übergeklebt: Reuschel) 1908. 36 S. 8°

**Diegel**, die Religionsfeinde zum Bösen u. doch zum Guten. Predigt bei der 28. Jahresversammlg. der südwestdeutschen Konferenz f. innere Mission am 21. Juni 1892 in der Schloßkirche zu Offenbach a/M. geh. gr. 8. (15 S.) Darmstadt 892. J. Waitz' Verl. n.n. — 25

**Diegel**, Röhrenfabrikation. Die verschiedenen Methoden zur Herstellung von Röhren aus Eisen, Kupfer- und Kupferlegierungen und der Einfluß einiger Methoden auf die Festigkeitseigenschaften des Materials. Berlin, 1900. 76 S. mit 2 Abb. und 5 Taf.

**Diegel, Röhrenfabrikation.** Die verschiedenen Methoden z. Herstellg. von Röhren aus Eisen, Kupfer u. Kupferlegirgn., u. der Einfluss einiger Methoden auf die Festigkeitseigenschaften des Materials. gr. 4. (III, 79 S. m. 5 lith. Taf.) Berlin 901. L. Simion. n. 5. —

**Diegel,** C., das Schweissen u. Hartlöten m. besond. Berücksicht. der Blechschweissung. (III, 64 S. m. 64 Abbildgn. [auf 17 Taf.].) 30,5×23,5 cm. Berlin 909. L. Simion Nf. 5. —

Diegel, J. Gustav

**Diegel,** J. G., s.: Denkschrift d. evangelischen Prediger-Seminars zu Friedberg.

**Diegel,** J. G., zur Entwicklung u. Benennung der analytischen sowie der synthetischen Predigtform in der lutherischen Kirche Deutschlands, s.: Denkschrift d. evangelischen Prediger-Seminars zu Friedberg.

—— Gemeinde-Rechtfertigung oder Individual-Rechtfertigung? s. Denkschrift des evangelischen Prediger-Seminars zu Friedberg.

Über die rechte Mannigfaltigkeit der Predigten von Geh. Kirchenrath D. [Gustav] **Diegel.** Friedberg: C. Bindernagel in Comm. 1898. (144, III S.) 8° [F.]
= **Denkschrift** d. evangelischen Prediger-Seminars zu Friedberg f. d Jahre 1887–1897.

**Diegel,** J. G., die Popularität richtiger Gemeindemäßigkeit der Predigt ꝛc., s. Schwabe, F.

**Diegel,** J. G., 25 **Predigten** f. seine Eltern, Verwandten u. Freunde. 2. Aufl. gr. 8. (X, 212 S.) Friedberg 874. Bindernagel. n. 2. 60

Diegel, J. G., Predigten für Trauernde, Leidende und Kämpfende. gr. 8. (XII, 298 S.) Wiesbaden 877, Niedner. *

—— Rathschläge und Texte zu evangelischen Leichenreden. gr. 8. (IV, 155 S.) Friedberg 877, Bindernagel. *

**Diegel,** J. G., Reden u. Vorträge. Aus seinem handschriftl. Nachlaß nebst e. kurzen Lebensbeschreibg. v. W. Römheld. (IV, 69 S. m. Bildnis.) gr. 8. Darmstadt 905. J. Waitz. n. 1.20

—— Warnung vor Täuschungen nebst Vorschlägen zu ehrlichem Kampf und Frieden zunächst für die Protestanten Hessens. gr. 8. (III, 122 S.) Friedberg 869, Bindernagel.

—— über den Werth des Kirchenbesuchs. gr. 8. (26 S.) Friedberg 873, Bindernagel. *

— theologische Wissenschaft u. pfarramtliche Praxis. — Der heutige Stand der alttestamentlichen Wissenschaft von W. Graf v. Baudissin. Vorträge, geh. auf der Theolog. Conferenz zu Gießen am 12. Juni 1884. 8. (VI, 60 S.) Gießen 884. Ricker. n. 1. —

**Diegelmann,** Ant., s. Risdörffer v. Izdenczy, Uebersicht der Arzneimittel.

Diegelmann, Ant., tabellarische Uebersicht der Arzneimittel. Ein Hülfsmittel für Studierende sowohl als prakt. Aerzte und Wundärzte. 3., verb. und verm. Aufl. 16. (IV und 319 S.) Wien 851, Tendler und Comp.

— — 4. Aufl. 854. (XII, 332 S.) — 4. (5.) verb. u. mit der neuen Arzneitaxe verm. Aufl. Wien 855. Tendler u. Co. 16. (VIII, 341 S.) n. 1 ₰

Diegelmann, Ant., tabellarische Uebersicht der Arzneimittel. Ein Hilfsbuch für Studierende sowohl als prakt. Aerzte und Wundärzte. 5., verb. und verm. Aufl. 16. (V und 294 S.) Wien 858, [Gerold's Sohn.]

**Diegelmann,** Ant., tabellarische Uebersicht der Arzneimittel. Ein Hilfsbuch für Studierende sowohl als praktische Aerzte u. Wundärzte. 5. verb. etc. Aufl. Wien 858. Tendler u. Co. 16. (3 Bl., 291 S.) n. 1 ₰ 2 ngr

Diegelmann, Ant., Uebersicht der Arzneimittel. Ein Hilfsbuch für Studierende sowohl als prakt. Aerzte. 6. verb. und verm. Aufl. gr. 16. (VI, 390 S.) Wien 870, Gerold's Sohn.

**Diegelmann's,** E., Theater-Fibel. Vorschule f. Anfänger u. Dilettanten der darstell. Kunst. (II, 49 S.) 8. Dresden-Plauen (903). M. Hegenbarth. n. 1. 20

**Diegmann,** Heinr. Ludw., moralische Defecte. Schauspiel in 4 Akten. 8. (91 S.) Großenhain 901. Dresden, H. L. Diegmann. n. — 50

[F.] Erstlingsfrüchte. Gedichte v. Heinr. Ludw. **Diegmann.** *Erfurt: Dr. v. F. Bartholomäus (1897).* (46 S., 1 Bl.) 1 Bd 8. [97. 2523

**Diegmann,** Heinr. Ludw., Erstlingsfrüchte. Gedichte. 8. (46 S.) Erfurt 897. Worbis, Selbstverl. n. 1. —; geb. n.n. 2. 50

**Diegner,** Hermann [pr. Arzt]: Ein Beitrag zur Kenntnis der Geschwülste der Bauchmuskeln ... Königsberg i. Pr., Druck v. M. Liedtke, 1895; 2 Bl., 43 S. 8.
Königsberg, Med. Fak., Inaug.-Diss. v. 16. Febr. 1895

**Diegner,** Herm., e. Beitrag z. Kenntnis d. Geschwülste d. Bauchmuskeln. Diss. gr. 8. (43 S.) Königsberg 895. (W. Koch.) n. — 80

**Diego,** Trauerspiel von K. v. der Kettenburg. 8. Berlin, Saalfeld. 812. (Rücker, auch Sommerbrodt) u. d. Dr.

Diego de Almagro, s. Almagro.

**Diego de Almagro,** Pizarros Gefährte u. Gegner, od. die Eroberung von Peru. Mit Kpf. 8. Wien 804. Al. Doll. 16 gr

**Diego,** v. der Kettenburg, v. Enno. Eine Tragödie. 8. Berl. Salfeld. 811.

**Diego** und Leonore. Ein Trauerspiel ... Hamburg 1775. V: *Unzer, Johann Christoph.* (Ky) (MGT) (Mn)

Diego u. Leonore. Trauersp. 8. Hamburg, Herold. (a. Voß in Berlin.) 775.

Diehl: Festschrift zur Einweihung des Neubaues der Höheren Bürgerschule zu Dieburg am 6. Aug. 1908. Dieburg (1908): Starkenburger Provinzialzeitung. 80 S. 8°

**Diehl,** Morgenröte am Ayuberge, s.: Missionsschriften Nr. 14.

**Diehl,** Uebersicht der Kompetenzverhältnisse der Strafgerichte in den mit der Monarchie Preußen durch die Gesetze vom 20. Septbr. 1866 u. 24. Dezbr. 1866 vereinigten Landestheilen nach Maßgabe der königl. Verordnung vom 25. Juni 1867. Wiesbaden 867. Limbarth. 8. (40 S.) n. 8 ngr

Diehl. Vue d'ensemble sur la vie de Shakespeare d'après ses œuvres. Emmerich, G., 1871. 16 S. 4. **Progr.**

Diehl, A., Kochbuch f. Fettleibige. 8. (120 S.) Regensburg 898. C. Stahl. n. 2. *

**Diehl,** Adf., s.: Urkundenbuch der Stadt Esslingen.

**Diehl,** August, Assistenzarzt an d. Universitätsirrenklinik: **Ueber** die **Eigenschaften** der **Schrift** bei **Gesunden.** *Leipzig: W. Engelmann 1899.* (63 S.) 8° ¶(Aus: Kraepelin, Psychol. Arbeiten, Bd 3, H. 1.)
Heidelberg, Med. Diss. v. 1899

**Diehl,** Aug., Herzensklaunen. Gedichte. 8. (VIII, 171 S.) Dresden 894. E. Pierson. n. 2. 50; geb. m. Goldschn. n. 3. 50

**Diehl,** Aug., unterdrückte Lieder. Ein Novellenkranz in Versen. 8. (184 S.) Leipzig 900. (Leipziger Buchdruckerei.) 1. —

Diehl, Aug., Meier und Mayer. Ein Lustspiel in 5 Aufzügen. gr. 8. (115 S.) München 882, Merhoff's Verlag.

Diehl, Aug. Opfer d. Glaubens. Novelle in Versen. 8. (65 S.) Münch. 889. (Lpz., Friese). 1 —

Diehl, Aug., zum Studium der Merkfähigkeit. Experimental-psycholog. Untersuchg. Mit e. Vorwort v. Forel. gr. 8. (39 S.) Berlin 902. S. Karger. n. 1.—

— Unebenbürtig. Die Wacht am Rhein. Zwei Novellen in Versen. 8. (55 S.) Ebd. 890. 1.—

Diehl, Ch., Dominikus Dietrich, der letzte deutsche Ammeister von Straßburg, — die evangelische Kirche in der Rheinpfalz, } s. Für die Feste und Freunde des Gustav-Adolf-Vereins.

Diehl, Chr., der Priessnitz. Darstellung der Wirkungsweise des Priessnitzschen Umschlages bei den verschiedenen Krankheitsformen. (64 S.) gr. 8. München 904. Verlag der ärztl. Rundschau. n. 1. 40

**Diehl**, Christian [aus Gross-Umstadt]: Casuistischer Beitrag zur Kenntnis des Tuberculins als Diagnosticum ... Freiburg i. B., Univ.-Buchdr. v. Chr. Lehmann, 1892; 25 S., 1 Bl., 1 Taf. 8.
Freiburg i. B., Med. Fak., Inaug.-Diss. v. 1892

**Diehl**, Claus, a. München: Über alkylierte Aminobenzophenone und über den Einfluß von Substituenten auf die Basicität des Zentralkohlenstoffatoms in Triphenylmethanderivaten München 1906: V. Höfling. (87 S.) 8°
München, Phil. Fak., Ref. v. Baeyer, Diss. v. 21. Dez. 1906
[Geb. 11. Aug. 79 München; Wohnort: München; Staatsangeh.: Bayern; Vorbildung: Maximilians-Gymn. München Reife Juli 00; Studium: München 13 S.; Rig. 21. Dez. 06.]

Diehl, Dan., an Bord u. im Sattel. Farbige Blätter aus meinem Reisetagebuch. (500 S.) 11. 8. Lahr 904. M. Schauenburg. Geb. in Leinw. n. 3.—

**Diehl**, Daniel *Heinrich Justus* [app. Arzt]: Vergleichende Experimental-Untersuchungen über die Stärke der narkotischen Wirkung einiger Sulfone, Säureamide und Glycerinderivate '(aus d. pharmakolog. Laboratorium in Marburg i. H.)' ... Marburg i. H., *Druck v. Gebr. Knauer in Frankfurt a. M., 1894*; 24 S., 1 Bl., 1 Taf. 8.
Marburg, Med. Fak., Inaug.-Diss. v. 7. Juli 1894

Diehl, Emil [aus Wiesbaden]: Vergleichende Zusammenstellung der gebräuchlichen Anaesthetica .... Berlin, Buchdr. v. Goedecke & Gallinek (1888); 39 + 1 S. 8°
Berlin, Med. Fak., Inaug.-Diss. v. 3. März 1888

Diehl, Ernst

— **Altlateinische Inschriften**, s. Texte, kleine, f. theologische u. philologische Vorlesungen u. Übungen.

Altlateinische Inschriften ausgewählt von Dr. Ernst Diehl, Prof. Bonn: Marcus & Weber 1909. 64 S. 8°
(Kleine Texte f. theol. u. philol. Vorlesungen u. Übungen. 38/40.) [10. 4392

**Diehl**, Ernst, s.: Inschriften, lateinische christliche.

Diehl, Ernst: Vulgärlateinische Inschriften. Hrsg. Bonn: Marcus & Weber. 1910. 170 S. 8°
(Kleine Texte f. theol. u. philol. Vorlesungen. 62.)

**Diehl**, Ernestus, Embricanus: **De M finali epigraphica. Caput 1. De praepositionum in titulis Latinis casuum mutatione. Ab, cum, de.** *Lipsiae: B. G. Teubner 1898.* (34 S.) 8°
¶ (Erschien vollst. in: Jahrbücher f. class. Philol., Suppl.Bd 25, 1899.)
— [Vgl. 1896/97 Bonn No 82.]
Bonn, Phil. Diss. v. [26. Mai] 1897

Diehl, Ernest., de m finali epigraphica. gr. 8. (826 S.) Leipzig 900. B. G. Teubner. n. 12.—
Sonderabdruck aus: „Jahrbücher f. class. Philol."

**Diehl**, Ernestvs [Embricanvs]: De 'm' finali vocabvlorvm in titvlis Latinis adiecta et omissa. Part. 1. Qvantvm in illa qvae inde oritvr casvs mvtatione praepositionibvs sit adtribvendvm vel de praepositionvm in titvlis Latinis casvvm mvtatione ... Bonnae, typ. C. Georgii typogr. acad., 1897; [nur Titelbl., Vita u. Thesen.] 8 S. 8.
Bonn, Phil. Fak., Inaug.-Diss. v. 26. Mai 1897
(Nicht für den Austausch)

— s.: **Res gestae divi Augusti.**

— Das alte Rom, s.: Wissenschaft u. Bildung. Nr. 67.

— s.: Supplementum lyricum.

— Pompejanische Wandinschriften u. Verwandtes, s. Texte, kleine, f. theolog. u. philolog. Vorlesungen u. Übungen. 56.

Pompejanische Wandinschriften und Verwandtes. Ausgewählt von Dr. Ernst **Diehl**, Prof. Bonn: Marcus & Weber 1910. 8°
(Kleine Texte f. theol. u. philol. Vorlesungen u. Übungen. 56.) [10. 6711

**Diehl**, F. Ein westpreuß. Bürgermeister als treuer Diener seines Königs in der Zeit des Unglücks 1806—07. (Joh. Gottl. Pfeiffer in Mewe.) (Marienwerder 1901.) 8°. (Aus: Zeitschr. d. hist. Vereins f. Marienwerder. 40.)

Diehl, F.: Die Franken. Lübben. 4° 23 p. 1864. Schul-/Univ.-Schrift

Diehl, F. Die Karlssage in der altfranzösischen Poesie, namentlich im Heldengedicht. Marienwerder, H. B., 1867. 12 S. 4. Progr.

Diehl, F. C., Vorschriften im Schönschreiben. 5 Hefte. gr. 4. Heidelb., Mohr; u. Sauerländer in Frkf. (à 12 kr) 2 fl 12 kr Ausgabe f. Schulen (à 8 kr) 1 fl 16 kr

Diehl, F. G., Handbuch der franz. Umgangssprache. 3. Aufl. — Manuel de la conversation française. 3. édit. 18. (3 B.) Mühlhausen 842, Rißler. *

Diehl, F. G., Handbuch der französischen Umgangssprache. Letzte Aufl. 18. (108 S.) Mülhausen 852, Rißler. (Frankfurt a. M., Zimmer'sche Sort.-B. Völcker.) n. 6 ngr

Diehl, Fr. Venedig und Rom in den letzten Decennien des 16. Jahrhunderts, Streit mit Paolo V., Sendung des Burggrafen Christoph Dohna (1608) nach Venedig. 30 S.
Progr. HB. *Marienwerder* 1876.

**Diehl**, Friedr. (geb. Münster in Westf. 8. 6. 1845): Ein Beitrag zur Diagnostik der Neubildungen in der hintern Schädelgrube. Berlin (1868). (32 S.) 8°
Berlin, Med. Diss. v. 1. Aug. 1868

**Diehl**, Friedrich, Referendar a. Groß-Gerau: Beiträge zur Lehre von der Schriftform im bürgerlichen Recht. Gießen 1906: v. Münchow. (77 S.) 8°
Gießen, Jur. Fak., Ref. Biermann, Diss. v. 20. Febr. 1907
[Geb. 18. Nov. 85 Groß-Gerau (Starkenburg); Wohnort: Groß-Gerau; Staatsangeh.: Hessen; Vorbildung: Neues Gymn. Darmstadt Reife O. 03; Studium: Gießen 5, München 1, Berlin 1 S.; Rig. 13. Dez. 06.]

**Diehl**, Fritz, aus Gaugrehweiler (Bayern): Ueber die innere Struktur des Wassers und deren Einfluß auf Bildung kolloidaler Lösungen. *Heidelberg 1904: K. Rößler.* (41 S.) 8°
Heidelberg, Naturw.-math. Diss. v. 1904

**Diehl, G. J., Zur Ethik des Stoikers Zenon v. Kition. Pr. 1877. 15 S. 4°.**

Diehl, Geo., die Königl. bayerische privilegirte Anstalt zur Bereitung künstlicher Mineralwässer und anderer kohlensaurer Getränke in München. Eingerichtet nach Dr. Struve in Dresden. München 856. Franz in Comm. 8. (35 S. u. 2 Tab. in Fol.) n. 6 ngr

**Diehl**, Georg [cand. med. aus München]: Über Gummiknoten in den Lungen ... Erlangen, k. b. Hof- u. Univ.-Buchdr. v. F. Junge, 1896; 101 S. 8.
Erlangen, Med. Fak., Inaug.-Diss. v. 18. Dez. 1896

Diehl, Gust. Eug., Baldr. Ein Spiel im Freien. (67 S.) 16. Wien 907. H. Heller & Co. 1.—

— s.: Erbgeist.

**Diehl, Hermann**, Medizinalprakt.: Ueber das Verhalten der Harnblase in der Geburt. Strassburg 1909: Goeller. 31 S. 8°
Straßburg, Med. Diss. v. 5. Juli 1909, Ref. Fehling
[Geb. 13. Sept. 83 München; Wohnort: Straßburg; Staatsangeh.: Bayern; Vorbildung: Maximilians-Gymn. München Reife Juli 02; Studium: München 2, Berlin 1, München 3, Straßburg 4 S.; Coll. 28. Mai 09; Approb. 3. Juni 08.]
[U 09. 3797

Diehl, Hugo, Anleitung zum Studium der Taktik für angehende Offiziere aller Waffen. Augsburg 864. Rieger. gr. 8. (XX, 306 S.) 1 fl 15 ngr

Diehl, I., compendium of English literature. gr. 8. (IX. 58 S.) München 896. J. Lindauer. Kart. n. 1.—

Diehl, J. L., anatom. Atlas d. gerichtl. Praxis, z. Gebr. bei Legaluntersuchungen f. Aerzte u. Richter. M. 10 Stnt. 1. Aufl. (7 1/3 B.) 839. * 1 1/2 Thlr., 2., verb. u. verm. Aufl. Fol. (5 B.) Heidelberg 840, K. Winter. * 1 2/3 Thlr., ill. *

—— Tabellen zu medizin.-gerichtl. Untersuchungen. Fol. (2 B.) Heidelberg 840, K. Winter. *

Diehl, J. M., moral. Erzähl. a. d. wirkl. Welt. 1s Bdch. 8. Frkf. Jäger. 800.

Diehl, J. P.: Meine Schicksale u. Erlebnisse in Nordamerika nebst Anhang: Die Licht- u. Schatten-seite der neuen Welt. Darmstadt, 1851.

—— kleiner Schul-Atlas für den Unterricht in der neuesten Erdkunde. Mit Benutzung der besten Lehrbücher der Geographie in eigener plast. Darstellungsart der Erdoberfläche. Auf Stein gez. von E. Serth. qu. gr. 4. (10 lithogr. Karten, wovon 8 in Buntdr. und 2 ill., und 1 Blatt Text.) Darmstadt 862, Diehl. *

Diehl, J. P., Schul-Atlas für den Unterricht in der neuesten Erdkunde. Mit Benutzung der besten Lehrbücher der Geographie in eigner plastischer Darstellungsart der Erdoberfläche. Darmstadt 863. Diehl. qu.-Fol. (24 lith. Karten in Farbendr.) n. 1 ℛ 18 ngr.

Diehl, J. P., Schul-Atlas für den Unterricht in der neuesten Erdkunde. Mit Benutzung der besten Lehrbücher der Geographie in eigner plast. Darstellungsart der Erdoberfläche. 2. verb. Aufl. Darmstadt 865. Diehl. qu. Fol. (24 lith. Bll.) n. 1 ℛ 18 ngr.

Diehl, J. P., Schul-Atlas f. den Unterricht in der neuesten Erdkunde. Mit Benützg. der besten Lehrbücher der Geographie in eigner plast. Darstellungsart der Erdoberfläche bearb. Auf Stein gezeichnet v. E. Serth. 5. verb. Aufl. qu. gr. 4. (24 lith. u. chromolith. Karten.) Darmstadt 875. Diehl's Verl. n. 2. 10

Diehl, Johan Carel, aus Chaam: Morbus maculosus ⟨Werlhofii⟩ und Gravidität. ⟨Aus d. gynäkol. Klinik zu Leiden.⟩ ([Kopft.:] Ueber Purpura in puerperio.) *Stuttgart 1899: Union.* (54 S.) 8°
Freiburg i. B., Med. Diss. v. 1899

Diehl, Johann

Diehl, J., Fest-Gesänge. 30 Choräle, Motetten, geistl. Lieder u. patriot. Gesänge f. dreistimm. Schülerchor. Zum Gebrauche f. Schulfeiern. 8. (60 S.) Bielefeld 894. A. Helmich. n. — 40; geb n. — 50

Diehl, J., Geistliches u. Weltliches. Eine Sammlg. dreistimm. Lieder. Zum Gebrauche in Mittelschulen, höheren Töchterschulen u. Oberklassen der Volksschulen. 8. (III, 90 S.) Braunschweig 884. Bruhn's Verl. n. — 60

Diehl, J., theoretisch-praktische Gesangschule f. Männergesangvereine u. höh. Schulen. Mit 478 Noten- u. Übungsbeispielen hrsg. gr. 8. (108 S.) Leipzig 890. Siegismund & Volkening. n. 2. —

Diehl, J., praktisches Handbuch über die Theorie der Musik. Zum Gebrauche als Leitfaden bei dem Musikunterrichte und für den Selbstunterricht in leichtfaßl. und übersichtl. Form dargestellt und an 595 Beispielen erläutert. gr. 8. (V, 67 S.) Hamm 887, Dietrich. cart. *

[Umschlagt.:] [F.] Die Kapitulation von Sedan. Histor. Darstellg in 7 Aufz. Nach d. besten Quellen u. z. Tl nach d. eigenhänd. Aufzeichngn d. französ. Hauptmanns D'Orcet ... f. d. Bühne bearb. v. Joh. Diehl, Lehrer. *Hamm i. W.: C. Dietrich 1892.* (18 S.) 1 Bd 8. [96. 2016

— die Kapitulation v. Sedan. Historisches Schauspiel in 22 leb. Bildern u. 7 Verwandlgn. Mit verbind. Dichtg. v. Udo Richter. Musik v. J. D. gr. 8. (32 S.) Hamm 894. C. Dietrich. n. 1. —; Textbuch dazu (24 S.) n. — 25

Diehl, Joh., meine Kriegserlebnisse von 1870/71. Selbst erlebt u. erzählt. Mit 120 Abbildgn. im Text u. 3 Illustr.-Beilagen. (VIII, 151 S.) gr. 8. Minden 904. W. Köhler. n.n. — 70

Diehl, J., Kriegs-Scenen. Darstellung v. leb. Bildern aus dem Kriegsj. 1870/71. Mit verbind. Dichtg. u. Musik zusammengestellt. gr. 8. (44 S.) Hamm 891. C. Dietrich. n. 1. —

—— dass. — Textbuch dazu. gr. 8. (16 S.) Ebd. 891. * 20 —

[F.] Kriegs-Scenen. Darstellg von lebenden Bildern aus d. Kriegsj. 1870/71 m. verbindender Dichtg u. Musik hrsg. v. J[oh.] Diehl, Lehrer in Hamm ... 2. Aufl. *Hamm i. W.: C. Dietrich 1892.* (32 S.) 1 Bd 8. [96. 2017

— dasselbe. 2. Aufl. gr. 8. (32 S.) Ebd. 894. n. 1. —; Textbuch dazu (16 S.) n. — 25

—— Lobsinge dem Herrn! Eine Sammlung von Motetten und Chorälen für gemischten Chor. Zum Gebrauche in Gymnasien, Realschulen und Kirchengesangvereinen. Nach dem Kirchenjahre geordnet. 3. Aufl. 8. (110 S.) Delitzsch 883, Pabst. *
1. und 2. Aufl. erschienen im Selbstverlag des Verfassers.

Diehl, J., lobsinge dem Herrn! E. Sammlg. v. Motetten u. Chorälen f. gemischten Chor. Z. Gebr. in Gymnasien, Realschulen u. Kirchengesangvereinen. N. d. Kirchenjahre geordnet. 4. Aufl. gr. 8. (110 S.) Delitzsch 896. R. Pabst. n. 1. —; kart. n.n. 1. 20

— theoretisch-praktische Schule f. den Selbstunterricht zur Erlernung der Ventil-Blechinstrumente. Cornet à Piston, Flügelhorn, Trompete, Alt-Tenorhorn, Baryton, Posaune, Tuba, Helikon. Nach der Klavier-Schreibweise eingerichtet u. hrsg. gr. 8. (VII, 66 S. m. Abbildgn.) Ebd. 887. n. 1. 20

Diehl, Joh., Schwert u. Leier! Sammlung der besten Vaterlandslieder f. 4stimm. Männerchor. Zum Gebrauche in Lehrer-Seminarien, Oberklassen der Gymnasien, Unteroffizier-, Kadetten- u. Realschulen u. in den Sängerchören der Krieger-Vereine. 8. (IV, 172 S.) Hannover (897). L. Oertel. n. 1. —

Schwert und Leier! Sammlung d. besten Vaterlandslieder f. vierstimm. Männerchor. Zum Gebr. in Lehrer-Seminarien ... Hrsg. von Joh. Diehl, Lehrer. *Hannover: L. Oertel [1901].* (IV, 176 S.) 8° [F.] fol. 5610 7

[F.] Weihnachtslieder für vierstimmigen Männerchor. Hrsg. v. J[oh.] Diehl, Lehrer in Hamm ... *Hamm (Westf.): C. Dietrich 1895.* (36 S.) 1 Bd 8. [96. 2018

DIEHL, Johann Georg (Kaiserslautern): De momentis quibusdam specialibus generis chloroseos propriis, praecipue quali modo apparere hicce soleat morbus.- Monachii: Giesser 1856. 23 S. 25.4.1856 - Urk (Titel: De chlorosi.); F 62
Diss. Ingolst.-Landsh.-Mchn.

Diehl, Joan. Julius Gust. (geb. Münster in Westf. 9. 9. 1837): De cirrhosi seu atrophia hepatis granulari. Berolini (1860). (32 S.) 8°
Berlin, Med. Diss. v. 8. Aug. 1860

Diehl, Josef August Carmen gratulatorium ad Academiam Bedburgensem solemnia semisaecularia celebrantem. 4 (S. 3—4).
Progr. Rheinische Ritter-Akademie *Bedburg* 1892 (424).

[Umschlagt.:] Diehl, Josef August [Dir. Dr.] u. Vasen, *Jakob* [Oberl. Dr.]: Festgedichte (z. Feier d. 50jähr. Bestehens d. Anst.) Düsseldorf, Buchdr. v. L. Schwann, 1892; 3—10 S. 4.
Bedburg, Rheinische RAk, P 1892 (424)

Diehl, Joseph August Das fünfzigjährige Jubiläum der Rheinischen Ritter-Akademie am 18. Mai 1892. (Umschlagtitel: Das 50jährige Jubiläum der Anstalt). 4 (S. 3—26).
Progr. Rhein. Ritter-Akad. *Bedburg* 1893 (426).

Diehl, Jos. Aug., de pulchro et sublimi. Dissertatio philosophica. gr. 8. (38 S.) Münster 868, (Coppenrath'sche Buchh.) *

Diehl, Jos. Aug., Versuch, Schiller's Lied von der Glocke im Metrum des Orig., mit Reimen und Beachtung der röm. Sylben-Quantität zu latinisiren. 16. (VI und 22 S.) Luxemburg 862, (Brück.) *

**Bundeslied 1891. [Unterz.:] Jul. Diehl. [Mainz 1891.] 2 Bl. 8° [Umschlagtit.]**
Ohne Noten: „Nach der Freiheit, Brüder, lasst uns streben, . . ."

**Bundeslied 1894. [Unterz.:] Jul. Diehl. [Mainz 1894: Wallau.] 2 Bl. 8° [Umschlagtit.]**
Ohne Noten: „Ihr Brüder all, die treu zum Guten schwören . . ."

[Lied.] Zur Feier des 50jährigen Maurer-Jubiläums dem Br. A. Lippold gewidmet vom Lufton Jul. **Diehl**, Oppenheim 24. Febr. 1894. 2 Bl. 8° [Umschlagtit.]
Ohne Noten: „Brüder, reicht die Ehrenkränze . . ."

DIEHL, Julius (München): Ueber den Werth der Temperaturmessungen beim Wundfieber.- Erlangen: Jacob 1869. 19 S.
24.7.1868 - Urk (Titel: Corporis calorum mensura quantum valeat ad febres vulnerarias.); F 72; Chr 1868/69,13
Diss.Ingolst.-Landsh.-Mchn.

**Diehl**, Karl (Hrsg.), s. Abhandlungen, Freiburger volkswirtschaftliche.

**Diehl**, Karl, Aufgabensammlg. f. d. Rechen-Unterricht an landwirtschaftl. Fortbildungsschulen. gr. 8. (V, 146 S.) Kaiserslautern 896. E. Crusius. Geb. in Leinw. n. 1.60

-- s.: **Erbschaftsabgabe, die, u. die Reichsfinanzreform.**

Sozialwissenschaftliche Erläuterungen zu David Ricardo's Grundgesetzen der Volkswirtschaft und Besteuerung. 2., neu verfasste Aufl. von Dr. Karl **Diehl**, Prof. T. 1. 2. Leipzig: W. Engelmann 1905. 2 Bde 8°
= **Ricardo**, David: Grundgesetze d. Volkswirtschaft u. Besteuerung [On the principles of polit. economy and taxation, deutsch]. Bd 2. 3. [05. 38

**Diehl, Karl, Kornzoll** u. Sozialreform. gr. 8. (57 S.) Jena 901. G. Fischer. n. 1.20

— u. Paul **Mombert**, ausgewählte Lesestücke zum Studium der politischen Ökonomie. 1. Bd. Zur Lehre vom Geld. (VII, 218 S.) 8. Karlsruhe 910. G. Braun'sche Hofbuchdr. Geb. in Leinw. 3.20

Diehl, **Karl [aus Frankfurt a/Main]: P. J. Proudhon. Seine Lehre** und sein Leben. **Erste Abteilung: Die Eigentums- und Wert**lehre . . . . **Halle a/S.,** *G. Pätz'sche Buchdr. (Lippert & Co.), Naumburg a. S.,* 1888; 8 Bl. + 128 S. 8°
Halle, Phil. **Fak., Inaug.-Diss.** v. 10. **März** 1888

P. J. Proudhon. Seine Lehre u. s. Leben. Von Dr. Karl **Diehl**, (Prof. . . . an d. Univ. Halle a. S.). Abt. 1—3. *Jena: G. Fischer 1888—96.* 8.
1. Die Eigentums- u. Wertlehre. 1888. (VII, 128 S.)
2. Das System d. ökonom. Widersprüche, d. Lehren v. Geld, Kredit, Kapital . . . 1890. (XI, 328 S.)
3. Sein Leben u. s. Sozialphilosophie. 1896. (1 Bl., VI S., 1 Bl., 239 S.)
= **Sammlung** nationalökon. u. statist. Abhandlungen d. staatswiss. Seminars zu Halle. Bd 5. [I. 2. Bd 6. II. 3. 4. [98. 3771

**Diehl, K., Rechenbuch f. die bayerischen landwirtschaftl. Winterschulen u. ähnliche Anstalten.** gr. 8. (VII, 87 S.) Stuttgart 902. **E. Ulmer. Kart. n. 1.—**

**Diehl, K.**, Rechenbuch f. die bayerischen landwirtschaftlichen Winterschulen u. ähnliche Anstalten. 2. verm. Aufl. (VII, 168 S.) 8. Stuttgart 908. E. Ulmer. Kart. 1.75

Diehl, Karl Über einige Rostpilze und die durch sie verursachten Pflanzenkrankheiten. 20 S. u. Taf. **Progr.** Rg. *Darmstadt* 1879.

**Diehl, Karl, über Sozialismus, Kommunismus u. Anarchismus. 12 Vorlesgn. (III, 228 S.) 8. Jena 906. G. Fischer. n. 3. —; geb. n. 3.60**

— üb. d. Verhältnis v. Wert u. Preis i. ökonom. System v. Karl Marx. [Aus: „Festschr. z. Feier d. 25jähr. Bestehens d. staatswissenschaftl. Seminars zu Halle a/S."] gr. 8. (44 S.) Jena 898. G. Fischer. n. 1.—

Diehl, **Karl** [Dr.]: **Proudhons praktische Vorschläge zur Lösung der sozialen Frage. . . . Halle a/S.,** *G. Pätz'sche Buchdr. (Lippert & Co.), Naumburg a/S.,* 1890; 4 Bl. + 70 S. 8°
Halle, Phil. **Fak., Hab.-Schr.** v. 20. Jun. 1890

**Diehl, Kurt,** approb. Arzt aus Marienwerder ⟨Westpreussen⟩: **Aus d. Jenaer Augenklinik. Ueber einen Fall von Fremdkörperverletzung des Auges.** *Jena 1899: G. Neuenhahn.* (24 S.) 8°
Jena, Med. Diss. v. (7. Juli) 1899

**Diehl, L., 's Lotterle, s.: Schütz, Pet., zur Gsondheit.**

**Diehl,** Leonardvs ⟨geb. am 18 Juli 1840 in Irmgarteichen Westf.⟩: De iniectionibvs svbcvtaneis . . . Bonnae, typ. F. Krvegeri (1864). 29 S., 1 Bl. 8.
Bonn, Med. Fak, Diss. v. 17 [nach d. Akten v. 16] Aug. 1864

Diehl, Lothar

— u. H. W. H. Ilgen, Gasbeleuchtung u. Gasverbrauch zur Belehrg. d. Gasconsumenten bearb. 8. (IV, 71 S.) Iserlohn 870. Bädeker. — 75

**Diehl,** Loth., **Register** zum Journal f. Gasbeleuchtung u. Wasserversorgung 1858 bis 1873, s.: Journal f. Gasbeleuchtung u. Wasserversorgung.

Diehl, Ludwig. Der Altertümer-Sammler. Ein Handbuch zum Nachschlagen. Mit 324 Illustrationen. IV + 328 S. 8. Berlin & Stuttgart, W. Spemann, [1909]. [M. 4.80]

**Ballenheim. Culturhistor. Erzählung aus dem 18. Jahrhundert von Ludw. Diehl. Bd 1. 2. Leipzig: Grunow 1868. 8°**
**1. 190 S.; 2. 173 S.**
**cf. Bh. 12 (1869) S. 102 (J. G. Findel). KfF. 1871 S. 159.**
**Tt. 2644, TB. 359. Im 1. Bd wird der Gegensatz zwischen Ultramontanismus u. Illuminatismus geschildert.**

**Diehl, Ludw., Einquartierung im Pensionat, s. a. Bloch's, Ed., Theater-Korrespondenz.**

[F.] Einquartierung im Pensionat. Lustsp. in 1 Aufzuge v. Ludwig Diehl. *Berlin: E. Bloch [1898].* (34 S.) 1 Bd 8.
= Theater-Korrespondenz, Eduard Blochs. No 300. [98. 7287

**Diehl, Ludwig**: **Aus d. evang. Krankenh. Oberhausen ⟨Rheinland⟩.** Subcutane **Leberruptur als Indication zur transpleuralen** Laparotomie. **Leipzig 1908:** Georgi. **29** S. **8°**
Leipzig, **Med.** Diss. v. 5. **Dez. 1908, Ref. Trendelenburg**
[Geb. 16. Dez. 76 Tübingen; Wohnort: **Rastenburg; Staatsangeh.: Sachsen;** Vorbildung: Kgl. Gymn. Leipzig Reife O. 96; **Studium: Leipzig 10 S.;** Coll. 17. Dez. 08; **Approb. 19. April 01.]** [U 09. 2768

**Diehl,** Ludwig, **a.** Rodheim **a. d. Bieber: Englische Schreibung** und **Aussprache** im **Zeitalter Shakespeares nach** Briefen und **Tagebüchern. Halle a. d. S. 1906: E. Karras.** (72 S.) 8°
**Gießen,** Phil. **Fak., Ref. Horn, Diss. v. 12. Febr. 1906**
[Geb. 30. Mai 80 Rodheim; Wohnort: Darmstadt; Staatsangeh.: Preußen; Vorbildung: Realgymn. Gießen Reife O. 99; Studium: Gießen 3, Berlin 1, Gießen 4 S.; Rig. 27. Juni 05.]

— acht Soldaten-Geschichten. Ernstes u. Heiteres a. d. Soldatenleben. 8. (III, 99 S.) Stuttgart 897. Strecker & Moser. n. 1.60

Diehl, Ludwig **[aus Schotten]: Studien in der Phenyldiaethylencarbonsäurereihe . . . . München, Druck v. M. Ernst (vorm. G. Pollner),** 1886; 61 S. 8°.
Erlangen, **Phil. Fak., Inaug.-Diss.** v. 1886.

Diehl, Nicol. Louis, die Geigenmacher der alten italienischen Schule. Eine Uebersicht aller bekannten italien. Geigenmacher der alten Schule, Charakteristik ihrer Arbeiten, getreue Abbildung der von den hervorragendsten unter ihnen gebrauchten Zettel in den Instrumenten, nebst einer vorausgehenden Abhandlung über den Ursprung der Geige etc. 1. Aufl. 1864. und 2. Aufl. gr. 8. (31 S.) Hamburg 866, J. P. F. E. Richter. *

**Diehl**, Nic. Louis, die Geigenmacher der alten italien. Schule. Eine Uebersicht aller bekannten italien. Geigenmacher der alten Schule, Charakteristik ihrer Arbeiten; getreue Abbildg. der v. den Hervorragendsten unter ihnen gebrauchten Zettel in den Instrumenten, nebst e. vorausgeh. Abhandlg. üb. den Ursprung der Geige etc. 3. Aufl. gr. 16. (45 S.) Hamburg 876. Richter. n. 1. 50

**Diehl**, Otto [app. Arzt aus Dautphe]: Ueber den Eintritt der Salicylsäure in das Ei ... Marburg, Buchdr. F. Sömmering, 1892; 27 S. 8.
Marburg, Med. Fak., Inaug.-Diss. v. [28. Jan.] 1892

**Diehl**, Otto, appr. Arzt a. Darmstadt: Aus der Universitäts-Augenklinik zu Gießen. Weitere Erfahrungen mit der intraokularen Jodoformbehandlung. Gießen 1905: v. Münchow. (48 S.) 8°
Gießen, Med. Fak., Ref. Vossius, Diss. v. 25. Mai 1905.
[Geb. 19. Febr. 81 Dottenfelder Hof, Kr. Hanau; Wohnort: Gießen; Staatsangeh.: Hessen; Vorbildung: Gymn. Darmstadt M. 99; Studium: München 1, Gießen 9 S.; Coll. 31. Jan. 05; Approb. 18. Jan. 05.]

Diehl, Pet., der Anfangsbuchstabe. Regeln und Wörterverzeichnis zur richt. Anwendung desselben. [Auf Grundlage der neuen Regeln für die deutsche Rechtschreibung.] gr. 8. (IV, 16 S.) Frankfurt a. M. 884, Mahlau und Waldschmidt.

**Diehl**, Pet., der große u. kleine Anfangsbuchstabe, Regeln u. Wörterverzeichn. z. richt. Anwendg. derselben. (Auf Grundlage d. neuen Regeln f. d. deutsche Rechtschreibg.) 2., durchgeseh. Aufl. gr. 8. (IV, 18 S.) Frankfurt a. M. 895. Mahlau & Waldschmidt. n.n. — 25

**Diehl**, Pet., Beiträge zur Bibelkunde, insbesondere zur Beantwortung der Fragen: Wann wurden unsere Evangelien verfaßt? u. Wie ist der neutestamentl. Kanon zustande gekommen? [Aus: „Ev. Schulbl."] gr. 8. (24 S.) Gütersloh 900. C. Bertelsmann. n. — 40

Diehl, Pet., Naturbilder. Nach den zwölf Monaten des Jahres geordnet. Für die Jugend bearb. Mit 12 Bildern in Farbendr. nach Orig.-Zeichnungen von F. C. Klimsch. qu. gr. 4. (III, 28 S.) [Frankfurt a. M. 877, May Söhne.] Wiesbaden, Nicol. cart. *

**Diehl**, Pet., Schatzkästlein f. die Jugend, s.: Hebel, Joh. Pet.

—— Scherz und Ernst. Alte und neue Erzählungen aus dem Morgenlande und Abendlande. Für die Jugend ausgewählt. Mit 8 farb. Bildern nach Aquarellen von F. C. Klimsch. gr. 8. (VI, 156 S.) Ebendas. 877. cart. *

**Diehl**, Pet., Tierbilder. Erzählungen u. Schilderungen aus dem Tierleben. Für die Jugend [von 8 bis 12 J.] bearb. Mit 8 Bildern in Farbendr. nach Orig.-Zeichngn. v. F. C. Klimsch. 1. Bdchn. gr. 4. (18 S.) Wiesbaden 877. Nikol. cart. n. 3. —

**Diehl**, Peter: Die Centralschulen in den dt. Kolonien Südrußlands. Ein Wort über die Aufgabe und Organisation derselben. — Odessa 1872: Nitzsche. IV, 35 S.

**Diehl, Philipp Carl** (Frankfurt/M.), De citatione edictali cautioni ab heredibus peregrinis praestandae surrogata occasione reformat. Francofurt. part. VI. tit. II. § 3. 5. & 6 orta. Diss. jur. Präs. Jo. Christoph Koch. Giessen (J. J. Braun) 29. IX. 1774. 40 S., tlws. dtsch. (5.—) 6425

Diehl, Rudolf

**Diehl**, R., französisches Elementarbuch, s.: Kühn, Karl.

**Diehl**, Rudolf, appr. Arzt a. München: Aus d. patholog. Institut u. d. Univ.-Kinderklinik zu München. Ein seltener Fall von akuter parenchymatöser Degeneration der Nieren mit Ausgang in Nekrose der Rinde. (Mit 2 Tafeln.) München 1905: R. Oldenbourg. (21 S.) 8°
München, Med. Fak., Ref. v. Bollinger, Diss. v. 12. Juli 1905
[Geb. 13. März 77 Homburg, Pfalz; Wohnort: München; Staatsangeh.: Bayern; Vorbildung: Wilh.-Gymn. München Reife Juli 98; Studium: München 11 S.; Coll. 12. Juli 05; Approb. 13. Juli 04.]

**Diehl**, R., Guillem Anelier v. Toulouse, der Dichter d. 2. Theils der Albigenserchronik, s.: Ausgaben u. Abhandlungen aus dem Gebiete der romanischen Philologie.

Diehl, R. Guillem Anelier von Toulouse, der Dichter des zweiten Theils der Albigenserchronik. Diss. Marburg 1884. 33 S.

— Lehrbuch der französischen Sprache, s.: Kühn, Karl.

**Diehl**, Rudolf [Dr.]: Französische Schulgrammatik und moderner Sprachgebrauch. Wiesbaden, Buchdr. v. K. Schwab, 1895; 3—19 S. 4.
Wiesbaden, st. OR, P 1895 (431)

— französisches Übungsbuch im Anschluß an Kühns Lesebücher. I. u. II. Tl. gr. 8. Bielefeld, Velhagen & Klasing. Geb. n.n. 2. 60
I. Unterstufe. (X, 82 S.) 899. n. 1. 10
II. Mittelstufe. (VI, 127 S.) 900. n. 1. 50

Französisches Übungsbuch im Anschluss an Kühns Lesebücher. Bearb. von Dr R[ud.] Diehl. 2. Aufl. T. 1. *Bielefeld & Leipzig: Velhagen & Klasing 1901.* 8° [F.]

— französisches Uebungsbuch im Anschluß an Kühns Lesebücher. I. u. II. Tl. 8. Bielefeld, Velhagen & Klasing. Geb. in Leinw. à n. 1. 60
I. Unterstufe. 4. Aufl. Mit e. kurzen Grammatik. (XII, 134 S.) 906.
II. Mittelstufe. 2. Aufl. (VIII, 131 S.) 904.

Französisches Übungsbuch im Anschluß an Kühns Lesebücher. Bearb. von Dr. R[udolf] Diehl, Oberl. 4. Aufl. Mit e. kurzen Grammatik. Bielefeld & Leipzig: Velhagen & Klasing 1906. (XII, 134 S.) 8° [F.]

**Diehl**, Sophie, u. Elisab. Fuchs, Vorlagen f. den Handarbeitsunterricht. II. Aufl., neubearb. u. zusammengestellt. (28 Bl. m. Text auf dem Umschlag.) 8. Darmstadt 904. A. Bergsträßer. n.n. 1. 20

**Diehl**, Theodor, aus Frankfurt a. M.: Beiträge zur Kenntniss einiger Anthracenderivate. Zür. Zürcher u. Furrer Dr. 1877. 55 S. 8°.
Zürich, Phil. Diss. [v. 24. Juli 1877].

Diehl, Wilhelm

— M. Butzers Bedeutung f. das kirchliche Leben in Hessen, s.: Schriften des Vereins f. Reformationsgeschichte. Nr. 83.

**Diehl**, Wilh., die Bedeutung der beiden Definitorialordnungen v. 1628 u. 1743 f. die Geschichte des Darmstädter Definitoriums, s.: Festgruss, Bernhard Stade dargebracht.

Diehl, Wilh., s.: Beiträge zur hess. Kirchengeschichte.

— s.: Beiträge zur hess. Schul- u. Universitätsgeschichte.

**Diehl**, W[ilh.], [und] A[ug.] *Messer*, Beiträge zur hessischen Schul- und Universitätsgeschichte. Bd 1. Giessen 1908. 8°.

**Diehl**, Wilhelm: Bilder aus der hessischen Vergangenheit. 1. Reihe: Der vordere Odenwald in der Zeit vor u. in dem 30jähr. Kriege, s.a. Volksbücher, hessische. 3.

— dasselbe. 2. Reihe: Aus der Zeit des Landgrafen Ernst Ludwig, s.a. Volksbücher, hessische. 6.

Bilder aus der hessischen Vergangenheit ... von Wilhelm Diehl. Reihe 1. 2. Darmstadt: Selbstverl. 1909—10. 8°
1. Der vordere Odenwald in d. Zeit vor u. in d. dreißigjähr. Kriege. 1909.
2. Aus d. Zeit d. Landgrafen Ernst Ludwig. 1910.
(Hessische Volksbücher. 3. 6.)

Diehl, *Georg* Wilhelm [cand. theol., Mitgl. d. Predigersem. zu Friedberg]: Erklärung von Psalm 47. E. bibl.-theolog. Untersuchg ... Giessen, J. Ricker, 1894; 2 Bl., 43 S. 8.
Giessen, Ev.-theol. Fak., Inaug.-Diss. v. 1894

Festpredigt des Pfarrers D. Dr. [Wilhelm] Diehl in Hirschhorn, geh. bei d. 20. Generalversammlung d. Evang. Bundes in d. Friedenskirche in Worms 1907. (Leipzig: K. Braun in Komm. [1907].) (8 S.) 8° [Kopft. F.] [07. 14259

— Festpredigt, geh. bei der 20. Generalversammlung des Evangelischen Bundes in der Friedrichskirche in Worms am 29. IX. 1907. (8 S.) 8. Leipzig 907. Halle, Verlag des Evangel. Bundes. nn — 10

— zur Geschichte des Gottesdienstes u. der gottesdienstlichen Handlungen in Hessen. gr. 8. (XII, 376 S.) Gießen 899. J. Ricker. n. 5. —; geb. n. 6. —

[F.] Zur Geschichte der Konfirmation. Beiträge aus d. hess. Kirchengesch. v. Lic. theol. W. Diehl, Dr. phil., Pfarrassist. ... zu Darmstadt. *Giessen: J. Ricker 1897.* (3 Bl., IV, 134 S.) 1 Bd 8. [97. 2178

Diehl, Wilhelm: Zur Geschichte der Butzbacher Lateinschule. Hirschhorn: Selbstverl. 1902. 92 S. 8°
(Quellen u. Studien z. hess. Schul- u. Universitätsgeschichte. 2.)

— Geschichte der Giessener Stipendiatenanstalt, s.: Giessen, die Universität, von 1607—1907.

— Die Orgeln. Organistenstellen u. Organistenbesoldungen in den alten Obergrafschaftsgemeinden des Grossherzogt. Hessen. Geschichtliche Beiträge aus der Vergangenheit, zum Verständnis der Gegenwart dargeboten. (IV, 78 S.) gr. 8. Darmstadt 908. (J. Waitz). nn 1. 50

Der gefangene Pfarrer. Eine geschichtl. Erzählung aus d. Zeit d. 30j. Krieges von Wilhelm Diehl. Darmstadt: Selbstverl.; Schlapp in Komm. 1910. 280 S. 8° [11. 7383 4

— Philipp, Landgraf v. Hessen-Butzbach, s. a. Volksbücher, hess. 5.

Philipp, Landgraf von Hessen-Butzbach. Eine Festgabe z. Dreihundertjahrfeier d. Begründung d. Landgrafschaft Hessen-Butzbach, dargereicht von Wilhelm Diehl. Darmstadt: Selbstverl. 1909. IV, 87 S. 8°
(Hessische Volksbücher. 5.) [10. 14603 4

Diehl, *Georg* Wilhelm [Lic. theol. Pfarrassist. an d. Martins- u. Johanniskirche zu Darmstadt]: Das Pronomen personale suffixum 2. und 3. pers. plur. des Hebräischen in der alttestamentlichen Ueberlieferung ... Giessen, J. Ricker, 1895; 2 Bl., 84 S., 1 Bl. 8.
Giessen, Phil. Fak., Inaug.-Diss. v. 1895

— Der St. Goarer Superintendent Johannes Rencker u. seine Nachkommen. (24 S.) 8. Darmstadt 908. Stadtpfarrer W. Diehl. — 40

— die Schulgründungen u. Schulmeister der Obergrafsch. Catzenelnbogen in den Zeiten von der Reformation bis zum J. 1636. (Studien zur hessischen Schulgeschichte.) (XI, 143 S.) gr. 8. Darmstadt 902. J. Waitz. n. 2. —

— die Schulordnungen des Grossherzogt. Hessen, s. a. Monumenta Germaniae paedagogica 27. 28. u. 33.

Diehl, Wilh., Die Schulordnungen des Grossherzogtums Hessen. Hrsg. im Auftr. ... Bd 1—3. Berlin 1903—1905. 8°.
1. 2: D. höheren Schulen d. Landgrafschaft Hessen-Darmstadt. Tl 1. 2. 1903.
1: D. Texte 1903.
2: Überblick über d. Entwickl. d. höheren Schulwesens, Texterläut. nebst Namen- u. Sachreg. 1903.
3: D. Volksschulwesen der Landgrafschaft Hessen-Darmstadt. 1905.
(Monumenta Germaniae Paedagogica, hrsg. von Karl Kehrbach. Bd 27. 28. 33.)

— Stipendiatenbuch d. hessen-darmstädt. Universitäten Giessen u. Marburg f. die Zeit v. 1605—1774, zusammengestellt u. zugleich als hess. Pfarrerbuch u. Handbuch f. Familienforschg. bearb. (152 S.) gr. 8. Hirschhorn a. N. 907. Darmstadt, Stadtpfarrer Diehl. nn 2. 50

— dasselbe der Universität Marburg f. die Zeit v. 1564 bis 1624, zusammengestellt u. zugleich als hess. Pfarrerbuch u. Handbuch f. Familienforschg. bearb. (Heft 6 der Quellen u. Studien zur hess. Schul- u. Universitätsgeschichte.) (V, 94 S.) gr. 8. Marburg 908. (N. G. Elwert's Verl.) 2. 50

— s.: Volksbücher, hessische.

— s.: Winckelmann's, Joh. Just., „Einfält. Bedencken".

Diehler, Eduard [aus Monterey (Mexico)]: Ueber verkalkte Dermoidcysten. ... Würzburg, Druck d. Bonitas-Bauer'schen Buchdr., 1889; 26 S. 8°
Würzburg, Med. Fak., Inaug.-Diss. v. 1889

Diehlmann, C. (Red.), s. Abendschule, Illustrierte.

Diehlmann, K., Unionsqualen eines Missionars od. Geschichte u. Gründe meines Uebertritts aus der englisch-bischöfl. in die luther. Kirche. 8. (57 S.) Nürnberg 851, Raw in Comm. 3 ngl

Festschrift zur Feier des 25jährigen Bestehens des Freiwilligen Steiger-Corps zu Philippsruhe-Kesselstadt dargestellt von Robert Diehls, Zeugmeister. *[Hanau-Kesselstadt 1900: J. C. Kittsteiner.]* (15 S.) 8 [F.] [00. 7215 4

Diehm, Frdr., Deutsche Stenographie. (System Scheithauer.) Debattenschrift. Winke u. Beispiele zur weiteren Ausbildg. im Kürzungswesen. gr. 8. (24 S.) Karlsruhe 899. (Leipzig, J. H. Robolsky.) n. 1. 80

Diehm, Fritz, do greif zu! Humoristische Gedichte in bad. Mundart. (106 S.) kl. 8. Stuttgart (905). Schwabacher. n. 1. 20; geb. in Leinw. n. 1. 80

Schneeflocke. Neue humorist. Gedichte in mittelbadischer Mundart von Fritz Diehm. *Stuttgart: A. Bonz & Co. 1904.* (VIII, 107 S.) 8° [F.] [05. 13660

Diehm, Fritz, was d' Spaßvögel pfeife. Neuer Mundart-Humor. (64 S.) 8. Karlsruhe 906. Buchdr. Fidelitas. Geb. in Leinw. 1. —

Karte der Provinz Hannover, Oldenburg, Braunschweig, Lippe, Hamburg, Bremen u. Lübeck in 4 Sekt. f. Radfahrer u. Touristen von Josef Diehm, Kartogr. Sekt. Südost-Hannover. Maassst.: 1 : 250,000. *Hannover: O. Borgmeyer [1899].* 8° [Umschlagt.] [00. 5021 7

Diehn, Otto, aus Ludwigslust: Die Pronomina im Frühmittelenglischen. Laut- u. Flexionslehre. *Heidelberg: C. Winter 1901.* (37 S.) 8° ¶ [Erschien vollst. als: Kieler Studien zur engl. Philologie, H. 1.]
Kiel, Phil. Diss. v. [13. März] 1901

Die Pronomina im Frühmittelenglischen. Laut- u. Flexionslehre. Von Otto Diehn. *Heidelberg: C. Winter 1901.* (100 S.) 8°
— Studien, Kieler, z. engl. Philologie. H. 1. [01. 11478

Diehrich, A.M.: Versuch einer kurzgefaßten speciellen Pathologie von den Fiebern. Th.1, 221 S., gbd.

Wien: Sonnleithner 1783

Diehrich, A. W., Versuch e. kurzgef. speciellen Pathologie von d. Fiebern. 1r Thl. gr. 8. Wien 783. (Heubner). 9 gl

Diehrich, Vers. e. Pathologie. 1r Thl. gr. 8. Wien, Camesina. 783.

Dick und Eckenberg, Diorthose der gegenwärtigen Lage des reichsgräflich Oldenburg-Bentinckschen Rechtsstreites. 2 Hefte. Leipzig 1840. 8.

Dick, C. F., Die Gewissensche, Legitimation etc. unter Berücksichtigung des reichsgräflich Bentinckschen Rechtsstreites. 1838.

Dick, Gust., die Königin Luise, s. a. Zur Volksschulpädagogik.

Diek, Gustav: Die Königin Luise. Unterrichtsbeispiel f. d. Mädchen-Oberklasse d. Volksschule nach d. formalen Stufen. Langensalza: Beltz 1909 (1910). 21 S. 8°
(Zur Volksschulpädagogik. H. 3.)

**Diek,** H., u. **Hitze,** Franz, Die Unfallversicherung. 2. Aufl. 8°. M.-Gladbach, Zentralstelle d. Volksver. f. d. kathol. Deutschland, 1907. (Sociale Tagesfragen, 24.)

**Diek, Johann Gottlieb,** Ad examen sollemne scholae latinae gymnasii Halensis in orphanotropheo invitat. — Inest I. Schirlitz, C. A.; Commentatio de latinae loquendi usu e scholis haudquaquam tollendo. II. Annalium scholae latinae part. prima. Halle (Orphanotr.) 31. III. 1825. 48 S. mit Namen. (4.50) 6426

Diek, J. G., histor. Nachrichten von d. latein. Schule d. Waisenhauses zu Halle, s. Programm.

Diek, J. G. Oratiuncula, qua B. (beati) Niemeyeri memoria juvenibus ad academ. accedent. commendatur. 6 S. 8.

Progr. Halle W. 1829

Diek, J. G. Oratiuncula, qua juvenes ad acad. accedentes admonentur, ut perversum partium studium in litteris ediscendis fugiant. 4 S. 8. . . . . . . . .

Progr. Halle W. 1826

Diekamp, Franz

**Diekamp,** Frz., s.: Doctrina patrum de incarnatione verbi.

**Diekamp,** Franz [Repetent im Colleg. Borromæum zu Münster]: Die Gotteslehre des heiligen Gregor von Nyssa. E. Beitr. z. Dogmengeschichte d. patrist. Zeit. Th. 1. [Th. 1 erschien vollst. 1896 im gl. Verl.] Münster, Druck d. Aschendorff'schen Buchh., 1895; 55 S., 2 Bl. 8.
Münster, Kath.-theol. Fak., Inaug.-Diss. v. [17. Okt.] 1895

**Diekamp,** Frz., d. Gotteslehre d. hl. Gregor v. Nyssa. E. Beitrag z. Dogmengeschichte d. patrist. Zeit. 1. Thl. gr. 8. (VIII, 260 S.) Münster 896. Aschendorff. n. 4. —

**Diekamp, Frz., Hippolytos v. Theben. Texte u. Untersuchgn. gr. 8. (VI, LXX, 177 S.) Münster 898. Aschendorff. n. 6. 50**

**— Mittheilungen üb. d. neuaufgefundenen Commentar des Oekumenius zur Apokalypse. gr. 8. (11 S.) Berlin 901. (G. Reimer.) n. — 50**
Sonderabdruck aus: „Sitzungsber. d. preuss. Akad. d. Wiss."

**Diekamp,** Frz., s.: Revue, theologische.

— die origenistischen Streitigkeiten im 6. Jahrh. u. das 5. allgemeine Concil. gr. 8. (IV, 142 S.) Münster 899. Aschendorff. n. 3. 50

Über den Ursprung des Trinitätsbekenntnisses. Rede beim Antritt d. Rektorats d. Westfäl. Wilhelms-Univ., geh. 1910. Von Dr. Franz **Diekamp.** Münster i. W.: Aschendorff (1910). 31 S. 8° [11. 4554 6

Diekamp, Wilhelm

**WESTFÄLISCHES URKUNDEN-BUCH.** Fortsetzung von Erhards Regesta historiae Westfaliae. Herausgegeben von dem Vereine für Geschichte und Alterthumskunde Westfalens.
Supplement bearbeitet von WILHELM DIEKAMP. Lieferung I (bis 1019). Mit 4 Tafeln Urkunden-Abbildungen. Münster 1885. In Comm. der Regensberg'schen Buchhandlung. (B. Theissing.) 4°.

Diekamp, Wilh., Verzeichnis der in Wigands Archiv und in der Zeitschrift für [westfälische] Geschichte und Alterthumskunde bis 1885 veröffentlichten Aufsätze und Mittheilungen. [Beilage zu Bd. 43 der Zeitschrift.] gr. 8. (59 S.) Münster 885, Regensberg. *
Vgl.: Zeitschrift für vaterländische Geschichte und Alterthumskunde.

**Diekamp,** Wilh., die Vitae sancti Liudgeri, s.: Geschichtsquellen, die, d. Bisth. Münster.

Diekamp, Wilh., Widukind, der Sachsenführer, nach Geschichte und Sage. Eine gekrönte Preisschrift. 1. Lfg. gr. 8. (S. 1—79.) Münster 877, Theissing'sche Buchh. *

**Dieke,** Paul, praktisches Englisch. Korrespondenz u. Konversation f. Kaufleute. 1. u. 2. Tl. gr. 8. Berlin 905, O. Dreyer. Geb. n. 3. 60
1. Unterstufe. (VI, 72 S.) 905. n. 1, 50
2. Mittelstufe. (IV, 72 S.) 906. n. 2. —

Praktisch Englisch. Korrespondenz u. Konversation f. Kaufleute von Paul **Dieke.** Durchges. von Mr. Herbert, London. 2. Aufl. T. 1. Berlin: O. Dreyer 1907. 8° [F.] [07. 11910

**Dieke,** Paul, prakt. Französisch. Korrespondenz u. Konversation f. Kaufleute. I. u. II. Tl. gr. 8. Berlin, O. Dreyer. Kart. à 2. —
I. Durchgeseh. v. M. Strand. Unterstufe. (VI, 72 S.) 907.
II. Durchgeseh. v. A. Sylvio Pollecot. Oberstufe. (VI, 91 S.) 908.

Dieke, Paul, englische Sprachbriefe zum Privat- und Selbstunterricht — neuestes System — mit ganz besond. Berücksicht. der Aussprache, in kurzen und leichten — doch durchgreifenden Regeln. 1. Brief. gr. 8. (8 lithogr. S.) Berlin 885, (H. R. Mecklenburg.)
Nicht weiter erschienen.

**Dieke,** R[ichard], a. Dahme i. d. Mark: Voraussetzungen der Anfechtbarkeit wegen Drohung nach gemeinem Recht und B.G.B. Rostock 1905: H. John, Halle a. S. (58 S.) 8°
Rostock, Jur. Fak., Ref. Matthiaß, Diss. v. 5. Sept. 1905
[Geb. 14. Mai 80 Dahme; Wohnort: Berlin; Staatsangeh.: Preußen; Vorbildung: Gymn. Luckau Reife O. 00; Studium: Berlin 7 S.; Rig. 29. Febr. 04.]

**Diekelmann, E., kurze Uebersicht der Kartoffel-Krankheit u. Anweisung durch die Cultur der Krankheit entgegenzuwirken nebst leichter u. zweckmäß. Vermehrungs-Methode. gr. 8. (22 S.) Demmin 846. (Berlin, Mecklenburg.) n. 1/4 ₰**

Diekelmann, Eugen, Schlüssel zur telegraphischen Correspondance zwischen Rheder und Capitän nach und von transatlantischen Gegenden. gr. 8. (VI, 85 S.) Stralsund 875, Topp's Buchh. cart. M 1,80.; durchschossen

Diekelmann, Eug., Schlüssel zur telegraphischen Correspondance zwischen Rheder und Capitain. 2. und 3. verm. und verb. Aufl. gr. 8. (VI, 128 S.) Stralsund 878,82, Meincke. cart. *

DIEKERHOFF, Franz (Warendorf): Ueber reine Betabrüche.- München: Ernst 1888. 35 S.
1.6.1888 - Chr 1888/89,181 Jv 1888/89,212
**Diss. Ingolst.-Landsh.-Mchn.**

**Diekerhoff,** Fridericus (geb. am 25 März 1807 in Koesfeld Westf.): De remediorum quorundam vi sanguinem cerebro et meningibus contentum diminuendi ... Bonnae, ex off. Neusseriana (1833). 2 Bl., 18 S., 1 Bl. 4.
Bonn, Med. Fak., Diss. v. 7 Dez. 1833

**Diekhoff,** Tobias, aus Negenmeerten in Ostfriesland: Der zusammengesetzte Satz im Reinke de Vos. *Leipzig-Reudnitz 1899: A. Hoffmann.* (95 S.) 8° [F.]
Leipzig, Phil. Diss. v. [25. Juli] 1899

Diekmann, s. a. Dieckmann.

**Diekmann, G.,** des frommen Helden Kampf u. Sieg. Pred. zur Gedächtnißfeier d. am 2. April 1829 erfolgten Ablebens d. Durchl. Hrn. Landgrafen Friedr. Jos. v. Hessen-Homburg. 8. (1½ B.) Hadamar. [Weilburg, Lanz.]

—— Worte der Trauer u. d. Trostes bei d. am 28. Juli 1831 Statt gehabten Beerdigung Sr. Excell. d. Kgl. Preuß. Staats-Ministers Hrn. Heinr. Friedr. Karl Frhr. v. u. zum Stein. Mit e. kurzen Nachr. v. d. Leben u. d. Todesfeier d. Vollendeten. gr. 8. (1¼ B.) Coblenz, Hölscher.

**Diekmann, C. H., prakt. Anweisung zur freien Handzeichnung. gr. 8. Oldenb. 826. (Hahn in Hannov.) 1 ₰ 9 gGr**

**Diekmann, Carl**: Aus d. inn. Abt. d. städt. Krankenh. zu Mainz. Dirig. Arzt: Curschmann. Zur Symptomatologie einiger hysterischer Bewegungsstörungen ⟨Hemiplegie, Hemichorea, pseudospastische Parese mit Tremor.⟩ (Leipzig [1910]: Hoffmann.) 48 S. 8°

Breslau, Med. Diss. v. 25. April 1910, Ref. v. Strümpell

[Geb. 17. Okt. 83 Rehme; Wohnort: Breslau; Staatsangeh.: Preußen; Vorbildung. Gymn. Herford Reife O. 03; Studium: Marburg 5, Breslau 5 S.; Coll. 24. März 09; Approb. 2. Aug. 09.] [U 10. 561

Diekmann, E.

— Lessing als Theologe. gr. 8. (32 S.) Zürich 880. Schmidt. n. — 50

Diekmann, Eduard: Aktenstücke betr. die Disciplinaruntersuchung des K. evang.-luth. consistoriums. . .
s. Aktenstücke etc.

**Dickmann**, E., Christus in Gleichnis u. Wort. 2 Bremer Gastpredigten. gr. 8. (21 S.) Garding 883. Lühr & Dircks. n. — 40

Dickmann, E., der biblische Geschichtsunterricht in der Volksschule. Ein Vortrag. 8. (29 S.) Leipzig 878, [Mentzel.] A. Krüger. *

—— vier Predigten. [1. Vom Worte Gottes. — 2. Vom Reiche Gottes. — 3. Vom Glauben an Christus. — 4. Vom Gebet.] gr. 8. (48 S.) Kiel 878, Lipsius und Tischer. *

—— die socialen Verhältnisse und das Christentum. Ein Vortrag. 8. (29 S.) Leipzig 878, [Mentzel.] A. Krüger. *

**Dickmann, H., d. Algebra, s. A. D. Meyer.**

**— neue Dithmarsche Rechenschule, s. A. D. Meyer.**

—— kalligraph. Vorlegeblätter f. Volksschulen, durch welche die Erreichung mehr. Zwecke auf e. die Schüler prakt. bild. Weise erzielt wird. Enth. die Aufsatzbildung u. die freie Ausarbeitung d. Aufsätze für's prakt. Leben. 6 Lfgn., m. 220 Vorlegeblättern. 4. Duisburg 841, Schmachtenberg.
Vgl. Dieckmann.

— kalligraphische Vorlegeblätter für Volksschulen, durch welche die Erreichung mehrerer Zwecke auf eine die Schüler praktisch bildende Weise erzielt wird. Enthaltend die Aufsatzbildung u. die freie Ausarbeitung der Aufsätze für's prakt. Leben, in 6 Liefg., mit 200 Vorlegeblätt. mit 390 Thema's. 4. Duisburg 841, 42, Schmachtenberg. 2 ₰

—— Vorlegeblätter in Stein- u. Typendruck zur Erlernung d. Schönschreibens, welche d. Ganze dieses Unterrichtes umfassen, in Verbind. d. deutschen Sprache, in schriftl. Sprachübungen u. d. Aufsatzbildung. 5 Curse. 1. u. 2. Hft. qu. 8. Wesel 846, Becker'sche Buchh. [1. (4 Bl. Vorschr. u. 2 Bl. Text.) * 1½ Ngr., 2. (4 Bl. Vorschr. u. 12 Bl. Text.) * 2½ Ngr.] Thlr. *
Vgl. Dieckmann.

Diekmann, Henning

Dickmann, (H.,) Briefe, darstellend d. wechselseitige Schuleinrichtung nach ihrem Bestehen in d. Normalschule zu Eckernförde, nach ihrem Wesen u. Werthe u. nach ihrer Gestaltung f. unsere Volksschulen d. Umständen gemäß. gr. 8. Altona 826, Hammerich.

— Briefe, darstellend d. wechselseitige Schuleinrichtung nach ihrem Bestehen in d. Normalschule zu Eckernforte, nach ihrem Wesen u. Werthe u. nach ihrer Gestaltung für unsere Volksschulen d. Umständen gemäß. gr. 8. Altona... 2e A. 826. Hammerich. 14 ⁄(

**Diekmann, Henn.**, Die Naturlehre in katechetischer Gedankenfolge als Gegenstand der Verstandesübung und als Anlasz zur religiösen Naturbetrachtung. Für Lehrer in Bürger- und Landschulen. Altona. 1825. (M. Fig.). — 2. verm. und zum groszen Theil umgearbeitete Aufl. Sm. St. 1838. (M. Fig.).

Die Naturlehre in katechetischer Gedankenfolge v. Henning **Diekmann.** 3. Aufl. Altona. 1842. 8°.
Vgl. Diekmann, Hermann

— Die Seelenlehre in katechetischer Gedankenfolge als Gegenstand der Verstandesübung und der Vorbereitung eines fruchtbaren Religionsunterrichts. 2. verb. Aufl., stark vermehrt, am Schlusz mit einer Anweisung zur Uebung der Schüler in psychol. Selbstbeobachten. Altona. 1829. [1. Udg. 1822 mglr. i K. B.].

Diekmann, Hermann

— d. Naturlehre in katechet. Gedankenfolge, als Gegenstand d. Verstandesübung u. als Anlaß zur religiösen Naturbetrachtung. Für Lehrer. gr. 8. Altona 825. Hammerich. 1 ₰
Vgl. Diekmann, Henning

Dickmann, Herm., die Naturlehre in katechet. Gedankenfolge, als Gegenstand d. Verstandesübung u. als Anlaß zur religiösen Naturbetrachtung. Für Lehrer in Stadt- u. Landschulen, auch in Schullehrerseminarien brauchbar. 2., verm. u. zum großen Theil umgearb. Aufl. (Mit Holzschn.) 8. (29½ B.) Altona 838, Hammerich.

Dickmann, Herm., die Naturlehre in katechetischer Gedankenfolge, als Gegenstand der Verstandesübung u. als Anlaß z. religiösen Naturbetrachtung. Für Lehrer in Stadt- u. Landschulen ꝛc. 3., berichtigte u. verm. Aufl. 8. (30½ B.) Altona 842, Hammerich.

Dickmann, Herm., die Naturlehre in katechetischer Gedankenfolge als Gegenstand der Verstandesübung und als Anlaß zur religiösen Naturbetrachtung. Für Lehrer in Stadt- und Landschulen, auch in Schullehrerseminarien brauchbar. 4., verm. Aufl. gr. 8. (XVI und 312 S.) Leipzig 851, [E. Fleischer.]

Dickmann, H(erm.), die Naturlehre in katechetischer Gedankenfolge als Gegenstand der Verstandesübung und als Anlaß zur religiösen Betrachtung. Für Lehrer in Stadt- und Landschulen, auch in Schullehrerseminarien brauchbar. 5., bericht. und verm. Aufl. gr. 8. (XVI und 312 S.) Leipzig 852, E. Fleischer.

Dickmann, H., die Naturlehre in katechetischer Gedankenfolge, als Gegenstand der Verstandesübung, u. als Anlaß zur religiösen Naturbetrachtung, für Lehrer an Stadt- u. Landschulen, u. an Schullehrerseminarien. 6. Aufl., mit 37 in den Text gedruckten Figuren (Holzschn.), berichtigt u. verm. von J. C. Kröger. Leipzig 863. E. Fleischer. gr. 8. (X, 313 S.) 1 ₰

— die Seelenlehre in katechet. Gedankenfolge als Gegenstand d. Verstandesübung u. d. Vorbereitung eines fruchtbaren Religionsunterrichts; für Lehrer in Bürger- u. Landschulen. 8. Altona 822, Hammerich. Rthlr.

Dickmann, H., die Seelenlehre in katechet. Gedankenfolge, als Gegenstand d. Verstandesübung u. d. Vorbereitung e. fruchtbaren Religionsunterr. Für Lehrer. 2., verb. Aufl., am Schluß mit e. Anweis. z. Uebung d. Schüler im psycholog. Selbstbeobachten. 8. (14¼ B.) Altona 829, Hammerich.

Diekmann, Johann

— Dryden's Virgil. Crefeld, H. B. u. Pg., 1876. 27 S. 4.
Progr.

Diekmann, J. Dryden's Virgil compared with the Latin original. Diss. Rostock 1874. 49 S.

**Diekmann, Jos.** Anwendung der Determinanten u. Elemente der neuern Algebra auf dem Gebiete der niedern Mathematik. Zum Gebrauche b. Unterricht an höh. Lehranstalten sowie z. Selbstunterricht hrsg. gr. 8. (VIII, 110 S.) Lpz. 889, Teubner. 1 60

**Dickmann, Jos.**, Arithmetik u. Algebra, } s.: Koppe, K.
— Geometrie, }

Diekmann, Josef [Rekt. Dr.]: Zur Auflösung der dreigliederigen irrationalen Gleichungen mit beliebigen Radikanden. Viersen, Druck v. M. Stoffels, 1889; S. 1--25; 4°
Viersen, RPG, OP 1889 (473)

Diekmann, Jos., Einleitung in die Lehre von den Determinanten und ihrer Anwendung auf dem Gebiete der niedern Mathematik. Zum Gebrauch an Gymnasien, Realschulen und andern höhern Lehranstalten, sowie zum Selbstunterricht. gr. 8. (VIII, 88 S.) Essen 876, Bädeker. *

Diekmann, Jos., Geometrie s.: Koppe, K.

— Grundlehren d. Trigonometrie u. Stereometrie, s.: Heilermann.

Diekmann, J., die Kalibrirung der Eisenwalzen, s. Daelen, R.

Diekmann, Jos. Katalog der Schülerbibliothek nebst einer kurzen Einleitung über den Lesetrieb des Knaben und seine Befriedigung. 18 S. Progr. Viersen 1882.

Diekmann, J., Lehr- und Übungsbuch für den Unterricht in der Algebra, s. Heilermann, H.

Diekmann, Josef: Ueber die Modificationen, welche die ebene Abbildung einer Fläche 3. Ordnung durch Auftreten von Singularitäten erhält.
Diss. Göttingen 1871. 8°

Diekmann, Jos., Übungen u. Aufgaben f. den propädeutischen Unterricht in der Geometrie. Auf Grund rein konstruktiver Methoden in stufengemäß. Reihenfolge zum Gebrauche an Gymnasien, Realgymnasien u. verwandten Anstalten zusammengestellt. 1. u. 2. Tl. gr. 8. Breslau 886. F. Hirt. n. 1. 25
1. Vorübungen zur Euklidischen Geometrie. [Pensum f. Quinta, bezw. f. das 1. Tertial in Quarta.] (48 S.) n. — 75
2. Vorübungen zur synthetischen Geometrie. (32 S.) n. — 60

—— dass. — 2. Tl.: Vorübungen zur synthetischen Geometrie einschließlich der Kegelschnitte. 2. verm. und verb. Aufl. gr. 8. (48 S.) Ebendas. 887. *

Diekmann, Jos., über das Verhältniß zwischen Kraftaufwand u. geleisteter Arbeit in Natur u. Technik. Vortrag gehalten am Stiftungsfeste d. Gewerbe-Vereins zu Wesel den 21. Febr. 1874. gr. 8. (20 S.) Wesel 874. Kühler. — 30

Diekmann, Jos. Über die Zurückführung der Hauptaufgaben der Trigonometrie auf ein System von 3 linearen simultanen Gleichungen. 26 S. Progr. G. Essen 1877

Diekmann, Rudolf, appr. Arzt a. Essen i. O.: Ein Beitrag zur Kasuistik der Bauchsucktuberkulose. Kiel 1906: Schmidt & Klaunig. (17 S.) 8°
Kiel, Med. Fak., Ref. Helferich, Diss. v. 11. Aug. 1906
[Geb. 3. Febr. 7? Essen i. O.; Wohnort: Quakenbrück; Staatsangeh.: Oldenburg; Vorbildung: Gymn. Leer Reife M. 98; Studium: Würzburg 1, Freiburg i. B. 1, Kiel 7 S.; Coll. 13. Juli 06; Approb. 1. April 5.]

Diekmann, Rud., meiner Tochter! Goldene Worte f. Dein zukünft. Walten als Gattin, Mutter u. Hausfrau. (140 S.) 8. Berlin (905). W. Pilz. n. 2. 50; geb. in Leinw. n. 3.50

Diel, August Friedrich Adrian

— üb. d. Anlegung e. Obstorangerie in Scherben u. d. Vegetation d. Gewächse. 8. Frankfurt, 1796. 2. Aufl. 1798. 3. Aufl. 1804. St. Goar. (2⅔. —) — 15
— — Dass. 2 Bde mit 7 Kpf. Stuttgart, 1805. (Bockenheim, Strauss). (2½. —) 1. —

— über Anlegung e. Obstorangerie in Scherben u. d. Vegetation d. Gewächse. 8. Frankf. a. M. 796. (ohne d. Verf. Namen). 2e A., mit d. Verf. Namen. Mit 3 Kpf. 798. 3e A. in 2 Bden. Mit 7 Kpf. 8. Ebd. 805. Andreä. 2 ₰ 16 gr.

Diel, (Aug. Fr. Adr.,) systemat. Beschreib. d. vorzüglichsten, in Deutschland vorhandenen, Kernobstsorten. 18—48 Bdchn. Mit illum. Abbildd. 8. Stuttg. 821—27. v. Cotta.

Diel, Aug. Friedr. Adr., systemat. Beschreibung d. vorzügl. in Deutschland vorhand. Kernobstsorten. 5. u. 6. Bdchn. (d. Hauptwerks 26. u. 27. Hft.) Aepfel. — Birnen. 8. Stuttgart 832, Cotta. [5. (14½ B. u. 1 lith. u. ill. Abbild.) 828., 6. (15½ B. u. 1 lith. u. ill. Abbild.) 832. à 1 Thlr 4 Gr.]
Dess. „Versuch e. system. Beschreibung 2c." 21 Hfte. Frankfurt a. M., Andreä. 1799—1819. 17 Thlr. 20 Gr. „System. Beschreibung" 2c. 1—4. Bdchn. (d. Hauptw. 22—25. Hft.) Stuttgart, Cotta. 1821—27. 4 Thlr. 6 Gr.

Diel, August Friedrich Adrian, s. Dan. Campbell: Beobachtt.

Diel, August Friedrich Adrian, s. Chicoyneau: von d. Pest.

Diel, August Friedrich Adrian (Übers.):

s.: Medicinische Commentarien von einer Gesellschaft der Aerzte zu Edinburgh. (Medical and philosophical Commentaries by a Society of Physicians in Edinburgh Dt.) 1.Dec.Bd 1,10, 2.Dec. Bd 2-3. Altenburg: 1774-1792

—— über d. innerl. Gebrauch d. Thermalquellen in Ems. 8. (16½ B.) Frankfurt a. M. 832, Andreä.

— über d. Gebrauch der Thermalbäder in Ems. Für angeh. Aerzte. 8. Frankf. 825. Andreä.

Diel, August Friedrich Adrian, s. J. Hendy: üb. Drusenkrankheit.

Diel, August Friedrich Adrian, s. J. Herdmann: Versuch.

— Nachr. über d. Heilkräfte des Fachinger Mineralwassers, s. v. Hipriaan.

— — die Obst-Orangerie, oder kurze Anleitung, Aepfel, Birnen, Pflaumen, Kirschen, Aprikosen, Pfirschen, Mandeln u. s. w. in gewöhnlichen Blumenscherben zu erziehen, aus dem Taschenbuche für Gartenfreunde einzeln abgedruckt. 8. Leipzig, Cnobloch. 821.

Diel, Aug(ust) Friedr(ich) Adr(ian) (Übers.):

s.: Reid, Thomas: Ueber die Natur und Heilung der Lungensucht... (An Essay on the nature and cure of phthisis pulmonalis. Dt.) 2.verm.Ausg. Offenbach am Main: 1787

Diel, August Friedrich Adrian, s. Ed. Rigby: Versuch üb. d. thier. Wärme.

Diel, August Friedrich Adrian, s. B. Rush: Untersuchungen.

Diel, August Friedrich Adrian, s. J. P. Schott.

Diel, August Friedr. Adrian (Gladenbach)
De statu morboso generatim.
Giessae [18.] Juli 1780: Joh. Jac. Braun. 40 S. 4°
pro gradu doctoris.

Diel, August Friedrich Adrian, s. K. Strack: über Wechselfieber.

Diel, Aug. Fr. Adr., Unterricht für d. Landmann z. Vorbauung u. Heilung der jetzt herrsch. Hornviehseuche. 8. Herborn 796. Krieger.

Diel A. F. A.: Versuch einer systematischen Beschreibung in Deutschland vorhandener Kernobstsorten. 21 H. (5 Bd., 19 Vol.). Frankf. a. M. 1799-1819, à c. 200-300 S.
(Aepfel 12 H.: 1-4, 6, 8, 10, 13, 14, 16, 18, 20. — Birnen 8 H.: 5, 7, 9, 11, 12, 15, 17, 19. — Aepfel u. Birnen: 21). (8 flg. m. dobb. Tit.)
— — (Fortsetzung, m. Tit.): Syst. Beschr. d. vorzüglichsten in D. vorh. K. 6 Bdch. (3 Vol.). Stuttg. u. Tübing. 1821-32, à do. 6 kol. Tfl.
— — Generalregister, bearb. v. H. Meyer. Braunschw. 1834. 130 S.

Diel, A. F. A., Verf. e. syst. Beschr. in Deutschl. vorhandn. Kernobstsorten, v. Aepfeln. 10 Hfte. 8. Frft. Andreä. 799 — 809. (18 — 58 à 20 gr. 68 1 Rthlr. 78 — 108 à 20 gr.)

Diel, A. F. A., Versuch einer systematischen Beschreibung in Deutschland vorhand. Kernobstsorten, von Aepfeln. 11s u. 12s Heft. 8. Frankf. Andreä. 813. u. 15. (à 20 gr.)

— — v. Birnen. 6 Hfte. 8. Ebend. 801—807. (1s 1 Rthlr. 2s bis 6s à 20 gr.)

— dasselbe von Birnen. 7s u. 8s Heft. 8. Ebend. 812 u. 815. (à 20 gr.)

— systemat. Verzeichniß d. vorzügl. in Deutschland vorhand. Obstsorten, mit kurzen Bemerkk. über Auswahl, Güte u. Reifzeit ꝛc. 8. Frankf. a. M. 818. Andreä. 16 ℳ 1e Fortsetz. 8. Ebd. 829. 12 ℳ

— systemat. Verzeichniss d. vorzügl. in Deutschland vorhandenen Obstsorten, mit Bemerk. üb. Auswahl, Güte u. Reifzeit, f. Liebhaber von Obstpflanzungen. kl. 8. Frankfurt, 1818. (St. Goar). (— 20) — 10

—— systemat. Verzeichniß d. vorzügl. in Deutschland vorhand. Obstsorten, mit Bemerkn. üb. Auswahl, Güte u. Reifzeit, u. kurzer Beschreib. d. Frucht, f. Liebhaber von Obstanpflanzungen. 1. u. 2. Fortsetz. Kernobstsorten. kl. 8. (7½ B.) Frankfurt a. M., Andreä. [1. (8 B.) 829. 12 Gr., 2. (7½ B.) 833. 10 Gr.]
„Systemat. Verzeichniß" ꝛc. Ebendas. 1818. 18 Gr.

— systemat. Verzeichniß d. vorzügl. in Deutschland vorhand. Obstsorten ꝛc. 2e Fortsetzung. s. Karl Wlh. Fr. Diel.

Diel's, Aug. Fr. Adr., systemat. Verzeichniß der in Deutschland vorhandenen Kern-Obstsorten, Generalregister, s. H. Meyer.

Diel, August Friedrich Adrian, s. Mt. Wall: Beobachtt.

Diel, August Friedrich Adrian, s. Th. White: üb. Scropheln.

Diel, Chr. Jos., der frohe Heimgang zum Vater oder Anleitung zu e. glückseligen Tode, nebst Beicht-, Communion- u. Meßgebeten. Regensburg 867. Manz. 16. (377 S. u. 1 Holzschn.) 9 ngr.

Diel, Christianvs (geb. am 18 Febr. 1839 in Bonn): De pnevmonia infantvm ... Bonnae, typ. F. Krvegeri (1863). 28 S., 2 Bl. 8.
Bonn, Med. Fak., Diss. v. 10 Aug. 1863

Die pfarramtlichen Aufzeichnungen (Liber consuetudinum) des Florentius Diel zu St. Christoph in Mainz (1491–1518). Hrsg., übers. u. eingel. von Dr. Franz Falk. *Freiburg i. Br.: Herder 1904.* (VIII, 66 S.) 8° [F.]
— Erläuterungen u. Ergänzungen zu Janssens Geschichte d. deutschen Volkes. Bd 4, H. 3.

Diel, Georg Jos. Zur Ethik d. Stoikers Zenon v. Kition. 15 S. G. *Mainz* 1877. Progr.

**Diel,** Henricus: De enuntiatis finalibus apud Graecorum rerum scriptores posterioris aetatis ... Monachii, typ. expr. J. Fuller, 1894; 54 S. 8.
Würzburg, Phil. Fak., Inaug.-Diss. v. 1894

**Diel,** Henricus [Dr.]: De enuntiatis finalibus apud Graecorum rerum scriptores posterioris aetatis. [= Inaug.-Diss. v. Würzburg 1894.] München, Druck v. J. Fuller, 1895; 52 S. 8.
München, k. Wilhelms-G, P 1895'

Diel, Heinr., Übersetzungsaufgaben im Anschluß an die Cäsarlektüre.

Diel, Heinr. Latein. Übungsb., s. Buchner's Sammlg. lat. Übungsbücher.

Diel, Heinr., lateinisches Übungsbuch, s.: Lang, Otto.

**Diel, Ignatius** (Mainz), Veritas communis sententiae: nepotes, si soli ex diversis stirpibus ad successionem avi concurrant, in stirpes succedere, contra noviss. impugnationes vindicata. Acc. Ant. Conti i, de hereditatibus & bonorum possess. quae ab intestato deferuntur lib. sing. Diss. jur. Mainz (A. Crass) 16. IV. 1792. 102 S. (5.50) 6427

Diel, Johs. Baptista, Clemens Brentano. Ein Lebensbild nach gedruckten und ungedruckten Quellen. Ergänzt und hrsg. von Wilh. Kreiten. Mit einem (phototyp.) Titelbilde von Ed. Steinle. 2 Bde. 8. Freiburg i. Br., Herder'sche Verlagsh. [1. Bd. 1778—1814. (XIX, 441 S.) 877. ℳ 4.; 2. Bd. 1814—1842. (XV, 572 S.) 878. ℳ 5.] *

Diel, Johs. Bapt., katholische Erzählungen und Novellen aus dem Hausfreund-Kalender, s. Spillmann, Jos.

**Diel** (Juan Bautista), Johs. Bapt. S. J., Espinas y rosas, s., Herder, las buenas novelas. VI.

Diel, Johs. Bapt., S. J., Gedichte. 3. u. 4. Aufl., m. e. Einleitg. u. kurzen Anmerkgn. v. Gerh. Gietmann, S. J. (XXIV, 306 S.) 8. Freiburg i/B. 904. Herder. n. 3.—; geb. in Halbleinw. n. 4.20

Diel, Johs. Bapt., S. J., Novellen. 3. u. 4. Aufl. 8. (V, 399 S.) Freiburg i/B. 896. Herder. n. 3.—; geb. in Leinw. n. 4.20

Diel, Johs. Bapt., S. J., Novellen. 5. u. 6. Aufl. Mit Zeichngn. v. Fritz Bergen. 8. (V, 419 S.) Freiburg i/B. 902. Herder. n. 3.60; geb. in Leinw. n. 4.80

— Novellen. 7. u. 8. Aufl. Mit Zeichngn. v. Fritz Bergen. (VII, 439 S.) 8. Freiburg i/B. (910). Herder. 3.—; geb. in Leinw. 4.—

— nachgelassene Schriften. Gesammelt u. hrsg. v. W. Kreiten, S. J. 1. Bd. Gedichte. Scanderbeg, Trauerspiel. 12. (IX, 434 S.) Freiburg i/Br. 882. Herder. 3.—

Diel, Johs., nachgelassene Schriften. Gesammelt u. hrsg. v. W. Kreiten, 2. (Schluß-)Bd. Novellen. 12. (XIX, 437 S.) Freiburg i/Br. 883. Herder. 3.—; geb. n. 4.—

— dasselbe. 2 Bde. 2. Aufl. 12. Ebend. à 3.—; cplt. geb. n. 8.—
1. Gedichte. Scanderbeg, Trauerspiel. (IX, 434 S.) 882.
2. Novellen. (XIX, 437 S.) 883.

Diel, J. B. M., Friedrich v. Spee, s. a. Sammlung historischer Bildnisse.

Friedrich Spe. Von Johannes Diel S. J. 2., umgearb. Aufl. von Bernhard Duhr. S. J. Mit Titelb. u. Faks. *Freiburg i. B.: Herder 1901.* (VIII, 147 S.) 8° [F.]
(Sammlung histor. Bildnisse.)

— d. Steinmetz v. Köln, s.: Nimm u. lies.

— Der Steinmetz v. Köln, s.: Volksschriften, Münchener.

Diel, Karl Wlh. Fr., systemat. Verzeichniß d. vorzügl. in Deutschland vorhandenen Obstsorten, mit Bemerkk. über Auswahl, Güte, Reifzeit u. kurzer Beschreibung der Frucht, für Liebhaber von Obstanpflanzungen. 2e Fortsetzung. Kern-Obstsorten. 8. Frankf. 833. Andreä'sche Buchh. 5/12 ℳ

Diel, Peter

Diel, Pet., kleines Cöthener Gebetbuch, s.: Devis, Joh. Bapt.

Diel, Pet., S. J., Gebetbüchlein f. Verehrer Mariä, } s.: Devis,
— Gebet- u. Erbauungsbuch f. kathol. Christen, } J. B.

Diel, Jesus, der gute Hirt. Gebetbuch f. kathol. Christen. Neu hrsg. 3., verm. Aufl. 16. (XVI, 560 S. m. 1 Chromolith.) Aachen 888. Cremer. 1.50

— Jesus, der gute Hirt. Gebetbuch f. kathol. Christen. Neu hrsg. 4., verm. Aufl. 16. (XV, 560 S. m. 1 Farbendr.) Aachen 893. Cremer. 1.50

— der Monat Mariä, s.: Beckx, P. J.

Das eine **Nothwendige.** Missions- u. Exercitien-Büchlein f. Jünglinge u. Jungfrauen. Von **Peter Diel**, Priester d. Ges. Jesu. 9. veränd. Aufl. *M.Gladbach & New York: A. Riffarth 1900.* (VIII, 200 S.) 8° [F.] [oo. 5069 5

Das eine **Nothwendige.** Missions- u. Exercitien-Büchlein f. Eheleute. Von **Peter Diel**, Priester d. Ges. Jesu. 10. veränd. Aufl. *M.Gladbach: R. Riffarth 1900.* (VIII, 200 S.) 8° [F.] (01. 7825

**Diel**, Philipp

**Diel, Ph.**, Besuch bei den Gräbern der heiligen trierischen Martyrer in der Kirche zum h. Paulinus. Drei Predigten. gr. 8. (VIII, 58 S.) Trier 872. Lintz. — 75

**Diel, Phpp.**, Geschichte des Rothen Hauses in Trier, vormals zur Steipe. 8. (35 S.) Trier 881, Paulinus-Druckerei. *

**Diel, Ph.**, die Geschichte der Kirche d. heiligen Maximinus u. ihrer Reliquien. 8. (VII, 67 S. m. 2 Abbildgn. u. 1 Fcsm.) Trier 886. Paulinus-Druckerei. n. — 80

Diel, Phpp., der heil. Maximinus und der heil. Paulinus, Bischöfe in Trier, oder Geschichte Triers im 4. Jahrh. mit besonderer Rücksicht auf den Kampf der Kirche mit dem Arianismus. gr. 8. (X, 322 S.) Trier 875, Groppe. *

—— die St. Matthias-Kirche bei Trier und ihre Heiligthümer. Nebst Anh. I.: Ueber die apostol. Sendung des heil. Eucharius im 1. Jahrh. Anh. II.: Die altchristl. Grabinschriften vom Coemeterium St. Eucharius zu St. Matthias. Festschrift zur Inthronisation des Hochw. Hrn. Dr. Felix Korum, Bischofs von Trier, am 25. Septbr. 1881. gr. 8. (XII, 186 S.) Ebendas. 881. **

Diel, Ph., der Verein der heiligen Familie und seine Bedeutung für die Gegenwart. gr. 16. (70 S.) Trier 866, Braun's Verlag. *

—— Weihestunden des Christen vor den Altären der allerseligsten Jungfrau Maria. Betrachtungs- und Gebetbüchlein. Nach dem Französ. bearb. und mit Zusätzen und Gebeten verm. 8. (IV, 278 S.) Trier 869, Lintz' Verlag.

**Dielesius, H.**, De Dionysii et Photii lexicis. S.-A. 1891. 19 S. 8°.

**Dielhelm**, Johann Hermann

Denkwürdiger Antiquarius des Elbstroms [v. Johann Hermann **Dielhelm.**] Th. 2. (Frankfurt am Mayn. 1741.) 8°.

— — Denkwürdiger und nützlicher Antiquarius des Neckar-, Mayn-, Rhon- und Mosel-Stroms, welcher die wichtigsten und angenehmsten geographischen-, historischen- und politischen Merkwürdigkeiten von dieser 4 Flüssen Ursprung an etc. darstellet. Von J. H. D. 8. Frankfurt a. Main 1740.

**Dielhelm**, Johann Hermann. Antiquarius der Neckar-Main-Mosel und Lahnströme, oder ausführliche Beschreibung dieser vier in den Rheinstrom einfallenden Flüssen. Welche deren Ursprung, mit allen deren Einflüssen und den daran gelegenen Städten und Dörfern, auch wo sie sich endlich verliehren, darstellet. Zum Nutzen der Reisenden, und Liebhabern sehenswürdiger Alterthümer die sich hin und wieder daran befinden; nebst einen Anhang vom Saarfluss. Mit nützlichen (4) Landkarten, dazugehörigen (16) Kupfern und nöthigen Registern versehen, anjetzt zum andernmal, als der zweyte Band zum Rheinischen Antiquario auf das neue sehr verbessert und vermehret, herausgegeben. (1. und 2. Theil in 1 Bande.) 8. Frankfurt a/M 1781.

— — Antiquarius des Donau-Stroms, oder ausführliche Beschreibung dieses berühmten Stroms, von seinem Ursprung und Fortlauf, bis er sich endlich in das schwarze Meer ergiesset; nebst allen daran liegenden Festungen, Städten, Marktflecken, Dörfern, Klöstern und hineinfallender Flüssen bis ins verflossene (1784) Jahr accurat beschrieben. Von J. H. D. Mit 2 Karten. (2 Bde.) 8. Frankfurt a. M. 1785.

[**Dielhelm,** Joh. Herm.,] Rheinischer Antiquarius zum Nutzen der Reisenden gesammelt . . . von einem eifrigen Nachforscher In Historischen Dingen. Frankfurt a. M. 1739. 8. . . . . . . . . . . . . . . . . . . . . . . . . . .

——, —— auf das neue vorb. u. verm. herausg. Ebda u. Leipzig 1776. 8. . . .

[**Dielhelm,** Herm.,] Hydrographisches Lexicon, von einem Nachforscher In Historischen Dingen. Frankfurt 1743. 8.

[——] Allgemeines Hydrographisches Lexicon aller Ströme und Flüsse in Ober- und Nieder-Deutschland, Worinnen in alphabetischer Ordnung mehr als 1000 Haupt- und bey 2500 Zuflüsse nach ihren Namen, Ursprunge, Lauf und Ausfluße . . . beschrieben . . . werden Von einem Nachforscher In Historischen Dingen. [Mit 2 Karten und 1 Titelkupfer, dessen Titel lautet: Beschreibung der Ströme u. Flüsse in Ober- u. Nieder-Teutschland von I. H. D.] Frankfurt a. M. 1748. kl. 8. . . . . . . .

——, —— Bd. 1. 2. Frankfurt u. Leipzig 1768. 8.

**Dielhelm,** Johann Hermann. Allgemeines hydrographisches Wörter-Buch aller Ströme und Flüsse in Ober- und Nieder-Deutschland nebst alphabetischer Ordnung herausgegeben. 8. Frankfurt und Leipzig 1768.

**Dielitz,** Fridericus *(geb. Neustadt-Eberswalde [19.5.] 1798)*: De chemica nonnullorum medicaminum pharmacopoeae Borussicae inter se actione. Vratislaviae (1830). (47 S.) 8°

Breslau, Med. Diss. v. 5. Jan. 1830

**Dielitz,** J., die Wahl- u. Denksprüche, Feldgeschreie, Losungen, Schlacht- u. Volksrufe, besonders d. Mittelalters u. der Neuzeit, gesammelt, alphabetisch geordnet u. erläutert. (In 10 Lfgn.) 1. u. 2. Lfg. gr. 4. (96 S.) Görlitz 882. Starke. à n. 2. 40; Ausg. auf Büttenpap. à n. 4. 50

**Dielitz,** J., die Wahl- u. Denksprüche, Feldgeschreie, Losungen, Schlacht- u. Volksrufe, besonders d. Mittelalters u. der Neuzeit, gesammelt, alphabetisch geordnet u. erläutert. 3—10. (Schluss-)Lfg. gr. 4. (VIII u. S. 97—476.) Frankfurt a/M., 883. 84. Rommel. à n. 2. 40; Ausg. auf Büttenpap. à n. 4. 50 (cplt.: n. 24. — ; Ausg. auf Büttenpap. in Halbfrzbd. n. 60. —)

Dielitz, J., die Wahl- und Denksprüche, Feldgeschreie, Losungen, Schlacht- und Volksrufe besonders des Mittelalters und der Neuzeit, gesammelt, alphabetisch geordnet und erläutert. Neue (Titel-)Ausg. 10 Lfgn. gr. 4. (VIII, 476 S.) Frankfurt a. M. 887,88, Rommel. à Lfg. *M 1.50. * geb. *

**Dielitz,** (J. Otto. L.) Karl, Athalja. Ein Trauersp. in 5 Akt., mit Chören. Nach d. Jean Racine metr. bearb. Wohlf. Ausg. 8. (9½ B. u. 1 Stndr.) Berlin 829, Plahn.

— Charigenia. Ein Kranz von Geburtstags-Gedichten. gr. 12. Hamb. 827. Christiani. 1 ß 4 gl

**Dielitz,** Karl, s. Dignité.

**Dielitz,** Karl, s. Engelmann: Handbuch f. Steinzeichner.

—— die Erholung. Zwölf kleine Erzähln., f. Kinder bearb. M. 8 ill. Bildern. — A. u. d. T.: La récréation. Douze petits contes, arrangés pour les enfans. Av. 8 figures col. (Deutsch u. Franz.) 16. (8 B.) Berlin 840, Winckelmann u. Söhne.

Dielitz, Karl, Felix, der Robinson von 12 Jahren, s. Felix.

**Dielitz,** Karl, s. Fenelon: Morgen- u. Abendbetrachtungen.

—— Ah, les jolies figures! Petit ouvrage moral, instructif et amusant, dédié à la jeunesse. — A. u. d. T.: O die niedlichen Bilder! Ein moral., belehr. u. unterhalt. Büchlein, d. Jugend gewid. (Franz. u. deutsch. M. 12 ill. Bild.) 16. (5 B.) Berlin 839, Winckelmann u. Söhne.

**Dielitz,** Karl, s. J. J. Goepp, Predigt.

**Dielitz,** Karl, Handbuch für den ersten Unterricht in der Mineralogie. 8. Halle 838, (Solditz'sche Buchh. 5/12 ß

—— Handbuch f. d. ersten Unterr. in d. Mineralogie. 8. (8½ B.) Berlin 838, Stackebrandt. (Leipzig, Wienbrack.) *

[Kantate.] Dem Br∴ Marmalle, von den Br∴ Br∴ der ger. und vollk. St∴ Johannis ▭ Urania zur Unsterblichkeit. Berlin, den 24/26 Okt. 1823. [Unterz.:] Carl **Dielitz.** [Berlin 1823]: Amelang. 2 Bl. 8° [Umschlagtit.]
Ohne Noten: „Senke, goldne Sonne ..."

Cantate zur Trauerloge 1830 [von Karl **Dielitz**]. [Hamburg: 1830.] 2 Bl. 8° [Kopftit.]

[Dasselbe.] Ebendas. 1831. 2 Bl. 8°
Ohne Noten: „Der Grabgesang, ..." S.
[Dasselbe komp. von F. J. Seydel u. d. Tit.:]

Cantate vom Br [Karl] Dielitz. Comp. vom Br F. J. Seydel, zur Trauerloge 1835. [Hamburg: 1835.] 2 Bl. 8° [Kopftit.]
Ohne Noten.
[Dasselbe u. d. Tit.:]

Trauer-Cantate für die seit der letzten Trauerloge Ao. 1836 geschiedenen Brüder. Aufgeführt am 13. Jan. 1838. [Hamburg: 1838.] 2 Bl. 8° [Kopftit.]

[Dasselbe.] Am 30. Dec. 1840. Ebendas. 1840. 2 Bl. 8°
Ohne Noten.

— Valentin Jamerai Düval's höchst merkwürdige Lebensgeschichte. Für die deutsche Jugend bearbeitet. Mit 1 Stahlstich. gr. 12. Nürnberg 839. Raw'sche Buchh. 3/8 ℛ

— Lehrbuch d. französ. Sprache. 2 Thle. 8. Berl., L. Oehmigke. (1r Thl. A. u. d. T.: französ. Lesebuch f. Anfänger rc. 819. 2e A. 822. 3e A. ... 4e A. 831. 6 gℓ) 2r 820. 2e A. 825. 12 gℓ

— Lehrbuch d. Französ. Sprache. 1r Thl. 3e Aufl. 2r Thl. 2e Aufl. 8. Berlin 825, L. Oehmigke. (1r 6 gr. 2r 12 gr.)

—— Lehrbuch d. franz. Sprache. 1. Thl. 4. Aufl. 8. (7½ B.) Berlin 831, Oehmigke.
2. Thl. 2. Aufl. Ebendas. 1825. 12 Gr.

— erstes Lesebuch für Kinder von 5—9 Jahren. Mit 6 ill. Kpf. 8. Berl. 817. Hasselberg. 16 gℓ

— Karl Pilger. Kein Roman. 8. Berlin 837. Martius u. Comp. (Wohlgemuth.) 1 ℛ — N. wohlf. Ausg. 8. Ebd. 839. Wohlgemuth's Buchh. ½ ℛ

— s. Racine, Athalia.

—— Räthsel-Spiele f. d. Winter-Abende. gr. 16. (3¾ B.) Berlin 836, Hayn.

Rede, im Namen der besuchenden Brüder gesprochen bei dem zum letzten Male unter dem Vorsitze des Brs [Friedr. Hans] v. Tilly, gehaltenen Brudermahl am 14ten April 1829. Auf allgemeines Verlangen der Brüder „Zu den drei Seraphinen" f. Frmr zum Druck befördert von Karl **Dielitz.** Berlin [1829]: Dieterici. 2 Bl. 4° [Umschlagtit.]
In Versen. Abschiedsworte.

— s. Rousseau, J. J.: Der Dorfwahrsager.

—— christliches Schulgesangbuch. 12. (5½ B.) Berlin, Posen u. Bromberg 835, Mittler. *

Dielitz, Karl, s. Sonntagsgast, der.

—— Stimmen d. Natur u. d. Offenbarung. (Sentenzen u. Gedichte.) 8. (4½ B.) Berlin 829, Plahn.

— Trauer-Cantate, s. Dielitz: Kantate.

— la vie d'Esope. Arrangée pour la jeunesse. A. u. d. T.: Aesop's Leben. Für die Jugend bearbeitet von Karl Dielitz. (Französ. u. Deutsch.) Mit 6 illum. Bildern. 16. Berlin 841, Winckelmann u. Söhne. 7/12 ℛ

Dielitz, Karl, s. Winke f. deutsche Prediger.

Dielitz, Karl, s. Wochenblatt, Berliner.

— die gleich- u. ähnlich lautenden Wörter unserer Sprache, in zweckmäß. Sätze gebracht. Ein Beitrag zur Rechtschreibungslehre. 8. Berlin 824, L. Oehmigke.

—— der Berliner Zuschauer, s. Zuschauer.

Dielitz, Theodor

Dielitz, Thdr., Atlantis. Bilder aus dem Wald- u. Prairieleben Amerika's. Für die Jugend bearb. Mit 8 (lith. u.) color. Bildern von Th. Hosemann. Berlin 862. Winckelmann & Söhne. 8. (IV, 316 S.) 1 ℛ 10 ngr.

Dielitz, Thdr., Atlantis. Bilder aus dem Wald- und Prairieleben Amerika's. Für die Jugend bearb. 3. Aufl. 8. (IV, 284 S. mit 8 feinen Farbendr.-Bildern nach Th. Hosemann.) Berlin 888, Winckelmann und Söhne. geb.

Dielitz, [Theodor]: [Bericht über die Gedächtnisfeier für den verstorbenen Lehrer der Vorschule Ferdinand Wolfgardt und den verstorbenen Oberlehrer Augustus Klemp.] S. 24—29. 4.
**Progr.** Sophien-Gymn. *Berlin* 1905 (65 statt 69)

DIELITZ. *Britannia.* Erzählungen aus der englischen Geschichte von Theodor Dielitz ... Mit 8 illuminirten Bildern [= kolor. Lithogr.] von TH. HOSEMANN. Berlin, Winckelmann & Söhne [1855]. VIII, 352 S. 8°. Illustr. Orhlwd. 30.—
R. 749. BrHobr. 236. ★ Originalausgabe. Trotz einigen Stockfl. gutes Ex. Spuren eines Nameneintrags a. d. Frontisp.

Zur Erinnerung an Oskar Seyffert. [Die wesentlichsten Züge aus seinem Lebensbilde nach [Franz] Lortzing in der Berliner philologischen Wochenschrift.] S. 25—27. 4.
**Progr.** Sophien-Gymn. *Berlin* 1907 (65 statt 72).

— homerische Formenlehre. Ein Repetitionsbuch f. Gymnasien. gr. 8. (24 S.) Altenburg 887. Pierer. n. — 40

Dielitz, Th., Homerische Formenlehre. Ein Repetitionsbuch f. Gymnasien. 2. Aufl. gr. 8. (24 S.) Altenburg 902. H. A. Pierer. n. — 40

—— Geschichts-Kalender. gr. 8. (IV und 810 S.) Berlin 862, Winckelmann und Söhne.

Dielitz, Thdr., Geschichtstabellen zum Grundriß der Weltgeschichte. 4. Aufl. Oldenburg 867. Stalling. 8. (40 S.) n. 1 ngr.

Dielitz, Th., Geschichtstabellen f. Gymnasien u. Realschulen. gr. 8. (IV, 68 S.) Altenburg 885. Pierer. n. — 55

Dielitz, Th. (II.). Geschichtstabellen f. Gymnasien u. Realschulen. 2. Aufl. gr. 8. (IV, 75 S.) Altenb. 890. H. A. Pierer. * — 55

Dielitz, Th., Geschichtstabellen f. Gymnasien u. Realschulen. 3. Aufl. (80 S.) 8. Altenburg 904. H. A. Pierer. n. — 55

— u. J. C. Heinrichs, Grundriß der Geographie für höhere Lehranstalten. Berlin 868. C. Duncker. gr. 8. (VIII, 248 S.) n. 18 ngr.

—— —— dass. — 2. Aufl. besorgt von J. E. Heinrichs. gr. 8. (X, 282 S.) Ebendas. 873. [Altenburg, Pierer.] *

— u. Heinrichs, Grundriß der Geographie f. höhere Lehranstalten. 3. Aufl., besorgt v. J. E. Heinrichs. gr. 8. (XII, 284 S.) Altenburg 885. Pierer. n. 2. 40

— Grundriß der Weltgeschichte für Gymnasien und Realschulen. Mit 1 Tabelle. 8. Berlin 836. Duncker u. H. n. ½ ℛ — 2e Aufl. gr. 8. Ebd. 839. ½ ℛ

— Grundriß der Weltgeschichte für Gymnasien und Realschulen. 3. Aufl. gr. 8. Berlin 842, Duncker u. H. 1⅓ ℛ — 4. Aufl. gr. 8. Ebend. 844. n. ½ ℛ — 5. Aufl. n. ½ ℛ

Dielitz, Thdr., Grundriß der Weltgeschichte f. Gymnasien u. Realschulen. 6. Aufl. gr. 8. (IV u. 206 S.) Berlin 848, Duncker & Humblot. — 7. Aufl. gr. 8. (IV u. 210 S.) Ebd. 850. — 8. Aufl. gr. 8. (IV u. 210 S.) Ebd. 851. n. ½ ℛ

— Grundriß der Weltgeschichte für Gymnasien und Realschulen. 9. Aufl. 853. — 10. Aufl. 854. — 11. Aufl. Berlin 855. Duncker u. Humblot. gr. 8. (IV, 210 S.) n. 15 ngr

—— Grundriß der Weltgeschichte für Gymnasien und Realschulen. 15. Aufl. gr. 8. (IV und 214 S.) Berlin [Leipzig] 863, Duncker und Humblot. *

Dielitz, Thdr., Grundriß der Weltgeschichte für Gymnasien und Realschulen. 18. und 19. Aufl. gr. 8. (VI, 201 S.) Berlin 870,71, C. Duncker. [Altenburg, Pierer.] *

Dielitz, Thdr., Grundriß der Weltgeschichte für Gymnasien und Realschulen. Bearb. von Th. Dielitz. 20. und 21. Aufl. (VII, 210 S.) 1874; 22. verm. und verb. Aufl. gr. 8. (XII, 228 S.) Altenburg 877, Pierer. *

Dielitz, Thdr., Grundriß der Weltgeschichte f. Gymnasien u. Realschulen. Neu bearb. v. Th. Dielitz. 23., verm. u. nach den im Auftrage d. königl. preuß. Ministeriums der geistl., Unterrichts- u. Medizinal-Angelegenheiten hrsg. Regeln der deutschen Rechtschreibung verb. Aufl. gr. 8. (XII, 236 S.) Altenburg 881. Pierer. n. 2. —

— Grundriß der Weltgeschichte f. Gymnasien u. Realschulen. Neu bearb. v. Th. Dielitz. 24., verm. u. verb. Aufl. gr. 8. (VIII, 256 S.) Ebend. 883. n. 2. —

— Grundriß der Weltgeschichte f. Gymnasien u. Realschulen. Neu bearb. v. Th. Dielitz. 25., verm. Aufl. gr. 8. (VIII, 256 S.) Ebd. 888. n. 2. —

Dielitz, Thdr., Grundriß der Weltgeschichte f. Gymnasien u. Realschulen. Neu bearb. v. Th. Dielitz. 26., verm. Aufl. gr. 8. (VIII, 256 S.) Altenburg 890. H. A. Pierer. n. 2. —

Dielitz, Thdr., Grundriß d. Weltgeschichte f. Gymnasien u. Realschulen. Neu bearb. v. Th. Dielitz. 27. verb. Aufl. gr. 8. (VIII, 256 S.) Altenburg 895. H. A. Pierer. n. 2. —; m. d. Geschichtstabellen n. 2. 55

Dielitz, Thdr., Grundriß der Weltgeschichte für Gymnasien u. Realschulen. Neu bearb. v. Th. Dielitz. 28. verm. u. verb. Aufl. (VIII, 274 S.) gr. 8. Ebd. 903. n. 2. —

—— und J. E. Heinrichs, Handbuch der deutschen Literatur für die oberen Klassen höherer Lehranstalten. Eine nach den Gattungen geordnete Sammlung poet. und prosaischer Musterstücke nebst einem Abriß der Poetik, Rhetorik und Literaturgeschichte. gr. 8. (XII und 732 S.) Berlin 863, G. Reimer.

Dielitz, Thdr., und J. E. Heinrichs, Handbuch der deutschen Literatur für die oberen Klassen höherer Lehranstalten. Eine nach den Gattungen geordnete Sammlung poet. und pros. Musterstücke nebst einem Abriß der Metrik, Poetik, Rhetorik und Literaturgeschichte. 2. Aufl. besorgt von J. E. Heinrichs. gr. 8. (XV, 774 S.) Berlin 872, G. Reimer. *

Dielitz, Thdr., u. Heinrichs, Handbuch der deutschen Literatur für die oberen Klassen höherer Lehranstalten. Eine nach den Gattgn. geordnete Sammlung poet. u. pros. Musterstücke, nebst einem Abriß der Metrik, Poetik, Rhetorik u. Literaturgeschichte. 3. Aufl., besorgt v. J. E. Heinrichs. Lex.-8. (XV, 838 S.) Berlin 879. G. Reimer. n. 5. —

— u. Heinrichs, Handbuch der deutschen Litteratur f. die oberen Klassen höherer Lehranstalten. 4. Aufl. [nach den Regeln u. dem Wörterverzeichnis f. die deutsche Rechtschreibg. zum Gebrauch in preuß. Schulen umgearb.], besorgt v. J. E. Heinrichs. Lex.-8. (XV, 839 S.) Berlin 888. G. Reimer. n. 5. —; geb. n. 5. 80

— die Helden der Neuzeit. Erzählungen aus der neueren Geschichte f. die reifere Jugend. Mit 8 (lith. u.) illum. Bildern v. Th. Hosemann. br. 8. (VI u. 370 S.) Berlin 850, Winckelmann & Söhne. 1⅓ ℛ

—— die Helden der Neuzeit. Erzählungen aus der neueren Geschichte für die reifere Jugend. 2. Aufl., mit 8 Bildern in Farbendr. nach Th. Hosemann. 8. (IV, 347 S.) Berlin 877, Winckelmann und Söhne. cart.

Dielitz, Thdr., Hellas und Rom. Erzählungen aus der Geschichte des Alterthums. Für die Jugend bearbeitet. Mit 6 illum. Bildern. (— A. u. d. T.: Historische Bilder.) 4. Berlin 841, Winckelmann u. S. 1¼ ℛ

DIELITZ. *Hellas und Rom.* Erzählungen a. d. Geschichte d. Alterthums für die Jugend bearbeitet. 2. veränd. und verm. Aufl. Mit 8 [hand]illuminirten [lithogr.] Bildern [von TH. HOSEMANN]. Berlin, Winckelmann & Söhne [1854]. VIII, 332 S. 8°. Grüner illustr. Or.Karton (Rücken etw. beschäd.) 35.—

Rümann 751. Brieger 226. ★ Erster Abdruck dieser gegenüber der 1. Aufl. völlig veränderten Bilder. Gutes Ex., ein Vortitel scheint zu fehlen.

—— Hellas und Rom. Erzählungen aus dem Gebiete des Alterthums für die Jugend bearb. 3., veränd. und verm. Aufl. br. 8. (VIII und 332 S. mit 8 lithogr. und ill. Bildern.) Berlin 864, Winckelmann und Söhne. cart.

DIELITZ. *Hispania.* Erzählungen aus der spanischen Geschichte von Theodor Dielitz . . . Mit 8 illuminierten Bildern [Lithogr.] v. TH. HOSEMANN. Berlin, Winckelmann u. Söhne [1860]. 4 Bl. 352 S. Kl.-4°. Einfacher Hlwd. d. Z. 25.—

BrHobr. 271. R. 753. ★ Originalausgabe. — Kl. Stempel auf dem Titel, einige Randfleckchen.

— s. Hörschelmann, A., Uebersicht der gesammten Geographie.

**Dielitz, Th., Jahresbericht über d. Königstädtische Realschule. — Inh.: 1. Wenzlaff, D. Gestaltungstrieb im Anorganischen. 2. Schulnachr. Bln. (Gust. Lange) 20. IX. 1859. 42 S. (4.20) 6428**

—— Kosmoramen für die Jugend bearb. Mit Bildern von Th. Hosemann. br. 8. (VIII und 319 S. mit 8 ill. Stnt.) Berlin 849, Winckelmann und Söhne.

DIELITZ. *Land- u. Seebilder* für die Jugend bearbeitet von Theodor Dielitz . . . [Vign.] mit 8 fein illumin. Bildern [inkl. Titel, handkolor. Lithogr. nach TH HOSEMANN]. Berlin, Winckelmann & Söhne [1841]. 2 Bl. 260 S. Kl.-8°. Einfacher Hlwd. d. Z. — Rüm. 756. BrHobr. 61 ★ Erstausgabe. — Etwas fleckig. 22.—

—— Land- und Seebilder, für die Jugend bearb. Mit 8 feinen Farbendr.-Bildern nach Th. Hosemann. 8. Aufl. gr. 8. (IV, 275 S.) Berlin 858—82, Winckelmann und Söhne. geb.

DIELITZ. *Land- und Seebilder.* VIIIte Auflage. Mit 8 feinen Farbendruckbildern nach TH. HOSEMANN. Berlin Winckelmann & Söhne [1889]. 2 Bl. 275 S. 8°. Orhlwd. m. farb. Deckelbild. 14.—

Beliebtes Werk. Dem Vorwort (auf Bl. 1) entsprechend handelt es sich um die 9. bis 10. Aufl., während der farbig lithogr. Titel noch „8. Aufl." angibt. — Namensstempel a. d. Titel, Einband leicht benutzt.

—— Lebensbilder. Der Jugend vorgeführt. M. 8 ill. Bild. Breit gr. 16. (15¾ B.) Berlin 841, Winckelmann u. Söhne.

DIELITZ. *Lebensbilder.* Der Jugend vorgeführt von Theodor Dielitz . . . mit 8 illuminirten [lithogr.] Bildern [v. TH. HOSEMANN]. [2. Aufl.] Berlin, Winckelmann & Söhne [1846]. IV, 246 SS. 8°. Grüner illustr. Or.Pappbd. 27.—

Enth.: Die Tigerjagd in Ostindien, Bilder aus Amerika, Robinsons Insel, die Flibustier, Die Gemsenjagd, Reise-Erinnerungen aus der Schweiz etc. Reizend illustriert. — Einband leicht benutzt u. locker.

DIELITZ. *Lebensbilder.* 4te [= 6.] Auflage mit 8 fein[hand]illumin. [lithogr.] Bildern von TH. HOSEMANN. Berlin, Winckelmann & Söhne [1857]. IV (statt VI) S. 316 S. 8°. Verblaßter Leinenbd. d. Z. — Vereinz. winz. Fl. Schmutztitel fehlt. 15.—

— Lebensbilder, der Jugend vorgeführt. 8. Aufl. 8. (VI, 259 S. m. 8 Farbendr.-Bildern nach Th. Hosemann.) Berlin 889. Winckelmann & Söhne. geb. 4.50

Dielitz, Thdr., und J. E. Heinrichs, deutsches Lesebuch für die unteren Klassen höherer Lehranstalten. 1. Aufl. 1862. und 2. Aufl. gr. 8. (VIII und 452 S.) Berlin 866, G. Reimer.

—— —— deutsches Lesebuch für die unteren Klassen höherer Lehranstalten. 3. Aufl. besorgt von J. E. Heinrichs. gr. 8. (VIII, 474 S.) Berlin 871, G. Reimer.

—— —— deutsches Lesebuch für die unteren Klassen höherer Lehranstalten. 4. Aufl., besorgt von J. E. Heinrichs. gr. 8. (VIII, 484 S.) Ebendas. 878.

-- — deutsches Lesebuch f. die unteren Klassen höherer Lehranstalten. 5. Aufl., besorgt v. J. E. Heinrichs. gr. 8. (X, 507 S.) Berlin 883. G. Reimer. n. 2. —; Einbd. n.n. — 25

—— deutsches Liederbuch. 16. (12¼ B.) Berlin 845, Schultze.

—— das Mittelalter in 40 histor. Gemälden für die reifere Jugend. Mit Bildern von Th. Hosemann. 8. (372 S. mit 8 ill. Stnt.) Berlin 848, Winckelmann und Söhne.

DIELITZ. *Das Mittelalter* . . . mit 8 illumin. [lithogr.] Bildern von TH. HOSEMANN. 2te Auflage. Berlin, Winckelmann u. Söhne [ca. 1850]. 2 Bll. 366 SS. 1 Bl. 8°. Pappbd. d. Z. 24.—
Die z. T. figurenreichen Bilder stellen u. a. Mohammed dar, die Krönung Karls des Großen, Tancred etc. Einige unbed. Flecke. Einbd. leicht bestoßen. Schönes Ex.

—— Naturbilder u. Reiseskizzen f. die Jugend bearb. Mit 8 ill. Bild. v. Th. Hosemann. 8. (21 B.) Berlin 846, Winckelmann u. Söhne.

— Naturbilder u. Reiseskizzen. Für die Jugend bearb. 6. Aufl. Mit 8 feinen Farbendr.-Bildern nach Th. Hosemann. gr. 8. (VI, 270 u. II S.) Berlin 890. Winckelmann & Söhne. Kart. 4.50

DIELITZ. *Ost und West.* Neue Land- u. Seebilder für die Jugend bearbeitet von Theodor Dielitz . . . Mit 8 illuminirten Bildern (= handkolor. Federlithogr., inkl. Titel) v. TH. HOSEMANN. Berlin, Winckelmann & Söhne [1855]. 1 Bl. V, 323 S. 8°. Leinenbd. m. aufgezog. grünem Vorderdeckel d. Or.Kartons. 36.—
Rüm. 760. Br.Hobr. 238. ★ Erstausgabe. — Wenige Fleckchen, schönes Ex.

— Ost und West. Neue Land- und Seebilder für die Jugend bearb. Mit 8 (lith. u.) illum. Bildern von Th. Hosemann. Ebend. (856). br. 8. (V, 323 S.) 1 ℛ 10 ngr

—— Ost und West. Neue Land- und Seebilder, für die Jugend bearb. Mit 8 (chromolithogr.) Bildern von Th. Hosemann. (3. und 4. Aufl.) 8. (VII, 278 S.) Ebendas. 876, 79. cart.

DIELITZ. *Jenseits des Oceans.* Neue Land- u. Seebilder für die Jugend bearbeitet von Theodor Dielitz . . . Mit 8 illuminirten Bildern [inkl. Titel; Lithogr.] v. TH. HOSEMANN. Berlin, Winckelmann & Söhne [1857]. VI, 438 S. 8°. Brauner, m. hellbr. Ornamenten u. Bildern gezierter Or.Karton. 33.—
BrHobr. 249. R. 754. ★ Erstausgabe. — Schönes Ex., nur der Einbandrücken ist etwas beschädigt; Einbd. lose.

—— Panoramen für die Jugend bearb. Mit Bildern von Th. Hosemann. br. 8. (VIII und 330 S. mit 8 ill. Stnt.) Berlin 849, Winckelmann und Söhne.

Dielitz, T., Quaestiones Aristoteleae. Pr. 1867. 34 S. 4°.

**Dielitz**, [Theodor], Dir. Prof. Dr.: [Rede bei der Trauerfeier für Prof. Dr. Wilhelm Hoffmann, gest. am 8. Juni 1900.] *Berlin 1901: C. H. Müller.* (S. 25—28.) 4°
Berlin, Sophien-G, P 1901 (64)

DIELITZ, TH. *Amerikanische Reisebilder* für die Jugend, bearbeitet von Theodor Dielitz . . . Mit 8 feincolorirten [lithogr.] Bildern [inkl. Titel] von TH. HOSEMANN. Berlin, Winckelmann & Söhne [1853]. 3 Bl. 335 S. 8°. Hübscher zweifarb. illustr. Or.Karton. 30.—
R. 747. BrHobr. 213. ★ Originalausgabe des hervorragend illustr. Werkes. Teilw. etw. fleckig, Einbandrücken u. Ecken sorgfältig ergänzt.

—— amerikanische Reisebilder, für die Jugend bearb. 4. Aufl. 8. (IV, 299 S. mit 8 feinen Farbendr.-Bildern nach Th. Hosemann.) Berlin 885, Winckelmann und Söhne. geb.

—— Reisebilder f. die Jugend. 8. (20 B. u. 8. ill. Bild.) Berlin 843, Winckelmann u. Söhne.

—— Reisebilder, für die Jugend bearb. Mit 8 feinen Farbendr.-Bildern nach Th. Hosemann. 6.—8. Aufl. 8. (IV, 278 S.) Ebendas. 865—81. geb.

— Fr. Herrmann u. F. Voigt, Schul- u. Handwörterbuch der latein., französ., engl. u. deutschen Sprache. 4 Thle. in 1 Bd. [1. Latein.-deutscher Thl. (Von Th. Dielitz.) 2. Franz.-deutscher Thl. (Von Fr. Herrmann.) 3. Engl.-deutscher Thl. (Von F. Voigt.) 4. Deutsch-latein.-franz.-engl. Thl.] br. Lex. 8. (VI u. 1104 S.) Berlin 848, Duncker & Humblot. n. 2⅓ ℛ

—— das Skizzenbuch. Neue Land- u. Seebilder f. d. Jugend. gr. 8. (21 B. u. 8 ill. Bild.) Berlin 844, Winckelmann u. Söhne.

— das Skizzenbuch. Neue Land- u. Seebilder für die Jugend bearbeitet. Mit 8 fein illum. Bildern. gr. 8. Ebend. 845. geb. 1½ ℛ

— das Skizzenbuch. Neue Land- u. Seebilder f. die Jugend bearb. Mit 8 (lith. u.) illum. Bildern. 3. Aufl. 8. (IV u. 332 S.) Ebd. 849. 1⅓ ℛ

— Streif- u. Jagdzüge f. die Jugend bearb. Mit 8 (lith. u.) fein color. Bildern. br. 8. (IV u. 331 S.) Ebd. 851. 1⅓ ℛ

— Streif- u. Jagdzüge, f. die Jugend bearb. 6. Aufl. Mit 8 feinen Farbendr.-Bildern nach G. Bartsch. gr. 8. (IV, 295 S.) Ebend. 886. geb. 4.50

Dielitz, Thdr., geograph.-synchronistische Uebersicht der Weltgeschichte. qu. 4. Berlin 837. Alex. Duncker. n. ⅓ ℛ

—— geograph.-synchronistische Uebersicht der Weltgesch. 2., verb. u. verm. Aufl. qu. 4. (5½ B.) Berlin 846, A. Duncker.*

—— geographisch-synchronistische Uebersicht der Weltgeschichte. 3., verb. und verm. Aufl. qu. 4. (IV und 39 S.) Berlin 851,52, A. Duncker. *

— geographisch-synchronistische Uebersicht der Weltgeschichte. 4. verb. u. verm. Aufl. Berlin 861. A. Duncker. qu. 4. (IV, 39 S.) n. 10 ngr

— geographisch-synchronistische Uebersicht der Weltgeschichte. 5. verb. Aufl. Berlin 866. A. Duncker. (Paetel.) qu. 4. (2 Bl., 39 S.) n. 10 ngr

— Völkergemälde u. Landschaftsbilder f. die Jugend bearb. Mit 8 ill. Bildern v. Th. Hosemann. 8. (21 B.) Berlin 846, Winckelmann u. Söhne.

—— Völkergemälde und Landschaftsbilder für die Jugend bearb. 4. Aufl. mit Bildern von Th. Hosemann. br. 8. (V und 232 S. mit 8 ill. Stnt.) Berlin 854, Winckelmann und Söhne.

— Wanderungen f. die Jugend bearb. Mit 8 (lith. u.) fein color. Bildern v. Th. Hosemann. br. 8. (IV u. 332 S.) Berlin 851, Winckelmann & Söhne. 1⅓ ℛ

—— Wanderungen. Für die Jugend bearb. 4. Aufl. Mit 8 feinen Farbendr.-Bildern nach Th. Hosemann. 8. (IV, 288 S.) Ebendas. 879. cart.

—— die neue Welt. Erzählungen aus der Geschichte Amerikas. Für die reifere Jugend bearb. br. 8. (VIII und 351 S. mit 8 ill. Stnt.) Berlin 856(57,) Winckelmann und Söhne.

DIELITZ. *Zonenbilder* für die Jugend bearbeitet von Theodor Dielitz . . . Mit 8 fein[hand]colorirten Bildern [Titel mit Vignette u. 7 Tafeln in Lithographie, v. TH. HOSEMANN]. Berlin, Winckelmann u. Söhne [1852]. IV, 328 S. 8°. Chromolithogr. Or.Pappbd. (Rücken u. Ecken erneuert). 30.—
BrHobr. 205. Rümann 767. ★ Originalausgabe. Berichte nach Dumas, Reid, Paulding u. a. — Einige unbed. Flecken.

Dielitz. *Zonenbilder.* 3te Aufl. Mit 8 fein[hand]colorirten [lithogr.] Bildern [von Th. Hosemann]. Berlin, Windckelmann u. Söhne [c. 1868]. IV, 328 S. 8°. Zweifarbig lithogr. Or.Karton (fleckig u. an den Rändern bestoßen). 35.—

—— Zonenbilder. Für die Jugend bearb. 4. Aufl. Mit 8 feinen Farbendr.-Bildern nach Th. Hosemann. 8. (IV, 272 S.) Ebendas. 879. cart.

Dielmann, Ch. Die Einführung in die allgemeine Arithmetik. 32 S. 8. Progr. *Schweinfurt* 1883.

**Dielmann,** Fritz [app. Arzt aus Schweinfurt]: Beitrag zur Lehre und Casuistik der Iristuberculose ... München, M. Pössenbacher'sche Buchdr., 1893; 31 S. 8.
München, Med. Fak., Inaug.-Diss. v. 1893

Dielmann, [J. F.]. Gruppen deutscher National-Trachten Gezeichnet und lithographirt. Esquisses des Costumes nationaux d'Allemagne dessinés et lithographiés par Dielmann. Francfort s. M., chez Charles Jügel 1834.
13 Taf. in Lithogr. 8°.

Dielmann, les Modes depuis 1515 jusqu'à 1834, ou Collection de seize Costumes les plus marquans des deux Sexes. Dessiné d'après des originaux authentiques et lithographiés. 4. Francfort s. M. (834), Jugel. 2 Thlr. 16 Gr., ill.

Dielmann-Album. Eine Sammlung von 12 Aquarellen in Farbendr. ausgeführt. Chromolithogr. gr. 4. Frankfurt a. M. 863, (Hermann'sche Buchh.) *

Diels, Hermann

**Diels,** H., Ruskii animadversiones in Laertium Diogenem. S.-A. 1889. 24 S.

**Diels,** Herm., s.: Anonymus Londinensis.

— Aristotelica. S.-A. 1905. 8 S.

**Diels,** Hermann: Internationale Aufgaben der Universität. Berlin 1906: G. Schade. (38 S.) 4°
Berlin, Rede zur Gedächtnisfeier Friedrich Wilhelms III. 1906

**Diels,** Herm., Beiträge zur Zuckungsliteratur des Okzidents u. Orients. I. u. II. Lex. 8. Berlin (G. Reimer). 7.—
I. Die griech. Zuckungsbücher (Melampus περὶ παλμῶν). Hrsg. v. D. (42 S.) 908. 2.—
II. Weitere griech. u. aussergriech. Literatur u. Volksüberliefrg. (130 S.) 909. 5.—
Sonderabdr. a.: „Abhandlgn. d. preuss. Akad. d. Wiss."

— Bericht über die deutsche Litteratur der Vorsokratiker. 1887. S.-A. 1888. 8 S.
— — 1888. S.-A. 1889. 8 S.
— — 1889. S.-A. 1890. 10 S.

Bericht über den Stand des interakademischen Corpus medicorum antiquorum u. 1. Nachtrag zu den in d. Abhandl. 1905 u. 1906 veröffentl. Katalogen: Die Handschriften d. antiken Ärzte. T. 1. 2. Zsgest. im Namen d. Komm. d. Kgl. Preuss. Akad. d. Wiss. von H[ermann] **Diels.** Berlin: Akad. d. Wiss. 1908. (72 S.) 4°
Aus: Abhandlungen d. Kgl. Preuss. Akad. d. Wiss. 1907.

**Diels,** Herm. Sibyllinische Blätter. gr. 8. (158 S.) Berl. 890, G. Reimer. * 2 80

**Diels,** H., üb. das 3. Buch der Aristotelischen Rhetorik. [Aus: „Abhandlgn. d. k. preuss. Akad. d. Wiss. zu Berlin".] gr. 4. (37 S.) Berlin 886. (G. Reimer.) n. 2.—

**Diels,** H., Ein Orphischer Demeterhymnus. S.-A. 1902. 15 S.

**Diels,** Herm., s.: Didymos' Kommentar zu Demosthenes.

**Diels,** Herm., s.: Doxographi graeci.

**Diels,** Herm., Doxographi graeci collegit, recensuit, prolegomenis indicibusque instruxit. Opus Academiae litterarum regiae Borussicae praemio ornatum. Lex.-8. (X, 854. S.) Berlin 879, G. Reimer. *

**Diels,** H., Die Elegie des Poseidippos aus Theben. Ak. 1898. 12 S. m. 2 Taf. 4°.

**Diels,** Herm., die Elegie des Poseidippos aus Theben. gr. 8. (12 S. m. 1 Fig. u. 2 Taf.) Berlin (899). (G. Reimer.) n. — 50
Sonderabdruck aus: „Sitzungsber. d. preuss. Akad. d. Wiss."

— Elementum. Eine Vorarbeit zum griech. u. latein. Thesaurus. gr. 8. (XVI, 93 S.) Leipzig 899. B. G. Teubner. n. 3. —

**Diels,** H., Ueber Epimenides von Kreta. Akad. 1891. 17 S.

**Diels,** H., Ueber die Excerpta von Menons Jatrika in dem Londoner Papyrus 137. S.-1893. 28 S.

Diels, Hermann: Über e. Fragment d. Empedokles. (Aus: „Sitzungsber. d. k. preuss. Akad. d. Wiss.") gr. 8. (12 S.)
Berlin 1897, (G. Reimer).

**Diels,** H., üb. die Berliner Fragmente der Ἀθηναίων πολιτεία d. Aristoteles. Mit 2 (lith.) Taf. [Aus: „Abhandlgn. d. k. preuss. Akad. d. Wiss. zu Berlin".] gr. 4. (57 S.) Berlin 885. (G. Reimer.) cart. n. 4.—

**Diels,** H., Ueber die Genfer Fragmente des Xenophanes und Hippon. Gel. 1891. 9 S.

— s.: Fragmente, die, der Vorsokratiker.

Die Fragmente der Vorsokratiker. Griech. u. deutsch von Hermann Diels. *Berlin: Weidmann 1903.* (x, 601 S.) 8°

**Diels,** Herm., zwei Fragmente Heraklit's. gr. 8. (14 S.) Berlin 901. (G. Reimer.) n. — 50
Sonderabdruck aus: „Sitzungsber. d. preuss. Akad. d. Wiss."

— some additional fragments of the London medical papyrus, s.: Kenyon, Frederic George.

Gedächtnisrede auf Eduard Zeller. Von Hermann **Diels.** Berlin: Kgl. Akad. d. Wiss. 1908. (44 S.) 4°
Aus: Abhandlungen d. Kgl. Preuß. Akad. d. Wiss. 1908.

Diels, Hermann: Über d. Gedichte d. Empedokles. (Aus: „Sitzungsber. d. preuss. Akad. d. Wiss.".) Lex.-8. (20 S.) Berlin: G. Reimer 1898.

— s.: Grundlagen, die allgem., der Kultur der Gegenwart.

**Diels,** Herm., die Handschriften der antiken Ärzte. I. u. II. Tl. Im Auftrage der akadem. Kommission hrsg. Lex.-8. Berlin (G. Reimer). n. 15.—
I. Hippokrates u. Galenos. (158 S.) 905. n. 8.—
II. Die übr. griech. Ärzte ausser Hippokrates u. Galenos. (XXIII, 115 S.) 906. n. 7.—
Sonderabdruck aus: „Abhandlgn. d. preuss. Akad. d. Wiss."

**Diels,** H., Herodot und Hekataios. S.-A. 1887. 34 S.

**Diels,** Hermannus (geb. am 18 Mai 1848 in Biebrich a. Rh.): De Galeni Historia philosopha ... Bonnae, form. C. Georgi (1870). 2 Bl., 49 S., 2 Bl. 8. ¶ Erschien 1871 selbständig bei Marcus in Bonn m. d. Zusatz: priora capita edidit.
Bonn, Phil. Fak., Diss. v. 22 Dez. 1870

**Diels,** H., Ueber den Genfer Iliaspapyrus No. VI. (*Λ* 788—848. *M* 1—9) Akad. 189 9 S. m. 1 Taf.

— s.: Kommentar, anonymer, zu Platons Theaetet.

— Laterculi Alexandrini aus e. Papyrus ptolemäischer Zeit. (16 S. m. 1 Abbildg. u. 1 Taf.) Lex.-8. Berlin 904. (G. Reimer.) Kart. n. 1. 50
Sonderabdruck aus: „Abhandlgn. d. preuss. Akad. d. Wiss."

— Aus d. Leben des Cynikers Diogenes. S.-A. 1894. 4 S.

**Diels,** H., Ueber Leukipp und Demokrit. S.-A. 1881. 16 S. 4°.

**Diels,** H., Die Olympionikenliste aus Oxyrhynchos. S.-A. 1901. 9 S. m. 1 Taf.

— u. A. Rehm, Parapegmenfragmente aus Milet. (20 S. m. 1 Taf.) gr. 8. Ebd. 904. n. 1.—
Sonderabdruck aus: „Sitzungsber. d. preuss. Akad. d. Wiss."

— s.: Parmenides, Lehrgedicht.

— z. Pentemychos d. Pherekydes. [Aus: „Sitzungsber. d. Akad. d. Wiss. zu Berlin".] gr. 8. (13 S.) Berlin 897. (G. Reimer.) n. — 50

Diels, H., Zu Pherekydes von Syros. S.-A. 1887. 5 S.

— üb. die ältesten Philosophenschulen der Griechen, s. a. Aufsätze, philosophische.

Diels, H., Ueber die ältesten Philosophenschulen der Griechen. S.-A. O. J. 20 S.

— s.: Philotesia.

Diels, H., Ein Phrynichoscitat. S. A. O. J. 8 S.

— s.: Poetarum philosophorum fragmenta.

— Zu Aristoteles Protreptikos und Ciceros Hortensius. S.-A. 1888. 21 S.

Diels, H., Ein gefälschtes Pythagorasbuch. S.-A. 1890. 22 S.

— Ueber die exoterischen Reden des Aristoteles. Ak. 1883. 18 S.

—— Seneca und Lucan. 4. (54 S.) Berlin 886, (G. Reimer.) *
Aus: Abhandlungen der k. preuss. Akademie der Wissenschaften zu Berlin, besonders abgedruckt.

— Die Stele des Mnesitheos. (S. 1040—1046 m. 1 Taf.) Lex. 8. Berlin 908. (G. Reimer.) — 50
Sonderabdr. a.: „Sitzungsber. d. preuss. Akad. d. Wiss."

Diels, H., Ueber d. physikalische System d. Straton. Akad. 1893. 27 S.

Diels, Hermann: Die Scepter der Universität. Berlin 1905: G. Schade. (18 S.) 4°
Berlin, Rede bei Antritt des Rektorats 1905

—— zur Textgeschichte der Aristotelischen Physik. gr. 4. (42 S.) Berlin 882, (Dümmler's Verlagsh.)
Aus: Abhandlungen der k. Akademie der Wissenschaften zu Berlin, besonders abgedruckt.

Diels, Herm. Theophrastea. 28 S. Progr. Königst. G. Berlin 1883.

— Theophrastea. gr. 4. (28 S.) Berlin 883. Gaertner. n. 1. —

Die griechischen Zuckungsbücher (Melampus περὶ παλμῶν [Ex palpitationibus divinatio]). Hrsg. von Hermann Diels Berlin: Kgl. Akad. d. Wiss. 1908. (42 S.) 4°
Aus: Abhandl. d. Kgl. Preuß. Akad. d. Wiss. 1907
— Diels, Hermann: Beiträge z. Zuckungsliteratur d. Okzidents u. Orients. 1. [08. 5817]

Diels, Jac., Nachfolger, Maschinenfabrik und Mühlenbauanstalt: Prospekte usw. 1905 ff. Vielbach

Diels, Ludwig

Diels, L., Anonaceae, — Combretaceae, — Combretum, } s.: Engler, A.

Droseraceae mit 280 Einzelbild. in 40 Fig. u. 1 Verbreitungskarte von L[udwig] Diels. Leipzig: W. Engelmann 1906. (136 S.) 8°
— Pflanzenreich, Das. II. 26. (4, 112.) [06 16601 9]

— Filicales, Eufilicineae, s.: Engler, A., u. K. Prantl, die natürlichen Pflanzenfamilien. I. 4.

Diels, Ludwig: Die Flora von Central-China. Nach der vorhandenen Litteratur und neu mitgeteilten Original-Materiale dargestellt. Mit 1 Tafeln, einer Karten-Skizze und 5 Figuren im Text. (S.-A.) Englers Botanische Jahrbücher. Bd. 29. Heft 2—5. S. 169—659.) Leipzig 1901. 491 S. 8°.

Fragmenta Phytographiae Australiae occidentalis. Beiträge z. Kenntnis d. Pflanzen Westaustraliens, ihrer Verbreitung u. ihrer Lebens-Verhältnisse. Von L[udwig] Diels u. E. Pritzel. Mit 70 Fig. Leipzig: W. Engelmann 1905. (S. 56—602.) 8°
Aus: Botan. Jahrbücher. Bd 35, H. 1—5. [06. 7194 11]

— Generalregister, s.: Jahrbücher, botanische.

Jugendformen und Blütenreife im Pflanzenreich von Dr. L[udwig] Diels, Privatd., Berlin. Mit 30 Fig. Berlin: Gebr. Borntraeger 1906. (130 S.) 8° [07. 13612 11]

Menispermaceae. Von L[udwig] Diels. Mit 917 Einzelbild. in 93 Fig. Leipzig: W. Engelmann 1910. 345 S. 8°
(Das Pflanzenreich. II. 46. (IV, 94.)) [10. 18172]

Die Orchideen von Dr. Ludwig Diels, Prof. Mit 4 farb. u. 4 schwarzen Taf. sowie 30 Abb. Osterwieck-Harz: A. W. Zickfeldt [1908]. (107 S.) 8°
— Natur, Die. Eine Sammlung naturwiss. Monographien. Bd 4. [08. 9379]

— Pflanzengeographie, s. a. Sammlung Göschen.

Pflanzengeographie von Prof. Dr. Ludwig Diels. Leipzig: Göschen 1908. 103 S. 8°
(Sammlung Göschen. 389.) [A 12. 1280 11]

Die Pflanzenwelt von West-Australien südlich des Wendekreises. Mit e. Einl. über d. Pflanzenwelt Gesamt-Australiens in Grundzügen. Ergebnisse einer im Auftr. d. Humboldt-Stiftung d. Preuß. Akad. d. Wiss. 1900—1902 unternomm. Reise. Von Dr. L[udwig] Diels, Privatd. Mit 1 Vegetations-Karte u. 82 Fig., sowie 34 Taf. nach Orig.-Aufn. von Dr. E. Pritzel. Leipzig: W. Engelmann 1906. (XII, 413 S.) 4° (8°)
— Vegetation, Die, d. Erde. 7. [06. 9743]

Diels, Ludwig [aus Hamburg]: Vegetations-Biologie von Neu-Seeland. 1. Tl ... (Erscheint vollst. in Engler's Bot. Jahrb.) Leipzig, W. Engelmann, 1896; 55 S., 1 Bl. 8.
Berlin, Phil. Fak., Inaug.-Diss. v. 15. Juni 1896

— Vegetationstypen aus der Kolonie Eritrea, s.: Schweinfurth, G.

Einführung in die organische Chemie von Prof. Dr. O[tto] Diels, Privatd. Mit 34 Abb. Leipzig: J. J. Weber 1907. (XII, 315 S.) 8° [08. 2681 11]

Diels, Otto, aus Hamburg: Zur Kenntnis der Cyanurverbindungen. *Berlin (1899): G. Schade.* (39 S.) 8°
Berlin, Phil. Diss. v. 19. Juli 1899

Diels, Paul, a. Berlin: Die Stellung des Verbums in der älteren althochdeutschen Prosa. T. 1: Der Hauptsatz. Abschn. A. 4. 5. B. C. (Berlin: Mayer & Müller 1906.) (83 S.) 8° ¶(Erschien vollst. 1906 als Palaestra 59.)
Berlin, Phil. Fak., Ref. Roethe, Diss. v. 26. Sept. 1906
[Geb. 28. Dez. 82 Berlin; Wohnort: Berlin; Staatsangeh.: Preußen; Vorbildung: Prinz-Heinrichs-Gymn. Schöneberg Reife O. 01; Studium: Berlin 9 S.; Rig. 9. Nov 05.]

Die Stellung des Verbums in der älteren althochdeutschen Prosa. Von Paul Diels. Berlin: Mayer & Müller 1906. (204 S.) 8°
— Palaestra. 59. [06. 15760 4]

Dielschneider, J. J. Ueber die Poesie. Köln, kathol. G., 1839. 14 S. 4. Progr.

Dielthey, Oden und geistliche Lieder. 8. Breslau, G. Korn 776.

Dielthey, Karl, Thüringischer Kinderfreund. 2 Thle. (11 Thl. a. unt. d. Titel: d. allgemeine Kinderfr. 2r Thl. Naturgesch. f. Bürger und Landschulen.) Erfurt, Kayser. 806. (a 9 gr.)

Diem, Faustum, quo Christian. Ferdinandus Schulzius ante hos L annos munus scholasticum apud Halenses adiit, prosequuntur collegae Gothani. Gothae [1848]. V: *Wüstemann, Ernst Frdr.* (ABJP)

Diem, Carl, Anleitung zu systematischen Denkübungen f. Volksschulen. gr. 8. (IV u. 89 S.) Wien 850. (Mayer & Co.) n. 12 ngr

Diem, Conrad. Untersuchungen über die Bodenfauna in den Alpen. Diss. Phil. [II.] Univ. Zürich von Konrad Diem.... 187 S. 8. St. Gallen, Zollikofer, 1903.

Diem, Ernst. Beiträge zur Kenntnis der Arsenvanadinmolybdate. Diss. Phil. Bern. [Mit 1 Figur.] 47 S. 8. Bern, W. Wälchli, 1904.

Diem, Franz, cand. med. a. Mechenried: Beiträge zur Entwicklung der Schweißdrüsen an der behaarten Haut der Säugetiere. Mit 7 Abb. auf Taf. 1—2. Wiesbaden: J. F. Bergmann 1907. (52 S.) 8°
Würzburg, Med. Fak., Ref. Stöhr, Diss. v. 2. Aug. 1908
[Geb. 5. Okt. 83 Mechenried; Wohnort: Mechenried; Staatsangeh.: Bayern; Vorbildung: Neues Gymn. Würzburg Reife Juli 02; Studium: Würzburg 10 S.; Coll. 11. Dez. 07; Approb. 4. Dez 07.]

**Diem**, Georg: Über Ellipsen auf einem Ellipsoid, deren Axen gegebenen einfachen Bedingungen genügen, insbesondere über kongruente Ellipsen. *Würzburg 1898: J. M. Richter.* (42 S. mit Taf.) 8°
München, Phil. Diss. v. 1898

**Diem**, Georg, Dr.: Kongruente Flächen 2. Ordnung mit gemeinsamer Ellipse. Ort ihrer Mittelpunkte. Überführung einer von diesen Flächen in die unendlich benachbarte Lage durch Schraubung. Würzburg 1904: J. M. Richter. (37 S.) 8°
Lohr a. M., k. humanist. G P 1904°

Diem, J., das königliche Lustschloß Schleißheim nach vorhandenen Quellen bearb. 8. München 870, Stahl. *

Diem, J[ohannes]. Ist der Kulturkampf heute noch angezeigt? Referat am Reformtag in Zürich, 27. Mai 1902. II + 15 S. 8. Zürich, Komm. Aug. Frick, [1902]. [fr. —.20]

Diem, J[ohannes]. Worte der Erinnerung an Pfarrer Markus Friedrich Wilhelm Freuler. Gesprochen bei seiner Beerdigung... den 30. März 1896. 8. Zürich 1896.

**Diem**, Karl, schwimmende Sanatorien. Eine klimatotherapeut. Studie. Unter techn. Mitarb. v. Ernst Kagerbauer. Mit 2 Schiffsplänen. (VII, 111 S.) Lex. 8. Wien 907. F. Deuticke. 4. —

Diem, Ludwig, Fractura compl. cruris dextri und Conquassatio pedis sinistri, geheilt durch conservative Wundbehandlung. Diss. München 1887, A. Buchholz. 8°. 24 S.

Diem, Ludwig [appr. Arzt aus Neuburg a.D.]: Fractura compl. cruris dextri und Conquassatio pedis sinistri, geheilt durch conservative Wundbehandlung.... München, J. Schreiber's Buchdr., 1887: 24 S. 8°.
München, Med. Fak., Inaug.-Diss. v. 1887.

**Diem**, Ludwig, a. Würzburg: Experimentelle Untersuchungen über die Einatmung von Salpetersäure-Dämpfen. Würzburg 1907: P. Scheiner. (50 S.) 8°
Würzburg, Med. Fak., Ref. Lehmann, Diss. v. 13. Dez. 1907
[Geb. 15. Juli 82 Würzburg; Wohnort: Würzburg; Staatsangeh.: Bayern; Vorbildung: Gymn. Wurzburg; Studium: Würzburg 10 S.; Coll. 17. Dez. 06; Approb. 13. Dez. 06.]

Diem, Martha. Über das Vorkommen mydriatisch wirkender Substanzen im Harn. Diss. Med. Univ. Zürich. [Sep.-Abdr. aus: Deutsches Archiv für klinische Medizin, Band 94.] *Kopftitel:* Aus der medizinischen Klinik der Universität Zürich... 16 S. 8. Leipzig, F. C. W. Vogel, 1908.

Diem, Oscar. Die an der Züricher Universitäts-Augenklinik ausgeführten Tuberculininjectionen aus den Jahren 1898—1905. Diss. Med. Univ. Zürich ... von Oskar D'.... *Kopftitel:* Aus der Züricher Universitäts-Augenklinik. Direktion: ... Prof. Dr. O[tto] Haab. 57 S. 8. Zürich, Aschmann & Scheller, 1906.

Diem, Otto. Die einfach demente Form der Dementia praecox ⟨Dementia simplex⟩. Ein klinischer Beitrag zur Kenntniss der Verblödungspsychosen. Diss. Med. Univ. Zürich. *Kopftitel:* Aus der psychiatrischen Klinik der Universität Zürich. — Sonder-Abdruck aus dem Archiv für Psychiatrie und Nervenkrankheiten. ⟨Band 37. Heft 1.⟩ IV + 77 S. 8. Berlin, L. Schumacher, 1903.

Diem, Th., Nachtrag zum alphabetischen Repertorium aller Gesetze, Verordnungen und Normativrescripte, welche vom J. 1853 bis zum Schlusse des J. 1864 in den Kreisamtsblättern von Unterfranken und Aschaffenburg erschienen sind, nebst einem Verzeichnisse der von dem Stadtmagistrate Würzburg auf Grund des Polizeistrafgesetzbuches erlassenen und von k. Kreis-Regierung als vollziehbar erklärten ortspolizeil. Vorschriften für die Stadt Würzburg. gr. 4. (IV und 161 S.) Würzburg 865, (Goldstein.) *

Diem, Ulrich. Das ABC der Formen. — Alphabet des Formes. I. Stufe. [2 Hefte] 4, ([nebst] 12 Muster-Formen, 1 Legetafel [und] 2 Körperformen); *in Cartonschachtel.* Ravensburg, Otto Maier, [1901]. [M. 2. —]
[Heft 1:] Anleitung und Vorlagen zum ABC der Formen. [Illustriert.] II + 16 S.
[Heft 2:] Einzelformen zum ABC der Formen. 6 Tafeln zum Ausschneiden. II S. + 6 Bl.

Diem, Ulrich. Das ABC der Formen. — Alphabet des Formes. (Kunstspiel.) 3 Stufen. 4, *in Cartonschachtel.* Ravensburg, Otto Maier, [1901]. [M. 2. 80]
[1:] Anleitung und Vorlagen zum ABC der Formen. I./III. Stufe. [Illustriert.] II (+ zus. 25) S.
[2:] Einzelformen zum ABC der Formen. Stufe I—III. *je* 6 Tafeln zum Ausschneiden, *in Umschlag.*
[3:] (Musterformen, 1 Legetafel, 2 Körperformen.)

**Diem**, Ulr., St. Galler Beiträge zur Reform des Zeichenunterrichts. Nr. IV, V u. VII. gr. 8. Zürich, Hofer & Co. n.n. 9. —
IV. Grundlagen des Gedächtniszeichnens. Mit 32 z. Tl. farb. Taf. Fcsm.-Druck nach Arbeiten v. Schülern im 13., 14. u. 15. Altersj. (XI, 57 S.) 904. n.n. 4. 50
V. Hat der bisherige Zeichenunterricht die Grundgedanken Pestalozzis verkörpert od. weiter entwickelt? Eine zeitgemässe Betrachtg. üb. d. Kampf um die Reform in der Schweiz. (IV, 56 S.) 904. n. 1. 50
VII. Betrachtungen üb. den Zeichenunterricht an den Mittelschulen. (II, 111 S. m. Abbildgn.) (905.) n.n. 3. —
No. I—III u. folg. 2 Titeln:

Diem, Ulrich. Didaktik und Methodik des elementaren Freihandzeichnens. Der Lehrplan. Von Dr. Ulrich Diem, St. Gallen. [Mit 17 Abbildungen.] II + 88 S. 8. Ravensburg, Otto Maier ([Druck:] Zollikofer, St. Gallen, 1901). [M. 1. 60]

Diem, Ulrich. Didaktik und Methodik des elementaren Freihandzeichnens. Der Lehrplan. [Mit 17 Abbildungen.] (*Umschlag:* 2. [Titel-]Aufl.) II + 88 S. 8. Ravensburg, Otto Maier, (1901). [M. 1. 60] —

(D[iem], U[lrich].) E guetgmeints Feschtschpili zuer Erinnerig a de achzgischt Geburtstag vo üserem Sanggaller Kunscht-Verein im Wentermonet ano nünze-e-hondert-ond-sibe. 20 S. 8. St. Gallen, Zollikofer & Cie., 1907.

Diem U, Grundlagen des Gedächtnis-Zeichnens. (57 S 32 T) Zürich 1904

Diem, Ulrich. Methodik für das Freihandzeichnen in Volks-, Real- und Bürgerschulen. Von Dr. Ulrich Diem, St. Gallen. 2 Teile. 8. Ravensburg, Otto Maier (Druck: Zollikofer, St. Gallen, 1901).
Teil 1: Das elementare Freihandzeichnen. [Mit 81 Abbildungen.] VI + 105 S. (M. 2.—)
Teil 2: Das Zeichnen auf den oberen Stufen. (*Umschlag:* 2. Aufl.) [Mit 52 Abbildungen.] II + 99 S. (M. 2.40)

— **Methodik f. das Freihandzeichnen in Volks-, Real- u. Bürgerschulen.** 2 Tle. gr. 8. Ebd. (901). 4. 40
1. Das elementare Freihandzeichnen. (Umschlag: 2. Aufl.) (VI, 105 S. m. Abbildgn.) n. 2. —
2. Das Zeichnen auf den oberen Stufen. (Umschlag: 2. Aufl.) (99 S.) n. 2. 40

— das Wesen der Anschauung, s.a. Studien, Berner, zur Philosophie u. ihrer Geschichte. XIX.

**Diem**, Ulrich [aus St. Gallen]: Das Wesen der Anschauung. Ein Beitrag zur psychologischen Terminologie. Bern 1899. 145, 1 S. 8°. (Berner Studien zur Philosophie. Bd. 19.)
Bern. Phil. Diss. 1899/1900.

[J.] **Diemand**, Anton [aus Mochenthal, O.-A. Ehingen]: Das Ceremoniell der Kaiserkrönungen von Otto I. — Friedrich II. ... (Erscheint vollst.) München, Buchdr. v. J. B. Lindl, 1893; 39 S. 8.
München, Phil. Fak., Inaug.-Diss. v. 1893

Diemand, Dr. Anton. Das Ceremoniel der Kaiserkrönungen von Otto I. bis Friedrich II. (Aus:) „Historische Abhandlungen." 4. Heft. 8. München 1894.

**Diemand**, Ant., das Ceremoniell der Kaiserkrönungen von Otto I. bis Friedrich II., s.a. Abhandlungen, historische.

[J.] Der Wallersteiner Felsen und seine Geschichte v. Dr. Anton **Diemand**, fürstl. Oettingen-Wallersteinischem Archivar. *Nördlingen: Th. Reischle [1898].* (1 Bl., 76 S., 1 Taf., 1 Portr., 1 Erl.-Bl.) 1 Bd 8. [98. 8327

**Diemann**, Jh. Gf., († d. 14. Sept. 1779.) Nachr. v. Johanniterorden, s. Jh. Erdm. Haffe.

**Diemar, A. v.** (W. Marthen), das goldene Buch f. Polterabend u. Hochzeit. 5 Tle. in 1 Bd. 8. (416 S.) Stuttgart (901). Schwabacher. Geb. in Leinw. n. 4. 50

— Festspiele f. e. u. f. mehrere Personen. Aufführungen, Prologe, Vorträge, Ansprachen, Wechselreden, Festgedichte ꝛc. zu allen Jahresfesten: Weihnachten, Sylvester, Neujahr, Ostern, Pfingsten, Erntefest, Allerseelen, Advent ꝛc. Ferner: Weihnachtslieder, Weihnachtsscherze, Dankgedichte, Neujahrswünsche (f. Kinder u. Erwachsene), Neujahrskarten ꝛc. 8. (80 S.) Ebd. (901). n. 1. 20

**Diemar, Adamine v.** (W. Marthen), Gesellschaftsspiele. Eine Sammlg. der beliebtesten Bewegungsspiele f. d. Freie u. d. Zimmer, Frage-, Rate-, Schreibspiele, sowie Aufgaben zu Pfandauslösgn. (48 S.) 8. Leipzig (910). S. Schnurpfeil. — 30

— Im Jahreslauf. Poesie u. Prosa aus dem Leben f. das Leben. (144 S. m. 3 Vollbildern.) kl. 8. Reutlingen (910) R. Bardtenschlager. Geb. in Leinw. 2. 20

Neues Kartenorakel. Prophezeiungen u. Weissagungen in Poesie u. Prosa ... von Adamine v. **Diemar** ⟨W. Marthen⟩. Freienwalde a. O.: C. Hesse [1907]. (84 S.) 8° [F.] [07. 12870

— Neues Kartenorakel. Prophezeihungen u. Weissaggn. in Poesie u. Prosa zur Unterhaltg. u. Belustigg. f. junge Mädchen. (84 S.) 8. Freienwalde a/O. (907). Selbstverlag. — 75

— Kinder-Glückwünsche u. Deklamationen. Sammlg. v. Fest- u. Gelegenheits-Gedichten, Vorträgen u. Aufführgn. f. die Jugend. Vollständige Ausg. (288 S.) 8. Mühlhausen i/Th. (906). G. Danner. 2. —; auch in 6 Heften à — 50

1. Zum Geburtstage. (48 S.) — 2. Für Polterabend u. Hochzeit. (72 S.) — 3. Für Silber- u. Goldhochzeit. (43 S.) — 4. Für Weihnachten, Silvester u. Neujahr. (56 S.) — 5. Zu Kaisers (Kaiserin) u. des Landesfürsten (Fürstin) Geburtstag, sowie zu vaterländischen Fest- u. Gedenktagen. (48 S.) — 6. Kleine dramatische Scenen, Gespräche u. Vorträge zu verschiedenen Gelegenheiten. (46 S.)

— wie begehen wir Vereinsfeiern u. Jubiläen? Gesellige u. öffentliche Feste? Prologe, Aufführgn., Ansprachen, Toaste, Vorträge, Festspiele, leb. Bilder, Festgedichte, Widmgn., Epiloge. 8. (88 S.) Ebd. (901). n. 1. 20

— wie feiern wir Familienfeste? Geburtstag? Taufe? Einsegnung? Verlobung? Wunschgedichte f. Kinder u. Erwachsene, Ansprachen, Aufführgn., Tischlieder, Toaste, Widmgn., Festgedichte, Scherze, leb. Bilder, Depeschen m. Geburtsanzeigen. Ferner: Inschriften f. Stammbuch, Album, Fremdenbuch u. Autographen-Album. 8. (96 S.) Ebd. (901). n. 1. 20

— wie feiern wir Hochzeit? 2 Tle. 8. Ebd. (901) à n. 1. —

1. Prolog, Aufführungen, Vorträge, Ansprachen, Scherze, Festgedichte ꝛc. f. e. Person. Ferner: Hochzeitsdepeschen, Tischkartenverse, Toaste, Begleitgedichte zu Geschenken ꝛc. zu grünen, silbernen, goldenen u. anderen Hochzeiten. (S. 257—336.)
2. Aufführungen, Festspiele, Vorträge, Ansprachen, Tafelreden, Scherze, Festgedichte ꝛc. f. 2 u. mehr Personen. Ferner: Tafellieder zu grünen, silbernen, goldenen u. diamantenen Hochzeiten. (S. 337—416.)

— wie feiern wir Polterabend? 3 Tle. 8. Ebd. (901). n. 3. 20

1. Vorträge f. e. Person ohne besonderes Kostüm. Prolog, Kranz-Gedichte, Schleier-Gedichte, Kranz- u. Schleiergedichte, Begleit-Gedichte zu Geschenken, Vorträge, Ansprachen, Scherze ꝛc. (80 S.) n. 1. —
2. Aufführungen, Vorträge, Scherze f. e. Person m. Kostüm. (S. 81—160.) n. 1. —
3. Prolog, Aufführungen, Vorträge u. Scherze f. zwei u. mehr Personen m. u. ohne Kostüm. (S. 161—256.) n. 1. 20

**Diemar, Adamine v.**, wie überreiche ich e. Geschenk? Begleitgedichte zu Geschenken. 2 Bde. 8. Erfurt (905). F. Bartholomäus. à — 75

1. Zu Tauf-, Geburtstags-, Einsegnungs-, Hochzeits-, Silberhochzeits-, Jubiläums-, Danksagungs-, Abschieds-, Reise-, u. Willkommen-Geschenken. (80 S.)
2. Zu Weihnachts-, Julklapp-, Verlosungs-Geschenken, Ostereiern, Vielliebchen- u. anderen Geschenken zu beliebigen Gelegenheiten. (76 S.)

**Diemar, F. H.**, die **Mollusken-Fauna** v. Cassel, s.: Bericht, XXVI. u. XXVII., d. Vereines f. Naturkunde zu Cassel.

**Diemar, Fr. S.**, die verschwundenen Millionen. Nacherzählt. — Der weiße Häuptling u. der Heldenjäger. Erzählungen f. die Jugend. gr. 4. (IV, 194 S. m. 8 farb. Vollbildern.) Elberfeld (899). S. Lucas. Geb. n. 3. —

Diemar, Hermann, s. Beiträge z. deutschen Territorial- u. Stadtgeschichte.

**Diemar,** Hermann [Dr. phil. aus Cassel]: Die Entstehung des deutschen Reichskrieges gegen Herzog Karl den Kühnen von Burgund ... Marburg, F. Lintz'sche Buchdr. in Trier, 1896; 1 Bl., 101 S. 8.
Marburg, Phil. Fak., Hab.-Schr. v. 25. Apr. 1896

**Diemar,** Herm., s.: Gerstenberg, d. Wigand. v. Frankenberg. Chroniken.

**Diemar,** Hermann *Martin:* Untersuchungen über die Schlacht bei Lützen (16. November 1632). . . . Marburg, Druck v. L. Döll in Kassel, 1890; 2 Bl., 95 S., 1 Bl. 8°
Marburg, Phil. Fak., Inaug.-Diss. v. [17. Okt.] 1890

**Diemar,** Herm. Untersuchungen üb. die Schlacht bei Lützen. Diss. gr. 8. (IV, 95 S.) Marb. 890. (Lpz., Fock.) * 1 50

**Dieme, H.**, über d. Dorn'sche Dachdeckung. Ein Versuch zur Beseitigung d. daran gerügten Unvollkommenheiten. 8. (2 B.) Berlin 840, Dümmler.

**Dieme, Johann Friedrich Philipp** (Trebnitz/Magdeburg), De febre vulneraria generatim. Disp. med. Präs. Adam Nietzke. Halle (Curtian) 9. VII. 1779. 16 S. (4.80) 6429

**Diemer, Fall.** Antwort auf die amtliche Auskunft des Kaiserl. Auswärtigen Amtes, Berlin, in der Reichstags-Sitzung vom 4. Mai 1901. O. O. [1901]. V: *Diemer, Richard.* (Berl)

Ordinarius idemque procanc. senior facult. jur. Lipsiensis summos in jure honores candidato **Heinr. August Christian Ludwig Diemer** (Milakala/Laus.). Lpz. (Saalbach) 17. XII. 1802. 26 S. mit Biogr. (M.: B. Ruegler.) (3.50) 6436
Inest: De causis, quae in processu judiciario civili cunctantibus et immorigeris opem ferunt.

Diemer, August Ludwig

**Diemer, A. L.**, de auxilio singulari quod praebeat studium histor. Megapoleos cultoribus theolog. et Juris quum privati tum publici patriae servituris. 4 maj. (2½ B.) Rostochii 830, (Oeberg et Comp.)

Diemer, August Ludwig (Präs.), s. Bose, August Carl Graf: De meritis Augusti ducis electoris Saxoniae observationes.

— — Commentationis de usu et auctoritate juris Romani in Anglia part. prima. Lpz. (Staritz) 29. X. 1817. 20 S. (3.50)
Gew.: Charles Short, esq.

**Diemer, August Ludwig,** Joannes Georgius I. elector Saxoniae et Fridericus Augustus I. rex Poloniarum, elector Saxoniae, rei judiciariae legislatores. Diss. jur. Lpz. (Richter) Sept. 1804. 53 S. (4.80) 6430
Gew.: Christian Samuel Gehe.

— Joann. Georg I. Elect. Sax. et Frid. Aug. I. R. Polon. rei judiciariae legislatores. 8maj. Leipz. 804. Weigel. 6 gr.

—— de mutationibus juris publici et ecclesiast. Megapoleos, iter Aug. Henr. Pacifici et Alb. Formosi Ducum a M. Inn. 1550 ad pactum Wismariense 1555 secutis. Prolus. I et II. 4 maj. (5½ B.) Rostochii 1829, 30, (Oeberg et Comp.)

— — Ad solennit. inaug. viri Theophil Heinr. Friedr. Gaedcke (Rostock). — Prolusio de testium ad sponsalia publica ex jure Megapoleos novissimo necessitate. Rostock (Adler) 9. III. 1826. 8 S. mit Biogr. G.'s. (M.: M. D. Behrens.) (3.50) 6432

DIEMER, Fritz (Aachen): Über Kalkablagerungen an den serosen (!) Häuten des Herzens. Hierzu Taf. VIII, IX u. X.- Berlin: Fischer 1899. S.257-296.- S.-Abdr.aus: Zeitschrift für Heilkunde. Bd.20. 6.3.1899 - Chr 1898/99,14; Jv 1899/1900,204
Diss.Ingolst.-Landsh.-Mchn.

Diemer, Heinrich August Christ. Ludwig, s. Börner, Kaspar.

—Grundriß zu Vorlesungen über d. Mecklenburg. Privatrecht, statt handschriftl. Mittheilung gedruckt. gr. 8. Rostock.

— — Jurisconsultus perfectus. Lpz. (Carl Tauchnitz) 16. XII. 1802. 55 S. (4.80) 6435
Gew.: Gottfr. Chn. Loetz.

— — u. Gust. Adolf Gehe (Dresden), De re paedagogica in scholas academicas revocanda. Comment. Lpz. (C. Tauchnitz) 14. IV. 1802. 64 S. (5.—) 6434
Gew.: Chn. Gottfr. Heyme.

— de re paedagogica. 4maj. Leipz. 804. Weigel. (Arnold in Dresd.) 8 gr.

— **Heinr. Aug. Christ. Ludw.** (Milakala/Lausitz), Ad. historiam variarum rationum juris discendi docendique symbolae. Spec. I. Präs. Aug. Cornel. Stockmann. Lpz. (C. Tauchnitz) 20. III. 1800. 32 S. (4.80) 6433
Gewidm.: Ludw. Chph. v. Burgsdorff, Friedr. Wilh. Herrmann, Heinr. Ludw. Heyme, Friedr. Adolf Kühn, C. Gottfr. Theod. Winckler (sämtl. Dresden).

— ad historiam variar. ration. juris discendi docendique symbolae. Spec. I. 4maj. Leipz. 802. Weigel. 4 gr.

**Diemer,** Hermann, Referendar a. Berlin: Behandlung der Schadensersatzfrage bei rechtmässigen Schadenszufügungen nach bürgerlichem Gesetzbuch. Berlin 1904. E. Jäckel. (54 S.) 8°
Heidelberg, Jur. Fak., Ref. Bekker, Diss. v. 13. Okt. 1904
[Geb. 9. Juni 78 Berlin; Wohnort: Berlin; Staatsangeh.: Preußen; Vorbildung: Humboldt-Gym. Berlin Reife M. 97; Studium: Berlin 6 S.; Rig. 5. Aug. 04.]

Diemer, Hermine, geb. v. Hillern, die deutsche Frau in der Friedensbewegung. Erwiderung auf die v. Frl. Dr. Anita Augspurg u. Frau Prof. Selenka am 16. III. 1899 anläßl. der Kundgebg. des internat. Frauenvereins geh. Reden. gr. 8. (24 S.) München 899. H. Diemer. n. — 30

**Diemer,** Hermine, geb. v. Hillern: Die deutsche Frau in der Friedensbewegung. Erwiderung auf die von Frl. Dr. Anita Augspurg u. Frau Prof. Selenka 1899 geh. Reden. 2. Aufl. — München: Lehmann 1900. 31 S. 8°
1. Aufl. 1899. 24 S.

— Oberammergau u. seine Passionsspiele. Ein Rückblick üb. die Geschichte Oberammergaus u. seiner Passionsspiele von deren Entstehg. bis zur Gegenwart, sowie e. Beschreibg. des Ammergauer Landes, der Volkssitten u. Gebräuche seiner Bewohner. Mit Illustr. nach Orig. v. M. Zeno Diemer u. Fritz Tersch, sowie nach Photographien a. d. concess. Kunstverlage f. Passionsspielbilder v. Leo Schweyer, Oberammergau 1900, ferner nach Photographien v. K. Christen, Oberammergau, M. Dietrich, München u. nach Amateuraufnahmen v. F. Hoch, Hugo Lang jun. u. s. w. 4. (IV, 264 S.) München 900. C. A. Seyfried & Co. Kart. n. 6. —; geb. n. 8. 50; auch in Lfgn. à n. — 50

**Diemer, Hermine, geb. v. Hillern, Oberammergau u. seine Passionsspiele. Ein Rückblick üb. d. Geschichte Oberammergaus u. seiner Passionsspiele von deren Entstehg. bis zur Gegenwart, sowie e. Beschreibg. d. Ammergauer Landes, der Volkssitten u. Gebräuche seiner Bewohner. Illustrationen nach Originalen v. Michael Zeno Diemer u. Otto Geigenberger, sowie nach offiziellen Photographien des Passionsspieles 1910, ferner nach Photograph. v. H. Traut, München, Hugo Lang jun. u. s. w. 2. Aufl. (IV, 193 S. m. Abb., 7 S. Abb., 14 Taf., 1 Fksm. u. 1 Tab.) 31×24 cm. München 910. C. A. Seyfried & Co. Geb. in Leinw. 8.—; engl. Ausg. (IV, 45 S. m. Abb., 14 S. Abb., 14 Taf. u. 1 Fksm.) Geb. in Leinw. 6.—; französ. Ausg. (IV, 41 S. m. Abb., 7 S. Abb., 14 Taf. u. 1 Fksm.) Geb. in Leinw. 6. —**

Diemer, J., s.: Adressbuch, neuestes, deutscher Weinhändler etc.

Diemer, Johann Corbinian

*Diemer*, Jh. Corb., (†d. 1. April 1813.) jus ecclesiasticum in suo statu et progressu expensum, seu prolegomena juris canon. in exercitio menstruo examinata. 4. Straubing. 767.

— principia juris ecclesi. hist. critice expensa, una cum nonnullis adsertis ex jure eccles. publ. 4. Straub. 774.

— resolutiones ex universo jure, naturali, ecclesiastico tum publico tum privato, civili, nec non ex jure publ. imp. rom. germ. feudali et criminali. 4. Straub. 768.

— resolutiones ex theologia hist. crit. dogmatico-scholastica de Deo primo omnium principio et fine ultimo, seu de angelis, creatione mundi et primi hominis, nec non de actibus humanis. 4. Straub. 764.

Diemer Josef, Dr.: Kleine Beiträge zur älteren deutschen Sprache und Literatur. I. Teil. I. Bruchstücke der Kaiserchronik. II. Über eine Handschrift der Grätzer Universitäts-Bibliothek, enthaltend: *a)* Eine jüngere Weltchronik. *b)* Historische Notizen in Prosa. *c)* Konrads von Megenberg Übersetzung der *Sphaera mundi.* III. Bruchstücke aus Jakobs von Maerlant Spiegel historiael. IV. Bruchstücke aus Wolframs Parzival. V. Legende von der heiligen Margareth. S. 6. 328, 450, 479. S. 7. 73, 135, 292, 315 . . . . . . . . . . vgr.
Separatabdruck

Diemer Josef, Dr.: Kleine Beiträge zur älteren deutschen Sprache und Literatur. II. Teil. VI. Bruchstücke zweier Legenden von der heiligen Dorothea und heiligen Katharina. VII. Bruchstücke aus Rudolfs von Hohenems Weltchronik. VIII. Bruchstück des Trojanischen Krieges aus Jansen des Enenkels Weltchronik. IX. Grätzer Pergament-Handschrift des XIV. Jahrhunderts, enthaltend. a) Geschichten aus dem alten und neuen Testamente. b) Eine Weltchronik nach Rudolf von Hohenems. c) Maria und Jesu Leben in Prosa. X. Bruchstück aus Heinrichs von Türlin: Der Aventiure kröne. XI. Bruchstücke aus Barlaam und Josaphat des Rudolf von Hohenems. XII. Bruchstücke aus Wolframs von Eschenbach Willehalm. XIII. Neu aufgefundene Bruchstücke der Legende von der heiligen Dorothea. S. 11. 43. 159. 242. 629. 798 . . . . . . . . . . . . . . . . . . . . vgr.
— — III. Teil. XIV. Über Heinrichs Gedicht vom „Allgemeinen Leben und der Erinnerung an den Tod". XV. Über das Gedicht vom „Pfaffenleben". XVI. Heinrichs Gedichte von dem gemeinen lebene und des todes gehugde. S. 18. 191. 242 . . . vgr.
— — IV. Teil. XVII. Über die zwei von Herrn Dr. Theodor Georg Ritter von Karajan veröffentlichten deutschen Sprachdenkmale aus heidnischer Zeit. XVIII. Über den Bruder Heinrich von Göttweig als den Dichter der Gehugde und des Pfaffenlebens. XIX. Anmerkungen und Verbesserungen zu Heinrichs Gedicht vom gemeinen Leben und der Erinnerung an den Tod. (Nebst Nachtrag.) S. 27. 337. S. 28. 127. 291 . . . . . . . . . . . . . . . . . . . vgr.
— — V. Teil. XX Geschichte Josefs in Ägypten nach der Vorauer Handschrift. XXI. Anmerkungen zur Geschichte Josefs in Ägypten. S. 47. 626. S. 48. 339 . . K 2.30
— — VI. Teil. Ezzos Scholasticus in Bamberg Rede von dem rechten Anegenge oder Lied von den Wundern Christi aus dem Jahre 1065. XXII. Ezzos Lied von dem Anegenge aus dem Jahre 1065. XXIII. Anmerkungen zu Ezzos Lied von dem Anegenge aus dem Jahre 1065. XXIV. Einleitung zu Ezzos Lied von dem rechten Anegenge. S. 52. 183. 127. S. 55. 271 . . . . . . . . . . . . . . . . „ 2.—
Separatabdruck

**Diemer,** Jos., kleine Beiträge zur älteren deutschen Sprache u. Literatur. 1. Thl. [Aus d. Sitzungsber. 1851 d. k. Akad. der Wiss.] Lex. 8. (130 S. m. 1 lith. Taf. in Tondr.) Wien 851. (Braumüller.) n. 2/3 ₰

Diemer, Jos., kleine Beiträge zur älteren deutschen Sprache und Literatur. 1—3. Thl. Lex.-8. Wien, Gerold's Sohn. [1. (130 S. mit 1 Stnt.) 851., 2. (III und 120 S.) 854., 3. (112 S.) 855. à Thl. 20 Ngr.] *
Aus: Sitzungsberichte der k. Akademie der Wissenschaften J. 1851, besonders abgedruckt.

**Diemer,** Jos., kleine Beiträge zur älteren deutschen Sprache und Literatur. Gesammelt u. herausg. 2. u. 3. Thl. (Aus. d. Sitzungsberichten d. k. Akad. d. W.) Wien 854, 56. (Gerold.) gr. 8. (2 Bl., 120; 112 S.) Jeder Thl. n. 20 ngr

**Diemer, Jos., Beiträge zur älteren deutschen Sprache und Literatur. 4. Thl. Lex.-8. (120 S.) Wien 858, (Gerold's Sohn.)**
Aus: Sitzungsberichte der k. Akad. der Wissenschaften, Jahrg. 1858, besonders abgedruckt.
1—3 Thl. Ebendas. 1851—55. * 2 Thlr.

**Diemer,** Jos., Beiträge zur älteren deutschen Sprache u. Literatur. [Aus d. Sitzungsber. d. kais. Akad. d. Wiss.] Wien, (Gerold's Sohn.) gr. 8.
5. Thl.: Geschichte Joseph's in Aegypten. Deutsches Gedicht d. 11. Jahrh. Nach der Vorauer Handschrift mit Anmerkungen hersg. 865. (X, 131 S.) n. 23 ngr
6. Thl.: Ezzo's Rede von dem rehten Anegenge oder Lied von den Wundern Christi. Aus d. J. 1065. Aufgefunden u. mit Einleitung u. Anmerkungen neu hersg. 867. (LXXI, 63 S.) n. 20 ngr

Diemer, J., deutsche Gedichte des XI. und XII. Jahrh., s. Gedichte.

—— Genesis und Exodus nach der Milstäter Handschrift. 2 Bde. gr. 8. (LII und 456 S. mit eingedr. Holzschn.) Wien 862, (Gerold's Sohn.) *

**Diemer,** Josef: Die Kaiserchronik nach der ältesten Handschrift des Stiftes Vorau, aufgefunden mit einer Einleitung, Anmerkungen und den Lesearten der zunächst stehenden Hss. I. Teil. Urtext. Wien, 1894. W. Braumüller.

Diemer, L., Führer und Rathgeber für den See- und Waldkurort Groß-Müritz [Mecklenburg]. 8. (45 S. mit 1 Karte.) Dresden 888, (v. Zahn und Jaensch.) **

—— das Leben in der Tropenzone, speziell im Indischen Archipel. Nach van der Burg's „de geneesheer in Nederlandsch-Indië" [1. Bd., 2. Aufl.] mit Genehmigung des Autors bearb. gr. 8. (V, 150 S.) Hamburg 887, Friederichsen und Comp. *

**Diemer, L., mehr Obst im deutschen Lande für's deutsche Haus! Vorschläge zur Neugestaltg. u. Hebg. der Obstzucht, des Obsthandels, des Obstgenusses. Nach seiner vom Bez.-Obstbau-Verein Dresden m. dem I. Preise ausgezeichneten Schrift bearb. (60 S.) 8. Dresden (906). C. Heinrich. n. — 50**

—— Selbsthülfe bei Verwundung. 6 Taf. mit Abbild. qu. Fol. Berlin 888, (Mittler und Sohn.) *

—— die Selbsthülfe bei Verwundung im Kriege. Einige Winke für den deutschen Soldaten. gr. 16. (31 S. mit 10 Abbild.) Leipzig 886, Wartig's Verlag. *

**Diemer,** Ludw., Abhandlung über die Heilwirkung der Aachener Schwefelthermen in constitutioneller Syphilis u. Quecksilberkrankheiten. Nach eigenen Beobachtungen. Aachen 862. Mayer. Lex.-8. (VII, 262 S.) n. 1 ₰ 15 ngr

**Diemer,** Ludw., die Deutschen in Feindesland 1870—1871. Zur Widerlegung Chamberlains! Zur Ehrg. des deutschen Heeres. gr. 8. (32 S.) Dresden 901. C. Damm. n. — 50

Diemer, Ludwig (geb. am 19 Nov. 1851 in Marienberg bei Boppard): Ueber die Pulsation der Vena cava inferior in ihrer Beziehung zu pathologischen Zuständen der Leber ... Bonn, Univ.-Buchdr. v. C. Georgi 1876. 27 S. 8.
Bonn, Med. Fak., Diss. v. 1 Aug. 1876

Diemer, M., neues Zeugniß von der Nachfolge Christi, s. Veteranen, eines christlichen, neues Zeugniß rc.

**Diemer,** f.: Zeugniß, neues, v. der Nachfolge Christi.

**Diemer,** M., neues Zeugniß von der Nachfolge Christi, s. Zeugniß eines christl. Veteranen.

Diemer, Mich., die Gemeine d. Herrn in Gethsemane u. auf Golgatha. Drey Lieder nebst ein. Vorw. u. mehr. Anmerkn. gr. 8. (1½ B.) Stuttgart 835, J. F. Steinkopf.

Fall Diemer. Antwort auf d. amtl. Auskunft d. Kais. Ausw. Amtes, Berlin, in d. Reichstags-Sitzung v. 4. Mai 1901. (Verf.: Richard Diemer, Lt. a. D. d. L.) *o. O. (1901).* (58 S.) 8° [02. 381 8

**Diemer,** Richard, Referendar in Leipzig: Vollmachtserteilung durch Prokuraindossament. Borna-Leipzig 1907: R. Noske. (38 S.) 8° [J.]
Leipzig, Jur. Fak., Diss. v. 7. Nov. 1907
[Geb. 28. Nov. 82 Dresden; Wohnort: Leipzig; Staatsangeh.: Sachsen; Vorbildung: Kgl. Gymn. Dresden-N. Reife O. 02; Studium: Freiburg i. B. 1, Berlin 1, München 1, Leipzig 5 S.; Rig. 21. Febr. 07.]

**Diemer,** Walther, a. Großen-Linden: Die geographische und topographische Lage der Siedlungen des Vogelsbergs. Mit 2 Karten u. 7 Lagepl. im Text. Gießen 1908: v. Münchow. (43 S.) 8° ¶ (Erscheint vollst. in: Geographische Mitteilungen aus Hessen H. 5.)
Gießen, Phil. Fak., Ref. Sievers, Diss. v. 15. Juni 1908
[Geb. 30. April 85 Großen-Linden; Wohnort: Großen-Linden; Staatsangeh.: Hessen; Vorbildung: Oberrealsch. Darmstadt Reife O. 03; Studium: Gießen 7 S.; Rig. 7. Febr. 08.]

**Diemer, M. Zeno, Panorama vom Westgipfel der Zugspitze, gestiftet u. dem Turner-Alpenkränzchen gewidmet v. Herm. Engel. 78 × 78 cm. Lith. München (900). (J. Lindauer).** n.n. 1. —

Diemer, Zeno M. Die Schlacht am Berge Isel, 13. August 1809. Rund-Gemälde. 4. München 1896.

Diemeringen [Schlagwort]

**Diemeringen,** s.: Preussen. Messtischblätter.

Diémil, Mehemed, Untersuchgn. üb. d. Einfluß d. Regenwürmer auf d. Entwickelg. d. Pflanzen, s. a. Berichte a. d. physiolog. Laboratorium rc. d. landwirthschaftl. Instituts d. Universität Halle.

**Djémil,** Méhmed [aus Constantinopel, Türkei]: Untersuchungen über den Einfluss der Regenwürmer auf die Entwickelung der Pflanzen ... (Erscheint vollst. in: Ber. aus d. physiol. Labor. u. d. Versuchsanst. d. landw. Inst. d. Univ. Halle hrsg. v. J. Kühn, Heft XIII.) Halle a. S., *Druck v. J. Pässler, Dresden,* 1896; 26 S., 1 Bl. 4.(8.)
Halle, Phil. Fak., Inaug.-Diss. v. [1. Apr.] 1896

**Dieminger,** Beiträge zur Bekämpfung der Ankylostomiasis. (Bericht an die kgl. Regierg. zu Arnsberg.) (10 S.) gr. 8. Jena 904. G. Fischer. n. — 80

— dasselbe. (Nachtragsbericht an die kgl. Regierg. zu Arnsberg.) (16 S.) gr. 8. Ebd. 905. n. — 60
2 Sonderabdrucke aus: „Klin. Jahrb."

**Dieminger,** Hermann, kgl. b. Premierlieutenant a. D. aus Amberg: Beiträge zur Kenntnis des menschlichen Mundspeichels in gesunden und pathologischen Verhältnissen. *Würzburg 1898: P. Schriner.* (103 S.) 8°
Würzburg, Med. Diss. v. 1898

**Diemmer,** Eman., Vorträge über die Grundzüge der Strategie gehalten am k. k. Central-Infanterie-Curse. Durchgesehen und hrsg. von Peter Kukulj. gr. 8. (X, 266 S. mit 33 eingedr. Fig. in Holzschn. und 8 Karten-Skizzen auf 7 lithogr. Taf. in Fol.) Wien 873, Seidel und Sohn. *

**Diemmer,** Ruppert: Kurze Übersicht der St. Peters Stadtpfarrkirche in München ..., s. Baumgartner, Anton.

**Diemtigthal.** Das D' im Amt Niedersimmenthal, Berner-Oberland, 700—1260 Meter über Meer. ([Illustrierter] Prospekt [mit illustr.] Inseraten-Anhang....) IV + 23 + *Anhang* II + 13 S. 8. Zweisimmen, W. Ilg-Ith, 1902.

FSC
www.fsc.org
MIX
Papier | Fördert gute Waldnutzung
FSC® C083411

Kolibri 360 GmbH
Ferdinand-Jühlke-Straße 7
99095 Erfurt, Deutschland
produktsicherheit@kolibri360.de